DEUXIÈME SUPPLÉMENT

AU

DICTIONNAIRE DE CHIMIE

PURE ET APPLIQUÉE

57 729. — PARIS, IMPRIMERIE LAHURE
9, rue de Fleurus, 9

DEUXIÈME SUPPLÉMENT

AU

DICTIONNAIRE DE CHIMIE

PURE ET APPLIQUÉE

DE AD. WURTZ

PUBLIÉ SOUS LA DIRECTION

DE CH. FRIEDEL

Membre de l'Institut (Académie des Sciences)
Professeur à la Faculté des Sciences de Paris

AVEC LA COLLABORATION DE MM.

P. Adam — A. Arnaud — G. de Bechi — A. Béhal — A. Bigot — L. Bourgeois — L. Bouveault
E. Burcker — C. Chabrié — E. Charabot — P.-T. Cleve — Ch. Cloëz — C. Combes — J. Dupont
A. Étard — Ad. Fauconnier — P. Freundler — H. Gall — A. Gautier — H. Gautier — G. Griner
Ph.-A. Guye — A. Haller — M. Hanriot — L. Hugounenq — G.-F. Jaubert — E. Lambling — P. Lebeau
P. Lemoult — R. Lespieau — L. Lindet — L. Maquenne — L.-R. Marquis — J. Meunier — P. Miquel
H. Moissan — C. Moureu — E. Nœlting — F. Reverdin — Richard et Dépierre — L. Roux
O. Saint-Pierre — M. Tiffeneau — C. Vincent — G. Vogt — E. Willm.

J. DUPONT, Secrétaire de la Rédaction

TOME CINQUIÈME

H

PARIS

LIBRAIRIE HACHETTE ET Cie

79, BOULEVARD SAINT-GERMAIN, 79

—

1906

DICTIONNAIRE

DE CHIMIE

PURE ET APPLIQUÉE

DEUXIÈME SUPPLÉMENT

H

HADDAMITE (Min.) (Shepard). — Minéral voisin de la microlite, de Haddam (Connecticut).

HADROMAL. — Substance extraite par M. F. Czapek de diverses espèces de bois. En chauffant le bois réduit en poudre avec de l'eau et un poids égal de chlorure stanneux, on enlève à la masse, par des extractions répétées au benzène, une substance cristallisée que l'auteur considère comme une aldéhyde aromatique et qui donne une intense réaction de coloration avec la phloroglucine. Cette substance existerait dans le bois en petite partie à l'état libre, en grande partie sous la forme d'une combinaison avec la cellulose [*Zeit. physiol. Chem.*, **27**, 141; *Bull. Soc. Chim.*, (3), **22**, 685].

HAMARTITE (Min.). — Voyez BASTNÆSITE, 1er Suppl., 265.

HAMATHIONIQUE. — D'après M. Spiegel [*D. chem. G.*, **15**, 1954], l'acide hamathionique, obtenu par M. Erdmann dans l'action de l'acide sulfurique concentré sur l'acide euxanthique (Dict., **1**, 1396), ne serait autre chose que l'éther sulfurique neutre de l'acide glycuronique.

HAMBERGITE (Min.) (Brögger). — Borate de glucinium hydraté, $4GlO.Bo^2O^3,H^2O$ ou $BoO^3Gl.GlOH$. On n'a trouvé qu'un seul cristal de ce minéral, dans un filon de syénite éléolithique, près Helgeràen (Norvège). Transparent ou translucide, de couleur gris pâle, éclat vitreux, ressemble à la boracite.

Caractères. — Inattaquable aux acides; complètement soluble à chaud dans l'acide fluorhydrique. Au chalumeau, décrépite très fortement; calciné pendant quelque temps au rouge-blanc, blanchit et se réduit en poudre. Dureté $= 7,5$. Densité $= 2,347$.

Forme cristalline. — Prisme orthorhombique : $a : b : c = 0,7987 : 1 : 0,7267$. Faces : $mh^1g^1e^1$. Clivages g^1 parfait, h^1 imparfait.

HAMLINITE (Min.) (Hidden et Penfield). — Phosphate d'aluminium et de strontium hydraté et fluorifère : $P^2O^7[Al(OH)^2]^3SrOH$ (une partie du strontium est remplacée par du baryum [4 0/0 de BaO], et une partie de l'hydroxyle par du fluor [2 0/0 de Fl]). D'après cette formule de constitution, ce serait le premier pyrophosphate observé à l'état naturel. Petits cristaux rhomboédriques, incolores, éclat vitreux, nacré sur le clivage, très rares, trouvés avec herdérite, margarodite, apatite, bertrandite, à Stoneham (Maine), et avec orthose, muscovite, herdérite, apatite, bertrandite, dans une localité du comté d'Oxford (Maine, Etats-Unis).

Caractères. — Soluble dans les acides. Dans le tube, donne de l'eau fortement acide qui corrode le verre. Colore la flamme en vert pâle. Fusible en émail blanc. Dureté $= 4,5$.

Densité $= 3,159 - 3,228 - 3,283$.

Forme cristalline. — Rhomboèdre :

$$pp = 92°58'. \quad \text{Faces} : a^1pe^1e^2.$$

Clivage a^1 parfait. L. Bourgeois.

HANCOCKITE (Min.) (Penfield et Warren). — Sorte d'épidote ou piémontite manganésifère, mais dans laquelle le calcium est remplacé par du plomb (18,47 0/0 PbO) et du strontium (3,85 0/0 SrO). Masses compactes ou celluleuses, rouge-brunâtre, éclat vitreux, rarement petits cristaux striés longitudinalement, avec grenat, axinite, phlogopite, des mines de zinc de Franklin (New Jersey, Etats-Unis).

Caractères. — Inattaquable à l'acide chlorhydrique, mais après fusion devient attaquable en faisant gelée. Au chalumeau, fond en se boursouflant et donne un globule un peu magnétique. Avec la soude, sur le charbon, réactions du plomb. Dureté $= 6,5 - 7$. Densité $= 4,03$.

Forme cristalline. — Prisme clinorhombique, sans doute isomorphe avec l'épidote :

$$po^1 = 43°45'; \quad o^1h^1 = 34°30'.$$

Faces : $po^2h^1a^2b^1/_2$. L. Bourgeois.

HANKSITE (Min.) (Hidden). — Sulfate-carbonate de sodium anhydre, $4SO^4Na^2.CO^3Na^2$; renferme en général, à l'état de mélange, du chlorure de potassium. La formule donnée plus haut est confirmée par les synthèses de M. de Schulten. Beaux cristaux, avec thénardite, borax, etc., à Borax-Lake, comté de San Bernardino, à Death-Valley, comté d'Inyo (Californie), et en diverses localités de l'état de Nevada.

Caractères. — Ceux du sulfate et du carbonate de sodium. Soluble dans l'eau. Dureté $= 3$ à $3,5$. Densité $= 2,562$.

Forme cristalline. — Prisme hexagonal : $a : c = 1 : 1,014$. Faces : $m p b^1 b^1/_2 b^5/_4$. Clivage basique imparfait.

HANNAYITE (Min.) (von Rath). — Phosphate ammoniaco-magnésien, plus magnésien et moins basique que la struvite,

$$(PO^4)^4 Mg^3 (Az H^4)^2 H^4 + 8 H^2O,$$

en cristaux dans le guano de chauves-souris de Skipton Caves, près Ballarat (Victoria, Australie).

Caractères. — Semblables à ceux de la struvite. Perd de l'eau et de l'ammoniaque au-dessus de $100°$. Densité $= 1,893$.

Forme cristalline. — Prisme anorthique :

$$h^1 t = 140° 28'; \quad m t (\text{sur } h^1) = 114° 34';$$
$$p h^1 = 114° 32'; \quad p t = 129° 10';$$
$$(b^1/_2 g^1/_4 d^1/_3) h^1 = 109° 36'.$$

Faces : $m t h^1 p (b^1/_2 g^1/_4 d^1/_3)$. Clivages : p parfait, m et t moins parfaits.

HARDYSTONITE (Min.) (J.-E. Wolff). — Silicate de calcium et de zinc,

$$2 CaO . ZnO . 2 SiO^2,$$

avec un peu de manganèse, magnésie et fer, en mélange intime avec des grains de willemite, rhodonite et franklinite, dans un minerai rubané de North Mine Hill, Franklin Furnace (New-Jersey). Blanc ou transparent incolore, éclat vitreux. D'après les propriétés optiques, prisme quadratique, clivable suivant p, m, h^1. Fait gelée à l'acide chlorhydrique, fond difficilement en verre trouble; réactions du calcium et du zinc. Dureté $= 3$ à 4. Densité $= 3,395$ à $3,397$.

HARMALINE, $C^{13}H^{14}Az^2O$ (voyez Dict., 2, 1). — Depuis les travaux de Fritzsche sur les alcaloïdes du *Peganum harmala*, la harmaline a été le sujet d'une étude très étendue de la part de MM. O. Fischer et Täuber [*D. chem. G.*, **18**, 400; **22**, 637], qui emploient pour sa préparation le procédé déjà décrit. Ils recommandent seulement, pour séparer complètement la harmaline de la harmine, de dissoudre leur mélange dans l'alcool chaud et de laisser refroidir lentement.

La harmaline est une base tertiaire, qui cristallise de ses solutions alcooliques en petites tables à peine jaunes, se ramollissant vers $230°$ et fondant à $238°$ avec décomposition totale. Ses sels sont colorés et donnent des solutions fortement fluorescentes. Si l'on dissout la harmaline dans l'acide sulfurique concentré, et que l'on chauffe jusqu'à ce que la solution ne donne plus aucun précipité par l'addition d'un excès de soude, enfin si l'on dilue fortement avec de l'eau, on obtient une solution d'acide harmaline-sulfonique d'une magnifique fluorescence bleu de ciel.

Les réducteurs énergiques, comme la poudre de zinc et l'acide chlorhydrique, le sodium et l'alcool, décolorent très rapidement la harmaline en donnant une nouvelle base, la *tétrahydroharmine*, $C^{13}H^{16}Az^2O$.

Oxydée par l'acide chromique en solution acétique, elle donne de l'*acide harmique*,

$$C^{10}H^8Az^2O^4.$$

Chauffée avec l'acide chlorhydrique fumant, la harmaline se transforme en une base à fonction phénolique, le *harmalol*, suivant la réaction

$$C^{13}H^{14}Az^2O + HCl = C^{12}H^{12}Az^2O + CH^3Cl.$$

Iodométhylate de harmaline,

$$C^{13}H^{14}Az^2O . CH^3I.$$

— MM. Fischer et Täuber [*D. chem. G.*, **18**, 405] l'obtiennent en faisant bouillir à reflux une solution de harmaline dans l'alcool méthylique avec un excès d'iodure de méthyle. Il cristallise en aiguilles jaunes fondant à $260°$. M. Guerbet.

HARMALOL, $C^{12}H^{12}Az^2O$. — Ce composé résulte, comme il est dit plus haut, du dédoublement de la harmaline. Pour l'obtenir, on chauffe pendant 3 heures à $150°$, en tubes scellés, 3 grammes de harmaline avec 10 centimètres cubes d'acide chlorhydrique concentré. A l'ouverture des tubes il se dégage du chlorure de méthyle; en chauffant au bain-marie le liquide brun foncé qu'ils renferment, pour en chasser l'acide chlorhydrique, puis laissant refroidir, on obtient des cristaux de chlorhydrate de harmalol. La dissolution aqueuse de ces cristaux, additionnée d'un excès de carbonate de sodium, laisse déposer de belles aiguilles rouges de harmalol.

Ce composé cristallise dans l'alcool étendu avec 3 molécules d'eau, qui s'éliminent lorsqu'on le chauffe à $105°$ dans un courant d'hydrogène. Il brunit déjà vers $180°$, puis fond en se boursouflant à $212°$. Il est soluble dans l'eau, surtout à chaud, peu soluble dans le benzène, assez soluble dans le chloroforme et dans l'acétone. Ses dissolutions aqueuses présentent une magnifique fluorescence verte, qui est amoindrie sous l'influence des acides et disparaît sous celle des alcalis. Les fibres végétales sont colorées en jaune intense par cette solution, même très étendue. Le harmalol s'oxyde facilement à l'air, et ses solutions aqueuses brunissent au bout de quelques jours en déposant des produits résineux.

Son *chlorhydrate*, $C^{12}H^{12}Az^2O . HCl, 2H^2O$, cristallise dans l'eau en petites aiguilles jaunes. Il donne un *chloroplatinate* de la formule

$$(C^{12}H^{12}Az^2O . HCl)^2 . PtCl^4.$$

ACÉTYLHARMALOL, $C^{14}H^{16}Az^2O^3$. — On l'obtient en chauffant à reflux, pendant quelques heures, un mélange de harmalol avec 5 ou 6 fois son poids d'anhydride acétique. On verse ensuite le produit dans l'eau chaude, qui précipite une résine blanche que l'on sépare par filtration. La solution filtrée laisse déposer peu à peu des cristaux jaunes d'acétylharmalol. M. Guerbet.

HARMINE, $C^{13}H^{12}Az^2O$ (voyez Dict., 2, 3). — Ainsi que l'a montré Fritzsche [*Ann. Chem.*, **64**, 365], l'oxydation ménagée de la harmaline donne naissance à la harmine. La meilleure méthode de préparation est la suivante, d'après M. O. Fischer : On chauffe, dans un ballon de 1 1/2 à 2 litres, 10 grammes de harmaline avec un mélange de 100 grammes d'alcool et 100 grammes d'acide chlorhydrique fumant. Quand le mélange commence à bouillir, on cesse de chauffer et l'on ajoute peu à peu 5 à 6 grammes d'acide azotique ($D = 1,425$). Le mélange mousse abondamment; après 2 heures, on lave le chlorhydrate de harmine qui s'est produit avec de l'alcool additionné d'acide chlorhydrique, puis on le dissout dans l'eau chaude et l'on précipite la harmine par l'ammoniaque. Le rendement est d'environ 60 0/0 de la harmaline mise en réaction.

La harmine cristallise de ses solutions alcooliques en longues aiguilles qui fondent à 256-257° en noircissant et se sublimant partiellement. Les sels de harmine sont incolores, leurs solutions étendues ont une fluorescence bleu-indigo.

Chauffée à 140° en tube scellé avec l'acide chlorhydrique fumant, la harmine donne naissance à une base à fonction phénolique, le *harmol*, suivant la réaction

$$C^{13}H^{12}Az^2O + HCl = C^{12}H^{10}Az^2O + CH^3Cl.$$

L'acide iodhydrique fumant agit de même, déjà à une température moins élevée.

Oxydée par l'acide chromique, la harmine se transforme en *acide harmique*, $C^{10}H^8Az^2O^4$.

Iodométhylate de harmine. — La harmine est une base tertiaire et s'unit directement à l'iodure de méthyle en donnant un iodométhylate $C^{13}H^{12}Az^2O . CH^3I$, que l'on prépare comme il a été dit pour l'iodométhylate de harmaline. Il cristallise de ses solutions dans l'eau chaude ou dans l'alcool en longues aiguilles qui brunissent lorsqu'on les chauffe à 282°, se ramollissent, puis fondent entièrement à 298°.

Tétrahydroharmine, $C^{13}H^{16}Az^2O$. — La harmine, réduite par le sodium et l'alcool, fixe 4 atomes d'hydrogène et donne la tétrahydroharmine. Cette même base se produit également lorsqu'on réduit la harmaline par le sodium et l'alcool. Pour l'obtenir, on dissout la harmine dans l'alcool absolu et l'on ajoute au mélange environ 9 fois son poids de sodium coupé en petits morceaux. La liqueur s'échauffe et la harmine entre peu à peu en dissolution. On étend alors avec de l'eau et l'on distille la plus grande partie de l'alcool; la tétrahydroharmine se dépose par refroidissement. On la purifie par cristallisation dans l'alcool étendu.

Elle se présente en fines aiguilles fusibles à 199°; ses solutions ont une faible fluorescence bleu-verdâtre, qui devient verte sous l'influence des réactifs oxydants (Fe^2Cl^6, AzO^3Ag), et rappelle alors la fluorescence des solutions de harmaline. C'est une base secondaire; dissoute dans l'acide sulfurique étendu, puis traitée par le nitrite de sodium, elle fournit un *dérivé nitrosé* jaune clair, $C^{13}H^{15}Az^3O^2$.

Tétrabromure de harmine, $C^{13}H^{12}Br^4Az^2O$. — Dissout-on la harmine dans l'acide sulfurique étendu et ajoute-t-on un excès d'eau de brome, on obtient un précipité jaune-rougeâtre de tétrabromure de harmine entraînant un peu de brome. On le purifie en le lavant à l'eau, puis l'abandonnant longtemps au-dessus de la chaux vive. Il perd tout son brome et reproduit la harmine lorsqu'on le traite par l'acide sulfureux ou le carbonate de sodium, ou bien encore lorsqu'on le fait bouillir avec de l'alcool. M. Guerbet.

HARMIQUE (ACIDE), $C^{10}H^8Az^2O^4$. — MM. O. Fischer et Täuber l'obtiennent en oxydant la harmine par l'acide chromique. On dissout 2 grammes de harmine dans l'acide acétique, on porte à l'ébullition et l'on ajoute peu à peu 9 grammes d'acide chromique dissous dans 40 grammes d'eau. On fait bouillir pendant 1 heure environ et on obtient, par refroidissement de la liqueur, 1gr,20 d'acide harmique brut. On le purifie, soit en le dissolvant dans l'ammoniaque et le précipitant de nouveau par l'acide sulfurique, soit en le faisant cristalliser dans l'eau chaude. Il se présente en aiguilles brillantes, peu solubles dans l'eau, même à chaud, presque complètement insolubles dans l'alcool, le chloroforme, le benzène.

Chauffé, l'acide harmique commence à se colorer vers 300°, puis il fond à 345°. A cette température, on voit se sublimer un nouveau composé, l'*apoharmine*, en même temps qu'il se dégage de l'acide carbonique :

$$C^{10}H^8Az^2O^4 = C^8H^8Az^2 + 2CO^2.$$

Apoharmine, $C^8H^8Az^2$. — C'est une base très soluble dans l'alcool et dans le chloroforme, assez soluble dans l'eau, difficilement soluble dans l'éther et dans le benzène. Elle fond à 283°. Son *iodhydrate* cristallise dans l'alcool méthylique en petites aiguilles blanches, qui se décomposent sans fondre à 220°.

Tétrabromure d'apoharmine, $C^8H^8Az^2Br^4$. — On le prépare de la même façon que le tétrabromure de harmine. Il est de couleur jaune citron.

Dihydroapoharmine, $C^8H^{10}Az^2$. — On chauffe à 155-165° pendant 6 heures, en tubes scellés, 1 gramme de base avec 10 grammes d'acide iodhydrique (D = 1,75). On reprend le produit par l'eau et l'on ajoute à la solution un excès de carbonate de sodium. Le précipité blanc que l'on obtient est repris par l'éther; on évapore ce dissolvant et l'on rectifie le résidu en recueillant ce qui passe vers 262°. Le produit cristallise par refroidissement; on le purifie en le dissolvant dans l'éther, puis ajoutant à la dissolution de l'éther de pétrole jusqu'à ce qu'elle commence à se troubler; on obtient ainsi des paillettes blanches et brillantes qui fondent à 48-49°.

La solution étendue du sulfate de dihydroapoharmine possède une belle fluorescence violette. Son *chlorhydrate*, $C^8H^{10}Az^2HCl$, constitue de fines aiguilles se décomposant sans fondre sous l'action de la chaleur. Son *chloroplatinate* forme des cristaux prismatiques possédant la formule :

$$C^8H^{10}Az^2 . 2HCl . PtCl^4, 2H^2O.$$

Son *chloraurate*, $C^8H^{10}Az^2HCl . AuCl^3$, est formé d'aiguilles rouge-brun, fondant à 149° en se décomposant.

La dihydroapoharmine est une base secondaire; sa solution sulfurique additionnée de nitrite de sodium donne lieu à la précipitation de la nitrosoamine correspondante, $C^8H^9Az^3O$, qui cristallise dans l'eau chaude en fines aiguilles fondant à 134-135° en se sublimant partiellement.

M. Guerbet.

HARMOL, $C^{12}H^{10}Az^2O$. — Ce composé résulte, comme il est dit plus haut, du dédoublement de la harmine sous l'influence de l'acide chlorhydrique. Pour le préparer, MM. Fischer et Täuber chauffent pendant 8 heures à 140°, en tubes scellés, la harmine avec 6 fois son poids d'acide chlorhydrique fumant. A l'ouverture des tubes il se dégage du chlorure de méthyle, et leur contenu se solidifie. On le reprend par l'eau et l'on évapore à sec pour chasser complètement l'acide chlorhydrique. Le résidu est dissous de nouveau dans l'eau, et l'on ajoute à la solution un excès de carbonate de sodium qui précipite le harmol. Enfin, on purifie celui-ci par cristallisation dans l'alcool étendu. Il s'en sépare en fines aiguilles fondant à 231°.

Cet alcaloïde possède une fonction phénolique, car il est également soluble dans les acides et dans les alcalis, et l'acide carbonique le précipite de ses solutions alcalines. Les solutions acides de harmol présentent une fluorescence violette. Il est à peine soluble dans l'eau, peu soluble dans l'alcool, mais assez soluble dans l'alcool étendu. Chauffé très légèrement avec le pentachlorure ou l'oxychlorure de phosphore, il se transforme en un chlorure extrêmement soluble dans l'eau.

Acide harmolique, $C^{12}H^{10}Az^2O^5$. — Fondu avec la potasse, le harmol se transforme en acide harmolique, que l'on sépare du produit de la réaction par précipitation fractionnée au moyen de l'acide sulfurique étendu. On le purifie par cristallisation dans l'eau chaude.

Cet acide forme de petites aiguilles fusibles à 246-247° en se décomposant. Sa solution ammoniacale donne des précipités amorphes avec l'acétate de plomb, le chlorure de calcium, le sulfate de cuivre, le nitrate d'argent.

Soumis à la distillation dans le vide, l'acide harmolique donne lieu à un abondant dégagement d'acide carbonique; en même temps il se sublime un composé répondant à la formule $C^{11}H^{10}Az^2O$, formé de petites aiguilles cristallines à peine solubles dans l'éther, plus solubles dans l'alcool. Ce nouveau composé se dissout aussi bien dans les acides que dans les alcalis; ses solutions acides ont une fluorescence violette. Son *chloroplatinate*, $(C^{11}H^{10}Az^2O . HCl)^2PtCl^4$, cristallise dans l'eau chaude sous la forme de cristaux prismatiques groupés en étoiles, se décomposant vers 180°. M. Guerbet.

HARSTIGITE (Min.) (G. Flink). — Silicate d'aluminium, manganèse et calcium, à peu près $Si^{10}O^{40}Al^3[Ca, Mn]^{12}H$, avec un peu de magnésium et d'alcalis. Petits cristaux prismatiques, incolores, transparents, éclat vitreux, cassure subconchoïdale ou écailleuse, friables, avec grenats et rhodonite, dans un filon calcaire à la mine d'Harstig, près Pajsberg (Wermland, Suède). Après calcination, devient soluble dans l'acide chlorhydrique avec dégagement de chlore. Perd un peu d'eau par une forte calcination et noircit; réactions du manganèse.

Dureté = 5,5. Densité = 3,049.

Forme cristalline. — Prisme orthorhombique : $a : b : c = 0,71479 : 1 : 1,01495$. Faces :

$$g^1 m e^1 h^3 h^1 (b^1 b^1/_3 g^1/_2).$$

HASTINGSITE (Min.). — Variété de hornblende très riche en oxyde ferreux, et renfermant des alcalis.

HATCHETTOLITE (Min.) (L. Smith). — Variété très uranifère de pyrochlore en cristaux $a^1 p a^3$. Dureté = 5. Densité = 4,85.

HAUCHECORNITE (Min.) (R. Scheibe). — Sulfure double de nickel et de bismuth, avec un peu d'antimoine, arsenic, cobalt, fer,

$$[Ni, Co, Fe]^7 [S, Bi, Sb]^8.$$

Cristaux tabulaires, prismes courts ou pyramidés, de couleur bronzée, trouvés à la mine de sidérose Friedrich, près Hamm-an-der-Sieg. Dureté = 5. Densité = 6,4.

Forme cristalline. — Prisme quadratique, $a : c = 1 : 1,05215$. Faces : $m a^1 p b^1/_2 b^1$.

HAUGHTONITE (Min.) (Heddle). — Variété de mica noir, abondante en Ecosse, riche en oxyde ferreux, intermédiaire entre la biotite et le lépidomélane.

HAUTEFEUILLITE (Min.) (Michel). — Phosphate trimagnésique hydraté, contenant une notable proportion de chaux, véritable bobierrite calcifère, $(PO^4)^2[Mg, Ca]^3 + 8H^2O$. Masses lamellaires à structure rayonnée, formées de cristaux incolores et transparents, avec apatite, pyrite, monazite, à Odegaarden, district de Bamle (Norvège).

Caractères. — Soluble dans les acides chlorhydrique ou azotique étendus. Au chalumeau, se gonfle, s'exfolie, et finit par fondre en un globule blanc-verdâtre. Dureté = 2,5. Densité = 2,435.

Forme cristalline. — Prisme clinorhombique, $g^1 h^1 m$. Clivage g^1 parfait.

HEAZLEWOODITE (Min.) (W.-F. Petterd). — Sulfure de nickel (38 0/0 de Ni) et de fer, voisin de la pentlandite, jaune-bronze clair, très magnétique, en minces rubans, dans la serpentine de Heazlewood (Tasmanie). Dureté = 5. Densité = 4,61.

HÉDÉRINE, $C^{64}H^{104}O^{19}$. — Glucoside contenu dans le lierre. Il cristallise dans l'alcool à 90° sous la forme de longues et fines aiguilles, insolubles dans l'eau, dans l'éther de pétrole et dans le chloroforme, solubles dans l'alcool et dans l'acétone. Il est dextrogyre : $[\alpha]_D = + 16°,27$. Soumis pendant 12 heures à l'action de l'acide sulfurique bouillant, il se dédouble en *hérédinine*, $C^{20}H^{40}O^4$, insoluble dans l'eau, soluble dans l'alcool et fusible à 230°, et en deux sucres, l'*hédérose*, $C^6H^{12}O^6$, qui se présente en fines aiguilles solubles dans l'eau et dans l'alcool bouillant, fusibles à 155° et dextrogyres ($\alpha_D = + 102°,66$), et le *rhamnose*, $C^6H^{12}O^5$ [Houdas, *C. R.*, **128**, 1463].

L'*acide hédérique*, $C^{16}H^{26}O^4$, se trouve également dans le lierre; il se présente en cristaux fusibles à 223° [Bolck, *D. chem. G.*, **22**, 61]; sous l'influence de l'acide azotique, il donne un *produit nitré*, $C^{16}H^{25}(AzO^2)O^4$. E. Burcker.

HEINTZÉITE (Min.) — Voyez HEINTZITE.

HEINTZITE (Min.) (Luedecke) [Syn. *Heintzéite* (L. Milch), *Kaliborite*]. — Borate potassico-magnésien hydraté ayant pour formule, suivant M. Luedecke,

$$K^2O . 4MgO . 2H^2O . 11Bo^2O^3, 12H^2O,$$

et d'après M. Milch, $K^2O . 4MgO . 9Bo^2O^3, 16H^2O$. Cristaux blancs, transparents ou translucides, rencontrés dans des nodules de pinnoïte, provenant des couches supérieures de Stassfurt et de Leopoldshalle.

Caractères. — Aisément soluble dans les acides chlorhydrique ou azotique; la solution offre les réactions de la magnésie et de la potasse. Au chalumeau, dans le tube, donne de l'eau. Fond plus facilement que la stibine, en bouillonnant et fournissant un émail blanc; colore la flamme en vert; à travers le verre bleu, coloration de la potasse. Dureté = 4. Densité = 2,12.

Forme cristalline. — Prisme clinorhombique : $a : b : c = 1,2912 : 1 : 1,7572$; $\beta = 57° 41'$ (axes choisis par M. Luedecke). Faces :

$$h^1, p, 1/2\, b^1/_2, g^3, a^2, 1/2\, a_3.$$

Il y a hémiédrie marquée, comme dans la struvite, ce qui donne aux cristaux un aspect cunéiforme particulier. Clivage p, a^2 parfait, h^1 moins facile. L. Bourgeois.

HÉLÉNINE, $C^{15}H^{20}O^2$ (Syn. *Alantolactone*). — Ce corps avait été remarqué déjà par Geoffroy le Jeune et Lefébure [*Traité de Chimie*, Paris. 1660, **2**]. Il se trouve tout formé dans la racine d'aunée (*Inula helenium*, L.).

Gerhardt [*Ann. Chim. Phys.*, (2), **72**, 163; (3), **12**, 188] lui attribua la formule $C^{15}H^{20}O^2$, dont l'exactitude devait être reconnue plus tard et à laquelle il renonça cependant en faveur d'une autre formule erronée.

En réalité, la substance étudiée par Gerhardt était impure. En 1873, M. Kallen [*D. chem. G.*, **6**, 1507] parvint en effet à extraire du produit brut :

1° Un liquide possédant la composition $C^{10}H^{16}O$ auquel il donna le nom d'*alantol*; ce corps bout vers 200° et donne du cymène lorsqu'on le distille avec du pentasulfure de phosphore;

2° Un composé $(C^6H^8O)^x$, cristallisant en prismes fusibles à 110°, pour lequel il réserva le nom d'*hélénine*, en sorte qu'il y eut là matière à faire naître une confusion de noms;

3° La substance qui constitue l'hélénine proprement dite et qu'il désigna sous le nom d'*anhydride alantique*. M. Kallen établit d'une façon définitive la formule $C^{15}H^{20}O^{2}$ de ce corps.

En 1892, MM. J. Bredt et W. Posth [*Ann. Chem.*, **285**, 349], ayant repris l'étude de ce dernier composé, reconnurent qu'il s'agissait non pas d'un anhydride, mais bien d'une lactone, et lui donnèrent le nom d'*alantolactone*.

Préparation. — L'alantolactone s'extrait de l'essence d'aunée, obtenue elle-même par distillation avec la vapeur d'eau de la racine d'*Inula helenium* préalablement concassée (rendement de la racine en essence 1-2 0/0). L'huile essentielle est ensuite distillée dans le vide.

Propriétés. — Le point de fusion indiqué par Gerhardt pour l'hélénine est 72°. En réalité, l'alantolactone pure fond à 76° et bout à 192° sous la pression de 10 millimètres; rectifiée avec la vapeur d'eau, elle possède le même point de fusion; il en est de même de celle qui est régénérée de ses dérivés.

Elle est soluble dans l'alcool, l'éther, le chloroforme, la ligroïne et le benzène, mais à peine soluble dans l'eau chaude. Elle cristallise dans l'alcool aqueux en aiguilles blanches (Bredt et Posth).

Acide alantolique, $C^{15}H^{22}O^{3}$. — Kallen avait montré que l'alantolactone, chauffée avec une solution étendue de potasse, donne le sel de potassium de l'acide correspondant qu'il avait appelé *acide alantique*, mais qu'il est rationnel de désigner sous le nom d'*acide alantolique*.

Ce fait a été confirmé par MM. Bredt et Posth. L'équation suivante rend compte de la réaction :

$$C^{14}H^{20}\begin{cases}CO\\ \mid\\ O\end{cases} + NaOH = C^{14}H^{20}\begin{cases}CO^{2}Na\\ OH\end{cases}$$

Alantolactone. Alantolate de sodium.

Pour mettre en liberté l'acide alantolique, il suffit de traiter le sel alcalin par l'acide chlorhydrique étendu, en refroidissant à 0°.

L'acide alantolique cristallise dans l'alcool en fines aiguilles et fond à 94° en se transformant en lactone. Il est peu soluble dans l'eau froide, facilement soluble dans l'alcool et dans l'éther. Chauffé en solution aqueuse avec un peu d'acide minéral, il se transforme en lactone.

En faisant passer un courant d'acide chlorhydrique dans une solution d'acide alantolique dans l'alcool absolu, on obtient un *dichlorhydrate* (Bredt et Posth).

Le *sel de baryum* de l'acide alantolique, $(C^{15}H^{21}O^{3})^{2}Ba + 5H^{2}O$, cristallise par refroidissement. Il se présente sous la forme de petits cristaux étoilés. Sa solution aqueuse bouillante est décomposée lentement par l'acide carbonique.

Le *sel de calcium*, $(C^{15}H^{21}O^{3})^{2}Ca + 6H^{2}O$, ressemble au sel de baryum, mais il est un peu plus soluble que ce dernier.

Le *sel d'argent*, $C^{15}H^{21}O^{3}Ag$, se présente sous la forme d'une poudre cristalline.

L'*alantolate de méthyle*,

$$C^{14}H^{20}\begin{cases}COOCH^{3}\\ OH\end{cases}$$

se présente sous la forme de petits cristaux fusibles à 83°, solubles dans l'alcool, l'éther, l'acétone, le benzène.

L'*éther éthylique*,

$$C^{14}H^{20}\begin{cases}COOC^{2}H^{5}\\ OH\end{cases}$$

fond à 79-80°.

M. Kallen avait déjà obtenu l'*amide* de l'acide alantolique, $C^{14}H^{20}(OH).COAzH^{2}$. L'étude de ce corps a été reprise par MM. Bredt et Posth. On l'obtient par l'action de l'ammoniaque sur l'alantolactone en solution alcoolique (Kallen) ou bien en traitant par l'ammoniaque les éthers de l'acide alantolique (Bredt et Posth).

L'alantolamide cristallise par refroidissement de sa solution alcoolique et fond à 194-197° en se décomposant. L'acide chlorhydrique se combine avec l'alantolamide en solution dans l'alcool absolu pour donner le composé

$$2(C^{14}H^{20}.OH.COAzH^{2})HCl,$$

précipitable par l'eau, fusible vers 150° avec décomposition.

Traitée par l'anhydride acétique, l'alantolamide fournit l'*acétylantolamide*,

$$C^{14}H^{20}(OCOCH^{3}).COAzH^{2}$$

ou

$$C^{14}H^{20}(OH).COAzH.COCH^{3}\ (?)$$

qui cristallise dans l'acide acétique en aiguilles fusibles à 179° avec décomposition.

Les éthers et l'amide de l'acide alantolique se décomposent sous l'influence de la chaleur en régénérant l'hélénine (alantolactone).

Produits d'addition de l'hélénine. — L'alantolactone est une combinaison non saturée; elle peut comme telle donner des produits d'addition avec le brome, les hydracides et l'hydrogène.

En faisant arriver un courant d'acide chlorhydrique sec dans une solution éthérée d'hélénine, on obtient le *monochlorhydrate* $C^{15}H^{21}ClO^{2}$, qui cristallise en longues aiguilles fusibles à 117° et se dédouble à 150° en acide chlorhydrique et lactone pure.

Le *bromhydrate*, $C^{15}H^{21}BrO^{2}$, fond à 106°.

Quand on sature de gaz chlorhydrique une solution d'alantolactone dans l'alcool absolu, on obtient, en évaporant une partie du dissolvant dans le vide, un *dichlorhydrate*, $C^{15}H^{20}O^{2}(HCl)^{2}$, qui se dépose en petites aiguilles fusibles avec décomposition à 127-134° et qui se dédouble en acide chlorhydrique et en monochlorhydrate lorsqu'on chauffe sa solution alcoolique. Ce dichlorhydrate est le même que celui dont la formation a été indiquée à partir de l'acide alantolique.

Le *dibromhydrate* fond vers 117° en perdant de l'acide bromhydrique (Bredt et Posth).

En faisant réagir l'amalgame de sodium sur l'alantolactone, on obtient du dihydroalantolate de sodium. Celui-ci, chauffé avec l'acide chlorhydrique, fournit la *dihydroalantolactone* qu'on obtient directement par l'action de l'amalgame de sodium sur le chlorhydrate ou le dichlorhydrate de la lactone. La dihydroalantolactone cristallise dans l'alcool en aiguilles incolores, fusibles à 123°. Elle distille à 195° sous 13 millimètres, se dissout dans l'alcool chaud et dans l'éther, mais difficilement dans l'alcool froid et dans l'eau

Traitée par la baryte, la dihydroalantolactone donne le *dihydroalantolate de baryum*,

$$(C^{15}H^{23}O^{3})^{2}Ba,$$

qui cristallise par concentration dans le vide.

Le *sel d'argent*, $C^{15}H^{23}O^{3}Ag$, présente l'aspect d'un précipité floconneux.

On obtient la *dihydroalantolamide*,

$$C^{14}H^{22}\begin{cases}COAzH^{2}\\ OH\end{cases}$$

par dissolution de la dihydroalantolactone dans l'ammoniaque alcoolique. Elle se présente sous la forme de petits cristaux qui abandonnent de l'ammoniaque à 186°.

En solution éthérée, la dihydroalantolactone donne un *chlorhydrate*, $C^{15}H^{24}O^{3}.HCl$, qui cristallise dans l'alcool en aiguilles fusibles à 120° avec décomposition (B. et P.).

En 1896, MM. J. Bredt et J. Kallen [*Ann. Chem.*, **293**, 338] ont montré que les acides maléique et fumarique, ainsi que l'acide cinnamique, sont incapables de fixer l'acide cyanhydrique, tandis que les acides renfermant deux groupes électro-négatifs unis au carbone non saturé peuvent subir cette réaction. Ils ont constaté toutefois que cette condition n'est pas indispensable, car l'hélénine, comme d'ailleurs la coumarine, lactones non saturées qui ne renferment pas d'autre groupe électro-négatif que le groupe lactonique, peuvent fixer l'acide cyanhydrique, à condition de faire réagir celui-ci à l'état naissant.

En ce qui concerne l'alantolactone, la fixation a lieu par ébullition prolongée de la solution alcoolique d'alantolactone avec du cyanure de potassium en poudre. On distille ensuite l'alcool et l'on obtient une masse savonneuse dont la solution donne avec l'acide chlorhydrique un précipité blanc, soluble dans la potasse avec dégagement d'ammoniaque, insoluble dans le carbonate de sodium. La réaction s'opère d'après l'équation

$$C^{14}H^{20}\begin{cases}CO\\ \mid\\ O\end{cases} + KCAz + H^{2}O$$

$$= C^{14}H^{21}CAz\begin{cases}CO^{2}K\\ OH\end{cases}$$

Le produit qui prend ainsi naissance en premier lieu est ensuite décomposé par l'acide chlorhydrique en donnant naissance à l'*hydroalantolactonitrile*,

$$C^{14}H^{21}CAz\begin{cases}CO\\ \mid\\ O\end{cases}$$

et non à l'acide correspondant qui est moins stable encore que l'acide alantolique.

Toutefois les sels de cet acide sont stables. En ajoutant de l'éthylate de sodium à la solution alcoolique de la lactone, on obtient de grosses aiguilles déliquescentes de *sel de sodium*. Le *sel de baryum* est un précipité amorphe qui cristallise dans l'alcool étendu en fines aiguilles. Enfin, le *sel d'argent* se présente sous la forme d'un précipité insoluble.

En traitant le nitrile par le sodium en présence de l'alcool, on obtient l'*amine*,

$$C^{14}H^{21}\begin{cases}CH^{2}AzH^{2}\\ CO^{2}H\\ OH\end{cases}$$

Le sel de sodium de cet acide, traité par l'acide chlorhydrique, se transforme en *aminolactone*,

$$C^{14}H^{21}\begin{cases}CH^{2}AzH^{2}\\ CO\\ \mid\\ O\end{cases}$$

qui, cristallisé dans l'alcool, fond à 171° en se décomposant. Ce corps pourrait aussi avoir la constitution

$$C^{14}H^{21}\begin{cases}CH^{2}\\ CO\end{cases}\!\!>AzH.\quad \backslash OH$$

Le *chloroplatinate* se présente sous la forme d'un précipité insoluble.

Lorsqu'on saponifie le nitrile par la potasse, on obtient l'acide *hydroalantolactone-carbonique*,

$$C^{14}H^{21}\begin{cases}CO^{2}H\\ CO\\ \mid\\ O\end{cases}$$

qui cristallise dans l'alcool en prismes incolores, fusibles à 137°; cet acide distille vers 250° sous 14 millimètres. Les *sels alcalins* sont très solubles; ceux *de baryum*, *de calcium* et *d'argent* cristallisent par refroidissement.

Avec un excès de potasse, on obtient le sel de potassium de l'*acide hydroalantodicarbonique*,

$$C^{14}H^{21}\begin{cases}CO^{2}H\\ CO^{2}H\\ OH\end{cases}$$

Les *sels de baryum*, *de calcium* et *de plomb* de cet acide sont peu solubles. L'acide est très instable et se convertit en lactone.

Dédoublement de l'hélénine. — Gerhardt avait observé déjà, en distillant l'hélénine sur l'anhydride phosphorique, la formation d'une substance hydrocarbonée à laquelle il avait donné le nom d'*hélénène*. MM. Bredt et Posth ont constaté qu'il se forme en réalité deux carbures distillant l'un à 132°, l'autre à 152° sous 15 millimètres. Ces deux carbures ont respectivement pour formules $C^{12}H^{16}$ et $C^{13}H^{16}$; ce dernier bout à 288° sous la pression normale.

Les équations suivantes rendent compte de la formation des carbures en question :

$$C^{15}H^{20}O^{2} = C^{12}H^{16} + 2CO + CH^{4}$$
$$C^{15}H^{20}O^{2} = C^{13}H^{16} + CO^{2} + CH^{4}.$$

Par distillation sur la poudre de zinc, on obtient un peu de naphtalène et deux autres carbures, $C^{11}H^{16}$ et $C^{12}H^{18}$, liquides, le premier bouillant à 93-94° sous 10 millimètres, le second à 122° sous la même pression. Il se forme en même temps un peu de propylène qui a pu être identifié à l'aide de son bromure. Ces dédoublements s'expliquent par les équations

$$C^{15}H^{20}O^{2} + 2H = C^{11}H^{16} + CO^{2} + C^{3}H^{6}$$

et

$$C^{15}H^{20}O^{2} + 2H = C^{13}H^{18} + 2CO + CH^{4}.$$

On voit qu'il s'agit là de dédoublements analogues à ceux qui se produisent avec la santonine.

Eug. Charabot.

HÉLIANTHÉNINE. — M. Tanret a donné les noms d'*hélianthénine* et de *synanthrine* à deux glucosides qui accompagnent l'inuline, la pseudo-inuline et l'inulénine dans les tubercules du topinambour (*Helianthus tuberosus*). L'aunée et le dahlia (*synanthérées*) les renferment également.

Extraction. — Le suc de topinambour est traité à froid par le sous-acétate de plomb. Après élimination du plomb par l'acide sulfurique étendu, la liqueur est additionnée d'une grande quantité d'eau de baryte concentrée et chaude. Il se forme un premier précipité, riche surtout en inuline. Par des additions successives d'alcool de plus en plus concentré, on détermine le dépôt de précipités contenant d'une part du saccharose, d'autre part un mélange d'hélianthénine et de synanthrine; ces derniers sont lévogyres. On les réunit, on les décompose par l'acide carbonique et on évapore à siccité la liqueur portée préalablement à l'ébullition, puis filtrée. Ce résidu est épuisé par 10 fois son poids d'alcool à 84° bouillant : toute l'hélianthénine se dissout, avec très peu d'inulénine. Ces deux matières se déposent ensemble par le refroidissement. Pour les séparer, on agite pendant quelques instants le mélange, préalablement desséché, avec 10 parties d'alcool à 60° froid. Après filtration, on additionne la liqueur de son volume d'alcool à 95°. L'hélianthénine se dépose à l'état de pureté. On la dessèche sur l'acide sulfurique.

Dans l'alcool à 84° est resté en solution la synanthrine qui est incristallisable et s'obtient par évaporation à siccité de la solution.

Propriétés. — L'hélianthénine cristallise en fines aiguilles microscopiques formant des aggrégats sphériques. Elle est soluble dans son poids d'eau froide. Sa solubilité dans l'alcool faible est très grande, mais elle décroît rapidement pour une élévation du titre alcoolique de quelques degrés seulement. Ainsi, à la température de 22° l'hélianthénine exige pour se dissoudre 7,5 parties d'alcool à 60°, 20 parties d'alcool à 70°, 70 parties d'alcool à 74°, 300 parties d'alcool à 84°. A l'ébullition, il faut 1 partie d'alcool à 60° et 4 parties d'alcool à 80°.

L'hélianthénine fond à 176°. Elle est lévogyre : $[\alpha]_D = -23°,5$ en solution aqueuse.

L'hydrolyse fournit un mélange de lévulose et de glucose. Sous l'action des acides étendus, la rotation s'élève à $[\alpha]_D = -70°,2$, après 35 minutes de chauffage avec l'acide acétique. Après une nouvelle demi-heure de chauffage, la rotation n'avait pas sensiblement varié.

L'hélianthénine est fermentescible, mais assez difficilement, dans les conditions ordinaires.

L'analyse du produit séché à 120° a conduit M. Tanret à lui assigner la formule $C^{72}H^{126}O^{63}$ ou $(C^6H^{10}O^5)^{12} + 3H^2O$. La détermination cryoscopique a donné pour la valeur du poids moléculaire le nombre 1924.

L'hélianthénine ne réduit pas la liqueur de Fehling. Elle ne précipite en solution aqueuse ni par la baryte ni par le sous-acétate de plomb. En versant de l'alcool dans des solutions d'hélianthénine saturées par de l'eau de baryte ou de l'eau de chaux, M. Tanret a obtenu des précipités constituant des *dérivés barytique* et *calcique*. Il a préparé également un *dérivé plombique* en traitant par l'ammoniaque une solution d'hélianthénine additionnée d'acétate de plomb [Tanret, *Bull. Soc. Chim.*, (3), 9, 622]. Voyez aussi INULINE. J. Dupont.

HÉLIANTHINE [Syn. *Méthylorange, orangé III, tropéoline D, diméthylanilinorange*],

$$C^6H^4(SO^3Na)_{(4)}Az_{(1)} = Az_{(1)}C^6H^4Az_{(4)}(CH^3)^2.$$

— Cette matière colorante, dont l'usage se répand de plus en plus comme indicateur coloré, a été appliquée dans ces dernières années à la détermination de la plus ou moins grande acidité des acides et au dosage des amines polyatomiques (voyez INDICATEURS COLORÉS).

D'un autre côté, M. Sisley, en étudiant la façon de se comporter de ce corps vis-à-vis des solvants, en a déduit différentes conclusions au point de vue de la théorie de la teinture.

HÉLICINE (voy. Dict., 2, 6; 1er Suppl., 893).

PROPRIÉTÉS PHYSIQUES. — L'hélicine est soluble dans 64 parties d'eau à 8°, très facilement soluble dans l'eau chaude, insoluble dans l'éther, extrêmement soluble dans l'alcool. Elle est lévogyre; d'après M. Wegscheider, son pouvoir rotatoire pour une solution aqueuse à 1,4 0/0 est à 20° $[\alpha]_D = -60°,43$ [*D. chem. G.*, **18**, 1600]; d'après M. Sorokine, en solution alcoolique, $[\alpha]_D = -47°,04$; le pouvoir rotatoire moléculaire $= -139°,40$ [*J. prakt. Chem.*, (2), **37**, 332].

Elle cristallise avec un peu moins d'une molécule d'eau, qu'elle perd à 100° pour fondre ensuite à 175°.

PROPRIÉTÉS CHIMIQUES. — Il n'y a aucun doute à avoir sur la nature de l'hélicine, qui est bien l'*aldéhyde glucosalicylique*,

$$C^6H^4 \begin{matrix} \diagup CHO_{(1)} \\ \diagdown OC^6H^{11}O^5_{(2)} \end{matrix}$$

Cela ressort nettement de l'étude parallèle entreprise sur l'hélicine et la glucovanilline par Tiemann et M. A. Kees [*D. chem. G.*, **18**, 1657]. Ces savants ont apporté de nouvelles preuves de la nature aldéhydique du produit.

La solution incolore de fuchsine dans un excès d'acide sulfureux se colore de nouveau au contact d'une solution d'hélicine. Cette réaction ne se produit pas avec les glucosides, tels que la salicine ou la coniférine, qui ne possèdent pas de groupement aldéhydique lié au noyau aromatique.

Hydrazone,

$$C^6H^4 \begin{matrix} \diagup CH = Az - AzHC^6H^5_{(1)} \\ \diagdown OC^6H^{11}O^5_{(2)} \end{matrix}$$

— On l'obtient en chauffant légèrement l'hélicine en solution aqueuse avec un petit excès de chlorhydrate de phénylhydrazine. On peut également la préparer en abandonnant pendant quelques heures, à la température ordinaire, des quantités équivalentes d'hélicine et de phénylhydrazine en solution alcoolique.

Cette combinaison est peu soluble dans l'alcool, l'éther et l'eau chaude, insoluble dans l'eau froide et dans le benzène. Elle se sépare de ses solutions aqueuses sous la forme d'une poudre blanche et se colore en brun à l'air. Elle fond à 187°. Elle ne réduit pas la liqueur de Fehling. Portée à l'ébullition, sa solution aqueuse passe du jaune foncé au jaune clair et dégage une odeur d'aldéhyde salicylique.

Sous l'action de l'émulsine, cette combinaison se scinde en *glucose* et *hydrazone de l'aldéhyde salicylique*,

$$C^6H^4 \begin{matrix} \diagup CH = Az - AzHC^6H^5_{(1)} \\ \diagdown OH_{(2)} \end{matrix}$$

Hélicine-aldoxime,

$$C^6H^4 \begin{matrix} \diagup CH = AzOH_{(1)} \\ \diagdown OC^6H^{11}O^5_{(2)} \end{matrix}$$

— Elle se forme quand on abandonne au repos, pendant 3 ou 4 jours, une solution alcoolique renfermant les quantités calculées d'hélicine et de chlorhydrate d'hydroxylamine et additionnée d'une solution de carbonate de sodium à 10 0/0. Elle se présente sous la forme de fines aiguilles blanches, fusibles à 190°, renfermant 1 molécule d'eau, qu'elles perdent à 100°.

En solution aqueuse, l'hélicine-aldoxime dévie fortement à gauche le plan de la lumière polarisée. Traitée par l'émulsine, elle se scinde en *glucose* et *salicylaldoxime*,

$$C^6H^4 \begin{matrix} \diagup CH = AzOH_{(1)} \\ \diagdown OH_{(2)} \end{matrix},$$

fusible à 57°.

Combinaisons bisulfitiques. — M. Schiff a obtenu la combinaison bisulfitique normale sous la forme d'une masse cristalline, très hygroscopique, répondant à la formule

$$C^{13}H^{16}O^7, SO^3HNa$$

[*Ann. Chem.*, **210**, 126]. M. Schiff a également obtenu un *bisulfite d'hélicine et de leucine* en ajoutant de la leucine à une solution aqueuse d'hélicine saturée d'acide sulfureux. C'est un sirop cristallisant très difficilement.

Glucohelicine. — Cette combinaison moléculaire, $C^{13}H^{16}O^7 . C^6H^{12}O^6$, prend naissance quand on ajoute de l'hélicine à une solution de glucose dans l'acide acétique cristallisable. C'est une masse amorphe ressemblant à la combinaison de l'aldéhyde benzylique et du glucose [Schiff, *Ann. Chem.*, **244**, 26].

Hélicinurée,

$$C^6H^4 \left\langle \begin{array}{l} CH(AzH . CO . AzH^2)^2 \, {}_{(1)} \\ OC^5H^{11}O^5 \, {}_{(2)} \end{array} \right.$$

— M. Schiff a préparé ce composé en évaporant une solution alcoolique renfermant 2 p. d'urée et 5 p. d'hélicine cristallisée. Il constitue une poudre cristalline soluble dans 1/2 partie d'eau froide, très peu soluble dans l'alcool absolu où on peut le faire cristalliser.

D'une manière analogue, le même auteur a obtenu l'*hélicine-thiourée,*

$$C^6H^4 \left\langle \begin{array}{l} CH(AzH . CS . AzH^2)^2 \, {}_{(1)} \\ OC^5H^{11}O^5 \, {}_{(2)} \end{array} \right.$$

poudre cristalline [*Gazz. chim. ital.*, **12**, 464].

La combinaison de l'hélicine avec l'*acide m-aminobenzoïque* a été décrite dans le 1er Supplément. Elle fond à 142°. M. Schiff a également préparé la combinaison avec l'*acide aminocuminique.*

En traitant l'hélicine par l'anhydride acétique, Tiemann et M. Kees [*D. chem. G.*, **18**, 1955] ont obtenu l'*aldéhyde glucocoumarique* qui a déjà été décrite [2e Suppl., **1**, 1385, 1405].

Cyanhydrine de l'hélicine,

$$C^6H^4 \left\langle \begin{array}{l} CH(OH)CAz \\ OC^6H^{11}O^5 \end{array} \right.$$

— Ce composé a été préparé par M. E. Fischer en agitant pendant 2 jours l'hélicine avec une solution aqueuse d'acide cyanhydrique. Le liquide évaporé à la température de 35° laisse déposer la cyanhydrine, qui, cristallisée dans l'eau, se présente sous la forme de tables fondant à 176° en se décomposant.

Par l'ébullition avec l'eau, ainsi que par l'action des acides étendus ou de l'émulsine, la cyanhydrine est dédoublée en aldéhyde salicylique, acide cyanhydrique et sucre [*D. chem. G.*, **34**, 629].

Nitrile α-phényle-o-glucocoumarique,

$$C^6H^4 \left\langle \begin{array}{l} CH = C \left\langle \begin{array}{l} C^6H^5 \\ CAz \end{array} \right. \\ OC^6H^{11}O^5 \end{array} \right.$$

— Le même auteur l'a obtenu en condensant l'hélicine avec le cyanure de benzyle. en présence d'éthylate de sodium. Il cristallise dans l'alcool en aiguilles qui deviennent anhydres à 108° et fondent à 175-176°. Il est soluble dans 90 parties d'eau bouillante.

J. Dupont.

HÉLIOPHYLLITE (Min.). — Voyez Ecdémite, 2e Suppl., **3**, 362.

HÉLIUM. — Ce nom d'*hélium* n'a servi pendant longtemps que pour désigner un élément hypothétique. En 1868, M. Janssen [*C. R.*, **67**, 838], au cours de l'observation d'une éclipse de soleil aux Indes, étudia la chromosphère au spectroscope et signala l'existence d'une raie très brillante dans le jaune, tout à fait distincte des raies D bien connues du sodium. MM. Frankland et Norman Lockyer, qui s'occupaient également de l'étude de la chromosphère, ne pouvant attribuer la production de cette raie à aucun élément connu, l'envisagèrent comme correspondant à un élément hypothétique contenu dans l'atmosphère du soleil, l'*hélium* [*Proc. Roy. Soc.*, **17**, 91]. Depuis lors, M. Lockyer a obtenu des photographies de spectres d'étoiles présentant cette même raie caractéristique [*C. R.*, **121**, 546].

En 1882, Palmieri [*C. R. Acad. de Naples*, **20**, 233] annonça qu'il avait trouvé l'hélium, caractérisé par une raie ayant une longueur d'onde de 5875, dans une substance molle provenant d'une lave du Vésuve.

C'est à M. Ramsay, qui avait déjà isolé l'argon de l'air atmosphérique, qu'on doit d'avoir découvert l'hélium. Il l'a extrait d'un minéral rare, la clévite ou clévéite.

La clévéite a été découverte par Nordenskjold. en Norvège, à Carlshuns. Elle est formée par de l'oxyde d'uranium et diverses terres rares, et fait partie du groupe de minéraux désignés sous le nom d'*uranites.*

En étudiant cette clévéite, M. Hillebrand, de Baltimore, reconnut que ce minéral contenait environ 2 0/0 d'un gaz qui s'en dégageait sous l'action de la chaleur. De l'étude du spectre de ce gaz, M. Hillebrand conclut à son identité avec l'azote. De plus, en le combinant avec l'hydrogène sous l'action de l'étincelle électrique, en présence d'acide sulfurique, il obtint du sulfate d'ammonium [*Bull. U. S. A. Geol. Survey*, **78**, 43].

M. Ramsay, occupé alors de l'étude de l'argon, entreprit un examen plus approfondi du gaz de la clévéite, pensant qu'il devait renfermer de l'argon, et espérant tirer de cette étude un moyen de faire entrer l'argon en combinaison avec quelqu'un des éléments constituants de la clévéite. En effet, M. Hillebrand avait remarqué qu'il existait un rapport défini entre les quantités de gaz et d'oxyde d'urane qui constitue, avec l'oxyde de plomb et des terres rares, la clévéite.

En faisant passer l'étincelle électrique à travers un mélange de ce gaz et d'oxygène, en présence de soude caustique, M. Ramsay obtint un résidu gazeux donnant le spectre de l'argon et, en outre, un autre spectre présentant une raie jaune très brillante, ne coïncidant pas avec la raie D du sodium, mais très voisine de celle-ci, et identique avec la raie de l'hélium hypothétique. Cette découverte fut communiquée à l'Académie des Sciences par M. Berthelot, dans la séance du 25 mars 1895.

Très peu de temps après, M. Cleve examina aussi la clévéite. Le minéral était chauffé dans un tube à combustion avec du bisulfate de potassium; le gaz, à sa sortie du tube, était lavé dans une solution de potasse. Son spectre ne présenta pas les lignes de l'argon. Ses raies, d'après les mesures de M. Thalèn, étaient les suivantes :

Longueurs d'onde.	Atlas.	Intensités.
6677	Angström.	Demi-forte.
5875,9	Mesure micrométrique.	Forte.
5048	Rowland. Tableaux photographiques.	Demi-forte.
5016		Forte.
4922		Demi-forte.
4713,5	Angström.	Plus faible.

[*C. R.*, **120**. 834].

D'après les mesures de M. Crookes sur le gaz isolé par M. Ramsay, la longueur d'onde de la raie caractéristique de l'hélium est 587,49. Nous reviendrons plus loin sur cette question.

Extraction de l'hélium des minéraux. — On peut extraire l'hélium des minéraux comme le faisait M. Hillebrand, et au début M. Ramsay, en chauffant la matière pulvérisée avec de l'acide sulfurique. Mais il est plus simple d'avoir recours seulement à l'action de la chaleur. D'après

MM. Ramsay, J.-N. Collie et Morris Travers [*Chem. Soc.*, **67**, 684], la meilleure méthode pour extraire l'hélium des minéraux consiste à placer quelques grammes de la substance dans un petit réservoir de verre de Bohême très dur, dans lequel on fait le vide au moyen d'une pompe à mercure. Entre le réservoir et la pompe, on place un tube contenant de la chaux sodée et de l'acide phosphorique pour absorber l'acide carbonique et la vapeur d'eau. Quand tout le gaz s'est dégagé, on élève la température jusqu'au ramollissement du verre.

Il se dégage souvent de l'hydrogène. Pour l'éliminer, on ajoute de l'oxygène et on fait passer l'étincelle; l'oxygène en excès est ensuite absorbé par l'acide pyrogallique et la potasse. Au moyen d'un dispositif spécial, le gaz est ensuite transvasé dans un tube de Plücker, et on examine son spectre.

Plusieurs minéraux ainsi traités ont dégagé un gaz hydrocarboné. Les auteurs n'ont pas déterminé si ce gaz préexistait dans le minéral, ou s'il prenait naissance pendant la chauffe. Ils s'en débarrassaient en traitant le mélange gazeux dans un tube à électrodes d'aluminium.

De nombreuses substances minérales ont été soumises à ce traitement. Celles qui ont fourni de l'hélium sont, outre la clévéite : l'yttrotantalite, l'hyelmite, la fergusonite, la tantalite, la monazite, l'orangite et quelques autres. L'hélium existe donc dans les minerais constitués par des composés de l'uranium, de l'yttrium et du thorium; cependant l'uranium n'existe ni dans la xénotime ni dans la monazite.

Pour 1 gramme de minéral on a trouvé, dans plusieurs échantillons de monazite, de fergusonite ou de samarskite, jusqu'à 1^{cc},5 d'hélium; dans la colombite, 1^{cc},3 de gaz formé principalement d'hélium; dans la pechblende zirconifère du Colorado, 0^{cc},36 de gaz contenant de 0^{cc},30 à 0^{cc},27 d'hélium; dans la malacon d'Hitteroe (Norvège), 2^{cc},4 de gaz formé d'argon et d'hélium. Les autres minéraux qui ont fourni l'hélium, tant à MM. Ramsay, Collie et Travers qu'à M. Lockyer, sont l'æschinite, la bröggérite, la cérite, l'éliasite, la gummite, le pyrochlore, la thorogummite, l'orthite, la polycrase, la xénotime, l'uranite et l'yttrogummite. Un certain nombre d'autres minéraux examinés n'ont dégagé que de l'hydrogène et de l'oxyde de carbone.

Les minéraux qui peuvent servir pratiquement à l'extraction de l'hélium sont la clévéite, l'yttrotantalite et la bröggérite. Le produit brut extrait de la bröggérite contient sans doute de l'hydrogène sulfuré, car il noircit le mercure.

M. Ramsay [*C. R.*, **120**, 1049] a encore examiné les gaz qui se trouvent emprisonnés dans le fer météorique. La météorite employée provenait d'Augusta County, Virginie (Etats-Unis). Elle renfermait :

Fe 88,4 Co 0,4 C 0,2
Ni 10,2 P 0,3 traces Cu, Sn, Mn, Cl, S, SiO^2.

60 grammes de matière ont donné 45 centimètres cubes d'un gaz dont quelques centièmes ont disparu par détonation avec l'oxygène. Le résidu a été soumis ensuite à l'action de l'étincelle électrique en présence de soude caustique. Une petite contraction a eu lieu. Examiné au spectroscope, le résidu a donné les raies caractéristiques de l'argon et de l'hélium.

M. Tscherniak [*J. Soc. chim. russe*, **29**, 293] a trouvé de l'hélium dans un minéral du Caucase, existant en veines dans une houille des environs de Koutaïs. C'est une matière très complexe, renfermant 10 0/0 d'oxydes de la famille du cérium, 18 0/0 de silice, 11 0/0 d'alumine et 52 0/0 de sulfate de calcium hydraté, avec des traces de fer, de manganèse, de magnésium, de sodium et de potassium. La substance avait déjà été calcinée en vue d'expériences antérieures d'une autre nature; néanmoins, en la fondant avec du bisulfate de potassium, on a pu en extraire 1,1 0/0 d'un gaz qui a été trouvé identique à l'hélium, sans aucune trace d'argon.

Par contre, dans un autre minéral du Caucase, titanate riche en métaux du groupe du cérium et très pauvre en urane, le même auteur n'avait trouvé que de l'argon.

État de l'hélium dans les minéraux. — Il était fort intéressant de rechercher à quel état se trouve l'hélium dans les minéraux. Plusieurs expériences ont été instituées afin de résoudre ce problème.

M. Tilden [*Proceed. Roy. Soc.*, **19**, 1549] chercha si la clévéite, de laquelle on avait extrait l'hélium, pouvait de nouveau absorber ce gaz.

Un échantillon de minéral, débarrassé au préalable d'hélium, fut chauffé dans le vide à 400°, et ensuite abandonné en présence du gaz même qu'il avait dégagé, celui-ci ayant été bien débarrassé d'acide carbonique et de vapeur d'eau. On maintint le minéral au contact du gaz pendant 18 heures, à la température de 100° et sous la pression de 7 atmosphères. Après ce traitement, le minéral porté à 360° dégagea un peu d'hélium.

Dans les mêmes conditions, de l'uranate de plomb artificiel n'absorba aucune trace de gaz.

Ces expériences ne sont pas très concluantes. Rien ne prouve en effet que le dégagement gazeux observé ne soit pas dû simplement aux dernières portions d'hélium demeurées dans le minéral et ne s'étant pas dégagées lors du premier chauffage.

La même expérience, répétée par M. Ramsay à la pression ordinaire, a donné un résultat négatif. Ces observations ne permettent pas jusqu'ici de tirer de conclusion.

Plus probantes sont les expériences de MM. Ramsay et Travers sur la fergusonite [*Chem. News*, **77**, 64]. Ce minéral, qui est essentiellement un niobate d'yttrium, chauffé entre 500 et 600°, devient subitement incandescent en dégageant beaucoup d'hélium. En même temps sa densité diminue.

Chaque gramme dégage, au moment de l'incandescence, 1^{cc},43 de gaz, présentant la composition suivante :

Hélium	25,50
Hydrogène	5,47
Acide carbonique	17,14
Azote	51,88

En chauffant ensuite le minéral avec du bisulfate de potassium, on recueille encore 1 centimètre cube d'hélium par gramme.

La densité du minéral avant l'incandescence était de 5,619; après l'incandescence elle n'était plus que de 5,375.

La quantité de chaleur dégagée au moment de l'incandescence était, pour 1 gramme, de 809 calories. La chaleur spécifique, entre 0 et 270°, de 0,1069.

MM. Ramsay et Travers ont étudié d'autres minéraux dégageant de la chaleur par la calcination : tels sont la gadolinite et l'æschinite. Mais dans ce cas il y a augmentation de la densité, et les gaz dégagés sont beaucoup plus pauvres en hélium :

	cc. de gaz par gramme				Densité		Perte de poids
	H^2	CO	CO^2	He	Avant	Après	
Gadolinite	0,70	0,01	1,06	0,00	4,289	4,371	0,82
Æschinite	0,44	0,00	0,21	0,24*	4,683	4,793	1,016

M. J. Thomsen, de son côté, a constaté un phénomène analogue avec un minéral du Groenland. Ce minéral, découvert à Ivitut, se présente en masses brunes, régulières. Il est composé essentiellement de fluorure de calcium, accompagné de fluorures de métaux du groupe du cérium et de l'yttrium. Si on le chauffe dans une capsule de platine, il émet une lumière intense d'un jaune d'or. Cette incandescence se manifeste aussi dans le vide, et est accompagnée d'une diminution du poids du minéral. Quand il a été ainsi chauffé, le minéral ne peut plus présenter ce phénomène.

Les gaz recueillis dans le vide consistaient en un mélange d'hélium et d'un composé carboné. L'hélium ainsi obtenu a été purifié par passage sur une colonne d'oxyde de cuivre chauffé. Après ce traitement, il a donné à la cathode le spectre de l'hélium, très intense et très pur, sans aucune trace du spectre de l'hydrogène. A l'anode, on observait les spectres de l'azote et du carbone.

Le spath fluor présente les mêmes phénomènes que le minéral d'Ivitut, mais le gaz dégagé ne contient aucune trace d'hélium [*Zeit. physik. Chem.*, **25**, 112].

D'après ces expériences, on est fondé à conclure que l'hélium existe dans la fergusonite, comme dans le minéral d'Ivitut, à l'état de combinaison endothermique.

L'uranium et divers métaux rares, l'yttrium et le thorium, entrent généralement comme constituants dans les minéraux renfermant de l'hélium. Il n'est cependant pas démontré que cette présence soit nécessaire. Ainsi l'uranium n'existe pas dans la xénotime et la monazite, minéraux qui renferment de l'hélium. Aucun des oxydes d'uranium, chauffé en présence d'hélium, n'absorbe ce gaz.

Autres sources d'hélium. — L'hélium a encore été trouvé, soit seul, soit accompagnant l'argon, dans les gaz dégagés par certaines eaux minérales. Lord Rayleigh et M. Ramsay l'ont caractérisé dans les gaz des sources de Bath, dont il forme environ 1,2 0/0.

M. H. Kayser [*Chem. Zeit.*, **19**, 1549] a constaté la présence de l'argon et de l'hélium dans les gaz que dégagent les sources de Wildbad, dans la Forêt-Noire. Ces gaz contiennent 96 0/0 d'azote. Ils ont été traités à la manière ordinaire : on les a mélangés avec de l'oxygène, fait détoner, puis on a absorbé l'excès d'oxygène par le pyrogallate de potassium. Enfin on a procédé à l'examen spectroscopique.

M. Bouchard [*C. R.*, **121**, 392] a examiné les gaz qui se dégagent, à l'état de bulles très fines, des eaux de certaines sources sulfureuses des Pyrénées. Ces eaux étant alcalines et renfermant du sulfure et du silicate de sodium, les gaz ne peuvent être formés ni d'oxygène, ni d'acide carbonique. En raison de leurs caractères négatifs, on a admis que c'était de l'azote, d'où le nom d'*azoades* donné par les médecins espagnols à ces sources. Débarrassés de l'azote comme il sera dit plus loin, ces gaz ont tous fourni le spectre de l'hélium, accompagné pour certains d'entre eux de celui de l'argon. L'hélium seul a été trouvé dans les gaz des griffons des sources des Bois (Cauterets); l'hélium et l'argon dans les gaz du griffon de la Raillière (à Cauterets également).

M. Moureu a également trouvé l'hélium, accompagné de l'argon, dans les gaz qui s'échappent en grosses bulles de la source d'eau lithinée de Maizières (Côte-d'Or). Le gaz recueilli renfermait environ 2 0/0 d'oxygène. Le reste offrait les caractères négatifs de l'azote. Traité par le lithium à la température du rouge sombre, il a laissé un résidu très notable, compris entre 1/10 et 1/15 du volume total. Examiné au spectroscope, ce gaz résiduaire a présenté nettement les raies caractéristiques de l'argon et de l'hélium.

MM. R. Nasini et F. Anderlini ont recherché l'argon et l'hélium dans les gaz émis par des sources chaudes et divers évents volcaniques d'Italie [*Gazz. chim. ital.*, **28**, 81]. Ils ont trouvé, dans les gaz des thermes d'Albano, en Toscane, 2 0/0 d'argon et des traces d'hélium (ces 2 0/0 se rapportent à la totalité du gaz recueilli); dans les gaz des Apennins toscans, 3 0/0 d'argon et pas d'hélium; dans les suffioni des gisements de borax de la Toscane (Laderello), 2 0/0 d'argon et 1 0/0 d'hélium. Ces suffioni de Laderello constituent donc une source très riche d'hélium.

M. Bouchard avait émis l'idée que les gaz des sources de Cauterets pouvaient ne pas provenir exclusivement de l'atmosphère, mais être engendrés par une action souterraine. Cette dernière prévision s'est trouvée démontrée par des expériences de MM. Troost et Ouvrard [*C. R.*, **121**, 798]. Ces savants ont en effet examiné les gaz extraits de l'eau de Seine et de l'eau de mer recueillie à marée haute sur les côtes de l'Océan. Après leur avoir fait subir un traitement convenable, on les a examinés au spectroscope dans un tube de Plücker à électrodes de magnésium. On n'a observé que le spectre de l'argon, avec des traces à peine sensibles, et même souvent douteuses, du spectre de l'hélium, tandis que les gaz des sources de Cauterets donnent très nettement les raies caractéristiques de l'argon et de l'hélium (source de la Raillière) ou de l'hélium seul (source des Bois). Il est donc démontré que la présence de l'hélium dans les gaz des sources ne doit pas être attribuée à l'atmosphère, mais plutôt à la présence des roches contenues dans les terrains que ces eaux minérales ont traversés.

D'ailleurs la présence de l'hélium dans l'atmosphère n'est pas démontrée. Ce fait, avancé par M. Kayser et M. Friedländer, a été controuvé par lord Rayleigh et M. Ramsay.

Purification de l'hélium. — La préparation de l'hélium pur pour les déterminations de constantes physiques est une opération des plus délicates et qui sera décrite plus bas. Avant de procéder à ces traitements, il faut se procurer un gaz débarrassé de la majeure partie des impuretés qui l'accompagnent.

L'acide carbonique et la vapeur d'eau sont enlevés sans grande difficulté par les procédés habituels. L'azote s'élimine au moyen du magnésium et du lithium, comme on l'a indiqué précédemment à propos de l'argon (Voy. Ekazote, 2e Suppl., **2**, 373). On peut aussi combiner cet élément avec l'oxygène sous l'action de l'étincelle électrique, en présence de soude caustique. Pour éliminer l'excès d'oxygène, on fait passer un fragment de phosphore dans un tube rempli de mercure placé sur la cuve. On chauffe le sommet du tube de manière à fondre le phosphore, puis on y fait passer le gaz au moyen d'une pipette. Chaque bulle en passant à travers le phosphore fondu se dépouille de son oxygène. On obtient ainsi un gaz sensiblement pur.

PROPRIÉTÉS PHYSIQUES.

Densité. — M. Ramsay, dans une première publication, avait indiqué pour la densité de l'hélium, par rapport à l'hydrogène, le nombre 3,89. M. Langlet, au laboratoire de M. Cleve, en expérimentant sur le gaz de la clévéite, indiqua le nombre 2. Depuis, MM. Ramsay, Norman Collie et Morris Travers, par une série d'expériences, ont confirmé cette dernière donnée [*Chem. Soc.*, **68**, 690]. Le gaz sur lequel ils avaient opéré précédemment renfermait de l'azote. Leurs nouvelles expériences, très délicates, ont porté sur l'hélium fourni par différents minéraux. Pratiquement, les nombres trouvés coïncident.

Le gaz fourni par la bröggérite avait, brut, une densité de 11,90. Après absorption par la soude, la densité était de 2,105 ; après traitement par la mousse de palladium, obtenue en réduisant le chlorure par l'hydrogène au rouge sombre, de 2,284.

Ensuite le gaz fut mis en contact avec de l'oxyde de cuivre préalablement chauffé au rouge dans le vide ; l'eau formée fut absorbée par de l'anhydride phosphorique. Sur 78 centimètres cubes de gaz, il se forma une quantité d'eau correspondant à 2 centimètres cubes d'hydrogène. La densité du gaz fut de nouveau déterminée, et trouvée égale à 2,606.

En variant les expériences, en soumettant les gaz de diverses provenances successivement à des traitements par la soude, l'oxyde de cuivre au rouge, le magnésium à une température assez élevée pour qu'il fût réduit en vapeurs, on obtint les résultats suivants :

	Densité.
Gaz obtenu en chauffant la bröggérite	2,152
Gaz obtenu en chauffant la bröggérite avec du bisulfate de potassium	2,187
Gaz provenant de la clévéite	2,205

Après le traitement au magnésium, ce métal dégageait de l'ammoniaque quand on le traitait par l'eau, preuve d'une absorption d'azote.

La densité moyenne, d'après ces expériences, était donc de 2,181. Les pesées avaient été effectuées avec des quantités de gaz très petites, le ballon employé n'ayant qu'une capacité de 33^{cc},023.

Les trois échantillons de gaz furent alors réunis, soumis à de nouveaux traitements, et finalement pesés dans un ballon ayant une capacité de 162^{cc},843. La densité de ce gaz très pur fut trouvée de 2,133.

L'hélium est donc, après l'hydrogène, le plus léger des gaz connus.

On trouvera plus loin des mesures indirectes de densité de l'hélium (*Homogénéité de l'hélium*).

Solubilité. — L'hélium est très peu soluble dans l'eau. Dans ses premières expériences, M. Ramsay avait indiqué qu'un volume d'eau absorbait 0^{vol},0073 d'hélium. Plus récemment, M. Tadeusz Estreicher est revenu sur cette question, ainsi que sur celle de la solubilité de l'argon. D'après ses expériences, 1 volume d'eau, sous la pression de 760 millimètres, absorbe, pour chacun des deux gaz et à diverses températures :

	0°	5°	10°	20°
Argon..	0,05780	0,05080	0,04525	0,03790
Hélium .	0,01500	0 01460	0,01442	0,01386

	30°	40°	50°
Argon..	0,03256	0,02805	0,02567
Hélium .	0,01382	0,01387	0,01404

Comme on le voit, la solubilité de l'hélium est double de celle qu'avait d'abord trouvée M. Ramsay. La courbe de solubilité présente un minimum vers 25° [*Zeit. physik. Chem.*, **31**, 176].

L'hélium est insoluble dans le benzène et dans l'alcool absolu.

Rapport des chaleurs spécifiques. — La détermination de la vitesse de propagation du son dans un gaz permet de déduire le rapport de la chaleur spécifique à volume constant à la chaleur spécifique à pression constante. On tire ce rapport de l'équation

$$n\lambda = v = \sqrt{\frac{e}{d}(1 + \alpha t)\frac{C}{c}},$$

dans laquelle n est le nombre de vibrations, λ la longueur d'onde, v la vitesse, e le coefficient d'élasticité isothermique, d la densité, $1 + \alpha t$ le binôme de dilatation, C la chaleur spécifique à pression constante, c la chaleur spécifique à volume constant.

Si l'on considère deux gaz obéissant avec une approximation suffisante à la loi de Mariotte, et que l'on emploie le même son, certains termes de l'équation disparaissent. On peut déduire le rapport des chaleurs spécifiques de l'un des gaz du rapport obtenu pour l'autre gaz, si ce dernier est connu, par l'équation

$$\frac{\lambda^2 d}{\lambda'^2 d'} = \frac{1,41}{x},$$

λ et d se rapportant à l'air, pour lequel ce rapport est 1,41 (Röntgen, Wullner, Kayser, Jamin et Richard).

La vitesse du son dans l'hélium a été mesurée dans un tube de 1 mètre de longueur et 9 millimètres de diamètre intérieur. Dans une première série d'expériences, effectuées avec l'échantillon de gaz dont la densité était de 2,218, le rapport obtenu fut 1,632. Après les nouvelles opérations de purification qui eurent pour effet d'amener la densité à 2,133, le rapport $\frac{C}{c}$ fut égal à 1,652, nombre suffisamment approché du nombre théorique 1,66. On a vu que pour l'argon ce rapport était égal à 1,659. On en peut conclure que le nombre 2,133 représente d'une manière très approchée la densité de l'hélium.

Dilatation. — MM. Kuenen et Randall [*Proc. Roy. Soc.*, **59**, 198] ont comparé les dilatations de l'argon et de l'hélium par rapport à celles de l'air et de l'hydrogène. Le même thermomètre, rempli successivement avec l'argon, l'hélium, l'air et l'hydrogène, était porté à différentes températures dans des vapeurs de liquides à points d'ébullition connus. On a trouvé, pour les coefficients de dilatation à volume constant entre 0 et 100° :

Hélium	0,003665
Argon	0,003668
Air	0,003663
Hydrogène	0,003667

Liquéfaction. — M. Olzewsky, en 1896, rendant compte d'expériences de liquéfaction de l'hélium effectuées avec le concours de l'air liquide, disait : « Aussi loin que mes expériences ont pu être poussées, l'hélium reste un gaz permanent, et il est apparemment plus difficile à liquéfier que l'hydrogène. »

M. Dewar, en 1898, est arrivé à liquéfier l'hydrogène, puis l'hélium [*Chem. Soc.*, **73**, 528]. L'hydrogène a été liquéfié en faisant détendre dans le vide le gaz préalablement comprimé à 180 atmosphères, et refroidi à —250° au moyen d'un bain d'air liquide.

Un échantillon d'hélium purifié, placé dans un petit ballon terminé par un tube étroit, fut immergé dans un bain d'hydrogène liquide. On vit bientôt un liquide distinct se condenser. Il semble donc qu'il n'y ait pas une grande différence entre le point d'ébullition de l'hélium et celui de l'hydrogène.

Il peut sembler étrange, au premier abord, que l'hélium, dont la densité est double de celle de l'hydrogène, soit plus difficilement liquéfiable que ce dernier gaz. Comme nous le verrons, l'hélium semble être monatomique. C'est dans cette nature monatomique qu'on peut trouver l'explication de cette anomalie. L'argon, qui a une densité plus élevée que l'oxygène, a également un point de liquéfaction plus élevé que ce dernier.

Indice de réfraction. — Cette constante a été mesurée par lord Rayleigh, au moyen de la méthode des interférences, en comparant les pressions auxquelles il faut soumettre l'air et l'hélium pour équilibrer les retards des rayons qui traversent deux tubes d'égale longueur et remplis avec les deux gaz. Elle est égale à 0,1245, soit à peine le 1/8 de l'indice de réfraction de l'air. L'hélium est jusqu'ici le gaz présentant l'indice de réfraction le plus faible.

Viscosité. — Lord Rayleigh a trouvé que la viscosité était exprimée, par rapport à l'air, par le nombre 0,96.

Spectre de l'hélium. — L'étude du spectre de l'hélium a été faite d'une manière très approfondie par plusieurs savants, et notamment par M. Crookes, M. Norman Lockyer, MM. Runge et Paschen et M. Braun. Comme nous l'avons dit plus haut, la raie caractéristique du spectre de l'hélium est une raie jaune, très intense, identique avec la ligne D_3 du spectre solaire, dont la longueur d'onde est 5876,0.

Ces déterminations spectrales étant d'une extrême importance pour l'étude de l'hélium et des gaz analogues dépourvus de propriétés chimiques, nous reproduisons complètement le tableau donné par M. Crookes [*Chem. News*, 30 août 1895]. Ce savant a examiné cinq échantillons de gaz :

1° Un échantillon provenant de la clévéite;

2° Un échantillon extrait de l'uranite;

3° Un échantillon extrait de la bröggérite

Ces trois échantillons avaient été préparés par M. Ramsay.

4° Un échantillon préparé par M. Norman Lockyer avec la bröggérite.

5° Un échantillon de gaz très pur, fourni par M. Ramsay.

Le tableau suivant résume les observations de M. Crookes :

Longueur d'onde.	Intensité.	Caractères des raies.
7065,5	5	*Raie rouge* observée dans tous les échantillons de gaz. Runge et Paschen, 7065,77 et 7065,51. Pour la chromosphère, M. Young indique une longueur d'onde de 7065,5.
6678,1	8	*Raie rouge* dans tous les échantillons. Pour la chromosphère : Thalèn, 6677; Lockyer, 6678; Young, 6678,3.
5876,0	30	*Raie jaune* caractéristique de l'hélium dans tous les échantillons. Runge et Paschen, 5876,21. Pour la chromosphère : Thalèn, 5875,9; Rowland, 5875,98; Young, 5876.
5062,15	3	
5047,1	5	*Raie jaune-verte*, seulement dans les échantillons 3, 4 et 5. Runge et Paschen, 5047,82. Thalèn, 5048.
5015,9	5	*Raie verte* dans tous les échantillons. Thalèn, 5019; Young, 5015,9.
4931,9	3	
4922,6	10	*Raie verte* dans tous les échantillons. Thalèn, 4922; Young, 4922,3.
4870,6	7	*Raie* vue seulement dans l'échantillon 2 (uranite). Young, 4870,4.
4847,3	7	Seulement dans 2. Young, 4848,7.
4805,6	9	Seulement dans 2. Young, 4805,25.
4735,1	10	Très forte *raie bleu-verdâtre*, seulement dans l'échantillon 2.
4713,4	9	*Raie bleue* dans tous les échantillons. Thalèn, 4713,5; Young, 4713,4.
4658,5	8	*Raie bleue*, seulement dans l'échantillon 2.
4579,1	3	Faible *raie bleue* dans l'échantillon 2. — M. Lockyer a trouvé dans le spectre de gaz provenant de divers minéraux une raie de longueur d'onde 4580. M. Crookes ne l'a pas observée avec les échantillons de gaz fournis par la bröggerite. L'hydrogène fournit une raie de longueur d'onde 4580,1.
4559,4	2	Young, 4558,9.
4544,1	5	
4520,9	3	Faible *raie bleue*, dans l'échantillon 2. — M. Lockyer a également signalé une raie de longueur d'onde 4522 donnée par plusieurs échantillons. Young, 4522,9. Cette raie ne se trouve pas dans les spectres des gaz de la bröggerite.
4511,4	5	*Raie bleue*, seulement avec l'échantillon 2. Elle coïncide avec l'origine d'une bande du carbone dans les spectres de l'acide carbonique et du cyanogène.
4497,8	2	Il existe une raie de l'hydrogène de longueur d'onde 4498,75.
4471,5	10	*Raie bleue* très intense, présentant une raie plus faible de chaque côté. Très marquée dans tous les échantillons examinés. Young, 4471,8; Lockyer, 4471 pour un gaz extrait de la bröggerite. Runge et Paschen, 4471,85 et 4471,66.
4437,7	9	Observée dans l'échantillon 5 (hélium très pur).
4435,1	1	Young, 4435,2.
4428,1	10	Paire de raies données seulement par les gaz de l'uranite. Young, 4426,6 et 4425,6.
4424,0	10	
4399,0	10	Forte raie, seulement dans le spectre des gaz de l'uranite. — M. Lockyer a indiqué une raie 4398 pour les gaz de certains minéraux; M. Young une raie 4398,9.
4386,3	6	Dans tous les échantillons. Young, 4385,4. Runge et Paschen, 4388,11
4373,8	8	Seulement dans les gaz de l'uranite.
4371,0	8	
4348,4	10	Seulement dans le gaz de l'uranite. M. Lockyer a indiqué une raie 4347 dans les spectres de gaz de diverses provenances.
4333,9	10	Raie probablement double, dans les gaz de la clévéite et de l'uranite; non observée avec les autres échantillons.
4298,7	6	Seulement dans les gaz de l'uranite. Young, 4298,5.
4281,3	6	Seulement dans les gaz de l'uranite.
4271,3	5	
4258,8	7	Observée avec tous les échantillons.
4227,1	5	Seulement avec les gaz de l'uranite. Young, 4226,89.
4193,6	9	Groupe très net dans les gaz de l'uranite, très faible dans les gaz de la clévéite. On l'a observé dans l'échantillon de gaz de la bröggerite de M. Lockyer, non dans celui de M. Ramsay.
4189,9	9	
4181,5	9	
4178,1	1	Raie très faible. Young, 4179,5. M. Lockyer signale une raie 4177 dans les gaz d divers minéraux.
4169,4	6	Dans l'échantillon 5 (hélium très pur).
4157,6	8	Raie intense dans les gaz de l'uranite, très faible dans ceux de la bröggerite; non observée dans le gaz de la clévéite.

Longueur d'onde.	Intensité.	Caractères des raies.
4143,9	7	Raie forte dans le gaz de la clévéite et de la bröggerite (échantillon Lockyer), dans l'échantillon 5 (hélium très pur), faible dans le gaz de la bröggerite (échantillon Ramsay).
4121,3	7	Dans tous les spectres, sauf dans celui du gaz de la clévéite. Runge et Paschen, 4121,15 et 4120,98.
4044,3	9	Dans les spectres des gaz de l'uranite et de la clévéite, absente des autres.
4026,1	10	Paire de raies observée dans tous les échantillons de gaz, sauf dans celui de la bröggerite de M. Ramsay. M. Lockyer a observé une raie de longueur d'onde 4026,5 dans les gaz fournis par certains échantillons de bröggerite.
4024,15	6	
4012,9	7	Dans tous les échantillons.
4009,2	7	Dans l'échantillon 5 (hélium très pur).
3964,8	10	Raie centrale d'un triplet obtenu seulement avec les échantillons 1, 4 et 5. La chromosphère solaire présente une raie de longueur d'onde 3964 (Hales).
3962,3	4	Dans tous les échantillons.
3948,2	10	Raie très intense avec le gaz de l'uranite, très faible dans celui de la clévéite, non existante dans les autres. D'après M. Lockyer, le spectre d'un gaz de la bröggerite présentait une raie de longueur d'onde 3947.
3925,8	2	Dans l'échantillon 5.
3917,0	2	
3913,4	4	Seulement dans le gaz provenant de l'uranite et dans l'échantillon 5. La chromosphère solaire présente une raie de longueur d'onde 3913,5 (Hales).
3890,5	9	Triplet tres intense observé avec tous les échantillons. M. Lockyer a observé une raie 3889 avec un gaz fourni par la bröggerite. Le spectre solaire présente une raie 3888,73 (Hales).
3888,5	10	
3885,9	9	
3874,6	6	Seulement dans le gaz de l'uranite.
3867,7	8	Seulement dans l'échantillon 5.
3819,4	10	Dans tous les échantillons. La chromosphère présente une raie de longueur d'onde 3819,8 (Deslandres).
3800,6	4	Dans l'échantillon 5.
3732,5	5	Dans l'échantillon 5. Hales, 3733,3.
3705,4	6	Dans tous les échantillons. La chromosphère présente une raie de longueur d'onde 3705,9 (Deslandres).
3642,0	8	Seulement dans le gaz de l'uranite.
3633,3	8	Seulement dans l'échantillon 5.
3627,8	5	Seulement dans le gaz de l'uranite.
3613,7	9	Seulement dans l'échantillon 5.
3587,0	5	
3447,8	8	
3353,8	5	
3247,5	2	
3187,3	10	Raie centrale d'un triplet très faible dans les gaz de la clévéite et de l'uranite, forte dans l'échantillon 5 et le gaz de la bröggerite (Lockyer), invisible dans le gaz de la bröggerite (Ramsay).
2944,9	8	Raie intense, observée seulement dans les gaz de la bröggerite et l'échantillon 5.
2536,5	8	Seulement dans l'échantillon 5. Le spectre du mercure présente une raie de longueur d'onde 2536,72.
2479,1	4	Seulement dans l'échantillon 5.
2446,4	2	
2419,8	2	

On voit combien curieux, mais en même temps combien complexes et difficiles à interpréter, sont les résultats de cet examen. Suivant la provenance des gaz, on observe, pour une même raie, des différences d'intensité considérable.

Dans ses expériences, M. Norman Lockyer a même constaté l'absence d'une partie des raies contenues dans le tableau ci-dessus. Par contre, en examinant le gaz fourni par le chauffage de l'éliasite dans le vide, le même savant a observé des raies nouvelles, dont plusieurs ont été identifiées avec des raies de la chromosphère solaire.

Homogénéité de l'hélium. — MM. Runge et Paschen [*Sitzungsb. Akad. d. Wissensch.*, 1895, 639], pour interpréter les résultats de l'analyse du spectre de l'hélium, ont émis l'idée, qui fut généralement acceptée alors, que ce corps n'était pas un élément mais pouvait être un mélange de deux gaz. Pour élucider cette question, MM. W. Ramsay et N. Collie [*C. R.*, **123**, 214, 542; *Proceed. Roy. Soc.*, **60**, 206] ont soumis l'hélium à une diffusion fractionnée méthodique, ayant pour but de séparer les éléments plus légers des éléments plus lourds. Leur appareil [*Ann. Chim. Phys.*, (7), **13**, 461] se composait d'un tube en terre poreuse (tuyau de pipe ordinaire), fermé par un bout au moyen du chalumeau, et entouré d'un tube de verre où arrivait le gaz à étudier; le vide était fait dans le tuyau de pipe au moyen d'une pompe Töpler, qui permettait de recueillir le gaz diffusé. MM. Ramsay et Collie séparèrent ainsi l'hélium en deux portions : l'une ayant une densité de 2,057, l'autre une densité de 2,452; mais les deux portions donnaient le même spectre; dans la partie la plus dense, se voyait toutefois nettement le spectre de l'argon.

MM. Ramsay et Travers [*Proceed. Roy. Soc.*, **62**, 316] reprirent cette recherche en se servant d'un appareil plus grand et en opérant sur une importante quantité d'hélium (2 litres). Après 1500 diffusions, ils réussirent à séparer ce gaz en deux fractions : l'une, dont la densité ne put être modifiée par de nouvelles diffusions fractionnées, était constituée par de *l'hélium pur*. Sa densité était de 1,98, son indice de réfraction de 0,1238. L'autre portion ne put être amenée à une densité constante, celle-ci augmentant au fur et à mesure que l'on multipliait les diffusions. Ayant poussé l'opération jusqu'à ce qu'il ne restât plus que 2 ou 3 centimètres cubes de gaz, les opérateurs reconnurent que ce résidu était de l'argon. Le gaz, examiné au spectroscope, n'a montré que les spectres de l'argon et de l'hélium, sans trace d'aucune autre ligne inconnue. On doit donc admettre que l'hélium est un gaz homogène et un élément; les différences que l'on relève dans les différentes mesures de ses constantes physiques proviennent de la présence d'une petite quantité d'argon dont il est extrêmement difficile de le débarrasser. Quant aux anomalies que MM. Runge et Paschen ont relevées dans son spectre, les mêmes savants ont constaté depuis que le spectre de l'oxygène donne lieu aux mêmes remarques, ce qui enlève toute valeur à leur hypothèse de l'inhomogénéité de l'hélium.

Au cours de ces expériences, M. Ramsay et ses collaborateurs ont eu l'occasion de faire de nombreuses mesures de la vitesse de diffusion de l'hélium et de la comparer à celles d'autres gaz, ce qui permet une détermination indirecte de la densité. Or, en comparant la densité déterminée par pesée avec celle qui résulte de la mesure de la vitesse de diffusion, on peut voir que l'hélium possède une vitesse de diffusion environ 10 0/0 plus grande que celle qu'on calcule d'après sa densité réelle.

M. Strutt a étudié les phénomènes de la décharge électrique dans l'hélium [*Philos. Mag.*, (5), **49**, 293].

PROPRIÉTÉS CHIMIQUES.

L'hélium apparait, ainsi que l'argon, comme doué d'affinités extrêmement faibles, ce que peut expliquer sa nature de gaz monatomique.

MM. Ramsay et N. Collie [*Proceed. Roy. Soc.*, **60**, 53] ont fait de nombreuses expériences pour le faire entrer en combinaison, mais sans résultats.

Le sodium distille dans l'hélium sans altération, ainsi que le zinc, le cadmium, le phosphore, l'arsenic, le soufre, le sélénium; le silicium n'est pas attaqué à haute température; un mélange chauffé d'acide borique et de magnésium, produisant du bore, n'a donné lieu à aucune absorption, de même les mélanges de magnésium et d'oxyde d'yttrium ou d'oxyde d'uranium; le thallium, le plomb, l'étain, l'antimoine, le bismuth, fondus dans un courant d'hélium, restent brillants; le chlore mélangé d'hélium et soumis à l'action de l'effluve ne donne pas de combinaison : on retrouve à la fin de l'expérience le volume d'hélium primitif. Enfin, ni le mélange de chaux sodée et d'azotate de potassium chauffé au rouge vif, ni les polysulfures de calcium et de sodium, n'absorbent l'hélium.

M. Berthelot [*Ann. Chim. Phys.*, (7), **11**, 154] a réussi cependant à combiner ce gaz, de même que l'argon, avec le benzène et avec le sulfure de carbone sous l'influence de l'effluve électrique.

Hélium et benzène. — Au début de l'action de l'effluve, il ne se produit aucun phénomène lumineux visible au jour; mais au bout de 11 heures une luminescence orangée se produit, visible en plein jour, et dans laquelle le spectroscope montre nettement les principales raies de l'hélium; à ce moment l'absorption est de 8 0/0. Au bout de 17 heures d'effluve, l'absorption est de 13,7 0/0. Le produit a l'apparence d'une résine solide polymérisée, analogue à celles que donne l'argon. Au bout de 39 heures, l'absorption est de 16 0/0 du volume gazeux primitif.

Hélium et sulfure de carbone. — L'action de l'effluve ne donne lieu à aucun phénomène spécial de luminescence. Les chiffres suivants donnent une idée de la vitesse d'absorption :

Hélium 100 volumes.

	Durée.	Absorption.
	31 heures	15,7
	53 —	17,0
	63 —	18,0
	35 —	4,8
Total....	182 heures	55,5

Une expérience menée parallèlement avec l'argon a donné des chiffres analogues. Au bout de 210 heures, l'absorption totale fut de 68,4 0/0. Le produit formé était marron et rappelait le persulfocyanogène. Cette matière, séparée de l'excès d'hélium en évitant le contact de l'air, laissa dégager l'hélium combiné quand on la chauffa au rouge sombre.

Combinaison avec le magnésium. — Au cours de l'étude qu'ils ont faite des gaz extraits par M. Bouchard des eaux sulfureuses de Cauterets, MM. Troost et Ouvrard ont reconnu que l'argon et l'hélium peuvent, comme l'azote, être absorbés par le magnésium dans certaines conditions. Il suffit de soumettre les gaz à l'action des décharges électriques dans un tube de Plücker à électrodes de magnésium. Ce genre de tube permet d'ailleurs de réaliser l'élimination de l'azote dans les mélanges gazeux, sans passer par le chauffage au rouge avec le magnésium ou le lithium.

Les auteurs se sont servis pour leurs expériences d'une bobine de Ruhmkorff munie d'un interrupteur Marcel Deprez. On introduit directement le mélange de gaz secs dans le tube, et on y fait passer de fortes effluves. L'azote n'est d'abord absorbé que lentement; mais quand la pression est assez diminuée, il se produit une élévation de température des fils de magnésium suffisante pour déterminer un commencement de volatilisation, qui donne un dépôt métallique sous forme de miroir sur le verre du tube, autour des fils. La combinaison de l'azote avec la vapeur de magnésium se fait alors avec une extrême rapidité, et le spectre de cet élément disparaît. On peut, à partir de ce moment, observer nettement les raies rouges caractéristiques de l'argon, ou la raie jaune ainsi que les autres raies caractéristiques de l'hélium.

On augmente l'éclat de ces spectres en introduisant à plusieurs reprises de nouvelles quantités de gaz dans le tube de Plücker, muni d'un bon robinet de verre, et en faisant de nouveau passer de fortes effluves.

Si on poursuit l'action de l'effluve pendant plusieurs heures, on voit l'intensité lumineuse des raies diminuer peu à peu et le vide se faire complètement. L'argon et l'hélium, qui ne paraissent pas se combiner d'une manière sensible avec le magnésium chauffé à la température du rouge, se combinent donc avec ce métal, ou mieux avec sa vapeur, sous l'influence prolongée de fortes effluves.

Le platine offre des phénomènes de vaporisation et de combinaison analogues à ceux que présente le magnésium.

Ces phénomènes ont été étudiés par M. Travers [*Proceed. Roy. Soc.*, **60**, 449]. Ce savant se servait d'un tube à grandes électrodes de platine, rempli d'hélium pur sous la pression de 3 millimètres. Pendant la décharge, il se produisait une phosphorescence, signe d'absorption du gaz, et le platine se déposait sur les parois du tube en combinaison avec une partie de l'hélium; ce dernier pouvait d'ailleurs être dégagé par la chaleur. Cette expérience a conduit à un nouveau procédé de fractionnement de l'hélium, qui a permis de constater une fois de plus son homogénéité. L'argon ne montre dans les mêmes circonstances aucun phénomène d'absorption : ce fait permet de le séparer de l'hélium, quoiqu'avec difficulté, à cause de la lenteur de l'absorption de ce dernier.

ATOMICITÉ DE L'HÉLIUM. CLASSIFICATION DANS LA SÉRIE DES ÉLÉMENTS. — Nous avons vu plus haut que le rapport des chaleurs spécifiques à volume constant et à pression constante de l'hélium est égal à 1,66. Dans la théorie cinétique des gaz, ce rapport est la caractéristique de molécules dans lesquelles le travail interne est nul, c'est-à-dire de molécules animées seulement d'un mouvement de translation, ce qui conduit logiquement à admettre que ces molécules sont formées d'un seul atome. L'hélium, comme l'argon, est donc un gaz monatomique, et son poids atomique est double de sa densité, soit 3,96.

Tous les faits, toutes les anomalies observées dans les propriétés physiques de l'hélium parlent d'ailleurs en faveur d'une structure moléculaire très simple [Ramsay, *Ann. Chim. Phys.*, (7), **13**, 476] : son faible indice de réfraction, le plus faible de ceux de tous les gaz connus, sa grande conductibilité électrique, et enfin sa vitesse de diffusion, comme on l'a vu, plus grande que la vitesse calculée d'après la densité. Ajoutons que l'hélium est plus difficilement liquéfiable que l'hydrogène, malgré sa densité plus élevée que celle de ce dernier gaz, ce qui implique l'idée d'une structure plus simple. On a dit d'ailleurs que l'hélium était un gaz « plus que parfait » [Donnan, *Phil. Mag.*, (5), **49**, 423], et M. Olzewski a proposé son emploi dans les thermomètres à gaz destinés à la mesure des basses températures.

L'hélium se place ainsi naturellement avec l'argon, dans le huitième groupe de la classification périodique :

Li : 7	Gl : 9	Bo : 11	C : 12	Az : 14	O : 16	Fl : 19	He : 3,96 / ? : 20
Na : 23	Mg : 24	Al : 27	Si : 28	P : 31	S : 32	Cl : 35,5	Ar : 40

On a fait quelques objections à cette classsification à propos de l'argon, que son poids atomique devrait faire placer après le potassium, alors que ses propriétés doivent le faire placer avant; mais, outre que le poids atomique de l'argon n'est pas encore connu avec une très grande certitude, on a d'autres exemples de la même anomalie, et en particulier celui du tellure, dont le poids atomique est plus élevé que celui de l'iode, qui vient après.

Une autre raison a conduit M. Ramsay [*D. chem. G.*, **31**, 311] à adopter cette classification : c'est qu'entre He = 4 environ et Ar = 40 environ, il y a une différence de 36 unités, ce qui est la différence constante des poids atomiques des éléments occupant dans la table de Mendeléjeff une situation relative analogue à celle de l'hélium et de l'argon; il y aurait donc place entre ces deux éléments, pour un autre de poids atomique 20 environ.

La découverte du néon, d'une densité de 10,04 à 10,19, avec $\frac{C}{c} = 1,66$, faite par MM. Ramsay et Travers, dans les portions légères de la distillation de l'argon brut liquide extrait de l'air liquide, vient donner un certain poids à ces spéculations.

On reviendra d'ailleurs sur ces questions à l'article KRYPTON. J. Dupont et R. Marquis.

HELLÉBORÉINE ou ELLÉBORÉINE,

$$C^{26}H^{44}O^{15}$$

— Glucoside qui se rencontre en plus grande abondance dans l'*Helleborus niger* que dans l'*Helleborus viridis*. On l'obtient en traitant par l'eau bouillante la racine d'ellébore coupée en tranches minces. La liqueur, précipitée ensuite à l'aide de l'acétate de plomb, est filtrée, débarrassée de l'excès de plomb, et traitée enfin par le tannin; il se forme un précipité que l'on recueille, que l'on exprime fortement et que l'on épuise à l'aide de l'alcool. C'est de cette dissolution alcoolique que l'on précipite enfin l'helléboréine au moyen de l'éther.

Le produit se présente sous la forme de masses blanches, constituées par des aiguilles microscopiques qui brunissent fortement quand on les chauffe au delà de 220°. L'helléboréine est facilement soluble dans l'eau, un peu plus difficilement soluble dans l'alcool, insoluble dans l'éther. Les alcalis ne l'attaquent pas; les acides étendus la transforment à l'ébullition en glucose et *helléborétine* :

$$C^{26}H^{44}O^{15} = 2\,H^{6}H^{12}O^{6} + C^{14}H^{20}O^{3}.$$

Helléborétine.

L'helléboréine est un poison violent; elle se dissout dans l'acide chlorhydrique concentré en prenant une coloration rouge. Si on chauffe cette dissolution, elle devient bleue et le glucoside se transforme, comme ci-dessus, en glucose et helléborétine [Dragendorf, *Arch. Pharm.*, **234**, 55].

L'*helléborétine* constitue une poudre gris-verdâtre, insoluble dans l'eau et dans l'éther, soluble dans l'alcool avec coloration violette, fusible au delà de 230°; elle n'est pas toxique.

É. Burcker.

HÉMAFIBRITE (Min.) (Igelström-Sjögren). — Arséniate manganeux basique hydraté,

$$13\,MnO\,.\,2\,As^{2}O^{5} + 13\,H^{2}O$$

ou $6\,MnO\,.\,As^{2}O^{5} + 5\,H^{2}O$, renfermant un peu d'oxyde ferreux et de magnésie, en fibres rouge de sang, avec magnétite et serpentine, à Nordmark (Wermland, Suède). Soluble dans l'acide chlorhydrique. Au chalumeau, fond et noircit; donne de l'eau dans le tube, etc. Dureté = 3. Poussière rouge-brique. Densité = 3,6. Prisme orthorhombique voisin de celui de la scorodite et de la strengite :

$$a : b : c = 0,5261 : 1 : 1,1502.$$

Faces : $m\,h^{1}\,(b^{1}/_{2}\,b^{1}/_{4}\,h^{1})$. Clivage h^{1}.

HÉMATÉINE. — Voy. HÉMATOXYLINE.

HÉMATINE. — Voy. HÉMOGLOBINE.

HÉMATOGÈNE. — M. Bunge a donné le nom d'*hématogène* à une nucléine ferrugineuse extraite par lui du jaune d'œuf, et qui est sans doute la matière première d'où sort l'hémoglobine pendant le développement du poulet. Voici comment on extrait cette nucléine du jaune d'œuf :

On débarrasse les jaunes de l'albumine adhérente en les faisant rouler sur du papier Joseph, puis on les extrait avec de l'éther, lequel n'enlève pas trace de fer. Le résidu insoluble dans l'éther se dissout entièrement dans l'acide chlorhydrique à 1 0/00, en donnant un liquide opalescent qui, suffisamment dilué par le même acide étendu, peut être facilement filtré. La solution obtenue, toujours un peu opaline, est additionnée de suc gastrique artificiel (muqueuse d'estomac de porc avec de l'acide chlorhydrique à 2,5 0/00). Abandonné à la température de 37°, ce liquide se trouble rapidement et abandonne peu à peu un dépôt un peu jaunâtre, qui contient presque tout le fer, et qui représente la nucléine ferrugineuse, séparée d'une combinaison d'ordre plus élevé — sans doute une nucléo-albumine — par l'action de la pepsine chlorhydrique.

Ce précipité, lavé d'abord avec de l'acide chlorhydrique à 1 0/00, puis avec de l'eau distillée, est épuisé à chaud par l'alcool et l'éther. On le dissout ensuite dans de l'ammoniaque, et le liquide filtré limpide est précipité par de l'alcool. Tout le fer passe dans le précipité, tandis qu'il reste en dissolution des matières albuminoïdes. On lave le précipité avec de l'alcool, on le met en suspension dans de l'alcool additionné d'acide chlorhydrique jusqu'à forte réaction acide (voir plus loin), on l'épuise par de l'alcool bouillant jusqu'à disparition du chlore, et on lave finalement avec de l'éther. On obtient ainsi une masse brun-jaunâtre, facile à pulvériser, que l'on dessèche à 110°. Deux cents jaunes d'œufs pesant 2258 grammes ont donné ainsi 34 grammes d'hématogène.

Ce corps renferme : C, 42,11 ; H, 6.08 ; Az, 14,73 ; S, 0,55 ; P, 5,19 ; Fe, 0,29 0/0.

Il contient le fer sous la forme organique, c'est-à-dire que ce métal n'y est pas décelé par les réactifs habituels. M. Bunge a montré au surplus que le jaune d'œuf, assez riche en fer, ne contient ce métal que sous la forme de combinaison organique. La partie du jaune d'œuf qui est insoluble dans l'alcool et dans l'éther peut être traitée, en effet, pendant très longtemps par de l'alcool chlorhydrique (90 volumes d'alcool à 96° et 10 volumes d'acide chlorhydrique à 25 0/0) sans abandonner à ce réactif aucune trace de fer. Au contraire, les combinaisons salines de ce métal — y compris les albuminates de fer — lui cèdent presque instantanément du fer.

De même, lorsqu'on additionne d'une goutte de sulfure d'ammonium une solution parfaitement limpide d'hématogène dans l'ammoniaque, le liquide ne change pas de couleur. Ce n'est qu'après une demi-heure et davantage qu'une légère coloration verte se manifeste, et c'est seulement le lendemain qu'apparaît le précipité de sulfure métallique. Des combinaisons telles que les albuminates de fer sont au contraire colorées immédiatement.

L'hématogène est entièrement soluble dans la potasse avec une légère coloration jaune. Mais au bout de quelques jours la solution laisse déposer peu à peu un précipité rouge-brun d'oxyde ferrique. La solution ammoniacale se conserve au contraire sans altération pendant des semaines. Si l'on ajoute à cette solution un peu de ferrocyanure et si l'on sursature ensuite par l'acide chlorhydrique, il se forme un précipité blanc qui bleuit peu à peu, et d'autant plus rapidement que l'excès d'acide a été plus fort et l'acide plus concentré. Si l'on ajoute au contraire du ferricyanure de potassium et ensuite de l'acide chlorhydrique, le précipité qui se forme reste blanc. Le fer se sépare donc de la molécule à l'état d'oxyde ferrique et non d'oxyde ferreux.

On voit par là que si le fer est plus solidement retenu dans l'hématogène que dans les albuminates de fer, il l'est par contre moins que dans l'hématine par exemple. [Bunge, *Zeit. physiol. Chem.*, **9**, 49.].

L'hématogène appartient à la famille des *paranucléines* de M. Kossel ou des *pseudonucléines* de M. Hammarsten, c'est-à-dire que, dédoublée par une hydrolyse profonde, l'hématogène ne donne pas naissance aux bases nucléiques (xanthine, hypoxanthine, adénine, guanine) dont l'apparition caractérise les nucléines vraies ou nucléines de noyau (*Kernnucleine*). C'est ce qui explique pourquoi l'ingestion abondante de jaunes d'œufs ou d'œufs de poisson (cabillaud) ne provoque qu'une médiocre élimination d'acide urique (corps voisin des bases nucléiques), ces aliments n'apportant que des paranucléines, tandis que l'ingestion de thymus, riche en nucléines vraies, est suivie d'une abondante excrétion du même acide [Ness et Schmoll, *Arch. f. exp. Path.*, **37**, 243 ; W. J. S. Jerome, *Journ. of Physiol.*, **22**, 146].

D'après M. Bunge, des substances semblables à l'hématogène du jaune d'œuf existent également dans le lait et dans les aliments d'origine végétale. Ce sont ces combinaisons organiques du fer qui seules représenteraient la matière première avec laquelle les organismes édifient l'hémoglobine des globules rouges. Les préparations martiales seraient à cet égard sans effet ou n'agiraient qu'indirectement [voy. pour l'ensemble de cette question, Lambling, *Rev. gén. des Sciences*, **3**, 225].

En ce qui concerne l'hématogène du jaune d'œuf, M. Socin a démontré que des souris peuvent vivre pendant plus de 100 jours sans consommer d'autre aliment ferrugineux que l'hématogène [Socin, *Zeit. physiol. Chem.*, **15**, 93].

E. Lambling.

HÉMATOLITE (Min.) (Igelström). — Arséniate manganeux basique hydraté,

$$7MnO . As^2O^5 + 7H^2O,$$

en cristaux d'un beau rouge-grenat, dans un calcaire primitif, à Nordmark (Wermland, Suède). Soluble dans les acides ; fusible au chalumeau ; donne de l'eau dans le tube. Prisme clinorhombique : $b^1 b^1 = 120°$; $d^1 p = 38° 27',5$; $b^1 d^1 = 90°$. Macles multiples constantes, de manière à simuler un rhomboèdre basé, avec un rhomboèdre secondaire.

HÉMATOMMINIQUE (ACIDE). — Voyez ACIDE HÉMATOMMIQUE.

HÉMATOMMIQUE (ACIDE). — Cet acide se produit dans le dédoublement de l'acide atranorique, décrit par MM. Paternó et Oglialoro, sous l'influence de l'alcool méthylique.

L'acide atranorique est connu depuis longtemps déjà (voyez 1er Suppl., 253 ; 2e Suppl., **1**, 384], mais la chimie des lichens ayant été dans ces derniers temps l'objet de nombreux travaux, surtout de la part de M. Zopf et de M. Hesse, la nomenclature des composés qu'on en a isolés s'est singulièrement compliquée, et à l'heure actuelle les mêmes noms s'appliquent à des substances différentes, tandis qu'une seule espèce chimique se trouve désignée souvent sous plusieurs noms.

L'acide atranorique de MM. Paternó et Oglialoro ne possède pas les caractères d'un acide, et son nom a été changé par M. Hesse contre celui d'*atranorine*.

L'acide atranorinique de M. Paternó [2e Suppl., **1**, 384], pour des raisons toutes semblables, est désigné par M. Hesse sous le nom de *physciol*, l'acide atrarique sous celui de *cératophylline*. Ce dernier acide est encore décrit sous le nom de *physcianine*.

M. Hesse appelle *acide atronorinique* un composé nouveau extrait du *Cladonia rangiformis*, n'ayant rien de commun avec l'acide atranorinique de M. Paternó.

Enfin, M. Hesse désigne sous le nom d'*acide hématommique* un acide $C^8H^7O^3 . CO^2H$, dont seuls jusqu'à présent les éthers sont connus. L'éther méthylique de cet acide constitue l'*acide hématomminique* de M. Zopf ; l'éther éthylique est identique avec l'*acide hématommique* du même auteur.

Afin d'éviter toute confusion, nous emploierons les dénominations suivantes : atranorine, physciol, physcianine, acide atranorinique (Hesse), acide hématommique (Hesse).

ÉTHERS DE L'ACIDE HÉMATOMMIQUE. — Ils s'obtiennent en chauffant l'atranorine avec les alcools en tubes scellés.

Éther méthylique, $C^8H^7O^3 . CO^2CH^3$. — S'obtient avec un rendement de 51,7 à 60 0/0, en chauffant pendant 1 heure à 150° un mélange d'atranorine et d'alcool méthylique. Il se forme en même temps du méthylphysciol, $C^8H^{10}O^3$, qui reste en solution, tandis que l'éther méthylique de l'acide hématommique cristallise par refroidissement en aiguilles fusibles à 147°. Il est presque insoluble dans l'eau, très soluble dans l'alcool méthylique, le chloroforme et l'éther. Les alcalis caustiques et carbonatés le dissolvent en jaune verdâtre ; ces solutions sont précipitées par l'acide carbonique.

Éther éthylique, $C^8H^7O^3 . CO^2C^2H^5$. — Obtenu d'une façon semblable, il fond à 111-112°. Dans l'acide acétique et dans l'alcool chauds, il cristallise en longues aiguilles incolores, facilement solubles dans l'éther, le chloroforme et le benzène. Les solutions alcooliques sont fortement colorées en rouge brunâtre par addition de chlorure ferrique. Cet éther est très difficilement saponifié. Chauffé pendant 2 heures à 150°, en tubes scellés, avec de l'acide acétique il n'est pas attaqué; après 12 heures, il est cependant décomposé partiellement en acide carbonique et physciol.

Éther propylique normal. — Il forme de petits prismes fusibles à 75°, désignés par M. Zopf sous le nom d'*acide ommatinique*. Il est soluble dans les alcalis caustiques, plus difficilement dans leurs carbonates, avec une coloration jaune. Ces solutions sont précipitées par l'acide carbonique.

Éther isopropylique. — Ne serait autre, d'après M. Hesse, que l'acide omminique de M. Zopf.

Éther isoamylique. — Préparé en tubes scellés par l'action de l'alcool sur l'atranorine pendant 1 heure à 150°, il est mélangé avec de la physcianine, dont on peut facilement le séparer par ébullition avec l'eau. L'éther est insoluble, on le fait cristalliser dans l'alcool méthylique. Il forme de petites aiguilles blanches fondant à 54°, et sa solution alcoolique se colore en rouge brun foncé par le chlorure ferrique.

Avant d'aborder le problème de la constitution de l'acide hématommique, nous compléterons les données relatives à l'acide atranorique et à l'acide atranorinique de M. Paternó, déjà décrits.

ATRANORINE (*acide atranorique* de M. Paternó). — L'atranorine contient un groupe méthoxyle et représente l'éther méthylique d'un acide non encore isolé, pour lequel M. Hesse a proposé le nom d'*acide atranorique*. L'atranorine correspond par suite à la formule $C^{17}H^{15}O^6 . COOCH^3$. Cristallisée dans le chloroforme, elle fond d'après M. Hesse à 187-188°; les cristaux qui se déposent de la solution éthérée fondent à 190-191°.

Les cristaux appartiennent au système orthorhombique : $a : b : c = 0,7773 : 1 : 1,2808$.

L'acide acétique étendu réagit sur l'atranorine en donnant de l'acide atranorinique (Hesse), d'après l'équation

$$C^{19}H^{18}O^8 + 2H^2O = \underset{\text{Ac. atranorinique.}}{C^{18}H^{18}O^9} + CH^4O.$$

L'acide acétique cristallisable à 150° fournit du physciol et de la physcianine. La décomposition est identique à celle qui se produit par l'action de l'eau à 150° (2e Suppl., **1**, 384).

La réaction est représentée problablement par l'équation

$$C^{19}H^{18}O^8 + 2H^2O$$
$$= \underset{\text{Physciol.}}{C^7H^8O^3} + \underset{\text{Physcianine.}}{C^{10}H^{12}O^4} + CO^2 + CH^2O.$$

Toutefois M. Hesse n'a pu mettre en evidence la formation de l'aldéhyde formique. Avec la baryte on obtient une décomposition analogue, mais celle-ci fournit de petites quantités de β-orcine.

PHYSCIOL (*acide atranorinique* de M. Paternó). — Contrairement aux données de M. Paternó, ce composé ne correspond pas à la formule $C^9H^{10}O^4$, mais bien à la formule plus simple $C^7H^8O^3$. Sa solution dans l'éther reste inaltérée lorsqu'on l'agite avec un excès de solution de bicarbonate de potassium. Il ne se combine pas avec la phénylhydrazine, mais fournit une combinaison cristallisée en aiguilles incolores avec le sulfate neutre de quinine. Les solutions alcalines de physciol se colorent rapidement en brun sale foncé au contact de l'air.

Chauffé pendant 10 heures avec de l'anhydride acétique à 85°, le physciol fournit un *dérivé acétylé*, $C^7H^7O^2O(OC^2H^3)$. Celui-ci est en cristaux tabulaires fusibles à 78°. Si on chauffe le physciol avec de l'anhydride acétique en présence de chlorure de zinc, on obtient une coloration pourpre qui disparaît bientôt, en même temps qu'il se précipite des flocons bruns; la solution prend alors une fluorescence verte.

L'action de l'anhydride acétique en présence d'acétate de sodium fournit un composé fondant à 80-82°, se présentant sous la forme de fines aiguilles, ne donnant pas de réaction colorée avec le chlorure ferrique. M. Hesse attribue à ce corps la formule $C^{11}H^{10}O^4$, dont la teneur en carbone et en hydrogène correspond bien aux analyses. Toutefois, dans son mémoire, ce chimiste attribue au physciol la formule

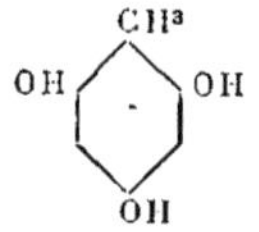

CH^3
OH ⬡ OH
OH

et au dérivé $C^{11}H^{10}O^4$ la formule

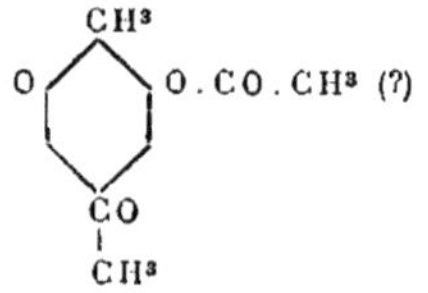

CH^3
O ⬡ O.CO.CH^3 (?)
CO
|
CH^3

soit $C^{11}H^{11}O^4$.

PHYSCIANINE (*acide atrarique* de M. Paternó). — D'après M. Hesse, les résultats analytiques de M. Paternó sont entachés d'erreur, et ce composé a pour formule $C^{10}H^{12}O^4$. Il contient un groupe méthoxyle, car par traitement à l'acide iodhydrique il donne de l'iodure de méthyle; en même temps il se forme de la β-orcine avec dégagement d'acide carbonique. La β-orcine obtenue fond à 161° et a pour constitution

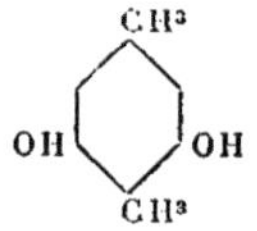

CH^3
OH ⬡ OH
CH^3

La décomposition par l'acide iodhydrique a lieu d'après l'équation :

$$C^{10}H^{12}O^4 + HI = CH^3I + CO^2 + C^8H^8(OH)^2.$$

La constitution de la physcianine serait par suite :

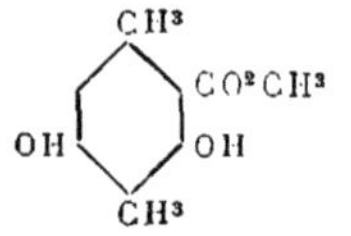

CH^3
⬡ CO^2CH^3
OH ⬡ OH
CH^3

ACIDE ATRANORINIQUE (Hesse). — On obtient cet acide en traitant par l'eau une solution d'atranorine dans l'acide acétique cristallisable. Il est soluble dans l'alcool, ce qui permet de le séparer de l'atranorine, peu soluble dans les mêmes conditions. On peut aussi traiter la solution éthérée contenant l'acide et l'atranorine par une solution de bicarbonate de potassium qui s'empare de l'acide. Les cristaux obtenus fondent à 157° et renferment $C^{18}H^{18}O^{9}, H^{2}O$ à la température ordinaire. Ils deviennent anhydres au-dessus de 100°.

Ce composé est très soluble dans les carbonates et les bicarbonates alcalins, le chloroforme, l'alcool concentré, peu soluble dans l'éther. Les solutions sont colorées en rouge brun par le chlorure ferrique.

L'acide iodhydrique ne donne pas d'iodure de méthyle, mais fournit de la β-orcine. Chauffé avec de l'alcool, cet acide se décompose en β-orcine, physciol et acide carbonique.

CONSTITUTION. — La constitution de l'atranorine peut, suivant M. Hesse, être représentée par le schéma ci-dessous, qui permet de se rendre compte de la façon dont elle se comporte :

1° Décomposition en physcianine et physciol :

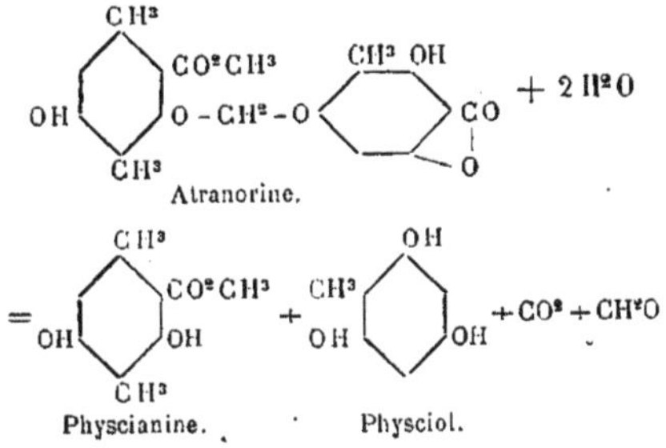

CH³ ; CO²CH³ ; OH ; O - CH² - O ; CH³ OH ; CO ; O ; CH³ ; + 2 H²O

Atranorine.

= CH³ ; CO²CH³ ; OH ; OH ; CH³ ; + CH³ ; OH ; OH ; OH ; + CO² + CH²O

Physcianine. Physciol.

2° Décomposition en physcianine et acide hématommique :

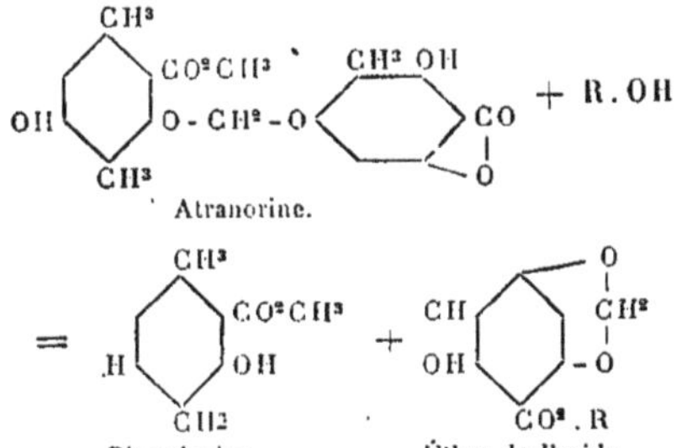

CH³ ; CO²CH³ ; CH³ OH ; OH ; O - CH² - O ; CO ; O ; CH³ ; + R.OH

Atranorine.

= CH³ ; CO²CH³ ; H ; OH ; CH³ ; + CH ; O ; CH² ; OH ; - O ; CO². R

Physcianine. Éther de l'acide hématommique.

3° Décomposition en acide atranorique :

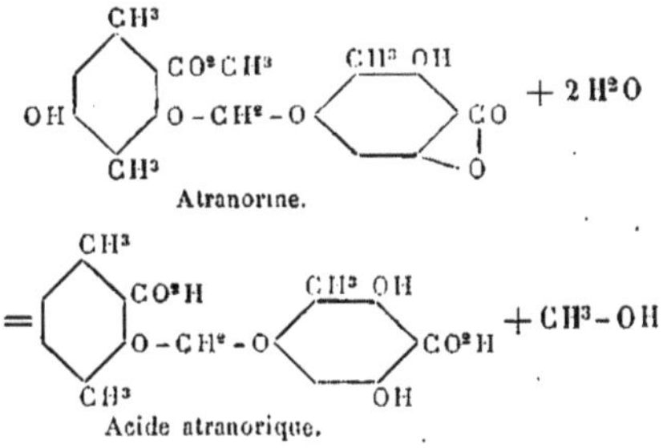

CH³ ; CO²CH³ ; CH³ OH ; OH ; O - CH² - O ; CO ; O ; CH³ ; + 2 H²O

Atranorine.

= CH³ ; CO²H ; CH³ OH ; O - CH² - O ; CO²H ; CH³ ; OH ; + CH³ - OH

Acide atranorique.

[Zopf, *Ann. Chem.*, **284**, 107; **288**, 38; **295**, 222; **297**, 271; **300**, 322. — Hesse, *J. prakt. Chem.*, (2), **57**, 232, 409; **58**, 465. — *Ann. Chem.*, **119**, 365. — *D. chem. G.*, **30**, 357.]

V. Thomas.

HÉMATOPORPHYRINE. — Voy. HÉMOGLOBINE.

HÉMATOSTIBIITE (Min.) (Igelström). — Antimoniate manganeux basique anhydre,

$$8 \text{ à } 9[Mn, Fe]O \cdot Sb^{2}O^{5},$$

en cristaux noirs, avec éclat métallique, transparents en lame très mince, avec téphroïte, arséniates divers, jacobsite, etc., dans un calcaire cristallin de Sjögrufvan, près Grythyttan, gouvernement d'Œrebro (Suède). Poussière brune. Soluble dans l'acide chlorhydrique. Au chalumeau, infusible, mais noircit. Réactions de l'antimoine et du manganèse. Prisme orthorhombique avec clivage h^{1} ou g^{1}.

HÉMATOXYLINE ET **HÉMATÉINE**. — L'histoire de ces deux composés s'est considérablement accrue depuis la publication du 1er Supplément, et l'on peut considérer comme proche le moment où la constitution de la matière colorante du bois de campêche sera complètement élucidée.

HÉMATOXYLINE.

PRÉPARATION DE L'HÉMATOXYLINE. — M. Hesse [*Ann. Chem.*, **109**, 332] a proposé de remplacer, dans le procédé d'extraction d'Erdmann (voyez Dict., **1**, 645), l'éther anhydre par l'éther aqueux, ce dernier dissolvant une quantité plus grande d'hématoxyline.

PROPRIÉTÉS. — L'hématoxyline se dépose en cristaux incolores lorsqu'on fait cristalliser sa solution aqueuse additionnée d'une petite quantité de bisulfite de sodium (Hesse, *loc. cit.*). Ces cristaux renferment $3H^{2}O$ et appartiennent au système quadratique [Rammelsberg, *Die neuesten Forschungen in der krystallographischen Chem.*, 1857, 223]. Ils deviennent anhydres à 120°. L'hydrate obtenu en laissant refroidir dans un flacon bouché une solution d'hématoxyline saturée à chaud renferme 1 molécule d'eau et appartient au système rhombique (Rammelsberg, *loc. cit.*).

L'hématoxyline est soluble dans les solutions de borax. Par concentration, on obtient un sirop dont on ne peut plus l'extraire (Hesse, *loc. cit.*).

La solution d'hématoxyline se colore en rouge rosé par addition d'alun, et réduit la liqueur de Fehling. Elle dévie à droite le plan de la lumière polarisée. Une solution à 2,4 0/0 donne, dans un tube de 20 centimètres, une déviation de + 4°; une solution à 3,68 0/0, sous une épaisseur de 30 centimètres, donne + 11°.

M. Reim a obtenu, en distillant l'hématoxyline avec de la poudre de zinc, une substance huileuse et un composé cristallin qu'il n'a pu étudier, celui-ci s'étant produit en très petite quantité [*D. chem. G.*, **4**, 329]. M. Hégler a repris l'étude de la question en partant des dérivés acétylés. Il a pu obtenir de la résorcine et une huile jaunâtre qui, soumise à des rectifications, s'est scindée en un corps liquide huileux, à odeur forte, distillant entre 250 et 260°, et en un composé cristallin passant au-dessus de 300°, fondant à 80° et correspondant à la formule $C^{15}H^{16}$. La portion qui passe au-dessous de 200° est constituée par un liquide de la formule $C^{10}H^{14}O$ [*Mon. scient.*, (4), **2**, 1226].

L'action des réducteurs, tels que l'acide chlorhydrique, l'amalgame de sodium, le zinc et l'acide sulfurique, a été étudiée d'une part par M. Reim (*loc. cit.*), et de l'autre par MM. Erdmann et Schültz [*Ann. Chem.*, **216**, 234], mais elle n'a donné aucun résultat bien net.

Traitée par le perchlorure de phosphore, l'hématoxyline est énergiquement attaquée (Reim, *loc. cit.*).

M. Meyer a obtenu, par la distillation sèche de l'hématoxyline, de l'acide pyrogallique et de la résorcine [*D. chem. G.*, **12**, 1392]. Tout récemment, MM. A.-W. Gilbody et W.-H. Perkin ont repris l'étude de cette réaction, et dans les produits de la distillation ils ont trouvé, comme M. Meyer, des quantités considérables d'acide pyrogallique, mais n'ont pu déceler la présence de la résorcine [*Proceed. Chem. Soc.*, **15**, 241]. Les lessives alcalines bouillantes, à l'abri du contact de l'air, sont sans action (Hesse); à leur température de fusion, les alcalis fournissent de l'acide pyrogallique (Reim), de l'acide formique (Erdmann et Schültz). D'après M. Herzig, on obtient dès les premiers moments de la fusion une substance noire soluble dans tous les solvants, à l'exception des alcalis, et qui n'est plus attaquée même par une fusion prolongée [*Mon. f. Chem.*, **16**, 917].

En chauffant l'hématoxyline (2 mol.) avec l'anhydride phtalique (1 mol.) à 150-170°, on obtient une substance brune, d'aspect gommeux, insoluble dans l'eau, soluble dans l'alcool. Cette substance, qui répond à la formule $C^{40}H^{30}O^{14}$, se dissout en pourpre dans les alcalis [Letts, *D. chem. G.*, **12**, 1658].

Dérivés acétylés. — M. Reim a obtenu un *dérivé hexacétylé* en traitant l'hématoxyline par le chlorure d'acétyle. Toutefois les travaux de ce savant ont été infirmés par ceux de MM. Erdmann et Schültz, qui n'ont pu préparer qu'un *dérivé pentacétylé*, cristallisant dans l'alcool en belles aiguilles blanches, fusibles à 165-166°.

Dérivés méthylés. — Ils ont été étudiés par M. Herzig. On les obtient en traitant l'hématoxyline par l'iodure de méthyle en présence de sodium et d'alcool, à une température de 60 à 70°. Suivant les conditions de l'expérience, il se forme un éther tétra- ou pentaméthylique.

L'*éther tétraméthylique*, $C^{16}H^{10}O^2(OCH^3)^4$, est facilement soluble dans l'alcool, mais ne se dissout pas dans les lessives alcalines. Il fond à 139-140°. Cet éther possède encore un groupe OH libre et réagit normalement avec l'anhydride acétique. On obtient ainsi un dérivé

$$C^{16}H^9O(OCH^3)^4OC^2H^3),$$

en longues aiguilles blanches fusibles à 178-180°. Il est moins soluble dans l'alcool que l'éther tétraméthylique.

L'*éther pentaméthylique* est très difficilement soluble dans l'alcool. Il cristallise en lamelles incolores, fondant à 146-147°.

Action des halogènes. — Les halogènes fournissent des produits de substitution. En traitant une solution chaude d'hématoxyline dans l'acide acétique par 4 molécules de brome, dissous également dans l'acide acétique, on obtient un précipité formé de cristaux rouge foncé, qu'on ne peut faire cristalliser de nouveau sans les décomposer partiellement. Ils sont solubles dans l'eau et dans les alcalis, et représentent un *dérivé dibromé*, $C^{16}H^{12}O^6Br^2$. Les cristaux se décomposent lorsqu'on les chauffe au delà de 120° [Dralle, *D. chem. G.*, **17**, 373].

Si la molécule contient des groupes acétylés, on obtient des dérivés plus stables. M. Buchka a obtenu la *monobromohématoxyline pentacétylée*, $C^{16}H^8O^6Br(OC^2H^3)^5$, en traitant la pentacétylhématoxyline en solution acétique par 1 molécule de brome. Elle forme de fines aiguilles solubles dans le chloroforme, l'acide acétique et le benzène, fusibles vers 210° [*D. chem. G.*, **17**, 683].

M. Dralle, en chauffant l'hématoxyline pentacétylée en tubes scellés, vers 100-110°, avec 2 molécules de brome en solution acétique, pendant 3 à 4 heures, a obtenu un *dérivé tétrabromé*,

$$C^{16}H^5O^6Br^4(OC^2H^3)^5,$$

sous la forme de cristaux rouge foncé, qui se décomposent vers 180°, sans fondre (*loc. cit.*).

Les dérivés chlorés sont très mal connus. M. Reim a décrit l'action du chlore sur l'hématoxyline comme donnant naissance à une substance résineuse de couleur rouge-brun. M. Dralle, qui a repris l'étude de la réaction, a obtenu, par l'action du chlore sur une solution d'hématoxyline, un précipité rouge-brique dont la teneur en chlore est variable et s'élève jusqu'à 17,78 0/0. Cette teneur correspond sensiblement à celle exigée pour un *composé dichloré*. La teneur théorique serait de 18,91 0/0.

Action du chlorure de diazobenzène. — En dissolvant 1 molécule d'hématoxyline dans 2 molécules de potasse et faisant réagir le chlorure de diazobenzène, on obtient un précipité brun-jaune, amorphe, en même temps qu'il se dégage de l'azote. [Dralle, *loc. cit.* — Nœlting, *Die Chemie d. naturlichen Farbstoffe*, 115].

Action de la nitrosodiméthylaniline. — L'hématoxyline à l'état de pureté ne réagit pas sur la nitrosodiméthylaniline (Nœlting). Les extraits aqueux de bois de campêche réagissent au contraire facilement, avec formation d'un nouveau colorant, soluble dans l'eau en vert bleuâtre foncé, et tirant sur coton mordancé au fer en noir foncé. La nuance ainsi obtenue est solide; elle n'est pas altérée par les acides minéraux et résiste au savon et au foulon. Le colorant ainsi formé résulte vraisemblablement de l'action de la nitrosodiméthylaniline sur le tannin de l'extrait de bois (Dahl et Cie, *D. R. P.* 52045, 9 novembre 1889).

Action des oxydants sur l'hématoxyline. — Les oxydants, dans des circonstances convenables, enlèvent à l'hématoxyline soit 2, soit 4 atomes d'hydrogène. Par perte de 2 atomes d'hydrogène, *on obtient l'hématéine* $C^{16}H^{12}O^6$, *qui constitue le colorant du bois de campêche.*

Le composé $C^6H^{10}O^6$ a reçu le nom de *déhydrohématoxyline*.

HÉMATÉINE.

Préparation. — Au procédé de préparation d'Erdmann (voyez Bois colorants, Dict., **1**, 645) on peut substituer la méthode indiquée par MM. Halberstadt et Reis [*D. chem. G.*, **14**, 611]. Toutefois MM. Hummel et A.-G. Perkin ont perfectionné le procédé primitif d'Erdmann et ont obtenu de bons résultats [*D. chem. G.*, **15**, 2337]. On épuise le bois de campêche fermenté avec de l'éther. Comme la solubilité de l'hématéine dans l'éther est très faible, l'extraction est une opération très longue. Le rendement est d'environ 1 0/0.

MM. Hummel et A.-G. Perkin opèrent de la façon suivante : Dans une solution ammoniacale d'hématoxyline on fait passer un courant d'air. Il se forme rapidement un précipité pourpre foncé consistant en sel ammoniacal. On le filtre et on le traite pendant longtemps à chaud avec une dissolution d'acide acétique. Par refroidissement, il se forme un dépôt d'hématéine, qu'on filtre et qu'on traite à plusieurs reprises par l'acide acétique. On obtient finalement de petits cristaux qu'on purifie par des lavages à l'acide acétique et à l'eau.

Propriétés. — L'hématéine forme des cristaux rougeâtres à reflets métalliques, qui apparaissent au microscope comme des tables d'un brun rougeâtre de faible épaisseur. Elle se dissout très peu dans l'eau, mais celle-ci se colore fortement en rouge, même lorsqu'elle ne tient en dissolution que des traces d'hématéine. A 20°, 100 parties d'eau dissolvent 0gr,06 de matière colorante. Elle est soluble dans l'acide chlorhydrique concentré, d'où elle se dépose en fines aiguilles; elle est soluble aussi dans l'acide sulfurique.

L'hématéine est soluble dans les alcalis. D'après M. Hesse, le *sel ammoniacal* correspond à la formule $C^{16}H^{12}O^{6} . 2AzH^{3}$.

L'acide sulfureux et les bisulfites alcalins se comportent vis-à-vis de l'hématoxyline comme l'hydrogène sulfuré. Les solutions sont décolorées; il ne se produit aucune réduction, mais il se forme vraisemblablement des produits d'additions solubles, car, par ébullition ou par addition d'acide, l'hématéine est régénérée. La transformation de l'hématéine en hématoxyline n'a pu, par suite, être réalisée.

Une semblable réduction ne peut du reste être obtenue ni par le zinc et l'acide sulfurique, ni par le chlorure de zinc et la soude [voy. 1er Suppl., 894].

ACTION DES ACIDES : ISOHÉMATÉINE. — L'hématéine se dissout à froid dans l'acide sulfurique concentré en donnant une solution brun-rouge qui après quelque temps se remplit de petits cristaux prismatiques jaunes. La solution, traitée par l'eau froide, donne un précipité brun-rouge ressemblant à du sesquioxyde de fer, considéré à tort comme de l'hématéine inaltérée. Quand on l'a débarrassé de l'excès d'acide qu'il contient, il se dissout en pourpre rougeâtre dans la soude, et non en bleu pourpre. Il donne sur coton des teintes différentes de celles fournies par l'hématéine. C'est ainsi que les mordants d'aluminium sont teints en nuances variant du rouge sombre au rouge tirant sur le chocolat; les mordants de fer se teignent en nuances ardoisées. En ajoutant à la solution sulfurique 2 à 3 volumes d'acide acétique cristallisable chaud, on obtient de fines aiguilles prismatiques orangées qui, après lavage à l'acide acétique, correspondent à la formule $C^{16}H^{11}O^{5} . SO^{4}H$. MM. Hummel et A.-G. Perkin, qui ont découvert ce composé, le considèrent comme un sulfate acide dérivé d'un corps isomérique avec l'hématéine, et auquel ils ont donné le nom d'*isohématéine*. Le sulfate acide d'isohématéine est insoluble dans l'alcool, l'éther et le benzène, il est peu soluble dans l'acide acétique et l'ammoniaque, soluble dans les lessives alcalines.

Par des lavages à l'alcool ou à l'eau, ce sulfate perd une partie de son acide sulfurique, en se transformant en un nouveau composé qui correspond à la formule d'une combinaison double de sulfate acide avec un excès de colorant,

$$(C^{16}H^{12}O^{6})^{2} . C^{16}H^{11}O^{5} . SO^{4}H.$$

Le carbonate de magnésium donne du sulfate de magnésium, en même temps qu'il se forme un dérivé magnésien doué d'un éclat métallique, et renfermant encore une petite quantité de soufre. Ce nouveau produit teint les mordants comme le dérivé sulfurique qui a servi à le préparer, mais les teintes produites sont beaucoup plus sombres.

L'acide chlorhydrique d'une densité de 1,195 réagit à 100°, en tubes scellés, d'une façon analogue. On obtient ainsi une *chlorhydrine de l'isohématéine* possédant la formule $C^{16}H^{11}O^{5}Cl$. Le rendement est théorique. La chlorhydrine ainsi produite est soluble dans l'eau en orangé, moins soluble dans l'alcool. Par évaporations successives au contact de l'eau elle perd une partie de son chlore. Elle est soluble en violet rouge dans les alcalis. La coloration passe rapidement au gris ardoise, puis au brun noir. L'acide sulfurique déplace l'acide chlorhydrique et donne le sulfate acide d'isohématéine. Elle teint les mordants à la façon de la combinaison sulfurique. L'acide bromhydrique donne une *bromhydrine*, $C^{16}H^{11}O^{5}Br$, tout à fait comparable à la combinaison chlorée.

Les solutions aqueuses de chlorhydrine ou de bromhydrine réagissent avec l'oxyde d'argent hydraté. Elles foncent d'abord de couleur, puis, lorsqu'on les concentre sur l'acide sulfurique et qu'on évapore ensuite à sec, on obtient une masse amorphe douée d'un éclat métallique verdâtre. Elle a la même composition que l'hématéine; elle constitue l'isohématéine libre, formée d'après l'équation

$$C^{16}H^{11}O^{5}Cl + AgOH = AgCl + C^{16}H^{12}O^{6}.$$

Vis-à-vis des mordants elle se comporte comme les combinaisons avec les acides, et se distingue aussi nettement de l'hématéine par son pouvoir colorant beaucoup plus intense. Le coton mordancé en alumine se teint en rouge faible; sur mordant de fer, on obtient des teintes ardoisées allant jusqu'au noir. Les nuances ainsi produites résistent au savon et au chlore. Les solutions d'hématéine et d'isohématéine se comportent différemment vis-à-vis de certains réactifs, comme il résulte du tableau suivant :

	Hématéine.	Isohématéine.
Solution dans les alcalis caustiques...	Violet-bleu...............	Violet-rouge.
— le carbonate de sodium.	Pourpre-rougeâtre............	Pourpre
— l'ammoniaque.........	Pourpre-rouge clair............	Pourpre rouge sombre.
— le sulfure d'ammonium.	Presque décolorée, mais devient rapidement pourpre lorsqu'elle est versée sur du papier buvard ou exposée à l'air............	Précipité rouge-pourpre.
— l'acétate de plomb.....	Précipité violet-bleuâtre..........	Précipité rouge-pourpre

[Hummel et A.-G. Perkin, *D. chem. G.*, **15**, 2337].

ACTION DE L'ACIDE AZOTIQUE SUR L'HÉMATOXYLINE : FORMATION D'UN ISOMÈRE DE L'HÉMATÉINE (?). — M. Reim, en ajoutant une petite quantité d'acide azotique à une solution éthérée d'hématoxyline, a obtenu de petits cristaux rouge-brunâtre, complètement solubles dans l'eau chaude et dans l'alcool. En évaporant la solution aqueuse, on obtient de petites lamelles à reflets vert métallique. Ces lamelles ont la même composition que l'hématéine, et ont été confondues par M. Reim avec elle [Reim, *loc. cit.*, 331]. Elles s'en différencient cependant nettement. En effet, par réduction elles se transforment facilement en hématoxyline. De plus, MM. Erdmann et Schültz ont montré que l'hématéine de M. Reim, traitée par le chlorure d'acétyle, donne un dérivé acétylé, cristallisant dans l'alcool en aiguilles blanches fondant à 216-219°. L'hématéine provenant de l'oxydation de l'hématoxyline en solution alcaline ne donne pas de combinaison acétylée [Erdmann et Schültz, *loc. cit.*, 239].

DÉRIVÉS DE LA DÉHYDROHÉMATOXYLINE.

Ces dérivés ont été étudiés par M. Herzig [*Mon. f. Chem.*, **16**, 906].

En traitant le dérivé acétylé de la tétraméthylhématoxyline par la moitié de son poids d'acide chromique en solution acétique, on obtient une solution dont la coloration passe du violet au vert pur, sans dégagement d'acide carbonique. Si l'on étend d'eau la solution, celle-ci donne un précipité blanc plus ou moins grisâtre constitué par des aiguilles. Celles-ci représentent un dérivé acétylé qui, après saponification, se dissout dans les alcalis. La solution est alors précipitée par un courant d'acide carbonique et le précipité obtenu épuisé par l'éther. On obtient ainsi un composé cristallin, la *tétraméthyldéhydrohématoxyline*, $C^{16}H^{6}O^{2}(OCH^{3})^{4}$. Celle-ci se laisse facilement éthérifier par la méthode ordinaire en donnant la *pentaméthyldéhydrohématoxyline*, fusible à 160-163°. Traitée par les agents d'acétylation, elle fournit de même un *dérivé monacétylé*, $C^{16}H^{5}O^{2}(OCH^{3})^{4}(OC^{2}H^{3})$, fondant à 190-192°.

MM. A.-W. Gilbody et W.-H. Perkin sont arrivés à des résultats analogues en oxydant par le mélange chromique la tétraméthylhématoxyline. Ils ont ainsi obtenu un composé

$$OH \, . \, C^{16}H^{7}O^{2}(OCH^{3})^{4},$$

fondant avec décomposition à 183-186°, qu'ils ont désigné sous le nom de *tétraméthylhématoxylone*. Celle-ci, chauffée avec de l'anhydride acétique, donne un dérivé acétylé d'un nouveau corps, la *déhydrotétraméthylhématoxylone*,

$$(O \, . \, C^{2}H^{3}O)C^{16}H^{5}O(OCH^{3})^{4}.$$

Ce dérivé acétylé cristallise en aiguilles incolores et fond à 194°; il est très vraisemblablement identique avec le dérivé fondant à 190-192°, signalé par M. Herzig (voyez ci-dessus) [*Proceed. Chem. Soc.*, **15**, 27, 241].

Décomposition de l'hématoxyline sous l'influence des oxydants. — Comme il ressort des faits rapportés précédemment, l'hématoxyline peut perdre 4 atomes d'hydrogène sans que les groupements fonctionnels oxygénés disparaissent. Si l'oxydation est poussée plus énergiquement, la molécule est détruite, et l'on obtient, suivant les conditions de l'expérience, des produits de décomposition différents.

En employant le permanganate comme agent d'oxydation, MM. W.-H. Perkin et J. Yates ont obtenu en oxydant la tétraméthylhématoxyline: 1° de l'*acide métahémipinique*; 2° un *acide*

$$C^{18}H^{18}O^{6}(CO^{2}H)^{2},$$

soluble dans l'acide sulfurique avec une couleur écarlate, et donnant par réduction à l'aide de l'amalgame de sodium un *acide*

$$C^{18}H^{18}O^{5}(CO^{2}H)^{2},$$

fondant à 194°; 3° un *acide* fondant à 214°, de la formule $C^{11}H^{12}O^{7}$, bibasique, et renfermant deux groupes méthoxyle. Chauffé avec de l'acide chlorhydrique à 200°, cet acide donne de l'acide pyrogallique; avec l'anhydride acétique et sous l'action de la chaleur, on obtient un anhydride de l'acide $C^{11}H^{10}O^{6}$, fondant à 154° [*Proceed. Chem. Soc.*, **16**, 107]. Il possède par suite une constitution exprimée par la formule

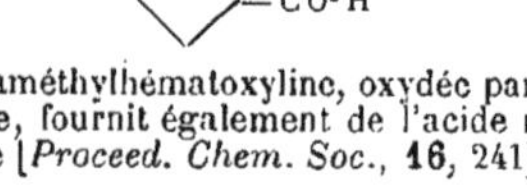

OCH³
CH³.O — ⟨noyau⟩ — O.CH².CO²H
— CO²H

La tétraméthylhématoxyline, oxydée par l'acide chromique, fournit également de l'acide métahémipinique [*Proceed. Chem. Soc.*, **16**, 241].

La tétraméthylhématoxyline, oxydée par l'acide nitrique, fournit une substance cristallisée en aiguilles jaunes, solubles en pourpre dans les alcalis.

Les eaux mères provenant de la préparation de l'hématoxylone contiennent plusieurs autres produits d'oxydation. Parmi ceux-ci se trouve un *acide bibasique* fondant à 214°, cristallisé en aiguilles incolores, et qui correspond à la formule

$$C^{9}H^{10}O^{3}(CO^{2}H)^{2}$$

[*Proceed. Chem. Soc.*, **15**, 27].

Produits d'oxydation de la brésiline. — Quoique la constitution de l'hématoxyline ne soit pas encore établie d'une façon certaine, il est à peu près certain qu'elle représente une *oxybrésiline*. Il en résulte que nous ne saurions ici étudier les différentes formules proposées pour l'une en négligeant celles qui en dérivent pour l'autre.

De plus, comme les produits d'oxydation de la brésiline n'ont pas encore été décrits dans le Dictionnaire, nous les mentionnerons rapidement, car de l'étude de ces produits d'oxydation surtout découlent les formules de constitution proposées.

Les produits d'oxydation de la brésiline,

$$C^{16}H^{14}O^{5},$$

peuvent être répartis en plusieurs groupes: 1° brésiléine, $C^{16}H^{12}O^{5}$ (voyez 2e Suppl., **1**, 787); 2° brésilone, $C^{16}H^{12}O^{6}$, et déhydrobrésilone,

$$C^{16}H^{10}O^{5};$$

3° composé du type $C^{9}H^{6}O^{4}$; 4° produits d'oxydation résultant d'une destruction plus ou moins avancée de la molécule de la brésiline.

La *triméthylbrésilone*, $OH.C^{16}H^{8}O^{2}(OCH^{3})^{3}$, a été obtenue par MM. A.-W. Gilbody et W.-H. Perkin, en oxydant par l'acide chromique la triméthylbrésiline. Elle cristallise en aiguilles de couleur paille, fusibles à 191°. A une température légèrement supérieure, elle perd 1 molécule d'eau et donne la *déhydrotriméthylbrésilone*,

$$OH \, . \, C^{16}H^{6}O^{2}(OCH^{3})^{3},$$

fondant à 198°. Son *dérivé acétylé*,

$$(OC^{2}H^{3} \, . \, O)C^{16}H^{6}O^{2}(OCH^{3})^{3},$$

fond à 176° [*Proceed. Chem. Soc.*, **15**, 27]. La triméthylbrésilone, par traitement à la phénylhydrazine, est transformée en une substance de la formule $C^{19}H^{16}O^{4}$, fondant à 173°, soluble dans l'acide nitrique et dans les acides minéraux avec une coloration orangée ou pourpre intense [*Proceed. Chem. Soc.*, **16**, 105]. Oxydée par l'acide nitrique, elle fournit de l'acide p-méthoxysalicylique.

M. Herzig, de son côté, a obtenu, en oxydant la triméthylbrésiline acétylée, la *triméthyldéhydrobrésiline*, qui se laisse facilement acétyler ou méthyler. La *triméthyldéhydrobrésiline acétylée*, $(OC^{2}H^{3}O).C^{16}H^{9}O.(OCH^{3})^{3}$, est en lamelles blanches, très difficilement solubles dans l'alcool. Elle fond à 174-176° et est identique avec la triméthyldéhydrobrésilone acétylée des chimistes anglais. La tétraméthyldéhydrobrésiline existe sous deux formes isomériques, fusibles respectivement à 136-139° et à 155°.

Le composé $C^{9}H^{6}O^{4}$ est, de beaucoup, le plus important au point de vue de la constitution de la brésiline. Découvert en 1888, il a été tout récemment l'objet d'une étude approfondie de la part de MM. Feuerstein et de Kostanecki. On peut le préparer aisément en dissolvant 2gr,7 de brésiline dans 150 centimètres cubes d'eau additionnée de 10 centimètres cubes de lessive de soude d'une densité de 1,37. Dans la solution, on fait passer un courant d'air pendant 36 heures. La solution prend une couleur brun-rougeâtre. Elle est épuisée avec de l'éther, et l'éther agité avec 50 centimètres cubes d'une solution à 20 0/0 de bicarbonate de sodium.

Le bicarbonate enlève de l'acide β-résorcylique. L'éther retient au contraire le composé $C^9H^6O^4$. Il fond à 270° et se dissout facilement dans les alcalis, dans l'eau chaude et dans l'alcool. Il renferme deux groupes OH; il donne en effet un *éther diméthylique* (point de fusion 169-170°) soluble dans l'alcool et dans l'acide acétique, un *dérivé diacétylé* fondant à 148-149°, un *dérivé dibenzoylé* fondant à 205-206°.

Le brome l'attaque facilement en donnant, suivant la quantité de brome employée, un *dérivé di-* ou *tribromé*. Le premier forme des cristaux couleur chair et fond à 235°; le second forme des prismes brunâtres, fusibles à 257-259°.

En chauffant l'éther diméthylique du composé $C^9H^6O^4$ avec 3 fois son poids de permanganate pulvérisé en solution acétique, on le dédouble en acide p-méthoxysalicylique,

OH
CH^3O ⟨ ⟩ CO^2H

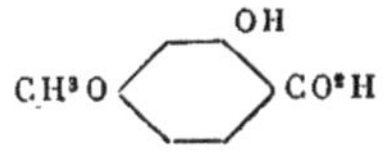

d'après l'équation

$$C^6H^3(OCH^3)^2C^3HO^2 + 7O$$
$$= C^6H^3(OCH^3)(OH)(COOH) + 3CO^2 + H^2O.$$

Ce dédoublement a conduit à admettre la formule

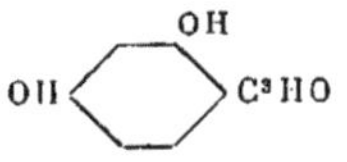

OH
OH ⟨ ⟩ C^3HO

pour le composé $C^9H^6O^4$.

Quant au complexe C^3HO^2, il ne réagit ni avec l'hydrazine, ni avec l'hydroxylamine. MM. Schall et Dralle avaient supposé qu'il formait une chaine triméthylénique, telle que

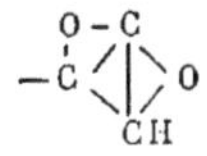

O - C
—C ⟨ ⟩ O
CH

[Schall et Dralle, *D. chem. G.*, **21**, 3017; **22**, 1559; **25**, 19; **27**, 528].

MM. Feuerstein et de Kostanecki, en traitant le même composé par l'alcoolate de sodium à l'ébullition, sont arrivés à le dédoubler très nettement en acide formique et éther diméthylique de fisétol,

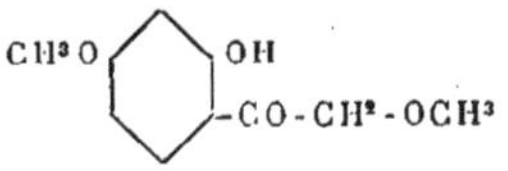

CH^3O ⟨ ⟩ OH
—$CO-CH^2-OCH^3$

La décomposition se ferait alors d'après le schéma suivant :

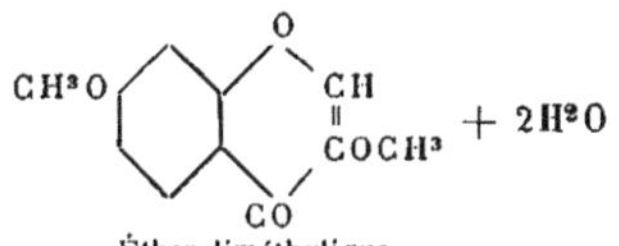

CH^3O ⟨ ⟩ O—CH = $COCH^3$—CO + $2H^2O$

Éther diméthylique
du composé $C^9H^6O^4$.

= CH^3O ⟨ ⟩ OH, $CO.CH^2.OCH^3$ + $H.CO^2H$.

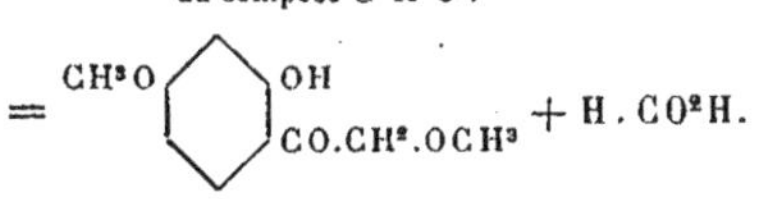

Mentionnons encore les produits d'oxydation de la brésiline signalés par différents auteurs (voyez aussi 2e Suppl., **1**, 788).

Acide chromique. — En oxydant la triméthylbrésiline par l'acide chromique, on obtient, outre la triméthylbrésilone, différentes substances : 1° un corps cristallisé incolore, fondant à 183°; 2° un corps cristallisé fondant à 210°, donnant avec le chlorure ferrique une coloration violette intense; sa composition correspond à la formule $C^9H^{10}O^5$; 3° une substance vraisemblablement de nature lactonique, fondant à 155°, ayant la formule $C^{15}H^{16}O^6$. Cette lactone est intéressante, car, par traitement au permanganate, elle se convertit en un acide bibasique, $C^{10}H^{10}O^2(CO^2H)^2$, fondant à 200-203° avec décomposition, qui, chauffé à 160° avec de l'acide chlorhydrique, perd de l'acide carbonique et donne de la pyrocatéchine [A.-W. Gilbody et W.-H. Perkin, *Proceed. Chem. Soc.*, **15**, 27]. Cet acide n'est autre que l'acide m-hémipinique,

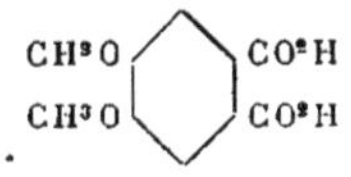

CH^3O ⟨ ⟩ CO^2H
CH^3O ⟨ ⟩ CO^2H

[*Ibid.*, **15**, 241].

Permanganate de potassium. — La triméthylbrésiline, oxydée par le permanganate à diverses concentrations, donne :

1° Un acide bibasique, $C^{10}H^{10}O^6$, fondant à 175°. Cet acide contient un groupe méthoxyle et donne par fusion avec la potasse une substance qui colore fortement en violet la solution de chlorure ferrique. Lorsqu'on le chauffe avec de l'eau à 200°, il perd de l'acide carbonique et donne un acide monobasique de la formule $C^9H^{10}O^4$, fondant à 119°. Ce dernier est identique avec le corps résultant de la condensation de la méthylrésorcine avec le bromacétate d'éthyle en présence d'alcoolate de sodium (après saponification de l'éther éthylique ainsi formé). Il doit posséder par suite la formule de constitution

$$CH^3O.C^6H^4.OCH^2.CO^2H.$$

Comme, d'autre part, la brésiline fournit par oxydation dans certaines conditions de l'acide p-méthoxysalicylique, il est très probable que l'acide $C^{10}H^{10}O^6$ a pour constitution

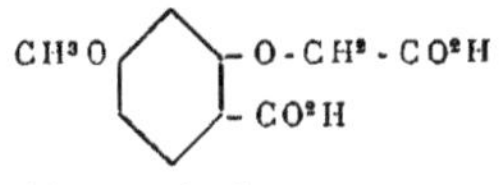

CH^3O ⟨ ⟩ $-O-CH^2-CO^2H$
$-CO^2H$

2° Un acide monobasique,

$$C^{10}H^8O^3(OCH^3).CO^2H,$$

fondant à 129°,5. Cet acide perd de l'eau lorsqu'on le traite à 80° par l'acide sulfurique concentré et se convertit en un nouvel acide,

$$C^{12}H^{10}O^5,$$

fondant à 196°. Par oxydation à l'aide du permanganate, cet acide $C^{12}H^{10}O^5$ donne de l'acide p-méthoxysalicylique, ce qui conduit à admettre pour sa constitution le schéma

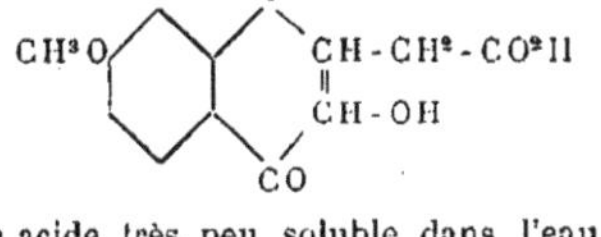

CH^3O ⟨ ⟩ O—$CH-CH^2-CO^2H$ = CH-OH—CO

3° Un acide très peu soluble dans l'eau, fondant à 208°, dont la composition est exprimée par la formule $C^{19}H^{18}O^{9}$. Il est bibasique, car il fournit un sel d'argent,

$$C^{17}H^{16}O^{5}.(CO^{2}Ag)^{2},$$

et un éther diméthylique, $C^{17}H^{16}O^{5}.(CO^{2}CH^{3})^{2}$, fondant à 110°. Par fusion avec la potasse il donne une substance soluble dans l'eau, colorant fortement le chlorure ferrique à la façon des corps renfermant un noyau catéchique. Il ne donne pas d'oxime et, par réduction à l'aide de l'amalgame de sodium, il est converti en un acide,

$$C^{17}H^{16}O^{4}(CO^{2}H)^{2},$$

fondant à 217°. Ce nouveau composé, chauffé à 140° avec la potasse alcoolique, donne un corps neutre fondant à 140°, de nature vraisemblablement lactonique et formé d'après l'équation

$$C^{17}H^{16}O^{5}(CO^{2}H)^{2}+2H=C^{17}H^{20}O^{5}+2CO^{2}.$$

4° Un acide très peu soluble dans l'eau, fondant à 214-215° en se décomposant rapidement. Le produit résultant de sa fusion avec la potasse se comporte avec le chlorure ferrique comme celui qui provient de l'acide $C^{19}H^{18}O^{9}$; il correspondrait, d'après les résultats d'une analyse effectuée par MM. A.-W. Gilbody, W.-H. Perkin et J. Yates, à la formule $C^{13}H^{14}O^{8}$.

5° De l'acide hémipinique [*Proceed. Chem. Soc.*, **15**, 27, 75 ; **16**, 105, 107].

Le tableau suivant résumera rapidement les résultats de l'action des oxydants d'une part sur l'hématoxyline, d'autre part sur la brésiline :

Hématoxyline $C^{16}H^{14}O^{6}$.	Brésiline, $C^{16}H^{14}O^{5}$.
Hématéine, $C^{16}H^{12}O^{6}$.	Brésiléine, $C^{16}H^{12}O^{5}$.
Déhydrohématoxyline, $C^{16}H^{10}O^{6}$.	Déhydrobrésiline, $C^{16}H^{10}O^{5}$.
	Composé, $C^{9}H^{6}O^{4}$.
Tétraméthylhématoxyline.	Triméthylbrésiline.
$C^{18}H^{18}O^{6}(CO^{2}H)^{2}$.	$C^{17}H^{16}O^{5}(CO^{2}H)^{2}$.
$C^{18}H^{18}O^{5}(CO^{2}H)^{2}$.	$C^{17}H^{16}O^{4}(CO^{2}H)^{2}$.
$C^{9}H^{10}O^{3}(CO^{2}H)^{2}$.	$C^{8}H^{8}O^{2}(CO^{2}H)^{2}$.

Constitution de la brésiline et de l'hématoxyline. — Rappelons à titre historique que Reim, pensant avoir préparé un dérivé hexacétylé de l'hématoxyline (voyez précédemment), avait proposé pour ce composé la formule de constitution suivante :

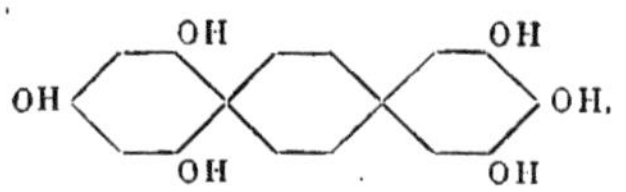

OH OH
OH OH.
OH OH

La constitution de la brésiline, et par suite celle de l'hématoxyline, ne peuvent encore être déduites d'une façon indiscutable des faits expérimentaux qui se sont accumulés si rapidement durant ces dernières années. Toutefois, grâce à l'étude approfondie du composé $C^{9}H^{6}O^{4}$, la question a fait récemment un grand pas en avant. Ce produit, ou plutôt son éther diméthylique, se dédouble par hydratation, comme nous l'avons vu, en éther diméthylique du fisétol et acide formique, c'est-à-dire en

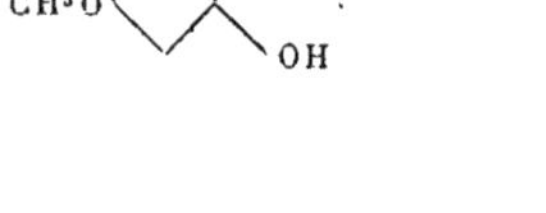

CO-CH²-OCH³
CH³O OH et H.CO²H.

L'éther diméthylique du composé $C^{9}H^{6}O^{4}$ doit posséder par suite la formule

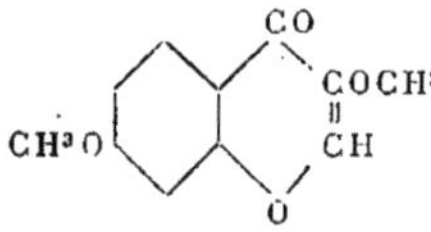

CO
COCH³
CH³O CH
O

et ce groupement doit se retrouver dans la brésiline.

C'est cette partie de la molécule qui fournit la résorcine dans la décomposition par la potasse fondante, ainsi que l'acide acétique, l'acide formique, l'acide oxalique, suivant que la rupture de la chaîne se fait à un maillon ou à un autre

Dans les produits de décomposition on rencontre aussi de l'acide protocatéchique. Il est probable que cet acide provient du résidu de la molécule de la brésiline, qui, par suite, serait du type

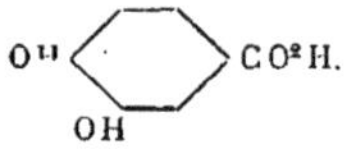

OH CO²H.
OH

Il reste à savoir comment se fait la soudure de ces deux noyaux. MM. de Kostanecki et Feuerstein admettent, comme c'est du reste probable, que le groupe protocatéchique s'unit à l'aide de la chaîne grasse au groupe CO du corps $C^{9}H^{6}O^{4}$, celui-ci étant lui-même produit par oxydation au moment de la scission de la molécule de la brésiline. On aurait donc pour celle-ci la formule de constitution

OH O — CH
CH-C.OH
CH² OH
OH

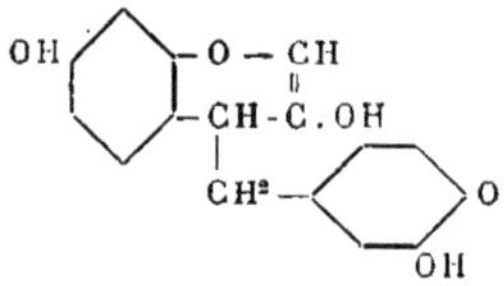

Par oxydation, il y aurait élimination de 2 atomes d'hydrogène et formation de brésiléine, en même temps que se créerait une double liaison. Cette double liaison serait la cause du pouvoir colorant. Elle peut se créer, du reste, de deux façons différentes, comme le montrent les schémas suivants :

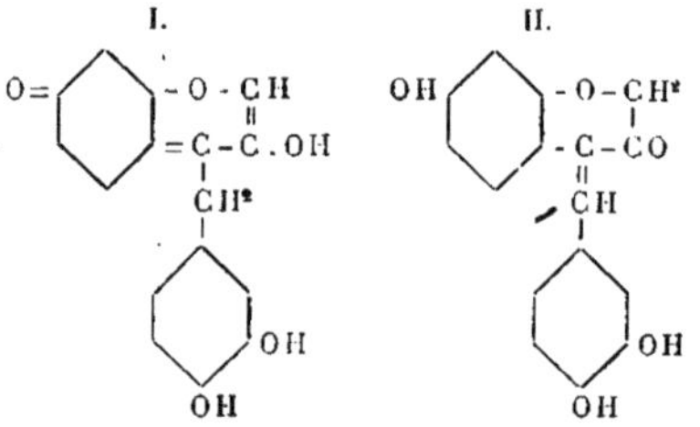

I.
O= -O-CH
=C-C.OH
CH²
OH
OH

II.
OH -O-CH²
-C-CO
CH
OH
OH

La formule I paraît inadmissible. Elle ferait en effet de la brésiléine un composé oxyquinonique. Or les oxyquinones ne donnent pas de combinaisons acétylées, tandis que la brésiléine se comporte tout différemment; reste donc la formule II. Le pouvoir colorant serait dû ici à la présence de la chaîne CO–C=C. On sait que ce complexe donne des matières colorantes orangées ; mais ici, par suite du voisinage du groupement méthylénique, la coloration pourrait peut-être virer au rouge. Toutefois la formation d'acide métahémipinique,

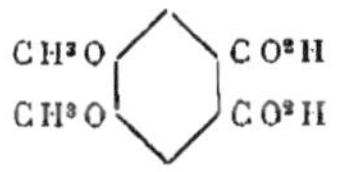

CH^3O — CO^2H
CH^3O — CO^2H

paraît un peu difficile à expliquer. M. W.-A. Perkin, se basant sur la formation de cet acide, suppose que la soudure des deux parties de la molécule de la brésiléine se fait différemment et admet pour celle-ci la constitution

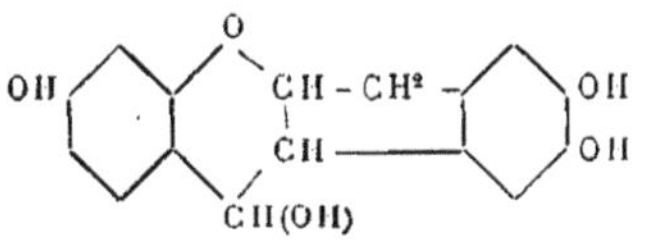

O
OH — CH - CH^2 — OH
CH — OH
CH(OH)

Cette formule paraît, à l'heure actuelle, en contradiction avec certains faits expérimentaux.

Quelle que soit la formule adoptée pour la brésiline et la brésiléine, l'hématoxyline et l'hématéine résultent du remplacement dans ces formules d'un atome d'hydrogène du groupe benzopyronique par un groupe oxhydryle. En admettant, par exemple, la formule de MM. de Kostanecki et Feuerstein, on aurait pour l'hématoxyline et l'hématéine les formules de constitution suivantes :

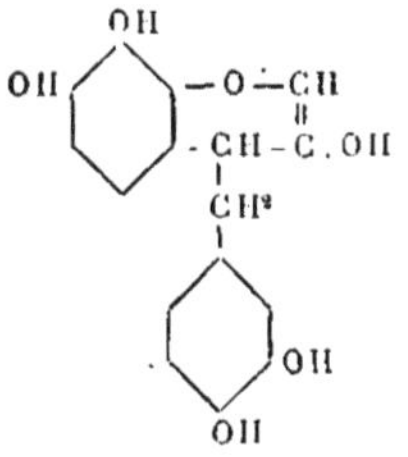

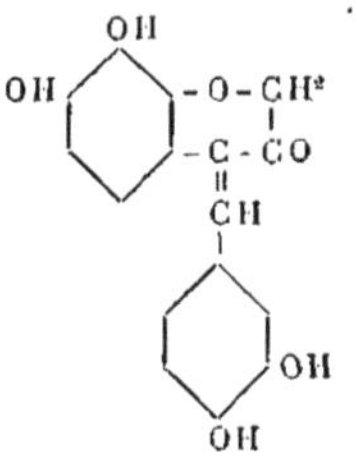

OH — O - CH — CH - C.OH — CH^2 — OH — OH
OH — O - CH^2 — C - CO — CH — OH — OH

D'après M. W.-H. Perkin, la constitution de l'hématoxyline serait de même représentée par le schéma :

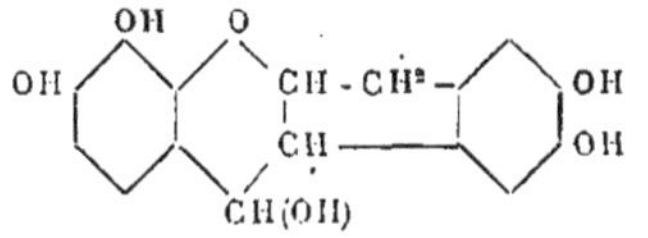

OH O
OH — CH - CH^2 — OH
CH — OH
CH(OH)

(voyez à ce sujet le travail récent de M. J. Herzig [*Mon. f. Chem.*, **21**, 461], qui contient une critique des différentes formules proposées et celui de MM. Herzig et Pollak [*Ibid.*, **22**, 207]).

V. Thomas.

HÉMELLIBENZOÏQUES (ACIDES) [Syn. *Hémimellibenzoïques, triméthyl*-1.2.3-*benzoïques*]. — Voyez (2e Suppl., **2**, 324), les acides prehnitylique (triméthyl-1.2.3-benzoïque-4) et α-isodurylique (triméthyl-1.2.3-benzoïque-5), à l'article ACIDES DURYLIQUES.

HÉMELLIBENZYLAMINE [Syn. *Hémimellibenzylamine, triméthyl*-1.2.3-*phénylamine*]. — Quand on soumet le dérivé diazoïque de la pseudo-cumidine commerciale impure à la réaction de Sandmeyer (action du cyanure de cuivre sur le chlorure de diazoïque), on obtient un mélange de nitriles qui, réduits par le sodium et l'alcool absolu, fournissent deux bases isomériques, la cumobenzylamine qui correspond au nitrile cuminique, et l'hémellibenzylamine qui provient du nitrile correspondant (*nitrile α-isodurylique* ou *nitrile prehnitylique*). Pour isoler ces bases, on reprend le produit de la réaction par l'eau et l'acide chlorhydrique étendu ; la solution acide est chauffée pour éliminer l'alcool, on neutralise par la soude, et on entraîne à la vapeur d'eau. Pour les séparer, on met à profit la solubilité plus grande de l'hémellibenzylamine et de ses sels [H. Krömer, *D. chem. G.*, **24**, 2411].

L'hémellibenzylamine cristallise dans l'eau bouillante en lamelles brillantes argentées, perdant leur éclat par dessiccation et fusibles à 123°. Son *chlorhydrate*, $C^{10}H^{15}AzHCl$, cristallise en aiguilles peu solubles dans l'eau froide et dans l'alcool, fusibles à 270°.

Le *dérivé mercurique*, $C^{10}H^{15}AzHCl \cdot HgCl^2$, cristallise en petites aiguilles brillantes, fusibles à 240-241° ; le *chloroplatinate*, $(C^{10}H^{15}AzHCl)^2PtCl^4$, cristallise dans l'alcool dilué et fond à 219-220° en brunissant ; le *chloraurate*, $C^{10}H^{15}Az.HCl.AuCl^3$, cristallise en prismes rouge-grenat ; il fond à 162-165° en se décomposant complètement [Krömer, *loc. cit.*].

M. Tiffeneau.

HÉMELLIBENZYLIQUE (ALCOOL) [*Alcool triméthyl*-1.2.3-*benzylique, alcool hémimellibenzylique*]. — L'alcool hémellibenzylique s'obtient en chauffant avec l'azotite de sodium une solution aqueuse de chlorhydrate d'hémellibenzylamine [Krömer, *D. chem. G.*, **24**, 2413].

Il cristallise dans l'alcool étendu en longues aiguilles facilement solubles dans l'alcool et dans l'éther, fusibles à 78°.

HÉMELLIBENZYLIQUE (ALDÉHYDE) [Syn. *Hémimellibenzaldéhyde, aldéhyde triméthyl*-1.2.3-*benzoïque*], $C^6H^2(CHO)(CH^3)^3_{(1\cdot2\cdot3)}$. — Cette aldéhyde s'obtient par oxydation de l'alcool hémellibenzylique au moyen du mélange chromique. Elle cristallise dans l'alcool dilué en aiguilles fusibles à 52° [Krömer, *D. chem. G.*, **24**, 2413].

HÉMELLIQUE (ACIDE) [Syn. *Acide hémimellique, hémellithique, hémimellithique, benzène-tricarbonique*-1.2.3], $C^6H^3(CO^2H)^3_{(1\cdot2\cdot3)}$ [Dict., **2**, 332]. — Cet acide se forme à côté de l'anhydride phtalique par chauffage de l'acide hydromellophanique, $C^{10}H^{10}O^8$, avec l'acide sulfurique [Baeyer, *Ann. Chem., Suppl.*, **7**, 31].

On l'obtient aussi par oxydation de l'acide phénylglyoxyldicarbonique par le permanganate de potassium [Graebe et Bossel, *Ann. Chem.*, **290**, 206].

Comme l'acide phénylglyoxyldicarbonique (II) s'obtient lui-même par oxydation de l'acide naphtalique (I) par le permanganate de potassium alcalin, on peut réaliser la préparation de l'acide hémellique directement à partir de l'acide naphtalique :

I.
CO^2H CO^2H
C C
CH C CH
CH C CH
CH CH
→

II.
CO^2H
C
→ C - CO - CO^2H
C - CO^2H

III.
CO^2H
C
→ C - CO^2H
C - CO^2H

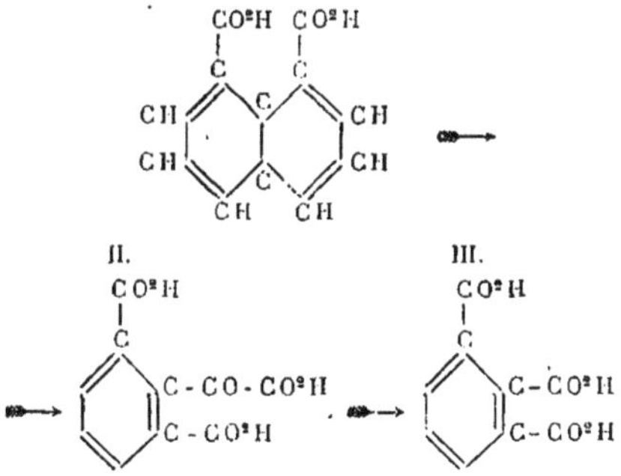

Toutefois, comme l'acide phénylglyoxyldicarbonique n'est pas oxydé par le permanganate en milieu alcalin, il faut, dès que la première phase de l'oxydation est terminée, avoir soin de neutraliser exactement la liqueur par l'acide sulfurique. On ajoute le permanganate à chaud, aussi rapidement que se fait la décoloration; finalement on filtre, on concentre, et il se dépose des lamelles d'hémellate de potassium dont on isole l'acide par un excès d'acide chlorhydrique à chaud [C. Graebe et M. Leonhardt, *Ann. Chem.*, **290**, 217].

L'oxydation de l'acide hémellithylique par le permanganate de potassium fournit également de l'acide hémellique, avec formation intermédiaire d'un acide dicarbonique. Celui-ci, étant peu soluble, se dépose, puis disparaît peu à peu; on purifie l'acide par la méthode de Graebe, précipitation de l'acide à l'état de sel de potassium par addition d'une solution de chlorure de potassium à une solution froide de l'acide [Baeyer et Villiger, *D. chem. G.*, **32**, 2429].

L'acide hémellique cristallise dans l'eau en grosses tables contenant de l'eau de cristallisation, $C^9H^6O^6, 2H^2O$, fondant à 105° en commençant à se déshydrater; quand il a perdu son eau de cristallisation, il fond à peu près vers 191° et se transforme alors, par un chauffage assez prolongé au bain de nitrobenzène, en l'*anhydride* $C^9H^4O^5$, fusible à 194-196°.

SELS. — Pour obtenir les *sels acides*, on chauffe la solution aqueuse de l'acide libre avec du chlorhydrate d'ammoniaque et un sel quelconque du métal dont on veut obtenir l'hémellate. Ainsi, avec les chlorures de calcium et de baryum, le sulfate de magnésium, l'azotate d'argent, MM. Baeyer et Villiger ont obtenu les hémellates correspondants, qui sont tous bien cristallisés et difficilement solubles dans l'eau, particulièrement l'*hémellate de calcium*.

Parmi les *sels neutres*, le *sel de calcium* s'obtient en chauffant un mélange de chlorure de calcium et d'hémellate d'ammonium; il forme une masse épaisse de fines aiguilles (Baeyer et Villiger); le *sel de baryum* contient 6 molécules d'eau; le *sel tripotassique* est très soluble; le *sel monopotassique*, $C^9H^5O^6K, 2H^2O$, au contraire, est si peu soluble, qu'il se dépose quand on ajoute une solution de chlorure de potassium à la solution froide de l'acide hémellique; 100 parties d'eau ne dissolvent que 0,857 de ce sel supposé anhydre; le chlorure ou le sulfate de potassium diminuent cette solubilité; à 100°, l'eau en dissout 10 0/0; ce sel perd 2 molécules d'eau à 100°, puis 1 molécule à 200° pour donner le sel de l'anhydride hémellique [C. Graebe et M. Leonhardt, *loc. cit.*].

ÉTHERS. — Éthérifié par l'alcool méthylique et l'acide chlorhydrique, l'acide hémellique fournit seulement l'*éther diméthylique* (Graebe et Leonhardt). Toutefois, si on dirige un courant de gaz chlorhydrique dans une solution d'acide hémellique dans l'alcool méthylique maintenu à l'ébullition pendant quelques heures, il se forme un peu d'*éther triméthylique*, ce qui montre qu'il est seulement difficile, mais non impossible, d'éthérifier le troisième groupe carboxyle [V. Meyer, *D. chem. G.*, **29**, 1401]. Cet éther triméthylique avait d'ailleurs été déjà obtenu par MM. Graebe et Leonhardt au moyen de l'anhydride hémellique; celui-ci, par simple ébullition avec l'alcool, fournit l'*éther monométhylique*, puis par action du gaz chlorhydrique il se transforme en éther triméthylique.

L'*hémellate monométhylique*,

$$C^6H^3 \begin{cases} CO^2H \\ CO^2CH^3, \\ CO^2H \end{cases}$$

est moins soluble à froid dans l'eau et dans l'alcool méthylique que l'acide libre; il forme des aiguilles fusibles à 203-205° avec décomposition.

L'*hémellate diméthylique*,

$$C^6H^3 \begin{cases} CO^2CH^3 \\ CO^2H \\ CO^2CH^3 \end{cases}$$

distille sans décomposition; il cristallise en aiguilles fusibles à 145°.

Son *sel d'argent* se décompose par la chaleur en donnant, entre autres produits, de l'acide isophtalique, ce qui précise la position du carboxyle libre.

L'*éther triméthylique* fond à 100°; il est insoluble dans l'eau, dans l'alcool froid, soluble dans l'alcool chaud et l'éther.

L'*éther triéthylique* fond à 39° et se dissout facilement dans l'alcool et dans l'éther (F. Ephraim). Pour le préparer, il n'est pas nécessaire d'isoler l'acide : il suffit de neutraliser par la potasse le sel monopotassique, puis de transformer le sel tripotassique en sel triargentique au moyen de l'azotate d'argent. L'hémellate triargentique, desséché, est mis en suspension dans de l'éther qu'on additionne d'iodure d'éthyle; au bout de quelques heures la transformation est complète [F. Ephraim, *D. chem. G.*, **31**, 2084].

L'action de l'éther acétique en présence du sodium sur l'hémellate triéthylique donne, comme avec l'éther phtalique, des dérivés de l'hydrindène. On obtient dans ce cas, d'une part (I), le dérivé sodé du dicétohydrindène-dicarbonate d'éthyle, et d'autre part (II) le dérivé sodé du dicétohydrindène-dicarbonate de sodium et d'éthyle [F. Ephraim, *D. chem. G.*, **31**, 2085] :

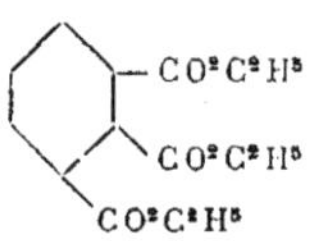

$CO^2C^2H^5$ — $CO^2C^2H^5$ — $CO^2C^2H^5$

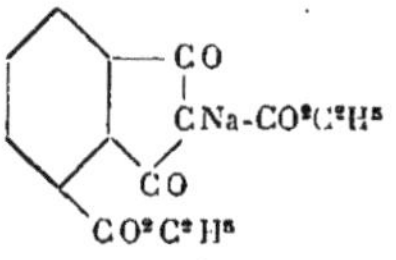

CO — $CNa\text{-}CO^2C^2H^5$ — CO — $CO^2C^2H^5$

I.

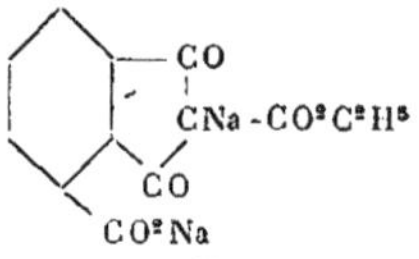

CO — $CNa\text{-}CO^2C^2H^5$ — CO — CO^2Na

II.

ANHYDRIDE HÉMELLIQUE,

$$C^6H^3 \begin{cases} CO^2H \\ CO \\ CO \end{cases} \!\!> O$$

— Il se forme par action de la chaleur (190°) sur l'acide hémellique, ou encore, et à côté d'autres produits, par chauffage à 250° de l'acide phénylglyoxyldicarbonique. Son action sur l'alcool méthylique a été signalée plus haut.

Avec le gaz ammoniac sec, vers 200°, il donne l'*imide hémellique*, qui cristallise dans l'eau chaude en aiguilles fusibles à 247°. Le groupe AzH étant acide, cette imide est bibasique et donne un *sel diargentique*, ainsi qu'un *sel monocalcique* $(C^9H^3O^4AzCa, 1,5H^2O)$. Sous l'influence du chlorure d'aluminium, l'anhydride hémellique s'unit au benzène en donnant l'acide benzoylphtalique

$$C^6H^3 \begin{cases} CO^2H \\ CO^2H \\ CO\text{-}C^6H^5 \end{cases}$$

et les deux acides dibenzoylbenzoïques,

$$C^6H^3 \begin{array}{l} \diagup CO-C^6H^5 \\ -CO^2H \\ \diagdown CO-C^6H^5 \end{array} \quad \text{et} \quad C^6H^3 \begin{array}{l} \diagup CO^2H \\ -CO-C^6H^5. \\ \diagdown CO-C^6H^5 \end{array}$$

En substituant à l'anhydride hémellique son sel de potassium, qui se prépare en chauffant à 200° l'hémellate monopotassique, on peut obtenir également l'acide benzoylisophtalique,

$$C^6H^3 \begin{array}{l} \diagup CO^2H \\ -CO-C^6H^5 \\ \diagdown CO^2H \end{array}$$

Fluorescéines de l'anhydride hémellique — Par chauffage d'environ 3 heures vers 200° d'un mélange de résorcine (1p,3) et d'anhydride hémellique (1 partie), on obtient les fluorescéines I et II :

$$\text{(I)} \qquad C^6H^3 \begin{array}{l} \diagup C \begin{array}{l} /\!/ C^6H^3=O \\ \quad\;\; >O \\ \diagdown C^6H^3-OH \end{array} \\ \begin{array}{l} -CO \\ \diagdown CO \end{array} > O \end{array}$$

$$\text{(II)} \qquad C^6H^3 \begin{array}{l} \diagup CO^2H \\ -C \begin{array}{l} /\!/ C^6H^3=O \\ \quad\;\; >O \\ \diagdown C^6H^3-OH \end{array} \\ \diagdown CO^2H \end{array}$$

L'une (I) est l'anhydride de l'acide 3-fluorescéine-carbonique, et l'autre (II) est l'acide 6-fluorescéine-carbonique.

La première est insoluble dans l'eau bouillante; l'acide chlorhydrique la sépare de sa solution sodique sous la forme d'un précipité cristallin jaune-rouge; elle donne avec les alcalis une solution jaune-rouge faiblement fluorescente; son *dérivé acétylé* fond au-dessus de 300°.

L'acide 6-fluorescéine-carbonique est soluble dans l'eau bouillante; il forme des aiguilles d'un jaune-rougeâtre ne fondant pas encore à 280°, solubles dans les alcalis avec la même couleur que la fluorescéine, mais avec une très faible fluorescence [Graebe et Leonhardt, *loc. cit.*, et *Bull. Soc. Chim.*, (3), **16**, 1041]. M. Tiffeneau.

HÉMELLITHÈNE [Syn. *Hémimellithène, triméthylbenzène*-1.2.3]. (Voyez 1er Suppl., TRIMÉTHYLBENZÈNES.) — Outre son mode de formation au moyen de l'acide α-isodurylique (1er Suppl., 1589; 2e Suppl., **2**, 324), M. Jacobsen l'a également obtenu en chauffant avec de la chaux le sel de calcium de l'acide prehnitylique [*D. chem. G.*, **19**, 1213].

Sa synthèse a été réalisée à partir du dibromométaxylène solide, $C^6H^2(CH^3)^2_{(1.3)}Br^2_{(4.6)}$, qu'on soumet d'abord à l'action de la chlorhydrine sulfurique, puis d'une liqueur alcoolique de soude; on le transforme ainsi en métaxylène-dibromosulfonate de sodium; le brome est ensuite éliminé par réduction au moyen de la poudre de zinc et de l'ammoniaque. Le β-bromométaxylène ainsi obtenu, bouillant vers 206°, est soumis dans l'éther absolu à l'action de l'iodure de méthyle en présence de sodium [O. Jacobsen et W. Deike, *D. chem. G.*, **20**, 903].

L'hémellithène ne se forme pas dans l'action de l'iodure de méthyle en présence du chlorure d'aluminium sur les divers xylènes [Jacobsen, *D. chem. G.*, **19**, 2520]; par contre, dans l'action du chlorure d'acétyle en présence du chlorure d'aluminium sur le mésitylène, il y a migration moléculaire partielle, et l'on obtient, à côté de l'acétylmésitylène, de petites quantités d'acétylhémellithène [Lucas, *D. chem. G.*, **29**, 2884].

M. Lucas infirme ainsi, d'une part, ses conclusions sur la formation d'hémellithène, à côté du mésitylène, dans la condensation de l'acétone par l'acide sulfurique [*D. chem. G.*, **29**, 953], d'autre part, les déductions théoriques formulées par M. Hantzsch sur la constitution du benzène [*D. chem. G.*, **29**, 958].

Préparation. — L'hémellithène existe parmi les carbures du goudron de houille [Jacobsen, *D. chem. G.*, **19**, 2513]. Pour le préparer, on dissout à chaud la portion neutre, passant à 170-180°, des goudrons de houille dans de l'acide sulfurique ordinaire, on neutralise par le carbonate de baryum; la portion la plus difficilement soluble des sels de baryum est transformée en sel de sodium. La solution chaude de ce sel est précipitée par une quantité insuffisante de chlorure de baryum, et le précipité soumis de nouveau au même traitement jusqu'à ce que l'essai du sel de baryum ne donne plus de sulfamide fondant au-dessous de 194°. Tout le sel de baryum est alors transformé en sulfamide; celle-ci, traitée à chaud par l'acide chlorhydrique, régénère l'hémellithène à l'état de pureté [Jacobsen, *D. chem. G.*, **19**, 2520].

L'hémellithène pur bout à 175-175°,5; il ne se solidifie pas à — 20°.

Oxydé par l'acide azotique étendu, il fournit un seul acide, l'*acide hémellithylique*,

$$C^6H^3(CH^3)^2_{(1.2)}CO^2H_{(3)}.$$

TRINITROHÉMELLITHÈNE,

$$C^6H^2(CH^3)^3_{(1.2.3)}(AzO^2)^3_{(4.5.6)}.$$

— Par action prolongée de l'acide nitrique, et sous l'influence de la chaleur, l'hémellithène donne un dérivé trinitré cristallisant dans l'alcool bouillant et fondant à 209°; au début, il se fait tout d'abord un dérivé mononitré déjà décrit (1er Suppl., 1589).

DÉRIVÉ SULFONÉ. — L'hémellithène se dissout complètement à chaud dans l'acide sulfurique ordinaire, en donnant un seul dérivé sulfoné,

$$C^6H^2(CH^3)^3_{(1.2.3)}SO^3H_{(5)},$$

qui cristallise dans l'acide sulfurique dilué en tables hexagonales renfermant de l'eau, et qu'on peut distinguer à première vue des dérivés sulfonés du mésitylène et du pseudocumène.

Le *sel de baryum* est anhydre, en feuillets minces, très difficilement soluble dans l'eau; le *sel de calcium* est beaucoup moins soluble à chaud qu'à froid. Le *sel de sodium* cristallise avec 1 molécule d'eau; fondu avec la potasse caustique il fournit le phénol correspondant, l'*hémellithénol*.

SULFAMIDE, $C^9H^{11}.SO^2AzH^2$. — Elle cristallise dans l'alcool bouillant en prismes durs, et dans l'eau en petites aiguilles; elle est plus difficilement soluble dans l'alcool froid que la pseudocumène-sulfamide. Elle fond à 195-196°. Soumise en solution faiblement alcaline à l'action du permanganate de potassium, elle se transforme en deux acides sulfamido-hémellithyliques, qu'on sépare facilement par cristallisation de leurs sels de baryum.

L'*acide α-sulfamido-hémellithylique* est difficilement soluble dans l'eau froide, abondamment soluble dans l'eau bouillante au sein de laquelle il cristallise par refroidissement en aiguilles fondant à 238°. Son *sel de baryum*,

$$(C^9H^{10}AzSO^4)^2Ba, 5H^2O,$$

est difficilement soluble dans l'eau. Par chauffage avec de l'acide chlorhydrique vers 150°, cet acide sulfamidé se transforme en *acide sulfohémelli-*

thylique cristallisant en paillettes ; en poursuivant l'action de l'acide chlorhydrique jusqu'à 180-190°, on obtient l'*acide hémellithylique* fondant à 144°, ce qui établit la formule de l'acide α-sulfamido-hémellithylique,

$$C^6H^2(CH^3)^2{}_{(1.2)}CO^2H_{(3)}SO^2AzH^2{}_{(5)}.$$

L'*acide β-sulfamidohémellithylique*,

$$C^6H^2(CH^3)^2{}_{(1.3)}CO^2H_{(2)}\quad SO^2AzH^2{}_{(5)},$$

est plus facilement soluble que l'acide α ; il cristallise en aiguilles microscopiques fusibles à 174°. Son *sel de baryum*, qui cristallise avec 4 molécules d'eau, est facilement soluble. L'acide chlorhydrique transforme à chaud cet acide en acide hémellithylique sulfoné très aisément soluble ; mais il n'a pas été possible, par élévation de la température, d'enlever le groupe SO^3H et d'obtenir l'acide hémellithylique correspondant. L'un et l'autre de ces deux acides sulfamidés, fondus avec la potasse, fournissent des acides-phénols, les *acides oxyhémellithyliques*, qui donnent avec le perchlorure de fer un précipité brun clair, mais pas de coloration violette ou bleue, ce qui justifie la position 5 attribuée au groupement sulfonique de l'hémellithène sulfoné [Jacobsen, *D. chem. G.*, **19**, 2519]. M. Tiffeneau.

HÉMELLITHÉNOL, $C^6H^2(CH^3)^3{}_{(1.2.3)}(OH)_{(5)}$ [Syn. *Triméthyl*-1.2.3-*phénol*-5]. — Il s'obtient par fusion avec la potasse de l'hémellithène-sulfonate de sodium [Jacobsen, *D. chem. G.*, **19**, 2518].

Il cristallise par dilution de sa solution alcoolique ou éthérée en longues aiguilles fondant à 81° ; il ne colore pas le perchlorure de fer.

Par fusion prolongée avec la potasse, il fournit un acide-phénol monobasique ne se colorant pas par le perchlorure de fer, et un acide-phénol polybasique se colorant en rouge par le même réactif. [Jacobsen, *D. chem. G.*, **19**, 2518].

HÉMELLITHYLIQUE (ACIDE) [Syn. *Acide hémimellithylique*, *diméthyl*-1.2-*benzoïque*-3], $C^6H^3(CH^3)^2{}_{(1.2)}.CO^2H_{(3)}$. — Cet acide s'obtient en oxydant l'hémellithène par l'acide azotique dilué [Jacobsen, *D. chem. G.*, **19**, 2518]. L'oxydation porte uniquement sur les méthyles 1 ou 3 et jamais sur le méthyle 2, de sorte que l'acide hémellithylique est le seul produit de cette réaction.

Il se forme également dans l'action de l'acide chlorhydrique à 180-190° sur l'acide α-sulfamidohémellithylique [Jacobsen, *loc. cit.*].

MM. von Baeyer et Villiger ont obtenu de l'acide hémellithylique à partir du cyclogéraniolène (isogéraniolène), et ont ainsi montré la transformation de ce carbure hydrocyclique en dérivés du triméthylbenzène. On fait agir le brome sur le bromhydrate de cyclogéraniolène, on transforme les dérivés bromés en acétates, puis en alcools ; on réduit alors par l'amalgame de sodium qui élimine les atomes de brome du noyau ; enfin on oxyde l'alcool par le mélange chromique, puis par le permanganate de potassium ; on obtient ainsi un mélange d'environ 1 partie d'acide paraxylylique :

$$C^6H^3(CO^2H)_{(4)}(CH^3)^2{}_{(1.2)}$$

pour 2 parties d'acide hémellithylique. On sépare ces acides au moyen de leurs sels de baryum [A. von Baeyer et V. Villiger, *D. chem. G.*, **32**, 2429 ; 2e Suppl., **3**, 697].

Pour avoir l'acide pur, on dissout son sel de baryum dans la plus petite quantité d'eau possible, on filtre, puis on additionne d'alcool et on distille le liquide alcoolique ; on répète plusieurs fois les additions d'alcool et on obtient finalement une bouillie d'aiguilles cristallines ; on prépare avec ce sel de baryum un acide pur, cristallisant dans l'alcool concentré en prismes brillants (B. et V.) et dans l'alcool dilué en paillettes rhombiques (Jacobsen), fusibles à 244° [von Baeyer et Villiger, *D. chem. G.*, **32**, 2437].

SELS. — Les sels de l'acide hémellithylique ont été obtenus par MM. von Baeyer et Villiger en chauffant un mélange d'hémellithylate ammoniacal neutre et d'un sel du métal convenable.

Le *sel de plomb* est amorphe et facilement soluble.

Le *sel de cuivre* est une poudre blanche insoluble.

Le *sel d'argent* forme des aiguilles soyeuses, solubles dans l'eau.

Le *sel de baryum* cristallise en aiguilles (voir ci-dessus, B. et V.).

Le *sel de calcium* cristallise avec 1 molécule d'eau ; il est facilement soluble. Par distillation avec la chaux, l'hémellithylate de calcium fournit de l'o-xylène pur, caractérisé par sa sulfamide fusible à 144°, et par le dérivé nitré incristallisable qu'il forme avec le mélange nitrosulfurique à froid [Jacobsen, *loc. cit.*].

L'acide hémellithylique est facilement oxydé par le permanganate de potassium alcalin à la température du bain-marie ; dans cette oxydation, il se forme tout d'abord un acide (vraisemblablement un acide dicarbonique) difficilement soluble et cristallisant dans l'eau en aiguilles ; finalement il se forme l'acide hémellique soluble.

SULFAMIDE DE L'ACIDE HÉMELLITHILYQUE [Syn. *Acide sulfamido-hémellithylique*]. — Elle se forme à côté de son isomère, la sulfamide de l'acide diméthyl-1.3-benzoïque-2, dans l'oxydation de la triméthylbenzène-1.2.3-sulfamide-5 par le permanganate de potassium alcalin [Jacobsen, *loc. cit.*]. Les deux acides sont séparés grâce à la solubilité différente de leurs sels de baryum, le sulfamido-hémellithylate de baryum étant le moins soluble.

L'acide sulfamido-hémellithylique cristallise dans l'eau en longues aiguilles fusibles à 238°, difficilement solubles dans l'eau froide. Par chauffage à 190° avec l'acide chlorhydrique, il fournit l'acide diméthyl-1.2-benzoïque-3. Son *sel de baryum* cristallise avec 5 molécules d'eau et forme de petites tables difficilement solubles dans l'eau froide. M. Tiffeneau.

HÉMIMELLIQUE. — Voy. HÉMELLIQUE.

HÉMIMELLITHYLIQUE. — Voy. HÉMELLITHYLIQUE.

HÉMIPINIQUES (ACIDES), $C^{10}H^{10}O^6$. — Sous le nom d'*acides hémipiniques* on désigne les éthers diméthyliques des composés suivants :

I.	II.	III.
CO^2H (1), CO^2H (2), OH (3), OH (4)	CO^2H (1), CO^2H (2), OH (4), OH (5)	CO^2H (1), CO^2H (3), OH (4), OH (5)

Du premier est dérivé l'*acide ortho-hémipinique* ou acide hémipinique ordinaire ; du second l'*acide méta-hémipinique*. Enfin, l'acide dérivant du composé III est appelé *acide iso-hémipinique*.

Les produits de déméthylation des acides hémipiniques sont désignés par les mêmes noms précédés du préfixe *nor*.

Nous étudierons ici successivement :

L'acide norhémipinique ;

L'acide méta-norhémipinique ;

L'acide iso-norhémipinique ;

Et leurs dérivés.

ACIDE NORHÉMIPINIQUE ET DÉRIVÉS.

ACIDE NORHÉMIPINIQUE. — *Préparation.* — On chauffe pendant 5 heures, à 170-175°, un mélange de 5 grammes d'acide hémipinique avec 25 grammes de pentachlorure de phosphore. On obtient ainsi un composé chloré,

$$\begin{matrix} CH^2Cl-O \\ CH^2Cl-O \end{matrix} > C^6H^2 < \begin{matrix} CO \\ CO \end{matrix} > O,$$

qu'on décompose ensuite par ébullition avec de l'eau. On obtient ainsi un produit huileux qui se solidifie partiellement. On le purifie en le dissolvant dans l'eau chaude, décolorant la solution par le noir animal et concentrant ensuite le liquide filtré. Les croûtes ainsi obtenues sont faiblement colorées en jaune. L'acide peut être obtenu tout à fait incolore par transformation en sels de baryum ou d'ammonium et décomposition de ces sels par un acide. Il cristallise avec 1 molécule d'eau et se présente soit en prismes, soit en grandes tables rhombiques. Il devient anhydre à 105° et fond vers 210-212° en se transformant en anhydride.

L'acide norhémipinique se dissout facilement dans l'alcool, l'eau chaude, l'acide acétique cristallisable chaud, l'acide acétique étendu et l'acide chlorhydrique. Il est à peine soluble dans l'éther, le benzène et la ligroïne.

Les solutions aqueuses ne précipitent pas par l'azotate d'argent, mais elles sont fortement colorées en bleu foncé par addition de chlorure ferrique.

Sels d'ammonium. — En neutralisant la solution de l'acide norhémipinique avec de l'ammoniaque, on obtient le *sel neutre*,

$$C^6H^2(OH)^2[CO^2(AzH^4)]^2,$$

en aiguilles incolores jaunissant déjà à 175-180°, fusibles avec décomposition à 202°, très solubles dans l'eau.

Le *sel acide*, $C^6H^2(OH)^2 . CO^2H . CO^2(AzH^4)$, obtenu par addition d'acide à la solution du précédent, est en rosettes composées de fines aiguilles jaunissant à 200° et fondant à 211°. Il cristallise avec une molécule d'eau qu'il perd à 105°. Il est peu soluble dans l'eau.

Les solutions de ces deux sels ammoniacaux présentent les caractères suivants :

	Sel neutre.	Sel acide.
Azotate d'argent	Précipité blanc	Précipité blanc.
Chlorure de baryum	Précipité blanc cristallin	Rien à froid ; à chaud précipité cristallin.
Chlorure de calcium	Précipité blanc gélatineux, très peu soluble dans l'eau chaude, se dépose amorphe.	Rien à froid.
Sulfate de cuivre	Précipité brun-rouge	Solution vert clair donnant des prismes bleus par addition d'alcool.
Chlorure ferrique	Coloration violet-noir.	
Azotate de plomb	Précipité blanc, devenant cristallin par digestion avec l'eau	Précipité blanc, devenant cristallin par traitement à l'eau chaude.

Sel de baryum, $C^6H^2(OH)^2(CO^2)^2Ba, 2H^2O$. — Devient anhydre à 120°.

Sel de calcium, $C^6H^2(OH)^2(CO^2)^2Ca, 3H^2O$. — Devient anhydre à 125-130°.

ANHYDRIDE NORHÉMIPINIQUE, $C^8H^4O^5, 2H^2O$. — On l'obtient en maintenant l'acide précédent pendant 1 heure à 205-210°. La masse brun-gris ainsi formée est dissoute dans un peu d'alcool absolu, et l'anhydride est précipité par addition d'eau. Il perd ses 2 molécules d'eau à 105° et fond à 208°. Il est soluble dans l'eau avec une fluorescence verte, peu soluble dans le toluène et dans le xylène, presque insoluble dans le benzène. Traitée par le chlorure ferrique, la solution aqueuse se colore en vert. Par fusion de cet anhydride avec la résorcine, on obtient une masse rouge-brun qui se dissout sans fluorescence dans les alcalis, et la solution précipite des flocons jaune-brun par addition d'acide chlorhydrique.

Cet anhydride est un acide fort qui décompose les carbonates et qui se dissout en jaune dans les alcalis. Le *sel de baryum*, $(C^8H^3O^5)^2Ba, 4H^2O$, s'obtient en traitant par le chlorure de baryum une solution d'anhydride dans la soude, d'une concentration telle qu'elle commence à cristalliser. Ce sel cristallise en prismes à 6 faces d'un jaune clair. Il devient anhydre à 110° et possède vraisemblablement la constitution

$$\left[\begin{matrix} & CO-O_{(1)} \\ CH^2-OH_{(4)} & \\ O & CO \end{matrix}\right]^2 Ba + Aq$$

ÉTHERS DE L'ACIDE NORHÉMIPINIQUE.

ÉTHER MONOMÉTHYLIQUE,

$$C^6H^2(OH)(OCH^3)(CO^2H)^2.$$

— Ce composé a déjà été décrit sous le nom d'*acide méthylnorhémipinique* (voyez 1er Suppl., 894), et sous celui d'*acide isopinique* (Dict., **3**, 617).

M. Wegscheider l'a obtenu très régulièrement en décomposant l'hémipinate de méthyle acide α par l'acide chlorhydrique concentré, en tubes scellés. Suivant les conditions de l'expérience, on obtient en même temps que cet acide de l'acide isovanillique, de l'acide protocatéchique et de l'acide hémipinique. Il cristallise avec $2H^2O$, et fond en se décomposant à 152-155° ; il se distingue des autres acides qui peuvent l'accompagner par sa solubilité plus grande dans l'éther. L'acide anhydre ne fond qu'à 223-225° avec décomposition, et peut être facilement obtenu en dissolvant l'acide anhydre dans l'éther absolu.

Il se dissout bien dans l'eau chaude et dans l'alcool. Sa solution est colorée en bleu foncé par le chlorure ferrique.

Sa solution éthérée traitée par le carbonate de potassium fournit un *sel*,

$$C^6H^2(OH)(OCH^3)CO^2H . CO^2K, H^2O,$$

en fines aiguilles incolores, devenant jaune de soufre lorsqu'on le chauffe à 230°.

La décomposition successive de l'hémipinate de

méthyle acide α serait alors représentée très simplement par le schéma suivant :

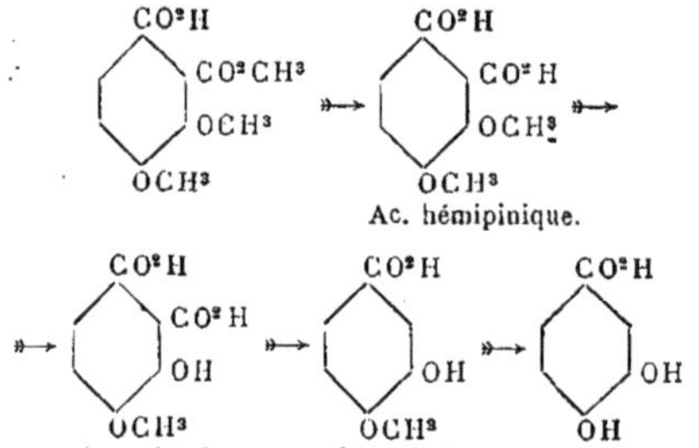

$C_6H_2(CO_2H)(CO_2CH_3)(OCH_3)(OCH_3)$ → $C_6H_2(CO_2H)(CO_2H)(OCH_3)(OCH_3)$ (Ac. hémipinique) →

→ $C_6H_2(CO_2H)(CO_2H)(OH)(OCH_3)$ (Ac. méthylnorhémipinique) → $C_6H_3(CO_2H)(OH)(OCH_3)$ (Ac. isovanillique) → $C_6H_3(CO_2H)(OH)(OH)$ (Ac. protocatéchique).

L'acide méthylnorhémipinique fournit un *anhydride* déjà décrit (Dict., **3**, 618).

On obtient un *dérivé chloré* de cet anhydride,

$$\begin{matrix}{}_{(4)}(ClCH^2)O \\ {}_{(3)}OH\end{matrix} > C^6H^2 < \begin{matrix}CO \\ CO\end{matrix} > O,$$

en traitant 1 molécule d'acide hémipinique par 5 molécules de perchlorure de phosphore à 170-175°, et décomposant le produit de la réaction par addition d'eau à la température ordinaire. Il est bien cristallisé et fond à 130-135°. Il est toujours accompagné d'un *dérivé dichloré*.

ÉTHER DIMÉTHYLIQUE : ACIDE HÉMIPINIQUE

L'acide hémipinique se rencontre comme produit de décomposition d'un grand nombre de corps. L'oxydation de la berbérine [Schmidt, *D. chem. G.*, **16**, 2589. — Perkin, *Chem. Soc.*, **55**, 71] et de la corydaline par le permanganate de potassium [Dobbie et Lander, *Chem. Soc.*, **67**, 68] en fournissent entre autres de petites quantités.

Son point de fusion varie suivant la façon d'opérer, si bien que les déterminations des différents auteurs ne concordent pas. M. Wegscheider a trouvé dans certaines circonstances des nombres compris entre 175 et 179° ; d'autres auteurs ont donné 161° (voyez à ce sujet Wegscheider, *Mon. f. Chem.*, **16**, 82).

La chaleur de combustion de l'acide hémipinique est de $1024^{cal},9$ à volume constant, et de $1024^{cal},6$ à pression constante. Sa chaleur de formation $= 263^{cal},5$. L'oxydation de l'acide opianique avec formation d'acide hémipinique dégage $65^{cal},8$. La transformation de la méconine en acide hémipinique dégage $111^{cal},9$ [*C. R.*, **130**, 508].

L'acide hémipinique se dissout facilement dans l'alcool amylique et dans l'acide acétique. 1 partie d'acide se dissout dans 2000 parties de benzène bouillant.

Sa conductibilité électrique a été déterminée par M. Kirpal, qui a trouvé $K = 0{,}110$. Elle est plus faible que celle de l'acide isomérique

$$C^6H^2(OCH^3)^2_{(4.6)}(CO^2H)^2_{(1.3)}$$

[*Mon. f. Chem.*, **18**, 461].

L'acide hémipinique est plus soluble dans l'eau que l'acide opianique. Il est facilement soluble dans l'alcool.

L'acide chlorhydrique étendu, à 170°, donne de l'acide protocatéchique, de l'acide isovanillique, mais ne fournit pas d'acide méthylnorhémipinique [Wegscheider, *Mon. f. Chem.*, **4**, 270].

Le perchlorure de phosphore réagit à 140° en donnant un *anhydride*, $C^{10}H^8O^5$ (voyez ci-dessous). A 150°, on obtient un composé qui, après traitement par l'eau, donne les réactions de l'acide méthylnorhéminique. En chauffant à 170°-175°, pendant 5 heures, 1 molécule d'acide hémipinique avec 5 molécules de pentachlorure de phosphore, on obtient un *dichlorure*,

$$\begin{matrix}CH^2Cl.O \\ CH^2Cl.O\end{matrix} > C^6H^2 < \begin{matrix}CO \\ CO\end{matrix} > O$$

(voyez plus loin).

Aux sels déjà décrits (Dict., **3**, 11) ajoutons le *sel d'ammonium*,

$$C^6H^2(OCH^3)^2(CO^2H)(CO^2.AzH^4),2H^2O.$$

Il a été préparé par M. Liebermann [*D. chem. G.*, **19**, 2924] en faisant bouillir avec de l'eau l'oxime de l'anhydride opianique. Il est peu stable sous l'action de la chaleur. Il se décompose déjà à 80-90° ; à 105-110°, la plus grande partie se transforme en hémipinimide.

Anhydride hémipinique (voy. 1er Suppl., 894). — Cet anhydride est très soluble dans le benzène à chaud, soluble aussi dans l'alcool chaud, le chloroforme, peu soluble dans l'éther, le sulfure de carbone, insoluble dans la ligroïne.

Chauffé à l'ébullition avec de la poudre de zinc et de l'acide acétique, il fournit de la pseudoméconine [Salomon, *D. chem. G.*, **20**, 884].

En traitant par le chlorure d'aluminium une solution saturée à chaud d'anhydride hémipinique dans le benzène pur, puis chauffant pendant environ 2 heures à une ébullition modérée, on obtient un acide $C^{15}H^{12}O^5,H^2O$, fusible à 86-87°. Cet acide résulte de la condensation de l'anhydride hémipinique avec le benzène, avec élimination d'un groupe méthyle. Il est soluble en jaune rosé dans l'acide sulfurique froid et concentré. La solution est douée d'une brillante fluorescence vert-jaune, et passe au rouge foncé, puis au rouge-cerise légèrement violacé lorsqu'on maintient sa température à 100° pendant quelque temps. Le produit de la réaction renferme de l'éther monométhylique de l'alizarine [Lagodzinski, *D. chem. G.*, **28**, 1427].

L'action de l'anisol en présence du benzène et du chlorure d'aluminium fournit l'*acide triméthoxy-3.4.4'-benzoylbenzoïque*,

$$\begin{matrix}{}_{(3.4)}(CH^3O)^2 \\ {}_{(2)}CO^2H\end{matrix} > C^6H^2 - CO_{(1)} - C^6H^4 - OCH^3_{(4)},$$

fusible à 215° [Bistrzycki et Yssel de Schepper, *D. chem. G.*, **31**, 2790].

On obtient un *dérivé dichloré* de l'anhydride hémipinique, de la formule,

$$\begin{matrix}CH^2Cl.O \\ CH^2Cl.O\end{matrix} > C^6H^2 < \begin{matrix}CO \\ CO\end{matrix} > O,$$

dans l'action du perchlorure de phosphore sur l'acide hémipinique (voyez précédemment). Il est en tables fusibles à 166°, et se décompose, par ébullition avec l'eau, en acide chlorhydrique, formaldéhyde et acide norhémipinique [Freund et Horst, *D. chem. G.*, **27**, 334].

Combinaisons de l'acide hémipinique avec les bases organiques. — M. W.-H. Perkin a préparé différents sels de l'acide hémipinique avec, d'une part, l'acide ω-aminoéthylpipéronylcarbonique, $C^{10}H^{11}AzO^4$, de l'autre avec l'anhydride de cet acide, $C^{10}H^9AzO^3$.

Combinaison $C^{10}H^{10}O^6,C^{10}H^{11}AzO^4$. — On dissout $1^{gr},2$ d'acide hémipinique dans 10 grammes d'eau, et on ajoute 1 gramme de la base $C^{10}H^{11}AzO^4$ dissoute au préalable dans 20 grammes d'eau. On évapore la solution et on abandonne au froid. Après 48 heures, on obtient une masse jaune fondant à 155-160° avec décomposition. Ce composé est très soluble dans l'eau et se transforme à 180-200° en anhydride berbérilique [*Chem. Soc.*, **57**, 1062].

Combinaison $C^{10}H^{10}O^6, 2C^{10}H^{11}AzO^4$. — Se trouve dans les produits d'oxydation de la berbérine à l'aide du permanganate [*Chem. Soc.*, **57**, 1103]. Elle fond avec décomposition à 175°. Elle est insoluble dans le benzène, mais se dissout bien dans l'alcool chaud.

Les combinaisons avec l'anhydride ω-aminométhylpipéroxylcarbonique se forment comme le composé précédent. La *combinaison*

$$C^{10}H^{10}O^6, C^{10}H^9AzO^3$$

se dépose de ses solutions aqueuses en tables fusibles à 180°, difficilement solubles dans l'alcool et dans l'éther. Le carbonate de sodium la dédouble en ses composants. La *combinaison*

$$C^{10}H^{10}O^6, 2(C^{10}H^9AzO^3), H^2O$$

est en cristaux fondant par élévation brusque de température à 187-189°. Elle est peu soluble dans l'eau froide, l'alcool et le benzène.

ÉTHERS-SELS DE L'ACIDE HÉMIPINIQUE. — Ceux-ci ont été surtout étudiés par M. Wegscheider.

Hémipinates acides de méthyle. — Les deux isomères sont connus :

A. *Éther-α*, $C^6H^2(OCH^3)_{(3.4)}(CO^2H)_{(1)}(CO^2CH^3)_{(2)}$. — Il peut se préparer de diverses façons :

1° Par oxydation de l'opianate de méthyle par le permanganate de potassium. — Le mieux est d'opérer comme il suit : Une solution chaude renfermant 5gr,2 d'opianate dissous dans 10 centimètres cubes d'alcool méthylique est mélangée avec 100 centimètres cubes d'eau chaude, puis on y ajoute, en agitant, 3 grammes de permanganate dissous dans 250 centimètres cubes d'eau. Des produits de la réaction, on peut isoler 2gr,5 d'hémipinate de méthyle, 1gr,35 d'opianate inaltéré et 0gr,8 d'acide hémipinique. Par concentration de la solution séparée du bioxyde de manganèse produit, l'opianate de méthyle se dépose le premier. La liqueur filtrée, acidifiée, dépose la plus grande partie de l'hémipinate de méthyle [*Mon. f. Chem.*, **3**, 359].

2° Par action de l'alcool méthylique sur l'anhydride hémipinique. — L'anhydride hémipinique est traité à l'ébullition par 20 fois son poids d'alcool. Le rendement est presque quantitatif [*Mon. f. Chem.*, **16**, 86].

3° En saponifiant l'éther diméthylique. — On traite 1gr,52 d'éther par 50 centimètres cubes d'alcool méthylique et 6cc,1 d'une solution de potasse renfermant 0,347 KOH, pendant 3 heures 1/2 à l'ébullition au réfrigérant ascendant. On obtient, après purification des produits de la réaction, 1gr,27 d'éther monométhylique, 0gr,03 d'éther neutre et 0gr,03 d'acide hémipinique.

4° En décomposant le chlorhydrate de l'iso-éther méthylique de l'acide α-hémipinamique par l'azotite de sodium (Van der Meulen). — La saponification à l'aide de l'acide chlorhydrique donne un rendement extrêmement faible (pour 2gr,12 d'éther neutre employé, on obtient 0gr,12 d'éther monométhylique) [*Mon. f. Chem.*, **16**, 92].

L'éther ainsi préparé cristallise dans l'eau avec 1 molécule d'eau de cristallisation en longues aiguilles brillantes, fondant dans leur eau de cristallisation à 96-98°. Les cristaux anhydres, obtenus par déshydratation des précédents, fondent à 138°.

Il est facilement soluble dans l'eau chaude (1 partie dans 50 parties d'eau à 100°), très peu soluble dans l'eau froide (1 partie dans 457 parties d'eau à 20°,5), soluble dans l'alcool, l'éther, le benzène, le chloroforme, l'acide acétique, l'alcool amylique, l'éther acétique, très peu soluble dans le sulfure de carbone, presque insoluble dans l'éther de pétrole.

La solution benzénique l'abandonne sous la forme de cristaux appartenant au système triclinique pour lesquels on a

$$a : b : c = 0,9105 : 1 : 1,0269$$

avec

$$\xi = 112°27', \quad \eta = 102°2' \quad \text{et} \quad \zeta = 84°32'.$$

Combinaisons

$$\{100\} \ \{110\} \ \{101\};$$

les formes

$$\{\bar{1}01\} \ \{010\} \ \text{et} \ \{\bar{1}10\}$$

s'observent plus rarement.

La conductibilité électrique a été trouvée par M. Kirpal [*Mon. f. Chem.*, **18**, 461] de 0,0160, plus forte que celle de l'éther-β, pour lequel K = 0,0130.

L'éther α-méthylique de l'acide hémipinique existe sous deux modifications. Les cristaux fondant à 138°, dissous dans l'eau et cristallisés dans ce solvant, fondent à 121-122°. Réciproquement, les cristaux fondant à 121-122°, cristallisés dans l'éther, fondent après déshydratation à 138°.

Les solutions aqueuses donnent avec le chlorure ferrique une coloration jaune, et fournissent un trouble laiteux avec une fluorescence verte [*Mon. f. Chem.*, **18**, 422, 589].

Soumis à la distillation, cet éther donne de l'anhydride hémipinique. Chauffé au rouge avec de la chaux, il donne de l'éther diméthylique de l'acide protocatéchique, de l'acide méthylnorhémipinique, de l'acide hémipinique, de l'acide isovanillique et de l'acide protocatéchique. Chauffé avec de l'acide chlorhydrique à 100-130°, il fournit du chlorure de méthyle, de l'acide carbonique, de l'acide hémipinique, de l'acide méthylnorhémipinique, de l'acide isovanillique et de l'acide protocatéchique.

Le *sel de sodium* s'obtient facilement par l'action du carbonate de sodium sur l'acide; il forme une masse cristalline renfermant de l'eau de cristallisation. Le *sel acide d'argent* s'obtient de même par ébullition de l'acide avec l'oxyde d'argent. Il cristallise anhydre et forme des croûtes assez difficilement solubles dans l'eau. Chauffé dans le vide à 200°, il fournit de l'anhydride hémipinique et l'éther méthylique de l'acide vératrique [*Mon. f. Chem.*, **16**, 98].

B. *Éther-β*, $C^6H^2(OCH^3)^2_{(3.4)}(CO^2CH^3)_{(1)}(CO^2H)_{(2)}$. — On le prépare en traitant l'acide hémipinique par l'acide chlorhydrique : 5 grammes d'acide hémipinique sont traités par 50 centimètres cubes d'alcool méthylique et chauffés à l'ébullition; puis dans la solution on fait passer pendant 10 minutes un courant d'acide chlorhydrique.

L'éther ainsi obtenu fond à 136-137° et se distingue nettement du précédent en ce qu'il ne donne aucune réaction colorée avec le chlorure ferrique.

On l'obtient aussi, à côté de son isomère α, par l'action de l'iodure de méthyle et de l'alcool sur l'hémipinate acide de potassium. Il se forme aussi vraisemblablement en petite quantité par l'action de l'alcool méthylique sur l'anhydride hémipinique.

Le mélange des deux éthers est séparé par cristallisation dans le benzène; l'éther-β se dépose le premier.

Il forme des prismes longs de plusieurs centimètres, qui se déposent anhydres dans la solution éthérée. Le rapport des axes des cristaux est

$$a : b : c = 0,6248 : 1 : 0,5336.$$

A 23°, 1 partie d'éther exige 155 parties d'eau pour se dissoudre; à chaud, seulement 50 parties. Il est facilement soluble dans l'alcool, l'éther, le benzène, le chloroforme, difficilement soluble dans le sulfure de carbone, presque insoluble dans la ligroïne.

A la distillation sèche, il fournit de l'anhydride hémipinique. Son *sel d'argent*, chauffé dans le vide à 230°, se comporte comme le dérivé correspondant de l'éther-α.

Hémipinate neutre de méthyle,

$$C^6H^2(OCH^3)^2(CO^2CH^3)^2.$$

— Pour le préparer, le mieux est d'opérer comme ci-dessous : On fait passer pendant 4 heures un courant d'acide chlorhydrique dans une solution chaude renfermant 3 grammes d'acide hémipinique dissous dans 50 centimètres cubes d'alcool méthylique. On abandonne au repos pendant une nuit, et on concentre au bain-marie. Le résidu sirupeux est dissous dans l'éther, puis la solution éthérée agitée avec une lessive de potasse diluée, qui enlève l'acide hémipinique formé et l'éther monométhylique. Le rendement est de 43 0/0 du poids de l'acide hémipinique employé.

Il forme des tables monocliniques pour lesquelles

$$a : b : c = 1,1377 : 1 : x$$

avec $\beta = 85°33'$. Les formes observées sont

$$\{100\}\ \{001\}\ \{110\}$$

avec $ac = 85°33'$, $am = 48°36'$, $cm = 87°3'30''$. Il fond à 61-62° et distille à 207° sous $16^{mm},5$.

Hémipinates acides d'éthyle, $C^{12}H^4O^6$. — Les deux isomères sont connus :

Éther-α, $C^6H^2(OCH^3)^2_{(3.4)}CO^2H_{(1)}(CO^2C^2H^5)_{(2)}$. — Sa préparation peut être effectuée d'une façon toute semblable à celle de l'éther méthylique correspondant, à savoir : 1° par oxydation de l'opianate d'éthyle par le permanganate de potassium; 2° par action de l'alcool ordinaire sur l'anhydride hémipinique.

L'action de l'iodure d'éthyle sur l'hémipinate acide de potassium en fournit aussi de petites quantités.

Il fond à 144-145° lorsqu'on le chauffe rapidement; il cristallise de sa solution éthérée en tables ou en prismes qui, suivant M. Lang [*Mon. f. Chem.*, **3**, 369], sont monosymétriques :

$$a : b : c = 1,3596 : 1 : 0,5723, \quad ac = 90°36'$$

avec les combinaisons

$$\{100\}\ \{\bar{1}01\}\ \{110\}\ \{101\}.$$

Suivant M. Heberdey, les cristaux qui se déposent dans le benzène sont monocliniques et donnent

$$a : b : c = 1,461 : 1 : 1,122, \quad n = 101°17';$$

les faces les plus fréquentes sont

$$\{001\}\ \{100\}\ \{122\}\ \{12\bar{2}\}.$$

Il se dissout bien dans la plupart des solvants. De ses solutions aqueuses, il se dépose avec 1 molécule d'eau de cristallisation; 1 partie de sel exige pour se dissoudre environ 50 parties d'eau bouillante. Les solutions alcooliques ou éthérées précipitent par l'eau de l'hémipinate d'éthyle renfermant 1 molécule d'eau ou 1,5 H^2O.

La conductibilité électrique a été déterminée par M. Meyerhoffer [*Mon. f. Chem.*, **16**, 126] :

$$K = 0,0148.$$

Éther-β, $C^6H^2(OCH^3)^2(CO^2H)_{(2)}(CO^2C^2H^5)_{(1)}$. — Préparé comme l'éther méthylique correspondant. Le rendement est de 71 0/0 du poids d'acide hémipinique employé. C'est l'éther décrit par Anderson (Dict., **3**, 11).

Il forme des prismes tricliniques fondant à 147°,5-149°. Les mesures cristallines effectuées par M. Heberdey ont donné :

$$a : b : c = 0,4972 : 1 : 0,3699$$

avec $\alpha = 117°54'$ $\beta = 93°25'$ $\gamma = 89°20'$; les facettes

$$\{001\}\ \{010\}\ \{110\}\ \{1\bar{1}0\}\ \{\bar{1}11\}$$

se rencontrent fréquemment [*Mon. f. Chem.*, **16**, 41]. Il est plus facilement soluble dans l'eau que l'isomère α. Il s'en distingue en ce qu'il ne donne pas comme lui de coloration jaune et de trouble laiteux par le chlorure ferrique. Conductibilité électrique K = 0,101 [Meyerhoffer, *loc. cit.*].

Hémipinate neutre d'éthyle,

$$C^6H^2(OCH^3)^2(CO^2C^2H^5)^2.$$

— S'obtient par l'action de l'acide chlorhydrique sur l'acide hémipinique en présence d'alcool ordinaire. Il fond à 72° et bout sans décomposition à 300°. Il est soluble dans la plupart des solvants. La solution alcoolique donne des cristaux tricliniques pour lesquels on a :

$$a : b : c = 1,4170 : 1 : 1,4009 \quad \alpha = 89°10'11''$$
$$\beta = 101°53'54'' \quad \gamma = 93°26'10''.$$

Ces cristaux présentent des faces

$$\{100\}\ \{001\}\ \{\bar{1}01\}\ \{021\}\ \{0\bar{2}1\}\ \{\bar{2}\bar{2}1\}\ \{22\bar{1}\}$$

[Köchlin, *Mon. f. Chem.*, **11**, 540].

Hémipinates acides de propyle. — L'éther-α,

$$C^6H^2(OCH^3).(CO^2H)(CO^2C^3H^7),$$

est préparé par l'action de l'alcool propylique normal sur l'anhydride hémipinique. 2 grammes d'acide hémipinique fournissent $1^{gr},3$ d'éther-α. Il est dimorphe. L'une des modifications fond à 119-120°, l'autre à 131-132°. La modification fusible à 119-120°, chauffée vers 100°, se transforme en la variété fusible à 131-132°.

L'éther est très peu soluble dans l'eau; 1 partie exige à 100° 470 parties d'eau et 1320 parties à température ordinaire. Sa solution aqueuse réagit comme tous les éthers-α précédemment décrits avec la solution étendue de chlorure ferrique.

L'action de l'alcool propylique et de l'acide chlorhydrique sur l'acide hémipinique fournit surtout de l'éther-β, qui est, comme son isomère, dimorphe, et fond à 111°,5-112°,5 et 125-125°,5. La modification à point de fusion le plus bas est en prismes appartenant au système triclinique :

$$a : b : c = 0,451 : 1 : 0,363,$$

avec $\alpha = 77°42'$ $\beta = 75°51'$ et $\gamma = 88°0'$; les faces signalées sont

$$\{010\}\ \{110\}\ \{1\bar{1}0\}\ \{\bar{1}11\}\ \{\bar{1}\bar{1}1\}\ \{001\}$$

[Heberdey, *Mon. f. Chem.*, **16**, 122].

La modification fondant à 111°,5-112°,5 s'obtient par cristallisation dans le benzène ou l'éther; les cristaux qui se déposent des solutions aqueuses fondent en général à 125-125°,5.

Les conductibilités électriques sont : pour l'éther-α K = 0,014, pour l'éther-β K = 0,0858 [Meyerhoffer, *loc. cit.*].

Hémipinate neutre de propyle,

$$C^6H^2(OCH^3)^2(CO^2C^3H^7)^2.$$

— Se forme dans la préparation du β-hémipinate acide de propyle. Il fond à 43-45°.

Pour la constitution des éthers hémipiniques, voyez Wegscheider, *Mon. f. Chem.*, **16**, 141.

DÉRIVÉS NITRÉS.

Acide nitrométhylnorhémipinique,

$$C^6H(OCH^3)_{(4)}(OH)_{(3)}(CO^2H)^2_{(1.2)}(AzO^2)_{(6)}.$$

— Il a été obtenu par M. Elbel en nitrant l'acide méthylnorhémipinique à l'aide de l'acide azotique étendu, ou en décomposant à l'aide d'une lessive de potasse l'acide norméthylnitro-opianoxime :

CH . Az(OH)
AzO² — CO²H
OH
OCH³

Il forme des aiguilles soyeuses, facilement solubles dans l'eau et dans l'alcool, fondant à 220°.

Le *sel de potassium* cristallise anhydre en prismes d'un jaune clair difficilement solubles dans l'eau froide.

Le *sel de baryum* constitue un précipité jaune correspondant à la formule

$$C^6H(OCH^3)(OH)AzO^2\left(\begin{matrix}CO\\CO\end{matrix}>Ba\right)$$

[*D. chem. G.*, **19**, 2311].

Acide nitrohémipinique,

$$C^6H(OCH^3)^2_{(3.4)}(CO^2H)^2_{(1.2)}(AzO^2)_{(6)}, H^2O$$

(voyez 1er Suppl., 894). — M. Liebermann l'obtient très facilement en nitrant l'acide nitroopianique par 4 fois son poids d'acide azotique fumant. Après 1 heure d'ébullition au réfrigérant ascendant, on obtient 73 0/0 d'acide nitrohémipinique, tandis que 26 0/0 d'acide nitroopianique restent inaltérés. Séché à 120°, il ne renferme pas d'eau de cristallisation. Il fond non à 155°, comme l'indique M. Prinz, mais à 166° avec décomposition [*D. chem. G.*, **19**, 2285].

Il se produit encore, à côté de la nitropseudoméconine, lorsqu'on nitre à 150-155° soit la méconine, soit la pseudoméconine par l'acide nitrique (densité 1,14) [Salomon, *D. chem. G.*, **20**, 888].

Réduit par le sulfate de fer et l'ammoniaque (ou la lessive de soude), il donne l'acide amidé correspondant. La réduction par l'étain et l'acide chlorhydrique détermine le départ d'un groupe carboxyle, en même temps qu'il se forme un acide de la formule $C^6H^2(OCH^3)^2(AzH^2)(CO^2H)$ [Grüne, *D. chem. G.*, **20**, 2305].

Sel de potassium, $C^6H(OCH^3)^2(CO^2K)^2AzO^2$. — Prismes jaune foncé, facilement solubles dans l'eau et dans l'alcool.

Sel d'argent, $C^6H(OCH^3)^2(CO^2Ag)^2AzO^2$. — Obtenu par double décomposition entre le sel précédent et la solution d'azotate d'argent, sous la forme d'un précipité jaune [Grüne, *D. chem. G.*, **19**, 2304].

Anhydride nitrohémipinique,

$$C^6H(OCH^3)^2 . AzO^2\left(\begin{matrix}CO\\CO\end{matrix}>O\right).$$

— Il se forme, d'après M. Grüne [*loc. cit.*], lorsqu'on chauffe pendant 2 heures l'acide nitrohémipinique à 160-165°. Il cristallise dans le benzène en petits prismes d'un jaune clair, fusibles à 145°.

DÉRIVÉS AMINÉS.

Acide aminonorhémipinique,

$$C^6H(OCH^3)_{(4)}(OH)_{(3)}(CO^2H)^2_{(1.2)}AzH^2_{(6)}.$$

— On ne connaît pas cet acide, mais l'anhydride correspondant

CO
AzH — CO²H
OH
OCH³

a été décrit par M. Elbel [*D. chem. G.*, **19**, 2307]. On l'obtient en décomposant une solution d'acide norméthylnitro-opianique,

$$C^6H(OCH^3)(OH)(COH)(CO^2H)(AzO^2),$$

par 3 fois son poids d'une solution de chlorure d'étain, en solution chlorhydrique concentrée.

Il se précipite ainsi des aiguilles qu'on dissout dans l'alcool et qu'on précipite ensuite par l'eau. Il forme des aiguilles soyeuses qui fondent avec décomposition à 174-175°. Elles sont facilement solubles dans l'alcool, difficilement dans le benzène, insolubles dans l'éther et dans la ligroïne. Les solutions alcalines se colorent en jaune à l'ébullition ou après un certain temps. L'ébullition avec l'eau de baryte le transforme en norméthylamidohémipinate de baryte.

Traité durant 1 heure à l'ébullition par une quantité égale d'acétate de sodium, en présence de 10 fois son poids d'anhydride acétique, il fournit un *dérivé diacétylé*,

$$C^6H(OCH^3)(OC^2H^3O)(CO^2H)\left(\begin{matrix}\diagup CO\\ \mid \\ \diagdown Az . C^2H^3O\end{matrix}\right),$$

qui, après lavage à l'eau et cristallisation dans l'alcool, fond à 205°. Ses solutions alcooliques ont une belle fluorescence bleue. Il se dissout bien dans le benzène, et est précipité de cette solution par addition de ligroïne.

Abandonné pendant quelque temps, il se décompose spontanément avec perte d'un groupe acétyle. Le *dérivé monacétylé* qu'on obtient ainsi a pour formule :

$$C^6H(OCH^3)(OC^2H^3O)(CO^2H)\left(\begin{matrix}\diagup CO\\ \mid \\ \diagdown AzH\end{matrix}\right).$$

Sa solution alcoolique n'est pas fluorescente. Il fond à 198° [Elbel, *loc. cit.*].

Acide aminohémipinique,

$$C^6H(OCH^3)^2_{(3.4)}(CO^2H)^2_{(1.2)}(AzH^2)_{(6)}$$

(voyez 1er Suppl., 894). — M. Grüne [*loc. cit.*] l'obtient en réduisant l'acide nitré correspondant par le sulfate ferreux et la lessive de soude. Toutefois il n'a pu isoler l'acide à l'état solide. Les solutions qu'on peut préparer en décomposant par l'hydrogène sulfuré le sel de cuivre de cet acide sont acides et colorées en jaune. Elles possèdent une belle fluorescence verte, qui disparaît en présence des alcalis et des acides autres que l'acide acétique. Elles réduisent la solution ammoniacale d'argent à froid, la liqueur de Fehling à chaud. Elles précipitent l'acétate de plomb en blanc, l'azotate d'argent en jaune; les deux précipités obtenus sont solubles dans un excès du précipitant. Avec le sulfate de cuivre, on obtient des aiguilles vertes.

Traitée par l'azotite de sodium et l'acide chlorhydrique, la solution d'acide aminohémipinique se transforme en anhydride diazohémipinique (voyez plus loin).

Le *sel de sodium*, préparé par double décomposition avec le sel de baryum (1er Suppl., 894), renferme 3 molécules d'eau et forme des aiguilles groupées en rosettes presque incolores. Il est très soluble dans l'eau, difficilement dans l'alcool.

Le *sel de cuivre* cristallise avec 7 molécules d'eau et s'obtient en précipitant le sel de sodium par le sulfate de cuivre. Il est soluble dans un excès de sel de cuivre et se dépose par refroidissement de cette solution en aiguilles qui perdent leur eau à 100-110° en prenant une couleur brune.

Anhydride o-aminohémipinique,

$$\begin{array}{l} \qquad CO^2H \\ OCH^3 \quad \bigcirc \!-\! CO \\ \qquad\qquad\;\; | \\ OCH^3 \quad \bigcirc \!-\! AzH \end{array}$$

— Cet anhydride a déjà été décrit sous le nom d'*acide azo-opianique*. Il fond non pas à 184°, mais à 200° avec décomposition [Liebermann, *D. chem. G.*, **19**, 2275]. Avec l'acétone et la soude, il donne un corps semblable à l'indigotine dont la formule est $C^{22}H^{18}Az^2O^{10}$ [Liebermann, *D. chem. G.*, **19**, 352]. Le *sel de potassium* forme une poudre cristalline anhydre qui a été signalée par M. Grüne [*loc. cit.*]. Le *sel d'argent* forme une poudre blanche anhydre qui se précipite par mélange des solutions du sel d'ammonium et de nitrate d'argent.

Éthers de l'acide aminohémipinique. — Ces éthers sont facilement obtenus en traitant l'acide en suspension dans l'alcool par l'acide chlorhydrique. L'*éther éthylique* est soluble dans l'alcool, l'éther, le benzène et la ligroïne. Il fond à 98°.

L'*éther méthylique* fond à 127° (Grüne).

Acide acétaminohémipinique,

$$C^6H^4(OCH^3)^2(CO^2H)^2(AzH\,.\,C^2H^3O),H^2O.$$

— On le prépare en hydratant l'anhydride correspondant au moyen d'une solution de potasse. On chauffe pendant quelque temps et on précipite par addition d'acide. Il cristallise dans l'eau ou dans l'alcool étendu en belles aiguilles incolores qui jaunissent à 150° et se décomposent à 160-170°, en même temps qu'elles entrent en fusion. Les solutions ne sont pas fluorescentes. Par un traitement prolongé à l'acide sulfurique concentré au bain-marie, le groupe acétyle n'est pas éliminé.

Chauffés pendant longtemps à 125°, les cristaux deviennent jaunes, perdent leur eau et se transforment en anhydride acétaminohémipinique [Liebermann et Kleemann, *D. chem. G.*, **19**, 2289].

Anhydride acétaminohémipinique,

$$\begin{array}{l} \qquad CO^2H \\ OCH^3 \quad \bigcirc \!-\! CO \\ \qquad\qquad\;\; | \\ OCH^3 \quad \bigcirc \!-\! Az\,.\,C^2H^3O \end{array}$$

— On fait bouillir pendant quelques instants 1 partie d'o-aminohémipinate de sodium avec 2 parties d'acétate de sodium et 6 parties d'anhydride acétique. Le produit obtenu est purifié par cristallisation dans le benzène additionné de ligroïne.

Au lieu de partir de l'o-aminohémipinate de sodium, on peut prendre comme point de départ l'anhydride o-aminohémipinique.

L'acide forme des aiguilles jaunes très réfringentes, fondant à 164-165° en se décomposant. Ses solutions possèdent une belle fluorescence bleue. Il est plus soluble dans le benzène que le dérivé précédent [Liebermann, *D. chem. G.*, **19**, 2920].

Anhydride propionaminohémipinique. — MM. Liebermann et Kleemann [*D. chem. G.*, **19**, 2289] ont signalé l'anhydride propionaminohémipinique,

$$\begin{array}{l} \qquad CO^2H \\ OCH^3 \quad \bigcirc \!-\! CO \\ \qquad\qquad\;\; | \\ OCH^3 \quad \bigcirc \!-\! Az(C^3H^5O) \end{array}$$

analogue au précédent. Il fond à 139°.

DÉRIVÉS IMIDÉS.

HÉMIPINIMIDE,

$$(OCH^3)^2\,.\,C^6H^2 \begin{matrix} < CO > \\ < CO > \end{matrix} AzH.$$

— On l'obtient en traitant l'acide opianique (1 partie) par 9 parties d'alcool à 80 0/0 et 1p,25 de chlorhydrate d'hydroxylamine, à l'ébullition pendant 2 ou 3 heures, au réfrigérant ascendant. Il se précipite de petites aiguilles soyeuses, constituées par l'hémipinimide. Le rendement est d'environ 70 0/0 du rendement théorique.

On l'obtient encore :

1° Par l'action de la chaleur sur l'hémipinate d'ammonium ;

2° Par fusion de l'anhydride de l'oxime de l'acide opianique,

$$(OCH^3)^2\,.\,C^6H^2 \begin{array}{l} \diagup CO-O \\ \quad\;\; | \\ \diagdown CH=Az \end{array}$$

ou par ébullition de ce corps avec de l'alcool renfermant de l'acide chlorhydrique ;

3° Par traitement de la méthylhydrastamide, $C^{22}H^{26}Az^2O^6$, avec l'acide azotique étendu [Freund et Heim, *D. chem. G.*, **23**, 2902] ;

4° En chauffant à 160-180° l'oxime de l'acide pseudo-opianique [Perkin, *Chem. Soc.*, **57**, 1060].

Elle forme de longues aiguilles fusibles à 228-230°, et se sublimant sans décomposition. Elle est soluble dans l'eau chaude et dans l'alcool. Les solutions alcooliques et les solutions aqueuses étendues ont une fluorescence bleue. Vis-à-vis des bases faibles, elle ne réagit pas à la façon des acides. C'est ainsi qu'elle ne se dissout pas dans les carbonates de sodium ou d'ammonium. Par contre, elle se dissout en jaune dans les alcalis caustiques. A l'ébullition, ces solutions dégagent de l'ammoniaque, en même temps que l'hémipinimide se transforme en acide hémipinique.

Chauffée pendant longtemps au bain-marie avec de l'acide sulfurique, l'hémipinimide n'est pas attaquée. L'hypochlorite de soude en présence d'alcali l'oxyde et donne naissance à l'acide amino 2-vératrique.

Le *sel de potassium*, $C^{10}H^8O^4AzK$, a été obtenu en traitant l'hémipinimide par une solution alcoolique de potasse.

Le *sel d'argent* a été obtenu en précipitant la solution aqueuse du sel précédent par une solution d'argent. C'est un précipité blanc, insoluble dans l'alcool et dans l'éther.

Hémipinimide méthylée, $C^{10}H^8O^4Az\,.\,CH^3$. — Obtenue par décomposition de la méthylhydrastamide méthylée à l'aide de l'acide azotique étendu [Freund et Heim, *loc. cit.*], elle se dépose de ses solutions en fines aiguilles fusibles à 168°. Elle est facilement soluble dans l'alcool.

Hémipinimide éthylée, $C^{10}H^8O^4Az\,.\,C^2H^5$. — S'obtient en chauffant pendant 1 heure à 150° un mélange du dérivé potassique de l'hémipinimide avec de l'iodure d'éthyle. On peut encore décomposer par la chaleur l'hémipinate de méthylamine

(Liebermann), ou décomposer par l'acide azotique étendu la méthylhydrastamide éthylique (Freund et Heim).

Elle se dépose de ses solutions aqueuses en belles aiguilles fusibles à 96-98°. Elle est extrêmement soluble dans l'alcool, l'acétone et le benzène. On peut la précipiter par addition d'eau à ses solutions dans l'alcool et dans l'acétone, ou par addition de ligroïne à sa solution benzénique.

Hémipinimide benzylée, $C^{10}H^8O^4Az.C^7H^7$. — S'obtient en chauffant l'acide α-hémipinibenzylamique jusqu'à disparition complète de l'eau formée. Elle cristallise dans l'alcool en belles aiguilles fusibles à 128-132°. Elle est insoluble dans l'éther, soluble dans le chloroforme et dans l'acétone [*Rec. des Pays-Bas*, **15**, 284].

Produits de réduction de l'hémipinimide. — M. Salomon, en traitant l'hémipinimide par le chlorure stanneux chlorhydrique, a obtenu un produit de réduction auquel il a donné le nom d'*hémipinimidine*. 5 parties d'hémipinimide sont chauffées à l'ébullition jusqu'à dissolution complète avec 9 parties d'étain et d'acide chlorhydrique concentré. Après séparation de l'étain par l'hydrogène sulfuré et saturation par l'ammoniaque, on obtient une substance blanche qu'on purifie par cristallisation dans le benzène chaud. Par addition d'un peu de ligroïne à la solution benzénique refroidie, on obtient des lamelles fusibles à 118°, facilement solubles dans l'acide chlorhydrique et possédant la composition

$$C^{10}H^{11}AzO^3.$$

Sa constitution est vraisemblablement représentée par la formule

$$C^6H^2(OCH^3)^2 <{CH \atop CO}> AzH.$$

Elle fournit un *dérivé nitrosé* décrit par M. Salomon [*loc. cit.*]. On l'obtient en traitant une solution chlorhydrique renfermant 5 parties d'hémipinimidine par une solution aqueuse renfermant 1.8 d'azotite de sodium, à une température inférieure à 15 ou 20°. Le précipité jaune ainsi formé se dissout mal dans l'eau froide, mieux dans l'eau chaude. L'alcool chaud le dissout facilement. D'une solution alcoolique à 90 0/0, il se dépose en aiguilles soyeuses fondant à 156° avec décomposition.

Bromhémipinimide, $C^{10}H^8Br^2O^5$. — Elle s'obtient en faisant bouillir l'acide bromo-opianique avec le chlorhydrate d'hydroxylamine et l'alcool. Elle se dépose de sa solution benzénique en petites aiguilles fusibles à 221-222°, solubles facilement dans l'alcool, le chloroforme et le benzène.

Sa constitution est analogue à celle de l'hémipinimide, soit

$$(CH^3)^2C^6HBr <{CO \atop CO}> AzH.$$

Hémipinisoimide. — Ce composé isomérique de l'hémipinimide correspond vraisemblablement à la formule

$$(OCH^3).C^6H^2 <{CO \atop \overset{C}{\underset{AzH}{\|}}}> O.$$

Il ne paraît pas avoir été isolé; l'hémipinisoimide de M. Goldschmiedt, obtenue dans l'oxydation de la papavérine par le permanganate, semble plutôt appartenir à la série de l'acide méta-hémipinique (voyez plus loin). Toutefois M. Van der Meulen a préparé les dérivés benzylés de ce corps. Ces dérivés existent sous deux formes isomériques, représentées par les schémas

I (dérivé α). — noyau benzénique portant CO—O—C=Az.R (cycle), OCH^3, OCH^3 ; et II (dérivé β). — noyau benzénique portant C≡Az.R—O—CO (cycle), OCH^3, OCH^3.

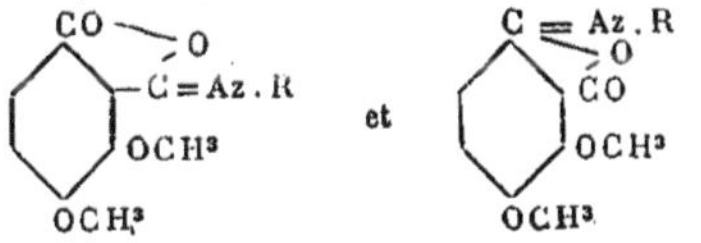

α-Hémipinisoimide benzylée. — Pour préparer cette iso-imide, on chauffe 2gr,5 d'acide α-hémipinibenzylamique avec 15 grammes de chlorure d'acétyle pendant 7 heures, au bain-marie, à 60°. L'acide se dissout presque totalement; après refroidissement, on ajoute à la solution du sulfure de carbone sec. Le chlorhydrate ainsi formé est recueilli, puis décomposé en présence d'éther par un petit excès de potasse aqueuse. La solution obtenue est séchée, puis concentrée d'abord par distillation, ensuite sur l'acide sulfurique. L'α-hémipinisoimide benzylée se dépose en aiguilles fondant à 99-100°.

Par hydratation au contact de l'eau, ou simplement de l'air humide, elle se transforme en acide hémipinibenzylamique [*Rec. des Pays-Bas*, **15**, 284]. Traitée par l'ammoniaque elle fournit l'acide cyano 2-diméthoxy 3.4-benzoïque 1 [Hoogewerf et van Dorp, *ibid.*, **14**, 272].

β-Hémipinisoimide benzylée. — Préparée comme l'isomère α en partant de l'acide β-hémipinibenzylamique. Elle se présente sous la forme de tablettes brillantes fusibles à 80-82° [Van der Meulen, *Rec. des Pays-Bas*, **15**, 284].

Dans les mêmes conditions que son isomère, elle fournit l'acide cyano 1-diméthoxy 3.4-benzoïque 2.

DÉRIVÉS AMIDÉS.

On connaît les deux acides hémipinamiques correspondant aux isoimides décrites précédemment.

Acide α-hémipinamique,

$$C^6H^2(OCH^3)^2_{(3.4)}CO^2H_{(1)}(COAzH^2)_{(2)}.$$

— On l'obtient en chauffant doucement au bain-marie 15 grammes d'anhydride hémipinique avec 60 centimètres cubes d'ammoniaque aqueuse à 6 0/0. Presque tout l'anhydride se dissout. La solution contient l'acide α, mélangé avec une petite quantité de son isomère. Par addition d'acide chlorhydrique, on détermine d'abord une cristallisation de l'acide α. Par le repos, le liquide dépose ensuite un mélange des deux acides, dont on peut aisément séparer l'acide β. Avec les quantités indiquées, on obtient environ 12 grammes d'acide α et 2gr,5 d'acide β.

L'acide est purifié par dissolution dans l'ammoniaque et précipitation par l'acide chlorhydrique; il cristallise avec 2 molécules d'eau, qu'il perd à 80° ou par un séjour prolongé sur l'acide sulfurique. Il constitue des aiguilles plates, fusibles à 160-162° avec décomposition. Il est assez soluble dans l'alcool, peu soluble dans l'acétone, très peu soluble dans le benzène et dans l'éther. L'eau chaude le dissout en le transformant en imide.

Conductibilité électrique : $K = 0{,}068$.

Le *sel d'argent*, $C^{10}H^{10}AzO^5Ag$, est un précipité cristallin et incolore qu'on obtient en traitant la solution neutre de l'acide dans l'ammoniaque aqueuse par l'azotate d'argent.

Acide β-hémipinamique,

$$C^6H^2(OCH^3)_{(3.4)}(COAzH^2)_{(1)}(CO^2H)_{(2)}.$$

— On dissout à froid 4 grammes d'hémipinimide

dans 16 grammes de soude caustique. Après 16 heures environ, on dirige à travers le liquide un courant d'acide carbonique pour précipiter l'imide non transformée, on filtre et on précipite l'acide par addition d'acide chlorhydrique. Le rendement est d'environ 2 grammes.

On peut aussi l'extraire des eaux mères provenant de la préparation de l'acide α (voyez ci-dessus). Il suffit pour cela de dissoudre le mélange des acides où l'acide β prédomine dans l'ammoniaque et de précipiter par l'acide chlorhydrique. L'acide β se dépose.

Séché à l'air, il contient 1 molécule d'eau qu'il perd par chauffage à 70-80° ou par lavage à l'acétone. Il forme des tables le plus souvent hexagonales, fusibles à 142°.

Conductibilité électrique : K=0,37.

Le *sel d'argent* est analogue au sel de l'acide α.

Acide α-hémipinibenzylamique,

$$C^6H^2(OCH^3)^2{}_{(3.4)}CO^2H_{(1)}(COAzH.C^7H^7)_{(2)}.$$

— On chauffe doucement 10 grammes d'anhydride hémipinique avec une solution de benzylamine renfermant 70 grammes d'eau et 14 grammes de benzylamine. On dilue avec de l'eau et on précipite par l'acide chlorhydrique à 80°.

On purifie par cristallisation dans l'alcool. On obtient environ 10 grammes d'acide pur, fondant à 171-172°. Il est difficilement soluble dans l'eau, insoluble dans l'éther, soluble dans l'acétone et dans le chloroforme.

Acide β-hémipinibenzylamique,

$$C^6H^2(OCH^3)^2{}_{(3.4)}(CO^2H)_{(2)}(COAzH.C^7H^7)_{(1)}.$$

— Il se forme en petite quantité dans la préparation de l'acide α. Pour le préparer, on traite au bain-marie l'hémipinimide benzylée par la soude caustique à 5 0/0. L'imide dissoute, on précipite par l'acide chlorhydrique à 80°. Après purification il fond à 161-162°. Il est soluble dans les mêmes liquides que son isomère [Van der Meulen, *Rec. des Pays-Bas*, **15**, 283].

Éthers-sels des acides hémipinamiques. — On a décrit des éthers-sels et des iso-éthers correspondant aux trois schémas :

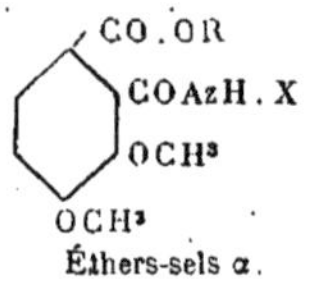

CO.OR, COAzH.X, OCH³, OCH³
Éthers-sels α.

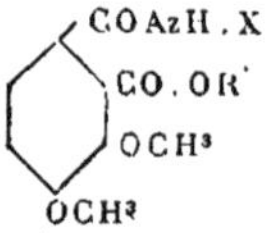

COAzH.X, CO.OR, OCH³, OCH³
Éthers-sels β.

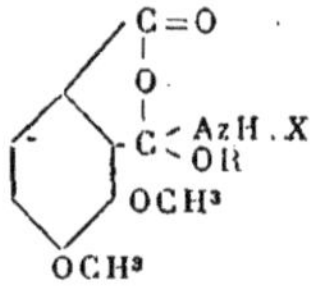

C=O, O, C<AzH.X / OR, OCH³, OCH³
Isoéthers α.

Parmi les éthers α on connaît seulement l'éther de l'acide hémipinibenzylamique décrit par M. Van der Meulen [*loc. cit*].

α-Hémipinibenzylamate de méthyle. — On dissout le chlorhydrate de l'α-hémipinisoimide dans l'alcool méthylique absolu. Après quoi on dilue avec de l'éther et de l'eau. La couche éthérée contient l'éther-sel. On y ajoute du chlorure de calcium, on filtre et on décompose par l'eau. Il fond à 96-97°.

Parmi les éthers β, plusieurs sont connus [Van der Meulen, *loc. cit.*].

β-hémipinamate de méthyle. — En solution alcoolique, l'acide chlorhydrique gazeux ne transforme pas l'acide β-hémipinamique en éther. On obtient seulement de l'hémipinimide. Toutefois l'éther méthylique peut se préparer facilement par l'une des deux méthodes suivantes :

1° On dissout le chlorhydrate de la β-hémipinisoimide dans l'alcool méthylique absolu, en refroidissant. L'éther se dépose en petits cristaux. Celui qui reste en solution peut être précipité par addition d'éther.

2° On dissout 2 grammes d'acide cyano 1-diméthoxy 3.4-benzoïque 2 dans 15 grammes d'alcool méthylique et on fait passer un courant d'acide chlorhydrique. Après saturation de l'alcool, on filtre et on étend avec de l'eau la liqueur filtrée refroidie. L'éther se dépose alors en cristaux fusibles à 173-174° avec décomposition (formation d'imide).

β-hémipinamate d'éthyle. — Préparé comme l'éther méthylique, en partant de la β-hémipinisoimide, il fond à 180-181° et se dissout difficilement dans l'éther et dans le chloroforme.

β-hémipinibenzylamate de méthyle. — On traite le chlorhydrate de la β-hémipinisoimide benzylée par l'alcool méthylique absolu. On obtient en éther 60 0/0 du poids de l'acide β-benzylamique employé. Il fond à 113°.

Un seul isoéther a été mentionné. Encore ne le connaît-on pas à l'état libre, mais seulement en combinaison avec l'acide chlorhydrique. C'est le chlorhydrate de l'isoéther méthylique de l'acide α-hémipinamique,

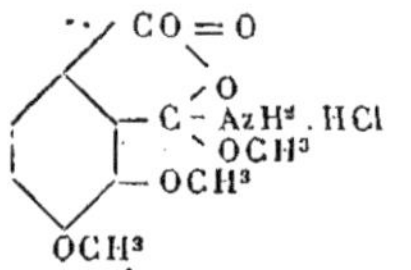

CO=O, O, C<AzH².HCl / OCH³, OCH³, OCH³

On dissout le chlorhydrate de l'α-hémipinisoimide dans l'alcool méthylique absolu, en refroidissant. On dilue ce liquide avec de l'éther anhydre. Le chlorhydrate de l'isoéther se dépose à l'état cristallin.

Il est facilement soluble dans l'eau, dans les alcalis caustiques et carbonatés. Il est stable à l'air et fond à 141° environ en se décomposant.

On peut l'obtenir encore en partant de l'acide cyano 2-diméthoxy 3.4-benzoïque 1. On dissout 2 grammes d'acide dans 20 grammes d'alcool méthylique et on fait passer un courant de gaz chlorhydrique. Par abandon au-dessus de l'acide sulfurique, le chlorhydrate de l'isoéther se dépose bien cristallisé. Il se dépose aussi à l'état cristallin lorsqu'on dilue la solution avec de l'éther anhydre.

Il donne un *chloraurate* en tablettes jaunes peu solubles. Traité par l'azotite de potassium, ce chlorhydrate se transforme en éther α de l'acide hémipinique,

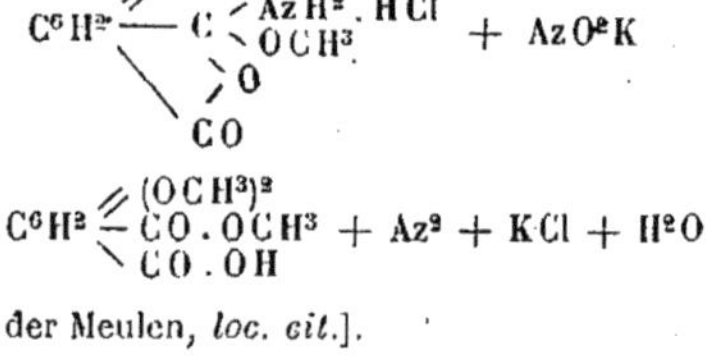

$$C^6H^2\begin{cases}(OCH^3)^2\\ C\begin{cases}AzH^2.HCl\\ OCH^3\end{cases}\\ >O\\ CO\end{cases} + AzO^2K$$

$$= C^6H^2\begin{cases}(OCH^3)^2\\ CO.OCH^3\\ CO.OH\end{cases} + Az^2 + KCl + H^2O$$

[Van der Meulen, *loc. cit.*].

ACIDE MÉTANORHÉMIPINIQUE.

Les travaux les plus importants sur ce sujet sont dus surtout à M. Rossin [*Mon. f. Chem.*, **12**,

486] et à M. Goldschmiedt [*Mon. f. Chem.*, **6**, 380; **8**, 514; **9**, 762; **13**, 69].

ACIDE MÉTANORHÉMIPINIQUE,

$$C_6H_2(CO_2H)(CO_2H)(OH)(OH), H_2O$$

— Ce composé représente l'acide dioxyphtalique 4.5 ou l'acide pyrocatéchine-dicarbonique 4.5. Il a été obtenu pour la première fois par M. Rossin, en traitant l'acide métahémipinique (voyez plus loin) par le phosphore et l'acide iodhydrique bouillant à 127°.

Depuis, M. Freund l'a signalé dans les produits de décomposition par l'eau du corps formé par l'action du perchlorure de phosphore (4 molécules) sur l'acide hydrastique.

L'acide métanorhémipinique se dissout très facilement dans l'eau et dans l'alcool, même à froid. Des solutions aqueuses, il se dépose en prismes brillants renfermant 1 molécule d'eau de cristallisation et appartenant au système rhombique.

L'acide est moins soluble dans l'éther que dans l'eau et dans l'alcool; il est extrêmement soluble dans l'acétone, peu soluble dans le benzène, insoluble dans la ligroïne.

Chauffé au-dessus de 110°, il se transforme en *anhydride*, $C^{10}H^8O^5$. Le chlorure ferrique donne avec les solutions aqueuses étendues la coloration caractéristique du noyau pyrocatéchique; la coloration verte passe successivement au bleu, au violet et au rouge sale par addition de soude. Avec l'acétate de plomb, on obtient un précipité blanc. La solution d'azotate d'argent est lentement réduite à chaud; en présence d'ammoniaque, la réduction est rapide à froid. Le sulfate de cuivre donne un précipité vert à froid; même à froid, il se forme après un certain temps un dépôt d'oxyde rouge. L'azotate mercureux donne aussi un précipité blanc à froid et la réduction se produit à chaud. Le chlorure mercurique et le chlorure de baryum ne sont précipités ni à froid ni à chaud.

Anhydride métanorhémipinique,

$$(OH)^2C^6H^2 < {CO \atop CO} > O.$$

— S'obtient en maintenant à 150° l'acide correspondant. Il se sublime en aiguilles brillantes, incolores, fondant à 247°,5 en un liquide faiblement coloré en jaune (Rossin).

ÉTHERS DE L'ACIDE MÉTANORHÉMIPINIQUE.

ÉTHER MONOÉTHYLIQUE,

$$C^6H^2(OC^2H^5)(OH)(CO^2H)^2.$$

— On traite pendant 3 heures au réfrigérant ascendant l'anhydride métanorhémipinique par l'alcool absolu. Par concentration de la solution, on obtient de fines aiguilles qui, après cristallisation dans l'éther, fondent à 182° lorsqu'on élève rapidement la température. Il se dissout mieux dans l'alcool que dans l'éther; il est soluble aussi dans l'eau, très peu dans le benzène; il est presque insoluble dans la ligroïne, mais se dissout extrêmement bien dans l'acétone.

Les solutions réduisent à froid la solution ammoniacale d'argent, et la solution neutre d'azotate à l'ébullition.

ÉTHER DIÉTHYLIQUE, $C^6H^2(OC^2H^5)^2.(CO^2H)^2$. — Il s'obtient facilement par éthérification à l'aide de l'alcool et de l'acide chlorhydrique soit de l'éther monoéthylique, soit de l'acide métanorhémipinique desséché. Il forme de petites aiguilles fusibles à 148°,5-149°,5. Il est très soluble dans l'alcool et dans l'éther, soluble dans le benzène, insoluble dans le sulfure de carbone.

Il se comporte comme le précédent vis-à-vis des sels d'argent. Les deux éthers donnent la réaction caractéristique avec le chlorure ferrique.

ÉTHER DIMÉTHYLIQUE : ACIDE MÉTAHÉMIPINIQUE,

$$C^6H^2(OCH^3)^2(CO^2H)^2.$$

— Cet acide se rencontre parmi les produits de décomposition d'un grand nombre de corps. M. Goldschmiedt a signalé sa formation dans l'oxydation de la papavérine à l'aide du permanganate. M. Perkin l'a rencontré dans les produits de dédoublement de l'hématéine et de la brésiléine. MM. J. Dobie et A. Lander l'ont caractérisé dans les produits d'oxydation de la corydaline par le permanganate [*Chem. Soc.*, **75**, 670].

De ses solutions aqueuses concentrées et chaudes, il se dépose en aiguilles anhydres; dans les solutions étendues il se forme des prismes appartenant au système rhombique : $a : b = 0,3653 : 1$ avec les faces

$$\{010\} \ \{001\} \ \{110\}.$$

Ils renferment 2 molécules d'eau [Bresina, *Mon. f. Chem.*, **9**, 774]. Quelquefois on obtient des prismes courts ne contenant qu'une molécule d'eau.

Il est plus difficilement soluble dans l'eau que l'acide hémipinique. Une solution à 1 0/0 donne avec le chlorure ferrique un précipité rouge-brique orangé.

L'azotate d'argent fournit un précipité cristallin soluble à chaud et se déposant par refroidissement. L'acétate de plomb donne des résultats analogues. L'acétate de cuivre et le chlorure de baryum ne donnent de précipité ni à froid, ni à chaud.

Chauffé lentement, il fond vers 174-175°; mais par une élévation brusque de température il n'entre en fusion qu'à 179-182°. Il se transforme du reste facilement en anhydride. A 140°, le dédoublement se produit déjà. La fusion alcaline fournit de l'acide carbonique et de l'acide protocatéchique. L'acide azotique concentré donne du dinitro-vératrol. Les agents réducteurs (acide iodhydrique et phosphore) donnent l'acide métanorhémipinique.

Les sels mono- et diargentiques ont été décrits, le premier par M. Rossin, le second par M. Goldschmiedt [*Mon. f. Chem.*, **9**, 772]. L'acide décrit sous le nom d'*acide corydanilique* et provenant de l'oxydation de la corydaline par le permanganate ne serait autre, d'après MM. I. Dobie et A. Lander, qu'un métahémipinate acide d'ammonium [*Chem. Soc.*, **75**, 670].

Anhydride métahémipinique,

$$(OCH^3)^2C^6H^2 < {CO \atop CO} > O.$$

— Se forme par sublimation de l'acide correspondant. Il se présente sous la forme de lamelles ou d'aiguilles, fusibles à 175° (Goldschmiedt, *Mon. f. Chem.*, **6**, 380; **9**, 773].

Éthers-sels de l'acide métahémipinique. — Les éthers éthyliques ont seuls été décrits (Rossin).

Le *métahémipinate acide d'éthyle*,

$$C^6H^2(OCH^3)^2(CO^2C^2H^5)(CO^2H),$$

est obtenu en faisant bouillir pendant plusieurs heures l'anhydride métahémipinique avec de l'alcool absolu. Le produit cristallisé dans l'alcool fond à 127°.

L'éther neutre, $C^6H^2(OCH^3)^2(CO^2C^2H^5)^2$, forme un sirop épais, soluble dans l'alcool et dans l'éther. On le prépare facilement par l'action de l'acide chlorhydrique sur la solution de l'acide métahémipinique dans l'alcool absolu.

DÉRIVÉS IMIDÉS.

Ils ont été étudiés par M. Goldschmiedt [*Mon. f. Chem.*, **9**, 327, 762].

En oxydant la papavérine par le permanganate, on obtient une hémipinisoimide, qui dérive vraisemblablement de l'acide métahémipinique [Goldschmiedt, *Mon. f. Chem.*, **8**, 512].

Métahémipinisoimide. — Les deux composés

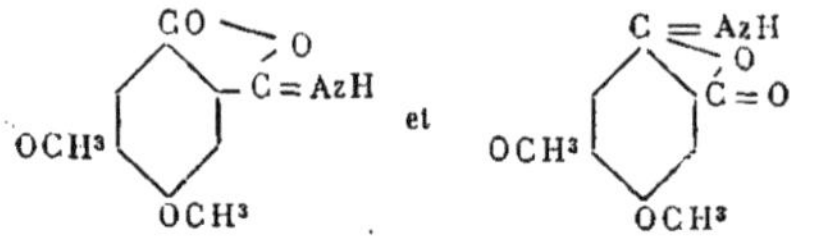

CO — O — C = AzH ; OCH³ ; OCH³ et C = AzH — O — C = O ; OCH³ ; OCH³

sont ici identiques. La théorie ne permet donc pas de prévoir d'isomérie.

Pour préparer l'hémipinisoimide, on fait une solution de 26 grammes de chlorhydrate de papavérine dans 1750 centimètres cubes d'eau et on l'oxyde à l'aide d'une solution de 5 litres de permanganate renfermant 100 grammes de sel. On maintient la solution neutre par addition d'acide chlorhydrique et on chauffe à 60°. La solution décolorée est filtrée, on dissout le bioxyde de manganèse précipité par l'acide sulfureux, et le résidu insoluble est traité par de l'acide chlorhydrique chaud et très étendu, qui laisse l'hémipinisoimide inaltérée.

L'hémipinisoimide forme de petites lamelles qui fondent au-dessus de 320° et se subliment sans décomposition. Elle se dissout difficilement dans l'eau chaude, l'alcool et l'éther, plus facilement dans l'acide acétique chaud et l'acide sulfurique concentré. Les acides minéraux étendus ne la dissolvent pas.

Les solutions alcooliques possèdent une fluorescence bleue.

Métahémipinisoimide éthylée,

$$C^{10}H^8O^4 . Az . C^2H^5.$$

— Elle s'obtient dans l'oxydation de la bromoéthylpapavérine,

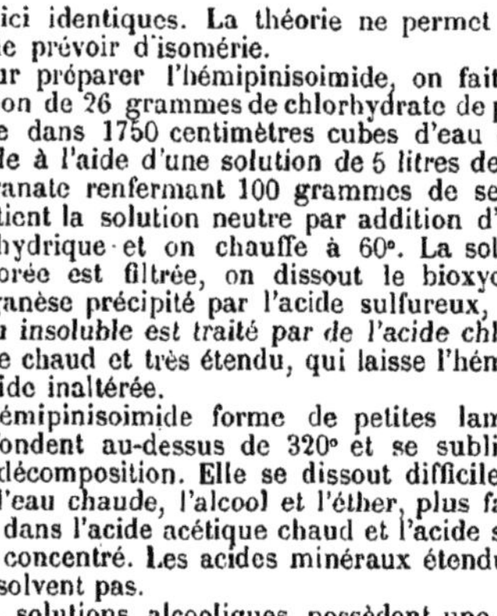

CH³ ; Az < C²H⁵ Br ; OCH³ OCH³ ; (OCH³)².

à l'aide du permanganate, en même temps que la papavéraldine, l'acide acétique, l'acide oxalique et l'acide vératrique. Elle cristallise dans l'alcool en aiguilles jaunes qui se subliment sans décomposition; le sublimé est incolore et fond à 230°. Elle est peu soluble dans l'alcool bouillant. Par traitement à la potasse, elle fournit d'abord l'acide aminé correspondant, et ensuite de l'éthylamine et de l'acide métahémipinique.

Métahémipinisoimide benzylée,

$$C^{10}H^8O^4Az . C^7H^7.$$

— Ce composé s'obtient comme le précédent, en partant de la chloro-benzylpapavérine. La préparation est de tous points semblable à celle de l'hémipinisoimide. Elle fond à 225°. Elle est insoluble dans l'eau et dans les alcalis à froid, difficilement soluble dans l'alcool. Par ébullition avec une lessive de potasse, elle fournit l'acide métahémipinamique, puis de la benzylamine et de l'acide métahémipinique.

DÉRIVÉS AMIDÉS.

L'acide métahémipinamique n'est pas connu, mais on connaît ses dérivés éthylés et benzylés.

Acide métahémipinéthylamique,

$$C^{10}H^9O^5 . AzHC^2H^5$$

— S'obtient en faisant bouillir l'éthylisoimide correspondante avec une lessive de soude d'une densité de 1,15. Lorsqu'on le chauffe, il se décompose, avant la fusion, en eau et iso-imide.

Acide métahémipinibenzylamique,

$$C^{10}H^9O^5 . AzHC^7H^7.$$

— Petites aiguilles solubles dans l'ammoniaque et la soude. Par ébullition avec la potasse, elles se transforment en acide métahémipinique et benzylamine; elles se décomposent déjà avant la température de fusion.

ACIDE ISOHÉMIPINIQUE.

On obtiendrait, d'après M. Schmidt, un acide isohémipinique en même temps que de l'acide hémipinique, en oxydant l'acide hydrastonique par la solution alcaline de permanganate. Il forme de fines aiguilles facilement solubles, qui fondent à 146-148°.

Le *sel d'argent*, $C^{10}H^9O^6Ag$, est en lamelles nacrées brillantes.

L'acide correspond à la formule $C^{10}H^{10}O^6, 2H^2O$ [Beilstein, 3ᵉ édit., **2**, 1998; voyez aussi Dict., **3**, 647].

V. Thomas.

HÉMITERPÈNES. — Voy. Terpènes.

HÉMOCHROMOGÈNE — Voy. Hémoglobine.

HÉMOGLOBINE (voyez Dict., **2**, 11, 1417; 1ᵉʳ Suppl., 895). — Le présent article comprendra non seulement l'étude de l'oxyhémoglobine et de l'hémoglobine, mais encore celle de tous les pigments qui résultent de la transformation ou du dédoublement de ces deux matières colorantes.

On décrira d'abord les composés dans lesquels le protéide primitif est demeuré non dédoublé, à savoir : 1° oxyhémoglobine; 2° hémoglobine; 3° parahémoglobine; 4° pseudohémoglobine; 5° hémoglobine oxycarbonée; 6° hémoglobine carbonique; 7° hémoglobine oxyazotique; 8° autres combinaisons de l'hémoglobine (hémoglobine acétylénique, hémoglobine cyanhydrique); 9° méthémoglobine; 10° dérivés de la méthémoglobine (méthémoglobine oxycarbonée, méthémoglobine carbonique, thiométhémoglobine, cyanométhémoglobine, cholométhémoglobine).

Puis viendra l'étude des pigments provenant du dédoublement des corps précédents et qui seront décrits dans l'ordre suivant : 11° Hématine (oxyhématine); 12° hématine oxyazotique; 13° cyanhématine; 14° autres matières colorantes se rattachant à l'hématine (myohématines et histohématines, cholohématine); 15° hémochromogène; 16° hématoporphyrine; 17° mésoporphyrine; 18° hémorrhodine.

Les pigments décrits par MM. Bertin-Sans et Moitessier sous le nom d'*hématine réduite* et de *carboxyhématine*, et par Hoppe-Seyler sous le nom d'*hémochromogène oxycarbonée*, seront traités au mot HÉMOCHROMOGÈNE.

I. — OXYHÉMOGLOBINE.

PRÉPARATION. — Le procédé classique de Hoppe-Seyler peut être modifié heureusement de la manière suivante d'après les indications de M. Zinoffsky et de M. Jaquet [Zinoffsky, *Zeit. physiol. Chem.*, **10**, 16. — Jaquet, *Dissert. inaug.*, Bâle, 1889; *Zeit. physiol. Chem.*, **14**, 289] :

La séparation et le lavage préalable des globules à l'aide de la dissolution de sel marin peuvent être laissés de côté. M. Zinoffsky s'est assuré, en effet, qu'un mélange de 1 volume de sérum, de 3 volumes d'eau et de 1 volume d'alcool se trouble à peine. On ne court donc pas de risque de précipiter des substances étrangères (matières albuminoïdes, etc.) au moment de la cristallisation de l'oxyhémoglobine.

D'autre part, M. Jaquet a montré qu'en soumettant pendant 2 heures une « dissolution » de globules rouges à l'action d'une bonne machine centrifuge, les stromas — qui en réalité persistent toujours dans le liquide — gagnent en grand nombre le fond du liquide, si bien que les couches supérieures peuvent être filtrées assez rapidement sur un filtre double. On évite ainsi cette prompte obstruction des pores du filtre qui représente le grand inconvénient du procédé classique. Le liquide filtré ne contient plus qu'un petit nombre de stromas, dont on le débarrasse en le faisant repasser à la machine ou par le moyen des cristallisations ultérieures.

Enfin, M. Zinoffsky s'est assuré, par des dosages comparatifs de fer dans les cristaux et dans les eaux mères qui les ont abandonnés, que deux cristallisations du premier produit suffisent pour la purification.

Sous bénéfice de ces observations, on peut adopter le procédé que voici : 10 litres de *sang de cheval*, défibriné et filtré à travers un linge, sont abandonnés pendant 3 heures dans un endroit frais. Au bout de ce temps, les globules n'occupent plus d'ordinaire que le quart de la hauteur totale. La purée de globules, séparée par décantation du sérum susjacent, est traitée par 3 fois son volume d'eau, portée à 35°, puis rapidement refroidie à 0°. On ajoute ensuite 30 à 40 centimètres cubes d'éther et on mélange. La dissolution limpide obtenue est additionnée du quart de son volume d'alcool, également refroidi à 0°, et est introduite dans un mélange réfrigérant de glace et de sel. Au bout de 3 jours les cristaux sont recueillis, lavés deux fois avec un mélange refroidi à 0° d'alcool (1 vol.) et d'eau (4 vol.), puis ils sont dissous dans 3 fois leur volume d'eau distillée à 35°.

Cette dissolution est filtrée, refroidie, additionnée d'alcool froid comme précédemment, puis soumise à l'action du mélange réfrigérant.

Le produit obtenu est traité comme il est dit plus haut pour une deuxième cristallisation.

Finalement, la purée cristalline obtenue est étendue sur des assiettes plates et desséchée à l'air à une température de 18 à 20°. Au bout de 8 heures la dessiccation est suffisante pour qu'on puisse conserver le produit sans décomposition. Si la dessiccation est opérée à 40°, le produit s'altère; il n'est plus qu'incomplètement soluble dans l'eau.

M. Zinoffsky indique comme rendement, pour 10 litres de sang de cheval, 520 grammes de cristaux. Le produit ainsi obtenu par cet auteur s'est dissous en donnant un liquide limpide, qui ne présentait au spectroscope que les bandes d'absorption de l'oxyhémoglobine, et qui ne précipitait pas par le sous-acétate de plomb. De plus, il ne renfermait que des traces de chlore, c'est-à-dire qu'après calcination de 2 grammes environ du produit avec du carbonate de sodium, la solution nitrique du résidu n'a donné avec le nitrate d'argent qu'un louche à peine sensible. Il fut impossible de constater la présence de métaux alcalins dans les cendres; 23 grammes de produit ne donnèrent, après incinération et traitement convenable des cendres, que des quantités presque impondérables d'acide phosphorique (0^{gr},002 à l'état de pyrophosphate de magnésium). La chaux et la magnésie ne purent être décelées qu'à l'état de traces plus faibles encore. Enfin, au microscope, les cristaux (encore humides) apparaissaient très nets, sans mélange de substances étrangères. Les arêtes étaient droites et nettes et non pas dentelées et comme rongées, ainsi qu'il arrive d'ordinaire pour les cristaux mêlés de stromas globulaires.

Lorsqu'on dispose d'une machine à force centrifuge, on peut, si l'on n'opère pas sur des quantités de sang trop considérables, s'en servir pour hâter et rendre plus complète la séparation des globules et du sérum.

L'emploi de cette machine est nécessaire si l'on veut opérer avec du *sang de chien*. Si elle fait défaut, il faut avoir recours au procédé de Hoppe-Seyler et opérer la séparation des globules à l'aide de la dissolution du sel marin.

Mais c'est surtout pour l'élimination des stromas que l'emploi de la machine est avantageux, car la dissolution des globules, après avoir passé par la centrifugeuse, peut être facilement filtrée, si bien que la première cristallisation constitue déjà une purification très efficace. La séparation et le lavage des cristaux sont également considérablement facilités. M. Jaquet a obtenu ainsi avec 2 litres et demi de sang de chien 119 grammes d'oxyhémoglobine.

Lorsque le sang de cheval fait défaut, et que l'emploi de sang de chien pour la préparation de grandes quantités d'oxyhémoglobine devient trop coûteux, on peut, comme l'a montré d'abord M. J. Otto, avoir recours au *sang de porc*.

On opère la séparation des globules soit, comme le fait Hoppe-Seyler, à l'aide de la dissolution de sel marin, soit en soumettant le sang défibriné en nature à l'action d'une machine centrifuge [J. Otto, *Zeit. physiol. Chem.*, **7**, 57].

La purée de globules, séparée du sérum, est dissoute dans de l'eau tiède (300 centimètres cubes environ pour les globules provenant de 1 litre de sang), et cette dissolution est amenée à cristallisation à l'aide de l'alcool et du froid, comme il a été dit plus haut. Au bout de 24 heures, le liquide est transformé en une masse épaisse d'aiguilles cristallines très fines, d'une couleur rouge clair, et qui, à la température ordinaire, tombent en déliquescence avec une extraordinaire rapidité. Il convient pour cette raison d'éviter tout excès d'eau dans la dissolution des globules, et d'opérer la séparation et le lavage des cristaux dans une glacière. Le produit, après deux cristallisations, est desséché en couches minces sur l'acide sulfurique et toujours à basse température.

Plus tard, M. Hüfner a montré que, pour obtenir une élimination complète des stromas, il est nécessaire d'agiter à plusieurs reprises les cristaux avec les eaux de lavage; les stromas, qui se déposent beaucoup plus lentement que les cristaux, peuvent être éliminés ainsi par décantation. Mais toutes ces opérations doivent être faites à basse température, à cause de la grande solubilité des cristaux. Ainsi, M. Hüfner, qui s'est servi de la machine à force centrifuge pour essorer les cristaux, maintenait ceux-ci pendant cette opération dans un mélange réfrigérant [Hüfner, *Maly's Jahresb.*, **27**, 113].

Notons encore le procédé de M. Fr.-N. Schulz, qui dissout la purée des globules (séparée du sang de cheval oxalaté) dans 2 volumes d'eau, et ajoute ensuite un égal volume d'une dissolution saturée à froid de sulfate d'ammonium et refroidie à 0°. On filtre dans une glacière, pour séparer le coagulum des matières albuminoïdes, et on abandonne le filtrat à cristallisation, à la température ordinaire [*Zeit. physiol. Chem.*, **24**, 449].

Enfin, voici comment M. Jaquet opère avec le *sang de poule* [Jaquet, *Zeit. physiol. Chem.*, **14**, 292]. La grande difficulté de la préparation de l'oxyhémoglobine provenant de globules à noyaux tient à la ténacité avec laquelle la nucléine des noyaux adhère au produit.

Si l'on traite par de l'éther la dissolution des globules du sang de poule dans de l'eau à 35°, on obtient une gelée assez fluide, mais que l'on ne peut séparer ni par filtration, ni par l'emploi de la force centrifuge.

Après précipitation par la baryte, le liquide devient, à la vérité, filtrable, mais la cristallisation est considérablement ralentie.

Un procédé plus avantageux est le suivant :

Les globules séparés du sérum sont agités avec un égal volume d'eau, puis additionnés d'un tiers d'éther. Les hématies sont ainsi détruites, et le liquide prend la consistance d'une gelée assez liquide. On chauffe alors à 35° pendant quelque temps, de manière à déterminer la formation de gros caillots de gelée, d'une couleur rouge foncé, que l'on peut ensuite facilement séparer à l'aide de la force centrifuge. Le liquide limpide que l'on a décanté peut alors être aisément filtré.

La préparation s'achève comme précédemment. La première cristallisation donne un magma épais de cristaux aiguillés très fins, très solubles; la seconde fournit un mélange de tables rhombiques et de prismes rhombiques qui se groupent en amas radiés. Trois cristallisations sont nécessaires pour obtenir un bon produit.

M. Jaquet a obtenu ainsi, avec 2080 centimètres cubes de sang, provenant de 77 poules, 22 grammes d'oxyhémoglobine. Comme il est difficile de se procurer en une fois la quantité de sang nécessaire, on conserve les cristaux obtenus dans leur liquide de lavage (4 vol. d'eau, 1 vol. d'alcool), à 0°, jusqu'au moment où l'on peut opérer la cristallisation en masse.

M. Abderhalden a montré qu'on peut faire cristalliser l'*oxyhémoglobine de chat* en diluant le sang de son volume d'eau et en ajoutant ensuite de l'alcool [*Zeit. physiol. Chem.*, **24**, 545].

Pour obtenir rapidement de très beaux cristaux d'oxyhémoglobine, encore impurs, mais pouvant servir pour une démonstration, on peut se servir du procédé de M. Arthus. Du sang de cheval oxalaté à 1/1000 est abandonné au repos, et les globules, dissous dans 2 volumes d'eau distillée, sont introduits dans un boyau dialyseur de Kühne, puis le tout est mis à dialyser contre de l'alcool à 20 ou 33 0/0, à la température de 15°. Après 24 heures, on trouve dans le tube d'abondants cristaux d'oxyhémoglobine, ayant plus de 5 millimètres de long; ces cristaux sont surtout très beaux avec l'alcool à 33 0/0. Ce procédé a donné de bons résultats avec le sang de *cheval*, de *chien*, de *chat* et de *cobaye*. Si l'on augmente la concentration de l'alcool, le dépôt devient amorphe [Arthus et Huber, *Soc. de Biol.*, 1893, 970. — Arthus, *Zeit. f. Biol.*, **34**, 444].

M. Guelfi a étudié les conditions dans lesquelles on peut obtenir des cristaux d'oxyhémoglobine avec des taches plus ou moins anciennes faites avec du sang de l'homme ou de diverses espèces animales [F. Guelfi, *Maly's Jahresb.*, **27**, 149].

Composition et propriétés. — Desséchées à 115-118°, de préférence dans un courant d'hydrogène, les oxyhémoglobines perdent des quantités variables d'eau, qui sont : pour le sang de chien, 4 0/0 d'après M. Otto, et 10,7 0/0 d'après M. Jaquet; pour le cheval, 4 0/0; pour le porc, 5,9 0/0; pour l'écureuil, 9,4 0/0; pour le cobaye, 7 0/0; pour la poule, 9,3 0/0. Mais ces résultats ne peuvent être qu'approximatifs.

L'analyse élémentaire donne les résultats que voici (tableau emprunté à M. Hammarsten [*Lehrb. d. physiol. Chem.*, 3e édit. Wiesbaden, 1895, 114]) :

Origine de l'oxyhémoglobine.	C	H	Az	S	Fe	O	P^2O^5	Auteurs.
Chien	53,85	7,32	16,17	0,390	0,43	21,84	»	Hoppe-Seyler.
Id.	54,57	7,22	16,38	0,568	0,336	20,93	»	Jaquet.
Cheval	54,87	6,97	17,31	0,650	0,470	19,73	»	Kossel.
Id.	51,15	6,76	17,94	0,390	0,335	23,43	»	Zinoffsky.
Bœuf	54,66	7,25	17,70	0,447	0,400	19,543	»	Hüfner.
Porc	54,17	7,38	16,23	0,660	0,430	21,360	»	Otto.
Id.	54,71	7,38	17,43	0,479	0,399	19,602	»	Hüfner.
Cobaye	54,12	7,36	16,78	0,580	0,480	20,680	»	Hoppe-Seyler.
Écureuil	54,09	7,39	16,09	0,400	0,590	21,440	»	Id.
Oie	54,26	7,10	16,21	0,540	0,430	20,690	0,77	Id.
Poule	52,47	7,19	16,45	0,857	0,335	22,500	0,197	Jaquet.

[Hoppe-Seyler, *Med. chem. Untersuch.*, Tübingen, 1866, 370. — Jaquet, *Zeitschr. physiol. Chem.*, **14**, 292. — Kossel, *ibid.*, **2**, 150. — Zinoffsky, *ibid.*, **10**, 16. — Hüfner, *Beiträge z. Physiol.*, *Festschr. f. Ludwig*, 1887, 74. — Otto, *Zeitschr. physiol. Chem.*, **7**, 61. — Pour la teneur en fer de l'hémoglobine du sang de bœuf, voy. plus loin, p. 42 les nouveaux dosages de M. Hüfner].

On relève dans ce tableau des discordances assez sensibles, notamment pour le fer, élément important, et sur lequel on reviendra plus loin quand il sera question de la quantité d'oxygène faiblement combiné retenue par les diverses hémoglobines. Pour ce qui est de l'acide phosphorique fourni par les sangs d'oie et de poule, on ne saurait dire si ce phosphore fait partie de la molécule ou s'il provient de la nucléine du noyau des globules. Remarquons seulement que M. Jaquet, qui s'est servi d'une méthode de purification plus avantageuse que celle de Hoppe-Seyler, n'arrive plus, pour le sang de poule, qu'à une teneur de 0,19 0/0. — Signalons ici le travail de M. Inoko, qui, en traitant une solution d'oxyhémoglobine de cheval par une solution à 5 p. 1000 d'acide nucléique du thymus, a obtenu, après addition d'alcool et refroidissement à 0°, des cristaux de matières colorantes en prismes très déliés et qui contenaient, comme l'oxyhémoglobine du sang d'oie, 0,413 0/0 de phosphore [*Zeit. physiol. Chem.*, **18**, 57].

D'après M. Bücheler, 100 centimètres cubes d'eau dissolvent, à 0°, 2gr,614 et à 20°, 14gr,375 d'oxyhémoglobine de cheval [Bücheler, *Dissert. inaug.*, Tübingen, 1883, 9].

M. J.-A. Zaleski s'est assuré que l'azote fourni par l'oxyhémoglobine dans le dosage d'après Dumas ne contient pas d'argon [*Arch. des sciences biol.*, **6**, 51].

Spectre de l'oxyhémoglobine. — Le spectre d'absorption des solutions d'oxyhémoglobine à divers degrés de concentration a été étudié non seulement qualitativement, c'est-à-dire par la simple inspection du spectre, mais encore quantitativement à l'aide du spectrophotomètre.

En ce qui concerne l'examen qualitatif, la figure 591, empruntée à Rollet, montre les variations

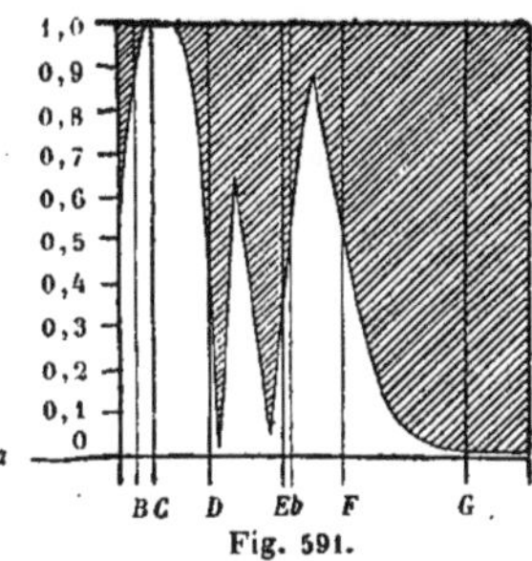

Fig. 591.

tions que présente le spectre de l'oxyhémoglobine avec des concentrations croissantes, ou, ce qui revient au même, avec des épaisseurs croissantes du liquide observé. On a porté en abscisses les longueurs d'onde, en ordonnées les poids d'oxyhémoglobine 0/0. En déplaçant dans cette figure une ligne droite parallèlement à *ah* et de bas en haut, on a successivement tous les spectres que l'on obtient avec des dissolutions de concentration croissante, observées toutes sous une épaisseur de 1 centimètre. Du reste, l'image représentée par la figure en question peut être observée telle quelle au spectroscope si la dissolution colorée est introduite dans une auge prismatique, l'arête du prisme étant disposée normalement à la fente [Rollet, *Blut und Blutbewegung; Hermann's Handb. d. Physiol.*, **4**, 1re partie, 48, Leipzig, 1880].

Cette figure montre que pour des concentrations très faibles, (environ 0,003 de pigment 0/0) la première bande seule est visible. Puis, pour une concentration plus forte, apparaît la deuxième bande, en même temps que l'extrémité violette du spectre commence à s'obscurcir. Les deux bandes s'élargissent ensuite de plus en plus, mais la première beaucoup plus lentement que la seconde, puis elles se confondent en une bande unique bordée de rouge d'un côté et de vert de l'autre. Enfin l'obscurité venant de la partie violette du spectre finit par rejoindre la bande unique, et le spectre se trouve réduit à la région du rouge.

Mais une telle observation, purement qualitative, ne peut donner qu'une idée approchée de la marche réelle de l'absorption. Cette observation s'applique tout particulièrement à la figure 591. Il est clair que l'absorption ne commence pas brusquement lorsqu'on passe d'une région claire à une région sombre, et c'est par une série de teintes de plus en plus sombres, et non par une ligne unique, qu'il aurait fallu, sur cette figure, marquer ce passage. C'est ainsi qu'il ne faudrait pas croire que pour 0,6 0/0 de matière colorante il persiste entre les deux bandes, comme la figure 591 semble l'indiquer, une région d'absorption nulle, et que pour 0,7 0/0 les deux bandes sont fondues en une seule bande uniformément obscure. La figure 592, dont il va être question plus loin, montrera immédiatement ce que la figure 591 a de trop schématique sous ce rapport.

C'est la spectrophotométrie seule qui peut fournir ici des données précises. L'étude photométrique du spectre d'absorption du sang a été faite par Vierordt à l'aide de son spectrophotomètre à plages juxtaposées. M. Lambling a repris cette étude avec l'appareil à franges de M. Trannin (voyez plus loin), appareil infiniment plus précis quand il s'agit de déterminer par points aussi rapprochés que possible une courbe d'absorption, puisque précisément la disparition des franges ne peut, en général, être obtenue que pour des plages très étroites [Lambling, *Revue biol. du Nord de la France*, **1**, n° 5].

La figure 592 donne la marche de l'absorption de la lumière dans la région des deux bandes pour un sang de cheval dilué au 1/100, observé au spectrophotomètre de M. Trannin, sous une épaisseur de 1 centimètre, et contenant environ 1gr,2 à 1gr,3 0/0 d'oxyhémoglobine. On a porté en abscisses les longueurs d'onde et en ordonnées les quantités de lumière absorbée, en centièmes de la quantité de lumière incidente.

En examinant cette figure, on comprend, sans qu'il soit nécessaire d'insister davantage, pourquoi la première bande a des bords plus nets que ceux de la deuxième. On remarquera également que dans la région de la première bande l'absorption est un peu plus forte que dans celle de la deuxième. Vierordt était arrivé à une conclusion contraire, car, la nature de son appareil lui imposant l'observation de plages assez larges, il ne pouvait suivre aussi exactement l'absorption entre *Dm*, région à variations rapides, qu'entre *op*, où la courbe forme un plateau très allongé.

C'est pour des régions spectrales correspondant respectivement aux plages

D32E — D54E D63E — D84E

(notation de Vierordt), c'est-à-dire aux régions comprises sur la figure 592 entre les ordonnées *mn* et *op*, que M. Hüfner et ses élèves, puis tous ceux qui l'ont suivi dans cette voie, ont déterminé les *rapports d'absorption* A_0 et A'_0 de l'oxyhémoglobine, nécessaires au dosage de cette substance par voie spectrophotométrique [voyez 1er Suppl., Hémoglobine, 908, — Lam-

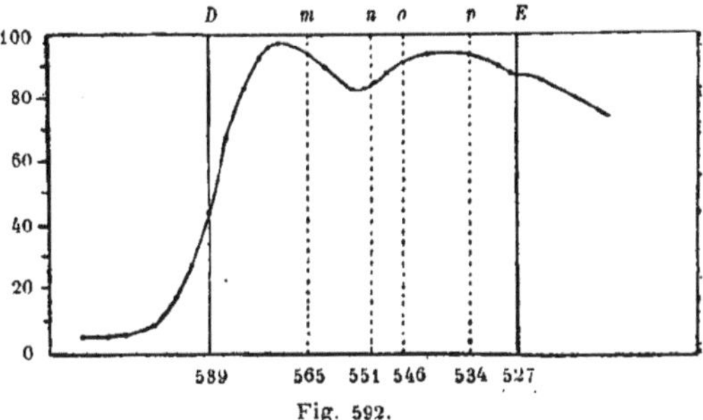

Fig. 592.

bling, *Arch. de Physiol.*, 1888, n° 5. — L.-G. de Saint-Martin, *Spectrophotométrie du sang*, Paris, 1898]. Dans la notation de Vierordt, aujourd'hui généralement employée en spectrophotométrie biologique, on suppose l'espace entre deux raies spectrales, par exemple l'espace D–E, divisé en 100 parties égales. L'indication D 32 E–D 54 E désigne alors une plage allant de la division 32 à la division 54 dudit espace.

Il faut remarquer que ces rapports d'absorption, théoriquement indépendants de la nature de l'appareil employé, varient en fait d'une méthode à l'autre et, pour une même méthode photométrique, d'un instrument à l'autre. M. Lambling a fait une étude des causes physiques auxquelles on doit rapporter ces variations [Lambling, *Revue biol. du Nord de la France*, 1, n° 6]. N'en notons ici qu'une seule, celle qui est relative à la largeur des plages spectrales choisies, telle qu'elle est imposée à chaque observateur par le pouvoir dispersif du prisme avec lequel il opère. Ainsi, pour la région de la deuxième bande, où le plateau de la courbe est assez étendu (fig. 592) et les variations peu rapides, on peut, tout en conservant comme milieu de la plage le même endroit du spectre, prendre cette plage plus ou moins large. Le coefficient d'extinction mesuré restera sensiblement le même. Au contraire, dans la région *mn*, l'absorption varie beaucoup plus rapidement. Si l'on opère avec un prisme peu dispersif, cette plage paraîtra d'un éclat uniforme et la comparaison photométrique sera possible, mais l'œil fera, à son insu, une sorte de moyenne entre les différents éclats qui se succèdent de *m* à *n*. Si, au contraire, le prisme étale fortement le spectre, la région *mn*, c'est-à-dire D 32 E — D 54 E, ne paraîtra plus homogène, et l'observateur sera obligé, tout en conservant le même milieu à la plage, de prendre celle-ci plus étroite. Il serrera, par conséquent, de plus près le minimum que marque la courbe entre *m* et *n*, et, par conséquent mesurera un coefficient d'extinction moins fort qu'avec le prisme moins dispersif.

Les valeurs obtenues jusqu'à présent pour les divers appareils ont été réunies par M. Lambling [*Encyclopédie chimique : Le sang et la respiration*, Paris, 1895, 34] et par M. L.-G. de Saint-Martin [*loc. cit.*, 82], et ces tableaux montrent clairement la nécessité qui s'impose de déterminer pour chaque sorte d'appareil les constantes spectrophotométriques. Pour des appareils de même construction, la concordance paraît être, à la vérité, assez bonne. Ainsi M. Hüfner et M. de Saint-Martin donnent les constantes que voici, pour l'oxyhémoglobine de bœuf (Hüfner) et pour celle du cheval (de Saint-Martin) :

	Hüfner.	de Saint-Martin.
A_0	0,002070	0,002153
A'_0	0,001312	0,001330

Mais il suffit que l'on soit obligé, par le fait d'un accident, de remplacer le prisme de l'appareil par un autre d'un pouvoir dispersif différent pour que la détermination des constantes donne des résultats différents [*Communication personnelle de M. de Saint-Martin*. Voyez aussi sur ce point : Lambling, *Encyclopédie chimique : Le sang et la respiration*, 35].

L'étude photométrique du spectre d'absorption de l'oxyhémoglobine a permis d'établir l'identité, au point de vue optique, des dissolutions du pigment pur et des dissolutions de sang provenant de la même espèce animale. On démontre, en effet, que le quotient des coefficients d'extinction que présentent les dissolutions d'une même matière colorante dans deux régions spectrales est constant et égal à l'inverse du quotient des rapports d'absorption relatifs à ces mêmes régions. Si donc A_0 et A'_0 désignent les rapports d'absorption de l'oxyhémoglobine dans deux régions spectrales, ε_0 et ε'_0, les coefficients d'extinction d'une dissolution quelconque de la même substance dans la même région, il vient

$$\frac{\varepsilon'_0}{\varepsilon_0} = \frac{A_0}{A'_0}.$$

Or l'observation montre que ce quotient est sensiblement le même pour les dissolutions d'oxyhémoglobine et pour des dissolutions de sang provenant de la même espèce animale. Ainsi, pour l'oxyhémoglobine du bœuf, M. Hüfner a trouvé, à l'aide de 8 dissolutions titrées de pigment pur,

$$A'_0 = 0,001312,$$
$$A_0 = 0,002070,$$

Il vient donc, pour le quotient $A_0 : A'_0$, la valeur 1,578. Or, en déterminant les valeurs de ε'_0 et de ε_0 pour 34 échantillons de sang de bœuf frais, dont chacun a été prélevé sur un animal différent, M. Hüfner a trouvé, comme valeur du quotient $\varepsilon'_0 : \varepsilon_0$:

Maximum	1,599
Minimum	1,556
Moyenne	1,581

On peut conclure de là : 1° que le sang ne contient qu'une seule matière colorante ; 2° que cette substance se comporte optiquement de la même manière dans les dissolutions sanguines étendues et dans les solutions faites avec la matière colorante cristallisée. Il eût été possible que, dans le sang, d'autres substances, notamment la matière colorante jaune du sérum, ou peut-être des produits d'une altération très rapide de l'hémoglobine, produisissent un effet absorbant sensible. D'autre part, dans le globule, l'oxyhémoglobine est faiblement combinée à d'autres substances encore mal déterminées, et l'on devait se demander si dans le sang, même étendu d'eau, des influences de ce genre ne viennent pas ajouter quelque chose aux phénomènes optiques que présente l'oxyhémoglobine pure. La constance du quotient $A_0 : A'_0$ montre qu'il n'en est rien.

La détermination de ce quotient constitue donc un moyen précieux pour contrôler la pureté d'une dissolution d'oxyhémoglobine ou d'une dilution sanguine quelconque. Il suffira de déterminer, pour les deux plages spectrales indiquées plus haut, les coefficients ε_0 et ε'_0 de la dissolution. Le quotient $\varepsilon'_0 : \varepsilon_0$ ne s'éloignera pas sensiblement de 1,57 si la dissolution ne contient aucune autre matière colorante. D'une manière générale, toute dissolution d'oxyhémoglobine sera considérée comme altérée ou impure (au point de vue des matières colorantes) si elle donne un quotient $\varepsilon'_0 : \varepsilon_0$ différent de celui que donne du sang frais de la même espèce animale, provenant d'un sujet bien portant. On montrera plus loin les indications quantitatives que M. Hüfner a tirées de la considération de ce quotient (p. 55).

On a étudié aussi la valeur de ce quotient $A_0 : A'_0$ ou $\varepsilon'_0 : \varepsilon_0$ quand on passe d'une espèce animale à l'autre. Bien que les valeurs de A_0 et de A'_0 varient un peu d'une espèce à l'autre, le quotient $A_0 : A'_0$ reste sensiblement constant, ainsi que l'ont démontré d'abord M. Hüfner et ses élèves, pour le sang de chien, de cheval, de rat, de cobaye, de porc, de hibou, de chat, de lapin, de bœuf et d'homme ; M. Lambling, pour le sang de bœuf, de porc, de mouton, de cheval et de chien ; M. L.-G. de Saint-Martin, pour le sang d'homme, de chien, de cheval et de lapin [Hüfner, *Arch. f.*

Anat. u. Physiol., 1894, 138. — Lambling, *Rev. biol. du Nord de la France*, 1889, n° 5. — L.-G. de Saint-Martin, *op. cit.*, 87].

Si cette coïncidence ne démontre pas absolument l'identité optique des matières colorantes de ces divers sangs, du moins elle la rend infiniment probable; car il est difficilement admissible que les valeurs de A_0 et A'_0 diffèrent d'une espèce animale à l'autre, mais toujours de telle façon que leur rapport reste constant. Il est donc permis de faire servir au dosage de l'oxyhémoglobine, chez l'homme et chez les animaux de laboratoire, les constantes A_0 et A'_0, déterminées à l'aide d'une oxyhémoglobine plus abordable, telle que celle du sang de cheval. Cette assimilation paraîtra plus légitime encore, si l'on songe que toutes les oxyhémoglobines examinées jusqu'ici, celles de chien, de chat, de rat, de cheval, de cobaye, d'écureuil et de porc, ont présenté des rapports d'absorption très rapprochés. Il devient, par suite, très probable que le groupement atomique qui détermine les phénomènes de couleur est identique dans les diverses oxyhémoglobines, malgré les différences de composition, de solubilité, etc., signalées précédemment.

Ce quotient $A_0 : A'_0$, qui devrait être indépendant de la nature de l'appareil, varie comme les valeurs A_0 et A'_0 elles-mêmes, quand on passe d'un instrument à l'autre.

M. Lambling a indiqué quelques-unes des causes physiques de ces variations [Lambling, *Encyclopédie chimique de Frémy : Le sang et la respiration*, p. 35. — Voyez aussi L.-G. de Saint-Martin, *op. cit.*, 83, et dans le présent article, p. 41].

La marche de l'absorption de la lumière par les dissolutions d'oxyhémoglobine dans l'extrême violet et l'ultra-violet (de $\lambda = 486,1$ à $\lambda = 328,6$) a été étudiée récemment par A. Gamgee [*Zeit. f. Biol.*, **34**, 505].

D'après M. Grabe, l'absorption des rayons violets entre G et H est bien plus forte que celle des rayons jaune-vert et verts entre D et E, et M. Wolf a utilisé l'observation de cette région pour saisir chez l'embryon de poulet, à l'aide d'un microspectroscope spécial, la première apparition de l'oxyhémoglobine. Cette apparition a lieu déjà après 26 h. 1/2 d'incubation. Après 29 heures seulement, l'absorption entre D et E devient sensible [Grabe, *Dissert. inaug.*, Dorpat, 1892. — Wolf, *Maly's Jahresb.*, **27**, 152].

Dissociation de l'oxyhémoglobine. — La quantité d'oxygène qu'abandonne 1 gramme d'oxyhémoglobine par sa dissociation complète en oxygène et hémoglobine, est une grandeur dont la détermination exacte a une importance physiologique considérable. Si l'on admet que le rapport du fer à l'oxygène dans la molécule est $Fe : O^2$, on peut calculer, pour 100 grammes d'hémoglobine, les quantités d'oxygène suivantes, lesquelles sont très rapprochées des résultats obtenus directement par M. Hüfner [*Zeit. physiol. Chem.*, **1**, 329; **8**, 359] :

	Fer p. 100	Vol. d'oxygène fixé par 100gr d'hémoglobine	
		trouvé	calculé
Oxyhémoglobine de chien .	0,43	158cc	171cc
— de cheval.	0,47	172cc	184cc

L'accord est très satisfaisant, d'autant plus qu'en dépit des différences de méthode, MM. Hoppe-Seyler, Dybkowski, Preyer, Worm-Müller, Otto, ont obtenu des résultats très voisins de ceux de M. Hüfner [voyez pour le tableau de ces résultats, Lambling, *Encyclopédie chimique*; *loc. cit.*, 38]. Mais il faut remarquer que ces résultats ne sont que des moyennes, qui masquent en réalité des oscillations considérables. Ainsi, dans les expériences de Hüfner, conduites cependant d'après des méthodes très rigoureuses, les chiffres extrêmes ont présenté entre eux, pour l'oxyhémoglobine de chien, un écart de 16 0/0, et pour l'oxyhémoglobine de cheval, un écart de 34 0/0 (maximum : 221 centimètres cubes; minimum : 145 centimètres cubes).

D'autre part, le chiffre théorique lui-même est sujet à caution. Par des déterminations récentes, faites sous la direction de M. Bunge, portant sur des oxyhémoglobines que l'on a toutes raisons de considérer comme les plus pures qui aient été préparées jusqu'ici, MM. Zinoffsky et Jaquet ont trouvé pour l'oxyhémoglobine de cheval 0,335 de fer (moyenne de sept déterminations, les résultats extrêmes étant 0,330 et 0,338), et pour l'oxyhémoglobine de chien 0,336 0/0 (moyenne de trois déterminations, les résultats exprimés étant 0,337 et 0,334). M. Hüfner a trouvé de même pour l'oxyhémoglobine cristallisée du sang de bœuf 0,336 0/0 de fer (moyenne de cinq déterminations). Enfin, M. Lapicque a étudié récemment deux séries d'échantillons d'oxyhémoglobine de cheval; les uns, préparés par une méthode rapide, ont donné au dosage colorimétrique de 0,29 à 0,30 0/0 de fer, les autres, obtenus par une méthode plus longue et laissant peut-être place à des altérations, contenaient de 0,29 à 0,34 0/0 de fer. La question est à reprendre, mais M. Lapicque incline à penser que les résultats élevés (0,33-0,34) correspondaient à un produit déjà altéré [Hüfner, *Arch. Physiol.*, 1894, 175. — L. Lapicque, *C. R.*, **130**, 1333].

En rapprochant ces résultats de ceux que fournissent les déterminations de soufre faites sur les mêmes échantillons, et qui sont pour l'oxyhémoglobine du sang de cheval 0,3899, et pour celle du chien, 0,568 0/0, on trouve que, pour 1 atome de fer, l'oxyhémoglobine de cheval contient 2 atomes (exactement 2,03), et celle du chien 3 atomes (exactement 2,96) de soufre. Le rapport est beaucoup moins simple si l'on adopte les anciennes données analytiques de MM. Schmidt, Kossel, Bücheler, puisqu'il vient, pour 1 atome de fer, 1,6 à 2at,68 de soufre pour l'oxyhémoglobine de chien, et 2,42 à 2at,60 pour celle du cheval.

Les nombres donnés par MM. Zinoffsky et Jaquet doivent donc être adoptés de préférence jusqu'à plus ample informé, mais alors le calcul indiqué plus haut donne, pour 100 grammes d'hémoglobine, 133 centimètres cubes d'oxygène faiblement combiné, résultat qui s'éloigne notablement des moyennes fournies par les premières expériences.

De nouvelles déterminations gazométriques de M. Hüfner ont au contraire donné des résultats très satisfaisants. M. Hüfner a mesuré, tant sur des solutions titrées d'oxyhémoglobine cristallisée de sang de bœuf que sur du sang de bœuf dilué dans lequel la matière colorante était dosée au spectrophotomètre, la quantité d'oxyde de carbone fixée par 1 gramme d'oxyhémoglobine. Le dosage avait lieu, soit par voie absorptiométrique, l'oxyde de carbone agissant sur une dissolution d'hémoglobine, soit par déplacement, l'oxyde de carbone fixé étant chassé par le bioxyde d'azote. On trouve ainsi que la quantité de gaz fixée par 1 gramme de matière colorante est en moyenne de 1cc,338 (maximum 1,358, minimum 1,297) [Hüfner, *Arch. Physiol.*, 1894, 130]. Or une teneur en fer de 0,336 0/0 donne, par le calcul indiqué plus haut, un volume théorique de 1cc,34.

Comme l'hémoglobine des sangs de chien, de cheval et de poule renferme la même quantité de fer (0,33 0/0) que celle du sang de bœuf, on peut conclure de là que ces hémoglobines — et sans doute aussi celles de tous les animaux supérieurs — fixent également la même quantité d'oxyde de carbone, soit environ 1^{cc},34.

D'autre part, Claude Bernard a montré que le sang a un pouvoir absorbant égal pour l'oxygène et pour l'oxyde de carbone, et cette loi physiologique, parfois contestée [Cherbuliez, *Thèse de médecine*, Paris, 1890], est sortie victorieuse d'expériences faites par les méthodes les plus précises [L.-G. de Saint-Martin, 4e *Congrès international de Physiol. de Cambridge*, 1898]. La quantité d'oxygène fixée par 1 gramme d'hémoglobine, lorsque cette dernière se transforme en oxyhémoglobine, est donc de 1^{cc},336 pour le sang de bœuf, et sans doute aussi pour les sangs de chien, de cheval et de poule.

Il convient toutefois de rappeler ici que M. Bohr admet l'existence de plusieurs variétés d'oxyhémoglobine qu'il a pu extraire du sang de chien, et qui diffèrent par leur teneur en fer, la quantité d'oxygène faiblement combiné, la marche de la dissociation en hémoglobine et oxygène sous l'action du vide, et enfin le rapport d'absorption mesuré au spectrophotomètre. Mais M. Hüfner, qui a fait une critique très serrée des résultats de M. Bohr, soutient qu'il s'agit des produits d'altération de la matière colorante. D'autre part, M. L.-G. de Saint-Martin a dosé au spectrophotomètre, dans 46 échantillons de sang de bœuf frais la richesse en oxyhémoglobine et le pouvoir absorbant par l'oxyde de carbone, et il signale *des variations considérables du pouvoir absorbant de l'hémoglobine.* Contrairement aux conclusions de M. Hüfner, il y a donc là, d'après M. L.-G. de Saint-Martin, toute une nouvelle étude à faire. On reviendra sur cette question à propos de l'étude de l'hémoglobine oxycarbonée [Bohr, *Skand. Arch. Physiol.*, **3**, 47, 69, 76, 101; *Centralbl. f. Physiol.*, **4**, 249. — Hüfner, *Arch. Physiol.*, 1894, 130. — L.-G. de Saint-Martin, 4e *Congrès international de Cambridge*, 1898].

Marche de la dissociation de l'oxyhémoglobine. — La dissociation *in vitro* des dissolutions d'oxyhémoglobine a été étudiée par Worm-Müller, MM. Hüfner, Brasse, Chr. Bohr [Worm-Müller, cité d'après Zuntz, *Hermann's Handb. d. Physiol.*, **4**, 2e partie, Leipzig, 1882. — Hüfner, *Zeit. physiol. Chem.*, **4**, 94; **12**, 567; **13**, 285. — Brasse, *Soc. de Biol.*, (8), **5**, 660. — Ch. Bohr, *Acad. roy. danoise*, 9 mai 1890]. Les expériences de M. Hüfner, poursuivies par ce savant pendant plusieurs années, et avec une technique sans cesse perfectionnée, ont consisté à agiter des dissolutions d'oxyhémoglobine, préalablement saturées d'air, avec une atmosphère limitée formée par un mélange d'azote pur et de quantités croissantes d'oxygène, et à déterminer la pression en oxygène pour laquelle la dissolution cesse d'abandonner des quantités appréciables de gaz.

Un premier résultat très net est l'augmentation de la tension de dissociation avec des températures croissantes. Ainsi Worm-Müller a trouvé pour la température ordinaire une tension d'environ 20 millimètres d'oxygène, tandis que pour 34-35° M. Hüfner indique 62 à 63 millimètres, et pour 39°, 75 millimètres. Ces résultats sont d'accord avec ceux de MM. Brasse et de Chr. Bohr, et ils confirment ceux de Paul Bert sur le sang en nature.

La tension de dissociation de l'oxyhémoglobine est surtout intéressante à connaître pour des températures avoisinant 37°. Les recherches que M. Hüfner a faites sur ce point ont porté sur l'oxyhémoglobine du bœuf. La grande solubilité de ce pigment dans l'eau permettait de faire varier la concentration des dissolutions dans des limites étendues, et de vérifier ainsi ce fait important, déjà mis en lumière par MM. Hüfner et Bohr, à savoir que la tension de dissociation n'est pas indépendante de la concentration.

D'après M. Hüfner, le phénomène de la dissociation de l'oxyhémoglobine tend, comme tous les phénomènes du même genre, vers un certain état d'équilibre. Or, pour la catégorie des phénomènes de dissociation dans laquelle rentre la dissociation de l'oxyhémoglobine, cet état d'équilibre peut être représenté par la formule générale suivante :

$$Cu = C_1 u_1 u_2,$$

dans laquelle u représente le poids de substance non dissociée contenu dans l'unité de volume, u_1 et u_2 les poids respectifs des deux produits de la dissociation, et C et C_1, deux constantes. Dans le cas particulier, u devient le poids d'oxyhémoglobine, h_0, qui subsiste dans l'unité de volume de la dissolution au moment où l'équilibre est atteint, et u_1 la quantité d'hémoglobine h_R, qui a pris naissance. Quant à u_2, il doit représenter ici, non pas la masse totale d'oxygène libérée par le phénomène de la dissociation, mais seulement le poids de ce gaz qui, sous la pression en oxygène supportée par la solution et à la température de l'expérience, peut rester dissous dans le liquide. Il faut en effet admettre que l'état d'équilibre ne s'établit qu'entre les masses actives des différents corps en présence contenues dans l'unité de volume de la dissolution. Mais la quantité d'oxygène dissocié qui reste ainsi dissoute dans le liquide est déterminée par l'équation

$$u_2 = \frac{\alpha_t V p_0}{760},$$

dans laquelle α_t représente le coefficient de solubilité à la température t de l'expérience, V le volume de la dissolution, et $\frac{p_0}{760}$ la pression partielle de l'oxygène. Il résulte de là que si, dans une série d'expériences, on maintient constante la température, le volume et la nature de la dissolution, la quantité d'oxygène ne dépendra plus que de la pression, et l'on pourra remplacer u_2 par la grandeur proportionnelle p_0. La première équation pourra donc être écrite :

$$Ch_0 = C_1 h_2 p_0,$$

ou bien, en posant $\frac{C_1}{C} = k$,

$$\frac{h_0}{h_R p_0} = k.$$

Telle est la relation qui existe entre la grandeur de la dissociation et la pression partielle de l'oxygène. En déterminant dans une série d'essais h_0, h_R et p_0, on obtiendra une fois pour toutes une série de valeurs de k, et l'on pourra ensuite, à l'aide de ces valeurs, calculer aussitôt quelle est la quantité d'hémoglobine h_R qui doit prendre naissance pour chaque valeur de h_0 et de p_0.

Pour la détermination des valeurs de k, M. Hüfner s'est servi de dissolutions légèrement alcalines d'oxyhémoglobine de sang de bœuf et, dans un certain nombre d'expériences, de dissolutions alcalines de globules de sang de bœuf. Les résultats obtenus de part et d'autre ont présenté d'ailleurs toute la concordance désirable.

Les valeurs de h_R et de h_0 étaient données par le dosage spectrophotométrique, et on déterminait p_0 en agitant la dissolution sanguine au contact d'une atmosphère d'azote pur à 35°, jusqu'au moment où l'équilibre de dissociation était atteint.

M. Hüfner a déterminé ainsi les valeurs de k pour des concentrations variant entre 25 et 3,54 0/0 d'oxyhémoglobine. A l'aide de ces valeurs, il a calculé ensuite la quantité d'*hémoglobine* que doivent contenir des dissolutions d'*oxyhémoglobine* de concentrations différentes pour des pressions atmosphériques variant de 760 à 0 millimètre. Nous donnons ci-après l'un de ces tableaux ; il est relatif à une dissolution contenant 14 0/0 de matière colorante totale **H** ; k est égal à 0,415. Ce tableau donne, de gauche à droite : p_0, la pression partielle de l'oxygène ; P, la pression atmosphérique totale qui correspond à cette pression en oxygène ; h_R, la quantité absolue d'hémoglobine qui a pris naissance pour 100 centimètres cubes de dissolution ; Hb la quantité d'hémoglobine, et $O-Hb$ la quantité d'oxyhémoglobine qui coexistait dans le liquide, exprimées toutes deux en centièmes du poids total, **H**, de la matière colorante.

p_0	P	h_R	Hb	$O-Hb$
159,3	760,0	0,21	1,49	98,51
150,0	715,0	0,22	1,58	98,42
130,0	620,2	0,25	1,81	98,19
110,0	524,8	0,30	2,14	97,86
100,0	477,1	0,33	2,35	97,65
75,0	357,8	0,44	3,11	96,89
50,0	238,5	0,64	4,60	95,40
25,0	119,3	1,23	8,79	91,21
10,0	47,7	2,72	19,36	80,64
5,0	23,8	4,55	32,51	67,49
1,0	4,8	9.89	70,67	29,33
0,0	0,0	14,00	100,00	0,00

Ces expériences de M. Hüfner ont montré d'abord que la dissociation est, pour une pression d'oxygène déterminée, relativement plus forte dans les dissolutions étendues que dans les dissolutions concentrées. Ainsi, dans une solution contenant 14 0/0 de matière colorante et pour une tension d'oxygène de 50 millimètres, il y a, à l'état d'hémoglobine, 4,60 0/0 de la matière colorante, et pour une solution à 4 0/0 de matière colorante, dans les mêmes conditions, 6,45 0/0. Néanmoins les différences sont, comme on le voit, peu considérables.

En second lieu, *il est inexact de dire que*, pour une température donnée, la dissociation de l'oxyhémoglobine ne *commence* que lorsque la pression de l'oxygène tombe au-dessous d'une *valeur déterminée*. En réalité, il faut concevoir toute dissolution d'oxyhémoglobine comme renfermant, à n'importe quelle pression d'oxygène, une partie de sa matière colorante dissociée en oxygène et hémoglobine, et d'ailleurs sous ce rapport le sang défibriné frais se comporte comme une dissolution d'oxyhémoglobine. A chaque tension d'oxygène correspond un état d'équilibre exprimé par l'équation

$$k = \frac{H}{p_0 h_R}$$

et qui correspond à la présence dans le sang d'une certaine quantité d'hémoglobine h_R, le reste de la matière colorante, soit $H - h_R$, subsistant à l'état d'oxyhémoglobine. Mais cet état d'équilibre, qui représente, si l'on veut, l'état de « saturation » du sang pour la pression considérée p_0, est détruit sitôt que le sang est mis en contact avec une atmosphère dont la pression en oxygène est différente, plus faible par exemple. Dans ce cas, le plasma — ou l'eau de la dissolution de la matière colorante — cède aussitôt à l'atmosphère une partie de l'oxygène qu'il tient en dissolution, la tension du gaz autour des globules diminue, et une certaine quantité d'oxyhémoglobine se dissocie en hémoglobine et oxygène. Et si nous supposons le sang ou la dissolution en contact avec une atmosphère *limitée*, cette dissociation se continuera jusqu'à ce qu'un nouvel équilibre de dissociation se soit établi pour la nouvelle pression p'_0.

On voit donc que, même pour des pressions d'oxygène très élevées en valeur absolue, toute diminution de la pression doit théoriquement être suivie d'une dissociation, avec mise en liberté d'oxygène. Mais l'inspection du tableau ci-dessus montre que, pratiquement, cette dissociation ne peut donner lieu à un *départ sensible d'oxygène*, dans les conditions où se font ordinairement les expériences sur la dissociation de l'hémoglobine, que *pour des pressions d'oxygène inférieures à 75 millimètres*.

Considérons, en effet, un volume de 100 centimètres cubes de sang ou d'une dissolution à 14 0/0 de matière colorante. Le tableau ci-dessus montre que, lorsque la pression en oxygène tombe de 159 millimètres (pression atmosphérique) à 75 millimètres, la quantité d'hémoglobine qui prend naissance par dissociation est de

$$0^{gr},44 - 0^{gr},21 = 0^{gr},23.$$

Si l'on admet que chaque gramme d'oxyhémoglobine (dont on peut confondre ici le poids avec celui de l'hémoglobine) perd, en se transformant en hémoglobine, $1^{cc},33$ d'oxygène, on peut calculer que la quantité d'oxygène libérée sera dans l'espèce de $0^{cc},36$, et l'on se rend compte qu'une *aussi petite quantité de gaz ne peut modifier* d'une manière sensible, à l'analyse, la composition de l'atmosphère avec laquelle ce volume de sang s'est trouvé en contact. Au contraire, quand la tension en oxygène tombe de 75 à 10 millimètres, l'inspection du tableau et le même calcul montrent qu'il y a un départ d'oxygène de $3^{cc},02$, soit donc une quantité 10 fois plus forte.

On s'explique ainsi pourquoi, dans ses premières expériences sur la dissociation de l'oxyhémoglobine à 35 et à 39°, dans des dissolutions à 11-16 0/0 de matière colorante, M. Hüfner a constaté qu'on n'observe un départ d'oxygène sensible et facile à mesurer que lorsque la pression tombe au-dessous de 75 millimètres ; et pourquoi, d'une manière générale, tous les auteurs s'accordent à placer aux environs de 80 millimètres d'oxygène la tension de dissociation de l'oxyhémoglobine à la température du corps, bien que cette dissociation puisse être théoriquement prévue pour des tensions beaucoup plus élevées. Ces résultats s'accordent aussi très bien avec ceux qu'a donnés l'étude de la dissociation de l'oxyhémoglobine dans le sang défibriné. Avec du sang de chien, M. Hüfner a constaté un départ sensible d'oxygène à 62-63 millimètres d'oxygène, et Paul Bert rapporte de même que les quantités d'oxygène fixées par le sang de chien défibriné, sous des pressions décroissantes, ne commencent à diminuer rapidement que pour des pressions d'air de 280 à 300 millimètres, c'est-à-dire pour des pressions en oxygène de 50 à 60 millimètres [Hüfner, *Zeit. physiol. Chem.*, **13**, 285. — Paul Bert, *La pression barométrique*, Paris, 1878, 630].

Toutefois, même pour des tensions élevées, on peut arriver à saisir pratiquement la dissociation de l'oxyhémoglobine, à la condition de mettre en contact avec une masse *limitée* d'atmosphère gazeuse, un volume très considérable de sang. M. Hüfner a montré que la démonstration de ce fait se trouve dans une belle série d'expériences de M. Ch. Bohr. Dans ces essais, du sang de chien, rendu incoagulable par injection d'extrait de sangsue, passait directement de la carotide de l'animal dans un espace clos, où il entrait en échange gazeux avec une atmosphère artificielle de composition connue, après quoi il rentrait dans le bout périphérique de la carotide.

La tension de l'oxygène dans l'air alvéolaire, déterminée en même temps, se trouvait être de 138 millimètres environ, et l'on pouvait admettre que le sang était en équilibre de dissociation pour cette tension. Or, dans une expérience, l'atmosphère artificielle était à une pression de 111 millimètres d'oxygène seulement. Il suit de là que le sang devait en passant dans l'appareil céder constamment de l'oxygène. C'est ce qui arriva effectivement *puisqu'au bout de 22 minutes et demie de circulation sanguine à travers l'appareil, la pression en oxygène était montée à* $133^{mm},8$. Dans un autre essai, au contraire, où l'appareil contenait de l'oxygène à $146^{mm},6$ de pression, le sang enleva de l'oxygène à l'atmosphère artificielle, puisque l'on vit la tension de l'oxygène baisser, puis se fixer à $138^{mm},4$.

On voit donc que, même à des tensions de 130-140 millimètres, on peut encore saisir une dissociation de l'oxyhémoglobine, *lorsque le phénomène porte sur des quantités assez considérables de sang, pour que l'atmosphère artificielle avec laquelle ce liquide entre en échange de diffusion puisse être modifiée d'une manière sensible à l'analyse.*

Poids moléculaire de l'oxyhémoglobine. — D'après les analyses de MM. Zinoffsky et Jaquet, que l'on doit considérer comme étant les plus exactes, l'oxyhémoglobine de cheval contient pour 1 atome de fer 2 atomes de soufre, et celle du chien pour 1 atome de fer 3 atomes de soufre. Des résultats d'analyse de ces auteurs, on peut déduire comme formule minima pour l'oxyhémoglobine de cheval

$$C^{712}H^{1130}Az^{214}S^2FeO^{245} = 16770,$$

et pour celle du chien

$$C^{758}H^{1203}Az^{195}S^3FeO^{218} = 16669.$$

M. Hüfner et ses élèves ont essayé de déterminer le poids moléculaire des diverses hémoglobines, d'après la quantité d'oxygène ou d'oxyde de carbone fixée par l'unité de poids de la matière colorante, et en admettant (voyez plus haut) que ces deux gaz s'unissent à l'hémoglobine molécule à molécule [Hüfner, *J. prakt. Chem.*, (2), **22**, 385. — Marshall, *Zeit. physiol. Chem.*, **7**, 81. — Külz, *ibid.*, **7**, 384. — Bücheler, *Diss. inaug.*, Tübingen, 1883]. Mais depuis cette époque M. Hüfner ayant perfectionné ses méthodes de détermination de la quantité d'oxygène fixée, ces premiers résultats ne présentent plus le même intérêt.

Pour l'oxyhémoglobine de bœuf, M. Hüfner a trouvé 0,334 0/0 de fer, ce qui permet de calculer un poids moléculaire de 16669 [Hüfner, *Arch. Physiol.*, 1894, 17].

Chaleur de formation. — La fixation de l'oxygène sur l'hémoglobine avec transformation en oxyhémoglobine dégage $14^{cal},77$ pour $O^2 = 32$ [Berthelot, *C. R.*, 1889].

Propriétés chimiques. — Les alcalis caustiques, qui en solution très étendue dissolvent l'oxyhémoglobine sans la décomposer, du moins immédiatement, l'altèrent rapidement à un plus fort degré de concentration. La plupart des acides minéraux, même très étendus, précipitent l'oxyhémoglobine en la décomposant. L'acide acétique très concentré se comporte de même, mais l'acide acétique moins concentré, les acides oxalique, tartrique, phosphorique la décomposent sans précipitation.

Lorsqu'on agite une solution d'oxyhémoglobine avec du carbonate de sodium, le pigment est précipité. La saturation par le sulfate d'ammonium le précipite aussi, et complètement, tandis que le sulfate de magnésium à saturation ne le sépare pas en totalité. D'après M. Krauss, la précipitation complète est effectuée aussi par 4 volumes d'une solution d'acétate de potassium additionnée d'un peu de baryte, ou bien en ajoutant à 1 volume de la solution d'oxyhémoglobine 4 volumes d'un mélange préparé en saturant d'acétate de potassium 1 volume d'eau, additionné de $0^{vol},25$ à $0^{vol},375$ d'alcool fort [Krauss, *Arch. f. exp. Path.*, **26**, 197].

L'oxyhémoglobine est loin d'être précipitée par tous les sels des métaux lourds, comme pouvait le faire prévoir sa nature de matière protéique. Le nitrate d'argent, l'acétate et le sous-acétate de plomb, le sublimé, le perchlorure de fer ne donnent pas de précipité. Par contre, l'oxyhémoglobine est précipitée par le sulfate de cuivre, le chlorure et l'acétate de zinc, les nitrates mercureux et mercurique, le sous-acétate de plomb ammoniacal, le perchlorure de fer additionné d'un peu d'ammoniaque. En présence de sels qui précipitent le zinc (carbonates, phosphates), elle passe facilement dans le précipité zincique, et d'autre part, à l'aide de l'acétate ferrique ou de l'oxyde de plomb, on peut entièrement éliminer le pigment en suivant le procédé qui sert pour l'albumine [pour ce procédé voyez Hofmeister, *Zeit. physiol. Chem.*, **4**, 263; **2**, 288]. D'après M. Jutt, qui a étudié les combinaisons métalliques de l'oxyhémoglobine, l'acétate de plomb trouble au bout de *quelques instants* la dissolution d'hémoglobine et le sous-acétate la trouble aussitôt. M. Bertin-Sans indique également que le sous-acétate de plomb précipite l'oxyhémoglobine, et que cette réaction ne peut pas servir, comme le veut Hoppe-Seyler, à la séparation de ce pigment d'avec la méthémoglobine [Jutt, *Chem. Centralbl.*, 1871, **1**, 1031. — Bertin-Sans, *Thèse*, Montpellier, 1888, 17].

L'iodure double de mercure et de potassium et le benzotate de soude précipitent l'oxyhémoglobine en milieu acide, aussi bien que l'albumine.

L'oxyhémoglobine a les propriétés d'un acide faible; du moins elle se comporterait ainsi, d'après M. Preyer, vis-à-vis du papier de tournesol [Preyer, *Pflüger's Arch.*, **1**, 405]. Schmidt et Rollet rapportent que dans l'électrolyse du sang elle se dépose inaltérée au pôle positif et à l'état cristallisé. Enfin MM. Preyer et Hoppe-Seyler ont montré que le mélange d'oxyhémoglobine et de carbonate de sodium en dissolution dégage de l'acide carbonique dans le vide [Schmidt, *Hämat. Studien*, Dorpat, 1865, 117. — Rollet, *Wiener Acad. Sitzungsber.*, **3**, 2e part., 246].

On peut donner à cette expérience la forme d'une démonstration de cours très élégante en remplaçant le carbonate de sodium par du cyanure de mercure. Le mélange de ce sel avec du sang « laqué » ou avec une dissolution d'oxyhémoglobine, dégage de l'acide cyanhydrique et une goutte de nitrate d'argent, déposée sur un verre de montre que l'on maintient au-dessus du sang, devient trouble par suite de la formation de cyanure d'argent. On peut aussi faire passer à travers le sang, puis à travers une solution de soude, un courant d'air pur et faire ensuite avec la solution alcaline la réaction du bleu de Prusse [Michaelis et Cohnstein, *Arch. Physiol.*, 1897, 392].

L'oxyhémoglobine (ou l'hémoglobine) ajoutée à un mélange d'essence de térébenthine ozonisée et de teinture de gaïac produit une coloration bleue. On admet qu'elle se comporte ici comme *ozonophore*, c'est-à-dire qu'elle transporte l'ozone de l'essence de térébenthine sur la résine de gaïac (Schœnbein, Almen, His). Mais, d'après M. Kowalewsky, il s'agirait ici non point d'ozone, mais d'un produit d'oxydation de l'essence de térébenthine. D'après M. Pflüger, l'oxyhémoglobine pourrait agir aussi comme producteur d'ozone (*Ozonerreger*), c'est-à-dire qu'elle aurait la propriété de transformer l'oxygène de l'air en ozone. Si l'on laisse, en effet, sécher une goutte d'une solution de gaïac sur du papier, et qu'on ajoute du sang dilué (de 5 à 10 fois), il se produit une tache bleue. L'expérience réussit aussi, en dehors du contact de l'air, avec du sang saturé d'oxyde de carbone [Kowalewsky, *Centralbl. f. d. med. Wissensch.*, 1889, 113].

Les réducteurs en solution neutre ou légèrement alcaline (sulfure d'ammonium, solution alcaline de tartrate stanneux ou ferreux) ou encore la limaille de fer, le fer réduit, la poudre de zinc, transforment l'oxyhémoglobine en hémoglobine. La putréfaction à l'abri de l'air ou un courant de gaz inerte (hydrogène) produisent le même effet. Un réducteur, très employé aujourd'hui et très commode, est la solution d'hydrosulfite de soude, qui donne un spectre d'hémoglobine absolument pur, tandis qu'avec le sulfure d'ammonium, on voit toujours apparaître, à gauche de la bande de l'hémoglobine, au milieu de l'espace C — D, une bande σ, due à l'action spéciale du sulfure. Enfin, M. Curtius a employé un sel d'hydrazine, et M. Hüfner l'hydrate d'hydrazine, lesquels produisent une réduction extrêmement rapide [Stokes, *Phil. Mag.*, (4), **28**, 391. — Rollet, *Wiener acad. Sitzungsb.*, *Math.-Naturwiss. Classe*, 52, 2e partie, 240. — Ludwig et Schmidt, *Sitzungsb. d. sächs. Ges. d. Wiss.*, 1868, 12. — Curtius, *J. prakt. Chem.*, **39**, 27, 1889. — Hüfner, *Arch. Physiol.*, 1894, 156].

L'oxyde de carbone, le gaz carbonique, le bioxyde d'azote, l'acétylène, l'acide cyanhydrique, agissent sur l'oxyhémoglobine et donnent avec départ d'oxygène des combinaisons qui seront étudiées plus loin. D'autre part, un grand nombre d'agents transforment l'oxyhémoglobine en métahémoglobine (voyez plus loin). Sous l'action de l'hydrogène sulfuré, il se produirait une matière colorante voisine de la méthémoglobine, dont il sera question plus loin. Enfin, le protoxyde d'azote est tout à fait indifférent; il agit à la manière de l'hydrogène, c'est-à-dire qu'il provoque une simple dissociation du pigment en hémoglobine et oxygène.

La chaleur, ou bien les acides et les alcalis à froid, dédoublent l'oxyhémoglobine en hématine et en une matière albuminoïde. Si la réaction est faite de manière à provoquer la coagulation de cette matière, celle-ci se dépose fortement colorée en brun par l'hématine. En réalité, le dédoublement est moins simple, en ce sens qu'il y a en même temps fixation d'oxygène (si la réaction se passe au contact de l'air), fixation d'eau et production d'acides gras [M. Lebensbaum, *Mon. f. Chem.*, **8**, 165]. En tenant compte de cette absorption d'oxygène qui est d'environ 1 0/0 du poids de l'oxyhémoglobine, et, d'autre part, de la présence constante dans le sang de corps de la série xanthique et urique, ainsi que de l'urée, M. A. Gautier propose de formuler comme il suit l'équation du dédoublement :

$$\underset{\text{Oxyhémoglobine.}}{C^{544}H^{825}Az^{147}S^{2}Fe} + 24H^{2}O + 5O$$

$$= \underset{\text{Albumine.}}{2C^{250}H^{409}Az^{67}O^{83}S} + \underset{\text{Hématine.}}{C^{34}H^{34}Az^{4}FeO^{5}}$$

$$+ \underset{\text{Urée.}}{2COAz^{2}H^{4}} + \underset{\text{Sarcine.}}{C^{5}H^{5}Az^{5}O^{2}} + \underset{\text{Ac. acétique.}}{C^{2}H^{4}O^{2}} + \underset{\text{Ac. formique.}}{CH^{2}O^{2}}.$$

Le groupement $C^{5}H^{5}Az^{5}O^{2}$ ne représente que 1,3 0/0 de la molécule initiale; il est hypothétique, et ses éléments pourraient être groupés autrement. Dans le second membre de cette équation, M. A. Gautier a remplacé 2 S par 2 O pour ne pas compliquer [*Cours de Chimie*, **3**, 395, Paris, 1892].

M. Lawrow a repris récemment l'étude de ce dédoublement, en traitant la solution aqueuse du pigment par 5 volumes d'alcool à 75 0/0 et 2 volumes d'éther, le tout additionné d'une quantité d'acide sulfurique telle que le liquide en contienne 0,025 0/0. La matière protéique se sépare en flocons, et lorsqu'on concentre le filtrat de manière à chasser l'alcool et l'éther, l'hématine est entièrement précipitée, et l'eau mère aqueuse ne contient plus d'albumine. M. Lawrow a obtenu ainsi, avec l'oxyhémoglobine de cheval, 94,09 0/0 de matière protéique, 4,47 0/0 d'hématine et 1,44 0/0 d'autres matériaux, en partie formés par des acides gras [Lawrow, *Zeit. physiol. Chem.*, **26**, 343].

En ce qui concerne enfin la matière protéique que l'on s'accordait, il y a quelques années, à ranger parmi les globulines, M. Schultz, qui l'appelle *globine* (voyez ce mot, 2e Suppl., 3, 704), la rapproche des *histones*. La globine du sang d'oiseau serait une *nucléo-histone* [Fr. N. Schulz, *Zeit. physiol. Chem.*, **24**, 449].

MM. Bertin-Sans et Moitessier ont réussi à réaliser la synthèse de l'oxyhémoglobine en partant des produits de décomposition de ce pigment. De l'oxyhémoglobine cristallisée est dédoublée en hématine et en matière albuminoïde à l'aide d'une solution alcoolique chaude d'acide tartrique. Ce liquide, additionné avec précaution d'éther à 65°, fournit un précipité floconneux qui, lavé et dissous dans l'eau, donne une liqueur présentant les réactions des matières albuminoïdes, et sans aucune action sur le spectre. On extrait d'autre part l'hématine, et on la met en dissolution dans très peu d'alcool acidifié par l'acide tartrique. Le mélange des deux liqueurs étendu d'eau, puis lentement neutralisé par de la soude à 1 0/0, donne le spectre de la méthémoglobine acide. Si l'on alcalinise la dissolution, on voit apparaître le spectre plus caractéristique de la méthémoglobine en solution alcaline. Enfin, par l'addition de sulfure d'ammonium, on produit le spectre de l'oxyhémoglobine (voyez p. 66), puis celui de l'hémoglobine. En faisant alors barboter un peu d'air, dans le liquide on voit la bande de Stokes se dédoubler pour donner à nouveau les deux bandes dans l'oxyhémoglobine [Bertin-Sans et Moitessier, *C. R.*, **114**, 923; *Bull Soc. Chim.*, (3), **9**, 243].

M. Preyer avait réalisé antérieurement une expérience du même genre, mais moins démonstrative [Preyer, *Maly's Jahresb.*, **1**, 70 et *D. chem. G.*, **30**, 190. — Nencki, *Maly's Jahresb.*, **26**, 147].

Recherche de l'oxyhémoglobine. — La recherche de l'oxyhémoglobine peut être faite à l'aide des réactions suivantes :

1° On porte la dissolution suspecte (par exemple l'urine) au spectroscope, et on recherche les deux bandes de l'oxyhémoglobine entre D et E, en les repérant exactement. Souvent on aperçoit en même temps dans le rouge, entre C et D (en milieu neutre ou acide), la bande de la méthémoglobine, parce que ce composé prend naissance aux dépens de l'oxyhémoglobine sous des influences multiples. Lorsque le liquide est riche en oxyhémoglobine, il faut le diluer progressivement, et on observe alors les réactions spectrales qui ont été décrites précédemment (Dict., 2, 13 et p. 40 du présent article). Lorsque d'autres matières colorantes accompagnent l'oxyhémoglobine, il faut également diluer, souvent assez fortement, si bien que l'image des deux bandes caractéristiques est fortement affaiblie. Parfois on n'aperçoit plus que la première, que le contraste avec la plage rouge très lumineuse fait ressortir plus nettement.

Le spectre des dissolutions étendues d'oxyhémoglobine ne pourrait guère être confondu qu'avec celui des combinaisons métalliques de l'hématoporphyrine (voyez plus loin) et dans l'urine, une telle confusion est possible. On évitera cette erreur en faisant intervenir un réducteur qui fera apparaître la bande unique de l'hémoglobine, ou encore on transformera le pigment en hémochromogène (voyez ci-après).

2° Si le spectre observé est très faible et laisse dans le doute, on peut, d'après MM. Lewin et Posner, et d'après M. Linossier, transformer le pigment en hémochromogène, dont les réactions spectrales sont bien plus intenses. On réduit d'abord l'oxyhémoglobine à l'état d'hémoglobine à l'aide d'un hydrosulfite, que l'on obtient aisément en faisant agir du bisulfite de sodium sur du zinc, mais pendant un temps assez court, parce qu'une dissolution forte du sel précipite le pigment (Linossier). On peut aussi employer le sulfure d'ammonium, mais alors la réduction se fait plus lentement. Comme le spectre de l'hémoglobine est plus faible que celui de l'oxyhémoglobine, il peut arriver que la réduction fasse disparaître toute absorption dans le spectre. Si alors on ajoute quelques gouttes de soude concentrée, on dédouble l'hémoglobine avec production d'hémochromogène, dont le spectre apparaît avec une intensité souvent surprenante. La bande α surtout est très accentuée et correspond à l'espace intermédiaire aux deux bandes de l'oxyhémoglobine; la seconde, β, est entre E et *b*, et par conséquent à droite de l'espace occupé par la seconde bande de l'oxyhémoglobine. Ce spectre disparaît si l'on chauffe à 50° et reparaît par le refroidissement. Si l'on emploie en même temps le réducteur et l'alcali, on fait apparaître d'emblée le spectre de l'hémochromogène [Lewin et Posner, *Centralbl. f. d. med., Wiss.*, 1887, 355. — Linossier, *Bull. Soc. Chim.*, (2), **49**, 691].

M. Z. Donogany recommande d'employer un volume égal de sulfure d'ammonium et de pyridine. Dans le cas de matières solides (fèces, etc.), il fait un extrait à froid avec de la soude à 20 0/0, ajoute de la pyridine et du sulfure d'ammonium, puis il filtre. Enfin, pour de très petites quantités de sang, il traite la matière sur une lame par une goutte de soude à 20 0/0, puis par une goutte de pyridine et de sulfure d'ammonium. Après quelques heures, l'hémochromogène apparaît en cristaux microscopiques que l'on peut examiner au microspectroscope [Z. Donogany, *Virchow's Arch.*, **148**, 234].

3° Lorsqu'on coagule à l'ébullition, en milieu acide, une dissolution étendue et à peine colorée d'oxyhémoglobine, le coagulum n'est pas blanc, mais plus ou moins coloré en brun, selon la quantité d'albumine qui pouvait accompagner le pigment.

4° On alcalinise le liquide suspect (urine, par exemple) avec de la soude et on fait bouillir. L'oxyhémoglobine est dédoublée en matière albuminoïde qui reste dissoute à la faveur de la soude et en hématine qui est entraînée par le phosphate terreux. Le précipité formé est rouge sang. Cette réaction est très sensible (Heller). De l'urine additionnée de 1 centimètre cube de sang pour 1000 la donne encore très nettement. MM. Rosenthal [*Virchow's Arch.*, **103**, 516], W. Filehne [*Ibid.*, **117**, 417], Garrod [*Edinburgh med. Journ.*, 1897, 105] ont étudié les causes d'erreur de cette réaction (confusion avec les matières colorantes du séné, de la rhubarbe, ou avec l'hématoporphyrine).

5° On précipite l'oxyhémoglobine par le tannin et on fait, avec le précipité, la réaction des cristaux d'hémine [Struve, *Zeit. analyt. Chem.*, **11**, 29].

6° MM. Gunning et van Geuns et M. Wolff se sont servis de la précipitation au moyen de l'acétate de zinc. On chauffe au bain-marie de 30 à 60 centimètres cubes du liquide (urine) avec $0^{vol},1$ d'une dissolution à 3 0/0 d'acétate dezinc. Le précipité, dissous dans l'ammoniaque, est examiné au spectroscope [Gunning et van Geuns, *Chem. Centralbl.*, 1871, 37. — Wolf, *ibid.*, 1888, 299].

7° Une solution de tungstate de sodium fortement acidifiée par l'acide acétique précipite des traces d'oxyhémoglobine. Le précipité rose sale est dissous sur le filtre dans de l'ammoniaque moyennement étendue. Le filtrat rouge-brun, donne les réactions spectrales de l'oxyhémoglobine. La réaction est très sensible [Sonnenschein. *Chem. Centralbl.*, 1873, 424].

De toutes ces réactions, la première seule est absolument caractéristique de l'oxyhémoglobine. Les suivantes peuvent être obtenues aussi avec la méthémoglobine.

DOSAGE DE L'OXYHÉMOGLOBINE. — On a proposé de doser l'oxyhémoglobine par des méthodes *chimiques, chromométriques, spectroscopiques* et *spectrophotométriques*. Pratiquement, la question ne se pose guère que pour le sang, pour des extraits aqueux de tissus ou, exceptionnellement, pour des dissolutions de pigment pur. Disons immédiatement que, lorsqu'on a affaire à une dissolution d'oxyhémoglobine pure dont il faut déterminer le titre, on peut procéder par simple évaporation au bain-marie, quand il s'agit de solutions types pour des expériences chromométriques, par exemple, dont le degré de précision n'est pas très considérable. La perte de poids due au départ des principes volatils qui prennent naissance par le dédoublement de l'oxyhémoglobine à 100° est tout à fait négligeable. Le résidu est ensuite séché à 110° et pesé [Hoppe-Seyler et Thierfelder, *Handb. d. physiol. und pathol. chem. Analyse*, 6e éd. Berlin, 1893, 412].

Pour des expériences plus précises, de spectrophotométrie, par exemple, on évapore 10 centimètres cubes de la dissolution à titrer dans le vide sulfurique, l'exsiccateur étant maintenu dans la glace fondante. Au bout de 48 heures, le résidu paraît sec et on complète la dessiccation à l'étuve à 110° [L.-G. de Saint-Martin, *Spectrophotométrie du sang*, Paris, 1898, 76].

Méthodes chimiques. — Les seules méthodes chimiques dont on doive tenir compte ici sont le *dosage du fer* et le *dosage de l'oxygène faiblement combiné*.

Les oxyhémoglobines contenant environ 0,33 0/0 de fer, et le sang, c'est-à-dire le liquide le plus riche que nous ayons à considérer, étant à 14 0/0 de pigment rouge environ, on voit que le *dosage du fer* exige des quantités de sang assez considérables, une centaine de grammes environ, ce qui restreint considérablement, en physiologie, le champ d'application du procédé. En outre, l'opération est longue et délicate. En général, on dose le fer dans le résidu d'incinération du sang, soit par la pesée à l'état de phosphate de fer, soit au permanganate de potassium, par le procédé Margueritte. Pour les détails et la critique de ces opérations, nous renverrons à l'étude de M. Lapicque sur le *dosage du fer dans les recherches physiologiques* [*Thèse de médecine*, Paris, 1895].

A ces procédés chimiques, on peut substituer avec avantage le procédé colorimétrique de M. Lapicque, lequel consiste à détruire la matière organique de 2 grammes environ de sang par l'acide sulfurique et l'acide azotique à chaud, puis à doser au colorimètre Duboscq, sous la forme de sulfocyanate ferrique, le fer mis à nu. L'erreur commise est de 2 0/0 de la quantité de fer ou d'oxyhémoglobine [Lapicque, *op. cit.*].

On remarquera, enfin, que ce dosage n'est applicable avec quelque sécurité qu'aux espèces sanguines dont l'oxyhémoglobine a pu être isolée à l'état de pureté et analysée, résultat qui ne paraît atteint d'une manière définitive, en ce qui concerne le fer, que pour les pigments des sangs de chien, de cheval, de bœuf et de poule, et l'on a vu plus haut combien, sur ce point, le débat a été long et laborieux. Le sang de ces diverses espèces contient, en moyenne, 0,33 0/0 de fer, mais il serait peut-être prématuré d'étendre ce résultat aux autres animaux supérieurs et à l'homme.

Le dosage de l'oxyhémoglobine par la *quantité d'oxygène* que fixe l'hémoglobine lorsqu'on sature le sang par agitation à l'air, se heurte, quant au point de départ, à une difficulté du même ordre. On ne connaît le volume d'oxygène retenu par gramme de matière colorante que pour l'oxyhémoglobine du bœuf et, dans une certaine mesure, pour celles du chien, du cheval et de la poule (voyez p. 42). En ce qui concerne ensuite l'opération en elle-même, elle consiste à extraire les gaz du sang à la pompe à mercure et à doser l'oxygène recueilli. Cette opération, pour laquelle 25 à 35 centimètres cubes de sang sont nécessaires, est courante dans les laboratoires de physiologie; mais M. L.-G. de Saint-Martin vient de montrer que les résultats sont nécessairement entachés d'erreurs assez considérables et qu'il vaut mieux déplacer l'oxygène au moyen de l'oxyde de carbone, ou encore mesurer le pouvoir absorbant du sang pour l'oxyde de carbone. L'opération est un peu plus compliquée, mais les résultats sont d'une remarquable exactitude [L.-G. de Saint-Martin, *Quatrième Congrès international de physiologie de Cambridge*, 1900]. On peut aussi se servir du procédé à l'hydrosulfite de soude de Schutzenberger et Risler [Dict., **2**, 1430] tel qu'il a été modifié par Quinquand [*Recherches d'hématologie clinique*, Paris, 1880]. Malheureusement, au point de vue spécial qui nous occupe, il semble bien ressortir des expériences de M. de Saint-Martin que le pouvoir absorbant de l'hémoglobine pour l'oxygène n'est pas une grandeur constante et cette constatation inattendue, en contradiction avec les expériences de M. Hüfner, ne permet pas de recommander, au moins pour l'instant, la détermination du pouvoir absorbant du sang vis-à-vis de l'oxygène ou de l'oxyde de carbone comme moyen de dosage de l'oxyhémoglobine, ou, plus exactement, ces deux grandeurs, pouvoir absorbant du sang et richesse en oxyhémoglobine, doivent être déterminées chacune de son côté et non point l'une par l'autre (voyez p. 58).

On ne fera que signaler ici le procédé proposé par M. J. Haldane, qui mesure la quantité d'oxygène (ou d'oxyde de carbone) mise en liberté quand on transforme l'oxyhémoglobine (ou l'hémoglobine oxycarbonée) en méthémoglobine au moyen du ferricyanure (voyez p. 67).

Méthodes chromométriques. — Les méthodes colorimétriques, ou mieux chromométriques, sont fondées sur ce principe, vérifié par l'expérience, que si deux solutions, contenant toutes deux la même matière colorante, présentent, lorsqu'on les examine sous la même épaisseur et avec le même éclairement, la même intensité de coloration, leur richesse en matière colorante est la même. D'une manière plus générale, on peut dire que deux solutions qui, dans les mêmes conditions, produisent un même effet optique déterminé, contiennent des quantités égales de matière colorante.

Ceci posé, il y a deux façons générales d'opérer. On peut étendre d'eau le sang à examiner, ou diminuer l'épaisseur sous laquelle on l'examine, jusqu'à ce qu'on soit arrivé à une couleur type ou à un effet optique donné, auxquels correspond une richesse connue en matière colorante. C'est la méthode à *étalon fixe*. C'est dans cette catégorie que rentrent les procédés de MM. Hoppe-Seyler, Worm-Müller, Jolyet et Laffont, Bizzozero, Preyer, Gowers, Giacosa, etc.

On peut, au contraire, étendre le sang d'un volume d'eau toujours le même, et approcher de la solution une série d'étalons colorés — ou un étalon unique considéré sous une épaisseur variable — jusqu'à ce qu'on ait trouvé une teinte qui soit identique à celle de la dilution sanguine. La valeur de chaque degré de l'échelle colorée étant connue, on pourra évaluer ainsi la quantité d'hémoglobine contenue dans le sang. Ce sont les méthodes à *étalon variable*. Dans cette deuxième catégorie se placent les procédés de MM. Welcker, Hayem, Quincke, Mantegazza, Malassez, E. von Fleischl, etc. [Malassez, *Arch. de Physiol.*, (2), **4**, 1].

Plusieurs de ces procédés ont été décrits précédemment [Suppl., 90]. On ne donnera donc ici que quelques indications complémentaires, en renvoyant, pour le principe des opérations colorimétriques et pour l'ensemble des méthodes colorimétriques, aux publications de M. Malassez [*loc. cit.*], de M. Lambling [*Thèse de médecine*, Nancy, 1882], de MM. Garnier et Schlagdenhauffen [*Encyclopédie chimique : Analyse chim. des liq. et tissus de l'organisme*, 159] et de M. Lapicque [*Thèse de médecine*, Paris, 1895, 43, et *Thèse de la Faculté des sciences*, Paris, 1897, 15].

Aux renseignements précédemment donnés sur les *méthodes à étalon fixe*, nous ajouterons les suivants :

1° F. Hoppe-Seyler a modifié sa méthode des deux auges en verre à faces parallèles [1er Suppl., 907], en substituant à cette technique très primitive un instrument qu'il appelle *double pipette colorimétrique*, et qui consiste essentiellement en deux petites auges à faces parallèles juxtaposées dans un cadre en laiton, dans lesquelles on peut faire pénétrer par aspiration, d'une part une dissolution étendue d'hémoglobine oxycarbonée de titre connu, et d'autre part le sang convenablement dilué et également saturé d'oxyde de carbone. La dissolution qui sert d'étalon est préparée en dissolvant dans de l'eau de l'oxyhémoglobine de cheval plusieurs fois recristallisée et saturant ensuite le liquide d'oxyde de carbone. Cette dissolution, assez concentrée, est conservée par petites portions dans des flacons bien bouchés ou dans des tubes scellés. Au préalable, plusieurs portions de 15 à 20 centimètres cubes de cette dissolution ont été évaporées au bain-marie, de façon à déterminer, par dessiccation à 110° et pesée du résidu le titre de cette dissolution mère. Au moment du besoin, on fait avec le contenu d'un des tubes une dissolution plus étendue, en la diluant de quantités connues d'eau chargée d'oxyde de carbone, et de telle façon que la richesse en pigment soit comprise entre 0,25 et 0,30 0/0 [F. Hoppe-Seyler, *Zeit. physiol. Chem.*, **16**, 505].

Ces solutions mères concentrées se conservent sans altération pendant longtemps. M. H. Winternitz a examiné, en 1896, des dissolutions de ce genre préparées par F. Hoppe-Seyler de 1885 à 1895. Celles qui étaient postérieures à 1890 ont donné au colorimètre, par comparaison avec des dissolutions titrées récentes, des indications parfaitement conformes à leur titre. Celles qui dataient d'avant 1890 étaient altérées [H. Winternitz, *Zeit. physiol. Chem.*, **21**, 468].

La comparaison de la solution type diluée avec la solution sanguine a lieu par comparaison directe de la teinte du liquide dans les deux auges, placées devant un fond blanc. La dilution sanguine est, en général, plus foncée. On la laisse alors couler hors de l'auge dans un petit vase, et on ajoute, à l'aide d'une burette, de l'eau saturée d'oxyde de carbone. On fait remonter la solution, par aspiration, dans son auge, et on continue la comparaison jusqu'à ce qu'on ait atteint l'égalité de teinte. Plus tard, F. Hoppe-Seyler a perfectionné son appareil en plaçant devant les deux auges un prisme losangique d'Albrecht qui recueille et juxtapose exactement l'image des deux surfaces colorées à comparer. L'examen des surfaces se fait par le moyen d'une lunette [F. Hoppe-Seyler et Thierfelder, *Handb. d. physiol. und pathol. chemischen Analyse*, 6ᵉ éd., Berlin, 1893, 415]. M. G. Hoppe-Seyler a légèrement modifié l'appareil de son père et l'a adapté aux exigences de la clinique. D'après M. Winternitz, les erreurs que l'on observe en étudiant, à l'aide de cet appareil, des dissolutions d'oxyhémoglobine de titre connu, ne dépassent pas, en moyenne, 3ᵍʳ,1 pour 100 grammes de pigment [G. Hoppe-Seyler, *Zeit. physiol. Chem.*, **21**, 461. — H. Winternitz, *loc. cit.*].

2° M. P. Giacosa a imaginé un appareil construit sur le même principe que celui de F. Hoppe-Seyler, mais les quantités de sang nécessaires sont très faibles et la solution sanguine à examiner est introduite dans une auge à épaisseur variable, construite sur le principe du chromomètre de Bizzozero (ou du lactoscope de Donné). On fait donc varier non plus la dilution, mais l'épaisseur de la solution sanguine, et ce dispositif permet d'osciller autour de l'égalité de teinte et de recommencer à plusieurs reprises la comparaison des liquides colorés, sans qu'il soit nécessaire d'avoir recours chaque fois à un nouvel échantillon du sang à analyser [P. Giacosa, *Zeit. physiol. Chem.*, **23**, 526].

3° Le procédé de M. Gowers, très usité parmi les cliniciens anglais, est une simplification de la méthode de Hoppe-Seyler. La solution type d'oxyhémoglobine est remplacée par une gelée de glycérine colorée par du carmin et contenue dans un petit tube A, que l'on peut dresser sur une planchette. Cette gelée a un pouvoir colorant égal à celui d'une solution de sang « normal » dilué au centième. D'autre part, du sang fourni par une piqûre dans la pulpe du doigt est aspiré dans une pipette d'une contenance de 0ᶜᶜ,020 et chassé ensuite dans un petit tube B, identique au tube A. On ajoute ensuite de l'eau avec précaution jusqu'à ce que les teintes soient égales de part et d'autre. Le tube B est divisé en 100 parties égales. Si l'égalité de teintes est obtenue par dilution du sang jusqu'au trait 70, on en conclut que le sang contient 70 0/0 de la quantité « normale » d'oxyhémoglobine.

Ce petit appareil est d'un maniement commode et il donne des résultats suffisamment exacts pour les besoins de la clinique. Malheureusement il n'est pas certain que la gelée de carmin conserve intact son pouvoir colorant. D'autre part, le sang « normal » n'est pas une unité colorimétrique fixe. La quantité d'hémoglobine varie, à l'état normal, pour le moins entre 12 et 15 0/0 et peut-être davantage. Il n'est donc pas certain que les résultats fournis par cet appareil soient toujours comparables entre eux, et ils ne le sont pas certainement à ceux d'autres méthodes ayant un point de départ pondéral [Gowers, *Lancet*, **2**, 822, 1878].

4° Le procédé de Jolyet et Laffont repose sur l'emploi du colorimètre de Duboscq. L'un des godets de l'appareil reçoit un verre coloré dont on détermine une fois pour toutes la valeur en oxyhémoglobine, et l'autre, la solution sanguine convenablement diluée. On fait manœuvrer le plongeur qui correspond à la solution sanguine jusqu'à ce qu'on ait obtenu l'égalité de teinte [Jolyet et Laffont, *Gaz. méd. de Paris*, 1877, 349]. Lorsqu'on rétrécit convenablement le godet qui reçoit la dilution sanguine, 0ᶜᶜ,05 de sang suffisent pour un dosage. L'approximation moyenne est de 1ᵍʳ,80 pour 100 grammes de pigment [Lambling, *Thèse de Médecine*, Nancy, 1882, 75]. M. Lapicque a montré qu'on donne beaucoup plus de sécurité au dosage en conduisant l'opération colorimétrique à la manière d'une double pesée, car il est dangereux de supposer que l'éclairage est le même des deux côtés du colorimètre, en dépit des précautions que l'on prend, ou même qu'il y ait, sous ce rapport, une différence constante. Voici comment il recommande d'opérer : Dans l'un des godets du colorimètre, on place l'étalon; dans l'autre, une solution quelconque d'oxyhémoglobine, par exemple quelques gouttes de sang étendues d'eau, avec une trace d'ammoniaque. On établit alors l'égalité de teinte, on retire l'étalon, on le remplace par la solution à titrer et on établit l'égalité de teintes en faisant varier l'épaisseur de cette dernière seule. L'épaisseur lue correspond sûrement à l'étalon. Ce procédé nous paraît être, parmi les procédés colorimétriques, le plus exact de tous [Lapicque, *Thèse de la Faculté des Sciences*, Paris, 1897, 36].

5° L'appareil de M. Malassez précédemment décrit (1ᵉʳ Suppl., 908) est un hémochromomètre à étalon variable. Ce physiologiste a, depuis cette époque, modifié son appareil et en a fait un chromomètre à étalon fixe, dans lequel l'épaisseur de la solution sanguine observée est rendue variable par le mouvement d'un prisme creux, à angle très aigu, contenant cette solution. Un autre appareil du même auteur est une adaptation à l'hématologie clinique du colorimètre de Duboscq. Dans les deux instruments, l'étalon est une couche de picrocarmin, épaisse de 5 millimètres et correspondant à une dilution au 1/100ᵉ d'un sang de chien à 5 0/0 d'hémoglobine [Malassez, *Comptes rendus de la Soc. de Biol.*, 1882, 627; *Arch. Physiol.*, 1886, **2**, 261].

Parmi les procédés *à étalon variable*, on ne retiendra ici que celui de M. E. von Fleischl.

Cet appareil, qui paraît jouir d'un grand crédit auprès des cliniciens allemands, a comme étalon coloré variable un prisme plein en verre rouge, qui se meut sous une lame horizontale en laiton, percée d'un orifice circulaire. Le prisme est ainsi disposé qu'il vient colorer en rouge la moitié de cet orifice. Sur ce même orifice vient s'installer exactement une petite auge cylindrique, divisée par une petite lame de verre verticale en deux moitiés égales, et posée de telle façon que le prisme vient colorer en rouge le fond de l'un des demi-cylindres, le fond de l'autre restant incolore. On introduit alors un peu d'eau dans le demi-cylindre à fond rouge, et dans l'autre la dilution sanguine, et l'on déplace le prisme jusqu'à ce que le fond des deux demi-cylindres paraisse également rouge. L'appareil indique la quantité d'oxyhémoglobine en centièmes de la quantité contenue dans un sang « normal », point de départ qui est absolument à rejeter [E. von Fleischl, *Maly's Jahresb.*, **15**, 149. Pour la critique de l'appareil, voyez : C. Dehio, *Maly's Jahresb.*, **23**, 121. — K. H. Mayer, *Deutsch. Arch. f. klin. Med.*, **57**, 166. — F. C. Busch et A. T. Kerr, *Centralbl. f. Physiol.*, **10**, 453. — Lederer, *Zeitschr. f. Heilk.*, **16**, 107. — A. Lœvy, *Centralbl. f. d.*

med. Wiss., 1898, 497. — C. von Noorden, *Lehrb. d. Path. der Stoffwechsels*, Berlin, 1893, 280].

Méthodes spectroscopiques. — Le type de ces procédés est celui de M. Preyer, qui a été décrit précédemment (1er Suppl., 907). On peut rapprocher de ce procédé celui de M. Hénocque.

L'hématospectroscope de M. Hénocque se compose d'un spectroscope à vision directe, associé à un *hématoscope* spécial. L'hématoscope est essentiellement constitué par deux lames de verre de largeur inégale. Elles sont superposées de façon que, maintenues en contact à l'une de leurs extrémités, elles s'écartent à l'autre d'une distance de 300 millièmes de millimètre, limitant ainsi un espace prismatique capillaire, dans lequel on introduit le sang en nature (environ 10 gouttes). En déplaçant l'hématoscope devant le spectroscope, on trouve, dit M. Hénocque, une position, c'est-à-dire une épaisseur sanguine pour laquelle « les deux bandes de l'oxyhémoglobine ont une teinte noire également obscure, et occupent une étendue égale dans le spectre ». Pour un sang à 14 0/0 d'oxyhémoglobine, on observe ce phénomène pour une position de l'hématoscope correspondant à une épaisseur de sang de 70 millièmes de millimètre. Partant de ce fait, M. Hénocque a dressé une échelle de concordance donnant la quantité d'oxyhémoglobine contenue dans le sang pour les diverses épaisseurs pour lesquelles on observe le phénomène des deux bandes égales. L'auteur ne dit pas comment cette graduation a été obtenue, ni comment on peut la vérifier [voyez Garnier et Schlagdenhaufen, *Encyclopédie chimique : Chimie des liq. et tissus de l'org.*, Paris, 1888, 166. — Hénocque, *Spectroscopie biolog.* : *Encyclopédie scientifique des aide-mémoire*, Paris, 1895].

Méthodes spectrophotométriques. — Pour le principe de la méthode nous renvoyons le lecteur à l'article d'Henninger [1er Suppl., 908. — Voyez aussi : Lambling, *Arch. Physiol.*, 1888, n° 5. — L.-G. de Saint-Martin, *Spectrophotométrie du sang*, Paris, 1898].

1° Le dosage spectrophotométrique de l'oxyhémoglobine exige la connaissance préalable du *rapport d'absorption* de cette substance dans une région spectrale convenablement choisie. La région de choix est la plage correspondant à la deuxième bande d'absorption. On a expliqué plus haut (p. 41) pourquoi cette valeur, que nous avons désignée par A'_0, doit être déterminée pour chaque appareil individuellement. Il faut donc préparer de l'oxyhémoglobine pure, c'est-à-dire ne précipitant à 0°, du moins immédiatement, ni l'azotate d'argent, ni le bichlorure de mercure, ni l'acétate de plomb employés en solutions étendues et refroidies à 0°. De plus, la matière colorante doit donner un spectre d'absorption absolument pur, notamment sans bande de méthémoglobine dans le rouge, et le quotient des coefficients d'extinction, dans les deux régions spectrales auxquelles se rapportent A_0 et A'_0, doit être égal au quotient des coefficients d'extinction, déterminés pour les mêmes régions, dans des dissolutions étendues du sang frais dont provient l'oxyhémoglobine (voyez p. 41). Il faut en général trois cristallisations pour qu'on puisse compter sur la pureté du produit.

Avec le produit cristallisé encore humide, on prépare une dissolution faiblement concentrée (environ 3 0/0) du pigment. M. L.-G. de Saint-Martin recommande de prendre de l'eau distillée légèrement alcoolisée. On en prélève avec une pipette-étalon 10 centimètres cubes dont on détermine le résidu par évaporation à froid, avec les précautions indiquées à la page 47. Le titre de cette solution mère étant connu, on en dilue un volume convenable, parfaitement limpide, avec de l'eau distillée, de façon à obtenir une ou plusieurs dissolutions contenant environ 1[gr],5 0/0 de pigment, et qu'on additionne d'un millième de carbonate de sodium sec.

Comme on n'est pas encore certain que les rapports d'absorption A soient absolument indépendants de la concentration, il est bon de déterminer la valeur de A'_0 pour des dissolutions ayant à peu près la richesse en pigment que l'on donnera par dilution aux liquides sanguins à titrer. On préparera donc avec avantage plusieurs dilutions dont la concentration oscillera autour de 1[gr],5 p. 1000.

On mesure ensuite pour ces dissolutions le coefficient d'extinction, ε'_0, dans la région de la 2e bande ($\lambda = 549-538$) et le coefficient ε_0 dans la région située entre les deux bandes

$$\lambda = 568,3-557,2$$

(d'après M. L.-G. de Saint-Martin). Cette seconde détermination n'est pas indispensable au dosage ultérieur de l'oxyhémoglobine, mais il est bon de la faire du même coup, afin d'établir en même temps pour l'appareil en question la valeur de A_0, nécessaire au dosage simultané de l'oxyhémoglobine et de l'hémoglobine.

Si l'observation spectrophotométrique a lieu pour une épaisseur active de 1 centimètre de liquide, et si l'on appelle c la concentration, c'est-à-dire le poids de matière colorante contenue par centimètre cube de liquide, la formule

$$A'_0 = \frac{\varepsilon'_0}{c}:$$

appliquée à chacune des dilutions examinées, donnera une série de valeurs du rapport d'absorption cherché, lesquelles devront ne s'écarter que fort peu de leur moyenne arithmétique.

2° Le *dosage de l'oxyhémoglobine* dans le sang au moyen du spectrophotomètre comprend la préparation de la dilution sanguine et la détermination du coefficient d'extinction de cette dilution dans la région choisie pour la fixation du rapport d'absorption.

La *préparation de la dilution sanguine* doit être faite de la manière suivante, d'après M. L.-G. de Saint-Martin (*op. cit.*, 90) : A la pulpe d'un doigt préalablement aseptisée, on pratique à l'aide d'une lancette flambée, à lame large, une scarification longitudinale. Le doigt a été serré à sa base par un anneau en caoutchouc, et on le maintient dans une position déclive, au-dessus d'un petit verre à pied renfermant 2 milligrammes d'oxalate de potassium pulvérisé, jusqu'à ce qu'on ait recueilli 30 à 35 grosses gouttes, soit environ 2 centimètres cubes, que l'on a soin de mêler constamment à l'aide d'un agitateur. Pour diluer convenablement l'échantillon de sang, on peut, comme le fait M. Hüfner, procéder par pesée. On arrive à des résultats tout aussi exacts en mesurant 1 centimètre cube de ce sang, mais à l'aide d'une pipette à tube capillaire, jaugée *à sec* au moyen de mercure pur et sec. On remplit cette pipette jusqu'au trait de jauge avec le sang oxalaté, puis on la vide dans un ballon jaugé de 100 centimètres cubes, on la lave 5 ou 6 fois avec une solution à 1 0/0 de carbonate de soude sec, et en faisant couler les eaux de lavage dans le ballon, que l'on achève de remplir avec la même solution. On agite, puis on filtre à travers du papier Schleicher et Schull (n° 602 dur ou 575 durci), et non à travers du papier ordinaire qui ne retiendrait pas l'oxalate de calcium et donnerait une liqueur louche, impropre aux mesures spectrophotométriques.

Pour ce qui regarde la *mesure du coefficient d'extinction*, on n'ajoutera rien aux indications données précédemment (1er Suppl., 908); le détail précis de toutes les précautions à prendre varie avec l'appareil employé et nécessiterait pour chaque instrument une description minutieuse qui ne peut pas être abordée ici. La dilution sanguine est donc portée au spectrophotomètre dans une cuve de Schultz, et on mesure son coefficient d'extinction ε'_0 pour la plage spectrale pour laquelle on a déterminé A'_0. La concentration de la dilution est donnée alors par la formule

$$c = A'_0 \varepsilon'_0.$$

Il est bon de déterminer en même temps le coefficient d'extinction de la dilution pour la première région, celle qui correspond au rapport d'absorption A_0. On a ainsi un deuxième coefficient d'extinction ε_0 qui, multiplié par A_0, donnera également la valeur cherchée c, et fournira par conséquent un contrôle de la première détermination. En même temps, la valeur du quotient $\frac{\varepsilon'_0}{\varepsilon_0}$ renseignera sur la pureté de la dissolution (voy. 41).

Dans certains cas d'anémie profonde, on sera conduit à ne diluer le sang que de 75 ou même seulement 50 parties d'eau alcalinisée.

Cette opération est très simple et donne des résultats remarquablement précis. Le seul inconvénient vraiment sérieux est la nécessité de déterminer le rapport d'absorption de l'oxyhémoglobine pour chaque instrument, mesure qui implique une préparation d'oxyhémoglobine pure, c'est-à-dire une opération délicate et fastidieuse. Il est probable que cette partie de la technique pourra être simplifiée en substituant à la préparation de l'oxyhémoglobine un dosage de fer dans le sang défibriné. Il semble bien que la richesse en fer des diverses oxyhémoglobines facilement cristallisables sera connue prochainement avec une exactitude suffisante, et l'on pourra par suite, dans la détermination du rapport d'absorption, remplacer la solution titrée d'oxyhémoglobine par du sang défibriné dans lequel on aura dosé le fer avec soin. Ce dosage pourra être fait sur une quantité de sang assez considérable, soit par la méthode pondérale, soit par la méthode de Margueritte, peut-être plus simplement encore, et sur quelques grammes de sang seulement, par le procédé colorimétrique de M. Lapicque, dont il a été question plus haut (p. 47).

3° Pour ce qui regarde les *divers spectrophotomètres* employés pour les opérations qui viennent d'être exposées, on s'en tiendra ici à quelques indications générales [voyez, pour plus de détails, Lambling, *Thèse*, Nancy, 1882; *Arch. Physiol.*, (4), **2**, 388. — L.-G. de Saint-Martin, *op. cit.*, 12].

Les spectrophotomètres *à faisceaux superposés* n'ont pas rendu, jusqu'à présent du moins, dans le domaine de la chimie physiologique, les services que l'on attendait d'eux (voyez 1er Suppl., 909). Leur extrême complication, leur longueur parfois démesurée en rendnt le maniement délicat et difficile. De plus, la perte de lumière (jusqu'à 73 0/0 avec l'appareil de M. Trannin) exige l'emploi de sources lumineuses assez intenses, et par suite difficiles à maintenir à un régime constant. Enfin, si la disparition des franges est un phénomène que l'œil le moins exercé apprécie avec une grande exactitude, par contre ce genre d'appareils fatigue rapidement la vue, de sorte que leur précision est plus apparente que réelle, comme le fait remarquer M. Crova. Toutefois M. Lambling a montré que, pour suivre avec précision la marche de l'absorption lumineuse et tracer par points rapprochés la courbe de cette absorption, ces appareils sont supérieurs aux spectrophotomètres à plages juxtaposées, et qu'ils révèlent parfois des particularités que la méthode des plages juxtaposées est impuissante à saisir [Lambling, *Revue biol. du Nord de la France*, février 1889].

Parmi les *appareils à plages juxtaposées*, l'ancien appareil de Vierordt a reçu entre les mains de M. Krüss un perfectionnement notable par la substitution d'une fente double à mouvements symétriques à la fente double à mouvement unilatéral, primitivement employée par Vierordt. Grâce à ce perfectionnement, l'axe de la fente reste toujours dans le plan vertical passant par l'axe du collimateur. Les deux spectres restent donc exactement superposés, ce qui n'a pas lieu avec la fente à mouvement unilatéral. On a, en outre, amélioré l'appareil de Vierordt, en plaçant devant la fente double un prisme losangique, emprunté à l'appareil de M. Hüfner, qui a pour effet de juxtaposer exactement les deux plages à comparer, en ne laissant subsister entre elles qu'une mince ligne noire.

Ainsi modifié, l'appareil de Vierordt, dont la partie photométrique est d'une simplicité si ingénieuse, constitue un appareil très commode, suffisamment exact, et ayant sur les appareils plus compliqués de M. Hüfner l'avantage d'une plus grande clarté dans l'extrémité violette, ce qui permet d'aborder l'étude des matières colorantes, telles que les pigments biliaires et urinaires. Par contre, il a l'inconvénient d'être moins exact, parce que les spectres provenant de fentes de largeurs très différentes n'ont plus la même teinte, ce qui rend difficile et incertain l'examen des solutions un peu concentrées, c'est-à-dire de celles qui pourraient donner précisément à la méthode toute la précision dont elle est susceptible [L.-G. de Saint-Martin, *Spectrophotométrie du sang*, Paris, 1898, 18].

Dans le spectrophotomètre de M. Hüfner, l'appareil photométrique se compose d'un nicol polariseur, placé en avant de la fente, et d'un analyseur placé entre la lunette oculaire et le prisme, et dont la rotation mesure par comparaison l'affaiblissement qu'a fait subir au rayon lumineux la solution colorée. Mais la rotation du nicol a pour effet — conséquence, que l'on pouvait prévoir théoriquement — de produire un déplacement des raies spectrales, à droite ou à gauche, selon le sens de la rotation, c'est-à-dire de détruire l'exacte correspondance des deux spectres. Ce défaut, que l'on ne pouvait corriger dans les premiers appareils de M. Hüfner que par une multiplication fatigante des lectures, a été supprimé par M. Albrecht, de Tübingen, par la juxtaposition au nicol analyseur d'une lentille légèrement décentrée, laquelle, tournant en même temps que le nicol, corrige le déplacement causé par celui-ci, en produisant un déplacement égal, mais de sens inverse. Pour d'autres modifications de détail, et pour toute la technique du spectrophotomètre de M. Hüfner, qui est l'instrument adopté en général par les physiologistes, nous renvoyons le lecteur à l'ouvrage déjà cité de M. de Saint-Martin.

Le spectrophotomètre de M. Crova, fondé sur le même principe que celui de M. Hüfner, est très inférieur à ce dernier pour les raisons suivantes : Il exige l'emploi de deux sources lumineuses, que l'on règle de manière qu'elles fournissent deux plages d'égale intensité, et de la constance desquelles on doit donc être certain pendant toute la durée de l'opération. En second lieu, le prisme est un polyprisme à réfraction directe, et M. Crova reconnaît lui-même que tous les prismes composés présentent l'inconvénient de se voiler plus ou moins rapidement dans les surfaces lutées, ce qui les rend impropres à toute mesure photométrique précise (L. de Saint-Martin).

Le spectrophotomètre de M. Glan, dans lequel le polariseur est un prisme de Wallaston et l'analyseur un nicol, est assez employé en Allemagne et a été appliqué aussi à des recherches d'hématologie [Glan, *Pogg. Ann.*, (2), **1**, 351; *Pflüger's Arch.*, **24**, 307. — Torup, *Maly's Jahresb.*, **17**, 115. — Wroblewski, *Centralbl. f. Physiol.*, **11**, 384. — Laudenbach, *Arch. Physiol.*, **28**, 724].

Citons enfin l'appareil de M. Dupré, construit pour le laboratoire municipal de Paris, et appliqué par M. Cherbuliez à l'étude de l'hémoglobine oxycarbonée. Cet appareil, très ingénieux, mesure malheureusement 1^m,80 de long sur 0^m,60 de large, et ces dimensions, ajoutées à son prix élevé, en font un instrument peu accessible aux laboratoires de physiologie [Cherbuliez, *Thèse de Médecine*, Paris, 1890].

En résumé, nous estimons que, pour les besoins courants de la clinique, et même de la physiologie, le dosage colorimétrique de l'oxyhémoglobine fournit des résultats d'une précision largement suffisante, si l'on emploie un appareil tel que le colorimètre Duboscq, par exemple, avec les précautions indiquées par M. Lambling et si heureusement complétées par M. Lapicque. Les appareils où l'étalon est une masse colorée au picrocarmin sont moins recommandables, parce qu'on n'est jamais certain que l'étalon conservera exactement sa teinte. Il faut en outre rejeter absolument les appareils où l'étalon représente la teinte d'un sang « normal » dilué, à moins qu'on ne veuille s'imposer la peine de déterminer la valeur en oxyhémoglobine de l'étalon. Enfin il ne faut pas oublier que les procédés colorimétriques ne dosent qu'une matière colorante rouge ayant la même teinte que l'étalon, et qu'en toute rigueur on devrait s'assurer, par un examen spectroscopique, et mieux spectrophotométrique préalable, que cette matière est bien de l'oxyhémoglobine et qu'elle n'est accompagnée d'aucun autre pigment. Le lecteur trouvera plus loin (p. 66) un exemple des causes d'erreur auxquelles il est fait allusion ici.

Le spectrophotomètre ne fournit donc ici qu'un complément de renseignements. Il est, au contraire, l'appareil indispensable lorsqu'il s'agit de doser l'oxyhémoglobine en même temps qu'une autre matière colorante, hémoglobine, hémoglobine oxycarbonée, méthémoglobine. Ce problème, d'importance capitale dans la physiologie normale et pathologique du sang, ne peut être résolu qu'à l'aide du spectrophotomètre, ainsi qu'on le montrera plus loin.

II. — HÉMOGLOBINE.

— Voyez Dict., **2**, 14, 1417; 1er Suppl., 896.

Préparation. — Des cristaux d'oxyhémoglobine de sang de cheval sont dissous dans une quantité suffisante d'eau tiède, et le liquide, additionné de quelques grammes de sang en putréfaction, est introduit dans un flacon bouché au caoutchouc et disposé de telle façon que l'on puisse faire passer un courant d'hydrogène pur à travers la dissolution. Au bout de quelques heures, et tout en maintenant le courant de gaz, on ferme à la lampe l'orifice des tubes adducteurs et abducteurs, et on abandonne le tout à une température de 20-25° pendant 8 à 15 jours. Les phénomènes de putréfaction qui se déclarent dans la masse achèvent de consommer les dernières traces d'oxygène. A ce moment, le liquide présente une belle couleur rouge-violet et ne contient plus que l'hémoglobine. On fixe alors sur l'extrémité du tube abducteur un tuyau de caoutchouc dont l'autre extrémité plonge dans de l'alcool refroidi, et, après avoir cassé la pointe du tube, on fait pénétrer dans le flacon, qui est alternativement réchauffé dans de l'eau tiède, puis refroidi, une quantité d'alcool représentant environ 25 vol. 0/0. On bouche ensuite l'extrémité du caoutchouc et on abandonne le mélange à température de 5 à 10°. Au bout de 12 à 24 heures, l'hémoglobine s'est déposée en petits cristaux brillants.

On peut aussi partir du sang de cheval, que l'on réduit par la putréfaction et qu'on additionne du quart de son volume d'alcool. En abandonnant au froid, on provoque le dépôt d'une purée de cristaux [Nencki et Sieber, *D. chem. G.*, **19**, 128 et 410].

Propriétés physiques et chimiques. — L'hémoglobine de cheval cristallise en prismes ou en tablettes hexagonales pouvant atteindre 2 à 3 millimètres, tandis que l'oxyhémoglobine correspondante est le plus souvent en prismes quadrangulaires allongés. Ces prismes sont biréfringents. Les gros cristaux sont d'un rouge violet; les petits sont, au contraire, verdâtres à la lumière réfléchie. Au microspectroscope, ils donnent la bande unique de l'hémoglobine. Le sang humain donne des cristaux rectangulaires allongés (voyez 1er Suppl., 896).

Les autres hémoglobines sont encore peu étudiées [Rollet, *Wien. Akad. Sitzungsber., math.-naturwiss. Class.*, **52**, 2e part., 246. — Kühne, *Arch. f. path. Anat.*, **34**, 423].

Les hémoglobines sont bien plus solubles dans l'eau que les oxyhémoglobines correspondantes. Ainsi les cristaux décrits plus haut tombent-ils très vite en déliquescence lorsqu'ils sont abandonnés à l'air, en même temps qu'il y a rapidement absorption d'oxygène et transformation en oxyhémoglobine. D'autre part, on constate que les dissolutions concentrées d'hémoglobine de cochon d'Inde, de chien, etc., donnent une abondante cristallisation d'oxyhémoglobine sitôt qu'on les agite au contact de l'air à basse température.

Spectre de l'hémoglobine. — Les dissolutions d'hémoglobine diffèrent nettement, par leur couleur, des dissolutions d'oxyhémoglobine. Les premières sont, en couches épaisses, d'un rouge cerise foncé; en couches minces, elles sont vertes à la lumière transmise. Les secondes, au contraire, sont, en couches épaisses, d'un rouge plus clair, plus éclatant, et en couches minces, d'un jaune rougeâtre. L'étude du spectre d'absorption des deux pigments rend clairement compte de la raison de ces différences. A concentration égale, les dissolutions d'hémoglobine absorbent une plus grande étendue de l'extrémité rouge et une moins grande étendue de l'extrémité violette du spectre que les dissolutions d'oxyhémoglobine. De plus, dans la région du vert, à droite et à gauche des raies *Eb*, l'hémoglobine laisse passer bien plus de lumière que l'oxyhémoglobine. C'est ce que montre très clairement le graphique de la

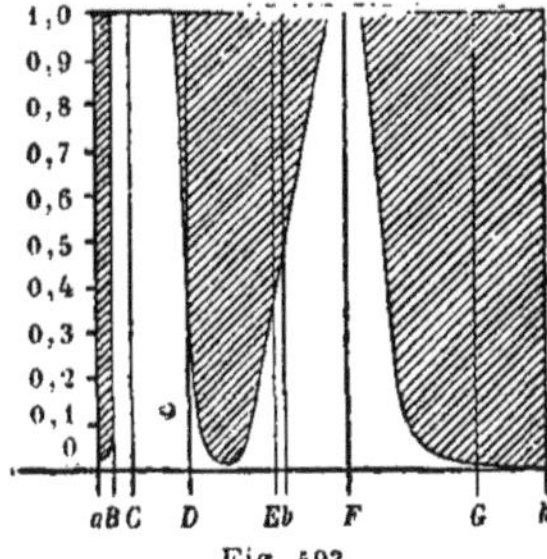

Fig. 593.

figure 593, dû à Rollet, et qui est construit comme celui de la page 40, relatif à l'oxyhémoglobine.

Remarquons en outre que, pour des concentrations très faibles et pour lesquelles la bande unique entre D et E (bande de Stokes) n'apparaît pas encore ou à peine, le raccourcissement du spectre par ses deux extrémités est déjà sensible.

Enfin une autre particularité est la suivante, dont les schémas des figures 591 et 593, d'une approximation assez grossière (voyez p. 40), ne peuvent rendre compte, et que Hoppe-Seyler a mise à profit pour la recherche qualitative simultanée de l'oxyhémoglobine et de l'hémoglobine dans le sang. Lorsqu'on additionne de sulfure d'ammonium une dissolution d'oxyhémoglobine très étendue, mais telle pourtant que les deux bandes, quoique faibles, soient encore visibles, on ne perçoit que très faiblement, ou même pas du tout, la bande de Stokes qui doit remplacer la double bande primitive. Il résulte de là que, si l'on a un mélange des deux matières colorantes, la présence de l'oxyhémoglobine sera révélée par les deux bandes lorsqu'on observera la dissolution sous une épaisseur très faible, et celle de l'hémoglobine par la forte absorption qui atteint la région située entre les deux bandes, sitôt que l'on augmente l'épaisseur du liquide observé.

Lorsqu'on opère la réduction de l'oxyhémoglobine à l'aide du sulfure d'ammonium, on voit apparaître, à C50D environ, une bande étroite, à bords assez nets, mais très pâle (bande σ de quelques auteurs) et qui est due à une action spéciale du sulfure. Les autres réducteurs ne la produisent pas.

L'étude photométrique du spectre d'absorption de l'hémoglobine a été faite par Vierordt [*Die Anwendung des Spectralapparates*, etc. Tübingen, 1873, 126]. Elle a été reprise par M. Cherbuliez, qui a réuni une série de graphiques analogues à celui de la figure 592 et relatifs à des dissolutions d'hémoglobine contenant de 0gr,0389 à 4gr,984 de matière colorante p. 1000, le spectre bien caractéristique, classique, de l'hémoglobine étant fourni par une solution contenant environ 0,6 p. 1000 de matière colorante [Cherbuliez, *Thèse de la Fac. de Méd.*, Paris, 1890].

Les rapports d'absorption, A_R et A'_R de l'hémoglobine pour les régions spectrales D32E — D54E et D63E — D84E (voyez p. 40) ont été déterminés à l'aide de divers appareils par M. C. von Noorden [*Zeitschr. physiol. Chem.*, **4**, 9], par M. Otto [*Pflüger's Arch.*, **36**, 12], par M. Cherbuliez [*op. cit.*, 69] et par M. L. G. de Saint-Martin [*Spectrophotométrie du sang*, Paris, 1898, 78]. On dira plus loin, à propos du dosage de l'hémoglobine, les raisons qui ont dicté le choix de ces plages. Quant aux valeurs obtenues, elles présentent, d'un système photométrique à l'autre, des variations analogues à celles que l'on a signalées pour l'oxyhémoglobine (voyez p. 41). On ne donnera ici que les nombres obtenus avec le spectrophotomètre de Hüfner, par M. Hüfner lui-même pour l'hémoglobine du sang de bœuf et par M. de Saint-Martin pour celle du sang de cheval :

	Hüfner.	L.-G. de Saint-Martin.
A_R	0,001354	0,001545
A'_R	0,001778	0,001756

La connaissance de ces deux valeurs est surtout précieuse pour le dosage simultané de l'oxyhémoglobine et de l'hémoglobine. Leur quotient $\frac{A_R}{A'_R} = 0{,}762$ (Hüfner) caractérise l'hémoglobine pure, et comme on a

$$\frac{A_R}{A'_R} = \frac{\varepsilon'_R}{\varepsilon_R},$$

une dissolution d'hémoglobine ne pourra être considérée comme pure (au point de vue des matières colorantes) que si le quotient $\varepsilon'_R : \varepsilon_R$ des coefficients d'extinction dans les deux plages définies plus haut ne s'éloigne pas sensiblement de 0,76 (voyez p. 41).

Propriétés chimiques. — La facilité avec laquelle l'hémoglobine se transforme en oxyhémoglobine fait de l'hémoglobine un réactif de l'oxygène d'une sensibilité extrême (1er Suppl., 896). On peut citer, dans le même ordre d'idées, une expérience très élégante de M. Hoppe-Seyler, démontrant le dégagement d'oxygène par les parties vertes d'une plante soumise à l'insolation. Dans un tube de 1,5 à 2 centimètres de diamètre et de 20 à 30 centimètres de long, on introduit un fragment d'*Elodea canadensis* d'une longueur de 1 à 1cm,5. On couvre complètement la plante avec de l'eau, on ajoute un peu de sang en putréfaction et on étire le tube à la lampe de telle manière qu'il soit rempli d'eau aussi complètement que possible. Si l'on abandonne le tube à l'abri de la lumière, la putréfaction ne tarde pas à consommer tout l'oxygène et l'on ne voit plus au spectroscope que la bande unique de l'hémoglobine. Mais sitôt que l'on expose le liquide au soleil, les bandes de l'oxyhémoglobine apparaissent, d'abord pour les parties du liquide en contact direct avec la plante, puis pour toute la masse. Ces alternatives d'oxydations et de réductions peuvent être observées un grand nombre de fois pendant plus de huit jours [Hoppe-Seyler, *Zeit. physiol. Chem.*, **2**, 425].

L'hémoglobine fixe avec avidité non seulement l'oxygène et l'oxyde de carbone, mais encore le bioxyde d'azote, et, avec certaines particularités, l'acide carbonique. Hoppe-Seyler a montré que les dissolutions d'hémoglobine sont un excellent réactif pour la recherche de l'oxyde de carbone [*Physiol. Chem.*, Berlin, 1879, 389. — Voyez aussi plus loin, p. 61].

Les alcalis caustiques en dissolution aqueuse ou alcoolique décomposent l'hémoglobine en une matière albuminoïde qui serait une *histone* (voyez p. 46) et qui reste en solution alcaline, et en *hémochromogène*. L'action des acides peut être d'emblée plus profonde ou s'arrêter pendant quelque temps à l'hémochromogène. Ainsi les acides tartrique ou phosphorique étendus ne donnent d'abord que de l'hémochromogène. Au contraire, les acides minéraux et certains acides organiques, comme l'acide oxalique, décomposent rapidement l'hémochromogène, en détachent le fer sous la forme de sel ferreux, et transforment ce pigment en *hématoporphyrine*.

L'alun ajouté à une dissolution d'hémoglobine lui communique d'abord une belle couleur rouge, puis il se produit un léger précipité, pulvérulent, brun-rougeâtre, en même temps que le liquide présente un spectre d'absorption ressemblant beaucoup à celui de l'hématoporphyrine.

Recherche et dosage de l'hémoglobine. — On rencontre souvent de l'hémoglobine dans des liquides qui, contenant de l'oxyhémoglobine ou de la méthémoglobine, ont subi, à l'abri de l'air, une putréfaction rapide avec d'énergiques phénomènes de réduction. On sait en effet que, dans ces conditions, l'hémoglobine qui, dans ses réactions de dédoublement, apparaît comme une substance très altérable, résiste pour ainsi dire indéfiniment à la putréfaction (1er Suppl., 896).

La *recherche de l'hémoglobine* sera faite facilement à l'aide de ses réactions au spectroscope. Si la bande unique est peu visible, on obtiendra souvent, par agitation à l'air et transformation du pigment en oxyhémoglobine, une image spectrale ne laissant aucun doute. La transformation en hémochromogène (voyez p. 47) complétera la démonstration dans les cas douteux.

La recherche de l'hémoglobine à côté de l'oxyhémoglobine, à l'aide du spectroscope seul, est assez délicate. Elle est possible néanmoins en mettant à profit les ingénieuses remarques de Hoppe-Seyler (voyez p. 53). Le spectrophotomètre fournira très simplement une confirmation de ces résultats. Il suffira de mesurer le coefficient d'extinction ε du liquide convenablement dilué pour la région D32E — D54E, et le coefficient ε' pour la région D63E — D84E. Avec le spectrophotomètre de Hüfner, le quotient $\frac{\varepsilon'}{\varepsilon}$ est pour le sang de bœuf :

Avec l'oxyhémoglobine pure..	1,578
Avec l'hémoglobine pure.....	0,7617

Ces deux quotients caractérisent respectivement le spectre de l'oxyhémoglobine et celui de l'hémoglobine. Si au contraire on a affaire à un mélange des deux pigments, il est clair que le quotient $\frac{\varepsilon'}{\varepsilon}$ prendra une valeur quelconque, intermédiaire entre 1,57 et 0,76 (voyez p. 55).

Le *dosage de l'hémoglobine* exige, comme celui de l'oxyhémoglobine, la connaissance préalable du *rapport d'absorption* du pigment pour une région convenablement choisie. La plage de choix est évidemment celle qui correspond à la bande de Stokes. Mais on ne la prend pas en général à cheval exactement sur le milieu de cette bande, et voici pourquoi :

Ce que l'on a en vue surtout, c'est moins le dosage de l'hémoglobine seule — que l'on pourrait toujours transformer à l'air en oxyhémoglobine, et doser à cet état — que le dosage simultané de l'oxyhémoglobine et de l'hémoglobine. Pour cela, il est nécessaire de connaître, comme on va le voir, le rapport d'absorption des deux pigments pour deux régions spectrales différentes. On a donc fait choix, pour l'oxyhémoglobine, de la région de la deuxième bande, où la courbe d'absorption fait un plateau assez étendu (plage D 63 E — D 84 E), et ensuite de la région de moindre absorption située entre les deux bandes (plage D 32 E — D 54 E). Pour l'hémoglobine on a conservé, bien entendu, les mêmes régions, mais, d'après M. L.-G. de Saint-Martin, le milieu de la bande unique de l'hémoglobine ne correspond pas au milieu de la plage D 32 E — D 54 E. Il résulte de là que cette plage est une région d'absorption variable, ce qui contribue sans doute à affecter la valeur de A_R d'une certaine erreur (voyez p. 41).

La détermination de A_R et de A'_R exige la préparation de dissolutions d'hémoglobine pure, de titre connu. Pour cela, on fait une dissolution mère d'oxyhémoglobine (voyez p. 50), on en verse 10 centimètres cubes dans un ballon de 200 centimètres cubes, on ajoute environ 150 centimètres cubes d'eau additionnée d'un millième de carbonate de sodium et 10 centimètres cubes d'une dissolution récente d'hydrosulfite de soude, puis on complète à 200 centimètres cubes, et on porte le liquide sans retard au spectrophotomètre, car il s'altère assez rapidement par suite d'une action ultérieure de l'hydrosulfite de soude sur l'hémoglobine. La dissolution doit être observée dans une cuve entièrement close [L.-G. de Saint-Martin, *op. cit.*, 78].

Comme la constante A'_0 de l'oxyhémoglobine est déterminée avec une très grande exactitude, et que le dosage photométrique de l'oxyhémoglobine peut être fait aujourd'hui avec une très grande sûreté, on peut se dispenser d'avoir recours à une dissolution titrée d'hémoglobine pure et, à l'exemple de M. Hüfner, s'adresser directement au sang en nature, dans lequel on dose l'hémoglobine à l'état d'oxyhémoglobine. Voici comment opère M. Hüfner [*Arch. Physiol.*, 1894, 138] :

On fait une dilution de sang au 1/100 ou au 1/150, avec addition d'un millième de carbonate de sodium, et on la réduit en y faisant passer pendant 1 heure un courant d'hydrogène pur. L'appareil est disposé de telle façon que le courant d'hydrogène traverse la cuve dans laquelle la dilution sanguine doit être examinée au photomètre. Quand la solution est réduite et tout l'appareil purgé d'air, on fait passer le liquide dans la cuve à travers laquelle on le laisse couler un instant, puis on ferme les robinets dont est munie la cuve, et on passe à la détermination photométrique. D'autre part, un peu de ce liquide réduit est agité à l'air de manière à réoxyder l'hémoglobine, et on y dose le pigment à l'état d'oxyhémoglobine (dont le poids peut être sans inconvénient confondu avec celui de l'hémoglobine d'où il provient).

Au lieu d'opérer la réduction au moyen de l'hydrogène, on peut aussi employer la putréfaction. On laisse un volume connu de sang en nature se putréfier à l'abri de l'air, dans un appareil à boule qui permet de diluer ensuite ce sang avec une quantité connue d'eau bouillie légèrement alcaline. Cette dilution est ensuite étudiée comme il vient d'être dit. La putréfaction n'altère nullement le pigment, puisque le photomètre a donné à M. Hüfner, comme valeur moyenne du quotient $\frac{\varepsilon'_R}{\varepsilon_R}$, pour la dilution sanguine réduite par l'hydrogène, 0,766, et pour la dilution réduite par la putréfaction, 0,759.

Connaissant pour une série de dilutions la richesse *c* en hémoglobine et les coefficients d'extinction pour les régions choisies, on en déduit aisément les rapports d'absorption A_R et A'_R, comme il a été exposé pour l'oxyhémoglobine (p. 50).

Ces constantes de l'hémoglobine, associées à celles de l'oxyhémoglobine, permettent de doser les deux pigments côte à côte dans le sang. Appelons, en effet, h_0 le poids inconnu d'oxyhémoglobine contenu dans 100 centimètres cubes de sang; h_R le poids inconnu d'hémoglobine contenu dans le même volume; m le volume de sang employé; v, le volume de sang m augmenté du volume d'eau qui a servi à diluer ce sang; A'_0 et A_0 les rapports d'absorption de l'oxyhémoglobine dans les deux plages choisies, A_R et A'_R ceux de l'*hémoglobine pour* les mêmes régions, enfin E et E' les coefficients d'extinction de la dilution sanguine toujours pour ces deux régions, on démontre qu'il vient :

$$h_0 = \frac{v \times 100}{m} \cdot \frac{A_0 A'_0 (E A_R - E' A'_R)}{A'_0 A_R - A_0 A'_R},$$

$$h_R = \frac{v \times 100}{m} \cdot \frac{A_R A'_R (E' A'_0 - E A_0)}{A'_0 A_R - A_0 A'_R}.$$

Pratiquement, le problème consiste à mélanger à l'abri de l'air un volume connu de sang, puisé directement dans l'artère ou dans la veine, avec un volume connu d'eau alcalinisée et complètement privée d'oxygène par l'ébullition, et à amener ce mélange sous une épaisseur connue devant la fente du spectrophotomètre, toujours sans accès possible de l'air, qui transformerait en oxyhémoglobine une partie de l'hémoglobine que l'on veut doser. Ce problème, théoriquement posé par Vierordt, a été pratiquement résolu par M. Hüfner et par ses élèves, notamment par M. Otto, au moyen d'un dispositif dont la description ne saurait trouver place ici [Hüfner, *Zeit. physiol. Chem.*, 3, 1. — Otto, *Pflüger's Arch.*, **36**, 30. — Voyez aussi Garnier et Schlagdenhauffen, *Ency-*

clopédie chimique : *Analyse des liquides et tissus de l'organisme*, 171. — L.-G. de Saint-Martin, *Spectrophotométrie du sang*, Paris, 1898, 94].

Ce double dosage peut être facilement contrôlé en agitant à l'air le liquide sanguin, de manière à oxyder tout le pigment, et déterminant ensuite au spectrophotomètre la richesse H_0 en oxyhémoglobine. On devra trouver évidemment :

$$H_0 = h_0 + h_R$$

M. Hüfner a trouvé ainsi dans une série d'expériences sur quatre sangs différents :

$h_0 + h_R$	H_0
17gr,11	17gr,20
17 ,43	17 ,83
16 ,39	16 ,41
15 ,32	15 ,29

L'accord est remarquable. On peut donc à l'aide du spectrophotomètre, par un procédé d'une exécution délicate à la vérité, suivre dans leur transformation réciproque les deux matières colorantes du sang, et apprécier ainsi l'intensité relative des phénomènes d'oxydation dans les divers territoires sanguins.

Enfin, M. Hüfner a donné récemment une méthode qui permet, par la seule mesure des coefficients d'extinction ε et ε' d'une dilution sanguine, de calculer les *poids relatifs* d'hémoglobine et d'oxyhémoglobine que contient cette dissolution [Hüfner, *Arch. Physiol.*, 1900, 39]. On a montré précédemment (p. 41 et 53) que pour des dissolutions d'oxyhémoglobine et d'hémoglobine *pures* on a respectivement

$$\frac{\varepsilon'_0}{\varepsilon_0} = 1{,}578 \quad \text{et} \quad \frac{\varepsilon'_R}{\varepsilon_R} = 07{,}62.$$

Il résulte de là que, si une dilution sanguine contient un mélange des deux pigments, le quotient $\varepsilon' : \varepsilon$ des coefficients d'extinction, pour les deux plages que l'on sait, se rapprochera d'autant plus de la valeur 1,578 ou de la valeur 0,762 que la dilution contient plus d'oxyhémoglobine ou plus d'hémoglobine. Un calcul très simple, et pour lequel nous renvoyons le lecteur au mémoire de M. Hüfner, permet de dresser une table dont nous donnons ci-après un court extrait ; x indique les poids d'hémoglobine, et $100 - x$ les poids d'oxyhémoglobine pour 100 de matière colorante totale :

$\frac{\varepsilon'}{\varepsilon}$	x	$100 - x$
1,578	0	100
1,4	15,42	84,58
1,2	36,07	63,93
1,0	61,36	38,64
0,80	93,04	6,96
0,762	100	0

Si l'on agite ensuite la dissolution sanguine à l'air, de manière à transformer tout le pigment en oxyhémoglobine, on peut doser, à cet état, le poids total de matière colorante, et transformer par conséquent en poids *absolus* les poids *relatifs* d'oxyhémoglobine et d'hémoglobine donnés par cette table.

III. — PARAHÉMOGLOBINE.

MM. Nencki et Sieber ont donné le nom de *parahémoglobine* à une modification de l'oxyhémoglobine que l'on obtient en maintenant cette dernière, pendant plusieurs heures, avec 10 volumes d'alcool absolu, à une température voisine de 0°. La transformation en parahémoglobine est complète dans ces conditions. Avec l'oxyhémoglobine de cheval, on obtient ainsi une masse rouge, formée par des cristaux prismatiques, courts, épais, appartenant au système quadratique, et dont la couleur est un peu plus foncée que celle des cristaux d'oxyhémoglobine. Ils sont biréfringents et présentent les bandes de l'oxyhémoglobine. L'eau ne les dissout pas, mais les gonfle et leur fait perdre leur biréfringence ; mais celle-ci reparaît après la dessiccation. Ces cristaux pulvérisés donnent une poudre rouge-brun d'aspect velouté perdant de 115 à 120°, 1,88 0/0 d'eau et renfermant : C : 54,91 ; H : 7,04 ; Az : 17,04 ; S : 0,68 ; Fe : 0,468 ; O : 19,86 0/0 [Nencki et Sieber, *D. chem. G.*, **18**, 392. — Lachowicz et Nencki, *ibid.*, 2126].

Ce corps a donc la même composition que les oxyhémoglobines de cheval analysées par MM. Kossel, Otto et Bücheler. MM. Nencki et Sieber concluent de là que la parahémoglobine est un isomère ou un polymère de l'oxyhémoglobine. Il est probable que, lors de leurs premières observations sur les cristaux du sang (1849-1852), Reichert et Kunde ont eu entre les mains de la parahémoglobine.

Ce corps est soluble dans les alcalis fixes, qui le décomposent lentement. La dissolution est rouge-brun et présente une bande d'absorption dans le rouge. Les acides en précipitent un corps brun, amorphe. L'alcool absolu, saturé d'ammoniaque, dissout la parahémoglobine sans décomposition, et à l'abri de l'air et de l'humidité elle peut facilement être cristallisée dans ce véhicule sans aucune décomposition. Cette dissolution présente une bande d'absorption au milieu de l'espace D — E, puis, après un repos de plusieurs mois, la couleur devient un peu bleuâtre, et on voit apparaître deux bandes d'absorption analogues à celles de l'oxyhémoglobine ou de l'hémoglobine oxycarbonée, mais un peu déplacées du côté du violet.

La parahémoglobine se décompose sous l'influence des alcalis en hématine et en matière albuminoïde, mais l'oxygène et l'eau interviennent dans cette décomposition. Une dissolution de parahémoglobine dans l'alcool absolu ammoniacal peut être conservée pendant deux jours sur le mercure avec un certain volume d'oxygène sans aucune altération. Mais aussitôt que l'on introduit de l'eau, le liquide brunit et la bande de l'hématine apparaît dans le rouge. En même temps il y a absorption d'oxygène (environ 6 0/0).

Avec l'hémoglobine oxycarbonée et la méthémoglobine, MM. Lachowicz et Nencki n'ont pas pu obtenir de modification *para*.

IV. — PSEUDOHÉMOGLOBINE.

Pour expliquer certaines particularités que présente la réduction de l'oxyhémoglobine par l'hydrosulfite de soude, M. Siegfried admet qu'il se forme, vers la fin de l'opération, une combinaison particulière d'hémoglobine et d'oxygène, qu'il appelle *pseudohémoglobine*. L'expérience montre, d'après M. Siegfried, que dans un mélange d'hémoglobine et d'oxyhémoglobine on peut reconnaître encore, à l'aide du spectroscope, la présence de 0,5 0/0 d'oxyhémoglobine contre 99,5 d'hémoglobine. Or, si dans un appareil particulier on traite une solution sanguine par de l'hydrosulfite de soude titré, jusqu'à ce que les bandes de l'oxyhémoglobine aient disparu, on constate que l'on ne dose ainsi qu'une partie de l'oxygène faiblement combiné contenu dans le sang ; le reste peut en être extrait au moyen de la pompe à mercure. Comme la solution sanguine réduite par l'hydrosulfite jusqu'à disparition du spectre de l'hémoglobine ne peut contenir que des traces de cette substance, il faut admettre, d'après

M. Siegfried, que l'hydrosulfite réduit d'abord l'oxyhémoglobine à l'état d'une *pseudohémoglobine* qui contient encore de l'oxygène faiblement combiné, tout en ne présentant plus le spectre de l'oxyhémoglobine.

Sous l'action de la pompe à mercure, la pseudohémoglobine serait réduite à son tour et perdrait son oxygène, mais sans changer de spectre. Par contre, il faut admettre que, dans l'oxydation d'une solution d'hémoglobine à l'air, il se reproduit tout de suite de l'oxyhémoglobine, et non pas tout d'abord de la pseudohémoglobine, sans quoi on n'observerait pas sans doute la sensibilité extrême avec laquelle les dissolutions d'hémoglobine décèlent au spectroscope la moindre trace d'oxygène (voyez 1er Suppl., 896). En étudiant à l'aide de l'hydrosulfite le sang veineux, M. Siegfried a constaté de même qu'une partie de l'oxygène faiblement combiné à la matière colorante y est retenue à l'état de pseudohémoglobine.

Ces faits sont à coup sûr très curieux; mais peut-être conviendrait-il, avant de créer une nouvelle espèce chimique, de chercher l'explication de ces phénomènes dans le mode d'action de l'hydrosulfite, puisque déjà Schützenberger et M. Risler ont signalé, dans la manière dont se comporte ce réducteur, plus d'une singularité [Schützenberger et Risler, *Bull. Soc. Chim.*, (2), **20**, 1873].

D'autre part, M. Hüfner dit incidemment, à propos de la détermination des constantes d'absorption de l'hémoglobine, que l'examen spectroscopique qualitatif est tout à fait insuffisant pour qu'on puisse affirmer qu'on est en présence d'un spectre pur de l'hémoglobine. Au moment où, sous l'action de l'hydrosulfite, le liquide sanguin est, d'après M. Siegfried, dans cet état particulier où, ne renfermant plus d'oxyhémoglobine, il contient néanmoins encore de l'oxygène dissociable par le vide, à ce moment, dit M. Hüfner, il faudrait faire intervenir la spectrophotométrie et démontrer par la détermination du rapport $\frac{\varepsilon'_R}{\varepsilon_R}$ que le liquide ne contient plus d'oxyhémoglobine (voyez p. 41) [Hüfner, *Arch. Physiol.*, 1894, 140].

V. — HÉMOGLOBINE OXYCARBONÉE.

— Voyez Dict., **2**, 13, et 1er Suppl., 902].

PRÉPARATION. — Comme les hémoglobines oxycarbonées cristallisent en général plus facilement que les oxyhémoglobines correspondantes, la préparation des premières reste aisée, même pour des espèces sanguines dont la matière colorante oxygénée est difficilement cristallisable. Voici comment opère M. R. Külz pour le sang de porc [Külz, *Zeit. physiol. Chem.*, **7**, 385].

Du sang de porc défibriné, bien frais, encore chaud s'il est possible, est additionné de 10 volumes d'une dissolution de chlorure de sodium, de façon à obtenir la séparation des globules. Si l'on dispose d'une machine centrifuge, on la fera intervenir ici comme il a été dit à propos de l'oxyhémoglobine. La purée des globules est alors dissoute dans un volume minimum d'eau à 40°, et la dissolution, filtrée et refroidie à 0°, est saturée par un courant prolongé d'oxyde de carbone, avec agitation fréquente du liquide. On refroidit de nouveau à 0° et on ajoute au liquide un tiers ou un quart du volume d'alcool absolu. La masse, bien agitée, est abandonnée dans un mélange réfrigérant. Si le sang a été pris bien frais, la cristallisation est ordinairement achevée au bout de 12 heures. Dans le cas contraire, ou bien si l'on a employé pour dissoudre les globules un volume d'eau trop considérable, la cristallisation est plus lente; elle ne se fait parfois qu'après addition d'un volume plus considérable d'alcool, ou enfin elle manque complètement.

Les cristaux, séparés autant que possible des eaux mères par décantation, sont lavés sur un filtre à plis à l'aide d'un mélange, refroidi à 0°, de 1 partie d'alcool et de 3 parties d'eau, puis ils sont dissous dans très peu d'eau à 40°. Après une nouvelle saturation par le courant d'oxyde de carbone, il suffit d'ajouter à cette dissolution un cinquième ou un sixième de son volume d'alcool absolu, pour obtenir à 0° une très belle cristallisation. Il convient de ne pas ajouter trop d'alcool, afin d'obtenir une cristallisation lente. Les cristaux sont alors plus volumineux et peuvent être plus facilement lavés par filtration, toujours avec le même mélange d'eau et d'alcool refroidi à 0°. Si toutes ces opérations sont faites à une température voisine de 0°, une nouvelle cristallisation suffit pour achever la purification du produit.

PROPRIÉTÉS PHYSIQUES ET CHIMIQUES. — Les cristaux des hémoglobines oxycarbonées sont isomorphes avec ceux des oxyhémoglobines correspondantes, mais leur couleur est d'un rouge un peu plus bleuâtre. Pour ceux du sang de porc, M. Külz signale ce fait que les cristaux produits par des dissolutions étendues sont d'un rouge moins foncé que ceux qui proviennent des dissolutions concentrées. Les hémoglobines oxycarbonées sont en général moins solubles dans l'eau et dans l'alcool aqueux que les oxyhémoglobines correspondantes. Dans l'alcool et dans l'éther, les cristaux se conservent sans altération pendant des mois; dans l'eau ils deviennent rapidement amorphes et perdent leur biréfringence [Lachowicz et Nencki, *D. chem. G.*, **18**, 2129].

Spectre d'absorption. — Voici les limites indiquées par Hoppe-Seyler pour les bandes d'absorption de deux dissolutions d'hémoglobine oxycarbonée, la première un peu plus concentrée que la seconde, mais dont la richesse n'a malheureusement pas été déterminée :

Première bande.	Deuxième bande.
$\lambda = 582,5 - 561,6$	$\lambda = 550,5 - 522,2$
$\lambda = 580,8 - 558,8$	$\lambda = 546,5 - 522,2$

Ce sont aussi très sensiblement les limites

$$\lambda = 582\text{-}560 \quad \text{et} \quad \lambda = 549\text{-}522$$

qu'indique M. Cherbuliez. Les maxima d'absorption se trouvent pour l'hémoglobine oxycarbonée à $\lambda = 569$ et 538, tandis que pour l'oxyhémoglobine on les trouve à $\lambda = 578$ et 541. De plus, l'espace clair qui sépare les deux bandes est, à concentration égale, beaucoup moins brillant, plus voilé, pour l'hémoglobine oxycarbonée que pour l'oxyhémoglobine. Enfin, les contours des bandes sont plus ternes, plus estompés pour la première que pour la seconde. M. Cherbuliez a construit, pour une série de dissolutions d'hémoglobine oxycarbonée de richesse croissante, la courbe des absorptions mesurées au spectrophotomètre [Hoppe-Seyler, *Zeit. physiol. Chem.*, **13**, 496. — Cherbuliez, *Thèse de la Faculté de Médecine*, Paris, 1890, 60].

M. Hüfner a fait déterminer par ses élèves, MM. Bücheler et Külz, le rapport d'absorption de l'hémoglobine oxycarbonée pour le sang de cheval et le sang de porc. Il a déterminé lui-même ces deux grandeurs pour le sang de bœuf et pour les régions

$$\lambda = 554\text{-}565\ (A_{co}) \quad \text{et} \quad \lambda = 531,5\text{-}542,5\ (A'_{co}),$$

et avec un spectrophotomètre plus perfectionné que celui dont s'étaient servis MM. Bücheler et Külz.

MM. L.-G. de Saint-Martin et Cherbuliez ont repris ces déterminations, le premier avec un spectrophotomètre de M. Hüfner, le second avec l'appareil construit par M. Dupré. Voici quelles sont les valeurs obtenues :

	Cherbuliez.	Hüfner.	L.-G. de Saint-Martin
A_{CO}	0,001536	0,001383	0,001580
A'_{CO}	0,001228	0,001263	0,101320

Il vient pour le quotient A_{CO} : A'_{CO} la valeur 1,095 (Hüfner); ce quotient caractérise les dissolutions pures d'hémoglobine oxycarbonée (voyez p. 41 et 53).

Dissociation de l'hémoglobine oxycarbonée. — L'hémoglobine oxycarbonée se sépare nettement de l'oxyhémoglobine par sa plus grande stabilité, puisque, bien desséchés, les cristaux du premier de ces pigments n'abandonnent pas d'oxyde de carbone lorsqu'on les chauffe dans le vide. Notons qu'en dépit de cette grande stabilité du composé, la saturation complète du sang par l'oxyde de carbone, avec déplacement de l'oxygène, ne se produit qu'avec une assez grande lenteur et par des agitations réitérées avec le gaz en excès, ainsi qu'en témoignent les expériences de M. L.-G. de Saint-Martin [*Recherches expérimentales sur la respiration*, Paris, 1893, 261].

La dissociation de l'hémoglobine oxycarbonée a été considérée d'abord comme ne s'opérant que très difficilement. Ainsi, Hermann admettait autrefois que l'oxygène, qui est chassé par l'oxyde de carbone, est incapable de son côté de déplacer l'oxyde de carbone de sa combinaison avec le pigment. Mais Donders et Podolinski montrèrent ensuite que des courants d'oxygène, d'acide carbonique ou d'air chassent le gaz toxique du sang oxycarboné. Toutefois la relation de leurs expériences manque de précision sur plus d'un point, comme le fait observer M. de Saint-Martin. Enfin, dans une expérience toujours citée, M. Zuntz a pu extraire la presque totalité de l'oxyde de carbone contenu dans un sang oxycarboné, en faisant agir pendant 15 à 18 heures à 40-60° le vide de la pompe de Pflüger.

M. L.-G. de Saint-Martin a repris récemment cette expérience de la manière suivante : Du sang de chien accusant au spectrophotomètre 189gr,5 d'oxyhémoglobine p. 1000 a été saturé d'oxyde de carbone; 30 centimètres cubes de ce sang soumis au vide de la pompe à mercure ont fourni 0cc,84 d'oxyde de carbone éliminés par l'action du vide seul à 40°, puis 7cc,70 du même gaz, par décomposition de l'hémoglobine oxycarbonée à 65° au moyen de l'acide tartrique et du vide.

Un deuxième échantillon du même sang a été soumis d'abord à l'action du vide seul à 40°, puis, après le départ des gaz enlevés par le vide, le sang a été maintenu dans l'appareil en ébullition constante pendant 6 heures à 40° Toutes les heures on a fait jouer la pompe jusqu'à épuisement du gaz mis en liberté et jusqu'au vide presque absolu, indiqué par le bruit strident du mercure tombant dans l'appareil. La totalité des gaz non absorbables par la potasse, recueillis pendant ces 6 heures, fut de 1cc,21 contenant 0cc,89 d'oxyde de carbone (à 18° et 754,8 millim.). Ajoutons que le lendemain, après 18 heures de repos à 16°, mais sans nouvelle chauffe, la trompe mise en jeu n'a amené aucune bulle gazeuse.

Donc l'ébullition prolongée durant 6 heures à 40°, dans le vide, n'a amené la dissociation que d'un dixième environ de l'hémoglobine oxycarbonée. De plus, la dissociation n'est pas proportionnelle au temps. Elle est très faible dans la première heure (0cc,06 de gaz non absorbable par la potasse), puis elle va en s'accentuant, et M. de Saint-Martin s'est assuré, par des expériences comparatives, que cette dissociation est d'autant plus forte que les croûtes solides qui se forment en anneau, au-dessus du liquide, dans le récipient à sang, sont plus abondantes.

Ces expériences montrent que la dissociation du sang oxycarboné non laqué est très faible dans le vide à 40°, et qu'elle peut être négligée si l'ébullition ne dure pas au delà d'un quart d'heure [L.-G. de Saint-Martin, *J. de Physiol. et de Pathol. gén.*, **1**, 103; **2**, 735].

Voici encore d'autres expériences, M. de Saint-Martin, apportant la même démonstration, en même temps qu'une vérification de l'exactitude de la loi de Claude Bernard, encore contestée de divers côtés, à savoir que l'oxyde de carbone déplace l'oxygène dans l'oxyhémoglobine, volume à volume.

Deux échantillons d'un même sang de bœuf sont saturés, l'un d'oxygène et l'autre d'oxyde de carbone. L'échantillon oxygéné est soumis dans la pompe à mercure à l'action combinée du vide et de l'oxyde de carbone, et l'oxygène dégagé, séparé des autres gaz, mesure 24cc,35 pour 100 centimètres cubes de sang. L'échantillon oxycarboné, traité dans le vide par l'acide tartrique (voyez plus loin, *Recherche de l'hémoglobine oxycarbonée*), donne de son côté 24cc,20 d'oxyde de carbone. *Les volumes d'oxygène et d'oxyde de carbone sont donc sensiblement égaux.* Le léger surplus d'oxygène s'explique, si l'on songe que le sérum, saturé respectivement d'oxygène et d'oxyde de carbone, a dû dissoudre un peu plus du premier gaz, plus soluble dans l'eau, que du second, moins soluble.

D'autre part, un échantillon du même sang (50 centimètres cubes) est introduit dans une ampoule pleine de mercure avec un volume connu (25 centimètres cubes) d'oxyde de carbone pur ou titré et 15 centimètres cubes d'une solution saturée de fluorure de sodium. On agite énergiquement pendant une demi-heure, puis on fait passer le tout, gaz et sang, dans le récipient de la pompe à mercure, et on extrait les gaz par le vide à 40°. La différence entre le volume d'oxyde de carbone introduit et le volume recueilli représente le volume de ce gaz retenu par l'hémoglobine. On constate ainsi que 100 centimètres cubes de sang ont retenu 23cc,09 d'oxyde de carbone. Enfin, en traitant à 60° par de l'acide tartrique le liquide sanguin épuisé, on dégage l'oxyde de carbone qui avait été retenu; on recueille 23cc,04. La concordance est parfaite.

Cette double détermination établit donc, avec toute l'exactitude désirable, que 100 centimètres cubes de ce sang, soumis à l'action du vide, ont retenu, à l'état de combinaison oxycarbonée, 23,09 d'oxyde de carbone. On a vu, d'autre part, que ce même sang, saturé d'oxyde de carbone, puis introduit à cet état dans le vide barométrique, a abandonné 24cc,20 d'oxyde de carbone. La différence, soit 1cc,11, représente ce que le vide seul a pu enlever à 40° au sang saturé de gaz, c'est-à-dire l'oxyde de carbone simplement dissous, augmenté de la fraction que l'hémoglobine oxycarbonée a pu céder par dissociation dans ces conditions. Il est facile de se rendre compte que cette fraction est tout à fait négligeable, puisque, en tenant compte du coefficient de solubilité dans l'eau de l'oxyde de carbone à 15°, on peut calculer que les 80 centimètres cubes d'eau apportés par 100 centimètres cubes de sang peuvent dissoudre au maximum 2 centimètres cubes de gaz. En réalité, cette quantité simplement dissoute est plus faible encore, car la présence des sels et des matières organiques diminue sensiblement la solubilité des gaz dans l'eau, puisque M. Bohr a trouvé le coefficient de solubilité de l'oxygène égal à 0,02249 pour une dissolution d'hémoglobine à 2 0/0 et à 15°, tandis que pour l'eau pure M. Winkler le fixe à 0,03415 à la même température.

La différence, $1^{cc},11$, ne peut donc guère représenter que l'oxyde de carbone dissous, et la dissociation, bien qu'elle soit commencée certainement, doit être insignifiante. M. L.-G. de Saint-Martin s'est assuré que cette différence représente bien ce que le vide seul enlève au sang, en déterminant directement cette différence. Il suffisait pour cela d'épuiser le même sang, saturé d'oxyde de carbone, d'abord par le vide et ensuite par le vide aidé de l'acide tartrique. Il a trouvé ainsi :

Extrait par le vide seul...............	$1^{cc},10$
Extrait par le vide et l'acide tartrique.	$23^{cc},06$
Somme.............................	$24^{cc},16$

L'accord est donc aussi parfait que possible. D'autres échantillons de sang ont donné des résultats aussi concordants [L.-G. de Saint-Martin, *Quatrième Congrès international de Physiol. de Cambridge*, 1898].

Ces expériences remarquables montrent donc que la dissociation de l'hémoglobine oxycarbonée à la température de 40° et dans le vide est insignifiante, au moins dans les conditions de durée de l'opération. On pourrait d'ailleurs contrôler cette conclusion en faisant une étude photométrique du spectre d'un sang saturé d'oxyde de carbone, puis traité par le vide seul à 40°. La présence de quantités notables d'hémoglobine modifierait immédiatement l'absorption lumineuse dans la région intermédiaire aux deux bandes.

Ce qui précède s'applique au sang en nature ou dilué de quantités d'eau relativement petites. Les solutions très étendues d'hémoglobine oxycarbonée se dissocient plus facilement, si l'on en juge du moins d'après la facilité avec laquelle l'oxyde de carbone est déplacé par l'oxygène dans ces conditions. MM. Bertin-Sans et Moitessier ont démontré ce déplacement en mettant à profit ce fait que l'hémoglobine, réduite en solution alcaline, donne rapidement de l'hémochromogène. On ajoute à 10 centimètres cubes d'eau 2 ou 4 gouttes de sang saturé d'oxyde de carbone, et on fait passer pendant 3 à 4 minutes un rapide courant d'air, en évitant la formation de mousse à l'aide d'un corps gras. A 5 centimètres cubes du liquide ainsi traité on ajoute 5 centimètres cubes de soude à 20 0/0, et 4 à 5 gouttes de sulfure d'ammonium. On voit très rapidement apparaître le spectre de l'hémochromogène, lequel se détache sur le spectre très atténué de l'hémoglobine oxycarbonée ; au contraire, la solution non aérée, traitée de la même manière, ne donne le spectre de l'hémochromogène qu'au bout de 1 heure environ [Bertin-Sans et Moitessier, *Bull. Soc. Chim.*, (3), **9**, 722].

La résistance de l'hémoglobine oxycarbonée à la dissociation varie donc suivant les conditions ; elle varie peut-être aussi suivant l'origine de la matière colorante, ainsi qu'en témoignent quelques expériences de M. L.-G. de Saint-Martin sur le sang de lapin [L.-G. de Saint-Martin, *Spectrophotométrie du sang*, Paris, 1893, 112].

Nous devons ajouter que les expériences de M. Hüfner, celles de M. Bock sur la dissociation de l'hémoglobine oxycarbonée sont en contradiction avec les résultats de M. de Saint-Martin [Bock, *Centralbl. f. Physiol.*, **8**, 385 ; *Maly's Jahresb.*, **25**, 437. — Hüfner, *Arch. f. Physiol.*, 1895, 213].

Les expériences de M. Hüfner ont consisté à agiter des dissolutions d'hémoglobine oxycarbonée (solution aqueuse de globules sanguins) à 11 0/0 de matière colorante avec des atmosphères d'azote à la température de 32°, et à déterminer chaque fois la quantité d'oxyde de carbone abandonnée par la solution à l'atmosphère susjacente. M. Hüfner construit ainsi la courbe de dissociation de l'hémoglobine oxycarbonée. Nous donnons ci-après quelques-uns des résultats obtenus : p_{CO} désigne la pression partielle de l'oxyde de carbone, x la quantité d'hémoglobine formée par dissociation, en centièmes de la quantité totale de matière colorante, et $100 - x$ la quantité d'hémoglobine oxycarbonée non dissociée :

p_{CO}	x	$100 - x$
1mm	6,9	93,1
5	1,4	98,6
10	0,7	99,3
20	0,4	99,6
50	0,15	99,85
100	0,07	99,93

On remarquera combien la dissociation de l'hémoglobine oxycarbonée est moins facile que celle de l'oxyhémoglobine (voyez p. 44). Ainsi, pour une pression en oxyde de carbone de 50 millimètres, la quantité de pigment dissocié n'est que de 0,15 0/0 de la quantité totale, tandis que dans les mêmes conditions elle est pour l'oxyhémoglobine de 4,60 0/0, soit donc 31 fois plus forte.

Ces résultats sont évidemment en contradiction avec ceux de M. de Saint-Martin. Essayons de nous rendre compte de la valeur absolue de ces divergences et calculons approximativement, en nous servant des résultats de M. Hüfner, quelle est la quantité d'oxyde de carbone qu'auraient dû céder, par dissociation à 32°,5, les 50 centimètres cubes de sang employés par M. de Saint-Martin, au moment où la tension de l'oxyde de carbone dans ce sang était tombée à 5 millimètres, par exemple, et en admettant que ce sang fût à 14 0/0 d'hémoglobine. La proportion de pigment dissocié doit être, d'après M. Hüfner, de 1,4 0/0 d'hémoglobine, soit donc en valeur absolue, pour 50 centimètres cubes de sang, $0^{gr},098$, pouvant fournir $0,098 \times 1,34 = 0^{cc},13$ de gaz. Il s'agit donc de quantités très petites de gaz. Pourtant l'examen des résultats apportés par M. de Saint-Martin montre qu'un tel volume gazeux, si petit qu'il soit, est encore supérieur aux erreurs que comporte sa méthode. La cause de cette discordance est donc ailleurs, sans doute dans les conditions différentes où se sont placés les deux expérimentateurs. Ainsi, M. Hüfner a opéré avec des dissolutions de globules sanguins, et M. de Saint-Martin avec du sang non laqué.

Les expériences de M. de Saint-Martin nous apportent, en outre, un nouveau procédé très rigoureux, permettant de déterminer simultanément la teneur en oxygène du sang et la valeur de son pouvoir absorbant pour l'oxyde de carbone, et conséquemment pour l'oxygène, en vertu de la loi de Claude Bernard. L'extrême rigueur du procédé s'explique par les causes suivantes : L'addition de fluorure de sodium au sang empêche toute consommation d'oxygène ; l'agitation du sang avec l'oxyde de carbone, tout en concourant également à ce premier résultat [voyez L.-G. de Saint-Martin, *C. R.*, 25 mai, 1891], produit le déplacement complet de l'oxygène, et par suite assure l'extraction complète de ce gaz par le vide. Enfin, fait très important, le pouvoir absorbant du sang est déterminé indépendamment de la solubilité de l'oxyde de carbone dans le sérum.

En poursuivant cette étude du pouvoir absorbant du sang pour l'oxyde de carbone, M. de Saint-Martin a constaté, en dosant en même temps au spectrophotomètre l'oxyhémoglobine contenue dans du sang de bœuf, d'homme et de chien, que la quantité d'oxyde de carbone fixée par gramme de pigment, varie dans des limites assez étendues : notamment de $1^{cc},10$ à $1^{cc},70$ pour quatre échantillons de sang de bœuf; 42 autres déterminations ont donné des résultats analogues. Pour le sang humain, recueilli par ventouses ou saignées, les résultats ont varié entre 1^{cc},18 et 1^{cc},34, et chez le chien entre 1^{cc},20 et 1^{cc},35 [L.-G. de Saint-Martin, *Communication au 4e Congrès de Physiol. à Cambridge*, 1898; et *J. de Physiol. et de Pathol. gén.*, **2**, 738].

Ces résultats paraissent être en contradiction irréductible avec ceux des expériences de M. Hüfner citées plus haut. Mais il faut remarquer que, si le volume de 1^{cc},338 résulte d'expériences absorptiométriques qui ont été assez concordantes, par contre, dans une autre série, où M. Hüfner déplaçait l'oxyde de carbone par le bioxyde d'azote, les résultats ont varié considérablement. A côté d'une série d'expériences donnant de 1^{cc},51 à 1^{cc},55 d'oxyde de carbone pour 1 gramme d'hémoglobine, M. Hüfner en cite une autre où le résultat a varié entre 2^{cc},10 et 1^{cc},21. Bien qu'il ajoute que ces variations surprenantes ont été observées souvent dans des expériences parallèles, faites avec la *même solution sanguine*, on ne peut pas ne pas rapprocher ces mécomptes des observations de M. L.-G. de Saint-Martin et conclure, avec ce dernier, qu'il y a là toute une étude nouvelle à faire. Bornons-nous à signaler, dans cet ordre d'idées, deux observations intéressantes faites par M. de Saint-Martin : On enlève d'un coup à un lapin 60 grammes de sang, lequel contient 11^{gr},6 d'oxyhémoglobine pour 100 centimètres cubes, et absorbe 1^{cc},18 d'oxyde de carbone (et par conséquent d'oxygène) par gramme d'hémoglobine. D'abord très malade, l'animal se rétablit promptement. 6 jours après, son sang contient 10^{gr},52 0/0 d'hémoglobine, et absorbe 1^{cc},65 d'oxyde de carbone par gramme de pigment. Il semble donc que l'oxyhémoglobine de formation récente possède un pouvoir absorbant plus grand. Au contraire, chez des sujets affaiblis par la maladie (hommes, chiens), M. de Saint-Martin a trouvé souvent le pouvoir absorbant inférieur au chiffre normal moyen de 1^{cc},34.

La facilité avec laquelle le bioxyde d'azote déplace l'oxyde de carbone de sa combinaison avec l'hémoglobine a été mise à profit par M. Hüfner et ses élèves, dans leurs travaux sur la mesure des quantités de gaz fixées par l'unité de poids de l'hémoglobine. On voit donc que les combinaisons de l'hémoglobine avec l'oxygène, l'oxyde de carbone et le bioxyde d'azote présentent une stabilité décroissante, chaque gaz déplaçant les précédents et tous trois étant déplacés par un gaz indifférent, tel que l'hydrogène, mais avec une lenteur qui va croissant de l'oxygène au bioxyde d'azote.

L'hémoglobine oxycarbonée ne résiste pas indéfiniment à l'action de la putréfaction. On a montré plus haut (p. 48) qu'au delà de la cinquième année le pouvoir colorant du sang ne correspond plus à la richesse en hémoglobine oxycarbonée.

A la température de 38° on observe, même à l'abri de l'air, une disparition continue, quoique très lente, d'une partie de l'oxyde de carbone, qui vraisemblablement est transformée en acide carbonique [L.-G. de Saint-Martin, *Recherches expérimentales sur la respiration*, Paris, 1893, 275]. Mais il est probable que cette oxydation de l'oxyde de carbone est rapidement réduite à un minimum, puis complètement suspendue, lorsque les conditions sont telles que, par des putréfactions énergiques, tout l'oxygène disponible est promptement consommé.

Lorsqu'on coagule par la chaleur une dissolution d'hémoglobine oxycarbonée, le coagulum, qui est en grumeaux très fins et qui se rassemble lentement, est d'un rouge carmin clair et présente, à la lumière solaire réfléchie, les deux bandes de l'hémoglobine oxycarbonée [Hoppe-Seyler, *Zeit. physiol. Chem.*, **13**, 484]. Traité par de la soude aqueuse étendue, ce coagulum fournit, au contact de l'air, une dissolution contenant de l'hématine, et, en l'absence d'oxygène, un liquide ayant la couleur et les réactions spectroscopiques de l'hémoglobine oxycarbonée, mais contenant en réalité de l'*hémochromogène oxycarbonée* (voyez plus loin). En même temps, il y a formation d'une alcali-albumine.

Si l'on traite une dissolution aqueuse d'hémoglobine oxycarbonée par de l'acide sulfurique étendu, à l'abri de l'air, on n'observe à froid, et pendant un temps assez long, aucune modification dans les propriétés spectroscopiques; mais si l'on chauffe, le pigment se dédouble en *hématoporphyrine* et en acidalbumine, avec mise en liberté d'oxyde de carbone. Cette réaction, mise à profit, dès 1868, par Lelorrain pour l'extraction de l'oxyde de carbone, a été reprise plus tard par M. Gréhant et par M. L.-G. de Saint-Martin [Lelorrain, *Thèse*, Strasbourg, 1868].

Le permanganate et le chlorate de potassium, l'iodure de potassium iodé agissent beaucoup moins vite sur l'hémoglobine oxycarbonée que sur l'hémoglobine, et ce n'est qu'au bout d'un certain temps qu'on voit apparaître dans le rouge la bande de la méthémoglobine. Si l'on ajoute ensuite du sulfure d'ammonium, la bande dans le rouge disparaît, et par agitation à l'air on reproduit avec le sang oxygéné le spectre de l'oxyhémoglobine; avec le sang oxycarboné, au contraire, celui de l'hémoglobine oxycarbonée. L'oxyde de carbone, séparé de l'hémoglobine oxycarbonée au moment de la transformation de la méthémoglobine, demeure, en effet, dissous dans le liquide et se fixe à nouveau aussitôt sur l'hémoglobine formée. Il n'existe point, en effet, de méthémoglobine oxycarbonée. MM. Bortin-Sans et Moitessier se sont servis de cette réaction pour extraire l'oxyde de carbone du sang (voyez plus loin).

La quantité de chaleur dégagée par la fixation de l'oxyde de carbone sur l'hémoglobine est de 18^{cal},7 pour $CO = 28$ [Berthelot, *C. R.*, 1889].

Recherche et dosage de l'hémoglobine oxycarbonée. — On peut employer, pour la *recherche* de l'hémoglobine oxycarbonée, des réactions de coloration purement empiriques, des réactions spectroscopiques ou spectrophotométriques, ou enfin l'extraction de l'oxyde de carbone en nature.

Les *réactions de coloration* sont très nombreuses. Elles utilisent toutes la plus grande stabilité de l'hémoglobine oxycarbonée vis-à-vis des réactifs. La plus ancienne est celle de Hoppe-Seyler. Elle consiste à traiter le sang suspect par le double de son volume d'une solution de soude d'une densité de 1,3. Le sang ordinaire se transforme, dans ces conditions, en une masse d'un brun sale; le sang oxycarboné devient, au contraire, d'un beau rouge, très visible lorsqu'on étale la masse sur une soucoupe blanche.

M. Salkowski a modifié cette réaction de la manière suivante : Le sang suspect est étendu de 20 fois son volume d'eau, puis traité par un égal volume de lessive de soude ($D = 1,34$). Le liquide présente d'abord un trouble blanchâtre, puis il prend une couleur rouge clair très vive. Par le repos il se sépare, à la surface, des grumeaux rouge clair, tandis que le liquide reste faiblement rosé. Au bout de 24 heures, le précipité se redissout et le liquide redevient rouge vif. Le sang normal traité de la même manière devient, au contraire, d'un brun sale [Salkowski, *Zeit. physiol. Chem.*, **12**, 227].

M. Rubner traite le sang dans un tube à essai par 4 à 5 volumes d'une dissolution de sous-acétate de plomb et agite fortement pendant une minute. Le sang oxycarboné reste d'un beau rouge, tandis que le sang oxygéné devient brun, et cette différence, qui va d'abord en s'accentuant pour diminuer ensuite, est encore perceptible après trois semaines. Une partie de sang saturé d'oxyde de carbone avec 8 à 9 parties de sang normal donne encore une réaction sensible (Rübner, *Maly's Jahresb.*, **20**, 104].

On ajoute à 10 centimètres cubes d'eau 5 gouttes de sang oxycarboné, puis 5 gouttes de sulfure d'ammonium; on mélange doucement, puis on ajoute assez d'acide acétique pour que le liquide devienne un peu acide. Il se produit une coloration rouge-rosé, tandis que pour le sang normal elle est d'un vert sale. La réaction est encore sensible avec du sang contenant 1/6 de sang oxycarboné.

10 centimètres cubes de sang oxycarboné, 15 centimètres cubes d'une solution de cyanure jaune à 20 0/0 et 2 centimètres cubes d'acide acétique à 50 0/0, donnent un liquide rouge clair. Avec le sang normal, la couleur devient brune.

On ajoute à 1 volume de sang oxycarboné, préalablement dilué au 1/4 avec de l'eau, 3 volumes d'une solution de tannin à 1 0/0. Le sang normal devient d'abord rouge clair, puis, au bout de 1 à 2 heures, jaunâtre, puis après 24 heures, complètement gris. Le sang oxycarboné reste, au contraire, rouge-cramoisi. D'après M. H. Weltzel et M. Salkowski, cette réaction réussit encore avec du sang qui contient 1/6 et même 1/10 de sang oxycarboné [Weltzel, *Maly's Jahresb.*, **19**, 109. — Salkowski, *Practikum d. physiol. u. path. Chem.*, 2e édit., Berlin, 1900, 124].

L'acide phénique à 5 0/0, l'acide phosphotungstique, la phénylhydrazine, l'acide phosphomolybdique, le chlorure de zinc et le sublimé, le chlorure de platine, le chlorure cuivreux ammoniacal, donnent des réactions analogues [Weltzel, *loc. cit.* — Kunkel, *Maly's Jahresb.*, **18**, 66. — K. Katayama, *ibid.*, **19**, 108. — St. Zaleski, *Zeit. physiol. Chem.*, **9**, 225].

Les *réactions spectroscopiques* sont encore moins sensibles que les précédentes, mais elles ont un caractère plus scientifique et offrent plus de sécurité que les réactions empiriques que l'on vient de décrire. Le sang, dilué au 1/60, est additionné d'un réducteur, qui a pour effet de substituer aux deux bandes de l'oxyhémoglobine la bande unique de Stokes, tandis que l'hémoglobine oxycarbonée conserve son spectre à deux bandes. Dans ces conditions, et pour un mélange de 4 parties de sang normal avec 1 partie de sang oxycarboné, on voit la bande unique produite par la réduction de l'oxyhémoglobine un peu éclaircie en son milieu. Ce n'est qu'avec 30 0/0 de sang oxycarboné que l'espace clair central devient très manifeste.

La réaction n'est donc pas très sensible. Elle exige de plus certaines précautions. Le sulfhydrate d'ammonium généralement employé est, d'après M. L.-G. de Saint-Martin, un réactif peu sûr et d'un usage incommode. Si on l'emploie trop concentré, on décompose l'hémoglobine. S'il est trop étendu, la réduction est très lente et ne devient complète qu'à la condition de soustraire entièrement le mélange au contact de l'air. L'hydrosulfite de sodium est le seul réactif qui mette l'opérateur absolument à l'abri de ces causes d'erreur. M. L.-G. de Saint-Martin le prépare de la manière suivante : Dans un flacon de 250 grammes, on mélange 50 grammes de bisulfite de soude à 30° Baumé, 200 grammes d'eau et 5 à 6 grammes de gris de zinc. On agite en refroidissant et on filtre au bout d'une demi-heure. On ajoute 35 grammes de lait de chaux (chaux vive 100 grammes, eau 500 grammes), on agite deux minutes et on filtre. Le liquide filtré est additionné de 15 centimètres cubes d'une solution de carbonate de soude au 1/10, mis au frais et filtré une dernière fois. On le partage en plusieurs petits flacons que l'on remplit entièrement, que l'on conserve, bien bouchés, dans une glacière. Le réactif s'altère malheureusement au bout de quelques jours, mais sa préparation est très rapide [L.-G. de Saint-Martin, *Recherches expérimentales sur la respiration*, Paris, 1893, 266].

Lorsqu'on examine au *spectrophotomètre* de M. Hüfner du sang contenant de l'hémoglobine oxycarbonée, et réduit par un peu d'hydrosulfite de soude, il est clair que le rapport des coefficients d'extinction de la dilution sanguine pour les deux régions D32E — D54E et D63E — D84E s'éloignera sensiblement de la valeur 0,7617, caractéristique de l'hémoglobine, et d'autant plus que la présence d'une plus grande quantité d'hémoglobine oxycarbonée viendra augmenter l'absorption dans la région D63E — D84E (voyez p. 57). Toutefois cette constatation ne sera pas une preuve décisive de la présence de l'hémoglobine oxycarbonée. Une telle preuve n'est fournie que par l'*extraction de l'oxyde de carbone*, que l'on peut alors caractériser soit chimiquement, soit à l'aide du spectroscope, en concentrant dans un petit échantillon de sang tout l'oxyde de carbone extrait d'un volume beaucoup plus considérable de liquide.

Une tentative très intéressante a été faite dans cette dernière direction par MM. Bertin-Sans et Moitessier [*Bull. Soc. Chim.*, (3), **6**, 663]. Elle a pour point de départ ce fait que l'hémoglobine oxycarbonée est transformée par le ferricyanure de potassium en méthémoglobine, tandis que l'oxyde de carbone mis en liberté reste dissous dans le liquide. Ce gaz peut être extrait ensuite par la pompe à mercure et condensé dans un petit volume de dissolution sanguine, que l'on examine ensuite au spectroscope. On peut reconnaître ainsi avec certitude la présence de l'oxyde de carbone dans 400 centimètres cubes de sang renfermant 1/15 de sang oxycarboné.

Ce résultat est supérieur en précision et en sécurité à ceux que fournissent les méthodes décrites plus haut, mais on comprend que ce procédé laisse encore en défaut la plupart des problèmes que posent à cette partie de l'analyse biologique la physiologie ou la médecine légale. La vraie solution de la question a été apportée par M. L.-G. de Saint-Martin qui a réussi à caractériser l'hémoglobine oxycarbonée dans 10 centimètres cubes de sang, alors même que ce liquide ne renferme, à cet état, que la centième partie de sa matière colorante.

L'opération consiste à décomposer la matière colorante par un acide, d'après la réaction de Lelorrain (voyez p. 59), et à recueillir les gaz qui se dégagent. Cette méthode a été perfectionnée par M. Gréhant, qui a remplacé l'acide sulfurique par l'acide pyroligneux à 8°, et par M. L.-G. de Saint-Martin, qui en a définitivement fixé la technique, et qui a établi le haut degré de précision que comporte l'opération [L.-G. de Saint-Martin, *Recherches exp. sur la respiration*, Paris, 1893, 252; *Journ. de Physiol. et de Path. génér.*, **1**, 105; **2**, 735].

La décomposition du sang est opérée dans le vide à l'aide d'une dissolution à poids égaux d'eau et d'acide tartrique, et les gaz sont extraits par la pompe à mercure ordinaire ou la pompe de Sprengel. A l'aide d'une série de pipettes de Salet chargées des réactifs convenables, on absorbe d'abord l'acide carbonique par la potasse, l'oxygène par un pyrogallate alcalin et enfin l'oxyde de carbone par la solution acide de chlorure cuivreux. Les résultats sont remarquables. Ainsi, en introduisant dans l'appareil 8^{cc},88 d'oxyde de carbone pur à 0° et à 760 millimètres avec 40 centimètres cubes de sang, puis opérant la décomposition et l'extraction, M. L.-G. de Saint-Martin a retrouvé 8^{cc},86, soit 99,77 0/0 du gaz mis en œuvre.

Lorsqu'il s'agit d'opérer sur des quantités de sang très petites, M. de Saint-Martin recueille le gaz dans une éprouvette à robinet, dans laquelle on introduit successivement 2 gouttes d'une lessive de potasse, puis 4 à 5 gouttes d'une solution concentrée d'hydrosulfite de soude, pour absorber respectivement l'acide carbonique et l'oxygène. Le volume restant, réduit à une bulle de 0^{cc},5 à 1 centimètre cube, est un mélange d'azote et d'oxyde de carbone que l'on fait passer dans une petite pipette à deux robinets dans laquelle on a fait le vide absolu. On fait pénétrer ensuite dans cette pipette 3 centimètres cubes environ d'une dilution sanguine préparée en étendant de 4 à 5 centimètres cubes d'eau 0^{cc},1 du sang mis en expérience ou de sang de chien frais et défibriné. La solution ainsi préparée a été réduite, au préalable, en la soumettant à trois ou quatre reprises, à 38°, à l'action du vide et d'un courant d'hydrogène et en la préservant, pendant le transvasement, de tout contact de l'air.

On agite bien le mélange, puis on le divise en deux portions; 1 centimètre cube est traité par une goutte d'hydrosulfite de soude et examiné au spectroscope dans une cuve close; le reste, soit 2 centimètres cubes, est étendu de 3 centimètres cubes d'eau aérée et portée au spectrophotomètre, où l'on détermine côte à côte l'hémoglobine oxycarbonée et l'oxyhémoglobine.

Appliquée à l'étude d'échantillons de sang de chien ou de lapin contenant 1/25, 1/50 et 1/100 de sang oxycarboné, cette méthode a donné des réactions spectroscopiques très nettes. Quant au dosage spectrophotométrique, il ne peut fournir, bien entendu, dans ces conditions, qu'un résultat approximatif [L.-G. de Saint-Martin, *Recherches exp. sur la respiration*, Paris, 1893, 270].

Ce procédé peut servir à la recherche de très petites quantités d'oxyde de carbone dans l'air. On insuffle dans un grand sac de caoutchouc, au moyen d'une poire faisant fonction de pompe aspirante et foulante, une quarantaine de litres de l'air suspect. Le sac plein est rapporté au laboratoire et on fait lentement passer les gaz qu'il renferme à travers trois flacons laveurs de 1 litre, à moitié pleins d'une dissolution récente et concentrée d'hydrosulfite de soude, puis à travers trois laveurs de Maquenne renfermant chacun un mélange de 15 centimètres cubes de sang de chien frais et défibriné, 5 centimètres cubes d'eau et 0^{cc},2 à 0^{cc},5 de sulfure ammonique. L'addition d'eau a pour effet de dissoudre les globules dont le sulfhydrate réduit la matière colorante à l'état d'hémoglobine. Le courant de gaz doit être très lent; l'opération dure au moins 24 heures et souvent davantage. Le sang est ensuite épuisé dans le vide en présence de l'acide tartrique et l'oxyde de carbone est condensé dans un petit volume de dissolution sanguine.

M. de Saint-Martin a pu caractériser ainsi 2 centimètres cubes d'oxyde de carbone dilués dans 40 litres d'air [L.-G. de Saint-Martin, *op. cit.*, 334].

De très petites quantités d'oxyde de carbone extraites du sang peuvent être reconnues aussi à l'aide du chlorure de palladium [Potain et Drouin, *C. R.*, **126**, 938], ou encore à l'aide de l'acide iodique, qui est réduit avec mise en liberté d'iode. M. A. Gautier et après lui M. M. Nicloux se sont servis de cette réaction pour le dosage de petites quantités d'oxyde de carbone [A. Gautier, *C. R.*, **126**, 793. — M. M. Nicloux, *ibid.*, **126**, 746. — Pour la description du procédé et de l'appareil de M. Nicloux, voyez *Ann. Chim. Phys.*, (7), **14**, 765, et *Arch. de Physiol.*, (5), **10**, 382]. Par ce procédé M. Nicloux a pu constater dans le sang des nouveau-nés à Paris la présence d'une quantité moyenne de 0^{cc},11 d'oxyde de carbone dans 100^{cc} de sang. On n'insistera pas davantage ici sur ce problème analytique qui, sous cette forme, ne se rattache plus à l'étude de l'hémoglobine oxycarbonée, mais à celle de l'oxyde de carbone lui-même [Nicloux, *Soc. de Biol.*, **53**, 611].

Le *dosage spectrophotométrique* de l'hémoglobine oxycarbonée, et, mieux encore, le dosage simultané de cette hémoglobine et de l'oxyhémoglobine, constituent l'une des applications les plus intéressantes de la photométrie des spectres d'absorption à la physiologie. Il exige la détermination préalable des *rapports d'absorption* A_{co} et A'_{co} de l'hémoglobine oxycarbonée dans les deux régions D32E — D53E et D63E — D84E. On peut partir, pour cette détermination, de la solution titrée d'oxyhémoglobine dont la préparation a été indiquée p. 50, et que l'on sature d'oxyde de carbone par une agitation prolongée avec ce gaz pur. La solution titrée d'oxyhémoglobine peut aussi être remplacée par du sang en nature étendu d'eau, qu'on partage en deux portions. L'une d'elles est agitée à l'air, puis on y dose l'oxyhémoglobine au spectrophotomètre; l'autre est saturée d'oxyde de carbone, et on détermine au spectrophotomètre les coefficients d'extinction ε_{co} et ε'_{co} pour les deux régions choisies. On a ainsi tous les éléments nécessaires au calcul de A_{co} et de A'_{co} [Hüfner, *Arch. f. Physiol.*, 1894, 141]. Les valeurs obtenues ont été réunies plus haut (p. 57).

Quant au *dosage* même de l'*hémoglobine oxycarbonée* dans les dissolutions ne contenant que ce pigment, il ne présente aucune difficulté particulière. On opère comme il a été dit pour l'oxyhémoglobine, en veillant à ce que la dilution sanguine soit bien saturée d'oxyde de carbone.

Le *dosage simultané de l'hémoglobine oxycarbonée et de l'oxyhémoglobine* a été pratiqué d'abord par M. Hüfner et ses élèves, par M. Cherbuliez et par M. L.-G. de Saint-Martin [Bücheler, *Dissert. inaug.*, Tübingen, 1883, 24. — Külz, *Zeit. physiol. Chem.*, **7**, 386. — Hüfner et Külz, *J. prakt. Chem.*, **28**, 258. — Hüfner, *ibid.*, **30**, 68. — Cherbuliez, *Thèse de la Fac. de Méd.*, Paris, 1890. — L.-G. de Saint-Martin, *Recherches exp. sur la respiration*, Paris, 1893, 285, et *Spectrophotométrie du sang*, Paris, 1898, 101]. Voici comment il convient de procéder, d'après M. de Saint-Martin : La dilution sanguine est préparée exactement comme s'il s'agissait d'un dosage simple de l'oxyhémoglobine; mais, pour l'observer au spectrophotomètre, il sera bon d'en remplir complètement une cuve close, afin d'éviter une dissociation, laquelle ne serait d'ailleurs à craindre que si l'on opérait sur du sang fortement intoxiqué. Il faut éviter aussi toute introduction d'oxyde de carbone venu du dehors. M. Cherbuliez rapporte qu'en soufflant de la fumée de tabac sur une dissolution d'oxyhémoglobine placée devant la fente du spectrophotomètre, on provoque aussitôt une variation dans les coefficients d'extinction, par suite de la formation d'un peu d'hémoglobine oxycarbonée. Le reste de l'opération et le calcul se font comme pour le mélange d'oxyhémoglobine et d'hémoglobine (voyez p. 53). Ce calcul se trouvait simplifié pour M. de Saint-Martin, l'appareil avec lequel il opérait lui ayant donné, pour A'_o et A'_{co}, deux valeurs que l'on pouvait sans erreur considérer comme égales [L.-G. de Saint-Martin, *Spectrophotométrie du sang*, Paris, 1893, 102].

M. de Saint-Martin a vérifié, en outre, avec

beaucoup de soin, l'exactitude de la méthode, en faisant des mélanges en proportions connues de solutions de sang oxycarboné, saturé de gaz jusqu'à refus, avec des solutions de sang oxygéné. Il est nécessaire de tenir compte de l'oxyde de carbone simplement dissous, et qui, au moment du mélange, se porte sur une partie de l'hémoglobine oxygénée. Voici quelles ont été les quantités d'hémoglobine oxycarbonée trouvées et calculées, par rapport à 100 parties de matière colorant totale :

Trouvé.	Calculé.
8,5	8,25
25	24,75
42	41,25
54	55

Les résultats sont donc très satisfaisants.

On a exposé plus haut (p. 55) le principe d'une méthode simplifiée donnant, avec l'aide d'une table dressée par M. Hüfner, et par une simple détermination du coefficient d'extinction de la dilution sanguine dans deux régions spectrales, les quantités *relatives* d'oxyhémoglobine et d'hémoglobine contenues dans un mélange.

M. Hüfner a dressé une table analogue pour les mélanges d'oxyhémoglobine et d'hémoglobine oxycarbonée. On donnera ici un court extrait de cette table, en rappelant que l'on a

$$\frac{A_o}{A'_o} = 1{,}578 \quad \text{et} \quad \frac{A_{co}}{A'_{co}} = 1{,}095 ,$$

Dans le tableau suivant, x désigne les poids d'hémoglobine oxycarbonée et $100 - x$ les poids d'oxyhémoglobine pour 100 de matière colorante totale :

$\frac{\varepsilon'}{\varepsilon}$	x	$100 - x$
1,578	0	100,00
1,5	11,42	88,58
1,4	28,04	71,96
1,2	70,60	29,40
1,1	98,41	1,59
1,095	100,00	0

Dans ses recherches sur la dissociation de l'hémoglobine oxycarbonée, M. Hüfner a dû analyser, au moyen du spectrophotomètre, des *mélanges d'hémoglobine et d'hémoglobine oxycarbonée*. Le principe de l'opération est le même que dans le cas qui vient d'être examiné. Pour le manuel opératoire, nous renverrons le lecteur au mémoire original [Hüfner, *Arch. f. Physiol.*, 1895, 213].

On a laissé de côté, dans cette étude de l'hémoglobine oxycarbonée, toutes les questions relatives au mode d'action et aux destinées de l'oxyde de carbone chez l'animal vivant (voyez à l'article SANG).

VI. — HÉMOGLOBINE CARBONIQUE.

Les combinaisons de l'hémoglobine avec l'acide carbonique ont été étudiées par M. S. Torup, puis par M. Chr. Bohr, qui a décrit plusieurs variétés de *carbohémoglobines* [S. Torup, *Maly's Jahresb.*, **17**, 119. — Chr. Bohr, *Acad. roy. danoise*, 9 mai 1890; *Physiol. Centralbl.*, **4**, 249].

Si l'on agite avec de l'acide carbonique une dissolution d'hémoglobine soigneusement débarrassée d'oxygène, on observe qu'il se produit toujours un précipité blanchâtre, floconneux, qui ne se redissout plus après départ de l'acide carbonique, et qui est l'indice d'une décomposition partielle du pigment. Le spectre du liquide séparé de ce précipité ressemble beaucoup à celui de l'hémoglobine réduite; mais une étude photométrique attentive montre que les rayons verts et vert-bleu sont plus fortement absorbés, et que la bande entre D et E est un peu déplacée vers le violet. M. S. Torup place le centre de la bande de l'hémoglobine à $\lambda = 559{,}2$, et celui de la bande de l'hémoglobine carbonique à $\lambda = 553{,}3$.

Si l'on insiste sur l'action de l'acide carbonique, le précipité signalé plus haut va en augmentant, jusqu'à ce que finalement le liquide devienne tout à fait incolore, en même temps qu'il se dépose un précipité coloré ayant à peu près les réactions spectroscopiques de la parahémoglobine de M. Nencki. M. Hammarsten se demande, à ce propos, si la combinaison produite par l'acide carbonique ne serait pas plutôt de l'*hémochromogène carbonique* [Hammarsten, *Lehrb. d. physiol. Chem.*, Wiesbaden, 1891, 61].

Quoi qu'il en soit, M. Chr. Bohr a décrit trois variétés de carbohémoglobines, obtenues en faisant agir le gaz carbonique sur des dissolutions absolument exemptes d'alcali. Pour une pression d'acide carbonique de 30 millimètres de mercure, et à 18°, ces combinaisons fixent respectivement 1cc,2, 2cc,6 et 5cc,2 d'acide carbonique par gramme de matière colorante, et présentent chacune une courbe de dissociation caractéristique. Le même auteur a étudié, à l'aide d'un appareil particulier, la manière dont l'acide carbonique se comporte vis-à-vis de l'hémoglobine en présence de l'oxygène. Il a constaté ainsi : 1° que la quantité d'acide carbonique fixée par l'hémoglobine n'est pas influencée par la présence de l'oxygène; 2° que l'hémoglobine peut fixer simultanément de l'acide carbonique et de l'oxygène; 3° que dans ces conditions l'oxygène peut être fixé dans les proportions ordinaires, mais que la quantité fixée est en général un peu moindre qu'en l'absence de l'acide carbonique.

VII. — HÉMOGLOBINE OXYAZOTIQUE.

Hoppe-Seyler a observé, dès 1866, que lorsqu'on fait passer un courant de bioxyde d'azote à travers une solution d'oxyhémoglobine, les deux bandes d'absorption entre D et E conservent la même position; mais deviennent un peu plus pâles. Il en avait conclu que le gaz oxyazotique ne déplace pas l'oxygène faiblement combiné. Mais Hermann a fait voir, peu après, que le bioxyde d'azote se combine au contraire facilement à l'hémoglobine en déplaçant l'oxygène de sa combinaison, et que même l'hémoglobine oxycarbonée est facilement dédoublée, avec substitution du bioxyde d'azote à l'oxyde de carbone [Hoppe-Seyler, *Med. chem. Untersuch.*, Berlin, 1866, 204. — L. Hermann, *Med. Centralbl.*, 1864, 819].

Pour préparer l'hémoglobine oxyazotique, on opère comme pour l'oxyhémoglobine ou pour l'hémoglobine oxycarbonée, avec cette différence que le sang ou la dissolution des globules doit être au préalable saturée de bioxyde d'azote.

Cette combinaison se présente, d'après Hermann, en cristaux isomorphes avec ceux de l'oxyhémoglobine et de l'hémoglobine oxycarbonée correspondantes. La solution aqueuse a la même couleur rouge clair que celle de l'hémoglobine oxycarbonée, mais sans présenter le même ton bleuâtre. Cette différence s'observe plus nettement encore entre le sang oxycarboné et le sang oxyazotique. Au spectroscope, les phénomènes sont à peu près ceux que présente l'oxyhémoglobine; mais, à concentration égale, les deux bandes d'absorption entre D et E sont sensiblement plus pâles pour l'hémoglobine oxyazotique. Il résulte de là qu'en diluant progressivement du sang oxygéné et du sang oxyazotique, on saisit, dans la façon dont les deux spectres vont en s'éclaircissant, des différences très manifestes [Hoppe-Seyler, *op. cit.*, 207].

Les réducteurs, tels que le sulfure d'ammonium, ne modifient pas ce spectre. Les gaz indifférents, tels que l'hydrogène, ne déplacent que très lentement le bioxyde d'azote de sa combinaison (voyez p. 59).

VIII. — AUTRES COMBINAISONS DE L'HÉMOGLOBINE.

Hémoglobine acétylénique. — Liebreich a décrit, en 1868, une combinaison de l'hémoglobine avec l'acétylène. Ce corps se dissocie très facilement en ses deux composants; le sulfure d'ammonium le ramènerait à l'état d'hémoglobine. Ses dissolutions présentent le même aspect que celles de l'hémoglobine oxycarbonée [Liebreich, *D. chem. G.*, 1868, 220].

L'existence d'une telle combinaison est loin d'être démontrée. M. L. Brocinier, confirmant des expériences antérieures de M. Gréhant, dit que le sang dissout les 80 centièmes de son volume d'acétylène, et que les réactions spectrales ne sont nullement modifiées par ce fait. Le vide élimine rapidement le gaz, surtout à 60°, et la combinaison avec l'hémoglobine, si elle existe, doit être très instable. La toxicité de l'acétylène est médiocre [L. Brocinier, *C. R.*, **121**, 773].

Hémoglobine cyanhydrique. — Lorsque à une dissolution suffisamment concentrée d'oxyhémoglobine ou de globules sanguins on ajoute de l'acide cyanhydrique concentré, et qu'on refroidit au-dessous de 0° après avoir ajouté de l'alcool, on obtient une cristallisation qui présente les mêmes apparences qu'en l'absence d'acide cyanhydrique.

Ces cristaux, soumis à des cristallisations successives, ne perdent pas leur acide cyanhydrique. Même desséchés au-dessus de l'acide sulfurique, ils fournissent, lorsqu'on les chauffe avec un peu d'acide sulfurique étendu, un distillat contenant de l'acide prussique.

L'acide cyanhydrique entre donc évidemment en combinaison chimique avec l'hémoglobine, et semble même donner à cette dernière une grande stabilité, car, pendant la filtration, toujours très lente, des dissolutions d'hémoglobine cyanhydrique, on n'observe pas sur les bords du filtre cette coloration brune, indice d'un commencement d'altération du produit et qu'il est si difficile d'éviter avec l'oxyhémoglobine.

Il est remarquable de voir qu'au spectroscope, on ne saisit, pour n'importe quel degré de concentration, aucune différence entre le dérivé cyanhydrique et l'oxyhémoglobine. Traitées par le sulfure d'ammonium ou le tartrate ferreux ammoniacal, les dissolutions d'hémoglobine cyanhydrique présentent la bande unique de l'hémoglobine, sans doute parce qu'il se forme du sulfocyanure ou du ferrocyanure d'ammonium.

L'hémoglobine cyanhydrique donne avec l'eau oxygénée une réaction curieuse. Lorsqu'on additionne sa dissolution d'eau oxygénée, elle se dédouble aussitôt en *cyanhématine* et en une matière albuminoïde, sans qu'il se dégage d'oxygène. Avec l'oxyhémoglobine, au contraire, la réaction est toute différente. Schœnbein a montré, en effet, que l'eau oxygénée est instantanément décomposée en oxygène et eau, tandis que l'hémoglobine reste inaltérée [Hoppe-Seyler, *Med. chem. Untersuch.*, Berlin, 1886, 206; *Physiol. Chem.*, Berlin, 1881, 384].

D'après M. Szigeti, le cyanure de potassium ou l'acide cyanhydrique, ajoutés à une dissolution d'oxyhémoglobine, provoquent aussitôt le dédoublement du protéide. Les deux bandes entre D et E disparaissent, et sont remplacés par la bande unique de la *cyanhématine* (voyez plus loin). Les réactions invoquées par M. Szigeti, à l'appui de cette conclusion, démontrent, à la vérité, qu'il y a effectivement dédoublement de l'oxyhémoglobine sous l'influence de l'alcali (cyanure) ou de l'acide (acide prussique concentré), avec mise en liberté d'hématine, laquelle fournit ensuite de la cyanhématine; mais le spectre décrit par Hoppe-Seyler pour le dérivé cyanhydrique ne peut pas être confondu avec celui de la cyanhématine. Il faut donc admettre que, selon le degré de concentration de l'acide cyanhydrique, sa pureté, etc., il se produit ou bien de la cyanhématine, ou bien de l'hémoglobine cyanhydrique [Szigeti, *Maly's Jahresb.*, **23**, 621].

M. Preyer a décrit une combinaison de l'hémoglobine avec le *cyanure de potassium*, mais Hoppe-Seyler conteste l'existence d'un tel composé [Preyer, *Die Blutkrystalle*, Iéna, 1871, 153. — Hoppe-Seyler, *Med. chem. Untersuch.*, Berlin, 1867, 207].

IX. — MÉTHÉMOGLOBINE.

— Voyez 1er Suppl., 902. — Pour l'historique de la question, déjà réuni en partie dans l'excellent article d'Henninger, voyez le travail très complet de M. Bertin-Sans, [*Thèse de Montpellier*, 1888].

Modes de production. — La méthémoglobine a été trouvée dans les anciens foyers d'extravasations sanguines, dans certains kystes, dans des tumeurs de l'ovaire, dans certaines urines pathologiques (où elle provient sans doute de l'altération de l'oxyhémoglobine), dans les taches de sang anciennes, où elle constitue la *cruorine brune*, naguère décrite par Sorby [Hoppe-Seyler, *Physiol. Chem.*, Berlin, 1881, 391. — Sorby, *Quart. Journ. of microsc. Science*, 1865, 205; 1870, 400. — Lewin et Posner, *Centralbl. f. d. med. Wiss.*, 1887, 355].

Les agents les plus variés transforment l'oxyhémoglobine en méthémoglobine. La plupart de ces corps sont des oxydants (ozone, chlorate et permanganate de potassium, hypochlorite de sodium, nitrites, nitrate d'argent, etc.). Mais les réducteurs tels que le palladium hydrogéné, ou des corps indifférents comme le nitrobenzène, la térébenthine, la kairine, le bleu de méthylène, produisent le même effet. Le mécanisme de cette action pourra sans doute être expliqué plus facilement, maintenant que l'on sait, par les recherches récentes de MM. J. Haldane et von Zeyneck, que la transformation de l'oxyhémoglobine en méthémoglobine est accompagnée d'un dégagement d'oxygène (voyez plus loin). M. Dittrich a fait une étude d'ensemble de ces agents, en précisant l'influence des conditions de température, de durée d'action du réactif, de concentration de la dissolution d'oxyhémoglobine, etc. [*Arch. exp. Path.*, **29**, 247. — Voyez aussi le travail déjà cité de M. Bertin-Sans].

Ces divers composés agissent tous assez rapidement sur l'oxyhémoglobine dissoute dans l'eau. Leur action sur l'oxyhémoglobine encore fixée dans le globule est au contraire variable. Aussi longtemps que le globule est intact, il n'y aurait pas, d'après M. von Mering, production de méthémoglobine; celle-ci ne commencerait que lorsque le globule est détruit.

L'action de ces agents présente d'ailleurs un tableau différent, selon qu'on les étudie *in vitro*, ou dans leurs effets sur l'organisme, et sur ce dernier point l'accord est souvent loin d'être complet.

M. Hayem divise en deux classes les substances qui provoquent la formation de la méthémoglobine. Les unes, telles que le chlorhydrate de kairine, le nitrite d'amyle, transforment l'oxyhémoglobine en méthémoglobine dans l'intérieur même des globules, mais sans détruire ces derniers. Les autres exercent ou non sur le globule une action de destruction, et l'on peut les ranger en trois groupes.

Le premier comprend les substances qui, comme le nitrite de sodium, l'acide pyrogallique, le permanganate de potassium, l'acide osmique, dissolvent rapidement un certain nombre de globules et transforment en méthémoglobine l'oxyhémoglobine dissoute (comme aussi celle qui se trouve encore dans les globules non détruits). Les chlorates forment un deuxième groupe. Ces sels sont sans action nuisible à petite dose, car ils agissent lentement et sont éliminés avant d'avoir pu produire des effets sensibles. A doses moyennes, ils dissolvent les globules et provoquent l'apparition de méthémoglobine dans le plasma. A doses élevées, enfin, ils forment de la méthémoglobine dans les hématies mêmes. Le type des agents du troisième groupe est le ferricyanure de potassium, qui ne dissout pas les globules, ne provoque pas l'apparition de méthémoglobine globulaire, et ne peut transformer que l'oxyhémoglobine dissoute [Hayem, *C. R.*, **102**, 698. — Bertin-Sans, *op. cit.*, 72].

Parmi les agents souvent cités comme transformant l'oxyhémoglobine en méthémoglobine figurent les acides, et même l'acide carbonique si son action est suffisamment prolongée. Mais M. Harnack considère cette méthémoglobine (qu'il appelle *acidhémoglobine*) comme différente de la vraie méthémoglobine, parce que la bande d'absorption qu'elle présente dans le rouge est à cheval sur C, tandis que pour la méthémoglobine des nitrites ou du ferricyanure, la bande du rouge est entre C et D et borde C [E. Harnack, *Zeit. physiol. Chem.*, **26**, 558]. Cette acidhémoglobine est très altérable et se transforme facilement en hématine. Toutefois M. Menziez, qui a étudié spécialement l'action des acides sur le sang, ne fait pas cette distinction [Menziez, *Journ. of Physiol.*, **17**, 415].

La méthémoglobine peut être obtenue aussi en partant de l'hémoglobine (Henninger), mais seulement en présence du ferricyanure ou du permanganate de potassium. Le nitrite de sodium est ici sans action [R. von Zeynek, *Arch. Physiol.*, 1899, 490].

Préparation. — De l'oxyhémoglobine de cheval, de porc ou de chien, purifiée par une ou deux cristallisations, est dissoute dans une quantité aussi faible que possible d'eau bouillie et refroidie, puis on ajoute un peu de ferricyanure de potassium. MM. Hüfner et Otto indiquent, pour 500 centimètres cubes de liquide, deux fragments de la grosseur d'un pois. M. R. von Zeynek ajoute par petites quantités une dissolution de ferricyanure à 10 0/0, jusqu'à ce que la couleur rouge ait complètement disparu et que le liquide soit devenu d'un brun foncé. Finalement, il ajoute encore un léger excès du réactif. On refroidit ensuite à 0° et on ajoute un quart du volume d'alcool également refroidi à 0°. En abandonnant le tout pendant plusieurs jours à 0°, et, mieux encore, dans un mélange réfrigérant, on provoque la séparation de cristaux aiguillés, très fins, qui, mis en suspension dans le liquide, lui communiquent un éclat soyeux particulier. Avec le sang de cheval, M. R. von Zeinek a réussi à plusieurs reprises à faire cristalliser des dissolutions très concentrées, sans aucune addition d'alcool. On peut aussi remplacer la dissolution d'oxyhémoglobine par une dissolution de globules [Hüfner et Otto, *Zeit. physiol. Chem.*, **7**, 65. — Hüfner, *ibid.*, **8**, 366. — R. von Zeynek, *Arch. f. Physiol.*, 1899, 461].

Propriétés physiques et chimiques. — Les cristaux de méthémoglobine de chien ont la même forme que ceux d'oxyhémoglobine. Ce sont des aiguilles ou de longs prismes de 1/2 millimètre ou plus encore. Avec le sang de cheval, M. Hammarsten a obtenu des prismes rouge-grenat, réguliers, hexagonaux et de plus de 1 millimètre de diamètre. Ceux du sang de porc sont de fines aiguilles brunes, un peu fauves; mais M. R. von Zeynek a obtenu parfois de petites tablettes hexagonales analogues aux cristaux décrits par M. Nencki pour l'hémoglobine de cheval. Enfin, le sang de cobaye fournit des tétraèdres et les sangs d'écureuil et de rat des lamelles à six faces et des prismes rhomboïdaux.

Desséchée à la température ordinaire, la méthémoglobine est une poudre rouge-brun perdant encore par dessiccation à 110°, dans un courant d'hydrogène, 11,39 0/0 d'eau pour la méthémoglobine du sang de cheval et 11,29 0/0 pour celle du sang de porc.

La méthémoglobine est, en général, moins soluble dans l'eau que l'oxyhémoglobine correspondante. Celle du sang de porc se dissout à raison de 5^{gr},851 pour 100 centimètres cubes d'eau à 0°. La méthémoglobine est insoluble dans l'alcool et dans l'éther, et ces deux véhicules la conservent pour ainsi dire indéfiniment à l'état cristallisé; mais ces cristaux, mis en contact avec de l'eau, passent aussitôt à l'état amorphe [Lachowicz et Nencki, *D. chem. G.*, **18**, 2129].

La méthémoglobine a un pouvoir colorant beaucoup moins intense que celui de l'oxyhémoglobine. Les dissolutions aqueuses ont une couleur jaune-rougeâtre quand elles sont diluées, rouge-brun quand elles sont concentrées. Leur mousse a une couleur sépia assez caractéristique, et l'agitation à l'air ne modifie pas la coloration du liquide. Ces dissolutions sont assez stables; toutefois, par un long repos, il se sépare un précipité; puis le liquide, continuant à se décomposer, prend une couleur brun-verdâtre et une consistance gélatineuse. Les solutions alcalines de méthémoglobine ont une couleur franchement rouge; elles présentent d'ailleurs, comme on va le voir, un spectre tout différent de celui de la méthémoglobine acide.

Spectre d'absorption de la méthémoglobine. — Lorsqu'on traite une solution de sang ou d'oxyhémoglobine par du ferricyanure de potassium, on voit le spectre de l'oxyhémoglobine se transformer en un spectre à quatre bandes, analogue à celui de l'hématine en solution acide. C'est là, pour certains auteurs, le *spectre* dit de la *méthémoglobine acide*, car ces dissolutions de méthémoglobine sont, en effet, acides au papier par suite de la présence de traces d'acides organiques (acides formique, butyrique). Pour une épaisseur ou pour un degré de dilution convenablement choisis, voici comment se présente ce spectre, d'après M. Bertin-Sans : La première bande I, dans le rouge, entre C et D et plus près de C, est la plus foncée et la plus nette; son centre est à $\lambda = 633$. Viennent ensuite les deux bandes II et III, entre D et E : la première, moins foncée et très voisine de D par son bord gauche, a son centre à $\lambda = 580$, et la seconde, plus sombre et plus large, atteignant ou dépassant E par son bord droit, a son milieu à $\lambda = 538,5$. Ces deux bandes occupent donc la position des deux bandes de l'oxyhémoglobine. Enfin la bande IV, très large et très estompée, n'est visible que dans les dissolutions assez étendues. Son bord droit est alors séparé de l'extrémité violette obscure du spectre par un espace à peine éclairci. Son centre répond à $\lambda = 500$. Ces déterminations, qui sont de M. Bertin-Sans, concordent très bien avec celles de M. Jäderholm [Bertin-Sans, *Thèse*, Montpellier,

1888, 93. — Jäderholm, *Maly's Jahresb.*, **6**, 86; **14**, 113].

Pour d'autres auteurs, au contraire (Henninger, Araki, Dittrich), le spectre à quatre bandes est un spectre composite, les bandes II et III provenant d'un reste d'oxyhémoglobine non transformée. L'argument le plus fort qu'on puisse faire valoir dans cet ordre d'idées est l'expérience de Henninger, qui, en transformant devant le spectroscope une dissolution d'hémoglobine en méthémoglobine, n'a pas vu apparaître les bandes II et III. Pourtant la question n'est pas considérée, en général, comme entièrement résolue, en ce sens que l'attribution des bandes II et III à un reste d'oxyhémoglobine n'est pas une explication qui satisfasse complètement.

Si l'on dilue, en effet, progressivement une dissolution de méthémoglobine donnant le spectre à quatre bandes, ou si l'on diminue son épaisseur, les bandes II et III disparaissent presque simultanément, la bande III, qui est la *plus foncée*, diminuant plus rapidement d'intensité que la bande II, tandis que pour l'oxyhémoglobine c'est la bande voisine de E qui paraît la *moins foncée* et qui disparaît la première, alors que la bande voisine de D persiste encore nettement. M. Menziez fait observer, il est vrai, que, si la bande III de la méthémoglobine acide paraît plus foncée que la bande II, bien que toutes deux proviennent d'un reste d'oxyhémoglobine, cela tient à ce fait qu'au niveau de la bande III la méthémoglobine absorbe de la lumière et renforce, par conséquent, la seconde bande de l'oxyhémoglobine jusqu'à la faire paraître plus foncée que la première.

Une autre expérience intéressante, due à M. Bertin-Sans et tendant à montrer que les bandes II et III appartiennent bien en propre à la méthémoglobine, consiste à transformer, devant le spectroscope, une dissolution d'hémoglobine oxycarbonée en méthémoglobine. *On sait que les deux* bandes de l'hémoglobine oxycarbonée sont situées un peu plus à droite que celles de l'oxyhémoglobine. Or, au moment de la transformation à l'aide du ferricyanure, on voit ces deux bandes s'estomper et se déplacer légèrement vers le rouge, en même temps qu'apparaissent la bande du rouge et celle du bleu. Inversement, si la solution de méthémoglobine ainsi obtenue est traitée par le sulfure d'ammonium, on voit se reproduire le spectre de l'hémoglobine oxycarbonée. Or il paraît rationnel d'admettre que, si les deux bandes II et III étaient réellement dues à un reste d'oxyhémoglobine non transformée, ces deux bandes devraient occuper la place de celles de l'hémoglobine oxycarbonée, lorsque, au lieu de l'oxyhémoglobine, on emploie, pour obtenir la méthémoglobine, l'hémoglobine oxycarbonée.

A cette observation on peut opposer celle de M. Araki, qui, en abandonnant en tubes scellés, avec un peu d'air, des dissolutions de méthémoglobine, a constaté que la putréfaction fait d'abord disparaître les bandes II et III, c'est-à-dire celles qui pourraient être rapportées à l'oxyhémoglobine. Ces deux bandes se confondent peu à peu en une seule; si, à ce moment, on agite le liquide avec l'atmosphère sus-jacente, on voit reparaître les bandes II et III. Ce n'est qu'au bout d'un assez grand nombre de jours, et lorsque l'agitation du liquide cesse définitivement de faire reparaître les bandes II et III, que la bande I, dans le rouge, faiblit à son tour et disparaît. M. Araki conclut de ces observations que le spectre à quatre bandes est un spectre composite. M. Dittrich attribue de même à la méthémoglobine acide (ou neutre) une bande dans le rouge ($\lambda = 632$), et une seconde bande très indistincte, située vers $\lambda = 579$ et dont le bord droit est difficile à saisir. Elle correspondrait à la bande II des auteurs et disparaît pour une dilution convenable. La bande I demeure alors seule visible. Quant aux bandes II et IV, M. Dittrich n'a jamais pu les apercevoir [Araki, *Zeit. physiol. Chem.*, **14**, 405. — P. Dittrich, *Arch. f. exp. Path.*, **29**, 247].

M. Jäderholm rapporte aussi que, si l'on fait passer à travers une dissolution de méthémoglobine présentant le spectre à quatre bandes un courant d'hydrogène pur, cette dissolution prend peu à peu une coloration rouge et présente le spectre de la méthémoglobine alcaline. Ce phénomène se produit alors même que l'hydrogène a passé à travers un tube à boules rempli d'acide sulfurique. Si l'on agite énergiquement à l'air la solution ainsi modifiée, on réussit souvent à la faire redevenir brune et à lui faire présenter de nouveau le spectre à quatre bandes. M. Jäderholm a présenté plusieurs hypothèses pour expliquer ce singulier phénomène [Jäderholm, *Maly's Jahresb.*, **14**, 113].

On arrive donc finalement à cette conclusion que, si l'expérience si élégante de Henninger est un argument très solide contre l'existence d'un spectre à quatre bandes pour la méthémoglobine acide, par contre l'apparition d'un spectre à quatre bandes, quand on part de l'oxyhémoglobine, est un phénomène encore insuffisamment élucidé.

Lorsque à une dissolution de méthémoglobine acide on ajoute un peu de potasse ou d'ammoniaque, on voit apparaître le *spectre de la méthémoglobine alcaline*, en même temps que le liquide passe du rouge brun au rouge franc. Aussitôt après l'addition de l'alcali, on voit les bandes II et III devenir de plus en plus foncées, tandis que la bande I dans le rouge disparaît très rapidement, ainsi que la bande IV du bleu. En même temps on voit apparaître une nouvelle *bande entre C et D, tout près de D. Le spectre* de la méthémoglobine alcaline est donc constitué par trois bandes. La première, peu foncée, a son milieu à $\lambda = 603$; elle occupe à peu près l'espace clair qui sépare les bandes II et III de la méthémoglobine acide (ou les deux bandes de l'oxyhémoglobine). La deuxième, plus foncée que la précédente, n'est cependant pas très noire. Son milieu correspond à $\lambda = 578,5$, et, à concentration égale, son bord droit s'avance plus vers le rouge que celui de la bande II de la méthémoglobine acide. La troisième, peut-être un peu plus foncée que la seconde, a son milieu à $\lambda = 538,5$ (Bertin-Sans).

En ce qui concerne la *photométrie* de ces spectres, on doit à M. Bertin-Sans une étude du spectre de la méthémoglobine acide (spectre à quatre bandes). D'autre part, MM. Hüfner et Otto, et plus récemment M. R. von Zeynek, ont déterminé les rapports d'absorption A_M et A'_M pour les régions $\lambda = 554-565$ (intervalle des deux bandes de l'oxyhémoglobine) et $\lambda = 531,5-542,5$ (région de la deuxième bande de l'oxyhémoglobine) [Hüfner et Otto, *Zeit. physiol. Chem.*, **7**, 65. — R. von Zeinek, *Arch. f. Physiol.*, 1899, 461].

Voici les valeurs obtenues par M. R. von Zeinek, à l'aide du spectrophotomètre de M. Hüfner. Nous donnons en même temps la valeur du quotient $\frac{A_M}{A'_M} = \frac{\varepsilon'_M}{\varepsilon_M}$ dont la signification a été indiquée précédemment (p. 41 et 53) :

	A_M	A'_M	$\frac{A_M}{A'_M}$
Cheval.	0,002052	0,001729	1,187
Porc...	0,002103	0,001779	1,183
Bœuf..	0,00208	9,00177	1,176

Pour la méthémoglobine de cheval et de porc,

ces valeurs sont des moyennes qui ne diffèrent que fort peu des résultats isolés fournis respectivement par 13 (cheval) et 14 déterminations (porc). De plus, la méthémoglobine employée a été préparée en faisant agir à dessein sur l'oxyhémoglobine des quantités très variables de ferricyanure, afin de s'assurer que l'action de ce réactif est épuisée en une seule fois et qu'il ne se produit pas une succession de pigments, résultant d'une transformation de plus en plus profonde de la matière colorante.

La méthémoglobine se conduit donc comme un individu chimique optiquement bien défini, constatation intéressante, puisque de divers côtés on inclinait encore à refuser à ce pigment les caractères d'un individu chimique défini (voyez notamment L.-G. de Saint-Martin, *Spectrophotométrie du sang*, Paris, 1898, 70). On remarquera que les valeurs de A_M et A'_M diffèrent fort peu pour les trois espèces animales examinées; on en peut conclure, avec M. R. von Zeinek, que les diverses méthémoglobines sont optiquement identiques. Le même auteur fait remarquer combien le rapport d'absorption A'_M de la méthémoglobine (0,0017) est plus élevé que la constante A'_0 (0,0013) de l'oxyhémoglobine pour la même région, ce qui veut dire qu'une dissolution de méthémoglobine absorbe beaucoup *moins de lumière dans* cette région spectrale qu'une dissolution d'oxyhémoglobine d'égale concentration. Ainsi s'explique pourquoi le sang d'un animal intoxiqué par l'antifébrine, par exemple, jusqu'à production d'une notable quantité de méthémoglobine, paraît, à l'hémomètre de Fleisch (ou à tout autre chromomètre), beaucoup moins riche en matière colorante rouge, bien que le nombre des globules n'ait pas été diminué. C'est là un exemple de l'infériorité des méthodes chromométriques vis-à-vis de la spectrophotométrie [Herczel, *Centralbl. f. d. med. Wiss.*, 1887, 547. — Dittrich, *Arch. f. exp. Path.*, **29**, 270].

D'après MM. Hüfner et Külz, le bioxyde d'azote, agissant sur la méthémoglobine, déplace de l'oxygène, lequel est aussitôt fixé par l'excès de bioxyde, et il se forme de l'hémoglobine oxyazotique que ces auteurs ont caractérisée par l'étude photométrique de son spectre d'absorption.

L'oxyde de carbone ou le vide sont sans action sur la méthémoglobine.

Les réducteurs, tels que le sulfure d'ammonium, l'hydrosulfite de soude, la putréfaction, transforment la méthémoglobine en hémoglobine, laquelle peut ensuite, par agitation à l'air, être transformée en oxyhémoglobine. L'indigo blanc opère la même réduction, et l'on peut ainsi, en mesurant d'après Schützenberger, à l'aide de l'hydrosulfite de soude, la quantité d'indigo bleu formée, apprécier la quantité d'oxygène cédée par la méthémoglobine au cours de sa transformation en hémoglobine [Lambling, *C. R. de la Soc. de Biol.*, 25 mai 1888].

D'après MM. Jäderholm, Bertin-Sans et Moitessier, la réduction lente de la méthémoglobine ferait apparaître d'abord le spectre de l'oxyhémoglobine et ensuite celui de l'hémoglobine. C'est de cette constatation que sont partis les auteurs qui ont fait de la méthémoglobine un peroxyde de l'oxyhémoglobine : Le phénomène en question se produit effectivement, mais non point d'une façon constante. Voici comment on peut l'expliquer très simplement : La methémoglobine, qui n'abandonne pas son oxygène dans le vide, est au contraire réduite par le sulfure d'ammonium plus rapidement que l'oxyhémoglobine. Si donc on additionne de sulfure d'ammonium une dissolution de méthémoglobine *contenant de l'oxygène dissous*, le spectre de l'oxyhémoglobine apparaît aussitôt, mais il faut un certain temps pour qu'à ce spectre succède celui de l'hémoglobine, par la raison que l'hémoglobine produite par la réduction presque instantanée de la méthémoglobine fixe aussitôt l'oxygène dissous et se transforme en oxyhémoglobine, laquelle n'est réduite que lentement. Si l'on recommence la même expérience avec une dissolution de méthémoglobine ne renfermant pas d'oxygène libre, le spectre de l'hémoglobine n'est plus précédé par celui de l'oxyhémoglobine. Cette expérience de M. Haldane explique bien des contradictions [Haldane, *Journ. of Physiol.*, **22**, 298].

D'après M. Otto, la transformation de la méthémoglobine en hémoglobine par la putréfaction est quantitative [Otto, *Pflüger's Arch.*, **31**, 245].

La poudre de zinc et l'amalgame de sodium décomposent la méthémoglobine; il se forme, d'après M. Otto, des substances incolores que l'on peut obtenir à l'état cristallin.

Lorsqu'on prépare une dissolution de méthémoglobine par l'action du ferricyanure sur une dissolution d'hémoglobine oxycarbonée, on obtient de la méthémoglobine ordinaire, et non point, comme l'ont soutenu MM. Weil et Anrep, une méthémoglobine oxycarbonée (voyez p. 68).

Une dissolution de méthémoglobine exposée à la lumière solaire en couches minces devient rouge foncé et ne présente plus qu'une bande unique dans le vert. Le nouveau pigment qui s'est formé et que M. Bock a appelé *photométhémoglobine*. est identique à la *cyanométhémoglobine* de M. Kobert (voyez plus loin).

Constitution de la méthémoglobine. — La méthémoglobine a été considérée successivement comme un peroxyde (Sorby, Jäderholm), puis comme un sous-oxyde (Hoppe-Seyler, Marchand, Weyl, Anrep, Henninger) de l'oxyhémoglobine. On ne reproduira pas ici cette discussion, dont des expériences purement spectroscopiques faisaient tous les frais [voyez Bertin-Sans, *Thèse*, Montpellier, 1888). M. Hüfner et ses élèves se sont efforcés au contraire d'aborder le problème plus directement. MM. Hüfner et Otto ont montré d'abord que l'oxyhémoglobine et la méthémoglobine (du sang de porc) présentent sensiblement la même composition centésimale, ainsi que le montre le tableau suivant :

	Oxyhémoglobine.	Méthémoglobine.
Carbone	54,17	53,99
Hydrogène	7,38	7,13
Azote	16,23	16,19
Soufre	0,66	0,66
Fer	0,43	0,45
Oxygène	21,36	21,58

Ils ont constaté ensuite que, lorsque dans une dissolution d'oxyhémoglobine, on provoque une transformation partielle de l'oxyhémoglobine en méthémoglobine, la quantité d'oxygène qui reste déplaçable par la pompe à mercure correspond exactement à la quantité d'oxyhémoglobine dosée dans le mélange à l'aide du spectrophotomètre (Otto). Ils ont essayé, en outre, de mesurer indirectement *la quantité d'oxygène que perd la méthémoglobine* en se transformant en hémoglobine. A cet effet, ils ont transformé des quantités connues de méthémoglobine en hémoglobine oxyazotique par l'action du bioxyde d'azote. L'oxygène déplacé se porte sur le bioxyde d'azote, le transforme en acides azotique et azoteux, et ce dernier peut être dosé par la quantité d'azote qu'il dégage au contact de l'urée. En soumettant à cette série de réactions deux dissolutions, l'une de méthemoglobine et l'autre d'oxyhémoglobine, aussi identiques que possible, MM. Hüfner et Külz ont obtenu de part et d'autre le même volume d'azote. M. Lambling a constaté de même que la méthémoglobine bleuit autant d'indigo blanc qu'une solution d'oxyhémoglobine de même concentration [Hüfner et Otto, *Zeit. physiol. Chem.*, **7**, 65. — J. Otto, *Pflüger's Arch.*, **31**, 245. — Hüfner et Külz, *Zeit. physiol. Chem.*, **7**, 366. — Lambling, *Bull. Soc. biol.*, 25 mai 1888].

De ces expériences M. Hüfner a conclu que la méthémoglobine ne diffère de l'oxyhémoglobine que par le mode de fixation de l'oxygène déplaçable par les réducteurs. L'hémoglobine fixe la même quantité d'oxygène pour se transformer en méthémoglobine ou en oxyhémoglobine, mais dans le premier de ces pigments l'oxygène est autrement et plus fortement lié que dans le second, si bien que le vide ou l'oxyde de carbone, qui réduisent facilement l'oxyhémoglobine, sont sans action sur la méthémoglobine.

Le mode de formation et la constitution de la méthémoglobine n'en restent pas moins très obscurs. On comprend mal surtout par quel mécanisme des agents si divers transforment l'oxyhémoglobine en méthémoglobine. Cette question, visiblement délaissée pendant quelques années, a repris un intérêt nouveau depuis que M. J. Haldane et, après lui, M. R. von Zeinek ont fait voir que la transformation de l'oxyhémoglobine en méthémoglobine s'accompagne d'un dégagement d'oxygène lorsqu'on emploie comme agent le ferricyanure ou le permanganate de potassium. Avec le nitrite de sodium, ce phénomène n'a pas pu être observé. En même temps on constate que le ferricyanure est réduit à l'état de ferrocyanure. M. Hüfner, complétant le travail de M. R. von Zeinek, a montré que la quantité d'oxygène ainsi dégagée peut atteindre 2 volumes d'oxygène pour 1 molécule d'oxyhémoglobine [J. Haldane, *Journ. of Physiol.*, **22**, 298. — R. von Zeinek, *Arch. f. Physiol.*, 1899, 460. — G. Hüfner, *ibid.*, 491].

M. Haldane a même proposé d'appliquer cette réaction au dosage de l'oxygène ou de l'oxyde de carbone fixés par le sang. Le sang étendu d'eau est introduit dans une sorte d'uréomètre de Dupré, et est soumis à l'action d'une solution concentrée de ferricyanure de potassium. Le volume de gaz dégagé est lu avec les précautions habituelles. M. Haldane a trouvé ainsi pour 100 centimètres cubes d'un sang, en quatre déterminations, de 16cc,86 à 17cc,05 d'oxygène et de 17cc,00 à 17cc,22 d'oxyde de carbone.

Ces résultats ne sont pas en contradiction irréductible avec les premières conclusions de M. Hüfner. De ce fait que le mélange d'oxyhémoglobine et de ferricyanure dégage de l'oxygène avec formation de méthémoglobine, on ne saurait conclure que le premier de ces pigments engendre le second par perte d'oxygène, car l'observation montre que le ferricyanure est également réduit, et il est facile d'imaginer une équation rendant compte de ce dégagement d'oxygène, tout en conservant à la formule de la méthémoglobine tout l'oxygène de l'oxyhémoglobine [R. von Zeinek, *op. cit.*, 487]. Il conviendrait évidemment de reprendre l'étude des divers agents producteurs de méthémoglobine, et de suivre parallèlement leur action sur l'hémoglobine et la méthémoglobine. Déjà M. Hammarsten fait observer qu'en partant de l'hémoglobine on n'obtient pas de méthémoglobine en l'absence d'oxygène ou d'agents oxydants (Hammarsten, *Lehrb. d. physiol. Chem.*, 3e édit., Wiesbaden, 1895, 119].

Recherche et dosage de la méthémoglobine. — Lorsque la méthémoglobine est contenue seule dans un liquide, comme il arrive souvent pour l'urine par exemple, on la caractérise aisément par ses réactions spectroscopiques en milieu acide, puis en milieu alcalin. Les réducteurs la transforment en hémoglobine, et ce pigment fournira à son tour de l'hémochromogène dont le spectre est si caractéristique (voyez p. 47 et 48).

Lorsque la méthémoglobine est accompagnée d'autres pigments, et notamment d'oxyhémoglobine, le problème est un peu plus délicat. En milieu neutre ou acide, la méthémoglobine ajoutera au spectre de l'oxyhémoglobine sa bande dans le rouge, laquelle ne pourrait être confondue qu'avec celle de l'hématine en solution acide. Mais l'hématine n'apparaît en général que sous l'action d'agents beaucoup plus énergiques que ceux qui provoquent la production de la méthémoglobine. Les conditions mêmes de l'expérience renseigneront donc le plus souvent d'une manière suffisante, sinon on procédera aux réactions complémentaires que voici :

L'addition d'un alcali ne tranchera pas la question, car elle fera disparaître la bande dans le rouge pour la méthémoglobine comme pour l'hématine. De plus, il est facile de se rendre compte que le spectre de la méthémoglobine alcaline, ou celui de l'hématine alcaline, superposés respectivement à celui de l'oxyhémoglobine, pourront, dans beaucoup de cas, ne rien fournir de caractéristique. Si les quantités de méthémoglobine sont suffisantes, on apercevra, à gauche de la première bande de l'oxyhémoglobine, une ombre qui prolonge vers le rouge le bord très net de cette bande, et que connaissent tous ceux qui ont manié, en solution alcaline, du sang d'animaux intoxiqués par l'un des nombreux agents énumérés plus haut (chlorate de potasse, etc.). Mais cette ombre apparaîtra aussi, et plus forte encore, s'il y a mélange d'hématine. L'addition d'un réducteur permettra souvent de trancher la question. La méthémoglobine sera réduite à l'état d'hémoglobine qui se confondra avec l'hémoglobine provenant de la réduction de l'oxyhémoglobine. On aura donc un spectre unique et pur. Avec l'hématine, au contraire, il se produira de l'hémochromogène, dont la première bande se confondra à peu près avec la bande unique de l'hémoglobine, mais dont la seconde, la moins accusée il est vrai, viendra se projeter dans l'espace clair qui dans le spectre de l'hémoglobine existe à droite de la bande unique. Si la quantité d'hématine est suffisante, cette bande pourra donc être perçue.

Enfin, la délimitation exacte de la bande I dans le rouge pourra être complétée par des mesures photométriques. D'après M. Bertin-Sans, on peut même reconnaître ainsi dans un mélange d'oxyhémoglobine et de méthémoglobine la présence d'une quantité de ce dernier pigment insuffisante pour qu'elle puisse provoquer l'apparition d'une bande.

Le *dosage de la méthémoglobine* n'a été fait jusqu'à présent d'une manière pratique que par voie spectrophotométrique. Il exige la *détermination préalable du rapport d'absorption* du pigment dans une région, et mieux encore dans deux régions spectrales. Les deux régions ont été choisies dans les plages D 32 E — D 54 E et D 6 E — D 84 E, afin de rendre possible le dosage simultané de la méthémoglobine et celui de l'oxyhémoglobine, par exemple. On a donné plus haut les valeurs obtenues pour ces deux grandeurs, A_M et A'_M, avec la méthémoglobine du sang de cheval, de porc et de bœuf.

Pour les deux premières, on est parti de solutions titrées de méthémoglobine cristallisée, et en appliquant les règles générales qui ont été exposées plus haut à propos du dosage spectrophotométrique de l'oxyhémoglobine. Pour la méthémoglobine du sang de bœuf, laquelle jusqu'à présent n'a pas été amenée à cristallisation, M. R. von Zeynek a opéré avec des dissolutions de titre connu (provenant apparemment de dissolutions d'oxyhémoglobine de titre connu) et qui contenaient encore, à côté de la méthémoglobine, le ferricyanure ayant servi à la transformation. Mais il est facile de s'assurer qu'à la dose où l'on emploie, ce sel, le ferricyanure est sans action sensible sur la lumière, et d'ailleurs les valeurs ainsi obtenues pour A_M, A'_M, et pour le quotient $A_M : A'_M$, rapprochées de celles que donne la méthémoglobine cristallisée du porc et du cheval, achèvent de justifier la méthode indirecte à laquelle on se trouvait réduit pour cette espèce sanguine.

Le *dosage* même de la méthémoglobine, lorsqu'elle est seule dans une dissolution, ne présente aucune difficulté. On déterminera les coefficients d'extinction ε_M, ε'_M de la dissolution convenablement diluée dans les deux régions spectrales définies plus haut, et on appliquera pour chacune de ces régions la relation générale

$$c = A\varepsilon.$$

On aura ainsi deux dosages se contrôlant réciproquement, et surtout, en faisant le quotient $\varepsilon'_M : \varepsilon_M$, on aura un contrôle de la pureté de la dissolution, car on sait que la méthémoglobine pure donne pour les deux régions spectrales considérées (et pour le sang de cheval)

$$\frac{A_M}{A'_M} = \frac{\varepsilon'_M}{\varepsilon_M} = 1,187.$$

Toute dissolution de méthémoglobine qui donnera pour le quotient $\varepsilon'_M : \varepsilon_M$ une valeur s'éloignant sensiblement de 1,187 devra être considérée comme contenant des pigments étrangers [R. von Zeinek, *Arch. f. Physiol.*, 1899, 461].

Le *dosage simultané de la méthémoglobine* et d'un autre pigment sanguin, l'*oxyhémoglobine* par exemple, a été pratiqué d'abord par M. Hüfner et ses élèves [Hüfner et Otto, *Zeit. physiol. Chem.*, 7, 65. — Otto, *Pflüger's Arch.*, **31**, 245. — Hüfner et Külz, *Zeit. physiol. Chem.*, **7**, 366]. On appliquera les formules qui ont été données plus haut à propos du dosage simultané de l'oxyhémoglobine et de l'hémoglobine, en remplaçant les grandeurs A_R et A'_R par les constantes A_M et A'_M de la méthémoglobine. La dilution du sang et l'opération photométrique n'exigent aucune précaution spéciale. Si l'on étend le sang d'eau aérée, on est certain que toute l'hémoglobine est bien à l'état d'oxyhémoglobine, conséquemment que le liquide ne contient que deux pigments.

On a exposé plus haut (p. 55) le principe d'une méthode simplifiée donnant, avec l'aide d'une table dressée par M. Hüfner, et par une simple détermination du coefficient d'extinction dans les deux régions spectrales choisies pour tous ces pigments, les quantités *relatives* d'oxyhémoglobine et d'hémoglobine, ou d'oxyhémoglobine et d'hémoglobine oxycarbonée (voy. p. 62). M. Hüfner a dressé une table analogue pour l'étude des mélanges d'oxyhémoglobine et de méthémoglobine. On donnera ici un court extrait de cette table, en rappelant que l'on a

$$\frac{A_O}{A'_O} = 1,578 \quad \text{et} \quad \frac{A'_M}{A_M} = 1,185,$$

ce dernier nombre étant la moyenne des déterminations de M. R. von Zeinek. Dans le tableau suivant, x désigne les poids de méthémoglobine et $100 - x$ les poids d'oxyhémoglobine pour 100 de matière colorante totale [Hüfner, *Arch. f. Physiol.* 1900, 46] :

$\frac{\varepsilon'}{\varepsilon}$	x	$100 - x$
1,578	0	100,00
1,5	19,85	80,15
1,4	45,31	54,69
1,3	70,77	29,33
1,2	96,23	3,77
1,185	100,00	0

X. — DÉRIVÉS DE LA MÉTHÉMOGLOBINE.

MÉTHÉMOGLOBINE OXYCARBONÉE. — MM. Weyl et Anrep ont admis l'existence d'une méthémoglobine oxycarbonée, laquelle prendrait naissance lorsqu'on traite par le ferricyanure de potassium une dissolution d'hémoglobine oxycarbonée. Mais MM. Bortin-Sans et Moitessier ont démontré qu'il se forme en réalité de la méthémoglobine ordinaire; l'oxyde de carbone, devenu libre, reste simplement dissous dans le liquide (voyez p. 60).

Il est possible toutefois que les choses se passent autrement lorsqu'on fait réagir directement l'oxyde de carbone sur la méthémoglobine. M. Szigeti rapporte que si l'on traite par quelques gouttes d'une dissolution de ferricyanure 100 centimètres cubes de sang de porc étendu au 1/10 et filtré, le liquide devient brun et présente le spectre de la méthémoglobine. Si, à ce moment, on fait passer un courant d'oxyde de carbone, la solution devient rouge clair et présente un spectre caractérisé par une large bande située entre D et E, plus près de D. Ce spectre ressemble à celui de l'hémoglobine ou à celui de la cyanhématine. Si l'on agite le liquide à l'air, rien n'est modifié, mais le sulfure d'ammonium fait apparaître deux bandes ayant l'aspect et la position de celles de l'hémoglobine oxycarbonée ou de l'hémochromogène oxycarbonée. Il y aurait donc lieu de reprendre cette question [Szigeti, *Vierteljahrsschr. f. gerichtl. Med.*, (3), **11**, 299].

MÉTHÉMOGLOBINE CARBONIQUE. — Si l'on agite une dissolution de méthémoglobine avec de l'acide carbonique sous des pressions croissantes, on constate que le gaz est fixé en quantités d'autant plus considérables que la pression est plus élevée. La courbe d'absorption a la même forme que celle de l'hémoglobine carbonique. Cette absorption a lieu avec des dissolutions de méthémoglobine légèrement acidifiées par l'acide sulfurique, ce qui exclut toute erreur tenant à l'action de matériaux alcalins. Les quantités de gaz fixées sont à peu près les mêmes pour l'hémoglobine et la méthémoglobine. Ainsi une dissolution aqueuse de méthémoglobine cristallisée est partagée en deux parties égales. On réduit, pour l'une d'elles, le pigment à l'état d'hémoglobine à l'aide de l'hydrosulfite de soude et dans un courant d'hydrogène, et les deux liquides sont ensuite agités, à 15°,5, avec un mélange d'air et d'acide carbonique. Pour une pression en acide carbonique de 42mm,6, les quantités de gaz fixées pour 1 gramme de pigment ont été les suivantes, défalcation faite des volumes de gaz physiquement dissous par le liquide :

	Acide carbonique.	Oxygène.
Méthémoglobine...	2cc,12	0cc,01
Hémoglobine......	1 ,98	1 ,24

[Chr. Bohr, *Skand. Arch. f. Physiol.*, **8**, 363].

THIOMÉTHÉMOGLOBINE. — Hoppe-Seyler a appelé ainsi une matière colorante verte, encore mal connue, et qui se produit quand on fait agir l'hydrogène sulfuré libre sur l'oxyhémoglobine ou sur le sang oxygéné. Tandis que les sulfhydrates ou les sulfures neutres n'agissent sur l'oxyhémoglobine que comme réducteurs, — à cette condition toutefois qu'ils ne soient pas employés en trop fort excès, — l'hydrogène sulfuré libre transforme l'oxyhémoglobine en une matière colorante nouvelle, analogue à la méthémoglobine par ses réactions spectrales, et dont la production s'accompagne manifestement d'une fixation de soufre. Ce corps apparaît très vite lorsqu'on fait passer de l'air chargé d'hydrogène sulfuré dans une *solution neutre* d'oxyhémoglobine. Si, au contraire, la solution est ammoniacale, le sulfhydrate d'ammoniaque qui se produit réduit l'oxyhémoglobine à l'état d'hémoglobine, laquelle n'est attaquée qu'à la longue par l'hydrogène sulfuré [Hoppe-Seyler, *Med. chem. Untersuch.*, Berlin, 1866, 151; *Physiol. Chem.*, Berlin, 1881, 386].

D'après M. Harnack, l'hémoglobine ne serait pas attaquée du tout si l'on a précédemment saturé la dissolution de gaz carbonique. Dans le cas contraire, il se forme un composé que M. Harnack appelle provisoirement *sulfo-hémoglobine*. Ce corps, qui est peut-être une combinaison d'hémoglobine et d'hydrogène sulfuré, n'est encore caractérisé que par une bande d'absorption située dans le rouge entre C et D, et plus près de D. Lorsque, au contraire, l'hydrogène sulfuré et l'oxygène agissent simultanément, il se produit encore, d'après M. Harnack, mais transitoirement, de la sulfo-hémoglobine, puis s'opère une série de décompositions, qui ne s'arrêtent pas à l'hématine et qui vont jusqu'à la production de composés n'ayant plus de spectre caractéristique. Les acides étendus décomposent la sulfo-hémoglobine en hydrogène sulfuré et en un corps que M. Harnack appelle *acidhémoglobine*, et qui est une sorte de méthémoglobine différente de la méthémoglobine ordinaire (voyez p. 64) [Harnack, *Zeit. physiol. Chem.*, **26**, 558]. — Les contradictions entre les données de M. Harnack et celles de ses prédécesseurs sont d'ailleurs nombreuses, et la lecture du mémoire que l'on vient de citer montre clairement que toute la question est à reprendre. On s'en tiendra, dans ce qui suit, à la thiométhémoglobine telle qu'elle est décrite par Hoppe-Seyler et par M. Araki. En fait, ce corps n'est guère caractérisé que par la couleur et les caractères spectroscopiques de ses dissolutions.

La formation de la thiométhémoglobine peut être provoquée dans l'intérieur même des globules. Si l'on fait passer un courant d'air mêlé d'hydrogène sulfuré dans du sang défibriné, celui-ci présente bientôt à la lumière transmise une couleur rouge sombre en couche épaisse, verte, au contraire, en couche mince, et si l'on prolonge le courant, cette modification s'accentue fortement sans que la nouvelle matière colorante passe dans le sérum [Araki, *Zeit. physiol. Chem.*, **14**, 412]. Les globules ainsi altérés ne se dissolvent pas dans les solutions étendues de sel marin, mais sont détruits par addition d'eau et d'éther. Ni Hoppe-Seyler ni M. Araki n'ont réussi à faire cristalliser la thiométhémoglobine contenue dans ces dissolutions.

Les dissolutions de thiométhémoglobine donnent, lorsqu'on les étend d'eau, des précipités fins, de couleur verte et qui se dissolvent par l'addition de très petites quantités de soude. Les acides étendus, et même l'acide carbonique, reproduisent ce précipité, que les solutions étendues de sel marin laissent insoluble.

Les réactions spectroscopiques, pour les dissolutions exemptes d'alcali, sont les suivantes, d'après M. Araki (lequel indique la position des bandes d'après l'échelle micrométrique de son appareil, en notant que $C = 46$, $D = 80$, $E = 125$, $b = 134$ et $F = 165$). Une première bande, assez nette et sombre, s'étend de 60 à 68. L'espace de 55 à 60 est légèrement ombré, mais plus clair que l'espace 45-55, et beaucoup plus clair que l'espace 60-68. Il résulte de là que toute la région 45-70 donne l'apparence de deux bandes d'absorption, séparées par un espace intermédiaire moins obscurci. Dans la région D—E, on trouve également, même après une action très prolongée du mélange d'hydrogène sulfuré et d'air, des bandes d'absorption qui coïncident soit avec celles de l'oxyhémoglobine, soit avec la bande de l'hémoglobine. Si la solution sanguine est abandonnée à elle-même pendant un certain temps, c'est la bande de l'hémoglobine que l'on aperçoit; après agitation à l'air, ce sont, au contraire, celles de l'oxyhémoglobine qui reparaissent.

Ce phénomène se produit pour des dissolutions d'oxyhémoglobine ou de sang, qu'elles aient été soumises peu de temps ou, au contraire, pendant très longtemps, à l'action du mélange d'eau et de gaz sulfhydrique. Ce n'est qu'en prolongeant considérablement l'action du mélange gazeux, et en séparant constamment, à l'aide du filtre, les précipités qui se forment successivement, que l'on arrive à obtenir un liquide qui ne présente plus ces bandes. On ne voit plus alors entre D et E qu'un obscurcissement diffus, un peu plus accentué que celui que l'on observe entre D et la bande dans le rouge. Les dissolutions étendues qui présentent ces phénomènes sont vertes. Enfermées à cet état dans des tubes scellés, elles continuent à présenter les mêmes apparences spectroscopiques.

L'addition d'une petite quantité d'alcali ne modifie pas ce spectre. En présence d'un excès d'alcali, une décomposition profonde s'opère, surtout si l'on élève un peu la température. La plage 45-55 et la plage 55-60 demeurent inaltérées, mais l'espace 60-70 devient tout à fait clair. En ajoutant un peu de sulfure d'ammonium, on voit apparaître le spectre de l'hémochromogène. Cette réaction démontre que dans la thiométhémoglobine le groupe hémochromogène de l'hémoglobine s'est conservé intact. Pourtant M. Araki n'a pas réussi, malgré un grand nombre de tentatives, à préparer des cristaux d'hémine avec la thiométhémoglobine.

C'est à la thiométhémoglobine que doit être attribuée sans doute la coloration verdâtre que l'on observe à la surface de la viande pourrie, où l'hydrogène sulfuré, produit par la putréfaction, et l'oxygène de l'air peuvent agir concurremment sur la matière colorante du sang.

Cyanométhémoglobine. — On a signalé depuis longtemps, comme phénomène caractéristique de l'empoisonnement par l'acide cyanhydrique ou les cyanures, la coloration rouge clair des taches cadavériques, et aussi la très belle coloration rouge clair que présente souvent, dans sa totalité, la muqueuse stomacale. M. Kobert explique ces phénomènes par la production d'un dérivé particulier de la matière colorante du sang, qu'il appelle *cyanométhémoglobine*. M. Kobert fait remarquer d'abord que les colorations rouge clair signalées plus haut apparaissent précisément dans les régions où l'on pouvait prévoir une formation facile de méthémoglobine, et MM. Masoin et Verbrugge ont démontré, d'autre part, que, dans l'intoxication par le cyanure de potassium, la coloration rouge caractéristique du sang veineux n'est possible qu'en présence de l'oxygène.

M. Kobert a montré, d'autre part, qu'une dissolution de méthémoglobine (à 2 0/0) devient d'un rouge vif magnifique par addition de quelques gouttes d'acide prussique étendu. Au spectroscope, on constate que le spectre de la méthémoglobine a disparu; on ne trouve plus qu'une seule bande, entre D et E, occupant à peu près la position de la bande unique de l'hémoglobine, mais à contours beaucoup moins nets. Cette bande unique ne peut pas être rapportée à l'hémoglobine. Elle ne disparaît pas par agitation à l'air; même un courant d'air prolongé pendant plusieurs heures ne fait pas reparaître les deux bandes de l'oxyhémoglobine. C'est ce nouveau composé que M. Kobert appelle *cyanométhémoglobine* [Kobert, *Maly's Jahresb.*, **21**, 443. — P. Masoin et R. Verbrugge, *Arch. de Pharmacodynamie*, **3**, 369].

Ce corps est identique à la *photométhémoglobine* de M. Bock. Ce savant avait remarqué qu'une solution étendue de méthémoglobine, exposée à la lumière solaire en couches minces, devient rouge foncé et ne présente plus qu'une bande unique dans le vert ($\lambda = 535$). Mais M. Haldane a montré que cette photométhémoglobine ne se produit que si la méthémoglobine est préparée à l'aide du ferricyanure de potassium. Or des dissolutions très étendues de ferricyanure, exposées au soleil, contiennent toujours un peu d'acide cyanhydrique, et lorsqu'on ajoute, dans l'obscurité, des dissolutions ainsi modifiées à des dissolutions de méthémoglobine, on observe le changement de couleur signalé par M. Bock et le spectre décrit pour la photométhémoglobine. Cette dernière n'est donc que de la cyanométhémoglobine [J. Bock, *Maly's Jahresb.*, **25**, 129. — J. Haldane, *Journ. of Physiol.*, **15**, 230].

La production de la cyanométhémoglobine est empêchée par la présence de trop grandes quantités de ferricyanure de potassium (qui est la substance la plus fréquemment employée pour la préparation de la méthémoglobine) ou d'acides libres. L'opération réussit le plus facilement lorsqu'on part de l'oxyhémoglobine cristallisée.

La cyanométhémoglobine présente une assez grande stabilité. Elle résiste nettement aux agents oxydants et même à l'oxygène naissant. Elle résiste de même aux réducteurs, et notamment à la putréfaction, à tel point qu'on peut la retrouver très facilement dans des cadavres huit jours après la mort. Le sulfure d'ammonium est aussi sans action sur elle (Kobert) ou ne la modifie que très lentement (Haldane). Toutefois M. Bock rapporte que sa photométhémoglobine, soit donc la cyanométhémoglobine, est transformée par l'hydrosulfite en hémoglobine, laquelle peut être retransformée en oxyhémoglobine, puis en méthémoglobine.

Cette dernière réaction démontre que c'est à tort que M. Szigeti a considéré la cyanométhémoglobine comme identique avec la cyanhématine. Au surplus, les dissolutions de cyanhématine, traitées par le sulfure d'ammonium, changent aussitôt de teinte, deviennent rouges et présentent le spectre de l'hémochromogène [Szigeti, *Maly's Jahresb.*, **23**, 621].

La production de la cyanométhémoglobine est une réaction très sensible. Il suffit de 0gr,000003 d'acide cyanhydrique (à une dilution de 3 p. 2000000) pour modifier d'une manière caractéristique 1 centimètre cube d'une dissolution de méthémoglobine à 1 0/0. La réaction peut servir à la recherche de l'une ou de l'autre des deux substances, et M. Kobert a fait étudier par un de ses élèves l'application de cette réaction à l'étude médico-légale des taches de sang. En ce qui concerne l'acide cyanhydrique, la réaction présente cet avantage que l'acide employé peut être retrouvé intégralement par distillation, et qu'il peut servir, par conséquent, à d'autres réactions [Klein, *Dissert. Inaug.*, Dorpat, 1889].

CHOLOMÉTHÉMOGLOBINE. — Voyez à l'article BILE, 2e Suppl., **1**, 706.

PRODUITS DE DÉCOMPOSITION DES MATIÈRES COLORANTES DU SANG.

Les deux matières colorantes du sang normal, l'oxyhémoglobine et l'hémoglobine, appartiennent à la catégorie des protéides de Hoppe-Seyler, c'est-à-dire qu'elles fournissent, par leur dédoublement, un albuminoïde — qui serait, d'après des travaux récents, une histone ou une nucléohistone, — et une matière colorante renfermant tout le fer. Pour l'oxyhémoglobine, cette matière colorante est l'*hématine*, pigment connu depuis les travaux déjà anciens de Tiedeman et Gmelin, et surtout de Lecanu (1838). Le dédoublement de l'hémoglobine n'a été étudié que beaucoup plus tard, par Stokes (1864) et surtout par Hoppe-Seyler (1870). La matière colorante qu'il fournit est l'*hémochromogène*. Cette substance se transforme très rapidement, au contact de l'air, en hématine. L'hémochromogène est donc à l'hématine ce que l'hémoglobine est à l'oxyhémoglobine, et en ne tenant compte que des termes les plus importants (voyez p. 46), le dédoublement des deux matières colorantes du sang peut être représenté approximativement par le double schéma que voici :

Oxyhémoglobine { Globine. / Hématine.
Hémoglobine... { Globine. / Hémochromogène.

Cependant les relations de l'hémochromogène avec l'hématine ne sont pas encore établies avec netteté. C'est ainsi que MM. Bertin-Sans et Moitessier placent à côté de l'hématine ordinaire, qu'ils appellent *oxyhématine*, une *hématine réduite* et une *hémochromogène*. On reviendra plus loin sur cette question (p. 79).

XI. — HÉMATINE.

— Voyez Dict., **2**, 8, 12; 1er Suppl., 904.

MODES DE FORMATION. — D'après MM. Lewin et Posner, l'hématine prend naissance quand on chauffe à 48° une urine acide sanguinolente. L'oxyhémoglobine est dédoublée par les matériaux acides de l'urine. M. Huppert a trouvé de l'hématine dans l'urine dans un cas d'empoisonnement par l'acide sulfurique [Lewin et Posner, *Centralbl. f. d. med. Wiss.*, 1807, 355. — Neubauer et Vogel, *Analyse des Harns*, 10e édit., par Huppert, Wiesbaden, 1898, 553]. On la rencontre aussi dans l'urine après empoisonnement par l'acide arsénieux, et dans les couches extérieures des calculs urinaires ayant occasionné des hémorragies de la vessie. Enfin, elle apparaît dans le sang, chez l'animal vivant, sous l'influence de certains toxiques (nitrobenzine, xanthogénates alcalins, hydroxylamine) [Lewin, *Arch. f. exp. Path.*, **25**, 306]. Les excréments, après ingestion d'aliments renfermant du sang, ou à la suite d'hémorragies le long du tube digestif, renferment toujours de l'hématine.

PRÉPARATION ET COMPOSITION DE L'HÉMATINE. — L'hématine n'a pu être obtenue encore à l'état cristallisé, mais son chlorhydrate ou plus exactement, d'après M. Nencki, son éther chlorhydrique, l'*hémine* des auteurs, difficilement soluble dans les véhicules les plus divers, cristallise facilement, et les modes de préparation de l'hématine qui méritent le plus de confiance visent en premier lieu à la préparation de cette hémine. Toutefois, même relativement à ce produit bien cristallisé, les auteurs ne sont pas d'accord, et on comprend qu'ils puissent différer plus encore en ce qui concerne le produit amorphe, l'hématine, que l'on obtient en décomposant l'hémine par les alcalis.

On s'en est tenu pendant longtemps à la formule de l'hématine telle qu'elle résulte des analyses très concordantes de Hoppe-Seyler et de M. Cazeneuve, à savoir $C^{34}H^{35}Az^4FeO^5$, expression qui ne diffère que par un atome d'hydrogène en plus de celle qu'adopte M. Gautier, et qui concorde bien avec la formule trouvée pour le chlorhydrate $C^{34}H^{35}Az^4FeO^5 . HCl$ [Gautier et Arthus, *Chim. biol.*, Paris, 1897, 369]. En 1884, à la suite d'un travail considérable, MM. Nencki et Sieber ont proposé pour l'hémine et l'hématine les formules $C^{32}H^{31}Az^4FeO^3Cl$ et $C^{32}H^{32}Az^4FeO^4$ que nous discuterons plus loin, puis ces résultats ont été remis en cause par M. Cloetta et M. Rosenfeld, qui ont préparé une hémine ne renfermant plus que 1 atome de fer pour 3 atomes d'azote, et dans une certaine mesure par M. Mörner, qui a préparé une hémine nouvelle, la β-*hémine*, $C^{35}H^{35}Az^4FeO^4Cl$, et qui a émis cette opinion que, selon les conditions du dédoublement, l'oxyhémoglobine peut donner naissance à plusieurs hémines différentes [Nencki et Sieber, *D. chem. G.*, **17**, 2267. — *Arch. f. exp. Path.*, **18**, 401. — Cloetta, *Arch. f. exp. Path.*, **36**, 349. — Rosenfeld, *ibid.*, **40**, 137. — Mörner, *Maly's Jahresb.*, **27**, 145].

D'après M. Nencki et son école, ces contradictions résultent de ce fait que l'hémine fournit très aisément des produits d'addition avec les dissolvants employés, et notamment avec l'alcool amylique et l'acétone. De plus, l'hémine peut donner des produits de substitution tels que l'acétylhémine, laquelle contient encore deux oxhydryles alcooliques et peut fournir une acétylhémine mono- et dialcoylée. Cette éthérification de l'hémine s'effectue avec une très grande facilité, lorsque l'hémine est mise en présence d'alcools divers, même avec 2 à 3 0/0 seulement d'acide minéral. Ainsi l'hémine de M. Schalfejeff serait une *acétylhémine*; la β-hémine de M. Mörner, une *acétylhémine monéthylique*. Ces dérivés seront étudiés plus loin.

D'autre part, il est aujourd'hui reconnu que des lavages prolongés peuvent enlever à l'hémine la presque totalité de son chlore, et que les alcalis détachent à chaud une partie du fer de la molécule. En ce qui concerne en particulier l'hémine de M. Cloetta, MM. Küster et Mörner ont fait voir qu'elle représente un produit altéré, probablement par une action trop énergique de l'acide sulfurique. Il suffit, en effet, de chauffer plus longtemps pour obtenir des hématines de composition différente et traduisant leur état d'altération par leur facile solubilité dans le chloroforme à froid. L'hémine pure est, d'après M. Mörner, très peu soluble dans ce véhicule, et conséquemment le lavage du produit par le chloroforme est toujours un procédé à recommander. D'autre part, MM. Küster et Bialobrzeski ont fait voir que les quantités d'acide sulfurique et d'acide chlorhydrique que l'on peut employer, en opérant d'après M. Cloetta, doivent rester comprises entre des limites très étroites, faute de quoi on n'obtient pas d'hémine, ou l'on n'aboutit qu'à un produit altéré. De plus, en suivant, mais avec des précautions spéciales, la marche indiquée par M. Cloetta, M. Küster a obtenu une hématine présentant la composition de celle de M. Nencki [Rosenfeld, *Arch. f. exp. Path.*. **40**, 137. — Bialobrzeski, *D. chem. G.*, **29**, 2842. — Küster, *ibid.*, **30**, 107. — Mörner, *Maly's Jahresb.*, **27**, 145].

Enfin le dosage de l'azote d'après Kjeldahl ne donne tout l'azote de l'hématine qu'après un chauffage prolongé en présence de mercure, et la méthode de Dumas exige aussi des précautions spéciales. Toutes ces observations expliquent bien des contradictions [Nencki et Zaleski, *Zeit. physiol. Chem.*, **39**, 386].

On ne donnera ci-après que la méthode de préparation de MM. Nencki et Sieber, et les nouveaux résultats auxquels vient d'aboutir M. Cazeneuve et qui sont inconciliables, quant à présent, avec ceux de M. Nencki.

Le procédé de MM. Nencki et Sieber repose sur l'emploi de l'alcool amylique comme dissolvant. Le sang défibriné, additionné d'une solution de chlorure de sodium, est abandonné au repos pendant 24 à 40 heures, et la purée des globules, séparée par décantation, est coagulée par le double de son volume d'alcool à 90°. Le caillot, très épais, est abandonné pendant 24 heures en couches minces sur du papier à filtrer, puis trituré soigneusement par portions de 400 grammes, avec 1600 centimètres cubes d'alcool amylique que l'on porte à l'ébullition, et auquel on ajoute 25 centimètres cubes d'acide chlorhydrique pur (D = 0,12). On fait bouillir pendant 10 minutes, puis on filtre à chaud. Par le refroidissement l'hémine cristallise en minces tablettes rhombiques ou en prismes. Après 24 heures, on décante les eaux mères amyliques, on lave les cristaux à l'eau, à l'alcool et à l'éther et on les dessèche au-dessus de l'acide sulfurique ou à 105°. 3 litres de sang donnent ainsi de 1gr,5 à 3 grammes d'hémine. Si l'on dissout ce produit dans de la soude étendue et que l'on traite le liquide filtré par de l'acide chlorhydrique, on obtient un précipité d'hématine que l'on lave à l'eau jusqu'à disparition du chlorure, et ensuite à l'alcool [Nencki et Sieber, *D. chem. G.*, **17**, 2267. — *Arch. f. exp. Path.*, **18**, 401].

On peut remplacer la décantation à l'aide du sel marin par l'emploi d'une machine centrifuge. Avec 10 litres de sang de bœuf, M. Küster a obtenu de la sorte 12 grammes de produit encore brut. En préparant d'abord de l'oxyhémoglobine cristallisée de bœuf, les résultats ont été meilleurs. Les cristaux sont dissous dans très peu d'eau distillée, additionnés d'alcool à 95°, de manière à obtenir une purée liquide. Après 24 heures la masse s'est épaissie et on la met sur filtre. Sitôt que l'alcool est écoulé, on laisse sécher sur le papier et l'on achève comme précédemment. 10 litres de sang ont donné ainsi 7 grammes de produit pur.

Avec l'oxyhémoglobine de cheval ce procédé ne réussit pas, parce que la matière se charbonne; mais les résultats sont très bons si, par l'action de l'alcool à 93° pendant 24 heures, on transforme d'abord l'oxyhémoglobine de cheval, telle qu'elle est fournie par une seule cristallisation, en parahémoglobine (voyez plus haut). Le produit obtenu est alors très pur [W. Küster, *D. chem. G.*, **27**, 572].

Les cristaux d'hémine ainsi obtenus représentent, d'après MM. Nencki et Sieber, une combinaison d'hémine et d'alcool amylique en proportions définies. La dessiccation à 100°, les lavages à l'alcool ou à l'éther sont impuissants à éliminer cet alcool. Il ne se détache que lorsqu'on chauffe avec un alcali. Il passe alors à la distillation de l'alcool amylique et l'hémine se décompose d'après l'équation :

$$(C^{32}H^{31}Az^4FeO^3Cl)^4, C^5H^{12}O + 4 NaOH$$
$$= 4 C^{32}H^{32}Az^4FeO^4Cl + C^5H^{12}O + 4 NaCl.$$

On voit donc que MM. Nencki et Sieber envisagent l'hémine, non comme un chlorhydrate d'hématine, mais comme un éther chlorhydrique, que les alcalis saponifient avec substitution de OH à Cl.

A l'occasion de ce travail, MM. Nencki et Sieber ont proposé une nouvelle nomenclature. Ils appellent *hémine* un corps hypothétique non encore isolé, de formule $C^{32}H^{30}Az^4FeO^3$, et qui donnerait par sa combinaison avec l'eau l'hématine, $C^{32}H^{32}Az^4FeO^4$, et par sa combinaison avec HCl, le composé $C^{32}H^{30}Az^4FeO^3 . HCl$, lequel devient dès lors, dans la nouvelle nomenclature, le *chlorhydrate d'hémine*, correspondant à l'hémine ou chlorhydrate d'hématine des auteurs. Il convient d'ajouter que dans leurs publications ultérieures M. Nencki et ses élèves ont conservé au mot *hémine* son sens habituel, c'est-à-dire appliquent cette dénomination au chlorhydrate d'hématine des auteurs.

M. Küster, sous la direction de M. Hüfner, a confirmé ces résultats, avec cette restriction seulement que la combinaison avec l'alcool amylique contient sans doute un nombre variable de molécules d'alcool.

Enfin, M. Cazeneuve a modifié tout récemment son procédé de la manière suivante.

Le sang défibriné est chauffé à l'ébullition avec son poids de sulfate de sodium non effleuri et le coagulum recueilli est essoré, puis lavé avec un peu d'eau bouillante. La masse humide, encore chaude, est épuisée par petites portions que l'on triture dans un mortier avec de l'alcool à 93 0/0, à la température de 50°, après addition de 1 0/0 d'acide oxalique. 2 litres d'alcool sont nécessaires pour épuiser le caillot d'un litre de sang. Celui-ci est complètement décoloré, et le filtrat est une teinture alcoolique rouge-brun, très foncée. Il faut éviter de laisser macérer pendant de longues heures le coagulum dans l'alcool acide.

Les teintures alcooliques réunies et filtrées sont additionnées goutte à goutte d'ammoniaque concentrée, en agitant constamment. L'hématine est ainsi précipitée, mais il faut que le milieu reste acide, car un excès d'alcali dissoudrait le produit. On recueille le pigment sur filtre, on le lave à l'alcool froid, on le dissout dans l'ammoniaque et on le précipite par l'acide acétique.

Avec le sang de bœuf, MM. Cazeneuve et Breteau ont obtenu, par ce procédé, une hématine dont la composition reproduit celle de l'hématine de Hoppe-Seyler et de M. Cazeneuve lui-même (1er Suppl., 905). Quant aux hématines du sang de cheval et de mouton, elles ont une teneur en azote et en fer qui les sépare nettement de l'hématine de sang de bœuf. Elles renferment en effet : C, 64,37; H, 5,38; Az, 10,11; Fe, 9,38 (cheval) et C, 64,24; H, 5,32; Az, 9,41; Fe, 10,65 (mouton), et MM. Cazeneuve et Breteau les considèrent comme des espèces chimiques différentes [*C. R.*, **128**, 678].

Propriétés physiques et chimiques. — *Spectre d'absorption.* — Les solutions *acides* d'hématine absorbent fortement l'extrémité violette du spectre, faiblement au contraire l'extrémité rouge. Sous une épaisseur convenable, ces solutions présentent entre C et D une première bande à contours nets, mais dont la position peut varier avec la nature de l'acide. Son milieu correspond, en effet, pour l'acide sulfurique à $\lambda = 627$ et pour l'acide chlorhydrique à $\lambda = 640$ environ, c'est-à-dire plus près de C que le milieu de la bande I de la méthémoglobine qui est à $\lambda = 633$. En solution chlorhydrique forte, la bande est plus près de C qu'en solution chlorhydrique faible. Elle est de même plus près de C' en solution éthérée acide qu'en solution alcoolique acide (Jäderholm). D'après MM. Nencki et Sieber, elle peut même être rejetée entre B et C en solution alcoolique très acide. Il est probable que la présence ou l'absence de matières albuminoïdes exerce également une influence sur la position des bandes de l'hématine, et en particulier sur celle de la bande dans le rouge [Bertin-Sans, *Thèse*, Montpellier, 1888, 100. — Jäderholm, *Zeit. f. Biol.*, **13**, 200. Nencki et Sieber, *Arch. f. exp. Path.*, **18**, 412].

Entre D et F apparaît une deuxième bande, très large, à bords beaucoup moins nets, et qui, pour des épaisseurs de liquide convenables, se résout en deux bandes plus étroites, dont l'une, située entre D et E et près de E, est peu obscure et moins large, et l'autre, placée entre *b* et F et près de F, est au contraire plus obscure et plus large. Enfin, pour une dilution convenable, on peut observer une quatrième bande, très faible, située entre D et E, très près de D. L'hématine en solution acide a donc, comme la méthémoglobine acide, un spectre à 4 bandes. Mais le plus souvent, on ne perçoit nettement que la bande dans le rouge, et la large bande entre D et E, dédoublée ou non en deux bandes plus étroites. Une étude photométrique de ce spectre a été faite par M. Bertin-Sans (*op. cit.*)

Les solutions *alcalines* d'hématine, outre qu'elles absorbent l'extrémité violette du spectre, présentent une large bande d'absorption, à bords estompés, située entre C et D, et débordant par-dessus cette dernière ligne jusque dans l'espace D—E. Le milieu de cette bande correspond environ à $\lambda = 618$, pour les dissolutions d'hématine dans la soude alcoolique ou dans le carbonate de sodium [Bertin-Sans et Moitessier, *C. R.*, **116**, 401].

Le rapport d'absorption de l'hématine n'a été mesuré pour aucune région spectrale en partant directement d'une dissolution d'hématine d'un titre connu. On ne possède qu'une détermination indirecte, faite par M. D. Benczur, pour la région C 30 D — C 65 D, en partant d'une dissolution d'oxyhémoglobine d'un titre connu [*D. Arch. f. klin. Med.*, **36**, 365].

Action des réactifs sur l'hématine. — Les acides organiques ont une action beaucoup moins énergique que les acides minéraux. Ainsi l'acide acétique dissout l'hématine en petite quantité sans l'altérer. Toutefois les acides citrique et tartrique, en solution moyennement concentrée, enlèvent du fer à l'hématine déjà après quelques minutes d'ébullition. L'alcool et l'éther, fortement acidifiés par les acides minéraux, altèrent beaucoup moins l'hématine que l'eau acidifiée dans les mêmes conditions. Les acides organiques en dissolution dans l'alcool ou dans l'éther ne la modifient pas du tout.

L'hématine résiste très énergiquement aux agents d'oxydation : l'ébullition avec l'oxyde ou le sulfate mercurique la laisse inaltérée. Par contre, les hypochlorites, le permanganate de potassium décolorent les solutions alcalines d'hématine. Le bichromate de sodium ou le chromate de calcium l'oxydent également avec production d'acides particuliers (voyez plus loin).

D'après MM. Bertin-Sans et Moitessier, lorsqu'on fait agir les réducteurs sur les solutions alcalines (non ammoniacales) d'hématine (que ces auteurs appellent *oxyhématine*), il se forme, non pas de l'hémochromogène, mais un composé caractérisé par un spectre spécial, qu'ils désignent sous le nom d'*hématine réduite*. C'est ce composé qui fournirait secondairement l'hémochromogène par l'action de l'ammoniaque, des amines ou des matières albuminoïdes. Ces réactions seront étudiées plus loin à propos de l'hémochromogène.

L'hématine traitée en solution alcoolique par l'étain et l'acide chlorhydrique, ou par le fer et l'acide chlorhydrique, perd son fer et fournit un corps analogue à l'urobiline. D'après MM. Nencki et Sieber, il se produit d'abord de l'*hexahydro-hématoporphyrine*, puis de l'*hématoporphyrine* (voyez plus loin), et si l'on continue l'ébullition, la liqueur prend une belle teinte jaune et laisse précipiter, en présence d'un excès d'eau, le pigment analogue à l'urobiline, et que M. Le Nobel désigne sous le nom d'*urobilinoïdine*. Ajoutons ici que, dans ce processus de la réduction de l'hématine, M. Le Nobel admet qu'il se produit successivement : 1° de l'*hématoporphyrine* ; 2° un pigment analogue au précédent, l'*hématoporphyroïdine*, et que M. Le Nobel aurait retrouvé dans l'urine, dans un cas d'hémologie stomacale ; 3° de l'*isohématoporphyrine*, laquelle serait identique, d'après M. Le Nobel, à l'urohématine de M. Mac Munn ; 4° l'*urobilinoïdine*, qui est différente de l'urobiline ordinaire, ce qu'admettent également MM. Nencki et Sieber. Ajoutons que l'existence de l'hématoporphyroïdine et celle de l'isohématoporphyrine ne sont guère appuyées que sur des réactions spectrales, et l'on sait par quelles influences souvent minimes celles-ci peuvent être modifiées [Nencki et Sieber, *Arch. f. exp. Path.*, **18**, 401 ; **24**, 443. — Le Nobel, *Pflüger's Arch.*, **40**, 522].

En présence de l'acide iodhydrique et de l'iodure de phosphonium, l'hématine, ou plus exactement l'acétylhémine, donne de la *mésoporphyrine*, $C^{16}H^{18}Az^{2}O^{2}$, produit intermédiaire entre l'hématine et l'hématoporphyrine, et ne différant de cette dernière que par un atome d'oxygène en moins. Dans cette réaction se produit en même temps un corps volatil qui est un pyrrol substitué, et auquel MM. Nencki et Zaleski ont donné provisoirement le nom d'*hémopyrrol*. C'est l'étude de ce dérivé et celle des acides obtenus par M. Küster dans l'oxydation de l'hématine en présence des chromates, qui a fourni les premières indications précises sur la constitution de l'hématine (voyez plus loin).

On a signalé plus haut les expériences de MM. Bertin-Sans et Moitessier relatives à la synthèse partielle de l'oxyhémoglobine au moyen de l'hématine et d'une matière albuminoïde.

L'hématine se combine, d'après M. Linossier, avec le bioxyde d'azote ; d'après Hoppe-Seyler et M. Szigeti, à l'acide cyanhydrique (voyez plus loin). Hoppe-Seyler a démontré qu'en solution alcaline elle ne contracte aucune combinaison avec l'oxyde de carbone [*Zeit. physiol. Chem.*, **13**, 491].

M. Linossier a décrit une hématine végétale, l'*aspergilline*, pigment noir retiré des spores de l'*Aspergillus niger*, et qui présente les analogies les plus frappantes avec l'hématine ordinaire [*C. R.*, **112**, 489, 807].

DÉRIVÉS DE L'HÉMATINE.. — Pour Hoppe-Seyler, MM. Cazeneuve et Gautier, les sels de l'hématine résultent de la combinaison directe des acides avec l'hématine, par exemple de l'acide chlorhydrique avec l'hématine $C^{34}H^{34}Az^{4}FeO^{5}$, pour former le chlorhydrate d'hématine ou hémine,

$$C^{34}H^{34}Az^{4}FeO^{5}.HCl.$$

Pour MM. Nencki, Bialobrzeski, Küster, le produit que les auteurs précités appellent *chlorhydrate d'hématine* ou *hémine*, est un éther chlorhydrique, $C^{32}H^{31}Az^{4}FeO^{3}Cl$, qui par saponification donne l'hématine $C^{32}H^{32}Az^{4}FeO^{4}$.

Hémine chlorhydrique. — Pour la préparation de l'hémine en grand et sa formule, voyez ce qui a été dit à propos de l'hématine. Pour préparer l'hémine en petit, on opère de la façon suivante : On dépose sur la lame porte-objet une goutte de la solution sanguine (obtenue, par exemple, par macération d'une tache de sang avec l'eau), et l'on ajoute une goutte d'une dissolution de chlorure de sodium au millième. On évapore à une température qui ne doit pas dépasser 45°. La moindre surchauffe a pour effet de coaguler l'albumine, dont les grumeaux emprisonnent la matière colorante et gênent la cristallisation. Le résidu *complètement sec* est humecté d'acide acétique cristallisable, et couvert d'une lamelle au bord de laquelle on dépose une nouvelle quantité d'acide qui achève de remplir l'intervalle des deux lames. On chauffe ensuite avec précaution au-dessus d'une très petite flamme ; il vaut mieux ne pas atteindre la température d'ébullition de l'acide. On laisse ensuite refroidir ; si la cristallisation ne s'est pas opérée, on dépose une nouvelle goutte d'acide sur le bord de la préparation et l'on chauffe une deuxième fois [Florence, *Thèse*, Lyon, 1885, 74].

D'après M. Feldhaus, en faisant bouillir du sang pendant 10 minutes avec 5 fois son volume d'acide acétique, on obtient par refroidissement, à la surface du liquide, une pellicule dans laquelle on trouve des cristaux d'hémine très beaux et très volumineux. Il est probable que ces cristaux représentent l'acétylhémine de MM. Nencki et Zaleski [Feldhaus, *Pharm. Centralbl.*, **25**, 567].

M. Szigetti a constaté l'identité de forme des cristaux d'hémine pour les sangs d'homme, de bœuf, de mouton, de porc, de poule, de dindon, d'oie, de canard et de carpe. L'angle aigu du cristal serait de 52° 51' [*Maly's Jahresb.*, **19**, 107].

Hémine bromhydrique. — La parahémoglobine de cheval, lavée à l'alcool étendu jusqu'à disparition des chlorures, est séchée, puis chauffée au bain de sable avec 4 à 5 fois son poids d'alcool absolu. On ajoute à la masse bouillante, pour 200 grammes de matière première, 35 centimètres cubes d'acide bromhydrique (D = 1,47). La décomposition se produit aussitôt ; on laisse encore bouillir une minute, puis on filtre. Au bout de quelques jours, l'hémine se précipite en masses noires. Ce sont des cristaux rhombiques, en général plus petits que ceux du chlorhydrate, et que l'on purifie en les lavant rapidement avec de l'alcool et de l'éther, puis avec de l'eau jusqu'à disparition du brome dans le filtrat. On dessèche dans le vide sulfurique ou à 120° indifféremment ; 2250 grammes de matière première ont donné un peu moins de 11 grammes de produit.

Ces cristaux contiennent de l'alcool (voyez plus haut). Chauffés avec une lessive de soude, ils donnent un distillat présentant la réaction de l'iodoforme [Küster, *D. chem. G.*, **27**, 577].

Acétylhémine, $C^{34}H^{33}Az^{4}FeO^{4}Cl$. — D'après MM. Nencki et Zaleski, l'hémine de M. Schalfejeff est de l'acétylhémine. On la prépare en introduisant 200 centimètres cubes de sang de bœuf ou de cheval dans 1 litre d'acide acétique cristallisable, saturé au préalable de sel marin à la température ordinaire, puis chauffé au bain-marie à 90-95°. On chauffe encore au bain-marie jusqu'à ce que la température soit remontée à 85-90°, puis on filtre à travers une mousseline. Déjà pendant cette filtration, il se dépose sur la mousseline des cristaux brillants d'acétylhémine, qu'il vaut mieux perdre, car ils sont mêlés de caillots albumineux. Après 24 heures de repos, les cristaux que le liquide filtré a laissé déposer sont lavés à l'eau par décantation, puis sur filtre avec de l'alcool à 60-70 0/0 et séchés dans le vide. Le rendement peut atteindre 5 grammes par litre de sang, c'est-à-dire à peu près la quantité théorique, étant donnée la richesse moyenne du sang en oxyhémoglobine, si bien que cette hémine constitue une matière première très commode pour l'étude de l'hématine et de ses dérivés, et notamment pour la préparation de l'hématoporphyrine.

La cristallisation s'effectue en dissolvant le produit dans l'alcool ammoniacal et précipitant par l'acide acétique cristallisable, ou bien par dissolution dans le chloroforme additionné de quinine, d'après un procédé donné par M. Schalfejeff [Schalfejeff, *D. chem. G.*, **18**, *Ref.* 232. *Le physiol. russe*, **1**, 15. — Nencki et Zaleski, *Zeit. physiol. Chem.*, **30**, 389].

L'acétylhémine est en lamelles ou en prismes brillants, d'un rouge violet, appartenant au système triclinique. Elle est soluble dans les alcalis étendus, l'ammoniaque, les dissolutions des bases organiques. Sa formule indique que l'hémine a fixé un groupe acétyle, mais cette fixation n'a pas eu lieu par l'intermédiaire d'un oxhydryle, car l'acétylhémine peut fournir encore un éther di-éthylé (voyez plus loin).

Hémine diméthylique,

$$C^{32}H^{29}Az^4FeO(OCH^3)^2Cl.$$

— On dissout à chaud de l'acétylhémine de sang de cheval dans du chloroforme additionné de quinine, et on ajoute au liquide filtré, pour 10 centimètres cubes de celui-ci, 50 centimètres cubes d'alcool méthylique saturé d'acide chlorhydrique. Par refroidissement, il se dépose des cristaux en forme de meules, groupés en étoiles, et qui représentent le dérivé diméthylé de l'hémine et non pas celui de l'acétylhémine. Ce corps n'est pas encore fondu à 300°, et il est entièrement insoluble dans la soude et dans l'ammoniaque aqueuse.

Acétylhémine monéthylique,

$$C^{34}H^{32}Az^4FeO^3(OC^2H^5)Cl.$$

— Ce composé, identique à la β-hémine de M. Mörner, est obtenu le plus aisément d'après le procédé indiqué par ce chimiste. Il est en cristaux noirs, soluble dans les alcalis, propriété qu'explique la présence d'un oxhydryle encore intact [Mörner, *Maly's Jahresb.*, **27**, 145].

Acétylhémine diéthylique,

$$C^{34}H^{31}O^2(OC^2H^5)^2Az^4FeCl.$$

— On ajoute à un mélange bouillant de 350 centimètres cubes d'alcool absolu avec 35 centimètres cubes d'acide chlorhydrique (D = 1,19), 4 grammes d'acétylhémine dissous dans 200 centimètres cubes de chloroforme froid, tenant en dissolution 4 grammes de quinine. Ce dérivé cristallise par refroidissement en aiguilles étoilées, tout à fait insolubles dans l'ammoniaque, facilement solubles dans le chloroforme.

Acétylhémine monamylique,

$$C^{34}H^{32}O^3(OC^5H^{11})Az^4FeCl.$$

— On dissout l'acétylhémine dans de l'alcool chlorhydrique additionné de quinine, et on ajoute de l'acide chlorhydrique. Ce sont des cristaux rhombiques, facilement solubles dans le chloroforme, moins solubles dans l'alcool amylique et difficilement solubles dans l'ammoniaque.

Hémine de l'acétone. — Lorsqu'on chauffe au bain-marie une purée de globules frais avec de l'acétone et de l'acide chlorhydrique, presque tout le pigment se dissout, et le liquide rouge-brun obtenu abandonne par refroidissement des cristaux capillaires, allongés et flexueux, tout à fait caractéristiques. La tendance de cette combinaison à la cristallisation est même si grande que cette réaction pourrait servir à l'examen médico-légal des taches de sang.

Tous ces dérivés de l'hémine ont été préparés en grand par MM. Nencki et Zaleski [*Zeit. physiol. Chem.*, **30**, 384].

Produits de décomposition et constitution de l'hématine. — M. Cazeneuve a montré que l'hématine ne dégage pas d'ammoniaque sous l'action de la soude [Cazeneuve, *Bull. Soc. Chim.*, (2), **27**, 485].

Soumise à la distillation sèche ou fondue avec la potasse, l'hématine fournit des quantités considérables de pyrrol. Il se forme également un corps présentant la réaction du copeau de bois de pin lorsqu'on réduit la solution alcoolique d'hématine par l'étain et l'acide chlorhydrique [Hoppe-Seyler, *Med. Chem. Unt.*, Berlin, 1866-1870, 524. — Nencki et Sieber, *Arch. f. exp. Path.*, **18**, 417].

Traitée par l'acide iodhydrique d'une densité de 1,74 et par l'iodure de phosphonium, l'acétylhémine en solution dans l'acide acétique cristallisable fournit de la *mésoporphyrine*, matière colorante exempte de fer (voyez plus loin) et de l'*hémopyrrol*. Lorsque l'on emploie l'acide iodhydrique d'une densité de 1,96, l'hémopyrrol est l'unique produit de réduction obtenu. On le prépare de la manière suivante [Nencki et Zaleski, *D. chem. G.*, **34**, 1102] :

5 grammes d'acétylhémine, 100 grammes d'acide acétique cristallisable et 100 grammes d'acide iodhydrique (D = 1,96) sont chauffés au bain-marie ; sitôt qu'une partie du pigment est entrée en dissolution, on ajoute peu à peu, par petits morceaux, 8 à 9 grammes d'iodure de phosphonium. Le liquide prend dès le début, non point la belle coloration rouge de la mésoporphyrine, mais une teinte brune qui passe ensuite au jaune. Après une demi-heure de chauffe, on étend de 4 à 5 volumes d'eau, on ajoute la quantité calculée de soude nécessaire pour neutraliser tout l'acide iodhydrique et la majeure partie de l'acide acétique, et on distille. L'hémopyrrol passe avec l'eau, qu'il surnage sous la forme de gouttes huileuses incolores.

Cette huile est peu soluble dans l'eau, et la solution colore en rouge intense un copeau de bois de pin trempé dans l'acide chlorhydrique. Elle est extrêmement altérable à l'air et n'a pas pu être analysée, mais sa solution aqueuse donne avec le sublimé un précipité blanc, amorphe, contenant $(C^8H^{12}Az)^2Hg(HgCl^2)^4$. D'autre part, le *picrate*, $C^{18}H^{13}Az \cdot C^6H^2(AzO^2)^3OH$, cristallise en aiguilles jaunes ou en tablettes hexagonales, fusibles à 108°.

L'hémopyrrol a donc pour formule $C^8H^{13}Az$, et dans le dérivé mercurique l'hydrogène imidique de la base a été remplacé par du mercure.

Lorsque l'hémopyrrol s'altère à l'air, il devient rouge, et la matière colorante qui se forme est identique, d'après MM. Nencki et Zaleski, avec l'*urobiline hématogène*, matière colorante qui passe dans les urines pendant la résorption des extravasats sanguins. D'ailleurs, injecté sous la peau, l'hémopyrrol produit chez le lapin une active excrétion d'urobiline par les urines. On peut donc admettre que, pendant la reprise des extravasats sanguins, la réduction du pigment sanguin va jusqu'à l'hémopyrrol, substance mère de l'urobiline.

Le rendement maximum en hémopyrrol a été de 32 0/0, mais une partie du produit est visiblement détruite pendant la distillation.

Quant à la constitution de la base pyrrolique ainsi obtenue, on peut la déduire, au moins approximativement, des beaux travaux de M. Küster sur l'oxydation de l'hématine au moyen des chromates, les acides obtenus par ce chimiste représentant vraisemblablement des produits d'oxydation du noyau pyrrolique de l'hématine [Küster, *Zeit. physiol. Chem.*, **28**, 1 ; **29**, 185 ; *D. chem. G.*, **32**, 677 ; *Ann. Chem.*, **315**, 174].

Lorsqu'on fait réagir sur l'hématine en solution acétique le bichromate de sodium ou le chromate de calcium, ce pigment fournit jusqu'à 50 0/0 de produits solubles dans l'éther (acides hématiques), tandis que le fer se précipite, combiné à un reste organique, soluble dans les alcalis comme l'hématine. Il suit de là que le complexe qui fournit les acides hématiques n'est pas dans l'hématine celui qui contient le fer.

Ces acides hématiques sont constitués par un mélange de deux acides, l'un azoté, $C^8H^9AzO^4$, qui représente le premier produit d'oxydation, l'autre ayant pour formule $C^8H^8O^5$, et qui se produit très facilement par l'action des bases sur le premier avec mise en liberté d'ammoniaque. Ces deux acides paraissent provenir d'un *acide hématique tribasique*, $C^5H^7(CO^2H)^3$, non encore isolé, dont l'acide azoté serait une *imide*, et l'acide non azoté un *anhydride partiel* :

$$C^5H^7 \begin{array}{l} \diagup CO \diagdown \\ - CO \diagup AzH \\ \diagdown CO.OH \end{array} \qquad C^5H^7 \begin{array}{l} \diagup CO \diagdown \\ - CO \diagup O \\ \diagdown CO.OH. \end{array}$$

L'*imide de l'acide hématique tribasique*,

$$C^8H^9AzO^4,$$

cristallise par évaporation de sa solution éthérée en cristaux allongés, de 1 centimètre de longueur, appartenant au système monoclinique holoédrique, fusibles à 114°, solubles dans l'eau, l'alcool, l'éther et le chloroforme.

Le *sel d'ammonium*, $C^8H^8AzO^4 . AzH^4$, est en aiguilles qui se décomposent à 170°.

Le *sel de calcium*, $(C^8H^8AzO^4)^2Ca$, cristallise de l'eau en aiguilles qui retiennent dans le vide une molécule d'eau de cristallisation.

Le *sel de zinc*, $(C^8H^8AzO^4)^2Zn$, est en tablettes épaisses, monocliniques, difficilement solubles dans l'eau froide.

Le *sel d'argent*, $C^8H^8AzO^4Ag$, est en aiguilles microscopiques.

L'imide de l'acide hématique tribasique, traitée par la soude, le carbonate de sodium ou la magnésie, perd de l'ammoniaque et fournit l'*anhydride partiel de l'acide hématique tribasique* :

$$C^8H^9AzO^4 + H^2O = C^8H^8O^5 + AzH^3.$$

Pour isoler cet anhydride, on acidifie le produit de la réaction, on épuise par l'éther, et l'acide abandonné par l'éther est traité en solution aqueuse par le carbonate de calcium. En chauffant au bain-marie le liquide filtré, on provoque la précipitation presque intégrale du sel de calcium, beaucoup moins soluble à chaud qu'à froid.

L'acide libre cristallise en prismes courts ou en tables épaisses de 2 à 15 millimètres, qui appartiennent au système rhombique et qui fondent à 96-97°. L'acide est très soluble dans l'eau chaude, peu soluble dans l'eau froide (environ 4 0/0), soluble dans l'alcool, l'éther, l'acide acétique, moins soluble dans le chloroforme et dans le benzène.

Il donne des sels qui correspondent à l'acide hématique tribasique. Ainsi le *sel d'argent*, $C^8H^7O^6Ag^3, 0,5H^2O$, représente le sel neutre, le *sel d'ammonium*, $C^8H^8O^6(AzH^4)^2$ un sel monacide de cet acide. Les *sels de baryum*, *de strontium* et *de calcium* sont plus complexes; ils se produisent d'une manière tout à fait caractéristique lorsqu'on traite par un sel de chaux soluble le sel ammoniacal de l'acide en solution aqueuse. Par chauffage au bain-marie, le sel alcalino-terreux se précipite presque quantitativement.

Chauffé avec de l'ammoniaque alcoolique en tube scellé à 100-110°, l'acide $C^8H^8O^5$ fixe AzH^3 et se transforme de nouveau en acide azoté $C^8H^9AzO^4$.

Ces deux acides, chauffés en tube scellé à 130° pendant quelques heures avec de l'ammoniaque alcoolique, perdent tous deux CO^2 et se transforment en *imide de l'acide hématique bibasique*, $C^7H^9AzO^2$:

$$(1)\ C^5H^7 \begin{array}{l} \diagup CO \diagdown \\ - CO \diagup AzH \\ \diagdown CO.OH \end{array} = CO^2 + C^5H^8 \begin{array}{l} \diagup CO \diagdown \\ \diagdown CO \diagup \end{array} AzH$$

$$(2)\ C^5H^7 \begin{array}{l} \diagup CO \diagdown \\ \ \ CO \diagup O \\ \diagdown COOH \end{array} + AzH^3 = CO^2 + C^5H^8 \begin{array}{l} \diagup CO \diagdown \\ \diagdown CO \diagup \end{array} AzH-$$

Cette imide cristallise de sa solution dans l'acide chlorhydrique chaud en paillettes fusibles à 72°,5, distillant avec l'alcool et l'eau, et présentant une odeur qui rappelle à la fois celles du phénol et de l'iodoforme. Sa solution aqueuse est neutre et elle résiste énergiquement à l'action de l'acide chlorhydrique à chaud. Tous les caractères de ce corps le placent à côté de l'imide de l'*acide pyrocinchonique*, $C^6H^7AzO^2$, dont il serait l'homologue supérieur [Weidel et Brix, *Mon. f. Chem.*, **3**, 610. — E. Molinari, *D. chem. G.*, **33**, 1416] et à côté de l'imide de l'acide méthyléthylmaléique de M. Bischoff [*D. chem. G.*, **24**, 2023], avec laquelle il est probablement identique. La formule de structure de cette imide de l'acide hématique bibasique serait donc alors :

$$\begin{array}{l} C^2H^5 - C - CO \\ \qquad\ \ \| \qquad > AzH \\ CH^3 - C - CO \end{array}$$

Lorsqu'on saponifie cette imide par l'eau de baryte à chaud, on obtient un *sel de baryum* cristallisé en paillettes, et répondant à la formule :

$$C^5H^8 \begin{array}{l} \diagup CO.O \diagdown \\ \diagdown CO.O \diagup \end{array} Ba.$$

Lorsqu'on essaye ensuite d'isoler l'acide correspondant à ce sel, on obtient une huile à forte odeur de menthe, bouillant à 228-229°, volatile avec l'eau, soluble dans l'eau chaude, moins soluble dans l'eau froide et représentant non point l'acide cherché, *mais son anhydride*, $C^7H^8O^3$. Les caractères de ce corps et ceux des sels de calcium, de baryum et d'argent auxquels il donne naissance, concordent avec ceux qu'indique M. Fittig pour l'*anhydride méthyléthylmaléique*, ce qui est une nouvelle confirmation de la formule de structure adoptée ci-dessus pour l'imide correspondante [Fittig, *Ann. Chem.*, **267**, 214].

A côté du sel de baryum en paillettes, obtenu dans la saponification de l'imide, M. Küster a trouvé un isomère cristallisé en prismes, et répondant à la formule, $C^7H^8O^4Ba, H^2O$. Ce sel a fourni l'acide correspondant $C^7H^{10}O^4$, lequel est probablement l'*acide β-éthylitaconique*,

$$\begin{array}{c} CH^2 = C - COOH \\ | \\ C^2H^5 - C - COOH \\ | \\ H \end{array}$$

Il y a là un phénomène d'isomérisation fréquent dans cette série [Fittig, *Ann. Chem.*, **304**, 161].

On voit que cet ensemble de résultats, s'ils ne fournissent pas encore la clef de la constitution de l'hématine, permettent cependant quelques premières conclusions dans cette direction, surtout si on les rapproche des données obtenues parallèlement dans l'étude de l'hématoporphyrine. On sait que l'hématine, sous l'action de l'eau et de l'acide bromhydrique, se dédouble presque quantitativement en 2 molécules d'hématoporphyrine (voyez plus loin), tandis que le fer se détache à l'état de sel ferreux. Or, MM. Küster et Kölle ont montré que l'hématoporphyrine donne également environ 50 0/0 d'acides hématiques [*Zeit. physiol. Chem.*, **28**, 34].

On peut donc représenter l'hématine par le schéma

R - R' - Fe - R' - R

dans lequel l'ensemble R - R' représente la molécule future de l'hématoporphyrine, et R le groupement qui fournit les acides hématiques. Ce groupement ne contient pas évidemment le groupe imide

$$\begin{matrix}-CO\\-CO\end{matrix}\!\!>\!AzH$$

de l'acide $C^8H^9AzO^4$, puisque l'hématine ne contient pas d'azote séparable par les alcalis sous la forme d'ammoniaque. Comme, d'autre part, les acides hématiques de M. Küster sont vraisemblablement des dérivés de l'acide maléique, il faut admettre dans le groupe R l'existence du complexe

$$\begin{matrix}C-C\diagdown\\ | \qquad AzH,\\ C\quad C\diagup\end{matrix}$$

c'est-à-dire d'un noyau de pyrrol. Cette constatation est en accord avec la production de pyrrol aux dépens de l'hématine (voyez plus haut), et avec l'obtention de l'hémopyrrol de MM. Nencki et Zaleski, lequel représente évidemment le noyau producteur des acides hématiques. Si l'on admet les conclusions de M. Küster sur la constitution des acides hématiques, l'hémopyrrol, $C^8H^{13}Az$, devient, d'après MM. Nencki et Zaleski, un méthylpropylpyrrol :

$$\begin{matrix}C^3H^7-C=CH\\ \quad | \qquad >AzH\\ CH^3-C=CH\end{matrix}$$

On peut encore aller plus loin et imaginer, en partant de ces données, une formule complète de l'hématoporphyrine et de l'hématine [voyez Nencki et Zaleski, *D. chem. G.*, **34**, 1008].

Mais ces spéculations sont actuellement prématurées, puisque ni l'hémopyrrol, ni les acides hématiques ne représentent actuellement plus de 50 0/0 de la molécule de l'hématine, en d'autres termes, que l'on est sans renseignements sur la nature du groupe R', qui sans doute, dans l'oxydation de l'hématine par les chromates, se trouve dans le reste ferrugineux insoluble dans l'éther. Remarquons toutefois que l'oxydation de ce reste par le permanganate de potassium a donné à M. Küster de petites quantités de l'acide $C^8H^8O^5$, et d'autre part que, dans la réduction de l'hématine par l'iodure de phosphonium, MM. Nencki et Zaleski n'ont obtenu d'autre produit que l'hémopyrrol. On peut donc provisoirement émettre cette hypothèse que les deux groupes R', dans le schéma ci-dessus, représentent aussi des noyaux pyrroliques. C'est ce qu'admettent MM. Nencki et Zaleski dans l'une des formules développées qu'ils proposent pour l'hématine.

Il convient d'ajouter encore que nos connaissances sur la constitution de la bilirubine bénéficient également du résultat des belles recherches de M. Küster, puisqu'en présence du bichromate de sodium ce pigment — ou plus commodément la biliverdine — fournit également environ 20 0/0 d'acide $C^8H^9AzO^4$, que les bases transforment avec perte d'ammoniaque et fixation d'eau en acide $C^8H^8O^5$. Ces résultats viennent confirmer l'opinion de M. Nencki touchant l'isomérie de la bilirubine et de l'hématoporphyrine (voyez plus loin) [Küster, *D. chem. G.*, **30**, 1831 ; **32**, 679].

Notons, enfin, que la découverte d'un groupe pyrrol dans la molécule de l'hématine et de l'hématoporphyrine nous apprendra sans doute quelle est la nature de ces corps en tant que matières colorantes, puisque l'on sait déjà que la combinaison du pyrrol et des cétones engendre des substances colorées (W. Küster). Pour ce qui concerne enfin l'origine biologique de ces pigments, M. Nencki estime qu'il faut la chercher du côté du *protéinochromogène*, c'est-à-dire de cette substance qui se produit au cours de la digestion pancréatique des albuminoïdes, et que le brome colore et précipite en violet. Ce précipité, le *protéinochrome*, est décomposé par la potasse fondante avec formation d'indol, de scatol et de pyrrol. D'autre part, la composition centésimale de ce corps (calculée pour le produit exempt de brome) se rapproche de celle de l'hématoporphyrine (et de la bilirubine, par conséquent), et plus encore de celle des mélanines, et M. Nencki incline à considérer ce protéinochrome comme représentant la substance mère des divers pigments (hématine, mélanines) chez l'animal, et de la chlorophylle chez le végétal [Nencki, *D. chem. G.*, **28**, 560 ; **29**, 2882].

Recherche de l'hématine. — En solution alcaline, le spectre de l'hématine n'est pas bien caractéristique ; mais en solution acide, la bande située dans le rouge et dont les bords sont très nets, attire immédiatement l'attention. Cette bande ne pourrait être confondue qu'avec celle que donne dans la même région la méthémoglobine acide, mais l'addition de sulfure d'ammonium fera apparaître aussitôt avec l'hématine le spectre si caractéristique de l'hémochromogène, avec la méthémoglobine la bande unique de l'hémoglobine.

Si l'hématine est accompagnée d'oxyhémoglobine, la distinction d'avec la méthémoglobine devient plus délicate (voyez p. 67).

XII. — HÉMATINE OXYAZOTIQUE.

Le bioxyde d'azote, qui forme avec l'hémoglobine la combinaison la plus stable, se fixe également sur l'hématine. M. Linossier a montré qu'une dissolution d'hématine ou d'hémochromogène dans l'alcool ammoniacal absorbe énergiquement ce gaz et prend une couleur rouge vif, sans dichroïsme. Le spectre d'absorption de cette combinaison oxyazotique se rapproche de celui de l'oxyhémoglobine. Il présente entre D et E deux bandes, dont la seconde, beaucoup moins nette que la première, est peu visible quand la dissolution est étendue. Il ressemble beaucoup aussi au spectre de l'hémoglobine oxyazotique, et si l'on traite à l'abri de l'air une dissolution d'hémoglobine oxyazotique par la potasse, il semble au premier abord que l'action du réactif a été nulle. Un examen plus attentif montre qu'il s'est formé en réalité de l'hématine oxyazotique [Linossier, *Bull. Soc. Chim.*, (2), **47**, 758].

L'hématine oxyazotique est moins soluble dans l'alcool ammoniacal que l'hématine ordinaire. Les réducteurs (sulfure d'ammonium, sels ferreux, etc.) sont sans action sur cette dissolution. L'oxygène de l'air attaque la combinaison et la transforme en hématine, tandis que le bioxyde d'azote passe à l'état d'azotite d'ammonium. Si sur la solution ainsi transformée on fait agir un réducteur, on voit apparaître le spectre de l'hémochromogène, puis celui de l'hématine oxyazotique.

Cette combinaison oxyazotique de l'hématine n'a pas encore été isolée, et sa composition est inconnue.

XIII. — CYANHÉMATINE.

Lorsqu'on fait réagir sur une dissolution alcaline d'hématine du cyanure de potassium, le spectre de l'hématine alcaline est remplacé par une bande unique qui occupe l'espace intermédiaire aux deux bandes de l'oxyhémoglobine, mais qui se trouve un peu plus près de E [Hoppe-Seyler, *Physiol. Chem.*, Berlin, 1878, 389, 397].

Ce même composé paraît prendre naissance, d'après M. Szigeti, lorsqu'on traite une dissolution d'oxyhémoglobine par une dissolution concentrée d'acide cyanhydrique ou de cyanure de potassium, sans doute parce que l'acide ou l'alcali (ou cyanure) provoque le dédoublement du protéide avec production d'hématine et ensuite de cyanhématine. Il se forme aussi par l'action du cyanure de potassium ou de l'acide cyanhydrique sur l'hématine pure provenant de l'hémine cristallisée [Szigeti, *Maly's Jahresb.*, **23**, 621].

Le nouveau spectre n'est pas modifié par un courant d'air ou d'oxygène, mais le sulfure d'ammonium ou le vide font apparaître le spectre de l'hémochromogène. Si l'on fait ensuite repasser un courant d'air, on obtient la large bande de la cyanhématine, si l'on n'a pas ajouté trop de réducteur. Si l'on a mis au contraire un excès de réducteur, le spectre de l'hémochromogène persiste.

XIV. — AUTRES MATIÈRES COLORANTES SE RATTACHANT A L'HÉMATINE.

Myohématines et histohématines. — Lorsqu'on examine au microspectroscope des fragments de divers tissus ou organes, réduits en lames suffisamment minces à l'aide d'un appareil compresseur, on observe des spectres particuliers rappelant ceux des pigments sanguins. M. Mac Munn a réuni les substances auxquelles il rapporte ces réactions spectrales, sous la rubrique générale d'*histohématines*. Les muscles des vertébrés, où l'observation présente le moins de difficultés, fournissent un spectre particulier, que M. Mac Munn rattache à une matière colorante spéciale, la *myohématine*. De ce pigment dérive une *myohématine réduite*, et M. Mac Munn attribue à cette hématine musculaire une véritable fonction respiratoire.

Il paraît résulter au contraire des expériences de Hoppe-Seyler que le muscle frais du pigeon (qui a servi aux recherches de M. Mac Munn) ne contient aucune matière colorante spéciale, et que les spectres observés par M. Mac Munn proviennent de l'hémoglobine et des produits de transformation de cette dernière au cours de la préparation. La myohématine, en particulier, ne serait autre chose que de l'hémochromogène, mélangée avec d'autres produits colorés provenant du sang qui imbibe le muscle. M. Mörner n'a de même trouvé dans le muscle frais du cheval et du chien aucun pigment qui eût le spectre de la myohématine de M. Mac Munn (Mac Munn, *Proc. physiol. Soc.*, 1884, n° 4; *Phil. Trans.*, 1re part., 1886; *Journ. of Physiol.*, **8**, 51; *Zeit. physiol. Chem.*, **13**, 497; **14**, 328. — Levy, *ibid*, **13**, 309. — Hoppe-Seyler, *ibid.*, **14**, 106 et 329. — Mörner, *Maly's Jahresb.*, **27**, 456].

Cholohématine. — Voyez à l'article Bile, 2e Suppl., **1**, 706.

XV. — HÉMOCHROMOGÈNE.

L'hémochromogène a été décrite d'abord sous le nom d'*hématine réduite* par Stokes, qui observa le premier en 1864 que les dissolutions d'hématine traitées par les réducteurs alcalins deviennent d'un rouge vif et présentent un spectre d'absorption caractéristique. Mais les relations qui existent entre ce nouveau pigment et les matières colorantes primitives du sang ne furent établies que plus tard par Hoppe-Seyler, qui montra qu'un corps présentant les réactions spectrales de l'hématine réduite de Stokes prend naissance par le dédoublement de l'hémoglobine en présence des acides étendus ou des bases, ou à 100° par l'action de l'alcool ou celle de l'eau. Afin de rappeler les relations de ce corps avec l'hémoglobine, Hoppe-Seyler lui a donné le nom d'*hémochromogène*.

Préparation. — L'hémochromogène n'a pas encore été isolée à l'état cristallisé, mais, d'après M. Z. Donagany, on en peut obtenir facilement de très belles préparations microscopiques. On mélange sur la lame porte-objet une goutte de sang défibriné avec une goutte de pyridine. On couvre aussitôt avec une lamelle et on examine au microspectroscope. On voit alors les globules disparaître, le sang devenir « laqué », puis toute la masse prendre une coloration rouge-brun très intense. Dans le spectre on aperçoit les deux bandes caractéristiques de l'hémochromogène. Après quelques heures, surtout si le sang a été au préalable réduit par le sulfure d'ammonium, on voit apparaître dans la préparation de petits cristaux étoilés, ou en forme d'épis, de couleur rouge-brun. Leur petitesse ne permet pas de les examiner au microspectroscope. Mais, étant donné leur apparition constante dans un liquide contenant de l'hémochromogène et leur rapide disparition sitôt que cette dernière se transforme en hématine par suite de l'accès de l'air, il est probable que ces cristaux sont bien de l'hémochromogène [Z. Donagany, *Maly's Jahresb.*, **22**, 100].

A l'état amorphe, l'hémochromogène a été isolée pour la première fois par M. R. von Zeinek en provoquant à l'abri de l'air, dans un appareil spécial, la réduction et le dédoublement d'une dissolution d'oxyhémoglobine à l'aide de l'hydrate d'hydrazine (solution commerciale à 50 0/0).

Le même réactif opère aussi très rapidement la réduction de l'hématine. Celle-ci est mise en dissolution dans l'ammoniaque aqueuse, ou mieux en suspension dans l'ammoniaque alcoolique, puis, après l'action de l'hydrate d'hydrazine, l'hémochromogène formée est précipitée, à l'abri du contact de l'air, par un mélange d'alcool et d'éther et desséchée dans l'appareil même. La substance ainsi obtenue paraît être une combinaison d'ammoniaque et d'hémochromogène [R. von Zeinek, *Zeit. physiol. Chem.*, **25**, 492].

On peut aussi obtenir rapidement des dissolutions d'hémochromogène en mêlant dans un tube à essai du sang défibriné étendu d'eau et de la pyridine. En agitant à l'air, pendant quelques minutes, une portion du liquide rouge obtenu, on voit sa couleur redevenir brune par suite de la formation d'hématine. D'après M. R. von Zeinek, la pyridine est impuissante à produire à elle seule la réduction de l'hématine à l'état d'hémochromogène [*Zeit. physiol. Chem.*, **30**, 134].

Enfin on peut se servir de l'ancien procédé de Hoppe-Seyler, lequel consiste à décomposer, à l'abri de l'air, par un acide ou un alcali, une solution aqueuse d'hémoglobine. Pour cela, les réactifs et la dissolution d'oxyhémoglobine sont introduits dans des appareils à boules, à travers lesquels on fait passer pendant plusieurs heures un courant d'hydrogène. On ferme ensuite à la lampe les deux extrémités de l'appareil, et par une inclinaison convenable on produit le mélange des deux liquides. Un procédé plus simple, dû comme le précédent à Hoppe-Seyler, consiste à placer une dissolution d'oxyhémoglobine au fond d'un tube assez large, dans lequel on introduit un deuxième tube plus étroit, ouvert comme le précédent à une extrémité et prolongé, à son extrémité fermée, par une tige en verre. Ce tube rempli de réactif est glissé dans le tube à oxyhémoglobine, dans lequel il se maintient, grâce à la tige en verre, au-dessus de la dissolution de matière colorante. On ferme alors le tube extérieur à la lampe et l'on abandonne le tout jusqu'au moment où la putréfaction, qui s'empare de la dissolution, a réduit l'oxyhémoglobine à l'état d'hémoglobine et consommé tout l'oxygène contenu dans l'atmosphère sus-jacente et dans le réactif. On s'assure que ce résultat est atteint en inclinant légèrement l'appareil et en constatant que le liquide qui reflue le long des parois ne donne plus aucune des bandes de l'oxyhémoglobine.

Par une inclinaison convenable, on fait alors couler le réactif dans la dissolution d'hémoglobine. Ce procédé n'est applicable que pour les dissolutions aqueuses de réactifs non volatils. Au contraire, l'alcool, l'éther, le chloroforme, etc., donnent des vapeurs qui entravent à tel point le travail de putréfaction, que la consommation de l'oxygène dans l'appareil dure indéfiniment, et qu'une partie de la matière colorante se maintient toujours à l'état d'oxyhémoglobine.

Si, dans cette opération, la dissolution d'hémoglobine n'est pas entièrement privée de toute trace d'oxyhémoglobine, ou si elle renferme de la méthémoglobine, il se forme par le dédoublement une hémochromogène mêlée d'hématine. Cette dernière reste inaltérée pendant longtemps si le milieu est acide. Si la réaction est alcaline, l'hématine se transforme peu à peu en hémochromogène, parce que l'action de l'alcali sur la matière albuminoïde donne naissance à des substances réductrices [Hoppe-Seyler, *Physiol. Chem.*, 390].

Propriétés. — L'hémochromogène sèche, préparée d'après M. R. von Zeinek, est une poudre rouge qui par la dessiccation à 100° devient rouge-brun. Mais, lorsqu'on la dissout en cet état, à l'abri de l'air et dans l'appareil même, dans de l'ammoniaque aqueuse exempte d'air, on obtient une dissolution rouge-brun présentant un spectre tout à fait pur. La dessiccation ne paraît donc pas avoir altéré la substance.

Cette poudre renferme : C 63,83 ; H 5,66 ; Az 11,43 ; Fe 9,25 ; O 9,78 0/0. Cette forte proportion d'azote s'explique par ce fait que le produit est une combinaison du pigment avec l'ammoniaque. En effet, traité par la soude à froid, il dégage, aussitôt des vapeurs ammoniacales.

Si, partant de la formule de M. Nencki, on admet que l'hémochromogène contient un atome d'oxygène de moins que l'hématine, on arrive pour l'hémochromogène, ou plus exactement pour l'hémochromogène-ammonium, à une composition centésimale incompatible avec ces résultats d'analyse. Si l'on admet au contraire que l'hémochromogène est formée par deux restes d'hématine, unis par un atome d'oxygène, on aboutit pour l'hémochromogène-ammonium à la formule

$$C^{64}H^{70}Az^{10}Fe^{2}O^{7}$$

[R. von Zeinek, *op. cit.*].

Les dissolutions alcalines d'hémochromogène sont d'un beau rouge cerise. Elles présentent au spectroscope deux bandes d'absorption : l'une sombre, très nette, située entre D et E et à peu près au milieu, s'étend, d'après Hoppe-Seyler, de $\lambda = 565,3$ à $\lambda = 547,4$; l'autre, plus pâle, plus large, à bords moins nets, couvre à la fois E et *b* et va de $\lambda = 526,9$ à $\lambda = 513,9$. La concentration de la dissolution qui a donné ces mesures n'est pas indiquée. D'après MM. Bertin-Sans et Moitessier, le milieu de la première bande tombe environ sur $\lambda = 560$. La position de ces bandes présente d'ailleurs de légères variations selon la nature des substances qui accompagnent le pigment [Hoppe-Seyler, *Zeit. physiol. Chem.*, **13**, 492. — Bertin-Sans et Moitessier, *C. R.*, 20 février et 13 mars 1893].

De ces deux bandes, la première, très nette, très obscure, résiste à des dilutions considérables et fait du spectre de l'hémochromogène un des moyens de recherche les plus sensibles de la matière colorante du sang (voyez p. 47). La seconde, au contraire, s'affaiblit rapidement et cesse d'être visible pour des dilutions qui laissent la première à peu près intacte. Il faut ajouter que, lorsqu'on opère la réduction de l'hématine au moyen du sulfure d'ammonium, on voit souvent une bande supplémentaire (bande γ des auteurs), très pâle, à bord diffus, à cheval sur D et qui est due à une action spécifique du sulfure. On a vu que ce réactif produit un phénomène analogue avec l'oxyhémoglobine.

D'après M. Linossier, MM. Bertin-Sans et Moitessier, le spectre que l'on vient de décrire est probablement celui de l'hémochromogène combinée avec l'ammoniaque ou avec d'autres substances (voyez plus loin).

Le spectre des dissolutions acides d'hémochromogène est encore mal déterminé. Ces dissolutions absorbent très peu le rouge et l'orangé jusqu'à la raie D, très peu aussi l'extrême vert et le bleu. Entre ces deux régions s'étend un espace sombre, où l'absorption est assez forte et où quelques auteurs ont décrit quatre bandes d'absorption. Mais, d'après M. Jäderholm, ces bandes doivent être rapportées à un mélange d'hémochromogène avec son produit de transformation par l'action des acides, l'*hématoporphyrine*.

L'hémochromogène, au contact de l'air, absorbe rapidement de l'oxygène et se transforme en hématine. Cette oxydation est moins rapide en milieu acide qu'en milieu alcalin.

L'hémochromogène absorbe facilement l'oxyde de carbone. En faisant agir ce gaz sur une dissolution alcaline d'hématine, préparée à l'aide de cristaux d'hémine et réduite à l'aide de l'hydrosulfite de soude ou de sulfure acide de potassium, Hoppe-Seyler a constaté qu'à une molécule d'oxyde de carbone fixée (CO = 28) correspond sensiblement un atome de fer (Fe = 56) dans l'hémochromogène, en admettant que la transformation de l'hématine en hémochromogène a été intégrale et que celle-ci contient 9 0/0 de fer. Il en résulte donc qu'à 1 partie en poids d'oxyde de carbone fixée correspondent 2 parties de fer dans l'hémochromogène. Or la même relation existe pour l'hémoglobine oxycarbonée, que l'on admette, avec Hoppe-Seyler, que 100 grammes d'hémoglobine contiennent 0gr,42 de fer et fixent 167cc d'oxyde de carbone, ou bien au contraire, avec M. Hüfner, que 100 grammes d'hémoglobine renferment 0gr,336 de fer et fixent 134cc d'oxyde de carbone (voyez p. 42). Si l'on remarque, d'autre part, que cette *hémochromogène oxycarbonée* présente très sensiblement le même spectre que l'hémoglobine oxycarbonée, on arrive à cette conclusion que dans l'oxyhémoglobine et l'hémoglobine il existe un même groupement atomique qui fixe soit l'oxygène, soit l'oxyde de carbone, et qui se retrouve dans l'hémochromogène après séparation de la copule albuminoïde.

Voici, d'après Hoppe-Seyler, les limites des deux bandes de l'hémoglobine oxycarbonée et de l'hémochromogène oxycarbonée pour des dissolutions dont la concentration est malheureusement demeurée inconnue (D = 589,4 et E = 526,9) [Hoppe-Seyler, *Zeit. physiol. Chem.*, **13**, 497].

	1re bande.	2e bande.
Hémoglobine oxycarbonée.	582,5-561,6	550,5-522,2.
Dissolution un peu plus étendue	580,8-558,8	546,5-522,2
Hémochromogène oxycarbonée	582,5-561,6	550,0-522,2
Dissolution un peu plus étendue	580,8-558,8	550,0-522,2

Les acides agissant à l'abri de l'air transforment l'hémochromogène en hématoporphyrine (voyez plus loin).

D'après MM. Bertin-Sans et Moitessier, l'hémochromogène ne serait pas le produit direct de la réduction de l'hématine pure. En traitant de l'hématine pure (préparée d'après le procédé Cazeneuve), en dissolution dans de la soude à 1 0/0 et même à 1 0/00, par des réducteurs tels que le sulfure neutre de potassium, le sulfure acide de sodium, l'hydrosulfite de sodium, le sulfure ammonique, on voit au spectroscope que la bande unique de l'hématine (milieu sur $\lambda = 618$) disparaît pour faire place à une bande d'aspect analogue et dont le milieu est sur D [Bertin-Sans et Moitessier, *C. R.*, 20 février 1893].

Les auteurs attribuent ce spectre, qui n'est pas modifié par un excès de réducteur, à une substance différente de l'hématine et de l'hémochromogène et qu'ils appellent *hématine réduite*, l'hématine ordinaire recevant la dénomination d'*oxyhématine*. Il suffit d'insuffler un peu d'air dans le liquide pour faire reparaître immédiatement le spectre de l'oxyhématine. Si à l'*hématine réduite*, obtenue par l'action des réducteurs sur la solution d'oxyhématine pure, on ajoute un léger excès d'ammoniaque, ou de divers composés à fonction amine (éthylamine, aniline, glycocolle, taurine), ou une trace d'albumine de l'œuf, on voit aussitôt apparaître le spectre de l'hémochromogène. Les amides telles que l'urée ne donnent pas cette réaction. L'apparition de ce spectre est plus ou moins rapide suivant la nature et la quantité de la substance ajoutée. La position des deux bandes présente aussi de légères variations. Le milieu de la première bande oscille autour de $\lambda = 560$. L'hémochromogène ainsi obtenue se transforme sous l'action de l'air en *oxyhématine* ou seulement en *hématine réduite*, si la solution contient un excès de réducteur.

Ces observations expliquent certaines remarques faites jadis par Hoppe-Seyler et sont elles-mêmes confirmées par le travail plus récent de M. R. von Zeinck. Hoppe-Seyler dit en effet qu'en solution très faiblement alcaline l'hématine n'est pas attaquée par les réducteurs, tels que le sulfure d'ammonium; par contre, dans cette solution il se produit de l'hémochromogène si l'on se trouve en présence de matières albuminoïdes, d'acide aspartique et de substances analogues, ou encore d'un excès d'alcali. D'autre part, M. R. von Zeinek a constaté que l'hémochromogène précipitée de ses dissolutions dans l'eau ammoniacale par l'alcool éthéré est une combinaison de ce pigment avec l'ammoniaque, résultat qui confirme des recherches antérieures de M. Linossier (voyez plus loin) [Hoppe-Seyler, *Physiol. Chem.*, 396. — R. von Zeinek, *loc. cit.* — Linossier, *Bull. Soc. Chim.*, (2), **49**, 691].

En faisant passer de l'oxyde de carbone dans une dissolution alcaline d'*hématine réduite* fraîchement préparée, on voit apparaître un spectre à deux bandes, analogue à celui de l'hémoglobine oxycarbonée. Les milieux des deux bandes est respectivement sur $\lambda = 569$ et 531. Cette carboxyhématine est facilement décomposée par insufflation d'air — et alors le spectre de l'*oxyhématine* reparaît aussitôt — ou par l'action prolongée d'un courant d'hydrogène, et dans ce cas c'est le spectre de l'*hématine réduite* qui se reproduit au bout d'un certain temps.

L'addition d'ammoniaque aux dissolutions de *carboxyhématine* modifie nettement le spectre. Les deux bandes deviennent plus foncées et plus nettes, et leur milieu correspond respectivement à $\lambda = 590$ et $\lambda = 546$. La première, la plus foncée, est moins large et mieux délimitée que la seconde. On peut reproduire les mêmes apparences spectrales en faisant agir l'oxyde de carbone sur l'hémochromogène obtenue par l'action d'un réducteur sur l'*oxyhématine* en solution *ammoniacale*. L'addition d'ammoniaque a en outre pour effet d'augmenter la stabilité de la carboxyhématine.

Enfin, si l'on ajoute un excès d'albumine à la dissolution de *carboxyhématine* préparée comme il a été dit en premier lieu, le spectre n'est pas modifié, mais la combinaison devient beaucoup plus stable en présence de l'air, et l'addition d'ammoniaque ne modifie plus son spectre.

Ces expériences donnent l'explication des résultats obtenus par M. Popoff, qui a préparé le premier la *carboxyhématine* en opérant en milieu ammoniacal, et par MM. Jäderholm et Hoppe-Seyler, qui ont expérimenté avec des dissolutions contenant de l'albumine. Sans affirmer absolument que la *carboxyhématine* obtenue en partant de l'hématine réduite, diffère des combinaisons décrites par ces trois expérimentateurs, MM. Bertin-Sans et Moitessier font remarquer avec raison que le produit qu'ils ont obtenu présente de meilleures garanties de pureté, vu que les combinaisons signalées par MM. Popoff, Jäderholm et Hoppe-Seyler peuvent être reproduites avec leurs caractères propres par l'addition de substances étrangères (*albumine ou ammoniaque*) à la carboxyhématine préparée par eux en partant de l'*hématine réduite* [Bertin-Sans et Moitessier, *C. R.*, 13 mars 1893].

Il convient de rappeler que, dès 1888, M. Linossier avait constaté que le spectre de l'hémochromogène, tel qu'il est décrit par Stokes, est dû à une combinaison d'hématine réduite et d'ammoniaque. A 50° cette combinaison se dissocie et le spectre disparaît, pour reparaître après refroidissement [Linossier, *Bull. Soc. Chim.*, (2), **49**, 1888].

XVI. — HÉMATOPORPHYRINE.

L'étude de ce pigment a pris un intérêt physiologique plus direct depuis que l'on sait que l'hématoporphyrine apparaît, en petites quantités, il est vrai, mais régulièrement, dans l'urine normale, et que certaines urines pathologiques peuvent en contenir des quantités considérables, témoignant alors, comme on le montrera plus loin, d'une destruction extrêmement rapide de la matière colorante du sang.

Mulder a obtenu le premier, par l'action de l'acide sulfurique concentré sur l'hématine, un pigment exempt de fer, qu'il appela *hématine exempte de fer*. Hoppe-Seyler montra ensuite que ce corps se produit, sans dégagement de gaz, quand on traite par l'étain ou le zinc, à une douce chaleur, les solutions alcooliques acides de l'hématine. Il fit voir aussi que l'hémochromogène fournit très facilement, au contact des acides faibles, ce nouveau pigment, qu'il appela *hématoporphyrine*, dénomination synonyme de celle d'*hématoïne*, due à Preyer [Mulder et van Gondoever, *J. prakt. Chem.*, (2), **32**, 1844. — F. Hoppe-Seyler, *Med. chem. Untersuch.*, Berlin, 1871, 528].

Plus récemment, MM. Garrod, Saillet, Stokwis ont montré que l'urine normale de l'homme contient d'une façon constante de petites quantités d'hématoporphyrine (environ 1 milligramme 0/00, d'après le premier, de 2 à 11 milligrammes en 24 heures d'après le second). D'après M. Hopkins, le précipité d'acide urique que l'on obtient en saturant l'urine normale de chlorure d'ammonium, cède très souvent à l'alcool acidifié des quantités d'hématoporphyrine donnant des réactions spectroscopiques très nettes, et, en se servant du procédé de Garrod (voyez plus loin), il n'est pas difficile d'extraire des quantités appréciables d'hématoporphyrine de 200 à 1000 centimètres cubes d'urine normale. Les sédiments d'urates contiennent aussi de l'hématoporphyrine, d'après M. Garrod, mais sous une forme telle que l'on obtient le spectre dit métallique (voyez plus loin) [A.-E. Garrod, *Journ. of Physiol.*, **13**, 619; **17**, 350. — *Centralbl. f. innere Med.*, **18**, n° 21. — Saillet, *Rev. de Méd.*, **16**, 542. — Stokwis, *Centralbl. f. d. med. Wissensch.*, 1896, 177. — Hopkins, *Journ. of Path. and Bact.*, **1**, 453].

M. Mac Munn n'a pas obtenu l'hématoporphyrine urinaire à l'état de pureté, mais mélangée d'urobiline. Il a néanmoins considéré ces mélanges comme des individus chimiques. Son *urobiline fébrile*, appelée plus tard par lui *urobiline pathologique*, est un mélange d'hématoporphyrine avec beaucoup d'urobiline. Son *urohématine*, qui est devenue plus tard l'*urohématoporphyrine*, est au contraire un mélange d'hématoporphyrine avec peu d'urobiline. Ce sont MM. Garrod et Hopkins qui se sont occupés des pigments de M. Mac Munn. A l'état de pureté, l'hématoporphyrine de l'urine a été connue d'abord par M. Garrod et par MM. Riva et Zoja [Garrod et Hopkins, *Journ. of Physiol*, **20**, 131. — Riva et Zoja, *Gaz. med. di Torino*, 1892, n° 22].

M Huppert considère l'*urospectrine* de M. Saillet comme identique à l'hématoporphyrine, et dans le présent exposé, fait en grande partie d'après M. Huppert, on admettra cette identité comme démontrée, bien que M. Kayser ait signalé récemment entre l'urospectrine et l'hématoporphyrine de l'urine (après ingestion de sulfonal) des différences de solubilité assez importantes [Huppert, *Analyse des Harns*, Wiesbaden, 1898, 557. — Saillet, *Rev. de Med.*, **16**, 542. — J. Kayser, *Dissert. inaug.*, Fribourg, 1897].

Dans les urines pathologiques, le pigment a été trouvé d'abord par M. Mac Munn, puis par MM. Riva et Zoja, Garrod, au cours d'affections avec ou sans fièvre et où l'urine ne présentait pas de coloration spéciale. On en trouve en général de plus grandes quantités dans les urines fébriles, dans les cas de maladie d'Addison ou de Basedow, dans les cas de phtisie (Garrod), en moindres quantités dans les cas de troubles des fonctions hépatiques et d'affections des organes hématopoiétiques (Riva et Zoja), ou de rhumatisme aigu et de goutte (Mac Munn). Le pigment est en outre très constant dans les urines de saturnins (Stokwis, Lecompt). Enfin, MM. Stokwis, Salkowski, Hammarsten et beaucoup d'autres l'ont trouvé en grandes quantités dans les urines après usage plus ou moins prolongé de sulfonal, et MM. Schultze et Herting ont étendu ces observations au trional et au tétronal [Mac Munn, *Maly's Jahresb.*, **11**, 211; *Centralbl. f. d. med. Wissensch.*, 1884, 138; *Journ. of Physiol.*, **6**, 36; **10**, 71. — Riva et Zoja, *Arch. ital. de Biol.*, **19**, fasc. 3. — Garrod, *Journ. of. Physiol.*, **13**, 598; **15**, 108; *Edinburgh med. Journ.*, 1897, 113. — Stokwis, *Zeitschr. f. klin. Med.*, **28**, 1. — Lecompt, *Th. de méd.*, Lille, 1898. — Salkowski, *Zeit. physiol. Chem.*, **15**, 286. — Hammarsten, *Skand. Arch.*, **3**, 319. — Schultze, *D. med. Wochenschr.*, 1894, 152. — Herting, *ibid.*, 343].

Préparation. — On obtient de l'hématoporphyrine en dissolvant (au contact de l'air) de l'hématine ou de l'hémine dans de l'acide sulfurique concentré et versant la dissolution dans l'eau. Il se dépose des flocons amorphes, rouge-brun, presque insolubles dans l'alcool, l'éther et les acides étendus, facilement solubles dans les alcalis. Le produit précipité des dissolutions alcalines, lavé avec soin, contient encore des traces de soufre, provenant, d'après MM. Nencki et Sieber, d'une combinaison sulfonée. On obtient aussi l'hématoporphyrine en faisant agir des réducteurs sur la solution alcoolique acide de l'hématine, mais dans ce cas le pigment est toujours souillé de produits d'une réduction plus avancée. Enfin MM. Nencki et Sieber se sont servis de l'acide bromhydrique pour soustraire à l'hématine son fer. C'est leur produit qui présente certainement les meilleures garanties de pureté. Ces auteurs ont disposé pour leurs essais de plus de 500 grammes d'hémine [Nencki et Sieber, *Arch. f. exp. Path.*, **24**, 431. — Nencki et Zaleski, *Zeit. physiol. Chem.*, **30**, 423].

Voici comment ils opèrent : Dans une série de petits ballons de 300 centimètres cubes de capacité on introduit respectivement 75 grammes d'acide acétique cristallisable saturé de gaz acide bromhydrique à 10° et on ajoute peu à peu, en agitant constamment, 5 grammes d'hémine ou d'acétylhémine cristallisée. On abandonne le liquide à la température de 15° pendant 3 ou 4 jours, en agitant fréquemment, jusqu'à ce que toute l'hémine soit dissoute et que la coloration rouge-brun du liquide ait fait place au magnifique ton rouge de l'hématoporphyrine. Il est important de ne pas ajouter en une fois les 5 grammes d'hémine, parce qu'une partie du produit se résinifie dans ces conditions, et de ne pas chauffer comme les auteurs le recommandaient primitivement. Par ce nouveau procédé, on peut obtenir avec 10 grammes d'acétylhémine 9gr,2 de chlorhydrate d'hématoporphyrine.

Le liquide rouge est ensuite versé dans beaucoup d'eau (5 à 6 litres pour 40 grammes d'hémine). Il se dépose des flocons brunâtres, et le liquide prend une coloration rouge intense. On filtre après quelques heures et on ajoute au liquide filtré de la soude. Sitôt que l'acide bromhydrique est neutralisé, le pigment, insoluble dans l'acide acétique, se dépose. On le lave par décantation sur le filtre jusqu'à ce que le liquide ne précipite plus par le nitrate d'argent, et le produit, essuyé avec du papier buvard, est traité, encore humide par de la soude étendue. Après un quart d'heure de digestion au bain-marie, on sépare par le filtre le reste de l'oxyde ferreux qui s'est précipité, et on abandonne au refroidissement. Il se dépose sur les parois des amas sphériques qui sont le sel de sodium de l'hématoporphyrine. On les met à part pour les faire cristalliser dans de l'eau chaude. Quant aux eaux mères alcalines, elles sont traitées par l'acide acétique en excès, et le pigment qui se précipite, bien lavé avec de l'eau, est détaché du filtre, délayé dans un peu d'eau en purée épaisse, puis dissous par addition ménagée d'acide chlorhydrique pur. Il ne reste plus qu'un faible résidu insoluble. La solution, d'un rouge intense, évaporée dans le vide au-dessus de l'acide sulfurique, abandonne la majeure partie de l'hématoporphyrine à l'état de chlorhydrate cristallisé en aiguilles microscopiques d'un brun rouge.

Ces cristaux, encore impurs, sont lavés sur filtre avec de l'acide chlorhydrique à 10 0/0, puis, après dessiccation sur papier à l'air libre, on les dissout dans de l'eau distillée à 30-35°, avec addition de quelques gouttes d'acide chlorhydrique, et la solution filtrée est traitée par un excès pas trop considérable du même acide. Le chlorhydrate du pigment, peu soluble dans les dissolutions très acides, cristallise peu à peu quand on abandonne le liquide dans le vide sulfurique. Ces cristaux, lavés avec de l'acide chlorhydrique à 10 0/0, puis essuyés avec du papier, sont desséchés dans l'obscurité au-dessus de l'acide sulfurique et de la chaux sodée.

Pour en extraire le pigment libre, on les dissout à froid dans de l'eau renfermant quelques gouttes d'acide chlorhydrique, et on neutralise avec soin par de la soude étendue; ou bien on précipite le pigment en ajoutant à la solution chlorhydrique de l'acétate de sodium. Les flocons rouges qui se précipitent sont desséchés dans le vide sulfurique.

On donnera plus loin quelques indications sur l'extraction de l'hématoporphyrine urinaire.

COMPOSITION. — L'hématoporphyrine de MM. Nencki et Sieber répond à la formule

$$C^{16}H^{18}Az^2O^3, HCl$$

pour le chlorhydrate et à $C^{16}H^{18}Az^2O^3$ pour le pigment à l'état de liberté, ce qui en ferait un isomère de la bilirubine, à condition que l'on adopte pour ce corps l'ancienne formule en C^{16} de Stædeler et non la formule doublée de Maly. Le produit de MM. Nencki et Sieber n'est pas identique avec le produit que Hoppe-Seyler a obtenu par l'action de l'acide sulfurique sur l'hématine, ni avec celui que MM. Nencki et Sieber avaient eux-mêmes antérieurement préparé par le même procédé. Hoppe-Seyler attribue à son produit la formule $C^{68}H^{74}Az^8O^{12}$, mais il reconnaît lui-même que de nouvelles recherches sont nécessaires, puisque les dissolutions de ce composé présentent des variations de teinte encore inexpliquées. D'autre part, MM. Nencki et Sieber envisagent le produit obtenu à l'aide de l'acide sulfurique comme un anhydride $C^{32}H^{34}Az^4O^5$, qui serait lié à l'hématoporphyrine par la relation suivante :

$$(C^{16}H^{18}Az^2O^3)^2 = C^{32}H^{34}Az^4O^5 + H^2O.$$

L'équation rendant compte de la formation de l'hématoporphyrine aux dépens de l'hémine serait la suivante, d'après les mêmes auteurs :

$$C^{32}H^{31}ClAz^4O^3Fe + 2BrH + 3H^2O$$
$$= 2C^{16}H^{18}Az^2O^3 + FeBr^2 + HCl + H^2.$$

On n'observe pas, à la vérité, de dégagement d'hydrogène, mais on peut admettre que ce gaz est employé à des réactions secondaires, telles que la réduction de l'hématoporphyrine. De fait, MM. Küster et Kölle ont obtenu dans la préparation de l'hématoporphyrine, comme produit accessoire un pigment brun, dont ils expliquaient la formation par l'équation

$$2C^{16}H^{18}Az^2O^3 + H^2 = H^2O + C^{32}H^{36}Az^4O^5$$

[Küster et Kölle, *Zeit. physiol. Chem.*, **28**, 38].

M. A. Gautier formule au contraire de la manière suivante le dédoublement de l'hématine :

$$C^{34}H^{34}Az^4FeO^5 + 2SO^4H^2 + O$$
Hématine.
$$= C^{34}H^{34}Az^4O^5, SO^4H^2 + FeSO^4 + H^2.$$
Sulfate d'hématoporphyrine.

Cette équation exprime que l'hématoporphyrine résulte à la fois d'un dédoublement et d'une oxydation [A. Gautier et M. Arthus, *Chim. biol.*, 1897, 373].

PROPRIÉTÉS. — L'hématoporphyrine préparée d'après MM. Nencki et Sieber est une poudre amorphe d'un brun rougeâtre, à peu près insoluble dans l'eau, l'acide acétique étendu, le benzène, le nitrobenzène, le bromure d'éthylène, un peu soluble dans l'éther, le chloroforme, l'alcool amylique, le phénol, facilement soluble dans l'alcool, les alcalis caustiques ou carbonatés, les acides minéraux étendus. Elle se dissout aussi dans l'acide acétique cristallisable; mais, d'après MM. Nencki et Rotschy, cette dissolution abandonne peu à peu des cristaux brun-rouge, de la forme de l'hématoïdine, à peu près insolubles dans l'alcool et dans l'acide chlorhydrique étendu et facilement solubles dans les alcalis [Nencki et Rotschy, *Mon. f. Chem.*, **10**, 568].

L'hématoporphyrine et ses combinaisons sont facilement altérables. Desséchée à 100°, elle brunit, perd constamment de son poids et devient peu à peu insoluble dans l'alcool et dans l'acide chlorhydrique faible.

L'anhydride que l'on obtient par l'action de l'acide sulfurique concentré sur l'hématine est en flocons presque insolubles dans l'alcool, l'éther, les acides étendus, facilement solubles au contraire dans les alcalis [Nencki et Sieber, *Mon. f. Chem.*, **9**, 116; *Arch. f. exp. Path.*, **18**, 413; **24**, 438]

L'hématoporphyrine extraite de l'urine (voyez plus loin) se sépare en petites sphères par l'évaporation spontanée des dissolutions dans le chloroforme, les alcools éthylique et amylique. L'eau acidulée l'enlève aux solutions chloroformiques. Le produit préparé d'après M. Saillet présente à peu près les mêmes réactions de solubilité que les produits de MM. Nencki et Sieber et de M. Garrod [Garrod, *Journ. of Physiol.*, **13**, 606. — Huppert, *Analyse des Harns*, Wiesbaden, 1898, 560. — Saillet, *Rev. de Méd.*, **16**, 545].

Les dissolutions d'hématoporphyrine présentent toutes une belle couleur rouge, mêlée d'un peu de bleu. Étendues, elles ont la teinte d'une solution faible de caméléon ou d'une teinture neutre de tournesol; concentrées, elles sont rouge-pourpre ou rouge-cerise. Les combinaisons du pigment avec les acides ou avec les métaux sont, en dissolution aqueuse, d'un rouge plus vif et plus teinté de bleu que les dissolutions du pigment dans l'alcool, avec ou sans addition d'ammoniaque. Cette dissolution ammoniacale est d'un rouge un peu jaunâtre. Les réactions spectrales de ces dissolutions seront décrites plus loin.

Chauffée, l'hématoporphyrine donne, comme l'hématine, d'épaisses vapeurs à odeur de pyrrol. Elle se dissout avec une coloration rouge dans l'acide nitrique fumant et chaud, puis le liquide devient vert, bleu et jaune, c'est-à-dire que la succession des couleurs est celle des pigments biliaires dans la réaction de Gmelin. L'amalgame de sodium, le fer et l'acide acétique ne l'attaquent pas, mais l'ébullition avec l'étain et l'acide chlorhydrique en milieu alcoolique la transforment en un corps présentant la plus grande analogie avec l'urobiline, et le liquide, saturé par un alcali, dégage une odeur de scatol. Bien que ce composé présente les réactions spectrales et la fluorescence verte de l'urobiline urinaire ou de l'hydrobilirubine de Maly, il serait prématuré de considérer ces pigments comme identiques. Ainsi MM. Nencki et Sieber ont remarqué qu'à concentration égale l'urobiline provenant de l'hématoporphyrine perd à l'air sa fluorescence et sa bande d'absorption beaucoup plus vite que le produit fourni par la bilirubine.

Toutes ces réactions ont été répétées par M. Zoja avec le composé zincique de l'hématoporphyrine urinaire. En examinant au spectroscope le liquide vert obtenu par l'action de l'acide nitrique sur l'hématoporphyrine de l'urine, M. Saillet a noté deux bandes situées comme α et β du spectre « acide » (voyez plus loin), mais plus larges, plus nettes et un peu rejetées à gauche et qui représentaient peut-être les bandes α et β de la bilicyanine acide. Par l'action du chlorate de potassium et de l'acide chlorhydrique, l'hématoporphyrine urinaire devient rapidement jaune-vert et présente entre F et C une bande large et foncée dont le milieu tombe à $\lambda = 463$.

Oxydée par les chromates ou les bichromates, l'hématoporphyrine fournit les deux acides hématiques $C^8H^9AzO^4$ et $C^8H^8O^5$, identiques à ceux que donne l'hématine dans les mêmes conditions [Küster et Kölle, *Zeit. physiol. Chem.*, **28**, 34].

L'hématoporphyrine donne un *chlorhydrate*, $C^{16}H^{18}Az^2O^3, HCl$, cristallisé en aiguilles rhombiques d'un brun rouge. Cette combinaison est facilement soluble dans l'acide chlorhydrique étendu, mais cette solubilité diminue en présence de quantités croissantes d'acide. Le sel marin, le chlorure de magnésium, le sulfate d'ammonium et d'autres sels neutres précipitent ce chlorhydrate de ses dissolutions. Si la quantité de sel ajoutée est telle que la précipitation ne soit qu'imminente, il se forme par le repos des cristaux en gerbes.

Ces cristaux sont décomposés par l'eau, mais dans l'acide chlorhydrique étendu ils se conservent bien. Leur dissolution se résinifie facilement à chaud. A la lumière, ils brunissent facilement et deviennent amorphes par dessiccation au-dessus de l'acide sulfurique. Lorsqu'on pousse la dessiccation au-dessus de l'acide sulfurique et de la chaux sodée jusqu'à poids constant, le produit cesse d'être entièrement soluble dans l'eau, mais il se dissout dans l'alcool.

Les dissolutions du chlorhydrate dans les acides minéraux étendus sont d'un rouge vif, avec une pointe de bleu. Elles donnent le spectre « acide », tandis qu'une dissolution alcoolique de cristaux entièrement desséchés au-dessus de l'acide sulfurique et de la chaux sodée présente le spectre « alcalin » à cinq bandes, que l'addition d'une trace d'acide minéral transforme aussitôt en spectre « acide » (voyez plus loin).

L'hématoporphyrine se combine aussi avec les métaux. La dissolution de l'hématoporphyrine dans la soude chaude abandonne par refroidissement, d'après MM. Nencki et Sieber, la *combinaison* $C^{16}H^{17}NaAz^2O^3, H^2O$, en cristaux bruns biréfringents, associés en choux-fleurs. Ce sel est beaucoup plus soluble dans l'eau que le chlorhydrate, mais peu soluble dans l'alcool froid. Les *combinaisons sodiques* et *ammoniques* sont aussi très solubles dans l'eau.

Les autres sels métalliques peuvent être obtenus par double décomposition entre le sel de sodium et un sel métallique. L'acétate de zinc donne dans ces conditions un *sel* amorphe, renfermant $C^{16}H^{16}ZnAz^2O^3, H^2O$, et le nitrate d'argent une *combinaison* répondant approximativement à la formule $C^{16}H^{17}AgAz^2O^3$. Les sels des métaux lourds sont insolubles, les sels barytiques et calciques à peu près insolubles dans l'eau.

Parmi ces combinaisons, on obtient aisément la dissolution du *dérivé zincique* en additionnant d'un peu de chlorure de zinc une solution ammoniacale d'hématoporphyrine. Le spectre « alcalin » disparaît et est remplacé par le spectre « métallique ». Toutefois cette transformation ne s'accomplit que lentement et n'est souvent terminée qu'après plusieurs heures. Elle est fonction de la richesse du liquide en zinc et en alcali [Hammarsten, *Skand. Arch.*, **3**, 329]. Cette dissolution se distingue nettement de celle de l'urobiline zincique par ce fait qu'elle ne présente aucune fluorescence.

On obtient aussi des combinaisons métalliques en précipitant une dissolution du pigment dans l'alcool amylique (un extrait amylique de l'urine, par exemple) par la dissolution du sel. MM. Riva et Zoja ont étudié cette réaction en détail, avec un grand nombre de sels. La formation du précipité est plus aisée quand on additionne d'abord l'alcool amylique d'un peu d'ammoniaque, puis d'une quantité d'alcool éthylique suffisante pour faire un liquide homogène. En ajoutant ensuite du chlorure de calcium, de baryum, de zinc, de l'acétate de plomb, du sublimé, du chlorure stanneux et même du chlorure ammonique, M. Zoja a obtenu des précipités que l'on peut débarrasser des pigments étrangers (urobiline) en les lavant avec de l'alcool amylique ou éthylique, et qui, mis en suspension dans l'alcool, donnent le spectre « métallique ». Mais la position, la largeur et l'intensité des bandes paraissent varier avec la nature du métal.

Les solutions alcooliques ammoniacales d'hématoporphyrine présentent au contraire le spectre « alcalin »; mais lorsqu'on les abandonne pendant longtemps à elles-mêmes (Zoja), ou lorsqu'on les fait bouillir (Saillet), on voit apparaître le spectre « métallique ». Parfois les deux spectres se superposent.

Pour beaucoup d'autres particularités que présentent ces combinaisons métalliques, nous renvoyons le lecteur aux mémoires originaux de M. Zoja, de M. Saillet, et plus simplement à l'excellent ouvrage de M. Huppert [Zoja, *Arch. ital. de Biol.*, **19**, fasc. 3. — Saillet, *Rev. de Méd.*, **16**, 545. — Huppert, *Analyse des Harns*, Wiesbaden, 1898, 561].

Éthers de l'hématoporphyrine. — L'hématoporphyrine ne donne de dérivés ni avec la diamide (hydrazine), ni avec la phénylhydrazine, ce qui semble indiquer qu'aucun des trois atomes d'oxygène de la molécule ne fait partie d'un groupement aldéhydique ou cétonique. La formation facile d'éthers mono- et dialcoylés démontre au contraire que le pigment contient deux oxhydryles alcooliques.

L'*hématoporphyrine diméthylique*,

$$C^{16}H^{16}(OCH^3)^2Az^2O,$$

est obtenue en chauffant pendant 4 heures au réfrigérant ascendant un mélange de 2 grammes du pigment pur avec 20 grammes d'alcool méthylique absolu et 2 grammes d'acide sulfurique concentré, puis jetant le produit dans deux litres d'eau. L'éther se précipite sous la forme de grains amorphes, très fins, de couleur rouge-brique, mais brunissant rapidement à l'air. Il est insoluble dans l'eau et dans les alcalis à froid, facilement soluble au contraire dans l'alcool, l'alcool méthylique, l'éther, l'éther acétique, le benzène, les acides minéraux étendus. Il fond à 85° en perdant de l'alcool méthylique et laissant un résidu amorphe qui paraît être un anhydride.

L'*éther diéthylique* a été obtenu par le même procédé.

L'*acétylhématoporphyrine*,

$$C^{32}H^{31}(C^2H^3O)Az^4O^6,$$

est obtenue en traitant le chlorhydrate d'hématoporphyrine par l'acétate de sodium et l'anhydride acétique. C'est un pigment rouge-brun, insoluble dans l'eau, peu soluble dans l'alcool.

Ces éthers présentent en solution alcaline ou acide le même spectre que l'hématoporphyrine.

Spectres de l'hématoporphyrine. — Les indications que donnent les divers auteurs sur les réactions spectrales de l'hématoporphyrine sont pleines de contradictions. Cela tient d'abord à ce fait que plusieurs auteurs se sont servis du pigment fourni par l'urine, lequel est souvent impur, et notamment souillé d'urobiline. En second lieu, la position des bandes varie un peu selon la nature du dissolvant, le degré d'alcalinité ou d'acidité du milieu. De plus, la désignation habituelle des divers spectres (spectre de la solution *acide* ou *alcaline*) ne correspond pas toujours à la réaction réellement présentée par le liquide. Ainsi, dans des conditions qui seront expliquées plus loin, une solution encore acide d'hématoporphyrine peut présenter le spectre de l'hématoporphyrine alcaline. Enfin l'existence d'un spectre spécial à l'hématoporphyrine combinée aux métaux est venue compliquer encore l'étude physique de ce pigment.

Voici la description des divers spectres de l'hématoporphyrine d'après M. Garrod et M. Huppert. Ces spectres ne sont nets que lorsque la dissolution présente, sous l'épaisseur considérée, une couleur rouge prononcée. La figure 594, empruntée à l'excellent ouvrage de M. Huppert, en donne une représentation suffisamment fidèle [Garrod, *Jour. of Physiol.*, **13**, 607. — Neubauer et Vogel, *Analyse des Harns*, 10e édit. par Huppert, Wiesbaden, 1898, 564].

1° On observe le *spectre* dit de l'*hématoporphyrine acide* avec la dissolution que l'on obtient en épuisant par de l'alcool sulfurique ou en dissolvant dans l'alcool chlorhydrique le précipité phosphatique fourni par la méthode d'extraction de M. Garrod (voyez p. 85). C'est un spectre à trois bandes. La première bande, α, est située dans l'orangé à C83D—D5E. Elle est donc à cheval sur D, mais empiétant plus largement sur l'espace C—D que sur l'espace D—E; elle n'est pas très foncée et ses bords sont peu nets. La troisième bande, γ, dans le vert, est à D42E—D77E, soit donc un peu plus près de E que de D. Elle est notablement plus foncée que la bande α,

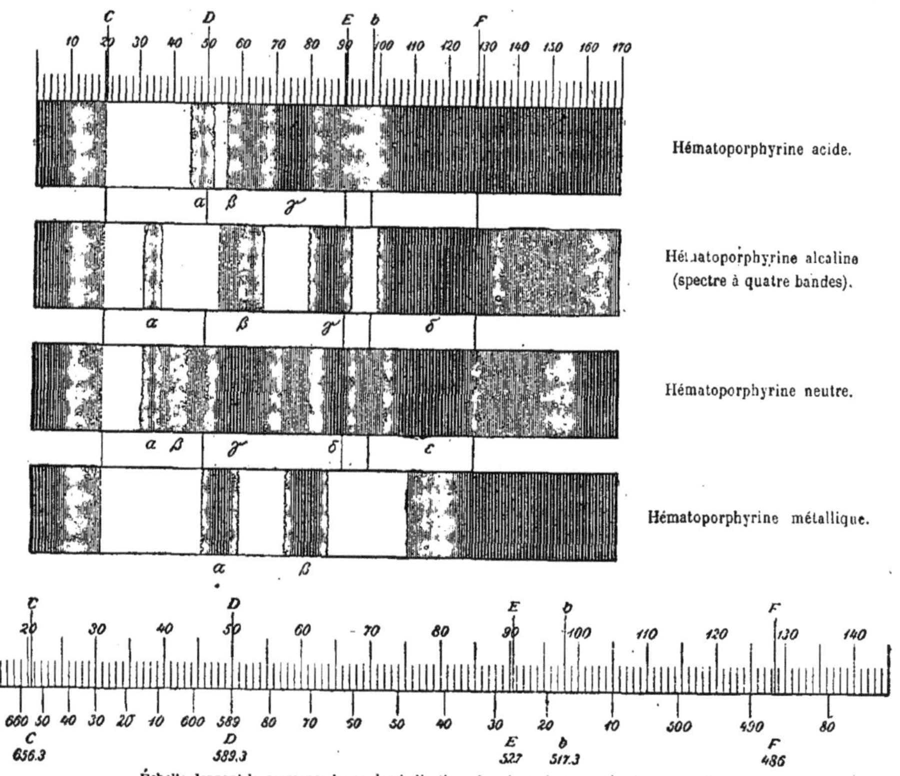

Échelle donnant la correspondance des indications du micromètre avec les longueurs d'onde

Fig. 594. — Spectres d'absorption de l'hématoporphyrine.

mais aussi à bords peu nets. De son bord gauche part, en s'étendant vers le jaune, un obscurcissement qui va à peu près jusqu'à D15E, et dont l'extrémité est un peu plus accentuée. C'est cette extrémité plus accentuée qui constitue la deuxième bande β. Parfois on aperçoit encore à droite de *b* un léger obscurcissement qui est dû à la présence d'un peu d'urobiline, et qui fait défaut, comme l'a montré M. Garrod, pour les dissolutions d'hématoporphyrine pure, pour celles que l'on obtient, par exemple, en épuisant par le chloroforme le précipité phosphatique obtenu avec l'urine d'après M. Garrod. Enfin les dissolutions très concentrées d'hématoporphyrine présentent encore à droite de E et allant jusqu'à dépasser un peu *b*, une bande très pâle, qui occupe par conséquent une autre position que celle de l'urobiline.

D'après M. Garrod, la position des trois bandes en longueur d'onde est la suivante : pour α, λ = 597-587; pour β, λ = 576-565; pour γ, λ = 557-541. Toutefois la position de ces bandes varie un peu avec la nature du dissolvant, eau, alcool éthylique ou amylique, chloroforme, et la quantité d'acide (Garrod). La dilution des dissolutions concentrées a d'abord pour effet de détacher β de γ et d'en faire une bande indépendante; puis β disparaît, en même temps que α et γ diminuent de largeur par leur bord gauche. Puis les deux bandes conservent la même largeur et pâlissent dans leur ensemble, γ disparaissant en dernier lieu. Le bord droit (bord tourné vers le violet) de ces bandes est donc le plus important à considérer quand il s'agit d'identifier un pigment avec l'hématoporphyrine.

On obtient le spectre qui vient d'être décrit

quand on traite par un acide minéral une dissolution alcaline ou une combinaison métallique du pigment; mais l'addition d'acide acétique à une dissolution du pigment libre ne fait pas apparaître le spectre en question.

2° Le *spectre à quatre bandes de l'hématoporphyrine alcaline* comprend d'abord une bande α, située dans le rouge de C 40 D à C 57 D, étroite par conséquent, à bords pâlis; une seconde bande, β, est située dans le vert. Elle commence tout près de D par une plage très peu foncée, puis elle s'obscurcit brusquement de D 10 E à D 42 E, et cesse par un bord net à cet endroit, là par conséquent où commence la bande γ du spectre acide. La troisième bande, γ, est également dans le vert, et va de D 75 E à E 8 F. Elle couvre donc un peu par son bord droit un peu lavé la raie E. Elle est plus large que la partie obscure de la bande β. Enfin la quatrième bande, δ, apparaît à la limite du vert et du bleu et s'étend de E 26 F à F 9 G. Elle est très large, puisque d'un côté elle borde à peu près *b* et que de l'autre elle dépasse F. Elle se confond à peu près avec la bande de l'urobiline et la deuxième bande de l'uroérythrine, et pour un éclairement peu intense elle rejoint, sans interruption visible, l'extrémité violette obscure du spectre.

De ces quatre bandes, α et β sont les moins visibles; puis vient γ et enfin δ qui est la plus obscure. Si α n'est pas visible et si δ, confondue avec l'extrémité violette, passe inaperçue, les deux autres bandes β et γ peuvent en imposer pour le spectre de l'hématoporphyrine métallique. La dilution fait disparaître d'abord l'obscurcissement à gauche de β, puis la bande α dans le rouge; mais aussi longtemps que les bandes sont visibles, elles conservent la même largeur. La position des quatre bandes en longueur d'onde est la suivante : pour α, λ = 623-613; pour β, λ = 597-560; pour γ, λ = 541-526; pour δ, λ = 515-491. Mais M. Garrod a montré que la nature du dissolvant, le degré d'alcalinité, influent un peu sur la position des bandes.

Le spectre que l'on vient de décrire est celui de l'hématoporphyrine libre. On l'observe avec la solution que l'on obtient en épuisant par l'alcool sulfurique le précipité phosphatique préparé avec l'urine d'après M. Garrod et en ajoutant de l'ammoniaque jusqu'à réaction alcaline. Mais alors la dissolution contient en outre de l'urobiline. On évite au contraire la bande de l'urobiline en traitant par le chloroforme la solution acide du même précipité phosphatique, ou encore en évaporant cette dissolution chloroformique et reprenant le résidu par l'alcool. On voit que dans ce dernier cas on a le spectre dit de l'hématoporphyrine *alcaline*, avec une dissolution d réaction neutre.

L'addition d'acide acétique ou d'autres acides organiques ne modifie pas ce spectre. L'acide bromhydrique, ou un phosphate biacide (ce dernier en très grande quantité), fait apparaître le spectre de l'hématoporphyrine acide, et le chlorure de zinc ammoniacal donne celui du pigment métallique. Si à une dissolution contenant à la fois de l'hématoporphyrine et de l'urobiline on ajoute de l'ammoniaque, puis de l'acide acétique jusqu'à réaction acide, on aperçoit le spectre dit de l'hématoporphyrine alcaline à côté de celui de l'urobiline acide [Garrod et Hopkins, *Journ. of Physiol.*, **20**, 128]. Enfin M. Le Nobel a fait voir le premier que, si à une dissolution acide on ajoute un alcali, on peut obtenir le spectre de l'hématoporphyrine alcaline bien avant que la réaction alcaline soit atteinte [Le Nobel, *Pflüger's Arch.*, **40**, 510].

3° Le *spectre à cinq bandes de l'hématoporphyrine alcaline* diffère du spectre à quatre bandes par une bande supplémentaire dans le rouge. Cette bande (extrabande ε) est étroite et atteint C par son bord gauche. Elle est tantôt plus pâle et tantôt plus obscure que la bande α du spectre précédent et se confond souvent par son bord gauche avec l'extrémité gauche obscure du spectre. M. Mac Munn l'a rapportée à un pigment différent de l'hématoporphyrine, et M. Le Nobel attribue tout le spectre à cinq bandes à une « substance B » ou *isohématoporphyrine*. Mais MM. Nencki et Sieber ont montré que ce spectre est en réalité celui du *chlorhydrate d'hématoporphyrine* en l'absence de tout excès d'acide, et MM. Hammarsten, Zoja et Garrod ont, par diverses expériences, confirmé cette manière de voir. De l'hématoporphyrine libre et un sel de ce pigment peuvent coexister dans une dissolution, et c'est de leurs masses relatives que dépendrait l'intensité de l'extrabande [Le Nobel, *Pflüger's Arch.*, **40**, 523. — Nencki et Sieber, *Arch. f. exp. Path.*, **24**, 436. — Hammarsten, *Skand. Arch.*, **3**, 326. — Zoja, *Arch. ital. de Biol.*, 1893, 5, 13, 25. — Garrod, *Journ. of Physiol.*, **15**, 115].

4° Le *spectre de l'hématoporphyrine neutre* est un spectre à cinq bandes. Il se présente comme une combinaison du spectre du pigment acide avec celui du pigment alcalin. Une première bande, α, étroite, occupe la position de la bande α du spectre de l'hématoporphyrine alcaline. Puis vient un obscurcissement qui s'étend jusqu'un peu au delà de D, et qui, de C 66 D à C 83 D environ, se renforce légèrement. C'est ce renforcement qui constitue la bande β. Un peu au delà de D commence, par un bord diffus, la troisième bande, γ, dont le bord droit, également diffus, s'étend à peu près jusqu'au milieu de l'espace D—E. Vers D 75 E environ, commence la quatrième bande, δ, dont le bord droit dépasse un peu E. Enfin, un peu à droite de *b* se trouve le bord gauche de la cinquième bande, ε, laquelle se termine à peu près sur F.

Il semble que dans ce spectre α, β et γ représentent les trois bandes de même nom du spectre de l'hématoporphyrine acide, fortement rejetées du côté du rouge. Quant au spectre de l'hématoporphyrine alcaline, ses bandes α et β se seraient respectivement confondues avec les bandes α et γ (déplacées) du spectre « acide », et ses bandes γ et δ — la première un peu déplacée vers le violet — auraient donné respectivement les bandes δ et ε du spectre « neutre ».

Les positions de ces bandes en longueur d'onde sont les suivantes : pour α et β, λ = 625-616; pour γ, λ = 576-553; pour δ, λ = 540-522; pour ε, λ = 512-484.

Ce spectre paraît être celui de l'hématoporphyrine avec un acide faible ou avec une petite quantité d'un acide fort. On obtient ce spectre en dissolvant dans de l'acide acétique concentré le précipité phosphatique préparé avec l'urine d'après M. Garrod; puis épuisant ce liquide avec du chloroforme. Pour un grand nombre d'autres indications relatives à ce spectre, nous renvoyons le lecteur aux mémoires de M. Garrod et de M. Saillet et à l'ouvrage M. Huppert [Garrod, *Journ. of Physiol.*, **13**, 610; **15**, 112; **17**, 350. — Saillet, *Rev. de Méd.*, **16**, 544. — Huppert, *op. cit.*, 568].

5° Le *spectre de l'hématoporphyrine métallique* ressemble beaucoup à celui de l'oxyhémoglobine. Il s'en distingue toutefois par ce fait que la seconde bande β est plus foncée et plus étroite que la seconde bande de l'oxyhémoglobine et qu'elle n'atteint pas E par son bord droit. La première bande α occupe l'espace D — D 25 E, ou bien quand elle est plus large, l'espace C 96 D — D 30 E. La seconde, β, va de D 59 E à D 90 E. Dans des dissolutions très concentrées, M. Garrod a vu en outre une bande très étroite et très pâle située entre les deux bandes α et β. On donnera encore plus loin quelques indications relativement à ce spectre.

En résumé, et bien que les relations entre ces divers spectres ne soient pas encore établies avec certitude, on peut utilement, d'après M. Huppert, concevoir leur production de la manière suivante :

Le spectre « alcalin » à quatre bandes est celui de l'hématoporphyrine libre en dissolution alcaline ou alcoolique.

Le spectre de l'hématoporphyrine acide, le spectre à cinq bandes de l'hématoporphyrine alcaline et celui de l'hématoporphyrine neutre sont des spectres donnés par des combinaisons du pigment avec des acides. Le spectre « alcalin » à cinq bandes apparaît pour des combinaisons du pigment avec un acide minéral, mais dans des dissolutions exemptes de tout excès d'acide. Le spectre « acide » est aussi celui des combinaisons du pigment avec un acide minéral, mais en présence d'un excès d'acide. Quant au spectre « neutre », il est donné par les combinaisons du pigment avec des acides organiques (acide acétique) ou avec des quantités d'acides minéraux insuffisantes pour la production du sel neutre.

Enfin le spectre « métallique » est fourni par des combinaisons spéciales du pigment avec des métaux, combinaisons différentes de celles que l'hématoporphyrine donne avec un alcali.

Élimination de l'hématoporphyrine par l'urine. — Recherche et extraction. — On ne sait rien de précis sur l'origine de l'hématoporphyrine des urines normales. D'après M. Kayzer, l'urine contient plus d'urospectrine de Saillet (voyez p. 80) avec une alimentation carnée qu'avec un régime végétal. Toutefois même l'urine de végétariens n'ayant pas consommé de viande depuis plusieurs années renferme encore le pigment. Sur lui-même, M. Kayzer a constaté que la quantité d'hématoporphyrine est le plus considérable après usage de viandes noires saignantes et de légumes à chlorophylle. De même dans les affections avec fièvre, c'est l'autophagie résultant de l'état d'inanition qui paraît être la cause de l'augmentation de l'urospectrine dans l'urine [Kayzer, *Dissert. inaug.*, Fribourg, 1897].

En ce qui concerne l'hématoporphyrinurie intense qu'entraine parfois avec lui l'usage prolongé du sulfonal, l'hypothèse de M. Stokwis, qui faisait provenir le pigment d'hémorragies intestinales, n'est plus soutenable aujourd'hui [Stokwis, *Zeit. f. klin. Med.*, **28**, 1. — Garrod et Hopkins, *Journ. of Path. and Bact.*, 1896, 434. — Kast et Weiss, *Berl. klin. Wochenschr.*, **28**, 1896. — Stokwis, *Centralbl. f. d. med. Wiss.*, 1896, 177]. Ici la question est particulièrement intéressante, car la quantité de pigment éliminée est si considérable, que l'urine a la couleur du vieux vin de Bordeaux (Hammarsten) ou celle d'une solution alcoolique de sang-dragon (Salkowski). Dans les cas observés par M. Salkowski, la quantité de pigment éliminé s'élevait par jour à 0gr,87, ce qui correspondrait à 17gr,5 d'hémoglobine détruite. Sur une série de six cas, trois se sont terminés par la mort [Salkowski, *Zeit. physiol. Chem.*, **15**, 291. — Hammarsten, *Maly's Jahresb.*, **21**, 423. — Joller, *ibid*, 429].

Le spectroscope peut donner des indications sur l'état du pigment dans l'urine. Dans la plupart des cas, l'urine ne donne directement aucun spectre. Là où un spectre d'hématoporphyrine a pu être observé directement, les constatations ont été variables. Dans des urines à sulfonal (Stokwis, Hammarsten, Salkowski), et même dans l'urine normale (Garrod), on a observé le spectre « alcalin », partiellement ou totalement, plus rarement le spectre « alcalin » à cinq bandes (Garrod). Le spectre « métallique » a été trouvé aussi par M. Neusser, par M. Stokwis, dans le produit dialysé d'une urine à sulfonal en pleine fermentation ammoniacale [Salkowski, *Zeit. physiol. Chem.*, **15**, 287. — Garrod, *Journ. of Physiol.*, **15**, 110, et *Edinburgh med. Journ.*, 1897, 112. — Huppert, *Analyse des Harns*, Wiesbaden, 1898, 571].

Il est vraisemblable que l'urine contient souvent un *chromogène* de l'hématoporphyrine. Ainsi des urines qui ne fournissent aucun spectre laissent voir le spectre de l'hématoporphyrine alcaline après addition d'un alcali, et celui de l'hématoporphyrine acide après addition d'un acide. En épuisant à une lumière artificielle de l'urine normale par de l'éther acétique (après addition d'acide acétique), puis exposant l'extrait à la lumière solaire, M. Saillet a vu la quantité d'hématoporphyrine passer du simple au quadruple [Saillet, *Rev. de Méd.*, **16**, 551].

En mettant à part les urines à sulfonal, on peut dire que ni la couleur ni l'examen spectroscopique direct ne renseignent sur la présence de l'hématoporphyrine. Le ton rougeâtre que l'urine présente parfois provient le plus souvent de l'uroérythrine.

La *recherche de l'hématoporphyrine* dans l'urine peut être faite par *précipitation* ou par *extraction*.

La meilleure méthode est la méthode par précipitation de M. Garrod. De 500 à 1000 centimètres cubes d'urine sont additionnés à froid de 20 centimètres cubes de soude à 10 0/0 pour chaque décilitre d'urine. Le précipité est recueilli sur filtre et lavé. Le mieux est de le détacher à plusieurs reprises du filtre à l'aide de la pissette, de le remettre en suspension dans de l'eau, puis de le remettre à nouveau sur filtre. Si le précipité est rougeâtre, c'est qu'il renferme beaucoup d'hématoporphyrine, et l'on peut alors laver jusqu'à filtrat incolore. Dans le cas contraire, on se contente de laver une fois. Si l'urine ne contient que peu de phosphates, on l'additionne avant la précipitation d'une dissolution de phosphate de calcium dans de l'acide acétique.

Le précipité est ensuite traité par de l'alcool additionné d'une quantité d'acide chlorhydrique suffisante pour que la dissolution soit complète, et le liquide, dont le volume ne doit pas dépasser 15 à 20 centimètres cubes, est examiné au spectroscope sous une épaisseur de 3 à 4 centimètres. Après avoir examiné le spectre de l'hématoporphyrine acide, on alcalinise avec de l'ammoniaque, on redissout les phosphates par addition d'acide acétique, et l'on épuise par le chloroforme. La solution chloroformique présente alors le spectre à quatre bandes de l'hématoporphyrine alcaline et parfois aussi la bande de l'urobiline [Garrod, *Centralbl. f. innere Med.*, **18**, n° 21; *Maly's Jahresb.*, **27**, 781]. M. Huppert, qui a soigneusement étudié cette méthode, a précisé les indications de M. Garrod notamment en ce qui concerne les causes d'erreur dues à d'autres pigments [Huppert, *op. cit.*, 572].

Dans le cas des urines très riches en pigment (urine à sulfonal), le procédé de M. Salkowski est préférable, d'après M. Garrod. Pour les recherches cliniques, M. Salkowski opère de la manière suivante : 30 centimètres cubes d'urine environ sont additionnés d'une solution alcaline de chlorure de baryum (volumes égaux d'une solution de chlorure de baryum au 1/10e et d'eau de baryte saturée à froid) jusqu'à ce qu'il ne se produise plus de précipité. On filtre, on lave plusieurs fois à l'eau, puis à l'alcool le précipité obtenu, puis, après avoir laissé égoutter complètement, on triture la masse dans un mortier avec 6 à 8 gouttes d'acide chlorhydrique et autant d'alcool absolu qu'il en faut pour obtenir une purée liquide. On attend quelque temps, ou bien on chauffe modérément, puis on jette sur un filtre sec. Si la quantité de liquide qui s'écoule est trop faible, on ajoute encore un peu d'alcool, mais l'extrait obtenu ne doit pas mesurer plus de 6 à 8 centimètres cubes. Le liquide qui passe est étudié au spectroscope, comme il est dit plus haut [Salkowski, *Zeit. physiol. Chem.*, **15**, 297. — Hammarsten, *Maly's Jahresb.*, **21**, 423]. — Le lecteur trouvera dans l'ouvrage déjà cité de M. Huppert une critique des méthodes par précipitation au moyen des terres alcalines.

Dans les méthodes par *extraction*, on agite l'urine avec des dissolvants neutres, tels que l'alcool amylique (Riva et Zoja) ou l'éther acétique (Saillet); mais, d'après M. Huppert, le procédé de M. Garrod est préférable [Riva et Zoja, *Arch. ital. de Biolog.*, **19**, fasc. 3. — Saillet, *Rev. de Méd.*, **16**, 543].

Dans les opérations que l'on vient de décrire, on s'arrête en général lorsque le pigment est sous une forme permettant de le caractériser au spectroscope. M. Hammarsten a donné une méthode conduisant jusqu'à la séparation du pigment pur [Hammarsten, *Skand. Arch.*, **3**, 325].

L'urine (à sulfonal) a été précipitée d'abord par une dissolution d'acétate de baryum, puis alternativement par de l'acétate de baryum et du carbonate de sodium en solution, jusqu'à ce que le précipité ne fût plus coloré en rouge. C'est le précipité à l'acétate qui contenait le plus de pigment. Ces précipités ont été lavés à l'eau, puis séchés à l'air et épuisés par de l'alcool acide (5 0/0 d'acide sulfurique ou chlorhydrique), et l'extrait obtenu, additionné d'eau, a été épuisé par le chloroforme, qui dissout le pigment. Le résidu fourni par l'évaporation spontanée du chloroforme n'a été que partiellement soluble dans l'alcool froid. La partie insoluble dans l'alcool était également insoluble dans l'eau, difficilement soluble dans les alcalis à froid, plus soluble à chaud, mais avec décomposition. L'acide chlorhydrique à 20-25 0/0 dissolvait le produit avec une belle coloration rouge-bleutée. Il s'est dissous aussi dans l'alcool chaud, et par refroidissement on a obtenu des cristaux ayant l'aspect du chlorhydrate d'hématoporphyrine de MM. Nencki et Sieber. L'acétone, le chloroforme, l'éther acétique dissolvaient également le produit et l'abandonnaient par évaporation à l'état cristallisé.

Les dissolutions acides, alcalines et zinciques présentaient la couleur et les réactions spectrales caractéristiques des dissolutions correspondantes d'hématoporphyrine, mais la solution alcoolique donnait le spectre alcalin à cinq bandes. L'apparition de ce dernier spectre montre que l'on était en présence d'une combinaison d'hématoporphyrine avec un acide, mais en même temps les conditions de solubilité du produit sont telles que cet acide ne peut pas avoir été l'acide chlorhydrique. Quoi qu'il en soit, il reste acquis que l'hématoporphyrine a pu être extraite de l'urine à l'état cristallisé.

La séparation de l'hématoporphyrine et de l'urobiline a été étudiée par M. Hopkins [*Guy's Hosp. Reports*, **50**, 357], par MM. Riva et Zoja (*loc. cit.*), par M. Saillet (*loc. cit.*), mais les résultats ne sont pas meilleurs que ceux du procédé de M. Garrod.

XVII. — MÉSOPORPHYRINE.

MM. Nencki et Zaleski ont donné le nom de mésoporphyrine à un pigment qui se place par sa composition entre l'hématoporphyrine et la phylloporphyrine, matière colorante rouge que MM. Schunk et Marchlewsky ont obtenue en chauffant avec des alcalis divers dérivés de la chlorophylle, et notamment la phyllotaonine. Les formules suivantes rendent compte des rapports qui existent entre ces trois pigments :

Hématoporphyrine . $C^{16}H^{18}Az^2O^3$,
Mésoporphyrine.... $C^{16}H^{18}Az^2O^2$,
Phylloporphyrine .. $C^{16}H^{18}Az^2O$.

C'est en essayant de transformer l'hématoporphyrine (ou plus simplement l'hématine) en phylloporphyrine, par réduction au moyen de l'iodure de phosphonium, que MM. Nencki et Zaleski ont obtenu la mésoporphyrine par le procédé que voici [Schunk et Marchlewsky, *Ann. Chem.*, **286**, 81; **290**, 306. — Nencki et Zaleski, *D. chem. G.*, **34**, 997].

5 grammes d'acétylhémine brute sont dissous au bain-marie dans 40 centimètres cubes d'acide iodhydrique (D = 1,74) et 75 centimètres cubes d'acide acétique cristallisable, puis on ajoute peu à peu en petits morceaux environ 3 grammes d'iodure de phosphonium. Après 15 minutes, la liqueur, d'abord d'un rouge foncé, prend une teinte plus claire, avec un ton un peu jaune en couche mince. On étend alors d'un égal volume d'eau et on filtre dans 1 litre et demi à 2 litres d'eau. Il se produit aussitôt un précipité rouge, qui augmente encore au fur et à mesure qu'on neutralise le liquide avec de la soude. Ce précipité, lavé à l'eau, est dissous dans de l'acide chlorhydrique à 2,5 0/0, et la solution violet foncé, ainsi obtenue, est évaporée au bain-marie jusqu'à pellicule cristalline. Par refroidissement il se dépose des aiguilles microscopiques brun-rouge, qui représentent le *chlorhydrate de mésoporphyrine*, $C^{16}H^{18}Az^2O^2$, HCl.

Si l'on décompose ce sel par de la soude et que l'on ajoute au liquide filtré de l'acide acétique, il se précipite un hydrate de mésoporphyrine sous la forme d'une masse amorphe, volumineuse et qui, traitée encore humide par de l'alcool chaud, se réduit promptement en une poudre formée de cristaux rouges, biréfringents, extrêmement fins, et répondant à la formule $C^{16}H^{18}Az^2O^2$. Si, au lieu de décomposer le chlorhydrate par la soude aqueuse, on ajoute à la solution alcoolique de ce composé de l'acétate d'ammonium, de potassium ou de sodium en solution alcoolique, on obtient la mésoporphyrine cristallisée en gros cristaux rhombiques, de couleur rouge, et ayant tout à fait l'aspect des cristaux d'hématoïdine des extravasats sanguins.

La concentration de l'acide iodhydrique a dans cette préparation une grande importance. Avec de l'acide fumant d'une densité de 1,94, on n'obtient plus que de l'hémopyrrol (voyez plus haut : HÉMATINE).

Propriétés. — La mésoporphyrine a beaucoup d'analogie avec l'hématoporphyrine. Elle n'est pas encore fondue à 340°. Elle est insoluble dans l'eau et peu soluble dans l'alcool et dans l'éther, facilement soluble au contraire dans les alcalis avec une coloration rouge-brun. Elle est peu soluble dans les acides étendus, mais sensiblement plus soluble que dans l'alcool, et les dissolutions sont d'un beau rouge, avec une teinte violet-améthyste à la lumière transmise, et une fluorescence rouge.

En solution neutre, alcaline ou acide, la mésoporphyrine présente exactement le même spectre que l'hématoporphyrine.

Les sels de la mésoporphyrine sont décomposés par l'eau. En milieu acide, les acétates de zinc, de cuivre, de plomb et d'argent donnent des précipités rouges, amorphes, insolubles dans l'eau et dans l'alcool.

Traitée par l'acide azotique étendu, la mésoporphyrine fournit une combinaison cristallisée qui est probablement un nitrate. Si l'on évapore lentement la solution nitrique rouge, elle abandonne un produit d'oxydation rouge. En présence de l'acide nitrique concentré, la solution nitrique du pigment devient verte. Le même produit vert peut être obtenu plus facilement en oxydant la mésoporphyrine par l'eau oxygénée, en milieu chlorhydrique. Il se dépose alors par le repos un pigment cristallisé en aiguilles microscopiques vertes, répondant sensiblement à la formule $C^{16}H^{17}ClAz^2O^3.HCl$, c'est-à-dire représentant probablement un *chlorhydrate d'hématoporphyrine monochlorée*.

On voit finalement que la réduction de l'hématine en milieu fortement acide, c'est-à-dire en définitive la réduction de l'hématoporphyrine, a conduit à un pigment ne différant plus de la phylloporphyrine que par 1 atome d'oxygène en plus.

D'autre part, MM. Schunk et Marchlewsky rapportent que l'hématoporphyrine et la phylloporphyrine en solution éthérée acide ou en solution alcaline, ou encore leurs combinaisons zinciques, ont exactement le même spectre, avec cette seule différence que pour l'hématoporphyrine les bandes sont très légèrement déplacées vers le rouge. Cette analogie s'étend même au spectre ultra-violet.

Enfin, MM. Nencki et Marchlewsky, en soumettant la phyllocyanine (sous la forme d'un sel double avec l'acétate de cuivre) à l'action réductrice de l'acide iodhydrique et de l'iodure de phosphonium, viennent d'obtenir de l'hémopyrrol, qui peut être isolé en combinaison avec le bichlorure de mercure [Nencki et Marchlewsky, *D. chem. G.*, **34**, 1687].

Il semble donc qu'il existe entre la matière colorante du sang et la chlorophylle une parenté assez étroite, et présentant au point de vue de la biologie générale un intérêt considérable [Nencki, *D. chem. G.*, **21**, 2877].

XVIII. — HÉMORRHODINE.

La coloration rouge que présente parfois la viande bouillie tient, d'après MM. K.-B. Lehmann et Kisskalt, à la présence d'un peu d'acide nitreux mis en liberté par l'action des acides libres de la viande sur les nitrites. Ceux-ci proviennent eux-mêmes de la réduction des nitrates apportés par l'eau potable, parfois par le sel marin et aussi par un grand nombre de légumes. La coloration en question se produit surtout avec facilité quand on fait bouillir de la viande dans un bouillon déjà ancien.

Ce pigment, que M. Lehmann appelle *hémorrhodine*, peut être extrait du jambon, de beaucoup d'espèces de saucisses ou de la langue salée, au moyen de l'alcool neutre bouillant, qui prend alors une belle coloration rouge foncé. De la viande rougie par ébullition avec de l'eau additionnée de traces d'acide sulfurique et d'un nitrite, puis traitée par de l'alcool bouillant, fournit aussi de très belles solutions du pigment. On peut aussi partir du sang dans les mêmes conditions, en épuisant ensuite par l'alcool le coagulum obtenu. L'hémorrhodine est soluble aussi dans l'éther et dans la glycérine neutre.

Le spectre présenté par ces dissolutions alcooliques ou par les viandes elles-mêmes, lorsqu'on les examine en lames minces, est le suivant : Une première bande apparaît un peu à gauche de D. Une seconde, souvent peu visible, est située à gauche de E ; de plus, le spectre est obscurci vers le violet à partir de *b*. Lorsqu'on abandonne la solution à elle-même, elle ne tarde pas à présenter le spectre de l'hématine alcaline.

L'action des acides, des alcalis et des sulfures alcalins est très caractéristique, ces trois catégories d'agents faisant apparaître aussitôt respectivement le spectre de l'hématine acide, celui de l'hématine alcaline et celui de l'hémochromogène.

Dans la préparation de l'hémorrhodine au moyen du sang, telle qu'elle a été indiquée ci-dessus, on constate que le liquide séparé du caillot contient encore une autre matière colorante que M. Lehmann a appelée *hémorubine* [K.-B. Lehmann, *Maly's Jahresb.*, **29**, 173. — K. Kisskalt, *Arch. f. Hygiene*, **35**, 11]. E. Lambling.

HENDÉCANAPHTÈNE. — Voyez Hydroaromatiques (composés).

HENEICOSANE. — On désigne sous ce nom les carbures saturés de la formule $C^{21}H^{44}$. *L'heneicosane normal*, le seul connu d'ailleurs, a pu être extrait de la paraffine de lignite au moyen d'une série de distillations fractionnées [F. Krafft, *D. chem. G.*, **21**, 2263].

M. F. Krafft [*D. chem. G.*, **15**, 1718] l'a préparé, d'autre part, en réduisant par l'acide iodhydrique et le phosphore le chlorure $C^{21}H^{42}Cl^2$, obtenu en traitant par le perchlorure de phosphore la cétone $(C^{10}H^{21})^2CO$.

L'heneicosane normal se produit encore dans la distillation d'un mélange de sel de baryum de l'acide érucique et de méthylate de sodium [Mai, *D. chem. G.*, **22**, 2135]. Il est solide et fond à 40°,4. Son point d'ébullition est situé à 215° sous 15 millimètres, à 201-202° sous 11 millimètres ; dans le vide cathodique il bout à 129° [F. Krafft et H. Weilandt, *D. chem. G.*, **29**, 1323]. Sa densité est de 0,7784 à son point de fusion, de 0,7557 à 74°,7, de 0,7400 à 98°,9, de 0,8048 à 15°, de 0,8015 à 20° et de 0,7981 à 25°. R. Marquis.

HENTRIACONTANE, $C^{31}H^{64}$. — L'hentriacontane normal a été rencontré par M. Schwalb [*Ann. Chem.*, **235**, 117] dans la cire d'abeilles. Il s'obtient par réduction, au moyen de l'acide iodhydrique et du phosphore à 240°, du chlorure $C^{31}H^{62}Cl^2$, ce dernier dérivant de la palmitone $(C^{15}H^{31})^2CO$ produite dans la distillation sèche du palmitate de baryum [F. Krafft, *D. chem. G.*, **15**, 1714]. L'hentriacontane fond à 68°,1 ; il bout à 302° sous 15 millimètres en s'altérant légèrement ; dans le vide cathodique, son point d'ébullition est de 199° [F. Krafft et Weilandt, *D. chem. G.*, **29**, 1323]. Sa densité est de 0,7808 à son point de fusion, de 0,7730 à 80°, de 0,7619 à 98°,8.

HEPTACOSANE, $C^{27}H^{56}$. — L'heptacosane normal se trouve dans la cire d'abeilles, à côté de l'hentriacontane [Schwalb, *Ann. Chem.*, **235**, 117]. Il s'obtient par la réduction, au moyen de l'acide iodhydrique et du phosphore, du chlorure $C^{27}H^{54}Cl^2$, obtenu lui-même à partir de la myristone $(C^{13}H^{27})^2CO$, produite dans la distillation sèche du sel de baryum de l'acide myristique [F. Krafft, *D. chem. G.*, **15**, 1713]. L'heptacosane fond à 59°,5 et bout à 270° sous 15 millimètres ; dans le vide cathodique, son point d'ébullition est de 172° [Krafft et Weilandt, *D. chem. G.*, **29**, 1323]. Sa densité est de 0,7796 à son point de fusion, de 0,7659 à 80°,8 et de 0,7545 à 99°.

MM. E. et H. Erdmann ont trouvé dans l'essence de néroli un heptacosane de structure inconnue, cristallisant en paillettes brillantes, fusibles à 54-56°. R. Marquis.

HEPTADÉCANE, $C^{17}H^{36}$. — L'heptadécane normal peut s'isoler de la paraffine de lignite par distillation fractionnée [F. Krafft, *D. chem. G.*, **15**, 1718]. On l'obtient par la réduction, au moyen de l'acide iodhydrique et du phosphore, soit de l'acide margarique, soit de la cétone $C^{15}H^{31}-CO-CH^3$ (ou plus exactement du chlorure correspondant $C^{15}H^{31}-CCl^2-CH^3$), produite dans la distillation sèche d'un mélange de palmitate et d'acétate de baryum [F. Krafft, *D. chem. G.*, **15**, 1702]. Il se produit encore dans la distillation sous pression réduite d'un mélange de stéarate de baryum et de méthylate de sodium [Mai, *D. chem. G.*, **22**, 2133].

L'heptadécane fond à 22°,5 et cristallise par refroidissement en grandes paillettes ou en tables hexagonales. Il bout à 163°,5 sous 11 millimètres, à 170° sous 15 millimètres, à 187°,5 sous 30 millimètres, à 201°,5 sous 50 millimètres, à 223° sous 100 millimètres, à 303° sous 760 millimètres et à 81° dans le vide cathodique [F. Krafft et H. Weilandt, *D. chem. G.*, **29**, 1323]. Sa densité est de 0,7767 à son point de fusion, de 0,7749 à 25°, de 0,7714 à 30° et de 0,7245 à 99°. R. Marquis.

HEPTADÉCYLÈNE, $C^{17}H^{34}$. — Un hydrocarbure de cette composition se produit dans la distillation sèche d'un mélange d'élaïdate de baryum et de méthylate de sodium. Il est liquide et bout à 160° sous 9mm,5. Sa densité est de 0,8042 à 0°, de 0,8006 à 6° et de 0,7977 à 10° [Mai, *D. chem. G.*, **22**, 2135].

HEPTADÉCYLIQUE (ACIDE). — Voyez MARGARIQUE (ACIDE).

HEPTANAPHTÈNE. — Voyez HYDROAROMATIQUES (CARBURES).

HEPTANES, C^7H^{16}. — 1° HEPTANE NORMAL. — On a signalé la présence de l'heptane normal dans le naphte de Grosnyi [R.-V. Charitchkoff, *Bull. Soc. Chim.*, (3), **24**, 357], ainsi que dans le pétrole de Roumanie [P. Poni, *An. Acad. Romane*, **23**). Aux modes de production de l'heptane déjà indiqués (1er Suppl., 909), ajoutons les suivants :

Le bromure de méthylhexaméthylène, chauffé avec de la poudre de zinc et de l'alcool à 90 0/0, fournit de l'heptane avec un rendement d'environ 90 0/0 du rendement théorique [N. Zelinsky, *Bull. Soc. Chim.*, (3), **22**, 969].

D'après M. Kijner, on peut obtenir de l'heptane à partir de l'heptylhydrazine,

$$\begin{matrix} C^3H^7 \\ C^3H^7 \end{matrix} > CH - AzH - AzH^2,$$

par oxydation au moyen du ferricyanure de potassium [*Bull. Soc. Chim.*, (3), **24**, 655].

M. Sydney Young [*Chem. Soc.*, **73**, 675, 906; Francis et Young, *Chem. Soc.*, **73**, 721] a fait une étude physique complète de l'heptane retiré du pétrole américain. Son point d'ébullition est de 98°,34 ; sa densité est de 0,7048 à 0°, de 0,6665 à 50°, de 0,6416 à 95°. Ses constantes critiques sont les suivantes : T = 266°,9 ; P = 20415 millimètres ; D = 0,2344 ; le volume de 1 gramme est de 4cc,266 ; le volume moléculaire de 425,7. D'après M. Thorpe [*Chem. Soc.*, **45**, 165], la température critique de l'heptane normal, calculée d'après la valeur de la tension superficielle, serait de 281°. Le pouvoir rotatoire magnétique de l'heptane est de 7,666 à 15° [Perkin, *Chem. Soc.*, **69**, 1236].

DÉRIVÉS CHLORÉS. — *Chlorures d'heptyles.* — Voyez HEPTYLIQUES (ALCOOLS).

Heptanes dichlorés. — 1° *Dichloro* 1.1-*heptane ou chlorure d'œnanthylidène*, $CH^3(CH^2)^5CHCl^2$. — Il se prépare en traitant l'œnanthol par le perchlorure de phosphore. C'est un liquide bouillant à 191° sous la pression atmosphérique, et à 82-84° sous 30 millimètres. La potasse agit sur lui en donnant d'abord le chlorure non saturé $C^7H^{13}Cl$, puis le carbure acétylénique C^7H^{12}.

2° *Dichloro* 4.4-*heptane*. — C'est le chlorure dérivé de la butyrone, $C^3H^7-CO-C^3H^7$, par l'action du perchlorure de phosphore ; il est liquide et bout à 181° ; on obtient dans la même réaction le chlorure non saturé $C^7H^{13}Cl$, bouillant à 141° [Tawildaroff, *D. chem. G.*, **9**, 1442].

3° *Dichloro* 1.7-*heptane*, $CH^2Cl(CH^2)^5CH^2Cl$. — Ce dérivé chloré se forme dans la réaction du chlorure de nitrosyle sur l'heptaméthylène-diamine [V. Solonina, *Bull. Soc. Chim.*, (3), **22**, 352].

Heptane trichloré, $C^7H^{13}Cl^3$. — En traitant le sulfoxyde d'heptyle normal, $(C^7H^{15})^2SO^2$, par le chlore, MM. Spring et Winssinger [*Bull. Soc. Chim.*, (2), **49**, 72] ont obtenu un mélange de tri- et de tétrachlorheptane. Le dérivé trichloré, chauffé avec de l'eau et de l'oxyde d'argent à 160°, fournit de l'œnanthol, de l'acide œnanthylique et l'éther heptylique de ce dernier.

Heptane tétrachloré. — Voyez ci-dessus.

DÉRIVÉS BROMÉS. — *Heptanes monobromés.* — Voyez HEPTYLIQUES (ALCOOLS).

Heptanes dibromés. — 1° *Dibromo* 1.1-*heptane ou bromure d'œnanthylidène*, $CH^3(CH^2)^5CHBr^2$. — Il a été préparé par M. Bruylants [*D. chem. G.*, **8**, 409] en traitant l'œnanthol par le chlorobromure de phosphore, PCl^3Br^2.

2° *Dibromo* 1.2-*heptane*,

$$CH^3(CH^2)^4CHBr-CH^2Br.$$

— Se produit par addition de brome à l'heptylène obtenu dans la décomposition du palmitate d'heptyle [Welt, *D. chem. G.*, **30**, 1495]. Il bout à 105-107° sous 15 millimètres, et est probablement identique au bromure bouillant à 209-211°, obtenu par M. Venable [*Am. Chem. Soc.*, **4**, 255] en additionnant le brome à l'heptylène provenant de l'essence de *Pinus sabiniana*.

3° *Dibromo* 1.7-*heptane*, $CH^2Br(CH^2)^5CH^2Br$. — A été préparé au moyen de l'éther diphénylique correspondant,

$$(C^6H^5O)CH^2-(CH^2)^5-CH^2(OC^6H^5),$$

fondant à 54°,5-55°, obtenu lui-même au moyen du dérivé dichloré [Solonina, *loc. cit.*, 456]. Il bout à 254-256° sous la pression normale et à 147-149° sous 20 millimètres.

Heptanes tétrabromés, $C^7H^{12}Br^4$. — Le bromure de soufre, S^2Br^2, agit sur l'heptane en présence du couple aluminium-mercure, et donne naissance à deux dérivés tétrabromés, l'un soluble dans l'alcool et fondant à 88-89°, l'autre peu soluble dans ce véhicule et ne fondant pas encore à 250° [J. Cohen et Henry Dakin, *Chem. Soc.*, **75**, 893].

Heptane hexabromé, $C^7H^{10}Br^6$. — Une substance de cette composition a été obtenue par M. Saytzeff [*Ann. Chem.*, **185**, 144], en additionnant le brome à l'heptone C^7H^{10}.

Heptane heptabromé, $C^7H^9Br^7$. — L'heptane monobromé soumis à l'action du brome en présence de fer donne un dérivé heptabromé [Herzfelder, *D. chem. G.*, **26**, 2437].

DÉRIVÉS IODÉS. — *Heptanes monoiodés.* — Voyez HEPTYLIQUES (ALCOOLS).

DÉRIVÉS NITRÉS. — La nitration de l'heptane a été étudiée d'abord par MM. Beilstein et Kurbatoff [*D. chem. G.*, **13**, 2029], qui, en traitant l'heptane du pétrole américain par l'acide azotique, obtinrent un corps $C^7H^{15}AzO^2$, bouillant à 193-197°. M. Konovaloff [*Journ. Soc. chim. russe*, 1893, (1), 389, 472], en traitant l'heptane par l'acide azotique d'une densité de 1,075, obtint un nitroheptane secondaire,

$$\begin{matrix} C^5H^{11}-CH-CH^3, \\ | \\ AzO^2 \end{matrix}$$

identique au composé de MM. Beilstein et Kurbatoff, et donnant un dérivé bromé,

$$C^5H^{11}C \begin{matrix} \diagup Br \\ -CH^3 \\ \diagdown AzO^2 \end{matrix}$$

Les dérivés nitrés primaires de l'heptane ont été décrits par M. Worstall [*Am. chem. Journ.*, **21**, 218].

Le *mononitroheptane* est un liquide huileux jaune clair, bouillant à 193-195°, d'une densité de 0,9476 à 17°, insoluble dans l'eau. Il s'obtient en traitant l'heptane par l'acide nitrique (densité 1,42) à l'ébullition : il se forme 16 0/0 de dérivé mononitré et 24 0/0 de dinitré. Le sel de sodium du dérivé mononitré cristallise dans l'alcool en fines aiguilles; dissous dans l'alcool et traité par le brome, il fournit le *bromonitroheptane* sous la forme d'une huile presque incolore, d'odeur piquante, insoluble dans l'eau. Traité par l'acide azoteux, le nitroheptane donne un *acide heptylnitrolique*,

$$C^7H^{14}Az^2O^3,$$

liquide jaune pâle.

Le *dinitroheptane*, $CH^3-(CH^2)^5-CH(AzO^2)^2$, est un liquide jaune, peu soluble dans l'eau et indistillable, qui donne par réduction de l'ammoniaque, de l'hydroxylamine et de l'acide heptylique.

Le *bromodinitroheptane* est liquide.

Dinitro 4.4-heptane,

$$CH^3-(CH^2)^2-\underset{AzO^2\ \ AzO^2}{C}-(CH^2)^2-CH^3.$$

— On obtient ce composé en oxydant le diéthylpropylpseudonitrol symétrique (voyez plus bas) en solution acétique par l'acide chromique (7gr,4 de pseudonitrol, 60 grammes d'acide acétique et 4 grammes d'acide chromique); l'huile séparée est fractionnée. Le dérivé dinitré est un liquide complètement incolore, doué d'une faible odeur camphrée, bouillant à 220-221° [Born, *D. chem. G.*, **29**, 97].

Nitrosonitro 4.4-heptane,

$$CH^3-(CH^2)^2-\underset{AzO\ \ AzO^2}{C}-(CH^2)^2-CH^3$$

ou *diéthylpropylpseudonitrol symétrique*. — 15 grammes de dipropylcétoxime normale sont dissous dans 250 grammes d'éther contenant 8gr,02 de bioxyde d'azote; l'éther filtré et évaporé laisse déposer des rhomboèdres fondant à 72-73°, en se colorant en bleu, peu solubles dans l'éther [Born, *loc. cit.*].

Dérivés sulfonés. — *Heptane monosulfoné*, $C^7H^{15}.SO^3H$. — L'heptane normal chauffé avec l'acide sulfurique fumant fournit un acide monosulfonique sirupeux, soluble dans l'eau et dans l'alcool, insoluble dans l'éther. Ses *sels de plomb* et *de baryum* sont amorphes; son *chlorure* est liquide.

Heptane disulfoné, $C^7H^{14}(SO^3H)^2$. — Les vapeurs d'heptane, dirigées sur de l'anhydride sulfurique, engendrent ce dérivé, qui est également sirupeux, et dont les sels de baryum et de plomb sont déliquescents.

Nitroheptane monosulfoné,

$$C^7H^{14}(SO^3H)(AzO^2).$$

— Il se forme dans la réaction du nitroheptane sur l'acide sulfurique fumant. Il est sirupeux; son *sel de baryum* cristallise dans l'alcool en cristaux rougeâtres [Worstall, *Am. chem. Journ.*, **20**, 664; **22**, 164].

2° Éthyliisoamyle (*méthyl 2-hexane*),

$$CH^3-CH^2-CH^2-CH^2-CH<^{CH^3}_{CH^3}$$

ou *Isoheptane* (voyez 1er Suppl., 909). — L'isoheptane accompagne l'heptane normal dans le pétrole américain [Francis et Young, *Chem. Soc.*, **73**, 920]. On peut l'isoler en traitant par le brome la portion de ce pétrole qui bout à 93-102°; il se forme du bromure d'heptyle bouillant à 93° sous 70 millimètres, et du bromure d'isoheptyle bouillant à 83-84° sous 70 millimètres; on sépare ces deux bromures par fractionnement et on en régénère les carbures par traitement au couple zinc-cuivre. L'isoheptane existe aussi dans le naphte de Grosnyi [Charitchkoff, *loc. cit.*, **22**, 1075], ainsi que dans le pétrole de Roumanie. Il bout à 89°,9-90°; sa densité à 0° est de 0,7067.

Dérivé trinitré. — L'isoheptane est attaqué, au bain-marie, par l'acide nitrique fumant, en donnant un dérivé trinitré $C^7H^{13}(AzO^2)^3$, fusible à 194° [Francis et Young, *Chem. Soc.*, **73**, 928].

3° Triéthylméthane (*Éthyl 3-pentane*),

$$C^2H^5-\underset{C^2H^5}{CH}-C^2H^5.$$

— Voyez 1er Suppl., 910.

1° Dérivés dibromés. — *Dibromo 2.3-éthyl 3-pentane*,

$$CH^3-CHBr-\underset{C^2H^5}{CBr}-CH^2-CH^3.$$

— On chauffe à 40-45° 44 grammes de triéthylcarbinol avec 62 grammes de brome; il se forme en même temps un dérivé monobromé et un dérivé tribromé. Le dibromure est liquide et bout à 106-109° sous 20 millimètres; sa densité est de 1,5899 à 0° et de 1,5671 à 19° [Ipatieff, *Journ. Soc. chim. russe*, **27**, 388].

2° *Dibromo 1.3-éthyl 3-pentane*,

$$CH^2Br-CH^2-CBr<^{C^2H^5}_{C^2H^5}$$

— Ce dibromure bout à 109-110° sous 16 millimètres, et a une densité de 1,5799 à 0°; il prend naissance lorsqu'on traite l'éthylpentadiène (3-1-2) par l'acide bromhydrique [Ipatieff, *J. prakt. Chem.*, (2), **59**, 528].

Dérivés nitrés. — *Dérivé mononitré*,

$$C^2H^5-\overset{C^2H^5}{\underset{C^2H^5}{C}}-AzO^2.$$

— Ce composé se produit dans l'action du zincéthyle sur la chloropicrine. 290 grammes de zincéthyle sont dissous dans 180 grammes d'éther bien refroidi, et on ajoute goutte à goutte une solution de 125 grammes de chloropicrine dans 130 parties d'éther. Le liquide se colore en jaune et dégage des gaz contenant de l'éthylène; après une semaine de contact, on décompose par l'eau. La fraction du liquide séparé bouillant au-dessus de 160° est traitée par la potasse concentrée et lavée à l'acide chlorhydrique faible, puis fractionnée à nouveau. Le dérivé nitré passe entre 185 et 190°. Sa densité est de 0,9549 à 0° [Bewad, *D. chem. G.*, **26**, 137; *J. prakt. Chem.*, (2), **48**, 377].

M. Konovaloff [*Bull. Soc. Chim.*, (2), **24**, 668], en traitant le triéthylméthane par l'acide azotique (densité 1,075) à 120°, a obtenu 57 0/0 de dérivé nitré tertiaire, $(C^2H^5)^3-C-AzO^2$, bouillant à 190-191° sous 743 millimètres, ayant une densité à 0° de 0,9623, et 43 0/0 de dérivé secondaire,

$$(C^2H^5)^2=CH-\underset{AzO^2}{CH}-CH^3,$$

bouillant à 195-197° sous 750 millimètres, ayant une densité à 0° de 0,9603.

DÉRIVÉ DINITRÉ. — *Dinitro 2.2-éthyl 3-pentane*,

$$CH^3-C(AzO^2)(AzO^2)-CH<{C^2H^5 \atop C^2H^5}$$

— Il s'obtient en oxydant le diéthylpropylpseudonitrol asymétrique par l'acide chromique en solution acétique. Il bout à 211-219° sous 722 millimètres [Born, *loc. cit.*, 100].

3° MÉTHYLÉTHYLPROPYLMÉTHANE (*Éthyl 2-pentane*),

$$CH^3-CH(C^2H^5)-CH^2-CH^2-CH^3.$$

— Ce carbure a été obtenu par la méthode de Wurtz, en traitant par le sodium un mélange d'iodure d'amyle actif et d'iodure d'éthyle. Il bout à 91°, possède à 20° une densité de 0,6895 et un pouvoir rotatoire de +3°,93 [F. Just, *Ann. Chem*, **220**, 254]. Mlle Ida Welt [*Bull. Soc. Chim.*, (3), **11**, 1182] a obtenu par le même procédé un carbure bouillant à 88°, ayant une densité de 0,7806 à 17° et un pouvoir rotatoire de +5°,22.

5° TRIMÉTHYLPROPYLMÉTHANE (*Diméthyl 2.2-pentane*),

$$CH^3-C(CH^3)(CH^3)-CH^2-CH^2-CH^3.$$

— Cet heptane a été préparé par M. Markownikoff [*D. chem. G.*, **33**, 1905] en traitant l'iodure de butyle tertiaire par le zinc-propyle en excès. Il a été extrait du naphte du Caucase en cristallisant la fraction 78-80° dans l'air liquide, afin de séparer la majeure partie de l'hexanaphtène, puis traitant le résidu successivement par l'acide sulfurique fumant, l'acide azotique d'une densité de 1,15, et l'acide azotique d'une densité de 1,4 à 110-115°; le résidu de ces traitements constitue le triméthylpropylméthane pur. Ce carbure est liquide et bout à 78-79°. Sa densité à 0° est de 0,6910, à 20° de 0,6743.

Dérivé nitré. — Le triméthylpropylméthane est attaqué à 110-115° par l'acide azotique d'une densité de 1,235. Le dérivé mononitré qui prend naissance bout à 89-90° sous 40 millimètres. Sa densité est de 0,9520 à 0°, de 0,9401 à 20°.

6° DIÉTHYLDIMÉTHYLMÉTHANE (*Diméthyl 2.4-pentane*) (voyez 1er Suppl., 910),

$${CH^3 \atop CH^3}>CH-CH^2-CH<{CH^3 \atop CH^3}$$

7° DI-ISOPROPYLMÉTHANE (*Diméthyl 2.4-pentane*). — Ce carbure est inconnu, mais on a préparé quelques dérivés.

Dérivé dichloré : *Diméthyl 2.4-dichloro 3.3-pentane*.

$${CH^3 \atop CH^3}>CH-CCl^2-CH<{CH^3 \atop CH^3}$$

— Il se prépare en traitant l'isobutyrone par le perchlorure de phosphore [Henry, *D. chem. G.*, **8**, 400]; il bout vers 118-120° en perdant de l'acide chlorhydrique. Sa densité à 9° est de 0,9513.

Dérivé dinitré : *Dinitro 3.3-diméthyl 2.4-pentane*, $[(CH^3)^2=CH]^2-C(AzO^2)^2$. — Il s'obtient en oxydant le tétraméthylpropylpseudonitrol symétrique (4gr,2) par l'acide chromique (2,1 à 2gr,2) en solution acétique [Born, *D. chem. G.*, **29**, 99]. C'est un liquide bouillant à 107-109° sous 15 millimètres.

Nitronitroso 3.3-diméthyl 2.4-pentane ou *tétraméthylpropylpseudonitrol symétrique*. — La di-isopropylcétoxime, traitée par le peroxyde d'azote, fournit ce composé sous la forme d'une huile bleue qui se décompose à 54°, et que l'oxydation transforme en dérivé dinitré et isobutyrone.

R. Marquis.

HEPTÈNES. — Voyez HEPTYLÈNES.

HEPTINES. — Le nom d'*heptines* sert à désigner les carbures à chaîne ouverte en C^7H^{12}. On en connaît actuellement cinq :

1° Trois carbures acétyléniques, dont deux disubstitués, l'*éthylpropylacétylène*,

$$CH^3-CH^2-CH^2-C\equiv C-C^2H^5,$$

et le *méthylbutylacétylène*, $C^4H^9-C\equiv C-CH^3$, et un acétylénique proprement dit, l'*amylacétylène* $CH^3-(CH^2)^4-C\equiv CH$, plus habituellement désigné sous le nom d'*œnanthylidène*.

2° Deux carbures alléniques, le *tétraméthylallène*,

$${CH^3 \atop CH^3}>C=C=C<{CH^3 \atop CH^3}$$

et le *diéthylallène*,

$${C^2H^5 \atop C^2H^5}>C=C=CH^2.$$

1° ÉTHYLPROPYLACÉTYLÈNE. — Voyez ce mot.

2° MÉTHYLBUTYLACÉTYLÈNE $C^4H^9-C\equiv C-CH^3$. — Le méthylbutylacétylène se forme par transposition moléculaire de l'œnanthylidène, lorsqu'on chauffe celui-ci avec de la potasse alcoolique à 140-150° [Béhal, *Ann. Chim. Phys.*, (6), **15**, 427]. Il est liquide et bout à 111-113° sous 750mm,4; sa densité est de 0,7632 à 0°. Comme les carbures acétyléniques substitués en général, le méthylbutylacétylène ne donne pas de précipité avec l'azotate d'argent en solution alcoolique ou ammoniacale.

L'acide sulfurique l'hydrate en formant une cétone; l'eau seule, à 325°, effectue l'hydratation et donne un mélange de deux cétones : $C^4H^9-CO-CH^2-CH^3$ et $C^4H^9-CH^2-CO-CH^3$.

3° AMYLACÉTYLÈNE. — Voyez ŒNANTHYLIDÈNE.

4° TÉTRAMÉTHYLALLÈNE,

$${CH^3 \atop CH^3}>C=C=C<{CH^3 \atop CH^3}$$

— Ce carbure a été préparé par M. Henry [*D. chem. G.*, **8**, 400], en chauffant pendant longtemps avec de la potasse alcoolique le mélange des chlorures $C^7H^{14}Cl^2$ et $C^7H^{13}Cl$, obtenu dans l'action du pentachlorure de phosphore sur l'isobutyrone,

$${CH^3 \atop CH^3}>CH-CO-CH<{CH^3 \atop CH^3}$$

C'est un liquide incolore, d'odeur très désagréable, bouillant à 70°.

5° DIÉTHYLALLÈNE $(C^2H^5)^2=C=CH^2$. — On obtient ce carbure en chauffant avec de la potasse alcoolique, à 150-160°, le chlorure

$$(C^2H^5)^2=CH-CCl^2-CH^3;$$

ce dernier provient de l'action du perchlorure de phosphore sur l'acétone correspondante, préparée elle-même par le dédoublement de l'éther diéthylacétylacétique. Le diéthylallène est liquide et bout à 96-98°; sa densité à 0° est de 0,7475. Il ne donne de précipité ni avec le chlorure cuivreux ammoniacal, ni avec la solution d'azotate d'argent soit ammoniacale, soit alcoolique. Traité par l'acide bromhydrique, il donne naissance aux deux bromures $(C^2H^5)^2=CBr-CH^2-CH^2Br$ et $(C^2H^5)^2=C-CH-CH^2Br$ [Ipatieff, *J. prakt.*

Chem., (2), **59**, 526; *J. Soc. chim. russe*, **30**, 191]. R. Marquis.

HEPTIQUE (ACIDE), $C^8H^{12}O^3$. — L'acide heptique est un homologue supérieur de l'acide tétrique, préparé par M. Demarçay au moyen de l'éther méthylacétylacétique bromé.

Pour préparer cet acide, on dilue 17 grammes d'éther isobutylacétylacétique avec 20 grammes de chloroforme et on ajoute, en refroidissant, 15 grammes de brome; le chloroforme est distillé et l'éther bromé résiduel chauffé pendant 1 heure au bain-marie. La masse cristallise par refroidissement et est purifiée par des lavages à la ligroïne et au benzène, puis cristallisée dans l'eau [P. Walden, *D. chem. G.*, **24**, 2039].

L'acide heptique fond à 150-151°; sa conductibilité moléculaire est $K = 0{,}0084$. La potasse le décompose en acide formique et acide caproïque.

L'acide *oxyheptique* se prépare en traitant par la potasse alcoolique l'éther isobutylacétylacétique dibromé : 62 grammes d'éther isobutylacétylacétique, dilués avec 70 grammes d'éther anhydre, sont additionnés de 110 grammes de brome; l'éther bromé brut est additionné de 105 grammes d'hydrate de potasse pulvérisé et de 50 grammes d'alcool absolu. La réaction est terminée au bain-marie et le produit distillé à la vapeur : le résidu acidulé cède à l'éther l'acide oxyheptique brut, que l'on purifie par cristallisation; il fond à 184-185° [Walden, *loc. cit.*, 2038].

M. Walden a déterminé la conductibilité moléculaire des acides *tétriques* dans le but d'en déduire la constitution, mais sans arriver à des résultats bien nets. Il a pu démontrer toutefois que les acides oxytétriques sont identiques aux acides fumariques alcoylés; l'acide oxyheptique est donc l'acide *isobutylfumarique*,

$$\begin{array}{l} CH^3 \\ CH^3 \end{array}\!\!>CH-CH-C\cdot CO^2H \\ \qquad\qquad CO^2H-\overset{\|}{C}H$$

Les acides hydroxytétriques de M. Demarçay sont identiques, par conséquent, aux acides succiniques alcoylés. R. Marquis.

HEPTOLACTONES. — Les heptolactones actuellement connues sont au nombre de cinq; on connaît, en outre, une heptodilactone.

1° γ-HEPTOLACTONE NORMALE (*γ-heptolide*),

$$CH^3-CH^2-CH^2-\underset{\underset{O\;\text{———}\;CO}{|}}{CH}-CH^2-CH^2$$

— Cette lactone se forme dans la réduction de l'acide dextrose-carbonique (glucoheptonique), ou plutôt de sa lactone, par l'action de l'acide iodhydrique. On fait bouillir au réfrigérant à reflux, pendant 5 heures, 32 grammes de lactone glucoheptonique avec 260 grammes d'acide iodhydrique concentré et 15 grammes de phosphore rouge. Le produit de la réaction est entraîné à la vapeur d'eau, et le liquide distillé, neutralisé par le carbonate de sodium, puis épuisé à l'éther, cède à ce dissolvant l'heptolactone normale; il se forme en même temps de l'acide heptylique normal [Kiliani, *D. chem. G.*, **19**, 1128].

L'acide propylparaconique,

$$C^3H^7-CH^2-\overset{CO^2H}{\overset{|}{C}H}-CH^2, \quad (\text{avec } C^3H^7\text{ lié à } O-CO)$$

soumis à la distillation sèche, donne de l'heptolactone normale par perte d'une molécule d'acide carbonique; il se produit en même temps l'acide non saturé

$$C^3H^7-CH=CH-CH^2-CO^2H$$

[R. Fittig et A. Schmidt, *D. chem. G.*, **20**, 3180]. Cet acide heptylénique peut d'ailleurs être transformé en heptolactone par l'action successive de l'acide bromhydrique qui fournit l'acide γ-bromoheptylique, et de l'eau bouillante qui saponifie l'acide bromé [A. Schmidt, *Ann. Chem.*, **255**, 68].

L'heptolactone est un liquide huileux, bouillant à 232-233°, que l'ébullition avec les alcalis transforme facilement en sels de l'acide γ-oxyheptylique.

2° ISOHEPTOLACTONE (*méthyl 3-γ-isocaprolactone*),

$$\begin{array}{l} CH^3 \\ CH^3 \end{array}\!\!>C-\overset{CH^3}{\overset{|}{C}H}-CH^2-CO. \quad (C \text{ lié à } CO \text{ par } O)$$

— Lorsqu'on distille l'acide terpénylique, on obtient, d'après M. Amthor, deux heptolactones, l'une bouillant à 210-213°, l'autre à 202-204° [*J. prakt. Chem.*, (2), **42**, 385; *D. chem. G.*, **14**, 1718].

D'après M. O. Krafft, la distillation de l'acide terpénylique fournit l'acide téracrylique, acide non saturé; cet acide téracrylique, additionné de son volume d'acide bromhydrique fumant, se dissout, le liquide clair dépose au bout de peu de temps une huile qui disparaît bientôt; la solution est alors neutralisée et extraite à l'éther. Ce dissolvant enlève l'heptolactone [R. Fittig et O. Krafft, *Ann. Chem.*, **208**, 71].

M. S.-B. Schryver [*Chem. Soc.*, 1893, **1**, 1327] a confirmé les résultats précédents, et a effectué la synthèse de l'isoheptolactone de la manière suivante : La méthylisopropylcétone, traitée par l'iodure d'allyle et la poudre de zinc, donne le méthylallylisopropylcarbinol; ce dernier, oxydé par le permanganate de potassium, conduit à l'acide β-méthylisopropyl-β-lactique :

$$\begin{array}{l} CH^3 \\ CH^3 \end{array}\!\!>CH-\underset{CH^3}{\overset{OH}{C}}-CH^2-CH=CH^2 \longrightarrow$$

$$\longrightarrow \begin{array}{l} CH^3 \\ CH^3 \end{array}\!\!>CH-\underset{CH^3}{\overset{OH}{C}}-CH^2-CO^2H.$$

Enfin cet oxyacide, traité par l'acide sulfurique, subit une déshydratation suivie d'une hydratation, puis d'une seconde déshydratation qui donne naissance à l'isoheptolactone. La suite des réactions peut s'exprimer ainsi :

$$\begin{array}{l} CH^3 \\ CH^3 \end{array}\!\!>CH-\underset{OH}{\overset{CH^3}{C}}-CH^2-CO^2H$$

$$= H^2O + \begin{array}{l} CH^3 \\ CH^3 \end{array}\!\!>C=\overset{CH^3}{C}-CH^2-CO^2H;$$

$$\begin{array}{l} CH^3 \\ CH^3 \end{array}\!\!>C=\overset{CH^3}{C}-CH^2-CO^2H + H^2O$$

$$= \begin{array}{l} CH^3 \\ CH^3 \end{array}\!\!>\underset{OH}{C}-\overset{CH^3}{C}H-CH^2-CO^2H;$$

$$\begin{array}{l} CH^3 \\ | \\ \frac{CH^3}{CH^3}>C-CH-CH^2-CO^2H \\ | \\ OH \end{array}$$

$$= H^2O + \frac{CH^3}{CH^3}>C-CH-CH^2-CO. \quad (\text{C} \text{ et } \text{CO} \text{ reliés par } O)$$

L'isoheptolactone est un liquide huileux, bouillant à 220°; elle se solidifie à 0° et fond à + 11°. Elle est soluble dans 12 fois son volume d'eau. L'action des alcalis la transforme en sels de l'acide oxyheptylique.

3° ISOHEPTOLACTONE (*méthyl 2-γ-isocaprolactone*),

$$\begin{array}{l} CH^3 \\ | \\ \frac{CH^3}{CH^3}>C-CH^2-CH-CO. \end{array} \quad (\text{C} \text{ et } \text{CO} \text{ reliés par } O)$$

— En faisant réagir l'éther α-bromopropionique sur l'aldéhyde isobutyrique en présence de poudre de zinc, on obtient l'éther α-méthyl-β-isopropyléthylène-lactique; l'acide correspondant,

$$\begin{array}{l} (CH^3)^2=CH-CH-CH-CO^2H, \\ || \\ OH\ \ CH^3 \end{array}$$

traité par l'acide sulfurique, donne, suivant le processus exposé plus haut, l'heptolactone cherchée. Cette dernière est solide et cristallise en tables fusibles à 50-51°, très solubles dans l'eau [A. Pospjechoff, *J. Soc. chim. russe*, **29**, 372; *Chem. Centralblatt*, 1897, **2**, 572].

4° ISOPROPYLBUTYROLACTONE,

$$\frac{CH^3}{CH^3}>CH-CH-CH^2-CH^2-CO. \quad (\text{CH} \text{ et } \text{CO} \text{ reliés par } O)$$

— Cette lactone se produit dans la distillation sèche de l'acide isopropylparaconique; c'est une huile bouillant à 224-225° [A. Zanner, *Ann. Chem.*, **255**, 56].

5° δ-HEPTOLACTONE,

$$CH^3-CH^2-CH-CH^2-CH^2-CH^2-CO. \quad (\text{CH} \text{ et } \text{CO} \text{ reliés par } O)$$

— Cette lactone s'obtient à partir de l'acide ε-oxy-α-éthyladipique (*éthylol 2¹-hexane-dioïque*),

$$\begin{array}{l} CH^3-CH-CH-CH^2-CH^2-CH^2-CO^2H. \\ || \\ OH\ CO^2H \end{array}$$

Ce dernier, soumis à la distillation par petites portions, perd de l'acide carbonique et de l'eau, et donne un acide δε-heptylénique que l'ébullition avec l'acide chlorhydrique transforme en δ-heptolactone. Celle-ci est fort instable et se transforme très facilement en oxyacide correspondant [Fr. Fichter et E. Gully, *D. chem. G.*, **30**, 2049].

ISOHEPTODILACTONE,

$$\begin{array}{l} O\ \text{———}\ CO \\ || \\ \frac{CH^3}{CH^2}>C-CH-CH^2. \\ || \\ O\ \text{———}\ CO \end{array}$$

— L'acide diméthylaticonique (obtenu par l'ébullition de l'acide diméthylitaconique avec de la soude à 20 0/0), étant traité par 1 molécule de brome en solution éthérée, fournit l'acide bromisotérébique,

$$\begin{array}{l} \frac{CH^3}{CH^2}>CBr-CH-CH^2-CO^2H. \\ || \\ O\ \text{————}\ CO \end{array}$$

Ce dernier, sous l'action des alcalis, se transforme en isoheptodilactone.

La dilactone cristallise dans l'eau en mamelons opaques fondant à 115°; elle est peu soluble dans l'eau et sa solution devient peu à peu acide. Lorsqu'on la fait bouillir avec de l'eau pendant longtemps, on obtient un acide lactonique non saturé, l'acide isotérébilénique, $C^7H^8O^4$ [R. Fittig et N. Petkoff, *Ann. Chem.*, **304**, 209].

R. Marquis.

HEPTONES. — On donne le nom d'*heptones* aux carbures à chaîne ouverte de la formule C^7H^{10}.

Un carbure de cette composition se produit dans la réaction de la potasse alcoolique sur le chlorure dérivé du diallylcarbinol,

$$(CH^2=CH-CH^2)^2CH-Cl.$$

Il bout à 115° [Saytzeff, *Ann. Chem.*, **185**, 144].

HEPTYLACÉTIQUE (ACIDE). — Voyez 1er Suppl., 910, et NONYLIQUE (ACIDE).

HEPTYLACÉTYLACÉTIQUES (ACIDES), $C^{11}H^{20}O^3$. — On connaît les éthers éthyliques de deux de ces acides, l'un contenant le radical heptyle normal, et l'autre le radical heptyle secondaire.

HEPTYLACÉTYLACÉTATE D'ÉTHYLE NORMAL. — Il se prépare en chauffant des quantités équivalentes d'éther sodacétylacétique et d'iodure d'heptyle normal en solution alcoolique [Fr. Jourdan, *Ann. Chem.*, **200**, 101]. C'est un liquide bouillant à 271-273°, dont la densité = 0,9324 à 17°. Chauffé avec de la potasse alcoolique, il fournit de la méthyloctylcétone; chauffé avec de la lessive de potasse, il se dédouble en acide acétique et acide nonylique normal.

HEPTYLACÉTYLACÉTATE D'ÉTHYLE SECONDAIRE. — Il se prépare comme le précédent, en partant de l'iodure d'heptyle secondaire. Il est liquide et bout à 250-260°. L'eau de baryte le dédouble en acide carbonique et méthyloctylcétone,

$$\frac{C^5H^{11}}{CH^3}>CH-CH^2-CO-CH^3$$

[Venable, *D. chem. G.*, **13**, 1651].

R. Marquis.

HEPTYLAMINES. — Les heptylamines seront décrites en même temps que les alcools correspondants. Voyez HEPTYLIQUES (ALCOOLS).

HEPTYLANILINE. — Voyez HEPTYLBENZÈNES.

HEPTYLBENZÈNES, $C^7H^{15}-C^6H^5$. — HEPTYLBENZÈNE NORMAL. — Quand on traite un mélange de benzène et de chlorure d'œnanthylidène par une grande quantité de chlorure d'aluminium, 10 grammes de ce dernier pour 20 grammes de chlorure d'œnanthylidène, il se forme de l'heptylbenzène.

Ce carbure est liquide et bout à 233° sous 760 millimètres, à 110° sous 15 millimètres [V. Auger, *Bull. Soc. Chim.*, (2), **47** 42. — Krafft, *D. chem. G.*, **19**, 2987]. Il fournit, par nitration directe, un *nitroheptylbenzène*, sous la forme d'une huile jaune pâle, bouillant à 178° sous 10 millimètres. La réduction de ce dernier conduit à une *heptylaniline* liquide, bouillant à 175° sous 10 millimètres (Auger).

ISOHEPTYLBENZÈNE,

$$C^6H^5-CH<\begin{matrix}CH^2-CH^2-CH^3\\CH^2-CH^2-CH^3\end{matrix}$$

— La phényllutidine symétrique,

$$\begin{array}{ccc} & C-C^6H^5 & \\ & / \quad \backslash\backslash & \\ CH & & CH \\ \| & & | \\ CH^3-C & & C-CH^3 \\ & \backslash\backslash \quad / & \\ & Az & \end{array}$$

étant réduite par 2g,5 de sodium au sein de l'alcool absolu, on perçoit au cours de l'opération une odeur d'ammoniaque, et le produit de la réaction, traité par l'acide chlorhydrique (après distillation de l'alcool), laisse un faible résidu insoluble qui serait l'isoheptylbenzène, formé par rupture du noyau aux deux endroits indiqués [Oscar Bally, *D. chem. G.*, **20**, 2593].

R. Marquis.

HEPTYLÈNES (*heptènes*), C^7H^{14}.

1° HEPTYLÈNE NORMAL,

$$CH^3-CH^2-CH^2-CH^2-CH^2-CH=CH^2.$$

— Cet hydrocarbure se forme, comme produit secondaire de la préparation de l'acétate d'hexyle primaire normal, quand on traite l'heptane normal monochloré par l'acétate de potassium et l'acide acétique à 160° [Schorlemmer, *Ann. Chem.*, **136**, 267; **166**, 176]. Il se forme aussi quand on fait passer des vapeurs d'heptane chloré sur de la chaux vive chauffée.

Du produit brut de la chloruration de l'heptane, on peut isoler, par l'action de la potasse, deux heptylènes : l'un d'eux se combine à froid avec l'acide chlorhydrique; l'autre, et c'est l'heptylène normal, ne s'y combine pas, du moins à froid.

Pour préparer l'heptylène normal, on peut avoir recours à la distillation sèche du palmitate d'heptyle normal; cet éther, chauffé à 350° dans une atmosphère d'acide carbonique, se décompose régulièrement en acide palmitique et heptylène :

$$C^{16}H^{31}O.OC^7H^{15} = C^{16}H^{31}O.OH + C^7H^{14}.$$

L'hydrocarbure non saturé se produit avec un rendement de 90 0/0 [Welt, *D. chem. G.*, **30**, 1495].

C'est un liquide incolore, bouillant à 95°, dont la densité est de 0,7026 à 19°,5.

Il se combine avec l'acide chlorhydrique à 120°, et à froid avec l'acide iodhydrique.

Il s'additionne facilement le brome, en donnant un *dibromure* bouillant à 105-107° sous 17 millimètres.

DÉRIVÉS CHLORÉS. — *Heptylène monochloré-α*, $C^5H^{11}-CH=CHCl$. — Le chlorure d'œnanthylidène $C^5H^{11}-CH^2-CHCl^2$, étant soumis à une longue ébullition avec de la potasse alcoolique, donne de l'œnanthylidène $C^5H^{11}-CH\equiv CH$, et en même temps, par suite d'une décomposition incomplète, l'heptylène monochloré-α, bouillant à 148° (Welt, *loc. cit.*, 1496).

DÉRIVÉS BROMÉS. — *Heptylène monobromé-α*, $C^5H^{11}-CH=CHBr$. — Le bromure d'œnanthylidène étant chauffé pendant 2 jours avec de la potasse alcoolique, en tubes scellés, fournit un mélange d'œnanthylidène et d'heptylène-α-bromé bouillant à 165° [L. Henry, *D. chem. G.*, **8**, 409].

Heptylène monobromé-β (ou α). — Le dibromure d'heptylène,

$$\begin{array}{l}C^5H^{11}-CH-CH^2,\\ \qquad\quad | \quad\; | \\ \qquad\quad Br \;\; Br\end{array}$$

soumis à l'action de la potasse alcoolique à 70°, donne un dérivé monobromé bouillant à 99-101° sous 95 millimètres (Welt, *loc. cit.*). Il possède vraisemblablement la formule

$$\begin{array}{l}C^5H^{11}\;C=CH^2.\\ \qquad\quad | \\ \qquad\quad Br\end{array}$$

2° MÉTHYLBUTYLÉTHYLÈNE (β-*heptylène*),

$$CH^3-CH^2-CH^2-CH^2-CH=CH-CH^3.$$

— Ce carbure se forme dans le traitement du chlorure d'heptyle secondaire par l'acétate de potassium et l'acide acétique (Schorlemmer, *loc. cit.*). Il bout à 98°. Il se combine à froid avec l'acide chlorhydrique en donnant le chlorure de l'éthylbutylcarbinol.

Soumis à l'oxydation chromique, il fournit de l'acide acétique et de l'acide valérianique normal.

3° ÉTHYLPROPYLÉTHYLÈNE. — Ce carbure est inconnu; on ne connaît que son dérivé monochloré,

$$\begin{array}{l}CH^3-CH^2-CH=C-CH^2-CH^2-CH^3,\\ \qquad\qquad\qquad\quad | \\ \qquad\qquad\qquad\quad Cl\end{array}$$

obtenu par M. Tawildaroff, en même temps que le chlorure $C^3H^7-CCl^2-C^3H^7$, en traitant la butyrone ou dipropylcétone normale par le pentachlorure de phosphore. Ce dérivé monochloré bout à 141°.

4° MÉTHYLISOBUTYLÉTHYLÈNE,

$$\begin{matrix}CH^3\\CH^3\end{matrix}>CH-CH^2-CH=CH-CH^3.$$

— Cet heptylène, dont la constitution n'a jamais été bien établie, se produit lorsqu'on traite l'éthylisoamyle chloré par l'acétate de potassium et l'acide acétique [Grimshaw et Schorlemmer, *Ann. Chem.*, **166**, 167, 177]. Il se forme simultanément deux heptylènes, dont l'un est absorbé à froid par l'acide chlorhydrique.

Le mélange de ces deux heptylènes bout à 91°.

5° αα-DIMÉTHYL-β-ISOPROPYLÉTHYLÈNE (*diméthyl* 2.4-*pentène* 3 ou *pseudo-heptylène*),

$$\begin{matrix}CH^3\\CH^3\end{matrix}>C=CH-CH<\begin{matrix}CH^3\\CH^3\end{matrix}$$

— Ce carbure se produit dans les circonstances suivantes :

1° Quand on chauffe l'acide oxyisocaprylique avec de l'eau à 180° [Markownikoff, *D. chem. G.*, **4**, 562];

2° Quand on chauffe l'iodure du diméthylisobutylcarbinol avec la potasse alcoolique [Pawloff, *Ann. Chem.*, **173**, 194];

3° Quand on chauffe pendant 7 heures à 160° l'acide αα-diméthyl-β-isopropyléthylène-lactique avec de l'acide sulfurique au cinquième :

$$\begin{matrix}CH^3\\CH^3\end{matrix}>CH-\underset{OH}{\underset{|}{CH}}-\underset{CH^3\;CH^3}{\underset{/\;\backslash}{C}}-CO^2H$$

$$= CO^2 + H^2O + \begin{matrix}CH^3\\CH^3\end{matrix}>CH-C=C<\begin{matrix}CH^3\\CH^3\end{matrix}$$

Il se forme en même temps de l'ααγγ-tétraméthylbutyrolactone [Reformatsky, *D. chem. G.*, **28**, 2844].

Le pseudoheptylène bout à 83-84°; sa densité est de 0,7144 à 0° et de 0,6985 à 14°.

Il se combine facilement à froid avec l'acide iodhydrique, pour donner l'iodure du diméthylisobutylcarbinol.

Dérivé chloré,

$$\begin{matrix} CH^3 \\ CH^3 \end{matrix} > C = \underset{\displaystyle Cl}{\underset{|}{C}} - CH < \begin{matrix} CH^3 \\ CH^3 \end{matrix}$$

L'isobutyrone,

$$\begin{matrix} CH^3 \\ CH^3 \end{matrix} > CH - CO - CH < \begin{matrix} CH^3 \\ CH^3 \end{matrix}$$

traitée par le perchlorure de phosphore, donne un mélange de dichlorure et de monochlorure non saturé. Ce dernier possède évidemment la constitution représentée par la formule ci-dessus [L. Henry, *D. chem. G.*, **8**, 400].

6° MÉTHYLDIÉTHYLÉTHYLÈNE,

$$CH^3 - CH = C < \begin{matrix} CH^2 - CH^3 \\ CH^2 - CH^3 \end{matrix}$$

— MM. Nachapetian et Prianitschnikoff [*D. chem. G.*, **4**, 560] avaient observé que le triéthylcarbinol, oxydé par le mélange chromique, donnait une petite quantité d'un heptylène.

M. Saytzeff a déshydraté régulièrement le triéthylcarbinol en le chauffant avec de l'acide oxalique à 100°, et a obtenu le méthyldiéthyléthylène. Ce carbure constitue un liquide incolore, insoluble dans l'eau, bouillant à 97-98°, ayant une densité de 0,72544 à 15°. Oxydé par le permanganate étendu, il fournit de l'acide acétique, de l'acide propionique et du triéthylcarbinol régénéré [*J. prakt. Chem.*, (2), **57**, 38].

Dérivé bromé,

$$\begin{matrix} C^2H^5 \\ C^2H^5 \end{matrix} > C = CH - CH^2Br.$$

— Il se forme par addition d'acide bromhydrique en solution acétique à 45 0/0 à l'éthylpentadiène,

$$CH^3 - CH^2 - \underset{\displaystyle C^2H^5}{\underset{|}{C}} = C = CH^2$$

[Ipatieff, *J. prakt. Chem.*, (2), **59**, 528]. Il bout à 50-53° sous 10 millimètres, à 152-153° sous la pression ordinaire; sa densité à 0° est de 1,2079.

7° TRIMÉTHYLÉTHYLÉTHYLÈNE,

$$\begin{matrix} CH^3 \\ CH^3 \end{matrix} > C = C < \begin{matrix} CH^3 \\ CH^2 - CH^3 \end{matrix}$$

— Ce carbure se prépare en traitant par la potasse alcoolique l'iodure du méthyléthylisopropylcarbinol (Pawloff, *D. chem. G.*, **9**, 1311). Il bout à 75-80°.

8° αα-MÉTHYLPSEUDOBUTYLÉTHYLÈNE,

$$\begin{matrix} CH^3 \searrow \\ CH^3 - \\ CH^3 \nearrow \end{matrix} \underset{\displaystyle CH^3}{\underset{|}{C}} - C = CH^2.$$

— Ce carbure se produit lorsqu'on traite l'iodure du pentaméthyléthol par la potasse alcoolique [Boutleroff, *D. chem. G.*, **8**, 166].

Il se prépare encore en traitant un mélange d'amylène commercial, d'iodure de méthyle et de plomb en feuilles [Wichnegradsky, *D. chem. G.*, **16**, 399]. Il prend évidemment naissance aux dépens du méthyléthyléthylène contenu dans l'amylène du commerce.

Le méthylpseudobutyléthylène est un liquide incolore, doué d'une odeur rappelant à la fois le camphre et la térébenthine, bouillant à 78-80°. Il se combine facilement avec l'acide bromhydrique. Il fournit avec le brome un dibromure sous la forme d'une masse blanche, translucide, très facilement fusible.

HEPTYLÈNES DE CONSTITUTION INCONNUE. — — Outre les précédents, on connaît un certain nombre de carbures C^7H^{14} formés dans diverses circonstances, et dont la constitution n'est pas établie.

C'est ainsi qu'en traitant l'éthylpropylcétone par l'iodure de méthyle et le zinc, on obtient un heptylène bouillant à 97°,4 ayant une densité de 0,71812 à 20° et de 0,70879 à 30°, fournissant par oxydation chromique de l'acide acétique et de l'acide propionique [Sokoloff, *J. prakt. Chem.*, (2), **39**, 435].

En distillant la colophane, M. Renard [*C. R.*, **91**, 419] a obtenu un heptylène bouillant à 103-106°, d'une densité de 0,8831 à 20°. Oxydé par l'acide azotique (densité 1,15), cet heptylène donne les acides carbonique, oxalique et succinique. R. Marquis.

HEPTYLHEPTYLIQUES (COMPOSÉS). — M. W.-H. Perkin [*D. chem. G.*, **16**, 1029] a obtenu dans la réduction de l'œnanthol par le sodium, une série de produits de condensation qui doivent être considérés comme provenant de la soudure de deux groupes heptyliques.

450 grammes d'œnanthol sont dissous dans 1500 à 2000 grammes d'éther; on ajoute un peu d'eau, puis, très lentement, 200 à 210 grammes de sodium, en agitant. La couche éthérée est alors lavée à l'acide chlorhydrique, séchée et fractionnée.

On obtient un corps bouillant à 266-268°, fondant à 29°,5, répondant à la formule $C^{14}H^{28}O$, ayant toutes les propriétés d'une aldéhyde, et un second bouillant à 315-320° sous 300 millimètres, de la formule $C^{21}H^{40}O$.

L'aldéhyde $C^{14}H^{28}O$ donne, par oxydation chromique, de l'acide carbonique, de l'acide heptylique et de l'acide hexylique; par oxydation au moyen de l'oxyde d'argent, elle fournit un acide $C^{14}H^{28}O^2$, bouillant à 300-310°.

La réduction de cette aldéhyde, effectuée par le couple zinc-cuivre en solution acétique, fournit un alcool $C^{14}H^{30}O$, bouillant entre 270-275°, dont l'*acétate* bout à 275-280°.

Ces trois composés, alcool, aldéhyde et acide β-heptylheptylique, doivent être représentés par les formules suivantes :

$$\begin{matrix} CH^3 - CH^2 - CH^2 - CH^2 - CH^2 - CH^2 - CH^2 \\ \qquad\qquad\qquad\qquad\qquad\qquad | \\ \qquad CH^3 - CH^2 - CH^2 - CH^2 - CH^2 - CH - CH^2OH \end{matrix}$$

pour l'alcool,

$$\begin{matrix} CH^3 - CH^2 - CH^2 - CH^2 - CH^2 - CH^2 - CH^2 \\ \qquad\qquad\qquad\qquad\qquad\qquad | \\ \qquad CH^3 - CH^2 - CH^2 - CH^2 - CH^2 - CH - CHO \end{matrix}$$

pour l'aldéhyde, et

$$\begin{matrix} CH^3 - CH^2 - CH^2 - CH^2 - CH^2 - CH^2 - CH^2 \\ \qquad\qquad\qquad\qquad\qquad\qquad | \\ \qquad CH^3 - CH^2 - CH^2 - CH^2 - CH^2 - CH - CO^2H \end{matrix}$$

pour l'acide. R. Marquis.

HEPTYLIDÈNES. — Voyez HEPTINES.

HEPTYLIQUES (ACIDES), $C^7H^{14}O^2$. — Voyez Dict., **2**, 603; 1er Suppl., 1092].

1° ACIDE HEPTYLIQUE NORMAL (*acide œnanthylique, acide heptanoïque*),

$$CH^3 - CH^2 - CH^2 - CH^2 - CH^2 - CH^2 - CO^2H.$$

— Indépendamment des modes de formation déjà

signalés, on obtient encore l'acide heptylique normal dans les circonstances suivantes :

1° Réduction de l'acide dextrose-carbonique au moyen de l'acide iodhydrique et du phosphore rouge [Kiliani, *D. chem. G.*, **19**, 1128]. Il se forme en même temps de l'heptolactone ;

2° Réduction de l'acide isodulcite-carbonique par l'acide iodhydrique et le phosphore rouge [E. Fischer et Tafel, *D. chem. G.*, **21**, 2175] ;

3° Réduction de l'acide mannose-carbonique : 35 grammes de sel de baryum de cet acide sont chauffés au réfrigérant à reflux avec 250 grammes d'acide iodhydrique et 10 grammes de phosphore rouge, pendant 5 heures ; on obtient finalement 7 grammes d'heptylate de baryum ;

4° Le nitroheptane primaire, chauffé à 80° avec de l'acide sulfurique à 20 p. 100, est transformé en acide heptylique [Worstall, *Am. chem. Journ.*, **22**, 164] ;

5° L'acide $C^{11}H^{18}O^2$, obtenu en traitant le dibromure de l'acide undécylénique par la potasse alcoolique, fournit de l'acide heptylique normal quand on le fond avec la potasse [F. Krafft, *D. chem. G.*, **11**, 1415].

6° Il se forme de l'acide heptylique dans l'action de l'alcool heptylique normal sur son dérivé sodé, à 220° [Guerbet, *C. R.*, **132**, 209].

M. Tripier [*C. R.*, **117**, 282] a donné une méthode de préparation avantageuse de l'acide heptylique, qui consiste à oxyder l'huile de ricin par un mélange d'acide azotique et d'acide sulfurique étendus. L'opération se fait dans une cornue spacieuse ; on obtient un mélange de 3 parties d'acide heptylique et de 1 partie d'acide caproïque.

L'acide heptylique normal a une densité de 0,9224 à 15°, de 0,9186 à 17°,2, de 0,8669 à 79°,1 et de 0,8893 à 91°,4. Sa chaleur de combustion à l'état liquide a été trouvée de 994^{cal},7 [Stohmann, *J. prakt. Chem.*, (2), **49**, 111].

HEPTYLATES. — MM. Altschul et Landau [*Mon. f. Chem.*, **14**, 713 ; **17**, 576] ont déterminé les solubilités de quelques sels de l'acide heptylique normal.

Sel de calcium. — Quantité de sel dissoute par 100 parties d'eau :

Entre 15°,8 et 41°,

$$p = 0,7849 - 0,00034732\ (t - 15,8) + 0,000017719\ (t - 15,8)^2 ;$$

Entre 0°,5 et 17°,5,

$$p = 0,9015 - 0,00199007\ (t - 0,5) + 0,000001702\ (t - 0,5)^2 ;$$

Entre 47°,5 et 77°,5,

$$p = 0,7923 + 0,0020102\ (t - 47°,5) + 0,00002056\ (t - 47,5)^2.$$

Sel de baryum. — Quantité de sel dissoute par 100 parties d'eau :

Entre 1°,6 et 30°,7,

$$p = 1,7602 + 0,00340552\ (t - 1,6) - 0,0000040143\ (t - 1,6)^2.$$

Sel d'argent. — Solubilité dans l'eau :

$$0,04492 + 0,0006416\ (t - 2) - 0,00000957\ (t - 2)^2 + 0,0000002905\ (t - 2)^3.$$

Heptylate d'amyle actif. — Il bout à 232-235° sous 729 millimètres ; sa densité est de 0,861 à 20° ; son indice de réfraction $n_D = 1,4238$ à 20°,4 ; son pouvoir rotatoire est de $[\alpha]_D^{20} = 2°,21$.

Heptylamide. — M. Ossian Aschan obtient l'heptylamide avec un rendement de 80 0/0 en transformant l'acide heptylique en chlorure, et introduisant goutte à goutte ce chlorure dans l'ammoniaque à 25-28 0/0, refroidie dans un mélange réfrigérant [*D. chem. G.*, **31**, 2344].

Heptylméthylamide. — S'obtient en chauffant l'acide et la méthylamine en tubes scellés à 230°. C'est un liquide épais, bouillant à 265°,5-266°,5, d'une densité de 0,885 à 15°, solidifiable à 0° et fusible à 9°.

L'*heptyldiméthylamide* bout à 242°,5-243°,5 [Franchimont et Klobbie, *Rec. des Pays-Bas*, **6**, 247].

Heptyléthylamide. — Fond à 5°-6°, bout à 267°,5-268°,5.

L'*heptyldiéthylamide* bout à 257°,5-258°,5 ; sa densité est de 0,881 à 15°.

Heptylanilide, $C^6H^{13}CO-AzHC^6H^5$. — Elle se prépare en chauffant des quantités équivalentes d'acide et d'aniline. Elle est insoluble dans l'eau, soluble dans l'alcool et dans l'éther, et cristallise de l'éther de pétrole en longues aiguilles brillantes, fusibles à 70-71° [J. Lwolf, *D. chem. G.*, **20**, 1021].

2° ACIDE MÉTHYLBUTYLACÉTIQUE (*acide hexaneoïque 2*),

$$\underset{\displaystyle CO^2H}{CH^3-CH^2-CH^2-CH^2-\overset{}{\underset{|}{C}H}-CH^3}.$$

— Cet acide prend naissance dans la réduction de la lactone de l'acide lévulose-carbonique au moyen de l'acide iodhydrique et du phosphore rouge. 5 grammes de lactone sont chauffés durant 7 heures 1/2 avec 40 grammes d'acide iodhydrique et 2 grammes de phosphore rouge à 180°, en tubes scellés. Le contenu des tubes est distillé et le liquide distillé est saturé par le carbonate de sodium. On sépare ainsi une huile neutre (lactone heptylique) ; la solution aqueuse est ensuite acidulée et extraite à l'éther, puis l'extrait éthéré est fractionné [Kiliani, *D. chem. G.*, **18**, 3071].

On peut encore préparer l'acide méthylbutylacétique en saponifiant l'éther méthylbutylacétylacétique [Kiliani, *D. chem. G.*, **19**, 225].

L'acide méthylbutylacétique est une huile incolore, bouillant à 210° sous 760 millimètres.

Son *sel de calcium* cristallise avec 6 molécules d'eau ; 100 parties d'eau à 16°,5 dissolvent 8^{gr},5 de sel anhydre ; la solution saturée à froid se trouble par la chaleur.

Son *sel de strontium* cristallise avec 4 molécules d'eau ; 100 parties d'eau à 170° dissolvent 11^{gr},3 de sel anhydre.

3° ACIDE ÉTHYLPROPYLACÉTIQUE (*acide hexaneoïque 3*),

$$CH^3-CH^2-\underset{\displaystyle \overset{|}{CO^2H}}{CH}-CH^2-CH^2-CH^3.$$

— Cet acide est identique avec celui que M. O. Hecht avait appelé *acide isoheptylique*, et qu'il avait obtenu en transformant en nitrile, par ébullition avec du cyanure de potassium alcoolique, l'iodure d'hexyle dérivé de la mannite, et hydratant ensuite ce nitrile par la potasse alcoolique [*D. chem. G.*, **11**, 1781].

M. Kiliani [*D. chem. G.*, **19**, 227] l'a préparé en saponifiant l'éther éthylpropylacétylacétique par une ébullition de 2 heures avec 6 parties de potasse, 1 partie d'eau et 1 partie d'alcool absolu.

Il bout à 209°,2 sous 760 millimètres, et ne peut être solidifié par refroidissement.

Sa chaleur de combustion a été trouvée de 994^{cal},7 [Stohmann, *J. prakt. Chem.*, (2), **49**, 108].

Le *sel de calcium*, préparé par digestion de

l'acide avec du carbonate de calcium, cristallise en aiguilles contenant 2 molécules d'eau; la solution saturée de ce sel se trouble par la chaleur; 100 parties d'eau à 19° dissolvent 11g,4 de sel anhydre.

Le *sel de strontium* cristallise en petits prismes très brillants renfermant 2 molécules d'eau, qu'ils perdent très lentement dans le vide; 100 parties d'eau à 18°,5 dissolvent 27g,9 de sel anhydre.

Le *sel d'argent* cristallise en très fines aiguilles, dont 0g,312 se dissolvent dans 100 parties d'eau à 14°.

Le *sel de plomb* contient 3 molécules d'eau, il cristallise en longues aiguilles incolores, très peu solubles dans l'eau.

Les caractères des sels de l'acide isoheptylique de M. Hecht sont un peu différents de ceux des sels de l'acide de M. Kiliani. Ces différences s'expliquent très bien en admettant, ce qui est très vraisemblable, que l'acide de M. Hecht contenait un peu d'acide méthylbutylacétique, dont le point d'ébullition est presque identique à celui de l'acide éthylpropylacétique.

4° ACIDE ISOAMYLACÉTIQUE (*acide méthyle 2-hexanoïque*),

$$\begin{matrix}CH^3\\CH^3\end{matrix}\!>CH-CH^2-CH^2-CH^2-CO^2H.$$

— On l'obtient : 1° en traitant l'éther acétique par le sodium d'abord, puis par l'iodure d'isoamyle et saponifiant l'éther obtenu [Frankland et Duppa, *Ann. Chem.*, **138**, 338].

2° En décomposant par la chaleur l'acide isoamylmalonique; le rendement est quantitatif [C. Paal et Th. Hoffmann, *D. chem. G.*, **23**, 1498].

C'est une huile incolore, d'odeur désagréable, bouillant à 208-210°, très peu soluble dans l'eau; sa densité est de 0,912243 à 0°.

L'*éther éthylique*, préparé en saturant d'acide chlorhydrique gazeux la solution alcoolique de l'acide, est une huile incolore, possédant une odeur de fruits très agréable, bouillant à 177°.

Le *sel de calcium* cristallise anhydre en croûtes; il est très peu soluble dans l'eau bouillante.

5° ACIDE MÉTHYLISOBUTYLACÉTIQUE (*acide méthyle 2-pentane-oïque 4*),

$$\begin{matrix}CH^3\\CH^3\end{matrix}\!>CH-CH^2-\underset{\displaystyle CO^2H}{\underset{|}{CH}}-CH^3.$$

— Il se forme dans la décomposition de l'acide méthylisobutylmalonique, chauffé à 200°. Il est liquide et bout à 204-205°.

Son *éther éthylique* est liquide et bout à 165-166° [Burrows et Bentley, *Chem. Soc.*, **67**, 511].

6° ACIDE AMYLACÉTIQUE ACTIF (*acide éthyle 2-pentane-oïque*),

$$CH^3-\underset{\displaystyle CH^3}{\underset{|}{\underset{\displaystyle CH^2}{\underset{|}{CH}}}}-CH^2-CH^2-CO^2H.$$

— Mlle Ida Welt [*C. R.*, **119**, 855] a préparé cet acide au moyen de l'iodure d'amyle actif,

$$([\alpha]_D = +3°,69 \text{ à } 20°)$$

par deux procédés :

1° Action de l'iodure d'amyle sur le sodacétylacétate d'éthyle et saponification de l'éther obtenu;

2° Action de l'iodure d'amyle sur le sodomalonate d'éthyle et saponification de l'éther obtenu.

Il bout à 221°; sa densité est de 0,9149 à 20°, de 0,8902 à 54°; son pouvoir rotatoire est

$$[\alpha]_D = +8°,44 — +8°,90 \text{ à } 20°.$$

L'*éther méthylique* bout à 158-164° sous 727mm; son pouvoir rotatoire est $[\alpha]_D = +6°,71$ à 25° et $+5°,92$ à 75°; sa densité est de 0,8764 à 25° et de 0,8449 à 61°.

L'*éther éthylique* bout à 173-179° sous 727 millimètres; sa densité est de 0,8644 à 21° et de 0,8250 à 72°; son pouvoir rotatoire est

$$[\alpha]_D = +6°,66 \text{ à } 21° \quad \text{et} \quad +5°,87 \text{ à } 71°.$$

7° ACIDE MÉTHYLISOPROPYLPROPIONIQUE (*acide diméthyle 2.3-pentane-oïque*),

$$\begin{matrix}CH^3 \diagdown \\ \begin{matrix}CH^3\\CH^3\end{matrix}\!>CH \diagup\end{matrix} CH-CH^2-CO^2H.$$

— Le sel de sodium de cet acide se forme, en même temps qu'un grand nombre d'autres produits, dans l'action de l'oxyde de carbone sur un mélange d'éthylate de sodium et de valérianate de sodium chauffé vers 160° [Geuther et Loos, *Ann. Chem.*, **202**, 321].

Il bout à 220°.

8° ACIDE DIMÉTHYLÉTHYLPROPIONIQUE (*acide diméthyle 3.3-pentanoïque*),

$$\begin{matrix}CH^3 \diagdown \\ CH^3-\\ CH^3-CH^2 \diagup\end{matrix} C-CH^2-CO^2H.$$

— Cet acide se forme dans la fusion de l'acide camphorique avec la potasse ou la soude [Perkin et Crossley, *Chem. Soc.*, **73**, 18].

C'est une huile bouillant à 209-210°.

Son *sel d'argent* est insoluble.

L'*anilide* de cet acide fond à 105-105°,5.

9° ACIDE MÉTHYLDIÉTHYLACÉTIQUE (*acide méthyléthyle 3.3-butanoïque*),

$$\begin{matrix}CH^3 \diagdown \\ CH^3-CH^2-\\ CH^3-CH^2 \diagup\end{matrix} C-CO^2H.$$

— Le nitrile dérivé du méthyldiéthylcarbinol,

$$C^2H^5-\overset{\displaystyle CH^3}{\overset{|}{\underset{\displaystyle OH}{\underset{|}{C}}}}-C^2H^5,$$

saponifié par l'acide chlorhydrique fumant, fournit cet acide.

C'est une huile presque insoluble dans l'eau, bouillant à 207-208° sous 753 millimètres.

Le *sel de baryum* forme des aiguilles très solubles dans l'eau, contenant 5 molécules d'eau.

ACIDE ISOŒNANTHYLIQUE. — On désigne sous ce nom un acide heptylique, de constitution inconnue, obtenu dans diverses circonstances.

Grimshaw [*D. chem. G.*, **6**, 74] obtint dans la chloruration de l'éthylisoamyle un dérivé monochloré qui fut transformé en alcool; ce dernier, par oxydation, fournit un acide $C^7H^{14}O^2$, bouillant à 210-213°, qui fut dénommé acide isoœnanthylique.

M. Potsch [*D. chem. G.*, **16**, 1369], en traitant par l'oxyde de carbone un mélange d'acétate de sodium et d'isoamylate de sodium chauffé à 180°, obtint un acide dont il admit l'identité avec celui de Grimshaw, et qu'il considéra comme l'acide isoamylacétique,

$$\begin{matrix}CH^3\\CH^3\end{matrix}\!>CH-CH^2-CH^2-CH^2-CO^2H.$$

Bien que les deux modes de formation de cet acide rendent assez vraisemblable l'hypothèse de M. Potsch, les propriétés de son acide diffèrent un peu de celles de l'acide isoamylacétique. Il bout à 212-213°; sa densité est de 0,926 à 15°.

L'*éther méthylique* bout à 166-167°,5. Sa densité est de 0,884 à 15°.

L'*éther éthylique* bout à 181°,5-182°,5. Sa densité est de 0,872 à 15°.

Le *sel de sodium* forme des cristaux grenus contenant 1 molécule d'eau.

Le *sel de calcium* forme des aiguilles transparentes contenant 2 molécules d'eau.

R. Marquis.

HEPTYLIQUES (ALCOOLS), $C^7H^{16}O$. — On connaît actuellement 12 alcools heptyliques, dont 2 primaires, 5 secondaires et 5 tertiaires.

ALCOOLS HEPTYLIQUES PRIMAIRES.

1° **ALCOOL HEPTYLIQUE NORMAL** (*heptanol* 1), (voyez 1er Suppl., 910),

$$CH^3-(CH^2)^5-CH^2OH.$$

— Le meilleur procédé de préparation de cet alcool consiste, d'après M. Krafft [*D. chem. G.*, **16**, 1723], à réduire l'œnanthol par le zinc et l'acide acétique.

L'alcool heptylique réagit sur son dérivé sodé [Guerbet, *C. R.*, **132**, 207]. On chauffe à 220° 400 grammes d'alcool et 30 grammes de sodium; il se forme de l'acide heptylique normal et de l'alcool β-diheptylique, d'après l'équation

$$2C^7H^{16}O + C^7H^{15}NaO$$
$$= C^{14}H^{30}O + C^7H^{13}NaO^2 + 4H.$$

Il se fait aussi un peu d'alcool triheptylique, $C^{21}H^{44}O$, et d'acide diheptylique, $C^{14}H^{27}NaO^2$, formés par une réaction secondaire de l'alcool diheptylique sur le dérivé sodé de l'alcool heptylique.

ÉTHERS. — Le *formiate d'heptyle* normal se prépare facilement en traitant l'alcool par un mélange équimoléculaire d'acide formique et d'anhydride acétique, et laissant la température s'élever jusqu'à 50° [Béhal, *Bull. Soc. Chim.* (3), **23**, 752]. Il bout à 177°; sa densité est de 0,893.

Le *nitrite d'heptyle* a été obtenu par M. G. Bertoni [*Gazz. chim. ital.*, **18**, 431], en faisant réagir la glycérine trinitrée sur l'alcool heptylique; il est liquide et bout à 155°; sa densité est de 0,8939 à 0°.

Le *cyanure d'heptyle* s'obtient en distillant le caprylate d'ammonium avec l'acide phosphorique; il se forme encore quand on traite par le brome et la soude l'amide pélargonique [Hoffmann, *D. chem. G.*, **17**, 1408]; il bout à 198-200°; sa densité est de 0,895 à 22°.

Mercaptan heptylique normal, $C^7H^{15}SH$, (voyez Dict., **2**, 18). — D'après M. Winssinger [*Jahresb.*, 1887, 1280], il bout à 174-175°.

Sulfure d'heptyle normal, $(C^7H^{15})^2S$. — Il est liquide et bout à 298° (Winssinger, *loc. cit.*).

Sulfoxyde d'heptyle, $(C^7H^{15})^2SO$. — Ce composé fond à 70°. Lorsqu'on le soumet à l'action du chlore en présence de l'eau, il se forme de l'acide heptane-sulfonique, de l'acide monochloroheptane-sulfonique, de l'acide dichloro-heptane-sulfonique et les deux chlorures $C^7H^{13}Cl^3$ et $C^7H^{12}Cl^4$ [Spring et Winssinger, *Bull. Soc. Chim.*, (2), **49**, 72]; il ne se forme pas d'heptylsulfone.

Heptylsulfone, $(C^7H^{15})^2SO^2$. — Elle cristallise dans l'alcool en paillettes nacrées fondant à 80°, très peu solubles dans l'éther, solubles dans le chloroforme.

HEPTYLAMINE NORMALE, $CH^3-(CH^2)^5-CH^2AzH^2$. — Cette base se prépare, d'après A.-W. Hofmann [*D. chem. G.*, **15**, 772], en traitant par la potasse à 50 0/0 le mélange de 1 molécule de brome et de 1 molécule d'amide octylique. On obtient dans cette préparation une notable quantité de nitrile, et le rendement en amine n'atteint que 30 0/0 environ de la théorie. MM. S. Hoogewerff et A. van Dorp [*Rec. des Pays-Bas*, **6**, 373] obtiennent un rendement de 60 à 65 0/0, en opérant de la façon suivante: 1 molécule d'amide octylique est introduite dans une solution contenant 1 molécule de brome et 4 molécules de potasse dissoute dans 16 fois son poids d'eau; on porte rapidement à l'ébullition et on entraîne à la vapeur.

L'oxime de l'œnanthol, traitée en solution alcoolique par 40 fois son poids d'amalgame de sodium à 2,5 0/0 et la quantité correspondante d'acide acétique, fournit de l'heptylamine [Goldschmidt, *D. chem. G.*, **20**, 729].

D'après M. Tafel [*D. chem. G.*, **19**, 1928], la phénylhydrazone de l'œnanthol, réduite par l'amalgame de sodium en solution acétique, à une température de 25 à 30°, donne un rendement de 23 0/0 en heptylamine.

Enfin, on obtient encore cette base dans la réduction du nitrile hexylique [Forselles et Wahlforss, *D. chem. G.*, **25**, *Ref.*, 404].

L'heptylamine normale est un liquide incolore, d'odeur basique, bouillant à 153-154°, de densité 0,777 à 20°. Son *chloroplatinate*,

$$(C^7H^{15}AzH^2HCl)^2PtCl^4),$$

noircit vers 220°. Son *picrate* cristallise en aiguilles fondant à 120-121°,5.

Traitée par le chlorure de nitrosyle, l'heptylamine donne naissance au chlorure d'heptyle normal, accompagné de produits secondaires [Solonina, *Bull. Soc. Chim.*, (3), **22**, 281]. Elle donne, avec le chlorure de l'acide benzène-sulfonique, une *dibenzène-sulfone-heptylamide*,

$$(C^6H^5SO^2)^2AzC^7H^{15},$$

cristallisée, fondant à 91° [Solonina, *Bull. Soc. Chim.*, (3), **24**, 44]. Elle réagit sur l'uréthane en donnant une *heptylurée* fusible à 91° [Manuelli et Ricca-Rosellini [*Gazz. chim. ital.*, (3), **29**, 124].

2° **ALCOOL ISOHEXYLIQUE** (*méthyl 2-hexanol 6*),

$$\begin{array}{l} CH^3-CH-CH^2-CH^2-CH^2-CH^2OH. \\ \quad\;\;\; | \\ \quad\;\; CH^3 \end{array}$$

— Le chlorure correspondant à cet alcool, dont la constitution est un peu douteuse, se forme dans la chloruration de l'éthylisoamyle. Le chlorure est transformé en acétate, lequel, saponifié, donne l'alcool bouillant à 163-165° [Grimshaw, *Ann. Chem.*, **166**, 167]. Par oxydation, il donne l'acide isoœnanthylique.

ALCOOLS HEPTYLIQUES SECONDAIRES.

1° **MÉTHYLAMYLCARBINOL** (*heptanol* 2), (voyez 1er Suppl., 910),

$$\begin{array}{r} CH^3-CH^2-CH^2-CH^2-CH^2-CH-CH^3. \\ | \quad\;\; \\ OH \quad\;\; \end{array}$$

— L'*acétate* de cet alcool a été obtenu par MM. Béhal et Desgrez [*C. R.*, **114**, 676] en chauffant à 300° l'œnanthylène avec de l'acide acétique.

HEPTYLAMINE (*amino 2-heptane*),

$$\begin{array}{c} C^5H^{11}-CH-CH^3. \\ | \\ AzH^2 \end{array}$$

— Ce dérivé aminé se forme dans la réduction du nitroheptane secondaire obtenu par nitration directe de l'heptane normal [Konowaloff, *Journ.*

Soc. chim. russe, **25**, 488]. Il se forme encore en chauffant au bain-marie le bromure d'heptyle secondaire avec l'ammoniaque en tubes scellés. Cette base est liquide, elle bout à 141°,5, sa densité à 0° = 0,7815; elle est difficilement soluble dans l'eau.

Le *chlorhydrate* est en aiguilles fondant à 133°.

Le *chloroplatinate* se décompose à 195°.

Le *chloraurate* fond à 63-64°.

Le *bromhydrate* fond à 163° et l'*oxalate* à 204-205° en se décomposant.

2° DIPROPYLCARBINOL (*heptanol* 4), (voyez 1er Suppl., 911),

$$CH^3-CH^2-CH^2-\underset{\displaystyle OH}{\underset{|}{CH}}-CH^2-CH^2-CH^3.$$

— Cet alcool se forme, d'après M. Schtschersbakoff [*D. chem. G.*, **14**, 1710], dans la réaction de 1 molécule de chlorure de butyryle sur 2 molécules de zinc-propyle. Cette réaction exige trois mois pour se terminer; on décompose ensuite le produit par l'eau acidulée sulfurique. On peut encore préparer le dipropylcarbinol en laissant digérer pendant 8 jours un mélange de 50 grammes de butyrone, de 220 grammes d'iodure de propyle et d'un excès de zinc; on termine la réaction en chauffant pendant quelques heures au bain-marie, et l'on décompose ensuite par l'eau [D. Ustinoff et A. Saytzeff, *J. prakt. Chem.*, (2), **34**, 469].

Le dipropylcarbinol bout à 153-154° (Schtschersbakoff), à 154-155° (Ustinoff et Saytzeff); sa densité est de 0,8325 à 0°, de 0,82003 à 20° et de 0,81183 à 30°.

Son *acétate* bout à 170-172°; sa densité est de 0,8587 à 20°.

L'oxydation du dipropylcarbinol par le mélange chromique fournit de la dipropylcétone, de l'acide propionique et de l'acide butyrique.

DIPROPYLMÉTHYLAMINE (*amino 4-heptane*),

$$C^3H^7-\underset{\displaystyle AzH^2}{\underset{|}{CH}}-C^3H^7$$

— On obtient cette amine dans la réduction, par le sodium et l'alcool, de l'oxime de la dipropylcétone [Noyes, *Am. Journ.*, **15**, 542. — Kijner, *Bull. Soc. Chim.*, (3), **24**, 596]. C'est une huile à odeur ammoniacale, bouillant à 139-140°, d'une densité de 0,7667 à 20° (Noyes); d'après M. Kijner, elle bout à 140-141° sous 745 millimètres; sa densité à 20° est de 0,7671.

Son *chlorhydrate* cristallise en longs prismes fusibles à 247°. Son *chloroplatinate* forme des lamelles jaune d'or.

Traitée par le brome, la dipropylméthylamine fournit une *bromamine* huileuse, qui, oxydée par l'oxyde d'argent, se transforme en heptylhydrazone de la dipropylcétone [Kijner, *loc. cit.*, et **22**, 745]. On peut obtenir aussi une *dibromamine*, $(C^3H^7)^2=CH-AzBr^2$, que l'action de l'hydroxylamine transforme en bromure $C^7H^{15}Br$ [Kijner, *loc. cit.*, **24**, 656].

3° MÉTHYLISOAMYLCARBINOL (*méthyl* 2-*hexanol* 5), (voyez 1er Suppl., 911),

$$CH^3-\underset{\displaystyle CH^3}{\underset{|}{CH}}-CH^2-CH^2-\underset{\displaystyle OH}{\underset{|}{CH}}-CH^3$$

— L'aldéhyde acétique et le zinc-isoamyle donnent un produit d'addition que l'eau décompose avec formation de méthylisoamylcarbinol [Sokoloff, *Journ. Soc. chim. russe*, **19**, 199]. Il bout à 148-150°; sa densité est de 0,8185 à 17°,5. Oxydé par le mélange chromique, il fournit de la méthylisoamylcétone, de l'acide acétique et de l'acide isovalérique.

4° ÉTHYLISOBUTYLCARBINOL (*méthyl* 2-*hexanol* 4), (voyez 1er Suppl., 911),

$$CH^3-\underset{\displaystyle CH^3}{\underset{|}{CH}}-CH^2-\underset{\displaystyle OH}{\underset{|}{CH}}-CH^2-CH^3.$$

— On peut obtenir cet alcool par la méthode suivante [Wagner, *Journ. Soc. chim. russe*, **16**, 287] : Des quantités équivalentes d'aldéhyde isovalérique et de zinc-éthyle sont mélangées et laissées en contact pendant 1 semaine à basse température, puis pendant 3 semaines à la température ordinaire; il se dégage des gaz et il se précipite de l'oxyde de zinc; le produit est alors décomposé par l'eau et la couche huileuse fractionnée. On obtient un liquide épais, d'odeur désagréable, bouillant à 147-148° sous 756mm,5.

Son *acétate* bout à 162-164° sous 750 millimètres. L'oxydation chromique de cet alcool conduit à l'éthylisobutylcétone, aux acides acétique et isovalérique.

5° DIISOPROPYLCARBINOL (*diméthyl* 2.4-*pentanol* 3), (voyez 1er Suppl., 911),

$$CH^3-\underset{\displaystyle CH^3}{\underset{|}{CH}}-\underset{\displaystyle OH}{\underset{|}{CH}}-\underset{\displaystyle CH^3}{\underset{|}{CH}}-CH^3.$$

— M. G. Poletaeff [*D. chem. G.*, **24**, 1308] a fait une étude détaillée de cet alcool, qu'il obtient d'après le procédé de Münch [*Ann. Chem.*, **180**, 335] en réduisant la diisopropylcétone par l'amalgame de sodium à 3 0/0, en refroidissant au début, puis en chauffant vers la fin. L'alcool, régénéré de l'acétate, bout à 140°,2 sous 754 millimètres et 140°,4 sous 760 millimètres; sa densité est de 0,8445 à 0° et de 0,8288 à 20°; son indice de réfraction est de 1,42259 pour la raie D, de 1,42022 pour la raie α (du lithium) et de 1,43156 pour la raie γ (de l'hydrogène). D'après ces nombres, l'indice de dispersion entre α et γ est de 0,37177, et de 1,41185 pour les rayons de longueur d'onde infinie. Son pouvoir réfringent moléculaire est de 57,64, d'après la formule $\frac{A-1}{d_{20/4^\circ}}$ P, et de 34,82 d'après la formule de Lorenz,

$$\frac{A^2-1}{A^2+2}\frac{P}{d_{20/4^\circ}}.$$

L'*acétate* du diisopropylcarbinol bout à 159°,7 sous 752 millimètres et à 160° sous 760 millimètres; sa densité est de 0,8856 à 0° et de 0,8676 à 20°,5.

ALCOOLS HEPTYLIQUES TERTIAIRES.

1° MÉTHYLÉTHYLPROPYLCARBINOL (*méthyl* 3-*hexanol* 3),

$$CH^3-CH^2-\overset{\displaystyle OH}{\overset{|}{\underset{\displaystyle CH^3}{\underset{|}{C}}}}-CH^2-CH^2-CH^3.$$

— On l'obtient en traitant le chlorure de butyryle par le zinc-méthyle, puis le produit formé par le zinc-éthyle, et décomposant finalement par l'eau [Pawloff, *D. chem. G.*, **9**, 1311]. On l'obtient encore en laissant digérer un mélange d'éthylpropylcétone, d'iodure de méthyle et d'un excès de zinc [Sokoloff, *J. prakt. Chem.*, (2), **39**, 431]. Il bout à 140°,3; sa densité est de 0,82338 à 20°, de 0,81519 à 30°. Son oxydation chromique fournit les acides acétique et propionique.

2° TRIÉTHYLCARBINOL (*éthyl* 3-*pentanol* 3) (voyez 1er Suppl., 911),

$$CH^3-CH^2-\underset{\underset{\displaystyle CH^3}{|}}{\underset{\displaystyle CH^2}{|}}{\overset{\displaystyle OH}{\overset{|}{C}}}-CH^2-CH^3.$$

— Cet alcool se prépare en laissant pendant plusieurs jours en contact 40 grammes de diéthylcétone, 220 grammes d'iodure d'éthyle avec du zinc en excès. Le produit est ensuite décomposé par l'eau, et la couche huileuse fractionnée. On obtient un liquide mobile, incolore, d'odeur camphrée, bouillant à 141-143° [Baratajeff et Saytzeff, *J. prakt. Chem.*, (2), **34**, 463]; sa densité est de 0,893 à 0°, de 0,84016 à 20°, de 0,83237 à 30°.

Traité par le brome, il fournit 55 0/0 de bromure d'heptylène, accompagné de bromure du triéthylcarbinol et de tribromheptane [Ipatieff, *J. prakt. Chem.*, (2), **53**, 257].

L'*acétate* du triéthylcarbinol bout à 160-163°.

HEPTYLAMINE, $(C^2H^5)^3 \equiv C-AzH^2$. — On l'obtient en réduisant le nitroheptane tertiaire préparé par l'action du zinc-éthyle sur la chloropicrine [I. Bewad, *D. chem. G.*, **26**, 137].

3° MÉTHYLÉTHYLISOPROPYLCARBINOL (*diméthyl* 2.3-*pentanol* 3), (voyez 1er Suppl., 911),

$$CH^3-\underset{\displaystyle CH^3}{\underset{|}{CH}}-\underset{\displaystyle CH^3}{\underset{|}{\overset{\displaystyle OH}{\overset{|}{C}}}}-CH^2-CH^3.$$

— On l'obtient en traitant le chlorure d'isobutyryle par le zinc-méthyle, puis par le zinc-éthyle, et décomposant par l'eau [Pawloff, *D. chem. G.*, **9**, 1311]. Il bout à 124-127°. D'après M. Kaschirsky, ce procédé donne le méthylisopropylcarbinol mélangé de diméthylisopropylcarbinol; l'alcool heptylique préparé par l'action du zinc-méthyle sur le bromure de butyryle bromé bout à 138-140° [Kaschirsky, *D. chem. G.*, **11**, 985].

4° DIMÉTHYLISOBUTYLCARBINOL (*diméthyl* 2.4-*pentanol* 4), (voyez 1er Suppl., 911),

$$CH^3-\underset{\displaystyle CH^3}{\underset{|}{CH}}-CH^2-\underset{\displaystyle CH^3}{\underset{|}{\overset{\displaystyle OH}{\overset{|}{C}}}}-CH^3.$$

— L'*iodure* de cet alcool se forme dans l'action de l'acide iodhydrique sur l'acide

$$CH^3-\underset{\displaystyle CH^3}{\underset{|}{CH}}-\underset{\displaystyle OH}{\underset{|}{CH}}-\underset{\displaystyle CH^3}{\underset{|}{\overset{\displaystyle CH^3}{\overset{|}{C}}}}-CO^2H,$$

dont l'éther s'obtient par l'action de l'aldéhyde isobutyrique sur l'éther bromisobutyrique en présence de zinc. Cet iodure bout vers 165° [Reformatsky, *D. chem. G.*, **28**, 2847].

5° PENTAMÉTHYLÉTHOL (*triméthyl* 2.2.3-*butanol* 3), (voyez 1er Suppl., 911),

$$CH^3-\underset{\displaystyle CH^3}{\underset{|}{\overset{\displaystyle OH}{\overset{|}{C}}}}-\underset{\displaystyle CH^3}{\underset{|}{\overset{\displaystyle CH^3}{\overset{|}{C}}}}-CH^3.$$

— Cet alcool se forme dans l'action du bromure de bromisobutyryle sur le zinc-méthyle [Kaschirsky, *Journ. Soc. chim. russe*, **13**, 86] et dans l'action du zinc-méthyle sur le chlorure de trichloracétyle (Bogomoletz, *Ann. Chem.*, **209**, 78].

R. Marquis.

HEPTYLMALONIQUE (ACIDE). — Voyez MALONIQUE.

HÉRACLINE, $C^{32}H^{22}O^{10}$. — Ce composé a été découvert par M. Gutzeit dans les fruits frais de l'*Heracleum giganteum*, de l'*Heracleum spondylium* et du *Pastinaca sativa* [*Jahresb.*, 1879, 905].

Pour l'obtenir, on épuise par l'éther privé d'alcool les fruits concassés, on distille le dissolvant et l'on purifie par cristallisation dans l'alcool bouillant l'héracline qui s'est déposée.

Elle se présente alors en aiguilles blanches et soyeuses groupées en étoiles; elle devient jaune avec le temps. Inodore et sans saveur, elle est insoluble dans l'eau, très soluble dans le chloroforme, beaucoup moins soluble dans l'éther. Une partie se dissout dans 1200 parties de sulfure de carbone froid, et dans 400 parties de sulfure de carbone bouillant. L'alcool absolu la dissout (1 partie dans 100 parties à froid, et dans 60 parties à l'ébullition).

Elle est neutre au tournesol, fond à 185° et répond à la formule $C^{32}H^{22}O^{10}$.

L'acide sulfurique concentré la dissout en donnant un liquide jaune d'or, qui laisse déposer l'héracline inaltérée lorsqu'on l'étend d'eau.

M. Guerbet.

HERRENGRUNDITE (Min.) (Brezina) [Syn. *Urvölgyite*, Szabó]. — Sulfate basique de cuivre et de calcium hydraté,

$$4CuO.CaO.2SO^3+6H^2O.$$

Petites tables hexagonales vert-émeraude, semblables à la chalcophyllite, avec gypse, malachite, calcite, sur une grauwacke, à Herrengrund (Hongrie). — Voyez ARMINITE, 2e Suppl., **1**, 366.

Caractères. — Soluble dans les acides ou dans l'ammoniaque avec résidu de gypse, etc. Dureté = 2,5. Densité = 3,13.

Forme cristalline. — Prisme clinorhombique (ou anorthique?) : $a:b:c = 1,8161:1:2,8004$; $\beta = 88°50'$. Faces : p, dominante, avec

$$a^2 a^7/_5 m h^0;$$

stries sur p, parallèlement à l'arête ph^1. Clivages p parfait, m.

L. Bourgeois.

HESPÉRÉTINE,

$$OH.C^6H^3(OCH^3).CH=CH.CO.OC^6H^3(OH)^2.$$

— Elle cristallise en aiguilles presque incolores, fusibles à 226°; ses solutions alcalines sont à peine colorées et ne teignent pas le coton mordancé [G. Perkin, *Chem. Soc.*, **73**, 1032].

Disazobenzène-hespérétine. — On l'obtient en ajoutant un léger excès d'une solution de sulfate de diazobenzène à une solution d'hespérétine dans le carbonate de sodium. Le produit résineux formé est acétylé et purifié par cristallisation dans l'alcool.

L'*acétyldisazobenzène-hespérétine*,

$$C^2H^3O.C^{16}H^{11}O^6(C^6H^5Az^2)^2,$$

fond à 240-242°. Le composé disazoïque libre,

$$C^{16}H^{12}O^6(C^6H^5Az^2)^2,$$

fond à 246-247° en se décomposant. Il est aisément soluble dans le nitrobenzène [Perkin, *loc. cit.*].

Acétylhespérétine, $C^{16}H^{11}O^6(C^2H^3O)^3$. — On fait bouillir l'hespérétine avec de l'anhydride acétique pendant 6 heures. Le dérivé acétylé, purifié par cristallisation dans un mélange d'alcool et d'acide acétique, fond à 127-129° [Perkin, *loc. cit.*].

L'hespérétine se combine avec l'acétate de potassium et l'acétate de sodium pour donner des composés renfermant 2 molécules d'hespérétine pour 1 d'acétate (Perkin).

L'hespérétine donne, avec une solution de bicarbonate de potassium, un dérivé possédant la formule $C^{32}H^{27}O^{12}K$; le dérivé sodique correspondant possède une formule analogue. Ces résultats semblent indiquer que la formule de l'hespérétine devrait être doublée (Perkin).

G. Blanc.

HESPÉRIDÈNE. — Voyez Terpènes.

HESPÉRIDINE (voyez Dict. et 1er Suppl.; voyez aussi l'article Naringine). — L'hespéridine a été rencontrée en grande quantité dans les feuilles et les tiges du *Folia bucco* et du *Dionœa alba* [P. Zenetti, *Arch. de Pharm.*, **233**, 104].

M. H. Tanret [*Bull. Soc. Chim.*, (2), **46**, 501] a retiré des écorces d'oranges amères l'hespéridine, en compagnie d'autres nouveaux corps. Les écorces sont épuisées par l'alcool à 60°, l'alcool est distillé et le résidu agité avec du chloroforme. Le résidu chloroformique est repris par l'alcool froid, qui sépare une poudre cristalline (*a*).

L'alcool, évaporé à son tour sur du tannin, fournit un tannate, qui est lavé avec du chloroforme; la solution chloroformique, évaporée, laisse déposer une résine verte (*c*). Quant au tannate, on le dissout dans l'alcool et on le décompose par la chaux. Après addition d'une quantité suffisante d'acide chlorhydrique étendu, la solution, traitée par le noir et distillée, laisse un produit amorphe (*b*).

D'autre part, la liqueur primitive qui a été agitée avec du chloroforme, abandonnée au repos, se remplit d'une cristallisation que l'on sépare (*d*). La liqueur qui imprègne les cristaux est déféquée au sous-acétate de plomb, l'excès de plomb est précipité par le sulfate de sodium, puis on sature à l'ébullition par ce dernier sel. La couche poisseuse qui surnage est desséchée et épuisée à froid par l'alcool absolu. La solution alcoolique distillée donne un produit jaunâtre (*e*) et le résidu insoluble, repris par l'eau, fournit à son tour une poudre blanche insoluble (*f*).

(*a*). C'est un acide faible, qui se présente en fins cristaux insolubles dans l'eau et dans l'éther, peu solubles dans l'alcool froid, un peu plus solubles dans l'alcool à 90° bouillant.

Les sels alcalins et alcalino-terreux sont incristallisables, décomposables par l'acide carbonique.

L'auteur le nomme *acide hespérique*. Sa formule est $C^{44}H^{28}O^{14}$.

(*b*). Acide résineux incristallisable, se ramollissant vers 120°, doué d'une amertume extrême, insoluble dans l'eau froide, soluble dans l'eau bouillante, dans l'alcool, l'éther, le chloroforme. Son pouvoir rotatoire $[\alpha]_D = -28°$. L'acide sulfurique étendu de son poids d'eau le dissout en se colorant fortement en jaune, ce qui, en même temps que sa composition, le rapproche des produits de dédoublement de l'hespéridine, qui présentent cette réaction à différents degrés.

Cet acide, que M. Tanret nomme acide *aurantiamarique*, répond à la formule $C^{20}H^{12}O^{8}$.

(*c*). Ce corps incristallisable, à saveur amère, est un acide comme le précédent. Il ne se combine pas avec le tannin.

(*d*). *Isohespéridine*. — Ce glucoside nouveau possède la même composition que l'hespéridine. Elle cristallise avec 2 molécules d'eau. Ses réactions sont celles de l'hespéridine. Elle en diffère seulement par quelques propriétés bien tranchées; elle est, par exemple, bien plus sensible à l'action des réactifs, et ses solutions aqueuses s'altèrent bien plus rapidement à l'air, quand on les chauffe, que celles de son isomère. Elle se dissout dans son poids d'alcool ou d'éther acétique bouillants et diffère ainsi considérablement de l'hespéridine. Son pouvoir rotatoire est, comme celui de l'hespéridine, $[\alpha]_D = -89°$.

(*e*). L'*aurantiamarine* est le glucoside auquel l'orange amère doit surtout son amertume.

Elle a une composition très voisine de l'hespérétine et de l'isohespérétine.

Elle est lévogyre : $[\alpha]_D = -60°$.

Ce glucoside est le dissolvant naturel de l'hespéridine. Ainsi, 5 parties d'aurantiamarine dans 20 parties d'eau dissolvent à chaud 1 partie d'hespéridine, et il n'y a pas cristallisation à froid.

(*f*). La poudre blanche insoluble est de l'hespéridine, dont elle a tous les caractères.

Hespéridine. — Ce glucoside se dédouble sous l'action de l'acide sulfurique à 2 0/0 en hespérétine, glucose et isodulcite [Tanret, *Bull. Soc. Chim.*, (2), **49**, 20. — W. Weil, *D. chem. G.*, **20**, 1186]. Il convient de traduire ce dédoublement de la façon suivante :

$$C^{50}H^{60}O^{27} + 3H^2O$$
$$= 2C^{16}H^{14}O^6 + 2C^6H^{12}O^6 + C^6H^7O^6,$$

ce qui amène à modifier la formule de l'hespéridine. L'isohespéridine se comporte de la même façon (Tanret).

M. Dragendorff [*Arch. de Pharm.*, **234**, 55] recommande les caractères suivants pour caractériser l'hespéritine : soluble dans l'acide sulfurique avec coloration orangée persistant à chaud. Le réactif de Fröhde la colore en rouge; une goutte d'acide chlorhydrique étendu fait passer la nuance au bleu et au vert. Si on chauffe l'hespéridine avec de l'eau et de l'amalgame de sodium, on obtient par l'action ultérieure de l'acide chlorhydrique un précipité rouge-violet, soluble dans l'alcool. G. Blanc.

HESPÉRIQUE (ACIDE). — Voyez Hespéridine.

HÉTÆROLITE ou **HÉTAIRITE** (Min.) (G. Moore). — Manganite de zinc, $ZnMn^2O^4$; masses stalactitiques radiées noires, avec limonite, à Stirling (New Jersey). Dureté = 5. Densité = 4,933.

HEUBACHITE (Min.) (Sandberger). — Variété d'Asbolane (voyez Dict., **1**, 428).

HEULANDITE (Min.). — Voyez Dict., **2**, 19. D'après M. Jannasch [*D. chem. G.*, **20**, 346], la heulandite renferme toujours de la strontiane (jusqu'à 3,65 0/0 de strontiane dans celle d'Andreasberg). La composition de ce minéral serait

$$(Si\,O^3)^6Al^2[Ca, Sr, Na^2, K^2]H^4, 4H^2O.$$

HEXACOSANE, $C^{26}H^{54}$. — D'après M. Nafzger [*Ann. Chem.*, **224**, 236], un carbure saturé possédant cette formule prend naissance, à côté d'autres produits, lors de la distillation sèche de l'acide cérotique. C'est une substance de consistance molle, à aspect de paraffine, fusible à 44°.

HEXADÉCANES, $C^{16}H^{34}$. — On connaît seulement deux carbures répondant à cette formule.

1° **Hexadécane normal**,

$$CH^3-(CH^2)^{14}-CH^3.$$

— C'est le composé qu'on a décrit sous les noms de *dioctyle* et de *cétane*.

M. Zincke l'a préparé le premier, en faisant agir le sodium sur l'iodure d'octyle normal [*Ann. Chem.*, **152**, 15].

M. Eichler l'a obtenu en partant du *mercure-dioctyle*, décrit précédemment (1er Suppl., 1091). Ce composé, soumis à la distillation sèche, se scinde en mercure et hexadécane normal :

$$Hg(C^8H^{17})^2 = Hg + C^{16}H^{34}$$

[*D. chem. G.*, **12**, 1882].

A l'article Cétane (2e Suppl., **1**, 1040) on a indiqué les méthodes de préparation employées par MM. Krafft et Sorabji. Nous n'y reviendrons pas ici.

L'hexadécane normal se présente sous la forme de feuillets possédant un éclat nacré, fusibles à 18° d'après M. Krafft, à 19-20° d'après M. Lachowicz [*Ann. Chem.*, **220**, 181]. Il bout à 157°,5 sous 15 millimètres, à 174° sous 30 millimètres, à 187°,5 sous 50 millimètres, à 208°,5 sous 100 millimètres, à 287°,5 sous 760 millimètres.

Sa densité est de 0,7754 à 18°, de 0,7707 à 25°, de 0,7197 à 99°, par rapport à l'eau à 4° (Krafft). Il est soluble en toutes proportions dans l'alcool et dans l'éther.

2° Diméthyl 7.8-tétradécane,

$$C^6H^{13}-CH(CH^3)-CH(CH^3)-C^6H^{13}.$$

— C'est le *diisooctyle*, obtenu par M. Alekine en faisant agir le sodium sur le bromure de capryle,

$$C^6H^{13}-\underset{\displaystyle CH^3}{\underset{|}{CH}}-Br.$$

La réaction s'effectue en présence du xylène. On obtient le même produit à partir de l'iodure de capryle.

C'est un liquide limpide, huileux, presque incolore, qui ne se solidifie pas, même à —30°. Il bout à 267°,5-269°,5.

Sa densité = 0,8022 à 0°, 0,7923 à 14° [Alekine, *Journ. Soc. chim. russe*, **15**, 175 ; *Bull. Soc. Chim.*, (2), **40**, 186].

D'après M. Lachowicz, le point d'ébullition est de 263-265° ; la densité de 0,80011 à 18° [*Ann. Chem.*, **220**, 187].

J. Dupont.

Hexadécanone (*hexadécane-one* 2),

$$CH^3-CO-C^{14}H^{29}.$$

— Cette cétone a été préparée par M. Krafft, en distillant un mélange d'acétate de baryum et du sel de baryum de l'acide pentadécylique ou pentadécanoïque, $C^{15}H^{30}O^2$, obtenu lui-même par oxydation de la méthylpentadécylcétone,

$$C^{15}H^{31}-CO-CH^3,$$

au moyen du mélange chromique [Krafft, *D. chem. G.*, **12**, 1671 ; **15**, 1707].

L'hexadécanone fond à 43-45° et bout à 230-231°. Oxydée, elle fournit un mélange d'acide acétique et d'acide myristique.

Hexadécylamine. — Voyez Cétylamine, 2e Suppl., **1**, 1042.

Hexadécylbenzène. — Voyez Cétylbenzène, 2e Suppl., **1**, 1040.

Hexadécylène. — Voyez Cétène, 2e Suppl., **1**, 1040.

Hexadécylène-dicarbonique (*tétradécylsuccinique, heptadécanoïque-méthyloïque* 3),

$$CH^3-(CH^2)^{13}-\underset{\displaystyle CO^2H}{\underset{|}{CH}}-CH^2-CO^2H.$$

— MM. Krafft et Grosjean ont préparé le *nitrile* de cet acide en faisant agir le cyanure de potassium sur le bromure de cétène ou d'hexadécylène.

Pour obtenir ce bromure à l'état de pureté, on part du carbure pur, qu'on dissout dans le sulfure de carbone et qu'on traite à basse température par le brome, dissous également dans le sulfure de carbone.

Ce bromure est chauffé pendant 30 heures à 160-190° avec du cyanure de potassium en présence d'alcool (18 grammes de bromure, 15 grammes de cyanure, 25 grammes d'alcool).

On dissout le produit de la réaction dans l'éther, on lave à l'eau la solution éthérée, on évapore le solvant et on fractionne dans le vide.

La fraction distillant entre 230-280° sous 15 millimètres est enfin saponifiée par la potasse alcoolique, à la température de 120-130°. On reprend par l'eau et par le chlorure de baryum. Le sel de baryum obtenu est lavé à l'éther, puis décomposé par l'acide chlorhydrique qui met en liberté l'acide hexadécylène-dicarbonique peu soluble dans l'eau.

Si on distille le produit sous la pression de 15 millimètres, on obtient entre 245 et 248° une masse solide, fusible à 73-74°, qui constitue *l'anhydride* de l'acide $C^{18}H^{32}O^3$.

Cet anhydride se dissout dans l'ammoniaque étendue. En acidulant la solution par l'acide chlorhydrique, on obtient l'acide qui, cristallisé dans l'alcool, fond à 121°, en perdant de l'eau et régénérant l'anhydride.

Le *sel d'argent*, $C^{18}H^{32}O^4Ag^2$, est cristallin [Krafft et Grosjean, *D. chem. G.*, **23**, 2352].

J. Dupont.

Hexadécylène-glycol (*cétène-glycol*), $C^{16}H^{32}(OH)^2$. — La diacétine de ce glycol prend naissance quand on chauffe pendant 6 heures au bain d'huile 10 parties de *bromure* d'hexadécylène avec 11p,5 d'acétate d'argent et 25 parties d'acide acétique. Elle constitue des lamelles incolores, fusibles à 55-56°.

La diacétine est saponifiée par ébullition avec de la potasse alcoolique. On obtient alors le glycol, *qui, cristallisé dans l'alcool, fond à* 72-73°, cristallisé dans la ligroïne, à 75-76°. Toutefois, lorsque ce dernier a été une fois fondu, il ne fond plus qu'à 72-73°. Il bout à 210-211° sous 9 millimètres, à 220-221° sous 15 millimètres.

Hexadécylidène. — Voyez Cétylène, 2e Suppl., **1**, 1041.

Hexadécylique (Alcool). — Voyez Alcool Cétylique, 2e Suppl., **1**, 1041.

Hexaéthylbenzène, $C^{18}H^{30}$. — MM. Albright, Morgan et Woolworth ont trouvé ce composé dans les produits de l'action du chlorure d'éthyle sur le benzène en présence de chlorure d'aluminium [*C. R.*, **86**, 887].

M. Galle l'a également obtenu, à côté du tétréthylbenzène, en faisant agir le bromure d'éthyle sur le benzène en présence de chlorure d'aluminium. Le mélange était chauffé en tubes scellés pendant 9 heures au bain-marie. De temps en temps on ouvrait les tubes, afin de laisser dégager l'acide chlorhydrique. Dans ces conditions, c'est surtout le dérivé tétréthylé qui prenait naissance. On rectifiait le produit de la réaction et la portion bouillant au-dessus de 255° était de nouveau soumise à l'action du bromure d'éthyle et du chlorure d'aluminium.

La formation du carbure intermédiaire, le pentaméthylbenzène, n'a pas été observée [Galle, *D. chem. G.*, **16**, 1744 ; *Bull. Soc. Chim.*, (2), **41**, 75].

M. Jacobsen a également préparé l'hexaéthylbenzène à partir du dérivé pentaéthylé. C'est un cas particulier du phénomène découvert par ce savant (voyez Durène, 2e Suppl., **2**, 320).

L'acide sulfurique ordinaire, agissant à froid

sur le pentaméthylbenzène, donne naissance à un acide sulfonique correspondant au prehnitol, dérivé tétraméthylé, et à de l'hexaméthylbenzène. La réaction peut être formulée de la façon suivante :

$$2C^6(CH^3)^5H + SO^4H^2$$
$$= C^6(CH^3)^6 + C^6(CH^3)^4SO^3H + H^2O.$$

Elle se passe d'une manière presque quantitative avec le pentaméthylbenzène. Il n'en est pas de même avec le pentaéthylbenzène. Il faut alors employer un mélange d'acide sulfurique ordinaire et d'acide fumant. On dissout le pentaéthylbenzène dans ce mélange, et on abandonne au repos, pendant plusieurs jours, à la température ordinaire. L'hexaéthylbenzène se précipite ; on le lave avec de l'acide sulfurique ordinaire, puis avec de l'eau, et finalement on le fait cristalliser dans de l'alcool chargé de toluène.

En solution dans le mélange acide, reste l'acide sulfoné du tétréthylbenzène formé en même temps. Ce tétréthylbenzène est identique avec le produit obtenu par M. Galle dans l'action du bromure d'éthyle sur le benzène en présence de chlorure d'aluminium. Oxydé, il se transforme en *acide prehnitique* $C^6H^2(CO^2H)^4_{(1.2.3.4)}$, ce qui fixe sa constitution [Jacobsen, *D. chem. G.*, **21**, 2817].

L'hexaéthylbenzène cristallise dans l'alcool en prismes incolores, fusibles à 126° (Galle), à 129° (Jacobsen). Il bout à 305° (Galle), à 298° (Jacobsen). Il est soluble dans l'alcool, l'éther, l'acide acétique. L'acide sulfurique concentré le dissout également, et l'eau le précipite inaltéré de cette dissolution.

D'après M. Galle, le brome, agissant sur l'hexaéthylbenzène en présence d'iode, provoque l'élimination de deux groupes éthyle et il se forme du *tétréthylbenzène dibromé*, fusible à 89-91°.

Le même auteur annonce l'avoir transformé, par l'action d'un mélange d'acide nitrique fumant et d'acide sulfurique, en *dinitrotétréthylbenzène*, fusible à 142°.

J. Dupont.

HEXAHYDROANTHRACÈNE - CARBONIQUE (ACIDE). — Voyez Hydroanthracène carbonique.

HEXAHYDROBENZÈNE. — Voyez Hydroaromatiques (carbures).

HEXAHYDROBENZOÏQUE (ACIDE). — Voyez Hydrobenzoïques (acides).

HEXAHYDROCUMÈNE. — Voyez Hydroaromatiques (carbures).

HEXAHYDROCYMÈNE. — Voyez Hydroaromatiques (carbures).

HEXAHYDROMÉSITYLÈNE. — Voyez Hydroaromatiques (carbures).

HEXAHYDROPHTALIQUE (ACIDE). — Voyez Hydrophtaliques (acides).

HEXAHYDROTÉRÉPHTALIQUE (ACIDE). — Voyez Hydrophtaliques (acides).

HEXAHYDROTOLUÈNE. — Voyez Hydroaromatiques (carbures).

HEXAHYDROXYLÈNE. — Voyez Hydroaromatiques (carbures).

HEXAMÉTHYLBENZÈNE, $C^{12}H^{18}$. — Voyez 1er Suppl., 913.

M. Almedingen a obtenu de l'hexaméthylbenzène en soumettant le crotonylène (*butine 2*)

$$CH^3-C\equiv C-CH^3$$

à l'action de l'acide sulfurique. On emploie un mélange de 3 parties d'acide sulfurique ordinaire et de 1 partie d'eau, et on agite le carbure acétylénique avec ce liquide acide, à la température ordinaire. En même temps que l'hexaméthylbenzène, il se forme dans cette réaction de la méthyléthylcétone [*Bull. Soc. Chim.*, (2), **37**, 493 ; **40**, 26].

M. Jacobsen l'a obtenu à partir du durène, ou plutôt du dérivé sulfonique de celui-ci (2e Suppl., **2**, 321). Si l'on triture du durène-sulfonate de sodium avec de l'acide sulfurique concentré (D = 1,839), et qu'on épuise immédiatement la masse par l'éther de pétrole, ce liquide dissout du durène inaltéré. Mais si, avant d'épuiser par l'éther de pétrole, on abandonne le mélange pendant 4 jours à la température ordinaire, puis à 40-50° pendant 12 heures, on extrait alors par l'éther de pétrole non plus du durène, mais de l'hexaméthylbenzène.

En même temps que ce carbure prennent naissance trois acides sulfoniques qui restent en solution : ce sont les acides pseudocumène-sulfoniques 1.3.4.5 et 1.3.4.2 et l'acide prehnitène-sulfonique (tétraméthyl 1.2.3.4-benzène-sulfonique). On les a isolés à l'état d'amides [Jacobsen, *D. chem. G.*, **19**, 1211 ; *Bull. Soc. Chim.*, (2), **47**, 202].

Le même savant a encore obtenu l'hexaméthylbenzène à partir du durène par l'intermédiaire du *monobromodurène*. L'acide sulfurique concentré, à froid, attaque ce dérivé. Parmi les produits de la réaction se trouvent de l'hexaméthylbenzène et des acides sulfonés, dont l'un correspond au prehnitène. M. Jacobsen explique ces faits par une série de transpositions moléculaires :

$$2C^6(CH^3)^4HBr = C^6(CH^3)^4Br^2 + C^6(CH^3)^4H^2,$$

Monobromodurène. Dibromodurène. Durène.

$$2C^6(CH^3)^4H^2 = C^6(CH^3)^3H^3 + C^6(CH^3)^5H,$$

Durène. Pseudocumène. Pentaméthylbenzène.

$$2C^6(CH^3)^5H = C^6(CH^3)^4H^2 + C^6(CH^3)^6.$$

Pentaméthylbenzène. Prehnitène. Hexaméthylbenzène.

Par l'action de l'acide sulfurique, 1 atome (brome), ou un groupe d'atomes (méthyle) d'une molécule de la combinaison primitive, est remplacé par 1 atome d'hydrogène provenant d'une seconde molécule de cette même combinaison [*D. chem. G.*, **20**, 2837 ; *Bull. Soc. Chim.*, (2), **49**, 501].

M. Jacobsen a réalisé directement la transformation représentée par la dernière des équations écrites plus haut. Elle s'effectue sous l'action de l'acide sulfurique. Le pentaméthylbenzène, réduit en poudre, est introduit dans 3 ou 4 fois son poids d'acide sulfurique ordinaire. Au bout de 48 heures, on obtient un liquide qui laisse déposer par le refroidissement une bouillie cristalline, renfermant un hydrocarbure solide et un acide sulfonique peu soluble dans l'acide sulfurique étendu. L'hydrocarbure est l'hexaméthylbenzène ; quant à l'acide sulfonique, c'est le dérivé du prehnitène ou tétraméthylbenzène-1.2.3.4 (voyez 2e Suppl., **2**, 322]. La réaction peut être exprimée par l'équation suivante :

$$2C^6(CH^3)^5H + SO^4H^2$$
$$= C^6(CH^3)^6 + C^6(CH^3)^4H.SO^3H + H^2O$$

[Jacobsen, *D. chem. G.*, **20**, 896 ; *Bull. Soc. Chim.*, (2), **48**, 285].

L'hexaméthylbenzène fournit un *picrate*,

$$C^{12}H^{18}.C^6H^3(AzO^2)^3O,$$

cristallisé en tables d'un jaune orangé, fusibles à 170° [Friedel et Crafts, *Ann. Chim. Phys.*, (6), **10**, 417].

La chaleur de combustion de l'hexaméthylbenzène est de 1709^{cal},6 à volume constant [Stohmann, *J. prakt. Chem.*, (2), **40**, 84].

Il se dissout à 0° dans 500 parties d'alcool à 95°; il est très facilement soluble dans le benzène chaud.

L'acide azotique étendu l'oxyde; il se produit de l'acide prehnitène-dicarbonique, $C^{12}H^{14}O^4$.

L'action du chlorure d'aluminium sur l'hexaméthylbenzène a été étudiée d'abord par Friedel et M. Crafts, puis par M. Jacobsen.

Friedel et M. Crafts ont reconnu la formation de durène dans cette réaction.

M. Jacobsen, en chauffant à 190-200° l'hexaméthylbenzène additionné de la moitié de son poids de chlorure d'aluminium, a constaté un fort dégagement de chlorure de méthyle et la formation de pentaméthylbenzène, de durène et d'isodurène, à côté de traces de xylène, de triméthylbenzène, de benzène et de toluène.

Si on opère dans un courant de gaz chlorhydrique, on observe la formation des mêmes produits, mais le benzène et le toluène se trouvent en proportion beaucoup plus importante [*D. chem. G.*, **18**, 338; *Bull. Soc. Chim.*, (2), **45**, 570].

En faisant agir à 260° l'acide iodhydrique d'une densité de 1,9 sur l'hexaméthylbenzène, Friedel et M. Crafts ont obtenu du méthane et du mésitylène [*Ann. Chim. Phys.*, (6), **10**, 420].

J. Dupont.

HEXAMÉTHYLDIPHÉNOL. — Voyez Bipseudocuménol, 2e Suppl., **1**, 1784.

HEXAMÉTHYLÈNE. — Voyez Hydroaromatiques (carbures).

HEXANES, C^6H^{14} (voyez 1er Suppl., 914). — Les cinq isomères théoriquement possibles sont connus.

1° HEXANE NORMAL,

$$CH^3-CH^2-CH^2-CH^2-CH^2-CH^3.$$

— La présence de l'hexane normal dans le pétrole américain a été signalée depuis longtemps. On le rencontre encore, accompagné d'isomères, dans le pétrole de Roumanie [P. Poni, *Analele Academici romane*, **23**; *Bull. Soc. Chim.*, (3), **23**, 639], où il forme la majeure partie des fractions bouillant entre 58 et 70°.

Pour isoler l'hexane normal des fractions du pétrole qui le contiennent mélangé avec l'isohexane, on peut mettre à profit l'action de l'acide nitrique fumant à la température du bain-marie, qui transforme l'isohexane en un dérivé trinitré, et laisse inattaqué le carbure normal [Francis et Young, *Chem. Soc.*, **73**, 928].

On a constaté la formation de l'hexane normal dans un certain nombre de réactions que nous indiquons ici :

1° L'iodure d'hexyle, dérivé de la mannite, étant chauffé à 80° avec du chlorure d'aluminium, donne de l'hexane normal; si l'on chauffe plus haut, on n'obtient plus que des produits de dégradation de ce dernier : butane et propane [Lothar Meyer, *D. chem. G.*, **27**, 2766].

2° L'acétonylacétone,

$$CH^3-CO-CH^2-CH^2-CO-CH^3,$$

réduite en solution aqueuse par l'amalgame de sodium, fournit un glycol qu'il est facile de transformer en iodure par l'acide iodhydrique. Cet iodure, étant dissous dans l'alcool à 96 0/0 (60 grammes d'iodure pour 240 grammes d'alcool) et traité par le zinc en poudre, fournit de l'hexane normal [N. Zelinsky et S. Naoumoff, *J. Soc. Chim. russe*, **31**, 9; *Bull. Soc. Chim.*, (3), **22**, 617]. On peut supposer qu'il se fait transitoirement un dérivé zincique,

$$CH^3-CH-CH^2-CH^2-CH-CH^3,$$
$$\diagdown \quad Zn \quad \diagup$$

que l'eau décompose avec formation d'hexane.

3° L'iodure de méthylpentaméthylène 1.3, traité en solution alcoolique par la poudre de zinc, donne presque exclusivement de l'hexane normal [N. Zelinsky, *J. Soc. chim. russe* **31**, 495; *Bull. Soc. Chim.*, (3), **22**, 969].

4° M. J. Petersen [*Zeit. physik. Chem.*, **33**, 99] a constaté la présence de l'hexane dans les produits de l'électrolyse du butyrate de potassium en solution faiblement acide maintenue à 0°.

5° Il se forme encore de l'hexane normal quand on électrolyse un mélange de pyruvate et de butyrate de potassium [Hans Hofer, *D. chem. G.*, **33**, 650]; le carbure provient évidemment de l'électrolyse du butyrate seul.

6° L'hexylhydrazine,

$$CH^3-CH^2-CH^2-CH^2-\underset{\displaystyle AzH-AzH^2}{\underset{|}{CH}}-CH^3$$

oxydée par le ferricyanure de potassium, donne de l'hexane normal [Kijner, *J. Soc. chim. russe*, **31**, 1033; *Bull. Soc. Chim.*, (3), **24**, 655].

7° Enfin, le procédé le plus pratique pour se procurer l'hexane normal pur consiste à traiter par le zinc et l'acide sulfurique, ou le zinc et l'alcool, l'iodure d'hexyle préparé au moyen de la mannite et de l'acide iodhydrique.

Propriétés physiques. — L'hexane normal bout à 68°,4-68°,8 sous 744 millimètres [Brühl, *Ann. Chem.*, **200**, 184], à 68°,95 [Young, *Chem. Soc.*, **73**, 906], à 68°,6 [Friedel et Gorgeu, *C. R.*, **127**, 592] sous la pression normale.

Sa densité est de 0,6630 à 17°, de 0,6583 à 20°,9 (Brühl, *loc. cit.*), de 0,6681 à 10°,8, de 0,61425 à 68°,6 [R. Schiff, *Ann. Chem.*, **220**, 287]), de 0,67693-0,67713 à 0° [Francis et Young, *Chem. Soc.*, **73**, 930], de 0,6603 à 20° [Brühl, *D. chem. G.*, **27**, 1066].

Son indice de réfraction pour la raie α est $n_\alpha = 1,3734$ à 20°; son pouvoir réfringent moléculaire est 29,70 pour la raie α, 29,84 pour la raie D.

Les constantes critiques de l'hexane normal sont les suivantes : $P_c = 30^{at},0$; $T_c = 234°,5$ [Altschul, *Zeit. physik. Chem.*, **11**, 570].

Sa chaleur de combustion est de 991^{cal},2 par molécule [Stohmann, *Ann. Chem.*, **278**, 115].

Sa chaleur latente de vaporisation est de 89^{cal},2 [H. Jahn, *Zeit. physik. Chem.*, **11**, 805].

La tension superficielle de l'hexane normal est 2,11 [P. Dutoit et Friderich, *C. R.*, **130**, 327].

Propriétés chimiques. — L'hexane normal, soumis à l'action de la chaleur dans un tube chauffé au rouge, donne de l'éthylène, du propylène, de l'érythrène, de l'amylène, de l'hexylène, du benzène et des gaz non absorbables par le brome [L.-M. Norton et C.-W. Andrews, *Am. Chem. Soc.*, **8**, 1]. D'après M. F. Haber [*D. chem. G.*, **29**, 2694], l'hexane normal chauffé à 600-800° fournit de l'amylène et du méthane.

Friedel et M. Gorgeu [*C. R.*, **127**, 592] ont étudié l'action du chlorure d'aluminium sur l'hexane; ils ont constaté une décomposition consistant dans l'enlèvement d'un groupe CH^3 qui est remplacé par de l'hydrogène : il se forme donc du pentane; ce dernier peut subir aussi la même réaction et donner lieu à du butane. Il se forme en même temps des carbures plus riches en carbone que l'hexane, dont la nature n'a pas été déterminée.

Soumis à l'action du chlorure de chromyle, l'hexane fournit un acide dont l'etude n'a pas été poursuivie, et un composé liquide bouillant vers 145-150°, réduisant le nitrate d'argent ammoniacal, ne se combinant pas avec le bisulfite de sodium, stable vis-à-vis de la potasse, probablement une cétone chlorée (Étard).

L'acide nitrique peut donner avec l'hexane des dérivés nitrés (voyez plus loin); suivant les conditions de la réaction, on obtient des dérivés primaires ou secondaires.

DÉRIVÉS CHLORÉS. — *Dérivés monochlorés.* — Voyez HEXYLIQUES (ALCOOLS).

Dichloro 2.3-*hexane*,

$$CH^3-CHCl-CHCl-CH^2-CH^2-CH^3.$$

— Il s'obtient en traitant par le perchlorure de phosphore la monochlorhydrine

$$CH^3-CHCl-CH(OH)-CH^2-CH^2-CH^3$$

[Henry, *Bull. Soc. Chim.*, (2), **41**, 363]. Il est liquide et bout à 162-165°. Sa densité est de 1,0527 à 11°. La potasse alcoolique le transforme en un chloro-hexylène bouillant à 122°.

Dichloro 2.5-*hexane*,

$$CH^3-CHCl-CH^2-CH^2-CHCl-CH^3.$$

— Il se forme quand on traite le diallyle par l'acide chlorhydrique concentré [Wurtz, *Ann. Chim. Phys.*, (4), **3**, 361]. Son point d'ébullition est situé entre 170 et 180°.

Dichloro 1.5-*hexane*,

$$CH^2Cl-CH^2-CH^2-CH^2-CHCl-CH^3.$$

— Ce dichlorure se forme, en même temps que le *dichloro* 1.6-*hexane*,

$$CH^2-Cl-CH^2-CH^2-CH^2-CH^2-CH^2Cl,$$

quand on traite le diamino 1.6-hexane par le chlorure de nitrosyle en solution éthérée refroidie à 0° [Solonina, *J. Soc. chim. russe*, **30**, 606; *Bull. Soc. Chim.*, (3), **22**, 351]. Le dichlorure 1.6, traité par le phénate de sodium, se transforme en un éther diphénylique fusible à 82°,5.

Hexachlorohexane (*hexachlorhydrine de la mannite*), $CH^2Cl-(CHCl)^4-CH^2Cl$. — M. Mourgues [*C. R.*, **111**, 111] a obtenu ce composé en chauffant la mannite à 145° avec 7 parties de pentachlorure de phosphore mouillé d'un peu d'oxychlorure. Il est cristallisé, fond à 137°,5, et bout à 180-185° sous 30 millimètres. Il est soluble dans le benzène, le chloroforme et la ligroïne, peu soluble dans l'alcool. Son pouvoir rotatoire en solution benzénique est

$$[\alpha]_D = +18°,3.$$

DÉRIVÉS BROMÉS. — *Dérivés monobromés.* — Voyez ALCOOLS HEXYLIQUES.

Dibromo 1.5-*hexane*,

$$\begin{array}{l}CH^3-CH^2-CH^2-CH^2-CH^2-CH^2-Br.\\ \quad\quad\quad\;|\\ \quad\quad\quad Br\end{array}$$

— Ce bromure s'obtient à partir du glycol correspondant, que l'on chauffe à l'ébullition avec 5 parties d'acide bromhydrique d'une densité de 1,85, pendant qu'on dirige dans le liquide un courant d'acide bromhydrique gazeux [Perkin, *Chem. Soc.*, **51**, 722; **53**, 205].

Dibromo 1.6-*hexane*,

$$CH^2Br-CH^2-CH^2-CH^2-CH^2-CH^2Br.$$

— Ce composé s'obtient en traitant l'éther phénylique du glycol correspondant par l'acide bromhydrique à 150-160° [Solonina, *D. chem. G.*, **26**, 2988], ou encore en traitant de même l'éther diéthylique [Perkin, *Chem. Soc.*, **65**, 597]. Il bout à 239-241° sous la pression ordinaire en se décomposant un peu, à 135-137° sous 20 millimètres.

Dibromo 2.3-*hexane*,

$$CH^3-CH^2-CH^2-CHBr-CHBr-CH^3.$$

— L'hexylène dérivé de la mannite (celle-ci est transformée en iodure d'hexyle secondaire, lequel est traité par la potasse) fixe 2 atomes de brome en donnant ce dibromure [Erlenmeyer et Wanklyn, *Ann. Chem.*, **135**, 141]. Ce dernier est liquide et bout à 185-197° sous 739mm,5; sa densité est de 1,6058 à 0°.

Traité par la potasse alcoolique, il fournit un monobromure éthylénique, $C^6H^{11}Br$, et à 160-170° du méthylpropylacétylène [O. Hecht, *D. chem. G.*, **11**, 1050].

Par oxydation chromique, le dibromohexane donne de l'acide butyrique et de l'acide acétique; traité par l'acide sulfurique étendu, il fournit le glycol correspondant [O. Hecht, *loc. cit.*, 1423].

D'après Mlle Ida Welt [*D. chem. G.*, **30**, 1493], le dibromo 2.3-hexane bout à 78° sous 12 millimètres; traité par la potasse alcoolique, au réfrigérant ascendant, il donne un mélange de bromure $C^6H^{11}Br$ et de butylacétylène.

Dibromo 2.5-*hexane*,

$$CH^3-CHBr-CH^2-CH^2-CHBr-CH^3.$$

— Voyez DIALLYLE et BIALLYLE.

Dérivés tétrabromés. — Voyez DIALLYLE et DIPROPÉNYLE.

Tétrabromo 2.2.3.3-*hexane*,

$$CH^3-CH^2-CH^2-CBr^2-CBr^2-CH^3.$$

— O. Hecht [*D. chem. G.*, **11**, 1054] obtient ce composé en fixant du brome sur le méthylbutylacétylène; les deux premiers atomes de brome s'additionnent très facilement, les derniers difficilement; on obtient un produit contenant le *tribromure* $C^6H^9Br^3$, et constituant une huile d'une densité de 2,1625 à 0°, se décomposant à 160°.

Hexabromohexanes, $C^6H^6Br^6$. — M. Henry [*D. chem. G.*, **7**, 23] a obtenu un hexabromohexane fondant à 76-77° en fixant du brome sur le diallyle-dibromé. M. Herzfelder [*D. chem. G.*, **26**, 2437], en bromant l'hexane en présence de fer (10 grammes d'hexane et 63 grammes de brome chauffés au réfrigérant à reflux), a obtenu une huile non cristallisable et non distillable, ayant la composition d'un hexane hexabromé.

Octobromohexanes,

$$CHBr^2-CBr^2-CH^2-CH^2-CBr^2-CHBr^2.$$

— 1° M. Henry [*D. chem. G.*, **7**, 21] a obtenu ce composé en fixant du brome sur le dipropargyle,

$$CH\equiv C-CH^2-CH^2-C\equiv CH.$$

Il cristallise dans le sulfure de carbone en prismes tricliniques fondant à 140-141°;

2° En bromant l'hexane à fond, M. Wahl [*D. chem. G.*, **10**, 1234] a obtenu un dérivé octobromé $C^6H^6Br^8$.

DÉRIVÉS IODÉS. — *Dérivés monoiodés.* — Voyez ALCOOLS HEXYLIQUES.

Dérivés diiodés. — Voyez BIALLYLE et DIALLYLE

Diiodo 1.6-*hexane*,

$$CH^2I-CH^2-CH^2-CH^2-CH^2-CH^2I.$$

— M. Solonina (*loc. cit.*) a obtenu ce composé en traitant par l'acide iodhydrique l'éther diphénylique du glycol correspondant. C'est un liquide incolore, ne bouillant pas sans décomposition, mais volatil avec la vapeur d'eau, se congelant à + 2° environ; les cristaux fondent à + 6-7°.

DÉRIVÉS NITRÉS. — *Nitro* 1-*hexane*,

$$CH^3 . (CH^2)^4 . CH^2 . AzO^2.$$

— L'hexane normal est attaqué lentement par l'acide azotique d'une densité de 1,16 [Worstall, *Am. Chem. Journ.*, **21**, 218]; il se forme environ 10 0/0 de mononitrohexane et 6 0/0 de corps dinitré, en même temps que les acides oxalique, succinique et carbonique. On isole le dérivé mononitré par entraînement à la vapeur, le corps dinitré n'étant pas volatil.

M. Auger [*Bull. Soc. Chim.*, (3), **23**, 333] a préparé le nitrohexane en traitant l'α-bromheptylate de potassium, $CH^3 . (CH^2)^4 : CHBr . CO^2K$, en solution concentrée par 3 molécules d'azotite de sodium. On chauffe la solution dans un ballon spacieux, en retirant le feu aussitôt que la réaction commence, afin d'éviter la mousse. Le rendement est de 25 0/0; il peut atteindre 35 0/0 si l'on distille sous une pression de 100 millimètres en faisant passer un courant de vapeur d'eau.

Le nitrohexane primaire est un liquide incolore, d'odeur éthérée, bouillant à 180-181° (Worstall), à 178-181° et 178-80° sous 15 millimètres (Auger); sa densité est de 0,9605 à 7° (W.), de 0,953 à 0° (A.). Il est insoluble dans l'eau, peu soluble dans les alcalis concentrés, soluble dans les solvants organiques. Son *sel de sodium* cristallise dans l'alcool en aiguilles soyeuses; il précipite en jaune par l'azotate d'argent et le bichlorure de mercure, en vert par le sulfate de cuivre, et donne une coloration rouge avec le chlorure ferrique. Le nitrohexane fournit, par réduction, de l'*hexylamine primaire*; chauffé à 125° avec de l'acide chlorhydrique, il donne de l'acide caproïque et de l'hydroxylamine.

Nitro 2-*hexane*,

$$CH^3 - CH^2 - CH^2 - CH^2 - \underset{\displaystyle AzO^2}{\underset{|}{CH}} - CH^3.$$

— M. Konowaloff [*C. R.*, **114**, 26; *D. chem. G.*, **26**, *Ref.*, 880; *Bull. Soc. Chim.*, (3), **22**, 350], en traitant l'hexane par l'acide azotique d'une densité de 1,075 à 130-140°, obtient un nitrohexane secondaire liquide, incolore, bouillant à 176° sous 758 millimètres, ayant une densité de 0,9509 à 0°, 0,9357 à 20°, d'une odeur anisée. Ce nitrohexane est soluble dans la potasse bouillante, et dans la potasse alcoolique avec échauffement spontané; cette dernière solution donne une coloration bleu-verdâtre avec l'acide azoteux.

Par réduction au moyen du zinc en poudre et de l'acide acétique, le nitrohexane fournit de l'hexylamine secondaire et de la méthylbutylcétone.

Bromonitro 2.2-*hexane*,

$$C^4H^9 - C . Br . AzO^2 - CH^3.$$

— Il s'obtient en traitant par le brome le nitro 2-hexane dissous dans la potasse; il est liquide; sa densité est de 1,3804.

Dinitro 1.1-*hexane*, $C^5H^{11} . CH(AzO^2)^2$. — Ce corps se forme dans la nitration directe de l'hexane (voyez plus haut), et s'obtient encore en traitant l'aldéhyde œnanthylique par l'acide azotique à 20 0/0 [Ponzio, *J. prakt. Chem.*, (2), **23**, 432]. C'est un liquide non volatil, peu soluble dans l'eau, soluble en rouge dans la potasse alcoolique. Traité par l'eau de brome, il donne un dérivé bromé huileux, insoluble dans les alcalis.

2° MÉTHYL 2-PENTANE (*isohexane, éthylisobutyle*),

$$\begin{matrix}CH^3\\CH^3\end{matrix}\!\!>CH - CH^2 - CH^2 - CH^3.$$

— On rencontre l'isohexane dans le pétrole américain [Young, *Chem. Soc.*, **73**, 905], ainsi que dans le pétrole roumain [P. Poni, *Ann. Ac. rom.*, **23**; *Bull. Soc. Chim.*, (3), **23**, 639]. On le prépare en traitant par le sodium un mélange d'iodures d'éthyle et d'isobutyle. Il se forme également de l'isohexane dans la réduction à 180° de l'acide α-oxy-β-propylidène-butyrique,

$$CH^3 - \underset{\displaystyle CH - CH^2 - CH^3}{\underset{||}{C}} - CH(OH) - CO^2H,$$

par l'acide iodhydrique et le phosphore rouge [Johanny, *Mon. f. Chem.*, **15**, 426].

L'éthylisobutyle bout à 62° sous la pression normale; sa densité est de 0,6766 à 0°, de 0,61744 à 62°; son volume moléculaire est de 139,3 à son point d'ébullition [E. Thorpe et M. Jones, *Chem. Soc.*, **63**, 276].

Dérivés monochlorés. — Voyez ALCOOLS HEXYLIQUES.

DÉRIVÉS BROMÉS. — Pour les dérivés monobromés, voyez ALCOOLS HEXYLIQUES.

Dérivés dibromés. — En traitant le diméthylpropylcarbinol par le brome, M. Ipatieff obtint un mélange de bromures, parmi lesquels le *dibromo* 1.2-*méthyl* 2-*pentane*,

$$CH^2Br - \underset{\displaystyle CH^3}{\underset{/}{CBr}} - CH^2 - CH^2 - CH^3,$$

et le *dibromo* 2.3-*méthyl* 2-*pentane*,

$$\begin{matrix}CH^3\\CH^3\end{matrix}\!\!>CBr - CHBr - CH^2 - CH^3,$$

bouillant à 82-84° sous 17 millimètres, d'une densité de 1,6196 à 0° et de 1,5838 à 20°. Traités par l'oxyde de plomb en suspension dans l'eau à 140°, le premier de ces bromures fournit de l'aldéhyde méthylpropylacétique, le second donne de l'éthylisopropylcétone [Ipatieff, *J. Soc. chim. russe*, **27**, 368; *D. chem. G.*, **29**, *Ref.*, 91].

Dibromo 2.4-*méthyl* 2-*pentane*,

$$\begin{matrix}CH^3\\CH^3\end{matrix}\!\!>CBr - CH^2 - CHBr - CH^3.$$

— On l'obtient en traitant le méthylpentadiène,

$$\begin{matrix}CH^3\\CH^3\end{matrix}\!\!>C = C = CH - CH^3,$$

par l'acide bromhydrique dissous dans l'acide acétique [Ipatieff, *loc. cit.*, 388, 92]. Il bout à 94-96° sous 16 millimètres.

Dérivé tribromé. — Dans l'action du brome sur le diméthylpropylcarbinol, il se fait aussi un dérivé tribromé bouillant à 125-135° sous 16 millimètres, d'une densité de 1,9972 à 0° (Ipatieff, *loc. cit.*).

DÉRIVÉS NITRÉS. — D'après M. Markownikoff [*J. Soc. chim. russe*, **31**, 47; *Bull. Soc. Chim.*, (3), **24**, 231], l'éthylisobutyle, traité par l'acide azotique (densité 1,53), donne un dérivé trinitré,

$$\begin{matrix}CH^3\\CH^3\end{matrix}\!\!>\underset{\displaystyle AzO^2}{\underset{|}{C}} - \underset{\displaystyle AzO^2\ AzO^2}{\underset{/\ \backslash}{C}} - CH^2 - CH^3$$

fusible à 95°. MM. Francis et Young [*Chem. Soc.*, **73**, 928], en traitant l'isohexane du pétrole d'Amérique par l'acide azotique fumant, ont également obtenu un dérivé trinitré, cristallisant dans l'éther de pétrole en tables hexagonales, mais fondant à 85°,5-86°.

Nitro 2-méthyl 2-pentane,

$$CH^3-\overset{AzO^2}{\underset{CH^3}{C}}-CH^2-CH^2-CH^3$$

[Bewad, *J. prakt. Chem.*, (2), **63**, 232].

Il se forme dans l'action du zinc-propyle sur le nitroisopropane. Il bout entre 51 et 54°, sous 8 à 9 millimètres.

3° MÉTHYL 3-PENTANE (*méthyldiéthylméthane*),

$$CH^3-CH^2-\underset{CH^3}{CH}-CH^2-CH^3.$$

— Cet hexane se forme dans la réduction de l'iodure du méthyl-β-butylcarbinol,

$$CH^3-\underset{OH}{CH}-\underset{CH^3}{CH}-CH^2-CH^3,$$

par le zinc et l'acide acétique; il se fait en même temps un hexylène. Pour le séparer, on sature le produit de la réaction d'acide iodhydrique, qui transforme en iodure le carbure non saturé; on fractionne ensuite.

Le méthyldiéthylméthane s'obtient encore en traitant par le sodium un mélange d'iodures d'amyle actif et de méthyle [Le Bel, *Bull. Soc. Chim.*, (2), **25**, 546]. Il bout à 64°; sa densité est de 0,6765 à 20°,5.

Dibromo 1.3-méthyl 3-pentane,

$$CH^3-CH^2-\underset{CH^3}{CBr}-CH^2-CH^2Br.$$

— Il s'obtient en traitant par l'acide bromhydrique dissous dans l'acide acétique le méthylpentadiène,

$$H^3-CH^2-\underset{CH^3}{C}=C=CH^2$$

ou l'éthyldivinyle,

$$CH^3-CH^2-\underset{\underset{CH^2}{\|}}{C}-CH=CH^2$$

[Ipatieff, *J. prakt. Chem.*, (2), **59**, 532]. Il bout à 94-96° sous 16 millimètres.

DÉRIVÉ NITRÉ. — *Nitro 3-méthyl 3-pentane*,

$$CH^3-CH^2-\overset{AzO^2}{\underset{CH^3}{C}}-CH^2-CH^3.$$

— Il se forme dans l'action du zinc-éthyle sur le dibromonitroéthane [Bewad, *D. chem. G.*, **26**, 136]. 135 grammes de zinc-éthyle sont dissous dans 75 grammes d'éther sec et additionnés d'une solution de 80 grammes de dibromonitroéthane dans 40 grammes d'éther. On opère dans la glace. Au bout de 9 jours, on décompose par l'eau le produit de la réaction, on ajoute de la potasse concentrée et l'on sépare la couche huileuse, que l'on fractionne ensuite.

Le nitrohexane tertiaire est un liquide mobile, incolore, d'odeur agréable, de saveur brûlante, bouillant à 170-171° sous 749 millimètres. Sa densité est de 0,9775 à 0°. Il est insoluble dans les alcalis.

4° DIMÉTHYL 2.3-BUTANE (*diisopropyle*), (voyez 1er Suppl., 914),

$$\begin{matrix}CH^3\\CH^3\end{matrix}>CH-CH<\begin{matrix}CH^3\\CH^3\end{matrix}$$

— Le diisopropyle a été rencontré dans le naphte du Caucase [Markownikoff, *Ann. Chem.*, **301**, 179] et dans le pétrole de Bakou [Aschan, *D. chem. G.*, **31**, 1801]. Il bout à 58°, sa densité à 17°,5 est de 0,6680. Sa chaleur de combustion a été trouvée de 999cal,2 (Thomsen).

Soumis à l'action ménagée du chlore, il fournit deux monochlorures, l'un bouillant à 117-119°, l'autre bouillant à 123-125°. Il réagit sur la chlorhydrine sulfurique en donnant un produit huileux à odeur sulfureuse (Aschan, *loc. cit.*).

DÉRIVÉS CHLORÉS. — *Dérivés monochlorés.* — Voyez ALCOOLS HEXYLIQUES.

Dichloro 2.3-diméthyl 2.3-butane,

$$\begin{matrix}CH^3\\CH^3\end{matrix}>CCl-CCl<\begin{matrix}CH^3\\CH^3\end{matrix}$$

— On rencontre ce chlorure dans les produits de la chloruration du diisopropyle avec ou sans addition d'iode. On l'obtient encore en traitant la pinacone anhydre par le trichlorure de phosphore [Couturier, *Ann. Chim. Phys.*, (6), **26**, 443]. On le trouve enfin dans les produits de l'action du pentachlorure de phosphore sur la pinacoline [M. Delacre, *C. R.*, **133**, 738]. Il est cristallisé et fond à 160°.

DÉRIVÉS BROMÉS. — *Dérivés monobromés.* — Voyez ALCOOLS HEXYLIQUES.

Dibromo 2.3-diméthyl 2.3-butane (*bromure de tétraméthyléthylène*),

$$\begin{matrix}CH^3\\CH^3\end{matrix}>CBr-CBr<\begin{matrix}CH^3\\CH^3\end{matrix}$$

— On obtient ce bromure en fixant du brome sur le tétraméthyléthylène, ou bien à partir de la pinacone, en traitant celle-ci soit par le tribromure de phosphore (Couturier, *loc. cit.*), soit par l'acide bromhydrique. 20 grammes de pinacone (ou 40 grammes d'hydrate) sont fondus dans un vase de Bohême et additionnés de 200 centimètres cubes d'acide bromhydrique saturé à 0°; au bout de 48 heures, on filtre à la trompe le bromure qui s'est séparé [J. Thiele, *D. chem. G.*, **27**, 455]. Il cristallise dans l'éther en longues aiguilles, fusibles à 192°, solubles dans l'alcool et dans le benzène.

Chauffé avec de l'eau et de l'oxyde de plomb ou du carbonate de potassium, il donne de la pinacone et de la pinacoline. Soumis à l'action de la potasse alcoolique, le bromure de tétraméthyléthylène fournit, entre autres produits, du tétraméthyléthylène [Kondakoff, *J. prakt. Chem.*, (2), **54**, 432; **59**, 293].

Tétrabromodiméthylbutane,

$$\begin{matrix}CH^3\\BrCH^2\end{matrix}>CBr-CBr<\begin{matrix}CH^3\\CH^2Br\end{matrix}$$

— Le bromure de tétraméthyléthylène est attaqué par le brome avec facilité en donnant ce dérivé tétrabromé [Wheeler, *Am. Chem. Journ.*, **20**, 150]. On peut encore l'obtenir en traitant le diisopropényle par le brome à chaud [Couturier, *loc. cit.*]. Il cristallise en aiguilles ou en prismes fondant à 137-138° ou 139-140°.

DÉRIVÉS NITRÉS. — *Nitro 2-diméthyl 2.3-butane*,

$$\begin{matrix}CH^3\\CH^3\end{matrix}>\underset{AzO^2}{C}-CH<\begin{matrix}CH^3\\CH^3\end{matrix}$$

— Le diisopropyle est attaqué par l'acide azotique d'une densité de 1,075 à 125°, en donnant un dérivé nitré tertiaire. Celui-ci fond à 5-7° et bout à 170-174° sous la pression normale; sa densité est de 0,9614 à 20°.

En étudiant l'action de l'anhydride azotique et du peroxyde d'azote sur le tétraméthyléthylène, M. Demianoff [*Centralblatt*, 1899, **1**, 1064] a obtenu les deux produits suivants :

$$\begin{array}{c} CH^3 \searrow \\ CH^3 \nearrow \end{array} \begin{array}{c} C \\ | \\ AzO \end{array} - \begin{array}{c} C \\ | \\ OAzO^2 \end{array} \begin{array}{c} \nearrow CH^3 \\ \searrow CH^3 \end{array}$$

et

$$\begin{array}{c} CH^3 \searrow \\ CH^3 \nearrow \end{array} \begin{array}{c} C \\ | \\ AzO^2 \end{array} - \begin{array}{c} C \\ | \\ OAzO^2 \end{array} \begin{array}{c} \nearrow CH^3 \\ \searrow CH^3 \end{array}$$

Le premier se sublime vers 170-180°, le second fond à 88-89°; ces deux corps sont les *nitrates du nitroso-* et *du nitrodiméthylisopropylcarbinol*.

5° DIMÉTHYL-2.2-BUTANE (*hexane tertiaire*),

$$\begin{array}{c} CH^3 \\ | \\ CH^3 - C - CH^2 \cdot CH^3. \\ | \\ CH^3 \end{array}$$

— Ce carbure se trouve dans le pétrole de Roumanie (P. Poni, *loc. cit.*). Il se trouve également dans les fractions du pétrole du Caucase bouillant à 50-51° [Markownikoff, *D. chem. G.*, **32**, 1445]. On peut l'isoler en traitant ces fractions par l'acide azotique d'une densité de 1,236 à 100°, ce qui laisse inaltéré l'hexane tertiaire. M. Goriainoff l'a préparé synthétiquement en traitant le zinc-éthyle par l'iodure de butyle tertiaire; la réaction est énergique et l'on doit refroidir [*D. chem. G.*, **5**, 479]. M. Simonovitch [*Bull. Soc. Chim.*, (3), **22**, 619] a réalisé de nouveau cette synthèse en traitant l'iodure de butyle tertiaire par l'iodure de zinc-éthyle :

$$ZnC^2H^5I + (CH^3)^3{\equiv}CI = (CH^3)^3{\equiv}C - C^2H^5 + ZnI^2.$$

L'hexane tertiaire bout à 48°,5 sous 739 millimètres. Sa densité est de 0,6646 à 0°.

DÉRIVÉ DICHLORÉ. — *Dichloro* 3.3-*diméthyl*-2.2-*butane*,

$$\begin{array}{c} CH^3 \\ | \\ CH^3 - C - CCl^2 - CH^3. \\ | \\ CH^3 \end{array}$$

— On le trouve dans les produits de l'action du perchlorure de phosphore sur la pinacoline [M. Delacre, *C. R.*, **133**, 738. — Faworsky, *J. Soc. chim. russe*, **19**, 425]. Il fond à 151°.

DÉRIVÉS BROMÉS. — *Dibromo* 3.3-*diméthyl*-2.2-*butane*,

$$(CH^3)^3 \equiv CCl^2 - CH^3.$$

— Il se forme dans l'action du pentabromure de phosphore sur la pinacoline [Couturier, *Ann. Chim. Phys.*, (6), **26**, 450]. Il se présente en cristaux très volatils, fondant à 187°. Chauffé avec de l'eau et du carbonate de chaux, il se transforme en pinacoline.

Dibromo 3.4-*diméthyl* 2.2-*butane*,

$$\begin{array}{c} CH^3 \\ | \\ CH^3 - C - CHBr - CH^2Br. \\ | \\ CH^3 \end{array}$$

— Le pseudobutyléthylène fixe le brome en donnant ce bromure, qui est liquide et indistillable (Couturier, *loc. cit.*).

DÉRIVÉ NITRÉ,

$$\begin{array}{c} CH^3 \\ | \\ CH^3 - C - CH - CH^3. \\ | \quad\;\; | \\ CH^3 \; AzO^2 \end{array}$$

— Il a été obtenu par M. Markownikoff en traitant le carbure par l'acide azotique d'une densité de 1,236, à 125°. Il est cristallisé en longs prismes fondant à 40°, solubles dans l'éther, l'éther de pétrole et l'alcool. Ces cristaux ont une tension de vapeur très sensible. Leur point d'ébullition est situé à 167°,5-167°,8 sous 748 millimètres.

R. Marquis.

HEXAOXYBENZÈNE (*hexaphénol*), $C^6(OH)^6$. — Ce composé a été découvert par MM. Nietzki et Benckiser, au cours de leur étude sur les acides croconique et rhodizonique (voyez ces mots). Ces savants l'ont obtenu en réduisant par le chlorure stanneux l'*hydrate de perquinone* ou *hydrate de triquinoyle*, $C^6O^6 + 8H^2O$ (1).

Cet hydrate de triquinoyle est obtenu lui-même par l'action de l'acide nitrique sur le diaminotétroxybenzène, $C^6(AzH^2)^2(OH)^4$.

Le chlorure stanneux est employé en solution fortement acide. Il se forme une solution d'un jaune rouge qui, au bout de quelque temps, laisse déposer de fines aiguilles grises. On sépare ces aiguilles, on les dissout dans de l'eau bouillante chargée de chlorure stanneux, et on sature cette solution d'acide chlorhydrique gazeux. Par le refroidissement il se sépare de longues aiguilles grises, qu'on purifie par un lavage à l'acide chlorhydrique [Nietzki et Benckiser, *D. chem. G.*, **18**, 499; *Bull. Soc. Chim.*, (2), **45**, 666].

D'après les mêmes savants, la combinaison d'oxyde de carbone et de potassium obtenue autrefois par Liebig et Brodie n'est pas autre chose que le dérivé potassique de l'hexaoxybenzène [*D. chem. G.*, **13**, 1833; *Bull. Soc. Chim.*, (2), **45**, 670]. Cette combinaison s'effectue en faisant passer un courant d'oxyde de carbone bien desséché sur du potassium chauffé, placé dans un tube à combustion. L'augmentation de poids observée correspond à la fixation de 1 molécule d'oxyde de carbone pour 1 molécule de métal. Le corps obtenu n'est nullement explosif, mais il le devient à un degré très élevé par une simple exposition à l'air humide. Il détone alors au moindre choc, tout comme l'iodure d'azote.

Fraîchement préparé, il se dissout dans l'eau en dégageant un gaz qui s'enflamme au contact de l'air. Cette propriété est due probablement à la présence d'un peu de potassium inattaqué. Il est bon, sitôt la préparation achevée, de remplir le tube d'alcool, qui est décomposé par le potassium. Alors le résidu peut être sans danger traité par l'eau ou par l'alcool étendu.

Ce corps répond à la formule

$$\begin{array}{ccc} & COK & \\ KOC & & COK \\ KOC & & COK \\ & COK & \end{array}$$

Sa formation donne un exemple remarquable de synthèse d'un composé organique en partant d'éléments inorganiques.

Un atome de métal s'unit à 1 molécule d'oxyde de carbone, de manière à constituer un groupe-

1. Les auteurs donnent le nom de *quinoyle* au radical quinonique divalent – O – O –.

ment triatomique ≡C−OK, qui s'unit 6 fois à lui-même en donnant l'hexaoxybenzène potassique.

Épuisé par l'acide chlorhydrique étendu, ce dérivé potassique fournit l'hexaoxybenzène, à côté du produit d'oxydation de ce dernier, la tétroxyquinone, $C^6(O^2)(OH)^4$.

Traité par l'anhydride acétique, il fournit le *dérivé hexacétylé* dont il sera question plus loin.

Enfin, M. Maquenne a également effectué la préparation de l'hexaoxybenzène à partir de la tétroxyquinone, en réduisant celle-ci par le chlorure d'acétyle et le zinc. Le dérivé hexacétylé de l'hexaoxybenzène prend naissance [*Bull. Soc. Chim.*, (2), **48**, 64].

Propriétés. — L'hexaoxybenzène cristallise en longues aiguilles grises, qui à 200° se colorent en vert sombre, sans fondre. Il est très difficilement soluble dans l'eau froide, l'alcool, l'éther, le benzène. Ses solutions, exposées à l'air, prennent très rapidement une coloration rouge-violacé. Le chlorure ferrique y détermine une coloration violette. Elles réduisent à froid les solutions d'argent.

Distillé sur de la poudre de zinc, l'hexaoxybenzène fournit du benzène et du biphényle.

L'action de l'acide nitrique régénère l'hydrate de perquinone, $C^6O^6 + 8H^2O$.

Si on fait passer un courant d'air à travers une solution d'hexaoxybenzène additionnée de carbonate de sodium, on obtient d'abord de la trioxyquinone, $C^6O^2(OH)^4$, sous la forme d'aiguilles à reflets verts, constituant le *sel disodique* de ce composé, $C^6H^2Na^2O^6$.

Par une oxydation plus prolongée, on arrive enfin au terme ultime, l'*acide croconique* (voyez ce mot).

Dérivé hexacétylé, $C^6(O.C^2H^3O)^6$. — MM. Nietzki et Benckiser (*loc. cit.*) ont obtenu ce composé en faisant agir sur l'hexaoxybenzène ou sur son dérivé potassique l'anhydride acétique et l'acétate de sodium. Il cristallise dans l'acide acétique en petits prismes retenant de l'acide acétique et fusibles à 150°. Quand ils ont perdu cet acide acétique, le point de fusion s'élève à 203°. Ces cristaux sont presque insolubles dans l'alcool, l'éther et le benzène. Ils se dissolvent malaisément dans l'acide acétique cristallisable bouillant.

Le *dérivé potassique* de l'hexaoxybenzène a été décrit plus haut (voyez aussi les mots Croconique, Inosite et Rhodizonique). J. Dupont.

HEXAOXYBIPHÉNYLE. — On connaît plusieurs hexaoxybiphényles, dont la constitution n'est pas déterminée avec certitude.

α-hexaoxybiphényle. — Ce corps forme le noyau de la cérulignone (1er Suppl., 443). Sa constitution n'est pas connue avec certitude : on sait seulement qu'il possède 3 oxhydryles en positions 1.2.3 dans chaque noyau; il répond donc à une des formules suivantes :

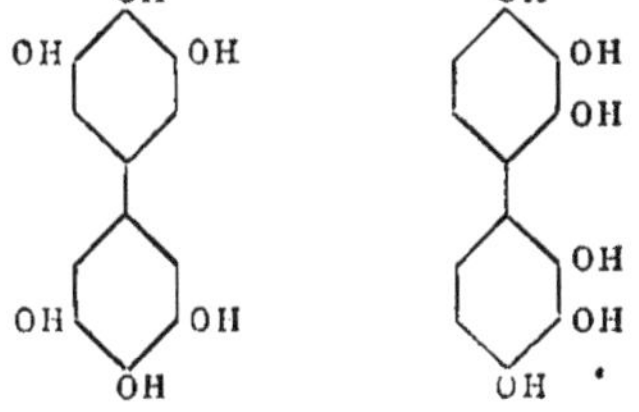

Ceci résulte de la synthèse de la cérulignone au moyen de l'éther diméthylique du pyrogallol :

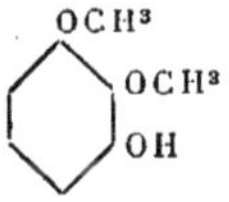

L'α-hexaoxybiphényle a été obtenu par M. Liebermann [*Ann. Chem.*, **169**, 239] en déméthylant l'hydrocérulignone par la méthode de Zeisel (action de l'acide chlorhydrique à 180-200°). Le précipité formé est cristallisé dans l'eau et fournit des feuillets argentés assez peu solubles dans l'eau, facilement solubles dans l'alcool. La calcination en présence du zinc en poudre conduit au biphényle.

Cet hexaphénol présente des réactions colorées avec un certain nombre de corps : c'est ainsi que la potasse étendue le colore en bleu violet; l'eau de baryte donne, avec la solution aqueuse, un précipité blanc, devenant aussitôt bleu; l'acétate de plomb, un précipité vert devenant noir; enfin le chlorure ferrique, un précipité bleu cendré. Ces réactions montrent que l'on a affaire à un corps facilement oxydable, et en effet la solution alcoolique d'iode transforme l'hexaoxybiphényle en une quinone [Liebermann, *loc. cit.*; Burg, *D. chem. G.*, **9**, 1887]; cette dernière, dont l'éther tétraméthylique est la cérulignone, se présente en aiguilles bleues microscopiques, insolubles dans l'eau et dans l'alcool, solubles dans les alcalis avec une coloration bleue.

Hexacétate de biphényle. — Ce composé s'obtient dans l'action de l'anhydride acétique sur l'hexaoxybiphényle et forme des prismes fusibles à 145°. M. Liebermann a obtenu de même un *hexapropionate*.

Nous ne reviendrons pas ici sur les dérivés de la cérulignone décrits dans le 1er Supplément; mais nous dirons quelques mots de corps nouveaux obtenus par M. Liebermann et ses élèves à partir de cette substance [Liebermann et Flatau, *D. chem. G.*, **30**, 234; Liebermann et Cybulsky, *D. chem. G.*, **31**, 615].

Tout d'abord, d'après son mode de formation, par oxydation de l'éther diméthylique du pyrogallol, le cérulignone peut avoir une des formules suivantes :

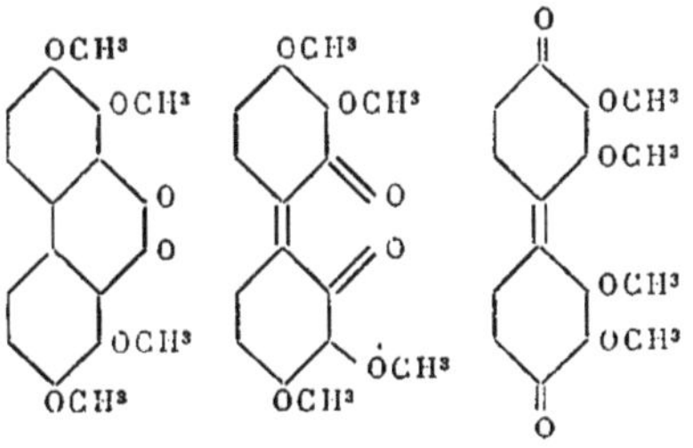

la première correspondant à un peroxyde, les autres à une quinone, et toujours en réservant la question de la situation des trois groupes OH.

Lorsqu'on chauffe la cérulignone avec de l'aniline, on obtient une matière colorante, la *dianilidodiméthoxydiphénylquinone* ou bleu de lignone; cette réaction, qui est générale avec les amines primaires aromatiques, a lieu avec élimination de deux groupes OCH^3 :

$$C^{16}H^{16}O^6 + 2AzH^2X$$
$$= 2CH^3OH + C^{14}H^{12}O^4(AzX)^2.$$

Les corps obtenus peuvent être représentés par l'une des deux formules

O, OCH^3, H, AzX, AzX, H, OCH^3, O ou AzX, OCH^3, H, O, O, H, OCH^3, AzX

On a ainsi obtenu des matières colorantes avec la p-toluidine, la ψ-cumidine, la p-bromaniline, la m-chloraniline, l'o-anisidine, les acides anthranilique et sulfanilique.

Ces matières sont d'ailleurs peu stables et retournent facilement au type hydroquinone en donnant des leucobases résineuses.

La cérulignone elle-même peut donner aussi des dérivés du tétraméthoxydioxybiphényle, par exemple par l'action de l'acide chlorhydrique alcoolique, qui donne le dérivé chloré de l'hydrocérulignone.

β-HEXAOXYBIPHÉNYLE. — Ce corps a été obtenu par MM. Barth et Goldschmiedt [*D. chem. G.*, **12**, 1244) dans l'action de la potasse sur l'acide ellagique. Sa constitution est inconnue. Pour l'obtenir, on fond pendant 10 à 12 minutes l'acide ellagique avec un excès de potasse :

$$C^{14}H^6O^8 + 2H^2O = C^{12}H^{10}O^6 + 2CO^2.$$

La masse refroidie étant dissoute dans l'eau, on épuise à l'éther, qui abandonne l'hexaphénol par évaporation. On obtient ainsi des aiguilles noircissant vers 250° et *fondant un peu plus haut*. Elles sont peu solubles dans l'eau froide ainsi que dans l'alcool froid, facilement solubles dans l'alcool chaud.

Ce corps fournit du biphényle par calcination avec la poudre de zinc ; il se distingue de l'α-hexaoxybiphényle par ses réactions colorées. La potasse donne une coloration bleu-violet, devenant rouge de sang, puis jaune. Le chlorure ferrique donne une coloration intense jaune-brun, qu'un peu de soude fait virer au bleu et un excès au violet rouge. Le sulfate ferreux colore en bleu, l'acétate de plomb fournit un précipité blanc devenant bleu.

γ-HEXAOXYBIPHÉNYLE [Barth et Goldschmiedt, *loc. cit.*]. — Dans la fusion de l'acide ellagique on remplace la potasse par la soude ; on obtient encore un peu de β-hexaoxybiphényle, mais surtout un autre isomère moins soluble dans l'eau. M. Cobenzl [*Mon. f. Chem.*, **1**, 672] l'a obtenu aussi en traitant le même acide par l'amalgame de sodium. Ce corps est en aiguilles brillantes, noircissant vers 230°. La potasse colore sa solution aqueuse en rouge ; en agitant ou en étendant d'eau, la solution devient vert-émeraude. Le chlorure ferrique colore en vert pâle, le sulfate ferreux en brun devenant bleu par addition de soude.

δ-HEXAOXYBIPHÉNYLE [Barth et Schreder, *Mon. f. Chem.*, **5**, 597]. — La fusion de l'hydroquinone avec la soude donne, à côté de l'hexaoxyanthraquinone, un hexaoxybiphényle différent des précédents. On le sépare au moyen de l'alcool amylique qui le dissout, et on le purifie en le transformant en combinaison plombique, que l'on décompose ensuite par l'hydrogène sulfuré. La solution aqueuse est enfin épuisée à l'éther, et ce dernier, abandonné à l'évaporation, fournit des cristaux fusibles vers 290°, assez solubles dans l'eau, l'alcool et l'éther, s'oxydant rapidement à l'air quand ils sont humides, en devenant bleus, puis noirs. L'anhydride acétique et l'acétate de sodium donnent avec ce corps un *dérivé acétylé* fondant vers 172°.

R. Marquis.

HEXAPHÉNOL. — Voyez HEXAOXYBENZÈNE.

HEXÈNES. — Voyez HEXYLÈNES. — Sous le nom impropre d'*hexène*, M. Renard a décrit un carbure possédant la formule C^6H^{10} qui est un hexadiène. Ce carbure sera décrit à l'article HEXINES.

HEXÉNIQUES ou **HEXÉNOÏQUES (ACIDES)**, $C^6H^{10}O^2$. — On connaît aujourd'hui 4 acides hexéniques ou hexénoïques, et 2 acides isohexéniques répondant à la formule précédente. Le terme *hexénique* a été employé par M. Fittig, qui prend le carboxyle COOH comme point de départ de la chaîne, et désigne par les lettres α, β, γ... la place des chaînons CH^2 à mesure que l'on s'éloigne de ce groupement acide. Le terme *hexénoïque* est celui de la nouvelle nomenclature ; le chiffre qui suit le mot *hexène* indique la place où se trouve la double liaison.

Ainsi, l'acide hydrosorbique, connu depuis longtemps, $CH^3-CH^2-CH=CH-CH^2-CO^2H$, est l'*acide* βγ-*hexénique* ou *hexène* 3-*oïque* 6.

1° ACIDE δε-HEXÉNIQUE ou HEXÈNE 1-OÏQUE 6,

$$CH^2=CH-CH^2-CH^2-CH^2-CO^2H.$$

— Cet acide prend naissance dans la distillation sèche de l'acide α-oxy-α-méthyladipique. C'est un liquide bouillant à 204°.

Le *sel de baryum* cristallise anhydre en paillettes solubles dans l'eau et dans l'alcool.

Le *sel de calcium* cristallise avec de l'eau,

$$(C^6H^9O^2)^2Ca + Aq.$$

Les *sels de cadmium* et *d'argent* sont des précipités amorphes.

Avec le brome, cet acide fournit un *dibromure* qui, par l'action de l'eau bouillante, se transforme en δ-*caprolactone* [Fichter et Langguth, *D. chem. G.*, **30**, 2050].

2° ACIDE γδ-HEXÉNIQUE ou HEXÈNE 2-OÏQUE 6,

$$CH^3-CH=CH-CH^2-CH^2-CO^2H.$$

— Il se produit dans la distillation de l'*acide* δ-*caprolactone-carbonique*, $C^7H^{10}O^4$, ou dans celle de l'*acide* α-*oxy*-α-*méthyladipique*, ainsi que dans la décomposition, sous l'influence de l'eau bouillante, du produit d'addition, fusible à 88-89°, que l'acide éthylidène-glutarique forme avec l'acide bromhydrique.

Ses propriétés se rapprochent de celles de l'acide hydrosorbique dont il est un isomère ; il en diffère principalement par son point de fusion situé vers 0° et par son sel de cadmium, plus soluble à chaud qu'à froid, tandis que le contraire a lieu pour l'hydrosorbate de cadmium cristallisant également avec 2 molécules d'eau. Il ne se modifie pas sous l'influence d'une lessive de soude à 20 0/0 bouillante [Fichter, *D. chem. G.*, **29**, 2367 ; **31**, 1998].

L'acide δ-*bromo*-γδ-*hexénoïque*,

$$CH^3-CBr=CH-CH^2-CH^2-CO^2H,$$

résulte de la décomposition du *bibromure* de l'acide éthylidène-glutarique (fusible à 157-160°) par l'eau (Fichter et Eggert).

Le *dérivé méthylique* de cet acide,

$$CH^3-C(CH^3)=CH-CH^2-CH^2-CO^2H,$$

a été obtenu par MM. Leser et Barbier en saponifiant son éther éthylique, qui se produit dans l'action de l'éther monochloracétique sur l'acétylméthylhepténone sodée. C'est un liquide incolore, possédant une odeur œnanthique, qui bout à 216-218° sous la pression ordinaire [*Bull. Soc. Chim.*, (3), **17**, 751]. Ce même dérivé se produit aussi dans l'action prolongée de la potasse sur le nitrile du méthyloctènal [G. Leser, *C. R.*, **128**, 372].

3° ACIDE βγ-HEXÉNIQUE OU HEXÈNE 3-OÏQUE 6. — Voyez HYDROSORBIQUE.

4° ACIDE αβ-HEXÉNIQUE OU HEXÈNE 4-OÏQUE 6,

$$CH^3-CH^2-CH^2-CH=CH-CO^2H.$$

— Il a été obtenu par MM. Fittig et C. Baker, en même temps que l'acide β-oxycaproïque, en traitant l'acide hydrosorbique par une lessive de soude à 20 0/0 bouillante.

Il est séparé de l'acide oxycaproïque par entraînement à la vapeur. Le produit entraîné est traité par l'acide sulfurique, qui transforme en caprolactone l'acide hydrosorbique entraîné en même temps. Il cristallise dans l'eau chaude, où il est peu soluble, en aiguilles fusibles à 33° et distillant à 216-217°.

Sel de calcium, $(C^6H^{10}O^2)^2Ca + 3H^2O$. — Plus soluble à froid qu'à chaud, cristallise difficilement.

Sel de baryum. — Il renferme 1^{mol},5 d'eau et se dépose par refroidissement à l'état amorphe, par évaporation lente en lamelles rectangulaires.

Sel d'argent. — Précipité amorphe, cristallise dans l'eau bouillante en aiguilles étoilées.

Sel de cadmium. — Cristallise par refroidissement en aiguilles soyeuses renfermant 2 molécules d'eau.

Le *sel de zinc* (2^{mol},5 d'eau) cristallise de même.

Le brome, en solution dans le sulfure de carbone, transforme l'acide αβ-hexénique en *acide αβ-dibromocaproïque*,

$$CH^3-CH^2-CH^2-CH-Br-CHBr-CO^2H,$$

fusible à 71°,5, différent de celui obtenu par l'action de l'acide bromhydrique sur l'acide sorbique.

En fixant 1 molécule d'acide bromhydrique, l'acide αβ-hexénique fournit l'*acide-β-bromocaproïque*, $C^6H^{11}BrO^2$, aiguilles fondant à 35° dans l'air et à 70° sous l'eau, solubles dans le benzène, la ligroïne et le chloroforme. Cet acide ne garde pas le type saturé quand on le fait bouillir avec l'eau, dans laquelle il est insoluble : il régénère en partie l'acide αβ-hexénique, un peu d'acide hydrosorbique, et fournit en même temps une grande quantité d'acide *β-oxycaproïque*, identique à celui qui se forme par l'action de la soude sur l'acide hydrosorbique. Du reste un équilibre s'établit dans l'action de la soude sur ces différents composés, car l'acide oxycaproïque est lui-même transformé en acide αβ-hexénique.

L'*acide β-oxycaproïque* est un liquide incolore, qui n'est pas entraîné par la vapeur d'eau. Ses *sels de baryum, de calcium* et *d'argent* ont été obtenus cristallisés [C. Baker, *Ann. Chem.*, **283**, 117].

5° ACIDE ISO-αβ-HEXÉNIQUE (*méthyl 2-pentène 3-oïque* 5),

$$\frac{CH^3}{CH^3}>CH-CH=CH-CO^2H.$$

— Cet acide prend naissance, en même temps que son isomère l'acide βγ-hexénique, quand on chauffe au bain-marie un mélange à poids égaux d'acide malonique et d'aldéhyde isobutyrique, en présence d'acide et d'anhydride acétiques. La réaction a lieu avec perte d'anhydride carbonique, et il se forme vraisemblablement un acide *β-oxyisocaproïque*,

$$\frac{CH^3}{CH^3}>CH-CH.OH-CH^2-CO^2H,$$

liquide épais, incolore, bouillant entre 203 et 220° sous la pression ordinaire, qui fournit par perte d'eau les deux acides isomériques αβ- et βγ-isohexéniques, ainsi que l'isocaprolactone.

Ces produits se séparent de l'acide oxyisocaproïque par entraînement au moyen de la vapeur d'eau, puis les acides sont séparés de l'isocaprolactone à l'état de sels de calcium. Le sel de calcium αβ se dépose le premier dans la cristallisation; en outre, l'acide βγ se transforme facilement en isocaprolactone sous l'influence de l'acide sulfurique étendu, ce qui permet d'achever la séparation. On traite donc par l'acide sulfurique le mélange des acides, on sature par le carbonate de sodium et l'on distille les traces de lactone; l'acide est ensuite mis en liberté, entraîné de nouveau par la vapeur et extrait à l'éther. C'est un liquide huileux, à odeur sudorifique, bouillant à 211-212° sous la pression ordinaire, et dont les *sels d'argent* et *de calcium* sont cristallisés [L. Braun, *Mon. f. Chem.*, **17**, 207].

On obtient le même acide dans l'action du brome en présence des alcalis sur l'*isobutylidène-acétone* de MM. Barbier et Bouveault [Franke et L. Kohn, *Mon. f. Chem.*, **20**, 876].

Par l'action du brome, il se transforme en *acide αβ-dibromoisocaproïque*, qui cristallise dans le sulfure de carbone et fond à 127°. Sous l'influence du permanganate de potassium, il fournit de l'acide oxalique et un *dioxyacide* cristallisé fusible, à 108°. L'acide bromhydrique le transforme en acide *β-bromoïsocaproïque*, qui perd de l'acide carbonique et de l'acide bromhydrique sous l'action du carbonate de sodium, et donne le carbure *isopropyléthylène* (L. Braun).

6° ACIDE ISO-βγ-HEXÉNIQUE (*méthyl 2-pentène 2-oïque* 5), (voyez l'acide précédent),

$$\frac{CH^3}{CH^3}>C=CH-CH-CO^2H.$$

— On l'obtient aussi en partant de l'acide cyanacétique et de l'aldéhyde isobutyrique qui, à 100°, se condensent pour donner un *acide-nitrile* $C^7H^9O^2Az$, cristallisé en aiguilles ou en tables fusibles à 87-88°, lequel chauffé au-dessus de cette température fournit le *nitrile* C^6H^9Az, en perdant de l'acide carbonique. La saponification du nitrile par la potasse fournit l'acide βγ-isohexénique, caractérisé par sa facile transformation en isocaprolactone, et un oxyacide β, $C^6H^{12}O$ [L. Braun, *loc. cit.*].

LACTONE ISOHEXÉNIQUE OU γ-ISOCAPROLACTONE, (voyez 1er Suppl., 963),

$$(CH^3)C-CH^2-CH^2-CO.$$
$$\diagdown \; O \; \diagup$$

— Elle prend naissance en même temps que les acides αβ- et βγ-isohexéniques (voy. ces acides) et paraît être le produit de la transposition moléculaire que ce dernier subit sous l'influence des acides étendus; elle se produit aussi dans la saponification du nitrile βγ-isohexénique par l'acide chlorhydrique, ce qui s'explique facilement dans cet ordre d'idées. Liquide bouillant à 95° sous une pression de 20 millimètres et à 207° à la pression ordinaire [L. Braun, *Mon. f. Chem.*, **17**, 207]. G. Meunier.

HEXÉNYLIQUES (ALCOOLS), $C^6H^{12}O^2$. — A cette formule correspondent 5 isomères qui ont été décrits ou qui le seront dans la suite à leur rang alphabétique : *Diméthylallylcarbinol, diméthylisoallylcarbinol, méthylcrotylcarbinol, hydrate de diallyle, alcool méthyléthylallylique.*

M. Destrem [*Ann. Chim. Phys.*, (5), **27**, 58] a décrit sous le nom d'*alcool hexénylique* un composé qu'il a obtenu dans la distillation sèche du glycérinate de calcium. La décomposition de ce corps a lieu avec mise en liberté d'hydrogène, comme l'indique l'équation suivante :

$$3C^3H^6O^3 . Ca + H^2O = \underset{\text{Alcool hexénylique.}}{C^6H^{12}O} + 3CaCO^3 + 8H.$$

On recueille les produits de la distillation sèche dans un récipient bien refroidi, on met à part la couche huileuse, puis on évapore la portion aqueuse au bain-marie; on traite le résidu de l'évaporation par une dissolution concentrée de carbonate de potassium, qui détermine la séparation d'une nouvelle portion huileuse que l'on joint à la première. On agite le tout avec du bisulfite de sodium et, après quelques heures de repos, on sépare l'huile non combinée; la combinaison bisulfitique elle-même, dissoute dans le carbonate de potassium, en fournit une nouvelle portion. L'ensemble du liquide qui ne se combine pas avec le bisulfite est déshydraté par le carbonate de potassium, puis soumis au fractionnement. Il distille d'abord de l'alcool méthylique, puis de l'alcool éthylique, et finalement de l'alcool hexénylique.

Ce corps est un liquide bouillant à 137° sous la pression de 765 millimètres; sa densité est égale à 0,891 à 10°. Il est soluble dans 10 parties d'eau et miscible à l'alcool et à l'éther. Son odeur est pénétrante : elle est analogue à celle de l'alcool allylique et de la menthe poivrée.

Il ne fixe pas d'hydrogène sous l'influence de l'amalgame de sodium. Il se combine à froid avec 2 atomes de chlore ou de brome, et fournit par oxydation avec le mélange chromique de l'acide pyrotérébique $C^6H^{10}O^2$.

Il donne un *dérivé sodé*, $C^6H^{11}ONa$, qui se présente sous l'aspect d'une masse gélatineuse, jaune et transparente.

Il fixe directement à froid 2 atomes de chlore, et forme ainsi un composé d'addition.

Chlorure, $C^6H^{12}Cl^2O$. — On l'obtient en faisant passer un courant de chlore dans l'alcool hexénylique maintenu froid. C'est un liquide huileux, à odeur pénétrante, bouillant à 205-210°, d'une densité de 1,4 à 12°. Il est très peu soluble dans l'eau, mais il est miscible à l'alcool et à l'éther. Il perd par l'action de la potasse alcoolique, à 100°, 1 molécule d'acide chlorhydrique, et donne ainsi naissance à l'alcool hexénylique monochloré.

Alcool hexénylique monochloré, $C^6H^{11}ClO$. — Liquide huileux, presque insoluble dans l'eau, miscible à l'alcool et à l'éther, bouillant à 185-187°.

On obtient également avec le brome un *bromure*, $C^6H^{12}Br^2O$, correspondant au chlorure. C'est un liquide huileux à odeur forte, dont le point d'ébullition est situé à 252-255° et dont la densité = 1,99 à 15°.

Chlorure d'hexényle, $C^6H^{11}Cl$. — Liquide obtenu par l'action du trichlorure de phosphore sur l'alcool hexénylique. Il bout à 70-71°. Il est plus léger que l'eau, et insoluble dans ce dissolvant.

Bromure du chlorure hexénylique

$$C^6H^{11}Cl . Br^2.$$

— On ajoute du brome à une solution du composé précédent dans le tétrachlorure de carbone. Liquide bouillant à 218-220°, miscible à l'alcool et à l'éther.

Bromure d'hexényle, $C^6H^{11}Br$. — On le prépare en traitant l'alcool hexénylique, additionné de bromure de potassium, par l'acide sulfurique étendu de son volume d'eau.

Liquide bouillant à 99-100°, dont la densité = 1,35 à 12°.

Iodure d'hexényle, $C^6H^{11}I$. — Liquide obtenu par l'action de l'iodure de phosphore sur l'alcool hexénylique en présence de l'alcool ordinaire. Bout à 130-132°. Densité = 1,92 à 10°.

Sulfure d'hexényle, $(C^6H^{11})^2S$. — Il se produit par l'action du sulfure de potassium sur l'iodure. C'est une huile à odeur repoussante, bouillant à 168-170°. Elle est plus légère que l'eau et se dissout à peine dans ce dissolvant; elle est très soluble dans l'alcool et dans l'éther. Elle se dissout dans l'acide sulfurique sans se décomposer, en lui communiquant une coloration brun de châtaigne.

Sulfate d'hexényle, $C^6H^{11} . HSO^4$. — Paillettes très solubles dans l'eau chaude. Ce composé forme un *sel de baryum.*

Acétate d'hexényle, $C^2H^3O^2 . C^6H^{11}$. — Il se prépare au moyen de l'iodure et de l'acétate d'argent. C'est une huile possédant une odeur éthérée agréable, bouillant à 145°, très peu soluble dans l'eau. G. Meunier.

HEXÉRIQUE ET **ISOHEXÉRIQUE (ACIDES).** — Voyez Éthylcrotonique (acide) et Dioxycaproïques (acides).

HEXINES. — On donne le nom d'*hexines* aux carbures acétyléniques, alléniques ou biallyléniques à chaîne ouverte, répondant à la formule C^6H^{10}. Nous les étudierons dans l'ordre suivant :

A. Carbures acétyléniques vrais, du type

$$R - C \equiv CH.$$

B. Carbures acétyléniques substitués,

$$R - C \equiv C - R'.$$

C. Carbures alléniques,

$$\begin{matrix}R\\R'\end{matrix}\!\!>C = C = C<\!\!\begin{matrix}R''\\R'''\end{matrix}$$

D. Carbures de constitution inconnue.

A. — CARBURES ACÉTYLÉNIQUES VRAIS.

On connait deux hexines se rattachant à ce groupe; ce sont : l'*hexine* 5 (butylacétylène) et le *diméthyl* 3.3-*butine* 1 (triméthylallylène).

1° Hexine 5 (*butylacétylène*),

$$CH^3 - CH^2 - CH^2 - CH^2 - C \equiv CH.$$

— Ce composé a été obtenu par deux méthodes différentes :

1° Par l'action de la potasse alcoolique sur le dibromure de β-hexylène [Welt, *D. chem. G.*, **30**, 1494]; avec l'hexine 5, il se forme dans cette réaction du monobromo-hexylène.

2° Par isomérisation du méthylpropylacétylène au moyen du sodium à la température de 150-160° [Faworsky, *J. prakt. Chem.*, (2), **37**, 428].

L'hexine 5 est un liquide bouillant à 70,5-72° (Welt), 68-70° (Faworsky).

L'action de l'anhydride carbonique sur le dérivé sodé de ce carbure fournit l'*acide heptine 2-oïque* (*acide butylacétylène-carbonique*),

$$C^4H^9 - C \equiv C - CO^2H,$$

liquide bouillant à 135° sous 20 millimètres [Faworsky, *J. prakt. Chem.*, (2), **37**, 428].

L'*heptine 2-oate de calcium*, $(C^7H^9O^2)^2Ca$, cristallise en fines aiguilles; le *sel de baryum*, $(C^7H^9O^2)^2Ba$, est confusément cristallin; le *sel d'argent* est instable et se décompose au bain-marie, avec production d'un miroir d'argent métallique.

MM. Moureu et Delange [*C. R.*, **134**, 356] ont fait réagir le butylacétylène sodé sur l'aldéhyde benzylique, au sein de l'éther absolu, à une température voisine de — 5°. En décomposant par l'eau le produit de la réaction et rectifiant sous pression réduite, ils ont isolé la *benzaldéhyde-butylacétylène (phénylheptinol)*,

$$CH^3-(CH^2)^3-C \equiv C-CHOH-C^6H^5,$$

qui distille à 164-165° sous 14 millimètres.

2° Diméthyl 3.3-butine 1 (*triméthylallylène*),

$$\begin{matrix} CH^3 \searrow & & \\ CH^3 - C - C \equiv CH. \\ CH^3 \nearrow & & \end{matrix}$$

— Ce carbure a été préparé par M. Faworsky [*J. prakt. Chem.*, (2), **37**, 393] à partir de la pinacoline. Celle-ci, traitée par le perchlorure de phosphore, fournit un dichlorure,

$$(CH^3)^3C-CCl^2-CH^3,$$

qui, chauffé à 140° avec de la potasse alcoolique, se transforme en triméthylallylène.

Ce composé est liquide, il bout à 39°; il se comporte vis-à-vis de l'azotate d'argent et du chlorure cuivreux en solution ammoniacale comme un carbure acétylénique vrai. Chauffé à 170°, ou même à 200°, avec de la potasse alcoolique, il n'est point isomérisé.

M. Vittorff [*Bull. Soc. Chim.*, (3), **24**, 870] a combiné le triméthylallylène avec l'acide hypobromeux et obtenu une *dibromocétone*,

$$C^6H^{10}OBr^2,$$

fusible à 75-75°,5; avec l'acide hypochloreux il se forme également une *dichlorocétone*, $C^6H^{10}OCl^2$, fusible à 51°, d'odeur piquante provoquant les larmes. Ces deux composés peuvent être également préparés par l'action du brome ou du chlore sur la pinacoline; leur constitution doit donc être représentée par la formule

$$(CH^3)^3 \equiv C-CO-CHX^2.$$

Traités par le chlorhydrate d'hydroxylamine, ils fournissent la même *oxime*,

$$\begin{matrix} (CH^3)^3C-C-CH=AzOH, \\ \| \\ AzOH \end{matrix}$$

fusible à 101-102°.

B. — CARBURES ACÉTYLÉNIQUES SUBSTITUÉS.

A ce groupe se rattachent l'*hexine* 4 (méthylpropylacétylène) et le *méthyl 2-pentine* (méthylisopropylacétylène).

3° Hexine 4 (*méthylpropylacétylène*),

$$CH^3-CH^2-CH^2-C \equiv C-CH^3.$$

— Pour obtenir ce composé, on chauffe à 160-170° en tubes scellés, pendant 12 heures, avec de la potasse alcoolique, l'hexylène monobromé $C^6H^{11}Br$, préparé au moyen de l'hexylène de la mannite; l'hexine 4 est séparé par distillation de l'hexylène monobromé non attaqué; on le lave à l'eau, on le sèche sur du chlorure de calcium, et on rectifie en prenant ce qui passe entre 80 et 83° [Hecht, *D. chem. G.*, **11**, 1050].

Le méthylpropylacétylène est un liquide incolore, d'odeur très désagréable. Il bout à 83-84° [Faworsky, *Journ. Soc. chim. russe*, **19**, 562]; sa densité à 0° est de 0,7494; à 13° de 0,7377 (Hecht). Il est miscible en toutes proportions à la plupart des solvants organiques usuels : alcool, éther, chloroforme, etc. Il s'altère avec le temps.

Il donne avec le brome un dibromure et un tétrabromure. Le *dibromure*, $C^6H^{10}Br^2$, s'obtient en faisant réagir le brome sur le carbure refroidi; c'est un liquide jaunâtre, à odeur pénétrante et irritant les yeux; il a pour densité 1,6977 à 0° et 1,5543 à 100°; il reste liquide à — 20° et se décompose à 130°. Le *tétrabromure*, $C^6H^{10}Br^4$, a été obtenu impur en laissant en contact prolongé le dibromure avec le brome en solution sulfocarbonique; le liquide ainsi préparé a pour densité 2,1625 à 0°; l'analyse montre qu'il est constitué par un mélange des deux composés $C^6H^{10}Br^3$ et $C^6H^{10}Br^4$.

La constitution de l'hexine 4 est établie par les faits suivants :

1° Il est sans action sur le nitrate d'argent ammoniacal et sur le chlorure cuivreux en solution ammoniacale;

2° L'oxydation par le mélange chromique, ou par l'acide chromique en solution acétique, fournit, outre l'anhydride carbonique, un mélange des acides acétique et butyrique normal;

3° Une agitation prolongée avec l'acide sulfurique (5 parties SO^4H^2, plus 1 partie H^2O) le transforme en hexanone 2 (méthylbutylcétone).

On a vu plus haut que le sodium à 150-160° transforme l'hexine 4 en hexine 5.

4° Méthyl 2-pentine 3 (*méthylisopropylacétylène*),

$$\begin{matrix} CH^3-CH-C \equiv C-CH^3. \\ | \\ CH^3 \end{matrix}$$

— MM. Ipatieff et Vittorf [*Journ. Soc. chim. russe*, **27**, 204] ont préparé ce composé en chauffant à 175° avec de la potasse alcoolique, pendant 12 heures, le chlorure

$$\begin{matrix} CH^3-CCl^2-CH^2-CH-CH^3, \\ | \\ CH^3 \end{matrix}$$

obtenu par l'action du perchlorure de phosphore sur la méthylisobutylcétone (méthyl 2-pentanone 4).

Le méthylisopropylacétylène est un liquide ayant pour densité 0,7321 à 0° et bouillant à 71-72°,5. Il se combine avec l'acide bromhydrique en solution acétique saturée à 0°, en donnant le *méthyl 2-bromopentène*,

$$\begin{matrix} CH^3-CH-CBr=CH-CH^3 \\ | \\ CH^3 \end{matrix}$$

ou

$$\begin{matrix} CH^3-CH-CH=CBr-CH^3, \\ | \\ CH^3 \end{matrix}$$

liquide insoluble dans l'eau, ayant pour densité 1,227 à 0° et bouillant à 128-131°.

C. — CARBURES ALLÉNIQUES.

On connaît deux hexines appartenant à ce groupe : le méthyl 2-pentadiène 2.3 (triméthylallène) et le méthyl 3-pentadiène 1.2 (méthyléthylallène).

5° Méthyl 2-pentadiène 2.3 (*triméthylallène*),

$$\begin{matrix} CH^3 \searrow \\ CH^3 \nearrow \end{matrix} C=C=CH-CH^3.$$

— Cet hexine se prépare [Ipatieff, *Journ. Soc. Chim. russe*, **27**, 204] en chauffant en tubes scellés, à 150°, avec de la potasse alcoolique, l'hexylène monobromé bouillant à 138-141°.

M. Kerp [*Ann. Chem.*, **290**, 152] l'a également obtenu à partir de la mésityloxime; par réduction au moyen du sodium et de l'alcool absolu, celle-ci fournit, entre autres produits, une base non saturée, $C^6H^{11}AzH^2$, dont le chlorhydrate se dédouble par distillation en chlorure d'ammonium et triméthylallène.

Le triméthylallène est un liquide bouillant à 71-72° selon M. Ipatieff, et à 77-78° d'après M. Kerp; sa densité à 0° est de 0,73033 et à 16°,1 de 0,71482. Il ne s'isomérise point par la potasse alcoolique et ne donne pas naissance à une dichlorocétone par l'action de l'acide hypochloreux. Traité par l'acide bromhydrique en solution acétique saturée à 0°, il fournit : 1° un *monobromhydrate*,

$$\begin{array}{l} CH^3 \\ CH^3 \end{array}\!\!> CBr-CH=CH-CH^3,$$

passant entre 40 et 78° sous 13 millimètres, qui se transformerait par l'action du carbonate de potassium en *glycol non saturé* correspondant,

$$\begin{array}{l} CH^3 \\ CH^3 \end{array}\!\!> C(OH)-CH=CH-CH^3;$$

2° un dérivé dibromé, le *méthyl 2-dibromo* 2.4-*pentane*,

$$\begin{array}{l} CH^3-CBr-CH^2-CHBr-CH^3, \\ \quad\;\;\; | \\ \quad\;\, CH^3 \end{array}$$

bouillant à 78-79° sous 13 millimètres, et ayant une densité de 1,5878 à 0°. Par l'action du carbonate de potassium, ce dérivé dibromé n'est pas transformé en glycol, mais fournit un hydrocarbure à odeur de térébenthine, bouillant à 77-79°, et des produits de condensation bouillant à haute température. La formation prépondérante de ce dibromhydrate différencie nettement le triméthylallène du méthylisopropylacétylène, qui dans les mêmes conditions fournit un monobromhydrate.

6° MÉTHYL 3-PENTADIÈNE 1.2 (*méthyléthylallène dissymétrique*),

$$\begin{array}{l} C^2H^5 \\ CH^3 \end{array}\!\!> C=C=CH^2.$$

— Le dérivé dichloré obtenu en traitant la méthyléthylacétone,

$$\begin{array}{l} C^2H^5-CH-CO-CH^3, \\ \qquad\;\; | \\ \qquad\; CH^3 \end{array}$$

par le perchlorure de phosphore, chauffé à 150-160° avec la potasse alcoolique, fournit le méthyléthylallène [Ipatieff, *J. prakt. Chem.*, (2), **59**, 531]. Ce carbure est un liquide très réfringent; il bout à 70-71°; sa densité est de 0,7310 à 0°. Il fixe 2 molécules d'acide bromhydrique en donnant le *dibromo* 1.3-*méthyl* 3-*pentane*,

$$\begin{array}{l} C^2H^5-CBr-CH^2-CH^2Br, \\ \qquad\;\; | \\ \qquad\; CH^3 \end{array}$$

liquide bouillant à 94-96°, et ayant pour densité D=1,6360 à 0°. Ce dérivé dibromé, traité par la potasse alcoolique, régénère le méthyléthylallène en même temps que se forme l'*éthoxy* 1-*méthyl* 3-*pentène* 2,

$$\begin{array}{l} CH^3 \\ C^2H^5 \end{array}\!\!> C=CH-CH^2-OC^2H^5,$$

liquide bouillant à 141-143°, et dont la densité est de 0,8208 à 0°.

D. — CARBURES BIÉTHYLÉNIQUES.

Cette classe renferme un nombre assez notable de composés que l'on peut rattacher, en considérant la chaîne la plus longue, aux butane, pentane, hexane; ils deviennent ainsi des buta-, penta- et hexadiènes. C'est dans cet ordre que nous les mentionnerons et les étudierons.

7° DIMÉTHYL 2.3-BUTADIÈNE 1.3 (β-*dipropylène*, β-*bipropényle, diisopropényle*) (voyez 2e Suppl., **1**, 695, BIISOPROPÉNYLE),

$$\begin{array}{l} CH^2=C \;—\; C=CH^2; \\ \qquad\;\, | \qquad\;\, | \\ \qquad CH^3 \;\; CH^3 \end{array}$$

— Le β-bipropényle, chauffé en tube scellé à 100°, pendant 12 heures, avec de l'acide sulfurique très étendu, s'hydrate en se transformant en pinacoline [Couturier, *Ann. Chim. Phys.*, (6), **26**, 2, 491].

L'hypoazotide réagit sur le β-bipropényle refroidi par un mélange de glace et de sel, en donnant un *composé* $C^6H^{10}(AzO^2)^2$, qui cristallise dans le sulfure de carbone en longues aiguilles blanches, fusibles à 72-73° [Couturier, *loc. cit.*].

L'oxydation du β-bipropényle par le permanganate de potassium en solution neutre fournit un mélange d'acides formique et acétique.

8° MÉTHYL 4-PENTADIÈNE 1.3,

$$\begin{array}{l} CH^3-C=CH-CH=CH^2. \\ \qquad\;\; | \\ \qquad CH^3 \end{array}$$

— Ce carbure a été préparé par MM. M. et A. Saytzeff [*Ann. Chem.*, **185**, 157], en traitant par la potasse alcoolique le monochlorohexène

$$\begin{array}{l} CH^3 \\ CH^3 \end{array}\!\!> CCl-CH^2-CH=CH^2,$$

produit par l'action du perchlorure de phosphore sur l'allyldiméthylcarbinol.

C'est un liquide bouillant à 80°; il se combine avec le brome en donnant un *tétrabromure* liquide, $C^6H^{10}Br^4$.

9° MÉTHYL 2-PENTADIÈNE 1.4,

$$\begin{array}{l} CH^2=CH-CH^2-CH=CH^2. \\ \qquad\;\;\;\, | \\ \qquad\;\; CH^3 \end{array}$$

— M. Lubarsky [*Journ. Soc. Chim. russe*, **32**, 140] a obtenu ce carbure de la manière suivante : On traite le diméthylallylcarbinol par l'acide chlorhydrique à froid; on obtient ainsi un dérivé chloré éthylénique, qui est ensuite soumis à l'action de la potasse alcoolique. En fractionnant le produit de la réaction dans une atmosphère d'anhydride carbonique, on obtient le carbure sous la forme d'un liquide mobile, bouillant à 73-76°, présentant une faible fluorescence bleu-violet. Sa densité est exprimée par les chiffres suivants : à 20/0°, D=0,71427; à 20/20°, D=0,71415; à 20/4°, D=0,71415. Il absorbe facilement l'oxygène de l'air en se transformant en une huile épaisse et jaunâtre.

Il s'unit à l'acide hypochloreux en donnant un produit que l'eau de baryte transforme en un composé $C^6H^{10}O(OH)^2$, dont la constitution probable serait représentée par la formule

$$\begin{array}{l} \qquad\; CH^3 \;\; OH \\ \qquad\quad \diagdown \;\diagup \\ CH^2 < \begin{array}{l} C \;—\!—\; CH^2 \\ CHOH-CH^2 \end{array} > O. \end{array}$$

Le méthyl 2-pentène 1.4 est sans doute identique au carbure C^6H^{10}, obtenu par MM. Saytzeff et Nikolsky [*D. chem. G.*, **11**, 2152] par l'action de l'acide sulfurique faible sur le diméthylallylcarbinol.

10° Méthène 3-pentène 4 (β-*éthyldivinyle*),

$$CH^2=C-CH=CH^2.$$
$$|$$
$$C^2H^5$$

— Ce composé se forme, en même temps que l'éthoxy 1-méthyl 3-pentène 2, quand on chauffe avec de la potasse alcoolique le dibromo 1.3-méthyl 3-pentane,

$$CH^3-CBr-CH^2-CH^2Br.$$
$$|$$
$$C^2H^5$$

C'est un liquide bouillant à 72-74°. Il fixe 2 molécules d'acide bromhydrique en régénérant le dibromo 1.3-méthyl 3-pentane [Ipatieff, *J. prakt. Chem.*, (2), **59**, 533].

11° Hexadiène 1.3,

$$CH^3-CH^2-CH=CH-CH=CH^2.$$

— Ce carbure a été obtenu par M. Fournier [*Bull. Soc. Chim.*, (3), **15**, 401], en partant de l'éthylallylcarbinol. Cet alcool est d'abord traité par le perchlorure de phosphore à une température inférieure à 0°. On obtient ainsi le *chloro* 4-*hexène* 1, $CH^3-CH^2-CHCl-CH^2-CH=CH^2$, que la potasse alcoolique transforme ensuite en hexadiène 1.3. Pour éviter l'isomérisation de ce carbure dès sa formation, il est bon de laisser tomber peu à peu le chlorohexène dans la potasse alcoolique, maintenue à 100-105° dans un petit ballon muni d'un réfrigérant descendant; chaque addition de dérivé chloré détermine la distillation d'une petite quantité de liquide incolore; à la fin de l'opération, on porte la température à 120°. Par plusieurs rectifications du produit distillé on isole l'hexadiène 1.3.

Ce carbure est un liquide incolore, bouillant à 72-74°. Sa densité à 120° est de 0,714.

Il fournit, par addition de brome, deux *tétrabromures stéréoisomériques*,

$$CH^3-CH^2-CHBr-CHBr-CHBr-CH^2Br,$$

l'un solide, cristallisant dans l'éther ou l'alcool absolus en prismes rectangulaires, fusibles à 91-92°; l'autre liquide, à —20°. Ces deux isomères se forment quand on fait réagir à —15° le brome en solution chloroformique sur le carbure également dissous dans le chloroforme; l'isomère liquide se forme en plus notable quantité.

12° Hexadiène 1.4 (*allylpropényle*),

$$CH^2=CH-CH^2-CH=CH-CH^3$$

(voyez 2e Suppl., **3**, 52, *isomères du Biallyle*, à l'article Diallyle).

Densité à 11°,4 = 0,7413; réfraction moléculaire = 28,72 [Eykman, *D. chem. G.*, **25**, 3072].

13° Hexadiène 1.5 (*diallyle*), (voyez Diallyle, Dict., **1**, 1142; 1er Suppl., **1**, 642; 2e Suppl., Biallyle et Diallyle),

$$CH^2=CH-CH^2-CH^2-CH=CH^2.$$

— Densité à 11° = 0,7080. Réfraction moléculaire = 28,08 [Eykmann, *D. chem. G.*, **25**, 3072], 28,96 [Brühl, *D. chem. G.*, **27**, 1066]. Rotation magnétique = 8,420 [Perkin, *Chem. Soc.*, **67**, 258].

14° Hexadiène 2.4 (*dipropényle*) (voy. 2e Suppl., à l'article Dipropényle),

$$CH^3-CH=CH-CH=CH-CH^3.$$

— M. Schramm [*D. chem. G.*, **30**, 638] a obtenu, par l'action de la potasse alcoolique sur le dibromo 2.5-hexane, l'hexadiène 2.4 sous la forme d'une huile légère à odeur de diallyle, bouillant à 87-89°. Ce composé fixe le brome en solution chloroformique en donnant le tétrabromo 2.3.4.5-hexane, fusible à 181°.

E. — CARBURES DE CONSTITUTION INCONNUE.

15° Hexoylène, C^6H^{10}. — Voyez Dict., **2**, 21.

16° Schorlemmer [*Bull. Soc. Chim.*, 1867, **7**, 251] a extrait de l'huile légère de houille un carbure C^6H^{10} bouillant de 80 à 82°, et se combinant avec le brome en formant un tétrabromure cristallisé en longues aiguilles blanches, fusibles à 112°.

17° M. Renard a décrit sous le nom d'*hexène* un carbure qui répond à la formule C^6H^{10} et est, par conséquent, un *hexine*. Ce carbure prend naissance dans la décomposition pyrogénée de l'heptène de l'huile de résine. Cette décomposition s'effectue dans un tube de fer chauffé au rouge visible seulement dans l'obscurité. L'hexine qui se trouve dans les produits condensés bout à 70-75°; sa densité de vapeur = 2,97 (théorie 2,88). Un litre d'heptène a fourni 100 centimètres cubes d'hexine.

Le carbure est soluble dans l'alcool, l'éther et l'acide acétique. Il absorbe rapidement l'oxygène. Le brome l'attaque avec violence en donnant un *produit d'addition* $C^{16}H^{10}Br^2$, qui se décompose rapidement lors de l'évaporation de l'éther au sein duquel on l'a préparé. L'acide azotique ordinaire l'attaque vivement; l'acide étendu l'oxyde avec production d'acide carbonique, d'oxyde de carbone, d'acides formique, acétique, oxalique et succinique. Le gaz chlorhydrique le colore en bleu foncé.

L'acide sulfurique le transforme en un carbure $C^{12}H^{20}$ que M. Renard appelle *dihexène*, liquide incolore, bouillant à 210-215° [Renard, *C. R.*, **104**, 574]. Amand Valeur.

HEXIQUE (ACIDE). — Voyez acide Tétrique, 1er Suppl., 1535.

HEXONIQUES (BASES). — Lorsqu'on hydrolyse au moyen des acides étendus et bouillants les diverses protamines (salmine, clupéine, scombrine, sturine, etc.) extraites par Miescher, et après lui par M. Kossel et ses élèves, du sperme ou du testicule du saumon, du hareng, du maquereau, de l'esturgeon, etc., on obtient une série de bases organiques présentant ce fait remarquable, qu'elles renferment toutes 6 atomes de carbone, avec une proportion croissante d'azote. Ces bases sont la lysine, l'histidine et l'arginine, et si l'on y ajoute, pour des raisons qui seront données plus loin, la leucine, on obtient la série que voici :

Leucine..........	$C^6H^{13}AzO^2$
Lysine...........	$C^6H^{14}Az^2O^2$
Histidine........	$C^6H^9Az^3O^2$
Arginine.........	$C^6H^{14}Az^4O^2$

Ces trois bases, lysine, histidine, arginine, représentent, avec un peu d'acide aminovalérianique, les seuls produits de l'hydrolyse des protamines.

Or on sait d'une part que les protamines, composés relativement simples, puisque la salmine, par exemple, répond à la formule $C^{30}H^{57}Az^{17}O^6$ ou $C^{30}H^{59}Az^{17}O^7$, présentent tous les caractères généraux des matières albuminoïdes. D'autre part, ces mêmes bases constituent, si on leur ajoute la leucine (et l'ammoniaque), les produits constants de l'hydrolyse des matières albuminoïdes, ceux qui ont été trouvés parmi les produits de dédoublement de toutes les matières protéiques étudiées jusqu'à présent. M. Kossel conclut de là que le complexe protaminique, formé lui-même par l'association de l'arginine avec la lysine et l'histidine, représente le noyau fondamental des matières albuminoïdes. On comprend dès lors l'intérêt considérable qui s'attache à ces corps.

M. Kossel a proposé d'appeler *bases hexoniques* les bases résultant du dédoublement des protamines, soit donc l'arginine, l'histidine et la lysine, et *hexones* l'ensemble des bases en C^6 résultant du dédoublement des matières albuminoïdes, soit donc actuellement le groupe formé par la leucine et les bases hexoniques [Kossel, *Zeit. physiol. Chem.*, **25**, 175]. On ne décrira ici que les trois bases hexoniques.

ARGININE.

Aux indications précédemment données sur ce composé (voyez Arginine, 2e Suppl., **1**, 365), nous ajouterons les suivantes : L'arginine, découverte par MM. Schulze et Steiger dans les plantules étiolées de *Lupinus luteus*, a été trouvée encore chez un grand nombre d'autres végétaux, et notamment dans la rave (*Brassica rapa*), dans le topinambour (*Helianthus tuberosus*), dans les racines de *Ptelea trifoliata*, dans la courge, dans la betterave sucrière, dans les plantules de *Vicia sativa*, *Pisum sativum*, *Lupinus albus* et *Lupinus luteus* [E. Schulze, *Maly's Jahresb.*, **25**, 467, 522; *Zeit. physiol. Chem.*, **30**, 241. — Ed. O. von Lippmann, *D. chem. G.*, **29**, 2645]. Elle a été signalée pour la première fois comme produit d'hydrolyse des matières albuminoïdes par M. Hedin, et des protamines par M. Kossel. Nous donnerons à la fin de cet article un tableau des rendements en arginine, histidine et lysine que fournissent ces deux catégories de substances [Hedin, *Zeit. physiol. Chem.*, **20**, 186; **21**, 155. — Kossel, *Ibid.*, **22**, 176]. La même base a été trouvée par MM. Schulze et Winterstein, à côté de l'histidine et de la lysine, parmi les produits de dédoublement des matières protéiques des semences de conifères, sous l'action de l'acide chlorhydrique bouillant; par M. Lawroff, parmi les produits de dédoublement de l'histone, du thymus, et par M. Haslam parmi les bases fournies par l'hétéro-albumose et la deutéro-albumose (de la peptone de Witte), après hydrolyse au moyen de l'acide sulfurique étendu [Schulze et Winterstein, *Zeit. physiol. Chem.*, **28**, 459. — D. Lawroff, *Ibid.*, 388. — Haslam, *Ibid.*, **32**, 54].

Quant à l'hydrolyse des protamines, les dernières recherches de M. Kossel ont montré que la salmine, la clupéine et la cycloptérine ne donnent que de l'arginine, tandis que la sturine fournit un mélange d'arginine avec de la lysine et de l'histidine (voyez plus loin le tableau de M. Kossel).

L'arginine apparaît aussi, avec l'histidine et la lysine, comme produit de la digestion pancréatique des protamines (Kossel et Mathews) et des matières albuminoïdes (Kutscher). Déjà M. Hedin avait signalé la présence de la lysine parmi les produits de la digestion pancréatique de la fibrine, ce qui rendait probable la production simultanée de l'arginine et de la lysine, que M. Kutscher découvrit en effet, plus tard, dans l'antipeptone préparée d'après Kühne [A. Kossel et Mathews, *Zeit. physiol. Chem.*, **25**, 190. — F. Kutscher, *Ibid.*, 195. — Hedin, *Du Bois-Reymond's Arch. f. Physiol.*, 1891, 248].

Préparation. — Voici le procédé employé par M. Hedin pour préparer l'arginine en partant de la gélatine : 800 grammes de gélatine sont mis à bouillir pendant 96 heures avec 4 parties d'acide chlorhydrique à 20 0/0 et de l'étain. Après élimination du métal, on précipite par l'acide phosphotungstique, on décompose le précipité par l'hydrate de baryte, on débarrasse le filtrat de l'excès de baryte par l'acide carbonique, on ajoute un excès de nitrate d'argent et on filtre. Le filtrat obtenu est concentré, additionné d'hydrate de baryte jusqu'à trouble commençant, puis traité par un courant d'acide carbonique. On chauffe un instant le liquide, on le filtre et on le concentre encore. Par le repos, il se dépose des cristaux du sel basique

$$AzO^3Ag + C^6H^{14}Az^4O^2 + 0,5H^2O.$$

L'addition de baryte jusqu'à trouble commençant a pour but d'éviter la formation du sel

$$AzO^3Ag + C^6H^{14}Az^4O^2 . AzO^3H,$$

qui est beaucoup plus soluble dans l'eau que le précédent.

Les cristaux ainsi obtenus doivent être purifiés par cristallisation; 800 grammes de gélatine ont donné ainsi 42 grammes de sel argentique pur, correspondant à 20gr,6 d'arginine [Hedin, *Zeit. physiol. Chem.*, **21**, 162].

M. Kossel, renonçant à la précipitation par l'acide phosphotungstique à cause de la solubilité relative du précipité, a donné une méthode que nous décrirons plus loin à propos de la séparation quantitative des trois bases hexoniques. Une méthode un peu différente a été employée par M. Gulevitsch pour la préparation de l'arginine en partant des testicules de harengs salés. Cette méthode tend à l'obtention du « sel acide » $C^6H^{14}Az^4O^2 . AzO^3H, AzO^3Ag$, que M. Gulewitsch considère comme bien plus commode que le sel basique, dont la cristallisation est accompagnée d'une réduction souvent considérable. 1000 grammes de testicules lavés à l'eau et encore humides ont donné 7gr,7 d'arginine pure [Gulewitsch, *Zeit. physiol. Chem.*, **27**, 178].

L'arginine ordinaire, préparée d'après MM. Schulze et Winterstein, Hedin, Kossel, Gulevitsch, est dextrogyre. M. Fr. Kutscher a extrait des produits de la digestion pepsique de la fibrine une *arginine inactive*. 300 grammes de fibrine bien lavée sont mis à digérer pendant 4 jours avec 200 grammes de pancréas haché et 2 litres d'eau chloroformée. On filtre, on précipite exactement par l'eau de baryte, et au filtrat, faiblement acidifié par l'acide azotique, on ajoute du nitrate d'argent à 10 0/0 jusqu'à cessation de précipité. Le nouveau filtrat est encore additionné de nitrate d'argent jusqu'à ce que l'eau de baryte donne un précipité brun. On sature alors tout le liquide de baryte, on essore le volumineux précipité qui s'est formé, on le dissout dans l'acide azotique étendu et, après addition d'un excès de nitrate d'argent, on précipite l'histidine argentique par addition ménagée d'eau de baryte. Dans le filtrat reste l'arginine argentique, que l'on précipite à son tour par la baryte. Le précipité obtenu est décomposé par l'hydrogène sulfuré et l'arginine libre est neutralisée par l'acide azotique. Par une lente cristallisation se dépose d'abord, sous la forme de croûtes cristallines, le nitrate de la base inactive, qu'il est facile de débarrasser par une nouvelle cristallisation des derniers restes de l'arginine active [Fr. Kutscher, *Zeit. physiol. Chem.*, **32**, 476].

Il est à remarquer que l'hydrolyse des matières albuminoïdes par le pancréas fournit toujours la base dextrogyre. L'inactivité de la base de M. Kutscher tient donc ici à la nature de la fibrine.

Propriétés. — Lorqu'on décompose le nitrate d'arginine argentique (du testicule de hareng) par l'hydrogène sulfuré, le filtrat évaporé fournit un sirop qui donne par concentration des choux-fleurs formés de prismes ou de tablettes associées en rosaces, facilement solubles dans l'eau et presque insolubles dans l'alcool bouillant.

L'arginine pure se décompose exactement à 207°; sa saveur est amère, sa réaction fortement alcaline. Elle absorbe rapidement l'acide carbonique de l'air, mais le perd par l'évaporation réitérée de ses dissolutions aqueuses. Elle déplace l'ammoniaque à froid et précipite les oxydes métalliques. Sa solution aqueuse ne dissout que difficilement l'oxyde d'argent.

Le caractère nettement basique de l'arginine explique son action favorable sur la digestion trypsique, dans laquelle on peut la substituer au carbonate de sodium sans nuire à la protéolyse. La digestion pancréatique possède donc, par elle-même, le moyen de se créer la réaction la plus favorable, puisque l'hydrolyse pancréatique des albumines donne naissance à de notables quantités d'arginine [D Lawroff, *Zeit. physiol. Chem.*, **28**, 303].

L'iodure double de mercure et de potassium ne précipite pas l'arginine; mais si l'on ajoute un peu de soude, on obtient un abondant précipité blanc. Cette réaction est très sensible [Schulze et Winterstein, *D. chem. G.*, **32**, 3192].

L'arginine libre, mais non pas la dissolution suffisamment étendue de carbonate d'arginine, est précipitée par le chlorure mercurique; le précipité est soluble dans un courant d'acide carbonique [Kossel, *Zeit. physiol. Chem.*, **25**, 176]. La lysine se comporte de même, tandis que l'histidine est précipitée. M. Kossel avait fondé primitivement sur cette réaction une méthode de séparation de l'arginine et de la lysine d'avec l'histidine, mais la séparation est incomplète.

Lorsque, à une dissolution acide d'arginine et d'histidine contenant un excès de nitrate d'argent, on ajoute avec précaution de l'eau de baryte, il se précipite d'abord de l'histidine argentique, puis, lorsque cette précipitation est terminée, l'eau de baryte ajoutée avec précaution ne sépare plus rien. Ce n'est que pour un plus fort excès d'eau de baryte que la précipitation de l'arginine commence. D'après M. Gulewitsch, ce précipité est un mélange des deux composés $C^6H^{12}Ag^2Az^4O^2, H^2O$ et $C^6H^{11}Ag^3Az^4O^2, H^2O$ [Kossel, *Zeit. physiol. Chem.*, **31**, 171. — Gulewitsch, *Ibid.*, **27**, 202].

Le *chlorhydrate d'arginine*,

$$C^6H^{14}Az^4O^2 . HCl,$$

contient, d'après MM. Hedin et Gulewitsch, une molécule d'eau de cristallisation, tandis que MM. Schulze et Steiger le décrivent comme sel anhydre. Lorsqu'il est privé d'eau, ce sel fond à 208-209° avec dégagement de gaz.

Pour des solutions contenant 9,579 0/0 de sel $[\alpha]_D = +10°,70$, d'après M. Gulewitsch, et pour des solutions à 8 0/0, $+11°,45$, d'après MM. Schulze et Steiger [Gulewitsch, *Zeit. physiol. Chem.*, **27**, 187 et 368. — Schulze et Steiger, *Ibid.*, **11**, 52]; les indications de MM. Schulze et Steiger, qui figurent au 2e Suppl., **1**, 365, représentent des degrés saccharimétriques directement lus sur l'appareil Soleil-Wentzke, et que M. Gulewitsch a ultérieurement transformés par le calcul.

Ce pouvoir rotatoire croît avec la quantité d'acide chlorhydrique que contient la solution. Avec 7 molécules d'acide pour 1 molécule de chlorhydrate, il devient constant et égal à

$$[\alpha]_D = +21°,75$$

à 20° (Gulewitsch).

Le *nitrate d'arginine*,

$$C^6H^{14}Az^4O^2 . AzO^3H, 0,5 H^2O,$$

fond incomplètement à 175°; il est soluble, d'après M. Hedin, dans 2 parties d'eau à 150°. Il est facilement soluble dans l'alcool chaud à 85 0/0, difficilement soluble à froid. Pour des solutions à 10,206 0/0, on a $[\alpha]_D^{20} = +9°,31$ pour le sel anhydre et $+12°,68$ calculé pour la base libre. Avec 4 molécules d'acide nitrique pour 1 molécule de nitrate, on trouve $[\alpha]_D^{20} = +18°,71$ pour le sel anhydre et $+25°,48$ rapporté à la base libre. C'est cette donnée que M. Kossel adopte pour le dosage polarimétrique de l'arginine [Gulewitsch, *Zeit. physiol. Chem.*, **27**, 190. — A. Kossel, *Ibid.*, **31**, 175].

En chauffant ce sel pendant 15 à 20 minutes à 210-220° (après l'avoir préalablement débarrassé de son eau de cristallisation par dessiccation à 80°), M. Kutscher a obtenu la modification inactive [*Zeit. physiol. Chem.*, **32**, 476].

Le *nitrate acide d'arginine*,

$$C^6H^{14}Az^4O^2 . 2AzO^3H,$$

est obtenu en évaporant dans le vide une dissolution du nitrate neutre avec un excès d'acide nitrique. Il cristallise en longues aiguilles incolores, ou en écailles formées de tablettes très minces, fusibles à 144,5-145° avec décomposition [Hedin, *Zeit. physiol. Chem.*, **21**, 156. — Gulewitsch, *Ibid.*, **27**, 190].

Le *sulfate d'arginine*, $(C^6H^{14}Az^4O^2)^2 . SO^4H^2$, est incristallisable. $[\alpha]_D = +8°,23$ pour une solution à 11,719 0/0, à la température de 20°.

Le *phosphotungstate d'arginine*,

$$(C^6H^{14}Az^4O^2)^3 . 2PO^4H^3 . 24TuO^3 + 10H^2O,$$

est un précipité amorphe que l'eau bouillante abandonne en très petits prismes. M. Gulewitsch a étudié les conditions de précipitation de ce sel et sa solubilité dans l'eau, selon la teneur du liquide en acide sulfurique et en acide phosphotungstique.

Le *nitrate acide d'arginine et d'argent*,

$$C^6H^{14}Az^4O^2 . AzO^3H, AzO^3Ag,$$

cristallise (voyez plus haut) par évaporation lente de ses dissolutions en prismes aiguillés, transparents, et qui peuvent atteindre 4 centimètres de long. La solution de ce sel est légèrement acide, et lorsqu'elle est pure, elle peut être évaporée sans décomposition. A 15-16°, 100 parties d'eau dissolvent 13g,75 de sel. $[\alpha]_D = +5°,60$ à 20°.

Le *nitrate basique d'arginine et d'argent*,

$$C^6H^{14}Az^4O^2, AzO^3Ag, 0,5 H^2O,$$

d'abord préparé par M. Hedin (voyez plus haut), cristallise dans l'eau bouillante en prismes associés en rosaces, fusibles avec décomposition à 164°; 100 parties d'eau dissolvent, à 16°, 1g,13 du sel. Ces dissolutions, facilement sursaturées, ne cristallisent que lentement, et peuvent par conséquent être séparées par filtration des impuretés amorphes qui se déposent aussitôt après le refroidissement. Elles sont franchement alcalines et moins stables que celles du sel acide.

La *dibenzoylarginine*,

$$C^6H^{12}(C^6H^5 . CO)^2Az^4O^2,$$

est obtenue par l'action du chlorure de benzoyle sur l'arginine en présence de la soude, d'après la méthode de Schotten-Baumann. Elle cristallise dans l'eau bouillante en petites aiguilles fusibles à 217-218°, solubles dans 750 parties d'eau bouillante, très peu solubles dans l'eau froide, un peu plus solubles dans l'alcool bouillant.

M. Lawroff a montré que la transformation des bases hexoniques en dérivés benzoylés peut servir à l'extraction des bases hexoniques contenues dans des liquides complexes [Gulewitsch, *Zeit. physiol. Chem.*, **27**, 209. — D. Lawroff, *Ibid.*, **28**, 585].

La distinction faite par M. Gulewitsch entre deux arginines dextrogyres, l'une d'origine végétale, l'autre d'origine animale, n'a pas pu être maintenue [Gulewitsch, *Zeit. physiol. Chem.*, **27**, 178 et 363].

Constitution de l'arginine. — Chauffée avec de l'eau de baryte, l'arginine fournit de l'urée [Schulze et Liebernik, *D. chem. G.*, **24**, 2701], ce qui rendrait vraisemblable l'existence d'un noyau de guanidine dans l'arginine. Plus tard, MM. Schulze et Winterstein ont trouvé, parmi les produits du dédoublement par l'eau de baryte, une base qui, traitée par le chlorure de benzoyle et la soude, fournit un composé identique avec l'acide ornithurique, $C^{19}H^{20}Az^2O^4$. Cet acide, découvert il y a plus de vingt ans par M. Jaffé, se trouve dans l'urine des poules après ingestion d'acide benzoïque, et représente le dérivé dibenzoylé de l'ornithine, $C^5H^{12}Az^2O^2$ [Jaffé, *D. chem. G.*, **10**, 1925 et **11**, 406].

L'équation de dédoublement de l'arginine par la baryte devient donc

$$\underset{\text{Arginine.}}{C^6H^{14}Az^4O^2} + H^2O = \underset{\text{Urée.}}{COAz^2H^4} + \underset{\text{Ornithine.}}{C^5H^{12}Az^2O^2},$$

et l'arginine apparaît comme une guanidine modifiée par la substitution d'un résidu d'ornithine.

Cette conclusion a été vérifiée par MM. Schulze et Winterstein, qui, en traitant l'ornithine par la cyanamide, ont reproduit l'arginine [*D. chem. G.*, **32**, 3191]. Il ne restait donc plus qu'à établir la constitution de l'ornithine elle-même.

Déjà M. Jaffé, se fondant sur l'analyse des sels de l'ornithine, avait considéré ce composé comme un acide diamidovalérianique. Mais on ne connaissait à cette époque aucun acide diamidé de la série grasse, et ce n'est que tout près de nous que M. Klebs prépara synthétiquement le premier composé de cette famille, sous les espèces de l'acide α-β-diamidopropionique, très semblable dans ses propriétés à l'ornithine et aussi à la lysine, découverte dans l'intervalle par M. Drechsel. Toutefois on restait sans renseignements sur la position des groupes amidés.

En abandonnant à la putréfaction avec des fragments de pancréas des solutions étendues d'ornithine, M. A. Ellinger a pu isoler, sous la forme de dérivé benzoylé, de la *putrescine* ou *tétraméthylène-diamine*, dont l'équation de formation doit être dès lors la suivante :

$$\underset{\text{Ornithine.}}{AzH^2-CH^2-CH^2-CH^2-CH(AzH^2)-CO^2H}$$
$$= CO^2 + \underset{\text{Tétraméthylène-diamine.}}{AzH^2-CH^2-CH^2-CH^2-CH^2-AzH^2}$$

[A. Ellinger, *Zeit. physiol. Chem.*, **29**, 334].

Enfin MM. Benech et Kutscher ont fait voir qu'en oxydant l'arginine par le permanganate de baryum, on obtient de la guanidine, de l'acide guanidine-butyrique et de l'acide succinique, produits dont la formation peut être expliquée aisément par les deux équations que voici :

```
  AzH²
 /
C-AzH                          AzH²
 \                              |
  AzH-CH²-CH²-CH²-CH-COOH + O²
              Arginine.

   AzH²
  /
= C-AzH                      + CO² + AzH³;
  \
   AzH-CH²-CH²-CH²-COOH
   Acide guanidine-butyrique.

  AzH²
 /
C-AzH                          + O²
 \
  AzH-CH²-CH²-CH²-COOH

   AzH²
  /
= C-AzH + COOH-CH²-CH²-COOH
  \          Acide succinique.
   AzH²
 Guanidine.
```

[Benech et Kutscher, *Zeit. physiol. Chem.*, **32**, 278. — Kutscher, *Ibid.*, 413].

Ces travaux établissent donc clairement la constitution de l'arginine. Ils montrent en outre que cette base est probablement la substance mère de l'acide δ-amidovalérianique, que MM. H. et E. Salkowski ont trouvé parmi les produits de la putréfaction de la viande, comme aussi celle de l'acide succinique que Gorup-Besanez a extrait du thymus chez le veau, de la thyroïde et de la rate chez le bœuf.

HISTIDINE.

L'histidine a été trouvée en 1896 par M. Kossel parmi les produits de l'hydrolyse d'une protamine, la *sturine* du sperme d'esturgeon. Antérieurement, M. Hedin avait déjà signalé, parmi les produits de la décomposition des matières albuminoïdes par les acides, une base très analogue à l'histidine, et dont l'identité avec la base de M. Kossel fut confirmée par les mesures cristallographiques de M. Bauer [Kossel, *Zeit. physiol. Chem.*, **22**, 181. — Hedin, *Ibid.*, 191. — Bauer, *Ibid.*, 285].

L'histidine a été trouvée en outre parmi les produits de décomposition des matières albuminoïdes des semences de conifères (Schulze et Winterstein), et parmi ceux d'une histone extraite du thymus (Lawroff). On la trouve toute formée dans les jeunes plantules de *Vicia sativa*, *Pisum sativum*, *Lupinus albus* et *luteus* (Schulze et Winterstein). Elle existe aussi, d'après M. Kutscher, dans l'antipeptone brute de Kühne [Schulze et Winterstein, *Zeit. physiol. Chem.*, **28**, 459. — Lawroff, *Ibid.*, 388. — Schulze, *Ibid.*, 465 et **30**, 241. — Kutscher, *Ibid.*, **28**, 88].

PRÉPARATION. — Voici comment M. Kossel a isolé l'histidine du produit de décomposition de la sturine. Nous donnerons plus loin le procédé général de séparation des trois bases, en partant des matières albuminoïdes. 200 grammes de sulfate de sturine, préparés d'après M. Kossel [*Zeit. physiol. Chem.*, **25**, 173], sont mis à bouillir pendant 8 heures au réfrigérant à reflux avec 60 grammes d'acide sulfurique concentré et 120 centimètres cubes d'eau. Avec un sel de sturine pur, il se produit à peine une coloration jaune du liquide. On élimine l'acide sulfurique par la baryte, puis l'excès de baryte par l'acide carbonique, et le filtrat alcalin obtenu est concentré, puis précipité par le sublimé. Le précipité mercurique, délayé dans de l'eau, est débarrassé du métal par l'hydrogène sulfuré, et le filtrat chlorhydrique obtenu est évaporé. Après plusieurs jours, il se dépose des cristaux de monochlorhydrate d'histidine.

La base libre est obtenue en traitant la solution aqueuse du chlorhydrate par le sulfate d'argent.

On sépare par le filtre le chlorure d'argent et l'excès de sulfate d'argent, on décompose le filtrat par l'hydrogène sulfuré et on élimine l'acide sulfurique au moyen de la quantité calculée de baryte. La solution aqueuse obtenue, si elle n'est pas trop étendue, est traitée directement par son volume d'alcool, qui précipite peu après en écailles la base libre. Une nouvelle addition d'alcool augmente encore le précipité, et le reste de la base se sépare quand on ajoute de l'éther à l'eau mère alcoolique. La cristallisation dans l'eau se fait aisément [Kossel, *Zeit. physiol. Chem.*, **22**, 181].

Propriétés. — La base libre est soluble dans l'eau, qui prend une réaction alcaline ; elle est très peu soluble dans l'alcool, insoluble dans l'éther.

Elle appartient à cette catégorie peu nombreuse de bases qui sont — comme la nicotine par exemple — lévogyres à l'état libre et dextrogyres dans leurs sels. Pour la base libre,

$$[\alpha]_D = -39°,74.$$

Les conditions dans lesquelles l'histidine est précipitée par le sublimé, par le nitrate d'argent en présence de la baryte, ont été indiquées plus haut à propos de l'arginine.

L'histidine en solution acide, en solution nitrique par exemple, est précipitée par additions alternatives de nitrate d'argent et d'ammoniaque [Hedin, *Zeit. physiol. Chem.*, **22**, 191]. — Lawroff, *Ibid.*, **28**, 390].

Le *monochlorhydrate d'histidine*,

$$C^6H^9Az^3O^2, HCl, H^2O,$$

dont la préparation a été donnée plus haut, est en gros cristaux rhombiques :

$$a : b : c = 0,7666 : 1 : 1,71104.$$

Il est facilement dissocié par l'eau, ainsi qu'en témoignent les indications du pouvoir rotatoire, ce sel étant dextrogyre tandis que la base libre est lévogyre. C'est sans doute ce phénomène qui explique pourquoi M. Hedin a d'abord considéré l'histidine comme inactive.

Le *dichlorhydrate d'histidine*,

$$C^6H^9Az^3O^2, 2HCl,$$

cristallise anhydre. On l'obtient en dissolvant à chaud le sel précédent dans de l'acide chlorhydrique fort (D = 1,19) et évaporant lentement sous la cloche à acide sulfurique. Les cristaux sont soumis encore 2 ou 3 fois au même traitement et dissous finalement dans l'acide chlorhydrique étendu, dans lequel ils sont beaucoup plus solubles que dans l'acide fort. Par évaporation lente, on obtient de grosses tables limpides, identiques au point de vue cristallographique aux cristaux du monochlorhydrate, 1 molécule d'acide chlorhydrique tenant sans doute la place de 1 molécule d'eau. Le sel se ramollit à 225° et fond à 231-233°. $[\alpha]_D = +5°,32$, et avec 2 molécules d'acide chlorhydrique en plus, $+6°,46$ [Kossel, *Zeit. physiol. Chem.*, **22**, 182. — Kossel et Kutscher, *Ibid.*, **28**, 382. — A. Schwantke, *Ibid.*, **29**, 492].

Le *nitrate d'histidine*, $C^6H^9Az^3O^2, 2AzO^3H$, est également bien cristallisé.

LYSINE.

La lysine est la plus anciennement connue des trois bases. Elle a été découverte en 1890 par M. Drechsel parmi les produits de l'hydrolyse de la caséine au moyen de l'acide chlorhydrique à chaud. Elle a été retrouvée ensuite parmi les produits de dédoublement de la conglutine, de la gluten-fibrine, de l'hémiprotéine, de l'acide oxyprotéine-sulfonique et de l'ovalbumine par M. Siegfried, parmi ceux de l'élastine par M. Schwartz, de la corne par M. Hedin, de la gélatine par M. Fischer, du squelette de *Gorgonia cavollini* par M. Drechsel, des matières albuminoïdes des semences de conifères par MM. Schulze et Winterstein. Enfin, MM. Hedin et Kutscher ont signalé sa présence, le premier parmi les produits de la digestion pancréatique, le second dans l'antipeptone préparée d'après M. Kühne [Drechsel, *D. chem. G.*, **23**, 3096. — Siegfried, *Ibid.*, **24**, 418. — Schwartz, *Zeit. physiol. Chem.*, **18**, 487. — Hedin, *Ibid.*, **21**, 298. — E. Fischer, *Dissert. inaug.*, Leipzig, 1890. — Drechsel, *Zeit. f. Biol.*, **33**, 90. — Schulze et Winterstein, *Zeit. physiol. Chem.*, **28**, 459. — Hedin, *loc. cit.* — Kutscher, *Zeit. physiol. Chem.*, **28**, 88]. La lysine a été trouvée aussi dans les plantules de *Vicia sativa*, *Pisum sativum*, *Lupinus albus* et *luteus* [Schulze, *Zeit. physiol. Chem.*, **30**, 241].

Au début de cette série de recherches, la lysine a été signalée régulièrement comme étant accompagnée d'une autre base décrite par M. Drechsel sous le nom de *lysatinine*; mais M. Hedin a reconnu plus tard que cette base n'est qu'un mélange de lysine et d'arginine [Hedin, *Zeit. physiol. Chem.*, **21**, 298].

Préparation. — Aux procédés primitivement employés par Drechsel et par son élève M. Siegfried, et par M. Hedin (*loc. cit.*), M. Kossel a substitué le suivant, fondé sur les propriétés du picrate de lysine :

On fait bouillir pendant 72 heures, au réfrigérant à reflux, 500 grammes de matière albuminoïde (caséine par exemple) avec 200 grammes d'acide chlorhydrique à 15 0/0 et 100 grammes de chlorure stanneux (Siegfried). On peut aussi opérer l'hydrolyse au moyen de l'acide sulfurique (Kossel) en faisant bouillir, pendant 14 heures, 25 à 50 grammes de la matière protéique avec 3 fois son poids d'acide sulfurique et 6 fois son poids d'eau. Le liquide obtenu, débarrassé s'il y a lieu de l'étain au moyen de l'hydrogène sulfuré, est précipité par l'acide phosphotungstique et le précipité, débarrassé de l'acide phosphotungstique au moyen de la baryte, fournit un filtrat alcalin contenant les trois bases avec d'autres produits azotés (acides monamidés, etc.).

De ce liquide, il faut éliminer l'arginine et l'histidine, puis dans le filtrat précipiter la lysine à l'état de picrate. La précipitation de l'histidine et de l'arginine peut être effectuée au moyen du nitrate d'argent et de la baryte, d'après le procédé qui a été décrit à propos de la préparation de l'arginine inactive, ou bien par le sulfate d'argent et la baryte (voyez plus loin). On débarrasse ensuite le filtrat de toute trace d'argent et de baryte, on évapore jusqu'à consistance presque sirupeuse et on ajoute une solution alcoolique d'acide picrique. Il se précipite du picrate de lysine que l'on fait cristalliser dans l'eau bouillante [Siegfried, *loc. cit.* — Kossel, *Zeit. physiol. Chem.*, **26**, 586; **25**, 179].

Drechsel avait proposé aussi d'utiliser pour la séparation de la lysine les propriétés de la dibenzoyllysine ou acide lysurique, et notamment la faible solubilité du sel de baryum de cet acide [Drechsel, *D. chem. G.*, **28**, 3189]; mais l'emploi du picrate est bien plus commode.

Si l'on traite ce picrate par un excès d'acide chlorhydrique et par de l'éther, le chlorhydrate de la base reste en dissolution.

Propriétés. — La base libre est mal connue. Lorsqu'on évapore le chlorhydrate avec de l'acide sulfurique concentré en quantité calculée, en chauffant au bain-marie jusqu'à disparition du chlore, il ne se produit aucune décomposition, et par refroidissement on obtient une masse cristalline rayonnée. Si l'on élimine alors l'acide sulfurique par la quantité calculée de baryte à l'ébullition, et qu'on évapore le filtrat, on obtient une masse cristalline qui représente non la base libre, mais le composé $(C^6H^{14}Az^2O^2)^2, CO^2$, faisant fortement effervescence avec les acides.

Portée à l'ébullition avec de l'eau de baryte, la base se décompose avec production d'urée [Drechsel, *D. chem. G.*, **23**, 3077].

Le *chlorhydrate de lysine*, $C^6H^{14}Az^2O^2, HCl$, se dépose lorsqu'on neutralise par l'acide chlorhydrique la solution alcaline aqueuse de la base, et que l'on ajoute de l'alcool à la dissolution suffisamment concentrée [Hedin, *Zeit. physiol. Chem.*, **21**, 297].

Le *dichlorhydrate*, $C^6H^{14}Az^2O^2, 2HCl$, est obtenu en décomposant le picrate par l'acide chlorhydrique étendu en présence d'éther. On élimine complètement l'acide picrique au moyen de l'éther, on décolore le liquide aqueux par le noir, on évapore le filtrat à consistance sirupeuse et on ajoute de l'acide chlorhydrique fort en concentrant encore un peu. A la masse refroidie et déjà cristalline, on ajoute peu à peu de l'alcool et un peu d'éther, et le précipité obtenu est encore soumis à deux cristallisations au moyen de l'alcool éthéré.

Ce sel commence à fondre à 194-195° et à dégager des gaz à 200-202°. Il est dextrogyre; le pouvoir rotatoire augmente en présence d'un excès d'acide chlorhydrique, puis devient constant. A 20°, et pour 1 à 8 molécules d'acide chlorhydrique ajoutées à 1 molécule du sel, $[\alpha]_D = 17°,22 - 17°,02$ [Lawroff, *Zeit. physiol. Chem.*, **28**, 394].

Le *chloroplatinate*,

$$PtCl^4, C^6H^{14}Az^2O^2, 2HCl, C^2H^5OH,$$

est en belles aiguilles de couleur orange, que l'on obtient en traitant la dissolution du chlorure par du chlorure de platine, de l'alcool et de l'éther. Avec l'alcool méthylique, on obtient le chloroplatinate cristallisé avec 1 molécule d'alcool méthylique [Siegfried, *loc. cit.*].

Le *nitrate double de lysine et d'argent*,

$$AzO^3Ag, C^6H^{14}Az^2O^2 . AzO^3H,$$

est analogue au sel correspondant d'arginine. On l'obtient en additionnant de nitrate d'argent une solution faiblement nitrique de la base, et en ajoutant de l'alcool jusqu'à trouble persistant, puis de l'éther. Ce sont des aiguilles cristallines.

Le *picrate de lysine*, $C^6H^{14}Az^2O^2, C^6H^3Az^3O^7$ (voyez plus haut), est en cristaux très peu solubles dans l'eau froide; à 20°, 100 parties dissolvent 0^{gr},54 du sel [Kossel, *Zeit. physiol. Chem.*, **26**, 586. — Lawroff, *Ibid.*, **28**, 397].

La *dibenzoyllysine* ou *acide lysurique*,

$$C^6H^{12}(C^7H^5O)^2Az^2O^2,$$

obtenue par Drechsel dans l'action du chlorure de benzoyle sur la lysine en milieu alcalin, est en petites paillettes brillantes, peu solubles dans l'eau froide et dans l'éther, facilement solubles dans l'alcool, fusibles à 144-145° [Drechsel, *D. chem. G.*, **28**, 3189].

Le *lysurate acide de baryum*,

$$2[C^6H^{12}(C^7H^5O)^2Az^2O^2] + [C^6H^{11}(C^7H^5O)^2Az^2O^2]^2Ba, 2H^2O,$$

est en belles aiguilles argentées, presque insolubles dans l'eau froide, peu solubles à chaud, facilement solubles dans l'alcool chaud. Le sel ne perd son eau de cristallisation que par fusion à 144-148°.

Le *lysurate neutre de baryum*,

$$(C^{20}H^{21}Az^2O^4)^2Ba, 1,5H^2O,$$

est en petites aiguilles associées en choux-fleurs, facilement solubles dans l'alcool chaud, solubles dans l'eau froide, fusibles à 168°.

Le *lysurate acide de sodium*,

$$C^6H^{12}(C^7H^5O)^2Az^2O^2 + C^6H^{11}(C^7H^5O)^2Az^2O^2Na + H^2O,$$

est dissocié par l'eau bouillante; 10^{gr},2 sont solubles dans 1000 parties d'eau. Il fond à 108-109°.

Le *lysurate acide de strontium*,

$$2[C^6H^{12}(C^7H^5O)^2Az^2O^2] + [C^6H^{11}(C^7H^5O)^2Az^2O^2]Sr, 2H^2O,$$

est en aiguilles fusibles à 137°, à peine solubles dans 5000 parties d'eau froide.

Le *sel neutre*, $[C^6H^{11}(C^7H^5O)^2Az^2O^2]^2Sr, H^2O$, est une poudre cristalline, soluble dans 15^{gr},33 d'eau froide.

Le *lysurate neutre d'argent*,

$$C^{20}H^{21}Az^2O^4Ag, 1,5H^2O,$$

est à peine soluble dans 5000 parties d'eau froide [Cl. Wildenoff, *Zeit. physiol. Chem.*, **25**, 523].

Constitution de la lysine. — En abandonnant à la putréfaction à 30°, pendant 3 ou 4 jours, une solution de chlorhydrate de lysine au centième, additionnée de fragments de pancréas en putréfaction, M. Ellinger a pu isoler de ce liquide, sous la forme de dérivé dibenzoylé, de la *pentaméthylène-diamine* ou *cadavérine*, dont la formation s'explique par l'équation suivante :

$$\underset{\text{Lysine.}}{AzH^2-CH^2-CH^2-CH^2-CH^2-CH(AzH^2)-COOH}$$

$$= \underset{\text{Pentaméthylène-diamine.}}{AzH^2-CH^2-CH^2-CH^2-CH^2-CH^2-AzH^2} + CO^2.$$

Par analogie avec ce que l'on constate pour d'autres acides α-aminés de l'organisme, il est permis d'admettre, ainsi qu'on l'a fait dans la formule ci-dessus, que dans la lysine le carboxyle et le groupe AzH^2 sont liés au même atome de carbone [Ellinger, *D. chem. G.*, **32**, 3542].

Séparation et dosage de l'arginine, de l'histidine et de la lysine. — M. Kossel s'est servi de la méthode suivante pour séparer et doser les trois bases hexoniques dans le mélange complexe fourni par l'hydrolyse des matières albuminoïdes en présence des acides [Kossel, *Zeit. physiol. Chem.*, **31**, 168] : 25 à 50 grammes de la matière albuminoïde sont mis à bouillir au réfrigérant à reflux, pendant 14 heures, avec un mélange de 75 à 150 grammes d'acide sulfurique et de 150 à 300 grammes d'eau. On étend ensuite à 1 litre et on dose l'azote total, d'après Kjeldahl, dans 5 à 10 centimètres cubes du liquide. On additionne alors le liquide d'une dissolution chaude de baryte jusqu'à ce que la réaction ne soit plus que faiblement acide. On sépare par filtration le sulfate de baryum et dans le filtrat on procède de la manière suivante au dosage des trois bases :

Le liquide est introduit dans un ballon de 5 litres de capacité, étendu à 3 litres, additionné de sulfate d'argent en poudre et chauffé au bain-marie. On agite de temps en temps, en essayant le liquide de la manière suivante : On dépose à l'aide d'un agitateur une goutte du liquide sur le bord d'un verre de montre placé sur un fond noir et contenant de l'eau de baryte. Si le précipité qui se produit est blanc, c'est que la quantité de sulfate d'argent est insuffisante. On en ajoute alors un peu, ou bien, si l'on constate au fond du ballon la présence de sel d'argent non dissous, on ajoute un peu d'eau et on remue jusqu'à ce qu'une goutte du liquide donne avec l'eau de baryte un précipité jaune. Sitôt que ce point est atteint, on laisse refroidir le liquide jusqu'à 40° et on le sature d'hydrate de baryte pulvérisé.

Le *précipité* qui se forme et qui contient l'histidine et l'arginine, est recueilli, essoré, délayé dans l'eau de baryte et essoré à nouveau. On le lave encore avec de l'eau de baryte et on réunit tous ces *filtrats* et *eaux de lavage* qui renferment la *lysine*.

Dosage de l'histidine. — Le *précipité* renfermant l'histidine et l'arginine argentique est délayé dans de l'eau contenant un peu d'acide sulfurique et traité par l'hydrogène sulfuré. On filtre, on lave le précipité, on concentre le filtrat au bain-marie pour chasser le gaz sulfhydrique et on étend à 1 litre. On neutralise alors par la baryum, on ajoute une dissolution de nitrate de baryte aussi longtemps qu'il se produit un précipité. On filtre et on lave bien le précipité. Le filtrat et les eaux de lavage (lesquels contiennent les deux bases) sont concentrés jusqu'à 300 centimètres cubes à peu près et additionnés d'une dissolution de nitrate d'argent jusqu'à ce que le liquide, essayé à l'eau de baryte comme il a été dit plus haut, donne une coloration jaune.

On neutralise alors exactement avec de l'eau de baryte, et au liquide neutre on ajoute, le plus commodément à l'aide d'une burette, de petites quantités d'eau de baryte jusqu'à ce que toute l'histidine soit précipitée sous la forme de composé argentique. On s'assure que la précipitation est complète en prélevant avec un tube un peu du liquide clarifié par le repos, et l'additionnant de nitrate d'argent ammoniacal, qui donne avec l'histidine un précipité facilement soluble dans l'ammoniaque.

Lorsque la précipitation est complète, on recueille sur filtre l'histidine argentique et on transforme la base en chlorure $C^6H^9Az^3O^2, 2HCl$, que l'on pèse.

Dosage de l'arginine. — Le filtrat séparé de l'histidine argentique est saturé d'hydrate de baryte pulvérisé. Le précipité essoré est délayé avec de l'eau de baryte et essoré à nouveau jusqu'à élimination de l'acide nitrique. On le délaye ensuite dans de l'eau sulfurique, on élimine l'argent par l'hydrogène sulfuré, on lave bien le précipité et dans le filtrat, réuni aux eaux de lavage, on dose l'azote d'après Kjeldahl, et on calcule d'après ce résultat la quantité d'arginine contenue dans le liquide.

Le reste du liquide, débarrassé de l'acide sulfurique par la baryte, et de l'excès de baryte par l'acide carbonique, est neutralisé par l'acide nitrique, évaporé, puis desséché dans le vide à la température ordinaire. Le résidu obtenu est pesé comme nitrate d'arginine,

$$C^6H^{14}Az^4O^2, AzO^3H, 1,5H^2O.$$

On peut aussi le dissoudre dans l'eau, ajouter de l'acide nitrique (voyez plus haut) et doser au polarimètre en prenant $[\alpha]_D = +25°,48$.

Dosage de la lysine. — Les *filtrats* et *eaux de lavage* renfermant la lysine sont débarrassés d'un peu d'argent à l'aide de l'hydrogène sulfuré. On filtre, on lave bien le précipité et on concentre à 500 centimètres cubes environ. On ajoute alors de l'acide sulfurique (5 0/0) et de l'acide phosphotungstique jusqu'à cessation de précipité.

Ce précipité lavé est décomposé par la baryte, et le filtrat, réuni aux eaux de lavage du précipité, est débarrassé de la baryte par l'acide carbonique et évaporé à sec. On reprend le résidu par un peu d'eau, on filtre, on évapore et on délaye le résidu dans une dissolution alcoolique d'acide picrique. On ajoute encore par petites portions de la dissolution picrique jusqu'à ce que le précipité cesse d'augmenter, et en évitant un excès d'acide qui dissoudrait le précipité. On essore le picrate de lysine obtenu, on le fait cristalliser dans l'eau bouillante en concentrant à un faible volume, on le lave avec très peu d'alcool et on le pèse.

En se servant de cette méthode, M. Kossel a obtenu avec les diverses protamines et matières albuminoïdes les résultats résumés dans le tableau suivant :

	Quantités d'azote fournies par chaque base en centièmes de l'azote total.				Poids de chaque base pour 100 parties de matière hydrolysée.			
	Histidine.	Arginine.	Lysine.	Ammoniaque.	Histidine.	Arginine.	Lysine.	Ammoniaque.
Salmine	0	87,8	0	0	0	84,3	0	0
Clupéine	0	83,5	0	0	0	82,2	0	0
Cycloptérine	0	67,7	0	?	0	62,5	0	pas déterminé
Sturine	11,8	63,5	8,4	0	12,9	58,2	12,2	0
Histone (du thymus)	1,79	25,17	8,04	7,46	1,21	14,36	7,7	1,66
Histone (des testicules de poissons)	3,3	26,9	8,5	3,3	2,34	15,52	8,30	0,74
Gélatine (du commerce)	pas déterminé	16,6	pas déterminé	1,4	peu	9,3	5,6	0,3
Gluten-caséine	1,9	8,7	2,5	12,5	1,16	4,4	2,15	2,45
Gluten-fibrine	2,43	5,75	0	18,78	1,53	3,05	0	3,89
Mucédine	0,69	5,99	0	20,70	0,43	3,13	0	4,23
Gliadine	1,89	5,12	0	19,51	1,20	2,75	0	4,1
Zéine	1,41	3,76	0	13,53	0,81	1,82	0	2,56

E. Lambling.

HEXYLACÉTIQUES (ACIDES) [Syn. *Capryliques*].

HEXYLAMINES. — Voyez Hexyliques.

HEXYLBENZYLE (CYANURE D') [Syn. *Métho 1⁴-pentylphène-nitrile 1¹*],

$$C^6H^5 - CH(C^6H^{13})CAz.$$

— Ce composé a été préparé par M. Rossolymo en chauffant l'iodure d'hexyle secondaire (20 gr.) avec le cyanure de benzyle (11 gr.) en présence de soude sèche (4 gr.). C'est un liquide bouillant à 287° [*D. chem. G.*, **22**, 1237; *Bull. Soc. Chim.*, (3), **3**, 107].

HEXYLBUTYROLACTONE [Syn. *Décanolide* 1.3; γ-*décalactone*]. — Voyez CAPRIQUE (ACIDE), 2e Suppl., **1**, 961.

En traitant par le perchlorure de phosphore une des oximes isomériques de l'acide céto-oxystéarique,

$$CH^3-(CH^2)^5-CH.OH-(CH^2)^2-\underset{\underset{AzOH}{\|}}{C}-(CH^2)^7-CO^2H,$$

on provoque l'isomérisation de celle-ci suivant la réaction de Beckmann. L'amide ainsi obtenue, chauffée à 150° avec de l'acide chlorhydrique concentré, se dédouble en *acide amino-octanoïque*, $CO^2H-(CH^2)^6-CH^2.AzH^2$ et *hexylbutyrolactone* [Goldsobel, *D. chem. G.*, **27**, 3121; *Bull. Soc. Chim.*, (3), **14**, 297]. A. Valeur.

HEXYLDIMÉTHYLAMIDOPHÉNYLCÉTONE. [Syn. *diméthylaminophénylhexylcétone*],

$$C^6H^{13}-CO-C^6H^4.Az(CH^3)^2.$$

— Pour préparer cette cétone, on opère de la façon suivante : 200 grammes de diméthylaniline sont additionnés d'une égale quantité de chlorure de zinc et mélangés dans un ballon fermé par un tube à chlorure de calcium; on y ajoute par petites quantités 100 grammes de chlorure d'œnanthyle. La réaction s'effectue avec dégagement de chaleur. On verse la masse pâteuse dans l'eau, on lave plusieurs fois l'huile surnageante, puis on sépare la diméthylaniline par entraînement à la vapeur d'eau. Le résidu est dissous dans l'acide chlorhydrique, enfin la solution, étendue de 40 à 50 fois son volume d'eau, laisse déposer une huile qui ne tarde pas à cristalliser. Après cristallisation dans l'alcool, le produit est pur.

La diméthylaminophénylhexylcétone cristallise en longues aiguilles fondant à 48°,5, distillant à 190° sous 20 millimètres.

Son *oxime*,

$$C^6H^{13}-\underset{\underset{AzOH}{\|}}{C}-C^6H^4.Az(CH^3)^2,$$

cristallise dans l'alcool en feuillets brillants, fusibles à 99°.

Par l'action de l'acide azotique concentré et froid, cette cétone fournit un *dérivé mononitré*, $C^6H^{13}-CO-C^6H^3(AzO^2)-Az(CH^3)^2$, qui cristallise en aiguilles jaunes soyeuses, fusibles à 65° [Auger, *Bull. Soc. Chim.*, (2), **47**, 45].

Il faut noter que, outre la diméthylamidophénylhexylcétone, il se forme, dans la préparation décrite plus haut, du *tétraméthyldiamidodiphénylheptane*, $C^6H^{13}-CH[C^6H^4.Az(CH^3)^2]^2$ [Auger, *loc. cit.*]. A. Valeur.

HEXYLDIPHÉNYLMÉTHANE,

$$C^6H^{14}-CH<\begin{matrix}C^6H^5\\C^6H^5\end{matrix}$$

— Ce carbure a été obtenu par M. Auger [*Bull. Soc. Chim.*, (2), **47**, 49] en condensant le chlorure d'heptylidène, dérivé de l'œnanthol, avec le benzène en présence de chlorure d'aluminium.

50 grammes de chlorure sont mélangés de 200 grammes de benzène; on ajoute 4 grammes de chlorure d'aluminium, puis après 1 heure encore 2 grammes, et après 3 heures, 3 grammes.

On abandonne pendant 2 jours et on chauffe ensuite pendant 3 heures à 30°. Le produit est versé dans l'eau, la couche huileuse fractionnée, et la portion passant à 190-192° sous 13 millimètres est refroidie fortement. On obtient finalement des cristaux blancs, fusibles à 14°, bouillant à 186° sous 10 millimètres.

Dérivé dinitré,

$$C^6H^{13}-CH<\begin{matrix}C^6H^4-AzO^2\\C^6H^4-AzO^2\end{matrix}$$

— Il se prépare en ajoutant goutte à goutte le carbure fondu à de l'acide azotique d'une densité de 1,5. L'eau le précipite sous la forme d'une huile jaune indistillable.

Dérivé diaminé. — Se prépare par la réduction du dérivé dinitré par l'étain et l'acide chlorhydrique en solution alcoolique. C'est une huile non distillable. L'*azotate* est bien cristallisé.

Dérivé tétraméthyldiaminé,

$$C^6H^{13}-CH<\begin{matrix}C^6H^4-Az(CH^3)^2\\C^6H^4-Az(CH^3)^2\end{matrix}$$

— La base précédente se laisse facilement méthyler par l'iodure de méthyle à 110°. La base tétraméthylée est en longues aiguilles, fusibles à 59°,5.

On peut la préparer aussi en condensant l'œnanthol avec la diméthylaniline au moyen du chlorure de zinc. L'opération ne se fait pas avec un très bon rendement, à cause de l'action du chlorure de zinc sur l'œnanthol; 10 0/0 seulement de ce dernier est transformé.

La base tétraméthylée est insoluble dans l'eau, peu soluble dans l'alcool froid. Son oxydation ne conduit pas au carbinol : le groupement heptyle se sépare toujours sous la forme d'œnanthol ou d'acide œnanthylique. R. Marquis.

HEXYLÈNES [Dict., **2**, 21; 1er Suppl., 914]. — Dans la nouvelle nomenclature, les carbures C^6H^{12} prennent le nom d'*hexènes* et le chiffre qui suit désigne la place occupée dans la chaîne par la double liaison.

Les carbures isomériques connus sont :

L'*hexylène normal* ou *butyléthylène* ou *hexène* 5;

Le β-*hexylène* ou *méthylpropyléthylène*, ou *hexène* 4;

Le *pseudobutyléthylène;*

Le *tétraméthyléthylène;*

Le *diméthyléthyléthylène;*

L'α-*méthyléthylpropylène;*

L'*hexahydrobenzène* ou *cyclohexane*.

Des *hexylènes* dérivés de l'huile de pommes de terre ou du bromure de propylène, du savon calcaire, de l'huile de poisson et des pétroles de Pechelbronn ont été également décrits; mais, en raison de leur point d'ébullition variable, ils ne peuvent être considérés que comme des mélanges.

1° HEXYLÈNE NORMAL [Syn. *Butyléthylène* ou *hexène* 5],

$$CH^3-CH^2-CH^2-CH^2-CH=CH^2.$$

— M. A. Brochet a trouvé ce carbure dans l'huile légère de la distillation du bog-head, dont il forme les 4 centièmes environ. C'est le seul hexène que cette huile contienne. Son point d'ébullition est bien fixe à 67°, sa densité à 0° = 0,7241, à 10° = 0,7148; son indice de réfraction à 10° = 1,407; son pouvoir réfringent moléculaire = 28,93.

Saturé à 0° d'acide iodhydrique, il donne le même iodure d'hexyle secondaire que la mannite, bouillant à 167°, et, en plus faible quantité, l'*iodure primaire bouillant* à 180-181°. Il n'est pas attaqué par l'acide sulfurique, et donne avec le chlore et le brome deux produits d'addition : le *bichlorure d'hexylène*, bouillant à 172-174°, ayant une densité de 1,085 à 15°, et le *bibromure* se décomposant à l'ébullition sous la pression ordinaire, mais bouillant à 98-99°, sous une pression de 15 millimètres (d = 1,610 à 15°). A 150° l'iode le polymérise [A. Brochet, *Bull. Soc. Chim.*, (3), **7**, 568].

2° β-Hexylène [Syn. *Méthylpropyléthylène* ou *hexène* 4], (voyez 1er Suppl., 614),

$$CH^3-CH^2-CH^2-CH=CH-CH^3.$$

— C'est le carbure dérivé de la mannite.

Ce carbure, en se combinant avec le brome, dégage 28 843 calories [Louguinine et Kablukoff, *C. R.*, **116**, 1197; *Bull. Soc. Chim.*, (3), **9**, 799].

Il se combine avec l'acide chlorhydrique fumant à la température de 100°, pour donner du *chlorure d'hexyle*, $C^6H^{13}Cl$, bouillant à 122-124°.

Il se combine aussi avec l'acide hypochloreux, pour donner la *monochlorhydrine*,

$$CH^3.CHOH.CHCl.CH^2.CH^2.CH^3,$$

bouillant vers 170°, et dont la densité est de 1,018 à 11° [Domac, *Bull. Soc. Chim.*, (2), **39**, 391].

M. L. Henry [*C. R.*, **97**, 260], en fixant les éléments de l'acide chlorhydrique sur l'oxyde d'hexylène, est arrivé à une *chlorhydrine* qu'il considère comme un isomère de la précédente, et auquel il assigne la formule

$$CH^3.CHCl.CHOH.CH^2.CH^2.CH^3,$$

mais qui possède cependant des propriétés très voisines; c'est un liquide visqueux, insoluble dans l'eau, bouillant à 170-171° et dont la densité est de 1,0143 à 11°.

Celle-ci, par l'action du chlorure d'acétyle, se transforme en *acétochlorhydrine*, insoluble dans l'eau, ayant une densité de 1,04 à 6° et bouillant à 188-190°.

La *chloronitrine* et la *dinitrine* s'obtiennent avec la même facilité.

La *monobromhydrine*, obtenue au moyen de l'acide bromhydrique, a pour densité 1,2959 et bout à 188-190°.

La *monoiodhydrine* ne distille pas et est beaucoup plus lourde que l'eau.

L'action du chlore sur la monochlorhydrine donne naissance au *bichlorure d'hexylène*, $C^6H^{12}Cl^2$, liquide mobile, d'une odeur poivrée, bouillant à 162-165°, ayant une densité de 1,0527 à 11°, produit d'addition comparable aux produits d'addition du benzène, car il ne se décompose pas par la potasse pulvérulente, mais se transforme sous l'influence de la potasse alcoolique en *hexylène monochloré*.

Hexylène monochloré, $C^6H^{11}Cl$. — Liquide mobile, d'une saveur piquante, d'une odeur désagréable, insoluble dans l'eau, bouillant à 122°; d = 0,9036. Densité de vapeur, 4,02 (théorique 4,09).

COMPOSÉS HEXYLÉNIQUES.

Acétone hexylénique, $C^6H^{12}O$. — Dérivée de l'hexylène monochloré précédent par l'action de l'acide sulfurique, c'est un liquide incolore, mobile, à odeur de menthe poivrée, insoluble dans l'eau, bouillant à 125° sous 753 millimètres, ayant une densité de 0,8343. Densité de vapeur 3,45 (théorie 3,45, L. Henry).

Phénoxy 1-hexène 4,

$$CH^2.OC^6H^5-CH^2-CH^2-CH=CH-CH^3.$$

— Liquide huileux, bouillant à 243-246°, obtenu par l'action du phénate de sodium sur l'hexène-dibromé correspondant (β-hexylène-dibromé), volatil avec la vapeur d'eau, soluble dans l'alcool, l'éther et le benzène [Solonina, *Journ. Soc. chim. russe*, **30**, 826].

δ-Hexylène-glycol ou *δ-glycol hexylénique*,

$$CH^3-CHOH-CH^2-CH^2-CH^2-CH^2OH.$$

— Il s'obtient dans la réduction de l'alcool acétylbutylique par l'amalgame de sodium. Liquide huileux, d'une saveur amère, bouillant à 234-235° sous une pression de 710 millimètres, très soluble dans l'eau et dans l'alcool, peu soluble dans l'éther; d = 0,9309 à 0°.

Chauffé à 100° avec l'acide chlorhydrique fumant, il donne un mélange d'*éther monochlorhydrique* et d'*éther dichlorhydrique* [A. Lepp, *D. chem. G.*, **18**, 3275].

La monochlorhydrine et la dichlorhydrine de ce glycol s'obtiennent en chauffant au bain-marie avec l'acide chlorhydrique l'oxyde d'hexylène correspondant (A. Lipp).

δ-Oxyde d'hexylène,

$$\underbrace{CH^3-CH-CH^2-CH^2-CH^2-CH^2}_{O}.$$

— Il se produit dans la déshydratation du glycol δ-hexylénique au moyen de l'acide sulfurique. Pour cela, on chauffe ce corps au bain-marie pendant 1 heure avec 3 fois son poids d'acide sulfurique renfermant un tiers d'eau, puis on distille dans un courant de vapeur d'eau, et l'on recueille ainsi un liquide incolore mobile, bouillant à 103-104° sous 720 millimètres, ayant une densité de 0,8739 à 0°, peu soluble dans l'eau, mais très soluble dans l'alcool et dans l'éther. Il ne réduit ni la liqueur de Fehling, ni le nitrate d'argent ammoniacal.

On peut le chauffer sans l'altérer en présence de l'eau jusqu'à 300°, et jusqu'à 200° en présence de l'ammoniaque.

Chauffé au bain-marie avec l'acide chlorhydrique, il fixe d'abord 1 molécule de cet acide et forme ainsi la *monochlorhydrine* du glycol δ-hexylénique; si l'on prolonge l'action, on obtient la *dichlorhydrine* [A. Lipp, *D. chem. G.*, **18**, 3275].

Pseudoxyde d'hexylène, $C^6H^{12}O$. — Nom donné par Wurtz au produit qu'il avait obtenu par l'action de l'oxyde d'argent sur le diiodhydrate de diallyle, $C^6H^{10}H^2I^2$ (voyez Dict., **1**, 1143).

Le même corps a été obtenu dans l'action de l'acide sulfurique sur un mélange de diallyle et d'huile de paraffine par M. Jekyll [*Bull. Soc. Chim.*, (2), **15**, 233]; son mode de préparation a été modifié et régularisé par M. Béhal [*Bull. Soc. Chim.*, (2), **48**, 44. — Voyez oxyde de Biallyle, 2e Suppl., **1**, 685].

Dioxyde hexylénique. — C'est un corps bouillant à 153°, qui se produit dans l'action du sodium sur l'épichlorhydrine distillant à 116° [A. Bigot, *Bull. Soc. Chim.*, (3), **1**, 690].

D'après le même auteur, l'oxyde bouillant à 210° serait un polymère du premier. — Voyez Épichlorhydrine, 2e Suppl., **3**, 830. G. Meunier.

HEXYLÉRYTHRITE. — L'hexylérythrite,

$$CH^3.(CHOH)^4.CH^3,$$

ou peut-être

$$CH^2OH.CHOH.CH^2.CH^2.CHOH.CH^2OH,$$

s'obtient en oxydant le diallyle par une solution étendue et froide de permanganate de potassium [Wagner, *D. chem. G.*, **21**, 3344].

On porte ensuite à l'ébullition pour entraîner le diallyle non attaqué, on sature par l'acide carbonique, puis on évapore et l'on reprend par l'alcool absolu le produit sirupeux resté dans la capsule. Après plusieurs cristallisations, on obtient de petits cristaux tabulaires très brillants, fusibles à 95°,5, et possédant la composition de l'hexylérythrite.

La saveur de ce corps est nettement sucrée; il est insoluble dans l'éther, peu soluble dans l'alcool absolu froid, mais se dissout facilement dans l'alcool bouillant.

Les eaux mères alcooliques de la purification de l'hexylérythrite renferment un corps très hygroscopique, assez soluble dans un mélange d'alcool et d'éther, et possédant la composition de l'hexylérythrite, dont il serait un isomère. [Wagner, *D. chem. G.*, **31**, 3344]. Ch. Cloëz.

HEXYLGLYCÉRINES. — On désigne sous ce nom les alcools triatomiques à chaine ouverte, répondant à la formule $C^6H^{14}O^3$.

Des composés de cet ordre actuellement connus, deux se rattachent à l'hexane (*hexane-triols*), les autres sont des *méthylpentane-triols*.

HEXANE-TRIOL 1.2.4,

$$CH^2OH-CHOH-CH^2-CHOH-CH^2-CH^3.$$

— Ce composé a été préparé par M. H. Fournier [*Bull. Soc. Chim.*, (3), **13**, 121] de la manière suivante : On oxyde 16 grammes d'éthylallylcarbinol par 17 grammes de permanganate de potassium au centième, suivant les indications données par M. Wagner; on distille dans le vide le liquide sirupeux; on obtient ainsi l'hexane-triol 1.2.4 sous la forme d'un liquide très épais, légèrement jaunâtre, bouillant à 192° sous la pression de 30 millimètres, soluble dans l'eau, l'alcool et l'éther.

En chauffant cette glycérine avec de l'anhydride acétique à 141° pendant 2 heures, on obtient son *éther triacétique*, liquide incolore, bouillant à 168-169° sous la pression de 20 millimètres, et à 273-276° sous la pression ordinaire. Sa densité à 20° est de 1,086.

HEXANE-TRIOL 1.2.5,

$$CH^2OH-CHOH-CH^2-CH^2-CHOH-CH^3.$$

— MM Markownikoff et Kablukoff [*Journ. Soc. chim. russe*, **13**, 355] l'ont préparé en saponifiant la triacétine correspondante par l'eau et le protoxyde de plomb.

MM. W. Traube et E. Lehmann [*D. chem. G.*, **34**, 1982] l'ont également obtenu en réduisant par l'amalgame de sodium la méthyl-γ-δ-dioxybutylcétone (hexane-diol 1.2-one 5),

$$CH^2OH-CHOH-CH^2-CH^2-CO-CH^3.$$

C'est un liquide très épais, bouillant à 181° sous 10 millimètres (Markownikoff), à 178° sous 12 millimètres [W. Traube et Lehmann, *loc. cit.*]. Il a pour densité 1,1012 à 0°. Il est miscible à l'eau et à l'alcool, mais ne se dissout pas dans l'éther. Par réduction au moyen du phosphore et de l'acide iodhydrique fumant, à 120°, il fournit un hexylène bouillant à 69°.

L'*éther triacétique* de cette hexylglycérine se prépare lui-même en traitant par l'acétate d'argent le bromure de l'éther acétique du méthylcrotonylcarbinol,

$$CH^2Br-CHBr-CH^2-CH^2-\underset{\displaystyle OCOCH^3}{\underset{|}{CH}}-CH^3.$$

C'est un liquide incolore, épais, insoluble dans l'eau, de saveur amère; sa densité à 0° est de 1,087. Il bout à 192-196° sous une pression de 100 millimètres environ, et à 270-283° sous la pression atmosphérique; mais, dans ce dernier cas, il y a séparation d'anhydride acétique [Markownikoff et Kablukoff, *loc. cit.*]

MÉTHYL 2-PENTANE-TRIOL 1.2.3 (*hexénylglycérine*),

$$CH^2OH-\underset{\displaystyle CH^3}{\underset{|}{C}}(OH)-CHOH-CH^2-CH^3.$$

— MM. Lieben et S. Zeisel [*Mon. f. Chem.*, **4**, 41; *Bull. Soc. Chim.*, (2), **40**, 40] ont obtenu cette glycérine dans les conditions suivantes :

La réduction par le fer et l'acide acétique de la méthyléthylacroléine,

$$CH^3-CH^2-CH=\underset{\displaystyle CHO}{\underset{|}{C}}-CH^3,$$

fournit, outre l'alcool hexylique, un alcool non saturé, de la formule $C^6H^{12}O$. Le mélange de ces alcools est chauffé au réfrigérant ascendant avec du brome et une grande quantité d'eau; puis on distille ensuite pour séparer l'alcool hexylique. Le résidu, qui renferme la glycérine hexylique, est saturé à chaud par l'oxyde de plomb, puis évaporé; on reprend par l'alcool, on élimine le plomb par l'hydrogène sulfuré, on sature par l'acétate d'argent, puis on évapore et on chauffe à 150° pendant 24 heures avec de l'anhydride acétique en excès. Enfin on décompose la triacétine ainsi obtenue par l'eau de baryte à l'ébullition. L'hexénylglycérine, après purification par un lavage à l'éther, forme un liquide épais, incolore, bouillant à 170-176° sous 53 millimètres. Chauffée en tube scellé à 100° avec de l'acide iodhydrique, elle fournit un iodure d'hexyle qui bout à 154-160°.

La *triacétine* de l'hexénylglycérine est un liquide incolore, qui possède une odeur faible et aromatique; elle est insoluble dans l'eau et bout à 153°,8-155°,8 sous 21 millimètres.

MÉTHYL 2-PENTANE-TRIOL 2.4.5 (*isohexylglycérine*),

$$CH^3-\underset{\displaystyle CH^3}{\underset{|}{C}}(OH)-CH^2-CHOH-CH^2OH$$

— Ce corps se forme :

1° Quand on laisse en contact prolongé avec l'eau de baryte le bromure de diméthylallylcarbinol,

$$CH^3-\underset{\displaystyle CH^3}{\underset{|}{C}}(OH)-CH^2-CHBr-CH^2Br$$

[Orloff, *Ann. Chem.*, **233**, 358];

2° Par l'action de la potasse sur le chlorohexylène-glycol,

$$(CH^3)^2-C(OH)-CH^2-CHCl-CH^2OH$$

[Orloff et Reformatsky, *J. prakt. Chem.*, (2), **40**, 400; *Bull. Soc. Chim.*, (3), **3**, 884].

Pour le préparer, on ajoute, en maintenant la température à 0°, une solution aqueuse d'acide hypochloreux à de l'allyldiméthylcarbinol (20 grammes) jusqu'à odeur persistante; on ajoute alors un peu d'hyposulfite de sodium pour détruire l'excès du réactif; on filtre; on ajoute enfin 25 grammes de potasse et on distille jusqu'à réduction à un tiers. Le résidu est ensuite évaporé presque à sec; on neutralise exactement la potasse au moyen de l'acide sulfurique et on évapore à sec.

Enfin le résidu est épuisé par l'alcool à 95°; la solution alcoolique est additionnée d'éther, qui précipite des matières étrangères, puis distillée. On obtient comme résidu l'isohexylglycérine sous la forme d'un liquide épais, incolore, de saveur douce, soluble dans l'eau et dans l'alcool, insoluble dans l'éther et bouillant à 198° sous la pression de 60 à 65 millimètres, à 190-192° sous 48 à 50 millimètres et à 164°,5-165°,5 sous 17 à 18 millimètres; sa densité à 0° est de 1,0936.

Oxydée par l'acide azotique, cette glycérine fournit un *acide monobasique*, $C^6H^{12}O^4$; le permanganate de potassium, au contraire, produit de l'acide oxyvalérique.

La *triacétine* de l'isohexylglycérine,

$$C^6H^{11}(OCOCH^3)^3,$$

s'obtient en chauffant cette glycérine (3 grammes) avec l'anhydride acétique (9 grammes) à 100° en tube scellé, pendant 10 heures; c'est un liquide mobile, insoluble dans l'eau, soluble dans l'alcool et dans l'éther.

Aux hexylglycérines se rattache également le *méthylol 2-pentanediol* 1.3,

$$CH^2OH - CH - CHOH - CH^2 - CH^3, \quad (CH^2OH \text{ sur } CH)$$

dont M. Henry [*Bull. Soc. Chim.*, (3), **15**, 1224] a préparé un dérivé mononitré, le *nitro 2-méthylol-2-pentanediol* 1.3,

$$CH^3 - CH^2 - CHOH - C(AzO^2) - CH^2OH. \quad (CH^2OH \text{ sur } C)$$

Ce composé s'obtient en condensant 2 molécules de méthanal avec 1 molécule de nitro 1-butanol-2 en présence de l'eau, et du carbonate de potassium. Il fond à 111-112°. A. Valeur.

HEXYLIQUES (ALCOOLS), $C^6H^{14}O$. — Le nombre des alcools hexyliques connus est actuellement de quatorze.

1° ALCOOL HEXYLIQUE NORMAL (*hexanol* 1),

$$CH^3 - CH^2 - CH^2 - CH^2 - CH^2 - CH^2OH.$$

— M. Faget [*Ann. Chem.*, **88**, 325] a signalé la présence de cet alcool dans l'huile de marc de raisin; il existe, à l'état d'acétate, dans l'essence d'*Heracleum spondylium* [Höslinger, *Ann. Chem.*, **185**, 41]. Il a été préparé par MM. Lieben et Janecek en réduisant l'aldéhyde caproïque [*Ann. Chem.*, **187**, 35] et par M. Frentzel en distillant avec de l'eau l'azotite d'hexylamine normale [*D. chem. G.*, **16**, 744]. Son point d'ébullition est situé à 156-157°.

Le *bromure d'hexyle normal* a été préparé en saturant l'alcool d'acide bromhydrique gazeux [Lieben et Janecek, *loc. cit*, 137]; il est liquide et bout à 155°,5 sous 743mm,8; sa densité est de 1,1935 à 0°.

Isosulfocyanate d'hexyle, $C^6H^{13} - Az = CS$. — L'hexylamine normale se combine facilement avec le sulfure de carbone pour donner un thiosulfocarbamate; ce dernier, traité par le sulfate de cuivre, fournit l'isosulfocyanate d'hexyle, bouillant à 212° sous 758 millimètres [Frœntzel, *loc. cit.*].

Alcool hexylique chloré (*chloro 5-hexanol* 1),

$$CH^3 - CHCl - CH^2 - CH^2 - CH^2 - CH^2OH.$$

— Ce composé se prépare en chauffant à 100° le glycol δ-hexylénique avec de l'acide chlorhydrique fumant, ou en chauffant, à la même température, l'oxyde hexylénique correspondant avec de l'acide chlorhydrique d'une densité de 1,1 [Lipp, *D. chem. G.*, **18**, 3283]. Il est liquide; l'action de l'acide chlorhydrique fumant à 100° le transforme en hexane dichloré-1.5.

Mercaptan hexylique, $C^6H^{13}SH$. — Il a été préparé par Pelouze et Cahours en traitant le chlorure d'hexyle par le sulfhydrate de potassium. Il bout à 145-148°

Sulfure d'hexyle, $(C^6H^{13})^2S$. — Il se prépare en traitant le chlorure par le sulfure de potassium. Il bout à 230°.

HEXYLAMINE, $CH^3 - (CH^2)^4 - CH^2 - AzH^2$. — L'hexylamine normale a été obtenue d'abord par Pelouze et Cahours, en traitant par l'ammoniaque le chlorure d'hexyle formé dans la chloruration de l'hexane du pétrole. Elle se prépare facilement en appliquant la méthode d'Hofmann à l'amide œnanthylique. 1 molécule de celle-ci est introduite dans un mélange de 1 molécule de brome et de 4 molécules de potasse en solution aqueuse à 5 0/0 [Frentzel, *loc. cit.*]. On peut encore l'obtenir en réduisant le nitrile caproïque [C. Norstedt et A. Wahlfors, *D. chem. G.*, **25**, *Ref.* 637]. M. Hantsch [*D. chem. G.*, **24**, 4021] a observé la formation de l'hexylamine dans les circonstances suivantes : l'oxime de la méthylhexylcétone étant soumise à l'action du perchlorure de phosphore, puis de l'eau, subit l'isomérisation de Beckmann, et il se forme de l'hexylacétamide

$$CH^3COAzHC^6H^{13};$$

cette dernière, dédoublée par la potasse, fournit l'hexylamine.

Cette base se forme encore dans la réduction, par le fer et l'acide acétique, du nitrohexane primaire normal [Worstall, *Am. Chem. Journ.*, **21**, 221].

L'hexylamine normale est un liquide épais, bouillant à 128-130°, dont la densité est de 0,768 à 17°. Les deux dérivés suivants peuvent servir à la caractériser facilement : L'*hexylpicramide* $C^6H^{13}AzH \cdot C^6H^2(AzO^2)^3$, obtenue par l'action du chlorure de picryle sur l'hexylamine, fond à 70°. La *dinitrohexylaniline*, obtenue par l'action du chlorodinitrobenzène, fond à 38-39° [H. van Erp, *Rec. des Pays-Bas*, **14**, 41].

Hexylnitramine, $C^6H^{13} - AzH - AzO^2$. — Ce corps s'obtient à partir de l'uréthane

$$C^6H^{13} - AzH - CO^2CH^3.$$

Ce dernier est nitré, et le produit de la nitration saponifié par l'ammoniac sec en solution éthérée. L'hexylnitramine fond à 5°,5-6°,5; sa densité est de 1,014 à 15°. Chauffée avec de l'acide sulfurique à 2 0/0, elle donne un mélange d'hexylène, d'alcools hexyliques, et d'un oxyde d'hexyle bouillant à 218-221° [H. van Erp, *loc. cit.*].

La *dihexylamine*, $AzH(C^6H^{13})^2$, et la *trihexylamine*, $Az(C^6H^{13})^3$, se forment dans l'action de l'ammoniaque alcoolique sur le chlorure d'hexyle [Pelouze et Cahours, *loc. cit.*]. La première de ces bases bout à 190-195°; la seconde à 260°.

2° MÉTHYLBUTYLCARBINOL (*hexanol* 2),

$$CH^3 - CH^2 - CH^2 - CH^2 - CH - CH^3. \quad (OH \text{ sur } CH)$$

— Cet alcool a été préparé par MM. Erlenmeyer et Wanklyn [*Ann. Chem.*, **135**, 138; *J. prakt. Chem.*, 1864, 520] en hydratant le méthylpropyléthylène au moyen de l'acide sulfurique à 89 0/0. A. Combes et M. Le Bel l'ont obtenu en hydrogénant la méthylbutylcétone préparée à partir de la propylacétylacétone. Ils ont montré que l'alcool obtenu par MM. Erlenmeyer et Wanklyn à partir de l'iodure d'hexyle secondaire dérivé de la mannite était non pas le méthylbutylcarbinol, mais l'éthylpropylcarbinol [*Bull. Soc. Chim.*, (3), **6**, 898; **7**, 83, 551]. M. Lieben a trouvé le méthylbutylcarbinol dans les produits de l'action du zinc-éthyle sur l'éther bichloré [*Ann. Chem.*, **178**, 22]. C'est un liquide bouillant à 136°.

L'*acétate* bout à 155-157°. Sa densité est de 0,8778 à 0°.

Le *chlorure d'hexyle secondaire* a été obtenu

par l'action de l'acide chlorhydrique sur l'alcool [Erlenmeyer et Wanklyn, *loc. cit.*]. D'après M. Morgan [*Ann. Chem.*, **177**, 305], le chlorure $C^6H^{13}Cl$, préparé par l'action du chlore sur l'hexane normal, fournit deux hexylènes, dont l'un se combine à chaud avec l'acide chlorhydrique en donnant le chlorure correspondant au méthylbutylcarbinol; enfin ce chlorure se prépare encore en saturant d'acide chlorhydrique à 0° le méthylpropyléthylène [Domac, *Mon. f. Chem.*, **2**, 213]: il bout à 123°,5; sa densité est de 0,871 à 24°.

Le *bromure d'hexyle secondaire* s'obtient par l'action du brome sur l'hexane normal bouillant [Schorlemmer, *Ann. Chem.*, **188**, 250]; il bout à 143-145°. Il peut se préparer aussi en traitant l'iodure par une solution alcoolique de bromure cuivrique [F. Bodroux, *Thèse*, 37].

Isosulfocyanate d'hexyle secondaire. — Voyez β-HEXYLAMINE.

Méthylbutylcarbinol chloré (*chloro 3-hexanol 2*),

$$CH^3 - CH^2 - CH^2 - CHCl - \underset{\displaystyle OH}{\underset{|}{CH}} - CH^3.$$

— Il s'obtient en additionnant l'acide hypochloreux au méthylpropyléthylène [Domac, *loc. cit.*]. C'est un liquide indistillable, que la réduction au moyen du fer et de l'acide acétique transforme en méthylbutylcarbinol.

Mercaptan hexylique secondaire. — L'iodure d'hexyle dérivé de la mannite, traité par le sulfhydrate de potassium, donne un mercaptan bouillant à 142°, dont la densité à 0° est de 0,8856 [Erlenmeyer et Wanklyn, *Ann. Chem.*, **135**, 150].

β-HEXYLAMINE,

$$CH^3 - \underset{\displaystyle AzH^2}{\underset{|}{CH}} - CH^2 - CH^2 - CH^2 - CH^3.$$

— M. J. Uppenkamp [*D. chem. G.*, **8**, 55] a obtenu cette amine par le procédé suivant : 160 grammes d'iodure d'hexyle (dérivé de la mannite) ont été chauffés pendant 5 heures au bain-marie, en tubes scellés, avec 360 grammes d'ammoniaque alcoolique; l'amine impure distille de 116 à 140°. Ce produit brut, traité par le sulfure de carbone, puis par le chlorure mercurique, donne un *isosulfocyanate d'hexyle* bouillant à 197-198° et dont la densité est de 0,9253; 20 grammes de ce dernier sont chauffés à feu nu avec 60 grammes d'acide sulfurique; lorsque tout est dissous, on étend d'eau, on filtre pour séparer le soufre, et on libère l'amine par la potasse.

La β-hexylamine se forme encore par la réduction, au moyen du zinc et de l'acide acétique, du nitrohexane secondaire [Konowaloff, *C. R.*, **114**, 26], et aussi par la réduction, au moyen du sodium et de l'alcool, de la méthylbutylcétone [Kijner, *Centralblatt*, 1900, **1**, 957]. C'est un liquide incolore, à odeur ammoniacale, bouillant à 116°; sa densité est de 0,7638 (Uppenkam); d'après M. Kijner, son point d'ébullition est à 117-118°; sa densité de 0,7534 à + 20°.

Elle forme un *chlorhydrate* cristallisé en paillettes, très soluble dans l'eau, l'alcool et l'éther. Son *chloroplatinate* est également facilement soluble dans les mêmes solvants.

3° ÉTHYLPROPYLCARBINOL (*hexanol 3*),

$$CH^3 - CH^2 - CH^2 - \underset{\displaystyle OH}{\underset{|}{CH}} - CH^2 - CH^3.$$

— Il s'obtient en réduisant l'éthylpropylcétone par l'amalgame de sodium [Volker, *D. chem. G.*, **8**, 1019].

Son *iodure* résulte de l'action de l'acide iodhydrique sur la mannite [A. Combes et Le Bel, *loc. cit.*].

Sulfate acide dérivé de l'éthylpropylcarbinol,

$$SO^4 < \begin{matrix} CH < \begin{matrix} C^3H^7 \\ C^2H^5 \end{matrix} \\ H \end{matrix}$$

— Il s'obtient à l'état de sel de baryum en traitant l'alcool par l'acide sulfurique à froid d'abord, puis vers 40-50°, versant dans l'eau et saturant par le carbonate de baryum. Le *sel de baryum* est très soluble dans l'eau, soluble dans l'alcool; il est peu stable. Le *sel de strychnine* cristallise en tables monocliniques ou rhombiques, solubles dans l'eau [Krüger, *D. chem. G.*, **23**, 1203].

Éthylpropylcarbinol chloré (*chloro 2-hexanol 3*),

$$CH^3 - CH^2 - CH^2 - \underset{\displaystyle OH}{\underset{|}{CH}} - \underset{\displaystyle Cl}{\underset{|}{CH}} - CH^3.$$

— Il a été préparé par M. Henry [*Bull. Soc. Chim.*, (2), **41**, 362] en traitant l'oxyde d'hexylène par l'acide chlorhydrique; c'est une huile insoluble dans l'eau, bouillant à 170-171°, d'une densité de 1,0143 à 11°. Son *acétate* bout à 188-190° et a une densité de 1,04 à 6°.

Éthylpropylcarbinol bromé (*bromo 2-hexanol 3*). — Il s'obtient en traitant l'oxyde d'hexylène par l'acide bromhydrique; il bout à 188-189°; sa densité est de 1,2529 (Henry).

HEXYLAMINE,

$$CH^3 - CH^2 - \underset{\displaystyle AzH^2}{\underset{|}{CH}} - CH^2 - CH^2 - CH^3.$$

— Elle a été obtenue par M. Bewad [*J. prakt. Chem.*, (2), **63**, 230], en oxydant par le sulfate de cuivre la β-propylhexylhydroxylamine,

$$CH^3 - CH^2 - \underset{\displaystyle C^3H^7}{\underset{|}{CH}} > \overset{\displaystyle C^3H^7 >}{} AzOH,$$

formée dans l'action du zinc-propyle sur le nitropropane; elle se trouve dans les portions du produit d'oxydation bouillant vers 130°. Elle forme un *chlorhydrate*, cristallisé en aiguilles fondant à 227-229°, et un *chloroplatinate* fondant vers 190-200°.

4° MÉTHYLPROPYLCARBINECARBINOL (*méthyl 2-pentanol 1*),

$$CH^3 - CH^2 - CH^2 - \underset{\displaystyle CH^3}{\underset{|}{CH}} - CH^2OH.$$

— Cet alcool a été obtenu par hydrogénation de la méthyléthylacroléine au moyen du fer et de l'acide acétique [Lieben et Zeisel, *Mon. f. Chem.*, **4**, 31]; il bout à 146°,8.

Son *acétate* bout à 162°,2 sous 746mm,3 et a une densité de 0,8717 à 25°.

Le *bromure* se prépare en saturant l'alcool d'acide bromhydrique à 0°, puis chauffant à 100-150°. Il bout à 142-146° sous 748 millimètres. Lorsqu'on le chauffe avec de l'eau, il fournit une grande quantité d'hexylène.

Méthylpropylcarbinecarbinol dichloré (*dibromo 2.3-méthyl 2-pentanol 1*). — Il s'obtient par bromuration de l'alcool méthyléthylallylique,

$$C^2H^5 - CH = \underset{\displaystyle CH^3}{\underset{|}{CH}} - CH^2 . OH$$

[Lieben et Zeisel, *loc. cit.*]. C'est un liquide indistillable qui, chauffé avec beaucoup d'eau, fournit la glycérine hexylénique correspondante,

$$CH^3 - CH^2 - \underset{OH}{CH} - \overset{CH^3}{\underset{OH}{C}} - \underset{OH}{CH^2}.$$

5° **ALCOOL ISOHEXYLIQUE** (*méthyl 4-pentanol* 1),

$$\underset{CH^3}{CH^3 - CH} - CH^2 - CH^2 - CH^2OH.$$

— Il résulte de l'hydrogénation par l'amalgame de sodium de l'aldéhyde isobutylacétique,

$$\frac{CH^3}{CH^3} > CH - CH^2 - CH^2 - CHO$$

[Rossi, *Ann. Chem.*, **133**, 180].

MM. V. Grignard et L. Tissier l'ont obtenu récemment en faisant agir le trioxyméthylène sur l'isoamylbromure de magnésium [*C. R.*, **134**, 107]. Il bout à 147-148° sous 753 millimètres, sa densité est 0,8243 à 0°; il donne un *acétate* bouillant à 159° sous 755 millimètres.

ISOHEXYLAMINE, $(CH^3)^2 - CH - (CH^2)^3 - AzH^2$. — Elle s'obtient dans l'action de l'ammoniaque alcoolique sur le chlorure d'isohexyle [Rossi, *loc. cit.*].

6° **MÉTHYLBUTYL (SECONDAIRE) CARBINOL** (*méthyl 3-pentanol* 2),

$$CH^3 - CH^2 - \underset{CH^3}{CH} - \underset{OH}{CH} - CH^3.$$

— Il a été obtenu par M. Wisliscenus [*Ann. Chem.*, **219**, 309] en réduisant la cétone correspondante. Il bout à 134°; sa densité = 0,8307 à 18°.

L'*iodure* se prépare en traitant l'alcool par l'acide iodhydrique; on obtient ainsi un liquide indistillable qui, traité par le fer et l'acide chlorhydrique, fournit, entre autres produits, du méthyldiéthylméthane, du méthyléthylpropylène et du méthyldiéthylcarbinol.

7° **MÉTHYLISOBUTYLCARBINOL** (*méthyl 4-pentanol* 2),

$$CH^3 - \underset{CH^3}{CH} - CH^2 - \underset{OH}{CH} - CH^3.$$

— On peut le préparer soit en faisant agir le zinc-méthyle sur l'aldéhyde isovalérique [Kurschinoff, *Bull. Soc. chim. russe*, **19**, 205], soit en traitant l'aldéhyde acétique par le zinc-isobutyle. Cette dernière réaction ne fournit toutefois que fort peu de méthylisobutylcarbinol [Sokoloff, *Bull. Soc. chim. russe*, **19**, 203]. Il bout à 130-131°.

L'*acétate* bout à 147° sous 756 millimètres; sa densité à 9° = 0,8805.

Soumis à l'action de la chaleur dans un tube de fer porté au rouge, le méthylisobutylcarbinol fournit 30 à 40 0/0 de méthylisobutylcétone, un peu d'un carbure non saturé à point d'ébullition peu élevé, des gaz en partie absorbables par le brome, de l'eau et environ 8 0/0 de charbon [Ipatieff, *Journ. Soc. chim. russe*, **33**, 143; *Bull. Soc. Chim.*, (3), **25**, 611].

β-ISOHEXYLAMINE,

$$(CH^3)^2 = CH - CH^2 - CH < \begin{matrix} CH^3 \\ AzH^2 \end{matrix}$$

— L'oxime de l'oxyde de mésityle étant réduite par le sodium en solution alcoolique donne un mélange de bases dont on peut isoler la β-isohexylamine en distillant le mélange des chlorhydrates. Le chlorhydrate de β-isohexylamine distille inaltéré; les autres sont décomposés en chlorure d'ammonium et en carbure C^6H^{10}. La base libre est un liquide d'odeur ammoniacale bouillant à 100-103°. Son *oxalate* fond à 119°. L'*urée* correspondante fond à 139,5-140° [W. Kerp, *Ann. Chem.*, **290**, 123].

8° **ÉTHYLISOPROPYLCARBINOL** (*méthyl 4-pentanol* 3),

$$CH^3 - \underset{CH^3}{CH} - \underset{OH}{CH} - CH^2 - CH^3.$$

— On trouve cet alcool parmi les produits de l'action du zinc-éthyle sur le chlorure d'isobutyryle lorsqu'on laisse ces deux corps en contact pendant plusieurs mois; il se fait en même temps de l'éthylisopropylcétone et du diéthylisopropylcarbinol [Grigorowitsch et Pauloff, *Bull. Soc. chim. russe*, **23**, 164]. L'éthylisopropylcarbinol bout à 157°.

L'*acétate* bout à 148-148°,5 sous 747 millimètres; sa densité à 0° = 0,8856 et à 20° = 0,8688.

Le *chlorure* correspondant, préparé par l'action du pentachlorure de phosphore sur l'alcool, bout, en se décomposant un peu, à 165-165°,5 sous 752 millimètres.

L'*iodure* bout à 142-147° sous la pression ordinaire en se décomposant, et à 85-86° sous 10 millimètres.

9° **DIMÉTHYLPROPYLCARBINOL** (*méthyl 2-pentanol* 2), (voyez 1er Suppl., 916),

$$CH^3 - CH^2 - CH^2 - \overset{CH^3}{\underset{OH}{C}} - CH^3.$$

— Il a été préparé par M. Masson [*C. R.*, **132**, 484], en traitant l'éther butyrique normal par l'iodure de magnésium-méthyle $CH^3.MgI$ et décomposant le produit de la réaction par l'eau :

$$C^3H^7 - COOC^2H^5 + 2CH^3MgI$$

$$= C^3H^7 - \overset{CH^3}{\underset{O - Mg - I}{C}} - CH^3 + I - Mg - OC^2H^5,$$

$$C^3H^7 - \overset{CH^3}{\underset{OMgI}{C}} - CH^3 + H^2O$$

$$= C^3H^7 - \overset{CH^3}{\underset{OH}{C}} - CH^3 + MgIOH.$$

Il bout à 124°.

L'*iodure* a été préparé par Jawein [*Ann. Chem.*, **195**, 354] en traitant l'alcool par l'acide iodhydrique ou bien en fixant l'acide iodhydrique sur le diméthyléthyléthylène; il bout à 142°.

Le *diméthylpropylcarbinol dibromé* (*dibromo 4.5-pentanol* 2),

$$CH^2Br - CHBr - CH^2 - \overset{CH^3}{\underset{OH}{C}} - CH^3,$$

constitue une huile épaisse que l'on obtient en bromant, en solution éthérée, le diméthylallylcarbinol [M. et A. Saytzeff, *Ann. Chem.*, **185**, 154].

Hexylamine,

$$(CH^3)^2 = \underset{\underset{AzO^2}{|}}{C} - CH^2 - CH^2 - CH^3.$$

— M. Bewad [*loc. cit.*, 233] a obtenu cette base en réduisant le dérivé nitré correspondant, lequel se forme dans la réaction du zinc-propyle sur le nitroisopropane. Le *chlorhydrate* fond entre 190 et 198°; le *chloroplatinate* se décompose vers 175-185° et fond vers 200-210°.

10° DIÉTHYLCARBINECARBINOL (*éthyl 2-butanol 1*),

$$\left.\begin{matrix}CH^3-CH^2\\CH^3-CH^2\end{matrix}\right> CH - CH^2OH.$$

— Il a été préparé par MM. Freund et Hermann [*D. chem. G.*, **23**, 195] en décomposant par l'eau bouillante l'azotite de l'hexylamine correspondante; son point d'ébullition est situé à 139-143°.

Hexylamine, $(C^2H^5)^2 = CH - CH^2 . AzH^2$. — Le diéthylacétonitrile est dissous dans 10 fois son poids d'alcool bouillant, et additionné peu à peu de 2 fois son poids de sodium en tranches minces; finalement on entraîne l'amine par la vapeur d'eau, on sature le distillat d'acide chlorhydrique et on évapore à sec.

La base est un liquide bouillant à 125°,3, qui absorbe facilement l'acide carbonique de l'air.

Son *chlorhydrate* cristallise en fines aiguilles, très solubles dans l'eau et dans l'alcool, fondant à 187° en se décomposant. Son *chloroplatinate* est insoluble dans l'eau.

La base se combine facilement avec l'oxalate d'éthyle pour donner une *dihexyloxamide* cristallisée en paillettes brillantes, fusibles à 144°, insolubles dans l'eau, solubles dans l'alcool bouillant, l'éther, le benzène et la ligroïne. La base donne avec l'isocyanate de phényle une *phénylhexylurée* fusible à 70°, et avec l'isosulfocyanate de phényle une *phénylhexylsulfo-urée* fondant à 52-53° [Freund et Hermann, *loc. cit.*].

11° MÉTHYLDIÉTHYLCARBINOL (*éthyl 2-butanol 2*), (voyez 1er Suppl., 916),

$$\left.\begin{matrix}CH^3-CH^2\\CH^3-CH^2\end{matrix}\right> \underset{\underset{CH^3}{|}}{C} - OH.$$

— Il a été obtenu depuis par M. Wislicenus [*Ann. Chem.*, **219**, 315] en traitant par le zinc l'iodure

$$CH^3 - CHI - \underset{\underset{CH^3}{|}}{CH} - CH^2 - CH^3,$$

dérivé du méthyle-butyle secondaire-carbinol, ou bien en traitant par la potasse l'iodure correspondant au méthyldiéthylcarbinol. M. Reformatsky l'a préparé en traitant la diéthylcétone par l'iodure de méthyle en présence du zinc [*J. prakt. Chem.*, (2), **36**, 340]; il bout à 123°.

L'*acétate* bout à 148°; sa densité à 20° = 0,8834, à 25° = 0,8789, à 30° = 0,8767, à 36° = 0,8721.

L'*iodure* peut s'obtenir en traitant l'αα-méthyléthylpropylène par l'acide iodhydrique [Wislicenus]; il bout à 140-144°.

Hexylamine,

$$(C^2H^5)^2 = C\left<\begin{matrix}CH^3\\AzH^2\end{matrix}\right.$$

— Cette base a été obtenue en traitant par l'acide chlorhydrique la carbylamine correspondante [Sidanoff, *Ann. Chem.*, **185**, 123]. Elle bout à 108-110°.

12° DIMÉTHYLISOPROPYLCARBINOL (*diméthyl-2.3-butanol 2*), (voy. 1er Suppl., 916),

$$CH^3 - \underset{\underset{CH^3}{|}}{CH} - \overset{\overset{CH^3}{|}}{\underset{\underset{OH}{|}}{C}} - CH^3.$$

— Il a été préparé en traitant le chlorure de dichloracétyle par le zinc-méthyle [Bogomoletz, *Ann. Chem.*, **209**, 82]. Il cristallise à —14° et bout à 117° [Pauloff, *Ann. Chem.*, **209**, 82]. Chauffé avec un peu d'iodure d'éthyle à 210°, il donne du tétraméthyléthylène et de l'eau [Volkoff, *Bull. Soc. chim. russe*, **21**, 336]. Par oxydation manganique il fournit de l'acétone, de l'acide acétique et de la pinacone [Wagner, *J. prakt. Chem.*, (2), **44**, 310].

Son *chlorure*, obtenu par fixation de l'acide chlorhydrique sur le tétraméthylétbylène, bout à 112° sous 749 millimètres et a pour densité 0,8966 à 0° [Pauloff, *Ann. Chem.*, **196**, 124].

Son *iodure*, obtenu d'une manière analogue, bout à 140-142° sous 741 millimètres et a pour densité 1,3939 à 0°.

Le *diméthylisopropylcarbinol chloré* (*diméthyl 2.3-chloro 3-butanol 2*),

$$CH^3 - \underset{\underset{CH^3}{|}}{CCl} - \overset{\overset{CH^3}{|}}{\underset{\underset{OH}{|}}{C}} - CH^3,$$

s'obtient en fixant l'acide hypochloreux sur le tétraméthyléthylène. Il constitue des aiguilles fusibles à 55°; la potasse aqueuse transforme ce corps en pinacone et la potasse sèche en oxyde de tétraméthyléthylène [Eltekoff, *Bull. Soc. chim. russe*, **14**, 390].

13° ALCOOL PINACOLIQUE (*diméthyl 3.3-butanol 2*), (voy. Dict. **2**, 1024; 1er Suppl., 915),

$$CH^3 - \overset{\overset{CH^3}{|}}{\underset{\underset{CH^3}{|}}{C}} — \underset{\underset{OH}{|}}{CH} - CH^3$$

— Cet alcool, préparé par Friedel et Silva en hydrogénant la pinacoline, avait tout d'abord reçu la formule

$$\left.\begin{matrix}CH^3\\CH^3\end{matrix}\right> CH - \underset{\underset{OH}{|}}{C}\left<\begin{matrix}CH^3\\CH^3\end{matrix}\right.$$

qui appartient au diméthylisopropylcarbinol. On formulait ainsi la transformation :

$$\underset{\text{Pinacone.}}{\left.\begin{matrix}CH^3\\CH^3\end{matrix}\right> \underset{\underset{OH}{|}}{C} — \underset{\underset{OH}{|}}{C}\left<\begin{matrix}CH^3\\CH^3\end{matrix}\right.} \longrightarrow \underset{\text{Pinacoline.}}{\left.\begin{matrix}CH^3\\CH^3\end{matrix}\right> \underset{\diagdown\ O\ \diagup}{C — C}\left<\begin{matrix}CH^3\\CH^3\end{matrix}\right.}$$

$$\longrightarrow \underset{\text{Alcool pinacolique.}}{\left.\begin{matrix}CH^3\\CH^3\end{matrix}\right> CH — \underset{\underset{OH}{|}}{C}\left<\begin{matrix}CH^3\\CH^3\end{matrix}\right.}$$

Mais cet alcoól fournit par oxydation l'acide triméthylacétique, $(CH^3)^3 \equiv C - CO^2H$; de plus, sa vitesse d'éthérification, 16,64, et sa limite d'éthérification, 50-51, le rapprochent des alcools secondaires. Ces faits rendaient sa formule peu probable. La synthèse de la pinacoline, réalisée par Boutleroff en faisant réagir le zinc-méthyle sur le chlorure de l'acide triméthylacétique, ne laisse aucun doute sur la nature secondaire de l'alcool pinacolique. On a :

$$(CH^3)^3 \equiv C - COCl \rightarrow (CH^3)^3 \equiv C - CO - CH^3$$
Pinacoline.

$$\rightarrow (CH^3)^3 \equiv C - \underset{\displaystyle OH}{\underset{|}{C}}H - CH^3.$$
Alcool pinacolique.

HEXYLAMINE,

$$(CH^3)^3 \equiv C - \underset{\displaystyle AzH^2}{\underset{|}{C}}H - CH^3.$$

— Cette base a été obtenue par M. Markownikoff [*Centralblatt*, 1899, **2**, 473] en réduisant le dérivé nitré du triméthyléthylméthane extrait du pétrole du Caucase.

Elle a été préparée synthétiquement en réduisant par le sodium, en solution alcoolique bouillante, l'oxime de la pinacoline [Solonina, *Centralblatt*, 1899, **2**, 474]. C'est un liquide mobile, se solidifiant vers —20°, bouillant à 101°,5-102°,5 (Markownikoff), 103-104° (Solonina).

Elle forme un *chloraurate* fondant à 178°, peu soluble dans l'eau, soluble dans l'alcool, l'éther et le chloroforme. Avec le chlorure de l'acide benzène sulfonique, elle donne un composé fusible à 96°,5, insoluble dans l'eau, soluble dans l'alcool, l'éther et le benzène.

14° ALCOOL HEXYLIQUE ACTIF. — Cet alcool a été trouvé à l'état d'angélate et de tiglate dans les portions supérieures de l'essence de camomille romaine [Röbig, *Ann. Chem.*, **195**, 102]. Sa formule est incertaine; en effet, il paraît être identique à l'alcool préparé par Silva au moyen du diisopropyle chloré [1er Suppl., 916], ce qui conduirait à la formule

$$\begin{matrix} CH^3 \\ CH^3 \end{matrix} > CH - CH < \begin{matrix} CH^2 . OH \\ CH^3 \end{matrix}$$

d'autre part l'oxydation le transforme en acide ββ-méthyléthylpropionique, ce qui conduirait à la formule

$$\begin{matrix} CH^3 - CH^2 \\ CH^3 \end{matrix} > CH - CH^2 - CH^2OH,$$

qui semble toutefois la plus probable [van Romburgh, *Rec. des Pays-Bas*, **5**, 219; *Bull. Soc. Chim.*, (2), **48**, 268]. Il bout à 152°; son pouvoir rotatoire est $[\alpha]_D = + 8°,2$.

DIMÉTHYL-2-2-BUTANOL-1. — On ne connaît pas l'alcool de cette constitution; mais l'amine correspondante,

$$CH^3 - CH^2 - \underset{CH^3 \quad CH^3}{\underset{/ \quad \backslash}{C}} - CH^2AzH^2,$$

a été obtenue par MM. Eschert et Freund [*D. chem. G.*, **26**, 2490] en réduisant par le sodium le nitrile

$$\begin{matrix} (CH^3)^2 \\ C^2H^5 \end{matrix} > C - CAz$$

dérivé de l'alcool amylique tertiaire. Elle bout à 113-114°, est hygroscopique et absorbe l'acide carbonique de l'air. Son *chlorhydrate* fond vers 225-228°. Avec l'isocyanate de phényle elle donne une *phénylhexylurée* fondant à 103-105°, avec l'isosulfocyanate de phényle une *phénylhexylsulfo-urée* fondant à 120-121° et avec l'oxalate d'éthyle une *dihexyloxamide* fondant à 102°.

Traitée par l'acide azoteux, cette hexylamine donne un alcool tertiaire bouillant à 119-122°.

R. Marquis.

HEXYLITAMALIQUE (ACIDE). — Voyez HEXYLPARACONIQUE (ACIDE).

HEXYLMALONIQUE (ACIDE). — Voyez MALONIQUE.

HEXYLMERCAPTAN. — Voyez HEXYLIQUES (ALCOOLS).

HEXYLPARACONIQUE (ACIDE),

$$C^6H^{13} - \overline{CH - \underset{\displaystyle CO^2H}{\underset{|}{C}}H - CH^2 - CO}.$$
(pont O entre CH et CO)

— Appliquant la méthode de synthèse de Perkin à la série grasse, M. Schneegans a obtenu, en faisant agir les aldéhydes sur le succinate de sodium, toute une série d'acides paraconiques substitués; ces acides sont les anhydrides lactoniques des acides itamaliques correspondants. L'œnanthol conduit à l'acide hexylparaconique, que l'on prépare en chauffant durant 20 heures, au bain de paraffine à 110-120°, un mélange équimoléculaire d'œnanthol, d'acétate de sodium et de succinate de sodium. Le produit de la réaction est dissous dans l'eau; il se sépare une huile que l'on épuise par une lessive de soude; cette dernière, acidulée et épuisée par l'éther, cède l'acide hexylparaconique, que l'on peut faire cristalliser dans l'eau. Il forme des aiguilles fusibles à 89°, peu solubles dans l'eau froide, solubles dans l'alcool, l'éther, le chloroforme et le sulfure de carbone.

Le *sel de calcium*, $Ca(C^{11}H^{17}O^4)^2, 2H^2O$, est peu soluble dans l'eau froide, très soluble dans l'eau bouillante.

Le *sel d'argent*, $AgC^{11}H^{17}O^4$, est très stable et cristallise dans l'eau chaude en aiguilles brillantes.

Les alcalis agissent à chaud sur l'acide hexylparaconique pour donner les *hexylitamalates* : celui *de calcium*, $CaC^{11}H^{18}O^5$, est beaucoup moins soluble à chaud qu'à froid; il en est de même de celui *de baryum*.

L'acide hexylitamalique ne peut d'ailleurs pas être régénéré de ses sels : il se déshydrate immédiatement en fournissant l'acide hexylparaconique.

L'acide hexylparaconique soumis à la distillation sèche perd de l'acide carbonique, et donne surtout de l'acide βγ-décylénique

$$C^6H^{13} - CH = CH - CH^2 - CO^2H$$

avec un peu de lactone γ-décylique

$$\begin{matrix} C^6H^{13} - CH^2 - CH^2 - CH^2 \\ | \qquad\qquad | \\ O \text{———} CO \end{matrix}$$

[Schneegans, *Ann. Chem.*, **227**, 85].

R. Marquis.

HEXYLPHÉNYLCÉTONE [Syn. *Hexylbenzoyle*],

$$C^6H^{13} - CO - C^6H^5.$$

— Cette cétone a été préparée par M. Auger [*Bull. Soc. Chim.*, (2), **47**, 50] en faisant réagir le chlorure d'œnanthyle sur le benzène en présence de chlorure d'aluminium. Elle cristallise en larges feuillets incolores, possédant une faible odeur aromatique; elle fond à 17° et bout à 267°, sous la pression de 740 millimètres.

Son *oxime*,

$$C^6H^{14} - \underset{\displaystyle AzOH}{\underset{||}{C}} - C^6H^5,$$

cristallise en fines aiguilles fusibles à 55°.

HIDDÉNITE (Min.) (L. Smith). — Variété de triphane colorée en vert émeraude, de la forme

Warren, comté d'Alexander (Caroline du Nord). S'emploie en joaillerie.

HIÉRATITE (Min.) (Cossa). — Fluosilicate de potassium, $2KFl, SiFl^4$. Très petits cristaux et incrustations dans les vacuoles d'une roche trachytique, avec divers produits de fumerolles, au cratère de Vulcano (îles Lipari). Peut être extrait de la roche par l'eau chaude, et se dépose de la solution par refroidissement, avec les caractères habituels du fluosilicate potassique.

HILLÄNGSITE (Min.) (Igelström) [Syn. *Silfbergite*, Weibull]. — Variété d'amphibole, riche en oxyde ferreux, $[Fe, Mn]SiO^3$, avec grenat et magnétite, à Hillang, paroisse Ludvika, et avec igelströmite, à Vester Silfberget (Dalécarlie), Suède.

HIORTDAHLITE (Min.) (Brögger). — Silicate-zirconate fluorifère de calcium et de sodium, voisin de la wöhlérite, trouvé en minces aiguilles, longues de 1 à 2 centimètres, jaunes ou brun-jaunâtre, éclat vitreux ou gras, très friables et fendillées, dans des filons de syénite éléolithique, à l'île Mittel-Arö, Langesundfjord (Norvège).

Caractères. — Fait gelée aux acides. Fusible facilement en émail blanc-jaunâtre. Densité = 3,251.

Forme cristalline. — Prisme anorthique :

$$a : b : c = 0{,}998 : 1 : 0{,}3537;$$
$$\alpha = 89°31'; \quad \beta = 90°29; \quad \gamma = 90°6'.$$

Faces : $h^1 g^1 m t, {}^3h, h^3, {}^3g, g^3, o^1 c^1/_2 f^1/_2 b^1/_2$
$(f^1/_2 d^1/_4 h^1)$ $(d^1{}_2 f^1/_4 h^1)$ $(b^1/_2 c^1/_4 h^1)$.

Macles h^1. La symétrie est presque clinorhombique, et l'on peut, après avoir convenablement changé les axes, regarder ce minéral comme isomorphe avec la wöhlérite. L. Bourgeois.

HIPPARAFFINE, $C^{15}H^{14}Az^2O^2$ (voy. Dict., 2, 25). — L'hipparaffine se dédouble quand on la chauffe avec de l'acide sulfurique à 30 0/0, en benzamide et aldéhyde formique. D'après cela, ce corps ne peut être que la méthylène-dibenzamide,

$$CH^2 \begin{cases} AzH - CO - C^6H^5 \\ AzH - CO - C^6H^5 \end{cases}$$

et, en effet, il est identique avec la méthylène-dibenzamide que MM. Hess et Spiess avaient obtenue [*D. chem. G.*, 9, 1427] en traitant, par l'acide sulfurique concentré, un mélange de méthylal et de benzonitrile [H. Kraut et Y. Schwartz, *Ann. Chem.*, **233**, 40].

HIPPURIQUE (ACIDE) (voy. Dict., **2**, 25 et 1er Suppl., 916),

$$C^6H^5 - CO - AzH - CH^2 - CO^2H$$

— M. Curtius [*D. chem. G.*, **17**, 1663] réalise la synthèse de l'acide hippurique en introduisant du glycocolle pulvérisé dans de l'anhydride benzoïque fondu en excès, et chauffant au bain d'huile jusqu'à ce que la masse devienne rouge. On dissout alors dans l'eau, on neutralise par un alcali, puis on acidule de nouveau et on laisse reposer pendant quelque temps. Le précipité filtré est décoloré au noir animal, et l'acide benzoïque qu'il contient est enlevé par des lavages à la ligroïne.

L'acide hippurique fond à 190°,25 en tube capillaire [A. Reissert, *D. chem. G.*, **23**, 2245].

Sa chaleur de combustion est de 1012cal,9 [Berthelot et André, *C. R.*, **110**, 884]; 1012cal,6 [Stohmann et Schmidt, *D. chem. G.*, **29**, *Ref.*, 112]. On en déduit pour sa chaleur de formation 143cal,6 (B. et A.); 143cal,9 (S. et S.).

Propriétés chimiques. — L'acide hippurique réagit avec le diazoacétate d'éthyle en donnant l'éther hippurylglycolique :

$$C^6H^5-CO-AzH-CH^2-CO.OH + \begin{matrix} Az \\ \| \\ Az \end{matrix} \!\!> CH-CO^2H$$
$$= Az^2 + C^6H^5-CO-AzH-CH^2-CO-\underset{\displaystyle OH}{\underset{|}{CH}}-CO^2H$$

[Curtius et Schwan, *J. prakt. Chem.*, (2), **51**, 353].

L'action du perchlorure de phosphore sur l'acide hippurique a été étudiée autrefois par Schwanert, qui obtint deux composés, l'un possédant la formule C^9H^6ClAzO, et l'autre la formule $C^9H^5Cl^2AzO$. D'après M. Rügheimer [*D. chem. G.*, **19**, 1969], le dernier de ces composés aurait la constitution suivante :

CCl
Az
CHCl
O
CO

L'hippurate d'éthyle réagit également avec le perchlorure de phosphore; si l'on emploie 2 molécules de ce dernier, et qu'on chauffe au réfrigérant à reflux, il se dégage de l'acide chlorhydrique et l'on obtient une solution jaune; celle-ci est chauffée ensuite pendant 8 heures, en tubes scellés, à 140°, puis le contenu des tubes versé dans l'alcool. Le produit formé est cristallisé dans l'acide acétique : c'est l'*hippuroflavine*

COC⁶H⁵ — Az — CO, C — C, CO — Az — COC⁶H⁵

[Rügheimer, *D. chem. G.*, **21**, 3331]

D'après MM. Rügheimer et Küsel [*D. chem. G.*, **26**, 2326], la réaction se passe en deux phases : dans la première, il se fait un dérivé de l'éther oxyhippurique (on peut d'ailleurs isoler ce dernier en versant le liquide sur de la glace); dans la deuxième phase, 2 molécules de ce dérivé se condensent pour former l'hippuroflavine. L'ensemble de la réaction peut s'exprimer comme il suit :

$$1° \quad C^6H^5-CO-AzH-CH^2-CO^2C^2H^5 + 2PCl^5$$
$$= POCl^3 + PCl^3 + 2HCl$$
$$+ C^6H^5-\underset{\displaystyle Cl}{\underset{|}{C}}=Az-\underset{\displaystyle Cl}{\underset{|}{CH}}-CO^2C^2H^5;$$

2° (C⁶H⁵-CCl=Az-CHCl-CO-OC²H⁵) + (C²H⁵O-CO-ClCH-Az=ClCC⁶H⁵)

$$= 2HCl + 2C^2H^5Cl + \begin{array}{c} Az-COC^6H^5 \\ \diagup \quad \diagdown \\ CO \qquad C \\ | \;\; /\!\!/ \;\; | \\ C \qquad CO \\ \diagdown \quad \diagup \\ Az-COC^6H^5 \end{array}$$

L'éther hippurique, chauffé à 160-170° avec de l'éthylate de sodium, se condense en donnant naissance au *dibenzoylamidodicétotétraméthylène* :

$$\begin{array}{l} C^6H^5-CO-AzH-CH-CO\,[OC^2H^5] \\ \qquad\qquad\quad | \qquad\qquad [H] \\ \qquad\qquad\; [H] \\ [C^2H^5O]-CO-CH-AzH-CO-C^6H^5 \end{array}$$

$$= C^6H^5-CO-AzH-\begin{array}{c} \diagup CO \diagdown \\ CH \qquad\quad CH \\ \diagdown CO \diagup \end{array}-AzH-CO-C^6H^5.$$

On obtient dans la même réaction la *benzoyltrioxybenzoylamidopyrroline*,

$$C^6H^5-CO-Az\begin{array}{l} \diagup CH = C-OH \\ \qquad\qquad\;\; | \\ \diagdown C \text{——} CH-AzH-CO-C^6H^5, \\ \;\; \diagup \; \diagdown \\ OH \quad OH \end{array}$$

qui est produite par la condensation de l'acide hippurylhippurique transitoirement formé [Rügheimer, *D. chem. G.*, **21**, 3325; **22**, 1954].

L'acide hippurique se condense avec les aldéhydes aromatiques sous l'action de l'anhydride acétique.

Cette réaction a été étudiée d'abord par M. Plöchl [*D. chem. G.*, **16**, 2815; **17**, 1616], qui, en chauffant l'acide hippurique avec l'aldéhyde benzylique et un excès d'anhydride acétique jusqu'à dissolution, obtint, par refroidissement de la masse, un corps cristallisé en aiguilles jaunes fondant à 164-165°, et pour lequel il admit la formule

$$C^{32}H^{24}Az^2O^5,$$

ce corps étant formé par la suite des réactions :

$$\begin{array}{c} C^6H^5.CHO + CO^2H-CH^2-AzH-CO-C^6H^5 \\ = C^{16}H^{13}AzO^3 + H^2O, \end{array}$$

$$2C^{16}H^{13}AzO^3 = C^{32}H^{24}Az^2O^5 + H^2O.$$

Le composé $C^{32}H^{24}Az^2O^5$, chauffé à 100° avec un acide minéral étendu, fixe de l'eau en donnant un acide que M. Plöchl considéra comme l'acide benzoylimidocinnamique,

$$\begin{array}{l} C^6H^5-CH-CH-CO^2H \\ \qquad\quad \diagdown \; \diagup \\ \qquad\quad Az-CO-C^6H^5 \end{array}$$

Cet acide, traité par les alcalis à chaud, perdit son groupement benzoylamidé, en donnant *l'acide phénylglycidique*,

$$\begin{array}{l} C^6H^5-CH-CH-CO^2H. \\ \qquad\quad \diagdown \; \diagup \\ \qquad\qquad O \end{array}$$

M. Erlenmeyer junior [*D. chem. G.*, **20**, 2465; **22**, 792; **25**, 3446; *Ann. Chem.*, **275**, 1] montra que l'acide phénylglycidique de M. Plöchl était identique à l'acide phénylpyruvique,

$$C^6H^5-CH^2-CO-CO^2H,$$

obtenu par M. Wislicenus [*D. chem. G.*, **20**, 591] en hydrolysant l'acide phényloxalacétique. Il montra, de plus, que le composé fondant à 164-165°, qui se forme dans la réaction de l'acide hippurique sur l'aldéhyde benzylique, possède la formule $C^{32}H^{22}Az^2O^4$, qui contient une molécule d'eau de moins que la formule de M. Plöchl. Ce composé, auquel on peut donner la formule simple $C^{16}H^{11}AzO^2$, n'est autre que la lactimide,

$$\begin{array}{c} \qquad\qquad Az-COC^6H^5 \\ \qquad\qquad \diagup \quad \diagdown \\ C^6H^5-CH=C \qquad CO \\ \qquad\qquad | \qquad\quad | \\ \qquad\qquad CO \qquad C=CH-C^6H^5 \\ \qquad\qquad \diagdown \quad \diagup \\ \qquad\qquad Az-COC^6H^5 \end{array}$$

ou

$$C^6H^5-CH=C\begin{array}{l} \diagup CO \\ \quad | \\ \diagdown Az-COC^6H^5 \end{array}$$

de l'acide benzoylamidocinnamique.

La réaction de l'acide hippurique sur l'aldéhyde benzylique doit donc s'exprimer par les équations suivantes :

$$C^6H^5.CHO + O\begin{array}{l} \diagup CO-CH^3 \\ \diagdown CO-CH^3 \end{array} = C^6H^5-CH(OCOCH^3)^2,$$

$$C^6H^5-CH(OCOCH^3)^2 + CO^2H-CH^2-Az-CO-C^6H^5$$

$$= CH^3.CO^2H + \begin{array}{l} C^6H^5-CH-OCOCH^3 \\ \qquad\quad | \\ CO^2H-CH-AzH-COC^6H^5. \end{array}$$

Ce dernier corps, en perdant une molécule d'acide acétique, conduit à l'acide benzoylamidocinnamique,

$$\begin{array}{l} C^6H^5-CH \\ \qquad\quad \| \\ CO^2H-C-AzH-CO-C^6H^5; \end{array}$$

enfin la déshydratation de celui-ci donne naissance à la lactimide, dont la formule est écrite plus haut.

Toutes les aldéhydes aromatiques peuvent donner avec l'acide hippurique des lactimides analogues à celles de l'acide benzoylamidocinnamique. En particulier, l'aldéhyde salicylique [Plöchl et Wolfrum, *D. chem. G.*, **18**, 1183; — Rebuffat, *Gazz. chim. ital.*, **19**, 38; **15**, 527] conduit à la lactimide de l'acide benzoylamidocoumarique qui, par hydratation, puis déshydratation, fournit la benzoylamidocoumarine,

$$C^6H^4\begin{array}{l} \diagup CH=C-AzH-CO-C^6H^5 \\ \qquad\qquad | \\ \diagdown O — CO \end{array}$$

L'aldéhyde paraoxybenzoïque [Erlenmeyer, *D. chem. G.*, **30**, 2981] conduit à une lactimide, dont l'hydratation donne naissance à l'acide paraoxy-α-benzoylamidocinnamique,

$$\begin{array}{l} OH-C^6H^4-CH=C-CO^2H; \\ \qquad\qquad\qquad\quad | \\ \qquad\qquad\qquad Az-CO-C^6H^5 \end{array}$$

ce dernier, par réduction, engendre la benzoyltyrosine.

D'autres aldéhydes, comme le furfurol, et certaines aldéhydes grasses, donnent encore des lactimides avec l'acide hippurique.

Certains anhydrides réagissent de la même façon; ainsi l'anhydride phtalique donne une lactimide dont la formule est la suivante :

$$CO\begin{array}{l} \diagup O \diagdown \\ \diagdown C^6H^4 \diagup \end{array}C=C\begin{array}{l} \diagup Az-CO-C^6H^5 \\ \quad | \\ \diagdown CO \end{array}$$

[Erlenmeyer, *Ann. Chem.*, **275**, 1].

Enfin, l'acide pyruvique réagit encore d'une manière analogue en donnant un composé $C^{12}H^{9}AzO^{4}$ fondant à 127° [A. Hoffmann, *D. chem. G.*, **19**, 2555].

L'acide hippurique réagit sur le phénol en présence d'acide sulfurique à 140°. Il se forme du sulfophénylglycocolle,

$$C^6H^4 \begin{cases} AzH-CH^2-CO^2H \\ SO^3H \end{cases}$$

fondant à 183-185° [J. Zeheuter, *Mon. f. Chem.*, **5**, 332].

Éthers de l'acide hippurique. — *Hippurate d'éthyle.* — On peut l'obtenir en chauffant à 100° l'éther du glycocolle avec de l'anhydride benzoïque [Curtius, *loc. cit.*]. Il cristallise en aiguilles, blanches fusibles à 60°.

Les éthers suivants ont été obtenus en chauffant l'hippurate d'argent avec les iodures correspondants :

Hippurate de butyle [G. Campani et D. Bizzarri, *Gazz. chim. ital.*, **10**, 257]. Il fond à 40-41°, possède une odeur d'anis et une saveur amère.

Hippurate d'isobutyle. — Il forme des prismes à base rhombe, fondant à 45-46°, insolubles dans l'eau, solubles dans l'alcool, l'éther, le benzène, le chloroforme, possédant une odeur et une saveur identiques à celles du précédent.

Hippurate d'amyle [G. Campani, *D. chem. G.*, **11**, 1247]. — Il forme des petites aiguilles, fondant à 27-28°.

Hippurate de benzyle [del Zanna et Guareschi, *D. chem. G.*, **14**, 2242]. — Il forme des aiguilles blanches, possédant une odeur de musc, fondant à 85°,5-86°; bouillant à 289°,9.

Hippurate de phényle. — Il se prépare en chauffant jusqu'à dissolution 10 grammes d'acide hippurique, 7 grammes de phénol et 6gr,8 d'oxychlorure de phosphore. Le produit est lavé ensuite à l'eau froide. Il fond à 104°. L'hippurate de phényle, chauffé à l'ébullition avec 5 à 6 fois son poids d'oxychlorure de phosphore, perd 1 molécule d'eau et donne un produit fusible à 42°, dont la constitution probable est la suivante :

$$\begin{array}{l} C^6H^5-CO-Az—CH \\ \qquad\qquad \diagdown \;\; /\!/ \\ \qquad\qquad\;\; C-OC^6H^5 \end{array}$$

[Franz Weiss, *D. chem. G.*, **26**, 1700].

Hippuramide. — M. Guido Pellizari [*Giornale l'Orosi*, juin 1888] prépare l'amide hippurique en chauffant pendant 4 heures, à 210-220°, l'acide hippurique avec de l'ammoniaque alcoolique. Cette amide fond à 183°; chauffée durant 8 heures à 260°, elle se décompose en benzamide et glycolamide.

Hippuranilide. — Elle prend naissance dans l'action de l'aniline sur l'hippurazide, et fond à 208°,5. Traitée par l'acide azoteux en solution acétique, elle donne la *nitrosohippuranilide*, que l'eau précipite en poudre cristalline fusible à 195-197°.

Hippuryl-p-toluylène-diamine. — Paillettes jaunâtres, fondant à 205°.

Produits de condensation de l'acide hippurique avec l'hydrazine. — Ces dérivés, qui sont devenus le point de départ pour la synthèse de l'acide azothydrique, ont été étudiés très complètement par M. Curtius [*D. chem. G.*, **23**, 3023; **24**, 3342; **27**, 778 et *J. prakt. Chem.*, **52**, 243].

Hydrazide hippurique,

$$C^6H^5-CO-AzH-CH^2-CO-AzH-AzH^2.$$

— Quatre procédés permettent d'obtenir ce corps : 1° L'éther hippurylglycolique traité par l'hydrate d'hydrazine donne les hydrazides glycolique et hippurique.

2° L'azide hippurique (voyez plus bas), dissoute dans l'éther et traitée par l'hydrate d'hydrazine à froid, donne l'hydrazide hippurique avec formation d'azothydrate d'hydrazine,

$$C^6H^5CO-AzH-CH^2-CO-Az \begin{cases} Az \\ \| \\ Az \end{cases} + 2AzH^2-AzH^2$$
$$= C^6H^5CO-AzH-CH^2-CO-AzH-AzH^2 + Az^3H-Az^2H^4.$$

3° L'hippuramide, chauffée à l'ébullition avec l'hydrate d'hydrazine, donne de l'ammoniaque et de l'hydrazide hippurique.

4° Enfin le procédé le plus commode de préparation de ce corps consiste à traiter l'éther hippurique par l'hydrate d'hydrazine. 40 grammes de ce dernier sont chauffés au bain-marie; on introduit goutte à goutte une solution de 163 grammes d'hippurate d'éthyle dans 300 grammes d'alcool; on chauffe pendant 1 heure, on laisse refroidir et on essore à la trompe la masse cristallisée. Le rendement est de 90 0/0.

L'hydrazide hippurique cristallise en aiguilles incolores, fusibles à 162°,5, peu solubles dans l'eau froide, solubles dans l'eau bouillante et dans l'alcool; elle réduit la liqueur de Fehling. Broyée avec de l'acide chlorhydrique concentré, elle donne une bouillie de cristaux de *chlorhydrate.*

L'hydrazide hippurique peut se combiner avec les aldéhydes; avec l'aldéhyde benzylique, elle donne l'*hippurylbenzalhydrazine*, fondant à 182°, insoluble dans l'eau et dans l'éther, soluble dans l'alcool; avec l'aldéhyde cinnamique, elle donne l'*hippurylcinnamalhydrazine* cristallisant en prismes jaunâtres, fusibles à 201°,5.

L'*acétylhippurylhydrazine* symétrique se forme dans la réaction de l'acétylhydrazine sur l'azide hippurique :

$$C^6H^5-CO-AzH-CH^2-CO-Az \begin{cases} Az \\ \| \\ Az \end{cases}$$
$$+ CH^3CO-AzH-AzH^2$$
$$= Az^3H + C^6H^5-CO-AzH-CH^2-CO-AzH-AzH-CO-CH^3.$$

Elle cristallise en aiguilles incolores fondant à 186°.

L'*hippurylphénylhydrazine* se forme par une réaction semblable entre l'azide hippurique et la phénylhydrazine; elle fond à 173°. Son *dérivé acétylé* fond à 155°; son *dérivé nitrosé*, à 128-129°.

Dihippurylhydrazine symétrique,

$$\begin{array}{l} C^6H^5-CO-AzH-CH^2-CO-AzH \\ \qquad\qquad\qquad\qquad\qquad\qquad\;\; | \\ C^6H^5-CO-AzH-CH^2-CO-AzH \end{array}$$

— Elle se prépare en traitant l'hydrazide par l'hippurate d'éthyle; il s'en forme d'ailleurs un peu dans la préparation de l'hydrazide. Elle cristallise en écailles, fusibles à 268-269°.

Azide hippurique,

$$C^6H^5-CO-AzH-CH^2-CO-Az \begin{cases} Az \\ \| \\ Az \end{cases}$$

— Pour préparer ce corps, on dissout 60 grammes d'hydrazide hippurique et 28 grammes d'azotite de sodium dans 4 litres d'eau chaude. On laisse refroidir, on filtre et on ajoute 100 grammes d'acide acétique. Au bout de peu de temps un trouble se manifeste et l'azide se dépose: on filtre à la trompe, on sèche et on fait cristalliser dans l'éther. Le rendement est de 90 0/0.

L'azide hippurique se présente en aiguilles incolores, fusibles à 98°, insolubles dans l'eau froide, solubles dans l'alcool, l'éther et l'acide acétique. Elle possède une odeur piquante, provoquant l'éternuement, comme d'ailleurs un grand nombre d'azides. Elle déflagre quand on la chauffe sur une lame de platine.

L'hippurazide se dissout dans les alcalis avec une fluorescence bleu-jaune. Sa solution alcoolique ne précipite pas d'abord par l'azotate d'argent; mais peu à peu il se produit une coloration rose avec précipitation d'azoture d'argent.

L'azide hippurique réagit sur un grand nombre de composés et donne lieu à des réactions de deux ordres, suivant qu'il y a formation d'acide azothydrique ou séparation d'azote libre.

Suivant le premier mode agissent les alcalis, en formant un hippurate et un azoture :

$$C^5H^5-CO-AzH-CH^2-CO-Az\left\langle\begin{matrix}Az\\ \| \\ Az\end{matrix}\right. + 2KOH$$
$$= C^6H^5-CO-AzH-CH^2-CO^2K + KAz^3 + H^2O.$$

Les amines agissent aussi dans le même sens, en donnant une hippuramide substituée; l'aniline, par exemple, donne l'hippuranilide. Les hydrazines donnent naissance à des hippurylhydrazides substituées symétriques, suivant l'équation

$$C^6H^5-CO-AzH-CH^2-COAz^3 + AzH^2-AzHR$$
$$= Az^3H + C^6H^5-CO-AzH-CH^2-CO-AzH-AzH-R$$

Le deuxième mode de réaction se produit avec l'eau, l'alcool, les dérivés halogénés, les halogènes, les aldéhydes. Avec l'eau et avec l'alcool en particulier, il se fait une curieuse transposition moléculaire, qui conduit à une urée ou à une uréthane :

$$2(C^6H^5-CO-AzH-CH^2-CO-Az^3) + H^2O$$
$$= Az^2 + CO^2 + CO\left\langle\begin{matrix}AzH-CH^2-AzH-CO-C^6H^5\\ AzH-CH^2-AzH-CO-C^6H^5\end{matrix}\right.$$

L'*hippénylurée* ainsi formée (M. Curtius donne le nom d'*hippényle* au radical $-CH^2-AzH-CO-C^6H^5$) se présente en aiguilles microcristallines, insolubles dans l'eau, fondant à 246°.

L'*hippényluréthane* se forme par la réaction suivante :

$$C^6H^5-CO-AzH-CH^2-COAz^3 + C^2H^5OH$$
$$= Az^2 + CO\left\langle\begin{matrix}AzH-CH^2-AzH-CO-C^6H^5,\\ OC^2H^5\end{matrix}\right.$$

pour laquelle il faut employer l'alcool absolu et chauffer à l'ébullition; elle se présente en aiguilles incolores, fusibles à 162°, très peu solubles dans l'eau froide, solubles dans l'alcool bouillant, le benzène et l'acide acétique.

Enfin le brome agit sur l'hippurazide de la façon suivante :

$$C^6H^5-CO-AzH-COAz^3 + Br^2$$
$$= Az^2 + C^6H^5-CO-AzH-CH^2-AzBr^2CO,$$

en donnant le *dibromisocyanate d'hippényle*.

Toutes les réactions de l'hippurazide qui viennent d'être indiquées sont générales, et se présentent avec les autres azides.

Acides nitrohippuriques. — *Acide o-nitrohippurique.* — Il se prépare en traitant le glycocolle en solution alcaline par le chlorure d'orthonitrobenzoyle. Il cristallise dans l'eau bouillante en minces paillettes, fusibles à 188°, solubles dans l'alcool et dans l'eau bouillante, peu solubles dans l'éther et dans l'eau froide.

Les *sels alcalins* de cet acide sont fort solubles dans l'eau froide; il en est de même du *sel de baryum*. Le *sel d'argent* est au contraire peu soluble dans l'eau et cristallise facilement [W. Löb, *D. chem. G.*, **27**, 3093].

L'*acide m-nitrohippurique* se trouve dans l'urine des chiens auxquels on a fait ingérer de l'aldéhyde métanitrobenzoïque; il fond à 165-167° [R. Cohn, *D. chem. G.*, **25**, 2460].

L'*acide p-nitrohippurique* se prépare comme l'ortho, au moyen du chlorure de benzoyle paranitré; il forme des prismes incolores, fusibles à 129° (W. Löb, *loc. cit.*).

Acide oxyhippurique,

$$C^6H^5-CO-AzH-CH(OH)-CO^2H.$$

— L'*éther éthylique* de cet acide peut s'isoler du produit de l'action du perchlorure de phosphore sur l'acide hippurique, en versant ce produit sur de la glace (Rügheimer et Küsel, *loc. cit.*). Cet éther cristallise en aiguilles fusibles à 114-115°.

D'après M. F. Weiss [*D. chem. G.*, **26**, 2644], en traitant par le perchlorure de phosphore le produit de déshydratation de l'hippurate de phényle (voyez plus haut), puis saponifiant par l'eau le produit chloré formé, on obtient l'éther phénylique de l'acide oxyhippurique. Cet éther fond à 170°; par l'action ménagée des alcalis, il donne de la benzamide, du phénol, et de l'acide glyoxylique.

Acide m-bromo-p-méthoxyhippurique,

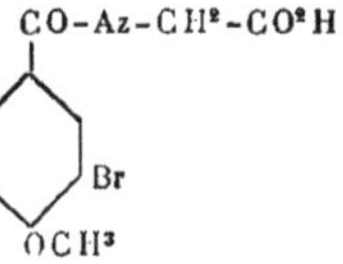

$CO-Az-CH^2-CO^2H$

Br

OCH^3

— Pour préparer ce corps, on traite le chlorhydrate de l'aldéhyde correspondante (voyez aldéhyde hippurique) en solution aqueuse par le brome; il se précipite une huile qui cristallise peu à peu. On purifie par une cristallisation dans l'eau. L'acide forme des aiguilles blanches, fusibles à 161-162°, peu solubles dans l'eau, dans l'alcool, dans l'acétone, très peu solubles dans l'éther et dans le benzène. La solution ammoniacale neutre de cet acide précipite en bleu vert par le sulfate de cuivre, en jaune clair par le chlorure ferrique. Le *sel d'argent* cristallise en fines aiguilles groupées en étoiles; le *sel de baryum* se dépose de sa solution bouillante en aiguilles blanches. L'acide, chauffé pendant 5 heures à 120° avec 10 parties d'acide chlorhydrique fumant, donne l'acide m-bromanisique [Hans Heller, *D. chem. G.*, **27**, 3097].

Recherche et dosage de l'acide hippurique. — M. K. Spiro [*Bull. Soc. Chim.*, (3), **24**, 94] conseille de transformer, par l'aldéhyde benzoïque et l'anhydride acétique, l'acide hippurique en lactimide benzoylamidocinnamique, puis de chauffer celle-ci avec de la soude concentrée, et enfin de caractériser l'acide phénylpyruvique formé par son hydrazone, fusible à 161°. On peut de cette façon retrouver 1 centigramme d'acide hippurique dans 10 centimètres cubes de sang.

D'après M. F. Blumenthal [*Centralblatt*, 1900, **2**, 447] on peut doser l'acide hippurique dans l'urine de la façon suivante : 300 centimètres cubes d'urine sont alcalinisés par le carbonate de sodium et desséchés. Le résidu est extrait à deux reprises avec chaque fois 150 centimètres cubes d'alcool à 96°. Le filtrat est évaporé et le sirop restant dissous dans 50 centimètres cubes d'eau acidulée par 10 centimètres cubes d'acide chlorhydrique ou d'acide sulfurique à 20-25 0/0; la solution est épuisée avec 200 centimètres cubes d'éther contenant 20 centimètres cubes d'alcool à 96° et cet épuisement est répété quatre fois. L'éther est finalement distillé et dans le résidu on dose l'azote par la méthode de Kjeldahl. L'azote est calculé en acide hippurique. Par ce procédé on retrouve d'une façon constante 85 0/0 de l'acide hippurique; il peut donc être employé pour des dosages comparatifs. R. Marquis.

PHYSIOLOGIE.

Depuis que Wœhler (voyez Dict. **2**, 25) a montré, en 1824, que l'acide benzoïque ingéré est éliminé à l'état d'acide hippurique, les conditions, le lieu et le mécanisme de cette synthèse n'ont cessé d'attirer l'attention des physiologistes.

La *quantité* d'acide excrétée chez l'homme est très variable et oscille entre $0^{gr},1$ et 1 gramme (Huppert) ou entre $0^{gr},1$ et $0^{gr},3$ (Lewin) pour l'urine des 24 heures, même, d'après M. Sirecci, lorsque le régime est constant, ce que l'on peut expliquer, du moins dans une certaine mesure, par ce fait que la putréfaction intestinale, variable d'un jour à l'autre, fournit une fraction du générateur aromatique de l'acide (voy. plus loin). D'après MM. Weyl et von Anrep, l'urine du chien (nourri de viande et de lard) renferme par jour de $0^{gr},025$ à $0^{gr},048$, et d'après M. Salkowski de $0^{gr},53$ à $0^{gr},204$ d'acide hippurique (chien à jeun ou nourri de viande) [Neubauer et Vogel, *Analyse des Harns*, 10e édition par H. Huppert, Wiesbaden, 1898, p. 222. — Lewin, *Zeit. klin. Med.*, **42**, 371. — Sirecci, *Maly's Jahresb.*, **27**, 325. — Weyl et von Anrep, *Zeit. physiol. Chem.*, **4**, 169. — E. Salkowski, *D. chem. G.*, **11**, 500].

Chez les herbivores, la quantité d'acide hippurique contenue dans les urines est beaucoup plus considérable, car l'alimentation fournit en abondance la copule aromatique de l'acide hippurique, et le pouvoir de synthèse de l'organisme est très étendu (voy. plus loin). Chez le cheval, M. Salkowski a trouvé $15^{gr},597$ d'acide hippurique (confondu avec l'acide phénacéturique) pour $65^{gr},34$ d'azote total en 24 heures.

Ni l'acide hippurique ni l'acide benzoïque ne sont éliminés par la sueur chez l'homme [A. Hoffmann, *Arch. f. exp. Path.*, **7**, 233]. L'acide hippurique fait défaut dans les capsules surrénales [E. Stadelmann, *Zeit. physiol. Chem.*, **18**, 380).

La *copule aromatique* de l'acide hippurique peut être fournie à l'organisme non seulement par l'acide benzoïque, mais encore par tout corps aromatique pouvant être transformé par l'organisme en acide benzoïque. Ainsi se comportent le toluène, l'éthylbenzène, le propylbenzène, l'alcool benzylique, l'acide phénylpropionique, l'acide cinnamique, qui tous sont éliminés à l'état d'acide hippurique. Les acides phénylacétique et phénylglycolique, au contraire, passent inaltérés, les groupements CH^2 et CHOH étant sans doute protégés contre l'oxydation par le voisinage du phényle et du carboxyle, tandis que dans l'acide phénylpropionique, où la chaîne latérale est plus longue, l'attaque paraît plus facile [Schultzen et Naunyn, *Du Bois-Reymond's Arch. f. Physiol.*, 1867, p. 349. — Nencki et Giacosa, *Zeit. physiol. Chem.*, **4**, 325. — C. Schotten, *Ibid.*, **8**, 60. — E. Salkowski, *Ibid.*, **9**, 229].

Parallèlement, on constate que les trois nitrobenzaldéhydes sont éliminées à l'état d'acides nitrohippuriques, l'acide m-amidobenzoïque à l'état d'acide m-amidohippurique, l'acide m-fluobenzoïque à l'état d'acide m-fluohippurique, le p-bromotoluène à l'état d'acide p-bromohippurique, etc. [N. Sieber et A. Smirnoff, *Mon. f. Chem.*, **8**, 88. — R. Cohn, *Zeit. physiol. Chem.*, **17**, 274 et **18**, 133. — E. Salkowski, *Ibid.*, **7**, 93. — F. Coppola, *Gazz. chim. ital.*, **13**, 521. — C. Preusse, *Zeit. physiol. Chem.*, **5**, 57].

A l'état normal, en dehors de toute observation expérimentale, il est probable que, chez l'herbivore, une grande partie de l'acide benzoïque est fournie par la transformation et l'oxydation de composés aromatiques apportés par l'alimentation, tels que l'acide quinique par exemple. Toutefois M. Stadelmann fait remarquer que l'acide quinique, qui ne produit pas d'acide hippurique chez le carnivore, n'en fournit que fort peu (1/10e à 1/20e de la quantité calculée) chez l'herbivore, et que son action ne se fait sentir que de 24 à 48 heures après l'ingestion, sans doute parce qu'il n'agit qu'après avoir été transformé par les fermentations post-digestives de l'extrémité inférieure de l'intestin [O. Lœw, *J. prakt. Chem.* (2), **19**, 309. — E. Stadelmann, *Arch. f. exp. Path.*, **10**, 317]. — Notons ici que M. Tappeiner a trouvé dans le contenu de la panse, chez le bœuf nourri de foin, de l'acide phénylpropionique (ou hydrocinnamique), lequel est producteur d'acide benzoïque, par conséquent d'acide hippurique dans l'organisme. Mais on ne sait pas si cet acide existe tout formé dans le foin, ou s'il provient de quelque combinaison aromatique, ou encore s'il résulte de la putréfaction des matières albuminoïdes [Tappeiner, *Zeit. f. Biol.*, **22**, 236].

Cette dernière source doit, en effet, être invoquée. On sait par les travaux de MM. H. et E. Salkowski que l'acide phénylpropionique est un produit constant de la putréfaction pancréatique des matières protéiques et que cet acide, introduit dans l'estomac du chien, s'élimine à l'état d'acide hippurique. D'autre part, Baumann a montré que, chez le chien maintenu à l'état d'inanition, les petites quantités d'acide hippurique que l'urine continue à éliminer disparaissent complètement aussitôt après l'administration de la première dose d'un antiseptique, tel que le calomel (H. et E. Salkowski, *D. chem. G.*, **12**, 653. — Baumann, *Zeit. physiol. Chem.*, **10**, 123].

L'origine des petites quantités d'acide hippurique que contient d'une manière constante l'urine des carnivores, même maintenus à jeun, se trouve donc expliquée; mais chez l'herbivore d'autres facteurs entrent en jeu certainement. M. E. Salkowski a calculé, en effet, que si la totalité des 15 grammes d'acide hippurique excrétés en 24 heures par un cheval provenait de la putréfaction des matières protéiques, il faudrait admettre que sur 400 grammes d'albumine apportés par la ration, 350 au moins ont subi dans l'intestin la décomposition microbienne, ce qui est inadmissible [E. Salkowski, *Zeit. physiol. Chem.*, **9**, 229]. Peut-être faut-il invoquer ici les pentoses. MM. Götze et Pfeiffer rapportent, en effet, que chez le mouton la production de l'acide hippurique paraît être en relations étroites avec l'ingestion de pentoses [K. Götze et Th. Pfeiffer, *Landwirth. Vers.-Stat.*, **47**, 59; *Maly's Jahresb.*, **26**, 804].

L'influence de la *copule grasse* sur le phénomène de la production de l'acide hippurique a été beaucoup moins étudiée. Chez l'homme, la provision de glycocolle disponible pour la synthèse de l'acide hippurique paraît être considérable, puisque par ingestion de 30 grammes d'acide benzoïque on peut pousser jusqu'à 39 grammes la quantité d'acide hippurique excrétée. Chez le lapin, M. Wiener a montré que c'est pour une dose de 1 gramme d'acide benzoïque par kilogramme d'animal que la quantité d'acide hippurique formée est la plus considérable. Avec $1^{gr},7$ (donnés par l'estomac à l'état de sel de sodium), les animaux meurent, à moins que l'on n'injecte en même temps sous la peau du glycocolle. Dans ces conditions, on peut rendre inoffensives des doses de 2^{gr},3 d'acide benzoïque par kilogramme, expérience qui constitue un des rares exemples d'un contrepoison au vrai sens du mot que l'on puisse citer en physiologie. L'alanine et l'acide aspartique sont sans action, mais la leucine et l'acide urique se comportent comme le glycocolle. Toutefois des essais directs ont montré que les amino-acides homologues du glycocolle, tels que la leucine, la sarcosine, ne fournissent pas dans l'organisme des acides hippuriques homologues, mais l'acide ordinaire [H. Wiener, *Arch. f. exp. Path.*, **40**, 313. — W. H. Parker et G. Lusk, *Am. Journ. of Physiol.*, **3**, 472. — A. Hoffmann, *Arch. f. exp. Path.*, **7**, 283. — J. Schiffer, *Zeit. physiol. Chem.*, **7**, 479].

Notons encore que M. C. Lewin a observé une augmentation de l'acide hippurique chez l'homme après addition de glucose à la ration. La quantité d'acide hippurique augmente aussi avec l'apport de matières protéiques (sans doute à cause de l'intensité plus grande des phénomènes de putréfaction dans le tube digestif). Elle s'accroît très notablement après ingestion de tissus riches en nucléines (thymus), sans doute parce que ces substances sont productrices d'acide urique, lequel fournit lui-même du glycocolle (voyez plus haut) [C. Lewin, *Zeit. klin. Med.*, **42**, 371].

En ce qui concerne le *lieu de formation* de l'acide hippurique et les *conditions de cette synthèse*, cette réaction est une des mieux connues de l'organisme. On peut même dire que, par la nature des problèmes soulevés et des méthodes mises en œuvre, l'étude de cette synthèse présente, au point de vue du développement des méthodes et des idées en physiologie, une importance considérable, et que le travail classique de MM. Bunge et Schmiedeberg sur cette question est resté comme le type des recherches de ce genre [Bunge et Schmiedeberg, *Arch. f. exp. Path.*, **6**, 233. — Bunge, *Lehrb. d. Physiol.*, Leipzig, 1901, **2**, 376).

MM. Bunge et Schmiedeberg ont d'abord établi une méthode d'extraction de l'acide hippurique qui leur permettait, par exemple, de retrouver sur 0^{gr},0105 d'acide hippurique ajoutés, avec 0^{gr},1 d'acide benzoïque, à la purée fournie par dix grosses grenouilles, 0^{gr},0045 d'acide hippurique à l'état cristallisé.

Ils ont montré ensuite que chez la grenouille, qui survit très bien à cette opération pendant 3 ou 4 jours, l'extirpation du foie n'empêche pas l'acide benzoïque injecté dans le sac lymphatique de se transformer abondamment en acide hippurique, surtout lorsqu'on fournit en même temps du glycocolle à l'animal, tandis que chez la grenouille normale on ne trouve jamais trace d'acide hippurique. Le foie n'est donc pas le lieu de formation, ou tout au moins le lieu exclusif de la formation de l'acide hippurique.

Lorsqu'on injecte, d'autre part, de l'acide benzoïque et du glycocolle dans le sang de chiens chez lesquels on a supprimé, par ligature des vaisseaux, toute circulation dans le rein, on constate, après 3 ou 4 heures, que le sang, les muscles et le foie ne contiennent que de l'acide benzoïque, et pas d'acide hippurique. On peut conclure de là que, tout au moins chez le chien, le rein est nécessaire à la synthèse en question.

Enfin la démonstration directe de l'intervention du rein a été fournie par une belle série d'expériences de circulation artificielle, sur des reins de chien détachés de l'animal et irrigués par du sang défibriné, additionné d'acide benzoïque ou d'acide benzoïque et de glycocolle. Le sang qui sort de l'organe et le liquide que fournit l'uretère pendant l'opération, contiennent tous deux, d'une manière constante, de l'acide hippurique, en plus grande quantité, bien entendu, lorsque le sang apporte en même temps le glycocolle nécessaire.

Le rein extrait de l'animal conserve assez longtemps ce pouvoir de synthèse ; même après 48 heures de séjour à la glacière, et lorsqu'on l'irrigue avec du sang conservé depuis 24 heures, il présente encore nettement cette propriété. Lorsque l'organe est simplement haché, puis mis en contact avec du sang additionné des deux constituants, il y a encore production d'une très petite quantité d'acide hippurique. Mais lorsque la masse est réduite à l'état de purée très fine, ou que l'organe est congelé à — 20°, puis réchauffé à + 40° avant la trituration, la réaction synthétique est totalement supprimée [W. Kochs, *Pflüger's Arch.*, **20**, 64].

Dans cette réaction, le sang paraît surtout jouer le rôle de véhicule de l'oxygène nécessaire à la vie du tissu rénal, bien que l'intégrité des globules rouges, contrairement à ce qu'avaient admis MM. Bunge et Schmiedeberg, ne soit pas une condition indispensable. M. I. Munk a montré, en effet, que du sang laqué par addition de 2 à 2^{vol},5 d'eau, entretient le phénomène aussi bien que du sang intact, sans doute parce que la dissociation de l'oxyhémoglobine dissoute suffit pour assurer au tissu la quantité d'oxygène nécessaire. D'autre part, M. A. Hoffmann, en employant du sang saturé d'oxyde de carbone, a constaté la suppression de toute synthèse. Il est vrai qu'ici on peut invoquer une action toxique de l'oxyde de carbone sur le tissu rénal [I. Munk, *Centralbl. f. d. med. Wiss.*, 1886, n° 27 ; *Virchow's Arch.*, **111**, 434. — A. Hoffmann, *Arch. f. exp. Path.*, **7**, 233].

Cette action toxique est rendue probable par les expériences de M. A. Hoffmann. Lorsque, après avoir fait passer pendant 2 heures, à travers l'organe, le courant de sang oxycarboné, on revient au sang oxygéné, on constate que la quantité d'acide hippurique produite est considérablement diminuée. L'addition de chlorhydrate de quinine au sang employé produit le même effet. Or on sait que la quinine est un toxique pour certaines cellules, et qu'elle supprime notamment les mouvements amœboïdes des globules blancs [Binz, *Arch. f. mikr. Anat.*, **3**, 383].

L'influence de ces toxiques se fait sentir aussi chez l'animal vivant. MM. Araki et Katsuyama ont montré que chez le lapin intoxiqué par l'oxyde de carbone, la synthèse de l'acide hippurique est considérablement entravée [Araki, *Zeit. physiol. Chem.*, **19**, 422. — Katsuyama, *Ibid.*, **34**, 83]. De même, l'ingestion de diamines (tétra- et pentaméthylène-diamines, etc.), de quinine, diminue chez le lapin le pouvoir antitoxique du glycocolle vis-à-vis de l'acide benzoïque, c'est-à-dire arrête la synthèse de l'acide hippurique. On observe le même phénomène chez le lapin et chez le chien en état de fièvre, et dans beaucoup de maladies, notamment les maladies du rein [J. Pohl, *Arch. f. exp. Path.*, **41**, 97. — Weyl et von Anrep, *Zeit. physiol. Chem.*, **4**, 189. — G.-J. Jaarsveld et H.-J. Stokvis, *Arch. f. exp. Path.*, **10**, 268. — F. Kronecker, *Ibid.*, **16**, 344. — Sertoli, *Centralbl. f. klin. Med.*, **20**, 1189. — C. Levin, *Zeit. klin. Med.*, **42**, 371].

En ce qui concerne l'agent de cette synthèse, MM. Bunge et Schmiedeberg, s'appuyant sur les expériences qu'on vient de rapporter, ont fait de cette réaction une propriété de la cellule rénale, et cette conclusion a été en général adoptée par les physiologistes. Mais depuis que l'on connaît des diastases de recomposition, c'est-à-dire capables d'opérer des phénomènes de construction moléculaire, cette explication a paru insuffisante, et l'on s'est efforcé d'opérer la synthèse de l'acide hippurique avec des extraits d'organe, c'est-à-dire en dehors de toute action cellulaire. Une telle réaction a été réalisée par MM. Abelous et Ribaut. Ces auteurs ont fait digérer pendant 24 heures, à 42°, 525 grammes de rein de cheval réduit en purée, avec 1 litre de fluorure de sodium à 2 0/0, 1^{gr},5 de glycocolle, 3 centimètres cubes d'alcool benzylique et 3 grammes de carbonate de sodium. En faisant passer dans la masse un courant d'air, on pouvait espérer que l'oxydation préalable de l'alcool benzylique à l'état d'acide benzoïque fournirait l'énergie nécessaire au processus endothermique de la formation de l'acide hippurique. De fait, la masse a fourni 83 milligrammes d'acide hippurique, tandis que l'expérience de contrôle, faite sans glycocolle et sans alcool benzylique, n en donnait que 50 milligrammes [Abelous et Ribaut, *Soc. de Biol.*, **52**, 543].

Il convient d'ajouter enfin que le rein n'est pas chez tous les animaux le lieu unique de la formation synthétique de l'acide hippurique. MM. Bunge et Schmiedeberg ont montré, en effet, que la grenouille continue à produire de l'acide hippurique même après extirpation du foie, et le lapin après extirpation du rein. M. Salomon a trouvé dans le sang, les muscles et le foie, des quantités considérables d'acide hippurique après ingestion d'acide benzoïque [Salomon, *Zeit. physiol. Chem.*, **3**, 365].

On a soutenu de divers côtés que l'organisme animal possède aussi la propriété de dédoubler activement l'acide hippurique en ses composants; mais MM. van de Velde et Stokvis ont attiré l'attention sur la facilité avec laquelle l'acide hippurique subit l'hydrolyse, surtout dans l urine alcaline et albumineuse, sous l'influence des ferments. Néanmoins MM. O Schmiedeberg et O. Minkowski soutiennent que l'on peut extraire du rein des divers animaux une diastase plus ou moins active, capable d'hydrolyser l'acide hippurique avec mise en liberté d'acide benzoïque. Mais il est douteux que cette diastase, si elle existe, exerce son action pendant la vie. D'après M. F. Wingler, elle ne prendrait naissance qu'au moment de la mort des tissus [G.-J. Jaarsveld et H.-J. Stokvis, *Arch. f. exp. Path.*, **10**, 268. — Weiske, *Zeit. f. Biol.*, **12**, 241. — Th. Weyl et B. von Anrep, *Zeit. physiol. Chem.*, **4**, 169. — O. Schmiedeberg, *Arch. f. exp. Path.*, **14**, 288. — O. Minkowski, *Ibid.*, **17**, 445. — Van de Velde et Stokvis, *Ibid.*, **17**, 184. — F. Wingler, *Dissert. inaug.*, Fribourg, 1895].

Cette fixation du glycocolle par l'acide benzoïque a mis sur la voie d'un grand nombre d'autres synthèses du même genre, dans lesquelles le glycocolle fourni par l'organisme se combine par élimination d'eau soit avec des acides venus directement de l'extérieur, soit avec des acides résultant de l'oxydation de corps cycliques introduits avec les éléments. Ainsi l'acide salicylique s'élimine à l'état d'acide salicylurique, l'acide phénylacétique à l'état d'acide phénacéturique, le furfurol à l'état d'acide pyromicurique et d'acide furfuracrylurique, l'acide p-toluylique à l'état d'acide tolurique, l'acide α-thiophénique à l'état d'acide α-thiophénurique, l'α-picoline à l'état d'acide α-pyridinurique [R. Cohn, *Zeit. physiol. Chem.*, **17**, 274; **18**, 112, 133. — Jaffé et H. Lévy, *D. chem. G.*, **21**, 3458].

Chez la poule, l'acide benzoïque ingéré est transformé en acide ornithurique (Jaffé), combinaison de 2 molécules d'acide benzoïque avec l'ornithine (voyez ces mots).

Les méthodes de dosage de l'acide hippurique employées en physiologie sont dues à MM. Bunge et Schmiedeberg, à MM. Jaarsveld et Stokvis (*loc. cit.*), à M. Blumenthal [*Zeit. klin. Med.*, **40**, 339].

E. Lambling.

HIPPURIQUE (ALDÉHYDE),

$$C^6H^5CO-AzH-CH^2-CHO$$

[E. Fischer, *D. chem. G.*, **26**, 465]. — Le *chlorhydrate* de l'aldéhyde hippurique s'obtient en décomposant l'acétal hippurique par l'acide chlorhydrique. L'acétal est broyé avec 6 fois son poids d'acide chlorhydrique d'une densité de 1,19, et la solution incolore abandonnée au repos pendant 4 ou 5 heures à la température ordinaire. On arrête l'opération quand une prise d'essai du liquide réduit complètement 12 fois son poids de liqueur de Fehling. On évapore alors dans le vide à 40°; le sirop obtenu dépose par refroidissement des cristaux de chlorhydrate d'aldéhyde hippurique. Ce sel est très soluble dans l'eau et dans l'alcool, très peu soluble dans le benzène chaud et insoluble dans l'éther.

Si l'on cherche à isoler l'aldéhyde en traitant le chlorhydrate par la soude, on obtient un précipité floconneux blanc, soluble dans un excès de soude, se transformant par la chaleur en une résine jaune. La solution alcaline de ce produit réduit très fortement la liqueur de Fehling.

Le chlorhydrate d'aldéhyde hippurique additionné, en solution aqueuse, d'un excès d'acétate de sodium et d'acétate de phénylhydrazine, donne une *hydrazone*, qui se précipite sous la forme d'une huile cristallisant au bout de quelque temps; par une nouvelle cristallisation dans le benzène, on obtient des petits prismes groupés en étoiles, fondant à 107-108°. L'hydrazone hippurique est soluble dans l'alcool, peu soluble dans l'éther et dans le benzène; elle fond dans l'eau bouillante et s'y dissout très peu.

Acétal de l'aldéhyde hippurique (*benzoylacétalamine*). — L'aminoacétal,

$$AzH^2-CH^2-CH(OC^2H^5)^2,$$

étant dissous dans 10 parties de soude à 5 0/0, et la solution étant refroidie par de la glace, on ajoute peu à peu, en agitant, la quantité calculée de chlorure de benzoyle; l'acétal hippurique se précipite sous la forme d'une huile qu'on enlève à l'éther et qu'on purifie par une distillation dans le vide. L'acétal cristallise et fond à 38°; il bout à 205-206° (corr.) sous 15 millimètres; il est soluble dans l'alcool, l'éther et le benzène, peu soluble dans la ligroïne.

Aldéhydes nitrohippuriques [W. Löb, *D. chem. G.*, **27**, 3093]. — *Dérivé ortho.* — Il s'obtient en traitant l'acétal correspondant par 6 fois son poids d'acide chlorhydrique d'une densité de 1,19. L'addition d'eau, au bout de 6 heures, précipite l'aldéhyde en flocons; pour la purifier, on la dissout dans le chloroforme et on la précipite par l'éther. Elle est amorphe, se ramollit vers 90° et se décompose sans fondre nettement à une température plus élevée. C'est une base très faible, ne formant pas de sels.

Son *acétal* s'obtient en traitant en solution alcaline l'aminoacétal par le chlorure de benzoyle o-nitré; il cristallise en aiguilles fusibles à 70-71°.

Dérivé para. — L'aldéhyde p-nitrohippurique se prépare comme le dérivé ortho et possède les mêmes propriétés.

Son *acétal*, obtenu comme le précédent, fond à 82°. Réduit par la poudre de zinc et l'acide acétique, cet acétal se transforme en *p-azoxylbenzoylaminoacétal*,

$$O\begin{matrix} \diagup Az-C^6H^4-CO-AzH-CH^2-CH(OC^2H^5)^2 \\ | \\ \diagdown Az-C^6H^4-CO-AzH-CH^2-CH(OC^2H^5)^2 \end{matrix}$$

cristallisant en paillettes rouge clair, fusibles à 182°. Par une réduction plus avancée, le dérivé azoxique se transforme en *dérivé azoïque* : ce dernier cristallise en paillettes rouge-carmin, fusibles à 202°,5 ; il est soluble dans l'alcool, insoluble dans l'eau et dans l'éther.

ALDÉHYDE O AMINOHIPPURIQUE (W. Löb, *loc. cit.*). — Son acétal s'obtient en réduisant l'acétal o-nitrohippurique, en solution alcoolique, par le zinc en poudre et l'acide acétique. Il cristallise en aiguilles fondant à 80-81°, solubles dans l'éther, l'alcool, le benzène et le chloroforme, peu solubles dans l'alcool et dans la ligroïne.

Lorsqu'on traite cet acétal par l'acide chlorhydrique, on obtient un anhydride de l'aldéhyde aminohippurique sous la forme d'un précipité floconneux, insoluble dans la plupart des dissolvants, sauf l'acide chlorhydrique concentré et l'aniline; l'eau le précipite de sa solution chlorhydrique.

ALDÉHYDES OXYHIPPURIQUES [Hans Heller, *D. chem. G.*, **27**, 3099]. — *Dérivé ortho.* — L'acétal correspondant est saponifié par l'acide chlorhydrique (densité 1,19); le *chlorhydrate* de l'oxyaldéhyde se sépare peu à peu en cristaux. Pour le purifier on le dissout dans l'eau et on le précipite par le gaz chlorhydrique. Ce chlorhydrate forme des tables incolores, fusibles vers 150° en se décomposant. L'oxyaldéhyde libre est un sirop fortement réducteur. Elle forme une *hydrazone* fusible à 134° et une *oxime* cristallisée en aiguilles fondant à 142°.

L'*acétal o-oxyhippurique* s'obtient en chauffant à 120° un mélange en parties égales de salicylate de méthyle et d'aminoacétal; l'excès de ce dernier est enlevé par un lavage à l'eau : il reste une huile que l'on triture à basse température avec un peu de ligroïne, et qui se prend alors en une masse de cristaux que l'on fait cristalliser dans la ligroïne bouillante. Paillettes rhombiques, fusibles à 54°.

Dérivé para. — *L'éther méthylique*,

$$CH^3O-C^6H^4-CO-AzH-CH^2-CHO,$$

de l'aldéhyde p-oxyhippurique a été obtenu en saponifiant l'acétal correspondant par l'acide chlorhydrique. Il est amorphe. Son *chlorhydrate* est cristallisé et fond vers 128°. Son *hydrazone* forme de petites aiguilles blanches, solubles dans l'alcool et dans l'acétone, peu solubles dans le chloroforme, le benzène, l'éther, fondant à 126°. Son *oxime* est en aiguilles blanches, fondant vers 163° avec décomposition.

L'*acétal p-méthoxyhippurique* (*anisylaminoacétal*) s'obtient en ajoutant par petites portions 20 grammes de chlorure d'anisyle dissous dans 100 centimètres cubes d'éther à une solution refroidie de 30 grammes d'aminoacétal dans 200 centimètres cubes d'éther; le chlorhydrate de l'acétal se sépare en paillettes. Ce chlorhydrate, traité par la soude, fournit l'acétal, cristallisant dans l'éther en aiguilles prismatiques fusibles à 60-61°, solubles dans l'alcool et dans l'éther, moins solubles dans l'acétone, le chloroforme, le benzène et l'acide acétique. R. Marquis.

HIPPURYLGLYCINE. — Voyez ACIDE HIPPURYLAMIDOACÉTIQUE, 1er Suppl., 916.

HIPPURYLURÉE. — Voyez URÉE.

HISTIDINE. — Voyez HEXONIQUES (BASES).

HISTONE. — M. Kossel a donné le nom d'*histone* à une matière albuminoïde qu'il a extraite en 1884 des noyaux des globules rouges du sang d'oie, et qui existe dans ces éléments sous la forme d'une protéide complexe, la *nucléo-histone.* Plus tard, M. Lilienfeld a trouvé un corps de même nature parmi les produits de décomposition de la nucléohistone des globules blancs du thymus, la marche progressive de ce dédoublement pouvant être représentée par le schéma que voici :

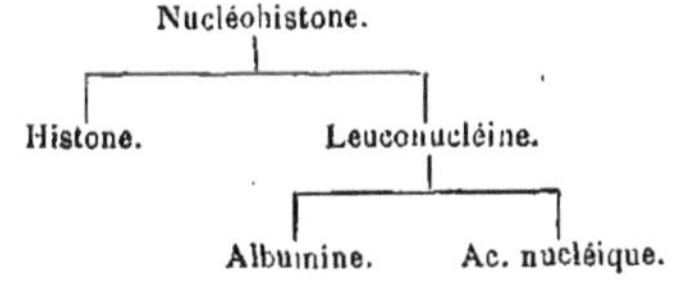

et MM. Fleroff, Lawroff, Malingreau et Bang ont complété cette étude des histones du thymus. Une histone a été extraite aussi de l'urine par MM. Krehl et Matthes chez des fébricitants, par MM. Kolisch et Burian chez des leucémiques. Enfin, on fait rentrer également dans le groupe des histones la *globine* (voyez ce mot), matière albuminoïde résultant du dédoublement de l'oxyhémoglobine (Schultz), et l'*arbacine*, protamine extraite par M. Mathews du sperme de l'oursin [A. Kossel, *Zeit. physiol. Chem.*, **8**, 511; *Berlin. klin. Woch.*, 1894, 146; 1898, 542. — Lilienfeld, *Zeit. physiol. Chem.*, **18**, 478. — Fleroff, *ibid.*, **28**, 307. — Lawroff, *ibid.*, **28**, 388. — Malingreau, *Bull. Soc. Chim.*, (3), **25**, 560. — Bang, *Zeit. physiol. Chem.*, **30**, 508. — Krehl et Matthes, *D. Arch. f. klin. Med.*, **54**, 508. — Kolisch et Burian, *Zeit. f. klin. Med.*, **29**, 377].

Toutes ces substances présentent, à côté d'analogies évidentes, un certain nombre de dissemblances, et il n'est pas encore possible de donner une définition claire et précise de ce nouveau groupe de matières protéiques. L'étude de leurs produits d'hydrolyse a fourni des données intéressantes, mais elle n'est encore faite que pour les histones du thymus et du testicule de cabillaud [Hammarsten, *Lehrb. physiol. Chem.*, 4e éd., Wiesbaden, 1899, 60].

Préparation. — Des globules de sang d'oie, isolés à la manière habituelle, sont dissous dans de l'eau avec addition d'éther, et les noyaux, demeurés insolubles, sont lavés jusqu'à décoloration totale. Ce résidu, très riche en nucléine, ne cède pas d'histone à l'eau; mais, lorsqu'on le traite par de l'acide chlorhydrique très étendu, il perd sa consistance molle, se rétracte et cède au liquide acide la nouvelle matière albuminoïde, laquelle résulte évidemment du dédoublement du protéide primitif (nucléohistone) en histone et en nucléine. On traite ensuite cette solution chlorhydrique par du sel marin en poudre. On recueille sur filtre le précipité abondant qui s'est formé, et après l'avoir lavé avec de l'acide chlorhydrique aqueux chargé de sel, on le délaye dans de l'eau et on soumet le tout à la dialyse. A mesure que le sel est éliminé, la matière albuminoïde entre en dissolution. Cette dissolution peut être précipitée par l'ammoniaque, ou bien, après concentration, par l'alcool éthéré.

MM. Lilienfeld, Fleroff et Lawroff ont donné des procédés pour extraire une histone du thymus. Le thymus est haché, puis mis à digérer avec de l'eau et un peu de chloroforme, à la température de la chambre. On passe ensuite à travers un linge, puis on centrifuge le filtrat. Le liquide est ensuite précipité par l'acide acétique sans excès, et le précipité de nucléohistone obtenu est recueilli, délayé dans de l'eau et dissous par addition de carbonate de sodium jusqu'à réaction faiblement alcaline. On précipite à nouveau par de l'acide acétique. Finalement, la nucléohistone obtenue est mise à digérer pendant 12 à 16 heures à la température ordinaire avec de l'acide chlorhydrique à 0,8 0/0, et un peu de chloroforme, et la solution d'histone obtenue par filtration est précipitée par l'ammoniaque (Lilienfeld) ou par un demi-volume d'alcool à 95° et de l'ammoniaque (Lawroff). La purification du produit par dissolution dans l'eau acide et précipitation par l'ammoniaque est difficile, parce que la solubilité de l'histone dans l'ammoniaque en excès va en croissant (Lawroff).

Propriétés. — L'histone de M. Kossel présente les réactions suivantes : La solution neutre de l'histone n'est pas coagulée à l'ébullition. Elle est précipitée par saturation plus ou moins complète au moyen du sulfate ou du chlorure d'ammonium, du sulfate de magnésium, du sel marin et du carbonate de sodium. L'ammoniaque, l'eau de chaux, la soude, produisent un précipité facilement soluble dans un excès de soude. L'acide azotique donne un précipité qui disparaît à chaud et reparaît par le refroidissement. Le chlorure de calcium, le sublimé, l'acétate et le sous-acétate de plomb, le phosphate de sodium, l'acide acétique, l'acide sulfurique, ne précipitent pas la solution d'histone ou ne donnent qu'un trouble. Dans les solutions concentrées, l'alcool donne un précipité facilement soluble dans l'eau. Enfin l'histone donne la réaction du biuret.

La réaction la plus remarquable est celle que donne l'ammoniaque. Une goutte d'ammoniaque aqueuse ajoutée à une solution d'histone, exempte de sels, détermine aussitôt la formation d'un abondant précipité, lequel est totalement insoluble et présente tous les caractères des matières albuminoïdes coagulées.

Cette précipitation par l'ammoniaque paraît augmenter la teneur de l'histone en carbone et en azote. M. Kossel a trouvé, en effet, pour l'histone précipitée par l'alcool éthéré : C, 50,67; H, 6,99; Az, 17,93; S, 0,50 0/0, et pour l'histone précipitée par l'ammoniaque : C, 52,31; H, 7,09; Az, 18,43 0/0. M. Fleroff a obtenu, avec l'histone du thymus, des résultats très rapprochés de ceux-ci.

Les autres histones citées plus haut, la globine de M. Schulze et l'arbacine de M. Mathews, présentent des réactions un peu différentes. Elles ne sont pas notamment précipitées par l'ammoniaque, et de ce côté le groupe des histones présente des contours un peu indécis.

Soumise à l'hydrolyse, au moyen de l'acide chlorhydrique bouillant et de l'étain, l'histone du thymus a fourni à M. Lawroff environ 25 0/0 de son poids en bases hexoniques, arginine, histidine et lysine. C'est surtout l'arginine qui se forme en grande quantité dans ce dédoublement, et à cet égard les histones prennent une place intermédiaire entre les albumines proprement dites et les protamines, c'est-à-dire les composés que M. A. Kossel considère comme les matières protéiques les plus simples. C'est ce qui ressort du court tableau que voici [A. Kossel, *D. chem. G.*, **34**, 3236] :

	Arginine fournie par 100 p. de matière albuminoïde.
Protamines	58,2-84,3
Histone (du testicule de cabillaud)	15,52
Histone (du thymus)	14,36
Gélatine	9,3
Caséine	4,8
Zéine (du maïs)	1,82

C'est sans doute à cette accumulation de groupements basiques dans sa molécule que l'histone doit son caractère de base faible.

M. Huiskamp a montré, en effet, que l'histone précipitée par l'ammoniaque, puis longuement lavée à l'alcool, est alcaline à la phénolphtaléine lorsqu'on la met en suspension dans l'eau. D'autre part, une solution de chlorhydrate d'histone dialysée pendant longtemps finit par devenir alcaline, sans qu'il y ait cependant précipitation d'histone, car la liqueur conserve assez d'acide chlorhydrique pour maintenir la base en dissolution. L'histone se comporte donc comme une base, et de fait, dans l'électrolyse du chlorhydrate d'histone, l'histone se dépose à la cathode.

Une solution neutre de nucléohistone sodique, ajoutée à une solution légèrement alcaline de chlorhydrate d'histone, fournit un précipité qui est une combinaison des deux corps avec élimination de sel marin [Huiskamp, *Zeit. physiol. Chem.*, **34**, 32].

Lorsqu'on traite une solution neutre ou faiblement alcaline d'histone par une solution d'une autre matière albuminoïde, on obtient un précipité que M. Kossel considère comme une combinaison des deux matières protéiques. Les protamines, certaines albumoses, présentent aussi cette réaction, et il est probable qu'il se passe des phénomènes de ce genre au moment de la fixation des matières protéiques par les tissus [Kossel, *D. chem. G.*, **34**, 3229].

L'histone de M. Lilienfeld, injectée dans les veines, exerce une action anticoagulante. La nucléohistone, au contraire, provoque des coagulations intraveineuses, et l'on sait que cette tendance plus accentuée du sang à la coagulation (phase positive) est suivie d'une tendance inverse (phase négative), que M. Lilienfeld attribue précisément à l'action anticoagulante de l'histone, provenant du dédoublement ultérieur de la nucléohistone injectée.

L'action immunisante de l'histone contre certaines infections a été étudiée par M. J.-G. Novy [*Journ. f. exp. Path.*, **1**, 693].

Une *parahistone* extraite du thymus a été décrite par M. Fleroff [*Zeit. physiol. Chem.*, **28**, 307]. M. Malingreau décrit aussi deux histones extraites du thymus, et précipitables successivement par saturation progressive au moyen du sulfate d'ammonium [Malingreau, *Bull. Soc. Chim.*, (3), **25**, 510].

M. Jolles a décrit un procédé de recherche de l'histone dans l'urine [*Zeit. physiol. Chem.*, **25**, 236].

E. Lambling.

HŒFERITE (Min.) (Katzer). — Silicate ferrique hydraté, $Fe^2O^3.2SiO^2,3,5H^2O$, voisin de la nontronite, en enduits ou masses vert-canari, presque terreuses, à Kritz, près Rakonitz (Bohême). Au chalumeau devient rouge-brun, puis fond difficilement en scorie noire magnétique. Inattaqué par les acides étendus; attaqué partiellement par les acides sulfurique concentré et fluorhydrique. Dureté = 1 à 3. Densité = 2,34.

HOFMANNITE (Min.) (E. Bechi). — Matière organique possédant la formule $C^{20}H^{36}O$, en efflorescences blanches, formées de petites tables rhombiques nacrées, inodores, sur un lignite des environs de Sienne. Soluble dans l'alcool et surtout dans l'éther; fusible à 71°. Densité = 1,056.

HOHMANNITE (Min.) (Frenzel-Wülfing) [Syn. *Amarantite*]. — Sulfate ferrique basique hydraté, $Fe^2O^3.2SO^3,7H^2O$. Masses pailletées ou radiées, ou prismes microscopiques (amarantite), brun-marron (orange dans la variété amarantite), transparent, en lames minces; se transforme aisément à l'air en masse ocreuse; l'amarantite s'altère difficilement. Trouvé avec copiapite au nord de la Sierra Gorda, près Caracoles (Chili).

Caractères. — Insoluble dans l'eau, très soluble dans l'acide chlorhydrique. Caractères de la copiopite, etc. Dureté = 2,5. Poussière jaune. Densité = 2,11 à 2,28.

Forme cristalline. — Prisme anorthique. La hohmannite offre les faces $h^1 g^1 p$, avec clivages parfaits h^1g^1, et très imparfait p; les angles sont

$$h^1g^1 = 118°42'; \quad h^1p = 92°21'; \quad g^1p = 90°32'.$$

Il est possible que la holmannite et l'amarantite ne soient pas identiques. Dans l'amarantite on observe deux clivages faciles h^1g^1, faisant entre eux un angle de 98° environ. On y a trouvé

$$a : b : c = 0,70915 : 1 : 0,57383;$$
$$\alpha = 95°38'; \quad \beta = 90°24'; \quad \gamma = 97°13'$$

Faces : $h^1 g^1 p m i^1 e^1 e^1/_2 e^2 o^1 d^1/_2 c^1/_2$ ($f^1 c^1/_3 g^1$).

L. Bourgeois.

HOMILITE (Min.) (Paikull). — Borosilicate de calcium et fer, $2CaO . FeO . Bo^2O^3 . 2SiO^2$. Cristaux noirs ou brun-noir, à éclat gras, trouvés avec erdmannite et mélinophane, à Stökö et à l'île d'Arö, près Brevig (Norvège).

Caractères. — Aisément soluble, sans résidu, dans l'acide chlorhydrique. Fusible en émail noir. Réactions du bore et du fer. Dureté = 5,5. Densité = 3,28.

Forme cristalline. — Prisme clinorhombique, isomorphe avec la datolite :

$$a : b : c = 8,6249 : 1 : 0,6412; \quad \beta = 89°21';$$

$mm = 116°$. Faces : me^2p prédominantes, avec $e^1 d^1 b^1/_2$. Macles $ph^1 e^4/_3 e^1/_2$.

HOMOCAFÉIQUE (ACIDE) [Syn. *Acide phène-diol 3.4-méthopropénylique*], (voyez 1er Suppl., 917),

$$C^6H^3 \begin{cases} OH \\ OH \\ CH = C - CO^2H \\ \quad\quad\; | \\ \quad\quad CH^3 \end{cases}$$

— L'éther méthylénique ou *acide méthylène-homocaféique*,

$$C^6H^3 \begin{cases} O \\ O \end{cases} > CH^2 \quad \text{—} \; CH = C - CO^2H \; (C : CH^3)$$

obtenu suivant le procédé de Lorentz (1er Suppl.), fond à 198-199°. Le *sel d'argent* de cet acide cristallise dans l'eau bouillante en fines aiguilles légèrement rosées.

Lorsqu'on le chauffe progressivement, cet acide fond d'abord, puis à partir de 240° il perd de l'acide carbonique qui se dégage en abondance; à une température plus élevée, il distille en partie inaltéré, laissant un résidu abondant et résineux; une partie de l'acide se transforme ainsi en isosafrol ou propénylméthylènepyrocatéchine,

$$C^6H^3 \begin{cases} O \\ O \end{cases} > CH^2 \quad \text{—} \; CH = CH - CH^3$$

[Moureu, *Bull. Soc. Chim.*, (3), **15**, 659].

E. Burcker.

HOMOCAMPHORIQUE (ACIDE) [Syn. *Acide campholique-carbonique, acide hydroxycamphocarboniqué*], (voyez 2e Suppl., **1**, 872),

$$C^8H^{14} \begin{cases} CH^2 - CO^2H \\ CO^2H \end{cases}$$

Modes de formation et préparation. — M. A. Haller [*C. R.*, **122**, 293, 446; *Bull. Soc. Chim.*, (3), **15**, 324, 342] a obtenu cet acide à partir de l'acide camphorique lui-même, réalisant ainsi le passage inverse de l'acide camphorique au camphre.

On sait, en effet, que l'homocamphorate de plomb (Haller) ou de chaux (Bredt et Rosemberg) se transforme en camphre sous l'action de la chaleur.

M. Haller réduit l'anhydride camphorique; celui-ci se transforme en une lactone, la campholide; cette dernière lactone, chauffée avec du cyanure de potassium, donne l'acide cyanocampholique qui, traité par la potasse, fournit l'acide homocamphorique.

Les diverses réactions qui se passent peuvent être formulées ainsi :

$$C^8H^{14} \begin{cases} CO \\ CO \end{cases} > O \longrightarrow C^8H^{14} \begin{cases} CH^2 \\ CO \end{cases} > O$$

$$\longrightarrow C^8H^{14} \begin{cases} CH^2.CAz \\ COOK \end{cases} \longrightarrow C^8H^{14} \begin{cases} CH^2.COOH \\ COOH \end{cases}$$

Pour réaliser cette intéressante transformation, on opère comme il suit : La campholide (voyez plus loin) est chauffée avec du cyanure de potassium pur et sec (quantités équimoléculaires) en tubes scellés à 230-240°, pendant 6 heures. Le contenu des tubes est repris par l'eau, épuisé à l'éther pour enlever la campholide non entrée en réaction, puis traité par l'acide sulfurique. Le précipité constitue l'acide cyanocampholique droit, fusible à 164°,5, ayant un pouvoir rotatoire $[\alpha]_D = 64°,69$). Il suffit de chauffer cet acide cyanocampholique avec de la potasse jusqu'à cessation de dégagement d'ammoniaque pour le transformer en homocamphorate de potassium, qu'on précipite ensuite par un acide.

M. Lapworth [*Chem. Soc.*, **77**, 1062] a modifié légèrement la méthode primitive de M. A. Haller. Il chauffe pendant 40 heures le cyanocamphre (20 grammes) avec une solution de 40 grammes de potasse dans 120 grammes d'eau. Il obtient ainsi 16 grammes de produit brut par traitement au moyen d'un acide étendu.

Propriétés. — Petits cristaux très peu définis, fondant à 234-235° (Haller, Bredt, Lapworth). On peut obtenir de beaux cristaux en se servant du nitrobenzène comme solvant (Lapworth), $[\alpha]_D = 60°,40$ (Haller).

Sels. — Les sels suivants ont été préparés :

Le *sel d'argent*, $C^{11}H^{16}O^4Ag^2$, est une poudre blanche insoluble dans l'eau.

Le *sel de calcium*, $C^{11}H^{16}O^4Ca . 7H^2O$, fournit par calcination 70 0/0 de la quantité théorique de camphre [Bredt et Rosemberg, *Ann. Chem.*, **289**, 4].

DÉRIVÉS DE L'ACIDE HOMOCAMPHORIQUE.

Chlorure d'homocamphoryle,

$$C^8H^{14} \begin{cases} COCl \\ CH^2 . COCl \end{cases}$$

— On l'obtient par l'action du pentachlorure de phosphore sur l'acide homocamphorique [Rochussen, *Inaug. Dissert.*, Bonn, 1897, 12]. C'est un liquide huileux, jaunâtre, bouillant vers 158° sous 13 millimètres. L'eau le décompose, lentement à froid, rapidement à chaud, en acide chlorhydrique et acide homocamphorique; les alcools en réagissant sur lui fournissent les éthers correspondants. Les *éthers diméthylique* et *diéthylique*, déjà obtenus par M. Haller, bouillent respectivement à 150° (12 millimètres) et 161° (10mm,5) (Rochussen, *loc. cit.*).

Diamide homocamphorique,

$$C^8H^{14} \begin{cases} CH^2 . COAzH^2 \\ CO . AzH^2 \end{cases}$$

— On l'obtient par l'action de l'ammoniac gazeux sec sur le chlorure d'homocamphoryle en solution dans l'éther anhydre. Cette diamide est insoluble dans l'éther, le benzène, la ligroïne et le chloroforme, peu soluble dans l'eau et dans l'alcool, plus soluble dans l'acétone. Elle fond à 220° (Rochussen).

Dianilide homocamphorique,

$$C^8H^{14} \begin{matrix} \nearrow CH^2.COAzH.C^6H^5 \\ \searrow COAzH.C^6H^5 \end{matrix}$$

— M. A. Haller l'a obtenue en traitant l'acide homocamphorique par l'isocyanate de phényle [*C. R.*, 120, 1327]. On la prépare également par l'action de l'aniline sur le chlorure d'homocamphoryle en solution dans l'éther ou dans le chloroforme (Rochussen, Lapworth, *loc. cit.*).

La dianilide homocamphorique fond à 222-223° (Haller), 224° (Rochussen), 220-221° (Lapworth). Elle est insoluble dans l'eau, soluble dans l'alcool, le chloroforme, l'acétone. La potasse alcoolique très concentrée la convertit en *acide-anilide,*

$$C^8H^{14} \begin{matrix} \nearrow CH^2.CO^2H \\ \searrow CO.AzHC^6H^5 \end{matrix}$$

fusible à 203° (Haller, *loc. cit.*).

Acide bromo-homocamphorique,

$$C^8H^{14} \begin{matrix} \nearrow CHBr.CO^2H \\ \searrow CO^2H \end{matrix}$$

— Cet acide a été obtenu par M. Rochussen (*loc. cit.*), ensuite par M. Lapworth (*loc. cit.*); le mode de préparation, qui est assez délicat, est le suivant : L'acide homocamphorique (10 grammes) est chauffé pendant une heure au bain-marie avec 20 grammes de pentachlorure de phosphore. Après refroidissement, on ajoute 3cc,5 de brome sec et on chauffe très lentement pendant 6 heures. La température peut alors être portée à 100° et on peut ajouter encore 1 centimètre cube de brome et chauffer pendant 1 heure. Le produit est versé sur de la glace pilée et laissé en contact avec elle pendant deux jours. On obtient ainsi une sorte de masse gommeuse, qu'on broie avec de l'acide formique très concentré. Il se dépose peu à peu des cristaux qu'on essore sur une plaque poreuse et qu'on fait cristalliser dans un mélange de benzène et d'éther de pétrole.

L'acide bromohomocamphorique est très peu soluble dans l'eau et dans l'éther de pétrole, très soluble dans l'éther acétique, l'acétone, l'alcool, le chloroforme, le benzène. Quand on le chauffe lentement, il brunit à 170° et fond en se décomposant vers 185-190°. Placé dans un tube capillaire qu'on laisse tomber rapidement dans un bain d'acide sulfurique chauffé à 180°, il fond nettement à 181-182° (Rochussen, Lapworth, *loc. cit.*). Les alcalis et les carbonates alcalins et alcalino-terreux le convertissent en sels de l'acide oxyhomocamphorique; l'action de la quinoléine à chaud le transforme en acide déhydrohomocamphorique (voyez plus loin).

ACIDE HOMOCAMPHANIQUE,

$$C^8H^{14} \begin{matrix} \nearrow CH.CO^2H \\ \searrow CO \end{matrix} \!\!\!\!\searrow O.$$

— L'acide bromohomocamphorique traité par le carbonate de calcium donne naissance au sel de calcium de l'acide oxyhomocamphorique :

$$2C^8H^{14} \begin{matrix} \nearrow CHBr.COOH \\ \searrow COOH \end{matrix} + 3CaCO^3$$

$$= 2C^8H^{14} \begin{matrix} \nearrow CH.OH.COO \\ \searrow COO \end{matrix} \!\!\searrow Ca + CaBr^2$$

$$+ 3CO^2 + H^2O.$$

Celui-ci est traité par un excès d'acide chlorhydrique, la solution épuisée à l'éther et le résidu de l'extrait éthéré purifié par cristallisation dans l'eau (Rochussen). On peut également l'obtenir par l'action de la diéthylaniline sur l'éther bromohomocamphorique à la température de 170°. Il y a élimination d'acide bromhydrique et de bromure d'éthyle; au bout de 6 heures, on élimine la diéthylaniline par un traitement à l'acide chlorhydrique, puis on fait bouillir les éthers restant avec de la potasse alcoolique. On chasse l'alcool et on dissout le résidu dans l'eau. Par addition d'acide chlorhydrique, il se dépose un produit insoluble que l'on sépare (acide déhydrohomocamphorique); la solution est épuisée à l'éther et le résidu éthéré est purifié comme précédemment.

L'acide homocamphanique est solide et fond à 163-164° (Rochussen), 161-162° (Lapworth). Il est soluble dans l'eau, le benzène, le chloroforme, plus encore dans l'acétone, l'éther acétique, l'alcool. Le sel de sodium ne précipite pas les dissolutions des sels de baryum, de strontium, de calcium, de fer, de mercure, de plomb (même basique). En solutions concentrées, le sel de calcium précipite. La stabilité de l'acide homocamphanique est remarquable. L'acide nitrique bouillant ne l'attaque pas, même après plusieurs jours; le permanganate de potassium est sans action sur lui à froid.

ACIDE DÉHYDROHOMOCAMPHORIQUE,

$$C^8H^{13} \begin{matrix} \nearrow\!\!\!\nearrow CH-CO^2H \\ \searrow CO^2H \end{matrix}$$

— Cet acide, dont on obtient de petites quantités dans le traitement de l'acide bromohomocamphorique par la diéthylaniline, se prépare le mieux de la manière suivante : Le bromohomocamphorate d'éthyle est mélangé avec 2 fois son poids de quinoléine, et le tout chauffé rapidement à 210°. Cette température est maintenue pendant 5 minutes. On refroidit ensuite à 190° et l'on maintient cette température pendant 2 heures. Un traitement à l'acide chlorhydrique enlève la quinoléine et les éthers restants sont hydrolysés par la potasse alcoolique. L'addition d'un acide étendu produit un précipité volumineux, brun, qui est purifié par cristallisation dans l'acide formique concentré (Lapworth).

L'acide déhydrohomocamphorique est très soluble dans l'alcool, l'acide acétique, l'acide formique, insoluble dans le benzène, le chloroforme, l'éther de pétrole et l'eau. Il fond à 190-191° avec une légère effervescence.

La solution de cet acide dans le chloroforme décolore instantanément le brome; on n'a pu isoler aucun corps défini du produit de cette action; si on ajoute du permanganate de potassium à une solution refroidie à 0° du sel de sodium, la couleur ne disparaît pas instantanément, mais persiste quelque temps.

Les *sels de cuivre, de fer, d'argent* et *de mercure* sont précipités par une dissolution étendue du sel de sodium.

Oxydation de l'acide déhydrohomocamphorique. — Cette oxydation donne des résultats très importants au point de vue de la constitution de l'acide homocamphorique et de l'acide camphorique lui-même. Elle conduit à la production d'acide oxalique et d'acide camphoronique (voyez ce mot). Pour l'effectuer, on opère comme suit (Lapworth) : 5 grammes d'acide déhydrohomocamphorique sont dissous dans le carbonate de sodium étendu, et à la solution refroidie à 0° on ajoute 12 grammes de permanganate dissous dans 1 litre d'eau glacée. Le tout est abandonné à la température ordinaire pendant 40 heures. Au bout de ce temps, on détruit l'excès de permanganate par le bisulfite de sodium, on chauffe le liquide et on filtre. On évapore à petit volume, on acidule par un léger excès d'acide nitrique, on porte à l'ébullition pour chasser l'acide carbonique, on ajoute un excès d'ammoniaque, puis un excès de chlorure de calcium. Il se produit un précipité volumineux, constitué par de l'*acide oxalique*. Le liquide filtré, porté à l'ébullition, laisse déposer un sel insoluble, vraisemblablement du *camphoronate de chaux*. Enfin, après acidification par l'acide chlorhydrique et extraction à l'éther, on obtient une masse cristalline constituée par de l'*acide camphoronique*, $C^9H^{14}O^3$, fusible à 226-227°; l'*oxime* fond à 177-178° et la *p-bromophénylhydrazone* à 193-194°.

ACIDES α- et β-MÉTHYLHOMOCAMPHORIQUES. — Le méthylcyanocamphre (voyez 2e Suppl., **1**, 912) peut exister sous deux modifications prévues toutes deux par la théorie : la forme normale

$$C^8H^{14}\begin{cases}CO\\ |\\ C\begin{cases}CAz\\ CH^3\end{cases}\end{cases}$$

et la forme énolique

$$C^8H^{14}\begin{cases}C(OCH^3)\\ \|\\ C-CAz\end{cases}$$

D'après M. Rochussen (*loc. cit.*), on les obtient toutes deux par l'action de l'iodure de méthyle en présence de soude sur le cyanocamphre dissous dans le toluène. L'α-cyanocamphre, qui correspond à la première de ces formules, est celui qui était connu jusqu'ici; quant au second, il est solide et fond à 64-65°.

Acide α-méthylhomocamphorique. — On l'obtient en chauffant sous pression l'α-méthylcyanocamphre avec une solution méthylalcoolique de potasse :

$$C^8H^{14}\begin{cases}C\begin{cases}CH^3\\ CAz\end{cases}\\ |\\ CO\end{cases} + 2KOH + H^2O$$

$$= C^8H^{14}\begin{cases}CH\begin{cases}CH^3\\ COOK\end{cases}\\ COOK\end{cases} + AzH^3.$$

La solution est précipitée par un acide et le produit cristallisé dans l'eau.

L'acide α-méthylhomocamphorique fond à 182-183°. Son *sel de calcium*,

$$C^8H^{14}\begin{cases}CH(CH^3).COO\\ COO\end{cases}\!\!>Ca,$$

est une poudre blanche, soluble dans l'eau chaude

Son *anhydride*,

$$C^8H^{14}\begin{cases}CH(CH^3)\\ CO\end{cases}\!\!>CO,$$

que l'on obtient en traitant l'acide par le chlorure d'acétyle, cristallise dans la ligroïne en prismes fusibles à 87°. L'eau froide est sans action sur lui. La potasse le dissout et les acides précipitent de l'acide α-méthylhomocamphorique fondant à 182-183°, accompagné d'un nouvel isomère fusible à 160°, l'*acide β-méthylhomocamphorique*; le *sel de calcium* de ce dernier acide cristallise avec 2 molécules d'eau qu'il perd à 180° (Rochussen, *loc. cit.*).

CAMPHOLIDE,

$$C^8H^{14}\begin{cases}CH^2\\ CO\end{cases}\!\!>O.$$

— Nous réserverons ce nom au produit de réduction de l'anhydride camphorique par l'amalgame de sodium, en faisant toutefois remarquer qu'il a été également donné à une lactone obtenue à l'aide de l'acide α-monobromocamphoronique (voyez ACIDE HOMOCAMPHORONIQUE).

Pour la préparer, M. Haller opère de la manière suivante : L'anhydride camphorique, en solution dans l'alcool méthylique ou éthylique, est traité par l'amalgame de sodium à 5 0/0, de préférence à chaud. On a soin de maintenir pendant l'opération la réaction franchement acide par l'acide sulfurique, excepté à la fin, où elle doit être manifestement alcaline. La campholide se trouve alors dans la liqueur à l'état de sel de sodium de l'oxyacide

$$C^8H^{14}\begin{cases}CH^2.OH.\\ COOH\end{cases}$$

On filtre et on distille l'alcool. Le résidu est traité par un acide qui précipite la campholide en même temps que de l'éther camphorique acide. Il est aisé de les séparer l'un de l'autre par un traitement au carbonate de sodium. Le rendement est très faible (1 à 4 0/0) [A. Haller, *C. R.*, **122**, 293].

M. von Baeyer, en appliquant au camphre une réaction générale qu'il a découverte (action du réactif de Caro sur les cétones), a obtenu la campholide avec un rendement assez satisfaisant. Le camphre (50 grammes), dissous dans le benzène (75 grammes), est ajouté très lentement à un mélange de 400 grammes de persulfate de potassium et de 1200 grammes d'acide sulfurique étendu d'une molécule d'eau. La température ne doit pas monter au-dessus de 20°. La réaction une fois terminée, on verse le produit dans l'eau, on extrait à l'éther et on lave avec du carbonate de sodium. Le résidu (12^{gr},3) est alors traité par 150 grammes d'une solution saturée d'acide bromhydrique dans l'acide acétique. Il se précipite rapidement une substance cristallisée, l'acide bromocampholique, $C^{10}H^{17}BrO^2$, qu'il suffit de traiter par un alcali pour le transformer en campholide. Le mélange d'acide sulfurique et de persulfate de potassium peut être très avantageusement remplacé par le réactif obtenu en ajoutant à de l'eau oxygénée à 5 0/0 cinq fois son poids d'acide sulfurique, en refroidissant énergiquement. La réaction s'exprime, dans les deux cas, par la formule très simple

$$C^8H^{14}\begin{cases}CO\\ |\\ CH^2\end{cases} + O = C^8H^{14}\begin{cases}CO\\ CH^2\end{cases}\!\!>O$$

[Ad. Baeyer et V. Villiger, *D. chem. G.*, **32**, 3625].

La campholide est un corps solide, blanc, fondant à 210-211°, possédant une odeur camphrée. Elle est peu soluble dans l'eau, mais se dissout aisément dans les solvants organiques. Elle est inactive. C'est une lactone, que l'acide bromhydrique convertit en acide bromocampholique et le cyanure de potassium, à haute température, en acide cyanocampholique. Le permanganate de potassium l'oxyde en donnant l'acide camphorique. La campholide se dissout dans les alcalis en fournissant les sels de l'oxyacide correspondant.

Le *sel de cuivre*, $(C^{10}H^{17}O^3)^2Ca$, est en petits grains durs et verdâtres, peu solubles dans l'alcool (A. Haller).

Acide bromocampholique,

$$C^8H^{14}\begin{cases}CH^2Br\\ COOH\end{cases}$$

— On l'obtient en traitant la campholide par l'acide bromhydrique en solution acétique. Il fond à 177° en se décomposant. Traité par les alcalis, il régénère la campholide (Baeyer). Réduit en solution acétique par la poudre de zinc, il fournit l'acide campholique [A. Haller et G. Blanc, *C. R.*, **130**, 376]. Cette dernière réaction fournit une synthèse partielle de l'acide campholique.

Constitution de l'acide homocamphorique. — Le fait que l'on peut passer du camphre à l'acide homocamphorique et *vice versa*, d'autre part la transformation de l'acide camphorique en campholide, acide cyanocampholique et acide homocamphorique, nous permettent d'établir sans aucun doute possible les relations suivantes (A. Haller) :

$$C^8H^{14}\begin{cases}CH^2\\ |\\ CO\end{cases} \longrightarrow C^8H^{14}\begin{cases}CH-CAz\\ |\\ CO\end{cases}$$

Camphre. Camphre cyané.

$$\longrightarrow C^8H^{14}\begin{cases}CH^2-CO^2H\\ COOH\end{cases}$$

Acide homocamphorique.

et

$$C^8H^{14}\begin{cases}COOH\\ COOH\end{cases} \longrightarrow C^8H^{14}\begin{cases}CH^2\\ CO\end{cases}\!\!>O$$

Acide camphorique. Campholide.

$$\longrightarrow C^8H^{14}\begin{cases}CH^2CO^2H\\ CO-OH\end{cases}$$

Acide homocamphorique.

La constitution de l'acide homocamphorique est donc intimement liée à celle du camphre et se déduit aisément de cette dernière. Ainsi qu'il sera montré (voyez ACIDE ISOLAURONOLIQUE), le camphre possède une constitution exprimée par la formule

```
        CH³   CH³
          \  /
           C
         /   \
  CH   /       \   C-CH³;
     |  CH²-CO  |
     |          |
  CH²             CH²
```

celle de l'acide homocamphorique sera donc

```
                 CH³   CH³
                   \  /
                    C
                  /   \
CO²H.CH²-CH     /       \   C<CH³
                |          |   CO²H
                |          |
              CH²  ------  CH²
```

M. Lapworth est arrivé à cette conclusion d'une manière fort élégante. L'acide bromohomocamphorique perd, sous l'influence de la quinoléine, une molécule d'acide bromhydrique en se transformant en un acide incomplet, l'acide déhydrohomocamphorique. L'oxydation manganique de ce dernier fournit les acides oxalique et camphoronique. Or ce dernier (voyez ACIDE HOMOCAMPHORONIQUE) ne peut avoir pour constitution que la suivante

```
        CH³   CH³
          \  /
           C
         /   \    C<CH³
   CO  /       \    CO²H
      |         |
      |         |
    CH² ------ CH²
```

Il en résulte clairement que seul le schéma donné plus haut pour l'acide homocamphorique rend compte de ce fait; les résultats de l'oxydation s'expriment par l'équation

```
                 CH³   CH³
                   \  /
                    C
                  /   \
CO²H.CH=C       /       \   C<CH³
                |          |   CO²H   + O³
                |          |
              CH²  ------  CH²

                 CH³   CH³
                   \  /
                    C
    CO²H          /   \
 =  |     +  CO  /       \   C<CH³
    CO²H        |          |   CO²H
                |          |
              CH²  ------  CH²
```

Un grand nombre des faits signalés par M. A. Haller s'expliquent aisément au moyen de cette formule. C'est ainsi que l'acide homocamphorique possède toutes les propriétés d'un acide de la série adipique : il ne donne point d'anhydride; traité par l'isocyanate de phényle, il fournit une dianilide incapable de se transformer ultérieurement en phénylimide; enfin, comme tous les acides adipiques, il ferme sa chaîne quand on chauffe son sel de plomb ou de calcium, en fournissant une cétone à noyau pentagonal cyclique, le camphre. Inversement, l'acide camphocarbonique, ou le camphre cyané, convenablement hydrolysés, fournissent l'acide homocamphorique, propriété commune à tous les acides β-cétoniques de la forme

```
      /\
     /  \  CO
    |    |
    |    |
     ----  CH-CO²H
```

lesquels, à l'hydrolyse, se transforment en acides adipiques en ouvrant leur chaîne. G. Blanc.

HOMOCAMPHORONIQUE (ACIDE),

$C^{10}H^{16}O^6$.

— L'acide homocamphoronique est un des produits les plus importants de l'oxydation de l'αα-dibromocamphre,

$$C^8H^{14}\begin{cases}CO\\ |\\ CBr^2\end{cases}$$

Le cadre de cet article ne comporte pas l'étude complète de ce dibromocamphre, ainsi que de ses produits d'oxydation, mais nous indiquerons aussi clairement que possible les différentes phases de la transformation de ce corps en acide homocamphoronique.

Le dibromocamphre αα est un corps très stable, qui n'est attaqué que par l'acide nitrique fumant. Kachler et Spitzer [*Mon. f. Chem.*, **4**, 554], en employant cet agent d'oxydation, disent avoir obtenu un mélange d'acides camphoronique et isocamphoronique, en compagnie d'une substance neutre, $C^{24}H^{33}BrAz^4O^{12}$. Ce sont les travaux de M. Forster d'une part, de MM. Lapworth et Chapman d'autre part, qui ont définitivement éclairci cette question complexe. La transformation de l'αα-dibromocamphre, sous l'influence des oxydants, débute par sa conversion en un acide possédant la formule $C^{10}H^{15}O^2Br$, l'*acide bromocamphorénique*; celui-ci à son tour s'oxyde en donnant l'acide homocamphoronique, $C^{10}H^{16}O^6$.

I. ACIDE BROMOCAMPHORÉNIQUE, $C^{10}H^{15}O^2Br$. — Il a été obtenu en premier lieu par M. Forster [*Chem. Soc.*, **69**, 36], qui le préparait par l'action de l'ammoniaque alcoolique et de la poudre de zinc sur une dibromolactone, la *dibromocam-*

pholide, $C^{10}H^{14}Br^2O^2$, obtenue par l'oxydation, dans certaines conditions, du dibromocamphre par l'acide nitrique fumant. L'αα-dibromocamphre (100 grammes) est traité par l'acide azotique d'une densité de 1,52 (200 centimètres cubes). La température s'élève spontanément à 70°, puis la réaction devient vive. Après refroidissement, on verse le produit dans l'eau; on obtient ainsi une huile brune qui est lavée, puis dissoute dans l'alcool bouillant. Par refroidissement il se dépose des aiguilles de dibromocampholide fondant à 152° (rendement 11 0/0). Ce corps est peu soluble dans l'alcool froid, soluble dans l'éther, le chloroforme et la ligroïne; $[\alpha]_D = 64°,5$ (chloroforme) et 69°,8 (benzène).

Lorsqu'on fait bouillir un mélange de dibromocampholide (50 grammes) avec 100 centimètres cubes d'alcool, un excès d'une solution concentrée d'ammoniaque, en ajoutant peu à peu de la poudre de zinc, on finit par obtenir un liquide qui ne se trouble plus par addition d'eau. On filtre, on ajoute de l'acide sulfurique étendu et on fait cristalliser le précipité dans l'alcool.

M. Lapworth prépare l'acide bromocamphorénique par une méthode plus directe [*Chem. Soc.*, **75**, 1134] : On dissout le dibromocamphre dans l'alcool et on chauffe au réfrigérant à reflux; de temps en temps on ajoute de petites quantités de nitrate d'argent pulvérisé, jusqu'à ce qu'il ne se produise plus de trouble. On chauffe encore pendant 1 heure, on précipite l'excès d'argent par l'acide chlorhydrique et on filtre. Le liquide est évaporé à basse température et soumis à l'action d'un courant de vapeur d'eau qui entraîne des matières neutres (camphre, bromocamphre et dibromocamphre). Le résidu est traité par le carbonate de sodium, la portion soluble est séparée et traitée par un acide étendu. Il se dépose un produit brun, que l'on fait cristalliser dans l'éther acétique. On obtient ainsi l'acide bromocamphorénique avec un rendement de 15 0/0.

L'acide bromocamphorénique est solide, fusible à 159°; il se dissout dans tous les solvants organiques.

$$[\alpha]_D = 144°1 \text{ (chloroforme)},$$
$$[\alpha]_D = 163°3 \text{ (benzène)}.$$

La réduction au moyen de l'amalgame de sodium le convertit en *acide camphorénique*,

$$C^{10}H^{16}O^2.$$

Cet acide fond à 161°. $[\alpha]_D = 179°,4$ (chloroforme).

Lorsqu'on traite cet acide camphorénique par l'acide sulfurique concentré froid, on le transforme en une lactone isomérique que M. Forster a appelée *campholide*. Cette lactone, qui est différente de la campholide de M. A. Haller (voyez ACIDE HOMOCAMPHORIQUE) fond, à 176-177°. $[\alpha]_D = 27°,4$. Elle donne à l'hydrolyse un oxyacide $C^{10}H^{18}O^3$, fondant à 179°. On sait que la campholide de M. Haller n'en fournit point.

L'acide bromocamphorénique, traité lui-même par l'acide sulfurique concentré, est converti en une bromolactone, la *monobromocampholide* [Forster, *loc. cit.*].

II. ACIDE HOMOCAMPHORONIQUE, $C^{10}H^{16}O^6$. — Il est vraisemblable que le mélange d'acides obtenu par Kachler et Spitzer [*loc. cit.*] dans l'oxydation du dibromocamphre contenait de l'acide homocamphoronique, mais ces deux auteurs en ont méconnu la vraie nature. L'oxydation de l'acide bromocamphorénique par le permanganate de potassium à 0° fournit à M. Forster de petites quantités de cet acide. Enfin MM. Lapworth et Chapman ont décrit un mode de préparation qui donne des rendements satisfaisants, ainsi que les principales propriétés de cet acide. Ces auteurs oxydaient tout d'abord directement l'αα-dibromocamphre. Ce corps (150 grammes) est chauffé légèrement dans un grand ballon avec un mélange d'acide nitrique ordinaire (400 centimètres cubes) et d'eau (400 grammes), dans lequel on a fait dissoudre 115 grammes d'argent. L'opération dure 24 heures. Lorsque le dégagement de vapeurs nitreuses a cessé, on précipite l'argent par la quantité théorique d'acide chlorhydrique, on filtre et on évapore doucement l'acide azotique au bain-marie. Le résidu huileux est délayé dans 20 centimètres cubes d'eau chaude, et le tout est abandonné au repos. Il se dépose d'abord un corps insoluble qu'on enlève; le liquide restant ne tarde pas à se prendre en une masse cristalline d'acide homocamphoronique qu'on peut faire cristalliser dans un mélange d'acétone et d'acétate d'éthyle. On obtient environ 4 à 6 grammes de produit, et des eaux mères on en peut encore extraire une petite quantité en l'isolant à l'état de sel de plomb.

Un procédé préférable consiste à traiter l'α-monobromocampholide par un mélange acide formé de 1 volume d'acide nitrique (D = 1,42) et de 1 1/2 volume d'eau, auquel on ajoute du nitrate d'argent; on chauffe pendant 60 heures. Le rendement atteint 60 0/0 de la bromocampholide employée. Il se produit en même temps une très petite quantité d'un acide ne fournissant pas d'anhydride quand on le chauffe à 180° [Lapworth et Chapman, *Chem. Soc.*, **75**, 1137].

L'acide homocamphoronique cristallise dans un mélange d'acétone et d'acétate d'éthyle sous la forme de petites aiguilles plates, solubles dans les alcools méthylique et éthylique, aisément solubles dans l'éther humide, peu solubles dans l'éther sec; il est peu soluble dans l'acétone et l'acétate d'éthyle, presque insoluble dans le benzène, le chloroforme, la ligroïne.

Il se dissout facilement dans les acides chlorhydrique et nitrique froids.

Quand il est pur, il est peu soluble dans l'eau.

Son point de fusion varie avec la manière dont on le détermine. Ainsi, chauffé très lentement, il fond vers 170°. Son vrai point de fusion, que l'on obtient en plongeant rapidement un tube capillaire contenant la substance dans un bain d'acide sulfurique convenablement chauffé, paraît être situé entre 206 et 207°. Il y a en même temps effervescence et le produit fond ensuite après solidification, aux environs de 87°. L'acide homocamphoronique possède un pouvoir rotatoire $[\alpha]_D = -10°,28$ en solution aqueuse.

Il est tribasique; ses *sels d'argent, de plomb, de cuivre* sont insolubles dans l'eau, ainsi que ceux *de fer* et *de mercure*. Le zinc précipite à chaud ; le magnésium, le calcium, le baryum, le calcium et le bismuth ne précipitent pas.

L'acide homocamphoronique est très stable, et peut être traité par l'acide azotique bouillant ou le permanganate de potassium à chaud sans être attaqué. Les déshydratants le convertissent en un anhydracide, de la formule $C^{10}H^{14}O^5$.

Acide anhydrohomocamphoronique,

$$CO^2H \cdot C^7H^{13} \begin{matrix} < CO \\ < CO \end{matrix} > O.$$

— On peut obtenir ce corps en traitant l'acide lui-même par le chlorure d'acétyle; il est plus commode de le préparer en chauffant l'acide à 180°, jusqu'à ce que l'effervescence due au départ d'eau ait cessé. On dissout le produit dans le chloroforme bouillant, et la solution est lavée deux ou trois fois avec de l'eau, séchée et évaporée. Le résidu est alors cristallisé dans le benzène. On peut également dissoudre l'acide dans l'acide sulfurique concentré, chauffer, puis précipiter par l'eau. Il se précipite une masse amorphe, qu'on traite comme dans le cas précédent.

L'acide anhydrohomocamphoronique cristallise dans le benzène en prismes ou en aiguilles aplaties fondant à 86-87°. Il est fort soluble dans l'alcool, l'alcool méthylique, le chloroforme, l'acétate d'éthyle, moins soluble dans le benzène, presque insoluble dans l'éther de pétrole. C'est un acide qui se dissout dans les carbonates alcalins en dégageant de l'acide carbonique; la solution acidulée précipite l'anhydracide inaltéré, mais au bout d'un certain temps l'hydrolyse se produit, et on obtient l'acide homocamphoronique. Cette hydrolyse peut se produire par l'eau seule, à l'ébullition pendant quelques heures, ou encore par l'action des acides dilués.

Acide homocamphoranilique,

$$C^6H^5AzH . CO . C^7H^{13}(CO^2H)^2.$$

— On l'obtient par l'action de l'aniline sur l'anhydroacide en solution benzénique. Il constitue de fines aiguilles fusibles à 98-100° avec dégagement de gaz.

L'*acide paratolylique*, $C^{17}H^{23}O^5Az$, ressemble au précédent; il fond à 163-164° avec effervescence.

Acide β-anhydrocamphoronique,

$$CO^2H . C^7H^{13} \begin{matrix} \diagup CO \diagdown \\ \diagdown CO \diagup \end{matrix} O.$$

— On chauffe l'anhydroacide précédent avec un excès de trichlorure de phosphore; on décante le liquide surnageant l'acide phosphoreux et on évapore l'excès de trichlorure de phosphore au-dessus d'une toute petite flamme. Exposé à l'air, le résidu, qui contient vraisemblablement le chlorure d'acide anhydrocamphoronique, laisse déposer peu à peu des cristaux. On les sépare et on les fait cristalliser dans le benzène. La substance ainsi obtenue est un acide isomère du précédent, fusible à 128-129° et possédant des propriétés analogues. L'hydrolyse le transforme en acide homocamphoronique; traité par l'aniline et la paratoluidine, il fournit exactement les mêmes acides anilidés que son isomère. Peut-être l'isomérie qui existe entre les deux anhydroacides est-elle simplement stéréochimique.

Éther triméthylique, $C^7H^{13}(CO^2CH^3)^3$. — On chauffe l'acide homocamphoronique (1 molécule) avec du trichlorure de phosphore (3 molécules) et on verse le produit dans un excès d'alcool méthylique. C'est un liquide visqueux, bouillant à 305-308° sous la pression ordinaire en se décomposant légèrement.

III. ACIDE CAMPHONONIQUE, $C^9H^{14}O^3$. — Cet acide se forme lorsqu'on chauffe l'anhydroacide (normal ou β). Ainsi qu'il sera montré à la partie théorique de cet article; la chaîne adipique de l'acide homocamphoronique se ferme en fournissant un acide β-cétonique qui, dans ces conditions, perd spontanément de l'acide carbonique en donnant un acide cétonique (la fonction acide étant ici le troisième carboxyle de l'acide homocamphoronique).

On chauffe simplement l'anhydroacide par fractions de 5 grammes [Lapworth et Chapman, *loc. cit.* et *Chem. Soc.*, **77**, 465] dans des tubes à essais, au bain de métal, jusqu'à ce que le dégagement de gaz carbonique cesse. On réunit le produit de plusieurs opérations, et on le soumet à une distillation fractionnée lente. Les premières portions sont huileuses, on les met de côté pour être fractionnées ultérieurement. Les portions supérieures sont dissoutes dans le benzène, et la solution additionnée d'éther de pétrole jusqu'à production de trouble. L'acide camphononique se dépose alors; on le purifie par cristallisation dans l'éther acétique.

MM. Lapworth et Lenton [*Chem. Soc.*, **79**, 1284] ont réalisé, d'une manière très élégante, le passage de l'acide camphorique à l'acide camphononique. L'acide camphorique est transformé en anhydride bromé, et celui-ci, traité par l'ammoniaque, se convertit en camphanamide,

$$AzH^2 - CO . C^8H^{13} \begin{matrix} \diagup O \\ | \\ \diagdown CO \end{matrix}$$

En possession de cette substance, on peut opérer de deux façons. On transforme aisément la camphanamide en camphano-nitrile en la traitant par le pentachlorure de phosphore. Le nitrile ainsi obtenu, chauffé avec de la potasse, est hydrolysé et, par acidification, il se produit un dégagement d'acide cyanhydrique et une précipitation d'acide camphononique. Il est préférable de traiter directement la camphanamide par le brome et la soude (réaction d'Hofmann); après avoir détruit l'excès d'oxydant par le bisulfite de sodium, on précipite l'acide camphononique par un acide étendu.

C'est un solide fusible à 228°; il commence déjà à se volatiliser vers 205° et bout en brunissant à 255°. Il est soluble dans tous les solvants organiques, sauf dans l'éther de pétrole. Il se dissout bien dans l'eau chaude, peu dans l'eau froide. C'est un acide saturé, monobasique et cétonique. Il est très stable, et n'est attaqué ni par le soude, ni par l'acide chlorhydrique chauds. Cet acide camphononique est identique à l'acide $C^9H^{14}O^3$, obtenu par M. Walker [*Chem. Soc.*, **69**, 755] dans l'électrolyse du camphorate acide d'éthyle-β (voyez ACIDE LAURONOLIQUE). Il possède le pouvoir rotatoire $[\alpha]_D = 21°,97$, à 16°, dans l'acide acétique.

L'acide camphononique est attaqué par le brome en donnant un *dérivé tétrabromé*, $C^8H^6Br^4$, fusible à 78°. Il ne fixe pas l'acide cyanhydrique, mais donne facilement une oxime et une phénylhydrazone.

L'*oxime*, $CO^2H . C^8H^{13} = AzOH$, que l'on obtient par la méthode ordinaire, cristallise dans un mélange d'éther acétique et de ligroïne en gros prismes fusibles à 177-178°. Dans l'alcool méthylique, on obtient des rhomboèdres d'aspect tout différent, qui contiennent de l'alcool de cristallisation; ils le perdent aisément à l'air en devenant opaques. Cette oxime est soluble dans les alcalis; les acides la précipitent inaltérée.

La *phénylhydrazone*,

$$CO^2H . C^8H^{13} = Az - AzHC^6H^5,$$

fond à 174°; la *parabromophénylhydrazone*, $CO^2H . C^8H^{13} = Az . AzH . C^6H^4Br$, à 194°.

La *semicarbazone*, $C^9H^{14}O^2Az - AzHCOAzH^2$, forme de longues aiguilles fusibles en se décomposant à 230-231°.

L'oxydation de l'acide camphononique par l'acide nitrique étendu le transforme uniquement en acide camphoronique, $C^9H^{14}O^6$.

CONSTITUTION DE L'ACIDE HOMOCAMPHORONIQUE. — Nous avons vu que l'acide homocamphoronique était un acide tribasique fournissant sous l'action de la chaleur, d'abord un anhydroacide, par perte d'une molécule d'eau, ensuite un nouvel acide cétonique, l'acide camphononique, $C^9H^{14}O^3$. Cet acide est un corps saturé; il doit donc posséder une chaîne fermée; de plus il est au moins γ-cétonique, car il distille sans décomposition.

L'oxydation de cet acide le convertissant en acide camphoronique, nous pouvons, en possession de ces données, en déduire immédiatement sa formule de constitution.

La formule qui représente l'acide camphoronique étant la suivante :

$$\begin{array}{l} \begin{array}{l}CH^3\\CH^3\end{array}\!\!>C.CO^2H \\ \quad\;\; | \\ CH^3-C.CO^2H \\ \quad\;\; | \\ \quad\;\; CH^2.CO^2H \end{array}$$

il en résulte pour l'acide camphononique lui-même la seule constitution possible :

$$\begin{array}{l} CO - C\!\!<\!\!\begin{array}{l}CH^3\\CH^3\end{array} \\ | \qquad\; | \\ | \qquad\; C\!\!<\!\!\begin{array}{l}CH^3\\CO^2H\end{array} \\ | \qquad\; | \\ CH^2 - CH^2 \end{array} \longrightarrow \begin{array}{l} \begin{array}{l}CH^3\\CH^3\end{array}\!\!>C-CO^2H \\ \qquad\quad | \\ CH^3-C-CO^2H \\ \qquad\quad | \\ \qquad\quad CH^2-CO^2H \end{array}$$

Or l'acide camphononique provient de la fermeture de la chaîne de l'acide homocamphoronique avec perte d'eau et d'acide carbonique. Celui-ci doit donc renfermer une chaîne adipique, et ne peut être représenté que par l'un ou l'autre des schémas

$$\begin{array}{l} \begin{array}{l}CH^3\\CH^3\end{array}\!\!>C-CO^2H \\ \qquad\quad | \\ CH^3-C-CO^2H \\ \qquad\quad | \\ \qquad\quad CH^2-CH^2CO^2H \end{array} \quad \text{et} \quad \begin{array}{l} \begin{array}{l}CH^3\\CH^3\end{array}\!\!>C.CH^2.CO^2H \\ \qquad\quad | \\ CH^3-C.CO^2H \\ \qquad\quad | \\ \qquad\quad CH^2.CO^2H \end{array}$$

Ces formules justifient le nom d'acide homocamphoronique donné à cet acide; c'est en effet l'homologue supérieur de l'acide camphoronique.

Enfin, le passage de l'acide camphorique à l'acide camphononique s'explique très clairement par le schéma suivant :

$$\begin{array}{ccc} \begin{array}{c} CH^3\;\;CH^3 \\ \diagdown\;\diagup \\ C \\ CO^2H.CH \quad\quad C\!\!<\!\!\begin{array}{l}CO^2H\\CH^3\end{array} \\ CH^2 \text{———} CH^2 \end{array} & \longrightarrow & \begin{array}{c} CH^3\;\;CH^3 \\ \diagdown\;\diagup \\ C \\ Br.C \;\; \text{CO-O-CO} \;\; C-CH^3 \\ CH^2 \text{———} CH^2 \end{array} \qquad \begin{array}{c} CH^3\;\;CH^3 \\ \diagdown\;\diagup \\ C \\ CAz-C \;\; \text{O-CO} \;\; C-CH^3 \\ CH^2 \text{———} CH^2 \end{array} \end{array}$$

Acide camphorique. — Anhydride bromé. — Nitrile.

A l'hydrolyse par la potasse, ce dernier nitrile se comporte normalement, il donne d'abord un nitrile-alcool α, qui est instable en présence des alcalis et se dédouble de la manière suivante :

$$\begin{array}{c} CH^3\;\;CH^3 \\ \diagdown\;\diagup \\ C \\ CAz-C \;\; \text{O-CO} \;\; C-CH^3 \\ CH^2 \text{———} CH^2 \end{array} + H^2O = \begin{array}{c} CH^3\;\;CH^3 \\ \diagdown\;\diagup \\ C \\ \begin{array}{l}OH\\CAz\end{array}\!\!>C \quad\quad C\!\!<\!\!\begin{array}{l}CH^3\\CO^2H\end{array} \\ CH^2 \text{———} CH^2 \end{array} = CAzH + \begin{array}{c} CH^3\;\;CH^3 \\ \diagdown\;\diagup \\ C \\ CO \quad\quad C\!\!<\!\!\begin{array}{l}CH^3\\CO^2H\end{array} \\ CH^2 \text{———} CH^2 \end{array}$$

Acide camphononique.

La transformation par le brome et la soude de la camphanamide en acide camphononique est évidente :

$$\begin{array}{c} CH^3\;\;CH^3 \\ \diagdown\;\diagup \\ C \\ AzH^2.CO.C \;\; \text{O-CO} \;\; C-CH^3 \\ CH^2 \text{———} CH^2 \end{array} \longrightarrow \begin{array}{c} CH^3\;\;CH^3 \\ \diagdown\;\diagup \\ C \\ \begin{array}{l}AzH^2\\OH\end{array}\!\!>C \quad\quad C\!\!<\!\!\begin{array}{l}CH^3\\CO^2H\end{array} \\ CH^2 \text{———} CH^2 \end{array} \longrightarrow \begin{array}{c} CH^3\;\;CH^3 \\ \diagdown\;\diagup \\ C \\ CO \quad\quad C\!\!<\!\!\begin{array}{l}CH^3\\CO^2H\end{array} \\ CH^2 \text{———} CH^2 \end{array}$$

Comme on sait que, très certainement, le brome est en α par rapport au carboxyle α de l'acide camphorique; que d'autre part, l'oxygène lactonique de l'acide camphanique est aussi lié au même carbure β parce que cet acide camphanique, traité par le perbromure de phosphore, régénère l'anhydride bromocamphorique, il s'ensuit que les relations que nous venons d'écrire ne font pas de doute. En un mot, le carbonyle de l'acide camphononique tient la place du groupe

$$>CH-CO^2H$$

de l'acide camphorique.

La conversion de l'acide homocamphoronique en acide camphoronique se comprend dès lors aisément.

Quant à l'obtention de l'acide homocamphoronique à partir du dibromocamphre, on ne peut l'expliquer que par une transposition moléculaire dont le mécanisme n'est pas encore suffisamment éclairci.

Ce serait par exemple celle qu'expriment les schémas

$$\begin{array}{l} CH^2 - C(CH^3) - CO \\ | \qquad CH^3-C-CH^3 \qquad | \\ CH^2 - CH - CBr^2 \end{array} \longrightarrow \begin{array}{l} CH^2-C(CH^3)-CO^2H \\ | \qquad CH^3-C-CH^3 \\ CH^2-CH=CBr \end{array}$$

Dibromocamphre. — Ac. bromocamphorénique.

$$\longrightarrow \begin{array}{l} CH^2 - C(CH^3)-CO^2H \\ | \qquad\qquad \diagdown \\ CH^2.CO^2H \qquad C\!\!<\!\!\begin{array}{l}CH^3\\CH^3\end{array} \\ \qquad\qquad\qquad | \\ \qquad\qquad\qquad CO^2H \end{array}$$

G. Blanc.

HOMOCONICINE. — La théorie permet de prévoir un nombre assez considérable d'homologues de la conicine ou propylpipéridine, suivant la place occupée par le méthyle dans le noyau ou dans la chaîne latérale. Ainsi, Kékulé et Planta ont fait connaître une méthylconicine [*Ann. Chem.*, **89**, 143); mais cette base n'est pas un homologue vrai de l'alcaloïde naturel, le groupement CH^3 étant fixé sur l'azote pyridique.

MM. Stoehr et Jacobi ont fait la synthèse d'une véritable homoconicine, l'α-isobutylpipéridine [*D. chem. G.*, **26**, 949], obtenue en partant de l'α-isobutylène-pyridine, cette dernière ayant été préparée par la condensation de la méthylpyridine et de l'acétone [Stoehr, *J. prakt. Chem.*, (2), **42**, 424].

L'α-isobutylène-pyridine en solution alcoolique, étant traitée par le sodium, se transforme par fixation d'hydrogène en α-isobutylpipéridine :

CH / CH CH / CH C[CH=C(CH³)²] / Az + H⁸

α-isobutylène-pyridine.

= CH² / CH² CH² / CH² CH[CH².CH(CH³)²]. / AzH

Homoconicine.

Pour purifier la base, on transforme le chlorhydrate en dérivé nitrosé à l'aide du nitrite de sodium ; la nitrosamine est une huile lourde jaune-rouge, qu'un courant d'acide iodhydrique gazeux et sec décompose en régénérant l'homoconicine.

Celle-ci est une huile limpide, incolore, présentant une odeur identique à celle de la conicine. Comme la conicine, elle est plus soluble à froid qu'à chaud dans l'eau, elle est soluble dans l'alcool et dans l'éther; la vapeur d'eau l'entraîne. Elle bout à 181-182°; sa densité à 0° est de 0,8583. Ces constantes physiques sont plus élevées que les chiffres correspondants fournis par la méthylconicine de Kékulé et Planta, soit respectivement 175°,5 et 0,8318.

L'homoconicine est une base monacide très puissante, donnant des sels bien cristallisés.

Chlorhydrate, $C^9H^{19}Az . HCl$. — Corps blanc, très soluble dans l'eau et dans l'alcool, peu soluble dans l'éther. Il cristallise bien dans le benzène bouillant. Il fond à 194° en un liquide incolore, sans décomposition.

Chloroplatinate,

$$[C^9H^{19}Az . HCl]^2PtCl^4, xH^2O.$$

— Cristallisé en aiguilles ou en écailles hydratées peu solubles, s'effleurissant à l'air, fusibles à 186-187°.

Iodhydrate, $C^9H^{19}Az . HI$. — Prismes ou aiguilles brillantes, peu solubles dans l'eau, solubles dans l'alcool, fusibles à 208-209°.

Ce sel se combine avec l'iodure de cadmium pour donner un *sel double* $(C^9H^{19}Az . HI)CdI^2$ qui, au moment de sa formation, a l'aspect d'une huile se concrétant aussitôt, et pouvant cristalliser en belles aiguilles prismatiques solubles dans l'alcool, et dont le point de fusion est 131-132°.

L'homoconicine est inactive; c'est une base racémique, dont les deux composants optiques n'ont pas été isolés. L. Hugounenq.

HOMOCUMINIQUE (ACIDE) [Syn. *Acide p-isopropyltoluique*, *méthoéthylphène-éthyloïque*], (voyez Dict., **2**, 32),

$$C^6H^4 \begin{cases} CH^2-CO^2H_{(1)} \\ CH \begin{cases} CH^3_{(4)} \\ CH^3 \end{cases} \end{cases}$$

— Cet acide s'obtient facilement, d'après les données de MM. Fileti et Basso [*Gazz. chim. ital.*, **21**, 52], en réduisant l'acide p-isopropylphénylglycolique par l'acide iodhydrique (point d'ébullition, 127°) et le phosphore rouge. Après réaction, on sépare le phosphore rouge par l'éther de pétrole, l'iode par agitation avec du mercure. On distille la majeure partie du solvant et l'on abandonne à l'évaporation spontanée. On obtient ainsi de grands cristaux tabulaires d'acide homocuminique. 10 grammes d'acide p-isopropylphénylglycolique fournissent 8gr,4 d'acide homocuminique.

En effectuant la réduction par l'acide chlorhydrique, on obtient des rendements un peu moindres.

L'acide azotique dilué oxyde facilement l'acide homocuminique en donnant naissance principalement à l'acide homotéréphtalique.

Sel de baryum, $(C^{11}H^{13}O^2)^2Ba + 4H^2O$. — Prismes lamellaires, obtenus par neutralisation de l'acide à l'aide du carbonate de baryum.

Sel de calcium, $(C^{11}H^{13}O^2)^2Ba + 3H^2O$. — Lamelles microscopiques. S'obtient comme le précédent. Chauffé avec de la chaux au rouge, il fournit du cumène ordinaire, bouillant à 173-175° [Paterno, *Gazz. chim. ital.*, **13**, 536].

Sel de magnésium, $(C^{11}H^{13}O^2)^2Mg + 4H^2O$. — Petits mamelons constitués par des prismes lamellaires, plus solubles que le sel de calcium. Du reste la solubilité du sel de magnésium est anormale. Elle paraît passer par un minimum pour une température déterminée [Fileti et Basso, *loc. cit.*].

Éther méthylique, $C^{11}H^{13}O^2.CH^3$. — Obtenu, par éthérification directe avec l'acide chlorhydrique en présence d'alcool. C'est un liquide bouillant à 255-257°, ne se solidifiant pas dans un mélange de glace et de sel.

Éther éthylique, $C^{11}H^{13}O^2.C^2H^5$. — Liquide, bouillant à 264-265°.

Chlorure d'acide. — MM. Fileti et Basso l'ont obtenu, sous la forme d'un liquide pesant, par l'action du pentachlorure de phosphore sur l'acide. Traité par l'ammoniaque en solution éthérée, il fournit l'amide correspondante.

Amide, $C^{11}H^{13}O . AzH^2$. — On l'obtient facilement en chauffant en tube scellé l'éther méthylique avec une solution d'ammoniaque concentrée. Elle se dépose de sa solution benzénique en tables fusibles à 190°. Elle est insoluble dans l'éther de pétrole, très peu soluble dans l'éther.

Dans la préparation de cette amide, on obtient un composé moins soluble dans le benzène, cristallisé en prismes aciculaires fortement réfringents. Il fond à 104-107°.

L'*anilide* s'obtient par l'action de l'aniline sur le chlorure d'acide. Elle est en lamelles fusibles à 104°.

DÉRIVÉS HALOGÉNÉS. — *Dérivé monochloré* (*acide isopropylphénylchloracétique*),

$$C^6H^4(C^3H^7) . CHCl . CO^2H.$$

— S'obtient en chauffant pendant 3 heures à 130° l'acide isopropylphénylglycolique avec l'acide chlorhydrique concentré. En partant de 10 grammes d'acide isopropylphénylglycolique, on peut isoler 9 grammes de produit pur.

Il est en prismes lamellaires, fusibles à 82°. L'eau le dédouble déjà en acides chlorhydrique et isopropylphénylglycolique. L'alcool contenant une trace d'eau le dédouble de la même façon à l'ébullition.

Dérivé monobromé (*acide isopropylphénylbromacétique*),

$$C^6H^4(C^3H^7) . CHBr . CO^2H.$$

— Préparé comme le précédent, en faisant usage de l'acide bromhydrique d'une densité de 1,49.

Lamelles fondant à 94-95° [Fileti et Amoretti, *Gazz. chim. ital.*, **21**, 47-48].

Acide dibromo-homocuminique,

$$(C^3H^7)_{(4)}C^6H^2 . Br^2_{(2.5)} . CH^2 . CO^2H_{(1)}.$$

— Se prépare en traitant 5 grammes d'acide homocuminique par 10 grammes de brome. On abandonne pendant 48 heures, puis on chasse l'excès de brome par un courant d'air. On fait cristalliser le produit dans un mélange formé de 1 volume d'alcool et de 2 volumes d'eau, puis dans l'éther de pétrole, d'où il se dépose en lamelles fusibles à 92°, solubles dans tous les solvants, mais insolubles dans l'eau.

Sa constitution est établie par la façon dont il se comporte à l'oxydation. Traité par le manganate de potassium en solution alcaline, il fournit un mélange d'acide p-dibromocuminique et d'acide p-oxypropyl-p-dibromocuminique.

Sel de baryum, $(C^{11}H^{11}Br^2O^2)^2Ba + 5H^2O$. — Prismes aciculaires, préparés par l'action de l'acide sur le carbonate de baryum; très peu solubles dans l'eau.

Sel de magnésium, $(C^{11}H^{11}Br^2O^2)^2Mg + 8H^2O$. — Lamelles, plus solubles que les cristaux du sel de baryum.

Éther méthylique. — Liquide ne se solidifiant pas dans un mélange de glace et de sel, bouillant à 325-326° sans décomposition.

Chlorure d'acide. — Liquide pesant, résultant de l'action du pentachlorure de phosphore sur l'acide.

Amide, $C^{11}H^{11}Br^2O . AzH^2$. — Obtenue en saturant d'ammoniaque la solution éthérée du chlorure d'acide, elle est en lamelles brillantes (dans l'éther de pétrole), fusibles à 153°, insolubles dans l'eau, peu solubles dans l'éther et dans la ligroïne, solubles dans l'alcool, le chloroforme et le benzène [Fileti et Basso, *loc. cit.*].

DÉRIVÉS AMINÉS ET DIVERS. — *Acide cumino-amino-acétique*, $C^3H^7 . C^6H^4 . CH(AzH^2) . CO^2H$. — Cet acide s'obtient en traitant l'hydramide cuminique par l'acide cyanhydrique, décomposant le produit de la réaction par l'acide chlorhydrique et l'eau, enfin transformant en acide aminé l'aminonitrile ainsi obtenu.

Cet acide fond à 197° en se décomposant. Il est très peu soluble dans l'eau froide, plus soluble à chaud. Il est insoluble dans l'éther et dans l'alcool. Il se combine avec une molécule d'acide chlorhydrique et donne un *sel de cuivre* cristallisé [Plöschl, *D. chem. G.*, **14**, 1316].

Anilide, $C^3H^7 . C^6H^4 . CH(AzH . C^6H^5) . CO^2H$. — Elle s'obtient en traitant à l'ébullition l'acide isopropylphénylchloracétique par un excès d'aniline. Poudre cristalline, fusible à 145-146° avec décomposition, insoluble dans l'eau, l'éther de pétrole et le chloroforme, soluble dans l'alcool, l'éther et le benzène [Fileti et Amoretti, *Gazz. chim. ital.*, **21**, 48].

V. Thomas.

HOMOFÉRULIQUE (ACIDE). — L'acide homoférulique ou méthylhomocaféique a été obtenu par Tiemann et M. Kraaz [*D. chem. G.*, **15**, 2063] en partant de l'acide propiohomoférulique, préparé lui-même à partir de la vanilline, comme nous le verrons tout à l'heure. Sa constitution est la suivante :

$$C^6H^3 \begin{cases} CH = C \begin{cases} CH^3 \\ CO^2H_{(1)} \end{cases} \\ OCH^3_{(3)} \\ OH_{(4)} \end{cases}$$

L'acide propiohomoférulique est porté à l'ébullition pendant 10 minutes environ avec de la soude étendue; la solution se colore en rouge et, par addition d'un acide minéral, laisse déposer des aiguilles d'acide homoférulique brut. On purifie ce dernier en le transformant en sel de baryum.

L'acide homoférulique cristallise dans l'eau bouillante en tables rhombiques pointues, légèrement jaunes et fusibles à 167-168°. Il est presque insoluble dans l'eau froide et dans la ligroïne, peu soluble dans l'eau bouillante, soluble dans l'alcool et dans l'éther.

Dans la solution ammoniacale neutre de cet acide, l'azotate d'argent produit un précipité blanc noircissant rapidement; le sulfate de cuivre donne un précipité vert, soluble en vert dans l'ammoniaque; l'acétate de plomb donne un précipité jaune clair, et le sulfate de zinc précipite de petites aiguilles solubles dans l'eau bouillante.

Le *sel de baryum*, $(C^{11}H^{11}O^4)^2Ba$, est anhydre et cristallise en aiguilles jaunes. Mélangé avec une partie de chaux vive et soumis à l'action de la chaleur, l'acide homoférulique fournit de l'isoeugénol en perdant de l'anhydride carbonique. Cette réaction fixe la constitution de l'isoeugénol et en fait une méthylpropénylpyrocatéchine.

ACIDE PROPIOHOMOFÉRULIQUE,

$$C^6H^3 \begin{cases} CH = C \begin{cases} CH^3 \\ CO^2H_{(1)} \end{cases} \\ OCH^3_{(3)} \\ OC^3H^5O_{(4)} \end{cases}$$

— Cet acide se forme quand on maintient pendant 5 heures, en douce ébullition, un mélange de 1 partie de vanilline, 1 partie de propionate de sodium fondu et 3 parties d'anhydride propionique. La masse, versée dans l'eau, laisse déposer une huile brune qu'on lave à l'eau chaude; on la dissout dans l'éther et l'on enlève l'excès de vanilline par le bisulfite de sodium. L'acide propiohomoférulique est ensuite extrait par une solution de carbonate de sodium, d'où on le sépare finalement par l'acide sulfurique étendu.

Il forme des aiguilles blanches, fusibles à 128-129°.

ACIDE MÉTHYLHOMOFÉRULIQUE (*diméthylhomocaféique*),

$$C^6H^3 \begin{cases} CH = C \begin{cases} CO^2H \\ CH^3 \end{cases} \\ OCH^3 \\ OCH^3 \end{cases}$$

— Il se forme par saponification de son éther par la potasse. Après cristallisation dans l'eau bouillante, il se présente en cristaux pointus blancs, solubles dans l'alcool et dans l'éther, peu solubles dans l'eau, fondant à 140-141°.

L'*éther méthylique* se prépare en chauffant en tubes scellés, au bain-marie, une solution dans l'alcool méthylique de 3 parties d'acide homoférulique, 1g,62 de potasse et 4g,11 d'iodure de méthyle. Il cristallise dans l'alcool étendu en feuillets blancs, fusibles à 65-66°.

ACIDE HYDROHOMOFÉRULIQUE,

$$C^6H^3 \begin{cases} CH^2 - CH \begin{cases} CO^2H_{(1)} \\ CH^3 \end{cases} \\ OCH^3_{(3)} \\ OH_{(4)} \end{cases}$$

— Il résulte de l'hydrogénation de l'acide homoférulique par l'amalgame de sodium en solution aqueuse. Il fond à 114-115°, se dissout facilement dans l'alcool, l'éther, le benzène et le chloroforme [Tiemann et Kraaz, *D. chem. G.*, **15**, 2070].

ACIDE MÉTHYLHYDROHOMOFÉRULIQUE. — Il se forme par hydrogénation de l'acide méthylhomoférulique et fond à 58-59°.

R. Marquis.

HOMOFLÉMINGINE ET FLÉMINGINE. — Sous le nom de *waras*, les Indiens désignent une poudre résineuse couvrant les gousses des graines du *Flemingia congesta*, qu'ils emploient constamment pour la teinture de la soie, plus rarement pour la teinture de la laine. M. A.-G. Perkin a extrait de ce produit deux matières colorantes distinctes, auxquelles il a donné le nom de *flémingine* et d'*homoflémingine*.

Préparation de la flémingine. — Le waras est épuisé d'abord complètement avec le sulfure de carbone dans un appareil de Soxhlet, puis avec le chloroforme. Cette dernière extraction demande un temps considérable, environ trois jours. L'extrait chloroformique laisse déposer, après une nuit, un précipité rougeâtre qu'on sépare par filtration à la trompe. La liqueur filtrée abandonne, par évaporation spontanée, un produit analogue au dépôt précédent, mais moins gélatineux. Celui-ci est recueilli, lavé au chloroforme, puis traité par du toluène bouillant. Par refroidissement, il se dépose une poudre cristalline, qu'on purifie par de nouvelles dissolutions dans le toluène. Cette poudre cristalline constitue la flémingine à peu près pure. Elle répond à la formule $C^{12}H^{12}O^3$ et se distingue à peine, par son aspect extérieur, de la rottlérine, la principale matière colorante du kamala.

Propriétés de la flémingine. — La flémingine est difficilement soluble dans le toluène et dans le chloroforme, même à chaud, presque insoluble dans le sulfure de carbone; mais elle se dissout aisément dans l'alcool et dans l'acide acétique, ce qui la différencie nettement de la rottlérine.

Les alcalis caustiques la dissolvent à froid avec une coloration brune ou rouge-orangé foncée. Ces solutions, quoique décomposables par la chaleur, ne laissent déposer aucune substance résineuse. Le carbonate de sodium la dissout seulement à chaud, et dans cette solution la soie se teint en jaune d'or, comme elle le fait avec la rottlérine, mais en nuance nettement plus foncée.

Les solutions sont décolorées par la poudre de zinc.

Sous l'action de la chaleur, la flémingine fond vers 171-172°, puis elle distille à température plus élevée en répandant une odeur très âcre, en même temps que passe une huile brune analogue à celle que fournit la rottlérine.

La flémingine donne avec le chlorure ferrique alcoolique une coloration noir-brunâtre. Traitée pendant 45 minutes à 160° avec 20 fois son poids de potasse, elle donne naissance à de l'acide acétique, à de l'acide salicylique et à un acide ayant un point de fusion plus élevé, situé vers 182-184°, et qui peut-être est l'acide o-hydroxycinnamique.

Préparation de l'homoflémingine. — L'homoflémingine constitue une partie du précipité rougeâtre qui se dépose de l'extrait chloroformique du waras (voyez ci-dessus). Dans ce précipité, l'homoflémingine est souillée d'une matière résineuse peu soluble dans le chloroforme. On profite de cette propriété pour l'en débarrasser par des cristallisations fractionnées dans ce solvant. On termine par une cristallisation dans le toluène.

Propriétés de l'homoflémingine. — L'homoflémingine, qui n'existe dans le waras qu'en très petite quantité, cristallise dans le toluène en fines aiguilles jaunes, fondant à 165-166° et présentant la même composition que la flémingine.

Elle se dissout en rouge orangé dans les alcalis libres ou carbonatés. Elle est facilement soluble dans l'alcool, et cette solution est colorée en brun noir par addition de chlorure ferrique.

La résine qui accompagne l'homoflémingine est un corps rouge-brique qui, après cristallisation dans l'alcool, présente aussi la composition $C^{12}H^{12}O^3$. Elle fond entre 162 et 167°. Elle se dissout dans les alcalis et dans les carbonates alcalins à la façon de la flémingine, mais les solutions ainsi obtenues ont une teinte plus rouge. La fusion alcaline fournit de l'acide acétique et de l'acide salicylique.

M. A.-G. Perkin a également retiré du waras une résine fondant plus bas que la précédente et qui est soluble dans le sulfure de carbone. Elle se trouve, par suite, dans l'extrait sulfocarbonique de la plante. Pour l'en extraire, on laisse d'abord refroidir la solution, ce qui détermine la précipitation d'une petite quantité de flémingine, puis on évapore la liqueur filtrée. On reprend le résidu par les alcalis; on épuise la solution par l'éther, qui enlève une substance cireuse, et on précipite ensuite la résine par addition d'acide. Celle-ci forme une masse rouge-brunâtre, cassante et transparente, fondant au-dessous de 100°. Peu soluble dans le sulfure de carbone, elle se dissout, par contre, très facilement dans l'éther, l'alcool et le chloroforme. Sa solution alcaline est rouge-brun. La fusion alcaline la dédouble, comme l'homoflémingine et la flémingine, en acide acétique et acide salicylique [A.-G. Perkin, *Chem. Soc.*, **73**, 660].

V. Thomas.

HOMOGENTISIQUE (ACIDE). — Cet acide a été extrait en 1891 d'une urine alcaptonique par MM. Baumann et Wolkoff, qui reconnurent dans ce composé un homologue supérieur de l'acide gentisique (ou hydroquinone-carbonique), constitution que MM. Baumann et Fränkel vérifièrent plus tard en faisant la synthèse de l'acide à partir de l'aldéhyde gentisique [Wolkoff et Baumann, *Zeit. physiol. Chem.*, **15**, 228. — Baumann et Fränkel, *Ibid.*, **20**, 219]. Sa présence a été signalée aussi dans les jus de betteraves [Gonnermann, *Pflüger's Arch.*, **82**, 289].

Extraction de l'urine. — L'urine alcaptonique étudiée par MM. Baumann et Wolkoff contenait pour 2030 centimètres cubes en 24 heures environ 4 grammes d'acide, mais le procédé d'extraction employé est loin d'être quantitatif.

L'urine de 24 heures est acidifiée avec 250 centimètres cubes d'acide sulfurique à 12 0/0 et épuisée 3 fois avec un égal volume d'éther, qui enlève la majeure partie de l'acide. Le sirop rouge-brun laissé par l'éther et qui se prend à la longue en cristaux, est dissous dans 250 centimètres cubes d'eau, et à la solution bouillante on ajoute 30 centimètres cubes d'une solution au 1/5 d'acétate de plomb, puis on filtre rapidement pour séparer un précipité brun résineux, et on laisse refroidir. Le sel de plomb de l'acide, qui cristallise en aiguilles et en prismes transparents, est décomposé par l'hydrogène sulfuré, et le nouveau filtrat est concentré, d'abord au bain-marie, puis dans le vide jusqu'à ce que l'acide se dépose en cristaux transparents.

D'après M. Huppert, il vaut mieux précipiter par le sous-acétate de plomb, car avec l'acétate l'acide acétique mis en liberté maintient en dissolution une partie du sel de plomb de l'acide, tandis qu'avec le sous-acétate cet acide acétique est neutralisé par l'oxyde de plomb. Il recommande aussi de purifier le sel de plomb en le décomposant par l'hydrogène sulfuré, enlevant le sulfure de plomb par le filtre, puis précipitant de nouveau l'acide par le sous-acétate. Enfin il faut, pour la décomposition complète du sel de plomb, faire passer l'hydrogène sulfuré dans le liquide bouillant, et enfin évaporer la solution de l'acide entièrement dans le vide, afin d'éviter l'oxydation, c'est-à-dire le brunissement du liquide [Wolkoff et Baumann, *loc. cit.* — Huppert, *Deutsch. Arch. f. klin. Med.*, **64**, 130].

Propriétés. — L'acide homogentisique,

$$C^8H^8O^4 + H^2O,$$

est en prismes transparents incolores, volumineux, qui s'effleurissent à la température ordinaire et deviennent anhydres en 24 heures sous la cloche à acide sulfurique. A 100°, l'acide perd une deuxième molécule d'eau et fournit une lactone (voy. plus loin), qui se sublime un peu au-dessus de 100° en fines aiguilles, colorées en bleu dans le cas d'un large accès de l'air. L'acide fond à 146,5-147° en se colorant en jaune; il est facilement soluble dans l'eau, l'alcool et l'éther, presque insoluble, même à chaud, dans le chloroforme, le benzène, le toluène. Lorsqu'on ajoute à la solution concentrée de l'acide dans l'alcool absolu du chloroforme bouillant, l'acide anhydre se précipite par refroidissement en paillettes transparentes.

Abandonnée à l'air, la solution aqueuse devient brune; l'ammoniaque, la soude, et même les carbonates alcalins la colorent aussitôt en brun ou en noir. Le nitrate d'argent, d'abord sans action, est réduit en noir après quelques secondes; en présence de l'ammoniaque, la réaction est instantanée. La liqueur de Fehling est réduite lentement à froid, rapidement à chaud; mais la réaction au bismuth est négative ou douteuse, même avec des dissolutions à 5 0/0. Même à la dilution de 1/4000, l'acide homogentisique donne avec le chlorure ferrique une coloration bleue très passagère. Par ébullition avec une solution concentrée du réactif, il dégage une odeur de quinone. Comme l'hydroquinone, il donne avec le réactif de Millon une coloration jaune, puis un précipité jaune amorphe, que la chaleur colore en rouge brique. L'eau bromée ne le précipite pas. Par fusion avec la potasse, il fournit de l'acide gentisique et de l'hydroquinone.

Sel de plomb, $(C^8H^7O^4)^2Pb + 3H^2O$. — Il est obtenu en traitant une solution du sel de soude ou de l'acide libre par de l'acétate de plomb. Prismes ou aiguilles incolores, transparentes et brillantes, fusibles à 214-215°, solubles à 20° dans 675 parties d'eau, insolubles dans l'alcool et dans l'éther.

Éther éthylique, $C^8H^7O^4 . C^2H^5$. — On l'obtient en saturant de gaz chlorhydrique la solution alcoolique refroidie de l'acide; on étend ensuite d'eau, on sursature par le carbonate de sodium et on épuise par l'éther. L'eau chaude abandonne le corps en cristaux prismatiques incolores, peu solubles dans l'eau froide, le chloroforme et le benzène, facilement solubles dans l'alcool et dans l'éther, et fusibles à 119-120°. Ce corps se forme même lorsqu'on évapore à chaud la solution de l'acide dans de l'éther alcoolique : aussi accompagne-t-il toujours l'acide brut.

Acide diméthylhomogentisique,

$$C^8H^6O^4(CH^3)^2.$$

— On chauffe en tube scellé pendant 3 heures, à 130°, 3 grammes d'acide homogentisique avec 20 grammes d'alcool méthylique, 3 grammes de potasse caustique et 10 grammes d'iodure de méthyle. Aiguilles ou paillettes fusibles à 124°,5, peu solubles dans l'eau froide, très solubles dans l'eau bouillante, l'alcool, l'éther, le chloroforme. La solution aqueuse de l'acide est précipitée par l'acétate de plomb, mais elle ne donne pas avec les alcalis, le chlorure ferrique, les sels d'argent et la liqueur de Fehling, les réactions décrites pour l'acide homogentisique. L'eau bromée le précipite abondamment.

Le *sel d'ammonium* de cet acide est en cristaux allongés. Le *sel d'argent*, très stable, est en fines aiguilles, insolubles dans l'eau. Les *sels de plomb* et *de cuivre* sont également cristallisés.

L'*éther méthylique* de l'acide diméthylhomogentisique, $C^8H^5O^3(CH^3)^2 . OCH^3$, qui se forme comme produit accessoire dans la préparation de l'acide, est en tables clinorhombiques, presque insolubles dans l'eau froide, solubles dans l'eau chaude, dans l'alcool et dans l'éther, et fusibles à 45°.

Acide mononitrodiméthylhomogentisique, $C^8H^5(AzO^2)O^4(CH^3)^2$. — Lorsqu'on ajoute goutte à goutte de l'acide nitrique pur à la solution chaude de l'acide diméthylhomogentisique, le liquide se prend en cristaux fusibles à 204°, insolubles dans l'eau froide, peu solubles dans l'eau bouillante.

Lactone de l'acide homogentisique, $C^8H^6O^3$. — Il suffit de maintenir pendant quelques instants l'acide homogentisique au-dessus de son point de fusion, pour qu'il se transforme complètement en sa lactone, dont une partie se sublime. L'eau bouillante (qui ne l'hydrate nullement) abandonne cet anhydride en prismes courts, peu solubles dans l'eau froide, moins solubles dans l'alcool et dans l'éther que l'acide, mais plus solubles que lui dans le chloroforme et le benzène.

Les alcalis le transforment aussitôt en acide. Le réactif de Millon donne à froid un précipité jaune qui, par une douce chaleur, se colore en rouge ainsi que le liquide (réaction de Plügge pour les phénols monovalents). La lactone ne réduit pas les sels d'argent et est précipitée par l'eau bromée [Wolkoff et Baumann, *Zeit. physiol. Chem.*, **15**, 228].

Synthèse et constitution de l'acide homogentisique. — La formation d'hydroquinone par fusion avec la potasse démontre que l'acide homogentisique est, ou bien une hydroquinone modifiée par substitution d'un reste $-CH^2 . CO^2H$, ou bien un acide gentisique (hydroquinone-monocarbonique) méthylé dans le noyau. Mais la première hypothèse seule s'accorde avec le fait de la formation d'une lactone, car on sait que les acides orthoxycarboniques du benzène ne donnent de lactones que lorsque le reste

$$CH^2 . CO^2H \quad \text{ou} \quad CH^2 . CH^2 . CO^2H$$

est en position *ortho* par rapport à l'oxhydryle, mais non pas lorsque le groupe CO^2H se trouve voisin de OH.

La synthèse de l'acide a été faite d'ailleurs par MM. Baumann et Fränkel [*Zeit. physiol. Chem.*, **20**, 219], en partant de l'aldéhyde gentisique, préparée par MM. Tiemann et Müller [*D. chem. G.*, **14**, 1986], que l'on transforme en aldéhyde diméthylgentisique par la soude et l'iodure de méthyle en excès. Cette aldéhyde est ensuite réduite à l'état d'alcool par l'amalgame de sodium, puis en chlorure de cet alcool par le perchlorure de phosphore. Ce chlorure donne par le cyanure de potassium le nitrile correspondant, qui par saponification fournit l'acide diméthylhomogentisique identique à celui de MM. Wolkoff et Baumann. Enfin, par l'action de l'acide iodhydrique et du phosphore, cet acide a été transformé en acide homogentisique identique à celui qui avait été retiré de l'urine alcaptonique. La constitution de l'acide homogentisique est dès lors représentée par le schéma

$$C^6H^3 \begin{cases} OH_{(1)} \\ OH_{(4)} \\ CH^2 . CO^2H_{(5)} \end{cases}$$

Acide homogentisique
ou dioxyphénylacétique.

Origine et mode de formation de l'acide homogentisique. — Les urines alcaptoniques, d'abord signalées par Bœdeker [*Zeit. rat. Med.*, **7**, 130; *Ann. Chem.*, 117, 98], sont caractérisées par ce fait qu'elles présentent un fort pouvoir réducteur, sans posséder les autres réactions des urines sucrées, et qu'additionnées d'alcalis elles brunissent fortement en absorbant de l'oxygène. En l'absence d'alcalis, la coloration se produit plus lentement, mais elle part toujours de la surface. Ces urines doivent leurs propriétés spéciales à l'acide homogentisique (et peut-être aussi à l'acide uroleucique, beaucoup moins bien connu). Un historique complet de la question a été donné par MM. Wolkoff et Baumann (*loc. cit.*), et plus récemment par M. A.-E. Garrod, qui a réuni 31 cas d'alcaptonurie [*Med. chir. Transact.*, **82**, 367; *Maly's Jahresb.*, **29**, 844].

L'alcaptonurie a été rencontrée aussi souvent chez les enfants que chez les adultes. Elle se maintient en général pendant toute la vie, sans qu'elle soit accompagnée d'accidents particuliers. On l'observe souvent chez des frères et sœurs, mais pas nécessairement chez tous les enfants d'une même famille. L'urine contient de 3 à 6 grammes d'acide en 24 heures; elle est plus riche avec une alimentation carnée qu'avec un régime végétal (Wolkoff et Baumann, Ogden). Les purgatifs sont sans action, comme aussi l'ingestion d'acides phénylacétique ou phénylamino-acétique (Emden, Stange), mais MM. Wolkoff et Baumann et Emden ont noté l'influence de la tyrosine. Sur 10 grammes de tyrosine ingérée, 7gr,5 s'éliminent à l'état d'acide homogentisique. D'autre part cet acide, qui d'ailleurs n'est pas toxique, introduit dans l'estomac du chien, n'est que partiellement détruit par l'organisme, et l'urine contient alors le dérivé sulfoconjugué de la toluhydroquinone, l'équation de dédoublement étant la suivante :

$$C^6H^3(OH)^2.CH^2.CO^2H$$

Acide homogentisique.

$$= CO^2 + C^6H^3(OH)^2.CH^3$$

Toluhydroquinone.

[Wolkoff et Baumann, *loc. cit.* — Ogden, *Zeit. physiol. Chem*, **20**, 280. — Emden, *ibid.*, **17**, 182; **18**, 304. — Garnier et Voirin, *Arch. de physiol.*, (5), **4**, 225. — Stange, *Wirchow's Arch.*, **146**,86].

De ces données on ne peut déduire que des hypothèses encore mal assises sur l'origine de l'acide homogentisique dans l'organisme. La première qui se présente consiste à admettre que c'est la tyrosine, produite au cours de l'hydrolyse trypsique des albuminoïdes, qui subit après son absorption, par le fait d'une désassimilation vicieuse, la transformation en acide homogentisique. Mais il est difficile de faire de l'alcaptonurie une maladie de la nutrition générale, puisque ce phénomène se prolonge pendant des années sans être accompagné d'aucun malaise. D'autre part on constaterait sans doute, dans ce cas, que l'acide introduit dans l'organisme normal est détruit, ce qui n'a pas lieu.

En outre, quand on compare les formules des deux composés

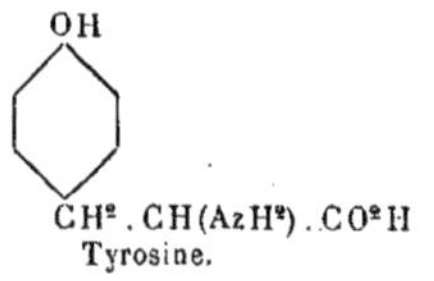

OH

$CH^2.CH(AzH^2).CO^2H$

Tyrosine.

OH

OH

$CH^2.CO^2H$

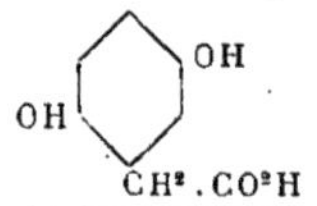

Ac. homogentisique.

on se heurte à des difficultés considérables. Si une telle transformation était possible, il faudrait admettre que, d'un dérivé benzénique d'une constitution déterminée, l'organisme peut faire un produit de structure quelconque et ne présentant avec le premier aucun lien visible. Or des centaines d'observations sur les destinées des substances aromatiques les plus diverses dans l'organisme animal contredisent nettement cette conclusion. On est conduit dès lors à chercher l'origine de l'acide homogentisique aux dépens de la tyrosine dans un procès qui soit antérieur aux phénomènes de désassimilation, et notamment dans des fermentations intestinales spéciales.

Il faudrait admettre ici l'action simultanée de phénomènes de réduction faisant disparaître l'oxhydryle phénolique de la tyrosine fixée en *para* par rapport à la chaîne latérale carboxylée et de phénomènes d'oxydation s'attaquant à deux autres sommets (voy. les formules ci-dessus), et MM. Wolkoff et Baumann montrent par des exemples très remarquables que de telles actions, comme aussi la transformation de

$$CH^2-CH(AzH^2)CO^2H \quad \text{en} \quad CH^2.CO^2H,$$

ne sont pas sans analogues en physiologie [Wolkoff et Baumann, *Zeit. physiol. Chem.*, **15**, 272. — Huppert, *Deutsch. f. klin. Med.*, **27**, 556].

Quant à la fermentation spéciale qu'il faut invoquer, elle reste une hypothèse à rapprocher de celle qu'a suggérée l'étude physiologique de la cystinurie et de la diaminurie (voy. au mot Cystine, 2e Suppl., **1**, 1584). L'administration du salol fait à la vérité baisser la quantité d'acide homogentisique dans l'urine (Wolkoff et Baumann), mais on n'a jamais trouvé cet acide dans les fèces des alcaptonuriques, et des essais de fermentation avec la tyrosine et ces excréments n'ont pas fourni d'acide homogentisique.

La question de l'origine de l'acide homogentisique et de la cause de ce singulier phénomène de l'alcaptonurie reste donc ouverte.

D'après M. Gonnermann, la coloration brune que prend rapidement à l'air le jus de betteraves fraîchement écrasées ou celui de pommes de terre est due à l'action de la tyrosinase transformant la tyrosine de ces extraits en acide homogentisique [*Pflüger's Arch.*, **82**, 289].

Dosage de l'acide homogentisique. — 10 centimètres cubes d'urine alcaptonique sont additionnés dans un ballon de 10 centimètres cubes d'ammoniaque à 3 0/0, puis de quelques centimètres cubes d'une solution de nitrate d'argent normale au dixième; on agite, et, après 5 minutes de repos, on ajoute 5 gouttes d'une solution de chlorure de calcium au dixième et 10 gouttes d'une solution de carbonate d'ammonium. On filtre et l'on essaye le filtrat, brunâtre mais toujours limpide, avec du nitrate d'argent. S'il se produit encore une réduction, on recommence avec une nouvelle portion d'urine et un volume plus considérable de nitrate d'argent. Lorsqu'on a ainsi déterminé par tâtonnement le volume approximatif de solution à employer, on rend le résultat plus précis en essayant le filtrat à l'acide chlorhydrique. L'opération est terminée quand le liquide ne donne avec ce réactif qu'un trouble à peine visible. S'il faut employer plus de 8 centimètres cubes de nitrate d'argent, on recommencera l'essai en ajoutant à l'urine 20 centimètres cubes au lieu de 10 centimètres cubes d'ammoniaque. 1 centimètre cube de la solution de nitrate d'argent normale au dixième indique 0gr,004124 d'acide homogentisique [Baumann, *Zeit. physiol. Chem.*, **16**, 268]. E. Lambling.

HOMOITACONIQUE (ACIDE). — Voyez Tétraméthylène-dicarboniques (acides).

HOMOMÉSACONIQUE (ACIDE), $C^6H^8O^4$. — M. Hantzsch a trouvé cet acide, auquel il attribue la formule

```
COOH
|
CH² —— C ═══ CH
       |      |
      CH³   COOH
```

dans les produits de la saponification de l'éther mésitène-lactone-carbonique par un excès d'alcali :

$$CH^3-C=C(COOC^2H^5)-C(CH^3)=CH-CO-O\ (\text{cycle}) + 3H^2O$$

$$= CH^3.COOH + CH^2(COOH)-C(CH^3)=CH.COOH$$

La solution alcaline étant neutralisée par l'acide chlorhydrique est concentrée au bain-marie, puis sursaturée d'acide chlorhydrique et épuisée à l'éther. Ce solvant, évaporé, abandonne des cristaux qui fondent, après une cristallisation dans l'eau, à 147°; ce sont de petits prismes compacts, solubles dans l'eau et dans l'alcool, peu solubles dans l'éther; ils se subliment déjà vers 120°. Ce corps est réduit par l'amalgame de sodium à l'état d'acide β-méthylglutarique,

$$CH^3-CH\begin{cases}CH^2-CO^2H\\CH^2-CO^2H\end{cases}$$

Sel d'ammonium. — Le sel neutre s'obtient en dirigeant un courant de gaz ammoniac dans une solution de l'acide dans l'alcool absolu; il se transforme très facilement en sel acide.

Le *sel acide de potassium* est un précipité microcristallin préparé en solution alcoolique; il est soluble dans la potasse et précipité de cette solution par l'acide acétique.

Le *sel de calcium*, $C^6H^6O^4Ca, H^2O$, cristallise en petits mamelons.

Le *sel de baryum*, $C^6H^6O^4Ba, 4,5H^2O$, se dépose par évaporation en un vernis qui cristallise lorsqu'on le broie avec un agitateur.

Le *sel de cuivre*, $C^6H^6O^4Cu, 2H^2O$, est à peine cristallin et presque insoluble dans l'eau bouillante.

Le *sel d'argent*, $C^6H^6O^4Ag^2$, est amorphe.

L'*éther éthylique* se forme en petite quantité quand on saponifie l'éther mésitène-lactone-carbonique par une quantité insuffisante de potasse alcoolique; il est liquide et bout à 240-242° [Hantzsch, *Ann. Chem.*, **222**, 31].

L'éther mésitène-lactone-carbonique, qui est le point de départ de la préparation de l'acide homomésaconique, se produit dans la condensation de l'éther acétylacétique sous l'influence de l'acide sulfurique.

M. Anschütz a montré que ce corps est identique à l'éther isodéhydracétique (voy. 2e Suppl. **3**, 14). Toutefois, en traitant cet éther par la potasse, il n'a pas obtenu d'acide homomésaconique, mais deux acides, l'un fondant à 149°, $C^8H^{20}O^3$, l'autre fusible à 221° [Anschütz, Bendix et Kerp, *Ann. Chem.*, **259**, 148].

D'autre part, M. Genvresse [*Ann. Chim. Phys.*, (6), **24**, 90] a obtenu, en traitant par la baryte l'éther carbacétylacétique (lequel, d'après Mlle Polonowska [*D. chem. G.*, **19**, 2402], serait identique avec l'éther isodéhydracétique, et par conséquent avec l'éther mésitène-lactone-carbonique), un mélange de deux acides qu'il considère comme les deux isomères de l'acide acétocrotonique; l'un d'eux, le maléique, aurait la même constitution que l'acide homomésaconique de M. Hantzsch; il s'en distingue par son point de fusion plus bas, 141°, et par les caractères de ses sels. Son éther éthylique bout à 244-246° et a une densité de 1,02 à 0°; cet acide fournit un anhydride fondant à 88°.

M. Genvresse attribue à l'éther carbacétylacétique la formule

$$CH^3-C(=CH-CO-)-CH-COOC^2H^5$$

et exprime l'action de la baryte de la façon suivante :

$$CH^3-C(=CH-CO-)-CH-COOC^2H^5 + BaO + H^2O$$
$$= CH^3-C(=CH-COO)-CH^2-COO>Ba + C^2H^5OH.$$

R. Marquis.

HOMONICOTIANIQUE (ACIDE), (voyez 1er Suppl., 1077). — Cet acide représente bien l'un des acides toluiques de la série pyridique, c'est-à-dire qu'il répond à la formule

$$C^5H^3Az\begin{cases}CH^3\\CO^2H\end{cases}$$

Oxydé par une solution étendue de permanganate, il donne de l'acide cinchoméronique :

$$C^5H^3Az\begin{cases}CH^3\\CO^2H\end{cases} + O^3 = H^2O + C^5H^3Az\begin{cases}CO^2H\\CO^2H\end{cases}$$

L'acide obtenu par MM. Hoogewerf et van Dorp en chauffant à 160-170° l'acide méthyldicarbopyrique est identique à l'acide homonicotianique de M. Œchsner de Conink [*Bull. Soc. Chim.*, (2), **43**, 108; *Rec. des Pays-Bas*, **2**, 21].

L'*homonicotianate de cuivre*, $(C^7H^6AzO^2)^2Cu$, s'obtient en ajoutant une solution de sulfate de cuivre à une solution étendue d'homonicotianate de potassium. Il se forme un précipité floconneux qui se transforme peu à peu en petits cristaux bleus (Hoogewerf et van Dorp).

L'acide homonicotianique se condense avec la formaldéhyde, la paraldéhyde et l'acétaldéhyde. En admettant pour l'acide homonicotianique la formule de constitution

$$C^5H^3Az(CH^3)(CO^2H)\ \text{(noyau pyridique : } CH^3,\ CO^2H \text{ en ortho, Az)}$$

les produits obtenus par condensation sont :

$[(OH).CH^2]^2C-CH^2>O-CO-$ (noyau pyridique, Az) — Formaldéhyde.

$CH^2.CH.CH^3>O-CO-$ (noyau pyridique, Az) — Paraldéhyde.

$CH^3.CH=C-CH=CH^2>O-CO-$ (noyau pyridique, Az) et $CH^2.CH.CH=CH.CH^3>O-CO-$ (noyau pyridique, Az) — Acétaldéhyde.

[W. Kœnigs, *D. chem. G.*, **34**, 4336].

V. Thomas.

HOMO-OMBELLIFÉRONE, $C^{10}H^8O^3$. — Cet homologue de l'ombelliférone résulte de la condensation de l'acide malique avec l'orcine, d'où résulte immédiatement la formule de constitution

$$OH-C_6H_2(CH_3)\begin{cases}-O-CO\\ -CH=CH\end{cases}$$

Pour effectuer la condensation, on chauffe un mélange équimoléculaire d'*orcine* et d'acide malique avec une quantité double d'acide sulfurique concentré. Lorsque le mélange commence à mousser, on cesse de chauffer, la réaction se poursuivant d'elle-même. On verse alors dans l'eau, ou sur de la glace si l'on travaille sur de grandes quantités. L'homo-ombelliférone se précipite en flocons devenant cristallins au bout de peu de temps et se dissolvant avec une belle fluorescence bleue dans les alcalis.

Cristallisée dans l'acétone, elle est en tables jaunâtres, fusibles à 248°. Elle est soluble dans l'alcool, l'acide acétique et l'acétone, insoluble dans l'eau, le benzène et le chloroforme. Elle ne donne pas de réactions colorées avec le chlorure ferrique. Sa solution sulfurique offre une fluorescence bleue. Par la fusion alcaline, elle donne de l'acide acétique et de l'aldéhyde orcylique,

$$C^6H^2(CH^3)(OH)^2 . CHO.$$

Traitée par l'anhydride acétique, l'homo-ombelliférone donne un dérivé diacétylé fusible à 126-127° [H. von Pechmann et W. Welsch, *D. chem. G.*, **17**, 1649]. Ce dérivé est identique à celui obtenu par Tiemann et Helkenberg [*D. chem. G.*, **12**, 1001] en traitant l'aldéhyde orcylique par l'anhydride acétique. Pour le préparer, on chauffe pendant 5 heures à l'ébullition un mélange de 1 partie d'aldéhyde, 1 partie d'acétate de sodium anhydre et 5 parties d'anhydride acétique. En traitant le produit brut de la réaction par l'eau, on précipite une huile qui se prend en masse après plusieurs jours.

Après purification, on obtient des aiguilles d'un blanc jaunâtre, fondant à 126°. Ces aiguilles sont très peu solubles dans l'eau chaude, mais se dissolvent bien dans l'alcool et dans l'éther. Les solutions aqueuses, par addition de potasse, présentent une fluorescence bleue. V. Thomas.

HOMOPHTALIQUES (ACIDES),

$$C^6H^4\begin{cases}CO^2H\\ CH^2-CO^2H\end{cases}$$

— Les trois isomères correspondant respectivement aux acides phtalique, isophtalique et téréphtalique sont connus.

ACIDE HOMOPHTALIQUE PROPREMENT DIT
(*acidephénylacétique-o-carbonique*),

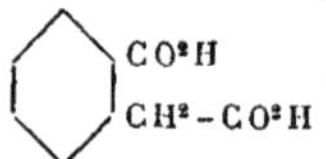

— Cet acide est identique à l'acide décrit par Hlasiwetz et Barth, sous le nom d'*acide isuvitique* (voyez Dict., **2**, 159).

Il a été obtenu par M. Wislicenus, en traitant le nitrile $CAz . CH^2 . C^6H^4 . CO^2H$ par les alcalis étendus [*Ann. Chem.*, **233**, 106]. Il constitue également le produit d'oxydation de la β-hydrindone,

$$C^6H^4\begin{cases}CH^2\\ CH^2\end{cases}\!\!>CO + 3O = C^6H^4\begin{cases}CH^2-CO^2H\\ CO^2H\end{cases}$$

[*Ann. Chem.*, **275**, 354]. Enfin, MM. Bamberger et Lodter l'ont mentionné dans les produits d'oxydation par le mélange chromique du dihydronaphtalène, à côté de l'acide o-phénylènediacétique [*Ann. Chem.*, **288**, 79].

On peut le préparer par l'une des méthodes suivantes :

1° D'après MM. Græbe et Trümpy, par réduction de l'acide phtalonique. Pour cela, on chauffe pendant 3 ou 4 heures au réfrigérant ascendant 10 grammes d'acide phtalonique anhydre et 3 centimètres cubes d'eau (ou 11gr,6 d'acide cristallisé, plus 1 centimètre cube d'eau) avec 2 grammes de phosphore rouge et 12 centimètres cubes d'acide iodhydrique d'une densité de 1,67. Après 2 heures environ, l'acide homophtalique commence à se séparer. On ajoute alors 15-18 centimètres cubes d'eau et l'on fait bouillir jusqu'à ce que tout soit dissous. Par refroidissement, la plus grande partie de l'acide se dépose. La portion qui reste en solution est extraite avec de l'éther. On le sépare de l'acide phtalonique non attaqué à l'aide d'une petite quantité d'eau. Le rendement peut s'élever à 95 0/0 [*D. chem. G.*, **31**, 375].

2° D'après M. Zincke, on l'obtient en réduisant par le phosphore et l'acide iodhydrique à 160-180° la lactone

$$C^6H^4\begin{cases}CO\\ \quad >O\\ CH=CCl^2\end{cases}$$

ou son dérivé méthoxylé. Le rendement est bon. Pour purifier l'acide homophtalique, le contenu du tube à réaction est traité par de la soude, la solution est acidifiée et additionnée de bisulfite de sodium. On extrait par l'éther et l'on fait cristalliser dans l'acétone [*Ann. Chem.*, **278**, 198].

3° D'après MM. Fr. Heusler et H. Schieffer, on peut utiliser pour sa préparation les portions du goudron de houille riches en indène. Celles-ci sont oxydées à l'aide d'une solution de permanganate à 6 0/0. Pour 60 centimètres cubes de substance à oxyder, on ajoute tout d'abord du permanganate jusqu'à coloration persistante, en opérant à 40°. L'opération est terminée en 3 heures. Après avoir abandonné pendant une nuit, on ajoute à nouveau de la solution permanganique de façon que la quantité totale ajoutée soit de 200 grammes. On réduit l'excès par l'alcool et l'on filtre le bioxyde précipité. La liqueur est évaporée et agitée avec du chloroforme pour enlever l'hydrindène-glycol, puis acidifiée par l'acide sulfurique. On épuise par le benzène, solvant dans lequel l'acide homophtalique est presque insoluble. On extrait enfin l'acide de la solution avec de l'éther à l'aide d'un appareil continu. L'acide brut obtenu par évaporation de l'éther, après cristallisation dans l'eau et décoloration par le noir animal, fournit 10gr,5 d'acide pur [*D. chem. G.*, **32**, 29].

L'acide homophtalique est en prismes courts, fusibles à 175°, facilement solubles dans l'alcool et dans l'eau chaude, plus difficilement solubles dans l'eau froide et dans l'éther, insolubles dans le benzène et dans le chloroforme.

Lorsqu'on distille l'homophtalate de calcium avec 10 fois son poids de carbonate de sodium, on obtient du toluène (Wislicenus).

Par fusion alcaline, l'acide homophtalique fournit de l'acide o-toluique; l'oxydation manganique conduit à l'acide o-phtalique [Schreder, *Mon. f. Chem.*, **6**, 169].

ANHYDRIDE HOMOPHTALIQUE,

$$C^6H^4\begin{cases}CH^2-CO\\ \qquad\quad |\\ CO-O\end{cases}$$

— L'acide homophtalique perd, à la température de

fusion, 1 molécule d'eau en donnant un anhydride en longs prismes fusibles à 140°,5-141°. Cet anhydride s'obtient plus facilement par traitement de l'acide avec le chlorure d'acétyle, d'après la méthode d'Anschütz. Il se dissout très facilement dans le chloroforme, mais n'est que très difficilement soluble dans l'éther. Il se sublime aisément, mais se décompose lorsqu'on cherche à le distiller. Par ébullition avec l'eau, il régénère l'acide correspondant. Chauffé avec de la résorcine et de l'acide sulfurique concentré, il se comporte comme l'anhydride phtalique (Wislicenus).

L'anhydride homophtalique se combine avec les hydrocarbures aromatiques en présence du chlorure d'aluminium. Ces hydrocarbures se fixent au carbonyle de la chaîne latérale la plus longue. C'est ainsi que le benzène donne l'acide β-désoxybenzoïne-carbonique,

$$C^6H^4 \begin{cases} CH^2 - CO - C^6H^5 \\ CO^2H \end{cases}$$

Si, au lieu de chauffer l'acide homophtalique à température de fusion, on élève la température jusqu'à 210-230°, il se transforme presque quantitativement en *acide hydrophtallactonique*,

$$C^6H^4 \begin{cases} CH^2 - CH - C^6H^4 \\ \qquad\quad | \qquad\ | \\ CO^2H \quad O - CO \end{cases}$$

[Græbe et Trümpy, *loc. cit.*].

Éther monoéthylique, $C^9H^7O^4 . C^2H^5$. — Fines aiguilles brillantes, fusibles à 107-108°, facilement solubles dans l'alcool, l'éther et le benzène chaud [Wislicenus].

Éther diéthylique, $C^9H^6O^4(C^2H^5)^2$. — Liquide huileux et lourd à faible odeur aromatique, bouillant à 291°,5-292°,5 [S. Gabriel, *D. chem. G.*, **20**, 2500].

Acide dichlorohomophtalique,

$$C^6H^4 \begin{cases} CO^2H \\ CCl^2 - CO^2H \end{cases}$$

— Cet acide se forme par l'action des alcalis sur l'acide pentachlorocétonique

$$C^6H^4 \begin{cases} CCl^2 - CO^2H \\ CO - CCl^3 \end{cases}$$

On le dissout dans l'alcool méthylique et l'on refroidit la solution. On y ajoute alors de la lessive de potasse concentrée jusqu'à ce qu'une prise d'essai ne se trouble pas par addition d'eau. On acidule alors fortement par l'acide chlorhydrique, on extrait à l'éther, et après évaporation du solvant on reprend le résidu huileux par de l'acide azotique chaud d'une densité de 1,4. Par refroidissement, on obtient une masse cristalline, qu'on fait cristalliser à nouveau dans de l'acide azotique d'une densité de 1,2.

On obtient ainsi de belles aiguilles blanches (dans la solution azotique) ou des tables incolores (dans le benzène) qui fondent avec perte d'eau à 141°.

Traité par les alcalis, cet acide chloré se transforme en l'acide cétonique

$$C^6H^4 \begin{cases} CO^2H \\ CO - CO^2H \end{cases}$$

Anhydride,

$$C^6H^4 \begin{cases} CO \\ CCl^2 - CO \end{cases} > O$$

— S'obtient par fusion de l'acide. Par dissolution dans l'acide chlorhydrique, il régénère l'acide correspondant. Il fond à 130° [Th. Zincke et G. Egly, *Ann. Chem.*, **300**, 203].

Acide aminohomophtalique. — On ne connaît que l'acide possédant la formule

$$C^6H^4 \begin{cases} CO^2H \\ CH^2 - CO AzH^2 \end{cases}$$

Il s'obtient en traitant l'acide cyanotoluique,

$$C^6H^4(CO^2H)CH^2 . CAz,$$

par 10 fois son poids d'acide sulfurique concentré, et chauffant pendant 1 demi-heure à 70°. L'acide amidé se précipite par addition d'eau. On le fait cristalliser de l'alcool bouillant. Il est en aiguilles incolores, fusibles à 185-187° avec décomposition [Gabriel, *D. chem. G.*, **20**, 1203].

Le même acide se produit quand on laisse pendant 3 jours au contact de l'air 2gr,7 d'homophtalimide, 20 centimètres cubes d'eau et 20 centimètres cubes d'une solution de potasse normale [Gabriel et Posner, *D. chem. G.*, **27**, 2504].

Il est peu soluble dans l'alcool. Chauffé vers 230°, il perd de l'eau et donne l'homophtalimide. Par une longue ébullition avec l'eau, il donne de l'ammoniaque et de l'acide homophtalique.

Éther méthylique,

$$C^6H^4 \begin{cases} CO^2CH^3 \\ CH^2 - CO AzH^2 \end{cases}$$

— A une solution de 1gr,8 d'acide dans 50 centimètres cubes d'alcool, on ajoute une solution de 0gr,56 de potasse dans 10 centimètres cubes d'alcool et 2 centimètres cubes d'iodure de méthyle. On chauffe pendant 3 quarts d'heure au bain-marie. Après avoir distillé l'alcool, on dissout le résidu dans l'eau chaude, on ajoute une solution de sel ammoniac et l'on abandonne pendant une nuit. L'éther se dépose en cristaux, qu'on sèche et qu'on fait cristalliser dans l'alcool. Ils fondent à 110-112°. Par distillation, les cristaux fournissent de l'homophtalimide [Gabriel, *loc. cit.*].

Homophtalimide,

$$C^6H^4 \begin{cases} CH^2 - CO \\ \qquad\quad | \\ CO - AzH \end{cases}$$

— On décompose l'homophtalate d'ammonium par la chaleur. Il se dégage de l'eau et de l'ammoniaque, en même temps qu'on obtient une masse fondue d'un jaune clair. Si l'on chauffe plus fortement, la majeure partie du produit distille. La partie sublimée consiste en cristaux incolores, peu solubles dans l'alcool bouillant. D'une solution acétique, l'homophtalimide se dépose en petites aiguilles qui fondent à 233°. Chauffée pendant 2 heures à 150-170° avec de l'oxychlorure de phosphore, elle donne de la dichloro-isoquinoléine et de l'α-chloroxyisoquinoléine [Gabriel, *D. chem. G.*, **19**, 1655].

L'homophtalimide se dissout facilement dans les alcalis fixes. Les solutions possèdent une fluorescence verdâtre. Elle se combine avec les iodures alcooliques pour donner des dérivés alcoylés [Gabriel, *D. chem. G.*, **19**, 2355]. Les combinaisons diméthylique et triméthylique, possédant les formules

$$C^6H^4 \begin{cases} C(CH^3)^2 - CO \\ \qquad\qquad | \\ CO \ —— \ AzH \end{cases}$$

et

$$C^6H^4 \begin{cases} C(CH^3)^2 - CO \\ \qquad\qquad | \\ CO \ —— \ Az(CH^3) \end{cases}$$

fondent respectivement à 119-120° et 102-103° [*D. chem. G.*, **20**, 1119].

L'homophtalimide se combine avec l'aldéhyde

benzylique, en donnant une combinaison cristallisée fusible à 173-174°, de la formule $C^{16}H^{11}AzO^2$. Elle s'unit également aux composés diazoïques. Avec le chlorure de diazobenzène, on obtient des aiguilles jaune-orangé, fusibles à 258-260°, de la formule $C^9H^6AzO^2 . Az^2 . C^6H^5$.

Le *dérivé sodé* de l'homophtalimide,

$$C^9H^6O^2AzNa,$$

s'obtient en dissolvant 1gr,7 d'homophtalimide dans 80 à 100 centimètres cubes d'alcool bouillant, et ajoutant une solution de 0gr,23 de sodium dans l'alcool. Poudre jaune cristalline, devenant verdâtre à 80°.

Homophtalméthylimide,

$$C^6H^4 \begin{cases} CH^2-CO \\ \quad | \\ CO - AzCH^3 \end{cases}$$

— Ce composé s'obtient en chauffant l'acide homophtalique avec la méthylamine. Il est en aiguilles incolores, fusibles à 123°, solubles dans les solvants usuels et dans les alcalis fixes. Traité par le mélange d'alcool, de potasse et d'iodure de méthyle, il fournit un *dérivé alcoylé* [*D. chem. G.*, **19**, 2365],

$$C^6H^4 \begin{cases} CO \text{ —— } AzCH^3 \\ \qquad\quad | \\ C(CH^3)^2 \; CO \end{cases}$$

Homophtaléthylimide,

$$C^6H^4 \begin{cases} CH^2-CO \\ \quad | \\ CO - AzC^2H^5 \end{cases}$$

— S'obtient comme le composé précédent, la méthylamine étant remplacée par l'éthylamine. Aiguilles jaunâtres, fusibles à 105°, facilement solubles dans les solvants usuels et dans les alcalis fixes. Traitée en solution alcaline par l'iodure d'éthyle et l'alcool, elle fournit un *dérivé triéthylique*.

Avec le chlorure de diazobenzène, on obtient un *composé diazoïque*, $C^{11}H^{10}AzO^2 . Az^2C^6H^5$, en aiguilles jaunes fondant à 139°. Avec l'aldéhyde benzylique il y a réaction, comme avec l'homophtalimide, et formation d'aiguilles jaunes, fusibles à 97°, de la formule $C^{11}H^9AzO^2CH . C^6H^5$.

Homophtalbenzimide,

$$C^6H^4 \begin{cases} CH^2-CO \\ \quad | \\ CO - Az-CH^2 . C^6H^5 \end{cases}$$

— Obtenue comme les précédents. Cristaux vert-jaunâtre, fusibles à 127°, solubles dans les alcalis. Avec le chlorure de benzyle, elle donne un *dérivé tribenzylique* [Pulvermacher, *D. chem. G.*, **20**, 2492].

Nitrile,

$$C^6H^4 \begin{cases} CO^2H \\ CH^2-CAz \end{cases}$$

— Ce nitrile n'est autre qu'un acide cyano-toluique (voyez Toluique).

Nitrile homophtalique,

$$C^6H^4 \begin{cases} CAz \\ CH^2-CAz \end{cases}$$

— On l'obtient facilement en ajoutant 30 grammes de chlorure d'o-cyanobenzyle,

$$CAz-C^6H^4-CH^2Cl,$$

à 60 centimètres cubes d'une solution renfermant 15 grammes de cyanure de potassium. On mélange avec 300 centimètres cubes d'alcool, et on chauffe pendant 3 quarts d'heure au bain-marie au réfrigérant ascendant. On distille les 2 tiers de l'alcool et on traite le résidu par 500 centimètres cubes d'eau environ. On obtient ainsi une bouillie de cristaux qui représente à peu près 25 grammes de produit sec. On fait cristalliser dans l'alcool méthylique ou éthylique [Gabriel et Otto, *D. chem. G.*, **20**, 2224].

Ce nitrile est en petites lamelles, fusibles à 81°, facilement solubles dans l'alcool. Traité pendant 1 quart d'heure à 80° par de l'acide sulfurique concentré, ou abandonné pendant 1 heure à 100° avec de l'acide chlorhydrique fumant, il se transforme en homophtalimide [Gabriel, *D. chem. G.*, **20**, 2502].

Chauffé avec de l'anhydride acétique et de l'acétate de sodium, ce nitrile fournit du ψ-diacétylcyanobenzylnitrile,

$$C^6H^4(CAz)C . (CAz) : C \begin{cases} CH^3 \\ O . COCH^3 \end{cases}$$

Traité par le chlorure de benzoyle en présence de potasse, il donne le sel de potassium du o-α-dicyano-β-oxystilbène,

$$C^6H^4(CAz) . C(CAz) : C \begin{cases} C^6H^5 \\ OH \end{cases}$$

Le chlorure de cyanobenzyle donne de l'acide chlorhydrique et un produit de condensation, le tricyanodibenzyle.

Chauffé avec de la soude à 5 0/0, le nitrile homophtalique fournit une *base*, $C^9H^{10}Az^2O$, couleur jaune d'œuf, soluble dans la soude et dans les acides étendus, insoluble dans l'ammoniaque et dans l'alcool. Cette base fournit des sels bien cristallisés.

Chlorhydrate, $C^9H^{10}Az^2O . HCl + H^2O$. — Se dépose de sa solution éthéro-alcoolique en aiguilles qui se décomposent entre 190 et 200°.

Picrate, $C^9H^8Az^2O . C^6H^3Az^3O^7$. — Précipité jaune, fusible avec décomposition entre 195-205° [Gabriel et Posner, *D. chem. G.*, **27**, 829].

Action de l'hydroxylamine. — En abandonnant à l'obscurité pendant 3 ou 4 jours une solution alcoolique renfermant, pour 1 molécule de nitrile homophtalique, un peu plus de 1 molécule d'hydroxylamine, M. Eichelbaum a obtenu une combinaison cristallisée possédant la formule brute $C^9H^9Az^3O + 2H^2O$, et à laquelle il attribue la formule de constitution

$$C^6H^4 \begin{cases} CH^2-C \begin{cases} AzH^2 \\ Az \end{cases} \\ \qquad\qquad\quad | \\ C \text{———} O \\ HAz \!\!\!/\!\!/ \end{cases}$$

Cette combinaison fond à 95° dans son eau de cristallisation, et perd toute son eau entre 100 et 110°. Elle se solidifie alors à nouveau et fond à l'état anhydre à 158°. Elle est très soluble dans l'alcool, insoluble dans les alcalis, l'éther, le chloroforme, etc. Les solutions sont colorées en noir par le chlorure ferrique. Sous l'action de la liqueur de Fehling, il y a décomposition du corps $C^9H^9Az^3O$, en même temps que prend naissance un précipité verdâtre. Le *chlorhydrate* de cette base, $C^9H^9Az^2O, HCl + H^2O$, est en petits cristaux luisants, peu solubles dans l'eau, insolubles dans l'alcool. Le *picrate*, $C^9H^8Az^2O . C^6H^3Az^3O^7$, est constitué par de petites aiguilles jaune-rougeâtre, un peu plus solubles dans l'eau que dans l'alcool, faisant explosion lorsqu'on les chauffe [*D. chem. G.*, **22**, 2973].

En chauffant à 150° le nitrile homophtalique avec de l'anhydride propionique en présence de propionate de sodium, M. F. Dameroff a obtenu en même temps que du ψ-dipropionyl-o-cyanobenzylnitrile et de l'o-α-dicyano-α-éthoxybuténylbenzène, un polymère $(C^9H^6Az^2)^2$. Ce polymère est en cristaux jaunes, fusibles avec décomposition à 260-261°. La condensation s'effectue vraisemblablement comme ci-dessous [*D. chem. G.*, **27**, 2241],

$$C^6H^4 \begin{matrix} < CH^2-CAz \\ < CAz \end{matrix} \quad + \quad \begin{matrix} CAz \\ CH^2-CAz \end{matrix} > C^6H^4$$

$$\longrightarrow C^6H^4 \begin{matrix} < CH^2-CAz \\ < C(=AzH) \end{matrix} - \begin{matrix} CAz \\ CH(CAz) \end{matrix} > C^6H^4$$

ACIDE HOMOISOPHTALIQUE

CO²H
CH²-CO²H

— Cet acide est le moins connu des trois. MM. Allen et Underwood l'ont obtenu en oxydant le diéthylbenzène (point d'ébullition 176-179°) à l'aide du mélange chromique.

Il est en aiguilles blanches qui se subliment sans fondre vers 200-210°. Il est soluble dans l'alcool, et fournit par une oxydation prolongée un acide qui paraît être identique avec l'acide isophtalique.

Le *sel d'argent* renferme 55,11 0/0 d'argent : la formule $C^9H^6O^4Ag^2$ exige 54,83 [*Bull. Soc. Chim.*, (2), **40**, 100].

Le *nitrile* correspondant à l'acide homoisophtalique, $CAz.C^6H^4.CH^2.CAz$, a été obtenu par M. Reinglass, en traitant le m-nitrile de chlorobenzyle par le cyanure de potassium. A cet effet on dissout 6 grammes de m-nitrile

$$CH^2Cl.C^6H^4.CAz$$

dans une solution renfermant 3 grammes de cyanure de potassium, 25 centimètres cubes d'eau et 60 centimètres cubes d'alcool. On abandonne le mélange pendant 3 quarts d'heure environ au bain-marie, puis on distille à peu près les deux tiers de l'alcool. Par addition d'eau se précipite une huile rougeâtre, qui se prend rapidement en une masse d'aiguilles incolores.

Cristallisé dans l'eau, le nitrile homoisophtalique fond à 84°. Il se dissout facilement dans l'alcool, l'éther, le chloroforme et le benzène [*D. chem. G.*, **24**, 2417].

ACIDE HOMOTÉRÉPHTALIQUE

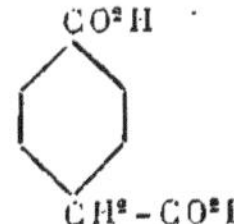

— L'acide décrit par MM. Paterno et Spica (voyez Dict., 1er Suppl., 919) n'est pas l'acide homotéréphtalique, mais très probablement de l'acide téréphtalique impur. L'acide homotéréphtalique a été préparé tout d'abord par M. Mellinghoff, puis par MM. Fileti et Basso.

D'après M. Mellinghoff, on part du dinitrile

$$CAz.CH^2.C^6H^4.CAz$$

(voyez ci-dessous), on le transforme en amide, puis on traite celle-ci à l'ébullition pendant 3 ou 4 heures avec 20 parties d'acide chlorhydrique à 25 0/0. Le produit de la réaction est purifié par cristallisation dans l'alcool [*D. chem. G.*, **22**, 3209].

D'après MM. Fileti et Basso, cet acide forme le principal produit d'oxydation de l'acide homocuminique à l'aide de l'acide azotique étendu. Dans un ballon surmonté d'un réfrigérant ascendant, on traite à l'ébullition 5 grammes d'acide homocuminique par 50 centimètres cubes d'un mélange formé de 2 parties d'eau pour 1 partie d'acide azotique commercial. Après 4 ou 5 heures, la réaction est arrêtée, de façon à éviter la formation de produits nitrés. L'acide homotéréphtalique cristallise par refroidissement. Après une ou deux cristallisations dans l'eau chaude, il est en général incolore. Pour l'obtenir tout à fait exempt de produits nitrés, on prépare l'éther méthylique, qu'on saponifie ensuite par la potasse. 5 grammes d'acide homocuminique fournissent de 3gr,5 à 4 grammes de produit [*Gazz. chim. ital.*, **21**, 61. — Voyez aussi Fileti et Baldracco, *J. prakt. Chem.*, (2), **47**, 533].

L'acide homotéréphtalique est peu soluble dans l'eau froide, plus soluble à chaud ; à 50°, il se dissout dans 100 parties d'eau ; à 30°, dans 7 parties d'alcool. Il est peu soluble dans l'éther et se dissout à peine dans le chloroforme, le sulfure de carbone, le benzène et l'éther de pétrole.

De ses solutions aqueuses, il se dépose en aiguilles ou en lamelles fusibles à 237° (Fileti et Basso) ; dans l'alcool, il se dépose en cristaux fusibles à 285-288° (Mellinghoff).

Le *sel d'ammonium* précipite en vert la solution de sulfate de cuivre, et donne avec l'azotate d'argent une poudre blanche cristalline du *sel* $C^9H^6O^4Ag^2$.

Le *sel de baryum* cristallise avec 1 molécule d'eau qui ne s'élimine pas, même à 150°.

Les *éthers* se préparent facilement par l'action de l'acide chlorhydrique sur la solution alcoolique de l'acide.

Éther méthylique, $C^9H^6O^2(OCH^3)^2$. — Liquide non solidifiable dans un mélange de glace et de sel, bouillant à 300-302°.

Éther éthylique, $C^9H^6O^2(OC^2H^5)^2$. — Analogue au précédent. Bout à 312-313°.

Chlorure d'acide. — Liquide obtenu par traitement de l'acide avec la quantité calculée de perchlorure de phosphore.

ACIDE AMIDOHOMOTÉRÉPHTALIQUE. — Les deux isomères sont connus (Mellinghoff).

Acide $CO^2H.C^6H^4.CH^2.COAzH^2$. — Obtenu par traitement à l'acide sulfurique concentré du composé $AzH^2.CO.C^6H^4.CH^2.CAz$. Le produit brut, purifié par cristallisation dans l'alcool, fond à 261°. L'acide est peu soluble dans l'alcool chaud, l'eau chaude et l'éther. La solution du sel ammoniacal donne un précipité bleu clair avec la solution de sulfate de cuivre ; avec l'azotate d'argent on obtient le *sel d'argent*, $C^9H^8AgAzO^3$, cristallisé.

Acide $AzH^2CO.C^6H^4.CH^2.CO^2H$. — Obtenu en traitant le nitrile $CAz.C^6H^4.CH^2.CO^2H$ (1 partie) par l'acide sulfurique concentré (8 parties). Petits cristaux solubles dans l'acide chlorhydrique concentré, peu solubles dans les solvants usuels, fusibles à 229°. Le *sel d'argent* est en cristaux incolores.

AMIDE HOMOTÉRÉPHTALIQUE,

$$AzH^2.CO.C^6H^4.CH^2.CO.AzH^2.$$

— Elle s'obtient par hydratation du nitrile

$$CAz.C^6H^4.CH^2.CAz,$$

à l'aide de l'acide sulfurique. Précipité blanc,

peu soluble dans les solvants neutres, facilement soluble dans l'acide chlorhydrique concentré. Point de fusion, 235°.

La *diamidoxime* correspondante,

$$AzH^2C(AzOH).C^6H^4.CH^2.C(AzOH)AzH^2,$$

se forme quand on traite le nitrile homotéréphtalique en solution alcoolique par 3 molécules de chlorhydrate d'hydroxylamine et une quantité équivalente de carbonate de sodium. Au bout de quelques jours, la diamidoxime se précipite en partie. Cristallisée dans l'eau chaude, elle fond à 192° en se décomposant.

Avec le chlorure ferrique, elle donne une coloration brun-rouge; avec la liqueur de Fehling, un précipité vert sale. Elle se dissout facilement dans l'eau chaude, mais est peu soluble dans l'eau froide; soluble aussi dans l'alcool méthylique et l'acétone, très difficilement soluble dans les alcools éthylique et amylique, presque insoluble dans l'éther, le benzène et la ligroïne.

Son *chlorhydrate*, $C^9H^{12}Az^4O^2, 2HCl$, est très soluble dans l'eau, soluble dans l'alcool, l'acide acétique cristallisable, mais insoluble dans l'éther.

Le *dérivé diacétylé*,

$$\begin{array}{l} C^6H^4-C\left\langle\begin{array}{l}AzH^2\\AzO.COCH^3\end{array}\right. \\ \quad | \\ CH^2-C\left\langle\begin{array}{l}AzO.COCH^3\\AzH^2\end{array}\right. \end{array}$$

s'obtient en abandonnant à froid pendant plusieurs jours la diamidoxime en solution acétique avec de l'anhydride acétique. Aiguilles fusibles à 161°,5-162°, solubles dans l'eau chaude, l'alcool, l'éther et le benzène.

Chauffé à l'ébullition pendant plusieurs heures avec de l'eau, ce dérivé acétylé fournit la *diazoxime*

$$C^6H^4.CH^2\left(C\left\langle\begin{array}{c}AzO\\Az\end{array}\right\rangle C.CH^3\right)^2$$

en cristaux fusibles à 111°,5, difficilement volatils avec la vapeur d'eau, solubles dans les solvants usuels, mais insolubles dans la ligroïne et dans les acides minéraux.

Le *dérivé dibenzoylé*,

$$\begin{array}{l} C^6H^4-C\left\langle\begin{array}{l}AzH^2\\AzO.COC^6H^5\end{array}\right. \\ \quad | \\ CH^2-C\left\langle\begin{array}{l}AzO.COC^6H^5\\AzH^2\end{array}\right. \end{array}$$

obtenu en traitant la diamidoxime par la potasse et le chlorure de benzoyle, est en lamelles blanches fusibles à 184°, solubles dans l'alcool méthylique, l'acétone, l'éther acétique et l'alcool amylique: la solubilité dans l'alcool éthylique est très faible. Il est insoluble dans l'eau, le benzène, la ligroïne et l'éther. Chauffé pendant 4 heures en tubes scellés à 150°, il donne l'*azoxime*

$$C^6H^4.CH^2\left(C\left\langle\begin{array}{c}AzO\\Az\end{array}\right\rangle C.C^6H^5\right)^2$$

en aiguilles blanches fusibles à 179°,5, solubles dans l'alcool, le chloroforme et le benzène, mais insolubles dans la ligroïne.

NITRILE HOMOTÉRÉPHTALIQUE,

$$CAz.C^6H^4.CH^2.CAz.$$

— Préparé en traitant le chlorure de p-cyanobenzyle par le cyanure de potassium. Cristaux fusibles à 100° et bouillant au-dessus de 360°. Il se dissout un peu dans l'eau chaude et plus facilement dans l'alcool, l'éther, le chloroforme et le benzène.

Cyanophénylacétamide,

$$CAz.C^6H^4.CH^2.COAzH^2.$$

— Ce dérivé résulte de l'attaque du nitrile p-cyanobenzylique par 15 fois son poids d'acide chlorhydrique. On peut encore l'obtenir, d'après M. Rosenthal, en décomposant l'amidoxime correspondante. A cet effet, 10 grammes d'amidoxime sont traités par la quantité calculée d'acide chlorhydrique dilué dans 500 centimètres cubes d'eau. Au mélange on ajoute 4 grammes de nitrite de sodium. Le liquide se colore en jaune, tandis qu'à la surface se précipite un corps solide. A la fin de la réaction, on chasse l'excès de vapeurs nitreuses par un courant d'air. On purifie le produit brut par cristallisation. Point de fusion, 196° [*D. chem. G.*, **22**, 2983].

Cette amide se dissout facilement dans l'alcool et dans l'eau chaude; elle est soluble aussi dans l'éther et dans le chloroforme.

L'*oxime correspondante*,

$$CAz.C^6H^4.CH^2.C[AzOH]AzH^2,$$

se prépare par condensation de l'hydroxylamine avec le nitrile de p-cyanobenzyle. Cette oxime se comporte vis-à-vis de la liqueur de Fehling, du chlorure ferrique, des alcalis, des acides et des solvants comme la diamino-oxime. Elle fond à 168°.

Le *dérivé benzoylé*,

$$CAz.C^6H^4.CH^2.C(AzO.COC^6H^5)AzH^2,$$

obtenu par la méthode de Baumann, est en petites aiguilles blanches, fusibles à 171,5-172°. Il est soluble dans les alcools méthylique et éthylique, dans l'acide acétique, difficilement soluble dans le benzène et dans le chloroforme. Il se dissout également dans les acides. Traité pendant 6 heures par l'eau à l'ébullition, il fournit l'*azoxime*,

$$CAz.C^6H^4.CH^2=C\left\langle\begin{array}{c}AzO\\Az\end{array}\right\rangle C.C^6H^5.$$

20 grammes de produit donnent 3 grammes d'azoxime

Cette azoxime est soluble dans l'alcool, l'éther, le benzène, le chloroforme, insoluble dans la ligroïne. Elle fond à 105°.

Acide nitrohomotéréphtalique,

$$C^6H^3[CH^2.CO^2H]_{(4)}(AzO^2)_{(3)}(CO^2H)_{(1)}.$$

— On introduit peu à peu 4 grammes d'acide homotéréphtalique dans 10 grammes d'acide nitrique d'une densité de 1,52, chauffé à 60-70°. Après réaction, on étend d'eau : l'acide se précipite en partie, celui qui reste en solution se dépose par concentration. On obtient ainsi de 3gr,5 à 4 grammes d'acide pur.

Il cristallise en lamelles fusibles à 222-223°, facilement solubles dans l'eau chaude et dans l'alcool, difficilement solubles dans l'éther, insolubles dans le benzène et dans la ligroïne.

Son *éther méthylique* est en lamelles incolores, fusibles à 75-77°. Cet éther fournit une réaction colorée caractéristique que ne donne pas l'acide libre. Sa solution alcoolique se colore en violet améthyste par addition d'un excès d'une solution aqueuse et concentrée d'ammoniaque.

L'acide nitrohomotéréphtalique, chauffé à 120° pendant 7 heures avec de l'ammoniaque alcoolique, donne de l'acide m-nitro-p-toluique. Réduit par le sulfhydrate d'ammoniaque, il ne fournit pas l'amino-acide correspondant, mais l'acide oxindolcarbonique

$$CO^2H.C^6H^4\left\langle\begin{array}{c}CH^2\\AzH\end{array}\right\rangle CO,$$

qui en dérive par perte d'une molécule d'eau. Cet acide se dépose de ses solutions dans l'alcool aqueux en cristaux fusibles à 313°, presque insolubles dans la plupart des solvants ordinaires. Le sel d'ammonium cristallise avec 2 molécules d'eau, le sel de baryum avec $3^{mol},5$ d'eau. Ce dernier, chauffé avec de la poudre de zinc dans un courant d'hydrogène, fournit de l'indol [Fileti et Cairola, *Gazz. chim. ital.*, **22**, (2), 389].

V. Thomas.

HOMOPTÉROCARPINE. — L'homoptérocarpine, $C^{24}H^{24}O^{6}$, est une substance neutre, bien cristallisée, extraite en 1875 du bois de santal rouge par M. P. Cazeneuve [*Bull. Soc. Chim.*, (2), **23**, 97].

Le bois de santal, finement broyé, est mélangé avec de la chaux éteinte et humecté d'eau. La masse pâteuse, desséchée au bain-marie, est épuisée ensuite par l'éther à 56°. On distille l'éther et on reprend le résidu par l'alcool fort, qui abandonne un résidu cristallin encore imprégné de résines. Le produit, cristallisé plusieurs fois dans l'alcool additionné d'un peu de chaux et de noir animal, laisse déposer un mélange de deux corps très bien cristallisés, la *ptérocarpine* et l'*homoptérocarpine*. On les sépare par le sulfure de carbone froid, qui dissout l'homoptérocarpine et laisse la ptérocarpine inattaquée.

Un kilogramme de bois de santal fournit 5 grammes environ d'homoptérocarpine.

Celle-ci est en belles aiguilles blanches, insolubles dans l'eau, peu solubles à froid, mais solubles à chaud dans l'alcool, solubles dans l'éther, le chloroforme, le benzène, le sulfure de carbone. Ces aiguilles ne sont pas mesurables : cependant, par refroidissement lent d'une solution sulfocarbonique, on a pu obtenir de gros prismes volumineux.

L'homoptérocarpine se ramollit vers 70°, commence à fondre à 82° et n'est complètement fondue qu'à 86°; la masse garde ensuite l'état pâteux pendant plusieurs jours, puis cristallise lentement.

L'homoptérocarpine est lévogyre : $[\alpha]_D = -199°$ pour une solution de $4^{gr},22$ de substance dans 100 centimètres cubes de chloroforme.

L'étude des propriétés chimiques a été reprise par MM. P. Cazeneuve et L. Hugounenq [*Ann. Chim.*, (6), **17**, 113].

Soumise à la distillation sèche, l'homoptérocarpine ne se volatilise inaltérée qu'en très petite quantité; la majeure portion se détruit et fournit de la créosote et de la pyrocatéchine. En distillant sur du zinc en poudre on recueille de l'oxyde de carbone, du méthane, de l'éthylène, mêlés de vapeurs de benzène et de toluène. On obtient également en petite quantité une huile volatile à odeur de coumarine.

Le brome fournit plusieurs dérivés bromés : avec 1 molécule d'homoptérocarpine et 2 molécules de brome, on obtient un dérivé cristallisé; si l'on emploie un grand excès de brome, on forme un dérivé de substitution en petites lamelles qui cristallisent bien dans un mélange d'éther et de benzène, et qui paraissent répondre à la formule $C^{24}H^{18}Br^{6}O^{6}$.

Les acides chlorhydrique et iodhydrique (ce dernier surtout) attaquent déjà à froid, plus facilement à chaud l'homoptérocarpine; la masse se transforme en une résine noire qui se dissout partiellement dans les alcalis et fournit des solutions dichroïques; il paraît se former aussi en petite quantité un éther résorcinique,

$$OH \cdot C^{6}H^{4} - C^{6}H^{4} \cdot OH;$$

enfin, on recueille également du chlorure ou de l'iodure de méthyle.

Au contact d'un excès d'acide sulfurique au 1/10 à 15°, l'homoptérocarpine se transforme en une substance isomérique qui refuse de cristalliser dans les dissolvants habituels.

En présence des alcalis, l'homoptérocarpine est très stable : c'est ainsi qu'une solution de potasse à 40 0/0 ne l'attaque pas, même à 200°; la potasse fondante réagit vers 240°. La masse charbonne en dégageant des fumées blanches formées d'homoptérocarpine inaltérée et d'une petite quantité de substance huileuse à odeur de coumarine. Du produit de la réaction on sépare de la phloroglucine; la potasse a de plus fixé une forte proportion d'acide carbonique.

Avec un excès d'acide azotique ordinaire l'homoptérocarpine fournit un dérivé instable, non cristallisé, de couleur verte; ce corps semble être un dérivé nitrosé, $C^{24}H^{23}(AzO)O^{6}$.

L'acide azotique fumant attaque très vivement l'homoptérocarpine; des produits de la réaction on extrait : 1° de l'acide oxalique; 2° de l'orcine trinitrée,

$$C^{6} \begin{cases} CH^{3} \\ (OH)^{2} \\ (AzO^{2})^{3} \end{cases},$$

cristallisée et fusible à 162°; 3° une orcine trinitrée isomérique amorphe et à sel barytique incristallisable.

L'homoptérocarpine n'est pas un glucoside, car, sous l'influence des acides ou des alcalis étendus, elle ne donne pas trace de sucre; elle ne possède aucune des trois fonctions, alcool, aldéhyde, acétone, car ni l'hydrogène naissant, ni la phénylhydrazine, ni l'anhydride acétique n'agissent sur elle. Son indifférence vis-à-vis des alcalis éloigne l'idée d'une fonction d'acide ou d'éther alcoolique; il ne peut être question d'une base. On est probablement en présence d'un anhydride très stable se rattachant au groupe de l'ombelliférone. Si, en effet, on considère la formule d'un acide méthylombellique :

$$C^{6}H^{2} \begin{cases} CH^{3} \\ OH \\ OH \\ CH-CH-CO^{2}H \end{cases}$$

on constate que l'acide coumarilique correspondant, obtenu en enlevant HBr au dérivé bromé, doit être

$$\begin{matrix} CH^{3} \\ OH \end{matrix} > C^{6}H^{2} < \begin{matrix} CH \\ O \end{matrix} \geqslant C \cdot CO^{2}H,$$

ou, en formule plus développée,

```
          C.CH³
        /      \C
  HC  /          \_________ CH
     |            |         ‖
  HC |            C         C.CO²H
      \         /   \      /
        \     /       \  /
         OH             O
```

La fixation de l'hydrogène sur cet acide donnerait

$$\begin{matrix} CH^{3} \\ OH \end{matrix} > C^{6}H^{2} < \begin{matrix} CH^{2} \\ O \end{matrix} > CH \cdot CO^{2}H.$$

Or, en unissant avec lui-même cet acide-phénol suivant une formule analogue à celle-ci,

$$\begin{matrix} CH^{3}-C^{6}H^{2} < \begin{matrix} CH^{2} \\ O \end{matrix} > CH-CO \\ | \qquad\qquad\qquad\qquad\qquad | \\ O \qquad\qquad\qquad\qquad\qquad O \\ | \qquad\qquad\qquad\qquad\qquad | \\ CH^{3}-C^{6}H^{2} < \begin{matrix} O \\ CH^{2} \end{matrix} > CH-CO \end{matrix}$$

on a un corps dont la formule brute $C^{20}H^{16}O^{6}$

est celle de la ptérocarpine (voy. PTÉROCARPINE), laquelle ne paraît différer de l'homoptérocarpine que par substitution de 4 molécules d'eau à 4 molécules d'hydrogène.

La formule de l'homoptérocarpine serait alors, d'après ce qui précède, représentée par le schéma ci-dessous ou un schéma analogue :

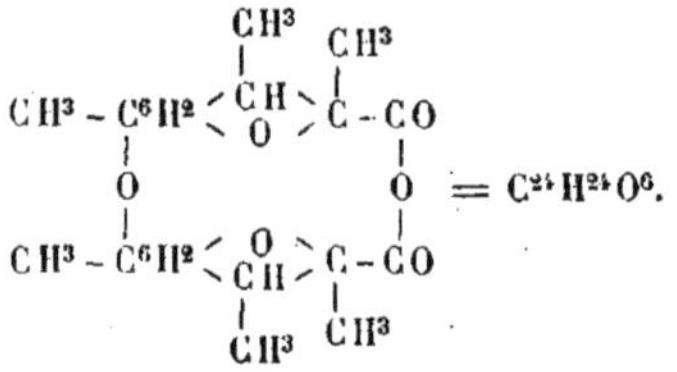

```
                 CH³
                  |       CH³
                  |        |
CH³ - C⁶H² < CH  > C - CO
             O           |
   |                     |
   O                     O    = C²⁴H²⁴O⁶.
   |                     |
CH³ - C⁶H² < O   > C - CO
             CH          |
                  |      |
                 CH³    CH³
```

Cette formule rend compte de la résistance qu'oppose l'homoptérocarpine à l'action des alcalis. Elle explique également l'absence de toute réaction caractéristique des fonctions acide, alcoolique, acétonique, etc.

La formation de l'iodure de méthyle sous l'influence de l'acide iodhydrique, la production d'orcines nitrées par l'acide nitrique fumant, la *formation d'un corps voisin de la coumarine* par l'action de la potasse fondante, en un mot l'ensemble des propriétés de l'homoptérocarpine cadre avec cette hypothèse, à laquelle manque d'ailleurs la confirmation d'une synthèse.

Tout récemment M. E. Barral a déterminé par la cryoscopie en solution benzénique le poids moléculaire de l'homoptérocarpine : il a trouvé 271, alors que la formule $C^{24}H^{24}O^6$ exige 308; la formule $C^{12}H^{12}O^3$ exigerait 154. Du reste, la formule en C^{24} est confirmée par l'existence d'un dérivé monobromé de la ptérocarpine (voy. PTÉROCARPINE). L. Hugounenq.

HOMOPYROCATÉCHINE [Syn. *Méthylphènediol* 3.4], (voyez Dict., 1er Suppl. 919),

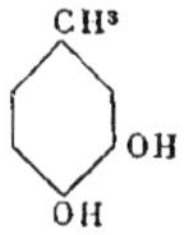

```
      CH³
      |
     / \
    |   |
    |   |—OH
     \ /
      |
      OH
```

— L'homopyrocatéchine a été mentionnée pour la première fois par Müller. Son travail, publié aux *Zeitschr. Chem. Pharm.* en 1864, p. 703, ne laisse aucun doute à ce sujet. Ce savant l'obtenait par déméthylation du créosol au moyen de l'acide iodhydrique. Dans cette réaction il ne se forme pas de pyrocatéchine $C^6H^6O^2$, comme cela a été indiqué à l'article CRÉOSOL (Dict., **1**, 987), mais de l'homopyrocatéchine $C^7H^8O^2$:

$$C^8H^{10}O^2 + HI = CH^3I + C^7H^8O^2.$$

L'homopyrocatéchine peut être obtenue à partir du m-nitro-p-crésol par remplacement du groupe AzO^2 par un groupe OH, d'après la méthode généralement employée (réduction à l'état d'amine et traitement au nitrite de sodium). Ce mode de formation est très important, puisqu'il permet d'établir la constitution de l'homopyrocatéchine [Neville et Winther, *D. chem. G.*, **15**, 2983].

MM. Béhal et Desvignes l'ont signalée dans les suies de bois, d'où on peut l'extraire facilement. On part de l'extrait aqueux de la suie de bois, désigné par Braconnot sous le nom d'*asboline*. On commence par éliminer les acides en faisant bouillir l'asboline en solution alcoolique avec du carbonate de plomb. La solution, débarrassée des sels de plomb, est ensuite évaporée au bain-marie, puis distillée dans le vide. On recueille deux portions : l'une bouillant à 154-155°, et l'autre à 158-160° sous 30 millimètres. La première portion est constituée principalement par de la pyrocatéchine, la seconde par de l'homopyrocatéchine [*Bull. Soc. Chim.*, (3), **9**, 144][1].

M. Perkin a signalé l'homopyrocatéchine dans les produits de distillation sèche de l'acide *berbérinique* [*Chem. Soc.*, **55**, 90].

L'homopyrocatéchine est un corps solide, fusible à 51°, bouillant à 251-252° sous 755 millimètres [Béhal et Desvignes, *loc. cit.*], à 210-215° sous 19 millimètres [Cousin, *C. R.*, **115**, 234]. Elle est très soluble dans l'eau et même déliquescente : l'alcool, l'acide acétique, le benzène la dissolvent facilement, mais elle est à peu près insoluble dans l'éther de pétrole.

L'homopyrocatéchine en solution aqueuse précipite la gélatine et l'albumine de l'œuf. Avec le sulfate neutre de quinine, elle fournit une combinaison jaune fondant à 157°, répondant à la formule

$$C^{20}H^{24}Az^2O^2 . SO^4H^2 + C^7H^8O^2,$$

très peu soluble dans l'eau froide, mais très soluble dans l'eau chaude. Sa *solution sulfurique* n'est pas fluorescente.

L'homopyrocatéchine se condense avec l'o-amino-m-crésol avec élimination d'eau et formation de deux diméthylphénoxazines isomériques :

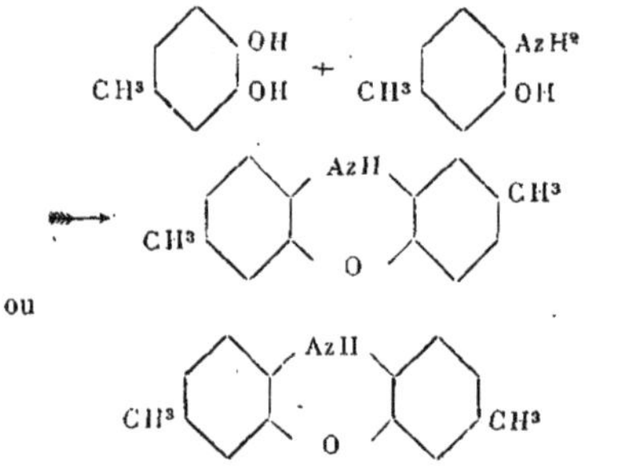

```
       OH                      AzH²
CH³ <benzène> OH  +  CH³ <benzène> OH

          AzH
──→ CH³ <C⁶H³ > <C⁶H³> CH³
           O

ou

          AzH
    CH³ <C⁶H³ > <C⁶H³> CH³
           O
```

[Kehrmann, *D. chem. G.*, **34**, 1623].

ÉTHERS MÉTHYLIQUES. — On connaît les deux éthers monométhyliques. L'éther

$$C^6H^3(CH^3)_{(1)}(OH)_{(4)}(OCH^3)_{(3)}$$

est désigné sous le nom de *créosol* (méthylgaïacol); l'isomère $C^6H^3(CH^3)_{(1)}(OH)_{(3)}(OCH^3)_{(4)}$ est désigné sous le nom d'*isocréosol*.

Créosol (voyez Dict., **1**, 986; 1er Suppl., **1**, 535; 2e Suppl., 1410].

Le créosol se forme dans la décomposition au rouge à l'aide de la chaux de l'acide α-homovanillique [Tiemann et Nagai, *D. chem. G.*, **10**, 206]. Il bout à 221-222° sous 765 millimètres. Il possède une odeur rappelant la vanille; il ne cristallise pas dans le chlorure de méthyle, même refroidi par un courant d'air. Sa densité à 0° est de 1,1112 [Béhal et Choay, *Bull. Soc. Chim.*, (3), **11**, 704].

Le *picrate* de créosol, $C^8H^{10}O^2.C^6H^3Az^3O^7$, a été préparé par M. Gödike [*D. chem. G.*, **26**, 3045]. Il est en aiguilles jaunes, fusibles à 96°.

Isocréosol. — Voyez 2e Suppl., **1**, 1410.

Éther diméthylique, $C^6H^3(CH^3)(OCH^3)^2$ (éther méthylique du créosol, méthylcréosol, homovératrol; voyez 1er Suppl., 535). — Cet éther se forme encore dans la fusion alcaline de la papavérine [Goldschmiedt, *Mon. f. Chem.*, **4**, 705].

1. Pour l'analyse des créosotes et leur richesse en homopyrocatéchine, voyez également le travail de ces savants.

Éther monoéthylique,

$$C^6H^3(CH^3)_{(1)}(OH)_{(4)}(OC^2H^5)_{(3)}.$$

— Liquide incolore, à odeur aromatique analogue à celle du créosol. Il bout à 226-227° sous la pression ordinaire, en subissant une décomposition partielle. Sa densité à 0° est de 1,0928. Il est très soluble dans l'eau, soluble dans l'alcool, l'éther, les lessives alcalines concentrées. La solution aqueuse, traitée par le chlorure ferrique, prend une coloration verte passant rapidement au brun [Cousin, *C. R.*, **116**, 104]. Oxydé par le manganate de potassium, il donne de l'acide éthylvanillique [Cousin, *Ann. Chim. Phys.*, (7), **13**, 526].

Éther mixte méthyléthylique,

$$C^6H^3(CH^3)_{(1)}(OCH^3)_{(3)}(OC^2H^5)_{(4)}.$$

— C'est l'éther éthylique du créosol déjà décrit (Dict. **1**, 987). C'est un liquide bouillant à 222-223°, ayant à 0° une densité de 1,032.

Éther diéthylique, $C^6H^3(CH^3)(OC^2H^5)^2$. — Liquide incolore, à odeur de créosote, bouillant à 228°. Il subit à cette température une décomposition partielle; sa densité à 0° est de 1,0303; il est très peu soluble dans l'eau; sa solution ne se colore pas par le chlorure ferrique; il est soluble dans l'alcool et dans l'éther, insoluble dans les alcalis.

Dérivé acétique de l'éther monométhylique, $C^6H^3(CH^3)(OCH^3)_{(3)}(O.COCH^3)_{(4)}$. — C'est l'acétylcréosol, décrit précédemment (1er Suppl., 535).

Dérivé diacétique de l'homopyrocatéchine, $C^6H^3(CH^3)(O.COCH^3)^2$. — Liquide visqueux, se colorant en jaune à la lumière; sous la pression normale, il bout vers 263-264° en se décomposant partiellement. Sous 7 millimètres, il distille à 160-161°.

Il est très peu soluble dans l'eau, soluble dans l'alcool et dans l'éther. Sa solution ne se colore pas en vert par le perchlorure de fer.

Dérivé dibenzoylé, $C^6H^3(CH^3)(O.COC^6H^5)^2$. — Cristaux groupés sous forme d'étoiles, incolores, insolubles dans l'eau, solubles dans l'alcool bouillant, dans l'éther. Point de fusion, 58° [Cousin, *Ann. Chim. Phys.* (7), **13**, 529].

Dérivés halogénés. — *Trichlorohomopyrocatéchine,*

$$C^6Cl^3(CH^3)(OH)^2 + H^2O.$$

— Pour l'obtenir, on dissout 5 grammes d'homopyrocatéchine dans 50 centimètres cubes d'acide acétique cristallisable et on fait passer un courant de chlore jusqu'à ce que la liqueur se colore en rouge. Les cristaux qui se sont déposés sont alors recueillis et purifiés par cristallisation dans l'acide acétique étendu, en présence de quelques gouttes d'une solution d'acide sulfureux.

Fines aiguilles renfermant 2 molécules d'eau de cristallisation, insolubles dans l'eau, solubles dans l'alcool, l'éther, l'acide acétique bouillant, d'où elles se déposent par refroidissement. Exposées dans le vide sur l'acide sulfurique, les aiguilles perdent leur eau de cristallisation et fondent alors à 179-180°.

Sous l'action de la chaleur, l'homopyrocatéchine trichlorée se volatilise, mais la majeure partie est décomposée.

En prolongeant l'action du chlore sur l'homopyrocatéchine, en ayant soin de maintenir la liqueur à une température suffisante pour dissoudre les cristaux de dérivé trichloré formé, on voit la solution se colorer en rouge foncé; par refroidissement, on obtient des lamelles d'un rouge vif. C'est un produit d'oxydation de la trichlorohomopyrocatéchine.

Au lieu d'employer le chlore comme agent oxydant, il est préférable d'employer l'acide azotique (mélange à parties égales d'acide d'une densité de 1,40 et d'acide acétique cristallisable).

On purifie le produit par des cristallisations dans l'acide acétique. Il a pour formule $C^7H^3Cl^3O^2$ et représente vraisemblablement une orthoquinone trichlorée dérivée de l'homopyrocatéchine,

$$CH^3.C \lessgtr \begin{matrix} CCl:CCl \\ CCl.CO \end{matrix} \gtrless CO.$$

Ce composé fond à 97-98°; il est insoluble dans l'eau, soluble dans l'éther et dans l'alcool.

Si on prolonge encore davantage l'action du chlore sur l'homopyrocatéchine, la solution rouge se décolore peu à peu et reste finalement colorée en jaune pâle. Il y a dans ce cas formation de dérivés plus chlorés qui n'ont pas été étudiés [H. Cousin, *C. R.*, **118**, 809; *Ann. Chim. Phys.* (7), **13**, 530].

Tribromohomopyrocatéchine,

$$C^6Br^3(CH^3)(OH)^2.$$

— Obtenue par M. H. Cousin dans les mêmes conditions que le dérivé trichloré, elle forme de longues aiguilles blanches, soyeuses, se colorant en brun à la lumière. Elle est insoluble dans l'eau, soluble dans l'alcool, l'éther, l'acide acétique, surtout à chaud. Elle fond à 162-164°.

Elle fournit un produit d'oxydation, $C^7H^3Br^3O^2$, tout à fait analogue au corps chloré décrit ci-dessus. Il est en lamelles microscopiques d'un rouge grenat, fusibles à 117-118°. Réduit en solution alcoolique par l'acide sulfureux, il donne l'homopyrocatéchine tribromée.

Dérivés nitrés. — Ils ont été étudiés par M. H. Cousin (*C. R.*, **115**, 234), qui a décrit deux *dérivés mononitrés* isomériques,

$$C^6H^2(AzO^2)(CH^3)(OH)^2.$$

Dérivé α. — On l'obtient en traitant 11 grammes d'homopyrocatéchine, dissous dans 500 centimètres cubes d'éther, par 4 grammes d'acide azotique fumant. Ce dérivé est en lames jaune d'or. Il est peu soluble dans l'eau froide, plus soluble dans l'eau chaude, l'alcool et l'éther. Il fond à 79-80° et commence à se décomposer vers 180°. Les alcalis le colorent en rouge foncé. Il est volatil avec la vapeur d'eau. C'est le nitro 5-méthylphénediol 3.4.

Son *éther diméthylique* ou *homovératrol mononitré,* $CH^3.C^6H^2.(OCH^3)^2.AzO^2$, s'obtient en traitant 5 grammes de dérivé mononitré en solution dans 10 centimètres cubes d'alcool méthylique par 5 grammes de potasse et 15 grammes d'iodure d'éthyle et d'alcool.

Après 12 heures de chauffe au réfrigérant ascendant, on peut isoler du produit de la réaction des aiguilles blanches, insolubles dans l'eau et dans les alcalis, très solubles dans l'alcool et dans l'éther. Elles fondent à 56-58° et sont très altérables par la chaleur.

Oxydé par une solution acide de permanganate, l'homovératrol nitré fournit de l'acide nitrovératrique en aiguilles fusibles à 195-196°, ce qui fixe la composition de l'homopyrocatéchine nitrée.

Dérivé β. — Cet isomère se forme lorsqu'on traite l'homopyrocatéchine (5 grammes) dissoute dans l'eau (150 centimètres cubes) par un mélange de nitrite de sodium (18gr,50) et d'acide chlorhydrique étendu jusqu'à dégagement abondant de vapeurs nitreuses. Le dérivé nitré est rassemblé dans l'éther, celui-ci distillé, et le résidu après dessiccation sur l'acide sulfurique est purifié par des cristallisations dans le benzène suivies de cristallisation dans l'eau alcoolisée.

Il est en petites aiguilles jaune de soufre, peu solubles dans l'eau froide, solubles dans l'eau chaude, l'alcool, l'éther et le benzène. Il fond aux environs de 180° en subissant une décomposition partielle. La solution aqueuse donne avec le chlorure ferrique une belle coloration verte.

Si à une solution chaude de ce dérivé nitré on ajoute peu à peu de la potasse, on obtient un sel, $C^7H^6KAzO^4 + H^2O$. Avec un excès de base, on obtient une belle coloration pourpre, avec formation de sels basiques qui n'ont pu être obtenus à l'état cristallisé.

Le *sel de potassium* ne perd pas son eau dans le vide, mais à 130° il se déshydrate en devenant plus rouge.

Le *sel d'ammonium* s'obtient comme celui de potassium et lui ressemble beaucoup.

L'éther diméthylique correspondant au dérivé mononitré β, s'obtient aisément comme avec l'isomère α. On peut le préparer également en nitrant directement l'homovératrol en solution acétique par l'acide azotique ordinaire.

Cet éther est en aiguilles jaune pâle, insolubles dans l'eau et dans les alcalis, peu solubles dans l'alcool froid, plus solubles à chaud, solubles aussi dans l'éther, fusibles à 117°.

L'homopyrocatéchine mononitrée β représente vraisemblablement le nitro 6-méthylphènediol 3.4 [Cousin, *loc. cit.*].

DÉRIVÉS SULFONÉS. — *Acide homopyrocatéchine-sulfonique*,

$$C^6H^2(CH^3)(OH)^2(SO^3H).$$

— L'homopyrocatéchine ne fournit avec l'acide sulfurique qu'un seul dérivé sulfonique. Le meilleur rendement s'obtient en chauffant pendant 4 heures au bain-marie 10 grammes d'homopyrocatéchine avec 20 grammes d'acide sulfurique à 30 0/0 d'anhydride. En traitant ensuite par le carbonate de baryum, on obtient un sel barytique, qu'on purifie par cristallisation et qu'on décompose ensuite à la façon habituelle.

L'acide forme de longues aiguilles étoilées, se colorant en brun à la lumière. Il est déliquescent, très soluble aussi dans l'alcool et dans l'éther; il fond à 93-94°.

Sel de potassium. $C^7H^5(OH)^2(SO^3K) + H^2O$. — Fines aiguilles à éclat nacré formant de petites masses sphériques, qui se colorent en rose à la lumière; très solubles dans l'eau même à froid et dans l'alcool absolu bouillant.

Sel de baryum. $[C^7H^5(OH)^2SO^3]^2Ba + 3H^2O$. — Petits prismes allongés, groupés en étoiles, transparents, brillants, devenant légèrement roses à la lumière; peu solubles dans l'eau froide, insolubles dans l'alcool [H. Cousin, *C. R.*, **117**, 113].

Dérivé monosulfonique de l'éther monométhylique, $C^6H^2(CH^3)_{(1)}(OCH^3)_{(3)}(OH)_{(4)}(SO^3H)$. — C'est l'acide créosolsulfonique, déjà décrit 1er Suppl., 535. La solution aqueuse du sel potassique se colore en bleu foncé par le perchlorure de fer [Tiemann et Koppe, *D. chem. G.*, **14**, 2026].

Dérivé monosulfonique de l'éther diméthylique, $C^6H^2(CH^3)(OCH^3)^2.(SO^3H)$. — Ce dérivé s'obtient par éthérification directe de l'homopyrocatéchine-sulfonate de potassium. M. Cousin l'a isolé sous la forme de *sel de potassium*. Celui-ci est en prismes courts, durs, de couleur blanche, très solubles dans l'eau, insolubles dans l'alcool froid, solubles dans l'alcool bouillant.

La solution aqueuse, traitée par le chlorure ferrique, ne se colore pas en vert.

Cet acide sulfoné se forme encore par sulfonation directe de l'homovératrol [Cousin, *loc. cit.*].

V. Thomas.

HOMOQUININE. — Voyez CUPRÉINE, 2e Suppl., **1**, 1497.

HOMOROTTLÉRINE. — Voyez ROTTLÉRINE.

HOMOSALICYLIQUES (ACIDES) [Syn. *Acides oxytoluiques, acides crésotiques.* — Voyez Dict., **2**, 717; 1er Suppl., 541; 2e Suppl., **1**, 1427],

$$CH^3 - C^6H^3 \begin{cases} OH_{(1)} \\ CO^2H_{(2)} \end{cases}$$

— Nous compléterons ici les indications données précédemment.

On connaît actuellement quatre acides homosalicyliques : les acides ortho-, méta- et parahomosalicyliques, décrits antérieurement, et l'acide β-m-homosalicylique, obtenu depuis par M. Jacobsen.

1° ACIDE ORTHO-HOMOSALICYLIQUE (*acide β-crésotique, acide méthyl 1-phène-ol 2-méthyloïque 3*), (voyez Dict. et 1er Suppl., *loc. cit.*),

$$C^6H^3 \begin{cases} CH^3_{(1)} \\ OH_{(2)} \\ CO^2H_{(3)} \end{cases}$$

— M. Jacobsen [*D. chem. G.*, **14**, 2354] a obtenu l'acide o-homosalicylique par l'action de l'acide nitreux sur l'acide amino 2-m-toluique,

$$C^6H^3 \begin{cases} CH^3_{(1)} \\ AzH^2_{(2)} \\ CO^2H_{(3)} \end{cases}$$

L'acide o-homosalicylique cristallise dans l'eau bouillante en longues aiguilles, fusibles à 163-164°. Il est entraîné par la vapeur d'eau. Le chloroforme le dissout facilement à froid.

D'après MM. Stohmann et Langbein, sa conductibilité spécifique $K = 0{,}1018$; sa chaleur de combustion $= 879^{cal},3$ [*J. prakt. Chem.*, (2), **50**, 389].

La solution de l'acide o-homosalicylique se colore par le chlorure ferrique en violet intense.

L'action de l'acide chlorhydrique concentré à 210° fournit de l'o-crésol, avec départ d'anhydride carbonique.

Le chauffage du sel de potassium dans un courant d'anhydride carbonique à 250° fournit un acide possédant la formule $C^8H^6O^5$.

SELS. — Le *sel de calcium* est cristallisé en aiguilles renfermant 8 molécules d'eau, facilement solubles dans l'eau.

Le *sel de baryum* cristallise avec 3 molécules d'eau; il est très soluble dans l'eau [Hübner, *Mon. f. Chem.*, **15**, 725].

ÉTHERS. — *L'éther méthylique* bout à 235°; sa densité $= 1{,}1444$ à 23° [Pinner, *D. chem. G.*, **23**, 2939].

L'éther éthylique bout à 248°; sa densité $= 1{,}1020$ à 23° (Pinner)

L'éther phénylique, soumis à la distillation sèche, fournit de la méthyl 4-xanthone,

CH³ O

CO

fusible à 105°, à côté d'une quantité notable de diméthyl 4.5-xanthone, fusible à 171-172° [Schopff, *D. chem. G.*, **25**, 3644; *Bull. Soc. Chim.*, (3), **10**, 300].

ACIDE MÉTHYL-O-HOMOSALICYLIQUE,

$$C^6H^3 \begin{cases} CH^3 \\ OCH^3 \\ CO^2H \end{cases}$$

— Ce composé a été obtenu par M. Hübner. Il fond à 85°.

Son *sel de baryum* cristallise en petits prismes

renfermant 3^mol,5 d'eau, très solubles dans l'eau. Le *sel d'argent* est en aiguilles peu solubles dans l'eau.

Distillé, le sel de calcium de l'acide méthyl-o-homosalicylique a fourni à M. Hübner de l'o-crésol, de l'éther méthylique de l'acide méthyl-o-homosalicylique et de l'éther méthylique de l'o-crésol [*Mon. f. Chem.*, **15**, 729].

NITRILE O-HOMOSALICYLIQUE,

$$C^6H^3 \begin{cases} CH^3_{(1)} \\ OH_{(2)} \\ CAz_{(3)} \end{cases}$$

— L'oxime de l'aldéhyde o-homosalicylique, chauffée avec de l'anhydride acétique, fournit l'*acétate* de ce nitrile. Cet acétate, chauffé légèrement avec de la soude étendue, perd de l'acide acétique en donnant le nitrile. Celui-ci cristallise dans l'alcool en tables fusibles à 88°,5. Il est difficilement soluble dans l'eau froide, aisément soluble dans l'alcool, l'éther, le chloroforme et le benzène, insoluble dans la ligroïne [Paschen, *D. chem. G.*, **24**, 3669].

Amidoxime,

$$C^6H^3 \begin{cases} CH^3 \\ OH \\ C \begin{cases} AzH^2 \\ AzOH \end{cases} \end{cases}$$

— Elle résulte de l'action de l'hydroxylamine à 60° sur le nitrile. Elle cristallise dans l'eau chaude en tables volumineuses fusibles à 126°,5, solubles dans les solvants organiques, à l'exception de la ligroïne. Sa solution donne avec la liqueur de Fehling un précipité vert sale (Paschen).

Son *dérivé benzoylé*,

$$C^6H^3 \begin{cases} CH^3 \\ O.COC^6H^5 \\ C \begin{cases} AzH^2 \\ AzO.COC^6H^5 \end{cases} \end{cases}$$

fond à 164°. Chauffé avec la potasse, il se transforme en *o-homosalicénylazoxime-benzényle*,

$$C^6H^3 \begin{cases} CH^3 \\ OH \\ C \begin{cases} Az = C - C^6H^5 \\ Az - O \end{cases} \end{cases}$$

cristallisée en fines aiguilles fusibles à 150°, soluble dans les solvants organiques usuels, insoluble dans la ligroïne (Paschen).

Le *dérivé aminé* correspondant à l'acide o-homosalicylique, a été décrit précédemment (2e Suppl., **1**, 1427).

2° ACIDE M-HOMOSALICYLIQUE (*acide γ-crésolique, oxy 3-p-toluique, méthyl 1-phène-ol 3-méthyloïque 4*),

$$C^6H^3 \begin{cases} CH^3_{(1)} \\ OH_{(3)} \\ CO^2H_{(4)} \end{cases}$$

— Cet acide a été préparé antérieurement (1er Suppl., *loc. cit.*), soit par l'action de l'acide carbonique sur le m-crésol sodé (Engelhardt et Latschinoff, Biedermann et Pike), soit par l'action du tétrachlorure de carbone et de la soude sur le m-crésol (Schall), soit par fusion du xylénol 1.4.2 avec la potasse (Jacobsen).

MM. Niementowski et Rozanski [*D. chem. G.*, **21**, 1992] en ont également obtenu en faisant réagir l'acide nitreux sur l'acide m-homoanthranilique,

$$C^6H^3 \begin{cases} CH^3_{(1)} \\ AzH^2_{(3)} \\ CO^2H_{(4)} \end{cases}$$

M. Weber enfin en a préparé en fondant l'acide sulfotoluique correspondant,

$$C^6H^3 \begin{cases} CH^3_{(1)} \\ SO^3H_{(3)} \\ CO^2H_{(4)} \end{cases}$$

avec 3 parties de potasse, à 200-300° [*D. chem. G.*, **25**, 1737].

L'acide m-homosalicylique cristallisé dans l'eau est en aiguilles fusibles à 177°. Dans l'alcool, il se dépose en lamelles clinorhombiques.

Sa chaleur de combustion est de 878^cal,4; sa conductibilité spécifique K = 0,0684 [Stohmann et Langbein, *J. prakt. Chem.*, (2), **50**, 390].

Il est volatil avec la vapeur d'eau. Sa solution aqueuse se colore en violet par le chlorure ferrique.

Chauffé à 170° avec de l'acide chlorhydrique, il se scinde en anhydride carbonique et m-crésol.

Les sels ont été décrits précédemment [1er Suppl., *loc. cit.*].

ÉHERS. — L'*éther méthylique*,

$$C^6H^3 \begin{cases} CH^3 \\ OH \\ CO^2CH^3 \end{cases}$$

est liquide, bout à 243° et possède une densité de 1,1395 à 23°. Il a l'odeur du salicylate de méthyle [Pinner, *D. chem. G.*, **23**, 2939].

L'*éther éthylique* bout à 254°; sa densité est de 1,0973 à 23° (Pinner).

L'*éther phénylique* ou *homosalol*,

$$C^6H^3 \begin{cases} CH^3 \\ OH \\ COOC^6H^5 \end{cases}$$

a été préparé par M. O. Weber [*D. chem. G.*, **25**, 1737], en fondant à 135° un mélange de 3 molécules de phénol avec 3 molécules d'acide homosalicylique et ajoutant par petites portions 1 molécule d'oxychlorure de phosphore. Il cristallise en aiguilles blanches, insolubles dans l'eau, fusibles à 49°. Sa solution alcoolique se colore en violet pâle par le chlorure ferrique.

L'*éther toluylique*,

$$C^6H^3 \begin{cases} CH^3 \\ OH \\ COOC^6H^4.CH^3 \end{cases}$$

a été obtenu par M. Weber en chauffant l'acide homosalicylique à 210°.

C'est une réaction analogue à celle qu'ont observée MM. Graebe et Eichengrün avec l'acide salicylique, lequel dans ces conditions fournit le salol.

A partir de l'éther phénylique, M. Weber a préparé la méthyl 3-xanthone,

[Formule développée : deux noyaux benzéniques reliés par O et CO, avec CH³]

par la méthode de Seifert.

En chauffant l'acide m-homosalicylique avec l'anhydride acétique (méthode de Perkin et Goldschmidt), le mêmes avant a obtenu la diméthyle-3.6-xanthone,

$$CH^3 - C^6H^3 \begin{array}{c} O \\ \diagup \quad \diagdown \\ \diagdown \quad \diagup \\ CO \end{array} C^6H^3 - CH^3$$

DÉRIVÉS DE SUBSTITUTION DANS LE NOYAU BENZÉNIQUE.

L'*acide chloré*,

$$C^6H^2 \left\{ \begin{array}{l} CH^3_{(1)} \\ OH_{(3)} \\ CO^2H_{(4)} \\ Cl_{(6)} \end{array} \right.$$

a été préparé par M. Gattermann ; il fond à 203-204°.

L'*acide bromé* correspondant fond à 211° ; l'*acide iodé* à 227° [Gattermann, *D. chem. G.*, **26**, 1844].

L'*acide aminé*,

$$C^6H^2 \left\{ \begin{array}{l} CH^3_{(1)} \\ OH_{(3)} \\ CO^2H_{(4)} \\ AzH^2_{(6)} \end{array} \right.$$

de MM. Nietzki et Rüppert (2ᵉ Suppl., **1**, 1427), a été préparé depuis par M. Gattermann dans la réduction électrolytique de l'acide nitré correspondant, en milieu fortement sulfurique [Gattermann, *D. chem. G.*, **26**, 1851].

Au cours de ses études sur la réduction électrolytique des composés organiques, M. Gattermann a encore préparé les éthers méthylique et éthylique de cet acide amidé : l'*éther méthylique* cristallise dans le benzène en aiguilles fusibles à 92° ; l'*éther éthylique* cristallise dans un mélange de benzène et de ligroïne en aiguilles fusibles à 71-72° [*D. chem. G.*, **27**, 1927 ; *Bull. Soc. Chim.* (3), **14**, 215].

3° ACIDE P-HOMOSALICYLIQUE (*acide α-crésotique, méthyl 1-phène-ol 4-méthyloïque 3*),

$$C^6H^3 \left\{ \begin{array}{l} CH^3_{(1)} \\ CO^2H_{(3)} \\ OH_{(4)} \end{array} \right.$$

Aux modes d'obtention de cet acide déjà signalés, nous ajouterons les suivants :

Fusion avec la potasse du sel de potassium de l'un des acides sulfonés obtenus en faisant agir l'acide sulfurique fumant sur le xylénol 1.3.4, et appelé par M. Jacobsen *acide β-sulfonique* [Jacobsen, *Ann. Chem.*, **195**, 283] ;

Fusion avec la potasse des acides m-toluique-p-bromé ou p-sulfoné [Jacobsen, *D. chem. G.*, **14**, 2352] ;

Action de l'acide nitreux sur l'acide p-aminom-toluique [Jacobsen, *D chem. G.*, **14**, 2354].

L'acide p-homosalicylique cristallise dans l'eau en longues aiguilles, fusibles à 151°. Il est facilement entraînable par la vapeur d'eau. Peu soluble dans l'eau froide, il se dissout abondamment dans l'eau bouillante, ainsi que dans l'alcool, l'éther, le chloroforme. Sa constante électrique K = 0,00841 ; sa chaleur moléculaire de combustion est de 88^{cal},1 [Stohmann et Langbein, *J. prakt. Chem.*, (2), **50**, 389].

Sa solution donne avec le chlorure ferrique une coloration intense bleu-violet.

M. Jacobsen avait annoncé qu'en chauffant l'acide p-homosalicylique à 200° avec de l'acide chlorhydrique, il avait obtenu du p-crésol, tandis que la distillation avec la chaux fournissait de l'o-crésol. L'étude de la distillation avec la chaux a été reprise par M. de Chambrier, qui a constaté, comme il fallait le prévoir, que cette réaction ne fournit absolument que du p-crésol avec une petite quantité de phénol. Il est probable que l'acide sur lequel avait opéré M. Jacobsen renfermait un isomère susceptible de fournir l'o-crésol obtenu par ce savant [de Chambrier, *D. chem. G.*, **26**, 1692].

SELS. — Le *sel de baryum* cristallise avec 2 molécules d'eau ; ce sont des feuillets aisément solubles dans l'eau.

Le *sel de bismuth*, $C^6H^3 . OH . CH^3 . CO^2BiO$, a été obtenu cristallisé en fines aiguilles par MM. B. Fischer et Grützner [*Arch. Pharm.*, **232**, 460].

ÉTHERS. — L'*éther méthylique* est un liquide possédant une forte odeur de salicylate de méthyle, bouillant à 242°, ayant une densité de 1,1438 à 23° [Pinner, *D. chem. G.*, **23**, 2939].

L'*éther éthylique* bout à 251° ; sa densité est de 1,1037 à 23° (Pinner).

En faisant agir le gaz chlorhydrique sur un mélange de glycérine et d'acide p-homosalicylique, M. Fritsch a obtenu la *dichlorhydrine*,

$$C^6H^3 \left\{ \begin{array}{l} CH^3 \\ OH \\ CO-O-CH \left\langle \begin{array}{l} CH^2Cl \\ CH^2Cl \end{array} \right. \end{array} \right.$$

On mélange l'acide avec une ou deux fois son poids de glycérine, on chauffe au bain-marie et on fait passer le courant de gaz chlorhydrique jusqu'à refus. La masse pâteuse se liquéfie bientôt et se sépare en deux couches.

Par cristallisation dans l'alcool, la dichlorhydrine de l'acide p-homosalicylique s'obtient sous la forme de fines aiguilles fusibles à 45°,5, très peu solubles dans l'alcool froid [Fritsch, *D. chem. G.*, **24**, 775 ; *Bull. Soc. Chim.*, (3), **6**, 878].

En chauffant la dichlorhydrine précédente avec le sel de sodium de l'acide p-homosalicylique, M. Fritsch a obtenu la *p-crésotine de la glycérine*, sous la forme d'une masse grumeleuse cristalline, fusible à 118°, difficilement soluble dans l'alcool froid [Fritsch, *D. chem. G.*, **24**, 779 ; *Bull. Soc. Chim.*, (3), **6**, 879. — Voyez aussi GLYCÉRINE, 2ᵉ Suppl., **4**, 823].

AMIDE,

$$C^6H^3 \left\{ \begin{array}{l} CH^3_{(1)} \\ COAzH^2_{(3)} \\ OH_{(4)} \end{array} \right.$$

— M. Goldbeck [*D. chem. G.*, **24**, 3659] la prépare en chauffant l'éther p-homosalicylique en tubes scellés avec un excès d'ammoniaque concentrée, pendant 16 à 20 heures. Cristallisée dans l'alcool aqueux, elle fond à 177-178°.

L'*anilide* cristallise dans l'alcool en houppes fusibles à 53° [Schiff, *Ann. Chem.*, **245**, 44].

NITRILE P-HOMOSALICYLIQUE,

$$C^6H^3 \left\{ \begin{array}{l} CH^3_{(1)} \\ CAz_{(3)} \\ OH_{(4)} \end{array} \right.$$

— M. Goldbeck a obtenu ce composé, soit à partir de l'oxime de l'aldéhyde correspondante, soit, avec un meilleur rendement, à partir de la *thioamide*,

$$C^6H^3 \left\{ \begin{array}{l} CH^3 \\ CSAzH^2 \\ OH \end{array} \right.$$

Celle-ci se prépare en faisant agir sur la p-homosalicylamide le pentasulfure de phosphore. Elle se forme seule si on a le soin d'opérer à température assez basse. Elle fond à 126-127°, est facilement soluble dans l'eau chaude, l'alcool, l'éther, le chloroforme, le benzène, insoluble dans la ligroïne.

Sous l'action de la chaleur, la thioamide se convertit en nitrile, lequel se présente sous la forme d'une huile pouvant être distillée dans le vide. Elle ne tarde pas à se concréter; après cristallisation, le nitrile fond à 100-101°; il est soluble dans l'alcool, le chloroforme, l'éther et le benzène, difficilement soluble dans la ligroïne [Goldbeck, *D. chem. G.*, **24**, 3658].

A partir de cette même thioamide, M. Goldbeck a préparé d'autres dérivés :

La *p-homosalicénylamidoxime*,

$$\begin{matrix} CH^3 \\ OH \end{matrix} > C^6H^3 - C \begin{matrix} \nearrow AzOH \\ \searrow AzH^2 \end{matrix}$$

obtenue en chauffant pendant 3 ou 4 heures 15 parties de thioamide dissoute dans l'alcool, avec une solution concentrée de 8 parties de chlorhydrate d'hydroxylamine et 16ᵍ,5 de carbonate de sodium. La réaction est achevée lorsqu'il ne se dégage plus d'hydrogène sulfuré. Cette amidoxime cristallise dans l'eau en aiguilles, dans le benzène en lamelles fusibles à 123-124°. Elle se dissout bien dans les solvants usuels, à l'exception de la ligroïne.

Son *chlorhydrate* fond à 215° en se décomposant. Elle se combine à froid avec le chlorure d'acétyle pour donner un *dérivé acétylé*,

$$\begin{matrix} CH^3 \\ OH \end{matrix} > C^6H^3 - C \begin{matrix} \nearrow Az.OCOCH^3 \\ \searrow AzH^2 \end{matrix}$$

cristallisant dans le benzène en feuillets fusibles à 148-149°, solubles dans l'alcool, l'éther, le chloroforme et le benzène.

Par chauffage avec l'eau en tube scellé, ou par une courte ébullition avec l'anhydride acétique, ce dérivé acétylé se transforme en *azoxime*,

$$\begin{matrix} CH^3 \\ OH \end{matrix} > C^6H^3 - C \begin{matrix} \nearrow\!\!\!\nearrow Az - O \\ \qquad\quad | \\ \searrow Az = C - CH^3 \end{matrix}$$

fusible à 45°, aisément soluble dans les solvants usuels.

Si au lieu de l'anhydride acétique on emploie l'anhydride succinique, à la température de 115°, on obtient un dérivé de condensation analogue, l'*acide p-homosalicénylazoxime-propényle-ω-carbonique*,

$$\begin{matrix} CH^3 \\ OH \end{matrix} > C^6H^3 - C \begin{matrix} \nearrow\!\!\!\nearrow Az - O \\ \qquad\quad | \\ \searrow Az = C - CH^2 - CH^2 - CO^2H \end{matrix}$$

cristallisant dans l'alcool aqueux en aiguilles fusibles à 103°, aisément solubles dans les véhicules usuels, à l'exception du chloroforme et de la ligroïne.

Le chlorure de benzoyle, agissant à froid sur la p-homosalicénylamidoxime, fournit un *dérivé benzoylé* analogue au dérivé acétylé décrit précédemment, cristallisant dans l'acétone en lamelles fusibles à 181-182°.

Chauffé en tube scellé à 100° avec de l'eau, le dérivé benzoylé fournit l'*azoxime* correspondante,

$$\begin{matrix} CH^3 \\ OH \end{matrix} > C^6H^3 - C \begin{matrix} \nearrow\!\!\!\nearrow Az - O \\ \qquad\quad | \\ \searrow Az = C - C^6H^5 \end{matrix}$$

fusible à 151°.

En faisant agir le chlorure de benzoyle sur l'amidoxime en présence de la quantité calculée de potasse, M. Goldbeck a obtenu le *dérivé benzoylé*,

$$\begin{matrix} CH^3 \\ C^6H^5CO - O \end{matrix} > C^6H^3 - C \begin{matrix} \nearrow AzOCOC^6H^5 \\ \searrow AzH^2 \end{matrix}$$

fusible à 143° [Goldbeck, *loc. cit.*].

Acide méthyl-p-homosalicylique,

$$C^6H^3 \begin{matrix} \nearrow CH^3_{(1)} \\ - CO^2H_{(3)} \\ \searrow OCH^3_{(4)} \end{matrix}$$

— Préparé antérieurement par M. Schall (1ᵉʳ Suppl., *loc. cit.*), ce composé a été obtenu depuis par M. Gattermann [*Ann. Chem.*, **244**, 67] et par M. Limpach [*D. chem. G.*, **22**, 351]. D'après ces derniers auteurs, il fond respectivement à 69 et 70°.

Son *sel d'argent* est anhydre à la température de 70°, facilement soluble dans l'eau.

L'*amide* correspondante a été préparée par M. Gattermann (*loc. cit.*) en faisant agir le chlorure d'urée, $AzH^2 - COCl$, sur le méthyl-p-crésol en présence de chlorure d'aluminium. Cristallisée dans l'alcool aqueux, elle se présente sous la forme d'aiguilles fusibles à 163°.

L'*anilide* a été obtenue par M. Leuckart, en faisant agir la phénylcarbonimide sur le méthyl-p-crésol. Elle cristallise dans l'alcool en longues aiguilles soyeuses, fusibles à 96° [Leuckart, *J. prakt. Chem.*, (2), **41**, 315].

Le *nitrile* a été obtenu par M. Limpach [*D. chem. G.*, **22**, 348] en traitant par le cyanure cuivreux le dérivé diazoïque du méthyl-p-crésol-m-aminé. Le rendement est de 60 0/0. On obtient une huile jaune, qui bout à 270° sans se décomposer.

Saponifié par la potasse, ce nitrile fournit aisément l'acide méthyl-p-homosalicylique.

Acide éthyl-p-homosalicylique,

$$C^6H^3 \begin{matrix} \nearrow CH^3 \\ - CO^2H \\ \searrow OC^2H^5 \end{matrix}$$

— L'*amide* de cet acide a été préparée par M. Gattermann (*loc. cit.*) en faisant agir en présence de chlorure d'aluminium le chlorure d'urée sur l'éthyl-p-crésol. Elle cristallise dans l'alcool aqueux en aiguilles soyeuses, fusibles à 152°.

4° Acide β-m-homosalicylique (*acide oxy-o-toluique, méthyl 1-phène-ol 3-méthyloïque 2*),

$$C^6H^3 \begin{matrix} \nearrow CH^3_{(1)} \\ - CO^2H_{(2)} \\ \searrow OH_{(3)} \end{matrix}$$

M. Jacobsen a préparé cet acide à partir de l'acide monobromotoluique correspondant,

$$C^6H^3 \begin{matrix} \nearrow CH^3_{(1)} \\ - CO^2H_{(2)} \\ \searrow Br_{(3)} \end{matrix}$$

obtenu en faisant agir un grand excès de brome sur l'acide o-toluique.

Cet acide bromotoluique, qui cristallise en aiguilles fusibles à 167°, est fondu avec la potasse. On obtient de la sorte l'acide β-m-homotoluique, qui se dépose par refroidissement de sa solution dans l'eau bouillante, en très longues aiguilles fusibles à 168° [Jacobsen, *D. chem. G.*, **16**, 1963].

Il est très soluble dans l'eau chaude, presque insoluble dans l'eau froide : 1 partie d'acide exige 700 parties d'eau à 25°. Il est volatil avec la vapeur d'eau. Sa chaleur de combustion sous pression constante = 883ᶜᵃˡ,4; sa conductibilité spécifique K = 0,106 [Stohmann et Langbein, *J. prakt. Chem.*, (2), **50**, 389].

Le chorure ferrique colore la solution aqueuse de l'acide en violet bleu.

L'acide chlorhydrique, agissant à 200° sur l'acide β-m-homosalicylique, le scinde en acide carbonique et m-crésol.

Le *sel de calcium* a été obtenu amorphe.

Homosalicylides. — En étudiant l'action de l'oxychlorure de phosphore sur l'acide salicylique et les acides homosalicyliques, M. Anschütz a obtenu des composés cristallisés auxquels il a donné les noms de *salicylides* et *d'homosalicylides*. L'étude de cette réaction et la description des corps qui en résultent seront faites à l'article général Salicylides. J. Dupont.

HOMOSALICYLIQUES (ALDÉHYDES) (voyez 1er Suppl., 543).

1° Aldéhyde o-homosalicylique [Syn. *Méthyle-1-phène-ol2-méthylal3*], (voyez 1er Suppl., *loc. cit.*),

$$C^6H^3 \begin{cases} CH^3_{(1)} \\ OH_{(2)} \\ CHO_{(3)} \end{cases}$$

— Un certain nombre de dérivés de cette aldéhyde ont été préparés par M. Paschen [*D. chem. G.*, **24**, 3667].

Oxime. — Elle cristallise dans l'eau en longues aiguilles fusibles à 99°, facilement solubles dans l'alcool, l'éther, le chloroforme et le benzène, insolubles dans la ligroïne.

Par déshydratation, cette oxime fournit le nitrile o-homosalicylique (voyez Acide o-homosalicylique).

Phénylhydrazone. — Elle cristallise en tables orthorhombiques, fusibles à 95°, se colorant en vert à l'air.

Dérivé acétylé,

$$C^6H^3 \begin{cases} CH^3 \\ O-COCH^3 \\ CHO \end{cases}$$

— Il a été obtenu par M. Barbier [*Bull. Soc. Chim.*, (2), **33**, 54] sous la forme d'une huile bouillant à 267°, ne se solidifiant pas dans un mélange réfrigérant, se combinant avec le bisulfite de sodium.

2° Aldéhyde m-homosalicylique (voyez 1er Suppl., *loc. cit.*).

3° Aldéhyde p-homosalicylique,

$$C^6H^3 \begin{cases} CH^3_{(1)} \\ CO^2H_{(3)} \\ OH_{(4)} \end{cases}$$

Oxime. — M. Goldbeck [*D. chem. G.*, **24**, 3658; *Bull. Soc. Chim.*, (3), **8**, 809] a obtenu ce composé cristallisé dans l'eau en longues aiguilles fusibles à 105°. Il se colore en vert sale par le chlorure ferrique.

Déshydratée au moyen de l'anhydride acétique, l'oxime fournit le nitrile homosalicylique acétylé, fusible à 56-57°. Chauffé légèrement avec une lessive de soude, celui-ci perd de l'acide acétique et donne le nitrile correspondant (voyez Acide p-homosalicylique).

En faisant agir le chlorure d'acétyle sur l'aldéhyde p-bromosalicylique, MM. Bradley et Dains [*Am. Chem. Journ.*, **14**, 298] ont obtenu un produit répondant à la formule $C^{16}H^{14}O^3$, formé par conséquent par soudure de 2 molécules d'aldéhyde avec élimination de 1 molécule d'eau. Cette *p-diméthyldialdéhyde salicylique* cristallise dans la ligroïne en beaux cristaux oblongs, fusibles à 141°, très difficilement solubles dans la ligroïne, solubles dans les autres liquides organiques. Ce composé régénère l'aldéhyde primitive sous l'action de l'acide sulfurique. J. Dupont.

HOMOSALIGÉNINE (Syn. *Alcool p-homosalicylique*), (voyez 1er Suppl., 544),

$$C^6H^3 \begin{cases} CH^3_{(1)} \\ CH^2-OH_{(3)} \\ OH_{(4)} \end{cases}$$

— M. Manasse a préparé l'homosaligénine en appliquant au p-crésol la méthode de synthèse d'alcools aromatiques qu'il a découverte. Cette méthode consiste à condenser avec les phénols l'aldéhyde formique sous l'action des alcalis, de la chaux, du cyanure de potassium, de la poudre de zinc.

On dissout le p-crésol dans la quantité calculée de lessive de soude étendue, et on ajoute la quantité également calculée d'aldéhyde formique. Lorsque l'odeur de cette dernière a disparu, on neutralise par l'acide acétique, on extrait par l'éther, et on sépare le phénol non entré en réaction par entraînement à la vapeur.

L'homosaligénine cristallise dans l'eau en lamelles fusibles à 105°. Elle se sublime en se décomposant partiellement. Elle est soluble dans 15 parties d'eau froide, facilement soluble dans l'alcool et dans l'éther. Sa solution aqueuse donne avec le chlorure ferrique une coloration bleue intense.

L'action des acides étendus sur l'homosaligénine fournit, entre autres produits, l'*homosalirétine*, insoluble dans l'eau, très difficilement soluble dans l'éther. Ce produit fond à 200-205° et se transforme en aldéhyde homosalicylique correspondante [Manasse, *D. chem. G.*, **27**, 2411]. J. Dupont.

HOMOTOLUIQUE (ACIDE). — Voyez Hydrocinnamique (acide).

HOMOVITEXINE. — Voyez Vitexine.

HOPÉINE. — Voyez Houblon.

HÖRNESITE (Min.) (Haidinger). — (Voyez Dict., **2**, 31.) La formule est celle d'un arséniate trimagnésique hydraté, $(AsO^4)^2Mg^3 + 8H^2O$, et la forme cristalline un prisme clinorhombique, $mg^1b^1/_2$, isomorphe avec la vivianite.

HOUBLON (*Humulus lupulus*). — La houblon constitue un genre de la famille des Cannabinées. C'est une plante grimpante qui peut atteindre de 8 à 10 mètres, dioïque, à souche vivace, à rameaux annuels rugueux et munis de côtes, que l'on coupe en automne et qui repoussent au printemps. La plante croît à l'état sauvage dans toutes les régions tempérées de notre hémisphère. Sa culture, très répandue en Europe, a été propagée dans l'Amérique du Nord, au Brésil et en Australie. Le houblon manque dans les régions où le sol est pauvre en chaux.

On distingue trois espèces de houblons :

1° *Le houblon d'Europe* (*Humulus lupulus*) c'est l'espèce employée dans la fabrication de la bière, à laquelle il communique un arome et des propriétés organoleptiques qu'on a vainement essayé d'obtenir avec d'autres substances aromatiques et amères. En Europe, le houblon pour la brasserie est cultivé dans les comtés de Kent et de Sussex en Angleterre, dans la Bavière, le Wurtemberg, la Bohême, la Belgique et l'Alsace; en France, dans les départements du Nord, des Vosges, de Meurthe-et-Moselle, de la Côte-d'Or.

2° *Le houblon à feuilles cordiformes* (*Humulus lupulus, varietas cordifolius*), que l'on trouve en Asie Occidentale, au Japon, dans la Russie d'Asie, en Chine. Cette variété ressemble beaucoup à la précédente.

3° *Le houblon du Japon* (*H. Japonicus*), très répandu au Japon et en Chine. Il diffère des deux autres par la forme des cônes, leur consistance et la couleur des bractées, qui sont d'un vert brunâtre; il est très pauvre en produits de sécrétion. Cette variété est annuelle; elle est employée en Europe comme plante d'ornement; les cônes entrent dans la matière médicale des Chinois.

La partie essentielle du houblon est constituée par les cônes ou inflorescences femelles parvenues à maturité. Le cône de houblon est ovoïde, de forme plus ou moins allongée, de 2 à 3 centimètres de long sur 1,5 à 2 centimètres de large : les échantillons du commerce sont ordinairement aplatis par la compression. Il est constitué par des bractées membraneuses d'un jaune verdâtre, passant au brun avec le temps, ovales, élargies, de 1 centimètre de longueur, minces, translucides, veinées de lignes longitudinales parallèles et ramifiées; certaines de ces bractées sont asymétriques et portent à leur base un repli dans la concavité duquel se trouve un akène (fruit), de petite taille et lenticulaire. La base des bractées et la surface des fruits sont recouvertes d'un grand nombre de corpuscules ou glandes d'un jaune orangé qui constituent le *lupulin*, et qui renferment presque tous les principes actifs du houblon, lesquels communiquent aux cônes leur saveur amère et leur odeur aromatique. Dans la fabrication de la bière on n'utilise que les cônes. Le houblon donne en moyenne de 1000 à 1200 kilogrammes de fleurs femelles par hectare. La récolte se fait en septembre; les fleurs récoltées sont desséchées à l'air libre ou à l'étuve, à une température qui ne doit pas dépasser 30°, afin de ne pas leur faire perdre leur arome; on les comprime ensuite et on les expédie dans des sacs dont le poids est d'ordinaire de 50 kilogrammes.

On emploie aussi les cônes de houblon en thérapeutique, comme amers, apéritifs et toniques, sous forme d'infusion; on leur attribue également une légère action soporifique.

Le *lupulin* est formé par les petites glandes brillantes qui se sont détachées des bractées et des fruits des cônes. Pour l'obtenir, on effeuille ces derniers après les avoir desséchés, et on frotte les folioles sur un tamis; on obtient ainsi de 8 à 20 0/0 de produit, constitué par une poudre granuleuse, d'un brun jaunâtre, qui devient plus foncée avec l'âge, et qui possède une saveur amère d'une légère âcreté, une odeur agréable et aromatique quand il est frais, mais forte et désagréable lorsqu'il est ancien : les grains sont irréguliers, résineux et atteignent tout au plus 1/4 de millimètre de diamètre; à l'état frais, ils sont remplis d'un liquide jaune, qui dans le lupulin sec se contracte en une masse brune.

La valeur du houblon destiné à la brasserie dépend de la quantité et de la qualité du lupulin : or on a vu plus haut que la quantité en est très variable suivant les différents houblons; la qualité est également sujette à des variations nombreuses, qui dépendent des proportions des différents principes actifs qui s'y trouvent contenus, et dont chacun joue un rôle spécial lors de la préparation du moût de bière.

Le houblon ne donne pas seulement à la bière la saveur et l'arome, mais, par suite de la dissolution plus ou moins complète de ses principes, il intervient encore d'une façon très importante dans les réactions chimiques qui se produisent pendant la décoction que subit le moût. Mais si l'on connaît dans son ensemble l'action exercée par le houblon, on n'est pas encore bien fixé sur la part qui revient à chacun de ses éléments, dont quelques-uns ne sont pas bien nettement définis. Les plus importants de ces principes sont les suivants :

1° *L'huile essentielle* contenue dans le lupulin, où elle se trouve intimement mélangée à des résines dont il sera parlé plus loin, et dans lesquelles elle se transforme en s'oxydant. Elle donne à la bière son odeur et sa saveur, et contribue essentiellement à la formation du bouquet, en même temps qu'elle constitue un facteur important de la conservation du produit. L'huile essentielle de houblon peut être obtenue par distillation des cônes avec l'eau; à l'état pur, c'est un liquide clair et mobile, tantôt incolore, tantôt légèrement jaune-verdâtre ou brun-jaunâtre, selon qu'il est plus ou moins ancien. L'odeur forte de cette essence rappelle celle du houblon; sa saveur est amère; elle est volatile, difficilement soluble dans l'eau, mais facilement soluble dans l'alcool et dans l'éther; sa densité est égale à 0,91 suivant Lintner, à 0,840-0,856 suivant Greshoff. Sa réaction est faiblement acide; au contact de l'air elle se résinifie très rapidement; avec l'acide sulfurique elle donne une coloration rouge-brunâtre, avec l'acide azotique une coloration rouge-violacé; le perchlorure de fer la colore en brun, et l'acide picrique y détermine la formation de cristaux rhomboédriques. On la considère comme formée par le mélange de plusieurs corps qui diffèrent par leur point d'ébullition, et dont quelques-uns se trouveraient tout formés dans la plante, tandis que les autres seraient des produits d'oxydation; les uns sont solubles dans l'eau et passent dans le moût pendant l'ébullition, tandis que les autres, solubles seulement dans l'alcool, entrent en dissolution pendant la fermentation.

L'essence de houblon a été précédemment l'objet d'une description spéciale [ESSENCES, 2e Suppl., **3**, 514].

2° *Les matières amères* — Elles sont intimement mélangées aux résines, dont il est très difficile de les séparer; elles jouent un rôle des plus importants dans la fabrication de la bière, à laquelle elles communiquent l'amertume spéciale que l'on y recherche. On leur prête en même temps une action bactéricide vis-à-vis des ferments lactique et butyrique, et certains auteurs affirment qu'elles contribuent à la précipitation des matières albuminoïdes contenues dans le moût.

De nombreuses recherches ont été entreprises pour déterminer la nature des principes amers du houblon; mais, comme pour l'huile essentielle, les résultats en sont encore bien incomplets, et très souvent ils sont contradictoires. D'après Payen, Chevallier et Pelletan, le principe amer du houblon, auquel ils ont donné le nom de *lupuline*, est constitué par une substance d'un blanc jaunâtre, facilement soluble dans l'eau bouillante, mais difficilement soluble dans l'eau froide; la dissolution aqueuse est neutre, et elle n'est précipitée ni par les alcalis ni par les acides.

Lermer [*Dingler's Journ.*, **169**, 54] croit l'avoir isolé sous la forme d'un corps cristallisé en prismes blancs, rhomboédriques, auquel il a donné le nom d'*acide amer du houblon*, et assigné la formule $C^{32}H^{50}O^{7}$. Les cristaux jaunissent à l'air en perdant leur forme cristalline; ils sont insolubles dans l'eau, solubles au contraire dans l'alcool, l'éther, le chloroforme, le sulfure de carbone, le benzène; leur dissolution alcaline est très amère : ils se transforment facilement en produits résineux et deviennent alors solubles dans l'eau, surtout à l'ébullition. Cet acide amer de Lermer semble identique à l'acide lupulique que M. Bungener [*Bull. Soc. Chim.*, (2), **45**, 54] a extrait du lupulin, et dont il sera parlé plus loin; d'après ce dernier auteur, le principe amer actif du houblon n'est autre chose que le produit résineux provenant de l'oxydation de son acide lupulique. Les houblons jeunes contiennent plus de principes amers que les vieux houblons; les proportions indiquées par les divers auteurs sont très variables, depuis 0,06 0/0 (Bungener) jusqu'à 15,83 0/0 (Lintner); ce dernier les extrait du houblon à l'aide de l'éther de pétrole (point d'ébullition 50 à 70°).

Dosage des principes amers. — M. Lintner [*Journ. Pharm. Chim.*, (6), 9, 105] a proposé le procédé suivant, basé sur les propriétés acides de ces principes : On pèse 10 grammes de houblon dans un ballon portant un trait de jauge de 505 centimètres cubes; on y ajoute 300 centimètres cubes d'éther de pétrole bouillant à 50°; on relie le ballon à un réfrigérant à reflux et on fait bouillir au bain-marie pendant 8 heures; on remplit ensuite le ballon jusqu'au trait de jauge, et on filtre rapidement à travers un filtre plissé dans un flacon bouché à l'émeri; on prélève 100 centimètres cubes de liquide correspondant à 2 grammes de houblon, on les additionne de 80 centimètres cubes d'alcool et on titre à l'aide d'une dissolution alcoolique de potasse décinormale, en employant la phénolphtaléine comme indicateur; 1 molécule d'alcali correspond à 1 molécule de principe amer, et 1 centimètre cube de la dissolution de potasse correspond à 0gr,04 de ce principe.

15 échantillons de houblon de 1897, analysés suivant cette méthode, ont donné des résultats variant de 12,7 à 14,6 0/0.

Résines. — Mélangées dans le houblon aux principes amers, on les rencontre dans la proportion de 4 à 20 0/0 : leurs propriétés les rattachent d'un côté à l'huile essentielle, de l'autre aux acides amers décrits plus loin. Composées de carbone, d'hydrogène et d'oxygène, elles sont difficilement solubles dans l'eau froide, plus facilement dans l'eau bouillante, et se dissolvent très bien dans l'éther, ainsi que dans les huiles grasses et volatiles; l'acide carbonique les sépare de leurs dissolutions : c'est ce qui se produit pendant la fermentation du moût de bière. Elles possèdent une saveur amère très persistante; exposées à l'air et à la lumière, elles subissent des transformations à la suite desquelles elles perdent la propriété de se dissoudre dans leurs dissolvants; à la température ordinaire, elles sont de consistance dure ou demi-dure, selon qu'elles contiennent plus ou moins d'huile essentielle, dont il est difficile de les séparer complètement; elles sont transparentes, sans odeur, excepté lorsqu'elles sont encore imprégnées d'huile essentielle, facilement fusibles à une température peu élevée, et inflammables. Lermer (*loc. cit.*) a extrait du houblon deux espèces de résines, mélangées d'ordinaire aux principes amers : les *résines molles*, qui ont une grande valeur pour la brasserie, et les *résines dures*, qui n'en ont aucune; les premières se rencontrent surtout dans les houblons jeunes et bien conservés; les secondes se trouvent en plus grande abondance dans les vieux houblons échauffés. On admet qu'un bon houblon doit contenir environ 4 fois plus de résine molle que de résine dure.

D'après des travaux plus récents (1888) de M. Hayduck, il existe dans le houblon trois résines, que l'auteur appelle résines α, β et γ; les deux premières sont molles et très difficiles à séparer l'une de l'autre. La résine α est constituée par une masse de couleur rouge-brun clair, presque sans odeur et très amère; à la suite d'une ébullition prolongée dans l'eau, elle durcit et sa solubilité dans ce dissolvant diminue considérablement. La résine β ressemble beaucoup à la précédente : ces deux résines contribuent essentiellement à donner son amertume à la bière; c'est en elles aussi que résident les principales propriétés antiseptiques du houblon vis-à-vis des faux ferments. La résine γ est solide, de couleur brun foncé; elle ne possède pas de saveur amère et n'a aucune valeur pour la brasserie. Ces trois résines, surtout la dernière, dérivent de l'huile essentielle; les deux premières ont aussi leur origine dans les acides amers α et β, découverts par M. Hayduck. Tous ces produits sont du reste en constant état de transformation dans le houblon.

Acides amers. — Les deux résines α et β de M. Hayduck, placées dans des conditions convenables, laissent déposer des produits cristallisés, qui primitivement auraient existé dans le houblon, où ils se seraient petit à petit transformés en résines. Ces corps cristallisés ont été désignés par M. Hayduck sous le nom d'*acides amers* α et β, suivant la résine dans laquelle on les rencontre.

Acide β. — Lermer (*loc. cit.*) a également décrit un acide amer, dont il a déterminé la composition par l'analyse de son sel de cuivre, et M. Bungener (*loc. cit.*) a isolé du lupulin un acide auquel il a donné le nom d'*acide lupulique* et attribué la formule $C^{50}H^{70}O^{8}$. Ces corps doivent être considérés comme identiques à l'*acide amer* β; M. Bungener obtient son acide lupulique en traitant le lupulin, à plusieurs reprises, par l'éther de pétrole, à la température ordinaire, évaporant la dissolution, reprenant le résidu par l'éther de pétrole, et faisant cristalliser enfin dans l'alcool et dans la ligroïne; le produit se sépare de ce dernier dissolvant sous la forme de prismes rhomboïdaux fusibles à 92-93°, insolubles dans l'eau, facilement solubles dans les alcalis, dans l'alcool, dans l'éther, dans le benzène, dans le chloroforme et dans le sulfure de carbone, moins solubles dans la ligroïne. Les dissolutions possèdent une saveur amère très prononcée. L'acide lupulique est un composé très instable; il s'oxyde rapidement au contact de l'air et se résinifie; il possède les propriétés d'un acide faible et réduit la dissolution ammoniacale d'azotate d'argent. Le *sel de cuivre*, $C^{50}H^{68}CuO^{8}$, est une poudre cristalline verte, qui se forme par l'action de l'acétate de cuivre sur une dissolution éthérée de l'acide; ce sel est insoluble dans l'eau, mais soluble à l'ébullition dans l'alcool et dans l'éther; c'est la combinaison cuivrique qui a été analysée par Lermer, et dont il a retiré son acide amer; comme du reste toutes les combinaisons de cet acide avec les oxydes métalliques, elle est très instable et se transforme facilement en une masse résineuse. 6 kilogrammes de lupulin ont donné à M. Bungener 400 grammes d'acide lupulique. Les deux acides de Lermer et de Bungener doivent être considérés comme identiques.

M. Lintner et Barth [*D. chem. G.*, **31**, 2022] ont repris l'étude de cet acide, qu'ils ont préparé d'après le procédé de Bungener. Obtenu par cette méthode, il retient énergiquement une substance cireuse qu'on parvient à éliminer par des cristallisations répétées dans l'alcool méthylique; le corps pur qu'ils ont ainsi obtenu fond à 92°; au contact de l'air, ou par l'action du permanganate de potassium en solution alcaline, il se transforme en une masse résineuse dont les dissolutions sont beaucoup plus amères que celles de l'acide, et qui répand au bout de peu de temps une odeur très marquée d'acide valérianique; cette transformation est particulièrement rapide lorsque la température est élevée et que les cristaux sont mouillés par le dissolvant. La formule nouvelle $C^{25}H^{36}O^{4}$ que lui assignent les auteurs renferme 1 atome d'hydrogène de plus que celle de Bungener, le poids moléculaire correspondant est égal à 400, celui qu'ont trouvé MM. Lintner et Barth s'en rapproche de très près.

L'acide lupulique ne forme pas de combinaisons avec la phénylhydrazine et l'hydroxylamine; chauffé avec l'iodure de potassium ioduré en dissolution alcaline, il donne de l'iodoforme; avec le brome on obtient un composé bromé amorphe. Son oxydation à l'aide du permanganate de potassium donne naissance à l'acide valérianique. Chauffé avec de la potasse ou avec l'amalgame de sodium, il répand une odeur agréable de fruit (fraises), analogue à celle que donne la résine β avec les mêmes réactifs; il se forme probablement dans cette réaction un ou plusieurs composés aldéhydiques; on trouve quelquefois cette odeur dans certains houblons d'Alsace, de Lorraine et d'Amérique. D'après M. Barth, l'acide β a un certain nombre de points de ressemblance avec l'huile essentielle du houblon, et serait aussi dérivé d'un terpène $C^{10}H^{16}$.

L'acide α, $C^{15}H^{20}O^{3}$ (Barth), a été d'abord signalé par M. Hayduck, qui le considérait comme faisant partie intégrante de la résine α; il l'a obtenu cristallisé en décomposant par un acide la combinaison plombique de cette résine. Il a été préparé également par M. Seyffert, par M. Lintner et par M. Bungener. M. Barth l'a retiré des eaux-mères de cristallisation de l'acide β, sous la forme de petits cristaux rhomboédriques, que l'on débarrasse très difficilement d'une substance résineuse qui les accompagne toujours; ils sont fusibles à 54-56° et solubles dans tous les dissolvants ordinaires, excepté dans l'eau; la dissolution alcoolique est franchement amère. Au contact de l'air, l'acide α se transforme en une résine jaune qui est soluble dans l'eau, surtout à l'ébullition. Ses propriétés chimiques sont très semblables à celles de l'acide β, dont il se distingue par la composition élémentaire, le point de fusion, la solubilité dans les différents solvants, la forme cristalline, et par l'action de la potasse et de l'acide sulfurique, qui le transforment en un produit de décomposition cristallisé. Comme l'acide β, il dérive d'un terpène $C^{10}H^{16}$ [Barth, *loc. cit.*]. Le houblon renferme beaucoup plus d'acide β que d'acide α.

Les expériences faites avec des dissolutions alcalines de ces deux acides ont démontré qu'ils agissaient comme des poisons sur les animaux à sang chaud, lorsqu'ils étaient introduits directement dans le torrent circulatoire, tandis qu'ils n'exerçaient aucune action nuisible lorsqu'ils pénétraient dans les organes de la digestion; leurs produits d'oxydation (résines) sont inoffensifs dans les deux cas.

Le houblon contient toujours, au bout d'un certain temps, les deux acides et leurs produits d'oxydation (résines), ces dernières se développant à la longue; l'amertume donnée à la bière par le houblon est due à ces différents composés.

Tannin, $C^{25}H^{24}O^{13}$. — Il existe dans le houblon dans la proportion de 2 à 6 0/0 [Etti, *Ann. Chem.*, **180**, 223]; on le rencontre surtout dans les bractées, on n'en trouve que très peu dans le lupulin. On l'obtient en traitant successivement les cônes de houblon par l'éther, par l'alcool absolu et enfin par l'alcool à 70°. On additionne cette dernière dissolution d'acétate de plomb, qui donne d'abord naissance à un précipité de couleur rougeâtre (phlobaphène), puis à un précipité jaune qui contient le tannin; ce dernier précipité est décomposé par l'hydrogène sulfuré; on reprend ensuite par l'alcool étendu pour se débarrasser du sulfure de plomb, on évapore la solution hydroalcoolique, et on purifie finalement le produit en le dissolvant dans l'éther acétique. Il se présente sous la forme d'une poudre de couleur jaune clair, facilement soluble dans l'eau, dans l'alcool étendu et dans l'éther acétique, moins facilement soluble dans l'alcool concentré et insoluble dans l'éther ordinaire. Les acides minéraux précipitent ce tannin de ses dissolutions aqueuses; le chlorure de sodium agit de même; dans ces dissolutions, la potasse et la baryte donnent lieu à des précipités de couleur jaune-rougeâtre. Le tannin du houblon s'hydrate très difficilement et ne se transforme pas en acide pyrogallique; il précipite l'albumine, mais ne précipite pas les dissolutions de gélatine, qu'il rend simplement opalescentes; il donne une coloration verte avec les sels de fer, et réduit la liqueur cupropotassique. Ses propriétés le distinguent très nettement du tannin de la noix de galle; d'après Wagner, il ressemble beaucoup à l'acide morintannique : on ne peut donc pas le remplacer par le tannin ordinaire dans la fabrication de la bière. Pendant l'ébullition du moût, le tannin du houblon précipite une partie des matières albuminoïdes solubles; d'après certains auteurs (Griesmayer, Briant et Méachan), il n'y aurait qu'une faible proportion (2 0/0 tout au plus) de ces matières précipitées de cette façon, et le houblon contiendrait non pas une, mais plusieurs espèces de tannin. Les houblons de Bavière doivent en partie leur valeur à la forte proportion de tannin qu'ils renferment.

Phlobaphène. — C'est le produit de l'oxydation des matières astringentes, $C^{40}H^{46}O^{25}$ [Etti, *loc. cit.*]; le précipité plombique, de couleur rougeâtre, que produit l'acétate de plomb dans la dissolution alcoolique du tannin, est traité par l'hydrogène sulfuré : le phlobaphène se trouve ainsi mis en liberté; on le sépare du sulfure de plomb à l'aide de l'alcool étendu. Il est constitué par une masse amorphe, brillante, de couleur rouge foncé, qui, lorsqu'elle est complètement desséchée, se dissout facilement dans les alcalis; il est peu soluble dans les acides minéraux étendus, mais il se dissout facilement dans l'eau bouillante. Une ébullition prolongée avec l'acide sulfurique étendu le transforme en glucose et en un corps auquel on a donné le nom de *rouge de houblon*, suivant l'équation

$$C^{50}H^{46}O^{25} + 2H^{2}O = C^{38}H^{26}O^{15} + 2C^{6}H^{12}O^{6}.$$

Le rouge de houblon est constitué par une poudre de couleur brun-jaunâtre, soluble dans les alcalis; cette dissolution ne réduit pas la liqueur cupropotassique; fondu avec les alcalis, ce corps donne de la phloroglucine et de l'acide protocatéchique [Etti, *loc. cit.*].

Alcaloïdes du houblon. — Depuis longtemps on a reconnu que le houblon possède des propriétés narcotiques; plusieurs chimistes, parmi lesquels Personne, Lermer, Wagner, y ont signalé la présence de petites quantités d'alcaloïdes. En 1867 [*Jahresb.*, 746], Lermer isola de l'extrait de bière, par précipitation à l'aide de l'acide phosphomolybdique, un alcaloïde amorphe, non volatil, de saveur amère, de réaction faiblement alcaline, et qu'il crut pouvoir identifier avec la narcotine. Griesmayer [*Jahresb.*, 1874, 903], en opérant sur l'extrait aqueux de houblons de bonne qualité, en a retiré un corps auquel il a donné le nom de *lupuline* et qui, par ses propriétés, se rapproche de la conicine et aussi de la colchicine; il est précipité en blanc par le tannin. Liquide et volatil, il possède une odeur vineuse, mais sa saveur n'est pas amère. On l'obtient en distillant l'extrait aqueux de houblon avec de l'hydrate de magnésie, neutralisant le liquide distillé à l'aide d'acide chlorhydrique, et reprenant par l'alcool, qui dissout le chlorhydrate d'alcaloïde que l'on décompose ensuite par la potasse; on dissout enfin dans l'éther la base ainsi isolée, et on laisse évaporer cette dissolution à l'air libre; le produit ainsi obtenu est toxique à la dose de 0gr,15 à 0gr,20.

En 1880, Williamson annonça qu'il avait retiré du houblon un alcaloïde, auquel il donna le nom de *hopéine* ou *hopéite* avec la formule

$$C^{18}H^{20}AzO^{4}.$$

Ce corps possède des propriétés narcotiques et antiseptiques, et il existe dans le houblon en très faible proportion; on le trouve principalement dans le lupulin. D'après M. Ladenburg, l'alcaloïde de M. Williamson ne serait autre chose que de la morphine impure; cette opinion n'a pas été admise par tout le monde : M. Hager, à côté de certaines analogies entre les deux corps, a trouvé des différences très marquées entre la morphine et la hopéine.

Au cours de ses recherches sur ce dernier produit, M. Ladenburg en a extrait un composé azoté à propriétés alcaloïdiques, auquel il a donné le nom d'*isomorphine*; il en a obtenu environ 1 décigramme à partir de 5 décigrammes de hopéine amorphe, tandis que la hopéine cristallisée n'en contenait pas trace : il a conclu de ses recherches que l'isomorphine et la hopéine existent dans tous les houblons, surtout dans les houblons sauvages, mais seulement en petite quantité, et qu'on les rencontre principalement dans le lupulin, les proportions de ces deux alcaloïdes variant dans la plante suivant chaque espèce, et surtout suivant le mode de culture, la nature du terrain et le climat.

Tout le monde est d'accord pour reconnaître au houblon des propriétés narcotiques; malgré cela, la question des alcaloïdes contenus dans cette plante demande à être soumise à de nouvelles recherches.

A côté de ces éléments principaux on rencontre encore dans le houblon, mais en quantité relativement faible, des produits qui ne sont d'aucune importance pour la brasserie : ce sont des gommes, du glucose, de l'asparagine, de la cellulose, du quercitrin (Wagner), des acides de la série grasse, valérianique, butyrique, acétique, ces derniers surtout dans les houblons anciens et qui ont subi un commencement d'altération, de la triméthylamine, de l'ammoniaque. Les cendres du houblon (10 0/0 environ de la substance sèche) renferment de la potasse, de la soude, de la chaux, de la magnésie, du fer, et les acides phosphorique, sulfurique, chlorhydrique et silicique; ces différents corps passent dans la bière en plus ou moins grande quantité pendant l'ébullition du moût. C'est en raison de leur forte teneur en silice que dans certaines contrées on emploie les cendres de houblon dans la fabrication du verre.

En résumé, les cônes de houblon contiennent les quantités suivantes d'éléments utiles dans la fabrication de la bière :

Huile volatile	0,12	à	0,50 0/0
Matières amères	5,00	à	8,00
— résineuses	4,00	à	16,00
Tannin	2,30	à	7,80

Ces éléments passent dans le moût dans les proportions ci-dessous indiquées :

Huile volatile	0,002 0/0
Matières amères	0,031
— résineuses	0,064
Tannin	0,032

(Prior).

Usages du houblon. — L'usage principal du houblon, ou plutôt des cônes du houblon, consiste dans la fabrication de la bière, à laquelle ils communiquent la saveur et l'arome que l'on recherche dans cette boisson. A côté de cette action le houblon joue encore, par les différents principes qu'il renferme, et que nous venons de passer en revue, un rôle important dans les transformations chimiques qui s'accomplissent pour amener la décoction de malt à l'état de bière.

Le houblon destiné à la brasserie doit être sec, de couleur verte, légèrement jaunâtre, ou vert clair; on rejette celui qui présente une couleur orange, rouge, ou rouge-brun. Les cônes ne doivent pas être trop gros; ils doivent être aplatis, bien fermés, afin de ne pas laisser échapper le lupulin. On recherche le houblon dont les bractées sont minces, tendres et qui possèdent de faibles nervures : les cônes doivent avoir, autant que possible, la même forme et les mêmes dimensions; ils ne seront pas débarrassés de leur queue dont la longueur varie de 0cent,5 à 1 centimètre. Le houblon de bonne qualité possède une odeur fine, aromatique, qui n'est pas trop forte, et qui rappelle celle de certains fruits, la fraise surtout; les houblons de qualité inférieure ont une odeur qui se rapproche plutôt de celle de l'ail ou de l'oignon.

La valeur industrielle du houblon est en raison directe de la quantité de lupulin qu'il contient; ce dernier doit être d'une belle couleur jaune clair, sa surface doit être lisse et brillante, son odeur très aromatique et agréable. Si l'on déchire le cône de houblon, on peut facilement recueillir le lupulin et en déterminer la quantité à l'aide de la balance.

Examen du houblon. — L'analyse du houblon comporte les déterminations suivantes :

1° L'*eau*. — Le houblon doit contenir de 12 à 15 0/0 d'eau, mais pas moins.

2° Les *cendres*. — Elles ne doivent pas dépasser 10 0/0.

3° L'*extrait alcoolique*. — De 35 à 40 0/0 du houblon sec; cet extrait est obtenu à l'aide de l'alcool à 90°.

4° L'*extrait aqueux*.

5° La *résine* (12 à 18 0/0). — On en détermine la proportion en faisant la différence entre l'extrait alcoolique et l'extrait aqueux.

6° Le *tannin* (de 2 à 6 0/0).

On rencontre souvent du houblon soufré à l'aide des vapeurs d'acide sulfureux; on pratique cette opération dans le but de conserver le produit, en lui enlevant l'humidité et en préservant l'huile essentielle et les résines de l'oxydation, et aussi pour donner à certains houblons vieux et avariés l'apparence de produits frais; il est donc nécessaire de rechercher la présence du soufre dans le houblon.

On a rencontré quelquefois du houblon qui avait été saupoudré de poudre de résine jaune, afin de faire croire à la présence d'une grande quantité de lupulin et de résine, et de donner au produit une certaine viscosité : le microscope permet de déceler cette fraude.

Dans le but d'en augmenter le poids, on arrose quelquefois le houblon avec une dissolution concentrée de chlorure de sodium; il est facile de reconnaître cette addition par l'examen des cendres; du reste les produits ainsi traités ne se conservent pas longtemps.

La plante entière a été aussi employée à la fabrication de fibres textiles, ainsi qu'à celle du papier.

Dans certaines contrées, on l'utilise comme fourrage, et elle ne le cède en rien, au point de vue de sa composition élémentaire, aux meilleurs fourrages ordinairement employés : elle contient, en effet, à l'état frais :

Eau	66,00 0/0
Matières azotées	4,74
— grasses	1,32
— non azotées	14,61
Cellulose	9,23
Cendres	4,10

E. Burcker.

HOUILLE (GOUDRON DE). — Le goudron de houille peut provenir de quatre sources différentes :

1° L'industrie du gaz de l'éclairage. C'est elle

qui, aujourd'hui encore, fournit, sous le nom de *goudron de gaz*, la plus grande partie du goudron que l'on traite pour en extraire les constituants.

2° L'industrie du coke métallurgique. Depuis les travaux de Carvès, d'Evence Coppée, d'Otto et d'autres, on tend de plus en plus à récupérer les sous-produits dans la préparation du coke métallurgique, et il est probable que d'ici peu cette nouvelle source de goudron de houille dépassera considérablement en production les quantités livrées par les usines à gaz.

3° L'industrie métallurgique, qui recueille dans les hauts-fourneaux (particulièrement en Ecosse) non seulement un gaz pauvre qui est utilisé pour la force motrice, mais aussi des quantités appréciables de goudron et d'ammoniaque. Ce goudron de houille porte le nom de *goudron de hauts-fourneaux*.

4° L'industrie du gaz de gazogènes enfin, et celle du gaz à l'eau (gaz Mond, etc.), qui fournit en Angleterre et en Amérique des quantités relativement importantes de *goudron de gazogènes*.

Tous ces goudrons de houille, de quelque origine qu'ils soient, présentent à peu près les mêmes propriétés : ce sont des huiles noirâtres, épaisses, répandant une odeur particulière de créosote. L'odeur varie du reste un peu avec la provenance; il en est de même de la consistance, qui dépend de la plus ou moins grande abondance d'hydrocarbures solides (naphtalène, anthracène, etc.) et de carbone libre (noir de fumée) : c'est ce dernier qui donne au goudron sa couleur particulière.

Voici, d'après M. Lunge, la densité de différentes sortes de goudron de houille :

Origine du goudron	Densité :		
	Minimum	Maximum	Moyenne
Goudron de gaz	1,115	1,220	1,156
Goudron de fours à coke :			
a) Fours Simon-Carvès	1,106	1,150	1,110
b) — Carvès-Hüssener	1,139	—	—
c) — Hoffmann-Otto	1,1198	—	—
d) — Semet-Solvay	1,170	—	—
e) — Jameson	0,960	0,994	0,977
Goudron de haut-fourneau	0,954	—	—
— de gazogène	1,080	—	—
— de gaz à l'eau	1,100	—	—

La densité du goudron de houille dépend aussi beaucoup de la quantité de carbone en suspension. M. Köhler estime que tout goudron dont la densité est inférieure à 1,0000 est formé en grande partie par des hydrocarbures de la série grasse, tandis qu'un goudron à densité élevée est constitué par des hydrocarbures et des dérivés de la série aromatique. Ce sont ces derniers qui constituent le véritable goudron de houille, base de l'industrie des matières colorantes artificielles. Ces différences de composition proviennent des différentes températures auxquelles les goudrons sont obtenus.

Les usines à gaz distillent rapidement et en couches minces de petites quantités de houille (500-600 kilogrammes) et procèdent par *explosion*, ce qui entraîne un boursouflement de la houille et la porosité du coke. Dans la fabrication du coke métallurgique, au contraire, on distille *lentement* (35 à 48 heures) une grande quantité de houille (5000 à 6000 kilogrammes) sous une forte épaisseur. Dans les usines à gaz, on obtient donc un goudron plus riche en produits aromatiques que dans l'industrie du coke métallurgique.

Les expériences de M. Behrens sur la distillation de la même sorte de houille dans des cornues en argile et dans des fours Carvès montrent bien l'influence de la température sur la formation du goudron. Le goudron de cornue contenait beaucoup plus de benzène et de toluène, mais aussi plus de naphtalène et autres corps solides, tandis que le goudron de four était plus léger et renfermait surtout des hydrocarbures liquides. Ce dernier contenait aussi beaucoup plus de corps solubles dans les alcalis, parmi lesquels cependant le phénol proprement dit ne se trouvait qu'en très petite quantité.

Voici la composition moyenne du goudron de houille :

	Goudron de gaz de Londres	Goudron de Cannel écossais
	—	—
Carbone	77,53 0/0	85,33 0/0
Hydrogène	6,33	7,33
Azote	1,03	0,85
Soufre	0,61	0,43
Oxygène	14,50	6,06

En résumé, on admet que le goudron de houille (goudron de gaz) contient surtout des hydrocarbures aromatiques; celui de bois, surtout des phénols et leurs dérivés; enfin le goudron de lignite, de tourbe et de schistes bitumineux, surtout des hydrocarbures gras. On a déjà trouvé dans le goudron de houille une foule de corps différents, et il semble que la liste soit loin d'être complète; on ignore encore à l'heure actuelle la composition exacte des huiles d'anthracène et de créosote, ainsi que celle du brai. Voici néanmoins la composition moyenne du goudron de houille :

Benzène et homologues	C^nH^{2n-6}	2,50 0/0
Phénols et homologues	$C^nH^{2n-7}OH$	2,00
Pyridine et quinoléine	$C^nH^{2n-7}Az$	0,25
Naphtalène (acénaphtène)	C^nH^{2n-12}	6,00
Huiles lourdes	C^nH^n	20,00
Anthracène (phénanthrène)	C^nH^{2n-8}	2,00
Asphalte (partie sol. du brai)	$C^{2n}H^n$	38,00
Carbone (partie insol. du brai)	$C^{3n}H^n$	24,00
Eau		4,00
Perte à la distillation (gaz, ammoniaque, etc.)		1,25
		100,00

Voici la liste complète des corps que l'on a trouvés jusqu'à ce jour dans le goudron :

HYDROCARBURES.

Produits	Formules	Point de fusion	Point d'ébullition
I. *Série du méthane* C^nH^{2n+2}			
Méthane	CH^4	—	—
Ethane	C^2H^6	—	—
Propane	C^3H^8	—	—20°
Butane, normal	C^4H^{10}	—	+ 1°
Pentane, normal	C^5H^{12}	Liquide	37-39°
Isopentane	»	»	30°
Hexane, normal	C^6H^{14}	»	69-71°
Heptane, normal	C^7H^{16}	»	98°
Ethylisoamyle	»	»	90°,3
Octane I	C^8H^{18}	»	119-120°
Octane II	»	»	124°
Nonane I	C^9H^{20}	»	130°
Nonane II	»	»	150°,8
Décane I	$C^{10}H^{22}$	»	158-161°
Décane II	»	»	170-171°
Undécane	$C^{11}H^{24}$	»	180-182°
Duodécane	$C^{12}H^{26}$	»	200-202°
Trédécane	$C^{13}H^{28}$	»	218-220°
Quartodécane	$C^{14}H^{30}$	»	236-240°
Quindécane	$C^{15}H^{32}$	»	258-262°
Sédécane	$C^{16}H^{34}$	»	280°
Paraffines de.	$C^{17}H^{36}$	40-60°	—
Paraffines à.	$C^{27}H^{56}$	—	—

Produits	Formules	Point de fusion	Point d'ébullition
II. *Série de l'éthylène*, C^nH^{2n}	—		
Ethylène	C^2H^4	—	— 110°
Propylène	C^3H^6	—	—
Butylène, normal	C^4H^8	—	— 5°
Pseudobutylène	»	—	+ 1°
Isobutylène	»	—	— 8°
Amylène	C^5H^{10}	Liquide	+ 39°
Hexylène	C^6H^{12}	»	68-70°
Heptylène	C^7H^{14}	»	90-99°
III. *Produits d'addition de la série du benzène*, C^nH^{2n}			
Hexahydrobenzène	C^6H^{12}	»	69°
Hexahydrotoluène	C^7H^{14}	»	97°
Hexahydroisoxylène	C^8H^{16}	»	118°
IV. *Série de l'acétylène*, C^nH^{2n-2}			
Acétylène	C^2H^2	—	—
Crotonylène	C^4H^6	Liquide	18°
Hexoylène	C^6H^{10}	»	80°
Termes plus élevés	$C^{12}H^{20}$	»	210°
— —	$C^{14}H^{24}$	»	240°
— —	$C^{16}H^{28}$	»	28°
V. *Série* C^nH^{2n-4}			
Nonone	C^9H^{14}	Liquide	174°
VI. *Série du benzène* C^nH^{2n-6}			
Benzène	C^6H^6	4,4-7°	80°,4
Toluène	C^7H^8	Liquide	111°
Xylène	C^8H^{10}	»	»
Orthoxylène	»	»	141-143°
Métaxylène	»	»	137-138°
Paraxylène	»	15°	136-137°
Pseudocumène	C^9H^{12}	Liquide	165-166°
Mésitylène	»	»	163°
VII. *Styrol*	C^8H^8	»	145°
Hydrure de styrolène	C^8H^{10}	»	—
VIII. *Naphtalène*	$C^{10}H^8$	79°	217°
Dihydrure de naphtalène	$C^{10}H^{10}$	Liquide	220-210°
Tétrahydrure de naphtalène	$C^{10}H^{12}$	»	190°
α) Méthylnaphtalène	$C^{11}H^{10}$	— 18°	242°
β) Méthylnaphtalène	»	32°,5	241-242°
IX. *Acénaphtène*	$C^{12}H^{10}$	100°	285°
Hydrure d'acénaphtène	$C^{12}H^{12}$	—	260°
Diphényle	$C^{12}H^{10}$	70°,5	254°
Fluorène	$C^{13}H^{10}$	113°	295°
Anthracène	$C^{14}H^{10}$	213°	360°
Dihydrure d'anthracène	$C^{14}H^{12}$	106°	305°
Hexahydrure d'anthracène	$C^{14}H^{16}$	63°	290°
Méthylanthracène	$C^{15}H^{12}$	208-210°	—
Diméthylanthracène?	$C^{16}H^{14}$	224-225°	—
Phénanthrène	$C^{14}H^{10}$	99-100°	340°
Pseudophénanthrène	$C^{16}H^{12}$	115°	—
Synanthrène	$C^{15}H^{10}$	189-195°	—
Fluoranthrène	$C^{15}H^{10}$	109°	—
Pyrène	$C^{16}H^{10}$	142°	Au-dessus de 360°
Chrysène	$C^{18}H^{12}$	245°	440°
Chrysogène	—	280-290°	—
Rétène	$C^{18}H^{18}$	98-99°	350°
Succistérène?	—	160-172°	Au-dessus de 300°
Picène	$C^{22}H^{14}$	345°	—
Benzérythrène	$C^{24}H^{18}$	307-308°	—
Bitumène	—	—	—

CORPS OXYGÉNÉS.

Produits	Formule	Point de fusion	Point d'ébullition
Eau	H^2O	0°	100°
Esprit de bois?	CH^4O	Liquide	63°
Alcool éthylique	C^2H^6O	»	78°,5
Acides et phénols			
Acide acétique	$C^2H^4O^2$	16°	119°
Phénol (*acide carbolique*)	C^6H^6O	42°	184°
Orthocrésol	C^7H^8O	31°	185-189°
Métacrésol	»	Liquide	195-200°
Paracrésol	»	36°	189°
Xylénols { Ortho- 1.2.4.	$C^8H^{10}O$	61°	225°
Xylénols { Méta- 1.2.3.	»	73°	216°
Xylénols { Méta- 1.3.4.	»	Liquide	211°,5
Xylénols { Para- 1.3.4.	»	74°,5	211, 213°
Phénol de la série de l'anthracène	?	?	?
Acide rosolique	$C^{19}H^{14}O^3$	?	—
Acide brunolique?	—	—	—

CORPS SULFURÉS.

Produits	Formule	Point de fusion	Point d'ébullition
Hydrogène sulfuré	H^2S	—	—
Sulfure d'ammonium	$(AzH^4)^2S$	—	—
Sulfocyanure d'ammonium	$(AzH^4)AzCS$	—	—
Acide sulfureux	SO^2	—	—
Sulfure de carbone	CS^2	—	47°
Oxysulfure de carbone	COS	—	—
Mercaptans	—	—	—
Alliol?	—	—	—
Thiophène	C^4H^4S	—	84°
Thiotoluène	C^5H^6S	—	113°
Thioxylène	C^8H^8S	—	—

CORPS AZOTÉS

Produits	Formule	Point de fusion	Point d'ébullition
I. *Basiques*			
Ammoniaque	AzH^3	—	—
(Sulfocyanure et sulfure d'ammonium, voyez plus haut.)			
Méthyl- et éthylamines, etc.	—	—	—
Cespitine	$C^5H^{13}Az$	Liquide	95°
Aniline	C^6H^7Az	— 8°	182°
Pyridine	C^5H^5Az	Liquide	116°,7
Picoline	C^6H^7Az	»	135°
Lutidine	C^7H^8Az	»	154°,5
Collidine	$C^8H^{11}Az$	»	179°
Parvoline	$C^9H^{13}Az$	»	188°
Coridine	$C^{10}H^{15}Az$	»	211°
Rubidine	$C^{11}H^{17}Az$	»	230°
Viridine	$C^{12}H^{19}Az$	»	251°
Leucoline	C^9H^7Az	»	238°
Iridoline	$C^{10}H^9Az$	»	252-257°
Cryptidine	$C^{11}H^{11}Az$	»	274°
Acridine	$C^{12}H^9Az$	107°	360°
II. *Non basiques*			
Pyrrol	C^4H^5Az	Liquide	133°
Cyanure de méthyle	CH^3CAz	»	77°
Carbazol	$C^{12}H^9Az$	238°	355°
Phénylnaphtylcarbazol	$C^{16}H^{11}Az$	330°	Au-dessus de 440°

La valeur industrielle du goudron de houille dépend de sa teneur en hydrocarbures aromatiques et de l'absence de dérivés de la série grasse (paraffines et autres). Elle dépend en outre de la teneur en carbone libre, en eau ammoniacale, etc.

Voici, d'après MM. Lunge et Köhler, la méthode analytique à suivre pour estimer la valeur d'un goudron.

Densité. — La première opération que l'on fait subir au goudron est la déshydratation. On

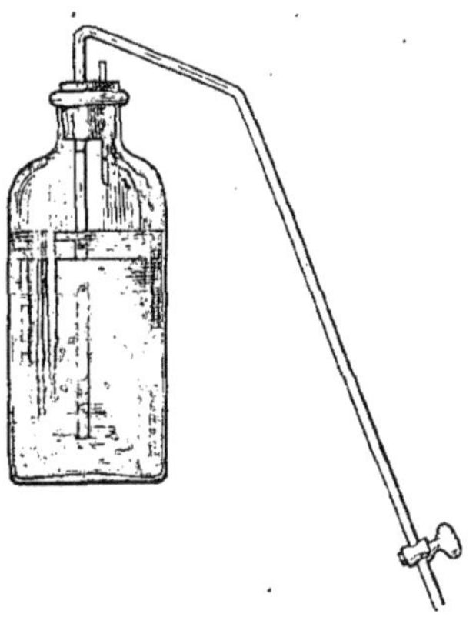

Fig. 595.

la réalise en maintenant le goudron à une température de 50° pendant 24 heures. Il faut avoir soin de ne pas dépasser 50°, sinon certains hydrocarbures légers pourraient être volatilisés. On utilise comme récipient à goudron un vase de verre mince, étroit et haut, de façon que l'eau forme à la partie supérieure une couche assez épaisse, qu'on puisse l'extraire avec une pipette. On enlève les dernières traces avec des bandes de papier à filtrer. M. Köhler recommande le flacon représenté par la figure 595. C'est une bouteille en verre mince portant un bouchon de liège (non de caoutchouc), percé de deux ouvertures. Dans l'une on introduit un siphon allant jusqu'au fond du flacon, et muni d'un robinet; dans l'autre un tube de verre court terminé par une soupape de Bunsen (fragment de tube de caoutchouc incisé longitudinalement). On met le flacon dans de l'eau maintenue à 50° et par le siphon, on recueille du goudron déshydraté, qu'on laisse refroidir à 15° pour en prendre la densité.

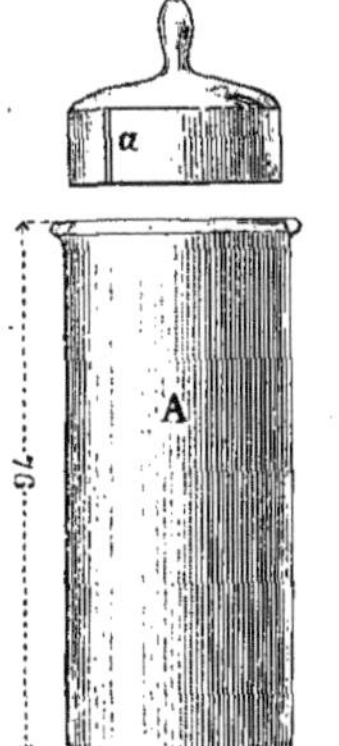

Fig. 596. — Pese-goudron de Lunge.

Pour cette détermination il n'est pas possible de se servir de flacons ordinaires à densité ni de picnomètres, à cause de la consistance spéciale du goudron. M. Lunge a proposé l'appareil suivant qui donne de bons résultats (fig. 596). C'est un simple flacon à peser, mais dont on entaille à la lime le bouchon rodé, de façon à pratiquer une fente de 2 millimètres de profondeur. On tare, une fois pour toutes, le flacon et son couvercle (soit a), on le tare aussi plein d'eau distillée à 15° (soit b); on le sèche alors et on introduit une quantité quelconque de goudron de façon à le remplir aux deux tiers environ. On met le vase à peser, ainsi rempli, et sans son bouchon, dans de l'eau chaude, où on le maintient pendant 1 heure jusqu'à ce que toutes les bulles d'air se soient dégagées du goudron ainsi liquéfié. On laisse alors refroidir et on pèse à nouveau, ce qui donne un poids c. On remplit alors d'eau distillée, on laisse quelque temps dans un vase plus grand plein d'eau distillée à 15° de façon à égaliser les températures, on ressort le vase à peser, on l'essuie, on enlève les dernières traces d'eau qui sortent de l'entaille par un morceau de papier à filtrer et on pèse (d).

La formule suivante donne alors la densité du goudron :

$$D = \frac{c - a}{b + c - (a + d)}.$$

M. Watson Smith a proposé de déterminer la densité du goudron en en pesant exactement 1 litre, ce qui est difficile sur une balance d'analyse. Quant à M. Köhler, il propose de se servir d'un ballon jaugé de 100 centimètres cubes et de le remplir avec un entonnoir à brome. Ce procédé donne de bons résultats.

Dans tous les cas, il ne faut pas songer à employer l'aréomètre en opérant à 15°, le goudron n'étant pas suffisamment liquide à cette température.

Détermination du carbone a l'état libre. — M. Kræmer a proposé de chauffer au bain-marie une quantité pesée de goudron avec 40 fois son poids environ de xylène, de filtrer sur filtre taré et de laver au xylène, jusqu'au moment où ce dernier passe incolore. On obtient de cette manière un poids qui n'est pas absolument exact. Tout d'abord, au commencement de la filtration, le carbone divisé a une tendance à passer à travers le filtre, d'où une perte; ensuite à la température du bain-marie, le xylène ne dissout pas tous les hydrocarbures du goudron, en particulier ceux à poids moléculaire très élevé. M. Köhler a proposé la modification suivante : On mélange 10 grammes de goudron exactement pesé avec 25 centimètres cubes d'acide acétique cristallisable et 25 centimètres cubes de toluène. On porte à l'ébullition dans une fiole d'Erlenmeyer surmontée d'un réfrigérant ascendant, puis on filtre sur deux filtres tarés placés l'un dans l'autre et on lave au toluène bouillant. On sèche à 120°. Cette manière de procéder donne de bons résultats.

M. Köhler insiste sur l'importance de la détermination du carbone libre, au point de vue du rendement du goudron en brai. En effet, si l'on connaît la teneur K en carbone libre d'un brai de bonne qualité et k la teneur en carbone libre du goudron à analyser, on a

$$K : 100 = k : x.$$

Un bon brai de goudron de houille, mi-dur, contient en moyenne 28 0/0 de carbone libre. Avec un goudron normal de houille contenant en moyenne 16 0/0 de carbone libre, on a de suite le rendement en brai :

$$x = \frac{100 \times 16}{28} = 57 \text{ 0/0}.$$

M. Köhler fait remarquer en outre que la détermination du carbone libre permet de tirer à priori des déductions quant à la façon dont se comportera le goudron à la distillation.

Essai par distillation. — Dans l'industrie on se contente, pour déterminer la valeur d'un goudron, d'en prendre la densité et la teneur en carbone libre. On fait quelquefois aussi une distillation (sur plusieurs tonnes) et on examine les diverses parties du *distillatum*. Il est en effet difficile de s'en remettre à un essai effectué en petit dans une cornue de verre. Néanmoins voici à titre d'indication, la méthode opératoire de MM. Lunge et J. Schmid : On prend une cornue tubulée en verre de 5 litres de capacité que l'on remplit à moitié avec du goudron déshydraté. La tubulure porte un bouchon de liège à deux trous : l'un pour le thermomètre, l'autre pour un tube capillaire, plongeant dans le goudron et par lequel arrive de l'air bulle à bulle de façon à éviter les soubresauts pendant la distillation. La cornue étant chauffée par un bain de sable, on recueille au moyen d'un réfrigérant les premières portions; mais dès que le thermomètre monte à 170-180°, on supprime le réfrigérant et on distille directement sans refroidir.

La distillation de 2[lit],5 à 3 litres de goudron dure environ 8 heures. Il est absolument nécessaire de la faire en une seule opération et de ne pas s'y reprendre à deux fois.

Voici comment on opère le fractionnement :

1° Huile légère jusqu'à 170°;
2° Huile moyenne jusqu'à 230°;
3° Huile lourde jusqu'à 270°;
4° Huile à anthracène.

Cette quatrième partie comprend tout ce qui distille de 270° à la fin. Néanmoins il est bon de ne pas pousser la distillation plus loin que le moment où le chrysène commence à distiller, ce que l'on reconnaît à la couleur rouge du liquide qui passe.

Nous verrons plus bas la façon de déterminer la valeur des huiles légères. Quant aux huiles moyennes, on les laisse reposer pendant plusieurs jours, en les refroidissant même artificiellement pour faire cristalliser le naphtalène. On filtre alors et on exprime le résidu.

L'huile lourde est traitée de même et le naphtalène réuni à la première portion est compté comme naphtalène brut.

L'huile à anthracène est laissée à reposer pendant 3 à 4 jours, car cet hydrocarbure ne cristallise que lentement. On le filtre alors sur calicot, on le presse à froid, on le sèche sur une plaque poreuse à 30 ou 40° et on le pèse.

En résumé, cette première distillation donne :

1° La teneur en huile légère;
2° — huile moyenne;
3° — huile lourde (créosote);
4° — naphtalène brut;
5° — huile à anthracène (huile verte);
6° — anthracène brut;
7° — brai.

L'épuration des différentes fractions que nous venons d'énumérer se fait en général au moyen d'acide sulfurique et de soude.

On prend en moyenne 5 à 10 0/0 d'acide sulfurique à 66°. On traite ensuite par la soude caustique et on distille après lavage. L'hydrocarbure rectifié et séché, mélangé à un égal volume d'acide sulfurique à 66°, ne doit pas donner de coloration sensible. Quant à la quantité de soude nécessaire pour extraire les phénols, elle est évidemment dépendante de la plus ou moins grande quantité de ces derniers. On doit néanmoins tenir compte d'une chose, c'est que, les phénols étant relativement solubles dans une solution aqueuse de phénate de soude, il est inutile de prendre la quantité théorique de soude pour faire la dissolution. Pour déterminer cette quantité de soude, on se sert industriellement d'un cylindre de 200 centimètres cubes gradué en demi-centimètres cubes. On verse 100 centimètres cubes d'huile brute, puis on ajoute de la soude caustique jusqu'au moment où la hauteur de la couche huileuse ne varie plus.

L'épuration du naphtalène brut a lieu de la même façon, mais à l'état fondu.

L'examen des huiles légères et la détermination de leur teneur en benzène, toluène, xylène, solvent naphta, phénols, etc., se fait au laboratoire, de la façon suivante (méthode de Lunge-Davis) : On verse dans un entonnoir à robinet

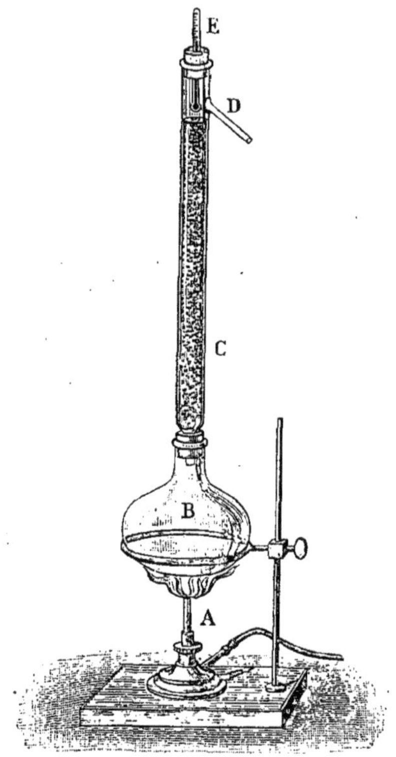

Fig. 597. — Apppareil rectificateur à perles de verre.

de 300 centimètres cubes 200 centimètres cubes d'huile brute; on y ajoute 20 centimètres cubes d'acide sulfurique à 66° et on agite énergiquement pendant 5 minutes, puis on laisse reposer. On sépare l'acide sulfurique, puis on lave deux fois avec 30 centimètres cubes d'eau. On lave encore avec 30 centimètres cubes de soude caustique (D = 1,060) et on termine enfin avec 30 centimètres cubes d'eau. L'huile restant dans l'entonnoir est alors mesurée dans une éprouvette graduée.

La différence avec les 200 centimètres cubes employés est la *perte à l'épuration*.

On distille alors au bain de sable, dans un ballon rond de 200 centimètres cubes surmonté d'un tube Le Bel-Henninger ou d'un tube rectificateur à perles de verre tel que celui que représente la figure 597, en s'arrangeant de façon qu'il tombe une goutte toutes les deux secondes. On recueille ce qui distille jusqu'à 120° dans une éprouvette graduée, puis dans une seconde toute la portion allant jusqu'à 170°. Quand on change de récipient, on a soin d'éteindre le bec de gaz et de laisser bien égoutter le réfrigérant. Le résidu de la distillation, qui se solidifie en général dans le ballon, est de l'huile de créosote.

Voici un exemple de détermination par la méthode de Lunge-Davis :

1° Perte à l'épuration : 18,5 0/0 (soit 37 centimètres cubes sur 200) ;

2° Première distillation à 120° : 45 0/0.

Rectification d'après le tableau A : $\frac{100^\circ}{71}\ \frac{120^\circ}{94}$, soit 50 0/0 en benzène 90 0/0, et 50 0/0 en benzène 50 0/0.

A. — *Mélanges de benzène à 90 et 50 0/0.*

Benzène 90 0/0	Benzène 50 0/0	Premières gouttes à	Quantité en 0/0 ayant passé à 100°	Quantité en 0/0 ayant passé à 120°
0	100	92°	50	90
5	95	92°	51	92
10	90	91°	51,5	92
15	85	91°	53	92
20	80	90°	55	92
25	75	90°	60	93
30	70	90°	65	93
35	65	90°	67	94
40	60	88°	69	94
45	55	88°	70	94
50	50	87°	71	94
55	45	87°	73	94
60	40	86°	76	95
65	35	86°	78	95
70	30	86°	79	96
75	25	85°	84	96
80	20	85°	84	97
85	15	84°	86	97
90	10	84°	88	—
95	5	84°	89	—
100	0	84°	90	—

B. — *Mélanges de benzène à 50 0/0 et de toluène du commerce.*

Mélanges de benzène 50 0/0	Mélanges de toluène	Premières gouttes à	à 100°	à 105°	à 110°	à 120°
100	0	92°	50	68	80	91
95	5	93°	45	64	76	91
90	10	94°	33	60	73	90
85	15	94°	30	58	73	90
80	20	95°	28	57	72	90
75	25	95°	26	55	71	90
70	30	96°	22	48	67	90
65	35	96°	19	47	65	90
60	40	96°	15	46	65	90
55	45	97°	12	44	65	90
50	50	98°	8	42	64	90
45	55	98°	4	34	57	90
40	60	99°	0	26	56	90
35	65	100°	0	25	55	90
30	70	100°	0	33	53	90
25	75	100°	0	21	53	90
20	80	100°	0	16	48	90
15	85	101°	0	14	46	90
10	90	102°	0	13	45	90
5	95	103°	0	10	44	90
0	100	103°	0	0	39	90

C. — *Mélanges de benzène 90 0/0 et de toluène du commerce.*

Mélanges de benzène 90 0/0	Mélanges de toluène	Premières gouttes à	à 100°	à 105°	à 110°	à 120°
0	100	103°	0	7	50	94
5	95	102°	0	21	59	94
10	90	101°	0	30	66	94
15	85	100°	0	38	68	95
20	80	97°	9	43	73	95
25	75	95°	16	53	76	95
30	70	95°	23	59	78	96
35	65	94°	33	60	80	96
40	60	93°	43	66	82	96
45	55	92°	46	71	85	97
50	50	91°	52	72	86	97
55	45	91°	58	76	86	97
60	40	91°	60	78	88	97
65	35	90°	65	81	89	97
70	30	89°	71	83	91	97
75	25	88°	75	85	91	98
80	20	87°	77	87	92	98
85	15	86°	83	89	93	98
90	10	85°	85	91	94	—
95	5	84°	88	93	95	—
100	0	84°	90	94	96	—

3° Deuxième portion à 170° : 10 0/0.

Rectification : $\frac{126^\circ}{0}\ \frac{160^\circ}{92}$.

On en déduit pour la distillation en grand une moyenne de :

Benzène 90 0/0	23 0/0
— 50 0/0	24
Solvent naphta	10
Perte à l'épuration	20
Résidu (créosote)	23

L'huile moyenne est traitée de la même façon, mais on fait l'essai sur 1000 centimètres cubes et au minimum sur 500 centimètres cubes. On distille jusqu'à 200° et on détermine le solvent naphta, les phénols et les bases pyridiques.

La détermination des phénols et du solvent naphta ne présente rien de bien particulier; celle des bases pyridiques se fait en distillant ces dernières (extraites par l'acide sulfurique) dans un courant de vapeur d'eau en présence de chaux et en les recevant dans l'acide sulfurique titré. On ajoute alors du perchlorure de fer à 5 0/0 jusqu'à ce qu'il se forme de l'hydrate ferrique en légers flocons et on titre à nouveau avec l'acide sulfurique normal. Cet artifice est nécessaire, les indicateurs ordinaires ne donnant aucun résultat.

La détermination de la quantité de phénol cristallisé que l'on peut retirer de l'acide phénique brut se fait par la méthode de M. Chas-Lowe.

On distille dans un ballon de 150 centimètres cubes 100 centimètres cubes de phénol brut et on recueille le liquide dans une éprouvette de 25 centimètres cubes graduée en centimètres cubes. L'eau distille d'abord et l'on suppose que cette dernière est complètement éliminée aussitôt que 10 centimètres cubes de phénol sont réunis *dans le fond* de l'éprouvette. On admet que ces 10 centimètres cubes sont formés de 50 0/0 d'eau et de 50 0/0 de phénol.

Si l'huile nageait à la surface, ce serait de l'huile légère qui proviendrait d'une mauvaise épuration de l'huile brute.

Dès que les 10 centimètres cubes ont passé, on remplace l'éprouvette par un cylindre de 100 centimètres cubes et l'on pousse lentement la distillation de façon que le liquide arrive *complètement refroidi* à l'éprouvette. On en distille 62^{cc},5. Le résidu contenu dans le ballon est sans valeur.

L'éprouvette contenant les 62^{cc},5 est alors entourée de glace, puis on la retire, on ajoute au liquide un cristal de phénol pur et on remue avec un thermomètre gradué en dixièmes. Le phénol se congèle aussitôt et le thermomètre remonte jusqu'à un point fixe, où il reste stationnaire pendant une minute environ. C'est le point de congélation, qui doit être situé entre 15°,5 et 24° pour un bon phénol brut.

L'examen du naphtalène brut se fait de la façon suivante, sur un *échantillon moyen* de 20 grammes prélevé sur plusieurs kilogrammes. Ces 20 grammes sont fondus, puis, après refroidissement, finement pulvérisés. On en prélève 10 grammes, que l'on pèse exactement sur une feuille de papier à filtrer. On en fait alors un petit paquet que l'on enveloppe de plusieurs doubles de calicot et on porte le tout sous une presse hydraulique. On monte lentement jusqu'à 200 kilogrammes, on détache le naphtalène du papier et on pèse. On recommence plusieurs fois l'opération en changeant le papier absorbant, jusqu'à ce que l'on obtienne un poids constant. Un bon naphtalène brut ne doit pas perdre plus de 10-12 0/0.

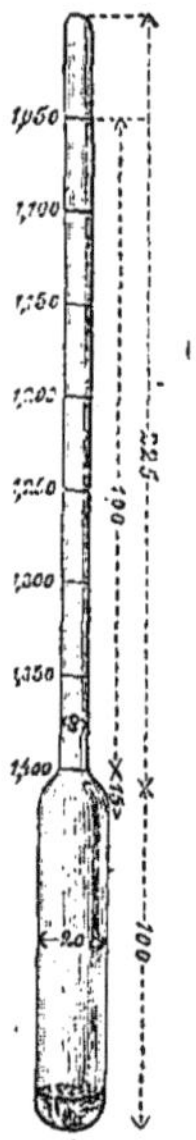

Les hydrocarbures à poids moléculaire plus élevé, contenus dans le naphtalène brut, sont déterminés par distillation sur 200 grammes. On va jusqu'à 222-225° au maximum.

Dans la préparation industrielle du naphtalène, le point important est de savoir le moment précis où l'on doit interrompre la distillation. On fait ce contrôle en prélevant de petits échantillons de naphtalène que l'on traite par de l'acide sulfurique concentré (incolore). L'acide ne doit pas se colorer et, lorsqu'on chauffe, le naphtalène doit se dissoudre en colorant à peine la solution.

Fig. 598. Pèse-goudron de Lunge.

Pour l'anthracène et les bases pyridiques, on se sert, même dans le contrôle industriel journalier, des méthodes de laboratoire qui sont employées dans les fabriques de matières colorantes. L'anthracène est dosé par la méthode de Lücke, fondée sur sa transformation en anthraquinone.

Quant au brai, l'industrie le divise en trois qualités : le brai dur, le brai mi-dur et le brai mou.

En général, les usines poussent toujours la distillation jusqu'à obtention de brai dur; les deux autres qualités sont obtenues par addition de résidus d'huile lourde à même la cornue.

Industriellement, on différencie les trois sortes de brai par une méthode assez empirique mais qui a l'avantage de la simplicité. On prend en bouche un morceau de brai et après quelques minutes on essaye de le mâcher. Le brai mou peut être facilement aplati et même coupé par les dents. Avec le brai mi-dur l'empreinte des dents seule est légèrement marquée à la surface, tandis que le brai dur est pulvérisé sous la dent, en donnant une poudre friable. Quant au goudron préparé (revivifié) que l'on emploie pour la fabrication des cartons bitumés, on en détermine la valeur au moyen du pèse-goudron de Lunge, aréomètre d'une construction spéciale que représente la figure 598. G. F. Jaubert.

HUILES ET CORPS GRAS. — De temps immémorial, les matières grasses, liquides ou solides, ont été employées, d'une façon plus ou moins directe au point de vue alimentaire, comme agents d'éclairage, comme moyen de lubrifier les rouages des machines, comme dissolvants dans les arts, soit enfin comme substances médicinales. Mais, tant que les idées de l'alchimie empirique ont régné, on n'a pu avoir aucune notion de la nature et de la composition de ces substances; il ne semble même pas que l'attention ait été sérieusement attirée de ce côté, car on trouve peu d'hypothèses anciennes relatives à la constitution de ces matières.

Les alchimistes avaient simplement constaté, comme pour toutes les matières organiques, que les huiles et les graisses brûlaient sans laisser de résidu appréciable. Ils en concluaient, d'après les idées du temps, que ces substances se transformaient en chaleur. Aussitôt que Lavoisier eut fait justice de ces croyances et qu'il eut établi la composition qualitative des substances organiques, on put aborder le problème de la constitution des matières grasses avec quelque chance de succès. C'est ainsi qu'au début du siècle Chevreul, alors tout jeune, fut amené à s'en occuper. Dans une série de neuf mémoires, rédigés de 1811 à 1823 et publiés aux *Comptes rendus* ou aux *Annales de Chimie et de Physique*, cet auteur a cherché à déterminer la constitution de nombreuses graisses ou huiles. Cette étude, pénible et minutieuse, eut pour résultat d'établir d'une façon absolue que ces corps sont des éthers plus ou moins complexes de la *glycérine*. Depuis cette époque, les chimistes modernes ont isolé et examiné d'une façon plus complète les différents constituants de ces substances, dont la plupart possèdent déjà leur bibliographie dans le Dictionnaire.

Les travaux de Chevreul, un peu oubliés aujourd'hui et que nous croyons devoir rappeler brièvement, ont permis d'établir les points suivants :

Le premier Mémoire a fait connaître un corps qui, à toutes les propriétés génériques des graisses et des huiles, réunit la propriété caractéristique des acides. Ce corps, que Chevreul avait nommé *margarine*, a servi de type à un nouveau genre d'acides ternaires.

Un second Mémoire a eu pour objet l'analyse des produits de la saponification de la graisse de porc par la potasse. Après avoir enlevé la « margarine » du savon, on en a retiré un corps gras que Chevreul a désigné sous le nom de *graisse fluide*; enfin, l'examen du liquide d'où le savon se sépare a démontré que, « dans la saponification, il se produit un principe doux, semblable à celui que Scheele a observé dans l'eau où l'on a traité l'huile d'olive avec du protoxyde de plomb ».

Il se trouve ainsi établi que les produits essentiels de la saponification sont : la « margarine » (acides gras solides), la « graisse fluide » (acides gras liquides) et le « principe doux » (glycérine). La saponification dépendrait : 1° de la composition élémentaire de la graisse, « qui est telle, qu'elle peut être représentée ou par les deux principes immédiats qui la constituent, ou par le principe doux, la margarine et la graisse fluide; 2° de ce que le « principe doux » et surtout la « margarine » et la « graisse fluide », ayant une affinité pour la potasse de beaucoup supérieure à l'affinité des principes immédiats de la graisse pour la même base, il en résultait que dans la saponification la potasse déterminait la graisse à se changer en principes doux et en deux substances acides ». L'auteur ajoute que « cette conversion totale d'une matière organique en plusieurs substances, elles-mêmes composées et très différentes de cette matière, est sans doute propre à faire concevoir plusieurs phénomènes de physiologie, dans lesquels des corps prennent des formes tout à fait différentes de celles qu'ils avaient auparavant ». Les études chimiques modernes ont vérifié cette hypothèse.

Dans un quatrième Mémoire, Chevreul a montré que les bases alcalino-terreuses, les oxydes de zinc et de plomb, peuvent opérer la saponification de même que la potasse et la soude, et il a déterminé la quantité d'alcali nécessaire pour saponifier un poids donné de graisse.

A partir de ce moment, Chevreul étudia alors en particulier divers corps gras ou réputés tels. Il détermina la différence qui existe entre la substance cristallisée du calcul biliaire humain (cholestérine), le spermacéti et l'adipocire des cadavres, qui tous trois avaient été confondus dans une même espèce de corps gras. Il examina les graisses d'homme, de mouton, de bœuf, de jaguar et d'oie, l'huile du *Delphinus globiceps* et l'huile de poisson du commerce, enfin le beurre, et il rechercha « jusqu'à quel point les principes immédiats de ces graisses et les acides huileux qu'ils sont susceptibles de produire se rapprochent de ceux de la graisse de porc », qu'il avait primitivement étudiée et qu'il avait prise pour base de ses recherches.

Au cours de ces travaux, Chevreul se rendit compte de la nature exacte des substances qu'il avait isolées et put donner des noms rationnels à des corps qu'il n'avait jusqu'alors désignés que par des périphrases; c'est alors qu'il créa les mots de cholestérine, de stéarine, d'élaïne, d'acides margarique, oléique et cétique, qui possèdent encore aujourd'hui la même acception.

Classification des matières grasses. — On peut classer les matières grasses de diverses façons, suivant le point de vue auquel on se place. C'est ainsi que, suivant le degré d'oxydabilité, on peut ranger les graisses et les huiles en substances grasses siccatives ou non siccatives. Nous n'insisterons pas sur cette classification, qui a été développée à l'article HUILES (Dict., 2, 40).

On peut encore, suivant leur plus ou moins grande fusibilité, distinguer les matières grasses en *huiles*, qui sont liquides à la température ordinaire et qui contiennent un excès d'acides incomplets liquides; en *beurres*, *graisses* et *suifs*, qui sont solides, mous, fondent entre 35 et 38° et qui ne contiennent pas un excès d'acides incomplets liquides; en *cires*, qui sont dures et cassantes et ne fondent qu'à partir de 60°.

Enfin, suivant leur provenance, on peut encore classer les substances grasses en *végétales* et en *animales*.

Ces matières grasses existent chez l'animal dans presque tous les tissus et toutes les cellules, surtout lorsqu'elles vieillissent ou dégénèrent; mais les graisses normales sont particulièrement et régulièrement en réserve dans le tissu adipeux qui, chez l'animal, représente la trentième partie environ du poids du corps (A. Gautier). Ces matières grasses sont surtout formées de stéarine, de palmitine et d'oléine.

Chez les végétaux, les corps gras se trouvent surtout dans les graines et les fruits; mais on les rencontre en petite quantité dans toutes les parties de la plante. Elles se composent aussi en majeure partie de stéarine, de palmitine et d'oléine; mais on y trouve en plus des principes particuliers à certains végétaux : la linoléine, dans les graines de lin, le blé (Béhal); les glycérides des acides brassique et brassoléique, dans les graines de colza; le glycéride crotonique, dans les graines de croton; le glycéride de l'acide ricinoléique, dans les graines de ricin; les glycérides des acides arachidique et hypogéique, dans les graines d'arachide; le glycéride myristique, dans le beurre de muscade; les glycérides des acides linoléique et isanique, dans les graines d'*I'Sano* (A. Hébert); le glycéride arachique, dans les graines de *Panza* ou *Owala*; celui de l'acide myristique, dans les graines de *Moâbi* (A. Hébert). Le beurre de coco, la cire d'abeilles, la cire des feuilles contiennent les acides laurique, myristique, cérotique, etc. Enfin certaines graines présentent la particularité de ne renfermer qu'un seul acide gras : telles sont les graines du *Coulá edulis* du Congo français, dont la matière grasse est formée de trioléine à peu près pure (A. Hébert).

Origine et rôle des matières grasses dans la nature. — Les matières grasses, disions-nous, sont d'origine végétale ou animale; il est intéressant d'étudier leur genèse, leur rôle et le cycle qu'elles parcourent.

On n'est pas encore bien fixé sur le mécanisme de la formation des substances grasses dans la plante. On sait cependant bien que les acides proviennent d'une oxydation incomplète et ménagée des hydrates de carbone formés, sous l'influence de la lumière, par l'action chlorophyllienne; mais la présence de la glycérine est moins facilement explicable. On pourrait supposer que la fonction chlorophyllienne intervient encore dans cette formation et que la glycérine provient de la condensation de 3 molécules d'aldéhyde méthylique qui fourniraient l'aldéhyde glycérique,

$$3(H.CHO) = C^3H^6O^3.$$

Cette dernière, sous l'influence des actions réductrices des cellules végétales, fixerait de l'hydrogène et se transformerait en glycérine,

$$C^3H^6O^3 + H^2 = C^3H^8O^3.$$

Un autre fait, qui viendrait aussi à l'appui de l'origine chlorophyllienne de la glycérine, c'est qu'il semble bien que l'aldéhyde glycérique $C^3H^6O^3$ soit un des termes de passage entre l'aldéhyde méthylique CH^2O et le glucose $C^6H^{12}O^6$, dont la synthèse a du reste été d'abord réalisée par M. Fischer en partant de cette aldéhyde glycérique.

Cependant jusqu'ici, d'une part on n'a pu constater à aucun moment la présence de l'aldéhyde glycérique dans les végétaux et, d'autre part, les chimistes n'ont pu réaliser sa synthèse en partant de l'aldéhyde méthylique; c'est en suivant la voie inverse, en déshydrogénant la glycérine, que Grimaux a pu obtenir cette aldéhyde. Ces faits viennent donc à l'encontre des hypothèses qu'on pouvait faire. De plus, les indications physiologiques semblent indiquer que les matières grasses sont formées plutôt par suite d'une transformation des matières sucrées que par une condensation directe d'aldéhyde méthylique.

Diverses expériences de M. Müntz sur la formation de l'huile dans la graine de colza pourraient être interprétées en disant que les graines oléagineuses reçoivent des feuilles des hydrates de carbone qui se déposent sous forme de saccharose et d'amidon, d'abord dans les siliques, d'où ils émigreraient, sans doute à l'état de glucose, vers les graines, où, par un mécanisme spécial et encore inconnu, ces hydrates de carbone se transformeraient en matières grasses. Mais une autre étude, déjà ancienne, de M. Maquenne, exécutée sur la maturation de la moutarde blanche, du pavot et du lin, aboutit à des conclusions en désaccord avec la manière de voir exposée plus haut. On constate que tous les éléments augmentent en même temps que la récolte, surtout le carbone et l'hydrogène; la plante continue constamment à assimiler, en sorte qu'il semble que la *matière grasse prenne naissance*, non par transformation de substances déjà acquises, mais par formation de matière nouvelle. Nous ignorons d'ailleurs complètement la nature de cette matière nouvelle et nous constatons seulement une *formation tardive et rapide de l'huile qui paraît tirer* son origine d'une assimilation qui se produirait dans les enveloppes mêmes de la graine.

De plus, pendant la germination des graines oléagineuses, des analyses nombreuses ont montré que la *disparition des matières grasses correspond* à l'apparition d'amidon et de sucre réducteur; et pendant la maturation de ces mêmes plantes oléagineuses, la formation de l'huile coïncide avec la disparition du sucre réducteur. Les travaux de M. Fleury, du docteur Peters, de Laskowski, de Leclerc du Sablon, sur la germination des graines de ricin, de courge, de potiron, etc., démontrent nettement la première partie de ces assertions. La seconde partie est prouvée par ce fait, cité entre autres, que les feuilles et les fruits de l'olivier renferment, aux mois de septembre et d'octobre, aux approches de la maturation, une grande quantité de mannite, qui disparaît peu à peu au fur et à mesure que la matière grasse se forme et s'accumule dans le fruit.

Les matières grasses jouent donc dans la plante le rôle de matières de réserve au même titre que l'amidon ou le saccharose : après avoir pris dans la graine une forme insoluble qui assure leur conservation, elles se solubilisent à l'état de sucre réducteur au moment d'être utilisées pour le développement de l'embryon; et inversement, elles reviennent à l'état de matières grasses quand la maturation provoque dans la graine l'accumulation des substances actives du végétal. M. Armand Gautier estime que l'hypothèse de la reproduction des hydrates de carbone par oxydation des corps gras est fort discutable et pense plutôt que, chez les végétaux, les graisses en réserve dans les fruits, les racines, les feuilles et les bourgeons sont soumises, au moment où ces organes deviennent le siège de transformations très actives, à l'action d'un ferment soluble, sorte de stéapsine, dont l'effet est d'hydrater les corps gras et de les dédoubler en glycérine et acides gras. M. Müntz avait du reste constaté que, dès le début de la germination, les huiles sont saponifiées. La glycérine se brûle; l'acide gras s'oxyde aussi, et, tout en donnant de l'acide carbonique et de la chaleur, il laisse un résidu qui paraît contribuer à la formation des matières albuminoïdes du protoplasma qui s'organise incessamment.

M. Maquenne a effectué dans cet ordre d'idées une série d'expériences des plus intéressantes. Considérant que la destruction des corps gras et l'apparition simultanée de sucre constituent un *phénomène d'ordre général en physiologie*, il a recherché si la glycérine fournie par le dédoublement des graisses est susceptible à elle seule de donner naissance aux hydrates de carbone qui apparaissent; M. Berthelot a en effet reconnu dès 1857 que la *glycérine se change en sucre dans* certaines conditions. De plus, M. Maquenne s'est demandé si le carbone des acides gras entre en jeu en même temps que celui de la glycérine et, si oui, s'il y a lieu d'établir une distinction entre les acides saturés de la série acétique et les acides incomplets de la série acrylique qui sont inégalement stables.

Pour cela il a étudié la germination de l'arachide, riche en acide arachidique, $C^{20}H^{40}O^2$, saturé, et du ricin, riche en acide ricinoléique, $C^{18}H^{34}O^2$, acide alcool incomplet. Il a trouvé que l'accroissement en hydrates *de carbone était* de 5,6 0/0 pour l'arachide et de 16 0/0 pour le ricin.

D'autre part, la somme des hydrates de carbone que la glycérine des huiles d'arachide et de ricin était capable de fournir est de 5 0/0 des graines sèches. Donc les acides gras saturés sont moins aptes que les acides oléiques à se transformer en sucre; ils servent surtout d'aliments respiratoires; et chez ces derniers, spécialement chez l'acide ricinoléique,

$$CO^2H-(CH^2)^7-CH=CH-CH^2-CHOH-(CH^2)^5-CH^3$$

la production des hydrates de carbone semble tenir à la présence dans leur molécule d'un groupement allylique qui, rendu libre par la combustion progressive des deux extrémités de la *chaîne, se transformerait d'abord en glycérine*, puis en polymères plus ou moins condensés, sous réserve de la production possible d'hydrates de carbone aux dépens des matières azotées que renferme la graine.

Chez les animaux, l'*assimilation* des corps gras se fait de diverses façons : 1° l'animal peut assimiler directement une partie des corps gras qu'il absorbe par ingestion de plantes ou d'autres animaux, selon le régime suivi; 2° il transforme en graisse une portion des hydrates de carbone de ses aliments; 3° enfin une dernière portion de ses matières grasses provient de la destruction des albuminoïdes. M. Armand Gautier a, du reste, exposé d'une façon très claire ces diverses origines des corps gras chez les animaux dans ses *Leçons de Chimie biologique*, auxquelles nous ferons à ce sujet de larges emprunts.

L'assimilation directe des corps gras absorbés s'explique de la façon suivante : Les graisses alimentaires se saponifient faiblement dans l'intestin sous l'influence du suc pancréatique; elles s'émulsionnent, passent dans les chylifères et arrivent aux ganglions mésentériques, qui les transforment en graisses spéciales et les versent dans la veine porte après leur avoir fait subir un premier travail d'assimilation. C'est ainsi que E. Hoffmann, Pettenkofer et Voit, ayant nourri, seulement avec du lard, des chiens amaigris, leur ont vu fixer de 50 à 60 0/0 de la graisse fournie. Dans quelques cas, les corps gras peuvent être absorbés en nature et retrouvés tels quels chez l'animal; ainsi Radziejewski a retrouvé l'acide érucique des huiles de navette chez un chien nourri avec ces huiles; Ledebeff a retrouvé dans le lait et le tissu adipeux une petite partie des huiles de lin et d'olives absorbées. Cependant, en général, il y a transformation complète des corps gras alimentaires : un chien, nourri avec du beurre et mort d'inanition, présentait un foie renfermant surtout de l'acide stéarique, absent dans le beurre (Magendie); des animaux nourris avec des tourteaux de ricin possèdent une graisse exempte d'acide ricinoléique (A. Wurtz et Colin).

On admet, avons-nous dit, que la graisse est absorbée directement par l'organisme animal sous forme d'émulsion; Pflüger pense au contraire qu'elle doit subir auparavant une saponification complète et établit ce fait par diverses expériences physiologiques dont l'interprétation a été contestée par M. Hofbauer et par Munk. Somme toute, cette dernière question ne peut être considérée comme résolue.

Quant à la transformation en matières grasses d'une partie des hydrates de carbone absorbés par les animaux, elle a été soupçonnée, puis démontrée depuis longtemps d'une façon plus ou moins directe. Huber, de Genève, puis Dumas et W. Milne-Edwards avaient remarqué que des abeilles ou des insectes nourris de sucre produisent une grande quantité de cire. Les pommes de terre, principal aliment des oies et des porcs, suffisent parfaitement pour provoquer chez ces animaux la formation d'une grande quantité de graisse (Persoz et Boussingault). Inversement, Lawes et Gilbert ont montré que les bestiaux s'engraissent mal si on ne leur fournit que des substances albuminoïdes. La transformation des hydrates de carbone en graisse chez les animaux doit sans doute se faire suivant un mécanisme analogue à celui qui se produit chez les végétaux, et les sucres peuvent s'oxyder partiellement en perdant de l'eau et de l'acide carbonique; mais ce changement peut, du reste, avoir lieu à l'abri de toute intervention de phénomènes d'oxydation, ainsi qu'en témoignent la présence de graisse et de glycérine libre dans les produits de la vie des cellules de la plupart des ferments et levures, fonctionnant à l'abri de l'air et notamment de la fermentation alcoolique des sucres.

Une série d'expériences, exécutées par M. Hanriot en 1893, a montré également que le quotient respiratoire pouvait dépasser l'unité chez l'homme sain à la suite d'ingestion d'une certaine quantité de glucose; celui-ci n'est pas brûlé, mais dédoublé en acide carbonique et en graisse qui se dépose dans les tissus.

Enfin la désassimilation des albuminoïdes donne aussi naissance à des matières grasses. On sait depuis longtemps qu'une alimentation riche en viande contribue à l'engraissement; Subottin et Kemmerich, Tscherinoff l'ont constaté par des expériences méthodiques. Boussingault, puis Pettenkoffer et Voit ont démontré d'une façon indirecte la production des corps gras aux dépens des albuminoïdes chez les grands animaux; en effet, chez l'animal soumis à l'engraissement, presque tout l'azote ingéré se retrouve dans les urines et dans les fèces, tandis qu'on n'obtient pas la totalité du carbone absorbé en ajoutant celui qui existe dans ces deux excrétions à celui de l'acide carbonique expiré et perspiré; il faut donc qu'une partie de ce carbone se fixe dans l'économie à l'état de graisse que l'on voit apparaître et augmenter dans les tissus.

Quant aux transformations subies par les albuminoïdes pour donner naissance aux graisses, M. Armand Gautier estime qu'elles peuvent se résumer en un simple phénomène d'hydratation qui a lieu dans les cellules et qui produit de l'urée, des matières grasses, de l'acide lactique ou des hydrates de carbone, de l'acide carbonique et du soufre, quelques-uns de ces produits étant éliminés tels quels, d'autres fixés, puis oxydés avant leur élimination.

La désassimilation des matières grasses s'effectue par deux sortes d'intermédiaires : une faible partie est éliminée sans transformation par les excréments, les poils, les épithéliums, par la plupart des excréta solides ou liquides; la plus grande portion est consommée sous l'influence de l'exercice ou de la maladie. M. Armand Gautier écrivait, il y a quelques années, qu'il est probable que les graisses se dédoublent d'abord par hydratation avant de s'oxyder; cette fixation d'eau doit être due, suivant les organes, à divers ferments solubles, analogues à la lipase dont M. Hanriot a démontré la présence dans le sang. Les acides gras provenant de ce dédoublement s'unissent aux alcalis du sang et les savons qui en résultent, ainsi que la glycérine, sont graduellement brûlés, soit dans le sang, soit dans les organes, en passant par des états intermédiaires que nous ignorons; on suppose seulement que l'acide succinique, l'acide mésoxalique et l'acide oxalique font partie de ces intermédiaires.

Depuis, diverses hypothèses ont été émises sur les transformations successives des matières grasses dans l'organisme. Bernard avait admis que la glycérine peut être génératrice de glycogène; Seegen a pensé que le sucre dérive de la graisse; M. Chauveau a multiplié les raisons qui tendraient à faire admettre cette transformation. S'appuyant sur les expériences de Regnault et Reiset sur l'augmentation de poids observée chez les marmottes hibernantes, il pense que la combustion directe des graisses n'est pas toujours nécessaire et qu'elles se transforment en grande partie en potentiel-hydrates de carbone et interprète ainsi la fixation d'oxygène qui a lieu pendant le sommeil hibernal avec disparition graduelle de la graisse et réfection incessante du glycogène et du glucose. De plus, les échanges respiratoires montrent que la graisse ne constitue jamais un potentiel directement utilisé par les muscles en travail; ce potentiel est fourni sous forme d'hydrates de carbone.

MM. Bouchard et Desgrez ont démontré récemment la transformation de la graisse de l'organisme en glycogène; à cet effet la graisse doit absorber une quantité notable d'oxygène qui ne reparaîtra pas dans l'expiration sous forme d'acide carbonique, en sorte que le quotient respiratoire doit devenir très faible en même temps que l'organisme peut augmenter momentanément de poids par suite de cette fixation d'oxygène dans les tissus; c'est ce que les auteurs ont remarqué dans toute une série d'expériences exécutées sur l'homme et les animaux.

Enfin, M. Hanriot, abordant directement le problème, a cherché si l'oxydation des graisses ne donnerait pas lieu à du sucre, à du glycogène ou à d'autres produits réducteurs qu'on pourrait ensuite retrouver dans le sang. Il a constaté que, dans l'organisme, les graisses ne sont point directement oxydées, mais il a pu faire absorber de l'ozone par la graisse purifiée, sans former de corps réducteurs, mais en donnant naissance à des acides gras (acide acétique et acide butyrique).

Quoi qu'il en soit, tous ces corps intermédiaires possibles se transforment finalement en acide carbonique et en eau, en produisant ainsi une puissante calorification. Cette production de chaleur, due à la combustion des graisses, contribue dans une large mesure à entretenir la dépense d'énergie inhérente à la vie. Un grand nombre d'expériences ont, en effet, montré que c'est au tissu adipeux que l'organisme emprunte le plus d'énergie. Il est, en tous cas, remarquable de constater que, par la consommation des matières grasses, on se trouve revenu au point de départ, c'est-à-dire à l'acide carbonique et à l'eau dont les végétaux s'étaient emparés et que la fonction chlorophyllienne avait fixés. Ces faits démontrent, une fois de plus, l'importance primordiale de cette action qui se trouve être sur la terre l'origine de toute vie et de tout mouvement.

Bibliographie :

Chevreul. — *C. R.* et *Ann. Chim. Phys.* de 1811 à 1823.
Grimaux. — *Bull. Soc. Chim.*, (2), **49**, 251.
Fleury. — *Ann. Chim. Phys.*, (4), **4**, 5.
Peters. — *Physiol. végét. de Sachs*, 390.
Laskowski. — *Ann. Agronom.*, **1**, 49.
Leclerc du Sablon. — *C. R.*, **117**, 524; **119**, 610.
Müntz. — *Ann. Chim. Phys.*, (4), **22**, 472.
A. Gautier. — *Chimie biologique.*
A. Béhal. — *Bull. Soc. Chim.*, (3), **19**, 994.
A. Hébert. — *Bull. Soc. Chim.*, (3), **13**, 368, **15**, 941.
M. Hanriot. — *Revue générale de Chimie pure et appliquée*, **1**, 25.
Maquenne. — *C. R.*, **127**, 625.
Chauveau. — *C. R.*, **122**, 1098, 1163, 1166.
Bouchard. — *C. R.*, **127**, 464.
Berthelot. — *C. R.*, **127**, 491.

Otto Frank. — *Zeitsch. f. Biol.*, **36**, 568.
Hofbauer. — *Arch. f. g. Physiol.*, **21**, 263.
Munk. — *Centralbl. f. Physiol.*, **14**, 315.
Bouchard et Desgrez. — *Arch. Physiol. et Pathol.*, **1900**, 237.

A. Hébert.

HUILES ET GRAISSES (ANALYSE). — La saponification appliquée aux matières grasses les dédouble en deux parties, les acides gras d'une part, la glycérine ou des alcools gras d'autre part, suivant qu'il s'agit d'un corps gras ou d'une cire. En effet, les corps gras sont les glycérides neutres des acides gras, tandis que les cires sont des éthers formés par l'union des acides gras et des alcools des séries éthylique et allylique.

Ces constituants varient avec les corps gras et peuvent servir à les différencier.

M. Lewkowitsch en a dressé le tableau suivant qui indique leurs points de fusion :

ACIDES.

I. Acides de la série $C^nH^{2n}O^2$ (série acétique) :

$C^2H^4O^2$	Acide acétique.
$C^4H^8O^2$	— butyrique.
$C^5H^{10}O^2$	— isovalérique.
$C^6H^{12}O^2$	— caproïque.
$C^8H^{16}O^2$	— caprylique.
$C^{10}H^{20}O^2$	— caprique, 31°,3.
$C^{11}H^{22}O^2$	— umbellulique, 21-23°.
$C^{12}H^{24}O^2$	— laurique, 43°,3.
$C^{14}H^{28}O^2$	— myristique, 53°,8.
$C^{15}H^{30}O^2$	— isocétique, 55°.
$C^{16}H^{32}O^2$	— palmitique, 62°.
$C^{17}H^{34}O^2$	— daturique, 57°.
$C^{18}H^{36}O^2$	— stéarique, 71-71°,5.
$C^{20}H^{40}O^2$	— arachidique, 77°.
$C^{22}H^{44}O^2$	— bénique, 83-84°.
$C^{24}H^{48}O^2$	— lignocérique, 81°.
$C^{24}H^{48}O^2$	— carnaubique, 72°,5.
$C^{25}H^{50}O^2$	— hyénique, 77-78.
$C^{26}H^{52}O^2$	($C^{27}H^{54}O^2$, Naquet), cérotique, 78°.
$C^{30}H^{60}O^2$	Acide mélissique, 79°.

II. Acides de la série $C^nH^{2n-2}O^2$ (série acrylique ou oléique) :

$C^5H^8O^2$	Acide tiglique, 64°,5.
$C^{12}H^{22}O^2$	Non dénommé.
$C^{14}H^{26}O^2$	Non dénommé.
$C^{16}H^{30}O^2$	Acide hypogéique, 34°.
$C^{16}H^{30}O^2$	— physétoléique, 30°.
$C^{16}H^{30}O^2$	— lycopodique, liquide
$C^{17}H^{32}O^2$	— asellique.
$C^{18}H^{34}O^2$	— oléique, 14°.
$C^{18}H^{34}O^2$	— élaïdique, 51-52°.
$C^{18}H^{34}O^2$	— isoléique, 44-45°.
$C^{18}H^{34}O^2$	— rapique, 78°.
$C^{19}H^{36}O^2$	— doéglique, fluide, 16°.
$C^{19}H^{36}O^2$	— jécoléique, 33-34°.
$C^{22}H^{42}O^2$	— érucique, 33°.
$C^{22}H^{42}O^2$	— brassique, 65°.
$C^{22}H^{42}O^2$	— isoérucique, 54-56°.

III. Acides de la série $C^nH^{2n-4}O^2$ (série linolique) :

$C^{17}H^{30}O^2$	Acide élæomargarique, 48°.
$C^{18}H^{32}O^2$	— linolique, liquide.
$C^{18}H^{32}O^2$	— taririque, 50°,5.
$C^{18}H^{32}O^2$	— de l'huile de millet (?).

IV. Acides de la série $C^nH^{2n-6}O^2$ (série linolénique) :

$C^{18}H^{30}O^2$	Acide linolénique.
$C^{18}H^{30}O^2$	— isolinolénique.
$C^{18}H^{30}O^2$	— jécorique.

V. Acides de la série $C^nH^{2n-8}O^2$:

$C^{14}H^{20}O^2$	Acide isanique, 41°.
$C^{17}H^{26}O^2$	— thérapique.

VI. Acides de la série $C^nH^{2n}O^3$ (acides hydroxylés) :

$C^{16}H^{32}O^3$	Acide lanopalmique, 87°.
$C^{21}H^{42}O^3$	Non dénommé.
$C^{31}H^{62}O^3$	Acide coccérique, 92°.

VII. Acides de la série $C^nH^{2n-2}O^3$ (série ricinoléique) :

$C^{18}H^{34}O^3$	Acide ricinoléique, 4°.
$C^{18}H^{34}O^3$	— ricinisoléique.

VIII. Acides de la série $C^nH^{2n}O^4$ (acides dihydroxylés) :

$C^{18}H^{36}O^4$	Acide dihydroxystéarique, 140-143°.
$C^{30}H^{60}O^4$	— lanocérique, 104-105°.

ALCOOLS.

I. Alcools de la série $C^nH^{2n+2}O$ (série éthylique) :

$C^{16}H^{34}O$	Alcool cétylique (éthal), 50°.
$C^{18}H^{38}O$	— octodécylique, 59°.
$C^{24}H^{50}O$	— carnaubylique, 68°.
$C^{24}H^{50}O$	ou $C^{25}H^{52}O$ non dénommé.
$C^{26}H^{54}O$	Alcool cérylique, 79°.
$C^{27}H^{56}O$	— isocérylique, 62°.
$C^{30}H^{62}O$	— myricique, 85°.

II. Alcools de la série $C^nH^{2n}O$ (série allylique) :

$C^{12}H^{24}O$	Alcool lanolinique.
$C^{15}H^{30}O$	Non dénommé.
$C^{33}H^{66}O$	Alcool psyllostéarique, 95°.

III. Alcools de la série $C^nH^{2n+2}O^2$ (série glycolique-éthylénique) :

$C^{25}H^{52}O^2$	Non dénommé, 103°,5.
$C^{30}H^{62}O^2$	Alcool coccérylique, 101°.

IV. Alcool de la série $C^nH^{2n+2}O^3$:

$C^3H^8O^3$	Glycérol, 16°.

V. Alcools de la série aromatique :

$C^{26}H^{44}O$	Cholestérine, 147°.
$C^{26}H^{44}O$	Isocholestérine, 137°.
$C^{26}H^{44}O$	Phytostérine, 132°.

Pour les propriétés physiques et chimiques de ces acides et alcools, se reporter aux différents articles du Dictionnaire.

Voici les corps gras où se trouvent ces acides, soit à l'état libre, soit presque toujours à l'état de glycéride, et à la suite les corps gras renfermant les alcools libres ou combinés à des acides :

Acides.	Dans :
Acétique	les graines de l'*Evonymus europæus*.
Butyrique	le beurre, 6 0/0.
Isovalérique	les huiles de dauphin et de marsouin.
Caproïque	le beurre et l'huile de noix de coco.
Caprylique	le beurre, la graisse humaine et l'huile de noix de coco.
Caprique	les graisses de vache et de chèvre.
Umbellulique	la noix de l'*Umbellularia californica*, l'huile de laurier, de noix de coco, le spermacéti.
Myristique	le suint, le beurre de muscade, le *Myristica otoba*, le beurre de Dika, la noix de coco.
Isocétique	les graines de l'*Iatropha curcus*.
Palmitique	la plupart des graisses animales et végétales, principalement l'huile de palme, la cire du Japon, etc.
Daturique	l'huile des graines de *Datura stramonium*.

Stéarique..........	la plupart des graisses naturelles, surtout dans les plus dures, comme le suif.
Arachidique.......	l'huile d'arachide, l'huile des graines de *Naphelium lappaceum*, etc.
Bénique...........	l'huile de ben.
Lignocérique......	l'huile d'arachide.
Carnaubique.......	la cire de Carnauba, le suint.
Hyénique..........	les glandes de l'hyène.
Cérotique..........	la cire d'abeilles, la cire de Carnauba, la cire de Chine, le suint.
Mélissique.........	la cire d'abeilles.
Tiglique...........	l'huile de croton.
Hypogéique........	l'huile d'arachide (?)
Physétoléique......	l'huile de spermacéti.
Lycopodique.......	les spores de lycopode.
Asellique..........	l'huile de sardine.
Oléique...........	la plupart des graisses animales et végétales, surtout liquides.
Élaïdique..........	dérivé de l'acide oléique.
Isooléique.........	la stéarine obtenue par la saponification acide.
Rapique...........	l'huile de colza.
Doéglique.........	l'huile de l'hyperoodon.
Jécoléique.........	l'huile de foie de morue.
Élæomargarique....	l'huile de bois de l'*Aleurites cordata*.
Linolique..........	l'huile de lin et les autres huiles siccatives.
Tariríque..........	les corps gras des graines du *Picramnia*.
Linolénique........	l'huile de lin et les huiles siccatives.
Jécorique.........	l'huile de sardine (?)
Isanique..........	l'huile des graines de l'*Isano*.
Thérapique........	l'huile de foie de morue.
Lanopalmique......	le suint.
Ricinoléique.......	l'huile de ricin.
Dihydroxystéarique.	l'huile de ricin.
Lanocérique.......	le suint.

Alcools.

Cétylique..........	le blanc de baleine.
Octodécylique......	le blanc de baleine.
Carnaubique.......	le suint.
Cérylique..........	la cire de Chine.
Isocérylique........	la cire du *Ficus gummiflua*.
Myricique.........	la cire d'abeilles.
Lanolique.........	le suint (?)
Psyllostéarique.....	la cire du *Psylla alni*.
Glycérol..........	en combinaison avec les acides gras dans tous les corps gras ou huiles.
Cholestérine.......	la laine de mouton.
Isocholestérine.....	la laine de mouton.
Phytostérine.......	les pois, les haricots, les amandes; le gluten du blé, du maïs.

Nous pouvons diviser les opérations à effectuer en trois parties :

I. Prélèvement et préparation de l'échantillon.
II. Détermination des constantes physiques.
III. Détermination des constantes chimiques.

I. — PRÉLÈVEMENT ET PRÉPARATION DE L'ÉCHANTILLON.

Pour les corps gras liquides, l'opération est aisée; pour les graisses solides, on est convenu d'opérer d'après la méthode de G. d'Eudeville, Norman Tate et Cuthleert. On prélève dans chaque fût, à l'aide d'une sonde cylindrique, un échantillon ayant environ 0m,20 de longueur et 0m,03 de diamètre, dont on prend une partie proportionnelle au poids du fût. Tous ces échantillons sont mélangés grossièrement : on en fait trois parts égales, dont deux sont fondues dans une capsule à une température ne dépassant pas 60° centigrades en agitant continuellement. Dès que l'on a obtenu un liquide clair, on cesse l'action du feu et l'on ajoute la troisième part; la température est encore suffisamment élevée pour la fondre, et, en opérant ainsi, la masse se refroidit plus vite. Il faut avoir soin de remuer vivement dès que la masse devient pâteuse, afin d'éviter que l'eau et les impuretés ne se déposent au fond de la capsule. C'est sur cette masse homogène que l'on prélèvera les échantillons pour les opérations suivantes :

Dosage de l'eau. — On opère sur environ 5 grammes, que l'on sèche à l'étuve à 100° jusqu'à poids constant, en agitant de temps en temps.

Dans le cas du beurre, M. Henzold recommande d'ajouter de la pierre ponce bien sèche pour diviser la matière, et de chauffer pendant 2 heures seulement à 100° en agitant occasionnellement.

Dosage des matières étrangères. — On épuise au moyen d'un solvant, éther, benzène, chloroforme, tétrachlorure de carbone, et surtout éther de pétrole, 10 grammes de corps gras placés dans un flacon; la solution est jetée sur un filtre taré, que l'on lave avec le même solvant jusqu'à disparition complète du corps gras. Le filtre est séché à 100°, puis pesé; on l'incinère ensuite et on pèse les cendres : la différence entre ces deux poids donne les matières organiques. Si le quantum de cendres est élevé, il y a lieu d'en faire l'examen.

Détermination des matières grasses. — Le filtratum de l'opération précédente donnerait, après évaporation du solvant, la quantité des matières grasses; mais il vaut mieux épuiser directement au moyen du solvant 5 grammes de matières grasses placés dans un extracteur Soxhlet ou une de ses nombreuses variantes. La matière, mélangée à deux ou trois fois son poids de produits inertes, charbon de bois, cellulose (surtout si l'on craint la présence de matières amylacées), est placée dans une cartouche de papier à filtrer que l'on met dans le réservoir de l'appareil à épuisement, en ayant soin de ne pas boucher les tubes. On emploie 50 grammes de solvant.

On opère avec un réfrigérant à reflux jusqu'à ce que l'épuisement soit complet. On distille alors le solvant et on sèche à l'étuve à 100-110° jusqu'à ce qu'on obtienne un poids à peu près constant.

Préparation de l'échantillon pour l'analyse. — Dans la plupart des cas, il suffit, après avoir séché le corps gras, de le fondre et de le filtrer.

On se sert d'une grande étuve en maintenant la température constante, et ne dépassant pas de 20° celle de fusion du corps gras.

Dans quelques cas spéciaux assez rares, le corps gras peut être lavé à l'eau chaude, ou même distillé dans un courant de vapeur.

Enfin, il reste à rechercher et à doser, avant de déterminer les constantes physiques et chimiques, certains corps étrangers.

Recherche et dosage des corps inorganiques étrangers. — *Soufre.* — La présence du soufre est en général la caractéristique de l'huile de colza ou des huiles de crucifères; toutefois ce corps n'existe pas dans les huiles pressées à froid; par contre, l'extraction par le sulfure de carbone peut l'y apporter.

Pour rechercher le soufre, Valenta conseille de traiter une certaine quantité de corps gras par un peu de potasse en ajoutant de l'eau; la solution savonneuse est séparée et traitée par un sel basique de plomb.

Pour doser le soufre, Liebig pèse une assez grande quantité de corps gras, qu'il saponifie au moyen de la potasse alcoolique en opérant dans une capsule d'argent. On fait bouillir jusqu'à consistance sirupeuse, on laisse refroidir et on ajoute quelques morceaux de potasse caustique avec un peu d'azotate de potassium et quelques gouttes d'eau. On chauffe à nouveau en agitant avec une petite spatule en argent jusqu'à ce que la masse soit parfaitement blanche. On laisse refroidir, on reprend par l'eau, et on dose l'acide sulfurique produit à l'état de sulfate de baryum.

Chlore. — Peut se trouver lorsque les huiles ont été blanchies par un décolorant à base de chlore.

On le dose en laissant tomber 25 grammes de matière grasse dans un tube à combustion rempli de chaux, et opérant comme pour la détermination du chlore dans les analyses organiques.

Phosphore. — On le recherche très rarement.

Métaux. — Les savons métalliques se dissolvent dans les corps gras; aussi est-il quelquefois utile de les rechercher.

On peut incinérer le corps gras et faire la détermination sur les cendres.

Saponification des corps gras. — La saponification, c'est-à-dire la décomposition des glycérides en acides gras; et alcools, peut s'effectuer soit par les alcalis, soit par l'acide sulfurique, soit par l'eau seule en opérant sous pression.

Au point de vue analytique, le premier procédé seul est employé.

On peut opérer à froid ou à chaud, soit avec une solution aqueuse d'alcali, soit avec une solution alcoolique de potasse.

Voici comment on procède en général. On verse dans une capsule 50 grammes de corps gras, que l'on fait fondre et chauffer ensuite à 120°. On verse alors sur le corps fondu, en agitant vivement, un mélange de 40 centimètres cubes de soude caustique à 36° Baumé et de 25 centimètres cubes d'alcool, et on continue à remuer jusqu'à ce que le savon se solidifie. On verse un litre d'eau chaude et on fait bouillir le tout pendant 45 minutes. On cesse de chauffer et on décompose par l'acide sulfurique étendu que l'on ajoute par petites fractions pour éviter les débordements. On chauffe à nouveau jusqu'à ce que les acides gras soient devenus parfaitement limpides. L'eau est enlevée avec une pipette et les acides gras lavés une ou deux fois avec de l'eau bouillante; on peut alors les couler sur un plateau, ou les faire flotter dans un ballon rempli d'eau placé au bain-marie : on en prélève avec une pipette au fur et à mesure des besoins.

II. — DÉTERMINATION DES CONSTANTES PHYSIQUES.

M. Lewkowitsch les range dans l'ordre suivant :

1° *Consistance et viscosité.*
2° *Couleur.*
3° *Réfraction optique.*
4° *Pouvoir rotatoire.*
5° *Aspect microscopique.*
6° *Conductibilité électrique.*
7° *Température critique de dissolution.*
8° *Poids spécifique.*
9° *Points de fusion et de solidification.*

Nous allons les examiner dans cet ordre.

CONSISTANCE ET VISCOSITÉ. — Quelques auteurs ont établi des classifications basées sur la *consistance* des matières grasses, les uns en opérant à la température ordinaire, les autres à — 20°.

Le principe de la méthode, le même dans tous les cas, est basé sur l'enfoncement dans la matière d'une tige de section donnée que l'on charge avec des poids. Cette constante est bien moins importante que la suivante.

La *viscosité* peut être déterminée en se basant sur la formule de Poiseuille,

$$\mu = \frac{\pi p r^2}{8 v l} - t,$$

μ étant la viscosité, p la pression sur l'unité de surface de l'orifice du tube de sortie, r le rayon du tube de sortie, l la longueur du tube contenant le liquide, v le volume du liquide qui a passé dans l'appareil en t secondes.

De nombreux appareils ont été imaginés par Engler, Sayboldt, Redwood, pour la détermination de la viscosité; ils sont tous basés sur la mesure du temps que met à s'écouler par un orifice capillaire (maximum 2 millimètres de diamètre) une quantité déterminée de matière grasse. Des dispositifs spéciaux permettent de maintenir la température constante pendant la durée de l'expérience.

EXAMEN SPECTROSCOPIQUE. — Cet examen peut rendre des services dans certains cas. C'est ainsi que l'addition d'huile végétale à des huiles animales peut être décelée par les bandes d'absorption caractéristiques de la chlorophylle.

Chautand a établi, dans sa 4e *Analyse des beurres*, **2**, 48, toute une classification basée sur l'analyse spectrale.

INDICE DE RÉFRACTION. — Cette détermination n'a qu'une valeur relative, les corps analysés n'étant pas des corps définis, mais un mélange de différents composés ayant des indices de réfraction différents, et les mêmes huiles, suivant qu'elles sont pressées à froid ou à chaud, suivant leur âge, etc., pouvant fournir des indices variables. Enfin il est possible de combiner tels mélanges d'huiles de façon à obtenir un indice de réfraction déterminé.

Les réfractomètres connus, comme ceux de Pulfrich [*Das Totalreflectometer und das Refractometer für Chemiker*, etc., Leipzig, 1890], de Féry [*Agenda du chimiste*, 1897], servent à déterminer l'indice de réfraction des corps gras liquides, et donnent directement, par une seule lecture, la valeur de l'indice de réfraction jusqu'à la 4e décimale.

Zeiss a combiné un appareil, qu'il a appelé *butyroréfractomètre*, permettant de déterminer à chaud la valeur de cet indice pour les corps gras solides.

MM. Ferdinand Jean et Amagat ont combiné un appareil qu'ils ont appelé *oléoréfractomètre* et qui est basé sur le principe des réfractomètres ordinaires, avec cette différence qu'il exprime des déviations par rapport à une huile type.

Ces déviations sont lues sur une échelle à division arbitraire, et l'huile type inconnue, que MM. G. Halphen et Lewkowitsch supposent être de l'huile de pieds de mouton, est fournie par le constructeur; c'est donc un appareil fournissant des données conventionnelles, mais non scientifiques.

Cet instrument est néanmoins assez employé en France. Voici la description qu'en fait F. Jean [*Chimie des matières grasses*, 1892] :

Il consiste en une cuve circulaire métallique munie de deux tubulures opposées et fermées par deux glaces parallèles. Sur les tubulures sont vissées dans le prolongement l'un de l'autre un collimateur et une lunette.

Au centre de la cuve circulaire est fixé un petit cylindre en métal argenté creux, dans les parois duquel sont mastiquées deux glaces formant un angle déterminé.

Une échelle photographique, double, transparente, à division arbitraire, placée devant l'objectif à l'intérieur de la lunette, et sur laquelle vient se profiler l'image fournie par le volet, sert de mesure.

Cette image est produite par le bord vertical d'un volet partageant le champ en deux parties, l'une sombre, l'autre lumineuse.

L'éclairage s'obtient au moyen d'un bec Bunsen rendu éclairant par du chlorure de sodium. L'appareil est complété par des robinets de vidange et un réservoir d'eau avec robinet de vidange et thermomètre, et par une petite lampe mobile servant à régler la température.

Pour faire l'essai d'une huile à l'oléoréfractomètre, on verse dans la cuve l'huile-type, échauffée à 22°, de façon à recouvrir les glaces des lunettes, puis on verse de l'eau également à 22° dans le réservoir servant de régulateur de température. On remue l'huile avec un thermomètre, et lorsque l'huile et l'eau sont à 22° on ferme la cuve avec son obturateur et l'on place le couvercle. Dans ces conditions, si l'on verse de l'huile-type à 22° dans le cylindre et qu'on regarde par l'oculaire de l'appareil pointé dans la direction du foyer lumineux, on voit que la ligne qui sépare le champ sombre du champ lumineux coïncide avec le zéro de l'échelle si l'appareil est bien en règle.

Si on remplace l'huile-type dans le cylindre par l'huile à examiner échauffée préalablement à 22°, on observe une déviation plus ou moins considérable à droite ou à gauche du zéro, suivant la nature de l'huile.

Les huiles à examiner doivent être débarrassées d'alcools gras par deux ou trois traitements à l'alcool chaud.

Pour les matières concrètes, la détermination se fait à 45°.

Pouvoir rotatoire. — En se servant d'un saccharimètre Laurent avec un tube de 20 centimètres, on constate que les huiles de colza, de chanvre, de lin, de pavot dévient à gauche le plan de la lumière polarisée, tandis que les huiles d'olive, et surtout celles de croton et de ricin, la dévient à droite. L'huile de noix est inactive.

Examen microscopique. — Le corps gras dissous dans l'éther, le sulfure de carbone ou le chloroforme, est examiné après évaporation du solvant, soit directement, soit avec la lumière polarisée.

Jusqu'à présent on a peu pratiqué ces observations; cependant Zune, dans son *Analyse des beurres*, a donné une série de reproductions micrographiques d'un certain nombre de graisses.

Conductibilité électrique. — On a bien dressé quelques tables, mais la question est très peu avancée, et surtout trop peu entrée dans le domaine de la pratique pour qu'on s'y arrête. La conductibilité d'une graisse croît avec la température et avec la rancidité.

Température critique de dissolution. — Cette constante physique, dont la détermination a été proposée par M. Crismer, est analogue à la température critique des gaz.

Elle indique la température au-dessus de laquelle un corps gras et un solvant approprié (généralement l'alcool) forment un mélange homogène.

On la détermine en laissant refroidir un mélange d'alcool et de corps gras porté à une température suffisante pour obtenir l'homogénéité, et notant le point où le mélange se trouble.

Voici comment on opère pour les corps dont la température critique est supérieure au point d'ébullition de l'alcool : On introduit quelques gouttes de corps gras et environ un volume double d'alcool à 90 0/0 dans un tube à essai de 5 à 6 millimètres de diamètre, que l'on scelle à la lampe et que l'on attache avec des fils de platine le long d'un thermomètre, de façon que le réservoir soit à la hauteur du liquide. On le chauffe dans un bain de glycérine ou d'acide sulfurique jusqu'à ce que le ménisque de séparation des deux liquides soit devenu plan, et on élève encore la température de 10° environ. On agite alors le tube sans le retirer du bain, de façon à bien mélanger les deux liquides. On laisse alors refroidir lentement en agitant continuellement, et on note la température à laquelle le mélange se trouble nettement, c'est la température critique de dissolution.

Si la température critique est inférieure à 78°, on opère dans un vase ouvert.

Dans un tube à essai ordinaire on verse 0cc,5 de graisse filtrée et le double de son volume d'alcool absolu; à la partie supérieure on adapte un bouchon laissant passer un thermomètre dont le réservoir baigne dans le liquide, sans toucher aux parois du tube.

Le tube à essai est alors chauffé dans un tube plus gros, un verre de lampe par exemple, constituant ainsi un bain d'air; on l'agite verticalement jusqu'à l'obtention d'un mélange homogène et on opère ensuite comme précédemment [Crismer, *Bulletin de l'Assoc. belge des Chimistes*, 1896].

Densité. — Un grand nombre de procédés, et surtout d'appareils, ont été imaginés pour cette détermination; mais ils peuvent tous rentrer dans l'une des trois catégories suivantes :

1° Les densimètres,
2° Méthode du flacon,
3° Méthode de la balance.

Densimètres. — Lorsque le corps est liquide, on immerge le densimètre dans le corps gras bien exempt de bulles d'air, en employant les précautions usitées en pareil cas.

La température est toujours ramenée à 15° centigrades; il faut ajouter, si la température est supérieure à 15°, ou retrancher dans le cas contraire, autant de fois la correction indiquée dans le tableau ci-après qu'il y a de degrés entre la température observée de l'huile et 15°.

La correction varie un peu avec la nature du corps gras.

Voici le tableau établi par P.-S. Girard [*Mon. scient.*, 1889].

Correction à faire subir pour une différence de 1° :

Huile de noisette	0,000620
— de sésame	0,000624
— d'olive	0,000629
— de coton	0,000629
— de lin	0,000649
— de ricin	0,000653
— d'arachide	0,000653
— de colza	0,000687
— d'œillette	0,000695
— d'amandes douces	0,000695
— d'abricot	0,000696
— de noix	0,000739
— de chènevis	0,000825

Lorsque le corps gras est solide à la température ordinaire, on immerge le vase dans la vapeur d'eau bouillante et on détermine la densité à 100°. Par convention on néglige la correction qu'il y aurait lieu de faire, le corps gras n'étant pas exactement à 100°, mais à 98 ou 99°.

Méthode du flacon. — Très pratique, surtout pour les matières solides à froid, elle a l'avantage de donner un résultat plus précis que le densimètre.

On peut employer le flacon ordinaire décrit dans les Traités de Physique, mais il vaut mieux se servir du tube de Sprengel.

Il se compose d'un petit tube en U dont les deux branches se terminent par deux tubes capillaires coudés à angle droit. On le remplit en plongeant une des extrémités dans le corps gras liquide ou liquéfié et en aspirant par l'autre extrémité.

Quand il est plein, si le corps est liquide à la température ordinaire, on le place dans un vase contenant de l'eau à 15°, et, quand il a bien pris la température du milieu, on essuie les extrémités des deux tubes capillaires pour enlever l'excès de matière qui aurait pu s'échapper, ou, s'il y avait eu contraction, on en ajoute une ou deux gouttes avec un fil de platine; on opère ensuite comme pour la détermination avec un flacon quelconque.

Si le corps gras est solide à froid, après avoir empli le tube comme il est dit ci-dessus, on le place dans la vapeur d'eau bouillante, et, après l'avoir laissé pendant un certain temps, on essuie l'excédent qui a pu s'échapper, on laisse refroidir et on pèse.

Méthode de la balance. — On se sert généralement de la balance de Mohr ou de celle de Dalican, trop connues pour qu'il soit besoin de plus d'explications. Les résultats sont suffisamment précis et surtout rapidement obtenus. On peut opérer à froid ou à chaud.

C'est la méthode la plus employée.

DÉTERMINATION DES POINTS DE FUSION ET DE SOLIDIFICATION. — Ces déterminations pour les corps gras neutres ne donnent que peu de renseignements au point de vue analytique, par suite de la discordance des résultats obtenus, certains expérimentateurs prenant par exemple comme point de fusion le point où le corps gras subit une sorte de liquéfaction, d'autres le moment où le corps gras fondu est devenu transparent.

En outre, les constituants du corps gras paraissent se liquéfier à tour de rôle, et certaines parties sont parfaitement liquides alors que d'autres sont encore à l'état pâteux.

Aussi est-il préférable d'opérer sur les acides gras obtenus par la saponification de la matière à essayer.

Néanmoins, voici comment on peut obtenir le point de fusion des corps gras neutres :

Dans tous les cas, après avoir fait fondre une matière grasse, il ne faut prendre un point de fusion que un ou deux jours après, certains phénomènes de surfusion pouvant le modifier assez considérablement.

D'après la méthode de Pohl, on enrobe le réservoir d'un thermomètre d'une mince couche de la matière en le trempant dans le corps gras fondu, puis, après repos, on note la température à laquelle il se forme une gouttelette fondue au bas du réservoir en plaçant le thermomètre dans un bain d'air.

Redwood détermine le point de fusion en faisant tomber une goutte de corps gras sur du mercure, laissant solidifier, puis échauffant le mercure et notant le point où la goutte s'étale sur celui-ci. Enfin on peut opérer en mettant un petit morceau de la matière dans un tube capillaire accolé à un thermomètre et opérant suivant la méthode usitée généralement.

Pour les acides gras préparés comme nous l'avons indiqué, et en ayant soin également d'opérer seulement un ou deux jours après leur fusion, on détermine le point de fusion comme ci-dessus, en aspirant dans un tube capillaire en verre très mince, de 2 centimètres de hauteur, les acides gras fondus. On ferme une extrémité à la lampe et on lie le tube au réservoir d'un thermomètre que l'on place dans un bain d'eau ou de glycérine, dont on élève la température très lentement en agitant sans cesse. Au moment où la colonne d'acide gras est parfaitement limpide, on note la température, qui est considérée comme le point de fusion.

Lorsque les acides gras se solidifient, il se manifeste une certaine élévation de température due à la chaleur latente de fusion, puis le thermomètre reste stationnaire pendant quelques instants avant de baisser à nouveau; c'est ce point que l'on considère comme le point de solidification. On a ainsi une donnée assez précise, et la seule employée dans le commerce. Aussi en France et en Angleterre a-t-on employé une méthode uniforme et réglementaire qui est celle de Dalican, et que l'on appelle ordinairement la *détermination du titre*.

Voici comment on doit opérer :

On saponifie, comme il est indiqué ci-dessus, 100 grammes du corps à examiner, et les acides gras sont filtrés dans un plat en porcelaine que l'on abandonne pendant la nuit dans un exsiccateur.

On fond alors doucement la matière grasse et on la verse dans un tube à essai de 16 centimètres de longueur et de $3^{cm},5$ de diamètre, de façon à le remplir à moitié. On fait passer le tube à travers un bouchon fermant incomplètement un bocal de 2 litres, et on suspend dans la matière grasse un thermomètre donnant le cinquième de degré. On attend alors jusqu'à ce qu'il commence à se former des cristaux, et on agite la masse en faisant décrire au thermomètre trois tours de droite à gauche, puis trois tours de gauche à droite, et on continue à agiter circulairement avec le thermomètre. La masse se trouble et, en observant alors le thermomètre, on voit celui-ci baisser, puis monter de quelques dixièmes de degré, et rester stationnaire avant de redescendre. C'est ce point qu'il faut noter.

On détermine encore quelquefois le point de congélation en immergeant un tube à essai dans des mélanges réfrigérants appropriés. Cette constante est peu précise, et par suite n'offre aucun intérêt.

III. — MÉTHODES CHIMIQUES POUR L'EXAMEN DES CORPS GRAS.

Les corps gras sont des mélanges plus ou moins complexes, en proportions variables, d'éthers, d'acides gras libres, d'hydrocarbures, etc.

L'analyse chimique devrait s'appliquer à scinder ces différents corps en leurs éléments, et à déterminer la nature et la proportion de chacun d'eux.

Si d'une part ces recherches sont longues et difficiles, d'autre part, au point de vue industriel, le besoin ne s'en fait pas sentir; aussi n'aborderons-nous pas cette question ici (voyez Lewkowitsch, *Chem. Analysis of oils*).

Nous examinerons les méthodes générales quantitatives suivantes :

1° *Dosage des acides gras libres.* — Détermination de la proportion d'acides gras libres dans un corps gras ou une cire.

2° *Indice de saponification* (nombre de Köttstorfer). — Mesure de la quantité d'alcali nécessaire pour neutraliser la totalité des acides gras.

3° *Indice d'éther.* — Détermination de la proportion de triglycérides ou éthers contenus dans un corps gras.

4° *Indice de Reichert, Meissl, Volny.* — Dosage des acides gras volatils.

5° *Indice de Hehner.* — Dosage des acides gras insolubles.

6° *Indice d'acétyle* ou *de Benedikt.* — Détermination des acides gras hydroxylés (?) ou alcools libres.

7° *Indice d'iode* ou *de brome.* — Dosage des acides gras non saturés.

1° DOSAGE DES ACIDES GRAS LIBRES. — L'acidité s'exprime par le nombre de milligrammes de potasse nécessaires pour saturer les acides gras libres contenus dans 1 gramme de corps gras ou de cire.

On opère généralement en se servant d'une solution alcoolique de potasse cinquième-normale, et en prenant comme indicateur la phtaléine du phénol.

On introduit dans un vase 20 centimètres cubes d'alcool amylique, auxquels on ajoute 5 ou 10 gouttes de phtaléine, et juste assez de solution alcoolique de potasse pour obtenir la coloration rouge. On verse alors cet alcool amylique sur la quantité pesée de corps gras, 10 ou 20 grammes, et on laisse tomber la solution de potasse jusqu'à ce que la coloration rose obtenue persiste au moins pendant 10 secondes [Halphen, *Revue générale de Chimie appliquée*, **4**, n° 6].

Supposons que pour 10 grammes d'un corps gras il ait fallu $2^{cc},4$ de potasse cinquième-normale, c'est-à-dire $\frac{2,4 + 56,1}{5}$ milligrammes de potasse.

La quantité de potasse nécessaire pour 1 gramme de corps gras, ou l'acidité, sera

$$A = \frac{2,4 \times 56,1}{5 \times 10} = 2,69.$$

L'acidité s'exprime également en acide oléique, en tenant compte que 282 grammes d'acide oléique sont saturés par 1 litre de potasse alcoolique.

Pour l'exemple cité on aurait

$$\frac{2,4 \times 0,0282}{10} \times \frac{100,0}{5} = 1,35.$$

Pour les corps gras solides, la détermination se fait en mettant le vase contenant la graisse au bain-marie, et en le laissant jusqu'à l'ébullition de l'alcool.

On peut également rechercher la quantité d'acides gras libres par dissolution dans l'alcool, en opérant au bain-marie à 25 ou 30°.

Ce procédé est long et donne des résultats moins précis que le titrage direct.

2° Indice de saponification ou nombre de Köttstorfer. — Cet indice s'exprime par le nombre de milligrammes de potasse nécessaires à la saponification complète de 1 gramme de corps gras ou de cire.

On pèse exactement 2 à 3 grammes du corps gras dans une fiole conique de 200 centimètres cubes, et on y ajoute 25 centimètres cubes d'une solution alcoolique de potasse préparée en faisant dissoudre environ 50 grammes de potasse dans le moins d'eau possible, et complétant à 1000 centimètres cubes avec de l'alcool à 96°. Cette solution, filtrée rapidement après un jour de dépôt, est conservée dans un flacon bien bouché à l'abri de la lumière.

On chauffe pendant une demi-heure vers 80° la fiole recouverte d'un verre de montre, ou mieux encore surmontée d'un réfrigérant à reflux, en agitant de temps en temps.

On titre l'excès de potasse non employée avec une solution demi-normale d'acide chlorhydrique en se servant de phtaléine comme indicateur.

La solution de potasse est titrée en en mettant 25 centimètres cubes dans une fiole semblable à celle employée pour le corps gras et en lui faisant subir le même traitement, de façon à opérer dans des circonstances identiques.

Supposons qu'on ait pris $2^{gr},025$ de corps gras, et que l'on ait saponifié avec 25 centimètres cubes de solution alcoolique de potasse : il a fallu $17^{cc},5$ d'acide chlorhydrique demi-normal pour la neutralisation. D'autre part, on a employé $31^{cc},4$ d'acide chlorhydrique pour le titrage de 25 centimètres cubes de solution de potasse.

La quantité de potasse nécessaire pour saponifier les acides gras est donc

$$\frac{0,0561\,(31,4 - 17,5)}{2 \times 2,025} = 0^{gr},192.$$

192 est l'*indice de saponification* du corps gras analysé.

Allen, se fondant sur ce que tous les acides gras sont monobasiques, avait proposé de déterminer, au lieu de l'indice de saponification, l'*équivalent de saturation*, qui représenterait le nombre de grammes d'acide gras saponifié par un équivalent de potasse.

Pour avoir ce chiffre, il suffit donc de diviser l'indice de saponification par le poids moléculaire de la potasse 56,1 [*Journ. Soc. Chem. Ind.*, 1895].

3° Indice d'éthérification. — Il est représenté par le nombre de milligrammes de potasse nécessaire à la saponification des éthers neutres, dans 1 gramme de corps gras ou de cire.

Cet indice est identique à celui de saponification, si le corps gras ne contient pas d'acides gras libres.

Il est la différence entre la valeur acide et l'indice de saponification du corps gras.

4° Indice de Reichert, Meissl, Volny. — Cet indice, qui correspond à la proportion d'acides gras volatils, est représenté par le nombre de centimètres cubes de potasse décinormale nécessaire à la neutralisation des acides volatils de 5 grammes de corps gras ou de cire.

Voici le procédé tel que Volny l'a modifié :

Dans un ballon à fond rond de 250 à 300 centimètres cubes de capacité, on met 5 grammes de corps gras exactement pesé, 2 centimètres cubes d'une solution de soude à 50 0/0 exempte de carbonate, enfin 10 centimètres cubes d'alcool à 96°. On chauffe le ballon, muni d'un réfrigérant à reflux, au bain-marie pendant 1 quart d'heure. On plonge alors le ballon, après avoir retourné le réfrigérant, dans de l'eau bouillante pendant une demi-heure, de façon à chasser tout l'alcool et enfin on ajoute 100 centimètres cubes d'eau distillée bouillante.

Le ballon, recouvert d'un verre de montre, est laissé pendant encore 1 quart d'heure dans l'eau bouillante, puis on le refroidit vers 60° et on ajoute 40 centimètres cubes d'acide sulfurique étendu, dont il doit falloir environ 30 à 35 centimètres cubes pour neutraliser 2 centimètres cubes de la solution de soude caustique, et 2 ou 3 grains de pierre ponce.

On distille immédiatement sur un feu doux, de façon à recueillir 110 centimètres cubes dans l'espace d'environ 20 minutes. On filtre pour séparer les acides gras solides entraînés, et on titre l'acidité sur 100 centimètres cubes en se servant d'une solution décinormale de potasse avec la phtaléine comme indicateur. Le nombre de centimètres cubes trouvé est multiplié par 1,1.

Il est bon de faire un essai à blanc absolument dans les mêmes conditions, la potasse pouvant contenir des carbonates.

Certains auteurs proposent de remplacer l'acide sulfurique par de l'acide phosphorique sirupeux; les nombres obtenus avec ce dernier acide semblent être un peu faibles [Cornwoal, *Chem. News*, **53**, 20].

5° Indice de Hehner. — Il représente la proportion d'acides gras insolubles contenus dans un corps gras ou dans une cire.

On pèse exactement dans une capsule de porcelaine 3 ou 4 grammes du corps, on ajoute 50 centimètres cubes d'alcool et 1 ou 2 grammes de potasse caustique solide; on chauffe au bain-marie en agitant sans cesse jusqu'à l'obtention d'une liqueur claire. On s'aperçoit que la saponification est complète quand, en laissant tomber dans le mélange une goutte d'eau distillée, elle ne produit aucun trouble; dans le cas contraire on continue à chauffer jusqu'à ce que l'essai soit affirmatif; on fait alors évaporer la solution jusqu'à ce que le savon forme une pâte épaisse. On verse dessus 150 centimètres cubes d'eau chaude, et, après dissolution complète du savon, on acidifie avec de l'acide chlorhydrique ou sulfurique dilué et on chauffe à nouveau jusqu'à l'obtention d'une couche huileuse, limpide et transparente. Il ne reste plus qu'à recueillir les acides sur un filtre taré après lavage parfait et dessiccation. Pour empêcher les acides gras de passer au travers du filtre, il faut avoir soin de bien mouiller celui-ci et s'arranger ensuite de façon qu'il contienne toujours de l'eau pendant qu'on y verse la solution à filtrer.

Les acides gras sont lavés à l'eau chaude jusqu'à ce que le liquide filtré soit sensiblement neutre; il faut environ 2 litres d'eau. On plonge l'entonnoir dans l'eau froide pour solidifier les acides gras. Le filtre détaché de l'entonnoir est placé dans un becherglass à l'étuve à 100-110°, et pesé.

Le nombre obtenu est rapporté à 100 grammes de corps gras; c'est l'indice de Hehner.

6° INDICE D'ACÉTYLE. — Il indique la proportion d'acides hydroxylés ou d'alcools libres qui se trouvent dans un corps gras ou dans une cire. Il s'exprime par le *nombre de milligrammes* de potasse nécessaire pour neutraliser l'acide acétique obtenu par la saponification de 1 gramme de dérivés acétylés des acides gras insolubles.

Pour la détermination de l'indice d'acétyle on chauffe pendant 2 heures, au réfrigérant à reflux, 30 à 50 grammes des acides gras préparés comme nous l'avons indiqué, et bien secs, avec la même quantité d'anhydride acétique. On ajoute alors 500 centimètres cubes d'eau et on fait bouillir pendant une demi-heure. Pour éviter les soubresauts, on peut, soit ajouter quelques fragments de ponce, soit faire passer de l'acide carbonique bulle à bulle.

On laisse reposer : la couche huileuse remonte à la surface; on siphonne l'eau qui se trouve en dessous et on la remplace par une nouvelle quantité d'eau pure, et on fait bouillir à nouveau.

On exécute ainsi trois lavages; on s'assure cependant au tournesol que le liquide aqueux est bien neutre.

Les acides gras acétylés sont recueillis sur un filtre et chauffés à l'étuve pour éliminer l'eau; on en pèse exactement 5 grammes environ, que l'on dissout dans l'alcool, on y ajoute quelques gouttes de phtaléine et on titre avec la potasse demi-normale : on détermine ainsi les acides libres.

On ajoute alors 25 centimètres cubes d'une solution titrée de potasse, et on fait bouillir pendant une demi-heure de façon à décomposer les dérivés acétylés. L'acide acétique ainsi mis en liberté se combine avec la potasse, et un nouveau titrage avec de l'acide chlorhydrique donne la quantité de potasse non employée; par différence avec la quantité ajoutée on obtient la quantité qui a servi à neutraliser l'acide acétique. Ce nombre, rapporté à 1 gramme de dérivé acétylé et exprimé en milligrammes, est l'indice d'acétyle.

7° INDICE D'IODE OU DE BROME. — L'indice d'iode ou de Hübl indique la quantité d'iode absorbée par un corps gras ou une cire. C'est donc la détermination des acides non saturés du corps gras, acides qui, libres ou combinés avec le glycérol, fixent autant de groupes halogènes qu'ils ont de valences non saturées.

On se sert à cet effet des solutions suivantes :

1° *Solution d'iode.* — Obtenue en dissolvant d'une part 25 grammes d'iode, et d'autre part 30 grammes de bichlorure de mercure, chacun dans 500 centimètres cubes d'alcool à 95°, mélangeant et complétant à 1 litre; on filtre après 24 heures pour séparer le dépôt d'iode. On peut également conserver les solutions séparées et les mélanger au moment de s'en servir.

2° Une solution d'hyposulfite de soude à 24gr,8 par litre.

On titre cette solution par l'un quelconque des procédés usités en pareil cas.

3° Une solution d'iodure de potassium à 10 0/0.

4° Une solution d'empois d'amidon préparée fraîchement.

Voici comment Hübl opérait :

On pèse soigneusement 0gr,15 environ du corps s'il s'agit d'une huile siccative ou d'une huile de poisson, 0gr,3 si c'est une huile non siccative, et enfin 1 gramme pour un corps gras solide.

Le corps gras est mis dans un flacon de 500 centimètres cubes, et on verse dessus 10 centimètres cubes de chloroforme et 25 centimètres cubes de la solution d'iode. Si après agitation le mélange est troublé, il faut ajouter du chloroforme, ou si la solution paraît se décolorer, on verse à nouveau 25 centimètres cubes d'iode. La coloration doit rester brune après 2 heures de repos; il est bon cependant de laisser en contact pendant 2 heures encore pour permettre à la réaction de s'effectuer complètement, en maintenant le flacon à l'abri de la lumière. On verse 15 à 20 centimètres cubes d'iodure de potassium dans le flacon et environ 300 centimètres cubes d'eau. Un précipité rouge d'iodure de mercure indiquerait qu'il est nécessaire d'ajouter de l'iodure de potassium. L'iode libre est titré avec l'hyposulfite de soude en se servant de l'empois comme indicateur. La quantité d'iode absorbé, rapportée à 100 du corps gras, est l'indice d'iode.

Il est bon de titrer la solution d'iode en se mettant dans les mêmes conditions que pour l'essai.

Un grand nombre de modifications ont été proposées, mais la méthode de Hübl paraît donner les mêmes résultats.

Quant à la détermination de l'indice de brome imaginée par Caillетet en 1857, et modifiée successivement par Mills, Levallois, Halphen, Mac Khiney, elle est moins précise que celle de l'indice d'iode, certains acides n'absorbant pas le brome à la température ordinaire, et paraît devoir être abandonnée.

IV. — ANALYSE QUANTITATIVE DES CORPS GRAS OU DES CIRES.

L'analyse quantitative des corps gras comprend les déterminations suivantes, pour lesquelles nous adopterons l'ordre de M. Lewkowitsch (*Chemical analysis of oils and fats*), et que nous passerons rapidement en revue :

1° *Acides gras libres et corps gras neutres; poids moléculaire moyen.*
2° *Diglycérides.*
3° *Acides gras solubles ou volatils et acides gras insolubles ou fixes.*
4° *Acides gras saturés et non saturés.*
5° *Acides palmitique, stéarique et oléique, mélangés, en l'absence des autres acides gras non volatils.*
6° *Détermination des acides gras liquides, oléique et linolique.*
7° *Acides hydroxylés.*
8° *Lactones.*
9° *Glycérol.*

1° ACIDES GRAS LIBRES ET CORPS GRAS NEUTRES; POIDS MOLÉCULAIRE MOYEN. — Un titrage du corps gras en solution alcoolique chaude avec de la potasse en présence de phtaléine donne la proportion des acides gras libres. Après refroidissement, le liquide ainsi neutralisé et étendu de son volume d'eau est introduit dans un entonnoir à décantation avec de l'éther de pétrole. On sépare la couche éthérée renfermant le corps gras, et en pesant le résidu après avoir chassé le pétrole on obtient le corps gras neutre. Le poids moléculaire moyen M des acides gras est le rapport du poids moléculaire de la potasse (en milligrammes) à l'indice de saponification des acides gras déterminé comme nous l'avons dit :

$$M = \frac{56,100}{A}.$$

2° Diglycérides. — Jusqu'à présent on n'a constaté la présence de diglycérides que dans la stéarine d'huile de colza à l'état d'érucine.

3° Acides solubles (volatils) et insolubles (non volatils). — L'indice de Hehner donne la proportion des acides insolubles.

Les acides gras volatils sont la différence entre les acides gras totaux et les acides insolubles.

4° Acides gras saturés et non saturés. Proportion des acides liquides et solides dans les acides gras insolubles. — La détermination des acides non saturés ou liquides se fait en se servant de la réaction de Warrentrap, basée sur la solubilité des sels de plomb des acides liquides dans l'éther et l'insolubilité dans ce solvant des sels de plomb des acides solides. Il est utile, avant de faire cette détermination, de rechercher s'il y a des acides liquides. On s'en rend compte par l'indice d'iode : s'il n'y a pas d'absorption, on peut conclure à leur absence; dans le cas contraire il faut procéder au dosage.

D'autre part, on recherche les acides solides dans un corps gras liquide en saponifiant le corps avec de la potasse alcoolique et neutralisant exactement l'excès d'alcali avec de l'acide acétique. Le produit filtré est additionné de 2 fois son volume d'éther et d'une solution alcoolique d'acétate de plomb. S'il y a des acides solides, on obtient un précipité blanc.

Voici le procédé d'Oudemann [*J. prakt. Chem.*, **99**, 407], basé sur la réaction de Warrentrap :

Après préparation des acides gras par le procédé habituel, on ajoute un excès de carbonate de sodium et on évapore à siccité au bain-marie. On épuise à plusieurs reprises par l'alcool absolu jusqu'à dissolution complète du savon de soude. On filtre à chaud, on dilue avec un peu d'eau et on ajoute un excès d'acétate de plomb. Le précipité, lavé à fond, est séché d'abord à l'air, puis placé dans un exsiccateur.

On prend un poids connu de sels de plomb et on l'épuise un grand nombre de fois avec de l'éther bien sec. Les solutions filtrées sont évaporées et le résidu, séché à une douce température, est pesé. Ce résidu est considéré comme de l'oléate de plomb si on suppose qu'il n'y a pas d'autres acides liquides.

5° Acides palmitique, stéarique, oléique en l'absence d'autres acides gras non volatils. — Pour l'acide oléique, il suffit de déterminer l'indice du corps gras, soit I, et comme la théorie indique que l'indice d'iode de l'acide oléique est 90,7, la proportion d'acide oléique sera donnée par la formule

$$O = \frac{100\,I}{90,7}.$$

On détermine l'acide stéarique en épuisant à 0° le mélange des acides gras par une solution alcoolique saturée à 0° d'acide stéarique pur : dans ces conditions, les autres acides se dissolvent et l'acide stéarique reste.

L'acide palmitique est calculé par différence, connaissant la proportion d'acide oléique et d'acide stéarique.

Dans les stéarineries, en se basant sur les points de solidification et de fusion des acides gras mélangés, on établit des tables empiriques donnant la proportion des acides solides et d'acides liquides qui peuvent donner quelques indications, mais pas de résultats précis.

6° Détermination des acides liquides, oléique et linolique. — Jusqu'à présent on ne paraît pas connaître de méthode précise de dosage des acides moins saturés que l'acide oléique.

7° Acides hydroxylés. — La proportion en est donnée par l'indice d'acétyle.

8° Lactones. — Les lactones se recherchent dans les produits oxydés, huiles pour rouge turc, etc.

On saponifie 10 grammes de corps gras avec de la potasse alcoolique en excès, et on extrait l'insaponifiable, s'il y en a, avec de l'éther de pétrole. Le savon alcalin dissous dans l'eau bouillante est décomposé par l'acide chlorhydrique, et l'alcool chassé au bain-marie. La couche grasse surnageante est lavée et neutralisée avec de la soude caustique, en ayant soin de ne pas en ajouter en excès, ce qui détruirait la stéarolactone.

On agite alors avec de l'éther de pétrole qui dissout la stéarolactone, on chasse l'éther et on pèse le résidu.

Si avant de neutraliser par l'alcali on épuise par l'éther de pétrole, on dissout les acides gras et la stéarolactone et il reste les oxyacides qui adhèrent aux parois du vase. On les dissout dans l'alcool absolu et on les pèse après évaporation du solvant.

9° Glycérol. — On saponifie 2 ou 3 grammes de corps gras d'après la méthode habituelle; le savon est ensuite décomposé par de l'acide chlorhydrique dilué et les acides gras séparés par décantation. Dans la solution aqueuse le glycérol est dosé par l'une quelconque des méthodes décrites à l'article Glycérine, de préférence celle au bichromate de potassium.

Déterminations particulières.

Dosage de l'insaponifiable. — Sous le nom d'*insaponifiables* on peut désigner les matières ne se combinant pas avec les alcalis caustiques et insolubles dans l'eau.

Il y a lieu de rechercher à part la résine, qui est presque entièrement saponifiable.

Voici la méthode employée par Allen et Thomson pour déterminer la quantité de matières insaponifiables :

On saponifie dans une capsule 5 grammes du corps gras avec 25 centimètres cubes d'une solution alcoolique de soude à 8 0/0, et on fait bouillir jusqu'à siccité. Le savon obtenu est dissous dans 50 centimètres cubes d'eau chaude, et la solution versée dans un entonnoir à décantation en rinçant la capsule avec environ 30 centimètres cubes d'eau. Après refroidissement, la solution est agitée avec 50 centimètres cubes d'éther, additionné de quelques gouttes d'alcool pour favoriser la séparation. On sépare les deux couches, et, après un nouvel épuisement du liquide savonneux, on réunit les solutions éthérées, on les lave avec un peu d'eau pour les débarrasser du savon dissous, et ensuite on les verse dans un flacon taré. On chasse l'éther et le résidu est pesé.

Une fois la proportion d'insaponifiable déterminée, il y a lieu d'examiner le résidu.

S'il est liquide, il faut rechercher les huiles minérales, les huiles de goudron ou les huiles de résine.

La densité est une indication précieuse, les huiles minérales variant de 0,850 à 0,920, les huiles de résine de 0,960 à 1,01, et les huiles de goudron restant supérieures à 1,01. Dans le cas de mélange de ces différents produits, la densité ne fournit plus aucun renseignement.

L'agitation avec l'acide sulfurique donne avec les huiles minérales une fluorescence assez caractéristique; il en est de même pour les huiles de résine.

La réaction de Liebermann donne une méthode à peu près sûre pour retrouver l'huile de résine; nous l'*indiquerons aux réactifs colorés*.

Enfin l'abaissement de l'indice de saponification du corps gras est la meilleure preuve de la présence d'huiles minérales.

Les matières insaponifiables solides peuvent être composées soit d'alcools cétylique, cérylique ou myricique, et de cholestérine, qui se trouvent naturellement dans les corps gras, soit de produits ajoutés comme la paraffine et la cérésine.

L'ébullition au réfrigérant à reflux pendant 2 heures avec de l'anhydride acétique donne d'assez bonnes indications.

Si l'insaponifiable se dissout complètement et reste dissous après refroidissement, on se trouve en présence des alcools mentionnés ci-dessus.

Si l'insaponifiable se dissout complètement, et par refroidissement laisse déposer des cristaux, on a les alcools ci-dessus ou de la cholestérine, ou même les deux.

Si l'insaponifiable ne se mélange pas, reste comme une couche huileuse à la surface du liquide et se solidifie par refroidissement, on est en présence de paraffine ou de cérésine.

Essai de Maumené. — Il est basé sur l'élévation de température produit par l'addition d'acide sulfurique au corps gras (voy. l'art. Huiles du Dictionnaire).

Réaction de température spécifique ou indice de saponification relatif. — Thomson et Ballantyne ont proposé de déterminer, dans des conditions identiques, l'élévation de température obtenue en ajoutant 10 centimètres cubes d'acide sulfurique à 50 grammes d'huile d'une part, et 10 centimètres cubes du même acide sulfurique à 50 grammes d'eau d'autre part.

Le rapport de ces deux nombres, multiplié par 100 pour éviter les décimales, a été désigné par ces auteurs sous le nom de réaction de température spécifique. En France on le désigne quelquefois sous le nom d'*indice de saponification relatif*.

Chaleur de bromuration. — Hehner et Mitchell ont déterminé l'élévation de température produite par l'addition de 1 centimètre cube de brome à 1 gramme d'huile en dissolution dans 10 centimètres cubes de chloroforme. Le nombre obtenu est la chaleur de bromuration.

On opère dans un tube à essai entouré d'un manchon où on fait le vide. Cette précaution est utile pour obtenir des nombres concordants.

Pour les acides gras, on les dissout dans de l'acide acétique cristallisable.

Réactions colorées. — Un très grand nombre de réactifs colorés ont été proposés, permettant soit de classer les corps gras par catégories, soit de les différencier. Ces méthodes sont fort peu certaines, les résultats assez peu nets et sujets à être modifiés par les corps étrangers en présence. Aussi ne doit-on s'en servir qu'avec beaucoup de réserve.

Nous n'en décrirons pas en dehors de celles dont il a été question dans le Dictionnaire (art. Huiles), et nous donnerons seulement quelques réactions particulières qui permettent de déterminer avec une certitude presque absolue certains corps gras.

Recherche de la résine. — *Procédé Liebermann-Storch.* — Si la résine est à l'état d'huile de résine mélangée à des huiles minérales ou non, on agite 1 à 2 centimètres cubes du corps à examiner avec de l'anhydride acétique en chauffant légèrement. Après refroidissement on enlève l'excès d'anhydride avec une pipette et on laisse tomber une ou deux gouttes d'acide sulfurique concentré. S'il y a de l'huile de résine, on perçoit une belle coloration violette, qui disparaît rapidement.

Si on est en présence d'un corps gras ou d'un savon, on isole les acides gras par les procédés habituels, on les dissout dans l'anhydride acétique, et on poursuit l'opération comme ci-dessus.

La cholestérine donne la même réaction; il y a donc lieu de la séparer si on craint sa présence. Il suffit d'agiter le savon avec de l'éther de pétrole avant de mettre les acides gras en liberté.

Recherche de l'huile de coton. — 1° *Procédé Bechi.* — On chauffe au bain-marie 5 centimètres cubes du corps gras avec 25 centimètres cubes d'alcool et 5 centimètres cubes d'une solution à 1 0/0 d'azotate d'argent dans l'alcool absolu. Si le liquide est devenu noir au bout de 20 minutes, on est en présence d'huile de coton. Il faut opérer dans l'obscurité, pour éviter la réduction du sel d'argent. Cette réaction n'est pas absolument certaine, les huiles de crucifères réduisant le nitrate, et un certain nombre d'huiles de coton se montrant absolument sans action sur lui.

2° *Procédé Halphen.* — On introduit dans un tube à essais 1 à 2 centimètres cubes de corps gras, puis un égal volume d'alcool amylique et 1 à 2 centimètres cubes de sulfure de carbone dans lequel on a préalablement fait dissoudre 1 0/0 de soufre en canon pulvérisé. On immerge le tube aux deux tiers dans un bain-marie bouillant et on l'y abandonne au moins pendant 1 heure. Un excès de chauffage n'a aucune influence. L'huile de coton en nature ou mélangée donne seule lieu à une coloration rouge, d'autant plus rapide et plus foncée que l'huile de coton est en plus grande proportion dans le mélange. Quand on opère avec des produits naturellement très colorés, il faut les décolorer préalablement par battage avec du noir animal et filtration [G. Halphen, Conf. à l'Institut Pasteur, *Rev. gén. de Chimie pure et appliquée*, 1901].

Cette réaction est très sensible et donne d'excellents résultats.

Recherche de l'huile de sésame. — *Procédé Baudouin.* — Si on ajoute à 20 centimètres cubes d'huile à essayer 10 centimètres cubes d'une solution d'acide chlorhydrique d'une densité de 1,19 contenant 1 0/0 de sucre et que, après agitation pendant 1 minute, on laisse reposer, il y a séparation et la couche sous-jacente acide est colorée en rouge vif si l'on est en présence d'huile de sésame.

Procédé Villavecchia et Fabris. — Ces chimistes ont modifié le procédé de la façon suivante : On met dans un tube à essai 10 centimètres cubes d'huile à essayer, 0^{cc},1 d'une solution alcoolique de furfurol à 2 0/0 et 10 centimètres cubes d'acide chlorhydrique, on agite pendant une demi-minute.

La coloration rouge permet de déterminer la présence de quantités inférieures à 1 0/0 d'huile de sésame.

Recherche des huiles végétales. — *Procédé Welmans.* — L'huile mise en solution dans le chloroforme, agitée avec de l'acide phosphomolybdique et additionnée d'ammoniaque, donne à la couche aqueuse une coloration bleue s'il y a présence d'huiles végétales. Ce procédé comporte un certain nombre d'exceptions qui empêchent de l'appliquer avec certitude.

Procédé général d'analyse. — Ici encore

Noms	Densité à 15°	Point de solidification	Point de fusion	Indice de saponification milligr. de KOH	Indice d'iode	Indice de Hehner 0/0	Indice d'acétyle	Essais thermiques		Indice de réfraction		Oléo-réfractomètre	Réaction de température spécifique	Indice de Reichert	ACIDES GRAS MÉLANGÉS								
								Essai de Maumené degrés C	Chaleur de bromuration	à 15°	à 60°				Densité	Point de solidification	Point de fusion	Indice de saponification	Indice d'iode	Indice de réfraction à 15°	Indice de réfraction à 60°	Chaleur de bromuration degrés C	Poids moléculaire moyen
Huiles siccatives.																							
Lin (*linum unitatissimum*)	0,934	—16 —27°	—16 —20°	195	178	»	6,85–7,03	110	31	4835	1,4660	+48 +53°	330	»	0,9233	+13 +17°	+17 +24°	197	179	»	1,4546	»	295
Bois (*aleurites cordata*)	0,938	—17°	»	194	161	96,4	»	372	23,4	»	»	+75°	»	»	»	+32°	40°	186	155	»	»	26	»
Lallemantia (*lallemantia iberica*)	0,933	—35°	»	185	162	93,3	»	»	»	»	»	»	»	1,55	»	11°	22°	»	166	»	»	»	»
Chènevis (*cannabis sativa*)	0,925	—15 —27°	»	192	148	»	»	96	»	»	»	+30 +34°	»	»	»	15°	19°	»	125	»	»	»	»
Noix (*juglans regia*)	0,926	—15 —27°	»	194	145	»	»	101	»	4804	»	+35 +36°	»	»	»	16°	18°	»	150	»	»	»	»
Pavot œillette (*papaver somniferum*)	0,925	—18°	»	193	136	95,3	»	87	»	4773	1,4586	+29 +30°	»	»	»	16°,2	20°,5	199	139	»	1,4506	»	»
Tournesol (*helianthus annuus*)	0,920	—16 —18°	»	193	129	95	»	72	»	»	1,4611	+35°	»	»	»	17°	23°	201	133	»	1,4531	»	»
Niger (*guizotia oleifera*)	0,927	—9°	»	190	133	»	»	82	»	»	»	+26 +30°	»	»	»	»	»	»	147	»	»	»	»
Pignons :																							
Pinus sylvestris	0,931	—28°	»	»	•	»	»	»	»	»	»	»	»	»	»	»	»	»	»	»	»	»	»
— *abies*	0,928	—27°	»	»	»	»	»	»	»	»	»	»	»	»	»	»	»	»	»	»	»	»	»
— *picea*	0,923	—18 —27°	»	191	119	»	»	98	»	»	»	»	»	»	»	+10 +16°	+16 +19°	»	121	»	»	»	»
Madia (*madia sativa*)	0,928	—12°	»	192	118	»	»	97	»	»	»	»	»	»	»	21°	24°	»	120	»	»	»	»
Noix de chandelle (*aleurites moluccana*)	0,923	»	»	»	»	94	»	»	»	»	»	»	»	»	»	56°	65°	»	118	»	»	»	»
Mohamba	0,915	»	»	»	»	55	»	»	»	»	»	»	»	»	»	»	34°	»	»	»	»	»	»
Julienne (*hesperis matronalis*)	0,931	—22°	»	191	155	126	»	»	»	»	»	»	»	»	»	15°	21°	»	157	»	»	»	»
Jusquiame (*hyoscyamus niger*)	0,939	»	»	170	138	94	»	»	»	»	»	»	»	0,99	»	»	»	»	»	»	»	»	»
Laurier d'Inde (*laurus indica*)	0,926	»	»	170	118	»	»	»	»	»	»	»	»	»	»	18°	25°	»	»	»	»	»	»
Tabac	0,923	—25°	»	»	»	»	»	»	»	»	»	»	»	»	»	»	»	»	»	»	»	»	»
Huiles semi-siccatives.																							
A. — GROUPE COTON.																							
Cameline (*myagrum sativum*)	0,925	—18°	»	188	134	»	»	117	»	»	»	+32°	»	»	»	14°	19°	»	136	»	»	»	»
Soya (*soja hispada*)	0,926	+15 +8°	»	192	122	95,5	»	60	»	»	»	»	»	»	»	25°	28°	»	119	»	»	»	»
Pépins de citrouille (*cucurbita pepo*)	0,923	—15°	»	188	121	96,2	»	»	»	»	»	»	»	»	»	24°	28°	»	»	»	»	»	284
Maïs (*zea mays*)	0,921	—10 —15°	»	190	119	95	7,8–8,5	66	»	»	»	+23°	»	0,33	»	15°	20°	198	120	»	»	»	»
Kapok (*eriodendron anfractuosum*)	0,925	»	»	181	118	94	»	95	»	»	»	»	»	»	0,916	23°	29°	191	108	»	»	»	293
Coton (*gossypium*)	0,922	0 —1°	»	195	107	96	21,1–24,8	76	19,4	1,474	1,457	+16 +23°	169	»	0,921	35°	38°	204	112	»	1,446	»	282
Sésame (*sesamum orientale*)	0,923	—4 —6°	»	190	106	95	»	65	»	1,474	1,456	+17 +18°	»	0,35	»	23°	28°	200	111	»	1,446	»	»
Tilleul (*tilia americana*)	0,938	—10°	»	178	111	»	»	»	»	»	»	»	»	»	»	»	»	»	»	»	»	»	»
Faines (*fagus sylvatica*)	0,922	—18°	»	193	107	95	»	64	»	»	»	+18°	»	»	»	17°	24°	»	114	»	»	»	»
Noix du Brésil (*bertholletia excelsa*)	0,918	1°	»	193	106	»	»	51	»	»	»	»	»	»	»	32°	29°	»	108	»	»	»	»
B. — GROUPE COLZA.																							
Cresson alénois (*lepidium sativum*)	0,922	—15°	»	178	108	»	»	93	»	»	»	»	»	»	»	»	17°	»	111	»	»	»	»
Raphanistre (*raphanus raphanistrum*)	0,917	—8°	»	174	105	»	»	»	»	»	»	»	»	»	»	»	»	»	»	»	»	»	»
Colza (*brassica campestris*)	0,915	—2 —10°	»	173	102	95	»	55	18	1,472	1,466	+16 +20°	132	0,3	0,843	17°	21°	185	100	»	1,499	»	314
Moutarde noire (*sinapis nigra*)	0,917	—17°	»	174	103	»	»	43	»	»	»	»	»	»	»	15°	16°	»	109	»	»	»	»
Moutarde blanche (*sinapis alba*)	0,914	—8 —16°	»	172	95	96	»	45	»	»	»	»	»	»	»	»	16°	»	95	»	»	»	»
Raifort	0,917	—10 —17°	»	178	95	»	»	51	»	»	»	»	»	»	»	14°	20°	»	97	»	»	»	»
Jambo (*brassica*)	0,915	—10 —12°	»	172	95	»	»	52	»	»	»	»	»	»	»	13°	20°	174	96	»	»	»	»
C. — GROUPE RICIN.																							
Croton	0,942	—16°	»	215	102	89	»	»	»	»	»	+35°	»	1,3	»	19°	»	201	»	»	»	»	»
Médicinier	0,919	0 —8°	»	220	115	87	»	»	»	»	»	»	»	0,65	»	»	25°	»	105	»	»	»	»
Pépin de raisins	0,935	—11 —15°	»	178	95	92	»	53	»	»	»	»	»	»	»	19°	24°	187	99	»	»	»	»
Ricin	0,961	—17 —18°	»	181	84	»	»	46	15	1,480	1,463	+42 +46°	90	1,4	0,950	3°	13°	»	90	»	1,454	»	300
Huiles non siccatives.																							
Noyaux de cerises	0,923	—19 —20°	»	194	111	»	»	45	»	»	»	»	»	»	»	14°	20°	189	109	»	»	»	296
Laurier-cerise	0,923	—19 —20°	»	194	108	»	»	44	»	»	»	»	»	»	»	16°	21°	»	112	»	»	»	»
Noyaux d'abricots	0,917	—14 —20°	»	193	101	»	»	44	»	»	»	»	»	»	»	0°	3°	194	103	»	»	»	288
Noyaux de prunes	0,916	—5 —8°	»	191	100	»	»	45	»	»	»	»	»	»	»	14°	21°	200	103	»	»	»	279
Noyaux de pêches	0,920	»	»	191	98	»	»	43	»	»	»	+7 +11°	»	»	»	»	3°	200	97	»	»	»	278
Huile d'amandes douces	0,918	—10 —20°	»	190	97	96	»	52	17	1,474	1,465	+8 +10°	»	»	»	5°	14°	204	94	»	1,446	»	»
Sanguinella	0,921	—15°	»	192	100	»	»	52	»	»	»	»	»	»	»	30°	35°	195	102	»	»	»	»
Arachide	0,917	—3 —7°	»	192	98	95	»	50	»	1,473	1,454	+4 +7°	120	»	»	25°	30°	201	96	»	1,446	»	281
Graines de thé	0,920	—5 —12°	»	195	88	91	»	»	»	»	»	+8°	»	»	»	»	»	»	»	»	»	»	»
Pistaches	0,918	—8 —10°	»	191	87	»	»	45	»	»	»	»	»	»	»	13°	18°	»	88	»	»	»	»
Noisettes	0,917	—10 —20°	»	192	87	95	»	36	»	1,4716	»	»	»	0,99	»	19°	23°	»	90	»	»	»	»
Olives	0,917	»	»	190	82	95	12	43	14	1,470	1,454	+1 +3°	93	0,3	»	22°	26°	193	88	»	1,441	»	282
Grignons d'olives	0,920	»	»	188	81	»	22	»	»	»	»	»	»	»	»	»	»	»	»	»	»	»	»
Café	0,951	—3 +6°	»	173	86	»	»	54	»	»	»	»	»	1,6	»	35°	39°	175	89	»	»	»	»
Ungnadia	0,912	—12°	»	191	82	94	»	»	»	»	»	»	»	»	»	10°	19°	»	86	»	»	»	»
Strophantus	0,925	»	»	187	73	95	»	»	»	»	»	»	»	0,5	»	»	»	»	»	»	»	»	»
Ben	0,916	»	»	»	82	»	»	»	»	»	»	»	»	»	»	»	»	»	»	»	»	»	»

Noms	Densité à 15°	Point de solidification	Point de fusion	Indice de saponification milligr. de KOH	Indice d'iode	Indice de Hehner 0/0	Indice d'acétyle	Essais thermiques: Essai de Maumené degrés C	Essais thermiques: Chaleur de bro-	Indice de réfraction à 15°	Indice de réfraction à 60°	Oléo-réfracto-mètre	Réaction de température spécifique	Indice de Reichert	Acides gras mélangés: Densité	Acides gras mélangés: Point de solidification	Acides gras mélangés: Point de fusion	Acides gras mélangés: Indice de saponification	Acides gras mélangés: Indice d'iode	Acides gras mélangés: Indice de réfraction à 15°	Acides gras mélangés: Indice de réfraction à 60°	Acides gras mélangés: Chaleur de bromuration degrés C	Acides gras mélangés: Poids moléculaire moyen
Huiles animales. — A. Huiles de poissons.																							
Menhaden	0,931	—4°	»	191	154	»	»	127	»	»	»	»	306	1,2	»	»	»	»	»	»	»	»	»
Sardine	0,933	»	»	»	193	94	»	»	»	»	»	+50 +53°	»	»	»	28°	»	»	»	»	»	»	»
B. — Huiles de foies.																							
Foie de morue	0,926	0 —10°	»	185	143	95	»	110	»	1,480	1,462	+38 +53°	260	»	»	18°	»	205	130	»	1,452	»	290
Foie de merlan	0,929	»	»	188	154	»	17	»	»	»	»	»	»	»	»	»	»	»	»	»	»	»	»
C. — Huiles de cétacés.																							
Huile de phoque	0,925	—2 —3°	»	190	130	94	»	92	»	1,478	»	+30 +37°	220	0,15	»	15°	22°	193	»	»	»	»	»
Huile de baleine	0,926	»	»	188	127	93	»	90	»	1,476	»	+18 +35°	»	»	0,892	23°	27°	»	131	»	»	»	»
Huile de dauphin	0,918	»	»	197	99	93	»	»	»	»	»	»	»	5,6	»	»	»	»	»	»	»	»	»
Huile de marsouin	0,926	—16°	»	217	»	»	»	50	»	»	»	»	»	»	»	»	»	»	»	»	»	»	»
D. — Huiles d'animaux terrestres.																							
Pieds de mouton	0,917	0 +1°,5	»	194	74	»	»	49	»	1,470	»	0°	»	»	»	20°	»	»	»	»	»	»	»
Pieds de cheval	0,920	»	»	196	73	»	10	38	»	1,4703	»	—6—0°	»	»	»	»	36°	194	73	»	»	»	285
Jaune d'œufs	0,914	+8°	23°	187	75	95	»	»	»	»	»	»	»	0,6	»	»	»	»	»	»	»	»	»
Pieds de bœuf	0,915	0 +1°,5	»	194	70	»	»	48	»	1,473	»	—4 +6°	»	»	»	26°	30°	»	62	»	»	»	»
Corps gras solides.																							
Margarine de coton	0,920	32°	35°	195	92	96	»	48	»	»	»	+25°	»	»	»	22°	28°	»	94	»	»	»	»
Beurre de chaulmougra	»	»	»	204	90	»	»	»	»	»	»	»	»	»	»	»	»	»	86	»	»	»	»
Huile de carapa	»	18°	24°	239	72	»	»	»	»	»	»	»	»	»	»	»	»	»	»	»	»	»	»
Beurre de laurier	0,933	24°	34°	198	80	»	»	»	»	»	»	»	»	1,6	»	»	»	»	82	»	»	»	»
Beurre d'illipé (huile de mowrah)	0,917	22°	31°	192	60	»	»	»	»	»	»	»	»	»	»	40°	45°	»	56	»	»	»	»
Beurre de cé (suif de nounjou)	0,917	22°	28°	192	56	94	»	»	»	»	»	»	»	»	»	38°	39°	»	57	»	»	»	»
Suif végétal de Chine	0,918	27°	43°	201	35	»	»	»	»	»	»	»	»	»	»	41°	51°	208	38	»	»	»	»
Huile de palme	0,945	»	»	202	52	95	»	»	»	»	1,451	—49°	»	0,5	0,870	44°	47°	206	53	»	»	»	270
Huile de macassar	0,929	»	25°	221	49	91	»	»	»	»	»	»	»	»	»	»	54°	»	50	»	»	»	»
Noix de souari	0,898(40°)	26°	32°	199	49	96	»	»	»	»	»	»	»	0,6	»	46°	48°	»	51	»	»	»	272
Mafouraire	»	34°	40°	210	45	»	»	»	»	»	»	»	»	»	»	46°	54°	»	48	»	»	»	»
Beurre de muscade	0,945	41°	47°	154	40	»	»	»	»	»	»	»	»	»	»	40°	42°	»	»	»	»	»	»
Rambutau	0,923	38°	43°	193	39	»	»	»	»	»	»	»	»	»	»	57°	59°	186	41	»	»	»	300
Beurre de cacao	0,950	23°	32°	194	36	94	»	»	»	»	1,449	—19°	»	1,6	»	46°	50°	190	37	»	1,422	»	»
Beurre de cocun	0,895(40°)	37°	42°	191	33	95	»	»	»	»	»	»	»	1,54	»	59°	61°	»	»	»	»	»	282
Mocaya	»	22°	26°	240	24	»	»	»	»	»	»	»	»	7,0	»	21°	24°	254	»	»	»	»	»
Palmiste	0,952	20°	26°	247	13	91	»	»	»	»	1,443	»	»	»	»	»	25°	264	12	»	1,431	»	211
Huile de coprah	0,911(40°)	16°	24°	253	9	88	»	»	»	»	1,441	—54°	»	3,7	0,835	19°	25°	258	8	»	1,429	»	201
Cire de myrica	0,995	41°	43°	205	10	»	»	»	»	»	»	»	»	»	»	46°	47°	»	»	»	»	»	243
Graisse d'ucuhuba	»	32°	42°	219	9	93	»	»	»	»	»	»	»	»	»	»	43°	»	»	»	»	»	»
Cire du Japon	0,977	41°	52°	221	4	»	»	»	»	»	»	»	»	»	0,848	54°	56°	»	»	»	»	»	260
Suif de Piney	0,915	30°	36°	191	»	»	»	»	»	»	»	»	»	»	»	54°	56°	»	»	»	»	»	»
Graisses animales.																							
Graisse de cheval (rognons)	0,932	22°	39°	198	81	95	»	»	»	»	»	—5°	»	0,3	»	30°	36°	»	83	»	»	»	»
— (cou)	0,933	30°	40°	199	74	95	»	»	»	»	»	»	»	0,2	»	32°	41°	»	74	»	»	»	»
Moelle de cheval	0,921	22°	37°	198	78	»	»	»	»	»	»	»	»	1	0,923	35°	43°	214	72	»	»	»	»
Graisse de lièvre	0,934	29°	45°	200	102	95	»	»	»	»	»	»	»	1,5	0,936	40°	48°	209	93	»	»	»	»
Graisse de lapin domestique	0,934	29°	45°	201	87	95	»	»	»	»	»	»	»	2,8	0,926	40°	49°	218	64	»	»	»	»
Graisse d'oie domestique	0,927	19°	33°	192	87	94	»	»	»	»	»	»	»	0,9	0,925	32°	39°	202	65	»	»	»	»
Graisse d'homme	0,903([illegible])	15°	17°,5	195	61	»	»	»	»	»	»	»	»	0,3	»	30°	35°	»	64	»	»	»	»
Saindoux	0,932	28°	42°	196	59	95	»	»	11	»	1,453	—12°,5	»	»	0,844(99°)	39°	44°	»	64	»	1,439	11	278
Moelle de bœuf	0,934	30°	41°	198	50	»	»	»	»	»	»	»	»	1,1	0,935	39°	45°	214	55	»	»	»	»
Suif d'os	0,915	15°	21°	190	48	»	»	»	»	»	»	»	»	»	»	28°	30°	200	57	»	»	»	»
Suif de bœuf	0,952	35°	43°	198	38	95	»	»	»	»	1,451	—16°	»	0,2	0,869(100°)	»	45°	199	34	»	1,437	»	284
Suif de mouton	0,940	36°	48°	194	38	95	»	»	6,[illegible]	»	1,450	—16 —20°	»	»	»	40°	50°	210	34	»	1,437	»	»
Beurre de vache	0,927	20°	32°	227	28	87	»	»	8	»	1,446	—25 —31°	»	14	»	37°	42°	215	30	»	1,438	6,2	»
Graisse de cerf	0,967	40°	51°	199	25	»	»	»	7	»	»	»	»	1,6	0,968	47°	51°	201	23	»	»	»	»
Cires. — I. Cires liquides.							Alcools %		Ac. gras %														
Huile de cachalot	0,875	»	»	132	84	»	41	51	62	»	»	—12 —17°5	100	1,3	0,899	»	13°	»	86	»	»	»	295
Huile de l'hyperoodon	0,880	»	»	130	80	»	35	42	63	»	»	—50°	93	1,4	»	8°	10°	»	83	»	»	»	»
II. Cires solides. — 1° Cires végétales.																							
Cire de Carnauba	0,995	83°	85°	88	13	»	»	»	»	»	»	»	»	»	»	»	»	»	»	»	»	»	»
2° Cires animales.																							
Suint	0,973	31°	39°	100	25	»	43	»	59	»	»	»	»	»	»	40°	41°	»	17	»	»	»	327
Cire d'abeilles	0,965	61°	63°	95	8	»	»	»	»	»	»	»	»	0,4	»	»	»	»	»	»	»	»	»
Blanc de baleine	0,943	44°	45°	130	»	»	51	»	»	»	»	»	»	»	»	»	»	»	»	»	»	»	»
Cire d'insectes	0,940	81°	81°	80	»	»	»	»	»	»	»	»	»	»	»	»	»	»	»	»	»	»	»

toutes les méthodes ou marches indiquées ne permettent pas de classer avec certitude les corps gras, et d'arriver finalement à les différencier; aussi avons-nous préféré ne pas les décrire et nous sommes-nous bornés à relever et à inscrire dans le tableau ci-dessus toutes les constantes que nous avons pu trouver se rapportant aux différents corps gras.

Les nombres inscrits en caractères gras sont : soit des moyennes lorsque les chiffres donnés par les auteurs étaient assez différents, soit les valeurs sur lesquelles le plus grand nombre d'auteurs paraissent d'accord.

Les nombres en caractères ordinaires proviennent d'un seul auteur.

Un grand nombre de ces chiffres ont été relevés dans le *Chem. analysis of oils and fats*, de M. Lewkowitsch. G. Demoussy.

HUMIQUES. — Voy. TERRE ARABLE.

HURONITE (Min.) — D'après M. A.-E. Barlow, ce minéral (voyez Dict., **2**, 54) ne dérive pas par altération de la cordiérite, mais d'un feldspath voisin de l'anorthite.

HUSSAKITE (Min.) (Kraus et Reitinger). Sorte de xénotime renfermant 6 0/0 d'anhydride sulfurique, $3(R^2O^3\text{-}P^2O^5)SO^3$. Longs cristaux prismatiques transparents jaune-brun, ayant la forme cristalline de la xénotime, avec laquelle on les a confondus d'abord, trouvés dans les sables de Dattas, près Diamantina (Brésil). Densité $=4{,}587$. Il est possible que la xénotime ne soit qu'une hussakite altérée par perte partielle ou totale de SO^3.

HYALOGÈNES ET **HYALINES**. — Krukenberg a réuni sous le nom de *hyalogènes* un nombre considérable de substances qui ne forment pas probablement un groupe bien homogène et qui seraient caractérisées par les propriétés que voici. Sous l'influence des alcalis ces composés se transforment, avec perte de soufre et d'un peu d'azote, en des matières azotées, les *hyalines*, dont un nouveau dédoublement sépare des substances hydrocarbonées. Un certain nombre d'entre ces hyalines seraient, d'après M. Hammarsten, des glycoprotéides. Dans cette catégorie rentreraient la *néossine* des nids d'hirondelles comestibles (Krukenberg), la *membranine* de la membrane de Descemet et de la capsule du cristallin, et la *spirographine* des enveloppes de *Spirographis Spallanzanii* (Krukenberg). D'autres, au contraire, telles que l'*hyaline* des membranes d'échinocoques (Lücke, Krukenberg) et l'*onuphine* de l'*Onuphis tubicola* ne paraissent pas constituer des protéides véritables [Krukenberg, *Zeit. f. Biol.*, **22**; *Maly's Jahresb.*, **11**, 358. — C. Th. Mörner, *Zeit. physiol. Chem.*, **18**. — A. Lücke, *Virchow's Arch.*, **19**].

On désigne encore dans les Traités de Chimie physiologique, sous le nom de *substance hyaline* de Rovida, un principe immédiat d'un grand nombre de cellules, qui en présence de solutions concentrées de sel marin se gonfle considérablement. Des observations déjà anciennes de Rovida (1867-1869) il ne ressort rien de précis quant à la nature chimique de ce corps. Il est probable que ce composé appartient à la catégorie des nucléoprotéides. On le trouve dans les globules rouges du sang d'oiseau, dans les globules blancs du sang, dans les leucocytes du pus. C'est à cette substance que le pus notamment doit la propriété de se prendre, en présence d'une solution de sel marin à 10 0/0, en une masse filante [Rovida, cité d'après Hoppe-Seyler, *Physiol. Chem.*, Berlin, 1877-1881, 74. — Plosz et Hoppe-Seyler, *Med. Chem. Untersuch.*, Tübingen, 1866-1870, 510. — Hammarsten, *Lehrb. d. physiol. Chem.*, 4ᵉ édit., Wiesbaden, 1899, 157 et 199]. E. Lambling.

HYALOTÉKITE (Min.) (Nordenskiöld). — Silicate de plomb, baryum et calcium, en masses cristallines d'un gris pâle, trouvées avec hédyphane et schefférite à Långban (Suède). Dureté $=5$. Densité $=3{,}81$.

HYDANTOÏNES (voyez Dict., **2**, 54; 1ᵉʳ Suppl., 919).

Les hydantoïnes dérivent des acides hydantoïques ou uramiques par élimination d'une molécule d'eau :

$$\begin{matrix}R\text{-}CH\text{-}COOH\\ |\\ AzH\text{-}COAzH^2\end{matrix} = H^2O + \begin{matrix}R\text{-}CH - CO\diagdown\\ | \qquad\qquad AzH.\\ AzH\text{-}CO\diagup\end{matrix}$$

Les acides hydantoïques peuvent être considérés comme les urées correspondant aux acides carboxyliques α-aminés; à chaque acide α-aminé peut par conséquent se rattacher un acide hydantoïque et une hydantoïne.

La préparation des acides hydantoïques a été décrite dans le Dictionnaire [*loc. cit.*, et **3**, 576]. Nous rappellerons qu'on les obtient soit en faisant agir le cyanate de potassium sur le sulfate ou le chlorhydrate de l'acide α-aminé, soit en chauffant les acides aminés avec l'urée à une température de 120-130°, soit enfin en faisant réagir ces deux substances en milieu aqueux en présence d'hydrate de baryte [Baumann et Hoppe-Seyler, *D. chem. G.*, **7**, 37. — Urech, *Ann. Chem.*, **164**, 268; **165**, 99. — Heintz, *Ann. Chem.*, **133**, 70. — Griess, *D. chem. G.*, **2**, 106. — Wislicenus, *Ann. Chem.*, **165**, 103].

Comme les acides hydantoïques perdent très facilement une molécule d'eau sous l'action de la chaleur, il se forme dans quelques cas, en même temps, les hydantoïnes correspondantes; mais il est toujours facile de passer des acides hydantoïques aux hydantoïnes et inversement.

A côté de ces méthodes déjà anciennes, M. Pinner [*D. chem. G.*, **21**, 2320] a indiqué un mode général de préparation des hydantoïnes qui permet de se dispenser de passer par l'intermédiaire des acides aminés. Ce procédé consiste à condenser les cyanhydrines des aldéhydes grasses ou aromatiques avec l'urée, et à saponifier le nitrile par l'acide chlorhydrique :

$$R\text{-}CH{<}^{OH}_{CAz} + {}^{AzH^2}_{AzH^2}{>}CO$$

$$= H^2O + R\text{-}CH{<}^{AzH\text{-}CO\text{-}AzH^2}_{CAz}$$

$$R\text{-}CH{<}^{CAz}_{AzH\text{-}CO\text{-}AzH^2} + HCl + H^2O$$

$$= \begin{matrix}R\text{-}CH - CO\diagdown\\ | \qquad\qquad AzH^2\\ AzH\text{-}CO\diagup\end{matrix} + AzH^4Cl$$

Il est probable qu'il se forme l'acide hydantoïque comme produit intermédiaire, qui subit immédiatement une déshydratation.

Dans le premier mémoire [Pinner et Lifschütz, *D. chem. G.*, **20**, 2351] les auteurs s'étaient mépris sur la véritable nature des composés ainsi obtenus, et les avaient désignés sous le nom de *métapyrazolones*. Grimaux [*Bull. Soc. Chim.*, (2), **49**, 739] montra que ces métapyrazolones sont en réalité des hydantoïnes, ce que les auteurs eux-mêmes n'avaient d'ailleurs pas tardé à reconnaître.

Ces hydantoïnes constituent les homologues supérieurs de l'hydantoïne proprement dite : on les a considérées quelquefois comme des dérivés monosubstitués au carbone de l'hydantoïne la plus simple :

$$\begin{array}{l} CH^2-CO \diagdown \\ | \qquad\qquad AzH. \\ AzH-CO \diagup \end{array}$$

On connaît aussi certains dérivés disubstitués, dans lesquels les 2 atomes d'hydrogène du groupe méthylène sont remplacés par le même radical; c'est-à-dire des composés de la forme

$$\begin{array}{l} {R \atop R} > C —— CO \diagdown \\ \qquad | \qquad\qquad AzH. \\ AzH^2-CO \diagup \end{array}$$

On les obtient par le procédé de M. Errera [*Gazz. Chim. ital.*, **26**, 197; *Bull. Soc. Chim.*, (3), **16**, 1256], qui consiste à traiter la cyanacétamide par le sodium et les iodures alcooliques pour la transformer en dérivés disubstitués,

$$CAz-C{\diagup R \atop \diagdown R}-COAzH^2,$$

sur lesquels on fait ensuite réagir le brome en solution alcaline et à chaud. Il est probable qu'il se forme en premier lieu un produit intermédiaire qui subit une transposition moléculaire dans le sens suivant :

$$\begin{array}{l} CR^2-COAzH^2 \\ | \\ Az=C=O \end{array} \longrightarrow \begin{array}{l} R^2-C — CO \diagdown \\ \quad | \qquad\qquad AzH. \\ AzH-CO \diagup \end{array}$$

L'hydantoïne peut donner naissance à des produits de substitution à l'azote, et ces dérivés substitués sont différents, suivant que la substitution se porte sur le groupe imine placé entre les deux groupes CO ou sur celui situé entre le CO et le CH^2.

Ces deux séries de dérivés se rattacheront par conséquent aux types

$$\begin{array}{l} CH^2-CO \diagdown \\ | \qquad\qquad AzR \\ AzH-CO \diagup \end{array} \quad \text{et} \quad \begin{array}{l} CH^2-CO \diagdown \\ | \qquad\qquad AzH. \\ AzR-CO \diagup \end{array}$$

Il peut donc exister 3 isomères monosubstitués de l'hydantoïne. Pour distinguer ces isomères on les a désignés sous les noms de dérivés C-substitués et Az-substitués (α ou β), et aussi par les lettres α, β, γ; mais ces dénominations donnent lieu à des confusions, car si nous considérons les méthylhydantoïnes, par exemple,

$$\begin{array}{l} CH^3-CH-CO \diagdown \\ \quad | \qquad\qquad AzH \\ AzH-CO \diagup \end{array} \quad \begin{array}{l} CH^2 —— CO \diagdown \\ | \qquad\qquad AzH \\ Az(CH^3)-CO \diagup \end{array}$$

$$\begin{array}{l} CH^2-CO \diagdown \\ | \qquad\qquad Az(CH^3), \\ AzH-CO \diagup \end{array}$$

la première est désignée soit sous le nom de C-méthyl ou α-méthylhydantoïne, la seconde est appelée Az-β ou β-méthylhydantoïne, et la troisième γ-méthyl ou Az-α-méthylhydantoïne.

Il nous a semblé préférable d'adopter une nomenclature unique dans laquelle les isoméries seront représentées par des chiffres, et dans l'exposé qui va suivre nous désignerons toujours l'atome d'azote placé entre les deux groupes carbonyles par le chiffre 1, les autres atomes du noyau étant numérotés de 1 à 5 dans l'ordre suivant :

$$\begin{array}{ccc} & AzH & \\ OC & {}^{5\ \ 1\ \ 2} & CO \\ CH^2 & {}^{4\ \ \ \ 3} & AzH \end{array}$$

Dans cette nomenclature, la γ-méthyl ou Az-α-méthylhydantoïne deviendra la 1-méthylhydantoïne, la β-méthyl ou Az-β-méthylhydantoïne s'appellera 3-méthylhydantoïne et la C-méthyl ou α-méthylhydantoïne sera la 4-méthylhydantoïne.

Les hydantoïnes peuvent encore être considérées comme des dérivés de l'imidazol ou du β-pyrazol; on peut alors leur appliquer la nomenclature proposée par M. Bouveault (2ᵉ Suppl., **1**, 1046).

Nous avons déjà vu comment se préparent les hydantoïnes substituées au carbone, c'est-à-dire les hydantoïnes substituées en 4. Il reste à indiquer les méthodes de préparation des hydantoïnes 1- et 3-substituées.

Hydantoïnes 1-substituées. — Ces composés, répondant à la formule générale

$$\begin{array}{l} R-CH-CO \diagdown \\ \quad | \qquad\qquad AzR', \\ AzH-CO \diagup \end{array}$$

s'obtiennent par l'action directe des bromures ou des iodures alcooliques sur les hydantoïnes en présence de potasse alcoolique. Les alcoylhalogènes ne réagissent pas sur les hydantoïnes elles-mêmes, mais bien sur les sels de potassium de ces dernières.

On ne peut éthérifier par ce procédé qu'un seul des groupes AzH : celui situé entre les deux groupes CO [Pinner et Lifschütz, *D. chem. G.*, **21**, 2320].

Si, dans la préparation des hydantoïnes par l'urée et les acides α-aminés, on remplace l'urée par ses dérivés monosubstitués, on arrive aux hydantoïnes substituées en 1 [Guareschi, *D. chem. G.*, **25**, *Ref.*, 327],

$$\begin{array}{l} R-CH-COOH \\ \quad | \\ AzH^2 \end{array} + \begin{array}{l} AzHR' \\ \quad > CO \\ AzH^2 \end{array}$$

$$= H^2O + AzH^3 + \begin{array}{l} R-CH-CO \diagdown \\ \quad | \qquad\qquad AzR'. \\ AzH-CO \diagup \end{array}$$

Enfin, on peut déshydrater les acides hydantoïques correspondants.

Cette dernière méthode s'applique surtout aux hydantoïnes dans lesquelles R' représente le radical C^6H^5; les acides phénylhydantoïques se préparent en faisant réagir l'isocyanate de phényle sur les acides α-aminés en présence d'alcali :

$$\begin{array}{l} R-CH-COOH \\ \quad | \\ AzH^2 \end{array} + COAz-C^6H^5$$

$$= \begin{array}{l} R-CH-COOH \\ \quad | \\ AzH-CO-AzH-C^6H^5 \end{array}$$

[C. Paal, *D. chem. G.*, **27**, 974] et ils se déshydratent par ébullition avec l'acide chlorhydrique dilué (à 25 0/0 HCl) [Mouneyrat, *D. chem. G.*, **33**, 2393; *Bull. Soc. Chim.*, (3), **25**, 556].

Hydantoïnes 3-substituées,

$$\begin{array}{l} R-CH-CO \diagdown \\ \quad | \qquad\qquad AzH. \\ AzR'-CO \diagup \end{array}$$

— On comprend aisément que l'on pourra obtenir ces dérivés si, dans la préparation des hydantoïnes par les acides α-aminés et l'urée ou par les acides α-aminés et les cyanates, on remplace les acides aminés par leurs produits de substitution dans le groupe AzH^2. On aura les réactions

$$\begin{array}{l} R-CH-COOH \\ \quad | \\ AzHR' \end{array} + \begin{array}{l} AzH^2 \diagdown \\ \qquad\quad CO \\ AzH^2 \diagup \end{array}$$

$$= \mathrm{AzH^3} + \begin{array}{l} \mathrm{R-CH-CO}\diagdown \\ \quad | \\ \mathrm{AzR'-CO}\diagup \end{array} \mathrm{AzH} + \mathrm{H^2O},$$

$$\begin{array}{l} \mathrm{R-CH-COOH} \\ \quad | \\ \mathrm{AzHR'} \end{array} + \mathrm{COAzH}$$

$$= \begin{array}{l} \mathrm{R-CH-CO}\diagdown \\ \quad | \\ \mathrm{AzR'-CO}\diagup \end{array} \mathrm{AzH} + \mathrm{H^2O}.$$

MM. Frerichs et Beckurts [*Arch. Pharm.*, **237**, 331; *Centralblatt*, 1899, **2**, 420] ont indiqué une méthode de préparation des hydantoïnes 3-substituées qui consiste à condenser les amines aromatiques avec les chloracétyluréthanes à la température du bain-marie. Il y a d'abord départ d'acide chlorhydrique et formation d'un produit intermédiaire que l'on peut isoler en interrompant la réaction à temps; mais ce produit perd facilement une molécule d'alcool pour donner l'hydantoïne. Exemple :

$$\mathrm{CO}\begin{array}{l}\diagup \mathrm{AzH-CO-CH^2-Cl} \\ \diagdown \mathrm{OC^2H^5}\end{array} + \mathrm{AzH^2-C^6H^5}$$

$$= \mathrm{HCl} + \mathrm{CO}\begin{array}{l}\diagup \mathrm{AzH-CO-CH^2-AzH-C^6H^5} \\ \diagdown \mathrm{OC^2H^5}\end{array}$$

Phénylaminoacétyluréthane.

$$\mathrm{CO}\begin{array}{l}\diagup \mathrm{AzH-CO-CH^2-AzH-C^6H^5} \\ \diagdown \mathrm{OC^2H^5}\end{array}$$

$$= \mathrm{C^2H^6O} + \begin{array}{l} \mathrm{CH^2 \text{———} CO}\diagdown \\ \quad | \\ \mathrm{Az(C^6H^5)-CO}\diagup \end{array} \mathrm{AzH}.$$

De même, si, à la place de chloracétyluréthane on emploie la chloracétylurée, on obtient la phénylaminoacétylurée, qui se décompose par le chauffage en donnant aussi la 3-phénylhydantoïne :

$$\mathrm{CO}\begin{array}{l}\diagup \mathrm{AzH-CO-CH^2-AzH-C^6H^5} \\ \diagdown \mathrm{AzH^2}\end{array}$$

$$= \mathrm{AzH^3} + \begin{array}{l} \mathrm{CH^2 \text{———} CO}\diagdown \\ \quad | \\ \mathrm{Az(C^6H^5)-CO}\diagup \end{array} \mathrm{AzH}.$$

Les hydantoïnes ayant un groupe aromatique substitué en 3 se forment aussi quand on chauffe les chloracétylurées correspondantes avec la potasse alcoolique. Quand le produit est dissous, il suffit de neutraliser l'alcali pour que l'hydantoïne se précipite :

$$\mathrm{CO}\begin{array}{l}\diagup \mathrm{AzH-CO-CH^2Cl} \\ \diagdown \mathrm{AzHR}\end{array}$$

$$= \mathrm{HCl} + \begin{array}{l} \mathrm{CH^2-CO}\diagdown \\ \quad | \\ \mathrm{AzR-CO}\diagup \end{array} \mathrm{AzH}$$

Enfin, en remplaçant dans la première de ces réactions l'urée par une urée monosubstituée, on arrivera à une hydantoïne substituée à la fois en 1 et en 3.

Réactions des acides hydantoïques et des hydantoïnes. — Les acides hydantoïques et les hydantoïnes sont des composés bien cristallisés en général; les premiers ont un caractère acide nettement prononcé et forment des sels stables; les dernières sont neutres. Les hydantoïnes non substituées en 1 dissolvent certains oxydes métalliques et forment des sels; elles se dissolvent dans les alcalis, d'où les acides les précipitent inaltérées.

On a vu qu'on peut facilement transformer les acides hydantoïques en hydantoïnes : il suffit pour cela de les chauffer à l'état solide ou mieux quelquefois même en solution aqueuse.

Inversement, on peut passer des hydantoïnes aux acides hydantoïques en les chauffant avec une solution d'hydrate de baryte pendant un temps très court [Urech, *Ann. Chem.*, **164**, 267. — Heinz, *Ann. Chem.*, **169** 128]. Si l'on, prolonge l'ébullition, ou si l'on emploie un grand excès de réactif, la décomposition est plus profonde : il se dégage de l'acide carbonique et de l'ammoniaque, en même temps que se régénère l'acide aminé auquel se rattache l'hydantoïne :

$$\begin{array}{l} \mathrm{R-CH-CO}\diagdown \\ \quad | \\ \mathrm{AzH-CO}\diagup \end{array} \mathrm{AzH} + \mathrm{2H^2O}$$

$$= \begin{array}{l} \mathrm{R-CH-COOH} \\ \quad | \\ \mathrm{AzH^2} \end{array} + \mathrm{CO^2} + \mathrm{AzH^3}.$$

Si l'on a affaire à une hydantoïne substituée en 1, il se dégagera une monamine à la place d'ammoniaque.

L'acide chlorhydrique et l'acide iodhydrique en tube scellé provoquent le même dédoublement [Mentschoutkine, *Ann. Chem.*, **153**, 105].

Ce dédoublement sous l'influence de ces divers agents constitue une preuve en faveur de la constitution que nous avons admise pour les hydantoïnes.

M. Pinner et ses élèves [Pinner et Lifschütz, *D. chem. G.*, **21**, 2320. — Pinner et Spilker, *D. chem. G.*, **22**, 685] ont trouvé que les hydantoïnes substituées en 4 par des radicaux aromatiques comme la 4-phényl ou la 4-styrylhydantoïne peuvent exister sous deux formes tautomériques. L'une possédant toutes les propriétés et présentant les dédoublements des hydantoïnes normales, l'autre au contraire en différant considérablement.

Cette forme tautomérique a été désignée par les auteurs sous le nom de *pseudohydantoïnes*. Pour passer des hydantoïnes normales aux pseudohydantoïnes, il suffit de les dissoudre dans la potasse alcoolique et de les précipiter par les acides.

Cette curieuse isomérie n'a pas encore été rencontrée jusqu'ici chez les hydantoïnes dérivées des acides gras; il semble que la présence du noyau aromatique soit nécessaire. Les pseudohydantoïnes se distinguent des hydantoïnes normales par leurs propriétés physiques, et surtout par le dédoublement que leur fait subir l'hydrate de baryte à haute température.

C'est sur cette réaction que M. Pinner s'est basé pour en établir la constitution. Il a préparé le dérivé éthylé de la phénylhydantoïne et de la pseudophénylhydantoïne, et a soumis les deux produits à l'action de l'hydrate de baryte en tube scellé. L'éthylphénylhydantoïne a donné de l'éthylamine, du carbonate de baryte et de l'acide aminophénylacétique, tandis que l'éthylpseudophénylhydantoïne a donné dans les mêmes conditions un mélange en proportions égales d'ammoniaque et d'éthylamine, du carbonate de baryte et de l'acide phényllactique.

La formule proposée par les auteurs pour représenter l'éthylpseudophénylhydantoïne,

$$\begin{array}{l} \mathrm{C^6H^5-CH-CO} \\ \qquad\quad | \\ \qquad\quad \mathrm{O-C{=}AzH} \end{array} > \mathrm{AzC^2H^5}$$

permet d'expliquer cette réaction en admettant qu'il y ait eu rupture et hydratation aux endroits marqués d'un trait pointillé :

$$\begin{array}{l} \mathrm{C^6H^5-CH-CO} \,\vdots \\ \qquad\quad | \;\vdots \\ \qquad\quad \mathrm{O-\vdots-C=\vdots} \end{array} > \mathrm{AzC^2H^5} + \mathrm{3H^2O} \quad \mathrm{AzH}$$

$$= \begin{array}{l} \mathrm{C^6H^5-CH-COOH} \\ \qquad\quad | \\ \qquad\quad \mathrm{OH} \end{array} + \mathrm{AzH^2C^2H^5} + \mathrm{AzH^3} + \mathrm{CO^2}$$

Les pseudohydantoïnes se différencient encore des hydantoïnes normales, en ce qu'à l'encontre de ces dernières elles ne peuvent pas être transformées en acides hydantoïques correspondants.

Les pseudohydantoïnes sont des composés analogues aux sulfhydantoïnes connues depuis très longtemps, et dont la constitution a été établie par MM. Liebermann et Lange [*D. chem. G.*, **12**, 1588].

```
R-CH-S ──            R-CH-O ──
|        C=AzH       |         C=AzH
CO-AzH ╱             CO-AzH ╱
Sulfhydantoïnes.     Pseudohydantoïnes
```

D'autre part, MM. Markwald, Neumark et Stelzner [*D. chem. G.*, **24**, 3278] ont réussi à préparer des isomères de ces sulfhydantoïnes auxquels ils attribuent la constitution correspondante aux hydantoïnes et qu'ils ont appelées thiohydantoïnes; l'isomérie est donc du même ordre dans les deux séries :

```
R-CH-CO╲             R-CH-CO╲
|        AzH         |        AzH
AzH-CS╱              AzH-CO╱
Thiohydantoïnes.     Hydantoïnes normales.
```

Les dérivés sulfurés seront étudiés à part; nous allons décrire successivement les acides hydantoïques, les hydantoïnes et leurs dérivés se rattachant à chaque acide α-aminé, en commençant d'abord par les acides gras α-aminés saturés, puis passant aux acides gras non saturés et, enfin, aux acides aromatiques.

DÉRIVÉS DE L'ACIDE ACÉTIQUE.

Acide hydantoïque,

$$AzH^2-CO-AzH-CH^2-COOH.$$

— Les modes de formation de l'acide hydantoïque ont déjà été décrits (Dict., **2**, 55; 1er Suppl., 920).

Il prend naissance en petite quantité quand on traite par la potasse à chaud le produit de l'action de 1 molécule de brome sur 1 molécule de malonamide [H. Weidel et E. Roithner, *Mon. f. Chem.*, **17**, 188]; le rendement est d'environ 2 0/0.

M. Wislicenus l'a obtenu en faisant agir le sulfate de glycocolle sur le cyanate de potassium [*Ann. Chem.*, **165**, 103].

Éther éthylique. — MM. C. Harries et M. Weiss [*D. chem. G.*, **33**, 3418] ont préparé ce composé en faisant agir le cyanate de potassium sur le chlorhydrate de glycocollate d'éthyle. Il cristallise dans l'alcool absolu, ou mieux dans l'eau chaude, en aiguilles blanches fondant à 135°; il est insoluble dans l'éther qui le précipite de sa solution alcoolique. Avec le nitrite de sodium et l'acide chlorhydrique il donne un *dérivé nitrosé* fondant à 66-67°.

Hydantoïne (Dict., **2**, 54; 1er Suppl., 919). — Indépendamment des modes de formation déjà indiqués, l'hydantoïne se forme encore dans l'action de l'urée sur l'acide dioxytartrique [Anschütz, *Ann. Chem.*, **254**, 258]. On mélange intimement 10 grammes de dioxytartrate de sodium, 5 grammes d'urée et 12 centimètres cubes d'acide chlorhydrique renfermant 25 0/0 HCl de façon à faire une pâte homogène. Il ne tarde pas à se produire un dégagement d'acide carbonique, surtout si l'on chauffe à 50-60°, en même temps que le dépôt pulvérulent qui s'était formé se dissout lentement. La solution chaude, légèrement trouble, est filtrée et laisse déposer dans l'espace de quelques jours des cristaux compacts d'hydantoïne que l'on purifie par une nouvelle cristallisation.

La réaction peut s'expliquer en admettant qu'il se forme d'abord le produit de condensation suivant :

```
COOH
| ╱OH
C╲OH          HAzH╲
|         +         CO
C╱OH          HAzH╱
| ╲OH
COOH

   ╱H
  C-AzH╲
= |╲OH  ╲
  |╱OH  ╱ CO + 2H²O + 2CO²
  C-AzH╱
   ╲H
```

qui perd une nouvelle molécule d'eau, et ensuite subit une transposition moléculaire :

```
   ╱H
  C-AzH╲
  |╲OH  ╲
  |╱OH  ╱ CO
  C-AzH╱
   ╲H

        CH-AzH╲                CH²-AzH╲
= H²O + |   >O    CO  ──→      |        CO
        CH-AzH╱                CO-AzH╱
```

L'hydantoïne a encore été rencontrée par E. von Lippmann dans le suc des pousses qui se produisent sur les betteraves quand elles sont conservées dans un endroit humide et à l'abri de la lumière [E. von Lippmann, *D. chem. G.*, **29**, 2652].

MM. C. Harries et M. Weiss [*D. chem. G.*, **33**, 3418] ont indiqué une méthode de préparation de l'hydantoïne qui consiste à partir du chlorhydrate du glycocollate d'éthyle que l'on traite par le cyanate de potassium; il suffit d'évaporer ensuite la solution aqueuse contenant l'hydantoate d'éthyle avec un léger excès d'acide chlorhydrique pour obtenir du premier coup l'hydantoïne très pure, et avec un rendement excellent.

Propriétés. — Aiguilles fondant à 215-216° (Anschütz).

Chaleur de combustion $=312^{cal},4$ [Matignon, *Ann. Chim. Phys.*, (6), **28**, 99].

La conductibilité a été étudiée par M. Trübsach [*Zeit. physik. Chem.*, **16**, 710], qui a trouvé les nombres suivants pour $t=25°$:

v	μ_v
32	0,081
64	0,092
128	0,102
256	0,120

La solution d'hydantoïne dans l'eau chaude donne avec le nitrate d'argent ammoniacal un *précipité blanc* du sel d'argent de l'hydantoïne, $C^3H^3AgAz^2O^2$ [E. Schulze et J. Barbieri, *D. chem. G.*, **14**, 1834].

Nitrohydantoïne. — Ce composé a été préparé par MM. Franchimont et Klobbie [*Rec. des Pays-Bas*, **6**, 213; **7**, 12] en évaporant au bain-marie une solution d'hydantoïne dans 5 fois son poids d'acide azotique réel. Le résidu, parfaitement blanc, peut être purifié par cristallisation dans l'alcool absolu, et constitue alors des aiguilles minces ou des prismes groupés en étoiles, fondant à 170° en dégageant des gaz.

Dérivés de substitution de l'hydantoïne. — Nous étudierons successivement les dérivés 1-substitués et les dérivés 3-substitués de l'hydantoïne et de l'acide hydantoïque. La nomenclature que nous adopterons pour les acides hydantoïques sera la même que celle dont nous nous servons pour les hydantoïnes, c'est-à-dire que nous désignerons par le n° 1 l'atome d'azote situé à l'extrémité de la chaîne, en numérotant les autres atomes dans l'ordre suivant :

$$\begin{array}{l} \overset{(4)}{CH^2}-\overset{(5)}{COOH} \\ | \\ \underset{(3)}{AzH}-\underset{(2)}{CO}-\underset{(1)}{AzH^2} \end{array} \longrightarrow \begin{array}{l} \overset{(4)}{CH^2}-\overset{(5)}{CO}\diagdown \\ | \qquad\qquad AzH^{(1)} \\ \underset{(3)}{AzH}-\underset{(2)}{CO}\diagup \end{array}$$

Acide hydantoïque. Hydantoïne.

I. DÉRIVÉS 1-SUBSTITUÉS.

Acide 1 méthylhydantoïque,

$$HOOC-CH^2-AzH-CO-Az(CH^3).$$

— N'a pas été décrit.

1 *Méthylhydantoïne*,

$$\begin{array}{l} CH^2-CO\diagdown \\ | \qquad\qquad Az(CH^3) \\ AzH-CO\diagup \end{array}$$

— Elle a été obtenue par MM. Franchimont et Klobbie [*Rec. des Pays-Bas*, **8**, 289], par un procédé analogue à celui qu'ont employé MM. Pinner et Lifschütz pour préparer les dérivés 1-substitués de la phénylhydantoïne [*D. chem. G.*, **21**, 2320]. On chauffe pendant 3 heures, à 100°, 3 parties d'hydantoïne avec une solution de 2 parties de potasse dans 16 parties d'alcool méthylique et 6 parties d'iodure de méthyle; on évapore à sec et on reprend le résidu par l'alcool bouillant qui abandonne par refroidissement la méthylhydantoïne.

On peut l'obtenir également par la méthode de M. Guareschi, en chauffant pendant 12 à 15 heures à 130-140° le glycocolle avec la monométhylurée [J. Guareschi, *D. chem. G.*, **25**, *Ref.*, 327].

La méthylhydantoïne se forme encore dans l'action de l'acide iodhydrique sur la β-méthylallantoïne [E. Fischer, *D. chem. G.*, **32**, 2746].

La 1 méthylhydantoïne forme des prismes peu solubles dans l'éther même bouillant, solubles dans l'alcool et dans l'eau bouillante, fondant à 182°. Elle se dissout dans l'acide nitrique réel sans dégager de gaz, et la solution, évaporée au bain-marie, fournit la *nitrométhylhydantoïne* [Franchimont et Klobbie, *loc. cit.*].

La *nitrométhylhydantoïne* cristallise dans l'alcool absolu en feuillets minces fondant à 168° en se décomposant; elle est très peu soluble dans l'eau froide; l'eau bouillante la décompose avec élimination d'anhydride carbonique.

Acide 1 éthylhydantoïque et *1 éthylhydantoïne*. — Ne sont pas connus.

Acide 1 phénylhydantoïque (ou acide γ-phénylhydantoïque ou phényluréoacétique).

Il se prépare par le procédé de M. C. Paal [*D. chem. G.*, **27**, 974] en faisant réagir l'isocyanate de phényle sur le glycocolle en solution alcaline; l'addition d'acide précipite l'acide phényluréoacétique en aiguilles incolores peu solubles dans l'eau froide, solubles dans 70 parties d'eau bouillante d'où elles se déposent en longues aiguilles fondant à 195°.

Son *sel ammoniacal* est dissociable; sa solution ne précipite pas par le chlorure de baryum, ce n'est qu'au bout d'un certain temps que le *sel de baryum* se précipite; le *sel de zinc* se forme de même.

Le *sel d'argent* se précipite par addition de nitrate d'argent à la solution du sel ammoniacal; il cristallise dans l'eau bouillante en aiguilles groupées en étoiles.

Éther éthylique. — Se forme par ethérification directe de la solution alcoolique de l'acide 1-phénylhydantoïque par l'acide chlorhydrique sec. Il cristallise dans l'alcool dilué en prismes incolores fondant à 114°.

1 *Phénylhydantoïne* (ou γ-phénylhydantoïne). — On chauffe à 120-130°, pendant 8 heures, 12 grammes de monophénylurée et 5 grammes de glycocolle : le produit est extrait par l'eau bouillante, laquelle laisse la diphénylurée qui s'est produite et dissout la phénylhydantoïne que l'on fait cristalliser plusieurs fois dans l'eau [J. Guareschi, *D. chem. G.*, **25**, *Ref.*, 327].

M. Mouneyrat [*D. chem. G.*, **33**, 2394] l'a obtenue en déshydratant l'acide 1 phénylhydantoïque de M. Paal, au moyen d'un excès (80 fois son poids) d'acide chlorhydrique ($d = 1{,}124$).

La 1 phénylhydantoïne forme des aiguilles brillantes fondant à 154-155° (Guareschi) ou à 159-160° (Mouneyrat); elle est facilement soluble dans l'alcool, l'acétone et le benzène chaud, peu soluble dans l'éther. Les acides minéraux concentrés la dissolvent aisément.

La γ-phénylhydantoïne réagit avec le brome en donnant un dérivé bromé, la *monobromo-γ-phénylhydantoïne* :

$$\begin{array}{l} CH^2-CO\diagdown \\ | \qquad\qquad Az-C^6H^4Br. \\ AzH-CO\diagup \end{array}$$

qui cristallise dans l'eau et fond à 180°.

1 *Tolylhydantoïnes*. — *P-tolylhydantoïne*, par la p-tolylurée et le glycocolle à 150-160°. Cristallise dans l'eau chaude et fond à 250°.

O-tolylhydantoïne, plus soluble dans l'eau que la précédente, fond à 150° [E. Quenda, *D. chem. G.*, **25**, *Ref.*, 328].

1 *Phényl-3 méthylhydantoïne* (ou β-méthyl-γ-phénylhydantoïne). — Se prépare en chauffant la sarcosine avec la monophénylurée [G. Cunéo, *D. chem. G.*, **25**, *Ref.*, 320].

Elle cristallise dans l'eau en prismes bien définis fondant à 110°; elle réagit avec le brome en donnant la *monobromo-1 phényl-3 méthylhydantoïne* cristallisant dans l'alcool en prismes fusibles à 204°.

II. DÉRIVÉS 3-SUBSTITUÉS.

Acide 3 méthylhydantoïque (voy. Dict., **3**, 576].

3 *Méthylhydantoïne* (Dict., **2**, p. 54),

$$\begin{array}{l} CH^2 —— CO\diagdown \\ | \qquad\qquad\qquad AzH \\ Az(CH^3)-CO\diagup \end{array}$$

— S'obtient en faisant agir l'urée sur la sarcosine [Huppert, *D. chem. G.*, **6**, 1278]. Les conditions précises de la réaction sont les suivantes :

On chauffe pendant 3 heures à l'étuve à 130° un mélange moléculaire de sarcosine et d'urée; par refroidissement la masse se solidifie; elle est dissoute dans l'eau, et la solution filtrée évaporée jusqu'à cristallisation. On purifie le produit par cristallisation dans l'alcool [J. Horbaczewski, *Mon. f. Chem.*, **8**, 586].

M. Traube [*D. chem. G.*, **15**, 2111] a obtenu la 3 méthylhydantoïne, en faisant passer un courant de chlorure de cyanogène dans la sarcosine fondue; il se forme en même temps l'anhydride de la sarcosine :

$$\underset{\text{Sarcosine.}}{3\,C^3H^7AzO^2} + ClCAz$$

$$= \underset{\text{Méthyl-hydantoïne.}}{C^4H^6Az^2O^2} + \underset{\text{Anhydride de la sarcosine.}}{C^6H^{12}Az^2O^3} + HCl + H^2O$$

La méthylhydantoïne se forme encore dans la réduction de l'α-méthylallantoïne fusible à 258-259° par l'acide iodhydrique [E. Fischer, *D. chem. G.*, **32**, 2748] et dans l'action de l'hydrate de baryte sur l'acide hydrocafurique [E. Fischer, *Ann. Chem.*, **215**, 286]; il se dégage en même temps de la monométhylamine :

$$C^6H^9Az^3O^3 + H^2O$$
$$= CO^2 + AzH^2-CH^3 + C^4H^6Az^2O^2$$

Cette réaction est très importante pour l'établissement de la formule de constitution de la caféine.

La 3 méthylhydantoïne forme des prismes facilement solubles dans l'eau et dans l'alcool, fondant à 156° [Solkwski, *D. chem. G.*, **7**, 119]. MM. Horbaczewski et Hill [*D. chem. G.*, **9**, 1091] et Neubauer [*Ann. Chem.*, **137**, 288] indiquent 145°.

La méthylhydantoïne se dissout dans les alcalis, et forme un *sel d'argent* cristallisé en feuillets peu solubles dans l'eau ; sa composition répond à la formule $C^4H^5Az^2O^2Ag$ (Traube).

3 *Éthylhydantoïne* (voy. Dict., **2**, 54).

3 *Phénylhydantoïne*. — C'est la phénylhydantoïne obtenue par Schwebel en chauffant le phénylglycocolle avec l'urée (voy. 1er Suppl., 819).

Elle a été également préparée par la méthode de MM. Frerichs et Beckurts [*Arch. de Pharm.*, **237**, 331], dont on a indiqué le principe (voy. plus haut).

Elle cristallise en aiguilles blanches fondant à 193-194° (F. et B.).

3 *P-tolylhydantoïne* (voy. 1er Suppl., 920). — Cristallise dans l'alcool en aiguilles fondant à 213° (F. et B.)

3 *O-tolylhydantoïne*. — Gros cristaux fondant à 180° (F. et B.). Feuillets fondant à 176° [Ehrlich, *D. chem. G.*, **16**, 742].

3 *P-éthoxyphénylhydantoïne*. — Aiguilles blanches fondant à 234° (F. et B.).

1.3 *Diphénylhydantoïne*,

```
CH² —— CO \
|           AzC⁶H⁵
Az(C⁶H⁵)-CO /
```

— MM. Bischoff et Hausdörfer [*D. chem. G.*, **25**, 2270] ont obtenu ce composé en faisant réagir le chlorure de carbonyle sur le dérivé sodé de l'anilide de l'acide phénylaminoacétique.

Feuillets incolores fondant à 139°, solubles dans le chloroforme et dans le benzène, peu solubles dans l'éther et dans l'alcool.

1.3 *Di-o-tolylhydantoïne*. — Elle se forme dans l'action du chlorure de carbonyle sur la toluidide de l'acide o-tolylaminoacétique. C'est une poudre cristalline fondant à 273-275° [Bischoff et Hausdörfer, *loc. cit.*].

1.3 *Di-p-tolylhydantoïne*. — Elle s'obtient comme la précédente. Feuillets incolores fondant à 175°.

DÉRIVÉS DE L'ACIDE α-AMINOPROPIONIQUE.

Acide 4 méthylhydantoïque ou acide lacturamique (voy. Dict., **3**, 577).

4 *Méthylhydantoïne* ou lactylurée (voy. Dict., **3**, 577).

```
CH³-CH-CO \
     |      AzH
   AzH-CO /
```

— La préparation de cette hydantoïne a été indiquée par Heinz [*Ann. Chem.*, **169**, 125]. Elle s'effectue en ajoutant de l'acide sulfurique dilué à un mélange d'aldéhydate d'ammoniaque, de cyanate et de cyanure de potassium.

MM. Franchimont et Klobbie [*Rec. des Pays-Bas*, **7**, 14] ont trouvé que l'hydantoïne n'est pas le seul produit de la réaction ; il se forme en même temps l'*α-uréidopropionamide*

```
CH³-CH-AzH-CO-AzH²
     |
     CO-AzH²
```

fondant à 196°, et l'*α-uréidopropionitrile*

```
CH³ CH-AzH-CO-AzH²
     |
     CAz
```

fondant à 106°.

Ces deux produits, chauffés avec de l'acide chlorhydrique au bain-marie, donnent de la lactylurée et du chlorhydrate d'ammoniaque.

Quand on évapore au bain-marie une solution de 1 partie de lactylurée dans 5 parties d'acide azotique réel, on obtient la *nitro-4 méthylhydantoïne*.

Ce composé cristallise dans l'eau en tablettes fondant vers 148° en se décomposant. Elle est très soluble dans l'eau, presque insoluble dans l'éther, le chloroforme et le benzène ; l'ébullition prolongée avec l'eau la décompose avec dégagement d'acide carbonique et de protoxyde d'azote [Franchimont et Klobbie, *loc. cit.*]. Sa constitution probable est :

```
        CH³
        |
AzO²-C —— CO \
        |       AzH
     AzH-CO /
```

I. Dérivés 1-substitués.

Acide 1 phényl-4 méthylhydantoïque (ou acide phényllacturamique, ou acide α-phényluréopropionique). — Cet acide s'obtient en faisant réagir l'isocyanate de phényle sur l'acide α-aminopropionique [Kühn, *D. chem. G.*, **17**, 2884]. Il se forme de la diphénylurée qui provient de la déshydratation de l'acide hydantoïque, de sorte que l'on a un mélange de l'acide hydantoïque et de l'hydantoïne. Le produit est chauffé à l'ébullition avec de la potasse pendant 2 heures, et la solution, neutralisée par un acide, précipite l'acide 1 phényl-4 méthylhydantoïque :

```
C⁶H⁵-AzH-CO-AzH-CH-COOH
                 |
                 CH³
```

On l'obtient plus facilement par la méthode de M. Paal [*D. chem. G.*, **27**, 977]. Il fond à 168° (Paal). M. Kühn indique 170°.

1 *Phényl-4 méthylhydantoïne* (ou phényllactylurée). Elle se prépare en faisant bouillir l'acide phénylméthylhydantoïque précédent avec un excès d'acide chlorhydrique [Mouneyrat, *D. chem. G.*, **33**, 2394].

Elle est très peu soluble dans l'eau ; pour la purifier, on la dissout dans l'alcool chaud et on la précipite par l'eau. Elle fond à 172-173°.

II. Dérivés 3-substitués.

Acide 3 éthyl-4 méthylhydantoïque. — Ce composé n'est pas stable, il se déshydrate aussitôt.

3 *Éthyl-4 méthylhydantoïne*. — On chauffe pendant 12 heures l'acide α-éthylaminopropionique avec la moitié de son poids d'urée. [Duvillier, *Bull. Soc. Chim.*, (3), **13**, 487]. Après refroidisse-

ment on reprend par l'alcool bouillant et on évapore la solution. L'éthylhydantoïne cristallise en tables rhombiques très solubles dans l'eau, l'alcool et le benzène.

DÉRIVÉS DES ACIDES α-AMINOBUTYRIQUES.

A. De l'acide α-aminobutyrique normal.

La 4 éthylhydantoïne n'est pas connue, mais on a préparé son dérivé 1 phénylé : la 4 éthyl-1 phénylhydantoïne, ainsi que l'acide hydantoïque correspondant.

Acide 4 éthyl-1 phénylhydantoïque,

$$CH^3-CH^2-CH-COOH$$
$$|$$
$$AzH-CO-AzH-C^6H^5$$

— Obtenu par la méthode de M. Paal, à l'aide de l'acide α-aminobutyrique et de l'isocyanate de phényle en solution alcaline. Cet acide est très soluble dans l'alcool, l'acétone, peu soluble dans l'eau froide et dans l'éther; il fond à 170° en dégageant des gaz [Mouneyrat, *D. chem. G.*, **33**, 2395].

4 *Éthyl-1 phénylhydantoïne*. — Elle s'obtient par déshydratation du précédent : très peu soluble dans l'eau bouillante, facilement soluble dans l'alcool et dans l'acétone à chaud, fond en se décomposant à 126-127° (Mouneyrat).

B. Dérivés de l'acide amino-isobutyrique.

Acide 4 diméthylhydantoïque (ou acétonyluramique)

$$\begin{matrix} CH^3 \\ CH^3 \end{matrix} > C-COOH$$
$$|$$
$$AzH-CO-AzH^2$$

(voy. Dict., **3**, 576).

4 *Diméthylhydantoïne* (ou acétonylurée) (voy. Dict., 3, 576) ou α-diméthylhydantoïne). — Ce produit a été préparé par M. Errera en faisant agir les hypobromites alcalins sur la diméthylcyanacétamide. La 4 diméthylhydantoïne ainsi obtenue possède les mêmes propriétés et le même point de fusion (174°) que celle préparée par Urech et déjà décrite [Errera, *Gazz. chim. ital.*, **26**, (1), 197; *Bull. Soc. Chim.*, (3), **16**, 1256].

Il se forme aussi dans l'oxydation par le permanganate de la pinacoylsulfo-urée [Heilpern, *Mon. f. Chem.*, **17**, 238].

DÉRIVÉS DE L'ACIDE α-AMINOCAPROÏQUE.

Acide 4 isobutylhydantoïque. — Il s'obtient en chauffant la 4 isobutylhydantoïne avec un excès d'eau de baryte. Il fond à 200° en se décomposant.

Son *sel de baryum*, $(C^7H^{13}Az^2O^3)^2Ba$, cristallise en prismes très solubles dans l'eau (Pinner et Lifschütz).

Isobutylhydantoïnamide,

$$C^4H^9-CH \begin{matrix} < CO-AzH^2 \\ \diagdown AzH-COAzH^2 \end{matrix}$$

— Elle se forme quand on traite l'uréoisobutylacétonitrile, résultant de l'action de l'urée sur la cyanhydrine du valéral, par l'acide sulfurique concentré à 0°. Elle cristallise dans l'eau en houppes fondant à 170°; l'ébullition avec l'acide chlorhydrique la transforme en isobutylhydantoïne, et l'ébullition avec les alcalis étendus en acide isobutylhydantoïque.

4 *Isobutylhydantoïne*,

$$\begin{matrix} CH^3 \\ CH^3 \end{matrix} > CH-CH^2-CH-CO \diagdown$$
$$| \qquad AzH$$
$$AzH-CO \diagup$$

— MM. Pinner et Lifschütz [*D. chem. G.*, **20**, 2356] l'obtiennent en chauffant pendant 3 à 4 heures à 110-120° la cyanhydrine du valéral avec l'urée et faisant bouillir le produit de condensation avec l'acide chlorhydrique. Il se forme en même temps de l'aminoisocapronitrile.

L'isobutylhydantoïne est peu soluble dans l'eau froide, facilement soluble dans l'alcool et dans l'eau à chaud; elle cristallise en aiguilles blanches fondant à 209-210°, solubles dans les alcalis. Les acides précipitent le produit inaltéré de ces solutions.

4 *Isobutyl-1 éthylhydantoïne*. — Elle s'obtient en chauffant l'hydantoïne précédente avec du bromure d'éthyle et de la potasse à 100°. Constitue des aiguilles blanches soyeuses solubles dans l'alcool, l'éther et l'eau chaude, fondant à 135° et bouillant à 295° [Pinner et Spilker, *D. chem. G.*, **22**, 685].

Acide 4 isobutyl-1 phénylhydantoïque,

$$(CH^3)^2-CH-CH^2-CH-COOH$$
$$|$$
$$AzH-CO-AzH-C^6H^5$$

— Il s'obtient par le procédé de M. Paal au moyen de la *r*-leucine.

On le purifie en précipitant par l'eau chaude sa solution alcoolique. Aiguilles incolores fondant à 165°, solubles dans 300 parties d'eau bouillante et dans 2 parties d'alcool bouillant, très solubles dans l'acétone et dans l'éther acétique. Son *sel d'argent* cristallise en fines aiguilles [E. Fischer, *D. chem. G.*, **33**, 2381].

4 *Isobutyl-1 phénylhydantoïne*. — Elle a été obtenue par M. Mouneyrat par déshydratation du précédent [Mouneyrat, *loc. cit.*].

DÉRIVÉS DES ACIDES SUPÉRIEURS.

Toutes les hydantoïnes supérieures dérivent des acides α-aminés du type

$$R^2-C-COOH$$
$$|$$
$$AzH^2$$

et s'obtiennent par la méthode de M. Errera (*loc. cit.*). Ce sont des hydantoïnes 4 disubstituées.

4 *Diéthylhydantoïne* (ou α-diéthylhydantoïne). — Cristallise dans l'alcool en gros prismes brillants bien définis, fondant à 165° (Errera).

4 *Dipropylhydantoïne* (ou α-dipropylhydantoïne). — Lamelles incolores fusibles à 199°, solubles dans les alcalis caustiques (Errera).

DÉRIVÉS DES ACIDES NON SATURÉS.

Éthylidène-hydantoïne. — MM. Pinner et Lifschütz [*D. chem. G.*, **20**, 2357] ont essayé de préparer ce composé par l'action de l'acide chlorhydrique sur le produit de condensation de la cyanhydrine de l'acétaldéhyde avec l'urée. Ils ont obtenu une huile soluble dans l'eau qui n'a pas cristallisé.

Acide isopropénylhydantoïque. — Cet acide n'est pas connu, mais son éther a été décrit.

Le 4 *isopropénylhydantoate d'éthyle* (ou uréodiméthylacrylate d'éthyle),

$$(CH^3)^2-C=C-COOC^2H^5$$
$$|$$
$$AzH-CO-AzH^2$$

se forme quand on ajoute du cyanate de potassium à l'α-aminodiméthylacrylate d'éthyle dissous dans l'acide chlorhydrique étendu et froid.

L'uréodiméthylacrylate d'éthyle forme de longues aiguilles blanches, insolubles dans l'eau, très solubles dans l'alcool bouillant et fondant à 175-176° (Bouveault et Wahl, *Bull. Soc. Chim.*, (3), **15**, 915).

Acide 4 isopropényl-1 phénylhydantoïque. — Il se forme dans la saponification de l'éther correspondant ou éther phényluréodiméthylacrylique.

Tablettes solubles dans l'alcool méthylique, peu solubles dans l'éther fondant, à 195-196° en se décomposant (Bouveault et Wahl).

L'*éther éthylique* (ou phényluréodiméthylacrylate d'éthyle) s'obtient en mélangeant des quantités moléculaires d'isocyanate de phényle et d'α-aminodiméthylacrylate d'éthyle dissous dans l'éther anhydre. Cristallise dans l'éther anhydre en belles aiguilles fondant à 130° (Bouveault et Wahl).

4 Isopropényl-1 phénylhydantoïne,

$$\begin{array}{l} CH^3 \\ CH^3 \end{array} \!\!> C = \underset{\displaystyle Az - CO}{\overset{|}{C}} - CO \begin{array}{l} \diagdown \\ \diagup \end{array} Az\,C^6H^5$$

— Ce produit se forme à côté de l'acide hydantoïque correspondant, quand on saponifie le phényluréodiméthylacrylate d'éthyle par la soude aqueuse à chaud. On précipite par l'acide acétique et on fait cristalliser le produit dans l'alcool méthylique aqueux bouillant. Les cristaux qui se déposent constituent un mélange de l'hydantoïne et de l'acide hydantoïque; on extrait à l'éther bouillant qui dissout l'hydantoïne seule.

Aiguilles blanches fondant à 225-226° (Bouveault et Wahl).

DÉRIVÉS DES ACIDES AMIDÉS AROMATIQUES.

DÉRIVÉS DE L'ACIDE AMINOPHÉNYLACÉTIQUE.

Acide 4 phénylhydantoïque,

$$\begin{array}{l} C^6H^5 - CH - COOH \\ \qquad\quad | \\ \qquad AzH - CO - AzH^2 \end{array}$$

— Cet acide se prépare en faisant bouillir la phénylhydantoïne ci-dessous décrite avec de l'eau de baryte, jusqu'à ce qu'il commence à se former du carbonate de baryte. On précipite par l'acide chlorhydrique, l'acide phénylhydantoïque se dépose, on le purifie par cristallisation dans l'eau; il fond à 178° en dégageant des gaz (Pinner, *D. chem. G.*, **21**, 2326).

Phénylhydantoïnamide,

$$C^6H^5 - CH \begin{array}{l} \diagup CO\,AzH^2 \\ \diagdown AzH - CO - AzH^2 \end{array}$$

— Elle s'obtient en traitant l'uréophénylacétonitrile par l'acide sulfurique concentré, et cristallise en prismes brillants, fondant à 223° en se décomposant (Pinner et Spilker).

Ether éthylique (ou éther phényluréoacétique). — Il a été obtenu par M. Kossel [*D. chem. G.*, **24**, 4150] au moyen de cyanate de potassium et de l'éther éthylique de l'acide aminophénylacétique. Il fond à 139°.

4 *Phénylhydantoïne* (ou α-phénylhydantoïne). — Pour la préparer, on chauffe 145 grammes de cyanhydrine de l'aldéhyde benzylique (phényllactonitrile) avec 60 grammes d'urée à 100°, jusqu'à ce que la masse cristallise. On lave à l'éther pour enlever les résines, et on chauffe le résidu avec un léger excès d'acide chlorhydrique étendu de son volume d'eau. L'hydantoïne se précipite en longues aiguilles blanches fondant à 178°; elle cristallise sous deux formes : soit en aiguilles, soit en feuillets. Son *dérivé acétylé*, cristallisé dans le benzène, fond à 145°.

M. Lehmann [*D. chem. G.*, **34**, 366] a également obtenu la 4 phénylhydantoïne en traitant par la potasse, au bain-marie, la phényluréthane-acétamide.

Pour préparer ce composé, on condense la cyanhydrine de l'aldéhyde benzylique avec l'uréthane en présence de chlorure de zinc, et on traite le phényluréthane-acétonitrile par l'acide chlorhydrique concentré.

La série des réactions est la suivante :

$$C^6H^5 - CH \begin{array}{l} \diagup OH \\ \diagdown CAz \end{array} + AzH^2 - CO^2C^2H^5$$

$$= C^6H^5 - CH \begin{array}{l} \diagup AzH - CO^2C^2H^5 \\ \diagdown CAz \end{array} + H^2O$$

Phényluréthane-acétonitrile.

$$C^6H^5 - CH \begin{array}{l} \diagup AzH - CO^2C^2H^5 \\ \diagdown CAz \end{array} + H^2O$$

$$= C^6H^5 - CH \begin{array}{l} \diagup AzH - CO^2C^2H^5 \\ \diagdown CO\,AzH^2 \end{array}$$

Phényluréthane-acétamide.

$$= C^2H^6O + \begin{array}{l} C^6H^5 - CH - AzH \diagdown \\ \qquad\quad | \qquad\qquad\quad CO \\ \qquad CO - AzH \diagup \end{array}$$

4 phénylhydantoïne.

La phénylhydantoïne forme avec la potasse alcoolique un *sel de potassium* cristallisé répondant à la formule $C^9H^7KAz^2O^2$. Si dans cette réaction on emploie un excès de potasse (2 molécules pour 1 d'hydantoïne) on obtient un sel de potassium ayant la même composition que le premier, mais qui s'en différencie en ce que, traité par les acides, il ne régénère plus l'hydantoïne primitive. Les acides dilués précipitent en effet un produit cristallisé ne fondant pas même au-dessus de 300°, et présentant la composition centésimale de l'hydantoïne fondant à 178°; cette nouvelle substance a été appelée *pseudo-phénylhydantoïne*. Il est à remarquer que la potasse aqueuse ne produit pas cette isomérisation. La constitution de la pseudo-4 phénylhydantoïne est représentée par le schéma

$$\begin{array}{l} C^6H^5 - CH - CO \\ \qquad\quad | \qquad\qquad > AzH \\ \qquad\ O - C \ = AzH \end{array}$$

Nous avons indiqué au commencement de cet article quelles sont les réactions qui ont permis d'établir cette formule (Pinner).

Dérivés de substitution de la 4 phénylhydantoïne.

4 *Phényl 1-méthylhydantoïne.* — Obtenue par méthylation du sel de potassium de la 4 phénylhydantoïne avec l'iodure de méthyle à 100°; cristallisée dans l'alcool, elle fond à 161-162°; elle est peu soluble dans l'alcool froid, plus soluble à chaud. La 4 phényl-1 méthylhydantoïne se dissout lentement dans les alcalis à froid (Pinner).

4 *Phényl-1 éthylhydantoïne.* — Elle se prépare comme la précédente, et constitue des prismes brillants très solubles dans l'alcool, l'éther, le benzène, et fondant à 94°. Ces cristaux se dissolvent dans les alcalis, mais au bout de quelque temps cette solution laisse déposer un composé infusible ayant la même composition. C'est la *pseudo-4 phényl-1 éthylhydantoïne*. Ce composé peut d'ailleurs s'obtenir par éthérification directe de la pseudophénylhydantoïne; il forme des aiguilles feutrées insolubles dans l'eau, peu solubles dans l'alcool et dans le benzène. Il est décomposé par la baryte en excès, à 100°, en acide

carbonique, acide phényllactique, ammoniaque et monoéthylamine.

DÉRIVÉS DE L'ACIDE AMINOBENZYLACÉTIQUE.

On ne connaît ni l'acide 4 benzylhydantoïque, ni l'hydantoïne correspondante, mais seulement quelques-uns de leurs dérivés.

Acide 1 phényl-4 benzylhydantoïque,

$$C^6H^5-CH^2-CH-COOH$$
$$AzH-CO-AzH-C^6H^5$$

— MM. Fischer et Mouneyrat [*D. chem. G.*, **33**, 2383] ont préparé cet acide au moyen de la *d*-phénylalanine et de l'isocyanate de phényle. Il constitue des aiguilles incolores fondant à 181-182°, presque insolubles dans l'eau, l'éther et la ligroïne. Il possède un pouvoir rotatoire de $[\alpha]_D^{20} = +61°,27$. L'acide hydantoïque provenant de la phénylalanine racémique fond au même point [Mouneyrat, *D. chem. G.*, **33**, 2396].

1 *Phényl-4 benzylhydantoïne.* — S'obtient en chauffant l'acide précédent avec 400 fois son poids d'acide chlorhydrique ($D = 1,124$); il forme de belles aiguilles peu solubles dans l'eau, très solubles dans l'alcool et dans l'acétone à chaud et fondant à 173-174°.

4 *Dibenzylhydantoïne,*

$$(C^6H^5-CH^2)^2=C - CO \diagdown AzH ; AzH-CO \diagup$$

— Ce composé se prépare en introduisant lentement la dibenzylcyanacétamide dans une solution de brome dans la soude; l'amide se dissout à peu près complètement, et par addition d'acide l'hydantoïne se précipite.

La 4 dibenzyle- ou α-dibenzylhydantoïne est insoluble dans l'eau, soluble dans l'alcool d'où elle cristallise en lamelles brillantes fusibles à 208-209°.

4 *Dinitrodibenzylhydantoïne.* — S'obtient par nitration du produit précédent. Cristaux jaune-paille, insolubles dans l'eau, fondant vers 185° en se décomposant. Elle se dissout dans les alcalis.

4 *Tétrabromodibenzylhydantoïne.* — Se forme dans l'action du brome à chaud sur la dibenzylhydantoïne en présence d'iode. Lamelles fusibles à 285°, insolubles dans l'eau, peu solubles dans l'alcool et solubles dans les alcalis (Errera).

DÉRIVÉS NON SATURÉS.

Acide 4-styrylhydantoïque,

$$C^6H^5-CH=CH-CH-COOH$$
$$AzH-CO-AzH^2$$

— Cet acide s'obtient en chauffant l'hydantoïne correspondante avec 3/4 de molécule de baryte pendant 4 heures. Il ne faut pas employer plus de baryte, car la décomposition de l'hydantoïne est alors plus profonde; il se forme de l'acide phénylamidocrotonique, de l'ammoniaque et de l'acide carbonique. L'acide styrylhydantoïque forme des feuillets facilement solubles dans l'eau chaude et dans l'alcool, et fondant à 185°; au-dessus de cette température il perd de l'eau et subit en même temps une décomposition plus profonde (Pinner et Spilker).

Son *sel d'argent* est cristallisé et répond à la formule $C^{11}H^{11}Az^2O^3Ag$.

L'*amide* s'obtient en traitant par l'acide sulfurique concentré maintenu à 0° l'uréophénylcrotonylacétonitrile,

$$C^6H^5-CH=CH-CH \diagup CAz ; \diagdown AzH-COAzH^2$$

(formé dans l'action de l'urée sur la cyanhydrine de l'aldéhyde cinnamique).

C'est une poudre microcristalline facilement soluble dans l'alcool, plus difficilement soluble dans l'eau chaude et se décomposant à 210-220°. Les alcalis à chaud la transforment en acide hydantoïque correspondant, et les acides en hydantoïne.

4 *Styrylhydantoïne.* — S'obtient par le procédé de MM. Pinner et Lifschütz [*D. chem. G.*, **20**, 2351] au moyen de l'urée et de la cyanhydrine de l'aldéhyde cinnamique.

La styrylhydantoïne forme des cristaux fondant à 172°. Elle se dissout dans les alcalis dilués, d'où les acides la précipitent; elle fond alors à 195-198°. Tous les dérivés que les auteurs ont préparés avec ces deux produits se sont montrés identiques. Il est possible qu'ils soient constitués par deux isomères stéréochimiques :

$$\begin{array}{c} C^6H^5-C-H \\ \| \\ H-C-C^3H^3Az^2O^2 \end{array} \quad \text{et} \quad \begin{array}{c} C^6H^5-C-H \\ \| \\ C^3H^3Az^2O^2-C-H \end{array}$$

Les alcalis en solution dans l'alcool absolu provoquent chez la styrylhydantoïne une isomérisation analogue à celle signalée dans le cas de la phénylhydantoïne. En chauffant pendant 12 heures la styrylhydantoïne avec 2 molécules de potasse dissoute dans l'alcool abolu, puis précipitant la solution, diluée avec de l'eau, par un acide étendu, on obtient un précipité cristallin qui, purifié par cristallisation dans l'acide acétique, forme de fines aiguilles presque insolubles dans l'éther, le benzène, le chloroforme, et ne fondant pas à 300°. Ce produit est la *pseudostyrylhydantoïne.* Elle possède la même composition que la styrylhydantoïne. Sa constitution est représentée par le schéma

$$C^6H^5-CH=CH-CH-CO \; > AzH ; O - CO=AzH$$

elle a été déterminée par l'étude des produits de décomposition du dérivé éthylé par la baryte [Pinner et Spilker, *D. chem. G.*, **22**, 685].

Acétylstyrylhydantoïne. — S'obtient en faisant bouillir la styrylhydantoïne avec de l'anhydride acétique (Pinner et Spilker); elle constitue des prismes blancs fondant à 185°, peu solubles dans l'eau, très solubles dans l'alcool. Le même produit s'obtient que l'on emploie la styrylhydantoïne fondant à 172° ou celle fondant à 198°.

Bromostyrylhydantoïnes. — La *styrylhydantoïne dibromée,*

$$C^6H^5-CHBr-CHBr-CH-CO \diagdown AzH ; AzH-CO \diagup$$

s'obtient en ajoutant du brome dissous dans le chloroforme à une solution chloroformique bouillante de styrylhydantoïne. Par refroidissement le dérivé dibromé cristallise. Il forme une poudre cristalline fondant à 198-200°. Si l'on effectue la bromuration en solution aqueuse, on n'obtient que le *dérivé monobromohydroxylé*

$$C^6H^5-CHBr-CH(OH)-CH-CO \diagdown AzH ; AzH-CO \diagup$$

qui cristallise dans l'alcool en petits cristaux blancs fondant à 223°, assez solubles dans l'alcool, insolubles dans l'eau. Ce composé perd facilement son brome quand on le chauffe pendant peu de temps avec la quantité correspondante de soude étendue, et l'on obtient l'*oxystyrylhydantoïne*,

$$C^6H^5-CH=C(OH)-CH-CO \searrow AzH; \quad AzH-CO \nearrow$$

C'est une poudre cristalline, peu soluble dans l'eau, soluble dans l'alcool et dans l'éther, fondant à 185°.

Quand on ajoute du brome à une solution de styrylhydantoïne dans l'alcool absolu et qu'on précipite par l'eau, on obtient des prismes fondant à 175°, facilement solubles dans l'alcool et dans l'éther, possédant la composition d'un dérivé *bromoéthoxylé*,

$$C^6H^5-CHBr-CH(OC^2H^5)-CH-CO \searrow AzH; \quad AzH-CO \nearrow$$

Ces mêmes réactions effectuées avec la pseudostyrylhydantoïne n'ont pas donné de produits bien définis.

Dérivés de substitution.

4 *Styryl*-1 *éthylhydantoïne*. — S'obtient par le procédé général en faisant agir le bromure d'éthyle sur l'hydantoïne en présence de la quantité correspondante de potasse alcoolique. La styryléthylhydantoïne forme des cristaux blancs peu solubles dans l'eau, assez facilement solubles dans l'éther et dans le benzène, très solubles dans l'alcool et fondant à 162°.

Le *dérivé éthylé de la pseudostyrylhydantoïne* se prépare de même. Il constitue des cristaux insolubles dans l'eau, peu solubles dans l'alcool, l'acide acétique, fondant vers 280°.

Ces deux éthers se comportent très différemment quand on les traite par un excès de baryte à 100° en tube scellé.

Le dérivé éthylé de la styrylhydantoïne se décompose en acide phénylaminocrotonique, acide carbonique et éthylamine, tandis que le dérivé éthylé de la pseudo-styrylhydantoïne donne dans les mêmes conditions de l'acide phényl α-oxycrotonique, de l'ammoniaque, de l'éthylamine et de l'acide carbonique, ce qui permet de conclure à la constitution de la pseudostyrylhydantoïne :

$$C^6H^5-CH=CH-CH-CO;\ O-C=AzH \; > AzC^2H^5 + 3H^2O$$
$$= C^6H^5-CH=CH(OH)-COOH + CO^2 + C^2H^5-AzH^2 + AzH$$

[Pinner et Spilker, *D. chem. G.*, **22**, 690].

THIOHYDANTOÏNES.

A côté des hydantoïnes dont on vient de faire l'étude et qui peuvent être considérées comme dérivant de l'urée, on connaît également des hydantoïnes sulfurées correspondant à la sulfo-urée.

On obtient ces hydantoïnes sulfurées en chauffant la sulfo-urée ou les sulfo-urées substituées avec les acides α-halogénés [Vohlard, *Ann. Chem.*, **166**, 383. — Maly, *Ann. Chem.*, **168**, 33. — P. Meyer, *D. chem. G.*, **10**, 1965; **14**, 1660] ou encore avec les éthers ou les amides de ces acides α-halogénés [Mulder, *D. chem. G.*, **8**, 1264. — Maly, *D. chem. G.*, **10**, 1853. — Andreasch, *D. chem. G.*, **12**, 1385. — Dixon, *Chem. Soc.*, **63**, 818. — Andreasch, *Mon. f. Chem.*, **8**, 409; **18**, 91].

On avait admis au début que ces hydantoïnes sulfurées devaient, par analogie, posséder une constitution correspondant à celle des hydantoïnes, mais les travaux de MM. Liebermann et Lange [*D. chem. G.*, **12**, 1588] et de M. Andreasch [*D. chem. G.*, **12**, 1385] ont montré que la véritable structure de ces corps est représentée par la formule I, et non par la formule II :

$$\text{I: } CH^2-S-C=AzH;\ CO-AzH \qquad \text{II: } CH^2-CO \searrow AzH;\ AzH-CS \nearrow$$

Cette formule explique en effet d'une manière simple la formation d'acides thioglycoliques dans l'action de la baryte sur ces hydantoïnes sulfurées. Elle permet aussi de se rendre compte de la stabilité très grande de l'atome de soufre, que l'ébullition avec l'oxyde de plomb n'enlève pas à la molécule.

Les composés isomériques répondant à la formule II n'ont pas encore été obtenus jusqu'ici, mais on en a préparé des dérivés de substitution répondant à la formule générale

$$R-CH-CO \searrow AzR';\ AzH-CS \nearrow$$

Il est donc important dès le début d'établir une distinction entre ces deux espèces différentes d'hydantoïnes sulfurées.

Nomenclature. — M. Ossian Aschan [*D. chem. G.*, **17**, 420], qui a préparé le premier les dérivés des hydantoïnes sulfurées appartenant au type normal II, a proposé pour celles-ci le nom de *sulfhydantoïnes* en conservant pour celles se rattachant à la forme générale I la désignation de *thiohydantoïnes*.

M. Dixon, dans un essai de nomenclature des hydantoïnes sulfurées [*Chem. Soc.*, **71**, 637], emploie pour les secondes indifféremment le nom de thiohydantoïnes ou de sulfohydantoïnes, tandis qu'il propose pour celles du type I le nom de *thiourantoïnes*.

Enfin on peut considérer les composés du premier type comme des dérivés du thiazol :

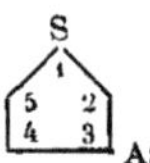

et leur appliquer la nomenclature adoptée dans ce cas. Alors la thiohydantoïne la plus simple devient

$$CH^2-S-C=AzH;\ CO-AzH$$

et se nomme 2 *imino*-4 *céto-tétrahydrothiazol*.

Cette dernière nomenclature, qui est employée par M. Richter dans son *Lexikon der Kohlenstoff Verbindungen*, a l'inconvénient de ne pas faire suffisamment ressortir l'origine chimique de ces composés.

Nous désignerons dans l'étude qui va suivre les composés appartenant au type normal II, indifféremment sous les noms de sulfhydantoïnes ou de thiohydantoïnes, et nous appellerons *pseudothiohydantoïnes* ou *ψ-thiohydantoïnes* celles se rattachant à la forme I.

C'est-à-dire que le schéma

$$\begin{array}{l} R - CH - CO \diagdown \\ \quad | \qquad\qquad\quad AzH \\ AzH - CS \diagup \end{array}$$

représentera une thiohydantoïne ou sulfhydantoïne et

$$\begin{array}{l} R - CH - S - C = AzH \\ \quad | \qquad\qquad | \\ \quad CO —— AzH \end{array}$$

une ψ-thiohydantoïne :

Cette désignation présente l'avantage de correspondre à celle déjà employée par M. Pinner pour distinguer la phénylhydantoïne de la pseudophénylhydantoïne.

$$\begin{array}{lcl} C^6H^5 - CH - CO \diagdown & & C^6H^5 - CH - O \diagdown \\ \quad | \qquad\qquad AzH & & \quad | \qquad\qquad C = AzH \\ AzH - CO \diagup & & CO - AzH \diagup \end{array}$$

Phénylhydantoïne. — Pseudo-phénylhydantoïne.

Pour les dérivés de substitution, nous emploierons dans le cas des thiohydantoïnes la même nomenclature que celle dont nous nous sommes servis pour les hydantoïnes. C'est-à-dire que les atomes d'azote, de carbone et de soufre formant le noyau pentagonal seront numérotés de 1 à 5 en commençant par l'atome d'azote compris entre les groupes CO et CS :

$$\begin{array}{ccc} & AzH & \\ SC & \overset{1}{} & CO \\ 2 & & 5 \\ 3 & & 4 \\ HAz & — & CH^2 \end{array}$$

Les trois méthylthiohydantoïnes possibles seront désignées par les noms de 1 méthyl, 3 méthyl- ou 4 méthylthiohydantoïne.

Pour les dérivés des pseudo-thiohydantoïnes, nous avons à distinguer deux cas ; d'abord celui où il y a substitution au carbone, c'est-à-dire dans le groupe méthylénique, pour donner les homologues supérieurs de la pseudo-thiohydantoïne proprement dite. Ces composés seront désignés sous le nom de *pseudo* ou *ψ-R-thiohydantoïnes* (R désignant le radical substitué) ; par exemple la thiohydantoïne correspondant à l'acide propionique,

$$\begin{array}{l} CH^3 - CH \; — \; S \diagdown \\ \qquad\; | \qquad\qquad\quad C = AzH \\ \qquad CO - AzH \diagup \end{array}$$

sera la *ψ-méthylthiohydantoïne.*

Le deuxième cas à considérer est celui où la substitution se fait dans l'un ou l'autre des groupes AzH. Nous appellerons, avec M. Hantzsch, (*n*) l'atome d'azote du groupe AzH qui est relié à un atome de carbone par une double liaison, et (ν) celui qui est lié à deux atomes de carbone.

$$\begin{array}{l} CH^2 \; - \; S \diagdown \\ \;\; | \qquad\qquad C = AzH \\ CO - AzH \diagup \quad (n) \\ \qquad\;\; (\nu) \end{array}$$

Pour désigner ces dérivés substitués nous ferons précéder le nom de « ψ-thiohydantoïne » de l'indication du groupement substitué et de la place qu'il occupe dans la molécule. Ainsi les deux dérivés méthylés isomériques

$$\begin{array}{l} CH^2 —— S \diagdown \\ \;\; | \qquad\qquad C = Az(CH^3) \\ CO - AzH \diagup \end{array}$$

et

$$\begin{array}{l} CH^2 ——— S \diagdown \\ \;\; | \qquad\qquad\quad C = AzH \\ CO - Az(CH^3) \diagup \end{array}$$

seront nommés respectivement : *n-méthyl-ψ-thiohydantoïne* et *ν-méthyl-ψ-thiohydantoïne*, et les dérivés substitués à la fois au carbone et à l'azote comme ceux représentés ci-dessous,

$$\begin{array}{l} CH^3 - CH^2 - C —— S \diagdown \\ \qquad\qquad\quad | \qquad\qquad C = AzCH^3 \\ \qquad\qquad CO - AzH \diagup \end{array}$$

et

$$\begin{array}{l} CH^3 - CH^2 - C ——— S \diagdown \\ \qquad\qquad\quad | \qquad\qquad\quad C = AzH \\ \qquad\qquad CO - Az(CH^3) \diagup \end{array}$$

seront appelés *n-méthyl-ψ-éthylthiohydantoïne* et *ν-méthyl-ψ-éthylthiohydantoïne.* Il en sera de même des dérivés plus compliqués, sauf pour une catégorie spéciale de dérivés disubstitués préparés par M. Dixon [*Chem. Soc.*, **71**, 618], et qui semblent répondre à la formule générale

$$\begin{array}{l} CH^2 - S \diagdown \\ \;\; | \qquad\qquad C - AzR'R''. \\ CO - Az \diagup\!\!\diagup \end{array}$$

Ces dérivés seront aussi appelés *isothiohydantoïnes.*

Quant aux acides hydantoïques sulfurés, il peut naturellement y en avoir de deux formes différentes correspondant aux deux espèces d'hydantoïnes sulfurées.

Les acides correspondant aux thiohydantoïnes :

$$\begin{array}{l} R - \overset{(4)}{C}H - \overset{(3)}{Az}H - \overset{(2)}{C}S - \overset{(1)}{Az}H^2 \\ \quad\;\; | \\ \quad COOH \\ \quad\;\; (5) \end{array}$$

seront appelés acides thiohydantoïques ou sulfhydantoïques, et les atomes numérotés dans le même ordre que dans le cas des acides hydantoïques. Ceux correspondant aux ψ-thiohydantoïnes seront désignés par les noms d'*acides ψ-thiohydantoïques.* La nomenclature de ces acides se fera de la même manière que pour les ψ-thiohydantoïnes, c'est-à-dire que nous désignerons par (*n*) l'atome d'azote lié au carbone par une double liaison, et par (ν) celui lié au carbone par une liaison simple

$$\begin{array}{l} R - CH - S - C \begin{array}{l} \leqslant AzH \;(n) \\ < AzH^2 \;(\nu) \end{array} \\ \quad\;\; | \\ \quad COOH \end{array}$$

Le nom des dérivés substitués au carbone sera toujours précédé du terme pseudo ou de la lettre ψ, tandis que ceux des produits de substitution à l'azote seront précédés de l'indication du groupe substitué et de la place que celui-ci occupe dans la molécule. Ainsi, le composé

$$\begin{array}{l} CH^3 - CH - S - C \begin{array}{l} \leqslant AzH \\ < AzH^2 \end{array} \\ \qquad\quad | \\ \qquad COOH \end{array}$$

sera l'acide ψ-méthylthiohydantoïque ; le composé

$$\begin{array}{l} CH^3 - CH - S - C \begin{array}{l} \leqslant AzC^6H^5 \\ < AzH^2 \end{array} \\ \qquad\quad | \\ \qquad COOH \end{array}$$

sera l'acide n-phényl-ψ-méthylthiohydantoïque, et le composé

$$\begin{array}{l} CH^2 - S - C \begin{array}{l} \leqslant AzC^6H^4 - CH^3 \\ < AzH^2 \end{array} \\ \;\; | \\ COOH \end{array}$$

sera l'acide n-tolyl-ψ-thiohydantoïque.

I. — THIOHYDANTOÏNES OU SULFHYDANTOÏNES.

Modes de formation. — Les thiohydantoïnes elles-mêmes n'ont pas été préparées jusqu'ici, mais on en connaît de nombreux dérivés 1-substitués répondant à la formule générale

$$\begin{array}{l} R-CH^2-CO \searrow \\ \quad | \qquad\qquad\quad AzR' \\ AzH-CS \nearrow \end{array}$$

Les dérivés dans lesquels R′ est aromatique ont été préparés par M. Ossian Aschan [*D. chem. G.*, **17**, 420] en chauffant les sénevols aromatiques avec les acides α-aminés. Ce procédé est analogue à celui qui permet de préparer les hydantoïnes 1 substituées au moyen des éthers isocyaniques et les acides α-aminés :

$$\begin{array}{l} R-CH-COOH \\ \quad | \\ \quad AzH^2 \end{array} + R'AzCS = \begin{array}{l} R-CH-CO \searrow \\ \quad | \qquad\qquad\quad AzR' \\ AzH-CS \nearrow \end{array}$$

La méthode de M. Aschan ne s'applique qu'aux sénevols aromatiques. MM. Markwald, Neumark et Steltzner [*D. chem. G.*, **24**, 3278] ont rendu le procédé plus général en combinant les sénevols, aussi bien gras qu'aromatiques, avec les acides α-aminés en solution alcaline. Ici l'analogie entre cette réaction et celle des éthers isocyaniques est encore plus complète; par acidification de la solution alcaline, les acides thiohydantoïques se précipitent sous forme résineuse, mais ne tardent pas à se solidifier en se transformant en thiohydantoïnes.

Propriétés générales. — Les thiohydantoïnes possèdent des propriétés analogues à celles des hydantoïnes : les alcalis à chaud les transforment en sels des acides thiohydantoïques correspondants; les acides les décomposent en acide aminé, acide carbonique, amine et hydrogène sulfuré :

$$\begin{array}{l} R-CH-CO \searrow \\ \quad | \qquad\qquad\quad AzR' + 3H^2O + 2HCl \\ AzH-CS \nearrow \end{array}$$

$$= \begin{array}{l} R-CH-COOH \\ \quad | \\ AzH^2-HCl \end{array} + R'AzH^2-HCl + CO^2 + H^2S$$

Elles possèdent de plus les propriétés caractéristiques des thio-urées, c'est-à-dire qu'elles forment des précipités insolubles avec les sels des métaux lourds comme ceux de plomb, d'argent et de mercure, et ces précipités se décomposent rapidement en sulfures de ces métaux. Le soufre est facilement enlevé aux thiohydantoïnes par ébullition avec l'oxyde de plomb. Les thiohydantoïnes se dissolvent dans les alcalis froids grâce à la formation de sels alcalins qui n'ont pu être isolés. Ces sels correspondent à la forme tautomérique des thiohydantoïnes,

$$\begin{array}{ccc} & AzR' & \\ SC & & CO \\ AzH & — & CHR \end{array} \longrightarrow \begin{array}{ccc} & AzR' & \\ HSC & & CO \\ Az & — & CHR \end{array}$$

comme l'a montré l'étude des produits de l'action des iodures alcooliques sur eux [Markwald, Neumark et Stelzner, *loc. cit.*].

DÉRIVÉS DU GLYCOCOLLE.

1 *Méthylthiohydantoïne*,

$$\begin{array}{l} CH^2-CO \searrow \\ \quad | \qquad\qquad Az-CH^3 \\ AzH-CS \nearrow \end{array}$$

— On dissout 8gr,2 de glycocolle dans environ 15 grammes de potasse à 50 0/0 et à cette solution diluée par de l'alcool on ajoute 8 grammes de méthylsénevol dissous dans un peu d'alcool. La réaction se fait immédiatement avec dégagement de chaleur, on la termine en chauffant quelque temps au bain-marie, puis on chasse l'alcool par distillation. Le résidu sirupeux est dissous dans l'eau, et la solution, acidulée par l'acide chlorhydrique, est chauffée à l'ébullition pendant quelques instants; par refroidissement, il se dépose une huile qui ne tarde pas à cristalliser. La solution d'où cette huile s'était déposée fournit par agitation à l'éther une nouvelle quantité de produit.

La 1 méthylthiohydantoïne cristallise dans un mélange de chloroforme et de ligroïne en aiguilles incolores fondant à 161°, solubles dans l'alcool, l'éther et l'eau chaude, moins solubles dans le chloroforme et dans l'eau froide, solubles dans les alcalis [Markwald, Neumark et Stelzner, *D. chem. G.*, **24**, 3285].

1 *Allylthiohydantoïne*,

$$\begin{array}{l} CH^2-CO \searrow \\ \quad | \qquad\qquad Az-C^3H^5 \\ AzH-CS \nearrow \end{array}$$

— Se prépare par l'isosulfocyanate d'allyle et le glycocolle.

Cristaux blancs fondant à 108°, facilement solubles dans l'eau chaude, l'alcool, l'acide acétique, moins solubles dans l'eau froide, le chloroforme, le benzène et la ligroïne (Markwald, Neumark et Stelzner).

1 *Phénylthiohydantoïne.* — Elle s'obtient en fondant le glycocolle avec de l'isocyanate de phényle [Ossian Aschan, *D. chem. G.*, **17**, 424].

Feuillets jaunes appartenant au système monosymétrique, solubles dans les alcalis en rose fugace. Cette solubilité est due sans doute à la formation d'un sel par substitution du métal à l'hydrogène du groupe AzH. Ces sels n'ont pu être isolés. La 1 phénylthiohydantoïne donne avec le nitrate d'argent et le nitrate de plomb des précipités des sulfures de ces métaux. Il se forme également du sulfure de plomb quand on fait bouillir la solution de phénylthiohydantoïne avec l'oxyde de plomb. La potasse alcoolique à l'ébullition fournit le *sel de potassium de l'acide phénylthiohydantoïque*

$$CS \begin{array}{l} \nearrow AzH-C^6H^5 \\ \searrow AzH-CH^2-COOK \end{array}$$

qui a été isolé.

L'acide phénylthiohydantoïque lui-même est une huile instable qui se transforme très rapidement en phénylthiohydantoïne.

1 *O-tolylthiohydantoïne.* — Obtenue par l'o-tolylsénevol et une solution alcaline de glycocolle, elle cristallise dans l'alcool dilué en feuillets blancs fondant à 136°, solubles dans l'alcool, l'acide acétique, le chloroforme, le benzène [Markwald, Neumark et Stelzner, *loc. cit.*].

1 *P-tolylthiohydantoïne.* — Préparée par la fusion du glycocolle avec le p-tolylsénevol, elle forme des prismes jaunes fondant vers 180° en se décomposant, solubles dans les alcalis en rose [O. Aschan, *loc. cit.*]. Le produit obtenu en faisant réagir le p-tolylsénevol sur le glycocolle en solution alcaline est plus pur. Il fond à 210°, se dissout dans les alcalis sans donner de coloration rose et est lui-même incolore [Markwald, Neumark et Stelzner, *loc. cit.*].

DÉRIVÉS DE L'ACIDE α-AMINOPROPIONIQUE.

1.4 *Diméthylthiohydantoïne*,

$$\begin{array}{l} CH^3-CH-CO \searrow \\ \qquad | \qquad\qquad Az-CH^3 \\ \quad AzH-CS \nearrow \end{array}$$

— S'obtient par le méthylsénevol et l'alanine,

par la même méthode que celle qui a été indiquée pour la 1 méthylthiohydantoïne.

Prismes rhombiques brillants, fusibles à 166°,5, très solubles dans les dissolvants usuels sauf la ligroïne.

1 *Allyl-4 méthylthiohydantoïne.* — C'est une huile ne cristallisant que très lentement. Purifiée par cristallisation dans le mélange de chloroforme et de ligroïne, puis dans l'eau bouillante, elle forme des cristaux incolores fondant à 81°,5 [Markwald, Neumark et Stelzner, *loc. cit.*].

1 *Phényl-4 méthylthiohydantoïne*,

$$\begin{array}{l} CH^3-CH-CO\diagdown \\ \qquad\ | \qquad\qquad\quad Az-C^6H^5 \\ \quad AzH-CS\diagup \end{array}$$

— Pour préparer ce composé, on chauffe dans une cornue tubulée 4 grammes d'alanine finement pulvérisée avec 6gr,2 de phénylsénevol ; on continue l'opération jusqu'à ce qu'il ne se forme plus d'eau, en ayant soin de ne pas dépasser 140°. On enlève avec un peu d'alcool les quelques cristaux de sulfocarbanilide qui se sont déposés dans le col de la cornue et on dissout la masse dans l'alcool chaud qui, par refroidissement, abandonne des cristaux prismatiques de la 1 phényl-4 méthylthiohydantoïne. On les purifie par un lavage à l'eau et une cristallisation dans l'alcool.

La 1 phényl-4 méthylthiohydantoïne forme des prismes incolores, fondant à 184°.

La solution de phénylméthylthiohydantoïne dans 10 fois son poids d'alcool, chauffée avec la quantité correspondante de potasse caustique, ne tarde pas à se prendre en une masse blanche formée d'aiguilles du sel de potassium de l'acide thiohydantoïque correspondant.

L'*acide phénylméthylthiohydantoïque* se présente sous la forme de gouttes huileuses que l'on obtient en ajoutant un acide minéral à la solution aqueuse du sel de potassium. L'huile ne tarde pas à cristalliser, mais le produit formé est alors la 1 phényl-4 méthylthiohydantoïne résultant de la déshydratation de l'acide. Les solutions aqueuses du sel de potassium donnent avec les nitrates de plomb et d'argent des précipités noirs de sulfures de ces métaux. La 1 phényl-4 méthylthiohydantoïne, chauffée à 150° en tube scellé avec de l'acide chlorhydrique concentré, fournit de l'alanine, de l'aniline, de l'acide carbonique et de l'hydrogène sulfuré :

$$CS\begin{array}{l}\diagup Az(C^6H^5)-CO \\ \qquad\qquad\qquad\ | \\ \diagdown AzH \text{ —— } CH-CH^3\end{array} + 3H^2O + 2HCl$$

$$= CH^3-CH\begin{array}{l}\diagup COOH \\ \diagdown AzH^2-HCl\end{array} + C^6H^5-AzH^2-HCl + CO^2 + H^2S$$

Cette décomposition est identique à celle que subit la 4 méthylhydantoïne ou lactylurée dans les mêmes conditions.

1 *O-tolyl-4 méthylthiohydantoïne.* — S'obtient au moyen de l'o-tolylsénevol et de l'alanine. Cristaux blancs fondant à 198° [Markwald, Neumark et Stelzner, *loc. cit.*].

1 *P-tolyl-4 méthylthiohydantoïne.* — Obtenue en chauffant l'alanine avec le p-tolylsénevol. Cristallise en prismes microscopiques incolores fondant à 197°. Sa solution alcoolique, chauffée à l'ébullition pendant une demi-heure avec la quantité équivalente de potasse, laisse déposer par refroidissement le *sel de potassium de l'acide 1 p-tolyl-4 méthylthiohydantoïque*. On l'obtient pur par une cristallisation dans l'alcool. Si on acidifie la solution aqueuse de ce sel, l'acide correspondant se précipite sous la forme d'une huile incolore très instable, se transformant en thiohydantoïne déjà au bout de 2 à 3 heures (Aschan).

1 *Xylyl-4 méthylthiohydantoïne.* — Par le xylylsénevol ($CH^3.CH^3.AzCS$: 1.3.4) et l'alanine. Aiguilles blanches fondant à 165°, solubles dans l'éther, le benzène, l'alcool et le chloroforme, très peu solubles dans la ligroïne (M., N. et S.).

1 *α-Naphtyl-4 méthylthiohydantoïne.*

Feuillets brillants fondant à 242°, peu solubles dans les dissolvants ordinaires même à chaud, sauf dans l'acide acétique où ils sont très solubles (M., N. et S.).

DÉRIVÉS DE L'ACIDE α-AMINO-ISOBUTYRIQUE.

1 *Méthyl-4 diméthylthiohydantoïne*,

$$\begin{array}{l} (CH^3)^2-C \text{ — } CO\diagdown \\ \qquad\quad | \qquad\qquad\quad Az-CH^3 \\ \quad AzH-CS\diagup \end{array}$$

S'obtient par le méthylsénevol et l'acide α-aminoisobutyrique. Très soluble dans tous les dissolvant, sauf la ligroïne dans laquelle elle est peu soluble et d'où elle se dépose en cristaux fondant à 53° (M., N. et S.).

1 *Phényl-4 diméthylthiohydantoïne.* — Cristaux blancs fondant à 67°.

1 *O-tolyl-4 diméthylthiohydantoïne.* — Cristallise dans l'alcool en aiguilles incolores fondant à 175°.

1 *P-tolyl-4 diméthylthiohydantoïne.* — Cristaux fondant à 85°.

DÉRIVÉS DE L'ACIDE α-AMINO-VALÉRIANIQUE.

1 *Phényl-4 isobutylthiohydantoïne.* — Obtenue par fusion de la leucine avec le phénylsénevol. Prismes microscopiques incolores fondant à 179°.

On peut ranger parmi les dérivés des thiohydantoïnes certains composés obtenus par MM. Markwald, Neumark et Stelzner [*D. chem. G.*, **24**, 3288] dans l'action des iodures alcooliques sur les thiohydantoïnes en présence de potasse alcoolique. On pouvait s'attendre à ce que les thiohydantoïnes, comme les thio-urées, réagissent dans certains cas sous une forme tautomérique :

AzR — SC, CO — AzH, CHR' ⟶ AzR — HSC, CO — Az, CHR'

De sorte qu'en faisant agir les iodures alcooliques, l'iodure de méthyle par exemple, sur les dérivés métalliques des thiohydantoïnes, on pourrait avoir des composés de la forme :

AzR — CH^3-S-C, CO — Az, CHR'

Les thiohydantoïnes dérivées du glycocolle fournissent des produits mal définis ; celles dérivées de l'alanine, au contraire, donnent avec la plus grande facilité les composés alcoylés. L'expérience a montré que pour 1 molécule de la thiohydantoïne il faut 2 molécules d'iodure et 2 molécules de potasse. L'un des groupes méthyle est lié au soufre, car le produit, chauffé, perd facilement du mercaptan méthylique et du sulfure de méthyle ; l'autre, au contraire, doit être uni au carbone. Mais il y a deux constitutions possibles, l'une correspondant à la formule

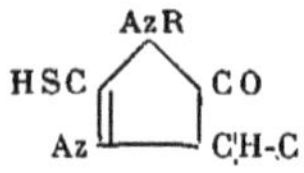

AzR
HSC CO
Az $C.H-CH^3$

et l'autre à la formule tautomérique

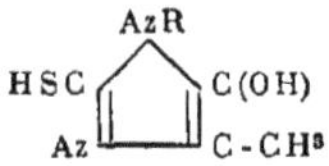

AzR
HSC C(OH)
Az $C-CH^3$

C'est-à-dire que le produit de la réaction pourra être

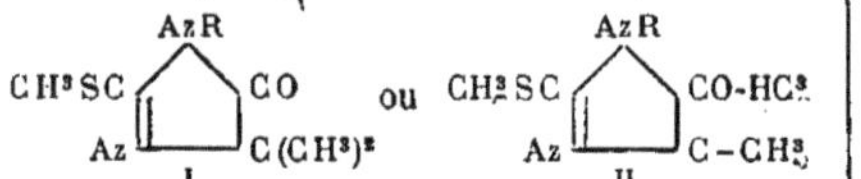

AzR
CH^3SC CO
Az $C(CH^3)^2$
I

ou

AzR
CH^3SC $CO-HC^3$
Az $C-CH^3$
II

Le composé répondant à la formule I serait vraisemblablement identique au produit de la méthylation d'une thiohydantoïne 4 diméthylée, c'est-à-dire dérivée de l'acide α-amino-isobutyrique. Or les produits de la méthylation des thiohydantoïnes 4-diméthylées sont complètement différents de ceux obtenus par la méthylation des thiohydantoïnes se rattachant à l'alanine; ceux-ci doivent donc être considérés comme possédant la constitution II. Ils constituent des dérivés méthoxylés des μ-mercaptans des imidazols.

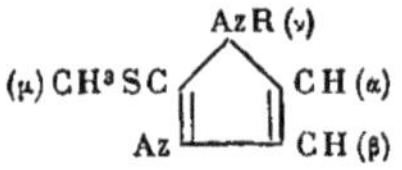

AzR (ν)
(μ) CH^3SC CH (α)
Az CH (β)

ν-β-*Diméthyl-α-méthoxy-μ-thiométhylimidazol*

$AzCH^3$
CH^3SC $CO-CH^3$
Az $C-CH^3$

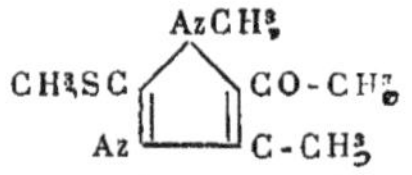

— S'obtient par méthylation de la 1.4 diméthylthiohydantoïne. Il ne cristallise pas. Son *chlorhydrate* est très hygroscopique; le *sulfate acide* constitue une poudre cristalline; le *chloroplatinate* forme une poudre cristalline jaune dont la composition répond à la formule

$$(C^7H^{12}Az^2SO)^2H^2PtCl^6.$$

ν-*Phényl-α-méthoxy-β-méthyl-μ-thiométhylimidazol.* — Cristallise dans l'alcool en cristaux incolores fondant à 90°. Son *chlorhydrate* s'obtient sous forme de poudre cristalline blanche en faisant passer un courant de gaz chlorhydrique sec dans la solution chloroformique de la base. Il fond à 140° et se dissout aisément dans l'eau et dans l'alcool. Le *chloroplatinate* s'obtient facilement en ajoutant une solution alcoolique de chlorure de platine à une dissolution de la base dans l'acide chlorhydrique; il forme des cristaux rouges fondant en se décomposant vers 213°, très solubles dans l'eau, peu solubles dans l'alcool.

Le *picrate* cristallise dans l'alcool dilué en aiguilles jaunes fusibles en se décomposant à 192°.

ν-*P-tolyl-β-méthyl-α-méthoxy-μ-thiométhylimidazol*

$Az-C^6H^4-CH^3$
CH^3SC $CO-CH^3$
Az $C-CH^3$

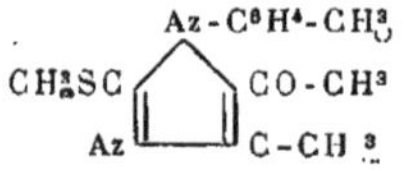

Cristallise en feuillets blancs fondant à 109°. Ses sels ressemblent à ceux du composé précédent; son *chlorhydrate* forme une poudre cristalline fondant à 123°; le *chloroplatinate* se décompose sans fondre à 210° et le *picrate* fond à 180°.

ν-*O-tolyl-β-méthyl-α-méthoxy-μ-thiométhylimidazol.* — Feuillets blancs très solubles dans l'alcool, l'éther, le benzène, le chloroforme, peu solubles dans l'eau; le *chlorhydrate* fond à 120°; le *chloroplatinate* se décompose à 205° sans fondre; le *sulfate* forme des feuillets brillants fondant à 205° et le *picrate* se décompose vers 200°.

Les dérivés de l'acide α-amino-isobutyrique qui ont été préparés sont les suivants :

ν-β-*Triméthyl-μ-thiométhylimidazolone*

$AzCH^3$
CH^3SC CO
Az $C(CH^3)^2$

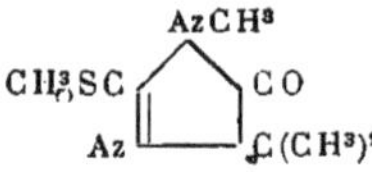

S'obtient dans l'action de l'iodure de méthyle sur la 4 diméthylthiohydantoïne en présence de potasse alcoolique. La base elle-même ne cristallise pas; le *chloroplatinate* forme des cristaux jaunes fondant à 150°; le *sulfate acide* fond à 138°

ν-*Phényl-β-diméthyl-μ-thiométhylimidazolone.* — C'est un liquide bouillant à 222-225° à la pression ordinaire en se décomposant légèrement; le *chlorhydrate* s'obtient en faisant passer un courant de gaz chlorhydrique dans la solution éthérée de la base; le *chloroplatinate* forme des aiguilles orangées fondant à 132°; le *picrate* cristallise en longues aiguilles jaune foncé, fusibles à 174° en se décomposant, solubles dans l'alcool et dans l'éther, peu solubles dans l'eau.

ν-*O-tolyl-β-diméthyl-μ-thiométhylimidazolone.* — Liquide cristallisant dans un mélange réfrigérant et ne distillant pas sans décomposition.

Le *chlorhydrate* forme des aiguilles très hygroscopiques fondant à 118°; le *sulfate* fond à 208° et le *picrate* à 212°.

ν-*P-tolyl-β-diméthyl-μ-thiométhylimidazolone.* — Le *sulfate* fond à 210°, le *chloroplatinate* à 152° et le *picrate* se décompose à 190°

II. — PSEUDO-THIOHYDANTOÏNES ON ψ-THIOHYDANTOÏNES

Les pseudo-thiohydantoïnes

S
R-CH C=AzH
CO AzH

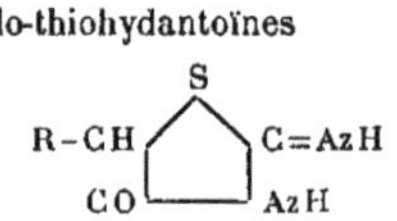

se préparent, comme on l'a déjà indiqué, en chauffant la sulfo-urée avec les acides gras α-halogénés, ou les éthers ou les amides de ces acides. La réaction s'effectue en solution aqueuse ou alcoolique suivant les cas. Si l'on remplace les acides halogénés par les sels alcalins correspondants, on peut quelquefois isoler les acides ψ-thiohydantoïques. Le fait qu'il se forme dans cette réaction des ψ-thiohydantoïnes, et non des thiohydantoïnes, s'explique en admettant que la sulfo-urée réagit sous sa forme tautomérique :

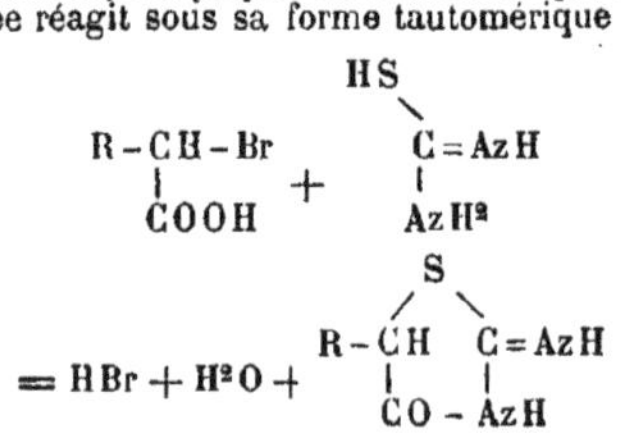

R-CH-Br | COOH + HS-C(=AzH)-AzH^2

$= HBr + H^2O +$ R-CH—S—C=AzH, CO—AzH

Si dans cette réaction on emploie à la place de la sulfo-urée ses dérivés de substitution, l'action des acides α-halogénés fournira des ψ-thiohydantoïnes substituées [Andreasch, *Mon. f. Chem*, **2**, 771; *D. chem. G.*, **31**, 137].

Tous les dérivés monosubstitués ainsi obtenus, et dont quelques-uns avaient été regardés comme étant des dérivés ν-substitués,

$$\begin{array}{l} R-CH-S-C=AzH \\ \quad | \qquad\qquad | \\ \quad CO \;—\; AzR' \end{array}$$

sont considérés par M. Dixon [*Chem. Soc.*, **71**, 618], comme étant en réalité des dérivés *n*-substitués de la forme

$$\begin{array}{l} R-CH-S-C=AzR' \\ \quad | \qquad\qquad | \\ \quad CO \;—\; AzH \end{array}$$

M. Dixon obtient ces composés en traitant par les amines primaires les chloro- ou bromo-acidyl-thiocarbimides formées dans la réaction du sulfocyanure de plomb sur les chlorures ou les bromures des acides α-halogénés :

$$Pb(CAzS)^2 + 2(R-CHCl-COCl)$$
$$= PbCl^2 + 2(R-CHCl-CO-CAzS)$$
$$\begin{array}{l} R-CH-Cl \quad S \\ \quad | \qquad\qquad | \; + R'AzH^2 \\ \quad CO-Az=C \end{array}$$
$$= HCl + \begin{array}{l} R-CH-S-C=AzR' \\ \quad | \qquad\qquad | \\ \quad CO \;—\; AzH \end{array}$$

Les dérivés dans lesquels R' est aromatique s'obtiennent également quand on chauffe la sulfo-urée avec la chloracétanilide ou la chloracétotoluide au sein de l'alcool [P. Meyer, *D. chem. G.*, **10**, 1965].

Les dérivés *n*-ν-disubstitués se forment quand, dans la réaction qui donne naissance aux ψ-thiohydantoïnes on remplace la sulfo-urée par ses dérivés *a-b*-disubstitués [Andreasch, *D. chem. G.*, **31**, 137]. Les produits obtenus répondent à la formule générale

$$\begin{array}{l} R-CH-S-C=AzR' \\ \quad | \qquad\qquad | \\ \quad CO \;—\; AzR'' \end{array}$$

M. Dixon, en faisant agir les amines secondaires sur les acidyl-thio-carbimides halogénées a préparé des dérivés *n*-disubstitués auxquels il attribue la constitution :

$$\begin{array}{l} R-CH-S-C-AzR'R'' \\ \quad | \qquad\qquad \| \\ \quad CO \;—\; Az \end{array}$$

Pour distinguer ces composés on les nommera *isothiohydantoïnes*.

Propriétés des ψ-thiohydantoïnes. — Les ψ-thiohydantoïnes se distinguent des thiohydantoïnes en ce qu'elles ne perdent pas leur atome de soufre quand on les traite par l'oxyde de plomb. L'ébullition avec la baryte en excès les transforme en acides thioglycoliques et cyanamide :

$$\begin{array}{l} R-CH-S-C=AzH \\ \quad | \qquad\qquad | \\ \quad CO \;—\; AzH \end{array} + H^2O$$
$$= \begin{array}{l} R-CH-SH \\ \quad | \\ \quad COOH \end{array} + CAz-AzH^2$$

Les acides thioglycoliques sont facilement reconnaissables aux colorations qu'ils donnent avec les sels de fer.

Les ψ-thiohydantoïnes sont des bases et forment des sels avec les acides minéraux.

DÉRIVÉS DE L'ACIDE AMINO-ACÉTIQUE.

Acide ψ-thiohydantoïque (acide sulfhydantoïque). (Voy. 1er Suppl., 920).

Chaleur de combustion = 498,5 cal. [Matignon].

Pseudothiohydantoïne (thioglycolylurée ou sulfhydantoïne ou thiohydantoïne ou 2 imino-4 céto-tétrahydrothiazol),

$$\begin{array}{ccc} & S & \\ CH^2 & & C=AzH \\ CO & & AzH \end{array}$$

Indépendamment des modes de formation déjà indiqués [1er Suppl., *loc. cit.*], la ψ-thiohydantoïne prend encore naissance quand on chauffe la thio-urée avec de l'acide dichloracétique en solution aqueuse; c'est le chlorhydrate qui se forme [Dixon, *Chem. Soc.*, **63**, 816] .

$$2CS(AzH^2)^2 + CHCl^2-CO^2H$$
$$= C^3H^4Az^2SO-HCl + CAz-AzH^2 + HCl$$
$$+ H^2O + S$$

M. Andreasch a réalisé sa synthèse au moyen de l'acide thioglycolique et de la cyanacétamide. C'est la réaction inverse de celle qui se passe lorsque l'on fait réagir la baryte sur la thiohydantoïne; elle peut s'écrire :

$$\begin{array}{l} C\equiv Az \\ | \\ AzH^2 \end{array} + HS-CH^2-COOH = \begin{array}{l} S-CH^2-COOH \\ | \\ C=AzH \\ | \\ AzH^2 \end{array}$$
$$= H^2O + AzH=C\begin{array}{l} \diagup S \;—\; CH^2 \\ \qquad\qquad | \\ \diagdown AzH-CO \end{array}$$

[Andreasch, *D. chem. G.*, **12**, 1385; **13**, 1421].

M. Frerichs [*Arch. Pharm.*, **237**, 300; *Centralbl.*, 1899, **2**, 287] a trouvé la ψ-thiohydantoïne dans les produits de la réaction du sulfocyanate de potassium sur la chloracétylurée en solution alcoolique. La réaction est très complexe : il faut admettre qu'il se forme d'abord le composé

$$CO\begin{array}{l} \diagup AzH-CO-CH^2-Az=C=S \\ \diagdown AzH^2 \end{array}$$

qui perd le groupement $-CO-AzH$ et subit une transposition moléculaire.

La thiohydantoïne se prépare facilement d'après les indications de M. Andreasch. [*Mon. f. Chem.*, **8**, 424]. On dissout 50 grammes de thio-urée dans 1/2 litre d'eau et on ajoute une solution de 62 grammes d'acide monochloracétique dans 50 centimètres cubes d'eau. Le mélange est chauffé à 80-90° jusqu'à ce qu'on ne puisse plus déceler de thio-urée; à ce moment on refroidit et on neutralise exactement par le carbonate de sodium, en ayant soin que le liquide ne devienne jamais alcalin. Au bout de quelques heures on essore le produit cristallin qui est suffisamment pur. Le rendement est de près de 90 0/0 de la théorie.

La ψ-thiohydantoïne cristallise dans l'eau en longues aiguilles se décomposant vers 200°. Sa chaleur de combustion est égale à 503 cal. [Matignon, *Ann. Chim. Phys.*, (6), **28**, 387]. Elle réagit avec le chlore et le brome; le chlore passant dans une solution refroidie de ψ-thiohydantoïne dans l'acide chlorhydrique dilué donne un précipité blanc d'aiguilles microscopiques se décomposant vers 110-120°, solubles dans les alcalis; la composition de ce produit répond à la formule $C^3H^4Az^2O^2S + H^2O$ [Kramps, *D. chem. G.*, **13**, 789]. Le brome réagit sur la ψ-thiohydantoïne en solution acétique pour donner un *dérivé dibromé* qui avait été considéré comme un produit de substitution dibromé, $C^3H^2Br^2Az^2SO$ [Mulder, *D. chem. G.*, **8**, 1263; Kramps, *D. chem. G.*, **13**, 789]. M. Andreasch a montré [*Mon. f. Chem.*, **18**, 90] que ce produit est un composé d'addition : il perd instantanément son brome quand on lui ajoute du nitrate d'argent, et sa constitution doit être représentée par le schéma

$$\begin{array}{l} \quad\quad\quad Br^2 \\ \quad\quad\quad \| \\ CH^2-S-C=AzH \\ | \quad\quad\quad\quad | \\ CO \;—\; AzH \end{array}$$

c'est un *dibromure*.

Il forme une poudre blanche très soluble dans l'alcool chaud et se décomposant vers 182°.

La ψ-thiohydantoïne est attaquée par le chlorate de potassium et l'acide chlorhydrique à chaud; il se forme le sel de potassium de l'acide *carbamidosulfonacétique*.

$$CO\begin{cases} AzH^2 \\ AzH-CO-CH^2-SO^3H \end{cases}$$

[Andreasch, *D. chem. G.*, **13**, 1425].

L'ébullition avec l'eau de baryte transforme la ψ-thiohydantoïne en acide thioglycolique et cyanamide (Andreasch); l'acide chlorhydrique concentré provoque une décomposition en acide sénévolacétique et chlorhydrate d'ammoniaque :

$$C^3H^4Az^2SO + H^2O + HCl$$
$$= AzH^3,HCl + CSAz-CH^2-COOH$$

[Volhard, *J. prakt. Chem.*, (2), **9**, 6].

La ψ-thiohydantoïne se combine aux acides pour former des sels.

Le *chlorhydrate* forme de beaux prismes incolores [Volhard, *Ann. Chem.*, **166**, 383]; le *chloroplatinate*, $(C^3H^4Az^2OS-HCl)^2PtCl^4$, constitue des feuillets cristallins (Volhard); le *sulfate*, $(C^3H^4Az^2OS)^2H^2SO^4$, s'obtient en faisant bouillir une solution alcoolique de thiohydantoïne à laquelle on a ajouté un peu d'acide sulfurique concentré : par refroidissement, le sulfate cristallise en tables brillantes [Andreasch, *Mon. f. Chem.*, **8**, 422]; le *nitrate* forme des aiguilles ou des prismes; l'*oxalate* des prismes, et le *picrate* des aiguilles jaunes microscopiques (Andreasch).

La ψ-thiohydantoïne fournit un *sel d'argent*, quand on ajoute du nitrate d'argent à sa solution dans l'ammoniaque. Ce sel répond à la formule

$$C^3H^2Ag^2Az^2SO.$$

La ψ-thiohydantoïne se condense avec l'aldéhyde benzylique en solution alcaline pour donner la *benzylidène-ψ thiohydantoïne* :

$$\begin{array}{l} AzH=C-S-CH^2 \\ \quad\quad\;\; | \quad\quad\;\; | \quad\quad + CHO-C^6H^5 \\ AzH-CO \end{array}$$

$$= H^2O + \begin{array}{l} AzH=C-S-C=CH-C^6H^5 \\ \quad\quad\;\; | \quad\quad\quad\; | \\ \;AzH-CO \end{array}$$

Isonitroso-ψ-thiohydantoïne (2 imino-5 oximino-4 céto-tétrahydrothiazol),

$$\begin{array}{l} AzOH=C-S-C=AzH \\ \quad\quad\quad\;\; | \quad\quad\;\; | \\ \quad\quad\; CO — AzH \end{array}$$

— Maly [*D. chem. G.*, **12**, 967] a obtenu ce produit en chauffant la ψ-thiohydantoïne avec de l'acide azotique (D = 1,2), ou mieux en faisant passer des vapeurs nitreuses dans la ψ-thiohydantoïne en suspension dans l'eau. C'est une poudre microcristalline légèrement jaune, insoluble dans l'alcool, l'éther et le sulfure de carbone, et se décomposant sans fondre. Elle se dissout dans les alcalis dilués en donnant une solution jaune dont la teinte vire au rouge quand on ajoute un excès du dérivé nitrosé ou un acide minéral. L'hydrate de baryte donne également deux espèces de combinaisons. L'une, jaune, a pu être obtenue sous forme de paillettes cristallisées et dont la composition répond à la formule

$$C^3H^3(AzO)Az^2SOBa(OH)^2 + H^2O.$$

Si l'on enlève du baryum à ce produit en lui ajoutant de l'acide sulfurique, il se forme, à côté de sulfate de baryum, un composé rouge qui reste en solution; la même solution rouge se forme quand on ajoute le dérivé nitrosé à la solution aqueuse du produit jaune. La combinaison rouge n'a pas été isolée à l'état cristallisé. Sa solution aqueuse donne des précipités colorés avec les sels des métaux lourds; le précipité obtenu avec l'acétate de plomb est rouge orangé; avec les sels de cuivre, brun; avec le nitrate d'argent, rouge foncé, et avec le chlorure de zinc, orangé. La combinaison argentique répond à la formule $C^3H^3(AzO)AgAz^2SO-Ag^2O$ (Maly).

La nitroso-ψ-thiohydantoïne, sous l'influence de la baryte à l'ébullition, subit un dédoublement en cyanamide et en un composé ayant la composition du sel de baryum de l'acide nitrosothioglycolique [Maly et Andreasch, *D. chem. G.*, **13**, 601]. M. Andreasch a montré [*Mon. f. Chem.*, **6**, 821; *Bull. Soc. Chim.*, (2), **46**, 537] que la nitroso-ψ-thiohydantoïne est décomposée, quand on la chauffe à 115-120° avec de l'acide chlorhydrique dilué, en acide oxalique, ammoniaque, hydroxylamine, acide carbonique et hydrogène sulfuré :

$$C^3H^3Az^3SO^2 + 5H^2O + 3HCl$$
$$= CO^2 + H^2S + (COOH)^2 + 2AzH^4Cl$$
$$+ AzH^2OH-HCl$$

La formation d'hydroxylamine montre que le dérivé nitrosé doit être envisagé comme un *isonitrosé* et que sa constitution doit être représentée par le schéma

$$AzH=C\begin{cases} S — C=AzOH \\ \quad\quad\quad\;\; | \\ AzH-CO \end{cases}$$

Par suite, l'acide nitrosothioglycolique qui en dérive est l'*acide isonitrosothioglycolique*

$$HS-C\begin{cases} AzOH \\ COOH \end{cases}$$

Cette formule de constitution de l'acide nitrosothioglycolique permet de s'expliquer la décomposition en acide sulfocyanique, acide carbonique et eau :

$$HS-C\begin{cases} Az \,\vdots\, OH \\ COOH \end{cases} = H^2O + CO^2 + CAzSH$$

déjà constatée par Maly et M. Andreasch.

La réduction de l'isonitroso-ψ-thiohydantoïne par l'acide chlorhydrique et l'étain donne de la thio-urée et du glycocolle; les mêmes produits se forment dans la réduction par l'acide iodhydrique (Andreasch).

Dérivés de substitution.

n-Méthyl-ψ-thiohydantoïne (?) (2 méthyl-imino-4 céto-tétrahydrothiazol),

$$\begin{array}{c} S \\ CH^2 \diagup \quad \diagdown C=Az-CH^3 \\ CO \text{———} AzH \end{array}$$

— Ce composé a été obtenu par M. Andreasch [*Mon. f. Chem.*, **6**, 840; *Bull. Soc. Chim.*, (2), **46**, 538] en chauffant la méthylsulfo-urée avec de l'acide monochloracétique. La constitution indiquée par M. Andreasch est celle d'un dérivé ν-méthylé, mais il est probable que le groupe méthyle est substitué en *n*. Il forme des aiguilles très solubles dans l'alcool chaud et dans l'éther; la solution aqueuse, traitée par l'acide nitreux, fournit l'*isonitroso-n-méthyl-ψ-thiohydantoïne* qui forme une poudre rouge orangé, insoluble dans l'eau froide, soluble à chaud dans l'alcool et dans l'eau. Chauffée avec l'hydrate de baryte, elle se décompose en donnant l'acide isonitroso-thioglycolique.

n-Éthyl-ψ-thiohydantoïne (2 éthyl-imino-4 céto-tétrahydrothiazol). — Préparée avec l'éthylsulfo-urée et l'acide monochloracétique; aiguilles incolores fondant à 144°, très solubles dans l'eau et dans l'alcool. Le *picrate* forme des aiguilles jaunes fondant à 157° en se décomposant [Andreasch, *Centralbl.*, 1899, **2**, 804].

n-Allyl-ψ-thiohydantoïne. — Ce composé s'obtient par l'allylsulfo-urée et l'acide chloracétique [Andreasch, *Mon. f. Chem.*, **2**, 777]. Il se forme aussi quand on laisse en contact des solutions d'allylcyanamide et d'acide thioglycolique. Petits cristaux difficilement solubles dans l'eau et dans l'alcool à froid, facilement solubles à chaud. Ce produit a été considéré comme le dérivé ν-allylé; il semblerait d'après M. Dixon (*loc. cit.*) être un dérivé *n*-allylé.

n-ν-Diméthyl-ψ-thiohydantoïne (2 méthyl-imino-4 céto-3 méthyltétrahydrothiazol). — Par l'acide monochloracétique et la diméthylsulfo-urée symétrique [Andreasch, *Mon. f. Chem.*, **8**, 408]. Elle est soluble dans l'eau, l'alcool, l'éther, le sulfure de carbone et possède une odeur ressemblant à la fois à celle de la nicotine et des composés sulfurés; son point de fusion est 71°.

L'acide nitreux donne avec sa solution aqueuse un dérivé isonitrosé fondant à 220°.

n-ν-Diéthyl-ψ-thiohydantoïne (2 éthylimino-4 céto-3 éthyltétrahydrothiazol). — Cristaux incolores fondant à 41°, très solubles dans l'eau et dans l'alcool.

n-Méthyl-ν-éthyl-ψ-thiohydantoïne ou *éthyl-ν-méthyl-ψ-thiohydantoïne.* — Le composé obtenu par la méthyléthylsulfo-urée et l'acide monochloracétique possède l'une des deux constitutions suivantes :

$$\begin{array}{c} S \\ CH^2 \diagup \quad \diagdown C=AzCH^3 \\ CO \text{———} AzC^2H^5 \end{array} \quad \text{ou} \quad \begin{array}{c} S \\ CH^2 \diagup \quad \diagdown C=AzC^2H^5 \\ CO \text{———} AzCH^3 \end{array}$$

Il forme des aiguilles blanches fusibles à 44°, solubles dans l'eau chaude, l'alcool et l'acétone. Il se combine à l'aldéhyde benzylique en solution alcaline pour donner la *benzylidène-méthyl-éthyl-ψ-thiohydantoïne* fondant à 89°.

La *méthylallyl-ψ-thiohydantoïne* et *l'éthylyl-allyl-ψ-thiohydantoïne* constituent des huiles légèrement colorées en jaune [Andreasch, *Centralbl.*, 1899, **2**, 804].

Acide ν-phényl-ψ-thiohydantoïque,

$$C^6H^5Az-HC \begin{array}{l} \lessgtr AzH \\ \diagdown S-CH^2-COOH \end{array}$$

(1er Suppl., 920), a été obtenu par M. P. Meyer [*D. chem. G.*, **14**, 1660] en chauffant la solution alcoolique de phénylsulfo-urée avec du chloracétate d'ammonium. Ce composé a été désigné sous le nom d'acide *o-phénylthiohydantoïque* pour le distinguer d'un isomère, l'acide *n*-phényl-ψ-thiohydantoïque ou phénylcarbo-di-iminothioglycolique

$$AzH^2-\overset{\diagup\!\!\!\diagup AzC^6H^5}{CS}-CH^2-COOH$$

obtenu par M. Jäger [*J. prakt. Chem.*, (2), **16**, 17]. Le premier se décompose sans fondre, le second fond à 148-152°. Comme l'acide de Meyer donne facilement la n-phényl-ψ-thiohydantoïne par déshydratation, tandis que celui de Jäger, au contraire, ne donne pas de ψ-thiohydantoïne, M. Dixon [*Chem. Soc.*, **71**, 620] considère au contraire le premier acide comme étant l'acide n-phényl-ψ-thiohydantoïque :

$$AzC^6H^5=C \begin{array}{l} \diagup AzH^2 \\ \diagdown S-CH^2-COOH \end{array}$$

$$= H^2O + \begin{array}{c} C^6H^5Az=C-S-CH^2 \\ | \qquad\quad | \\ AzH-CO \end{array}$$

et le second comme l'acide ν-phényl-ψ-thiohydantoïque.

n-Phényl-ψ-thiohydantoïne (2 phénylimino-4 céto-tétrahydrothiazol). — Ce composé qui a déjà été décrit [1er Suppl., 919] a été considéré comme répondant à la formule :

$$\begin{array}{c} S \\ CH^2 \diagup \quad \diagdown C=AzH \\ CO \text{———} AzC^6H^5 \end{array}$$

M. Dixon lui assigne, au contraire, la constitution d'un dérivé n-phénylé

$$\begin{array}{c} S \\ CH^2 \diagup \quad \diagdown C=Az.C^6H^5 \\ CO \text{———} AzH \end{array}$$

[Dixon, *Chem. Soc.*, **71**, 620. — Voyez aussi Andreasch, *Mon. f. Chem.*, **18**, 73].

Le *dérivé benzylidénique*, obtenu par la condensation avec l'aldéhyde benzylique en solution alcaline,

$$\begin{array}{c} S \\ C^6H^5-CH=C \diagup \quad \diagdown C=Az-C^6H^5 \\ | \qquad\qquad | \\ CO — AzH \end{array}$$

forme une poudre cristalline insoluble dans l'eau, peu soluble dans l'alcool, et fondant à 201° [Andreasch, *Centralbl.*, *loc. cit.*].

n-O-tolyl-ψ-thiohydantoïne. — Préparée par M. Dixon (*loc. cit.*) en faisant agir l'o-toluidine sur la chloracétylthiocarbimide au sein du benzène. Le produit obtenu est identique à celui préparé au moyen de l'o-tolylsulfo-urée et de l'éther monochloracétique. Prismes blancs, solubles dans l'alcool chaud, fondant à 212-213° en se décomposant.

n-P-tolyl-ψ-thiohydantoïne (voyez 1er Suppl., 920].

n-Phénéthyl-ψ-thiohydantoïne,

$$\begin{array}{c} CH^2-S-C=AzC^8H^9 \\ | \qquad\quad | \\ CO —— AzH \end{array}$$

— Préparée par la monophénéthylthio-urée et l'acide monochloracétique. Cristaux incolores fondant à 188° [Heubert, *D. chem. G.*, **19**, 1823].

Cuminyl-ψ-thiohydantoïne. — Son chlorhydrate s'obtient par l'acide monochloracétique et la cuminylsulfo-urée. Il forme des cristaux incolores fondant à 225-235° [Goldschmied et Gessner, *D. chem. G.*, **22**, 933].

Phénylallyl-ψ-thiohydantoïne. — C'est une huile qui semble être un mélange des dérivés n-phényl-ν-allylé et n-allyl-ν-phénylé.

n-ν-Diphényl-ψ-thiohydantoïne. — Obtenue par M. Lange [*D. chem. G.*, **12**, 595] en chauffant la diphénylsulfo-urée avec l'acide monochloracétique en solution alcoolique.

En employant au lieu de l'acide monochloracétique son sel de potassium, on obtient l'acide n-ν-diphényl-ψ-thiohydantoïque (voyez 1er Suppl., 920].

n-Méthylphényl-ψ-thiohydantoïne (n-méthylphényl-isothiohydantoïne),

$$\begin{array}{l} CH^2-S-C-Az\begin{smallmatrix}\nearrow CH^3\\ \searrow C^6H^5\end{smallmatrix} \\ \;|\qquad\quad \| \\ CO \;——\; Az \end{array}$$

— Par l'action de la méthylaniline sur la chloracétylthiocarbimide. Cristaux jaunes fondant à 185-186°,5 en se décomposant (Dixon).

n-Phénylbenzyl-ψ-thiohydantoïne (n-phénylbenzyl-isothiohydantoïne). — S'obtient comme le précédent et forme des prismes colorés fondant à 118-119°.

DÉRIVÉS DE L'ACIDE α-AMINOPROPIONIQUE.

Pseudo-méthylthiohydantoïne (β-méthylthiohydantoïne; 2 imino-4 céto-5 méthyltétrahydrothiazol),

$$\begin{array}{c} S \\ CH^3-HC\diagup\quad\diagdown C=AzH \\ CO\;——\;AzH \end{array}$$

— Par l'éther bromopropionique et la sulfo-urée [Andreasch, *Mon. f. Chem.*, **18**, 92] ou par l'acide bromopropionique et la sulfo-urée [Dixon, *Chem. Soc.*, **63**, 818]. Prismes brillants fondant à 204-205°. Le *chlorhydrate* se prépare en ajoutant de l'acide chlorhydrique concentré à la solution acétique du produit; il constitue de fines aiguilles solubles dans l'eau. Le brome réagit sur la ψ-méthylthiohydantoïne dissoute dans l'acide acétique en donnant un *dibromure* fondant à 176-177°,

$$\begin{array}{l} CH^3-CH-S\begin{smallmatrix}\nearrow Br\\ \searrow Br\end{smallmatrix}C=AzH \\ \quad\;|\qquad\qquad\quad | \\ \quad CO\;————\;AzH \end{array}$$

qui perd déjà du brome au contact de l'eau, et l'abandonne complètement sous l'action du nitrate d'argent ou de l'acide sulfureux.

La ψ-méthylthiohydantoïne, chauffée à l'ébullition avec les alcalis dilués, donne de l'acide thiolactique.

Dérivés de substitution.

n-Ethyl-ψ-méthylthiohydantoïne (β-méthyl-n-éthylthiohydantoïne),

$$\begin{array}{l} CH^3-CH-S-C=Az-C^2H^5 \\ \quad\;|\qquad\quad\; | \\ \quad CO\;——\;AzH \end{array}$$

— Huile incolore obtenue en chauffant la solution alcoolique d'éthylsulfo-urée avec l'éther α-bromopropionique [Andreasch, *Centralbl.*, 1899, **2**, 804].

n-Ortholyl-ψ-méthylthiohydantoïne. — Par l'α-bromopropionylthiocarbimide et l'o-toluidine. Prismes blancs fondant à 72-73° [Dixon, *Bull. Soc. Chim.*, (3), **18**, 1034].

n-Phényl-ν-éthyl-ψ-méthylthiohydantoïne. — Par l'éthylphénylsulfo-urée et l'éther α-bromopropionique. Fines aiguilles fondant à 101° [Andreasch, *loc. cit.*].

n-Méthylphényl-ψ-méthylthiohydantoïne (n-méthylphényl-méthylisothiohydantoïne),

$$\begin{array}{l} CH^3-CH-S-C-Az\begin{smallmatrix}\nearrow CH^3\\ \searrow C^6H^5\end{smallmatrix} \\ \qquad\;|\qquad\quad \| \\ \qquad CO\;——\;Az \end{array}$$

— Par l'action de la méthylaniline sur la bromopropionylthiocarbimide. Tablettes fondant à 129-130° (Dixon).

DÉRIVÉS DE L'ACIDE α-AMINOBUTYRIQUE.

ψ-Diméthylthiohydantoïne,

$$\begin{array}{l} (CH^3)^2-C-S-C=AzH \\ \qquad\quad\;|\qquad\; | \\ \qquad\quad CO\;—\;AzH \end{array}$$

— S'obtient d'après M. Andreasch [*Mon. f. Chem.*, **8**, 410] en faisant agir l'acide bromisobutyrique sur la sulfo-urée en solution aqueuse. Cristallise dans l'eau chaude en tablettes fondant à 242°, solubles dans les alcalis. Elle possède les réactions générales des ψ-thiohydantoïnes.

ψ-Ethylthiohydantoïne. — S'obtient comme la précédente par l'acide α-bromobutyrique et la sulfo-urée. Aiguilles fondant vers 200° [Andreasch, *loc. cit.*].

n-Phényl-ψ-éthylthiohydantoïne. — Obtenue par l'aniline et l'α-bromobutyrylthiocarbimide; aiguilles blanches fondant à 148-149° (Dixon).

n-Orthotolyl-ψ-éthylthiohydantoïne. — S'obtient comme la précédente. Poudre cristalline fondant à 98°; son *chlorhydrate* forme des aiguilles blanches fondant à 224-225° (Dixon).

ACIDES ψ-THIOHYDANTOÏNE-CARBOXYLIQUES. — On a préparé une série de dérivés des ψ-thiohydantoïnes que l'on peut considérer comme des produits substitués au carbone et répondant à la formule générale :

$$\begin{array}{l} (COOH-R)-CH-S-C=AzH \\ \qquad\qquad\quad\;|\qquad\;\; | \\ \qquad\qquad\quad CO\;——\;AzH \end{array}$$

Ces composés s'obtiennent soit en faisant agir les acides bibasiques α-bromés sur la thio-urée ou les thio-urées substituées [Tambach, *Ann. Chem.*, **280**, 233. — Conrad et Schmidt, *Ann. Chem.*, **285**, 203], soit en condensant les thio-urées avec les acides non saturés [Andreasch, *Mon. f. Chem.*, **16**, 664; **18**, 56].

On peut les considérer comme des acides carboxyliques dans lesquels un atome d'hydrogène est remplacé par le reste ψ-thiohydantoïne; ainsi le composé

$$\begin{array}{l} COOH \\ \;| \\ CH^2 \\ \;| \\ CH-S-C=AzH \\ \;|\qquad\quad\; | \\ CO\;——\;AzH \end{array}$$

sera désigné sous le nom d'*acide ψ-thiohydantoïne-acétique*.

Ces acides possèdent toutes les propriétés des ψ-thiohydantoïnes, mais grâce à la présence du groupe carboxyle ils sont à la fois acides et basique. Ils se dissolvent dans les alcalis et dans les carbonates alcalins, en donnant des sels stables cristallisés. Les sels qu'ils forment avec les acides minéraux sont moins stables et sont dissociés par l'eau.

Acide ψ-thiohydantoïne-formique,

$$\mathrm{COOH-CH}\overset{\mathrm{S}}{\langle\rangle}\mathrm{C{=}AzH}$$
$$\mathrm{CO} \text{———} \mathrm{AzH}$$

L'acide lui-même n'est pas connu ; son éther éthylique a été préparé par MM. Conrad et Schmidt (*loc. cit.*), en mélangeant une solution aqueuse concentrée de sulfo-urée à du monobromomalonate d'éthyle. Après 24 heures le produit de la réaction s'est déposé sous forme de cristaux blancs.

La réaction peut s'écrire :

$$\begin{array}{l} \mathrm{C^2H^5OOC} \\ \quad\diagdown \\ \qquad \mathrm{CH-Br} \qquad \mathrm{HS-C{=}AzH} \\ \qquad \mathrm{|} \qquad\quad + \qquad \mathrm{|} \\ \qquad \mathrm{COOC^2H^5} \qquad \mathrm{AzH^2} \end{array}$$

$$= \begin{array}{l} \mathrm{C^2H^5OOC} \quad \mathrm{S} \\ \quad\diagdown \quad \diagup \diagdown \\ \qquad \mathrm{CH} \quad \mathrm{C{=}AzH} \\ \qquad \mathrm{|} \qquad \mathrm{|} \\ \qquad \mathrm{CO - AzH} \end{array} + \mathrm{HBr} + \mathrm{C^2H^6O}$$

Le ψ-thiohydantoïne-formiate d'éthyle est soluble dans l'alcool, insoluble dans l'éther ; il fond à 175° en se décomposant. Sa solution chlorhydrique se décompose quand on la chauffe légèrement, en perdant de l'acide carbonique et de l'alcool et en donnant de la ψ-thiohydantoïne. L'ébullition avec l'eau de baryte donne également les produits de décomposition de la ψ-thiohydantoïne et non l'acide thiotartronique.

Acide ψ-thiohydantoïne-acétique. — Se prépare par l'action de l'acide monobromo-succinique sur la sulfo-urée [Tambach, *loc. cit.*] ; par l'action de la sulfo-urée sur l'acide fumarique ou maléique, ou encore en faisant agir la cyanamide sur l'acide thiomaléique [Andreasch, *loc. cit.*].

Il constitue des prismes incolores, insolubles dans l'eau froide, solubles dans l'eau bouillante, insolubles dans l'éther, le benzène, le chloroforme et se décomposant à 210°. Il se dissout dans l'ammoniaque et dans les carbonates alcalins, en donnant des sels stables ; il se dissout également dans les acides, mais les sels qui prennent naissance sont dissociés par l'eau.

Le *sel ammoniacal*, $\mathrm{C^5H^5Az^2O^3S-AzH^4-H^2O}$, forme des cristaux incolores asymétriques :

$a : b : c = 0{,}8833 : 1 : 0{,}6359$

A =	70°,57′	α =	83°,36′
B =	137°,20′	β =	134°,21′
C =	63°,43′	γ =	80°,27′

Le *sel de sodium* cristallise avec 3 molécules d'eau ; le *sel de plomb*, $\mathrm{(C^5H^5Az^2O^3S)^2Pb}$, forme de fines aiguilles groupées en rosettes.

Le *chlorhydrate* constitue des aiguilles blanches dissociées par l'eau.

Le *chloroplatinate*,

$$\mathrm{(C^5H^7O^3Az^2SCl)^2-PtCl^4+H^2O},$$

est en feuillets jaunes quadrangulaires, hydrolysés par l'eau.

Acide n-ν-diphényl-ψ-thiohydantoïne-acétique,

$$\mathrm{HOOC-CH^2-CH}\overset{\mathrm{S}}{\langle\rangle}\mathrm{C{=}AzC^6H^5}$$
$$\mathrm{CO} \text{———} \mathrm{AzC^6H^5}$$

— Par l'acide monobromosuccinique et la diphénylsulfo-urée en solution alcoolique (Tambach), ou en fondant la diphénylsulfo-urée avec l'acide maléique (Andreasch).

Il forme des feuillets quadrangulaires fusibles à 189-189°,5, solubles dans l'alcool, l'ammoniaque ; difficilement solubles dans l'acide chlorhydrique et insolubles dans l'eau. Le soufre n'est pas enlevé quand on fait bouillir ce composé avec l'oxyde de plomb.

Le *chlorhydrate* se dépose par refroidissement d'une solution chlorhydrique chaude ; fines aiguilles fondant à 193-195° ; l'eau le dissocie.

L'acide n-ν-diphényl-ψ-thiohydantoïne-acétique est décomposé par l'ébullition avec l'acide chlorhydrique en donnant l'acide *phényldioxythiazol-acétique* fondant à 146-147° :

$$\mathrm{HOOC-CH^2-CH}\overset{\mathrm{S}}{\langle\rangle}\mathrm{C{=}Az-C^6H^5} + \mathrm{HCl} + \mathrm{H^2O}$$
$$\mathrm{CO} \text{———} \mathrm{Az-C^6H^5}$$

$$= \mathrm{HOOC-CH^2-CH}\overset{\mathrm{S}}{\langle\rangle}\mathrm{C{=}O} + \mathrm{C^6H^5-AzH^2-HCl}$$
$$\mathrm{CO} \text{———} \mathrm{Az.C^6H^5}$$

L'acide ψ-thiohydantoïne-acétique donne dans ces conditions l'acide dioxythazol-acétique.

Acide ψ-thiohydantoïne-α-propionique,

$$\begin{array}{l} \mathrm{CH^3-CH-COOH} \\ \qquad\ \mathrm{|} \\ \qquad \mathrm{CH-S-C{=}AzH} \\ \qquad\ \mathrm{|} \qquad\quad \mathrm{|} \\ \qquad \mathrm{CO} \text{——} \mathrm{AzH} \end{array}$$

— En chauffant la thio-urée avec l'acide citraconique en proportions moléculaires, au bain de paraffine à 110-120° [Andreasch, *Mon. f. Chem.*, **18**, 58], on obtient ce composé qui cristallise dans l'eau chaude en une poudre microcristalline fondant à 224-225°. Il jouit de propriétés à la fois acides et basiques ; le *sel de baryum* est amorphe ; le *sel de cuivre*, $\mathrm{C^6H^7Az^2SO^3-CuOH}$, est bleu.

Son *chlorhydrate*, $\mathrm{C^6H^8Az^2SO^3,HCl}$, s'obtient facilement en mélangeant dans un mortier l'acide avec de l'acide chlorhydrique concentré.

L'acide ψ-thiohydantoïne-α-propionique est dédoublé par la baryte à chaud avec formation d'acide sulfhydryl-pyrotartrique et probablement de cyanamide, car M. Andreasch a réalisé sa synthèse en effectuant la réaction inverse.

Acide n-ν-diméthyl-ψ-thiohydantoïne-α-propionique. — Par la diméthylsulfo-urée (*a. b.*) et l'acide citraconique. Il ne cristallise pas [Andreasch, *loc. cit.*].

Acide n-phényl-ψ-thiohydantoïne-α-propionique. — Cristallise dans l'alcool dilué en aiguilles légèrement jaunes fondant à 216°, insolubles dans le benzène, solubles dans l'acide acétique bouillant.

Acide n-ν-phényl-ψ-thiohydantoïne-α-propionique. — Aiguilles microscopiques fondant à 124° (Andreasch).

Acide dihydro-ψ-thiohydantoïne-acétique.

$$\begin{array}{l} \mathrm{COOH} \\ \ \mathrm{|} \\ \mathrm{CH} \\ \ \mathrm{\|} \\ \mathrm{C-S-C{=}AzH} \\ \ \mathrm{|} \qquad\quad \mathrm{|} \\ \mathrm{CO - AzH} \end{array}$$

— Il a été obtenu par M. Andreasch (*loc. cit.*) en laissant en contact à froid des proportions moléculaires de sulfo-urée et d'acide bromomaléique en solution aqueuse. L'acide ainsi préparé noircit et se décompose vers 230-240° sans fondre.

Sa constitution a été établie par sa réduction au moyen de l'amalgame de sodium qui le transforme en acide thiohydantoïne-acétique, en même temps que la soude en provoque le dédoublement en acide thiomaléique qui a été caractérisé.

DÉRIVÉS SÉLÉNIÉS.

Le seul connu est la *ψ-sélénhydantoïne*,

$$\begin{array}{ccc} & Se & \\ CH^2 & & C{=}AzH \\ CO & \text{———} & AzH \end{array}$$

qui a été obtenue par M. G. Hofmann [*Ann. Chem.*, **249**, 312] en chauffant l'acide monochloracétique et la sélénurée en milieu alcoolique au bain-marie pendant 1/2 heure. Par refroidissement il se dépose des cristaux de chlorhydrate que l'on décompose en ajoutant de la potasse.

Le produit cristallisé dans l'eau fond à 190° en se décomposant; il est peu soluble dans l'eau et dans l'alcool à froid, plus soluble à chaud, et possède des propriétés basiques nettement prononcées. Il forme des sels bien cristallisés et un *chloroplatinate* orangé.

L'ébullition prolongée avec les alcalis décompose la ψ-sélénhydantoïne en donnant du dioxysélénazol :

$$\begin{array}{ccc} & Se & \\ CH^2 & & C{=}AzH \\ CO & \text{———} & AzH \end{array} + H^2O = AzH^3 + \begin{array}{ccc} & Se & \\ CH^2 & & C{=}O \\ CO & \text{———} & AzH \end{array}$$

André Wahl.

HYDRARGILLITE (Min.) (G. Rose) [Syn. *Gibbsite*]. — Hydrate normal d'alumine, $Al(OH)^3$ ou $Al^2(OH)^6 = Al^2O^3, 3H^2O$. Petits cristaux, et plus souvent sphérolites radiés ou agrégats grenus ressemblant à la wavellite, transparents, éclat vitreux, nacré sur la base, incolore ou verdâtre pâle. Trouvé à Chichimskaïa et Nasimskaïa Gora, près Slatooust (Oural), à l'île Lille-Aarö (Norvège), à Villarica (Brésil), à Richmond et Lenox (Massachusets), à Unionville (Pennsylvanie), et en diverses localités de l'État de New York.

Caractères. — Assez difficilement soluble dans les acides chlorhydrique ou sulfurique à chaud. Chauffé, perd son eau à partir de 300° jusqu'au rouge vif. Au chalumeau, blanchit, s'effleurit en s'exfoliant, brille d'un éclat très vif, infusible. Humecté de nitrate de cobalt et calciné, fournit une masse d'un beau bleu. Dureté = 2,5 à 3. Densité = 2,34 à 2,42.

Forme cristalline. — Prisme clinorhombique pseudo-hexagonal : $a : b : c = 1,7089 : 1 : 1,91843$; $\theta = 85°29'$. Faces : p, m, h^1 dominantes,

$$g^1, a^1, h^{15}, h^3, h^5/_4, h^{11}/_7, a_{\frac{1}{2}}, (b^1/_4\, b^1/_8\, h^1/_3).$$

Clivage p parfait. Macles m, h^1, p, et d'autres plus compliquées et plus douteuses. L'hydrargillite peut être regardée comme isomorphe avec la sassoline ou acide borique. L. Bourgeois.

HYDRASTINE, $C^{21}H^{21}AzO^6$ (voyez Dict., **3**, 57). — Alcaloïde qui se rencontre dans le rhizome d'*Hydrastis canadensis* (Renonculacées), à côté de la *berbérine*, $C^{20}H^{17}AzO^4$, et de la *canadine*, $C^{20}H^{21}AzO^4$.

Préparation. — Le rhizome d'hydrastis, réduit en poudre, est épuisé à la température de 100° par de l'eau acidulée par l'acide acétique; on évapore le liquide à consistance sirupeuse, et on précipite d'abord la berbérine à l'aide de l'acide sulfurique étendu; on filtre pour séparer le sulfate de berbérine, et dans la liqueur filtrée on ajoute de l'ammoniaque qui précipite l'hydrastine sous la forme d'une masse résineuse brun-jaunâtre que l'on fait cristalliser dans l'éther acétique [Freund et Will, *D. chem. G.*, **19**, 2798].

Le Codex français prescrit de la préparer en épuisant par déplacement, au moyen de l'alcool à 90°, les rhizomes d'hydrastis préalablement pulvérisés; on acidifie la liqueur au moyen de l'acide sulfurique : le sulfate de berbérine se dépose en cristaux au bout d'un certain temps. On filtre, on neutralise par l'ammoniaque, et on distille pour chasser la majeure partie de l'alcool : le résidu est étendu de 10 parties d'eau froide, afin de séparer les matières grasses et résineuses; le liquide est filtré, puis additionné d'un excès d'ammoniaque qui précipite l'hydrastine impure. On la reprend par l'acide sulfurique dilué, on filtre et on la précipite de nouveau par l'ammoniaque. On termine la purification par des cristallisations répétées dans l'alcool bouillant : 1 kilogramme de rhizome d'hydrastis donne environ 10 grammes d'hydrastine pure.

Dosage de l'hydrastine dans l'extrait liquide d'hydrastis [Rusting, *Journ. Pharm. Chim.*, (6), **9**, 59]. — On pèse dans un ballon 10 grammes d'extrait, on ajoute 20 grammes d'eau, et on fait bouillir en ayant soin d'agiter continuellement jusqu'à ce que le poids du mélange soit descendu au-dessous de 20 grammes. On laisse refroidir, on complète les 20 grammes avec de l'eau, on ajoute un peu de talc, on agite et on filtre. On pèse 10 grammes du liquide filtré dans un flacon de 100 centimètres cubes, on ajoute 25 centimètres cubes d'éther et 3 centimètres cubes d'ammoniaque, et on agite vivement; au bout de quelques minutes, on ajoute encore 25 centimètres cubes d'éther de pétrole, 2 grammes de poudre de gomme adragante, et on agite de nouveau. Après quelque temps de repos, on mesure 40 centimètres cubes du liquide éthéré clair dans un ballon, que l'on place dans l'eau chaude jusqu'à distillation de 25 centimètres cubes environ, on bouche le ballon et on le porte dans un endroit frais pendant 2 heures. On enlève alors avec soin le liquide qui baigne les cristaux formés, on dessèche le ballon au bain-marie et on pèse.

Dosage volumétrique de l'hydrastine dans le rhizome d'hydrastis [H. Gordin et B. Prescott, *Arch. Pharm.*, **237**, 439]. — On traite le rhizome pulvérisé par un mélange d'ammoniaque, d'alcool et d'éther, pour mettre les alcaloïdes en liberté. On évapore et on reprend par l'éther : le résidu est dissous dans l'eau acidulée par l'acide acétique et sert au dosage de l'hydrastine d'après la quantité d'iode contenue dans l'*iodhydrate de pentaiodure*, $C^{21}H^{21}AzO^6I^5, IH$, que l'on obtient en faisant tomber la dissolution acide d'hydrastine dans un grand excès d'une dissolution d'iode dans l'iodure de potassium. Le pentaiodure ainsi formé est traité par le zinc et l'ammoniaque concentrée pendant 2 à 3 heures, au bain-marie; on acidule ensuite par l'acide sulfurique étendu, et on titre l'iode d'après la méthode de Bunsen.

Propriétés. — L'hydrastine se présente sous la forme de prismes orthorhombiques brillants, anhydres, de saveur amère, fusibles à 132°, presque insolubles dans l'eau, solubles dans le chloroforme (1 partie d'hydrastine dans 1p,75 de chloroforme), dans le benzène (1 partie dans 15p,7), dans l'éther (1 partie dans 83p,46), et plus difficilement dans l'alcool (1 partie dans 120 parties). En dissolution chloroformique (1gr,279 dans 50 centimètres cubes à 17°), elle est lévogyre : $[\alpha]_D = -67°,8$; en dissolution dans l'acide chlorhydrique étendu (2gr,025 dans 50 centimètres cubes), elle est au contraire dextrogyre :

$$[\alpha]_D = +127°$$

[Freund et Will, *loc. cit.*]. Soumise à la distillation sèche dans un courant d'hydrogène, elle donne de la triméthylamine et de la méconine, comme le fait la narcotine dans les mêmes conditions. Une dissolution de sulfate d'hydrastine, additionnée de 2 gouttes d'une dissolution étendue de permanganate de potassium, présente une fluorescence bleue intense, qui disparaît par l'addition d'une plus grande quantité de permanganate; cette réaction est caractéristique.

L'oxydation à l'aide de ce dernier réactif la transforme en acide opianique et en *hydrastinine*, $C^{11}H^{10}AzO^2 + H^2O$; le même résultat s'obtient à l'aide de l'acide azotique étendu [Freund et Will, *D. chem. G.*, **20**, 94]; dans les mêmes conditions, la narcotine donne de l'acide opianique et de la *cotarnine*, $C^{12}H^{13}AzO^3$.

L'hydrastine, chauffée au bain-marie avec 20 fois son poids d'alcool et le double de son poids d'iode, donne naissance à des aiguilles de couleur rouge-brun qui constituent le periodure d'une nouvelle base, l'*hydrastonine*; il se forme en même temps de l'acide opianique, suivant l'équation

$$C^{21}H^{21}AzO^6 + 3I^2 + H^2O$$
$$= 3HI + C^{10}H^{10}O^5 + C^{11}H^{10}AzO^2I^3$$

[Schmidt et Kerstein, *Arch. Pharm.*, (3), **28**, 49].

L'hydrogène sulfuré transforme le periodure en *iodure*, qui se présente en aiguilles incolores.

Le *chlorure d'hydrastonine*,

$$C^{11}H^{10}AzO^2Cl + H^2O,$$

cristallise en aiguilles incolores; on l'obtient en traitant l'iodure par le chlorure d'argent.

Le *chloroplatinate* forme de petits cristaux rougeâtres.

Le *chloraurate*, des aiguilles jaunes.

Le *chloromercurate*, $C^{11}H^{10}AzO^2Cl, HgCl^2$, des cristaux assez solubles dans l'eau.

L'hydrastine n'est pas altérée par l'eau à 100°; à l'ébullition, l'acide sulfurique étendu n'exerce aucune action sur elle; il en est de même de l'anhydride acétique. Le chlorure d'acétyle la transforme en un *dérivé acétylé*,

$$C^{21}H^{20}(C^2H^3O)AzO^6,$$

qui cristallise dans l'alcool bouillant en aiguilles d'un jaune verdâtre fusibles à 198-200°, solubles dans le chloroforme, insolubles dans l'eau et dans les acides faibles. En solution chloroformique, cette *acéto-hydrastine* fixe 2 atomes de brome; elle a une réaction neutre, ses dissolutions sont fluorescentes. La narcotine, qui offre de nombreux points de ressemblance avec l'hydrastine, n'est pas attaquée par le chlorure d'acétyle [Schmidt et Kerstein, *loc. cit.*].

Soumise à la distillation sèche, seule ou en présence de chaux sodée, l'hydrastine se décompose en triméthylamine, ammoniaque, méthylamine, et en une base oxygénée à odeur de quinoléine, dont le *chloroplatinate* cristallise en aiguilles jaunes fusibles à 185° [Schmidt, *Arch. Pharm.*, **231**, 541].

L'hydrastine ne se combine pas avec l'hydroxylamine, même à chaud.

Sels d'hydrastine. — *Chlorhydrate*,

$$C^{21}H^{21}AzO^6, HCl.$$

— Poudre blanche, soluble dans l'eau bouillante et dans le chloroforme; sa dissolution aqueuse est fluorescente.

Bromhydrate. — Précipité pulvérulent, jaune brun, moins soluble dans l'eau que le chlorhydrate, mais très facilement soluble dans le chloroforme; peu stable.

Iodhydrate. — Poudre micro-cristalline d'un brun jaunâtre, moins soluble dans l'eau que les deux précédents.

Iodhydrate de pentaiodure,

$$C^{21}H^{21}AzO^6, HI, I^5.$$

— Obtenu en faisant tomber une dissolution acide étendue d'hydrastine dans un grand excès de dissolution d'iode dans l'iodure de potassium; précipité insoluble [H. Gordin et B. Prescott, *Arch. Pharm.*, **237**, 439].

Sulfate, $C^{21}H^{21}AzO^6, SO^4H^2$. — Masse gommeuse déliquescente.

Picrate. — Aiguilles jaunes.

Tartrate acide, $C^{21}H^{21}AzO^6, C^4H^6O^6 + 4H^2O$. — Aiguilles blanches facilement solubles dans l'eau bouillante; moins facilement solubles dans l'eau froide. Ce sel perd ses 4 molécules d'eau à 105°, et devient anhydre [Merck, *Arch. Pharm.*, **231**, 134].

Ferrocyanure acide, $C^{21}H^{21}AzO^6, FeCy^6H^4$. — Poudre blanche, amorphe, peu soluble dans l'eau, obtenue à l'aide du ferrocyanure de potassium ajouté à une dissolution d'hydrastine dans l'acide chlorhydrique [Beckurts, *Arch. Pharm.*, **228**, 347].

Chloroplatinate, $(C^{21}H^{21}AzO^6, HCl)^2, PtCl^4$.

Chloraurate, $C^{21}H^{21}AzO^6, 2HCl, AuCl^3$. — Précipité amorphe, fusible à 132°.

L'hydrastine se combine avec le chlorure d'étain pour former un *composé d'addition*

$$C^{21}H^{21}AzO^6, SnCl^2,$$

qui se présente sous la forme de gros cristaux brillants.

Alcoylhydrastines et leurs dérivés. — *Iodométhylate d'hydrastine*, $C^{21}H^{21}AzO^6, CH^3I$. — Obtenu par l'union directe des composants, en faisant digérer au bain-marie l'hydrastine avec un excès d'iodure de méthyle. Le produit de la réaction est dissous dans l'eau bouillante qui, par refroidissement, laisse déposer des aiguilles fusibles à 208° [Freund et Rosenberg, *D. chem. G.*, **23**, 404].

Traité par la potasse, les carbonates alcalins, ou l'ammoniaque aqueuse, même à froid, ce corps se transforme en *méthylhydrastine*; l'eau de chaux et l'eau de baryte produisent sur lui la même action. Si l'on fait agir l'ammoniaque concentrée, à chaud, il se forme rapidement de la *méthylhydrastamide*, $C^{22}H^{26}Az^2O^6$, qui cristallise en paillettes blanches fusibles à 178°; si l'on opère en présence de l'alcool, on obtient une liqueur fluorescente, qui laisse déposer des cristaux aiguillés jaunes, fusibles à 233°, constituant l'*iodhydrate de méthylhydrastimide* [Schmidt, *Arch. Pharm.*, **231**, 541].

Le *chloroplatinate d'iodométhylhydrastine* est un précipité amorphe, peu soluble, fusible à 204-205°.

Le *chloraurate* est en aiguilles rouges fusibles à 183-184°.

Le *chlorométhylate d'hydrastine* a été obtenu en traitant l'iodométhylate par le chlorure d'argent.

L'hydrastine et l'iodure de méthylène réagissent à la température du bain-marie pour donner un composé cristallisé qui, soumis à l'action successive du chlorure d'argent et du chlorure de platine, donne d'abord un précipité jaune, amorphe, fusible à 184-185°. En traitant par la potasse le produit obtenu par le chlorure d'argent, on précipite un corps amorphe, brunâtre, soluble dans l'acide chlorhydrique; si l'on ajoute du chlorure de platine à cette dernière dissolution, il se forme un précipité amorphe de couleur jaune dont la composition est représentée par la formule

$$(C^{22}H^{23}AzO^7, HCl)^2, PtCl^4 + 2H^2O$$

[Schmidt et Kerstein, *Arch. Pharm.*, (3), **28**, 49].

Hydrométhylate d'hydrastine,

$$C^{21}H^{21}AzO^6, CH^3OH, H^2O.$$

— On traite le chlorométhylate par la potasse; la dissolution alcaline concentrée laisse déposer des prismes brillants fusibles à 212° (214-215° d'après Schmidt, *loc. cit.*), qui perdent une molécule d'eau à 110-115°. On l'obtient encore en faisant agir l'oxyde d'argent sur l'iodométhylate.

L'hydrométhylate se combine avec l'acide iodhydrique pour former l'iodométhylate; sa dissolution acide, traitée par un excès d'alcali, donne naissance à la *méthylhydrastine*, qui se forme également quand on fait bouillir l'hydrométhylate avec de l'eau [Freund et Rosenberg, *loc. cit.*].

Iodéthylate d'hydrastine, $C^{21}H^{21}AzO^6, C^2H^5I$. — Il se forme par l'action d'un excès d'iodure d'éthyle sur l'hydrastine. Ses cristaux fondent à 205-206°; traité par une solution de potasse, il donne de l'*éthylhydrastine* qui se dépose, tandis qu'il reste en dissolution de l'*hydroéthylate d'hydrastine*, $C^{21}H^{21}AzO^6, C^2H^6OH + 2,5H^2O$, qui forme des cristaux fusibles à 225°. L'iodoéthylate se combine avec les chlorures d'or et de platine [Freund et Rosenberg, *loc. cit.*].

Iodallylate d'hydrastine, $C^{21}H^{21}AzO^6, C^3H^5I$. — Il se forme lorsqu'on fait bouillir l'hydrastine en dissolution alcoolique avec un excès d'iodure d'allyle. Il cristallise de sa dissolution dans l'alcool étendu en aiguilles blanches, fusibles à 193°, solubles dans l'eau bouillante [Freund et Philipps, *D. chem. G.*, **23**, 2910].

Iodobenzylate d'hydrastine,

$$C^{21}H^{21}AzO^6, C^7H^7I.$$

— On le prépare en chauffant pendant 20 minutes des quantités équimoléculaires d'hydrastine et d'iodure de benzyle, tous les deux dissous dans l'alcool; on reprend par l'eau bouillante la combinaison ainsi formée : le corps se précipite par refroidissement sous la forme d'une masse cristalline jaune, fusible à 177°.

Le chlorure d'argent le transforme en *chlorobenzylate d'hydrastine*; ce dernier, traité à froid en dissolution concentrée par l'oxyde d'argent, donne, après évaporation dans le vide, des aiguilles, fusibles à 194°, d'*hydrobenzylate d'hydrastine*, $C^{21}H^{21}AzO^6, C^7H^7OH$ [Freund et Lutz, *D. chem. G.*, **26**, 2488].

MÉTHYLHYDRASTINE, $C^{21}H^{20}(CH^3)AzO^6$ [Schmidt, *Arch. Pharm.*, (3), **28**, 221; — Freund et Rosenberg, *D. chem. G.*, **23**, 404]. — Elle est obtenue : 1° en précipitant, à l'aide de la potasse, une dissolution aqueuse, bouillante, d'iodométhylate d'hydrastine; 2° par précipitation d'une dissolution d'hydrométhylate d'hydrastine par un excès d'alcali; 3° en évaporant, en présence d'acide bromhydrique ou d'acide sulfurique étendu, une dissolution de *méthylhydrastéine* (hydrate de méthylhydrastine).

La méthylhydrastine cristallise dans l'acide acétique en aiguilles brillantes jaune d'or, fusibles à 156-157°. C'est une base énergique, insoluble dans l'eau, facilement soluble dans l'alcool; ses dissolutions, de même que celles de ses sels, possèdent une belle fluorescence verte. En dissolution chloroformique, elle se combine directement avec 2 atomes de brome. Oxydée à l'aide du bioxyde de manganèse et de l'acide sulfurique, elle donne de l'acide hémipinique, $C^{10}H^{10}O^6$. L'oxydation à l'aide de l'acide azotique (D = 1,3) à la température de 50 à 60°, donne de l'acide hémipinique, de l'acide carbonique, de l'acide oxalique et de l'ammoniaque. Elle se combine directement avec l'hydroxylamine pour former une *oxime*, $C^{22}H^{24}Az^2O^6$; avec l'ammoniaque elle donne de la *méthylhydrastamide*, $C^{22}H^{20}Az^2O^6$.

Sels de méthylhydrastine. — Le *chlorhydrate* cristallise avec une molécule d'eau en petites aiguilles jaunes fusibles à 233-234°, facilement solubles dans l'eau, difficilement solubles dans l'alcool; les dissolutions possèdent une belle fluorescence verte.

L'*azotate* est en fines aiguilles jaunes fusibles à 230-231°, se décomposant vers 250°, solubles dans l'alcool; fluorescence verte.

Le *sulfate acide*, $C^{21}H^{20}(CH^3)AzO^6, SO^4H^2$, cristallise dans l'alcool en fines aiguilles jaunes; fluorescence verte.

Le *sulfate neutre*, $(C^{21}H^{20}(CH^3)AzO^6)^2, SO^4H^2$, forme de belles lamelles jaunes, peu solubles dans l'alcool, très solubles dans l'eau; fluorescence verte.

Chloroplatinate. — Flocons jaunes, amorphes, fusibles à 199-200°.

Chloraurate. — Cristallise dans l'alcool en petites aiguilles rouge brun, fusibles à 205-206°.

MÉTHYLHYDRASTÉINE (*hydrate de méthylhydrastine*), $C^{22}H^{25}AzO^7 + 2H^2O$. — On l'obtient en dissolvant la méthylhydrastine dans une lessive concentrée et bouillante de potasse, évaporant à consistance d'extrait, reprenant par l'eau, et neutralisant à l'aide de l'acide acétique. Par concentration de la dissolution acétique, le corps se dépose sous la forme de petites aiguilles incolores qui perdent $0,5H^2O$ vers 30 à 40°, et le reste de leur eau de cristallisation à 100°; ils fondent à 151-152°.

On peut encore préparer la méthylhydrastéine en traitant le chlorométhylate d'hydrastine par un excès de potasse, ou bien en faisant bouillir avec de l'eau la méthylhydrastine ou l'hydrométhylate d'hydrastine, ou bien encore en chauffant une dissolution alcoolique concentrée de méthylhydrastine. Difficilement soluble dans l'eau froide, la méthylhydrastéine se dissout assez bien dans l'eau bouillante et dans l'alcool. Elle renferme un groupe CO^2H, et possède donc en même temps les propriétés d'un acide et celles d'une base; elle est précipitée par l'acide carbonique de ses dissolutions potassique ou sodique, et elle forme des sels incolores avec les acides forts.

Chlorhydrate. — Petites aiguilles jaunâtres, fusibles à 182-183°.

Chloroplatinate. — Poudre cristalline jaune, fusible à 208°.

L'hydrate de méthylhydrastine se combine avec l'hydroxylamine pour former une *oxime hydratée*, $C^{22}H^{26}Az^2O^7$, qui se produit lorsqu'on alcalinise, à l'aide de la soude, la dissolution chaude du chlorhydrate d'oxime (voyez plus bas); par refroidissement, elle se sépare sous la forme de petits prismes fusibles à 202-203°, insolubles dans l'eau et dans l'alcool absolu bouillant, facilement solubles dans les alcalis étendus et dans le chloroforme.

L'*anhydride* de cette oxime, $C^{22}H^{24}Az^2O^6$, que l'on obtient en faisant bouillir pendant une demi-heure 6 grammes de méthylhydrastéine avec une solution concentrée de chlorhydrate d'hydroxylamine [Freund et Dormeyer, *D. chem G.*, **24**, 2730], cristallise dans l'alcool absolu en lamelles hexagonales qui renferment 1 molécule d'alcool, qu'elles perdent à 80-85° pour fondre ensuite à 158°. Ce corps se combine facilement aux acides pour former des sels.

Chlorhydrate, $C^{22}H^{24}Az^2O^6, HCl + 3H^2O$. —

Cristallise en tables quadratiques fusibles à 221°; *anhydre*, il forme des aiguilles microscopiques.

Azotate hydraté. — Tables quadratiques; le *sel anhydre* est en prismes obliques.

Sulfate acide. — Cristallise avec 1 molécule d'alcool en tables quadratiques fusibles à 90°.

Iodométhylate. — Prismes obliques jaunâtres, fusibles à 156°, à peine solubles dans l'alcool; ils renferment 2 molécules d'eau qu'ils perdent à 125-130°; traité par la potasse, l'iodométhylate se décompose en acide iodhydrique, triméthylamine, et en un corps de la formule $C^{20}H^{17}AzO^{6}$, qui se sépare de sa dissolution dans l'alcool en prismes hexagonaux fusibles à 184-185°.

L'hydrate de méthylhydrastine se combine directement avec l'iodure de méthyle pour former un *iodométhylate de méthylhydrastéine*,

$$C^{22}H^{25}AzO^{7}, CH^{3}I,$$

incristallisable qui, traité par le chlorure d'argent, fournit un *chlorure* : ce dernier, avec le chlorure de platine, donne un *chloroplatinate* $(C^{22}H^{25}AzO^{7}, CH^{3}Cl)^{2}PtCl^{4}$, qui se précipite en flocons jaunes, fusibles à 166-167° [Freund et Rosenberg, *loc. cit.* — Schmidt, *loc. cit.*].

Iodométhylate de méthylhydrastine,

$$C^{22}H^{23}AzO^{6}, CH^{3}I.$$

— Il se produit par combinaison à froid, de la méthylhydrastine et de l'iodure de méthyle. Aiguilles prismatiques jaunes à reflets verdâtres, peu solubles dans l'eau, assez facilement solubles dans l'alcool, fusibles à 250-251° en se décomposant. Chauffé au bain-marie avec une dissolution de potasse, ce corps se décompose en triméthylamine et en acide *hydrastonique*, $C^{20}H^{18}O^{7}$.

Alcoolate de méthylhydrastine,

$$C^{21}H^{20}(CH^{3})AzO^{6}, C^{2}H^{6}O.$$

— On dissout la méthylhydrastine dans l'alcool, on ajoute de l'eau jusqu'à trouble persistant et on chauffe jusqu'à ce que la dissolution soit limpide; le corps se dépose par refroidissement en cristaux clairs, fusibles à 90° [Schmidt, *loc. cit.*].

Le *chloroplatinate* est une poudre jaune clair fusible à 163-164°.

L'*azotate* forme des aiguilles presque incolores fusibles à 145-146°.

Le *sulfate* cristallise en aiguilles incolores.

Les dissolutions de l'alcoolate de méthylhydrastine dans l'acide sulfurique ou dans l'acide chlorhydrique, évaporées à sec au bain-marie, laissent comme résidu les sels de méthylhydrastine, et non ceux de l'alcoolate.

Méthylhydrastéine-phénylhydrazone anhydre $C^{28}H^{29}Az^{3}O^{5}$. — On l'obtient par l'action de la phénylhydrazine sur la méthylhydrastéine; elle se dépose de sa dissolution alcoolique en prismes quadrangulaires obliques, jaunâtres, fusibles à 175-176°.

Le *chlorhydrate* cristallise dans l'alcool absolu en petits prismes, fusibles à 220-222°.

Azotate. — Cristaux fusibles à 204°.

Iodométhylate. — Cristaux fusibles à 243° qui, sous l'action de la potasse, se dédoublent en méthylamine et en un composé $C^{26}H^{22}Az^{2}O^{3}$, qui se sépare de sa dissolution alcoolique sous la forme de cristaux quadrangulaires obliques, fusibles à 162-164° [Freund et Dormeyer, *loc. cit.*].

MÉTHYLHYDRASTAMIDE

```
CH³O
 |
C⁶H²<CO-AzH²
 |   CO-CH²-C⁶H²(O²-CH²)-CH²-CH²-Az(CH³)²
CH³O
```

[Freund et Heim, *D. chem. G.*, **23**, 2897]. — On la prépare en chauffant à l'ébullition une dissolution alcoolique d'iodométhylate d'hydrastine avec un excès d'ammoniaque; elle se dépose de sa dissolution alcoolique en lamelles blanches, fusibles à 180°, presque insolubles dans l'eau, peu solubles dans l'éther, le sulfure de carbone et le benzène, plus facilement dans le chloroforme, et très facilement dans l'alcool bouillant. La méthylhydrastamide se dissout rapidement dans les acides minéraux étendus, en se transformant en *méthylhydrastimide*; cette transformation a lieu également par ébullition avec une dissolution de potasse. L'acide azotique, étendu à l'ébullition, transforme la méthylhydrastamide d'abord en méthylhydrastimide; puis, si l'on continue à chauffer, la dissolution devient rouge, et laisse déposer des aiguilles orangées microscopiques. Au bout de 24 heures, et après refroidissement complet, il se sépare une autre substance peu colorée. La première est formée par un mélange d'*hémipinimide*, $C^{10}H^{9}AzO^{4}$, fusible à 228°, et d'azotate de *nitrométhylhydrastimide*; la deuxième est constituée par un mélange d'*hémipinimide* et de *dioxyméthylhydrastimide*.

Par ébullition avec l'iodure de méthyle, la méthylhydrastamide donne de l'*iodométhylate de méthylhydrastimide*.

Sels de méthylhydrastamide. — *Chlorhydrate*,

$$C^{22}H^{26}Az^{2}O^{6}, HCl + 2H^{2}O.$$

— Obtenu en chauffant la méthylhydrastimide avec le chlorhydrate d'ammoniaque; aiguilles fusibles à 116-118°.

Picrate. — Aiguilles jaunes microscopiques.

MÉTHYLHYDRASTIMIDE,

```
CH³O
 |    CO-AzH
C⁶H²      /
 |   \C=CH-C⁶H²(O²-CH²)-CH²-CH²-Az(CH³)²
CH³O
```

— Les sels de méthylhydrastamide, traités par les alcalis, donnent naissance à cette base par perte d'une molécule d'eau. Fines aiguilles jaune clair, fusibles à 192°, insolubles dans l'eau, peu solubles dans l'alcool. On obtient encore ce corps à l'aide de la méthylhydrastamide lorsqu'on la chauffe avec une dissolution concentrée de potasse.

Chlorhydrate. — Aiguilles fusibles à 227°.

Chloroplatinate. — Rhomboèdres bruns, fusibles à 205°, en se décomposant.

Iodure. — Aiguilles jaunes, fusibles à 233°.

Azotate $+ H^{2}O$. — Fines aiguilles jaune clair, qui se décomposent vers 280°.

Sulfate acide. — Aiguilles fusibles à 218°.

Iodométhylate,

$$C^{22}H^{24}Az^{2}O^{6}, CH^{3}I + 1,5H^{2}O.$$

— Il s'obtient par l'action de l'iodure de méthyle sur la méthylhydrastamide ou sur la méthylhydrastimide : rhomboèdres, fusibles à 240-245°, qui perdent leur eau de cristallisation à 110-115°. Par ébullition avec la potasse, ce corps donne de l'acide iodhydrique, de la triméthylamine et de la *phtalimidine hydrastique*,

$$C^{20}H^{17}AzO^{5},$$

composé de couleur jaune, fusible à 226°.

Nitrométhylhydrastimide, $C^{22}H^{23}Az^{3}O^{7}$. — Elle se forme, comme il a été dit plus haut, lors de l'action de l'acide azotique sur la méthylhydrastamide : on dissout 2 grammes de cette dernière base dans 2 centimètres cubes d'acide azotique (D = 1,153), on y ajoute ensuite 16 centimètres cubes du même acide, et on chauffe jusqu'à ce que la liqueur prenne une coloration rouge; on refroidit alors rapidement, on décante au bout d'une demi-heure, on lave le dépôt avec de l'acide chlorhydrique étendu, on le décompose par la soude, et on filtre; le précipité resté sur filtre est traité par l'acide acétique, qui dissout la *nitrométhylhydrastimide* et laisse comme résidu l'*hémipinimide*. La dissolution acétique est traitée par la soude et agitée avec de l'éther, qui, par évaporation, abandonne le corps à l'état amorphe [Freund, *Ann. Chem.*, **271**, 400]. Insoluble dans l'eau, il se sépare de sa dissolution alcoolique sous la forme de gros cristaux orangés retenant 1 molécule d'alcool, qu'ils perdent en fondant vers 95°, et se décomposent à une température un peu plus élevée : ils sont facilement solubles dans les alcalis; l'ébullition avec l'acide azotique les transforme en hémipinimide.

Les sels de nitrométhylhydrastimide sont solubles dans l'eau, mais ils se dissolvent difficilement dans l'eau acidulée :

Chlorhydrate. — Aiguilles soyeuses jaunes, fusibles à 202-203°.

Azotate. — Aiguilles jaunes fusibles à 212°.

Sulfate acide. — Cristaux jaunes fusibles à 250°.

Sulfate neutre. — Aiguilles jaunes fusibles à 195-196°.

Iodométhylate, $C^{22}H^{23}Az^{3}O^{7}, CH^{3}I$. — Tables orangées quadrangulaires ou hexagonales qui se décomposent sans fondre, vers 250°.

Dioxyméthylhydrastimide, $C^{22}H^{24}Az^{2}O^{7}$. — On chauffe jusqu'à coloration rouge une dissolution de 2 grammes de méthylhydrastamide avec 36 centimètres cubes d'eau et 12 centimètres cubes d'acide azotique (D = 1,153); on refroidit vivement et on décante après un repos de 10 minutes. Au bout de 10 heures environ, il se forme un dépôt que l'on traite d'abord par la soude et qu'on fait ensuite cristalliser dans l'alcool [Freund, *loc. cit.*]. Aiguilles soyeuses jaunes, fusibles à 151°, facilement solubles dans les acides et dans les alcalis; par ébullition avec l'acide azotique il y a formation d'imide hémipinique.

Sels. — Le *chlorhydrate* est incristallisable.

Le *chloroplatinate* cristallise dans l'acool en aiguilles groupées en faisceaux, fusibles à 203-205°.

Iodométhylate, $C^{22}H^{24}Az^{2}O^{7}, CH^{3}I$. — Petits prismes concentriques, fusibles à 190°, opaques ou limpides, suivant la concentration des dissolutions, et qui, après dessiccation à 120°, répondent à la formule ci-dessus.

ÉTHYLHYDRASTINE, $C^{21}H^{20}(C^{2}H^{5})AzO^{6}$. — Se forme lorsqu'on décompose à chaud l'iodéthylate d'hydrastine à l'aide d'une dissolution de potasse; elle se dépose de sa solution dans l'alcool en prismes jaunes anhydres, fusibles à 127°, solubles dans l'alcool, l'éther, le chloroforme et dans les acides.

Sels. — *Chlorhydrate, azotate, chloroplatinate, chloraurate.* — Poudres amorphes jaunes ou orangées [Freund et Rosenberg, *loc. cit.*; — Schmidt, *loc. cit.*].

Iodéthylate, $C^{23}H^{25}AzO^{6}, C^{2}H^{5}I$. — Cristaux qui se décomposent vers 241°.

ÉTHYLHYDRASTÉINE (*hydrate d'éthylhydrastine*),

$$C^{21}H^{22}(C^{2}H^{5})AzO^{7} + 2H^{2}O,$$

soit

$$CH^{2} \begin{smallmatrix} < O \\ < O \end{smallmatrix} > C^{6}H^{2} \begin{smallmatrix} \diagup CH^{2}-CH^{2}-Az(CH^{3})-C^{2}H^{5} \\ \diagdown CH^{2}-CO-C^{6}H^{2}(O-CH^{3})^{2}-CO^{2}H \end{smallmatrix} + 2H^{2}O.$$

— Se prépare comme la méthylhydrastéine, en évaporant une dissolution alcoolique saturée d'éthylhydrastine en présence de la potasse [Schmidt, *loc. cit.*; — Freund et Rosenberg, *loc. cit.*]. Aiguilles incolores dans l'alcool, fusibles à 130°, qui se prennent en masse à une température plus élevée et fondent alors à 206-207°. Par évaporation de ses dissolutions dans les acides minéraux étendus, elle donne les sels de l'éthylhydrastine. En opérant à froid, on peut préparer le *chloroplatinate d'éthylhydrastéine* qui retient 4 molécules d'eau, et qui constitue un précipité floconneux jaune, fusible à 137-138°.

ÉTHYLHYDRASTAMIDE, $C^{23}H^{28}Az^{2}O^{6}$. — Se forme lorsqu'on fait agir l'ammoniaque en excès sur l'iodéthylate d'hydrastine. Lamelles fusibles à 140° [Freund et Heim, *loc. cit.*].

ÉTHYLHYDRASTIMIDE, $C^{23}H^{26}Az^{2}O^{5}$. — Obtenue par l'action des acides minéraux étendus sur l'éthylhydrastamide; elle cristallise dans l'alcool en rhomboèdres fusibles à 150-151°.

ALLYLHYDRASTINE, $C^{24}H^{25}AzO^{6}$. — L'iodallylate d'hydrastine, traité à chaud par la potasse, donne une huile qui se prend en masse par le refroidissement; par cristallisation dans l'alcool et dans l'éther, on obtient de belles aiguilles jaunes, fusibles à 116°, d'allylhydrastine [Freund et Philipps, *D. chem. G.*, **23**, 2910].

Iodallylate d'hydrastine. — Se forme par combinaison directe de la base avec l'iodure d'allyle, cristaux fusibles à 180°.

ALLYLHYDRASTÉINE (*hydrate d'allylhydrastine*), $C^{24}H^{27}AzO^{7} + 1,5H^{2}O$. — Se prépare en chauffant l'allylhydrastine avec une lessive de potasse. Aiguilles fusibles à 136° [Freund et Philipps, *loc. cit.*].

ALLYLHYDRASTAMIDE, $C^{24}H^{28}Az^{2}O^{6}$. — On l'obtient en faisant bouillir l'iodallylate d'hydrastine dissous dans l'alcool avec un excès d'ammoniaque; cristaux fusibles à 156°.

ALLYLHYDRASTIMIDE, $C^{24}H^{26}Az^{2}O^{5}$. — Se forme lorsqu'on fait bouillir l'allylhydrastamide avec une dissolution concentrée de potasse; elle se sépare de sa dissolution dans l'alcool en cristaux jaune clair, fusibles à 139°; on prépare ses sels en la dissolvant dans les acides très étendus.

Chlorhydrate. — Fusible à 211°.

Sulfate acide. — Fines aiguilles d'un jaune intense, fusibles à 235°.

L'allylhydrastimide, traitée par l'iodure d'allyle produit l'*iodallylate*, $C^{24}H^{26}Az^{2}O^{5}, C^{3}H^{5}I$, corps jaune, fusible à 207° [Freund et Philipps, *loc. cit.*]. Chauffé à l'ébullition avec une dissolution concentrée de potasse, il se dédouble en *diallylméthylamine* et en *phtalimidine hydrastique*, suivant l'équation :

$$C^{27}H^{31}Az^{2}O^{5}I + KHO$$
$$= KI + C^{7}H^{13}Az + C^{20}H^{17}AzO^{5} + H^{2}O.$$

La phtalimidine hydrastique ou *imidine-éthénylméthylénoxybenzylidène-hémipinique*,

$$(CH^{3}O)^{2}-C^{6}H^{2} \begin{smallmatrix} \diagup COAzH \\ \diagdown C=CH-C^{6}H^{2}(C^{2}H^{3})(O^{2}-CH^{2}) \end{smallmatrix}$$

a déjà été obtenue précédemment dans l'action de la potasse sur l'*iodométhylate de méthylhydrastimide* : elle se présente sous la forme de cristaux d'un jaune intense, fusibles à 226°. Si on traite sa dissolution chloroformique par le brome, elle en fixe 2 atomes pour donner la *phtalimidine dibromhydrastique*,

$$C^{20}H^{17}AzO^{5}Br^{2},$$

qui cristallise de sa dissolution dans le benzène en lamelles jaunâtres, fusibles à 158° [Freund et Philipps, *loc. cit.*].

Benzylhydrastine, $C^{21}H^{20}(C^7H^7)AzO^6$. — Elle a été préparée par MM. Freund et Lutze [*D. chem. G.*, **26**, 2489], en chauffant avec précaution l'iodobenzylate d'hydrastine avec un excès de lessive de potasse; il se forme une masse jaune, qu'on épuise par l'eau bouillante. Prismes jaunes (dans l'alcool), fusibles à 135°.

Chlorhydrate. — Fusible à 224°.

Bromhydrate. — Fusible à 228°.

Azotate. — Fusible à 177°.

Iodométhylate, $C^{28}H^{27}AzO^6, CH^3I$. — Fusible à 240°.

Benzylhydrastéine (*hydrate de benzylhydrastine*), $C^{28}H^{20}AzO^7 + H^2O$. — En faisant bouillir la benzylhydrastine avec une lessive concentrée de potasse, on obtient une huile jaune qui se solidifie peu à peu, et qui constitue le sel de potassium de la benzylhydrastéine. Dissous dans l'eau, ce sel fournit par neutralisation un précipité blanc qui, par des cristallisations répétées dans l'alcool étendu, fournit des aiguilles incolores, efflorescentes, fusibles à 159° lorsqu'elles ont été séchées dans le vide [Freund et Lutze, *loc. cit.*].

Traitée à l'ébullition par une dissolution aqueuse de chlorhydrate d'hydroxylamine, la benzylhydrastéine donne le chlorhydrate de l'anhydride de la *benzylhydrastéine-oxime* qui, traité par le carbonate de sodium, donne le composé $C^{28}H^{28}Az^2O^6$, cristallisant dans l'alcool en aiguilles jaunes, fusibles à 135° [Freund et Lutze, *loc. cit.*].

Benzylhydrastamide, $C^{28}H^{30}Az^2O^6$. — Elle est obtenue par décomposition d'une dissolution alcoolique d'iodobenzylate d'hydrastine à l'aide d'une dissolution concentrée d'ammoniaque. Ses cristaux fondent à 116°; chauffée doucement avec les acides minéraux ou avec une dissolution concentrée de potasse, elle fournit la benzylhydrastimide.

Benzylhydrastimide, $C^{28}H^{23}Az^2O^5$. — Prismes jaunes (dans l'alcool), fusibles à 140°.

Chlorhydrate. — Aiguilles fusibles à 156°. La base fournit avec les chlorures, bromures et iodures alcooliques, des combinaisons cristallisables.

L'*iodométhylate* fond à 230°.

L'*iodéthylate* fond à 232° [Freund et Lutze, *loc. cit.*].

Les amines primaires de la série grasse réagissent comme l'ammoniaque sur les produits d'addition halogénés de l'hydrastine, en donnant naissance à des bases.

Méthylamide méthylhydrastique,

```
CH³O
  |
 C⁶H² ⟨ CO-AzH-CH³
       ⟨ CO-CH²-C⁶H²(O²-CH²)-CH²-CH²-Az(CH³)²
  |
CH³O
```

— On l'obtient en chauffant à 100°, en présence de l'alcool, l'iodométhylate d'hydrastine avec une dissolution de méthylamine à 33 0/0. Rhomboèdres (dans l'alcool) fusibles à 182°. Cette base est isomérique avec l'éthylhydrastamide.

Chlorhydrate. — Aiguilles fusibles à 193°.

A l'ébullition avec l'acide azotique étendu, elle donne de la *méthylhémipinimide*, $C^{11}H^{11}AzO^4$ [Freund et Heim, *D. chem. G.*, **23**, 2904].

Éthylamide méthylhydrastique,

$C^{24}H^{30}Az^2O^6$

— Se prépare en faisant agir l'éthylamine sur l'iodométhylate d'hydrastine : cristaux fusibles à 162°. Traitée par l'acide azotique étendu, elle fournit de l'*éthylhémipinimide* [Freund et Heim, *loc. cit.*].

Amylamide méthylhydrastique,

$C^{27}H^{36}Az^2O^6$.

— Préparée par l'action de l'isoamylamine sur l'iodométhylate d'hydrastine à l'ébullition, elle cristallise dans l'alcool en prismes fusibles à 171°.

Le *chlorhydrate* est cristallisé; chauffé à l'ébullition avec un excès d'acide chlorhydrique étendu, il donne l'*imide* correspondante, non cristallisable, dont le *chloroplatinate* est un précipité cristallin jaune [Freund et Heim, *loc. cit.*].

Allylamide méthylhydrastique, $C^{25}H^{30}Az^2O^6$. — Obtenue avec l'allylamine et l'iodométhylate d'hydrastine; cristaux fusibles à 158°; quand on la fait bouillir avec de l'acide chlorhydrique étendu, on obtient une base huileuse, l'*allylimide méthylhydrastique*, $C^{25}H^{28}Az^2O^5$, dont le *chlorhydrate* est cristallisé [Freund et Heim, *loc. cit.*].

Amylamide allylhydrastique, $C^{29}H^{38}Az^2O^6$. — Cristaux fusibles à 123-124°.

Constitution de l'hydrastine. — La formule de constitution de cette base ainsi que celles de la méthylhydrastine et de l'hydrate de méthylhydrastine, ont été déduites par M. Schmidt [*Arch. Pharm.*, **231**, 541] de l'ensemble des réactions et des propriétés que présentent les différents corps que nous venons de passer en revue, et de celles qui appartiennent aux acides hydrastique et hydrastonique qui sont étudiés plus loin.

On a vu que l'iodométhylate de méthylhydrastine est décomposé par la potasse en triméthylamine et en acide hydrastonique; or ce dernier renferme une chaîne $CH = CH^2$, un groupe $COOH$ et un groupe CO qui n'existent pas dans la méthylhydrastine, mais qui se rencontrent dans l'hydrate de méthylhydrastine; ce dernier, en effet, se combine avec les alcalis et fournit une oxime que la méthylhydrastine ne peut donner qu'après sa transformation en hydrate. L'acide hydrastonique renfermant la chaîne suivante :

```
     CH           COOH
    /  \\        //  \
 -O    CH² - CO     O - CH³,
```

la méthylhydrastine qui lui donne naissance doit donc posséder la chaîne

```
     CH       O-OC
    /  \      | / \
 -O    CH = C     O - CH³.
```

En effet, on a vu qu'en solution chloroformique elle peut fixer 2 atomes de brome, tandis que son hydrate n'en fixe pas : on peut donc admettre pour la méthylhydrastine et son hydrate les formules suivantes :

```
              H                        O — OC
            /   \                      |   /  \
     / O  /       \ CH ================ C /      \ O-CH³
 CH²      |       |                      |        |
     \ O  \       / CH²-CH²           H  \        / O-CH³
            \   /        |                 \    /
              H         Az(CH³)²             H
```

Méthylhydrastine.

```
              H                             COOH
            /   \                          /    \
     / O  /       \ CH² ——————— CO       /        \ O-CH³
 CH²      |       |                      |        |
     \ O  \       / CH²-CH²           H  \        / O-CH³
            \   /        |                 \    /
              H         Az(CH³)²             H
```

Hydrate de méthylhydrastine.

Or l'hydrastine ne fixe pas sensiblement le brome; elle ne renferme donc pas la double liaison qui existe dans son dérivé méthylé; M. Schmidt lui attribue la formule suivante, qui renferme un noyau hydroquinoléique :

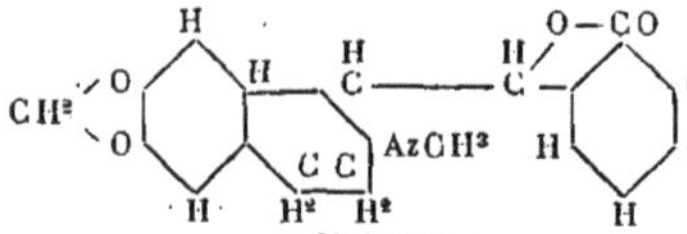

Hydrastine.

Dans la décomposition de l'iodométhylate d'hydrastine, l'hydrogène de l'acide iodhydrique éliminé serait emprunté au groupe CH voisin du groupement azoté, et la liaison serait rompue entre ces deux groupes; il se formerait ainsi dans la chaîne qui unit les noyaux en C^6, la double liaison que renferme la méthylhydrastine.

Par tout ce qui vient d'être dit, on voit apparaître les relations étroites qui existent entre l'hydrastine et la narcotine : cette dernière, qui renferme trois groupes méthoxylés, tandis que l'hydrastine n'en renferme que deux, ne doit être autre chose que l'hydrastine méthoxylée, et d'après M. Roser elle ne diffère de l'hydrastine que par la position du groupement

$$\begin{matrix}-O\\-O\end{matrix}\!>CH^2.$$

Usages. — L'hydrastine est toxique : ses préparations sont employées en gynécologie; on a préconisé également son emploi dans certaines fièvres intermittentes. E. Burcker.

HYDRASTININE,

$$CH^2\!<\!\begin{matrix}O\\O\end{matrix}\!>C^6H^2(CHO)-CH^2-CH^2-AzH(CH^3).$$

— Se produit lors de l'oxydation ménagée de l'hydrastine à la température de 50 à 60°, à l'aide de l'acide azotique étendu. L'hydrastine, dans ces conditions, se dédouble selon l'équation suivante, en hydrastinine et acide opianique :

$$\underset{\text{Hydrastine.}}{C^{21}H^{21}AzO^6} + O = H^2O + \underset{\text{Hydrastinine.}}{C^{11}H^{13}AzO^3} + \underset{\text{Acide opianique.}}{C^{10}H^{10}O^3}$$

On fait agir sur 10 grammes d'hydrastine 500 centimètres cubes d'acide azotique (D = 1,3) et 25 centimètres cubes d'eau.

L'hydrastinine se forme encore lorsqu'on traite l'hydrastine par le bioxyde de manganèse et l'acide sulfurique (Schmidt).

Elle se présente sous la forme d'aiguilles blanches, fusibles à 116-117°, peu solubles dans l'eau, solubles dans l'alcool, l'éther, le chloroforme. Elle se décompose partiellement quand on la fait cristalliser dans le benzène ou dans l'éther acétique; sa dissolution aqueuse est très amère et possède une réaction fortement alcaline; ses dissolutions dans les acides ne sont pas précipitées par l'ammoniaque, ni par le carbonate de sodium, mais la potasse les précipite. Traitée par le zinc et l'acide chlorhydrique, elle se transforme en *hydrohydrastinine*; la même transformation a lieu sous l'action de la potasse à l'ébullition, il se forme en même temps de l'*oxyhydrastinine*. Le permanganate de potassium, en solution alcaline, donne d'abord de l'oxyhydrastinine, puis de l'*acide hydrastinique*,

$$C^{11}H^9AzO^6$$

[Freund, *D. chem. G.*, **22**, 1156]. Dans cette réaction, l'oxyhydrastinine n'est qu'un produit intermédiaire qui s'oxyde pour former l'acide hydrastinique, que l'on sépare, en traitant par l'acide sulfurique étendu la liqueur filtrée dont on a éliminé l'oxyhydrastine. Traitée par l'acide azotique étendu, l'hydrastinine donne de l'*acide apophyllénique*. Elle forme des sels avec les acides.

Le *chlorhydrate*, $C^{11}H^{11}AzO^2,HCl$, cristallise en aiguilles, fusibles à 212° en se décomposant, facilement solubles dans l'eau. Cette dissolution, très amère, est optiquement inactive et légèrement fluorescente.

Le *chloroplatinate*, $(C^{11}H^{11}AzO^2,HCl)^2PtCl^4$, cristallise en aiguilles rouges.

Le *sulfate acide*, $C^{11}H^{11}AzO^2,SO^4H^2$, est en cristaux possédant une fluorescence verte, facilement solubles dans l'eau, et se décomposant vers 216°.

Le *chromate*, $C^{11}H^{11}AzO^2,H^2Cr^2O^7$, est un précipité difficilement soluble; il cristallise en fines aiguilles jaunes, qui se décomposent vers 175° en produisant un dégagement gazeux.

Action de l'iodure de méthyle [Freund, *D. chem. G.*, **22**, 2329]. — L'hydrastinine, chauffée au bain-marie avec de l'iodure de méthyle en excès, donne, après évaporation, dissolution dans l'eau et refroidissement, des aiguilles jaunes, tandis que les eaux mères retiennent en dissolution de l'*iodhydrate d'hydrastinine*,

$$C^{11}H^{11}AzO^2,HI.$$

Les aiguilles jaunes, fusibles à 267°, constituent l'*iodométhylate de méthylhydrastinine*,

$$C^{13}H^{18}AzO^3,I.$$

D'après cela, M. Freund considère l'hydrastinine comme une base secondaire de la formule $(C^{11}H^{11}O^3)AzH$, qu'en raison de sa transformation en acide hydrastinique, on doit formuler de la manière suivante :

$$(C^{10}H^9O^3)AzH-CH^3;$$

et, comme ses autres réactions prouvent qu'elle renferme un groupe aldéhydique, on peut donc la représenter par le schéma

$$C^7H^4O^2\!<\!\begin{matrix}CHO\\CH^2-CH^2-AzH(CH^3)\end{matrix}$$

et en appelant *hydrastyle* le groupement $C^{10}H^9O^3$, le produit de l'action de l'iodure de méthyle sur l'hydrastinine devient l'*iodure de triméthylhydrastylammonium*, que l'on peut écrire de la manière suivante :

$$C^7H^4O^2\!<\!\begin{matrix}CHO\\CH^2-CH^2-Az(CH^3)^3I\end{matrix}$$

[Freund, *loc. cit.*]. Dissous dans l'eau et traité par le chlorure d'argent, cet iodure donne un *chlorure* fusible à 212-213°; traité à chaud par le chlorhydrate d'hydroxylamine, il fournit une *oxime*,

$$C^9H^8O^2\!<\!\begin{matrix}CH=Az-OH\\Az(CH^3)^3I\end{matrix}$$

qui cristallise en aiguilles brillantes, jaunes, peu solubles dans les alcalis, et se décomposant à 250°.

L'iodure de triméthylhydrastylammonium, chauffé à une température peu élevée avec une dissolution de potasse, se décompose en triméthylamine et en un corps qui cristallise dans l'alcool en lamelles jaunâtres, fusibles à 78-79°, peu solubles dans l'eau, très solubles dans l'alcool, l'éther, le chloroforme, et auquel M. Freund a donné le nom d'*hydrastal*, lui assignant la formule

$$C^7H^4O^2\!<\!\begin{matrix}COH\\CH-CH^2\end{matrix}$$

Ce corps se combine avec la phénylhydrazine en donnant des aiguilles fusibles à 103-104°, dont la composition répond à la formule.

$$C^9H^7O^2 - CH = Az^2H - C^6H^5.$$

L'hydrastal oxydé à l'aide du permanganate de potassium donne de l'*acide hydrastique,*

$$C^7H^4O^2 - (COOH)^2.$$

L'iodure de triméthylhydrastylammonium forme un *chloroplatinate* qui se présente sous forme cristalline.

Si l'on fait agir l'iodure de méthyle sur l'hydrastinine en dissolution dans l'alcool méthylique, on obtient des cristaux fusibles à 230-232°, qui constituent un *iodométhylate de méthylhydrastinine*, $C^{13}H^{18}AzO^3I$, isomère du précédent, mais qui ne subit aucune décomposition lorsqu'on le chauffe avec une lessive de potasse. Son *chloroplatinate* est cristallisé.

Hydrastinine-oxime. — On obtient le chlorhydrate de cette oxime en faisant bouillir l'hydrastinine avec le chlorhydrate d'hydroxylamine en présence de l'alcool; il se dépose en lamelles cristallines très solubles dans l'eau. L'ammoniaque et le carbonate de sodium précipitent l'oxime de cette dernière dissolution; elle est soluble dans un excès d'alcali et cristallise de sa dissolution alcoolique en aiguilles fusibles à 145-146°.

Le *chloroplatinate* est cristallisé.

Le *chlorhydrate* est en lamelles facilement solubles dans l'eau [Freund, *D. chem. G.*, **22**, 458].

Action de l'anhydride acétique sur l'hydrastinine-oxime [Freund, *D. chem. G.*, **22**, 1156]. — Dans cette action on observe un grand dégagement de chaleur, en même temps qu'il se forme une *oxime diacétylhydrastinique,*

$$C^{10}H^{11}O^2 \begin{cases} Az(C^2H^3O) \\ CH = Az(O - C^2H^3O) \end{cases}$$

qui cristallise en lamelles fusibles à 121°, facilement solubles à froid dans l'acide chlorhydrique étendu, et à chaud dans une dissolution étendue de soude. Lorsqu'à cette dernière dissolution on ajoute de l'acide chlorhydrique jusqu'à précipitation complète, on obtient la *monacétylhydrastinine-oxime,*

$$C^{10}H^{11}O^2 \begin{cases} Az(C^2H^3O) \\ CH = Az - OH \end{cases}$$

fusible à 90°, qui retient 2 molécules d'eau qu'elle perd à 100°; elle fond alors à 138-140°; elle est soluble dans les alcalis et dans l'acide chlorhydrique.

Acétylhydrastinine,

$$C^{11}H^{12}AzO^3(C^2H^3O) + H^2O.$$

— On dissout l'hydrastinine dans le benzène, et on fait agir sur la dissolution l'anhydride acétique [Freund et Dormeyer, *loc. cit.*]; le dérivé se sépare de sa dissolution aqueuse en aiguilles concentriques fusibles à 105°.

Son *chlorhydrate* cristallise, il est décomposé par l'eau.

Acide acétylméthylamidohydrastylènacétique

$$C^{10}H^9O^2 \begin{cases} CH - CO^2H \\ Az(CH^3)(C^2H^3O) \end{cases}$$

— Il résulte de l'ébullition prolongée de l'hydrastinine avec un excès d'anhydride acétique. On fait bouillir le produit obtenu avec de l'eau pour détruire l'excès d'anhydride, et l'acide se dépose par refroidissement sous la forme d'aiguilles solubles dans l'alcool et dans le benzène, insolubles dans l'eau froide et dans l'éther.

Le *sel de baryum* de cet acide, soluble dans l'eau, peut être obtenu cristallisé. Son *dérivé bromé*, $C^{15}H^{16}BrAzO^5$, cristallise de sa dissolution dans l'alcool étendu, en aiguilles fusibles à 180-181°.

L'éther méthylique, $C^{15}H^{16}AzO^5, CH^3$, est en cristaux fusibles à 147°.

L'hydrastinine forme une combinaison semblable avec l'anhydride propionique.

Iodo-iodhydrate d'hydrastinine,

$$(C^{11}H^{11}AzO^2)^2I^2, IH.$$

— Il se forme par ébullition de quelques minutes de l'hydrastinine avec l'acide iodhydrique fumant; il cristallise de sa dissolution dans l'alcool étendu en aiguilles brunes, fusibles à 132-134°, peu solubles dans l'eau bouillante. On peut encore l'obtenir en faisant agir l'iode dissous dans l'iodure de potassium sur le chlorhydrate d'hydrastinine [Freund, *loc. cit.*].

Chlorométhylate d'hydrastinine. — Il se forme lorsqu'on fait agir le chlorure d'argent sur l'iodométhylate.

Chloroplatinate, $(C^{11}H^{13}AzO^2, CH^3Cl)^2PtCl^4$. — Cristaux fusibles à 230° [Freund et Dormeyer, *D. chem. G.*, **24**, 2730].

Dibromohydrastinine. — Aiguilles fusibles à 280°, obtenues par l'action du brome sur le bromhydrate d'hydrastinine dissous dans l'eau.

Thio-urée phénylhydrastinique,

$$C^{18}H^{18}Az^2O^3S.$$

— Obtenue avec l'hydrastinine et le phénylsénévol. Cristaux fusibles à 126°.

Benzoylhydrastinine,

$$C^{10}H^9O^2Az - CH^3 - C^7H^5O.$$

— Cristallise de sa dissolution alcoolique en aiguilles fusibles à 98-99°; elle se combine avec l'hydroxylamine pour former une *oxime* $C^{18}H^{18}Az^2O^4$, cristallisée et fusible à 146°.

Hydrate benzoyloxyhydrastinique,

$$C^{18}H^{17}AzO^5.$$

— Obtenu en oxydant la benzoylhydrastinine à l'aide du permanganate de potassium en solution alcoolique; ce corps est un acide qu'on peut représenter par la formule

$$C^7H^4O^2 \begin{cases} COOH \\ CH^2 - CH^2 - Az - CH^3 - C^7H^5O. \end{cases}$$

— Il cristallise dans l'alcool étendu en prismes fusibles à 169-170° [Freund et Dormeyer, *loc. cit.*].

HYDROHYDRASTININE, $C^{11}H^{13}AzO^2$. — Elle se produit lorsqu'on traite l'hydrastinine par le zinc et l'acide chlorhydrique, ou bien par la potasse à l'ébullition, et dans ce dernier cas il y a en même temps formation d'oxyhydrastinine. On peut encore la préparer en dissolvant 10 grammes d'hydrastinine dans 100 centimètres cubes d'eau acidulée par l'acide sulfurique, et en y ajoutant de l'amalgame de sodium à 8 0/0, jusqu'au moment où la liqueur neutralisée et agitée avec l'éther donne, par évaporation de ce dernier dissolvant, un corps fusible à 66°; on obtient dans cette opération 9 grammes d'hydrohydrastinine pure [Freund et Dormeyer, *D. chem. G.*, **24**, 1730]. Cristaux fusibles à 66°, très facilement solubles dans l'alcool, l'éther, l'acétone, le sulfure de carbone et le benzène; l'oxydation à l'aide du mélange chromique reproduit l'hydrastinine.

Chlorhydrate. — Poudre cristalline, fusible à 273-274°.

Bromhydrate. — Petites aiguilles, fusibles à 272°, difficilement solubles dans l'eau.

Chloroplatinate. — Lamelles jaunes, fusibles à 216°.

Iodhydrate. — Cristaux brillants, fusibles à 232°.

Chromate. — Lamelles rouges.

Iodométhylate, $C^{11}H^{12}AzO^2 - CH^3I$. — Pour le préparer, on ajoute la quantité calculée d'iodure de méthyle à une dissolution d'hydrastinine dans l'alcool méthylique. Aiguilles groupées en étoiles, solubles dans l'eau, fusibles à 227-228°. Chauffé à l'ébullition avec une dissolution de potasse, ou bien fondu avec la potasse, il n'est pas attaqué [Freund et Dormeyer, *loc. cit.*].

Iodoéthylate, $C^{11}H^{12}AzO^2 - C^2H^5I$. — Aiguilles (dans l'alcool) fusibles à 206-207° [Freund et Will, *D. chem. G.*, **20**, 2404].

Méthylhydrohydrastinine, $C^{11}H^{12}(CH^3)AzO^2$. — Huile épaisse, incolore, insoluble dans l'eau, que l'on obtient par l'action de la potasse à l'ébullition, sur le chlorométhylate d'hydrastinine [Freund et Dormeyer, *loc. cit.*].

Iodhydrate, $C^{12}H^{15}AzO^2, HI$. — Se produit lorsqu'on traite une dissolution chlorhydrique de méthylhydrohydrastinine par l'iodure de potassium; il se forme un précipité que l'on fait cristalliser dans l'eau additionnée d'acide sulfureux; beaux prismes, fusibles à 220-221°.

Chloroplatinate. — Précipité cristallin jaune, soluble à chaud dans l'eau et dans l'alcool, fusible à 171°.

Iodométhylate de méthylhydrohydrastinine, $C^{12}H^{15}AzO^2 . CH^3I$. — Se prépare en faisant agir l'iodure de méthyle sur la méthylhydrohydrastinine en dissolution dans 10 fois son poids d'alcool méthylique. Prismes (dans l'eau ou dans l'alcool) fusibles à 216-217°. Ce corps n'est pas décomposé quand on le fait bouillir avec la potasse; chauffé, il dégage de la triméthylamine [Freund et Dormeyer, *loc. cit.*]; traité par l'oxyde d'argent, il donne de la *méthylhydrohydrastinine*.

Le *chlorométhylate* de cette dernière base est obtenu par l'action du chlorure d'argent sur l'iodométhylate. Cristaux fusibles à 211°.

Chloroplatinate. — Fusible à 221°, presque insoluble dans l'eau.

Chloraurate. — Fusible à 153°, peu soluble.

Monobromométhylhydrohydrastinine,

$$C^{12}H^{14}AzO^2Br.$$

— On traite une dissolution sulfocarbonique de méthylhydrohydrastinine par une dissolution sulfocarbonique de brome; il se forme une masse brune, qui cristallise lorsqu'on la broie avec une dissolution étendue de soude. Elle se dépose de ses dissolutions dans l'eau ou dans l'alcool en octaèdres fusibles à 187° [Freund et Dormeyer, *loc. cit.*].

Bromhydrine de l'iodométhylate de méthylhydrohydrastinine,

$$CH^2 \begin{matrix} < O \\ < O \end{matrix} > C^6H^2 \begin{cases} CH^2 - Az \equiv (CH^3)^3 \\ \qquad\qquad \diagdown I \\ C^2H^3 \begin{matrix} < Br \\ < OH \end{matrix} \end{cases}$$

— Pour obtenir ce composé, on transforme d'abord l'iodométhylate en chlorométhylate à l'aide du chlorure d'argent). La dissolution aqueuse du chlorométhylate, traitée par l'eau bromée, donne un précipité gélatineux qui se redissout; la solution est filtrée, concentrée et additionnée d'iodure de potassium. On obtient ainsi une masse cristalline que l'on dissout dans de l'eau contenant un peu d'acide sulfureux, et d'où le corps se sépare sous forme de prismes fusibles à 177° [Freund, *Ann. Chem.*, **271**, 311].

Constitution de l'hydrohydrastinine. — Cette base a été reconnue par M. Fritsche [*Ann. Chem.*, **286**, 1] identique à la *méthylène-dioxy-n-méthyl-tétrahydro-isoquinoléine*; cette dernière, dont la formule est la suivante :

$$CH^2 \begin{matrix} < O \\ < O \end{matrix} > C^6H^2 \begin{matrix} \diagup CH^2 - Az(CH^3) \\ \qquad | \\ \diagdown CH^2 - CH^2 \end{matrix}$$

cristallise en tables fusibles à 60-61°; et, de même que l'hydrohydrastinine, elle donne de l'hydrastinine par oxydation. La formule de constitution de l'hydrohydrastinine sera donc celle que nous venons d'indiquer pour cette isoquinoléine substituée; et celle qui en résulte pour l'*hydrastinine* sera

$$CH^2 \begin{matrix} < O \\ < O \end{matrix} > C^6H^2 \begin{matrix} < COH - AzH(CH^3) \\ < CH^2 - CH^2 \end{matrix}$$

[Formule développée : noyau benzénique portant H, H et le groupe $CH^2 \begin{matrix} < O \\ < O \end{matrix}$, accolé au cycle CHO – AzH.CH³ – CH² – CH²]

d'où l'on peut déduire celles de tous les dérivés de cette base.

Oxyhydrastinine, $C^{11}H^{11}AzO^3$. — Elle se forme à côté de l'hydrohydrastinine lorsqu'on fait bouillir pendant 2 ou 3 minutes l'hydrastinine avec une dissolution de potasse [Freund et Will, *D. chem. G.*, **20**, 2401]. La liqueur est agitée avec l'éther. Après évaporation on traite le résidu par l'acide chlorhydrique concentré et on ajoute de l'alcool absolu; on précipite ainsi le chlorhydrate d'hydrohydrastinine. La liqueur alcoolique filtrée est évaporée, et le résidu est repris par l'éther qui dissout l'oxyhydrastinine. L'oxydation de l'hydrastinine à l'aide du permanganate de potassium fournit également de l'oxyhydrastinine [Freund et Dormeyer, *D. chem. G.*, **24**, 2730].

Elle se présente en fines aiguilles (dans la ligroïne) fusibles à 97-98°, très solubles dans l'alcool, le chloroforme, le sulfure de carbone, le benzène et l'éther acétique. Elle ne se combine pas avec l'iodure de méthyle. C'est une base faible, dont les sels sont facilement décomposés par l'eau et par l'alcool.

Chlorhydrate. — Cristaux fusibles à 138°, solubles dans l'eau.

Chloroplatinate. — Aiguilles jaunes, fusibles à 160°, facilement solubles dans l'alcool.

Chloraurate. — Fusible un peu au-dessus de 100°.

Nitro-oxyhydrastinine, $C^{11}H^{10}(AzO^2)AzO^3$. — Se prépare en chauffant l'oxyhydrastinine avec l'acide azotique étendu [Freund et Will, *loc. cit.*]. Cristallise de sa dissolution dans l'acide acétique en aiguilles fusibles à 271°, insolubles dans l'acide chlorhydrique et dans l'ammoniaque, mais solubles dans les dissolutions bouillantes de soude.

E. Burcker.

HYDRASTINIQUE (ACIDE).

$$CH^2 \begin{matrix} < O \\ < O \end{matrix} > C^6H^2 \begin{matrix} < CO - AzH - CH^3 \\ < CO - CO^2H \end{matrix}$$

— Se produit lorsqu'on oxyde l'hydrastinine ou l'oxyhydrastinine; on agite à la température de 20 à 30°, 10 grammes d'hydrastinine ou d'oxyhydrastine dilués dans 500 centimètres cubes d'eau et 20 centimètres cubes de lessive de potasse à 30 0/0, avec 1100 centimètres cubes d'une dissolution de permanganate de potassium à 3 0/0 [Freund, *D. chem. G.*, **22**, 1159; *Ann.*

Chem., **271**, 371]. Longues aiguilles, fusibles à 164°, solubles dans l'eau chaude, l'alcool et l'éther, insolubles dans le chloroforme.

Sel de baryum, $(C^{11}H^8AzO^6)^2Ba + 5H^2O$. — Aiguilles groupées en étoiles, que l'on obtient en traitant par le carbonate de baryum une dissolution aqueuse de l'acide.

L'acide hydrastinique perd à 170° 1 molécule d'acide carbonique, et donne deux composés isomériques de la formule $C^{10}H^9AzO^4$, que l'on peut séparer l'un de l'autre à l'aide de l'alcool absolu bouillant qui ne dissout que l'un d'eux [Freund et Dormeyer, *D. chem. G.*, **24**, 2730]. Le premier se sépare de sa dissolution aqueuse en lamelles jaunes, fusibles à 211-212°, solubles à l'ébullition dans l'eau et dans l'alcool, insolubles dans l'éther, le benzène, le sulfure de carbone et le chloroforme. Le second, qui se forme en quantité beaucoup moindre que le premier, fond à 280°; il est insoluble dans l'alcool, dans le chloroforme et dans le benzène, difficilement soluble dans l'eau et dans l'acide acétique; il cristallise dans l'acide chlorhydrique concentré.

L'acide hydrastinique, oxydé à l'aide de l'acide azotique étendu ou de l'acide chromique, donne la *méthylimide de l'acide hydrastique*,

$$C^{10}H^7AzO^4.$$

E. Burcker.

HYDRASTIQUE (ACIDE),

$$CH^2 \begin{matrix} \diagup O \diagdown \\ \diagdown O \diagup \end{matrix} C^6H^2 \begin{matrix} \diagup COOH \\ \diagdown COOH \end{matrix}$$

— Obtenu en chauffant la *méthylimide de l'acide hydrastique* avec une lessive de potasse [Freund et Lachmann, *D. chem. G.*, **22**, 2322]. On l'obtient encore en traitant la berbérine par une dissolution de permanganate de potassium (Schmidt, Perkin), ou bien en faisant agir ce dernier réactif en dissolution alcaline sur l'*hydrastolactone* (voyez p. 219) [Schmidt, *Arch. Pharm.*, **231**, 541]. Aiguilles brillantes ou prismes aplatis, fusibles à 174-175°; chauffés brusquement, ils fondent seulement à 185-187°; l'acide se transforme en anhydride un peu au-dessus de son point de fusion. Il est très difficilement soluble dans l'eau froide (à 15°, 100 parties d'eau en dissolvent 0ᵍ,6), dans le chloroforme et la ligroïne, plus facilement dans l'eau bouillante, et très facilement dans l'alcool et dans l'éther. Fondu avec la potasse, il donne de l'acide protocatéchique et de la pyrocatéchine. En le chauffant à 175-180° avec 4 molécules de perchlorure de phosphore, puis versant le liquide obtenu dans de l'eau glacée on obtient une huile épaisse qui est peu à peu décomposée par l'eau avec dégagement d'acide chlorhydrique; c'est le *chlorure de l'acide dichlorhydrastique*,

$$C^9H^2O^4Cl^4;$$

l'acide lui-même,

$$CCl^2 \begin{matrix} \diagup O \diagdown \\ \diagdown O \diagup \end{matrix} C^6H^2 \begin{matrix} \diagup COOH \\ \diagdown COOH \end{matrix}$$

cristallise dans la ligroïne en lamelles incolores, fusibles à 142-143°. Avec une plus grande quantité de perchlorure de phosphore, et en portant la température jusqu'à 195°, on obtient un composé cristallisé qui ne se décompose que lentement au contact de l'eau et qui constitue l'*hexachlorure dichlorhydrastique*,

$$CCl^2 \begin{matrix} \diagup O \diagdown \\ \diagdown O \diagup \end{matrix} C^6H^2 \begin{matrix} \diagup CCl^3 \\ \diagdown CCl^3 \end{matrix}$$

[Freund et Dormeyer, *loc. cit.*]. M. Schmidt a constaté la formation d'un peu d'acide hémipinique lors de l'action du perchlorure de phosphore à 160°.

L'acide iodhydrique agissant en vase clos, à la température de 150-160°, transforme l'acide hydrastique en un mélange d'acide protocatéchique et d'acide *dioxyphtalique* ou *hémipinique normal*, $C^6H^2(OH)^2-(COOH)^2$, ce dernier se produisant en bien plus grande abondance que le premier [Freund et Dormeyer, *loc. cit.*].

Sels de l'acide hydrastique. — *Sel monoammonique*, $C^9H^5(AzH^4)O^6$. — Aiguilles soyeuses fusibles à 245°.

Sel de baryum, $C^9H^4O^6, Ba + H^2O$. — Lamelles.

Sel d'argent, $C^9H^4Ag^2O^6$. — Précipité blanc, insoluble, formé d'aiguilles microscopiques.

Sels de cuivre. — $C^9H^5CuO^6$, tables ou prismes vert foncé; $(C^9H^5O^6)^2Cu + 6H^2O$, précipité brun clair formé d'aiguilles.

Sel acide de méthylamine,

$$C^9H^5(AzH^2CH^3)O^6.$$

— On l'obtient en traitant à l'ébullition la méthylimide de l'acide hydrastique par une lessive de potasse à 33 0/0, jusqu'à ce que la liqueur se trouble; il se forme une huile qui se concrète par le refroidissement; on reprend par l'eau et on neutralise par l'acide chlorhydrique. Précipité cristallin, fusible à 225-226°.

Éther monométhylique, $C^9H^5O^6 . CH^3$. — Préparé en faisant agir l'iodure de méthyle sur l'hydrastate d'argent, ou bien à l'aide de l'anhydride hydrastique et de l'alcool méthylique. Tétraèdres solubles dans l'eau bouillante, l'alcool et l'éther, fusibles à 136°. La dissolution aqueuse, neutralisée par l'ammoniaque et additionnée d'azotate d'argent, donne un précipité cristallin, fusible à 216-218°, constitué par le *sel d'argent*,

$$C^9H^4Ag(CH^3)O^6$$

[Freund et Dormeyer, *loc. cit.*].

Éther diméthylique, $C^9H^4(CH^3)^2O^6$. — Lamelles fusibles à 88-89°.

Anhydride hydrastique, $C^9H^4O^5$. — Se forme lorsqu'on chauffe l'acide hydrastique à 180°; il cristallise de sa dissolution dans l'alcool absolu en aiguilles fusibles à 175°, facilement solubles dans l'alcool.

Hydrastimide $C^9H^5AzO^4$. — Obtenue lorsqu'on chauffe l'hydrastate acide d'ammoniaque; elle cristallise de sa dissolution dans l'acide acétique en tables irisées, fusibles à 275-277°, qui se subliment facilement.

Méthylimide hydrastique, $C^{10}H^7AzO^4$. — On fait bouillir pendant 6 minutes 10 grammes d'acide hydrastinique dissous dans 200 centimètres cubes d'eau bouillante avec 20 centimètres cubes d'acide azotique (10 centimètres cubes d'acide d'une densité de $1{,}153 + 10^{cc}H^2O$). On obtient encore ce corps en oxydant l'acide hydrastinique à l'aide de l'acide chromique. Longues aiguilles (dans l'acide acétique) fusibles à 227-228°, insolubles dans le benzène et dans la ligroïne, difficilement solubles dans l'eau bouillante, assez facilement dans l'alcool absolu [Freund et Dormeyer, *loc. cit.*].

E. Burcker.

HYDRASTONIQUE (ACIDE), $C^{20}H^{18}O^7$. — Il se forme, en même temps que de la triméthylamine, lorsqu'on chauffe l'iodométhylate d'hydrastine avec une dissolution concentrée de potasse [Schmidt, *Arch. Pharm.*, **231**, 541; (3), **28**, 49]. Aiguilles ou prismes (dans l'alcool absolu) fusibles à 169°, cristallisant avec 1 molécule d'eau, insolubles dans l'eau, la ligroïne, le benzène, facilement solubles dans l'alcool absolu et dans l'acide acétique.

Sel d'argent. — Précipité cristallin ou amorphe, très altérable à la lumière.

Le chlorure d'acétyle ne réagit pas sur cet acide, mais l'hydroxylamine s'y combine à chaud pour donner une *oxime*, dont le sel de sodium, $C^{20}H^{17}NaO^{6}-AzOH$, cristallise.

L'acide hydrastonique fixe 2 atomes de brome en solution acétique ou chloroformique, mais le produit formé se décompose immédiatement à l'air en perdant de l'acide bromhydrique. L'oxydation de l'acide hydrastonique, ou mieux de ses sels, à l'aide du permanganate de potassium en solution alcaline, donne de l'*hydrastolactone* (voyez ce mot), de l'acide *hémipinique* et de l'acide hydrastique : il faut 4 atomes d'oxygène pour oxyder complètement 1 molécule d'acide.

D'après toutes ses réactions, la formule de constitution de l'acide hydrastonique est la suivante :

```
           H                              CO²H
    ⁄ O ⁄     \ CH³           CO- ⁄     \ O-CH³
CH²                       +
    \ O \     / CH=CH²        H   \     / O-CH³
           H                               H
```

HYDRASTOLACTONE, $C^{10}H^{8}O^{5}$. — Se produit lors de l'oxydation de l'acide hydrastonique ou de ses sels par le permanganate de potassium [Schmidt, *loc. cit.*]. Lorsque la réaction est terminée, on élimine le bioxyde de manganèse qui s'est précipité, on ajoute de l'acide acétique, on neutralise et on évapore; l'hydrastolactone se dépose en longues aiguilles brillantes, fusibles à 154°, peu solubles dans l'eau et dans l'alcool à froid, solubles dans l'ammoniaque et dans le carbonate de sodium. C'est une véritable lactone qui donne avec les alcalis des sels de l'acide lactonique, et qui renferme un groupe OH ; avec le permanganate de potassium en solution alcaline, elle donne l'acide hydrastique, bibasique. Sa formule de constitution sera

```
                     ⁄ CO \
CH² < O > C⁶H²              O
      O              \ CH - CH² - OH
```

Elle réagit à chaud avec l'anhydride acétique pour former un *dérivé acétylé*, $C^{10}H^{7}O^{5}-C^{2}H^{3}O$, qui cristallise en tables quadrangulaires épaisses, fusibles à 115°, solubles dans l'acide acétique. Avec l'anhydride benzylique on obtient un *dérivé benzoylé*, $C^{10}H^{7}O^{5}-C^{7}H^{5}O$, en paillettes cristallines peu solubles à froid dans l'acide acétique [Schmidt, *loc. cit.*]. E. Burcker.

HYDRATROPIQUE (ACIDE) [Syn. *Acide α-phénylpropionique, acide phène-méthoéthylique*] (Voyez Dict., **3**, 911; 1er Suppl., 1218). — On l'obtient en chauffant pendant 3 à 4 heures, à 150-160°, 10 grammes de nitrile de l'acide atrolactique ou cyanhydrine de l'acétophénone avec 30 grammes d'acide iodhydrique bouillant à 127°, et 1gr,7 de phosphore rouge [Jansen, *Ann. Chem.*, **250**, 136].

MM. W. von Miller et G. Rohde [*D. chem. G.*, **24**, 1356] obtiennent, par oxydation de l'aldéhyde hydratropique au moyen de l'oxyde d'argent, un acide $C^{9}H^{10}O^{2}$ bouillant à 263-265° sous 717 millimètres, présentant toutes les propriétés de l'acide hydratropique, mais en différant en ce que le sel de calcium obtenu par évaporation lente cristallise toujours avec 2 molécules d'eau, tandis que celui préparé par hydrogénation de l'acide atropique [Fittig et Würster, *Ann. Chem.*, **195**, 145] cristallise tantôt avec 3 molécules d'eau quand on laisse évaporer lentement ses solutions diluées, tantôt avec 2 molécules d'eau lorsqu'on effectue l'évaporation à la température de l'ébullition MM. von Miller et Rohde (*loc. cit.*) ont alors également préparé l'acide hydratropique par saponification du nitrile correspondant; ils ont obtenu un acide identique en tous points à l'acide fourni par l'aldéhyde hydratropique, mais dont le sel de calcium cristallisait par évaporation lente avec 3 molécules d'eau comme l'hydratropate de calcium de MM. Fittig et Würster.

MM. von Miller et Rohde ne peuvent expliquer cette anomalie qu'en supposant la présence d'un autre acide, ce qui d'après eux est peu probable, ou encore en admettant que ces acides — dont les propriétés optiques n'ont pas été examinées — sont des isomères stéréochimiques.

L'acide hydratropique est un liquide ne se solidifiant pas à —20°, plus lourd que l'eau, dans laquelle il est difficilement soluble; il peut être facilement distillé avec la vapeur d'eau.

Le *sel de baryum*, qui cristallise avec 2 molécules d'eau, se présente en fines aiguilles, facilement solubles dans l'eau; le *sel d'argent* est formé par des lamelles facilement solubles dans l'eau bouillante.

L'*éther méthylique*, $C^{9}H^{9}O^{2}-CH^{3}$, est un liquide bouillant à 221°.

L'*éther éthylique* bout à 230° [Neure, *Ann. Chem.*, **250**, 152].

L'*amide*, $C^{8}H^{9}-COAzH^{2}$, cristallise de sa dissolution dans l'alcool étendu en petites lamelles fusibles à 91-92° [Jansen, *loc. cit.*].

Le *nitrile*, $C^{6}H^{5}-CH(CH^{3})CAz$, est obtenu en faisant réagir les unes sur les autres, molécules égales de cyanure de benzyle, de soude et d'iodure de méthyle [V. Meyer, *Ann. Chem.*, **250**, 123. — Oliveri, *Gazz. chim. ital.*, **18**, 574]. On rectifie le produit, on traite par l'aldéhyde benzylique et par l'éthylate de sodium, on lave avec l'eau et on distille pour recueillir ce qui passe de 230 à 232°. On peut encore le préparer en faisant réagir le perchlorure de phosphore sur l'amide [Jansen, *loc. cit.*]. Liquide facilement soluble dans l'alcool et dans l'éther, bouillant à 230-232°. Il donne, avec le chlorure de benzyle et la soude, le dérivé

$$C^{6}H^{5}-C(CH^{3}-C^{7}H^{7})CAz.$$

L'*acide α-bromhydratropique* se décompose beaucoup plus facilement que l'acide β; l'ammoniaque à froid et la soude à l'ébullition le décomposent en donnant de l'acide bromhydrique, de l'acide atrolactique et un peu d'acide atropique.

L'*acide β-bromhydratropique*, traité par l'ammoniaque concentrée, donne de l'acide *β-aminohydratropique*.

Acide dibromhydratropique,

$$C^{6}H^{5}-CBr\begin{cases}CH^{2}Br\\CO^{2}H\end{cases}$$

— Il se dissout facilement dans le chloroforme et dans le sulfure de carbone à l'ébullition, mais difficilement à froid dans ce dernier véhicule.

L'amalgame de sodium, agissant sur une dissolution neutre de cet acide, donne de l'acide hydratropique et de l'acide phényllactique. L'acide, chauffé avec 3 molécules de carbonate de sodium, subit la même décomposition qu'avec l'eau, c'est-à-dire qu'on observe la formation d'acétophénone, d'acide monobromatropique et d'acide carbonique; avec un excès de soude il se forme de l'acide bromhydrique et de l'acide atroglycérique, $C^{9}H^{10}O^{4}$, avec un peu d'acétophénone [Fittig et Kast, *Ann. Chem.*, **206**, 30].

L'*acide tribromhydratropique* se dissout facilement dans le chloroforme et dans le sulfure de carbone, plus difficilement dans la ligroïne.

Acides chlorhydratropiques. — L'acide α se décompose vers 110°; il est peu soluble dans l'eau.

chaude, très soluble au contraire dans le sulfure de carbone.

L'*acide* β commence à se décomposer à 170°. Il est insoluble dans l'eau froide, soluble dans l'eau chaude et dans le chloroforme, plus difficilement soluble dans la ligroïne; il n'est pas attaqué à froid par le carbonate de potassium; à l'ébullition, il se forme de l'acide chlorhydrique, de l'acide tropique, ainsi que de petites quantités de cinnamène et d'acide atropique; une longue ébullition avec l'eau le transforme en acide chlorhydrique et en acide tropique.

ACIDES NITROHYDRATROPIQUES, $C^9H^9AzO^4$. — *Dérivé ortho*,

$$C^6H^4(AzO^2)-CH<\begin{matrix}CH^3\\COOH\end{matrix}$$

— Ce corps se forme en même temps que le dérivé para, lorsqu'on traite à 0° l'acide hydratropique par l'acide azotique fumant : le liquide obtenu est versé dans une grande quantité d'eau. On filtre après 24 heures, on neutralise par la soude, on ajoute de l'acide chlorhydrique jusqu'à réaction acide, et on épuise par l'éther qui dissout les deux corps formés. On chauffe leur mélange dans l'eau en présence du carbonate de baryum, et on évapore partiellement la dissolution. Le sel de baryum de l'acide para cristallise : on le sépare et on continue l'évaporation jusqu'à siccité; le résidu, desséché au-dessus de l'acide sulfurique, est traité à l'ébullition par de l'alcool absolu qui dissout le sel de baryum de l'acide ortho; on obtient l'acide lui-même en décomposant le sel à l'aide de l'acide chlorhydrique. Cristaux fusibles à 110°, difficilement solubles dans l'eau froide et dans le sulfure de carbone, assez facilement solubles dans l'eau bouillante, très facilement solubles dans l'alcool et dans l'éther. Oxydé à l'aide du permanganate de potassium, cet acide donne de l'acide o-nitrobenzoïque; avec l'étain et l'acide chlorhydrique, on obtient l'anhydride de l'*acide o-aminohydratropique* ou *atroxindol*,

$$C^6H^4\begin{matrix}\diagup AzH\diagdown \\ \qquad\qquad CO \\ \diagdown CH \diagup -CH^3\end{matrix}$$

Le *sel de calcium* cristallise avec 2 molécules d'eau, en aiguilles facilement solubles dans l'eau et dans l'alcool absolu [Trinius, *Ann. Chem.*, **227**, 262].

Dérivé para. — Nous venons d'indiquer sa préparation : le sel de baryum, lavé à l'alcool absolu, est décomposé par l'acide chlorhydrique. Cristaux épais et courts (dans la dissolution aqueuse), fusibles à 87-88°, peu solubles dans l'eau froide, facilement solubles dans l'alcool, le benzène, le sulfure de carbone; l'oxydation à l'aide de l'acide chromique donne de l'acide p-nitrobenzoïque.

Le *sel de calcium* cristallise avec 2 molécules d'eau.

Le *sel de baryum* cristallise avec 2 molécules d'eau en petits cristaux épais, facilement solubles dans l'eau froide, insolubles dans l'alcool absolu froid [Trinius, *loc. cit.*].

ACIDES AMINOHYDRATROPIQUES,

$$C^6H^4<\begin{matrix}AzH^2\\CH<\begin{matrix}CH^3\\COOH\end{matrix}\end{matrix}$$

L'*acide ortho* n'existe pas à l'état libre; la formation de son anhydride a été indiquée plus haut (voyez *Acide o-nitrohydratropique* et 2ᵉ Suppl., **1**, 386).

L'*acide para*, a été obtenu en traitant l'acide p-nitrohydratropique par l'étain et l'acide chlorhydrique [Trinius, *Ann. Chem.*, **227**, 267]. Il cristallise de sa dissolution aqueuse en lamelles épaisses et courtes, fusibles à 128°, solubles dans l'eau, l'alcool, l'éther, le sulfure de carbone. L'acide azoteux le transforme en un acide qui n'est pas identique à l'acide phlorétique (fondant à 128°), comme le pensait M. Trinius; c'est l'acide paraoxyhydratropique; il fond à 130° [Bougault, *Ann. Chim. Phys.*, (7), **25**, 510].

Chlorhydrate, $C^9H^{11}AzO^2,HCl$. — Fines aiguilles, très solubles dans l'eau, difficilement solubles dans l'acide chlorhydrique concentré.

Les deux autres acides aminohydratropiques

α) $$C^6H^5-\underset{\substack{|\\ AzH^2}}{C}<\begin{matrix}CH^3\\CO^2H\end{matrix}$$

et

β) $$C^6H^5-CH<\begin{matrix}CH^2-AzH^2\\CO^2H\end{matrix}$$

ont déjà été décrits dans le 1ᵉʳ Supplément : le premier, α, peut être obtenu en traitant à froid le nitrile correspondant par l'acide chlorhydrique fumant, puis chauffant avec l'acide chlorhydrique dilué et un peu d'alcool [Tiemann et Köhler, *D. chem. G.*, **14**, 1981]. Aiguilles brillantes, qui se subliment vers 260° sans fondre, très facilement solubles dans l'eau, presque insolubles dans l'alcool absolu et dans l'éther. En chauffant son chlorhydrate avec de l'azotite de sodium, on obtient de l'acide atrolactique. Ses sels se dissolvent facilement dans l'eau.

Le *sel de cuivre* se présente en aiguilles bleu clair.

Le *chlorhydrate* cristallise en aiguilles facilement solubles dans l'alcool absolu.

Le *nitrile*,

$$C^6H^5-\underset{\substack{|\\ AzH^2}}{C}<\begin{matrix}CH^3\\CAz\end{matrix}$$

est obtenu lorsqu'on fait digérer à 60-80° le cyanhydrate d'acétophénone avec une dissolution alcoolique d'ammoniaque [Tiemann et Köhler, *loc. cit.*]. Huile d'un jaune brun, assez stable.

Le deuxième acide, β, cristallise de sa dissolution dans l'eau en lamelles fusibles à 119°,5, difficilement solubles dans l'eau froide, facilement solubles dans l'eau bouillante.

Nitrile de l'acide phénylanilido-propionique,

$$C^6H^5-\underset{\substack{|\\ CH^3}}{C}<\begin{matrix}AzH.C^6H^5\\CAz\end{matrix}$$

— On l'obtient en faisant digérer pendant plusieurs heures, à la température de 50°, le cyanhydrate d'acétophénone avec de l'aniline [Jacobi, *D. chem. G.*, **19**, 1516]. Gros prismes fusibles à 152°, insolubles dans l'eau, difficilement solubles dans l'alcool, le benzène et la ligroïne, facilement solubles dans l'éther. Chauffé avec l'hydroxylamine, il donne une *oxime*, $C^6H^5-C=AzOH-CH^3$. Dissous dans l'alcool absolu, et traité par un courant d'acide chlorhydrique, il fournit du triphénylbenzène, de l'aniline et de l'acide cyanhydrique, suivant l'équation

$$3(C^{15}H^{14}Az^2) = C^{24}H^{18} + 3CAzH + 3C^6H^5AzH^2.$$

Amide de l'acide phényl-anilidopropionique,

$$C^6H^5-\underset{\substack{|\\ CH^3}}{C}<\begin{matrix}AzH-C^6H^5\\CO-AzH^2\end{matrix}$$

— Se forme lorsqu'on traite le nitrile précédent par

l'acide sulfurique; on verse la masse résultant de cette action dans l'eau et on précipite par l'ammoniaque. Il se dépose au sein de l'alcool en mamelons fusibles à 119°, insolubles dans l'eau, solubles dans l'alcool, l'éther et le benzène [Jacobi, *loc. cit.*]. E. Burcker.

DÉRIVÉS DE SUBSTITUTION.

ACIDE P-MÉTHYL-HYDRATROPIQUE,

$$C^6H^4 \begin{cases} CH \begin{cases} CO^2H \\ CH^3 \end{cases} \\ CH^3 \end{cases}$$

— Cet acide s'obtient en oxydant l'aldéhyde correspondante en solution alcoolique par l'oxyde d'argent [Miller et Rohde, *D. chem. G.*, **23**, 1076]. On l'obtient encore par saponification du nitrile correspondant au moyen de la potasse à l'ébullition [G. Errera, *Gaz. chim.*, **21**, 76; *Bull. Soc. Chim.*, (3), **10**, 1109].

L'acide p-méthylhydratropique fond à 40-41° et bout à 280°.

L'oxydation par le permanganate de potassium en liqueur alcaline le transforme en acide α-méthyl-homotéréphtalique

$$C^6H^4 \begin{cases} CO^2H \\ CH \begin{cases} CH^3 \\ CO^2H \end{cases} \end{cases}$$

en même temps qu'il se forme un oxyacide répondant probablement à la formule

$$C^6H^4 \begin{cases} CH^3 \\ C(OH) \begin{cases} CH^3 \\ CO^2H \end{cases} \end{cases}$$

Le *nitrile p-méthylhydratropique*,

$$C^6H^4 \begin{cases} CH^3 \\ CH \begin{cases} CAz \\ CH^3 \end{cases} \end{cases}$$

a été obtenu par M. Errera (*loc. cit.*) en déshydratant par l'anhydride acétique l'oxime de l'aldéhyde p-méthylhydratropique.

C'est un liquide bouillant à 246,5-247°,5 et doué d'une odeur agréable.

ACIDE P-OXY-HYDRATROPIQUE,

$$C^6H^4 \begin{cases} CH_{(1)} \begin{cases} CO^2H \\ CH^3 \end{cases} \\ OH_{(4)} \end{cases}$$

— Cet acide a été obtenu par M. Trinius (*loc. cit.*) par diazotation de l'acide paramidohydratropique; mais M. Trinius *confondait cet acide fondant à 129° avec l'acide phlorétique,*

$$OH_{(1)} - C^6H^4_{(4)} - CH^2 - CH^2 - CO^2H,$$

fondant à 128°.

M. Bougault a nettement différencié l'acide phlorétique de l'acide p-oxy-hydratropique en méthylant chacun de ces acides; l'éther méthylique de l'acide phlorétique fond à 101°, tandis que l'éther méthylique de l'acide p-oxy-hydratropique fond à 57° [*Ann. Chim. Phys.*, (7), **25**, 508-511]. D'ailleurs, en déméthylant l'acide p-méthoxyhydratropique préparé par lui à partir de l'anéthol, M. Bougault a également obtenu l'acide p-oxyhydratropique fondant à 130° [*loc. cit.*, 531].

Cet acide est inactif par compensation; M. Bougault a réalisé son dédoublement par des cristallisations répétées des sels de morphine; c'est l'acide gauche qui est le moins soluble; le pouvoir rotatoire approximatif trouvé pour cet acide en solution aqueuse à 2 0/0 est $[\alpha]_D = -71°$; l'acide p-oxy-hydratropique gauche paraît posséder toutes les propriétés de l'acide inactif; son sel de sodium cristallise avec 3 molécules d'eau comme celui de l'acide inactif [*loc. cit.*, 536].

L'acide p-oxy-hydratropique inactif cristallise en prismes incolores anhydres fondant à 130°; il est assez soluble dans l'eau (2,5 0/0 à 12°), très soluble dans l'eau bouillante, dans l'alcool et dans l'éther, peu soluble dans le chloroforme, le benzène, l'éther de pétrole.

La solution aqueuse de cet acide rougit par le suc de *Russula delica* Fries, précipite par l'acétate neutre de plomb, par l'azotate mercureux, mais ne précipite ni par l'azotate d'argent, ni par le perchlorure de fer qui donne une coloration gris verdâtre.

Le *sel de sodium* cristallise avec 3 molécules d'eau; il est très soluble dans l'eau, dans l'alcool, mais n'est pas hygroscopique; les solutions aqueuses au centième de ce sel précipitent par l'acétate neutre de plomb, par l'azotate mercureux, par l'azotate d'argent (lentement); les solutions au dixième précipitent par le sulfate de cuivre, mais ne précipitent pas par les chlorures de calcium, de baryum et de zinc (différence avec l'acide hydro-p-coumarique ou phlorétique dont le sel de zinc n'est soluble que dans 130 fois son poids d'eau).

Le *sel de baryum* est anhydre et très soluble dans l'eau.

Le *sel de cuivre*, obtenu par double décomposition entre le p-oxy-hydratropate de sodium et le sulfate de cuivre, cristallise en aiguilles vert foncé anhydres, peu solubles dans l'eau.

Acide p-oxyhydratropique bibromé,

$$OH_{(1)} - C^6H^4 - Br^2_{(4)} - CH \begin{cases} CO^2H \\ CH^3 \end{cases}$$

— Cet acide s'obtient par action du brome sur une solution aqueuse d'acide paraoxyhydratropique; l'acide bibromé peu soluble se précipite. Cet acide fond à 115°; il est insoluble dans l'eau, soluble dans l'alcool et dans l'éther.

Quand on le titre à la phtaléine avec l'eau de baryte, il se comporte comme un acide bibasique; mais, par évaporation, il se forme un sel de baryum correspondant à un acide monobasique (Bougault).

Acide p-oxyhydratropique bi-iodé. — Cet acide s'obtient par l'action de l'iode sur la solution alcaline aqueuse de l'acide p-oxyhydratropique.

Il fond à 149°; il est insoluble dans l'eau, très soluble dans l'alcool et dans l'éther; il donne un *sel de baryum* dans lequel il fonctionne comme acide bibasique; mais cependant vis-à-vis de la phtaléine il est bibasique comme l'acide bibromé correspondant [Bougault, *Ann. Chim. Phys.*, (7), **25**, 530-537].

ACIDE P-MÉTHOXY-HYDRATROPIQUE INACTIF,

$$C^6H^4 \begin{cases} CH_{(1)} \begin{cases} CO^2H \\ CH^3 \end{cases} \\ OCH^3_{(4)} \end{cases}$$

— Cet acide a été obtenu par M. Bougault [*Ann. Chim. Phys.*, (7), **25**, 519] en oxydant l'aldéhyde p-méthoxy-hydratropique par l'oxyde d'argent en milieu alcalin (soude ou chaux); il se forme en même temps un peu de p-méthoxyacétophénone.

M. Bougault l'a également préparé par méthylation de l'acide p-oxy-hydratropique [*loc. cit.*, 510].

Cet acide fond à 57°; il est très peu soluble à

froid dans l'eau (0,4 0/0 à 15°) et dans l'éther de pétrole, mais plus soluble à chaud; il est très soluble dans l'alcool, l'éther, le benzène; il cristallise dans le système clinorhombique.

Par oxydation au moyen du mélange chromique, on obtient la p-méthoxyacétophénone; le permanganate de potassium en solution acide le transforme en acide anisique, alors qu'en milieu alcalin et à froid le même agent oxydant fournit l'acide p-méthoxyatrolactique

$$CH^3O_{(1)}C^6H^4 - CH(OH) \lt {CH^3 \atop CO^2H}$$

Le *sel ammoniacal*, $C^{10}H^{11}O^3AzH^4$, se dépose en lamelles cristallines quand on fait passer un courant de gaz ammoniac sec dans une solution éthérée de l'acide.

Le *sel de sodium*, $C^{10}H^{11}O^3Na + 2H^2O$, non hygroscopique, est très soluble dans l'eau, dans l'alcool. Si on ajoute de l'éther à la solution alcoolique du sel sec, on obtient de fines aiguilles incolores anhydres.

Le *sel de calcium*, $(C^{10}H^{11}O^3)^2Ca + 2H^2O$, cristallise, soit dans l'eau, soit dans l'alcool à 90°, avec 2 molécules d'eau de cristallisation; sa solubilité dans l'eau à 15° est d'environ 6 0/0.

Le *sel de cuivre*, $(C^{10}H^{11}O^3)^2Cu$, est anhydre et peu soluble dans l'eau froide.

Le *sel de plomb*, $(C^{10}H^{11}O^3)^2Pb + H^2O$, obtenu par double décomposition, cristallise en fines aiguilles; il est très peu soluble dans l'eau froide, notablement plus soluble dans l'eau bouillante.

Le *sel d'argent*, $C^{10}H^{11}O^3Ag$, est anhydre, peu soluble dans l'eau froide, plus soluble dans l'eau bouillante.

Acide p-méthoxy-hydratropique gauche. — Cet acide a été obtenu par M. Bougault [*Ann. Chim. Phys.*, (7), **25**, 525] par des cristallisations répétées du sel de morphine de l'acide p-méthoxyhydratropique inactif.

L'acide gauche a le même point de fusion, 57°, que l'acide inactif et d'une façon générale les mêmes propriétés; le pouvoir rotatoire, dans l'alcool à 90°, est d'environ $[\alpha]_D = -67°,40$.

Les sels de cet acide ont un pouvoir rotatoire faible et de sens inverse de celui de l'acide; le sel de sodium, considéré comme anhydre et en solution aqueuse, a un pouvoir rotatoire spécifique $[\alpha]_D = +3°27'$; dans les mêmes conditions le sel de calcium donne $[\alpha]_D = +1°33'$. Ces sels ont les mêmes propriétés physiques et la même quantité d'eau de cristallisation que les sels correspondants de l'acide inactif.

Acide p-éthoxy-hydratropique,

$$OC^2H^5_{(1)} - C^6H^4_{(4)} - CH \lt {CO^2H \atop CH^3}$$

— Cet acide a été obtenu par M. Bougault [*Ann. Chim. Phys.*, (7), **25**, 536] en éthylant par le bromure d'éthyle et la soude l'acide p-oxyhydratropique.

Cet acide fond à 68°; il est très peu soluble dans l'eau à froid, plus soluble à chaud, très soluble dans l'alcool et dans l'éther.

Acide dioxy 3.4-hydratropique,

$$(OH)^2_{(3.4)} - C^6H^3_{(1)} - CH \lt {CO^2H \atop CH^3}$$

— On l'obtient en déméthylant par l'acide iodhydrique son éther diméthylique, l'acide diméthoxy 3.4-hydratropique [Bougault, *Ann. Chim. Phys.*, (7), **25**, 564].

Cet acide fond à 97°; il est très soluble dans l'eau où il ne cristallise que très lentement, très soluble également dans l'éther, dans l'alcool, mais insoluble dans l'éther de pétrole.

Il est doué de propriétés réductrices énergiques : il réduit à froid l'azotate d'argent, à chaud l'azotate mercureux; sa solution aqueuse donne avec le perchlorure de fer une coloration vert foncé qui devient ensuite brunâtre.

Acide-méthylène-dioxy-hydratropique inactif,

$$(O^2CH^2)_{(3.4)}C^6H^3_{(1)} - CH \lt {CO^2H \atop CH^3}$$

— Cet acide se prépare en oxydant avec beaucoup de précautions, au moyen de l'oxyde d'argent et en milieu alcalin, l'aldéhyde correspondante en dissolution dans l'éther [Bougault, *Ann. Chim. Phys.*, (7) **25**, 552].

On le purifie d'abord par dissolution dans le carbonate de sodium et précipitation par l'acide chlorhydrique, puis par plusieurs cristallisations dans l'éther ordinaire additionné d'éther de pétrole.

L'acide méthylène-dioxy 3.4-hydratropique fond à 80° et cristallise en prismes appartenant au système clinorhombique.

Il est presque insoluble dans l'eau froide (moins de 30 0/0 à 12°), très soluble dans l'alcool, l'éther, le chloroforme, le benzène, à peu près insoluble dans l'éther de pétrole.

L'oxydation de cet acide par le permanganate de potassium fournit l'acide pipéronique; le mélange chromique donne la méthylène-dioxy 3.4-acétophénone.

Le *sel ammoniacal*, $C^{10}H^9O^4AzH^4$, obtenu en dirigeant du gaz ammoniac dans la solution éthérée de l'acide, est très instable; il cristallise en tablettes rhomboïdales incolores, très solubles dans l'eau et dans l'alcool.

Le *sel de sodium*, $C^{10}H^9O^4Na + 3H^2O$, peut être obtenu cristallisé anhydre en fines aiguilles en le précipitant par l'éther de sa solution alcoolique.

Le *sel de calcium*, $(C^{10}H^9O^4)^2Ca + 2H^2O$, est soluble dans l'eau dans la proportion de 3 0/0 environ à 11°; il est également un peu soluble dans l'alcool à 90°.

Le *sel de cuivre*, $(C^{10}H^9O^4)^2Cu$, cristallise en fines aiguilles vertes quand on laisse refroidir lentement sa solution aqueuse saturée à l'ébullition; il est extrêmement peu soluble dans l'eau, même bouillante.

Le *sel d'argent*, $C^{10}H^9O^4Ag$, forme de petites aiguilles blanches légèrement solubles dans l'eau bouillante.

Acide méthylène-dioxy 3.4-hydratropique gauche. — Quand on fait cristalliser le sel de morphine de l'acide méthylène-dioxy 3.4-hydratropique inactif, c'est le sel de l'acide gauche qui se dépose le premier. M. Bougault n'est pas parvenu à obtenir cet acide à l'état pur, mais il a pu constater que son pouvoir rotatoire est assez élevé, au moins égal à celui de l'acide p-méthoxyhydratropique ($[\alpha]_D$ = environ — 67°40' dans l'alcool à 96°), et qu'en outre, les sels de l'acide méthylène-dioxy 3.4-hydratropique gauche ont un pouvoir rotatoire faible et de sens inverse de celui de l'acide dont ils dérivent [Bougault, *loc. cit.*, 556].

Acide diméthoxy 3.4-hydratropique,

$$(OCH^3)^2_{(3.4)}C^6H^3_{(1)}CH \lt {CO^2H \atop CH^3}$$

— Cet acide se prépare par oxydation au moyen de l'oxyde d'argent en milieu alcalin de l'aldéhyde diméthoxy 3.4-hydratropique; il se forme dans cette oxydation un peu de diméthoxy 3.4-acétophénone; l'oxydation de l'acide lui-même par le mélange chromique fournit cette acétone (Bougault).

L'acide diméthoxy 3.4-hydratropique cristallise

avec une molécule d'eau et fond à 60°; il est très peu soluble dans l'eau froide, un peu plus soluble dans l'eau bouillante, très soluble dans l'alcool, l'éther.

Il perd son eau de cristallisation dans le vide sulfurique et fond alors à 52°; il ne recristallise pas après fusion si on le maintient dans l'air sec ou dans le vide sulfurique; mais, si on l'expose à l'air humide, il recristallise lentement, au fur et à mesure qu'il reprend son eau de cristallisation [Bougault, *loc. cit.*, 562].

Le *sel de sodium*, $C^{11}H^{13}O^4Na$, s'obtient en épuisant par l'alcool le sel de sodium évaporé à siccité, et précipitant ensuite la solution alcoolique par l'éther. Ce sel est en fines aiguilles incolores qui cristallisent dans l'eau également à l'état anhydre.

Le *sel de calcium*, $(C^{11}H^{13}O^4)^2Ca$, est assez soluble dans l'eau, un peu soluble dans l'alcool à 90°.

ACIDE MÉTHYLÈNE-DIOXY-DIMÉTHOXY-HYDRATROPIQUE,

$$(OCH^3)^2(O^2CH^2)C^6H^4 - CH \begin{matrix} \diagup CO^2H \\ \diagdown CH^3 \end{matrix}$$

— La préparation de cet acide s'effectue au moyen de l'aldéhyde correspondante dérivée de l'isoapiol, par oxydation avec l'oxyde d'argent en milieu alcalin [Bougault, *Ann. Chim. Phys.*, (7), **25**, 568].

Cet acide, purifié par cristallisation dans l'eau bouillante, est anhydre et fond à 97°; il est très peu soluble dans l'eau froide, très soluble dans l'alcool et dans l'éther.

Le *sel de sodium*, $C^{12}H^{13}O^6Na + 3H^2O$, obtenu par neutralisation exacte de l'acide par la soude et évaporation spontanée, est soluble dans l'eau et dans l'alcool. M. Tiffeneau.

HYDRATROPIQUE (ALDÉHYDE) [Syn. *Phène-méthoéthylal, phényl 2-propanal*],

$$C^6H^5 - CH \begin{matrix} \diagup CHO \\ \diagdown CH^3 \end{matrix}$$

— L'aldéhyde hydratropique a été obtenue par MM. von Miller et Rohde [*D. chem. G.*, **24**, 1358] dans l'oxydation de l'isopropylbenzène par le chlorure de chromyle; il y a en même temps formation d'acétophénone non combinable au bisulfite de soude, de sorte qu'on isole l'aldéhyde hydratropique au moyen de sa combinaison bisulfitique; les rendements sont d'environ 10 à 15 0/0 du carbure employé.

La chlorhydrine obtenue, soit par fixation de l'acide hypochloreux sur le métho-éthénylphène, soit par action du phénylbromure de magnésium sur la monochloracétone, se transforme partiellement en aldéhyde hydratropique par chauffage en solution alcoolique avec l'acétate de potassium [M. Tiffeneau, *Bull. Soc. Chim.*, (3), **27**, 643].

L'aldéhyde hydratropique se forme également dans l'action de l'acide sulfurique à 25 0/0 et à chaud sur le phényl 2-propanediol [Tiffeneau, *Bull. Soc. Chim.*, (3), **27**, 202]

$$\begin{matrix} CH^2OH \\ C^6H^5 - COH \\ \diagdown CH^3 \end{matrix} = H^2O + C^6H^5 - CH \begin{matrix} \diagup CHO \\ \diagdown CH^3 \end{matrix}$$

Le phénylpropylène, $C^6H^5 - CH = CHCH^3$, bien que sa chaîne soit normale, permet de passer avec facilité à l'aldéhyde hydratropique [M. Tiffeneau, *Bull. Soc. Chim.*, (3), **25**, 276]. Il suffit de fixer sur ce carbure les éléments de l'acide hypoiodeux en ajoutant peu à peu de l'iode à une solution alcoolique du carbure tenant en suspension de l'oxyde jaune de mercure, en suivant le mode opératoire indiqué par M. Bougault pour l'anéthol [*C. R.*, **130**, 1766]. Il se forme ainsi une iodhydrine qui perd de l'acide iodhydrique par l'action de l'azotate d'argent ou de l'oxyde de mercure et se transforme en aldéhyde hydratropique; il y a probablement formation intermédiaire d'un oxyde d'éthyle

$$\begin{matrix} C^6H^5 - CH - CH - CH^3 \\ \diagdown \diagup \\ O \end{matrix}$$

et migration du phényle à l'atome de carbone voisin

$$CHO - CH \begin{matrix} \diagup C^6H^5 \\ \diagdown CH^3 \end{matrix}$$

On isole l'aldéhyde hydratropique au moyen de sa combinaison bisulfitique, qu'il importe de faire cristalliser une ou deux fois dans l'eau.

Cette curieuse migration moléculaire se produit d'une façon générale avec toutes les chaînes propényliques et conduit à la synthèse de toutes les aldéhydes hydratropiques homologues ou à fonctions complexes; toutefois, dans le cas où le groupe phényle est chargé d'un ou plusieurs groupes méthoxyle ou méthylène-dioxyle, la décomposition de l'iodhydrine s'effectue plus aisément par l'action ultérieure de l'oxyde jaune de mercure et l'on n'a pas à recourir à l'emploi de l'azotate d'argent; ce fait, anormal en apparence, s'explique aisément si l'on admet que dans ces réactions c'est le phényle et non le méthyle qui migre; on conçoit en effet qu'un phényle alourdi par diverses substitutions puisse migrer plus facilement sous des influences plus faibles.

L'aldéhyde hydratropique bout à 204°, sa densité à 0° est de 1,019.

Sa *semicarbazone* fond à 203-204°; elle est peu soluble dans l'eau, dans l'éther de pétrole, soluble dans l'alcool, l'éther, le chloroforme, le benzène, etc.

L'oxydation de cette aldéhyde par l'oxyde d'argent, donne de l'acide hydratropique en même temps que de l'acétophénone; l'oxydation au moyen du mélange chromique fournit exclusivement de l'acétophénone.

Sa *combinaison bisulfitique* est peu soluble dans l'eau froide.

Son *oxime* bout à 124° sous 6 mm.; par action de l'anhydride acétique elle donne le *nitrile* correspondant

$$C^6H^5 - CH \begin{matrix} \diagup CAz \\ \diagdown CH^3 \end{matrix}$$

bouillant vers 230-232° et déjà décrit par Victor Meyer.

ALDÉHYDE P-MÉTHYL-HYDRATROPIQUE [Syn. *P-tolyl 2-propanal, P-toluène-méthoéthylal*]

$$CH^3_{(4)} - C^6H^4 - CH \begin{matrix} \diagup CHO \\ \diagdown CH^3 \end{matrix}$$

— L'aldéhyde p-méthylhydratropique s'obtient par oxydation du cymène du camphre en solution dans le sulfure de carbone au moyen du chlorure de chromyle; après décomposition par l'eau du produit de la réaction, on agite l'huile décantée avec une solution de bisulfite de soude; le liquide obtenu par décomposition de la combinaison bisulfitique est purifié par rectification [Richter et Schüchner, *D. chem. G.*, **17**, 1932. — Errera, *Gazz. chim. ital.*, **19**, 531 et **21**, 76-94. — Miller et Rohde, *D. chem. G.*, **23**, 1075].

Tandis que MM. Richter et Schüchner considéraient ce corps comme une aldéhyde p-méthylhydrocinnamique, $CH^3 - C^6H^4 - CH^2 - CH^2 - CHO$,

MM. Miller et Rohde d'une part, et Errera dans son second Mémoire d'autre part, ont montré que cette aldéhyde possédait bien la formule

$$CH^3-C^6H^4-CH\begin{smallmatrix}\diagup CHO\\ \diagdown CH^3\end{smallmatrix}$$

ce qui, au surplus, constituait un argument en faveur de la formule isopropylique du cymène du camphre.

L'aldéhyde p-méthylhydratropique est un liquide bouillant à 222-223°, ayant une densité de 0,9941 à 13° et possédant une odeur de menthe poivrée.

L'hydrogénation de cette aldéhyde par l'amalgame de sodium a donné à M. Errera l'*alcool p-méthylhydratropique*,

$$CH^3-C^6H^4-CH\begin{smallmatrix}\diagup CH^2OH\\ \diagdown CH^3\end{smallmatrix}$$

bouillant à 239°, dont le *chlorure* correspondant

$$CH^3-C^6H^4-CH\begin{smallmatrix}\diagup CH^2Cl\\ \diagdown CH^3\end{smallmatrix}$$

bout vers 228°, l'*acétate* vers 240-244°.

L'oxydation par l'oxyde d'argent fournit l'acide p-méthylhydratropique qui fond à 40-41°; il se forme en même temps de la p-méthylacétophénone.

L'oxydation par le permanganate de potassium fournit non pas l'acide atrolactique correspondant, mais simplement l'acide p-méthylhydratropique, en même temps qu'un peu d'acide téréphtalique et de l'acide α-méthylhomotéréphtalique

$$C^6H^4\begin{smallmatrix}\diagup CH\begin{smallmatrix}\diagup CO^2H\\ \diagdown CH^3\end{smallmatrix}\\ \diagdown CO^2H\end{smallmatrix}$$

La *combinaison bisulfitique*,

$$C^{10}H^{12}ONaHSO^3,$$

se présente en feuilles argentées.

L'*oxime* de l'aldéhyde p-méthylhydratropique est liquide; l'anhydride acétique transforme cette oxime en nitrile correspondant [Errera, *Gazz. chim. ital.*, **21**, 80].

ALDÉHYDE P-MÉTHOXY-HYDRATROPIQUE,

$$\backslash OCH^3_{(4)}-C^6_1H^4-CH\begin{smallmatrix}\diagup CHO\\ \diagdown CH^3\end{smallmatrix}$$

— Cette aldéhyde a été obtenue par M. Bougault [*Ann. Chim. Phys.*, (7), **25**, 515] dans l'action de l'iode et de l'oxyde jaune de mercure sur l'anéthol en solution dans l'alcool à 90° ou encore dans l'éther saturé d'eau.

Cette réaction s'effectue en deux phases successives : il y a d'abord fixation d'acide hypoiodeux sur l'anéthol, de façon à fournir l'iodhydrine correspondante suivant la réaction :

$$2OCH^3-C^6H^4-CH=CH-CH^3+HgO+4I+H^2O$$
$$=2OCH^3-C^6H^4-CHOH-CHI-CH^3+HgI^2.$$

Cette iodhydrine est ensuite décomposée par l'oxyde jaune de mercure, comme elle l'est d'ailleurs également par l'azotate d'argent; il y a élimination d'acide iodhydrique en même temps qu'il se produit une transposition moléculaire qui donne naissance à l'aldéhyde méthoxyhydratropique :

$$2OCH^3-C^6H^4-CHOH-CHI-CH^3+HgO$$
$$=H^2O+HgI^2+2OCH^3-C^6H^4-CH\begin{smallmatrix}\diagup CHO\\ \diagdown CH^3\end{smallmatrix}$$

L'aldéhyde est purifiée à l'aide de sa combinaison bisulfitique qui est facilement cristallisable dans l'eau.

L'aldéhyde p-méthoxyhydratropique est un liquide incolore, inodore, volatil avec la vapeur d'eau, presque insoluble dans l'eau, très peu soluble dans l'éther de pétrole, très soluble dans l'alcool, l'éther, le chloroforme; sa densité à 15° est de 1,069; il bout à 255-256° et peut être distillé à la pression ordinaire sans altération.

Les acides forts ainsi que les alcalis en solution concentrée résinifient cette aldéhyde. L'ammoniaque s'y combine en donnant un produit cristallisé très instable.

L'oxydation par l'oxyde d'argent en milieu alcalin transforme cette aldéhyde en acide p-méthoxyhydratropique, ce qui démontre avec certitude sa constitution; avec l'acide chromique l'oxydation est plus énergique et il y a formation de p-méthoxyacétophénone.

La *combinaison bisulfitique* de l'aldéhyde p-méthoxyhydratropique est assez soluble dans l'eau; 100 parties d'eau en dissolvent environ 5 grammes à 15°; elle est insoluble dans l'alcool et dans l'éther, qui ne lui enlèvent pas d'aldéhyde.

L'ébullition prolongée des solutions aqueuses détruit la combinaison bisulfitique; avec le carbonate de sodium la décomposition n'est totale qu'à l'ébullition.

Le chlorure de baryum précipite la solution aqueuse bisulfitique en donnant la combinaison barytique correspondante.

L'*oxime* de l'aldéhyde p-méthoxyhydratropique fond à 96°; elle est soluble dans l'alcool, l'éther, le benzène, le xylène, elle est un peu soluble dans l'eau à l'ébullition.

ALDÉHYDE MÉTHYLÈNE-DIOXY 3.4-HYDRATROPIQUE,

$$(CH^2O^2)_{(3.4)}C^6H^3-CH\begin{smallmatrix}\diagup CHO\\ \diagdown CH^3\end{smallmatrix}$$

— Quand on soumet l'isosafrol en solution dans de l'éther privé d'alcool et saturé d'eau, à l'action de l'iode en présence d'oxyde jaune de mercure, il y a tout d'abord fixation d'acide hypoiodeux, puis l'iodhydrine ainsi formée est elle-même décomposée ensuite par l'action de l'excès d'oxyde jaune et il y a formation de l'aldéhyde méthylène-dioxyhydratropique qu'on isole et qu'on purifie par l'intermédiaire de sa combinaison bisulfitique [Bougault, *Ann. Chim. Phys.*, (7), **25**, 549].

L'aldéhyde méthylène 3.4-dioxyhydratropique est un liquide incolore, très réfringent, bouillant à 279-280°, distillable sans altération à la pression ordinaire; sa densité à 15° est de 1,203. Cette aldéhyde est sensiblement insoluble dans l'eau, très soluble dans l'alcool, l'éther, le chloroforme, peu soluble dans l'éther de pétrole.

Oxydée par l'oxyde d'argent en milieu alcalin, l'aldéhyde méthylène 3.4 – dioxyhydratropique fournit l'acide correspondant; avec le mélange chromique, on obtient la méthylène-dioxyacétophénone.

En présence d'alcool, cette aldéhyde donne très facilement l'*acétal* correspondant; c'est pourquoi il est préférable d'effectuer sa préparation en liqueur éthérée.

La *combinaison bisulfitique* de l'aldéhyde méthylène-dioxy 3.4-hydratropique est très soluble dans l'eau chaude, peu soluble dans l'eau froide (5 0/0 environ à 15°), ce qui permet sa purification par cristallisation.

L'*oxime* fond à 71° et possède les propriétés générales de l'aldoxime p-méthoxyhydratropique; elle est cependant un peu plus soluble dans l'éther.

Aldéhyde diméthoxy 3.4-hydratropique,

$$(OCH^3)^2_{(3.4)}C^6H^3-CH<\begin{matrix}CHO\\CH^3\end{matrix}$$

— M. Bougault l'a obtenue en soumettant à l'action de l'iode et de l'oxyde jaune de mercure le méthoisoeugénol ou diméthoxy 3.4-phénylpropylène,

$$(OCH^3)_{(3.4)}C^6H^3-CH=CH-CH^3$$

[*Ann. Chim. Phys.*, (7), **25**, 560].

L'aldéhyde diméthoxy 3.4-hydratropique fond à 44°; elle est insoluble dans l'eau froide, soluble dans l'alcool, l'éther, le chloroforme, peu soluble dans l'éther de pétrole à froid, légèrement soluble à chaud; elle n'est pas sensiblement entraînable par la vapeur d'eau.

L'oxyde d'argent en liqueur alcaline la transforme en acide correspondant; le mélange chromique fournit la diméthoxy 3.4-acétophénone.

L'*oxime* de l'aldéhyde diméthoxyhydratropique fond à 77°.

Aldéhyde diméthoxy-méthylène-dioxy-hydratropique,

$$(CH^3O)^2(CH^2O^2)-C^6H-CH<\begin{matrix}CHO\\CH^3\end{matrix}$$

— L'isoapiol traité par l'iode et l'oxyde jaune de mercure fournit l'aldéhyde diméthoxyméthylènedioxyhydratropique [Bougault, *loc. cit.*, 567].

Cette aldéhyde bout vers 305°; sa densité à 15° égale 1,246; elle est très faiblement entraînable par la vapeur d'eau; elle est insoluble dans l'eau, soluble dans l'éther, l'alcool, le chloroforme, le benzène, presque insoluble dans l'éther de pétrole.

Sa *combinaison bisulfitique* est assez soluble dans l'eau, moins cependant que la combinaison bisulfitique de l'aldéhyde diméthoxyhydratropique : 1 gramme se dissout facilement dans 5 grammes d'eau à 22°.

L'oxydation de l'aldéhyde diméthoxyméthylènedioxyhydratropique ou de sa combinaison bisulfitique par le mélange chromique fournit la cétone $(CH^3O)^2(CH^3O^2)C^6H-CO-CH^3$; l'oxydation par l'oxyde d'argent en liqueur alcaline transforme l'aldéhyde en l'acide correspondant.

M. Tiffeneau.

HYDRAZIACÉTIQUE (Acide),

$$CO^2H-CH<\begin{matrix}AzH\\|\\AzH\end{matrix}$$

— Les diverses tentatives faites par MM. Curtius et Jay pour isoler cet acide à l'état libre n'ont pas réussi. Ces savants n'ont pu l'obtenir que sous forme de sel d'argent dans le produit de réduction de l'éther diazoacétique par le sulfate ferreux en présence de soude caustique. Ce sel répond à la formule

$$\begin{matrix}AzH\\|\\AzH\end{matrix}>CH-CO^2Ag;$$

c'est un précipité blanc, insoluble, sensible à la lumière. Les acides le décomposent en hydrazine et acide glyoxylique [Curtius et Jay, *D. chem. G.*, **27**, 777].

MM. A. Hantzsch et M. Lehmann [*D. chem. G.*, **33**, 3668] ont été plus heureux que M. Curtius et ont obtenu l'acide hydraziacétique à l'état de pureté à la suite des travaux de A. Hantzsch et O. Silberrad. Les recherches de ces derniers avaient montré que l'acide triazoacétique de M. Curtius est en réalité l'*acide bis-diazoacétique*,

$$CO^2H-CH<\begin{matrix}Az=Az\\Az=Az\end{matrix}>CH-CO^2H.$$

Cet acide, sous l'influence des vapeurs nitreuses, se transforme en *acide bis-azoxyacétique* (déjà préparé par M. Curtius),

$$CO^2H-CH<\begin{matrix}Az-Az\\Az-Az\end{matrix}>CH-CO^2H,$$

(avec un atome O pontant chaque paire Az—Az)

acide qu'on obtient aussi en faisant réagir les vapeurs de brome sur le dihydrate de l'acide bis-diazoacétique (ancien trihydrate de l'acide triazoacétique) :

$$C^2H^2Az^4(CO^2H)^2.2H^2O+2Br^2$$
$$=C^2H^2Az^4O^2(CO^2H)^2+4HBr.$$

Cet azoxyacide, caractérisé par son intense coloration et celle de ses sels (rouge, orangé et violet), présente la remarquable propriété de se décomposer par l'eau et par les alcalis en donnant des liqueurs incolores. Il perd de l'azote et de l'anhydride carbonique, se transformant ainsi quantitativement en acide hydraziacétique :

$$C^2H^2Az^4O^2(CO^2H)^2$$
$$=CO^2H-CH<\begin{matrix}AzH\\|\\AzH\end{matrix}+2CO^2+Az^2.$$

Pour obtenir cet acide exempt d'acide oxalique, on opère de la façon suivante : On met 5 grammes d'acide bis-azoxyacétique avec 100 grammes d'eau dans un petit ballon, et on laisse digérer à 25-30° jusqu'à ce que le liquide soit décoloré. La réaction s'accomplit d'elle-même avec un abondant dégagement gazeux. Pendant que l'acide rouge se dissout, il se sépare quelquefois des flocons blancs d'acide hydraziacétique; en tout cas, en refroidissant fortement le liquide après sa décoloration, on provoque une cristallisation abondante de l'acide qu'il n'y a plus qu'à sécher à basse température dans le vide, sur des assiettes de porcelaine poreuse. Le liquide filtré en contient encore; il peut servir à la préparation des sels.

Ajoutons encore que la réduction de l'acide bis-azoxyacétique, par l'amalgame de sodium à 1 0/0, donne quantitativement l'acide hydraziacétique :

$$C^4H^4O^6Az^4+4H^2=2C^2H^4Az^2O^2+2H^2O.$$

L'acide hydraziacétique se présente sous la forme d'une farine blanche cristalline, constituée par des aiguilles fort petites, contenant une demi-molécule d'eau; chauffé à 190°, il se décompose avec dégagement de gaz d'odeur ammoniacale. Il est peu soluble dans les solvants ordinaires; l'eau bouillante en dissout environ 2 0/0 et le laisse bien cristalliser. Sa réaction est acide, et d'après sa conductibilité électrique il est aussi dissocié que l'acide monochloracétique. On peut le titrer avec la phénolphtaléine.

Ses sels sont stables et ont été peu étudiés.

La décomposition de l'acide hydraziacétique par l'acide chlorhydrique, qui le dissout mieux que l'eau, fournit du chlorhydrate d'hydrazine, de l'acide oxalique et de l'acide glycolique, par suite d'une décomposition secondaire de l'acide glyoxylique qui devrait prendre théoriquement naissance :

$$C^2H^4Az^2O^2+H^2O=Az^2H^4+CHO-CO^2H$$
$$2CHO-CO^2H+H^2O$$
$$=CO^2H-CO^2H+CH^2OH-CO^2H.$$

Il réduit les chlorures d'or et de platine, la

liqueur de Fehling et le nitrate d'argent ammoniacal, lentement à froid, rapidement à chaud. Ses *sels de baryum* et *de calcium* sont solubles dans l'ammoniaque et dans le chlorhydrate d'ammoniaque ainsi que dans les acides, y compris l'acide acétique, ce qui permet de le séparer au besoin de l'acide oxalique et de le déceler en présence de cet acide.

Le sel d'argent, déjà préparé par M. Curtius (voyez plus haut), peut s'obtenir directement à partir de l'acide bis-azoxyacétique, qu'on traite après sa décomposition à 25°, par l'ammoniaque ou l'hydrate de potassium et le nitrate d'argent; contrairement aux données de M. Curtius, il est inaltérable à la lumière. Ce sel peut servir à préparer l'éther méthylique :

Hydraziacétate de méthyle,

$$CH^3CO^2-CH(Az^2H^2).$$

— On traite au bain-marie le sel d'argent par l'iodure de méthyle en solution benzénique. Au bout de 2 heures, il suffit de filtrer et d'évaporer. C'est un corps cristallisé en petites aiguilles blanches, fusibles à 102°, solubles dans le benzène et dans l'alcool. L'eau produit une rapide saponification et prend une réaction acide.

Hydraziacétate d'éthyle-sulfonate de potassium ou *éther hydraziméthylène-carbonique-sulfonate de potassium,*

$$C^2H^5CO^2-CH\begin{matrix}\diagup AzH\\ |\\ \diagdown Az.SO^3K\end{matrix}$$

— Ce sel s'obtient en agitant vivement une solution de sulfite neutre de potassium avec la quantité théorique d'éther diazoacétique vers 20-30°.

Par refroidissement le sel cristallise en une bouillie incolore. Le rendement est presque théorique suivant l'équation :

$$C^2H^5CO^2-CH\begin{matrix}\diagup Az\\ \|\\ \diagdown Az\end{matrix} + \begin{matrix}H^2O\\ SO^3K^2\end{matrix}$$
$$= C^2H^5CO^2-CH\begin{matrix}\diagup AzH\\ |\\ \diagdown Az-SO^3K\end{matrix} + KOH.$$

Ce sel se dédouble par l'eau ou les acides, à la longue, en donnant de l'éther glyoxylique et du sulfate d'hydrazine :

$$C^2H^5CO^2-CH\begin{matrix}\diagup AzH\\ |\\ \diagdown Az.SO^3K\end{matrix} + 3H^2O$$
$$= C^2H^5CO^2-CHO + \begin{matrix}KOH\\ SO^4H^2\end{matrix}, Az^2H^4$$

La potasse semble donner un *sel dipotassique*, $CO^3K-CH(Az^2H.SO^3K)$, par saponification du carboxéthyle; ce sel se dédouble également par les acides avec formation d'hydrazine [H. von Pechmann, *D. chem. G.*, **28**, 1847; *Bull. Soc. Chim.*, (3), **16**, 348]. M. Delépine.

HYDRAZICARBIMINES. — Voyez Hydrazidines.

HYDRAZIDINES [Syn. *Amidrazones, cyanhydrazines, hydrazicarbimines*].

Le nom d'*hydrazidine* désigne une classe de composés organiques analogues aux *amidines*, mais s'en différenciant en ce que l'un des groupes *amino* ou *imino* de l'amidine est remplacé respectivement par un groupe hydrazinique

$$-AzH-AzH^2 \quad \text{ou} \quad =Az-AzH^2.$$

Le groupement fondamental est donc

$$(I)\ RC\begin{matrix}\lessgtr AzH\\ AzH-AzH^2\end{matrix} \quad \text{ou} \quad (II)\ RC\begin{matrix}\lessgtr AzH^2\\ Az-AzH^2\end{matrix}$$

M. Pinner, à qui l'on doit beaucoup de données relatives à ces corps, a préféré finalement le second de ces schémas à la suite de ses recherches sur l'action de l'hydrazine sur les imino-éthers.

M. Pinner appelle encore *hydrazidines* les composés à double radical hydraziné; exemple,

$$RC\begin{matrix}\lessgtr Az-AzHC^6H^5\\ AzH-AzHC^6H^5\end{matrix}$$

[*Ann. Chem.*, **297**, 221]; quelques-uns ont été décrits 2e Suppl., **1**, 389, sous le nom d'Azidines, comprenant à la fois les composés à 1 et 2 groupements hydraziniques; mais ce nom d'azidine ne doit s'appliquer qu'aux produits d'oxydation

$$RC\begin{matrix}\lessgtr Az-AzHC^6H^5\\ Az=AzC^6H^5\end{matrix}$$

qu'on désigne encore sous le nom de Composés formazyliques (voyez ce mot 2e Suppl., **4**, 244). On pourrait à la rigueur, comme le dit l'auteur de l'article, garder le nom d'hydrazidines pour les corps de la formule

$$RC\begin{matrix}\lessgtr AzH^2\\ Az-AzH^2\end{matrix}$$

et celui d'azidines pour les corps

$$RC\begin{matrix}\lessgtr AzH-AzH^2\\ Az-AzH^2\end{matrix}$$

et leurs dérivés. Ainsi se trouverait supprimé le mot *amidrazone*, que M. Bamberger emploie pour désigner le groupement

$$-C\begin{matrix}\lessgtr AzH^2\\ AzAz-HC^6H^5\end{matrix}$$

Ce n'est pas tout : une hydrazidine telle que

$$RC\begin{matrix}\lessgtr AzH^2\\ AzAzH^2\end{matrix}$$

ayant encore un groupement AzH^2 hydrazinique, peut réagir comme l'hydrazine et conduire à des composés

$$RC\begin{matrix}\lessgtr AzH^2\\ Az\end{matrix}\text{——}\begin{matrix}AzH^2\\ Az\end{matrix}\gtrless CR$$

ou *dihydrazidines*.

Il est facile, en tenant compte des propositions du Congrès de Genève, de nommer tous ces corps. Il a été dit, il est vrai, qu'une amine se désigne par le nom du radical et non du carbure, tandis que l'hydrazone porte le nom du carbure; c'est évidemment pour respecter les anciens noms d'amines, en se permettant de modifier les noms plus récents des hydrazones. On pourrait nommer simplement, sans ambiguïté, les hydrazidines en énonçant : 1° le nom du carbure central (substitué ou non); 2° le mot amino (substitué ou non) ou hydrazino (substitué ou non); 3° le mot hydrazo (substitué ou non en *a* ou *b*). Exemple,

$$C^6H^5C\begin{matrix}\lessgtr AzH^2\\ Az-AzH^2\end{matrix}\quad (a\ b)$$

Phénylméthane-aminohydrazone (*Benzénylhydrazidine*).

$$CH^3CO-C\begin{matrix}\lessgtr AzH^2\\ Az-AzHC^6H^5\end{matrix}$$

Propane 2-one-amino-(*b*)-phénylhydrazone (*Acétylamidrazone*).

$$CH^3-C\begin{matrix}\lessgtr Az-AzHC^6H^5\\ AzH-AzHCOC^6H^5\end{matrix}\quad (a\ b)$$

Éthane-(*b*)-benzoylhydrazino-(*b*)-phénylhydrazone.

Il n'y a aucune ambiguïté possible ; le seul inconvénient est de ne rien conserver du nom de l'acide générateur ; on pourrait répondre qu'on ne le perçoit pas plus dans le mot *acétylamidrazone* que dans le nouveau nom, puisque cet acide est ici l'acide pyruvique,

$$CH^3-CO-CO^2H.$$

Pour les dihydrazidines telles que

$$C^6H^5C \lesssim {AzH^2 \atop Az} \quad {AzH^2 \atop .Az} \gtrsim CC^6H^5,$$

on aurait le nom : *bis-phénylméthane-bis-amino-hydrazone*.

Enfin, pour les composés de M. Curtius, tels que la phénylhydrazicarbimine,

$$C^6H^5C \lesseqgtr {AzH \atop AzH-AzH} {\atop} \gtreqless CC^6H^5$$

qui est isomère, on aurait le nom de *bis-phényl-méthane-bis-imino-hydrazine*. Un travail de comparaison entre ces deux corps s'impose d'ailleurs à la suite des expériences de M. Pinner qui, ayant d'abord adopté la formule iminée

$$RC \lesseqgtr {AzH \atop AzH-AzH^2}$$

l'a abandonnée pour la formule aminée

$$RC \lesseqgtr {AzH^2 \atop Az-AzH^2}$$

Il suffira d'appeler l'attention pour le moment sur ce fait, que les schémas

$$RC \lesseqgtr {AzH^2 \atop Az-AzH^2} \quad \text{et} \quad RC \lesseqgtr {AzH-AzH^2 \atop Az-AzH^2}$$

substitués ou non, portent l'un et l'autre le nom d'*hydrazidines*, ce qui peut être gênant. Nous emploierons ici les noms donnés par les auteurs, la nomenclature de ces corps n'ayant pas été prévue par des conventions.

Les hydrazidines sont des composés très actifs, susceptibles d'un grand nombre de réactions. Elles comprennent les *hydrazidines* de M. Pinner, les *amidrazones* de M. Bamberger, les *cyan-hydrazines* de MM. Fischer et Curtius, et enfin les *nitrilo-hydrazines* décrites par MM. Curtius et Engelhardt.

On pourrait également y rattacher les composés dérivés de l'acide bis-diazoacétique par migration interne et désignés par MM. A. Hantzsch et O. Silberrad sous le nom de *dihydrotétrazines* [*D. chem. G.*, **33**, 58]. Cet acide possède une forme isomérique, ainsi que le bis-diazométhane qui en dérive par perte d'acide carbonique.

$$CO^2H-CH \lesseqgtr {Az=Az \atop Az=Az} \gtreqless CH-CO^2H$$

C-dihydrotétrazine dicarbonique.

$$\longrightarrow CO^2H-C \lesseqgtr {Az-AzH \atop AzH-Az} \gtreqless C-CO^2H$$

Az-dihydrotétrazine dicarbonique.

$$CH^2 \lesseqgtr {Az=Az \atop Az=Az} \gtreqless CH^2 \longrightarrow CH \lesseqgtr {Az-AzH \atop AzH-Az} \gtreqless CH$$

C-dihydrotétrazine. Az-dihydrotétrazine.

Le premier est effectivement une sorte de double hydrazidine de l'acide oxalique (uniquement faite avec de l'hydrazine), ainsi qu'en témoigne son dédoublement par les acides en hydrazine et acide oxalique.

Le second a les mêmes rapports avec l'acide formique, à telle enseigne qu'on l'obtient par chauffage de la formyl-hydrazide :

$$CHO \lesseqgtr {AzH-AzH^2 \atop AzH^2-AzH} \gtreqless OHC$$

$$= CH \lesseqgtr {AzH-Az \atop Az-AzH} \gtreqless CH + 2H^2O$$

[Ruhemann et Stapleton, *Chem. Soc.*, **75**, 1131 ; — Hantzsch et Silberrad, *loc. cit.*].

Mais ces composés très spéciaux ont plutôt leur place marquée avec les tétrazines, et nous renvoyons leur description à ce mot.

Nous étudierons les hydrazidines dans l'ordre suivant :

1° Hydrazidines et dihydrazidines des types

$$RC \lesseqgtr {AzH^2 \atop Az-AzH^2} \quad \text{et} \quad RC \lesseqgtr {AzH^2 \atop Az} \quad {AzH^2 \atop Az} \gtreqless CR',$$

c'est-à-dire celles qui dérivent des acides à fonction simple et de l'hydrazine proprement dite. Elles répondent aux produits préparés par M. Pinner, ou à son instar, au moyen des imino-éthers, ou, dans quelques circonstances plus rares, au moyen de corps différents, mais ayant, en réalité, le même type chimique (voyez *Benzoylbenzényl-hydrazidine*).

Près des dihydrazidines, viennent encore se placer les hydrazicarbimines de MM. Curtius et Dedichen, obtenues en fixant l'hydrazine sur quelques nitriles. M. Curtius adopte, il faut le dire, le schéma :

$$R-C \lesseqgtr {AzH \atop AzH-AzH} {AzH \atop} \gtreqless C-R$$

et, en fait, le corps décrit par lui, sous le nom de phénylhydrazicarbimine, n'a pas le point de fusion de l'isomère décrit par M. Pinner sous le nom de dibenzénylhydrazidine, ce qui devrait être s'il n'y avait qu'une forme. Nous ne les placerons à la suite des hydrazidines ci-dessus que sous toutes réserves et sous le paragraphe B.

2° Hydrazidines dérivées des hydrazines substituées.

Il n'y a là que quelques corps préparés par Engelhardt en fixant les hydrazines secondaires sur le benzonitrile en présence du sodium, ainsi que quelques dérivés benzoylés à l'AzH^2 faits par Beckmann à partir du chlorure benzoylbenzimidé.

3° Hydrazidines du type :

$$RCO-C \lesseqgtr {AzH^2 \atop Az-AzH-C^6H^5}$$

— Ce sont les représentants des acidylamidrazones de M. Bamberger. La présence du groupement CO et leur parenté immédiate avec les dérivés formazyliques leur implique des caractères spéciaux.

4° Cyanhydrazines, engendrées par l'union du cyanogène et des hydrazines. Suivant les proportions relatives, on peut avoir les types :

$$CAz-C \lesseqgtr {AzH^2 \atop Az-AzRR'},$$

et

$${AzH^2 \atop AzRR'-Az} \gtreqless C-C \lesseqgtr {AzH^2 \atop Az-AzRR'}$$

c'est-à-dire des hydrazidines dérivées des acides cyanocarbonique et oxalique.

I. — Hydrazidines dérivées de l'hydrazine.

A. — Ces hydrazidines résultent, en principe, de l'action de l'hydrate d'hydrazine sur les imino-éthers. M. Pinner, à qui nous devons la connaissance de ces corps, avait bien auparavant essayé l'action de la phénylhydrazine sur les imino-éthers, mais la réaction suit un cours compliqué, en raison des oxydations qui l'accompagnent.

Avec l'hydrate d'hydrazine, on peut plus facilement suivre les phases de la réaction, bien qu'elles puissent, ici encore, être complexes. A partir de l'hydrazidine primordiale on peut, en effet, par répétition de la réaction et par suite de phénomènes ultérieurs, obtenir un grand nombre de produits.

MONOHYDRAZIDINES. — *Préparation.* — L'hydrazine réagit sur l'imino-éther comme le ferait l'ammoniaque, en substituant un groupe

$$HAz-AzH^2$$

à la place de l'oxéthyle :

$$RC \lesseqgtr {AzH \atop OC^2H^5} + AzH^2-AzH^2$$

$$= RC \lesseqgtr {AzH \atop AzH-AzH^2} + C^2H^6O.$$

On obtient ainsi une *hydrazidine*. Mais, comme les propriétés des hydrazidines ne permettent pas d'y supposer l'existence de groupements AzH, on est conduit à attribuer aux hydrazidines la formule

$$RC \lesseqgtr {AzH^2 \atop Az-AzH^2}.$$

Partant, la réaction serait la suivante, avec une phase intermédiaire, fixation de l'hydrazine,

$$RC \lesseqgtr {AzH \atop OC^2H^5} + AzH^2-AzH^2$$

$$= RC \begin{cases} AzH^2 \\ Az\boxed{H}AzH^2 \\ \boxed{OC^2H^5} \end{cases} = RC \lesseqgtr {AzH^2 \atop Az-AzH^2} + C^2H^6O.$$

La stabilité des hydrazidines est, en effet, plutôt comparable à celle des hydrazones qu'à celle des imines $=C=AzH$. Enfin on a préparé un composé

$$RC \lesseqgtr {Az=CH^2 \atop Az-Az=CH^2}$$

dont la formation se conçoit plus facilement avec la formule aminée qu'avec la formule iminée.

Propriétés. — 1. Le chlorure de benzoyle en présence d'alcalis conduit à un composé benzoylé

$$RC \lesseqgtr {AzH^2 \atop Az-AzH-COC^6H^5}$$

lequel, chauffé, se transforme en un triazol. En raison de cette facile transformation, il est logique d'attribuer au dérivé benzoylé une formule tautomérique, $-Az=C(OH)C^6H^5$:

$$RC \lesseqgtr {AzH^2 \quad OH \atop Az \text{——} Az} \gtreqless C-C^6H^5$$

$$= RC \lesseqgtr {AzH \atop Az-Az} \gtreqless CC^6H^5 + H^2O.$$

L'anhydride acétique à l'ébullition donne directement un triazol ; mais celui-ci s'acétyle au cours même de l'opération et fournit ainsi le composé acétylé

$$RC \lesseqgtr {Az(C^2H^3O) \atop Az \text{——} Az} \gtreqless C-CH^3.$$

2. Les aldéhydes réagissent très facilement sur le groupe AzH^2 hydrazinique et engendrent des dérivés de la forme

$$RC \lesseqgtr {AzH^2 \atop Az-Az=CHR'}$$

toutefois l'aldéhyde formique peut aussi attaquer le groupe AzH^2 aminé et conduire aux dérivés signalés plus haut.

3. L'acide nitreux conduit facilement aux tétrazols ou acides tétrazotiques, suivant une réaction plus commode à exécuter que celle que M. Lossen a découverte. La réaction est la suivante :

$$RC \lesseqgtr {AzH^2 \atop Az-AzH^2} + OH.AzO$$

$$= RC \lesseqgtr {AzH^2OH \atop Az \text{—} Az} \gtreqless Az + H^2O$$

$$= RC \begin{cases} AzH-Az \\ \quad\quad\ \| \\ Az \text{—} Az \end{cases} + 2H^2O.$$

4. En solution alcaline, les hydrazidines se décomposent avec perte d'ammoniaque entre 2 molécules et forment des composés à noyau hexagonal, des *dihydrotétrazines* :

$$2RC \lesseqgtr {AzH^2 \atop Az-AzH^2}$$

$$= RC \lesseqgtr {AzH-AzH \atop Az \text{——} Az} \gtreqless CR + 2AzH^3$$

Mais ces hydrotétrazines sont très altérables et facilement transformables en tétrazines ; si elles se forment au contact de l'air, on trouve en même temps des dihydrotriazols

$$RC \lesseqgtr {AzH \atop Az-AzH} \gtreqless CHR.$$

La formation des dihydrotétrazines peut être attribuée, par suite de la présence d'alcali, à l'existence d'un peu d'hydrazine qui se régénère, et dès lors les réactions sont les suivantes :

$$2RC \lesseqgtr {AzH^2 \atop Az-AzH^2} + AzH^2-AzH^2$$

$$= RC \lesseqgtr {AzH \text{———} AzH \atop Az-AzH^2 \quad AzH^2-Az} \gtreqless CR + 2AzH^3;$$

$$RC \lesseqgtr {AzH \text{———} AzH \atop Az-AzH^2 \quad AzH^2-Az} \gtreqless CR$$

$$= RC \lesseqgtr {AzH-AzH \atop Az \text{——} Az} \gtreqless CR + AzH^2-AzH^2.$$

Pour expliquer la formation des dihydrotriazols, on peut supposer que l'oxygène brûle l'hydrogène de $=Az-AzH^2$ avec perte de l'azote (qu'on constate) et formation d'un résidu

$$RC \lesseqgtr AzH^2$$

susceptible de s'unir à 1 molécule de monohydrazidine :

$$RC \lesseqgtr AzH^2 + H.AzH-Az \gtreqless {AzH^2 \atop } CR$$

$$= RCH \lesseqgtr {AzH^2 \quad AzH^2 \atop AzH \text{——} Az} \gtreqless CR.$$

Ce dernier corps, en perdant AzH^3 entre les deux AzH^2, conduirait au dihydrotriazol.

Précisément ce genre de réactions accessoires se produit avec les termes de la série grasse d'une façon si rapide, que l'on n'a pu isoler les hydrazidines correspondantes. Par exemple, avec l'acétimino-éther,

$$CH^3-C \lesseqgtr {AzH \atop OC^2H^5}$$

on peut observer sur un verre de montre l'obtention de cristaux magnifiques de tétrazine, si volatils qu'ils s'amoindrissent et disparaissent rapidement. Chaque éther peut d'ailleurs présenter une susceptibilité particulière dans ses réactions. Ainsi, l'iminophénylacétate d'éthyle

$$C^6H^5-CH^2-C\lessgtr^{AzH}_{OC^2H^5}$$

ne fournit que des traces d'hydrazidine, alors que par l'emploi d'un excès d'éther on obtient facilement une dihydrazidine,

$$C^6H^5-CH^2-C\lessgtr^{AzH^2 \quad AzH^2}_{Az \text{———} Az}\gtrless C-CH^2-C^6H^5;$$

avec l'imino-éther amygdalique, ce composé fait place à la dihydrotétrazine, etc. L'étude individuelle des dérivés des divers imino-éthers nous fera voir quels sont les composés qu'on a pu isoler.

5. Comme dernière propriété, signalons la formation des dihydrazidines par l'action d'un imino-éther sur les monohydrazidines.

Dihydrazidines. — *Préparation.* — On les obtient, comme il vient d'être dit, par l'action des imino-éthers sur les monohydrazidines, pris l'un et l'autre à l'état libre. Suivant que le nouvel imino-éther est identique ou non au premier, on obtient des dihydrazidines symétriques ou dissymétriques :

$$RC\lessgtr^{AzH^2}_{Az-AzH^2} + {}^{AzH}_{C^2H^5O}\gtrless CR'$$

$$= RC\lessgtr^{AzH^2 \quad AzH^2}_{Az \text{———} Az}\gtrless CR' + C^2H^6O.$$

De même que pour les monohydrazidines, c'est la formule aminée qui prévaut et non la formule

$$RC\lessgtr^{AzH^2 \quad AzH}_{Az \text{—} AzH}\gtrless CR',$$

ce qui s'explique facilement en supposant la formation d'un composé intermédiaire, résultant de l'addition des 2 molécules

$$RC\lessgtr^{AzH^2 \quad AzH^2 \diagdown \diagup R}_{Az \text{——} Az \; H \diagup \diagdown OC^2H^5} \; C$$

lequel, perdant de l'alcool, donne la diamine.

Propriétés. — Ce sont souvent des corps fondant très haut, de couleur jaune, doués de propriétés généralement basiques, bien moins solubles que les monohydrazidines dans les liqueurs alcooliques.

1. Chauffées au delà de leur point de fusion, elles perdent de l'ammoniaque et se transforment en triazols,

$$RC\lessgtr^{AzH^2 \quad AzH^2}_{Az \text{———} Az}\gtrless CR'$$

$$= RC\lessgtr^{\quad AzH \quad}_{Az-Az}\gtrless CR' + AzH^3.$$

Cette réaction s'effectue déjà à 100°, ou bien lentement par les acides à froid, rapidement à chaud.

2. L'acide nitreux produit des réactions remarquables. En solution acétique il dédouble les dihydrazidines en monohydrazidine et nitrile; la première se change ensuite en tétrazol, comme on l'a vu plus haut, pendant que le nitrile, d'abord inaltéré, se transforme peu à peu en amide, puis en acide,

$$RC\lessgtr^{AzH^2 \quad AzH^2}_{Az \text{———} Az}\gtrless CR = CR\lessgtr^{AzH^2}_{Az-AzH^2} + CAzR.$$

En solution chlorhydrique, la complication est plus grande. Il y a d'abord remplacement d'un groupe AzH^2 par un groupe OH, c'est-à-dire formation d'une acidylhydrazidine sous sa forme tautomérique :

$$RC\lessgtr^{AzH^2 \quad AzH^2}_{Az \text{———} Az}\gtrless CR + AzO-OH$$

$$= RC\lessgtr^{AzH^2 \quad OH}_{Az \text{——} Az}\gtrless CR + Az^2 + H^2O;$$

formation d'un dérivé nitrosé, par une nouvelle action d'un excès d'acide nitreux :

$$RC\lessgtr^{AzH^2 \quad OH}_{Az \text{——} Az}\gtrless CR + Az^2OH$$

$$= RC\lessgtr^{AzH-AzO \quad OH}_{Az \text{————} Az}\gtrless CR + H^2O.$$

Enfin, ce dérivé nitrosé (isolable) peut perdre Az^2 et changer son groupe AzH.AzO en groupe OH; le nouveau composé par perte d'eau conduit à un oxazol :

$$RC\lessgtr^{OH \quad OH}_{Az \text{—} Az}\gtrless CR = RC\lessgtr^{\quad O \quad}_{Az-Az}\gtrless CR + H^2O.$$

Cet oxazol peut encore s'obtenir autrement, à partir de l'hydrotétrazine.

3. L'anhydride acétique n'acétyle pas directement; il enlève de l'ammoniaque (avec formation d'acétamide) comme les acides et engendre un triazol qui peut s'acétyler.

Telles sont les réactions remarquables de ces produits. Constatons seulement que dans l'action de l'imino-éther sur l'hydrazine on a pu reconnaître la formation simultanée des composés suivants :

$$RC\lessgtr^{AzH^2}_{Az-AzH^2}$$

Hydrazidine.

$$RC\lessgtr^{AzH^2 \quad AzH^2}_{Az \text{———} Az}\gtrless CR$$

Dihydrazidine.

$$RC\lessgtr^{AzH-AzH}_{Az \text{——} Az}\gtrless CR$$

Dihydrotétrazine.

$$RC\lessgtr^{Az=Az}_{Az-Az}\gtrless CR$$

Tétrazine.

$$RC\lessgtr^{\quad AzH \quad}_{Az-AzH}\gtrless CHR$$

Dihydrotriazol.

D'un autre côté, l'action des agents chimiques sur ces corps une fois isolés, permet d'en dériver de nouveaux produits :

$$RC\lessgtr^{AzH-Az}_{Az \text{—} Az} \quad (Az=Az)$$

Tétrazol.

$$RC\lessgtr^{AzH^2 \quad OH}_{Az \text{——} Az}\gtrless CR'.$$

Acidylhydrazidine et son dérivé nitrosé.

$$RC\lessgtr^{\quad O \quad}_{Az-Az}\gtrless CR$$

Oxazol.

$$RC\lessgtr^{\quad AzH \quad}_{Az-Az}\gtrless CR$$

Triazol.

$$RC\lessgtr^{Az-AzH}_{AzH-Az}\gtrless CR$$

Isodihydrotétrazine.

C'est dire combien les hydrazidines sont aptes aux transformations.

Nous n'étudierons ici que les mono- et dihydrazidines, leurs sels, leurs combinaisons acidylées, leurs dérivés aldéhydiques, n'indiquant, en ce qui concerne les composés cycliques qui en dérivent, que leur point de fusion, ceux-ci faisant partie des pyrazols, des tétrazines et des oxazols qui seront traités plus tard.

A titre de détail, nous relaterons ici comment se conduisent les préparations de ces divers corps [A. Pinner, *Ann. Chem.*, **297**, 221].

On pulvérise finement le sulfate d'hydrazine et on l'introduit dans une quantité calculée de lessive de potasse (non de soude); l'opération inverse, verser l'alcali sur le sulfate, serait désastreuse. La potasse doit être à 33 0/0, et on en prend non seulement la dose voulue pour mettre l'hydrazine en liberté, mais encore pour décomposer le chlorhydrate d'imino-éther qui y sera introduit. On divise la liqueur en plusieurs fractions, on agite bien, en refroidissant au besoin si l'échauffement élève trop la température; lorsque l'on a agité suffisamment, le sulfate de potassium se sépare sous la forme d'un précipité ténu. Après refroidissement complet, on introduit par petites fractions le chlorhydrate d'imino-éther et on agite fortement; le plus souvent l'imino-éther se sépare sous forme huileuse surnageant la solution d'hydrazine; on le fait entrer en réaction par l'addition de petites doses d'alcool et en agitant jusqu'à disparition de la couche huileuse. Souvent il y a un léger échauffement et séparation de *dihydrazidine*.

Si l'on tient spécialement à préparer la monohydrazidine, on prend 1 molécule de chlorhydrate d'imino-éther pour $1^{mol},5$ de sulfate d'hydrazine; si l'on veut avoir la dihydrazidine, on prend un mélange équimoléculaire, en forçant un peu sur le chlorhydrate d'imino-éther.

On laisse le tout en repos pendant 2 jours pour achever la réaction. On a alors un liquide et un précipité. Presque toujours le liquide et le précipité sont rouges par suite de la présence d'un peu de tétrazine; le précipité se compose de sulfate et de chlorure de potassium, de dihydrazidine et de dihydrotétrazine; on l'essore, on le lave à l'eau, alcoolisée dans la proportion même des eaux mères. La monohydrazidine reste en solution, et, si on veut la conserver, il faut neutraliser la solution par l'acide acétique, sans quoi elle se transforme peu à peu en corps moins solubles : dihydrotétrazine et dihydrotriazol. Pour avoir la monohydrazidine, on extrait par l'éther, après addition d'eau jusqu'à production de trouble, on épuise l'éther par une solution chlorhydrique, et enfin on reprend à celle-ci l'hydrazidine par de l'éther alcoolisé. De cette solution on peut obtenir l'hydrazidine si elle est stable, ou ses sels, en ayant soin d'ajouter la dose stricte d'acide.

Si l'on veut faire des sels peu solubles ou des dérivés, on peut s'adresser directement à l'eau mère initiale (picrate, dérivé benzoylé, tétrazol, etc.).

Benzénylhydrazidine,

$$C^6H^5-C\begin{array}{l}\nearrow AzH^2\\ \searrow Az\text{-}AzH^2\end{array}$$

— Elle n'est pas connue à l'état libre. Sa solution éthérée évaporée abandonne un résidu rouge composé de diphényldihydrotétrazine et de diphényldihydrotriazol.

Sels. — *Chlorhydrate*, $C^7H^9Az^3, HCl$. — Gros prismes vitreux, solubles dans l'eau et dans l'alcool.

Chloroplatinate. — Prismes d'un beau jaune, très facilement réductibles.

Picrate, $C^7H^9Az^3, C^6H^3Az^3O^7$. — Prismes courts, jaunes, fusibles à 163°.

Hydrazones de la benzénylhydrazidine. — Le glyoxal se combine avec 2 molécules d'hydrazidine pour donner le composé

$$C^6H^5-C\begin{array}{l}\nearrow AzH^2\\ \searrow Az-Az=CH-CH=Az-Az\end{array}\!\!\begin{array}{r}AzH^2\searrow\\ \nearrow\end{array}C-C^6H^5$$

ou *glyoxal-di-benzénylhydrazidine*; aiguilles courtes et brillantes, fusibles à 210°.

Action de l'acide nitreux. — Il se forme le phényltétrazol

$$C^6H^5-C\begin{array}{l}\nearrow AzH-Az\\ \qquad\quad \Vert\\ \searrow Az-Az\end{array}$$

fusible à 215°.

Benzoylbenzénylhydrazidine (*phényl-méthane-amino-benzoylhydrazone*),

$$C^6H^5-C\begin{array}{l}\nearrow AzH^2 \quad OH\searrow\\ \searrow Az\text{———}Az\nearrow\end{array}C-C^6H^5.$$

— On l'obtient en agitant la solution mère avec du chlorure de benzoyle en présence d'alcali. Prismes brillants, minces, allongés, incolores, facilement solubles dans l'alcool bouillant et dans les acides, moins solubles dans les alcalis; faiblement réducteurs.

Elle forme un *chlorhydrate* bi-acide peu stable, un *chloraurate* $C^{14}H^{13}Az^3O, AuCl^4H$, en prismes jaunes et brillants, fusibles à 197°.

La benzoylbenzénylhydrazidine, chauffée seule, ou avec un acide, perd H^2O et conduit au *diphényltriazol*,

$$C^6H^5-C\begin{array}{l}\nearrow AzH\searrow\\ \searrow Az-Az\nearrow\end{array}C-C^6H^5,$$

fusible à 192°; l'anhydride acétique fournit l'*acétyldiphényltriazol*

$$C^6H^5-C\begin{array}{l}\nearrow Az(C^2H^3O)\searrow\\ \searrow Az\text{——}Az\nearrow\end{array}C-C^6H^5,$$

fusible à 105°; l'acide nitreux donne le *diphényldiazoxol*,

$$C^6H^5-C\begin{array}{l}\nearrow O\searrow\\ \searrow Az-Az\nearrow\end{array}C-C^6H^5,$$

fusible à 140° (Pinner).

Benzoylbenzénylhydrazidine (*phénylméthane-benzoylaminohydrazone*; *hydrazine-benzoylbenzamidine*)

$$C^6H^5-C\begin{array}{l}\nearrow AzH-CO-C^6H^5\\ \searrow Az-AzH^2\end{array}$$

— Ce composé, isomère du précédent et désigné improprement sous le nom d'hydrazine-benzoylbenzamidine, se prépare par l'action de l'hydrate d'hydrazine, préparé extemporanément, sur le chlorure

$$C^6H^5-C\begin{array}{l}\nearrow Az-CO-C^6H^5\\ \searrow Cl\end{array}$$

Il y a lieu de supposer que le corps

$$C^6H^5-C\begin{array}{l}\nearrow Az-CO-C^6H^5\\ \searrow AzH-AzH^2\end{array}$$

qui aurait dû prendre naissance, se transpose en l'hydrazidine ci-dessus. On peut aussi faire réagir l'hydrazine sur l'amidine

$$C^6H^5-C(AzH^2)=Az-CO-C^6H^5$$

préparée elle-même au moyen du même chlorure et de l'ammoniaque.

Cette hydrazidine cristallise avec 1 molécule d'eau qu'elle perd à 140°. Les alcalis la dissolvent ainsi que l'alcool qui l'abandonne en cristaux fusibles à 189°. Elle résiste à nombre de réactions chimiques, ce qui laisse douteuse sa véritable constitution.

Son *chlorhydrate* fond à 220-223°; son dérivé *phénylsulfoné*,

$$C^6H^5-C\begin{array}{l}\nearrow AzH-COC^6H^5\\ \searrow Az-AzH-SO^2C^6H^5\end{array}$$

a été également préparé [E. Beckmann, *Ann. Chem.*, **296**, 288; *Bull. Soc. Chim.* (3), **20**, 33].

Dibenzénylhydrazidine,

$$C^6H^5-C\begin{array}{l}\nearrow AzH^2 \quad AzH^2\searrow\\ \searrow Az\text{———}Az\nearrow\end{array}C-C^6H^5.$$

— La dihydrazidine se forme en abondance quand on fait réagir $1^{mol},5$ d'hydrazine sur 2 molécules d'imino-éther. Au bout de 2 jours on extrait le produit solide par l'acétone, on chasse l'acétone de l'extrait, on dissout le résidu dans de l'acide acétique à 2 0/0, on filtre rapidement et on précipite la dihydrazine par le carbonate de potassium. C'est une substance jaune pâle, cristallisée en lamelles, à peine soluble dans l'eau, peu soluble dans l'alcool et dans l'acétone froids, facilement soluble dans les acides étendus, fusible à 203° avec décomposition, résistant aux alcalis, mais transformable facilement par les acides en diphényltriazol.

Sels. — Le *chlorhydrate*, $C^{14}H^{14}Az^4, 2HCl$, est en prismes d'un blanc pur et ne fond pas encore à 270°. Le *nitrate*, $C^{14}H^{14}Az^4, 2AzO^3H$, lui ressemble; il fond à 114° et est beaucoup plus soluble. Le *picrate*, $C^{14}H^{14}Az^4, 2C^6H^3Az^3O^7$, est en lamelles jaunes, fusibles à 220° environ.

Action de l'acide nitreux. — En solution acétique, on constate la formation de nitrile benzoïque et de phényltétrazol $C^7H^6Az^4$; en solution chlorhydrique la dibenzénylhydrazidine, additionnée de 5 molécules d'acide chlorhydrique pour 1 de nitrite de sodium, laisse déposer des cristaux qui constituent le chlorhydrate de la benzoylbenzénylhydrazidine; si l'on met 4 molécules de nitrite au lieu d'une, il se sépare au bout de 24 heures des cristaux de la formule

$$C^{14}H^{15}Az^4O^3Cl,$$

vraisemblablement le *chlorhydrate de nitrosobenzoylbenzénylhydrazidine*,

$$C^6H^5-C \lessgtr^{AzHAzO}_{Az} \quad {}^{OH}_{\overline{\quad\quad}Az} \gtrless C-C^6H^5 + H^2O;$$

c'est un sel qui fond et déflagre vers 110°, et est peu soluble dans l'eau et dans l'éther, très soluble dans l'alcool. Si on attend 4 à 8 jours au lieu de 1 jour, ces cristaux disparaissent et font place à un mélange de *benzoylbenzénylhydrazidine* et de *diphényldiazoxol hydraté*,

$$C^6H^5-C \lessgtr^{\quad O \quad}_{Az-Az} \gtrless C-C^6H^5, H^2O,$$

fusible à 70° (à 140° anhydre).

Produits de décomposition dérivant des benzénylhydrazidines. — Nous n'indiquerons ici que les points de fusion des corps qui n'ont pas été signalés ci-dessus, et qui dérivent des hydrazidines.

Diphényldihydrotétrazine,

$$C^6H^5-C \lessgtr^{AzH-AzH}_{Az \;\text{——}\; Az} \gtrless C-C^6H^5,$$

fusible à 192°.

Diphénylisodihydrotétrazine,

$$C^6H^5C \lessgtr^{AzH-Az}_{Az-AzH} \gtrless CC^6H^5,$$

fusible à 258°.

Diphényldihydrotriazol,

$$C^6H^5-CH \lessgtr^{\quad AzH \quad}_{AzH-Az} \gtrless C-C^6H^5,$$

fusible à 127°.

Diphényltétrazine,

$$C^6H^5-C \lessgtr^{Az=Az}_{Az-Az} \gtrless C-C^6H^5,$$

fusible à 192° [Pinner, *Ann. Chem.*, **297**, 221; *D. chem. G.*, **26**, 2126; **27**, 984; *Bull. Soc. Chim.*, (3), **12**, 486, 964].

p-Nitrobenzénylhydrazidine,

$$C^6H^4(AzO^2)C \lessgtr^{AzH^2}_{Az-AzH^2}$$

— Ici M. Grandowitz (*Inaug. diss.*) a constaté qu'on obtenait de meilleurs résultats en déplaçant l'hydrazine de son sulfate par l'hydrate de calcium sec en présence d'alcool absolu. C'est cette solution qu'on mêle, en agitant, avec une solution éthérée de p-nitrobenzimino-éther. Il se sépare après quelques jours une masse cristallisée où abonde la monohydrazidine. Elle se présente sous la forme d'aiguilles rougeâtres, fusibles à 195° en dégageant des gaz; son *picrate* est en aiguilles jaunes, fusibles à 177°.

L'acide azoteux conduit au *p-nitrophényltétrazol*, fusible à 219°.

Di-p-nitrobenzénylhydrazidine,

$$C^6H^4(AzO^2)-C \lessgtr^{AzH^2}_{Az \;\text{——}} \quad {}^{AzH^2}_{\text{——}\; Az} \gtrless C-C^6H^4(AzO^2).$$

— On force la dose de l'imino-éther ($1^{mol},5$ pour 1 molécule d'hydrazine). On fait cristalliser dans l'aniline. Petits cristaux rouges rhombiques, qui se décolorent à 220° pour fondre à 257°, point de fusion du *dinitrophényltriazol* qui en dérive.

Sels. — Le *chlorhydrate*, $C^{14}H^{12}Az^6O^4, 2HCl$, chauffé, perd son acide chlorhydrique et se transforme en triazol; le *nitrate*, $C^{14}H^{12}Az^6O^4, 2AzO^3H$, est une poudre jaune se décomposant à 143°.

Produits dérivant des précédents.

Di-p-nitrophényldihydrotétrazine. — Aiguilles rouges, fusibles à 215°.

Di-p-nitrophényltétrazine. — Aiguilles rouges, fusibles à 218° [Grandowitz, *Ann. Chem.*, **298**, 47; *Bull. Soc. Chim.*, (3), **20**, 151].

p-Tolénylhydrazidine,

$$CH^3-C^6H^4-C \lessgtr^{Az-AzH^2}_{AzH^2}$$

— Cette hydrazidine s'obtient à partir de l'éther imino-p-toluique,

$$CH^3-C^6H^4-C \lessgtr^{AzH}_{OC^2H^5}$$

Elle se forme, en même temps qu'un peu de ditolénylhydrazidine, lorsqu'on traite 25 grammes d'éther iminé par 16 grammes de sulfate d'hydrazine en présence de potasse et d'alcool. En forçant l'hydrazine de moitié, on a surtout de la ditolyldihydrotétrazine; en la doublant, on a surtout de la ditolénylhydrazidine. On sépare l'hydrazidine des corps qui se forment toujours simultanément, en filtrant, ce qui enlève la dihydrazidine, agitant le filtrat avec de l'éther contenant un peu d'alcool, séchant la solution éthérée sur du carbonate de potassium et précipitant l'hydrazidine par l'acide carbonique. Le carbonate dissous dans peu d'eau, additionné de potasse en solution concentrée, laisse séparer une huile qui se concrète bientôt en cristaux aiguillés, transparents, atteignant un pouce, fusibles à 75-77°, peu solubles dans l'eau, facilement solubles dans les liquides organiques, attirant l'acide carbonique de l'air. C'est un corps réducteur.

Sels. — Le *chlorhydrate*, $C^8H^{11}Az^3, HCl$, est en prismes incolores, brillants; le *nitrate*,

$$C^8H^{11}Az^3, AzO^3H,$$

est en petits prismes transparents, faisant explosion à 106°; le *carbonate*, $(C^8H^{11}Az^3)^2CO^3H^2$, est en petits prismes brillants, fusibles à 100° avec production de mousse; le *benzoate*,

$$C^8H^{11}Az^3, C^7H^6O^2, H^2O,$$

est en aiguilles blanches, fusibles à 244°, se ramollissant avant de fondre; le *picrate*,

$$C^8H^{11}Az^3, C^6H^3Az^3O^7,$$

est en aiguilles jaunes, fusibles à 162°.

Hydrazones de la tolénylhydrazidine. — Elles se forment à partir de l'hydrazidine et de l'aldéhyde, en présence d'un peu d'acide chlorhydrique. Avec la formaldéhyde, on obtient une *diméthylène-tolénylhydrazone*,

$$C^7H^7-C\begin{cases}Az=CH^2\\ Az-Az=CH^2\end{cases}$$

en longues aiguilles déliées, fusibles à 193°, peu solubles dans l'eau, assez solubles dans l'alcool. Avec le glyoxalbisulfite de sodium et la solution acidulée de l'hydrazidine, on obtient à chaud la *glyoxalditolénylhydrazidine*,

$$C^7H^7-C\begin{cases}AzH^2\\ Az-Az=CH-CH=Az-Az\end{cases}\!\!\!\begin{matrix}AzH^2\\ \end{matrix}\!\!>C-C^7H^7,$$

laquelle constitue de petits prismes jaunes, fusibles à 252°, solubles dans les acides, d'où la nécessité pour isoler le produit lors de la réaction de neutraliser par le carbonate de potassium. Cette hydrazone forme un *chlorhydrate* et un *picrate* peu solubles.

La *benzylidène-tolénylhydrazidine*,

$$C^6H^5\cdot C\begin{cases}AzH^2\\ Az-Az=CHC^6H^5,\end{cases}$$

cristallise en lamelles brillantes, incolores, fusibles à 154°, solubles aussi dans les acides.

Par action de l'acide nitreux, on obtient le *p-tolyltétrazol*, fusible à 234°.

Par action de l'anhydride acétique, on obtient le *méthyl-p-tolylacétyltriazol*,

$$CH^3-C\begin{cases}Az(C^2H^3O)\\ Az\text{———}Az\end{cases}\!\!>C-C^7H^7,$$

fusible à 112°.

Hydrazides. — *Benzoyltolénylhydrazidine*,

$$C^7H^7-C\begin{cases}AzH^2\\ Az-AzH.COC^6H^5\end{cases}$$

ou plus vraisemblablement

$$C^7H^7-C\begin{cases}AzH^2 \quad OH\\ Az\text{——}Az\end{cases}\!\!>C-C^6H^5.$$

— Paillettes incolores, insolubles dans l'eau, solubles dans l'alcool, fusibles à 170°, réductrices; se transformant facilement à 100° par perte d'eau en *phényltolyltriazol*,

$$CH^3_{(p)}C^6H^4-C\begin{cases}AzH\\ Az-Az\end{cases}\!\!>C-C^6H^5,$$

fusible à 170°, et perdant dès lors toute propriété réductrice.

p-Toluyltolénylhydrazidine,

$$C^7H^7-C\begin{cases}AzH^2 \quad OH\\ Az\text{——}Az\end{cases}\!\!>C-C^7H^7.$$

— On obtient ce corps soit en partant de la monotolénylhydrazidine, qu'on traite par le chlorure de p-toluyle, soit de la ditolénylhydrazidine, qu'on traite par le nitrite de sodium. Prismes incolores, assez solubles dans l'alcool bouillant, facilement solubles dans l'acide acétique, se transformant dès la température de 120° en *ditolyltriazol*,

$$C^7H^7-C\begin{cases}AzH\\ Az-Az\end{cases}\!\!>C-C^7H^7,$$

assez vite même pour ne présenter que le point de fusion de ce dernier, soit 248°.

Le *chlorhydrate* de toluyltolénylhydrazidine est en prismes incolores, peu solubles dans l'eau; c'est un sel biacide, $C^{16}H^{17}Az^3O, 2HCl$, fusible à 203° en moussant.

BENZÉNYLTOLÉNYLHYDRAZIDINE,

$$C^6H^5-C\begin{cases}AzH^2 \quad AzH^2\\ Az\text{———}Az\end{cases}\!\!>C-C^7H^7.$$

— Cette dihydrazidine mixte s'obtient dans l'action du chlorhydrate de benzimino-éther sur le chlorhydrate de tolénylhydrazidine en présence de 2 molécules de potasse. On agite et on ajoute de l'alcool jusqu'à ce que le liquide soit clair. Elle forme des lamelles jaunes qui perdent facilement une molécule d'ammoniaque pour se transformer en *phényltolyltriazol*, fusible à 170°; cette réaction s'effectue dès 100°.

DI-P-TOLÉNYLHYDRAZIDINE.

$$C^7H^7-C\begin{cases}AzH^2 \quad AzH^2\\ Az\text{———}Az\end{cases}\!\!>C-C^7H^7.$$

— On peut l'obtenir comme la précédente, ou bien en forçant la dose d'imino-éther dans la préparation à partir de l'éther imino-p-toluique et de l'hydrazine. Paillettes jaunes, fondant à 196° en moussant, se solidifiant ensuite pour ne fondre alors qu'à 248°, point de fusion du *di-p-tolyltriazol*.

Sels. — *Bichlorhydrate*, $C^{16}H^{18}Az^4, 2HCl$; infusible à 300°.

Chloroplatinate, $C^{16}H^{18}Az^4, PtCl^6H^2$. — Prismes orangés, non fusibles à 300°.

Chloraurate, $C^{16}H^{18}Az^4, 2AuCl^4H$. — Prismes rouge brique, fusibles à 154-155°.

Nitrate, $C^{16}H^{18}Az^4, 2AzO^3H$. — Prismes brillants, fusibles à 123°.

Action de l'acide nitreux. — On observe les mêmes phénomènes qu'avec la dibenzénylhydrazidine. On a déjà signalé la formation de la toluyltolénylhydrazidine et de son chlorhydrate; en ajoutant plus de nitrite, on arrive au chlorhydrate de *nitrosotolyltolénylhydrazidine*

$$C^7H^7-C\begin{cases}Az.AzO \quad OH\\ Az\text{———}Az\end{cases}\!\!>C-C^7H^7, HCl,$$

composé peu soluble dans l'eau, déflagrant à 119°; enfin, en prolongeant la réaction, on arrive à l'*azoxol* correspondant,

$$C^7H^7-C\begin{cases}O\\ Az-Az\end{cases}\!\!>C-C^7H^7,$$

fusible à 233-234°.

Diacétylditolénylhydrazidine,

$$C^7H^7-C\begin{cases}AzH.C^2H^3O \quad C^2H^3O.AzH\\ Az\text{———————}Az\end{cases}\!\!>C-C^7H^7.$$

— Obtenue par l'anhydride acétique en présence d'acétate de sodium. Longues aiguilles incolores, fusibles à 185°. Sans acétate de sodium, on obtient l'acétylditolyltriazol.

Produits autres dérivant des p-tolénylhydrazidines :

Ditolyldihydrotétrazine. — Aiguilles orangées, fusibles à 235° en se décomposant.

Ditolylisodihydrotétrazine. — Prismes incolores, fusibles à 295° sans décomposition.

Ditolyltétrazine. — Aiguilles rouge foncé, fusibles à 235° avec décomposition.

Ditolyldihydrotriazol. — Aiguilles jaunes, fusibles à 161° [A. Pinner, *Ann. Chem.*, **298**, 1. — A. Pinner et N. Caro, *D. chem. G.*, **27**, 3273; *Bull. Soc. Chim.*, (3), **14**, 319].

CUMÉNYLHYDRAZIDINE,

$$C^3H^7-C^6H^4-C\begin{cases}AzH^2\\ Az-AzH^2\end{cases}$$

— Cette hydrazidine n'a pas été isolée dans la préparation où elle prend naissance, mais seulement transformée par l'acide azoteux en *p-iso-*

propylphényltétrazol correspondant, fusible à 189°.

DI-CUMÉNYLHYDRAZIDINE,

$$C^3H^7-C^6H^4-C\lesssim^{AzH^2}_{Az\text{———}}\ {}^{AzH^2}_{Az}\gtrsim C-C^6H^4-C^3H^7.$$

— Cette dihydrazidine, qui se forme en même temps que la précédente, a été isolée. Elle constitue des paillettes jaunes, fusibles à 193°, peu solubles dans l'alcool et dans l'acétone. Par ébullition avec l'acide acétique, elle se transforme en *di-p-isopropylphényltriazol*,

$$C^9H^{11}-C\lesssim^{AzH}_{Az-Az}\gtrsim C-C^9H^{11},$$

qui cristallise dans l'alcool et dans l'éther en lamelles incolores, fusibles à 210°.

DI-ISOPROPYLPHÉNYLTÉTRAZINE,

$$C^9H^{11}-C\lesssim^{Az=Az}_{Az-Az}\gtrsim C-C^9H^{11}.$$

— Elle cristallise en paillettes rouge foncé, fusibles à 156-157° [Colmam, *D. chem. G.*, **30**, 2010; *Bull. Soc. Chim.*, (3), **18**, 1227].

PHÉNYLACÉTHYDRAZIDINE,

$$CH^2-C^6H^5-C\lesssim^{AzH^2}_{Az-AzH^2}$$

— On n'obtient pas trace de ce corps lorsqu'on cherche à le préparer par l'action de l'hydrazine sur l'éther phényliminoacétique; il se transforme aussitôt en dihydrazidine.

DIPHÉNYLACÉTHYDRAZIDINE,

$$C^6H^5-CH^2-C\lesssim^{AzH^2}_{Az\text{———}}\ {}^{AzH^2}_{Az}\gtrsim C-CH^2-C^6H^5.$$

— Celle-ci constitue des lamelles jaunes, fusibles à 153°, qu'on isole bien du précipité par dissolution dans l'acide acétique à 2 0/0, précipitation par la soude, puis cristallisation dans l'alcool étendu.

Sels. — Le *chlorhydrate* et le *nitrate*,

$$C^{16}H^{18}Az^4, HCl \quad \text{et} \quad C^{16}H^{18}Az^4, AzO^3H,$$

fusibles respectivement vers 200 et 115°, sont remarquables par leur forte diminution de solubilité en présence de leurs acides respectifs.

L'acide acétique bouillant transforme la diphénylacéthydrazidine, en l'espace de quelques heures, en *dibenzyltriazol*, fusible à 147°,

$$C^6H^5-CH^2-C\lesssim^{AzH}_{Az-Az}\gtrsim C-CH^2-C^6H^5.$$

Produits secondaires dérivés des précédents.

Dibenzyldihydrotétrazine. — Cristaux très oxydables, fusibles à 158-160°.

Dibenzyl-isodihydrotétrazine. — Poudre cristalline fusible à 162°.

Dibenzyltétrazine. — Prismes rouges fusibles à 74° [A. Pinner et C. Gœbel, *Ann. Chem.*, **298**, 19; *D. chem. G.*, **30**, 1871; *Bull. Soc. Chim.*, (3), **18**, 1223].

HYDRAZIDINES DE L'ACIDE AMYGDALIQUE. — Quand on cherche à préparer ces hydrazidines, c'est la *di-oxybenzyldihydrotétrazine*,

$$C^6H^5-CHOH-C\lesssim^{AzH-AzH}_{Az\text{———}Az}\gtrsim C-CHOH-C^6H^5,$$

qui se forme exclusivement; elle fond à 193° et se présente en aiguilles jaunes [Pinner, *D. chem. G.*, **30**, 1871; *Bull. Soc. Chim.*, (3), **18**, 1226; Pinner et Colman, *Ann. Chem.*, **298**, 25].

FURFURYLHYDRAZIDINE

$$C^4H^3O-C\lesssim^{AzH^2}_{AzAzH^2}\ ^{(1)}$$

— Ici, on ne part pas du chlorhydrate d'imino-éther, mais de l'imino-éther lui-même, qu'on mêle au sulfate d'hydrazine en présence de potasse et d'alcool. Il est impossible d'obtenir l'hydrazidine pure; c'est une huile qui se solidifie peu à peu, mais en se décomposant continuellement. Toutefois, de la solution brute on a pu séparer, par addition d'acide picrique, le *picrate*

$$C^5H^7Az^3O, C^6H^3Az^3O^7,$$

qui cristallise en longs prismes jaunes, fusibles à 164°; de la solution éthérée, on a aussi isolé, au moyen de l'aldéhyde benzylique, la *benzylidènefurfurylhydrazidine*, en prismes incolores, brillants, fusibles à 142°, solubles dans l'alcool bouillant.

L'acide nitreux donne facilement avec la solution brute le *furyltétrazol*,

$$C^4H^3O-C\lesssim^{AzH-Az}_{Az\text{ — }Az}\ (Az{=}Az)$$

fusible à 199°.

FUROYLFURFURYLHYDRAZIDINE,

$$C^4H^3O-C\lesssim^{AzH}_{Az\text{———}}\ {}^{OH}_{Az}\gtrsim C-C^4H^3O.$$

— Cette isohydrazide pyromucique s'obtient en réalité par l'action ménagée de l'acide nitreux sur la difurfurylhydrazidine. Elle se sépare sous forme de chlorhydrate; on en isole la base par le carbonate de potassium. Cristaux prismatiques, réducteurs, perdant de l'eau à 120° et se transformant en *difuryltriazol*,

$$C^4H^3O-C\lesssim^{AzH}_{Az-Az}\gtrsim C-C^4H^3O,$$

fusible à 185°.

DIFURFURYLHYDRAZIDINE,

$$C^4H^3O-C\lesssim^{AzH^2}_{Az\text{———}}\ {}^{AzH^2}_{Az}\gtrsim C-C^4H^3O.$$

— On l'obtient abondamment si, dans la préparation, on emploie 1^{mol},33 d'hydrazine pour 2 d'imino-éther. Au bout de 2 ou 3 jours on traite le précipité sec par l'acétone dans un extracteur; on le purifie par cristallisation dans l'alcool. Cristaux jaunes, prismatiques, fusibles à 185°, peu solubles dans l'alcool, facilement solubles dans l'acétone, solubles dans les acides et s'y transformant facilement en *triazol*; la chaleur produit la même transformation (par perte d'ammoniaque), d'où identité du point de fusion de la dihydrazidine et du triazol (185°).

Le *chloroplatinate*, $C^{10}H^{10}Az^4O^2, PtCl^6H^2$, est en longs prismes jaunes, fusibles à 238° avec décomposition.

Action de l'acide azoteux. — Voyez FUROYLFURFURYLHYDRAZIDINE.

Produits dérivant de la décomposition des furfurylhydrazidines.

Difuryldihydrotétrazine. — Aiguilles jaunes, fusibles à 208° avec décomposition.

Difuryltétrazine. — Aiguilles rouges, fusibles à 195°.

Difurylisodihydrotétrazine. — Prismes incolores, fusibles à 245°.

Dihydrodifuryltriazol. — Aiguilles brunes,

1. $C^4H^3O.C\equiv$ furfuryle,
C^4H^3O- furyle,
C^5H^3O-CO furoyle.

fusibles à 200° [Pinner, *Ann. Chem.*, **298**, 27. — Pinner et Caro, *D. chem. G.*, **28**, 465; *Bull. Soc. Chim.*, (3), **14**, 1109].

β-NAPHTÉNYLHYDRAZIDINE,

$$C^{10}H^7-C \lessgtr^{AzH^2}_{Az-AzH^2}$$

— Cette hydrazidine est plus facile à obtenir que les hydrazidines moins carbonées. Après des traitements préalables destinés à éliminer une certaine dose de naphtonitrile, et cristallisation dans l'acétone, elle se présente en paillettes jaunâtres, rhombiques, commençant à fondre vers 160°, et ne fondant définitivement qu'à 230° en se décomposant. Elle est peu soluble dans l'eau, facilement soluble dans l'alcool, l'acétone et les acides.

Son *picrate*, $C^{11}H^{11}Az^3, C^6H^3Az^3O^7$, est en aiguilles jaunes, fusibles à 202°.

Hydrazones. — L'*hydrazone diméthylénique*,

$$C^{10}H^7-C \lessgtr^{Az=CH^2}_{AzAz=CH^2}$$

est en lamelles jaunâtres, fusibles à 277° en noircissant.

L'*hydrazone benzylidénique*,

$$C^{10}H^7-C \lessgtr^{AzH^2}_{AzAz:CHC^6H^5}$$

est en aiguilles jaunâtres, fusibles à 96°, donnant un *picrate*, $C^{18}H^{15}Az^3, C^6H^3Az^3O^7$, fusible à 175°.

L'*hydrazone cinnamylidénique*,

$$C^{10}H^7-C \lessgtr^{AzH^2}_{Az-Az=CH=CHC^6H^5}$$

est en cristaux aiguillés jaunâtres, fusibles à 170°; son *picrate* fond à 180°.

Action de l'anhydride acétique. — Seul et à chaud, cet anhydride donne naissance à la naphtoylhydrazide, $C^{10}H^7 \cdot CO \cdot AzH-AzH^2$, fusible à 186°; mais en présence d'acétate de sodium il engendre le *méthylacétyl-β-naphtyltriazol*,

$$C^{10}H^7-C \lessgtr^{Az(C^2H^3O)}_{Az \text{———} Az} \gtrless C-CH^3,$$

fusible à 135°.

Action de l'acide nitreux. — Il y a formation d'un tétrazol,

$$C^{10}H^7-C \lessgtr^{AzH-Az}_{Az — Az} \text{ (Az=Az)}$$

fusible à 203°.

DI-β-NAPHTÉNYLHYDRAZIDINE

$$C^{10}H^7-C \lessgtr^{AzH^2}_{Az \text{———}} {}^{AzH^2}_{Az} \gtrless C \cdot C^{10}H^7.$$

— C'est le produit principal si l'on emploie 1 molécule d'hydrazine et 1^mol^,5 d'imino-éther. Paillettes brillantes, jaunes, fusibles à 246°, se transformant alors en *β-dinaphtyltriazol*

$$C^{10}H^7-C \lessgtr^{AzH}_{Az-Az} \gtrless C-C^{10}H^7,$$

qui fond à 222°.

Sels. — *Chlorhydrate*, $C^{22}H^{18}Az^4, 2HCl$; *nitrate* $C^{22}H^{18}Az^4, 2AzO^3H$ (décomposable à 122° avec dégagement gazeux).

BENZÉNYL-β-NAPHTÉNYLHYDRAZIDINE

$$C^{10}H^7-C \lessgtr^{AzH^2}_{Az \text{———}} {}^{AzH^2}_{Az} \gtrless C-C^6H^5.$$

— Produit de l'action du benzimino-éther sur la β-naphténylhydrazidine en solution alcoolique. Lamelles jaunes, brillantes, fusibles à 217°, solubles dans les solvants organiques et les acides dilués. La chaleur transforme ce corps en *phényl-β-naphtyltriazol*

$$C^{10}H^7-C \lessgtr^{AzH}_{Az-Az} \gtrless C-C^6H^5,$$

fusible à 217°.

p-TOLÉNYL-β-NAPHTYLHYDRAZIDINE

$$C^{10}H^7-C \lessgtr^{AzH^2}_{Az \text{———}} {}^{AzH^2}_{Az} \gtrless C-C^6H^4-CH^3.$$

— Obtenu comme le précédent. Lamelles jaunes à éclat métallique, fusibles à 202°. Le *triazol* correspondant fond à 190°.

Produits dérivant des hydrazidines naphtényliques.

Dinaphtyldihydrotétrazine. — Aiguilles orangées, fusibles à 246°.

Dinaphtyltétrazine. — Aiguilles rouges, fusibles à 246°.

Dinaphtyldihydrotriazol. — Lamelles jaunes, fusibles à 240° [Pinner, *D. chem. G.*, **30**, 1871; *Bull. Soc. Chim.*, (3), **18**, 1223; **20**; 146. — Pinner et Salomon, *Ann. Chem.*, **298**, 34].

B. — HYDRAZICARBIMINES.

Sous cette désignation nous rangerons les méthyle et les phénylhydrazine-carbimines de MM. Curtius et Dedichen, en renvoyant pour les discussions au paragraphe IV, p. 237.

MÉTHYLHYDRAZINE-CARBIMINE

$$^{AzH}_{CH^3} \gtrless C-AzH-AzH-C \lessgtr^{AzH}_{CH^3}$$

— Cristaux incolores mamelonnés, fusibles à 197-198°, solubles très facilement dans l'eau et dans l'alcool, presque totalement insolubles dans l'éther, la ligroïne, le benzène et le chloroforme; obtenus en chauffant l'acétonitrile avec l'hydrate d'hydrazine en tube scellé pendant 5 à 10 heures à 150° (le tube offre une forte pression à l'ouverture). Ce corps ne s'unit plus aux aldéhydes et ne donne plus d'hydrazine par ébullition, avec les acides ou les alcalis dilués; les alcalis concentrés en dégagent de l'ammoniaque. L'anhydride acétique fournit un dérivé acétylé fusible à 82°; l'acide chlorhydrique concentré, un corps blanc fusible à 245°.

PHÉNYLHYDRAZICARBIMINE

$$^{AzH}_{C^6H^5} \gtrless C-AzH-AzH-C \lessgtr^{AzH}_{C^6H^5}$$

— Préparée comme le dérivé méthylé à partir du benzonitrile. Lamelles blanches, brillantes, fusibles à 250°, presque insolubles dans l'eau, les acides et les alcalis dilués, solubles facilement dans l'alcool chaud, l'acide acétique, l'acétone, difficilement dans l'alcool froid, l'éther ou le chloroforme; attaquables à chaud par la potasse concentrée, avec départ d'ammoniaque [Curtius et Dedichen, *J. prakt. Chem.*, (2), **50**, 241].

II. — HYDRAZIDINES DÉRIVÉES DE L'HYDRAZINE SUBSTITUÉE

$$R-C \lessgtr^{AzH^2}_{Az-AzR_1R_2} \quad \text{ou} \quad Az-AzHR_1.$$

1° M. Engelhardt a préparé quelques hydrazidines de ce genre par l'action des nitriles sur les hydrazines en présence du sodium. La réaction prend sa forme la plus simple quand on part d'une hydrazine secondaire dissymétrique. Ainsi, le benzonitrile et la méthylphénylhydrazine donnent la benzénylméthylphénylhydrazidine :

$$C^6H^5-C\equiv Az + AzH^2-Az\left\langle\begin{matrix}CH^3\\C^6H^5\end{matrix}\right. = C^6H^5-C\left\langle\begin{matrix}AzH^2\\Az-Az\left\langle\begin{matrix}CH^3\\C^6H^5\end{matrix}\right.\end{matrix}\right.$$

Mais si l'amine est primaire, elle peut réagir sur 2 molécules de nitrile, et on obtient principalement un *triazol* qui résulte du départ d'ammoniaque dans la molécule de l'hydrazidine double formée :

$$\begin{matrix}C^6H^5-C\equiv Az\\ AzH^2\\ +\ |\\ AzH-C^6H^5\\ C^6H^5-C\equiv Az\end{matrix} = \begin{matrix}C^6H^5-C\left\langle\begin{matrix}AzH^2\\Az\end{matrix}\right.\\ |\\ C^6H^5-C\left\langle\begin{matrix}Az-C^6H^5\\AzH\end{matrix}\right.\end{matrix}$$

$$= \begin{matrix} & C^6H^5-C & \\ & /\!/ \quad \diagdown & \\ Az & & Az\\ | & & \|\\ Az(C^6H^5) & -\ C\ - & C^6H^5\end{matrix} + AzH^3$$

[R. Engelhardt, *J. prakt. Chem.*, (2), **54**, 143; *Bull. Soc. Chim.*, (3), **16**, 2064].

Ces réactions rappellent à beaucoup d'égards celles qui sont développées plus loin à propos des cyano et nitrilohydrazines.

Ajoutons que M. Engelhardt les a formulées avec le groupement iminé et le groupement hydraziné, soit

$$C^6H^5-C\left\langle\begin{matrix}AzH\\AzH-AzR_1R_2\end{matrix}\right.$$

2° On peut en préparer aussi par l'action des hydrazines sur les amidines ou leurs chlorures, ou inversement des amines sur les chlorures d'hydrazides.

3° Enfin, la réduction d'une hydrazone nitroformique a fourni une hydrazidine formique à E. Bamberger et O. Schmidt.

MÉTHÉNYL-MÉTHYLPHÉNYL-HYDRAZIDINE,

$$HC\left\langle\begin{matrix}AzH^2\\Az-Az(CH^3)C^6H^5\end{matrix}\right.$$

— On obtient cette hydrazidine dans la réduction de la Az-méthylnitroformaldéhyde-phénylhydrazone

$$AzO^2-CH=Az-Az(CH^3)C^6H^5$$

au moyen du chlorure stanneux en présence d'acide chlorhydrique et d'étain. Par cristallisation dans la ligroïne bouillante elle se sépare en aiguilles blanches, satinées, aplaties, fusibles à 101° [E. Bamberger et O. Schmidt, *D. chem. G.*, **34**, 574].

MÉTHÉNYL-PHÉNYLAMINO-PHÉNYLHYDRAZONE (*méthényldiphénylhydrazidine*).

$$CH\left\langle\begin{matrix}AzH-C^6H^5\\Az-AzH-C^6H^5\end{matrix}\right.$$

— Lamelles très instables, fusibles à 90-91°, obtenues en chauffant la diphénylméthanamidine avec un excès de phénylhydrazine [Zwingenberger et Walther, *J. prakt. Chem.*, (2), **57**, 223].

ÉTHÉNYL-PHÉNYLHYDRAZIDINE (voyez 2e Suppl., **1**, 389).

BENZOYL-BENZÉNYLPHÉNYLHYDRAZIDINE (*phénylméthane-benzoylamino-b-phénylhydrazone; phénylhydrazine-benzoylbenzamidine*).

$$C^6H^5-C\left\langle\begin{matrix}AzH-COC^6H^5\\Az-AzH-C^6H^5\end{matrix}\right.$$

— Préparée comme le dérivé simplement hydraziné, mais avec la phénylhydrazine ; cristaux incolores, fusibles à 105°. Composé très stable, pouvant fixer une molécule d'acide chlorhydrique et donner un dérivé phénylsulfoné insoluble, très peu stable (E. Beckmann) [voyez p. 230].

BENZÉNYL-MÉTHYLPHÉNYLHYDRAZIDINE,

$$C^6H^5-C\left\langle\begin{matrix}AzH^2\\Az-Az(CH^3)C^6H^5\end{matrix}\right.$$

— Ce corps forme de belles aiguilles jaunâtres, fusibles à 105° ; il est nettement basique, soluble dans le benzène, d'où l'éther de pétrole le précipite (R. Engelhardt).

Le dérivé *benzoylé* à l'amidogène,

$$C^6H^5-C\left\langle\begin{matrix}AzH-COC^6H^5\\Az-Az(CH^3)C^6H^5,\end{matrix}\right.$$

préparé comme le dérivé correspondant de la phénylhydrazine, est jaune-citron, et fusible à 125° (E. Beckmann).

BENZÉNYL-ÉTHYLPHÉNYLHYDRAZIDINE,

$$C^6H^5.C\left\langle\begin{matrix}AzH^2\\Az-Az(C^2H^5)C^6H^5\end{matrix}\right.$$

— Analogue au précédent et fusible aussi à 105°. Il fournit un *chloroplatinate*,

$$(C^{15}H^{17}Az^3,HCl)^2PtCl^4,$$

de couleur orangée, cristallisable dans l'alcool et fusible à 196° (R. Engelhardt).

BENZÉNYL-DIPHÉNYLHYDRAZIDINE,

$$C^6H^5.C\left\langle\begin{matrix}AzH^2\\Az-Az(C^6H^5)^2\end{matrix}\right.$$

— Aiguilles légèrement jaunes, fusibles à 170°. Le chlorhydrate a été préparé.

Les dérivés *monoacétylés* et *nitrosés* fondent respectivement à 185° et 206°. Le dernier est très instable (R. Engelhardt).

BENZÉNYL-DIPHÉNYLHYDRAZIDINES, $C^{19}H^{17}Az^3$. — Il y en a deux qui paraissent répondre aux deux formes stables :

Benzényl-phénylamide-anilimidine,

$$\text{(I)}\quad C^6H^5-C\left\langle\begin{matrix}AzHC^6H^5\\Az-AzH-C^6H^5\end{matrix}\right.$$

Benzényl-anilamide-phénilimidine,

$$\text{(II)}\quad C^6H^5-C\left\langle\begin{matrix}AzC^6H^5\\AzH-AzH-C^6H^5\end{matrix}\right.$$

Toutes deux s'obtiennent dans l'action de la phénylhydrazine sur la benzanilide chlorée

$$C^6H^5-C-Cl=AzC^6H^5 ;$$

cela s'explique si l'on suppose que de l'acide chlorhydrique peut s'éliminer de deux façons dans le produit d'addition transitoire,

$$C^6H^5-C\begin{matrix}\diagup AzHC^6H^5\\-\ Cl\\\diagdown AzH-AzHC^6H^5\end{matrix}$$

M. von Pechmann avait donc obtenu deux hydrazidines, l'une fusible à 119° et l'autre à 175°. Il avait attribué le schéma I à la base fusible à 119° parce qu'elle ne réduit pas l'oxyde de mercure et le schéma II à la base fusible à 175° parce qu'elle réduit cet oxyde.

Or, M. Lottermoser a préparé le corps fusible à 175° au moyen du chlorhydrate de phénylhydrazine et de la benzénylphénylamidine

$$C^6H^5-C(AzH)-AzH-C^6H^5 ;$$

il est porté à croire que la base qui en résulte provient de la substitution du résidu

$$=Az-AzH-C^6H^5$$

au groupement AzH, et il attribue au corps fusible à 175° le schéma I. Il y a là une confusion qui mérite d'être signalée.

Le corps fusible à 175° s'obtient sans autres produits accessoires, si l'on fait réagir l'aniline sur la benzphénylhydrazide chlorée

$$C^6H^5-CCl=Az-AzH.C^6H^5$$

(von Pechmann). Il est évident que le schéma répondrait immédiatement à une réaction sans transpositions; cependant von Pechmann lui attribue le schéma II.

Quoi qu'il en soit, ajoutons que la base fusible à 119° constitue des prismes jaunes, assez stables, qu'elle forme un *chlorhydrate* peu soluble cristallisé en aiguilles et un *picrate* en prismes jaunes, fusibles à 202°. La base fusible à 175° est en prismes altérables à l'air; son chlorhydrate est facilement soluble; son picrate est couleur de bichromate et fusible à 175° [H. von Pechmann, *D. chem. G.*, **28**, 2372; — Lottermoser, *J. prakt. Chem.* (2), **54**, 121; — *Bull. Soc. Chim.* (3), **16**, 359, 2045].

III. — Hydrazidines $R.CO-C\lessgtr{}^{AzH^2}_{Az-AzC^6H^5}$

Acétylamidrazone (*Propane-2-one-amino-phénylhydrazone, phénylhydrazidine pyruvique*),

$$CH^3CO.C\lessgtr{}^{AzH^2}_{Az-AzHC^6H^5}$$

— Ce composé s'obtient dans la réduction de la formazylméthylcétone par le sulfhydrate d'ammoniaque en solution alcoolique :

$$CH^3.CO-C\lessgtr{}^{Az=AzC^6H^5}_{Az-AzHC^6H^5}+H^4$$
$$=CH^3CO-C\lessgtr{}^{AzH^2}_{Az-AzHC^6H^5}+AzH^2-C^6H^5$$

[Bamberger et Lorenzen, *D. chem. G.*, **25**, 3541]. Ces auteurs lui avaient d'abord attribué la formule

$$C^6H^4\lessgtr{}^{AzH-AzH}_{Az}\gtrless C-CHOH-CH^3=C^9H^{11}Az^3O,$$

mais ultérieurement MM. Bamberger et de Gruyter [*D. chem. G.*, **26**, 2783] ont accepté la formule citée plus haut, qui en fait une hydrazidine de l'acide pyruvique : en effet, elle fournit une urée et un dérivé acétylé par son groupe AzH², une hydrazone par son groupe CO, ce qui se comprendrait assez mal avec la formule primitive. Plus tard encore, MM. Bamberger et Grobe [*D. chem. G.*, **34**, 539] ont obtenu des combinaisons méthyléniques, benzylidéniques, nitrosées, etc., qui s'accordent bien avec la forme hydrazidinique.

L'acétylamidrazone est en aiguilles jaunes satinées, fusibles à 183°, cristallisant dans la ligroïne avec une magnifique fluorescence violette. Elle se dissout dans la plupart des solvants organiques et dans les acides étendus.

Acétylacétylamidrazone,

$$CH^3-CO-C\lessgtr{}^{AzH-CO-CH^3}_{Az-AzHC^6H^5}$$

— Aiguilles jaunâtres, satinées, fusibles à 143°, insolubles dans les acides minéraux, se transformant même par ébullition avec l'acide acétique étendu en *phénylacétylméthyltriazol*,

$$CH^3.CO-C\lessgtr{}^{Az=C-CH^3}_{Az-Az-C^6H^5}$$

fusible à 88-89°.

Urée de l'acétylamidrazone,

$$CH^3-CO-C\lessgtr{}^{AzH-CO-AzH^2}_{Az-AzH-C^6H^5}$$

— On l'obtient au moyen du cyanate de potassium. Prismes incolores brillants ou lamelles nacrées fusibles à 183°, solubles surtout dans l'alcool.

Phénylhydrazone,

$$\begin{array}{l}CH^3C \text{———} C\lessgtr{}^{AzH^2}_{Az-AzHC^6H^5}\\ \;\;\;\| \\ Az-AzHC^6H^5\end{array}$$

— Poudre cristalline d'un blanc pur, ou petites aiguilles fusibles à 224°, cristallisant bien dans l'alcool ou le benzène bouillant, formant des sels avec les acides minéraux.

Le *sulfate* fond à 211°, le *chlorhydrate* à 114-115° en perdant tout son acide chlorhydrique.

Cette *hydrazone* se forme par l'union des composants, mais elle prend aussi naissance en petite dose dans l'action de la phénylhydrazone sur la formazylméthylcétone.

La chaleur la transforme par perte d'aniline en *phénylaminométhylosotriazol*, fusible vers 73° [Bamberger et de Gruyter, *loc. cit.*].

D'après M. Jagerspacher [*D. chem. G.*, **28**, 1284], l'acide azoteux en solution neutre agirait sur l'acétylamidrazone en donnant le *nitrite* de la phénylhydrazone,

$$\begin{array}{ll}CH^3-C \text{————} & C-AzH^2-AzO^2H\\ \;\;\| & \;\;\|\\ Az-AzH-C^6H^5 & Az-AzH-C^6H^5\end{array}$$

Ce nitrite cristallise en aiguilles capillaires, fusibles à 135°. Les acides minéraux dilués chauds le transforment en un composé rouge,

$$\begin{array}{lll}CH^3-C \text{————} & C \text{——} & Az=Az\\ \;\;\| & \;\| & \;\;|\\ Az-AzH-C^6H^5 & Az-AzH & -C^6H^4\end{array}\;(?)$$

Les dissolvants neutres l'altèrent aussi et donnent 3 produits : la phénylhydrazone (*syn*) par perte d'AzO²H; un *isomère* (*anti*) fusible à 136°; enfin, du *phénylazométhylosotriazol*

$$\begin{array}{l}CH^3-C — C-Az=AzC^6H^5\\ \;\;\;\;\;\;\| \;\;\;\;\;\| \\ \;\;\;\;Az \;\;\; Az\\ \;\;\;\;\;\;\searrow\swarrow\\ \;\;\;\;\;AzC^6H^5\end{array}$$

qui en dérive par perte d'eau, d'azote et d'ammoniaque.

Combinaisons aldéhydiques. — L'acétylamidrazone, par son groupe AzH², réagit sur les aldéhydes avec élimination d'eau.

Méthylène-acétylamidrazone,

$$CH^3-CO-C\lessgtr{}^{Az=CH^2}_{Az-AzHC^6H^5}.$$

— On chauffe au bain-marie une solution saturée alcoolique de 5 grammes d'acétylamidrazone avec 2gr,1 de solution d'aldéhyde formique à 40 0/0. Par refroidissement il se sépare 2gr,3 d'aiguilles orangées, brillantes, fusibles à 136-136°,5. On doit les faire cristalliser dans la ligroïne seulement, car les autres solvants les altèrent.

Benzalacétylamidrazone,

$$CH^3-CO-C \lesseqgtr {Az=CH.C^6H^5 \atop Az-AzHC^6H^5}$$

— On chauffe les composants au bain-marie. Prismes réfringents, d'éclat adamantin, rouge orangé, fusibles à 159-159°,5, (solubles dans l'alcool et dans la ligroïne bouillants, dans le chloroforme, l'éther.

Action de l'acide azoteux. — Cet acide agissant à 0° en solution chlorhydrique étendue (1/4) sur l'acétylamidrazone donne naissance à des aiguilles brillantes, incolores, fusibles vers 85°, se ramollissant déjà à 78° et possédant la composition $C^9H^9Az^3O^3$; c'est une substance acide, soluble dans les alcalis, mais donnant des solutions altérables; avec les métaux lourds, elle donne des sels insolubles peu stables. Sa formation et ses propriétés correspondent au schéma

$$CH^3-CO-C \lesseqgtr {OH \atop Az-Az \lessgtr {AzO \atop C^6H^5}}$$

ce qui en fait une *nitrosophénylhydrazide pyruvique*, prise sous sa forme tautomérique

$$CH^3-CO-C \lesseqgtr {AzH^2 \atop Az-AzHC^6H^5} + AzO^2H$$

$$= CH^3-CO-C \lesseqgtr {OH \atop Az-Az \lessgtr {AzO \atop C^6H^5}} + AzH^3.$$

Cette réaction est quantitative. La nature du produit a été vérifiée par l'étude de l'action des acides, des réducteurs, la formation d'hydrazones et, enfin, la réaction de Liebermann.

Phénylhydrazone de la nitrosopyruvylphénylhydrazide (forme tautomérique),

$$CH^3-\underset{\underset{Az-AzHC^6H^5}{\|}}{C}-C \lesseqgtr {OH \atop Az-Az \lessgtr {AzO \atop C^6H^5}}$$

— Ce composé s'obtient par l'action de la phénylhydrazine sur l'hydrazide précédente en solution alcoolique. Aiguilles soyeuses, à peine jaune paille, à point de fusion allant de 120 à 129°, suivant la vitesse d'échauffement; solubles dans l'alcool et dans le chloroforme, dans le benzène bouillant, solubles à peine dans l'eau et dans l'éther de pétrole, solubles aussi dans les alcalis en s'y altérant à la longue.

p-Nitrophénylhydrazone,

$$CH^3-\underset{\underset{Az-AzHC^6H^4-AzO^2}{\|}}{C}-C \lesseqgtr {OH \atop Az-Az \lessgtr {AzO \atop C^6H^5}}$$

— Magnifiques paillettes jaune d'or, fusibles à 147-148° avec effervescence, solubles dans l'alcool, moins solubles dans le chloroforme et dans le benzène [Bamberger et Grobe, *D. chem. G.*, **34**, 539].

BENZOYLAMIDRAZONE (*Phénylhydrazidine phénylglyoxylique*),

$$C^6H^5.CO-C \lesseqgtr {AzH^2 \atop Az-AzH-C^6H^5}$$

— On obtient cette amidrazone par réduction de la formazylphénylcétone au moyen du sulfure d'ammonium alcoolique:

$$C^6H^5-CO-C \lesseqgtr {Az=AzC^6H^5 \atop Az-AzHC^6H^5} + H^4$$

$$= C^6H^5-CO-C \lesseqgtr {AzH^2 \atop Az-AzHC^6H^5} + AzH^2-C^6H^5$$

Elle forme des paillettes soyeuses, jaune d'or, ou des aiguilles groupées, fusibles à 152°, solubles dans les solvants usuels, brunissant à l'air. Elle est fortement basique et se dissout dans les acides minéraux.

Benzoylamidrazone acétylée,

$$C^6H^5-CO-C \lesseqgtr {AzH-CO.CH^3 \atop Az-AzHC^6H^5}$$

— On l'obtient par l'action de l'anhydride acétique sur le composé précédent. Aiguilles jaune de soufre, fusibles entre 143 et 156°, suivant la façon dont on chauffe, solubles facilement dans l'alcool bouillant, l'acétone et le benzène, peu solubles dans l'éther et dans la ligroïne. L'acide sulfurique concentré la colore en rouge éosine. Si on prolonge l'action de l'anhydride acétique, on la transforme en *phénylméthylbenzoyltriazol*,

$$\begin{array}{l} C^6H^5-CO-C — Az \\ \qquad\qquad\quad \| \qquad \| \\ \qquad\qquad\quad Az \quad C-CH^3, \\ \qquad\qquad\quad\ \ \diagdown \ \diagup \\ \qquad\qquad\qquad AzC^6H^5 \end{array}$$

fusible à 55°,5 [Bamberger et Witter, *D. chem. G.*, **26**, 2789].

IV. — CYANOHYDRAZINES (*Amidrazones, cyanhydrazines, cyanphénylhydrazines*).

On sait que le cyanogène donne avec la phénylhydrazine deux produits d'addition, respectivement la *dicyanphénylhydrazine* et la *cyanphénylhydrazine*; le premier, $C^8H^8Az^4$ ou $C^6H^8Az^2, C^2Az^2$, a été décrit en premier lieu par M. E. Fischer [*Ann. Chem.*, **190**, 138]; le second, ou $(C^6H^8Az^2)^2, C^2Az^2$, par M. Senf [*J. prakt. Chem.*, (2), **35**, 535].

Avec l'hydrazine, ce même gaz donne un produit analogue, $2Az^2H^4, C^2Az^2$, auquel MM. Curtius et Dedichen [*J. prakt. Chem.*, (2), **50**, 241] ont donné le nom de *carbohydrazimine*. En remplaçant le cyanogène par un nitrile, ces mêmes auteurs ont obtenu des combinaisons de la forme

$$Az^2H^4, 2RCAz$$

ou *hydrazicarbimines*, auxquelles ils attribuent la constitution

$${AzH \atop R} \gtrless C-AzH-AzH-C \lesseqgtr {AzH \atop R}$$

Cette réaction n'a d'ailleurs été effectuée qu'avec l'acétonitrile et le benzonitrile; le nitrile toluique n'a rien donné, même à 150-180° pendant 10 heures (voyez plus haut, p. 224).

La combinaison du cyanogène avec l'hydrazine a été représentée par la formule

$${AzH \atop AzH^2-AzH} \gtrless C-C \lesseqgtr {AzH \atop AzH-AzH^2}$$

On y reconnaît la forme d'une hydrazidine oxalique double, si toutefois, pour se ramener aux schémas adoptés par M. Pinner, on écrit le corps précédent de la façon suivante.

$${AzH^2 \atop AzH^2-Az} \gtrless C-C \lesseqgtr {AzH^2 \atop Az-AzH^2}$$

La formule de la carbohydrazimine telle que l'ont écrite MM. Curtius et Dedichen est absolument analogue à celle que M. Senf avait adoptée pour la cyanphénylhydrazine, soit :

$${AzH \atop C^6H^5-AzH-AzH} \gtrless C-C \lesseqgtr {AzH \atop AzH-AzH-C^6H^5}$$

Enfin, M. Bladin [nombreux Mémoires, *D. chem. G.*, **18**, **19**, **21**, **22**, **23**, **25**] avait adopté pour la cyanphénylhydrazine et la dicyanphénylhydrazine les formules

$$AzH^2-C^6H^5-Az \gtrless {AzH \atop } C - C \lessgtr {AzH \atop Az-C^6H^5-AzH^2}$$

et

$$CAz - C \lessgtr {AzH \atop Az-C^6H^5-AzH^2}$$

Or, ainsi que nous l'avons déjà dit, MM. Bamberger et de Gruyter [*D. chem. G.*, **26**, 2395] désignent ces corps sous le nom de *diamidrazone* et de *cyanamidrazone*, et leur attribuent des formules franchement hydraziniques, soit :

$$\frac{AzH^2}{C^6H^5-AzH-Az} \gtrless C - C \lessgtr \frac{AzH^2}{Az-AzH-C^6H^5}$$

et

$$CAz - C \lessgtr \frac{AzH^2}{Az-AzH-C^6H^5}$$

La formule des hydrazidines elles-mêmes a eu de ces fluctuations de schéma représentatif; aussi croyons-nous devoir placer ici, à la suite des hydrazidines, les divers dérivés dont nous venons de parler. Des travaux ultérieurs montreront sans doute quel est pour les cyanhydrazines le schéma le plus certain.

La constitution des cyanophénylhydrazines a été fortement appuyée par les expériences de MM. Bamberger et de Gruyter (*loc. cit.*) qui ont conduit à la synthèse de la cyanophénylhydrazine de M. Senf au moyen de la dithioxamide et de la phénylhydrazine :

$$AzH^2-CS-CS-AzH^2 + 2AzH^2-AzHC^6H^5$$
$$= \frac{AzH^2}{C^6H^5-AzH-Az} \gtrless C - C \lessgtr \frac{AzH^2}{Az-AzH-C^6H^5} + 2H^2S$$

et à celle de la dicyanophénylhydrazine de M. Fischer au moyen de l'acide flavéanhydrique ou nitrilothioxamide, $AzC-CS.AzH^2$, et de la même base

$$AzC-CSAzH^2 + AzH^2-AzHC^6H^5$$
$$= CAz - C \lessgtr \frac{AzH^2}{Az-AzC^6H^5} + H^2S.$$

De plus, la cyanamidoxime

$$\begin{array}{c} AzOH = C - C = AzOH \\ \quad / \qquad \quad \backslash \\ AzH^2 \qquad AzH^2 \end{array}$$

a fourni, elle aussi, la cyanophénylhydrazine ou diamidrazone par sa réaction avec la phénylhydrazine; ceci vient encore à l'appui des formules adoptées par MM. Bamberger et de Gruyter.

Carbohydrazimine (*Cyanhydrazine, hydrazidine oxalique*),

$$\frac{AzH}{AzH^2-AzH} \gtrless C - C \lessgtr \frac{AzH}{AzH-AzH^2}$$

ou peut-être

$$\frac{AzH^2}{AzH^2-Az} \gtrless C - C \lessgtr \frac{AzH^2}{Az-AzH^2}$$

— Cristallisée dans l'alcool à 16 0/0, elle se présente en aiguilles blanches, facilement solubles dans l'eau, difficilement solubles dans l'alcool, insolubles dans l'éther, se décomposant en se colorant quand on les chauffe. On l'obtient en dirigeant un courant de gaz cyanogène dans l'hydrate d'hydrazine; la combinaison a lieu avec un faible échauffement [Curtius et Dedichen, *J. prakt. Chem.*, (2), **50**, 253].

Le même corps avait été antérieurement préparé par M. Angeli, qui avait observé que l'acide nitreux le transforme vraisemblablement en ditétrazol [*Gazz. chim. ital.*, **23**, (2), 101].

Benzalcarbohydrazimine

$$\left[C^6H^5-CH=Az-AzH \gtrless {AzH \atop } C -\right]^2.$$

— Lamelles de couleur bronzée claire, fusibles à 218°, peu solubles dans l'alcool, obtenues par condensation de l'aldéhyde benzylique avec la carbohydrazimine.

Action de l'acide formique. — D'après M. Rinmann [*D. chem. G.*, **30**, 1193], la cyanhydrazine, chauffée au réfrigérant ascendant avec 4 parties d'acide formique jusqu'à séparation de cristaux, se transforme, par condensation avec l'acide, en ditriazol.

Cyanophénylhydrazine (*Bisphénylhydrazidine oxalique, diamidrazone*),

$$\left(C^6H^5-AzH-Az=C \lessgtr {AzH^2 \atop }\right)^2.$$

— Ce corps a déjà été mentionné (2e Suppl., **2**, 1558). Nous avons rappelé ci-dessus les modes de formation au moyen de la dithioxamide ou de la cyanamidoxime et de la phénylhydrazine; il faut encore y ajouter les procédés suivants :

1. Action du sulfure d'ammonium sur le diformazyle [Bamberger et Kuhlemann, *D. chem. G.*, **26**, 2981] :

$$\left(\frac{C^6H^5-Az=Az}{C^6H^5-AzHAz} \gtrless C -\right)^2 + 8H$$
$$= \left(\frac{AzH^2}{C^6H^5-AzH-Az} \gtrless C -\right)^2 + 2AzH^2-C^6H^5.$$

2. Action de l'acide cyanhydrique étendu de 2p,5 d'eau sur la phénylhydrazine [E. Fischer, *D. chem. G.*, **22**, 1933; **27**, 186]; dans ce cas les rendements sont mauvais (8 0/0), et il y a lieu de supposer que l'hydrogène de l'acide cyanhydrique se porte sur une partie de la phénylhydrazine; le reste $-CAz$ se comporte comme le cyanogène dans les expériences de M. Senf.

3. Action de la phénylhydrazine sur la dicyanophénylhydrazine; le second groupe CAz entre alors en réaction suivant le même mécanisme que le premier. On opère en présence d'un peu d'alcool, et on chauffe en tube scellé au bain-marie [Rinmann, *D. chem. G.*, **30**, 1193].

En solution alcoolique, la cyanphénylhydrazine peut s'unir à l'acide chlorhydrique et fournir un bichlorhydrate cristallisé en belles lamelles, instables; l'action de l'acide chlorhydrique dilué, chaud, conduit au composé

$$\begin{array}{l} C^6H^5-AzH-AzH-C=O \\ \qquad\qquad\qquad\quad | \\ C^6H^5-AzH-AzH-C=AzH \end{array}$$

fusible à 180°, lequel serait en quelque sorte un dérivé intermédiaire entre la cyanophénylhydrazine et l'hydrazide oxalique,

$$(C^6H^5-AzH-AzH-CO)^2.$$

Enfin, l'acide aqueux, chauffé à 150° avec la cyanophénylhydrazine, fournit de l'anhydride carbonique, de l'oxyde de carbone et des chlorhydrates d'ammoniaque et de phénylhydrazine (Senf).

Dicyanophénylhydrazine (*Phénylhydrazidine de l'acide cyanocarbonique, cyanamidrazone*),

$$CAz - C \lessgtr \frac{AzH^2}{Az-AzH-C^6H^5}$$

— Mentionné très brièvement au 1er Suppl., 923, ce corps a été découvert par M. E. Fischer en dirigeant un courant de cyanogène dans une émulsion de 1 partie de phénylhydrazine dans 10 parties d'eau [*Ann. Chem.*, **190**, 138]. Nous avons signalé plus haut sa formation à partir de l'acide flavéanhydrique et de la phénylhydrazine (Bamberger et de Gruyter) : à cet effet, on chauffe les deux corps en solution alcoolique et on filtre pour séparer la dithioxamide qui a pris naissance par fixation d'hydrogène sulfuré sur l'acide flavéanhydrique ; en ajoutant de l'eau, on précipite la dicyanophénylhydrazine qu'il n'y a plus qu'à essorer. On peut aussi réduire en solution alcoolique par le zinc et l'acide acétique, l'*iminocyanure* de l'acide benzène-diazocarbonique [Hantzsch et Schultze, *D. chem. G.*, **28**, 2082].

Ce corps est en lamelles ou en aiguilles monocliniques, fusibles à 165° (H. et Sch.), facilement solubles dans l'alcool et dans l'éther, peu solubles dans l'eau froide, presque insolubles dans la ligroïne, soluble dans l'acide chlorhydrique étendu. C'est encore un réducteur.

L'acide azoteux conduit à un composé $C^8H^5Az^5$.

C'est surtout avec les acides organiques qu'il donne des condensations importantes, étudiées principalement par M. Bladin : l'acide formique donne un dérivé formylé, sans doute

$$CAz-C\begin{matrix}\nearrow AzH-CHO\\ \searrow\!\!\!\searrow Az-AzH-C^6H^5\end{matrix}$$

tandis que les acides homologues conduisent à des combinaisons anhydridées dérivant du triazol. Ainsi, l'anhydride acétique conduit au corps suivant :

$$CAz-C\begin{matrix}\nearrow AzH-CO\,.\,CH^3\\ \searrow\!\!\!\searrow Az-AzH-C^6H^5\end{matrix}$$

$$\longrightarrow\quad CAz-C\begin{matrix}\nearrow Az=C-CH^3\\ \quad\quad\quad\;|\\ \searrow\!\!\!\searrow Az-Az-C^6H^5\end{matrix}$$

Méthylphényltriazolnitrile.

(voyez TRIAZOLS) [Bladin, *D. chem. G.*, **18**, 1544, 2907].

Formyldicyanophénylhydrazine

$$CAz-C\begin{matrix}\nearrow AzH-CHO\\ \searrow\!\!\!\searrow Az-AzH-C^6H^5\end{matrix}$$

— Cristaux fusibles à 193°, obtenus par ébullition de l'acide formique avec la dicyanophénylhydrazine. La potasse le décompose en ammoniaque (saponification du cyanogène) et acide phényltriazolcarbonique

$$CO^2H-C\begin{matrix}\nearrow Az=CH\\ \quad\quad\;|\\ \searrow\!\!\!\searrow Az-Az-C^6H^5\end{matrix}$$

[Bladin, *D. chem. G.*, **18**, 1549 ; **23**, 3789].

CYANO-α-ISOBUTYRYLAMIDRAZONE

$$CAz-C\begin{matrix}\nearrow AzH^2\\ \searrow\!\!\!\searrow Az-Az\end{matrix}\begin{matrix}\nearrow CO-C^3H^7\\ \searrow C^6H^5\end{matrix}$$

(nomenclature de M. Bamberger). — Ce corps est l'αα-phénylisobutyrylhydrazidine de l'acide cyanocarbonique. On l'obtient en dirigeant le gaz cyanogène dans une solution aqueuse tiède d'α-isobutyrylphénylhydrazide jusqu'à saturation complète, et en laissant reposer pendant plusieurs jours. Cristaux fusibles à 150°, facilement décomposables, même au cours des cristallisations ultérieures, en eau et triazol correspondant.

A côté du composé ci-dessus, on observe parfois, au cours des cristallisations dans l'alcool, la formation d'un composé fusible à 217° qui est le composé cyané dihydraziné, c'est-à-dire

$$(CH^3)^2CH-CO\searrow\!\!\begin{matrix}AzH^2\\ Az-Az\end{matrix}\!\!\begin{matrix}\searrow\\ \nearrow\!\!\!\nearrow\end{matrix}C-C\begin{matrix}\nearrow AzH^2\\ \searrow\!\!\!\searrow Az-Az\end{matrix}\!\!\begin{matrix}\nearrow CO-CH(CH^3)^2\\ \searrow C^6H^5\end{matrix}$$
$$C^6H^5\nearrow$$

ou *α-phényl-α-isobutyrylhydrazidine oxalique*. Il cristallise en prismes ou aiguilles et est beaucoup moins soluble que le précédent [O. Widmann, *D. chem. G.*, **27**, 1064].

M. Delépine.

HYDRAZIDO ou **HYDRAZINO**. — Préfixe désignant le radical AzH^2-AzH, correspondant à *amido* ou *amino*, AzH^2. De même que ces deux derniers se trouvent souvent employés l'un pour l'autre, de même pour *hydrazido* ou *hydrazino*. Cependant le préfixe en *ino* conviendrait mieux : voyez art. 33 de la NOMENCLATURE CHIMIQUE, 2e Suppl., **2**, 1060 et 1067.

Nous indiquerons, entre parenthèses et en italique, le nom le plus régulier, autant qu'il sera possible, en se conformant à la nomenclature.

HYDRAZIDOACÉTAL. — Voyez HYDRAZIDOACÉTALDÉHYDE.

HYDRAZIDOACÉTALDÉHYDE [Syn. *Hydrazinoéthanal*], $AzH^2-AzH-CH^2-CHO$. — Ce composé est à l'aminoaldéhyde ce que l'acide hydrazidoacétique est au glycocolle. En fait, on l'obtient (ou plus exactement on obtient l'hydrazidoacétal) comme on obtient l'aminoaldéhyde, c'est-à-dire au moyen de l'*acétal monochloré* et de l'hydrazine. L'hydrazinoéthanal lui-même ne paraît pas avoir été obtenu à l'état de pureté.

HYDRAZIDOACÉTAL (*β-hydrazino-αα-diéthyloxyéthane*), $AzH^2-AzH-CH^2-CH(OC^2H^5)^2$. — On le prépare de la façon suivante : on mélange 200 grammes de sulfate d'hydrazine du commerce avec son poids de potasse caustique pulvérisée, on ajoute un peu d'eau et on distille au bain d'huile à 140-150°. Le liquide distillé est amené à 700 centimètres cubes avec de l'alcool absolu ; on ajoute 50 grammes de chloracétal pur et on chauffe en autoclave à 115-120°, pendant 6 heures. Après avoir chassé l'alcool, on obtient un résidu aqueux que surnage une huile renfermant beaucoup d'hydrazine et de chlorhydrate d'hydrazine ; on ajoute de la soude concentrée et on extrait par l'éther ; après avoir distillé l'éther et séché le résidu sur du carbonate de potassium, on distille dans le vide. Entre 80 et 100° sous 15 millimètres, on obtient 17 grammes d'hydrazidoacétal (34 0/0 de la théorie).

L'hydrazidoacétal est une huile à odeur propre, éthérée, ne distillant pas sans une légère décomposition, miscible à l'eau, à l'alcool et à l'éther, peu soluble dans les alcalis concentrés, possédant une réaction alcaline, formant un nuage avec les vapeurs chlorhydriques, aussi réductrice que les hydrazines primaires.

Sels. — Les sels minéraux sont très solubles et facilement décomposables par un excès d'acide. Le *picrate* est en cristaux aplatis, fusibles à 137-138° ; l'*oxalate acide*, $C^6H^{16}Az^2O^2, C^2H^2O^4$, est en aiguilles groupées en étoiles, solubles dans l'alcool chaud et dans l'eau, peu solubles dans l'alcool froid, insolubles dans l'éther, fusibles à 136° avec décomposition.

L'*acide azoteux* fournit une huile jaunâtre.

La plupart des dérivés de l'hydrazidoacétal sont décomposés par les acides et donnent des produits de condensation de l'hydrazinoacétaldéhyde ; mais parmi les produits directs on n'a pu isoler l'hydrazine elle-même. Le chlorhydrate seulement a été préparé.

Chlorhydrate d'hydrazidoacétaldéhyde,

$$AzH^2-AzH-CH^2-CHO, HCl.$$

— On l'obtient par l'action de 3 parties d'acide chlorhydrique saturé à 0° sur 1 partie d'hydrazidoacétal. Il se dépose une poudre jaune cristalline, qu'on purifie en la précipitant de sa solution aqueuse concentrée par un courant d'acide chlorhydrique. Sel peu soluble dans l'alcool absolu, décomposable à 98°.

Le *chloroplatinate* est très soluble.

La phénylhydrazine transforme le chlorhydrate d'hydrazidoacétaldéhyde en glyoxalphénylosazone, $C^{14}H^{14}Az^{4}$ [E. Fischer et P. Hunsalz, *D. chem. G.*, **27**, 178, 2203; *Bull. Soc. Chim.*, (3), **12**, 778; **14**, 151].

Hydrazones. — Les hydrazones benzylidéniques et nitrobenzylidéniques de l'hydrazidoacétal sont huileuses. L'acide pyruvique et l'éther acétylacétique réagissent énergiquement.

Hydrazides. — *Oxalyldihydrazidoacétal*,

$$\begin{array}{l} CO-AzH-AzH-CH^2-CH(OC^2H^5)^2 \\ | \\ CO-AzH-AzH-CH^2-CH(OC^2H^5)^2 \end{array}$$

— On traite l'hydrazidoacétal par l'éther oxalique; cristallisé dans l'alcool, le produit fond à 134°. Il réduit la liqueur de Fehling à chaud.

Dibenzoylhydrazidoacétal,

$$(C^6H^5-CO)^2Az-AzH-CH^2-CH(OC^2H^5)^2.$$

— Composé fusible à 125°, peu soluble dans l'eau, très soluble dans l'alcool et dans l'éther, peu soluble dans la ligroïne, non réducteur. On l'obtient par le chlorure de benzoyle et l'hydrazine en présence de potasse.

Benzène-sulfo-hydrazidoacétal,

$$C^6H^5-SO^2-Az^2H^2-CH^2-CH(OC^2H^5)^2.$$

— Composé fusible à 68°, soluble dans l'alcool et dans l'éther, très peu soluble dans l'eau, réduisant lentement la liqueur de Fehling. Obtenu par le sulfochlorure de benzène et l'hydrazidoacétal en présence de soude.

Phénylsemicarbazide,

$$C^6H^5-AzH-CO-AzH-AzH-CH^2-CH(OC^2H^5)^2.$$

— Obtenue au moyen du cyanate de phényle en solution éthérée. Aiguilles incolores, fusibles à 65-66°, solubles dans l'alcool, le benzène, le chloroforme et l'éther chaud.

Phénylthiosemicarbazide,

$$C^6H^5-AzH-CS-Az(AzH^2)-CH^2-CH(OC^2H^5)^2.$$

— Grandes lames fusibles à 97-98°, peu solubles dans l'alcool froid et dans l'eau chaude; réduisant la liqueur de Fehling à chaud. Obtenue avec le phénylsénevol et l'hydrazidoacétal.

L'*acide azoteux* transforme ce corps en un produit identique à l'acétalphénylthiocarbamide $C^{13}H^{20}O^2Az^2S$, de MM. Wohl et Marckwald (perte d'AzH du groupe Az - AzH²).

Traité par l'acide chlorhydrique étendu, il perd 1 molécule d'alcool d'abord, en donnant le chlorhydrate, fusible à 175°, de la base $C^{11}H^{15}Az^3SO$, puis une deuxième molécule, si on emploie un acide concentré, en formant le composé $C^9H^9Az^3S$, fusible à 89°. Ce composé, auquel MM. E. Fischer et P. Hunsalz donnent le nom de *phénylthio-amino-dihydro-imidazol*, prend naissance par les réactions suivantes :

```
AzH²-Az — CH²-CH(OC²H⁵)²
    |
    CS
     \
      AzH-C⁶H⁵

                AzH²-Az —— CH²
                     |      |
= C²H⁶O +           CS     CH.OC²H⁵
                      \   /
                      Az-C⁶H⁵

                AzH²-Az —— CH
                     |      ||
= 2C²H⁶O +          CS     CH
                      \   /
                      Az-C⁶H⁵
```

Le *chlorhydrate*, $C^9H^9Az^3S, HCl$, qui se forme au cours de la réaction, fond à 165° en se décomposant; les alcalis et même l'eau en précipitent la base. Il existe encore de cette base des combinaisons avec le chlorure de platine, le nitrate d'argent, l'aldéhyde benzylique (ce dernier composé est fusible à 140-141°).

Iodure d'acétalyldiméthylhydrazonium,

```
AzH²-Az-CH²-CH(OC²H⁵)²
    /  \\
   I   (CH³)²
```

— C'est le produit principal de l'action de l'iodure de méthyle sur l'hydrazinoacétal. Il se présente sous la forme d'une huile brunâtre, soluble dans l'eau et dans l'alcool. Le *chlorure* est analogue; son *chloroplatinate*,

$$(C^8H^{21}Az^2O^2)^2PtCl^6,$$

cristallise en belles lames orangées, fusibles à 165° avec décomposition. Le *ferrocyanure* est peu soluble et cristallin; le *picrate* est huileux.

On peut passer de la base acétaldiméthylhydrazonium à la base *aldéhyde-diméthylhydrazonium* par l'action des acides, mais le chloroplatinate de cette dernière base, seul, est assez bien défini.

L'oxydation de cette aldéhyde par l'oxyde d'argent a fourni un acide que les auteurs n'ont pas pu caractériser.

M. Delépine.

HYDRAZIDOACÉTIQUE (ACIDE) [Syn. *Aminoglycocolle, acide 2 hydrazinoéthanoïque*],

$$AzH^2-AzH-CH^2-CO^2H.$$

— On obtient cet acide par réduction de l'acide isonitraminoacétique, $AzO^2-AzH-CH^2-CO^2H$, au moyen de l'amalgame de sodium à 0°. On l'isole de la liqueur au moyen de l'aldéhyde salicylique; celle-ci fournit facilement une combinaison cristallisée, tandis que l'aldéhyde benzylique ne réussit pas. La *combinaison salicylidénique* existe sous deux formes, fusibles respectivement à 105 et à 78°; la vapeur d'eau en présence de 1 molécule d'acide sulfurique en sépare l'aldéhyde; après traitement par la baryte, on obtient l'acide libre en cristaux incolores, fusibles à 152°, très solubles dans l'eau, à peine solubles dans l'alcool et dans l'éther, réducteurs [W. Traube et E. Hoffa, *D. chem. G.*, **29**, 2729; **32**, 162].

Le *chlorhydrate* n'a pas été obtenu cristallisé;

L'*iodhydrate*, $C^2H^6Az^2O^2.HI$, cristallise très bien; il fond à 156°.

Hydrazinoacétate d'éthyle,

$$AzH^2-AzH-CH^2-CO^2C^2H^5.$$

— Par l'action de l'acide chlorhydrique sur la solution alcoolique de l'acide, on obtient le monochlorhydrate de cet éther; ce sont des lamelles brillantes, fusibles à 153°, solubles dans l'eau avec un fort refroidissement. L'éther libre se sépare en gouttes jaunes quand on traite le sel par le carbonate de potassium; il est alcalin, fume au contact de l'acide acétique ou de l'acide chlorhydrique, et est très réducteur.

Dibenzoylhydrazinoacétate d'éthyle,

$$(C^6H^5-CO)^2-Az-AzH-CH^2-CO^2C^2H^5.$$

— Aiguilles fusibles à 113°, facilement solubles dans l'alcool, l'éther, le benzène, insolubles dans l'eau. Ce corps n'est pas réducteur. L'acide provenant de la saponification n'a pas été obtenu cristallisé.

Urée ou *carbonamidohydrazoacétate d'éthyle*,

$$AzH^2-CO-AzH-AzH-CH^2-CO^2C^2H^5.$$

— On obtient ce composé en faisant réagir le cyanate de potassium sur le chlorhydrate de l'éther. Cristallisé dans le benzène, il se présente en fines aiguilles fusibles à 122°, très solubles dans l'eau, réduisant la liqueur de Fehling, mais ne se combinant plus à l'aldéhyde benzylique.

Quand, dans la préparation précédente, on fait évaporer les eaux mères benzéniques refroidies provenant de l'extraction de l'urée, on obtient un autre composé isomérique, plus soluble dans le benzène et cristallisant en beaux prismes fusibles à 70-74°. C'est l'*éther aminohydantoïque*

$$AzH^2 - CO - Az(AzH^2) - CH^2CO^2 - C^2H^5$$

Cet éther se combine à l'aldéhyde benzylique; le composé formé est en fines aiguilles fusibles à 150°.

Enfin, on trouve encore un troisième corps, l'*aminohydantoïne*

$$\begin{array}{l} CH^2 - Az \begin{cases} AzH^2 \\ CO \end{cases} \\ | \qquad\quad / \\ CO —— AzH \end{array}$$

qu'on peut isoler par l'aldéhyde benzylique sous la forme d'aiguilles fusibles à 244°. On obtient bien plus facilement cette aminohydantoïne en traitant le chlorhydrate d'éther par un excès de cyanate, et saponifiant le produit par une demi-heure d'ébullition avec de l'acide sulfurique étendu. On l'isole sous forme de dérivé benzylidénique qu'on décompose par l'acide chlorhydrique dans un courant de vapeur d'eau.

Le *chlorhydrate* d'aminohydantoïne est en petits cristaux durs, fusibles à 203° en se décomposant, très solubles dans l'eau, assez peu solubles dans l'alcool.

Acide phénylthioaminohydantoïque,

$$C^6H^5AzH - CS - Az(AzH^2) - CH^2 - CO^2H$$

— Le *sel de potassium*, fusible à 190°, de cet acide se forme dans l'action du phénylsénevol sur l'hydrazinoacétate de potassium.

L'*acide* libre est soluble dans l'alcool, peu soluble dans l'eau; il fond à 135°; sa *combinaison benzylidénique* fond à 245°.

Enfin, la *phénylthioaminohydantoïne*, obtenue en chauffant l'acide à 103° avec de l'eau, fond à 165°.

Une *méthylthioaminohydantoïne* a été également préparée avec l'acide hydrazinoacétique; elle fond à 120° [Traube et Hoffa, *D. chem. G.*, **32**, 162].

M. Delépine.

HYDRAZIDOBENZOÏQUES (ACIDES) [Syn. *Acides hydrazine-benzoïques* ou *hydrazinobenzoïques*].

[On peut évidemment dire *hydrazidobenzoïque* au même titre qu'*amidobenzoïque*, à peu près exclusivement employé. On a souvent écrit hydrazine-benzoïque.]

Il existe trois acides hydrazidobenzoïques correspondant aux trois acides amidobenzoïques.

Acide o-hydrazidobenzoïque,

$$C^6H^4 \begin{cases} CO^2H \\ AzH - AzH^2 \end{cases}$$

(1er Suppl., 925). — L'*anhydride* de cet acide

$$C^6H^4 \begin{cases} CO \\ AzH \end{cases} AzH$$

présente des propriétés acides et basiques; il est soluble dans les alcalis, il fournit un sel *monosodique hydraté*, perdant son eau à 100°, ainsi qu'un *monochlorhydrate anhydre*, soluble dans l'eau et dans l'alcool, peu soluble dans un excès d'acide. Le *sulfate* présente des propriétés analogues. Enfin, les sels métalliques, chlorure mercurique, nitrate d'argent, peuvent donner des sels doubles.

L'anhydride acétique fournit un dérivé *biacétylé*,

$$C^6H^4 \begin{cases} CO \\ Az - CO \cdot CH^3 \end{cases} Az - COCH^3,$$

en fines aiguilles, fusibles à 112°, indifférent vis-à-vis des acides et des bases.

L'éthylation a donné des résultats imparfaits [Em. Fischer et E. Besthorn, *Ann. Chem.*, **212**, 333].

Acide m-hydrazidobenzoïque (*acide hydro-m-diazobenzoïque* de Griess),

$$AzH^2 - AzH_{(3)} - C^6H^4 - CO^2H_{(1)}.$$

[Voyez 1er Suppl., 329]. — M. Roder a indiqué les doses précises de substances à employer pour avoir de bons rendements dans la préparation [*Ann. Chem.*, **236**, 164; *Bull. Soc. Chim.*, (2), **47**, 611].

Dérivé acétonique, $C^{10}H^{12}Az^2O^2$. — Il faut opérer en présence de soude ou d'acétate de sodium pour que la combinaison ait lieu. Après cristallisation dans l'alcool, on obtient des aiguilles fines, incolores, fusibles à 150°, peu solubles dans l'eau, solubles dans l'ammoniaque et dans les alcalis. Chauffé à l'ébullition pendant plusieurs heures avec 10 fois son poids d'alcool contenant 1/10 d'acide sulfurique, ce corps fournit un éther

$$(CH^3)^2C = Az - AzH - C^6H^4 - CO^2C^2H^5,$$

fusible à 90-91°, distillable sans décomposition dans le vide.

Dérivé pyruvique, $C^{10}H^{10}Az^2O^4 + H^2O$. — Séché sur l'acide sulfurique, ce corps contient 1 molécule d'eau qu'il perd à 110°; il est en petits cristaux lancéolés, fusibles à 206-208° en se décomposant. Les *sels de sodium* et *de baryum* sont stables et cristallisables; le *sel d'argent* est floconneux et altérable. Il est susceptible de s'éthérifier doublement quand on le fait bouillir avec de l'alcool contenant 1/10 d'acide sulfurique.

L'*éther*

$$CO^2C^2H^5 - C^6H^4 - AzH - Az = C \begin{cases} CH^3 \\ CO^2C^2H^5 \end{cases}$$

fond vers 101-102° et se volatilise dans le vide sans décomposition.

Hydrazone benzylidénique, $C^{14}H^{12}Az^2O^2$. — Cristaux tabulaires fusibles à 170-172° sans décomposition, formant un *dérivé sodique* en fines aiguilles (Roder).

Hydrazone salicylidénique, $C^{14}H^{12}Az^2O^3$. — Cristaux aiguillés, fusibles à 195°, présentant des propriétés exclusivement acides. L'hydrogénation la transforme en salicylamine et acide m-aminobenzoïque [F. Tiemann, *D. chem. G.*, **23**, 3017].

Glucosazone, $C^{20}H^{22}Az^4O^8$. — Elle fond à 206-208° et se dissout dans les alcalis; le *sel de sodium* est en belles aiguilles jaunes colorant en beau jaune la soie et le coton (Roder).

Acide diphénylsulfosemicarbazide-m-carbonique, $CO^2H - C^6H^4 - AzH - AzH - CS - AzHC^6H^5$. — Ce composé résulte de l'union de l'acide m-hydrazidobenzoïque en milieu acétique avec la quantité calculée de phénylsénevol. Il cristallise en belles aiguilles incolores, fusibles à 204-205° (Roder).

m-Hydrazine-benzamide,

$$AzH^2 - AzH_{(3)} - C^6H^4{}_{(1)} - COAzH^2.$$

— Obtenue à partir de la m-aminobenzamide, transformée en diazoaminobenzamide, puis réduite par le chlorure stanneux en présence d'acide chlorhydrique. On peut aussi faire la réduction au moyen du sulfite de sodium [W. Schulze, *Ann. Chem.*, **251**, 166].

Le *chlorhydrate*, $AzH^2CO - C^6H^4 - Az^2H^3, HCl$, est une poudre rouge rosée de cristaux microscopiques, soluble dans l'eau, les acides et les alcalis étendus.

Acide p-hydrazine-benzoïque,

$$C^6H^4 \begin{cases} CO^2H \; (1) \\ AzH - AzH^2 \; (4) \end{cases}$$

— On prépare ce corps comme l'isomère ortho en partant de l'acide p-aminobenzoïque (2e Suppl., 2, 925).

Son *chlorhydrate* forme des aiguilles blanches, difficilement solubles dans l'eau froide, solubles à chaud. L'*acide* s'en sépare par l'action de l'acétate de sodium; il est en fines aiguilles ou en grandes lames incolores, plus solubles à chaud qu'à froid, décomposables entre 220 et 225°.

La chaleur le transforme partiellement en acide carbonique et phénylhydrazine, et non pas en anhydride comme cela a lieu pour le dérivé ortho (Em. Fischer et E. Resthorn).

Thionylhydrazones des acides hydrazidobenzoïques. — Les dérivés thionylés des trois acides hydrazidobenzoïques ont été préparés par M. J. Kliceisen [*D. chem. G.*, **27**, 2553], en suivant la méthode de Michaëlis : action de la thianiline en excès sur le chlorhydrate de l'acide en milieu alcoolique. Ce sont des composés *jaunes* possédant la formule $CO^2H - C^6H^4 - AzH - Az = SO$, cristallisant bien dans l'alcool. Le dérivé *ortho* est en longues aiguilles, fusibles à 152°; le dérivé *méta*, en feuillets jaunes, fondant à 231°; le dérivé *para* en petits cristaux, fusibles à 258°.

Chauffés fortement, ces acides font explosion; entre autres, le dérivé ortho se décompose en anhydrides sulfureux et o-hydrazidobenzoïque, lorsqu'on le chauffe à 155° :

$$C^6H^4 \begin{cases} CO^2H \\ AzH - Az = SO \end{cases} = C^6H^4 \begin{cases} CO \\ AzH \end{cases} AzH + SO^2.$$

M. Delépine.

HYDRAZIDOBENZYLACÉTIQUE (ACIDE) [Syn. *Acide 2 hydrazino-3 phénylpropanoïque*].

$$AzH^2 - AzH - CH \begin{cases} CH^2 - C^6H^5 \\ CO^2H \end{cases}$$

— Ce corps se prépare comme le dérivé propionique, avec la seule différence que sa combinaison benzylidénique exige l'emploi d'un acide pour être dédoublée; la vapeur d'eau ne suffit plus. Il fond à 196°; sa combinaison *benzylidénique* à 153°; sa combinaison *salicylidénique* à 134° [W. Traube et G. Longinescu, *D. chem. G.*, **29**, 675].

HYDRAZIDO-CAFÉINE [Syn. *Hydrazino-caféine*], $C^8H^9Az^4O^2 - AzH - AzH^2$. — Cette hydrazine a été obtenue par l'action de la chlorocaféine finement pulvérisée (20 grammes), sur 200 centimètres cubes d'une solution d'hydrate d'hydrazine correspondant à 40 grammes de sulfate. On fait bouillir pendant 1 heure au réfrigérant ascendant. Après refroidissement on filtre, on évapore à sec et on épuise par le chloroforme pour enlever l'excès de chlorocaféine; on reprend le résidu par l'eau bouillante, d'où l'hydrazine se sépare en longues aiguilles grêles, incolores, se décomposant vers 240°. C'est un composé plus soluble à chaud qu'à froid dans l'eau, très facilement soluble dans l'alcool; il est réducteur à chaud.

Le *chlorhydrate*, très soluble dans l'eau bouillante, cristallise bien.

Le *dérivé benzylidénique*,

$$C^8H^9Az^4O^2 - AzHAz = CH - C^6H^5,$$

cristallise dans l'alcool en fines aiguilles et fond vers 270° en un liquide brun.

L'*azide*, $C^8H^9Az^4O^2Az^3$, est en aiguilles incolores [L. Cramer, *D. chem. G.*, **27**, 3089; *Bull. Soc. Chim.*, (3), **14**, 493].

O-HYDRAZIDOCINNAMIQUE (ACIDE),

$$C^6H^4 \begin{cases} CH = CH - CO^2H \; (1) \\ AzH - AzH^2 \; (2) \end{cases}$$

— Voyez 1er Suppl., 925; 2e Suppl., 2, 1188, 1190, 1191.

O-HYDRAZIDOHYDROCINNAMIQUE (ACIDE). — L'acide o-hydrazidohydrocinnamique,

$$C^6H^4 \begin{cases} CH^2 - CH^2 - CO^2H_{(1)} \\ AzH - AzH^2_{(2)} \end{cases}$$

n'existe pas à l'état libre; on obtient son sel de sodium en réduisant le sulfohydrazidocinnammate de sodium par l'amalgame de sodium. Ce sel est en petits cristaux incolores très solubles, très réducteurs, d'où l'acide chlorhydrique ne précipite que l'*anhydride interne* ou *aminohydrocarbostyrile,*

$$C^6H^4 \begin{cases} CH^2 - CH^2 \\ \quad\quad\quad\;\; | \\ Az(AzH^2) - CO \end{cases}$$

Cet anhydride fond à 143°, il est peu soluble, même dans les alcalis; il ne réduit pas la liqueur de Fehling, mais il réduit énergiquement le nitrate d'argent ammoniacal. L'*acide azoteux* le transforme en hydrocarbostyrile, ce qui élucide sa constitution.

Il forme un *chlorhydrate*, $C^9H^{10}OAz^2, HCl$, cristallisé en petits prismes incolores.

L'aminohydrocarbostyrile peut se changer en un *dérivé éthylé* fusible à 74°, sous l'influence de l'iodure d'éthyle à 100°. Ce dérivé éthylé a pour constitution

$$C^6H^4 \begin{cases} CH^2 - CH^2 \\ Az(AzH . C^2H^5) \end{cases} CO$$

C'est l'*éthylaminohydrocarbostyrile*. On conçoit que l'on en puisse obtenir un isomère si l'on s'arrange pour que l'atome d'azote contigu au noyau benzénique soit le siège d'une substitution. On y arrive en préparant le corps suivant.

Acide o-éthylhydrazine-hydrocinnamique

$$C^6H^4 \begin{cases} CH^2 - CH^2 \cdot CO^2H \\ Az(C^2H^5) - AzH^2 \end{cases}$$

Il s'obtient par réduction de l'acide nitrosoéthylaminohydrocinnamique par la poudre de zinc et l'acide acétique. Son *chlorhydrate* est en lamelles fusibles à 146°; il perd de l'acide chlorhydrique et de l'eau entre 150-160° et donne naissance à un composé bicyclique, ayant un anneau à 7 atomes de carbone, l'*hydrocarbazostyrile* :

$$C^6H^4 \begin{cases} CH^2 - CH^2 - CO^2H \\ AzC^2H^5 - AzH^2, HCl \end{cases}$$

```
                    CH      CH²         CH²
                  /    \   /    ‾‾‾‾‾‾‾‾   \
               CH        C                   \
= HCl + H²O +   |        |                    CO
               CH        C                   /
                  \    /   \    ________   /
                    CH      AzC²H⁵      AzH
```

Cette transformation a lieu, même par simple évaporation de la solution de l'acide [Fischer et Kuzel, *Ann. Chem.*, **221**, 261. — Fischer et Tafel, *ibid.*, **227**, 303]. M. Delépine.

HYDRAZIDO-ISOBUTYRIQUE (ACIDE) [Syn. *Acide hydrazine-isobutyrique; hydrazino 2-méthyl 2-propanoïque*],

$$AzH^2-AzH-C\lessgtr\begin{matrix}(CH^3)^2\\CO^2H\end{matrix}$$

— On obtient l'acide hydrazine-isobutyrique en passant par l'intermédiaire de la combinaison benzaldéhydique, dérivée elle-même du nitrile de l'acétone semi-carbazone,

$$AzH^2-CO-AzH-AzH-C\lessgtr\begin{matrix}(CH^3)^2\\CAz\end{matrix}$$

dont on détruit le groupement carbamique par les acides à chaud, en même temps qu'on saponifie le groupement nitrile [Thiele et Heuser, *Ann. Chem.*, **290**, 1].

A cet effet, on fait digérer pendant 2 jours le nitrile avec 6 à 8 parties d'acide chlorhydrique fumant; au bout de ce temps on ajoute un demi-volume d'eau, on fait bouillir et on concentre fortement au bain-marie. On ajoute ensuite de l'acétate de sodium et on agite avec la quantité calculée d'aldéhyde benzylique. Après 12 heures, on recueille le précipité et on le purifie par dissolution dans l'éther, transformation en sel ammoniacal, décomposition par l'acide acétique, et cristallisation dans l'alcool étendu.

Pour le mécanisme des réactions, voyez à l'article HYDRAZIDOPROPIONIQUE.

L'*acide benzaldéhyde-hydrazine-isobutyrique*,

$$C^6H^5-CH=Az-AzH-C\lessgtr\begin{matrix}(CH^3)^2\\CO^2H\end{matrix}$$

est en aiguilles blanches, fusibles à 144-145°, insolubles dans l'eau, solubles dans l'alcool et dans l'éther. Tandis que l'acide lui-même fournit difficilement des sels, son dérivé benzylidénique donne facilement des *sels d'argent, de nickel, de cuivre* sous la forme de précipités peu solubles, quand on traite le sel ammoniacal par les solutions salines des métaux correspondants.

L'acide hydrazine-isobutyrique libre s'obtient en dédoublant la combinaison benzylidénique par la vapeur d'eau; la réaction est terminée lorsque l'eau distillée est inodore. En concentrant le liquide filtré, l'acide reste sous la forme d'une masse rayonnée cristallisée, qu'on purifie en la dissolvant dans l'eau bouillante et la précipitant par l'alcool absolu. On l'obtient alors en fines houppes incolores, fusibles à 237° en se décomposant: il présente une faible odeur, est soluble dans l'eau qu'il rend légèrement acide; il est réducteur. Il se combine aux acides (1 équivalent).

Le *chlorhydrate* est en rosettes, fusibles à 156-157°.

Le *nitrate* est en lamelles brillantes, fusibles à 146°.

Le *sulfate* est en belles aiguilles, fusibles à 189°. Ces sels sont très solubles dans l'eau, à peine solubles dans l'alcool.

Les acides, à l'ébullition, produisent lentement de l'hydrazine. La soude n'en donne pas. Les oxydants (chlorure ferrique, brome), en dégagent tout l'azote.

L'éther acétylacétique donne l'*acide méthylpyrazolone-isobutyrique* fusible à 263°.

Hydrazine-isobutyrate d'éthyle

$$AzH^2-AzH-C\lessgtr\begin{matrix}(CH^3)^2\\CO^2C^2H^5\end{matrix}$$

— Obtenu par action de l'acide chlorhydrique gazeux sur la solution alcoolique de l'acide à froid, ce corps se présente sous la forme d'un liquide mobile, volatil, distillant à 93-95° sous 13 millimètres, très difficile à rendre anhydre. Il fume à l'air, possède une odeur aromatique et forme un *chlorhydrate* déliquescent.

Carbonamido-hydrazo-isobutyronitrile,

$$\begin{matrix}CO-AzH-AzH-C(CH^3)^2\\|\qquad\qquad\qquad|\\AzH^2\qquad\qquad CAz\end{matrix}$$

— Ce composé se forme par fixation de l'acide cyanhydrique concentré sur l'acétone-semicarbazide; on laisse en contact pendant quatre jours et on fait évaporer l'excès d'acide cyanhydrique dans le vide au-dessus de chaux sodée; le résidu repris par l'alcool et précipité par l'éther constitue le produit pur.

Il se présente en tables à éclat adamantin, fusibles à 144°, facilement solubles dans l'eau, peu solubles dans l'alcool et insolubles dans l'éther et les autres dissolvants. Ce composé se dédouble facilement en ses composants.

Il est réducteur. L'action du permanganate le transforme en azo-dérivé correspondant, fusible à 78°, cristallisant en grandes tables jaune-citron. L'acide chlorhydrique fumant fournit le dérivé ci-dessous.

Carbonamido-hydrazo-isobutyramide,

$$\begin{matrix}CO-AzH-AzH-C(CH^3)^2\\|\qquad\qquad\qquad|\\AzH^2\qquad\qquad COAzH^2\end{matrix}$$

— Ce corps se présente en gros cristaux hexagonaux, fusibles à 205-206° avec décomposition. Il peut, comme le nitrile, perdre 2 atomes d'hydrogène et fournir par le permanganate et l'acide sulfurique, l'azo-dérivé correspondant, la *carbonamido-azo-isobutyramide*

$$AzH^2CO-Az=Az.C\lessgtr\begin{matrix}(CH^3)^2\\COAzH^2\end{matrix}$$

cristallisant dans l'eau en cristaux d'un jaune foncé, fusibles à 151° en se décomposant, solubles dans l'alcool, très peu solubles dans l'éther.

M. Delépine.

HYDRAZIDOPROPIONIQUE (ACIDE) [Syn. *Amido-alanine; acide 2 hydrazino-propanoïque*],

$$AzH^2-AzH-CH\lessgtr\begin{matrix}CH^3\\CO^2H\end{matrix}$$

— Cet acide a été préparé par MM. W. Traube et G. Longinescu, en réduisant l'acide isonitré correspondant. Pour l'isoler, on met à profit la formation de la combinaison cristallisée qu'il donne avec l'aldéhyde benzylique [*D. chem. G.*, **29**, 670]. On peut préparer de même les homologues.

Une méthode tout autre, due à M. J. Thiele, a permis également de préparer ce même acide. A cet effet, on fait réagir l'acide cyanhydrique sur la semicarbazone de l'aldéhyde, ce qui conduit au nitrile de l'acide carbonamido-hydrazinopropionique,

$$AzH^2-CO-AzH-AzH-CH\lessgtr\begin{matrix}CH^3\\CAz\end{matrix}$$

Ce nitrile est transformé en acide hydrazinepropionique, soit directement par les acides minéraux, soit en passant successivement par l'intermédiaire de l'imino-éther, puis de l'éther correspondant. Ces deux derniers corps sont décrits plus bas [J. Thiele et J. Bailey, *Ann. Chem.*, **303**, 75].

Acide hydrazine-propionique. — On chauffe

pendant 3 à 4 heures au bain-marie, bien bouillant, l'éther carbonamidohydrazine-propionique,

$$AzH^2CO-AzH-AzH-CH<^{CH^3}_{CO^2C^2H^5}$$

avec 2^{mol},5 d'acide sulfurique à 80 0/0, jusqu'à cessation de dégagement d'acide carbonique.

Le liquide noircit très peu. On dilue ensuite, on fait bouillir avec un excès de carbonate de baryum, pour chasser l'ammoniaque et enlever l'acide sulfurique, et on évapore le liquide filtré. Le résidu, trituré avec de l'éther, laisse cristalliser l'acide hydrazinopropionique fusible à 181° (180° d'après MM. Traube et Longinescu).

On peut aussi partir directement du nitrile; on le traite d'abord à froid par 2^{g},25 d'acide sulfurique à 80 0/0, et après 26 heures on fait chauffer au bain-marie, jusqu'à ce que le gaz carbonique ne se dégage plus.

Ces réactions consistent, en somme, en la saponification des groupements carboxéthyle ou nitrile, pendant que le groupement urée, $COAzH^2$, est détruit :

$$CO<^{AzH^2}_{AzH-AzH-CH(CH^3)-CO^2C^2H^5} + 2H^2O$$
$$= AzH^3 + CO^2 + AzH^2AzH-CH(CH^3)-CO^2H + C^2H^6O$$

Dans la méthode de MM. W. Traube et G. Longinescu on réduit, à 0°, l'isonitraminopropionate de sodium,

$$AzO^2-AzNa-CH<^{CH^3}_{CO^2Na}$$

ou mieux son sel de plomb, par l'amalgame de sodium à 2-8 0/0; on peut même partir directement du produit de l'action des vapeurs nitreuses sur une solution alcoolique d'éther méthylacétylacétique sodé, c'est-à-dire du composé

$$AzO^2-AzNa-C\begin{matrix}\diagup COCH^3\\ -CH^3\\ \diagdown CO^2C^2H^5\end{matrix}$$

On décompose ce corps par la soude, et on obtient une solution d'acétate et d'isonitraminopropionate de sodium. Après réduction, on acidule faiblement le liquide par l'acide sulfurique ou l'acide chlorhydrique, ce qui détruit le diazopropionate possible, et on agite avec de l'aldéhyde benzylique. On extrait à l'éther et, par cristallisation de l'extrait dans le benzène, on arrive au dérivé benzylidénique, fusible à 106°. On dédouble ce composé par la vapeur d'eau surchauffée.

L'acide hydrazinopropionique est facilement soluble dans l'eau, insoluble dans l'éther et dans l'alcool absolu. Il est réducteur.

Son *chlorhydrate*, $C^3H^8Az^2O^2,HCl$, fond à 155°; son dérivé *benzylidénique*, à 106°; son produit de condensation avec l'éther acétylacétique ou *acide méthylpyrazolone-propionique*, à 215°. Ce dernier a pour formule :

$$\begin{matrix}CH^3-C & — & CH^2\\ \| & & |\\ Az & & CO\\ & \diagdown\ \diagup & \\ & Az-CH<^{CH^3}_{CO^2H} & \end{matrix}$$

Carbonamidohydrazopropionitrile (*carbamo-b-hydrazino 2-propane-nitrile*),

$$CO<^{AzH^2}_{AzH-AzH-CH(CH^3)-CAz}$$

— Ce composé est la substance mère des dérivés de l'acide hydrazine-propionique. On l'obtient en laissant en contact l'aldéhyde-semicarbazone avec un excès d'acide cyanhydrique à 60 0/0 :

$$CO<^{AzH^2}_{AzH-Az=CH(CH^3)} + CAzH$$
$$= CO<^{AzH^2}_{AzH-AzH-CH(CH^3)-CAz}$$

Le nitrile cristallise au bout de quelque temps; après 24 heures de séjour dans le vide sur la chaux sodée, la masse est reprise par très peu d'alcool et la solution refroidie aussi vite que possible, le produit pouvant se dédoubler par une réaction inverse de celle qui l'a engendré. On peut même partir, pour cette préparation, du mélange de sel ammoniac et d'aldéhyde-semicarbazone obtenu par l'action du chlorhydrate de semicarbazide sur l'aldéhydate d'ammoniaque.

Le nitrile carbonamidohydrazopropionique est insoluble dans l'éther, la ligroïne, le benzène et le chloroforme, soluble dans l'eau et dans l'alcool; il fond à 131°.

Carbonamidohydrazopropionamide,

$$CO<^{AzH^2}_{AzH-AzH-CH(CH^3)-COAzH^2}$$

— Le chlorhydrate de cette amide cristallise en belles tables, par évaporation sur la chaux sodée de la solution du nitrile dans l'acide chlorhydrique concentré. L'amide en est chassée par l'ammoniaque; elle est en gros cristaux contenant 1 molécule d'eau, fusibles à 99-106° à l'état d'hydrate, à 142° à l'état anhydre.

Dihydrodioxyméthyltriazine,

$$\begin{matrix} & Az — COH & \\ OH-C\diagup\!\!\!\diagup & & \diagdown\!\!\!\diagdown C-CH^3,\\ \diagdown & & \diagup\\ & AzH-AzH & \end{matrix}$$

forme tautomérique de

$$\begin{matrix} & AzH-CO & \\ CO\diagup & & \diagdown CH-CH^3.\\ \diagdown & & \diagup\\ & AzH-AzH & \end{matrix}$$

— Ce composé résulte de l'élimination d'une molécule d'ammoniaque entre les deux fonctions amides du composé précédent. Il se forme quand on prolonge le contact du nitrile avec l'acide chlorhydrique fumant pendant 48 heures, et qu'après dilution avec 2 volumes d'eau on fait bouillir pendant 3 heures. Il cristallise en tables dentelées ou en lamelles soyeuses, fusibles à 214°, assez solubles dans l'eau, l'alcool, l'acétone, l'éther acétique, peu solubles dans le chloroforme, insolubles dans l'éther. C'est un corps réducteur.

L'eau de brome le transforme en *dioxyméthyltriazine*,

$$\begin{matrix} & Az-C.OH & \\ OH-C\diagup\!\!\!\diagup & & \diagdown\!\!\!\diagdown C-CH^3,\\ \diagdown & & \diagup\\ & Az=Az & \end{matrix}$$

fusible à 209°.

Iminoéther de l'acide carbonamidohydrazopropionique,

$$CO<^{AzH^2}_{AzHAzH-CH(CH^3)-C(=AzH)-OC^2H^5}$$

— Le *bichlorhydrate* de cet iminoéther se forme dans l'action de l'acide chlorhydrique gazeux sur une solution alcoolique du nitrile. Composé très hygroscopique, fusible à 124-128°.

Ether carbonamidohydrazopropionique. — Il suffit de mettre le bichlorhydrate précédent dans l'eau, de neutraliser la moitié de l'acide avec de la soude, de chauffer, d'évaporer à sec et de reprendre par l'éther acétique. On obtient des cristaux fusibles à 108°.

Acide carbonamidohydrazopropionique (*carbamo 2-hydrazopropanoïque*),

$$CO\begin{cases} AzH^2 \\ AzH-AzH-\underset{\displaystyle |}{\overset{CH^3}{}}CH-CO^2H\end{cases}$$

— On saponifie l'éther précédent par une ébullition d'une demi-heure avec la quantité calculée d'hydrate de baryum. Après addition de la quantité calculée d'acide sulfurique, on évapore à sec et on reprend par l'alcool. Poudre cristalline, fusible à 166-168°, soluble dans l'eau, l'acide acétique, peu soluble dans l'alcool et insoluble dans les autres solvants. M. Delépine.

HYDRAZIDOSALICYLIQUE (ACIDE) (*Acide oxyphénylhydrazine 4-carbonique* 3).

$$_{(4)}OH-C^6H^3\begin{cases} CO^2H_{(3)} \\ AzH-AzH^2_{(1)}\end{cases}$$

— Obtenu en réduisant le sel de potassium de l'acide sulfodiazosalicylique

$$OH-C^6H^3\begin{cases} CO^2H \\ Az=Az-SO^3K,\end{cases}$$

il constitue une poudre brunâtre, fusible à 148°. Son *chlorhydrate*, en aiguilles blanches, se décompose à 150°.

L'*hydrazone benzylidénique* est blanche, cristalline. L'*osazone méthylglyoxalique* et celle de l'*acétylpropionyle*, $CH^3-CO-CO-C^2H^5$, sont jaunes. La première fond à 192°; la seconde présente, après ébullition dans l'alcool, le point de fusion 220° [H. Auden, *Proceed. Chem. Soc.*, **15**, 229].

HYDRAZIDOVALÉRIQUE (ACIDE) (*Acide hydrazinovalérique* ; 2 *hydrazinopentanoïque*),

$$AzH^2-AzH-CH\begin{cases} C^3H^7 \\ CO^2H\end{cases}$$

— Cristallisé dans le benzène, ce composé fond à 116°; son *dérivé benzylidénique* fond à 215° [W. Traube et G. Longinescu, *D. chem. G.*, **29**, 675].

HYDRAZINES ET HYDRAZIDES. — La première hydrazine connue a été l'hydrazobenzène (Dict., **1**, 534), découvert par Hofmann en 1863; mais la constitution et les propriétés des hydrazines n'ont été véritablement mises au jour que par l'étude de la phénylhydrazine, due à M. E. Fischer (1er Suppl., 963). Depuis cette dernière époque, le nombre de substances dérivées de l'hydrazine s'est accru d'une façon formidable, et la découverte de l'hydrazine elle-même

$$AzH^2-AzH^2,$$

faite par M. Curtius en 1887, est venue donner une nouvelle ampleur aux travaux déjà nombreux publiés sur les hydrazines.

Nous étudierons ici l'hydrazine et ses dérivés dans l'ordre suivant :

1° L'hydrazine, AzH^2-AzH^2;

2° Les hydrazines primaires, $R-AzH-AzH^2$;

3° Les hydrazines secondaires dissymétriques,

$$RR'-Az-AzH^2;$$

4° Les hydrazines secondaires symétriques,

$$R-AzH-AzH-R';$$

5° Les hydrazines tertiaires, $RR'-Az-AzH-R''$;

6° Les hydrazines quaternaires,

$$RR'-Az-Az-R''R''';$$

7° Les sels d'hydraziniums;

8° Les polyhydrazines de divers ordres.

Chacun des six derniers groupes pourra se diviser, suivant la nature des radicaux, en hydrazines grasses et aromatiques. Enfin, dans tous ces groupes il y aura à étudier successivement : les sels, les sels doubles, les combinaisons aldéhydiques, et en dernier lieu les combinaisons résultant de l'union des hydrazines et des acides organiques avec élimination d'eau, c'est-à-dire les *hydrazides*, correspondant aux amides. Dans chaque groupe, les hydrazines seront étudiées successivement suivant leur degré de complication.

I. — HYDRAZINE.

(*Diamidogène, diamide.*)

$$AzH^2-AzH^2.$$

— Le sulfate de ce corps remarquable a été découvert par M. Curtius [*D. chem. G.*, **20**, 1632] dans l'action de l'acide sulfurique dilué sur l'acide triazoacétique. De ce sel, M. Curtius a pu ensuite passer à l'hydrate d'hydrazine, Az^2H^4, H^2O, à ses sels, etc. La *base anhydre* n'a été préparée ultérieurement que par M. Lobry de Bruyn [*Rec. des Pays-Bas*, **15**, 174].

Modes de formation de l'hydrazine. — 1° L'hydrazine se forme dans l'hydrolyse de l'acide triazoacétique, acide coloré qui se produit par l'action des alcalis sur les éthers de l'acide diazoacétique

$$CO^2R-CH\begin{cases} Az \\ \| \\ Az\end{cases}$$

(voyez 2e Suppl., **3**, 147). Il n'y a pas saponification de ces éthers, mais formation d'un acide polymère $C^3H^3(CO^2H)^3Az^6$, appelé *acide triazoacétique* (voyez ACIDE HYDRAZIACÉTIQUE).

Cet acide se décompose par chauffage avec l'eau ou les acides minéraux en acide oxalique et hydrazine ou en acide formique, anhydride carbonique et hydrazine, par suite d'une décomposition secondaire de l'acide oxalique, laquelle dépend de la nature de l'acide et de sa concentration :

$$C^3H^3Az^6(CO^2H)^3 + 6H^2O = 3C^2O^4H^2 + 3Az^2H^4.$$

Avec les acides minéraux, l'acide oxalique se forme presque exclusivement et l'hydrazine s'unit à ces acides; avec l'eau seule, il se forme du formiate d'hydrazine.

L'éther triazoacétique en présence des acides minéraux se comporte comme l'acide, à cela près qu'il se forme intermédiairement de l'éther oxalique, lequel ne fournit que peu d'anhydride carbonique par sa saponification [Curtius et Jay, *J. prakt. Chem.*, (2), **39**, 27].

2° L'éther diazoacétique réduit par le zinc et l'acide acétique, l'aluminium ou le zinc en solution alcaline, ne fournit que des traces d'hydrazine (C. et J., *ibid.*).

3° La décomposition des produits d'addition incolores que fournit l'éther diazoacétique avec les éthers des acides non saturés conduit à de l'hydrazine, à de l'anhydride carbonique et à un éther saturé [Buchner, *D. chem. G.*, **21**, 2637] :

$$\underset{\text{Acide fumarodiazoacétique.}}{C^3H^3Az^2(CO^2H)^3} + 2H^2O$$

$$= Az^2H^4 + \underset{\text{Acide succinique.}}{C^2H^4(CO^2H)^2} + 2CO^2.$$

4° L'hydrogénation de la nitrosoparaldimine, dérivé nitrosé de l'aldéhydate d'ammoniaque, donne l'amino-paraldimine

$$C^5H^{11}O^2-CH=Az.AzH^2,$$

laquelle, décomposée par l'acide sulfurique, fournit du sulfate d'hydrazine et de l'aldéhyde [Curtius et Jay, *D. chem. G.*, **23**, 741] :

$$CH^3-CH\begin{array}{l}\diagup O-CH-CH^3\\ \qquad\qquad > Az-AzH^2\\ \diagdown O-CH-CH^3\end{array} + SO^4H^2 + H^2O$$

$$= SO^4H^2,Az^2H^4 + 3C^2H^4O;$$

5° L'hydrogénation des dérivés analogues de l'hexaméthylène-amine, savoir, la dinitrosopentaméthylène-tétramine et la trinitrosotriméthylène-triamine les transforme en dérivés aminés correspondants. Ceux-ci fournissent de l'hydrazine, soit qu'on les dédouble directement, soit qu'on les transforme préalablement en dérivés aldéhydiques. Le dédoublement effectué au moyen de l'acide sulfurique donne du sulfate d'hydrazine :

$$(CH^2)^5 \lessgtr \begin{array}{l}(Az)^2\\(Az-AzH^2)^2\end{array} + 5H^2O$$

$$= 2Az^2H^4 + 2AzH^3 + 5CH^2O.$$

$$(CH^2Az-AzH^2)^3 + 3H^2O = 3Az^2H^4 + 3CH^2O$$

[P. Duden et M. Scharff, *Ann. Chem.*, **288**, 218. — Voyez aussi 2e Suppl., **4**, 285. — Brevet allemand n° 80466, 1894];

6° La réduction de la méthylène-isonitramine.

$$CH^2 \begin{array}{l}\diagup Az=AzOH\\ \diagdown Az=AzOH\end{array}$$

à froid par l'amalgame de sodium, donne principalement de l'hydrazine et de l'ammoniaque [W. Traube, *D. chem. G.*, **27**, 3292];

7° L'hydrogénation à froid du nitrosylsulfite de potassium par l'amalgame de sodium donne aussi de l'hydrazine :

$$AzO-Az \begin{array}{l}\diagup SO^3K\\ \diagdown OK\end{array} + 3H^2$$

$$= AzH^2-AzH^2 + SO^4K^2 + H^2O$$

à côté d'hypoazotite de potassium et d'hydroxylamine.

C'est là une méthode qui ne met en jeu que des composés inorganiques [Duden, *D. chem. G.*, **27**, 3498]. L'hydrazine a été caractérisée par sa combinaison avec l'aldéhyde benzylique;

8° En traitant par un sulfite alcalin l'éther de l'acide azométhane-carbonique, M. von Pechmann a obtenu un sel de l'éther hydraziméthylène-carbonique sulfoné à l'azote :

$$C^2H^5CO^2-CH \begin{array}{l}\diagup Az\\ \;\;\|\\ \diagdown Az\end{array} + SO^3K^2 + H^2O$$

$$= C^2H^5CO^2-CH \begin{array}{l}\diagup AzH\\ \;\;|\\ \diagdown Az-SO^3K\end{array} + KOH$$

Ce sel, formé en quantité théorique, se dédouble lentement à l'ébullition par l'action de l'eau ou de l'acide sulfurique étendu :

$$C^2H^5CO^2-CH \begin{array}{l}\diagup AzH\\ \;\;|\\ \diagdown Az-SO^3K\end{array} + 3H^2O$$

$$= \underset{\text{Éther glyoxylique.}}{C^2H^5CO^2-CHO} + SO^4H^2.Az^2H^4 + KOH$$

[*D. chem. G.*, **28**, 1847];

9° On l'obtient aussi en décomposant par les acides un composé assez analogue au précédent : le sulfone-hydraziméthylène-disulfonate de potassium :

$$(SO^3K)^2C \begin{array}{l}\diagup AzH\\ \;\;|\\ \diagdown Az-SO^3K\end{array} + H^2O$$

$$= (SO^3K)^2CO + \begin{array}{l}AzH^2\\ \;|\\ AzH^2\end{array} + SO^3KH.$$

Dans cette réaction, le méthanal-disulfonate de potassium formé se décompose ultérieurement de la façon suivante :

$$2CO(SO^3K)^2 + H^2O$$

$$= CO^2 + C(OH)(SO^3K)^3 + SO^3KH.$$

Quant au sel en question, on l'obtient en ajoutant du sulfite de potassium au diazoïque provenant de la diazotation de l'amino-méthane-disulfonate de potassium, qui est lui-même un produit d'addition de l'acide sulfureux et du cyanure de potassium en milieu alcalin :

$$CAzK + 2SO^2 + KOH + H^2O$$

$$= CH(SO^3K)^2AzH^2.$$

$$(SO^3K)^2-CH-AzH^2 + AzO^2H$$

$$= (SO^3K)^2C \begin{array}{l}\diagup Az\\ \;\;\|\\ \diagdown Az\end{array} + 2H^2O.$$

$$(SO^3K)^2C \begin{array}{l}\diagup Az\\ \;\;\|\\ \diagdown Az\end{array} + SO^3KH = (SO^3K)^2C \begin{array}{l}\diagup AzH\\ \;\;|\\ \diagdown AzSO^3K\end{array}$$

D'après MM. H. von Pechmann et Ph. Manch, cette marche de préparation de l'hydrazine serait très commode et utilisable en grand [*D. chem. G.*, **28**, 2381; *Bull. Soc. Chim.*, (1), **16**, 348; D. R. P., 79 885];

10° L'hydrolyse de l'amino-guanidine par l'ébullition avec les acides ou les alcalis a lieu suivant les équations suivantes, avec production intermédiaire de semicarbazide :

$$AzH=C \begin{array}{l}\diagup AzH.AzH^2\\ \diagdown AzH^2\end{array} + H^2O$$

$$= CO \begin{array}{l}\diagup AzH.AzH^2\\ \diagdown AzH^2\end{array} + AzH^3$$

$$CO \begin{array}{l}\diagup AzH.AzH^2\\ \diagdown AzH^2\end{array} + H^2O$$

$$= CO^2 + AzH^3 + AzH^2-AzH^2$$

[J. Thiele, *Ann. Chem.*, **270**, 1].

De ces réactions diverses nous ne détaillerons que deux, les préparations au moyen de l'acide dit triazoacétique et de l'amino-guanidine.

Préparation de l'hydrazine par l'acide triazoacétique. — L'acide obtenu à partir du sel de sodium est employable sans nouvelle cristallisation. On opère de la façon suivante :

245 grammes d'acide triazoacétique sont chauffés dans un ballon spacieux, au bain-marie, avec 2 litres d'eau contenant 300 grammes d'acide sulfurique pur et concentré, jusqu'à ce que tout se dissolve. On abandonne le liquide à une douce chaleur, jusqu'à cessation de dégagement de gaz carbonique. On chauffe de nouveau au bain-marie jusqu'à ce que la solution se décolore le plus possible; la décoloration est presque complète. Par refroidissement il se sépare des cristaux incolores de sulfate d'hydrazine peu soluble; on les essore sur du coton de verre et on les lave trois fois à l'eau froide. Les eaux mères, évaporées jusqu'à ce que la cristallisation com-

mence à chaud, fournissent encore du sulfate presque pur qu'on essore et qu'on lave comme le premier.

Des secondes eaux mères on extrait toute l'hydrazine par agitation avec l'aldéhyde benzylique, sous la forme de benzalazine, $(C^6H^5CH)^2Az^2$, laquelle est purifiée par cristallisation dans l'alcool à 90° jusqu'à ce que son point de fusion atteigne 93°. La benzalazine, décomposée par la vapeur d'eau en présence d'acide sulfurique ou chlorhydrique dilué, régénère l'hydrazine et l'aldéhyde. Il faut avoir soin de n'ajouter l'aldéhyde qu'avec précaution, car l'excès dissoudrait la benzalazine.

Enfin, dans la préparation de l'acide triazoacétique par le sel de sodium et l'acide sulfurique, une certaine portion de l'acide organique reste dissoute. Pour avoir l'hydrazine qu'il peut fournir, il suffit d'abandonner la liqueur à elle-même. Elle se transforme peu à peu en sulfate d'hydrazine et acide oxalique; la chaleur permettrait d'activer la réaction, mais l'hydrazine serait détruite par les matières étrangères ou les impuretés du sel initial. Tous les 2 ou 3 jours on agite la liqueur avec un peu d'aldéhyde benzylique, jusqu'à ce que l'huile d'abord formée se résolve en flocons de benzalazine que l'on sépare par filtration; la benzalazine brunâtre obtenue, lavée à l'eau froide, est finalement purifiée par cristallisation en milieu alcoolique et décomposée comme précédemment.

La décomposition de l'acide triazoacétique fournit la quantité théorique d'hydrazine [Curtius et Jay, *J. prakt. Chem.*, (2), **39**, 28].

Au lieu d'employer l'aldéhyde benzylique pour extraire le restant de l'hydrazine, on peut mettre à profit la propriété qu'a le sulfate d'hydrazine de donner avec le sulfate de cuivre un sel double très peu soluble qu'on n'a plus qu'à décomposer par l'hydrogène sulfuré, après l'avoir essoré et mis en suspension dans l'eau chaude [Curtius, *J. prakt. Chem.*, (2), **50**, 325].

De la formation de l'hydrazine dans la réaction ci-dessus, M. Curtius [*J. prakt. Chem.*, (2), **39**, 107] avait présumé pour l'acide triazoacétique une formule de constitution qui permettait d'expliquer la réaction par fixation d'eau :

$$\begin{array}{ccc} & CO^2H & \\ & | & \\ & CH & \\ \diagup & & \diagdown \\ Az & & Az \\ \| & & \| \\ Az & & Az \\ | & & | \\ CO^2H-CH & & CH-CO^2H \\ \diagdown & & \diagup \\ & Az=Az & \end{array} + 6H^2O$$

$$= \begin{array}{c} \begin{array}{ccc} & CO^2H & \\ AzH^2 & | & AzH^2 \\ | & CO^2H & | \\ AzH^2 & & AzH^2 \end{array} \\ CO^2H-CO^2H + CO^2H-CO^2H \\ H^2Az-AzH^2 \end{array} = 3Az^2H^4 + 3C^2O^4H^2.$$

M. Michaël [*J. prakt. Chem.* (2), **60**, 312] avait proposé pour les sels de l'éther diazoacétique et du polymère qui en dérive une formule trimère un peu différente permettant également de rendre compte de la formation de l'hydrazine; mais sa formule ainsi que celle de M. Curtius doivent être abandonnées. MM. A. Hantzsch et O. Silberrad ont, en effet, démontré récemment [*D. chem. G.*, **33**, 58; *Bull. Soc. Chim.* (3), **24**, 706] que l'acide dénommé triazoacétique est en réalité un acide bis-diazoacétique, ainsi que cela résulte de la cryoscopie des éthers. La condensation de l'acide diazoacétique a lieu suivant l'équation :

$$2CO^2H-CH\begin{array}{l}\diagup Az\\ \quad \| \\ \diagdown Az\end{array}$$

$$= CO^2H-CH \begin{array}{c} \diagup Az=Az \diagdown \\ \diagdown Az=Az \diagup \end{array} CH-CO^2H.$$

On voit facilement comment l'hydratation conduit à l'acide oxalique et à l'hydrazine.

Préparation à partir de la guanidine. — On prépare d'abord la nitroguanidine,

$$AzH = C \begin{array}{l} \diagup AzH(AzO^2) \\ \diagdown AzH^2 \end{array}$$

Pour cela, on dissout 300 grammes de sulfocyanate de guanidine brute dans 300 centimètres cubes d'acide sulfurique, on y ajoute 250 centimètres cubes d'acide fumant à 10 0/0 d'anhydride, en refroidissant, puis 200 centimètres cubes d'acide nitrique fumant; aussitôt qu'on voit des bulles de gaz apparaître à la surface, on verse le tout dans 4 litres d'eau froide; la nitroguanidine se précipite en aiguilles. Le rendement est de 46 à 50 0/0 du sulfocyanate employé.

Pour réduire la nitroguanidine on fait une bouillie de 208 grammes du produit avec 700 grammes de zinc en poudre et autant d'eau et de glace, puis on y ajoute, en remuant, 124 grammes d'acide acétique commercial, étendu préalablement de son volume d'eau, en maintenant la température à 0° par des additions de glace; mais on la laisse ensuite atteindre lentement 40°; quand une prise d'essai n'est plus colorée en rouge par un sel ferreux et la soude (réaction de la nitroguanidine) on filtre et on évapore la solution en ajoutant un acide minéral en quantité équivalente à l'acide acétique à déplacer. Il reste le sel minéral de l'aminoguanidine.

Il n'est pas nécessaire d'obtenir un sel pur pour préparer l'hydrazine; la solution brute acétique peut servir directement. On la concentre (pour 208 grammes de nitroguanidine) à 1200 centimètres cubes, on y ajoute 500 centimètres cubes de solution de soude correspondant à 260 grammes d'hydrate de sodium, et on fait bouillir au réfrigérant ascendant pendant 8 ou 10 heures. De l'ammoniaque s'échappe, sans trace d'hydrazine. Après refroidissement on essore le carbonate de sodium formé et on ajoute à la solution 200 centimètres cubes d'acide sulfurique concentré. Le sulfate d'hydrazine se précipite aussitôt; une seconde cristallisation le donne pur. Rendement : 90 0/0 de la nitroguanidine [J. Thiele, *Ann. Chem.*, **270**, 22, 31].

HYDRATE D'HYDRAZINE, Az^2H^4, H^2O.

La préparation de l'hydrazine, une fois les sels obtenus par l'une des méthodes indiquées ci-dessus, ne va pas sans quelques difficultés. L'hydrazine anhydre n'a pas été obtenue par M. Curtius, qui la considéra comme un gaz doué d'une odeur propre, pénétrante, dont l'hydrate est dépourvu à peu près complètement [Curtius et Schulz, *J. prakt. Chem.*, (2), **42**, 521]; elle n'a été obtenue que plus tard par M. Lobry de Bruyn [*Rec. des Pays-Bas*, **15**, 174; *Bull. Soc. Chim.*, (3), **15**, 1221].

Voici comment MM. Curtius et Jay [*J. prakt. Chem.*, (2) **39**, 43] recommandent de préparer l'hydrate :

D'après M. Curtius, l'hydrazine présente une grande affinité pour l'eau. Ses sels décomposés par les alcalis caustiques, même par la baryte anhydre, fournissent seulement l'hydrate à 1 molécule d'eau. On opère ordinairement en distillant le sulfate avec une lessive de potasse dans des appareils en argent, sans joints de caoutchouc ni autre lut; le liquide obtenu, fractionné, fournit, de 100 à 106°, de l'eau contenant 1 0/0 d'hydrazine; de 106 à 117°, l'eau s'enrichit en hydrazine, et à 119°, on obtient l'hydrate absolument pur sous la forme d'un liquide presque inodore, fumant à l'air, fortement réfringent, inaltérable en vase clos. 100 grammes de sulfate peuvent fournir 36 grammes d'hydrate d'hydrazine, bouillant à 119°.

M. Lobry de Bruyn [*D. chem. G.*, **28**, 3086; *Bull. Soc. Chim.*, (3), **16**, 743] a indiqué une autre façon de l'obtenir : on distille le mélange des solutions de sulfate d'hydrazine et de potasse, jusqu'à ce que la plus grande partie de l'eau soit chassée. On ajoute alors au résidu assez d'alcool pour précipiter le sulfate de potassium, on filtre et on distille d'abord sous la pression ordinaire pour chasser l'alcool, puis sous une pression de 100 à 150 millimètres Le rendement est très bon.

L'hydrate distille sous une pression de 26 millimètres à 47° sans s'altérer.

Propriétés physiques. — C'est un liquide incolore, réfringent, qui ronge le liège et le caoutchouc et attaque le verre à chaud; c'est pourquoi M. Curtius employait des appareils en argent. Sa saveur est caustique et brûlante.

Il est hygroscopique et attire l'acide carbonique de l'air. Il se mêle à l'eau et à l'alcool en toutes proportions, mais non à l'éther, au chloroforme et au benzène.

Le mélange acide carbonique solide et éther le transforme en une masse cristalline feuilletée qui se liquéfie de nouveau à — 40°.

Sa densité à 21° est de 1,03 [Curtius et Schulz, *J. prakt. chem.*, (2), **42**, 530].

Propriétés chimiques. — Les propriétés chimiques dominantes de l'hydrate d'hydrazine, en dehors de la facilité avec laquelle il réagit sur d'innombrables composés organiques, résident dans son pouvoir réducteur qui surpasse celui de l'hydroxylamine; presque instantanément il fait disparaître les bandes d'absorption du sang (Curtius et Jay); il s'oxyde rapidement à l'air et encore plus vite en présence d'oxygène pur (Lobry de Bruyn) :

$$Az^2H^4, H^2O + O^2 = Az^2 + 3H^2O.$$

L'oxygène humide, en présence de noir de platine, réagit suivant l'équation :

$$4Az^2H^4, SO^4H^2 + 5O = 3Az^2 + 5H^2O + 3SO^4H^2 + (AzH^4)^2SO^4$$

[Sabanéieff, *Bull. Soc. Chim.*, (3), **22**, 721].

MM. Curtius et Jay (*loc. cit.*), Curtius et Schrader [*J. prakt. Chem.*, (2), **50**, 318] signalent les propriétés suivantes vis-à-vis d'un certain nombre de sels ou d'oxydes minéraux :

Le chlorure de platine en solution neutre donne à l'ébullition un miroir ou des parcelles brillantes de platine; en solution acide, il se transforme en chlorure platineux. Les sels d'argent donnent de l'argent compact, comme cristallisé. Le chlorure mercurique fournit d'abord un sel double jaune, puis bientôt le métal. Le chlorure ferrique en solution acide se change en chlorure ferreux; le chlorure cuivrique en chlorure cuivreux.

Une goutte d'hydrate d'hydrazine projetée sur l'oxyde de mercure, sur l'acide chromique, fait explosion.

L'acide molybdique solide est ramené à l'état de MoO^2; en solution acide il bleuit, en solution alcaline il donne du sesquioxyde précipité et une coloration bleue. Par contre, l'acide tungstique ne subit avec l'hydrate d'hydrazine qu'une altération superficielle insignifiante.

Les sels d'acide chromique abandonnent de l'oxyde vert de chrome; les sels ferriques sont rapidement changés en sels ferroso-ferriques, puis ferreux. Les permanganates et les manganates sont changés en oxyde brun de manganèse.

Enfin, le chlorure d'or donne quantitativement de l'or. La réaction est très sensible et permet de déceler 1/40000 de gramme d'hydrazine à coup sûr. Les sels de manganèse, de magnésium, d'aluminium, de chrome donnent simplement l'hydroxyde déplacé.

Les halogènes réagissent vivement avec l'hydrate d'hydrazine.

En dirigeant du chlore dans une cloche contenant de l'hydrate d'hydrazine, on observe au bout de quelques minutes un dégagement d'azote et bientôt se séparent des octaèdres de bichlorhydrate :

$$3Az^2H^4, H^2O + 4Cl = 2(Az^2H^4, 2HCl) + Az^2 + 3H^2O.$$

Le brome en excès détruit intégralement l'hydrate d'hydrazine en donnant de l'azote et de l'hydracide; mais si on le fait agir sur l'hydrate d'hydrazine en suspension dans le chloroforme, il se sépare bientôt des cristaux de monobromhydrate, avec dégagement d'azote :

$$5Az^2H^4, H^2O + 4Br = 4Az^2H^4, HBr + Az^2 + 5H^2O.$$

L'iode en solution alcoolique donne exactement et quantitativement la même réaction que le brome, et cette réaction est si sensible qu'elle peut servir au dosage des solutions d'hydrate d'hydrazine. Le terme est atteint quand une nouvelle goutte d'iode colore la liqueur. La solution alcoolique évaporée abandonne jusqu'à la dernière goutte des cristaux incolores de monoiodhydrate, $Az^2H^4.HI$ [Curtius et Schulz, *J. prakt. Chem.* (2), **42**, 534].

Le soufre donne, déjà à la température ordinaire, de l'hydrogène sulfuré. Le phosphore blanc, en présence de l'eau et à l'abri de l'air, donne probablement le phosphure P^4H^2, et, à l'air, il se forme de l'acide hypophosphoreux. Comme l'hydrazine anhydre, il dissout certains sels (L. de B.).

Les vapeurs nitreuses, résultant de la réduction de l'acide azotique par l'acide arsénieux, dirigées dans une solution refroidie à 0° de sulfate d'hydrazine y produisent de l'acide azothydrique [Th. Curtius, *D. chem. G.*, **26**, 1263]. Cette réaction est encore plus frappante si, à une solution saturée de nitrite d'argent on ajoute du sulfate d'hydrazine; on voit bientôt se déposer de l'azoture d'argent cristallisé et reconnaissable à ses propriétés explosives [A. Angeli, *Gazz. chim. ital.*, **23**, 2, 292] :

$$AzH^2-AzH^2 + AzO^2H = AzH^2-Az{=}AzOH + H^2O = Az^3H + 2H^2O.$$

Le chlorure d'azote, qui est le correspondant de l'acide azoteux, réagit d'une façon analogue :

$$Az^2H^4 + AzCl^3 = Az^3H + 3HCl.$$

On obtient aussi l'acide azothydrique avec de bons rendements en agitant une solution benzénique de chlorure d'azote avec une solution d'hydrazine [S. Tanatar, *D. chem. G.*, **32**, 1399].

L'hydrazine en solution concentrée se conserve bien, mais ses solutions diluées s'altèrent à la longue, surtout en vase ouvert. En moins d'un an, une solution à 10 0/0 d'hydrate est totalement détruite, même en tube scellé, avec formation d'ammoniaque en quantité non négligeable, mais on ne trouve pas d'hydroxylamine (Curtius et Schrader).

HYDRAZINE LIBRE OU HYDRAZINE ANHYDRE,

$AzH^2 - AzH^2$.

— M. Lobry de Bruyn a obtenu l'hydrazine anhydre en décomposant son chlorhydrate par le méthylate de sodium, et en traitant son hydrate par la baryte anhydre [*Rec. des Pays-Bas*, **15**, 174; *Bull. Soc. Chim.*, (3), **15**, 1221]. Cette deuxième méthode, permettant de partir directement du sulfate, est préférable. L'hydrate, obtenu comme on l'a indiqué plus haut, est alors ajouté peu à peu, pour éviter un trop grand échauffement, à 3 fois son poids de baryte anhydre placée dans un ballon à long col. On chauffe ensuite à 110-120° pendant quelques heures, et on distille sous une pression de 100 à 150 millimètres. La base distillée renferme encore 3 à 4 0/0 d'eau, qu'on élimine par ébullition avec de la baryte dans une atmosphère d'hydrogène; enfin on distille à feu nu dans l'hydrogène sec, et on a l'hydrazine pure.

C'est un liquide qui ne distille qu'à quelques degrés au-dessous de l'hydrate, soit à 113°,5 sous la pression ordinaire, à 56° sous 71 millimètres et à 134°,6 sous 1490 millimètres. Sa température critique est de 380° et sa pression critique de 145 atmosphères. Il n'attaque plus le verre. Il fond à 1°,4. Sa densité est, à 15°, de 1,014. Il est miscible à l'eau, aux alcools méthylique, éthylique, propyliques, butyliques, amyliques, peu soluble dans les solvants organiques. Il dissout lui-même certains sels : chlorures de sodium, de potassium, bromure de potassium, iodure de potassium, nitrate de potassium, nitrate de sodium, nitrate de baryum. Le chlorure de sodium produit un échauffement notable et semble former une combinaison. Les sels ammoniacaux sont décomposés.

Sa stabilité est remarquable; ce n'est qu'au-dessus de 350° que l'hydrazine commence à se décomposer, sensiblement suivant l'équation :

$$3Az^2H^4 = Az^2 + 4AzH^3.$$

Comme l'hydrate, c'est un réducteur très puissant. Elle s'enflamme dans le chlore et réagit violemment sur le brome, l'iode; le soufre l'attaque et dégage de l'hydrogène sulfuré, de l'ammoniaque, de l'azote, en présence de l'eau à 50°; les oxydes facilement réductibles, comme les oxydes de mercure, de plomb, ou les sels de cuivre, les bichromate et permanganate de potassium, réagissent brutalement. Le sodium sec, en présence de pétrole, réagit avec violence, dégage de l'hydrogène et de l'ammoniaque et forme des flocons bruns.

Enflammée à l'air, elle continue à brûler avec une flamme violette; à froid, elle s'oxyde lentement.

Action du pyrosulfate de potassium. — Parmi les actions qu'elle exerce sur les sels et que M. Lobry de Bruyn a signalées, M. R. Stollé a examiné l'action du pyrosulfate de potassium; on sait que ce sel agit sur les hydrazines en donnant des hydrazine-sulfonates. En faisant réagir les composants anhydres, M. R. Stollé a réalisé la réaction :

$$2Az^2H^4 + S^2O^7K^2 = Az^2H^3\text{-}SO^3H, Az^2H^4 + SO^4K^2.$$

En neutralisant les produits formés par le bicarbonate de potassium, puis agitant la solution avec l'aldéhyde benzylique, filtrant et évaporant dans le vide, on arrive par extraction avec l'alcool au benzalhydrazine-sulfonate de potassium, $C^6H^5CH = Az - AzH - SO^3K$, cristallisable en lamelles brillantes. Ce sel, à l'ébullition avec l'eau, paraît se scinder en aldéhyde benzylique et hydrazine-sulfonate de potassium. Ce dernier est réducteur [R. Stollé, *D. chem G.*, **32**, 799].

Constitution de l'hydrazine et de son hydrate. — La multitude de réactions fournies par l'hydrazine montre qu'elle possède deux groupes amidogènes AzH^2; mais l'azote pourrait y posséder une triple ou une quintuple valence :

$$AzH^2 - AzH^2 \quad \text{ou} \quad H^2Az \equiv AzH^2.$$

L'étude réfractométrique a montré que la valeur des constantes de l'azote n'est pas altérée dans l'hydrazine anhydre (Lobry de Bruyn) et que dans l'hydrate on se trouve en présence d'une simple combinaison moléculaire

$$H^2Az - AzH^2, H^2O \quad \text{et non} \quad H^3Az - AzH^2 - OH$$

[Brühl, *D. chem. G.*, **30**, 162]; en effet, l'hydrate a une réfraction moléculaire de 12,44 et la somme des réfractions moléculaires de Az^2H^4 et H^2O est 12,58. Il en est de même des sels de l'hydrazine ainsi que des hydrazines substituées.

Le poids moléculaire de l'hydrate, déterminé à 100° par la méthode d'Hofmann, correspond à la formule Az^2H^6O, mais par la méthode de Meyer il n'est plus qu'environ la moitié, ce qui indique une dissociation en $Az^2H^4 + H^2O$. Par la cryoscopie de la solution aqueuse, on trouve $M = 70$, soit $Az^2H^4, 2H^2O$, correspondant au dihydrate théorique $OH.AzH^3 - AzH^3 - OH$ (Curtius et Schulz). En somme, c'est un hydrate beaucoup moins stable que ne le croyait M. Curtius; sa chaleur de dissolution assez faible vient à l'appui de cette opinion.

Thermochimie de l'hydrate d'hydrazine et de ses sels. — D'après M. Lobry de Bruyn, la chaleur de dissolution de l'hydrazine anhydre est $3^{cal},78$; celle de l'hydrate $1^{cal},92$; la chaleur d'hydratation est par suite de $1^{cal},86$.

M. R. Bach [*Zeit. physik. Chem.*, **9**, 241] donne le même chiffre pour la chaleur de dissolution de l'hydrate.

D'après la chaleur de combustion du sulfate, dans la bombe en présence d'un peu de camphre, MM. Berthelot et Matignon [*Ann. Chim. Phys.*, (6), **28**, 130] ont trouvé que :

$$S_{oct} + O^4 + Az^2 + H^6 = SO^4H^2Az^2H^4 \text{ crist.} + 228^{cal},1.$$

En coordonnant cette valeur avec d'autres données, on trouve que :

$$Az^2 + H^4 + Aq = Az^2H^4 \text{ diss.} - 1^{cal},7,$$
$$Az^2 + H^6 + O + Aq = Az^2H^4, H^2O \text{ diss.} + 67^{cal},3,$$
$$Az^2 + H^6 + O = Az^2H^4, H^2O \text{ liq.} + 65^{cal},4.$$

M. R. Bach est arrivé à des nombres peu différents en oxydant le nitrate d'hydrazine par l'azotate d'argent ammoniacal, soit $66^{cal},3$ pour l'hydrate d'hydrazine formé suivant l'équation :

$$Az^2 + H^6 + O + Aq = Az^2H^4, H^2O \text{ diss.} + 66^{cal},3.$$

Ce nombre s'écarte assez peu du précédent; on pourrait enfin écrire, connaissant la chaleur de dissolution de l'hydrazine anhydre

$$Az^2 + H^4 = Az^2H^4 \text{ liq.} - 5^{cal},5.$$

Les chaleurs de dissolution des sels sont les suivantes (Bach) :

$Az^2H^4, 2HCl_{16°} - 6^{cal},2$; $Az^2H^4, HCl_{19°} - 5^{cal},44$
$Az^2H^4, SO^4H^2_{10°} - 8^{cal},53$; $- 8^{cal},7$ à 10° (B. et M.)
$Az^2H^4, Az^3H_{17°}$ (azoture) $- 6^{cal},73$;
$- 7^{cal},1$ à 12° (B. et M.).

Les chaleurs de neutralisation ont été trouvées de :

11^{cal},3 à 17°,5 pour SO^4H^2 diss. + Az^2H^4 diss. (Bach); de 11^{cal},1 à 10° (Berthelot et Matignon);

11,2 à 17°,6 pour 1/2 SO^4H^2 diss. + Az^2H^4 diss. (Bach);

9,65 à 17°,5 pour HCl diss. + Az^2H^4 diss. (Bach);

9,6 à 17° pour 2 HCl diss. + Az^2H^4 diss. (Bach); 10^{cal},4 à 10°,8 (Berthelot et Matignon).

9,7 à 17°,6 pour 1 ou 2 AzO^3H diss. + Az^2H^4 diss. (Bach);

8,3 à 17°,2 pour Az^3H diss. + Az^2H^4 diss. (Bach), (azoture).

Ces nombres sont tous inférieurs à ceux des alcalis et même de l'ammoniaque; ils montrent nettement que l'hydrazine est monoacide seulement, puisque la deuxième molécule d'acide ne produit aucune action thermique; ceci s'accorde avec ce fait que l'évaporation d'un sel biacide à acide volatil comme l'acide chlorhydrique ne laisse que le monochlorhydrate, et encore que l'abaissement du point de congélation d'une solution de ce bichlorhydrate est quatre fois plus grande que ne l'indique le poids moléculaire $Az^2H^4, 2HCl$; les ions étant $Az^2H^5 . Cl . H . Cl$ [Curtius, *J. prakt. Chem.*, (2), **42**, 521]. Il en résulte encore que l'action inversive de ce sel sous le poids $Az^2H^4, 2HCl$ sera identique à celle d'un HCl (Bach).

Des nombres précédents on pourrait tirer facilement la chaleur de formation des sels solides. M. Bach donne ces nombres en adoptant la chaleur de formation 66^{cal},3 pour l'hydrate $Az^2 + O + H^6$. Nous ne les transcrirons pas.

Propriétés alcalines vis-à-vis des indicateurs colorés. — Sauf avec la phénolphtaléine qui est inutilisable comme indicateur, l'hydrate d'hydrazine se conduit vis-à-vis des autres colorants à peu près comme l'ammoniaque, et peut être dosé par son alcalinité par rapport à eux. Le papier de curcuma en décèle les vapeurs en brunissant bien avant que l'odorat en soit affecté [Curtius et Schulz, *J. prakt. Chem.*, (2), **42**, 521].

Recherche de l'hydrazine en présence d'hydroxylamine et d'ammoniaque. — On peut s'appuyer sur ce que l'aldéhyde benzylique forme dans une solution alcaline ou acide d'hydrazine concentrée ou diluée, des flocons jaunes de benzalazine, $C^6H^5 . CH = Az - Az = CH . C^6H^5$, solubles dans l'éther et fusibles à 93°; l'hydrazine en solution pas trop diluée (2/1000) donne avec le sulfate de cuivre un sel double bleu,

$$SO^4Cu, SO^4(Az^2H^5)^2,$$

difficilement soluble, surtout après un long repos.

L'hydrazine se distingue de l'hydroxylamine en ce qu'elle réduit le chlorure d'or en solution acide.

La recherche de l'ammoniaque en présence des deux corps précédents est plus délicate, mais on peut y procéder de la façon suivante :

Une partie de la solution rendue acide est additionnée de chlorure d'or tant qu'il y a réduction. Le filtrat séparé de l'or est alors neutralisé avec précaution par l'ammoniaque. Une nouvelle réduction indique la présence d'hydroxylamine qu'on pourra identifier en la transformant en diphénylcétoxime, $C^6H^5 - C(AzOH) - C^6H^5$, au moyen de la benzophénone. Pour rechercher l'ammoniaque en présence d'hydrazine, on transformera d'abord l'hydrazine en benzalazine, on épuisera quatre fois avec de l'éther, et dans la solution résiduelle on pourra caractériser l'ammoniaque par les méthodes ordinaires. S'il y a de l'hydroxylamine, on doit alors transformer les sels en chlorures et les séparer par la méthode de V. Meyer [*D. chem. G.*, **15**, 2789] au moyen du chlorure de platine [Curtius et Schrader, *J. prakt. Chem.*, (2), **50**, 316].

Dosage. — L'hydrazine peut se doser de différentes façons :

1° On a vu que l'iode donne lieu à un dégagement de gaz ou à une consommation d'iode qui s'effectue d'une façon normale et peut servir au dosage [Curtius et Schulz];

2° La liqueur de Fehling décompose l'hydrazine d'après l'équation

$$Az^2H^4 + O^2 = Az^2 + 2H^2O$$

et permet de la doser d'après le volume d'azote dégagé;

3° On peut aussi l'oxyder par le permanganate en présence d'acide sulfurique à 6-12 pour 100. D'après les mesures effectuées, le cours de la réaction est le suivant :

$$17Az^2H^4, SO^4H^2 + 13O$$
$$= 13H^2O + 10Az^2 + 7SO^4(AzH^4)^2 + 10SO^4H^2$$

[Petersen, *Zeit. anorg. Chem.*, **5**, 1].

4° L'iodate de potassium réagit quantitativement sur l'hydrazine suivant l'équation :

$$15Az^2H^4, SO^4H^2 + 12KIO^3$$
$$= 15Az^2 + 36H^2O + 6K^2SO^4 + 9SO^4H^2 + 12I.$$

Il suffit de chauffer le sel pesé avec une dose quelconque d'iodate et de doser l'iode avec l'hyposulfite [E. Rimini, *Gazz. chim. ital.*, **29**, 1, 265];

5° On peut doser l'hydrazine et l'hydroxylamine seules ou en présence l'une de l'autre et aussi de l'ammoniaque, par oxydation avec une solution sulfurique d'acide vanadique. On recueille l'azote mis en liberté et on dose la portion d'acide vanadique réduit au moyen du permanganate. L'hydroxylamine exige 1 atome d'oxygène et dégage 1 molécule d'azote; l'hydrazine consomme 2 atomes d'oxygène et dégage également 1 molécule d'azote :

$$2AzH^3O + O = Az^2 + 3H^2O$$
$$Az^2H^4 + O^2 = Az^2 + 2H^2O$$

Si les deux corps sont séparément seuls, l'une des mesures contrôle l'autre; s'ils sont ensemble, les deux mesures servent à déterminer leur proportion relative.

Le dégagement gazeux commence à froid; on le termine en chauffant pendant quelques minutes vers 60°. On se sert d'une solution de 6-12 grammes de métavanadate d'ammoniaque par litre; on dissout ce sel dans 10 parties d'acide sulfurique concentré et on dilue avec de l'eau. On ajoute de cette solution à la substance à analyser jusqu'à ce que le liquide soit vert et on fait le retour par le permanganate jusqu'à coloration rose [A. Hofmann et F. Küspert, *D. chem. G.*, **31**, 64; *Bull. Soc. Chim.*, (3), **20**, 273].

Emploi de l'hydrazine comme réactif. — Les propriétés réductrices de l'hydrazine ou de son sulfate avec dégagement de gaz azote peuvent être mises à contribution pour doser certains métaux. Cette méthode a été mise en pratique par M. A. Purgotti [*Gazz. chim. ital.*, **26**, 2, 559; *Bull. Soc. Chim.*, (3), **18**, 953]. On recueille le gaz par un dispositif *ad hoc*. Voici quelques équations de décomposition :

$$4CuSO^4 + 10NaCl + SO^4H^2, Az^2H^4$$
$$= 2Cu^2Cl^2 + 6HCl + 5SO^4Na^2 + Az^2;$$

$$2K^2Cr^2O^7 + 3SO^4H^2, Az^2H^4 + 5SO^4H^2$$
$$= 2Cr^2(SO^4)^3 + 2K^2SO^4 + 3Az^2 + 14H^2O;$$

$$2MnO^2 + SO^4H^2, Az^2H^4 + SO^4H^2$$
$$= 2MnSO^4 + Az^2 + 4H^2O.$$

En chimie botanique, le sulfate d'hydrazine est un réactif de la lignine qu'il colore fortement en jaune; cette teinte passe à l'orangé sous l'influence de l'acide chlorhydrique à 20 0/0. D'autres composés aldéhydiques se comportent d'ailleurs de même [E. Nickel, *Chem. Zeit.*, **17**, 1243].

Toxicité. — Le sulfate d'hydrazine est toxique pour les animaux et les végétaux, quel que soit leur degré d'organisation. En solution à 0,2 0/00 ce sel arrête la germination de l'orge; à 0,1 0/00, il tue en 24 heures la plupart des algues et empêche le développement des moisissures et des bactéries; à 1 0/0, il tue la levure de bière; à 0,5 0/00, il tue en 12 heures les infusoires, les mollusques et les crustacés. Les mammifères sont également sensibles à son action : une injection hypodermique de 0gr,1 de sulfate, neutralisé au préalable par le carbonate de sodium, tue un cobaye en 2 heures; 5 décigrammes tuent un lapin en 40 minutes [O. Loew, *D. chem. G.*, **23**, 3023; *Bull. Soc. Chim.*, (3), **5**, 831].

0gr,1 de sulfate par kilogramme de chien produit des phénomènes d'empoisonnement rapide; l'urine contient de grandes quantités d'allantoïne pendant la première heure et la salive paraît également en contenir, ce qui doit être attribué à la perturbation de l'activité des cellules du foie.

La dibenzoylhydrazine n'est pas aussi toxique et l'urine ne contient que peu ou pas d'allantoïne après l'ingestion [Borissoff, *Zeit. physiol. Chem.*, **19**, 499].

Sels d'hydrazine. — L'hydrazine peut former des sels en saturant une ou deux valences d'acides. Ces sels présentent, comme la base, un pouvoir réducteur intense, même en solution acide; la décomposition de l'hydrazine fournit ainsi de l'azote et de l'eau. Chauffés à l'état sec, ils se décomposent à haute température avec formation d'azote, de sel ammoniacal et d'eau. L'acide nitreux dégage l'azote de leurs solutions avec vivacité. Sauf le sulfate, la plupart sont très solubles dans l'eau, peu solubles ou insolubles dans l'alcool. Ils présentent une facilité de cristallisation remarquable et souvent sont isomorphes avec les sels d'ammonium [Curtius et Jay, *J. prakt. Chem.*, (2), **39**, 36].

Isomères des sels d'hydrazine. — Les sels d'hydrazine, d'hydroxylamine et d'ammoniaque, d'acides à divers degrés d'oxydation présentent des formules isomériques. Tels sont, par exemple, les sels suivants de la formule brute $SO^4H^6Az^2$:

Sulfate d'hydrazine, SO^4H^2, Az^2H^4;

Aminosulfonate d'hydroxylamine,

$$AzH^2 . SO^3H . AzH^3O;$$

Oxyamidosulfonate d'ammoniaque,

$$AzH(OH) . SO^3H . AzH^3.$$

M. A. Sabanéjeff a cité beaucoup d'exemples de cet ordre [*Bull. Soc. Chim.*, (3), **18**, 642; **22**, 2, 857, etc.].

Préparation des sels halogénés. — On peut les obtenir par saturation par les hydracides ou bien par l'action des halogènes sur la solution alcoolique. Dans ce dernier cas, une partie de l'hydrazine est décomposée avec dégagement d'azote, et l'on obtient seulement le sel monohalogéné, tandis que la saturation fournit les sels à 2 molécules d'acide, sauf pour l'iodhydrate. A cet effet, on mêle les composants dilués et on évapore au bain-marie jusqu'à commencement de cristallisation, on concentre sous une cloche en présence d'alcali : on peut ainsi obtenir les difluorhydrate, dichlorhydrate et dibromhydrate, si l'on a employé 2 molécules d'acide, et seulement le monoiodhydrate. Si on ajoute l'acide à une solution alcoolique d'hydrazine et si on précipite le sel par l'éther, on a le monoiodhydrate et le monobromhydrate, le dichlorhydrate et le difluorhydrate, bien que l'on ait employé 2 molécules d'acide.

Les sels biacides sont, en général, facilement solubles dans l'eau, à peine solubles dans l'alcool; les sels monoacides sont facilement solubles dans l'eau et dans l'alcool chaud et se séparent de ce dernier en gros cristaux pointus. L'éther, le benzène ne dissolvent ni les uns, ni les autres [Curtius et Schulz, *J. prakt. Chem.*, (2), **42**, 532].

Difluorhydrate, $Az^2H^4, 2HF$. — Fond à 105° et, contrairement aux autres sels, paraît être sublimable sans décomposition. Le sel monoacide est inconnu.

Dichlorhydrate $Az^2H^4, 2HCl$. — Il cristallise de sa solution aqueuse en gros octaèdres brillants, du système cubique, très solubles dans l'eau, presque insolubles dans l'alcool absolu bouillant, extrêmement hygroscopiques, fusibles à 198° avec perte d'acide chlorhydrique et formation du monochlorhydrate Az^2H^4, HCl. Chauffé rapidement dans un tube à essai, il déflagre vivement, avec flamme; chauffé lentement jusqu'à 240°, il donne d'abord le monochlorhydrate, puis celui-ci se décompose complètement suivant l'équation :

$$2Az^2H^4, HCl = 2AzH^4Cl + Az^2 + H^2.$$

Le chlorure de platine, employé sans précautions spéciales, provoque une décomposition avec vif dégagement de *tout* l'azote :

$$Az^2H^4, 2HCl + 2PtCl^4 = Az^2 + 6HCl + 2PtCl^2.$$

Monochlorhydrate, Az^2H^4, HCl. — En chauffant à 180° le bichlorhydrate jusqu'à poids constant, on a pour résidu une masse très friable, qu'on chauffe avec de l'alcool absolu bouillant jusqu'à ce que la dissolution soit effectuée; par refroidissement, il se sépare de longues aiguilles blanches fusibles à 89°, extrêmement solubles dans l'eau, constituant le monochlorhydrate (Curtius et Jay).

Dibromhydrate, $Az^2H^4, 2HBr$. — Cristaux fusibles à 195°, obtenus soit par action directe de l'acide bromhydrique sur la solution aqueuse de la base et évaporation, soit par action de l'acide sur le sel monoacide ou sur la benzalazine.

Monobromhydrate, Az^2H^4, HBr. — Obtenu en précipitant par l'éther une solution alcoolique d'hydrate d'hydrazine saturée par l'acide bromhydrique, ou bien en faisant agir le brome sur l'hydrate d'hydrazine en suspension dans le chloroforme. Cristallise dans l'alcool chaud en gros prismes incolores, anisotropes, fusibles à 80°.

Diiodhydrate, $Az^2H^4, 2HI$. — Ce sel ne s'obtient que dans la décomposition de la benzalazine par l'acide iodhydrique fumant; il est très hygroscopique, brunit à l'air et fond vers 220°.

Monoiodhydrate, Az^2H^4, HI. — Il se forme même dans les circonstances où devrait se former le sel biacide; un excès d'acide ne le convertit point en sel plus acide. Il cristallise en longs prismes, incolores, fusibles à 127°, avec déflagration très vive.

Diiodhydrate trihydrazinique, $(Az^2H^4)^3(HI)^2$. — Ce sel remarquable se forme quand, à une solution alcoolique d'hydrate d'hydrazine, on ajoute de l'iode seulement jusqu'à ce qu'il y ait une séparation abondante de cristaux blancs. Ces cristaux séparés, lavés à l'alcool et séchés, ont la composition ci-dessus; ils sont facilement solubles dans l'eau et cristallisent dans l'alcool en grosses aiguilles blanches, biaxes, fusibles à 90°. L'acide iodhydrique les transforme en monoiodhydrate (Curtius et Schulz).

Sulfocyanate d'hydrazine, CAzS-Az^2H^5. — On obtient ce sel par saturation ou par double décomposition entre le sulfate d'hydrazine et le sulfocyanure de baryum. La solution filtrée doit être abandonnée à l'évaporation lente et non évaporée à chaud. La masse cristalline, reprise par l'alcool, fournit des tablettes incolores, minces, fusibles à 80°, extrêmement déliquescentes. A côté de ce sel, prend naissance un peu d'hydrazidithiocarbonamide (Curtius, *J. prakt. Chem.*, (2), **44**, 101).

Azoture ou *azothydrate d'hydrazine*, Az^5H^5 ou Az^3H, Az^2H^4. — Ce sel, remarquable par sa composition qui en fait un hydrure d'azote, cristallise dans l'alcool et dans l'eau, en prismes anisotropes brillants, d'un pouce de dimension, fusibles vers 50°, très volatils, disparaissant à l'air. Il brûle tranquillement à l'air avec une flamme jaune, sans faire de fumée et sans laisser de résidu. Chauffé brusquement ou touché avec un fil rougi il fait violemment explosion.

On l'obtient par double décomposition entre le sulfate d'hydrazine et l'azoture de plomb ou par saturation directe [T. Curtius, *D. chem. G.*, **24**, 3341].

Sels oxygénés.

Nitrate d'hydrazine. — Sel cristallin, très facilement soluble dans l'eau, obtenu en mêlant le carbonate avec de l'acide nitrique (Curtius et Jay).

Le nitrate *neutre* fond vers 69°; le sel *acide* est en aiguilles fusibles à 103°, si on chauffe rapidement; il se décompose à 80°, si on chauffe lentement [E. Denguine, *Bull. Soc. Chim.*, (3), **22**, 353].

Sulfate, Az^2H^4, SO^4H^2. — Il cristallise anhydre en tables épaisses, vitreuses, à deux axes optiques, ou en longs prismes déliés. D = 1,378. Il est peu soluble dans l'eau froide (3gr,055 dans 100 parties d'eau à 22°), facilement soluble dans l'eau chaude. Il fond à 254° avec dégagement gazeux. Chauffé rapidement sur une flamme, il fond, puis se décompose avec explosion; par un chauffage prolongé, il donne du sulfite d'ammonium, de l'hydrogène sulfuré et beaucoup de soufre. Sa faible solubilité permet de l'utiliser pour précipiter l'hydrazine de la plupart des autres sels.

Système rhombique,

$$a : b : c = 0.74532 : 1 : 0,82825$$

avec formes 100, 001, 101, 011, 120, 121; clivage suivant le macropinacoïde (Curtius et Jay).

Semi-sulfate, $(Az^2H^4)^2SO^4H^2$. — Grandes tables plates anisotropes, anhydres, à éclat vitreux, fusibles à 85°, à réaction neutre, extrêmement déliquescentes à l'air. Presque insoluble dans l'alcool qui le précipite sous forme huileuse de ses solutions aqueuses, cette huile se convertit en cristaux par amorçage ou friction. On l'obtient en évaporant de l'acide sulfurique neutralisé par l'hydrazine et terminant dans le vide [Curtius, *J. prakt. Chem.*, (2), **44**, 101].

Borates. — Le sel

$$(Az^2H^4)^2(B^4O^7H^2)^3, 10H^2O,$$

obtenu par neutralisation est en cristaux rhombiques perdant 5 molécules d'eau à 100°. A 250-260°, il se change en sel de la formule

$$(Az^2H^4)^2(B^2O^3)^6$$

[A. Dshawaloff, *Chem. Zeit.*, **1902**, (1), 294].

Carbonate. — L'hydrazine aqueuse attire l'acide carbonique de l'air et, par évaporation dans le vide, fournit un sirop très caustique, hygroscopique, insoluble dans l'alcool (Curtius et Jay).

Formiate, Az^2H^4, $2CH^2O^2$. — On l'obtient dans la décomposition de l'acide triazoacétique par l'eau bouillante, ou par l'alcool légèrement aqueux chaud. Dans le premier cas, l'évaporation fournit un sirop cristallisable, qu'il faut reprendre par l'alcool absolu; dans le second, on l'obtient directement en tables rectangulaires de grandes dimensions. Il fond à 128° avec vif dégagement de gaz. L'acide sulfurique en chasse l'acide formique à chaud (Curtius et Jay).

Acétate. — Obtenu par la décomposition du sulfate par l'acétate de baryum, il se présente comme une masse blanche, cristalline, très soluble dans l'eau (Curtius et Jay).

Oxalate. — Il cristallise en petits cristaux, brillants et durs quand on décompose l'acide triazoacétique par une solution aqueuse d'acide oxalique. Il est moins soluble dans l'eau que l'acétate et le formiate (Curtius et Jay).

Maléate d'hydrazine,

$$\begin{array}{l} CH-CO^2H \\ \| \\ CH-CO^2H, Az^2H^4, H^2O \end{array}$$

— Ce sel se sépare aussitôt qu'on ajoute goutte à goutte une solution alcoolique d'acide maléique (1 molécule) à l'hydrate d'hydrazine (1 molécule). On complète la séparation par addition d'éther. C'est une poudre blanche, fusible à 127°, présentant une réaction acide, très soluble dans l'eau, peu soluble dans l'alcool froid, insoluble dans l'éther.

Ce sel présente une propriété remarquable dont est dépourvu le fumarate : c'est qu'un excès d'une acétone engendre le maléate d'une pyrazoline (voyez PYRAZOLINES) par suite d'une action isomérisante de l'acide maléique sur la cétazine formée aux dépens de l'hydrazine du maléate. Exemple :

$$\begin{array}{l} (CH^3)^2C \diagdown \\ \qquad\qquad\quad Az \\ \begin{array}{l}CH^3\\CH^3\end{array}\!\!> C = Az \diagup \end{array} \longrightarrow \begin{array}{l} CH^2-C \diagdown^{(CH^3)^2} \\ \quad | \qquad\qquad AzH \\ CH^3-C = Az \diagup \end{array}$$

Fumarate d'hydrazine,

$$\begin{array}{l} CO^2H-CH \\ \qquad\quad \| \\ \qquad\quad CH-CO^2H, Az^2H^4 . 3H^2O \end{array}$$

— C'est un sel se présentant en fines aiguilles incolores, fusibles à 162°, à réaction fortement acide, très soluble dans l'eau, d'où le mélange éthéro-alcoolique le précipite [Fœrsterling, *J. prakt. Chem.*, (2), **51**, 371].

Phtalylhydrazidate d'hydrazine,

$$C^6H^4 \begin{array}{l} \diagup CO-AzH \\ \qquad\quad | \\ \diagdown CO-AzH, Az^2H^4 \end{array}$$

— Ce sel se produit abondamment quand on fait réagir en solution alcoolique 1 molécule d'anhydride phtalique sur 2 molécules d'hydrate d'hydrazine. Il est très soluble dans l'eau, dissociable à l'ébullition en phtalylhydrazide et hydrate d'hydrazine, décomposable de même par l'aldéhyde benzylique. Il constitue une poudre cristalline, fusible au-dessus de 270° (Fœrsterling).

Benzène-sulfonate d'hydrazine biacide,

$$(C^6H^5-SO^3H)^2Az^2H^4.$$

— Cristaux tabulaires obtenus dans l'action de l'hydrate d'hydrazine sur l'éther méthylbenzène-sulfonique, ou obtenus par saturation directe. Non fusible encore à 275°, mais commençant à se détruire vers 250°; très soluble dans l'eau, assez peu dans l'alcool (Lorenzen).

Benzène-sulfonate d'hydrazine monacide,

$C^6H^5-SO^3H, Az^2H^4$.

— Se trouve dans les eaux mères d'où s'est déposé le précédent sel obtenu par l'éther méthylique; mais il se prépare plus simplement par saturation des quantités moléculaires d'acide et de base en solution alcoolique et précipitation par l'éther. Masse cristalline, fusible à 175°, après décomposition préalable, très hygroscopique, assez soluble dans l'alcool étendu.

Benzène-sulfinate d'hydrazine,

$(C^6H^5-SO^2H)^2-Az^2H^4$.

— Sel en lamelles brillantes fusibles à 139-141°, facilement soluble dans l'eau, soluble dans l'alcool, à peine soluble dans l'éther. Obtenu par saturation directe ou par réduction de l'hydrazide benzène-sulfonique dans certaines conditions [Lorenzen, *J. prakt. Chem.*, (2), **58**, 160].

Phénates d'hydrazine. — L'hydrazine forme en quelque sorte des phénates en s'unissant aux phénols [Curtius et Thun, *J. prakt. Chem.*, (2), **44**, 190].

Phénate d'hydrazine, C^6H^6O, Az^2H^4. — Lamelles blanches, très altérables, fusibles à 55-57° (Curtius et Thun), à 63-64° [P. Cazeneuve, *C. R.*, **129**, 1254].

Hydroquinonate, $C^6H^6O^2, Az^2H^4$. — Quand on veut préparer ce composé, il faut modérer la réaction en diluant l'hydroquinone dans l'éther. On obtient un précipité blanc qu'on fait cristalliser dans l'alcool; il se dépose en feuillets blancs, instables, fusibles à 154° avec dégagement gazeux (Curtius et Thun).

Tétrachlorohydroquinonate,

$C^6H^2Cl^4O^2(Az^2H^4)^2$.

— Ce composé se forme dans l'action du chloranile sur l'hydrate d'hydrazine en solution alcoolique et à chaud. Il y a départ d'azote, réduction du chloranile et formation du sel d'hydrazine de la tétrachlorhydroquinone engendrée. Ce sel se sépare en cristaux incolores, peu solubles dans l'alcool froid, fusibles à 184°, facilement dissociables par l'eau chaude [A. Purgotti, *Gazz. chim. ital.*, **24**, 1, 554].

Picrate d'hydrazine, $C^6H^3Az^4O^7, Az^2H^4$. — Belles aiguilles jaunes fusibles à 184°, ne faisant pas explosion quand on les chauffe sur une lame de platine [von Rothenburg, *D. chem. G.*, **27**, 685].

Sels doubles de l'hydrazine. — L'hydrazine forme des sels doubles qui correspondent aux sels doubles ammoniacaux où AzH^3 est remplacé par un seul Az^2H^4 fonctionnant comme monoacide. Dans la série magnésienne on a ainsi toute une série de sulfates et de chlorures correspondant aux sels ammoniacaux, mais s'en distinguant par l'absence d'eau de cristallisation. MM. Curtius et Schrader [*J. prakt. Chem.*, (2), **50**, 311] ont préparé les sels suivants, où le radical Az^2H^5 remplace l'ammonium (ce qui est la même chose que Az^2H^4 remplaçant AzH^3).

Sulfates doubles. — De cuivre,

$(Az^2H^5)^2SO^4, CuSO^4$.

— Poudre cristalline brillante, bleu clair, très peu soluble; le sulfate de cuivre ne laisse dans une solution de sulfate d'hydrazine que 0gr,7 à 0gr,8 de ce sel non précipité par litre; soluble dans 1148 parties d'eau à 10°.

De cobalt, $(Az^2H^5)^2SO^4, CoSO^4$. — Cristaux roses microscopiques, solubles dans 305 parties d'eau à 12°.

De nickel, $(Az^2H^5)^2SO^4, NiSO^4$. — Prismes microscopiques vert pâle, peu solubles, même dans l'eau bouillante (1 pour 275 à 18°).

De ferrosum, $(Az^2H^5)^2SO^4, FeSO^4$. — Poudre presque blanche, soluble dans 325 parties d'eau à 12°.

De manganèse, $(Az^2H^5)^2SO^4, MnSO^4$. — Poudre cristalline, à nuance rosée très faible, soluble dans 60 parties d'eau à 18°.

De zinc, $(Az^2H^5)^2SO^4, ZnSO^4$. — Poudre blanche, cristalline, soluble dans 185 parties d'eau à 12°.

De cadmium, $(Az^2H^5)^2SO^4, CuSO^4$. — Semblable au précédent, soluble dans 202p,5 d'eau à 12°.

Ces sels se préparent simplement en mélangeant les solutions des sulfates composants. Comme on part du sulfate d'hydrazine,

$SO^4(Az^2H^6)$,

il en résulte que la moitié de l'acide sulfurique de ce sulfate est mise en liberté. Exemple :

$$CuSO^4 + 2Az^2H^6SO^4 = (Az^2H^5)^2SO^4 + CuSO^4 + SO^4H^2.$$

Il a été impossible d'obtenir des sulfates contenant le sulfate neutre; de même que des sels doubles d'argent, d'aluminium, de magnésium et de cérium. On peut attribuer à ces sels doubles la constitution :

$$AzH^2-AzH^3-SO^4-R''-SO^4-AzH^3-AzH^2$$

où l'un des atomes d'azote fonctionnerait comme pentavalent.

Chlorures doubles. — Là aussi c'est le radical Az^2H^5 qui fonctionne comme monovalent.

De mercure, $2Az^2H^5Cl, HgCl^2$. — Sel facilement soluble dans l'eau, soluble dans l'alcool chaud ou froid. Obtenu en mélangeant une solution de 2 molécules de chlorhydrate d'hydrazine, avec une solution d'une molécule de chlorure mercurique. Par évaporation lente, on obtient des prismes incolores à 6 pans, longs de 2 centimètres, fusibles à 178°, anhydres.

De cadmium. — 1° $Az^2H^5Cl, CdCl^2$. — Longues aiguilles incolores, non encore fondues à 250°, obtenues avec 1 molécule de chlorure de cadmium et 1 molécule de chlorhydrate d'hydrazine, évaporant fortement et recueillant les premiers cristaux; se transformant facilement en solution dans l'eau en sel n° 2; facilement soluble dans l'eau, peu soluble dans l'alcool.

2° $2Az^2H^5Cl, CdCl^2, 4H^2O$. — Prismes courts, compacts, perdant leur eau de cristallisation à l'air, facilement solubles dans l'eau, peu solubles dans l'alcool. Obtenus par transformation du précédent ou par le mélange de solutions de 2 molécules de chlorhydrate d'hydrazine et 1 molécule de chlorure de cadmium.

De zinc. — 1° $Az^2H^5Cl, ZnCl^2$. — Gros prismes hexagonaux, obtenus comme ceux de cadmium, fortement hygroscopiques, fusibles à 180-185°;

2° $2Az^2H^5Cl, ZnCl^2$. — Gros et beaux cristaux aciculaires obtenus en évaporant à consistance sirupeuse le mélange de 2 molécules de chlorhydrate d'hydrazine et 1 molécule de chlorure de zinc et faisant cristalliser dans l'alcool bouillant; fusibles à 135°, déliquescents, paraissant perdre un peu d'acide chlorhydrique dans le dessiccateur.

D'étain, $Az^2H^5Cl, SnCl^2$ et $2Az^2H^5Cl, SnCl^2$. — Préparés comme les précédents. Le premier fond à 105°, cristallise dans l'alcool en grands feuillets incolores, nacrés, non hygroscopiques, facilement solubles dans l'eau, moins dans l'alcool. Le second fond à 55-60°, est fortement hygroscopique, et peu soluble dans l'alcool absolu.

Il paraît aussi exister un sel double de ferrosum incolore, ainsi qu'un de manganèse.

M. Thiele [*Ann. Chem.*, **270**, 33] a préparé un *chloroplatinate*, $2 Az^2H^5Cl, PtCl^4$, instable.

Sels di-ammoniés. — Sous ce nom, MM. Curtius et Schrader (*loc. cit.*) désignent les produits d'addition de l'hydrazine et des sels métalliques, correspondant aux sels ammoniacaux; un groupement Az^2H^4 y remplace 2 groupes AzH^3. On les obtient soit en ajoutant de l'ammoniaque aux sels doubles, soit en ajoutant de l'hydrazine aux sels métalliques. Toutefois, le premier mode n'est pas applicable aux sels doubles de fer, de manganèse, de mercure, d'étain, de cuivre, lesquels sont décomposés avec dégagement de gaz. En particulier, le sel de cuivre donne un sel cuivreux, et si l'on ajoute un peu de potasse, il se dépose du cuivre métallique.

Les sels de nickel, de cobalt, de zinc et de cadmium se comportent autrement et fournissent les composés suivants :

$NiSO^4, 3Az^2H^4$. — Précipité rouge violacé clair, cristallin, insoluble dans un excès d'hydrazine ou d'ammoniaque.

$ZnSO^4, 2Az^2H^4$. — Précipité cristallin incolore, soluble dans l'ammoniaque.

$CoSO^4, 3Az^2H^4$ (?). — Précipité couleur chair, insoluble dans un excès d'hydrazine.

$ZnCl^2, 2Az^2H^4$. — Précipité blanc, soluble dans l'ammoniaque.

$CdCl^2, 2Az^2H^4, H^2O$. — Précipité blanc, soluble dans l'ammoniaque.

Ces sels ne perdent pas d'hydrazine libre sous l'action de la chaleur, et ne peuvent servir à préparer l'hydrazine anhydre comme on aurait pu s'y attendre.

Sels diammoniés de cuivre et de mercure. — Les résultats précédents sont relatifs aux réactions effectuées en solution aqueuse. En opérant en solution alcoolique, MM. K. Hofmann et E. Marburg ont pu obtenir avec les nitrate et chlorure cuivriques des précipités bleus, $Cu(AzO^3)^2, Az^2H^4$ et $CuCl^2, 2Az^2H^4$. Enfin, en solution éthéro-alcoolique, les sels de mercure ne donnent plus qu'une réduction fort lente, voire même nulle. Les auteurs ci-dessus ont ainsi préparé les combinaisons suivantes :

$Az^2H^4, HgCl^2$; $Az^2H^4, HgBr^2$, précipités blancs.

Az^2H^4, HgI^2, précipité jaune d'aiguilles brillantes.

$Az^2H^4, Hg(CAz)^2$, aiguilles incolores brillantes, fusibles à 126° en se décomposant.

Avec les sels oxygénés, on peut même opérer en solution aqueuse; il y a mise en liberté d'acide *libre*, et formation des combinaisons :

$Az^2H^4, Hg(AzO^3)^2$, précipité blanc cristallin.

$Az^2H^4, Hg^2(AzO^3)^2$, semblable au précédent.

$Az^2H^4, Hg(AzO^2)^2$, précipité blanc floconneux.

$Az^2H^4, HgSO^4$, précipité pulvérulent amorphe.

L'étude des propriétés du précipité chloromercurique a été poussée à fond. A l'air humide il finit par s'altérer, tandis que dans l'air sec il paraît stable; les acides minéraux étendus le dissolvent, mais cette dissolution est bientôt suivie d'une réduction. Chauffé, il se décompose vivement, jamais avec explosion. L'eau le change aussitôt en un *composé jaune*, $Az^2H^2Hg^2Cl^2$, qu'on obtient mieux encore en précipitant, par le sulfate ou le chlorhydrate d'hydrazine, une solution de sublimé en présence d'acétate de sodium. Ce composé jaune est extrêmement explosif et détone avec autant de violence que le fulminate. Sa formation répond aux équations :

$$2Az^2H^4, HgCl^2 = Az^2H^2, Hg^2Cl^2 + Az^2H^4, 2HCl$$

et

$$2HgCl^2 + Az^2H^4 = Az^2H^2, Hg^2Cl^2 + 2HCl.$$

et on peut le considérer comme étant analogue au chloramidure de mercure, $ClHgAzH^2$, soit $ClHg-AzH-AzH-HgCl$. Une réaction analogue s'effectue avec le composé bromé, mais non avec les composés iodés ou cyanés.

Le composé explosif $Az^2H^2Hg^2Cl^2$, traité par l'anhydride acétique, donne naissance à un *dérivé acétylé* blanc, $HgAzAz(COCH^3)^2$. A son tour, ce composé, traité par l'hydrogène sulfuré, échange son mercure contre 2 atomes d'hydrogène et se transforme en diacétylhydrazide dissymétrique, $Az^2H^2-(COCH^3)^2$, bien cristallisée, fusible à 132°, réductrice; l'on peut revenir de l'hydrazide au composé mercuriel ou à d'autres sels :

$$Hg = Az-Az = (COCH^3)^2;$$
$$Cu = Az-Az = (COCH^3)^2.$$

Le chlore change le composé $Az^2H^2Hg^2Cl^2$ en le chlorure double $Az^2H^5Cl, HgCl^2$ fusible à 157°, cristallisable dans l'alcool [K.-A. Hofmann et E. Marburg, *D. chem. G.*, **30**, 2019; *Ann. Chem.*, **305**, 214].

RÉACTIONS DE L'HYDRAZINE AVEC LES COMPOSÉS ORGANIQUES.

L'hydrazine perd 2 atomes d'hydrogène pour former de l'eau avec les composés qui contiennent des groupements cétoniques ou aldéhydiques; elle cède de même 1 atome d'hydrogène pour former l'eau ou des alcools, etc., avec les composés qui contiennent les groupements OH ou OR, etc., tels que les acides ou leurs éthers, etc. De ces deux réactions résultent une multitude de dérivés de l'hydrazine dont beaucoup sont remarquables en ce sens que, souvent, si les fonctions en question sont répétées ou juxtaposées dans le composé organique réagissant, on arrive à des composés à chaîne fermée, partant plus stables, susceptibles eux-mêmes de supporter une infinité de réactions. La liste des composés ainsi engendrés secondairement serait tellement longue que nous n'étudierons ici que les produits de ces réactions qui ne sont pas des composés à chaîne fermée. On peut les diviser, comme il a été déjà dit, en deux groupes :

1° Les dérivés formés avec les aldéhydes ou les cétones, et avec les aldéhydes ou les cétones à fonctions complexes;

2° Les dérivés formés avec les acides ou leurs dérivés immédiats (éthers, chlorures, amides, anhydrides), c'est-à-dire les hydrazides.

A côté se trouvent quelques réactions plus rares, moins susceptibles certainement de généralisation et relevant des propriétés réductrices, du caractère d'amine de l'hydrazine, etc. Nous les citerons dans un paragraphe spécial.

I. — RÉACTIONS DE L'HYDRAZINE SUR LES COMPOSÉS CONTENANT AU MOINS UNE FONCTION ALDÉHYDE OU CÉTONE.

Ce sujet comprend l'étude de l'action de l'hydrazine sur :

1° Les monoaldéhydes et les monocétones à fonction simple;

2° Les mêmes avec une ou plusieurs fonctions alcool ou phénol;

3° Les dialdéhydes, les dicétones et les aldéhydes-cétones α ou 1.2;

4° Les dicétones et les cétones-aldéhydes β ou 1.3;

5° Les dialdéhydes, les dicétones et les aldéhydes-cétones γ ou 1.4;

6° Les acides-aldéhydes ou acides-cétones 1.2 et leurs éthers;

7° Les acides-aldéhydes ou acides-cétones 1.3 et leurs dérivés;

8° Les acides-aldéhydes ou acides-cétones 1.4 et leurs dérivés ;

9° Les aldéhydes ou cétones non saturées.

1° HYDRAZINE ET MONOALDÉHYDES OU MONOCÉTONES.

Par ses deux groupes AzH^2, l'hydrazine peut s'unir une ou deux fois avec élimination de 1 ou 2 molécules d'eau avec les aldéhydes ou les cétones pour donner naissance aux combinaisons suivantes :

$$R-CH=Az-AzH^2 \quad \text{et} \quad R-CH=Az-Az=CH-R$$

$$\begin{matrix}R_1\\R_2\end{matrix}\!>\!C=Az-AzH^2 \quad \text{et} \quad \begin{matrix}R_1\\R_2\end{matrix}\!>\!C=Az-Az=C\!<\!\begin{matrix}R_1\\R_2\end{matrix}$$

La deuxième molécule réagissante, aldéhydique ou cétonique, peut d'ailleurs être ou non identique à la première.

Pour désigner ces composés, nous utiliserons parfois les dénominations proposées par M. Curtius qui les considère comme des dérivés de substitution des composés primordiaux les plus simples :

$$CH^2=Az-AzH^2$$

Méthylène-hydrazine ou hydraziméthylène

et

$$CH^2=Az-Az=CH^2$$

Méthylène-azine ou azimétbylène.

Ainsi le composé $(CH^3)^2C=Az-AzH^2$ ou acétone-hydrazine sera la diméthylhydraziméthylène ou diméthylméthylène-hydrazine ; le composé

$$\begin{matrix}CH^3\\C^6H^5\end{matrix}\!>\!C=Az-Az=C\!<\!\begin{matrix}CH^3\\C^6H^5\end{matrix}$$

ou bis-acétophénone-hydrazine, sera le bis-méthylphénylaziméthylène ; le composé aldéhydique $C^6H^5-CH=Az-AzH^2$ ou benzalhydrazine sera le phénylhydraziméthylène, etc.

M Curtius appelle encore les dérivés symétriques aldéhydiques *aldazines* et les dérivés cétoniques *cétazines*, et l'ensemble de ces dérivés *azines*. Cette désinence *azine* s'emploie aussi pour désigner les aldazines symétriques qu'on fait précéder du nom de l'aldéhyde terminé en *al*. Exemple : $CH^3-CH=Az-Az=CH-CH^3$, *acétalazine* (bis-méthylaziméthylène). Mais cette sorte de dénomination ne peut plus servir pour les dérivés monoaldéhydiques ou monocétoniques ; M. Curtius les désigne alors du nom de l'aldéhyde ou de l'acétone suivi du suffixe hydrazine :

$$C^6H^5-CH=Az-AzH^2,$$

benzalhydrazine. Cet ensemble de désignations résulte de la convention que fait M. Curtius, de dénommer le groupement $=Az-Az=$ *azi* et le groupement $-AzH-AzH-$ ou $=Az-AzH^2$ *hydrazi* [Curtius, *J. prakt. Chem.*, (2), 50].

Selon nous, cette convention a le tort de donner des désinences différentes à des composés dérivés de la même substance par substitution plus ou moins avancée. On pourrait fort bien dire uniformément :

Formalhydrazine, $CH^2=Az-AzH^2$;

Bis- ou dibenzalhydrazine,

$$C^6H^5-CH=Az-Az=CH-C^6H^5 ;$$

Acétone-hydrazine, $(CH^3)^2C=Az-AzH^2$;

Bis- ou di-acétophénone-hydrazine,

$$\begin{matrix}CH^3\\C^6C^5\end{matrix}\!>\!C=Az-Az=C\!<\!\begin{matrix}CH^3\\C^6H^5\end{matrix}$$

Acétophénone-benzal-hydrazine,

$$\begin{matrix}CH^3\\C^6H^5\end{matrix}\!>\!C:Az-Az=CH-C^6H^5$$

Au besoin, on pourrait employer pour la partie carbonée les noms de la nomenclature de Genève. Par exemple : propane 2-hydrazine, phényléthane 2-hydrazine-phénylméthane pour acétone- et acétophénone-benzalhydrazine, etc.

Enfin, M. Curtius considère les aldéhydes- ou acétones-hydrazines comme des hydrazines secondaires dissymétriques. Leur extrême facilité de dédoublement par les acides ne permet certes pas de les rapprocher des véritables hydrazines

$$\begin{matrix}R_1\\R_2\end{matrix}\!>\!Az-AzH^2 ;$$

aussi les étudierons-nous comme dérivés propres de l'hydrazine, de nature dédoublable.

Propriétés générales. — Les composés monoaldéhydiques ou monocétoniques sont très instables et, soit spontanément, soit sous l'influence de la chaleur ils se transforment par perte d'hydrazine en dérivés symétriques :

$$2R-CH=Az-AzH^2$$
$$= R-CH=Az-Az=CH-R + Az^2H^4$$

Les oxydants (iode, oxyde de mercure) provoquent la même transformation avec perte d'azote ; on ne peut d'ailleurs obtenir les termes simples qu'en faisant réagir les composants, hydrate d'hydrazine et composé aldéhydique ou cétonique, en présence de baryte anhydre ; les termes complexes, comme la benzophénone, peuvent donner directement le dérivé encore une fois aminé.

Les dérivés symétriques sont beaucoup plus stables. Les *aldazines* sont en général plus ou moins solubles dans l'alcool et dans l'éther et cristallisent bien dans ces solvants ; les dérivés aromatiques se distinguent par leur peu de solubilité dans l'eau, propriété que l'on peut utiliser pour isoler l'hydrazine de ses sels ; les acides ou les alcalis dilués ne les dissolvent pas, mais l'ébullition avec les acides les décompose quantitativement en aldéhyde et sel d'hydrazine [Curtius et Jay, *J. prakt. Chem.*, (2), **39**, 43].

Tandis que les aldazines se forment même en présence d'acides, les cétazines exigent pour leur préparation l'emploi de l'hydrazine libre, en présence ou non d'alcool. Si l'hydrazine est en excès, on passe par le dérivé peu stable

$$R^2C=Az-AzH^2 ;$$

la cétazine se produit directement, si l'on met les proportions calculées suivant l'équation :

$$2R^2CO + Az^2H^4 = R^2C=Az-Az=CR^2 + 2H^2O.$$

Les cétazines se forment d'autant plus difficilement que le poids moléculaire de la cétone est plus élevé.

La plupart des cétazines grasses sont liquides, plus légères que l'eau ; les cétazines aromatiques sont solides. Elles peuvent distiller sans décomposition, alors que les aldazines perdent de l'azote. Elles sont solubles dans l'alcool, dans l'éther, et même dans l'eau pour les termes inférieurs ; facilement décomposables par les acides, mais non par les alcalis.

Les agents hydrogénants alcalins les transforment en amines primaires. Elles ne sont pas réductrices. Elles s'altèrent lentement à l'air [Curtius et Thun, *J. prakt. Chem.*, (2), **44**, 161].

Les cétazines, chauffées avec l'iodure de méthyle et l'alcool méthylique pendant plusieurs heures à 100°, se combinent avec 2 molécules d'iodure de méthyle en donnant des iodométhylates bien cristallisés [M. Scholtz, *D. chem. G.*, **29**, 612].

Transformation des cétazines et aldazines de

la série grasse en dérivés de la pyrazoline. — La diméthylcétazine, la méthyléthylcétazine, la méthylpropylcétazine, l'éthylidène-azine, se transforment par chauffage avec l'acide maléique en dérivés de la pyrazoline, d'après une réaction telle que la suivante :

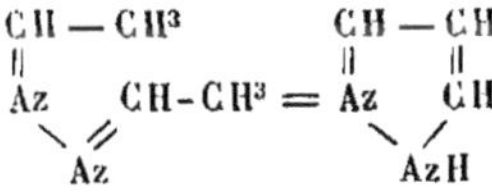

```
CH — CH³            CH — CH²
‖                   ‖     |
Az    CH-CH³  =    Az    CH - CH³
  \  //              \  /
   Az                 AzH
```

(voyez PYRAZOLINES) [Curtius et E. Zinkeisen, *J. prakt. Chem.*, (2), **58**, 310. — Curtius et Försterling, *D. chem. G.*, **27**, 770].

Quant à la constitution de ces divers corps, on conçoit que les formules

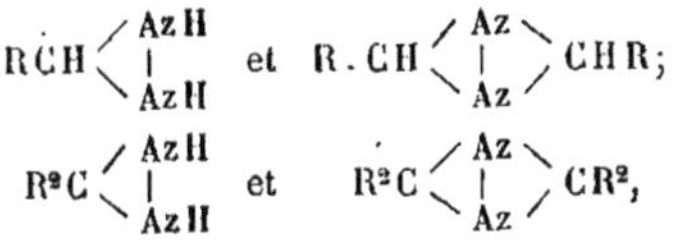

```
     / AzH                  / Az \
RCH <  |       et   R.CH <   |   > CHR;
     \ AzH                  \ Az /

     / AzH                  / Az \
R²C <  |       et    R²C <   |   > CR²,
     \ AzH                  \ Az /
```

puissent aussi être possibles. Cependant pour les aldéhyde- et acétone-hydrazines, il semble que les formules $=Az-AzH^2$ soient plus exactes, en raison du caractère réducteur de ces combinaisons. Pour les aldazines et les cétazines, la question n'est pas absolument tranchée, mais la formule possédant le groupement $=Az-Az=$ semble la plus probable. Au contraire, dans d'autres cas, avec les dicétones, les acides -cétones, M. Curtius emploie le groupement

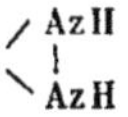

```
 / AzH
<  |
 \ AzH
```

et non $=Az-AzH^2$. Exemple : benzile-monohydrazine ou phénylbenzoylhydraziméthylène :

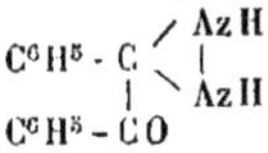

```
             / AzH
C⁶H⁵ - C  <   |     etc.
        |    \ AzH
C⁶H⁵ - CO
```

Nous décrirons successivement les composés des deux ordres de chaque aldéhyde ou cétone.

Aldéhydes grasses.

FORMALAZINE, $C^2H^4Az^2$. — Voyez 2ᵉ Suppl., **4**, 292.

ÉTHYLIDÈNE-AZINE,

$$CH^3.CH=Az-Az=CH.CH^3.$$

— Liquide limpide bouillant à 95-96° ; densité 0,832 à 17°. Obtenue en dissolvant l'aldéhyde acétique (40 grammes) dans 2 volumes d'éther et mêlant peu à peu cette solution à l'hydrazine (23 grammes) dissoute dans l'eau (50 grammes) ; la solution éthérée jointe aux produits d'extraction répétée par l'éther est ensuite distillée [Curtius et Zinkeisen, *J. prakt. Chem.*, (2), **58**, 325].

Éthylidénazine-tétrasulfonée,

$$[(SO^3H)^2-CH-CH=Az-]^2.$$

— Le *sel de potassium* de cette azine s'obtient par l'action de la semicarbazide sur l'éthanal-disulfonate de potassium. Le sel d'hydrazine, $C^4H^{16}O^{12}Az^6S^3$, cristallise avec 2 molécules d'eau et s'obtient par l'action du sulfate d'hydrazine sur le sel de baryum de l'acide éthanal-disulfonique ; il se décompose à 200° avec dégagement de gaz. Si l'on emploie l'acétate d'hydrazine et l'éthanal-disulfonate de baryum, on obtient un sel très peu soluble qui est l'acétalazine-tétrasulfonate de baryum ; ce sel contient 6 molécules d'eau [Schroetter, *Ann. Chem.*, **303**, 126].

ISOBUTYLIDÈNE-AZINE $[(CH^3)^2CH-CH=Az-]^2$. — Cette azine s'obtient dans l'action de l'isobutyraldol sur l'hydrazine ; dans cette circonstance l'aldol se dédouble. Mais on la prépare plus aisément en partant de l'isobutyraldéhyde et de l'hydrate d'hydrazine. L'isobutyraldazine est un liquide mobile, faiblement jaune, d'odeur pénétrante, bouillant à 163-165° sous la pression normale, à 63° sous 14 millimètres, décomposable par les acides.

Le *chlorhydrate*, $C^8H^{16}Az^2,HCl$ est en cristaux prismatiques ou tabulaires, monocliniques-holoédriques (Munteanu-Murgoci), fusibles à 149°, solubles dans l'eau et dans l'alcool bouillant, insolubles dans l'éther.

Le *chloroplatinate*, $(C^8H^{16}Az^2,HCl)^2PtCl^4$, est un précipité jaune fusible à 146° avec décomposition.

L'*azotate d'argent* donne une combinaison $C^8H^{16}Az^2,AzO^3Ag$, qui, chauffée, se décompose avec explosion.

Si on décompose le chlorhydrate par la soude étendue en excès, on obtient un produit nouveau, isomère de l'aldazine. C'est une huile incolore, bouillant à 192°, douée d'une odeur de camphre et que les acides ne décomposent plus [A. Franke, *Mon. f. Chem.*, **19**, 524 ; *Bull. Soc. Chim.*, (3), **22**, 970].

FURFURAL-AZINE, $C^{10}H^8Az^2O$. — Gros prismes fusibles à 111-112°. Le chlorure de benzoyle au bain-marie la change en dibenzoylhydrazine et aldéhyde furfurique ; à la température ordinaire, en *furfuralbenzoylhydrazine* cristallisable en belles aiguilles jaunes fusibles à 178-179° [G. Minunni et C. Carta-Satta, *Gazz. chim. ital.*, **29**, 467 ; *Bull. Soc. Chim.*, (3), **24**, 567].

Aldéhydes aromatiques.

BENZALHYDRAZINE (Phénylméthylène-hydrazine), $C^6H^5-CH=Az-AzH^2$. — On mêle lentement, en agitant fréquemment, 19 grammes d'aldéhyde benzylique et 10 grammes d'hydrate d'hydrazine placés dans un ballon avec quelques morceaux de baryte anhydre. Les liquides s'échauffent jusqu'à l'ébullition ; on laisse ensuite digérer pendant quelques heures au bain-marie ; après refroidissement, on ajoute 2 volumes d'éther sec, on filtre et on abandonne pendant quelques jours la liqueur éthérée en contact avec des morceaux d'alcali caustique ; on filtre de nouveau et on distille sous pression réduite.

A 140°, sous 14 millimètres, la benzalhydrazine distille sans décomposition sous la forme d'un liquide limpide et incolore, qui cristallise à 12° en une masse feuilletée fusible à 16°. Elle possède l'odeur de la lessive de soude et est réductrice. On ne peut la conserver qu'en tube scellé ; à l'air elle se décompose rapidement en hydrate d'hydrazine et benzalazine. Elle se combine rapidement avec l'aldéhyde benzylique en donnant ce même produit. L'iode décompose sa solution éthérée avec dégagement d'azote, formation de benzalazine et de mono-iodhydrate d'hydrazine qui se séparent aussitôt :

$$10\,C^6H^5-CH=Az^2H^2+2\,I^2$$
$$=4\,Az^2H^4,HI+5\,[C^6H^5-CH=Az]^2+Az^2.$$

Quoique basique, elle ne donne pas de sels avec les acides, ceux-ci la changent en sel d'hydrazine et benzalazine. L'oxyde mercurique donne avec la solution benzénique une tétrazone peu stable, $C^6H^5-CH=Az-Az=Az-Az=CH-C^6H^5$, qui colore le benzène en rouge cramoisi, mais qui se décompose peu à peu en azote et benzalazine [Curtius et Pflug, *J. prakt. Chem.*, (2), **44**, 535].

Benzalazine (*benzaldazine*),

$$\begin{matrix} Az = CH - C^6H^5 \\ | \\ Az = CH - C^6H^5 \end{matrix} \quad \text{ou} \quad C^6H^5 - CH \begin{matrix} \diagup Az \diagdown \\ | \\ \diagdown Az \diagup \end{matrix} CH - C^6H^5.$$

— Cette combinaison se forme quand on agite l'aldéhyde benzylique avec des solutions d'hydrazine acides ou alcalines, diluées ou concentrées; le liquide devient laiteux et il s'en sépare bientôt une masse floconneuse, jaune de soufre, soluble dans un excès d'aldéhyde. Cristallisée dans l'alcool bouillant, la benzalazine s'en sépare par refroidissement en prismes anisotropes, brillants, souvent de grandes dimensions, fusibles à 93°; elle est insoluble dans l'eau froide, très difficilement soluble dans l'eau bouillante, facilement soluble à chaud dans l'alcool, l'éther, le benzène, le chloroforme, etc.; la vapeur d'eau l'entraîne peu. Les acides la dédoublent en aldéhyde benzylique et sel d'hydrazine.

La chaleur en dégage de l'azote vers 325°, ce qui peut faire croire à une ébullition, alors qu'il y a simplement formation de stilbène, suivant l'équation :

$$(C^6H^5 - CH = Az -)^2 = Az^2 + (C^6H^5 - CH =)^2.$$

Il suffit de distiller deux ou trois fois pour avoir le stilbène pur, fondant à 124° (Curtius et Jay).

L'hydrogène naissant la transforme en benzylamine, avec formation intermédiaire de benzalbenzylhydrazine et de dibenzylhydrazine symétrique.

Tétrabromure de benzalazine,

$$C^6H^5 - CHBr - AzBr - AzBr - CHBr - C^6H^5.$$

— Ce composé s'obtient en ajoutant à une solution froide de benzalazine dans le tétrachlorure de carbone, 4 atomes de brome. Il se précipite aussitôt une poudre cristalline d'un beau rouge, fusible à 134°, assez altérable. L'eau bouillante, par exemple, dégage de l'azote, forme de l'aldéhyde benzylique, de l'acide bromhydrique et de la benzalazine.

Si l'on opère en présence de chloroforme au lieu de tétrachlorure de carbone, on obtient, outre le corps précédent, un dérivé non bromé, de constitution inconnue, fusible à 207°, répondant à la formule $C^{34}H^{26}Az^6$.

Le tétrabromure de benzalazine cède facilement son brome; il transforme l'acétone en bromacétone en passant lui-même à l'état de bibromhydrate :

$$C^6H^5 - CHBr - AzBr -]^2 + 2CH^3 - CO - CH^3$$
$$= 2CH^2Br - CO - CH^3 + [C^6H^5 - CH = Az -]^2, 2HBr.$$

L'alcool donne lieu à un dégagement d'azote et à une réaction compliquée [Curtius et Quequenfeldt, *J. prakt. Chem.*, (2), **58**, 385].

Monochlorhydrate de benzalazine,

$$C^6H^5 - CH = Az - AzCl - CH^2 - C^6H^5.$$

— Flocons jaunes, fusibles à 150°, précipités par le gaz chlorhydrique dans une solution éthérée de benzalazine [Curtius et Quequenfeldt, *J. prakt. Chem.*, (2), **58**, 391].

Chlorure et iodure de benzalazine. — Composés signalés seulement par les mêmes auteurs. Le premier est en aiguilles fusibles à 57°; le second en aiguilles bleu d'acier, fusibles à 150°

o-Nitrobenzalazine,

$$\begin{matrix} Az = CH - C^6H^4 - AzO^2_{(o)} \\ | \\ Az = CH - C^6H^4 - AzO^2_{(o)} \end{matrix}$$

— On la prépare par addition de la solution alcoolique d'o-nitrobenzaldéhyde à une solution aqueuse diluée d'un sel d'hydrazine. Elle se présente en touffes d'aiguilles anisotropes, très petites, jaune clair, fusibles à 181° (C. et J.).

Plus tard, MM. Curtius et Lublin sont revenus sur l'étude des dérivés de cet ordre, c'est-à-dire des hydrazones des aldéhydes benzyliques nitrées.

Nitrobenzalhydrazines et nitrobenzaldazines,

$$AzO^2 - C^6H^4 - CH = Az - AzH^2$$
et
$$AzO^2 - C^6H^4 - CH = Az - Az = C(R)''.$$

— Tandis que la benzalhydrazine est difficile à obtenir, parce qu'elle se transforme en benzalazine, les nitrobenzalhydrazines se forment facilement. Il n'est pas nécessaire d'employer de la baryte. Ce sont des composés jaunes, bien cristallisés, à points de fusion nets, pouvant même cristalliser dans l'alcool; cependant ils s'altèrent à l'air humide et se transforment en aldazines. On peut les condenser avec une nouvelle molécule aldéhydique et les transformer en tétrazones par action de l'oxyde de mercure. Voici la liste des composés préparés par MM. Curtius et A. Lublin [*D. chem. G.*, **33**, 2400; *Bull. Soc. Chim.*, (3), **24**, 1039].

	Forme	Couleur	Fusion
o-Nitrobenzalhydrazine...	Pr. allong.	Jaune	76°
Tétrazone..............	»	Rouge brun	déc.
o-Nitrobenzal-acétalazine.	Aiguilles	Rouge	déc.
— benzalazine..	Précipité	Jaune	105°
— acétonazine.	Tables	Jaunâtre	70°
o-Nitrobenzalazine.......	»	»	182°
m-Nitrobenzalhydrazine..	Tablettes	Jaune	107°
Tétrazone...............	»	Brun rouge	déc.
m-Nitrobenzal-acétalazine.	Prismes	Gris	68°
— benzalazine......	Tables	Jaune clair	125°
— o-oxybenzalazine.	»	id.	162°
— acétonazine.....	Tables	Incolore	91°
m-Nitrobenzaldazine.....	Aiguilles	Jaune	194°
p-Nitrobenzalhydrazine...	Prismes	Orangé	135°
Tétrazone.............	»	Rouge brun	déc.
p-Nitrobenzal-acétaldazine	»	Gris jaune	140°
— benzaldazine...	Aiguilles	Jaune	256°
— cinnamaldazine	Poudre	Jaune	169°
— acétonazine....	Prismes	Jaune	88°
p-Nitrobenzalazine.......	Aiguilles	Jaunâtre	296°

Aldazines d'autres aldéhydes benzyliques substituées. — Ces aldéhydes fournissent des aldazines bien cristallisées dont nous indiquons les points de fusion. L'*aldazine p-toluique* fond à 154°; l'*aldazine anisique*, à 168°; la *vératrique*, à 190°; la *durylique*, à 181°; l'*isodurylique*, à 171°; celle de l'acide *m-xylyl-p-carbonique*, à 154°; celle de l'acide *cymylcarbonique*, à 133°; enfin l'aldazine *m-méthoxybenzoïque*, à 152°. Elles ont été préparées par M. Bouveault soit directement, soit en décomposant les acides aldazine-carboniques correspondants [L. Bouveault, *C. R.*, **122**, 1491; *Bull. Soc. Chim.*, (3), **17**, 367, 940].

Diméthyl 2.4-benzaldazine,

$$(CH^3)^2_{(2.4)}C^6H^3 - CH = Az - Az = CH - C^6H^3(CH^3)^2_{(2.4)}.$$

— Cristaux aplatis, fusibles à 118°, provenant de l'action de la diméthyl 2.4-benzaldéhyde sur le sulfate d'hydrazine en solution aqueuse. Cette aldazine fournit un *chlorhydrate* fusible à 178-179°, cristallisant en petites aiguilles jaunes brillantes [Curtius et Haager, *J. prakt. Chem.*, (2), **62**, 112].

Di-β-naphtazine, $C^{10}H^7 - CH = Az - Az = CH - C^{10}H^7$. — Produit de dédoublement du dinaphtyldihydrotriazol (voyez Hydrazidines) par l'acide acétique bouillant; cristaux grenus fusibles à 162°.

CÉTONES GRASSES.

DIMÉTHYLMÉTHYLÈNE-HYDRAZINE,

$$(CH^3)^2C = Az - AzH^2.$$

— Ce composé, difficile à obtenir parfaitement pur, se forme quand on fait réagir peu à peu l'acétone (15 grammes) sur l'hydrate d'hydrazine (15 grammes) en présence de baryte anhydre. C'est un liquide limpide, mobile, bouillant à 124-125°, dégageant spontanément à la longue de l'azote et de l'ammoniaque. L'aldéhyde benzylique en chasse l'acétone et fournit la benzalazine. L'oxyde mercurique le colore en rouge intense avec dégagement d'azote [Curtius et Pflug, *J. prakt. Chem.*, (2), **44**, 535].

BISDIMÉTHYLAZIMÉTHYLÈNE,

$$(CH^3)^2C = Az - Az = C(CH^3)^2.$$

— Liquide incolore, réfringent, d'odeur pénétrante, de saveur amère, bouillant à 131°, $D_{21°,5} = 0,8365$, soluble en toutes proportions dans l'eau, l'éther, l'alcool, très instable vis-à-vis des acides. Obtenu en ajoutant peu à peu, et en refroidissant, 10 grammes d'hydrate d'hydrazine à 22 grammes d'acétone, desséchant sur la potasse sèche et distillant [Curtius et K. Thun, *J. prakt. Chem.*, (2), **44**, 161].

BISMÉTHYLÉTHYLAZIMÉTHYLÈNE,

$$\begin{matrix}C^2H^5\\CH^3\end{matrix}> C = Az - Az = C <\begin{matrix}C^2H^5\\CH^3\end{matrix}$$

— Mêmes propriétés organoleptiques et même préparation avec 27 grammes de méthyléthylcétone. Bout à 168-172° sous la pression normale, à 75° sous 12 millimètres; $D_{24°} = 0,8335$; moins soluble dans l'eau (Curtius et Thun).

BISMÉTHYLPROPYLAZIMÉTHYLÈNE,

$$\begin{matrix}C^3H^7\\CH^3\end{matrix}> C = Az - Az = C <\begin{matrix}C^3H^7\\CH^3\end{matrix}$$

— Mêmes propriétés organoleptiques. Préparation avec 34 grammes de méthylpropylcétone, en chauffant à la fin. Bout à 195-200° sous 760 millimètres; à 95° sous 12 millimètres; $D_{24°} = 0,8330$. Peu soluble dans l'eau (Curtius et Thun).

BISMÉTHYLHEXYLAZIMÉTHYLÈNE,

$$\begin{matrix}C^6H^{13}\\CH^3\end{matrix}> C = Az - Az = C <\begin{matrix}C^6H^{13}\\CH^3\end{matrix}$$

— Liquide à odeur basique, faiblement jaune, obtenu en chauffant 5 grammes d'hydrate d'hydrazine avec 25 grammes de méthylhexylcétone. Bout à 286-290° sous 760 millimètres; à 150° sous 12 millimètres; $D_{24°} = 0,8300$ (Curtius et Thun).

BISDIÉTHYLAZIMÉTHYLÈNE,

$$(C^2H^5)^2C = Az - Az = C(C^2H^5)^2.$$

— Semblable au dérivé de l'acétone, mais obtenu avec la diéthylcétone. Bout à 190-195° sous 760 millimètres; à 92° sous 12 millimètres; $D_{24°} = 0,836$ (Curtius et Thun).

CÉTONES HYDROAROMATIQUES.

D-MENTHOCÉTAZINE, $C^{10}H^{18} = Az = Az = C^{10}H^{18}$. — On obtient ce corps par l'action de l'hydrate d'hydrazine sur la menthone ou bien dans l'action de l'oxyde d'argent sur la *d*-bromomenthylamine. Il ne se forme pas la *d*-menthone-*d*-menthylhydrazone, mais l'azine. Elle cristallise dans l'alcool en aiguilles fusibles à 52° [N. Kijner, *J. prakt. Chem.*, (2), **64**, 125].

CÉTONES AROMATIQUES.

ACTION SUR L'ACÉTOPHÉNONE. — *Phénylméthylméthylène-hydrazine,*

$$\begin{matrix}C^6H^5\\CH^3\end{matrix}> C = Az - AzH^2.$$

— Obtenu comme le dérivé de l'aldéhyde benzylique, mais en prolongeant la digestion au bain-marie pendant 3 jours et en partant de l'acétophénone. Liquide jaune passant entre 240 et 260° (255° après plusieurs rectifications) sans décomposition, présentant une faible odeur basique, très altérable à l'air humide en dégageant de l'azote et de l'ammoniaque et se transformant en cétazine de l'acétophénone. La tétrazone correspondante est extrêmement instable et fournit le bisphénylméthylaziméthylène par perte d'azote [Curtius et Pflug, *J. prakt. Chem.*, (2), **44**, 535].

Phénylméthylphénylaziméthylène,

$$\begin{matrix}C^6H^5\\CH^3\end{matrix}> C = Az - Az = CH - C^6H^5.$$

— Obtenu en agitant les quantités calculées de phénylméthylméthylène-hydrazine et d'aldéhyde benzylique en présence d'eau faiblement alcaline. Prismes lancéolés, jaune clair, fusibles à 59°, solubles dans l'alcool, l'éther, le benzène, insolubles dans l'eau [Curtius et Pflug, *loc. cit.*].

Bisméthylphénylaziméthylène,

$$\begin{matrix}C^6H^5\\CH^3\end{matrix}> C = Az - Az = C <\begin{matrix}C^6H^5\\CH^3\end{matrix}$$

— Il faut opérer en tube scellé, en chauffant pendant 12 heures, au bain-marie, 5 grammes d'acétophénone et 1gr,5 d'hydrate d'hydrazine; on fait cristalliser dans l'alcool. Prismes jaunes, anisotropes, solubles facilement dans l'alcool chaud, peu solubles à froid, insolubles dans l'eau, fusibles à 121°, bouillant au-dessus de 360° sans décomposition. Dédoublables aisément par les acides bouillants [Curtius et Thun, *J. prakt. Chem.*, (2), **44**, 161].

ACTION SUR LA BENZOPHÉNONE. — Cette action a été étudiée par MM. Curtius et Rauterberg [*J. prakt. Chem.*, (2), **44**, 192].

DIPHÉNYLMÉTHYLÈNE-HYDRAZINE,

$$(C^6H^5)^2C = Az - AzH^2.$$

— Ce composé s'obtient lorsqu'on chauffe pendant 6 heures en tube scellé, à 150°, 5 grammes de benzophénone avec 1gr,8 d'hydrate d'hydrazine et 1 gramme d'alcool absolu. La masse, séchée sur des assiettes poreuses et cristallisée dans le moins possible d'alcool bouillant, fournit des prismes blanc de neige, pouvant atteindre plusieurs centimètres, fusibles à 98°, bouillant sans décomposition à 225-230° sous 55 millimètres, insolubles dans l'eau, mais très solubles dans l'alcool bouillant, l'éther, le benzène, moins solubles dans l'alcool froid, solubles dans les acides et précipités de ces solutions par les alcalis, réducteurs décomposables par les acides à chaud en benzophénone et sels d'hydrazine.

Ce corps peut s'unir aux acides et aux aldéhydes, donner des hydrazones et des hydrazides. La chaleur et les oxydants le transforment en composés décrits plus bas.

Chlorhydrate de diphénylméthylène-hydrazine,

$$(C^6H^5)^2C = Az^2H^2, HCl.$$

— Petites aiguilles blanches, fusibles à 183°, très solubles dans l'eau et s'y décomposant à chaud; obtenues en dirigeant un courant de gaz chlorhydrique dans une solution éthérée de la base.

Acétyldiphénylméthylène-hydrazide,

$$(C^6H^5)^2C = Az - AzH - CO - CH^3.$$

— Prismes blancs, fusibles à 107°, facilement solubles dans l'alcool, l'éther et le benzène, obtenus en faisant réagir l'anhydride acétique (0gr,8) sur la base (2 grammes).

Benzoyldiphénylméthylène-hydrazide,

$$(C^6H^5)^2C = Az - AzH - CO - C^6H^5.$$

— Magnifiques prismes incolores, très gros, fusibles à 116°,5, facilement solubles dans l'alcool et dans l'éther; obtenus en évaporant lentement à une douce chaleur la solution alcoolique du produit de la réaction de 2gr,5 d'anhydride benzoïque sur 2 grammes de base.

Combinaisons aldéhydiques. — Les aldéhydes benzylique et cinnamique réagissent à froid; l'acétone, la benzylidène-acétone, l'acétophénone, la méthylpropylcétone réagissent à chaud, en donnant des composés jaunes de la formule $(C^6H^5)^2C = Az - Az = CHR$ ou $= C - RR'$, tous facilement solubles dans l'alcool, peu solubles dans l'eau et dont voici les formules et les points de fusion :

Diphénylméthylène-benzalazine,

$$(C^6H^5)^2C = Az - Az = CH - C^6H^5.$$

— Fusible à 75°.

Diphénylméthylène-cinnamalazine,

$$(C^6H^5)^2C = Az - Az = CH - CH = CH - C^6H^5.$$

— Fusible à 98°.

Diphényldiméthylaziméthylène,

$$(C^6H^5)^2C = Az - Az = C(CH^3)^2.$$

— Fusible à 60°,5.

Diphénylméthylcinnamalaziméthylène,

$$(C^6H^5)^2C = Az - Az = C \begin{cases} CH^3 \\ CH = CH - C^6H^5 \end{cases}$$

— Fusible à 126°.

Diphénylméthylphénylaziméthylène,

$$(C^6H^5)^2C = Az - Az = C \begin{cases} CH^3 \\ C^6H^5 \end{cases}$$

— Fusible à 105°.

La méthylpropylcétone donne un composé huileux.

Le chloral agit très vivement, mais ne laisse isoler rien d'autre que de la diphénylcétazine.

Bisdiphénylaziméthylène ou *bisdiphénylcétazine*,

$$(C^6H^5)^2C = Az - Az = C(C^6H^5)^2.$$

— Prismes allongés, transparents, présentant une coloration jaune pâle, fusibles à 162°, distillables sans décomposition, peu solubles dans l'eau bouillante, assez difficilement solubles dans l'alcool bouillant, plus solubles dans l'éther et dans le benzène, insolubles dans les alcalis. On obtient cette azine de différentes façons :

1° En faisant agir 2 grammes d'iode dissous dans 10 grammes d'alcool absolu sur 2 grammes de diphénylméthylène-hydrazine; il se dégage de l'azote et il se sépare bientôt de petites aiguilles qu'on fait cristalliser deux ou trois fois dans l'alcool absolu :

$$2(C^6H^5)^2C = Az - AzH^2 + 2I^2$$
$$= (C^6H^5)^2C = Az - Az = C(C^6H^5)^2 + 4HI + Az^2.$$

2° En décomposant la même hydrazine par la chaleur, en la portant à l'ébullition au réfrigérant ascendant jusqu'à cessation de dégagement gazeux :

$$2(C^6H^5)^2C = Az - AzH^2$$
$$= (C^6H^5)^2C = Az - Az = C(C^6H^5)^2 + Az^2H^4.$$

L'hydrazine se décompose en grande partie en azote et ammoniaque.

3° En chauffant pendant 6 heures, à 150°, un mélange équimoléculaire de benzophénone et de diphénylméthylène-hydrazine.

4° Par la décomposition spontanée de la *diphénylméthylène-tétrazone*,

$$\begin{array}{l} Az - Az = C(C^6H^5)^2 \\ \| \\ Az - Az = C(C^6H^5)^2 \end{array}$$

composé instable obtenu en oxydant par l'oxyde de mercure, la base $(C^6H^5)^2C = Az - AzH^2$.

Action sur la désoxybenzoïne. — Benzylphénylméthylène-hydrazine (*Désoxybenzoïne-hydrazine*).

$$\begin{array}{l} C^6H^5 - CH^2 \\ \quad\quad | \\ C^6H^5 - C = Az - AzH^2 \end{array}$$

— Ce composé s'obtient en chauffant 5 grammes de désoxybenzoïne, $C^6H^5 - CH^2 - CO - C^6H^5$, avec 1gr,5 d'hydrate d'hydrazine et 2 gouttes d'alcool absolu, pendant 5 heures, en tube scellé à 140°. Il se présente en cristaux pointus, incolores, fusibles à 62°, insolubles à froid, solubles à chaud dans l'eau, facilement solubles dans l'alcool, l'éther et le chloroforme; il est réducteur, décomposable par les acides, et se combine facilement avec les aldéhydes et les cétones; il est oxydable par l'oxyde de mercure, etc. [Curtius et Blumer, *J. prakt. Chem.*, (2), **52**, 136].

Benzylphénylcétazine (*Bisdésoxybenzoïne-hydrazine*),

$$\begin{array}{lcl} C^6H^5 - CH^2 & & CH^2 - C^6H^5 \\ \quad\quad | & & \ | \\ C^6H^5 - C = Az & - & Az = C - C^6H^5 \end{array}$$

— On obtient le plus aisément ce composé par l'action de l'iode sur le corps précédent en solution alcoolique. Cristaux jaune paille, fusibles à 164°, distillant sans décomposition, insolubles dans l'eau, peu solubles dans l'alcool froid, plus solubles à chaud, facilement solubles dans l'éther et dans le chloroforme (C. et B.).

Ce corps se forme aussi sous l'action de la chaleur sur la benzile-dihydrazine (voyez p. 262).

Hydrindonazine,

$$C^9H^8 = Az - Az = C^9H^8.$$

— Gros prismes ayant la couleur de la quinone, solubles dans le chloroforme, l'alcool méthylique, l'acétone et le benzène bouillants, fusibles à 164-165° avec légère décomposition. Obtenus au moyen du sulfate d'hydrazine et de l'hydrindone en présence d'alcalis [C. Revis et S. Kipping, *Chem. Soc.*, **71**, 238].

2° Hydrazine et aldéhydes-ou cétones-alcools ou phénols.

Parmi les composés gras on ne peut guère citer que les aldazines et cétazines dérivées du glucose, du fructose et de l'arabinose. Une molécule d'hydrazine réagit sur *deux* molécules du sucre, par conséquent, comme si la fonction alcoolique était indifférente (voyez 2e Suppl., **4**, 754).

La même inertie de la fonction alcool se révèle dans la série aromatique avec la benzoïne; de même pour la fonction phénol, avec l'aldéhyde salicylique et l'isatine.

Action de l'hydrate d'hydrazine sur la benzoïne. — Tandis que le benzile donne une monohydrazone dans laquelle il y a lieu d'admettre la présence du groupement

$$= C \begin{cases} AzH \\ | \\ AzH \end{cases}$$

la benzoïne réagit un peu différemment, et toutes

les propriétés du composé obtenu contribuent à en faire une hydrazone possédant le groupement

$$>C=Az-AzH^2.$$

En effet, la portion hydrazinique y est infiniment moins stable que dans la benzile-monohydrazine, et le retour à la benzoïne et à l'hydrazine y est extrêmement facile. MM. Curtius et A. Blumer [*J. prakt. Chem.*, (2), **52**, 117] ont étudié cette réaction et décrit les composés dérivant de la benzoïne-hydrazine.

BENZOÏNE-HYDRAZINE,

$$C^6H^5-CHOH-C\begin{matrix}\nearrow C^6H^5\\ \searrow Az-AzH^2\end{matrix}$$

— Pour préparer ce corps, on chauffe pendant 4 heures, au bain-marie, 40 grammes de benzoïne pure et 11gr,5 d'hydrate d'hydrazine, puis on laisse en repos pendant 8 jours. Le produit visqueux formé est trituré dans un mortier avec de l'éther, jeté sur un filtre et lavé à l'éther jusqu'à ce qu'il soit blanc. Cristallisé dans le moins possible d'alcool, il constitue de longs prismes durs, incolores, fusibles à 75°, solubles à froid dans l'alcool, l'éther, le benzène et le chloroforme, très solubles dans l'alcool à chaud; réducteur, décomposable par les acides minéraux et même l'eau bouillante.

La chaleur, l'acide chlorhydrique en solution éthérée, l'alcool bouillant le transforment en deux produits de décomposition, l'un jaune, fusible à 202°, l'autre incolore, fusible à 246°; en plus, par l'action de la chaleur, on a encore une troisième substance fusible à 261°. Ces trois corps sont respectivement :

$$\begin{array}{ccc}C^6H^5-CO & & CO-C^6H^5\\ | & & |\\ C^6H^5-C=Az & - & Az=C-C^6H^5\end{array}$$

Bisbenzoylphénylazimélhylène fusible à 202°.

$$\begin{array}{ccc}C^6H^5-C & = & C-C^6H^5\\ | & & |\\ C^6H^5-C=Az & - & Az=C-C^6H^5\end{array}$$

Composé blanc, fusible à 246°.

$$\begin{array}{ccc}C^6H^5-CH & -AzH- & CH-C^6H^5\\ | & & |\\ C^6H^5-C=Az & - & Az=C-C^6H^5\end{array}$$

Composé fusible à 261°.

Leur formation s'explique par ce fait, que 2 molécules de benzoïne-hydrazine, en perdant 1 molécule d'hydrazine, engendrent la bisbenzoïne-hydrazine,

$$\begin{array}{ccc}C^6H^5-CHOH & & CHOH-C^6H^5\\ | & & |\\ C^6H^5-C=Az & - & Az=C-C^6H^5\end{array}$$

et que l'hydrazine agit ensuite sur ce corps en se transformant en ammoniaque :

$$2\begin{array}{ccc}C^6H^5-CHOH & & CHOH-C^6H^5\\ | & & |\\ C^6H^5-C=Az & - & Az=C-C^6H^5\end{array}+2Az^2H^4$$

$$=\begin{array}{ccc}C^6H^5-CO & & CO-C^6H^5\\ | & & |\\ C^6H^5-C=Az & - & Az=C-C^6H^5\end{array}+$$

$$+\begin{array}{ccc}C^6H^5-C & = & C-C^6H^5\\ | & & |\\ C^6H^5-C=Az & - & Az=C-C^6H^5\end{array}+4AzH^3+2H^2O.$$

Enfin, l'ammoniaque engendre le troisième corps, suivant une réaction facile à imaginer.

On peut aussi observer que le second ne diffère que par 2 molécules d'eau de la bisbenzoïne-hydrazine.

Benzoïne-hydrazines mono- et disodées. — Ces composés répondant aux formules

$$C^6H^5-CHOH-C\begin{matrix}\nearrow C^6H^5\\ \searrow Az-AzHNa\end{matrix}$$

et

$$C^6H^5-CHONa\begin{matrix}\nearrow C^6H^5\\ \searrow Az-AzHNa\end{matrix}\ (?)$$

s'obtiennent sous la forme de poudres blanches, par l'action du sodium sur la solution alcoolique de benzoïne-hydrazine.

Dérivés aldéhydiques,

$$\begin{array}{l}C^6H^5-CHOH\\ \quad |\\ C^6H^5-C=Az-Az=CHR\ \text{ou}\ C(RR')\end{array}$$

— Ils s'obtiennent plus ou moins rapidement par union des composants, en chauffant s'il s'agit des cétones.

La *benzalbenzoïne-azine* est en aiguilles incolores, nacrées, fusibles à 133°; l'*o-nitrobenzalbenzoïne-azine* est aussi incolore et fond à 195°; la *m-nitrobenzalbenzoïne-azine* est en aiguilles jaunes, brillantes, fusibles à 192°; la *cuminalbenzoïne-azine* est en lamelles nacrées, fusibles à 117°.

Les dérivés *cétoniques* cristallisent mal et s'obtiennent difficilement purs.

Acétylbenzoïne-hydrazine

$$C^6H^5-CHOH-C\begin{matrix}\nearrow C^6H^5\\ \searrow Az-AzH-CO-CH^3\end{matrix}$$

— Composé obtenu au moyen de l'anhydride acétique et de la benzoïne-hydrazine. Il cristallise dans l'alcool en belles aiguilles blanches, fusibles à 132°, peu solubles à froid, facilement à chaud dans l'alcool et dans l'éther.

Benzoïne-cétazine (*bisbenzoïne-hydrazine*),

$$\begin{array}{ccc}C^6H^5-CHOH & & CHOH-C^6H^5\\ | & & |\\ C^6H^5-C=Az & - & Az=C-C^6H^5\end{array}$$

— En faisant réagir la benzoïne sur la benzoïne-hydrazine, ce corps n'a pu être préparé qu'une fois et isolé, au milieu de produits à plus hauts points de fusion, sous forme de cristaux incolores, fusibles à 157°, s'altérant à plus haute température, insolubles dans l'eau, peu solubles dans l'éther, facilement solubles dans le chloroforme et dans l'alcool.

O-OXYBENZALAZINE,

$$\begin{array}{l}Az=CH-C^6H^4(OH)_{(o)}\\ |\\ Az=CH-C^6H^4(OH)_{(o)}\end{array}$$

— Obtenue comme la benzalazine, avec l'aldéhyde salicylique et les sels d'hydrazine. Cristaux tabulaires presque incolores, brillants comme de l'argent, biaxes, difficilement solubles même dans l'alcool bouillant, fusibles à 205° (C. et J.).

ACTION SUR L'ISATINE. — L'isatine, ayant une fonction cétonique, réagit sur l'hydrate d'hydrazine d'une façon régulière, analogue à celle de la benzoïne et donne une hydrazisatine.

HYDRAZISATINE,

$$C^6H^4\begin{matrix}\nearrow C=Az^2H^2 \searrow\\ \searrow Az \nearrow\!\!\!\!/\end{matrix}C-OH$$

— Aiguilles jaunes, très difficilement solubles dans l'eau bouillante, l'alcool, l'éther et le benzène, solubles dans les acides et dans les alcalis fixes et volatils; leur solution ammoniacale donne avec le nitrate d'argent un sel rouge, peu soluble, noircissant rapidement; leur solution aqueuse est réductrice. Les acides minéraux décomposent ce corps, par fixation d'eau, en ses constituants.

On l'obtient quantitativement en faisant bouillir pendant 1 heure 20 grammes d'isatine

$$C^6H^4 \begin{cases} CO \\ Az \end{cases} \geq C-OH$$

dissous dans 200 centimètres cubes d'alcool absolu avec 7 grammes d'hydrate d'hydrazine.

Chauffée sous 90 millimètres de pression à 255°, l'hydrazisatine perd de l'azote et fournit 60 0/0 d'*oxindol*, fusible à 120°, lequel distille. On répète plusieurs fois l'opération pour bien décomposer l'hydrazisatine.

L'oxyde de mercure fournit un azoïque instable, déflagrant par l'élévation de température [Curtius et Thun, *J. prakt. Chem.*, (2), **44**, 187].

3° Hydrazine et dialdéhydes ou dicétones 1.2.

Parmi les dialdéhydes grasses 1.2, on ne peut guère citer que le cas du glyoxal, qui est irrégulier.

Mais les exemples de dicétones 1.2 sont plus nombreux et caractérisés, en ce sens que chaque groupe CO réagit sur 1 molécule d'hydrazine en donnant naissance au groupement

$$=C \begin{cases} AzH \\ | \\ AzH \end{cases}$$

qui n'appartient qu'à ces composés et aux acides-cétones 1.2, lesquels possèdent, eux aussi, le groupement $-CO-CO-$. Toutefois, par une réaction détournée, on a pu préparer une cétazine spéciale du benzile contenant le groupement

$$\begin{matrix} CO \\ \end{matrix} > C = Az - Az = C < \begin{matrix} CO \\ \end{matrix}$$

des cétazines ordinaires

Action sur le glyoxal. — L'addition de glyoxal à une solution aqueuse d'un sel d'hydrazine fournit rapidement un précipité microcristallin d'aiguilles jaunes, qu'aucun dissolvant ne redissout, sauf les alcalis et l'ammoniaque faible, qui se colorent en rouge sang. La solution ammoniacale donne, avec le nitrate d'argent, un sel d'argent rouge très foncé. L'analyse attribue au composé jaune la composition $C^8H^{14}O^8Az^6$, ce qui représente (?) l'union pure et simple de 4 molécules de glyoxal et de 3 molécules d'hydrazine [Curtius et Jay, *J. prakt. Chem.*, (2), **39**, 50].

Action sur le biacétyle. — Théoriquement, et par analogie avec ce qui a lieu pour le benzile, on devrait pouvoir obtenir les combinaisons :

$$\begin{matrix} CH^3-C-CO-CH^3 \\ / \quad \backslash \\ AzH-AzH \end{matrix}$$

et

$$\begin{matrix} CH^3-C \text{———} C-CH^3 \\ / \quad \backslash \quad\quad / \quad \backslash \\ AzH-AzH \quad AzH-AzH \end{matrix}$$

En réalité, lorsqu'on fait réagir l'hydrate d'hydrazine sur le biacétyle, on observe que la première molécule d'hydrazine se combine avec une grande énergie, pendant qu'il se sépare une huile jaune qui constitue sans doute la première combinaison. Cette huile n'a pas été isolée. Si l'on ajoute une deuxième molécule d'hydrazine, elle réagit moins vivement, et il faut même chauffer pour la combiner. Le produit devient solide; l'alcool bouillant en extrait facilement le *diméthylbishydraziméthylène* et le laisse cristalliser en prismes magnifiques, incolores et brillants, fusibles à 158°, peu solubles dans l'eau et dans le benzène.

Un corps de composition $C^4H^6Az^2$, vraisemblablement le *diméthylaziéthane*,

$$\begin{matrix} CH^3-C — C-CH^3 \\ \| \quad\quad \| \\ Az-Az \end{matrix}$$

paraît se former à la place de l'acétylméthylhydraziméthylène, quand on ne fait réagir qu'une seule molécule d'hydrazine sur une dicétone. Le produit se présente sous forme de poudre microcristalline, fortement électrisable par frottement, fusible à 270° (Curtius et Thun).

Action sur le benzile. — *Benzoylphénylhydraziméthylène*,

$$\begin{matrix} C^6H^5-C \begin{cases} AzH \\ | \\ AzH \end{cases} \\ | \\ C^6H^5-CO \end{matrix}$$

— Houppes cristallines blanches, fusibles à 151° avec dégagement d'azote, peu solubles dans l'eau, assez solubles dans l'alcool froid et facilement solubles dans l'alcool chaud. On obtient ce composé en ajoutant à 6 grammes d'hydrate d'hydrazine 20 grammes de benzile dissous dans le moins possible d'alcool chaud et faisant bouillir pendant quelques minutes; il se précipite avec un rendement presque théorique (20 grammes).

Le nitrate d'argent le précipite en donnant un sel jaune; les acides le décomposent en benzile et hydrazine; l'anhydride acétique fournit un dérivé diacétylé.

La chaleur le décompose d'une façon régulière en désoxybenzoïne et azote :

$$\begin{matrix} C^6H^5-C \begin{cases} AzH \\ | \\ AzH \end{cases} \\ | \\ C^6H^5-CO \end{matrix} = Az^2 + \begin{matrix} C^6H^5-CH^2 \\ | \\ C^6H^5-CO \end{matrix}$$

Cette réaction s'effectue facilement sous pression réduite; sous 30 millimètres, il passe un liquide clair, bouillant à 220°, qui se solidifie aussitôt en une masse fusible à 55° après cristallisation dans l'alcool bouillant. C'est la désoxybenzoïne dont le rendement, dans cette réaction, atteint 60 0/0.

L'oxyde de mercure, en suspension dans le benzène, employé en quantité calculée, transforme le benzoylphénylhydraziméthylène en benzoylphénylazométhylène,

$$\begin{matrix} C^6H^5-C \begin{cases} Az \\ \| \\ Az \end{cases} \\ | \\ C^6H^5-CO \end{matrix}$$

cristallisant en tables orangées, transparentes, fusibles à 63° avec perte d'azote. Le rendement est quantitatif.

Benzalbenzoylphénylhydraziméthylène ou *benzoylisobenzalazine*,

$$\begin{matrix} C^6H^5-C \begin{cases} Az \\ | \\ Az \end{cases} CH-C^6H^5. \\ | \\ C^6H^5-CO \end{matrix}$$

— La benzile-hydrazine peut encore s'unir à l'aldéhyde benzylique lorsqu'on la chauffe (20 grammes) au bain-marie avec cette aldéhyde (10 grammes). Il se forme bientôt une masse visqueuse qui cristallise dans le benzène en petits prismes jaunes, brillants, fusibles à 150°, insolubles dans l'eau, difficilement solubles dans l'alcool bouillant, facilement solubles dans le benzène bouillant. Ce corps bout vers 300°, sous 80 millimètres, presque inaltéré.

L'hydrate d'hydrazine (2 grammes), chauffé pendant 4 ou 5 heures, en tube scellé, avec 10 grammes de benzoylisobenzalazine, additionnée de quelques gouttes d'alcool, fournit un mélange d'aiguilles blanches et d'une huile limpide à odeur de soude. Le produit solide peut se scinder par le benzène bouillant en deux corps : du benzoylphénylhydraziméthylène, moins soluble, et du diphénylbishydraziméthylène, fusible à 147°, plus soluble. Quant à l'huile basique, c'est l'hydrazine secondaire $\mathrm{C^6H^5\text{-}CH=Az\text{-}AzH^2}$, car, par l'action de l'aldéhyde cinnamique, on peut la transformer en aiguilles jaunes de *cinnamalbenzalazine*,

$$\mathrm{C^6H^5-CH=Az^2=CH-CH=CH-C^6H^5}$$

fusibles à 114°.

L'ensemble des réactions ci-dessus peut se traduire par les équations suivantes :

$$\mathrm{Az^2H^4} + \mathrm{C^6H^5-CH}\left\langle\begin{array}{c}\mathrm{Az}\\ |\\ \mathrm{Az}\end{array}\right\rangle\begin{array}{l}\mathrm{C-C^6H^5}\\ |\\ \mathrm{CO-C^6H^5}\end{array}$$

$$= \mathrm{C^6H^5-CH=Az-AzH^2} + \begin{array}{l}\mathrm{C^6H^5-CO}\\ \quad\ |\\ \mathrm{C^6H^5-C}\left\langle\begin{array}{l}\mathrm{AzH}\\ |\\ \mathrm{AzH}\end{array}\right.\end{array}$$

et

$$\begin{array}{l}\mathrm{C^6H^5-CO}\\ \quad\ |\\ \mathrm{C^6H^5-C}\left\langle\begin{array}{l}\mathrm{AzH}\\ |\\ \mathrm{AzH}\end{array}\right.\end{array} + \mathrm{Az^2H^4}$$

$$= \begin{array}{l}\mathrm{C^6H^5-C}\left\langle\begin{array}{l}\mathrm{AzH}\\ |\\ \mathrm{AzH}\end{array}\right.\\ \quad\ |\\ \mathrm{C^6H^5-C}\left\langle\begin{array}{l}\mathrm{AzH}\\ |\\ \mathrm{AzH}\end{array}\right.\end{array} + \mathrm{H^2O}.$$

Enfin dans les eaux mères, on trouve encore de la benzalazine (fusible à 93°) provenant de la décomposition de la benzalhydrazine.

Diphénylbishydraziméthylène,

$$\begin{array}{l}\mathrm{C^6H^5-C}\left\langle\begin{array}{l}\mathrm{AzH}\\ |\\ \mathrm{AzH}\end{array}\right.\\ \quad\ |\\ \mathrm{C^6H^5-C}\left\langle\begin{array}{l}\mathrm{AzH}\\ |\\ \mathrm{AzH}\end{array}\right.\end{array}$$

— Ce composé se produit par l'ébullition prolongée d'une solution alcoolique de 2 molécules d'hydrate d'hydrazine et de 1 molécule de benzile, ou préférablement par chauffage à 100° en tube scellé, pendant 12 heures ; le rendement est alors quantitatif. Longues aiguilles incolores, fusibles à 147°, assez solubles dans l'alcool froid, très solubles dans l'alcool chaud, inaltérables à l'air et à la lumière. L'oxyde de mercure les transforme, en solution benzénique, en tolane,

$$\mathrm{C^6H^5-C\equiv C-C^6H^5},$$

azote et eau, en brûlant tous les atomes d'hydrogène des groupements AzH et expulsant tout l'azote. A 190-200°, elles perdent de l'azote et de l'ammoniaque et fournissent le *bisphénylbenzylaziméthylène* suivant l'équation :

$$6\left[\begin{array}{l}\mathrm{C^6H^5-C}\left\langle\begin{array}{l}\mathrm{AzH}\\ |\\ \mathrm{AzH}\end{array}\right.\\ \quad\ |\\ \mathrm{C^6H^5-C}\left\langle\begin{array}{l}\mathrm{AzH}\\ |\\ \mathrm{AzH}\end{array}\right.\end{array}\right]$$

$$= 3\left[\begin{array}{l}\mathrm{C^6H^5}\\ \mathrm{C^6H^5-CH^2}\end{array}\! \qquad\ \right]$$

+ 7 Az² + 4 AzH³

Sous pression réduite, la réaction est terminée après 12 heures.

Ce corps fond à 161-162°, est peu soluble dans l'alcool bouillant, insoluble dans l'eau, facilement soluble dans le benzène. Les acides le transforment en sel d'hydrazine et désoxybenzoïne, ce qui établit sa constitution.

En somme, le composé obtenu est la cétazine de la désoxybenzoïne, $\mathrm{C^6H^5-CH^2-CO-C^6H^5}$.

Bisbenzoylphénylaziméthylène,

$$\begin{array}{ccc}\mathrm{C^6H^5-CO} & & \mathrm{CO-C^6H^5}\\ | & & |\\ \mathrm{C^6H^5=C} & \mathrm{=Az-Az=} & \mathrm{C-C^6H^5}\end{array}$$

— Ce composé, qui constitue en somme une hydrazone particulière du benzile, s'obtient le plus simplement en portant la benzoïne-hydrazine (voyez plus haut) pendant 2 heures à 180°. Le rendement est de 10 0/0. Il forme de belles aiguilles jaunes fusibles à 202°, solubles dans l'acide acétique, l'alcool bouillant, très solubles dans le chloroforme et l'éther, distillant sans décomposition. L'acide sulfurique concentré le dissout et le laisse précipiter inaltéré par dilution, si le contact a été de courte durée ; mais, au bout de plusieurs jours, il l'hydrolyse en donnant du benzile et de l'hydrazine.

Les agents réducteurs (zinc et acide acétique) le transforment suivant l'équation :

$$\begin{array}{ccc}\mathrm{C^6H^5-CO} & & \mathrm{CO-C^6H^5}\\ | & & |\\ \mathrm{C^6H^5-C} & \mathrm{=Az-Az=} & \mathrm{C-C^6H^5}\end{array} + \mathrm{5H^2O}$$

$$= 2\begin{array}{l}\mathrm{C^6H^5-CO}\\ \quad\ |\\ \mathrm{C^6H^5-CH^2}\end{array} + \mathrm{2AzH^3}.$$

Désoxybenzoïne.

L'hydrate d'hydrazine, à 130° en tube scellé, le change, en 4 heures, en diphénylbishydraziméthylène (benzile-bishydrazine)

$$\begin{array}{l}\mathrm{C^6H^5-C}\left\langle\begin{array}{l}\mathrm{AzH}\\ |\\ \mathrm{AzH}\end{array}\right.\\ \quad\ |\\ \mathrm{C^6H^5-C}\left\langle\begin{array}{l}\mathrm{AzH}\\ |\\ \mathrm{AzH}\end{array}\right.\end{array}$$

fusible à 147°, identique à celui qu'on obtient au moyen du benzile [Curtius et Blumer, *J. prakt. Chem.*, (2), **52**, 117].

ACTION SUR L'ACÉNAPHTÈNE-QUINONE. — *Périnaphtoylhydraziméthylène*,

$$\begin{array}{l}\mathrm{CH \lessgtr CH-CH \gtrless C-CO}\\ \qquad\mathrm{C\ -\ -\ C} \qquad\ \ |\ \diagup\mathrm{AzH}\\ \mathrm{CH \lessgtr CH-CH \gtrless C-C} \quad\ |\\ \qquad\qquad\qquad\qquad\qquad\ \ \diagdown\mathrm{AzH}\end{array}$$

— Ce composé s'obtient en ajoutant peu à peu à 10 grammes d'acénaphtène-quinone, tenue en suspension dans 300 centimètres cubes d'alcool absolu bouillant, 2gr,3 d'hydrate d'hydrazine diluée d'alcool absolu. Il se dépose un peu d'une substance brun sale que l'on sépare par filtration ; le filtrat est additionné d'eau bouillante jusqu'à ce que le liquide devenu trouble ait laissé déposer des flocons amorphes rouges, et qu'une tâte du liquide, filtrée de nouveau, paraisse d'un jaune pur. On fait alors bouillir pendant quelques instants, on filtre rapidement et on additionne d'eau jusqu'à formation d'un léger trouble; par refroidissement le dérivé hydrazinique se sépare plus ou moins parfaitement cristallisé. Il fond à 140°, et se dissout facilement dans l'alcool, l'éther, le benzène et le chloroforme, assez bien dans l'eau bouillante d'où il se sépare inaltéré par le refroidissement. L'oxyde de mercure le transforme en dérivé azoïque

$$-\overset{|}{C}\begin{matrix}\diagup Az \\ \| \\ \diagdown Az\end{matrix}$$

correspondant. La chaleur à 140° ne l'altère pas, même sous pression réduite; à 160°, il y a carbonisation.

Périnaphtoylméthylène-m-nitroisobenzalazine,

$$C^{10}H^{16}\begin{matrix}\diagup CO \\ | \\ \diagdown C\end{matrix}\begin{matrix}\diagup Az \diagdown \\ | \\ \diagdown Az \diagup\end{matrix} CH-C^{6}H^{4}-AzO^{2}.$$

— Tandis que l'aldéhyde benzylique ne donne aucune combinaison isolable, son dérivé métanitré se combine facilement à l'acénaphtoquinone-hydrazine. Il suffit de chauffer les deux composants ensemble au bain-marie. Le produit brut, lavé à l'alcool absolu bouillant, puis cristallisé dans le nitrobenzène, se présente en aiguilles jaune paille microcristallines, fusibles à 253°, assez solubles dans le nitrobenzène bouillant et dans le chloroforme, presque insolubles dans l'alcool et dans l'éther.

Périnaphtylène-dihydraziméthylène (*acénaphtène-quinone-dihydrazine*),

$$C^{10}H^{6}\begin{matrix}\diagup C\begin{matrix}\diagup AzH \\ | \\ \diagdown AzH\end{matrix} \\ | \\ \diagdown C\begin{matrix}\diagup AzH \\ | \\ \diagdown AzH\end{matrix}\end{matrix}$$

— On chauffe pendant 9 à 12 heures, au bain-marie, 2 grammes du dérivé monohydraziné de l'acénaphtène-quinone avec 0gr,6 d'hydrate d'hydrazine additionnée d'un volume d'alcool, et on poursuit la purification comme précédemment, après avoir dissous les cristaux formés dans l'alcool absolu. C'est un composé cristallisé en aiguilles ramifiées, jaune pâle, fusibles à 192°, solubles facilement dans l'alcool et dans le chloroforme à chaud, difficilement dans l'éther et dans l'eau bouillante, insolubles dans l'eau froide. L'oxyde mercurique ne l'altère pas.

Périnaphtylène-hydraziméthylène-m-nitroisobenzalazine (?),

$$C^{10}H^{6}\begin{matrix}\diagup C\begin{matrix}\diagup AzH \\ | \\ \diagdown AzH\end{matrix} \\ | \\ \diagdown C\begin{matrix}\diagup Az \diagdown \\ | \\ \diagdown Az \diagup\end{matrix} CH-C^{6}H^{4}-AzO^{2}.\end{matrix}$$

— C'est le dérivé précédent, combiné à l'aldéhyde nitrobenzylique; on l'obtient en faisant agir l'hydrate d'hydrazine sur la périnaphtoylméthylène-m-nitroisobenzalazine. Il fond à 315-216°.

On connaît aussi le produit de condensation de cette même aldéhyde avec la dihydrazine, soit :

$$C^{10}H^{6}\begin{matrix}\diagup C\begin{matrix}\diagup Az \diagdown \\ | \\ \diagdown Az \diagup\end{matrix} CH-C^{6}H^{4}-AzO^{2} \\ | \\ \diagdown C\begin{matrix}\diagup Az \diagdown \\ | \\ \diagdown Az \diagup\end{matrix} CH-C^{6}H^{4}-AzO^{2}.\end{matrix}$$

Il est obtenu par union des deux composants et cristallise dans le chloroforme en prismes ou tables à six pans, brillants, fusibles à 246° [Berend et Herms, *J. prakt. Chem.*, (2), **60**, 18].

4° Hydrazine et dialdéhydes, dicétones ou aldéhydes-cétones 1.3.

Il devrait se former la cétazine, aldazine ou aldocétazine interne correspondant à la double élimination de l'eau entre les groupes CO et AzH^2; mais le composé subit, quand il y a de l'hydrogène de reste, une transposition qui fait migrer au moins un H sur un des Az. Il se forme un noyau pentagonal du groupe des pyrazols. Exemple :

Méthylacétylacétone et hydrazine,

$$\begin{matrix} CH^3-CO-CH-CH^3 \\ | \\ AzH^2 + CO-CH^3 \\ \diagdown \\ AzH^2 \end{matrix} \longrightarrow \begin{matrix} CH^3-C — CH-CH^3 \\ \| \quad\quad | \\ Az \quad C-CH^3 \\ \diagdown\!\!\diagup\!\!\diagup \\ Az \end{matrix} \longrightarrow \begin{matrix} CH^3-C — C-CH^3 \\ \| \quad\quad \| \\ Az \quad C-CH^3 \\ \diagdown \diagup \\ AzH \end{matrix}$$

3.4.5 triméthylpyrazol.

S'il n'y a pas d'hydrogène on s'accorde à garder la formule cétazinique. Exemple :

Diméthylacétylacétone et hydrazine,

$$\begin{matrix} CH^3-CO — C(CH^3)^2 \\ | \\ AzH^2 + COCH^3 \\ \diagdown \\ AzH^2 \end{matrix} \longrightarrow \begin{matrix} CH^3-C — C(CH^3)^2 \\ \| \quad\quad | \\ Az \quad C-CH^3 \\ \diagdown\!\!\diagup\!\!\diagup \\ Az \end{matrix}$$

3.4.4.5 tétraméthylpyrazol.

Toutefois, la formule des pyrazols ne doit pas absolument être prise au pied de la lettre, la double liaison ne créant pas, d'après M. Knorr, plus de dissymétrie qu'elle n'en crée dans le benzène [*Ann. Chem.*, **279**, 188; *Bull. Soc. Chim.*, (3), **14**, 753].

Enfin, on a immédiatement la formule d'un pyrazol si l'on prend la forme œnolique de la dicétone, ce qui est possible quand son groupe CH^2 n'est pas bisubstitué :

$$\begin{matrix} CH^3-CO — CR \\ \| \\ AzH^2 + C(OH)-R' \\ \diagdown \\ AzH^2 \end{matrix} = \begin{matrix} CH^3-C — C-R \\ \| \quad\quad \| \\ Az \quad C-R' \\ \diagdown \diagup \\ AzH \end{matrix} + 2H^2O$$

Quoi qu'il en soit, voici quelques réactions de cet ordre. L'hydrazine engendre :

Avec l'*acétylaldéhyde* ou *formylacétone* sodée, $CH^3-CO-CH^2-CHO$, le 5 méthylpyrazol [von Rothenburg, *D. chem. G.*, **27**, 789, 955, — L. Knorr, *loc. cit.*].

Avec l'*aldéhyde nitromalonique*,

$$CHO-CH(AzO^2)-CHO,$$

le 4 nitropyrazol [Hill et Torrey, *Am. Chem. Journ.*, **22**, 89 ; *Bull. Soc. Chim.*, (3), **9**, 971].

Avec la *benzoylaldéhyde*,

$$C^6H^5-CO-CH^2-CHO,$$

le 5 phénylpyrazol [von Roth., *D. chem. G.*, **27**, 789].

Avec l'*acétylacétone*, $CH^3-CO-CH^2-CO-CH^3$, le 3.5 diméthylpyrazol [von Roth., *ibid.*, **27**, 1097. — Rosengarten, *Ann. Chem.*, **279**, 237].

Avec la *méthylacétylacétone*,

$$CH^3-CO-CH(CH^3)-CO-CH^3,$$

le 3.4.5 triméthylpyrazol (B. Oettinger, *Ann. Chem.*, **279**, 244].

Avec la *diméthylacétylacétone*,

$$CH^3-CO-C(CH^3)^2-CO-CH^3,$$

le 3.4.4.5 tétraméthylpyrazol [Knorr et Oettinger, *ibid.*, **279**, 247].

Avec la *benzoylacétone*,

$$C^6H^5-CO-CH^2-CO-CH^3,$$

le 3.5 méthylphénylpyrazol (B. Sjollema, *Ann. Chem.*, **279**, 248].

Avec le *dibenzoylméthane*,

$$C^6H^5-CO-CH^2-CO-C^6H^5,$$

le 3.5 diphénylpyrazol [Knorr et Duden, *D. chem. G.*, **26**, 115].

Avec l'*éther benzoylacétylacétique*,

$$C^6H^5-CO-CH<\begin{matrix}CO-CH^3\\CO^2C^2H^5\end{matrix}$$

l'éther 3.5 méthylphénylpyrazol-4 carbonique (*ibid.*) ; l'on voit ici que la seconde fonction cétonique a réagi de préférence à la fonction éther.

Avec l'*éther diacétylacétique*, l'éther 3.5 diméthylpyrazol-4 carbonique [G. Rosengarten, *Ann. Chem.*, **279**, 327].

Avec l'*éther acétone-oxalique*,

$$CH^3-CO-CH^2-CO-CO^2C^2H^5,$$

l'éther 3 méthylpyrazol-5 carbonique ; ici, encore, la fonction éther reste inerte [Knorr et Macdonald, *Ann. Chem.*, **279**, 217].

M. Bongert a étudié un cas intéressant, c'est celui de l'action de l'hydrazine sur les butyrylacétylacétates de méthyle qui peuvent exister sous deux formes essentiellement différentes, suivant la façon dont le radical butyryle est relié à la molécule acétylacétique prise sous ses formes cétonique ou œnolique. L'hydrazine conduit à des résultats très distincts.

Le *c-butyrylacétylacétate de méthyle* réagit avec l'hydrazine, comme le benzoylacétylacétate d'éthyle, en tant que β-dicétone et conduit au 3 méthyl-5 propylpyrazol-4 carbonate de méthyle :

$$\begin{matrix}CH^3-CO & — & CH-CO^2CH^3\\ & & |\\ + \; AzH^2 & & CO-C^3H^7\\ \diagdown & & \\ AzH^2 & & \end{matrix}$$

$$= \begin{matrix}CH^3-C & — & C-CO^2CH^3\\ \| & & \|\\ Az & & C\cdot C^3H^7\\ & \diagdown\diagup & \\ & AzH & \end{matrix} + 2H^2O.$$

Avec l'*œ-butyrylacétylacétate de méthyle*, la réaction est tout autre ; il se forme à la fois de la butyrylhydrazide et de la méthylpyrazolone fondant à 215-216°, la même que celle de l'éther acétylacétique. Il y a d'abord saponification de l'éther, et les produits réagissent séparément :

$$\begin{matrix}CH^3-C=CH-CO^2CH^3\\ |\\ O-COC^3H^7\end{matrix} + H^2O$$

$$= CH^3-CO-CH^2-CO^2CH^3 + CO^2H-C^3H^7$$

[Bongert, *C. R.*, **132**, 973].

Un corps plus compliqué encore, l'*éther acétonylacétone-dioxalique*,

$$\begin{matrix}C^2H^5-CO^2-CO-CH^2-CO-CH^2\\ |\\ C^2H^5-CO^2-CO-CH^2-CO-CH^2\end{matrix}$$

qui possède tout ensemble une fonction cétone 1.4, deux fonctions cétones 1.3, deux fonctions cétone-éther 1.2 et deux fonctions cétone-éther 1.4, réagit seulement en tant que double cétone 1.3 et conduit à l'éthane-bispyrazol-3 carbonate d'éthyle

$$\left[C^2H^5CO^2-C\begin{matrix}\diagup\!\!\diagup Az-AzH\\ \quad\quad |\\ \diagdown CH=C-CH^2-\end{matrix}\right]^2$$

[T. Gray, *D. chem. G.*, **33**, 1220].

5° Hydrazine et aldéhydes ou dicétones 1.4.

Le seul cas d'aldéhyde 1.4 étudié paraît être celui de la phtalaldéhyde.

Hydrazine et phtalaldéhyde. — La réduction de la chlorophtalazine dérivée de la phtalazone (voyez plus loin) ne conduit pas à la phtalazine qui, théoriquement, dérive de l'aldéhyde phtalique, laquelle est une aldéhyde 1.4.

On peut y arriver en faisant réagir le tétrachloro-o-xylène, $C^6H^4(CHCl^2)^2$, sur l'hydrazine, mais il vaut mieux, au préalable, transformer cette chlorhydrine en aldéhyde correspondante, par ébullition avec l'eau, puis ajouter à la solution du sulfate d'hydrazine et de la potasse, de façon à réaliser les équations suivantes :

$$C^6H^4(CHCl^2)^2 + 2H^2O = C^6H^4(CHO)^2 + 4HCl$$

$$C^6H^4(CHO)^2 + 4HCl + Az^2H^4,SO^4H^2 + 5KOH$$
$$= C^6H^4(CH=Az-)^2HCl + 3KCl + SO^4K^2 + 7H^2O.$$

En évaporant ensuite, puis décomposant le chlorhydrate et épuisant avec le benzène, on a une solution benzénique d'où l'acide chlorhydrique permet d'extraire la phtalazine sous la forme de chlorhydrate cristallisé.

Phtalazine,

$$C^6H^4\begin{matrix}\diagup CH=Az\\ \quad |\\ \diagdown CH=Az\end{matrix}$$

— Elle se présente en aiguilles plates, jaunâtres, fusibles à 90-91° ; bout à 315-317° en se décomposant et se dissout bien dans l'eau, l'alcool, le benzène, mal dans l'éther et pas du tout dans la ligroïne.

Le *chlorhydrate*, $C^8H^6Az^2,HCl$, fond à 231°.

Le *chloroplatinate*, $(C^8H^6Az^2)^2PtCl^6H^2$, ne fond pas encore à 260°.

Le *picrate*, $C^8H^6Az^2,C^6H^3Az^3O^7$, fond mal vers 208-210°.

La réduction par le zinc et l'acide chlorhydrique la transforme en xylylène-diamine, mais l'amalgame de sodium conduit à la tétrahydrophtalazine

$$C^6H^4\begin{matrix}\diagup CH^2-AzH\\ \quad |\\ \diagdown CH^2-AzH\end{matrix}$$

[S. Gabriel et G. Pinkus, *D. chem. G.*, **26**, 2210].

HYDRAZINE ET DICÉTONES 1 4. — La réaction donne naissance à divers produits dont la formation s'explique le plus aisément en attribuant à la dicétone sa formule œnolique

$$R-COH=CH-CH=COH-R$$

et en admettant qu'il peut se former des mono- et des dihydrazides telles que

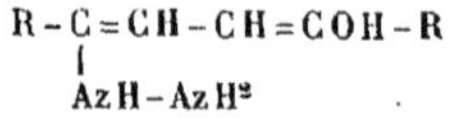

$$R-C(AzH-AzH^2)=CH-CH=COH-R$$

et

$$R-C(AzH-AzH^2)=CH-CH=C(AzH-AzH^2)-R$$

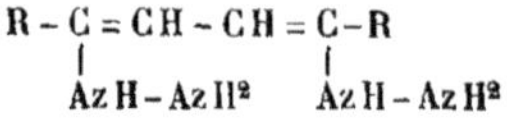

correspondant aux mono- et dihydrazones respectivement isomériques. La perte d'une seconde molécule d'eau dans la monohydrazide, d'une molécule d'hydrazine dans la dihydrazide peut donner naissance soit à une dihydropyridazine, soit à un aminopyrrol. Exemple :

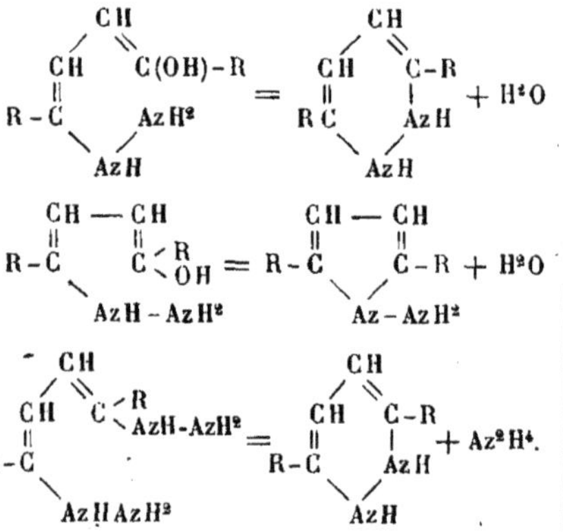

$$\begin{matrix} & CH & \\ CH & & C(OH)-R \\ \| & & \\ R-C & & AzH^2 \\ & AzH & \end{matrix} = \begin{matrix} & CH & \\ CH & & C-R \\ \| & & | \\ RC & & AzH \\ & AzH & \end{matrix} + H^2O$$

$$\begin{matrix} CH & — & CH \\ \| & & \| \\ R-C & & C{<}^{R}_{OH} \\ & AzH-AzH^2 & \end{matrix} = \begin{matrix} CH & — & CH \\ \| & & \| \\ R-C & & C-R \\ & Az-AzH^2 & \end{matrix} + H^2O$$

$$\begin{matrix} & CH & \\ CH & & C{<}^{R}_{AzH-AzH^2} \\ \| & & \\ R-C & & \\ & AzH\,AzH^2 & \end{matrix} = \begin{matrix} & CH & \\ CH & & C-R \\ \| & & | \\ R-C & & AzH \\ & AzH & \end{matrix} + Az^2H^4.$$

Du moins, si ces réactions n'ont pas toujours lieu avec une hydrazide donnée, elles peuvent se produire dans un sens ou dans l'autre avec les hydrazides diverses (substituées ou non) de ce type.

Hydrazine et désylacétophénone. — La désylacétophénone,

$$C^6H^5-CO-CH^2-CH(C^6H^5)-CO-C^6H^5,$$

donne avec l'hydrazine sa monohydrazide, l'hydropyridazine qui en dérive par perte d'eau et, enfin, une petite quantité de la pyridazine qui provient de l'oxydation du second produit. Pour effectuer la réaction, on ajoute à une solution acétique bouillante de désylacétophénone, une solution aqueuse de sulfate d'hydrazine (1^{mol},5) et une quantité équivalente de potasse, et on fait bouillir pendant 1 heure. Il se dépose par refroidissement une bouillie de cristaux jaunes qui constituent la *triphényl* 3.4.6-*dihydropyridazine*,

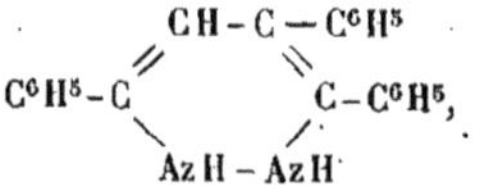

$$\begin{matrix} & CH-C—C^6H^5 & \\ C^6H^5-C & & C-C^6H^5, \\ & AzH-AzH & \end{matrix}$$

fusible peu nettement à 178-188°. L'acide acétique bouillant peut transformer ce composé en quelques minutes en monohydrazide.

Monohydrazide,

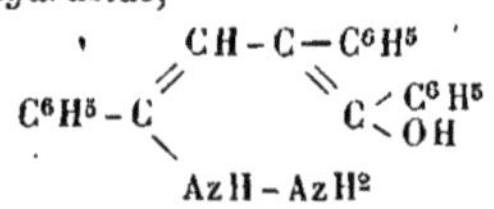

$$\begin{matrix} & CH-C—C^6H^5 & \\ C^6H^5-C & & C{<}^{C^6H^5}_{OH} \\ & AzH-AzH^2 & \end{matrix}$$

— Celle-ci se trouve d'ailleurs dans les eaux mères acétiques d'où l'hydropyridazine avait cristallisé et s'en précipite par addition d'eau. Cristallisée dans l'alcool, elle est en aiguilles filiformes, fusibles à 168°, solubles dans l'alcool, le benzène, l'acide acétique bouillant, insolubles dans la ligroïne [Smith, *Ann. Chem.*, **289**, 310].

6° HYDRAZINE ET ACIDES-CÉTONES α OU 1.2.

Les acides acétyl- et benzoylformique,

$$CH^3-CO-CO^2H \text{ et } C^6H^5-CO-CO^2H,$$

en réagissant sur l'hydrate d'hydrazine, donnent des réactions toutes spéciales conduisant aux acides hydrazo- (ou hydrazi-) propionique et hydrazophénylacétique (voyez ces mots)

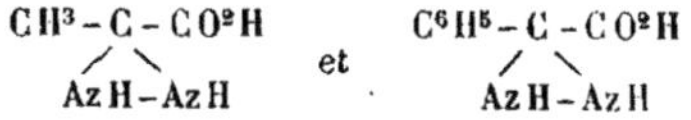

$$\begin{matrix} CH^3-C-CO^2H \\ AzH-AzH \end{matrix} \quad \text{et} \quad \begin{matrix} C^6H^5-C-CO^2H \\ AzH-AzH \end{matrix}$$

[Curtius et Lang, *J. prakt. Chem.*, (2), **44**, 555].

Si le groupe acide est amidé, il n'y a également que le groupe CO qui entre en réaction. Tel est le cas de la mésoxalamide,

$$AzH^2-CO-CO-CO-AzH^2,$$

dont on obtient l'hydrazone

$$AzH^2-Az=C(CO-AzH^2)^2$$

par l'action de l'hydrate d'hydrazine sur la dibromomalonamide en milieu alcoolique. Cette hydrazone fond à 175° [E. Ruhemann et K. Orton, *Chem. Soc.*, **67**, 1002; *Bull. Soc. Chim.*, (3), **16**, 843].

M. Bouveault a obtenu d'autres résultats en opérant en solution aqueuse alcaline, et a préparé les hydrazones de divers acides glyoxyliques à radical aromatique.

Le sulfate d'hydrazine réagit sur les acides glyoxyliques dissous dans 2 molécules de soude. En acidulant par l'acide chlorhydrique, on obtient un précipité jaune cristallisé, qui est un acide aldazine-carbonique, lequel contient toujours une molécule d'eau :

$$2(RCO-CO^2Na) + Az^2H^4,SO^4H^2$$
$$= SO^4Na^2 + R-C(CO^2H)=Az-Az=C(CO^2H)R.$$

Ces acides, chauffés avec précaution, perdent de l'anhydride carbonique et fournissent les aldazines correspondantes, lesquelles sont en général de beaux corps. Par contre, l'hydratation des aldazines se fait assez mal, et ne fournit les aldéhydes correspondantes qu'avec de mauvais rendements.

Acide hydrazone-phénylglyoxylique,

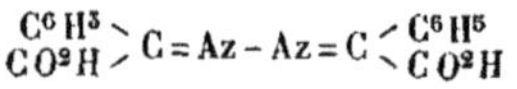

$$\frac{C^6H^5}{CO^2H}{>}C=Az-Az=C{<}\frac{C^6H^5}{CO^2H}$$

— Corps fusible à 179° donnant par chauffage la benzaldazine ordinaire.

Acide hydrazone-paracrésylglyoxylique. — Fusible à 200°; fournit l'aldazine paratoluique, fusible à 154°, peu soluble dans l'éther.

Acide hydrazone-anisylglyoxylique. — Décomposable en aldazine anisique fusible à 168°.

Acide hydrazone-vératrylglyoxylique. —

Fusible à 184° en se décomposant; l'hydrazone ou aldazine-vératrique fond à 190° [L. Bouveault, *C. R.*, **122**, 1491].

7° Hydrazine et acides-aldéhydes ou acides-cétones 1.3.

Les éthers β-cétoniques réagissent sur l'hydrate d'hydrazine en donnant des pyrazolones suivant l'équation :

```
AzH²      CO-R     Az = C-R
 |    +    |        |    |
AzH²      CH²   = AzH   CH² + C²H⁵OH + H²O
          /          \  /
      COOC²H⁵         CO
```

C'est encore le cas des éthers monacétyl- ou diacétylsuccinique. Ce dernier, par exemple, donne deux fois la réaction précédente et conduit à la (4) bis-(3) méthylpyrazolone :

```
AzH²     CO-CH³  CH³-CO      AzH²
 |    +   |           |   +   |
AzH²     CH ——————— CH       AzH²
         /             \
     COOC²H⁵          COOC²H⁵

   Az = C-CH³  CH³-C = Az
   |    |          |    |      + 2H²O
= AzH  CH ———————— CH  AzH
    \  /             \  /      + 2C²H⁵OH
     CO               CO
```

mais, à côté, il semble aussi se faire une hydrodiazine, dont la formation relève du caractère cétonique 1.4 de l'éther diacétylsuccinique : on sait que dans ce cas il se forme des hydrodiazines [Curtius, *J. prakt. Chem.*, (2), **50**, 508] :

```
CH³-CO-CH-CO²C²H⁵         AzH²
        |              +   |
CH³-CO-CH-CO²C²H⁵         AzH²

  CH³-C
    //  \
  Az     CH-CO²C²H⁵
= |      |              + 2H²O.
  Az     CH-CO²C²H⁵
    \\  /
  CH³-C
```

Parmi les éthers β-cétoniques qui ont été soumis à l'action de l'hydrazine, citons les éthers du type acétylacétique.

L'*éther acétylacétique* fournit la 3 méthylpyrazolone, fusible à 215° [Curtius et Jay, *J. prakt. Chem.*, (2), **39**, 51].

L'*éther benzoylacétique*, la 3 phénylpyrazolone, fusible à 236° [Thun, *ibid.*, **50**, 515].

L'*éther diméthylacétylacétique*, la 3.4.4 triméthylpyrazolone.

L'*éther allylacétylacétique*, la méthylallylpyrazolone, fusible à 195°.

Enfin, un éther tel que l'*éther oxalacétique*, $CO^2C^2H^5-CO-CH^2-CO^2C^2H^5$, réagit par les fonctions cétone- et éther 1.3, l'autre fonction éther jouant le rôle d'un radical; il conduit au pyrazolone-3 carbonate d'éthyle, fusible à 179° et, de plus, par action d'un excès d'hydrate d'hydrazine, à l'*hydrazide* (fusible à 238°) correspondant à l'acide pyrazolone-carbonique,

```
AzH²-AzH-CO-C ——— CH²
             ||    |
             Az    CO
               \  /
               AzH
```

[von Rothenburg, *D. chem G.*, **27**, 955].

L'*éther acétone-dicarbonique*,

$$C^2H^5CO^2-CH^2-CO-CH^2-CO^2C^2H^5,$$

donne une réaction toute parallèle à la précédente. Suivant les proportions d'hydrazine, on obtient l'éther pyrazolone-(3) acétique, fusible à 189-190°,

```
C²H⁵CO²-CH²-C ——— CH²
             ||    |
             Az    CO
               \  /
               AzH
```

ou l'hydrazide correspondant à cet éther (fusible à 180°). Une seule fonction acide-acétone 1.3 entre en jeu [A. Kufferath, *J. prakt. Chem.*, (2), **64**, 334].

Quant à l'*éther oxyacrylique*

$$CHO-CH^2-CO^2R \quad \text{ou} \quad (CHOH=CH-CO^2R)$$

qui est un éther β-aldéhyde, l'hydrazine lui fait subir une condensation préalable qui le transforme en éther trimésique

```
          CO²R
           |
           CH
          //
       CHOH   CHOH
               |
CO²R-CH        CH-CO²R
       \\
        CHOH

          CO²R
           |
           C
         //  \
       CH     CH
=      |      ||            + 3H²O,
 CO²R-C       C-CO²R
        \\   /
          CH
```

de sorte que l'on ne recueille que la triméthylhydrazide correspondante, et non la pyrazolone simple à laquelle on pouvait s'attendre [von Roth., *ibid.*].

L'éther *succinylo-succinique*,

```
CO²R-CH — CH²
     |     |
     CO    CO
     |     |
     CH²-  CH-CO²R
```

qui est une cétone 1.4, mais en même temps l'éther d'un acide deux fois β-cétonique, cet éther, disons-nous, agit sur 2 molécules d'hydrate d'hydrazine et conduit normalement à l'hexahydrobenzo-3.4 dipyrazolone, fusible à 256-257°, dérivé du type deux fois éther β-cétonique :

```
     CO     CH²
    /  \   /  \
 AzH    CH     C == Az
  |     |      |    |
 Az  == C      CH   AzH
         \    /  \  /
          CH²     CO
```

[von Rothenburg, *D. chem. G.*, **27**, 472].

L'*éther éthoxyméthylène-malonique*,

$$C^2H^5O-CH=C(CO^2C^2H^5)_2,$$

qui n'est autre chose que le dérivé éthoxylé de la forme tautomérique des éthers de l'aldéhyde bis-acide $CHO-CH(CO^2C^2H^5)_2$, fournit transitoirement des réactions spéciales; il se saponifie d'abord par son groupe éthoxyle et donne l'hydrazide secondaire correspondante, soit le composé :

$$\begin{array}{l} AzH-CH=C(CO^2C^2H^5)^2 \\ | \\ AzH-CH=C(CO^2C^2H^5) \end{array}$$

(fusible à 82°), décomposable par l'acide chlorhydrique en chlorhydrate d'hydrazine, acides formique, malonique et alcool. Ce corps est acide ; un excès d'hydrazine fournit un sel, lequel est susceptible par chauffage de se changer en 5 pyrazolone-4 carbonate d'éthyle. Il est probable que cet excès d'hydrazine donne, après la formation du sel, l'*hydrazide*

$$AzH^2-AzH-CH=C(CO^2C^2H^5)^2,$$

qui se transforme par réaction d'une fonction éther sur le groupe AzH^2 :

$$\begin{array}{l} \quad AzH^2 \\ \ / \\ AzH \quad CO^2C^2H^5 \\ | \qquad | \\ CH = C-CO^2C^2H^5 \end{array}$$

$$= \begin{array}{l} \quad AzH \\ \ / \ \backslash \\ Az \quad CO \\ \| \qquad | \\ CH-CH-CO^2C^2H^5 \end{array} + C^2H^6O.$$

Finalement donc, le produit se comporte comme une aldéhyde-acide-β :

$$\begin{array}{l} CHO - CH-CO^2C^2H^5 \\ \qquad\quad | \\ AzH^2 + CO^2C^2H^5 \\ \ \backslash \\ \quad AzH^2 \end{array}$$

$$= \begin{array}{l} CH - CH-CO^2C^2H^5 \\ \| \qquad | \\ Az \quad CO \\ \ \backslash \ / \\ \ AzH \end{array} + C^2H^6O.$$

[S. Ruhemann et K. Orton, *Chem. Soc.*, **67**, 1002 ; *Bull. Soc. Chim.*, (3), **16**, 843].

D'autres composés encore, possédant la fonction éther-cétonique 1.3, offrent des réactions spéciales.

Ainsi l'*éther chlorofumarique*

$$\begin{array}{l} CO^2C^2H^5-CH \\ \qquad\qquad \| \\ \qquad\qquad CCl-CO^2C^2H^5 \end{array}$$

que l'on peut considérer comme la chlorhydrine d'une forme tautomérique d'un éther acide-cétone 1.3, se conduit comme celui-ci et fournit un dérivé pyrazolonique :

$$\begin{array}{l} CO^2C^2H^5-CH \\ \qquad \| \\ COH-CO^2C^2H^5 \end{array} \longrightarrow \begin{array}{l} CO^2C^2H^5-CH^2 \\ \qquad | \\ CO-CO^2C^2H^5 \end{array}$$

On obtient effectivement le 5 pyrazolone-3 carbonate d'éthyle (le même qu'avec l'éther oxalacétique) [S. Ruhemann, *Chem. Soc.*, **69**, 1394].

L'*éther dicarboxyglutaconique*

$$(C^2H^5CO^2)^2=CH-CH=C=(CO^2C^2H^5)^2,$$

donne une réaction encore plus singulière. Cet éther se dédouble au cours de la réaction ; il donne naissance à de l'éther malonique et partant, à l'hydrazide malonique, pendant que le reste de la molécule forme l'éther isopyrazolone-carbonique, $C^6H^8Az^2O^3$, fusible à 180-181°, et son sel d'hydrazine, fusible à 140° :

$$(CO^2C^2H^5)^2CH-CH=C(CO^2C^2H^5)^2 + AzH^2-AzH^2$$

$$= \begin{array}{l} CO^2C^2H^5-C = CH \\ \qquad\quad | \qquad | \\ \qquad\ CO \quad AzH \\ \qquad\quad \backslash \ / \\ \qquad\quad AzH \end{array} \begin{array}{l} + CH^2(CO^2C^2H^5)^2 \\ + C^2H^6O \end{array}$$

[S. Ruhemann, *D. chem. G.*, **27**, 1658].

Le même éther isopyrazolone-carbonique s'obtient dans l'action de l'aminoéthylène-dicarbonate d'éthyle sur l'hydrate d'hydrazine. Il y a alors, outre l'élimination d'alcool, élimination d'une molécule d'ammoniaque :

$$\begin{array}{l} \quad AzH^2 \qquad AzH^2 \\ \ / \qquad + \quad / \\ AzH^2 \qquad CH \\ \qquad\qquad\quad \| \\ C^2H^5CO^2 - C - CO^2C^2H^5 \end{array}$$

$$= \begin{array}{l} \quad AzH \\ \ / \ \backslash \\ AzH \quad CH \\ | \qquad \| \\ CO - C-CO^2C^2H^5 \end{array} + AzH^3 + C^2H^6O$$

[S. Ruhemann et R. S. Morell, *D. chem. G.*, **27**, 2747].

Enfin, l'*éther oxalodiacétique*,

$$\begin{array}{l} CO-CH^2-CO^2C^2H^5 \\ | \\ CO-CH^2-CO^2C^2H^5 \end{array}$$

présente le double caractère d'être une dicétone 1.2, et d'être deux fois) un éther cétonique 1.3. C'est le premier caractère qui l'emporte. On obtient le composé monohydraziné, fusible à 93° :

$$\begin{array}{l} AzH \searrow \\ | \qquad C - CH^2-CO^2C^2H^5 \\ AzH \nearrow | \\ \qquad CO-CH^2-CO^2C^2H^5 \end{array}$$

dont la formule rappelle celle de la benzile-monohydrazine [von Rothenburg, *D. chem. G.*, **26**, 870].

L'*éther éthylidène-acétylacétique*,

$$CH^3-CO-C \lessgtr \begin{array}{l} CH-CH^3 \\ CO^2C^2H^5 \end{array}$$

donne naissance à l'éther 3.5 diméthypyrazol-4 carbonique ; c'est le même que celui qui est engendré par l'éther diacétylacétique (dicétone 1.3) ; mais dans le cas de l'éther éthylidénique, il y a perte de 2 atomes d'hydrogène :

$$\begin{array}{l} CH^3-CO — C-CO^2C^2H^5 \\ \qquad\qquad\quad \| \\ \quad AzH^2 + C-CH^3 \\ \quad \backslash \\ \qquad AzH^2 \end{array}$$

$$= \begin{array}{l} CH^3-C — C-CO^2C^2H^5 \\ \qquad \| \qquad \| \\ \quad\ Az \quad C-CH^3 \\ \qquad \backslash \ / \\ \qquad AzH \end{array} + H^2.$$

En même temps on trouve un peu de la bispyrazolone (fusible à 255°) correspondant à l'*éther éthylidène-bisacétylacétique*, soit le corps :

$$\begin{array}{l} CH^3-C — CH-CH-CH — C-CH^3 \\ \quad \| \qquad | \qquad | \qquad | \qquad \| \\ \quad Az \quad CO \quad CH^3 \quad CO \quad Az \\ \quad\ \backslash \ / \qquad\qquad\quad \backslash \ / \\ \quad AzH \qquad\qquad\quad AzH \end{array}$$

[G. Rosengarten, *Ann. Chem.*, **279**, 237].

Les acides *déhydracétique* et *déhydrobenzoylacétique* conduisent : le premier à la pyrazolone, fusible à 215°, qui dérive de l'éther acétylacétique ; le second, à la 3 phénylpyrazolone, fusible à 236°, qui dérive de l'éther benzoylacétique. Les deux réactions sont parallèles ; on peut traduire celle de l'acide déhydracétique par l'équation :

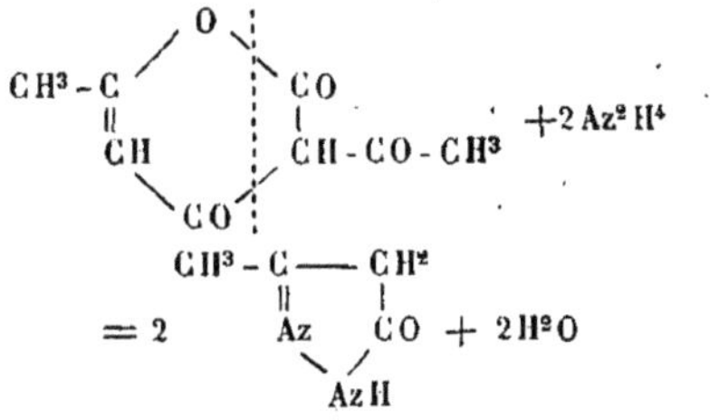

$$\begin{array}{l} CH^3-C \diagup O \diagdown CO \\ \quad \| \qquad\qquad | \\ \quad CH \qquad CH-CO-CH^3 \\ \quad \diagdown CO \diagup \end{array} + 2\,Az^2H^4$$

$$= 2 \begin{array}{c} CH^3-C \text{——} CH^2 \\ \| \qquad\quad | \\ Az \qquad CO \\ \diagdown \ \diagup \\ AzH \end{array} + 2H^2O$$

[von Rothenburg, *D. chem. G.*, **27**, 790].

8° Hydrazine et acides-aldéhydes ou acides-cétones 1.4.

Les éthers γ-cétoniques, comme l'*éther lévulique*, peuvent donner une hydrazide, laquelle, chauffée au bain-marie, se change en une α-tétrahydro-diazinone (pyridazinone) :

$$CH^3-CO-CH^2-CH^2-CO-AzH-AzH^2$$
$$= CH^3-C \lesssim \begin{array}{l} Az—AzH \\ CH^2-CH^2 \end{array} \gtrsim CO + H^2O$$

Voici quelques réactions de cet ordre :

Avec l'*éther lévulique*, on a d'abord l'hydrazide lévulique, fusible à 82°, puis l'anhydride ci-dessus, si l'on chauffe l'hydrazide au-dessus de son point de fusion. La 3 méthylpyridazinone fond à 94°.

Avec l'*éther β-benzoylisosuccinique*

$$C^6H^5-CO-CH^2-CH(CO^2C^2H^5)^2,$$

on laisse intacte une fonction éther ; l'autre réagit concurremment avec la fonction cétone et conduit à l'éther 3 phénylpyridazinone-5 carbonique, aiguilles soyeuses fusibles à 156° :

$$C^6H^5{}_{(3)}-C \begin{array}{l} \diagup\!\!\diagup Az — AzH_{(1)} \\ \diagdown CH^2-CH-CO^2C^2H^5 \end{array} \!\!> CO$$

Avec l'éther *β-benzoylpropionique*,

$$C^6H^5-CO-CH^2-CH^2-CO^2C^2H^5,$$

on a la phénylpyridazinone, fusible à 149-150° [Curtius, *J. prakt. Chem.*, (2), **50**, 508].

Avec l'*éther succinyloformique* ou *oxalopropionique*, $C^2H^5-CO^2-CO-CH^2-CH^2-CO^2-C^2H^5$, on arrive à l'éther pyridazinone-3 carbonique, le groupement $CO^2C^2H^5$ oxalique jouant le même rôle qu'un radical alcoolique [von Rothenburg, *D. chem. G.*, **26**, 2061].

Avec l'*acide mucobromique*, non saturé,

$$COH-CBr=CBr-CO^2H,$$

on a la dibromopyridazone fusible à 224° [A. Bistrzycki et H. Simonis, *D. chem. G.*, **32**, 534].

(Pour quelques α-diazinones, voyez l'article Diazines.)

Il existe enfin un certain nombre de cas, où au noyau pyridazolonique (α-diazinone) vient s'accoler un groupement *phéno*. Il est présenté par les acides ou les éthers possédant le groupement

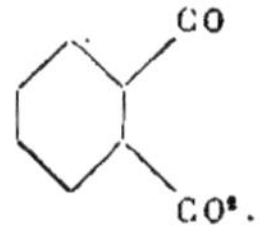

$$C^6H^4 \begin{array}{l} \diagup CO \\ \diagdown CO^2. \end{array}$$

Tels sont : l'acide-aldéhyde phtalique, l'acide acétophénone-carbonique, l'acide opianique, l'acide α-désoxybenzoïne-carbonique, l'acide o-benzoylbenzoïque ou leurs éthers.

Ces composés réagissent de la même façon et engendrent par conséquent le groupement

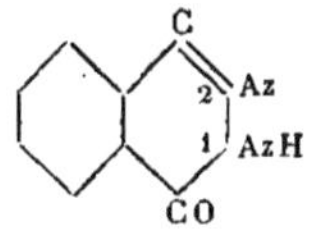

$$C^6H^4 \begin{array}{l} \diagup C \overset{2}{=} Az \\ \diagdown CO \overset{1}{-} AzH \end{array}$$

dont le prototype est la phtalazone.

Acide-aldéhyde phtalique. — L'acide phtalaldéhydique

$$C^6H^4 \begin{array}{l} \diagup CHO_{(1)} \\ \diagdown CO^2H_{(2)} \end{array}$$

réagit sur l'hydrazine en donnant d'abord l'azine normale

$$C^6H^4 \begin{array}{l} \diagup CH=Az-Az=CH \diagdown \\ \diagdown CO^2H \qquad\quad CO^2H \diagup \end{array} C^6H^4,$$

fusible à 211°, laquelle se transforme facilement en *phtalazone*

$$C^6H^4 \begin{array}{l} \diagup CH = Az \\ \qquad\qquad | \\ \diagdown CO - AzH \end{array}$$

Ce composé se dissout dans les acides forts et dans les alcalis ; il fond à 182° et bout à 337° sous 755 millimètres. Sa réduction conduit à la phtalimidine et à l'ammoniaque ; sa méthylation, à la méthylphtalazone fusible à 102-103° et bouillant à 301° (755 millimètres). Enfin, le perchlorure de phosphore donne le dérivé pseudo-chloré

$$C^6H^4 \begin{array}{l} \diagup CH = Az \\ \qquad\qquad | \\ \diagdown CCl = Az \end{array}$$

fusible à 113°, dont la méthylation par le méthylate de sodium conduit à la *méthoxyphtalazine*, fusible à 60-61°,

$$C^6H^4 \begin{array}{l} \diagup CH \text{=====} Az \\ \qquad\qquad\quad | \\ \diagdown C(OCH^3) = Az \end{array}$$

et la réduction, au *dihydroisoindol*,

$$C^6H^4 \begin{array}{l} \diagup CH^2 \diagdown \\ \diagdown CH^2 \diagup \end{array} AzH,$$

bouillant à 213° [Gabriel et A. Neumann, *D. chem. G.*, **26**, 523 ; *Bull. Soc. Chim.*, (3), **10**, 809. — Voyez encore C. Liebermann et A. Bistrzycki, *ibid.*, **26**, 531].

Dans la méthylation de la phtalazone, il se forme, à côté de la méthylphtalazone, un peu d'un composé précipitable par l'éther alcoolique, soluble dans l'eau, et qui est l'iodométhylate de l'hydrazone phtalaldéhydique, c'est-à-dire le corps

$$C^6H^4 \begin{array}{l} \diagup CH = Az^2H^2(CH^3I) \\ \diagdown CO^2H \end{array}$$

fusible à 182°.

Enfin, la méthylphtalazone retenue par l'éther

alcoolisé, s'en sépare en cristaux fusibles à 111-112°, ce qui tend à faire croire que ce corps existe sous deux modifications. Par distillation, le produit fusible à 111-112° se change en produit fusible à 101-102° [*ibid.*, **26**, 708].

ACIDE ACÉTOPHÉNONE-α-CARBONIQUE. — Ce corps réagit comme l'acide phtalaldéhydique dont il représente le dérivé méthylé au groupe COH. Avec le sulfate d'hydrazine en solution alcaline, il conduit à la méthyl 1-phtalazone,

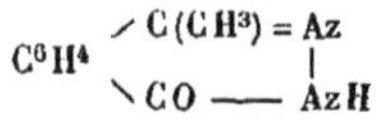

$$C^6H^4 \begin{cases} C(CH^3) = Az \\ | \\ CO —— AzH \end{cases}$$

fusible à 222°, bouillant à 347-348° sous 755 millimètres, et doué de propriétés analogues à la phtalazone. L'iodure d'éthyle fournit la 1.3 méthyléthylphtalazone, fusible à 75-76°; en même temps, il se fait un peu d'iodéthylate de l'hydrazone acétophénone-carbonique formée par suite de la réouverture de la chaîne :

$$C^6H^4 \begin{cases} CH = Az-AzH^2-C^2H^5I \\ CO^2H \end{cases}$$

ce dernier corps fond à 188-189°.

La méthyléthylphtalazine donne par l'action de l'oxychlorure de phosphore un *composé chloré*

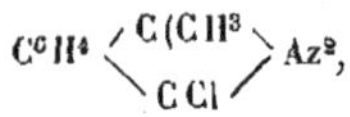

$$C^6H^4 \begin{cases} C(CH^3 \\ CCl \end{cases} Az^2,$$

fusible à 130°, lequel, traité à son tour par l'éthylate de sodium conduit à la *méthyl 1-éthoxy 4-phtalazine*

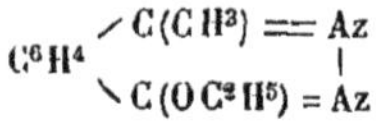

$$C^6H^4 \begin{cases} C(CH^3) == Az \\ | \\ C(OC^2H^5) = Az \end{cases}$$

fusible à 75-76°. La réduction du dérivé chloré par le zinc et l'acide chlorhydrique conduit seulement au méthylisoindol

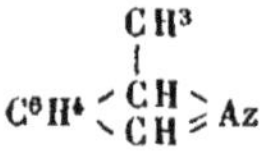

$$C^6H^4 \begin{cases} CH \\ CH \end{cases} \geqslant Az \quad (CH^3 \text{ sur le premier } CH)$$

par l'étain et l'acide chlorhydrique au 1 méthyldihydroisoindol [S. Gabriel et A. Neumann, *D. chem. G.*, **26**, 705].

OPIAZONE,

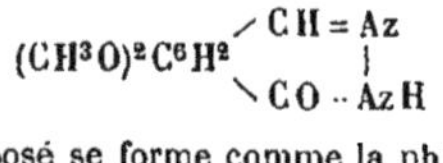

$$(CH^3O)^2C^6H^2 \begin{cases} CH = Az \\ | \\ CO \cdot AzH \end{cases}$$

— Ce composé se forme comme la phtalazone, à partir de l'acide opianique

$$(CH^3O)^2C^6H^2 \begin{cases} CHO \\ CO^2H \end{cases}$$

et de l'hydrazine. Il se présente en aiguilles fusibles à 162°, cristallisant avec 1 molécule d'eau, solubles seulement dans l'eau bouillante.

Il se dissout dans les acides et dans les alcalis. Son sel de potassium est transformé par l'iodure de méthyle en un *dérivé* cristallisant en aiguilles, fusibles à 138°, lequel n'est pas le dérivé méthylé, mais l'Az-méthyl-nor-méthylopiazone, fusible après purification à 144° [Jacobsen, *D. chem. G.*, **27**, 1418; *Bull. Soc. Chim.*, (3), **12**, 1190].

L'*acétylopiazone* est en aiguilles fusibles à 158-159°.

Le perchlorure de phosphore remplace l'oxygène du groupe cétonique par du chlore, et donne la dichlorodihydro-opiazine fusible à 260°, celle-ci est transformable par la soude en monochloro-opiazine,

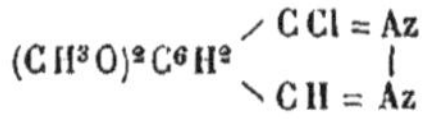

$$(CH^3O)^2C^6H^2 \begin{cases} CCl = Az \\ | \\ CH = Az \end{cases}$$

fusible à 152°.

Enfin, il existe un *anhydride de l'azine diopianique* :

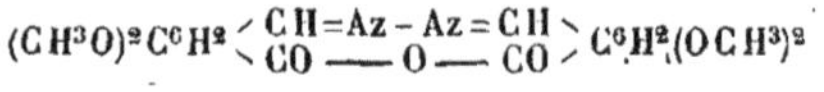

$$(CH^3O)^2C^6H^2 \begin{cases} CH=Az-Az=CH \\ CO —— O —— CO \end{cases} C^6H^2(OCH^3)^2$$

lequel prend naissance dans la préparation de l'opiazone. Il fond à 225° [C. Liebermann et A. Bistrzycki, *D. chem. G.*, **26**, 531].

Pour les dérivés de l'opiazone, voyez Jacobsen, mémoire cité.

ACIDE α-DÉSOXYBENZOÏNE-CARBONIQUE. — L'acide α-désoxybenzoïne-carbonique,

$$CO^2H_{(2)}-C^6H^4_{(1)}-CO-CH^2-C^6H^5,$$

fournit avec l'hydrazine la benzylphtalazone régulière

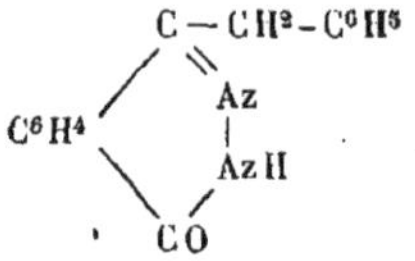

$$C^6H^4 \begin{cases} C — CH^2-C^6H^5 \\ \quad \| \\ \quad Az \\ \quad | \\ \quad AzH \\ CO \end{cases}$$

C'est un composé fusible à 198°, que l'oxychlorure de phosphore transforme en dérivé chloré fusible à 152° [S. Gabriel et A. Neumann, *D. chem. G.*, **26**, 705].

ACIDE O-BENZOYLBENZOÏQUE,

$$C^6H^4 \begin{cases} CO-C^6H^5 \\ CO^2H \end{cases}$$

Cet acide fournit la benzo (3)-phénylpyridazolone, fusible à 232° :

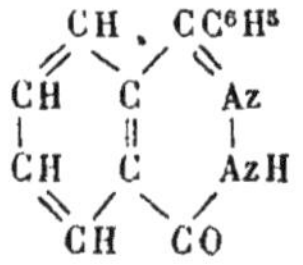

```
  CH   CC⁶H⁵
 //  \ /  \\
CH    C    Az
|     ||   |
CH    C    AzH
 \\  / \  /
  CH   CO
```

[von Rothenburg, *D. chem. G.*, **26**, 418].

9° HYDRAZINE ET ALDÉHYDES OU CÉTONES NON SATURÉES.

Certaines aldéhydes non saturées réagissent de façon spéciale sur l'hydrazine pour donner des composés cycliques; tel est le cas de l'acroléine, de l'oxyde de mésityle, qui conduisent à la pyrazoline et à la triméthylpyrazoline :

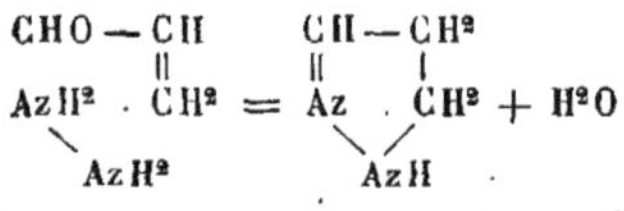

```
CHO — CH           CH — CH²
       ||           ||    |
AzH²  . CH²   =    Az  .  CH²  +  H²O
   \    /            \   /
    AzH²              AzH
```

[Wirsing, *J. prakt. Chem.*, (2), **50**, 531].

L'aldéhyde crotonique, $CHO-CH=CH-CH^3$, conduit, par une réaction toute pareille, à la méthyl 5-pyrazoline [von Rothenburg, *D. chem. G.*, **27**, 955].

Il en est de même pour l'aldéhyde cinnamique ou phénylacroléine. Chauffée à 120° avec un excès d'hydrazine, elle se transforme quantitativement en phényl 5-pyrazoline, sans doute en passant par la formation intermédiaire de la cinnamalhydrazine, laquelle, en tant qu'hydrazone d'une aldéhyde éthylénique, passe au type pyrazoline [R. von Rothenburg, *D. chem. G.*, **27**, 789]:

$$\begin{array}{ccc} CH - CH & & CH - CH^2 \\ \| \quad \| & & \| \quad | \\ Az \quad CH - C^6H^5 & = & Az \quad CH - C^6H^5. \\ \diagdown & & \diagdown \diagup \\ AzH^2 & & AzH \end{array}$$

La même explication est plausible pour les autres aldéhydes non saturées.

Cinnamal- ou *cinnamylidène-azine*,

$$\begin{array}{l} Az = CH - CH = CH - C^6H^5 \\ | \\ Az = CH - CH = CH - C^6H^5 \end{array}$$

— Obtenue en agitant l'aldéhyde cinnamique avec un sel d'hydrazine. Cristallise dans l'alcool en tables clinobasiques, allongées, d'un jaune d'or; plus soluble que les précédentes, mais moins que le dérivé benzoïque; fusible à 162°. Sa solution chloroformique fixe le brome et laisse ainsi précipiter des cristaux rouges peu stables, vraisemblablement la tétrabromocinnamylidène-azine (C. et J.).

II. — RÉACTIONS DE L'HYDRAZINE SUR LES DÉRIVÉS IMMÉDIATS DES ACIDES : HYDRAZIDES.

L'étude des dérivés de cet ordre peut se diviser en deux chapitres : 1° ceux qu'engendrent l'acide carbonique et le sulfure de carbone; 2° ceux qu'engendrent les divers acides organiques mono-bi- ou polybasiques, ou possédant des fonctions supplémentaires, sans action spéciale sur l'hydrazide. Cette subdivision des hydrazides sera justifiée par l'ampleur de l'étude des dérivés de la première catégorie.

1 A. — Hydrazides de l'acide carbonique.

D'après ce que l'on sait de la préparation des hydrazides au moyen des amides, des éthers ou des chlorures d'acides organiques, il aurait pu sembler que la préparation de l'hydrazide carbonique et de ses dérivés n'eût rien présenté de nouveau; il suffirait, en effet, de partir de l'urée, des éthers carboniques, des éthers chlorocarboniques, du phosgène. Mais, en réalité, il y a des nuances dans les réactions, suivant tel ou tel dérivé carbonique initialement employé, la réaction pouvant s'effectuer sur une seule ou sur deux des fonctions substituées de l'acide $CO(OH)^2$.

Ainsi l'*urée* fournit avec l'hydrate d'hydrazine la *semicarbazide*

$$CO \begin{cases} AzH^2 \\ AzH - AzH^2 \end{cases}$$

analogue à la phénylsemicarbazide

$$CO \begin{cases} AzH^2 \\ AzH - AzH - C^6H^5 \end{cases}$$

de M. Fischer; cette carbazide peut être combinée avec les acides, condensée avec les aldéhydes, nitrosée, etc., comme les monohydrazides; il peut aussi se faire une sorte de *biuret hydraziné* appelé *hydrazidicarbonamide*,

$$AzH^2CO - AzH - AzH - COAzH^2.$$

En aucun cas, on n'obtient la dihydrazide.

Mais on peut la produire au moyen des éthers carboniques, $CO(OR)^2$, et de l'hydrazine, et arriver ainsi à la *carbodihydrazide*, $CO(AzHAzH^2)^2$, susceptible de présenter deux fois les réactions des hydrazides d'acides monobasiques; et parmi les dérivés engendrés, il faut signaler des sortes d'amidines ayant pour type la *méthénylcarbohydrazide*,

$$CO \begin{cases} AzH - Az \geqslant \\ AzH - AzH \geqslant \end{cases} CH$$

où la fonction, de basique, devient plutôt acide.

L'*uréthane* donne à la fois la semicarbazide, la carbohydrazide et l'hydrazidicarbonamide, mais la réaction est irrégulière.

Par contre, les *éthers chlorocarbonique*s fournissent nettement les éthers *hydrazicarboniques* :

$$\begin{array}{l} CO \begin{cases} OC^2H^5 \\ Cl \end{cases} \\ CO \begin{cases} Cl \\ OC^2H^5 \end{cases} \end{array} + 3 \begin{pmatrix} AzH^2 \\ | \\ AzH^2 \end{pmatrix}$$

$$= \begin{array}{l} CO \begin{cases} OC^2H^5 \\ AzH \end{cases} \\ \quad | \\ CO \begin{cases} AzH \\ OC^2H^5 \end{cases} \end{array} + 2Az^2H^4, HCl,$$

qui présentent la propriété de pouvoir être transformés en éthers azicarboniques,

$$\begin{array}{l} Az - CO^2R \\ \| \\ Az - CO^2R \end{array}$$

par les agents oxydants, et surtout, par une nouvelle réaction avec l'hydrazine, de conduire à une matière ayant la composition

$$\begin{array}{l} AzH - CO - AzH - AzH^2 \\ | \\ AzH - CO - AzH - AzH^2 \end{array}$$

paraissant dériver normalement de l'éther. Mais ce corps n'est que le sel d'hydrazine d'un composé cyclique à six chaînons, répondant à la formule

$$\begin{array}{l} AzH - CO - AzH \\ | \qquad\qquad | \\ AzH - CO - AzH \end{array}$$

et jouissant de propriétés fortement acides, d'où la formation apparente du composé signalé. Ce corps cyclique a été désigné sous le nom de *bis-hydrazicarbonyle* ou *diurée*.

Le *phosgène*, $COCl^2$, donne une réaction où ne naissent presque aucune des substances précédentes. La réaction suit un tout autre cours et s'accomplit suivant l'équation :

$$COCl^2 + 2Az^2H^4, H^2O$$
$$= 2Az^2H^4, HCl + CO^2 + H^2O.$$

Carbaminhydrazide ou semicarbazide,

$$CO \begin{cases} AzH^2 \\ AzH - AzH^2 \end{cases}$$

On chauffe un mélange équimoléculaire d'hydrate d'hydrazine et d'urée pendant 20 heures, à 100°, en tubes scellés. Les tubes contiennent alors une masse cristalline semblable à l'urée; on entraîne le contenu avec de l'eau et on évapore au bain-marie; le résidu visqueux, séché sur l'acide sulfurique puis sur des assiettes poreuses, jusqu'à départ complet de l'hydrazine interposée, et repris par l'alcool absolu, cristallise en prismes incolores, à 6 pans, fusibles à 96°. La semicarbazide se dissout facilement dans l'eau et dans l'alcool, pas du tout dans l'éther, le benzène et le chloroforme; sa solution est neutre et fortement réductrice. Elle se détruit spontanément avec séparation d'hydrazine et formation d'hydrazidicarbonamide. Les acides et les alcalis la décomposent en acide carbonique, ammoniaque et hydrazine (C. et H.).

L'acide nitreux transforme la semicarbazide en *azide carbamique* fusible à 97°,

$$CO\langle^{AzH^2}_{Az^3}$$

si l'on opère en refroidissant bien; mais si l'on ne prend aucune précaution, il se forme de l'hydrazodicarbonamide et de l'acide azothydrique :

$$CO\langle^{AzH^2}_{Az^3} + {}^{AzH^2}_{AzH^2-AzH}\rangle CO$$
$$= CO\langle^{AzH^2\ AzH^2}_{AzH-AzH}\rangle CO + Az^3H$$

(Curtius et Heidenreich. — Thiele et Stange).

M. Thiele a aussi étudié la semicarbazide et ses dérivés.

La semicarbazide se forme intermédiairement dans la décomposition de l'aminoguanidine, lorsqu'on prépare l'hydrazine par la méthode de Thiele [*Ann. Chem.*, **270**, 34].

$$AzH=C\langle^{AzH-AzH^2}_{AzH^2} + H^2O$$
$$= AzH^3 + CO\langle^{AzH-AzH^2}_{AzH^2}$$

mais on ne peut guère l'isoler que sous la forme de combinaison benzylidénique.

La méthode suivante, due à MM. Thiele et Stange, paraît avantageuse, en ce sens qu'elle n'exige pas la préparation de l'hydrate d'hydrazine ni l'emploi de tubes scellés. Elle consiste à faire réagir le sulfate d'hydrazine sur le cyanate de potassium [*Ann. Chem.*, **283**, 1; *D. chem. G.*, **27**, 31] :

$$2\,AzH^2-AzH^2, SO^4H^2 + 2\,KCAzO$$
$$= SO^4K^2 + SO^4H^2\left(CO\langle^{AzH-AzH^2}_{AzH}\right)^2$$

On dissout, par exemple, 130 grammes de sulfate d'hydrazine dans 1000 grammes d'eau contenant 55 grammes de carbonate de sodium sec, on y ajoute un léger excès de cyanate de potassium (88 grammes) et on abandonne le tout pendant une nuit. Il se sépare un peu d'hydrazodicarbonamide; on acidule par l'acide acétique.

Le liquide filtré acide, traité par l'aldéhyde benzylique, donne un très abondant précipité de benzalsemicarbazide qu'on purifie par lavage à l'éther. Le rendement est très voisin de la théorie. Si l'on omet la neutralisation par le carbonate de sodium, on n'a guère que de l'hydrazodicarbonamide.

De la benzalsemicarbazide, on passe facilement au chlorhydrate de semicarbazide au moyen de l'acide chlorhydrique concentré. Pour cela, on chauffe le tout au bain-marie jusqu'à dissolution (20 grammes de benzalsemicarbazide et 40 grammes d'acide chlorhydrique fumant); on enlève l'aldéhyde formée par le benzène à chaud. La couche aqueuse, en se refroidissant, donne des aiguilles de chlorhydrate.

On peut encore préparer les sels de semicarbazide en partant de la nitro-urée [Thiele et Heuser, *Ann. Chem.*, **288**, 311]. Le rendement peut atteindre 40 à 55 0/0 de la théorie, ce qui rend cette préparation recommandable. On procède de la façon suivante :

225 grammes de nitro-urée brute sont délayés dans 1700 centimètres cubes d'acide chlorhydrique concentré avec un peu de glace. On les ajoute par petites portions à une bouillie de glace et de poudre de zinc en excès, en ayant soin de maintenir la température voisine de 0°. Quand toute l'urée nitrée est introduite, on abandonne le tout pendant quelque temps, on essore, on sature le liquide filtré de sel marin et on ajoute 200 grammes d'acétate de sodium; on agite enfin avec 100 grammes d'acétone. Après plusieurs heures de séjour dans un mélange réfrigérant, il se sépare une combinaison cristalline de chlorure de zinc et d'acétone-semicarbazone. Pour décomposer celle-ci, on prend 200 grammes de combinaison zincique, lavée avec une solution de sel marin, puis avec de l'eau glacée, et on la laisse digérer avec 350 centimètres cubes d'ammoniaque concentrée. On filtre; le résidu est l'acétone-semicarbazone qu'on transforme facilement, par les acides minéraux, en sels de semicarbazide.

Chlorhydrate de semicarbazide,

$$CO\langle^{AzH^2}_{AzH-AzH^2}, HCl$$

— Sel à réaction acide, fusible à 175° (C. et H.), à 173° (T. et S.), soluble dans l'eau et dans l'alcool étendu.

Le *nitrate*, de formule analogue, fond à 125° (C. et H.), à 123° (T. et S.) et se présente en tables brillantes, très solubles dans l'eau, moins solubles dans l'alcool. Il peut aussi cristalliser avec 1 molécule d'eau; il fond alors à 65° dans son eau de cristallisation (T. et S.).

Le *sulfate de semicarbazide*,

$$AzH^2CO-AzH-AzH^2, SO^4H^2,$$

est en gros prismes, fusibles à 144°, décomposables dès 120°, par un chauffage prolongé, en hydrazodicarbonamide et sulfate d'hydrazine (T. et S.).

Le *picrate*, combinaison moléculaire, est en belles aiguilles jaunes, fusibles à 166°.

L'existence de ces sels, qu'on forme facilement par saturation directe (C. et H.) ou décomposition des carbazones par les acides minéraux (T. et S.), indique, pour la semicarbazide, une alcalinité évidente. Cependant l'hydrogène du groupe AzH peut être remplacé par certains métaux, tels que le cuivre; tout au moins on peut faire des sels doubles où un demi-atome de cuivre remplace 1 atome d'hydrogène de AzH.

Sels doubles de semicarbazide. — Chlorhydrate de chlorocuprosemicarbazide,

$$\begin{array}{c}AzH^2CO-Az-AzH^2, HCl\\ |\\ CuCl\end{array}$$

— Précipité bleu cristallin, formé par addition de chlorure cuivrique à une solution étendue de chlorhydrate de semicarbazide.

Nitrate de cuprosemicarbazide,

$$AzH^2CO-Az(Cu^{0,5})AzH^2, AzO^3H.$$

— Cristaux bleu foncé obtenus en mêlant une solution alcoolique de nitrate de cuivre avec une solution concentrée de nitrate de semicarbazide. Il peut cristalliser dans l'eau (T. et S.).

COMBINAISONS DE LA SEMICARBAZIDE ET DES ALDÉHYDES OU CÉTONES SIMPLES OU COMPLEXES.

Semicarbazide et aldéhydes simples.

Semicarbazone formique,

$$AzH^2-CO-AzH-Az=CH^2.$$

— D'après M. H. Thoms [*D. chem. G.*, **7**, 161], la semicarbazide donnerait avec l'aldéhyde formique un composé ayant cette formule. D'après

MM. Thiele et Bailey, l'aldéhyde formique à 4 0/0 fournit avec la semicarbazide un précipité gélatineux de la formule

$$\begin{array}{l} AzH^2-CO-Az-Az=CH^2 \\ \quad CH^2 \langle \\ AzH^2-CO-Az-Az=CH^2 \end{array}$$

ou

$$CH^2 \langle \begin{array}{l} AzH-CO-AzH-Az=CH^2 \\ AzH-CO-AzH-Az=CH^2 \end{array}$$

Ce composé, traité par l'acide cyanhydrique, fournit, après évaporation sur la chaux sodée dans le vide, de beaux cristaux fusibles à 127°,5 dont la constitution n'a pas été déterminée [Nota : les analyses donnent la composition $C^9H^{10}Az^6$, et il est possible que ce corps soit simplement le méthylène-aminoacétonitrile, $CH^2=Az-CH^2-CAz$ soit $C^3H^4Az^2$, lequel fond à 129°,5 (Voyez 2° Suppl., **4**, 289)].

Aldéhyde-semicarbazone,

$$AzH^2-CO-Az-HAz=CH-CH^3.$$

— Obtenue en mêlant, en refroidissant vivement, des solutions concentrées d'aldéhyde-ammoniaque et de chlorhydrate de semicarbazide. Aiguilles blanches, fusibles à 162°, facilement décomposables par les acides [Thiele et Bailey, *Ann. Chem.*, **303**, 75].

Dipropylaminoacétaldéhyde-semicarbazone,

$$(C^3H^7)^2Az-CH^2-CH=Az-AzH-CO-AzH^2.$$

— Cristaux solubles dans l'eau, l'alcool et l'éther, peu solubles dans le benzène, fusibles à 147° [Stœrmer et Prall, *D. chem. G.*, **30**, 1511].

Enfin, on a encore préparé quelques autres carbazones d'aldéhydes, savoir : de la *cyclopenténaldéhyde,*

$$\begin{array}{l} CH^2-CH^2 \\ | \qquad\qquad \rangle C-CHO \\ CH^2-CH^2 \end{array}$$

de l'aldéhyde *isolauronolique*, et enfin de l'aldéhyde *subérique*. Ces trois corps fondent respectivement à 208°, 212°, 183-185° [von Baeyer et H.-V. Liebig, *D. chem. G.*, **31**, 2108. — Blanc, *Ann. Chim. Phys.*, (7), **18**, 213. — von Baeyer, *D. chem. G.*, **30**, 1964].

Benzalsemicarbazone,

$$CO \langle \begin{array}{l} AzH^2 \\ AzH-Az=CH-C^6H^5 \end{array}$$

— L'aldéhyde benzylique se combine avec la semicarbazide libre ou salifiée. Il se forme ainsi la benzalsemicarbazide, cristallisable en petites tables brillantes fusibles à 214° (C. et H.; T. et S.), facilement solubles dans l'alcool et dans l'éther, peu solubles dans l'eau.

Nitrobenzalsemicarbazone,

$$AzH^2-CO-AzH-Az=CH-C^6H^4.AzO^2.$$

— MM. Curtius et Stange (*loc. cit.*) ont préparé ces trois dérivés correspondant à l'o-, à la m- et à la p-nitrobenzaldéhyde. On les obtient au moyen du chlorhydrate de semicarbazide et d'une solution alcoolique de l'aldéhyde.

Dérivé ortho. — Aiguilles jaune citron, fusibles à 256°.

Dérivé méta. — Fines aiguilles jaunâtres, fusibles à 246°.

Dérivé para. — Aiguilles pouvant contenir 2 molécules d'eau, de couleur jaune citron ou jaune sale, fusibles à 221°.

Ces trois semicarbazones donnent, avec la lessive de soude, des solutions fortement colorées.

Acétone-semicarbazone,

$$(CH^3)^2C=Az-AzH-CO-AzH^2.$$

— On peut obtenir ce corps directement dans la préparation de la semicarbazide, suivant MM. Thiele et Stange, si l'on agite le filtrat acétique avec de l'acétone (rendement 60 0/0). L'acétone-semicarbazone cristallise en belles aiguilles, fusibles avec décomposition vers 186-187°. Les acides minéraux la changent facilement en sels de semicarbazide; l'aldéhyde benzylique en chasse l'acétone, de sorte que, dans la liqueur où est restée dissoute une notable portion d'acétone-semicarbazone, on peut récupérer la semicarbazide en ajoutant de l'aldéhyde benzylique.

Acétone-semicarbazone et chlorure de zinc,

$$[(CH^3)^2C=Az-AzH-CO-AzH^2]^2ZnCl^2.$$

— Ce composé se forme par l'addition d'acétone au produit de réduction de la nitro-urée par le zinc et l'acide chlorhydrique. Il se présente en fines aiguilles, peu solubles dans l'eau froide, solubles dans l'eau bouillante, fusibles avec décomposition à 196°.

Méthyléthyl- et *méthylpropylcétones-semicarbazones,* $C^5H^{11}Az^3O$ et $C^6H^{13}Az^3O$. — L'une et l'autre sont en lamelles cristallines brillantes, solubles dans l'eau et dans l'alcool, et fondant respectivement à 135-136° et 100°.

L'une et l'autre, ainsi que la diméthylcétone-semicarbazone, se transforment par chauffage en cétazines et hydrazodicarbonamide (M. Scholtz).

Semicarbazone de la méthylbutylcétone,

$$C^7H^{15}Az^3O.$$

— Tablettes fusibles à 120-122° [N. Kijner, *J. prakt. Chem.*, (2), **64**, 115].

Semicarbazone de l'oxyde de mésityle,

$$C^7H^{13}Az^3O.$$

— Lamelles brillantes, très solubles dans l'alcool, fusibles à 156°, pouvant être distillées et donnant alors un liquide limpide qui se solidifie bientôt. Elle cristallise dans l'alcool en gros prismes fusibles à 129°, et bout sans décomposition profonde vers 212-213°. La fusion change également le composé fusible à 156° en celui qui fond à 129°. La nature de l'isomérie n'a pas été élucidée [M. Scholtz, *D. chem. G.*, **29**, 611; *Bull. Soc. Chim.*, (3), **16**, 1129].

Suivant MM. C. Harries et E. Kaiser [*D. chem. G.*, **32**, 1338; *Bull. Soc. Chim.*, (3), **22**, 814] le composé fusible à 129° n'est pas dédoublable par les acides et doit constituer quelque dérivé à chaîne fermée. Son *picrate* fond à 136-137°.

Semicarbazone du nitrile pyruvique,

$$AzH^2-CO-AzH-Az=C \langle \begin{array}{l} CH^3 \\ CAz \end{array}$$

— Obtenue par oxydation du nitrile carbonamido-hydrazine-propionique (1 gramme), au moyen du permanganate (0gr,44) en solution sulfurique (0gr,4), elle cristallise dans l'alcool et fond à 215° avec décomposition.

Semicarbazones de l'amide et de l'éther pyruviques,

$$AzH^2-CO-AzH-Az=C \langle \begin{array}{l} CH^3 \\ COAzH^2 \end{array}$$

et

$$AzH^2-CO-AzH-Az=C \langle \begin{array}{l} CH^3 \\ CO^2C^2H^5 \end{array}$$

— On remplace dans la réaction oxydante signalée plus haut le nitrile par l'amide et l'éther carbonamide-hydrazine-propionique; le premier corps est fusible à 230° avec décomposition; le second, qui est plus soluble et cristallise mieux, fond à 206° [Thiele et Bailey, *Ann. Chem.*, **303**, 75].

Chloracétone-semicarbazide,

$$CH^3 - C(CH^2Cl) = Az - AzH - COAzH^2.$$

— Cristaux rectangulaires fusibles à 163-165°, changés par l'eau bouillante en un composé cyclique exempt de chlore, par élimination d'acide chlorhydrique entre le chlore du groupe CH^2Cl et l'hydrogène du groupe AzH^2 [Michael, *J. prakt. Chem.*, (2), **60**, 456].

Semicarbazones des cétones aminées. — MM. R. Stoermer et W. Pogge ont préparé les semicarbazones des aminocétones substituées suivantes :

Dipropylaminocétone,

$$(C^3H^7)^2Az - CH^2 - CO - CH^3;$$

Diisobutylaminocétone,

$$(C^4H^9)^2Az - CH^2 - CO - CH^3;$$

Diisoamylaminocétone,

$$(C^5H^{11})^2Az - CH^2 - CO - CH^3.$$

Ce sont des poudres cristallines, fusibles respectivement à 110, 132 et 166° [*D. chem. G.*, **29**, 866; *Bull. Soc. Chim.*, (2), **16**, 1116].

Méthylisopropylsemicarbazone, $C^6H^{13}Az^3O$. — Lamelles à éclat gras, fusibles à 110° [Trasciatti, *Gazz. chim. ital.*, **29**, 2, 100].

Un grand nombre d'autres semicarbazones ont été préparées, la semicarbazide étant pour les cétones (ou aldéhydes) un réactif plus commode que l'hydrazine. En voici quelques-unes :

Formule de la cétone.	Nom de la cétone.	Point de fusion.	Auteurs.
$C^6H^{10}O$	α-méthylcyclopentanone	184°	Bouveault, *Bull. Soc. Chim.*, (3), **21**, 1022.
»	β- —	184-85°	
»	cyclohexanone	166-67°	
$C^7H^{12}O$	α-méthylcyclohexanone	193-94° (déc.)	Zelinsky, *D. chem. G.*, **30**, 1541.
»	β- —	180-81°	
»	β- — (autre provenance).	191-92°	
»	β- — (dextrogyre)	178°	Tiemann et Schmidt, *ibid.*, **30**, 24; Wallach, *Ann. Chem.*, **289**, 339.
»	β- — (inactive)	191-92°	Einhorn et Ehret, *Ann. Chem.*, **295**, 182.
»	γ- —	199°	Einhorn et Ehret, *ibid.*, **295**, 182; Zelinsky, *D. chem. G.*, **30**, 1541.
»	αα-diméthylcyclopentanone (deux isomères stéréoch.) I	190-91°	
	II	183-85° (déc.)	
»	cycloheptanone	163-64°	Zelinsky, *D. chem. G.*, **30**, 1541.
$C^8H^{14}O$	γ-éthylcyclohexanone (?)	175-76°	
»	αα-diméthylcyclohexanone (deux stéréoisomères) I	197-98° (déc.)	
	II	183-84° (déc.)	
»	méthyl 2-heptène 2-one 6	136°	Tiemann et Krüger, *ibid.*; **28**, 2124.
»	2- — 3- —	115°	
»	2- — 4- —	113°	Tiemann et Tiges, *ibid.*, **33**, 562.
»	disemicarbazone de la précédente	182°	
»	cyclo-octanone	85°	Derlon, *ibid.*, **31**, 1961.
»	1.1 diméthylcyclohexane-3 one	195-98°	Leser, *Bull. Soc. Chim.*, (3), **21**, 549.
$C^9H^{16}O$	2 méthyl-3 méthène-heptane-one 6	143°	Wallach, *D. chem. G*, **30**, 425.
»	αα-diéthylcyclopentanone	196-97°	Zelinsky, *ibid.*, **30**, 1541.
»	dihydrocamphocétone	202-03°	Crossley et Perkin j., *Chem. Soc.*, **73**, 27.
$C^{10}H^{18}O$	αα-diéthylcyclohexanone	168-69°	Zelinsky, *D. chem. G.*, **30**, 1541.
»	menthone	183-84°	N. Kijner, *J. prakt. Chem.*, (2), **64**, 115.

Enfin un certain nombre d'autres semicarbazones de corps de la série terpénique ont été préparés par M. A. von Baeyer. En voici les formes et les points de fusion :

Nom de la cétone.	Forme de la carbazone.	Point de fusion.	Auteurs.
Thuyone	prismes aplatis	171-172°	
Carvone	aiguilles et prismes	167-169°	
Dihydrocarvone	petits prismes	187-188°	
Carvéol	lam. hexag. ou fusiformes	202-205°	
Carvothuyone	tables rhomb. et pr. obl.	177-179°	A. von Baeyer, *D. chem. G.*, **29**, 1915.
Carvone	tables hexagonales	162-163°	
Eucarvone	prismes groupés concaves	183-185°	
Pulégone	prismes	172°	
Dihydroeucarvone	lames minces	189-191°	

Quelques autres appartenant à des cétones moins saturées sont dans le tableau suivant :

Formule de la cétone.	Nom de la cétone.	Point de fusion.	Auteurs.
$C^7H^{10}O$	1 méthylcyclohexène (1)-one (3)	199-201°	Vorländer et Gärtner, *Ann. Chem.*, **304**, 23.
$C^9H^{14}O$	isocamphorone	211°	Tiemann, *D. chem. G.*, **30**, 250.
»	camphénylone	224°	Blaise et Blanc, *C. R.*, **129**, 887.
»	D-d-fenocamphorone	210-212°	Wallach, *Ann. Chem.*, **302**, 383.
»	D-l-fenocamphorone	204-206°	
$C^{10}H^{16}O$	isolauronylméthylcétone	232-233°	Blanc, *Bull. Soc. Chim.*, (3), **19** 704.
$C^{13}H^{20}O$	ionone (aiguilles)	109-110°	F. Tiemann et P. Krüger, *D. chem. G.*, **28**, 1754.
»	irone (huile)	»	

Semicarbazide et dicétones 1.2.

Benzile et semicarbazide. — Il se forme une *oxytriazine*,

$$\begin{array}{l} C^6H^5-C=Az-COH \\ \quad\quad\ \ | \quad\quad\quad\ \| \\ C^6H^5-C=Az-Az \end{array}$$

fusible à 218° (voyez TRIAZINE), (T. et S.).

Semicarbazide et dicétones 1.3.

Semicarbazone de l'éther acétylacétique,

$$\begin{array}{l} Az-Az=C-CH^3 \\ \ | \quad\quad\quad\ \| \\ COAzH^2\ CH^2CO^2C^2H^5 \end{array}$$

— Aiguilles courtes, bien formées, fusibles à 129°, facilement solubles dans l'eau bouillante, peu solubles dans l'alcool froid et dans l'éther, pouvant se transformer sous l'influence de l'ammoniaque en 3 méthylpyrazolone-(1) carbonamide,

$$\begin{array}{l} AzH^2-CO-Az — Az \\ \quad\quad\quad\quad | \quad\quad\quad \| \\ \quad\quad\quad CO \quad\ \ CCH^3 \\ \quad\quad\quad\quad \diagdown \quad \diagup \\ \quad\quad\quad\quad\quad CH^2 \end{array}$$

(voyez PYRAZOLONE), (T. et S.).

L'acétylacétone réagit facilement avec la semicarbazide, et fournit un corps admirablement cristallisé, fusible à 107-108°, probablement l'urée du diméthylpyrazol, engendrée suivant une réaction commune aux hydrazines et aux dicétones 1.3 [L. Bouveault, *Bull. Soc. Chim.*, (3), 19, 77].

Par contre, la dicétone cyclique suivante, la 1.1 *diméthyl-2 éthanoylcyclohexane-3 one*,

$$CH^3-CO-C\begin{array}{l} \diagup C(CH^3)^2-CH^2 \diagdown \\ \diagdown CO — CH^2 \diagup \end{array}CH^2,$$

a simplement donné une monosemicarbazone $C^{11}H^{19}O^2Az^3$, fusible à 168° [Leser, *Bull. Soc. Chim.*, (3), **21**, 547].

Semicarbazide et dicétone 1.7.

L'octanedione $CH^3-CO-(CH^2)^4-CO-CH^3$ a fourni à M. Hofer simplement la double semicarbazone $C^{10}H^{20}O^2Az^6$, fusible à 223° [*D. chem. G.*, **33**, 656].

Semicarbazide et aldéhydes- ou cétones-alcools. — (Voyez aux SUCRES).

Semicarbazide et cétones acétyléniques.

Par l'action du benzoylœnanthylidène sur la semicarbazide on obtient, à côté de l'hydrazodicarbonamide, du *phénylamylpyrazol*, c'est-à-dire le corps qu'engendrerait l'hydrazine avec le produit d'hydratation de la monocétone :

$$\begin{array}{l} C^5H^{11}-C \equiv C \\ \quad\quad\quad\quad\quad\quad\ | \\ \quad AzH^2 \quad\ CO-C^6H^5 \\ \quad\quad \diagdown \\ \quad\quad AzH^2 \end{array}$$

$$= \begin{array}{l} C^5H^{11}-C = CH \\ \quad\quad\quad | \quad\quad | \\ \quad\quad AzH \quad C-C^6H^5 \\ \quad\quad\quad \diagdown \ \diagup\!\!\diagup \\ \quad\quad\quad\quad Az \end{array} + H^2O.$$

L'hydrazine provient de la décomposition de la semicarbazide en hydrazodicarbonamide et hydrazine [Ch. Moureu et R. Delange, *Bull. Soc. Chim.*, (3), **25**, 302].

Semicarbazide et quinones.

Quinone-monosemicarbazone et disemicarbazone. — Ces deux composés,

$$AzH^2-CO-AzH-Az=C^6H^4=O$$

et

$$AzH^2-CO-AzH-Az=C^6H^4=Az-AzH-CO-AzH^2,$$

se séparent quand on verse une solution aqueuse de chlorhydrate de semicarbazide dans une solution alcoolique bouillante de quinone. Le premier se dissout seul dans l'acétone bouillante, d'où la ligroïne le précipite en petites aiguilles jaunes, fusibles à 172°, solubles dans l'eau, l'alcool et l'éther. Le second est une poudre cristalline rouge, fusible à 243°, insoluble dans l'eau. L'un et l'autre se dissolvent dans les alcalis et s'y décomposent.

Naphtoquinones-monosemicarbazones-α et *-β*, $AzH^2-CO-AzH-Az=C^{10}H^6=O$. — L'α est en aiguilles d'un jaune verdâtre, fusibles à 247° en se décomposant, insolubles dans l'eau et dans l'alcool, solubles dans l'acide acétique. La β est soluble dans l'alcool et y cristallise en lamelles d'un jaune d'or, se décomposant à 184°; elle fournit un *acétate* instable cristallisant en aiguilles rouges.

Quinone-oxime- et nitroso-β-naphtol-semicarbazones,

$$AzH^2-CO-AzH-Az=C^6H^4=AzOH$$

et

$$AzH^2-CO-AzH-Az=C^{10}H^6=AzOH.$$

— La première est en aiguilles brunâtres se décomposant vers 238°, solubles dans l'acide acétique, insolubles dans l'eau, l'alcool, l'éther; la seconde est en aiguilles jaunes, fusibles à 189°, solubles dans l'alcool, insolubles dans l'eau

[Thiele et W. Barlow, *Ann. Chem.*, **302**, 311; *Bull. Soc. Chim.*, (3), **22**, 146].

Hydrazides de la semicarbazide.

La semicarbazide peut donner des hydrazides par le groupe AzH^2 hydrazinique, c'est-à-dire qu'on peut préparer des bisacidylhydrazides dérivées de l'acide carbamique et des acides organiques. Ces dérivés ont été étudiés par MM. O. Widmann et A. Cleve [*D. chem. G.*, **31**, 378; *Bull. Soc. Chim.*, (3), **20**, 455].

Diformylsemicarbazide,

$$(CHO)^2{=}Az{-}AzH{-}CO{-}AzH^2.$$

— Prismes fusibles à 158°, solubles dans l'alcool et dans l'eau, insolubles dans l'éther, obtenus en chauffant l'acétone-semicarbazone avec un excès d'acide formique ($d = 1,23$).

Si l'on emploie peu d'acide formique, et si l'on chauffe de 6 à 8 heures, la diformylsemicarbazide formée se transforme en 3 *oxy-1.2.4 triazol*, par une réaction tout analogue à celles qui sont relatées plus loin pour les hydrazides de la thiosemicarbazide :

$$\begin{matrix} CO-AzH^2 \\ | \\ AzH-AzH-CHO \end{matrix} \longrightarrow \begin{matrix} C.OH \text{——} Az \\ \| \qquad\quad \| \\ Az-AzH-CH \end{matrix}$$

Acétylsemicarbazide. — Paillettes fusibles à 165°.

Isobutyrylsemicarbazide. — Prismes fusibles à 163°.

Benzoylsemicarbazide. — Tables rhombiques, fusibles à 225°.

Ces trois composés n'ont pu être transformés en oxytriazols.

Semicarbazide et acides-aldéhydes ou cétones.

Il n'y a pas ici lieu de distinguer entre les divers acides, suivant la position relative des fonctions acide (ou éther) et aldéhyde ou cétone; du moins de distinguer aussi formellement qu'avec l'hydrazine. Il n'y a plus en effet qu'un groupe AzH^2 de l'hydrazine; l'autre, par sa transformation en dérivé carbonamidé, $-AzH-CO-AzH^2$, a perdu une grande partie de son activité, et l'on peut presque toujours obtenir le stade hydrazone. S'il se forme ultérieurement un dérivé cyclique, c'est le dérivé carbonamidé du dérivé cyclique qui prend naissance. Exemple :

$$CH^3{-}CO{-}CH^2{-}CO^2C^2H^5 + AzH{-}AzH^2{-}COAzH^2$$

$$= \begin{matrix} CH^3-C-CH^2-CO^2C^2H^5 \\ \| \\ Az-AzH-COAzH^2 \end{matrix} + H^2O$$

$$= \begin{matrix} CH^3-C \text{—} CH^2 \\ \| \qquad | \\ Az \quad CO \\ \diagdown \diagup \\ Az-CO-AzH^2 \end{matrix} + C^2H^6O + H^2O.$$

Nous ne ferons ici que l'énumération, avec les points de fusion, des composés décrits des acides cétoniques ou aldéhydiques des divers ordres sur lesquels on a fait réagir la semicarbazide.

Formule de l'acide.	Nom de l'acide-aldéhyde ou cétone ou de son dérivé.	Point de fusion de la combinaison.	Auteurs.
$C^3H^4O^3$	acide pyruvique	»	Voyez Ac. hydrazidopropionique.
$C^4H^6O^3$	— acétylacétique	129°	Voyez ci-dessus.
$C^5H^8O^3$	— lévulique	187° (déc.)	Blaise, *Bull. Soc. Chim.*, (3), **21**, 649.
»	éther éthyllévulique	150 et 136°	Montemartini, *Gaz. chim. ital.*, **27**, 2, 176.
$C^6H^{10}O^3$	acide γ-acétylbutyrique	173-174°; 180°	Bentley et Perkin, *Chem. Soc.*, **69**, 1513; Vorländer, *Ann. Chem.*, **294**, 269.
$C^7H^{12}O^3$	— β-méthyl-γ-acétylbutyrique	»	Vorländer, *ibid.*, **308**, 188.
»	— ββ-diméthyllévulique	190° (déc.)	Blaise, *Bull. Soc. Chim.*, (3), **21**, 718; Tiemann, *D. chem. G.*, **30**, 597.
$C^8H^{14}O^3$	ββ-diméthyl-γ-acétobutyrique	172° (déc.)	Vorländer et Gärtner, *Ann. Chem.*, **304**, 21.
»	3.3 diméthylhexanone (2)-oïque (6)	185°	Tiemann, *D. chem. G.*, **30**, 253.
$C^9H^{16}O^3$	acide α-isobutyllévulique	192° (déc.)	Bentley et Perkin, *Chem. Soc.*, **73**, 52.
»	— géronique	164°	Tiemann, *D. chem. G.*, **31**, 859.
»	— isogéronique	198°	Tiemann et Schmidt, *ibid.*, **31**, 883.
$C^{10}H^{18}O^3$	4.4 diméthyloctanone (2)-oïque (8)	161°	Léser, *Bull. Soc. Chim.*, (3), **21**, 548.
»	2.6 — (3) — (8)	152°	von Baeyer et Oehler, *D. chem. G.*, **29**, 27.
»	3 méthoéthylheptanone (6)-oïque (1)	152-153°	
$C^6H^8O^3$	cyclopentanone 2-carbonique 1 (éther éthyl-)	143°	Bouveault, *Bull. Soc. Chim.*, (3), **21**, 1020.
$C^7H^{10}O^3$	(1) méthyl — — —	153°	
$C^8H^{12}O^3$	acide-aldéhyde norpinique	188-189° (déc.)	von Baeyer, *D. chem. G.*, **29**, 1909.
$C^9H^{14}O^3$	— camphononique	230-231° (déc.)	Lapworth et Chapman, *Chem. Soc.*, **75**, 1002.
»	— dihydroisolauronique	229°	Blanc, *Bull. Soc. Chim.*, (3), **21**, 848.
$C^{10}H^{16}O^3$	— isothuyacétonique	193°	Wallach, *D. chem. G.*, **30**, 426.
»	— campholonique	224°	Tiemann, *ibid.*, **30**, 253.
»	— l-pinonique	232°	Tiemann, *ibid.*, **29**, 3016.
»	(3) méthoéthylheptanone (6)-olide (1-3')	199-200°	Wallach, *Ann. Chem.*, **291**, 343.
$C^9H^{12}O^3$	acide isolauronique	247-248°	Perkin, *Chem. Soc.*, **73**, 841.
	Acide opianique	187°	Liebermann, *D. chem. G.*, **29**, 177.
	Éther méthylopianique	204°	
	Acide phtalaldéhydique	202°	
	Isatine	220-260° (déc.)	Marchlewski, *D. chem. G.*, **29**, 1031.
	p-Chloroisatine	230° (déc.)	
	Nitroisatine	(déc.)	
	Acide camphoroxalique	202°	Tingle, *Bull. Soc. Chim.*, (3), **24**, 914.
	Hydrindone (+ 7 H^2O)	239° (déc.)	C. Revis et S. Kipping, *Chem. Soc.*, **71**, 241.

HYDRAZIDICARBONAMIDE (*hydrazodicarbonamide*),

$$AzH^2-CO-AzH-AzH-CO-AzH^2.$$

— Ce corps constitue la portion qui ne se dissout pas dans l'alcool lorsqu'on prépare la semicarbazide; mais il est préférable de l'obtenir directement en faisant agir 2 molécules d'urée sur 1 molécule d'hydrate d'hydrazine à 130° pendant quelques heures. Après quelques cristallisations dans l'eau, il fond à 245-246°. Le rendement est presque quantitatif (C. et H.).

L'hydrazodicarbonamide s'obtient encore, suivant M. Thiele [*Ann. Chem.*, **270**, 44], dans l'action de l'acide sulfhydrique à chaud sur l'azodicarbonamide (voyez 2ᵉ Suppl., **3**, 161), ou mieux en mélant une solution concentrée de 180 grammes de cyanate de potassium avec une solution de 1 molécule de sulfate d'hydrazine (130 grammes) et d'acétate de sodium (136 grammes) dans 1300 centimètres cubes d'eau. Il y a d'abord une petite effervescence, mais au bout de quelque temps, l'hydrazodicarbonamide cristallise en grande quantité; en acidulant de temps en temps par de l'acide acétique, on arrive à un rendement de 87 0/0 [Thiele, *Ann. Chem.*, **271**, 127].

Chauffée à 160° dans un courant d'acide chlorhydrique, elle perd de l'ammoniac. La chaleur seule produit aussi le même résultat; il se forme ainsi l'*hydrazodicarbonimide* ou *urazol*,

$$\begin{matrix} AzH-CO \searrow \\ | \qquad\qquad AzH \\ AzH-CO \nearrow \end{matrix}$$

composé soluble dans l'eau, et cristallisant après refroidissement en une masse feuilletée fusible à 244-245°, peu soluble dans l'alcool et à peine dans l'éther.

MM. G. Pellizari et G. Cunéo ont aussi étudié l'hydrazidicarbonamide et sa transformation en *urazol* [*Ann. Chim., Farmacol.*, 1894, 260].

Ils préparent l'hydrazidicarbonamide au moyen de l'urée et du sulfate d'hydrazine qu'ils chauffent ensemble à 120°.

L'urazol présente une réaction acide, et à ce titre il donne facilement un *sel d'argent*,

$$\begin{matrix} AzH-CO \searrow \\ | \qquad\qquad AzAg, \\ AzH-CO \nearrow \end{matrix}$$

précipité blanc, volumineux, insoluble dans l'eau, et un *sel de sodium*,

$$\begin{matrix} AzH-CO \searrow \\ | \qquad\qquad AzNa, 2H^2O, \\ AzH-CO \nearrow \end{matrix}$$

cristallisable, lequel se forme par l'action de la solution aqueuse de l'imide sur l'alcoolate de sodium (T. et S.).

Hydrazodicarbanile (*phénylurazol*),

$$\begin{matrix} AzH-CO \searrow \\ | \qquad\qquad Az-C^6H^5. \\ AzH-CO \nearrow \end{matrix}$$

— Ce corps se forme par l'action à 220° du chlorhydrate d'aniline sur l'hydrazodicarbonamide. Après extraction par l'eau et cristallisation dans le nitrobenzène, le résidu fournit des aiguilles incolores soyeuses, fusibles à 236°, qui sont de la diphénylurée; de l'eau, on peut retirer un produit fusible à 203°, qui est le phénylurazol, (T. et S.).

HYDRAZODICARBONAMIDINE (méthanamidine-hydrazométhanamidine,

$$\begin{matrix} AzH \\ AzH^2 \end{matrix} \geqslant C-AzH-AzH-C \leqslant \begin{matrix} AzH \\ AzH^2 \end{matrix}$$

(voyez 2ᵉ Suppl., **3**, 162, *Azodicarbonamidine*).

CARBODIHYDRAZIDE OU CARBOHYDRAZIDE,

$$CO \begin{matrix} \nearrow AzH-AzH^2 \\ \searrow AzH-AzH^2 \end{matrix}$$

— Cette hydrazide s'obtient avec un rendement de 60 0/0, lorsqu'on fait réagir molécules égales d'éther carbonique et d'hydrate d'hydrazine à 100°, en tube scellé, pendant deux jours. Le contenu des tubes est alors évaporé au bain-marie et cristallisé dans l'alcool étendu. Elle se forme aussi dans l'action du carbonate de phényle sur l'hydrate d'hydrazine [P. Cazeneuve. *C. R.*, **129**, 1254]. L'hydrazide carbonique constitue de petites aiguilles brillantes, fusibles à 152°, insolubles dans l'éther, le chloroforme, le benzène, solubles dans l'eau et peu solubles dans l'alcool. Elle est fortement réductrice. L'iode la transforme avec vif dégagement gazeux en *iodhydrate*

$$CO(AzHAzH^2)^2, HI;$$

les acides et les aldéhydes réagissent sur les deux fonctions hydrazidiques.

Le *chlorhydrate*, $CO(AzH-AzH^2)^2, 2HCl$, est en aiguilles blanches, fusibles à 210°, à réaction fortement acide; le *nitrate* n'a pas été obtenu cristallisé; le *sulfate*, $CO(AzH-AzH^2)^2, SO^4H^2$, est en prismes à 4 pans, fusibles à 218°, assez peu solubles dans l'eau.

La *dibenzylidène-carbohydrazide*,

$$CO(AzH-Az=CH-C^6H^5)^2,$$

est en aiguilles jaunes, fusibles à 198°, solubles dans l'alcool et dans l'éther, insolubles dans l'eau.

L'*acide nitreux* transforme l'hydrazide carbonique en un composé remarquable, appelé *carbodiazide* ou *azoture de carbonyle*, correspondant au phosgène $COCl^2$, soit

$$CO \begin{matrix} \nearrow Az^3 \\ \searrow Az^3 \end{matrix}$$

L'*anhydride acétique* conduit à la diacétylcarbohydrazide, $CO(AzH-AzH-COCH^3)^2$, qui n'a pas été isolée à l'état de pureté.

Méthénylcarbohydrazide,

$$CO \begin{matrix} \nearrow AzH - Az \\ \searrow AzH - AzH \end{matrix} \geqslant CH.$$

— On obtient ce corps en chauffant de l'éther o-formique avec la carbohydrazide, à 100° en tube scellé, pendant plusieurs heures. Le contenu du tube, vidé dans une capsule, est évaporé au bain-marie, puis cristallisé dans l'alcool. Il fond à 181°, se dissout bien dans l'alcool bouillant et dans l'eau, présente une réaction acide, ne réduit presque plus la liqueur de Fehling et ne se combine plus à l'aldéhyde benzylique. Son *sel d'argent*,

$$CO \begin{matrix} \nearrow AzH - Az \\ \searrow AzAg-AzH \end{matrix} \geqslant CH,$$

constitue une poudre blanche, stable à la lumière, et se forme dans l'action de sa solution aqueuse sur le nitrate d'argent; il est soluble dans les acides et dans l'ammoniaque.

ETHER HYDRAZIDICARBONIQUE

$$\begin{matrix} AzH-CO^2C^2H^5 \\ | \\ AzH-CO^2C^2H^5 \end{matrix}$$

— L'éther chlorocarbonique et l'hydrate d'hydrazine réagissent si vivement l'un sur l'autre qu'il faut les diluer dans l'alcool et les faire réagir en ajoutant l'hydrate d'hydrazine goutte à goutte. On termine par une demi-heure de chauffe au bain-marie; on décante la solution qui surnage le chlorhydrate d'hydrazine formé, on l'évapore et on fait cristalliser le résidu dans l'eau bouillante. Rendement 90 0/0.

Cet éther forme de gros prismes incolores, fusibles à 130°, et distillant avec décomposition partielle à 250°, assez solubles dans l'eau bouillante, l'alcool et l'éther. Ils ne se décomposent qu'assez lentement par les acides et les alcalis; on ne peut préparer les sels métalliques correspondant à l'acide.

Éther azodicarbonique,

$$\begin{array}{l} Az-CO^2C^2H^5 \\ \| \\ Az-CO^2C^2H^5 \end{array}$$

— On oxyde le composé précédent par l'acide nitrique concentré, additionné d'un dixième d'acide fumant rouge, et on abandonne le liquide en le refroidissant dans un courant d'eau. Après 1 ou 2 heures on dilue avec de l'eau et on extrait par l'éther. On lave celui-ci à l'eau alcaline, on le sèche sur le chlorure de calcium; on obtient finalement par évaporation une huile épaisse distillant à 106° sous 13 millimètres. Rendement 80 0/0. Les alcalis le saponifient rapidement; l'ammoniaque le transforme en azodicarbonamide.

Pour les sels de l'acide, voyez 2e Suppl., **3**, 162.

Diurée ou bishydrazicarbonyle (*p-dicétohexahydrotétrazine*),

$$CO \begin{array}{l} \diagup AzH-AzH \diagdown \\ \diagdown AzH-AzH \diagup \end{array} CO.$$

— Le sel d'hydrazine de ce composé *acide* se forme avec un rendement de 45 à 50 0/0 dans l'action de l'hydrate d'hydrazine (2 molécules) sur l'éther hydrazidicarbonique (1 molécule), en tube scellé, à 100°, pendant quelques heures. Cristallisé dans l'alcool, ce sel est en prismes tricliniques brillants, fusibles à 197°. Il se forme suivant l'équation :

$$\begin{array}{l} AzH-CO^2C^2H^5 \\ | \\ AzH-CO^2C^2H^5 \end{array} + 2AzH^2-AzH^2, H^2O = \begin{array}{l} AzH-CO-AzH, Az^2H^4 \\ | \qquad\qquad | \\ AzH-CO-AzH \end{array} + 2C^2H^6O + 2H^2O$$

Les acides ou l'aldéhyde benzylique lui enlèvent l'hydrazine et mettent la *diurée* en liberté. Elle cristallise en prismes monosymétriques, bien formés, fusibles à 270°, peu solubles dans l'eau froide et dans l'alcool, plus solubles dans l'eau bouillante. L'acide chlorhydrique à 150° la détruit complètement en 2 molécules d'anhydride carbonique et 2 molécules d'hydrazine.

On obtient aussi la diurée en chauffant ensemble l'hydrazodicarbonamide et le sulfate d'hydrazine à 210-215° (A. Purgotti) :

$$\begin{array}{l} AzH-CO-AzH^2 \\ | \\ AzH-CO-AzH^2 \end{array} + \begin{array}{l} AzH^2 \\ | \\ AzH^2 \end{array} = \begin{array}{l} AzH-CO-AzH \\ | \qquad\qquad | \\ AzH-CO-AzH \end{array} + 2AzH^3.$$

D'après M. Purgotti, elle fond à 266-267° [*Gazz. chim. ital.*, **27**, (2), 60; *Bull. Soc. Chim.*, (3), **18**, 1221].

C'est un corps assez oxydable, mais on n'a pu séparer le produit probable

$$CO \begin{array}{l} \diagup Az=Az \diagdown \\ \diagdown Az=Az \diagup \end{array} CO$$

sans doute parce qu'il se résout en oxyde de carbone (ou anhydride carbonique) et azote.

Le bishydrazicarbonyle est nettement acide et se combine avec une molécule de base.

Le *sel d'ammonium* à 1 molécule d'eau est en gros prismes, assez solubles; le *sel d'argent*, anhydre, est insoluble dans l'eau, soluble dans l'acide nitrique et dans l'ammoniaque; le *sel de baryum*,

$$\left(CO \begin{array}{l} \diagup AzH-Az \diagdown \\ \diagdown AzH-AzH \diagup \end{array} CO\right)^2 Ba + 3H^2O,$$

est peu soluble à froid dans l'eau, assez soluble à chaud et cristallise bien.

Enfin, on connaît un produit de condensation avec l'aldéhyde benzylique, le *benzylidène-bishydrazicarbonyle*,

$$\begin{array}{l} AzH-CO-Az \diagdown \\ | \qquad\qquad | \\ AzH-CO-Az \diagup \end{array} CH-C^6H^5,$$

cristallisable dans l'alcool et dans l'eau bouillante en longues aiguilles à 4 pans, fusibles à 253°, possédant aussi la réaction acide et précipitant encore le nitrate d'argent [Curtius et Heidenreich, *loc. cit.*; *J. prakt. Chem.*, (2), **52**, 454].

ALCOYLSEMICARBAZIDES.

Hydrazides carbamiques substituées à l'AzH^2 ammoniacal, ou *alcoylcarbamohydrazides*,

$$RAzH-CO-AzH-AzH^2.$$

— Le type de ces corps est la 4 phénylsemicarbazide

$$CO \begin{array}{l} \diagup AzH-C^6H^5 \\ \diagdown AzH-AzH^2 \end{array}$$

que MM. Curtius et Hofmann ont obtenue les premiers par des voies détournées qui sont rapportées ci-dessous, mais qu'on se procure plus facilement en suivant les procédés qui seront indiqués plus loin.

La réaction qui a conduit MM. Curtius et Hofmann à la phénylsemicarbazide est la réaction curieuse qui se passe entre les azides et les hydrazides.

Alors que les acidylazides réagissent sur l'hydrazine en donnant des hydrazides et de l'acide azothydrique :

$$RCO-Az^3 + 2AzH^2-AzH^2 = RCO-AzH-AzH^2 + \underset{\text{Azothydrate d'hydrazine.}}{Az^3H, Az^2H^4}$$

ou sur les amines en donnant des amides :

$$RCO-Az^3 + 2AzH^2-C^6H^5 = RCO-AzH-C^6H^5 + \underset{\text{Azothydrate d'aniline.}}{Az^3H, AzH^2-C^6H^5},$$

ils réagissent sur les hydrazides d'une façon tout à fait inattendue. Ils ne fournissent ni l'hydrazide secondaire symétrique :

$$RCO-Az^3 + AzH^2-AzH-COR' = RCO-AzH-AzH-COR' + Az^3H,$$

ni le dérivé possible du prozane par perte d'azote :

$$RCO-Az \begin{array}{l} \diagup Az \\ \;\| \\ \diagdown Az \end{array} + AzH^2-AzH-COR' = RCO-AzH-AzH-AzH-COR' + Az^2.$$

Il est plausible que cette dernière réaction ait lieu, mais le produit subit une transposition moléculaire, et à sa place on trouve une hydrazide carbamique :

$$CO \begin{cases} AzH-R \\ AzH-AzH-COR' \end{cases}$$

le groupement AzH venant s'intercaler entre le groupe CO et le radical R, qui était initialement contigu [Curtius et Hofmann, *J. prakt. Chem.*, (2), **53**, 513].

La nature des corps ainsi formés a été démontrée par leur hydrolyse au moyen de l'acide chlorhydrique à 120°. Ainsi, le produit de réaction de la m-nitrobenzazide et de la benzhydrazide a fourni la m-nitrophénylbenzoylsemicarbazide

$$AzO^2-C^6H^4-AzH-CO-AzH-AzH-COC^6H^5,$$

car par hydrolyse on a trouvé les composés

$$AzO^2.C^6H^4.AzH^2 + CO^2 + AzH^2-AzH^2 + CO^2H-C^6H^5.$$

Comme la m-nitraniline ne se trouvait dans aucun des produits primordiaux, cette hydrolyse met en relief la transposition moléculaire invoquée; et pour lever les doutes sur le mécanisme exact de la réaction, il suffit d'ajouter que la carbazide isomérique, dérivée de la m-nitrobenzhydrazide et de la benzazide, se dédouble en acide m-nitrobenzoïque, anhydride carbonique, hydrazine et aniline, ce qui lui assigne la constitution :

$$C^6H^5-AzH-CO-AzH-AzH-CO-C^6H^4(AzO^2)$$

prévue par la règle sus-énoncée.

Ces formations d'acidylhydrazides carbamiques s'effectuent surtout bien dans l'acétone bouillante.

Acétylhydrazide de l'acide phénylcarbamique ou *phénylcarbamo-b-acétylhydrazide*,

$$CO \begin{cases} AzH-C^6H^5 \\ AzH-AzH-COCH^3 \end{cases}$$

— Pour obtenir ce corps, on dissout 125 grammes de benzazide dans de l'acétone, on y ajoute 100 grammes d'acétone-acétylhydrazide dissoute dans beaucoup d'acétone, on chauffe pendant 10 heures au réfrigérant à reflux, on distille l'acétone et on fait cristalliser le résidu dans l'eau bouillante. Par filtration on sépare un peu de diphénylurée; on évapore le liquide filtré et on le fait cristalliser dans l'alcool absolu qui l'abandonne en lamelles ou aiguilles blanches nacrées, fusibles à 171°,5, assez solubles dans le benzène bouillant, peu solubles dans l'acétone à froid, très solubles dans l'acétone bouillante, facilement solubles dans l'acide acétique et dans l'eau bouillante.

On l'obtient également par l'action de l'anhydride acétique sur l'hydrazide phénylcarbamique (Burkhardt). Cet auteur donne pour point de fusion 169°.

L'acide sulfurique à 10 0/0 pendant 5 à 10 minutes à 95°, ou à 2 0/00 pendant 6 heures à l'ébullition, produit une hydrolyse partielle, et il est possible, au moyen de l'aldéhyde benzylique, d'isoler le dérivé benzylidénique de l'hydrazide phénylcarbamique,

$$CO \begin{cases} AzH-C^6H^5 \\ AzH-Az=CH-C^6H^5 \end{cases}$$

fusible à 174°.

Hydrazide phénylcarbamique (*4 phénylsemicarbazide*),

$$CO \begin{cases} AzH-C^6H^5 \\ AzH-AzH^2 \end{cases}$$

— Ce composé, isomère de la phénylsemicarbazide de M. Fischer, s'obtient en décomposant par l'acide chlorhydrique concentré le dérivé benzylidénique ci-dessus. On enlève l'aldéhyde qui surnage par quatre extractions au benzène, pendant que la solution chlorhydrique est encore chaude.

Par refroidissement, le *chlorhydrate* cristallise, et après quelques traitements pour le purifier on en déplace la base par la soude. Elle se présente en belles lamelles rhombiques, fusibles à 122°; solubles dans l'alcool, le chloroforme, le benzène chaud, insolubles dans l'éther, un peu solubles dans l'eau alcaline. Elle est réductrice.

On peut la préparer sans passer par l'intermédiaire de l'azide, par plusieurs autres procédés qui ont été étudiés par M. A. Burkhardt [*J. prakt. Chem.*, (2), **58**, 205].

On fait réagir l'hydrate d'hydrazine :

1° Sur les phényluréthanes :

$$C^6H^5-AzH-CO-OR + Az^2H^4 = C^6H^5-AzH-CO-Az^2H^3 + ROH;$$

2° Sur la mono- ou la diphénylurée :

$$C^6H^5-AzH-CO-AzH^2 + Az^2H^4 = C^6H^5-AzH-CO-Az^2H^3 + AzH^3;$$

3° Sur l'isocyanate de phényle :

$$C^6H^5-Az=CO + Az^2H^4 = C^6H^5-AzH-CO-Az^2H^3.$$

Mais la réaction peut se compliquer si l'on varie les conditions. Ainsi, à 110° en tube scellé, la première réaction s'effectue régulièrement; si on chauffe à 170°, on obtient l'hydrazidicarbonanilide qui dérive de la phénylsemicarbazide par perte d'hydrazine :

$$2C^6H^5-AzH-CO-AzH-AzH^2 = \begin{matrix} C^6H^5-AzH-CO-AzH \\ | \\ C^6H^5-AzH-CO-AzH \end{matrix} + Az^2H^4.$$

Enfin, par des réactions faciles à écrire, on peut encore obtenir la carbohydrazide (substitution d'Az^2H^3 à $AzHC^6H^5$ dans la phénylsemicarbazide) et la carbanilide (substitution inverse).

La seconde réaction est plus régulière, et l'action de l'hydrazine, principalement sur la monophénylurée, est recommandable pour préparer la phénylsemicarbazide.

Enfin, la troisième peut donner naissance aussi à de la carbanilide et à de l'hydrazodicarbonanilide :

$$2C^6H^5-Az=CO + Az^2H^4 = [C^6H^5-AzH-CO-AzH-]^2$$
$$2C^6H^5-Az=CO + H^2O = CO(AzH-C^6H^5)^2 + CO^2.$$

Chlorhydrates,

$$C^7H^9Az^3O, 2HCl \quad \text{et} \quad C^7H^9Az^3O, HCl.$$

— Le premier est coloré en rouge; chauffé à 190°, il se décolore et fond à 213°; il est en prismes réfringents, solubles dans l'eau avec abaissement de température. A 120° on ne réussit pas à le transformer exactement en le second sel, mais on est arrivé, en agitant le sel rouge avec du benzène, à lui enlever 1 molécule d'acide et à le transformer en sel à 1 HCl qui est *violet* (Curtius et Hofmann).

M. Burkhardt (*loc. cit.*) décrit le sel

$$C^7H^9Az^3O, HCl$$

comme cristallisant en prismes incolores, fusibles à 215°, solubles dans l'eau et dans l'alcool. Il l'obtient en ajoutant à 2 grammes de phénylsemicarbazide dissous dans 20 centimètres cubes d'alcool 10 centimètres cubes d'acide chlorhydrique concentré, et en faisant cristalliser le sel dans l'eau.

Dérivé sodé, $C^7H^8NaAz^3O$. — Petites aiguilles jaunâtres, solubles dans l'eau et dans l'alcool, obtenues avec l'éthylate de sodium et la phénylsemicarbazide (B.).

Azide. — L'acide nitreux fournit une *azide* de la formule

$$CO \begin{cases} AzH - C^6H^5 \\ Az^3 \end{cases}$$

incolore, fusible à 103-104°, volatile avec la vapeur d'eau, très soluble dans les solvants organiques.

Dérivés aldéhydiques ou cétoniques.

Les combinaisons du type

$$C^6H^5 - AzH - CO - Az - Az = CHR$$

avec les aldéhydes benzylique, salicylique, cinnamique, l'acétone, l'éther acétylacétique, se forment facilement. Elles cristallisent bien dans l'alcool.

Dérivé benzylique. — Aiguilles incolores, fusibles à 174°.

Dérivé o-oxybenzylique. — Aiguilles incolores.

Dérivé cinnamique. — Aiguilles jaunes.

Dérivé acétonique. — Aiguilles incolores, fusibles à 155-156°.

Dérivé acétylacétique. — Aiguilles incolores, fusibles à 151°.

Dérivés acidylés.

Acétylhydrazide. — Voyez p. 278.

Benzhydrazide phénylcarbamique ou *phénylbenzoylsemicarbazide*,

$$CO \begin{cases} AzH - C^6H^5 \\ AzH - AzH - CO - C^6H^5 \end{cases}$$

— Une solution acétonique de benzazide desséchée sur le chlorure de calcium est mêlée avec une solution acétonique de benzhydrazide et mise à bouillir pendant 6 heures au réfrigérant à reflux; on chasse ensuite l'acétone par distillation et on fait cristalliser à deux reprises le résidu dans l'alcool ou dans l'acide acétique. Ce composé est en cristaux brillants, incolores, fusibles à 212°, presque insolubles dans l'éther et dans l'eau bouillante, facilement solubles dans l'alcool bouillant et dans l'acide acétique, peu ou difficilement solubles dans l'alcool à froid, le chloroforme, l'acétone et le benzène. Les acides le décomposent comme il a été dit aux généralités.

m-Nitrobenzhydrazide phénylcarbamique,

$$CO \begin{cases} AzH - C^6H^5 \\ AzH - AzH - CO - C^6H^4 - AzO^2_{(m)} \end{cases}$$

— On l'obtient comme la précédente, mais en partant de la benzazide et de la m-nitrobenzhydrazide. Elle forme des lamelles jaunâtres, fusibles à 204°, et présente sensiblement les solubilités du dérivé non nitré.

Benzhydrazide-m-nitrophénylcarbamique,

$$CO \begin{cases} AzH - C^6H^4 - AzO^2_{(m)} \\ AzH - AzH - CO - C^6H^5 \end{cases}$$

— Ce composé, isomère du précédent, s'obtient comme lui en partant de la m-nitrobenzazide et de la benzhydrazide. Il fond à 226°.

On a vu plus haut comment le dédoublement de ces deux substances par l'acide chlorhydrique à 120°, a permis d'en fixer la nature et la constitution (C. et H.).

Hydrazidicarbonanilide,

$$\begin{array}{l} AzH - CO - AzH - C^6H^5 \\ | \\ AzH - CO - AzH - C^6H^5 \end{array}$$

— Ce corps se forme, soit par chauffage de la 4 phénylsemicarbazide, soit par l'action de l'iode. La première réaction a lieu par perte de 1 molécule d'hydrazine entre 2 molécules du corps; la seconde, par perte d'azote comme pour les hydrazides ordinaires. L'hydrazidicarbonanilide cristallise dans l'acide acétique bouillant en prismes incolores, allongés, fusibles à 245°, peu solubles dans les liquides organiques; l'acide chlorhydrique concentré le décompose à l'ébullition en anhydride carbonique, aniline et hydrazine; l'acide nitrique fumant le transforme en azodicarbonanilide fusible à 182-183°.

Dérivé tétrabromé,

$$[C^6H^3Br^2 - AzH - CO - AzH -]^2.$$

— Produit de l'action du brome sur le composé précédent; se présente en petites aiguilles, solubles dans les liquides organiques, fusibles entre 215 et 218°; il est décomposé comme le précédent par l'acide chlorhydrique [Burkhardt, *J. prakt. Chem.*, (2), **58**, 205].

Hydrazide allophanique (*carbonamidocarbamohydrazide*; *allophanylhydrazide* ou *aminobiuret* $(AzH^2 - CO) - AzH - CO - AzH - AzH^2$. — Ce composé est au biuret ou allophanamide ce que la semicarbazide ou carbamohydrazide est à l'urée. On l'obtient d'ailleurs à partir du nitrobiuret, en suivant la marche employée pour passer de la nitro-urée à la semicarbazide; on réduit par le zinc et l'acide chlorhydrique et on extrait l'hydrazine sous la forme de dérivé benzylidénique, en ayant soin de mesurer l'addition de l'aldéhyde benzylique. De l'hydrazone on passe facilement au chlorhydrate en l'arrosant d'alcool et d'acide chlorhydrique, puis chauffant au bain-marie avec précaution; on enlève l'aldéhyde régénérée par le benzène et on purifie le chlorhydrate par cristallisation dans l'alcool.

Chlorhydrate d'aminobiuret, $C^2H^6Az^4O^2,HCl$. — Petites tables, très solubles dans l'eau, insolubles dans l'alcool et dans l'éther, fusibles à 185°; il est réducteur; chauffé avec l'acide chlorhydrique pendant longtemps, il fournit l'hydrazodicarbonimide ou urazol :

$$AzH \begin{cases} CO - AzH^2, HCl \\ CO - AzH - AzH^2 \end{cases}$$

$$= AzH \begin{cases} CO - AzH \\ \quad\quad | \\ CO - AzH \end{cases} + AzH^4Cl.$$

Nitrate, $C^2H^6Az^4O^2, AzO^3H$. — Belles aiguilles, fusibles à 165°; obtenues par l'action de l'acide nitrique à froid sur l'acétone-aminobiuret, filtration, lavage à l'éther et cristallisation dans l'alcool étendu. Très soluble dans l'eau, insoluble dans l'alcool froid, l'éther et la ligroïne.

Picrate, $C^2H^6Az^4O^2, C^6H^3Az^3O^7$. — Aiguilles jaunes fusibles à 175°; obtenues par double décomposition entre le chlorhydrate d'aminobiuret et le picrate de sodium.

Acétone-aminobiuret,

$$(CH^3)^2C = Az - AzH - CO - AzH - CO - AzH^2.$$

— Belles aiguilles blanches, fusibles à 189°, obtenues avec l'acétone, le chlorhydrate d'aminobiuret et l'acétate de sodium en solutions concentrées.

L'acétone-aminobiuret fixe l'acide cyanhydrique en donnant l'*allophanylhydrazo-i-butyronitrile* fusible à 146°, en beaux prismes transparents.

Benzylidène-aminobiuret. — Aiguilles blanches, fusibles à 202°.

Azide. — L'*acide nitreux* change l'aminobiuret en l'*azide* $AzH^2-CO-AzH-CO-Az^3$, avec des rendements presque quantitatifs. C'est un composé blanc cristallin, très facilement décomposable par l'eau en urée, anhydride carbonique et acide azothydrique; par l'alcool, en acide azothydrique et allophanate d'éthyle; par l'ammoniaque en tétruret et azothydrate d'ammoniaque :

$$AzH^2-CO-AzH-CO-Az\begin{matrix}\diagup Az \\ \| \\ \diagdown Az\end{matrix} + H^2O$$

$$= AzH^2-CO-AzH^2 + CO^2 + Az^3H.$$

$$AzH^2-CO-AzH-CO-Az\begin{matrix}\diagup Az \\ \| \\ \diagdown Az\end{matrix} + C^2H^6O$$

$$= AzH^2-CO-AzH-CO^2C^2H^5 + Az^3H.$$

$$2AzH-CO-AzH-CO-Az^3 + 3AzH^3$$

$$= \begin{matrix}AzH-CO-AzH-CO \diagdown \\ AzH-CO-AzH-CO \diagup\end{matrix} AzH + 2Az^3H,AzH^3.$$

Le *tétruret* est en prismes rhombiques incolores, fusibles à 186°.

Sa réaction avec la potasse et le sulfate de cuivre est un peu différente de celle du biuret; la teinte produite est plus bleue [J. Thiele et E. Uhlfelder, *Ann. Chem.*, **303**, 93].

1 B. — Dérivés du sulfure de carbone.

Hydrazine et sulfure de carbone.

Acide dithiocarbohydrazinique,

$$CS\begin{matrix}\diagup SH \\ \diagdown AzH-AzH^2\end{matrix}$$

— Le sel d'hydrazine de cet acide s'obtient quand on mêle peu à peu 1 molécule de sulfure de carbone purifié avec 2 molécules d'hydrate d'hydrazine. Il se produit un échauffement considérable, que l'on combat en immergeant dans l'eau froide le vase où se fait la réaction. Après une heure, on extrait la masse jaunâtre formée et on la dessèche dans le vide sur des assiettes poreuses. Le *dithiocarbohydrazinate d'hydrazine*,

$$CS\begin{matrix}\diagup S-Az^2H^5 \\ \diagdown AzH-AzH^2\end{matrix}$$

est en prismes incolores, fusibles à 124° avec décomposition; il se dissout dans l'eau, mais non dans l'alcool et l'éther. Sa solution aqueuse est instable; en se décomposant, elle donne du sulfure de carbone, de l'hydrogène sulfuré et du sulfhydrate d'hydrazine.

Les sels des métaux lourds peuvent subir la double décomposition et engendrer des sels métalliques de la formule

$$CS\begin{matrix}\diagup SM^1 \\ \diagdown AzH-AzH^2\end{matrix}$$

Le sel d'*argent* est jaune verdâtre; le sel de *nickel*, jaune brun; le sel de *cobalt*, brun foncé; celui d'*uranium*, rouge pourpre; de *zinc*, blanc; de *mercurosum*, gris noir; de *plomb*, blanc ou jaune; de *platine*, brun rouge.

Quant à l'acide libre, on ne peut pas l'obtenir, il se décompose aussitôt [Curtius et Heidenreich, *J. prakt. Chem.*, (2), **52**, 454].

En faisant agir la potasse alcoolique sur un mélange de sulfure de carbone et de sulfate d'hydrazine dissous dans un peu d'eau, M. Busch a obtenu une combinaison à l'état de sel d'hydrazine, $C^2H^2Az^2S^3,Az^2H^4$. Ce sel jaune, fusible à 185°, traité par les acides, abandonne son acide sous la forme d'aiguilles incolores, fusibles à 167-168°. L'auteur attribue à cet acide la constitution d'un acide *thiobiazoldisulfhydrique* :

$$\begin{matrix}AzH^2-AzH^2 \\ + \\ CS^2 \quad CS^2\end{matrix} = \begin{matrix}Az = Az \\ | \quad\quad | \\ HS-C \quad C-SH \\ \diagdown \diagup \\ S\end{matrix} + H^2S$$

[*D. chem. G.*, **27**, 2518; *Bull. Soc. Chim.*, (3), **14**, 54].

Hydrazine et acide sulfocyanique.

MM. Curtius et Heidenreich ont obtenu seulement l'hydrazidithiocarbonamide en chauffant le sulfocyanate d'hydrazine (voyez plus loin); mais si l'on opère avec certaines précautions, on peut obtenir le produit immédiat d'isomérisation de ce sel, c'est-à-dire la sulfosemicarbazide

$$CS\begin{matrix}\diagup AzH^2 \\ \diagdown AzH-AzH^2\end{matrix}$$

La première mention qui en ait été faite est due à M. Freund [*D. chem. G.*, **28**, 77, note; *Ibid.*, 306, 948]. Sa préparation a été donnée ultérieurement [*D. chem. G.*, **29**, 2501; *Bull. Soc. Chim.*, (3), **18**, 270] par M. Freund et A. Schander.

Thiosemicarbazide (*sulfocarbamohydrazide*). — *Préparation.* — On dissout 50 grammes de sulfate d'hydrazine dans l'eau chaude (200 grammes), et on ajoute du carbonate de potassium sec (27 grammes). On transforme ainsi le sulfate acide en semisulfate, $SO^4H^2(Az^2H^4)^2$. On ajoute ensuite du sulfocyanate de potassium (40 grammes); on fait bouillir pendant quelques minutes, on précipite le sulfate de potassium par l'alcool chaud (100 à 300 centimètres cubes), et on filtre. On chauffe la solution de sulfocyanate d'hydrazine pour chasser l'alcool, et on porte à l'ébullition jusqu'à ce que la masse sirupeuse qui reste commence à émettre des vapeurs abondantes. Le produit qui reste après refroidissement est additionné d'un peu d'eau puis essoré. On chauffe à nouveau la liqueur filtrée pour transformer le sulfocyanate qu'elle contient, et on répète cinq à six fois ce traitement. Le rendement atteint 25 grammes de thiosemicarbazide brute (70 0/0).

La thiosemicarbazide se présente après cristallisation dans l'eau en longues aiguilles blanches, fusibles à 181-183°. Son *chlorhydrate* s'obtient sous la forme d'une masse cristalline si l'on triture la thiosemicarbazide pulvérisée avec de l'acide chlorhydrique concentré; il est soluble dans 4 parties d'eau, et se précipite de sa solution par l'acide chlorhydrique concentré, en aiguilles filiformes, fusibles entre 186 et 180°.

Cette même solution du chlorhydrate, saturée sans précaution par le gaz chlorhydrique, fournit de l'hydrazodithiocarbonamide et du chlorhydrate d'hydrazine :

$$2AzH^2-CS-Az^2H^3$$

$$= AzH^2-CS-AzH-AzH-CS-AzH^2 + Az^2H^4.$$

L'*acide azoteux* la transforme en *aminotriazosulfol*

$$AzH^2-C\begin{matrix}\diagup\!\!\diagup Az-Az \\ \quad\quad \| \\ \diagdown S-Az\end{matrix}$$

composé détonant à 128-130°.

Par son groupement $HAz-AzH^2$, la thiosemicarbazide se prête à beaucoup de réactions : formation d'hydrazones, d'hydrazides et de leurs dérivés. Pour les lois des transformations des hydrazides, voyez plus bas, aux *alcoylthiosemicarbazides.*

Formylthiosemicarbazide,

$$AzH^2-CS-AzH-AzH-CHO.$$

— Tables fusibles à 174-175°, obtenues en chauffant la semicarbazide avec de l'acide formique. Chauffées à 190°, elles donnent le *triazolthiol* le plus simple,

```
CH - AzH - C - SH
||          ||
Az ———————— Az
```

fusible à 215-216° [Freund et Meinecke, *D. chem. G.*, **29**, 2511].

Le chlorure d'acétyle donne l'*iminothiobiazoline*, fusible à 191° :

```
Az —— AzH
||     |
CH    C = AzH
  \  /
   S
```

Acétylthiosemicarbazide,

$$AzH^2-CS-AzH-AzH-CO-CH^3.$$

— Aiguilles fusibles à 165°. Transformable en *méthyltriazolthiol* et *c-méthyliminothiobiazoline*, homologues des précédents (fusibles à 260-261° et 235°).

Hydraziditiocarbonamide,

$$AzH^2-CS-AzH-AzH-CS-AzH^2.$$

— On obtient ce corps en quantités notables en chauffant le sulfocyanate d'hydrazine en tube scellé, à 100°, pendant 4 ou 5 heures, ou plus simplement encore en chauffant à 100°, pendant 4 ou 5 heures, un mélange équimoléculaire de chlorhydrate d'hydrazine et de sulfocyanate d'ammonium. On purifie le produit par cristallisation dans l'eau; il est en longs prismes incolores, fusibles à 214-215°, solubles dans 418,5 parties d'eau à 23°, beaucoup plus solubles à chaud.

On obtient plus aisément ce corps en faisant bouillir pendant longtemps 2 molécules de sulfocyanate d'ammonium avec 1 molécule de sulfate d'hydrazine [Freund et S. Wischewianski, *D. chem. G.*, **26**, 2877]. D'après ces auteurs, il fond à 208°.

Il se comporte comme un acide, précipite les sels de platine, de fer, d'argent, de plomb, de cuivre, et se dissout dans les alcalis; il est décomposé par l'acide chlorhydrique, en tube scellé, à 130-140°.

La réaction qui engendre l'hydrazidithiocarbonamide peut être considérée comme étant d'abord l'isomérisation du sulfocyanate d'hydrazine à l'état de thiosemicarbazide, puis la transformation de celle-ci par perte d'hydrazine en le biuret hydraziné correspondant à l'hydrazidithiocarbonamide :

$$CAzS\text{-}Az^2H^5 = CS{<}^{AzH^2}_{AzH\text{-}AzH^2}$$

$$2CS{<}^{AzH^2}_{AzH\text{-}AzH^2} = CS{<}^{AzH^2}_{AzH\text{-}AzH}\;{}^{AzH^2}_{AzH}{>}CS + Az^2H^4$$

[Curtius et Heidenreich, *loc. cit.*].

L'acide chlorhydrique le transforme en dithiourazol par perte d'ammoniaque, et en iminothiourazol par perte d'hydrogène sulfuré (F. et W.).

Sénevols et hydrazine.

Alcoylthiocarbamohydrazides. — Les sénevols et l'acide sulfocyanique s'unissent avec l'hydrazine (et les hydrazines) et engendrent ainsi des thiosemicarbazides du type alcoylsulfocarbamohydrazides[1]. Par exemple, le phénylsénevol et l'hydrazine s'unissent pour former un produit isomérique de la phénylthiosemicarbazide plus anciennement connue :

$$CS{=}Az\text{-}C^6H^5 + AzH^2\text{-}AzH^2 = CS{<}^{AzH\text{-}C^6H^5}_{AzH\text{-}AzH^2}$$

Phénylthiocarbamohydrazide.

Ces composés et leurs nombreux produits de transformation ont été étudiés par M. G. Pulvermacher [*D. chem. G.*, **26**, 3812; **27**, 613; *Bull. Soc. Chim.*, (3), **12**, 264, 1371) d'un côté, et d'un autre côté, par MM. Freund et ses collaborateurs [Freund et S. Wischewiansky, *D. chem. G.*, **26**, 2877; *Bull. Soc. Chim.*, (3), **12**, 641. — Freund et Schander, Freund et Meinecke, *D. chem. G.*, **29**, 2483; *Bull. Soc. Chim.*, (3), **18**, 264. — Freund et Imgart, *D. chem. G.*, **28**, 946; *Bull. Soc. Chim.*, (3), **14**, 1422. — Freund et Heilbrun, *D. chem. G.*, **29**, 859; *Bull. Soc. Chim.*, (3), **16**, 1130].

Les thiosemicarbazides de cet ordre réagissent encore sur les aldéhydes par leur groupe AzH^2 hydrazinique; par le même radical, elles fournissent des hydrazides

$$CS{<}^{AzHR}_{AzH\text{-}AzH\text{-}COR}$$

avec les acides organiques, et des dérivés du *tétrazol* ou du *triazosulfol* par l'acide azoteux [Freund et Schwartz, *D. chem. G.*, **29**, 2491].

Les hydrazides, par perte d'eau, conduisent à des composés cycliques :

1° Le chlorure d'acétyle conduit à des composés que l'on peut considérer comme des amidothiobiazols ou des imidothiobiazolines. Ajoutons enfin que la plupart de ces réactions s'expliquent mieux en considérant la thiosemicarbazide sous ses formes tautomériques (Pulvermacher).

$$SH\text{-}C{\lessgtr}^{AzR}_{AzH\text{-}AzH^2} \quad \text{ou} \quad SH\text{-}C{\lessgtr}^{AzHR}_{Az\text{-}AzH^2}$$

Les réactions avec les hydrazides sont dès lors :

```
       SH                          S
      /                          /   \
RAz = C      COR'  =  RAz = C        CR' + H²O,
      |      |              |        ||
      AzH - AzH             AzH - Az
                        Imidothiobiazoline.

        SH                          S
       /                          /   \
RHAz - C      COR'  =  RHAz - C       CR' + H²O.
       ||     |               ||      ||
       Az -  AzH              Az  —  Az
                          Amidothiobiazol.
```

1. Nomenclature proposée [L. Bouveault, Dict., 2e Suppl., **2**, 976]. M. E. Fischer a aussi proposé une désignation basée sur l'ordre de substitution dans le schéma numéroté ainsi :

```
           AzH² (4)
          /
(3) CS (ou O)
          \
           AzH - AzH²
           (2)   (1)
```

Exemple :

4 *Phénylthiosemicarbazide,*

$$CS{<}^{AzH\text{-}C^6H^5}_{AzH\text{-}AzH^2}$$

1 *Phénylthiosemicarbazide,*

$$CS{<}^{AzH^2}_{AzH\text{-}AzH\text{-}C^6H^5}$$

2° Le chauffage à l'état sec donne naissance à des *triazolthiols*, qui font contraste par leurs propriétés acides avec les composés précédents qui sont basiques (M. Freund).

$$\begin{array}{ccc} & \mathrm{AzHR'} & \\ & / & \\ \mathrm{SH-C} & & \mathrm{COR'} \\ \| & & | \\ \mathrm{Az} & - & \mathrm{AzH} \end{array} = \begin{array}{ccc} & \mathrm{AzR} & \\ / & & \backslash \\ \mathrm{SH-C} & & \mathrm{C-R'} \\ \| & & \| \\ \mathrm{Az} & - & \mathrm{Az} \end{array} + H^2O.$$

Ce n'est pas tout. Au lieu de réagir une seule fois, l'hydrazine peut réagir deux fois sur les sénevols et engendrer des dérivés de l'hydrazodithiocarbonamide

$$\mathrm{RAzH-CS-AzH-AzH-CS-AzHR.}$$

Ces composés se transforment également avec facilité en composés cycliques de deux ordres (Freund et collaborateurs).

1° Par l'oxychlorure de carbone, ils perdent la moitié de leur soufre sous forme d'hydrogène sulfuré, et donnent des *imidothio-urazols* :

$$\begin{array}{ccc} \mathrm{C^3H^5-AzH} & & \mathrm{SH} \\ / & & | \\ \mathrm{CS} & & \mathrm{C=Az-C^3H^5} \\ | & & | \\ \mathrm{AzH} & - & \mathrm{AzH} \end{array}$$

(F. tautomère).

$$= \begin{array}{ccc} & \mathrm{Az-C^3H^5} & \\ / & & \backslash \\ \mathrm{CS} & & \mathrm{C=Az-C^3H^5} \\ | & & | \\ \mathrm{AzH} & - & \mathrm{AzH} \end{array} + H^2S.$$

2° Par l'acide chlorhydrique ou l'acide sulfurique concentré, ils peuvent donner aussi cette réaction, mais en même temps il se forme des *dithio-urazols* par perte des éléments d'une amine :

$$\begin{array}{ccc} & \mathrm{AzH-C^3H^5} & \\ / & & \\ \mathrm{CS} & & \mathrm{CS-AzH-C^3H^5} \\ | & & | \\ \mathrm{AzH} & - & \mathrm{AzH} \end{array} = \begin{array}{ccc} & \mathrm{Az-C^3H^5} & \\ / & & \backslash \\ \mathrm{CS} & & \mathrm{CS} \\ | & & | \\ \mathrm{AzH} & - & \mathrm{AzH} \end{array} + \mathrm{AzH^2-C^3H^5}$$

et même un troisième produit, qui dans le cas présent serait la *dipropylène-pseudohydrazodithiocarbamide*, résultant d'une transformation intramoléculaire (Freund et Heilbrun) :

$$\begin{array}{l} \mathrm{AzH-CS-AzH-CH^2-CH=CH^2} \\ | \\ \mathrm{AzH-CS-AzH-CH^2-CH=CH^2} \end{array}$$

$$= \begin{array}{l} \mathrm{AzH-C} \begin{array}{l} /\!\!/ \mathrm{Az-CH^2} \\ \qquad\quad | \\ \backslash \mathrm{S-CH-CH^3} \end{array} \\ | \\ \mathrm{AzH-C} \begin{array}{l} / \mathrm{S-CH-CH^3} \\ \qquad\quad | \\ \backslash\!\!\backslash \mathrm{Az-CH^2} \end{array} \end{array}$$

Cette dernière réaction ne s'applique évidemment qu'aux amines non saturées comme l'allylamine.

Nous laisserons ici de côté l'étude des combinaisons à chaîne fermée et celle de leurs dérivés; nous signalerons seulement les carbazides étudiées, avec le point de fusion des dérivés immédiats.

MÉTHYLSULFOCARBAMOHYDRAZIDE (4 *méthylthiosemicarbazide*), $\mathrm{CH^3-AzH-CS-AzH-AzH^2}$. — On la prépare comme le dérivé phénylé. Cristaux fusibles à 137-138°; solubles dans l'eau bouillante et dans l'alcool, insolubles dans l'éther, le benzène et la ligroïne, décomposables par les acides et les alcalis.

L'hydrazone benzylidénique fond à 160°.

Le *dérivé formylé*,

$$\mathrm{CH^3-AzH-CS-AzH-AzH-CHO,}$$

est en cristaux à aspect d'amiante, fusibles à 167-168°, solubles dans l'eau bouillante et dans l'alcool, insolubles dans les autres solvants organiques. Le chlorure d'acétyle le change en *méthylimino-thiobiazoline*,

$$\begin{array}{l} \mathrm{CH^3-Az=C-S-CH} \\ \qquad\qquad\quad | \qquad \| \\ \qquad\qquad \mathrm{AzH-Az} \end{array}$$

fusible à 65-66° (Pulvermacher); la chaleur, en Az-*méthyltriazolthiol*,

$$\begin{array}{ccc} \mathrm{SH-C} & \mathrm{-Az(CH^3)-} & \mathrm{CH} \\ \| & & \| \\ \mathrm{Az} & \text{———} & \mathrm{Az} \end{array}$$

fusible à 168° (M. Freund).

L'acide azoteux transforme la carbazide en *méthylamidotriazolsulfol*, $\mathrm{CH^3-AzH-CAz^3S}$, fusible à 96° (Freund et Schwartz).

ETHYLTHIOCARBAMOHYDRAZIDE (4 *éthylthiosemicarbazide*), $\mathrm{C^2H^5-AzH-CS-AzH-AzH^2}$. — Composé fusible à 84°; son *dérivé formylé* fond à 163-164° : le chlorure d'acétyle le transforme en éthylimidothiobiazoline (fusible à 212°), tandis que la chaleur seule conduit à l'Az-éthyltriazolthiol (fusible à 96-97°) [Freund, *loc. cit.*].

Hydrazodicarbone-thioéthylamide,

$$\mathrm{C^2H^5-AzH-CS-AzH-AzH-CS-AzH-C^2H^5.}$$

— Composé cristallisé en paillettes brillantes, incolores, se décomposant à 270°, obtenu au moyen de l'hydrazine et de l'éthylsénevol en solution alcoolique bouillante. L'acide sulfurique froid et concentré le change en *éthyldithio-urazol* et *éthyléthylimidothio-urazol* [Freund et Imgart, *D. chem. G.*, **28**, 946].

ALLYLSULFOCARBAMOHYDRAZIDE,

$$\mathrm{C^3H^5-AzH-CS-AzH-AzH^2.}$$

— Aiguilles soyeuses, fusibles à 98-99°, solubles dans l'alcool, le chloroforme bouillant et l'eau chaude, insolubles dans l'éther (Pulvermacher).

Les *combinaisons benzylidénique*, *n-nitrobenzylidénique*, *salicydénique*, *cinnamylidénique* fondent respectivement à 124-125°, 163°, 149-150° et 165-166°.

L'hydrazide formique est en tables hexagonales fusibles à 128-129°, solubles dans l'eau bouillante et l'alcool. La *thiobiazoline* correspondante fond à 73°. Le *triazolthiol* fond à 111° (M. Freund).

Hydrazodicarbone-thioallylamide,

$$\mathrm{AzH(C^3H^5)-CS-AzH-AzH-CS-AzH(C^3H^5).}$$

— Composé assez soluble dans les solvants usuels, sauf le benzène et le toluène, obtenu comme le précédent à partir de l'essence de moutarde. L'oxychlorure de carbone conduit au corps imidé en dérivant par perte d'hydrogène sulfuré [*D. chem. G.*, **26**, 2877].

PHÉNYLSULFOCARBAMOHYDRAZIDE (4 *phénylsulfosemicarbazide*),

$$\mathrm{C^6H^5-AzH-CS-AzH-AzH^2.}$$

— Baguettes prismatiques, fusibles à 140°, solubles dans le chloroforme, l'alcool et l'eau bouillante, insolubles dans l'éther et la ligroïne, très peu solubles dans le benzène. On obtient ce corps en ajoutant peu à peu une solution alcoolique de phénylsénevol (un peu plus de 1 molécule) à une solution alcoolique d'hydrate d'hydrazine; il se sépare bientôt, après agitation, des cristaux que l'on purifie par l'alcool bouillant. Les acides les dédoublent en leurs générateurs; les alcalis donnent naissance à de la phénylcarbylamine.

Les *combinaisons benzylidéniques, salicylidéniques, m-nitrobenzylidéniques, cinnamylidéniques* fondent respectivement à 191°, 183°, 193-194°, 175-176°. Ce sont des corps insolubles dans l'eau, solubles surtout dans le chloroforme.

L'acide formique bouillant donne naissance à la *phénylimidothiobiazoline*, $C^8H^7Az^3S$, fusible à 173°; le chlorure d'acétyle à la *phénylimido-c-méthylthiobiazoline*, $C^9H^9Az^3S$, fusible à 193-194°; enfin, le chlorure de benzoyle conduit à deux composés dépourvus de propriétés basiques, ayant la composition $C^{14}H^{12}Az^3S$ [G. Pulvermacher, *D. chem. G.*, **26**, 2812; **27**, 613].

L'acide *azoteux* donne un composé

$$C^6H^5-CHAz^4S,$$

susceptible d'exister sous deux modifications isomériques, qui sont vraisemblablement

$$\begin{matrix} SHC - AzC^6H^5 \\ \| \quad\quad | \\ Az \quad Az \\ \diagdown \; /\!/ \\ Az \end{matrix} \quad \text{et} \quad \begin{matrix} SC - Az-C^6H^5 \\ | \quad\quad | \\ AzH \quad Az \\ \diagdown \; /\!/ \\ Az \end{matrix}$$

4-phényltétrazol-3 thiol fus. à 147-150° (acide). — 4 phénylsulfotétrazoline fus. à 142-145° (basique).

[Freund et Hempel, *D. chem. G.*, **28**, 74; *Bull. Soc. Chim.*, (3), **14**, 949].

Hydrazodicarbone-thiophénylamide,

$$C^6H^5-AzH-CS-AzH-AzH-CS-AzH-C^6H^5.$$

— Lamelles blanches, peu solubles dans la plupart des solvants, fusibles à 187° Le phosgène leur fait perdre les éléments de l'acide sulfhydrique et les transforme en l'*imidothio-urazol* correspondant (*Ibid.*); le gaz chlorhydrique leur fait perdre de l'aniline et donne presque exclusivement le *phényldithio-urazol* (Freund et Imgart).

Hydrazothiodicarbonamide,

$$AzH^2-CS-AzH-AzH-CO-AzH^2.$$

— C'est le terme intermédiaire entre l'hydrazodicarbonamide et l'hydrazodithiocarbonamide. On l'obtient par des réactions similaires, en faisant réagir le cyanate de potassium (6gr,5) sur le chlorhydrate de thiosemicarbazide (10 grammes dans 400 grammes d'eau). Le précipité qui se forme, recristallisé dans l'eau bouillante, est fusible vers 218-220° en se décomposant, après avoir suinté vers 210°. C'est un corps à la fois basique et acide; ses sels potassique et sodique cristallisent. Il se dissout dans l'acide chlorhydrique, mais ses sels sont dissociables. Si on chauffe sa solution chlorhydrique, il se transforme comme les composés congénères en thio-urazol (fusible à 177°) par perte d'ammoniac. Le simple chauffage ne conduit pas à ce résultat.

Le chlorure ferrique le transforme en un composé $C^4H^6Az^8SO^2$, fusible à 204-205°, dont le *chlorhydrate*, $C^4H^8Az^8SO^2,HCl$, fond entre 219-224°.

Phénylhydrazothiodicarbonamide,

$$AzH^2-CS-AzH-AzH-CO-AzHC^6H^5.$$

— Composé fusible à 217-218°, obtenu dans l'action de l'isocyanate de phényle sur la thiosemicarbazide.

L'acide chlorhydrique le disloque et fournit à la fois de la diphénylurée, de la semicarbazide et du *thio-urazol* (ce dernier par perte d'aniline). [M. Freund et A. Schander, *D. chem. G.*, **29**, 2506; *Bull. Soc. Chim.*, (3), **18**, 271].

2. — Hydrazides de l'hydrazine (acidylhydrazines).

Les hydrazides de l'hydrazine prennent naissance dans un grand nombre de réactions, par l'action des éthers-sels, des amides, des chlorures et des anhydrides d'acides, ou même des azides sur l'hydrate d'hydrazine, suivant des équations analogues aux suivantes :

$$H-CO^2C^2H^5 + Az^2H^4,H^2O$$
$$= H-CO-AzH-AzH^2 + C^2H^5-OH + H^2O;$$

$$\underset{\text{Hippuramide.}}{C^6H^5-CO-AzH-CH^2-CO-AzH^2} + Az^2H^4,H^2O$$
$$= \underset{\text{Hippurylhydrazide.}}{C^6H^5-CO-AzH-CH^2-CO-AzH-AzH^2} + AzH^3 + H^2O;$$

$$CH^3-CO-Cl + 2Az^2H^4,H^2O$$
$$= CH^3-CO-AzH-AzH^2 + Az^2H^4,HCl + 2H^2O;$$

$$\underset{\text{Benzoylazide.}}{C^6H^5-CO-Az^3} + 2Az^2H^4,H^2O$$
$$= C^6H^5-CO-AzH-AzH^2 + \underset{\text{Azothydrate d'hydrazine.}}{Az^2H^4,Az^3H} + 2H^2O;$$

Cette règle s'étend aux éthers d'acides bibasiques qui donnent des dihydrazides, et aux sulfochlorures qui donnent des sulfone-hydrazides $R-SO^2-AzH-AzH^2$; mais les imides ou les anhydrides d'acides bibasiques peuvent engendrer deux hydrazides isomériques :

$$C^6H^4 \begin{matrix} \diagup CO \diagdown \\ \diagdown CO \diagup \end{matrix} O + Az^2H^4,H^2O$$

$$= C^6H^4 \begin{matrix} \diagup CO-AzH \\ \quad\quad | \\ \diagdown CO-AzH \end{matrix} + 2H^2O;$$

Phtalylhydrazide.

$$C^6H^4 \begin{matrix} \diagup C=AzH \\ \diagdown CO \diagup \end{matrix} O + Az^2H^4,H^2O$$

$$= C^6H^4 \begin{matrix} \diagup C=Az-AzH^2 \\ \diagdown CO \diagup \end{matrix} O + AzH^3 + H^2O,$$

Phtalylhydrazide dissym ou isophtalylhydrazine.

Le meilleur moyen d'obtenir les hydrazides est de partir de l'éther-sel, mais en ayant soin de n'en employer que la dose calculée, un excès donnant naissance à un dérivé symétrique

$$R-CO-AzH-AzH-CO-R,$$

c'est-à-dire à une bisacidylhydrazine.

Propriétés. — Les monoacidylhydrazines,

$$R-CO-AzH-AzH^2,$$

sont généralement des substances bien cristallisées, incolores, solubles le plus souvent dans l'eau et dans l'alcool à froid, toujours solubles dans ces dissolvants chauds, à peine solubles dans les autres solvants organiques. Elles ont gardé les propriétés réductrices de l'hydrazine, qu'elles peuvent régénérer par l'action des acides ou des alcalis chauds; toutefois les dérivés contenant le groupement

$$\begin{matrix} -C-CO-AzH \\ \| \quad\quad\quad | \\ -C-CO-AzH \end{matrix}$$

ne possèdent plus le pouvoir réducteur et se distinguent par leur stabilité.

Par le fait qu'elles possèdent deux atomes d'azote basiques et qu'un seul est neutralisé par l'acide, elles conservent un caractère plus basique que les amides et s'unissent facilement aux acides en donnant des sels relativement stables (et aussi des sels doubles).

Par contre, l'hydrogène du groupe AzH peut aussi s'échanger contre 1 atome de sodium, d'argent ou d'autres métaux lourds; peut-être y a-t-il là comme chez les amides une forme tautomérique

$$RC \lesssim {OH \atop Az-AzH^2}$$

Le chlorure d'acétyle et l'anhydride acétique les transforment en dérivés acétylés, sans doute

$$R-CO-AzH-AzH-CO-CH^3,$$

c'est-à-dire en bisacidylhydrazines symétriques.

Les hydrazides se combinent encore aux aldéhydes et aux cétones.

L'acide nitreux les transforme en azides :

$$C^6H^5-CO-AzH-AzH^2+AzO^2H=$$
$$C^6H^5-CO-Az^3+2H^2O.$$

On peut aussi obtenir les azides avec les sels de diazoïques aromatiques et les hydrazides [Struve et Radenhausen, *J. prakt. Chem.*, (2), 51, 227]. Exemple :

$$AzO^2\text{-}C^6H^4\text{-}CO\text{-}AzH\text{-}AzH^2 + C^6H^5\text{-}Az{=}Az\text{-}SO^4H$$
$$= AzO^2\text{-}C^6H^4\text{-}CO\text{-}Az\left\langle{Az \atop {\parallel \atop Az}}\right. + C^6H^5\text{-}AzH^2, SO^4H^2.$$

Hydrazides secondaires symétriques,

$$R-CO-AzH-AzH-COR.$$

— On peut les préparer par l'action d'un excès d'éther-sel sur l'hydrate d'hydrazine, ou sur la monohydrazide; mais on peut aussi les obtenir par l'action de l'iode sur la monohydrazide :

$$2H-CO-AzH-AzH^2 + 2I^2$$
Formylhydrazide.
$$= H-CO-AzH-AzH-CO-H + 4HI + Az^2;$$

ou bien encore on chauffe au-dessus de son point de fusion une monohydrazide, mais le rendement est très mauvais (Curtius).

MM. Autenrieth et P. Spiess ont également obtenu ces combinaisons, en laissant réagir jusqu'à solidification les anhydrides d'acides (1 molécule) sur un peu plus que la quantité calculée d'hydrate d'hydrazine à 50 0/0 [*D. chem. G.*, **34**, 187].

M. G. Pellizari a aussi préparé quelques hydrazides secondaires symétriques en chauffant le sulfate d'hydrazine avec les sels organiques de sodium. Cette méthode évite la préparation de l'hydrazine libre [*Atti Acc. Lincei*, (5), **8**, I, 327].

Ce sont des composés bien cristallisés, incolores, doués de faibles propriétés basiques; mais à l'encontre des monohydrazides, ils ne s'unissent plus aux aldéhydes ni aux acétones [Curtius, *J. prakt. Chem.*, (2), **50**, 275].

Les hydrazides secondaires symétriques peuvent être transformées en dérivés du furodiazol, du pyrrodiazol et du thiodiazol par les actions respectives des déshydratants, de l'ammoniaque alcoolique ou du chlorure de zinc ammoniacal, ou du sulfure de phosphore. Exemple :

$$\begin{matrix} AzH-CO-R \\ | \\ AzH-CO-R \end{matrix} = \begin{matrix} Az=C-R \\ | \quad\quad > O \\ Az=C-R \end{matrix} + H^2O$$

[Stollé, *D. chem. G.*, **32**, 797; *Bull. Soc. Chim.*, (3), **22**, 523].

Enfin, certaines monohydrazides et dihydrazides, chauffées plus ou moins fortement, peuvent donner naissance à des dérivés de la tétrazoline

$$RC \lesssim {Az-AzH \atop AzH-Az} \gtrsim CR;$$

d'autres à des dérivés du bioxazol.

Nous étudierons successivement les hydrazides :

1° Des acides gras monobasiques;
2° Des acides gras bibasiques;
3° Des acides gras tribasiques;
4° Des acides gras tétrabasiques;
5° Des acides gras mono- ou polybasiques, mais possédant en outre une ou plusieurs fonctions alcool, amine ou amide;
6° Des acides aromatiques monobasiques;
7° Des acides aromatiques bibasiques;
8° Des acides aromatiques en même temps alcools, ou phénols, ou amines;
9° Des acides spéciaux non saturés (maléique, o-phtalique, acrylique, etc);
10° Des acides sulfoniques.

1° Hydrazides des acides gras monobasiques.

Les dérivés formiques, acétiques, cyanacétiques, oxaliques, maloniques, succiniques ont été étudiés par MM. Schöfer et Schwan [*J. prakt. Chem.*, (2), **51**, 180].

Formylhydrazide, $H-CO-AzH-AzH^2$. — On prépare ce corps en faisant réagir l'hydrate d'hydrazine sur l'éther formique. Il y a échauffement. Par évaporation dans le vide, le produit cristallise; on peut le purifier en le faisant cristalliser dans l'alcool absolu bouillant employé en quantité ménagée.

Sans avoir recours à l'hydrazine libre, on peut l'obtenir facilement en chauffant à 100° le sulfate d'hydrazine et le formiate de sodium secs, finement pulvérisés [G. Pellizari, *Atti Acc. Lincei*, (5), **8**, I, 327].

Chauffée pendant 3 heures au bain d'huile à 210°, la monoformylhydrazine se change en la tétrazoline de M. Pellizari par perte de 2 molécules d'eau,

$$AzH^2 \diagup {AzH-COH \atop COH-AzH} \diagup AzH^2$$
$$= AzH \Big\langle {Az=CH \atop CH=Az} \Big\rangle AzH + 2H^2O$$

[S. Ruhemann et E. Stapleton, *Chem. Soc.*, **75**, 1131].

La formylhydrazide constitue de grandes tables ou de longues aiguilles transparentes, hygroscopiques, fusibles à 54°, très solubles dans l'alcool, l'éther, le chloroforme et le benzène, facilement décomposables par les acides étendus chauds. Elle est encore réductrice; de même que beaucoup d'autres monohydrazides, elle réagit facilement avec les aldéhydes, grâce à son groupement AzH^2 encore libre.

Benzylidène-formylhydrazide,

$$H-CO-AzH-Az=CH-C^6H^5.$$

— Aiguilles brillantes, incolores, fusibles à 134°, solubles dans l'alcool absolu.

p-Oxybenzylidène-formylhydrazide,

$$H-CO-AzH-Az=CH-C^6H^5-OH_{(p)}.$$

— Petites lamelles blanches, fusibles à 243°, solubles dans l'alcool.

Combinaison acétylacétique,

$$H-CO-AzH-Az=C \begin{smallmatrix} \diagup CH^3 \\ \diagdown CH^2-CO^2C^2H^5 \end{smallmatrix}$$

— Lamelles soyeuses, fusibles à 91° après cristallisation dans l'alcool.

DIFORMYLHYDRAZIDE,

$$H-CO-AzH-AzH-CO-H.$$

— On chauffe un excès d'éther formique avec l'hydrate d'hydrazine en tube scellé, à 100-130°, pendant quelques heures. Par refroidissement le produit cristallise (rendement 4 grammes pour 15 grammes d'éther et 5 grammes d'hydrate d'hydrazine). On l'obtient encore par l'action de la teinture d'iode sur le formylhydrazine, jusqu'à coloration persistante. Prismes durs, fusibles à 159-160°, facilement solubles dans l'eau, peu solubles dans l'alcool, insolubles dans l'éther. Ce corps est réducteur; il est décomposable par l'acide sulfurique étendu.

On l'obtient aussi par l'action directe de l'hydrate d'hydrazine sur l'acide formique (C.-D. Harries).

Par les atomes d'hydrogène des groupes AzH elle peut donner des sels. Les sels de sodium *mono-* et *disodés* se forment par l'action de la quantité calculée d'alcoolate de sodium sur la diformylhydrazine. Ce sont des corps cristallisés, très solubles dans l'eau, insolubles dans l'alcool et décomposables à chaud par l'eau en hydrazine et formiate de sodium.

Leur solution subit la double décomposition avec l'acétate de plomb. On peut ainsi préparer le *diformylhydrazinate de plomb*

$$\begin{matrix} CHO-Az \text{———} Az-CHO \\ \diagdown \quad \diagup \\ Pb \end{matrix}$$

dont l'emploi a été, entre les mains de M. C.-D. Harries, un moyen précieux de synthèse des hydrazines secondaires symétriques [C.-D. Harries, *D. chem. G.*, **27**, 2277; *Bull. Soc. Chim.*, (3), **12**, 1366].

Chauffée, elle se transforme, par perte d'eau et d'acide formique, en un produit incristallisable que la saponification transforme en *tétrazoline* (G.-P.).

ACÉTYLHYDRAZIDE, $CH^3-CO-AzH-AzH^2$. — Il est utile de chauffer au bain-marie pour achever la réaction de l'hydrate d'hydrazine sur l'éther acétique. Aiguilles incolores, réunies en lamelles, fusibles à 62° (à 67° d'après M. Curtius), hygroscopiques, neutres, assez solubles dans l'alcool, plus difficilement dans l'éther, décomposables par les acides étendus, non distillables. Elle est encore réductrice et s'unit aux aldéhydes.

Chauffée à 180-190°, la monoacétylhydrazine se change en diméthyltétrazoline fusible à 90° (G. Pellizari).

Benzylidène-acétylhydrazide,

$$CH^3-CO-AzH-Az=CH-C^6H^5.$$

— Aiguilles incolores, fusibles à 134°, peu solubles dans l'eau, facilement solubles dans l'alcool et dans l'éther.

Acétone-acétylhydrazide,

$$CH^3-CO-AzH-Az=C(CH^3)^2.$$

— Ce composé se dépose d'une solution d'acétylhydrazide dans l'acétone en magnifiques aiguilles blanches, fusibles à 133°, peu solubles dans l'acétone à froid, facilement décomposables par l'eau.

DIACÉTYLHYDRAZINE DISSYMÉTRIQUE,

$$AzH^2-Az(COCH^3)^2.$$

— (Voyez p. 254). Ce composé est fusible à 132°. Son dérivé benzylidénique fond à 113° [Hoffmann et Marburg, *Ann. Chem.*, **305**, 218]. Suivant M. Stollé [*Dissert. inaug. Heidelberg*, 1899] le composé obtenu par MM. Hoffmann et Marburg serait peut-être un mélange de monoacétylhydrazine et de diacétylhydrazine symétrique.

DIACÉTYLHYDRAZINE SYMÉTRIQUE,

$$CH^3-CO-AzH-AzH-CO-CH^3$$

— Obtenue par M. Stollé en chauffant l'hydrate d'hydrazine avec l'anhydride acétique (3 molécules) [*D. chem. G.*, **32**, 796]; on la prépare aussi par l'action du sulfate d'hydrazine sur l'acétate de sodium à 100°, suivie de celle de l'anhydride acétique [G. Pellizari, *Atti Acc. Lincei*, (5), **8**, **1**, 327]. Elle peut cristalliser avec 1 molécule d'eau qu'elle perd à 80-100°. Elle fond à 137-138° (St.), 140° (P.), et distille à 209° sous 15 millimètres (St.).

Chauffée à 180-190°, elle perd de l'eau et de l'acide acétique et se transforme en monacétyldihydrotétrazoline, fusible à 163° (G. P.). Pour les transformations en dérivés des furodiazols, triazols et thiodiazols, voyez plus haut (St.).

Elle donne un *dérivé monosodé* et un *dérivé cuprique*.

TRIACÉTYLHYDRAZINE, $Az^2H(CO-CH^3)^3$. — Liquide visqueux ne cristallisant pas à —20°, soluble dans l'alcool et dans l'éther; bouillant à 180-183° sous 15 millimètres (Stollé).

TÉTRACÉTYLHYDRAZINE, $Az^2(CO-CH^3)^4$. — Grands et beaux cristaux, fusibles à 85° (St.), 86° (Cun.), bouillant à 141° sous 15 millimètres, se décomposant à 300-350° sous la pression ordinaire en anhydride acétique et diméthylfurodiazol (Stollé), préparés en premier lieu par M. G. Cunéo [*Ann. Chim. Farmacol.*, **26**, 481; *Bull. Soc. Chim.*, (3), **20**, 352] en faisant réagir l'anhydride acétique en excès sur l'urazol ou l'hydrazine.

PROPIONYLHYDRAZIDES. — Décrites très récemment [*J. prakt. Chem.*, (2), **64**, 401]

CYANACÉTYLHYDRAZIDE,

$$CAz-CH^2-CO-AzH-AzH^2.$$

— Prismes fusibles à 114-115°, décomposables par les alcalis en acide malonique, ammoniaque et hydrazine [von Rothenburg, *D. chem. G.*, **27**, 685].

Benzylidène-cyanacétylhydrazide,

$$CAz-CH^2-CO-AzH-Az=CH-C^6H^5.$$

— Fusible à 174°,5.

o-Oxybenzylidène-cyanacétylhydrazide,

$$CAz-CH^2-CO-Az \cdot HAz=CH-C^6H^4-OH.$$

— Aiguilles jaunes, fusibles à 169°.

Acétone-cyanacétylhydrazide,

$$CAz-CH^2-CO-AzH-Az=C(CH^3)^2.$$

— Aiguilles fusibles à 152°.

Combinaison avec l'éther pyruvique,

$$CAz-CH^2-CO-AzH-Az=C \begin{smallmatrix} \diagup CH^3 \\ \diagdown CO^2C^2H^5 \end{smallmatrix}$$

— Cristaux fusibles à 144°.

Combinaison avec l'éther acétylacétique,

$$CAz-CH^2-CO-Az^2H=C \begin{smallmatrix} \diagup CH^3 \\ \diagdown CH^2-CO^2C^2H^5 \end{smallmatrix}$$

— Aiguilles fusibles à 98°.

DICYANACÉTYLHYDRAZIDE,

$$(CAz-CH^2-CO-AzH-)^2.$$

— Poudre cristalline, fusible à 162°, obtenue par l'iode et la monohydrazide (von Rothenburg).

Cyanacétylacétylhydrazine,

$$CAz-CH^2-CO-AzH-AzH-COCH^3.$$

— Cristaux fusibles à 172°, obtenus par l'anhydride acétique et la cyanacétylhydride.

Cyanacétylbenzène-sulfonhydrazine,

$$CAz-CH^2-CO-AzH-AzH-SO^2C^6H^5.$$

— Cristaux fusibles à 176°; obtenus au moyen du sulfochlorure benzénique et de la cyanacétylhydrazide.

BUTYRYLHYDRAZIDE. — Formée dans l'action de l'o-butyrylacétylacétate de méthyle sur l'hydrate d'hydrazine; distille à 120° sous 10 millimètres et cristallise aussitôt en belles aiguilles blanches assez hygroscopiques.

La combinaison *benzylidénique* de la butyrylhydrazide est en longues aiguilles soyeuses fondant à 96°; sa combinaison *acétonique* est en cristaux blancs, fusibles à 83° [Bongert, *C. R.*, **132**, 973].

DIBUTYRYLHYDRAZINE,

$$C^4H^7O-AzH-AzH-C^4H^7O.$$

— Lamelles fusibles à 162-163° (W. Autenrieth et P. Spiess).

DIISOVALÉRYLHYDRAZINE. — Lamelles fusibles à 184° (*Ibid.*).

N-DICAPROYLHYDRAZINE. — Lamelles fusibles à 159° (*Ibid.*).

PALMITYLHYDRAZIDE. — [*J. prakt. Chem.*, (2), **64**, 429].

2° HYDRAZIDES D'ACIDES GRAS BIBASIQUES.

OXALYLHYDRAZIDE,

$$\begin{array}{l} CO-AzH-AzH^2 \\ | \\ CO-AzH-AzH^2 \end{array}$$

— On obtient cette hydrazide par l'action de 2 molécules d'hydrate d'hydrazine sur 1 molécule d'éther oxalique; la réaction, très tumultueuse, doit être modérée par l'addition d'un peu d'alcool. C'est un corps qui cristallise en aiguilles épaisses, longues d'un pouce, fusibles à 235° en se décomposant, très peu solubles dans l'alcool absolu, l'éther, le chloroforme, le benzène, solubles dans l'eau bouillante.

Les oxydants la transforment en une poudre blanche dont la formule doit être :

$$\begin{array}{l} CO-AzH \\ |\quad\quad | \\ CO-AzH \end{array} \quad \text{ou} \quad \begin{array}{l} CO-AzH-AzH-CO \\ | \quad\quad\quad\quad\quad\quad | \\ CO-AzH-AzH-CO \end{array}$$

L'oxalylhydrazide se combine avec l'acide chlorhydrique et réagit sur les aldéhydes en donnant des composés presque insolubles.

Chlorhydrate, $(-CO-AzH-AzH^2)^2,2HCl$. — Poudre blanche, cristalline.

Dibenzaloxalylhydrazide,

$$(-CO-Az-HAz=CH-C^6H^5)^2.$$

— Lamelles ne fondant pas encore à 250°.

Di-p-oxybenzal- et *dicinnamal-oxalylhydrazide*. — Ne fondent pas encore au point d'ébullition de l'acide sulfurique.

MALONYLHYDRAZIDE, $CH^2(CO-AzH-AzH^2)^2$. — L'hydrate d'hydrazine réagit énergiquement sur l'éther malonique; mais la réaction ne s'effectue cependant bien que par chauffage en tube scellé, à 120°, pendant quelques heures. Quelles que soient les proportions, on n'obtient que l'hydrazide double.

Cristallisée dans l'alcool, la malonylhydrazide se présente en petites lamelles ou en petites aiguilles, fusibles à 152°, assez difficilement solubles à froid dans l'alcool étendu et dans l'eau, insolubles dans l'éther. Elle est réductrice et assez stable vis-à-vis des acides; elle se combine aux acides et aux aldéhydes, mais l'éther acétylacétique ne fournit aucune combinaison définie.

Chlorhydrate, $CH^2(CO-AzH-AzH^2)^2,2HCl$. — Petites aiguilles filiformes, fusibles à 197° avec décomposition.

Dérivés aldéhydiques,

$$CH^2(CO-AzH-Az=CHR)^2.$$

Dibenzalmalonylhydrazide. — Petites aiguilles, fusibles à 226°.

Di-p-oxybenzalmalonylhydrazide. — Poudre cristalline, fusible à 163°.

Dicinnamalmalonylhydrazide. — Poudre fine, fusible à 217°.

L'éther monoéthylmalonique

$$CH^2(CO^2H)(CO^2C^2H^5)$$

donne avec l'hydrate d'hydrazine dilué de 3 volumes d'alcool une *monohydrazide malonique*, laquelle, chauffée au bain d'huile, se change en *pyrazololidone* :

$$\begin{array}{lcl} AzH - CO & & AzH - CO \\ | \quad\quad\quad | & & | \quad\quad\quad | \\ AzH^2 \quad CH^2 & = & AzH \quad CH^2 \\ \quad / & & \quad \diagdown \; / \\ CO^2H & & \quad CO \end{array}$$

[von Rothenburg, *J. prakt. Chem.*, (2), **51**, 43].

SUCCINYLHYDRAZIDE,

$$\begin{array}{l} CH^2-CO-AzH-AzH^2 \\ | \\ CH^2-CO-AzH-AzH^2 \end{array}$$

— On la prépare comme le dérivé malonique, auquel elle ressemble beaucoup. Elle constitue des lamelles blanches, à éclat argentin, fusibles à 167°. La chaleur lui fait perdre de l'azote, en même temps qu'il se forme de l'hydrazine, de l'eau et un produit gommeux auquel l'analyse n'a pu donner une formule convenable.

L'acide nitreux réagit avec dégagement tumultueux d'azote et formation d'un composé insoluble dans les solvants usuels, possédant la composition $C^4H^6Az^2O^2$, répondant par conséquent à l'une des formules :

$$\begin{array}{l} CH^2-CO-AzH \\ | \quad\quad\quad\quad | \\ CH^2-CO-AzH \end{array} \quad \text{ou} \quad \begin{array}{l} CH^2-CO-AzH-AzH-CO-CH^2 \\ | \quad\quad\quad\quad\quad\quad\quad\quad\quad | \\ CH^2-CO-AzH-AzH-CO-CH^2 \end{array}$$

La succinylhydrazide prend encore naissance, à côté de la glycolylhydrazide, dans l'action de l'hydrate d'hydrazine sur le succinylglycolate d'éthyle [Curtius et Schwan, *J. prakt. Chem.*, (2), **51**, 364].

Chlorhydrate, $(-CH^2-CO-AzH-AzH^2)^2,2HCl$. — Cristallisable, fusible à 203°.

Dérivés aldéhydiques ou acétoniques,

$$\begin{array}{l} CH^2-CO-AzH-Az=C \begin{smallmatrix} \nearrow R \text{ ou } H \\ \searrow R' \end{smallmatrix} \\ | \\ CH^2-CO-AzH-Az=C \begin{smallmatrix} \nearrow R \text{ ou } H \\ \searrow R' \end{smallmatrix} \end{array}$$

Dibenzalsuccinylhydrazide. — Lamelles nacrées, solubles dans l'alcool.

Di-p-oxybenzalsuccinylhydrazide. — Poudre blanche, cristalline, fusible à 216°.

Dicinnamalsuccinylhydrazide. — Fine poudre blanche, fusible à 239°.

Di-acétophénone-succinylhydrazide. — Poudre blanche, fusible à 238°.

COMBINAISON

$$C^2H^4 \begin{cases} CO\text{-}AzH\text{-}AzH^2 \\ CO \text{———} AzH \end{cases} — \begin{matrix} AzH^2\text{-}AzH\text{-}CO \\ AzH \text{———} CO \end{cases} C^2H^4.$$

— Cette hydrazide se produit dans l'action de l'hydrate d'hydrazine sur l'éther succinylglycocollique

$$C^2H^4 \begin{cases} C = Az\text{-}CH^2\text{-}CO^2C^2H^5 \\ CO \end{cases} \!\!> O$$

C'est un produit cristallin soluble dans l'eau, peu soluble dans l'alcool, pouvant se combiner à l'aldéhyde benzylique [Radenhausen, *J. prakt. Chem.*, (2), **52**, 433].

FUMARYLHYDRAZIDE,

$$\begin{matrix} AzH^2\text{-}AzH\text{-}CO\text{-}CH \\ \| \\ CH\text{-}CO\text{-}AzH\text{-}AzH^2 \end{matrix}$$

— Quand on fait réagir l'hydrate d'hydrazine sur l'éther fumarique, il y a échauffement, et l'huile formée, desséchée dans le vide, puis reprise par l'eau bouillante, donne rapidement des cristaux blancs de fumarylhydrazide en tablettes brillantes, incolores, fusibles à 220° en se décomposant, peu solubles dans l'eau froide, l'éther, plus solubles à froid qu'à chaud dans l'alcool.

L'*acétone-fumarylhydrazide*,

$$\begin{matrix} CH\text{-}CO\text{-}AzH\text{-}Az = C(CH^3)^2 \\ \| \\ CH\text{-}CO\text{-}AzH\text{-}Az = C(CH^3)^2 \end{matrix}$$

est en cristaux blancs, fusibles à 220° avec décomposition; la *combinaison benzylidénique* fond vers la même température et se présente en belles tablettes blanches. L'acide nitreux transforme la fumarylhydrazide en l'*azide* correspondante qui est un corps très explosif [Radenhausen, *J. prakt. Chem.*, (2), **52**, 433].

Tout autre est la réaction avec les dérivés maléiques, comme on le verra plus bas; ceux-ci donnent naissance, non plus au dérivé normal deux fois hydrazidé, mais à deux dérivés *monohydrazidés*.

GLUTARHYDRAZIDE, $(CH^2)^3(CO\text{-}AzH\text{-}AzH^2)^2$. — On fait tomber l'éther glutarique goutte à goutte dans l'hydrate d'hydrazine presque bouillant. Après cristallisation dans l'alcool, le produit se présente en grosses lamelles soyeuses, fusibles à 176°, facilement solubles dans l'eau et dans les acides, assez solubles dans l'alcool et dans le chloroforme, insolubles dans la ligroïne et dans l'éther (rendement 96 0/0).

Il existe un *chlorhydrate*. La combinaison *dibenzylidénique* est en petites aiguilles, fusibles à 231-232°.

La *diazide* est une huile limpide mobile [Curtius et H. Clemm, *J. prakt. Chem.*, (2), **62**, 189].

DIHYDRAZIDE β-MÉTHYLADIPIQUE,

$$CH^3\text{-}CH \begin{cases} CH^2\text{-}CO\text{-}AzH\text{-}AzH^2 \\ CH^2\text{-}CH^2\text{-}CO\text{-}AzH\text{-}AzH^2 \end{cases}$$

— Obtenue en chauffant en tube scellé pendant 6 heures, à 150-170°, un mélange d'éther β-méthyladipique (75 grammes) et d'hydrate d'hydrazine fumant (55 grammes). Par refroidissement le produit cristallise. Reprise par l'alcool bouillant, l'hydrazide se présente en aiguilles blanches, fusibles à 136°, solubles dans l'eau, l'alcool bouillant et l'acétone, peu solubles dans l'alcool froid.

L'*azide* est une huile qui ne cristallise pas à —10° [L. Etaix et P. Freundler, *Bull. Soc. Chim.*, (3), **17**, 805].

DIHYDRAZIDE SUBÉRIQUE,

$$(CH^2)^6(CO\text{-}AzH\text{-}AzH^2)^2.$$

— Préparée comme la précédente (rendement 8 0/0), fusible à 185-186°. Le *dérivé dibenzylidénique* fond à 197°, l'*azide* à 25° [Curtius et H. Clemm, *loc. cit.*].

DIHYDRAZIDE SÉBACIQUE,

$$(CH^2)^8(CO\text{-}AzH\text{-}AzH^2)^2.$$

— Préparée comme le dérivé glutarique. Lamelles rhombiques brillantes, fusibles à 184-185° (rendement 77 0/0).

Le *bichlorhydrate* cristallise en prismes dans l'alcool et fond à 250° en se décomposant; le *dérivé dibenzylidénique* fond à 158-159°; l'*azide* à 33-34°.

Le chlorure de benzoyle conduit à une *tétrabenzoylsébacyle-hydrazide*,

$$(CH^2)^8 \begin{cases} CO\text{-}Az^2H(COC^6H^5)^2 \\ CO\text{-}Az^2H(COC^6H^5)^2 \end{cases}$$

laquelle cristallise dans l'eau et dans l'acide acétique et fond à 250°.

Enfin, l'iode en solution alcoolique attaque la dihydrazide subérique et la transforme en une hydrazide secondaire symétrique fusible à 142° :

$$5(CH^2)^8 \begin{cases} CO\text{-}AzH\text{-}AzH^2 \\ CO\text{-}AzH\text{-}AzH^2 \end{cases} + 2I^2$$

$$= 5(CH^2)^8 \begin{cases} CO\text{-}AzH \\ \quad | \\ CO\text{-}AzH \end{cases} + Az^2 + 4Az^2H^5I.$$

Ce nouveau composé, qui possède une chaîne fermée de 12 éléments, est insoluble dans l'eau, même bouillante [Steller, *J. prakt. Chem.*, (2), **62**, 212].

3° HYDRAZIDES D'ACIDES GRAS TRIBASIQUES.

TRICARBALLYLTRIHYDRAZIDE,

$$\begin{matrix} CH^2\text{-}CO\text{-}AzH\text{-}AzH^2 \\ | \\ CH\text{-}CO\text{-}AzH\text{-}AzH^2 \\ | \\ CH^2\text{-}CO\text{-}AzH\text{-}AzH^2 \end{matrix}$$

— On l'obtient en mélangeant par petites portions l'éther tricarballylique à l'hydrate d'hydrazine, et agitant jusqu'à ce que le liquide devienne clair. On termine au bain-marie. Par refroidissement il se sépare un gâteau de cristaux qu'on fait cristalliser dans l'alcool. Cristaux microscopiques, anisotropes, fusibles à 195-196°, assez solubles dans l'eau, peu solubles dans l'alcool même bouillant, insolubles dans l'éther.

Le *trichlorhydrate*, très soluble dans l'eau, insoluble dans l'alcool et dans l'éther, fond à 148° en se décomposant; le *tripicrate*, qui présente des solubilités analogues, cristallise en petites tables jaunes biaxes, fusibles à 173°.

Les *trihydrazones benzylidéniques* et *trisalicylidéniques* fondent respectivement à 218° et 205-206°.

L'*azide* est une huile explosive qui ne cristallise pas encore à 0° [Th. Curtius et A. Hesse, *J. prakt. Chem.*, (2), **62**, 232].

4° HYDRAZIDE D'ACIDE TÉTRABASIQUE.

ETHANE-TÉTRACARBONE-DIHYDRAZIDE,

$$\begin{matrix} AzH\text{-}CO\text{-}CH\text{-}CO\text{-}AzH \\ | \qquad\quad | \qquad\quad | \\ AzH\text{-}CO\text{-}CH\text{-}CO\text{-}AzH \end{matrix}$$

— Cette hydrazide prend naissance dans l'action

de l'hydrate d'hydrazine sur l'éthane-tétracarbonate d'éthyle. Elle est insoluble dans les milieux neutres et incristallisable; elle est soluble dans les alcalis et en est précipitée par les acides. Elle donne des *sels de calcium* et *de baryum* altérables [A. Salomon et E. Pohl, *D. chem. G.*, **28**, 1722].

5° Hydrazides d'acides a fonctions complexes.

S'il n'y a que des fonctions alcools ou amines ou amides, il n'y a point de perturbation sensible dans la formation de l'hydrazide; ainsi l'éther tartrique, l'éther phénylglycocollique, l'acéturate d'éthyle, le benzylglycocollate d'éthyle réagissent par leur fonction éther seulement, comme s'il s'agissait d'éthers ordinaires. Si l'acide est en même temps cétone ou aldéhyde, il peut se produire les complications que nous avons étudiées à propos des réactions avec les composés aldéhydiques ou cétoniques, et auxquelles nous renvoyons.

Enfin, il peut arriver qu'un corps soit doublement éther (et même amide); tel est le cas de l'hippurylglycolate d'éthyle,

$$C^6H^5-CO-AzH-CH^2-CO.\,|\,O-CH^2.CO.OC^2H^5.$$

Un tel corps donne les deux hydrazides des acides qu'il contient; dans le cas présent, l'hippurhydrazide et la glycolylhydrazide.

Glycolylhydrazide, $CH^2OH-CO-AzH-AzH^2$. — Elle avait d'abord été prise par M. Curtius [*D. chem. G.*, **23**, 3023] pour l'isomère

$$AzH^2-AzH-CH^2-CO^2H,$$

et décrite sous le nom d'amidoglycocolle; elle fut alors préparée au moyen de l'éther benzoylglycolique et de l'hydrate d'hydrazine. Mais le meilleur moyen de l'obtenir consiste à partir de l'éther oxalylglycolique (5gr,35) et de l'hydrate d'hydrazine (4gr,5) que l'on mêle goutte à goutte. Il se produit un fort échauffement que l'on peut modérer en diluant à l'avance l'éther dans un peu d'alcool; après la réaction, il s'est formé un dépôt volumineux d'oxalylhydrazide que l'on sépare en le lavant avec de l'alcool. Dans les eaux mères se trouve la glycolylhydrazide que l'on obtient par évaporation à consistance sirupeuse au bain-marie, puis séjour dans une atmosphère desséchante. La glycolylhydrazide se sépare en beaux cristaux incolores. La réaction est la suivante, avec un rendement presque théorique :

$$\begin{array}{l} CO-O-CH^2-CO^2C^2H^5 \\ | \\ CO-O-CH^2-CO^2C^2H^5 \end{array} + 4Az^2H^4, H^2O$$
$$= \begin{array}{l} CO-AzH-AzH^2 \\ | \\ CO-AzH-AzH^2 \end{array} + 2OH.CH^2-CO-AzH-AzH^2 + 2C^2H^6O + 4H^2O$$

Naturellement, tout autre éther glycolique conduit à des équations analogues [Curtius et Schwan, *J. prakt. Chem.*, (2), **51**, 353].

La glycolylhydrazide s'hydrolyse facilement en donnant de l'hydrazine et de l'acide glycolique. Elle s'unit à 1 molécule d'acide chlorhydrique en solution aqueuse, à 2 molécules si l'on fait passer ce gaz dans sa solution alcoolique : ce dernier sel est en petits cristaux blancs, facilement solubles dans l'eau, fusibles à 145-160°.

L'alcoolate de sodium donne un produit d'addition, $CH^2OH-CO-AzH-AzH^2, C^2H^5ONa$, très instable. Enfin, les aldéhydes, les acétones ainsi que l'éther acétylacétique s'unissent facilement avec elle, molécule à molécule.

La *benzylidène-glycolylhydrazide*,

$$CH^2OH-CO-AzH-Az=CH-C^6H^5,$$

est en aiguilles brillantes, fusibles à 165°,5 [Curtius, *D. chem. G.*, **23**, 3023. — Curtius et Schwan, *loc. cit.*].

L'*o-oxybenzylidène-glycolylhydrazide* est en aiguilles filiformes, fusibles à 220-221°. Le dérivé *para* cristallise dans l'eau en aiguilles d'un jaune d'or, dans l'alcool absolu en aiguilles de couleur chair, dans l'alcool étendu en aiguilles jaunâtres; il fond à 215-216°. L'*acétophénone-glycolylhydrazide* ne se produit qu'à 130°; elle est en cristaux blancs. La *combinaison acétylacétique*

$$CH^2OH-CO-AzH-Az=C\begin{array}{l}\diagup CH^3 \\ \diagdown CH^2-CO^2C^2H^5\end{array}$$

ou *éther glycolylhydrazinacétylacétique* est en cristaux doux-amers fusibles à 112°, facilement solubles dans le benzène et l'alcool, et peu solubles dans l'éther.

Anhydride,

$$\begin{array}{l} CH^2-AzH-AzH-CO \\ |\qquad\qquad\qquad\quad | \\ CO-AzH-AzH-CH^2 \end{array}$$

— Chauffée pendant 10 heures au bain d'huile à 170-175°, la glycolylhydrazide perd de l'eau et un peu d'ammoniaque, et se change en une masse cristalline qui, reprise par l'alcool à 90°, fournit de belles aiguilles ou tablettes fusibles à 205-206°. Ce corps, facilement soluble dans l'eau à 20°, dans l'alcool chaud, insoluble dans l'éther, n'est autre que l'*anhydride* de la glycolylhydrazide. Il est très stable vis-à-vis des acides ou des alcalis dilués, mais décomposable par l'acide sulfurique concentré; l'oxyde de mercure ne l'attaque plus et les aldéhydes ne s'y combinent plus.

Il donne un *chlorhydrate*,

$$C^4H^8Az^2O^2, HCl + H^2O,$$

en grands cristaux fusibles à 40-42°, perdant leur eau et leur acide chlorhydrique par chauffage.

Benzylglycolylhydrazide,

$$C^6H^5-CH^2-O-CH^2-CO-AzH-AzH^2.$$

— C'est un corps huileux, solidifiable dans un mélange réfrigérant, soluble dans l'éther et obtenu par l'action de l'hydrazine sur l'éther de l'acide correspondant. Sa combinaison avec l'aldéhyde benzylique ou *benzalbenzylglycolylhydrazide* est en lamelles incolores, fusibles à 95°, dont le meilleur dissolvant est l'alcool absolu chaud.

Tartrylhydrazide,

$$\begin{array}{l} CHOH-CO-AzH-AzH^2 \\ | \\ CHOH-CO-AzH-AzH^2 \end{array}$$

— Aiguilles fines, fusibles à 182-183°, solubles dans l'eau, peu solubles dans l'alcool. Obtenues au moyen de l'éther tartrique et de l'hydrate d'hydrazine.

La *combinaison dibenzylidénique* est jaune, insoluble dans l'eau, fusible à 225° [von Rothenburg, *D. chem. G.*, **26**, 2057].

Phénylglycocolle-hydrazide,

$$C^6H^5-AzH-CH^2-CO-AzH-AzH^2.$$

— Ce composé s'obtient normalement dans la réaction de l'hydrazine et de l'éther phénylglycocollique, après une courte digestion au bain-marie. Ce sont des tablettes brillantes, réfringentes, fusibles à 126°,5, solubles facilement à chaud dans l'eau et dans l'alcool, peu solubles dans l'éther. C'est un composé réducteur.

La *combinaison avec l'aldéhyde benzylique* fond à 176°, est insoluble dans l'eau, soluble dans l'alcool; la *combinaison avec l'acétone* fond à 183°.

L'acide nitreux donne la *nitrosophénylglycocolle-azide*, $C^6H^5-Az(AzO)-CH^2-CO-Az^3$, fusible à 41-42°; il réagit à la fois sur le groupe AzH et le groupe $AzH-AzH^2$ [Radenhausen, *J. prakt. Chem.*, (2), **52**, 433].

ACÉTURHYDRAZIDE,

$$CH^3-CO-AzH-CH^2-CO-AzH-AzH^2.$$

— L'hydrate d'hydrazine réagit sur l'éther éthylique de l'acide acéturique

$$CH^3-CO-AzH-CH^2-CO^2C^2H^5$$

comme sur les éthers ordinaires, c'est-à-dire qu'il donne naissance à l'acéturhydrazide :

$$CH^3-CO-AzH-CH^2-CO^2C^2H^5+Az^2H^4$$
$$= CH^3-CO-AzH-CH^2-CO-AzH-AzH^2+C^2H^6O.$$

Il se comporte comme avec l'éther hippurique. L'acéturhydrazide se sépare assez rapidement en petits prismes trapus fusibles à 115°, qu'on purifie le plus simplement en laissant en repos leur solution alcoolique additionnée d'assez d'éther pour se troubler. Elle est assez soluble dans l'eau et dans l'alcool.

La *combinaison benzylidénique*,

$$CH^3-CO-AzH-CH^2-CO-AzH-Az=CH-C^6H^5,$$

est en lamelles brillantes, fusibles à 198°, solubles dans l'alcool, insolubles dans l'eau; l'acide *nitreux* semble donner naissance à *l'acéturcarbanile*, $CH^3-CO-AzH-CH^2-Az=CO$ (?).

DIACÉTURHYDRAZIDE,

$$\begin{array}{c} CH^3-CO-AzH-CH^2-CO-AzH \\ | \\ CH^3-CO-AzH-CH^2-CO-AzH \end{array}$$

— Ce corps constitue la partie insoluble dans l'alcool froid qui se produit dans la réaction précédente. Il fond vers 250° en se décomposant et ne se dissout bien que dans l'alcool bouillant [Radenhausen, *ibid.*].

HIPPURYLHYDRAZIDE,

$$C^6H^5-CO-AzH-CH^2-CO-AzH-AzH^2.$$

— Ce corps s'obtient par l'action de l'hydrate d'hydrazine sur l'éther hippurique [Curtius, *D. chem. G.*, **23**, 3025], sur l'éther hippurylglycolique [Curtius et Schwan, *J. prakt. Chem.*, (2), **51**, 362], sur l'hippuramide et l'hippurazide [Curtius, *J. prakt. Chem.*, (2), **52**, 243].

Le *chlorhydrate*, peu hygroscopique, constitue des prismes incolores pouvant donner un *chloroplatinite*, $(C^9H^{11}Az^3O^2)^2PtCl^2$.

Les aldéhydes *benzylique* et *cinnamique* forment, la première, des lamelles à éclat argentin fusibles à 182°, la seconde, des prismes faiblement colorés en jaune, fusibles à 201°,5.

L'acétylhippurylhydrazide,

$$C^6H^5-CO-AzH-CH^2-CO-AzH-AzH-CO-CH^3,$$

s'obtient par l'action de l'acétylhydrazide sur l'hippurazide; elle cristallise en petites aiguilles incolores fusibles à 186°, facilement solubles dans l'alcool.

DIHIPPURYLHYDRAZIDE,

$$\begin{array}{c} C^6H^5-CO-AzH-CH^2-CO-AzH \\ | \\ C^6H^5-CO-AzH-CH^2-CO-AzH \end{array}$$

— Ce composé se forme toujours en petite quantité dans la préparation de l'hippurylhydrazide. Il reste lors de la cristallisation de ce dernier dans l'eau, sous la forme d'une poudre blanche qu'on peut purifier par cristallisation dans l'acide acétique. On peut aussi l'obtenir par le chauffage prolongé de l'hydrazide et de l'éther hippuriques. Il constitue des houppes de petits cristaux qui fondent à 268-269° et ne se dissout presque pas dans l'eau, l'éther et l'alcool; il se dissout facilement dans les alcalis d'où les acides le précipitent de nouveau [Curtius, *J. prakt. Chem.*, (2), **52**, 251].

6° HYDRAZIDES D'ACIDES AROMATIQUES MONOBASIQUES.

BENZOYLHYDRAZINE OU BENZHYDRAZIDE,

$$C^6H^5-CO-AzH-AzH^2.$$

— Ce corps a été préparé par M. Curtius, à partir de l'hydrate d'hydrazine et de l'éther benzoylglycolique [*D. chem. G.*, **23**, 3023], puis étudié en détail par M. Struve [*J. prakt. Chem.*, (2), **50**, 295].

Pour le préparer, le mieux est d'ajouter peu à peu 1 molécule d'éther benzoïque à 1 molécule et demie d'hydrate d'hydrazine placée dans un ballon relié à un réfrigérant ascendant et chauffé au bain-marie. Lorsque le tout s'est dissous, grâce à la formation d'alcool, on chauffe encore pendant 1 heure. Par refroidissement, le mélange se prend en une masse cristalline qu'on pulvérise, qu'on essore et qu'on lave soigneusement plusieurs fois avec un peu d'alcool, puis avec de l'éther; les liquides filtrés sont concentrés à un petit volume, et le résidu chauffé de nouveau pendant plusieurs heures au réfrigérant ascendant. La masse obtenue est traitée comme précédemment. Après 3 ou 4 répétitions de ce traitement, on obtient jusqu'à 90 0/0 du rendement théorique.

Il suffit, en dernier lieu, de faire une cristallisation dans l'eau bouillante pour obtenir le produit pur, le peu de dibenzoylhydrazine qui a pris naissance étant insoluble dans ce véhicule.

On peut aussi partir de la benzamide, du chlorure de benzoyle et de la benzazide.

La benzoylhydrazine constitue des tables incolores, à éclat argentin, fusibles à 112°,5, assez facilement solubles dans l'alcool et dans l'eau froide, facilement solubles dans ces liquides chauds, difficilement solubles dans l'éther, le chloroforme, le benzène, réduisant la liqueur de Fehling et le nitrate d'argent ammoniacal, dédoublables par les acides et les alcalis étendus.

Chlorhydrate de benzhydrazide,

$$C^6H^5-CO-Az^2H^3, HCl.$$

— Petites tablettes incolores, fusibles à 185° avec décomposition, obtenues en précipitant par l'éther chargé d'acide chlorhydrique une solution éthéro-alcoolique de l'hydrazide. Facilement soluble dans l'eau et dans l'alcool.

Chloroplatinite,

$$(C^6H^5-CO-Az^2H^3, HCl)^2PtCl^2.$$

— Le chlorure platinique introduit dans une solution alcoolique de l'hydrazide donne lieu à un dégagement d'azote, pendant que le chloroplatinite se précipite. L'ébullition avec l'eau en sépare du platine.

Benzhydrazide sodée,

$$C^6H^5-CO-AzNa-AzH^2 \text{ (?)}.$$

— Composé obtenu par l'action du sodium sur une solution xylénique bouillante ou sur une solution éthéro-alcoolique de l'hydrazide. Petites tables, se dissociant dans l'alcool ou dans l'eau.

Acétylbenzoylhydrazide,

$$C^6H^5-CO-Az^2H^2-CO-CH^3.$$

— Feuillets brillants, incolores, fusibles à 170°, solubles dans l'eau ou dans l'alcool à froid, plus solubles dans ces véhicules bouillants, difficilement solubles dans le chloroforme ou dans l'éther. Obtenus par l'action de l'anhydride acétique sur la benzoylhydrazide.

Dibenzoylhydrazide symétrique,

$$C^6H^5-CO-AzH-AzH-CO-C^6H^5.$$

— Préparé d'abord par M. Curtius [*D. chem. G.*, **23**, 3029], puis par M. Struve [*J. prakt. Chem.*, **50**, 299], ce composé se forme par l'action de l'éther benzoïque sur la benzhydrazide en présence d'alcool au bain-marie; par chauffage de la benzhydrazide seule à 180°, au bain d'huile ou par son oxydation au moyen de l'iode ou de l'oxyde de mercure en milieu alcoolique. On l'obtient aussi par l'action de l'hydrazine sur l'anhydride benzoïque (Auth. et Sp.) ou bien par l'action du sulfate d'hydrazine sur le chlorure de benzoyle en présence de 4 molécules de potasse [G. Pellizari, *Atti Acc. Lincei*, (5), **8. 1**, 327].

Très petites aiguilles soyeuses, fusibles à 233°; moins solubles dans les solvants que la monohydrazide; à peine réductrices et décomposables par l'acide sulfurique dilué, mais plus stables en présence des alcalis qui les dissolvent.

Chauffée à l'ébullition en solution alcoolique avec la potasse caustique elle donne une *combinaison monopotassique* $(C^6H^5CO)^2Az^2HK$, cristallisée en aiguilles brillantes. Le *sel d'argent* est une poudre jaune que l'iode transforme en un produit qui semble être l'*azodibenzoyle*,

$$(C^6H^5-CO-Az=)^2,$$

cristallisé en fines aiguilles orangées, fusibles à 117-118°, solubles dans l'éther et dans l'alcool, insolubles dans l'eau [R. Stollé et A. Benrath, *D. chem. G.*, **33**, 1769].

L'action de la chaleur (à 280-300°) conduit au *diphénylbioxazol* (fusible à 140°), par perte d'eau (G. P.).

Propylidène-benzoylhydrazine,

$$C^6H^5-CO-AzH-Az=CH-CH^2-CH^3.$$

— Prismes incolores, fusibles à 117°. Facilement solubles dans l'alcool, l'éther, le chloroforme et l'eau bouillante. Facilement décomposables par les acides et les alcalis.

Benzylidène-benzoylhydrazine,

$$C^6H^5-CO-AzH-Az=CH-C^6H^5.$$

— Aiguilles incolores, fusibles à 202°, facilement solubles dans le chloroforme et dans l'alcool. La poudre de zinc et l'acide acétique transforment ce composé en benzamide et benzylamine.

Salicylidène-benzoylhydrazine,

$$C^6H^5-CO-AzH-Az=CH_{(1)}-C^6H^4-OH_{(2)}.$$

— Aiguilles d'un blanc jaunâtre, fusibles à 182°, solubles dans les alcalis avec coloration jaune verdâtre, grâce à la présence de l'oxhydryle phénolique.

m-Nitrobenzylidène-benzoylhydrazine,

$$C^6H^5-CO-AzH-Az=CH_{(1)}-C^6H^4-AzO^2_{(3)}.$$

— Prismes fusibles à 192°; solubles dans l'alcool chaud, altérables à la lumière.

p-Oxybenzylidène-benzoylhydrazine,

$$C^6H^5-CO-AzH-Az=CH_{(1)}-C^6H^4-OH_{(4)}$$

— Aiguilles incolores, réunies en touffes, fusibles à 223°, solubles dans l'alcool chaud.

Cinnamylidène-benzoylhydrazine,

$$C^6H^5-CO-AzH-Az=CH-CH=CH-C^6H^5.$$

— Petites aiguilles incolores, fusibles à 193°, solubles dans l'alcool et le chloroforme chauds.

Acétone-benzoylhydrazine,

$$C^6H^5-CO-AzH-Az=C(CH^3)^2.$$

Aiguilles incolores, fusibles à 142°, facilement solubles dans l'alcool, le chloroforme et l'eau chaude, moins solubles dans l'eau froide, à peine dans l'éther. Dédoublables facilement.

Acétophénone-benzoylhydrazine,

$$C^6H^5-CO-AzH-Az=C\begin{matrix}\diagup CH^3\\ \diagdown C^6H^5\end{matrix}$$

— Aiguilles incolores, fusibles à 153°, facilement solubles dans le chloroforme et dans l'alcool, peu solubles dans l'eau et dans l'éther. Décomposables par les acides dilués.

Benzylidène-acétone-benzoylhydrazine,

$$C^6H^5-CO-AzH-Az=C\begin{matrix}\diagup CH^3\\ \diagdown CH=CH-C^6H^5\end{matrix}$$

— Petites aiguilles incolores soyeuses, fusibles à 157°. Solubles dans l'alcool, l'éther et le chloroforme, insolubles dans l'eau, décomposables lentement par les acides.

Combinaison avec le benzile,

$$\begin{matrix}C^6H^5-CO-AzH-Az=C-C^6H^5\\ |\\ C^6H^5-CO-AzH-Az=C-C^6H^5\end{matrix}$$

— Obtenue en chauffant le benzile et l'hydrazine benzoylée pendant 12 heures, en tube scellé, à 120°; forme des aiguilles incolores, fusibles à 206°, facilement solubles dans l'alcool bouillant et dans le chloroforme, insolubles dans l'eau froide et dans l'éther, un peu solubles dans l'eau bouillante. Décomposée par les acides étendus.

Combinaison avec l'isatine,

$$\begin{matrix}C^6H^5-CO-AzH-Az=C & & \\ OH-C \diagup & \diagdown & C^6H^4\\ \diagdown & \diagup & \\ & Az & \end{matrix}$$

— Petits feuillets jaune d'or, brillants, fusibles à 279°, solubles facilement dans l'alcool bouillant, peu solubles dans l'eau froide, l'éther et le chloroforme.

Benzoylhydrazone de l'éther pyruvique,

$$\begin{matrix}CH^3-C-CO^2C^2H^5\\ \|\\ Az-AzH-CO-C^6H^5\end{matrix}$$

— Aiguilles incolores, fusibles à 155°, facilement solubles dans l'alcool et dans le chloroforme, difficilement solubles dans l'eau et dans l'éther.

Les β et γ-éthers cétoniques ne réagissent pas régulièrement avec la benzoylhydrazine; cependant l'auteur a rappelé dans une note supplémentaire [*J. prakt. Chem.*, (2), **52**, 272] les conditions de réaction de l'éther acétylacétique, et obtenu un composé ayant la formule ci-dessous :

Ether benzoylhydrazido-acétylacétique,

$$\begin{matrix}CH^3-C-CH^2-CO^2C^2H^5\\ \|\\ Az-AzH-CO-C^6H^5\end{matrix}$$

— On obtient cette combinaison en chauffant à 100° pendant 2 ou 3 heures un léger excès d'éther acétylacétique avec la benzoylhydrazide; on abandonne le produit visqueux à la dessiccation jusqu'à ce qu'il forme un gâteau solide qu'on peut pulvériser, mais non faire cristalliser, ses solutions le laissant déposer sous forme huileuse.

Hydrazides des acides benzoïques substitués.

m-Chlorobenzhydrazide,

$$C^6H^4-Cl_{(3)}-CO_{(1)}-AzH-AzH^2.$$

— L'éther m-chlorobenzoïque réagit sur l'hydrate d'hydrazine, exactement comme l'éther benzoïque, et donne comme lui des dérivés du même ordre. Voici les principales propriétés de ces corps :

Dérivés	Aspect.	Fusion.
m-Chlorobenzhydrazide..	longues aig. inc..	158°
Monochlorhydrate......	petites lamelles...	250°(déc.)
Benzal-chl-benzhydrazide	crist. incol..	118°
m-Nitrobenzylidène —	pet. aig. inc.....	»
Cinnamylidène —	aig. jaunes......	»
Acétone —	pet. aig. inc.....	97°
Azide.................	huile incolore....	»

Bis-m-chlorobenzylhydrazide symétrique,

$$[C^6H^4-Cl_{(3)}-CO_{(1)}-AzH]^2.$$

— Obtenue par les mêmes procédés que la dibenzoylhydrazide symétrique. Petites aiguilles fusibles à 264° [H. Foerster, *J. prakt. Chem.*, (2), **64**, 324].

m-Bromobenzhydrazide,

$$C^6H^4-Br_{(1)}-CO_{(3)}-AzH-AzH^2.$$

— On la prépare comme la benzhydrazide. Comme elle, elle donne des combinaisons salines, aldéhydiques et acétoniques; l'iode la transforme en dibromobenzhydrazide symétrique, l'acide nitreux en bromobenzazide.

p-Bromobenzhydrazide,

$$C^6H^4-Br_{(1)}-CO_{(4)}-AzH-AzH^2.$$

Ce composé possède des propriétés analogues au précédent.

Voici le tableau des propriétés et formules des dérivés m- et p-bromobenzoïques :

Nom.	Formule.	Forme.	Fus.	Alcool.	Éther.	Eau.	$CHCl^3$
m-Bromobenzhydrazide..........	$C^6H^4Br-CO-Az^2H^3$	aiguilles	151°	fac. sol.	ins.	p. s.	ins.
p— —	»	prismes	164°	fac. sol.	»	t. p. s.	»
Chlorhydrate méta...	$B+HCl$	tables	248°	fac. sol.	»	f. s.	»
— para..............	$B+HCl$	aiguilles	262°	fac. sol.	»	f. s.	»
Dérivé sodé méta..............	$C^6H^4Br-CO-AzNa-AzH^2$	tablettes	»	fac. sol.	»	f. s.	»
Acétyl-m-bromobenzhydrazide....	$C^6H^4BrCOAzH-AzH-C^2H^3O$	prismes	169°	fac. sol.	p. s.	p. s.	p. s.
Combin. méta avec C^6H^5-CHO.	$Az=CHC^6H^5$	aiguilles	105°	fac. sol.	f. s.	p. s.	f. s.
— — — ald. p-oxybenz.	$Az=CHC^6H^4OH.p.$	aiguilles	192°	fac. sol.	f. s.	p. s.	f. s.
— — —acétone........	$Az=C(CH^3)^2$	aiguilles	88°,5	sol.	»	»	s.
Combin. para avec C^6H^5-CHO.	$Az=CH-C^6H^5$	prismes	235°	fac. sol.	p. s.	p. s.	»
— acétone para.......	$Az=C(CH^3)^2$	aiguilles	194°,5	»	»	»	»
Benzazide méta................	$C^6H^4Br-CO-Az^3$	huile		fac. sol.	f. s.	ins.	f. s.
— para................	$C^6H^4Br-CO-Az^3$	tables	46°	fac. sol.	f. s.	ins.	f. s.
Di-p-bromobenzhydrazide........	$(C^6H^4Br-CO-AzH-)^2$	aiguilles	265°	s. chaud	p. s.	t. p. s.	p. s.

Ajoutons enfin que la p-bromobenzazide réagit sur la p-bromobenzhydrazide en donnant la p-bromophényl-p-bromobenzoylsemicarbazide,

$$CO \begin{cases} AzH-C^6H^4Br \\ AzH-AzH-CO-C^6H^4-Br \end{cases}$$

corps fusible à 248°, constitué par de petites tables incolores, brillantes, insolubles dans l'eau et dans l'éther, difficilement solubles dans l'alcool et dans l'acide acétique, même à chaud [E. Portner, *J. prakt. Chem.*, (2), **58**, 190].

o-Bromobenzoylhydrazide,

$$Br_{(1)}-C^6H^4-CO_{(2)}-AzH-AzH^2$$

— Aiguilles incolores, fusibles à 153°, peu solubles dans l'eau, plus solubles dans l'alcool et dans le benzène [Struve et Radenhausen, *J. prakt. Chem.*, (2), **52**, 234].

Oxybenzoylhydrazides,

$$C^6H^4 \begin{cases} OH \\ CO-AzH-AzH^2 \end{cases}$$

— Les trois hydrazides des acides o-, m-, p-oxybenzoïques ont été préparés par MM. Struve et Radenhausen [*J. prakt. Chem.*, (2), **52**, 234], par la méthode générale qui consiste à partir des éthers et de l'hydrazine.

L'*o-oxybenzoylhydrazide* est en lamelles incolores, fusibles à 145°, et son produit de condensation avec l'*aldéhyde benzylique* fond à 230°. L'hydrazide de l'*acide m-oxybenzoïque* est en cristaux incolores, fusibles à 150° et son dérivé *benzylidénique* fond à 205°; enfin les dérivés *para* correspondants fondent respectivement à 260° (lamelles brillantes) et 218°. Les *azides* respectives *ortho*, *méta* et *para*, fondent à 27°, 95° et 132°.

Nitrobenzoylhydrazides,

$$C^6H^4 \begin{cases} AzO^2_{(2\ ou\ 3\ ou\ 4)} \\ CO-AzH-AzH^2_{(1)} \end{cases}$$

— Les hydrazides des trois acides nitrobenzoïques et leurs dérivés ont été préparées par M. O. Trachmann [*J. prakt. Chem.*, (2), **51**, 165]. On les obtient en ajoutant aux éthers nitrobenzoïques un peu plus que la quantité calculée d'hydrate d'hydrazine et chauffant à reflux pendant 3 ou 4 heures au bain-marie. La réaction s'effectue aussi à froid ou en présence d'alcool. Ce sont des corps bien cristallisés, assez solubles dans l'alcool et dans l'eau, peu solubles dans l'éther, le chloroforme et le benzène, réducteurs, décomposables par les acides et les alcalis. L'hydrogène du groupe imidé peut être remplacé par du sodium, par exemple au moyen de l'alcoolate de sodium, et donner des sels cristallins précipitables par l'éther

$$C^6H^4 \begin{cases} AzO^2 \\ CO-AzNa-AzH^2 \end{cases}$$

Mais, d'un autre côté, on peut aussi préparer des *chlorhydrates* par l'action de l'acide chlorhydrique en excès; ces chlorhydrates

$$C^6H^4 \begin{cases} AzO^2 \\ CO-AzH-AzH^2, HCl \end{cases}$$

forment des lamelles incolores, déliquescentes et dissociables par l'eau.

Comme la benzoylhydrazine, les dérivés nitrés s'unissent facilement aux aldéhydes et aux cétones en donnant des combinaisons de la forme

$$AzO^2 - C^6H^4 - CO - AzH - Az = CH - R$$

et

$$AzO^2 - C^6H^4 - CO - AzH - Az - C(R)^2.$$

L'éther acétylacétique s'unit directement par son groupe CO et fournit des composés de la forme :

$$AzO^2 - C^6H^4 - CO - AzH - Az = C \begin{array}{l} \diagup CH^3 \\ \diagdown CH^2 - CO^2 - C^2H^5 \end{array}$$

Le tableau ci-dessous donne les points de fusion et les solubilités de ces divers composés :

Nom.	Fus.	Forme, Couleur.	Alcool.	Eau.	Éther.	Chloroforme.
o-Nitrobenzoylhydrazide	123°	prismes jaunes...	soluble	soluble	insol.	insol.
m- —	152°	aiguilles jaunes..	sol. chaud	sol. chaud	insol.	insol.
p- —	210°	fines aig. jaunes.	sol. chaud	sol. chaud	insol.	insol.
Chlorhydrates o-, m-, p-....	»	lam. incolores...	»	sol. déc.	»	»
Dérivés sodés...............	»	crist. jaunes.....	très soluble	t. sol., dissoc.		
Benzal-o-nitrobenzoylhydraz..	152°	petits cr. jaunes.	soluble	insol.	»	soluble
— -m- — —	203°	poudre blanche..	soluble	insol.	soluble	soluble
— -p- — —	247°	aig. jaune pâle ..	soluble	insol.	»	»
Acétone-o-nitrobenzoylhydr..	205°	cr. durs j. pâle..	fac. sol.	insol.	insol.	»
— -m- — —	152°	pet. crist. j. pâle.	fac. sol.	insol.	insol.	»
— -p- — —	»	aiguilles brill....	fac. sol.	»	»	»
Éther acétylacétique et						
— -o-nitrobenzoylhydraz..	113°	prism. brill. jaun.	fac. sol.	peu sol.	soluble	soluble
— -m- — —	106°	pet. crist. inc....	fac. sol.	tr. peu sol.	peu soluble	»
— -p- — —	»	aig. jaun........	fac. sol.	»	peu soluble	»

D'après une note complémentaire de M. Trachmann, le produit de condensation, fusible à 106°, de l'éther acétylacétique et de la m-nitrobenzhydrazide peut s'obtenir avec un rendement de 45 0/0 environ quand on opère au voisinage de 100° [*J. prakt. Chem.*, (2), **52**, 274]. En même temps, il se forme un peu de di-m-nitrobenzhydrazide, fusible à 238°. En aucune circonstance on n'a pu obtenir la pyrazolone correspondante.

Dinitrobenzoylhydrazides symétriques,

$$\begin{array}{l} {}_{(2\text{ ou }3\text{ ou }4)}AzO^2 - C^6H^4 - CO_{(1)} - AzH \\ \hspace{13em} | \\ {}_{(2'\text{ ou }3'\text{ ou }4')}AzO^2 - C^6H^4 - CO_{(1')} - AzH \end{array}$$

Les dinitrobenzoylhydrazines symétriques prennent naissance lorsqu'on chauffe les produits de condensation de l'éther acétylacétique et des nitrobenzoylhydrazines au-dessus de leur point de fusion, par suite d'une réaction qui n'est pas encore élucidée; il se dégage de l'azote et différents gaz. On obtient encore ces dérivés en chauffant, avec un excès d'acide, la dissolution dans les alcalis de ces mêmes combinaisons de l'éther acétylacétique avec les nitrobenzoylhydrazines : il se forme du gaz carbonique, de l'acétone, de l'alcool et un composé blanc qui n'est autre que le *dérivé diacidylé*.

Le dérivé *ortho* est en aiguilles ou lamelles blanches, fusibles au-dessus de 250°; le dérivé *méta* a le même aspect et fond à 242°; le dérivé *para* est en fines aiguilles jaunâtres et fond au-dessus de 245°. Les trois sont facilement solubles dans l'acide acétique chaud, peu solubles dans l'alcool chaud; ils paraissent donner avec la soude des *sels monosodiques* jaunes qui n'ont pas été obtenus purs; l'acide nitreux et l'anhydride acétique sont sans action; l'acide sulfurique, étendu de 1 à 3 volumes d'eau, régénère les acides nitrobenzoïques et l'hydrazine après quelques heures d'ébullition [O. Trachmann, *J. prakt. Chem.*, (2), **51**, 176].

Aminobenzhydrazides, $C^6H^4 \begin{array}{l} \diagup AzH^2_{(2\text{ ou }3\text{ ou }4)} \\ \diagdown CO - AzH - AzH^2_{(1)} \end{array}$

o-Aminobenzhydrazide,

$$C^6H^4 \begin{array}{l} \diagup AzH^2 \\ \diagdown CO - AzH - AzH^2 \end{array}$$

— Ce corps s'obtient par l'action de l'acide anthranilique sur une solution chaude de sulfate d'hydrazine et de potasse. Il se sépare une substance qu'on fait cristalliser dans l'alcool ou dans le chloroforme en présence de noir animal. On a ainsi de gros prismes monocliniques (dans le chloroforme) ou de courtes aiguilles brillantes (dans l'alcool), fusibles à 121°, réduisant la liqueur de Fehling et le nitrate d'argent ammoniacal. L'*aldéhyde benzylique* s'y combine et donne un produit de condensation jaune, fusible à 158-159° [H. Finger, *J. prakt. Chem.*, (2), **48**, 93].

m-Nitro-o-aminobenzhydrazide,

$$C^6H^3 \begin{array}{l} \diagup CO - AzH - AzH^2_{(1)} \\ - AzH^2_{(2)} \\ \diagdown AzO^2_{(5)} \end{array}$$

— Cette hydrazide s'obtient en traitant le sulfate d'hydrazine additionné de la quantité théorique d'alcali à 10 0/0, par l'acide nitro-isatoïque ajouté peu à peu; elle se sépare lentement sous la forme d'aiguilles jaunes qu'on fait cristalliser dans l'eau. La réaction est la suivante :

$$AzO^2 - C^6H^3 \begin{array}{l} \diagup CO \\ \;\;| \\ \diagdown Az - CO^2H \end{array} + \begin{array}{l} AzH^2 \\ \;| \\ AzH^2 \end{array}$$

$$= AzO^2 - C^6H^3 \begin{array}{l} \diagup CO - AzH - AzH^2 \\ \diagdown AzH^2 \end{array} + CO^2$$

La m-nitro-o-aminobenzhydrazide est en cristaux qui se décomposent sans fondre à 214-218°, se dissolvent facilement dans l'eau et dans l'alcool, mais non dans l'éther et le chloroforme. Elle est réductrice; les aldéhydes s'y combinent; l'acide nitreux agit d'une façon peu constante, mais une fois il a permis d'obtenir l'acide m-nitro-o-aminobenzoïque.

La *dibenzylidène-m-nitro-o-aminobenzhydrazide*,

$$C^6H^3 \begin{array}{l} \diagup CO - AzH - Az = CH - C^6H^5 \\ - Az = CH - C^6H^5 \\ \diagdown AzO^2 \end{array}$$

s'obtient par l'union des composants au bain-marie; elle fond à 224-225° et se présente en tablettes jaunes, insolubles dans l'eau, solubles dans l'alcool, peu solubles dans le chloroforme.

L'*acide formique* s'y combine aussi deux fois comme l'aldéhyde benzylique et conduit à un dérivé tout spécial, à la fois formylhydrazide et formamidine, que M. Kratz appelle *formyl-anhydroformyl-m-nitro-o-aminobenzhydrazide*,

$$\mathrm{AzO^2-C^6H^3}\begin{array}{l}\diagup \mathrm{CO-Az-AzH-CHO} \\ \qquad\qquad | \\ \diagdown \mathrm{Az=CH}\end{array}$$

Celui-ci, chauffé avec l'acide chlorhydrique, s'hydrate seulement dans le groupe $\mathrm{AzH-CHO}$ et conduit à l'*anhydroformyl-m-nitro-o-amino-benzhydrazide*,

$$\mathrm{AzO^2-C^6H^3}\begin{array}{l}\diagup \mathrm{CO-Az-AzH^2} \\ \qquad\quad | \\ \diagdown \mathrm{Az=CH}\end{array}$$

sorte d'amido-Bz-nitroquinoxazolone présentant beaucoup des réactions des alcaloïdes [Kratz, *J. prakt. Chem.*, (2), **53**, 210].

m-Aminobenzoylhydrazide,

$$\mathrm{C^6H^4}\begin{array}{l}\diagup \mathrm{AzH^2}_{(3)} \\ \diagdown \mathrm{CO-AzH-AzH^2}_{(1)}\end{array}$$

— S'obtient en faisant bouillir pendant quelques heures, au réfrigérant à reflux, l'éther m-amido-benzoïque et l'hydrate d'hydrazine. Cristallisée dans le benzène ou le chloroforme, elle fond à 77°; elle est très soluble dans l'eau et dans l'alcool.

Son *chlorhydrate*,

$$\mathrm{C^6H^4(AzH^2)-CO-AzH-AzH^2, 2HCl},$$

fond à 265° et son *dérivé benzylidénique*,

$$\mathrm{C^6H^4(AzH^2)-CO-AzH-Az=CH-C^6H^5},$$

à 180°. L'*azide* fond à 85° [Struve et Radenhausen, *J. prakt. Chem.*, (2), **52**, 234].

Phénylacéthydrazide,

$$\mathrm{C^6H^5-CH^2-CO-AzH-AzH^2}.$$

— Obtenue avec un rendement presque théorique dans l'action de l'hydrate d'hydrazine sur l'éther phénylacétique. Voici les propriétés principales de ce corps et de ses dérivés.

Dérivés.	Aspect.	Fusion.
Phénylacéthydrazide........	aiguilles fines, biaxes	116°
— monochlorhydrate...	aiguilles ou tables.	215°
Formal-phénylacéthydrazide	....	64°
Benzal- —	prismes anisotr....	154°
Salicylal- —	pr. anisotr. apointis	188°
Comb. av. éth. acétylacétique	pr. capillair. anisot.	105°
Azide.....................	huile incol. mobile.	»

[E. Boetzelen, *J. prakt. Chem.*, (2), **64**, 314].

Diphénylacéthydrazide,

$$\mathrm{[C^6H^5-CH^2-CO-AzH-]^2}.$$

— Elle se forme à côté de l'*isodihydrotétrazine* quand on attaque la dibenzyldihydrotétrazine par l'acide chlorhydrique. Elle est en aiguilles blanches, fusibles à 231° [Pinner, *Ann. Chem.*, **298**, 24]. On l'obtient aussi par l'action de l'iode sur la monohydrazide (Boetzelen).

Phénylpropionhydrazide,

$$\mathrm{C^6H^5-CH^2-CH^2-CO-AzH-AzH^2}.$$

— Obtenue par l'hydrate d'hydrazine (10 grammes) et l'éther phénylpropionique ou hydrocinnamique (30 grammes). Voici les principaux dérivés de cette hydrazide dont la plupart des réactions se calquent sur celles de la benzoylhydrazide.

Dérivés.	Aspect.	Fusion.
Phénylpropionhydrazide...	aig. pr. anisotr. inc.	103°
— monochlorhydrate..	aig. brill. pr. incol.	»
Comb. av. l'ald. benzoïque	lam. rhomb. incol..	132°,5
— l'ald. salicylique	aig. grisâtres anisot.	148°,5
— l'acétone.......	pet. aig. anisot. inc.	93°
— l'éth. acétylacét.	aig. inc. anis. biaxes	95°
Azide....................	poudre blanche....	déc.

Bisphénylpropionhydrazide,

$$\mathrm{(C^6H^5-CH^2-CH^2-CO-AzH-)^2}.$$

— Aiguilles prismatiques brillantes dans l'alcool, ou lamelles fusibles à 208° [H. Jordan, *J. prakt. Chem.*, (2), **64**, 297].

Di-p-nitro-o-éthylbenzoylhydrazide,

$$\begin{array}{l}\mathrm{AzH-CO_{(1)}C^6H^3(C^2H^5)_{(2)}AzO^2_{(4)}} \\ | \\ \mathrm{AzH-CO-C^6H^3(C^2H^5)AzO^2}\end{array}$$

— Masse blanche peu soluble dans l'alcool, fusible à 245-245°,5 avec dégagement gazeux; obtenue par l'action du chlorure d'acide p-nitro-o-éthylbenzoïque sur l'hydrate d'hydrazine [G. Giche, *D. chem. G.*, **29**, 2540].

β-*Naphtoylhydrazide*, $\mathrm{C^{10}H^7-CO-AzH-AzH^2}$. — Ce composé se forme quand on fait réagir à chaud l'anhydride acétique seul sur la β-naphténylhydrazidine. Il est en aiguilles fusibles à 186° [Pinner, *Ann. Chem.*, **298**, 37]. Le dérivé *naphtylidénique* correspondant,

$$\mathrm{C^{10}H^7-CO-AzH-Az=CH-C^{10}H^7},$$

est en aiguilles rayonnantes fusibles à 230°; il se forme dans l'action des alcalis sur la dinaphtyltétrazine,

$$\mathrm{C^{10}H^7-C}\begin{array}{c}\lessdot \mathrm{Az=Az} \gtrdot \\ \lessdot \mathrm{Az-Az} \gtrdot\end{array}\mathrm{C-C^{10}H^7 + H^2O}$$
$$= \mathrm{C^{10}H^7-CO-AzH-Az=CH-C^{10}H^7 + Az^2}.$$

7° Acides aromatiques bibasiques.

Les recherches de M. Foersterling avaient montré que, dans diverses circonstances, les dérivés o-phtaliques ne conduisaient pas à la dihydrazide normale

$$\mathrm{C^6H^4}\begin{array}{l}\diagup \mathrm{CO-AzH-AzH^2} \\ \diagdown \mathrm{CO-AzH-AzH^2}\end{array}$$

M. Davidis [*J. prakt. Chem.*, (2), **54**, 66] a étudié l'action de l'hydrazine non seulement sur l'anhydride ou l'imide phtalique, mais encore sur l'éther phtalique et les chlorures phtaliques symétrique et dissymétrique, et il a obtenu également dans tous les cas, le composé spécial

$$\mathrm{C^6H^4}\begin{array}{l}\diagup \mathrm{CO-AzH} \\ \qquad\quad | \\ \diagdown \mathrm{CO-AzH}\end{array}$$

décrit par M. Foersterling.

Il n'en est plus de même si l'on part des dérivés des acides isophtalique et téréphtalique

$$\mathrm{C^6H^4}\begin{array}{l}\diagup \mathrm{CO^2H}_{(1)} \\ \diagdown \mathrm{CO^2H}_{(3)}\end{array} \quad \text{et} \quad \mathrm{C^6H^4}\begin{array}{l}\diagup \mathrm{CO^2H}_{(1)} \\ \diagdown \mathrm{CO^2H}_{(4)}\end{array}$$

Ici, les réactions suivent un cours régulier et engendrent des hydrazides normales [Davidis, *J. prakt. Chem.*, (2), **54**, 66].

Isophtalylhydrazide ou dihydrazide isophta-

LIQUE, $C^6H^4(CO-AzH-AzH^2)^2_{(1\cdot3)}$. — On chauffe pendant 4 heures au bain-marie une solution alcoolique d'éther isophtalique et d'hydrate d'hydrazine en léger excès. Après refroidissement, il se dépose une poudre incolore grenue qu'on essore, qu'on lave à l'alcool et à l'éther et qu'on fait cristalliser dans l'alcool à 80°. Le rendement atteint 70 0/0 si l'on utilise les eaux mères en les chauffant de nouveau après concentration. Le même composé s'obtient avec le chlorure d'isophtalyle en solution éthérée.

L'isophtalylhydrazide est en aiguilles blanches soyeuses, fusibles à 220°. Elle se dissout à chaud dans l'eau, l'alcool dilué, l'acide acétique, les acides minéraux et les alcalis étendus; l'alcool absolu la dissout peu; l'éther et le benzène ne la dissolvent pas. Elle est réductrice, se combine aux acides et aux aldéhydes ou cétones.

Chlorhydrate, $C^6H^4(CO-AzH-AzH^2)^2 2HCl$. — Ce sel se sépare en petites lamelles soyeuses, quand on ajoute beaucoup d'acide chlorhydrique à la solution aqueuse ou alcoolique de la base. Il se dissout facilement dans l'eau et l'alcool étendu.

Chloroplatinite, B, 2HCl, $PtCl^2$. — Poudre insoluble formée dans l'action du chlorure platinique sur le chlorhydrate précédent. Il y a dégagement d'azote dans la réaction.

Bis-acétone-isophtalylhydrazine.

$$C^6H^4 \begin{cases} CO-AzH-Az=C(CH^3)^2 \\ CO-AzH-Az=C(CH^3)^2 \end{cases}$$

— Cristaux aiguillés, fusibles à 243-244°, solubles dans l'alcool et dans l'éther.

Bis-benzylidène-isophtalylhydrazine,

$$C^6H^4(CO-AzH-Az=CH-C^6H^5)^2.$$

— Aiguilles fusibles à 241°, insolubles dans l'éther, solubles dans l'alcool.

Combinaison avec l'éther acétylacétique,

$$C^6H^4\left(CO-AzH-Az=C \begin{cases} CH^3 \\ CH^2-CO^2C^2H^5 \end{cases}\right)^2$$

— Poudre jaune cristalline, fusible à 145°, très soluble dans l'alcool, peu stable.

L'azide, $C^6H^4(COAz^3)^2$ fond à 56° et s'obtient sans difficulté par l'acide nitreux.

MONOHYDRAZIDOTÉRÉPHTALATE D'ÉTHYLE,

$$C^6H^4 \begin{cases} CO-AzH-AzH^2_{(1)} \\ CO^2C^2H^5_{(4)} \end{cases}$$

— On obtient ce corps si l'on ne met qu'une molécule et demie d'hydrate d'hydrazine (3 grammes) en présence d'une molécule (10 grammes) d'éther téréphtalique pendant 6 heures au bain-marie. Dans ces conditions, la réaction ne va qu'à mi-chemin. Après cristallisation dans l'alcool, le composé se présente en fines aiguilles incolores, fusibles à 164-165°, solubles dans l'eau bouillante, l'alcool et l'acide acétique, insolubles dans l'éther, et présente les propriétés chimiques des hydrazides.

DIHYDRAZIDE TÉRÉPHTALIQUE,

$$C^6H^4(CO-AzH-AzH^2)^2_{1\cdot4}.$$

— Il faut ici employer 2 molécules d'hydrazine et chauffer en tube scellé, à 130-140°, pendant 3 ou 4 heures; après essorage, lavage à l'alcool et à l'éther, le produit est pur. Ce composé fond au-dessus de 300° et présente de très faibles solubilités; néanmoins, il est réducteur et se combine comme le précédent aux acides, aldéhydes et acétones.

Voici les dérivés des deux corps précédents, c'est-à-dire de l'hydrazido-éther et de la dihydrazide téréphtaliques.

Monohydrazide-téréphtalate d'éthyle.

Chlorhydrate	lamelles	sol. dans eau	270°
Dérivé sodé	poudre	sol. eau et acides	»
— benzylidénique	aig. filif. inc.	»	195°
— acétonique	pet. cr. inc.	»	259°
Azide	tables, inc.		$<37°$

Dihydrazide téréphthalique.

Dichlorhydrate	lam. brill.	p. sol. d. eau	$>270°$
Diformal	poudre grise	insol	$>300°$
Dérivé dibenzylidénique	»	t. p. s. d. alc.	
— diacétonique	pet. crist.	»	261-262°
— bis-éther acétylacétique	crist. jaunes	»	240°
Diazide	cr. triclin.	»	110°

Les diazides iso- et téréphtaliques sont remarquables en ce que, chauffées à l'ébullition avec l'alcool, elles donnent les *uréthanes*, et avec l'eau les *urées* des m- et p-phénylène-diamines :

$$C^6H^4 \begin{cases} COAz^3 \\ COAz^3 \end{cases} + 2C^2H^5OH$$

$$= 2Az^2 + C^6H^4 \begin{cases} AzH-CO^2C^2H^5 \\ AzH-CO^2C^2H^5 \end{cases}$$

$$C^6H^4 \begin{cases} COAz^3 \\ COAz^3 \end{cases} + H^2O$$

$$= 2Az^2 + C^6H^4 \begin{cases} AzH \\ AzH \end{cases} CO + CO^2$$

8° ACIDES AROMATIQUES A FONCTION COMPLEXE.

On a étudié deux lactones d'acides-alcools; elles fixent l'hydrazine en formant une hydrazide avec régénération de la fonction hydroxylée,

$$C^6H^4 \begin{cases} CH^2 \\ CO \end{cases} O + AzH^2-AzH^2$$

$$= C^6H^4 \begin{cases} CH^2OH \\ CO-AzH-AzH^2 \end{cases}$$

HYDRAZIDE DE LA PHTALIDE,

$$C^6H^4 \begin{cases} CH^2OH \\ CO-AzH-AzH^2 \end{cases}$$

— Produit d'addition de la phtalide et de l'hydrazine, cristallisant dans l'alcool en longues aiguilles fusibles à 128°. *L'aldéhyde benzylique* et *l'acide phtalaldéhydique* donnent avec cette hydrazide des produits de condensation fusibles respectivement à 145 et 115° (J. Wedel).

HYDRAZIDE DE L'ACIDE O-OXYDIPHÉNYLACÉTIQUE,

$$C^6H^5-CH \begin{cases} C^6H^5-OH \\ CO-AzH-AzH^2 \end{cases}$$

— Poudre cristalline, fusible à 220°, provenant de l'action de l'hydrazine sur la lactone de l'acide o-oxydiphénylacétique

$$C^6H^5-CH \begin{cases} C^6H^5 \\ CO \end{cases} O.$$

Elle se combine facilement par son groupe AzH^2 avec *l'aldéhyde benzylique* et avec *l'acide o-phtalaldéhydique*; les composés obtenus fondent respectivement à 171° et à 145° [J. Wedel, *D. chem. G.*, **33**, 766; *Bull. Soc. Chim.*, (3), **24**, 491].

9° ACIDES SPÉCIAUX, ACIDES NON SATURÉS, ANHYDRIDES 1.4.

Les acides incomplets, dont quelques types seulement ont été étudiés, donnent des réactions particulières qu'on peut traduire, en quelque sorte, en disant que l'hydrogène hydrazinique passe sur la portion incomplète de l'acide, en même temps que par la formation d'une chaîne fermée la saturation relative s'élève d'un degré; avec un acide éthylénique la saturation devient ainsi totale. Toutefois, quelques anhydrides, comme les anhydrides maléique et o-phtalique réagissent d'une façon tout à fait spéciale, sur laquelle nous insistons plus bas.

HYDRAZINE ET ÉTHERS D'ACIDES ACÉTYLÉNIQUES.

Ces éthers, par fixation d'eau et saponification, se changent au cours de la réaction en aldéhydes-éthers dont la réaction devient normale. Il se fait une pyrazolone suivant la réaction générale. Ainsi, *l'éther propiolique*, $CH \equiv CH - CO^2C^2H^5$, se conduit comme l'aldéhyde-éther

$$CHO - CH^2 - CO^2C^2H^5,$$

et donne, par conséquent naissance, à la pyrazolone elle-même.

$$\begin{array}{l} Az = = = CH \\ | \qquad\quad | \\ AzH - CO - CH^2 \end{array}$$

L'éther acétylène-dicarbonique,

$$C^2H^5 - CO^2 - CH \equiv CH - CO^2C^2H^5,$$

par une réaction tout à fait analogue, donne naissance à l'éther pyrazolone-monocarbonique fusible à 179°, le second groupement $CO^2 . C^2H^5$ n'étant pas employé, et, secondairement, à l'hydrazide (fusible à 238°) de cet éther (hydrazide susceptible de se combiner à l'aldéhyde benzylique) [R. von Rothenburg, *D. chem. G.*, **26**, 1720].

De la même façon, *l'acide phénylpropiolique* conduit à la 3 phénylpyrazolone [*ibid.*, **27**, 783]. Nous avons suffisamment cité de réactions de cétones-éthers, pour ne pas insister davantage sur le mécanisme de ces réactions.

HYDRAZINE ET ACIDES ÉTHYLÉNIQUES.

L'acide acrylique réagit spontanément et énergiquement avec l'hydrate d'hydrazine, suivant une réaction parallèle à celle de l'éther propiolique. Il se forme la *pyrazolidone* :

$$\begin{array}{ll} AzH^2 \; CH^2 & AzH - CH^2 \\ | \qquad \| & | \qquad\quad | \\ AzH^2 \; CH & = \; AzH \quad CH^2 + H^2O \\ \quad / & \quad \diagdown \; / \\ CO^2H & \qquad CO \end{array}$$

[R. von Rothenburg, *D. chem. G.*, **26**, 2972]

HYDRAZIDES MALÉIQUES ET PHTALIQUES.

L'anhydride maléique et l'anhydride phtalique donnent lieu à des rapprochements et à des considérations qui ne nous permettent pas d'en séparer l'étude.

Les anhydrides d'acides possédant le groupement

$$\begin{array}{l} -C - CO \diagdown \\ \;\;\| \qquad\qquad O \\ -C - CO \diagup \end{array}$$

tels que les anhydrides phtalique et maléique, fournissent avec l'hydrazine des composés à chaîne fermée du type

$$\begin{array}{c} CO \\ \diagup \quad \diagdown \\ C \qquad AzH \\ \| \qquad\quad | \\ C \qquad AzH \\ \diagdown \quad \diagup \\ CO \end{array}$$

dont l'étude a été faite par M. Fœrsterling [*J. prakt. Chem.*, (2), **51**, 371].

Ces sortes de composés se distinguent des hydrazides par une plus grande stabilité, par leur absence de pouvoir réducteur et de réaction avec les aldéhydes, enfin par la possibilité de fournir des sortes de sels potassés (AzK) qui rappellent la phtalimide potassée. Ces propriétés fondamentales, rapprochées de l'existence de dérivés biacétylés, contribuent à asseoir la formule cyclique à deux atomes d'azote, de préférence à d'autres telles que :

$$\begin{array}{l} \diagup CO \diagdown \\ \qquad\qquad Az - AzH^2, \\ \diagdown CO \diagup \end{array} \qquad \begin{array}{l} CO \diagdown \\ \qquad\quad O \\ C = Az - AzH^2 \end{array}$$

$$\begin{array}{l} \qquad \diagup AzH \\ -C \quad\; | \\ \qquad \diagdown AzH \\ \;\; \diagdown \\ \qquad\quad O \\ CO \diagup \end{array}$$

L'anhydride maléique donne cependant une Az-aminomaléinimide,

$$\begin{array}{l} CH - CO \diagdown \\ \| \qquad\qquad O \\ CH - C = Az - AzH^2 \end{array} \quad ou \quad \begin{array}{l} CH - CO \diagdown \\ \| \qquad\qquad Az - AzH^2, \\ CH - CO \diagup \end{array}$$

et M. Rothenburg [*D. chem. G.*, **27**, 691] a décrit une Az-aminophtalimide dont les propriétés diffèrent essentiellement; ceci contribue encore à asseoir l'opinion énoncée ci-dessus.

AZ-AMINOMALÉINIMIDE et MALÉINHYDRAZIDE,

$$\begin{array}{l} CH - CO \diagdown \\ | \qquad\qquad O \\ CH - C = AzAzH^2 \end{array} \quad et \quad \begin{array}{l} CH - CO - AzH \\ \| \qquad\qquad\quad | \\ CH - CO - AzH \end{array}$$

— Ces deux corps prennent naissance simultanément quand on fait réagir l'anhydride maléique sur l'hydrate d'hydrazine, mais le mélange est assez difficile à scinder, la marche de la réaction suivant un cours variable avec la nature et la concentration des dissolvants ajoutés pour modérer la réaction.

L'Az-aminomaléinimide constitue le principal produit de la réaction lorsqu'on opère en solution alcoolique. On dissout la poudre blanche obtenue dans l'eau et on ajoute une couche d'alcool; comme le produit est insoluble dans l'alcool absolu et facilement soluble dans l'eau, il se sépare; on ne saurait le faire cristalliser dans l'eau, celle-ci n'abandonnant qu'un sirop brun après évaporation. Ce corps fond à 111°; le chloroforme et l'éther ne le dissolvent pas.

Le nitrate d'argent, en présence d'un peu d'ammoniaque, fournit un précipité floconneux, jaune, insoluble avec sa solution aqueuse; mais le moindre excès d'ammoniaque entraîne une réduction. Le sulfate de cuivre ammoniacal donne un précipité vert foncé également insoluble.

L'aldéhyde benzylique détache la molécule hydrazinique et fournit la benzalazine fusible à 39°; enfin, l'acide acétique fournit *l'acétylaminomaléinimide*,

$$C^2H^2 \begin{array}{l} \diagup C = Az - AzH - CO - CH^3 \\ \qquad\qquad O \\ \diagdown CO \diagup \end{array}$$

aiguilles incolores, fusibles à 280° environ, solubles dans l'eau, l'alcool et l'acide acétique. L'iodure de méthyle ne l'attaque pas.

Bref, toutes ces propriétés contrastent avec celles du composé suivant, et révèlent l'existence du groupement $C = Az - AzH^2$, peu stable.

La *maléinhydrazide* s'obtient le plus facilement en mêlant le produit de la réaction de l'anhydride maléique et de l'hydrate d'hydrazine dissous dans peu d'eau, avec assez peu d'alcool pour que l'aminomaléinimide ne se sépare pas encore, et portant la solution au bain-marie. Il se sépare alors par refroidissement des cristaux blancs ne fondant pas encore à 250°, qui se comportent dans leurs réactions comme la phtalylhydrazide, c'est-à-dire que les acides dilués bouillants n'en séparent plus d'hydrazine, que les cétones, l'acide nitreux, les sels de diazobenzène, les oxydes réductibles, etc., ne l'attaquent pas. Enfin, les sels métalliques (azotate d'argent, sulfates de cuivre et de cadmium) précipitent sa solution ammoniacale.

A côté de ces deux corps, M. Foersterling a encore observé la production de deux autres corps colorés en jaune, dont la constitution n'est pas établie.

Hydrazides o-phtaliques.

Il existe deux hydrazides o-phtaliques ayant pour formules

$$C^6H^4\begin{cases}CO-AzH\\ \quad|\\ CO-AzH\end{cases} \quad \text{et} \quad C^6H^4\begin{cases}C=AzAzH^2\\ \quad\quad >O\\ CO\end{cases}$$

Par leurs modes de formation ou leurs propriétés, elles se rapprochent tellement des hydrazides maléiques, que nous les étudierons à la suite.

En aucun cas (voyez Hydrazides m- et p-phtaliques) on n'a pu préparer la dihydrazide normale

$$C^6H^4\begin{cases}CO-AzH-AzH^2\\ CO-AzH-AzH^2\end{cases}.$$

[Foersterling, *J. prakt. Chem.*, (2), **51**, 371, et Davidis, *ibid.*, (2), **54**, 66].

Phtalylhydrazide,

$$C^6H^4\begin{cases}CO-AzH\\ \quad|\\ CO-AzH\end{cases}$$

— Si on dissout l'anhydride phtalique dans l'alcool, et si on y ajoute 1 molécule d'hydrate d'hydrazine, il se sépare aussitôt une poudre grenue, cristalline qui constitue un mélange de plusieurs corps; mais en l'évaporant plusieurs fois avec de l'eau, on la transforme en une substance unique insoluble dans l'eau. La phtalylhydrazide se présente sous la forme d'une poudre blanche, insoluble dans l'eau froide, soluble dans 1000 parties d'eau bouillante, insoluble dans la plupart des solvants, ne fondant pas encore à 340°, sublimable dès 200°, distillable sans décomposition. Sa solution aqueuse est acide; elle forme des sels solubles avec les alcalis et ses sels alcalins précipitent les sels des métaux lourds [Fœrsterling, *J. prakt. Chem.*, (2), **51**, 371].

On obtient de la phtalylhydrazide dans l'action de l'hydrate d'hydrazine sur l'éther phtalylglycinique

$$C^6H^4\begin{cases}C=Az-CH^2-CO^2C^2H^5\\ \quad\quad >O\\ CO\end{cases}$$

[Radenhausen, *J. prakt. Chem.*, (2), **52**, 433].

Phtalylhydrazide potassée,

$$C^6H^4\begin{cases}CO-AzK\\ \quad|\\ CO-AzH\end{cases}, 4H^2O$$

— Magnifiques prismes isotropes, limpides, pouvant atteindre 1^{cm},5 de long, perdant leur eau dans le dessiccateur; très solubles dans l'eau, d'où l'alcool les fait cristalliser; le *sel sodique* est anhydre et constitue une masse cristallisée, rayonnée; le *sel d'argent*, également anhydre, est de couleur jaune, quand il est obtenu par double décomposition avec le sel potassique, de couleur blanche devenant violette à la lumière, quand il est obtenu par l'azotate d'argent ammoniacal et la solution aqueuse de phtalylhydrazide.

Le *sel de baryum*,

$$\left(C^6H^4\begin{cases}CO-AzH\\ \quad|\\ CO-Az\end{cases}\right)^2 Ba, 2H^2O,$$

est bien cristallisé et un peu soluble; le *sel de calcium* est anhydre et insoluble. Tous deux s'obtiennent avec le sel potassique et le chlorure de baryum ou de calcium. Les *sels de cuivre, de mercure, de cadmium*, constituent des précipités insolubles.

Dans la plupart des circonstances, la phtalylhydrazide se comporte comme un véritable noyau, par sa résistance aux réactions de décomposition; l'aldéhyde benzylique, les acides chlorhydrique et sulfurique concentrés, l'acide acétique ou la potasse alcoolique, le brome, les agents réducteurs sont absolument sans action, aussi bien à chaud qu'à froid. L'acide nitrique concentré n'agit pas à froid, mais l'acide fumant (D. 1,48) la décompose en acide phtalique à la température du bain-marie; le mélange nitrosulfurique produit la même réaction à froid; le permanganate à froid, le mélange chromique à chaud, donnent de l'azote et de l'acide phtalique.

Méthylphtalylhydrazide,

$$C^6H^4\begin{cases}CO-AzH\\ \quad|\\ CO-Az-CH^3\end{cases}$$

— On obtient ce corps par l'action de l'iodure de méthyle sur le sel d'argent ou mieux sur le sel de potassium anhydre, à la température de 150°. Il cristallise facilement dans l'alcool bouillant et fond à 235°.

Diacétylphtalylhydrazide,

$$C^6H^4\begin{cases}CO-Az-COCH^3\\ \quad|\\ CO-Az-COCH^3\end{cases}$$

— C'est le produit de l'action d'un excès d'anhydride acétique sur la phtalylhydrazide à l'ébullition. Le produit cristallise en cristaux durs, fusibles à 114°, solubles dans l'alcool à chaud et surtout dans l'acide acétique.

Éther phtalylhydrazidacétique,

$$C^6H^4\begin{cases}CO-AzH\\ \quad|\\ CO-Az-CH^2-CO^2C^2H^5\end{cases}$$

— On chauffe à 160°, pendant plusieurs heures, 1 gramme de phtalylhydrazide potassée avec 0^{gr},70 d'éther chloracétique. On fait cristalliser dans l'eau bouillante la couche solide qui s'est formée : il se sépare de fines aiguilles souvent un peu jaunes, fusibles au-dessus de 300°.

Acide phtalylhydrazidacétique. — C'est le produit de la saponification de l'éther précédent. Il se présente sous la forme d'une poudre, non fusible encore à 300°, peu soluble dans l'alcool et dans l'eau. Quand on cherche à en dériver des sels par l'action des alcalis, on régénère de l'acide acétique et de la phtalylhydrazide; mais on peut en préparer un *sel ammoniacal* par évaporation de sa solution dans l'ammoniaque.

Az-aminophtalimide,

$$C^6H^4 \begin{cases} C = Az - AzH^2 \\ CO \end{cases} > O$$

— Obtenue par l'action de l'hydrate ou de l'acétate d'hydrazine en solution alcoolique sur la quantité équivalente de phtalimide. Poudre blanche, très peu soluble, fusible à 250-251° [R. von Rothenburg, *D. chem. G.*, **27**, 691].

Benzylidène-Az-aminophtalimide,

$$C^6H^4 \begin{cases} C = Az - Az = CH - C^6H^5 \\ CO \end{cases} > O$$

— Corps insoluble, fusible au-dessous de 250° [Fœrsterling, *J. prakt. Chem.*, (2), **51**, 371. — R. von Rothenburg, *loc. cit.*].

Acétone-Az-aminophtalimide,

$$C^6H^4 \begin{cases} C = Az - Az = C(CH^3)^2 \\ CO \end{cases} > O$$

— Composé fusible aux environs de 260°, très peu soluble [R. von Rothenburg, *loc. cit.*].

10° HYDRAZIDES D'ACIDES SULFONÉS

L'hydrate d'hydrazine, réagissant sur l'éther benzène-sulfonique, donne seulement un sel d'hydrazine et de l'alcool :

$$C^6H^5 - SO^3 - C^2H^5 + Az^2H^4, H^2O$$
$$= C^6H^5 - SO^3H, Az^2H^4 + C^2H^6O.$$

Sur les éthers sulfiniques, il produit une réaction plus compliquée, que l'on peut exprimer de la façon suivante :

$$4\,C^6H^5 - SO^2 - C^2H^5 + 3\,Az^2H^4, H^2O$$
$$= 2\,(C^6H^5)^2S^2 + 4\,C^2H^5OH + 7\,H^2O + 3\,Az^2.$$

Il faut recourir au sulfochlorure :

$$C^6H^5 - SO^2 - Cl + 2\,Az^2H^4, H^2O$$
$$= C^6H^5 - SO^2 - AzH - AzH^2 + Az^2H^4, HCl + 2\,H^2O.$$

Ce même corps, en réagissant sur la benzène-sulfone-hydrazide ou l'hydrazine en excès, donne la dihydrazide :

$$C^6H^5 - SO^2 - Cl + C^6H^5 - SO^2 - AzH - AzH^2$$
$$= (C^6H^5 - SO^2 - AzH -)^2 + HCl.$$

Ces sulfone-hydrazines possèdent la plupart des propriétés des autres hydrazides, comme on le verra plus bas [F. Lorenzen, *J. prakt. Chem.*, (2), **58**, 160].

BENZÈNE-SULFONE-HYDRAZIDE,

$$C^6H^5 - SO^2 - AzH - AzH^2.$$

— On obtient ce corps avec un rendement presque théorique en introduisant dans 2 molécules d'hydrate d'hydrazine étendu d'un peu d'eau, une solution de 1 molécule de chlorure benzène-sulfonique dans un peu d'alcool absolu. On opère assez rapidement en agitant et refroidissant au besoin. Par refroidissement complet, le produit cristallise en majeure partie presque pur; le reste peut s'extraire par l'éther. On fait cristalliser dans l'alcool chaud en refroidissant aussitôt pour éviter la formation de disulfone-hydrazide. On obtient des cristaux incolores, bien formés, fusibles à 104-106°, peu solubles dans l'eau, à peine solubles dans l'éther, le benzène, le chloroforme, insoluble dans la ligroïne et le sulfure de carbone.

Cette hydrazide possède sensiblement toutes les propriétés générales (réduction, sels, dédoublement) des hydrazides primaires; toutefois, les effets réducteurs peuvent retentir sur le groupe sulfoné. L'iode la transforme en disulfure de phényle, fusible à 61°, et un composé sulfoxygéné non isolé, suivant les équations :

$$2\,C^6H^5 - SO^2 - AzH - AzH^2 + 2\,I^2$$
$$= (C^6H^5 - SO^2 - AzH -)^2 + Az^2 + 4\,HI.$$
$$2\,(C^6H^5 - SO^2 - AzH -)^2 + 8\,HI$$
$$= (C^6H^5)^2S^2 + (C^6H^5 - SO)^2 + 4\,I^2 + 2\,Az^2 + 6\,H^2O.$$

La chaleur provoque également le départ de tout l'azote, suivant une réaction analogue; on retrouve surtout du disulfure de phényle $(C^6H^5)^2S^2$. L'acide nitreux le change en azide $C^6H^5 - SO^2 - Az^3$, huile jaune, relativement volatile.

Chlorhydrate de benzène-sulfone-hydrazide, $C^6H^5 - SO^2 - AzH - AzH^2, HCl$. — Sel cristallisé en fines aiguilles, fusibles à 150-152° avec perte d'azote, dissociable par l'eau en excès, obtenu par saturation au moyen d'alcool ou d'éther chlorhydrique. Il ne se combine pas au chlorure de platine.

Benzène-sulfone-hydrazide sodée,

$$C^6H^5 - SO^2 - AzNa - AzH^2.$$

— Précipité blanc, pulvérulent, obtenu en ajoutant de l'éther sec au produit de la réaction de l'éthylate de sodium sur une solution alcoolique froide de l'hydrazide.

Acétone-benzène-sulfone-hydrazide,

$$C^6H^5 - SO^2 - AzH - Az = C(CH^3)^2.$$

— S'obtient le plus facilement en dissolvant l'hydrazide pulvérisée dans l'acétone, évaporant et faisant cristalliser dans l'alcool absolu bouillant. Feuillets brillants, fusibles à 143-145° avec dégagement gazeux, presque insolubles dans l'eau.

Benzylidène-benzène-sulfone-hydrazide,

$$C^6H^5 - SO^2 - AzH - Az = CH - C^6H^5.$$

— Flocons blancs se formant immédiatement par addition de l'aldéhyde benzylique à une solution alcoolique étendue de benzène-sulfone-hydrazide. Cristallisé dans l'alcool, ce corps se présente sous la forme d'aiguilles incolores, avec une teinte jaunâtre, fusibles à 110-112° avec perte d'azote, solubles dans l'éther et dans l'alcool, insolubles dans l'eau.

Ce corps a aussi été obtenu par M. Hinsberg [*D. chem. G.*, **27**, 600], en combinant avec l'aldéhyde benzylique le produit de réduction de la nitramide benzène-sulfonique

$$C^6H^5 - SO^2 - AzH - AzO^2.$$

Acétylbenzène-sulfone-hydrazide,

$$C^6H^5 - SO^2 - AzH - AzH - CO - CH^3.$$

— Obtenue par l'action de l'anhydride acétique. Aiguilles groupées en mamelons, fusibles à 183-184°, difficilement solubles dans l'eau, très facilement solubles dans l'acide acétique.

DIBENZÈNE-SULFONE-HYDRAZIDE,

$$C^6H^5 - SO^2 - AzH - AzH - SO^2 - C^6H^5.$$

— S'obtient par l'action du chlorure de l'acide benzène-sulfonique sur l'hydrazide benzène-sulfonique [Lorenzen, *J. prakt. Chem.*, (2), **58**, 174], ou par l'action d'un excès de chlorure directement sur l'hydrate d'hydrazine en solution aqueuse [O. Hinsberg, *D. chem. G.*, **27**, 601]. Aiguilles brillantes, fusibles à 228° avec dégagement de gaz (Lorenzen), à 245° (Hinsberg), un peu solubles dans l'eau et dans l'alcool, dans l'acide acétique à chaud; solubles dans les alcalis à froid et s'y décomposant à chaud, avec dégagement d'azote et formation d'acide benzène-sulfinique $C^6H^5-SO^2H$.

β-Naphtalène-sulfone-hydrazide,

$$C^{10}H^7-SO^2-AzH-AzH^2.$$

— On la prépare comme le dérivé benzénique, avec un rendement de 90 0/0, si l'on n'opère que par petites portions. Aiguilles fusibles à 137-139° avec dégagement gazeux et suintement préalable, difficilement solubles dans l'eau, insolubles dans le benzène, l'éther, etc. Outre les propriétés générales des hydrazides primaires, elle possède celle de se changer en dérivé sulfiné par ébullition avec l'eau, l'acide sulfurique ou la potasse dilués.

L'iode la transforme en disulfure de β-naphtyle $(C^{10}H^7)^2S^2$, fusible à 132°; la chaleur agit de même; bref, les réactions rappellent celles du dérivé benzénique. L'acide nitreux donne l'azide correspondante.

Chlorhydrate, $C^{10}H^7SO^2-AzH-AzH^2.HCl$. — Aiguilles fusibles à 148-150°, dissociables par l'eau, solubles dans l'alcool d'où l'éther les précipite.

Dérivé sodé, $C^{10}H^7SO^2-AzNa-AzH^2$. — Précipité jaunâtre, pulvérulent, non fondu encore à 275°, obtenu par addition d'alcoolate de sodium à une solution alcoolique de l'hydrazide. Dissous dans l'alcool chaud, il s'y combine molécule à molécule en donnant des lamelles brillantes, fusibles à 90°.

Acétone-β-naphtylsulfone-hydrazide,

$$C^{10}H^7-SO^2-AzH-Az=C(CH^3)^2.$$

— On dissout à chaud l'hydrazide dans l'acétone et on évapore avec précaution, on reprend par l'alcool. Houppes brillantes, fusibles à 156-158° (avec perte d'azote), à peine solubles dans l'eau, facilement solubles dans l'acétone, décomposables par les acides en régénérant l'acétone.

Benzylidène-β-naphtylsulfone-hydrazide,

$$C^{10}H^7-SO^2-AzH-Az=CH-C^6H^5.$$

— Se prépare par union directe en solution aqueuse ou alcoolique. Aiguilles incolores, fusibles à 150-152° avec dégagement gazeux, presque insolubles dans l'eau, très solubles dans l'éther, décomposables par les acides en régénérant l'aldéhyde.

Acétyl-β-naphtylsulfone-hydrazide,

$$C^{10}H^7-SO^2-AzH-AzH-CO-CH^3.$$

— Aiguilles groupées, brillantes, incolores, fusibles à 208-209° en se décomposant, difficilement solubles dans l'eau et l'alcool bouillants.

Di-β-naphtylsulfone-hydrazide,

$$C^{10}H^7-SO^2-AzH-AzH-SO^2-C^{10}H^7.$$

— Obtenue comme le dérivé benzénique. Aiguilles brunissant à 180°, fondant en se décomposant profondément vers 215°. Soluble dans les alcalis qui la décomposent à l'ébullition.

Dérivé disodé,

$$C^{10}H^7-SO^2-AzNa-AzNa-SO^2-C^{10}H^7.$$

— Sel que l'on peut obtenir cristallisé en dissolvant à chaud dans un peu d'eau le produit de réaction de l'alcoolate de sodium sur la solution alcoolique de l'hydrazide précédente. Ne fond pas encore à 275° [Lorenzen, *J. prakt. Chem.*, (2), **58**, 160].

III. — Réactions diverses.

Nous placerons ici un certain nombre de réactions de l'hydrazine, qui ne s'effectuent ni avec des aldéhydes ou des cétones, ni avec des acides, comme les précédentes, mais avec des composés doués de fonctions variées. Telles sont les réactions entre :

1° L'hydrazine et les composés halogénés, appartenant à la série grasse ou à la série aromatique;

2° L'hydrazine et les divers types de combinaisons azotées.

1° Hydrazine et combinaisons halogénées. — L'iodure de méthyle réagit vivement sur l'hydrate d'hydrazine; on ne trouve comme produit de la réaction que le *diiodhydrate*, fusible à 220°,

$$Az^2H^4, 2HI;$$

en même temps, il y a production d'une odeur intense d'éthylène.

L'iodure d'éthyle ne réagit qu'à chaud; la réaction engendre de l'éthylène et du *biiodhydrate trihydrazinique*, $Az^2H^4, 2HI$, fusible à 90°,3. L'iodure d'amyle donne des résultats analogues.

Ces réactions montrent que l'hydrate d'hydrazine réagit comme un alcali fixe en solution alcoolique :

$$2C^2H^5I + 3Az^2H^4, H^2O$$
$$= 3Az^2H^4, 2HI + 2C^2H^4 + 3H^2O.$$

Le chlorure de benzyle donne du chlorhydrate d'hydrazine ainsi que de nombreux carbures : dibenzyle (en petite quantité), stilbène, beaucoup de toluylène, tolane, et autres à point d'ébullition plus élevé.

Le chloroforme ne réagit pas; l'iodoforme réagit mal [Rothenburg, *D. chem. G.*, **26**, 865].

D'après MM. C. Harries et T. Haga, la réaction peut suivre un cours plus régulier, si l'on a soin de ne faire réagir que progressivement l'iodure de méthyle.

Si l'on agite l'hydrate d'hydrazine avec l'iodure de méthyle à froid, il disparaît aussitôt avec formation de méthylhydrazine et de diméthylhydrazine (dissym.) et d'iodhydrate d'hydrazine; si on ajoute ensuite de la potasse et du nouvel iodure de méthyle, on transforme presque totalement l'hydrazine en iodure de triméthylazonium,

$$AzH^2-Az(CH^3)^3I.$$

La réaction en l'absence de potasse peut servir à préparer les deux méthylhydrazines [*D. chem. G.*, **34**, 56].

Cas du chlorure de benzyle et de ses dérivés nitrés. — Voyez à propos de la dibenzylhydrazine et de ses dérivés nitrés, comment la réaction se passe si l'on ne chauffe pas, comme le faisait M. von Rothenburg.

Cas de l'iodure d'allyle. — Tandis que l'iodure d'éthyle réagit sur l'hydrate d'hydrazine comme sur un ammonium, avec formation d'éthylène, l'iodure d'allyle peut fournir un composé $C^6H^{13}Az^2I$, fusible à 102°. Ce composé est sans doute l'iodhydrate de diallylpyrazolidine, qui se forme par suite de l'état non saturé de l'iodure d'allyle; on a :

$$\begin{array}{ccc} ICH^2 - CH & & CH^2 - CH^2 \\ \quad\;\; \| & & | \qquad\quad | \\ AzH^2 \quad CH^2 & = & AzH \qquad CH^2 \\ \diagdown \quad & & \diagdown \quad \diagup \\ AzH^2 & & AzH, HI \end{array}$$

puis, par action de 2 nouvelles molécules d'iodure,

$$\begin{array}{ccc} & CH^2 - CH^2 & \\ & | \quad\quad\quad | & \\ C^3H^5Az & & CH^2 \\ & \searrow \ \swarrow & \\ & Az - C^3H^5, HI & \end{array}$$

[Virsing, *J. prakt. Chem.*, (2), **50**, 531].

Action de l'hydrate d'hydrazine sur l'épichlorhydrine. — Le mélange des deux corps produit un fort échauffement, et paraît donner une hydrazine suivant l'équation :

$$\underset{\diagdown\ \diagup \atop O}{CH^2 - CH} - CH^2Cl + 2AzH^2 - AzH^2, H^2O$$

$$= \underset{\diagdown\ \diagup \atop O}{CH^2 - CH} - CH^2 - Az^2H^3, H^2O + Az^2H^4, HCl.$$

On fait la réaction le plus convenablement au sein de l'alcool bouillant, en chauffant à reflux pendant 5 heures 5 grammes d'épichlorhydrine dans 50 grammes d'alcool absolu avec 5gr,4 d'hydrate d'hydrazine. L'évaporation de l'alcool laisse un sirop jaunâtre soluble dans l'eau, transformable par les agents déshydratants en pyrazol fusible à 70° (voyez ce mot). La transformation de l'hydrazine en pyrazol peut s'écrire :

$$\underset{\diagdown\ \diagup \atop O}{CH^2 - CH} - CH^2 - AzH - AzH^2, H^2O$$

$$= C^3H^4Az^2 + 2H^2O + H^2.$$

L'hydrogène ne se dégage pas, mais détruit une fraction du produit en donnant de l'ammoniaque [L. Balbiano, *D. chem. G.*, **23**, 1103].

Dérivés substitués du benzène. — L'hydrate d'hydrazine ne réagit pas avec les dérivés monosubstitués du benzène, ni avec les dérivés p-bisubstitués (p-nitro-, chloro-, bromo-, iodoaniline); avec l'azoture de phényle, $C^6H^5-Az^3$, et son dérivé p-nitré, il ne donne pas non plus d'hydrazine aromatique : il se produit les décompositions suivantes :

$$\left\{\begin{array}{l} 3C^6H^5-Az^3 + 3Az^2H^4, H^2O \\ = 3C^6H^5-AzH^2 + 5Az^2 + 2AzH^3 + 3H^2O; \\ C^6H^5Az^3 + 2Az^2H^4, H^2O \\ = C^6H^6 + 2Az^2 + 3AzH^3 + H^2O. \end{array}\right.$$

La benzazide, $C^6H^5-CO-Az^3$, donne lieu à une réaction régulière suivant l'équation :

$$C^6H^5-COAz^3 + 2Az^2H^4, H^2O$$
$$= C^6H^5-CO-AzH-AzH^2 + Az^3-Az^2H^5 + 2H^2O$$

[Curtius et G. Dedichen, *J. prakt. Chem.*, (2), **50**, 241].

Action du trinitrobenzène et du dinitrobenzène chloré. — Ces réactions donnent respectivement naissance à la 2.4.6 trinitro- et à la 2.4 dinitro-phényl-1 hydrazine (voyez ces mots) [A. Purgotti, *Gazz. chim. ital.*, **24**, **1**, 115, 554]. Voyez [*Bull. Soc. Chim.*, (3), **14**, 654] la réclamation de priorité de M. A. Purgotti vis-à-vis de MM. Curtius et Dedichen, qui avaient aussi étudié la question (voyez plus haut).

Les éthers éthoxylés de ces nitrobenzènes donnent aussi une hydrazine, comme les éthers d'acides organiques. Enfin, l'éther diéthoxytrinitrorésorcinique laisse remplacer un seul des groupes éthoxyles par un reste $AzH-AzH^2$ [A. Purgotti, *ibid.*, **25**, **2**, 497; *Bull. Soc. Chim.*, (3), **16**, 780].

Hydrazine et acide bromanilique. — On obtient une combinaison cristallisée rouge brique, répondant à la composition

$$C^6Br^2O^2(OH)^2(Az^2H^4)^2.$$

L'*acide chloranilique* donne la même réaction [A. Descomps, *Bull. Soc. Chim.*, (3), **21**, 366].

2° Hydrazines et composés azotés. — *Hydrate d'hydrazine et oximes, dérivés nitrés, nitrosés et isonitrosés.* — L'*acétoxime* se change en diméthylméthylène-hydrazine $(CH^3)^2C=Az-AzH^2$; la *benzaldoxime* en *benzalhydrazine* analogue.

Le *nitrobenzène* est réduit à l'état d'aniline.

La *p-nitrosodiméthylaniline* est réduite en p-amidodiméthylaniline; la *diphénylnitrosamine* en diphénylhydrazine et diphénylamine.

Ces recherches montrent que les oximes donnent lieu à une réaction de substitution, tandis que les dérivés nitrés ou nitrosés sont réduits à l'état de dérivés aminés [von Rothenburg, *D. chem. G.*, **26**, 2060].

Diazoïques. — L'hydrazine agissant sur une solution d'un diazoïque transforme ce dernier en azo-imide, avec des rendements pouvant atteindre la théorie :

$$C^6H^5-Az=Az-SO^4H + Az^2H^4$$
$$= C^6H^5-Az=Az^2 + (AzH^4)SO^4H$$

[E. Nœlting et O. Michel, *D. chem. G.*, **26**, 88; *Bull. Soc. Chim.*, (3), **10**, 556].

Nitriles. — L'hydrazine tend en général à saturer les nitriles, qui sont des corps incomplets; voyez quelques exemples à l'article Hydrazidines. En voici d'autres très particuliers :

Malonitrile. — Tandis que l'acide cyanacétique ne réagit que par sa fonction acide, le malonitrile réagit par ses deux fonctions nitrile sur l'hydrate d'hydrazine; il se fait en quelque sorte une double hydrazidine, laquelle se transpose en 3.5 diamidopyrazol (huile brune) dont on a préparé la combinaison dibenzylidénique (fusible à 170°) :

$$\begin{array}{ccccc} AzH^2 \quad CAz & & Az = C - AzH^2 & & Az = C - AzH^2 \\ | \qquad\quad | & & | \qquad | & & | \qquad | \\ AzH^2 + CH^2 & = & Az \quad CH^2 & = & AzH \quad CH \\ \quad\ / & & \diagdown\diagdown \ \diagup & & \diagdown \ \diagup\diagup \\ CAz & & C - AzH^2 & & C - AzH^2 \end{array}$$

[R. von Rothenburg, *D. chem. G.*, **27**, 685].

Cyanamide. — En solution alcoolique, elle réagit sur l'hydrazine et engendre l'amino-guanidine

$$AzH^2-CAz + AzH-AzH^2 = AzH^2-C\begin{matrix} \lesssim AzH^2 \\ \ \ Az-AzH^2 \end{matrix}$$

[G. Pellizari et G. Cuneo, *Gazz. chim. ital.*, **24**, **1**, 450].

Il en est de même avec les hydrazines substituées. Cette réaction engendre donc des hydrazidines spéciales de l'acide aminoformique

$$AzH^2-CO^2H,$$

qui ont été étudiées à l'article Guanidine.

Cyanhydrine benzaldéhydique. — Le phénomène se traduit par une réduction d'où résulte le nitrile phénylacétique :

$$2C^6H^5-CH(OH)-CAz + Az^2H^4$$
$$= 2C^6H^5-CH^2-CAz + Az^2 + 2H^2O$$

[A. Purgotti, *Gazz. chim. ital.*, **25**, **1**, 117].

II. — HYDRAZINES PRIMAIRES.

Nous diviserons l'étude des hydrazines primaires en deux parties.

Dans la première partie, nous placerons les hydrazines dont le groupement fonctionnel $-AzH-AzH^2$ est rattaché directement soit à une chaîne grasse, soit à une chaîne cyclique saturée (hydroaromatique), soit enfin par l'intermédiaire d'une chaîne latérale à un noyau aromatique.

Dans la seconde partie, nous placerons les hydrazines dont le groupement fonctionnel sera rattaché à une chaîne fermée non saturée (uniquement carbonée ou à la fois carbonée et azotée).

Première partie.

Elle comprendra les subdivisions suivantes :
A. Hydrazines grasses;
B. Hydrazines des composés hydroaromatiques;
C. Hydrazines en chaîne latérale dans la série aromatique.

A. — HYDRAZINES GRASSES.

On les préparait autrefois par réduction de dérivés nitrés ou nitrosés d'amines primaires ou de dérivés d'amines primaires ultérieurement dédoublables. Mais on peut aussi, maintenant que l'on connaît l'hydrazine, les obtenir par l'action des éthers halogénés sur cette base : dans certaines circonstances bien définies, elle se conduit comme l'ammoniaque. L'hydrazine sert encore d'intermédiaire pour préparer les benzylhydrazines, par réduction des azines qu'elle fournit avec l'aldéhyde benzylique et ses dérivés. On trouvera à la description de la méthylhydrazine et de la benzylhydrazine les détails relatifs à ces réactions; ceci nous dispensera de généralités qu'il faudrait répéter. Ajoutons seulement ici le procédé de M. N. Kijner, lequel a permis à son auteur de préparer quelques hydrazines aliphatiques par une série de réactions assez différentes des précédentes, procédé appliqué d'abord à la préparation de la l-menthylhydrazine [*J. prakt. Chem.*, (2), **52**, 424], puis ensuite à celles de l'hexyle-, de l'heptyle-, de l'octyle- et de la 1 méthylcyclohexyl-3 hydrazine [*Ibid.*, **64**, 113]. La méthode consiste à préparer d'abord le dérivé monobromé de l'amine suivant l'équation :

$$\begin{matrix}R\\R_1\end{matrix}\!>CH-AzH^2 + Br^2 + KOH$$
$$= \begin{matrix}R\\R_1\end{matrix}\!>CH-AzHBr + KBr + H^2O,$$

ce qui se fait en laissant tomber le métalloïde goutte à goutte dans une solution de l'amine dans la dose voulue d'alcali. On extrait alors la bromamine avec de l'éther, et on agite l'extrait de cette solution éthérée avec de l'oxyde d'argent fraîchement précipité, dans la proportion de 1 molécule d'oxyde pour 2 de bromamine. On ajoute ensuite un grand excès d'eau, et on agite fortement le mélange jusqu'à la fin de la réaction. Il se produit ainsi l'hydrazone de l'hydrazine correspondant à l'amine et à la cétone :

$$\begin{matrix}R\\R_1\end{matrix}\!>CO,$$

$$\begin{matrix}R\\R_1\end{matrix}\!>CH-AzHBr + Br-AzH-CH\!<\!\begin{matrix}R\\R_1\end{matrix} + Ag^2O$$
$$= \begin{matrix}R\\R_1\end{matrix}\!>CH-AzH-Az=C\!<\!\begin{matrix}R\\R_1\end{matrix} + 2AgBr + H^2O.$$

On extrait l'hydrazone par l'éther, on la lave avec de l'acide chlorhydrique faible pour enlever l'amine restante ou régénérée, et on la décompose ensuite par ébullition avec le même acide, ce qui donne l'aldéhyde et l'hydrazine correspondant à l'amine primitive.

Propriétés. — Quant aux propriétés, elles se calquent assez sur celles de la méthylhydrazine ou de l'éthylhydrazine pour que nous ne jugions pas nécessaire de rassembler ici des généralités. Les propriétés chimiques se répètent, à l'intensité près; les propriétés physiques, ainsi que celles des dérivés, varient progressivement comme dans les autres séries.

MÉTHYLHYDRAZINE, $AzH^2-AzH-CH^3$.

Cette base s'obtient par la réduction :

1° De la nitrosométhylurée et saponification ultérieure de l'aminométhylurée produite [von Brüning, *Ann. Chem.*, **253**, 5].

$$AzH^2-CO-Az(AzO)CH^3 \rightarrow AzH^2-CO-Az(AzH^2)CH^3$$
$$\rightarrow AzH^3 + CO^2 + AzH^2-AzH-CH^3.$$

2° Du diazométhane par l'amalgame de sodium :

$$CH^2\!<\!\begin{matrix}Az\\ \|\\ Az\end{matrix} + H^4 = CH^3-AzH-AzH^2$$

[H. von Pechmann, *D. chem. G.*, **28**, 859].

3° De la nitrosodiméthylphénylhydrazine par le zinc et l'acide chlorhydrique :

$$C^6H^5-Az(CH^3)-Az(AzO)CH^3 + 3H^2$$
$$= C^6H^5-AzH-CH^3 + AzH^2-AzH-CH^3 + H^2O$$

[C. Harries, *D. chem. G.*, **27**, 700].

4° De la méthylnitramine, $CH^3-AzH-AzO^2$, par le zinc et l'acide chlorhydrique [J. Thiele et C. Meyer, *D. chem. G.*, **29**, 962].

5° De la dihydrotétrazine par le zinc et l'acide acétique :

$$CH\!<\!\begin{matrix}Az-AzH\\AzH-Az\end{matrix}\!>CH + 4H^2 = 2CH^3-AzH-AzH^2$$

[Hantzsch et Silberrad, *D. chem. G.*, **33**, 58].

6° Elle s'obtient encore, à côté de la diméthylhydrazine, dans l'action ménagée de l'iodure de méthyle, à froid, sur l'hydrate d'hydrazine.

$$AzH^2-AzH^2 + CH^3I = AzH^2-AzH-CH^3, HI.$$

On sépare les deux corps par l'intermédiaire de leurs oxalates [C. Harries et T. Haga, *D. chem. G.*, **31**, 61].

Préparation. — On part de la nitrosométhylurée, $AzH^2-CO-Az(AzO)CH^3$, et on opère de la façon suivante : 1 partie de l'urée nitrosée est mise en suspension dans 6 parties d'eau et additionnée de 2 parties et demie d'acide acétique. On ajoute alors, en agitant, 4 parties de poudre de zinc dans l'espace de 2 à 3 heures, et à une température comprise entre 5 et 15°. On peut opérer sur 200 grammes de nitroso-urée. La liqueur filtrée est alors sursaturée par une quantité égale d'acide chlorhydrique, et évaporée à consistance de sirop. Ce sirop est mis à bouillir pendant 12 heures au réfrigérant à reflux, avec 3 fois son poids d'acide chlorhydrique concentré destiné à détruire l'aminométhylurée. On sursature alors par la soude, jusqu'à apparition de flocons d'hydroxyde de zinc, et on distille dans un courant de vapeur d'eau, tant que le liquide distillé réduit la liqueur de Fehling; de l'ammoniaque et de la méthylamine accompagnent l'hydrazine entraînée. Pour s'en débarrasser, on fait bouillir le liquide au réfrigérant ascendant pendant 6 à 8 heures, on neutralise le produit restant par de l'acide sulfurique en quantité voulue, et on évapore à consistance sirupeuse. L'alcool absolu précipite de ce sirop une bouillie de cristaux de sulfate de méthylhydrazine qu'on purifie par cristallisation dans l'alcool étendu, et d'où l'on extrait la base par la soude concentrée, en distillant. On fait sécher le produit distillé sur de la soude solide et on distille de nouveau. Pour avoir la base tout à fait anhydre, il faut recourir à la baryte anhydre.

La méthylhydrazine est un liquide limpide, mobile, à odeur de méthylamine, bouillant à 87° sous 745 millimètres, très avide d'eau, fumant à l'air, miscible à l'eau en s'échauffant, à l'alcool et à l'éther, très réducteur. Elle attaque la peau, le caoutchouc et le liège (von Brüning).

Sels. — Elle donne un *chlorhydrate*, facilement soluble dans l'eau et dans l'alcool; deux *sulfates* : l'un *acide*, $SO^4H^2, CH^3-AzH-AzH^2$, en longues aiguilles fusibles à 139°,5, facilement solubles dans l'eau, moins solubles dans l'alcool; l'autre *neutre*, plus difficilement cristallisable, soluble dans l'eau et dans l'alcool; un *oxalate* cristallisant dans l'alcool à chaud; un *picrate*, cristallisant dans l'alcool, en belles aiguilles jaunes, fusibles à 162° avec décomposition. D'après MM. Harriès et Haga, l'oxalate n'aurait pas une composition normale; sa formule serait

$$(CH^3-AzH-AzH^2)^8(C^2H^2O^4)^7.$$

Hydrazones benzylidéniques. — MM. Harries et Haga (*loc. cit.*) ont obtenu deux hydrazones benzylidéniques : l'une, normale,

$$C^6H^5-CH=Az-AzH-CH^3,$$

et l'autre qui est une tribenzylidène-bis-méthylhydrazine

$$\begin{array}{l} C^6H^5-CH=Az-Az-CH^3 \\ \qquad\qquad\qquad\qquad > CH-C^6H^5 \\ C^6H^5-CH=Az-Az-CH^3 \end{array}$$

La première s'obtient si l'on met les quantités calculées de matières; elle est en lames épaisses, fusibles à 179°. La seconde s'obtient si l'on emploie 3 molécules d'aldéhyde benzylique et 2 molécules d'hydrazine en solution aqueuse; elle est en fines aiguilles blanches, fusibles à 109°. Elle est beaucoup plus soluble que la première dans l'éther de pétrole, et se décompose facilement avec perte d'aldéhyde benzylique.

Méthylhydrazine et β-dicétones. — L'acétylacétone conduit au 1.3.5 triméthylpyrazol

$$\begin{array}{lll} CH^3-CO-CH^2 & & CH^3-C-CH \\ \qquad\qquad | & & \quad\ \ \| \quad\ \| \\ AzH^2 \quad CO-CH^3 & = & \ \ Az \quad C-CH^3 \\ \quad \diagdown & & \quad \diagdown\ \diagup \\ \quad AzH-CH^3 & & \quad Az-CH^3 \end{array}$$

[L. Knorr, *Ann. Chem.*, **279**, 323].

La méthylacétylacétone conduit au 1.3.4.5 tétraméthylpyrazol [B. Oettinger, *ibid*, **279**, 246]. (Voyez Pyrazols.)

Dibenzoylméthylhydrazide,

$$(C^6H^5-CO)^2-Az^2H(CH^3).$$

— Aiguilles incolores, fusibles à 143°, assez difficilement solubles dans l'eau à chaud, solubles dans l'alcool, assez solubles dans l'éther; solubles dans les alcalis étendus; non réductrices. Obtenues par le chlorure de benzoyle et le sulfate de la base employés en quantités calculées en présence d'alcali.

Méthylpicrazide ou *trinitrophénylméthylhydrazine,* $C^6H^2(AzO^2)^3-Az^2H^2-CH^3$. — Lamelles jaunes brillantes, fusibles à 171°, facilement solubles dans l'eau et dans l'éther, difficilement dans le chloroforme. Obtenues par le chlorure de picryle et la méthylhydrazine en solutions alcooliques à froid.

Oxalyl-bis-méthylhydrazine,

$$CH^3-Az^2H^2-CO-CO-Az^2H^2-CH^3.$$

— Composé encore réducteur, en petites aiguilles, fusibles à 221°, peu soluble dans l'eau, facilement soluble dans l'alcool, assez soluble dans l'éther et dans le chloroforme, sublimable avec décomposition légère. Obtenu par l'action de la base aqueuse sur l'éther oxalique.

Oxalyl-bis-méthylnitrosohydrazine,

$$\begin{array}{l} CH^3-Az(AzO)AzH-CO \\ \qquad\qquad\qquad\qquad\quad | \\ CH^3-Az(AzO)AzH-CO \end{array}$$

— Corps bien cristallisé, soluble dans l'eau et dans l'alcool, fusible à 147° avec décomposition; obtenu en nitrosant le composé précédent en milieu sulfurique [G. von Brüning, *Ann. Chem.*, **253**, 5].

Méthylsemicarbazide,

$$AzH^2-CO-AzH-AzH-CH^3.$$

— Il suffit pour obtenir ce corps de chauffer ensemble, pendant 24 heures au bain-marie, 1 molécule de cyanate de potassium avec 1 molécule de sulfate acide de méthylhydrazine, rendu neutre par addition de 1 molécule de potasse. On évapore ensuite à sec et on reprend par le chloroforme. La méthylsemicarbazide est fusible à 113°, facilement soluble dans l'eau et dans l'alcool, moins dans le benzène, le chloroforme et l'éther; réductrice.

Méthylphénylsulfosemicarbazide,

$$C^6H^5-AzH-CS-AzH-AzH-CH^3.$$

— Petits prismes fusibles à 143°, facilement solubles dans l'eau et dans l'alcool à chaud, peu solubles dans l'éther. Obtenue par l'action du phénylsénevol sur une solution aqueuse de base.

Thiosemicarbazides. — MM. W. Marckwald et E. Sedlaczek ont préparé quelques thiosemicarbazides de la méthylhydrazine [*D. chem. G.*, **29**, 2920].

Diméthylthiosemicarbazide (*méthylthiocarbo-b-méthylhydrazide*),

$$CH^3-AzH-CS-AzH-AzH-CH^3.$$

— Paillettes blanches, fusibles à 138°, solubles dans l'eau et dans l'alcool bouillant, peu solubles dans l'éther, obtenues avec le méthylsénevol et la méthylhydrazine en solutions éthérées.

Méthyléthylthiosemicarbazide (*éthylthiocarbamo-b-méthylhydrazide*),

$$C^2H^5-AzH-SC-AzH-AzH-CH^3.$$

— Paillettes fusibles à 84°.

Ces deux carbazides donnent des *chloroplatinates* cristallisés B, $PtCl^6H^2$.

Les mêmes auteurs ont aussi fait quelques recherches sur les dérivés de la méthylphénylthiosemicarbazide de M. von Brüning.

L'iodure de méthyle donne naissance à un *iodométhylate* fusible à 91°, lequel se comporte comme l'iodhydrate d'une base $C^9H^{13}Az^3S$, peu stable, se dédoublant avec formation de mercaptan.

L'oxychlorure de carbone en solution toluénique conduit à un composé cyclique,

$$CO \begin{array}{l} \diagup Az(CH^3)-Az \\ \qquad\qquad\quad\ \ \| \\ \diagdown Az(C^6H^5)-C-SH \end{array}$$

fusible à 163°, et transformable par la chaleur en un isomère fusible à 212°, doué de propriétés acides, possédant sans doute la formule

$$CO \begin{array}{l} \diagup Az(CH^3)AzH \\ \qquad\qquad\quad\ | \\ \diagdown Az(C^6H^5)CS \end{array}$$

En effet, ce corps n'est pas attaqué par l'iode,

tandis que le composé fusible à 163° se transforme en un disulfure

$$CO\begin{matrix}\diagup Az(CH^3)-Az \\ \\ \diagdown Az(C^6H^5)-\underset{\Vert}{C}-S-S-\underset{\Vert}{C}-(C^6H^5)Az\end{matrix}\begin{matrix}Az-(CH^3)Az\diagdown \\ \\ \diagup\end{matrix}CO$$

d'où l'on peut revenir par les réducteurs au produit primordial. Le permanganate attaque le composé fusible à 212° et le change en un composé oxygéné, soluble dans l'eau, fusible à 188°, doué de propriétés très acides,

$$CO\begin{matrix}\diagup Az(CH^3)-AzH \\ \qquad\qquad\quad | \\ \diagdown Az(C^6H^5)-CO\end{matrix}$$

avec le composé fusible à 163°, le permanganate ne donne pas de produit défini.

L'isomère fusible à 163° réagit sur l'iodure de méthyle, en donnant les semi- et mono-iodhydrates d'une base $C^{10}H^{11}Az^3OS$; le premier fond à 97° et se dissout dans le chloroforme, le second fond à 120° et ne s'y dissout pas. La potasse décompose ces sels avec production de mercaptan [Marckwald et Sedlaczek, *loc. cit.* et *Bull. Soc. Chim.*, (3), **18**, 584].

Ces réactions permettent d'attribuer à la méthylphénylthiosemicarbazide une constitution hydrazonique :

$$\begin{matrix}SH-C-AzH-C^6H^5 \\ \Vert \\ Az-AzH-CH^3\end{matrix}$$

Le chlorhydrate de méthylphénylthiosemicarbazide, chauffé à 120°, perd de l'hydrogène sulfuré et se transforme en un mélange de chlorhydrates de méthylhydrazine et d'une base $C^{15}H^{14}Az^4S$:

$$2(C^6H^5-AzH-CS-AzH-AzHCH^3)HCl$$
$$= H^2S + Az^2H^3CH^3,HCl + C^{15}H^{14}Az^4S,HCl.$$

Ce même composé $C^{15}H^{14}Az^4S$ s'obtient encore si on chauffe un mélange de méthylphénylthiosemicarbazide et de phénylsénevol. Il constitue des cristaux blancs fusibles à 175°, et représente un dérivé du triazol provenant de l'élimination d'une molécule d'hydrogène sulfuré dans une méthylhydrazide-diphényldithiocarbamide intermédiaire; par exemple :

$$\begin{matrix}AzH-Az-CH^3 \\ |\qquad | \\ CS\quad CS\text{-}AzH\text{-}C^6H^5 \\ \diagdown \\ C^6H^5\text{-}AzH\end{matrix} = H^2S + \begin{matrix}AzH-Az-CH^3 \\ |\qquad | \\ CS\quad C=Az\text{-}C^6H^5 \\ \diagdown\ \diagup \\ Az-C^6H^5\end{matrix}$$

Méthylhydrazine et sulfure de carbone. — Le sulfate de méthylhydrazine donne, en solution alcoolique avec le sulfure de carbone, en présence des alcalis ajoutés peu à peu, une réaction énergique avec départ d'hydrogène sulfuré et formation de méthyldithiobiazolone-thiol (voyez ce mot).

$$\begin{matrix}CH^3-AzH - AzH^2 \\ S=C\quad S=C=S \\ \diagdown\diagdown \\ S\end{matrix} = \begin{matrix}CH^3-Az - Az \\ \Vert\qquad \Vert \\ CS\quad CSH \\ \diagdown\ \diagup \\ S\end{matrix} + H^2S.$$

[E. Ziegele, *J. prakt. Chem.*, (2), **60**, 51].

Ethylhydrazine, $C^2H^5-AzH-AzH^2$.

Voyez 1er Suppl., 922 et 2e Suppl., à Carbazides, **1**, 979.

L'éthylhydrazine prend naissance, comme la méthylhydrazine, dans la réduction de l'éthylnitramine, mais ce n'est pas là un procédé à recommander pour préparer cette base [J. Thiele et C. Meyer, *D. chem. G.*, **29**, 961]

Hexylhydrazine (2 *hydrazino-hexane*),

$$\begin{matrix}CH^3 \\ C^4H^9\end{matrix}\!>\!CH-AzH-AzH^2$$

Préparée par M. Kijner. Séparée de son chlorhydrate elle est liquide et très réductrice; elle n'a pas été obtenue à l'état pur.

Heptylhydrazine (4 *hydrazino-heptane*),

$$(C^3H^7)^2CH-AzH-AzH^2.$$

Préparée par M. Kijner suivant sa méthode (30 grammes de 4 amino-heptane donnent 10 grammes d'hydrazine).

L'heptylhydrazine est un liquide d'odeur aminée, bouillant à 190-192° sans décomposition sous la pression normale, $D_0 = 0,8545$. Elle réduit le nitrate d'argent ammoniacal à la température ordinaire, et s'oxyde facilement à l'air.

Hydrazone pyruvique,

$$\begin{matrix}CH^3 \\ CO^2H\end{matrix}\!>\!C=Az-AzH-C^7H^{15}.$$

— Longues aiguilles facilement solubles dans l'éther de pétrole bouillant, fusibles à 57-58°.

Phénylsulfocarbamo-β-heptylhydrazide,

$$CS\begin{matrix}\diagup AzH-C^6H^5 \\ \diagdown AzH-AzH-C^7H^{15}\end{matrix}$$

— Aiguilles par cristallisation dans l'éther de pétrole, tables dans l'alcool. Point de fusion, 122°.

Octylhydrazine (2 *hydrazino-octane*),

$$\begin{matrix}C^6H^{13} \\ CH^3\end{matrix}\!>\!CH-AzH-AzH^2.$$

Préparée par M. Kijner. Elle bout à 212° (210-215°), s'oxyde facilement à l'air et réduit le nitrate d'argent ammoniacal sous l'influence d'une douce chaleur.

Hydrazone pyruvique

$$\begin{matrix}CH^3 \\ CO^2H\end{matrix}\!>\!C=Az-AzH-C^8H^{17}.$$

— Masse cristalline fusible à 39°.

Phénylsulfocarbamo-β-octylhydrazide,

$$CS\begin{matrix}\diagup AzH-C^6H^5 \\ \diagdown AzH-AzH-C^8H^{17}\end{matrix}$$

— Longues aiguilles fusibles à 116°, cristallisant dans l'éther acétique.

B. — Hydrazines primaires des cyclohexanes.

1 Méthylcyclohexyl-3 hydrazine,

$$CH^2\begin{matrix}\diagup CH^2-CH-CH^3 \\ \qquad\qquad >CH^2 \\ \diagdown CH^2-CH-AzH-AzH^2\end{matrix}$$

Elle n'a pas été isolée à l'état libre, mais seulement combinée au phénylsénevol, c'est-à-dire sous la forme du composé

$$CS\begin{matrix}\diagup AzH-C^6H^5 \\ \diagdown AzH-AzH-C^7H^{13}\end{matrix}$$

lequel cristallise en petites tables rhombiques fusibles à 137-138°, solubles dans l'alcool.

l-Menthylhydrazine,

$$CH^3-CH\begin{matrix}\diagup CH^2-CH^2 \\ \qquad\qquad >CH-C^3H^7 \\ \diagdown CH^2-CH-AzH-AzH^2\end{matrix}$$

On obtient la menthylhydrazone de la menthone, $C^{10}H^{19}-AzH-Az=C^{10}H^{18}$, quand on traite par l'oxyde d'argent la l-bromomenthylamine $C^{10}H^{19}-AzHBr$.

La *menthone-menthylhydrazine* s'extrait facilement par l'éther, et cristallise dans l'alcool en longues aiguilles prismatiques, colorées en jaune verdâtre, fusibles à 93°, possédant un fort pouvoir rotatoire, $[\alpha]_D = -378°,1$. Le rendement est presque théorique.

A son tour, cette hydrazone, traitée par l'acide chlorhydrique dilué, se scinde en menthone et *chlorhydrate de menthylhydrazine*, sel soluble dans l'eau, l'alcool et l'éther, lévogyre, $[\alpha]_D = -46°,05$. De ce sel, les alcalis séparent l'*hydrazine* qui bout à 240-242° sous 761 millimètres [N. Kijner, *J. prakt. Chem.*, (2), **52**, 424]. Elle est très réductrice et oxydable au point qu'on ne peut en prendre ni la densité, ni le pouvoir rotatoire.

Phénylsulfocarbamo-b-menthylhydrazide,

$$CS \begin{cases} AzH-C^6H^5 \\ AzH-AzH-C^{10}H^{19} \end{cases}$$

— Produit de l'action du phénylsénevol sur l'hydrazine en solution dans l'éther de pétrole; $[\alpha]_D = -49°,1$; point de fusion, 160°.

Azoxymenthane,

$$C^{10}H^{19}-Az-Az-C^{10}H^{19} \quad (\text{les deux Az liés à } O)$$

— L'oxydation de la menthone-menthylhydrazine par l'acide azotique (D = 1,4), à la température ordinaire donne naissance à un composé de la formule $C^{20}H^{38}Az^2O$, qui peut être considéré comme l'azoxymenthane. Ce corps cristallise dans l'alcool en longues aiguilles soyeuses, fusibles à 84-84°,5, dont la solution benzénique à 6 0/0 possède un pouvoir rotatoire $[\alpha]_D = -177°$. L'acide chlorhydrique fumant, à 140°, en tube scellé, le décompose en chlorhydrate d'hydrazine et menthone :

$$C^{10}H^{19}-Az^2O-C^{10}H^{19} + H^2O + 2HCl = 2C^{10}H^{18}O + Az^2H^4,2HCl$$

D'autre part, la réduction le ramène à l'état de menthone-menthylhydrazine.

Enfin, l'oxydation de l'hydrazine menthylique par le ferricyanure de potassium en milieu alcalin conduit au menthane.

Cette remarque s'applique également aux hydrazines qu'a préparées M. Kijner [*J. prakt. Chem.*, (2), **64**, 126]. On obtient ainsi les carbures saturés correspondant aux hydrazines.

C. — HYDRAZINES PRIMAIRES EN CHAÎNE LATÉRALE DANS LA SÉRIE AROMATIQUE.

Ces hydrazines font naturellement suite aux hydrazines grasses, dont elles se rapprochent bien plus que des hydrazines purement aromatiques.

BENZYLHYDRAZINES PRIMAIRES. — Un certain nombre de ces hydrazines ont été étudiées : On les prépare en réduisant l'aldazine correspondante par l'amalgame de sodium en milieu alcoolique (voyez à la BENZYLHYDRAZINE simple.)

Ce sont des composés non hygroscopiques, fusibles à basse température, distillables dans le vide, très oxydables, perdant déjà de l'azote au contact de l'air, salifiables par les acides, mais pouvant se décomposer par les mêmes acides bouillants en sel d'hydrazine et alcool benzylique correspondant.

Leurs *hydrazones* s'oxydent par l'oxyde mercurique à l'état d'hydrotétrazones, puis d'aldazines; enfin, les hydrotétrazones sont dédoublées par les acides minéraux en aldazines et hydrazones. Exemple :

$$1)\quad \begin{matrix} RCH^2-AzH-Az=CHR \\ RCH^2-AzH-Az=CHR \end{matrix} + O = \begin{matrix} RCH^2-Az-Az=CHR \\ | \\ RCH^2-Az-Az=CHR \end{matrix} + H^2O.$$

$$2)\quad \begin{matrix} RCH^2-Az-Az=CHR \\ | \\ RCH^2-Az-Az=CHR \end{matrix} + O = 2RCH=Az-Az=CHR + H^2O.$$

$$3)\quad \begin{matrix} RCH^2-Az-Az=CHR \\ | \\ RCH^2-Az-Az=CHR \end{matrix} = RCH^2-AzH-Az=CHR + RCH=Az-Az=CHR.$$

BENZYLHYDRAZINE, $C^6H^5-CH-AzH^2-AzH^2$.

Réduction de la benzaldazine. — La nature des produits de réduction de la benzaldazine a été indiquée d'abord sommairement par MM. Curtius et Jay [*J. prakt. Chem.*, (2), **39**, 48], puis plus amplement par MM. Curtius et Quequenfeldt [*Ibid.*, (2), **58**, 369]. Mais ce dernier mémoire lui-même contenait une inexactitude. Les auteurs avaient cru que le produit fusible à 65°, fourni par la réduction au moyen de l'amalgame de sodium en milieu alcoolique, était la dibenzylhydrazine symétrique :

$$C^6H^5-CH=Az-Az=CH-C^6H^5 + 2H^2 = C^6H^5-CH^2-AzH-AzH-CH-C^6H^5$$

et ils avaient assigné à ce corps une fonction monobasique. En réalité, c'est un composé qui en diffère par deux atomes d'hydrogène en moins [Curtius, *J. prakt. Chem.*, (2), **62**, 90],

$$C^6H^5-CH^2-AzH-Az=CH-C^6H^5$$

soit la *benzylalbenzylhydrazone*. De sorte que les dérivés décrits dans le mémoire de MM. Curtius et Quequenfeldt sont, non des dérivés de la dibenzylhydrazine, mais de la benzylalbenzylhydrazone (voyez ces deux mots). En réalité, il se forme bien un peu de dibenzylhydrazine, mais elle reste dans les eaux mères de la préparation; si on veut l'obtenir plus abondamment, il faut forcer la dose d'amalgame et chauffer pendant longtemps.

Avec d'autres collaborateurs, M. Curtius a encore montré qu'en milieu acide (zinc et acide acétique) il se forme une amine secondaire et une amine primaire :

$$C^6H^5-CH=Az-Az=CH-C^6H^5 + 3H^2 = (C^6H^5-CH^2)^2AzH + AzH^3 = 2C^6H^5-CH^2-AzH^2.$$

Vers la même époque, MM. A. Wohl et Œsterlin [*D. chem. G.*, **33**, 2736] ont étudié également la réduction de la benzaldazine, et sont arrivés sensiblement aux mêmes conclusions en ce qui concerne la benzylhydrazine.

Enfin, la réduction de la benzylalhydrazone,

$$C^6H^5-CH=Az-AzH^2,$$

peut aussi fournir de la benzylhydrazine moyennant quelques précautions [Curtius, *D. chem. G.*, **33**, 2459].

On obtient le chlorhydrate de la benzylhydrazine en décomposant par l'acide chlorhydrique concentré la benzylalbenzylhydrazone (voyez plus bas); on entraîne l'aldéhyde benzylique par la vapeur d'eau et on concentre le résidu dans le vide. Les alcalis en déplacent la base sous la forme d'une huile d'odeur analogue à celle de la benzylalhydrazone, bouillant à 135° sous 29 millimètres (C.), 103° sous 41 millimètres (W. et Œ.), soluble dans l'eau, l'alcool et l'éther.

Elle présente la remarquable propriété d'être décomposée lentement par les acides étendus bouillants en hydrazine et alcool benzylique :

$$C^6H^5-CH^2-AzH-AzH^2 + H^2O$$
$$= C^6H^5-CH^2OH + AzH^2-AzH^2.$$

L'alcool, si l'on opère en milieu chlorhydrique, passe à l'état de chlorure de benzyle [Curtius, *J. prakt. Chem.*, (2), **62**, 94].

Sa distillation à la température ordinaire donne du dibenzyle fusible à 52°. Le perchlorure de fer la transforme en benzaldazine; l'iode en présence de bicarbonate de sodium en iodure de benzyle. L'acide azoteux conduit à la *nitrosobenzylhydrazine*, fusible à 71°, et transformable par les acides minéraux en *benzylazimide*, $C^6H^5-CH^2-Az^3$ (W. et O.), bouillant à 108° sous 23 millimètres [Curtius, *D. chem. G.*, **33**, 2561].

Chlorhydrate, B, HCl. — Cristallisé dans l'alcool, il se présente en magnifiques lamelles brillantes, fusibles à 110°, très solubles dans l'eau, plus solubles à chaud qu'à froid dans l'alcool, insolubles dans l'éther.

BENZYLALBENZYLHYDRAZONE (*benzylidène-benzylhydrazone*),

$$C^6H^5-CH^2-AzH-Az=CH-C^6H^5.$$

— Ce composé peut s'obtenir par l'union de l'aldéhyde benzylique et de la benzylhydrazine : il se forme ainsi un composé identique au corps que MM. Curtius et Quequenfeldt avaient d'abord pris pour la dibenzylhydrazine symétrique.

La préparation et les propriétés de ce corps ont été indiquées d'abord par MM. Curtius et Jay, puis précisées par MM. Curtius et Quequenfeldt et, enfin, par M. Curtius seul [*Ibid.*, (2), **62**, 90], en même temps que par MM. Wohl et Œsterlin. Pour le préparer, on ajoute en un quart d'heure 265 grammes d'amalgame de sodium à 2,5 0/0 à une solution dans l'alcool à 96 0/0 (416 grammes), de 41gr,6 de benzaldazine pure. La solution s'échauffe à chaque addition; on la maintient finalement à l'ébullition pendant 2 heures; on filtre et, par addition de 200 grammes d'eau, la base se dépose en grandes feuilles incolores. Rendement 50 à 60 0/0 au plus.

La benzylalbenzylhydrazine constitue de grandes tables incolores, fusibles à 65°, à 69-70° [Wohl et Œsterlin, *mém. cité*], solubles facilement dans l'éther et dans le benzène, un peu moins dans l'alcool froid et dans l'acide acétique, tout à fait insolubles dans l'eau, entraînables par la vapeur d'eau, assez altérables à l'air, mais se conservant inaltérées dans une atmosphère d'acide carbonique, stables vis-à-vis des alcalis et des acides dilués, réduisant l'azotate d'argent ammoniacal, mais non la liqueur de Fehling. Elle forme des sels et se conduit comme monoacide. La distillation fournit du stilbène (Wohl et Œsterlin).

Chlorhydrate,

$$C^6H^5-CH^2-AzH-Az=CH-C^6H^5, HCl.$$

— Obtenu en dirigeant du gaz chlorhydrique dans une solution éthérée de base, puis faisant cristalliser dans l'eau acidulée par l'acide chlorhydrique le précipité qui s'est formé. Grandes tables brillantes, fusibles à 153°, facilement solubles dans le benzène et dans l'alcool, difficilement solubles dans l'eau pure, très stables même à l'air.

Picrate,

$$C^6H^5-CH^2-AzH-Az=CH-C^6H^5, C^6H^2(AzO^2)^3OH.$$

— Obtenu en mêlant les solutions alcooliques des composants, et faisant cristalliser dans l'alcool à chaud. Cristaux en touffes radiées, d'un jaune intense superbe, fusibles à 130°, peu solubles dans l'éther et dans l'alcool, inaltérables.

Acétylbenzalbenzylhydrazone,

$$C^6H^5-CH^2-Az(CO-CH^3)Az=CH-C^6H^5.$$

— Beaux cristaux incolores prismatiques, fusibles à 78°, facilement solubles dans l'alcool, le benzène et l'éther, insolubles dans l'eau; obtenus par l'action de l'anhydride acétique en excès sur la base, au bain-marie.

Benzoylbenzalbenzylhydrazone,

$$C^6H^5-CH^2-Az(CO-C^6H^5)Az=CH-C^6H^5.$$

— Cristaux incolores, fusibles à 87°, obtenus en évaporant au bain-marie un mélange équimoléculaire de chlorure de benzoyle et de base en solution alcoolique.

Nitrosobenzalbenzylhydrazone,

$$C^6H^5-CH^2-Az(AzO)Az=CH-C^6H^5.$$

— Obtenu par nitrosation en milieu acétique. Constitue de gros cristaux d'un jaune pâle magnifique, fusibles à 89°, facilement solubles dans l'alcool à chaud.

Dibenzaldibenzylhydrazotétrazone,

$$\begin{array}{l} C^6H^5-CH^2-Az-Az=CH-C^6H^5 \\ \qquad\qquad\quad | \\ C^6H^5-CH^2-Az-Az=CH-C^6H^5 \end{array}$$

— C'est le produit d'oxydation de la benzalbenzylhydrazone par l'oxyde mercurique. Longues aiguilles, fusibles à 152°, facilement solubles dans le benzène, peu solubles dans l'alcool, très peu dans l'éther.

SALICYLYDÈNE-BENZYLHYDRAZONE,

$$C^6H^5-CH^2-AzH-Az=CH-C^6H^4(OH).$$

— Lamelles faiblement colorées en jaune, obtenues au moyen de l'aldéhyde salicylique et du chlorhydrate de benzylhydrazine en présence d'acétate de soude. Fusible à 90°.

Benzylhydrazone pyruvique,

$$C^6H^5-CH^2-AzH-Az=C\begin{cases}CH^3\\CO^2H\end{cases}$$

— Prismes incolores, stables à l'air, fusibles à 104°.

HYDRAZIDES. — *Benzylsemicarbazide*,

$$C^6H^5-CH^2-AzH-AzH-CO-AzH^2.$$

— Cristaux fusibles à 116°; obtenus par l'action à chaud d'une solution aqueuse de cyanate de potassium sur le chlorhydrate de benzylhydrazine, et reprise du résidu par l'alcool.

Benzylthiosemicarbazide,

$$C^6H^5-CH^2-AzH-AzH-CS-AzH^2.$$

— Lamelles fusibles à 116°, solubles dans l'alcool, résultant de l'action de l'isosulfocyanate de phényle sur la benzylhydrazine en solution alcoolique.

Dibenzoylbenzylhydrazine,

$$C^6H^5-CH^2-AzH-Az(CO-C^6H^5)^2.$$

— Prismes fusibles à 148°, solubles dans l'alcool;

obtenus par l'action du chlorure de benzoyle en solution benzénique sur le chlorhydrate de benzylhydrazine, en présence de carbonate de sodium.

4 Méthylbenzylhydrazine,

$CH^3{}_{(4)}-C^6H^4{}_{(1)}-CH^2-AzH-AzH^2$.

— La réduction de la 4 méthylbenzaldazine

$CH^3-C^6H^4-CH=Az-Az=CH-C^6H^4-CH^3$

donne lieu aux mêmes réactions que la réduction de la benzaldazine [Curtius et Propfe, *J. prakt. Chem.*, (2), **62**, 100. — Curtius et Sprenger, *ibid.*, (2), **62**, 108]. En milieu acide, il se forme de la 4 méthyldibenzylamine

$(CH^3-C^6H^4-CH^2)^2AzH$,

et de l'ammoniaque. En milieu alcalin, avec une fois et demie la quantité d'amalgame de sodium nécessaire, on obtient la 4 méthylbenzal-4 méthylbenzylhydrazone

$CH^3-C^6H^4-CH^2-AzH-Az=CH-C^6H^4-CH^3$,

susceptible de se dédoubler en aldéhyde 4 méthylbenzylique et 4 méthylbenzylhydrazine; avec un excès d'amalgame de sodium, on sature la molécule d'hydrogène et l'on peut obtenir quantitativement la 4 diméthyldibenzylhydrazine symétrique

$CH^3-C^6H^4-CH^2-AzH-AzH-CH^2-C^6H^4-CH^3$.

Tous les dérivés hydrazinés provenant de ces réductions s'obtiennent par des procédés si semblables à ceux qui ont été appliqués à la benzaldazine, que nous jugeons inutile de décrire leurs préparations. Le tableau I (p. 306) résume les propriétés des corps décrits.

L'ébullition avec l'acide chlorhydrique ou sulfurique étendu hydrate la 4 méthylbenzylhydrazine et la dédouble en alcool 4 méthylbenzylique et hydrazine; la réaction est absolument parallèle à celle que présente la benzylhydrazine dans les mêmes conditions.

2.4 Diméthylbenzylhydrazine,

$(CH^3)^2{}_{(2.4)}-C^6H^3{}_{(1)}-CH^2-AzH-AzH^2$.

— La réduction de la 2.4 diméthylbenzaldazine

$[(CH^3)^2{}_{(2.4)}-C^6H^3-CH=Az-]^2$

donne lieu aux mêmes observations que la réduction de la benzaldazine. Elle a permis à MM. Curtius et Haager de préparer, par réduction en milieu acide, la 2.4 diméthylbenzylamine

$(CH^3)^2C^6H^3-CH^2-AzH^2$

et la di-diméthylbenzylamine

$[(CH^3)^2C^6H^3-CH^2]^2AzH$

et, en milieu alcalin, la 2.4 diméthylbenzal-2.4 diméthylbenzylhydrazone, la 2.4 diméthylbenzylhydrazine et, enfin, la bis-2.4 diméthylbenzylhydrazine symétrique, c'est-à-dire les substances suivantes :

$(CH^3)^2C^6H^3-CH^2-AzH-Az=CH-C^6H^3(CH^3)^2$
$(CH^3)^2C^6H^3-CH^2-AzH-AzH^2$
$(CH^3)^2C^6H^3-CH^2-AzH-AzH-CH^2-C^6H^3(CH^3)^2$

[Curtius et Haager, *J. prakt. Chem.*, (2), **62**, 112].

Le tableau II (p. 307) résume les propriétés des dérivés de la diméthylbenzylhydrazine, où le groupement $(CH^3)^2{}_{(2.4)}C^6H^3$ a été remplacé dans les formules par le signe R.

2.4.5 Triméthylbenzylhydrazine,

$(CH^3)^3{}_{(2.4.5)}-C^6H^2-CH-AzH-AzH^2$.

— Inutile de répéter les circonstances qui accompagnent la préparation de ce corps dérivé de l'aldazine de l'aldéhyde correspondant au pseudocumène, soit

$(CH^3)^3{}_{(2.4.5)}-C^6H^2-CH=Az-Az=CH-C^6H^2(CH^3)^3{}_{(2'.4'.5')}$.

Le tableau III (p. 307) résume les propriétés des dérivés de l'hydrazine, décrites par MM. Curtius et Harding [*J. prakt. Chem.*, (2), **62**, 121]. R y représente le groupement $(CH^3)_{(2.4.5)}-C^6H^2{}_{(1)}$.

Deuxième partie.

HYDRAZINES PRIMAIRES DES CHAINES FERMÉES.

On les répartira en hydrazines des noyaux :

A. Benzénique;
B. Naphtalénique;
C. Pyridique;
D. Quinoléique (et indolique);
E. Diazolique (purique);
F. Triazolique;
G. Tétrazolique.

Ce qui les caractérisera, ce sera le groupe $-AzH-AzH^2$, relié directement à un carbone (ou éventuellement à un azote) de la chaîne fermée.

A. — HYDRAZINES DU NOYAU BENZÉNIQUE.

Nous n'insisterons ni sur les préparations générales, ni sur les propriétés générales. Ce qui en a été dit au premier Supplément (p. 923) reste acquis. On trouvera, en tête de chaque grand groupe des dérivés de la phénylhydrazine, les modes de préparation et les propriétés générales des dérivés engendrés.

I. — Phénylhydrazine, $C^6H^5-AzH-AzH^2$.

Voyez 1er Suppl., 923.

Depuis l'époque, très rapprochée de nous, de la découverte de M. Émile Fischer, où fut écrit l'article du 1er Supplément, la phénylhydrazine a été l'objet d'un nombre considérable de recherches. La multiplicité des réactions auxquelles elle se prête avec une facilité extraordinaire, ont fait de la phénylhydrazine un réactif aussi important en chimie organique, pour ainsi dire, que le sont les acides usuels en chimie minérale.

C'est dire à l'avance combien sont nombreuses les combinaisons que peut former la phénylhydrazine. Ce n'est pas tout; beaucoup de ces combinaisons deviennent à leur tour le point de départ de nouvelles séries dont l'importance est elle-même considérable; il suffira de rappeler les pyrazols, les pyrazolones, les composés formazyliques, les triazols, les furazols, etc., etc., dont la découverte a singulièrement élargi l'histoire des combinaisons organiques azotées.

Jusqu'ici, aucune substance à fonction hydrazinique n'a été rencontrée dans la nature. C'est donc en quelque sorte toute une branche nouvelle de la chimie organique qui a surgi de la découverte de M. Émile Fischer.

Disons que la plupart des réactions effectuées avec la phénylhydrazine et ses homologues sont d'une exécution facile, qu'elles sont caractéris-

TABLEAU I. — *Dérivés de la 4 méthylbenzylhydrazine.*

Noms.	Formules.	Aspect.	Fusibilité.	Solubilités.	Observations.
4 Méthylbenzylhydrazine.......	$CH^3-C^6H^4-CH^2-AzH-AzH^2$	Masse cristalline.	40-41° Eb_{18} . 135°	P. sol. dans l'eau. Sol. dans alc. s. éth.	Réductrice; altérable.
Chlorhydrate de —	B, HCl	Lamelles brillantes.	152°	Soluble dans l'eau et dans l'alcool.	Réducteur; stable.
Picrate —	$B, C^6H^2(AzO^2)^3OH$	Aiguilles jaunes.	144° (déc.)	Peu soluble dans l'eau; y cristallise.	»
Dérivé nitrosé —	—	—	78°	»	»
p-Méthylbenzal-p-méthylbenzyl-hydrazone	$CH^3-C^6H^4-CH^2-AzH$ | $CH^3-C^6H^4-CH=AzH$	Feuillets semblables à l'anthracite.	101°	Sol. éther, benzine, alcool; peu sol. eau.	Non réductrice.
Picrate de —	$CH^3-C^6H^4-CH^2-AzH$ | + Ac. picrique. $CH^3-C^6H^4-CH=Az$	Aiguilles jaune d'or.	132°	Cristallise dans l'alcool.	»
Dér. acétylé —	$CH^3-C^6H^4-CH^2-Az(COCH^3)$ | $CH^3-C^6H^4-CH=Az$	Prismes durs.	95°	— id. —	»
Dér. benzoylé —	$CH^3-C^6H^4-CH^2-Az(COC^6H^5)$ | $CH^3-C^6H^4-CH=Az$	Aiguilles fines.	130°5	— id. —	»
Dér. nitrosé —	$CH^3-C^6H^4-CH^2-Az(AzO)$ | $CH^3-C^6H^4-CH=Az$	Aiguilles jaunes.	111°	— id. —	Donne la réact. de Liebermann.
Tétrazone —	$CH^3-C^6H^4-CH^2-Az-Az-CH-C^6H^4-CH^3$ | $CH^3-C^6H^4-CH^2-Az-Az-CH-C^6H^4-CH^3$	Aiguilles tr. légères.	163°	— id. —	L'ac. chlorhydrique le décompose en aldazine et aldéhyde.
o-Oxybenzylidène-p-méthylbenzyl-hydrazine....................	$CH^3-C^6H^4-CH^2-AzH$ | $OHC^6H^4-CH=Az$	Lamelles jaunes brillantes.	105°	— id. —	Assez stables.
p-Méthoxybenzylidène-p-méthyl-benzylhydrazone.............	$CH^3-C^6H^4-CH^2-AzH$ | $CH^3O-C^6H^4-CH=Az$	Lamelles blanches brillantes.	112°	— id. —	Très altérables.
Chloral-hydrazone..............	$CCl^3-CH=Az-AzH-CH^2-C^6H^4-CH^3$	Aig. microscopiques.	88°	— id. —	»
Hydrazone pyruvique............	$\frac{CO^2H}{CH^3}>C=Az-AzH-CH^2-C^6H^4-CH^3$	Lamelles larges.	77-78°	— id. —	»
Semicarbazide..................	$CH^3-C^6H^4-CH^2-AzH-AzH-CO-AzH^2$	Lamelles blanches.	142°	— id. —	»
Sulfosemicarbazide.............	$CH^3-C^6H^4-CH^2-AzH-AzH-CS-AzH^2$	Feuillets gras.	132-133°	— id. —	»
Dibenzoylméthylbenzylhydrazone.	$CH^3-C^6H^4-CH^2-AzH-Az(COC^6H^5)^2$	Aiguilles.	165°	— id. —	»
Pyrazolone (éther acétylacét.)....	$CH^3-C^6H^4-CH^2-Az$ ⟨ $Az=C-CH^3$ / | / $CO-CH^2$	—	154-155°	— id. —	»

TABLEAU II. — *Dérivés de la diméthylbenzylhydrazine.*

Noms.	Formules.	Aspect.	Fusibilité.	Solubilités.	Observations.
Chlorhydrate de l'hydrazine......	$R-CH^2-AzH-AzH^2, HCl$	Aiguilles inc. brill.	170-171°	T. s. alc., eau, ac. acét.; ins. éther, benz., lig.	Réducteur.
Benzal-2.4 diméthylbenzylhydrazine	$R-CH^2-AzH-Az=CH-C^6H^5$	Aiguilles courtes.	92-93°	Cristallise dans l'alcool.	Assez stable.
2.4 Diméthylbenzal-2.4 dimét.-benzylhydr.	$RCH^2-AzH-Az=CHR$	Aiguilles écl. adam.	77-78°	Sol. alcool et éther; t. sol. benz., ac. acét.	Très altérable par les acides.
Picrate de l'hydrazone précéd..	Mol. égales.	Touffes aig. jaunes.	127-128°	Cristallise dans l'alcool.	»
Dérivé acétylé	$RCH^2-Az(COCH^3)Az=CHR$	Aiguilles capillaires.	137°5	— id. —	»
Dérivé benzoylé	$RCH^2-Az(COC^6H^5)Az=CHR$	Aiguilles filiformes.	136°	— id. —	»
Dérivé nitrosé	$RCH^2-Az(AzO)Az=CHR$	Aig. jaunes brill.	68°	— id. —	Donne la réact. de Liebermann.
2.4 Diméthylbenzal-2.4 diméthyl-benzylhydrotétrazone	$RCH^2-Az-Az=CHR$ / $RCH^2-Az-Az=CHR$ (liés)	Grains jaunâtres.	137-138°	Cristallise dans l'alcool bouillant.	Décomp. par l'ac. chlorhydrique comme la tétrazone benzylique.

TABLEAU III. — *Dérivés de la 2.4.5 triméthylbenzylhydrazine.*

Noms.	Formules.	Aspect.	Fusibilité.	Solubilités.	Observations.
2.4.5 Triméthylbenzylhydrazine..	$RCH^2-AzH-AzH^2$	Masse crist. incolore.	»	»	Très instable.
Chlorhydrate	$RCH^2-AzH-AzH^2, HCl$	Aiguilles filif. brill.	239-240°	Cristallise dans l'eau, dans l'alcool.	»
Hydrazone de l'ald. benzylique.	$RCH^2-AzH-Az=CH-C^6H^5$	Tables.	89-90°	Cristallise dans l'alcool.	Très peu stable.
Hydrazone pyruvique	$RCH^2-AzH-Az=C<^{CH^3}_{CO^2H}$	Aiguilles soyeuses.	91-92°	Cristallise dans l'alcool étendu.	»
Picrate de l'hydrazone	$RCH^2-AzH-AzH^2, C^6H^3Az^3O^7$	Aig. monocl. jaunes.	163°	Cristallise dans l'alcool.	Fond en se décomposant.
Semicarbazide	$RCH^2-AzH-AzH-CO-AzH^2$	Aiguilles incolores.	174-175°	Cristallise dans l'eau.	»
Phénylthiosemicarbazide	$RCH^2-AzH-AzH-CS-AzH-C^6H^5$	Aig. soyeuses capill.	167-168°	Cristallise dans l'alcool.	»
Hydrazone de l'ald. triméthyl-benzylique	$RCH^2-AzH-Az=CH^2R$	Aiguilles soyeuses.	134°	— id. —	S'obtient directement dans la réduction de l'azine. Instable.
Picrate de cette hydrazine	Mol. égales.	Aiguilles jaunes.	169°	Cristallise dans l'éther.	»
Dérivé acétylé	$RCH^2-Az(COCH^3)Az=CH^2R$	Aiguilles inc. fines.	184°	Cristallise dans l'alcool.	»
Dérivé benzoylé	$RCH^2-Az(COC^6H^5)Az=CH^2R$	id.	187°	— id. —	»
Dérivé nitrosé	$RCH^2Az(AzO)Az=CH^2R$	Grosses aig. jaunes.	118°	Cristallise dans l'alcool; insol. dans l'eau.	»

tiques de certaines fonctions chimiques, que parfois un intérêt pratique est venu s'adjoindre à l'intérêt purement théorique, et nous nous expliquerons l'essor extraordinaire qu'a pris l'étude des combinaisons hydraziniques.

Ce sera en même temps nous excuser des omissions qui auront pu être faites dans l'étude de ces réactions multipliées à l'infini.

On s'est arrêté volontairement dès que la nouvelle combinaison rentre dans le cadre d'une fonction à chaîne fermée, qui devient elle-même le point de départ de nouveaux dérivés.

L'importance du sujet nous oblige à faire de nombreuses divisions. Nous adopterons l'ordre suivant :

I. La *base*, ses *sels* et ses *réactions réductrices* et *oxydantes*.

II. Les *hydrazones*, c'est-à-dire les produits de condensation avec les aldéhydes et les cétones.

III. Les *hydrazides*, c'est-à-dire les produits de condensation avec les acides ou leurs dérivés.

IV. Les *hydrazides* et *hydrazones inorganiques* résultant de l'action de quelques anhydrides et chlorures d'acides minéraux.

V. Enfin les réactions qui échappent au classement précédent (action des dérivés halogénés et des combinaisons azotées).

La phénylhydrazine elle-même sera envisagée successivement aux points de vue suivants :

1° Modes de formation et de préparation ;
2° Propriétés physiques ;
3° Thermochimie ;
4° Sels : *a*, sels minéraux ; *b*, sels doubles minéraux ; *c*, combinaisons métalliques phénylhydrazinées ; *d*, sels d'acides organiques (monobasiques, bibasiques, tribasiques et phosphineux) ; *e*, phénates ;
5° Actions réductrices ;
6° Réduction ;
7° Transformation en p-phénylène-diamine ;
8° Recherche et dosage ;
9° Action physiologique.

1° Modes de formation et de préparation. — Outre les procédés de synthèse indiqués au 1er Supplément, et consistant à réduire un diazoïque, il nous faut signaler la synthèse effectuée par M. L. Hoffmann [*D. chem. G.*, **31**, 2909] en chauffant le phénol à 220° avec l'hydrate d'hydrazine ; suivant Hoffmann, il se ferait un peu de phénylhydrazine :

$$C^6H^5-OH + Az^2H^4 = C^6H^5-Az^2H^3 + H^2O.$$

Enfin, à côté des procédés de réduction par le zinc et l'acide acétique et par les sulfites, sont venus prendre place les procédés de réduction suivants :

Préparation. — 1° On dissout dans l'eau une demi-molécule de carbonate de potassium, on ajoute une molécule d'aniline, et on fait passer un courant de gaz sulfureux jusqu'à ce que l'aniline soit dissoute. On fait dissoudre, d'autre part, une molécule de nitrite de sodium dans l'eau et l'on neutralise la solution avec soin. On mêle alors les deux solutions en agitant. Il se dépose du diazobenzène-sulfonate de potassium ; après deux heures de repos, on peut constater que le mélange est devenu alcalin. On chauffe ensuite au bain-marie pour achever la réduction, jusqu'à ce qu'on obtienne une solution claire ; on acidule par l'acide acétique, puis on décolore par addition d'un peu de zinc et d'acide chlorhydrique.

La solution filtrée est évaporée à moitié, puis on en précipite le chlorhydrate de phénylhydrazine par l'acide chlorhydrique concentré. Le rendement en sel brut atteint ordinairement 85-90 0/0 ; après purification, il est encore de 65-70 0/0.

Les réactions seraient les suivantes :

$$AzO^2K + SO^3KH = Az-OH-OK-SO^3K,$$
$$AzOH-OK-SO^3K + HSO^3H-AzH^2-C^6H^5$$
$$= SO^3K-Az=Az-C^6H^5 + 2H^2O + SO^3KH.$$

Le bisulfite formé réduit ensuite le diazoïque comme dans le procédé de Fischer [A. Reychler, *D. chem. G.*, **20**, 2463 ; *Bull. Soc. Chim.*, (2), **49**, 297].

2° On réduit le chlorure de diazobenzène par le chlorure stanneux et l'acide chlorhydrique :

$$C^6H^5-Az=Az-Cl + 3HCl + 2SnCl^2$$
$$= C^6H^5-AzH-AzH^2 + 2SnCl^4.$$

On emploie : aniline, 10 grammes ; acide chlorhydrique concentré, 200 grammes ; nitrite de sodium, 7gr,50 dissous dans 50 centimètres cubes d'eau et chlorure stanneux, 45 grammes dissous dans 45 grammes d'acide chlorhydrique. On dissout l'aniline dans l'acide et on y ajoute, en refroidissant bien, le nitrite dissous, puis le chlorure stanneux. La réaction est presque instantanée ; au bout de quelques instants, le chlorhydrate de phénylhydrazine cristallise en une bouillie blanche [V. Meyer et M. Lecco, *D. chem. G.*, **16**, 2976 ; *Bull. Soc. Chim.*, (2), **42**, 448].

Suivant M. E. Fischer, ce procédé, avantageux en petit, serait moins bon en grand que le procédé au sulfite.

MM. E. Bamberger et Meyenberg ont donné une théorie des réactions qui se passent dans la préparation de M. E. Fischer ; cette théorie est basée sur les propriétés du composé suivant.

Phénylhydrazine-disulfonate de potassium, $C^6H^5Az(SO^3K)-AzH(SO^3K)$. — Ce sel résulte de l'action du benzène-diazosulfonate de potassium ou de l'isodiazobenzène potassé (ou de la nitrosoacétanilide) sur le sulfite neutre de potassium. Il se présente en aiguilles blanches, solubles dans l'eau froide ; il réduit la liqueur de Fehling.

L'acide chlorhydrique, à dose modérée, le transforme en sel monosulfoné de Strecker et Römer (voyez 1er Suppl., 923) ; l'acide bouillant le transforme en phénylhydrazine et acide sulfurique. Les alcalis étendus fournissent le benzène-diazosulfonate ; mais si l'alcali est concentré et employé à chaud, il se forme, outre le corps précédent, du diphényle, et la combinaison

$$SO^3K-C^6H^4-AzH-AzH-SO^3K.$$

De ces réactions, les auteurs concluent que le processus de la préparation de la phénylhydrazine est le suivant :

$$\begin{array}{l} C^6H^5-Az \\ \qquad\;\; \| \\ \qquad\; Az-Cl \end{array} \longrightarrow \begin{array}{l} -Az \\ \;\; \| \\ Az-SO^3K \end{array} \longrightarrow \begin{array}{l} -Az-SO^3K \\ \;\; | \\ AzH-SO^3K \end{array}$$
$$\longrightarrow \begin{array}{l} -AzH \\ \;\; | \\ AzH-SO^3K \end{array} \longrightarrow \begin{array}{l} -AzH \\ \;\; | \\ AzH^2 \end{array}$$

Enfin, la combinaison

$$SO^3K-C^6H^4-AzH-AzH-SO^3K$$

résulte du passage d'un groupe SO^3K de la chaîne latérale dans le noyau ; son dédoublement par les acides conduit à la phénylhydrazine p-sulfonée [*D. chem. G.*, **30**, 374 ; *Bull. Soc. Chim.*, (3), **18**, 856].

2° Propriétés physiques. — La phénylhydrazine bout à 241-242° sous 750 mm., tout le thermomètre étant dans la vapeur. Sa densité est $D^{22°,7}_{4°} = 1,097$ [E. Fischer, *Ann. Chem.*, **236**, 198].

La phénylhydrazine commerciale contiendrait, suivant M. Pfitzinger [*J. prakt. Chem.*, (2), **32**,

430], une substance sulfurée, fusible à 96°, laquelle se dépose à l'état cristallin lorsqu'on la mélange avec du benzène.

Il est infiniment probable que c'est l'inverse qui est la vérité, et que c'est le benzène qui contenait du sulfure de carbone, lequel a fourni du phénylsulfocarbazinate de phénylhydrazine avec la phénylhydrazine. Ce sel fond, d'après M. E. Fischer, à 96-97°. Et effectivement, plus tard, MM. C. Liebermann et A. Seyewetz ont proposé la phénylhydrazine comme réactif du sulfure de carbone [*D. chem. G.*, **24**, 788].

Action de l'eau. — La phénylhydrazine peut donner un hydrate [M. Berthelot, *Ann. Chim. Phys.*, (7), **4**, 123]; mais elle agit aussi sur ce liquide en donnant lieu à des phénomènes de partage intéressants, la base dissolvant l'eau et l'eau dissolvant la base.

A 20°, la base se dissout totalement dans 8 parties d'eau ; à la même température, la base dissout l'eau jusqu'à la dose de 40-45 0/0 de son poids. En dehors de ces limites, on observe deux couches. Si l'on élève la température, la phénylhydrazine dissout de plus en plus d'eau, jusqu'à la miscibilité complète.

Abandonnée à l'air, ou mêlée avec une petite dose d'eau, la phénylhydrazine donne un hydrate $2C^6H^8Az^2,H^2O$, fusible à 24°,1. Ces cristaux paraissent avoir été confondus longtemps avec la phénylhydrazine anhydre, qui fond à 17°,5 au lieu de 23° indiqué communément.

Solubilité en présence de certains sels alcalins. — M. R. Otto [*D. chem. G.*, **27**, 2131 ; *Bull. Soc. Chim.*, (3), **14**, 50] a constaté que la potasse ne précipite pas le β-naphtylsulfinate de phénylhydrazine en solution méthylalcoolique ; l'éther n'enlève la phénylhydrazine que d'une façon incomplète. D'autres sels d'acides sulfiniques, sulfoniques, d'acides gras et d'acides du groupe tannin présentent des propriétés analogues ; cela tient à ce que les sels alcalins formés dissolvent eux-mêmes la phénylhydrazine.

3° Thermochimie. — La chaleur de formation moléculaire de la phénylhydrazine à partir des éléments est de 33^{cal},7 à l'état liquide ; ce nombre est déduit de sa chaleur de combustion, soit 805^{cal},24 à volume constant et 806^{cal},3 à pression constante (P. Petit).

M. Berthelot a donné les nombres suivants relatifs à la phénylhydrazine et à son hydrate.

1. Chaleur de fusion de la phénylhydrazine — 2^{cal},65
2. $2C^6H^8Az^2$liq + H^2Oliq = $2C^6H^8Az^2,H^2O$crist + 8^{cal},41
3. $2C^6H^8Az^2$sol + H^2Oliq = $2C^6H^8Az^2,H^2O$crist + 3^{cal},11
4. $2C^6H^8Az^2$sol + H^2Osol = $2C^6H^8Az^2,H^2O$crist + 1^{cal},55
5. Chaleur de fusion de l'hydrate — 8^{cal},04

La chaleur de neutralisation par l'acide chlorhydrique a fourni les résultats suivants :

$C^6H^8Az^2$liq + HCldiss = $C^6H^8Az^2$,HCldiss + 8^{cal},9
$C^6H^8Az^2$,HClsol + eau = $C^6H^8Az^2$,HCldiss — 5^{cal},96
$C^6H^8Az^2$liq + HClgaz = $C^6H^8Az^2$,HClsol + 32^{cal},2

[P. Petit, *C. R.*, **106**, 1670].

D'autres déterminations ont été faites par M. Berthelot [*Ann. Chim. Phys.*, (7), **4**, 129].

$C^6H^8Az^2$liq + HCldiss = sel diss. + 8^{cal},7
$C^6H^8Az^2$liq + SO^4H^2diss = sel acide diss. + 9^{cal},11
$2C^6H^8Az^2$liq + SO^4H^2diss = sel neut. diss. + 2 × 9^{cal},7
$C^6H^8Az^2$liq + $C^2H^4O^2$diss = sel diss. 5^{cal},42
$C^6H^8Az^2$liq + $2C^2H^4O^2$diss = sel diss. 6^{cal},68

Enfin, de l'action du chlorhydrate de phénylhydrazine sur le carbonate et le bicarbonate de sodium, on déduit :

$C^6H^8Az^2$diss + CO^2diss = sel diss. + 3^{cal},1,

cette faible valeur conduit à admettre que le carbonate est très dissocié.

Action sur les réactifs. — La phénylhydrazine est neutre à la phtaléine, et monoacide au méthylorange [A. Astruc, *C. R.*, **129**, 1021].

4° Sels. — a. *Sels minéraux.* — La phénylhydrazine est monoacide. Elle peut cependant former un bifluorhydrate et aussi un sous-chlorhydrate et un sous-bromhydrate.

Fluorhydrate neutre, $C^6H^5Az^2H^3$,HF. — Sel fusible vers 166-167° (Thieme).

Fluorhydrate acide, $C^6H^5Az^2H^3$,2HF. — Aiguilles brillantes, sublimables avec décomposition partielle, très solubles dans l'eau. Ce sel, obtenu par saturation directe, se forme encore quand on sature la phénylhydrazine par les acides fluosilicique ou fluoborique [B. Thieme, *Ann. Chem.*, **272**, 209].

Chlorhydrate. — Il fond vers 240° suivant Broche, à 243-246° suivant Autenrieth [*D. chem. G.*, **29**, 1656].

Sous-chlorhydrate. — Sel peu stable, fusible à 250° en se décomposant, obtenu dans l'action du chlorure d'éthyle sur une solution éthérée de phénylhydrazine (Allain-Le Canu).

Bromhydrate, $C^6H^8Az^2$,HBr. — Aiguilles brillantes, solubles dans l'eau [Balbiano, *Gazz. chim. ital.*, **16**, 138], solubles dans les solvants organiques, sauf l'éther, fusibles à 204° [Broche, *J. prakt. Chem.*, (2), **60**, 113].

Sous-bromhydrate, $(C^6H^8Az^2)^2$HBr. — Sel cristallisant en aiguilles fusibles à 195° en se décomposant, formé dans les mêmes circonstances que le sous-chlorhydrate. Il peut perdre 1 molécule de phénylhydrazine à 100° ; l'alcool le dissocie [Allain-Le Canu, *C. R.*, **129**, 105].

Iodhydrate. — C'est un sel bien cristallisé, assez soluble dans l'eau [Grimaldi, *Atti Acc. Lincei*, 1893, **1**, 483].

Nitrate, $C^6H^5Az^2H^3$, AzO^3H. — Lamelles soyeuses, extrêmement solubles, fusibles à 145°, avec dégagement de gaz, pouvant prendre feu par chauffage rapide (Thieme).

Hyposulfite ou *thiosulfate*,

$$(C^6H^5Az^2H^3)^2S^2O^3H^2.$$

— Lamelles blanches, très solubles dans l'eau, peu solubles dans l'alcool et insolubles dans l'éther, fusibles vers 113° par chauffe rapide, décomposables à 120-130° avec formation d'Az, AzH^3, H^2S, C^6H^6, C^6H^5-AzH^2, C^6H^5SH, etc. (Thieme).

Sulfite $(C^6H^5Az^2H^3)^2SO^3H^2$. — Lamelles blanches, fusibles à 94°, moins solubles que l'hyposulfite (Thieme).

Sulfite $(C^6H^8Az^2)SO^2$. — Produit obtenu en dirigeant le gaz sulfureux dans une solution benzénique ou éthérée de l'hydrazine ; il peut perdre 1 molécule d'eau à chaud et se transformer en thionylhydrazone ; à froid il perd la moitié de son gaz sulfureux [Michaëlis et Oster, *Ann. Chem.*, **270**, 133].

Amidosulfonate, $C^6H^8Az^2$-AzH^2-SO^3H. — Grosses aiguilles blanches, solubles dans l'eau et l'alcool bouillant, fondant mal vers 124° [C. Paal et F. Kretschmer, *D. chem. G.*, **27**, 1244].

Phosphite acide, $C^6H^5Az^2H^3$, PO^3H^3. — Lamelles dures, fusibles à 118° (Michaëlis et Oster).

Phosphite neutre, $(C^6H^5Az^2H^3)^2PO^3H^3$. — Lamelles nacrées, molles, fusibles à 121° (Michaëlis et Oster).

Métaphosphate, $C^6H^8Az^2$, PO^3H. — Sel soluble dans l'eau, obtenu en agitant une solution éthérée de phénylhydrazine avec une solution concentrée et froide d'acide métaphosphorique [W. Schlömann, *D. chem. G.*, **26**, 1021].

Phosphate biphénylhydrazinique,

$$(C^6H^5Az^2H^3)^2PO^4H^3.$$

— Petites lamelles fusibles vers 155°, assez solubles dans l'eau, très peu solubles dans l'alcool (Thieme).

b. *Sels doubles minéraux.* — On n'a guère décrit que les sels suivants; ils sont bien cristallisés, assez solubles dans l'eau :

$$C^6H^8Az^2, HI, KI;\quad C^6H^8Az^2, HF, KF;$$
$$2(C^6H^8Az^2, HI), MgI^2;\quad C^6H^8Az^2, HF, NaF;$$
$$2(C^6H^8Az^2, HF)MgF^2.$$

[Grimaldi, *Atti Acc. Lincei*, 1893, **1**, 483].

c. *Combinaisons métalliques phénylhydrazinées.* — Ces combinaisons correspondent plus ou moins aux chlorures ammoniacaux, et sont toutes de la forme $MX, nC^6H^8Az^2$.

M. H. Scherning a décrit en premier lieu des combinaisons avec les sulfates; peu après, MM. Ville et Moitessier, puis M. Moitessier et M. Pastureau en ont décrit beaucoup d'autres. Toutefois, M. Lachowicz avait déjà mentionné, avant ces auteurs, l'action de la phénylhydrazine sur certains sels métalliques [*Mon. f. Chem.*, **10**, 884; *Bull. Soc. Chim.*, (3), **5**, 69].

Sulfates métalliques phénylhydrazinés. — La phénylhydrazine précipite de la solution aqueuse des sulfates de la série magnésienne d'abondants flocons amorphes, lesquels, chauffés au contact de l'eau mère, se dissolvent en partie et prennent la forme cristalline. Leur formule générale est $M(C^6H^8Az^2)^2SO^4$, où M représente un métal bivalent de la série magnésienne.

Pour les préparer, on dissout de 5 à 10 gr. du sulfate dans 500 grammes d'eau bouillante, et on y ajoute peu à peu, en agitant, la quantité calculée de phénylhydrazine; on fait ensuite bouillir pendant quelques minutes encore, et on filtre à chaud. Le filtrat est alors plus ou moins concentré et abandonné au refroidissement. Pendant l'évaporation ou le refroidissement, le sel phénylhydraziné se dépose à l'état cristallin; on le rassemble sur un filtre, on le lave deux ou trois fois à l'eau froide, puis à l'alcool à 96°, enfin à l'éther, et on le sèche à la température ordinaire.

Ces sels doubles sont assez peu stables et finissent par s'altérer à la longue. Ils possèdent les propriétés réductrices de la phénylhydrazine d'une part, et celles des sulfates métalliques d'autre part; les acides les décomposent facilement. Leur solubilité, assez faible dans l'eau froide, est plus grande dans l'eau bouillante, nulle dans l'alcool et dans l'éther. En voici la description :

$Zn(C^6H^8Az^2)^2SO^4 + H^2O$. — Sel presque incolore avec une nuance très faiblement jaune, rougissant facilement à l'air, soluble dans 185 parties d'eau à 19°,5, assez soluble dans l'eau bouillante, insoluble dans l'alcool et dans l'éther. Il cristallise en aiguilles réunies en tables, paraissant monocliniques au microscope, perdant 1 molécule d'eau à 105°, se décomposant déjà à 170° en perdant de la phénylhydrazine (Scherning).

$Cd(C^6H^8Az^2)^2SO^4 + 1/5\,H^2O$. — Sel tout à fait incolore, jaunissant à l'air, soluble dans 312 parties d'eau à 17°, beaucoup plus soluble dans l'eau bouillante. Il paraît au microscope sous la forme de rhomboèdres voisins du cube et perd son eau de cristallisation à 105° (Scherning).

$Ni(C^6H^8Az^2)^2SO^4 + H^2O$. — Sel vert clair, vraisemblablement monoclinique, soluble dans 862 parties d'eau à 17°, beaucoup plus soluble à 100°; il perd sa molécule d'eau à 105°, se décompose à 180° (Scherning).

$Co(C^6H^8Az^2)^2SO^4 + H^2O$. — Poudre cristalline, rouge clair, soluble dans 270 parties d'eau à 17°, perdant son eau à 105°, se décomposant à 160° (Scherning).

$Mn(C^6H^8Az^2)^2SO^4 + H^2O$. — Sel cristallin, incolore ou très faiblement jaunâtre, très altérable à l'air, soluble dans 55 parties d'eau à 16°, se décomposant déjà à 110° (Scherning).

$Fe(C^6H^8Az^2)^2SO^4 + H^2O$. — Sel d'apparence cristalline, monoclinique au microscope, incolore, s'altérant à l'air en devenant gris, puis noir et rouge-brun, soluble dans 240 parties d'eau à 18°, bien plus soluble à 100°, déjà altérable à l'état sec à 70° [H. Scherning, *J. prakt. Chem.*, (2), **47**, 80].

$SO^4Co(C^6H^8Az^2)^4$. — Poudre rose amorphe, constituée par des prismes courts [J. Moitessier, *C. R.*, **125**, 715].

$SO^4Ni(C^6H^8Az^2)^5$. — Cristallise en prismes (J. Moitessier, *ibid.*).

Chlorures métalliques phénylhydrazinés. — Un certain nombre de ces sels ont été préparés par MM. J. Ville et J. Moitessier [*C. R.*, **124**, 1242], puis par M. Moitessier, qui a en outre étudié les combinaisons formées avec d'autres sels, en général pris dans la série magnésienne.

La formule des chlorures phénylhydrazinés décrits par MM. Ville et Moitessier est

$$MCl^2(C^6H^8Az^2)^2$$

On les prépare en ajoutant $2^{mol},5$ de phénylhydrazine à 1 molécule du chlorure en solution étendue et bouillante, filtrant et concentrant à chaud; le sel phénylhydraziné cristallise par refroidissement. On peut aussi opérer avec des solutions alcooliques plus concentrées, mais le sel est moins bien cristallisé.

Ces sels possèdent les réactions de leurs constituants. Voici leurs caractères particuliers.

Sel de zinc. — Lamelles incolores prismatiques, peu solubles dans l'eau froide, assez solubles dans l'eau et dans l'alcool bouillants; décomposables vers 185°.

Sel de nickel. — Fines aiguilles vert pâle ayant les mêmes caractères de solubilité; décomposables vers 200°.

Sel de cobalt. — Fines aiguilles groupées, rose pâle.

Sels de cadmium et de magnésium. — Lamelles prismatiques incolores.

M. Moitessier [*C. R.*, **125**, 714] a aussi obtenu les sels $CoCl^2(C^6H^8Az^2)^4$ et $NiCl^2(C^6H^8Az^2)^6$ en faisant réagir le sel sur un grand excès de phénylhydrazine.

Chlorure de lithium, $LiCl, (C^6H^8Az^2)^2$. — Lamelles rhomboïdales, déliquescentes, très solubles dans l'eau et dans l'alcool, fusibles vers 150° [J. Moitessier, *C. R.*, **125**, 714].

Bromures métalliques phénylhydrazinés. — Les bromures donnent des réactions parallèles à celles des chlorures. M. Moitessier [*C. R.*, **124**, 1306] a décrit les combinaisons suivantes, qui possèdent la formule générale $MBr^2(C^6H^8Az^2)^2$.

Sel de zinc. — Lamelles rectangulaires, incolores, peu solubles à froid dans l'eau et dans l'alcool, plus solubles à chaud.

Sel de cadmium. — Longues lamelles quadrangulaires, groupées en rosaces, peu solubles.

Sel de magnésium. — Longues lamelles quadrangulaires très solubles dans l'eau et dans l'alcool, mais non déliquescentes.

Sels de nickel et de cobalt. — Sels cristallisés.

M. Moitessier [*C. R.*, **125**, 714] a en outre préparé un sel de cobalt $CoBr^2(C^6H^8Az^2)^5$, cristallisé en prismes orthorhombiques, en employant un excès de phénylhydrazine; il a obtenu également [*C. R.*, **127**, 723] une combinaison avec le bromure de lithium, $LiBr^2(C^6H^8Az^2)^2$.

Iodures métalliques phénylhydrazinés. — On a préparé des combinaisons du type $MI^2(C^6H^8Az^2)^2$, ainsi que des combinaisons plus riches en phénylhydrazine. On prépare les unes et les autres en milieu alcoolique, mais en forçant la dose de phénylhydrazine, si l'on veut préparer les combinaisons plus riches en cette base, ou bien en faisant réagir la phénylhydrazine sur la combinaison plus pauvre et déjà isolée [J. Moitessier, *C. R.*, **124**, 1529].

Sels de zinc : *a*. $(C^6H^8Az^2)^2ZnI^2$. — Beaux cristaux prismatiques, solubles dans l'eau et dans l'alcool, un peu solubles dans le chloroforme, fusibles vers 175° et se décomposant au-dessus.

b. $(C^6H^8Az^2)^6ZnI^2$. — Masse cristalline blanche, constituée par un feutrage de prismes et de lamelles rectangulaires; soluble dans l'eau, très soluble dans l'alcool, l'éther et le chloroforme; fusible vers 70° et décomposable vers 90°.

Sel de cadmium $(C^6H^8Az^2)^2CdI^2$. — Fines aiguilles microscopiques, peu solubles dans l'eau et dans l'alcool froid, plus solubles à chaud, insolubles dans le chloroforme, ne s'altérant pas encore à 260°.

Sel de manganèse $(C^6H^8Az^2)^2MnI^2$. — Fines aiguilles prismatiques, très solubles dans l'eau et dans l'alcool, s'altérant sans fondre à 220°.

Sel de nickel $(C^6H^8Az^2)^6NiI^2$. — Sel bleu en cristaux prismatiques ou lamellaires; soluble dans l'eau et dans l'alcool, surtout à chaud, un peu soluble dans l'éther et dans le chloroforme; décomposable au-dessous de 100°.

Nitrates métalliques phénylhydrazinés. — Ces sels présentent à fort peu de chose près les propriétés des précédentes combinaisons [J. Moitessier, *C. R.*, **125**, 183]. En voici les formules et les principales propriétés :

$(AzO^3)^2Co, (C^6H^8Az^2)^2, H^2O$. — Fines aiguilles, bleuissant vers 210°, peu solubles dans l'eau et dans l'alcool à froid, plus solubles à chaud.

$(AzO^3)^2Zn, (C^6H^8Az^2)^3$. — Aiguilles et lamelles nacrées, fusibles avec décomposition vers 170°.

$(AzO^3)^2Cd, (C^6H^8Az^2)^3$. — Lamelles rhomboïdales, fusibles vers 185°, se décomposant dès 190°.

$(AzO^3)^2Ni, (C^6H^8Az^2)^4$. — Lamelles rhomboïdales minces, bleu clair, solubles en vert dans l'eau et dans l'alcool, un peu solubles dans le chloroforme, insolubles dans l'éther, altérables dès 100°.

Combinaisons avec les acétates métalliques. — Elles ont été également préparées par M. Moitessier [*C. R.*, **125**, 611], en chauffant pendant une demi-heure au bain-marie un mélange de phénylhydrazine et d'acétate métallique en solution alcoolique. Par refroidissement, la combinaison se dépose cristallisée.

Ces sels sont solubles dans l'eau, l'alcool et le chloroforme, surtout à chaud, insolubles dans l'éther.

$(C^2H^3O^2)^2Zn, (C^6H^8Az^2)^2$. — Tables rhomboïdales épaisses, fusibles à 135°.

$(C^2H^3O^2)^2Cd, (C^6H^8Az^2)^2$. — Cristaux prismatiques allongés, fusibles à 121°, décomposables à quelques degrés au-dessus.

$(C^2H^3O^2)^2Mn, (C^6H^8Az^2)^2$. — Prismes clinorhombiques, fusibles à 97°, se décomposant à 100°.

$(C^2H^3O^2)^2Co, (C^6H^8Az^2)^2$. — Prismes rose violacé, fondant à 125° sur le bloc Maquenne.

$(C^2H^3O^2)^2Ni, (C^6H^8Az^2)^3$. — Cristaux prismatiques bleu verdâtre.

Combinaisons avec les sels halogénés alcalino-terreux. — J. Moitessier [*C. R.*, **127**, 721], a décrit les combinaisons suivantes :

$CaCl^2(C^6H^8Az^2)^2$. — Tables rhomboïdes.

$CaBr^2(C^6H^8Az^2)^4, (H^2O)^3$. — Longues, aiguilles.

$SrI^2(C^6H^8Az^2)^4$. — Cristaux prismatiques.

En outre, le chlorure et le bromure de strontium donnent aussi des combinaisons cristallisées.

Autres sels métalliques phénylhydrazinés. — M. J. Moitessier a encore préparé les combinaisons suivantes [*Bull. Soc. Chim.*, (3), **21**, 336].

$S^2O^3Cd, 2C^6H^8Az^2$. — Aiguilles cristallisées.

$S^2O^6Mn, 5C^6H^8Az^2$. — Lamelles rhomboïdales.

$S^2O^6Cd, 5C^6H^8Az^2$. — Lamelles rhomboïdales.

$(PO^2H^2)Zn, 2C^6H^8Az^2$. — Lamelles rhomboïdales.

$(PO^2H^2)Ni, 2C^6H^8Az^2$. — Cristaux bleu verdâtre.

M. Pastureau a préparé les combinaisons phénylhydrazinées suivantes [*C. R.*, **127**, 485].

$BiCl^3, (C^6H^8Az^2)^6$. — Houppes de cristaux en aiguilles incolores, possédant comme tous les autres sels de ce genre les propriétés des composants.

$(AzO^3)^3Bi(C^6H^8Az^2)^6$. — Aiguilles prismatiques incolores se groupant autour d'un centre.

$SO^3Zn(C^6H^8Az^2)^2$. — Aiguilles incolores.

$SO^3Mn(C^6H^8Az^2)^2$. — Aiguilles incolores.

Combinaisons cuivreuses. — Les chlorure, bromure et iodure cuivreux se combinent avec la phénylhydrazine en donnant des combinaisons peu solubles dans l'eau, solubles dans les solutions d'hyposulfite de soude, altérables à l'air et à la chaleur. Pour les préparer on ajoute la phénylhydrazine, peu à peu, au sel cuivreux dissous dans un sel approprié [Moitessier, *Bull. Soc. Chim.*, (3), **21**, 666]. On a pu ainsi préparer :

$$2Cu^2Cl^2, 5C^6H^8Az^2; \ 2Cu^2Br^2, 7C^6H^8Az^2;$$
$$Cu^2I^2, 4C^6H^8Az^2.$$

Action sur les sels cuivriques. — La phénylhydrazine en agissant sur un sel cuivrique halogène ou à acide oxygène, se détruit en partie avec dégagement d'azote et réduction du sel cuivrique à l'état de sel cuivreux, lequel se combine certainement à l'excès de phénylhydrazine; mais les combinaisons ainsi formées sont très peu stables et n'ont pas été analysées. [J. Moitessier, *loc. cit.*].

Combinaisons mixtes de la phénylhydrazine et d'une autre base avec les sels métalliques. — On a vu que certaines combinaisons de la phénylhydrazine avec des sels métalliques pouvaient encore s'unir avec de nouvelles molécules de cette base, en donnant des combinaisons plus riches en phénylhydrazine; elles peuvent de même se combiner avec d'autres bases (aniline, naphtylamine) en donnant des combinaisons mixtes [J. Moitessier, *C. R.*, **127**, 1366; *Bull. Soc. Chim.*, (3), **21**, 631]. Voici les formules de ces combinaisons :

$$ZnI^2, C^6H^5-AzH^2, 2C^6H^5-AzH-AzH^2;$$
$$3ZnBr^2, 5C^6H^5-AzH^2, 2C^6H^5-AzH-AzH^2;$$
$$NiSO^4, C^6H^5-AzH^2, 2C^6H^5-AzH-AzH^2, 2H^2O;$$
$$2CdAz^2O^6, 3C^6H^5-AzH^2, 5C^6H^5-AzH-AzH^2;$$
$$ZnI^2, C^{10}H^7-AzH^2\alpha, 2C^6H^5-AzH-AzH^2;$$
$$3ZnI^2, 2C^{10}H^7-AzH^2\beta, 4C^6H^5-AzH-AzH^2.$$

Chromodiaminosulfocyanate de phénylhydrazine,

$Cr(AzH^3)^2(SCAz)^3(SCAzH), C^6H^8Az^2, (2H^2O?)$. — Cristaux microscopiques, en tables rhombiques, de couleur pourpre-carmin, peu solubles [Christensen, *J. prakt. Chem.*, (2), **45**, 363].

Combinaison avec le chlorure de platine-carbonyle, $CO=PtCl^2$. — S'appuyant sur ce que ce corps contient un groupement CO, M. F. Fœrster l'a fait réagir sur la phénylhydrazine. En réalité, il semble se faire tout simplement des combinaisons analogues aux précédentes.

Les chlorhydrates de phénylhydrazine et de platine-carbonyle ne réagissent pas en solution aqueuse; mais si l'on remplace le chlorhydrate de phénylhydrazine par l'acétate, en solution modérément concentrée, il se forme un précipité jaune-brun, d'où il est possible d'extraire une combinaison cristallisée, $COPtCl^2, C^6H^8Az^2$. L'éther acétique la dépose en lamelles jaunes; l'eau la décompose, ainsi que l'acide chlorhydrique employé seul. Mais si on remplace cet acide par une solution chaude de chlorhydrate de platine-carbonyle, on obtient par refroidissement le chlorhydrate du composé primitif, soit :

$$COPtCl^2, C^6H^8Az^2, HCl.$$

Ce sel se dépose en belles aiguilles orangées; il est décomposé par l'eau, mais il cristallise facilement dans l'alcool et dans l'éther acétique. A 100° il se détruit peu à peu [*D. chem. G.*, **24**, 3763].

d. *Sels d'acides organiques.* — 1° Monobasiques simples ou complexes.

Formiate, $C^6H^8Az^2-CH^2O^2$. — On mêle 4gr,6 d'acide formique à 50 0/0 avec 5gr,4 de phénylhydrazine en solution éthérée. Les cristaux blancs formés, lavés à l'éther, fondent à 89°; ils sont solubles dans l'eau et dans l'alcool, peu stables à l'air [H. de Vries, *D. chem. G.*, **27**, 1521].

Acétate, $C^6H^8Az^2-C^2H^4O^2$. — On opère avec les composants en solution chloroformique. Le sel est en lamelles blanches, altérables, fusibles à 68-69°, solubles dans l'eau, l'alcool, l'éther et le chloroforme [H. de Vries et A. Holleman. *Rec. des Pays-Bas*, **10**, 229]. Suivant M. Zoppellari [*Gazz. chim. ital.*, **26**, **1**, 256], il existerait un biacétate.

Lactate, $C^6H^8Az^2-C^3H^6O^3$. — On mêle 3 molécules d'acide et une de base; on lave les cristaux à l'éther. Ils fondent à 102-103°; ils se dissolvent facilement dans l'eau et dans l'alcool, moins dans l'éther et dans le chloroforme froid, assez dans le chloroforme bouillant [H. de Vries, *loc. cit.*].

Isovalérianate, $C^6H^8Az^2, C^5H^{10}O^2$. — Composé peu stable, fusible à 40-43° [Autenrieth, *D. chem. G.*, **34**, 180].

Benzylidène-éthyloxalacétate,

$$C^2H^5O-CO-CO-C(CH-C^6H^5)-CO^2H, C^6H^8Az^2.$$

— Aiguilles groupées en étoiles, fusibles à 99°, avec décomposition [W. Wislicenus et A. Jensen, *D. chem. G.*, **25**, 3450].

Benzoate. — Fusible à 81-82°; chauffé dans le vide, il ne donne pas de monobenzoylphénylhydrazide, mais de l'aniline, de l'ammoniaque et de l'acide benzoïque [P. Freer, *Ann. Chem.*, **293**, 335].

Nitrobenzoate, $C^7H^5(AzO^2)O^2-C^6H^8Az^2$. — Aiguilles courtes, légèrement orangées, fusibles entre 142-143° [Vanino, *D. chem. G.*, **30**, 2005].

Benzène-sulfinate. — Lamelles brillantes, fusibles à 130-131° [R. Escales, *D. chem. G.*, **18**, 895].

m-Nitrobenzène-sulfinate,

$$C^6H^4(AzO^2)SO^2H, C^6H^8Az^2.$$

— Aiguilles blanches brillantes, solubles dans l'eau et dans l'alcool, fusibles à 131° [H. Limpricht, *Ann. Chem.*, **278**, 247].

Toluène-sulfinate, $C^7H^7-SO^2H, C^6H^8Az^2$. — Aiguilles ayant l'aspect de l'amiante, incolores, fusibles à 159-160° avec décomposition, peu solubles dans l'eau, solubles dans l'alcool bouillant [A. Hälssig, *J. prakt. Chem.*, (2), **56**, 218].

Acide salicylique. — Ce corps, en solution dans le toluène, engendre une combinaison cristallisée en fines aiguilles blanches fondant à 122-123°, décomposable à froid par les alcalis étendus, avec mise en liberté de phénylhydrazine [A. Seyewetz, *C. R.*, **113**, 266].

Cinnamate et *allocinnamate*,

$$C^9H^8O^2, C^6H^8Az^2.$$

— Le premier est en belles aiguilles cristallisables dans l'eau bouillante, difficilement solubles dans l'eau et dans le benzène froids, il fond à 110°; le second est bien plus soluble, il fond à 74° (Liebermann).

Hydrocinnamate ou *phénylpropionate*,

$$C^9H^{10}O^2, C^6H^8Az^2.$$

— Aiguilles soyeuses, fusibles à 57°, très solubles dans le benzène [C. Liebermann, *D. chem. G.*, **24**, 1107].

Campholénate, $C^{10}H^{16}O^2, C^6H^8Az^2$. — Aiguilles fusibles à 48°,5-49°,5 [Alvisi, *Atti Acc. Lincei*, 1892, **2**, 444].

α et β-*naphtalène-thiosulfonates*,

$$C^{10}H^7SO^2SH . C^6H^8Az^2.$$

— Le dérivé α est en aiguilles; le dérivé β en cristaux incolores, devenant rouges [J. Tröger et O. Linde, *Arch. Pharm.*, **239**, 121].

β-*Naphtolazonaphtalène-sulfonate.* — Ce sel constitue un précipité cristallin, rouge écarlate; il se forme quand on ajoute une solution aqueuse de chlorhydrate de phénylhydrazine à une solution acide de l'acide β-naphtolazonaphtalène-sulfonique.

Le *jaune de naphtol* (acide dinitro-α-naphtolsulfonique) donne aussi un précipité avec des solutions relativement étendues de phénylhydrazine [W. Richardson, *Chem. News*, **58**, 39].

2° Bibasiques simples ou complexes.

Oxalate. — Voyez 1er Suppl., 923.

Dioxymaléate, $C^4H^4O^6, 2C^6H^8Az^2$. — Lamelles à éclat argentin, fusibles à 140°, insolubles dans l'eau, l'alcool et l'éther [H. Fenton, *Chem. Soc.*, **69**, 548].

Acétonylmalate,

$$CH^3-C(OH)=CH-CH \begin{matrix} < CO^2H \\ < CHOH-CO^2H \end{matrix}, 2C^6H^8Az^2.$$

— Aiguilles incolores, assez solubles dans l'alcool bouillant [S. Ruhemann et E. Tyler, *Chem. Soc.*, **69**, 534].

Tartrate, $C^4H^6O^6, 2C^6H^8Az^2, 3H^2O$. — Masse fusible au-dessous de 100° [H. de Vriès, *D. chem. G.*, **28**, 2612]

Bitartrate de phénylhydrazine et dérivés. — M. Causse a préparé un tartrate suracide de phénylhydrazine, $(C^4H^6O^6)^2, C^6H^8Az^2$, qu'il appelle *bitartrate*, en ajoutant la phénylhydrazine (100 grammes) à une solution d'acide tartrique (100 grammes) dans l'alcool (500 centimètres cubes), puis précipitant le sel par son volume d'éther à 65°. Après un ou deux jours, le sel se précipite; en le faisant cristalliser dans l'alcool bouillant, on obtient de belles aiguilles prismatiques incolores, qu'une seconde cristallisation fournit à l'état pur; ce sel se dissout dans 4 parties d'eau et s'altère à l'air. Il est lévogyre; il fond à 118-119°.

Il participe fondamentalement des propriétés de la phénylhydrazine et de l'acide tartrique.

M. Causse lui attribue la constitution

$$\begin{array}{l} Az \begin{cases} H-C^4H^6O^6 \\ C^6H^5 \end{cases} \\ | \\ Az \begin{cases} H-C^4H^6O^6 \\ H \end{cases} \end{array}$$

et en a dérivé les composés suivants :

Anhydride,

$$Az \begin{cases} H-CO^2H(CH-OH)^2-CO \\ C^6H^5 \\ AzH-C^4H^6O^6 \end{cases}$$

— On l'obtient en maintenant le sel à 100°, puis faisant cristalliser dans l'alcool bouillant. Cristaux incolores, fusibles à 225°, lévogyres.

Chlorhydrate,

$$(C^4H^6O^6)H.Az(C^6H^5)-Az \begin{cases} H-C^4H^6O^6 \\ H-HCl \end{cases}$$

— Cristaux altérables, lévogyres, solubles dans l'eau.

Sulfate,

$$(C^4H^6O^6)H-Az(C^6H^5)-Az \begin{cases} H-C^4H^6O^6 \\ H-SO^4H^2 \end{cases}$$

— Cristaux incolores, lévogyres, solubles dans l'eau.

Dérivé benzoïque,

$$(C^4H^6O^6)H-Az(C^6H^5)-Az \begin{cases} H-C^4H^6O^6 \\ CO-C^6H^5 \end{cases}$$

— Cristaux incolores, insolubles dans l'eau et dans l'éther, peu solubles dans l'alcool, lévogyres; obtenus par le chlorure de benzoyle et le bitartrate en solution acétique.

Bitartrate de phénylhydrazine et de potassium,

$$(C^4H^5KO^6)H-Az(C^6H^5)-Az \begin{cases} H-C^4H^6O^6 \\ H \end{cases}$$

— Petits cristaux blancs, peu solubles dans l'eau, lévogyres.

Sel de baryum,

$$\begin{array}{l} Az \begin{cases} H-C^4H^5O^6 \\ C^6H^5 \end{cases} \\ | \\ Az \begin{cases} H-C^4H^5O^6 \\ H \end{cases} \end{array} \Big\rangle Ba.$$

— Cristaux microscopiques blancs, peu solubles dans l'eau froide, lévogyres.

Émétique de phénylhydrazine et d'antimoine,

$$\begin{array}{l} Az \begin{cases} H-C^4H^5(SbO)O^6 \\ C^6H^5 \end{cases} \\ | \\ Az \begin{cases} H-C^4H^6O^6 \\ H \end{cases} \end{array}$$

— Beaux cristaux incolores, solubles dans l'eau, moins solubles dans l'alcool, lévogyres.

Le sel de potassium, celui de baryum et l'émétique se préparent en ajoutant l'oxyde métallique à une solution alcoolique chaude de bitartrate de phénylhydrazine [H. Causse, *Bull. Soc. Chim.*, (3), **15**, 661].

Tétraméthylène-dioxalate, $C^8H^8O^6, 2C^6H^8Az^2$. — Aiguilles solubles dans l'eau, peu solubles dans l'alcool, fusibles à 194° [O. Kaltwasser, *D. chem. G.*, **29**, 2275].

γ-Diacétylsuccinate, $C^8H^{10}O^6, 2C^6H^8Az^2$. — Composé peu soluble, obtenu avec les composants en solution alcoolique [L. Knorr et J. Schmidt, *Ann. Chem.*, **393**, 104].

4 Chlorophtalate, $C^6H^3Cl(CO^2H)^2, 2C^6H^8Az^2$. — Aiguilles rassemblées en cristaux plumeux, peu solubles, fusibles à 148°. — Le *bromophtalate* est semblable [W. von Miller et Rohde, *D. chem. G.*, **23**, 1894].

m-Iodotéréphtalate,

$$C^6H^3I_{(3)}(CO^2H)^2_{(1.4)}, 2C^6H^8Az^2.$$

— Longs cristaux jaunes, solubles dans l'eau et dans l'alcool, insolubles dans l'éther [H. Abbes, *D. chem. G.*, **26**, 2592]. Le même sel se forme par réduction, si l'on met en contact l'acide iodosotéréphtalique avec la phénylhydrazine.

3° Tribasiques simples ou complexes. — *Tricarballylate*, $C^6H^8O^6, 2C^6H^8Az^2$. — Petits cristaux tabulaires, fusibles à 180° [C. Mannelli et E. de Righi, *Gazz. chim. ital.*, (2), **29**, 148].

Citrate, $C^6H^8O^7, 2C^6H^8Az^2 + H^2O$. — Lamelles incolores, fusibles à 100° [E. de Righi, *loc. cit.*]; aiguilles dures, fusibles à 102° [H. de Vries, *loc. cit.*].

Sels des acides naphtol-phosphineux et phosphiniques. — M. Ph. Kunz a préparé les sels suivants [*D. chem. G.*, **27**, 2559; *Bull. Soc. Chim.*, (3), **14**, 65]. Nous n'en indiquerons que les points de fusion :

1. *α-Naphtol-o-phosphinite,*

$$OH-C^{10}H^6-PO^2H^2, C^6H^8Az^2.$$

— Fusible à 83°.

2. *α-Naphtol-o-phosphinate,*

$$OH-C^{10}H^6-PO^3H^2, C^6H^8Az^2.$$

— Fusible à 188°.

3. *α-Naphtol-o-phosphinate,*

$$OH-C^{10}H^6-PO^3H^2, 2C^6H^8Az^2.$$

— Fusible à 147-148°.

4. *β-Naphtol-o-phosphinate* (acide),

$$OH-C^{10}H^6-PO^3H^2, C^6H^8Az^2.$$

— Fusible à 180°.

5. *β-Naphtol-o-phosphinate* (neutre),

$$OH-C^{10}H^6-PO^3H^2, 2C^6H^8Az^2.$$

— Fusible à 168°.

6. *Di-β-naphtol-o-phosphinate,*

$$(OH-C^{10}H^6)^2PO^2H, C^6H^8Az^2.$$

— Fusible à 183°.

e. *Action sur les phénols.* — La phénylhydrazine forme, avec certains phénols, des combinaisons que l'on peut en quelque sorte considérer comme des *phénates*; mais dans quelques circonstances, comme avec la phloroglucine, il peut y avoir élimination d'eau et production de composés d'un autre ordre. Le premier mode de réaction étant prédominant, nous placerons l'étude des phénates après celle des sels d'acides organiques.

Phénols monatomiques. — Les phénols, les crésylols, les naphtols, dans les conditions les plus variées, ne réagissent pas sur la phénylhydrazine (A. Seyewetz).

S'ils sont substitués par des radicaux acides, ils peuvent cependant s'y combiner. On connaît un picrate, un pentachlorophénate :

Picrate, $C^6H^2(AzO^2)^3OH, C^6H^8Az^2$. — Voyez 1er Suppl., 923.

Pentachlorophénate, $C^6Cl^5-OH, C^6H^8Az^2$. — Aiguilles blanches, soyeuses, fusibles à 114-115°, très altérables [L. Jambon, *Bull Soc. Chim.*, (3), **23**, 829]

Phénols diatomiques. — Un certain nombre réagissent avec la plus grande facilité.

L'*orcine* en solution aqueuse concentrée donne rapidement une combinaison cristallisée lorsqu'on l'additionne d'une solution acétique de phénylhydrazine. La combinaison peut être cristallisée dans le benzène bouillant. Elle a pour formule

$$C^6H^3(CH^3)(OH)^2, (C^6H^8Az^2)^2,$$

fond à 61-62°, et présente les autres caractères de la combinaison avec l'hydroquinone.

La *résorcine* fournit le produit décrit plus bas, et préparé auparavant par MM. von Baeyer et Kochendœrfer.

L'*hydroquinone* fournit un hydroquinonate, $C^6H^4(OH)^2, (C^6H^8Az^2)^2$, cristallisable dans le benzène bouillant en petites lames nacrées, blanches, fusibles à 70-71°, solubles dans l'eau bouillante, l'alcool, le chloroforme, l'éther, le benzène, peu solubles dans l'eau froide et dans l'éther de pétrole. La potasse et les acides décomposent ce phénolate (A. Seyewetz).

La *pyrocatéchine* n'a conduit à aucune combinaison cristallisée [A. Seyewetz, *C. R.*, **113**, 264].

L'*acide chloranilique*, en présence d'alcool à 80°, réagit sur la phénylhydrazine pour engendrer une sorte de chloranilate,

$$C^6Cl^2O^2(OH)^2(C^6H^8Az^2)^2.$$

C'est une masse cristallisée, brune, un peu soluble dans l'eau qu'elle colore en violet.

Si l'on emploie de l'alcool absolu, on obtient de fines aiguilles peu colorées qui ont la même composition, et pouvant se transformer en le corps le plus foncé. Ces deux corps se décomposent sans fondre [H. Imbert et A. Descomps, *Bull. Soc. Chim.*, (3), **21**, 72].

L'*acide bromanilique* engendre, de même, un composé

$$C^6Br^2O^2(OH)^2(C^6H^8Az^2)^2,$$

susceptible d'exister sous deux modifications : l'une, α, rouge clair; l'autre, β, brun-violet foncé. La première se forme seule, si l'on opère dans l'alcool absolu ; la seconde succède à la première dans l'alcool à 90° [A. Descomps, *Bull. Soc. Chim.*, (3), **21**, 366].

Résorcinate, $C^6H^4(OH)^2 + 2C^6H^8Az^2$. — Aiguilles satinées, fusibles à 76°, solubles dans l'alcool et dans l'éther; décomposables par les alcalis et même par l'eau seule, instables à l'air. Ce corps ne donne pas d'hydrazide comme la phloroglucine [A. von Baeyer et E. Kochendœrfer, *D. chem. G.*, **22**, 2189].

Phénols triatomiques. — Le *pyrogallol* donne lieu à une altération profonde, accompagnée de brunissement (A. Seyewetz).

Phloroglucinate, $C^6H^3(OH)^3 + 3C^6H^8Az^2$. — Produit très analogue au résorcinate, fusible à 78-83°, également altérable à l'air. Il constitue une sorte de sel qui se forme immédiatement soit par l'union directe des constituants, soit par leur union en milieu alcoolique. Mais si on laisse le contact en solution alcoolique durer de 4 à 6 jours, on observe que le précipité formé se redissout peu à peu, puis qu'il se forme de nouveaux cristaux qu'on peut obtenir par cristallisation dans le toluène, sous la forme d'aiguilles incolores et inodores, fusibles à 143-144°. La nouvelle substance est beaucoup plus stable et est constituée par l'union de 2 molécules de phénylhydrazine et de 1 de phloroglucine, avec élimination de 2 molécules d'eau. On serait tenté de la considérer comme la dihydrazone de la phloroglucine, mais comme elle donne un dérivé pentabenzoylé, il est plus légitime de lui attribuer la constitution :

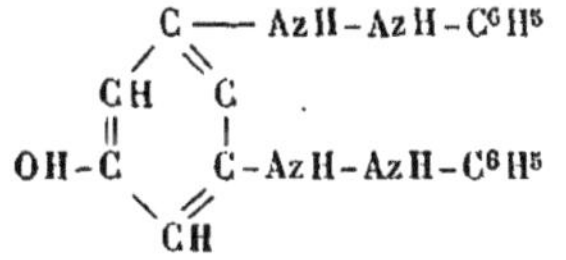

```
          C —— AzH-AzH-C⁶H⁵
        /   \\
      CH     C
      ||     |
  OH-C       C-AzH-AzH-C⁶H⁵
        \   //
          CH
```

ce qui en fait un 1.3.5 *disphénylhydrazophénol*. Le dérivé benzoylé, $C^{53}H^{38}O^6Az^4$, fond à 176° et cristallise dans l'alcool en prismes incolores.

Le chlorure ferrique change la dihydrazine en l'*azoïque* correspondant, fusible à 176-177° et cristallisable en aiguilles rouges. L'azoïque peut encore donner un dérivé *monobenzoylé*, fusible entre 148-150° (Baeyer et Kochendœrfer).

5° Rôle réducteur de la phénylhydrazine. — *Action des agents oxydants proprement dits et des matières réductibles, minérales ou organiques.* — Sous ce chef, se trouvent comprises une multitude de réactions que nous avons cru devoir grouper ensemble, car elles dépendent toutes de la nature essentiellement oxydable de la phénylhydrazine.

Nombre d'autres réactions des dérivés de la phénylhydrazine pourraient encore se placer ici au point de vue théorique, mais nous croyons plus fructueux de les étudier en même temps que ces dérivés et nous ne citerons ici que les réactions faites avec la phénylhydrazine même, ou ses sels, ou ses combinaisons moléculaires.

Action de l'oxygène. — Cette action a été étudiée de près par M. Berthelot [*Bull. Soc. Chim.*, (3), **11**, 898; *Ann. Chim. Phys.*, (7), **4**, 117; *C. R.*, **119**, 5].

On savait bien que la phénylhydrazine s'altère à l'air, en brunissant, mais la nature de cette altération n'avait pas été élucidée. M. Berthelot a effectué cette réaction avec l'oxygène et la phénylhydrazine pure et les solutions de chlorhydrate de phénylhydrazine seul ou de chlorhydrate de phénylhydrazine additionné d'acétate de sodium.

La solution de chlorhydrate de phénylhydrazine (1 molécule dans 3 litres) chauffée en excès avec de l'air, pendant 10 heures à 100°, s'altère sans que la pression du gaz ait changé, mais au lieu d'air on trouve de l'azote pur. Cette réaction a lieu encore, mais plus lentement, à 15°.

S'il y a excès d'oxygène, on trouve qu'une molécule de phénylhydrazine perd assez exactement un atome d'azote, en fixant la quantité équivalente d'oxygène. Dans le même temps, l'absorption est à peu près constante. Bref, on peut représenter la réaction par l'équation :

$$2C^6H^8Az^2 + O^2 = C^{12}H^{12}Az^2 + Az^2 + 2H^2O.$$

La substance $C^{12}H^{12}Az^2$ présente les propriétés de la diphénylhydrazine, mais son identification n'a pas été faite.

En opérant à 100° avec la phénylhydrazine pure et anhydre, la dose d'azote libéré surpasse de moitié celle de l'oxygène fixé.

Eau oxygénée. — La phénylhydrazine se dissout dans l'eau oxygénée, puis le liquide se trouble, jaunit et dégage des gaz. On peut reconnaître qu'il s'est formé du benzène, facilement entraînable par la vapeur d'eau et de la diazobenzène-imide, peu volatile. La formation de ces corps est précédée de celle de paillettes jaunes de nitrosophénylhydrazine [C. Wurster, *D. chem. G.*, **20**, 2632].

Action du chlore. — Voyez 1er Suppl., 923.

Action du brome. — Voyez *Bromophénylhydrazine*.

Iode. — M. Fischer a indiqué que l'action de l'iode donne de l'aniline, de la diazobenzène-imide et de l'acide iodhydrique. On peut obtenir une réaction différente si l'on emploie un excès d'iode (2 molécules pour 1 de phénylhydrazine). L'azote se dégage et il se forme de l'iodobenzène suivant l'équation :

$$C^6H^5-AzH-AzH^2+2I^2=3HI+Az^2+C^6H^5I.$$

Cette réaction est assez régulière pour permettre de doser la phénylhydrazine. Pour cela, à un volume connu d'iode décinormal en excès, on ajoute la solution de phénylhydrazine ou de son chlorhydrate. Après réaction, on titre l'iode resté libre au moyen de l'acide sulfureux ou de l'hyposulfite. En opérant sur une phénylhydrazine altérée, on peut même ainsi en reconnaître le degré d'altération.

Acide iodique. — L'acide iodique en présence d'acide sulfurique dilué peut servir au même dosage; on établit son titre au moyen d'acide sulfureux et, après réaction sur la phénylhydrazine, on constate la perte du titre par rapport à l'acide sulfureux.

L'aniline en faible dose est sans influence sur les résultats, si l'on a la précaution d'opérer en liqueurs étendues [E. von Meyer, *J. prakt. Chem.*, (2), **36**, 115].

Acide azoteux. — La transformation de la phénylhydrazine en diazobenzène par l'acide nitreux a été étudiée en détail par M. Altschul [*J. prakt. Chem.*, (2), **54**, 496; *Bull. Soc. Chim.*, (3), **18**, 880]. Des recherches de cet auteur il résulte que la phénylhydrazine se transformerait en

$$C^6H^5-Az=Az-C^6H^5$$

par un simple mécanisme d'oxydation. Les meilleures conditions de transformation consistent à opérer en présence d'un excès d'acide chlorhydrique; le maximum de rendement, soit 34 p. 100, s'obtient avec 4 molécules de nitrite de sodium pour 1 de phénylhydrazine; l'acide acétique est moins favorable que l'acide chlorhydrique.

Acide azotique. — (Voyez *nitrophénylhydrazine*).

Acide arsénique. — La réaction de la phénylhydrazine et de ses sels, ou des hydrazones, sur l'acide arsénique est la suivante :

$$C^6H^8Az^2+As^2O^5=C^6H^5OH+Az^2+As^2O^3+H^2O$$

On peut tirer de là une méthode de dosage de la phénylhydrazine. A cet effet, on chauffe pendant 40 minutes au réfrigérant à reflux, environ 0gr,2 de phénylhydrazine avec 60 centimètres cubes de solution d'acide arsénique, contenant 125 grammes de cet acide et 150 grammes d'acide chlorhydrique pour un litre; on laisse ensuite refroidir, on étend à 200 centimètres cubes, on neutralise par la soude et on titre l'acide arsénieux formé au moyen de l'iode décinormal. Un gramme d'acide arsénieux correspond à 0gr,5454 de phénylhydrazine [Causse, *Bull. Soc. Chim.*, (3), **19**, 148].

Sels cuivriques. — L'oxydation par la liqueur de Fehling bouillante montre que 3 molécules d'oxyde cuivrique sont réduites par 1 molécule de chlorhydrate de phénylhydrazine; parmi les produits de la réaction, on trouve du benzène et du phénol, sans trace d'aniline [H. Strache et M. Kitt, *Mon. f. Chem.*, **13**, 316].

Tout l'azote se dégageant dans cette réaction, on peut doser la phénylhydrazine, en mesurant le gaz formé [Strache, *ibid.*, **12**, 522].

L'oxydation de la phénylhydrazine par le sulfate de cuivre, en présence des acides chlorhydrique, bromhydrique, iodhydrique et même cyanhydrique conduit au remplacement du reste $-AzH-AzH^2$ par le radical halogéné :

$$C^6H^5-AzH-AzH^2,HCl+O^2$$
$$\longrightarrow C^6H^5-Az=Az-Cl+2H^2O$$
$$\longrightarrow C^6H^5-Cl+Az^2+2H^2O$$

[L. Gattermann et R. Hölzle, *D. chem. G.*, **25**, 1074; *Bull. Soc. Chim.*, (3), **8**, 782].

Sels d'argent. — La phénylhydrazine réduit l'azotate d'argent en milieu alcalin, suivant l'équation :

$$4C^6H^8Az^2+10AzO^3Ag$$
$$=10Ag+10AzO^3H+(C^6H^5-Az=)^2+2C^6H^6$$
$$+3Az^2.$$

Si on opère en présence d'un excès d'azotate d'argent, on pourra, en dosant l'excès de ce sel par la méthode cyanimétrique, évaluer la quantité de phénylhydrazine employée [G. Denigès, *Ann. Chim. Phys.*, (7), **6**, 427].

Chlorure de chaux. — Lorsqu'on ajoute la phénylhydrazine à une solution de chlorure de chaux, le liquide se colore en jaune, il se dégage de l'azote et il se forme de l'azobenzène, du benzène et de l'aniline, ce qui permet d'attribuer au chlorure une action purement oxydante :

$$2C^6H^5-AzH-AzH^2+O^3$$
$$=3H^2O+Az^2+C^6H^5-Az=Az-C^6H^5.$$
$$2C^6H^5-AzH-AzH^2+O^2$$
$$=2H^2O+2Az^2+2C^6H^6.$$
$$2C^6H^5-AzH-AzH^2+O$$
$$=H^2O+Az^2+2C^6H^5-AzH^2$$

[H. Brunner et L. Pelet, *D. chem. G.*, **30**, 284; *Bull. Soc. Chim.*, (3), **18**, 715].

Réductions au moyen de la phénylhydrazine. — La phénylhydrazine agit très facilement comme hydrogénant en se transformant en azote, benzène et hydrogène. M. R. Walther [*J. prakt. Chem.*, (2), **52**, 141] a étudié un certain nombre de ces réductions qui sont très régulières. Ses expériences ont porté sur l'azobenzène, l'amidoazobenzène, le nitrobenzène, l'o-nitrotoluène, le p-nitrotoluène, l'o-nitrophénol, le nitrosobenzène, le m-dinitrobenzène, la nitrosodiméthylaniline, etc.

Certaines de ces réactions avaient déjà été effectuées. On les trouvera ci-après, rapportées à leurs auteurs. Le plus souvent il faut chauffer, mais pour les carbures nitrés la réaction commence même à froid.

Dans un deuxième mémoire beaucoup plus étendu [*J. prakt. Chem.*, (2), **53**, 433 à 471], M. R. Walther a décrit méthodiquement ces réactions réductrices et insisté sur le parti qu'on en peut tirer au point de vue de la préparation de certaines combinaisons. Avec les dérivés nitrés aromatiques : nitrobenzène, o- et p-nitrotoluènes, m-dinitrobenzène, *o*-nitraniline, o- et p-nitrophénol, acide o-nitrobenzoïque, on a obtenu d'une façon régulière la transformation du groupe nitré en groupe aminé et isolé l'aniline, les o- et p-toluidines, la m-nitraniline, l'o-phénylène-diamine, les o- et p-aminophénols, l'acide o-aminobenzoïque. L'azoxybenzène et la phénylhydroxylamine ont fourni aussi de l'*aniline*. Par contre, le nitroéthane et le nitrate d'éthyle ne donnent lieu qu'à des réactions capricieuses et mêmes dangereuses.

Les bases nitrosées aromatiques avaient été déjà étudiées par MM. O. Fischer et L. Wacker (voyez plus loin); M. Walther a confirmé leurs recherches d'une façon générale.

Les bases nitrosées de la série grasse ne sont pas attaquées.

Le nitroso-β-naphtol conduit à un azoïque; le nitrosobenzène conduit au diazo-oxyaminobenzène de Bamberger,

$$C^6H^5-Az=Az-Az(OH)-C^6H^5.$$

L'azobenzène, $C^6H^5-Az=Az-C^6H^5$, est transformé théoriquement en hydrazobenzène,

$$C^6H^5-AzH-AzH-C^6H^5;$$

mais le diazoaminoazobenzène réagit irrégulièrement.

Action du nitrosobenzène. — Il se forme de l'azobenzène avec départ d'azote [Mills, *Chem. Soc.*, **67**, 925].

Suivant M. E. Bamberger [*D. chem. G.*, **29**, 102; *Bull. Soc. Chim.*, (3), **16**, 1163] on obtient, outre la phénylhydroxylamine, une combinaison dont la constitution probable est

$$C^6H^5-Az^2-Az(OH)-C^6H^5.$$

Ce corps est en aiguilles jaune pâle, fusibles à 126-127°; les acides le décomposent en sels de diazobenzène et de phénylhydroxylamine.

Action sur les nitrosophénols. — En solution benzénique, la phénylhydrazine réduit les nitrosophénols à l'état d'aminophénols. M. G. Plancher [*Gazz. chim. ital.*, **25**, 2, 379; *Bull. Soc. Chim.*, (3), **18**, 236] a étudié cette réaction avec le nitrosophénol, le nitrosothymol, le nitrosocarvacrol, le nitroso-β-naphtol, l'α-nitrosonaphtol, le 4 nitroso-1 naphtol. Le rendement est bon; la réaction est la suivante :

$$R\begin{cases}AzO\\OH\end{cases}+2C^6H^8Az^2$$
$$=2C^6H^6+2Az^2+H^2O+R\begin{cases}AzH^2\\OH\end{cases}$$

MM. O. Fischer et L. Wacker ont signalé la formation intermédiaire de p-azoxyphénol.

Action sur les nitrophénols. — L'o-nitrophénol, le p-nitrophénol, l'α-dinitrophénol (1.2.4) réagissent sur la phénylhydrazine en solution xylénique en se transformant en o-aminophénol, p-aminophénol et, pour le dernier, en un produit qui n'a pas été déterminé. Cette réaction a été étudiée par M. Barr, et semble avoir été la première de ce genre [*D. chem. G.*, **20**, 1497].

Action sur les dérivés nitrosés des amines. — Si l'on opère en solution éthérée, par exemple en faisant réagir 25 grammes de phénylhydrazine sur 40 grammes de nitrosodiméthylaniline, on obtient surtout du tétraméthyldiamidoazoxybenzène et de la diméthylphénylène-diamine, c'est-à-dire des produits de réduction de la nitrosodiméthylaniline. La réduction est attribuable à la phénylhydrazine, qui agit en quelque sorte comme la potasse alcoolique.

De même, le nitrosophénol conduit au p-azoxyphénol et même au p-aminophénol; la nitrosodiphénylamine conduit à l'amidodiphénylamine, fusible à 75°, et à l'azoxydiphénylamine $C^{24}H^{20}Az^4O$, fusible à 173°.

Si l'on opère en solution alcoolique avec la nitrosodiméthylaniline et la phénylhydrazine, on a les produits signalés dans la réaction en solution éthérée, plus une nouvelle substance que l'on doit considérer comme la diméthylaminodiphénylamine, $(CH^3)^2Az-C^6H^4-AzH-C^6H^5$; avec la nitrosodiphénylamine on arrive à la p-diphénylphénylène-diamine, $C^{18}H^{16}Az^4$, fusible, à 145°.

Enfin, en solution acide, c'est-à-dire en traitant le dérivé nitrosé par le chlorhydrate de phénylhydrazine en solution alcoolique étendue, on obtient des composés différents auxquels les auteurs attribuent la constitution :

$$C^6H^4\begin{cases}Az\begin{cases}R\\R'\end{cases}\\ \quad|>O\\Az=Az-AzH-C^6H^5\end{cases}$$

Ainsi, la nitrosoaniline conduit au composé $C^{12}H^{12}Az^4O$, la nitrosodiméthylaniline au composé $C^{14}H^{16}Az^4O$, la nitrosodiphénylamine au composé $C^{18}H^{16}Az^4O$. La réaction donne en même temps naissance à la diamine du dérivé nitrosé; on peut la formuler avec la nitrosaniline prise pour exemple :

$$3C^6H^4\begin{cases}AzH^2\\AzO\end{cases}+\underset{\text{phénylhydrazine.}}{2C^6H^8Az^2}$$
$$=H^2O+2C^{12}H^{12}Az^4O+\underset{\text{p-phénylène-diamine.}}{C^6H^8Az^2}$$

[O. Fischer et L. Wacker, *D. chem. G.*, **21**, 2609, **22**, 624; *Bull. Soc. Chim.*, (3), **1**, 257; **2**, 422].

Action sur les composés oxygénés de nature réductible. — A côté des réactions précédentes, il faudrait encore rappeler les actions de la phénylhydrazine sur certaines cétones, sur les quinones, etc., lesquelles se trouvent ramenées à l'état de composés plus oxygénés. On retrouvera ces réactions plus loin à propos des composés carbonylés.

6° Réduction de la phénylhydrazine. — *Autoréduction de la phénylhydrazine.* — Chauffée à 300° dans un autoclave pendant 3 ou 4 heures, la phénylhydrazine se décompose d'une façon très régulière suivant l'équation :

$$2C^6H^8Az^2=C^6H^6+Az^2+C^6H^5-AzH^2+AzH^3.$$

On voit que l'effet réducteur de la phénylhydrazine, résultant de son dédoublement en benzène et azote, s'est porté sur une autre portion qui s'est hydrogénée [Walther, *loc. cit.*].

Cet effet d'autoréduction a encore été manifesté autrement par MM. Hodgkinson et Coote, en chauffant progressivement un mélange de phénylhydrazine et d'acide acétique jusqu'à 150°, puis entre 280 et 350°; on obtient à la distillation du benzène de l'aniline et un produit bouillant à 350°, de composition $C^6H^5-CH^2-CO-C^6H^5$. En chauffant la phénylhydrazine avec d'autres acides, comme l'acide o-toluique et l'acide succinique, on obtient de même des substances exemptes d'azote [*Proc. Chem. Soc.*, 1892-1893. 219].

Réduction de la phénylhydrazine. — La phénylhydrazine peut être elle-même réduite; si l'on épuise à fond l'action de l'acide chlorhydrique et du zinc sur la phénylhydrazine (et la méthylphénylhydrazine), on obtient de l'ammoniaque et de l'aniline (ou de la méthylaniline) [Em. Fischer, *Ann. Chem.*, **239**, 248].

Cette même transformation a lieu lors de la formation des osazones, à partir des aldoses et des cétoses (voyez Glucoses), ainsi que dans la préparation de la phénylhydrazine sodée.

Action du sodium sur la phénylhydrazine. — La phénylhydrazine traitée par le sodium donne naissance à la phénylhydrazine sodée $C^6H^5-AzNa-AzH^2$; l'hydrogène formé change une autre portion de l'hydrazine en aniline et gaz ammoniac, de sorte que l'équation peut se représenter de la façon suivante ;

$$3C^6H^5-AzH-AzH^2+2Na$$
$$=2C^6H^5-AzNa-AzH^2+C^6H^5-AzH^2+AzH^3.$$

Cette phénylhydrazine sodée est très apte à réagir sur une foule de dérivés halogénés, de sorte qu'elle peut permettre la synthèse des dérivés α-substitués $C^6H^5-AzR-AzH^2$, ou dérivés dissymétriques.

Pour la préparer, M. Michaelis [*Ann. Chem.*, **252**, 266] recommande d'opérer de la façon suivante : dans une cornue tubulée, chauffée au bain de paraffine à 130-140°, on introduit 60 à 100 grammes de phénylhydrazine et peu à peu 8 à 13gr,5 de sodium en morceaux de 0gr,25 à 0gr,50, coupés sous le pétrole, lavés à l'éther de pétrole et non séchés. Après que le dernier morceau est introduit, on fait passer un lent courant d'hydrogène par la tubulure et on élève lentement la température à 160°; les dernières particules de sodium disparaissent. L'aniline et l'excès de phénylhydrazine sont alors enlevés par une distillation dans un vide partiel (200 millimètres), de sorte que l'on n'ait pas à atteindre plus de 180°. A une température plus haute, vers 205-210°, le composé se détruit en effet avec dégagement d'azote, d'ammoniaque et d'aniline monosodée. Le résidu de la cornue constitue à chaud une masse visqueuse, laquelle à froid se prend en un gâteau transparent, orangé, dur et cassant, fendillé.

Il faut employer la phénylhydrazine sodée peu de temps après sa préparation, car elle s'altère rapidement; toutefois on peut la garder sous une couche de benzène et d'éther à l'abri de l'air.

7° Transformation en p-phénylène-diamine. — De même que les hydrazoïques peuvent se changer en p-diamines, de même la phénylhydrazine, chauffée à 180-200° avec un excès d'acide chlorhydrique pendant deux heures, peut se transformer en chlorhydrate de p-phénylène-diamine. En même temps, il se forme de l'azote, du chlorhydrate d'ammoniaque et de l'aniline. Cette réaction a lieu aussi avec la méthylphénylhydrazine dissymétrique, mais elle ne se produit pas avec les hydrazines para-substituées, comme la p-tolylhydrazine et la β-naphtylhydrazine [J. Thiele et L. Wheeler, *D. chem. G.*, **28**, 1538; *Bull. Soc. Chim.*, (3), **14**, 1329].

Cette réaction fait disparaître, en quelque sorte, la barrière qui semblait séparer les hydrazines proprement dites des hydrazoïques.

8° Recherche et dosage de la phénylhydrazine. — M. Simon a indiqué que l'on obtient une coloration bleue, si l'on chauffe pendant quelques instants une solution de phénylhydrazine additionnée de triméthylamine, puis si l'on y ajoute quelques gouttes de nitroprussiate de sodium et enfin de potasse concentrée. Cette coloration permet de déceler 1/50000 de phénylhydrazine; elle est fugace; d'autres hydrazines aromatiques primaires se conduisent de même [*Bull. Soc. Chim.*, (3), **19**, 299]. Suivant M. E. Rimini, cette réaction serait due à la présence d'aldéhyde formique dans la triméthylamine, d'où l'on déduit inversement un procédé de recherche de l'aldéhyde formique par la phénylhydrazine et le nitroprussiate [*Bull. Soc. Chim.*, (3), **20**, 875, 896].

Quant aux modes de dosage, ils ont été déjà exposés plus haut à propos de l'action de l'iode, de l'acide arsénique, des sels d'argent et des sels de cuivre.

Emploi comme réactif. — La phénylhydrazine peut servir à rechercher le sulfure de carbone. Si l'on ajoute de la phénylhydrazine à un benzène contenant du sulfure de carbone, ce qui arrive avec les produits commerciaux même purifiés, on observe la formation de phénylsulfocarbazinate de phénylhydrazine,

$$CS^2(AzH^2-AzH-C^6H^5)^2.$$

La formation de ce sel a lieu encore nettement à la dose de 0,02 0/0 (0gr,17 dans un litre) [C. Liebermann et A. Seyewetz, *D. chem. G.*, **24**, 788].

Enfin, il est inutile de rappeler les usages de la phénylhydrazine pour la recherche et l'identification des hydrates de carbone (voyez Glucoses), des aldéhydes, etc. Ajoutons seulement deux réactions applicables dans l'histologie végétale :

Le bois en contact avec une solution de chlorhydrate de phénylhydrazine prend une coloration jaune qui se renforce par l'acide chlorhydrique étendu et devient peu à peu d'un vert pur [E. Pickel, *Chem. Zeit.*, **17**, 1209].

L'oxycellulose donne, à chaud, avec le même réactif, une coloration jaune foncé; la lignose, une coloration jaune faible [C. Cross et E. Bevan, *Chem. News*, **49**, 257].

9° Action physiologique. — Des recherches qui ont été faites et qui sortent du cadre de cet article, il résulte que la phénylhydrazine est un poison assez énergique qui exerce principalement son action nocive sur la matière colorante du sang [Hoppe-Seyler, *Zeit. physiol. Chem.*, **9**, 34. — W. Gibbs et E. Reichert, *Am. Journ.*, **13**, 289; *Bull. Soc. Chim.*, (3), **10**, 1199 et autres].

II. — Produits de condensation de la phénylhydrazine avec les monoaldéhydes et les monocétones : Phénylhydrazones.

Les produits résultant de la réaction de la phénylhydrazine sur les aldéhydes et les acétones ont été souvent appelés simplement *hydrazones*. Ce mot possède, en réalité, un sens plus général, et les combinaisons en question doivent plutôt être désignées sous le nom de *phénylhydrazones*.

Pour les généralités sur les hydrazones, voyez ce mot.

Nous étudierons les phénylhydrazones en les classant, autant que possible, d'après l'ordre du poids moléculaire des carbonyles générateurs, en rattachant à ceux-ci leurs dérivés de substitution, y compris les composés alcooliques ou phénoliques et leurs éthers-oxydes. On verra, en effet, que ces fonctions ne modifient pas trop la marche de la réaction, sauf toutefois en ce qui concerne les aldéhydes ou les acétones-α-alcools qui peuvent former des *osazones* (comme avec les sucres réducteurs). Ces osazones dérivent ainsi indifféremment, soit des composés $R-CO-CHOH-R'$, soit des composés $R-CO-CO-R'$.

Nous ne décrirons pas ici les hydrazones des aldéhydes ou acétones à fonction polyalcoolique, c'est-à-dire des sucres.

A. *Aldéhydes grasses.*

Phénylhydrazones formiques. — Voyez 2e Suppl., **4**, 299.

Acide phénylhydrazone-méthanaldisulfonique, $C^6H^4-AzH-Az=C(SO^3H)^2$. — Le sel dipotassique de cet acide s'obtient soit en faisant réagir le produit d'addition sulfitique du diazométhane-disulfonate de potassium sur un excès de diazobenzène en solution acétique, soit par réduction de l'acide formazylsulfonique. Voici les réactions relatives à la première préparation :

$$(SO^3K)^2C\begin{matrix}\diagup Az\\ \|\\ \diagdown Az\end{matrix} + \begin{matrix}SO^3K\\ |\\ H\end{matrix} = (SO^3K)^2C\begin{matrix}\diagup Az\text{-}SO^3K\\ |\\ \diagdown AzH\end{matrix}$$

$$(SO^3K)^2C(Az^2H-SO^3K) + AzO-AzH-C^6H^5$$
$$= (SO^3K)^2C(=Az-AzH-C^6H^5) + Az^2 + SO^4KH.$$

Il se présente en aiguilles brillantes aplaties. Sa solution est colorée en violet par le perchlorure de fer ou le bichromate de potassium. Les acides le décomposent. Par son groupe AzH, il peut encore réagir sur le diazobenzène pour engendrer le dérivé suivant, cristallisable en aiguilles orangées :

$$(SO^3K)^2C = Az - Az(C^6H^5) - Az = Az - C^6H^5.$$

[H. von Pechmann, *D. chem. G.*, **29**, 2161].

Éthylidène-phénylhydrazone. — Voyez 1er Suppl., 925.

Ce composé, $C^6H^5 - AzH - Az = CH - CH^3$, est isomère, non identique, avec l'azophénéthyle

$$C^6H^5 - Az = Az - CH^2 - CH^3.$$

Mais on peut passer de ce dernier au premier, par l'action des acides minéraux à froid. Comme l'hydrazone existe elle-même sous deux formes stéréoisomériques, il en résulte qu'il existe trois combinaisons de la formule $C^8H^{10}Az^2$.

L'éthylidène-phénylhydrazone brute, obtenue à partir de l'aldéhyde et du réactif acétophénylhydrazinique, se présente sous la forme d'une huile incolore qui distille sous 20-30 millimètres, entre 140 et 150°, et se condense dans le récipient en cristaux incolores, fusibles de 66 à 69°, que M. Em. Fischer appelle β-éthylidène-phénylhydrazone. Cette dernière, dissoute dans l'alcool à 75 0/0, additionnée de soude à 4 0/0, se transforme en cristaux prismatiques d'α-éthylidène-phénylhydrazone, fusibles à 98-101°. Les deux formes α et β, cristallisées dans la ligroïne, donnent toutes deux une substance fusible à 80°. Les deux hydrazones sont à peu près inattaquées par l'amalgame de sodium, cependant la forme β se change en la forme α [*D. chem. G.*, **29**, 793].

En faisant réagir l'aldéhyde sur la phénylhydrazine en solution phosphorique (30 grammes de base pour 1 litre de solution normale d'acide), M. Causse a obtenu également la forme fusible à 99° ; mais en même temps il se forme une huile d'où l'on peut extraire par l'éther, après contact avec la liqueur de Fehling, une substance cristallisée fusible à 109-110°, qui répond, par sa composition centésimale, sa teneur en phénylhydrazine et son poids moléculaire, à une triéthylidène-diphénylhydrazone,

$$\begin{array}{c} CH^3 - CH = Az - Az - C^6H^5 \\ CH^3 - CH \langle \\ CH^3 - CH = Az - Az - C^6H^5 \end{array}$$

[*Bull. Soc. Chim.*, (3), **19**, 145].

L'éthylidène-hydrazone, mise en contact avec l'acide cyanhydrique, conduit au nitrile α-phénylhydrazidopropionique, fusible à 58-59° [von Miller et Plöchl, *D. chem. G.*, **25**, 2020].

Nitroacétaldéhyde-phénylhydrazone,

$$CH^3C(AzO^2) = Az - AzH - C^6H^5.$$

— Ce corps s'obtient par l'action du nitroéthane en solution sodique, sur l'aniline diazotée en milieu acétique à 0° :

$$\begin{aligned} & CH^3 - C(AzO^2)H^2 + OH - Az = Az - C^6H^5 \\ & = CH^3 - C(AzO^2)H - Az = Az - C^6H^5 + H^2O \\ & = CH^3 - C(AzO^2) = Az - AzH - C^6H^5 + H^2O. \end{aligned}$$

Il cristallise en lamelles couleur d'or, fusibles à 141-142°. Ses homologues s'obtiennent de même [E. Bamberger, *D chem. G.*, **31**, 2626].

Hydrazone de l'acide aldéhyde-disulfonique. — Le *sel de baryum* de cet acide,

$$C^6H^5 - AzH - Az = CH - CH(SO^3)^2Ba + 3H^2O$$

s'obtient en mêlant une solution chaude d'aldéhyde-disulfonate de baryum avec une solution d'acétate de phénylhydrazine. Il cristallise en lamelles incolores solubles, s'altérant à 100° [G. Schrœter, *Ann. Chem.*, **303**, 126].

Le *sel de potassium* correspondant,

$$C^6H^5 - AzH - Az = CH - (SO^3K)^2 + 3H^2O$$

est en beaux prismes incolores, solubles dans l'eau, moins solubles dans l'alcool, perdant 2 molécules d'eau à 145-150° [M. Delépine, *Bull. Soc. Chim.*, (3), **27**, 7].

Ces sels paraissent avoir plutôt pour formule :

$$\begin{array}{l} C^6H^5 - AzH - AzH \\ \qquad\qquad\quad OH \end{array} \!\!> CH - CH - (SO^3)^2M'' + 2H^2O.$$

Hydrazone de l'oxyacétaldéhyde. — Elle n'a pas été préparée, mais on connaît les hydrazones de ses éthers, c'est-à-dire des hydrazones du type :

$$R - O - CH^2 - CH = Az - AzH - C^6H^5.$$

En voici les formules et les points de fusion :

R =		
C^6H^5............	Prismes jaunes.	86° (1)
$CH^3_{(3)} - C^6H^4$-....	Aiguilles.	72° (2)
$CH^3_{(4)} - C^6H^4$.....	Aiguilles.	106° (2), 111° (3)
$(CH^3)^2_{(2.4)} - C^6H^3$-	Lamelles.	68° } (3)
$(CH^3)^2_{(3.4)} - C^6H^3$-	»	91-92° } (3)
$C^{10}H^7\beta$-..........	»	145° } (3)

(1). Pomeranz, *Monatsh. f. Chem.*, **15**, 744. — (2). Hesse, *D. chem. G.*, **30**, 1441. — (3). Störmer, *ibid.*, **30**, 1707.

Action du chloral (Voyez 2e Suppl., **3**, 1077]. — En présence d'alcool, l'hydrate de chloral réagit modérément et donne naissance au composé $C^6H^5 - AzH - AzH - CH^2 - CH = Az - AzH - C^6H^5$, qui cristallise en aiguilles jaunes, solubles dans l'alcool et dans l'éther. La réduction de cette substance conduit à l'éthylène-dyphénylhydrazine, fusible à 100° [P. Freer, *Am. chem. Journ.*, **21**, 56; *Bull. Soc. Chim.*, (3), **22**, 587].

M. E. Vincent [*Thèse pour le diplôme supérieur de pharmacien*, Lyon, 1902] a réussi à préparer la *chloralphénylhydrazone* normale, $CCl^3 - CH = Az - AzH - C^6H^5$; pour cela il opère dans l'éther absolu et précipite la combinaison par l'éther de pétrole léger. Ce composé cristallise en aiguilles blanches, qui ne subsistent inaltérées que fort peu de temps (20 minutes), et se transforment en produits vraisemblablement identiques à ceux qu'a décrits M. Causse. D'après M. Vincent, la chloraldiphénylhydrazine de M. Causse ne serait autre que la chloral-phénylhydrazone.

En solutions aqueuses, les réactions sont différentes, comme l'ont montré les recherches de M. Causse, d'une part, et celles de MM. Brunner et Eiermann, d'autre part.

Suivant M. H. Causse, l'hydrate de chloral s'unit très facilement à la phénylhydrazine, pour donner une combinaison primordiale instable, qui est la chloral-diphénylhydrazine. Cette combinaison est cristallisée, mais si on la sort du milieu où elle a pris naissance, elle s'altère profondément.

Si l'on varie les conditions d'action du chloral, on peut obtenir différents produits :

1° Dans une solution tiède de phosphate de phénylhydrazine (20 grammes de phénylhydrazine pour 800 centimètres cubes de solution normale d'acide phosphorique) additionnée de 2/5 de glycérine, le chloral donne d'abord des cristaux incolores, puis une poudre cristalline, rouge brique, insoluble dans l'eau, soluble dans l'alcool, l'éther et le chloroforme, de formule $C^{14}H^{13}Az^4Cl$;

2° Si l'on remplace le phosphate, par une solution hyposulfitique de phénylhydrazine, on obtient un dérivé orangé, $C^{14}H^{14}Az^4$;

3° Si l'on emploie une solution de tartrate

double d'antimoine et de phénylhydrazine, on obtient une substance rouge écarlate qui est le sel d'antimoine $C^{28}H^{27}Az^{8}O^{3}$. Sb.

Enfin, l'eau de baryte donne avec le premier et le second corps un même sel complexe de la formule :

$$Ba(C^{14}H^{12}Az^{4}-O-C^{14}H^{13}Az^{4})^{2}$$

que l'on peut considérer comme le produit de l'union de 2 molécules de l'éther

$$C^{14}H^{13}Az^{4}-O-C^{14}H^{13}Az^{4}$$

avec 1 molécule de baryte.

M. Causse attribue ces réactions à la formation successive des composés suivants :

I. $CCl^{3}-CH\begin{cases}AzH-AzH-C^{6}H^{5}\\AzH-AzH-C^{6}H^{5}\end{cases}$

Chloraldiphénylhydrazine.

II. $C^{6}H^{5}-AzH-Az\langle CH, C-Cl \rangle Az-AzH-C^{6}H^{5}$

Chlorodiphénylglyoxazol.

III. $C^{6}H^{5}-AzH-Az\langle CH, C-OH \rangle Az-AzH-C^{6}H^{5}$

Hydroxydiphénylglyoxazol.

Le passage de I à II serait attribuable à une transformation analogue à celle qui fait passer de la série du chloral à la série glyoxylique. [*Bull. Soc. Chim.*, (3), **17**, 547].

Suivant MM. H. Brunner et K. Eiermann, l'action du chloral sur le chlorhydrate de phénylhydrazine conduit à un composé rouge orangé de la formule $C^{28}H^{26}Az^{7}ClO^{2}$, dont on peut préparer un dérivé diacétylé, un dérivé dibenzoylé et un dérivé hexabenzoylé, un sel biargentique et des éthers oxydes.

Le chlorure de phosphore conduit au composé $C^{28}H^{24}Az^{7}Cl^{3}$ [*D. chem. G.*, **31**, 1406].

La réaction de formation est la suivante :

$$4C^{6}H^{8}Az^{2},HCl+2C^{2}Cl^{3}H(OH)^{2}$$
$$=C^{28}H^{26}Az^{7}ClO^{2}+AzH^{4}Cl+8HCl+2H^{2}O.$$

Action du bromal. — Le bromal réagit de façon analogue et fournit le composé

$$C^{28}H^{26}Az^{7}BrO^{2},$$

lequel est susceptible d'engendrer des dérivés semblables aux précédents [*Ibid.*].

Les conditions les mieux étudiées n'ont permis à M. Vincent que d'isoler en petite quantité une tribrométhylidène-hydrazone bien plus altérable encore que celle correspondant au chloral (*loc. cit.*).

Propylidène-phénylhydrazone. — Huile limpide, un peu jaune, bouillant à 205° sous 180 millimètres [E. Fischer, *Ann. Chem.*, **236**, 137]. Elle fixe l'acide cyanhydrique en donnant le nitrile α-phénylhydrazidobutyrique

$$C^{6}H^{5}-AzH-AzH-HC(CAz)-CH^{2}-CH^{3},$$

fusible à 37° [Miller et Plöchl, *D. chem. G.*, **25**, 2036].

Nitropropionaldéhyde-phénylhydrazone,

$$CH^{3}-CH^{2}-C(AzO^{2})=Az-AzH-C^{6}H^{5}.$$

— Cristaux jaune d'or, fusibles à 160° [E. Bamberger, *loc. cit.*].

Phénylhydrazone du propanaldisulfonate de baryum. — La phénylhydrazine s'unit au sel de baryum de l'acide propanal-2.2 disulfonique en donnant un produit blanc jaunâtre répondant à la formule

$$CH^{3}-C(SO^{3})^{2}Ba-CH=(AzH-AzH-C^{6}H^{5})^{2}+2H^{2}O$$

[M. Delépine, *Bull. Soc. Chim.*, (3), **27**, 7].

Isobutylidène-phénylhydrazone,

$$(CH^{3})^{2}-CH-CH=Az-AzH-C^{6}H^{5}.$$

— Huile jaune, bouillant à 178-180° sous 68 millimètres, à 172° sous 60 millimètres, ne cristallisant pas encore à 0°. [Brunner, *Mon. f. Chem.*, **16**, 184].

Hydrazone de l'aldéhyde 3-oxybutyrique (aldol). — L'aldol se condense avec la phénylhydrazine en donnant une huile incristallisable, soluble dans l'alcool, le benzène et l'éther de pétrole [Miller et Plöchl, *D. chem. G.*, **27**, 1295]. Cette hydrazone serait le produit normal, mais l'aldol peut réagir autrement; suivant M. G. Treuer, il peut y avoir séparation de 2 molécules d'eau, et formation de deux produits, dont le principal, possédant la formule $C^{10}H^{12}Az^{2}$, est une huile jaune, bouillant à 130-132° sous 18 millimètres; l'autre est un polymère susceptible de se transformer en le premier, si on le chauffe à 130° sous 18 millimètres. L'huile n'est autre que la 1 phényl-5 pyrazoline et on peut aussi l'obtenir en remplaçant l'aldol par l'aldéhyde crotonique :

$$\begin{matrix}CH-CHO \\ \| \\ CH^{3}-CH \quad AzH^{2} \\ + AzH-C^{6}H^{5}\end{matrix} = \begin{matrix}CH^{2}-CH \\ | \quad \| \\ CH^{3}-CH \quad Az \\ AzH-C^{6}H^{5}\end{matrix} + H^{2}O$$

[G. Treuer, *Mon. f. Chem.*, **21**, 1111].

Action du butylchloral. — La réaction est dans son principe analogue à celle du chloral et du bromal [H. Brunner et K. Eiermann, *loc. cit.*]. La formule du corps obtenu est $C^{16}H^{16}Az^{3}ClO$; les réactifs n'y manifestent qu'un groupe hydroxyle et que deux groupes AzH (dérivé tribenzoylé). Tous ces corps sont amorphes.

Isovaléraldéhyde-phénylhydrazone. — Huile jaune clair, distillant à 220° sous 150 millimètres, très altérable [Trenkler, *Ann. Chem.*, **248**, 106].

1.5 *Aminovaléraldéhyde-phénylhydrazone,*

$$C^{6}H^{5}-AzH-Az=CH-CH^{2}-CH^{2}-CH^{2}-CH^{2}-AzH^{2}.$$

— L'*acétate* de cette hydrazone se forme par l'action de l'acétate de phénylhydrazine sur, le 1.5 aminopentanal. Il est cristallisé et fusible à 180° [Wolffenstein, *D. chem. G.*, **26**, 2991].

1.1 *Nitrovaléraldéhyde-phénylhydrazone,*

$$C^{4}H^{9}-C(AzO^{2})=Az-AzH-C^{6}H^{5}.$$

— Ce corps existe sous deux modifications faciles à transformer l'une dans l'autre. La forme dite β cristallise dans l'alcool en lamelles d'un jaune d'or, fusibles à 92°,5; la solution de cette forme β dans l'éther de pétrole laisse déposer de longues aiguilles dichroïques, orangées, à reflets bleus, fusibles à 51°,5, désignées sous le nom de forme α. La forme α retourne à la forme β par fusion prolongée ou par précipitation de sa solution sodique à l'aide d'acide [E. Bamberger, *loc. cit.*].

Œnantholphénylhydrazone. — Huile jaune, très altérable [Trenkler, *loc. cit.*], encore liquide à —20°, distillant à 240° sous 77 millimètres [Reisenegger, *D. chem. G.*, **15**, 661].

B. *Aldéhydes aromatiques.*

Benzylidène-phénylhydrazone. — Voyez 1er Suppl., 925.

D'après MM. Behrend et Leuchs [*Ann. Chem.*, **257**, 227], elle fond à 156°.

Cette hydrazone et quelques-unes de ses congénères peuvent être acétylées, benzoylées; nous placerons ces dérivés avec leurs hydrazones respectives. Enfin, les produits d'oxydation très spéciaux engendrés par la benzalphénylhydrazone et les autres hydrazones aromatiques seront étudiés à l'article HYDRAZONES.

Acétylphénylhydrazone benzylidénique,

$$C^6H^5-CH=Az-Az(C^6H^5)(C^2H^3O).$$

— Le chlorure d'acétyle seul réagit mal sur la benzylidène-phénylhydrazone; l'anhydride acétique, en présence d'acétate de sodium, réussit mieux [V. Schrœder, *D. chem. G.*, **17**, 2097. — F. Schmidt, *Ann. Chem.*, **252**, 304]. Enfin le chlorure d'acétyle, en présence de pyridine, réussit également bien [Walther, *loc. cit.*].

Le produit se présente en aiguilles fusibles à 122°, très solubles dans le chloroforme, moins dans l'alcool, l'éther et l'acétone, insolubles dans l'eau froide, les alcalis et les acides.

Butyrylphénylhydrazone benzylidénique,

$$C^6H^5-CH=Az-Az(C^6H^5)(C^4H^7O).$$

— Aiguilles brillantes, fusibles à 113°,5, facilement solubles dans l'eau et l'alcool, insolubles dans l'eau [F. Schmidt, *loc. cit.*, 310].

Benzoylphénylhydrazone benzylidénique,

$$C^6H^5-CH=Az-Az\begin{cases}C^6H^5\\CO-C^6H^5\end{cases}$$

— Ce composé ne se forme pas par benzoylation directe; mais si l'on opère en présence de pyridine aqueuse, on peut l'obtenir facilement [Walther, *J. prakt. Chem.*, (2), **53**, 463]. On retombe ainsi sur le composé que MM. Michaelis et Schmidt [*D. chem. G.*, **20**, 1717] avaient obtenu par l'action de l'aldéhyde benzylique sur la benzoylphénylhydrazide dissymétrique

$$C^6H^5-CO(C^6H^5)-Az-AzH^2.$$

Il cristallise en aiguilles incolores fusibles, à 11°,4, à peine solubles dans l'acétone et dans le chloroforme, très solubles dans le benzène, l'alcool et l'éther chaud.

Cuminylphénylhydrazone benzylidénique. — Prismes jaune paille, fusibles à 126° [*Beilstein*, 3e édit., IV, 751].

Hydrazones nitrobenzoïques,

$$AzO^2-C^6H^4-CH=Az-AzH-C^6H^5.$$

— Elles ont été préparées d'abord par M. Pickel, qui attribua respectivement les points de fusion 153°, 121° et 155° aux dérivés ortho, méta, para [*Ann. Chem.*, **232**, 228].

Elles ont été ensuite étudiées de nouveau par M. Walther [*J. prakt. Chem.*, (2), **53**, 459], qui en a décrit un certain nombre de dérivés.

Hydrazone o-nitrobenzylidénique. — Suivant M. Walther, elle fond à 159°; son dérivé benzoylé à 166-167°. Réduite par la phénylhydrazine, elle donne naissance à l'*hydrazone o-amidobenzoïque*, qui cristallise en lamelles verdâtres, fusibles à 221-222°. Celle-ci s'obtient aussi avec l'o-aminobenzaldéhyde et la phénylhydrazine [Eliasberg et Friedländer, *D. chem. G.*, **25**, 1753].

Hydrazone m-nitrobenzylidénique. — Ce corps prend naissance avec un vif dégagement de chaleur par le mélange de ses composants en solution alcoolique. Il constitue des aiguilles orangées, fusibles à 120-121°, solubles dans le benzène, l'alcool, le chloroforme, insolubles dans la ligroïne et dans l'éther froid.

Benzoyl- et acétylphénylhydrazone m-nitrobenzoïque. — On ne produit bien ces corps qu'en opérant au moyen des chlorures d'acides et de l'hydrazone en présence de pyridine. Le premier fond à 197°, le second à 170°. L'un et l'autre sont en aiguilles blanches, solubles facilement dans l'acétone, le chloroforme, le benzène, moins facilement dans l'alcool, et moins encore dans l'éther et la ligroïne. L'hydrazone et son dérivé acétylé avaient été préparés bien auparavant par M. V. Schröder [*D. chem. G.*, **17**, 2097].

Phénylhydrazone m-aminobenzylidénique,

$$AzH^2-C^6H^4-CH=Az-AzH-C^6H^5.$$

— On obtient cette hydrazone en réduisant le composé précédent (24 grammes) par la phénylhydrazine (33 grammes), dans un autoclave à 160-170° pendant 3 heures. Par cristallisation dans l'alcool, on obtient des aiguilles d'un jaune clair, fusibles à 162°, solubles dans le chloroforme, l'alcool, le benzène, l'éther, insolubles dans l'éther de pétrole. L'hydrogène sulfuré conduit au même résultat [Walther, *J. prakt. Chem.*, (2), **53**, 433].

PHÉNYLHYDRAZONE P-NITROBENZYLIDÉNIQUE (m),

$$AzO^2-C^6H^4-CH=Az-AzH-C^6H^5.$$

— Préparée d'abord par MM. Pickel (*loc. cit.*) et Lepetit [*D. chem. G.*, **20**, 1343], puis par M. Walther [*J. prakt. Chem.*, (2), **53**, 459], elle est en belles aiguilles rouges, fusibles à 155°.

Le dérivé *benzoylé* et le dérivé *acétylé* s'obtiennent comme les dérivés correspondants de la phénylhydrazone m-nitrobenzylidénique. Le premier est en aiguilles blanches soyeuses, fusibles à 169°, solubles facilement à chaud dans les solvants organiques; le second est en cristaux rhombiques, durs, fusibles à 160-162°, solubles également à chaud.

Phénylhydrazone p-aminobenzylidénique. — Préparée comme le dérivé méta, ou bien avec l'aldéhyde m-aminobenzoïque et la phénylhydrazine. Elle est en belles lamelles jaune d'or, brillantes, fusibles à 175°, et présente des solubilités analogues.

Ajoutons enfin que ce dérivé p-aminobenzylidénique peut fournir lui-même des dérivés mono- et diacétylés et benzoylés sous l'influence de l'acétamide et de l'acide benzoïque, des dérivés iminés sous celle des aldéhydes, et des urées avec les sénevols.

Les corps ainsi formés sont les suivants, où R représente le résidu $—C^6H^4-CH=Az-AzH-C^6H^5$:

Formules.	Aspect.	Point de fusion.
$CH^3CO-AzH-R$	lamelles jaunes	155°
$(CH^3CO)^2Az-R$	aiguilles	211°
$C^6H^5CO-AzH-R$	lamelles jaunes	159-160°
$C^6H^5CH=Az-R$	pet. aig. jaunes.	140°
$OH-C^6H^4-CH=Az-R$	lam. couleur d'or	173-174°
$C^6H^5-AzH-CS-AzH-R$	crist. bl. jaunât.	220-221°
$C^3H^5-AzH-CS-AzH-R$	lam. blanches	136°

Enfin, l'action du sulfure de carbone et de l'éther acétylacétique a été aussi essayée sur cette substance. Le sulfure de carbone donne l'urée

$$CS(AzH-C^6H^4-CH=Az-AzH-C^6H^5)^2$$

cristallisant dans la pyridine en aiguilles fusibles à 220°; l'éther acétylacétique fournit la combinaison suivante

$$C^6H^4\begin{cases}CH=Az-Az-C^6H^5\\Az=C(CH^3)-CH^2-CO\end{cases}$$

Cette combinaison se présente en lamelles rouge

foncé, à éclat métallique, fusibles à 195° [R. Walther et O. Kausch, *J. prakt. Chem.*, (2), **56**, 97].

Phénylhydrazones des autres aldéhydes benzyliques substituées.

Voici une liste de ces produits avec leur point de fusion et l'indication bibliographique :

Formule de l'aldéhyde.		Aspect de l'hydrazone.	Point de fusion.	
$Cl.C^6H^4.CHO$......	1.3	petites aig..	134-135°	(1)
$Cl.AzO^2.C^6H^3.CHO$.	1.2.5	aig. rouges.	180-181°	
$Cl^2.C^6H^3.CHO$.....	1.2.5	....	104-105°	(2)
$Cl^2.AzO^2.C^6H^2.CHO$	1.2.3.6	aig. jaunes.	146-147°	
Id.	1(?)2.5	aig. orang..	173-174°	
$Cl^2.AzH^2.C^6H^2.CHO$	1.2.3.6	aiguilles....	102-103°	
$Br.C^6H^4.CHO$.....	1.3	aig. jaunes.	141-142°	(3)
$Br.AzO^2.C^6H^3.CHO$.	1.2.5	aig. rouges.	180°	
$I.C^6H^4.CHO$.......	1.2	prism. jaunes	79°	(4)
Id.	1.3	id.	155°	
Id.	1.4	id.	121°	
$CAz.C^6H^4.CHO$....	1.3	aig. jaunes.	120°	(5)
$SO^3H.C^6H^4.CHO$..	1.2	(s'anhydride)	174°,5	(6)
$SO^3Na.C^6H^4.CHO$.	1.2	aig. jaunes.	»	
$SO^3H.C^6H^4.CHO$..	1.3	aiguilles....	»	(7)
$(CH^3)^2Az.C^6H^4.CHO$	1.4	aiguilles....	148°	(8)

(1). A. Eichengrün et A. Einhorn, *Ann. Chem.*, **262**, 133. — (2). R. Gnehm et E. Bänziger, *ibid.*, **296**, 62. — (3). A. Einhorn et A. Gernsheim, *ibid.*, **284**, 143. — (4). T. S. Patterson, *Chem. Soc.*, **69**, 1002. — (5). Reinglass, *D. chem. G.*, **24**, 2422. — (6). A. Gnehm et Schüle, *Ann. Chem.*, **299**, 365. — (7). Kafka, *D. chem. G.*, **24**, 791. — (8). O. Knöfler et P. Boessneck, *ibid.*, **20**, 3195.

Phénylhydrazones des aldéhydes benzyliques monohydroxylées.

$$OH-C^6H^4-CH=Az-AzH-C^6H^5.$$

1° *Dérivés salicyliques.* — La phénylhydrazone de l'aldéhyde salicylique se forme soit par l'union directe des constituants [E. Fischer, *D. chem. G.*, **17**, 571. — Rössing, *ibid.*, **17**, 3004. — Bilz, *ibid.*, **27**, 2289], soit par dédoublement de l'hélicine-phénylhydrazone au moyen de l'émulsine [Tiemann et Kees, *D. chem. G.*, **18**, 1660]. Elle forme des aiguilles ou des lamelles jaunes, solubles dans l'alcool bouillant, l'éther, les acides et les alcalis fixes; elle fond à 142-143°. Le sel sodique est une masse visqueuse rouge.

Suivant M. Bilz, lorsqu'on prépare l'hydrazone salicylidénique, il se forme, outre le produit précédent, un deuxième corps qui reste dans les eaux-mères; ce corps cristallise en aiguilles tricliniques, fusibles à 104-105°; il constitue l'isomère stéréochimique du précédent; de simples cristallisations dans l'alcool élèvent son point de fusion. Enfin, en chauffant la salicylidène-phénylhydrazone avec 5 fois son poids de solution de potasse alcoolique à 2 0/0, on la polymérise et on obtient le composé

$$(C^{13}H^{12}Az^2O)^2,$$

cristallisable en prismes monocliniques, fusibles à 265°.

La salicylidène-phénylhydrazone ordinaire fournit avec l'anhydride acétique un *dérivé diacétylé*

$$CH^3-CO-O-C^6H^4-CH=Az-Az(C^6H^5)-CO-CH^3,$$

fusible à 133°, assez soluble dans le benzène, l'alcool bouillant, le chloroforme et l'éther, décomposable par la distillation sèche en phénol, acide acétique et acétanilide. Ce corps fixe 2 atomes de brome à froid, mais à chaud il conduit à un dérivé dibromé de la *monacétylsalicylidène-phénylhydrazone*; ce corps fond à 188° et peut être désacétylé par la soude concentrée. Le composé formé,

$$OH-C^6H^2-Br^2-CH=Az-AzH-C^6H^5,$$

fond à 148°; il se dissout dans les alcalis.

Le dérivé monacétylé dibromé ci-dessus peut encore être acétylé une fois et engendrer le *dérivé bibromé de la diacétylsalicylidène-phénylhydrazone*; ce dérivé fond à 158° [Rössing, *loc. cit.*].

Le dérivé *phénoxyacétique*,

$$CO^2H-CH^2-O-C^6H^4-CH=Az-AzH-C^6H^5,$$

a été également préparé. C'est une poudre orangée se ramollissant vers 60° et fondant à 105°, douée de propriétés acides. L'acide sulfurique la dissout et la transforme en aniline et en un composé $C^9H^7AzO^3$; on obtient aussi ce composé par l'action à chaud de l'acide monochloracétique sur l'hydrazone salicylidénique. Il est vert-bleu, amorphe et fusible à 108°, soluble dans l'alcool qu'il colore en bleu et dans les alcalis qu'il colore en rouge cerise (Rössing).

L'*hélicine-phénylhydrazone*, ou *glucosylsalicylidène-phénylhydrazone*, fond à 187° [Tiemann et Kees, *loc. cit.*].

La *picrylsalicylidène-phénylhydrazone*,

$$(AzO^2)^3-C^6H^2-OC^6H^4-CH=Az-AzH-C^6H^5,$$

est en aiguilles jaunes peu solubles, fusibles à 217° [A. Purgotti, *Gazz. chim. ital.*, **26**, 2, 558].

2° *Dérivés m-oxybenzoïques.* — La *m-oxybenzylidène-phénylhydrazone* est en petits prismes incolores, fusibles à 130-131°,5, assez altérables, solubles dans les alcalis [Rudolph, *Ann. Chem.*, **248**, 99. — Clemm, *D. chem. G.*, **24**, 846].

Le dérivé de l'*aldéhyde p-phénoxyacétique*,

$$CO^2H-CH^2-O-C^6H^4-CH=Az-AzH-C^6H^5,$$

fond à 140°, en brunissant; il cristallise dans l'alcool étendu [Th. Elkau, *D. chem. G.*, **19**, 3046].

M. F. Rieche a encore signalé les hydrazones des aldéhydes *nitro-m-méthoxybenzoïques* suivantes :

$$AzO^2_{(2)}-CH^3O_{(3)}-C^6H^4-CHO_{(1)},$$

aiguilles orangées, fusibles à 134°;

$$AzO^2_{(6)}-CH^3O_{(3)}-C^6H^4-CHO_{(1)},$$

prismes rouge sang, fusibles à 154°;

$$AzO^2_{(5)}-CH^2O_{(3)}-C^6H^4-CHO_{(1)},$$

cristaux rouges, fusibles à 126°;

$$AzO^2_{(4)}-CH^2O_{(3)}-C^6H^4-CHO_{(1)};$$

aiguilles rouge chair, fusibles à 103° [*D. chem. G.*, **22**, 2347].

Dérivés p-oxybenzoïques. — L'*hydrazone* de l'aldéhyde p-oxybenzoïque est en aiguilles réunies en touffes, fusibles à 177-178°, solubles dans les alcalis et dans les divers solvants organiques [Rudolph, *Ann. Chem.*, **248**, 99].

Son dérivé méthylé ou *anisylidène-hydrazone* est en aiguilles ou lamelles incolores, fusibles à 120-121° (Rudolph).

Le dérivé glycollique,

$$CO^2H-CH^2-O-C^6H^4-CH=Az-AzH-C^6H^5,$$

fond à 159°. Il est en aiguilles, facilement solubles dans l'alcool et dans l'éther [Elkau, *loc. cit.*].

Voici enfin un tableau de diverses autres hydrazones dérivées des aldéhydes p-oxybenzoïque ou anisique substituées.

Formule de l'aldéhyde.	Aspect de l'hydrazone.	Point de fusion.	
$I^2_{(3\cdot5)}.OH_{(4)}.C^6H^2.CHO_{(1)}$ ...	aig. jaunes..	160°	(1)
$Cl_{(2)}.OCH^3_{(4)}.C^6H^3.CHO_{(1)}$..	aig. orang..	103°	(2)
$I_{(3)}.OCH^3_{(4)}.C^6H^3.CHO_{(1)}$...	petits crist..	106,5-107°	(3)
$AzO^2_{(3)}.OH_{(4)}.C^6H^3.CHO_{(1)}$.	aig. rouges.	175-176°	(4)
$AzO^2_{(3)}.OCH^3_{(4)}.C^6H^3.CHO_{(1)}$	tabl. jaune cl.	130°,5	(5)

(1). C. Paal et L. Mohr, *D. chem. G.*, **29**, 2304. — (2). F. Tiemann, *ibid.*, **24**, 711. — (3). Seidel, *J. prakt. Chem.*, (2), **57**, 495. — (4). M. Schöpff, *D. chem. G.*, **24**, 3376. — (5). Einhorn et Grabfield, *Ann. Chem.*, **243**, 72.

Nous rassemblons enfin ci-dessous un certain nombre d'autres hydrazones de monoaldéhydes aromatiques plus complexes.

A. — *Cétones grasses.*

Acétone-phénylhydrazone (*propane-2 phénylhydrazone*),

$$C^6H^5-AzH-Az=C(CH^3)^2.$$

— Ce corps a été obtenu à l'état huileux par MM. E. Fischer et Reisenegger [*D. chem. G.*, **16**, 662]; M. Schmidt [*Ann. Chem.*, **252**, 300] crut l'obtenir sous forme d'un dérivé cristallisé, fusible à 16° et bouillant à 165° sous 91 millimètres; en réalité, ce corps cristallisé est un *hydrate* $C^9H^{12}Az^2 + H^2O$. Le corps anhydre fond à 42°, suivant M. A. Arnold [*D. chem. G.*, **30**, 1015]. M. Freundler [*Bull. Soc. Chim.*, (3), **25**, 862] a montré qu'on obtenait plus facilement l'hydrazone cristallisée en remplaçant la phénylhydrazine par le carbazinate. L'acétone-phénylhydrazone est sans action sur la liqueur cupropotassique.

Les chlorures d'acides, ainsi que l'acide chlorhydrique, la transforment facilement à froid en un *chlorhydrate* $C^9H^{12}Az^2, HCl$, cristallisé en lamelles nacrées, fusibles à 142°, très solubles dans l'alcool, insolubles dans l'éther et dans la ligroïne, décomposables par l'eau. Le *bromhydrate* se prépare en précipitant par l'éther une solution alcoolique d'acétone-phénylhydrazone additionnée d'acide bromhydrique concentré; il fond à 132°. A chaud, on régénère les sels de phénylhydrazine et l'acétone (Schmidt).

L'*anhydride acétique* en sépare l'acétone et fournit, suivant sa proportion, les β-acétyl- et α-β-diacétylphénylhydrazides (Schmidt).

L'*acide azoteux* libère l'acétone et conduit à la diazobenzène-imide.

Dérivés de l'oxyacétone (*propanolone*). — L'oxyacétone ou acétol, $CH^3-CO-CH^2OH$, comme les sucres cétoniques, donne facilement l'osazone du méthylglyoxal, la même encore que celle de la nitrosocétone [H. Laubmann, *Ann. Chem.*, **243**, 244]. Mais on peut observer auparavant la formation de l'hydrazone normale

$$CH^3-C(Az-AzH-C^6H^5)-CH^2OH.$$

Celle-ci a été préparée par M. G. Pinkus; elle est en épais cristaux brillants, fusibles à 100-102°, presque insolubles dans l'eau froide, facilement solubles dans le benzène et dans l'alcool. [*D. chem. G.*, **31**, 36].

L'éther de l'acétol, $CH^3-CO-CH^2-OC^2H^5$,

Aldéhyde.	Aspect de l'hydrazone.	Point de fusion.	Auteurs.
Phénylacétique	prismes	58°	Em. Fischer et T. Schmidt, *D. chem. G.*, **21**, 1072.
Diphénylacétique	aig. aplaties	»	Rudolph, *Ann. Chem.*, **248**, 99.
m-Toluique	pet. prism. inc.	91°	E. Bornemann, *D. chem. G.*, **17**, 1468.
		88°	Rudolph, *Ann. Chem.*, **248**, 99.
o-Nitro-m-toluique	aig. rouges	150°	A. Reissert et J. Scherk, *D. chem. G.*, **31**, 392.
Amino-m-toluique (AzH^2-CH^2-)	pet. crist. jaunes	253°	Düring, *ibid.*, **28**, 603.
Amino-p-toluique	lam. jaune d'or.	> 278°	
Cinnamique	pet. aiguilles	168°	E. Fischer, *D. chem. G.*, **17**, 575.
Groupe cinnamique	......	......	Voyez 2e Suppl., **2**, 1193.
α-Méthylcinnamique	aig. jaunes	137°	W. O. Miller et F. Kinkelin, *D. chem. G.*, **19**, 525.
m-Nitro-α-méthylcinnamique	aig. jaune d'or.	135°	
p-Nitro-α-méthylcinnamique	lamelles rouges.	196°	Biehringer, d'après *Dict. Beilstein*.
Cuminique	aig. incolores	127-129°	Rudolph, *Ann. Chem.*, **248**, 99.
2.4.6 Triméthylbenzoïque	crist. brillants	(déc.)	E. Feith, *D. chem. G.*, **24**, 3544.
β-Résorcylique	aig. incolores	156-160°	Rudolph, *Ann. Chem.*, **248**, 99.
Protocatéchique α	tabl. microscop.	175-176°	Wegscheider, *Mon. f. Chem.*, **17**, 245.
Protocatéchique β	petites tables	121-128°	
p-Oxy-o-méthoxybenzoïque	masse jaune cr.	151-152°	E. Marcus, *D. chem. G.*, **24**, 3653.
Vanilline	lamelles brill.	105°	E. Tiemann et A. Kees, *ibid.*, **18**, 1662.
Glucovanilline	masse crist.	195°	
Pipéronal	aig. incolores	102-103°	Rudolph, *Ann. Chem.*, **248**, 99.
Bromopipéronal	lamelles nacrées.	136°	A. Oelker, *D. chem. G.*, **24**, 2593.
o-Nitropipéronal	aig. rouges	212°	F. Haber, *ibid.*, **24**, 625.
2-Oxymétatoluique	tables rhomb.	95°	E. Paschen, *ibid.*, **24**, 3667.
6-Oxymétatoluique	flocons	151°	
3-tertiaire-butylsalicylique	tables jaunes	178°	Dains et Rothrock, *Am. Chem. Journ.*, **16**, 637.
Dérivé diacétylé	aiguilles	128°	
Dérivé 5-bromé	long. aiguilles	152°	
5 chloro-2 nitrophényl-β-lactique	aig. rouges	201°	Einhorn et Gernsheim, *Ann. Chem.*, **284**, 151.
Groupe coumarique	......	......	Voyez 2e Suppl., **2**, 1405.
— furfurique	......	......	*Ibid.*, **4**, 396
— géranique	......	......	*Ibid.*, **4**, 678.
Thiophénaldéhyde	aig. jaunes	119°	Biedermann, *D. chem. G.*, **19**, 638.
		134°	A. Hantzsch, *ibid.*, **22**, 2839.

donne une hydrazone huileuse, distillant à 165° sous 16 millimètres, transformable en éthoxyméthylindol fusible à 142°,5 [Erlenbach, *Ann. Chem.*, **269**, 14].

L'éther amylique donne une hydrazone fusible à 147° [Kissel, *Journ. Soc. Chim. Russe*, **32**, 390].

L'éther phénylique, $CH^3-CO-CH^2-O-C^6H^5$, donne une phénylhydrazone peu stable, cristallisable en lamelles à fluorescence bleue [R. Stoermer, *D. chem. G.*, **28**, 1253].

On a encore préparé les hydrazones des éthers o-nitrophénylique, p-nitrophénylique, eugénolique et isoeugénolique. Elles fondent respectivement à 101°, 140° [Stoermer et Brockerhoff, *D. chem. G.*, **30**, 1631]; 93° et 145° [A. Einhorn et von Hofe, *ibid.*, **27**, 2461].

Ajoutons enfin les hydrazones de quelques dérivés sulfurés et sulfonés des diméthylcétones suivantes :

$CH^3-CO-CH^2.S.C^6H^5$	prismes brill..	82°,5	(1)
$CH^3-CO-CH^2.SO^2.C^6H^5$ ...	aig. soyeuses.	129°	(2)
$CO(CH^2.SO^2C^6H^5)^2$	aiguilles	171°	(2)
$CH^3-CO-CH^2.SO^2.C^{10}H^7\beta$.	crist. grenus..	147°	(3)
$CO<^{CH^2-SO^2-C^6H^5}_{CH^2-SO^2-C^{10}H^7\beta}$	poudre crist..	175°	(3)
$CO<^{CH^2-SO^2-C^6H^4-CH^3(p)}_{CH^2-SO^2-C^{10}H^7\beta}$	aig. jaune d'or	186°	(3)

(1). A. Delisle, *Ann. Chem.*, **260**, 256. — (2). R. et W. Otto, *J. prakt. Chem.*, (2), **36**, 401. — (3). Trœger et Bolm, *ibid.*, **55**, 398.

L'*acétate d'acétol*, $CH^3-CO-CH^2.O.COCH^3$, conduit à une hydrazone très altérable, fusible à 60°, cristallisable en grandes lames rhomboïdales incolores [A. Combes, *C. R.*, **111**, 421].

Dérivés des aminocétones. — Ces corps, de formule $(R)''Az-CH^2-C(Az-AzH-C^6H^5)-CH^3$, ont été préparés par MM. Stoermer et Dzimski [*D. chem. G.*, **27**, 2220], Pogge [*Ibid.*, **29**, 866], et Burkert [*Ibid.*, **28**, 1250]. Les dérivés Az-diméthylés, diéthylés et dipropylés sont des huiles; le dérivé pipéridique est solide et fond à 59-62°.

Méthyléthylcétone-phénylhydrazone. — Elle ressemble au dérivé correspondant de la diméthylcétone et peut être distillée sous une pression de 100 millimètres [E. Fischer, *Ann. Chem.*, **236**, 116].

La *phénylhydrazone de l'oxyméthyléthylcétone* ou *acétylméthylcarbinol*,

$$CH^3-CO-CH^2OH-CH^3,$$

cristallise en prismes fusibles à 83-84°; un excès de phénylhydrazine conduit à l'*osazone du biacétyle* [H. von Pechmann et F. Dahl, *D. chem. G.*, **23**, 2422].

Méthylpropylcétone-phénylhydrazones. — L'hydrazone du produit *normal*,

$$CH^3-CO-CH^2-CH^2-CH^3,$$

est une huile jaune, bouillant à 205-208° sous 100 millimètres [E. Fischer, *Ann. Chem.*, **236**, 116]. Celle du produit *isopropylé*,

$$CH^3-CO-CH(CH^3)^2,$$

bout à 175-176° sous 47 millimètres [G. Plancher, *Chem. Zeit.*, **22**, 37].

L'*alcool acétylpropylique*,

$$CH^3-CO-CH^2-CH^2-CH^2OH,$$

donne un dérivé phénylhydraziné, auquel M. A. Lipp a attribué la constitution :

$$\begin{array}{l} CH^3-C-CH^2-CH^2 \\ \quad\ \ \| \qquad\qquad\ | \\ \quad Az —— Az-C^6H^5 \end{array}$$

[*D. chem. G.*, **22**, 1196].

Acétones-phénylhydrazones de poids moléculaires plus élevés. — L'*hexanol-5 one*,

$$CH^3-CO-(CH^2)^3-CH^2OH,$$

donne une hydrazone huileuse [A. Lipp, *Ann. Chem.*, **289**, 189].

La 2 *méthyl-heptane-2 ol-6 one*,

$$(CH^3)^2=C(OH)-(CH^2)^3-CO-CH^3,$$

fournit une hydrazone huileuse bouillant à 226° sous 28 millimètres, sans décomposition, tandis que la 2 *méthyl-heptane-3 ol-6 one*,

$$(CH^3)^2=CH-CHOH-(CH^2)^2-CO-CH^3,$$

donne lieu à la séparation de 2 molécules d'eau, engendrant ainsi un composé cyclique, identique à celui que l'on obtient à partir de la 2 méthyl-2 heptène-6 one; ce corps bout à 192-193° sous 23 millimètres et possède la constitution :

$$(CH^3)^2=CH-CH<^{CH^2-CH^2}_{C^6H^5-AzH-Az}>C-CH^3.$$

Il est très facilement résinifiable [A. Verley, *Bull. Soc. Chim.*, (3), **17**, 175].

La *méthylnonylcétone*, $CH^3-CO-C^9H^{19}$, forme une hydrazone liquide encore à — 5°, de densité 0,945 à 0°, de couleur jaune orangé [L. Grimaldi, *Gazz. chim. ital.*, **20**, 96; *Bull. Soc. Chim.*, (3), **10**, 129].

La *dihexylcétone*, $C^6H^{13}-CO-C^6H^{13}$, a une hydrazone jaune rougeâtre, soluble dans l'alcool et l'éther [F. Kipping, *Chem. Soc.*, **57**, 532].

Les hydrazones de l'*éthyle-* et de la *propyl-pentadécylcétone* sont des liquides rouges sirupeux, très instables [J. Bertrand, *Bull. Soc. Chem.*, (3), **15**, 767].

Hydrazones des cyclanones. — La plupart de ces hydrazones proviennent d'aldéhydes extraites des essences; on en trouvera, en général, la description à l'étude des principes de ces essences.

Voyez à Camphre, l'action sur le camphre, les camphres chlorés et bromés.

Cétones aromatiques.

Les hydrazones des cétones les plus importantes, telles que l'acétophénone, la benzophénone, l'acétophénone-acétone, la benzoïne, la désoxybenzoïne, la furoïne, le furile, les coumarylcétones, les dérivés camphoriques, le benzoylcarbinol, etc., etc., ont été d'une façon presque absolue traitées lors de la description des cétones génératrices; certaines autres n'ont pas encore été décrites, parce que leur rang alphabétique n'est pas encore arrivé; mais comme les hydrazones offrent, pour ces corps, des moyens de séparation et de diagnose fort importants, on les y trouvera également; il en est de même pour les produits naturels et leurs dérivés. Nous jugeons donc inutile de décrire ici ces hydrazones pour ne pas faire double emploi.

Aldéhydes et cétones non saturées.

Les dérivés non saturés réagissent avec la phénylhydrazine d'une façon bien différente de celle des cétones ordinaires. Il y a formation d'un dérivé cyclique. Ainsi l'oxyde de mésityle conduit à la triméthylphénylpyrazoline, ce qui peut s'exprimer en supposant qu'il y a d'abord formation de l'hydrazone normale dont le groupe AzH réagit ensuite sur la double liaison de l'aldéhyde primitive [E. Fischer et O. Knœvenhagel, *Ann. Chem.*, **239**, 194] :

$$(CH^3)^2=C=CH-C-CH^3 \longrightarrow (CH^3)^2C-CH^2-C-CH^3$$

$C^6H^5-AzH-Az$ (Hydrazone de l'ox. de mésityle.) ; C^6H^5Az —— Az (Triméthylphénylpyrazoline.)

Ce genre de réaction est commun à l'acroléine, à l'aldéhyde crotonique, à l'oxyde de mésityle, à l'aldéhyde cinnamique; il peut être présenté aussi par les combinaisons où la double liaison est plus éloignée, comme la méthylhepténone

$$(CH^3)^2=C=CH-CH^2-CH^2-CO-CH^3.$$

Suivant M. A. Verley, cette cétone réagit à la température ordinaire sur la phénylhydrazine en donnant, par élimination d'eau, une hydrazone normale dédoublable par les acides; mais si l'on chauffe cette hydrazone vers 130°, elle s'isomérise avec dégagement de chaleur et on ne peut plus en régénérer les constituants par les acides. On peut représenter ainsi ce phénomène :

$$(CH^3)^2=C=CH-CH^2-CH^2-C(=Az-AzH-C^6H^5)-CH^3$$

$$=(CH^3)^2CH-CH\langle{}^{CH^2-CH^2}_{C^6H^5-Az-Az}\rangle C-CH^3$$

[*Bull. Soc. Chim.*, (3), **17**, 175].

Dialdéhydes, cétoaldéhydes et dicétones.

La réaction change de caractère suivant les positions respectives des groupements carbonyles (Voy. HYDRAZONES).

Position 1.2. — On peut avoir dans la plupart des cas une monohydrazone et une dihydrazone ou osazone.

On trouvera dans le 2ᵉ Suppl. aux mots GLYOXAL (et homologues), BIACÉTYLE, DICÉTONES, BENZYLE, etc., les renseignements concernant ces hydrazones.

Ajoutons qu'on a aussi préparé des hydrazones de dicétones cycliques (cyclopentane-dione 1.2).

Enfin, parmi les dicétones 1.2 de constitution compliquée, citons des dérivés de l'acide tétronique et du chlorure de diazobenzène considérés comme hydrazones de la dicétobutyrolactone

$$O\langle{}^{CH^2-CO}_{CO-CO}$$

[Wolff et Lüttringhaus, *Ann. Chem.*, **312**, 155]. Voyez acide TÉTRONIQUE.

Position 1.3. — Tandis que les corps précédents donnaient des dihydrazones ou osazones avec facilité, les dicétones 1.3 conduisent à des dérivés du pyrazol suivant une réaction déjà donnée à l'article ACÉTYLACÉTONE [2ᵉ Suppl., **1**, 65] :

$$CH^3-CO-CH^2-CO-CH^3 + AzH^2-AzH-C^6H^5$$

$$= CH^3-C\langle{}^{CH}_{Az-Az-C^6H^5}\rangle C-CH^3 + 2H^2O.$$

On a préparé de nombreux homologues de l'acétylacétone (voyez DICÉTONES) mais leurs réactions avec la phénylhydrazine n'ont été étudiées que dans quelques cas.

Le *dibenzoylméthane* et sa forme œnolique,

$$C^6H^5-COH=CH-CO-C^6H^5,$$

réagissent sur la phénylhydrazine en solution alcoolique ou acétique en donnant le 2.3.5 triphénylpyrazol [G. Wislicenus, P. Schmidt, B. Lœwenheim et H. Wells, *Ann. Chem.*, **308**, 219].

La *dithiobenzoylacétone*, qui présente deux fois la fonction dicétone 1.3, fournit un double pyrazol de la formule :

$$C^6H^5-Az — C(C^6H^5) \quad C(C^6H^5)-Az-C^6H^5$$
$$Az=C(CH^3)-C-S-S-C-C(CH^3)=Az$$

C'est une poudre cristalline jaune fondant à 162° [V. Vaillant, *Bull. Soc. Chim.*, (3), **23**, 36].

Pour les 1.3 ou β-cétoaldéhydes (voyez 2ᵉ Suppl., **3**, 174), la réaction est analogue à celle des 1.3 dicétones [L. Claisen et P. Roosen, *Ann. Chem.*, **278**, 274; Claisen, *ibid.*, **282**, 36].

Les corps qui résultent de ces réactions étant des pyrazols se trouveront décrits à ce mot.

Toutefois, il est des circonstances où l'on obtient des dihydrazones et non des pyrazols, comme par exemple, avec le dicétohydrindène

$$C^6H^4\langle{}^{CO}_{CO}\rangle CH^2,$$

dont la dihydrazone se forme soit par l'action des composants [A. Kötzle, *Ann. Chem.*, **252**, 73], soit par l'action de la phénylhydrazine sur l'anhydrodicétohydrindène [Wislicenus et Reitzenstein, *ibid.*, **277**, 371]. Cette dihydrazone fond à 171-172° et cristallise en aiguilles qui se colorent en rouge à l'air. M. Schlossberg a aussi décrit une dihydrazone fusible à 142°, cristallisant en petites aiguilles brun rouge, et obtenue par la phénylhydrazine et la monobromindone [*D. chem. G.*, **33**, 2429].

Position 1.4. — Dans la série grasse on connaît la dialdéhyde du butane ou aldéhyde succinique. Son hydrazone s'obtient par l'action de la phénylhydrazine sur l'oxime correspondante.

Le composé $(-CH^2-CH=Az-AzH-C^6H^5)^2$ fond à 124-125° et cristallise en lamelles presque blanches [G. Ciamician et C. Zanetti, *D. chem. G.*, **22**, 1974].

Les autres dérivés sont des dicétones 1.4 dont le type dans la série grasse est l'acétonylacétone, et dans la série aromatique (pure ou mixte) l'acétophénone-acétone. (Voyez à ces mots, la description de leurs hydrazones.)

Quelques dérivés de cet ordre ont été étudiés, en outre, par MM. Smith et Ranson [*Ann. Chem.*, **289**, 321]. Avant eux, M. Klingemann [*Ibid.*, **269**, 110] avait fait réagir la phénylhydrazine sur la désylacétophénone et considéré le produit de la réaction comme un triphénylanilidopyrrol engendré suivant l'équation :

$$\begin{matrix} C^6H^5-C=C\langle{}^{C^6H^5}_{OH} \\ | \\ CH=C\langle{}^{C^6H^5}_{OH} \end{matrix} + AzH^2-AzH-C^6H^5$$

$$= \begin{matrix} C^6H^5-C=C\langle{}^{C^6H^5} \\ | \\ CH=C\langle{}_{C^6H^5} \end{matrix} Az-AzH-C^6H^5 + 2H^2O.$$

D'après MM. Smith et Ranson [*loc. cit.*] le

corps formé ne serait pas un anilidopyrrol, mais une tétraphényldihydropyridazine

$$\begin{array}{ccc} & C-C^6H^5 & \\ C^6H^5-C & & AzH \\ | & & | \\ CH & & Az-C^6H^5 \\ & C-C^6H^5 & \end{array}$$

Les mêmes auteurs ont étudié l'action de la phénylhydrazine sur quelques composés similaires : phénacyldésoxycumoïne, phénacyldésoxypipéroïne. (Voyez à l'article α-DIAZINE, 2e Suppl., 3, 68 et 72, les propriétés des diazines formées.)

Des dicétones 1.4 on pourrait rapprocher les quinones vraies. Nous préférons faire une division à part comprenant les réactions de la phénylhydrazine et des quinones, en général.

Phénylhydrazine et quinones.

Cette action a été étudiée en premier lieu par M. Zincke [*D. chem. G.*, **16**, 1563]. Les quinones phénoliques réagissent très vivement par la phénylhydrazine en solution alcoolique, mais les produits formés ne sont pas cristallisables, d'après M. Zincke. M. Mac Pherson a trouvé qu'il se faisait des hydroquinones et des tétrazones [*Bull. Soc. Chim.*, (3), **24**, 828]. Les quinones à noyaux plus complexes réagissent d'une façon plus avantageuse, surtout si l'on emploie le chlorhydrate de phénylhydrazine. Une seule fonction CO réagit.

β-*Naphtoquinone-phénylhydrazone*,

$$C^{16}H^{12}Az^2O.$$

— Cristaux rouges, fusibles à 138°, insolubles dans l'eau, solubles dans l'alcool (Zincke).

Phénanthrène-quinone-phénylhydrazone. — La combinaison $C^{20}H^{14}Az^2O$ est en larges aiguilles rouges, fusibles à 165° (Zincke).

Oxynaphtoquinone-phénylhydrazone

$$C^{10}H^5(OH) \lessgtr \begin{array}{l} O \\ Az-AzH-C^6H^5 \end{array}$$

— Ce corps se forme par l'action à froid de l'oxynaphtoquinone en solution alcoolique sur la solution hydroalcoolique de phénylhydrazine. On précipite ensuite par l'eau ; il se dépose une substance rouge qu'on purifie en passant par un sel de l'hydrazone formée ; on termine par une cristallisation dans l'alcool bouillant. C'est une substance cristallisant en aiguilles orangées, brillantes, fusibles à 230° avec décomposition, facilement solubles dans l'éther, l'alcool et l'acide acétique bouillants.

L'hydrogène de l'oxhydryle est remplaçable par des métaux ou des radicaux organiques. On a décrit les *sels alcalins*, les *sels de baryum*, *de calcium* et *d'argent*.

Les *éthers méthylique* et *éthylique* sont rouges et fondent respectivement à 174-175° et à 172-173°.

Le *dérivé acétylé*, obtenu par ébullition de l'hydrazone avec l'anhydride acétique, est en longues aiguilles rouges, brillantes, fusibles à 178-179°.

L'aldéhyde benzylique réagit à chaud en milieu alcoolique et fournit un composé cristallin rouge foncé, peu soluble, ayant pour formule

$$[C^{10}H^5(OH)O^3=Az-Az-C^6H^5]^2=CH-C^6H^5.$$

Ce corps forme des sels fort peu solubles.

Enfin, par l'action du brome en solution sulfocarbonique on obtient un dérivé monobromé de l'oxynaphtoquinone-phénylhydrazone, lequel cristallise en belles aiguilles rouge foncé, fusibles à 196-198°, et forme également des sels avec les alcalis [T. Zincke et H. Thelen, *D. chem. G.*, **17**, 1809 ; *Bull. Soc. Chim.*, (2), **44**, 386].

D'autres recherches d'un ordre différent ont été faites depuis les travaux de M. Zincke, relativement aux quinones-monohydrazones, d'une part par M. Mac Pherson qui a décrit des combinaisons du type $O=C^6H^4=Az-Az-R(COR')$, et d'autre part par MM. Farmer et Hantzsch, qui considèrent les sels des oxyazobenzènes,

$$MO-C^6H^4-Az=Az-C^6H^5,$$

comme les sels d'un phénol tautomérique d'une *monophénylhydrazone* de la quinone

$$O=C^6H^4=Az-AzH-C^6H^5.$$

La question touche donc à la fois aux quinones et aux oxyazobenzènes ; elle sera plus utilement étudiée à propos de ces corps. Voyez sur ce sujet les mémoires récents de M. Mac Pherson [*Am. chem. Journ.*, **22**, 364 ; *Bull. Soc. Chim.*, (3), **24**, 827] et de MM. Farmer et Hantzsch [*D. chem. G.*, **32**, 3089 ; *Bull. Soc. Chim.*, (3), **24**, 592].

Phénylhydrazine et composés contenant trois groupes CO.

On a préparé un certain nombre de dérivés de composés contenant trois fois le groupement CO, mais le plus souvent en partant non pas de ceux-ci mêmes, mais de dicétones ou de dérivés monocétoniques complexes sur lesquels on a fait réagir des diazoïques. Ainsi la trihydrazone de l'aldéhyde mésoxalique, CHO-CO-CHO, a été obtenue en faisant réagir la phénylhydrazine sur la dihydrazone

$$C^6H^5-AzH-Az=CH-CO-CH=Az-AzH-C^6H^5,$$

laquelle a été elle-même préparée au moyen du chlorure de diazobenzène et de l'acide acétonedicarbonique. Ainsi que cela a été dit plusieurs fois, les diazoïques $C^6H^5-Az=Az-CH^2-CO-$ sont identiques aux hydrazones

$$C^6H^5-AzH-Az=CH-CO$$

[Baeyer et L. Claisen, *D. chem. G.*, **21**, 1697. — Pechmann et Jenisch, *ibid.*, **24**, 3257, etc.].

Toutefois on a opéré directement dans quelques circonstances, par exemple avec la diphényltricétone et le tricétohydrindène.

Mésoxaldéhyde, CHO-CO-CHO. — La *dihydrazone* citée plus haut est en aiguilles orangées, fusible à 167-168°, solubles facilement dans l'alcool, le chloroforme et l'acétone, moins solubles dans l'éther et dans le benzène. La *trihydrazone* est en lamelles hexagonales jaunes, fusibles à 166°, présentant des solubilités analogues, transformable par l'anhydride acétique en 1 phényl-4 benzène-azopyrazol (Pechmann et Jenisch).

Butane-dione-al, $CH^3-CO-CO-CHO$. — La 2 *monophénylhydrazone* s'obtient à partir de l'aldéhyde acétacétique sodée,

$$CH^3-CO-CH=CHONa,$$

et du chlorure de diazobenzène ; elle est en prismes rouges, fusibles à 118°. Elle se combine à la phénylhydrazine par son groupe aldéhydique ; la *dihydrazone* formée est en aiguilles orangées, fusible à 218°, et transformable en un azopyrazol (voyez plus bas la formule, à *diphényltricétone*) (Baeyer et Claisen).

Pentane-2.3.4 trione, $CH^3-(CO)^3-CH^3$. — Si on remplace dans l'opération précédente l'aldéhyde par l'acétylacétone, on obtient la 3 monophénylhydrazone en aiguilles jaunes, fusibles à 90° (Baeyer et Claisen). Les *dérivés acétylés* et *benzoylés* de cette monohydrazone fondent respectivement à 145-146° et à 160-161° [Pechmann, *D. chem. G.*, **25**, 3194].

Diphényltricétone, $C^6H^5-(CO)^3-C^6H^5$. — Il semble se faire une monohydrazone, $C^{21}H^{16}Az^2O^2$, si l'on mêle, à la température ordinaire, la diphényltricétone $C^6H^5-CO-CO-CO-C^6H^5$ et la phénylhydrazine en proportions équimoléculaires; mais si l'on met un excès de phénylhydrazine et si l'on chauffe, on obtient le benzène-azotriphénylpyrazol, fusible à 156°, à côté d'un corps jaune, fusible à 223°. Le dérivé azoïque a pour formule $C^{27}H^{20}Az^4$ et sa formation a lieu d'après l'équation

$$\begin{aligned} & C^6H^5-(CO)^3-C^6H^5 + 2C^6H^8Az^2 \\ & = C^{27}H^{20}Az^4 + 3H^2O. \end{aligned}$$

Sa constitution serait :

$$\begin{array}{ccccc} & & Az = Az - C^6H^5 & & \\ & & | & & \\ C^6H^5 - & C - & C - & C - & C^6H^5 \\ & \| & & | & \\ & Az & — & Az - C^6H^5 & \end{array}$$

[R. de Neufville et H. von Pechmann, *D. chem. G.*, **23**, 3375; *Bull. Soc. Chim.*, (3), **6**, 61].

Hydrazone du tricétohydrindène,

$$C^6H^4 \begin{matrix} < CO > \\ < CO > \end{matrix} C = Az - AzH - C^6H^5.$$

— Elle se forme à la place du benzène-azodicétohydrindène,

$$C^6H^5 \begin{matrix} < CO > \\ < CO > \end{matrix} CH - Az = Az - C^6H^5,$$

quand on traite le dicétohydrindène par le chlorure de diazobenzène; elle est soluble dans l'alcool et dans l'éther, insoluble dans l'eau et fond à 190°. Elle fournit un sel sodé, de couleur orangée, $C^{15}H^9Az^2ONa$. L'acide chlorhydrique concentré ne l'altère pas à chaud [W. Wislicenus et Reitzenstein, *Ann. Chem.*, **277**, 362].

Tricétones non contiguës.

Diacétylacétone, $CO(CH^2-CO-CH^3)^2$. — Voyez 2° Suppl., **3**. 49.

Trichloro- et tribromo-tricétopentaméthylène. — M. Landolt en a préparé les trihydrazones; la première est amorphe, la seconde cristallise [*D. chem. G.*, **25**, 842].

Diméthylquinogène,

$$CH^3-CO-C(CH^3)=CH-CO-CO-CH^3.$$

Cette tricétone résulte de la condensation du biacétyle; elle fournit une hydrazone décrite 2° Suppl., **1**, 681.

Acétyldicétohydrindène,

$$C^6H^4 \begin{matrix} < CO > \\ < CO > \end{matrix} CH-CO-CH^3.$$

— Il fournit une *monohydrazone* au groupe acétyle, fusible à 184-185°. Le *dérivé benzoylé* fournit une *trihydrazone*, fusible à 163-167° avec décomposition [E. Schwerin, *D. chem. G.*, **27**, 104].

1.2.3 *Tribenzoylpropane*,

$$C^6H^5-CO-CH(CH^2-CO-C^6H^5)^2.$$

— L'hydrazone paraît être une *monohydrazone*; c'est une masse amorphe, fusible à 57-60° [W. Emery, *D. chem. G.*, **24**, 596].

Tétracétones.

Nous ne trouvons guère à citer que des tétracétones du type

$$R-CO-CH^2-CO-CO-CH^2-CO-R.$$

La phénylhydrazine réagit sur les tétracétones de cet ordre comme sur une molécule deux fois β-cétonique, c'est-à-dire qu'il se forme un dipyrazol. Les recherches faites par MM. Claisen et Roosen [*Ann. Chem.*, **278**, 294] avec l'oxalyldiacétone et 2 molécules de phénylhydrazine ont conduit au *di-1 phényl-di-5 méthyl-3.3 dipyrazol* (fusible à 142°) :

$$\begin{array}{cccccc} & CH^2-CO & — & CO — CH^2 & & \\ & | & & | & & \\ CH^3-CO & AzH^2 & & AzH^2 & CO-CH^3 & \\ & / & & \backslash & & \\ & AzH-C^6H^5 & & AzH-C^6H^5 & & \end{array}$$

$$\begin{array}{ccccccc} & CH — C & — & C — CH & & \\ & \| \quad \| & & \| \quad \| & & \\ = CH^3-C & Az & & Az & C-CH^3 + 4H^2O. \\ & \backslash \; / & & \backslash \; / & & \\ & Az-C^6H^5 & & Az-C^6H^5 & & \end{array}$$

De même pour l'oxaldiacétophénone, qui conduit au *di-1 phényl-di-5 phényl-3.3 dipyrazol* (fusible à 232°).

III. — Produits de condensation de la phénylhydrazine avec les acides et leurs dérivés : hydrazides.

Les produits de la réaction de la phénylhydrazine et des acides organiques avec élimination d'eau varient avec la nature plus ou moins complexe de l'acide. On pourrait répéter ici ce qui a été dit pour l'hydrazine elle-même, principalement en ce qui concerne les acides-aldéhydes ou acétones. Nous diviserons cette étude en dérivés des :

1° Acides monobasiques à fonction simple, gras et aromatiques;

2° Acides monobasiques à fonction une fois alcoolique;

3° Acides monobasiques polyalcooliques;

4° Acides monobasiques non saturés;

5° Acides bibasiques, saturés ou non, oxhydrylés ou non, gras et aromatiques, mais ne contenant pas de fonction aldéhydique ou acétonique;

6° Acides polybasiques, des mêmes groupes que les précédents;

7° Acides sulfiniques et sulfoniques.

Nous avons ici écarté spécialement les acides-aldéhydes ou acétones; l'importance de leurs réactions avec la phénylhydrazine exige leur séparation d'avec les autres acides.

8° Enfin les réactions de la phénylhydrazine avec l'acide carbonique et ses dérivés de tous ordres, ainsi qu'avec l'oxysulfure et le sulfure de carbone, réactions qui conduisent aux oxydes carbaziniques et aux carbazides ou aux semicarbazides, seront étudiées en dernier lieu dans trois paragraphes : 8° α, 8° β et 8° γ, dont l'importance justifiera la séparation d'avec les phénylhydrazides proprement dites.

1° Phénylhydrazine et acides organiques monobasiques à fonction simple.

Tandis que l'hydrazine ne donnait qu'une seule monohydrazide, on conçoit que la phénylhydrazine puisse donner les dérivés :

$$C^6H^5-Az \begin{matrix} < COR \\ < AzH^2 \end{matrix} \quad \text{et} \quad C^6H^5-AzH-AzH-CO-R.$$

Dérivé α. — Dérivé β.

Ces deux ordres d'hydrazides répondent à des procédés de préparation différents. La littérature, sur ce sujet, est extrêmement abondante. Rappelons qu'au premier Supplément, on n'avait encore connaissance que des monodérivés β.

Ce n'est pas tout; on connait aussi les composés αβ tels que

$$C^6H^5-Az\begin{matrix}\diagup COR \\ \diagdown AzH-COR'\end{matrix}$$

Dérivés β. — Ce sont ceux qui se forment dans les circonstances parallèles à celles de la formation des amides; on les obtient en faisant réagir la phénylhydrazine sur les éthers, les anhydrides et les chlorures d'acides; ces procédés ont été employés dès la découverte de la phénylhydrazine, mais les β-phénylhydrazides se forment encore dans d'autres circonstances, par l'action directe des acides à froid, et mieux à chaud, et par déplacement avec les amides.

Les acides organiques réagissent déjà à froid sur la phénylhydrazine pour donner naissance aux hydrazides correspondantes. On peut employer ce procédé avec avantage dans les cas où une élévation de température provoquerait la formation de produits de condensation plus avancés, comme les dérivés pyrazoloniques. Il est utile d'employer l'acide en excès; on précipite ensuite l'hydrazide par l'eau. Le plus souvent, il faut chauffer progressivement [G. Pellizari, *Gazz. chim. ital.*, **16**, 200. — Leighton, *Am. chem. Journ.*, **20**, 675. — De Vriès, *D. chem. G.*, **28**, 2611. — Bülow, *Ann. Chem.*, **236**, 194, etc.].

L'action sur les amides a été décrite par M. Just [*D. chem. G.*, **19**, 1201]. On l'effectue à une température plus ou moins élevée; il y a remplacement de l'ammoniaque par la phénylhydrazine.

L'action des anhydrides mixtes donne lieu à des réactions étudiées par M. Béhal et M. Autenrieth [*Bull. Soc. Chim.*, (3), **23**, 73, 759; *D. chem. G.*, **34**, 178].

Enfin, M. Curtius a préparé quelques hydrazides en faisant réagir la phénylhydrazine sur les azides.

Elles se produisent encore quand on décompose les nitroaldéhydes-hydrazones par les alcoolates alcalins :

$$CH^3-C(AzO^2)=Az-AzH-C^6H^5+KOH$$
$$=CH^3-CO-AzH-AzH-C^6H^5+AzO^2K$$

[E. Bamberger, *D. chem. G.*, **31**, 2626].

Dérivés α. — 1° Un premier procédé consiste à faire réagir les chlorures et les anhydrides d'acides sur la phénylhydrazine sodée de Michaelis [F. Schmidt, *Ann. Chem.*, **252**, 300]. La réaction de ces corps est un peu plus irrégulière que celle des dérivés halogénés des carbures. On devrait s'attendre à obtenir des hydrazides en α. Cela a bien lieu avec le chlorure de benzoyle, mais avec l'anhydride acétique, par exemple, on n'obtient que des traces de dérivé α et surtout de la β-phénylacéthydrazide et de l'α-β-phényldiacéthydrazide. On peut expliquer ces dernières réactions par les équations :

$$\text{I.}\quad C^6H^5-AzNa-AzH^2+(C^2H^3O)^2O$$
$$=C^6H^5-AzNa-AzH-CO-CH^3+CH^3-CO^2H$$
$$=C^6H^5-AzH-AzH-CO-CH^3+CH^3-CO^2Na.$$

$$\text{II.}\quad C^6H^5-AzNa-AzH-CO-CH^3+(C^2H^3O)^2O$$
$$=C^6H^5-Az(CO-CH^3)-AzH-CO-CH^3+CH^3-CO^2Na.$$

2° Une autre méthode consiste à acétyler la phénylhydrazine, puis à faire réagir un chlorure d'acide qui se fixe en α. En saponifiant ensuite par un acide étendu, on enlève le radical acétyle β. Suivant M. O. Widman [*D. chem. G.*, **26**, 946], cette méthode serait préférable à la méthode de Michaëlis, qui consiste à passer par la phénylhydrazine sodée.

A. — *Série grasse.*

Formylphénylhydrazine,

$$C^6H^5-AzH-AzH-COH.$$

— On chauffe au bain d'huile à 130° un mélange équimoléculaire de formamide et de phénylhydrazine; de l'ammoniaque se dégage, et en quelques minutes la réaction est achevée. Par cristallisation dans l'alcool, on obtient de grands feuillets brillants fusibles à 145° [F. Just, *D. chem. G.*, **19**, 1204. — Hirst et Cohen, *Chem. Soc.*, **67**, 829. — Pellizari, *Gaz. chim. ital.*, **16**, 201]. Ce dernier auteur chauffe à 160-170° pendant une heure.

On peut encore l'obtenir en chauffant l'acide à 50 0/0 et la base [De Vriès, *D. chem. G.*, **27**, 1522]. Si l'on emploie l'acide cristallisable, il est inutile de chauffer [Brunner, *Mon. f. Chem.*, **18**, 528].

C'est un composé très réducteur; il fond à 145°; il se dissout dans l'eau et dans les solvants organiques. Chauffé à 200°, il donne de la diphényltétrazoline.

Il forme un *dérivé sodé*, $C^6H^5-AzH-AzNa-CHO$, quand on le fait réagir sur l'alcoolate de sodium et qu'on précipite par l'éther [Freer et Sherman, *Am. chem. Journ.*, **18**, 578; *Bull. Soc. Chim.*, (3), **16**, 1769]; il se précipite un *dérivé disodé* si l'on ajoute de l'alcoolate solide à sa solution éthérée [Cohen et Archdeacon, *Chem. Soc.*, **69**, 95]. Le dérivé monosodé est en fines aiguilles; il réagit sur l'iodure d'éthyle et fournit l'α-éthylformylphénylhydrazine en milieu alcoolique, la β-éthylformylphénylhydrazine en milieu éthéré. Des réactions analogues ont été utilisées par M. C. Harries pour préparer les hydrazines secondaires et tertiaires [*D. chem. G.*, **27**, 696].

Nitrosoformylphénylhydrazine,

$$C^6H^5-Az\begin{matrix}\diagup AzO \\ \diagdown AzH-COH\end{matrix}$$

— Fusible à 84-85°; son produit de réduction par l'amalgame de sodium en solution alcoolique, condensé avec l'aldéhyde benzylique, conduit au benzylidène-formylphényltriazane, fusible à 182-183° :

$$C^6H^5-Az\begin{matrix}\diagup Az-CHO \\ \diagdown Az=CH-C^6H^5\end{matrix}$$

[A. Wohl, *D. chem. G.*, **33**, 2759].

αβ-*Diformylphénylhydrazine,*

$$C^6H^5-Az(CHO)-AzH(CHO).$$

— Ce corps se forme par l'action de l'acide formique sur la monoformylhydrazine, ou, plus simplement, par l'action prolongée à chaud d'un excès d'acide formique sur la phénylhydrazine. Il cristallise en houppes fusibles à 126°; chauffé, il perd de l'oxyde de carbone en se transformant en β-formylphénylhydrazine, aniline, etc.; l'ammoniaque enlève un groupe formyle; l'anhydride acétique substitue un acétyle au β-formyle [Freund et Horst, *D. chem. G.*, **28**, 944].

β-*Acétylphénylhydrazine.* — Voyez 1er Suppl., 924.

β-*Chloracétylphénylhydrazine.* — Cristaux épais, fusibles à 115° [Gattermann, Johnson et Hölzle, *D. chem. G.*, **25**, 1075].

α-*Acétylphénylhydrazide,*

$$C^6H^5(CH^3-CO)Az-AzH^2.$$

— Quand on cherche à préparer cette combinaison en saponifiant partiellement l'αβ-diacétylphénylhydrazide, on n'obtient que peu de dérivé α (10 0/0) [O. Widman, *D. chem. G.*, **27**, 2964; *Bull. Soc. Chim.*, (3), **14**, 334]. C'est un corps cristallisant en lamelles brillantes, fusibles à 125-126°, facilement solubles dans l'alcool, le chloroforme et le benzène, peu solubles dans l'éther et dans la ligroïne. On l'a encore obtenu dans la réduction de l'hydrure d'acétylformazyle (voyez 2e Suppl., **4**, 249).

Acétylbenzylidène-phénylhydrazone,

$$C^6H^5-Az(CO-CH^3)Az=CH-C^6H^5.$$

— Ce composé se forme presque quantitativement dans l'action de l'anhydride acétique (2 parties) sur l'hydrazone benzylidénique (1 partie), à 190-200°, en tube scellé, pendant une heure. Il se présente en aiguilles apointies aux extrémités, fusibles à 122°, très solubles dans le chloroforme, plus difficilement dans l'alcool et dans l'acétone, peu solubles dans l'eau (Schmidt). On l'obtient aussi par l'union de l'aldéhyde benzylique et de l'α-acétylphénylhydrazine [Widman, *D. chem. G.*, **27**, 2965].

En aucun cas, on n'a pu l'hydrater pour obtenir l'α-acétylphénylhydrazide (Schmidt).

α-Formyl-β-acétylphénylhydrazide,

$$C^6H^5-Az(CHO)-AzH(CO-CH^3).$$

— Ce composé se forme par l'action d'un excès d'anhydride acétique sur l'α-β-diformylphénylhydrazide. Il cristallise avec 1 molécule d'eau, en cristaux longs d'un pouce, fusibles à 86°, perdant leur eau sur l'acide sulfurique, en se transformant en une masse vitreuse qui s'hydrate de nouveau à l'air [M. Freund et Horst, *D. chem. G.*, **28**, 944].

α-β-Diacétylphénylhydrazide,

$$C^6H^5-Az(CO-CH^3)-AzH-CO-CH^3.$$

— Ce corps se forme, à côté de la β-acétylphénylhydrazide, quand on fait réagir un excès d'anhydride acétique sur la phénylhydrazine sodée. Il avait été entrevu par M. E. Fischer. Pour l'obtenir, le mieux est de chauffer, pendant quelques minutes seulement au bain-marie, la β-acétylphénylhydrazide avec l'anhydride acétique; on mêle avec de l'eau, et après évaporation on épuise le résidu avec de l'éther, puis on le fait cristalliser dans un mélange d'alcool et de benzène. Si on chauffe trop longtemps, on n'obtient que des corps huileux. L'α-β-diacétylphénylhydrazide est en gros cristaux aiguillés ou tabulaires, incolores, fusibles à 107-108°, solubles dans l'eau bouillante, l'alcool et le chloroforme, très peu solubles dans l'éther (Schmidt).

α-Chloracétyl-β-acétylphénylhydrazide,

$$C^6H^5-Az(CO-CH^2Cl)-AzH-CO-CH^3.$$

— Prismes fusibles à 132°, obtenus par l'action du chlorure de chloracétyle sur la β-acétylphénylhydrazide [O. Widman, *D. chem. G.*, **26**, 946].

β-Propionylphénylhydrazide. — Lamelles fusibles à 157-158° [Freund et Goldsmith, *D. chem. G.*, **21**, 2461].

β-n-Butyrylphénylhydrazide,

$$C^6H^5-AzH-AzH-C^4H^7O.$$

— Lamelles blanches fusibles à 103°, obtenues avec la phénylhydrazine et le chlorure de butyryle [Vahle, *D. chem. G.*, **27**, 1715] ou l'anhydride butyrique, ou l'anhydride mixte acétobutyrique [Autenrieth, *ibid.*, **34**, 178].

Les deux hydrazides α et β prennent naissance dans la réaction du chlorure de butyryle normal sur la phénylhydrazine sodée. Le mélange cristallise partiellement par trituration; par essorage, le dérivé β, qui est solide, se sépare; on le fait cristalliser dans l'eau; il fond à 113-114°. Quant au dérivé α, il se trouve dans la partie liquide, et il n'a été caractérisé que par la formation d'une *butyrylphénylsulfosemicarbazide* fusible à 156°, dont la constitution est vraisemblablement :

$$C^6H^5-Az(CO-C^3H^7)AzH-CS-AzH-C^6H^5.$$

L'*α-butyrylphénylhydrazonebenzylidénique* s'obtient comme le dérivé acétylé. Elle fond à 113°,5 et cristallise en fines aiguilles brillantes, solubles dans l'alcool et dans l'éther, très peu solubles dans l'eau (Schmidt).

β-Isobutyrylphénylhydrazide. — Tables rectangulaires fusibles à 142° [Leighton, *Ann. Chem.*, **20**, 675], à 140° [Bölsing et J. Tafel, *D. chem. G.*, **25**, 1551].

α-Isobutyrylphénylhydrazide. — Obtenue cristallisée par M. O. Widman [*D. chem. G.*, **27**, 1963] en décomposant l'α-isobutyl-β-acétylphénylhydrazide par l'acide sulfurique étendu d'eau et d'alcool. Tables ou aiguilles incolores, fusibles à 46-48°.

β-Valérylphénylhydrazide. — Cristaux fusibles à 112°,5, obtenus par hydrolyse de la nitrovaléraldéhyde-phénylhydrazone [E. Bamberger, *D. chem. G.*, **31**, 2626]. Une isovalérylphénylhydrazine a été décrite par M. Autenrieth : elle était en lamelles brillantes, incolores, fusibles à 110-111° [*D. chem. G.*, **34**, 179]. C'est la même que celle de M. Bamberger.

Isohexylphénylhydrazide,

$$C^5H^{11}-CO-AzH-AzH-C^6H^5.$$

— Prismes transparents, fusibles à 144-145° (V. Leighton).

Heptylphénylhydrazide,

$$C^7H^{13}O-AzH-AzH-C^6H^5.$$

— Prismes transparents, fusibles à 103-104° (V. Leighton).

n-Caprylphénylhydrazide,

$$C^6H^5-AzH-AzH-C^8H^{15}O.$$

— Lamelles blanches, brillantes, fusibles à 102-104°, presque insolubles dans l'eau, solubles dans les solvants organiques [Autenrieth, *D. chem. G.*, **34**, 183].

Stéarylphénylhydrazide,

$$C^{18}H^{35}O-AzH-AzH-C^6H^5.$$

— Lamelles brillantes, cristallisables dans l'alcool, solubles surtout dans le chloroforme, fusibles à 105-107° [Strache et Fritzer, *Bull. Soc. Chim.*, (3), **10**, 634].

B. — *Série aromatique.*

β-Monobenzoylphénylhydrazine,

$$C^6H^5-AzH-AzH(CO-C^6H^5).$$

— C'est la constitution qu'il faut assigner au corps décrit au 1er Suppl., **2**, 924; voyez à *Méthylphénylhydrazine symétrique* la démonstration de cette constitution.

Outre la préparation indiquée au 1er Suppl., on peut employer la plupart de celles qui ont été mentionnées aux généralités.

Action du perchlorure de phosphore. — Voyez Pechmann et Seeberger [*D. chem. G.*, **27**, 322, 2122].

α-Benzoylphénylhydrazine,

$$C^6H^5(C^6H^5-CO)Az-AzH^2.$$

— En observant des précautions toutes spéciales dans l'action du chlorure de benzoyle sur la phénylhydrazine sodée, on peut obtenir une certaine dose d'α-benzoylphénylhydrazine. Simultanément, il se forme, en plus forte dose, les β et αβ-benzoyl- et dibenzoylphénylhydrazine de M. E. Fischer (voyez 1er Suppl., **2**, 924). La séparation, assez difficile, conduit finalement à un composé cristallisé en aiguilles incolores, fusibles à 70°, très solubles dans l'éther, l'alcool et le chloroforme, difficilement solubles dans l'eau froide, mais assez solubles dans l'eau bouillante. A partir de 60 grammes de phénylhydrazine on peut obtenir de 9 à 10 grammes d'α-benzoylphénylhydrazine pure [Michaelis et Schmidt, *Ann. Chem.*, **252**, 310].

La méthode d'O. Widman, qui consiste à benzoyler la β-acétylphénylhydrazine, puis à la désacétyler par l'acide sulfurique étendu de son poids d'eau en présence d'un peu d'alcool, est plus avantageuse; elle conduit facilement au sulfate d'α-benzoylphénylhydrazine.

L'anhydride acétique fournit la *α-benzoyl-β-acétylphénylhydrazine*, fusible à 152-153°, identique à celle que l'on obtient en benzoylant la β-acétylphénylhydrazine.

L'acide nitreux brûle le groupe AzH^2 et conduit à la benzoylaniline, si l'on opère en milieu acide, à l'acide benzoïque et au triazobenzène si l'on opère en milieu neutre :

$$C^6H^5(C^6H^5-CO)-Az-AzH^2 + AzO-OH$$
$$= C^6H^5-AzH-CO-C^6H^5 + Az^2O + H^2O$$
$$= C^6H^5Az^3 + C^6H^5-CO^2H + H^2O.$$

La *benzoylphényle-semicarbazide*,

$$\begin{matrix} C^6H^5 \\ C^6H^5-CO \end{matrix} > Az-AzH-CO-AzH^2$$

préparée au moyen du chlorhydrate de benzoylphénylhydrazine et du cyanate de potassium, fond à 202-203° (210-211°, Widman); la *diphénylbenzoylsulfosemicarbazide*,

$$\begin{matrix} C^6H^5 \\ C^6H^5-CO \end{matrix} > Az-AzH-CS-AzH-C^6H^5,$$

obtenue avec la base et le phénylsénevol, fond à 310° (Schmidt).

Sels. — Le *chlorhydrate* fond à 202°; le *bromhydrate* à 191°; le *nitrate* à 145°, en se décomposant; le *sulfate* à 191°, en se décomposant; enfin, le *picrate* à 122° (Schmidt).

Le chlorhydrate d'α-benzoylphénylhydrazine donne, au bout de 2 heures, avec la quinone en solution aqueuse, un précipité jaune soluble dans les solvants organiques, se séparant de l'alcool bouillant en cristaux transparents, orangés, fusibles à 171°. C'est la *quinone-monobenzoylphénylhydrazone*

$$CO \begin{matrix} < CH-CH > \\ \setminus CH-CH / \end{matrix} C=Az-Az \begin{matrix} < C^6H^5 \\ \setminus CO-C^6H^5 \end{matrix}$$

Ce corps est réduit par le zinc en solution acétique en benzanilide et p-aminophénol [Mac Pherson, *D. chem. G.*, **28**, 2414; *Bull. Soc. Chim.*, (3), **16**, 705].

αβ-Dibenzoylphénylhydrazine. — Voyez 1er Suppl., 924. Elle se forme aussi par l'action du chlorure de benzoyle sur l'α-benzoylphénylhydrazine (Michaelis et Schmidt) ou bien sur le phénylhydrazine-sulfonate de potassium sec, ce qui dispense de préparer la phénylhydrazine.

La *dibenzoylphénylhydrazine sodée*,

$$C^{20}H^{15}Az^2O^2Na,$$

se sépare en lamelles brillantes lorsqu'on ajoute la quantité calculée de sodium à la solution alcoolique de la dibenzoylphénylhydrazine de M. E. Fischer. Elle est soluble dans l'eau et dans l'alcool méthylique, peu soluble dans l'alcool éthylique. Sur sa transformation en dérivé méthylé, voyez *Méthylphénylhydrazine symétrique* [J. Tafel, *D. chem. G.*, **18**, 1740].

β-*Benzoylphénylhydrazides substituées.* — Voici maintenant une liste de β-hydrazides des acides benzoïques substitués, dont l'obtention n'offre aucune difficulté spéciale :

m-bromobenzoïque..	aig. incolores.	fus. à	152°	(1)
o-iodobenzoïque.....	aiguilles.....	—	203° déc.	(2)
o-nitrobenzoïque....	aig. orangées.	—	141°	(6)
m-nitrobenzoïque....	lam. brillantes	—	205°	(1)
p-nitrobenzoïque....	aig. orangées.	—	198°	(3)
o-aminobenzoïque...	aig. jaunes...	—	170°	(4)
m-aminobenzoïque...	lam. jaunes..	—	151°	(5)

(1). Autenrieth, *D. chem. G.*, **34**, 168. — (2). Wachter, *ibid.*, **26**, 1745. — (3). Hausknecht, *ibid.*, **22**, 329. — (4). Meyer et Bellmann, *J. prakt. Chem.*, (2), **33**, 20. — (5). Pellizari, *Gazz. chim. ital.*, **16**, 200. — (6). A. König et A. Reissert, *D. chem. G.*, **32**, 182.

α-o-Nitrobenzoyl-β-acétylphénylhydrazide,

$$AzO^2{}_{(2)}-C^6H^4{}_{(1)}-CO-Az(C^6H^5)-AzH(CO-CH^3).$$

— Ce composé a été, entre les mains de MM. H. Rupe et A. Roesler, le point de départ d'un certain nombre de dérivés. Il se prépare en chauffant en solution benzénique, au réfrigérant ascendant, l'acétylphénylhydrazine avec le chlorure o-nitrobenzoïque. Après purification par lavages à l'eau, dessiccation sur des assiettes poreuses et cristallisations dans le benzène de l'huile primitivement formée, on obtient l'hydrazide sous la forme d'aiguilles blanches fusibles à 134°, solubles facilement dans l'alcool, le chloroforme, l'acide acétique, l'acétone, moins solubles dans l'éther et dans le benzène froid.

Sa réduction par le zinc et par l'acide acétique conduit au *dérivé aminé* correspondant; par le chlorure stanneux en milieu chlorhydrique, il y a réduction en même temps que départ de l'acétyle.

α-o-Aminobenzoylphénylhydrazide,

$$AzH^2{}_{(2)}-C^6H^4{}_{(1)}-CO-Az(C^6H^5)-AzH^2.$$

— La réduction du corps précédent par 3 à 4 molécules de chlorure stanneux en présence d'acide chlorhydrique et d'étain, conduit à un sel double cristallisé en aiguilles, d'où l'hydrogène sulfuré permet de libérer un chlorhydrate souillé de sel de phénylhydrazine par suite d'un dédoublement plus avancé. Par l'ammoniaque, on sépare la base; des cristallisations dans l'eau bouillante permettent de l'avoir en grandes, belles et brillantes aiguilles, fusibles à 134°, facilement solubles dans l'alcool, le chloroforme, le benzène et l'eau bouillante, peu solubles dans l'éther et dans l'eau froide. Le rendement est mauvais, car il se fait beaucoup d'acide anthranilique et de phénylhydrazine.

Aussi vaut-il mieux dédoubler le dérivé monoacétylé décrit plus bas, par l'acide chlorhydrique d'une densité de 1,050.

On a préparé un *chloroplatinate* instable,

$$C^{13}H^{13}Az^3O, PtCl^6H^2,$$

ainsi qu'un *dérivé dibenzylidénique*,

$$C^6H^5-CH=Az-C^6H^4CO-Az(C^6H^5)Az=CH-C^6H^5,$$

fusible à 150-151°.

Le *dérivé diacétylé*,

$$CH^3CO-AzH-C^6H^4-CO-Az(C^6H^5)AzH-COCH^3,$$

s'obtient en acétylant, soit l'aminohydrazide, soit le dérivé monoacétylé. Il est en lamelles blanches fusibles à 195-196°, insolubles dans l'éther et dans l'eau, solubles dans l'alcool bouillant, le benzène et l'acide acétique.

Le dérivé monoacétylé ou *α-o-aminobenzoyl-β-acétylphénylhydrazide*,

$$AzH^2-C^6H^4-CO-Az(C^6H^5)AzH-COCH^3,$$

se forme dans la réduction du dérivé nitré correspondant (décrit plus haut) quand on opère en milieu alcoolique au moyen de zinc et d'acide acétique, en ayant soin de maintenir la température au-dessous de 25°. C'est un corps en grandes aiguilles, fusibles à 140°, peu solubles dans l'eau, l'éther et l'alcool froid, facilement solubles dans l'alcool et dans le benzène bouillants.

Il se combine avec 1 molécule d'aldéhyde benzylique pour former le corps $C^{22}H^{19}Az^3O^2$, cristallisable en aiguilles incolores, fusibles à 175-177°.

Carbamide de l'α-o-aminobenzoylphénylhydrazine,

$$C^6H^4\begin{cases}AzH-CO \\ \quad\quad\quad\quad\quad \rangle AzH. \\ CO-Az(C^6H^5)\end{cases}$$

— Ce composé, contenant un anneau à 7 atomes, s'obtient en dirigeant le phosgène gazeux dans une solution chloroformique d'aminohydrazide. Après lavages à l'eau froide pour enlever les chlorhydrates formés et précipitation de l'hydrazine non combinée par le bisulfite, il reste une substance qu'on fait cristalliser dans le benzène, puis dans le chloroforme bouillants. Fines aiguilles, fusibles à 218-219°, inaltérables par les acides bouillants [*Ann. Chem.*, **301**, 89].

β-p-Toluylphénylhydrazide,

$$CH^3_{(1)}-C^6H^4_{(4)}-CO-AzH-AzH-C^6H^5.$$

— Substance fusible à 167° [Boeseken, *Rec. des Pays-Bas*, **16**, 326].

β-Phénylacétylphénylhydrazide,

$$C^6H^5-CH^2-CO-AzH-AzH-C^6H^5.$$

— Obtenue par action de l'acide sur la base à 120-140° [Bülow, *Ann. Chem.*, **236**, 196], ainsi que par l'action de la phénylhydrazine sur les éthers phénacétyl- et diphénacétylmalonique [Schott, *D. chem. G.*, **29**, 1989]. Elle cristallise en aiguilles plates, fusibles à 168-169°, d'après Bülow; à 175-176° d'après Purgotti [*Gazz. chim. ital.*, **20**, 176], à 173-174° d'après Wahle [*D. chem. G.*, **27**, 1518].

β-Cuminoylphénylhydrazide,

$$C^6H^5-AzH-AzH-CO-C^9H^{11}.$$

— Obtenue par la phénylhydrazine et le chlorure de cuminoyle; elle fond à 198° (O. Widman).

α-Cuminoylphénylhydrazide,

$$C^3H^7-C^6H^4-CO-Az-C^6H^5-AzH^2.$$

— On l'obtient en désacétylant l'α-cuminoyl-β-acétylphénylhydrazine, suivant la méthode de O. Widman [*D. chem. G.*, **26**, 946]. Elle fond à 63-64°, et réagit par son groupe AzH^2 comme l'α-benzoylphénylhydrazine.

Son *hydrazone benzylidénique* fond à 126°.

Le dérivé *β-acétylé* qui sert à la préparer fond à 40-42° et ne cristallise que lentement.

La **semicarbazide** correspondante :

$$C^6H^5-Az\begin{cases}AzH-CO-AzH^2 \\ CO-C^9H^{11}\end{cases}$$

fond à 209°.

β-Diphénylacétylphénylhydrazide,

$$C^6H^5-AzH-AzH-CO-CH(C^6H^5)^2.$$

— Aiguilles fusibles à 168° [Klingemann, *Ann. Chem.*, **275**, 85].

2° *Phénylhydrazine et acides-alcools (ou phénols).*

Mono-α-oxyacides. — L'action de la phénylhydrazine sur quelques α-oxyacides a été étudiée par A. Reissert et W. Kayser [*D. chem. G.*, **22**, 2924; **23**, 3702; *Bull. Soc. Chim.*, (3), **6**, 439].

Les résultats ne sont pas très concluants.

En chauffant l'éther lactique avec la phénylhydrazine, ces auteurs ont obtenu un produit fusible à 187°, qui présente toutes les propriétés de l'acide α-phénylhydrazidopropionique,

$$C^9H^{12}Az^2O^2.$$

L'acide α-oxyisobutyrique donne un composé fusible à 151-152° possédant une composition similaire, $C^{10}H^{14}Az^2O^2$, et susceptible d'être nitrosé.

L'acide phénylglycolique conduit au composé

$$C^{14}H^{14}Az^2O^2,$$

fusible à 182°, ainsi qu'à un peu d'anilide amygdalique. Si l'on remplace l'acide par son éther, on obtient un corps de la formule $C^{14}H^{12}Az^2O$, fusible à 165-166°.

Les divers composés ci-dessus ont bien la formule des hydrazides, mais ils n'en ont pas les propriétés, en ce sens qu'ils ne sont pas saponifiables par la potasse ou par l'acide chlorhydrique. Toutefois le dérivé amygdalique peut donner avec le chlorure de benzoyle un dérivé dibenzoylé fusible à 208°, que la baryte dédouble en acide benzoïque, acide amygdalique et phénylhydrazine.

β-Lactylphénylhydrazide,

$$C^6H^5-AzH-AzH-CO-CHOH-CH^3.$$

— Cristaux fusibles à 114°,5, obtenus en chauffant progressivement entre 125 et 140° le lactate de phénylhydrazine [H. de Vriès, *D. chem. G.*, **28**, 2611].

Action de la valérolactone. — Il y a formation d'une combinaison moléculaire qui peut évidemment être considérée comme l'hydrazide de l'acide oxyvalérique dont la valérolactone est l'anhydride. Ce composé, $C^{11}H^{16}Az^2O^2$, est en aiguilles fusibles à 76-79°, solubles dans l'eau, l'alcool, le chloroforme et le benzène, insolubles dans l'éther. Les acides et les alcalis le résolvent en ses composants.

Action de la phtalide. — La phtalide se combine de même molécule, à molécule en donnant une combinaison fusible à 173-174°, vraisemblablement

$$CH^2OH_{(1)}-C^6H^4_{(2)}-CO-AzH-AzH-C^6H^5$$

[Wislicenus, *D. chem. G.*, **20**, 401].

3° *Acides polyalcools ou polyphénols.*

Toute une série d'hydrazides des acides correspondant aux sucres a été préparée par E. Fischer et ses collaborateurs. Leur formule est normale; la description en a été ou sera faite aux acides dont ils dérivent.

Mentionnons l'hydrazide phénylglycérique [J. Plöchl et B. Mayer, *D. chem. G.*, **30**, 1600]; l'hydrazide gallique (voyez *Acide gallique*); les combinaisons avec le tannin [Böttinger, *Ann. Chem.*, **259**, 125, 373]

4° *Acides monobasiques non saturés.*

Nous entendons par là les acides dont la chaîne qui supporte le carboxyle n'est pas saturée. Vis-à-vis de la phénylhydrazine ils se comportent de deux façons, suivant que la liaison non saturée est plus ou moins éloignée. Les corps ayant le groupement

$$-CH=CH-CO^2H \quad \text{ou} \quad -C\equiv C-CO^2H$$

conduisent à des pyrazolidones ou à des pyrazolones. Les autres donnent simplement des hydrazides.

L'*acide acrylique* conduit à la 1 phénylpyrazolidone fusible à 119-121° [R. von Rothenburg, *D. chem. G.*, **26**, 2972].

L'*acide crotonique* et l'*acide cinnamique* réagissent d'une façon analogue sur la phénylhydrazine, tout au moins dans une première phase, qui donne naissance à une pyrazolidone. Ainsi, l'acide crotonique engendre la 1 phényl-3 méthyl-5 pyrazolidone, fusible à 84° :

$$\begin{array}{l} CH = CH-CH^3 \\ | \\ CO^2H \quad AzH^2 \\ \quad\quad / \\ + AzH-C^6H^5 \end{array} = \begin{array}{l} CH^2 - CH-CH^3 \\ | \quad\quad | \\ CO \quad\quad AzH \\ \quad \diagdown \quad / \\ \quad AzH-C^6H^5 \end{array} + H^2O.$$

Avec l'acide cinnamique, on obtient non pas la diphénylpyrazolidone, mais la diphénylpyrazolone, fusible à 251°, laquelle en diffère par perte de H^2.

L'acide *isocrotonique* donne les mêmes résultats que l'acide crotonique [L. Knorr, *D. chem. G.*, **20**, 1107. — L. Knorr et P. Duden, *ibid.*, **25**, 759; **26**, 103, 109].

L'*acide phénylpropiolique* conduit à la 1.3 diphényl-5 pyrazolone [R. von Rothenburg, *D. chem. G.*, **27**, 784]. Cette pyrazolone est identique à celle que l'on obtient avec l'éther benzoylacétique qui en diffère par les éléments d'une molécule d'eau.

Action sur les éthers β-chloro-isocrotoniques. — L'un et l'autre donnent naissance aux mêmes combinaisons, c'est-à-dire à la 1 phényl-3 méthyl-5 pyrazolone, à la bisphénylméthylpyrazolone, et au 1 phényl-3 méthyl-5 pyrazolone-4 azobenzène [W. Autenrieth, *D. chem. G.*, **29**, 1653]. La 1 phényl-3 méthyl-5 pyrazolone résulte de la perte des éléments de l'acide chlorhydrique dans une chloropyrazolidone théorique qui dériverait normalement desdits acides chloro-isocrotoniques.

Acide phényl-α-oxycrotonique. — Suivant M. Biedermann [*D. chem. G.*, **25**, 4079] on peut obtenir une hydrazide, fusible à 154°,

$$C^6H^5-CH=CH-CHOH-CO-AzH-AzH-C^6H^5,$$

si l'on fait réagir la phénylhydrazine sur la lactone de l'acide. En employant l'acide même, M. Biedermann arriva à un corps cristallisé, fusible à 98°, possédant la formule de composition $C^{16}H^{14}Az^2O$, auquel il avait donné la constitution d'une diphényldihydropyridazone.

D'après M. G. Pulvermacher [*Ibid.*, **26**, 462] la constitution suivante serait plus probable :

$$\begin{array}{l} C^6H^5-CH=CH-CH - CO \\ \quad\quad\quad\quad\quad\quad\quad | \quad\quad | \\ \quad\quad\quad\quad\quad\quad AzH - Az-C^6H^5 \end{array}$$

Hydrazides d'acides non saturés de poids moléculaire plus élevé. — Ces acides, dont la position non saturée est éloignée suffisamment du carboxyle, donnent simplement des hydrazides.

Voyez à ACIDE ÉLAÏDIQUE, les hydrazides oléïque et élaïdique.

L'*hydrazide ricinélaïdique* est en aiguilles fusibles à 110-110°,5; son pouvoir rotatoire $\alpha_D = 6°,5$ [Mangold, *Mon. f. Chem.*, **15**, 313]; l'*hydrazide ricinoléique* fond à 62-63° et possède le pouvoir rotatoire $\alpha_D = 66°$: l'*hydrazide ricinique* (inactif) fond à 110°-110°,5 [Walden, *D. chem. G.*, **27**, 3474].

5° *Acides bibasiques.*

L'action de la phénylhydrazine sur les diacides ou leurs dérivés présente beaucoup d'analogie avec celle de l'hydrazine.

On peut avoir des dihydrazides normales, des monohydrazides encore une fois acides; enfin des dérivés de l'ordre de la succinimide ou de la phtalazine. Voici quelques exemples de ces principaux types qu'il est facile de concevoir :

$$C^6H^5-AzH-AzH-CO-CH^2-CO^2H$$

Acide phénylhydrazidomalonique.

$$C^6H^5-AzH-AzH-CO-CH^2-CO-AzH-AzH-C^6H^5$$

Diphénylhydrazide malonique.

$$C^6H^5-AzH-Az \begin{array}{l} \diagup CO-CH^2 \\ \quad\quad\quad | \\ \diagdown CO-CH^2 \end{array}$$

Succinylphénylhydrazine,
Anilsulsuccinimide.

$$\begin{array}{l} C^6H^5-Az - CO - CH^2 \\ \quad\quad\quad | \quad\quad\quad\quad | \\ \quad\quad AzH - CO - CH^2 \end{array}$$

1 phényl-3.5 o-pipérazone, etc.

Nous les étudierons en passant successivement en revue les acides saturés ou non, substitués ou non, oxhydrylés ou non, mais ne possédant pas de fonction aldéhydique. Toute autre fonction n'apporte pas en effet de grosses perturbations.

Leur obtention rappelle celle des hydrazides d'acides monobasiques, à quelques nuances près dues aux caractères individuels de certains diacides.

C^2. *Hydrazides oxaliques.* — Voyez la *Dihydrazide* au 1er Suppl., 922.

Acide phénylhydrazidoxalique,

$$C^6H^5-AzH-AzH-CO-CO^2H.$$

— Le *sel de sodium* de cet acide se précipite lorsque l'on mêle une solution alcoolique de phénylhydrazine avec de l'éthylate de sodium et qu'on y ajoute de l'éther oxalique. Le sel, décomposé par l'acide chlorhydrique, donne l'acide; celui-ci cristallise en prismes incolores, fusibles à 169-170° [Michael, *J. prakt. Chem.*, (2), **33**, 458].

L'*éther éthylique* s'obtient par l'action de l'éther oxalique (250 grammes) sur la phénylhydrazine (150 grammes), en présence d'alcool (250 centimètres cubes). On laisse en contact pendant deux jours et on fait cristalliser dans l'alcool. Il est en grosses lames, fusibles à 119° [Bülow, *Ann. Chem.*, **236**, 197. — Thiele et Schleussner, *ibid.*, **295**, 167].

L'*amide*, obtenue avec l'éther et l'ammoniaque, est en cristaux peu solubles, fusibles avec décomposition vers 230-233° (Thiele et Schleussner).

C^3. *Hydrazides maloniques.* — 1° *Acide phénylhydrazide-malonique,*

$$C^6H^5-Az^2H^2-CO-CH^2-CO^2H.$$

— Le sel de phénylhydrazine de cet acide s'obtient en traitant l'acide malonique (1 partie) par la phénylhydrazine (3 parties) dissoute dans l'acide acétique (3 parties) étendu de trois fois son poids d'eau. On chauffe pendant deux heures au bain-marie; le sel se sépare par refroidissement; il fond à 141-143° avec dégagement gazeux. Les acides minéraux en séparent l'acide, qui est fusible à 154°.

L'*acide phénylhydrazide-malonique*, chauffé pendant quinze minutes à 200°, perd 1 molécule d'eau et se change en *malonylphénylhydrazide* :

$$C^6H^5-AzH-Az\genfrac{}{}{0pt}{}{\diagup CO \diagdown}{\diagdown CO \diagup}CH^2.$$

Cette dernière substance fond à 128° sans décomposition [Em. Fischer et F. Passmore, *D. chem. G.*, **22**, 2728].

Éther phénylhydrazide-malonique,

$$C^6H^5-AzH-AzH-CO-CH^2-CO^2C^2H^5.$$

— Ce corps prend naissance soit dans l'action de l'éther chloromalonique, $CHCl(CO^2C^2H^5)^2$, soit dans celle du chlorure de l'éther malonique,

$$COCl-CH^2-CO^2C^2H^5,$$

sur la phénylhydrazine [A. Michaelis et R. Burmeister, *D. chem. G.*, **24**, 1800; **25**, 1502; *Bull. Soc. Chim.*, (3), **8**, 1193].

La seconde réaction est régulière. La première résulte de la réduction de l'éther chloromalonique à l'état d'éther malonique par la phénylhydrazine d'abord, puis réaction normale du reste de la phénylhydrazine sur l'éther formé.

L'éther phénylhydrazide-malonique est réducteur; il fond à 90°. Un excès de phénylhydrazine le transforme en dihydrazide; l'acide chlorhydrique le dédouble facilement; l'acide nitreux le transforme en *dérivé nitrosé*

$$C^6H^5-Az(AzO)-AzH-CO-CH^2-CO^2C^2H^5,$$

fusible à 85°.

L'isocyanate de phényle s'unit à cet éther et conduit à la semicarbazide :

$$\begin{array}{l} \qquad\qquad\quad CO-AzH-C^6H^5 \\ \qquad\qquad\quad | \\ C^6H^5-AzH-Az-CO-CH^2-CO^2C^2H^5 \end{array}$$

laquelle fond à 158°. L'isosulfocyanate engendre un dérivé analogue, fusible à 141°.

La semicarbazide peut se transformer en une pyrazolidone, la 2 *phénylcarbamyl*-1 *phényl*-3.5 *pyrazolidone*.

Éther diméthylique de l'acide β-phénylhydrazidobenzylmalonique,

$$C^6H^5-CH\genfrac{}{}{0pt}{}{\diagup AzH-AzH-C^6H^5}{\diagdown CH-(CO^2CH^3)^2}$$

— Ce corps prend naissance par fixation de 1 molécule de phénylhydrazine sur 1 molécule de benzylidène-malonate diméthylique

$$C^6H^5-CH=C(CO^2CH^3)^2.$$

Il fond à 94°,5, est peu stable, et se dédouble en éther diméthylmalonique et benzylidène-phénylhydrazone [R. Blank, *D. chem. G.*, **28**, 145].

2° *Malonylphénylhydrazide*,

$$C^6H^5-AzH-Az\genfrac{}{}{0pt}{}{\diagup CO \diagdown}{\diagdown CO \diagup}CH^2.$$

— Voyez plus haut.

3° *αβ-Malonylphénylhydrazide*,

$$C^6H^5-Az\genfrac{}{}{0pt}{}{\diagup CO-CH^2}{\diagdown AzH-CO}$$

— Cette hydrazide, isomère de la précédente, n'est autre que la 1 *phényl*-3.5 *pyrazolidone*. Elle diffère de la précédente par son point de fusion, 192° au lieu de 128°. MM. Michaelis et Burmeister l'ont obtenue en dissolvant l'éther phénylhydrazido-malonique dans la potasse, puis précipitant par un acide. Il y a perte d'alcool :

$$C^6H^5-AzH\genfrac{}{}{0pt}{}{CO^2C^2H^5-CH^2}{\diagdown AzH \text{——} CO}$$

$$= C^6H^5-Az\genfrac{}{}{0pt}{}{\diagup CO-CH^2}{\diagdown AzH-CO} + C^2H^6O.$$

Elle présente des propriétés plutôt acides et une stabilité en rapport avec sa constitution cyclique. Elle n'est plus réductrice et n'a pas les propriétés des hydrazides.

La phénylhydrazine réagit sur cette combinaison cyclique en régénérant la malonylbisphénylhydrazide suivante.

4° *αβ-Malonylbisphénylhydrazide*,

$$CH^2\genfrac{}{}{0pt}{}{\diagup CO-Az(C^6H^5)-AzH^2}{\diagdown CO-AzH-AzH-C^6H^5}$$

— D'après MM. Michaelis et Burmeister, on obtient un composé $C^{15}H^{16}Az^4O^2$, ayant la composition de la ββ-malonylbisphénylhydrazide suivante, mais jouissant de propriétés différentes, en chauffant la phénylhydrazine avec la phénylpyrazolidone ci-dessus. Cette hydrazide fond à 165°; elle est beaucoup plus basique que la suivante; elle se dissout dans l'acide chlorhydrique concentré froid et dans l'acide dilué chaud. Toutefois sa constitution n'est pas établie sûrement.

5° *Malonylbisphénylhydrazide*,

$$(C^6H^5-AzH-AzH-CO)^2CH^2.$$

— On l'obtient en faisant réagir la phénylhydrazine sur l'amide malonique, le chlorure malonique, l'éther malonique ou l'éther phénylhydrazidomalonique. Elle se présente en lamelles fusibles à 187° (Freund et Goldsmith), à 184° (Asher), peu solubles dans les solvants organiques [Freund et Goldsmith, *D. chem. G.*, **21**, 1240. — Michaelis et Burmeister, *ibid.*, **25**, 1504. — Asher, *ibid.*, **30**, 1024].

Le gaz phosgène en solution benzénique à 100° la transforme en une combinaison fusible à 205°, $C^{17}H^{12}Az^4O^4$ (M. Freund et Goldsmith).

C⁴. *Hydrazides succiniques.* — 1° *Acide phénylhydrazide-succinique*,

$$CO^2H-CH^2-CH^2-CO-AzH-AzH-C^6H^5.$$

— On laisse réagir à froid pendant une journée un mélange de deux solutions : l'une de phénylhydrazine (1 molécule) et l'autre d'anhydride succinique (1 molécule) dans l'alcool absolu. Il se forme des aiguilles soyeuses que l'on essore et qu'on lave à l'alcool absolu; elles fondent à 110-120° en se transformant par perte d'eau en ββ-succinylphénylhydrazide [V. Auger, *Ann. Chim. Phys.*, (6), **22**, 336].

L'*éther éthylique* s'obtient par l'action du chlorure-éther succinique sur la phénylhydrazine en solution éthérée. Il est en aiguilles fusibles à 107°, facilement solubles dans l'alcool, peu solubles dans l'éther. En le chauffant avec les alcalis étendus, puis en ajoutant un acide, on précipite un produit fusible à 137°, qui paraît être l'*anhydride de l'acide phénylhydrazide-succinique*,

$$(C^6H^5-AzH-AzH-CO-C^2H^4-CO)^2O.$$

Cet anhydride, chauffé à 170°, se transforme en

ββ-succinylphénylhydrazide [A. Michaelis et R. Hermens, *D. chem. G.*, **25**, 2747].

2° ββ-*Succinylphénylhydrazide*,

$$\begin{matrix} CH^2-CO \diagdown \\ | \qquad\qquad Az-AzH-C^6H^5. \\ CH^2-CO \diagup \end{matrix}$$

— Lamelles blanches, incolores, fusibles à 155°, très solubles dans l'acétone, le chloroforme, l'acide acétique bouillant, facilement solubles dans l'alcool chaud et dans l'eau bouillante, assez dans le benzène bouillant, difficilement solubles dans l'éther et dans la ligroïne. Obtenues en chauffant à 150° des quantités équivalentes d'anhydride succinique et de phénylhydrazine, pendant 4 heures. Un excès de phénylhydrazine donne le même corps (Hötte). Ce chimiste appelle ce composé α-succinylphénylhydrazine.

ββ-*Succinyl-α-nitrosophénylhydrazide*,

$$C^2H^4 \genfrac{<}{}{0pt}{}{CO}{CO} > Az-Az(AzO)C^6H^5.$$

— Cristaux jaunes, plumeux, fusibles à 83-84°, obtenus par nitrosation du corps précédent [Hötte, *J. prakt. Chem.*, (2), **35**, 273].

3° *Succinylphénylhydrazide dissymétrique*,

$$\begin{matrix} CH^2-C=Az-AzH-C^6H^5 \\ | \qquad \searrow \\ CH^2-CO \diagup O \end{matrix}$$

— On prépare ce corps en versant une solution aqueuse tiède de sulfosuccinyle dans une solution aqueuse de phénylhydrazine chauffée au bain-marie. Il se dégage de l'hydrogène sulfuré et il se dépose une poudre cristalline incolore, insoluble dans l'eau et dans l'alcool, fusible à 216°.

Le même corps prend naissance quantitativement par la décomposition spontanée en solution alcoolique ou par fusion à 120° de l'*acide isothiosuccinophénylhydrazique*, acide que l'on obtient en faisant réagir le sulfosuccinyle sur la phénylhydrazine en solution alcoolique :

$$\begin{matrix} CH^2-CS \\ | \qquad > O + AzH^2-AzH-C^6H^5 \\ CH^2-CO \end{matrix}$$

$$= \begin{matrix} CH^2-C=Az-AzH-C^6H^5 \\ | \qquad \searrow SH \\ CH^2-CO^2H \end{matrix}$$

Cet acide fond à 120° en perdant de l'hydrogène sulfuré et en donnant l'hydrazide fusible à 216° [V. Auger, *loc. cit.*].

4° αβ-*Succinylphénylhydrazide* (1 *phényl-3.6 o-pipérazone*; ν-*phénylhexahydro-α-diazine-αβ' dione*). — Ce corps a pour formule

$$\begin{matrix} CH^2-CO-Az-C^6H^5 \\ | \qquad\qquad | \\ CH^2-CO-AzH \end{matrix}$$

et appartient au groupe des diazinones (voyez Diazines, 2e Suppl., **3**, 68]. M. Hötte le nomme β-succinylphénylhydrazine.

5° *Succinylbisphénylhydrazide*,

$$(-CH^2-CO-AzH-AzH-C^6H^5)^2.$$

— Elle a été obtenue soit par l'action de 2 molécules de phénylhydrazine sur 1 molécule de chlorure de succinyle [Freund et Goldsmith, *D. chem. G.*, **21**, 2462], soit par l'action d'une solution acétique d'anhydride sulfosuccinique sur la phénylhydrazine [Zanetti, *Gazz. chim. ital.*, **19**, 177], soit enfin, comme l'ont indiqué MM. E. Fischer et Passmore [*D. chem. G.*, **22**, 2734], par l'action d'une solution aqueuse d'acide succinique sur une solution acétique de phénylhydrazine. Elle cristallise en lamelles fondant de 201° à 218°, suivant la rapidité du chauffage [A. Vorländer, *Ann. Chem.*, **280**, 185]. Elle est peu soluble dans les solvants organiques.

6° *Succinylbisformyl-* et *succinylbisacétylphénylhydrazides*,

$$C^2H^4 = [CO-Az(C^6H^5)-AzH-COH]^2$$

et

$$C^2H^4 = [CO-Az(C^6H^5)-AzH-CO-CH^3]^2.$$

— Ces combinaisons, fusibles respectivement à 246-247° et 219°, se forment par l'action du chlorure de succinyle sur les β-formyl- et β-acétylphénylhydrazides. Elles sont peu solubles, mais cristallisent cependant dans l'alcool [M. Freund et S. Wischewiansky, *D. chem. G.*, **26**, 2496].

Hydrazide malique. — Bisphénylhydrazide malique,

$$C^2H^3OH(CO-AzH-AzH-C^6H^5)^2.$$

— Lamelles brillantes, fusibles à 213°, suivant M. Bülow [*Ann. Chem.*, **236**, 194], à 220-223°, suivant MM. E. Fischer et F. Passmore [*D. chem. G.* **22**, 2734].

Hydrazide tartrique. — Bisphénylhydrazide tartrique,

$$(CHOH)^2(CO-AzH-AzH-C^6H^5)^2.$$

— Belles lames brillantes, fusibles à 226°, suivant M. Bülow, à 240° avec décomposition, suivant MM. E. Fischer et F. Passmore [*loc. cit.*].

Action sur les acides maléique et fumarique. — Ces acides se condensent avec la phénylhydrazine, le premier plus facilement que le second. Il suffit de les faire bouillir en solution aqueuse avec la base pour obtenir l'acide 1 phényl-5 pyrazolidone-3 carbonique (fusible à 201-202°).

L'*acide maléique* sec, en solution acétique, conduit à la phénylhydrazimide maléique,

$$\begin{matrix} CH-CO \diagdown \\ \| \qquad\qquad Az-AzH-C^6H^5. \\ CH-CO \diagup \end{matrix}$$

Cette substance est en lamelles d'un jaune pâle, fusibles à 260-261° (Duden). Suivant M. Hötte, on l'obtient comme le dérivé succinique, en chauffant à 140-150° l'anhydride maléique avec la phénylhydrazine; elle brunit fortement à 180° et fond à 258-259° [*J. prakt. Chem.*, (2), **35**, 295].

Enfin, si l'on chauffe les deux acides avec 3 molécules de phénylhydrazine, au bain d'huile, on obtient d'abord les sels, puis, à 120°, la masse se liquéfie, tandis qu'il se dégage un peu de gaz carbonique; si on monte peu à peu jusqu'à 140° et si on fait cristalliser le sirop obtenu dans l'alcool bouillant, on arrive à la dihydrazide de l'acide phénylhydrazidosuccinique :

$$\begin{matrix} C^6H^5-AzH-AzH-CH-CO-AzH-AzH-C^6H^5 \\ | \\ CH^2-CO-AzH-AzH-C^6H^5 \end{matrix}$$

Cette hydrazide fond à 199-200° et se transforme par l'acide chlorhydrique fumant en acide phénylpyrazolidone-carbonique et chlorhydrate de phénylhydrazine [P. Duden, *D. chem. G.*, **26**, 117; *Bull. Soc. Chim.*, (3), **10**, 478].

Dans toutes ces réactions on voit entrer la plupart du temps en jeu la fonction éthylénique qui tend à se saturer, comme nous l'avons vu à propos des acides monobasiques non saturés. Ainsi, l'action de l'acide maléique sur la phénylhydrazine pour donner l'acide 1 phényl-5 pyrazolidone-

3 carbonique est parallèle à l'action de l'acide crotonique :

$$\begin{array}{l} CH-CO^2H \\ \| \\ CH-CO^2H \end{array} + AzH^2-AzH-C^6H^5$$

$$= \begin{array}{l} CH^2-CO \diagdown \\ \quad | \qquad\qquad Az-C^6H^5 + H^2O. \\ CO^2H-CH-AzH \diagup \end{array}$$

L'*anhydride chlorobromomaléique* réagit aussi sur la phénylhydrazine; les solutions aqueuses des composants fournissent un précipité orangé constitué par de fines aiguilles fusibles à 245°. D'après l'auteur [A. Vandevelde, *Bull. Acad. roy. Belg.*, (3), **29**, 609] ce serait une phénylhydrazide de la phénylhydrazone maléique :

$$\begin{array}{l} Cl-C-CO \diagdown \\ \quad \| \qquad\quad O + 2AzH^2-AzH-C^6H^5 \\ Br-C-CO \diagup \end{array}$$

$$= HCl + HBr + H^2O$$

$$+ C^6H^5-AzH-Az \begin{array}{c} \diagup C-CO \diagdown \\ \| \\ \diagdown C-CO \diagup \end{array} Az-AzH-C^6H^5.$$

L'*éther chlorofumarique* conduit au bisphénylpyrazolone-carbonate d'éthyle, fusible à 272° [S. Ruhemann, *Chem. Soc.*, **69**, 1394].

Enfin l'*imide dichloromaléique* réagit sur la phénylhydrazine en donnant un composé

$$C^{16}H^{15}Az^5O^2,$$

lequel paraît être la dihydrazide du composé

$$\begin{array}{l} COH-CO \diagdown \\ \| \qquad\qquad AzH, \\ COH-CO \diagup \end{array}$$

qui dériverait de ladite imide. La constitution de ce corps n'est pas élucidée [Ciamician et Silber, *D. chem. G.*, **22**, 2495].

Action du chlorure de fumaryle. — Voyez DIAZINES, 2° Suppl., **3**, 68.

Acétylène-dicarbonate de méthyle. — Ce corps s'unit intégralement à la phénylhydrazine en donnant un produit d'addition bien cristallisé $C^{12}H^{14}Az^2O^4$, fusible à 118°, que les alcalis transforment en un acide $C^{10}H^8Az^2O^3$ identique à l'acide 1 phényl-6 pyrazolone-3 monocarbonique obtenu à partir de l'éther oxalacétique [E. Büchner, *D. chem. G.*, **22**, 2929].

C^5. — *Hydrazide éthylmalonique.* — *Bisphénylhydrazide éthylmalonique*,

$$C^2H^5-CH(CO-AzH-AzH-C^6H^5)^2.$$

— Aiguilles fusibles à 220°, peu solubles dans l'alcool, obtenues au moyen de l'éthylmalonamide [Freund et Goldsmith, *D. chem. G.*, **21**, 1242].

Hydrazide pyrotartrique ou méthylsuccinique. — On ne paraît avoir préparé avec cet acide que la diazine-dione mentionnée au 2° Suppl., **3**, 70.

Hydrazides itaconique et citraconique. — 1° *Phénylhydrazide citraconique*,

$$C^5H^4O^2-Az^2H-C^6H^5.$$

— Obtenue par l'action d'une solution aqueuse d'acide citraconique sur la phénylhydrazine. Elle cristallise en longues aiguilles prismatiques d'un jaune clair, fusibles à 160°, peu solubles dans l'eau froide, insolubles dans l'acide chlorhydrique étendu, solubles dans l'alcool [Michael et Palmer, *Am. chem. Journ.*, **9**, 201].

Son *dérivé acétylé* s'obtient par l'action du chlorure d'acétyle. Il fond à 94°. Si on le nitre c'est le noyau aromatique qui réagit [Michaël, *D. chem. G.*, **19**, 1386].

2° *Pseudophénylhydrazide itaconique*,

$$C^6H^5-AzH-Az \begin{array}{l} \diagup CH^2-CH-CO^2H \\ \qquad\qquad\quad | \\ \diagdown CO - CH^2 \end{array}$$

C'est ce corps que l'on obtient si l'on fait réagir à chaud l'acide itaconique en solution dans 10 parties d'eau sur la phénylhydrazine. Il se présente en petits prismes jaunes, fusibles à 193-194°, cristallisant dans l'eau et dans l'alcool bouillants, peu solubles dans l'éther et dans le chloroforme [O. Scharfenberg, *Ann. Chem.*, **254**, 149]. Ce composé résulte évidemment de la saturation par cyclisation de l'hydrazide itaconique,

$$\begin{array}{r} CH^2=C-CO^2H \\ | \quad\qquad \\ C^6H^5-AzH-AzH-CO-CH^2 \end{array}$$

Hydrazide aconique. — En partant de l'éther méthylique on obtient un composé deux fois hydraziné (hydrazide-hydrazone) et une fois éther :

$$\begin{array}{l} CH=Az-AzH-C^6H^5 \\ | \\ CH-CO^2CH^3 \\ | \\ CH^2-CO-AzH-AzH-C^6H^5 \end{array}$$

Ce corps fond à 167°.

Si l'on part de l'acide, on remplace le deuxième groupement $-CO^2CH^3$ par le groupe AzH-AzH-C^6H^5 et l'on arrive à un composé fusible à 178-179°, hydrazone-dihydrazide [H. Reitter, *D. chem. G.*, **27**, 3440].

Bisphénylhydrazide de l'acide β-méthylmalique

$$\begin{array}{l} C^6H^5-AzH-AzH-CO-CH-OH \\ \qquad\qquad\qquad\qquad\quad | \\ C^6H^5-AzH-AzH-CO-CH-CH^3 \end{array}$$

Cristaux fusibles à 231-232° [Wislicenus, *D. chem. G.*, **25**, 202].

Bisphénylhydrazide β-oxyglutarique,

$$CHOH(CH^2-CO-Az^2H^2-C^6H^5)^2.$$

Fines aiguilles fusibles à 234-235° [H. von Pechmann et K. Jenisch, *D. chem. G.*, **24**, 3252].

C^6. — *Hydrazide diméthylsuccinique.* — *Monohydrazide*,

$$\begin{array}{l} (CH^3)^2=C — CO \diagdown \\ \qquad\quad | \qquad\qquad Az-AzH-C^6H^5. \\ \qquad CH^2-CO \diagup \end{array}$$

Composé rappelant beaucoup le dérivé succinique de M. Hötte; cristallisant en petites tables transparentes, monocliniques, fusibles à 131-132°, peu solubles dans l'alcool froid, facilement solubles dans l'alcool chaud, le chloroforme et le benzène, insolubles dans l'eau et dans l'éther [S. Lévy et P. Engländer, *Ann. Chem.*, **242**, 203].

Hydrazides de l'acide pyrocinchonique.

1° *Phénylhydrazide-pyrocinchonate de phénylhydrazine*,

$$\begin{array}{l} CH^3-C-CO-AzH-AzH-C^6H^5 \\ \qquad\;\; \| \\ CH^3-C-CO^2H-AzH^2-AzH-C^6H^5 \end{array}$$

Ce corps s'obtient quand on mélange les deux composants, anhydride pyrocinchonique (1 molécule) et phénylhydrazine (2 molécules) en solution benzénique anhydre. Il se forme un précipité blanc cristallin, qui se décompose facilement par l'eau et les acides en phénylhydrazine et anhyhydride pyrocinchonique. C'est un corps extrêmement instable et que la chaleur (110-120°) décompose en phénylhydrazine et dérivé suivant :

2° αβ-*Pyrocinchonylphénylhydrazine*,

$$\begin{array}{l} CH^3-C-CO-AzH \\ \qquad\;\; \| \qquad\qquad | \\ CH^3-C-CO-Az-C^6H^5 \end{array}$$

Cristaux jaune pâle, clinorhombiques, fusibles à 129°, insolubles dans l'eau, facilement solubles dans l'alcool, l'éther, difficilement dans le benzène et dans le chloroforme, décomposables par les acides et par les alcalis. On les obtient le plus aisément par ébullition du corps précédent avec de l'alcool.

Ce corps se produit encore dans l'action de l'anhydride α-dichlorodiméthylsuccinique symétrique mais en portant la dose d'hydrazine à 4 molécules. On opère en solution benzénique :

$$\begin{array}{l} CH^3-CCl-CO\diagdown \\ \qquad\;\; | \qquad\qquad\quad O + 4AzH^2-AzH-C^6H^5 \\ CH^3-CCl-CO\diagup \end{array}$$

$$= \begin{array}{l} CH^3-C-CO-AzH \\ \qquad\;\; \| \qquad\qquad | \\ CH^3-C-CO-Az-C^6H^5 \end{array}$$

$$+ 2AzH^2-AzH-C^6H^5, HCl + Az^2 + C^6H^6.$$

Une molécule de phénylhydrazine est détruite avec dégagement d'azote pour enlever les deux atomes de chlore.

3° ββ-*Pyrocinchonylphénylhydrazide*,

$$\begin{array}{l} CH^3-C-CO\diagdown \\ \qquad\;\; \| \qquad\qquad Az-AzH-C^6H^5. \\ CH^3-C-CO\diagup \end{array}$$

On la prépare par l'action de 3 molécules de phénylhydrazine sur 1 molécule de chlorure pyrocinchonique symétrique et purifiant le précipité par lavages à l'eau, puis cristallisations dans l'alcool à 90°. Elle se présente en aiguilles jaunes, fusibles à 187°, facilement solubles dans l'alcool à 90° et le benzène, décomposables par les acides et les alcalis [R. Otto et Holst, *J. prakt. Chem.*, (2), **42**, 65].

Hydrazides polyoxyglutariques. — Voyez aux acides bibasiques dérivés des sucres.

C⁷. — *Hydrazides dioxydiméthylglutariques.* — On en connaît deux, dérivant respectivement des deux lactones. La lactone fusible à 189-190° donne une dihydrazide,

$$CH^2\left[C\begin{array}{l}\diagup OH \\ \diagdown CH^3\end{array}\!\!\!\!-\!\!-CO-AzH-AzH-C^6H^5\right]^2$$

fusible à 176°,5 et cristallisable en petites aiguilles. La *dilactone* fusible à 103°, ainsi que l'*acide*, conduisent à une même dihydrazide, fusible à 186° [K. Auwers et H. Kauffmann, *D. chem. G.*, **25**, 3221].

C⁸. — *Hydrazide tétraméthylsuccinique*,

$$\begin{array}{l} (CH^3)^2=C-CO\diagdown \\ \qquad\qquad\;\; \| \qquad\qquad Az-AzH-C^6H^5 \\ (CH^3)^2=C-CO\diagup \end{array}$$

ou

$$\begin{array}{l} (CH^3)^2=C-CO-AzH \\ \qquad\qquad\;\; | \qquad\qquad | \\ (CH^3)^2=C-CO-Az-C^6H^5 \end{array}$$

Longues aiguilles brillantes, fusibles à 124° [K. Auwers et Gardner, *D. chem. G.*, **23**, 3624].

Hydrazides phtaliques. — L'anhydride phtalique peut se combiner en proportions différentes avec la phénylhydrazine et fournir les composés suivants, prévus par la théorie [Hötte, *J. prakt. Chem.*, (2), **35**, 265] :

$$C^6H^4\begin{array}{l}\diagup CO-AzH-AzH-C^6H^5 \\ \diagdown CO^2H\end{array}$$

$$C^6H^4\begin{array}{l}\diagup CO\diagdown \\ \diagdown CO\diagup\end{array}Az-AzH-C^6H^5$$

$$C^6H^4\begin{array}{l}\diagup CO-AzH-AzH-C^6H^5 \\ \diagdown CO-AzH-AzH-C^6H^5\end{array}$$

$$C^6H^4\begin{array}{l}\diagup CO-AzH \\ \qquad\qquad\;\, | \\ \diagdown CO-Az-C^6H^5\end{array}$$

1° *Acide β-phénylhydrazide-phtalique*,

$$C^6H^4\begin{array}{l}\diagup CO-AzH-AzH-C^6H^5 \\ \diagdown CO^2H\end{array}$$

— Pour obtenir ce corps, on maintient à l'ébullition pendant 15-20 minutes une solution alcoolique à molécules égales de phénylhydrazine et d'anhydride phtalique, ou mieux pendant 3-4 heures une solution benzénique de ces mêmes corps. On filtre ; il reste sur le filtre une substance blanche, cristallisée en tables hexagonales, fusibles à 165-166° avec décomposition. C'est l'acide cherché : il est facilement soluble dans les dissolvants organiques chauds, peu soluble dans l'éther, presque insoluble dans le benzène et dans le chloroforme, soluble sans altération dans les alcalis dilués froids, mais s'y décomposant à chaud en phénylhydrazine et acide phtalique. Ce corps est identique avec celui que M. Pellizari avait préparé en traitant la phtalylphénylhydrazine par la potasse bouillante à 10 0/0 et en précipitant ensuite par l'acide chlorhydrique.

2° *Acide α-phénylhydrazide-phtalique.* — Un dérivé de cet acide benzoylé à l'azote,

$$C^6H^4\begin{array}{l}\diagup CO-Az(C^6H^5)-AzH-CO-C^6H^5, \\ \diagdown CO^2H\end{array}$$

s'obtient en chauffant la β-monobenzoylphénylhydrazine à 180° avec de l'anhydride phtalique. C'est un corps cristallisant en prismes fusibles à 172°. Sa constitution découle de ce fait que, chauffé, il perd 1 molécule d'acide benzoïque et se change en αβ-phtalylphénylhydrazine, fusible à 210° (voyez plus bas).

3° ββ-*Phtalylphénylhydrazine* (α-*phtalylphénylhydrazine* de M. Hötte),

$$C^6H^4\begin{array}{l}\diagup CO\diagdown \\ \diagdown CO\diagup\end{array}Az-AzH-C^6H^5.$$

L'acide décrit précédemment chauffé à 160-170°, perd 1 molécule d'eau et laisse une masse rouge sombre. On pulvérise celle-ci, on la triture avec de l'alcool froid, on essore et on reprend par l'alcool bouillant. Il s'en sépare des aiguilles faiblement jaunâtres groupées en étoiles, fusibles à 178-179°. Le même corps peut être obtenu en chauffant au réfrigérant ascendant, pendant 3 ou 4 heures, une solution alcoolique des constituants. La phtalylphénylhydrazine est très facilement soluble dans l'acétone, le chloroforme, facilement soluble dans l'alcool et dans l'acide acétique bouillants, peu soluble dans le benzène et dans l'éther, insoluble dans la ligroïne et dans l'eau. L'acide sulfurique concentré la dissout à une douce chaleur avec une magnifique coloration violette qui s'altère avec le temps.

On a encore préparé cette hydrazide avec le chlorure de phtalyle et la phénylhydrazine [Pickel, *Ann. Chem.*, **232**, 228], la phtalimide et la phénylhydrazine [Pellizari, *Gazz., chim., ital.*, **16**, 205. — Just, *D. chem. G.*, **19**, 1204]. Ce dernier auteur la décrit comme incolore.

ββ-*Phtalyl-α-benzoylphénylhydrazine*,

$$C^6H^4 \begin{smallmatrix} \diagup CO \diagdown \\ \diagdown CO \diagup \end{smallmatrix} Az - Az \begin{smallmatrix} \diagup CO - C^6H^5 \\ \diagdown C^6H^5 \end{smallmatrix}$$

— Cristaux incolores, tabulaires, monocliniques, très petits, fusibles à 193°, obtenus par l'action du chlorure de benzoyle sur l'α-phtalylphénylhydrazine pendant 6 heures à 160-170°; solubles facilement dans l'alcool, le benzène et l'éther chauds. L'acide chlorhydrique fumant dédouble lentement ce corps en ses trois composants par chauffage en tube scellé.

ββ-*Phtalyl-α-nitrosophénylhydrazine*,

$$C^6H^4 \begin{smallmatrix} \diagup CO \diagdown \\ \diagdown CO \diagup \end{smallmatrix} Az - Az \begin{smallmatrix} \diagup AzO \\ \diagdown C^6H^5 \end{smallmatrix}$$

— Quand on fait agir l'acide nitreux sur l'α-phtalylphénylhydrazine en suspension dans l'éther, cette dernière se transforme en tables rhombiques faiblement colorées en jaune, fusibles vers 153-154° avec décomposition, brunissant déjà à 145°. C'est le dérivé nitrosé cherché qu'il suffit de laver à l'éther pour l'avoir pur. On peut encore le préparer en milieu acétique ou alcoolique.

ββ-*Phtalyl-α-nitrophénylhydrazine*,

$$C^6H^4 \begin{smallmatrix} \diagup CO \diagdown \\ \diagdown CO \diagup \end{smallmatrix} Az - Az \begin{smallmatrix} \diagup AzO^2 \\ \diagdown C^6H^5 \end{smallmatrix}$$

— Si, dans la préparation du corps précédent au moyen du gaz nitreux et de la phénylhydrazine en suspension dans l'acide acétique, on prolonge l'action du gaz jusqu'à coloration verte de l'acide acétique, on observe la formation d'un *corps nitré*, fusible à 147-148° avec décomposition. La formation de ce corps paraît être corrélative de la présence d'eau dans l'acide acétique.

Phtalyldinitrophénylhydrazine,

$$C^{14}H^8Az^4O^6.$$

— Un corps de cette composition s'obtient si on dirige de l'acide nitreux dans une solution acétique chaude jusqu'à coloration vert sombre. On le précipite par addition d'eau, on le lave longuement à l'eau, puis à l'alcool froid et dilué. Ce composé brunit à 140°, noircit et fond en se décomposant à 182°:

β-*Phtalylphénylhydrazidamide*,

$$C^6H^4 \begin{smallmatrix} \diagup CO - AzH - AzH - C^6H^5 \\ \diagdown CO - AzH^2 \end{smallmatrix}$$

— La phtalylphénylhydrazine, chauffée en tube scellé, pendant 3 ou 4 heures, à 70-80°, avec de l'ammoniaque alcoolique, finit par entrer en dissolution complète. Le contenu du tube, exposé dans le vide sur l'acide sulfurique, cristallise. On lave les cristaux à l'éther froid, puis à l'éther bouillant, on les dissout dans l'alcool ammoniacal et on les en précipite par l'éther. C'est un composé peu stable, cristallisant en tables incolores, fusibles à 146°.

Chauffé seul à 160-170°, il perd de l'ammoniaque et laisse un résidu qui cristallise dans le chloroforme bouillant en tables jaunâtres et qui constitue le dérivé suivant :

4° αβ-*Phtalylphénylhydrazine*,

$$C^6H^4 \begin{smallmatrix} \diagup CO - Az - C^6H^5 \\ | \\ \diagdown CO - AzH \end{smallmatrix}$$

— Ce composé a été préparé par M. Pellizari [*Gazz. chim. ital.*, **16**, 205] par l'action de molécules égales de phénylhydrazine et d'anhydride phtalique. Il se trouve identique à celui que fournit la phtalylphénylhydrazidamide, ainsi qu'avec les produits du chauffage de la phtalylbisphénylhydrazide et de l'acide benzoylphénylhydrazide-phtalique. Les réactions sont les suivantes :

1° $$C^6H^4 \begin{smallmatrix} \diagup CO \diagdown \\ \diagdown CO \diagup \end{smallmatrix} O + \begin{smallmatrix} AzH - C^6H^5 \\ | \\ AzH^2 \end{smallmatrix}$$
$$= H^2O + C^6H^4 \begin{smallmatrix} \diagup CO - Az - C^6H^5 \\ | \\ \diagdown CO - AzH \end{smallmatrix}$$

2° $$C^6H^4 \begin{smallmatrix} \diagup CO - AzH - AzH - C^6H^5 \\ \diagdown CO - AzH^2 \end{smallmatrix}$$
$$= AzH^3 + C^6H^4 \begin{smallmatrix} \diagup CO - Az - C^6H^5 \\ | \\ \diagdown CO - AzH \end{smallmatrix}$$

3° $$C^6H^4 \begin{smallmatrix} \diagup CO - AzH - AzH - C^6H^5 \\ \diagdown CO - AzH - AzH - C^6H^5 \end{smallmatrix}$$
$$= Az^2H^3 - C^6H^5 + C^6H^4 \begin{smallmatrix} \diagup CO - Az - C^6H^5 \\ | \\ \diagdown CO - AzH \end{smallmatrix}$$

4° $$C^6H^4 \begin{smallmatrix} \diagup CO - Az \begin{smallmatrix} \diagup C^6H^5 \\ \diagdown AzH . COC^6H^5 \end{smallmatrix} \\ \diagdown CO^2H \end{smallmatrix}$$
$$= CO^2H - C^6H^5 + C^6H^4 \begin{smallmatrix} \diagup CO - Az - C^6H^5 \\ | \\ \diagdown CO - AzH \end{smallmatrix}$$

Pour le préparer au moyen de la dernière réaction, on chauffe la substance pendant 2 ou 3 heures dans un petit ballon. La masse restante, pulvérisée et triturée avec de l'alcool, est essorée et bien lavée à l'alcool tiède, puis cristallisée dans l'alcool bouillant en présence de noir animal. Par plusieurs dissolutions dans les alcalis et précipitations par les acides, suivies de cristallisations fractionnées, on finit par l'avoir pure. Elle est incolore, fusible à 210°, facilement soluble dans l'alcool bouillant, le chloroforme, l'acétone et l'acide acétique, assez soluble dans l'éther, difficilement soluble dans le benzène, à peine dans l'éther de pétrole.

Suivant M. Hötte, cet isomère αβ ne se produirait pas dans l'action directe de la phénylhydrazine sur l'anhydride phtalique.

Ce corps n'est, en somme, autre qu'une phénophényldiazine-dione

```
          CH
         /  \       CO
   CH  //    C  /      \
       |     ||          Az-C⁶H⁵
   CH  \\    C  \        |
         \  /       CO   AzH
          CH
```

Par sa fonction imidée, il jouit de propriétés acides ; il se dissout dans les alcalis et forme des éthers.

Sel d'argent. — Précipité blanc volumineux, facilement soluble dans l'ammoniaque, obtenu par action de l'azotate d'argent ammoniacal sur une solution ammoniacale de l'hydrazide (Hötte).

Éther méthylique, $C^{15}H^{12}Az^2O^2$. — Aiguilles aplaties, fusibles à 125° [Pellizari, *Gazz. chim. ital.*, **17**, 279].

Éther éthylique, $C^{16}H^{15}Az^2O^2$. — Aiguilles blanches fusibles à 105-106° (Hötte).

On obtient ces éthers en faisant réagir les iodures convenables sur une solution alcaline alcoolique.

Dérivé benzoylé,

$$C^6H^4 \begin{smallmatrix} \diagup CO - Az - C^6H^5 \\ | \\ \diagdown CO - Az - CO - C^6H^5 \end{smallmatrix}$$

— Cristaux blancs, fusibles à 122°, résultant de

l'action du chlorure de benzoyle sur l'hydrazide en tube scellé à 200° (Hötte).

5° *Phtalylbisphénylhydrazide*,

$$C^6H^4 \begin{matrix} \diagup CO - AzH - AzH - C^6H^5 \\ \diagdown CO - AzH - AzH - C^6H^5 \end{matrix}$$

— Ce corps, dont la formation est précédée préalablement de celle de l'acide phtalylphénylhydrazidique, prend naissance quand on fait réagir 2 molécules de phénylhydrazine sur 1 molécule d'anhydride phtalique, à une température qui ne dépasse pas 150°; ou bien encore quand on chauffe la phénylhydrazine et la phtalylphénylhydrazide en présence d'alcool, au bain-marie, dans un ballon muni d'un réfrigérant ascendant; l'alcool bouillant, filtré, l'abandonne en tables blanches, fusibles à 191°.

En quelques minutes l'acide chlorhydrique dilué bouillant le décompose en ββ-phtalylphénylhydrazine et phénylhydrazine. Les alcalis le décomposent de même. Chauffé seul à 160-170°, il régénère 1 molécule de phénylhydrazine et donne non pas la ββ-phtalylphénylhydrazide, mais l'isomère αβ, par une décomposition analogue à celle du dérivé aminé (Hötte).

C^9. — *Hydrazide phénylmalonique. — Bisphénylhydrazide*,

$$C^6H^5 - CH(CO - AzH - AzH - C^6H^5)^2.$$

— Lamelles brillantes, fusibles à 254°, obtenues par l'action de la phénylhydrazine sur l'éther diéthylique de l'acide phénylmalonique [W. Wislicenus et K. Goldstein, *D. chem. G.*, **29**, 2603].

C^{10}. — *Camphorylphénylhydrazine*. — La phénylhydrazine donne, avec le camphorate acide de méthyle, un composé possédant la formule $C^{16}H^{20}Az^2O^2$, c'est-à-dire celle qui correspondrait à la pyrazolone à laquelle on pouvait s'attendre si l'acide camphorique se conduisait comme un acide β-cétonique; mais, en réalité, cette combinaison ne possède pas les propriétés des pyrazolones. Elle se rapproche davantage des hydrazides phtaliques. Elle fond à 119° et présente le pouvoir rotatoire $[\alpha]_D = +16°,41$ [A. Haller, *C. R.*, **114**, 1516].

Le même corps se forme si l'on part de l'anhydride camphorique [Friedel et Combes, *Bull. Soc. Chim.*, (3), **9**, 27; E. Chaplin); il peut fixer 2 molécules d'eau sous l'influence des alcalis bouillants et se transformer en un acide

$$C^{16}H^{24}Az^2O^4,$$

fusible à 91-92°. Cet acide régénère le dérivé anhydre quand on le chauffe à 108° [E. Chaplin, *D. chem. G.*, **25**, 2565].

L'anhydride azoteux le transforme à froid en un *dérivé mononitré* jaune, fusible à 157°, et à chaud en un *dérivé dinitré* jaune, fusible à 192° avec décomposition; l'anhydride acétique, en un *dérivé monoacétylé*, fusible à 107° (Chaplin).

C^{10}. — *Hydrazide benzylmalonique. — Bisphénylhydrazide*,

$$C^6H^5 - CH^2 - CH = (CO - AzH - AzH - C^6H^5)^2.$$

— Ce composé se produit dans l'action de la phénylhydrazine sur le benzylmalonate diéthylique; il cristallise en aiguilles incolores, fusibles à 242-243°, solubles dans l'acide acétique chaud [Ruhemann et Morrell, *Chem. Soc.*, **61**, 796].

Action sur l'éther benzylidène-malonique. — Cet éther

$$C^6H^5 - CH = C = (CO^2C^2H^5)^2$$

est simplement dédoublé par la phénylhydrazine en éther diéthylmalonique et benzalphénylhydrazone [W. Wislicenus, *Ann. Chem.*, **279**, 23].

C^{12}. — *Hydrazide de l'acide 1.8 naphtalène-dicarbonique*,

$$C^{10}H^6 \begin{matrix} \diagup CO \diagdown \\ \diagdown CO \diagup \end{matrix} Az - AzH - C^6H^5.$$

— Prismes fusibles à 218°,5, formant un *dérivé acétylé* fusible à 230° et un *dérivé benzoylé* fusible à 235° [G. Jaubert, *Gazz. chim. ital.*, **25**, **1**, 245; *Bull. Soc. Chim.*, (3), **14**, 939].

C^{14}. — *Hydrazide de l'acide biphényldicarbonique*. — Voyez 2° Suppl., **1**, 718.

C^{18}. — *Hydrazides truxilliques*. — 1° *Monohydrazide de l'acide β-truxillique*,

$$C^{16}H^{14} \begin{matrix} \diagup CO \diagdown \\ \diagdown CO \diagup \end{matrix} Az - AzH - C^6H^5,$$

ou

$$\begin{matrix} \diagup CO - Az - C^6H^5 \\ \quad | \\ \diagdown CO - AzH \end{matrix}$$

— L'acide β-truxillique se conduit comme l'acide phtalique vis-à-vis de la phénylhydrazine. L'hydrazide cristallise dans l'acide acétique bouillant et fond à 218° [C. Liebermann et H. Sachse, *D. chem. G.*, **26**, 834].

2° *Dihydrazide de l'acide α-truxillique*,

$$C^{16}H^{14}(CO - AzH - AzH - C^6H^5)^2.$$

— Ce corps ne cristallise bien que dans le phénol; il est en aiguilles blanches, fusibles à 320° environ (Lange).

3° *Dihydrazide de l'acide γ*. — Elle fond à 305° après cristallisation dans le phénol (Lange).

4° *Monohydrazide de l'acide γ*. — Elle cristallise dans l'acide acétique et fond à 249° [H. Lange, *D. chem. G.*, **27**, 1410].

Acide pulvine-phénylhydrazinique,

$$C^{24}H^{18}O^4Az^2.$$

— La dilactone ou anhydride pulvique

$$\begin{matrix} & O - CO & \\ & | \quad\quad | & \\ C^6H^5 - C = C - & C = C - C^6H^5 \\ & | \quad\quad | & \\ & CO - O & \end{matrix}$$

fournit avec la phénylhydrazine une bouillie des cristaux d'où l'on peut extraire un acide pulvine-phénylhydrazinique, $C^{24}H^{18}O^4Az^2$, ainsi que le sel de phénylhydrazine de cet acide, $C^{30}H^{26}O^4Az^4$. Le premier cristallise dans l'acide acétique en prismes jaunes, fusibles à 201-202°; le sel cristallise en aiguilles jaune pâle, fusibles à 170° avec effervescence. L'acide fournit un sel ammoniacal, jaune, fusible à 187-188°, soluble dans l'eau et pouvant faire la double décomposition avec les sels de calcium, baryum, magnésium, plomb, zinc, qui engendrent des précipités peu solubles dans l'eau. Le *sel de calcium*, insoluble dans l'eau, cristallise en prismes dans l'alcool [R. Schenk, *Ann. Chem.*, **282**, 36].

6° *Acides tribasiques et tétrabasiques*.

On n'a étudié qu'un petit nombre des dérivés de la phénylhydrazine et des acides d'une basicité supérieure à deux et ne possédant pas la fonction aldéhyde ou acétone.

Hydrazides tricarballyliques. — 1° *Acide monophénylhydrazide-tricarballylique*. — En faisant réagir l'anhydride tricarballylique en solution éthérée sur la phénylhydrazine, on n'obtient qu'un acide sirupeux. Le *sel de calcium* de cet acide, obtenu en saturant l'acide par le carbonate de calcium, est une poudre blanche cristalline, laquelle, desséchée à 100°, répond à la formule $C^{12}H^{12}Az^2O^5Ca$ d'un sel calcique d'une monophénylhydrazide tricarballylique [W. Emery, *D. chem. G.*, **24**, 596].

2° *Bisphénylhydrazide tricarballylique*,

$$C^{18}H^{18}Az^4O^3.$$

— Un composé répondant à cette formule brute se forme par action directe à 100° de l'acide sur la phénylhydrazine. Il se présente en aiguilles fusibles à 230°. Il fournit un *dérivé dibenzoylé* fusible à 148-149°; un *dérivé dinitrosé* a été également préparé [C. Manuelli et E. de Righi, *Gazz. chim. ital.*, (2), **29**, 148; *Bull. Soc. Chim.*, (3), **24**, 418]. La formule de l'hydrazide montre que, bien qu'il n'y ait que 2 molécules d'hydrazine mises en jeu, les trois fonctions acides sont intéressées; le schéma serait :

```
CH² - CO - AzH - AzH - C⁶H⁵
|
CH - CO \
|          Az - AzH - C⁶H⁵
CH² - CO /
```

Hydrazides citriques. — 1° *Bis-phénylhydrazide citrique*, $C^{18}H^{18}Az^4O^4$. — Aiguilles blanches fusibles à 208°; le *dérivé diacétylé* est en aiguilles microscopiques, fusibles à 138°; le *dérivé dibenzoylé* fond à 130° et peut être nitrosé. La formule de ces corps est à rapprocher de celle des dérivés carballyliques [Manuelli et de Righi, *loc. cit.*].

2° *Triphénylhydrazide acétylcitrique*,

$$C^{26}H^{28}Az^6O^5.$$

— Obtenue par l'action de la phénylhydrazine sur une solution éthérée d'anhydride acétylcitrique; elle fond à 138° et son *dérivé tri-acétylé* à 132° (M. et de R.).

Tétraphénylhydrazide de l'acide éthylènetétracarbonique,

$$[(C^6H^5-AzH-AzH-CO)^2=C=]^2.$$

— On l'obtient en faisant réagir à chaud un excès de phénylhydrazine sur l'éther tétréthylique de l'acide. C'est une poudre blanche cristalline, se décomposant vers 255°, soluble seulement dans l'acide acétique, insoluble dans l'eau, l'alcool et le benzène [S. Ruhemann, *D. chem. G.*, **26**, 2356].

Tétraphénylhydrazides de l'acide butanetétracarbonique. — Il existe deux acides butanetétracarboniques de la formule

$$CO^2H-CH^2-CH(CO^2H)-CH(CO^2H)-CH^2-CO^2H,$$

désignées par les lettres préfixes *n* et *h* [K. Auwers et A. Jacob, *D. chem. G.*, **27**, 1114; *Bull. Soc. Chim.*, (3), **12**, 1162]. Les deux tétrahydrazides de ces acides ont été préparées [K. Auwers et T. Bredt, *D. chem. G.*, **28**, 882].

L'hydrazide de l'*acide n*, fusible à 189°, s'obtient en faisant réagir 4 molécules de phénylhydrazine sur une d'éther tétréthylique, soit au bain-marie, soit à 150°. C'est un corps blanc, cristallisable en prismes microscopiques, fusible au-dessus de 280°, très peu soluble.

L'hydrazide de l'*acide h*, fusible à 236°, ne se forme qu'à 150°. Elle fond au-dessus de 280°.

Action sur l'acide dioxypyromellique. — Cet acide, qu'on peut considérer comme l'acide hydroquinone-tétracarbonique, est quatre fois acide et deux fois phénol :

```
          C-OH
        //    \
CO²H-C          C-CO²H
     |          ||
CO²H-C          C-CO²H
        \\    /
          C-OH
```

Mais on peut aussi le considérer sous sa forme tautomérique dicétonique,

```
          CO
        //   \
CO²H-C         CH-CO²H
     |         |
CO²H-C         CH-CO²H
        \\   /
          CO
```

et dans ce cas il devient deux fois acide β-cétonique. En fait, il réagit en donnant naissance à une dipyrazolone,

$$(CO^2H)^2=C^6\left(\begin{matrix}-CO \\ -AzH\end{matrix}\!\!>Az-C^6H^5\right)^2$$

Cette dipyrazolone est une poudre jaune, grenue, soluble dans les alcalis avec une couleur pourpre qui tire peu à peu au jaune au contact de l'air ou sous l'influence d'un agent oxydant, en se transformant en un produit jaune amorphe :

$$(CO^2H)^2C^6\left(\begin{matrix}-CO \\ -Az\end{matrix}\!\!>Az-C^6H^5\right)^2$$

La pyrazolone réagit avec le chlorure de benzoyle [J. Nef, *Ann. Chem.*, **258**, 261; *Bull. Soc. Chim.*, (3), **5**, 795].

7° *Hydrazides d'acides sulfiniques, sulfoniques, phosphineux et phosphiniques.*

Les chlorures de ces sortes d'acides réagissent comme les chlorures d'acides organiques. Cela a été mis en évidence dès le commencement par M. Em. Fischer (voyez au 1er Suppl.).

Phénylhydrazide phénylsulfonique,

$$C^6H^5-AzH-AzH-SO^2-C^6H^5.$$

(Voyez 1er Suppl., 925). — L'histoire de ce corps a été complétée par MM. Escales [*D. chem. G.*, **18**, 893] et Limpricht [*Ibid.*, **18**, 894]. (Voyez encore 2e Suppl., **1**, 449).

Le dérivé correspondant de l'acide *m-nitrobenzène-sulfonique* est en aiguilles d'un jaune clair fusibles à 154° [Limpricht, *Ann. Chem.*, **278**, 247].

L'hydrazide de l'acide *o-éthoxyphénylsulfonique* est en aiguilles brillantes fusibles à 132-133° [L. Gattermann, *D. chem. G.*, **32**, 1154].

Phénylhydrazide p-toluène-sulfonique,

$$(p)CH^3-C^6H^4-SO^2-AzH-AzH-C^6H^5.$$

— Obtenue par l'action du chlorure p-toluènesulfonique sur la phénylhydrazine en solution éthérée [Troeger et Ullmann, *J. prakt. Chem.*, (2), **51**, 435; Hälssig, *ibid.*, **56**, 219], elle est en aiguilles brillantes fusibles à 150-151° (T. et U.), à 155° (H.).

La soude lui fait subir une décomposition complexe analogue à celle de l'hydrazide phénylsulfonique.

Phénylhydrazide anthracène-β-sulfonique,

$$C^{14}H^9-SO^2-AzH-AzH-C^6H^5.$$

— Cristaux mamelonnés fusibles à 210° [W. Heffter, *D. chem. G.*, **28**, 2260].

Phénylhydrazides des acides naphtol-phosphineux et phosphiniques. — Ces hydrazides ont été préparées par M. Ph. Kunz [*D. chem. G.*, **27**, 2559; *Bull. Soc. Chim.*, (3), **14**, 65] en faisant réagir les dérivés chlorés correspondant à ces acides sur la phénylhydrazine en solution éthérée.

L'α-naphtol-o-chloroxyphosphine,

$$OH-C^{10}H^6-POCl^2,$$

conduit à la dihydrazide

$$OH-C^{10}H^6-PO(AzH-AzH-C^6H^5)^2,$$

laquelle cristallise en houppes de petits cristaux, solubles dans l'alcool, insolubles dans l'éther et dans l'eau, fusibles à 168-169°.

Le β-naphtol-o-chloroxyphosphine donne de même une dihydrazide fusible à 198°, insoluble dans l'alcool, soluble dans l'acide acétique.

Acides-aldéhydes et acides-acétones.

On pourrait répéter ici ce qui a été dit relativement à l'action de l'hydrazine proprement dite sur ces sortes d'acides et ajouter que, l'hydrazine ayant été découverte après la phénylhydrazine et ses homologues, on a en quelque sorte calqué les réactions de l'hydrazine sur celles qui avaient été effectuées avec la phénylhydrazine.

Comme avec l'hydrazine, la réaction change de caractère suivant les positions respectives des deux fonctions aldéhyde ou cétone et acide ou fonction dérivée de cet acide (éther, amide, chlorure, etc.).

Les traits essentiels de ces réactions ont été indiqués à l'article CÉTONIQUES (ACIDES) 2° Suppl., **2**, 1036 et plus particulièrement pour les céto-acides 1.3 au mot ACÉTYLACÉTIQUE. Ce serait faire de nombreuses redites que de les rapporter encore une fois ici. Nous laisserons de côté ces réactions, d'autant plus que les dérivés engendrés appartiennent le plus souvent aux groupes pyrazol ou diazine, c'est-à-dire à des chaînes fermées dont l'étude a déjà été faite ou sera faite aux mots respectifs DIAZINE et PYRAZOL.

Enfin, le plus souvent, on trouvera ces réactions décrites à l'acide générateur.

Si nous avons décrit la presque totalité des réactions faites avec l'hydrazine proprement dite, c'est parce qu'elles peuvent aujourd'hui être prises comme types de celles que les hydrazines primaires permettent de réaliser.

8° α. — *Dérivés de la phénylhydrazine et de l'acide carbonique.*

On a déjà publié au mot CARBAZIDES, les modes de formation et les propriétés de ces dérivés, mais depuis cette époque on a préparé un grand nombre de substances de cet ordre. Nous croyons utile de les rappeler.

Nous étudierons successivement :

1° L'acide phénylcarbazinique

$$C^6H^5-AzH-AzH-CO^2H,$$

ses sels et ses éthers;

2° Les amides de cet acide, c'est-à-dire les *semicarbazides* $C^6H^5-AzH-AzH-CO-Az=RR'$ ou encore .... *carbamo-b-phénylhydrazides*;

3° Les amides isomères, dérivées en principe d'un acide α-carbazinique, c'est-à-dire les .... *carbamo-a-phénylhydrazides*

$$AzH^2-Az(C^6H^5)-CO-Az-RR'$$

qui n'étaient pas connues au moment où fut rédigé l'article CARBAZIDES;

4° La carbazide elle-même.

1° *Dérivés de l'acide phénylcarbazinique.*

Acide phénylcarbazinique,

$$C^6H^5-AzH-AzH-CO^2H.$$

— Le sel de potassium de cet acide s'obtient en ajoutant 5 grammes de potasse caustique dissous dans 60 centimètres cubes d'alcool absolu à 20 grammes de phénylcarbazinate de phénylhydrazine bien sec et agitant fortement jusqu'à dissolution complète.

Par refroidissement dans l'eau glacée, le sel cristallise :

$$CO\begin{cases}AzH-AzH-C^6H^5\\O-AzH^3-AzH-C^6H^5\end{cases}+KOH$$

$$=CO\begin{cases}AzH-AzH-C^6H^5\\OK\end{cases}+H^2O+AzH^2-AzH-C^6H^5.$$

Il forme des aiguilles brillantes, assez stables, fusibles avec décomposition vers 243°. Les acides minéraux le décomposent rapidement avec départ d'anhydride carbonique.

L'oxychlorure de carbone ne le change pas en phénytoxybiazolone, mais en un corps fusible à 264°, sans doute identique à la diphénylurazine. L'aldéhyde donne simplement l'aldéhyde-phénylhydrazone [A. Stern, *J. prakt. Chem.*, (2), **60**, 233].

Pour les *azo-dérivés* correspondant à cet acide, voyez Thiele [*D. chem. G.*, **28**, 2600] et Widmann [*ibid.*, 1925].

Phénylcarbazinate de phénylhydrazine. — Voyez 2° Suppl., **2**, 980. — M. Freundler est revenu sur ce composé [*Bull. Soc. Chim.*, (3), **25**, 859] et a montré que ce sel se forme toutes les fois qu'on sature de gaz carbonique une solution aqueuse de phénylhydrazine. Avec 20 grammes de base et 500 grammes d'eau que l'on sature à froid d'acide carbonique, on peut précipiter 16 grammes de carbazinate, soit 65 0/0 du rendement théorique. Ce dernier est atteint si l'on opère dans l'éther ou le benzène.

A l'air humide, le phénylcarbazinate perd tout son acide carbonique et se transforme en hydrate de phénylhydrazine fusible à 22-23°. Sous l'éther, il se conserve sans altération. La chaleur le fait fondre vers 80° avec effervescence. Mais si l'on opère en vase clos, les deux constituants peuvent s'unir de nouveau par refroidissement.

On n'a pu lui enlever les éléments de l'eau et le transformer en diphénylcarbazide.

Phénylcarbazinate de méthyle

$$CO\begin{cases}AzH-AzH-C^6H^5\\OCH^3\end{cases}$$

— Ce corps se prépare comme le dérivé éthylé. Il s'en distingue principalement par son point de fusion plus élevé, 115-117° [Heller, *Ann. Chem.*, **263**, 281].

Phénylcarbazinate d'éthyle

$$CO\begin{cases}AzH-AzH-C^6H^5\\OC^2H^5\end{cases}$$

— Ce composé s'obtient par l'action réciproque de solutions éthérées d'éther chlorocarbonique et de phénylhydrazine. Après qu'on a séparé le chlorhydrate formé, l'éther l'abandonne sous la forme d'une huile qui se fige bientôt et qu'il n'y a plus qu'à faire cristalliser dans l'eau (rendement 60-65 0/0).

L'uréthane de la phénylhydrazine se présente en longues aiguilles très faiblement colorées en jaune, fusibles à 86-87°, plus solubles à chaud qu'à froid dans l'eau, très solubles dans les liquides organiques ; elle est réductrice. L'oxydation paraît la transformer en

$$C^6H^5-Az=Az-CO^2C^2H^5,$$

mais ce composé n'a pas été préparé pur.

L'aniline le change en diphénylsemicarbazide.

L'anhydride acétique conduit au *dérivé acétylé* $C^6H^5Az^2H(COCH^3)CO^2C^2H^5$, cristallisé en aiguilles incolores, fusibles à 102-103°, ne réduisant plus la liqueur de Fehling [Em. Fischer, *D. chem. G.*, **22**, 1935 ; G. Heller, *loc. cit.*].

Chauffé seul à 230-240°, au bain d'huile, le phénylcarbazinate d'éthyle perd 1 molécule d'alcool et se transforme en une masse vitreuse qui cristallise dans l'acide acétique en fines aiguilles blanches, fusibles à 240° (Heller). Ce corps est identique sous tous les rapports à la diphénylurazine que M. Pinner [*D. chem. G.*, **21**, 2330] avait obtenue à partir de la phénylsemicarbazide par perte d'ammoniaque. M. Pinner adoptait la formule doublée

$$\begin{array}{l} C^6H^5-Az-AzH-CO \\ \qquad\quad | \qquad\quad | \\ C^6H^5-Az-CO-AzH \end{array}$$

le nouveau mode de formation conduit à une formule plus vraisemblable

$$\begin{array}{l} C^6H^5-AzH-AzH-CO \\ \qquad\quad | \qquad\qquad | \\ \qquad CO-AzH-Az-C^6H^5 \end{array}$$

qui s'explique très bien par les équations :

$$\begin{array}{l} C^6H^5AzH-AzH-CO.OC^2H^5 \\ +\ C^2H^5O.COAzH-AzH-C^6H^5 \\ \hline C^6H^5Az-AzH-CO + C^2H^6O \\ = \qquad | \qquad\qquad | \\ C^2H^6O + CO-AzH-Az-C^6H^5 \end{array}$$

Le gaz phosgène en solution toluénique réagit sur cet éther en donnant naissance à l'α-chlorure de l'acide phénylhydrazine-β éther-αβ-dicarbonique,

$$\begin{array}{l} C^6H^5-Az-AzH-CO^2C^2H^5 \\ \qquad\quad | \\ \qquad COCl \end{array}$$

Ce chlorure se présente en aiguilles blanches brillantes, facilement solubles dans les dissolvants, fusibles à 101°. La chaleur lui fait perdre facilement de l'acide chlorhydrique en donnant l'*éthoxyphénylbiazolone* suivante, fusible à 72°,

$$\begin{array}{l} C^6H^5-Az — Az \\ \qquad | \qquad\quad \| \\ \quad CO-O-C.OC^2H^5 \end{array}$$

Le thiophosgène, $CSCl^2$, réagit de la même façon et fournit le chlorure,

$$\begin{array}{l} C^6H^5-Az-AzH-CO^2C^2H^5 \\ \qquad\quad | \\ \qquad CSCl \end{array}$$

lequel fond à 116° et se dissout facilement dans les liquides organiques. Ce chlorure, chauffé avec les alcalis, donne le composé cyclique, fusible à 59°,

$$\begin{array}{l} C^6H^5-Az — Az \\ \qquad | \qquad\quad \| \\ \quad CS-O-C.OC^2H^5 \end{array}$$

[A. Stern, *J. prakt. Chem.*, (2), **60**, 238].

Le corps

$$C^6H^5-Az \begin{array}{l} \nearrow COCl \\ \searrow AzH-CO^2C^2H^5 \end{array}$$

a encore été le point de départ d'autres composés ; par l'action des hydrazines, il forme des dihydrazides qui peuvent perdre une molécule d'alcool et se transformer en amino-urazol :

$$\begin{array}{l} \quad C^6H^5Az — AzH \\ \qquad | \qquad\quad | \\ \qquad CO \quad CO^2C^2H^5 \\ \qquad\quad \searrow \\ \qquad\qquad AzH-AzH-C^6H^5 \\ C^6H^5-Az — AzH \\ \qquad\quad | \qquad\quad | \\ = \qquad CO \qquad CO \qquad + C^2H^6O. \\ \qquad\qquad \searrow \ \swarrow \\ \qquad\quad Az-AzH-C^6H^5 \end{array}$$

Voyez sur ce sujet les recherches récentes de MM. Busch [*D. chem. G.*, **34**, 2311], Busch et A. Grohmann [*Ibid.*, **34**, 2320], Busch et C. Heinrichs [*Ibid.*, **34**, 2331].

Phénylcarbazinate de phényle,

$$C^6H^5O-CO-AzH-AzH-C^6H^5.$$

— Obtenu en faisant réagir la phénylhydrazine et le chlorocarbonate de phényle en solutions alcooliques à 20 0/0. On filtre pour séparer le chlorhydrate de phénylhydrazine, on évapore et on fait cristalliser dans l'alcool. Il constitue de petites aiguilles fusibles à 122-123° ; il est réducteur [A. Morel, *Bull. Soc. Chim.*, (3), **21**, 823].

2° *Semicarbazides.*

Carbamo-b-phénylhydrazides. — Voyez 2e Suppl., **2**, 979, et aux généralités sur les carbazides.

Carbamo-b-phénylhydrazide. — Elle donne un dérivé *nitrosé* par l'action de l'acide azoteux en milieu acétique ou du nitrite d'amyle en milieu alcoolique. Ce dérivé nitrosé se présente en cristaux jaune pâle, satinés, fusibles avec dégagement de gaz à 126-127°, peu solubles dans l'alcool et le benzène, insolubles dans l'éther. Il se transforme soit seul avec le temps, soit à la température de fusion, soit par chauffage avec l'alcool, en l'amide phénylazocarbonique

$$C^6H^5-Az=Az-CO-AzH^2$$

[O. Widmann, *D. chem. G.*, **28**, 1925].

Les *dérivés acidylés* de la phénylsemicarbazide substitués dans le groupe AzH contigu au phényle,

$$C^6H^5-Az(CO.R)-AzH-CO-AzH^2,$$

peuvent se préparer, soit au moyen des α-phénylhydrazides et du cyanate de potassium [Michaelis et Schmidt, *D. chem. G.*, **20**, 1713], soit par l'action des chlorures d'acides sur la phénylsemicarbazide en solution benzénique [O. Widmann, *ibid.*, **26**, 945 ; **27**, 2965 ; **29**, 1946]. Voici quelques-uns de ces dérivés.

Dérivés	Aspect	Fusion
Acétylé........	lamelles lancéolées....	196-197°
Chloracétylé....	petites masses rondes..	182°
Anilinoacétylé..	petites masses rondes..	202°
Propionylé.....	aiguilles courtes........	185-186°
n-Butyrylé.....	aiguilles.............	184°
Isobutyrylé.....	petites aiguilles courtes	219°
Isovalérylé.....	aiguilles.............	209-210°
Benzoylé........	croûtes cristal. 3 formes cristal. [Young et Annable, *Chem. Soc.*, **71**, 200 ; *Proc. chem. Soc*, 4 déc. 1897.....	variable suivant la modification. 202 à 211°
Cuminoylé.....	....	209°
Cinnamylé.....	aiguilles..............	241-242°

La plupart de ces combinaisons peuvent être transformées en oxytriazols [O. Widmann, *D. chem. G.*, **29**, 1946]. La réaction est la suivante :

$$\begin{matrix} AzH^2 - CO & & Az - C.OH & \\ | & & \| \quad \| & \\ R-CO \quad AzH & = R-C & Az & + H^2O. \\ \diagdown \diagup & & \diagdown \diagup & \\ AzC^6H^5 & & AzC^6H^5 & \end{matrix}$$

Méthylcarbamo-b-phénylhydrazide (*méthylphénylsemicarbazide*),

$$C^6H^5-AzH-AzH-CO-AzH-CH^3.$$

— Elle fond à 154-155°, est facilement soluble dans l'alcool et dans l'éther, peu soluble dans le chloroforme, insoluble dans la ligroïne; l'oxyde de mercure la change en azo-dérivé correspondant [Degener et von Pechmann, *D. chem G.*, **30**, 649].

Ethylphénylsemicarbazide. — 1er Suppl., **2**, 924.

Camphelylcarbamo-b-phénylhydrazide,

$$C^9H^{17}-AzH-CO-AzH-AzH-C^6H^5.$$

— Point de fusion 67-69° [Errera, *Gazz. chim. ital.*, (2), **23**, 518].

Phénylcarbamo-b-phénylhydrazide. — Voyez 2e Suppl., **2**, 980.

L'oxydation par le chlorure ferrique la change en phénylazocarbonanilide.

L'acide azoteux la transforme en un *dérivé nitrosé*, $C^6H^5-AzH-AzH-CO-Az(AzO)C^6H^5$, fusible à 174-175° et transformable par chauffage avec l'alcool ou l'acide acétique en *phénylazocarbonanilide*, $C^6H^5-Az=Az-CO-AzH-C^6H^5$. Ce dernier corps est en lamelles rouge-orangé brillantes, fusibles à 121-122°, très solubles dans l'alcool et dans le chloroforme [M. Busch et J. Becker, *D. chem. G.*, **29**, 1686].

L'anhydride acétique conduit au *dérivé acétylé* $C^6H^5-Az(COCH^3)-AzH-CO-AzH-C^6H^5$; ce dérivé fond à 183° [T. Vahle, *D. chem. G.*, **27**, 1516].

Dinitrophénylol-carbamo-b-phénylhydrazide (*dinitrophénylol-phényl-semicarbazide*),

$$C^6H^5-AzH-AzH-CO-AzH-C^6H^2(AzO^2)^2OH.$$

— On décompose par l'acide chlorhydrique concentré le sel de phénylhydrazine de ce phénol. Ce sel s'obtient lui-même en faisant réagir sur la phénylhydrazine la carbimide correspondant à l'acide picramique

$$OH-(AzO^2)^2\equiv C^6H^2-Az=C=O.$$

On opère en solution éthérée. Le sel est en lamelles orangées, brillantes, décomposables vers 120°. Le phénol même est en petites aiguilles jaunes, fusibles à 202-203° avec décomposition, solubles dans l'alcool, l'acide acétique et l'acétone, peu solubles dans l'eau, l'éther, le benzène et le chloroforme, solubles dans l'ammoniaque et dans les alcalis avec coloration rouge [F. Rudolf, *J. prakt. Chem.*, (2), **48**, 425].

o-Tolylcarbamo-b-phénylhydrazide, (*o-tolylphénylsemicarbazide*),

$$CH^3_{(1)}-C^6H^4-AzH_{(2)}-CO-Az^2H^2-C^6H^5.$$

— Fines aiguilles soyeuses fusibles à 240° [H. Richter, *Dissert.*].

3° *Carbamo-a-phénylhydrazides.*

A côté de la phénylcarbamo-b-phénylhydrazide,

$$C^6H^5-AzH-CO-AzH-AzH-C^6H^5,$$

mentionnée au 2e Suppl., **2**, 980, on conçoit une semicarbazide α, c'est-à-dire une phénylcarbamo-a-phénylhydrazide,

$$C^6H^5AzH-CO-Az(C^6H^5)-AzH^2,$$

et les dérivés de celle-ci. M. Th. Vahle [*D. chem. G.*, **27**, 1513] a étudié la préparation des composés de cet ordre, ainsi que les dérivés de la thiosemicarbazide.

L'artifice consiste à faire réagir les isocyanates ou les isosulfocyanates sur les combinaisons aldéhydiques ou cétoniques de la phénylhydrazine ou sur ses hydrazides, qui se conduisent dès lors à la façon d'une amine secondaire au voisinage du groupe phényle. En condensant la benzylidène-phénylhydrazone avec le phénylsénevol, on a la combinaison

$$CS\begin{matrix}\diagup AzH-C^6H^5 \\ \diagdown Az(C^6H^5)-Az=CH-C^6H^5\end{matrix}$$

en condensant l'acétylphénylhydrazide avec l'isocyanate de phényle, on a :

$$CO\begin{matrix}\diagup AzH-C^6H^5 \\ \diagdown Az(C^6H^5)-AzH-CO-CH^3\end{matrix}$$

Pour réaliser ces condensations, il suffit de chauffer ensemble les constituants, pris en quantités équimoléculaires, jusqu'à disparition de l'odeur du dérivé isocyanique.

Ce genre de réaction a permis de préparer les dérivés suivants, dont le nom général est phénylcarbamo-a-phényl-b-*acidyl*-hydrazide; il suffit de remplacer le terme générique *acidyl* par le radical approprié.

Formules.	Aspect.	Fusion.
$CO\begin{matrix}\diagup AzH.C^6H^5 \\ \diagdown Az(C^6H^5).AzH.CHO\end{matrix}$	Aiguilles incolores.........	171-172°
$CO\begin{matrix}\diagup AzH.C^6H^5 \\ \diagdown Az(C^6H^5)AzH.COCH^3\end{matrix}$	Aiguiles jaunâtres.........	175-176°
$CO\begin{matrix}\diagup AzH.C^6H^5 \\ \diagdown Az(C^6H^5)AzH.CO.C^3H^7\end{matrix}$	Petites aiguilles.........	155°
$CO\begin{matrix}\diagup AzH.C^6H^5 \\ \diagdown Az(C^6H^5)AzH.CO.C^6H^5\end{matrix}$	Petites aiguilles.........	156°
$CO\begin{matrix}\diagup AzH.C^6H^5 \\ \diagdown Az(C^6H^5)AzH.CO.CH^2.C^6H^5\end{matrix}$	Aiguilles.........	144°
$CO\begin{matrix}\diagup AzH.C^6H^5 \\ \diagdown Az(C^6H^5)AzH.CO.CH:CH.C^6H^5\end{matrix}$	Aiguilles fines.........	218-219°

Les dérivés formylés et acétylés avaient été préparés en suivant une autre voie, par M. Freund et E. König [*D. chem. G.*, **26**, 2869]. Ces auteurs faisaient réagir le chlorure phénylisocyanique

$$C^6H^5-Az=C=Cl^2$$

sur les formyl- et acétylphénylhydrazines humides, ce qui revient à l'emploi de l'isocyanate de phényle. Ils ont donné des points de fusion différents : 164° pour le dérivé formylé, 181° pour le dérivé acétylé. Si les produits réagissants sont secs, on obtient des iminooxybiazolines.

4° *Carbazide ou carbo-bb-diphénylhydrazide.*

Diphénylcarbazide, $CO(AzH.AzH.C^6H^5)^2$. — Voyez 2e Suppl., **2**, 981.

Aux procédés de formation déjà signalés, il faut ajouter les suivants :

1° Action de la solution toluénique d'oxychlorure de carbone sur la phénylhydrazine dissoute dans 5 parties d'éther; le rendement atteint 25 0/0 [G. Heller, *Ann. Chem.*, **263**, 269].

2° Action de la chaleur à 100°, pendant 2 heures, sur le phénylthiocarbazinate de phénylhydrazine maintenu en tube scellé; il y a perte d'hydrogène sulfuré [Em. Fischer, *D. chem. G.*, **22**, 1935. — G. Heller, *loc. cit.*].

3° Action de la phénylhydrazine sur les éthers phénoliques (Cazeneuve et Moreau).

Préparation. — On obtient facilement la diphénylcarbazide en chauffant la phénylhydrazine à 160-170°, pendant 1 heure, avec la moitié de son poids de carbonate de phényle. Le produit, traité par l'alcool à 60° chargé d'acide chlorhydrique, fournit la carbazide.

Le carbonate de gaïacol réagit dans le même sens.

Ce corps fond à 169-170° et non à 151° [Cazeneuve et Moreau, *Bull. Soc. Chim.*, (3), **23**, 52].

Sels. — L'urée de la phénylhydrazine n'a pas d'action sur le tournesol; cependant on peut en dériver des sels. Les sels organiques se forment avec une facilité toute spéciale par l'action des acides plus ou moins concentrés sur la diphénylcarbazide [P. Cazeneuve, *Bull. Soc. Chim.*, (3), **25**, 450]. Parmi les sels minéraux, il n'y a que le chlorhydrate qui ait pu être préparé moyennant quelques précautions : dissolution de l'urée dans de l'alcool à 93°, puis addition d'éther saturé de gaz chlorhydrique; sa formule est

$$CO(AzH-AzH-C^6H^5)^2, HCl,$$

il fond à 125° en se décomposant; l'eau le dissocie [*Ibid.*, 757].

L'eau bouillante dissocie les combinaisons organiques; il en est de même de la chaleur; la plupart se dissocient après avoir fondu vers 98°. Un équivalent s'unit à une molécule de base.

Le *formiate* fond à 164° en s'altérant. Les *acétate, propionate, butyrate normal, isovalérate* et *oxalate* sont incolores et fusibles à 98° en se dissociant.

Le *picrate* est en cristaux de couleur rubis, fusibles à 98° en se dissociant.

Les *alcools* monovalents s'unissent à la diphénylcarbazide, molécule à molécule, en donnant des combinaisons peu stables perdant leur alcool plus ou moins rapidement sous l'influence d'une température de 100 à 120°. Les combinaisons avec les alcools méthylique, éthylique, propylique normal, amylique normal et benzylique fondent à la même température que l'urée génératrice; les combinaisons avec l'alcool butylique tertiaire, l'alcool isopropylique et l'alcool butylique normal fondent à 98-99°, nettement, sans coloration (Cazeneuve).

La *saccharine* se combine à une molécule de diphénylcarbazide, mais en raison de sa stabilité il convient plutôt de regarder le produit comme une amide :

$$CO \begin{cases} AzH-AzH-C^6H^5 \\ Az \begin{cases} AzH-C^6H^5 \\ CO-C^6H^4-SO^2-AzH^2 \end{cases} \end{cases}$$

Ce sont des aiguilles blanches, fragiles, non sucrées, s'oxydant facilement à l'air en se colorant en rose, fusibles à 98°; l'eau bouillante dissocie plus lentement cette combinaison que les précédentes [H. Defournel, *ibid.*, **25**, 604].

Diphénylcarbazone,

$$CO \begin{cases} Az=Az-C^6H^5 \\ AzH-AzH-C^6H^5 \end{cases}$$

— Ce composé s'obtient en chauffant au bain-marie, pendant 10 minutes, la diphénylcarbazide avec une solution alcoolique de potasse. Précipité par un acide, puis cristallisé dans le benzène il se présente en fines aiguilles fusibles à 157° avec dégagement gazeux, facilement solubles dans l'alcool, le benzène, le chloroforme, insolubles dans l'eau. L'auteur n'a pu le changer par oxydation en $CO(Az=Az-C^6H^5)^2$ analogue au composé de MM. Fischer et Besthorn $CS(Az=AzC^6H^5)^2$; par contre, la réduction le fait retourner rapidement à la diphénylcarbazide [G. Heller, *loc. cit.*].

M. Cazeneuve, en reprenant l'étude de la diphénylcarbazone, a montré qu'elle forme des combinaisons métalliques fortement colorées [*Bull. Soc. Chim.*, (3), **23**, 592].

Les *sels potassique* et *sodique*,

$$CO \begin{cases} AzM-AzH-C^6H^5 \\ Az=Az-C^6H^5 \end{cases}$$

se forment dans l'action à chaud de la potasse ou de la soude caustique dissoute dans l'alcool à 93° (15 grammes pour 200), sur la carbazide (15 grammes). L'hydrogène ne se dégage pas, mais se fixe sur une portion de la carbazide qu'il transforme en phénylsemicarbazide et aniline. Si l'on opère en milieu toluénique avec du sodium, il se dégage de l'hydrogène.

Le sel potassique est en paillettes, brillantes violet foncé, à reflets mordorés. Le sel sodique a une couleur marron-rouge. L'un et l'autre se dissolvent dans l'eau, l'alcool, le chloroforme, moins dans l'éther et dans le benzène.

Les *sels des métaux plus lourds* s'obtiennent par double décomposition. Leur couleur varie du rouge cerise au violet et au bleu. Ils sont solubles dans l'alcool, le benzène, le sulfure de carbone, le chloroforme; moins dans l'éther. Une valence métallique remplace un seul atome d'hydrogène lorsqu'on effectue la double décomposition d'un sel alcalin avec les sels de zinc, de plomb, de ferrosum, de nickel, de cobalt, de cadmium, de cupricum, de mercuricum. Le sel d'argent se décompose instantanément avec dépôt d'argent métallique; il en est de même du sel d'or.

Dans les *sels cuivreux* et *mercureux*, deux valences remplacent 2 atomes d'hydrogène.

Pour les préparer, on part directement de la carbazide, qu'on fait bouillir en solution alcoolique avec 2 molécules d'acétate cuivrique ou mercurique.

La réaction est la suivante (pour le sel de cuivre) :

$$CO \begin{cases} AzH-AzH-C^6H^5 \\ AzH-AzH-C^6H^5 \end{cases} + 2[(C^2H^3O^2)^2Cu]$$

$$= CO \begin{cases} Az\overline{Cu-AzCu}-C^6H^5 \\ Az=Az-C^6H^5 \end{cases} + 4C^2H^4O^2.$$

Le sel cuivreux est violet; le sel mercureux est bleu. Leurs solvants sont les mêmes que pour les précédents; le chloroforme les dissout abondamment.

La formation de ces divers sels colorés peut être utilisée pour la recherche de combinaisons métalliques contenant du fer, du mercure, du cuivre, de l'acide chromique [Cazeneuve, *ibid.*, **23**, 701; **25**, 761].

Diphénylcarbodiazine, $CO(Az=Az-C^6H^5)^2$. — M. P. Cazeneuve a indiqué diverses formations de cette substance qui avait échappé aux investigations de M. G. Heller [*Bull. Soc. Chim.*, (3), **25**, 375].

Elle se forme aux dépens de la diphénylcarbazide ou de la diphénylcarbazone. Le sel cuivreux de cette dernière, dissous dans le chloroforme commercial, se décolore peu à peu avec formation de chlorure cuivreux et production de carbodiazide. Le sel mercureux en solution benzénique se décolore également, avec production de mercure et de carbodiazide.

Mais la réaction la plus commode consiste à faire dissoudre de la carbazide (6 grammes) dans de l'alcool à 93° (250 centimètres cubes) et à verser cette solution dans une solution aqueuse bouillante d'acétate d'argent (16 grammes). Il se sépare de l'argent; après quelques minutes d'ébullition, on filtre, on évapore à siccité au bain-marie; on reprend le résidu par l'alcool méthylique et on précipite par l'éther. La carbodiazide se sépare cristallisée et incolore. Elle résulte de la réaction :

$$CO(AzH-AzH-C^6H^5)^2 + 4C^2H^3O^2Ag$$
$$= CO(Az=Az-C^6H^5)^2 + 4Ag + 4C^2H^4O^2.$$

Elle est soluble dans l'eau bouillante, d'où elle cristallise par refroidissement; elle cristallise dans l'alcool méthylique sous la forme de paillettes aciculaires brillantes. Elle ne fond pas, mais se décompose vivement si on la chauffe, et cela même au-dessous de 100°.

Elle ne forme plus de sels, comme la diphénylcarbazone. Toutefois, avec les alcalis fixes en solution alcoolique bouillante, elle reproduit les sels de la diphénylcarbazone, en même temps que l'alcool se change en acide.

Elle forme des combinaisons solides avec les acides organiques.

Elle fixe 2 atomes de brome en donnant un composé jaune cristallisé, que la potasse alcoolique change en diphénylcarbazone.

8° β. — *Dérivés de la phénylhydrazine et de l'oxysulfure de carbone.*

Les composés de cet ordre sont peu nombreux; cependant ils présentent l'isomérie. On peut, en effet, concevoir les dérivés des acides :

$C^6H^5-AzH-AzH-CO-SH$, acide phénylthiocarbazinique;

$C^6H^5-AzH-AzH-CS-OH$, acide phénylsulfocarbazinique.

Ces acides sont appelés quelquefois, à tort, semisulfo, semithio. Il est vrai que, d'autre part, l'acide $C^6H^5-AzH-AzH-CS-SH$ est appelé acide phénylthiocarbazinique au lieu de phénylthiosulfocarbazinique, nom qui conviendrait si l'on tenait compte de la nomenclature adoptée pour les dérivés sulfocarboniques. Voyez, à ce sujet, Dict., 3, 81.

Nous nous conformerons à cette nomenclature.

1° *Acide phénylthiocarbazinique*,

$$C^6H^5-AzH-AzH-CO-SH.$$

— Le *sel de potassium* de cet acide s'obtient à partir du sel de phénylhydrazine et de la potasse alcoolique. Il est facilement soluble dans l'eau et dans l'alcool ordinaire; dans l'alcool absolu, il retient 1 molécule d'alcool de cristallisation. L'aldéhyde ne donne pas, avec lui, de combinaisons cycliques, mais en sépare la phénylhydrazine sous la forme d'hydrazone [A. Stern, *J. prakt. Chem.*, (2), **60**, 240].

Le *sel d'ammonium* s'obtient semblablement, par l'action de l'ammoniaque alcoolique sur le sel de phénylhydrazine. Il est extrêmement altérable. Les sels métalliques le décomposent à chaud et forment des sulfures.

L'*acide* ne peut pas être obtenu : il perd aussitôt de l'hydrogène sulfuré.

2° *Phénylthiocarbazinate de phénylhydrazine*,

$$C^6H^5-AzH-AzH-CO-SH, Az^2H^3-C^6H^5.$$

— L'oxysulfure de carbone est absorbé énergiquement par la phénylhydrazine en solution éthérée; il en résulte la formation d'une combinaison analogue à celle que donnent le sulfure de carbone et l'anhydride carbonique. Le sel se précipite au bout d'un temps assez court lorsqu'on refroidit la solution éthérée. Il se dépose en fines houppes dont la séparation est difficile à cause de l'altérabilité du produit. Son analyse conduit nettement à la formule ci-dessus. Ce sel est peu soluble dans l'eau, l'éther, le benzène et la ligroïne, facilement soluble dans l'alcool et dans le chloroforme; il fond vers 82-84°.

A 100° en tube scellé, il perd de l'hydrogène sulfuré, de l'ammoniaque, de l'aniline, et laisse une partie solide formée de diphénylcarbazide, de diphénylurée et d'urée (G. Heller) [*Ann. Chem.*, **263**, 269].

Les éthers ont été préparés par M. Stern au moyen du sel de potassium et des éthers halogénés.

L'*éther méthylique* cristallise facilement dans l'alcool en belles aiguilles blanches, fusibles à 152°. Le phosgène en solution benzénique à 100° le transforme en éther méthylique du phénylbiazolone-thiol, fusible à 55-56°; il y a perte de 2 molécules d'acide chlorhydrique:

$$\begin{array}{c} C^6H^5-AzH-\!\!-\!\!-Az \\ \qquad\qquad\quad \| \\ COCl^2 + HO-C-S-CH^3 \end{array}$$
$$= \begin{array}{c} C^6H^5-Az -\!\!-\!\!- Az \\ | \qquad\qquad \| \\ CO-O-C-S-CH^3 \end{array} + 2HCl.$$

L'*éther éthylique* est en aiguilles fusibles à 152°.

L'*éther benzylique* est en fines aiguilles fusibles à 170°.

Éthers phénylsulfocarbaziniques,

$$C^6H^5-AzH-AzH-CS-OR.$$

— On prépare ces éthers en faisant réagir la phénylhydrazine sur les éthers xanthogéniques :

$$C^6H^5-AzH-AzH^2 + CS\begin{matrix} \diagup SC^2H^5 \\ \diagdown OC^2H^5 \end{matrix}$$
$$= C^6H^5-AzH-AzH-CS-OC^2H^5 + HS-C^2H^5.$$

En même temps, il se fait l'hydrazone :

$$C^6H^5-AzH-Az=C\begin{matrix} \diagup S-C^2H^5 \\ \diagdown O-C^2H^5 \end{matrix}$$

Le phénylsulfocarbazinate d'*éthyle* est en aiguilles blanches fusibles à 72-74°, solubles dans l'alcool et dans la ligroïne.

Le phénylsulfocarbazinate de *méthyle* fond à 113°.

Les iodures alcooliques transforment ces sortes

d'éthers en isomères thioliques, en même temps qu'ils peuvent substituer leur radical à celui de l'éther primitif.

L'oxychlorure de carbone donne une réaction parallèle à celle qui est relatée plus haut. Ainsi, l'éther éthylique engendre l'éther éthylique de l'oxyphénylthiobiazolone

$$\begin{array}{l} C^6H^5-Az \text{ —— } Az \\ \quad | \qquad\qquad \| \\ CO-S-C-OC^2H^5 \end{array}$$

[L. Wheeler et B. Barnes, *Am. Journ.*, **24**, 60; *Bull. Soc. Chim.*, (3), **24**, 959].

8° γ. — *Dérivés de la phénylhydrazine et du sulfure de carbone.*

Nous suivrons le même ordre que pour les dérivés de l'acide carbonique.

1° *Acide phénylthiosulfocarbazinique ou phényldithiocarbazinique.*

Voyez 1er Suppl., 924, l'histoire de cet acide et de son sel de phénylhydrazine.

L'acide peut se représenter par les deux formules

$$C^6H^5-AzH-Az=C(SH)^2$$

et

$$C^6H^5-AzH-AzH-CS-SH$$

qui en expriment bien les diverses réactions.

Libéré de son sel de potassium par l'acide chlorhydrique, il est en lamelles brillantes, solubles dans l'éther, l'alcool et l'acétone; ses solutions sont extrêmement altérables. Il fond à 103-104°, en moussant.

Le *sel de potassium* est peu stable. Il en est de même du *sel d'ammonium*; ce sel fond à 117°,5.

Ces composés, en s'altérant, donnent, en général, de la diphénylsulfocarbazide [Busch, *D. chem. G.*, **28**, 2635. — Busch et Ridder, *ibid.*, **30**, 844].

L'*éther méthylique*, obtenu au moyen de l'iodure de méthyle et du sel de potassium, est en aiguilles aplaties, fusibles à 135°, facilement solubles dans l'éther acétique et le chloroforme chaud, peu solubles dans la ligroïne, solubles dans la soude diluée [Busch, *ibid.*, **28**, 2646].

Réactions de l'acide phénylthiosulfocarbazinique et de ses dérivés avec les aldéhydes et les cétones. — Le sel de potassium de l'acide réagit avec les aldéhydes en formant des phénylthiobiazoline-mercaptans :

$$\begin{array}{l} \qquad C^6H^5-AzH-Az \\ \qquad\qquad\qquad\quad \| \\ R-CHO + HS-C-SH \\ \quad C^6H^5-Az \text{ —— } Az \\ = \quad | \qquad\qquad \| \qquad + H^2O. \\ \quad R-CH-S-C-SH \end{array}$$

Ces mercaptans sont plutôt acides; leurs éthers méthyliques sont identiques à ceux qu'on obtient à partir des aldéhydes et du phénylthiosulfocarbazinate de méthyle; ceci vient à l'appui de la formule bi-sulfhydrylée [Busch, *ibid.*].

Pour l'action des acétones, qui est semblable, voyez A. Stern [*J. prakt. Chem.*, (2), **60**, 233].

Disulfure du phénylamino-thiuram,

$$(C^6H^5AzH)-AzH-CS-S-S-CS-AzH-(AzH-C^6H^5).$$

— On obtient ce corps avec l'iode et le sel de potassium de l'acide phénylthiosulfocarbazinique. C'est un produit jaune, très peu soluble et impurifiable par dissolution, car alors il s'altère. L'ammoniaque alcoolique le décompose et fournit de la phénylsulfosemicarbazide, du soufre et du phénylthiocarbazinate d'ammonium [M. Busch et A. Stern, *D. chem. G.*, **29**, 2151].

Action d'un excès de sulfure de carbone sur la phénylhydrazine. — Le sulfure de carbone et la potasse alcoolique agissent sur la phénylhydrazine en donnant le sel de potassium du phényldithiobiazolone-mercaptan, lequel résulte de l'action du sulfure de carbone sur le carbazinate d'abord formé [Busch, *ibid.*, **27**, 2507] :

$$\begin{array}{l} \qquad\qquad C^6H^5AzH \text{ —— } Az \\ \qquad\qquad\qquad\qquad\qquad\quad \| \\ S=C=S + HS-C-SK \\ \quad C^6H^5-Az \text{ —— } Az \\ = \quad | \qquad\qquad \| \qquad + H^2S. \\ \quad S=C-S-C-SK \end{array}$$

Pour l'étude générale de ces réactions, voyez les deux mémoires de M. Busch et de ses collaborateurs [*J. prakt. Chem.*, (2), **60**, 25, 187].

Hydrazones des éthers et de l'acide dithiocarbonique. — Les éthers des acides dithiocarbaziniques se comportent comme si leur formule était

$$R-AzH-Az=C \begin{smallmatrix} \diagup SR' \\ \diagdown SH \end{smallmatrix}$$

et non $R-AzH-AzH-CSSR'$. En effet, en faisant réagir un iodure alcoolique sur ces éthers, on obtient des composés

$$R-AzH-Az=C \begin{smallmatrix} \diagup SR' \\ \diagdown SR'' \end{smallmatrix}$$

dédoublables en hydrazines, $R-AzH-AzH^2$, et éthers de l'acide dithiocarbonique

$$CO \begin{smallmatrix} \diagup SR' \\ \diagdown SR'' \end{smallmatrix}$$

Ces dérivés représentent donc des hydrazones des éthers de l'acide dithiocarbonique [Busch et Lingenbrink, *J. prakt. Chem.*, (2), **61**, 336]. On peut les rapprocher des imines de ces éthers auxquelles a été assignée la constitution

$$RAz=C(SR')^2$$

[Delépine, *Bull. Soc. Chim.*, (3), **15**, 889, 899].

Les *hydrazones* des éthers symétriques s'obtiennent par l'action directe de 2 molécules d'iodure (ou de chlorure) alcoolique sur le sel de potassium de l'acide dithiocarbazinique

$$R-AzH-Az=C \begin{smallmatrix} \diagup SK \\ \diagdown SH \end{smallmatrix}$$

Celles des éthers dissymétriques s'obtiennent par l'action de 1 molécule différemment alcoylée sur les éthers de l'acide dithiocarbazinique

$$R-AzH-Az=C \begin{smallmatrix} \diagup SR' \\ \diagdown SH \end{smallmatrix}$$

On trouvera [*J. prakt. Chem.*, (2), **60**, 25; **61**, 336] les mémoires se rapportant à cette question qui se rattache plutôt à l'histoire de l'acide dithiocarbonique.

2° *Sulfosemicarbazides.*

Sulfocarbamo-b-phénylhydrazides. — Voyez 2e Suppl., **2**, 980 et aux *Généralités sur les Carbazides.*

Sulfocarbamo-b-phénylhydrazide. — Il y a peu de chose à ajouter à l'histoire de cette substance. Disons seulement que MM. C. Harries et E. Loewenstein ont montré que l'ancienne formule des *sulfocarbizines* doit être changée [*D. chem. G.*, **27**, 861; *Bull. Soc. Chim.*, (3), **12**,

806]. Voici la nouvelle formule, en regard de l'ancienne :

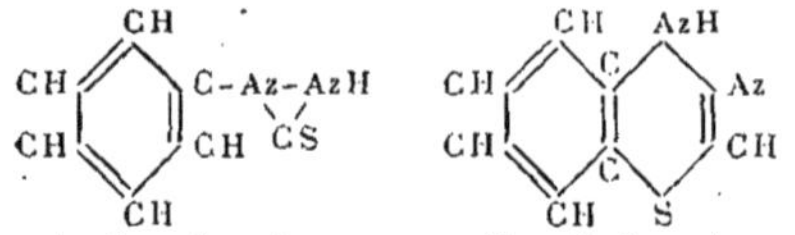

```
        CH                          CH    AzH
CH ⁄    \ C-Az-AzH         CH ⁄  \ C ⁄  \ Az
CH \    // CH  CS          CH \  // C \  // CH
        CH                          CH    S
```

Ancienne formule. Nouvelle formule.

Dérivés de la sulfocarbamo-b-phénylhydrazide substitués à l'AzH² par des radicaux acides,

$$C^6H^5-AzH-AzH-CS-AzH-CO.R.$$

— On obtient ces composés en faisant réagir la phénylhydrazine sur des carbimides substituées appropriées (Dixon) :

$$C^6H^5-AzH-AzH^2+CS=Az-COR$$
$$= C^6H^5-AzH-AzH-CS-AzH-COR.$$

Les dérivés acétylé et benzoylé ont été décrits 2ᵉ Suppl., **2**, 981. Quelques autres ont été préparés depuis.

Propionylsulfocarbamo-b-phénylhydrazide; propionylphénylthiosemicarbazide,

$$C^3H^5-CO-AzH-CS-AzH-AzH-C^6H^5.$$

— Prismes blancs, fusibles à 155-156° [E. Dixon, *Chem. Soc.*, **69**, 855].

Carboxéthylsulfocarbamo-b-phénylhydrazide; carboxéthylphénylthiosemicarbazide,

$$C^2H^5.CO^2.AzH-CS-AzH.AzH.C^6H^5.$$

— On obtient ce corps en condensant la phénylhydrazine et la carboxéthylthiocarbimide

$$C^2H^5O-CO-Az=C=S.$$

Il est en aiguilles fusibles à 146°,5 [R. Doran, *ibid.*, **69**, 324].

Succinyl-bis-sulfocarbamo-b-phénylhydrazide; succinyldiphényldithiosemicarbazide,

$$CS \begin{matrix} \diagup AzH-AzH-C^6H^5 \\ \diagdown AzH-CO-CH^2 \end{matrix} \begin{matrix} C^6H^5-AzH-AzH \diagdown \\ -CH^2-CO-AzH \diagup \end{matrix} CS$$

— Substance fondant mal vers 220°, obtenue en combinant la succinyldithiocarbimide et la phénylhydrazine [Dixon et Doran, *Chem. Soc.*, **67**, 565; *Bull. Soc. Chim.*, (3), **16**, 254].

Méthylphénylcarbamylsulfocarbamo-b-phénylhydrazide; (a-méthylphénylcarbamyl-b-phénylthiosemicarbazide),

$$CH^3-(C^6H^5)Az-CO-AzH-CS-AzH-AzH-C^6H^5.$$

— Composé fusible à 120-121°, obtenu en condensant avec la phénylhydrazine la méthylphénylcarbamylthiocarbimide

$$CH^3(C^6H^5)Az-CO-Az=C=S.$$

Diphénylcarbamylsulfocarbamo-b-phénylhydrazide,

$$(C^6H^5)^2Az-CO-AzH-CS-AzH-AzH-C^6H^5.$$

— Obtenue par une réaction semblable. Elle fond à 152°,5-153° [A. Dixon, *Chem. Soc.*, **75**, 388; *Bull. Soc. Chim.*, (3), **22**, 941].

Alcoylsulfocarbamo-b-phénylhydrazines. — Aux faits connus et déjà relatés dans ce Supplément, il faut ajouter l'existence d'une *stéréo-isomérie syn* et *anti*. Cette stéréo-isomérie a été mise en lumière par M. W. Marckwald [*D. chem. G.*, **25**, 3098] et, plus tard encore, par le même auteur et ses élèves [*Ibid.*, **32**, 1081].

On attribuait généralement aux alcoylthiosulfosemicarbazides des formules *thioniques* telles que :

$$(1) \quad R-AzH-CS-AzH-AzH-R'$$

En réalité, les formules *sulfhydrylées* :

$$(2) \quad R-Az=C(SH)-AzH-AzH-R'$$
$$(3) \quad R-AzH.C(SH)=Az-AzH-R'.$$

conviennent mieux, si l'on veut tenir compte de leurs réactions avec les iodures alcooliques. Mais ce n'est pas tout; ces thiocarbazides existent sous deux formes α et β, à points de fusion différents, dont celle qui a le point de fusion α le plus bas se transforme en celle qui a le point de fusion β le plus élevé, par ébullition avec l'alcool additionné d'une goutte d'acide chlorhydrique; de plus, l'une et l'autre formes engendrent la même guanidine par l'action d'une amine aromatique. Ce qui exclut l'hypothèse que les formules (2) et (3) conviennent respectivement à chacune des modifications. M. W. Marckwald admet que les deux modifications ne sont autres que les formes stéréoisomériques de la formule (3)

$$(4) \quad \begin{matrix} R-AzH-C-SH \\ \| \\ R'-AzH-Az \end{matrix}$$

Labile ou α (anti)

et

$$(5) \quad \begin{matrix} R-AzH-C-SH \\ \| \\ Az-AzH-R' \end{matrix}$$

Stable ou β (Syn).

L'action du gaz phosgène sur les modifications α et β permet, en outre, d'assigner respectivement aux dites modifications les schémas 4 et 5.

Ainsi le gaz phosgène donne, avec la modification β de la diphénylthiosemicarbazide, une thiobiazolone (6); avec la modification α, un imidobiazolonylmercaptan (7), selon les réactions :

$$(6) \quad \begin{matrix} C^6H^5-AzH-C-SH \\ \| \\ Az-AzH-C^6H^5 \end{matrix} + COCl^2$$
$$= \begin{matrix} C^6H^5-AzH-C-S-CO \\ \| \qquad | \\ Az - Az-C^6H^5 \end{matrix} + 2HCl$$

$$(7) \quad \begin{matrix} C^6H^5-AzH-C-SH \\ \| \\ C^6H^5-AzH-Az \end{matrix} + COCl^2$$
$$= CO \begin{matrix} \diagup C^6H^5-Az-C-SH \\ \| \\ \diagdown C^6H^5-Az-Az \end{matrix} + 2HCl$$

L'iodure de méthyle donne aussi des composés différents en réagissant sur les deux sortes de modifications.

Les dérivés α s'obtiennent en mélangeant à froid des solutions alcooliques et diluées de l'hydrazine et du sénévol; à chaud, on a le dérivé β, surtout en présence d'acide chlorhydrique [W. Marckwald, *D. chem. G.*, **25**, 3098; *Bull. Soc. Chim.*, (3), **10**, 115].

Pour reconnaître un dérivé α, il suffit de quelques centigrammes de matière qu'on fait réagir sur une solution benzénique de phosgène; on évapore, on dissout le résidu dans l'ammoniaque à chaud et on filtre. On ajoute de l'acide chlorhydrique au liquide filtré; s'il se produit un précipité volumineux, celui-ci est l'imidobiazolonylmercaptan figuré en 7 et par suite la thiosemicarbazide est en α, c'est-à-dire qu'elle est de la forme *anti* ou *labile*. Les thiobiazolones, au contraire, sont des corps indifférents vis-à-vis des acides et des alcalis, et l'absence de précipitation par l'acide chlorhydrique décèle les dérivés β, ou *syn* ou *stables*. Si l'on varie la nature de l'hydrazine en remplaçant la phénylhydrazine par des dérivés substitués dans le noyau, on constate que les *dérivés para* se conduisent comme la phénylhydrazine; si la position *ortho* ou *méta* est occupée, il ne se fait que la forme *syn*. La nature du sénévol ne joue aucun rôle.

A ces faits, on peut encore ajouter la réaction des aldéhydes sur les alcoylthiosemicarbazides en présence d'acide chlorhydrique. On obtient une aminothiobiazoline résultant de l'action de l'aldéhyde sur le dérivé β préexistant ou engendré sous l'influence de l'acide [Busch et Ridder, *D. chem. G.*, **30**, 848] :

$$\begin{array}{c} Az-AzH-C^6H^5 \\ \| \\ C^6H^5-AzH-C-SH + OHC-R \end{array}$$

$$= \begin{array}{c} Az — Az-C^6H^5 \\ \| \quad\quad | \\ C^6H^4-AzH-C-S-CH-R + H^2O \end{array}$$

Nous rassemblons ici les thiosemicarbazides de la formule :

$$C^6H^5-AzH-Az=C(SH)AzHR_4$$

étudiées par M. W. Marckwald et nous donnons les points de fusion des formes α et β qui leur correspondent :

R_4 =	Forme α	Forme β
—	—	—
Méthyle	90-91°	163-164°
Phényle	139°	176°
o-Tolyle	134°	164°
p-Tolyle	150°	176°
as-m-Xylyle	145°	159°
m-Chlorophényle	120°	168°
p-Chlorophényle	133°	165°

Les α et β-naphtylcarbamo-b-phénylhydrazides n'existent que sous la forme *syn* ou β découvertes par M. Dixon et ne fournissent que des thiobiazolones; elles fondent respectivement à 183 et 191° [W. Marckwald, *D. chem. G.*, **32**, 1081].

Voici enfin quelques autres dérivés dont les deux isomères n'ont pas toujours été décrits.

Phénylsulfocarbamo-bb-phénylbenzoylhydrazide,

$$\begin{matrix} C^6H^5 \\ C^6H^5-CO \end{matrix} > Az-AzH-CS-AzH-C^6H^5.$$

— Composé peu soluble obtenu avec l'α-benzoylphénylhydrazine et la phénylsulfocarbimide; fusible à 310° [Michaelis et Schmidt, *D. chem. G.*, **20**, 1717].

Benzylsulfocarbamo-b-phénylhydrazide,

$$C^6H^5-CH^2-AzH-C(SH)=Az-AzH-C^6H^5.$$

— Prismes fusibles à 115-116° [Dixon, *Chem. Soc.*, **61**, 1021].

α *et* β-*Iso-undécylsulfocarbamo-b-phénylhydrazide*, $C^{11}H^{23}$-AzH-CS-AzH-AzH-C^6H^5. — Deux formes fusibles à 100 et 109° [Ponzio, *Gazz. chim. ital.*, (2), **24**, 288].

Dialcoylphénylthiosemicarbazides.

Les corps de cette espèce

$$C^6H^5-AzH-Az=C(SH)-Az(RR'),$$

ont été préparés par MM. Busch et Ridder [*D. chem. G.*, **30**, 843] en faisant réagir les amines secondaires sur l'acide phényldithiocarbazinique; procédé d'ailleurs applicable aux amines primaires. Le sel formé perd de l'hydrogène sulfuré et donne la carbazide. Voici la liste des corps ainsi préparés.

Az . RR' =	Aspect	Fusion
—	—	—
— Az(C^2H^7)^2	petites aig.	104°
— Az(C^5H^{11})^2 iso	lines aig.	99-100°
— Az($CH^2C^6H^5$)^2	pet. prism.	139°
— Az(C^5H^{10}) (pipér.)	aig. plat.	120°
— Az(CH^3)C^6H^5	aig. plat.	142°

3° *Sulfocarbamo-a-phénylhydrazides.*

Les corps préparés dans cette catégorie de composés dérivent de la phénylsulfocarbamo-a-phénylhydrazide

$$C^6H^5AzH-CS-Az(C^6H^5)AzH^2.$$

Celle-ci même n'a pas été préparée, mais M. T. Vahle en a fait connaître des hydrazones et des hydrazides [*D. chem. G.*, **27**, 1513].

Voyez à *α-diphénylsemicarbazide*, la préparation et les indications bibliographiques.

M. T. Vahle a préparé les combinaisons qui figurent dans le tableau ci-dessous.

4° *Sulfocarbo-bb'-diphénylhydrazide* (*Diphénylsulfocarbazide, diphénylhydrazine-sulfourée*,

$$CS(AzH . AzH . C^6H^5)^2.$$

Voyez 1er Suppl., 924 et 2e Suppl., **2**, 981. On prépare aussi cette hydrazide par l'action du thiophosgène, $CSCl^2$, en solution benzénique sur la phénylhydrazine; le rendement peut atteindre 35 0/0 de la théorie [Heller, *Ann. Chem.*, **263**, 278].

Formules.	Aspect.	Fusion.
$CS < \begin{matrix} AzH-C^6H^5 \\ Az(C^6H^5)Az=CH-C^6H^5 \end{matrix}$	Aiguilles jaunâtres	182°
$CS < \begin{matrix} AzH-C^6H^5 \\ Az(C^6H^5)Az=C(CH^3)^2 \end{matrix}$	Aiguilles épaisses incolores	160°
$CS < \begin{matrix} AzH-C^6H^5 \\ Az(C^6H^5)AzH-CHO \end{matrix}$	Aiguilles blanches	128-129°
$CS < \begin{matrix} AzH-C^6H^5 \\ Az(C^6H^5)AzH-CO-CH^3 \end{matrix}$	Aiguilles jaunâtres	131-132°
$CS < \begin{matrix} AzH-C^6H^5 \\ Az(C^6H^5)AzH-CO-C^3H^7 \end{matrix}$	»	117-118°
$CS < \begin{matrix} AzH-C^6H^5 \\ Az(C^6H^5)AzH-CO-CH^2-C^6H^5 \end{matrix}$	»	125-126°

On peut enlever à ce corps la moitié ou la totalité de l'hydrogène lié à l'azote.

Diphénylsulfocarbazone,

$$CS \begin{matrix} \diagup Az = Az - C^6H^5 \\ \diagdown AzH - AzH - C^6H^5 \end{matrix}$$

— La matière colorante rouge dérivée de la diphénylhydrazine-sulfo-urée dont il a été question au 1er Suppl., 924, n'est autre que ce produit d'oxydation. Voici comment M. Em. Fischer, qui est revenu sur ce sujet [Em. Fischer et Em. Besthorn, *Ann. Chem.*, **212**, 316], conseille de la préparer. On fait bouillir pendant 10-15 minutes la sulfocarbazide avec une solution alcoolique d'alcali caustique modérément concentrée; elle disparaît, à part la formation de quelques résines foncées qu'on sépare par filtration. Le liquide rouge foncé, acidulé par l'acide sulfurique dilué, donne la carbazone; on la dissout dans le chloroforme et on la précipite par l'alcool.

Ce composé, doué d'un pouvoir tinctorial considérable, a été déjà décrit par M. Em. Fischer, dans le mémoire mentionné au 2e Suppl. Le zinc en solution alcaline le ramène à l'état de carbazide incolore, $CS(AzH - AzHC^6H^5)^2$.

Il jouit de propriétés acides marquées; ses sels alcalins et alcalino-terreux sont solubles dans l'eau et également colorés en rouge. Le *sel de zinc*, $(C^{13}H^{12}Az^4S)^2.ZnO$ ou $(C^{13}H^{11}Az^4S)^2Zn, H^2O$, est rouge-violet; il est insoluble dans l'eau, mais il cristallise dans le chloroforme. Ses *sels de plomb, de mercure* et *d'argent* sont également insolubles.

Ce corps prend naissance par suite d'une oxydation accompagnée de réduction suivant l'équation :

$$2C^{13}H^{14}Az^4S$$
$$= \underset{\text{Sulfocarbazone.}}{C^{13}H^{12}Az^4S} + \underset{\text{Aniline.}}{C^6H^7Az} + \underset{\text{Phénylsulfosemicarbazide.}}{C^7H^9Az^3S.}$$

Action du chlorure de thionyle. — Voyez Freund et Wischewiansky [*D. chem. G.*, **26**, 2495].

Action du chlorure de carbonyle. — Voyez Freund et Kuh [*Ibid.*, **23**, 2829].

Diphénylsulfocarbodiazone,

$$CS(Az = Az - C^6H^5)^2.$$

— En oxydant une solution alcoolique alcaline du composé précédent par l'hydrate de peroxyde de manganèse, on le transforme en un produit doublement azoïque, cristallisable dans l'alcool en petites aiguilles rouges, répondant à la formule d'une dicarbazone, et ne possédant plus de fonction acide par suite de la disparition des groupements imide. Chauffé, il déflagre sans fondre; la poudre de zinc le transforme, en solution alcaline, à une douce température, en sel de zinc du dérivé précédent, puis en l'urée sulfurée primitive.

La réduction peut, même au bain-marie, aller plus loin et engendrer de l'aniline et de la phénylsulfosemicarbazide (Fischer et Besthorn).

IV. — Dérivés inorganiques de la phénylhydrazine.

L'action du chlorure de thionyle, du trichlorure de phosphore, du chlorure de phosphényle, de l'oxychlorure de phosphore, et de quelques autres chlorures métalloïdiques sur les hydrazines aromatiques, a été, de la part de M. Michaëlis, l'objet d'études intéressantes [*Ann. Chem.*, **270**, 108].

Les résultats principaux de ces recherches ont été les suivants :

Le chlorure de thionyle se comporte, vis-à-vis des hydrazines aromatiques, comme un vrai chlorure d'acide; par perte de 2 molécules d'acide chlorhydrique entre le chlorure et 1 molécule d'hydrazine, on obtient un composé de la formule générale $R - AzH - Az = SO$ si l'amine est primaire, et de la forme

$$\begin{matrix} R \\ R_1 \end{matrix} \rangle Az - Az = SO,$$

si l'amine est secondaire, R pouvant être un radical indifféremment gras ou aromatique. Les composés ainsi formés sont généralement bien cristallisés, facilement décomposables d'ailleurs par les alcalis en donnant un sulfite et l'hydrazine primitive. M. Michaëlis les désigne sous le nom de *thionylhydrazones*, parce qu'elles correspondent effectivement aux hydrazones aldéhydiques $R - AzH - Az = CH - R'$, dont le radical aldéhydique aurait été remplacé par le groupe thionyle SO. L'existence de thionylhydrazones dérivant d'hydrazines bisubstituées dissymétriques, conduit à attribuer aux thionylhydrazones d'hydrazines primaires la formule $R - AzH - Az = SO$, plutôt que la formule

$$\begin{matrix} R - Az & \text{——} & AzH \\ & \diagdown \quad \diagup & \\ & SO & \end{matrix}$$

qui ne s'appliquerait plus aux hydrazines secondaires en question.

Le chlorure phosphoreux semble donner une sorte d'*hydrazide-hydrazone*, une phosphohydrazidine du type

$$P \begin{matrix} \lessdot AzH - AzH - C^6H^5 \\ \lessdot Az - AzH - C^6H^5 \end{matrix}$$

que l'eau transforme en dihydrazide

$$P \begin{matrix} \lessdot OH \\ \lessdot (AzH - AzHC^6H^5)^2 \end{matrix}$$

mais les résultats sont peu nets. Le chlorure de phosphényle, au contraire, fournit facilement une phosphényihydrazone, $R - AzH - Az = PC^6H^5$, rappelant bien les hydrazones.

L'oxychlorure de phosphore agit comme un vrai chlorure d'acide et conduit à des trihydrazides de l'acide phosphorique, $PO(AzH - AzH - C^6H^5)^3$, bien cristallisés.

Quant aux chlorures d'arsenic, de bore et de silicium, les deux premiers paraissent ne donner que des sortes de produits d'addition, mais le dernier semble donner des produits de substitution, malheureusement très altérables [Michaëlis, *Ann. Chem.*, **270**, 108].

Une communication d'ensemble sur ces composés se trouve au mémoire indiqué [*Ann. Chem.*, **270**, 108]; mais d'autres notes sur ce sujet ont été aussi publiées par M. Michaëlis et ses élèves [*D. chem. G.*, **22**, 2228; **23**, 475; **24**, 751].

Thionylhydrazones primaires [Michaëlis et Ruhl, *Ann. Chem.*, **270**, 114; *D. chem. G.*, **23**, 476]. — La réaction qui leur donne naissance peut s'exprimer par l'équation

$$3R - AzH - AzH^2 + SOCl^2$$
$$= R - AzH - Az = SO + 2R - AzH - AzH^2, HCl.$$

Pour la réaliser, on fait agir le chlorure de thionyle sur la solution éthérée de l'hydrazine; on sépare le chlorhydrate d'hydrazine et l'on a une solution éthérée du dérivé thionylique. On peut aussi, après l'addition du chlorure de thionyle, agiter le produit avec assez d'eau pour dissoudre le sel, puis distiller la couche éthérée; après cette opération, l'hydrazone reste sous la forme d'une masse cristalline qu'on purifie par cristallisation, ordinairement dans l'alcool bouillant.

Quelques hydrazines, la phénylhydrazine, la p- et l'o-tolylhydrazine peuvent s'unir directement à l'acide sulfureux avec perte d'eau. La réaction s'effectue en solution benzénique à 75°, en faisant passer lentement le courant d'anhydride sulfureux : il est vraisemblable qu'il se forme d'abord un produit d'addition, lequel perd ensuite de l'eau :

$$C^6H^5-AzH-AzH^2, SO^2 = C^6H^5-AzH-Az=SO + H^2O.$$

Il importe de ne pas opérer à plus haute température, car des réactions plus compliquées, avec perte d'azote, surgissent :

$$3C^6H^5Az^2H^3 + 2SO^2 = (C^6H^5)^2S^2 + 3Az^2 + 4H^2O + C^6H^6.$$

Enfin, on prépare commodément les thionylhydrazones par double décomposition entre la thionylaniline et les hydrazines. Pour cela, on dissout l'hydrazine dans l'acide acétique, on y ajoute de l'eau ou de l'alcool, puis on agite avec la quantité moléculaire de thionylaniline. L'hydrazone se sépare aussitôt ou après évaporation de l'alcool. Si l'on employait une solution aqueuse d'hydrazine, il faudrait une agitation soutenue avec la thionylaniline; on peut aussi employer une solution purement alcoolique et précipiter finalement l'hydrazone par addition d'eau. La réaction est simple :

$$C^6H^5-Az=SO + R-AzH-AzH^2 = C^6H^5-AzH^2 + R-AzH-Az=SO.$$

Elle est très régulière, et partant recommandable dans les circonstances où l'on ne possède que peu d'hydrazine à expérimenter [Michaëlis, *D. chem. G.*, **24**, 751].

Thionylphénylhydrazone, $C^6H^5-AzH-Az=SO$. — M. Michaëlis l'a préparée par l'action du chlorure de thionyle (1 molécule) sur la phénylhydrazine (3 molécules) en solution éthérée [*D. chem. G.*, **22**, 2228]. Elle constitue des prismes épais, jaune de soufre, et possède une grande tendance à la cristallisation. Elle fond à 105° et se dissout dans la plupart des solvants : alcool, chloroforme, éther, sulfure de carbone, benzène. Chauffée au-dessus de son point de fusion, elle se décompose en grande partie :

$$4C^6H^5Az^2HSO = 2H^2O + SO^2 + 4Az^2 + (C^6H^5)^2S + (C^6H^5)^2S^2.$$

La vapeur d'eau l'entraîne sans la décomposer; les acides concentrés et les alcalis la décomposent en anhydride sulfureux et hydrazine. Les halogènes changent la thionylphénylhydrazine en diazoïque : ainsi, le brome conduit au *perbromure*, fusible à 63°,5 :

$$C^6H^5-AzH-Az=SO + 4Br^2 + 3H^2O = C^6H^5-Az=AzBr^3 + 5HBr + SO^4H^2.$$

Le chlorure de thionyle, le chlorure d'acétyle, le chlorure phosphoreux provoquent la séparation du soufre et la formation de chlorure de diazobenzène. Ce qu'on exprime facilement en employant pour la thionylphénylhydrazone, la formule tautomérique $C^6H^5Az=Az.S(OH)$. On a, par exemple :

$$C^6H^5-Az=Az-S(OH) + COClCH^3 = C^6H^5-Az=AzCl + S + CO^2HCH^3.$$

Thionylthiophénylhydrazone,

$$S(C^6H^4-AzH-Az=SO)^2.$$

— On l'a obtenue par l'action de la thionylaniline sur une solution alcoolique de thiophénylhydrazine. C'est une poudre jaune cristalline, fusible à 187°, peu soluble même dans l'alcool bouillant [Ruhl, *Ann. Chem.*, **270**, 154].

Action du trichlorure de phosphore et du chlorure de phosphényle.

La réaction du trichlorure de phosphore sur la phénylhydrazine est très vive [Michaëlis et Oster, *Ann. Chem.*, **270**, 123]; il est nécessaire d'opérer en présence d'éther et de refroidir. En partant de 6 molécules de phénylhydrazine pour 1 de trichlorure, on constate qu'il reste 1 molécule de phénylhydrazine inutilisée. Si l'on traite alors par l'eau la partie précipitée, on enlève du chlorhydrate de phénylhydrazine et on laisse un composé amorphe, oxygéné, non chloré, de formule $(C^6H^5AzHAzH)^2P.OH$, qui n'est autre que la dihydrazide phosphoreuse. C'est une poudre un peu jaune, fusible vers 92°, facilement soluble dans le chloroforme, l'alcool, l'éther acétique, mais insoluble dans le benzène, l'éther, l'éther de pétrole; pour la purifier, on peut précisément précipiter par l'éther de pétrole sa solution chloroformique. Il est très vraisemblable que ce corps prend naissance par fixation d'une molécule d'eau sur l'hydrazidine normale

$$\begin{matrix} C^6H^5-AzH-Az \\ C^6H^5-AzH-AzH \end{matrix} \gtrless P$$

dérivée immédiatement du trichlorure de phosphore et de la phénylhydrazine :

$$5C^6H^5-AzH-AzH^2 + PCl^3 = \begin{matrix} C^6H^5-AzH-Az \\ C^6H^5-AzH-AzH \end{matrix} \gtrless P + 3C^6H^5-AzH-AzH^2, HCl.$$

A côté de ce corps, on observe encore que l'action de l'eau donne un peu de phosphite de phénylhydrazine, $C^6H^5AzH-AzH^2, PO^3H^3$, fondant mal vers 115°.

La dihydrazide phosphoreuse en solution chloroformique réagit rapidement sur l'aldéhyde benzoïque; il se sépare bientôt des cristaux de benzylidène-phénylhydrazone :

$$(C^6H^5-AzH-AzH)^2POH + 2C^6H^5-COH = C^6H^5-AzH-Az=CH-C^6H^5 + PO^3H^3.$$

Phosphényl-phénylhydrazone,

$$C^6H^5-AzH-Az=P-C^6H^5.$$

— On obtient ce composé si l'on remplace le trichlorure de phosphore par le chlorure de phosphényle $C^6H^5PCl^2$. On fait réagir les corps dilués dans 5 volumes d'éther en refroidissant d'abord, puis en laissant le mélange revenir à la température ordinaire. On filtre pour séparer le chlorhydrate de phénylhydrazine, qu'on lave bien avec de l'éther; le filtrat, abandonné à lui-même, laisse séparer de fines aiguilles de phosphénylphénylhydrazone. La réaction est :

$$3C^6H^5-AzH-AzH^2 + PCl^2.C^6H^5 = C^6H^5-AzH-Az=P-C^6H^5 + 2C^6H^5Az^2H^3, HCl.$$

Le produit se présente après cristallisation dans l'éther acétique en petits feuillets durs, fusibles à 152°, présentant une légère odeur de phénylphosphine, très solubles dans le chloroforme, moins dans l'éther acétique et difficilement solubles dans l'éther et dans l'alcool. Les acides et les alcalis le changent en phénylhydrazine et acide phosphényleux, $C^6H^5-PO^2H^2$; l'eau seule donne lentement le *phosphénylite de phénylhydrazine*, en longs prismes incolores, fusibles à 135°, très peu solubles dans l'eau froide.

Enfin, à côté du composé précédent, il semble se former un peu d'une dihydrazide

$$C^6H^5P(AzH-AzH-C^6H^5)^2.$$

Action de l'oxychlorure et du sulfochlorure de phosphore.

Phosphorylphénylhydrazide,

$$PO(AzH-AzHC^6H^5)^3.$$

— Ce composé, qui n'est autre qu'une hydrazide phosphorique, s'obtient facilement dans l'action de l'oxychlorure de phosphore (1 molécule) sur la phénylhydrazine (6 molécules) en solution éthérée. La masse solide obtenue, lavée à l'eau chaude pour la priver du chlorhydrate de phénylhydrazine formé, puis dissoute dans l'alcool ou l'éther acétique, fournit des aiguilles blanches filiformes, fusibles à 196°, altérables à l'air, décomposables par les alcalis, les acides, l'aldéhyde benzoïque et l'anhydride acétique avec formation d'acide phosphorique et d'hydrazine libre ou salifiée, ou enfin de benzylidène-hydrazone ou d'acétylphénylhydrazine. Elle est insoluble dans le chloroforme, l'éther et le benzène [Michaelis et Oster, *Ann. Chem.*, **270**, 135].

M. Thieme [*Ann. Chem.*, **272**, 212] a aussi étudié ce composé, qu'il a préparé comme Michaelis. D'après Thieme, il cristallise en fines aiguilles blanches, fusibles à 204°, avec décomposition.

Phosphoryltolylhydrazide,

$$PO(AzH-AzH_{(4)}-C^6H^4-CH^3_{(1)})^3.$$

— Ce composé, d'allures toutes pareilles au précédent, est en fines aiguilles incolores, fusibles à 189°.

Sulfophosphorylphénylhydrazide,

$$PS(AzH-AzH-C^6H^5)^2.$$

— On obtient ce dérivé sulfuré en remplaçant l'oxychlorure par le sulfochlorure de phosphore. Il fond à 154°. Chauffé avec de l'eau, il ne donne pas l'acide PSO^3H^3 correspondant à PO^4H^3; ce composé se dédouble par l'eau en acide phosphorique et hydrogène sulfuré. Une décomposition du même ordre s'effectue déjà quand on le fait cristalliser un grand nombre de fois; il se forme de la phosphorylphénylhydrazide.

Le *dérivé p-tolylé* est très instable; sa cristallisation a lieu avec perte d'hydrogène sulfuré et formation de phosphoryl-p-tolylhydrazide (M. et O.).

Action des chlorures d'arsenic, de bore, de silicium.

Le *chlorure d'arsenic* en solution éthérée donne simplement lieu à un produit d'addition de la formule $(C^6H^5AzHAzH^2)^3AsCl^3$, poudre blanche, amorphe, qui noircit vers 190° et est décomposée complètement à 236°.

Le *chlorure de bore* donne également un produit d'addition analogue $(C^6H^5Az^2H^3)^3BCl^3$, qui est décomposé entièrement à 242°.

Le *chlorure de silicium* donne une combinaison en petites lamelles jaunes, ne contenant pas de chlore. Cette combinaison est très peu stable et se décompose facilement en acide silicique et phénylhydrazine (M. et O.).

Action de l'anhydride phosphorique.

Combinaison $(C^6H^5AzH-AzH^2)^2P^2O^5$. — Cette combinaison prend naissance par l'action d'une solution éthérée de phénylhydrazine (2 molécules) sur 1 molécule d'anhydride phosphorique en suspension dans l'éther. C'est une masse grenue, fusible avec décomposition vers 242-248°. On ne l'a pas obtenue cristallisée [Thieme, *Ann. Chem.*, **272**, 212].

V. — Réactions diverses.

1° *Action des composés halogénés.*

Nous étudierons ici les composés halogénés ne possédant pas d'autres fonctions actives vis-à-vis de la phénylhydrazine, telles que les fonctions aldéhyde, acétone, acide, dont la présence imprime à la réaction un caractère spécial; nous nous bornerons aux composés qui dérivent pour ainsi dire directement des carbures par substitution.

Nous passerons également momentanément sous silence les réactions indirectes effectuées au moyen de la phénylhydrazine sodée (ou substituée) et des dérivés halogénés. On les retrouvera à propos des hydrazines auxquelles elles donnent naissance.

Action des éthers halogènes dissous. — Les éthers iodhydriques, entre autres, réagissent trop violemment pour qu'on puisse isoler des produits définis; mais si l'on opère en présence de dissolvants, on arrive à des produits cristallisés [P. Genvresse et P. Bourcet, *C. R.*, **128**, 564].

En ajoutant, par exemple, 1 molécule de phénylhydrazine peu à peu à 2 molécules d'iodure de méthyle dissous dans l'alcool absolu et maintenu dans un mélange réfrigérant, puis abandonnant le mélange pendant huit jours à la température ordinaire, on obtient de magnifiques cristaux clinorhombiques, de la formule

$$C^6H^5.Az^2H^2(CH^3)^2.I.$$

Ces cristaux fondent à 122°, se dissolvent dans l'eau, peuvent y cristalliser et sont neutres au tournesol.

Si l'on opère dans l'éther ordinaire, toujours à froid, en versant 1 molécule d'iodure de méthyle dans 2 molécules d'une solution éthérée de phénylhydrazine, on obtient rapidement un feutrage de cristaux incolores. Cristallisés par refroidissement de leur solution alcoolique, ils répondent à la formule $(C^6H^8Az^2)^2CH^3I$. Ils fondent à 125°, sont très solubles dans l'eau, plus solubles dans l'alcool que les précédents; la potasse les décompose rapidement; abandonnés à eux-mêmes, ils se détruisent en quelques mois.

L'iodure d'éthyle fournit de même :

$$C^6H^5.Az^2H^2.(C^2H^5)^2I, \text{ fusible à } 116°$$
$$(C^6H^8Az^2)^2C^2H^5I, \text{ fusible à } 27°.$$

(P. Genvresse et P. Bourcet).

Les iodures de propyle et de butyle normaux réagissent de façon un peu différente [Allain-Le Canu, *C. R.*, **129**, 105].

En effet, on n'obtient que les composés de la deuxième espèce, soit :

$$(C^6H^8Az^2)^2C^3H^7I, \text{ qui fond à } 122°;$$
$$(C^6H^8Az^2)^2C^4H^9I, \text{ qui fond à } 126°.$$

Le chlorure d'éthyle et le bromure ne conduisent pas à des réactions du même ordre. On n'isole guère, en fait de combinaisons cristallisées, que des sels de phénylhydrazine mono- ou bibasiques, suivant les conditions (Allain-Le Canu).

Action du bromure d'éthyle et séparation des corps formés, voyez W. Ehrhardt et Em. Fischer [*D. chem. G.*, **11**, 613] ainsi qu'à ÉTHYLPHÉNYLHYDRAZINE DISSYMÉTRIQUE.

Action du chlorure d'o-nitrobenzyle. — Voyez o-nitrobenzylphénylhydrazine dissymétrique [Paal et Bodewig, *D. chem. G.*, **25**, 2896].

Action de la monochlorhydrine éthylénique. — La réaction, complexe, engendre principalement l'osazone du glyoxal [V. Alvisi, *Att. Ac. Lincei*, 1893, **1**, 219].

Action sur les α et β-dichlorhydrines et la tribromhydrine. — On obtient, dans tous les cas, le 1 *phénylpyrazol*; de plus, dans le cas de la tribromhydrine, on trouve un peu de scatol comme produit secondaire [V. Alvisi, *Att. Ac. Lincei*, 1891, **2**, 450].

Action de l'épichlorhydrine. — Il se forme du *phénylpyrazol* (voyez ce mot) [L. Balbiano, *Gazz. chim. ital.*, **17**, 176; *Bull. Soc. Chim.*, (3), **2**, 123].

La réaction a été signalée vers la même époque [*C. R.*, **106**, 607] par M. Fauconnier, qui n'a pas publié ses recherches.

M. F. Gerhard a repris plus tard l'étude de la réaction [*D. chem. G.*, **24**, 352; *Bull. Soc. Chim.*, (3), **8**, 203] afin d'en déterminer plus exactement les circonstances et d'étudier le corps $C^9H^{12}Az^2O$ qui prend naissance à côté du phénylpyrazol. Il a constaté que si l'on effectue la réaction en abandonnant la phénylhydrazine et l'épichlorhydrine en solution éthérée, pendant 15 jours, il se forme du chlorhydrate de phénylhydrazine, tandis que l'éther retient la *base* $C^9H^{12}Az^2O$, qu'il est facile de purifier par des cristallisations répétées dans le sulfure de carbone et dans le benzène. Cette base cristallise en prismes durs, nacrés, fusibles à 103-104°; elle forme un *chloroplatinate*,

$$(C^9H^{12}Az^2O, HCl)^2PtCl^4, 2H^2O$$

décomposable à 156°; elle est très sensible à l'action des oxydants; elle forme un *dérivé monoacétylé*. Sa formation et sa constitution peuvent être exprimées par la réaction :

$$\begin{array}{l} CH^2-Cl \\ | \\ CH \diagdown \\ | \qquad\ O \\ CH^2 \diagup \end{array} + \begin{array}{l} AzH^2 \\ | \\ | \\ | \\ AzH-C^6H^5 \end{array} = \begin{array}{l} CH \text{——} AzH \\ | \qquad\qquad | \\ CHOH \qquad | \\ | \qquad\qquad | \\ CH^2 \text{——} Az-C^6H^5 \end{array} + HCl$$

Cette constitution est celle qui répond le mieux à la formation du phénylpyrazol observée par M. Balbiano; ce chimiste opérait à l'ébullition et, à côté du phénylpyrazol, il obtenait de l'aniline et du chlorhydrate d'ammoniaque; M. Gerhard a constaté qu'effectivement le corps $C^9H^{12}Az^2O$, chauffé avec du chlorhydrate de phénylhydrazine, réagit suivant l'équation :

$$C^9H^{12}Az^2O + C^6H^5AzH-AzH^2.HCl = C^6H^5AzH^2 + AzH^4Cl + H^2O + C^9H^8Az^2.$$
(Phénylpyrazol).

Chloroforme et phénylhydrazine. — La réaction donne naissance à du chlorhydrate de phénylhydrazine et à des produits à odeur d'isonitrile qui n'ont pas été étudiés [H. Brunner et Leins, *D. chem. G.*, **30**, 2584].

MM. Brunner et Eiermann [*D. chem. G.*, **31**, 1406] sont revenus sur la réaction, et ils l'expriment par l'équation :

$$3C^6H^8Az^2 + CHCl^3 = C^6H^8Az^2, HCl + C^6H^5Az{=}C + C^6H^6 + AzH^4Cl + HCl + Az^2.$$

Le *bromoforme* et l'*iodoforme* réagissent semblablement.

Autres dérivés halogénés. — Le *tétrachlorure de carbone* et l'*hexachloréthane* agissent dans le même sens que le chloroforme; on trouve, en plus, de l'aniline parmi les produits de la réaction.

Le *benzène hexachloré* et l'*hexachlorure de benzène* sont sans action.

Action du chloroforme et de la potasse alcoolique. — Dans un premier travail, MM. S. Ruhemann et W. Elliot [*Chem. Soc.*, **53**, 850] avaient cru que la substance obtenue était une sorte d'isonitrile, $C^6H^5-AzH-Az{=}C{=}C{=}Az-AzH-C^6H^5$; mais ultérieurement M. S. Ruhemann [*Chem. Soc.*, **55**, 242] a attribué à cette substance la formule d'une *diphényltétrazoline*,

$$C^6H^5-Az \begin{array}{l} \diagup Az=CH \\ \diagdown CH=Az \end{array} \!\!> Az-C^6H^5$$

On voit ainsi que la réaction se ramène en quelque sorte à la formation d'une double hydrazidine diformique, dérivée de la phénylhydrazine et de l'acide formique, produit normal de l'action de la potasse alcoolique sur le chloroforme.

Action du chlorure de cyanogène et du chlorure cyanurique. — Voyez 2e Suppl., **2**, 1558, et Friess [*D. chem. G.*, **19**, 2055].

2° *Action des composés azotés.*

Nous étudierons l'action de la phénylhydrazine sur les composés azotés dérivés des aldéhydes et des acides et sur les diazoïques.

1° *Composés azotés des aldéhydes : imines, aldoximes, nitrilo-aldéhydes.*

En faisant réagir la phénylhydrazine sur les composés iminés contenant le groupement

$$RCH=AzR',$$

tels que la benzylidène-aniline, M. R. Walter [*J. prakt. Chem.*, (2), **53**, 433] a simplement constaté le déplacement de l'aniline et la formation de l'hydrazone benzylidénique.

La réaction est la même avec la *benzylidène-bornylamine* [M. Foerster, *Chem. Soc.*, **75**, 1149] et la *benzylidène-éthylnaphtylamine* [G. Morgen, *ibid.*, **77**, 1210].

Une semblable réaction a encore lieu avec l'*hexaméthylène-amine* [Delépine, *C. R.*, **120**, 743], la *benzylidène-imine* et la *cinnamylidène-imine* employées sous la forme de chlorhydrates [Busch, *D. chem. G.*, **29**, 2138, 2147]. L'ammoniaque reste à l'état de chlorhydrate.

Les deux *benzylidène-aldoximes* α et β, traitées par la phénylhydrazine, donnent une seule et unique phénylhydrazone, la benzylidène-phénylhydrazone ordinaire [G. Minunni et L. Caberti, *Gazz. chim. ital.*, **21**, 136]. Il en est de même pour d'autres aldoximes [G. Minunni et G. Corselli, *ibid.*, **22**, **2**, 139].

Phénylhydrazine et nitrilo-aldéhydes. — La phénylhydrazine se combine aux *dérivés nitrilés de l'aldéhyde éthylique* et *de l'acétone* et conduit aux nitriles respectifs d'acides α-phénylhydrazopropionique et phénylhydrazo-isobutyrique. Exemple :

$$CH^3-CH \begin{array}{l} \diagup CAz \\ \diagdown OH \end{array} + AzH^2-AzH-C^6H^5 = CH^3-CH \begin{array}{l} \diagup CAz \\ \diagdown Az(AzH^2)-C^6H^5 \end{array} + H^2O.$$

Les deux nitriles en question fondent à 58 et 70°. Leur histoire et celle de leurs dérivés seront traitées à propos des acides correspondants.

Le *nitrile phénylglycolique* ne réagit pas de la même façon; il est dédoublé par la phénylhydrazine en acide cyanhydrique et benzylidène-phénylhydrazone [A. Reissert., *D. chem. G.*, **17**, 1451; *Bull. Soc. Chim.*, (2), **44**, 476].

2° *Composés azotés dérivés des acides : amides, amidines, nitriles; urées et dérivés; cyanogène et acide cyanhydrique.*

On a déjà vu que les *amides* perdaient leur ammoniaque sous l'influence de la phénylhydrazine, pour engendrer les β-hydrazides correspondantes; les *alcalamides* réagissent souvent de la même manière.

Les amidines subissent cette réaction à moitié. D'après M. R. Walther (*loc. cit.*), la méthényldiphénylamidine se transformerait en méthényldiphénylhydrazidine :

$$CH \begin{smallmatrix} \lt Az - C^6H^5 \\ \lt AzH - C^6H^5 \end{smallmatrix} + AzH^2 - AzH - C^6H^5$$

$$= CH \begin{smallmatrix} \lt Az - C^6H^5 \\ \lt AzH - AzH - C^6H^5 \end{smallmatrix} + AzH^2 - C^6H^5$$

Les nitriles, en présence du sodium, de l'alcoolate de sodium ou de la phénylhydrazine sodée, donnent naissance à des triazols :

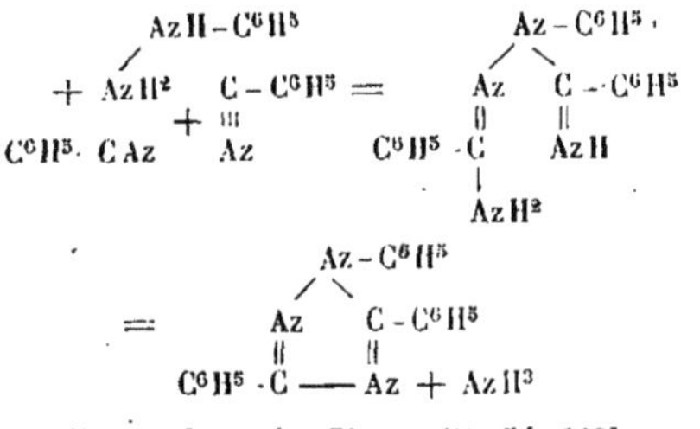

$$C^6H^5 \cdot CAz + AzH^2 - AzH - C^6H^5 + C^6H^5 - C \equiv Az = C^6H^5 - C(AzH^2) = Az - Az(C^6H^5) - C(C^6H^5) = AzH$$

$$= C^6H^5 - C = Az - Az(C^6H^5) - C(C^6H^5) = Az \text{ (cycle)} + AzH^3$$

[Engelhardt, *J. prakt. Chem.*, (2), **54**, 143].

Action de la cyanamide et des cyanamides substituées. — Voyez 2° Suppl., **4**, 942.

Action des carbodiimides aromatiques. — Voyez l'article CARBO-DI-IMIDES.

Action de l'acide cyanhydrique, du cyanogène. — Voyez 1er Suppl., 923, et 2e Suppl., **2**, 1558, ainsi qu'à HYDRAZIDINES.

Action sur les nitriles β-cétoniques. — Le *méthylpropionylacétonitrile*,

$$CH^3 - CH \begin{smallmatrix} \lt CAz \\ \lt CO - C^2H^5 \end{smallmatrix}$$

conduit par l'action de la phénylhydrazine au phénylméthyléthylaminopyrazol, fusible à 81°, le groupement amino étant en 5. On peut supposer que la nitrile-acétone donne d'abord une hydrazone qui forme ensuite une chaîne fermée par réaction du groupe nitrile et du groupe CH voisin :

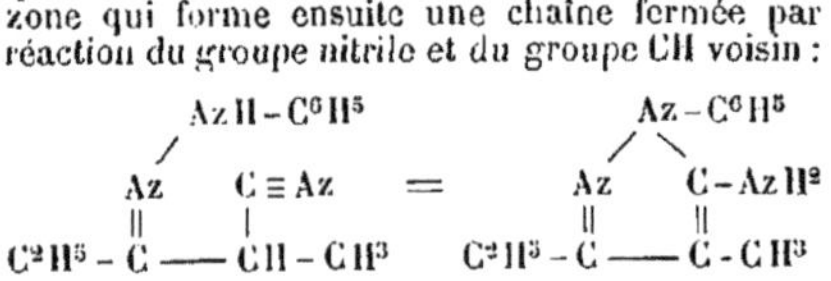

$$C^2H^5 - C(=Az - AzH - C^6H^5) - CH(CH^3) - C \equiv Az = C^2H^5 - C = Az - Az(C^6H^5) - C(AzH^2) = C - CH^3 \text{ (cycle)}$$

Effectivement, les nitriles où le carbone uni aux groupes CO et CAz est totalement substitué ne donnent pas de dérivés à chaîne fermée, mais seulement des hydrazones [L. Bouveault, *Bull. Soc. Chim.*, (3), **4**, 647].

Les hydrazones des *diméthylpropionyl-* et *méthyléthylpropionylacétonitriles*,

$$\begin{smallmatrix} CH^3 \\ CH^3 \end{smallmatrix} \gt C \begin{smallmatrix} \lt CAz \\ \lt CO - C^2H^5 \end{smallmatrix} \quad \text{et} \quad \begin{smallmatrix} CH^3 \\ C^2H^5 \end{smallmatrix} \gt C \begin{smallmatrix} \lt CAz \\ \lt CO - C^2H^5 \end{smallmatrix}$$

fondent respectivement à 80° ou 73° et 95° [M. Hanriot et L. Bouveault, *Bull. Soc. Chim.*, (3), **1**, 178].

A ces corps se rattache le produit de la réaction du diacétonitrile et de la phénylhydrazine, auquel M. R. Walther a attribué la constitution

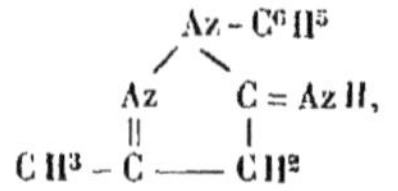

$$CH^3 - C = Az - Az(C^6H^5) - C(=AzH) - CH^2 \text{ (cycle)},$$

bien que l'action de l'acide chlorhydrique ne conduise pas à la pyrazolone correspondante. Remarquons qu'il suffit de lui attribuer la formule de M. Bouveault pour expliquer ce fait [*J. prakt. Chem.*, (2), **55**, 137; *Bull. Soc. Chim.*, (3), **18**, 893].

Action sur l'urée ou diamide carbonique et sur l'uréthane. — Voyez au mot CARBAZIDE, 2° Suppl., **2**, 976.

Action sur la sulfo-urée. — Il y a un déplacement partiel d'ammoniaque avec production de phénylsulfosemicarbazide [R. Walther, *J. prakt. Chem.*, (2), **53**, 433. — Pellizari, *Gazz. chim. ital.*, **16**, 200].

Action sur les thio-urées. — Voyez à CARBAZIDES.

Action sur l'acétyluréthane. — Partant de ce fait que les formules de l'acétyluréthane et de l'éther acétylacétique présentent une certaine analogie, M. A. Andreocci a essayé l'action de la phénylhydrazine. Les formules sont en effet,

Acétyluréthane......	$CH^3 - CO - AzH - CO.O.C^2H^5$.
Ether acétylacétique.	$CH^3 - CO - CH^2 - CO.O.C^2H^5$.

L'expérience a confirmé l'intuition de M. Andreocci; il a ainsi préparé des dérivés analogues aux pyrazolones où AzH remplace CH^2. Les corps mentionnés, acétyluréthane et phénylhydrazine, engendrent d'abord un corps huileux instable, puis le dérivé désiré qui en diffère par perte d'alcool :

$$CH^3 - C \begin{smallmatrix} \lt Az - AzH - C^6H^5 \\ \lt AzH - COOC^2H^5 \end{smallmatrix}$$

Produit instable.

$$\longrightarrow CH - C \begin{smallmatrix} \lt Az - Az \cdot C^6H^5 \\ \lt AzH - CO \end{smallmatrix}$$

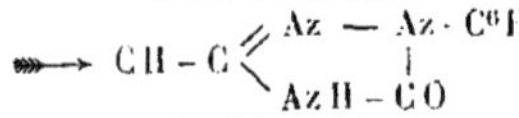

Produit stable.

Voyez aux PYRODIAZOLONES, l'étude de ces produits [*Gazz. chim. ital.*, **19**, 448; *Bull. Soc. Chim.*, (3), **3**, 379].

Action des diazoïques sur la phénylhydrazine. — Voy. 1er Suppl., 923, et 2e Suppl., **3**, 152. — Les réactions signalées se ramènent à des actions dédoublantes de la phénylhydrazine. Mais on a pu avoir des réactions plus régulières, où les atomes d'azote des deux molécules se conservent. Ainsi, d'après M. E. Bamberger [*D. chem. G.*, **28**, 840], le nitrate de *p-nitrodiazobenzène* et l'hydrate de *p-nitro-isodiazobenzène* réagissent sur la phénylhydrazine libre ou acétique pour engendrer un corps à 4 atomes d'azote, le *p-nitrodiphénylbuzylène*, fusible à 105° :

$$AzO^2 - C^6H^4 - Az = Az - AzH - AzH - C^6H^5.$$

Auparavant, M. A. Wohl [*D. chem. G.*, **26**, 1587] avait montré que les 4 atomes d'azote restaient unis, et il avait préparé un corps $C^{12}H^{12}Az^4$ par l'action du diazobenzène en milieu acétique sur l'acétate de phénylhydrazine. Il est revenu depuis sur ce travail avec M. H. Schiff [*Ibid.*, **33**, 2741]; il conclut que les buzylènes ont, non pas la formule ci-dessus, mais que ce sont encore des hydrazines qui se forment suivant l'équation :

$$R - AzH - AzH^2 + OH - Az = Az - R'$$

$$= R - Az \begin{smallmatrix} \lt AzH^2 \\ \lt Az = AzR' \end{smallmatrix} + H^2O.$$

En effet, ces combinaisons sont encore oxydables et transformables en bis-tétrazones ou octazones ayant une chaine de 8 atomes d'azote :

$$2R-Az\lt\begin{matrix}AzH^2\\ Az=Az-R'\end{matrix} + O^2$$

$$= R'-Az=Az-\underset{\substack{|\\ R}}{Az}-Az=Az-\underset{\substack{|\\ R}}{Az}-Az=Az-R' + H^2O.$$

Nous ne ferons que signaler ces curieuses réactions.

Action de la phénylhydrazine sur le perbromure de diazobenzène. — La réaction donne quantitativement l'azoture de phényle, $Az^3 . C^6H^5$, suivant l'équation :

$$C^6H^5-Az^2-Br^3 + 2C^6H^5-Az^2H^3$$
$$= C^6H^5-Az^3 + C^6H^4Br-AzH^2,HBr + C^6H^5-Az^2H^3,HBr$$

[G. Oddo, *Gazz. chim. ital.*, **20**, 798].

Dérivés de substitution dans le noyau.

Nous entendons par là les phénylhydrazines halogénées, nitrées, aminées, oxhydrylées, sulfurées, sulfonées, etc.

Leurs préparations et leurs propriétés les rapprochent beaucoup de la phénylhydrazine même. Aussi serons-nous très bref sur les dérivés dont la formation est calquée sur la production des dérivés analogues de la phénylhydrazine.

o-Chlorophénylhydrazine,

$$C^6H^4\lt\begin{matrix}AzH-AzH^2_{(1)}\\ Cl_{(2)}\end{matrix}$$

Ce corps a été préparé en 1891, par M. J. Hewitt [*Chem. Soc.*, **59**, 209], suivant une technique assez semblable à celle qui est rapportée plus loin pour le dérivé para. Il suffit de partir de l'o-chloraniline.

En décomposant le chlorhydrate par la potasse, M. J. Hewitt l'a obtenue seulement sous forme liquide ; en décomposant ce même sel par l'ammoniaque, M. C. Willgerodt [*D. chem. G.*, **24**, 1660] l'a obtenue cristallisée en lamelles blanches fusibles à 47°. Elle est soluble dans l'eau chaude et dans les solvants organiques ; ceux-ci ne la laissent se séparer qu'amorphe. Elle est relativement stable à l'air et à la lumière ; elle se décompose à la distillation, même dans l'air raréfié.

Le *chlorhydrate*, $C^6H^7Az^2Cl,HCl$, est en aiguilles incolores, fusibles vers 190° avec décomposition et noircissement antérieur. Il est soluble dans l'eau et dans l'alcool [*Chem. Soc.*, **59**, 209].

Le *sulfate*, $(C^6H^7Az^2Cl)^2 . SO^4H^2$, est en fines aiguilles incolores, anhydres.

Le *nitrate* est mal défini.

L'*oxalate* est cristallisé [*Chem. Soc.*, **63**, 868].

Hydrazones. — Hydrazone pyruvique,

$$C^6H^4Cl-AzH-Az=C(CH^3)CO^2H.$$

— Aiguilles jaune-citron, fusibles à 178° [Hewitt, *Chem. Soc.*, **59**, 211].

L'*éther éthylique* est fusible à 68° [*Ibid*, **63**, 868].

Hydrazides. — Benzoyl-o-chlorophénylhydrazide. — Ce composé a été obtenu par A. Hantzsch et M. Singer [*D. chem. G.*, **30**, 319], en dirigeant un courant de gaz chlorhydrique dans une solution éthérée refroidie à 0° de benzoyldiazobenzène :

$$C^6H^5-Az=Az-CO-C^6H^5 + HCl$$
$$= C^6H^5-AzCl-AzH-COC^6H^5$$
$$\longrightarrow C^6H^4Cl-AzH . AzH-COC^6H^5.$$

Ce sont des cristaux fusibles à 152°.

Dérivés carboniques et sulfocarboniques. — Nous rassemblerons tous ces corps. Rappelons que M. W. Marckwald et ses élèves [*D. chem. G.*, **32**, 1081] ont étudié les thiosemicarbazides des chlorophénylhydrazines sous le rapport d'une stéréo-isomérie possible ; l'ortho produit la seule forme β, *syn* ou *stable* (nous mettons AzH . CS au lieu de Az = C(SH).

Formule	Forme	Fusion	
(o) $C^6H^4Cl.AzH.AzH.CO.AzH^2$.	tabl. incol.	164°	(1)
$C^6H^4Cl.AzH.AzH.CS.AzH.CH^3$	»	147°	(2)
$C^6H^4Cl.AzH.AzH.CS.AzH.C^6H^5$	tab. jaunes	156°	(2)
		134°	(1)

(1) Hewit, *Chem. Soc.*, **59**, 210. — (2) W. Marckwald.

m-Chlorophénylhydrazine,

$$C^6H^4\lt\begin{matrix}AzH-AzH^2_{(1)}\\ Cl_{(3)}\end{matrix}$$

Pour préparer cette hydrazine, on part de la m-chloraniline. 25 grammes de ce corps sont dissous dans 400 grammes d'acide chlorhydrique d'une densité de 1,12 ; 14 grammes de nitrite de sodium dissous dans 100 grammes d'eau sont introduits dans la solution acide refroidie à —10°. On ajoute ensuite 89 grammes de chlorure stanneux dissous dans 100 grammes d'acide chlorhydrique d'une densité de 1,19. Il se forme un chlorostannate qu'on essore pour le priver de l'excès d'acide. Le sel double est ensuite dissous dans le moins d'eau possible et décomposé par un excès de soude concentrée. L'huile colorée obtenue, séparée, ne distille pas sans décomposition [C. Willgerodt et G. Mühe, *J. prakt. Chem.*, (2), **44**, 451].

Suivant MM. Gomberg et A. Campbell, elle constitue un liquide incolore, distillant à 165°, sous 23 millimètres [*Am. Chem. Soc.*, **20**, 780].

Le *chlorhydrate* est en lamelles blanches, fusibles à 235-236°, solubles dans l'eau et dans l'alcool, insolubles dans l'acide chlorhydrique concentré (W. et M.).

Le *sulfate*, $(C^6H^7Az^2Cl)^2SO^4H^2$, est en aiguilles incolores, solubles dans l'eau [Hewit, *Chem. Soc.*, **63**, 869].

Le *nitrate* est en fines aiguilles incolores, solubles dans l'eau, se décomposant dès 150°.

Hydrazones. — Benzylidène-m-chlorophénylhydrazone, $C^6H^5-CH=Az-AzH-C^6H^4Cl$. — Aiguilles incolores, fusibles à 133-134° (Hewitt).

Hydrazone pyruvique,

$$ClC^6H^4-AzH-Az=C(CH^3)CO^2H.$$

— Fines aiguilles fusibles à 163°, solubles dans l'alcool, l'éther, les alcalis et l'ammoniaque, insolubles dans l'eau.

L'*éther éthylique* fond à 82° ; il est également soluble dans l'alcool et dans l'éther (Hewitt).

Dérivés carboniques et sulfocarboniques. — Les alcoylthiosemicarbazides de la m-chlorophénylhydrazine n'existent que sous une forme, la forme stable [W. Marckwald, *loc. cit.*].

Formules	Forme	Fusion	
(m) $C^6H^4Cl-AzH.AzH-CO.AzH^2$.	tables ...	155°	(1)
$C^6H^4Cl.\underbrace{Az.AzH.CO.AzH}_{CO}$	pet. crist.	227°	(1)
$C^6H^4Cl-AzH.AzH.CS.AzH.CH^3$.	»	171°	(2)
$C^6H^4Cl.AzH.AzH.CS.AzH.C^6H^5$	aig. inc..	138-139°	(3)
$C^6H^4Cl-AzH.AzH.CS.AzH.C^6H^4.OH$ (m)	»	142°	(2)

(1) Hewit, *loc. cit.* — (2) W. Marckwald. — (3) Hewit et W. Marckwald.

p-Chlorophénylhydrazine,

$$C^6H^4 \begin{cases} Cl_{(4)} \\ AzH-AzH^2_{(1)} \end{cases}$$

Elle a été d'abord obtenue par M. Elsinghorst [*Inaug. Dissert.*, Erlangen, 1884]. MM. C. Willgerodt et A. Böhm en ont fait préparer de la façon suivante :

200 grammes de p-chloraniline dissous dans 4000 grammes d'acide chlorhydrique (D = 1,12), et refroidis sont mêlés avec 170 grammes de nitrite de sodium dissous dans 1000 grammes d'eau, en ayant soin que la température ne monte pas au-dessus de 0°. A la solution de chlorure de diazochlorobenzène on ajoute, en remuant et en refroidissant, 950 grammes de chlorure stanneux dissous dans 1000 grammes d'acide chlorhydrique fumant (D = 1,19) refroidi. Le chlorhydrate de p-chlorophénylhydrazine se sépare en grande partie sous la forme d'une bouillie épaisse de cristaux de chlorostannate. On essore la masse cristalline, on la lave avec l'acide chlorhydrique étendu, on la dissout dans le moins possible d'eau et on la décompose par l'acide chlorhydrique concentré et pur. Le chlorhydrate de l'hydrazine se sépare presque quantitativement à l'état pur. Il n'y a plus qu'à le décomposer par un excès de soude pour obtenir des flocons blancs qu'on recueille et qu'on fait cristalliser dans l'alcool ou l'éther. Rendement 54-56 0/0.

Citons encore la formation de cette base par réduction de l'iso-p-chlorodiazobenzénate de potassium par l'amalgame de sodium [E. Bamberger, *D. chem. G.*, **30**, 216].

Cette hydrazine cristallise en aiguilles blanches, fusibles à 83°, altérables à l'air et à la lumière, et même sous l'influence des orages [*J. prakt. Chem.*, (2), **43**, 482].

Suivant M Hewitt [*Chem. Soc.*, **63**, 872] elle fondrait à 90°; M. Elsinghorst avait indiqué 88°; elle est facilement soluble dans l'eau et dans l'alcool, assez soluble dans l'eau chaude.

Parabanate, $C^3O^3Az^2H^2(C^6H^7Az^2Cl)^2, H^2O$. — Aiguilles groupées, fusibles à 213° avec décomposition (Hewitt).

Hydrazones. — Benzylidène-p-chlorophénylhydrazone, (p) $C^6H^4Cl-AzH-Az=CH-C^6H^5$. — Aiguilles groupées, fusibles à 127°, facilement solubles dans l'alcool, l'éther et le chloroforme, peu solubles dans le sulfure de carbone et dans l'acide acétique cristallisable (Hewitt).

Acétone p-chlorophénylhydrazone. — Aiguilles aplaties, incolores, satinées, se colorant à l'air, fusibles à 84° (E. Bamberger, H. von Pechmann et L. Vanino).

Hydrazone pyruvique. — Aiguilles fusibles à 199°, solubles dans l'alcool, l'éther et l'acide acétique cristallisable, insolubles dans l'eau et dans le sulfure de carbone.

L'éther éthylique fond à 138°; l'alcool le dissout aisément (Hewitt).

Dihydrazone du propanone-dial. — On obtient un composé de cette formule par l'action du chlorure de p-chlorodiazobenzène sur l'acide acétone-dicarbonique. Il cristallise en petites aiguilles rouges fusibles à 191°. La phénylhydrazine en excès, en milieu acétique, le transforme en 1 p-chlorophényl-4 benzène-azopyrazol et acétyl-p-chlorophénylhydrazide [H. von Pechmann et L. Vanino, *D. chem. G.*, **27**, 219].

Hydrazides. — Elles n'ont guère été préparées qu'indirectement.

Formyl-p-chlorophénylhydrazide,

$$(p)C^6H^4Cl-AzH-AzH \cdot CHO.$$

— On a obtenu ce composé par l'action du chloroforme et de la potasse alcoolique sur l'hydrazine. Il cristallise en aiguilles fusibles à 152° [Hewitt, *Chem. Soc.*, **59**, 213].

Acétyl-p-chlorophénylhydrazide. — On a signalé plus haut la formation de cette hydrazide. Elle cristallise en aiguilles incolores, fusibles à 154° (von Pechmann et Vanino).

Dérivé thionylé, (p) $C^6H^4Cl-AzH-Az=SO$. — Ce composé a été préparé par M. J. Klieeisen [*D. chem. G.*, **27**, 2549], en faisant réagir la thionylaniline sur le chlorhydrate de l'hydrazine placé en milieu alcoolique en présence d'acétate de sodium. Il se présente en aiguilles jaune-serin, fusibles à 159°, que le brome change en perbromo-p-chlorodiazobenzène et le chlorure de thionyle en chlorure de p-chlorodiazobenzène.

Dérivés carboniques et sulfocarboniques. — Les alcoylthiosemicarbazides de la p-chlorophénylhydrazine se présentent sous deux formes stéréo-isomériques [W. Marckwald, *D. chem. G.*, **32**, 1081].

Formule	Forme	Fusion	
(p) $C^6H^4Cl . AzH . AzH . CO . AzH^2$	lames aplaties	233-234°	Hewitt.
		232°	Hantzsch et Schultze, *D. chem. G.*, **28**, 2081.
$C^6H^4Cl . AzH . AzH . CS . AzH^2$	aiguilles.....	198°	H. et S.
$C^6H^4Cl . Az . AzH . CO . AzH$ (└── CO ──┘)	aiguilles.....	266°	Hewitt
		α (lab.)	β (stab.)
$C^6H^4Cl . AzH . Az : C(SH) . AzH . C^2H^5$....	»	137-138°	175° (W. M.)
$C^6H^4Cl . AzH . Az : C(SH) . AzH . C^6H^5$....	tables α.....	149° (H) / 150° (W. M.)	176-177° (*Id.*)
$C^6H^4Cl . AzH . Az : C(SH)AzH . C^6H^4Cl(p)$	»	142°	160° (*Id.*)

2.5 *Dichlorophénylhydrazine* (*o-m-dichlorophénylhydrazine*).

AzH - AzH²
(noyau benzénique portant Cl en 2 et Cl en 5)

— Cette base a été préparée par M. T. Zettel [*D. chem. G.*, **26**, 2471] en réduisant le 2.5 tétrachlorodiazoaminobenzène par le chlorure stanneux. Elle se présente en aiguilles incolores, fusibles à 105°; elle est fortement réductrice. Son *chlorhydrate* cristallise en fines aiguilles.

L'iode transforme cette base en un *iodo-dichlorobenzène*, bouillant à 250-251° [P. Herschmann. *ibid.*, **27**, 767].

o-Bromophénylhydrazine.

Elle ne paraît pas avoir été préparée.

m-Bromophénylhydrazine,

$$C^6H^4 \begin{cases} AzH-AzH^2_{(1)} \\ Br_{(3)} \end{cases}$$

C'est un liquide incolore [M. Gomberg et A. Campbell, *Journ. Am. Chem. Soc.*, **20**, 780; *Chem. Centralblatt*, 1898, (2), 1132].

Hydrazones. — Un corps que l'on peut considérer comme la m-bromophénylhydrazone de l'éther cyanacétique :

$$CAz-C(=Az-AzH-C^6H^4-Br).CO^2.C^2H^5,$$

a été préparé par M. P. Marquardt [*J. prakt. Chem.*, (2), **52**, 160] au moyen du diazoïque dérivé de la m-bromaniline et de l'éther cyanacétique. Ce corps est en cristaux jaunes, fusibles à 102°; dissous dans la potasse légèrement alcoolique, il est précipité de cette solution, par l'anhydride carbonique, sous forme de cristaux fusibles à 102°; sous forme de cristaux fusibles à 153° par l'acide chlorhydrique. Cette dernière modification revient à la première par ébullition avec l'alcool.

Hydrazides. — *Benzoyl-m-bromophénylhydrazide*, $C^6H^5-CO-AzH-AzH.C^6H^4Br\,(m)$. — Ce composé fond à 125°. Il s'en forme une petite quantité à côté de la benzoyl-p-bromophénylhydrazide lorsqu'on fait réagir le brome sur une solution éthérée de benzoylphénylhydrazine (C. Freer, voy. ci-dessous).

Thiosemicarbazides. — Elles n'existent que sous la seule forme β ou *syn.* [W. Marckwald, *D. chem. G.*, **32**, 1081].

(*m*) $C^6H^4Br.Az:C(SH).AzHCH^3$.. fond à 127-128°
(*m*) $C^6H^4Br.Az:C(SH).AzHC^6H^5$.. — 113°

p-Bromophénylhydrazine,

$$C^6H^4\begin{cases}AzH-AzH^2_{(1)}\\ Br_{(4)}\end{cases}$$

C'est la plus étudiée des bromophénylhydrazines. On la prépare à partir de la p-bromaniline fusible à 64°. Elle fond à 105° [Elsinghorst, *Inaug. Diss.*], à 106° [Neufeld, *Ann. Chem.*, **248**, 95].

Une préparation fort intéressante consiste à bromer un dérivé de la phénylhydrazine.

La phénylhydrazine et son dérivé acétylé ne se laissent pas bromer, mais il n'en est plus de même des hydrazones. M. P. Meyer [*Ann. Chem.*, **272**, 214] a pu bromer l'acétone-phénylhydrazone et obtenir une o-dibromophénylhydrazine (Az^2H^3, Br, Br = 1.3.4).

M. P. Freer a obtenu des hydrazones et des hydrazides de la mono-p-bromophénylhydrazone en faisant réagir le brome sur des solutions éthérées de phénylhydrazones et de phénylhydrazides [*Bull. Soc. Chim.*, (3), **22**, 520].

M. Michaelis [*D. chem. G.*, **26**, 2190] a montré qu'on pouvait bromer directement le chlorhydrate de phénylhydrazine. Il se fait ainsi à la fois du chlorhydrate de p-bromophénylhydrazine qui se précipite et du chlorure de p-bromo-diazobenzène qui reste dissous. Ce dernier peut être changé en hydrazine par le chlorure stanneux. Le rendement total atteint 80 0/0 du poids de la phénylhydrazine employée. Voyez pour la théorie de cette réaction, W. Vaubel [*J. prakt. Chem.*, (2), **49**, 540].

L'o-tolylhydrazine se laisse également bromer et donne la base $C^6H^3-CH^3-Az^2H^3.Br.1.2.5$.

On produit encore la p-bromophénylhydrazine en réduisant par l'amalgame de sodium l'iso-p-bromodiazobenzénate de potassium [E. Bamberger, *D. chem. G.*, **30**, 216], ou bien l'éther méthylique de l'isonitroso-p-bromophénylhydroxylamine [*Ibid.*, **31**, 574].

Sels. — Tandis que la p-bromaniline est difficilement salifiable, l'hydrazine qui en dérive forme des sels avec facilité.

Le *chlorhydrate* cristallise en aiguilles assez solubles dans l'eau bouillante (Neufeld).

Thionyl-p-bromophénylhydrazone,

$$C^6H^4Br-AzH-Az=SO.$$

— Obtenue comme le dérivé chloré. Aiguilles jaunâtres, fusibles à 168° [J. Kliecisen, *D. chem. G.*, **27**, 1549].

Hydrazones. — L'hydrazone de l'*aldéhyde acétique* est en aiguilles jaunes fusibles à 83° (Neufeld).

L'hydrazone de l'*acétone* est en belles lamelles blanches, brillantes, fusibles à 93° (Neufeld).

L'hydrazone de la *méthyléthylcétone* est liquide (P. Freer).

L'hydrazone de l'*acétophénone* cristallise en cubes fusibles à 113° (Freer).

Celles de l'*acide pyruvique* et de son éther éthylique fondent respectivement à 184° et 132° (Freer). La première fondrait à 182°, d'après M. Balbiano [*D. chem. G.*, **30**, 290].

Par l'étude de ces corps, M. Freer a montré qu'on pouvait les considérer comme ayant plutôt la formule

$$\begin{matrix}R\\ R-CH\end{matrix}\gtrless C-AzH-AzH-C^6H^4Br$$

que

$$\begin{matrix}R\\ R-CH^2\end{matrix}> C=Az-AzH-C^6H^4Br.$$

En effet, l'oxydation donne naissance à des combinaisons de l'ordre des azoïques auxquelles revient la formule .

$$\begin{matrix}R\\ R-CH\end{matrix}\gtrless C-Az=Az-C^6H^4Br.$$

Les hydrazones de l'*ionone* et de l'*irone* fondent respectivement à 140-145° et 168-170° [F. Tiemann et P. Krüger, *D. chem. G.*, **28**, 1754].

Celle de la *chinotoxine*, à 141° [E. Fussenegger, *D. chem. G.*, **33**, 3214].

Hydrazone du glyoxal, voyez GLYOXAL.

Enfin, M. C. Neuberg s'est occupé des p-bromophénylhydrazones des matières sucrées [voyez *D. chem. G.*, **32**, 3384 et à GLUCOSE, 2ᵉ Suppl., **4**, 755].

Hydrazides. — *Formyl-p-bromophénylhydrazide*, (*p*) $Br-C^6H^4-AzH-AzH-CHO$. — Obtenue par M. S. Ruhemann en faisant réagir le chloroforme et la potasse alcoolique sur l'hydrazine : elle cristallise dans l'eau en aiguilles fusibles à 198° [*Chem. Soc.*, **57**, 50].

Acétyl-p-bromophénylhydrazide,

$$C^8H^9BrAz^2O.$$

— Aiguilles brunes fusibles à 161° [Bölsing et Tafel, *D. chem. G.*, **25**, 1551], à 167° [L. Michaelis, *ibid.*, **26**, 2190], facilement solubles dans l'alcool et dans l'acide acétique, peu solubles dans l'éther, le chloroforme et le benzène.

Benzoyl-p-bromophénylhydrazide,

$$C^6H^4Br-AzH-AzH-CO-C^6H^5.$$

— Lamelles nacrées, fusibles à 156°, obtenues par l'action du brome sur la benzoylphénylhydrazine [C. Freer, *Ann. Chem. Journ.*, **21**, 14 ; *Bull. Soc. Chim.*, (3), **22**, 520].

Action de l'acide $C^8H^{14}O^4$, *dérivé de l'acide camphorique.* — Voyez F. Mahla et F. Tiemann [*D. chem. G.*, **21**, 2151 ; *Bull. Soc. Chim.*, (3), **16**, 463, et L. Balbiano, *Gazz. chim. ital.*, **26**, **1**, 52 ; *Bull. Soc. Chim.*, (3), **16**, 896].

Oxydation des hydrazides. — Voyez C. Freer (*loc. cit.*).

Dérivés carboniques et sulfocarboniques.

Les alcoylthiosemicarbazides de la p-bromophénylhydrazine se présentent souvent sous les deux formes : *labile*, ou α ou *anti*, et *stable*, ou β ou *syn* [W. Marckwald, *D. chem. G.*, **32**, 1081].

Cet auteur a décrit les composés suivants :

Formules	Fusion α	Fusion β
(p) $Br.C^6H^4.AzH.Az:C(SH)AzH.CH^3$	133°	199°
$Br.C^6H^4.AzH.Az:C(SH)AzH.C^2H^5$	145-146°	189-190°
$Br.C^6H^4.AzH.Az:C(SH)AzH.C^6H^5$	160°	200°
$Br.C^6H^4.AzH.Az:C(SH)AzH.C^{10}H^7\alpha$	n'existe pas	185°
$BrC^6H^4.AzH.Az:C(SH)AzH.C^{10}H^7\beta$	183°	202°

2.4 *Dibromophénylhydrazine ; m-Dibromophénylhydrazine.*

$$C^6H^3 \lessgtr {AzH-AzH^2}_{(1)} \atop {Br^2}_{(2.4)}$$

Cette base s'obtient à partir de la m-dibromaniline : on diazote celle-ci et on réduit ensuite par le chlorure stanneux en milieu fortement chlorhydrique. Elle se présente en aiguilles blanches, filiformes, fusibles à 91° et décomposables vers 178° ; elle est facilement soluble dans l'éther, moins dans l'alcool, la ligroïne et l'éther de pétrole, à peine dans l'eau bouillante. Elle est assez stable à l'air et à la lumière, à l'inverse des autres isomères. Les réducteurs (Sn + HCl) la transforment en p-bromaniline fusible à 63° (P. Meyer).

On obtient aussi la 2.4 dibromophénylhydrazine, accompagnée de son dérivé acétylé, lorsqu'on ajoute peu à peu en refroidissant 2 parties de brome à 1 partie d'acétylphénylhydrazine dissoute dans 10 parties d'acide chlorhydrique fumant [L. Michaelis, *D. chem. G.*, **26**, 2192].

Sels. — Le *chlorhydrate* est en longues aiguilles difficilement solubles dans l'eau froide, surtout en présence d'acide chlorhydrique.

Hydrazides. — Le dérivé *acétylé*,

$$C^6H^3Br^2-AzH-AzH-CO-CH^3,$$

est en prismes incolores, fusibles à 146°, solubles dans l'alcool et dans l'eau bouillante, peu solubles dans l'éther [P. Meyer, *Ann. Chem.*, **272**, 214].

Dérivé thionylé, $C^6H^3Br^2_{(2.4)}-AzH-Az=SO$. — Aiguilles jaunes, fusibles à 99° [J. Klieeisen, *D. chem. G.*, **27**, 2552].

2.5 *Dibromophénylhydrazine*,

$$C^6H^3Br^2_{(2.5)}-AzH-AzH^2_{(1)}.$$

On obtient facilement cette hydrazine en partant de la p-dibromaniline fusible à 52°. Elle cristallise facilement dans l'eau bouillante et dans la ligroïne, en aiguilles ou feuillets brillants, incolores, fusibles à 97°.

Son *chlorhydrate* cristallise bien ; ses combinaisons avec l'*acétone*, l'*aldéhyde* sont solides ; par contre celles de l'aldéhyde propylique, de l'anéthol, de la méthylhexylcétone sont huileuses [Neufeld, *Ann. Chem.*, **248**, 93].

Par l'action du produit de la diazotation de la p-dibromaniline sur l'éther cyanacétique, M. B. Marquardt [*J. prakt. Chem.*, (2), **52**, 164] a obtenu l'*hydrazone*

$$CAz-C(=Az-AzH-C^6H^3Br^2).CO^2C^2H^5,$$

laquelle se présente comme le dérivé m-bromé sous deux formes, fusibles à 172 et 144°.

3.4 *Dibromophénylhydrazine ; o-Dibromophénylhydrazine*,

$$C^6H^3 \lessgtr {AzH-AzH^2}_{(1)} \atop {Br^2}_{(3.4)}$$

On l'obtient en mêlant peu à peu à une solution de 50 grammes d'acétone-phénylhydrazone pure dans 250 grammes de chloroforme, une autre solution de 55 grammes de brome dans 100 grammes de chloroforme. Après 24 heures, on essore le bromhydrate de dibromophénylhydrazine formé, on le lave avec du chloroforme, puis on le dissout dans l'eau bouillante, qui laisse de côté une résine brune. Le liquide filtré décoloré au noir, traité par la soude, abandonne l'hydrazine qu'on fait cristalliser à plusieurs reprises dans la ligroïne bouillante. Le rendement est assez bon. L'hydrazine est en aiguilles filiformes, incolores, fusibles à 104°, très altérables, facilement solubles dans l'éther, moins solubles dans l'alcool, la ligroïne et l'éther de pétrole, très peu solubles dans l'eau bouillante. Le zinc et l'acide chlorhydrique la transforment en p-bromaniline fusible à 63° et bromure d'ammonium :

$$C^6H^3Br^2-AzH-AzH^2 + 2H^2$$
$$= C^6H^4Br-AzH^2 + AzH^4Br.$$

Sels. — Elle donne facilement des sels avec les acides minéraux, ce qui la distingue de la dibromaniline.

Ces sels sont très solubles dans l'eau, plus ou moins solubles dans l'alcool.

Chlorhydrate, B, HCl. — Aiguilles brillantes, fusibles vers 200° avec décomposition.

Nitrate, B, AzO^3H. — Aiguilles brillantes, fusibles vers 163° avec décomposition.

Sulfate, B^2, SO^4H^2. — Aiguilles brillantes.

Picrate, $B, C^6H^3Az^3O^7$. — Tables orangées, fusibles vers 132°.

Oxalate, $B^2, C^2H^2O^4$. — Petites tables, fusibles à 174° avec décomposition.

Hydrazone. — La combinaison *benzylidénique*, $C^6H^3Br^2-AzH-Az=CH-C^6H^5$ est en aiguilles incolores réunies en mamelons, fusibles à 123°, facilement solubles dans l'alcool et dans l'éther.

Hydrazide. — Le dérivé *acétylé*,

$$C^6H^3Br^2-AzH-AzH-COCH^3,$$

est en longues aiguilles blanches, fusibles à 162-163° avec décomposition, facilement solubles dans l'alcool, l'éther et l'eau bouillante [P. Meyer, *Ann. Chem.*, **272**, 214].

2.4.6 *Tribromophénylhydrazine ; Tribromophénylhydrazine symétrique*,

$$C^6H^2Br^3_{(2.4.6)}-AzH-AzH^2_{(1)}.$$

On part de la tribromaniline symétrique, qu'on diazote et qu'on réduit ensuite par le chlorure stanneux. Elle cristallise dans la ligroïne et fond à 146°, avec décomposition. Ses propriétés basiques sont encore assez prononcées pour permettre la formation d'un *chlorhydrate* et d'un *sulfate* stables dans l'eau ; par contre l'*acétate* est dissocié par ce véhicule.

L'*aldéhyde* et l'*acétone* donnent des hydrazones solides (acétone-hydrazone fusible à 54°) ; mais les aldéhydes et acétones plus riches en carbone ne fournissent que des huiles [Neufeld, *Ann. Chem.*, **248**, 96].

Hydrazone du nitrile-éther mésoxalique,

$$CAz-C(=Az-AzH-C^6H^2Br^3_{(2.4.6)})-CO^2C^2H^5.$$

— Existe sous deux modifications, une première α, labile, fusible à 134° ; une seconde β, stable, fusible à 141°. On la prépare comme les composés analogues [B. Marquardt, *loc. cit.*].

Hydrazides. — *β-acétyl-2.4.6 tribromophénylhydrazide*, $C^6H^2Br^3-AzH-AzH-CO-CH^3$. — Prismes quadrangulaires, fusibles à 188°, assez solubles dans l'alcool bouillant, à peine dans l'eau bouillante, obtenus par l'action de l'anhydride acétique sur la base ou de l'acide acétique sur le chlorhydrate [O. Widmann, *D. chem. G.*, **28**, 1925].

αβ diacétyl-2 . 4 . 6 tribromophénylhydrazide. — Elle se forme si l'on chauffe un excès d'anhydride acétique avec l'hydrazine; elle cristallise en aiguilles dures, fusibles à 144-145° (O. Widmann).

Dérivés carboniques et sulfocarboniques. — 2.4.6 *Tribromophénylcarbazinate d'éthyle,*

$$C^6H^2Br^3 - AzH - AzH - CO^2C^2H^5.$$

— On le produit par l'action de l'éther chloroformique sur l'hydrazine en solution benzénique; il cristallise en aiguilles ou en prismes allongés, durs, fusibles à 103°, solubles dans l'alcool et dans le benzène, peu solubles dans le benzène. Le permanganate de potassium transforme ce corps en *dérivé azoïque* correspondant; celui-ci est en cristaux jaune d'or, fusibles à 72-73°. On peut faire les sels correspondants; mais l'acide

$$C^6H^2Br^3 - Az = Az - CO^2H$$

se décompose très rapidement en anhydride carbonique, azote et tribromobenzène (O. Widmann).

Carbamo-2.4.6 tribromophénylhydrazide; 2.4.6 *tribromophénylsemicarbazide,*

$$C^6H^2Br^3 - AzH - AzH - COAzH^2.$$

— Préparée par l'action du cyanate de potassium sur l'hydrazine en milieu acétique; c'est un corps peu soluble dans les liquides organiques, cristallisable en aiguilles fusibles à 235-236°. Le permanganate de potassium le change en *azoïque*, cristallisable en aiguilles rouges, fusibles à 176° avec dégagement gazeux (O. Widmann).

Alcoyl-2.4.6 tribromophényllhiosemicarbazides. — Elles n'existent que sous la forme stable ou β ou *syn* [W. Marckwald, *D. chem. G.*, **32**, 1081].

$_{(2.4.6)}C^6H^2Br^3 - AzH - Az = C(SH)AzH - CH^3$
fond à 206°;

$_{(2.4.6)}C^6H^2Br^3 - AzH - Az = C(SH)AzH - C^6H^5$
fond à 203°;

$_{(2.4.6)}C^6H^2Br^3 - AzH - Az = C(SH)AzH - C^6H^4 - CH^3 (p)$
fond à 201°.

2.3.4.6 *Tétrabromophénylhydrazide,*

$$C^6HBr^4_{(2.3.4.6)}AzH \cdot AzH^2_{(1)}.$$

La tétrabromaniline fusible à 115° sert de point de départ. L'hydrazine est en prismes déliés fusibles à 167°, assez solubles dans le chloroforme et le benzène, difficilement solubles dans l'éther. Les *sels* et les *hydrazones* présentent les caractères des dérivés de la phénylhydrazine tribromée [Neufeld, *Ann. Chem.*, **248**, 97].

p-Iodophénylhydrazine, $C^6H^4I_{(4)}AzH - AzH^2_{(1)}$.

On se sert de l'iodaniline fusible à 60° et on suit la méthode de réduction par le chlorure stanneux. L'hydrazine est en aiguilles soyeuses, incolores, fusibles à 103°, très solubles dans les solvants organiques.

L'hydrazone de l'*aldéhyde* est en lamelles blanches, fusibles à 107°; celle de l'*acétone* en aiguilles jaunes fusibles à 114° [A. Neufeld, *Ann. Chem.*, **248**, 98].

2 4 *Diodophénylhydrazine,*

$$C^6H^3I^2_{(2.4)}AzH - AzH^2_{(1)};$$

Aiguilles à éclat soyeux, incolores, fusibles à 112°, facilement solubles dans l'alcool, l'éther et le benzène, peu solubles dans la ligroïne.

Le *chlorhydrate* est en lamelles brillantes, fusibles à 163°; l'*aldéhyde* et l'*acétone* donnent à froid des hydrazones cristallisant par addition d'eau [A. Neufeld, *ibid.*, 99].

Nitrophénylhydrazines.

La phénylhydrazine ne peut être nitrée directement, mais il n'en est pas de même de ses dérivés. Pour que la nitration s'effectue sur le noyau aromatique, il faut que deux ou trois atomes d'hydrogène soient déjà entrés en réaction avec d'autres corps. C'est ce que montrent les préparations suivantes, bien que les auteurs n'aient pas cherché à extraire l'hydrazine nitrée des combinaisons ainsi formées, et que le contrôle des formules données n'ait pas été établi par la comparaison des produits de nitration directe et des produits de condensation des hydrazines, prises à l'état isolé, avec les substances convenables.

Nitration des hydrazones.

Acétone-dinitrophénylhydrazone,

$$(CH^3)^2C = Az - AzH - C^6H^3(AzO^2)^2.$$

— On ajoute peu à peu l'acétone-phénylhydrazone (12 grammes) à de l'acide nitrique (25 grammes) concentré, incolore, refroidi dans un mélange réfrigérant, et on mêle la solution, goutte à goutte, à 100 grammes d'acide nitrique fumant et bien refroidi, en ayant soin d'agiter; enfin, on verse le tout dans l'eau glacée. La masse qui se précipite, cristallisée dans l'alcool bouillant, fournit par refroidissement de belles aiguilles jaunes, fusibles à 127°, assez solubles dans l'alcool à chaud, le benzène, l'éther, le chloroforme, à peu près insolubles dans l'eau, solubles dans les alcalis étendus, presque inattaquables par l'acide chlorhydrique bouillant [E. Fischer et F. Ach, *Ann. Chem.*, **253**, 57]. Ce composé pourrait être l'acétone 2.4 dinitrophénylhydrazone (voyez plus loin).

p-Nitrophénylhydrazone lévulique,

$$AzO^2_{(4)} - C^6H^4AzH_{(1)}Az = C\begin{array}{l} \diagup CH^3 \\ \diagdown CH^2 - CH^2 - CO^2H \end{array}$$

— On l'obtient en hydratant par 5 fois son poids d'acide chlorhydrique fumant le dérivé nitré de l'anhydride de la phénylhydrazone lévulique :

$$\begin{array}{c} AzO^2 - C^6H^4 - Az \;—\; Az \\ CO \langle \qquad\qquad \rangle C - CH^3. \\ CH^2 - CH^2 \end{array}$$

Celui-ci s'obtient lui-même en nitrant directement la phénylhydrazone lévulique, et en conduisant l'opération comme pour le dérivé de l'acétone.

La nitrophénylhydrazone lévulique est en cristaux jaune-orangé, suintant vers 190° et fondant vers 200° en se décomposant, facilement solubles dans l'acétone et dans l'alcool à chaud, peu solubles dans l'alcool, le benzène, l'éther à froid; colorant la soie et le coton directement, plus stables que le dérivé non nitré vis-à-vis des acides.

L'*anhydride* est en fines aiguilles aplaties, fusibles à 118-119°, assez solubles à chaud dans l'alcool, le benzène, l'acide acétique, peu solubles dans l'éther et dans la ligroïne. Par réduction, on peut en obtenir de la p-phénylènediamine, ce qui établit la position para du groupe nitro.

L'*éther éthylique* s'obtient, soit à partir de l'acide, soit à partir de l'anhydride et de l'alcool chlorhydrique; il se présente en cristaux jaune-orangé, fusibles à 156-157° (Fischer et Aeb).

Nitration d'hydrazides.

La nitration de la phénylhydrazine dans une hydrazide n'a pu être réalisée qu'à partir d'une hydrazide où les 3 atomes d'hydrogène de la phénylhydrazine étaient substitués, l'acétylcitraconephénylhydrazide

$$C^6H^3 - Az^2 \begin{cases} (CO)^2 \cdot C^3H^4 \\ CO - CH^3 \end{cases}$$

On obtient le dérivé mononitré par l'action de l'acide nitrique fumant et de l'acide sulfurique, à volumes égaux. C'est un corps cristallisé en prismes jaunes, fusibles à 124°, décomposables par le bicarbonate de sodium en solution aqueuse en nitrophénylcitraconhydrazide fusible à 206-207°,

$$AzO^2 - C^6H^3 - Az^2H^2 - CO - C^3H^4 - CO^2H.$$

De ce corps, on peut ensuite passer au moyen du carbonate de sodium à une nitrophénylhydrazine [A. Michaël, *D. chem. G.*, **19**, 1387]. L'auteur ne paraît plus être revenu sur cette recherche.

o-Nitrophénylhydrazine,

$$C^6H^4(AzO^2)_{(2)} - AzH - AzH^2_{(1)}.$$

Cette base a été préparée par M. A. Bischler [*D. chem. G.*, **22**, 240, 2801] à partir de l'o-nitraniline; on la diazote et on réduit le diazoïque par le chlorure stanneux. On décompose le chlorostannate par l'hydrogène sulfuré; le chlorhydrate est ensuite décomposé par l'acétate de sodium.

On l'obtient aussi en décomposant par l'acide chlorhydrique dilué à chaud l'o-nitrophénylhydrazine-disulfonate de potassium

$$AzO^2 - C^6H^4 - Az . SO^3K - AzH - SO^3K$$

[A. Hantzsch et H. Borghaus, *D. chem. G.*, **30**, 89].

L'o-nitrophénylhydrazine est en longues aiguilles soyeuses, rouge-brique, fusibles à 90°, assez solubles dans l'alcool froid et dans le benzène, peu dans l'éther froid, facilement solubles dans les liquides organiques chauds; l'eau la dissout à chaud, mais ne l'abandonne plus s'il y a un alcali.

Sels, $C^6H^7Az^3O^2, HCl$. — Longues aiguilles peu solubles dans l'eau et dans l'alcool à froid, plus solubles à chaud (Bischler).

$(C^6H^7Az^3O^2)^2SO^4H^2$. — Petites aiguilles couleur chair, facilement solubles dans l'eau et dans l'alcool à chaud (Bischler).

$(C^6H^7Az^3O^2)^2PO^4H^3$. — Grosses aiguilles jaune serin, fusibles à 160° (Kliecisen).

Action de la potasse. — La solution d'orthonitrophénylhydrazine dans les alcalis et l'ammoniaque se décolore rapidement à chaud et les acides séparent de la solution un composé presque incolore, qui en diffère par les éléments d'une molécule d'eau et par sa nature acide. Ce composé fond à 157°; il a reçu le nom d'*azimidol* et on lui a assigné la constitution

$$C^6H^4 \begin{cases} - Az - OH \\ \quad \geq Az \\ - Az \end{cases}$$

Son *sel de plomb*, $(C^6H^4Az^3O)^2Pb$, est en lamelles incolores, brillantes, déflagrant à 270°.

L'iodure d'éthyle agit sur ce sel de plomb à 180° et conduit à l'*iodéthylate d'éthylaziminobenzène* [R. Nietzki et E. Braunschweig, *D. chem. G.*, **27**, 3381).

Hydrazones. — L'hydrazone *benzylidénique* est en lamelles rouges, fusibles à 186-187°, insolubles dans l'eau et dans l'éther, peu solubles dans l'alcool bouillant, assez solubles dans le benzène (Bischler).

L'hydrazone *p-toluylidénique* est en aiguilles rouges, fusibles à 181° [V. Hanzlik et A. Bianchi, *D. chem. G.*, **32**, 1286].

L'hydrazone de l'*aldéhyde α-pyrrolique*,

$$C^4H^4Az - CH = Az - AzH - C^6H^4 . AzO^2_{(0)},$$

est en aiguilles rouge foncé à éclat métallique, fusibles à 182°,5-183°, solubles dans la plupart des véhicules organiques et peu solubles dans l'eau [E. Bamberger et G. Djierdjian, *D. chem. G.*, **33**, 536].

L'hydrazone du nitrile-éther mésoxalique, dérivée de l'éther cyanacétique et du chlorure d'o-nitrodiazobenzène, se présente sous deux formes fusibles à 116° et 146° (stable) [Uhlmann, *J. prakt. Chem.*, (2), **51**, 228].

L'hydrazone de la β-naphtoquinone est en lamelles vert foncé à reflets bronzés fusibles à 218° [E. Bamberger, *D. chem. G.*, **30**, 515].

Thionyl-o-nitrophénylhydrazone,

$$C^6H^4AzO^2 - AzH - Az = SO.$$

— Petites lamelles rouges fusibles à 128° [Kliecisen, *ibid.*, **27**, 2551].

Hydrazides. — M. Bischler en a préparé un certain nombre; elles sont colorées; leur solution dans les alcalis est rouge violacée.

		Fusion
β-Formylhydrazide..	aiguilles jaune pâle....	177°
β-Acétylhydrazide...	aiguilles jaune citron ..	140-141°
αβ-Diacétylhydrazide	prismes rouges........	57-58°
β-Benzoylhydrazide .	aiguilles jaune paille ..	166°
Dihydrazide oxalique	aiguilles jaunes.......	»

La formyle-o-nitrophénylhydrazide, réduite par l'amalgame de sodium en solution acide alcoolique, donne naissance non pas à l'o-aminoformylphénylhydrazide mais à l'α-phénotriazine qui en dérive par perte d'eau et d'hydrogène :

$$C^6H^4 \begin{cases} AzH^2 \\ AzH - AzH - CHO \end{cases} \longrightarrow C^6H^4 \begin{cases} AzH - CH \\ \quad\quad \| \\ AzH - Az \end{cases}$$

$$\longrightarrow C^6H^4 \begin{cases} Az = CH \\ \quad\quad | \\ Az = Az \end{cases}$$

Cette α-phénotriazine est un corps cristallisé, jaune, fusible à 65-66°.

Le dérivé acétylé conduit de même à l'α-phénométhyltriazine fusible à 88-89°, ainsi qu'à un peu de dérivé acétylé de l'o-amidophénylhydrazine (Bischler).

Dérivés sulfocarboniques. — Ils ont été préparés par M. W. Marckwald. Ils n'existent que sous la forme stable [*D. chem. G.*, **32**, 1085] :

	Fusion
(o) $C^6H^4 . AzO^2 - AzH . Az : C(SH) AzHCH^3$.	201-202°
$C^6H^4 . AzO^2 - AzH . Az : C(SH) AzHC^2H^5$.....	167-168°
$C^6H^4 . AzO^2 - AzH . Az : C(SH) AzHC^6H^5$.....	185-186°

4 bromo-2 nitrophénylhydrazine (*p-bromo-o-nitro-phénylhydrazine*),

$$C^6H^3 \begin{cases} AzH - AzH^2_{(1)} \\ AzO^2_{(2)} \\ Br_{(4)} \end{cases}$$

— Cette hydrazine a été préparée par MM. A. Bischler et S. Brodsky [*D. chem. G.*, **22**, 2816], au moyen de réactions parallèles à celles qui produisent les nitrophénylhydrazines.

Elle cristallise dans le benzène en filaments soyeux rouge foncé; elle fond à 130° et se dissout facilement dans l'acide acétique chaud, le benzène, l'alcool et l'éther; elle est un peu soluble dans l'eau bouillante, insoluble dans l'eau froide. Elle est réductrice.

Sels. — Le *chlorhydrate* et le *sulfate* sont des sels cristallisés, rouges, solubles dans l'eau bouillante.

Hydrazones	Aspect	Fusion
Ald. benzoïque....	aiguilles rouge feu	207°
Acétophénone	aiguilles rouge feu	148°
Hydrazides		
Formique.........	pet. aig. jaune clair	191°
Acétique..........	pet. aig. jaune citron ...	173°
Benzoïque	lamelles jaune d'or	185°

La *p-bromo-o-nitrodiphénylsemicarbazide*,

$$C^6H^3Br . AzO^2 - AzH - AzH - CS - AzH - C^6H^5,$$

est un précipité cristallin orangé, fusible à 160-164°, peu soluble dans l'alcool et dans l'acide acétique, encore moins soluble dans le benzène et dans l'éther.

La réduction des dérivés formylé et acétylé par l'amalgame de sodium et l'acide acétique en milieu alcoolique donne naissance aux *p-bromo-α-phénotriazine* et *p-bromo-α-phénométhyltriazine* (Voy. TRIAZINES).

Thionyl-p-bromo-o-nitrophénylhydrazone,

$$C^6H^3Br . AzO^2 - AzH - Az = SO.$$

— Cristaux jaunes, en mamelons, fusibles à 157°, solubles dans l'alcool [J. Kliecisen, *D. chem. G.*, **27**, 2549].

m-*Nitrophénylhydrazine*,

$$C^6H^4(AzO^2)_{(3)} - AzH - AzH^2_{(1)}.$$

Elle a été préparée par MM. A Bischler et S. Brodsky [*D. chem. G.*, **22**, 2809) par les mêmes réactions que le dérivé ortho. De même par MM. Hantzsch et Borghaus [*loc. cit.*].

Elle est en aiguilles jaune serin, fusibles à 93°.

Sels, $C^6H^7Az^3O^2, HCl$. — Lamelles jaunes.

$(C^6H^7Az^3O^2)^2SO^4H^2$. — Cristaux jaunes groupés.

Hydrazones. — Nous ne ferons que citer rapidement les hydrazones des aldéhydes ou acétones suivantes (Bischler et Brodsky).

Hydrazones	Aspect	Fusion
Acétaldéhyde	cristaux jaunes ..	98°
Benzaldéhyde...........	aig. rouge carmin	117-118°
Acétone	aig. rouge foncé..	112°
Acétophénone	aig. rouge foncé..	160°
Monohydrazone du benzile	pet. aig. orangées	158°

L'*acide dioxytartrique* donne, suivant les proportions, la m-nitrophénylizine dioxytartrique ou la bis-m-nitrophénylizine dioxytartrique. La première fond en brunissant à 175°, la seconde à 200°.

L'*éther acétylacétique* donne l'hydrazone

$$_{(m)}AzO^2 - C^6H^4 - AzH . Az : C(CH^3) - CH^2 - CO^2C^2H^5,$$

laquelle est en aiguilles d'un jaune rougeâtre, fusibles à 117°.

Hydrazone du nitrile-éther mésoxalique. — Deux formes, fusibles à 136-137° et 124-125° (stable) [P. Uhlmann, *loc. cit.*].

Thionyl-m-nitrophénylhydrazone,

$$_{(m)}AzO^2 - C^6H^4 - AzH - Az = SO.$$

— Aiguilles filiformes fusibles à 185° [Kliecisen, *D. chem. G.*, **27**, 2549].

Hydrazides. — (Bischler et Brodsky).

Hydrazides	Aspect	Fusion
β-Acétylhydrazide..........	lamelles jaune d'or	145°
α β-Diacétylhydrazide.......	tables brunes.....	150°
β-Benzoylhydrazide.........	aig. group. jaunes.	151°
α β-Dibenzoylhydrazide	lamelles jaunâtres.	153°
α-Acétyl-β-benzoylhydrazide.	crist. jaun. groupés	137°
α-Benzoyl-β-acétylhydrazide..	agrégats jaunâtres.	147°

La réduction du dérivé acétylé conduit à un composé qu'il y a lieu de considérer comme dérivé de la m-aminophénylhydrazine, mais d'où l'on n'a pu isoler celle-ci.

Dérivés sulfocarboniques. — MM. Bischler et Brodsky ont décrit une m-nitrodiphénylthiosemicarbazide,

$$_{(m)}AzO^2 - C^6H^4 - AzH - AzH - CS - AzH - C^6H^5,$$

fusible à 146-147°, en agrégats jaune foncé, soluble dans l'alcool bouillant, peu soluble dans le benzène et dans l'acide acétique.

M. W. Marckwald a cité le même corps [*D. chem. G.*, **32**, 1085] et lui attribue le point de fusion 164°; il n'existe que sous une seule forme *syn* ou stable. Il en est de même du produit dérivé du méthylsénevol et de la m-nitrophénylhydrazine: la seule forme isolée fond à 176-177°.

P-nitrophénylhydrazine,

$$C^6H^4(AzO^2)_{(4)} - AzH - AzH^2_{(1)}.$$

La réduction du diazoïque de la p-nitraniline par le chlorure stanneux donne surtout de la p-phénylène-diamine (Bischler et Brodsky). La réduction par l'intermédiaire du bisulfite, suivant la méthode de Fischer, donne au contraire de bons résultats [A. Purgotti, *Atti. R. Acad. d. Lincei*, 1891, **2**, 266].

La décomposition par l'acide chlorhydrique du sel de sodium de son dérivé sulfoné à l'azote donne facilement un chlorhydrate d'où l'acétate de sodium permet d'isoler la base.

La décomposition du p-nitrophénylhydrazine-disulfonate de potassium conduit au même résultat [Bamberger et Kraus, *D. chem. G.*, **29**, 1834; Hantzsch et Borghaus, *ibid.*, **30**, 90; voy. encore **29**, 281-286].

La p-nitrophénylhydrazine cristallise en aiguilles ou en lamelles d'un rouge orangé, fusibles à 157° avec décomposition, solubles dans l'alcool, l'éther, le chloroforme et l'éther acétique, très peu solubles dans le benzène.

Son *chlorhydrate*, $C^6H^7Az^3O^2, HCl$, est en lamelles d'un rouge orangé, d'éclat adamantin [Bamberger et Kraus].

Son *picrate*, $C^6H^7Az^3O^2, C^6H^3Az^3O^7$, est en aiguilles rouges, fusibles à 119-120° [E. Hyde, *D. chem. G.*, **32**, 1810].

Hydrazones.

Hydrazones	Aspect	Fusion	
Acétaldéhyde.........	aig. jaune d'or foncé	128°,5	(1)
Benzaldéhyde	cristaux rouges....	90° / 190° ?	(1) / (2)
p-Toluylaldéhyde	aig. rouge foncé..	196°	(3)
m-Nitrobenzaldéhyde..	lam. brill. orang. .	247°	(1)
p-Nitrobenzaldéhyde...	aig. br. rouge viol.	249°	(1)
Cinnamaldéhyde.......	crist. orang. brill..	195°	(1)

Furfurol	crist. rouge pâle...	127°	(4)
α-Méthylfurfurol	poudre rouge rubis	130°	(4)
Acétone	aig. jaune d'or...	148-148°,5	(5)
Acétophénone	aig. rouge orang..	184-185°	(1)
Benzophénone	aig. fil. jaune soufre	154-155°	(1)
Benzile (osazone)	poudre cristalline..	290°	(1)
Phénanthrene quinone Monohydrazone	pet. aig. rouges...	245°	(1)
β-Naphtoquinone (monoh.)	....	235-236°	(6)
Sucres divers	Voy. GLUCOSES.		

(1) Hyde. — (2) Purgotti. — (3) Hanzlich et Bianchi, *D. chem. G.*, **32**, 1285. — (4) F. Feist. — (5) Bamberger et Sternitzski. — (6) E. Bamberger, *D. chem. G.*, **30**, 515.

p-Nitrophénylhydrazone pyruvique,

$$AzO^2_{(4)} - C^6H^4 - AzH - Az = C(CH^3)CO^2H.$$

— MM. Em. Fischer et Ach ont donné cette formule à une substance obtenue en décomposant par l'acide pyruvique une solution chlorhydrique étendue de nitrophénylhydrazone lévulique. Ce sont des cristaux jaunes assez solubles dans l'alcool et dans l'acétone bouillants, très peu solubles dans le benzène et dans l'éther [*Ann. Chem.*, **253**, 57]. Le même corps sans doute a été préparé par M. Hyde [*loc. cit.*], par l'action directe de l'acide sur le chlorhydrate de l'hydrazine. Celui-ci la décrit comme une poudre jaune soufre, fusible à 219-220°.

p-Nitrophénylhydrazone lévulique. — Voyez au début du chapitre, les recherches de MM. Fischer et Ach. Récemment M. F. Feist a préparé l'hydrazone de l'acide lévulique et il l'a décrite comme un corps cristallisant en aiguilles brillantes, fusibles à 174-175°, alors que MM. Fischer et Ach indiquent 190-200° [*D. chem. G.*, **33**, 2099].

L'éther acétylacétique donne une p-nitrophénylméthylpyrazolone fusible à 218° [Altschul, *D. chem. G.*, **25**, 1853].

L'hydrazone du *nitrile-éther mésoxalique* (éther cyanacétique) se présente sous deux formes fusibles à 168 et 184° (stable) [P. Uhlmann, *J. prakt. Chem.*, (2), **51**, 217].

Hydrazides. — *β-acétyl-p-nitrophénylhydrazide.* — Suivant Schering c'est un composé fusible à 199-201° [*D. chem. G.*, **25**, Ref. 525]. MM. Freund et Haasé ont préparé ce corps indirectement en dédoublant par la lessive de potasse le produit de nitration de la phénylméthylbioxazolone, produit nitré en para :

```
AzO² . C⁶H⁴ - Az —— Az
              |     ||
              CO - O - C - CH³
      AzO² . C⁶H⁴ - AzH - AzH
  ——→                     |
              + CO² + CO - CH³
```

D'après ces auteurs, il cristallise en belles aiguilles jaune d'or, fusibles à 205° [*D. chem. G.*, **26**, 1316].

Voici d'autres hydrazides préparées par M. E. Hyde [*loc. cit.*].

Hydrazides	Aspect	Fusion
β-Formylhydrazide.	aiguilles jaune paille...	182°
Triacétylhydrazide..	aiguilles blanches......	179-180°
β-Benzoylhydrazide.	aiguilles jaune paille..	193°

Dérivés carboniques et sulfocarboniques. — La *p-nitrophénylsemicarbazide,*

$$AzO^2 . C^6H^4 - AzH - AzH - CO - AzH^2,$$

a été préparée par M. Hyde [*loc. cit.*]. Elle est en petites aiguilles jaunes, fusibles à 211-212°.

Les deux *alcoylthiophénylsemicarbazides* suivantes ont été préparées par M. W. Marckwald [*D. chem, G.*, **32**, 1081]. Cet auteur a reconnu qu'elles se présentent sous deux formes stéréoisomériques, l'une α, ou anti ou labile, l'autre β, ou syn ou stable.

Formule	Fusion α	Fusion β
(p) $AzO^2 . C^6H^4 . AzH Az : C(SH) AzH CH^3$	206°	233°
$AzO^2 . C^6H^4 . AzH Az : C(SH) AzH C^6H^5$	198-200°	220°

Mononitrophénylhydrazines sulfonées à l'azote.

Ces sels se forment dans l'action du bisulfite ou des sulfites sur les sels des diazoïques dérivés des nitranilines. Leur étude a fait l'objet de diverses recherches, soit pour la préparation des phénylhydrazines nitrées, soit au point de vue théorique sur la constitution des diazoïques.

On obtient un sel du type

$$AzO^2 - C^6H^4 - Az(SO^3K) - AzH(SO^3K)$$

si l'on emploie deux molécules de sulfite alcalin pour une de diazoïque ; on a un sel du type

$$AzO^2 - C^6H^4 - AzH - AzH(SO^3K)$$

si l'on emploie le bisulfite. C'est alors la réaction de Fischer.

Nous ne ferons que citer ces corps :

MM. Hantzsch et Borghaus [*D. chem. G.*, **30**, 89] ont préparé :

$$AzO^2 . C^6H^4 . Az(SO^3K) AzH(SO^3K),$$

dérivés *ortho*, *méta* (+ 2H²O) et *para* ;

$$AzO^2 . C^6H^4 . AzH . AzH(SO^3K) + H^2O, \textit{ méta.}$$

MM. Bamberger et Kraus [*Ibid.*, **29**, 182] avaient obtenu auparavant le sel *p-nitrodisulfonique* par différentes réactions.

Enfin, le premier, M. Purgotti [*loc. cit.*] avait préparé les *sels de sodium* (+ 2H²O) et de *baryum* (+ H²O) de l'*acide p-nitrophénylhydrazine monosulfonique*.

Phénylhydrazines polynitrées.

Alors que les dérivés halogénés de la benzine et de la benzine mononitrée ne réagissent pas sur l'hydrate d'hydrazine, certains dérivés des benzines polynitrées peuvent entrer en réaction. On peut donc ainsi préparer des phénylhydrazines polynitrées, par une méthode assez différente des méthodes habituelles. Cette réaction a été effectuée par M. Purgotti d'abord [*Gazz. chim. ital.*, **24**, **1**, 554], en partant du 1 chloro-2.4 dinitrobenzène, puis par MM. Curtius et Dedichen avec le 1 bromo-2.4 dinitrobenzène [*J. prakt. Chem.*, (2), **50**, 241]. Sur ce sujet, M. Purgotti a fait une réclamation de priorité [*J. prakt. Chem.*, (2), **51**, 111].

D'une façon générale, ces hydrazines entrent en réaction un peu plus difficilement que les hydrazines plus basiques ; le concours de la température est souvent nécessaire. Par exemple, la dinitrophénylhydrazine ne se combine plus au sulfure de carbone (C. et D.).

2.4 Dinitrophénylhydrazine,

$$C^6H^3 \lessgtr \begin{matrix} (AzO^2)^2_{(2.4)} \\ AzH - AzH^2_{(1)} \end{matrix}$$

Ce corps s'obtient quantitativement suivant l'équation :

$$C^6H^3(AzO^2)^2Br + 2Az^2H^4, H^2O$$
$$= Az^2H^4, HBr + C^6H^3(AzO^2)^2 . AzH - AzH^2 + 2H^2O$$

lorsque l'on ajoute peu à peu 2 molécules d'hydrate d'hydrazine à une solution alcoolique saturée et froide de 1.2.4 bromonitrobenzène. Il se sépare, à côté d'aiguilles jaunâtres de bromhydrate d'hydrazine, des cristaux foncés qu'il n'y a qu'à laver à l'eau, et à faire cristalliser dans l'alcool (C. et D.). On peut aussi opérer à chaud avec le chlorodinitrobenzène (P.).

Le nitrate de dinitrodiazobenzène (obtenu à partir de la 1.2.4 dinitroaniline), réduit par le chlorure stanneux conduit à la même 1.2.4 dinitrophénylhydrazine que le 1.2.4 bromodinitrobenzène et l'hydrate d'hydrazine (C. et D.).

Cette hydrazine se présente en magnifiques cristaux violet foncé, fusibles à 194° (P.), à 198° avec dégagement gazeux (C. et D.), assez solubles dans l'alcool chaud, peu dans l'alcool froid, réduisant la liqueur de Fehling et le nitrate d'argent ammoniacal, lentement à froid, rapidement à chaud. Elle se dissout dans les alcalis, mais difficilement dans les acides dilués. Sa solution alcoolique paraît donner avec le sodium un *dérivé sodé* $C^6H^3(AzO^2)^2Az^2H^2Na$.

Elle fournit un *dérivé nitrosé* jaune, cristallisé, fusible à 72°, $C^6H^3(AzO^2)^2 . Az^2H^2(AzO)$ (C. et D.).

Suivant M. Purgotti, l'action de l'azotite de sodium sur une solution sulfurique étendue de dinitrophénylhydrazine donne un précipité cristallin fusible à 57-58°, constitué par la 1.2.4 dinitrophénylazoïmide, $C^6H^3(AzO^2)^2 . Az^3$, identique à celle que l'on obtient avec la 1.2.4 dinitraniline.

Sels. — *Chlorhydrate*,

$$C^6H^3(AzO^2)^2Az^2H^3, HCl.$$

— Lamelles jaunes, brillantes, obtenues en saturant une solution alcoolique chaude de l'hydrazine par l'acide chlorhydrique gazeux. La chaleur, l'eau froide ou l'alcool dissocient ce chlorhydrate en ses composants (C. et D.).

Nitrate, $C^6H^3(AzO^2)^2 . Az^2H^3, AzO^3H$. — Petites lamelles dures, d'éclat nacré, jaune orangé, obtenues par ébullition de la dinitrophénylhydrazine avec l'acide nitrique ordinaire, puis refroidissement. Fusible à 158-160°, non dissocié par la chaleur, mais par les dissolvants (C. et D.).

Hydrazones	Aspect	Fusion
Ald. formique	cristaux jaunes..	155° (P.)
- acétique	petites houppes.	147° (P.)
- benzoïque.	lamelles orang..	203° (P.) 235° (C. et D.)
- salicylique	aig. roug. pourpr.	237° (P.) 248° (C. et D.)
- o-nitrobenzoïque...	rouge..........	192° (P.)
- m-nitrobenzoïque...	rouge..........	268° déc. (P.)
- p-oxybenzoïque.....	précip. brun am.	157° (P.)
- cinnamique	lamelles rouges.	» (P.)
Furfurol..............	lam. écarlates...	202° (P.)
Acétone[1]	lam. jaun. brill.	118° (P.) 128° (C. et D.)
Benzophénone...	aiguilles orang..	229° (P.)
Benzile (monohyd.)...	pet. cr. jaune or.	183-184° (P.)

L'éther acétylacétique donne à froid une hydrazone

$$\begin{array}{l} CH^3 - C - CH^2 - CO^2 - C^2H^5 \\ \qquad\ \, \| \\ \qquad Az - AzH - C^6H^3(AzO^2)^2 \end{array}$$

en prismes d'un jaune orangé foncé, fusibles à 96°, facilement solubles dans l'alcool, l'éther, le chloroforme et l'éther de pétrole.

Hydrazides. — *Acétyldinitrophénylhydrazine*, $C^6H^3(AzO^2)^2 - AzH - AzH - COCH^3$. — Fines aiguilles soyeuses, jaune clair, fusibles à 197-198° (C. et D.), à 193-194° (P.), un peu solubles dans l'eau, presque insolubles dans l'éther, le chloroforme, la ligroïne, facilement solubles dans l'alcool chaud. Obtenues par l'action de l'anhydride acétique employé en quantité calculée sur la solution acétique de la 1.2.4 dinitrophénylhydrazine.

Des traces d'alcali colorent ce corps en un rouge que les acides font virer au jaune pâle ; à ce titre, il peut servir d'indicateur.

Oxalyldinitrophénylhydrazide. — Cristaux pulvérulents peu solubles, fusibles à 292°, obtenus par l'action de l'éther oxalique sur l'hydrazine (P.).

Phénylsulfocarbamo-b-dinitrophénylhydrazide, $C^6H^5 . AzH . CS . AzH . AzH . C^6H^3(AzO^2)^2$. — Lamelles jaunes fusibles à 186°, obtenues par combinaison de l'hydrazine avec le phénylsénevol (Purgotti).

2.4.6 *Trinitrophénylhydrazine*
(*picrylhydrazine*).

$$C^6H^2 \begin{cases} (AzO^2)^3_{(2.4.6)} \\ AzH - AzH^2_{(1)} \end{cases}$$

Le chlorure de picryle réagit avec explosion sur l'hydrate d'hydrazine ; mais si l'on tempère la réaction en opérant en solution alcoolique, elle s'effectue régulièrement suivant l'équation :

$$C^6H^2(AzO^2)^3Cl + 2Az^2H^4, H^2O$$
$$= C^6H^2(AzO^2)^3AzH . AzH^2 + Az^2H^4, HCl + 2H^2O.$$

On ajoute goutte à goutte à 12gr,3 de chlorure de picryle dissous dans le moins possible d'alcool absolu, 5 grammes d'hydrate d'hydrazine dissous également dans l'alcool absolu. Il se sépare rapidement des lamelles d'un brillant métallique qu'il suffit de faire cristalliser plusieurs fois dans l'alcool absolu, après lavages abondants à l'eau.

La 2.4.6 trinitrophénylhydrazine cristallise en petits prismes durs, de couleur brune très foncée, décomposables par la chaleur, fusibles à 186° (C. et D.), 175° (P.), insolubles dans l'eau, le chloroforme, le benzène et l'éther, facilement solubles dans l'alcool chaud, présentant les caractères chimiques de la dinitrophénylhydrazine [Purgotti, *Gazz. chim. ital.*, (1), **24**, 112. — Curtius et Dedichen, *J. prakt. Chem.*, **50**, 271].

Hydrazones	Aspect	Fusion
Ald. acétique	lamelles brunes ..	119-120° (P.)
- benzoïque	pet. aig. orangées.	248° (P.) 267° (C. et D.)
- o-nitrobenzoïque	cr. jaun. de chrome	215° déc. (P.)
- m-nitrobenzoïque	aig. jaune citron.	250-251° (P.)
- o-oxybenzoïque..	pet. crist. orang..	275° déc. (P.)
- p-oxybenzoïque..	poudre cr. rouge.	284° déc. (P.)
- cinnamique	pet. crist. pourpres	200° (P.)
- pyromucique. ..	pet. cr. roug. fluor.	230° (P.)
Acétone	pet. aig. jaune brun	125° (P.) (C. et D.)

Toutes ces hydrazones sont donc colorées en jaune tirant plus ou moins sur le rouge ; elles sont, en général, peu solubles, sauf dans le chloroforme. On peut les purifier par cristallisation dans l'acide acétique bouillant.

L'hydrazone de l'*éther acétylacétique*,

$$CH^3 - C[= Az - AzH - C^6H^2(AzO^2)^3] - CH^2 - CO^2C^2H^5$$

est en fines aiguilles d'un jaune d'or, fusibles à 115°, très peu solubles dans l'éther, facilement solubles dans le chloroforme (P.).

Hydrazide. — L'*acétyltrinitrophénylhydrazide* prend naissance quand on chauffe à l'ébullition pendant un jour l'anhydride acétique et l'hydrazine. Elle cristallise en prismes d'un jaune verdâtre, d'éclat soyeux, fusibles à 223°, à 210° (P.), facilement solubles dans l'acétone, l'alcool et

1. Voyez aussi à propos de la nitration des hydrazones, p. 356.

l'acide acétique, peu solubles dans l'eau, le chloroforme et la ligroïne.

2.4.6 *trinitro-m-éthoxyphénylhydrazine,*

$$C^6H(AzO^2)^3(OC^2H^5)(AzH-AzH^2)$$

— De même que l'éther picrique conduit à la trinitrophénylhydrazine en réagissant sur l'hydrate d'hydrazine, de même on aurait pu supposer que le trinitrorésorcinate diéthylique

$$C^6H(AzO^2)^3_{(2.4.6)}(OC^2H^5)^2_{(1.3)}$$

conduirait à une dihydrazine trinitrobenzénique. Il n'en est rien; malgré la position symétrique des deux groupes éthoxyle, un seul réagit, de sorte que l'on obtient seulement la 2.4.6 *trinitro-3 éthoxyphénylhydrazine*. Cela est d'autant plus remarquable que l'ammoniaque conduit à la trinitro-m-phénylène-diamine. Pour préparer l'hydrazine en question, on mêle des solutions éthéro-alcooliques d'éther trinitrorésorcinique et d'hydrate d'hydrazine; on laisse en contact pendant 24 heures; le liquide se colore en brun foncé. On filtre et on évapore à sec. On obtient ainsi des croûtes cristallines que l'on fait cristalliser dans l'alcool ou le chloroforme bouillant.

Cette hydrazine est en petits cristaux d'un jaune rougeâtre, fusibles à 173°, solubles dans l'alcool et dans l'éther acétique, très peu solubles dans le chloroforme à froid, plus solubles à chaud, assez solubles dans l'acide acétique, presque insolubles dans le benzène et dans l'éther [A. Purgotti, *Gazz. chim. ital.*, **25**, 2, 497; *Bull. Soc. Chim.*, (3), **16**, 780].

Hydrazones. — *Benzylidénique.* — Aiguilles jaune d'or, fusibles à 228°

Salicylidénique. — Aiguilles orangées, fusibles à 217-218°.

p-Oxybenzoïque. — Cristaux rouges, fusibles à 231°.

Cinnamylidénique. — Poudre cristalline rouge, fusible à 200-201°.

Hydrazide acétique,

$$C^6H(AzO^2)^3(OC^2H^5)AzH-AzH-COCH^3.$$

— Petits cristaux microscopiques, fusibles à 179°.

Aminophénylhydrazines.

Elles sont peu connues.

o-Aminophénylhydrazine,

$$_{(1)}AzH^2-C^6H^4-AzH-AzH^2_{(2)}.$$

Connue seulement en tant que *dérivé acétylé* qui se forme à côté de la méthyl-α-phénotriazine dans la réduction de l'o-nitrophénylhydrazide acétique. Ce dérivé acétylé est en aiguilles fusibles à 162° [Bischler et Brodsky, *D. chem. G.*, **22**, 2808]. M. Bischler avait mentionné auparavant (*Ibid.*, 241) la formation d'un chlorhydrate cristallisé en lamelles blanches, mais il n'est pas revenu sur le sujet.

Sur un dérivé

$$AzH^2-C^6H^4-AzH-Az=C<{COCH^3 \atop CO^2H}$$

voyez Bamberger [*D. chem. G.*, **17**, 2420].

m-Aminophénylhydrazine.

MM. Bischler et Brodsky (*loc. cit.*) n'ont pas réussi à la préparer par réduction du dérivé nitré.

Auparavant, P. Griess [*D. chem. G.*, **17**, 960] avait cherché à la préparer en réduisant le diazoïque

$$C^6H^4<{AzH-CO-CO^2H \atop Az=Az-Cl}$$

Il se forme l'oxalylhydrazide, laquelle, décomposée par l'acide chlorhydrique bouillant, fournit un chlorhydrate; les bases séparent de ce sel une huile épaisse, qui n'a pu être amenée à cristallisation. Cette huile est soluble dans l'alcool et dans l'éther, insoluble dans l'eau et très sensible aux agents d'oxydation. Elle forme des sels bien cristallisés, parmi lesquels le *chlorhydrate* qui est en lamelles pointues.

Le *dérivé diacétylé,*

$$CH^3CO-AzH-C^6H^4-AzH-AzH-COCH^3,$$

a été préparé par MM. Bischler et Brosky (*loc. cit.*). Il est en aiguilles épaisses jaunes, fusibles à 150-151°.

p-Aminophénylhydrazine.

Inconnue.

Le *dérivé acétylé,*

$$AzH^2-C^6H^4-AzH-AzH-COCH^3,$$

a été préparé indirectement en hydratant par l'eau de baryte bouillante l'aminophénylméthyloxybiazolone. Il cristallise dans l'alcool en lamelles incolores, fusibles à 146°, peu solubles dans l'eau.

Le *dérivé diacétylé,*

$$CH^3CO-AzH-C^6H^4-AzH-AzH-COCH^3,$$

s'obtient par l'action de l'anhydride acétique sur le précédent; il cristallise en aiguilles brunâtres, fondant à 221° [Freund et Haase, *D. chem. G.*, **26**, 1315].

Oxyphénylhydrazines.

La préparation des oxyphénylhydrazines a été tentée par M. H. Reisenegger; mais il n'a pas réussi à les isoler. Par contre, ce chimiste a pu préparer l'*o-anisolhydrazine* [*Ann. Chem.*, **221**, 314] dont il a été question précédemment [2° Suppl., **1**, 290], ainsi que les sels sulfonés à l'azote de l'o- et de la p-phénolhydrazine.

M. Altschul a pu isoler le chlorhydrate de p-oxyphénylhydrazine, mais non l'hydrazine [*J. prakt. Chem.*, (2), **57**, 202]; par contre, les éthers donnent des hydrazines stables [*D. chem. G.*, **25**, 1842].

o-Oxyphénylhydrazine,

$$C^6H^4(OH)_{(1)}-AzH-AzH^2_{(2)}.$$

— Elle n'a pas été isolée.

M. Reisenegger (*loc. cit.*) a obtenu l'*o-oxyphénylhydrazine-sulfonate de potassium,*

$$OH-C^6H^4-Az^2H^2-SO^3K,$$

sous la forme de lamelles blanches très altérables, tout à fait analogues au phénylhydrazine-sulfonate, mais il n'a pu ni en isoler la base, ni en obtenir de dérivés.

o-Méthoxyphénylhydrazine (2° Suppl., *loc. cit.*).

L'*hydrazone pyruvique* est en aiguilles rouge-violet, fusibles à 150° [R. Schiff et G. Vicani, *D. chem. G.*, **30**, 1159].

Acide o-méthoxyphényldithiocarbazinique,

$$CH^3O_{(1)}-C^6H^4_{(2)}-AzH-AzH-CS-SH.$$

— Le sel de potassium de cet acide s'obtient par

l'action du sulfure de carbone en présence de potasse alcoolique sur l'o-anisylhydrazine. Le bromure d'éthylène et les aldéhydes réagissent facilement sur lui [F. Best, *J. prakt. Chem.*, (2), **60**, 225].

m-Oxyphénylhydrazine.

Inconnue.

p-Oxyphénylhydrazine,

$$OH_{(1)} - C^6H^4 - AzH - AzH^2_{(4)}.$$

Pour obtenir le chlorhydrate de cette base, M. Altschul [*J. prakt. Chem.*, (2), **57**, 202) recommande d'opérer de la façon suivante, dans laquelle la modification aux méthodes usuelles consiste principalement en ce qu'on emploie l'acide chlorhydrique alcoolique au lieu de l'acide aqueux et en ce qu'on part du sel sulfonique solide. Le p-oxyphénylhydrazine-sulfonate de potassium (1 partie) est agité avec 3 parties d'alcool, et on y ajoute rapidement à la température ordinaire 1p,5 d'alcool chlorhydrique à 25 0/0. Il se produit un dégagement de chaleur, puis le tout se prend en une bouillie cristalline. On chauffe alors pendant quelque temps au bain-marie pour compléter la réaction, on laisse refroidir, on essore, on lave à l'alcool, puis à l'éther et on dessèche sur des assiettes poreuses. Si on veut avoir le sel pur, on le dissout dans 2 parties d'eau et on refroidit la solution filtrée.

Le *chlorhydrate* cristallise en aiguilles incolores, $C^6H^4OH - AzH - AzH^2, HCl$, très solubles dans l'eau, peu solubles dans l'alcool; d'où on ne peut isoler l'hydrazine que sous la forme d'une huile très altérable qui ne cristallise pas.

L'*oxalate*, $(C^6H^4OH - AzH - AzH^2)^2C^2H^2O^4$, cristallise en lamelles incolores.

L'acide nitreux donne facilement une *nitroso-p-oxyphénylhydrazine,*

$$C^6H^4OH - Az(AzO)AzH^2,$$

en petits cristaux brunâtres, d'odeur spéciale, semblable à celle de la nitrosophénylhydrazide.

p-Oxyphénylhydrazinosulfonate de potassium. — Ce sel s'obtient facilement dans la réduction du *diazoïque* correspondant; il se présente en houppes blanches plus stables que le dérivé ortho, mais on n'en peut extraire le chlorhydrate de p-oxyphénylhydrazine par les moyens courants (voyez ci-dessus) [Reisenegger, *Ann. Chem.*, **221**, 317].

p-Méthoxyphénylhydrazine
(p-anisolhydrazine),

$$CH^3O - C^6H^4 - AzH^2 - AzH^2.$$

Ce corps a été préparé par M. J. Altschul de la même façon que le dérivé éthoxylé (voyez ci-dessous). Il fond à 65°; son *dérivé acétylé* fond à 133°,5 [*D. chem. G.*, **25**, 1842]; la *pyrazolone* formée par l'éther acétylacétique fond à 138° [Riedel, *ibid.*, **26**, Ref., 914].

Le sel de sodium de l'*acide Az-sulfonique* est en aiguilles; c'est de ce sel qu'on isole l'hydrazine au moyen de l'acide chlorhydrique (Altschul).

p-Éthoxyphénylhydrazine,

$$C^2H^5O_{(4)} - C^6H^4_{(1)} - AzH - AzH^2.$$

— Cette substance a été préparée presque à la même époque par M. Stolz [*D. chem. G.*, **25**, 1663] et M. Altschul [*Ibid.*, **25**, 1842]. Le premier s'est servi de la méthode au chlorure stanneux pour réduire le chlorure de diazo-p-phénéthidine; le second utilise la méthode au sulfite, et décompose le sulfonate par l'acide chlorhydrique alcoolique.

La *base* fond à 74°; elle est soluble dans l'éther et très peu dans la ligroïne.

Le *chlorhydrate* est cristallisé (Stolz).

L'*hydrazone* de l'acide butane-dione-oïque est en prismes jaunes, fusibles à 172° [Pechmann et Vedekind, *D. chem. G.*, **28**, 1695].

Le *dérivé acétylé* fond à 141°,5 et se dissout dans 20 parties d'eau bouillante; il existe en outre un *dérivé diacétylé* fusible à 112-116° (Altschul).

L'*éther acétylacétique* conduit à la p-éthoxyphénylméthylpyrazolone fusible à 147° (Stolz, Altschul).

L'*acide crotonique*, à 110-130°, transforme la p-éthoxyphénylhydrazine en *p-éthoxyphénylméthylpyrazolidone*, $C^{12}H^{16}Az^2O^2$, fusible à 87-88° [Farbw. Höchst *D. chem. G.*, **26**, Ref., 419].

L'acide acétone-dicarbonique conduit à la *pyrazolone* fusible à 147° (*Ibid.*, 561).

Le *sel de sodium* de l'acide p-éthoxyphénylhydrazine-sulfonique est cristallisé et soluble dans l'eau; son *sel de baryum* est insoluble. Enfin, quand on décompose le sel de sodium par l'acide chlorhydrique aqueux et froid, on forme, outre l'acide, une sorte de *sulfone* :

$$(C^2H^5O . C^6H^4 - AzH - AzH)^2SO^2.$$

p-Glycolylphénylhydrazine,

$$CO^2H - CH^2O_{(1)} - C^6H^4 - AzH - AzH^2_{(4)}.$$

Cette hydrazine se prépare en prenant pour point de départ la glycolylphénylamine. Elle cristallise avec 1 molécule d'eau et fond à 146°; l'eau la dissout bien, l'alcool à peine [C. Howard, *D. chem. G.*, **30**, 545].

L'*hydrazone benzylidénique* fond à 158°; la *tartrazine* fond à 242°; la *pyrazolone* de l'éther acétylacétique à 211° (*Ibid.*, 2103).

p-Thiophénylhydrazine,

$$S(C^6H^4 - AzH - AzH^2)^2_{(1.4)}.$$

— Cette hydrazine peut se préparer suivant la méthode de Fischer : 5 grammes de thioaniline (1 molécule) sont dissous dans 21 grammes d'acide chlorhydrique à 40 0/0 (2mol,5), et traités dans un mélange réfrigérant par la quantité calculée d'azotite de sodium (2 molécules). Quand la diazotation est à son terme, on introduit la liqueur peu à peu, en agitant, dans une solution de bisulfite refroidie (5 molécules). La solution est à peine trouble après l'introduction totale, et contient alors le thiodiazobenzène-sulfonate de sodium. On la porte au bain-marie en présence d'un grand excès de poudre de zinc, en agitant bien; la solution rouge se décolore presque complètement et, par addition d'acide chlorhydrique concentré, fournit le chlorhydrate de thiophénylhydrazine sous la forme d'une poudre jaune cristalline. Les alcalis séparent facilement la base de ce sel sous forme d'une masse cristalline qu'on purifie par recristallisation dans l'eau bouillante. Rendement, 40 0/0 par rapport à la thioaniline.

La thiophénylhydrazine se présente en lamelles blanches, brillantes, altérables à l'air, fusibles à 114°, peu solubles dans l'eau froide, facilement solubles dans l'eau bouillante et dans l'alcool, peu solubles dans le chloroforme et dans le benzène froid, plus solubles à chaud dans ces véhicules. Elle est réductrice.

Sels. — *Chlorhydrate*, $S(C^6H^4Az^2H^3)^2, 2HCl$. — Prismes fusibles à 208-209° avec décomposition.

Sulfate, $S(C^6H^4Az^2H^3)^2SO^4H^2$. — Prismes groupés, fusibles à 219° avec décomposition.

Oxalate, $S(C^6H^4Az^2H^3)^2C^2O^4H^2$. — Poudre cristalline.

Thionylthiophénylhydrazone,

$$S(C^6H^4-AzH-Az=SO)^2.$$

— Poudre cristalline jaune, fusible à 187°.

Hydrazones. — *Éthylidène-thiophénylhydrazone*, $S(C^6H^4-AzH-Az=CH-CH^3)^2$. — Composé se résinifiant si rapidement qu'on n'a pu l'analyser.

Benzylidène-thiophénylhydrazone,

$$S(C^6H^4-AzH-Az=CH-C^6H^5)^2.$$

— Poudre cristalline, fusible à 185°.

Acétophénone-thiophénylhydrazone,

$$S[C^6H^4-AzH-Az=C(CH^3)C^6H^5]^2.$$

— Poudre cristalline blanche, fusible à 170°.

Hydrazone pyruvique,

$$S\left(C^6H^4-AzH-Az=C\left\langle\begin{matrix}CO^2H\\CH^3\end{matrix}\right.\right)^2$$

— Flocons jaunes, volumineux, qu'on n'a pu faire cristalliser dans aucun solvant.

Hydrazides. — *L'acétylthiophénylhydrazide*,

$$S(C^6H^4-AzH-AzH-CO-CH^3)^2,$$

cristallisée dans le chloroforme bouillant, est en aiguilles groupées en étoiles, fusibles vers 170-171°, avec décomposition. Le *dérivé benzoylé* a été préparé, mais non étudié, à cause du manque de matière. Il en est de même du *dérivé succinique*.

La *tétraphénylthiodisulfosemicarbazide*,

$$S(C^6H^4-AzH-AzH-CS-AzH-C^6H^5)^2,$$

cristallise facilement dans l'alcool bouillant et se présente en fines aiguilles fusibles vers 180-182° avec décomposition [Ruhl, *Ann. Chem.*, **270**, 148].

Phénylhydrazines sulfonées dans le noyau.

Une phénylhydrazine sulfonée a été mentionnée par Limpricht [*D. chem. G.*, **18**, 2196], qui l'obtint en chauffant à 160° l'éthylsulfate de phénylhydrazine; fort peu de temps après, MM. A. Gallineck et V. von Richter (*Ibid.*, 3172) ont donné des préparations meilleures de l'acide phénylhydrazine-p-sulfonique; cet acide se produit, soit en partant de l'aniline-p-sulfonique, soit en sulfonant directement la phénylhydrazine; M. Ém. Fischer l'avait mentionné dans son mémoire sur les hydrazines.

Le *dérivé méta* a été préparé par Limpricht [*Ibid.*, **21**, 3411]; le *dérivé ortho* n'est pas connu.

Acide m-phénylhydrazine-sulfonique,

$$SO^3H_{(3)}-C^6H^4-AzH-AzH^2{}_{(1)}.$$

Préparé à partir de l'azoïque dérivé de l'acide m-amidobenzène-sulfonique, que l'on réduit par le chlorure stanneux.

Il cristallise en tables rhombiques ou en aiguilles blanches, avec 2 molécules d'eau qu'il perd à 110°. Il se dissout facilement à chaud dans l'eau, difficilement à froid; l'alcool et l'éther le dissolvent à peine.

L'acide azoteux le transforme en acide m-triazobenzène-sulfonique, $SO^3H \cdot C^6H^4 \cdot Az^3$, qui paraît résulter de la décomposition rapide d'un dérivé nitrosé intermédiaire; cet acide est cristallisable, déliquescent; il forme un *sel de baryum* cristallisé.

L'*hydrazone benzoïque* cristallise avec 2 molécules d'eau qu'elle perd à 110°; les acides la décomposent [H. Limpricht, *D. chem. G.*, **21**, 3409].

Acide phénylhydrazine-p-sulfonique,

$$SO^3H_{(4)}-C^6H^4-AzH-AzH^2{}_{(1)}.$$

Cet acide se forme dans de nombreuses circonstances.

1° Son sel de potassium, sulfoné à l'azote et dans le noyau, se forme par l'action du sulfite de potassium sur l'acide p-diazobenzène-sulfonique; en le décomposant par l'acide chlorhydrique, on obtient l'acide phénylhydrazine-sulfonique. Ces réactions avaient été découvertes par Römer dès 1871, mais elles n'ont été expliquées définitivement que par M. Em. Fischer [*Ann. Chem.*, **190**, 76] qui les a formulées ainsi :

$$C^6H^4\left\langle\begin{matrix}Az^2\\ |\\ SO^3\end{matrix}\right. + K^2SO^3 = C^6H^4\left\langle\begin{matrix}Az=Az-SO^3K\\ SO^3K\end{matrix}\right.$$

$$C^6H^4\left\langle\begin{matrix}Az^2-SO^3K\\ SO^3K\end{matrix}\right. + K^2SO^3 + H^2O$$

$$= C^6H^4\left\langle\begin{matrix}Az^2H^2-SO^3K\\ SO^3K\end{matrix}\right. + SO^4K^2;$$

$$C^6H^4\left\langle\begin{matrix}Az^2H^2-SO^3K\\ SO^3K\end{matrix}\right. + HCl + H^2O$$

$$= C^6H^4\left\langle\begin{matrix}Az^2H^3\\ SO^3H\end{matrix}\right. + KCl + KHSO^4.$$

2° On peut sulfoner directement la phénylhydrazine en la versant goutte à goutte dans 6 parties d'acide sulfurique bien refroidi; on remue bien, puis on chauffe pendant un quart d'heure au bain-marie à 100°; on verse dans l'eau froide : l'acide sulfoné, peu soluble, se sépare. On peut aussi partir du chlorhydrate ou du sel Az-sulfonique [Gallinek et von Richter, *D. chem. G.*, **18**, 3172]. Il vaut mieux ne chauffer qu'à 80° [L. Claisen et P. Roosen, *Ann. Chem.*, **278**, 296].

3° On peut l'obtenir sans passer par l'acide sulfanilique; si l'on fait agir le sulfite de potassium à chaud sur le benzène-diazosulfonate, on arrive directement à un sel sulfoné à l'azote et au noyau; on a successivement :

$$C^6H^5-Az=Az-SO^3K \rightarrow C^6H^5.Az(SO^3K).AzH-SO^3K$$

$$\rightarrow C^6H^4\left\langle\begin{matrix}SO^3K\\ AzH-AzH-SO^3K\end{matrix}\right.$$

comme s'il y avait migration d'un groupe sulfoné de l'azote sur le noyau [H. von Pechmann, *D. chem. G.*, **28**, 863; *Bull. Soc. Chim.*, (3), **14**, 1046].

4° Le sel de sodium de la phénylhydrazine p-sulfonique s'obtient par réduction de l'iso-p-diazobenzène-sulfonate de sodium par l'amalgame de sodium [E. Bamberger, *D. chem. G.*, **30**, 218].

L'acide libre est en aiguilles aplaties, brillantes, contenant une demi-molécule d'eau qui s'échappe à 110°.

L'acide nitreux le change presque quantitativement en acide diazobenzène-sulfonique [A. Pfülf, *Ann. Chem.*, **239**, 215].

Sels. — C'est un acide monobasique dont on a décrit les sels suivants :

$$A, AzH^4; \quad A, Na + 1,5H^2O; \quad A^2, Ba + 5H^2O$$
$$A^2, Pb + 2H^2O; \quad A^2, Zn + 4H^2O.$$

Hydrazones. — La *combinaison benzylidénique*, ou plus exactement son sel de sodium, s'obtient quand on dissout de l'aldéhyde benzylique dans une solution aqueuse de phénylhydrazine-sulfonate de sodium. Par double décomposition avec le chlorure de calcium, il fournit de belles aiguilles $(C^{13}H^{11}Az^2SO^3)^2Ca + 4H^2O$. Quant à l'acide libre, il est peu stable et se dédouble facilement en ses constituants (P.).

La *combinaison acétonique* se sépare en belles lamelles brillantes quand on mêle à 70° de l'acétone avec la solution aqueuse de l'acide; elle donne un sel de sodium soluble dans l'eau, peu soluble dans la soude (P.).

La *combinaison pyruvique* se fait assez difficilement directement; son *sel de sodium*, au contraire, cristallise assez bien. Il a pour formule :

$$C^9H^9Az^2SO^5Na + H^2O.$$

L'*acétylacétone* conduit à l'acide 1 *phényl-p-sulfonique-3.5 diméthylpyrazol*, transformable en 1 phénol-(p)-3.5 diméthylpyrazol [L. Claisen et P. Roosen, *D. chem. G.*, **24**, 1888].

La *benzoylacétone* donne une réaction parallèle ainsi que l'*oxyméthylène-acétone* [*Ann. Chem.*, **278**, 296].

Enfin, l'*éther acétylacétique* conduit à la 1 phényl-p-sulfonique-3 méthyl-5 pyrazolone, identique à celle que l'on obtient en sulfonant la phénylméthylpyrazolone [C. Möllenhoff, *D. chem. G.*, **25**, 1948].

Phénylsulfosemicarbazide,

$$SO^3H-C^6H^4-AzH-AzH-CS-AzH-C^6H^5.$$

— Le sel de sodium de cet acide s'obtient en ajoutant du phénylsénevol à la solution hydroalcoolique du sel de sodium de l'acide phénylhydrazine-sulfonique. Par addition d'un excès d'alcool absolu, on le précipite en petits cristaux; il subit la double décomposition avec le chlorure de calcium et donne un sel,

$$(C^{13}H^{12}Az^3S^2O^3)^2Ca + 2H^2O$$

[Pfülf, *loc. cit.*].

Sulfanilhydrazosulfonate de potassium,

$$SO^3K_{(4)}-C^6H^4-AzH-AzH-SO^3K_{(1)}.$$

— On obtient ce sel sulfoné à l'azote en faisant réagir le benzène-diazosulfonate de potassium sur le sulfite de potassium à l'ébullition pendant 12 heures. On le précipite par l'alcool, après avoir filtré la liqueur refroidie et aciduléе par l'acide acétique (voyez la réaction plus haut).

Ce même sel s'obtient aussi par l'action à chaud de la potasse diluée sur le phénylhydrazine-disulfonate de potassium [E. Bamberger, *D. chem. G.*, **30**, 377]. Cette réaction revient à celle de von Pechmann.

L'acide chlorhydrique concentré le décompose et conduit à l'acide phénylhydrazine-p-sulfonique. Oxydé, il fournit l'azoïque

$$SO^3K-C^6H^4-Az=Az-SO^3K,$$

qui est un sel jaune.

Ce sel à son tour, traité par le sulfite, conduit au sel deux fois sulfoné à l'azote

$$SO^3K-C^6H^4-Az(SO^3K)-AzH(SO^3K),$$

lequel s'obtient aussi dans la première réaction s'il y a excès de sulfite. Le *sulfanilhydrazodisulfonate de potassium* cristallise avec 3 molécules d'eau qu'il perd à 110°. Traité par l'acide chlorhydrique, il donne aussi la phénylhydrazine p-sulfonée en perdant les deux tiers de son soufre sous forme d'acide sulfurique [H. von Pechmann, *loc. cit.*].

Acides phénylhydrazine-disulfoniques.

On a préparé deux acides de cet ordre :

1° En faisant agir la chlorhydrine sulfurique sur la phénylhydrazine m-sulfonée, ou bien en réduisant par le chlorure stanneux le diazoïque de l'acide aminodisulfonique résultant de la sulfonation de l'acide m-aminosulfonique. Le *sel acide de baryum*,

$$\left[\begin{matrix}Az^2H^3 \\ SO^3H\end{matrix} > C^6H^3-SO^3\right]^2 Ba,$$

est en aiguilles blanches épaisses, assez peu solubles dans l'eau. Il existe aussi un *sel neutre* rougeâtre,

$$Az^2H^3.C^6H^3.(SO^3)^2Ba.$$

2° En appliquant la deuxième réaction à l'acide p-aminosulfonique. L'acide est en lamelles brillantes, minces, altérables à 120°; il fournit aussi deux sels de baryum.

Ces deux acides se décomposent si on les fait réagir sur les aldéhydes [H. Limpricht, *D. chem. G.*, **21**, 3409].

La position du deuxième groupe sulfonique n'a pas été déterminée.

Acide dibromophénylhydrazine-sulfonique,

$$C^6H^2-Az^2H^3_{(1)}-SO^3H_{(3)}-Br^2_{(4.6)}.$$

— Il est difficilement soluble dans l'eau et donne bien les réactions réductrices des hydrazines; l'acide m-diazobenzène-sulfonique le change en l'acide triazodibromobenzène-sulfonique qui est cristallisable, et dont le sel de baryum cristallise également [H. Limpricht et Neumann, *D. chem. G.*, **21**, 3417].

Acides nitrophénylhydrazine-sulfoniques.

Acide

$$C^6H^3\begin{matrix}\diagup AzH-AzH^2_{(1)} \\ -AzO^2_{(3)} \\ \diagdown SO^3H_{(6)}\end{matrix}$$

— Préparé à partir de l'acide nitraniline-sulfonique correspondant. Il cristallise avec 1 molécule d'eau en aiguilles jaune-brun brillantes, difficilement solubles dans l'eau, même bouillante.

Sels. — A,K + 1,5H²O. — Tables brun clair.
A²,Ba + 1,5H²O. — Prismes rouge rubis.
A²,Pb + 4H²O. — Aiguilles jaunes, brillantes.

Cet acide est réduit par le sulfure d'ammonium ou le chlorure stanneux à l'état de dérivé aminé correspondant [H. Limpricht et Raab, *D. chem. G.*, **18**, 2193].

Le nitrite de potassium le transforme en le sel de l'*acide triazonitrobenzène-sulfonique*,

$$C^6H^3-Az^3-AzO^2-SO^3K;$$

ce sel est cristallisable en belles lamelles brunes brillantes, déflagrant à 130°, solubles dans l'eau sans altération, assez stables vis-à-vis des acides étendus [H. Limpricht, *ibid.*, **21**, 3413].

Acide

$$C^6H^3\begin{matrix}\diagup AzH-AzH^2_{(1)} \\ -AzO^2_{(2)} \\ \diagdown SO^3H_{(4)}\end{matrix}$$

— Petites aiguilles jaune pâle, solubles dans l'eau bouillante, solubles dans les alcalis libres ou carbonatés, donnant une tartrazine avec l'acide dioxytartrique [R. Nietzki et L. Lerch, *D. chem. G.*, **21**, 3220]. Sur l'azimidazol qui en dérive par l'action de la soude, voyez R. Nietzki et E. Braunschweig [*Ibid.*, **27**, 3381].

Acide

$$C^6H^3\begin{matrix}\diagup AzH-AzH^2_{(1)} \\ -AzO^2_{(3)} \\ \diagdown SO^3H_{(4)}\end{matrix}$$

— Le chlorhydrate de cette hydrazine a été préparé par MM. R. Nietzki et G. Helbach [*Ibid.*, **29**, 2448].

Acides amidophénylhydrazine-sulfoniques.

Acide

$$C^6H^3 \left\{ \begin{array}{l} AzH-AzH^2_{(1)} \\ AzH^2_{(3)} \\ SO^3H_{(6)} \end{array} \right.$$

— Obtenu à partir de l'acide nitrophénylhydrazine-sulfonique 1.3.6. Il est soluble dans l'eau ainsi que ses sels; de plus, il se combine aux acides en donnant des sels cristallisés.

Chlorhydrate, A . HCl. — Fines aiguilles blanches.

Nitrate. — Beaux prismes brillants.

Sulfate, $A^2 . SO^4H^2$. — Aiguilles microscopiques [H. Limpricht et Raab, *D. chem. G.*, **18**-2193].

L'*acide azoteux* réagissant sur le chlorhydrate *en solution alcoolique* conduit à un corps qui est à la fois azimide et sulfate de diazoïque, par suite d'une double réaction sur les groupements hydrazine et amine :

$$C^6H^3 \left\{ \begin{array}{l} Az^2 \\ Az = Az \\ SO^3 \end{array} \right.$$

Ce corps est très explosif; il s'altère facilement [H. Limpricht, *ibid.*, **21**, 3414].

Acide

$$C^6H^3 \left\{ \begin{array}{l} AzH-AzH^2_{(1)} \\ AzH^2_{(2)} \\ SO^3H_{(4)} \end{array} \right.$$

— Obtenu à partir de l'acide nitré et du chlorure stanneux. Son *chlorhydrate* est en lamelles solubles dans l'eau, contenant une molécule d'eau de cristallisation. La base ne donne pas de tartrazine (Nietzki et Lerch, *loc. cit.*).

II. — Tolylhydrazines.

Ce serait répéter ce qui a été dit à propos de la phénylhydrazine, que d'entrer dans des détails. Aussi n'indiquerons-nous le plus souvent que la forme et le point de fusion des corps que l'on a préparés. Ils sont d'ailleurs bien moins nombreux que les dérivés de la phénylhydrazine.

o-Tolylhydrazine,

$$C^6H^4(CH^3)_{(1)} - AzH - AzH^2_{(2)}.$$

Elle se prépare comme la phénylhydrazine. Elle est solide et constitue des tables obliques incolores, altérables à l'air, fusibles à 56°, suivant M. Bösler [*Ann. Chem.*, **212**, 338], à 59°, suivant MM. Gallineck et von Richter [*D. chem. G.*, **18**, 3175); elle est facilement soluble dans l'alcool, l'éther, le chloroforme, peu soluble dans la ligroïne à froid.

Sels. — Le *chlorhydrate*, $C^7H^{10}Az^2, HCl, H^2O$, est en aiguilles soyeuses ou en tables à 4 pans, perdant leur eau à 100°; le *nitrate*,

$$C^7H^{10}Az^2, AzO^3H,$$

en fines lamelles anhydres.

Thionylhydrazone-(o),

$$CH^3 - C^6H^4 - AzH - Az = SO.$$

— Huile volatile avec la vapeur d'eau [Michaelis et Rühl, *Ann. Chem.*, **270**, 118].

Hydrazides. — Les suivantes ont été préparées par MM. Gattermann, Johnson et Hölzle [*D. chem. G.*, **25**, 1075].

Noms	Aspect	Fusion
Formyl-o-tolylhydrazide...	aiguilles incolores.	121°
Acétyl-o-tolylhydrazide....	lamelles incolores.	104°
Propionyl-o-tolylhydrazide.	tables incolores...	83-84°
Benzoyl-o-tolylhydrazide...	longues aig. incol.	180°

L'*o-tolylsulfone-o-tolylhydrazide* a été préparée par M. Limpricht; elle est en aiguilles brillantes, fusibles avec décomposition vers 140-142° [*D. chem. G.*, **20**, 1241].

Dérivés carboniques.

On n'a préparé qu'un petit nombre de semicarbazides proprement dites; le nombre des thiosemicarbazides est plus considérable (voyez plus bas). On connait :

Formules	Aspect	Fusion	
$_{(o)}CH^3 . C^6H^4 . AzH . AzH . COAzH^2$ ..	aig. plat.	159-160°	(1)
$_{(o)}$tolyl-urazol....................	lamelles.	170°	(1)
$_{(o)}C^7H^7 . AzH . AzH . CO . AzH . C^7H^7_{(o)}$	aiguilles	249°	(2)

(1). Pinner, *D. chem. G.*, **21**, 1221. — (2). H. Richter.

Dérivés sulfocarboniques.

L'o-tolyldithiocarbazinate d'o-tolylhydrazine et les corps qui en dérivent directement ont été étudiés par MM. Freund et H. Wolf [*D. chem. G.*, **24**, 4200].

Formule	Aspect	Fusion
$CS^2(C^7H^7Az^2H^3)^2$...	tables prism. brill.	82° (déc.)
$CS(AzH . AzH . C^7H^7)^2$	aig. soyeus. blanch.	129-130° (déc.)
$CS \left< \begin{array}{l} Az = C^7H^7 \\ AzH . AzH . C^7H^7 \end{array} \right.$	aig. à éclat métall.	168° (déc.)

o-Tolylhydrazones. Composé carbonylé.	Aspect de l'hydrazone.	Point de fusion.	Auteurs.
Acroléine........................	liq. (o-tolylpyrazol.)	Eb. 280-282°	L. Balbiano, *Gazz. chim. ital.*, **18**, 354.
Biacétyle (monohydrazone).......	crist. jaunes.......	130-131°	Favrel, *Bull. Soc. Chim.*, (3), **27**, 336.
— (osazone).............	poudre jaune crist..	198°	Japp et Klingemann, *Ann. Chem.*, **247**, 214.
Acétylpropionyle (monohydrazone)	crist. jaune pâle....	58-60°	Favrel, *Bull. Soc. Chim.*, (3), **27**, 336.
Cyanure d'acétyle...............	....	131-132°	*Ibid.*, 193.
— de propionyle..........	crist. jaunes.......	114-115°	*Ibid.*, 193.
Acide pyruvique.................	aig. jaunes........	156°	Japp et Klingemann, *Ann. Chem.*, **247**, 214.
		158-159°	J. Raschen, *ibid.*, **239**, 223.
Pyruvate d'éthyle...............	aig. jaune clair....	61-62°	J. Raschen, *ibid.*, **239**, 223.
$CAz - CO - CO^2C^2H^5$..........	deux formes....... α	85°	Krückeberg, *J. prakt. Chem.*, (2), **47**, 591.
	β	133°	Krückeberg, *J. prakt. Chem.*, (2), **47**, 591.
Éther acétylacétique............	(pyrazolone).......	183°	L. Knorr, *D. chem. G.*, **17**, 549.
Butanone 2-oïque 1.............	....	156°	Favrel, *Bull. Soc. Chim.*, (3), **27**, 324.
Butanedionoate d'éthyle.........	aig. orangées......	135°	Bischler, *D. chem. G.*, **26**, 1884.
β-Naphtoquinone (monohydrazone)	lam. rouges brill...	150°	Zincke et Rathgen. *ibid.*, **19**, 2492.
β-Dibromonaphtoquinone..........	....	254°	Zincke et Rathgen. *ibid.*, **19**, 2492.
Glucose (osazone)...............	....	201° (déc.)	J. Raschen., *Ann. Chem.*, **239**, 223.
Isatines........................	....	»	Shunck et Marchlewski, *D. chem. G.*, **28**, 539.

Ces corps ont ensuite servi à faire des BIAZOLONES (voyez à ββ-FURODIAZOLS).

L'action simultanée du sulfure de carbone et de la potasse en solution alcoolique conduit à l'o-tolyldithiobiazolone-thiol,

$$\begin{array}{c} S \\ \diagup \quad \diagdown \\ SH-C \qquad CS \\ \| \qquad\quad | \\ Az - Az-C^6H^4-CH^3 \end{array}$$

(β-o-crésyl-ββ'-furodiazol-α-thione-α'-thiol) [H. Munker, *J. prakt. Chem.*, (2), **60**, 212].

Thiosemicarbazides. — Elles ont été préparées d'une part par M. Dixon [*Chem. Soc.*, **57**, 262; **61**, 1017] et, d'autre part, par M. W. Marckwald [*D. chem. G.*, **32**, 1085). Ce dernier a reconnu qu'elles ne possèdent que la forme *stable.*

$_{(o)}C^7H^7-AzH-Az=C(SH)-AzH-CH^3$, fond à 158-159° (W. M.);

$_{(o)}C^7H^7-AzH-Az=C(SH)-AzH-C^2H^5$, fond à 129° (D.), 130-131° (W. M.);

$_{(o)}C^7H^7-AzH-Az=C(SH)-AzH-C^3H^5$; fond à 105° (Avenarius);

$_{(o)}C^7H^7-AzH-Az=C(SH)-AzH-C^6H^5$, fond à 145-146° (D.), 146-147° (W. M.);

$_{(o)}C^7H^7-AzH-Az=C(SH)-AzH-C^7H^7{}_{(o)}$; fond à 148-149° (D., W. M.);

$_{(o)}C^7H^7-AzH-Az=C(SH)-AzH-C^7H^7{}_{(p)}$; fond à 141-142° (D., W. M.);

$_{(o)}C^7H^7-AzH-Az=C(SH)-AzH-C^{10}H^7{}_{(\alpha)}$; fond à 176° (W. M.).

Réactions diverses.

Action du chloroforme et de la potasse. — Il se forme une *o-ditolyltétrazine*, fusible à 141° [S. Ruhemann, *Chem. Soc.*, **57**, 50].

Action de la cyanamide. — Il se forme de l'*o-tolylaminoguanidine* dont les chlorhydrate, nitrate et picrate fondent respectivement à 212°, 206°,5 et 206° [G. Pellizari et G. Cuneo, *Gazz. chim. ital.*, **24**, **1**, 450].

La *dicyandiamide* conduit à l'*o-tolylguanazol* fusible à 159°, dont il existe aussi un *chlorhydrate* (fusible à 202°), un *nitrate* (fusible à 226°), et un *picrate* (fusible à 212°) [G. Pellizari, *ibid.*, **24**, **1**, 480].

Action de l'épichlorhydrine. — Il se forme de l'o-tolylpyrazol bouillant à 246°,5 sous 754° [L. Balbiano, *loc. cit.*].

Acide o-tolylhydrazine sulfonique à l'azote.

Le sel de sodium

$$CH^3-C^6H^4-AzH-AzH-SO^3Na$$

est en lamelles nacrées ou en houppes, assez peu solubles dans l'eau [Gallineck et Richter, *D. chem. G.*, **18**, 3175].

M-TOLYLHYDRAZINE,

$$CH^3{}_{(1)}-C^6H^4-AzH-AzH^2{}_{(3)}.$$

— Préparée par MM. K. Buchka et F. Schachtebeck, d'après la méthode de Meyer et Lecco. C'est une huile bouillant à 240-244°, qui n'a pu être amenée à la solidification.

Le *chlorhydrate* forme des aiguilles incolores, facilement solubles dans l'eau et dans l'alcool [*D. chem. G.*, **22**, 841].

P-TOLYLHYDRAZINE,

$$CH^3{}_{(1)}-C^6H^4-AzH-AzH^2{}_{(4)}.$$

Elle a été mentionnée en 1875 par M. Em. Fischer, dans le même mémoire que la phénylhydrazine [*D. chem. G.*, **8**, 592]. Sa préparation et ses propriétés ont été plus amplement décrites l'année suivante [*Ibid.*, **9**, 890]. On la prépare comme la phénylhydrazine.

Elle cristallise en lamelles rhombiques, fusibles à 61° et bouillant entre 240 et 244° en se décomposant légèrement. L'eau la dissout peu, mais l'alcool, l'éther et le benzène la dissolvent facilement.

Le brome la transforme facilement en bromo-p-tolylhydrazine (voyez ce mot plus bas).

L'acide azoteux la transforme en *p-toluylazoïmide*; on peut cependant obtenir le *dérivé nitrosé*; il est en aiguilles brillantes, fusibles à 74° [H. Woswinckel, *D. chem. G.*, **32**, 2481].

L'acide chlorhydrique à 200° la transforme en sels d'ammonium et de toluidine [J. Thiele et L. Wheeler, *D. chem. G.*, **28**, 1539].

L'acide sulfurique la sulfone aisément; voyez plus loin, *tolylhydrazines sulfonées.*

L'*oxychlorure* et le *sulfochlorure de phosphore* réagissent avec la p-tolylhydrazine. Seule, la *phosphoryltrihydrazide*

$$PO(AzH-AzH-C^7H^7)^3,$$

a été obtenue pure; elle est en aiguilles blanches, fusibles à 189° [Michaelis et Oster, *Ann. Chem.*, **270**, 136].

Thionyl-p-tolylhydrazone,

$$(p)\,C^7H^7-AzH-Az=SO.$$

— Longues aiguilles jaunes, soyeuses, fusibles à

p-Tolylhydrazones. Nom du corps carbonylé.	Aspect de l'hydrazone.	Point de fusion.	Auteurs.
Acétone	cristallisé	50-52°	J. Raschen, *Ann. Chem.*, **239**, 223.
Diacétyle (monohydrazone)	aiguilles jaunes	161°	Japp et Klingemann, *ibid.*, **247**, 190.
Diacétyle (osazone)	poudre crist. jaune.	229-230°	
Acide pyruvique	aiguilles jaunes	162° ; 158-160°	J. Raschen.
Pyruvate d'éthyle	aig. jaune clair	106-107°	
Acétylacétate d'éthyle (hydrazone)	.....	91-93°	L. Knorr, *D. chem. G.*, **17**, 546.
— (pyrazolone corresp.)	.....	140°	
Ac. glyoxal-carbonique (osazone)	aig. jaune d'or	186-188°	O. Nastvogel, *Ann. Chem.*, **248**, 85.
Propanonedial (1 3 osazone)	aiguilles rouges	192-193°	Pechmann et Vanino, *D. chem. G.*, **27**, 221.
$CAz.CO.CO^2C^2H^5$	.....	α 118° ; β 74°	Kruckeberg, *J. prakt. Chem.*, (2), **47**, 591.
$CO^2H.CO.CO^2.C^2H^5$	aiguilles jaunes	139°,5	Pechmann, *D. chem. G.*, **27**, 1688.
Glucose	.....	193-194°	J. Raschen.
Isatines	.....	.....	Shunck et Marchlewski.
Naphtoquinone (monohydrazone)	aig. rouges brillantes	145°	Zincke et Rathgen, *D. chem. G.*, **19**, 2491.
Dibromonaphtoquinone (*id.*)	aiguilles rouges	136°	

112°, volatiles avec la vapeur d'eau [Michaelis et Ruhl, *Ann. Chem.*, **270**, 118].

Hydrazones. — Voyez le tableau p. 366.

M. Arnold a montré que l'acétone-p-tolylhydrazone formait des sels cristallisés et une phénylthiosemicarbazide,

$$CH^3-C^6H^4-Az\left\langle\begin{matrix}Az=C(CH^3)^2\\CS-AzH-C^6H^5\end{matrix}\right.$$

Le chlorhydrate fond à 153°; le bromhydrate à 195°; le nitrate existe aussi; la thiosemicarbazide fond à 164° [*D. chem. G.*, **30**, 1015].

M. Favrel a préparé un certain nombre de p-tolylhydrazones au moyen du chlorure de diazo-p-toluène, opposé aux substances suivantes : méthyl- et éthylcyanacétate de méthyle [*Bull. Soc. Chim.*, (3), **27**, 193], méthylmalonate d'éthyle [*Ibid.*, 324], méthyl- et éthylacétylacétone [*Ibid.*, 336], et il a obtenu les hydrazones suivantes :

Celle du cyanure d'acétyle, en cristaux fusibles à 166°;

Celle du cyanure de propionyle, en cristaux pulvérulents, fusibles à 143-144°;

Celle du pyruvate d'éthyle, en aiguilles jaunes, fusibles à 106-107°;

La monohydrazone du biacétyle, en cristaux jaunes, fusibles à 119-120°;

La monohydrazone de l'acétylpropionyle, en cristaux orangés, fusibles à 137-138°.

Le point de fusion de la monohydrazone du biacétyle obtenue par ce moyen n'est pas identique à celui du produit préparé par MM. Japp et Klingemann, au moyen du biacétyle, et de la p-tolylhydrazine en solution acétique.

L'acroléine, en tant qu'aldéhyde non saturée, donne une *p-tolylpyrazoline*, fusible à 60-61°, bouillant à 280-282° [L. Balbiano, *Gazz. chim. ital.*, **18**, 354].

Hydrazides :

Noms	Aspect	Fusion
Formylée........	lamelles soyeuses....	146° (1) / 164° (2)
Acétylée.........	lamelles...........	121°
Chloracétylée.....	cristaux...........	115° (3)
Propionylée......	aiguilles aplaties....	170°
Benzoylée........	aiguilles...........	146° (4)

(1). G. J. et H., *D. chem. G.*, **25**, 1075. — (2). Ruhemann, *Chem. Soc.*, **55**, 248. — (3). G. J. et H. — (4). Pechmann et Runge, *D. chem. G.*, **27**, 1696.

La p-tolylhydrazide de l'acide p-toluène-sulfonique a été préparée par M. Limpricht; elle est en petites aiguilles fusibles à 140° [*D. chem. G.*, **20**, 1241].

L'hydrazide monoéthyloxalique,

$$CH^3-C^6H^4-AzH-AzH-CO-CO^2C^2H^5,$$

est en lamelles fusibles à 133°. L'oxychlorure de carbone la change en p-tolylbiazolone-carbonate d'éthyle [Freund et Thilo, *D. chem. G.*, **24**, 4198].

L'acide et l'anhydride camphoriques conduisent à l'*acide camphoryl-p-tolylhydrazidique* fusible à 193°, et à la *camphoryl-p-tolylhydrazide*, fusible à 146° [Chaplin, *D. chem. G.*, **25**, 2568].

Dérivés de l'acide carbonique. — La *semicarbazide*,

$$_{(p)}CH^3-C^6H^4-AzH-AzH-CO-AzH^2,$$

est en lamelles brillantes, fusibles à 157-158° [Pinner, *D. chem. G.*, **21**, 1222], 187-188° [Young et Stockwell, *Chem. Soc.*, **73**, 368].

Le *p-tolyl-urazol* cristallise en petites aiguilles fusibles à 274° déc. (Pinner).

La *p-ditolylcarbazide*,

$$CO(AzH.AzH.C^7H^7{}_{(p)})^2,$$

en tables fusibles à 201° [Freund et Thilo, *ibid.*, **24**, 4197].

Le *dérivé acétylé*,

$$_{(p)}CH^3-C^6H^4-Az(COCH^3)-AzH-CO-AzH^2,$$

en lamelles incolores, fusibles à 212°,5 (Young et Stockwell).

Le *dérivé benzoylé*,

$$_{(p)}CH^3-C^6H^4-Az(COC^6H^5)-AzH-CO-AzH^2$$

en lamelles incolores, fusibles à 218° (Young et Stockwell).

Le corps,

$$_{(p)}CH^3-C^6H^4-Az=Az-CO-AzH^2,$$

en cristaux orangés, fusibles à 142° (Young et Stockwell).

Dérivés sulfocarboniques. — Le p-tolyldithiocarbazinate de p-tolylhydrazine fond à 109°; la p-ditolylsulfocarbazide est en lamelles blanches, fusibles à 121°; la sulfocarbazone correspondante est en flocons bleu foncé, fusibles à 105° [M. Freund et J. Thilo, *D. chem. G.*, **24**, 4194].

De ces corps on peut faire dériver diverses thiobiazolones par l'action de l'oxychlorure et du sulfochlorure de carbone.

Le *sel de potassium* de l'acide p-tolyldithiocarbazinique

$$CH^3-C^6H^4-AzH-AzH-CS-SK$$

s'obtient en faisant agir la potasse alcoolique concentrée sur le p-tolyldithiocarbazinate de p-tolylhydrazine; il constitue des aiguilles brillantes, facilement solubles dans l'eau, moins solubles dans l'alcool; il réagit facilement sur les iodures alcooliques en donnant les éthers correspondants :

L'éther méthylique fond à 149°;

L'éther éthylique fond à 128°;

L'éther benzylique fond à 146°.

Le *bromure d'éthylène* donne un composé cyclique

$$CH^3-C^6H^4-Az\left\langle\begin{matrix}AzH-CS\\CH^2-CH^2\end{matrix}\right\rangle S,$$

lequel fond à 124°.

L'aldéhyde formique fournit le p-tolylthiobiazoline-thiol,

$$\begin{matrix}&Az&=&C-SH\\&|&&|\\CH^3-C^6H^4-&Az&-CH^2-&S\end{matrix}$$

L'aldéhyde acétique donne l'homologue méthylé [Busch, *J. prakt. Chem.*, (2), **60**, 219].

Enfin, l'action à chaud du sulfure de carbone et de la potasse alcoolique sur la p-tolylhydrazine engendre le p-tolyldithiobiazolone-thiol, fusible à 155°.

$$\begin{matrix}&Az&=&C-SH\\&|&&|\\CH^3-C^6H^4-&Az&-CS-&S\end{matrix}$$

[H. v. Baur-Breitenfeld, *ibid.*, p. 206].

Thiosemicarbazides. — Dixon en a décrit [*Chem. Soc.*, **61**, 1012]; W. Marckvald a montré qu'elles existaient sous deux formes [*D. chem. G.*, **25**, 3098; **32**, 1081].

Le *dérivé allylé* a été décrit, 2° Suppl., **2**, 982.

Formules.	Point de fusion.	
	α (labile).	β (stable).
$_{(p)}CH^3 . C^6H^4 . AzH . Az : C(SH) . AzH . CH^3$	119°	169-170° (W. M.)
$_{(p)}CH^3 . C^6H^4 . AzH . Az : C(SH) . AzH . C^6H^5$	123° (W. M.); 117° (D.)	175° (M.); 172° (D.)
$_{(p)}CH^3 . C^6H^4 . AzH . Az : C(SH) . AzH . C^6H^4 . CH^3{}_{(o)}$ ..	130-131° (M. et D.)	162-163° (M. et D.)
$_{(p)}CH^3 . C^6H^4 . AzH . Az : C(SH) . AzH . C^6H^4 . CH^3{}_{(p)}$ ..	124-125° (M. et D.)	154° (M. et D.)
$_{(p)}CH^3 . C^6H^4 . AzH . Az : C(SH) . AzH . C^6H^3(CH^3)^2{}_{(as.m)}$	152° (M.)	170° (M.)
$_{(p)}CH^3 . C^6H^4 . AzH . Az : C(SH) . AzH . C^6H^4Cl_{(p)}$	145° (M.)	146°,5 (M.)
$_{(p)}CH^3 . C^6H^4 . AzH . Az : C(SH) . AzH . C^{10}H^7{}_{(\alpha)}$	»	184° (M.)
$_{(p)}CH^3 . C^6H^4 . AzH . Az : C(SH) . AzH . C^{10}H^7{}_{(\beta)}$	125° (M.)	184° (M.)
$_{(p)}CH^3 . C^6H^4 . AzH . Az : C(SH) . AzH . CH^2 . C^6H^5$, ...	»	120-121° (D.)

Réactions diverses.

Action du bromure d'allyle. — Voyez α-ALLYL-P-TOLYLHYDRAZINE.

Action du chloroforme et de la potasse alcoolique. — Il se forme de la *p-ditolyltétrazine* (voyez ce mot) à côté de formyl-p-tolylhydrazide [S. Ruhemann, *Chem. Soc.*, **55**, 248].

Action de la cyanamide et de la dicyandiamide. — Cette action engendre les p-tolylaminoguanidine et p-tolylguanazol [Pellizari et Cuneo, *Gazz. chim. ital.*, **24**, **1**, 450, 481; **26**, **2**, 179].

Action de l'épichlorhydrine. — Il se forme du *p-tolylpyrazol* $C^{10}H^{10}Az^2$, fusible à 32,5-35° et bouillant à 258° [L. Balbiano, *Gazz. chim. ital.*, **18**, 354].

TOLYLHYDRAZINES SUBSTITUÉES.

5 *Bromo-2 tolylhydrazine,*

$$C^6H^3 - CH^3{}_{(1)} - AzH - AzH^2{}_{(2)} - Br_{(5)}.$$

On l'obtient par l'action du brome sur l'o-tolylhydrazine. Elle fond à 104° et cristallise en prismes.

Son *chlorhydrate* fond à 183°,5; son *dérivé acétylé* à 172°.

La réduction conduit à la p-bromo-o-toluidine, ce qui établit sa constitution [L. Michaelis, *D. chem. G.*, **26**, 2190].

(?) *Bromo-p-tolylhydrazine,*

$$C^6H^3Br_{(?)} - CH^3{}_{(1)} - Az^2H^3{}_{(4)}.$$

Obtenue comme la précédente. Belles aiguilles fusibles à 94,5-95°

Le *chlorhydrate* est en belles houppes brillantes.

Sa constitution n'a pas été élucidée (L. Michaelis).

3 *Bromo-4 tolylhydrazine,*

$$C^6H^3 \begin{cases} CH^3{}_{(1)} \\ Br_{(3)} \\ AzH - AzH^2{}_{(4)} \end{cases}$$

Cette base a été préparée en réduisant par le protochlorure d'étain l'o-bromo-p-toluidine diazotée.

Elle cristallise dans l'éther en belles aiguilles soyeuses, incolores, fusibles à 91°.

Sels. — $C^7H^9Az^2Br, HCl$, fusible à 110°, avec dégagement de gaz;

$C^7H^9Az^2Br, AzO^3H$, fusible à 154°;

$(C^7H^9Az^2Br)^2 . SO^4H^2$, fusible à 201°;

$(C^7H^9Az^2Br)^2 . C^2O^4H^2$, fusible à 150° environ.

Hydrazones :

Nom de l'aldéhyde ou de l'acétone	Aspect de l'hydrazone	Point de fusion
Aldéhyde benzoïque...	lamelles rhomb. incol..	84°
— salicylique..	long. aig. jaune paille.	109°
— pyromucique	aiguilles brunes.......	87°
Acide pyruvique......	cristaux jaunes.......	175°
Pyruvate d'éthyle.....	aig. jaunes soyeuses...	84-85°

Les sels de potassium, d'ammonium et de plomb de l'hydrazone pyruvique ont été préparés; les deux derniers sont anhydres; celui de potassium contient 3 molécules d'eau.

Hydrazides. — L'acétylbromotolylhydrazide est en petits prismes courts, fusibles à 124°.

Dérivés carboniques et sulfocarboniques.

$$C^7H^6Br - AzH - AzH - CO - AzH^2,$$

petits prismes incolores, fusibles à 163°;

$$C^7H^6Br - AzH - AzH - CS - AzH - C^3H^5,$$

prismes incolores, fusibles à 136°,5;

$$C^7H^6Br - AzH - AzH - CS - AzH - C^6H^5,$$

prismes groupés en étoiles, sous deux formes fusibles à 122-125° et 142° [J. Hewitt et F. Pope, *Chem. Soc.*, **73**, 174; *Bull. Soc. Chim.*, (3), **20**, 407].

5 *Nitro-2 tolylhydrazine,*

$$C^6H^3 \begin{cases} CH^3{}_{(1)} \\ AzH - AzH^2{}_{(2)} \\ AzO^2{}_{(5)} \end{cases}$$

On obtient le sel potassique de l'acide disulfoné à l'azote,

$$CH^3 . C^6H^3 . (AzO^2) - Az . SO^3K - AzH . SO^3K,$$

par l'action du sulfite de potassium sur la p-nitro-o-toluidine diazotée. Ce sel, chauffé avec de l'acide chlorhydrique, donne le chlorhydrate, d'où l'on extrait la base par l'acétate de sodium. Cristallisée dans l'alcool bouillant ou dans le xylène, elle se présente en aiguilles orangées à reflets violets, fusibles à 179-180° après avoir suinté dès 177°.

Elle fournit avec la β-naphtoquinone une monohydrazone très colorée, qui fond vers 245° [E. Bamberger, *D. chem. G.*, **30**, 513].

Oxytolylhydrazines.

On n'a décrit que l'éther méthylique d'une oxytolylhydrazine ou crésolhydrazine. C'est le composé

$$C^6H^3 \begin{cases} CH^3{}_{(1)} \\ OCH^3{}_{(4)} \\ AzH - AzH^2{}_{(3)} \end{cases}$$

qui dérive du m-amido-p-crésol. On a diazoté

ce corps, et on l'a réduit par le sulfite de sodium.

L'*hydrazine libre* est un corps cristallin fusible à 45° [L. Limpach, *D. chem. G.*, **22**, 348].

Tolylhydrazines sulfonées.

Un grand nombre de ces corps ont été préparés par des élèves de M. Limpricht [*D. chem. G.*, **18**, 2193], suivant la méthode de Meyer et Lecco, c'est-à-dire en prenant l'amine convenable, la diazotant, et la réduisant par le chlorure stanneux. D'autres ont été obtenues par sulfonation des hydrazines.

o-Tolylhydrazine-p-sulfonée,

$$C^6H^3 - CH^3_{(1)} - Az^2H^3_{(2)} - SO^3H_{(4)}.$$

— Longues aiguilles groupées en étoiles, s'altérant un peu à l'air, facilement solubles dans l'eau bouillante.

Les sels sont facilement solubles, mais cristallisent mal (Hiller).

A.K,2H²O. — Prismes déliquescents, rose clair.

A². Ba. — Poudre cristalline.

Azoïmide. Voyez Limpricht [*D. chem. G.*, **21**, 3417].

o-Tolylhydrazine sulfonée,

$$C^6H^3 - CH^3_{(1)} - Az^2H^3_{(2)} - SO^3H_{(5?)}.$$

— Elle a été préparée par MM. A. Gallineck et V. von Richter par sulfonation de l'o-tolylhydrazine ou de son chlorhydrate, ou du sel sodique du dérivé sulfoné à l'azote [*D. chem. G.*, **18**, 3175].

On la purifie en passant par le sel de baryum; il semble se former deux dérivés sulfonés.

L'*acide libre* cristallise dans l'eau bouillante en aiguilles déliées groupées, perdant 1/3 de molécule d'eau à 110°.

Sels. — A . Na + 3,5H²O. — Lamelles nacrées.

A². Ba + 2H²O. — Aiguilles soyeuses filiformes.

A². Zn + 3H²O. — Aiguilles microscopiques groupées.

A² Pb + 6H²O. — Tables rhombiques à éclat vitreux, pouvant atteindre 2 à 3 millimètres de côté.

3[A². Pb] + 2[Pb(OH)²]. — Aiguilles groupées en buisson.

Les *sels d'ammonium, de calcium* et *de cadmium* ont été également préparés, mais non analysés; le premier est en grandes tables hexagonales, le second en minces lamelles, et le troisième en petits prismes.

p-Tolylhydrazine-o-sulfonée,

$$C^6H^3 - CH^3_{(1)} - Az^2H^3_{(4)} - SO^3H_{(2)}.$$

— Petites lamelles rhombiques blanches, brillantes, solubles dans l'eau à chaud, se décomposant à 273-274°. Le sel de baryum est facilement soluble dans l'eau et cristallise en lamelles [Pasche, *D. chem. G.*, **21**, 3416, *note*]. L'azoïmide correspondante a été préparée par M. Limpricht (*Ibid.*).

On ne l'obtient pas par sulfonation directe (Gallineck et von Richter).

Sur la transformation en toluène-o-sulfoné, voyez *D. chem. G.*, **26**, Ref., 650.

p-Tolylhydrazine-m-sulfonée,

$$C^6H^3 - CH^3_{(1)} - Az^2H^3_{(4)} - SO^3H_{(3)}.$$

— Prismes rose chair, cristallisant dans l'eau bouillante; le *sel potassique* est en tables; le *sel barytique* en mamelons [Richter, *D. chem. G.*, **18**, 2193].

p-Tolylhydrazine disulfonée,

$$C^6H^2 - CH^3_{(1)} - Az^2H^3_{(4)} - (SO^3H)^2_{(2.6)}.$$

— Cristaux groupés, très solubles dans l'eau et dans l'alcool. Cet acide forme avec la baryte un *sel neutre*, et un *sel acide* (2 molécules et demi d'eau) [Richter, *Ann. Chem.*, **230**, 329].

Nitrotolylhydrazine sulfonée,

$$C^6H^2 - CH^3_{(1)} - AzO^2_{(2)} - Az^2H^3_{(4)} - SO^3H_{(5)}.$$

— Lamelles faiblement colorées en jaune. Le *sel de baryum* est en prismes allongés, jaunes, peu solubles à froid, contenant 4 molécules d'eau [Foth, *Ann. Chem.*, **230**, 312].

III. — Xylylhydrazine.

As-m-xylylhydrazine (1.3.4 *xylylhydrazine*; 1.3.4 *diméthylphénylhydrazine*)

$$C^6H^3 \begin{cases} CH^3_{(1)} \\ CH^3_{(3)} \\ AzH - AzH^2_{(4)} \end{cases}$$

— Cette hydrazine a été préparée d'abord par M. Klauber [*Mon. f. Chem.*, **11**, 283; **12**, 211; *Bull. Soc. Chim.*, (3), **5**, 425; **6**, 837]. MM. Willgerodt et Klein en ont reproduit la préparation détaillée [*J. prakt. Chem.*, (2), **60**, 102] à partir de l'as-m-xylidine diazotée et réduite par le chlorure stanneux.

Elle se présente en fines aiguilles fusibles à 85°, très solubles dans l'alcool; elle est indistillable; l'air et la lumière l'altèrent profondément; la solution benzénique même se colore en vert foncé avec le temps. On doit donc la préparer au moment du besoin.

Le sulfure de carbone ne s'y combine pas.

Le *chlorhydrate*, $C^8H^{12}Az^2, HCl, 2H^2O$, est en petites aiguilles blanches, altérables à l'air, décomposables à 183°, très solubles dans l'eau et dans l'alcool.

L'éther acétylacétique chauffé, avec cette base à 60°, à 110-120°, puis à 140-150°, donne une masse cristalline d'où l'on peut extraire une combinaison fusible à 203° et dont la composition est exprimée par la formule

$$C^{32}H^{34}O^4Az^4.$$

Cette combinaison, sous l'influence de l'acide chlorhydrique étendu de son poids d'eau, perd de l'anhydride carbonique et du chlorure d'éthyle pour engendrer la m-xylylméthylpyrazolone asymétrique fusible à 195°.

De celle-ci, on peut dériver un chlorhydrate (fusible à 185°), un ferrocyanure, une xylylantipyrine (fusible à 113°), une nitrosoxylylantipyrine (voyez Pyrazolones).

M-xylylhydrazine asymétrique sulfonée à l'azote. — Le *sel sodique*,

$$(CH^3)^2 - C^6H^3 - AzH - AzH . SO^3Na + 1,5H^2O,$$

est un des produits que M. Klauber a obtenus dans la synthèse de la m-xylylhydrazine asymétrique par la méthode de Fischer. Ce sel est en lamelles peu solubles dans l'eau et dans l'alcool.

IV. — 1.2.4.5 Pseudocumidylhydrazine

(1.2.4.5 *triméthylphénylhydrazine*).

$$C^6H^2 \begin{cases} (CH^3)^3_{(1.2.4)} \\ AzH - AzH^2_{(5)} \end{cases}$$

— Cette base et ses dérivés ont été étudiés par MM. S. Haller [*D. chem. G.*, **18**, 706; *Bull. Soc. Chim.*, (2), **45**, 641], S. Ruhemann [*Chem. Soc.*, **57**, 55], Richter [*Dissert.*] et W. Marckwald [*D. chem. G.*, **32**, 1081].

M. S. Haller l'a préparée à partir de la pseudo-cumidine diazotée, puis réduite par le sulfite de sodium. Il se forme intermédiairement le pseudocumidylhydrazine-sulfonate de sodium,

$$C^6H^2(CH^3)^3-AzH-AzH-SO^3Na+1,5H^2O;$$

composé peu soluble dans l'eau et dans l'alcool, soluble dans l'eau bouillante. La base, isolée de son chlorhydrate, est en aiguilles incolores, fusibles à 120°, insolubles dans l'eau, solubles dans l'alcool, l'éther, le chloroforme, peu solubles dans le benzène et dans la ligroïne. Elle se résinifie très facilement.

Le *chlorhydrate*, $C^9H^{14}Az^2,HCl$, est en aiguilles blanches (Haller).

Le chloroforme et la potasse alcoolique donnent la *di-ψ-cumidyltétrazine*, fusible à 234° (S. Ruhemann).

L'*hydrazone de l'éther acétylacétique* est en longues aiguilles jaunes, fusibles à 77-78°; on peut en dériver une pseudocumidylméthylpyrazolone, fusible à 154-155°, laquelle est susceptible à son tour de fournir une pseudocumylantipyrine, fusible à 105-106°, etc. (Haller).

L'*hydrazone benzylidénique* est en aiguilles décomposables à 100°; l'*hydrazone pyruvique*, en aiguilles jaunes, fusibles à 148° avec décomposition (S. Ruhemann).

L'*hydrazide acétique* est en lamelles fusibles à 156-157° (S. Ruhemann).

Dérivés carboniques et sulfocarboniques :

$$(CH^3)^3-C^6H^2-AzH-AzH-CO-AzH^2,$$

aiguilles, fusibles à 195° (Ruh.);

$$(CH^3)^3-C^6H^2-AzH-AzH-CO-AzH-C^6H^5,$$

aiguilles soyeuses, fusibles à 218° (Richt.);

$$(CH^3)^3-C^6H^2-AzH-AzH-CO-AzH-C^9H^{11},$$

masses mamelonnées, fusibles à 240° (Richt.);

$$(CH^3)^3-C^6H^2-AzH-AzH-CS-AzH-CH^3,$$

masses mamelonnées, fusibles à 179-180° (W. M.);

$$(CH^3)^3-C^6H^2-AzH-AzH-CS-AzH-C^6H^5,$$

masses mamelonnées, fusibles à 149° (W. M.).

V. — Phénylophénylhydrazines.

On en connaît deux, ortho et para.

o-Phénylophénylhydrazine (*o-hydrazinobiphényle*).

$$C^6H^4 \begin{cases} C^6H^5_{(1)} \\ AzH-AzH^2_{(2)} \end{cases}$$

— Cette hydrazine correspond à l'o-aminobiphényle. On la prépare à la façon habituelle par l'azotite de sodium et le chlorure stanneux. Il se forme ainsi un sel double,

$$(C^{12}H^9Az^2H^3,HCl)^2,SnCl^2,$$

d'où l'on extrait la base par le carbonate de sodium et l'éther. Cette base constitue des prismes fusibles à 38°. Son chlorhydrate est en cristaux incolores [Graebe et Rateanu, *Ann. Chem.*, **279**, 267; *Bull. Soc. Chim.*, (3), **12**, 1483].

p-Phénylophénylhydrazine (*p-hydrazinobiphényle*).

$$C^6H^4 \begin{cases} C^6H^5_{(1)} \\ AzH-AzH^2_{(4)} \end{cases}$$

— Elle a été décrite par M. H. Müller [*D. chem. G.*, **27**, 3106]. Cet auteur l'avait préparée dans l'intention d'avoir un nouveau moyen d'isoler les sucres (voyez Glucoses); on peut opérer, soit par le sulfite de sodium, soit par le chlorure stanneux.

C'est une base très difficilement soluble dans l'eau bouillante et dans la ligroïne, assez soluble dans l'éther, le chloroforme et l'alcool bouillant, peu soluble dans l'acide acétique étendu; elle se présente en lamelles brillantes, fusibles à 135-136°.

Les *chlorhydrate*, *nitrate* et *sulfate* sont en lamelles brillantes.

Le *dérivé acétylé* est en lamelles incolores, fusibles à 203°; la *phénylsulfocarbamo-b-p-phénylophénylhydrazide*, en aiguilles incolores, fusibles à 182°, solubles dans l'acide sulfurique concentré avec une couleur bleu foncé.

Les *hydrazones* de l'acétone, de l'acétophénone et de l'aldéhyde benzylique ont été préparées : elles fondent respectivement à 86-87°, 148 et 153°.

Acide 4 amino-4' hydrazinobiphényle-2.2' disulfonique.

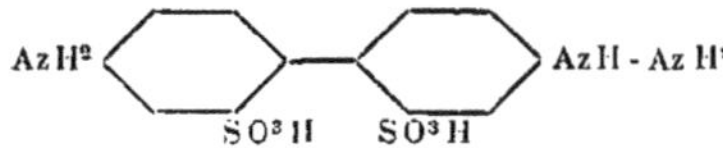

— Cet acide a été obtenu en réduisant par le chlorure stanneux le diazoïque correspondant. On a préparé son *sel de baryum* qui cristallise avec 4 molécules d'eau [Limpricht, *Ann. Chem.*, **261**, 219].

Acide aminohydrazinobitolyle-disulfonique.

CH³ CH³

AzH² — — AzH-AzH²

SO³H SO³H

— C'est une poudre cristalline jaune, difficilement soluble dans l'eau. Le *sel de baryum* cristallise en aiguilles jaune d'or, avec 6 molécules d'eau [J. Helle, *Ann. Chem.*, **270**, 370].

VI. — Méthyloxybiazolone-phénylhydrazine.

$$CH^3-C \begin{cases} Az-Az-C^6H^4-AzH-AzH^2 \\ O-CO \end{cases}$$

— Le chlorhydrate de cette hydrazine est en lamelles fusibles à 220° [Freund et Haase, *D. chem. G.*, **26**, 1321].

B. — Hydrazines du noyau naphtalénique.

On n'a préparé dans cet ordre de composés que les α et β-naphtylhydrazines et l'α-tétrahydronaphtylhydrazine.

Les deux premières bases se conduisent, à l'intensité des réactions près, comme la phénylhydrazine. Elles ont cependant été moins étudiées que celle-ci.

On obtient les naphtylhydrazines à partir des naphtylamines.

De plus, suivant M. L. Hofmann [*D. chem. G.*, **31**, 2909; *Bull. Soc. Chim.*, (3), **22**, 100], on peut aussi les préparer en chauffant les naphtols avec l'hydrate d'hydrazine pendant 6 heures à 160°. La réaction est analogue à celle qui fournit les naphtylamines à partir des naphtols et de l'ammoniaque :

$$C^{10}H^7-OH+AzH^2-AzH^2$$
$$=C^{10}H^7-AzH-AzH^2+H^2O.$$

D'après M. E. Fischer [*Ann. Chem.*, **232**, 236], le procédé de réduction qui convient le mieux pour préparer les naphtylhydrazines consiste à réduire le sel diazoïque par le chlorure stanneux. Voici comment il convient d'opérer :

50 grammes d'α ou de β-naphtylamine sont très finement triturés avec leur poids d'acide chlorhydrique fumant, puis introduits dans un vase avec 400 grammes d'acide chlorhydrique d'une densité de 1,10; on refroidit fortement et on mêle, en agitant vivement, avec la quantité calculée de nitrite de sodium.

Le chlorhydrate, d'abord insoluble, passe presque totalement en solution à l'état de sel diazoïque. Le liquide filtré est introduit aussitôt, en agitant continuellement, dans une solution chlorhydrique refroidie de 250 grammes de chlorure stanneux; cette opération faite, on porte au bain-marie pour dissoudre les précipités formés et on laisse refroidir la solution devenue presque incolore. Il s'en sépare une bouillie de cristaux de chlorhydrate de naphtylhydrazine un peu jaune, d'où l'on peut extraire la base par les alcalis. Toutefois, pour obtenir celle-ci incolore dans de bonnes conditions, il faut dissoudre le précipité dans l'alcool éthéré, concentrer fortement la solution, enfin essorer et laver à l'éther le résidu brunâtre obtenu.

Le rendement atteint les deux tiers du poids de la naphtylamine employée.

Pour avoir la base pure, on la dissout dans 150 parties d'eau bouillante, on filtre pour séparer les résines insolubles. Par refroidissement, on obtient des lamelles encore un peu jaunes. On n'a la substance incolore que par distillation dans le vide.

α-NAPHTYLHYDRAZINE, $C^{10}H^7-AzH-AzH^2(\alpha)$.

Cristaux fusibles à 116-117°, se décomposant par distillation sous la pression ordinaire, distillant presque inaltérés à 203° sous 20 millimètres; l'air les colore rapidement. L'eau les dissout très peu, ainsi que l'éther; mais l'alcool, le benzène et le chloroforme les dissolvent très facilement.

Sels. — Le *chlorhydrate*, passablement soluble dans l'eau, mais peu soluble dans l'acide chlorhydrique, est en petites tables, fusibles à 179°, de la formule $C^{10}H^{10}Az^2, HCl$; le *sulfate*, $(C^{10}H^{10}Az^2)^2SO^4H^2$, est en fines lamelles brillantes, peu solubles; le *nitrate* est assez facilement soluble dans l'eau et cristallise par refroidissement, également en lamelles; l'*oxalate* est un précipité cristallin qui se produit par le mélange des solutions alcooliques de l'acide et de la base. L'*acétate* n'existe pas; l'α-naphtylhydrazine ne se dissout pas plus dans l'eau acétique que dans l'eau pure.

Les propriétés générales de cette base sont absolument analogues à celles de la phénylhydrazine.

L'acide nitreux conduit vraisemblablement à la *diazonaphtolimide*, $C^{10}H^7.Az^3$.

Hydrazones. — M. E. Fischer [*loc. cit.*] décrit les *naphtylhydrazones* de l'*acétone* et de l'*acide pyruvique* :

$$C^{10}H^7-AzH-Az=C(CH^3)^2$$

et

$$C^{10}H^7-AzH-Az=C\begin{cases}CH^3\\CO^2H\end{cases}$$

La première fond à 74° et se présente en cristaux presque incolores qui cristallisent le mieux dans la ligroïne; la seconde fond à 159° et cristallise bien dans l'alcool chaud, en aiguilles un peu jaunes, brillantes, groupées en étoiles.

L'*éther éthylique* de l'hydrazone pyruvique se prépare facilement en éthérifiant cette dernière au moyen de l'alcool sulfurique (à 1/10) à chaud pendant 1 heure; il constitue des prismes jaunes compacts, fusibles à 100° [A. Schlieper, *Ann. Chem.*, **239**, 229].

L'*hydrazone benzoïque*, obtenue en fines lamelles brillantes, cristallise également bien dans l'alcool bouillant.

Acide α-naphtylosazone-glyoxalcarbonique,

$$\begin{array}{l}CO^2H-C=Az-AzH-C^{10}H^7(\alpha)\\ \quad\quad\ \ |\\ \quad\quad CH=Az-AzH-C^{10}H^7(\alpha)\end{array}$$

— Après cristallisation dans le benzène, ce corps se présente en petits cristaux rouge cerise, fusibles à 196°; il forme des sels alcalins peu solubles, teignant la soie et le coton en jaune. On le prépare comme le dérivé phénylé au moyen du chlorhydrate d'α-naphtylhydrazine et de l'acide dibromopyruvique [O. Nastvogel, *Ann. Chem.*, **248**, 85].

α-Naphtylhydrazone du nitrile-éther mésoxalique ou encore *α-naphtylhydrazone de l'éther cyanacétique*,

$$\begin{array}{l}CAz-C-CO^2C^2H^5\\ \quad\quad\ \|\\ \quad Az-AzH-C^{10}H^7\\ \quad\ \text{(Stable).}\end{array}\quad \text{et}\quad \begin{array}{l}CAz-CH-CO^2C^2H^5\\ \quad\quad\ |\\ \quad Az=Az-C^{10}H^7\\ \quad\ \text{(Labile).}\end{array}$$

— Ce corps se forme dans l'action du chlorure diazonaphtalique sur l'éther cyanacétique. C'est un corps brun-rouge, cristallisé, fusible à 147°. La saponification conduit au sel

$$CAz-C(Az-AzH-C^{10}H^7)CO^2K,$$

soluble facilement dans l'alcool; l'acide chlorhydrique précipite l'acide de la solution aqueuse de son sel potassique sous la forme de cristaux jaune-brun foncé, fusible à 125°.

L'*éther* donne un sel de potassium d'où l'acide chlorhydrique précipite une modification, labile, de l'éther primitif, fusible à 107° au lieu de 147°; la couleur est jaune-brun au lieu de brun-rouge. Si on précipite par l'acide carbonique, on a la modification stable, fusible à 147° [B. Marquardt, *J. prakt. Chem.*, (2), **52**, 160; *Bull. Soc. Chim.*, (3), **16**, 294]. Ces modifications diffèrent encore par leurs solubilités. Enfin, l'ébullition avec l'alcool ou l'iode transforme la forme instable en forme stable.

Les recherches ultérieures de divers auteurs tendent à démontrer que les formes stable et labile de ces hydrazones sont d'ordre stéréo-isomérique et non d'ordre chimique, comme le représentent les formules de M. Marquardt. Les formules suivantes représentent ces isoméries :

$$\begin{array}{l}CAz-C-CO^2C^2H^5\\ \quad\quad\ \|\\ \ Az-AzH-C^6H^5\end{array}\qquad \begin{array}{l}CAz-C-CO^2C^2H^5\\ \quad\quad\ \|\\ C^6H^5-AzH-Az\end{array}$$

Hydrazides et leurs dérivés. — *Acétyl-α-naphtylhydrazine*, $C^{10}H^7-AzH-AzH-C^2H^3O$. — Obtenue par l'action de l'anhydride acétique sur la base bien sèche.

Elle cristallise dans l'alcool en aiguilles incolores, fusibles à 143°, à peine solubles dans l'eau bouillante, solubles dans l'alcool, l'éther, le benzène et l'acide acétique. Le phosgène la change en α-naphtylméthyloxybiazolone, fusible à 89°; le thiophosgène en le dérivé sulfuré analogue, fusible à 86° [Freund et Schuftan, *D. chem. G.*, **24**, 4183].

Benzoyl-α-naphtylhydrazine. — Belles aiguilles fusibles à 184°, pouvant être changées comme le précédent corps en les oxy- et thiobiazolones (correspondantes (fusibles à 136 et 164°).

α-Naphtylhydrazidoxalate d'éthyle,

$$C^{10}H^7-AzH-AzH-CO-CO^2C^2H^5.$$

— Produit de l'action de l'éther oxalique sur l'α-naphtylhydrazine en solution alcoolique. Aiguilles fusibles à 163°, solubles dans l'alcool, l'éther et le benzène, insolubles dans l'éther (F. et S.).

α-Naphtylcarbazinate d'éthyle,

$C^{10}H^7-AzH-AzH-CO^2C^2H^5$.

— Produit de l'action de l'éther chlorocarbonique sur l'α-naphtylhydrazine en solution pyridique; lamelles blanches fusibles à 107-108°. Le phosgène le change en une huile difficilement cristallisable, $C^{10}H^7.Az(COCl).AzH.CO^2C^2H^5$, que l'hydrazine transforme en 1 α-naphtyl-4 aminourazol (voyez URAZOL) [Busch et Grofmann, *D. chem. G.*, **34**, 2320].

α-Naphtylsemicarbazide. — Voy. 2e Suppl., **2**, 982. Le phosgène la change en amino-α-naphtyloxybiazolone, fusible à 212° (F. et S.). Le thiophosgène en le thio dérivé correspondant, fusible à 218°.

α-Naphtylthiosemicarbazide,

$C^{10}H^7-AzH-AzH-CS-AzH^2$.

— Lamelles fusibles avec décomposition vers 209°, peu solubles dans l'alcool, le benzène, le sulfure de carbone, insolubles dans le chloroforme et dans l'eau. L'action du phosgène fournit l'amino-α-naphtylthiobiazolone fusible à 250° (F. et S.).

De plus l'acide chlorhydrique, à 130°, en tube scellé, la transforme par perte d'ammoniaque en *α-naphtylsulfocarbizine*, dont les propriétés essentielles se rapprochent de celles de la phénylcarbizine précédemment décrite (2e Suppl., **2**, 981). Nous ne rapporterons donc que les propriétés fondamentales :

	Aspect	Fusion
	—	—
α-Naphtylsulfocarbizine..........	aig. inc.	184-185°
Chlorhydrate de naphtylsulfocarb.	aig. inc.	230°
Acétyl-α-naphtylsulfocarbizine....	long. aig.	283°
Benzoyl —	pet. crist.	175-176°

Acide α-naphtyldithiocarbazinique,

$C^{10}H^7-AzH-AzH-CS-SH$.

— Le sel de potassium de cet acide s'obtient par l'action de la potasse sur la combinaison du sulfure de carbone et de l'α-naphtylhydrazine. Il est fusible à 118°, très soluble dans l'alcool et dans l'eau. Il réagit facilement sur les iodures de méthyle et d'éthyle et sur le chlorure de benzyle, en donnant les éthers correspondants, fusibles respectivement à 160°, 124 et 127°. Le bromure d'éthylène fournit la *thiodiazine*

$$C^{10}H^7-Az\genfrac{}{}{0pt}{}{\diagup AzH-CS\diagdown}{\diagdown CH^2-CH^2\diagup}S,$$

fusible à 148°. L'aldéhyde conduit à un thiobiazoline-thiol (voyez ces mots) [F. Best, *J. prakt. Chem.*, (2), **60**, 225].

Phénylsulfocarbamo-b-α-naphtylhydrazide,

$C^6H^5-AzH-CS-AzH-AzH-C^{10}H^7$.

— Produit de l'action du phénylsénevol sur l'α-naphtylhydrazine. Aiguilles fusibles à 135°, facilement solubles dans l'alcool, l'éther, le chloroforme et l'acétone, insolubles dans la ligroïne.

Les alcoyl-α-naphtylthiosemicarbazides ont été examinées par M. W. Marckwald, au point de vue de leur stéréo-isomérie possible [*D. chem. G.*, **32**, 1086]. Ces recherches ont montré que le dérivé phénylé ci-dessus, seul, possède deux formes; celle qui fond à 135° est la forme labile; l'ébullition avec l'alcool chlorhydrique la change en la forme stable fusible à 220°. Les autres dérivés décrits ci-dessous ne peuvent être isolés que sous la forme stable, et ne fournissent que des *thiobiazolones* par l'oxychlorure de carbone. R représente le radical du sénevol combiné à l'α-naphtylhydrazine :

R =	Fusion
	—
CH^3	195°
C^2H^5	149°
$-C^6H^4-CH^3$ (para)	169°
$α-C^{10}H^7$	192°
$β-C^{10}H^7$	179°

Action de l'éther thioacétylacétique. — Voyez Sprague [*Chem. Soc.*, **59**, 329].

α-Naphtylhydrazines sulfonées,

$$C^{10}H^6\genfrac{}{}{0pt}{}{\diagup AzH-AzH^2}{\diagdown SO^3H}$$

Acide naphtyl 1-hydrazino 2-sulfonique. — ($α_1β_1$-*Naphtylhydrazine-sulfonée*). — Cet acide s'obtient par réduction de l'acide naphtyl 1.2-diazosulfonique au moyen du chlorure stanneux, en présence d'acide chlorhydrique. Lamelles brillantes. Les sels de cet acide sont solubles; le *sel barytique* forme des agrégats sphériques.

Acide naphtyl 1-hydrazino 4-sulfonique. — Obtenu en ajoutant la quantité calculée de chlorure stanneux, dissous dans l'acide chlorhydrique dilué, à une solution refroidie à 0° du produit de la diazotation du naphtionate de sodium. Il constitue des aiguilles groupées, incolores, réduisant la liqueur de Fehling, semblables à l'acide naphtionique. Le *sel de sodium* cristallise avec 4 molécules d'eau et se présente en belles lamelles compactes, peu solubles dans l'eau froide; il se colore en jaune avec l'aldéhyde benzylique (Erdmann).

Acide 1.5. — Il s'obtient comme le précédent; son *sel de sodium* contient 3 molécules et demi d'eau (Erdmann).

Acide 1.8. — La préparation de cet acide présente un peu plus de difficulté que celle des précédents. Il est en très petits cristaux; il réduit la liqueur de Fehling. Le *sel de potassium* est en aiguilles courtes, agrégées; il est anhydre et assez soluble dans l'eau; le *sel de sodium* est extrêmement soluble et se présente en tables microscopiques, jaunes, brillantes, également anhydres.

β-NAPHTYLHYDRAZINE, $C^{10}H^7-AzH-AzH^2_{(β)}$.

Cristaux fusibles à 124-125°, distillant presque inaltérés sous 25 millimètres. La β-hydrazine paraît plus stable à l'air que l'α. M. E. Fischer (*loc. cit.*) a décrit un *chlorhydrate*, un *sulfate*, un *nitrate*, un *oxalate* qui présentent la plus grande ressemblance avec les sels α.

Hydrazones. — M. A. Schlieper [*Ann. Chem.*, **236**, 174] a décrit les combinaisons avec l'acétone, l'aldéhyde ordinaire et l'aldéhyde pyruvique, et étudié leurs transformations en indols correspondants.

Dérivé éthylidénique. — Ce corps se produit avec un vif dégagement de chaleur par l'union des constituants. Il se présente en tables incolores souvent triangulaires, fusibles à 128-129°, très difficilement solubles dans l'éther et dans la ligroïne, facilement solubles dans les autres solvants organiques (Schlieper).

Dérivé acétonique. — On dissout la base dans la quantité nécessaire d'acétone, et quand un essai indique la disparition du pouvoir réducteur, on chasse l'excès d'acétone au bain-marie. Par refroidissement, l'huile se solidifie; on la fait cristalliser dans la ligroïne et on obtient ainsi des prismes d'un jaune pâle, fusibles à 65°,5, très altérables à l'air (Schlieper).

Combinaison pyruvique. — On l'obtient aussi bien à partir des sels que de la β-naphtylhydrazine libre. Elle est en aiguilles jaunes, fusibles à 166° avec perte d'acide carbonique; par sa fonction acide, elle se dissout dans les alcalis. On peut en préparer l'*éther éthylique*, fusible à 131°, par l'action de l'alcool sulfurique (Schlieper).

Phénylacétaldéhyde-β-naphtylhydrazone. — Ce corps prend naissance par perte d'eau dans l'action de la phénylacétaldéhyde sur la β-naphtylhydrazine. Il cristallise dans la ligroïne, mais s'altère déjà à 100°; l'acide chlorhydrique en solution alcoolique le transforme par perte d'ammoniaque en Pr-3phényl-β-naphtindol :

$$C^{10}H^7 \diagdown \; \underset{AzH - Az \diagup\!\!\diagup}{} \; \overset{CH^2 - C^6H^5}{\diagdown} \; CH$$

$$= C^{10}H^6 \left\langle \begin{matrix} C - C^6H^5 \\ \diagdown\!\!\diagdown \; CH \\ AzH \end{matrix} \right. + AzH^3$$

[Ince, *Ann. Chem.*, **253**, 35].

Acétophénone-β-naphtylhydrazone,

$$C^{10}H^7 - AzH - Az = C \left\langle \begin{matrix} C^6H^5 \\ CH^3 \end{matrix} \right.$$

— Cette hydrazone s'obtient par condensation de l'acétophénone avec la β-naphtylhydrazine. Elle forme des aiguilles incolores, fusibles à 150° environ, solubles dans l'alcool bouillant, très oxydables.

L'acide chlorhydrique la dédouble aisément; le chlorure de zinc la transforme en Pr-2 phényl-β-naphtindol par perte d'ammoniaque. L'indol ainsi obtenu est identique à celui qui résulte de la transformation isomérique de l'indol [3]-phényl signalé ci-dessus (Ince).

β-Naphtylhydrazine et éther acétylacétique. — Ces deux corps s'unissent pour donner la naphtylméthylpyrazolone, fusible à 190° [L. Knorr, *D. chem. G.*, **17**, 546].

β-Naphtylhydrazine et éther acétylthiacétique. — Voyez Sprague [*Chem. Soc.*, **59**, 343].

Hydrazone lévulique,

$$CH^3 - C(=Az - AzH - C^{10}H^7) - CH^2 - CH^2 - CO^2H.$$

— C'est une substance instable, cristalline; l'hydrazone de l'éther lévuléthylique est plus stable; elle fond à 129-130°. Enfin, l'anhydride de l'hydrazone lévulique, obtenue en chauffant l'hydrazone de l'acide au bain d'huile à 170-175°, est une *cétodiazine* stable, fusible à 119°. On peut dériver de ces corps les indols correspondants [Steche, *Ann. Chem.*, **242**, 367].

Hydrazone et hydrazide β-naphtylique de l'acide glyoxalcarbonique,

$$CO \left\langle \begin{matrix} CH = Az - AzH - C^{10}H^7\ (\beta) \\ CO - AzH - AzH - C^{10}H^7\ (\beta) \end{matrix} \right. \ (?)$$

— Ce composé prend naissance dans la réaction du chlorhydrate de β-naphtylhydrazine sur l'acide dibromopyruvique. Il se sépare sous la forme d'un précipité rouge que l'on purifie par cristallisation dans l'acétone. Il constitue finalement des aiguilles jaunes, devenant orangées à 100°, fusibles à 222°; insolubles dans l'eau, mais solubles dans les dissolvants organiques [O. Nastvogel, *Ann. Chem.*, **248**, 90].

Hydrazone de l'isatine, $C^{18}H^{13}Az^3O$. — Aiguilles jaune foncé, fusibles à 234° [Schunck et Marchlewski, *D. chem. G.*, **28**, 2527].

β-Naphtylhydrazone du nitrile-éther mésoxalique ou de l'éther cyanacétique,

$$CAz - C \left\langle \begin{matrix} Az - AzC^{10}H^7 \\ CO^2C^2H^5 \end{matrix} \right.$$

— Préparé comme le dérivé α.

La modification stable fond à 142°; la modification labile à 124°.

L'acide fond à 150° (B. Marquardt).

Hydrazides. — Les hydrazides de la β-naphtylhydrazine présente la plupart des réactions de la phénylhydrazine, sauf en quelques circonstances spéciales, par exemple la décomposition des semicarbazides qui donnent naissance à une naphtazine [Hauff, *Ann. Chem.*, **253**, 24].

Acétyl-β-naphtylhydrazine,

$$C^{10}H^7 - AzH - AzH - CO - CH^3.$$

— Elle s'obtient par l'action de 2 parties d'acide acétique sur 1 partie de β-naphtylhydrazine, en chauffant le mélange au réfrigérant à reflux. Ce sont de petites aiguilles incolores, fusibles à 164-165°, presque insolubles dans l'éther et dans l'eau froide, facilement solubles dans l'alcool, le chloroforme et le benzène. Elle est réductrice.

L'oxychlorure de carbone transforme ce corps en β-naphtylméthylbioxaxolone, fusible à 125° [Hillringhaus, *D. chem. G.*, **24**, 4179]; le thiophosgène en thio dérivé correspondant, fusible à 109°.

Monobenzoyl-β-naphtylhydrazine,

$$C^{10}H^7 - AzH - AzH - CO - C^6H^5.$$

— On l'obtient par l'action du chlorure de benzoyle (1 molécule) sur la β-naphtylhydrazine (2 molécules) en solution éthérée. Il se sépare du chlorhydrate de β-naphtylhydrazine pendant que le dérivé benzoylé reste en solution. Après purification par cristallisation dans le benzène, ce dérivé se présente en aiguilles fusibles à 154-155°, insolubles dans l'eau, facilement solubles dans l'alcool et le benzène à chaud, le chloroforme et l'éther.

Dibenzoyl-β-naphtylhydrazine,

$$C^{10}H^7 - Az^2H(CO - C^6H^5)^2.$$

— Il est nécessaire d'opérer au point d'ébullition du chlorure de benzoyle pour que la réaction se fasse. En purifiant le produit comme le précédent, on l'obtient sous forme d'aiguilles incolores, dures, agrégées en mamelons, fusibles à 162-163°, ayant les mêmes caractères de solubilité que le dérivé monobenzoylé.

Oxalyl-β-naphtylhydrazide,

$$(-CO - AzH - AzH - C^{10}H^7)^2.$$

— Ce composé se forme, à côté du suivant, dans l'action de la phénylhydrazine sur l'éther oxalique. Il est à peu près insoluble dans les solvants usuels; il fond à 277° [Hillringhaus, *loc. cit.*].

β-Naphtylhydrazidoxalate d'éthyle,

$$C^{10}H^7 - AzH - AzH - CO - CO^2C^2H^5.$$

— Lamelles fusibles à 159°, solubles dans l'alcool, le chloroforme et le benzène, obtenues au moyen de la β-naphtylhydrazine et de l'éther oxalique. On laisse les corps en contact jusqu'à dissolution complète, on ajoute ensuite de l'alcool absolu et on sèche la masse séparée; on la fait cristalliser dans l'alcool.

L'acide correspondant est fusible à 202° et s'obtient par saponification de l'éther.

Dérivés carboniques.

β-Naphtylcarbazinate d'éthyle. — Obtenu comme le dérivé α. Fond à 105°,5. Le dérivé chlorocarbonylique est cristallisé et fond à 139°; il a été transformé aussi en urazol (B. et G.).

β-*Naphtylcarbazinate de phényle*

$C^{10}H^7 - AzH - AzH - CO^2C^6H^5$.

— Paillettes légèrement jaunâtres, obtenues par l'action de la β-naphtylhydrazine (2 molécules) sur le carbonate de phényle (1 molécule) à la température du bain-marie [Cazeneuve et Moreau, *Bull. Soc. Chim.*, (3), **23**, 54].

β-*Naphtylcarbazide*

$CO(AzH - AzH - C^{10}H^7)^2$.

— Composé cristallisé, soluble dans l'alcool et dans l'éther, obtenu en chauffant à 150°, pendant une demi-heure, 4 molécules de β-naphtylhydrazine avec 1 molécule de carbonate de phényle [Cazeneuve et Moreau, *loc. cit.*].

Semicarbazides. — β-*Naphtylsemicarbazide*,

$C^{10}H^7 - AzH - AzH - CO - AzH^2$.

— Le cyanate de potassium, agissant sur la quantité équivalente de chlorhydrate de β-naphtylhydrazine en solution aqueuse, précipite presque aussitôt la carbazide qu'il n'y a plus qu'à faire cristalliser dans l'alcool. Elle constitue des lamelles blanches, fusibles à 220°, presque insolubles dans l'eau, peu solubles dans l'alcool, le benzène, le chloroforme, le sulfure de carbone à froid, facilement solubles à chaud dans l'alcool et dans l'acide acétique. Elle est réductrice. (Voyez aussi 2e Suppl., **2**, 982.)

L'acide chlorhydrique étendu de 2 volumes d'eau la transforme à 140° en naphtazine $(C^{10}H^6Az)^2$, fusible à 275°, comme celle de M. Witt (Hauff).

β-*Naphtylsulfosemicarbazide*,

$C^{10}H^7 - AzH - AzH - CS - AzH^2$.

— On obtient cette carbazide en faisant bouillir pendant 8 à 10 heures au réfrigérant ascendant des poids équivalents de chlorhydrate de β-naphtylhydrazine et de sulfocyanure d'ammonium. On la purifie par cristallisation dans l'aniline bouillante; rendement 80 0/0.

Elle fond à 201-202°, est insoluble dans l'eau et dans l'éther, peu soluble dans l'alcool, le benzène, la ligroïne, le sulfure de carbone froid, facilement soluble dans l'aniline et dans l'alcool bouillants.

L'acide chlorhydrique, en tube scellé, en sépare de l'ammoniaque et fournit un composé que l'auteur désigne sous le nom de *naphtylsulfocarbizine*,

```
C10H7 - Az — AzH                    ⁄ AzH - Az
        ⟍  ⁄          ou   C10H6        ‖
         CS                    ⟍ S —— CH
```

— On opère à 130-140°. Après cristallisations et décolorations au noir, puis transformation en chlorhydrate et décomposition du sel par les alcalis, on l'obtient finalement sous la forme de lamelles à éclat nacré, fusibles à 253-254°, sublimables, insolubles dans l'eau, peu solubles dans l'éther, plus solubles dans le benzène, le chloroforme et l'alcool froid, facilement solubles dans ce dernier à chaud.

Comme le dérivé phénylé, c'est un corps très stable, qui n'est plus réducteur et qui donne avec les hypochlorites un précipité violet.

Le *chlorhydrate* cristallise en fines aiguilles incolores, solubles dans l'eau bouillante; le *chloroplatinate*, en aiguilles jaunes; le *nitrate* est facilement soluble dans l'eau et dans l'alcool étendu (Hauff).

Naphtyldithiocarbazinate de naphtylhydrazine,

$$CS \begin{cases} SH - Az^2H^3 - C^{10}H^7 \\ AzH - AzH - C^{10}H^7 \end{cases}$$

— C'est le produit d'addition du sulfure de carbone à la β-naphtylhydrazine. Lamelles fusibles à 145° avec décomposition, insolubles dans l'eau, le sulfure de carbone et l'éther, assez solubles dans l'alcool chaud (Hauff).

Acide β-*naphtyldithiocarbazinique*,

$C^{10}H^7 - AzH - AzH - CS - SH$.

— On l'obtient sous la forme de *sel de potassium* fusible à 112°, de la même façon que le dérivé α. Il donne les mêmes réactions. L'*éther méthylique* fond à 143-144°, l'*éther éthylique* 1° plus bas, et l'*éther benzylique* à 171°. Le bromure d'éthylène et les aldéhydes formique et acétique conduisent à des thiodérivés cycliques (voyez ces mots) [F. Best, *J. prakt. Chem.*, (2), **60**, 225].

Allylsulfocarbamo-b-β-naphthylhydrazide. — Voyez 2e Suppl., **2**, 982.

Phénylsulfocarbamo-b-β-naphtylhydrazide, $C^6H^5 - AzH - CS - AzH - AzH - C^{10}H^7$. — Obtenue par l'ébullition pendant un quart d'heure d'un mélange équimoléculaire de β-naphtylhydrazine et de phénylsulfocarbimide. Lamelles fusibles à 202°, à 184-185°,5 [Freund et Hillringhaus, *D. chem. G.*, **24**, 4180. — Dixon, *Chem. Soc.*, **61**, 1020].

Le phosgène donne avec cette semicarbazide l'anilino-β-naphtylthiobiazolone fusible à 198-199° (F. et H.).

Cet ordre de composés a été, comme les dérivés de la naphtylhydrazine-α, étudié par M. W. Marckvald [*D. chem. G.*, **32**, 1087] au point de vue stéréo-isomérique. On ne peut isoler que les formes stables. En voici les points de fusion (R = radical de sénevol).

R =	Fusion
Méthyle	209°
Ethyle	169°
o-Tolyle	192°
p-Tolyle	195°
α-Naphtyle	207°
β-Naphtyle	187°

β-*Dinaphtylthiocarbazide*,

$CS(AzHAzH . C^{10}H^7)^2$.

— On obtient ce corps en fondant la phénylsulfocarbamo-b-β-naphtylhydrazide. Ce sont des aiguilles solubles dans le benzène, fusibles à 137-140° [Freund et Thilo, *D. chem. G.*, **24**, 4199].

α-Tétrahydronaphtylhydrazine

$C^{10}H^{11} - AzH - AzH^2$.

— Elle a été obtenue par réduction, au moyen du chlorure stanneux, de l'α-tétrahydronaphtylamine diazotée. Elle cristallise dans la ligroïne en prismes blancs, peu solubles dans l'eau, facilement solubles dans l'alcool, l'éther et le benzène. Le sulfate de cuivre à chaud la transforme en tétrahydronaphtalène $C^{10}H^{12}$ [E. Bamberger et F. Bordt, *D. chem. G.*, **22**, 625; *Bull. Soc. Chim.*, (3), **2**, 429].

C. — Hydrazines primaires du noyau pyridique.

Pyridylhydrazines.

M. W. Marckwald [*D. chem. G.*, **31**, 2496] et M. E. Mohr [*Ibid.*, **31**, 2495] ont signalé quelques composés de cette série.

Comme les α et γ-aminopyridines ne se laissent pas diazoter, M. W. Marckwald a fait réagir directement les α et γ-chloropyridines sur l'hydrazine. A 150°, la réaction a lieu. Ces recherches n'ont encore été publiées que sur la γ-chlorolutidine.

Après 2 heures de chauffage, on obtient un mélange de chlorhydrate d'hydrazine et de γ-lutidylhydrazine,

$$AzH^2-AzH-C\langle\begin{matrix}CH=C-CH^3\\CH=C-CH^3\end{matrix}\rangle Az$$

L'hydrazine en question est en cristaux incolores, fusibles à 115-116°, solubles dans l'eau bouillante, l'alcool, le benzène chaud, peu solubles dans l'éther, la ligroïne et le benzène froid.

La β-amidopyridine, elle, est susceptible de diazotation. M. E. Mohr a pu réduire l'acide diazosulfonique correspondant par le zinc et l'acide acétique, et séparer la β-pyridylhydrazine au moyen de l'aldéhyde benzoïque. La benzylidène-β-pyridylhydrazine forme des aiguilles groupées en étoiles ou en pyramide de couleur ocre, fusibles à 163-164° [*Bull. Soc. Chim.*, (3), **22**, 27].

D. — HYDRAZINES PRIMAIRES DU NOYAU QUINOLÉIQUE.

Leur obtention prête aux mêmes observations que celle des hydrazines du noyau pyridique.

Les unes, comme l'α-quinoléyl-, l'α-lépidyl-, la γ-quinaldylhydrazine, *ont été obtenues par l'action* de l'hydrate d'hydrazine sur les dérivés chlorés correspondant à ces hydrazines; les autres, comme l'ortho-, la para- et l'anaquinoléylhydrazine, ont été préparées au moyen des dérivés aminés correspondants, par diazotation et réduction ultérieure au moyen du chlorure stanneux.

Ces hydrazines ont l'allure générale des hydrazines aromatiques primaires.

α-Quinoléylhydrazine

CH, CH, C-AzH-AzH², Az

On l'obtient par l'action de l'α-chloroquinoléine (1 partie), sur l'hydrate d'hydrazine pur (4 parties), à 150° pendant 6 heures, en tubes scellés. Il se fait en même temps un peu d'α-hydrazoquinoléine. Par cristallisation dans l'eau bouillante, on sépare cette dernière, qui est insoluble; on purifie ensuite l'hydrazine par cristallisation dans le benzène; elle est également soluble dans l'alcool, peu soluble dans l'éther et dans la ligroïne. Elle est réductrice et fond à 134-135°. Elle est monobasique.

Sels. — Le *chloroplatinate*

$$(C^9H^9Az^3)^2PtCl^6H^2$$

fond à 170° en se décomposant; le *picrate*,

$$C^9H^9Az^3, C^6H^3Az^3O^7,$$

en aiguilles jaunes, fond à 187° avec décomposition.

Benzylidène-quinoléylhydrazone

$$C^9H^6Az-AzH-Az=CH-C^6H^5.$$

— Cristaux jaunes, fusibles à 151°. Base forte monobasique, donnant un *chloroplatinate*, fusible à 185-186°; un *bichromate*, fusible à 220° avec décomposition; un *picrate*, fusible à 198°.

Hydrazides. — L'*hydrazide éthyloxalique*,

$$C^9H^6Az-AzH-AzH-CO-CO^2C^2H^5,$$

s'obtient à froid par l'action de l'éther oxalique; elle fond à 174-175°.

L'*hydrazide oxalique*,

$$[C^9H^6Az-AzH-AzH-CO-]^2,$$

s'obtient si l'on chauffe à 150°; elle fond à 251°.

La *semicarbazide*,

$$C^9H^6Az-AzH-AzH-CO-AzH^2,$$

obtenue au moyen du cyanate de potassium et du chlorhydrate de la base, est en cristaux groupés, fusibles à 202°, solubles dans l'eau bouillante. Elle donne un *chloroplatinate*,

$$(C^{10}H^{10}Az^4O)^2PtCl^6H^2,$$

cristallin, jaune foncé, et un *picrate*,

$$B, C^6H^3Az^3O^7,$$

jaune, peu soluble, fusible à 189°.

La *phénylsulfosemicarbazide*, $C^{16}H^{14}Az^4S$, obtenue par le phénylsénevol, est en cristaux jaunes pouvant renfermer une molécule d'eau, fondant alors à 106°, mais fondant anhydres à 144°. Elle donne un *picrate* fusible à 168-169°. Chauffée, elle perd de l'aniline et se change en un composé blanc, fusible à 261°, le *naphtriazol-mercaptan*, lequel n'est plus basique, mais plutôt acide. Ce composé, fusible à 261°, est transformé par l'acide nitrique, qui enlève le soufre, en *naphtriazol* fusible à 175°; on obtient encore ce triazol en chauffant l'α-quinoléylhydrazine avec l'acide formique :

Az, AzH, C^6H^5-AzH-CS-AzH = Az, Az + $C^6H^5AzH^2$, H[S]-C ═ Az

Comp. fus. à 261°.

Az, AzH, $CH^2O^2 + AzH^2$ = Az, Az, $2H^2O + CH = Az$

Enfin, l'*acide nitreux* change l'α-quinoléylhydrazine en *naphtétrazol* fusible à 157°. On se représentera très facilement ces diverses transformations en écrivant l'α-quinoléylhydrazine sous une forme tautomérique :

CH, CH, CH, C, CH, CH, C, C-AzH-AzH², CH, Az

⟶ CH, CH, CH, C, CH, CH, C, C=Az-AzH², CH, AzH

[W. Marckwald et E. Meyer, *D. chem. G.*, **33**, 1885; *Bull. Soc. Chim.*, (3), **24**, 1043].

o-QUINOLÉYLHYDRAZINE

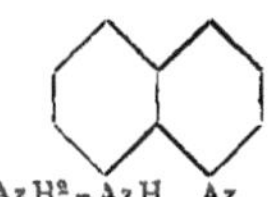

Préparée par M. S.-F. Dufton [*Chem Soc.*, **59**, 756] et M. Böttiger [*D. chem. G.*, **24**, 3276], en partant de l'o-amidoquinoléine. Elle est en longues aiguilles jaunes, brillantes, ou en prismes fusibles à 64°, cristallisant bien dans l'éther de pétrole; elle réduit la liqueur de Fehling.

Sels. — Le *bichlorhydrate*, $C^9H^9Az^3,2HCl$, est en prismes brillants, épais, jaunes; le *sulfate* cristallise bien également. Les deux sels sont solubles dans l'eau, l'alcool et l'éther (B.).

Semicarbazide

$$C^9H^6Az-AzH-AzH-CO-AzH^2.$$

— Feuillets satinés, blancs, fusibles à 235° avec décomposition (D.).

Hydrazone pyruvique

$$C^9H^6Az-AzH-Az=C(CH^3)CO^2H.$$

— Aiguilles orangées, fusibles à 174°; présentant des propriétés acides et basiques. L'acide chlorhydrique concentré change cette hydrazone en l'acide quinoléino-indolcarbonique correspondant (fusible à 286°).

p-QUINOLÉYLHYDRAZINE,

CH CH
AzH² - AzH C C CH
C
CH C CH
CH Az

On réduit par le chlorure stanneux et l'acide chlorhydrique concentré le dérivé azoïque de la p-amidoquinoléine.

L'hydrazine ne cristallise pas et se résinifie facilement. En voici les dérivés :

Dérivés	Aspect	Fus.
Hydrazone benzylidénique ...	aiguill. orangées ou cubes rouges	203°
Hydrazone pyruvique......	crist. jaune clair	189°
— chlorhydrate........	aiguill. orangées	201°
Semicarbazide...........	aiguill. incol...	234°
p-Azoquinoléine $C^{18}H^{12}Az^4$	aiguill. orangées	248°
— chlorhydrate........	id.	»

[C. Knueppel, *Ann. Chem.*, **310**, 75; *Bull. Soc. Chim.*, (3), **24**, 349].

ANAQUINOLÉYLHYDRAZINE

AzH² - AzH - C CH
CH C CH
CH C CH
CH Az

Ce corps s'obtient au moyen de l'ana-amidoquinoléine que l'on diazote et que l'on réduit ensuite par le chlorure stanneux en présence d'acide chlorhydrique. Elle constitue de belles aiguilles jaunes, fusibles à 150-151°, réduisant la liqueur de Fehling, insolubles dans l'éther de pétrole, peu soluble dans le benzène, plus solubles dans l'éther et dans l'alcool.

Le *bichlorhydrate*, $C^9H^9Az^3,2HCl$, obtenu directement en décomposant le chlorostannate par l'hydrogène sulfuré, est en aiguilles jaune citron, brunissant à 225°, fondant à 248°. Traité par la soude, il donne d'abord une coloration rouge sang due à la formation d'un monochlorhydrate, puis la coloration passe au blanc verdâtre en même temps que la base se précipite.

Autres dérivés	Forme	Fusion
Hydrazone benzylidénique.	cubes bruns..	194°
— acétonique.....	pr. jaune br.	138-140°
— pyruvique.....	rouge brique.	185°
Semicarbazide (+ H^2O)....	aig. ou pr. br.	185 et 255° (déc.)
Méthylpyrazolone (acétacét.)	crist. blancs.	186°

L'hydrazone pyruvique, sous l'influence de l'acide chlorhydrique concentré et bouillant, conduit à un composé $C^{12}H^8Az^2O^2$, insoluble dans l'alcool, soluble dans l'eau ammoniacale, d'où il se sépare au bain-marie en longues aiguilles jaunes décomposables vers 300°. Ce serait l'acide anaquinoléylindolcarbonique [S.-F. Dufton, *Chem. Soc.*, **61**, 782; *Bull. Soc. Chim.*, (3), **10**, 647].

α-LÉPIDYLHYDRAZINE

C-CH³
CH
C - AzH - AzH²
Az

— Nous ne ferons qu'indiquer dans un tableau les propriétés de cette hydrazine et de ses dérivés.

Dérivés	Forme	Fusion	
α-Lépidylhydrazine...	crist. incol.	145-147°	
Chlorhydrate.........	id.	»	
Chloroplatinate	crist. jaunes	»	
Benzalhydrazone....	petits crist..	150°	
— bichromate....	crist. jaunes	»	
Hydrazone pyruvique .	crist. incol.	215°	(+3H²O)
Semicarbazide........	crist. jaunes	215°	
Sulfosemicarbazide....	id.	»	

Ce dernier corps conduit, comme l'α-quinoléylhydrazine, au méthylnaphtriazolmercaptan (fusible vers 280°).

L'acide nitreux donne un *méthylnaphtétrazol*, fusible à 207° [W. Marckwald et M. Chain, *D. chem. G.*, **33**, 1895; *Bull. Soc. Chim.*, (3), **24**, 1045].

γ-QUINALDYLHYDRAZINE

CH C - AzH - AzH²
CH C CH
CH C C - CH³
CH Az

— Obtenue à partir de la γ-chloroquinaldine. Voici ses propriétés et celle de ses dérivés

Dérivés	Forme	Point de fusion
γ-Quinaldylhydrazine...	crist. ét. incol.	117-118°
Monochlorhydrate......	crist. incol....	»
Bichlorhydrate........	id.	perd HCl à 100°
Benzylydène-hydrazone	crist. jaunes...	161-162°
— picrate.......	pet. crist. jaun.	130°
Hydrazone pyruvique...	id.	197°
Sulfosemicarbazide.....	»	139°

[W. Marckwald et M. Chain, *ibid.*].

HYDRAZINE DE L'HYDROMÉTHYLKÉTOL

(*Az-aminohydro-α-méthylindol*)

CH²
C⁶H⁴ CH - CH³
Az - AzH²

On part de la nitrosamine de l'hydro-α-méthylindol et on la réduit par 5 parties de zinc en présence de 4 parties d'acide acétique à 50 0/0.

On refroidit à 10-15°; à la fin, on chauffe au bain-marie; on filtre, on alcalinise par la soude et on épuise par l'éther; le résidu éthéré est entraîné par la vapeur d'eau; l'huile distillée, reprise par l'éther, est finalement distillée dans le vide. Le produit obtenu se fige en partie dans un mélange réfrigérant. Les cristaux, repris par la ligroïne, se présentent en prismes fusibles à 40-41°.

Le *chlorhydrate* et le *sulfate* sont cristallisés.

La combinaison *pyruvique* est un précipité jaune cristallin.

Enfin, la *phénylsulfosemicarbazide* est en prismes incolores facilement solubles dans l'éther, fusibles à 100-101° [M. Wenzing, *Ann. Chem.*, **239**, 239].

E, F, G. — **HYDRAZINES PRIMAIRES DÉRIVÉES DES NOYAUX AZOTÉS DIVERS.**

Les noyaux azotés divers, diazols, diazines, triazols, tétrazols, etc., peuvent donner des amines comparables aux amines aromatiques, en ce sens qu'on peut les diazoter ou les nitroser, et les changer en hydrazines. Vu leur petit nombre, nous rassemblerons ici toutes ces hydrazines.

MÉTHYLTHIAZOLINE-HYDRAZINE,

$$\begin{array}{l} CH \text{---} S \\ \Vert \qquad\quad | \\ CH - Az - C = Az - AzH^2. \\ \qquad\quad | \\ \qquad CH^3 \end{array}$$

Obtenue en réduisant la n-méthyl-μ-nitroso-imidothiazoline. C'est une huile jaunâtre, d'odeur désagréable; elle fournit un picrate et un chlorhydrate; elle se combine aux aldéhydes et aux acétones en donnant des produits de condensation cristallins [Näf, *Ann. Chem.*, **265**, 118; *Bull. Soc. Chim.*, (3), **8**, 631].

Avec la formule que lui attribue M. Näf, ce corps serait en réalité l'hydrazone de la méthylthiazolidone :

$$\begin{array}{l} CH \text{------} S \\ \Vert \qquad\qquad | \\ CH - Az(CH^3) - CO \end{array}$$

URACYLHYDRAZINE OU HYDRAZINO-URACILE,

$$\begin{array}{l} \qquad AzH - CH \\ \quad / \qquad\quad \Vert \\ CO \qquad\quad C - AzH - AzH^2 \\ \quad \backslash \qquad\quad | \\ \qquad AzH - CO \end{array}$$

Le diazoïque de l'acide uracile-carbonique donne, par ébullition avec l'alcool, le diazo-uracile par perte d'anhydride carbonique. Ce diazo-uracile, réduit par le chlorure stanneux et l'acide chlorhydrique, conduit au chlorhydrate de l'hydrazino-uracile,

$$C^4H^6Az^4O^2 . HCl,$$

corps cristallisé en lamelles incolores et brillantes [R. Behrend et P. Ernert, *Ann. Chem.*, **258**, 347; *Bull. Soc. Chim.*, (3), **5**, 697].

Acide hydrazino-uracile-carbonique,

$$\begin{array}{l} \qquad AzH - C - CO^2H \\ \quad / \qquad\quad \Vert \\ CO \qquad\quad C - AzH - AzH^2. \\ \quad \backslash \qquad\quad | \\ \qquad AzH - CO \end{array}$$

— Produit par l'hydrogénation du diazoïque de l'acide uracile-carbonique, au moyen de chlorure stanneux et d'acide chlorhydrique; il se présente en croûtes cristallines incolores [*Ibid.*].

HYDRAZIDO- OU HYDRAZINO-CAFÉINE (voyez ce mot, 2e Suppl., **5**, 242).

HYDRAZIDES DÉRIVÉES DES AZOLS ET AUTRES NOYAUX AZOTÉS.

MÉTHYLTRIAZYLHYDRAZINE,

$$\begin{array}{l} Az \text{---} AzH \searrow \\ \Vert \qquad\qquad\quad C - AzH - AzH^2. \\ C(CH^3) - Az \nearrow \end{array}$$

Cette hydrazine n'est connue que sous forme de chlorhydrate de benzylidène-méthyltriazylhydrazine. La préparation de ce chlorhydrate ne réussit à partir de l'aminométhyltriazol que par réduction du diazoïque au moyen du chlorure stanneux. Il se forme des aiguilles fusibles à 256°. L'hydrazone libre paraît fondre vers 263° (voyez TRIAZOL) [Thiele et Manchot, *Ann. Chem.*, **303**, 33).

TÉTRAZYLHYDRAZINE,

$$\begin{array}{l} Az - Az \searrow \\ \Vert \qquad\qquad C - AzH - AzH^2. \\ Az - AzH \nearrow \end{array}$$

Ce corps est une hydrazine dérivant de l'aminotétrazol. On l'obtient en décomposant la benzylidène-tétrazylhydrazine par un excès d'acide chlorhydrique; le chlorhydrate d'hydrazine formé est lui-même ensuite décomposé à chaud par l'acétate de sodium, dans un vase parcouru par un courant de gaz carbonique afin d'éviter l'oxydation. Par refroidissement, l'hydrazine se sépare sous la forme de cristaux agrégés, fusibles à 199°. Ce corps contient 84 0/0 d'azote; il est peu soluble dans l'eau froide, plus soluble à chaud, insoluble dans le benzène, l'alcool et l'éther. Il fonctionne à la fois comme acide par son groupement tétrazolique, et comme base par sa fonction hydrazine. Il donne des précipités avec les sels d'argent et de cuivre et se combine à l'acide chlorhydrique [J. Thiele et J.-T. Marais, *Ann. Chem.*, **273**, 144].

Quant à la *benzylidène-tétrazylhydrazine*, point de départ de l'hydrazine, elle s'obtient en agitant avec de l'aldéhyde benzylique le produit de diazotation, puis de réduction, de l'amidotétrazol ou acide amidotétrazotique, $CHAz^4 - AzH^2$ (voyez 2e Suppl., **3**, 150), lequel se comporte, à la difficulté des manipulations près, comme une amine aromatique. Le dérivé benzylidénique,

$$CHAz^4 - AzH - Az = CH - C^6H^5,$$

est fortement acide et donne des sels bien définis : $C^8H^7Az^6Na, 3H^2O$; $(C^8H^7Az^6)^2Ca, 6H^2O$; $(C^8H^7Az^6)^2Ba + 6H^2O$. (Th. et Mar.). Sa réduction conduit à un dérivé dihydrogéné possédant vraisemblablement la formule

$$CH^3Az^4 . AzH . Az = CHC^6H^5,$$

car sa décomposition par les acides fournit encore de l'aldéhyde benzylique.

La tétrazylhydrazine se forme encore dans la décomposition de l'azotétrazol libre par l'eau acidulée

$$\begin{array}{l} Az - AzH \searrow \qquad\qquad\qquad\qquad \swarrow AzH - Az \\ \Vert \qquad\qquad C - Az = Az - C \qquad\qquad \Vert \quad + 2H^2O \\ Az - Az \nearrow \qquad\qquad\qquad\qquad \nwarrow Az - Az \end{array}$$

$$\begin{array}{l} \quad Az - AzH \searrow \\ = \Vert \qquad\qquad C - AzH - AzH^2 + 2Az^2 + CH^2O^2 \\ \quad Az - Az \nearrow \end{array}$$

[Thiele, *Ann. Chem.*, **303**, 57].

Voici les principales substances que l'on en a dérivées :

Dérivés	Fusion
Bi-chlorhydrate	176°
Dérivé triacétylé	192°
Semicarbazide	211°
Azide $Az^4H.C.Az^3$	très explosive
Hydrazone de l'acétone	181°,5
— de l'ald. benzylique	235°
— de l'acétophénone	235°

L'hydrazone benzylidénique a été à son tour le point de départ de divers dérivés de substitution soit à l'atome d'hydrogène tétrazolique, soit aux hydrogènes hydraziniques (voyez plus bas) [Thiele, *loc. cit.* — Thiele et Ingle, *Ann. Chem.*, **287**, 235].

Enfin, on obtient une hydrazone fort singulière, la *dibromoformaltétrazylhydrazone*,

$$Br^2C = Az - AzH - C(Az^4H) + 0,5H^2O,$$

lorsqu'on fait réagir le brome sur l'azotétrazylhydrazine. Cette hydrazone est en aiguilles fusibles à 177° ; l'acide sulfurique la décompose en acide bromhydrique, gaz carbonique et tétrazylhydrazine [Thiele, *Ann. Chem.*, **303**, 57].

La benzylidène-tétrazylhydrazone, traitée par le chlorure de benzyle, avec ou sans potasse, ou avec de la potasse plus ou moins étendue, donne naissance à toute une série d'hydrazines nouvelles, isomériques parfois, tant parce que la substitution peut porter dans le noyau ou dans le groupe $-AzH-Az=$ hydrazonique, que parce que la tétrazylhydrazine elle-même peut avoir les formes

$$\begin{matrix} Az - Az \\ \| \\ Az\text{-}AzH_{(\alpha)} \end{matrix} \gg C\text{-}AzH\text{-}Az= \quad \text{et} \quad \begin{matrix} Az = Az \\ | \\ AzH\text{-}Az_{(\beta)} \end{matrix} \gg C\text{-}AzH\text{-}Az=$$

Certains de ces corps sont donc des dérivés des hydrazines primaires, tandis que les autres dérivent d'hydrazines plus substituées. Ces derniers, d'après notre classification, devraient donc être séparés des premiers. Etant donnée leur origine commune, nous les étudierons tous ensemble, quitte à les rappeler aux lieu et place que notre classification leur assignerait.

α-Benzyl-α-benzylotétrazylhydrazine dissymétrique. — En réduisant le nitroso-α-dibenzyltétrazol,

$$\begin{matrix} Az - Az \\ \| \\ Az - Az - C^7H^7 \end{matrix} \gg C - Az(AzO) - C^7H^7,$$

par le zinc et l'acide acétique en milieu alcoolique, on obtient une hydrazine huileuse qui se combine à l'aldéhyde benzylique pour former une hydrazone cristallisant en belles aiguilles jaunes, fusibles à 98°. On obtient la même hydrazone en faisant réagir la benzylidène-tétrazylhydrazine sur 5 fois son poids de chlorure de benzyle ; elle constitue la masse dominante de la réaction. On a donc, dans ces conditions, fait l'hydrazone benzylidénique d'une hydrazine secondaire dissymétrique, l'*α-benzyl-α-benzylotétrazylhydrazine*,

$$\begin{matrix} CAz^4(C^7H^7) \\ C^7H^7 \end{matrix} > Az - AzH^2.$$

A côté de cette hydrazine secondaire, les extractions à l'alcool et les lavages à l'éther ont laissé le chlorhydrate de l'hydrazone benzylidénique de l'α-benzylotétrazylhydrazine qui est basique.

α-Benzylotétrazylhydrazine,

$$CAz^4(C^7H^7) - AzH - AzH^2.$$

— Le chlorhydrate de l'hydrazone dont il vient d'être question est décomposable par l'acide chlorhydrique bouillant en aldéhyde benzylique et chlorhydrate d'α-benzyltétrazylhydrazine, d'où l'on peut isoler la base libre. Voici les caractères de cette hydrazine et de ses dérivés :

	Aspect	Fusion
Hydrazine	lamelles brillant.	123°
Chlorhydrate	longues aiguilles	200°
Hydrazone benzylidénique	»	160-161°
— chlorhydrate	»	246°

Ce dernier, préparé synthétiquement au moyen de l'hydrazine même et de l'aldéhyde benzylique en présence d'acide chlorhydrique, reproduit le corps dont on est parti.

Enfin, ces corps ne possédant plus les réactions du tétrazol, on en infère que le benzyle y occupe la place de l'hydrogène du groupement CAz^4H.

β-Benzylotétrazylhydrazine. — Cette hydrazine, isomère de la précédente, se produit sous forme de dérivé benzylidénique lorsqu'on fait bouillir ensemble la benzylidène-tétrazylhydrazine (2 grammes) avec de la soude sèche (1 gramme), du chlorure de benzyle (1^{cr},3) et un peu d'alcool. Le dérivé benzylidénique est soluble dans l'alcool, insoluble dans l'eau, soluble dans les alcalis, et fond à 199°.

Le *chlorhydrate* de l'hydrazine elle-même est en aiguilles fusibles à 186-187°.

α-Benzyl-β-benzylotétrazylhydrazine,

$$\begin{matrix} Az = Az \\ | \\ Az(C^7H^7) - Az \end{matrix} \gg C - Az(C^7H^7) - AzH^2.$$

— L'hydrazone de cette base s'obtient en traitant la benzylidène-tétrazylhydrazine par le chlorure de benzyle en présence de soude caustique. Après acidulation, le précipité visqueux formé est épuisé par de l'éther qui laisse de l'αβ-dibenzyl-α-benzylotétrazylhydrazine ; l'extrait éthéré, privé du chlorure de benzyle en excès par la vapeur d'eau, laisse cristalliser l'hydrazone benzylidénique sous la forme de lamelles brillantes, fusibles à 132-133°.

α β - Dibenzyl - α - benzylotétrazylhydrazine ; α-tribenzyltétrazylhydrazine,

$$\begin{matrix} Az^4(C^7H^7)C \\ C^7H^7 \end{matrix} > Az - AzH . C^7H^7 \ (?).$$

— Un peu de ce corps se forme dans la préparation du précédent. En reprenant par l'éther acétique la partie insoluble dans l'éther, on l'obtient en aiguilles blanches fusibles à 153°. Elle se forme aussi lorsqu'on traite directement la tétrazylhydrazine par le chlorure de benzyle en milieu alcalin.

β-Tribenzyltétrazylhydrazine. — Isomère de la précédente ; se forme en milieu très fortement alcalin, par l'action du chlorure de benzyle sur la benzylidène-tétrazylhydrazine. Fusible à 121° [Thiele et Ingle, *Ann. Chem.*, **287**, 260]

MÉTHYLOXYPYRIDINE-HYDRAZINE,

$$AzH^2 - AzH - C \begin{matrix} \nearrow Az - C(CH^3) \searrow \\ \searrow Az = C(OH) \nearrow \end{matrix} CH.$$

Le dérivé benzylidénique de cette substance se forme dans l'action de l'éther acétylacétique sur la benzylidène-aminoguanidine. Il cristallise avec une molécule d'eau qu'il perd à 100-105° ;

anhydre, il fond à 237° [Thiele et Bihan, *Ann. Chem.*, **302**, 307].

III. — HYDRAZINES SECONDAIRES DISSYMÉTRIQUES.

HYDRAZINES GRASSES.

On les prépare, d'une façon générale, en réduisant les dérivés nitrés ou nitrosés des amines secondaires grasses ou analogues. Certaines benzylhydrazines ont en outre été préparées au moyen de l'hydrazine et des chlorures correspondants (nous assimilons ici les chlorures benzyliques aux chlorures d'alcools de la série grasse).

Leurs réactions générales se calquent sur celles de la diméthylhydrazine et de la diéthylhydrazine dissymétriques déjà étudiées au 1er Supplement. C'est-à-dire qu'elles sont réductrices, bien que moins vivement que les amines primaires; que l'oxyde mercurique les change en tétrazones; que l'acide azoteux les oxyde en les transformant en amine secondaire régénérée (avec production de protoxyde d'azote), ou en dérivé nitrosé de cette amine (voyez les DIBENZYLHYDRAZINES). D'autre part, leur fonction basique se manifeste comme celle des hydrazines primaires par la formation de sels, d'hydrazones, d'hydrazides et de carbazides (semi-).

Les tétrazones des dérivés benzyliques perdent facilement tout leur azote avec formation de dibenzyles :

$$(C^6H^5-CH^2)^2Az-Az=]^2 = 2(C^6H^5-CH^2-)^2 + 2Az^2.$$

DIMÉTHYLHYDRAZINE (dissym.).

Cette hydrazine a déjà été mentionnée au 1er Suppl., 926.

Les données de M. Fischer ont été complétées par M. E. Renouf [*D. chem. G.*, **13**, 2169]. On la prépare suivant les indications données pour la diéthylhydrazine. Elle bout à 62°,5, sous 717 millimètres; c'est un liquide incolore, très avide d'eau, facilement soluble dans l'eau, l'alcool et l'éther, d'odeur fortement ammoniacale; $D_{11} = 0,801$. Les acides s'y combinent en deux proportions.

Le *dichlorhydrate*, $(CH^3)^2Az-AzH^2, 2HCl$, cristallise quand on dirige du gaz chlorhydrique dans une solution alcoolique de base; chauffé à 105°, il se change en *monochlorhydrate*;

Le *chloroplatinate*, $[(CH^3)^2Az-AzH^2, HCl]^2PtCl^4$, cristallise en prismes jaune orangé.

Le *sulfate neutre*, $(C^2H^8Az^2)^2SO^4H^2$, est en aiguilles blanches, fusibles à 105°; l'*oxalate acide*, $C^2H^8Az^2, C^2O^4H^2$, est en lamelles incolores, fusibles à 142-143°, facilement solubles dans l'alcool, peu solubles dans l'éther, solubles dans 45 parties d'eau.

La diméthylhydrazine ressemble au plus haut point à la diéthylhydrazine; l'acide nitreux la transforme en diméthylamine, oxyde azoteux et eau.

Voici les dérivés décrits par M. Renouf :

Acide diméthylsulfocarbazinique,

$$(CH^3)^2Az-AzH-CS^2H.$$

— Lamelles incolores, fusibles à 112°, obtenues par l'action de l'acide acétique sur le sel de diméthylhydrazine

$$(CH^3)^2Az-AzH-CS^2-AzH^3-AzH(CH^3)^2,$$

lequel est le produit de la réaction immédiate du sulfure de carbone sur la diméthylhydrazine.

Diméthylhydrazide oxalique,

$$[CO-AzH-Az(CH^3)^2]^2.$$

— Paillettes blanches, fusibles à 220°, facilement solubles dans l'eau et dans l'alcool, peu solubles dans l'éther, se préparant par l'action de la base sur l'éther oxalique en solution alcoolique.

Diméthylhydrazide phénylcarbamique, phénylcarbamo-bb-diméthylhydrazide,

$$CO\begin{matrix}\diagup AzH-C^6H^5 \\ \diagdown AzH-Az(CH^3)^2\end{matrix}$$

— Cristaux en doubles pyramides, fusibles à 108°, obtenus par l'union directe de l'isocyanate de phényle et de l'hydrazine. L'acide chlorhydrique la décompose en ses éléments générateurs.

Acide diméthylhydrazine-sulfonique,

$$(CH^3)^2Az-AzH-SO^3H.$$

— Le sel de potassium de cet acide s'obtient comme celui de l'éthylhydrazine (1er Suppl., 922). Il est soluble dans l'eau et cristallise dans l'alcool étendu en fines lamelles blanches. Il n'agit plus sur la liqueur de Fehling et sur l'oxyde mercurique, mais les acides le dédoublent en sel d'hydrazine et acide sulfurique.

Tétraméthyltétrazone, $C^4H^{12}Az^4$. — Liquide huileux, jaune, peu soluble dans l'eau, bouillant à 130° sous la pression ordinaire, faisant explosion avec une extrême facilité par une légère surchauffe; aussi est-il prudent de le distiller dans le vide. Il présente une basicité prononcée, forme des sels solubles dans l'eau et les alcalis. Le *picrate*, $C^4H^{12}Az^4, C^6H^3Az^3O^7$, est en prismes jaune de soufre, peu solubles dans l'alcool, facilement solubles dans l'eau.

La tétraméthyltétrazone réduit le nitrate d'argent même à froid; les acides étendus la décomposent suivant l'équation :

$$(CH^3)^4Az^4 + H^2O = (CH^3)^2AzH + CH^3AzH^2 + CH^2O + Az^2.$$

Acétophénone-diméthylhydrazone. — Voyez 2e Suppl., **1**, 78.

DIÉTHYLHYDRAZINE (dissym.),

$$(C^2H^5)^2Az-AzH^2.$$

(Voyez 1er Suppl., 926). — Il y a peu à ajouter à ce que M. E. Fischer a établi.

Sels. — Le *picrate* est un peu moins soluble dans l'eau que les autres sels. Il y cristallise en fines aiguilles et se décompose à l'ébullition avec perte d'azote (E. Fischer).

Thionyldiéthylhydrazone $(C^2H^5)^2=Az-Az=SO$. — On ajoute une solution refroidie de 5gr,5 de diéthylhydrazine dans 50 centimètres cubes d'alcool à 2gr,5 de chlorure de thionyle dissous dans 5 grammes d'éther. Par addition d'éther, puis filtration et évaporation du solvant, il reste une huile rouge à odeur faible de mercaptan, qu'on obtient pure par distillation sous pression réduite. C'est alors un liquide incolore, à odeur légèrement aromatique, bouillant vers 73° sous 20 millimètres. L'eau le décompose lentement :
$(C^2H^5)^2Az-Az=SO + H^2O = (C^2H^5)^2Az-AzH^2 + SO^2$
[A. Michaëlis et O. Storbeck, *D. chem. G.*, **26**, 310].

MÉTHYLBUTYLHYDRAZINE (dissym.),

$$\begin{matrix}C^4H^9 \\ CH^3\end{matrix}\!\!>Az-AzH^2.$$

Cette hydrazine a été préparée par MM. A. Franchimont et H. van Erp, en réduisant la méthylbutylnitramine

$$\begin{matrix}CH^3 \\ C^4H^9\end{matrix}\!\!>Az-AzO^2$$

[*Rec. des Pays-Bas*, **14**, 317; *Bull. Soc. Chim.*, (3), **15**, 824].

On dissout 25 grammes de nitramine dans 200 centimètres cubes d'eau; on ajoute 125 gr. d'acide acétique, puis peu à peu, en maintenant la température entre 0° et 10°, 125 grammes de poudre de zinc. On filtre, on ajoute de la lessive de soude en dose suffisante pour dissoudre l'oxyde de zinc précipité, et on distille en recueillant les vapeurs dans l'acide chlorhydrique. On évapore à sec et on déplace la base en distillant sur de la chaux sodée. On recueille sur de la potasse solide et on distille de nouveau. Le mélange de méthylbutylhydrazine et de méthylbutylamine obtenu est alors traité au bain-marie pendant 3 heures par de l'éther oxalique; par refroidissement il cristallise de l'oxalylméthylbutylhydrazide. Pour en extraire l'hydrazine, on la décompose par la potasse à l'ébullition et on recueille les vapeurs dans l'acide sulfurique étendu; on distille de nouveau en présence de potasse; on répète cette opération trois fois et on termine sur de la baryte.

Propriétés. — Liquide incolore, à odeur d'amine grasse, bouillant à 50°,5-51° sous 38 millimètres. D = 0,8092 à 15°. Miscible à l'eau, à l'alcool et à l'éther. Pour l'indice de réfraction, voyez Brühl [*D. chem. G.*, **30**, 161].

Sels. — Le *chlorhydrate* est déliquescent; le *chloroplatinate* cristallise difficilement.

Oxalylméthylbutylhydrazide,

$$\left(-CO-AzH-Az<{CH^3 \atop C^4H^9}\right)^2.$$

— Composé fusible à 156°, assez soluble dans l'alcool chaud, presque insoluble dans l'éther et dans l'eau.

Tétrazone. — Obtenue en oxydant l'hydrazine en solution éthérée par l'oxyde mercurique; elle bout à 119-120° sous 18 millimètres et constitue un liquide à réaction et à odeur alcalines, très peu soluble dans l'eau, non réducteur. $D_{15} = 0,8798$. L'acide picrique et le chlorure de platine ne donnent pas de composés définis avec cette tétrazone.

Éthylmenthylhydrazine (gauche),

$$C^{10}H^{19}(C^2H^5).Az-AzH^2.$$

M. Kijner l'a obtenue par réduction de la nitrosoéthylmenthylamine gauche au moyen du sodium et de l'alcool absolu. C'est un liquide bouillant à 150-151° sous 500 millimètres, réduisant l'azotate d'argent ammoniacal

$$D^{20}_{20} = 0,8866; \quad [\alpha]_D = -72°,85.$$

Le *chlorhydrate*, $C^{12}H^{26}Az^2, HCl$, est cristallisé, soluble dans l'alcool et dans l'éther.

Le *chloroplatinate* est un précipité jaune.

L'*éthylmenthylhydrazine*, oxydée par le ferricyanure de potassium, donne un menthane bouillant à 166-169° [*Bull. Soc. Chim.*, (3), **16**, 715].

Pipérylhydrazine,

$$CH^2<{CH^2-CH^2 \atop CH^2-CH^2}>Az-AzH^2.$$

Voyez 1er Suppl., 928, la préparation de ce corps, ses propriétés et celles du *chlorhydrate* et de la *tétrazone*.

M. L. Knorr [*Ann. Chem.*, **221**, 297] en a poursuivi l'étude et décrit les nouveaux composés que l'on peut faire dériver normalement de la fonction hydrazine.

Benzylidène-pipérylhydrazine,

$$(C^5H^{10}Az^2=CH-C^6H^5.$$

— Beaux cristaux tabulaires, fusibles à 62-63°; cristallisant bien dans l'alcool, insolubles dans l'eau.

Benzoylpipérylhydrazide,

$$C^5H^{10}Az-AzH-COC^6H^5.$$

— Ce dérivé se sépare aussitôt, accompagné de chlorhydrate de pipérylhydrazine, quand on mêle peu à peu des solutions éthérées de pipérylhydrazine et de chlorure de benzoyle. Cristallisé dans l'alcool bouillant, il se présente en houppes brillantes, fusibles à 195-195°,5; il est distillable sans décomposition et se dissout facilement à chaud dans les solvants organiques; l'eau le dissout peu.

Pipérylsemicarbazide,

$$C^5H^{10}Az-AzH-CO-AzH^2,$$

et *pipérylsulfosemicarbazide*,

$$C^5H^{10}Az-AzH-CS-AzH^2.$$

— Ces semicarbazides se forment au moyen du chlorhydrate de l'hydrazine et des cyanate ou sulfocyanate respectifs de potassium ou d'ammonium. Le premier fond à 135°,5-136°,5, le second à 167°; l'un et l'autre sont purifiés par cristallisation dans l'eau bouillante; ils sont solubles dans l'alcool, et peu ou pas solubles dans l'éther.

Pipérylsulfocarbazide,

$$(C^5H^{10}Az-AzH)^2CS,$$

ou *pipérylhydrazine-sulfo-urée*. — Pour préparer ce corps, on opère en solution alcoolique concentrée (2 parties d'hydrazine, 1 partie de sulfure de carbone), et l'on chauffe pendant 2 heures au bain-marie; par refroidissement, il se sépare de belles lames transparentes, rhombiques, fusibles à 181°, solubles dans l'alcool et le benzène, insolubles dans l'eau. La réaction doit être ainsi formulée :

$$2C^5H^{10}Az-AzH^2 + CS^2$$
$$= CS(AzH-AzC^5H^{10})^2 + H^2S.$$

Si l'on opère en solution benzénique, on obtient un composé cristallin en aiguilles, fusible à 107°, d'une extrême instabilité.

Enfin, M. Knorr a aussi analysé un produit, fusible à 85°,5, formé dans les eaux mères, et auquel il attribue la composition

$$C^{11}H^{21}Az^3S \quad \text{ou} \quad CS<{Az-C^5H^{10} \atop AzH-Az-C^5H^{10}}$$

Chloroplatinate de la tétrazone,

$$(C^5H^{10}Az^2=Az^2C^5H^{10})PtCl^6H^2.$$

— C'est un sel instable, déflagrant à 70°, jaune foncé, obtenu par addition de chlorure platinique à la solution chlorhydrique de la tétrazone.

Tétrahydroquinoléylhydrazine. — Voyez 1er Suppl., 1360.]

Dibenzylhydrazines dissymétriques.

1° On peut préparer ces hydrazines dissymétriques par l'action des chlorures de benzyle sur l'hydrate d'hydrazine [M. Busch et B. Weiss, *D. chem. G.*, **33**, 2701]. Contrairement à ce qui se passe à chaud, la réaction, à froid ou en milieu alcoolique bouillant, est régulière.

2° M. Curtius et ses collaborateurs ont montré, à propos de la réduction de la benzaldazine, que cette réduction conduit à l'amine dibenzylée secondaire, si l'on remplace l'amalgame de sodium par le zinc et l'acide acétique :

$$RCH=Az-Az=CHR + 3H^2 = (RCH^2)^2AzH + AzH^3.$$

Les nitrosamines de ces amines secondaires fournissent par réduction les hydrazines secondaires correspondantes [Curtius et H. Franzen, *D. chem. G.*, **34**, 552]

DIBENZYLHYDRAZINE (asym.),

$$(C^6H^5-CH^2)^2=Az-AzH^2.$$

Pour la préparer avec le chlorure de benzyle et l'hydrazine, on mêle des poids égaux d'hydrate d'hydrazine et de chlorure de benzyle, et on additionne d'alcool (4 à 5 fois le volume de l'hydrazine); on fait bouillir pendant 1 heure au réfrigérant ascendant, on évapore au tiers et on refroidit bien pour séparer le chlorhydrate d'hydrazine formé. On mêle avec de l'eau et on extrait par l'éther; la solution éthérée, additionnée d'alcool chlorhydrique, fournit le bichlorhydrate, d'où les alcalis séparent la base sous la forme d'une huile limpide qui cristallise bientôt. La ligroïne permet de l'obtenir en prismes hexagonaux bien formés, fusibles à 65° (rendement, 50 0/0 de la théorie). La même réaction se fait aussi en 24 heures à froid.

Pour obtenir la même base avec la dibenzylnitrosamine, on dissout 10 grammes de celle-ci dans 100 grammes d'alcool et 50 grammes d'acide acétique à 50 0/0, et, en agitant continuellement, on ajoute lentement la solution à une bouillie de 60 grammes de zinc en poudre et de 50 grammes d'alcool. On filtre après 1 heure d'agitation, on étend à 1 litre en ajoutant de l'acide sulfurique jusqu'à solution claire, ce qui permet de s'assurer que la réduction est parfaite. On ajoute ensuite de la potasse en excès et on extrait à l'éther. MM. Curtius et Franzen ont caractérisé l'hydrazine par sa combinaison benzylidénique qui fond à 85°, et d'où l'on peut dériver un chlorhydrate identique à celui préparé par MM. Busch et Weiss.

La dibenzylhydrazine asymétrique est facilement soluble dans les solvants usuels. Elle réduit à chaud la liqueur de Fehling. L'acide nitreux la change en dibenzylnitrosamine.

Son *chlorhydrate*, $C^{14}H^{16}Az^2 . 2HCl$, est en aiguilles blanches brillantes, fusibles à 200°, assez peu solubles dans l'alcool, plus facilement solubles dans l'alcool chaud.

La *benzylidène-dibenzylhydrazine* est en prismes courts incolores ou en tables hexagonales, plates et allongées, fusibles à 87°, décomposables par les acides minéraux.

L'oxyde mercurique oxyde la dibenzylhydrazine asymétrique en solution alcoolique et la transforme aussitôt quantitativement en dibenzyle fusible à 52° (B. et W.). Si l'on opère à 0°, en solution chloroformique, jusqu'à ce que l'oxyde ne soit plus réduit, on peut obtenir la *tétrazone* $[(C^6H^5 . CH^2)^2Az-Az=]^2$ laquelle, après cristallisation dans l'alcool, est en belles aiguilles blanches fusibles à 97° (C. et F.).

Di-o-nitrobenzylhydrazine asymétrique,

$$(AzO^2_{(2)}-C^6H^4_{(1)}-CH^2)^2Az-AzH^2.$$

— Le chlorure d'o-nitrobenzyle réagit facilement sur l'hydrate d'hydrazine en excès, en solution dans 10 parties d'alcool. Après 2 jours de repos en un lieu obscur, on constate la formation de longues aiguilles de chlorhydrate d'hydrazine. On les sépare et on concentre au tiers. La solution, acidifiée par l'acide chlorhydrique et extraite à l'éther, cède à ce dissolvant un peu de tri-o-nitrobenzylhydrazine. En alcalinisant ensuite et extrayant de nouveau, on obtient la dinitrobenzylhydrazine après évaporation. Le rendement est de 30 0/0 (Busch et Weiss).

Elle cristallise en aiguilles jaunes, fusibles à 94-95°, facilement solubles dans l'alcool, le chloroforme et le benzène, moins facilement dans l'éther. L'acide nitreux la change en o-dinitrodibenzylnitrosamine.

Le *chlorhydrate*, facilement dissociable par l'eau, se présente en aiguilles blanches si on le prépare au moyen de l'alcool chlorhydrique. A l'air, il s'altère.

Le *chloroplatinate* correspondant

$$(C^{14}H^{14}Az^4O^4)^2PtCl^6H^2,$$

est en aiguilles jaunes, fusibles à 142°.

Le *dérivé benzylidénique* est en petits prismes jaunes, fusibles à 115-116°, solubles dans les liquides organiques.

L'*hydrazide monoformique*, obtenue directement avec l'acide formique, est en aiguilles blanches, fusibles à 156°; l'*hydrazide diacétique*, obtenue avec l'anhydride acétique, est en prismes d'un beau jaune, fusibles à 125-126°.

Le zinc et l'acide acétique réduisent l'hydrazine à 30-35°, et conduisent à l'*acétyl-di-o-aminobenzylhydrazine*,

$$(AzH^2-C^6H^4-CH^2)^2Az-AzH-COCH^3,$$

qui se présente en paillettes brillantes (limpides dans le benzène), fusibles à 153-154°, et possède des propriétés basiques prononcées. On n'a pas pu désacétyler ce corps mais, par contre, on a pu le transformer en *triacétyl-di-o-aminobenzylhydrazine* $(CH^3CO-AzH-C^6H^4-CH^2)^2Az-AzH-COCH^3$, cristallisée en lamelles blanches, fusibles à 239°, et moins soluble que la précédente dans l'alcool, l'éther et le benzène. Le composé monoacétylé s'obtient encore par réduction de la di-o-nitrobenzylnitrosamine; enfin, il donne, par l'acide nitreux, des diazoïques capables de se copuler avec le β-naphtol.

Par une réaction parallèle à celle de l'hydrazine non nitrée, l'oxyde mercurique produit l'*o-dinitrobenzyle*, fusible à 122°.

Di-o-nitrobenzylsemicarbazide,

$$[(AzO^2)_{(2)}-C^6H^4_{(1)}-CH^2]^2Az-AzH-CO-AzH^2.$$

— On l'obtient par action directe du chlorure o-nitrobenzylique sur la semicarbazide; la réaction, plus lente qu'avec l'hydrazine, s'effectue en chauffant en tube scellé à 100°, pendant 12 heures, une solution alcoolique de 1 molécule de chlorure avec 3 molécules de semicarbazide. On fait cristalliser dans l'acide acétique la masse solide formée; elle fournit des prismes incolores, fusibles à 234°.

Di-p-nitrobenzylhydrazine asymétrique,

$$(AzO^2_{(4)}-C^6H^4_{(1)}CH^2)^2Az-AzH^2.$$

— Préparée comme le dérivé ortho. Aiguilles jaunes groupées, fusibles à 137-138°, ayant les mêmes dissolvants. L'acide nitreux la change en *nitrosamine*; l'oxyde de mercure, en *p-dinitrobenzyle*, fusible à 179°.

Le *chlorhydrate* est en petites aiguilles fusibles à 242°.

L'*hydrazone benzylidénique* est en petits prismes jaunes, fusibles à 170° (Busch et Weiss).

DI-(2.4.5 TRIMÉTHYLBENZYL) HYDRAZINE (asym.),

$$[(CH^3)^3_{(2.4.5)}-C^6H^2_{(1)}-CH^2]^2Az-AzH^2.$$

On l'obtient par réduction de la di-2.4.5 triméthylbenzylnitrosamine.

On opère comme avec la dibenzylnitrosamine, avec cette différence que le sulfate, peu soluble, se précipite lors de l'addition d'acide sulfurique. La base extraite de ce sulfate, mélangée de ditriméthylbenzylamine, est purifiée par l'intermédiaire de sa combinaison benzylidénique, laquelle est en aiguilles fines, aplaties, d'un blanc jaunâtre, fusibles à 119°.

De l'hydrazone on peut obtenir le *monochlorhydrate* par l'action de l'acide chlorhydrique et de la vapeur d'eau. Ce sel cristallise en aiguilles d'un blanc de neige, ne fondant pas encore complètement à 203°; il se dissout dans l'eau, l'alcool et le benzène (Curtius et Franzen).

HYDRAZINES MIXTES ET AROMATIQUES.

Les hydrazines secondaires dissymétriques mixtes et aromatiques s'obtiennent principalement en réduisant les nitrosamines correspondantes, telles que l'éthylphénylamine, la diphénylamine, par le zinc et l'acide acétique (E. Fischer). Voyez MÉTHYLPHÉNYLHYDRAZINE.

On en a préparé un assez grand nombre en faisant réagir les éthers halogénés sur la phénylhydrazine sodée (Michaëlis). Voy. ÉTHYLPHÉNYLHYDRAZINE :

$$C^6H^5AzNa - AzH^2 + XBr$$
$$= C^6H^5 - AzX - AzH^2 + NaBr.$$

Quelques réactions d'ordre spécial peuvent aussi leur donner naissance : voyez à ÉTHYLPHÉNYLHYDRAZINE, l'action du zinc-éthyle sur le chlorure de diazobenzène et celle de l'iodure d'éthyle sur la p-nitrobenzylidène-phénylhydrazone ainsi que sur la formylphénylhydrazine sodée, p. 386.

On obtient les hydrazides des hydrazines secondaires dissymétriques par oxydation des hydrazides des bases primaires correspondantes. Cette oxydation peut s'effectuer au moyen des sels cuivriques.

M. J. Tafel [*D. chem. G.*, **25**, 413], puis MM. F. Bölsing et J. Tafel [*Ibid.*, 1551] emploient à cet effet 1 partie d'hydrazide dissoute dans 10 parties d'alcool, et y ajoutent en une fois un peu plus de 2 molécules d'acétate cuivrique neutre, finement pulvérisé. On filtre après trois quarts d'heure et on chasse l'alcool; par addition d'eau le produit se sépare; on le fait cristalliser dans l'alcool. On peut ainsi formuler cette réaction :

$$2C^6H^5 - AzH - AzH - CO - CH^3 + O^2$$
$$= (C^6H^5)^2Az\text{-}AzH\text{-}CO\text{-}CH^3 + Az^2 + CH^3\text{-}CO^2H + H^2O.$$

MM. L. Gattermann, E. Johnson et R. Hölzle [*Ibid.*, 1075] emploient le sulfate de cuivre ammoniacal. Ils portent à l'ébullition dans une capsule 5 à 10 grammes de sulfate de cuivre dissous dans l'eau, additionnés de 15 centimètres cubes d'ammoniaque concentrée et y laissent tomber 1 gramme d'hydrazide dissoute ou finement pulvérisée.

Suivant que l'hydrazide nouvelle est soluble ou insoluble, on l'obtient par filtration des liqueurs bouillantes, ou épuisement du précipité par l'alcool bouillant.

Ces hydrazines rappellent beaucoup les hydrazines grasses secondaires dissymétriques; elles donnent aussi des tétrazones par l'oxyde de mercure; l'acide azoteux régénère le plus souvent la nitrosamine d'où l'on serait parti pour les préparer. Enfin, elles donnent des sels, des hydrazones, des hydrazides et des carbazides comme les hydrazines primaires.

L'acide sulfurique dissout les hydrazides avec coloration verte, passant au bleu par chauffage ou addition d'un oxydant. Ces hydrazides, saponifiées, donnent un mélange d'amine et d'hydrazine bisubstituées.

On aurait pu, enfin, espérer passer de ces hydrazines aux hydrazines tertiaires par l'intermédiaire d'un dérivé sodé analogue à la phénylhydrazine sodée.

La réaction du sodium et du potassium sur l'α-éthylphénylhydrazine est extrêmement compliquée. Il se produit, en effet, de l'éthylaniline, de l'ammoniaque, des gaz combustibles et de la phénylhydrazine sodée, ainsi que des dérivés sodés décomposables par l'eau dont la nature n'a pas été élucidée. Il ne se fait pas, ou du moins l'on n'a pas pu isoler de composés sodés ou potassés de l'α-éthylphénylhydrazine, lesquels eussent pu servir à la synthèse des hydrazines tertiaires ou quaternaires [Michaelis et Philips, *Ann. Chem.*, **252**, 295].

MÉTHYLPHÉNYLHYDRAZINE DISSYMÉTRIQUE,

$$C^6H^5 - Az(CH^3) - AzH^2.$$

Voyez 1er Suppl., 927.

La fabrication en grand de cette hydrazine se fait, d'après M. E. Fischer, de la façon suivante [*Ann. Chem.*, **236**, 198].

5 kilogrammes de nitrosométhylphénylamine mélangés à 10 kilogrammes d'acide acétique sont introduits par petites portions, en agitant constamment, dans un mélange de 35 kilogrammes d'eau et 20 kilogrammes de poudre de zinc. L'opération dure plusieurs heures; on maintient la température entre 10 et 20° par addition de glace; il faut en consommer environ 45 kilogrammes. Après que le mélange est resté à la température ordinaire pendant encore quelques heures, on complète la réduction en chauffant jusqu'à l'ébullition; on filtre bouillant et on lave plusieurs fois avec de l'eau chlorhydrique la poudre de zinc inattaquée. Après séparation de la base par la soude et extraction par l'éther, on obtient 2185 grammes de base brute. En la purifiant par l'intermédiaire de son sulfate, ce nombre tombe à 2085 grammes, soit 41,7 0/0.

Sur la formation, à partir de la benzoylphénylhydrazine, voyez MÉTHYLPHÉNYLHYDRAZINE sym.

La réduction de l'α-diazobenzénate de méthyle, $C^6H^5 - Az(CH^3) - AzO^2$, donne de la méthylphénylhydrazine à côté d'aniline méthylée et d'ammoniaque [E. Bamberger, *D. chem. G.*, **27**, 371].

La base pure bout à 131° sous 35 millimètres; à 227° sous 745 millimètres.

L'oxydation de cette hydrazine par l'acide arsénique engendre du phénol [O. de Coninck, *C. R.*, **126**, 1042].

Sels. — *Fluorhydrate.* — Sel facilement soluble dans l'eau et dans l'alcool [S. Grimaldi, *Rend. Accad. Lincei*, 1893, **1**, 483].

Amidosulfonate, $C^7H^{10}Az^2 - SO^3H - AzH^2$. — Lamelles blanches, fusibles à 106°, très facilement solubles dans l'eau et dans l'alcool. Chauffé, ce sel se transpose en méthylphénylhydrazine-sulfonate d'ammonium, $C^6H^5 - Az(CH^3) - AzH - SO^3 - AzH^4$, lequel constitue des lamelles brillantes, incolores, fusibles à 217°, facilement solubles dans l'eau et dans l'alcool méthylique, beaucoup moins dans l'alcool éthylique. Les autres sels de l'acide méthylphénylhydrazine-sulfonique, sont, en général, solubles dans l'eau. Le sel d'argent et l'acide lui-même sont instables [C. Paal et Jänicke, *D. chem. G.*, **28**, 3165].

p-Toluène-sulfinate,

$$C^7H^7 - SO^2H, AzH^2 - Az(CH^3)(C^6H^5).$$

— Aiguilles soyeuses, fusibles à 126°, solubles dans l'eau, l'alcool bouillant et le benzène. Leur solution aqueuse, chauffée, donne naissance à un produit $C^{28}H^{34}Az^4S^2O^3$, fusible à 132° [A. Hälssig, *J. prakt. Chem.*, (2), **56**, 272].

Hydrazones des monoaldéhydes ou monocétones.

Action de la formaldéhyde. — La formaldéhyde en solution chlorhydrique donne, avec la méthylphénylhydrazine asymétrique, un précipité blanc, qui se colore ensuite en vert, puis en brun; cette réaction, propre à l'aldéhyde formique, permet de caractériser celle-ci. L'éther extrait du produit vert un composé jaune pâle, fusible à 217°, cristallisable dans l'alcool en petites aiguilles, de formule $C^{17}H^{20}Az^4$, peut-être

$$CH^2[-C^6H^4-Az(CH^3)Az=CH^2]^2$$

[C. Goldschmidt, *D. chem. G.*, **29**, 1473; *Bull. Soc. Chim.*, (3), **16**, 1421].

Nitroformaldéhyde-méthylphénylhydrazone,

$$C^6H^5-Az(CH^3)-Az=CH-AzO^2.$$

— On l'obtient, soit en méthylant la phénylhydrazone nitroformique, soit en faisant réagir l'α-méthylphénylhydrazine sur le dibromonitrométhane. Ce sont des lamelles jaune-brun, fusibles à 91-92°, solubles dans l'alcool, le benzène, insolubles dans les lessives alcalines. Le chlorure stanneux conduit à l'hydrazidine correspondante [E. Bamberger et O. Schmidt, *D. chem. G.*, **34**, 574].

Hydrazone propylidénique. — Huile jaune, d'odeur agréable, bouillant à 198° sous 178 millimètres [J. Degen, *Ann. Chem.*, **236**, 151].

Dérivé isobutylidénique. — Huile bouillant à 160-165° sous 48 millimètres [Brunnel, *Mon. f. Chem.*, **17**, 255].

Dérivé acétonique. — Huile jaunâtre à odeur agréable, bouillant à 182° sous 200 millimètres, à 215-216° sous la pression ordinaire, dans ce cas avec décomposition. Elle forme avec l'acide picrique un sel jaune cristallisé (J. Degen).

Benzylidène-méthylphénylhydrazone. — Elle prend naissance dans le chauffage à 120° de l'hydrazone phénylglyoxylique, ou par union directe des constituants. Elle cristallise en belles aiguilles blanches, fusibles à 104°,5 [Elbers, *loc. cit.*].

Nitrobenzylidène-phénylhydrazones. — Le *dérivé ortho* forme des cristaux d'un rouge intense, fusibles à 77°; le *dérivé méta-* des cristaux rouges, fusibles à 112°, le *dérivé para-* de petits cristaux rouges, fusibles à 132°. Cette dernière a été obtenue également en méthylant la p-nitrobenzylidène-phénylhydrazone [Labhardt et von Zembrzuski, *D. chem. G.*, **32**, 3060].

Hydrazone salicylidénique. — Aiguilles blanches, fusibles à 71°, solubles en jaune dans la potasse [*Ibid.*].

Dérivé de l'acétophénone. — La condensation demande le chauffage au bain-marie pour être rapide, ou un laps de temps considérable (12 heures) pour s'effectuer à froid. Cristallisée dans la ligroïne, la combinaison se présente en cristaux jaunes, fusibles à 49-50°, solubles dans les dissolvants organiques (J. Degen).

Dérivé de l'éther acétylacétique. — La réaction se fait à froid et s'achève en l'espace de quelques heures; mais on n'a pas obtenu de produit cristallisé. Il en est de même pour l'éther lévulique (J. Degen).

Les dérivés ci-dessus ont été surtout étudiés par M. J. Degen, au point de vue de leur transformation en *indols*.

Dérivé pyruvique,

$$C^6H^5-Az-CH^3-Az=C(CH^3)CO^2H.$$

— Aiguilles légèrement jaunes, fusibles à 78°, après ramollissement vers 70°, décomposables par ébullition avec l'eau seule, mais non avec l'eau alcaline [E. Fischer et Jourdan, *D. chem. G.*, **16**, 2245]. L'acide chlorhydrique transforme facilement cette hydrazone en *acide méthylindolcarbonique* $C^{10}H^9AzO^2$, fusible à 212°; cet acide dérive de l'hydrazone par perte d'ammoniaque [E. Fischer et O. Hess, *D. chem. G.*, **17**, 559].

Hydrazone phénylglyoxylique,

$$C^6H^5Az(CH^3)Az=C(C^6H^5)CO^2H.$$

— On la prépare comme l'hydrazone correspondante de l'éthylphénylhydrazine. Elle fond à 116°. A côté prend naissance une amide fusible à 156°, $C^6H^5, Az(CH^3)Az=C(C^6H^5)COAzH^2$. L'amalgame de sodium lui fait subir les mêmes réactions qu'au dérivé éthylé [A. Elbers, *Ann. Chem.*, **227**, 340].

Phénylacétaldéhyde-méthylphénylhydrazone. — Ce composé prend vraisemblablement naissance dans l'action des composants. C'est un liquide cristallisant dans un mélange réfrigérant, se transformant facilement en Pr-1.3méthylphénylindol, par perte d'ammoniaque [Ince, *Ann. Chem.*, **253**, 35].

Hydrazone phtalaldéhydique, $C^{15}H^{14}Az^2O^2$. — Composé fusible à 167°; cristaux jaunes [O. Allendorf, *D. chem. G.*, **24**, 2352].

Méthylphénylhydrazones des isatines. — Voyez Isatine [Schunck et Marchlewski, *D. chem. G.*, **28**, 2525].

Méthylphénylhydrazones des sucres. — Voyez Glucoses.

Voici encore quelques autres hydrazones et leurs propriétés :

Noms	Cristallisation	Point de fusion	Auteurs
Bromopianique	crist. verts	291°K	Tust, *D. chem. G.*, **25**, 1999.
Salicylique....	»	72°	Roos, *D. chem. G.*, **26**, Ref. 560; Pat., 76248.
Pipéronal.....	aig. inc.	85°	C. Goldschmidt, *D. chem. G.*, **29**, 2328.

Hydrazones de quelques dialdéhydes et dicétones. — La plupart ont été étudiées par M. K. Kohlrausch [*Ann. Chem.*, **253**, 15]. Avec les α ou β-dialdéhydes ou dicétones, on obtient des hydrazones normales n'ayant pas de tendance à former des chaînes fermées directes. L'acétonylacétone peut conduire à un amidopyrrol.

Glyoxalméthylphénylosazone,

$$\begin{array}{l} CH=Az-Az\begin{cases} CH^3 \\ C^6H^5 \end{cases} \\ | \\ CH=Az-Az\begin{cases} CH^3 \\ C^6H^5 \end{cases} \end{array}$$

— Il suffit, pour obtenir cette osazone, de mêler la base en solution acétique avec une solution aqueuse de glyoxal. Il se sépare un précipité jaune qu'on fait cristalliser dans beaucoup d'alcool. Aiguilles jaunes, souvent réunies en houppes, fusibles à 217-218°, peu solubles dans l'alcool et dans l'éther, ne donnant aucune coloration avec le chlorure ferrique.

Phénylglyoxalosazone de la méthylphénylhydrazine,

$$C^6H^5-C(Az-AzH-C^6H^5)-CH(Az-AzH-C^6H^5).$$

— Elle se forme dans l'action de la méthylphénylhydrazine sur la bromacétophénone et forme des prismes orangés, fusibles à 151° [J. Culman, *D. chem. G.*, **21**, 2597].

Benzile-méthylphénylhydrazone,

$$\begin{array}{l} C^6H^5-CO \\ \quad\quad | \\ C^6H^5-C=Az-Az\begin{cases} CH^3 \\ C^6H^5 \end{cases} \end{array}$$

— On obtient cette hydrazone en chauffant au bain-marie un léger excès de méthylphénylhydrazine avec le benzile, pendant quelques heures. L'hydrazone huileuse, purifiée par lavages avec de l'acide sulfurique dilué, puis cristallisée dans l'alcool, se présente en petites aiguilles jaunes, fusibles à 55-56°, facilement solubles dans l'alcool, l'éther et l'éther de pétrole.

Benzile-méthylphénylosazone,

$$\begin{array}{l} C^6H^5 - C = Az - Az \begin{array}{l} \diagup CH^3 \\ \diagdown C^6H^5 \end{array} \\ \qquad\; | \\ C^6H^5 - C = Az - Az \begin{array}{l} \diagup CH^3 \\ \diagdown C^6H^5 \end{array} \end{array}$$

— On emploie 2^{mol},5 d'hydrazine pour 1 de benzile, et on chauffe à 120° pendant 2 heures. Après cristallisation dans l'alcool bouillant, l'osazone forme de fines aiguilles jaunes, fusibles à 179-180°, avec coloration brune; peu solubles dans l'alcool, plus solubles dans l'éther et l'acétone (K. K.).

Acétylacétone-méthylphénylhydrazone,

$$CH^3 - C \begin{array}{l} \diagup CH^2 - CO - CH^3 \\ \diagdown\!\!\diagdown Az - Az \begin{array}{l} \diagup CH^3 \\ \diagdown C^6H^5 \end{array} \end{array}$$

— Composé huileux, pouvant distiller dans le vide sans décomposition, résultant de la réaction des deux générateurs, sous l'influence de la chaleur du bain-marie pendant quelques heures (K. K.).

Benzoylacétone-méthylphénylhydrazone,

$$C^6H^5 - C \begin{array}{l} \diagup CH^2 - COCH^3 \\ \diagdown\!\!\diagdown Az - Az \begin{array}{l} \diagup CH^3 \\ \diagdown C^6H^5 \end{array} \end{array}$$

— Obtenue par l'action de la benzoylacétone,

$$C^6H^5 - CO - CH^2 - CO - CH^3,$$

sur la méthylphénylhydrazine, en chauffant au bain-marie pendant quelques heures. Belles tables jaunes, pouvant atteindre 2 à 3 millimètres de longueur, fusibles à 103-104°, peu solubles dans l'alcool et l'éther de pétrole, plus solubles dans l'éther.

Ce corps, chauffé avec 5 fois son poids de chlorure de zinc à 150°, se transforme en méthylphénylacétylindol par perte d'ammoniaque.

Acétonylacétone-méthylphénylhydrazone,

$$\begin{array}{l} CH^3 - CO - CH^2 - CH^2 - C - CH^3 \\ \qquad\qquad\qquad\qquad\quad \| \\ \qquad \begin{array}{l} C^6H^5 \diagdown \\ CH^3 \diagup \end{array} Az - Az \end{array}$$

— On obtient probablement un composé de ce genre quand on fait réagir à froid l'acétonylacétone en excès sur la méthylphénylhydrazine acétique; mais on ne peut l'obtenir pur, car il se transforme rapidement par perte d'eau en méthylphénylamidodiméthylpyrazol,

$$\begin{array}{l} CH = C \begin{array}{l} \diagup CH^3 \\ \diagdown \end{array} \\ | \qquad\quad Az - Az \begin{array}{l} \diagup CH^3 \\ \diagdown C^6H^5 \end{array} \\ CH = C \begin{array}{l} \diagup \\ \diagdown CH^3 \end{array} \end{array}$$

identique à celui que M. L. Knorr a obtenu à partir de l'éther diacétylsuccinique.

Acétonylacétone-méthylphényldihydrazone,

$$\begin{array}{ccc} CH^3 - C - CH^2 & - & CH^2 - C - CH^3 \\ \| & & \| \\ Az & & Az \\ | & & | \\ C^6H^5 - Az - CH^3 & & C^6H^5 - Az - CH^3 \end{array}$$

— Ce composé se forme si l'on emploie un excès de l'hydrazine; après purification par lavages à l'eau et à l'alcool étendu, on obtient une masse cristalline incolore, fusible à 143-144°, facilement soluble dans la ligroïne, l'alcool absolu, l'éther et le benzène, insoluble dans l'eau. L'action des acides fournit le dérivé pyrrolique indiqué plus haut.

Action de la quinone. — La quinone agit sur la méthylphénylhydrazine comme oxydant, et la transforme en diméthyldiphényltétrazone,

$$[C^6H^5 - Az(CH^3) - Az =]^2;$$

quant à la quinone, elle passe à l'état d'hydroquinone [Mac Pherson, *D. chem. G.*, **28**, 2414; *Bull. Soc. Chim.*, (3), **16**, 705].

Hydrazides.

Formylphénylméthylhydrazine,

$$COH - AzH - Az(C^6H^5)CH^3.$$

— Obtenue par chauffage direct des constituants. Masse cristalline blanche, d'odeur agréable, fusible à 50-51°, bouillant à 183-185° sous 11 millimètres, soluble dans l'alcool, le benzène, l'éther, peu soluble dans la ligroïne et dans l'eau [Harries, *D. chem. G.*, **27**, 696].

Acétylméthylphénylhydrazine,

$$C^6H^5 - Az(CH^3) - AzH - CO - CH^3.$$

— On l'obtient par l'action de l'anhydride acétique sur la méthylphénylhydrazine; on la purifie par cristallisation dans l'éther chaud. Elle constitue des prismes incolores, fusibles à 92-93°, et distillables presque sans décomposition à la pression ordinaire [E. Fischer, *Ann. Chem.*, **239**, 248].

Acétyldiméthylphénylhydrazine,

$$C^6H^5 - Az(CH^3) - Az(CH^3) - CO - CH^3.$$

— On obtient ce corps par l'action successive du sodium en solution xylénique, puis de l'iodure de méthyle, sur l'acétylméthylphénylhydrazine. La solution xylénique est évaporée, après filtration, puis le résidu distillé à feu nu dans le vide. Il passe une huile qui, dans la ligroïne, fournit des cristaux fusibles à 68°. En aucun cas les alcalis n'ont permis d'en isoler l'hydrazine trisubstituée correspondante (E. Fischer).

Benzoylméthylphénylhydrazine,

$$C^6H^5 - Az(CH^3) - AzH - CO - C^6H^5.$$

— Ce corps se forme dans l'action de l'iodure de méthyle sur une solution méthylique de benzoylphénylhydrazine traitée par le sodium. Il se présente en aiguilles blanches fusibles dans les solvants organiques bouillants, sauf dans l'éther; les acides le dissolvent. Une trace d'acide nitreux colore sa solution chlorhydrique en rouge intense. A chaud, l'acide chlorhydrique le dédouble en méthylphénylhydrazine et acide benzoïque [J. Tafel, *D. chem. G.*, **18**, 1743; *Bull. Soc. Chim.*, (2), **45**, 789].

Mono- et di-benzène-sulfone-méthylphénylhydrazides,

$$C^6H^5 - Az(CH^3) - AzH . SO^2 . C^6H^5]$$

et

$$C^6H^5 - Az(CH^3) - Az(SO^2C^6H^5)^2.$$

— Composés fusibles respectivement à 132 et 169-170° [E. Bamberger, *D. chem. G.*, **32**, 1803].

On a décrit également le composé

$$C^6H^5 - Az(CH^3)Az \begin{array}{l} \diagup SO^2C^6H^5 \\ \diagdown COC^6H^5 \end{array}$$

en aiguilles fusibles à 119° (Bamberger).

Hydrazides du groupe carbonique et sulfocarbonique.

α-méthylphénylhydrazido-β-carbonate d'éthyle, $C^6H^5 - Az(CH^3) - AzH - CO^2C^2H^5$. — Aiguilles blanches fusibles à 50°, obtenues avec l'hydrazine et le chlorocarbonate d'éthyle en solution pyridique [M. Busch et C. Heinreichs, *D. chem. G.*, **33**, 459].

Bis-méthylphénylcarbazide,

$$CO(AzH-AzCH^3-C^6H^5)^2.$$

— Prismes blancs, stables à l'air, fusibles à 149-150°, insolubles dans l'eau, solubles dans les véhicules organiques, obtenus par l'action du carbonate de phényle sur la méthylphénylhydrazine à 160-170° [P. Cazeneuve et Moreau, *Bull. Soc. chim.*, (3), **23**, 53].

Sulfocarbamo-bb-méthylphénylhydrazide (phénylméthylsulfosemicarbazide),

$$AzH^2-CS-AzH-Az(CH^3)(C^6H^5).$$

— Obtenue au moyen du chlorhydrate de méthylphénylhydrazine et du sulfocyanate d'ammonium. Octaèdres microscopiques, fusibles à 187°, solubles dans l'alcool absolu, peu solubles dans l'eau [C. Harries, *D. chem. G.*, **27**, 863]. Sur sa transformation en phénylméthylsulfocarbizine, voyez au mémoire indiqué.

Méthylsulfocarbamo-bb-méthylphénylhydrazide, $(CH^3)AzH-CS-AzH-Az(CH^3)(C^6H^5)$. — Feuillets brillants, fusibles à 162°,5.

Phénylsulfocarbamo-bb-méthylphénylhydrazide. — Analogue à la précédente, et obtenue comme elle au moyen du sénevol correspondant et de la méthylphénylhydrazine dissymétrique. Elle fond à 154° (voyez aussi 1er Suppl., 927), et ne se présente que sous une forme unique [W. Marckwald, *D. chem. G.*, **25**, 3114].

Méthylphénylsulfocarbamo-bb-méthylphénylhydrazide,

$$C^6H^5Az(CH^3)-CS-AzH-Az(CH^3)(C^6H^5).$$

— Obtenue en chauffant ensemble de la phénylméthylhydrazine, de la méthylaniline et du sulfure de carbone en présence d'alcool. Gros prismes rhombiques, fusibles à 113° (C. Harries).

Diméthyldiphénylsulfocarbazide,

$$CS\left(AzH-Az\begin{matrix}\diagup C^6H^5\\ \diagdown CH^3\end{matrix}\right)^2.$$

— Ce corps s'obtient lorsqu'on chauffe la méthylphénylhydrazine (6 grammes) et le sulfure de carbone (4 grammes) à 100°, en tube scellé, pendant 2 ou 3 heures. A l'ouverture, il se dégage beaucoup d'hydrogène sulfuré; la masse cristallisée formée dans le tube, lavée avec du sulfure de carbone tant qu'il se dissout du soufre, est ensuite cristallisée dans l'alcool dilué. Ce sont des cristaux incolores, fusibles à 168° avec décomposition, insolubles dans l'eau [R. Stahel, *Ann. Chem.*, **258**, 242]. On peut aussi l'obtenir en présence d'alcool [C. Harries, *D. chem. G.*, **27**, 863].

Réactions diverses.

Action de la nitrosoaniline et de la nitrosodiméthylaniline. — On obtient deux substances qui sont respectivement, avec le premier dérivé nitrosé, des aiguilles jaunes, fusibles à 151°, de composition $C^{13}H^{14}Az^4O$, avec le second, des prismes brillants fusibles à 141°, de composition $C^{15}H^{18}Az^4O$. Les auteurs représentent ces combinaisons par le schéma

$$C^6H^4\begin{matrix}\diagup Az(R)^2 \longrightarrow (CH^3)^2 \text{ ou } (H)^2\\ \mid > O\\ \diagdown Az=AzAz\begin{matrix}\diagup CH^3\\ \diagdown C^6H^5\end{matrix}\end{matrix}$$

[O. Fischer et L. Wacker, *D. chem. G.*, **22**, 624; *Bull. Soc. Chim.*, (3), **2**, 422].

Action du chlorure d'o-nitrobenzyle. — La réaction ne conduit pas à une hydrazine tertiaire. Elle fournit surtout de l'o-nitrobenzylaniline [C. Paal et F. Fritz, *D. chem. G.*, **28**, 931].

Action de l'éther benzylidène-malonique. — Comme avec la phénylhydrazine, on obtient un dérivé

$$\begin{matrix}C^6H^5\diagdown\\ CH^3\diagup\end{matrix}Az-Az\begin{matrix}\diagup H\\ \diagdown CH\begin{matrix}\diagup CH(CO^2C^2H^5)^2\\ \diagdown C^6H^5\end{matrix}\end{matrix}$$

peu soluble dans l'eau, dont le chlorhydrate est dissociable par ce véhicule. La potasse alcoolique change cet éther en *sel dipotassique*, dont l'acide libre est instable et se dédouble en benzylidèneméthylphénylhydrazone et acide malonique [J. Goldstein, *D. chem. G.*, **29**, 813; *Bull. Soc. Chim.*, (3), **16**, 1159].

Action du chlorure

$$C^6H^5-C\begin{matrix}\nearrow Az-CO-C^6H^5\\ \searrow Cl\end{matrix}$$

— Voyez HYDRAZIDINES, p. 230 et 235.

Acide méthylphénylhydrazine sulfonique à l'azote, $C^6H^5-Az(CH^3)AzH.SO^3H$. — Voyez AMIDOSULFONATE DE MÉTHYLPHÉNYLHYDRAZINE.

Acide méthylphénylhydrazine-sulfonique. — On obtient ce corps en chauffant pendant une demi-heure, au bain-marie, 1 partie de sulfate de méthylphénylhydrazine pur avec 5 parties d'acide sulfurique à 5 0/0 d'anhydride. Par dilution dans l'eau, l'acide sulfoné peu soluble se sépare; il n'y a qu'à le faire cristalliser dans l'eau bouillante. Ses propriétés rappellent celles de l'acide phénylhydrazine-sulfonique [A. Pfülf, *Ann. Chem.*, **239**, 219].

MÉTHYL-O-AMIDOPHÉNYLHYDRAZINE DISSYMÉTRIQUE,

$$AzH^2_{(1)}-\begin{matrix}C^6H^4\diagdown\\ CH^3\diagup\end{matrix}Az-AzH^2_{(2)}.$$

— Cette base (ainsi que la base éthylée correspondante) a été préparée par M. Hempel [*J. prakt. Chem.*, (2), **41**, 161] en réduisant le dérivé nitrosé de l'o-nitrométhylaniline

$$AzO^2_{(2)}-C^6H^4-Az(CH^3)_{(1)}-AzO.$$

Cette réduction, pénible en milieu acide, s'effectue bien en milieu ammoniacal alcoolique, soit : 1° en dirigeant un courant d'hydrogène sulfuré dans une solution alcoolique du dérivé nitronitrosé (10 pour 300) additionné d'un excès d'ammoniaque concentrée; 2° en ajoutant du sulfure d'ammonium dans cette solution alcoolique. Dans le premier cas, il se dépose du soufre accompagné d'hyposulfite de l'hydrazine; dans le second cas, après un contact suffisant, il suffit d'évaporer au bain-marie et de reprendre par l'acide chlorhydrique. Le chlorhydrate décomposé par un alcali fournit l'hydrazine.

C'est une huile rougeâtre à odeur de nicotine, très altérable à l'air, entraînable par la vapeur d'eau, soluble dans l'éther, l'alcool et les acides dilués, décomposable au-dessus de 100°.

L'acide azoteux la transforme en α-méthylphénotétrazine, fusible à 62° :

$$C^6H^4\begin{matrix}\diagup AzH^2\\ \diagdown Az(CH^3)-AzH^2\end{matrix}+AzO^2H = C^6H^4\begin{matrix}\diagup AzH \text{——} Az\\ \qquad\qquad\parallel\\ \diagdown Az(CH^3)-Az\end{matrix}+2H^2O.$$

Son *chlorhydrate* est en tables rhombiques, brun rougeâtre; il donne un *chloroplatinate*

$$(C^7H^{11}Az^3,HCl)^2PtCl^4.$$

Le *dérivé acétylé* obtenu par le chlorure d'acétyle est substitué dans le groupe AzH^2 phénolique; il fond à 129-131° et cristallise en aiguilles assez altérables à l'air. L'anhydride phosphorique le transforme en *α-phénotriazine*

$$C^6H^4 \begin{cases} AzH - Az \\ \quad\quad\quad \| \\ Az — CH \end{cases}$$

fusible à 65-66°, bouillant à 238-240°. On voit que le réactif a enlevé les groupes méthyle du produit primitif.

Éthylphénylhydrazine dissymétrique,

$$C^6H^5 - Az(C^2H^5) - AzH^2.$$

(Voyez 1er Suppl., 927).

Cette hydrazine, obtenue par M. E. Fischer en réduisant la nitrosophényléthylamine, se prépare facilement au moyen de la phénylhydrazine sodée et du bromure d'éthyle. On introduit peu à peu celui-ci sur la première substance pulvérisée et placée sous du benzène. La réaction a lieu avec un fort dégagement de chaleur qu'on modère à l'origine en refroidissant; vers la fin, on la complète en chauffant pendant quelques instants au bain-marie. On agite avec de l'eau : celle-ci s'empare du bromure de sodium formé, tandis que le benzène retient l'éthylphénylhydrazine et les produits accessoires. En évaporant le benzène, puis saturant le résidu par un excès d'acide chlorhydrique, on précipite le chlorhydrate de phénylhydrazine, tandis que les chlorhydrates d'α-éthylphénylhydrazine (et d'aniline) restent en solution. La portion liquide, traitée par un alcali, extraite à l'éther, puis distillée, fournit à 228-230° l'hydrazine dissymétrique pure, sous la forme d'un liquide incolore, très oxydable, brunissant rapidement à l'air, réduisant la liqueur de Fehling à chaud [A. Michaelis et B. Philips, *Ann. Chem.*, **252**, 270; sur les hydrazides, D. R. P. 51 597].

Elle se produit à côté d'autres substances, dans l'action du zinc-éthyle sur le chlorure de diazobenzène, mais elle n'a pu être isolée du mélange que sous forme de dérivé benzoylé fusible à 168° [E. Bamberger et M. Tichwinsky, *D. chem. G.*, **35**, 4179].

Elle bout à 237° sous 761 millimètres; sa densité à 15° est de 1,018.

Le *chlorhydrate* est en lamelles ou prismes brillants fusibles à 137°, solubles dans l'eau, l'alcool et le chloroforme, moins solubles dans le benzène [A. Michaelis et G. Robisch, *D. chem. G.*, **30**, 2810].

Hydrazones.

Benzylidène-éthylphénylhydrazone,

$$\frac{C^6H^5}{C^2H^5} > Az - Az = CH - C^6H^5.$$

— Composé cristallisé en aiguilles incolores peu caractéristiques, fusibles à 49°, plus solubles à chaud qu'à froid dans l'alcool (Philips).

Hydrazones nitrobenzylidéniques.— Préparées par MM. H. Labhardt et K. von Zembrzuski [*D. chem. G.*, **32**, 3060].

L'*ortho* est en aiguilles jaune-brun, fusibles à 44°.

La *méta*, en cristaux rouges, fusibles à 114°.

La *para*, en cristaux rouges, fusibles à 131°; on l'a obtenue aussi en éthylant la p-nitrobenzylidène-phénylhydrazone.

Éthylphénylhydrazone glyoxylique,

$$C^6H^5 - Az(C^2H^5) - Az = CH - CO^2H.$$

— Elle se prépare comme l'hydrazone phénylglyoxylique. Elle est en cristaux blancs, fusibles à 121° [A. Elbers, *Ann. Chem.*, **227**, 340].

Éthylphénylhydrazone pyruvique. — C'est une huile très difficilement cristallisable, transformable facilement par l'acide chlorhydrique à 20 0/0 en *acide éthylindolcarbonique*, fusible à 183° [E. Fischer et O. Hess, *D. chem. G.*, **17**, 565].

Éthylphénylhydrazone phénylglyoxylique,

$$C^6H^5 - Az(C^2H^5)Az = C(C^6H^5)CO^2H.$$

— On prépare ce corps en faisant réagir l'acide phénylglyoxylique sur une solution acétique d'éthylphénylhydrazine. On purifie par lavage à l'éther le produit formé; on le dissout dans la soude, on le précipite par un acide, et finalement on le fait cristalliser dans l'alcool absolu. Il forme de belles tables jaunes, rhomboédriques, fusibles à 109-109°,5, peu solubles dans l'eau, mais solubles dans les alcalis étendus.

A côté de lui prend naissance un composé insoluble dans les alcalis, fusible à 111°,5, ayant la composition

$$C^6H^5 - Az(C^2H^5)Az = C(C^6H^5) - CO - AzH^2,$$

mais de formule non certaine.

La réduction par l'amalgame de sodium en solution alcaline donne de l'éthylaniline et de l'acide phénylamidoacétique (Elbers).

Éthylphénylhydrazone du glyoxal,

$$\frac{C^6H^5}{C^2H^5} > Az - Az = CH - CH = Az - Az < \frac{C^6H^5}{C^2H^5}$$

— En mêlant des solutions d'éthylphénylhydrazine et de glyoxalbisulfite de sodium, on prépare aisément ce corps. Cristallisé dans l'alcool, il se présente en longues aiguilles jaunes, fusibles à 149°,5, très solubles dans les liquides organiques, sauf dans l'éther et dans l'alcool qui les dissolvent peu [Elbers, *Ann. Chem.*, **227**, 340].

Hydrazides.

Formyl-α-éthylphénylhydrazide. — Elle se produit dans l'action à froid de l'iodure d'éthyle sur la formylphénylhydrazine sodée, en présence d'alcool. Elle cristallise en aiguilles fusibles à 78-79°, solubles dans tous les dissolvants organiques, sauf la ligroïne [Freer et Shermann, *Am. Chem. Journ.* **18**, 562; *Bull. Soc. Chim.*, (3), **16**, 1769].

En solution éthérée, on aurait de la β-*éthylphénylformylhydrazide*.

Acétyl-α-éthylphénylhydrazine,

$$\frac{C^6H^5}{C^2H^5} > Az - AzH - CO - CH^3.$$

— Longues aiguilles fusibles à 80°, se formant par l'action de l'anhydride acétique sur la base (Philips).

Benzoyl-α-éthylphénylhydrazide. — On a préparé ce dérivé benzoylé par l'action du chlorure de benzoyle sur l'hydrazine résultant de la réduction de l'éthylphénylnitrosamine. Il cristallise en aiguilles blanches, déliées, fusibles à 168°, peu solubles dans l'éther et dans la ligroïne [E. Bamberger et M. Tickwinsky, *D. chem. G.*, **35**, 4179].

Il a servi à identifier l'éthylphénylhydrazine formée par l'action du zinc-éthyle sur le chlorure de diazobenzène.

Diphényléthylsulfosemicarbazide,

$$\begin{matrix} C^6H^5 \\ C^2H^5 \end{matrix} > Az-AzH-CS-AzH-C^6H^5.$$

— Beaux cristaux incolores, fusibles à 149°, insolubles dans l'éther, peu solubles dans l'alcool, obtenus par l'union de l'éthylphénylhydrazine et du phénylsénevol (Philips).

Éthylphénylsulfocarbamo-bb-méthylphénylhydrazine,

$$C^6H^5-Az(CH^3)-CS-AzH-Az(C^2H^5)(C^6H^5).$$

— Préparée comme le dérivé correspondant de la méthylphénylhydrazine. Lamelles incolores, fusibles à 83-84°, très solubles dans les liquides organiques [C. Harries, *D. chem. G.*, **27**, 867].

Hydrazides mono- et bis-phénylsulfoniques,

$$\begin{matrix} C^6H^5 \\ C^2H^5 \end{matrix} > Az-AzH(SO^2C^6H^5)$$

et

$$\begin{matrix} C^6H^5 \\ C^2H^5 \end{matrix} > Az-Az(SO^2C^6H^5)^2.$$

— La première fond à 96° et se dissout dans les alcalis; la seconde à 140-141° et ne se dissout pas dans les alcalis [E. Bamberger, *D. chem. G.*, **32**, 1803].

Action de la cyanamide. — G. Pellizari et C. Conéo [*Gazz. chim. ital.*, **24**, **1**, 450].

o-Amidoéthylphénylhydrazine,

$$C^6H^4 \begin{matrix} < AzH^2_{(1)} \\ \diagdown Az(C^2H^5)-AzH^2_{(2)} \end{matrix}$$

Préparée par M. Hempel comme la méthyl-o-amidophénylhydrazine, elle ressemble à cette dernière. Son *dérivé acétylé* fond à 89-91°; l'anhydride phosphorique le transforme également en *α-phénotriazine* [*J. prakt. Chem.*, (2), **41**, 161].

α-Propylphénylhydrazine,

$$C^6H^5Az(C^3H^7)-AzH^2.$$

On l'obtient, d'après MM. Michaelis et G. Robisch, au moyen de la phénylhydrazine sodée et du bromure de propyle normal. Elle bout à 247° sous la pression ordinaire, le thermomètre étant en entier dans la vapeur. D = 0,9471. Elle s'altère facilement à l'air.

Son *chlorhydrate*, $C^9H^{14}Az^2, HCl$, est en aiguilles brillantes, fusibles à 135°, solubles dans le benzène [*D. chem. G.*, **30**, 2815].

α-Isopropylphénylhydrazine,

$$\begin{matrix} C^6H^5 \\ (CH^3)^2CH \end{matrix} > Az-AzH^2.$$

On opère comme pour l'α-éthylphénylhydrazine, et une fois la base impure obtenue, on sature sa solution benzénique par le gaz chlorhydrique; le chlorhydrate hydrazinique reste dissous, tandis que ceux de phénylhydrazine et d'isopropylaniline se précipitent dans ces conditions. Par quelques cristallisations dans le benzène bouillant, on obtient le chlorhydrate pur. La base libérée de ce chlorhydrate, extraite par l'éther, distillée dans un espace raréfié rempli d'hydrogène, passe à 185° sous 172 millimètres, sous la forme d'une huile incolore, très sensible à l'action de l'air. Sous la pression atmosphérique, elle bout à 233° en se décomposant un peu. Elle est réductrice à chaud. $D^{15°} = 0,9588$ (Michaelis).

Chlorhydrate, $C^6H^5.C^3H^7.Az-AzH^2, HCl$. — Fusible à 135°.

Monoacétyl-α-isopropylphénylhydrazide. — Il se forme aussitôt par l'action de l'anhydride acétique sur l'hydrazine, et cristallise dans la ligroïne en aiguilles fusibles à 101°,5.

Phénylsulfosemicarbazide. — Gros cristaux monosymétriques ($a : b : c = 1,2634 : 1 : 1,0487$; $\beta = 76°,32'20''$), incolores, fusibles à 116°, obtenus par l'action de l'isosulfocyanate de phényle à chaud, en tube scellé, sur la base.

La *tétrazone*

$$\begin{matrix} C^6H^5 \\ C^3H^7 \end{matrix} > Az-Az=Az-Az < \begin{matrix} C^6H^5 \\ C^3H^7 \end{matrix}$$

est en beaux cristaux octaédriques, fusibles à 79°. On l'obtient par l'action de l'oxyde de mercure sur une solution éthérée de base.

Les *dérivés aldéhydiques* ou *cétoniques* ne cristallisent pas [B. Philips, *Ann. Chem.*, **252**, 278. — Voyez pour les dérivés indoliques, Michaelis, *D. chem. G.*, **30**, 2808].

Allylphénylhydrazine

$$C^6H^5-Az(C^3H^5)-AzH^2.$$

Cette base se forme dans l'action du bromure d'allyle (55 grammes) sur la phénylhydrazine (100 grammes) en solution éthérée (2 volumes). On aurait pu s'attendre à ce que le groupement CH^2 réagit sur l'hydrogène du groupe C^6H^5AzH et formât un tétrahydropyrazol, mais il n'en est rien. On opère en ayant soin de maintenir la température entre 20 à 25°. Après 30 heures, le dépôt de bromhydrate de phénylhydrazine n'augmente plus. On le sépare par le filtre; on agite la solution éthérée avec 50 grammes d'acide sulfurique à 2 0/0 pour enlever la phénylhydrazine qui peut subsister. La solution éthérée, évaporée, abandonne une huile qu'on entraîne par la vapeur d'eau, puis qu'on distille finalement dans le vide. Elle passe alors, sous la forme d'un liquide jaune clair, à 172° sous 60 millimètres; elle est réductrice.

L'oxyde de mercure ne la change pas en tétrazone, mais en une huile orangée pouvant distiller entre 95 et 100° sous 27 millimètres, et qui n'est autre que l'azophénylallyle (benzène-azo-propène) $C^6H^5-Az=Az-C^3H^5$ [Em. Fischer et O. Knœvenhagel, *Ann. Chem.*, **239**, 203]. Cette formation d'un azoïque avait conduit ces auteurs à attribuer à l'allylphénylhydrazine qu'ils avaient obtenue, la constitution d'une hydrazine symétrique, mais MM. A. Michaelis et C. Claessen ont montré qu'en réalité la réaction en question donne naissance à un mélange de bases symétrique et dissymétrique, dont deux tiers de dissymétrique. Ils ont montré, en outre, que l'oxydation de la base dissymétrique par l'oxyde de mercure amène une transposition moléculaire, d'où résulte une formation inattendue d'azoïque, qui ne permet pas de remonter de la constitution de cet azoïque à celle de l'hydrazine. Pour le démontrer, ces auteurs ont préparé l'allylphénylhydrazine par trois procédés : 1° la réduction de la nitrosoallylaniline; 2° l'action du bromure d'allyle sur la phénylhydrazine sodée; 3° l'action du bromure d'allyle sur la phénylhydrazine elle-même.

Pour purifier la base obtenue par le premier procédé, on utilise la solubilité du chlorhydrate dans le benzène bouillant. Dans le second, on suit la marche indiquée par M. Philips à propos des α-alcoylphénylhydrazines. Le troisième procédé a été celui de MM. Fischer et Knœvenhagel suivi de la purification du chlorhydrate. Dans les trois cas c'est la même substance que l'on obtient [*D. chem. G.*, **22**, 2233].

D'après MM. Michaelis et Claessen, l'allylphénylhydrazine pure est une huile incolore, jaunissant facilement, bouillant sans décomposition sous pression réduite. Sous 183 millimètres, elle bout à 198° en s'altérant un peu, mais elle passe sans décomposition à 183° sous 140 millimètres, et à 177° sous 109 millimètres. Le second procédé de préparation peut fournir 29 grammes de base pour 27 grammes de bromure d'allyle et, partant, est le plus recommandable.

Chlorhydrate, $C^9H^{12}Az^2, HCl$. — Aiguilles soyeuses, incolores, filiformes, fusibles à 137°, très solubles dans l'eau (M. et C.).

HYDRAZONES. — *Hydrazone benzylidénique*. — Aiguilles incolores, fusibles à 52°, facilement solubles dans l'éther et dans l'alcool bouillant.

Hydrazone pyruvique. — Produit de condensation transformable en acide γ-allylindolcarbonique, fusible à 182°.

Hydrazone acétylacétique. — Liquide foncé transformable en Pr-1^m.2.3 allylméthylindolcarbonate d'éthyle [Michaelis et Luxembourg, *D. chem. G.*, **26**, 2174].

Hydrazone phtalaldéhydique,

$$C^6H^4(CO^2H)_{(1)} - CH_{(2)} = Az - Az \begin{matrix} \diagup C^6H^5 \\ \diagdown C^3H^5 \end{matrix}$$

— Prismes jaunes, brillants, fusibles à 160°. Les alcalis étendus les dissolvent, ce qui montre que la fonction acide est restée intacte, contrairement à ce qui se passe avec l'hydrazobenzène. Le *sel calcique* a la composition $(C^{17}H^{15}Az^2O^2)^2Ca$ [O. Allendorf, *D. chem. G.*, **24**, 2352].

Ce corps a été préparé par M. O. Allendorf, avec l'idée que l'allylphénylhydrazine de MM. Em. Fischer et O. Knœvenhagel avait la formule symétrique, d'où l'antithèse signalée entre les propriétés de cette hydrazine et celle de l'hydrazobenzène; d'où aussi la formule

$$C^6H^4(CO^2H)_{(1)} - CH_{(2)} \begin{matrix} \diagup Az - C^3H^5 \\ | \\ \diagdown Az - C^6H^5 \end{matrix}$$

indiquée au mémoire original.

Benzoylallylphénylhydrazide,

$$C^6H^5 - Az(C^3H^5) - AzH - CO - C^6H^5.$$

— Aiguilles fusibles à 139°, solubles dans l'alcool.

Phénylsulfocarbamo-bb-allylphénylhydrazide,

$$C^6H^5 - AzH - CS - AzH - Az(C^3H^5)(C^6H^5).$$

— Produit de l'action du phénylsénevol sur l'allylphénylhydrazine dissymétrique. Fines aiguilles fusibles à 103° (Michaelis et Claessen), à 108° [W. Marckwald, *D. chem. G.*, **25**, 3114].

Allylphényltétrazone,

$$[C^6H^5 - Az(C^3H^5) - Az =]^2.$$

— Ce composé se forme à l'état cristallisé, lorsqu'on agite la base avec une solution étendue de chlorure ferrique. Cristallisé dans l'alcool bouillant, il se présente en magnifiques cristaux fusibles à 86° avec décomposition (M. et C.).

On a vu plus haut que l'oxyde de mercure donne le propène-azobenzène.

3 *Bromallylphénylhydrazine*. — Un sulfate $C^6H^5 - Az^2H^2 - C^3H^4Br . SO^4H^2$, fusible à 134°, a été préparé au moyen d'une phénylhydrazine bromallylée, obtenue elle-même par l'action de l'épidibromhydrine-β sur la phénylhydrazine. La nature symétrique ou dissymétrique de cette hydrazine secondaire n'a pas été examinée [R. Lespieau, *Ann. Chim. Phys.*, (7), **11**, 251].

α-ISOBUTYLPHÉNYLHYDRAZINE,

$$\begin{matrix} C^6H^5 \diagdown \\ (CH^3)^2 = CH - CH^2 \diagup \end{matrix} Az - AzH^2.$$

Grâce à la grande solubilité du chlorhydrate de cette hydrazine dans le benzène (ainsi que pour la suivante), on peut opérer comme pour la base allylée, en observant seulement que, pour laisser les impuretés de côté, il faut reprendre les chlorhydrates solides avec du benzène froid.

L'α-isobutylphénylhydrazine, très altérable à l'air, distille inaltérée dans l'hydrogène à 193-195° sous 179 millimètres, sous la forme d'une huile un peu teintée en jaune; sous la pression atmosphérique elle bout de 240 à 245° en dégageant un peu d'ammoniaque. $D^{15°} = 0,9633$ (Michaelis). Elle ne réduit la liqueur de Fehling qu'à chaud. L'acide sulfurique fournit un *sulfate acide*,

$$C^{10}H^{16}Az^2, SO^4H^2,$$

en grandes houppes nacrées.

On a préparé le *dérivé monacétylé*,

$$C^6H^5(C^4H^9)Az - AzH - CO - CH^3,$$

fusible à 113-114°; la *diphénylisobutylsulfosemicarbazide* $C^6H^5(C^4H^9)Az - AzH - CS - AzH - C^6H^5$, fusible à 140°; enfin, la *tétrazone*

$$\left[\begin{matrix} C^6H^5 \diagdown \\ C^4H^9 \diagup \end{matrix} Az - Az =\right]^2,$$

laquelle est jaune et fond à 106-107° [B. Philips, *Ann. Chem.*, **252**, 282].

α-ISOAMYLPHÉNYLHYDRAZINE,

$$\begin{matrix} C^6H^5 \diagdown \\ (CH^3)^2 - CH - (CH^2)^2 \diagup \end{matrix} Az - AzH^2.$$

Préparée comme la précédente, elle constitue une huile un peu colorée en jaune, distillant à 210° sous 157 millimètres, à 260° sous 760 millimètres, sans décomposition appréciable, assez stable à l'air et à la lumière. $D^{15°} = 0,9680$ (Michaelis). Elle réduit la liqueur de Fehling à chaud.

Le *dérivé monacétylé* fond à 125°; la *diphénylisoamylsulfosemicarbazide* fond à 160°; la *diisoamyldiphényltétrazone* à 86°,5 [B. Philips, *Ann. Chem.*, **252**, 285].

α-BENZYLPHÉNYLHYDRAZINE

(*Benzylphénylhydrazine dissymétrique*),

$$\begin{matrix} C^6H^5 \diagdown \\ C^6H^5 - CH^2 \diagup \end{matrix} Az - AzH^2.$$

— Cette base, préparée à l'état impur par M. O. Antrick [*Ann. Chem.*, **227**, 360] au moyen de la nitrobenzylaniline, s'obtient avec d'excellents rendements par l'emploi de la phénylhydrazine sodée et du chlorure de benzyle suivant la méthode imaginée par M. Michaelis [Philips, *Ann. Chem.*, **252**, 286]. La réaction est assez vive pour nécessiter qu'on refroidisse soigneusement; après qu'elle s'est effectuée, on mêle la solution benzénique (qui contient de la phénylhydrazine et de la benzylaniline à côté de la benzylphénylhydrazine) avec un égal volume d'eau et, en agitant fréquemment, on ajoute peu à peu de l'acide chlorhydrique concentré. Les bases passent dans la solution aqueuse; celle-ci, concentrée au quart, fournit des cristaux de chlorhydrate d'α-benzylphénylhydrazine qu'on purifie par essorage et nouvelle cristallisation dans l'eau chlorhydrique bouillante. Ce *chlorhydrate* est en aiguilles incolores fusibles à 167°; il se conserve mal; sa dissolution n'a pas lieu sans dissociation, d'où la nécessité de le faire cristalliser en milieu chlorhydrique.

On peut en séparer la base elle-même; elle cristallise peu à peu en aiguilles réunies en étoiles, fusibles à 26°. Elle n'est pas volatile sans décomposition, même dans le vide.

Voyez aussi O. Widmann [*D. chem. G.*, **26**, Ref. 817; **27**, Ref. 130], lequel décrit une méthode consistant à faire réagir les éthers halogénés sur les β-hydrazides.

M. G. Minunni a aussi préparé cette base, par l'action du chlorure de benzyle (1 mol.) sur la phénylhydrazine (2 mol.) à 115-120° pendant une heure *en vase ouvert*; mais il ne l'a pas fait cristalliser. Il a préparé un assez grand nombre de dérivés, parmi lesquels les dérivés acétylé et benzylidénique sont identiques à ceux de MM. Michaelis et Philips. Sur quelques points, ses données diffèrent. Ainsi la tétrazone fondrait à 142° [*Gazz. chim. ital.*, **22**, **2**, 217].

HYDRAZONES. — *Hydrazone formique*,

$$CH^2 = Az - Az(C^6H^5)C^7H^7.$$

— Aiguilles blanches, fusibles à 41°, solubles dans l'éther, peu solubles dans l'eau [O. Ruff et G. Ollendorf, *D. chem. G.*, **32**, 3234].

Hydrazone benzylidénique. — Elle se forme avec un vif dégagement de chaleur par l'union de ses composants; elle cristallise facilement en aiguilles soyeuses, fusibles à 111°, très stables, solubles dans les liquides organiques (Philips, Minunni).

Hydrazone pyruvique. — C'est une huile rouge qui se transforme facilement en acide benzylindolcarbonique, fusible à 195° (O. Antrick, *loc. cit.*).

Hydrazones diverses [G. Minunni, *Gazz. chim. ital.*, **27**, **2**, 235; *Bull. Soc. Chim.*, (3), **20**, 101].

Nom de l'aldéhyde	Aspect	Fusion
Ald. cuminique	aiguilles blanches..	89-90°
Ald. anisique	aiguilles jaunâtres..	135-136°
Nitrobenzaldéhyde.....	aiguilles jaunes	140-141°
Furfurol...............	aiguilles jaunâtres..	138°
Ald. o-oxybenzoïque...	aiguilles blanches..	117°,5

La dernière hydrazone donne, par ébullition avec l'anhydride acétique, le dérivé acétylé

$$C^6H^4 \begin{cases} CH = Az - Az(C^7H^7)C^6H^5 \\ O - CO - CH^3 \end{cases}$$

Voyez encore sur cette combinaison D. R. P. 74 691 et 76 248 (Roos). On part du chlorure salicylidénique

$$OH - C^6H^4 - CHCl^2$$

au lieu de l'aldéhyde salicylique.

Hydrazones des sucres et de leurs dérivés. — Voyez GLUCOSES, ÉRYTHROSE, etc.

L'hydrazone glycuronique, $C^{19}H^{20}O^5Az^2$, fond à 141°; on l'obtient à partir de la lactone glycuronique et de la benzylphénylhydrazine. Le *sel de potassium* fond à 176-178°; $[\alpha]_D = -20°,29$ [G. Giemsa, *D. chem. G.*, **33**, 2996].

HYDRAZIDES — Le *dérivé acétylé* est en houppes blanches, fusibles à 121° (Philips); le *dérivé benzoylé* est en aiguilles brillantes, fusibles à 139-140° (Minunni); la *phénylsulfosemicarbazide*

$$C^6H^5(C^7H^7) - Az - AzH - CS - C^6H^5$$

est en cristaux magnifiques, monosymétriques ($a : b : c = 1,31075 : 1 : 1,6836$; $\beta = 62° 41' 5''$), incolores et bien transparents, fusibles à 150° (Philips).

Acétylbenzyldiphénylsemicarbazide (phénylcarbamo-a-acétyl-bb-benzylphénylhydrazide),

$$CO \begin{cases} AzH - C^6H^5 \\ Az(COCH^3)Az(C^6H^5)C^7H^7 \end{cases}$$

— Obtenue en condensant l'acétylbenzylphénylhydrazide avec l'isocyanate de phényle [T. Vahle, *D. chem. G.*, **27**, 1513].

Action de l'urée. — Chauffée à 170° avec de l'urée, la benzylphénylhydrazine ne donne pas de semicarbazide; il se forme une combinaison $C^{39}H^{34}Az^4$, fusible à 108-109° (G. Minunni).

Diphényldibenzyltétrazone,

$$[C^6H^5(C^7H^7)Az - Az =]^2.$$

— Fines aiguilles fusibles à 109° (Philips); à 142° (Minunni).

O-NITROBENZYLPHÉNYLHYDRAZINE DISSYM.,

$$\underset{(o)}{}AzO^2 - C^6H^4 - CH^2 \\ C^6H^5 \end{matrix} > Az - AzH^2.$$

Quand on fait réagir le chlorure d'o-nitrobenzyle sur la phénylhydrazine, on obtient à la fois les o-nitrobenzylphénylhydrazines symétrique et dissymétrique et la bis-o-nitrobenzylphénylhydrazine, c'est-à-dire les corps :

$$C^6H^5(AzO^2 - C^6H^4 - CH^2)Az - AzH^2,$$

$$C^6H^5 - AzH - AzH - CH^2 - C^6H^4 - AzO^2,$$

$$C^6H^5(AzO^2 - C^6H^4 - CH^2.)Az - AzH.(-CH^2 - C^6H^4AzO^2).$$

Le produit principal est l'hydrazine bisubstituée dissymétrique et on peut l'isoler facilement, car elle est la seule basique vis-à-vis de l'acide chlorhydrique.

A cet effet, on fait réagir au bain-marie, pendant 3 ou 4 heures, 2 molécules de phénylhydrazine sur 1 de chlorure en présence d'alcool. La masse obtenue est versée dans l'eau bouillante additionnée d'acétate de sodium et d'acide acétique; la phénylhydrazine inattaquée reste en solution, *tandis que les nouvelles combinaisons se* précipitent sous la forme d'une huile rouge qui cristallise par refroidissement. Cette huile est dissoute dans l'éther et la solution éthérée agitée avec de l'acide chlorhydrique concentré; le chlorhydrate d'o-nitrobenzylphénylhydrazine se précipite aussitôt; on le purifie par cristallisation dans l'alcool.

L'éther abandonne ensuite successivement l'hydrazine tertiaire, puis, non pas l'hydrazoïque, mais l'azoïque qui lui correspond.

L'o-nitrobenzylphénylhydrazine diss., libérée de son chlorhydrate par les alcalis, puis cristallisée dans l'alcool, l'éther acétique ou le benzène, se présente en magnifiques cristaux rouges, brillants, pouvant peser jusqu'à 30 grammes et ressemblant à l'azobenzène. Elle est insoluble dans l'eau, difficilement soluble dans la ligroïne. Elle fond à 72°. Le rendement, dans cette préparation peut atteindre 60 0/0 de la théorie.

La réduction conduit à l'o-amino-benzylphénylhydrazine.

Le *chlorhydrate*, $C^{13}H^{13}Az^2O^2$, HCl, fond à 196-198°.

L'hydrazide formique,

$$\begin{matrix} C^6H^5 \\ AzO^2 - C^6H^4 - CH^2 \end{matrix} > Az - AzH - COH,$$

est en aiguilles jaune clair, fusibles à 141-142°, solubles dans l'éther acétique, le benzène et l'acide acétique, presque insolubles dans la ligroïne [C. Paal et A. Bodewig, *D. chem. G.*, **25**, 2896; *Bull. Soc. Chim.*, (3), **10**, 139].

O-AMIDOBENZYLPHÉNYLHYDRAZINES.

Ces hydrazines se forment par réduction des *nitrobenzylphénylnitrosamines* par la poudre de zinc et l'acide acétique (l'étain et l'acide chlorhydrique donnent du phénylindazol; l'amalgame de sodium, de l'o-amidobenzylaniline) [M. Busch, *D. chem. G.*, **27**, 2897; *J. prakt. Chem.*, (2),

52, 373. — Busch et Dietz, *ibid.*, **53**, 414; *Bull. Soc. Chim.*, (3), **14**, 333; **16**, 544, 2060]. La plus simple, c'est-à-dire l'o-amidobenzylphénylhydrazine même :

$$C^6H^4 \begin{cases} AzH^2_{(o)} \\ CH^2-Az(AzH^2)C^6H^5 \end{cases}$$

avait été préparée par MM. Paal et Bodewig un peu auparavant [*D. chem. G.*, **25**, 2896] en réduisant l'o-nitrobenzylphénylhydrazine.

Comme particularité, ces hydrazines donnent avec le phosgène des anneaux à 7 atomes, soit les urées des deux AzH^2 :

$$C^6H^4 \begin{cases} AzH-CO \\ \qquad\qquad\quad \rangle AzH \\ CH^2-Az(C^6H^5) \end{cases}$$

Avec le sulfure de carbone, elles donnent la sulfo-urée correspondante.

Enfin, avec les aldéhydes, elles fournissent des produits de condensation provenant de l'élimination de 2 molécules d'eau entre les deux groupes AzH^2 et les deux groupes CHO.

Comme on peut s'y attendre, ce sont des bases fortes; elles forment avec les acides minéraux (même l'acide carbonique) des sels stables, mais très hygroscopiques. Les *oxalates* peuvent cristalliser, mais leur composition n'est pas toujours fixe.

Elles sont très réductrices, solubles dans la plupart des solvants organiques, presque insolubles dans l'eau.

Voici une liste des corps que l'on a préparés :

Noms	Aspect	Fusibilité — Auteurs	
$C^6H^4 \begin{cases} AzH^2 \quad AzH^2 \\ CH^2-Az-C^6H^5 \end{cases}$	aiguilles brillantes jaunâtres.	102°	B., P. et B.
Oxalate........	aiguilles blanches........	138°	B.
Dihydrazone formique........	aiguilles rouges........	84° (1)	B. et D.
— benzylique........	aiguilles rouges........	148-150°	B.
Hydrazide formique........	tables blanches groupées....	157°	P. et B.
Urée........	cristaux durs incolores.....	281°	B.
Sulfo-urée........	cristaux durs brillants.....	243°	B.
$C^6H^4 \begin{cases} AzH^2 \quad AzH^2 \\ CH^2-Az-C^6H^4(OC^2H^5)_{(p)} \end{cases}$	tables rhombiques incolores..	98°	B.
Dioxalate........	fines aiguilles blanches.....	»	
Dihydrazone benzylique........	prismes couleur citron.....	152°	
Sulfo-urée........	aiguilles brillantes incolores.	198°	
$C^6H^4 \begin{cases} AzH^2 \quad AzH^2 \\ CH^2-Az-C^6H^4.Cl_{(p)} \end{cases}$	gros prismes incolores......	95°	
Dihydrazone benzylique........	aiguilles feutrées........	150°	
$C^6H^4 \begin{cases} AzH^2 \quad AzH^2 \\ CH^2-Az-C^6H^4.Br_{(p)} \end{cases}$	tablettes incolores brillantes.	119-120°	B.
Monoxalate........	aiguilles groupées........	135°	
Dihydrazone benzylique........	longs prismes incolores....	171°	

1. Cristallise avec une molécule d'alcool.

α-Styrylphénylhydrazine.

Voyez 2e Suppl., 2, 1192.

Diphénylhydrazine dissymétrique,

$$(C^6H^5)^2Az-AzH^2.$$

Voyez 1er Suppl., 928.

Cette base cristallise si on la purifie par distillation dans le vide à 220° sous 40 à 50 millimètres. Cristallisée dans la ligroïne, elle fond à 34°,5; elle est en cristaux monocliniques, formant des octaèdres aplatis [R. Stahel, *Ann. Chem.*, **258**, 242].

Elle donne facilement des hydrazones bien cristallisées avec les diverses aldéhydes et les sucres.

Elle précipite l'acide méta-phosphorique [Schlœmann, *Bull. Soc. Chim.*, (3), **10**, 859].

Amidosulfonate de diphénylhydrazine,

$$C^{12}H^{12}Az^2-SO^3H-AzH^2.$$

— Aiguilles brillantes, incolores, fusibles à 120-121°, dissociables par l'eau. Ce corps ne se transforme pas en hydrazine sulfonée par chauffage [C. Paal et Jänicke, *D. chem. G.*, **28**, 3166].

Hydrazones. — *Éthylidène-diphénylhydrazone,*

$$(C^6H^5)^2Az-Az=CH-CH^3.$$

— Tables ou prismes épais, fusibles à 60-61°, après s'être ramollis, solubles dans les solvants organiques, insolubles dans l'eau. Elle fixe l'acide cyanhydrique en donnant le composé $C^{15}H^{15}Az^3$, fusible à 65° [Miller et Plöchl, *D. chem. G.*, **25**, 2063].

Furfuroldiphénylhydrazone. — Aiguilles aplaties jaunâtres, fusibles à 90°, facilement solubles dans l'alcool et dans l'éther, peu dans le benzène, insolubles dans l'eau (Stahel).

Hydrazones nitrobenzylidéniques. — Préparées par MM. H. Labhardt et K. von Zembrzuski [*D. chem. G.*, **32**, 3062]. L'*ortho*, la *méta* et la *para* sont respectivement orangées, jaune brun et fusibles à 146°, 119-120° et 131°.

Hydrazone salicylidénique. — Aiguilles blanches, fusibles à 130° [*Ibid.*]. M. Stahel [*loc. cit.*] avait décrit ce corps comme cristallisé en aiguilles jaune clair, fusibles à 138°,5.

Diphénylhydrazone pyruvique,

$$(C^6H^5)^2Az-Az=C(CH^3)CO^2H.$$

— Belles aiguilles blanches, fusibles à 145°, obtenues par l'union des constituants pris en solution éthérée. On peut transformer cette hydrazone en acide phénylindolcarbonique, fusible à 176° [E. Fischer et O. Hess, *D. chem. G.*, **17**, 567].

Hydrazone phtalaldéhydique,

$$C^6H^4(CO^2H)_{(1)}-CH_{(2)}=Az-Az(C^6H^5)^2.$$

— Prismes jaunes, brillants, fusibles à 187°, solubles dans les alcalis et formant des sels; le *sel de calcium* a pour formule

$$(C^{20}H^{15}Az^2O^2)^2Ca$$

[O. Allendorf, *D. chem. G.*, **24**, 2349].

Hydrazone de l'acétylacétate d'éthyle,

$$CH^3-C[Az-Az(C^6H^5)^2]-CH^2-CO^2C^2H^5.$$

— Ce corps existerait sous deux formes α et β. La forme α est celle qui résulte de l'action de l'éther acétylacétique sur la diphénylhydrazine à la température ordinaire; son point de fusion est peu net, vers 120-135°. La forme β est la forme huileuse que prend la précédente après fusion; elle retourne peu à peu à la modification cristallisée [A. Hantzsch et E. von Hornbostel, *D. chem. G.*, **30**, 3003].

Hydrazone du benzoylacétate d'éthyle. — Gros prismes, fusibles à 109-110°, connus seulement sous une forme (A. H. et E. von H.).

Action sur l'acide dioxytartrique. — La réaction paraît pouvoir engendrer une monohydrazone, mais c'est seulement en employant les doses voulues pour faire une dihydrazone qu'on obtient de bons résultats. A cet effet, on mêle dans 500 centimètres cubes d'eau, 10 grammes de dioxytartrate de soude, 40 centimètres cubes d'acide chlorhydrique et 20 grammes de chlorhydrate de diphénylhydrazine; on agite et on chauffe au bain-marie. Il se forme bientôt des aiguilles jaunes qui, cristallisées dans l'alcool, fondent à 177° et répondent à la formule

$$\begin{array}{l}(C^6H^5)^2Az-Az=C-CO^2H\\ \qquad\qquad\qquad\quad|\\ (C^6H^5)^2Az-Az=C-CO^2H\end{array}$$

Ce corps est insoluble dans l'eau, mais soluble dans les alcalis en donnant des sels cristallisés. Chauffé, avec l'anhydride acétique, il se change en anhydride par perte d'eau. Le nouveau corps est en prismes rouge rubis à reflets verts; sa poudre est rouge feu et fond mal vers 222°.

L'ammoniaque change l'anhydride en solution chloroformique en une *amide*, $C^{28}H^{23}Az^5O^3$, cristallisable en rhomboèdres incolores, fusible à 191-192° [J. Ziegler et M. Locher, *D. chem. G.*, **20**, 841].

Anisylphénylcétodiphénylhydrazone,

$$CH^3O-C^6H^4-C\begin{matrix}\nearrow C^6H^5\\ \searrow Az-Az(C^6H^5)^2\end{matrix}$$

— Cette hydrazone existe sous deux formes stéréo-isomériques (*syn* et *anti*) α et β. L'hydrazone normale ou α s'obtient par l'union de l'anisylphénylcétone et de la diphénylhydrazine en milieu acétique; elle est en prismes d'un jaune intense, fusibles à 151-152°, facilement solubles dans l'éther, le benzène et le chloroforme, à peine solubles dans l'alcool froid et insolubles dans l'acide acétique. La modification β se forme à côté de l'α, si l'on part du chlorure cétonique

$$CH^3O-C^6H^4-CCl^2-C^6H^5$$

que l'on fait réagir en solution éthérée; on ne peut guère en obtenir à l'état pur que 10 0/0; elle fond à 114-115°, et possède une nuance plus sombre. Les autres propriétés physiques sont très semblables; mais la décomposition par l'acide chlorhydrique en milieu alcoolique est plus rapide pour le dérivé β que pour l'α. Les diverses tentatives faites pour les transformer l'une en l'autre ont donné des résultats négatifs [B. Overton, *D. chem. G.*, **26**, 30].

p-Tolylphénylcétodiphénylhydrazones,

$$C^{26}H^{22}Az^2.$$

— La modification α est en beaux cristaux jaunes, fusibles à 122°; la modification β fond à 95-96°. Leurs préparations et leurs propriétés prêtent aux mêmes considérations que celles des précédentes hydrazones (Overton).

Diphénylhydrazone de la benzophénone p-chlorée, $C^{25}H^{19}Az^2Cl$. — Cristaux jaunes, fusibles à 130° (Overton).

Diphénylhydrazone du benzile,

$$C^6H^5-CO-C[Az-Az(C^6H^5)^2]-C^6H^5.$$

— On n'obtient qu'une seule hydrazone, la monohydrazone, soit que l'on mette la diphénylhydrazine en excès ou non, soit qu'on la remplace par le chlorobenzile. Cette hydrazone est en cristaux jaune très vif, fusibles à 108° (Overton).

On a encore préparé les hydrazones des composés aldéhydiques ou cétoniques suivants :

Nom	Aspect	Fusion	
Opianique..........	cristaux jaunes...	171-172°	(1)
Bromopianique......	cristaux jaunes...	230°	(2)
Cyanacétophénonique.	prismes jaunes...	148°	(3)

(1). A. Bistrzycki, *D. chem. G.*, **21**, 2520. — (2). K. Tust, *D. chem. G.*, **25**, 2000. — (3). O. Seidel, *J. prakt. Chem.*, (2), **58**, 129.

Hydrazides. — Outre les procédés ordinaires de préparation, consistant à faire réagir l'hydrazine avec des dérivés acidylés appropriés, on peut aussi avoir recours aux réactions qui ont été indiquées au début de ce paragraphe et consistant à oxyder une hydrazide d'hydrazine primaire par les sels cuivriques.

On ne peut remplacer l'acétate ou le sulfate cuivrique par la liqueur de Fehling; celle-ci détruit l'hydrazide avec dégagement quantitatif de tout l'azote [H. Strache et S. Fritzer, *Mon. f. Chem.*, **14**, 33; *Bull. Soc. Chim.*, (3), **10**, 634].

Voici les points de fusion de quelques hydrazides; elles sont toutes cristallisées en aiguilles :

Formique............	116°,5	(1)
Acétique............	185°	(1)
Propionique..........	178°	(1)
Isobutyrique..........	171-172°	(2)
Benzoïque............	189°	(1)
Phénylacétique.......	188°	(2)
Cinnamique..........	205°	(2)

(1). Gattermann, Johnson et Hölzle, *D. chem. G.*, **25**, 1075. — (2). Tafel, *ibid.*, **25**, 413; Bölsing et Tafel, *ibid.*, **25**, 1551.

Acide diphénylhydrazidoxalique,

$$(C^6H^5)^2Az-AzH-CO-CO^2H.$$

— Obtenu par la saponification de l'éther; aiguilles microscopiques incolores, peu solubles dans l'eau, solubles dans l'alcool, l'éther, le chloroforme, le benzène, la ligroïne, solubles dans les alcalis et dans les carbonates alcalins. Fusible à 171° en perdant de l'anhydride carbonique et donnant la formyldiphénylhydrazine fusible à 116° (B. et T.).

Éther diphénylhydrazidoxalique

$(C^6H^5)^2Az-AzH-CO-CO^2C^2H^5$.

— Fines aiguilles fusibles à 131°, obtenues par l'acétate de cuivre et l'éther phénylhydrazidoxalique [Bölsing et J. Tafel, *loc. cit.*].

Phtalyldiphénylhydrazine

$$C^6H^4 < {CO \atop CO} > Az-Az(C^6H^5)^2$$

— On chauffe au bain d'huile à 150-170°, pendant 2 ou 3 heures, un mélange équimoléculaire d'anhydride phtalique et de diphénylhydrazine. La masse noire visqueuse, épuisée par l'alcool froid, donne dans l'alcool bouillant des tables vert jaunâtre fusibles à 154-155°. Les alcalis étendus la décomposent à chaud; l'acide chlorhydrique à 100° ne l'attaque pas, mais à 150°, la réaction a lieu avec formation d'acide phtalique et de chlorhydrate de diphénylhydrazine [Hötte, *J. prakt. Chem.*, (2), **35**, 271].

Dérivés sulfocarboniques.

Acide diphénylthiosulfocarbazinique

$(C^6H^5)^2Az-AzH-CS-SH$.

Le sulfure de carbone, qui s'unit à 2 molécules de phénylhydrazine, ne s'unit qu'à 1 molécule de diphénylhydrazine en donnant la combinaison ci-dessus. Celle-ci cristallise en longs prismes jaune d'or, fusibles à 109° en se décomposant, peu stables. On n'a pas pu la transformer en tétraphénylsulfocarbazide (Stahel).

β-diphénylsemithiocarbazide

$(C^6H^5)^2Az-AzH-CS-AzH^2$.

Cette semicarbazide s'obtient par l'action du sulfure d'ammonium en solution alcoolique sur le chlorhydrate de phénylanilcyanamide :

$$(C^6H^5)^2Az-AzH-CAz+H^2S$$
$$=(C^6H^5)^2Az-AzH-CS-AzH^2.$$

La *phénylanilcyanamide* est elle-même obtenue au moyen du chlorure de cyanogène et de la diphénylhydrazine; elle fond à 97°, et se décompose à l'air; elle forme un *chlorhydrate* dissociable, fusible à 162°, et un *picrate,* fusible à 172°.

Quant à la *thiosemicarbazide*, elle fond à 202°. [D. Tivoli, *Gazz. chim. ital.*, **22**, **2**, 379].

Méthylthiocarbamo-bb-diphénylhydrazide,

$CH^3-AzH-CS-AzH-Az(C^6H^5)^2$.

Composé facilement soluble dans l'acide acétique bouillant, fusible à 203-204°, obtenu avec le méthylsénévol et la diphénylhydrazine dissymétrique (W. Marckwald).

Phénylthiocarbamo-bb-diphénylhydrazide. — Obtenue comme la précédente avec le phénylsénévol. Elle fond à 181° en se décomposant. [W. Marckwald, *D. chem. G.*, **25**, 3113].

Di-p-bromophénylhydrazine.

Inconnue. — Son *dérivé acétylé*

$(C^6H^4Br)^2Az-AzH-CO-CH^3$,

s'obtient par oxydation de l'acétyl-p-bromo-phénylhydrazine au moyen de l'acétate cuivrique avec un rendement atteignant 70 0/0. Il se présente en fines aiguilles incolores, fusibles à 214° [Bölsing et Tafel, *D. chem. G.*, **25**, 1555].

α-MÉTHYL-P-TOLYLHYDRAZINE,

$$CH^3_{(1)}-C^6H^4_{(4)} > Az-AzH^2. \quad CH^3 >$$

Préparée par MM. H. Labhardt et K. von Zembrzuski en réduisant la méthylnitroso-p-toluidine par la poudre de zinc et l'acide acétique.

C'est un liquide distillable dans le vide; il n'a pu être amené à l'état solide; il est très peu soluble dans l'eau, soluble dans les liquides organiques. Son *chlorhydrate* cristallise dans l'alcool.

On en a préparé les hydrazones suivantes :

Aldéhyde	Aspect de l'hydrazone	Fusion
o-Nitrobenzoïque...	cristaux rouges........	90°,5
m-Nitrobenzoïque...	cristaux rouge brique...	150°,5
p-Nitrobenzoïque...	cristaux rouges	143°
o-Oxybenzoïque.....	aiguilles jaunâtres......	85-86°

[*D. chem. G.*, **32**, 3063.]

Méthyl-p-tolylhydrazone pyruvique,

$$C^6H^4(CH^3)_{(1)} > Az_{(4)}-Az=C < {CO^2H \atop CH^3} \quad CH^3 >$$

— Cristaux colorés en jaune intense, fusibles à 81-83°, facilement solubles dans les solvants organiques, obtenus au moyen de la méthyl-p-tolylhydrazine et de l'acide pyruvique. L'acide chlorhydrique transforme cette hydrazone en acide-p-tolylindolcarbonique, $C^{11}H^{11}AzO^2$, susceptible lui-même de perdre de l'anhydride carbonique pour donner le méthyl-p-tolylindol; celui-ci est changé par les hypochlorites en méthylpseudotolylisatine [S. Hégel, *Ann. Chem.*, **232**, 214].

Éthyl-p-tolylhydrazone pyruvique,

$$\frac{C^6H^4(CH^3)}{C^2H^5} > Az-Az=C < {CO^2H \atop CH^3}$$

— Substance cristallisée en aiguilles, possédant des propriétés d'allures semblables à celles de la précédente (S. Hegel).

ALLYL-P-TOLYLHYDRAZINE DISSYM.

$_{(p)}CH^3-C^6H^4-(C^3H^5)Az-AzH^2$.

Cette base a été préparée par MM. A. Michaelis et K. Luxembourg en utilisant la réaction du bromure d'allyle (50 gr.) sur la p-tolylhydrazine (100 gr.) dissoute dans de l'éther (1 litre 1/2).

Après 12 heures on sépare les produits de la réaction comme pour l'allylphénylhydrazine. Rendement brut, 22 grammes. On purifie le produit en utilisant la solubilité du chlorhydrate dans la benzine bouillante.

La base, distillée dans le vide, passe vers 160-170° sous 90 millimètres, sous la forme d'une huile d'un jaune clair, brunissant rapidement à l'air; elle est très réductrice, soluble dans les liquides organiques et dans les acides étendus.

Parfaitement pure, elle ne donne en solution chlorhydrique aucune coloration avec le bichromate de potassium.

Voici les principaux dérivés :

Nom	Aspect	Fusion
Chlorhydrate.............	lamelles blanch...	129°
Hydraz. benzylidénique.....	aiguilles blanch...	61°
Hydraz. cinnamylidénique..	petites aiguilles..	118°
Tétrazone....	....	104°
Allylène-azo-toluène	masse bl. crist....	96-97°

La tétrazone se forme par oxydation au moyen du chlorure ferrique. L'oxydation par l'oxyde mercurique donne lieu à une transposition moléculaire d'où résulte l'azoïque

$$CH^3 - C^6H^4 - Az = Az - C^6H^5$$

au lieu de la tétrazone. Cet azoïque bout à 110° *sous* 20-30 millimètres [A. Michaelis et K. Luxembourg, *D. chem. G.*, **26**, 2174; *Bull. Soc. Chim.*, (3), **12**, 262].

O-AMIDOBENZYL-P-TOLYLHYDRAZINE,

$$C^6H^4 \begin{cases} AzH^2_{(1)} \\ CH^2_{(1)} - \underset{\displaystyle AzH^2}{Az} - C^6H^4 - CH^3_{(p)} \end{cases}$$

Cette base a été obtenue comme les dérivés phénylés [Busch, *J. prakt. Chem.*, (2), **51**, 272], mais avec un très mauvais rendement. Elle cristallise en aiguilles blanches, brillantes, fusibles à 66°.

DI-O-TOLYLHYDRAZINE,

$$({}_{(o)}CH^3 - C^6H^4)^2 = Az - AzH^2.$$

On ne l'a pas isolée, mais MM. Gattermann, Johnson et Hölzle ont obtenu des hydrazides en oxydant par le sulfate de cuivre ammoniacal les hydrazides correspondantes de l'*o-tolylhydrazine*, [*D. chem. G.*, **25**, 1075]. Voici les corps décrits par ces auteurs.

Hydrazide	Aspect	Fusion
—	—	—
Formique	lamelles incolores....	139°
Acétique........	lamelles brillantes ...	191°
Propionique.....	aiguilles incolores ...	167°
Benzoïque.......	aiguilles aplaties.....	209°

DI-P-TOLYLHYDRAZINE,

$$({}_{(p)}CH^3 - C^6H^4)^2 = Az - AzH^2.$$

Obtenue en réduisant la di-p-tolylnitrosamine par le zinc et l'acide acétique. Elle constitue des lamelles incolores, fusibles à 171-172°, solubles facilement dans l'alcool et dans le benzène, difficilement solubles dans l'éther et presque insolubles dans la ligroïne; elle est assez stable à l'air.

C'est une base faible, monoacide, qui ne se dissout dans les acides étendus qu'à l'ébullition. Le chlorhydrate est en fines aiguilles incolores.

L'acide azoteux transforme la di-p-tolylhydrazine en ditolylnitrosamine et oxyde azoteux; le brome la transforme en un dérivé tétrabromé de la ditolylamine, l'acide nitrique fumant en un dérivé hexanitré de la même base; les oxydants, comme le chlorure ferrique, l'oxyde mercurique, reforment de la ditolylamine, sans tétrazone [A. Lehne, *D. chem. G.*, **13**, 1546].

Quelques hydrazides ont été obtenues en oxydant les hydrazides de la p-tolylhydrazine par le sulfate de cuivre ammoniacal (Gattermann, Johnson et Hölzle) ou l'acétate de cuivre [Bölsing et Tafel, *D. chem. G.*, **25**, 1075; 1551].

L'hydrazide *formique* est en aiguilles soyeuses, fusibles à 146° (G. J. H.); l'hydrazide *acétique* est en aiguilles fusibles à 176° (G. J. H.), à 170° (B. T.); l'hydrazide *propionique* est en petites aiguilles fusibles à 171°,5 (G. J. H.); l'hydrazide *benzoïque*, en aiguilles incolores, fusibles à 186°,5 (Lehne), à 186° (G. J. H.).

ÉTHYL-β-NAPHTYLHYDRAZINE DISSYM.,

$$C^{10}H^7_{(\beta)} - Az(C^2H^5) - AzH^2.$$

Obtenue par M. Hauff [*Ann. Chem.*, **253**, 24] en faisant réagir à l'*ébullition* l'*iodure* d'éthyle sur une solution alcoolique de β-naphtylhydrazine. Elle est entraînable par la vapeur d'eau et *distillable dans le vide*.

C'est un liquide toujours un peu jaune, s'altérant à l'air, insoluble dans l'eau à froid et à chaud, facilement soluble dans les liquides organiques. Cette hydrazine est réductrice.

Son *chlorhydrate* cristallise en belles lamelles.

O-AMIDOBENZYL-β-NAPHTYLHYDRAZINE DISSYMÉTRIQUE,

$$C^6H^4 \begin{cases} AzH^2_{(1)} \\ CH^2_{(2)} - Az \begin{cases} AzH^2 \\ C^{10}H^7_{(\beta)} \end{cases} \end{cases}$$

Elle a été préparée par M. Busch en réduisant l'o-nitrobenzyl-β-naphtylnitrosamine correspondante. Elle cristallise en fines aiguilles, fusibles à 76°, facilement solubles dans le benzène, moins solubles dans l'alcool et dans l'éther.

Son dérivé *bis-salicylidénique* est en aiguilles filiformes, d'un jaune intense, fusibles à 176° [*J. prakt. Chem.*, (2), **52**, 416].

α-BENZYL-α-BENZYLOTÉTRAZYLHYDRAZINE DISSYMÉTRIQUE et α-BENZYL-β-BENZYLOTÉTRAZYLHYDRAZINE DISSYMÉTRIQUE. — Voyez à TÉTRAZYLHYDRAZINE, p. 378.

IV. — HYDRAZINES SECONDAIRES SYMÉTRIQUES.

Elles répondent aux types

$$R - AzH - AzH - R \quad \text{et} \quad R - AzH - AzH - R'.$$

On les désigne souvent sous le nom d'hydrazoïques, qui rappelle l'un des modes fondamentaux de formation lorsque R et R' sont aromatiques, c'est-à-dire l'hydrogénation d'un azoïque $R - Az = Az - R'$.

Mais ce mode de formation est assez restreint, car *il ne saurait s'appliquer* aux cas où un ou deux des radicaux sont gras ou d'un ordre différent, benzylique, quinoléique, etc. A la vérité il est réel, mais c'est plutôt l'azoïque qui tire son origine de l'hydrazine que celle-ci de celui-là.

Nous diviserons les hydrazines secondaires symétriques en :

A. Grasses.

B. Mixtes.

C. Aromatiques.

D. Dérivés de noyaux divers non aromatiques.

On les prépare différemment suivant leur nature :

1° Les hydrazines grasses ont été préparées en faisant réagir les iodures alcooliques sur le diformylhydrazinate de plomb, c'est-à-dire sur une combinaison de l'hydrazine bloquée symétriquement. Il se fait ainsi le dérivé diformylé de l'hydrazine cherchée :

$$\underset{\diagdown \; \diagup \atop Pb}{CHO - Az - Az - CHO} + 2CH^3I$$

$$= CHO - Az(CH^3) - Az(CH^3) - CHO + PbI^2$$

[Harries, *D. chem. G.*, **27**, 2276; et divers collaborateurs, *ibid.*, **28**, 503; **31**, 62].

Ce procédé rappelle celui qui consiste, pour obtenir les hydrazines mixtes, à faire réagir un iodure alcoolique sur le dérivé sodé d'une hydrazine aromatique bis-acidylée :

$$C^6H^5 - Az(COC^6H^5) - AzNa(COC^6H^5) + CH^3I$$

$$= C^6H^5Az(COC^6H^5) - Az(CH^3) - (COC^6H^5) + NaI.$$

Dans les deux cas il faut ensuite saponifier les hydrazides obtenues.

2° On hydrogène une azine :

$$C^6H^5 - CH = Az - Az = CH - C^6H^5 + H^4$$

$$= C^6H^5 - CH^2 - AzH - AzH - CH^2 - C^6H^5.$$

Cette méthode ne conduit évidemment qu'à des hydrazines aliphatiques.

3° On hydrogène un azoïque (aromatique ou analogue).

4° On fait réagir les iodures alcooliques ou les corps similaires (chlorures de benzyle, de nitrobenzyle, de picryle, de chlorodinitrobenzène, etc.) sur une hydrazine primire.

Mais la réaction engendre souvent l'hydrazine secondaire dissymétrique et une hydrazine tertiaire, ou enfin des sels d'hydrazonium. De plus, l'hydrazoïque, étant très oxydable, tend fréquemment à disparaître. On trouvera cependant plus bas des exemples de ces réactions.

Les chlorures de benzène dinitrés et trinitrés engendrent plus spécialement les hydrazoïques. Ils se conduisent ainsi comme des chlorures d'acides, mais le corps engendré est en vérité une hydrazine secondaire symétrique. Exemple :

$$2C^6H^5-AzH-AzH^2 + Cl-C^6H^3(AzO^2)^2$$
$$= C^6H^5-AzH-AzH-C^6H^3(AzO^2)^2$$
$$+ C^6H^5 . Az^2H^3, HCl.$$

A. — HYDRAZINES SECONDAIRES SYMÉTRIQUES GRASSES.

Diméthylhydrazine symétrique,

$$CH^3-AzH-AzH-CH^3.$$

On la prépare comme le dérivé diéthylé symétrique, à partir de l'iodure de méthyle et du diformylhydrazinate de plomb. La base brute bout de 50 à 60° ; c'est un liquide limpide, réfringent, fumant à l'air, d'odeur ammoniacale, présentant les réactions de la méthylhydrazine [C. Harries et E. Klamt, *D. chem. G.*, **28**, 503].

On l'obtient aussi par l'action de l'iodure de méthyle en présence de potasse sur la diformylhydrazine [Harries et Haga, *D. chem. G.*, **31**, 62].

Sels. — Le *chlorhydrate* est en belles lamelles blanches déliquescentes ; le *sulfate*, en belles tables incolores pouvant cristalliser dans l'alcool, déliquescentes ; l'*oxalate*, $C^2H^8Az^2, C^2H^2O^4$, cristallise en beaux prismes aplatis, solubles dans 60 parties d'alcool absolu bouillant, fusibles à 132°. Un *picrate*, un *chloroplatinate* ont été également préparés, ainsi qu'une *thio-semicarbazide* phénylée bien cristallisée.

Diéthylhydrazine symétrique,

$$C^2H^5-AzH-AzH-C^2H^5.$$

Pour préparer cette hydrazine on part du diformylhydrazinate de plomb sur lequel on fait réagir l'iodure d'éthyle. A cet effet, on dessèche le sel de plomb à 105° jusqu'à poids constant ; on le mêle bien avec son poids de sable fin et un peu de magnésie (5 grammes pour 150 de sel) ; le mélange est introduit par portions de 60 grammes avec 45 grammes d'iodure d'éthyle et chauffé pendant 20 heures à 110°. Le sable est destiné à maintenir la porosité de la masse et la magnésie à saturer l'acide iodhydrique libre qui se forme. A l'ouverture des tubes, il y a une assez forte pression due à des carbures d'hydrogène et à de l'azote provenant d'une action réductrice de l'iodure sur l'hydrazine ; le contenu, verdâtre, tamisé avec soin, est abandonné à l'air pour laisser évaporer l'excès d'iodure d'éthyle, puis extrait par l'éther qui enlève la diformyl-diéthylhydrazine formée.

L'évaporation de l'éther laisse une huile épaisse, tendant à cristalliser, qui bout à 120-130° sous 20 millimètres, non sans décomposition, et constitue principalement de la diformyl-diéthylhydrazine symétrique. En extrayant ensuite le contenu des tubes épuisé par l'éther, au moyen d'eau bouillante, on obtient encore une certaine dose de diformyl-diéthylhydrazine, accompagnée de diformyl-éthylhydrazine et d'iodure de magnésium.

En évaporant ce dernier mélange dans le vide à consistance sirupeuse, puis le traitant par la potasse, on en extrait des bases dont la portion principale (80-90°) est constituée par la diéthylhydrazine symétrique, et les portions supérieures (90-105°) par de l'éthylhydrazine.

Quant à l'extrait éthéré, il contient un peu de diformyl-éthylhydrazine qui n'est pas tout à fait insoluble dans l'éther. En le saponifiant par 2 parties d'acide chlorhydrique fumant au bain-marie, on obtient donc un mélange de chlorhydrates de mono- et de di-éthylhydrazine. Pour éliminer le premier, on dirige dans le liquide froid un courant de gaz chlorhydrique, jusqu'à ce qu'un cinquième des bases soit précipité. Après filtration il ne reste plus que du chlorhydrate de diéthylhydrazine qu'on décompose par la potasse liquide ; l'huile séparée est séchée sur la potasse solide, puis rectifiée sur de la baryte anhydre pour déshydrater totalement.

Propriétés. — Liquide incolore, réfringent, mobile, d'odeur ammoniacale et éthérée non désagréable, bouillant à 84-86° sous 758 millimètres, montrant par ses propriétés chimiques une grande ressemblance avec la diéthylhydrazine dissymétrique de M. E. Fischer, mais s'en distinguant cependant par plusieurs caractères, principalement vis-à-vis des agents oxydants directs ou indirects :

1° Tandis que l'hydrazine dissymétrique donne une tétrazone en présence d'oxyde mercurique, l'hydrazine symétrique se décompose principalement suivant l'équation :

$$(C^2H^5AzH-)^2 + HgO = Hg(C^2H^5)^2 + Az^2 + H^2O.$$

Peut-être cependant se forme-t-il un peu de l'azoïque prévu, $C^2H^5Az = AzC^2H^5$, mais la chose n'est pas certaine.

2° La liqueur de Fehling ne réduit l'hydrazine symétrique complètement qu'à chaud ;

3° L'acide nitreux produit du nitrite d'éthyle ainsi que certaines combinaisons nitrosées ; tandis que l'hydrazine dissymétrique est transformée en diéthylamine, protoxyde d'azote et eau.

Chlorhydrate, $(C^2H^5-AzH-)^2, 2HCl$. — Belles lamelles, fusibles à 160° en se décomposant, plus solubles que le chlorhydrate d'éthylhydrazine et pouvant s'en séparer ; obtenues en dirigeant le gaz chlorhydrique dans une solution aqueuse concentrée de la base, puis en refroidissant.

L'*oxalate* ne présente pas de composition constante ; le *picrate* est extrêmement soluble [C. D. Harries, *D. chem. G.*, **27**, 2276 ; *Bull. Soc. Chim.*, (3), **12**, 1366].

Di-isobutylhydrazine symétrique,

$$[(CH^3)^2CH-CH^2-AzH-]^2.$$

Obtenue par M. A. Franke en réduisant l'isobutylaldazine par le sodium et l'alcool ; en même temps, il se forme de l'isobutylamine. Liquide très alcalin, incolore, bouillant à 170-175°, réduisant le nitrate d'argent ammoniacal.

Le *bichlorhydrate*, neutre et bien cristallisé, fond à 175° [*Mon. f. Chem.*, **19**, 524 ; *Bull. Soc. Chim.* (3), **22**, 970].

Di-benzylhydrazines symétriques.

Elles prennent naissance par réduction des azines correspondantes au moyen de l'amalgame de sodium en excès en milieu alcoolique bouillant (voir Benzylhydrazine, p. 303).

DIBENZYLHYDRAZINE,

$C^6H^5-CH^2-AzH-AzH-CH^2-C^6H^5$.

M. Curtius [*J. prakt. Chem.* (2), **62**, 93] recommande la marche suivante : 41gr,6 de benzaldazine sont dissous dans 800 centimètres cubes d'alcool à 96°, et la solution chaude est mêlée peu à peu, en agitant fortement, à un grand excès d'amalgame de sodium à 4 0/0 (883gr de mercure et 37gr de sodium). Après 20 heures d'ébullition on filtre, on dilue à 1 litre et on mélange avec de l'acide chlorhydrique concentré. Par refroidissement, il se sépare de grandes lamelles brillantes de chlorhydrate, fusibles à 220-223°.

L'addition d'un alcali à ce sel en précipite la base en feuillets miroitants, fusibles à 47°, solubles dans l'éther et dans l'alcool, très altérables à l'air, présentant deux fois la réaction amine.

Diacétyldibenzylhydrazine,

$C^6H^5-CH^2-Az(CO-CH^3)Az(CO-CH^3)-CH^2-C^6H^5$.

— Prismes fusibles à 117-118°, obtenus au moyen de la base et de l'anhydride acétique.

Dibenzoyldibenzylhydrazine,

$[C^6H^5-CH^2-Az(CO-C^6H^5)-]^2$.

— Aiguilles très fines, cotonneuses, fusibles à 164°.

Dinitroso-dibenzylhydrazine,

$[C^6H^5-CH^2-Az(AzO)-]^2$.

— Ce corps s'obtient par l'action du nitrite de sodium sur le chlorhydrate de la base en solution bien refroidie. Il fond à 35-40° ; il est très difficile de l'avoir pur. Sa solution alcoolique dégage des vapeurs rutilantes et laisse cristalliser par refroidissement la nitrosobenzylidène-benzylhydrazone,

$C^6H^5-CH^2-Az(AzO)Az=CH-C^6H^5$,

fusible à 89°, prise d'abord par MM. Curtius et Quequenfeldt pour la mononitrosodibenzylhydrazine symétrique.

BIS-4 MÉTHYLBENZYLHYDRAZINE SYMÉTRIQUE,

$[(CH^3)C^6H^4-CH^2-AzH-]^2$.

Cette hydrazine s'obtient quantitativement par l'amalgame de sodium en excès et la 4méthylbenzaldazine ou la 4méthylbenzylidène-4méthylbenzylhydrazone. Ses propriétés et sa préparation répètent celle de la dibenzylhydrazine. Elle forme des cristaux faiblement colorés en jaune, fusibles à 67°, très altérables, solubles dans l'acétone, l'éther, le sulfure de carbone, moins solubles dans l'alcool. Voici brièvement les propriétés de ses différents dérivés.

Chlorhydrate, B + HCl. — Aiguilles brillantes, fusibles à 236°, facilement solubles dans l'alcool, solubles seulement dans 3000 parties d'eau bouillante.

Picrate, $B + C^6H^3Az^3O^7$. — Aiguilles jaunes, fusibles à 130°.

La nitrosation ne réussit pas ; elle conduit au dérivé mononitrosé de la 4méthylbenzylidène-4méthylbenzylhydrazine :

$CH^3-C^6H^4-CH^2-Az(AzO)Az=CH-C^6H^4-CH^3$,

par suite de l'action oxydante des vapeurs nitreuses.

L'oxyde de mercure produit une réduction encore plus énergique, qui ramène le composé à l'aldazine primordiale, sans qu'on puisse isoler de composé intermédiaire [Curtius et Propfe, *J. prakt. Chem.*, (2), **62**, 100].

Diacétyl-4 diméthyldibenzylhydrazine,

$(CH^3-C^6H^4-CH^2-Az-COCH^3)^2$.

— Fines aiguilles incolores, fusibles à 112°, cristallise dans l'alcool.

BIS-2.4 DIMÉTHYLBENZYLHYDRAZINE SYMÉTRIQUE,

$[(CH^3)^2C^6H^3-CH^2-AzH-]^2$.

Cette hydrazine secondaire symétrique se forme dans la réduction de la 2.4diméthylbenzylidène-2.4diméthylbenzylhydrazone ou de la 2.4diméthylbenzaldazine.

Libérée de son chlorhydrate par un alcali, elle constitue de belles aiguilles blanches, fusibles à 58°,5, facilement solubles dans l'alcool, l'acide acétique, plus solubles encore dans l'éther, la ligroïne, l'acétone, le benzène et le sulfure de carbone.

Chlorhydrate, B + HCl. — Ce sel s'obtient directement quand on réduit les corps précédents en répétant les manipulations indiquées à propos de la dibenzylhydrazine. Cristallisé dans l'alcool, il se présente en aiguilles blanches, brillantes, fusibles à 200°, solubles à l'ébullition dans 3000 parties d'eau.

Le *dérivé diacétylé* constitue de petites lamelles fusibles à 125°.

Le *dérivé nitrosé* ne se forme pas quand on nitrose l'hydrazine ; c'est le dérivé nitrosé, fusible à 68°, de la 2.4diméthylbenzylidène-2.4diméthylbenzylhydrazone qui prend naissance (voyez bis-méthylbenzylhydrazine). Enfin l'oxydation donne également le composé fusible à 138°, qui se forme dans l'oxydation de la même hydrazone [Curtius et Haager, *J. prakt. Chem.*, (2), **62**, 112].

BIS-2.4.5 TRIMÉTHYLBENZYLHYDRAZINE SYMÉTRIQUE,

$[(CH^3)^3_{(2.4.5)}-C^6H^2_{(1)}CH^2-AzH-]^2$.

Elle se présente sous la forme de cristaux rhombiques, incolores, très instables, fusibles à 128°, qu'on obtient à partir du chlorhydrate et d'un alcali en solutions alcooliques.

Le *chlorhydrate*, B + HCl, constitue des aiguilles très fines et très longues, fusibles à 170-171°. Cette base donne avec l'acide nitreux et l'acide picrique, non les dérivés de la base, mais ceux de l'hydrazone qui en diffère par 2 atomes d'hydrogène, c'est-à-dire du composé

$(CH^3)^3C^6H^2-CH^2-AzH-Az=CH-C^6H^2(CH^3)^3$

[Curtius et E. Harding, *J. prakt. Chem.*, (2), **62**, 121].

B. — HYDRAZINES SECONDAIRES SYMÉTRIQUES MIXTES.

MÉTHYLPHÉNYLHYDRAZINE SYMÉTRIQUE (*hydrazométhyle-phényle, méthane-hydrazobenzène*),

$C^6H^5-AzH-AzH-CH^3$.

— Le point de départ de la préparation de cette base est la dibenzoylphénylhydrazine. M. E. Fischer avait laissé incertaine la constitution de cette hydrazide (1er Suppl., 924). Or, en la méthylant, puis en la dédoublant, on arrive à l'hydrazine symétrique. Au contraire, en méthylant, puis dédoublant la monobenzoylphénylhydrazine, on arrive à la méthylphénylhydrazine dissymétrique. Ces réactions assignent aux mono- et dibenzoylhydrazines de M. E. Fischer les formules

$C^6H^5-AzH-AzH-CO-C^6H^5$

et

$C^6H^5-Az(CO-C^6H^5)-AzH(CO-C^6H^5)$.

Pour obtenir l'hydrazine symétrique, on peut chauffer à 70° la dibenzoylméthylphénylhydrazine (voyez ci-dessous) avec de l'acide chlorhydrique concentré, mais dans ce cas on obtient surtout de l'aniline, de la méthylamine et de l'acide benzoïque, l'hydrazine ne se formant qu'en petite dose. Il vaut mieux distiller l'hydrazide avec la moitié de son poids de potasse pulvérisée; il se forme une huile jaune, constituée par de l'aniline et de la méthylphénylhydrazine symétrique. On sépare les deux bases par des précipitations fractionnées. L'aniline se précipite la première. On transforme enfin l'hydrazine en sulfate pour en régénérer la base (Tafel).

D'après MM. Meister, Lucius et Brüning, on peut préparer la méthylhydrazine symétrique au moyen de l'iodure de méthyle et de la formylméthylhydrazine sodée en milieu xylénique.

La même méthode peut servir pour l'éthylphénylhydrazine [D. R. P. 57944; *D. chem. G.*, **25**, Ref., 185].

Le méthane-hydrazobenzène est un liquide huileux, incolore, bouillant à 220-230°, très altérable à l'air qui le transforme en méthane-azobenzène.

Sels. — Le *chlorhydrate* est en lamelles minces, incolores et brillantes, solubles dans l'eau et dans l'alcool, peu solubles dans l'éther; le *sulfate*, $(C^7H^{10}Az^2)^2SO^4H^2$, est peu soluble dans l'alcool, facilement soluble dans l'eau et fond à 180°; l'*oxalate* est une masse blanche cristalline, pouvant se séparer de l'alcool en fines aiguilles groupées en étoiles (J. Tafel).

Hydrazones. — L'aldéhyde benzoïque et l'acide pyruvique réagissent vivement sur l'hydrazine, mais les produits n'ont pas été analysés [J. Tafel, *D. chem. G.*, **18**, 1739].

Hydrazides. — *Dibenzoylhydrazide*,

$$C^6H^5-Az(CO-C^6H^5)-AzCH^3(CO-C^6H^5).$$

— On obtient ce composé par l'action de l'iodure de méthyle sur la dibenzoylphénylhydrazine sodée. Après cristallisation, il se présente en cristaux mous, incolores, bien formés, fusibles à 145°, solubles dans l'acétone, le chloroforme, le sulfure de carbone, le benzène chaud, les alcools méthylique et éthylique bouillants, insolubles dans l'eau, la ligroïne, les alcalis et l'acide chlorhydrique (J. Tafel).

Azoïque. — L'azométhylphényle est un liquide jaune, bouillant avec décomposition vers 150°, entraînable par la vapeur d'eau (J. Tafel).

Phénylthiocarbamo-a-méthyl-b-phénylhydrazide, $C^6H^5-AzH-CS-Az(CH^3)-AzH(C^6H^5)$. — Obtenue avec le phénylsénévol et la méthylphénylhydrazine symétrique. Aiguilles fusibles à 175° [W. Marckwald, *D. chem. G.*, **25**, 3114].

Action de la cyanamide et transformation en phénylamidométhylguanidine. — Voyez G. Pellizari et C. Cunéo, *Gazz. chim. ital.*, **24**, **1**, 450.

Trinitrophénylméthylhydrazine. — Voyez à MÉTHYLHYDRAZINE, p. 301.

ETHYLPHÉNYLHYDRAZINE SYMÉTRIQUE,

$$C^6H^5-AzH-AzH-C^2H^5.$$

Voyez 1er Supp., 926.

D'après MM. Meister, Lucius et Brüning, on l'obtient comme le dérivé méthylé [*D. chem. G.*, **25**, Ref., 185]. D'après MM. Freer et Shermann, l'éthylate de sodium ne saponifie pas le dérivé formylé.

β-Ethyl-β-formylphénylhydrazine,

$$C^6H^5-AzH-Az(C^2H^5)-CHO.$$

— On obtient cette substance en chauffant le dérivé sodé de la formylphénylhydrazine avec de l'iodure d'éthyle et de l'éther, à 100°, pendant 3 heures. Elle cristallise en rhomboèdres fusibles à 106°, insolubles dans l'eau et dans la ligroïne, solubles dans les autres solvants organiques. En présence d'alcool au lieu d'éther, on aurait le dérivé α-éthylé. L'iodure d'éthyle et l'éthylate de sodium ne réagissent plus sur cette substance; le sodium non plus [Freer et Shermann, *Am. Chem. Journ.*, (3), **16**, 1769].

Ethyltrinitrophénylhydrazine symétrique. — Voy. 1er Suppl., p. 922.

ALLYLPHÉNYLHYDRAZINE SYMÉTRIQUE.

Voyez à la base dissymétrique, p. 387.

BENZYLPHÉNYLHYDRAZINE SYMÉTRIQUE,

$$C^6H^5-CH^2-AzH-AzH-C^6H^5.$$

Cette base s'obtient en décomposant l'acide phénylbenzylhydrazidosuccinique par l'acide chlorhydrique concentré et chaud [A. Michaelis et R. Herment, *D. chem. G.*, **26**, 679; *Bull. Soc. Chim.*, (3), **10**, 904]; mais elle n'a pas été obtenue pure dans ces conditions. Les auteurs ont seulement constaté que l'hydrazine ayant cette origine forme un *chlorhydrate* fusible à 167-170°, et qu'elle fournit par l'oxyde mercurique un azoïque, volatil avec la vapeur d'eau.

Quelque temps après, M. Schlömann [*D. chem. G.*, **26**, 1022; *Bull. Soc. Chim.*, (3), **10**, 860] a préparé cette base à l'état pur en faisant réagir en tube scellé à 160°, pendant 24 heures, 1 molécule de phénylhydrazine avec 2 molécules de chlorure de benzyle. On extrait le produit par l'éther; on lave l'éther pour enlever le chlorhydrate de phénylhydrazine qu'il a pu dissoudre et on distille la solution éthérée dans le vide. A 230-260°, il passe une portion qui cristallise par refroidissement. Purifiée par lavage à l'alcool froid, elle cristallise dans l'alcool chaud en longues aiguilles d'un jaune pâle, fusibles à 155°,5.

Cette base ne précipite pas l'acide métaphosphorique.

o-Nitrophénylméthane-hydrazobenzène,

$$AzO^2-C^6H^4-CH^2-AzH-AzH-C^6H^5.$$

— L'azoïque correspondant se forme par l'oxydation spontanée à l'air, des substances très solubles dans l'éther qui prennent naissance dans l'action du chlorure d'o-nitrobenzyle sur la phénylhydrazine. Cet azoïque fond à 154°; sa réduction ne conduit pas à l'hydrazoïque, mais à un composé $C^{13}H^{13}Az^3$, contenant 2 atomes d'hydrogène en moins. La nature de ce dernier n'a pas été établie [Paal et Bodewig, *D. chem. G.*, **25**, 2903].

PHÉNYL-TRIPHÉNYLOMÉTHYLHYDRAZINE

(*triphényl-méthane-hydrazo-benzène*),

$$(C^6H^5)^3C-AzH-AzH-C^6H^5.$$

On l'obtient par la réaction de la phénylhydrazine (2 molécules) sur une solution éthérée de bromure de triphénylméthane (1 molécule). On sépare le bromhydrate formé et on évapore la solution éthérée. L'hydrazoïque cristallise en beaux et grands cristaux, fusibles à 135°. Sa formation est presque quantitative.

C'est une base faible.

L'intérêt de ce corps réside dans la facilité avec laquelle il s'oxyde, même à l'air, pour donner l'azoïque correspondant (fusible à 111°); celui-ci, chauffé, donne du tétraphénylméthane par perte d'azote [Gomberg, *D. chem. G.*, **30**, 2043].

Diphénylméthane-hydrazodiphénylméthane,

$(C^6H^5)^2CH-AzH-AzH-CH(C^6H^5)^2$.

[*J. prakt. Chem.*, (2), **67**, 112 et 164].

C. — HYDRAZOÏQUES AROMATIQUES.

Ils doivent être décrits au carbure correspondant.

HYDRAZOBENZÈNE.

On trouvera l'*hydrazobenzène* dans ce Suppl., **1**, 440.

Ajoutons que M. Willgerodt a continué sur les nitrohydrazobenzènes les recherches dont le commencement y a été relaté; la plupart de ces recherches ont eu trait à des hydrazoïques mixtes dérivant de deux carbures. Nous croyons devoir compléter cet article en indiquant seulement les noms des corps étudiés et la bibliographie [*J. prakt. Chem.*, (2)].

α-Dinitrobenzène-hydrazobenzène [W. et Hermann, **40**, 252].

s-Trinitrobenzène-hydrazobenzène [W. et Hermann, **40**, 266].

o-p-Dinitrobenzène-hydrazo-m-chlorobenzène [W. et Mühe, **44**, 451].

s-Trinitrobenzène-hydrazo-m-chlorobenzène [W. et Mühe, **44**, 451].

o-p-Dinitrobenzène-hydrazo-p-bromobenzène [W. et Ellon, **44**, 67].

s-Trinitrobenzène-hydrazo-p-bromobenzène [W. et Ellon, **44**, 67].

o-Nitro-m-chlorobenzène-hydrazobenzène [W. et Ellon, **44**, 67].

o-p-Dinitrobenzène-hydrazo-p-chlorobenzène [W. et Böhm, **43**, 483].

s-Trinitrobenzène-hydrazo-p-chlorobenzène [W. et Böhm, **43**, 483].

o-p-Dinitrobenzène-hydrazo-o-p-diméthylbenzène [W. et Klein, **60**, 97].

s-Trinitrobenzène-hydrazo-o-p-diméthylbenzène [W. et Klein, **60**, 97].

o-p-Dinitrobenzène-hydrazo-α et β-naphtalène [W. et Schulz, **43**, 177].

s-Trinitrobenzène-hydrazo-α et β-naphtalène [W. et Schulz, **43**, 177].

A leur tour ces combinaisons ont été le point de départ d'autres.

o-HYDRAZOANISOL,

$CH^3O_{(1)}-C^6H^4_{(2)}-AzH-AzH_{(2)}C^6H^4_{(1)}-OCH^3$.

Lamelles incolores, se colorant à l'air, fusibles à 102°, peu solubles dans l'eau, mais solubles dans les solvants organiques.

On l'obtient par réduction de l'o-azoanisol en solution méthylalcoolique par l'hydrogène sulfuré en présence d'ammoniaque. En étendant d'eau on précipite le produi

On peut aussi le préparer directement à partir de l'o-nitroanisol, par le zinc en présence de soude et d'alcool méthylique [Starke, *J. prakt. Chem.*, (2), **59**, 204].

o-HYDRAZOPHÉNÉTOL,

$_{(1)}C^2H^5O-C^6H^4_{(2)}-AzH-AzH-C^6H^4-OC^2H^5$.

Aiguilles incolores, fusibles à 89°, se décomposant en dérivé azoïque par distillation ou par l'action de l'air sur les solutions; stable à l'abri de l'air. Obtenu par l'action de l'hydrogène sulfuré sur l'o-azophénate d'éthyle dissous dans l'ammoniaque alcoolique. L'acide chlorhydrique concentré le dissout avec dégagement de chaleur en le transformant en chlorhydrate d'une base qui se rattache sans doute aux benzidines [Schmidt et Möhlau, *J. prakt. Chem.*, (2), **18**, 198; *Bull. Soc. Chim.*, (2), **32**, 644].

m-HYDRAZOPHÉNÉTOL,

$_{(1)}C^2H^5O-C^6H^4_{(3)}-AzH-AzH-C^6H^4-OC^2H^5$.

Aiguilles incolores, fusibles à 81°, solubles dans l'alcool, l'éther et le sulfure de carbone, obtenues comme le précédent [Buchstab, *J. prakt. Chem.*, (2), **29**, 299; *Bull. Soc. Chim.*, (2), **42**, 632].

ACIDE HYDRAZO-O-OXYPHÉNYLACÉTIQUE,

$[AzH_{(2)}-C^6H^4-O_{(1)}CH^2-CO^2H]^2$.

On obtient le sel ammoniacal de cet acide par l'action de l'hydrogène sulfuré sur une solution alcoolique ammoniacale de l'azoïque correspondant. Ce sel est séparé du soufre par cristallisation et transformé facilement en sel potassique ou barytique.

$C^{16}H^{14}Az^2O^6K^2+3H^2O$. — Rhomboèdres jaune clair, biréfringents, très solubles dans l'eau et dans l'alcool, insolubles dans l'éther. Perd 3 molécules d'eau à 14 5°.

$C^{16}H^{14}Az^2O^6Ba+2H^2O$. — Poudre jaune clair, devenant anhydre à 130-140°.

Quant à l'acide lui-même, il est très instable. On peut le précipiter de ses sels par l'acide acétique; il se décompose sans fondre à 225-227°; il se transforme spontanément en acide azo-o-oxyphénylacétique.

HYDRAZOTOLUÈNES. — Voyez TOLUÈNE.

HYDRAZOÏQUE DE L'ALCOOL BENZYLIQUE.

DÉRIVÉ ORTHO (*o-Méthylolbenzène-hydrazo-o-méthylolbenzène*)

$CH^2OH_{(1)}-C^6H^4-AzH_{(2)}-AzH_{(2)}-C^6H^4-CH^2OH_{(1)}$.

— Ce composé, correspondant à l'alcool de l'acide o-hydrazobenzoïque, a été signalé par C. Neubert [*J. prakt. Chem.*, (2), **46**, 580, *communication préliminaire*]. Il se forme lorsqu'on réduit l'alcool p-nitrobenzylique par l'amalgame de sodium en solution alcoolique; le zinc ne conduit qu'à l'azoïque. Il cristallise dans le benzène en lamelles jaunes, fusibles à 123-124°.

DÉRIVÉ PARA. — Il s'obtient de même en partant de l'alcool paranitré et cristallise dans l'alcool aqueux en flocons fusibles à 196° (Neubert).

HYDRAZOXYLÈNES, HYDRAZOPSEUDOCUMÈNES, HYDRAZONAPHTALÈNE. — Voyez les carbures correspondants.

D. — HYDRAZINES SECONDAIRES SYMÉTRIQUES CONTENANT UN NOYAU AZOTÉ.

On en a préparé quelques-unes en partant des dérivés chlorés de ces noyaux et de l'hydrazine ou d'une hydrazine primaire; enfin en hydrogénant des azoïques. Rien ne les distingue sous ce rapport des hydrazines précédentes.

PHÉNYLHYDRAZO-α-LÉPIDINE,

C-CH^3

CH

C-AzH-AzH-C^6H^5

Az

Obtenue par l'action de l'α-chlorolépidine sur la phénylhydrazine, en chauffant doucement les deux matières au réfrigérant ascendant. Cette hydrazine constitue des aiguilles jaunes, fusibles à 197°. L'*azoïque* correspondant fond à 98°. L'acide iodhydrique la transforme en aniline et α-aminolépidine [J. Ephraïm, *D. chem. G.*, **25**, 2706].

PHÉNYLHYDRAZO-γ-QUINALDINE,

$C^9H^5(CH^3)Az-AzH-AzH-C^6H^5$.

Aiguilles blanc jaunâtre, fondant à 134-135°. Le chlorhydrate est en aiguilles brunâtres, fusibles à 272° [J. Ephraïm, *D. chem. G.*, **26**, 2227].

1 PHÉNYLHYDRAZO-2 PHÉNYLISOQUINOLÉINE,

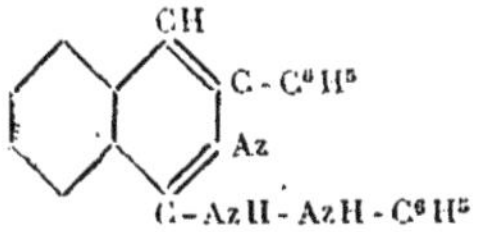

CH
C - C^6H^5
Az
C - AzH - AzH - C^6H^5

Cet hydrazoïque résulte de l'action de la phénylhydrazine sur la 1 chloro-2 phénylisoquinoléine. Il fond à 185° (J. Ephraïm).

α-HYDRAZOQUINOLÉINE,

$C^9H^6Az-AzH-AzH-AzC^9H^6$.

Comme on l'a dit (p. 375), ce corps se forme dans l'action de l'α-chloroquinoléine sur l'hydrate d'hydrazine. Il s'en forme d'autant plus que l'excès d'hydrazine est moins grand. L'hydrazine monoquinoléique ayant été enlevée par l'eau bouillante, on fait cristalliser le résidu orangé dans l'acide acétique bouillant. L'hydrazine diquinoléique est en cristaux jaunes, fusibles à 229°. Elle est biacide.

Sels. — $C^{18}H^{14}Az^4, 2HCl$, aiguilles blanches, fusibles à 263°; *picrate*, cristaux jaunes, fusibles à 244° avec décomposition.

Les hydrogénants la changent en α-aminoquinoléine; les oxydants en *α-azoquinoléine*, fusible à 230-231° et cristallisable en feuillets rouges sublimables, donnant un *bichromate*,

$$(C^{18}H^{12}Az^4)^2Cr^2O^7H^2,$$

et un *chloroplatinate* cristallisé,

$$(C^{18}H^{12}Az^4)^2PtCl^6H^2$$

[W. Marckwald et E. Meyer, *D. chem. G.*, **33**, 1885; *Bull. Soc. Chim.*, (3), **24**, 1045].

α-HYDRAZOLÉPIDINE,

$C^{10}H^8Az-AzH-AzH-AzC^{10}H^8$.

Mêmes circonstances de formation que le précédent hydrazoïque. Fusible à 265-270°.

Le *bichlorhydrate* est en aiguilles blanches dissociables par l'eau.

L'*α-azolépidine* est fusible à 235°; ses sels sont rouges et bien cristallisés; le *picrate* est en petits cristaux rouge sale.

L'acide chlorhydrique bouillant convertit l'azoïque en hydrazoïque avec dégagement de chlore [W Marckwald et M. Chain, *ibid.*, **33**, 1895].

β-NAPHTO-γ-PHÉNYLHYDRAZOQUINALDINE (*Py-4 hydrazino-2 méthyl-β-naphtoquinoléine*),

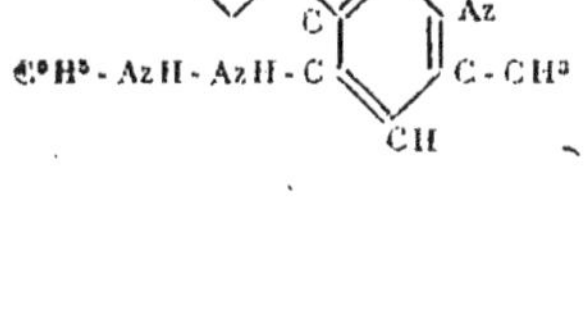

C
C
Az
C^6H^5 - AzH - AzH - C
C - CH^3
CH

Cet hydrazoïque résulte de l'action de la phénylhydrazine sur la β-naphto-γ-chloroquinaldine. Il se présente en aiguilles altérables, fusibles à 189° (J. Ephraïm).

HYDRAZOTRIAZOL,

$C^2H^2Az^3-AzH-AzH-C^2H^2Az^3$.

Connu à l'état de bichlorhydrate et obtenu en réduisant par le chlorure stanneux l'azoïque

$C^2H^2Az^3-Az=Az-C^2H^2Az^3$.

Voyez TRIAZOL.

HYDRAZOTÉTRAZOL,

$CHAz^4-AzH-AzH-CHAz^4$.

Connu à l'état libre et dérivé de l'azoïque correspondant. Poudre blanche, insoluble dans les solvants usuels; explosive, forme des sels incolores, très oxydables. Voyez TÉTRAZOL [J. Thiele et Manchot, *Ann. Chem.*, **303**, 33. — J. Thiele, *ibid.*, **303**, 57].

V. — HYDRAZINES TERTIAIRES.

On en a obtenu quelques-unes en utilisant l'artifice déjà indiqué; c'est-à-dire en partant d'un dérivé déjà substitué, puis bloqué par une fonction acidylée; on fait le dérivé sodé du nouveau corps et on le fait réagir avec un éther halogéné. C'est ainsi que la formylméthylphénylhydrazine sodée réagit avec l'iodure de méthyle suivant l'équation :

$$C^6H^5(CH^3)Az-AzNa-COH+NaI$$
$$=C^6H^5(CH^3)Az-Az(CH^3)COH+NaI.$$

On saponifie ensuite la nouvelle hydrazide (diméthylphénylhydrazine).

On peut encore partir d'un dérivé acidylé moins substitué, et lui faire subir deux substitutions d'un seul coup (diméthyl-p-nitrophénylhydrazine) et même partir directement de l'hydrazine monosubstituée (bis-o-nitrobenzylphénylhydrazine) ou bisubstituée (o-nitrobenzyldiphénylhydrazine).

DIMÉTHYLPHÉNYLHYDRAZINE,

$C^6H^5-Az(CH^3)-AzH-CH^3$.

Le dérivé acétylé de cette hydrazine tertiaire a été obtenu par M. E. Fischer, en faisant réagir l'iodure de méthyle sur le dérivé sodé de la méthylphénylhydrazine dissymétrique; sa saponification est très difficile [*Ann. Chem.*, **239**, 251].

Si l'on remplace le groupe acétyle par le groupe formyle, on arrive beaucoup plus facilement au résultat. On saponifie le dérivé formylé par l'acide chlorhydrique en solution alcoolique [C.-D. Harries, *D. chem. G.*, **27**, 696].

On procède de la façon suivante : on transforme la méthylphénylhydrazine en dérivé formylé; on fait réagir sur la solution toluénique de ce dernier le sodium, puis l'iodure de méthyle. La distillation dans le vide fournit la formyldiméthylphénylhydrazide avec un rendement de 75 à 80 0/0 par rapport à la méthylphénylhydrazine. On la saponifie en chauffant, pendant plusieurs heures, au bain-marie, 1 volume d'hydrazide avec 1 volume d'alcool absolu et 2 volumes d'acide chlorhydrique fumant. Des produits de la réaction on sépare la base par un alcali concentré et on extrait par l'éther. La solution éthérée est lavée à l'eau, puis séchée sur le carbonate de potassium. L'hydrazine est alors purifiée en passant par son ferrocyanhydrate, puis décomposant ce sel par un alcali (rendement 85 0/0).

C'est un liquide verdâtre, réfringent, d'odeur faiblement basique, bouillant à 93-94° sous 7 millimètres, réduisant lentement la liqueur de Fehling bouillante, mais attaquant à froid le nitrate d'argent. Sous la pression ordinaire, elle bout en perdant de l'ammoniaque. Elle se dissout dans la plupart des liquides, sauf dans l'eau. Elle colore le chlorure de chaux peu à peu en rose.

Le *bromhydrate* et l'*iodhydrate* sont bien cristallisés; le *sulfate* et le *chlorhydrate* sont extrêmement solubles.

Le *ferrocyanhydrate* cristallise dans l'alcool en tables rhombiques.

Le *dérivé nitrosé* est une huile bleu verdâtre, soluble dans l'éther, se décomposant à la distillation, même dans le vide. Sa réduction donne presque quantitativement de la méthylaniline et de la méthylhydrazine (voyez 2ᵉ Suppl., **3**, 300).

L'iodure de méthyle transforme la diméthylphénylhydrazine en un mélange d'iodhydrate de triméthylphénylhydrazine et d'iodure de diméthylphénylméthylhydrazonium,

$$C^6H^5-(CH^3)^2-I=Az-AzH-CH^3,$$

si l'on opère en solution éthérée; on obtient de la diméthylaniline et vraisemblablement de la diméthylamine, si on opère en solution alcoolique bouillante (Harries).

Formyldiméthylphénylhydrazide. — C'est une huile assez fluide, bouillant à 147-148° sous 7 millimètres, soluble dans l'alcool, l'éther et le benzène, peu soluble dans l'eau et dans la ligroïne, assez stable vis-à-vis des divers réactifs (Harries).

Le *dérivé acétylé*, préparé par M. Fischer, est en gros cristaux fusibles à 68°, distillables sans décomposition, très stables, inattaqués par la liqueur de Fehling et l'azotate d'argent ammoniacal.

Le *dérivé benzoylé* est en lamelles fusibles à 103-104°, facilement solubles dans l'éther, difficilement dans l'alcool (Harries).

Diméthyl-p-nitrophénylydrazine? — Le dérivé *acétylé*,

$$\begin{matrix} {}_{(p)}AzO^2-C^6H^4 \\ CH^3 \end{matrix} > Az-Az < \begin{matrix} CO-CH^3 \\ CH^3 \end{matrix}$$

a été préparé en faisant réagir l'iodure de méthyle sur l'acétyl-p-nitrophénylhydrazine en présence de méthylate de sodium et d'alcool méthylique. La réaction est quantitative. Le produit cristallise dans l'alcool bouillant en petites aiguilles jaunes, fusibles à 160-161°, solubles aussi dans l'eau et dans le benzène. L'acide chlorhydrique ne peut pas en séparer le groupe acétyle [E. Hyde, *D. chem. G.*, **32**, 1810].

PHÉNYLMÉTHYLÉTHYLHYDRAZINE,

$$C^6H^5(CH^3)=Az-AzH-C^2H^5.$$

On l'obtient comme la phényldiméthylhydrazine à partir de son dérivé formylé. Celui-ci est une huile incolore, bouillant à 169° sous 12 millimètres, qui se laisse facilement saponifier.

La phénylméthyléthylhydrazine est un liquide bouillant à 101-102° sous 9 millimètres.

Quelques sels cristallisent bien, dont le bromhydrate.

Le *dérivé nitrosé* est un liquide épais, rouge foncé, que la réduction transforme en méthylaniline et éthylhydrazine [C.-D. Harries, *D. chem. G.*, **27**, 702].

DIÉTHYLPHÉNYLHYDRAZINE,

$$(C^6H^5)(C^2H^5)=Az-AzH-C^2H^5.$$

On la trouve parmi les produits de la réaction du zinc-éthyle en solution éthérée sur le chlorure de diazobenzène, finement divisé et imbibé d'éther. Après des manipulations pour le détail desquelles nous renvoyons au Mémoire original, on l'obtient sous la forme d'un liquide mobile, d'odeur agréable éthérée, bouillant à 111-115° sous 12 millimètres, soluble dans l'alcool, l'éther et l'acétone, peu soluble dans l'eau, ne réduisant pas la liqueur de Fehling à chaud, donnant des réactions colorées cependant avec divers oxydants : solution rouge avec peu de bichromate et beaucoup d'acide sulfurique; jaune puis vert sale, avec le chlorure ferrique en excès, etc. [E. Bamberger et M. Tichwinsky, *D. chem. G.*, **35**, 4179].

L'acide azoteux fournit une huile nitrosée, réductible en un corps qui est peut-être le phényldiéthyltriazane $C^6H^5(C^2H^5)Az-Az(C^2H^5)-AzH^2$ (E. B. et M. T.).

La *diéthylphénylformylhydrazide*

$$C^6H^5(C^2H^5)Az-Az(C^2H^5)-CHO$$

s'obtient par l'action de l'iodure d'éthyle sur l'α-éthylphénylformylhydrazide en présence d'alcool sodé; il faut chauffer à 100° pendant 3 heures. C'est un liquide jaunâtre, distillant à 139-140° sous 5 millimètres. La réduction le transforme en éthylaniline et éthylamine. Le sodium et la potasse alcoolique ne l'altèrent pas [C. Freer et Shermann, *Am. chem. Journ.*, **18**, 562; *Bull. Soc. Chim.*, (3), **16**, 1769].

La *benzoyl-αβ-diéthylphénylhydrazide*, obtenue en benzoylant la base, se présente en rhomboèdres brillants, fusibles à 59-60°, solubles dans l'éther et dans l'éther de pétrole à chaud. Le permanganate n'est altéré que lentement par cette substance; on ne peut en régénérer la base par saponification (B. et T.).

BIS-O-NITROBENZYLPHÉNYLHYDRAZINE,

$$\begin{matrix} C^6H^5 \\ AzO^2-C^6H^4-CH^2 \end{matrix} > Az-AzH-CH^2-C^6H^4-AzO^2.$$

Voyez la préparation à O-NITROBENZYLPHÉNYLHYDRAZINE DISSYM., p. 389.

Après cristallisation dans l'acide acétique, cette substance fond à 128°; elle constitue de beaux cristaux rouge orangé, difficilement solubles dans l'éther, l'alcool et l'acide acétique, facilement soluble dans le benzène et dans l'éther acétique.

Elle n'est pas basique; elle résiste à l'action de l'anhydride acétique, de l'oxyde de mercure; les réducteurs ne conduisent à aucun produit défini.

Sa formation dans la réaction précitée atteint 20-30 0/0 du rendement théorique [*D. chem. G.*, **25**, 2896; *Bull. Soc. Chim.*, (3), **10**, 140].

αα-PHÉNYLISOPROPYL-β-DINITROPHÉNYLHYDRAZINE

(*Dinitrohydrazo-isopropylbenzène*).

$$C^6H^5(C^3H^7)Az-AzH_{(4)}-C^6H^3(AzO^2)^2_{(1.3)}.$$

— On obtient ce corps par l'action de l'α-dinitrochlorobenzène (1 mol.), dissous à chaud dans 20 parties d'alcool absolu, sur la quantité calculée (2 mol.) d'α-isopropylphénylhydrazine. On ajoute peu à peu l'hydrazine en agitant et on chauffe ensuite pendant 1 heure au réfrigérant à reflux. La poudre brune qui se dépose par refroidissement est ensuite cristallisée dans l'alcool bouillant.

Cette substance cristallise en aiguilles d'un rouge-brun, solubles dans l'alcool, l'éther et le benzène, insolubles dans les alcalis. L'oxyde de mercure ne l'attaque pas. [Michaelis et Ilmer, *D. chem. G.*, **30**, 2809].

On a préparé de même, en variant les hydrazines secondaires et en faisant réagir, soit l'α-dinitrochlorobenzène (1.3.4), soit le chlorure de picryle, les composés suivants :

Formules	Fusion
$C^6H^5(C^3H^7)Az-AzH-C^6H^2(AzO^2)^3$	136°
$C^6H^5(C^4H^9)_{iso}Az-AzH-C^6H^3(AzO^2)^2$	151°
$C^6H^5(C^4H^9)_{iso}Az-AzH-C^6H^2(AzO^2)^3$	105°
$C^6H^5(C^5H^{11})_{iso}Az-AzH-C^6H^3(AzO^2)^2$	104°
$C^6H^5(C^5H^{11})_{iso}Az-AzH-C^6H^2(AzO^2)^3$	58°

Les dérivés trinitrés se dissolvent dans les alcalis, les dérivés binitrés ne s'y dissolvent pas.

O-NITROBENZYLDIPHÉNYLHYDRAZINE,

$$AzO^2-C^6H^4-CH^2-AzH-Az(C^6H^5)^2.$$

Cette hydrazine tertiaire prend naissance, à côté et beaucoup d'autres produits, dans l'action du chlorure d'o-nitrobenzyle sur la diphénylhydrazine dissymétrique.

Elle constitue des aiguilles rouges, brillantes, assez peu solubles dans l'éther et dans l'alcool, facilement solubles dans l'acide acétique et dans le benzène.

Elle n'est pas basique et résiste à l'action de l'acide formique concentré, de l'anhydride acétique et de l'oxyde de mercure, même à chaud. [C. Paal et F. Fritz. *D. chem. G.*, **28**, 933].

α β-DIBENZYL-α-BENZYLOTÉTRAZYLHYDRAZINE et son isomère. — Voyez à TÉTRAZYLHYDRAZINE.

VI. — HYDRAZINES QUATERNAIRES.

Le nombre en est fort restreint; elles ont été préparées par des procédés différents, que l'on trouvera décrits à propos de chacune d'elles.

PHÉNYLTRIMÉTHYLHYDRAZINE,

$$C^6H^5-(CH^3)-Az-Az=(CH^3)^2.$$

On obtient cette hydrazine quaternaire, sous forme d'iodhydrate accompagné d'iodure de diméthylphénylméthylhydrazonium, lorsqu'on fait bouillir, pendant 24 heures, l'iodure de méthyle (1 vol.) avec la diméthylphénylhydrazine (1 vol.) dissoute dans l'éther (10 vol.). On la sépare du mélange des sels en agitant solution et cristaux avec de la soude aqueuse ; le sel d'hydrazonium se précipite, tandis que l'hydrazine quaternaire passe dans l'éther avec un peu de l'hydrazine tertiaire non attaquée. On sépare ces deux dernières par l'action du chlorure de benzoyle en solution acétonique alcaline; on enlève l'hydrazine quaternaire non attaquée par un acide étendu, et de la solution on régénère la base par un alcali. On la distille dans le vide après l'avoir séchée sur du sodium.

C'est une huile incolore à odeur spéciale, rappelant celle de l'essence de cèdre, bouillant à 93-94° sous 8 millimètres. L'absence d'hydrogène a fait disparaître toutes les propriétés des hydrazines; elle ne donne pas de coloration avec l'hypochlorite de calcium, ni de réduction avec la liqueur de Fehling ou le nitrate d'argent ammoniacal.

L'acide ferrocyanhydrique seulement a permis de préparer un sel solide, et encore ce sel ne donne-t-il pas de bons résultats à l'analyse. Les acides minéraux colorent la base en noir; l'acide oxalique anhydre en solution dans l'alcool absolu la change en diméthylaniline. [C. D. Harries, *D. chem. G.*, **27**, 696].

TÉTRAPHÉNYLHYDRAZINE,

$$(C^6H^5)^2Az-Az(C^6H^5)^2.$$

Pour préparer cette hydrazine, on dissout la diphénylamine dans dix fois son poids d'éther anhydre et on y ajoute deux fois la dose théorique d'éthylate de sodium; on agite et il se dépose de la diphénylamine sodée, $(C^6H^5)^2AzNa$.

Après un laps de 12 heures, on ajoute une solution éthérée d'iode en quantité équivalente à celle du sodium employé. Il se précipite de l'iodure de sodium, pendant que l'hydrazine reste en solution dans l'éther.

La solution éthérée lavée à l'eau, puis au carbonate de sodium, ensuite séchée sur du chlorure de calcium, est enfin distillée; elle laisse une bouillie cristalline que des cristallisations dans un mélange de chloroforme et d'alcool permettent de purifier.

La tétraphénylhydrazine est en cristaux orthorhombiques (0,6301 : 1 : 0,9325), fusibles à 147° avec décomposition partielle, souvent teintés faiblement, aisément solubles dans le benzène, le chloroforme et l'acétone, faiblement dans l'alcool bouillant, insolubles dans l'eau. La liqueur de Fehling ne réagit pas sur cette hydrazine. L'acide acétique la dissout avec une coloration violette, l'addition d'eau la reprécipite, mais impure L'acide sulfurique donne une solution pourpre virant au bleu par exposition à l'air [F. Chattaway et H. Ingle, *Chem. Soc.*, **67**, 1090; *Bull. Soc. Chem.*, (3), **16**, 457].

TÉTRA-P-TOLYLHYDRAZINE,

$$(CH^3-C^6H^4)^2_{(p)}=Az-Az(C^6H^4-CH^3)^2_{(p)}.$$

On l'obtient avec un rendement presque théorique en opérant comme pour la tétraphénylhydrazine.

Elle cristallise dans le système monoclinique (2,3217 : 1 : 2,633 ; β = 59°,45'), et fond à 138°. L'acide sulfurique la dissout avec une couleur bleu azur, qui s'altère à l'air. Les solubilités sont semblables à celles de l'hydrazine précédente [*Ibid.*].

TÉTRABENZYLHYDRAZINE (?), $C^{28}H^{28}Az^2$.

Un corps ayant la composition de la tétrabenzylhydrazine (ou du dibenzyldiamidodibenzyle), a été signalé par MM. Behrend et Leuchs dans les produits de réduction de la benzylisobenzaldoxime. Il cristallise en aiguilles fusibles à 149° [*Ann. Chem.*, **257**, 225].

VII. — SELS D'HYDRAZINIUMS.

Quand on épuise, sans précautions spéciales, l'action d'un éther halogéné sur une hydrazine, les deux groupements aminogènes ne réagissent pas identiquement. En général l'un deux seulement réagit et, si l'action se poursuit, c'est de préférence sur le groupe aminogène déjà substitué que la substitution se continue, jusqu'à atteindre la limite de saturation de l'azote, c'est-à-dire la pentavalence.

On obtient, en définitive, des sels d'aminoammoniums, plus généralement désignés sous le nom d'azoniums ou d'hydraziniums.

Ainsi l'iodure de méthyle réagissant sur l'hydrazine et la diméthylphénylhydrazine symétrique, le chlorure de benzyle réagissant sur la benzylphénylhydrazine dissymétrique, engendrent respectivement les corps

$$Az \begin{cases} \equiv (CH^3)^3 \\ - AzH^2 \\ - I \end{cases} \qquad Az \begin{cases} - C^6H^5 \\ = (CH^3)^2 \\ - AzH-CH^3 \\ - I \end{cases}$$

et

$$Az \begin{cases} - C^6H^5 \\ = (CH^2-C^6H^5)^2 \\ - AzH^2 \\ - Cl \end{cases}$$

Ces sels rappellent les iodures d'ammoniums quaternaires : ils sont solubles dans l'eau; la potasse n'en sépare pas les bases. Il faut recourir à l'oxyde d'argent pour les obtenir; elles présentent la plupart des propriétés des hydroxydes d'ammoniums quaternaires, l'alcalinité entre autres.

Le groupement aminogène qui reste ne se condense plus avec les aldéhydes.

La constitution des sels d'azoniums se trouve démontrée par ce fait que, hydrogénés, ils donnent les bases tertiaires correspondant au groupe où l'azote est pentavalent. Exemple :

$$AzH^2-Az(CH^3)^2C^2H^5Cl + H^2$$
$$= AzH^3 + Az(CH^3)^2C^2H^5 + HCl.$$

Une autre répartition des radicaux aurait donné deux amines toutes différentes.

Sels de triméthylazonium. — *Iodure*,

$$AzH^2-Az(CH^3)^3I.$$

— Pour le préparer, on peut partir du sulfate d'hydrazine (20^gr^) qu'on dissout dans 50 grammes d'eau, et qu'on additionne de 17^gr^,3 de potasse dissous dans 50 grammes d'eau. Le sulfate de potassium étant séparé, on ajoute 80 grammes d'iodure de méthyle, 20 grammes de potasse dans 50 grammes d'eau, et on agite à froid pendant 5 à 6 heures, jusqu'à disparition de l'iodure. En évaporant le mélange, l'iodure d'azonium cristallise avant l'iodure alcalin (rendement immédiat : 22 grammes ou 70 0/0).

C'est un sel en belles lamelles pennées, semblables au sel ammoniac, fusibles à 235° en se décomposant, un peu solubles dans les alcools éthylique et amylique bouillants.

L'iodure de méthyle, à 125-130°, réagit suivant l'équation

$$I(CH^3)^3Az-AzH^2 + CH^3I$$
$$= (CH^3)^4AzI + I + Az + H^2.$$

Chlorure, $AzH^2-Az(CH^3)^3Cl$. — Obtenu avec le précédent et le chlorure d'argent. Masse hygroscopique.

Hydroxyde, $AzH^2-Az(CH^3)^3OH$. — Masse blanche radiée, très alcaline, obtenue au moyen de l'iodure et de l'oxyde d'argent, dégageant sous l'influence de la chaleur de la diméthylhydrazine dissymétrique, de l'alcool méthylique, beaucoup de diméthylamine et une substance inconnue piquant extraordinairement les yeux. L'iodure de méthyle le transforme en iodure de triméthylazonium [C. Harries et T. Haga, *D. chem. G.*, **31**, 56].

Chlorure de diméthyléthylazonium,

$$AzH^2-Az(CH^3)^2-C^2H^5Cl.$$

— On l'a obtenu en faisant réagir le chlorure d'éthyle sur la diméthylhydrazine dissymétrique. C'est un sel difficilement cristallisable, donnant avec le chlorure platinique un *sel double* bien cristallisé, $(C^4H^{13}Az^2Cl)^2PtCl^4$.

La réduction du chlorure fournit de la diméthylamine, de l'ammoniaque et de l'acide chlorhydrique [Renouf, *D. chem. G.*, **13**, 2169].

Sels de diéthylphénylazonium. — Le bromure a été décrit (1er Suppl., 925) ainsi que l'hydrate, le chlorure et le chloroplatinate.

Ce bromure ne réagit plus sur l'aldéhyde benzoïque; son groupement AzH^2 est en quelque sorte paralysé. Toutefois, à 170-180° une réaction a lieu; mais celle-ci est d'un tout autre ordre que la réaction prévue; il semble qu'il y ait transformation du sel primitif en bromhydrate d'éthylphényléthylhydrazine,

$$C^6H^5(C^2H^5)^2-AzBr-AzH^2$$
$$= C^6H^5(C^2H^5)Az-AzHC^2H^5, HBr,$$

puis condensation de ce bromhydrate avec l'aldéhyde benzylique pour former le corps :

$$C^6H^5-CH=[C^6H^4(C^2H^5)Az-AzH-C^2H^5, HBr]^2.$$

En faisant réagir le chlorure de benzyle sur l'α-éthylphénylhydrazine et l'aldéhyde benzylique en solution benzénique, en tube scellé, à 170-180°, on est arrivé à un chloroplatinate d'ordre tout différent, vraisemblablement

$$C^6H^5-CH=[C^6H^4-Az(C^2H^5)C^7H^7, HCl]^2PtCl^4.$$

L'hydroxyde de diéthylphénylazonium, chauffé, perd 1 molécule d'alcool et régénère l'α-éthylphénylhydrazine.

Le *chlorure* est en belles aiguilles fusibles à 197-198°.

L'*iodure*, obtenu par l'iodure d'éthyle et l'α-éthylphénylhydrazine, fond à 145° avec dégagement gazeux [Michaëlis et Philips, *Ann. Chem.*, **252**, 270].

Chlorure de dibenzylphénylazonium,

$$C^6H^5(C^7H^7)^2-Az-Cl-AzH^2.$$

— Obtenu avec le chlorure de benzyle et l'α-benzylphénylhydrazine. Il se présente en longues aiguilles blanches, fusibles à 153-154°, très solubles dans l'eau, moins solubles dans l'alcool et insolubles dans l'éther. L'oxyde d'argent le transforme vraisemblablement en *hydroxyde*, mais celui-ci se décompose lors de l'évaporation en alcool benzylique et α-benzylphénylhydrazine [*Ibid.*, 291].

Avec le bromure et l'iodure d'éthyle et la même hydrazine, on n'a pas obtenu de réactions régulières.

Iodure de diméthylphénylméthylazonium,

$$\begin{matrix} C^6H^5 \searrow \\ (CH^3)^2 \rightrightarrows Az-AzH-CH^3. \\ I \nearrow \end{matrix}$$

— C'est le produit principal de l'action de l'iodure de méthyle sur la phényldiméthylhydrazine. Il est soluble dans l'eau et cristallise dans l'alcool en lamelles fusibles à 145°.

La base hydroxylée correspondante cristallise et donne des sels peu solubles avec l'azotate d'argent, le chlorure de platine et l'acide picrique [C. Harries, *D. chem. G.*, **27**, 702].

Iodométhylate de pipérylhydrazine,

$$C^5H^{10}Az^2H^2, CH^3I.$$

— L'iodure de méthyle s'unit facilement à la pipérylhydrazine, considérée en tant que base tertiaire, et fournit un iodure de méthylpipérylazonium cristallisable en aiguilles, soluble dans l'eau, l'alcool et le chloroforme à chaud, insoluble dans l'éther, la ligroïne et le benzène. On peut en dériver, par l'action de l'oxyde d'argent, un hydrate que la distillation décompose d'une façon compliquée [L. Knorr, *Ann. Chem.*, **221**, 297].

VIII. — POLYHYDRAZINES.

Nous rassemblons dans ce paragraphe les combinaisons qui possèdent plusieurs fois la fonction hydrazine. Elles sont assez peu nombreuses.

Celles que l'on connait n'ont rien de spécial

qui les différencie des hydrazines simples de même degré de substitution.

PIPÉRAZYLDIHYDRAZINE.

Voyez 2ᵉ Suppl., **3**, 99.

DIMÉTHYLPIPÉRAZYLDIHYDRAZINE,

$$AzH^2-Az \begin{matrix} \diagup CH^2-CH(CH^3) \diagdown \\ \diagdown CH(CH^3)-CH^2 \diagup \end{matrix} Az-AzH^2.$$

Il s'agit ici de l'hydrazine dérivée de la diméthylpipérazine, fusible à 118°, désignée par la lettre a ou α (voyez 2ᵉ Suppl., **3**, 106). Elle a été obtenue par réduction de la dinitrosamine, fusible à 172-173°.

Elle est très soluble dans l'eau, difficilement dans les lessives alcalines, l'alcool absolu et l'éther; le benzène et le chloroforme la dissolvent peu, mais l'enlèvent à ses solutions alcalines. Elle cristallise dans l'alcool absolu en prismes épais, brillants, hydratés, contenant 6 molécules d'eau qu'ils perdent sur l'acide sulfurique. Elle fond à 110-111° et se sublime facilement. Elle attire l'acide carbonique de l'air.

Le *chlorhydrate*, peu soluble dans l'eau,

$$C^6H^{16}Az^4, 2HCl,$$

est en cristaux d'aspect rhomboédrique, fusibles à 225° avec décomposition.

Le *picrate* est en aiguilles jaunes, très difficilement solubles dans l'eau [Stoehr, *J. prakt. Chem.*, (2), **37**, 507].

ETHYLÈNE-(BIS)-PHÉNYLHYDRAZINE SYMÉTRIQUE,

$$\begin{matrix} AzH^2 & & & & AzH^2 \\ & \diagdown & & \diagup & \\ C^6H^5-Az-CH^2-CH^2-Az-C^6H^5. \end{matrix}$$

Cette double hydrazine s'obtient par l'action du bromure d'éthylène sur la phénylhydrazine sodée pulvérisée, en suspension dans le benzène [O. Burchard, *Ann. Chem.*, **254**, 115]. La réaction est vive, a lieu avec échauffement et donne naissance à des gaz (éthylène bromé et peut-être acétylène) par suite d'une réaction secondaire. Pour conduire l'opération, il est bon de calmer la première effervescence en maintenant le ballon pendant 12 heures dans de la glace; ensuite on chauffe au réfrigérant ascendant. On lave le benzène à l'eau pour enlever le bromure de sodium, puis on l'agite avec de l'acide chlorhydrique qui s'empare de la base nouvelle et d'un peu de phénylhydrazine régénérée :

$$C^2H^4Br^2 + 2C^6H^5-AzNa-AzH^2 = C^2H^4\left(Az \begin{matrix} \diagup AzH^2 \\ \diagdown C^6H^5 \end{matrix}\right)^2 + 2NaBr;$$

$$C^2H^4Br^2 + C^6H^5-AzNa-AzH^2 = C^2H^3Br + C^6H^5-AzH-AzH^2 + NaBr.$$

De la solution chlorhydrique étendue de beaucoup d'eau, on précipite la dihydrazine par la soude; on la fait ensuite cristalliser dans l'alcool bouillant additionné de noir animal.

Cette dihydrazine secondaire dissymétrique cristallise en prismes monocliniques

$$(a : b : c = 1{,}0757 : 1 : 0{,}4113 ;\ \beta = 74°7'),$$

insolubles dans l'eau froide, très peu solubles dans l'eau bouillante, peu solubles dans l'alcool à froid, facilement solubles à chaud, ainsi que dans l'éther. Elle fond à 90°,5 et réduit la liqueur de Fehling lentement à chaud.

L'acide nitreux la transforme en nitrosoéthylène-diphényldiamine,

$$C^2H^4\left(Az \begin{matrix} \diagup AzO \\ \diagdown C^6H^5 \end{matrix}\right)^2;$$

mais, vis-à-vis des réactifs ordinaires, elle se conduit comme les hydrazines secondaires dissymétriques, dont elle possède deux fois les réactions.

Sels. — Le *chlorhydrate*

$$C^2H^4[Az(AzH^2)-C^6H^5]^2, 2HCl,$$

s'obtient, en milieu alcoolique, en fines aiguilles incolores, facilement solubles dans l'eau, moins dans l'eau chlorhydrique, brunissant dès 180° et se décomposant fortement à 212°; le *nitrate*,

$$C^2H^4[Az(AzH^2)C^6H^5]^2, 2AzO^3H,$$

plus soluble dans l'alcool, est en aiguilles ou en lamelles incolores, fusibles à 172-173° en se décomposant vivement; le *sulfate*, $B.SO^4H^2$, est à peine soluble dans l'alcool et cristallise dans l'alcool aqueux en aiguilles soyeuses; l'*oxalate*, $B.C^2O^4H^2$, est en aiguilles très brillantes, fusibles avec décomposition vers 183°.

Hydrazones. — Elles sont faciles à préparer et cristallisent fort bien; elles se dissolvent dans les acides.

L'*éthylidène-éthylène-phénylhydrazone*,

$$C^2H^4(Az-C^6H^5-Az=CH-CH^3)^2,$$

est en aiguilles soyeuses fusibles à 83°; le *dérivé benzylidénique*, analogue, est en longues aiguilles, fusibles à 194°,5.

La *monoacétone-éthylène-phénylhydrazone*,

$$C^2H^4 \begin{matrix} \diagup Az-C^6H^5-Az=C(CH^3)^2 \\ \diagdown Az-C^6H^5-AzH^2 \end{matrix}$$

ne se forme qu'après une longue ébullition des composants en solution alcoolique. Elle cristallise facilement dans l'alcool en lamelles incolores, fusibles à 71-72°, solubles dans les acides dilués.

Acétophénone-éthylène-phénylhydrazone,

$$C^2H^4\left(Az\cdot C^6H^5-Az=C \begin{matrix} \diagup C^6H^5 \\ \diagdown CH^3 \end{matrix}\right)^2.$$

— Elle se forme directement par départ d'eau entre les constituants et cristallise dans l'alcool en belles aiguilles d'un jaune d'or, fusibles à 117-118°, peu solubles dans les solvants usuels.

D'autres condensations avec les dialdéhydes, les dicétones, les acides-cétones ont été aussi essayées, mais les résultats ne sont pas aussi nets que les précédents [Burchard, *loc. cit.*].

Hydrazides. — On peut combiner l'éthylène-phénylhydrazine aux acides monobasiques et bibasiques.

Diacétyléthylène-(bis)-phénylhydrazine,

$$C^2H^4\left(Az \begin{matrix} \diagup AzH-COCH^3 \\ \diagdown C^6H^5 \end{matrix}\right)^2.$$

— Ce composé cristallise aussitôt, dès qu'on mêle la base avec un peu plus que la quantité calculée d'anhydride acétique. Il forme de fines aiguilles blanches, fusibles à 222°, peu solubles dans l'alcool froid, plus solubles à chaud, facilement solubles dans l'acide acétique, insolubles dans l'éther.

Acide éthylène-(bis)-phénylhydrazine-succinique,

$$C^2H^4\left(Az \begin{matrix} \diagup AzH-CO-CH^2-CH^2-CO^2H \\ \diagdown C^6H^5 \end{matrix}\right)^2.$$

— Obtenu par l'action de 2 molécules d'anhydride

succinique sur 1 molécule de la dihydrazine, quand on chauffe leur solution au réfrigérant ascendant. Cristaux fusibles à 203°, à peine solubles dans l'alcool absolu, mais assez solubles dans l'eau. On peut en préparer des sels : le *sel de sodium* cristallise bien ; les *sels de plomb, d'argent, de cuivre*, bien qu'à peine solubles, peuvent aussi cristalliser, si l'on opère par double décomposition en présence d'un excès de sel alcalin.

Succinyléthylène-phénylhydrazine,

$$C^2H^4 \begin{matrix} \diagup Az(C^6H^5)-AzH-CO \diagdown \\ \diagdown Az(C^6H^5)-AzH-CO \diagup \end{matrix} C^2H^4.$$

— On l'obtient en ajoutant à 1 molécule de la base fondue, 1 molécule d'anhydride succinique. Après avoir porté le mélange lentement à 180°, on purifie la masse vitreuse brune obtenue par dissolution dans le chloroforme et précipitation par l'éther. Poudre blanche, liquide vers 126°, se ramollissant dès 100°.

Oxalyléthylène-phénylhydrazine,

$$C^2H^4 \begin{matrix} \diagup AzC^6H^5-AzH-CO \\ \qquad\qquad\qquad | \\ \diagdown AzC^6H^5-AzH-CO \end{matrix}$$

— Poudre amorphe blanche, obtenue par chauffage de l'oxalate [Burchard, *loc. cit.*].

Dérivés carboniques.

M. Hischmann a préparé aussi un certain nombre de dérivés de l'éthylène-phénylhydrazine [*Ann. Chem.*, **310**, 156], principalement des hydrazides carboniques.

Le *dérivé carbamique* s'obtient par l'action du phosgène sur la bishydrazine en solution dans l'éther sec. Le composé obtenu ou *éthylène-carbonylbisphénylhydrazide*,

$$\begin{matrix} & C^6H^5 & & \\ & \diagup & & \\ CH^2-&Az-&AzH \diagdown & \\ | & & & CO \\ CH^2-&Az-&AzH \diagup & \\ & \diagdown & & \\ & C^6H^5 & & \end{matrix}$$

possède un anneau à 7 atomes, dont 4 d'azote ; il cristallise en aiguilles brillantes, incolores, fusibles à 199-200°, peu solubles dans l'éther, facilement solubles dans l'alcool et dans le benzène bouillant.

L'éthylène-bisphénylsemicarbazide,

$$C^2H^4(\overset{C^6H^5}{\overset{\diagup}{Az}}-AzH-CO-AzH^2)^2,$$

s'obtient avec le cyanate de potassium et le chlorhydrate de la base. Il fond à 237°,5.

L'éthylène-bisphénylcarbazinate de méthyle,

$$C^2H^4[Az(C^6H^5)-AzH-CO^2CH^3]^2,$$

et celui *d'éthyle* sont également cristallisés et fondent respectivement à 170-171° et 176-177°. On les prépare au moyen des éthers chlorocarboniques correspondants.

L'éthylène-bisdiphénylsemicarbazide,

$$C^2H^4[Az(C^6H^5)AzH-CO-AzH-C^6H^5]^2,$$

obtenue au moyen de l'isocyanate de phényle et de la base en solution éthérée, est un corps fort peu soluble, sauf dans l'alcool bouillant ; elle cristallise en prismes fusibles à 207-208°.

Mono- et diphénylsulfocarbazides de l'éthylène-(bis)-phénylhydrazine,

$$C^2H^4 \begin{matrix} \diagup Az(C^6H^5)-AzH-CS-AzH-C^6H^5 \\ \diagdown Az(C^6H^5)-AzH^2 \end{matrix}$$

et

$$C^2H^4(AzC^6H^5-AzH-CS-AzH-C^6H^5)^2.$$

— Le premier composé s'obtient par l'action à froid ou à une douce chaleur du phénylsénevol sur une solution alcoolique de la base. C'est une poudre cristalline composée de fines aiguilles, fusibles à 164°,5, assez solubles dans l'alcool.

Le second s'obtient si l'on opère à l'ébullition avec un excès du sénevol. Poudre cristalline fusible à 194°,5, moins soluble que la précédente [Burchard, *Ann. Chem.*, **254**, 115].

Picrazides.

La *dipicrazide*,

$$C^2H^4[Az(C^6H^5)AzH-C^6H^2(AzO^2)^3]^2,$$

obtenue au moyen du chlorure de picryle, est une poudre cristalline rouge-brique, fusible à 202°,5, soluble dans les alcalis, peu soluble dans la plupart des solvants, sauf l'acide acétique bouillant. A côté de ce corps, on trouve dans les eaux mères de la préparation un corps qui cristallise en prismes épais, orangés, et qui est le *chlorhydrate de la monopicrazide*

$$C^{20}H^{20}Az^7ClO^6 + 4,5H^2O,$$

fusible à 165-166°. De ce sel on peut déplacer la base

$$C^2H^4 \begin{matrix} \diagup Az(C^6H^5)AzH-C^6H^2(AzO^2)^3 \\ \diagdown Az(C^6H^5)AzH^2 \end{matrix}$$

en ajoutant à sa solution alcoolique la dose calculée de soude. Cette *monopicrazide* est une poudre cristalline rouge-brun, fusible à 152°, facilement soluble dans l'éther acétique, moins dans l'alcool et pas du tout dans l'éther et l'éther de pétrole. On peut en dériver un *sulfate* B, SO^4H^2, anhydre, en aiguilles jaunes fusibles à 127-128° ; un *nitrate* B, AzO^3H, en aiguilles orangées fusibles à 120-121°.

DIÉTHYLÈNE-TRIPHÉNYLHYDRAZINE,

$$C^6H^5-AzH-AzH-C^2H^4-Az(C^6H^5)-AzH-C^2H^4-AzH.AzH.C^6H^5.$$

On obtient cette base en faisant réagir le bromure d'éthyle sur la phénylhydrazine en solution alcoolique. On fait cristalliser le composé solide obtenu dans le benzène ; il est en beaux prismes brillants, fusibles à 179-180°, et présente de faibles propriétés basiques.

Les eaux mères benzéniques contiennent un produit de même composition, fusible à 167-168°, plus soluble que le premier [C. Harries, *D. chem. G.*, **26**, 1865 ; *Bull. Soc. Chim.*, (3), **12**, 370].

1.3.5 DIPHÉNYLHYDRAZOPHÉNOL.

Voyez PHLOROGLUCINATE DE PHÉNYLHYDRAZINE, p. 314.

O-DIHYDRAZINOBIPHÉNYLE
(*Diphénylène-dihydrazine*),

$$AzH^2-AzH_{(2)}-C^6H^4_{(1)}-_{(1)}C^6H^4-AzH-AzH^2_{(2)}.$$

On obtient cette base à partir de l'o-diaminobiphényle. Elle cristallise dans le benzène en lamelles jaunâtres, fusibles à 110°. Elle s'altère facilement; elle se dissout très facilement dans le chloroforme, l'alcool et le benzène bouillant, assez dans l'eau bouillante et dans l'éther, difficilement dans le benzène froid, et ne se dissout pas dans l'éther de pétrole.

Son *chlorhydrate* est en lamelles brillantes; son *sulfate*, $C^{12}H^{14}Az^4, SO^4H^2 + 2H^2O$, est en cristaux tabulaires peu solubles.

Chauffée à 150° pendant quelques heures, avec de l'acide chlorhydrique à 20 0/0, elle se transforme presque quantitativement par perte d'ammoniaque en *phénazone*.

L'acide acétique bouillant la transforme en une *dihydrazide acétique*, peu soluble, laquelle fond vers 250-260° en se transformant en acétamide et phénazone.

AzH - AzH - COCH³

AzH - AzH - COCH³

Az
‖ + 2AzH² - COCH³
Az

[E. Täuber, *D. chem. G.*, **29**, 2270].

p-DIHYDRAZINE-BIPHÉNYLE

(*p-Diphénylène-dihydrazine*),

$_{(4)}AzH^2 - AzH - C^6H^4{}_{(1)} - {}_{(1)}C^6H^4 - AzH - AzH^2{}_{(4)}$.

Cette hydrazine a été mentionnée en premier lieu par M. Em. Fischer [*D. chem. G.*, **9**, 891], mais sans que ce savant se soit appesanti sur ses propriétés. M. R. Arheidt [*Ann. Chem.*, **239**, 206] a poursuivi ses recherches et a préparé l'hydrazine et ses dérivés.

On part de la benzidine (diaminobiphényle) commerciale et on suit les procédés ordinaires de formation des hydrazines; il est indifférent au point de vue du rendement de faire la réduction par le sulfite ou le chlorure stanneux. Du chlorhydrate, on sépare facilement la base par l'ammoniaque, les alcalis et mieux par l'acétate de sodium.

La diphénylène-dihydrazine se présente en lamelles brillantes, altérables à l'air, fusibles à 165-167° avec décomposition. L'eau la dissout assez facilement à l'ébullition et l'abandonne par refroidissement en fines aiguilles.

Sels. — Le *chlorhydrate* est en aiguilles groupées en rosettes, peu solubles; le *sulfate*, également peu soluble, est en fines aiguilles, se groupant en boules; le *nitrate*, plus soluble, est en aiguilles réunies en mamelons (Arheidt).

Le chlorhydrate $C^{12}H^{14}Az^4, 2HCl$, avait été obtenu par M. Em. Fischer [*loc. cit.*] à partir du sel de potassium de l'acide sulfoné à l'azote.

Le *dérivé dinitrosé* est un corps jaune peu stable, cristallisant dans le benzène, fusible à 112-113°.

Hydrazones. — La dihydrazone de l'*acétone* ordinaire fond en se décomposant vers 197-199°; celle de l'*acide pyruvique* vers 197-198°, en se décomposant également; cette dernière a pu être changée en l'indol correspondant (Arheidt).

D'autres hydrazones faites indirectement ont été préparées par M. Favrel, en faisant réagir les chlorures de diazoïques correspondant à la benzidine sur divers groupes de corps :

Éthers cyanacétiques..........	(*C. R.*, **127**, 116)	(1)
Acétylacétone	(*Ibid.*, **128**, 318)	(2)
Éthers maloniques..	(*Ibid.*, **128**, 829)	(3)
Éthers acidylcyanacétiques... .	(*Ibid.*, **131**, 190)	(4)
Méthyl- et éthylacétylacétone...	(*Ibid.*, **132**, 41)	(5)
Éthers alcoylcyanacétiques.	(*Ibid.*, **132**, 983)	(6)

Également Favrel : (1). *Bull. Soc. Chim.*, (3), **27**, 104. — (2). *Ibid.*, 328. — (3). *Ibid.*, 313. — (4). *Ibid.*, 200. — (5). *Ibid.*, 336. — (6). *Ibid.*, 193. — (7) W. Lax, *J. prakt. Chem.*, (2), **63**, 1.

Les hydrazones des éthers cyanacétiques sont solubles dans les alcalis; celles de l'acétylacétone ne s'y dissolvent pas, mais fournissent un dérivé disodé si l'on emploie l'alcool sodé; de même pour celles des éthers maloniques.

On peut donc obtenir des dérivés sodés; ceux-ci à leur tour donnent des dérivés argentiques par double décomposition; de ceux-ci on peut, au moyen des éthers halogénés, obtenir des corps résultant de la substitution de deux alcoyles aux atomes d'hydrogène des groupes AzH; le chlorure de benzoyle réagit aussi, mais ne donne souvent qu'un dérivé monobenzoylé.

Enfin, la plupart de ces hydrazones existent sous deux formes α et β, qu'on obtient à volonté en précipitant la solution par l'acide chlorhydrique ou l'acide carbonique. La forme α retourne rapidement à la forme β, rien que par dissolution (Lax, Favrel).

Les hydrazones des éthers alcoyl- et acidylcyanacétiques se confondent avec celles des éthers cyanacétiques, par suite du départ d'une molécule d'acide ou d'alcool par hydratation (M. Favrel).

Les dihydrazones des éthers maloniques n'existent que sous une forme; leurs dérivés disodés n'ont pu être transformés par les iodures alcooliques ou les chlorures d'acides (M. Favrel).

Les dihydrazones de l'acétylacétone n'existent aussi que sous une forme; mais, à l'inverse des précédents, les dérivés disodés peuvent être changés en dérivés méthylés (Favrel).

Voici les corps préparés; R représente le radical $-C^6H^4-AzH-Az-$; les chiffres de droite, entre parenthèses, les mémoires correspondants de M. Favrel.

	Hydrazones.	Aspect.	Fusion.	
[1]	$\left[R = C < {CAz \atop CO^2CH^3}\right]^2$	aig. jaunes..	α 270° déc. β 228-230°	(1)
[2]	$\left[R = C < {CAz \atop CO^2C^2H^5}\right]^2$	poudre jaune	α 234° β 204-206°	(1)
[3]	$[R = C(COCH^3)^2]^2$..	aig. rouges.	258-260°	(2)
[4]	$[R = C(CO^2CH^3)^2]^2$.	lam. jaunes.	217-220°	(3)
[5]	$[R = C(CO^2C^2H^5)^2]^2$	lam. jaunes.	178-180°	(3)
[6]	$\left[R = C < {CH^3 \atop COCH^3}\right]^2$	pet. cr. roug.	283-284°	(5)
[7]	$\left[R = C < {C^2H^5 \atop COCH^3}\right]^2$	cr. rouges..	292-295°	(5)

Le dérivé *diméthylé* de [1] fond à 276-277°.

Le dérivé *diméthylé* de [2] fond à 210-212°; son dérivé *diéthylé*, à 144-145°; son dérivé *monobenzoylé*, à 198-200°.

L'*acide* correspondant aux produits [4] et [5] a été préparé.

Le dérivé *diméthylé* de [3] est en petits cristaux rougeâtres, fusibles à 168-170°.

M. Lax a indiqué pour points de fusion : [2] α, 233°, β, 208.

Semicarbazide,

$$[AzH^2 - CO - AzH - AzH - C^6H^4 -]^2.$$

— Elle cristallise en fines aiguilles, fusibles avec décomposition vers 306-308°. Son dissolvant est l'acide acétique.

Elle se combine aux acides minéraux. Le *chlorhydrate* et le *sulfate* cristallisent facilement dans l'eau (Arheidt).

Di-p-hydrazino-m-méthoxy-biphényle,

$$[AzH^2 - AzH_{(4)} - C^6H^3(OCH^3)_{(3)} -]^2.$$

Non préparée.

M. Favrel (voyez plus haut) a préparé un certain nombre de dihydrazones que voici : R y représente le demi-radical

$$- C^6H^3.(OCH^3) - AzH - Az\,;$$

et les chiffres de droite se rapportent à la bibliographie citée à propos de la dihydrazine du biphényle.

	Dihydrazones.	Aspect.	Fusion.	
[1]	$\left[- R = C\begin{smallmatrix} CAz \\ CO^2CH^3 \end{smallmatrix}\right]^2$	crist. jaunes	α 266-268° β 254-255°	(1) (7)
[2]	$\left[- R = C\begin{smallmatrix} CAz \\ CO^2C^2H^5 \end{smallmatrix}\right]^2$	aig. rouges.	α 175-176° β 283-284°	(1) (7)
[3]	$[- R = C(COCH^3)^2]^2$.	cr. rouges..	234-235°	(2)
[4]	$[- R = C(CO^2CH^3)^2]^2$.	cr. jaunes..	268-270°	(3)
[5]	$[- R = C(CO^2C^2H^5)^2]^2$.	cr. jaunes..	190-192°	(5)

Acide di-p-phénylène-dihydrazine-o-o-disulfonique.

$$\left[AzH^2 - AzH - C^6H^3(SO^3H) - \right]^2$$

C'est le produit de réduction du tétrazoïque de l'acide benzidine-disulfonique par le chlorure stanneux. Il cristallise avec 2 molécules d'eau qu'on ne peut lui enlever sans décomposition ; il réduit la liqueur de Fehling à froid.

Son sel de baryum est très soluble dans l'eau, peu soluble dans l'alcool. Il est hydraté ($3H^2O$) [Limpricht, *Ann. Chem.*, **261**, 323].

Di-p-hydrazino-ditolyle,

$$AzH^2 - AzH_{(4)} - C^6H^3(CH^3)_{(3)} - C^6H^3(CH^3)_{(3)} - AzH - AzH^2_{(4)}$$

Elle ne paraît pas avoir été préparée. Quelques hydrazones spéciales ont été obtenues par M. Favrel (voyez la bibliographie au Di-p-hydrazino-biphényle). En voici la liste : R représente le demi-radical : $Az - AzH_{(4)} - C^6H^3(CH^3)_{(3)} -$.

	Formules.	Aspect.	Fusion.	
1]	$\left[- R = C\begin{smallmatrix} CAz \\ CO^2CH^3 \end{smallmatrix}\right]^2$	crist. roug.	α 270° β 225-227°	(1)
2]	$\left[- R = C\begin{smallmatrix} CAz \\ CO^2C^2H^5 \end{smallmatrix}\right]^2$	crist. roug.	α 180° β 224-226°	(1)
[3]	$[- R = C(COCH^3)^2]^2$.	pet. aig. roug.	250-252°	(2)
[4]	$[- R = C(CO^2CH^3)^2]^2$.	crist. jaunes.	210-212°	(3)
[5]	$[- R = C(CO^2C^2H^5)^2]^2$	crist. jaunes.	188-190°	(3)
[6]	$\left[- R = C\begin{smallmatrix} CH^3 \\ CO - CH^3 \end{smallmatrix}\right]^2$	aig. roug. éc.	240-242°	(5)

Le dérivé *diméthylé* de [1] fond à 266-267°.

Le dérivé *diméthylé* de [2] fond à 220-222° ; le dérivé *monobenzoylé* à 229-230°.

La saponification de [1] a permis de préparer l'*acide* correspondant, soit :

$$\left[- C^6H^3(CH^3)_{(3)} - AzH_{(4)} - Az = C\begin{smallmatrix} CAz \\ CO^2H \end{smallmatrix}\right]^2 ;$$

cet acide cristallise en belles lamelles jaune d'or, fusibles à 243-244°.

L'*acide* correspondant au corps [5] a été préparé par saponification au moyen de la soude alcoolique ; il est en lamelles de couleur orangée, fusibles à 195-200°.

Le dérivé *diméthylé* de [3] est en petits cristaux rouges soyeux, fusibles à 247-248°.

Acide dihydrazinoditolyldisulfonique.

$$\left[AzH^2 - AzH - C^6H^2(CH^3)(SO^3H) - \right]^2$$

Ce corps a été préparé par réduction du diazoïque de l'acide o-tolidine-disulfonique. C'est une poudre cristalline jaune, très peu soluble dans l'eau. Son sel de *baryum* contient 5 molécules d'eau [J. Helle, *Ann. Chem.*, **270**, 359].

M. Delépine.

HYDRAZINOBUTYRIQUE (ACIDE) (*acide hydrazidobutyrique ; 2 hydrazino-butanoïque*),

$$AzH^2 - AzH - CH\begin{smallmatrix} C^2H^5 \\ CO^2H \end{smallmatrix}$$

— Cet acide a été préparé en réduisant l'acide isonitré correspondant [W. Traube et G. Longinescu, *D. chem. G.*, **29**, 674]. Il est en cristaux fusibles à 208°, solubles dans l'eau, très peu solubles dans l'alcool et dans l'éther. Son dérivé benzylidénique fond à 125°.

HYDRAZIPHÉNYLACÉTIQUE (ACIDE),

$$\begin{matrix} C^6H^5 \diagdown & & \diagup AzH \\ & C & \vert \\ CO^2H \diagup & & \diagdown AzH \end{matrix}$$

— Le sel d'hydrazine de cet acide s'obtient quand on fait agir, en refroidissant, 1 molécule d'hydrate d'hydrazine sur une solution alcoolique de l'éther benzoylformique, $C^6H^5 - CO - CO^2 - C^2H^5$. Il se sépare en cristaux agglomérés, incolores, qui fondent à 118-120° après cristallisation dans l'alcool chaud, répondant à la formule

$$C^6H^5 - C(Az^2H^2) - CO^2H, Az^2H^4.$$

Si l'on met moins d'hydrazine et moins d'alcool, et si l'on ne refroidit pas, on obtient simplement l'azine,

$$\begin{smallmatrix} C^6H^5 \\ C^2H^5CO^2 \end{smallmatrix} > C = Az - Az = C < \begin{smallmatrix} C^6H^5 \\ CO^2C^2H^5 \end{smallmatrix},$$

qui, cristallisée dans l'alcool, forme des aiguilles jaune clair, fusibles à 135°, solubles facilement dans l'alcool chaud et dans l'éther, peu solubles dans l'eau et dans l'alcool froid [Curtius et Lang, *J. prakt. Chem.*, (2), **44**, 566].

M. Delépine.

HYDRAZIPROPIONIQUE (ACIDE) (Syn. *Acide méthylhydraziméthylène-carbonique*),

$$\begin{matrix} CH^3 \diagdown & & \diagup AzH \\ & C & \vert \\ CO^2H \diagup & & \diagdown AzH \end{matrix}$$

— Cet acide n'est qu'une hydrazone spéciale, l'hydrazone de l'acide pyruvique

$$CH^3 - CO - CO^2H.$$

Son sel d'hydrazine prend naissance quand, après

avoir saturé l'acide pyruvique par de l'hydrate d'hydrazine en solution alcoolique, on ajoute encore 1 molécule d'hydrate, et qu'on chauffe au bain-marie pendant quelques instants. Il se sépare une poudre cristalline fusible à 115-117°, ayant pour formule

$$CH^3-C(Az^2H^2)-CO^2H, Az^2H^4,$$

mais d'où l'on ne peut libérer l'acide. On n'y arrive pas davantage en partant de pyruvate de baryum et du sulfate d'hydrazine. On obtient alors un composé $C^5H^{10}Az^2O^3$, fusible à 121°, très hygroscopique.

Éther méthylique,

$$\begin{matrix} CH^3 \diagdown & & \diagup AzH \\ & C & | \\ CH^3CO^2 \diagup & & \diagdown AzH \end{matrix}$$

— On mêle, en refroidissant, l'éther méthylpyruvique et l'hydrate d'hydrazine en présence d'un peu d'alcool méthylique et on évapore dans le vide. Aiguilles incolores, fusibles à 82° sans décomposition, assez solubles dans l'eau, facilement solubles dans l'alcool et dans l'éther.

Ether éthylique. — Obtenu de même; mais la réaction donne lieu à une saponification partielle et à la formation de l'hydrazide

$$CH^3-C(Az^2H^2)-CO-AzH-AzH^2.$$

L'éther est en aiguilles incolores, l'hydrazide en lamelles. (Sur l'action de l'oxyde de mercure, voyez *Acide diazopropionique*, 2e Suppl., **3**, 155). L'iode et l'ammoniaque le transforment en α-diiodopropionamide, $CH^3-CI^2-CO-AzH^2$, aiguilles jaunes, fusibles à 127° [Curtius et Lang, *J. prakt. Chem.*, (2), **44**, 555].

M. Delépine.

HYDRAZOÏQUES AROMATIQUES. (Voy. 1er Suppl., 630, 925).

On a donné le nom d'*hydrazoïques* aux composés qui résultent de la fixation de 2 atomes d'hydrogène sur le groupement $-Az=Az-$ des azoïques. Ils répondent à la formule générale

$$R-AzH-AzH-R',$$

et peuvent par conséquent être considérés comme des hydrazines secondaires symétriques. Il convient cependant de les étudier dans un chapitre spécial, car ils possèdent un ensemble de propriétés et de réactions particulières qui les distinguent nettement des autres dérivés de l'hydrazine.

Les hydrazoïques peuvent être symétriques ou dissymétriques, suivant que les deux radicaux R et R' sont identiques ou différents.

Nomenclature. — Lorsque les deux radicaux sont les mêmes, on désigne le composé sous le nom du carbure dont ces radicaux dérivent, en le faisant précéder du mot *hydrazo*. Ainsi on dira : hydrazobenzène, ortho, méta ou parahydrazotoluène, α ou β-hydrazonaphtalène, etc.

Quand les deux radicaux dérivent de deux carbures différents, on peut désigner les composés qui en résultent en intercalant le mot *hydrazo* entre les noms des deux carbures, en mettant le carbure le moins compliqué le dernier.

Ainsi,

$$C^6H^4 \begin{matrix} \diagup CH^3 \\ \diagdown AzH-AzH-C^6H^5 \end{matrix}$$

sera le (o-, m- ou p-) tolylhydrazobenzène;

$$C^{10}H^6-AzH-AzH-C^6H^4-CH^3$$

sera le (α ou β) naphtylhydrazo (o-, m- ou p-toluène, etc.

Lorsque les noyaux portent des substitutions diverses, la position des groupements substitués s'indique par des chiffres.

Les noyaux sont numérotés à chaque sommet, celui dans lequel les substitutions sont les moins nombreuses a ses chiffres accompagnés du signe ('). On suppose toujours les positions 1 et 1' occupées par les atomes d'azote.

Ainsi le composé,

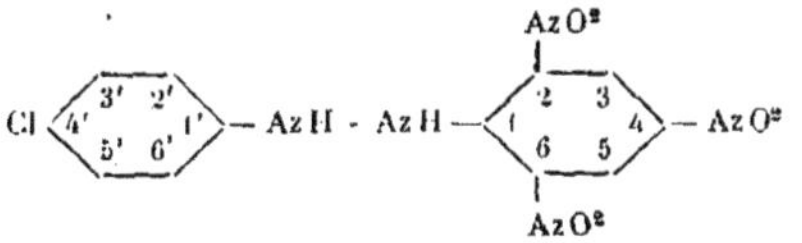

[Formule développée : Cl en 4' sur le premier noyau (sommets 3', 2', 1', 6', 5', 4'), — AzH - AzH —, second noyau (sommets 1, 2, 3, 4, 5, 6) portant AzO^2 en 2, 4 et 6]

sera désigné sous le nom de 2.4.6 *trinitro-4' chloro-hydrazobenzène*. On voit que le m-tolylhydrazobenzène :

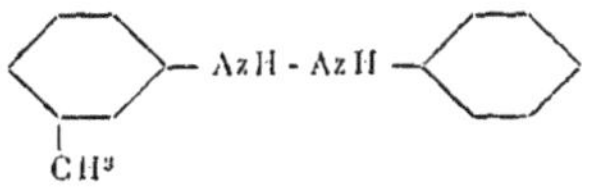

[Formule développée : noyau portant CH^3 — AzH - AzH — noyau]

pourrait également s'appeler 3 *méthyl-hydrazobenzène*.

Préparation. — Les hydrazoïques dissymétriques ont été préparés en soumettant les dérivés azoïques correspondants à l'action des réducteurs alcalins; au contraire, on préparait les hydrazoïques symétriques en réduisant par les mêmes agents les dérivés nitrés. C'est ainsi que la réduction du nitrobenzène, des nitrotoluènes, etc., donne l'hydrazobenzène, les hydrazotoluènes, etc.

Il est cependant possible d'obtenir de cette façon des hydrazoïques non symétriques, en réduisant un mélange de deux dérivés nitrés différents :

$$C^6H^5-AzO^2 + AzO^2-C^6H^4-R + 10H$$
$$= C^6H^5-AzH-AzH-C^6H^4-R + 4H^2O$$

[Lœb, *D. chem. G.*, **31**, 2201. — Freundler et Béranger, *Bull. Soc. Chim.*, (3), **27**, 1107].

Les agents de réduction qui sont employés dans ces réactions sont : le sulfhydrate d'ammoniaque, l'amalgame de sodium, le zinc en poudre et les alcalis caustiques, l'amalgame d'aluminium, etc. Mais l'un des plus intéressants, et qui nécessite une mention toute spéciale, c'est la réduction électrolytique.

On a surtout cherché à réaliser électrolytiquement la transformation des dérivés nitrés en hydrazoïques.

Un grand nombre d'auteurs se sont occupés de cette question, notamment M. Habers [*Zeit. f. Elektroch.*, **4**, 506; *Zeit. f. physik. Chem.*, **32**, 271], MM. Elbs et Kopp [*Zeit. f. Elektroch.*, **5**, 108], Elbs [*Zeit. f. Eleck̀troch.*, **7**, 133], Lœb [*Zeit. f. Elektroch.*, **7**, 320] et Rohde [*ibid.*, **7**, 328].

L'électrolyse peut être effectuée, soit en solution alcoolique en présence d'acétate de sodium, soit en solution aqueuse en présence d'alcali libre. Dans les expériences de MM. Elbs et Kopp [*loc. cit.*] la solution alcoolique bouillante du dérivé nitré, rendue conductrice par l'acétate de sodium, est électrolysée avec une cathode en nickel. Mais pour avoir une bonne utilisation du courant, il est nécessaire de diviser l'opération en deux phases. Dans la première, l'intensité du courant est de 8 à 16 ampères par décimètre carré; dans ces conditions, le dérivé nitré est rapidement transformé en azoïque, et lorsque cette transformation est totale, on voit l'hydrogène se dégager sur la cathode. Pour éviter cette perte d'énergie, l'électrolyse du composé azoïque est continuée avec un courant d'une densité beaucoup moindre, variant de 1 à 4 ampères par décimètre carré. Dans ces conditions, le nitrobenzène, l'o- et le p-nitrotoluène sont transformés en hydrazoïques correspondants avec des rendements de 90 à 95 0/0 de la théorie.

Lorsque la réduction est effectuée en milieu alcoolique, la nature de la cathode n'influe pas beaucoup sur le résultat; il en est tout autrement lorsque la réaction se passe dans une solution alcaline aqueuse. Dans ce cas, les cathodes inattaquables (platine, nickel, mercure) fournissent surtout des dérivés azoxyques, tandis que les métaux attaquables, tels que le plomb, le cuivre, etc., conduisent aux azoïques, aux hydrazoïques et même aux amines.

Outre ces procédés basés sur la réduction des azoïques, il existe une méthode générale de préparation des hydrazoïques substitués qui repose sur la condensation de la phénylhydrazine ou de ses dérivés, avec les nitrochlorobenzènes. Cette méthode est due à M. E. Fischer, qui l'a appliquée pour la première fois à la préparation du trinitrohydrazobenzène [E. Fischer, *Ann. Chem.*, **190**, 132; **253**, 2]. Il suffit d'ajouter par petites portions une solution alcoolique de 2 molécules de phénylhydrazine à 1 molécule de chlorure de picryle dissous dans l'alcool et maintenu à la température ordinaire. Le produit de la réaction, formé d'après l'équation :

$$C^6H^5-AzH-AzH^2+Cl-C^6H^2-(AzO^2)^3$$
$$=HCl+C^6H^5-AzH-AzH-C^6H^2(AzO^2)^3,$$

ne tarde pas à se déposer cristallisé.

Cette méthode a été ensuite généralisée sur un grand nombre de dérivés de la phénylhydrazine, tels que les nitro-, les chloro-, les bromo-, phényl-, tolyl- et naphtylhydrazines d'une part, qui ont été condensées d'autre part avec les chloronitrobenzènes diversement substitués [Willgerodt et Ferko, *J. prakt. Chem.*, (2), **37**, 345, 454. — Willgerodt, *ibid.*, **40**, 264. — Willgerodt et Schultz, *ibid.*, **43**, 177. — Willgerodt et Elton, *ibid.*, **43**, 67. — Willgerodt et Mühe, *ibid.*, **43**, 451. — Willgerodt et Böhm, *ibid.*, **43**, 482. — Werner et Stiasny, *D. chem. G.*, **32**, 3280].

Enfin, il est possible, en remplaçant la phénylhydrazine, ou d'une manière générale les hydrazines primaires $-R-AzH-AzH^2$ par les hydrazines secondaires dissymétriques $RR'=Az-AzH^2$, de préparer par cette méthode, des dérivés de substitution des hydrazoïques de la forme

$$\begin{array}{l}R-Az-AzHR''\\ \quad\ |\\ \quad\ R'\end{array}$$

Dans ces formules R et R″ représentent des radicaux aromatiques [Michaëlis, *D. chem. G.*, **30**, 2819].

Propriétés. — Les hydrazoïques sont en général des corps bien cristallisés, incolores, se colorant légèrement à l'air par suite d'une oxydation superficielle. Cette oxydation est plus rapide dans l'air humide, ou lorsqu'on fait passer un courant d'air dans une solution d'un hydrazoïque.

Dans ces conditions, l'hydrazoïque est transformé en l'azoïque dont il dérive. M. Bistrzycki a constaté de plus [*D. chem. G.*, **33**, 470], qu'en présence d'un peu d'alcali, l'action oxydante de l'air est considérablement activée. Ainsi, si l'on fait passer un courant d'air dans une solution alcoolique bouillante d'hydrazobenzène parfaitement pur, la transformation en azobenzène d'après l'équation :

$$C^6H^5-AzH-AzH-C^6H^5+O$$
$$=H^2O+C^6H^5-Az=Az-C^6H^5,$$

n'est pas totale, même au bout de plusieurs jours. Au contraire, si l'on ajoute une très faible quantité de soude aqueuse concentrée, l'oxydation est totale en 3 ou 4 heures.

Comme les hydrazoïques incolores résultent de la réduction des azoïques, corps doués d'une coloration très intense, et qu'inversement ils sont susceptibles de régénérer, déjà par simple oxydation à l'air, les corps colorés dont ils dérivent, on peut les envisager comme étant les *leucodérivés* des azoïques.

Cependant, si les hydrazoïques simples sont incolores, il n'en est pas de même de tous leurs dérivés. Ainsi, les dérivés nitrés préparés par la méthode de Fischer sont jaunes ou même rouges.

Les hydrazoïques sont pour la plupart insolubles dans l'eau, très solubles dans l'alcool, peu solubles dans la ligroïne, d'où ils se déposent en cristaux généralement plus stables que si la cristallisation a été effectuée dans l'alcool.

Ce sont des corps neutres, à condition qu'ils ne renferment pas dans leur molécule de groupements capables de leur imprimer une fonction spéciale.

Ils ne distillent pas sans altération; la chaleur les décompose en azoïques et amines. Ainsi, l'hydrazobenzène fournit :

$$2C^6H^5-AzH-AzH-C^6H^5$$
$$=C^6H^5-Az=Az-C^6H^5+2C^6H^5-AzH^2.$$

Sous l'influence des réducteurs énergiques, les hydrazoïques donnent des amines :

$$C^6H^5-AzH-AzH-C^6H^5+H^2=2C^6H^5-AzH^2.$$

Cette réaction se fait avec plus ou moins de facilité, suivant les cas. Il arrive souvent que, lors de la réduction d'un azoïque, l'hydrazoïque qui prend naissance n'échappe qu'en partie à cette réaction, qui est généralement secondaire.

Les hydrazoïques renferment deux groupements AzH, dont les atomes d'hydrogène se prêtent à un assez grand nombre de réactions. La plupart de ces réactions n'ont été effectuées que sur l'hydrazobenzène, mais tout porte à croire qu'elles s'appliqueraient également à ses homologues supérieurs.

Dérivés acylés. — Il peut exister des dérivés mono- et diacylés, suivant qu'un seul ou les deux hydrogènes sont remplacés par les restes acides.

Le *monoacétylhydrazobenzène* s'obtient en traitant l'hydrazobenzène par l'anhydride acétique à froid; à chaud il se forme un dérivé diacétylé [H. Schmidt et G. Schultz, *Ann. Chem.*, **207**, 237. — D. Stern, *D. chem. G.*, **17**, 380].

Le monoacétylé se décompose sous l'influence de la chaleur en azobenzène et acétanilide :

$$2\begin{array}{l}C^6H^5-Az-CO-CH^3\\ \qquad\quad |\\ C^6H^5-AzH\end{array}$$

$$=2C^6H^5-AzH-CO-CH^3+\begin{array}{l}C^6H^5-Az\\ \qquad\quad \|\\ C^6H^5-Az\end{array}$$

Les *monobromopropionyl-*, *bromobutyryl-*, *bromovalérylhydrazobenzène* ont été préparés par M. Bischoff [*D. chem. G.*, **31**, 3241], en faisant réagir sur l'hydrazobenzène les bromures de ces acides bromés au sein de l'éther.

On ne peut pas procéder de la sorte si l'on veut obtenir les *benzoylhydrazobenzènes*. Le chlorure de benzoyle donne la mono- ou la dibenzoylbenzidine provenant de la transposition moléculaire que provoque l'acide chlorhydrique [Stern, *D. chem. G.*, **17**, 380]. En neutralisant l'acide qui prend naissance par la magnésie [Tassoff, *J. prakt. Chem.*, **64**, 136] ou la chaux [Busch et Biehringer, *D. chem. G.*, **36**, 139], on arrive cependant à introduire un groupement benzoyle. La benzoylation s'effectue facilement d'après M. Freundler [*Bull. Soc. Chim.*, (3), **29**, 822], en opérant au sein de la pyridine sèche, d'après la méthode de MM. Einhorn et Hollandt [*Ann. Chem.*, **301**, 95].

L'action du chlorure de carbonyle a été étudiée par MM. Freund et Küh [*D. chem. G.*, **23**, 2842], qui n'ont pas obtenu de résultats nets.

Action des isocyanates. — L'isocyanate de phényle réagit sur l'hydrazobenzène pour donner le *dicarbanilidohydrazobenzène* :

$$\begin{array}{l} C^6H^5-AzH \\ \quad\;| \\ C^6H^5-AzH \end{array} + 2COAz-C^6H^5$$

$$= \begin{array}{l} C^6H^5-Az-CO-AzH-C^6H^5 \\ \qquad\quad | \\ C^6H^5-Az-CO-AzH-C^6H^5 \end{array}$$

[Goldschmidt et Rosell, *D. chem. G.*, **23**, 490].

De même l'isosulfocyanate réagit molécule à molécule ; il se forme la *triphénylthiosemicarbazide* :

$$C^6H^5-AzH-AzH-C^6H^5 + CS-Az-C^6H^5$$

$$= \begin{array}{l} C^6H^5-AzH-Az-C^6H^5 \\ \quad CS \Big\langle \\ \qquad\quad AzH-C^6H^5 \end{array}$$

[Marckwald, *D. chem. G.*, **25**, 3115].

Action du nitrosobenzène. — D'après M. Spitzer [*Chem. Centralbl.*, 1900, (2), 1108], l'action du nitrosobenzène serait purement oxydante, et donnerait, dans le cas de l'hydrazobenzène :

$$2C^6H^5-AzH-AzH-C^6H^5 + 2C^6H^5-AzO$$
$$= 3C^6H^5-Az=Az-C^6H^5 + 2H^2O.$$

Au contraire, M. Bamberger [*D. chem. G.*, **33**, 3508] a constaté qu'en solution alcoolique, la réaction fournit un mélange équimoléculaire d'azobenzène et de phénylhydroxylamine :

$$C^6H^5-AzH-AzH-C^6H^5 + C^6H^5-AzO$$
$$= C^6H^5-Az=Az-C^6H^5 + C^6H^5-AzH-OH.$$

Ceci semble confirmé par les expériences de MM. Haber et Schmidt [*Zeit. physiol. Chem.*, **32**, 280], qui ont trouvé qu'en solution alcoolique alcaline il se fait de l'azobenzène et de l'azoxybenzène. En effet, la phénylhydroxylamine qui se forme réagit en milieu alcalin sur une nouvelle molécule de nitrosobenzène pour donner de l'azoxybenzène.

Dérivés nitrés. — Les dérivés nitrés présentent un ensemble de propriétés assez curieuses. Ils ne peuvent pas être préparés par nitration directe ; on les obtient, comme on l'a vu, par la méthode de Fischer. Cependant, le dinitrohydrazobenzène peut être préparé par réduction du dinitroazobenzène au moyen du sulfhydrate d'ammoniaque. Il existe à ce sujet, dans la littérature, des données contradictoires ; la question a été mise au point par MM. Werner et Stiasny [*D. chem. G.*, **32**, 3272] qui confirment les expériences déjà anciennes de Lermontoff [*D. chem. G.*, **5**, 235].

Enfin, la nitration du diacétylhydrazobenzène a fourni à MM. Freundler et Béranger [*Bull. Soc. Chim.*, (3), **27**, 1110] un p-dinitrodiacétylhydrazobenzène d'où ils n'ont pu régénérer par saponification le dinitrohydrazobenzène. Le produit qui se forme dans ces conditions est extrêmement altérable et semble être un dinitrohydrazobenzène isomère.

Les dérivés nitrés sont des composés plus ou moins colorés en jaune, rouge ou brun clair. Quelques-uns sont susceptibles d'exister sous deux modifications. Ainsi, le 2.4.6 trinitro-4' chlorohydrazobenzène est jaune, lorsqu'il est préparé à froid, et se transforme par la chaleur en une modification stable qui est rouge [Willgerodt et Böhm, *J. prakt. Chem.*, **43**, 482]. Les α et β-naphtyltrinitrohydrazobenzènes :

$$C^{10}H^7-AzH-AzH-C^6H^2(AzO^2)^3$$

existent également sous deux formes, l'une jaune, amorphe, se transformant en cristaux rouges stables [Willgerodt et Schulz, *J. prakt. Chem.*, **43**, 177].

La présence des groupements négatifs, AzO^2, Cl, Br, etc., imprime à la molécule des hydrazones un caractère acide.

C'est ainsi que les dérivés nitrés de l'hydrazobenzène qui renferment deux groupes AzO^2 en para, se dissolvent dans les alcalis avec une coloration bleue très intense [Werner et Stiasny, *D. chem. G.*, **32**, 3266. — Willgerodt, *J. prakt. Chem.*, (2), **42**, 49]. En opérant en solution concentrée, on peut isoler les sels à l'état solide sous forme de cristaux bleu-noir [Werner, *loc. cit.*, 3273].

Cette propriété singulière, rapprochée du fait que l'on ne peut obtenir ni un dérivé benzoylé, ni un dérivé acétylé avec le dinitrohydrazobenzène, peut faire supposer que celui-ci existe sous une forme tautomérique. Soit :

$$AzO^2-\langle C^6H^4 \rangle-Az=Az-\langle C^6H^4 \rangle-Az\begin{array}{l} \diagup OH \\ \diagdown O \end{array} \quad (\text{avec } \overset{\|}{O} \text{ sur } Az)$$

d'après M. Willegerodt ; soit

$$\begin{array}{l} O \\ OH \end{array}\!\!\geqslant Az=\langle C^6H^4 \rangle=Az-Az=\langle C^6H^4 \rangle=Az\begin{array}{l} \diagup OH \\ \diagdown O \end{array}$$

d'après M. Freundler.

Lorsqu'on fait bouillir au réfrigérant ascendant une solution alcoolique de dinitro 2.4-hydrazobenzène, celui-ci subit une déshydratation en même temps qu'une réduction par l'alcool. Le corps qui prend naissance a été décrit par MM. Willgerodt et Hermann [*J. prakt. Chem.*, (2), **40**, 252], sous le nom de *dinitrosoazobenzène*.

La réaction serait la suivante :

$$\begin{array}{l} C^6H^5-Az-Az-C^6H^3 \begin{array}{l} \diagup AzO^2 \\ \diagdown AzO^2 \end{array} + CH^3-CH^2OH \\ \qquad\quad | \quad\;\; | \\ \qquad\quad H \quad\; H \end{array}$$

$$= C^6H^5-Az=Az-C^6H^3.(AzO^2) + CH^3CHO + 2H^2O.$$

Le même composé, chauffé à l'ébullition avec l'acide acétique cristallisable, donne le *nitronitrosoazobenzène*

$$C^6H^5-AzH-AzH-C^6H^3 \begin{array}{l} \diagup AzO^2 \\ \diagdown AzO^2 \end{array}$$

$$= H^2O + C^6H^5-Az=Az-C^6H^3 \begin{array}{l} \diagup AzO \\ \diagdown AzO^2 \end{array}$$

[Willgerodt et Hermann, *loc cit.*].

Cette réaction a été généralisée avec un grand nombre de dérivés nitrés, de l'hydrazobenzène, de l'α et du β-naphtylhydrazobenzène par M. Willgerodt et ses élèves. Les composés ainsi obtenus ne renferment pas le groupe nitrosé; ils ne donnent pas la réaction de Liebermann. Leur véritable constitution a été démontrée par MM. Kehrmann et Messinger [*D. chem. G.*, **25**, 898]. Ils dérivent tous du phénylazimidobenzène symétrique ou *mésophénylphène-triazol* (Kehrmann),

Az / Az / Az

ou

Az / Az - C^6H^5 / Az

décrit par MM. Gattermann et Wichmann [*D. chem. G.*, **21**, 1633].

En effet, le dinitrosoazobenzène 2.4 de M. Willgerodt,

Az = Az - - AzO / AzO

réduit par le protochlorure d'étain, fournit l'amidophénylphène-triazol qui a été ensuite transformé en phénylphène-triazol, identique en tous points avec celui de MM. Gattermann et Wichmann :

AzO^2 — Az / Az / Az

⟶ Az / Az - C^6H^5 / Az

Quant aux dérivés précédemment désignés sous le nom de nitronitrosés, ils dérivent du composé de la forme :

Az / Az - C^6H^5 / Az = O

Celui-ci a été obtenu récemment par MM. Bamberger et R. Hübner dans la réduction des composés azoïques o-nitrés :

$$C^6H^4 \left\langle \begin{array}{l} Az = Az - C^6H^5 \\ AzO^2 \end{array} \right. + H^2$$

$$= H^2O + C^6H^4 \left\langle \begin{array}{c} Az \\ | \\ Az \\ \| \\ O \end{array} \right\rangle Az - C^6H^5$$

[*D. chem. G.*, **36**, 2822].

Action des aldéhydes. — MM. Cornélius et Homolka [*D. chem. G.*, **19**, 2239] ont décrit sous le nom d'*hydranoïnes* une série de composés colorés résultant de la condensation des hydrazoïques avec les aldéhydes aromatiques. La plus simple de ces hydrazoïnes serait représentée par la formule

$$\begin{array}{c} C^6H^5 - Az - Az - C^6H^5 \\ \diagdown \; \diagup \\ CH - C^6H^5 \end{array}$$

Ces expériences ont été répétées par M. Rassoff et ses élèves, qui n'ont pu réaliser la condensation cherchée; l'hydrazobenzène, dans ces conditions, se trouve oxydé par l'aldéhyde benzylique [voyez aussi Sachs et Whittaker, *D. chem. G.*, **35**, 1433]. S'ils n'ont pas réussi à faire réagir les aldéhydes aromatiques, en revanche, ils ont été plus heureux avec les aldéhydes grasses.

La formaldéhyde est capable de se combiner à l'hydrazobenzène en solution alcoolique pour donner naissance à deux produits différents, suivant que deux molécules d'hydrazoïque réagissent avec une seule ou deux molécules d'aldéhyde formique.

Les deux composés qui se forment sont :

$$\begin{array}{l} C^6H^5 \diagdown \\ \qquad\qquad Az - AzH - C^6H^5 \\ CH^2 \diagup \\ \quad\;\; \diagdown \\ \qquad\qquad Az - AzH - C^6H^6 \\ C^6H^5 \diagup \end{array}$$

méthylène-bis-hydrazobenzène

et

$$\begin{array}{c} C^6H^5 - Az - Az - C^6H^5 \\ CH^2 \langle \qquad \rangle CH^2 \\ C^6H^5 - Az - Az - C^6H^5 \end{array}$$

1.2.4.5 tétraphénylhexahydro-1.2.4.5 tétrazine

[Rassoff et Lummersheim, *J. prakt. Chem.*, (2), **64**, 129, 136].

Le premier de ces composés peut se condenser avec une nouvelle molécule d'aldéhyde formique pour donner le second.

La même réaction a lieu avec les homologues supérieurs de l'hydrazobenzène, le tolylhydrazobenzène et l'hydrazotoluène [Rassoff et Rülke, *J. prakt. Chem.*, (2), **65**, 97].

L'acétaldéhyde réagit d'une manière différente; dans le cas de l'hydrazobenzène, il se fait d'une façon transitoire le 3 *méthyl*-1.2 *diphénylhydraziméthylène*,

$$CH^3 - CH \left\langle \begin{array}{l} Az - C^6H^5 \\ | \\ Az - C^6H^5 \end{array} \right.$$

lequel réagit sur une nouvelle molécule d'aldéhyde pour donner un aldol

$$CH^3 - CHOH - CH^2 - CH \left\langle \begin{array}{l} Az - C^6H^5 \\ | \\ Az - C^6H^5 \end{array} \right.$$

Si la réaction est produite en milieu éthylalcoolique, le groupe OH est remplacé par le groupe OC^2H^5; en milieu méthylalcoolique, par le groupe OCH^3 [Rassoff et Lummersheim, *loc. cit.*].

Le p-hydrazotoluène donne un composé analogue à celui provenant de l'aldéhyde formique :

$$\begin{array}{c} CH^3 - C^6H^4 - Az - Az - C^6H^4 - CH^3 \\ CH^3 - CH \langle \qquad \rangle CH - CH^3 \\ CH^3 - C^6H^4 - Az - Az - C^6H^4 - CH^3 \end{array}$$

sans qu'il soit possible d'isoler de produits intermédiaires ou aldoliques [Rassoff et Rülke, *loc. cit.*].

Il est à remarquer que les dérivés nitrés ne se prêtent pas à ces réactions avec les aldéhydes.

Enfin, l'hydrazobenzène se condense, molécule

à molécule, avec l'acide benzaldéhyde-o-carbonique pour former un composé répondant vraisemblablement à la constitution :

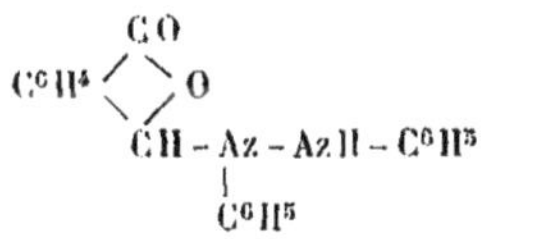

$$C^6H^4 \langle \overset{CO}{\underset{CH - Az - AzH - C^6H^5}{}} \rangle O \qquad \text{avec } C^6H^5 \text{ sur } CH$$

L'aldéhyde réagit sous sa forme tautomérique,

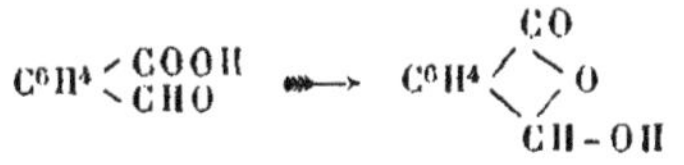

$$C^6H^4 \langle {COOH \atop CHO} \longrightarrow C^6H^4 \langle {CO \atop CH - OH} \rangle O$$

[Allendorf, *D. chem. G.*, **24**, 2350].

Action des acides. — Transpositions moléculaires.

La propriété la plus remarquable et la plus importante des hydrazoïques, c'est la faculté qu'ils possèdent de s'isomériser par suite de transpositions moléculaires lorsqu'on les met en contact avec les acides. Ce sont ces transpositions qui forment le principal intérêt des composés hydrazoïques et qui dominent leur histoire.

Pour étudier l'action des acides sur les hydrazoïques, il n'est pas nécessaire d'isoler ceux-ci; il suffit de choisir les conditions de telle manière qu'ils prennent naissance dans un milieu acide. Par exemple, quand on réduit les azoïques par le protochlorure d'étain en solution alcoolique chlorhydrique, les composés formés sont en majeure partie constitués par les produits de transformation des hydrazoïques, mais il y a toujours en même temps réduction complète d'une plus ou moins grande quantité d'azoïque en les amines correspondantes.

Les hydrazoïques subissent des transpositions moléculaires dont la nature varie suivant leur constitution. Pour plus de clarté nous diviserons cette étude en trois parties : 1° hydrazoïques dont les positions para sont libres; 2° dont les positions para sont occupées; et 3° dont une seule est occupée.

Hydrazoïques dont les positions para sont libres.

Les hydrazoïques dont les deux positions para par rapport au groupement $-AzH-AzH-$ sont libres, subissent sous l'influence des acides deux espèces de transpositions moléculaires. Nous les désignerons sous les noms de *transposition benzidique* (ou *benzidinique*) et de *transposition diphénylique*.

La transposition benzidique est la plus importante des deux. Elle fut constatée pour la première fois par Zinine en 1845 [*J. prakt. Chem.*, **36**, 93]. Il remarqua qu'en traitant successivement l'azobenzène par l'hydrogène sulfuré, puis par l'acide sulfurique, il se transforme en une base caractéristique qu'il a appelée *benzidine* (voyez ce mot, 2ᵉ Suppl., **1**, 492).

Hofmann [*Jahresb. f. Chem.*, **1863**, 424], puis G. Schultz [*Ann. Chem.*, **174**, 226] ont montré que la benzidine est isomère de l'hydrazobenzène, qu'elle dérive de celui-ci par une transposition moléculaire et qu'enfin, elle constitue le p-diamidodiphényle,

$$AzH^2{}_{(4)} - C^6H^4{}_{(1)} - C^6H^4{}_{(1)} - AzH^2{}_{(4)}.$$

Cette transposition moléculaire singulière a été constatée sur un grand nombre de dérivés de l'hydrazobenzène dont les positions para sont libres. Par exemple, chez le m-dichlorohydrazobenzène [Laubenheimer, *D. chem. G.*, **8**, 1621], le m-dibromohydrazobenzène [Gabriel, *D. chem. G.*, **9**, 1405], l'o-hydrazophénétol [R. Schmidt et Möhlau, *J. prakt. Chem.*, (2), **18**, 198], les ortho et m-hydrazotoluènes, les tolylhydrazobenzènes [Nœlting et Werner, *D. chem. G.*, **23**, 3252. — Jacobson, *D. chem. G.*, **23**, 2541], etc.

Il semble que tous les acides soient capables de provoquer cette isomérisation. Les acides minéraux la produisent déjà à froid ; avec les acides organiques il est nécessaire de chauffer. Mais, dans ce cas, la base qui se forme réagit sur les acides organiques pour donner les dérivés acylés. Ainsi l'hydrazobenzène donne avec l'acide formique de la diformylbenzidine [Stern, *D. chem. G.*, **17**, 379], avec l'acide acétique la diacétylbenzidine [Hassoff et Rülke, *J. prakt. Chem.*, (2), **65**, 97. — Sachs et Croyden Whittaker, *D. chem. G.*, **35**, 1433], et avec l'anhydride phtalique la diphtalylbenzidine [Bandrowski, *D. chem. G.*, **17**, 1181].

Si l'on compare les formules de constitution de l'hydrazobenzène et de la benzidine,

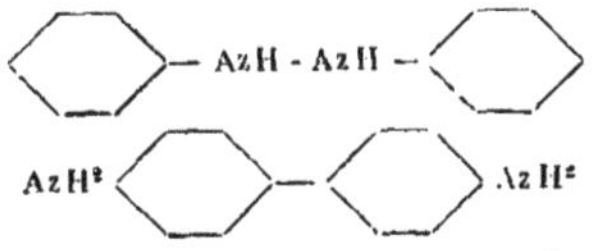

$$C_6H_5 - AzH - AzH - C_6H_5$$

$$AzH^2 - C_6H_4 - C_6H_4 - AzH^2$$

on voit que cette transposition moléculaire peut s'expliquer ainsi :

On peut supposer que dans l'hydrazobenzène les deux atomes d'hydrogène situés en para se portent sur les atomes d'azote, que la liaison entre ces deux atomes se rompt, formant par suite deux groupes amidés, et qu'enfin, les deux molécules se soudent à l'endroit de la valence laissée libre par le départ d'hydrogène.

$$\begin{matrix} AzH - C^6H^4 \,.\, H \\ | \\ AzH - C^6H^4 \,.\, H \end{matrix} \longrightarrow \begin{matrix} AzH^2 - C^6H^4 \\ | \\ AzH^2 - C^6H^4 \end{matrix}$$

En examinant de près ces réactions, M. Schultz a trouvé qu'à côté de ces bases p-diaminées il s'en forme d'autres, isomères des premières, et auxquelles il a donné le nom de *diphénylines* (voyez ce mot, 2ᵉ Suppl., article Benzidine). Les diphénylines dérivent de l'hydrazobenzène par une transposition moléculaire spéciale, la transposition diphénylique [G. Schultz, *Ann. Chem.*, **207**, 348].

La diphényline qui provient de l'hydrazobenzène possède la constitution suivante :

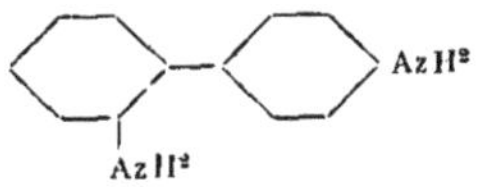

$$AzH^2 - C_6H_4 - C_6H_4 - AzH^2 \quad (\text{un } AzH^2 \text{ en ortho, l'autre en para})$$

En effet, la nitration du biphényle fournit deux dérivés mononitrés, l'un contient un groupe nitré en para par rapport à la liaison diphénylique, car à l'oxydation il donne de l'acide p-nitrobenzoïque; le second, au contraire, est de l'o-nitrodiphényle, car en le réduisant, puis le transformant en dérivé bromé, on obtient, en oxydant celui-ci, de l'acide o-bromobenzoïque. Si dans la nitration on emploie un excès d'acide nitrique, il se forme deux dérivés dinitrés. L'un donne par réduction de la benzidine, c'est donc le p-dinitrodiphényle; le second fournit de la diphényline par une réduction complète et un nitroamidodiphényle par une réduction partielle. Si dans ce produit on remplace le groupe AzH^2 par le brome, on obtient un bromonitrodiphényle qui, oxydé, donne de l'acide p-bromobenzoïque. Ceci démontre que le groupe AzO^2 et l'atome de brome se trouvent dans deux noyaux différents, et par suite aussi les deux groupes nitrés de la molécule primitive.

D'autre part, comme on arrive au même dérivé dinitré en soumettant l'o-nitrodiphényle à une nitration plus avancée, il s'en suit forcément que le deuxième groupe nitré est entré dans le second noyau en position para. La constitution du dinitré, et par suite celle de la diphényline, se trouve par conséquent démontrée; de ce fait elle est exprimée par la formule :

AzO^2 — AzO^2

⟶ AzH^2 — AzH^2

[G. Schultz, H. Schmidt et Strasser, *Ann. Chem.*, **207**, 348].

Dans le cas de l'hydrazobenzène, voici les proportions des deux bases qui se forment quand on réduit l'azobenzène :

Benzidine....	43 0/0	du poids d'azobenzène.
Diphényline..	18,5 0/0	—
Aniline......	18,5 0/0	—

Il est facile de voir que la transposition benzidique ne peut avoir lieu que si l'hydrazoïque a ses deux positions para inoccupées; pour qu'il puisse y avoir transposition diphénylique, il suffit qu'une seule des deux positions para soit libre.

Hydrazoïques dont les deux positions para sont occupées.

D'après ce que l'on vient de voir, il ne peut y avoir ici de transposition moléculaire.

En effet, le p-dichlorohydrazobenzène reste inaltéré au contact des acides froids; mais si on le fait bouillir avec un acide, il subit une décomposition analogue à celle de l'hydrazobenzène sous l'influence de la chaleur. La molécule est à la fois oxydée d'une part et réduite de l'autre, et il se fait l'amine et l'azoïque correspondant :

$$2\begin{matrix} C^6H^4 < \begin{matrix} Cl \\ AzH \end{matrix} \\ | \\ C^6H^4 < \begin{matrix} AzH \\ Cl \end{matrix} \end{matrix} = \begin{matrix} C^6H^4 < \begin{matrix} Cl \\ Az \end{matrix} \\ \| \\ C^6H^4 < \begin{matrix} Az \\ Cl \end{matrix} \end{matrix} + 2C^6H^4 < \begin{matrix} Cl \\ AzH^2 \end{matrix}$$

Le dérivé p-bromé réagit de la même manière [A. Calm et K. Heumann, *D. chem. G.*, **13**, 1180].

Lorsque les groupements substitués en para sont des phényles, comme dans le cas de l'hydrazodiphényle, il se fait également :

$$2\begin{matrix} C^6H^5 - C^6H^4 - AzH \\ | \\ C^6H^5 - C^6H^4 - AzH \end{matrix}$$

$$= \begin{matrix} C^6H^5 - C^6H^4 - Az \\ \| \\ C^6H^5 - C^6H^4 - Az \end{matrix} + 2C^6H^5 - C^6H^4 - AzH^2$$

[Friebel et Rassoff, *J. prakt. Chem.*, (2), **63**, 444]. Le cas des acides hydrazobenzoïques a été étudié par M. Strecker [*Ann. Chem.*, **129**, 129] et par MM. Reichenbach et Beilstein [*Ann. Chem.*, **132**, 150].

Hydrazoïques dont l'une des deux positions para est occupée.

Ces hydrazoïques répondent à la formule générale

R . C^6H^4 — AzH - AzH — C^6H^5

D'après ce que nous savons déjà, le simple examen de ce schéma montre que nous devons nous attendre à trouver chez ces dérivés la transposition diphénylique. Mais la réaction se complique encore davantage suivant la nature du radical R.

Prenons comme exemple le p-chlorohydrazobenzène,

Cl C^6H^4 — AzH - AzH — C^6H^5

ou, ce qui revient au même, examinons les produits résultant de l'action du chlorure stanneux sur le p-chloroazobenzène.

On y trouve : 1° de l'aniline et de la chloraniline provenant de la réduction totale de l'hydrazoïque; 2° de la benzidine formée par élimination de l'atome de chlore et transposition benzidique de l'hydrazobenzène; 3° la diphényline chlorée :

Cl — AzH^2 — AzH^2

venant de la transposition diphénylique et, enfin, deux nouvelles bases, isomères de la diphényline, auxquelles on a donné le nom de *Semidines* [Jacobson et Strübe, *Ann. Chem.*, **303**, 305].

Les diphénylines qui prennent naissance dans cette réaction possèdent bien, ainsi qu'il ressort d'un travail de MM. Jacobson et Lœb, la formule générale :

R — AzH^2 — AzH^2

c'est-à-dire que le radical substituant se trouve en position méta par rapport à la liaison diphénylique; les deux groupes aminés se trouvent l'un en para par rapport au radical R, et le second, situé dans le second noyau, en para par rapport à la liaison diphénylique [*D. chem. G.*, **36**, 4086].

Quant aux semidines, elles résultent d'une transposition particulière des hydrazoïques p-substitués, et que nous appellerons *transposition semidique*.

Elles ont été découvertes simultanément par MM. Jacobson et W. Fischer [*D. chem. G.*, **25**, 991], O. Witt et Schmidt [*D. chem. G.*, **25**, 1013] et Taüber [*D. chem. G.*, **25**, 1019]. Leur étude systématique a été entreprise par M. Jacobson et ses élèves, et a fait l'objet d'un nombre considérable de mémoires [Jacobson et Fischer, *loc. cit.* — Jacobson, Fertsch et Fischer, *D. chem. G.*, **26**, 681. — Jacobson, Henrich et Klein, *D. chem. G.*, **26**, 688. — Jacobson, *D. chem. G.*, **26**, 699. — Jacobson et Piepeulrinck, *D. chem. G.*, **27**, 2700. — Jacobson, *D. chem. G.*, **28**, 2541. — Jacobson, Jaenicke et F. Meyer, *D. chem. G.*, **29**, 2680. — Jacobson et Turnbull, *D. chem. G.*, **31**, 890. — Jacobson, G. Franz et K. Zaar, *D. chem. G.*, **36**, 3857. — Jacobson, Franz et Hönigsberger, *D. chem. G.*, **36**, 4069.

— Jacobson, *Ann. Chem.*, **287**, 97; **303**, 290].

Un des cas les plus simples est celui où, dans la formule générale

R–C_6H_4–AzH–AzH–C_6H_5

R représente un groupe OC^2H^5 ou OCH^3; la transposition ne fournit pas des semidines. Par exemple, le benzène-azophénétol :

$C^2H^5O-C^6H^4-Az=Az-C^6H^5$,

réduit dans des conditions que M. Jacobson appelle *normales* [*Ann. Chem.*, **287**, 128] donne, à côté des produits de réduction totale, deux bases isomères du p-éthoxyhydrazobenzène.

Ces deux produits se forment en quantités inégales. Le plus abondant a déjà été obtenu par M. Bohn et par MM. Nœlting et Werner [*D. chem. G.*, **23**, 2352] qui le regardèrent comme une diphénylamine; en réalité, sa constitution est celle d'une o-diamine. En effet, il réagit avec l'acide nitreux pour donner une azimide tertiaire, avec l'acide formique ou acétique il fournit des anhydro-dérivés, etc.

Sa constitution est donc exprimée par l'une des deux formules :

I. OC^2H^5–C_6H_4–AzH–C_6H_4–AzH^2 ou II. OC^2H^5–C_6H_3(AzH–C_6H_5)–AzH^2

La synthèse directe de chacun de ces composés a été faite; pour le premier en condensant l'o-nitrobromobenzène avec la p-phénétidine et réduisant; pour le second en traitant la 2 nitro-5 chlorodiphénylamine de Laubenheimer [*D. chem. G.*, **9**, 771]

Cl–C_6H_3(AzO^2)(AzH–C^6H^5)

par l'éthylate de sodium et réduisant ensuite le dérivé nitré ainsi obtenu. La base de Bohn s'est montrée identique avec le produit de réduction de ce dérivé nitré, M. Jacobson a donné aux composés possédant cette constitution, le nom d'*orthosemidines*.

La base la moins abondante a la même composition que la précédente, mais ses propriétés l'en différencient : son chlorhydrate ne renferme qu'une molécule d'acide chlorhydrique, l'acétylation donne un dérivé monoacétylé ou un diacétylé, la moitié seulement de l'azote est diazotable, enfin, la même base s'obtient synthétiquement en condensant l'hydroquinone avec l'aniline, éthérifiant le produit et nitrosant.

Le composé ainsi obtenu :

C^7H^5O–C_6H_4–Az(AzO)–C_6H_5

est isomérisé par la méthode de O. Fischer et Hepp [*D. chem. G.*, **19**, 2991], puis réduit, ce qui donne finalement le composé

$C^7H^5.O$–C_6H_4–AzH–C_6H_4–AzH.

identique avec la semidine considérée.

C'est ce que M. Jacobson désigne sous le nom de *para-semidine*.

Les semidines sont donc des dérivés de la diphénylamine : les o-semidines correspondent à l'o-aminodiphénylamine et les p-semidines à la p-aminodiphénylamine.

En considérant l'hydrazobenzène, si l'on suppose qu'une moitié seulement de la molécule subisse la transposition benzidique, et que le noyau dont une valence est ainsi devenue libre échange celle-ci avec l'atome d'azote du second noyau, on aura un dérivé de la diphénylamine :

$H-C^6H^4-AzH$ | C^6H^5-AzH → $C^6H^4-AzH^2$ \ C^6H^5-AzH

Les semidines résultent donc d'une demi-transposition benzidique; d'où leur nom.

Voici les quantités relatives de semidines qui se forment à partir du benzène-azoanisol et du benzène-azophénétol.

	Benzène azoanisol.	Benzène azophénétol.
o-Semidine.........	52 0/0	42 0/0
p-Semidine.........	12 0/0	14 0/0
Réduction totale....	31	36

Ces chiffres absolument comparables montrent que, lorsque le groupement substitué en para est un alcoyloxy, la transposition est uniquement semidique. Nous avons vu que dans le cas du p-chlorohydrazobenzène la réaction est beaucoup plus compliquée et on peut dire que, d'une manière générale, un hydrazoïque p-substitué est susceptible de donner :

1° Une benzidine par élimination du groupe substituant;

R–C_6H_4–AzH–AzH–C_6H_5 → AzH^2–C_6H_4–C_6H_4–AzH^2

2° Une diphényline;

3° Une o-semidine;

4° Une p-semidine;

5° Des bases de réduction totale.

R–C_6H_4–AzH–AzH–C_6H_5

R–C_6H_3(AzH^2)(–AzH–C_6H_5) orthosemidine

R–C_6H_4–AzH–C_6H_4–AzH^2 parasemidine

R–C_6H_3(AzH^2)–C_6H_4–AzH^2 diphényline

Il était intéressant de rechercher quelle serait l'influence exercée par la nature du radical R sur la quantité relative de chacun de ces produits de transposition. Cette étude a été entreprise par M. Jacobson et ses élèves, et les conclusions qu'ils en ont tirées sont les suivantes :

Tandis que les éthers éthylés du p-oxhydrazobenzène fournissent exclusivement de l'ortho- et de la p-diamine, le dérivé acétylé du p-oxyhydrazobenzène ne donne au contraire que de la diphénylline. Le même antagonisme se rencontre chez les dérivés alcoylés et acylés du p-aminohydrazobenzène; ainsi le diméthylaminohydrazobenzène fournit surtout une diphénylline, tandis que l'acétylaminohydrazobenzène donne presque exclusivement une p-semidine.

Enfin, si R représente un élément halogéné, on constate à la fois une transposition diphénylique, semidique et benzidique; cette dernière étant due à l'élimination partielle de l'halogène.

Il ne reste qu'une question à résoudre; celle de savoir ce qui se passe lorsque, dans un hydrazoïque p-substitué, on introduit d'autres substitutions.

Pour la résoudre plus facilement, il est nécessaire de pénétrer plus avant dans le mécanisme de la transposition semidique.

Dans le cas des p-semidines, il est clair que c'est l'atome d'hydrogène en para du noyau non substitué qui se transpose.

R-⟨C₆H₄⟩— AzH - AzH —⟨C₆H₅⟩

→ R-⟨C₆H₄⟩—AzH —⟨C₆H₄⟩ AzH²

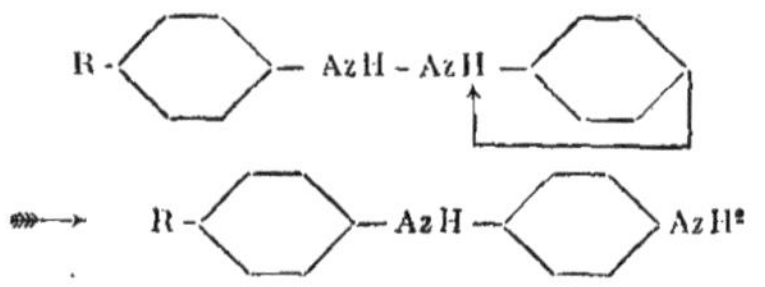

Dans la formation d'o-semidine au contraire, il peut y avoir deux mécanismes possibles. Ou bien c'est l'atome d'hydrogène en ortho du noyau substitué qui se transpose, ou bien c'est celui du noyau non substitué; d'où les deux formules :

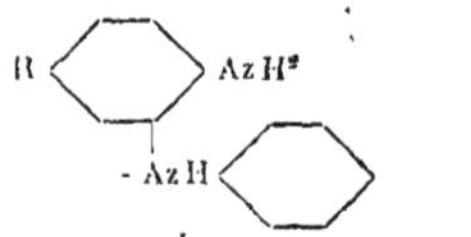

R ⟨C₆H₃⟩ AzH²
- AzH ⟨C₆H₅⟩

I.

ou

R ⟨C₆H₄⟩— AzH —⟨C₆H₄⟩ AzH²

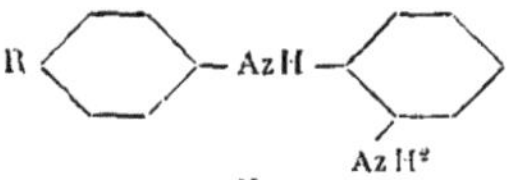

II.

M. Jacobson a démontré d'une manière certaine, en faisant la synthèse de nombreuses o-semidines, qu'elles répondent toutes à la formule de constitution (I).

On peut en déduire immédiatement qu'une nouvelle substitution en para empêche la transposition p-semidique, et qu'une double substitution en ortho dans le noyau déjà substitué empêche la transposition o-semidique. Mais la substitution en des positions différentes de celles-ci n'est pas sans influence sur le sens dans lequel la transposition aura lieu.

Ainsi : la présence d'un groupe méthoxyle ou éthoxyle en ortho par rapport à l'azote, dans l'un quelconque des noyaux, est défavorable à la transposition o-semidique [Jacobson, *Ann. Chem.*, **287**, 115].

Ce fait peut s'expliquer en invoquant des considérations stéréochimiques. Les hydrazoïques substitués en ortho donneraient des semidines

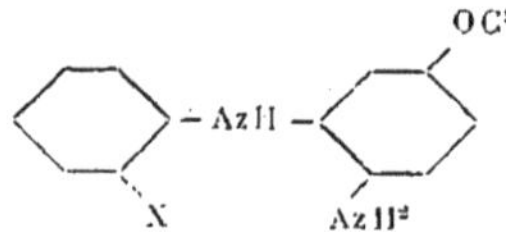

⟨C₆H₄X⟩ — AzH —⟨C₆H₃(OC²H⁵)(AzH²)⟩

ou

⟨C₆H₅⟩— AzH ——⟨C₆H₂(AzH²)(X)⟩ OC²H⁵

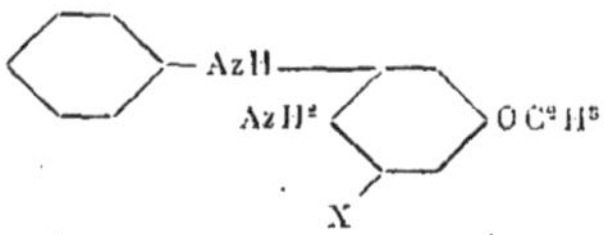

suivant que la substitution X se trouve dans l'un ou l'autre des noyaux. On peut concevoir que l'accumulation des trois groupements en ortho ait une tendance à s'opposer à la réaction, comme dans les expériences de W. Meyer sur l'éthérification des acides aromatiques. Cependant, ici, cette influence stéréochimique est moins nette.

Des expériences récentes ont montré [Jacobson, G. Franz et Zaar, *D. chem. G.*, **36**, 3857] que l'o-toluène-azophénétol fournit à la fois de la p- et de l'o-semidine, contrairement à des indications précédentes [*D. chem. G.*, **26**, 701], d'après lesquelles il ne se ferait pas d'o-semidine. De même, MM. O. Witt et Schmidt ont constaté [*D. chem. G.*, **25**, 1013; **27**, 2351] la transposition o-semidique chez l'éther du benzène-hydrazo-α-naphtol, dans lequel on peut considérer le noyau de la naphtaline comme un noyau benzénique substitué en ortho. De même, comme d'après la théorie de M. von Baeyer [*Ann. Chem.*, **245**, 126] les empêchements d'ordre stéréochimiques sont plus prononcés dans les chaînes hydroaromatiques, on devrait s'attendre à ne pas observer de transposition semidique dans la réduction de l'éther du benzène-azotétrahydro-α-naphtol,

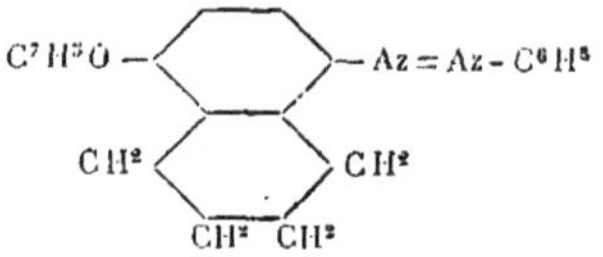

C^7H^5O — ⟨ ⟩— Az = Az - C^6H^5

CH² ⟨ ⟩ CH²

CH² CH²

On constate que la quantité d'o-semidine formée est beaucoup moindre (41 0/0) que dans le cas du dérivé non hydrogéné (64 0/0) [Jacobson et Turnbull, *D. chem. G.*, **31**, 890].

Transposition par le sulfure de carbone.

MM. Jacobson et Hugershoff [*D. chem. G.*, **36**, 3841] ont constaté que le sulfure de carbone réagit sur les hydrazoïques de deux manières différentes, suivant qu'ils sont substitués ou non.

Les hydrazoïques non substitués, chauffés à 150° avec du sulfure de carbone, subissent une décomposition profonde en donnant du soufre et les thio-urées correspondantes :

$$R - AzH - AzH - R + CS^2$$
$$= R - AzH - CS - AzHR + S.$$

La réaction est toute différente si l'hydrazoïque est substitué en para. Il se produit une véritable transposition o-semidique, et la semidine formée, réagissant sur le sulfure de carbone, donne un dérivé du benzimidazol.

Dans le cas de l'éthoxyhydrazobenzène, il se

fait transitoirement l'o-semidine qui réagit sur le sulfure de carbone,

$$C^6H^5-AzH-C^6H^3(OC^7H^5)(AzH^2) + CS^2 = C^6H^3(OC^7H^5) \begin{matrix} -Az(C^6H^5) \\ -Az \end{matrix} \!\!> C-SH$$

pour donner le 1 phényl-2 sulfhydryl-6 éthoxybenzimidazol.

Cette réaction se constate chez tous les dérivés de substitution de l'éthoxyhydrazobenzène, même chez ceux pour lesquels la transposition o-semidique par les acides est rendue difficile.

André Wahl.

HYDRAZO-ISOBUTYRIQUE (ACIDE) (Syn. *hydrazo 2-méthylpropanoïque*),

$$\begin{matrix}(CH^3)^2\\CO^2H\end{matrix}\!>C-AzH-AzH-C<\!\begin{matrix}(CH^3)^2\\CO^2H\end{matrix}$$

— On l'obtient par saponification du mononitrile ou du dinitrile correspondant, au moyen de l'acide chlorhydrique fumant (8 à 10 parties). On laisse d'abord la réaction s'effectuer à froid, pour la formation de l'amide, puis au bout de 24 heures on ajoute un demi-volume d'eau et on fait bouillir pendant 1 heure; on évapore à sec au bain-marie, pour chasser tout l'acide chlorhydrique; on dissout dans un peu d'eau bouillante, et on ajoute avec précaution de l'ammoniaque, jusqu'à ce que la tropéoline ne soit plus rougie. Par refroidissement, l'acide cristallise en prismes vitreux, fusibles à 223-224°. Le reste s'extrait à l'état d'éther [J. Thiele et Heuser, *Ann. Chem.*, **290**, 1].

Cet acide dicarboxylé n'est que *monobasique*; il se dissout dans l'eau froide, les acides, les alcalis; l'alcool, l'éther et l'éther acétique ne le dissolvent que fort peu.

Distillé à la pression ordinaire ou dans le vide, cet acide ne s'altère que peu; maintenu pendant 10 heures à 270°, il donne dans le haut du tube un sublimé de longues aiguilles qui renferment 1 molécule d'eau en moins. On ne réussit pas par ces procédés à lui faire perdre 1 molécule ou 2 molécules d'anhydride carbonique.

L'acide nitreux fournit un *dérivé dinitrosé* en petites aiguilles jaune clair, très explosives, qui constituent la dinitrosamine

$$\begin{matrix}(CH^3)^2\\CO^2H\end{matrix}\!>C-Az-AzO-Az-AzO<\!\begin{matrix}(CH^3)^2\\CO^2H\end{matrix}$$

dont M. Gomberg a étudié les produits de décomposition [*Ann. Chem.*, **300**, 59].

Sels. — On a preparé les sels de *potassium*, d'*ammonium*, de *calcium*. D'autre part, les acides peuvent s'y combiner; le *chlorhydrate*, $C^8H^{16}Az^2O^4, HCl + H^2O$, est en aiguilles groupées en rosettes.

Hydrazo-isobutyrate d'éthyle. — Cet éther s'obtient avec un bon rendement (68 grammes à partir de 60 grammes d'acide) par éthérification au moyen du gaz chlorhydrique. Il bout à 231-233° sans décomposition, se dissout dans les acides et est précipité de ces solutions par les alcalis; l'air l'oxyde et le transforme en azoéther qui ne se dissout plus dans les acides. $D_4^{23} = 0{,}99784$.

Hydrazo-isobutyrate de méthyle. — Préparé comme le précédent, il bout à 216° et cristallise facilement en prismes volumineux, incolores, brillants, fusibles à 53-54°.

L'eau de brome transforme ces deux éthers en dérivés azoïques correspondants: le dérivé éthylique est liquide, le méthylique fond à 33°.

Mononitrile hydrazo-isobutyrique,

$$\begin{matrix}(CH^3)^2\\CO^2H\end{matrix}\!>C-AzH-AzH-C<\!\begin{matrix}(CH^3)^2\\CAz\end{matrix}$$

— Ce corps s'obtient par l'action du cyanure de potassium (1 molécule) sur l'acide hydrazine-isobutyrique (1 molécule) en présence d'acétone (1 molécule). Il se forme sans doute l'acétone-acide-hydrazine-isobutyrique,

$$(CH^3)^2C=Az-AzH-C<\!\begin{matrix}(CH^3)^2\\CO^2H\end{matrix},$$

laquelle fixe l'acide cyanhydrique comme la semicarbazone de l'acétone. Après quelques jours, on ajoute la quantité voulue d'acide chlorhydrique; le nitrile se précipite; on le reprend par l'éther. On le fait finalement cristalliser dans la ligroïne. Aiguilles fusibles à 100°, facilement solubles dans l'eau, l'alcool, l'éther, moins dans la ligroïne (Th. et H.).

Dinitrile hydrazo-isobutyrique,

$$\begin{matrix}(CH^3)^2\\CAz\end{matrix}\!>C-AzH-AzH-C<\!\begin{matrix}(CH^3)^2\\CAz\end{matrix}$$

— Ce composé s'obtient suivant une réaction remarquable, qui consiste à mettre en présence l'hydrazine et l'acétone, d'où résulte la cétazine $(CH^3)^2C=Az-Az=C(CH^3)^2$, puis l'acide cyanhydrique qui s'y fixe doublement et conduit au dinitrile cherché.

Pour faire cette réaction, on agite vivement 130 grammes de sulfate d'hydrazine dissous dans l'eau chaude, 130 grammes de cyanure de potassium en solution concentrée et 116 grammes d'acétone. On opère dans un appareil à reflux pour éviter les pertes dues à l'échauffement. En agitant d'une façon soutenue, le dinitrile, séparé d'abord sous la forme d'huile, cristallise en lamelles brillantes. L'éther l'abandonne en tables vitreuses de plusieurs centimètres, monocliniques, fusibles à 92-93°. L'alcool et l'éther le dissolvent facilement, ainsi que les acides; l'eau et les alcalis ne le dissolvent point.

Le *chlorhydrate* est amorphe et peu stable (Th. et H.).

Dinitrosohydrazo-isobutyronitrile,

$$\begin{matrix}(CH^3)\\CAz\end{matrix}\!>C-Az(AzO)Az(AzO)-C<\!\begin{matrix}(CH^3)^2\\CAz\end{matrix}$$

— Ce corps se produit par l'action du nitrite de sodium (2 molécules) sur la solution chlorhydrique bien refroidie du nitrile. Il se sépare une huile jaune, facilement solidifiable, fusible à 43-44°. Exposés à l'air, les cristaux jaunes perdent peu à peu du bioxyde d'azote et se changent en *azo-isobutyronitrile* incolore; cette réaction est rapide à 50-70° et conduit au même corps, fusible à 105°, que celui que fournit l'oxydation de l'hydrazodinitrile par l'eau de brome.

Dérivés azoïques. — Toute une série de dérivés azoïques correspondant aux hydrazoïques précédents ont été préparés; en voici les formules:

Isobutyronitrile-azo-isobutyronitrile,

$$\begin{matrix}(CH^3)^2\\CAz\end{matrix}\!>C-Az=Az-C<\!\begin{matrix}(CH^3)^2\\CAz\end{matrix}$$

fusible à 105-106°.

Cet azodinitrile perd tout son azote à la température d'ébullition de l'eau, et se transforme en dinitrile tétraméthylsuccinique,

$$CAz-C(CH^3)^2-C(CH^3)^2-CAz,$$

fusible à 169°.

Chlorhydrate d'imidoéthyléther,

$$\begin{matrix} (CH^3)^2 \\ \quad \end{matrix} > C - Az = Az - C < \begin{matrix} (CH^3)^2 \\ \quad \end{matrix}$$
$$C^2H^5O . C = AzH . HCl \quad HCl . AzH = C . OC^2H^5$$

fusible à 106-107°.

Chlorhydrate d'imidométhyléther,

$$\begin{matrix} (CH^3)^2 \\ \quad \end{matrix} > C - Az = Az - C < \begin{matrix} (CH^3)^2 \\ \quad \end{matrix}$$
$$CH^3O . C = AzH . HCl \quad HCl . AzH = C . OCH^3$$

fusible à 133-134°.

Amidoxime de l'acide azo-isobutyrique,

$$(CH^3)^2 > C - Az = Az - C < (CH^3)^2$$
$$AzH^2 - C = AzOH \quad AzH^2 - C = AzOH$$

fusible à 154°.

Éther éthylique de l'acide azo-isobutyrique

$$(CH^3)^2 > C - Az = Az - C < (CH^3)^2$$
$$CO^2C^2H^5 \qquad CO^2C^2H^5$$

liquide.

Éther méthylique,

$$(CH^3)^2 > C - Az = Az - C < (CH^3)^2$$
$$CO^2CH^3 \qquad CO^2CH^3$$

cristallise avec 2 molécules d'eau, fond à 33°.

Amide,

$$\begin{matrix} (CH^3)^2 \\ AzH^2CO \end{matrix} > C - Az = Az - C < \begin{matrix} (CH^3)^2 \\ COAzH^2 \end{matrix}$$

fusible à 94-95°.

Sel de potassium. — Il est bibasique et renferme 1 molécule d'eau.

Ce sel mousse comme un carbonate et perd de l'anhydride carbonique en présence de l'acide sulfurique. Le nouveau corps subit alors une transposition moléculaire et se transforme en l'hydrazone-acétone-isobutyrique :

$$(CH^3)^2CH - Az = Az - C < \begin{matrix} CH^3 \\ CO^2H \end{matrix}$$
$$\longrightarrow (CH^3)^2C = Az - AzH - C < \begin{matrix} (CH^3)^2 \\ CO^2H \end{matrix}$$

M. Delépine.

HYDRAZONES. — Les hydrazines de formule

$$\begin{matrix} R_1 \\ R_2 \end{matrix} > Az - AzH^2$$

dans lesquels R_1 et R_2 peuvent être soit de l'hydrogène, soit des radicaux alcooliques, jouissent de la propriété de se combiner avec la plus grande facilité aux aldéhydes et aux cétones, cette condensation ayant lieu avec élimination d'eau. On donne le nom général d'*hydrazones* à cette classe de composés ainsi obtenus. Dans le cas particulier où R_1 et R_2 sont tous deux de l'hydrogène, c'est-à-dire dans le cas de l'hydrazine proprement dite, on conçoit que les hydrazones obtenues soient encore susceptibles de se comporter comme les hydrazines elles-mêmes et de se prêter à une nouvelle condensation. Ces composés ont été décrits à l'article HYDRAZINE; nous renvoyons à ce mot, pour nous occuper seulement des hydrazones correspondant aux hydrazines primaires $R_1 - AzH - AzH^2$ et aux hydrazines secondaires dissymétriques

$$\begin{matrix} R_1 \\ R_2 \end{matrix} > Az - AzH^2.$$

La formation de ces hydrazones et leurs propriétés générales dépendent essentiellement de la nature et de la position dans la molécule des différents carbonyles qui peuvent accompagner la fonction aldéhyde ou cétone. C'est en nous plaçant à ce point de vue, le même qui a guidé dans la description des combinaisons de l'hydrazine avec les aldéhydes ou avec les cétones, que nous diviserons leur étude en deux parties :

I. — Hydrazones des aldéhydes ou des cétones à fonction simple (Hydrazones proprement dites).

II. — Hydrazones des aldéhydes ou des cétones à fonctions complexes (dialdéhydes, dicétones, aldéhydes-cétones, alcools, acides et éthers-sels aldéhydiques ou cétoniques, etc.).

I. — *Hydrazones des monoaldéhydes ou des monocétones.*

De toutes les hydrazines susceptibles de se combiner aux aldéhydes ou aux cétones simples pour donner naissance aux *hydrazones proprement dites*, la plus souvent employée est la phénylhydrazine. Aussi le mot d'hydrazones a-t-il souvent servi dans un sens restrictif et par abréviation pour désigner les dérivés obtenus avec cette base; mais comme les autres hydrazines donnent des combinaisons du même genre, il vaut mieux conserver au terme *hydrazones* son sens le plus large, c'est-à-dire l'appliquer à la désignation des produits de condensation des aldéhydes et des acétones avec les hydrazines, et adopter définitivement celui de *phénylhydrazones* pour les combinaisons propres à la phénylhydrazine.

Ainsi l'on dira :

$$(CH^3)^2C = Az - AzHC^6H^5$$

Acétone-phénylhydrazone
(ou propane 2-phénylhydrazone).

$$(CH^3)^2C = Az - Az < \begin{matrix} CH^3 \\ C^6H^5 \end{matrix}$$

Acétone-méthylphénylhydrazone
(ou propane 2-phénylméthylhydrazone).

etc. Le premier nom est le nom courant; le second est celui qui conviendrait d'après la nomenclature de Genève [2e Suppl., **2**, 1069].

On dit aussi et d'une façon très claire : .....hydrazone de telle aldéhyde ou de telle cétone; ou bien encore : .....idène-hydrazone pour les dérivés aldéhydiques. Exemple :

$$C^6H^5 - CH = Az - AzHC^6H^5$$

Phénylhydrazone de l'aldéhyde benzoïque.
Benzylidène-phénylhydrazone.

En raison de leur importance, nous rassemblerons ici, une fois pour toutes, quelques généralités sur les hydrazones.

Préparation. — La méthode la plus générale pour l'obtention des hydrazones consiste à faire agir directement l'aldéhyde ou la cétone sur l'hydrazine. Ces composés sont tantôt pris tels quels, tantôt dilués dans un liquide inerte, alcool, éther, benzène, chloroforme, etc. Mais beaucoup de préparations sont plus avantageuses si l'on a soin de dissoudre la phénylhydrazine, par exemple, dans l'acide acétique pur ou dilué. Une variante de cette dernière façon d'opérer consiste à faire une solution mixte de phénylhydrazine et d'acétate de sodium, à laquelle on ajoute le composé aldéhydique ou cétonique.

On peut aussi quelquefois partir directement d'une solution de chlorhydrate de phénylhydrazine ou d'autres sels de cette base. Ajoutons enfin que s'il est souvent bon de chauffer, cette précaution est parfois inutile ou même nuisible. M. Overton [*D. chem. G.*, **26**, 18] recommande pour obtenir immédiatement des produits solides de dissoudre la cétone dans l'acide acétique cristallisable et d'ajouter à froid un léger excès de base Au bout de quelques heures, l'hydrazone se précipite cristallisée.

Si nous prenons comme exemple la méthyléthylcétone et la phénylhydrazine, la réaction est la suivante :

$$\begin{array}{l} {CH^3 \atop C^2H^5} > CO + AzH^2-AzHC^6H^5 \\ = {CH^3 \atop C^2H^5} > C = Az-AzHC^6H^5 + H^2O. \end{array}$$

2° Au lieu des aldéhydes et des cétones, on peut employer les chlorures correspondants. Il est nécessaire d'opérer avec des produits absolument purs. On dissout le chlorure dans le chloroforme ou mieux dans l'éther absolu et on ajoute trois molécules de phénylhydrazine dissoute dans l'éther. La réaction se passe suivant l'équation :

$$\begin{array}{l} {C^6H^5 \atop X-C^6H^4} > CCl^2 + 3 {R_1 \atop R_2} > Az-AzH^2 \\ = {C^6H^5 \atop X-C^6H^4} > C = Az-Az < {R_1 \atop R_2} \\ + 2(R_1R_2Az-AzH^2 . HCl). \end{array}$$

Le chlorhydrate de phénylhydrazine se précipite et l'hydrazone cristallise par évaporation de l'éther. Comme nous le verrons plus loin, le procédé permet dans certains cas d'obtenir l'hydrazone sous deux modifications stéréo-isomériques [A. Hantzsch et F. Kraft, *D. chem. G.*, **24**, 3525. — Overton, *ibid.*, **26**, 18].

3° Certaines combinaisons, comme les oximes, les imines d'aldéhydes, sont dédoublées par la phénylhydrazine, qui en chasse l'hydroxylamine et les amines pour se substituer à leur place. Dans le cas des oximes, par exemple, il suffit de chauffer un mélange équimoléculaire des deux composés, au bain d'huile à 150° [Th. Just, *D. chem. G.*, **19**, 1205].

4° On a vu [2e Suppl., **5**, 256] que la réduction des aldazines $RCH=Az-Az=CHR$ fournit, dans des conditions particulières, un procédé de préparations d'hydrazones du type

$$R . CH^2-AzH-Az=CH . R.$$

[T. Curtius, *J. prakt. Chem.*, **62**, 83].

5° Un dernier procédé s'applique plus spécialement à la préparation des hydrazones d'aldéhydes et de cétones à fonctions complexes. Il consiste à faire agir les sels de diazoïques sur les dérivés sodés des composés renfermant un groupement méthylène CH^2 en relation avec des radicaux électronégatifs. On obtient dans ces conditions au lieu des diazoïques attendus, des hydrazones tautomères. Nous n'insisterons pas ici sur ces préparations, nous proposant d'y revenir avec plus de développement à propos des hydrazones d'aldéhydes et cétones à fonctions complexes.

Constitution. — Si l'on envisage l'action d'une hydrazine secondaire asymétrique sur une aldéhyde ou une cétone, on conçoit que l'élimination d'une molécule d'eau se fasse entre les deux seuls atomes d'hydrogène de l'hydrazine et l'oxygène aldéhydique ou cétonique suivant le schéma :

$$\begin{array}{l} {R_1 \atop R_2} > Az-Az\boxed{H^2 + O}=C < {R \atop R'} \\ = {R_1 \atop R_2} > Az-Az=C < {R \atop R'} + H^2O. \end{array}$$

Mais cette condensation peut être représentée autrement si l'hydrazine est primaire : suivant que l'élimination d'eau s'effectue de la façon précédente, ou bien en empruntant de l'hydrogène à chacun des deux atomes d'azote. Dans ce cas deux formules sont possibles, ce sont :

$$R_1AzH-Az=C < {R' \atop R} \quad (I) \quad \text{ou} \quad \begin{array}{c} R_1Az-Az \\ \diagdown \; \diagup \\ CRR' \end{array} \quad (II)$$

M. Philips [*Ann. Chem.*, **252**, 292] a montré que le premier schéma, généralement adopté, est celui qui convient le mieux pour expliquer les propriétés de ces composés. Cet auteur a en effet préparé la benzylidène-phénylhydrazone potassée en faisant réagir le potassium sur une solution benzénique de l'hydrazone et traité ce dérivé par le chlorure de benzyle. Il a été ainsi conduit à une hydrazone identique à celle que l'on obtient par l'action directe de l'α-benzylphénylhydrazine sur l'aldéhyde benzoïque et qui possède la constitution

$${C^6H^5 \atop C^6H^5-CH^2} > Az-Az=CH-C^6H^5$$

Il s'ensuit que le dérivé potassé répond à la formule $C^6H^5AzK-Az=CH-C^6H^5$. Par suite l'hydrazone primitive est bien représentée par le schéma (I) et non par le schéma (II) qui aurait conduit à un dérivé de la β-benzylphénylhydrazine. Aussi la seconde formule a-t-elle été rejetée.

Cependant la formule (I) adoptée est insuffisante dans quelques cas. Elle ne peut expliquer d'après M. Freer [*Am. chem. Journ.*, **21**, 14] la propriété que possèdent certaines phénylhydrazones de s'oxyder avec une grande facilité pour donner naissance à des corps colorés, instables, quelquefois explosifs, présentant tous les caractères des azoïques. Il est nécessaire dans ce cas d'imaginer un nouveau schéma

$${R \atop R'-CH} \geqslant C-AzH-AzHC^6H^5 \quad (I\ bis)$$

qui rendrait mieux compte de la formation, par oxydation, d'azoïques

$${R \atop R'-CH} \geqslant C-Az=AzC^6H^5$$

D'autre part, l'action du chlorure de benzoyle à froid sur certaines hydrazones conduit à des produits d'addition huileux, qui sont dédoublés par l'acide chlorhydrique et l'alcool en cétones ou aldéhydes et en dibenzoylphénylhydrazine symétrique, $(C^6H^5CO)AzH-(C^6H^5CO)AzC^6H^5$, sans la moindre trace de monobenzoylphénylhydrazine. Aussi ces considérations ont-elles amené M. Freer à appliquer le schéma précédent (I *bis*) aux phénylhydrazones de l'acétone et de l'acétophénone. Celle de l'acide pyruvique au contraire, qui ne fournit pas de dérivé azoïque par oxydation, répond à la première constitution (I).

Isomérie. — Les hydrazones peuvent se présenter dans certaines conditions sous deux modifications. Si l'on fait, en effet, réagir la phénylhydrazine sur une cétone symétrique ou asymétrique, il ne se produit jamais qu'une hydrazone; mais en opérant avec le chlorure d'une cétone asymétrique, $R-CCl^2-R'$, on a pu isoler dans certains cas deux hydrazones distinctes, possédant la même structure et des propriétés très voisines, et considérées par M. A. Hantzsch comme des stéréo-isomères [*D. chem. G.*, **26**, 9; *Bull. Soc. Chim.*, (3), **10**, 833]. Ces deux hydrazones se forment d'ailleurs en proportions inégales; celle qui prédomine est identique à l'hydrazone obtenue à partir de la cétone; elle peut être considérée comme la combinaison normale et être désignée sous le nom d'α-hydrazone, tandis que l'autre ne se forme guère que dans la.

proportion de 10 à 12 0/0 et représente l'hydrazone anormale ou β-hydrazone. Ces cas d'isomérie stéréochimique n'ont encore été que très rarement observés chez les hydrazones des aldéhydes ou cétones simples. Seule, la phénylhydrazone de l'anisylphénylcétone se présente sous deux formes α et β [A. Hantzsch et F. Kraft, *D. chem. G.*, **24**, 3525], et ces auteurs leur attribuent les formules suivantes :

$$\begin{array}{c} C^6H^5 - C - C^6H^4 - OCH^3 \\ \| \\ {}^{H}_{C^6H^5} > Az - Az \end{array}$$

(dérivé α)

et

$$\begin{array}{c} C^6H^5 - C - C^6H^4 - OCH^3 \\ \| \\ Az - Az <^{H}_{C^6H^5} \end{array}$$

(dérivé β)

La diphénylhydrazine fournit également avec l'éther acétylacétique deux hydrazones isomériques [A. Hantzsch et Hornbostel, *D. chem. G.*, **30**, 3003].

On a pu également préparer les diphénylhydrazones α et β de l'anisylphénylcétone et de la p-tolylphénylcétone [B. Overton, *D. chem. G.*, **26**, 18; *Bull. Soc. Chim.*, (3), **10**, 837]. Toutes les tentatives effectuées dans le but d'obtenir ces isomères avec la p-chlorobenzophénone, le chlorobenzile, l'o-chlorobenzophénone n'ont fourni que le dérivé α (B. Overton).

Par contre les aldéhydes ou cétones à fonctions complexes présentent plus souvent dans leurs hydrazones des exemples de cette isomérie, particulièrement quand ces dernières sont obtenues par l'action des diazoïques sur les composés qui contiennent un groupe CH^2 en relation avec des radicaux électronégatifs. Nous citerons, comme hydrazones existant sous les deux formes α et β, celles de l'acide o-nitrophénylglyoxylique

$$AzO^2 - C^6H^4 - C\ (= Az - AzHC^6H^5) - CO^2H,$$

celles qui dérivent par la méthode ci-dessus du nitrométhane, du nitropentane, des éthers benzoylacétique, cyanacétique, etc.

Les modifications α et β se distinguent par leur différence de solubilité dans le chloroforme; le dérivé α est le moins soluble et possède le point de fusion le plus élevé. Le dérivé β est caractérisé par une moindre stabilité et se résinifie plus facilement. L'acide chlorhydrique sec transforme le dérivé α en dérivé β; en présence d'humidité, les deux modifications sont dédoublées par le même acide en acétone et en hydrazine. Ces hydrazones fournissent avec les chlorures d'acides des produits d'addition que le gaz ammoniac sec décompose en régénérant l'hydrazone primitive, mais en la transformant partiellement en son isomère.

PROPRIÉTÉS. — Ce sont le plus souvent des corps cristallisés, dont la formation est parfois même utilisable pour séparer les composés carbonylés. Quelques termes sont huileux; les termes inférieurs sont distillables sous pression réduite. Les hydrazones sont souvent altérables à l'air et se résinifient facilement; beaucoup fondent avec décomposition. Aussi faut-il, pour avoir un point de fusion constant, prendre soin de le déterminer en chauffant le plus rapidement possible l'hydrazone enfermée dans un tube de verre [E. Fischer, *D. chem. G.*, **21**, 984].

Des déterminations cryoscopiques ont été effectuées sur de nombreuses hydrazones, en vue de déterminer l'influence sur le poids moléculaire du groupement $= Az - AzH -$ quand il est en relation avec des complexes suffisamment acides. Elles ont montré qu'en solution dans le p-bromobenzène les trois nitrobenzylidène-phénylhydrazones ont un poids moléculaire anormal, tandis que la benzylidène-o-nitrophénylhydrazone, la benzylidène-o-anisylhydrazone, la benzophénone-benzylmonohydrazone et la benzylidènehydrazone ont un poids moléculaire normal [K. Auwers et G. Mann, *D. chem. G.*, **33**, 1303].

Les hydrazones des aldéhydes simples sont en général incolores ou bien faiblement colorées en jaune. On obtient au contraire des composés fortement colorés en rouge ou en jaune par l'introduction dans la molécule d'un groupement AzO^2. Telles sont, par exemple, les p-nitrophénylhydrazones [E. Hyde, *D. chem. G.*, **32**, 1018. — F. Feist, *D. chem. G.*, **33**, 2098], les o- et m-nitrophénylhydrazones [Bischler et Brodsky, *D. chem. G.*, **22**, 2809. — Rougy, *Bull. Soc. Chim.*, (3), **21**, 593] et les hydrazones des nitrobenzaldéhydes [Labhardt et Zembzruski, *D. chem. G.*, **32**, 3060. — Rougy, *loc. cit.*]. Les dérivés sulfoniques de ces hydrazones sont même de véritables matières colorantes, se fixant sur la laine et sur la soie en bain acide, mais ne possédant pourtant qu'un pouvoir tinctorial relativement faible (Noelting et Hanzlick).

Les hydrazones peuvent être caractérisées par la propriété qu'elles possèdent d'être insolubles dans les alcalis, et de donner en solution dans l'acide sulfurique concentré une coloration violette ou bleue en présence d'agents d'oxydation, tels que le perchlorure de fer ou le bichromate de potassium. Cette dernière réaction est souvent désignée sous le nom de *réaction de Bülow*.

Réduction. — La réduction des phénylhydrazones conduit à un mode général et avantageux de préparation des amines primaires. La réaction se passe en effet suivant l'équation :

$$\begin{aligned} &{}^{R}_{R'} > C = Az - AzH - C^6H^5 + H^4 \\ &= {}^{R}_{R'} > CH - AzH^2 + C^6H^5 - AzH^2. \end{aligned}$$

Le meilleur réducteur à employer est l'amalgame de sodium. On peut, il est vrai, dans quelques cas, avec les phénylhydrazones de l'acétone et de l'acétophénone par exemple, réduire par le zinc et l'acide acétique, mais les rendements sont plus faibles. L'hydrazone est additionnée de 10 à 20 fois son poids d'alcool, puis traitée par l'amalgame de sodium à 2,5 0/0 par fractions de 250 grammes en présence d'acide acétique cristallisable ajouté par portions de 25 grammes, de façon qu'il soit toujours en excès. Il est nécessaire d'employer à peu près le double de la quantité théorique d'amalgame et de maintenir le mélange à 2 ou 3° [J. Tafel, *D. chem. G.*, **19**, 1924; **20**, 244, 249, 398; **22**, 1854].

Cette réduction se produit également par électrolyse en solution sulfurique, exception faite pour les hydrazones à poids moléculaire élevé, en raison de leur faible solubilité [J. Tafel et Pfeffermann, *D. chem. G.*, **35**, 1510].

Oxydation. — On a vu, à propos de la constitution des hydrazones, que certaines p-bromophénylhydrazones donnaient naissance, par oxydation à l'air, à de véritables dérivés azoïques. C'est ainsi, par exemple, que celle de l'acétone, formulée d'après les idées de M. Freer

$$\begin{array}{l} CH^2 \\ CH^3 \end{array} \geq C - AzH - AzH - C^6H^4Br$$

donne, quand on la recouvre de ligroïne et qu'on agite fréquemment le tout pour favoriser le contact de l'air, le p-bromobenzène-azo-isopropylène

$$\begin{array}{l} CH^2 \\ CH^3 \end{array} \gtrless C - Az = Az - C^6H^4Br.$$

On obtient de même le p-bromobenzène-azo-isostyrolène avec la p-bromophénylhydrazone de l'acétophénone (P. Freer).

Mais, en général, l'oxydation des hydrazones donne lieu à la soudure de 2 molécules par suite du départ de 2 atomes d'hydrogène. Cet hydrogène pouvant être emprunté soit au groupe imide, soit à la fonction aldéhydique, soit aux deux à la fois, il est vraisemblable que la soudure se produit de façons différentes, suivant les agents d'oxydation employés.

1er *cas. — L'union des 2 molécules se fait par les atomes de carbone aldéhydique.* — MM. F. Japp et F. Klingemann [*Ann. Chem.*, **247**, 222] ont montré que si l'on chauffe pendant longtemps au-dessus de leur point de fusion, certaines hydrazones de l'acétaldéhyde, on obtient en faibles quantités des osazones du biacétyle (voyez OSAZONES). Cette formation s'explique par une oxydation de l'hydrazone, par exemple, suivant l'équation :

$$\begin{array}{l} CH^3 - C = Az - AzHC^6H^5 \\ \qquad\;\; | \\ \qquad\;\; H \\ \qquad\;\; H \qquad\qquad\qquad\qquad - H^2 \\ \qquad\;\; | \\ CH^3 - C = Az - AzHC^6H^5 \end{array}$$

$$= \begin{array}{l} CH^3 - C = Az - AzHC^6H^5 \\ \qquad\;\; | \\ CH^3 - C = Az - AzHC^6H^5 \end{array}$$

Cette formation d'osazones se produit également, avec d'aussi mauvais rendements, quand l'on traite par l'oxyde de mercure ou l'eau oxygénée une solution alcoolique et alcaline de la phénylhydrazone salicylique, ou bien qu'on électrolyse sa solution aqueuse alcaline. Elle réussit au contraire particulièrement bien avec les hydrazones des aldéhydes aromatiques, lorsqu'on fait passer un courant d'air, exempt d'acide carbonique, dans une solution hydro-alcoolique et alcaline de l'hydrazone. Ce procédé peut même être considéré comme une méthode de préparation des osazones correspondant aux α-dicétones. L'alcali, ainsi que l'alcool et l'eau sont indispensables à l'oxydation, car l'absence de l'un d'eux empêche toute formation d'osazone. Il importe, de plus, de maintenir la température aussi basse que possible et d'opérer sur des solutions fortement étendues pour éviter la résinification.

C'est ainsi que les phénylhydrazones des aldéhydes benzylique, salicylique, anisique, pipéronylique, fournissent les α-osazones correspondantes, facilement transformables en dérivés β, tandis que celles de l'aldéhyde cuminique et de la vanilline donnent les β-osazones. Les phénylhydrazones d'aldéhydes facilement résinifiables (aldéhydes acétique, valérique, etc.) ne donnent pas d'osazones dans ces conditions [H. Biltz et A. Wienands, *Ann. Chem.*, **305**, 165; **308**, 1]. L'éthylidène-phénylhydrazone, en particulier, est décomposée avec formation d'acétophénone, composé qui se produit également dans l'oxydation par le permanganate de potassium en solution acétique [H. von Pechmann, *D. chem. G.*, **31**, 2123].

2e *cas. — L'union se fait par les 2 atomes d'azote de la fonction imide, ou par 1 atome de carbone aldéhydique et 1 atome d'azote imidé.* — Tout différents des précédents sont les résultats obtenus quand on emploie comme agents d'oxydation l'oxyde de mercure en présence de chloroforme ou le nitrite d'amyle. Avec ce dernier la réaction diffère suivant que l'on opère à chaud ou à froid. MM. H. von Pechmann et G. Minunni recouvrent l'hydrazone d'éther ou de ligroïne, ajoutent le même poids de nitrite d'amyle et chauffent au bain-marie à reflux jusqu'à séparation du produit d'oxydation. Dans ces conditions, M. H. von Pechmann [*D. chem. G.*, **26**, 1045] a obtenu, avec la benzylidène-phénylhydrazone, une *tétrazone* fondant à 190°, formée d'après le schéma :

$$\begin{array}{l} C^6H^5 - CH = Az - Az\,H\,C^6H^5 \\ C^6H^5 - CH = Az - Az\,H\,C^6H^5 \end{array} - H^2$$

$$= \begin{array}{l} C^6H^5 - CH = Az - Az - C^6H^5 \\ \qquad\qquad\qquad\qquad\quad | \\ C^6H^5 - CH = Az - Az - C^6H^5 \end{array}$$

Le même produit s'obtient encore par l'action de l'iode et de l'éthylate de sodium sur l'hydrazone en solution éthérée [Ingle et Mann, *Chem. Soc.*, **67-68**, 606]. D'après MM. G. Minunni et E. Rapp [*Gazz. chim. ital.*, (1), **26**, 441; **27**, 205, 244] l'oxydation de certaines phénylhydrazones (celles des aldéhydes benzylique, m-nitrobenzylique, anisique, cuminique, etc.) donne naissance à deux produits isomères pouvant être transformés l'un dans l'autre sous la seule influence de la chaleur. Ces auteurs désignent sous le nom d'*hydrotétrazone* le produit d'oxydation directe le moins soluble qui s'isomérise sous l'action de la chaleur, et sous celui de *déhydro... hydrazone*, le deuxième produit d'oxydation. De plus, certaines hydrotétrazones (celles qui correspondent aux aldéhydes m-nitrobenzylique et cuminique, par exemple) donneraient même lieu à un troisième isomère appelé *isodéhydro... hydrazone*.

Dans le cas particulier de la benzylidène-phénylhydrazone, le produit d'oxydation obtenu par M. H. von Pechmann, et fondant à 190°, ne serait autre qu'un mélange des deux isomères, dont l'un la *dibenzylidène-diphénylhydrotétrazone* fond à 180-181°, tandis que le second, appelé *déhydrobenzylidène-phénylhydrazone*, fond à 198-200°. M. G. Minunni attribue au premier, qui ne fournit avec les chlorures d'acides ni dérivé acétylé ni dérivé benzoylé, le schéma

$$\begin{array}{l} C^6H^5 - CH = Az - Az - C^6H^5 \\ \qquad\qquad\qquad\qquad\quad | \\ C^6H^5 - CH = Az - Az - C^6H^5 \end{array}$$

Le second, au contraire, se combinant aux chlorures d'acides, posséderait la constitution

$$\begin{array}{l} C^6H^5 - C = Az - AzHC^6H^5 \\ \qquad\quad\;\; | \\ C^6H^5 - Az - Az = CHC^6H^5 \end{array}$$

Contrairement aux phénylhydrazones citées ci-dessus, celles du pipéronal, des aldéhydes cinnamique et salicylique ne donnent qu'un seul produit d'oxydation, soit l'hydrotétrazone (pipéronal), soit la déhydrohydrazone (aldéhydes salicylique et cinnamique) [G. Minunni, *Gazz. chim. ital.*, (2), **29**, 410. — G. Minunni et C. Carta-Satta, *ibid.*, **29**, 437].

MM. E. Bamberger et W. Pemsel ont repris récemment [*D. chem. G.*, **34**, 2001; **36**, 57, 347, 359] l'étude de l'action du nitrite d'amyle ou de l'anhydride azoteux sur les hydrazones. Ces savants ont montré que cette réaction donne tout d'abord naissance à une nitrosohydrazone (nous étudierons plus loin sa formation), et que les produits d'oxydation obtenus soit par M. H. von Pechmann, soit par M. G. Minunni proviennent d'une réaction secondaire. La benzylidène-phénylhydrazone fournit en effet, dans ces conditions, l'hydrazone de la phénylnitrosoformaldéhyde

$$C^6H^5C(AzO) = Az - AzHC^6H^5$$

qui se décompose sous l'action de la chaleur en donnant du bioxyde d'azote et le reste monovalent

$$C^6H^5 - \underset{|}{C} = Az - AzHC^6H^5.$$

Ce dernier peut se polymériser en α-benzileosazone

$$\begin{matrix} C^6H^5 - C = Az - AzHC^6H^5 \\ | \\ C^6H^5 - C = Az - AzHC^6H^5 \end{matrix}$$

(que E. Bamberger et W. Pemsel *ont également* rencontrée dans cette réaction) ou bien se transposer complètement en

$$C^6H^5 - CH = Az - \underset{|}{Az} - C^6H^5$$

et se polymériser ensuite en hydrotétrazone, ou bien encore ne se transposer que partiellement et donner par l'union des deux restes la déhydrohydrazone.

Il faut ajouter que cette nitrosohydrazone s'oxyde sous l'influence d'un excès d'acide nitreux pour donner la nitrohydrazone correspondante, $C^6H^5C(AzO^2) = Az - AzHC^6H^5$. Dans le cas de la m-nitrobenzylidène-phénylhydrazone, MM. E. Bamberger et W. Pemsel [*D. chem. G.*, **36**, 92] ont obtenu, au lieu des deux isomères signalés *par M. G. Minunni*, quatre composés de la même formule $C^{26}H^{20}Az^6O^4$, dont un seul a pu être caractérisé comme étant la nitrohydrazone.

Signalons, enfin, que l'oxydation par l'oxyde de mercure des hydrazones de formule

$$R - CH^2 - AzH - Az = CH - R$$

donne d'abord naissance à des hydrotétrazones, qui s'oxydent à leur tour en aldazines

$$R - CH = Az - Az = CH - R$$

(voyez 2ᵉ Suppl., **5**, 303). Il en est de même des nitrobenzylidène-hydrazones en présence de l'air humide [T. Curtius, *J. prakt. Chem.*, **62**, 83. — T. Curtius et Lublin, *D. chem. G.*, **33**, 2460].

Nitrosation; nitration. — L'action de l'anhydride azoteux ou du nitrite d'amyle sur les hydrazones diffère suivant que l'on opère en milieu alcalin ou neutre. Dans les deux cas la nitration se produit sur le carbone aldéhydique avec formation du dérivé nitrosé

$$R - C(AzO) = Az - AzHC^6H^5$$

mais, en présence d'éthylate de sodium ou de pyridine, ce dérivé se transpose immédiatement en *arylazoaldoxime*

$$R - C(AzOH) - Az = Az - C^6H^5.$$

Sous l'action de l'anhydride azoteux, le dérivé nitrosé subit une nitration partielle dans le noyau hydrazinique et donne naissance au composé

$$R - C(AzO) = Az - AzH - C^6H^4AzO^2.$$

De plus, l'oxydation ultérieure de ces deux composés, également sous l'influence de Az^2O^3, les transforme en dérivés nitrés :

$$R - C(AzO^2) = Az - AzH - C^6H^5$$

et

$$R - C(AzO^2) = Az - AzH - C^6H^4AzO^2.$$

Nous avons vu plus haut comment ces dérivés nitrosés peuvent aussi se décomposer sous l'action de la chaleur. Mentionnons, de plus, la formation simultanée de nitrate de diazobenzène et d'acide benzoïque. Le tableau ci-dessous, emprunté au mémoire de MM. E. Bamberger et W. Pemsel [*loc. cit.*], permet de résumer plus clairement l'action complexe de l'anhydride azoteux sur les hydrazones, en prenant comme exemple la benzylidène-phénylhydrazone :

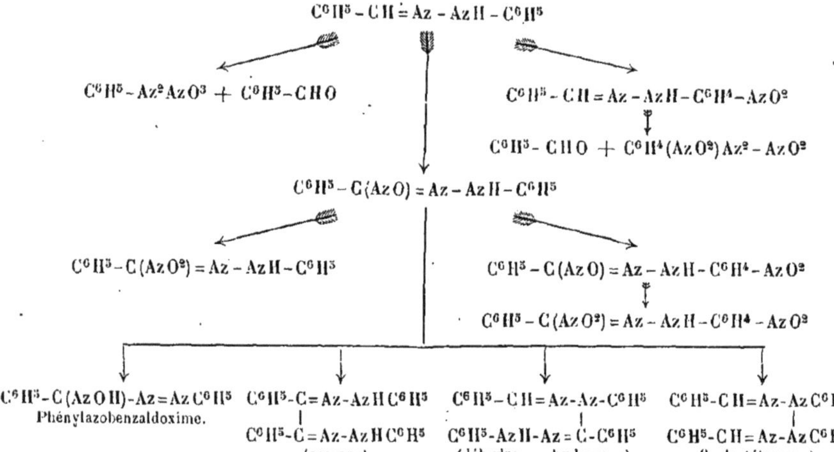

L'éthylidène-phénylhydrazone, traitée dans les mêmes conditions, ne donne pas de dérivé nitrosé; malgré l'absence d'agents alcalins, ce dernier se transpose toujours en phénylazoacétaldoxime.

Nous avons vu ci-dessus que l'action de l'anhydride azoteux sur le dérivé nitrosé des hydrazones et sur ces hydrazones elles-mêmes donnait des dérivés nitrés suivant l'équation :

$$R - C \begin{matrix} \diagup H \\ \diagdown Az - AzH - C^6H^5 \end{matrix} + Az^2O^3$$

$$= AzO^2H + R - C \begin{matrix} \diagup AzO^2 \\ \diagdown Az - AzH - C^6H^5 \end{matrix}$$

Il suffit de faire passer un courant de vapeurs nitreuses dans une émulsion refroidie à 0° d'une hydrazone $R-CH=Az-AzH-C^6H^5$ [E. Bamberger et J. Grob, *D. chem. G.*, **34**, 2017].

On peut également nitrer les hydrazones dans le groupement hydrazinique. Tandis que les hydrazines ne peuvent pas être nitrées directement, la nitration réussit en effet si l'on s'adresse à leurs combinaisons avec les aldéhydes et les cétones. MM. E. Fischer et Ach [*Ann. Chem.*, **253**, 57] ont montré comment cette opération faite sur l'acétone-phénylhydrazone et sur l'anhydride de la phénylhydrazone lévulique, conduit à des nitrophénylhydrazones. On trouvera la description de ces réactions aux NITROPHÉNYLHYDRAZINES (voyez ce mot).

Dédoublements. Déplacements. — Les hydrazones des aldéhydes et cétones ordinaires sont dédoublées en leurs composants quand on les chauffe avec les acides minéraux, tantôt rapidement, tantôt plus difficilement. C'est ainsi que les benzylhydrazones, par exemple, se scindent, par hydratation, quantitativement suivant l'équation :

$$R-CH^2-AzH-Az=CH-R + H^2O$$
$$= R-CH^2-AzH-AzH^2 + R-CHO.$$

Mais l'on observe, en général, la formation de produits complexes dérivés de l'indol ou de la condensation des aldéhydes et des cétones.

L'acide pyruvique agit de la même façon, mais avec de meilleurs résultats, car en mettant en liberté les aldéhydes ou les cétones, il se combine à l'hydrazine :

$$C^6H^5-AzH-Az=C\begin{smallmatrix}\diagup CH^3\\ \diagdown CH^3\end{smallmatrix} + CO\begin{smallmatrix}\diagup CH^3\\ \diagdown COOH\end{smallmatrix}$$
$$= C^6H^5-AzH-Az=C\begin{smallmatrix}\diagup CH^3\\ \diagdown COOH\end{smallmatrix} + CO\begin{smallmatrix}\diagup CH^3\\ \diagdown CH^3\end{smallmatrix}$$

On a observé ce déplacement pour les hydrazones des aldéhydes acétique, propylique, œnanthylique, benzylique, etc., de l'acétone et de l'acétophénone, de l'acide lévulique. Il en est de même avec la p-nitrophénylhydrazone lévulique; mais les anhydrides des hydrazones de l'acide lévulique sont plus stables et restent intacts (E. Fischer et Ach).

Certaines aldéhydes (formique, benzoïque) fournissent également un moyen commode de dédoubler les hydrazones; il est particulièrement employé dans le cas des sucres [O. Ruff et G. Ollendorf, *D. chem. G.*, **32**, 3234].

Un grand nombre d'hydrazones, les cétohydrazones surtout, sont transformées en oximes quand on les chauffe longtemps avec du chlorhydrate d'hydroxylamine [H. L. Fulda, *Mon. f. Chem.*, **23**, 907].

Nitriles. — L'acide cyanhydrique se fixe assez facilement sur les hydrazones des aldéhydes grasses, tandis que celles des aldéhydes aromatiques ne donnent pas de produits d'addition.

Si l'on met la phénylhydrazone de l'acétaldéhyde, par exemple, en contact avec un excès d'acide cyanhydrique anhydre, et que l'on abandonne le mélange à lui-même, on obtient quantitativement, après évaporation de l'excès d'acide cyanhydrique ; l'α-phénylhydrazidopropionitrile d'après l'équation :

$$C^6H^5-AzH-Az=CH-CH^3 + HCAz$$
$$= C^6H^5AzH-AzH-CH(CAz)-CH^3.$$

Il en est de même avec l'éthylidène-diphénylhydrazone et la phénylhydrazone de l'éther acétylacétique [W. Miller et Plöchl, *D. chem. G.*, **25**, 2057 et **27**, 1281].

Transformations en indols. — Les hydrazones aromatiques primaires et secondaires d'un très grand nombre d'aldéhydes, de cétones et d'acides cétoniques qui renferment à côté du carbonyle un groupe méthyle ou méthylène, sont transformées en INDOLS (voyez ce mot) par fusion avec le chlorure de zinc. Il suffit de chauffer leur mélange à 180° au bain d'huile, pour obtenir la formation de l'anneau indolique avec départ d'ammoniaque. Exemples :

$$\underset{\substack{|\\ CH^3}}{C^6H^5-Az}-Az=C\begin{smallmatrix}\diagup CH^3\\ \diagdown CH^3\end{smallmatrix}$$

$$= C^6H^4\begin{smallmatrix}CH\\ \diagup\ \diagdown\!\!\diagdown\\ \diagdown\ \diagup\\ Az-CH^3\end{smallmatrix}C-CH^3 + AzH^3;$$

$$C^6H^5-AzH-Az=C\begin{smallmatrix}\diagup C^6H^5\\ \diagdown CH^3\end{smallmatrix}$$

$$= C^6H^4\begin{smallmatrix}CH\\ \diagup\ \diagdown\!\!\diagdown\\ \diagdown\ \diagup\\ AzH\end{smallmatrix}C-C^6H^5 + AzH^3.$$

Si la cétone contient, à côté du carbonyle, en même temps un groupe méthyle et un groupe méthylène, deux isomères peuvent se former; le dernier pourtant domine. Ainsi :

$$C^6H^5-AzH\ \ Az=C\begin{smallmatrix}\diagup CH^3\\ \diagdown CH^2-CH^3\end{smallmatrix}$$

$$= C^6H^4\begin{smallmatrix}CH\\ \diagup\ \diagdown\!\!\diagdown\\ \diagdown\ \diagup\\ AzH\end{smallmatrix}C-CH^2-CH^3$$

ou

$$C^6H^4\begin{smallmatrix}C-CH^3\\ \diagup\ \diagdown\!\!\diagdown\\ \diagdown\ \diagup\\ AzH\end{smallmatrix}C-CH^3 + AzH^3.$$

Avec la phénylhydrazone de l'acétaldéhyde, on ne peut cependant pas obtenir d'indol, en raison probablement de la force de la réaction qui le détruit, mais il se produit avec l'α-naphtylhydrazone. Avec les hydrazones d'aldéhydes, la réaction est la même, ainsi qu'avec celles des acides cétoniques [E. Fischer, *Ann. Chem.*, **236**, 116].

Autres réactions. — 1° Les hydrazones primaires jouissent de la propriété de fournir des produits de substitution par départ de l'atome d'hydrogène imidique. C'est ainsi, par exemple, qu'elles donnent avec les iodures alcooliques en présence d'éthylate de sodium, des hydrazones secondaires dissymétriques. Cette condensation se produit également avec l'éther monochloracétique. La constitution

$$=C=Az-Az\begin{smallmatrix}\diagup R\\ \diagdown CH^2-COOC^2H^5\end{smallmatrix}$$

de ces composés se démontre facilement, car, par réduction et saponification, on obtient de l'acide phénylamidoacétique [F. Japp et F. Klingemann, *D. chem. G.*, **20**, 3398].

2° Les chlorures d'acides donnent des produits d'addition, que l'humidité ou bien l'acide chlorhydrique et l'alcool décomposent en régénérant l'aldéhyde ou la cétone primitive [B. Overton, *loc. cit.* — P. C. Freer, *Am. chem. Journ.*, **21**, 14]. On peut cependant, en présence de pyridine, obtenir des produits de substitution du radical acide à l'hydrogène imidique [Walther, *J. prakt. Chem.*, (2), **53**, 463].

3° L'oxychlorure de carbone, en solution benzénique et en présence de pyridine, donne également un produit de substitution,

$$\begin{matrix} C^6H^5 \\ COCl \end{matrix} > Az - Az = CH - C^6H^5$$

par exemple, avec la benzylidène-phénylhydrazone [M. Busch et A. Walter, *D. chem. G.*, **36**, 1357].

4° Il en est de même de l'anhydride acétique soit seul, soit en présence d'acétate de sodium [V. Schrœder, *D. chem. G.*, **17**, 2097. — F. Schmidt, *Ann. Chem.*, **252**, 304], soit en présence de chlorure de zinc ou même de chlorure d'acétyle [H. von Pechmann, *D. chem. G.*, **25**, 3190].

5° Lorsqu'on fait agir à froid le chlorure de diazobenzène sur une solution alcoolique d'hydrazone en présence d'éthylate de sodium, on obtient une combinaison formazylique ou azohydrazone (voyez 2° Suppl., **4**, 244).

6° Certaines hydrazones se décomposent par distillation sèche en amine et nitrile. Ainsi la phénylhydrazone de l'aldéhyde salicylique se dédouble en aniline et o-cyanophénol (nitrile de l'acide salicylique)

$$C_6H_4(CAz)(OH)$$

[O. Anselmino, *D. chem. G.*, **36**, 580].

7° Le brome agit sur une solution éthérée de phénylhydrazone en donnant une p-bromophénylhydrazone [P. C. Freer, *loc. cit.*].

8° MM. P. Jacobson et V. Schenke [*D. chem. G.*, **22**, 3245] ont fait réagir le sulfure de carbone sur quelques hydrazones, et ils ont montré que celles des o-quinones donnaient avec ce réactif deux anhydrides, possédant les formules

$$\begin{matrix} \diagdown \\ C - Az \\ \Vert \\ C - O \\ \diagup \end{matrix} \begin{matrix} \searrow \\ \nearrow \end{matrix} C - SH \quad \text{et} \quad \begin{matrix} \diagdown \\ C - Az \\ \Vert \\ C - O \\ \diagup \end{matrix} \begin{matrix} \searrow \\ \nearrow \end{matrix} C - AzHC^6H^5$$

tandis que les hydrazones des o-dicétones ou des cétoaldéhydes ne fournissaient pas de résultats satisfaisants.

9° L'isocyanate de phényle réagit à froid sur certaines hydrazones (celles de l'acétone, de la méthyléthylcétone, de l'acétaldéhyde), mais les produits obtenus n'ont pu être analysés. Le cyanate de potassium en solution chlorhydrique donne la semicarbazide correspondante :

$$C^6H^5 - Az < \begin{matrix} Az = CRR' \\ COAzH^2 \end{matrix}$$

L'isocyanate de phényle fournit de même des phénylsemicarbazides [Arnold, *D. chem. G.*, **30**, 1015].

II. — *Hydrazones d'aldéhydes ou de cétones à fonction complexe.*

Ce groupe comprend les hydrazones des aldéhydes ou des cétones qui renferment dans la molécule d'autres groupements fonctionnels, tels que des carbonyles ou des carboxyles : aldéhydes ou cétones (*dihydrazones*, *cétohydrazones*), alcools, acides, éthers-sels, des fonctions nitriles, ou bien même azotées comme AzO (hydrazones de nitrosoaldéhydes), AzO^2 (hydrazones de nitroaldéhydes), AzH^2 (hydrazidines), Az=AzR (azohydrazones ou combinaisons formazyliques).

Ces hydrazones s'obtiennent par les procédés généraux de préparation indiqués plus haut. Il est cependant utile d'insister ici sur celui d'entre eux qui permet de les préparer par l'action des sels de diazoïques sur les dérivés sodés de certains composés à radicaux négatifs, de formule générale

$$\begin{matrix} R_1 \\ R_2 \end{matrix} > CH^2 \quad \text{ou} \quad \begin{matrix} R_1 \\ R_2 \end{matrix} > CHR.$$

Dans ces formules R_1 et R_2 représentent des radicaux électronégatifs (R-CO, COOH, CAz, AzO^2, etc.) et R des radicaux d'alcools ou d'acides. Tels sont, par exemple, les nitroparaffines primaires $R.CH^2.AzO^2$, les dicétones 1.3 $R.CO-CH^2-CO-R'$, les éthers 1.3 cétoniques $R.CO-CH^2-COOR'$, les éthers maloniques $COOR-CH^2-COOR'$, cyanacétiques

$$R-CO-CH^2-CAz, \text{ etc.},$$

ainsi que les dérivés monosubstitués de ces composés.

Les produits résultant de l'action des diazoïques sur leurs dérivés sodés ont été tour à tour considérés comme des azoïques, ou bien comme de véritables hydrazones. Si l'on considère la formule générale

$$\begin{matrix} R_1 \\ R_2 \end{matrix} > CH^2,$$

la réaction peut en effet s'exprimer de deux façons d'après les équations suivantes :

$$\text{(I)} \quad \begin{matrix} R_1 \\ R_2 \end{matrix} > CH^2 + OH - Az = Az - C^6H^5$$
$$= H^2O + \begin{matrix} R_1 \\ R_2 \end{matrix} > CH - Az = Az - C^6H^5.$$

ou bien par suite d'une transposition de l'atome d'hydrogène

$$\text{(II)} \quad \begin{matrix} R_1 \\ R_2 \end{matrix} > CH^2 + OH - Az = Az - C^6H^5$$
$$= H^2O + \begin{matrix} R_1 \\ R_2 \end{matrix} > C = Az - AzHC^6H^5.$$

Dans le premier cas on aurait un dérivé azoïque, dans le second une hydrazone. L'étude des composés obtenus dans ces conditions montre qu'ils présentent en général les caractères des hydrazones, et il a même été quelquefois possible de les identifier avec des hydrazones de constitution bien établie. Aussi les considère-t-on dans la plupart des cas comme de véritables hydrazones.

C'est ainsi, par exemple, que l'éther malonique donne comme produit de copulation un composé qui, après saponification, se trouve identique à la phénylhydrazone de l'acide mésoxalique de E. Fischer et Elbers [*D. chem. G.*, **17**, 578] et possède par conséquent la constitution

$$\begin{matrix} COOH \\ | \\ C = Az - AzHC^6H^5 \\ | \\ COOH \end{matrix}$$

[R. Meyer, *D. chem. G.*, **24**, 1441].

Les nitroparaffines se comportent de même, avec formation d'hydrazones d'aldéhydes nitrées (voyez plus loin).

Les acides acétylacétique et benzoylacétique perdent, par diazotation, de l'acide carbonique, pour donner soit la phénylhydrazone de l'aldéhyde pyruvique, $CH^3-CO-CH=Az-AzHC^6H^5$

[F. Japp et Klingemann, *Ann. Chem.*, **247**, 217. — V. von Richter et H. Münzer, *D. chem. G.*, **17**, 1928], soit celle de la benzoylformaldéhyde $C^6H^5-CO-CH=Az-AzHC^6H^5$ [E. Bamberger et H. Witter, *D. chem. G.*, **26**, 2787].

La démonstration expérimentale de la formation de véritables hydrazones est rendue plus facile si l'on s'adresse aux dérivés monosubstitués des composés précédents, répondant à la formule générale

$$\begin{matrix}R_1\\R_2\end{matrix}>CHR.$$

Dans ce cas, le dérivé azoïque peut encore se produire suivant l'équation I. Mais il n'en est plus de même de l'hydrazone. Le groupement azoté devant échanger deux valences avec l'atome de carbone, il faut nécessairement que la molécule se dédouble pour donner naissance à l'hydrazone. On observe, en effet, ce dédoublement dans la plupart des réactions, et l'on considère dès lors comme hydrazone le produit obtenu dans la copulation avec dédoublement de la molécule, et comme azoïque le produit dérivé obtenu sans dédoublement. Cette rupture de la molécule se produit de différentes façons, suivant la nature des radicaux R_1, R_2 et R.

1° Si R est un radical alcoolique, l'un des radicaux R_1 ou R_2 est éliminé avec formation de l'une des deux hydrazones possibles

$$\begin{matrix}R_1\\R\end{matrix}>C=Az-AzH-C^6H^5 \text{ ou } \begin{matrix}R_2\\R\end{matrix}>C=Az-AzH-C^6H^5.$$

Exemples : L'éther méthylacétylacétique fournit, en présence d'hydrate de diazobenzène, l'hydrazone de l'éther pyruvique

$$\begin{matrix}CH^3\\COOC^2H^5\end{matrix}>C=Az-AzH-C^6H^5$$

identique à celle de MM. E. Fischer et Jourdan [*D. chem. G.*, **16**, 2244] avec élimination d'acide acétique [F. Japp et Klingemann, *Ann. Chem.*, **247**, 190].

L'acide méthylacétylacétique donne de même de l'acide carbonique, de l'eau et l'hydrazone du biacétyle [F. Japp et Klingemann, *D. chem. G.*, **31**, 549]. L'acide éthylacétylacétique subit une réaction analogue. Il en est de même de l'éther méthylmalonique qui donne l'α-hydrazone du pyruvate d'éthyle [G. Favrel, *C. R.*, **132**, 1336], des éthers phénacyl- et acétonyl-acétylacétiques [Bischler, *D. chem. G.*, **25**, 3143].

La méthylacétylacétone fournit dans les mêmes conditions l'hydrazone du biacétyle avec départ du radical CH^3-CO [G. Favrel, *C. R.*, **132**, 41].

Le méthylcyanacétate de méthyle se scinde sous les mêmes influences en acide carbonique, alcool méthylique et phénylhydrazone du nitrile pyruvique

$$C^6H^5-AzH=Az<\begin{matrix}CAz\\CH^3\end{matrix}$$

[G. Favrel, *C. R.*, **132**, 983].

2° Le radical R peut être, lui aussi, électronégatif et se trouver également éliminé dans certaines conditions, en donnant naissance à une hydrazone

$$\begin{matrix}R_1\\R_2\end{matrix}>C=Az-AzHC^6H^5.$$

Tel est, par exemple, le cas des éthers β-cétoniques C-acylés que l'on peut considérer comme des éthers acétiques bisubstitués par des radicaux acides identiques ou différents. L'éther diacétylacétique donne par diazotation l'α-hydrazone de l'éther acétylglyoxylique, en perdant son groupe CH^3CO- à l'état d'acide acétique [C. Bülow et E. Hailer, *D. chem. G.*, **35**, 915].

Lorsque les deux radicaux d'acides gras sont différents, le moins acide est éliminé : l'éther acétylmalonique perd son acétyle et donne l'hydrazone de l'éther mésoxalique

$$\begin{matrix}COOC^2H^5\\COOC^2H^5\end{matrix}>C=Az-AzH-C^6H^5.$$

Les éthers acidylcyanacétiques se scindent également en présence des sels de diazoïques en donnant les hydrazones des éthers cyanacétiques [G. Favrel, *Bull. Soc. Chim.*, (3), **25**, 200].

Lorsque l'un des radicaux est gras, et l'autre aromatique, le groupement gras se sépare, même s'il est substitué par un groupement aromatique, ce qui a lieu pour le C-phénylacétylacétylacétate d'éthyle.

Si les deux radicaux sont aromatiques, aucun d'eux n'est éliminé, et l'on a dans ce cas, non pas une hydrazone, mais bien un dérivé azoïque. Tel est le benzène-azodibenzoylacétate d'éthyle.

MM. C. Bülow et E. Hailer considèrent également comme des dérivés azoïques les produits provenant de la diazotation des éthers benzoyl-, p-nitrobenzoyl- et phénylbenzoyl-acétylacétiques. Bien que ces composés soient formés avec départ de CH^3-CO-, ils sont cependant solubles dans les alcalis et ne donnent pas la réaction de Bülow, propriétés caractéristiques des hydrazones.

En se basant sur les considérations précédentes, les éthers acétylacétiques et benzoylacétiques doivent, par copulation avec les sels de diazoïques, donner naissance à de véritables hydrazones, les produits obtenus étant identiques aux hydrazones fournies par leurs dérivés monosubstitués [V. Meyer, *D. chem. G.*, **21**, 11. — R. Meyer, *ibid.*, **24**, 1241. — F. Japp et Klingemann, *Ann. Chem.*, **247**, 190]. Mais comme ils sont solubles dans les alcalis et ne donnent pas la réaction de Bülow, MM. C. Bülow et A. Schlesinger [*D. chem. G.*, **32**, 197 et 2880] leur ont de nouveau attribué récemment la forme azoïque.

Les produits analogues préparés avec les éthers cyanacétiques sont considérés aujourd'hui comme des hydrazones, après les nombreuses recherches de MM. A. Haller [*C. R.*, **106**, 1173], A. Haller et Brancovici [*C. R.*, **116**, 714], Krückeberg [*J. prakt. Chem.*, **47**, 591; **49**, 321], Uhlmann [*ibid.*, **51**, 217], Marquart [*ibid.*, **52**, 160], Weisbach [*ibid.*, **57**, 206], V. Lax [*ibid.*, **63**, 1], G. Favrel [*Bull. Soc. Chim.*, (3), **25**, 104].

Quant aux dérivés fournis par les 1.3-dicétones, ils sont considérés tantôt comme des azoïques [Beyer et Claisen, *D. chem. G.*, **21**, 1697. — C. Bülow et Schlotterberg, *D. chem. G.*, **35**, 2187], tantôt comme des hydrazones [H. von Pechmann, *D. chem. G.*, **25**, 3192. — Bamberger et Wheelwright, *ibid.*, **25**, 320. — Bamberger et Witter, *ibid.*, **26**, 2786. — G. Favrel, *Bull. Soc. Chim.*, (3), **19**, 439, 595; **21**, 346].

En raison de leur constitution, en général définitivement établie, on devrait désigner ces hydrazones d'après la nomenclature indiquée plus haut et dénommer, par exemple, le composé

$$\begin{matrix}CH^3-CO-C-CO-CH^3\\ \| \\ Az-AzH-C^6H^5\end{matrix}$$

phénylhydrazone 3 de la pentanetrione 2.3.4. Mais on continue cependant à les désigner fréquemment comme des dérivés azoïques pour mieux indiquer leur mode de formation. Le composé ci-dessus a, par conséquent, conservé son nom primitif de benzène-azoacétylacétone.

Comme pour les hydrazones à fonction simple, la plupart des hydrazones de ce groupe ont été décrites soit à propos des hydrazines, soit à propos des aldéhydes ou des cétones dont elles dérivent. Nous nous bornerons à faire ici l'étude de leurs propriétés générales, en les divisant suivant le nombre et la nature des différentes fonctions que renferme la molécule.

1° *Dialdéhydes, dicétones et cétones-aldéhydes.* — L'action des hydrazines sur les dialdéhydes, les dicétones ou les cétones-aldéhydes diffère suivant les places respectives des fonctions carbonylées.

a. Si ces deux fonctions sont voisines, on peut obtenir soit une monohydrazone à fonction aldéhyde ou cétone, *cétohydrazone*, soit une *dihydrazone*. MM. Pétrenko-Kritschenko et Eltchaninof ont récemment montré [*Bull. Soc. Chim.*, (3), **28**, 103] que l'acétate de phénylhydrazine réagit énergiquement sur les α-dicétones pour donner à froid les monohydrazones, et à la température du bain-marie les dihydrazones. Les dihydrazones de ce groupe sont désignées sous le nom particulier d'Osazones, et nous renvoyons à ce mot pour leur étude. Quant aux monohydrazones, nous avons vu ci-dessus qu'elles peuvent être facilement préparées par l'action des diazoïques sur l'acide acétylacétique (hydrazone de l'aldéhyde pyruvique), sur l'éther benzoylacétique (hydrazone de la benzoylformaldéhyde), sur l'acide méthylacétylacétique et la méthylacétylacétone (hydrazone du biacétyle), sur l'acide éthylacétylacétique et l'éthylacétylacétone (hydrazone de l'acétylpropionyle) (voyez ces mots). Ces monohydrazones jouissent des propriétés générales des hydrazones et peuvent de plus donner lieu aux réactions propres aux cétones, fournir par exemple des osazones ou bien des oximes (voyez Hydrazoximes et Hydrazones-oximes).

MM. E. Bamberger et O. Schmidt [*D. chem. G.*, **34**, 2001] ont repris il y a quelque temps l'étude des hydrazones de l'aldéhyde benzoylformique obtenues par diazotation de l'éther benzoylacétique. Ils ont observé qu'elles se présentent sous deux formes stéréo-isomériques. La *phénylhydrazone benzoylformique* α, en prismes orangés, fond à 114°. La forme β, en paillettes jaune d'or, fond à 138°. La ligroïne donne par cristallisation la modification α, l'alcool et l'acétone le dérivé β. L'*o-nitrophénylhydrazone benzoylformique* β, en aiguilles jaunes, fond à 145°,5-146,5; le dérivé α cristallise en aiguilles orangées et fond à 113-117°. La *m-nitrophénylhydrazone* fond à 140° (dérivé α), à 149-152° (dérivé β). La *p-nitrophénylhydrazone* n'existe que sous une seule forme, fondant à 199-200°.

b. Si les deux fonctions sont en position 1.3, la condensation se produit en général avec une seule molécule de l'hydrazine, même en présence d'un excès de base, car la monohydrazone formée, si elle est primaire, subit une déshydratation en raison de la forme énolique de la dicétone, et se transforme en un composé à chaîne fermée, en un Pyrazol (voyez ce mot). L'acétylacétone, par exemple, fournit les réactions suivantes :

$$\mathrm{CH^3-CO-CH=C(OH)-CH^3 + C^6H^5-AzH-AzH^2}$$

$$= \mathrm{H^2O} + \begin{array}{l} \mathrm{CH^3-C-CH=C(OH)-CH^3} \\ \qquad\;\; \| \\ \qquad\;\; \mathrm{Az-AzH-C^6H^5} \end{array}$$

$$= \mathrm{H^2O} + \begin{array}{l} \mathrm{CH^3-C-CH=C-CH^3} \\ \qquad\;\; \| \qquad\quad\; | \\ \qquad\;\; \mathrm{Az \text{——} Az-C^6H^5} \end{array}$$

Si l'hydrazine est secondaire dissymétrique, la déshydratation ne peut plus se produire et l'on obtient toujours une monohydrazone [K. Kohlrausch, *Ann. Chem.*, **253**, 15].

On a pu cependant isoler dans certains cas des dihydrazones, avec le dicétohydrindène,

$$\mathrm{C^6H^4} \begin{array}{l} < \mathrm{CO} \\ < \mathrm{CO} \end{array} > \mathrm{CH^2}$$

par exemple (2° Suppl., **5**, 324).

c. En position 1.4, avec un excès de phénylhydrazine, on obtient des dihydrazones; mais en opérant molécule à molécule, il se forme des dérivés *pyrroliques* (voyez Pyrrol). Ainsi l'acétonylacétone se comporte de la façon suivante :

$$\begin{array}{l} \mathrm{CH^2-CO-CH^3} \\ | \\ \mathrm{CH^2-CO-CH^3} \end{array} + \mathrm{AzH^2-AzHC^6H^5}$$

$$= \mathrm{2H^2O} + \begin{array}{l} \mathrm{CH^2=C} < \mathrm{CH^3} \\ | \qquad\qquad \mathrm{Az-AzHC^6H^5}. \\ \mathrm{CH^2=C} < \mathrm{CH^3} \end{array}$$

Il en est de même de l'acétophénone-acétone (voyez ces mots, 2° Suppl., **1**, 325).

La dialdéhyde succinique donne pourtant une monobromophénylhydrazone, fusible à 135-136°, en même temps qu'une dihydrazone fusible à 140-145° [C. Harries, *D. chem. G.*, **34**, 1488].

d. Quant aux hydrazones des quinones, voyez 2° Suppl., **5**, 325.

2° *Composés renfermant trois fonctions cétones ou aldéhydes.* — Parmi les tricétones, celles qui renferment les trois carbonyles contigus fournissent des monohydrazones, des dihydrazones et même des trihydrazones. Les monohydrazones s'obtiennent très facilement par la diazotation des 1.3 dicétones. Tels sont les composés décrits sous le nom de benzène-azoacétylacétone, benzène-azo-benzoylacétone, etc. Ces composés peuvent encore réagir avec la phénylhydrazine et se prêter comme les autres tricétones et aussi les tétracétones, aux mêmes réactions que les dicétones précédentes (voyez 2° Suppl., **5**, 325). On obtient de même la monohydrazone d'une aldéhyde dicétonique (aldéhyde benzène-azo-acétylacétique)

$$\begin{array}{l} \mathrm{CH^3-CO-C-CHO} \\ \qquad\qquad\;\; \| \\ \qquad\qquad \mathrm{Az-AzHC^6H^5} \end{array}$$

et une dihydrazone cétonique

$$\mathrm{C^6H^5AzH-Az=CH-CO-CH=Az-AzHC^6H^5}$$

qui prend naissance quand on traite l'éther acétone-dicarbonique sodé par le chlorure de diazobenzène [H. von Pechmann, *D. chem. G.*, **25**, 3190] (voyez Acétylacétone, Benzoylacétone, Aldéhyde acétylacétique, etc.).

3° *Aldéhydes ou cétones à fonctions alcools.* — Lorsqu'on fait réagir la phénylhydrazine sur une aldéhyde ou une cétone à fonction alcool, on obtient d'abord l'hydrazone correspondante. Ainsi le benzoylcarbinol fournit une hydrazone fondant à 112°, de formule :

$$\begin{array}{l} \mathrm{CH^2OH} \\ | \\ \mathrm{C=Az-AzHC^6H^5} \\ | \\ \mathrm{C^6H^5} \end{array}$$

Mais si l'on chauffe cette hydrazone au bain-marie avec de l'acétate de phénylhydrazine, elle se transforme en osazone :

$$\begin{array}{l} CH^2OH \\ | \\ C=Az-AzHC^6H^5 + C^6H^5AzH-AzH^2 \\ | \\ C^6H^5 \end{array}$$

$$= \begin{array}{l} CH=Az-AzHC^6H^5 \\ | \\ C=Az-AzHC^6H^5 + H^2 + H^2O. \\ | \\ C^6H^5 \end{array}$$

L'hydrazone précédente est également susceptible de donner un indol par fusion avec le chlorure de zinc. L'acétol se comporte d'une façon analogue [Laubmann, *Ann. Chem.*, **243**, 244. — E. Fischer, *D. chem. G.*, **17**, 579].

La benzoïne, $C^6H^5-CHOH-CO-C^6H^5$, fournit deux monohydrazones stéréo-isomériques ; l'une α fond à 158-159°, l'autre β à 106°, et se transforme en dérivé α quand on la chauffe à 100° en présence d'alcool et de phénylhydrazine. Les deux monohydrazones, chauffées en solution acétique avec un excès de phénylhydrazine, donnent l'osazone du benzile [Pickel, *Ann. Chem.*, **232**, 229. — Vogtheer, *D. chem. G.*, **29**, 637. — A. Smith et J. Ransom, *Am. Chem. Journ.*, **16**, 107. — A. Smith, *ibid.*, **22**, 98. — P.-C. Freer, *ibid.*, **21**, 14].

Cette transformation en dihydrazone ne se produit que dans le cas où la fonction alcoolique est voisine du groupement cétonique ou aldéhydique. L'aldol, par exemple, ne donne qu'une monohydrazone

$$CH^3-CHOH-CH^2-CH=Az-AzHC^6H^5$$

[R. Strauss, *D. chem. G.*, **27**, 1281].

Quant aux aldéhydes et cétones à plusieurs fonctions alcooliques, elles se comportent de même avec la phénylhydrazine en fournissant une monohydrazone et une osazone. On connait une méthylphénylhydrazone fondant à 120° et une p-bromophénylosazone de l'aldéhyde glycérique [A. Wohl et C. Neuberg, *D. chem. G.*, **33**, 3095]. Tel est surtout le cas des Sucres (voyez ce mot). L'action oxydante de la phénylhydrazine se porte toujours sur le carbone voisin de la fonction aldéhyde, ou bien sur la fonction alcoolique terminale dans le cas d'un sucre cétonique. Ainsi, le glucose

$$CH^2OH-(CHOH)^4-CHO$$

donne la même osazone que le lévulose

$$CH^2OH-(CHOH)^3-CO-CH^2OH$$

(voyez également Osazones).

4° *Aldéhydes et cétones à fonctions acides ou éthers-sels.* — Comme pour les dicétones et les dialdéhydes, il importe ici de faire une distinction suivant la place de la fonction carbonylée, relativement aux fonctions acides ou éthers-sels.

a. En position 1.2, on obtient toujours une monohydrazone. Telles sont, par exemple, les hydrazones de l'acide et de l'éther glyoxylique (voyez ce mot), des acides acétyl- et benzoylformiques [E. Fischer et Jourdan, *D. chem. G.*, **16**, 2241. — A. Elbers, *Ann. Chem.*, **227**, 340. — T. Curtius, *J. prakt. Chem.*, **62**, 96]. Ces hydrazones d'acides 1.2-cétoniques s'obtiennent facilement par l'action des sels de diazoïques sur les dérivés monoalcoylés des éthers acétylacétiques et maloniques, par suite du dédoublement de ces derniers. Telles sont celles de l'éther acétylformique ou pyruvique obtenues avec l'éther méthylacétylacétique et méthylmalonique, celles de l'éther propionylformique

$$\begin{array}{c} C^2H^5-C-COOR \\ \| \\ Az-AzHC^6H^5 \end{array}$$

avec l'éther éthylacétylacétique et l'éther éthylmalonique.

On a vu que les phénylhydrazones de l'acide pyruvique s'obtiennent aussi par l'action de cet acide sur les hydrazones (voyez dédoublement des hydrazones). Elles possèdent les propriétés générales des hydrazones. Les hydrazones secondaires de l'acide pyruvique se transforment facilement soit avec le chlorure de zinc, soit avec les acides chlorhydrique, sulfurique, phosphorique étendus, en acides indols-carboniques. Exemple :

$$\begin{array}{c} C^6H^5 \\ CH^3 \end{array}\!\!> Az-Az=C<\!\!\begin{array}{c} CH^3 \\ COOH \end{array}$$

$$= C^6H^4 \begin{array}{c} CH \\ \diagup\ \diagdown \\ \diagdown\ \diagup \\ Az-CH^3 \end{array} C-CO^2H + AzH^3$$

[E. Fischer, *Ann. Chem.*, **236**, 116. — Michaelis, *D. chem. G.*, **30**, 280]. Chauffée à 180-190°, la phénylhydrazone perd de l'acide carbonique en donnant l'osazone du biacétyle [F. Japp et Klingemann). Avec le chlorure de diazobenzène, elle donne un composé formazylique [Wislicenus, *D. chem. G.*, **25**, 3456]. Ajoutons que récemment M. Simon [*Bull. Soc. Chim.*, (3), **23**, 884] a réussi à isoler, dans l'action de la phénylhydrazine sur l'acide pyruvique, deux hydrazones stéréo-isomériques, l'une fondant à 184° (connue), l'autre à 140-141°. Il en est de même avec l'éther éthylique, dont les phénylhydrazones fondent respectivement à 118-120° et 31-32°.

L'acide mésoxalique donne de même une hydrazone

$$RAzH-Az=C<\!\!\begin{array}{c} CO^2H \\ CO^2H \end{array}$$

(A. Elbers), fournie également à l'état d'éther par l'action des chlorures diazoïques sur les éthers maloniques sodés (voyez ce mot).

b. Les éthers 1.3 cétoniques réagissent d'une façon toute particulière avec la phénylhydrazine, sous la forme énolique

$$R.C(OH)=CH-COOR',$$

pour donner naissance à une Pyrazolone (voyez ce mot). On peut cependant isoler une hydrazone dans quelques cas particuliers. L'éther oxalacétique se comporte à la fois comme un éther cétonique en position 1.2 et en position 1.3. Il donne, en effet, une hydrazone qui se transforme en pyrazolone sous l'action de l'acide sulfurique. L'hydrazone correspondant à l'acide, chauffée avec de l'eau, perd de l'acide carbonique, et se transforme en hydrazone de l'acide pyruvique [H.-G. Feenton et H.-O. Jones, *Chem. Soc.*, **77**, 77].

c. L'action de la phénylhydrazine sur les acides cétoniques en position 1.4 est particulièrement intéressante à étudier avec l'acide lévulique. Cet acide fournit en effet, en solution acétique, une hydrazone fondant à 108° qui jouit de la propriété de se déshydrater à 160° en se transformant en anhydride fondant à 107-108°, la 1 phényl-3 méthyl-pyridazinone, d'après l'équation :

$$\begin{array}{c} C^6H^5AzH-Az=C-CH^3 \\ | \\ COOH-CH^2-CH^2 \end{array}$$

$$= H^2O + \begin{array}{l} C^6H^5-Az \text{———} Az \\ \quad | \\ CO-CH^2-CH^2 \end{array}\!\!\gg C-CH^3$$

[E. Fischer, *Ann. Chem.*, **236**, 147. — Ach, *Ann. Chem.*, **253**, 44].

L'éther lévulique se comporte d'une façon analogue. Son hydrazone avait été étudiée aussi par M. A. Michael [*J. prakt. Chem.*, **44**, 114] et par MM. Wislicenus et M. Scheidt [*D. chem. G.*, **24**, 3009].

5° *Dialdéhydes ou dicétones à fonctions acides ou éthers-sels.* — Ce groupe comprend principalement les composés obtenus par l'action des chlorures de diazoïques sur les éthers 1.3-cétoniques ou sur leurs dérivés C-acylés, ces derniers perdant dans cette réaction l'un de leurs radicaux acides.

Telle est l'α-hydrazone de l'éther acétylglyoxylique

$$CH^3-CO-\underset{\underset{Az-AzHC^6H^5}{\|}}{C}-COOC^2H^5$$

(C. Bülow et E. Hailer) qui, chauffée avec de la phénylhydrazine en tubes scellés à 120-130° pendant 1 heure, se transforme en phényl-3-méthylpyrazolone 4-azobenzène de Knorr,

$$\begin{array}{ccc} & C^6H^5-Az & \\ & \diagup \quad \diagdown & \\ Az & & CO \\ \| & & | \\ CH^3-C & \text{———} & CH-Az=Az-C^6H^5 \end{array}$$

tandis que l'acide lui-même donne l'osazone correspondante.

Telles sont les hydrazones des éthers benzoylpropionique

$$\begin{array}{l} CH^2-CO-C^6H^5 \\ | \\ C=Az-AzHC^6H^5 \\ | \\ COOC^2H^5 \end{array}$$

et acétonylacétylacétique qui se transforment d'ailleurs immédiatement en pyrazols en raison de leur nature 1.3 dicétonique. A ce groupe appartiennent également les produits obtenus avec les éthers acétylacétiques et benzoylacétiques (voyez ces mots), si on les considère comme des hydrazones. La diazotation de l'éther acétone-dicarbonique, opérée dans des conditions particulières, donne aussi le composé

$$AzO^2-C^6H^4-\underbrace{Az=Az=}_{H}C\begin{array}{l}\diagup COOC^2H^5 \\ \diagdown CO-CH^2-COOC^2H^5\end{array}$$

qui peut être considéré soit comme azoïque, soit comme hydrazone, et peut fournir avec la phénylhydrazine soit une hydrazone, soit une pyrazolone [C. Bülow et W. Hopfner, *D. chem. G.*, **34**, 71].

6° *Aldéhydes ou cétones à fonction lactonique.* — On sait que la phénylhydrazine peut agir sur la fonction lactone en donnant, par addition, des hydrazides [W. Wislicenus, *D. chem. G.*, **20**, 401]. Nous ne citerons ici que quelques hydrazones qui ont conservé la fonction lactonique, telles que celles de l'aldéhyde glycuronique

$$\begin{array}{l} CO-(CHOH)^2-CH-CHOH-CHO \\ | \qquad\qquad\qquad\quad | \\ O\text{————————} \end{array}$$

[C. Neuberg, *D. chem. G.*, **33**, 3315. — G. Giemsa, *ibid.*, **33**, 2296], celles de la dicétobutyrolactone

$$O\begin{array}{l}\diagup CH^2-CO \\ \qquad\quad | \\ \diagdown CO-C=Az-AzHC^6H^5\end{array}$$

et de l'acide pyruvylglycolique

$$O\begin{array}{l}\diagup CH^2-COOH \\ \diagdown CO-C=Az-AzHC^6H^5 \\ \qquad\quad | \\ \qquad\quad CH^3\end{array}$$

obtenues par l'action du diazobenzène sur les acides tétronique et α-méthyltétronique. La première fournit une osazone, une hydrazoxime; sous l'influence d'une lessive de soude, elle se transforme en hydroxypyrazol

$$O\begin{array}{l}\diagup CH^2-CO \\ \qquad\quad | \\ \diagdown CO-C=Az-AzHC^6H^5\end{array}$$

$$\longrightarrow \begin{array}{l} CO-CH^2OH \\ | \\ C=Az-AzHC^6H^5 \\ | \\ COOH \end{array} \longrightarrow \begin{array}{l} C(OH)=CH \\ | \qquad\qquad \diagdown \\ C=\!=\!=Az \diagup AzC^6H^5 \\ | \\ COOH \end{array}$$

[L. Wolff et W. Hérold, *Ann. Chem.*, **312**, 155, 163; **313**, 1].

Telles sont aussi les hydrazones obtenues par l'action des diazoïques sur la benzoylchloro-γ-valérolactone, par exemple l'hydrazone

$$\begin{array}{l} C^6H^5AzH-Az=C-CH^2-CH-CH^2Cl \\ \qquad\qquad\qquad\quad | \qquad\qquad | \\ \qquad\qquad\qquad CO\text{———}O \end{array}$$

[A. Haller et F. March, *Bull. Soc. Chim.*, (3), **29**, 786].

7° *Aldéhydes ou cétones à fonction nitrile.* — On trouve dans cette catégorie les hydrazones des cyanures d'acétyle (nitrile pyruvique), de propionyle, de benzoyle. L'hydrazone du nitrile pyruvique, qui ne peut s'obtenir par l'action directe de la phénylhydrazine, se prépare facilement par la diazotation de l'éther méthylcyanacétique :

$$C^6H^5Az^2OH + \begin{array}{l} CAz \\ | \\ CH-CH^3 \\ | \\ COOCH^3 \end{array}$$

$$= C^6H^5HAz-Az=C\begin{array}{l}\diagup CAz \\ \diagdown CH^3\end{array} + CH^3OH + CO^2.$$

Elle fond à 150-151°. La p-toluylhydrazone fond à 166°, le dérivé ortho à 131-132° [G. Favrel, *Bull. Soc. Chim.*, (3), **27**, 194].

Le dérivé éthylé fournit l'homologue supérieur déjà préparé par MM. Japp et Klingemann [*D. chem. G.*, **20**, 2942]. La phénylhydrazone fond à 81-82°, la p-toluylhydrazone à 143-144°, l'ortho à 114-115°.

La phénylhydrazone du cyanure de benzoyle a été rencontrée dans l'action du chlorhydrate de phénylhydrazine sur le produit de condensation de la nitrosodiéthylaniline avec le cyanure de benzoyle, par ébullition de la solution alcoolique. Elle fond à 152° [F. Sachs et E. Bry, *D. chem. G.*, **34**, 118].

L'α-propionylpropionitrile

$$CH^3-CH^2-CO-CH\begin{array}{l}\diagup CAz \\ \diagdown CH^3\end{array}$$

donne une hydrazone qui se transforme en un dérivé du pyrazol par transposition moléculaire [Hanriot et Bouveault, *Bull. Soc. Chim.*, (3), **1**, 553].

8° *Aldéhydes ou cétones à fonctions nitriles et acides ou éthers-sels.* — Les hydrazones de ce groupe sont le résultat de la copulation des diazoïques avec les éthers cyanacétiques et leurs dérivés monoalcoylés. Cette réaction a été trop bien exposée dans l'article de M. A. Haller

(2ᵉ Suppl., **2**, 1521) pour que nous insistions ici, nous nous bornerons à mentionner les résultats obtenus depuis, en vue d'élucider la constitution de ces composés.

M. P.-W. Uhlmann [*J. prakt. Chem.*, **51**, 217] a fait agir sur l'éther cyanacétique les chlorures de diazonitrobenzène ortho, méta et para, et a obtenu les phénylhydrazones correspondantes sous deux formes isomériques. La modification stable β correspondrait, d'après cet auteur, à l'hydrazone, la forme instable α au dérivé azoïque. Tel est aussi l'avis de M. Marquardt [*J. prakt. Chem.*, **52**, 160], qui a préparé les hydrazones correspondant aux anilines bromées, aux acides amidobenzoïques et aux amidophénols. L'action des chlorures de diazoïques sur les dérivés acidylés des éthers cyanacétiques démontre la nature de véritables hydrazones des composés obtenus précédemment [G. Favrel, *Bull. Soc. Chim.*, (3), **27**, 200]. Ces composés se dédoublent, en effet, en perdant le radical acide pour donner les mêmes dérivés que les éthers cyanacétiques eux-mêmes. L'action des chlorures de tétrazoïques sur ces mêmes éthers conduit à des dihydrazones particulières du type

$$\begin{array}{l} C^6H^4 - Az - Az = C \begin{smallmatrix} \diagup CAz \\ \diagdown COOC^2H^5 \end{smallmatrix} \\ \quad\quad | \\ \quad\quad R \\ \\ \quad\quad R \\ \quad\quad | \\ C^6H^4 - Az - Az = C \begin{smallmatrix} \diagup CAz \\ \diagdown COOC^2H^5 \end{smallmatrix} \end{array}$$

susceptibles également de se présenter sous deux formes isomériques α et β. La modification β prend naissance quand on précipite la solution alcaline par l'acide carbonique, ou par dissolution du dérivé α dans l'aniline, le nitrobenzène. La forme α se produit par précipitation avec l'acide chlorhydrique, le chlorure de benzoyle et l'anhydride acétique [G. Favrel, *Bull. Soc. Chim.*, (3), **27**, 104. — W. Lax, *J. prakt. Chem.*, **63**, 1].

9° *Aldéhydes ou cétones à fonction amine.* — Si la fonction amine est voisine du groupement cétonique, on obtient des composés de formule

$$R - C \begin{smallmatrix} \diagup AzH^2 \\ \diagdown Az - AzHC^6H^5 \end{smallmatrix}$$

Ce sont des HYDRAZIDINES (voyez ce mot, 2ᵉ Suppl., **5**, 226).

Si les deux fonctions sont séparées, on obtient, dans le cas de l'aldéhyde aminoéthylique

$$AzH^2 - CH^2 - CHO,$$

par exemple, l'osazone du glyoxal; avec l'aminoacétone, $CH^3 - CO - CH^2 - AzH^2$, celle du méthylglyoxal.

10° *Nitrosohydrazones.* — On désigne sous le nom de *nitrosohydrazones* les hydrazones d'aldéhydes nitrosées. Nous avons vu, à propos de la nitrosation des hydrazones, que l'action de l'anhydride azoteux ou du nitrite d'amyle en solution acétique donnait tout d'abord naissance à deux dérivés nitrosés :

$$R.C(AzO) = Az - AzHC^6H^5$$

et

$$R.C(AzO) = Az - AzHC^6H^4AzO^2.$$

Il est inutile de revenir ici sur les propriétés générales de ces composés qui ont été indiquées au même sujet, et nous nous bornerons à citer sommairement ceux qui ont pu être isolés :

La *phénylnitrosoformaldéhyde-p-nitrophénylhydrazone* est en aiguilles jaune d'or, se décomposant à 94-95°.

L'*anisylnitrosoformaldéhyde-phénylhydrazone* se décompose à 69°,5.

La *m-nitrophénylnitrosoformaldéhyde-phénylhydrazone*, jaune clair, se décompose à 98°,5, le dérivé para à 79°, le dérivé ortho à 83,5-84° (E. Bamberger et W. Pemsel).

11° *Nitrohydrazones.* — Les hydrazones d'aldéhydes nitrées, primitivement appelées nitroazoparaffines, sont actuellement désignées par abréviation sous le nom de *nitrohydrazones* ou de *nitrazones*.

On les obtient, comme nous l'avons vu, soit par condensation des diazoïques avec les nitroparaffines $R.CH^2 - AzO^2$, soit par l'action des vapeurs nitreuses sur les hydrazones

$$R.CH = Az - AzHC^6H^5$$

[E. Bamberger et J. Grob, *D. chem. G.*, **34**, 2017]. Dans le cas du nitrométhane, l'action du diazobenzène est très complexe; il se forme 14 produits, dont la nitrohydrazone. Cette dernière se produit particulièrement si l'on a soin de verser la solution alcaline de nitrométhane refroidie dans la solution de diazobenzène alcalinisée et froide [E. Bamberger, O. Schmidt et Levinstein, *D. chem. G.*, **33**, 2043]. La réaction peut s'exprimer par le schéma suivant :

$$CH^2 = AzO.OH + C^6H^5.Az = AzOH$$
$$= H^2O + CH \begin{smallmatrix} \diagup AzO^2 \\ \diagdown Az - AzHC^6H^5 \end{smallmatrix}$$

La constitution de ces composés est bien établie. Ils donnent la réaction caractéristique de Bülow, et sont transformés facilement en

$$R.CO - AzH - AzHC^6H^5.$$

En effet :

$$R.C \begin{smallmatrix} \diagup AzO^2 \\ \diagdown Az - AzHC^6H^5 \end{smallmatrix} + H^2O$$
$$= AzO^2H + R.CO - AzH - AzHC^6H^5.$$

De plus, le dérivé de l'aldéhyde phénylnitroformique a été obtenu par nitration directe de l'hydrazone correspondante. Pourtant les dérivés sodés de ces composés possèdent plutôt la forme azoïque

$$C^6H^5Az = Az - C \begin{smallmatrix} \diagup R \\ \diagdown AzOONa \end{smallmatrix}$$

et l'on connaît deux séries d'éthers correspondant à ces deux formules :

$$C^6H^5Az(R) - Az = CHAzO^2$$

et

$$C^6H^5Az = Az - CHAzOOCH^3.$$

Les premiers s'obtiennent par l'action des iodures alcooliques sur les dérivés sodés, ou bien par l'action du dibromonitrométhane sur une hydrazine secondaire dissymétrique

$$C^6H^5Az(R) - AzH^2 + Br^2CHAzO^2$$
$$= 2HBr + C^6H^5 - Az \begin{smallmatrix} \diagup R \\ \diagdown Az = CH - AzO^2 \end{smallmatrix}$$

Les nitrohydrazones sont décomposées par les acides forts ou faibles en nitroformazyle, phénol, acide carbonique et ammoniaque. Le diazobenzène réagit en donnant du nitroformazyle et un peu de phénylformazyle :

$$AzO^2 - C \begin{smallmatrix} \diagup H \\ \diagdown Az - AzHC^6H^5 \end{smallmatrix} + C^6H^5Az^2OH$$
$$= H^2O + AzO^2 - C \begin{smallmatrix} \diagup Az = AzC^6H^5 \\ \diagdown Az - AzHC^6H^5 \end{smallmatrix}$$

[E. Bamberger et O. Schmidt, *D. chem. G.*, **34**, 575].

Le méthylate de sodium fournit une tétrazoline : ainsi avec la phénylhydrazone de l'aldéhyde phénylnitroformique, la réaction se passe de la façon suivante :

$$2C^6H^5-C\begin{matrix}\nearrow Az-AzHC^6H^5\\ \searrow AzO^2\end{matrix}$$

$$=2AzO^2H+\begin{matrix} & Az & \\ C^6H^5-C & & Az-C^6H^5\\ | & & |\\ C^6H^5-Az & & C-C^6H^5\\ & Az & \end{matrix}$$

avec formation de tétraphényltétrazoline [E. Bamberger et J. Grob, *D. chem. G.*, **34**, 523].

Une solution alcoolique de sulfhydrate d'ammoniaque enlève aux nitrohydrazones un atome d'oxygène en les transformant en

$$R-C(=AzOH)-AzH-AzH-R'$$

[E. Bamberger et J. Frei, *D. chem. G.*, **35**, 1084].

Certaines de ces nitrohydrazones se présentent sous deux formes α et β, celles de la nitroformaldéhyde, de la nitrovalérylaldéhyde, par exemple. On peut passer de la modification α à la modification β par chauffage, dissolution dans les alcalis et précipitation par les acides, cristallisation dans l'alcool. La transformation inverse se produit par cristallisation dans le benzène, le chloroforme, la ligroïne [E. Bamberger et O. Schmidt, *D. chem. G.*, **34**, 2001].

Au contraire, les hydrazones des aldéhydes nitroacétique, nitropropionique et phénylnitroformique ne donnent qu'une seule modification. Il en est de même de l'anisylnitroformaldéhydeméthylphénylhydrazone,

$$C^6H^4-(OCH^3)-C(AzO^2)=Az-Az(CH^3)C^6H^5,$$

qui se présente en aiguilles jaune-citron fusibles à 104°,7-105°,2 [E. Bamberger et W. Pemsel, *D. chem. G.*, **36**, 359].

12° *Aldéhydes ou cétones renfermant la fonction* - $Az=AzC^6H^5$. — Les hydrazones de ce groupe répondant à la formule

$$R-C\begin{matrix}\nearrow Az=AzC^6H^5\\ \searrow Az-AzHC^6H^5\end{matrix}$$

résultent de l'action du chlorure de diazobenzène sur les hydrazones proprement dites, et sont désignées sous le nom de COMBINAISONS FORMAZYLIQUES. Leur étude a été faite précédemment (voyez 2e Suppl., **4**, 244). Fr. March.

HYDRAZONES-OXIMES. — Parmi les composés que l'on désigne généralement sous le nom d'*hydrazoximes* (voyez ce mot), nous étudierons ici ceux qui jouissent de la propriété d'être à la fois hydrazones et oximes. La plupart de ces corps correspondent aux dicétones 1.2; on sait, en effet, que les dicétones 1.3 donnent avec l'hydroxylamine des isoxazols et avec les hydrazines des pyrazols. Dans le seul cas où l'on ait pu observer la formation d'une cétohydrazone, avec la méthylphénylhydrazine, il n'a pas été possible de combiner à l'hydroxylamine la deuxième fonction cétonique [K. Kohlrausch, *Ann. Chem.*, **253**, 15].

Les cétohydrazones obtenues par diazotation des éthers β-cétoniques

$$\begin{matrix}CH^3-CO-C-COOC^2H^5\\ \|\\ Az-AzHC^6H^5\end{matrix}$$

par exemple, se combinent bien à l'hydroxylamine, mais le groupement AzOH réagit immédiatement avec la fonction éther-sel pour donner une isoxazolone. Ces composés seront étudiés plus loin (voyez ISOXAZOLONES). On peut cependant obtenir une hydrazone-oxime lorsque les deux fonctions hydrazone et oxime occupent des positions inverses : par exemple, avec l'éther nitrosoacétylacétique

$$CH^3-CO-C(AzOH)-COOC^2H^5$$

et une hydrazine secondaire asymétrique [H. von Pechmann, *Ann. Chem.*, **262**, 274]. Le produit de la diazotation de l'éther acétone-dicarbonique donne également une oxime, mais nous ne nous en occuperons pas, la fonction hydrazone n'étant pas établie avec certitude [C. Bülow et W. Hopfner, *D. chem. G.*, **34**, 71].

Préparation. — On obtient les hydrazones-oximes :

1° Par l'action des hydrazines sur des oximes renfermant encore une fonction aldéhyde ou cétone. Exemple :

$$\begin{matrix}CH^3-CO-C-CH^3\\ \|\\ AzOH\end{matrix}+AzH^2-AzHC^6H^5$$

$$=\begin{matrix}CH^3-C & \text{———} & C-CH^3\\ \| & & \|\\ Az-AzHC^6H^5 & & AzOH\end{matrix}+H^2O.$$

2° Par l'action de l'hydroxylamine sur les hydrazones à fonction aldéhyde ou cétone :

$$\begin{matrix}CH^3-CO-C-CH^3\\ \|\\ Az-AzHC^6H^5\end{matrix}+AzH^2OH$$

$$=\begin{matrix}CH^3-C & \text{——} & C-CH^3\\ \| & & \|\\ AzOH & & Az-AzHC^6H^5\end{matrix}+H^2O.$$

La première méthode mérite la préférence, en raison de la rapidité et de la facilité avec lesquelles elle peut être employée. La nitrosocétone est dissoute soit dans l'alcool, soit dans l'éther, et cette solution est additionnée de phénylhydrazine dissoute dans l'acide acétique. Avec la méthylphénylhydrazine, on traite une solution aqueuse de nitrosocétone par un mélange du sulfate de cette hydrazine et d'acétate de soude. Il est quelquefois nécessaire de chauffer légèrement à 30 ou 40° [H. von Pechmann et K. Wehsarg, *D. chem. G.*, **21**, 2994].

Propriétés. — Ce sont des composés très bien cristallisés. Les phénylhydrazones-oximes sont en général incolores ou faiblement colorées en jaune; les méthylphénylhydrazones-oximes se distinguent au contraire par leur coloration jaune intense.

Elles se dissolvent dans les alcalis, en prenant une coloration plus ou moins jaune, et dans l'acide chlorhydrique concentré. Les dérivés méthylés sont plus solubles et fondent plus bas; ils se dissolvent déjà dans l'acide chlorhydrique étendu. La plupart de ces composés fournissent la *réaction de Bülow*, comme les hydrazones : la coloration dans l'acide sulfurique concentré, en général jaune, devient en présence de chlorure ferrique, violette, bleu intense ou rouge. L'hydrazone de la dinitrosoacétone ne donne pas cette coloration.

Action des acides. — Les hydrazones-oximes des composés dicétoniques 1.2 sont attaquées par les acides, par l'acide chlorhydrique concentré en particulier. C'est le groupement AzOH qui part le premier :

$$\begin{matrix}CH^3-C & \text{———} & CH\\ \| & & \|\\ Az-AzHC^6H^5 & & AzOH\end{matrix}+H^2O$$

$$=\begin{matrix}CH^3-C-CHO\\ \|\\ Az-AzHC^6H^5\end{matrix}+AzH^2OH.$$

Le groupe hydrazinique est ensuite enlevé avec

formation d'une cétoaldéhyde ou d'une dicétone :

$$\begin{array}{l} CH^3-C-CHO \\ \quad\;\; \| \\ Az-AzHC^6H^5 \end{array} + H^2O$$
$$= CH^3-CO-CHO + AzH^2-AzHC^6H^5.$$

Cependant cette phénylhydrazine donne lieu à une réaction secondaire qui conduit à une osazone :

$$\begin{array}{l} CH^3-C-CHO \\ \quad\;\; \| \\ Az-AzHC^6H^5 \end{array} + AzH^2-AzHC^6H^5$$
$$= \begin{array}{lcl} CH^3-C & \text{———} & CH \\ \quad\;\; \| & & \| \\ Az-AzHC^6H^5 & & Az-AzHC^6H^5 \end{array} + H^2O.$$

Les méthylphénylhydrazones-oximes se comportent de même. Pour effectuer ce dédoublement, il suffit de chauffer le composé avec de l'acide chlorhydrique concentré dans un appareil à reflux. Il faut cependant signaler une exception, celle de l'hydrazone de la dinitrosoacétone. Sous l'influence des acides, un seul des deux groupes nitroso est enlevé, tandis que l'autre fournit un groupement nitrile en donnant naissance à l'α-hydrazone du cyanure de glyoxylyle :

$$CH(=AzOH)-C(=Az-AzHC^6H^5)-CH(=AzOH) + H^2O$$
$$= CHO-C(Az-AzHC^6H^5)-CHAzOH + AzH^2OH$$
$$= H^2O + CHO-C(Az-AzHC^6H^5)-CAz$$

(H. von Pechmann et K. Wehsarg).

Action de l'anhydride acétique. — Quand on traite à froid les phénylhydrazones-oximes par l'anhydride acétique, on observe la formation d'un *dérivé acétylé*. Le groupement acétyle se fixe sur le groupe nitroso, et le composé obtenu répond à la formule

$$\begin{array}{l} R-C=AzO(COCH^3) \\ \quad\;\; | \\ R'-C=Az-AzHC^6H^5 \end{array}$$

Mais si l'on porte à l'ébullition et que l'on distille ensuite, l'hydrazone-oxime est au contraire déshydratée en donnant naissance à un *osotriazol* avec un rendement de 25 0/0 :

$$\begin{array}{l} CH^3-C—C-H \\ \quad\;\; \| \quad\; \| \\ \quad Az \quad AzOH \\ \quad | \\ \quad AzHC^6H^5 \end{array} = H^2O + \begin{array}{l} CH^3-C—C-H \\ \quad\;\; \| \quad\; \| \\ \quad Az \quad Az \\ \quad\;\; \diagdown \diagup \\ \quad Az-C^6H^5 \end{array}$$

Cette réaction s'obtient encore par ébullition de l'hydrazone-oxime, ou mieux du dérivé acétylé, avec l'eau, les alcalis étendus et les carbonates alcalins (rendement 50 0/0), ou bien par l'action du perchlorure de phosphore. L'hydrazone-oxime en solution chloroformique est additionnée de pentachlorure de phosphore par petites fractions, car la réaction est vive et dégage beaucoup de chaleur. On la termine en chauffant quelques minutes au bain-marie (rendement 20 0/0) [H. von Pechmann, *D. chem. G.*, **21**, 2759].

Les hydrazones-oximes qui dérivent des hydrazines secondaires, avec au moins un reste gras, donnent des osotriazols par départ d'alcool, avec un rendement de 80 0/0 :

$$\begin{array}{l} CH^3-C—CH \\ \quad\;\; \| \quad\; \| \\ \quad Az \quad AzOH \\ \quad | \\ \quad Az-CH^3 \\ \quad | \\ \quad C^6H^5 \end{array} = CH^3OH + \begin{array}{l} CH^3-C—CH \\ \quad\;\; \| \quad\; \| \\ \quad Az \quad Az \\ \quad\;\; \diagdown \diagup \\ \quad\quad Az \\ \quad\quad | \\ \quad\quad C^6H^5 \end{array}$$

Cette réaction ne se produit pas avec les diphénylhydrazones-oximes [H. von Pechmann, *Ann. Chem.*, **262**, 269].

Oxydation. — L'oxydation peut s'effectuer de deux façons :

1° Avec l'hypoazotide : On dissout l'hydrazone-oxime dans l'éther absolu, on ajoute la quantité théorique de réactif en refroidissant le mélange, on sépare le précipité de nitrate de diazobenzène formé, et on distille l'éther après l'avoir traité par l'eau.

2° Avec l'oxyde mercurique : On chauffe à reflux une solution chloroformique additionnée d'oxyde jaune de mercure pendant 6 à 8 heures.

On obtient dans les deux cas le même composé. Si nous considérons, par exemple, la diacétylphénylhydrazone-oxime, l'oxydation lui enlève 2 atomes d'hydrogène pour donner naissance à un produit auquel M. G. Ponzio [*J. prakt. Chem.*, **57**, 160] attribue la formule d'un 2.3 diméthylAz-phényl-1.2 oxypyrro-1.4 diazol.

$$\begin{array}{l} \quad\quad\; O \\ \quad\quad \diagup \diagdown \\ CH^3-C — Az \\ \quad\;\; | \\ CH^3-C=Az-AzHC^6H^5. \end{array}$$

Ce produit perd son oxygène par réduction ou par l'action des hydracides, en se transformant en le diméthylphénylosotriazol de M. von Pechmann.

$$\begin{array}{l} CH^3-C=Az \diagdown \\ \quad\;\; | \qquad\quad Az-C^6H^5. \\ CH^3-C=Az \diagup \end{array}$$

Dans ce cas, il faudrait admettre pour l'hydrazone-oxime non pas la formule

$$\begin{array}{l} CH^3-C=AzOH \\ \quad\;\; | \\ CH^3-C=Az-AzHC^6H^5 \end{array}$$

mais la formule tautomérique :

$$\begin{array}{l} \quad\quad\; O \\ \quad\quad \diagup \diagdown \\ CH^3-C — Az \\ \quad\;\; | \\ CH^3-C=Az-AzHC^6H^5 \end{array}$$

Les autres hydrazones-oximes fournissent également des diazols dans les mêmes conditions [G. Ponzio, *Gazz. chim. ital.*, (1), **29**, 283, 349; **30**, 459. — G. Ponzio et P. Rossi, *idem.*, **30**, 454].

Dans la description des hydrazones-oximes, pour plus de clarté, nous mettrons en évidence la dicétone dont elles dérivent :

1° Méthylglyoxal. — α-β-*Phénylhydrazone-oxime* (ou nitrosoacétone-hydrazone).

$$\begin{array}{l} H-C=AzOH \\ \quad\;\; | \\ CH^3-C=Az-AzHC^6H^5 \end{array}$$

— Elle cristallise dans l'alcool en prismes ou en aiguilles fondant à 134°, solubles dans l'alcool, l'éther, le benzène, peu solubles dans l'eau chaude.

Son *dérivé acétylé* est en aiguilles incolores, fusibles à 163°.

p-Chlorophénylhydrazone-oxime. — Aiguilles fusibles à 165-166° (G. Ponzio).

α-β-*Méthylphénylhydrazone-oxime.* — Fond à 118°.

2° Biacétyle. — *Phénylhydrazone-oxime* (ou méthylnitrosoacétone-hydrazone)

$$\begin{array}{l} CH^3-C=AzOH \\ \quad\;\; | \\ CH^3-C=Az-AzHC^6H^5 \end{array}$$

fond à 158°. Son *dérivé acétylé*, en feuillets faiblement colorés en jaune, fond à 171°.

p-Chlorophénylhydrazone-oxime. — Aiguilles jaunâtres fusibles à 181°.

Le *dérivé ortho* fond à 189°.

p-Bromophénylhydrazone-oxime. — Aiguilles jaunes fusibles à 196°.

p-Tolylhydrazone-oxime. — Prismes jaunes fondant à 169°.

Le *dérivé ortho* fond à 175°.

β-*Naphtylhydrazone-oxime.* — Elle fond à 184°. Comme l'o-tolylhydrazone-oxime, elle ne se transforme pas sous l'influence de l'oxyde de mercure en diazol correspondant [G. Ponzio, *Gazz. chim. ital.*, (2), **31**, 413].

Méthylphénylhydrazone-oxime. — Belles aiguilles jaunes fondant à 105°,5, plus ou moins solubles dans les solvants habituels (O. Baltzer et H. von Pechmann).

Diphénylhydrazone-oxime. — Petits prismes incolores fondant à 126-127°.

Benzylphénylhydrazone-oxime. — Fond à 114-115°, très soluble dans le chloroforme et dans l'éther (G. Ponzio).

3° Acétylpropionyle. — α-β-*phénylhydrazone-oxime*,

$$\begin{array}{l} CH^3-C=Az-AzHC^6H^5 \\ \quad\quad | \\ C^2H^5-C=AzOH \end{array}$$

— On l'obtient avec la nitrosoéthylcétone et la phénylhydrazine. Elle fond à 131-132°. Son *dérivé acétylé* est en aiguilles blanches fusibles à 147-148° [R. Otto et H. von Pechmann, *D. chem. G.*, **22**, 2115].

β-α-*phénylhydrazone-oxime*,

$$\begin{array}{l} CH^3-C=AzOH \\ \quad\quad | \\ C^2H^5-C=Az-AzHC^6H^5 \end{array}$$

— Obtenue avec la nitrosodiéthylcétone, elle fond à 128°.

4° Acétylbutyryle. — α-β-*phénylhydrazone-oxime.* — Aiguilles fusibles à 130°,5. Elle se résinifie à la longue, comme les hydrazones-oximes des homologues supérieurs.

5° Acétylisovaléryle. — α-β-*phénylhydrazone-oxime.* — Aiguilles presque incolores, fusibles à 150-151°.

6° Acétylcaproyle. — α-β-*phénylhydrazone-oxime.* — Aiguilles blanches fusibles à 131°,5.

7° Acétylcrotonyle. — α-β-*phénylhydrazone-oxime.* — Aiguilles brunes fusibles à 137°.

8° Acétylbenzoyle. — β-α-*phénylhydrazone-oxime*,

$$\begin{array}{l} CH^3-C=AzOH \\ \quad\quad | \\ C^6H^5-C=Az-AzHC^6H^5 \end{array}$$

— Obtenue à l'aide de la nitrosopropiophénone, elle fond à 202° [H. Muller et H. von Pechmann, *D. chem. G.*, **22**, 2127].

p-Bromophénylhydrazone-oxime. — Aiguilles jaunes fusibles à 206-207°.

9° Benzile. — La *dibenzoylphénylhydrazone-oxime* s'obtient avec l'α-monoxime du benzyle, tandis que la β-monoxime reste inaltérée en présence de la phénylhydrazine. Elle fond à 137-138°, est très peu soluble dans l'alcool à froid, mieux à l'ébullition, très soluble dans le chloroforme et dans l'éther. Elle se résinifie au-dessus de 30 à 40° avec formation de benzile-osazone.

Le *dérivé acétylé*, jaune, fond à 113° quand on le fait cristalliser dans le chloroforme, à 121-122° dans l'alcool bouillant ou l'éther [K. Auwers et M. Siegfeld, *D. chem. G.*, **26**, 788]. L'action de l'hydroxylamine sur la monohydrazone du benzile conduit directement au triphényloso-triazol [K. Auwers et M. Siegfeld, *D. chem. G.*, **25**, 2599].

Acide phénylhydrazone-oxime-p-carbonique. — On l'obtient en chauffant l'α-monoxime du benzile avec l'acide p-phénylhydrazine-carbonique en solution alcoolique à 120° en tubes scellés pendant 24 heures, ou bien sans solvant à 140° pendant 3 heures. Il fond à 249-250°; son *dérivé acétylé* fond à 176°; son *éther éthylique* à 226°.

Acide phénylhydrazone-oxime-o-carbonique. — Fond à 226° [K. Auwers et A. Clos, *D. chem. G.*, **27**, 1133].

10° Mésoxalaldéhyde. — α-ω-ω-*phénylhydrazone-dioxime* (ou dinitrosoacétone-phénylhydrazone),

$$\begin{array}{l} CH=AzOH \\ | \\ C=Az-AzHC^6H^5 \\ | \\ CH=AzOH \end{array}$$

— Ce composé fond à 145° avec décomposition; le *dérivé acétylé* à 133°. Avec l'acide chlorhydrique concentré, il se transforme en *hydrazone du cyanure de glyoxylyle*

$$CHO-C(Az-AzHC^6H^5)-CAz,$$

aiguilles jaune soufre, fusibles à 161° avec décomposition. Sous l'action de l'hydroxylamine, cette dernière fournit l'α-ω-*phénylhydrazone-oxime du cyanure de glyoxylyle*

$$\begin{array}{l} CH=AzOH \\ | \\ C=Az-AzHC^6H^5 \\ | \\ CAz \end{array}$$

en aiguilles jaune-citron fondant à 240° avec décomposition, solubles dans les alcalis. La coloration jaune de la solution sulfurique n'est pas transformée par le chlorure ferrique.

α-ω-ω-*méthylphénylhydrazone-dioxime.* — Aiguilles jaune-orangé fusibles à 137°. Traitée comme la précédente, elle donne l'α-ω-*méthylphénylhydrazone-oxime du cyanure de glyoxylyle* fusibles à 178°, dont le *dérivé acétylé* fond à 121°,5.

11° Dicétobutyrolactone. — La *phénylhydrazone-oxime*

$$O\begin{array}{l} \diagup CH^2-C=AzOH \\ \quad\quad\quad | \\ \diagdown CO-C=Az-AzHC^6H^5 \end{array}$$

se présente en aiguilles vert-jaune fondant à 236° avec décomposition, très peu solubles dans l'eau, l'alcool, l'éther, le chloroforme. La solution alcoolique ne donne pas de coloration avec le chlorure ferrique. Ce composé se dédouble à 0° en présence d'une solution de carbonate de sodium, en donnant l'acide-alcool correspondant

$$\begin{array}{l} CH^2OH-C=AzOH \\ \quad\quad\quad | \\ COOH-C=Az-AzHC^6H^5 \end{array}$$

Cette dernière *hydrazone-oxime* est en aiguilles jaunes, brillantes, fusibles à 147-148°. Chauffée avec de l'acide acétique à 30 0/0, elle donne la *phénylhydrazone* de l'oxyméthylcéto-isoxazolone

$$\begin{array}{l} CH^2OH-C=AzOH \\ \quad\quad\quad | \\ C^6H^5-HAz-Az=C-COOH \end{array} = H^2O + \begin{array}{l} CH^2OH-C=Az \diagdown \\ \quad\quad\quad | \quad\quad\quad O \\ C^6H^5HAz-Az=C-CO \diagup \end{array}$$

en aiguilles fusibles à 165°. Fr. March.

HYDRAZOPROPIONIQUE (**ACIDE**) (*Acide propanoïque 2.2-hydrazopropanoïque*),

$$\begin{matrix} CH^3 \\ CO^2H \end{matrix} > CH - AzH - AzH - CH < \begin{matrix} CH^3 \\ CO^2H \end{matrix}$$

— Pour préparer cet acide il faut d'abord se procurer l'éther; celui-ci se forme à partir du dinitrile correspondant, qui n'est pas isolable. Voici comment procèdent MM. J. Thiele et J. Bailey [*Ann. Chem.*, **303**, 87].

On prépare une solution concentrée d'hydrazine en chauffant au bain-marie, tant qu'il se dégage du gaz carbonique, un mélange équimoléculaire de sulfate d'hydrazine (10 grammes) avec du carbonate de sodium ($8^{gr},2$) recouvert d'un peu d'eau. On mêle cette solution avec $9^{gr},4$ d'aldéhydate d'ammoniaque (2 molécules) et 10 grammes de cyanure de potassium (plus de 2 molécules), et on y ajoute, après avoir porté le tout à 40-50°, 14 grammes d'acide sulfurique. L'opération doit se faire en agitant fortement, et en introduisant assez rapidement l'acide par le tube du réfrigérant adapté au vase où se fait la réaction; on se place sous une bonne hotte. Le mélange s'échauffe jusqu'à l'ébullition et se colore en rouge. Après refroidissement, on ajoute un volume d'acide chlorhydrique concentré destiné à saponifier la fonction nitrile formée et à la transformer en amide plus stable. Après deux jours, on évapore à sec et prend le résidu pour le traiter par le gaz chlorhydrique et l'alcool. Après quelques autres manipulations et extractions à l'éther, on obtient l'éther éthylique de l'acide hydrazopropionique (5 0/0 de la théorie) ainsi qu'un produit liquide trois fois plus abondant. Les réactions sont les suivantes :

$$\begin{matrix} CH^3 & & & & CH^3 \\ \searrow & & & & \swarrow \\ CHO & + & AzH^2\text{-}AzH^2 & + & CHO \\ CAzH + & & & & + HCAz \end{matrix}$$

$$= \begin{matrix} CH^3 \\ CAz \end{matrix} > CH - AzH - AzH - CH < \begin{matrix} CH^3 \\ CAz \end{matrix} + 2H^2O.$$

C'est ensuite ce dinitrile que l'on transforme en éther par les opérations indiquées.

On peut aussi partir de l'acide 2 hydrazidopropionique, que l'on traite successivement par l'aldéhydate d'ammoniaque, l'acide chlorhydrique, puis l'alcool chlorhydrique. La fonction AzH^2 du corps $AzH^2\text{-}AzH\text{-}CH(CH^3)CO^2H$ subit la transformation en nitrile comme ci-dessus. L'éthérification porte ensuite naturellement aussi sur la fonction acide préexistante.

L'*acide*, obtenu par saponification de l'éther au moyen de la baryte, est en cristaux filiformes, microscopiques, brunissant dès 180°, perdant des gaz à 198°.

L'*éther éthylique* est en longs prismes déliés, solubles dans la plupart des solvants, fusibles à 78°, bouillant à 245° sous 750 millimètres.

L'*éther méthylique* fond à 93° et bout à 220° sous 720 millimètres.

Ces deux éthers cristallisent bien dans la ligroïne. M. Delépine.

HYDRAZOXIMES — Le nom d'*hydrazoximes* a été primitivement donné par MM. H. von Pechmann et K. Wehsarg [*D. chem. G.*, **21**, 2994] aux composés qui sont à la fois hydrazones et oximes. Ce même terme a dans la suite servi à désigner aussi les produits de condensation des aldéhydes avec les amidoximes. Ces derniers composés diffèrent essentiellement des précédents, tant par leur mode de formation que par l'ensemble de leurs propriétés, et doivent être considérés comme des dérivés hydrogénés des azoximes. Aussi, pour éviter une confusion, est-il préférable de rejeter toute abréviation et d'étudier séparément ces deux sortes de combinaisons en décrivant les premières sous le nom d'HYDRAZONES-OXIMES, et les secondes sous celui de HYDRO-AZOXIMES (voyez ces mots). Fr. March.

HYDRINDÈNE [Syn. *Propénylphène* 1.2, *indane, hydrindonaphtène*],

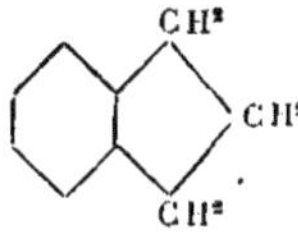

CH² — CH² — CH²

— Les premiers dérivés de ce carbure ont été préparés synthétiquement par MM. von Baeyer et W. H. Perkin en condensant les dérivés halogénés de l'o-xylène avec l'éther malonique. L'hydrindène lui-même n'a été obtenu que plus tard par réduction de l'indène.

A l'hydrindène se rattachent quatre corps de constitution voisine, qui n'en diffèrent que par la substitution d'un, de deux ou de trois groupes cétoniques aux groupements méthyléniques de la chaîne alicyclique. Ce sont :

L'*α-hydrindone* (indanone 5),

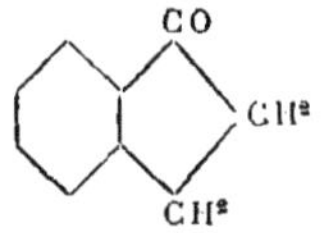

CO — CH² — CH²

La *β-hydrindone* (indanone 6),

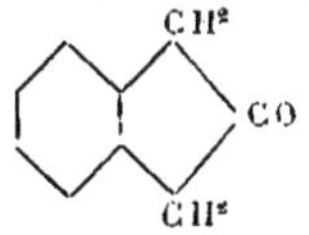

CH² — CO — CH²

Le *dicétohydrindène* (indane-dione 5.7),

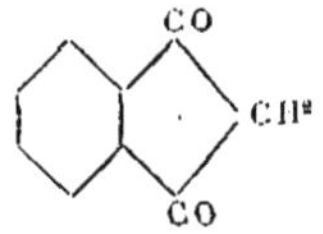

CO — CH² — CO

Le *tricétohydrindène* (indane-trione 5.6.7)

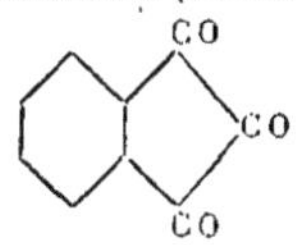

CO — CO — CO

On peut encore joindre à ces groupes ceux du truxène et de la truxone, qui constituent des produits de condensation de l'α-hydrindone.

Dans la nouvelle nomenclature, on a donné le nom d'indane au noyau de l'hydrindène en le numérotant de la façon suivante :

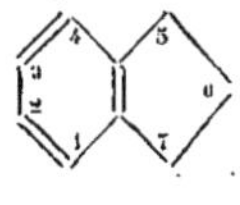

1 2 3 4 5 6 7

GROUPE DE L'HYDRINDÈNE.

HYDRINDÈNE,

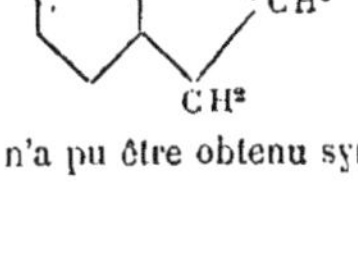

CH² — CH² — CH²

Ce carbure n'a pu être obtenu synthétiquement

qu'en hydrogénant par le sodium une solution bouillante d'indène (1 partie) dans l'alcool à 90 0/0 (10 parties) :

$$C^6H^4 \left\langle \begin{matrix} CH \\ CH^2 \end{matrix} \right\rangle CH + H^2 = C^6H^4 \left\langle \begin{matrix} CH^2 \\ CH^2 \end{matrix} \right\rangle CH^2.$$

On en a trouvé des quantités notables dans la fraction des huiles lourdes de goudron qui distille vers 170-180° [J. Moschner, *D. chem. G.*, **33**, 737, 1257; *Bull. Soc. Chim.*, (3), **26**, 912. — J. Dünkelsbühler, *D. chem. G.*, **33**, 2895. — R. Stoermer et J. Boes, *D. chem. G.*, **33**, 3013]. MM. Kraemer et Spilker en ont extrait également des résines d'indène et de coumarone [*D. chem. G.*, **33**, 2257].

L'hydrindène se présente sous la forme d'un liquide incolore, doué d'une odeur faiblement aromatique. Il bout à 176° et possède une densité égale à 0,9573 à 15° [Krämer et Spilker, *D. chem. G.*, **23**, 3280].

L'hydrindène se comporte vis-à-vis des agents chimiques comme un dérivé benzénique à chaîne latérale saturée. Il donne naissance assez facilement à des dérivés sulfonés.

Dichlorhydrindène,

$$C^6H^4 \left\langle \begin{matrix} CH-Cl \\ CH^2 \end{matrix} \right\rangle CH-Cl.$$

— Ce composé s'obtient en saturant de chlore sec une solution d'indène (1 partie) dans 2 parties d'éther anhydre. En évaporant l'éther, on obtient un liquide incolore qui se décompose, lorsqu'on le chauffe ou qu'on le traite par l'eau, en donnant naissance à un *oxychlorure*,

$$C^6H^4-C^3H^4(OH)Cl.$$

Ce dernier s'obtient plus facilement en chauffant 1 partie de dichlorhydrindène avec 100 parties d'alcool à 20 0/0. Il cristallise en aiguilles soyeuses fusibles à 128-129°, solubles dans le benzène chaud.

Le *dibromhydrindène*,

$$C^6H^4 \left\langle \begin{matrix} CH-Br \\ CH^2 \end{matrix} \right\rangle CH-Br,$$

préparé comme le dérivé dichloré, cristallise en prismes fusibles à 45°, solubles dans les dissolvants usuels sauf dans la ligroïne et dans l'eau. Lorsqu'on le traite par l'eau ou qu'on le chauffe avec de l'alcool à 50 0/0, on le transforme en *oxybromure* $C^6H^4-C^3H^4(OH)Br$; celui-ci se présente sous la forme de longues aiguilles fusibles à 130-131°, solubles dans l'alcool dilué [Spilker, *D. chem. G.*, **26**, 1541].

D'après MM. Perkin et Révay, on obtiendrait un *dibromhydrindène* isomérique en faisant agir le brome sur une solution chloroformique d'hydrindène. Le produit de la réaction bout à 180-185° sous 50 millimètres. Lorsqu'on le distille sous la pression normale, il se décompose en perdant de l'acide bromhydrique et en donnant de l'*indène monobromé*, C^9H^7Br. Or ce dernier fournit par oxydation de l'acide bromophtalique; aussi les auteurs attribuent-ils à ce dibromhydrindène la constitution suivante :

$$C^6H^3-Br \left\langle \begin{matrix} CH-Br \\ CH^2 \end{matrix} \right\rangle CH^2$$

[*D. chem. G.*, **26**, 2251].

Oxyhydrindènes.

On connaît actuellement trois oxyhydrindènes, dont deux ont l'oxhydrile rattaché au noyau benzénique.

Oxy 2-hydrindène,

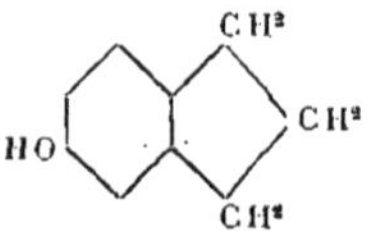

HO — CH² — CH² — CH²

— Ce composé se forme avec un rendement satisfaisant lorsqu'on fond l'hydrindène-sulfonate de sodium correspondant avec de la potasse; l'opération dure trois quarts d'heure et doit être effectuée entre 290 et 300°. L'oxyhydrindène cristallise en aiguilles blanches, fusibles à 55°, solubles dans l'alcool, l'éther et la ligroïne bouillante; il bout à 255° et possède une odeur phénolique assez agréable. Le chlorure ferrique le colore en bleu, et l'acide sulfurique concentré chaud en carmin, puis en bleu.

L'*éther méthylique* bout à 233-234° et possède une odeur aromatique; oxydé par l'acide nitrique à 5 0/0, au bain-marie, il fournit de l'acide p-méthoxy-o-phtalique $CH^3O-C^6H^3-(CO^2H)^2$. Cette réaction suffit à fixer la constitution de l'oxyhydrindène.

L'*éther éthylique* bout à 246° et fournit un *dérivé sulfoné* qui fond vers 100°.

Traité par le brome en solution éthérée froide, l'oxyhydrindène fournit un *dérivé bromé* liquide, qui n'est pas volatil sans décomposition.

Soumis à l'action de l'acide azotique dilué froid, il se transforme en un *dérivé nitré* qui cristallise en paillettes fusibles à 40°, solubles dans les liquides organiques, presque insolubles dans l'eau, volatiles avec la vapeur d'eau. La réduction de ce composé par l'étain et l'acide chlorhydrique fournit un *amino-oxyhydrindène* en aiguilles solubles dans l'alcool et dans le benzène bouillant, peu solubles dans l'eau et dans l'éther de pétrole, fusibles vers 184° en se décomposant.

L'action de l'acide azotique fumant à —10° sur l'hydrindène fournit un mélange partiellement volatil qui n'a pas encore été étudié [J. Moschner, *D. chem. G.*, **33**, 737. — J. Dünkelsbühler, *D. chem. G.*, **33**, 2895].

Oxy 1-hydrindène.

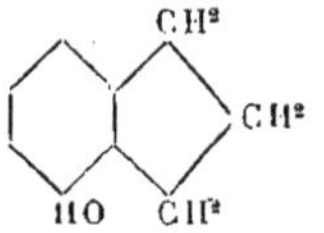

CH² — CH² — HO — CH²

— Ce phénol a été obtenu par la même méthode que l'isomère précédent. Il constitue un liquide incristallisable bouillant à 244-246°, que l'acide sulfurique concentré dissout à chaud avec une coloration rouge, et que l'acide azotique décompose complètement. Son *éther méthylique* possède une odeur aromatique et distille vers 225-227° [J. Moschner, *D. chem. G.*, **34**, 1257].

Oxy 5-hydrindène (*indanol* 5),

$$C^6H^4 \left\langle \begin{matrix} CH^2 \\ CH(OH) \end{matrix} \right\rangle CH^2.$$

— Ce composé n'a pu être obtenu par réduction directe de l'hydrindone; si l'on traite en effet une solution éthérée de cette dernière par le sodium, on n'obtient que la *pinacone* correspondante, qui fond à 104° :

$$C^6H^4 \left\langle \begin{matrix} CH^2-CH^2 \qquad\quad CH^2-CH^2 \\ | \qquad\qquad\qquad\quad | \\ C(OH) - C(OH) \end{matrix} \right\rangle C^6H^4.$$

L'oxyhydrindène prend naissance dans l'action de l'acide azoteux sur l'α-hydrindamine. Il se présente sous la forme de cristaux fusibles à 54-55° et distille vers 220° en se décomposant en indène et eau :

$$C^6H^4 \begin{array}{c} \diagup CH^2 \diagdown \\ \diagdown CH(OH) \diagup \end{array} CH^2 = H^2O + C^6H^4 \begin{array}{c} \diagup CH^2 \diagdown \\ \diagdown CH \diagup\!\!\!= \end{array} CH$$

[W. Wislicenus et A. Kœnig, *Ann. Chem.*, **275**, 341].

Le sulfovinate correspondant prend naissance lorsqu'on fait agir avec précaution l'acide sulfurique sur l'indène. L'acide libre n'est pas stable et se dédouble rapidement en indène et acide sulfurique; son *sel de baryum* cristallise en paillettes jaunâtres [G. Kraemer et A. Spilker, *D. chem. G.*, **33**, 2257].

Hydrindamine 1 (*amino 5-indane*),

$$C^6H^4 \begin{array}{c} \diagup CH^2 \diagdown \\ \diagdown CH(AzH^2) \diagup \end{array} CH^2.$$

— L'hydrindamine s'obtient en réduisant l'oxime de l'hydrindone en solution acétique au moyen de l'amalgame de sodium. C'est un liquide incolore, bouillant à 220°,5 sous 747 millimètres, qui est doué d'une odeur d'aniline.

Le *chlorhydrate*, obtenu en faisant agir le gaz chlorhydrique sur une solution éthérée de la base, cristallise en aiguilles fusibles à 208°, solubles dans l'alcool et dans l'eau. La chaleur le décompose en indène et chlorure d'ammonium.

Le *sulfate* se présente sous la forme de paillettes solubles dans l'eau, qui se décomposent en fondant vers 257°.

L'*acétate*, fusible à 113-115°, et le *nitrate* cristallisent en prismes peu solubles dans l'eau et insolubles dans l'alcool.

L'*oxalate*, $2C^9H^{11}Az(CO^2H)^2$, se présente également sous la forme de prismes blancs solubles dans l'alcool et dans l'eau.

Le *campho-π-sulfonate d'hydrindamine* cristallise en prismes rhombiques hydratés, fusibles à 198°; ce sel n'a pas pu être dédoublé par cristallisation, bien que l'hydrindamine renferme un carbone asymétrique [Kipping, *Proc. Chem. Soc.*, **17**, 32; *Chem. Soc.*, **79**, 370].

Le *bromocamphosulfonate*,

$$C^{10}H^{14}BrO . SO^3H , C^9H^{11}Az,$$

se présente sous deux modifications, α et β, qui peuvent être transformées l'une dans l'autre par évaporation de leurs solutions au bain-marie, mais qui fournissent toujours par décomposition la même base inactive. Le *sel* α renferme 1mol,5 d'eau et cristallise en aiguilles ou en prismes fusibles à 149-151°, peu solubles dans l'eau, plus solubles dans l'alcool et dans l'éther acétique. Le *sel* β fond à 129-130° et se présente sous la forme de prismes renfermant 0mol,75 d'eau, beaucoup plus solubles que l'isomère α.

Le *chlorocamphosulfonate* existe également sous deux formes : l'une (α) en aiguilles hydratées (avec 2 mol. ou 1mol,75 d'eau), fusibles à 100°, peu solubles dans l'eau chaude, le chloroforme et l'alcool, ou en cristaux anhydres, fusibles à 170°; l'autre (β) en petits prismes fusibles à 190°, renfermant 0mol,75 d'eau, ou en aiguilles renfermant 1mol,25 d'eau.

Le *cis-π-camphanate* α cristallise en prismes peu solubles dans l'eau et dans l'alcool, fusibles à 193°; l'isomère β fond vers 170° et se transforme facilement au bain-marie en sel α.

Le *phénylglycolate d'α-hydrindamine*, soumis à la cristallisation fractionnée, a fourni diverses portions fondant toujours vers 139-141°, mais différant par le pouvoir rotatoire.

La *phénylchloracéthydrindamine*,

$$C^6H^5-CHCl-CO-AzH-C^9H^9,$$

existe sous deux formes, dont l'une fond à 150-151°, et l'autre à 124-125° [F. S. Kipping, *Proc. Chem. Soc.*, **15**, 172; **16**, 61; *Chem. Soc.*, **77**, 861. — F. S. Kipping et H. Hall, *Proc. Chem. Soc.*, **17**, 36, 37; *Chem. Soc.*, **79**, 430].

Le *dérivé benzoylé*, $C^9H^9-AzH-COC^6H^5$, cristallise en aiguilles soyeuses, fusibles à 145°, solubles dans les dissolvants organiques, sauf dans la ligroïne.

L'hydrindamine s'unit à l'aldéhyde benzoïque pour donner naissance au *benzylidène-aminohydrindène*, $C^9H^9Az=CH-C^6H^5$, sous la forme de prismes blancs, fusibles à 75° [W. Wislicenus et A. Kœnig, *loc. cit.* — H. Kipping, *Chem. Soc.*, 1893, 240].

Benzylhydrindamine, $C^9H^9 . Az . CH^2 . C^6H^5$. — Cette base s'obtient en faisant agir le chlorure de benzyle sur l'α-hydrindamine.

Le *chlorhydrate* cristallise en prismes fusibles à 181°, solubles dans l'eau.

Le *bromocamphosulfonate d* a été dédoublé par cristallisation en deux fractions : l'une (α) se présente sous la forme de lamelles fusibles à 210-211°, dont le pouvoir rotatoire est $[\alpha]_D = +50°$ (en solution alcoolique, l'autre (β) cristallise en prismes fusibles à 192-194° : $[\alpha]_D = +51°,5$. Les bases correspondantes sont inactives.

Le *camphosulfonate d* n'a pu être dédoublé; il se présente sous la forme de prismes fusibles à 167-168°, peu solubles dans l'eau.

L'*oxy-cis-π-camphanate* fond à 206-207° et cristallise dans l'eau en prismes renfermant une demi-molécule d'eau [H. Kipping et H. Hall, *Chem. Soc., loc. cit.*].

Triméthylhydrindamine. — L'iodhydrate, $C^9H^9 . Az(CH^3)^3 . I$, se décompose sous l'influence de la chaleur en indène et iodhydrate de triméthylamine [H. Kipping et H. Hall, *Chem. Soc.*, **77**, 467; *Bull. Soc. Chim.*, (3), **24**, 536].

Oxyhydrindamine, $C^6H^4 . C^3H^4(OH) . AzH^2$. — Cette base s'obtient en même temps que la *dihydrindène-dioxyamine*,

$$[C^6H^4 . C^3H^4(OH)]^2AzH$$

en faisant agir l'ammoniaque à 15 0/0 (100 parties) sur une solution froide d'oxybromohydrindène (50 parties) dans 100 parties d'alcool. Au bout de deux jours on évapore et on broie le résidu avec de l'eau. Le bromhydrate de l'amine primaire se dissout, tandis que l'imine reste insoluble.

L'oxyhydrindamine cristallise dans l'éther en paillettes blanches fusibles à 132-133°. Elle forme des sels bien cristallisés qui ne sont pas décomposés par l'ammoniaque. Elle est soluble dans l'eau et dans l'alcool, peu soluble dans le benzène, l'éther et les alcalis concentrés. Le *chlorhydrate* et le *bromhydrate* se présentent sous la forme de paillettes blanches insolubles dans l'éther.

La *dihydrindène-dioxyamine*, insoluble dans l'eau, est purifiée par dissolution dans la soude et précipitation par l'acide chlorhydrique. Elle cristallise dans l'alcool en aiguilles fusibles à 186°, solubles dans les dissolvants organiques, peu solubles dans l'eau. Ses sels sont solubles dans l'eau et décomposables par l'ammoniaque.

En chauffant cette dihydrindène-dioxyamine avec de l'anhydride acétique au bain-marie, on obtient un *dérivé acétylé* qui cristallise en cubes fusibles à 220°, solubles dans l'alcool et dans l'acide acétique, presque insolubles dans l'eau.

L'action de l'acide nitreux sur l'imine donne naissance à un *dérivé nitrosé* amorphe, jaunâtre, soluble dans les dissolvants organiques sauf dans la ligroïne, insoluble dans l'eau. Ce dérivé nitrosé répond sensiblement à la formule $(C^9H^9O)^2Az . AzO$.

Si l'on traite par contre le bromhydrate de

l'oxyhydrindamine par le nitrite de sodium et par l'acide chlorhydrique, on obtient le *glycol correspondant*

CH^2 — CHOH — CHOH

qu'on isole au moyen de l'éther et qui cristallise en paillettes fusibles à 99°, solubles dans l'eau, l'alcool, le benzène et l'éther [A. Spilker, *D. chem. G.*, **26**, 1541].

Ce glycol a été obtenu également en oxydant l'indène brut par le permanganate, à 0°. Chauffé avec de l'acide sulfurique dilué, il se transforme en hydrindone (i.

Son *éther monométhylique*,

$$C^6H^4 \langle \begin{matrix} CH^2 \\ CHOH \\ CH-OCH^3 \end{matrix}$$

s'obtient aisément en traitant par le méthylate de sodium au bain-marie, l'*oxychlorhydrindène*, qui résulte de l'action de l'eau bouillante sur le produit de chloruration de l'indène brut. Il constitue un liquide de densité 1,12 à 20°, qui bout à 150-151° sous 13mm,5 et qui fournit également de l'hydrindone (i par chauffage avec l'acide sulfurique dilué. L'*éther monoéthylique* est aussi liquide [Heusler et Schieffer, *D. chem. G.*, **32**, 28].

Acides hydrindène-sulfoniques. — On connaît deux acides hydrindène-sulfoniques $C^9H^9 . SO^3H$, qu'on obtient simultanément en traitant 50 parties d'hydrindène par 100 parties d'acide sulfurique concentré refroidi; on ajoute ensuite avec précaution 25 centimètres cubes d'eau; la majeure partie de l'*acide* β se sépare sous la forme d'une couche huileuse qui se solidifie peu à peu. On le purifie par des cristallisations dans l'acide sulfurique à 20 0/0.

L'*acide* β-*hydrindène-sulfonique* cristallise en paillettes peu solubles dans l'eau, qui fondent à 92°.

Le *sel de sodium*, $C^9H^9SO^3Na, 4H^2O$, se présente sous la forme de prismes qui renferment 3 molécules d'eau à l'air sec; il n'est pas efflorescent. Ce sel se dissout dans 7 parties d'eau froide.

Les *sels de baryum* et *de calcium* sont un peu moins solubles.

Le *chlorure d'acide*, $C^9H^9SO^2Cl$, cristallise dans l'éther en lamelles blanches, fusibles à 47°.

L'*amide*, $C^9H^9SO^2AzH^2$, fond à 136° et se présente sous la forme de paillettes solubles dans l'alcool, peu solubles dans l'eau. L'oxydation de cette amide, au moyen du permanganate de potassium, ne fournit aucun produit défini.

Les eaux mères de l'acide β-hydrindène-sulfonique renferment l'*isomère* α, qui est beaucoup plus soluble. Pour l'isoler, on traite ces eaux mères par le carbonate de sodium, on élimine le sel de l'acide β qui s'est déposé, on évapore la liqueur décantée et on traite le résidu successivement par le perchlorure de phosphore, puis par l'ammoniaque. Le mélange des amides α et β ainsi obtenu est dissous dans la plus petite quantité possible d'eau bouillante. Par refroidissement, l'amide β cristallise presque totalement. On filtre et on épuise la liqueur par l'éther, qui enlève l'isomère α. Celui-ci se présente sous la forme de paillettes blanches, solubles dans l'eau, fusibles vers 91-92° [A. Spilker, *D. chem. G.*, **26**, 1539].

M. J. Moschner a pu retirer ces deux acides sulfoniques du produit de sulfonation du cumol brut passant à la distillation vers 170-180°. Après avoir transformé le mélange d'acides en sels de soude, il sépare successivement par cristallisation le pseudocumène-sulfonate, le β-hydrindène-sulfonate, le mésitylène sulfonate et enfin l'α-hydrindène-sulfonate de sodium qui est beaucoup plus soluble. 30 kilogrammes de cumol brut fournissent environ 1kgr,5 de l'acide β. L'isomère α existe en beaucoup plus faible quantité.

M. Moschner a établi la constitution des deux dérivés sulfonés en les oxydant par le permanganate. L'acide α lui a donné de l'acide m-sulfo-o-phtalique, et l'acide β, de l'acide p-sulfo-o-phtalique. Les groupements SO^3H se trouvent donc respectivement en position 1 et 2 :

(α) : CH^2, CH^2, CH^2, SO^3H — (β) : CH^2, CH^2, CH^2, SO^3H

[*D. chem. G.*, **33**, 737; **34**, 1257; *Bull. Soc. Chim.*, (3), **26**, 912].

Acides hydrindène-carboniques. — L'*acide hydrindène-β-carbonique* (*indane-méthyloïque* (i),

CH^2 — $CH-CO^2H$ — CH^2

s'obtient en distillant l'acide dicarbonique correspondant; on le prépare aussi directement en faisant réagir un mélange d'éther acétylacétique (1 molécule) et de bromure d'o-xylyle (1 molécule) en solution éthérée (10 parties) sur une solution d'éthylate de sodium (2 atomes de sodium et 8 parties d'alcool) additionnée de 3 parties d'éther anhydre :

$$C^6H^4 \begin{matrix} \diagup CH^2Br \\ \diagdown CH^2Br \end{matrix} + CH^3-CO-CNa^2-CO^2C^2H^5$$

$$= C^6H^4 \begin{matrix} \diagup CH^2 \diagdown \\ \diagdown CH^2 \diagup \end{matrix} C \begin{matrix} \diagup CO-CH^3 \\ \diagdown CO^2C^2H^5 \end{matrix} + 2NaBr,$$

Aussitôt que la réaction est terminée, on filtre pour séparer le bromure de sodium, on chasse l'alcool et l'éther par distillation et l'on saponifie le résidu en le chauffant pendant une heure à l'ébullition avec de la potasse alcoolique. L'acide hydrindène-carbonique est ensuite précipité par l'acide sulfurique dilué.

L'acide hydrindène β-carbonique cristallise en aiguilles blanches, fusibles à 130°. Il se dissout dans 120 parties d'eau froide. Le permanganate de potassium l'oxyde en solution alcaline, à chaud, en donnant de l'acide o-phtalique et un *acide phénylglyoxylique-o-carbonique*,

$$C^6H^4 \begin{matrix} \diagup CO-CO^2H \\ \diagdown CO^2H \end{matrix}$$

[Ad. von Baeyer et W.-H. Perkin junior, *D. chem. G.*, **17**, 125. — Emil Scherks, *ibid.*, **18**, 378].

La distillation sèche du sel de baryum de cet acide ne fournit pas d'hydrindène, mais seulement de l'indène C^9H^8.

Le brome réagit à froid sur l'acide hydrindène-β-carbonique en donnant naissance à des produits de substitution. A chaud et en présence de chloroforme, on obtient de l'acide indène-carbonique.

Le *sel de baryum* cristallise en aiguilles solubles dans l'eau, qui renferment de l'eau de cristallisation.

Le *sel d'argent* constitue une poudre blanche peu soluble.

L'*éther méthylique*,

$$C^6H^4 \begin{smallmatrix} < CH^2 > \\ < CH^2 > \end{smallmatrix} CH-CO^2CH^3,$$

est un liquide incolore qui bout à 170° sous 60 millimètres, et qui se solidifie à basse température.

Le *chlorure*,

$$C^6H^4 \begin{smallmatrix} < CH^2 > \\ < CH^2 > \end{smallmatrix} CH-COCl,$$

cristallise en grands prismes fusibles à 38°. Il distille sans décomposition à 180° sous 100 millimètres.

L'*amide* correspondante se présente sous la forme de prismes brillants, fusibles à 178°, solubles dans l'alcool méthylique; l'*anilide* fond à 182°. Elle est très peu soluble dans l'alcool froid et cristallise également en prismes.

Lorsqu'on fait agir les vapeurs de brome à froid sur l'acide hydrindène-carbonique, on obtient un *dérivé tétrabromé*, $C^9H^5Br^4CO^2H$, qui cristallise en aiguilles fusibles à 248-250°, solubles dans l'acide acétique.

Acide hydrindène-dicarbonique (*indane-diméthyloïque* 6.6),

$$C^6H^4 \begin{smallmatrix} < CH^2 > \\ < CH^2 > \end{smallmatrix} C \begin{smallmatrix} < CO^2H \\ < CO^2H \end{smallmatrix}$$

— Cet acide est le premier dérivé de l'hydrindène qui ait été préparé synthétiquement. MM. von Baeyer et Perkin l'ont obtenu en condensant le bromure de xylyle (1 mol.) avec le malonate d'éthyle (1 mol.) en présence d'éthylate de sodium (2 mol.) et d'éther anhydre :

$$C^6H^4 \begin{smallmatrix} < CH^2Br \\ < CH^2Br \end{smallmatrix} + 2C^2H^5ONa + CH^2 \begin{smallmatrix} < CO^2C^2H^5 \\ < CO^2C^2H^5 \end{smallmatrix}$$
$$= C^6H^4 \begin{smallmatrix} < CH^2 > \\ < CH^2 > \end{smallmatrix} C \begin{smallmatrix} < CO^2C^2H^5 \\ < CO^2C^2H^5 \end{smallmatrix}$$
$$+ 2NaBr + 2C^2H^5OH.$$

Cette synthèse fournit une preuve directe de la constitution de l'hydrindène et de ses dérivés.

Le produit de la réaction est ensuite saponifié par la potasse alcoolique bouillante et précipité par l'acide sulfurique dilué.

L'acide hydrindène-dicarbonique cristallise dans l'eau en paillettes rhombiques qui fondent vers 199° et qui se décomposent un peu au-dessus de 200° en perdant de l'acide carbonique et en donnant naissance à l'acide monocarbonique déjà décrit.

Le *sel d'argent*, $C^{11}H^8O^4Ag^2$, est cristallin et soluble dans l'eau. On l'obtient en précipitant par l'azotate d'argent une solution chaude du sel ammoniacal [Ad. Baeyer et Perkin, *D. chem. G.*, **17**, 125; *Chem. Soc.*, **53**, 7; **65**, 232].

Dérivés cétoniques. — *Hydrindène-méthylcétone* (*acétyl-hydrindène*),

$$C^6H^4 \begin{smallmatrix} < CH^2 > \\ < CH^2 > \end{smallmatrix} CH-CO-CH^3.$$

— Elle s'obtient en faisant réagir le zinc-méthyle sur une solution éthérée de chlorure de l'acide hydrindène-carbonique. Il est nécessaire de chauffer au bain-marie pour terminer la réaction. On décompose ensuite le produit par l'eau.

Cette cétone se présente sous la forme d'un liquide incolore qui bout à 175-177° sous 80 millimètres. Son *oxime*,

$$C^6H^4-C^2H^4-CH-C(AzOH)-CH^3,$$

cristallise dans l'alcool méthylique en prismes brillants, fusibles à 127°, solubles dans le chloroforme et le benzène, peu solubles dans la ligroïne.

En réduisant l'hydrindène-méthylcétone au moyen du sodium et de l'alcool, on obtient l'*alcool* correspondant

$$C^6H^4 \begin{smallmatrix} < CH^2 > \\ < CH^2 > \end{smallmatrix} CH-CHOH-CH^3,$$

qui fond à 45° et qui distille à 185-190° sous 80 millimètres.

L'*éther acétique*,

$$C^6H^4-C^2H^4-CH-CH(OC^2H^3O)-CH^3,$$

obtenu au moyen de l'anhydride acétique bouillant, distille vers 188-190° sous 70 millimètres.

L'*hydrindène-éthylcétone*,

$$C^6H^4-C^2H^4-CH-CO^2-C^2H^5,$$

préparée par un procédé analogue, cristallise en tables fusibles à 28° et bout à 188-190° sous une pression de 80 millimètres. Elle fournit une *oxime* qui fond à 105°.

L'*alcool* correspondant,

$$C^6H^4-C^2H^4-CH-CHOH-C^2H^5,$$

cristallise dans l'alcool à 95 0/0 en aiguilles fusibles à 63°. Il distille à 192° sous 80 millimètres, et son *éther acétique* à 210° sous la même pression.

L'*hydrindène-phénylcétone*,

$$C^6H^4 \begin{smallmatrix} < CH^2 > \\ < CH^2 > \end{smallmatrix} CH-CO-C^6H^5,$$

s'obtient en faisant réagir le chlorure de l'acide hydrindène-carbonique sur le benzène en présence de chlorure d'aluminium. Elle cristallise en fines aiguilles, fusibles à 107°, solubles dans l'alcool [W.-H. Perkin jun. et G. Révay, *D. chem. G.*, **26**, 2251; *Chem. Soc.*, **53**, 8; **65**, 233, 243].

Homologues supérieurs de l'hydrindène. — *Méthylhydrindène* 6. — Le *dérivé aminé* 7 de ce carbure,

CH²

CH-CH³

CH-AzH²

a été obtenu en réduisant par l'amalgame de sodium, en solution acétique, l'oxime de la β-méthyl-α-hydrindone. Le *chlorhydrate* se présente sous deux modifications, dont l'une cristallise en aiguilles peu solubles dans l'eau, et se décompose vers 252°, tandis que l'autre, plus soluble, se décompose vers 225°; les *chloroplatinates* correspondants se décomposent respectivement à 192° et à 202° (le premier contient $2H^2O$, le second est anhydre) et les *dérivés benzoylés* fondent à 169° et à 138°. Il n'existe qu'un *sulfate* qui cristallise en grands prismes [F. S. Kipping et G. Clarke, *loc. cit.*].

Le *propylhydrindène*, $C^3H^7-C^6H^3-C^3H^6$, l'*isobutylhydrindène* et l'*isoamylhydrindène* s'obtiennent facilement par la méthode de Friedel et Crafts. Leurs dérivés nitrés possèdent des odeurs intenses de musc.

Ainsi l'isobutylhydrindène, qui constitue un liquide incolore bouillant à 237-240°, est transformé d'abord par une nitration modérée en un *dérivé dinitré*. Celui-ci est inodore et cristallise en aiguilles fusibles à 121°. Une nitration plus énergique le transforme en *trinitro-isobutylhydrindène*

$$C^4H^9(AzO^2)^3-C^6 \begin{smallmatrix} < CH^2 > \\ < CH^2 > \end{smallmatrix} CH^2.$$

Ce dernier se présente sous la forme d'aiguilles

blanches qui fondent à 140° et qui sont douées d'une odeur intense de musc [Fabriques de produits chimiques de Thann et de Mulhouse; brevets n° 47599 du 3 juillet 1888 et n° 80158 du 1er avril 1894, cl. 12].

GROUPE DE L'α-HYDRINDONE.

α-Hydrindone (*indanone* ?),

$$C_6H_4\left\langle\begin{matrix}CH^2\\ \\ CO\end{matrix}\right\rangle CH^2$$

— Ce corps a été obtenu par MM. Gabriel et Haussmann en chauffant au bain-marie l'éther cyanophénylpropionique (1 partie) avec 10 parties d'acide chlorhydrique concentré :

$$C^6H^4\left\langle\begin{matrix}CAz\\ CH^2-CH^2-CO^2C^2H^5\end{matrix}\right. + HCl + 2H^2O$$

$$= C^6H^4\left\langle\begin{matrix}CO\\ CH^2\end{matrix}\right\rangle CH^2 + C^2H^5OH + AzH^4Cl + CO^2.$$

Le produit de la réaction est neutralisé, puis entraîné par un courant de vapeur [*D. chem. G.*, **22**, 2017].

M. Kipping a obtenu un mélange de truxène (voyez plus loin) et d'α-hydrindone en distillant de l'acide phénylpropionique sur de l'anhydride phosphorique :

$$C^6H^5-CH^2-CH^2-CO^2H$$

$$= C^6H^4\left\langle\begin{matrix}CH^2\\ CO\end{matrix}\right\rangle CH^2 + H^2O$$

[*Proc. Chem. Soc.*, 1892, 107].

L'α-hydrindone prend encore naissance dans la distillation sèche de l'acide phénylpropionyl-o-carbonique ou de son sel de calcium :

$$C^6H^4\left\langle\begin{matrix}CO^2H\\ CH^2-CH^2-CO^2H\end{matrix}\right.$$

$$= C^6H^4\left\langle\begin{matrix}CH^2\\ CO\end{matrix}\right\rangle CH^2 + CO^2 + H^2O$$

[Wislicenus et A. Kœnig, *Ann. Chem.*, **275**, 341].

Le procédé de préparation le plus pratique consiste à chauffer au réfrigérant ascendant 25 parties de chlorure de phénylpropionyle, 10 parties d'éther de pétrole et 25 parties de chlorure d'aluminium :

$$C^6H^5-CH^2-CH^2-COCl$$

$$= C^6H^4\left\langle\begin{matrix}CH^2\\ CO\end{matrix}\right\rangle CH^2 + HCl.$$

Le produit est ensuite distillé dans un courant de vapeur pour entraîner l'hydrindone.

Le résidu renferme un peu d'acide propionique ainsi qu'un produit de condensation plus complexe, la *phénylchloropropylène-hydrindone*,

$$C^6H^4\left\langle\begin{matrix}CH^2\\ CO\end{matrix}\right\rangle CH-CCl=CH-CH^2-C^6H^5.$$

On isole celle-ci par des épuisements à l'éther et on l'obtient sous la forme de paillettes blanches, fusibles à 163-164°.

Elle fournit une *oxime* qui cristallise en aiguilles incolores et qui fond à 163-164° [St. Kipping, *Chem. Soc.*, 1894, 480].

Propriétés. — L'α-hydrindone cristallise en tables rhomboédriques fusibles à 41°. Elle bout à 111-116° sous 23 millimètres, et à 248° sous la pression normale. Sa densité est égale à 1,099 à 42° et à 1,0908 à 80°; son pouvoir rotatoire magnétique est égal à 13,65 à 50°.

L'hydrindone α est douée d'une saveur amère. Elle est insoluble dans l'eau et soluble dans la plupart des dissolvants organiques et dans les acides chlorhydrique et iodhydrique concentrés.

L'acide chlorhydrique concentré, agissant à 100°, transforme l'hydrindone en un mélange de truxène et d'un carbure liquide bouillant au-dessus de 300°. Les mêmes produits résultent de l'action de l'iode et du phosphore rouge à 230°, et de l'acide sulfurique concentré. Dans ce dernier cas, on obtient également de l'*anhydro-bis-hydrindone*, $C^{18}H^{14}O$. L'acide azotique dilué agit à chaud en donnant de l'acide phtalique.

Le perchlorure de phosphore à froid transforme l'α-hydrindone en *dichlorindène*,

$$C^6H^4\left\langle\begin{matrix}CH\\ CCl^2\end{matrix}\right\rangle CH,$$

fusible à 29° [Wislicenus et Kœnig, *loc. cit.*].

L'action des hypobromites alcalins à froid sur l'hydrindone donne naissance à la dibromohydrindone. Si l'on chauffe la masse à 100°, celle-ci se transforme en une poudre blanche, lourde, peu soluble dans les dissolvants usuels, et qui cristallise dans l'acide acétique bouillant en aiguilles blanches. Ce corps se décompose vers 230-250° et répond à la formule $C^{18}H^{12}O^3$ [C. Revis et F.-St. Kipping, *Proc. Chem. Soc.*, 1895, 214; *Chem. Soc.*, **71**, 238]. Les auteurs lui donnent le nom d'indonylhydrindone et lui assignent la constitution suivante :

$$\begin{matrix}[C^6H^4 . & CH^2 & & CH & - C^6H^4\\ | & | & & \| & |\\ CO - & C(OH) & - & C & - CO\end{matrix}$$

L'*oxime de l'α-hydrindone*,

$$C^6H^4\left\langle\begin{matrix}CH^2\\ C(AzOH)\end{matrix}\right\rangle CH^2,$$

cristallise en aiguilles blanches, fusibles à 146°, solubles dans l'alcool et dans les alcalis. Si l'on traite cette oxime successivement par le perchlorure de phosphore et par l'eau, on la transforme en hydrocarbostyryle. On se trouve ici en présence d'une transposition interne analogue aux migrations moléculaires de M. Beckmann :

$$C^6H^4\left\langle\begin{matrix}CH^2\\ C(AzOH)\end{matrix}\right\rangle CH^2 = C^6H^4\left\langle\begin{matrix}CH^2 - CH^2\\ |\\ AzH \quad CO\end{matrix}\right.$$

[J. Haussmann, *D. chem. G.*, **22**, 2019. — F.-St. Kipping, *Proc. Chem. Soc.*, 1893, 240].

Les acides minéraux transforment cette oxime en un mélange de truxène et d'anhydro-bis-hydrindone.

Hydrindène-azine, $C^{18}H^{16}Az^2$. — Ce composé s'obtient en faisant agir le sulfate d'hydrazine sur l'hydrindone en présence de potasse :

$$2\,C^6H^4\left\langle\begin{matrix}CH^2\\ CO\end{matrix}\right\rangle CH^2 + Az^2H^4$$

$$= C^6H^4\left\langle\begin{matrix}CH^2\\ \\ C\end{matrix}\right\rangle CH^2 \quad CH^2\left\langle\begin{matrix}CH^2\\ \\ C\end{matrix}\right\rangle C^6H^4 + 2H^2O.$$
$$C{=\!=}Az - Az{=\!=}C$$

Il cristallise en grands prismes jaunes ou en tables rhombiques qui fondent à 164-165° en se décomposant légèrement, et qui sont très solubles dans la plupart des dissolvants organiques.

La *semicarbazone*,

$$C^9H^8=Az-AzH-CO-AzH^2, \ \tfrac{1}{2}H^2O,$$

se présente sous la forme de prismes qui se déshydratent à 100° et fondent à 233° en se décomposant. Elle est soluble dans les dissolvants organiques à l'exception du chloroforme, du benzène et de l'éther de pétrole.

La *phénylhydrazone* cristallise en aiguilles prismatiques jaunâtres, solubles dans les dissolvants organiques, insolubles dans l'eau. Elle fond à 130-131°. L'acide chlorhydrique concentré bouillant la transforme en *benzylène-indol* fusible à 235° :

$$C^6H^4 \left\langle \begin{matrix} CH^2 \\ \\ C = Az - AzH - C^6H^5 \end{matrix} \right\rangle CH^2$$

HYDRINDONES CHLORÉES. — La *monochloro* 2-*hydrindone*

CH²
CH²
Cl
CO

a été obtenue synthétiquement par MM. Miller et Rohde en chauffant l'acide m-chlorophénylpropionique (1 partie) avec de l'acide sulfurique concentré (16 parties) à 150-170°. Elle cristallise dans l'alcool dilué en aiguilles fusibles à 95°, solubles dans les dissolvants organiques sauf l'éther de pétrole. Elle distille sans décomposition à 274° sous la pression normale et possède une odeur de menthe poivrée. L'acide azotique étendu la transforme en acide p-chloro-o-phtalique.

La *monochloro* 3-*hydrindone*,

CH²
Cl
CH²
CO

s'obtient d'une façon analogue à partir de l'acide p-chlorophénylpropionique. Elle cristallise en lamelles fusibles à 79-80°, solubles dans l'alcool [Miller et Rohde, *D. chem. G.*, **23**, 1893. — Miersch, *ibid.*, **25**, 2112].

La *dichlorhydrindone*, $C^9H^6Cl^2O$, a été obtenue en saturant de chlore une solution d'α-hydrindone (1 p.) dans l'acide acétique bouillant. Elle cristallise en prismes clinorhombiques, fusibles à 74°,5 [Wislicenus et Kœnig, *Ann. Chem.*, **275**, 341].

La *trichloro* 6.6.7-*hydrindone*,

$$C^6H^4 \left\langle \begin{matrix} CO \\ CHCl \end{matrix} \right\rangle CCl^2,$$

résulte de l'oxydation du trichlorodicétohydronaphtalène ou de l'acide trichloro 6.6.7-oxy-indolcarbonique au moyen d'une solution acétique d'acide chromique. Elle se présente sous la forme de prismes aciculaires, fusibles à 58-59°, solubles dans la plupart des dissolvants organiques. Elle est difficilement volatile avec les vapeurs d'eau. La soude diluée la transforme en acide dichlorovinylbenzoïque, $C^9H^6Cl^2O^2$ [Zincke et Froehlich, *D. chem. G.*, **20**, 2894].

En saturant de chlore sec une solution bouillante d'hydrindone dans son poids d'acide acétique, on obtient la *tétrachloro* 6.6.7.7-*hydrindone*,

$$C^6H^4 \left\langle \begin{matrix} CO \\ CCl^2 \end{matrix} \right\rangle CCl^2$$

[Kœnig et Wislicenus, *Ann. Chem.*, **275**, 346].

On peut aussi traiter d'une façon analogue le dichlorocéto-indène, ou chauffer l'acide chlorocéto-indène-carbonique dans un courant de chlore à 100° :

$$C^6H^4 \left\langle \begin{matrix} CO \\ CCl \end{matrix} \right\rangle C - CO^2H + 2Cl^2$$
$$= C^6H^4 \left\langle \begin{matrix} CO \\ CCl^2 \end{matrix} \right\rangle CCl^2 + CO^2 + HCl$$

[Zincke et Froehlich, *D. chem. G.*, **20**, 2053. — Zincke et Engelhardt, *Ann. Chem.*, **283**, 335].

La *tétrachlorohydrindone* cristallise en tables clinorhombiques, fusibles à 108°, solubles dans la plupart des dissolvants organiques. Elle ne s'unit pas à l'hydroxylamine. La soude alcoolique diluée la transforme en acide o-trichlorovinylbenzoïque, et le chlorure stanneux en cétodichlorindène.

L'*octochlorohydrindone*,

$$C^6Cl^4 \left\langle \begin{matrix} CCl^2 \\ CO \end{matrix} \right\rangle CCl^2,$$

prend naissance lorsqu'on chauffe le céto-hexachlorindène à 180°, pendant plusieurs heures, avec un excès d'acide chlorhydrique et de bioxyde de manganèse. Elle se présente sous la forme de croûtes cristallines, fusibles à 112-113°, solubles dans l'éther, l'acide acétique, le benzène et la ligroïne. La soude caustique la transforme en acide heptachloro-o-vinylbenzoïque, et le chlorure stanneux en céto-hexachlorindène [Zincke et Günther, *Ann. Chem.*, **272**, 267].

HYDRINDONES BROMÉES. — La *bromo* 1-*hydrindone*,

CH²
CH²
Br CO

a été obtenue en chauffant l'acide o-bromophénylpropionique (1 partie) avec de l'acide sulfurique concentré (20 parties) à 180° pendant plusieurs heures. Elle cristallise en aiguilles jaunâtres fusibles à 95°,5-96°,5, solubles dans l'alcool [Miersch, *D. chem. G.*, **25**, 2110].

La *bromo* 2-*hydrindone* se prépare par un procédé analogue. Il suffit toutefois de chauffer à 145°. On précipite ensuite le produit par l'eau glacée et on le fait cristalliser dans l'alcool. Il se présente sous la forme d'aiguilles fusibles à 122-123°.

La *bromo* 3-*hydrindone* s'obtient de la même façon en partant de l'acide p-bromophénylpropionique. Il cristallise en aiguilles microscopiques fusibles à 111-112° [Miller et Rohde, *D. chem. G.*, **23**, 1891].

La *bromo* 6-*hydrindone*,

$$C^6H^4 \left\langle \begin{matrix} CH^2 \\ CO \end{matrix} \right\rangle CHBr,$$

prend naissance lorsqu'on fait agir le brome à froid sur une solution d'hydrindone dans l'acide acétique. Elle cristallise en paillettes fusibles à 39°, solubles dans la plupart des dissolvants organiques.

La potasse alcoolique froide transforme cette bromohydrindone en un produit plus condensé, l'*hydrindonylbromohydrindone*,

$$\begin{matrix} C^6H^4 - CH^2 & & CH^2 - C^6H^4 \\ | \qquad\quad | & & | \qquad\quad | \\ CO - CH & - & CBr - CO \end{matrix}$$

Celle-ci cristallise dans le chloroforme en prismes clinorhombiques fusibles vers 170° en se décomposant. Elle est très soluble dans la plupart des dissolvants organiques [C. Revis et St.-Fr. Kipping, *Chem. Soc.*, **65**, 500; **71**, 238].

Dibromohydrindone. $C^9H^6Br^2O$. — Ce composé s'obtient en faisant agir la quantité calculée de brome sur une solution chloroformique bouillante d'α-hydrindone. Elle cristallise en prismes orthorhombiques blancs, fusibles à 133-134°, solubles dans les dissolvants organiques. La potasse alcoolique bouillante la transforme en tribenzoylène-benzène [J. Hausmann, *D. chem. G.*, **22**, 2025. — Marshall, *Chem. Soc.*, **69**, 501].

Si l'on fait agir la potasse alcoolique froide sur cette dibromohydrindone, on obtient un produit de condensation, l'*indonylbromohydrindone*, auquel MM. Kipping et Revis ont assigné la constitution

$$\begin{array}{cccc} C^6H^4-CH^2 & & CH-C^6H^4 \\ | \quad\quad | & & \| \quad\quad | \\ CO-CBr & - & C-CO \end{array}$$

Ce composé se présente sous la forme d'aiguilles incolores, solubles dans l'alcool et dans l'acide acétique. Il fond en se décomposant vers 150° et s'unit au benzène pour donner une combinaison moléculaire assez stable.

La dibromohydrindone s'unit à l'éthylate de sodium en solution alcoolique. Le produit de cette réaction répond à la formule

$$C^{18}H^{10}BrO^2 . OC^2H^5.$$

Il cristallise en prismes incolores, fusibles avec décomposition vers 174°, solubles dans les dissolvants organiques [C. Revis et F.-St. Kipping, *Chem. News*, **74**, 301; *Chem. Soc.*, **71**, 238].

La *tétrabromo* 6.6.7.7-*hydrindone*,

$$C^6H^4 \begin{matrix} \diagup CBr^2 \diagdown \\ \diagdown CO \diagup \end{matrix} CBr^2,$$

s'obtient en faisant agir le brome sur une solution chloroformique froide de céto-dibromindène. Elle cristallise en prismes fusibles avec décomposition vers 214°. L'alcool bouillant la transforme en céto-dibromindène. La soude alcoolique la dédouble en acide tribromovinylbenzoïque

$$C^9H^5Br^3O^2$$

et acide bromhydrique [Roser et Haselhoff, *Ann. Chem.*, **247**, 142].

L'*oxime* correspondante cristallise en paillettes fusibles à 215°.

En traitant d'une façon analogue le céto-dichlorindène par le brome, MM. Zincke et Froehlich ont obtenu une *dichloro* 6.7-*dibromo* 6.7-*hydrindone*

$$C^6H^4 \begin{matrix} \diagup CClBr \diagdown \\ \diagdown CO \diagup \end{matrix} CClBr.$$

[*D. chem. G.*, **20**, 2056].

On arrive au même résultat en saturant de chlore (une solution refroidie de cétodibromindène dans l'acide acétique [Roser et Haselhoff, *loc. cit.*]. La dichlorodibromohydrindone fond en se décomposant vers 126°. Elle perd tout son brome, en régénérant, le cétodichlorindène, lorsqu'on la chauffe avec de l'alcool ou qu'on la traite par l'anhydride sulfureux, par l'iodure de potassium ou par le chlorure stanneux. L'aniline et l'hydroxylamine la transforment également en dérivés du cétodichlorindène. La soude diluée la décompose en donnant de l'acide o-dichlorobromovinylbenzoïque, $C^9H^5Cl^2BrO^2$.

L'*hexachlorodibromo* 6.7-*hydrindone*,

$$C^6Cl^4 \begin{matrix} \diagup CClBr \diagdown \\ \diagdown CO \diagup \end{matrix} CClBr,$$

a été obtenue en chauffant en vase clos, à 50°, un mélange de céto-perchlorindone et de brome en quantité théorique. Elle se présente sous la forme de grains cristallins fusibles à 148-149° [Zincke et Günther, *Ann. Chem.*, **272**, 268].

Iodhydrindone. — On ne connaît que la *mono-iodo* 3-*hydrindone*

I—C⁶H³ (noyau) ⟨ CH² — CH² — CO ⟩

qui a été préparée par M. Miersch en chauffant l'acide p-iodophénylpropionique (1 partie) avec 10 parties d'acide sulfurique concentré à 180° pendant quelques heures. Elle cristallise en aiguilles fusibles à 127°, solubles dans l'alcool [*D. chem. G.*, **25**, 2113].

Dérivés nitrosés et nitrés de l'hydrindone. — L'*isonitroso* 6-α-*hydrindone*,

$$C^6H^4 \begin{matrix} \diagup CH^2 \diagdown \\ \diagdown CO \diagup \end{matrix} C=Az-OH,$$

a été préparée par M. Kipping en traitant une solution acétique d'α-hydrindone par le nitrite de sodium [*Chem. Soc.*, **65**, 490]. On l'obtient plus facilement en ajoutant peu à peu 2 centimètres cubes d'acide chlorhydrique dans une solution alcoolique d'hydrindone (10 grammes) et de nitrite d'amyle (10 grammes). La température ne doit pas dépasser 50-60°. L'isonitrosohydrindone se dépose peu à peu sous la forme de paillettes qu'on fait cristalliser dans l'alcool bouillant. Elle fond vers 210° en se décomposant. Les alcalis la dissolvent avec une coloration jaune.

Elle réagit sur la phénylhydrazine vers 150° pour donner une dihydrazone

$$C^6H^4 \begin{matrix} \diagup CH^2 \diagdown \\ \diagdown CAz^2H-C^6H^5 \diagup \end{matrix} CAz^2H-C^6H^5$$

qui cristallise dans l'acide acétique en aiguilles jaunâtres insolubles dans l'alcool et dans l'eau, et qui fond vers 228-229° en se décomposant [S. Gabriel et R. Stelzner, *D. chem. G.*, **29**, 2603].

En traitant l'isonitrosohydrindone par l'éthylate de sodium, on obtient une combinaison répondant à la formule $C^9H^6AzO^2Na$. Celle-ci cristallise dans l'alcool méthylique en prismes jaunes solubles dans l'eau, insolubles dans la plupart des dissolvants organiques. Ce corps se transforme en une modification rouge lorsqu'on le chauffe vers 80°; le phénomène inverse s'effectue peu à peu après refroidissement. Le *dérivé potassique* présente les mêmes particularités [C. Revis et F.-St. Kipping, *Chem. Soc.*, **71**, 238].

La *nitrohydrindone*, ($C^9H^7O(AzO^2)$), s'obtient en traitant l'hydrindone par l'acide azotique d'une densité de 1,5, à froid. Elle cristallise en aiguilles fusibles à 78°, peu solubles dans la ligroïne, solubles dans les autres dissolvants organiques [Kipping, *Chem. Soc.*, **65**, 495].

Amino 6-hydrindone,

$$C^6H^4 \begin{matrix} \diagup CH^2 \diagdown \\ \diagdown CO \diagup \end{matrix} CH-AzH^2.$$

— Ce composé s'obtient en réduisant l'isonitrosohydrindone (1 p., 6) par le chlorure stanneux (5 p.) et l'acide chlorhydrique fumant (10 centimètres cubes). On termine la réaction en chauffant pendant quelque temps au bain-marie, puis on décompose le chlorostannite formé par l'hydrogène sulfuré. La liqueur filtrée abandonne par évaporation le *chlorhydrate d'aminohydrindone* sous la forme de paillettes jaunâtres qu'on purifie par des cristallisations dans l'alcool bouillant, et qui fond alors vers 230-240° en se décomposant.

Le *picrate*, $C^9H^9AzO.C^6H^3Az^3O^7$, cristallise en aiguilles rhombiques fusibles vers 152° avec décomposition.

Le *chloroplatinate* se présente sous la forme de tables rhombiques qui brunissent vers 200°.

L'aminohydrindone n'a pu être isolée. Lorsqu'on décompose le chlorhydrate par un alcali, on obtient une liqueur rouge qui laisse bientôt déposer des résines rougeâtres. Le chlorhydrate réduit la liqueur de Fehling. Lorsqu'on chauffe à 100° 2 parties de ce sel avec 1 partie de sulfocyanate de potassium, on obtient du *benzylimidazolylmercaptan* sous la forme de fines aiguilles insolubles dans l'eau et dans l'alcool, solubles dans les alcalis, l'éther acétique et le nitrobenzène bouillant :

$$C^6H^4 \left\langle \begin{matrix} CH^2 \\ CO \end{matrix} \right\rangle CH-AzH^2.HCl + KSCAz$$

$$= KCl + H^2O + C^6H^4 \left\langle \begin{matrix} CH^2-C-AzH \\ \| \\ C \;—\; Az \end{matrix} \right\rangle C-SH.$$

Ce mercaptan se décompose complètement vers 280°.

La condensation du chlorhydrate d'aminohydrindone et du cyanate de potassium s'effectue d'une toute autre façon et donne naissance à l'*hydrindonylcarbamide* 6 :

$$C^6H^4 \left\langle \begin{matrix} CH^2 \\ CO \end{matrix} \right\rangle CH-AzH^2.HCl + CAzOK$$

$$= C^6H^4 \left\langle \begin{matrix} CH^2 \\ CO \end{matrix} \right\rangle CH-AzH-CO-AzH^2 + KCl.$$

Celle-ci cristallise dans l'alcool en prismes solubles dans l'acide acétique bouillant, insolubles dans les alcalis. Elle fond en se décomposant vers 210-211° [S. Gabriel et R. Stelzner, *D. chem. G.* **29**, 2603].

Benzylidène-hydrindone. — L'hydrindone s'unit à l'aldéhyde benzylique à chaud en donnant naissance à la *benzylidène-hydrindone*

$$C^6H^4 \left\langle \begin{matrix} CH^2 \\ CO \end{matrix} \right\rangle C=CH-C^6H^5.$$

Celle-ci cristallise en aiguilles blanches fusibles à 109°, solubles dans l'alcool. Elle s'unit au brome en solution chloroformique pour former un *dibromure* $C^{16}H^{12}Br^2O$, fusible à 144°.

M. Feuerstein a préparé une série de combinaisons analogues en condensant l'hydrindone avec les aldéhydes salicylique, m- et p-oxybenzoïques, protocatéchique, p-diméthylaminobenzoïque, et avec la vanilline et le pipéronal. La condensation s'effectue en présence soit de soude alcoolique à 50 0/0, soit d'acide chlorhydrique alcoolique.

L'*oxy 2'-benzylidène-hydrindone*,

$$C^6H^4 \left\langle \begin{matrix} CH^2 \\ CO \end{matrix} \right\rangle C=CH-C^6H^4-OH \; (2'),$$

cristallise en aiguilles jaunes, fusibles à 206° en se décomposant, solubles dans l'alcool, dans la soude (en formant un sel cristallisé rouge) et dans l'acide sulfurique concentré.

L'*oxy 3'-benzylidène-hydrindone* se présente sous la forme de prismes jaunes fusibles à 198-199°, solubles dans la soude diluée.

L'*isomère hydroxylé* 4' cristallise en aiguilles jaunâtres fusibles à 219-220°.

La *dioxy 3'.4'-benzylidène-hydrindone* fond à 255-256°, et forme des cristaux jaunes, solubles dans l'eau bouillante, dans l'alcool et dans les alcalis (en violet). Elle teint le coton mordancé en jaune-orangé.

La *méthoxy 3'-oxy 4'-benzylidène-hydrindone* se présente sous la forme de cristaux jaunes, fusibles à 187°, solubles en jaune dans l'alcool et dans les alcalis.

La *méthylène-dioxy 3'.4'-benzylidène-hydrindone* fond à 179-180° et cristallise en aiguilles jaunes solubles en rouge dans l'acide sulfurique concentré.

Le *dérivé diméthylaminé* 4' cristallise en paillettes jaune d'or, fusibles à 165-166°, peu solubles dans l'alcool, solubles dans les acides dilués [Feuerstein, *D. chem. G.*, **34**, 412].

MM. Klobski et von Kostanecki ont préparé la série correspondante des dérivés de la bromo 2-hydrindone. Ces derniers sont plus stables vis-à-vis des alcalis que les corps non bromés ; ils fournissent des colorations rouges avec l'acide sulfurique concentré.

Le *benzylidène-bromo-2 hydrindone*,

$$Br-C^6H^3 \left\langle \begin{matrix} CH^2 \\ CO \end{matrix} \right\rangle C=CH-C^6H^5$$

cristallise en aiguilles blanches, soyeuses, fusibles à 162-163° ; ses *dérivés hydroxylés* 2', 3' et 4' se présentent sous la forme d'aiguilles jaunâtres qui fondent respectivement à 220°, 239° et 252°, tandis que les *acétates* correspondants fondent à 142°, à 173-174° et à 226-227°.

La *dioxy 3'.4'-benzylidène-bromo 2-hydrindone* cristallise en aiguilles fusibles à 279-280° et teint le coton mordancé ; son *dérivé diacétylé* est cristallisé en aiguilles fusibles à 153°.

La *méthoxy 3'-oxy 4'-benzylidène-bromohydrindone* fond à 224-225° et se présente sous la forme d'aiguilles jaunâtres ; son *dérivé acétylé* est en cristaux blancs fusibles à 201-202°.

La *méthylène-dioxy 3'.4'-benzylidène-bromohydrindone* cristallise en aiguilles jaunes fusibles à 223-224° [*D. chem. G.*, **34**, 720].

Produits de condensation de l'α-hydrindone. — Lorsqu'on soumet l'hydrindone à l'action d'un déshydratant tel que l'anhydride phosphorique, le perchlorure de phosphore, etc., on obtient comme produit de condensation le truxène, qui sera décrit plus loin.

Si l'on modère la réaction et si l'on emploie de l'acide sulfurique modérément concentré, on peut isoler un produit intermédiaire, l'*anhydro-bishydrindone*, qui a pris naissance suivant l'équation

$$2\,C^9H^8O = H^2O + C^{18}H^{14}O.$$

Cette anhydro-bishydrindone cristallise en paillettes blanches fusibles à 142-143°. Le brome réagit sur elle en présence d'acide acétique, en donnant naissance à un *dérivé monobromé*, $C^{18}H^{13}BrO$, qui fond à 193° [St. Kipping, *Chem. Soc.*, 1894, 480].

Méthyl-α-hydrindones. — La *méthyl 6-α-hydrindone* (méthyl 6-indanone 7),

$$C^6H^4 \left\langle \begin{matrix} CH^2 \\ CO \end{matrix} \right\rangle CH-CH^3,$$

a été obtenue par MM. Miller et Rohde en condensant l'acide α-méthylbenzylacétique (1 partie) au moyen de l'acide sulfurique concentré (12 parties) chauffé à 150° :

$$C^6H^5-CH^2-CH(CH^3)-CO^2H$$

$$= H^2O + C^6H^4 \left\langle \begin{matrix} CH^2 \\ CO \end{matrix} \right\rangle CH-CH^3.$$

Le produit est précipité par l'eau et soumis à un entraînement par la vapeur. Il se présente sous la forme d'un liquide d'odeur poivrée, peu soluble dans l'eau, soluble dans les dissolvants organiques. *Il bout à 167-170° sous 117 millimètres* et à 244-246° sous 719 millimètres en se décomposant légèrement. Le permanganate de potassium le transforme en acide phtalique.

Le même composé peut être préparé avec un rendement de 70-80 0/0 en chauffant l'acide méthylbenzylacétique ou son chlorure avec du chlorure d'aluminium en présence de ligroïne.

Son *oxime* cristallise en octaèdres fusibles à 103° [F. S. Kipping et G. Clarke, *Proceed. Chem. Soc.*, 1901, 181].

La *méthylchloro* 3-*hydrindone* (méthyl 6-chloro 3-indanone) s'obtient d'une façon analogue au moyen de l'acide m-chloro-α méthylphénylpropionique. Elle est liquide et bout à 265-268° [Miller et Rohde, *D. chem. G.*, **23**, 1888].

La condensation de l'acide *m*-méthylphénylpropionique au moyen de l'acide sulfurique concentré donne naissance à un mélange de *méthyl* 1-*indanone* et de *méthyl* 3-*indanone*,

CH^2 ; CH^2 ; CH^3 ; CO CH^2 ; CH^3 ; CH^2 ; CO

qu'il est impossible de dédoubler, et qui cristallise dans la ligroïne en aiguilles fusibles à 59°. L'oxydation de ce mélange au moyen du permanganate de potassium fournit, en effet, les acides méthylphtalique 1.2.3 et 1.3.4.

La *p-méthylhydrindone* (méthyl 2-indanone 7), obtenue de la même façon en partant de l'acide p-méthylphénylpropionique, fond à 63°. Elle cristallise en aiguilles solubles dans les dissolvants organiques.

L'*o-méthylhydrindone* (méthyl 4-indanone 7) s'obtient encore en dissolvant l'acide *o*-méthylphénylpropionique (1 partie) dans de l'acide sulfurique concentré chauffé à 190°, et en précipitant immédiatement par la glace. Le produit est ensuite purifié par un entraînement à la vapeur. Il cristallise en aiguilles fusibles à 95°, solubles dans les dissolvants organiques. L'action de l'acide azotique dilué le transforme en acide méthylphtalique 1.2.3 [Miller et Rohde, *D. chem. G.*, **23**, 1899. — Young, *ibid.*, **25**, 2108].

GROUPE DE LA β-HYDRINDONE.

β-Hydrindone (*indanone* 6),

$$C^6H^4 \left\langle \begin{matrix} CH^2 \\ CH^2 \end{matrix} \right\rangle CO.$$

La β-hydrindone a été obtenue par M. Ph. Schad en soumettant à la distillation sèche le sel de calcium de l'acide phénylène-diacétique :

$$C^6H^4 \left\langle \begin{matrix} CH^2-CO^2 \\ CH^2-CO^2 \end{matrix} \right\rangle Ca$$

$$= CaCO^3 + C^6H^4 \left\langle \begin{matrix} CH^2 \\ CH^2 \end{matrix} \right\rangle CO.$$

On purifie ensuite le produit par un entraînement dans un courant de vapeur.

On l'obtient plus facilement à partir de l'éther méthylique de l'hydrindène-glycol (voyez plus haut).

Propriétés. — La β-hydrindone cristallise en aiguilles incolores, solubles dans l'alcool et dans l'éther, peu solubles dans l'eau. Elle fond à 58° et distille en se décomposant vers 225°. Elle possède une odeur qui rappelle celle du jasmin.

La β-hydrindone n'est attaquée que lentement et à chaud par les alcalis. L'acide azotique la transforme en anhydride phtalique, tandis qu'avec le permanganate on obtient de l'acide homophtalique.

L'*oxime*,

$$C^6H^4 \left\langle \begin{matrix} CH^2 \\ CH^2 \end{matrix} \right\rangle C=AzOH,$$

se présente sous la forme d'aiguilles blanches, solubles dans les dissolvants organiques, presque insolubles dans l'eau. Elle fond en se décomposant vers 152° et ne subit pas la transposition moléculaire de Beckmann. La réduction de cette oxime fournit de l'*amino-β-hydrindène*

$$C^6H^4 \left\langle \begin{matrix} CH^2 \\ CH^2 \end{matrix} \right\rangle CH-AzH^2$$

lorsqu'on l'effectue au moyen de l'amalgame de sodium, en solution acétique. Le *chlorhydrate* de cette base est déliquescent; le *chloroplatinate* cristallise en aiguilles orangées.

La *phénylhydrazone*,

$$C^6H^4 \left\langle \begin{matrix} CH^2 \\ CH^2 \end{matrix} \right\rangle CH=Az-AzHC^6H^5,$$

s'obtient directement à chaud, en solution alcoolique. Elle cristallise en tables jaunâtres, fusibles à 120° [Philipp Schad, *D. chem. G.*, **26**, 222. — Hans Benedikt, *Ann. Chem.*, **275**, 351].

Traité par le nitrite d'amyle et l'acide chlorhydrique, la β-hydrindone se transforme en *dérivé di-isonitrosé*

$$C^6H^4 \left\langle \begin{matrix} C=AzOH \\ \\ C=AzOH \end{matrix} \right\rangle CO$$

Ce dernier se présente sous la forme d'une poudre blanchâtre soluble dans les alcalis (en rouge), peu soluble dans l'alcool, insoluble dans l'eau et dans le benzène; *il fond* vers 233° en se décomposant.

La nitration de la β-hydrindone par l'acide *azotique fumant bien refroidi* fournit un *dérivé nitré* 2 qui cristallise dans l'alcool en aiguilles brunes, fusibles à 141°,5, peu solubles dans l'eau, solubles en rouge foncé dans les alcalis. Ce dérivé est transformé rapidement par l'acide nitrique dilué en acide nitro 4-o-phtalique et par l'acide chromique en acide p-nitro-o-homophtalique.

Lorsqu'on chauffe pendant un certain temps la β-hydrindone avec de l'acide sulfurique dilué ou avec de la soude étendue, on la transforme graduellement en un composé fusible à 170°, auquel MM. Heusler et Schieffer ont donné le nom d'*anhydro-bis-β-hydrindone*. Ce corps a pour formule $C^{18}H^{14}O$; *il est soluble dans le chloroforme*, peu soluble dans l'alcool, insoluble dans l'éther [*D. chem. G.*, **32**, 32].

GROUPE DU DICÉTOHYDRINDÈNE.

Les dérivés du dicétohydrindène ont été obtenus presque simultanément par MM. Wislicenus et Gabriel en condensant l'anhydride ou l'acide phtalique avec l'acétate d'éthyle. On obtient d'abord le dérivé sodé d'un produit de condensation dissymétrique,

$$C^6H^4 \left\langle \begin{matrix} C=CNa-CO^2C^2H^5 \\ \\ CO \end{matrix} \right\rangle O,$$

puis celui-ci s'isomérise peu à peu en se transformant en un sel jaune qui constitue le dérivé sodé de l'acide dicétohydrindène-carbonique,

$$C^6H^4 \langle {CO \atop CO} \rangle CNa - CO^2C^2H^5.$$

La synthèse du dicétohydrindène a été effectuée également à partir de l'α-naphtoquinone (voyez plus loin). On l'obtient encore en traitant par l'acide chlorhydrique fumant la γ-anilido-indone, ou la γ-benzylamino-indone (Schlossberg).

DICÉTOHYDRINDÈNE (*indane-dione* 5.7),

CO / CH² / CO

Le dicétohydrindène s'obtient en décomposant par l'acide sulfurique le dérivé sodé de l'éther dicétohydrindène-carbonique ou le sel de sodium correspondant [W. Wislicenus, *D. chem. G.*, **20**, 593; *Ann. Chem.*, **246**, 347]. L'acide dicétohydrindène-carbonique lui-même se décompose rapidement en anhydride carbonique et dicétohydrindène, en présence d'un acide minéral [Gabriel et Neumann, *D. chem. G.*, **26**, 954].

Propriétés. — Le dicétohydrindène cristallise en paillettes blanches fusibles à 131°, solubles dans les dissolvants organiques à l'exception de la ligroïne, insolubles dans l'eau. Il se dissout dans les alcalis avec une coloration jaune. L'eau bouillante le transforme peu à peu en anhydro-bis-dicétohydrindène (voyez plus loin).

Traité par l'eau oxygénée ou le persulfate de potassium en présence de la quantité nécessaire de potasse, le dicétohydrindène se transforme en un mélange de divers produits qui sont : le *bis-dicétohydrindène* ou *diphtalyléthane potassé*,

$$C^6H^4 \langle {CO \atop CO} \rangle CK - CK \langle {CO \atop CO} \rangle C^6H^4,$$

le *diphtalyléthylène*,

$$C^6H^4 \langle {CO \atop CO} \rangle C = C \langle {CO \atop CO} \rangle C^6H^4,$$

le *tricétohydrindène*,

$$C^6H^4 \langle {CO \atop CO} \rangle CO$$

et l'acide *o-carboxyphénylglyoxylique*,

$$C^6H^4 \langle {CO^2H \atop CO - CO^2H}$$

[V. Kaufmann, *D. chem. G.*, **30**, 382]. Chauffé seul à 120-125° pendant un jour, le dicétohydrindène se transforme en anhydro-bis-dicétohydrindène et tribenzoylène-benzène.

DÉRIVÉS. — Le *nitrosite*,

CO / CAz²O³ / CO

a été obtenu en maintenant à froid pendant quelques jours une dissolution d'α-naphtoquinone dans de l'anhydride azoteux liquéfié. Il se présente sous la forme de cristaux rouge foncé, très peu solubles dans les liquides organiques, qui fondent vers 160° en se décomposant. Ce nitrosite se dissout avec une coloration rouge dans les alcalis. Chauffé seul à 170°, il donne de l'anhydride phtalique; l'eau froide le décompose peu à peu en dicétohydrindène et acide azoteux, tandis qu'à chaud il se fait de l'anhydro-bis-dicétohydrindène [J. Schmidt, *D. chem. G.*, **33**, 543; *Bull. Soc. Chim.*, (3), **26**, 379].

La *dioxime*,

$$C^6H^4 \langle {C = AzOH \atop C = AzOH} \rangle CH^2,$$

cristallise en fines aiguilles solubles dans l'alcool et dans l'eau, insolubles dans l'éther. Elle se décompose vers 225°.

La *phénylhydrazone* se présente sous la forme d'aiguilles jaunes fusibles à 163°, insolubles dans l'eau et dans la ligroïne. Sa solution dans l'acide sulfurique concentré est colorée en bleu foncé par le chlorure ferrique.

L'*isonitrosodicétohydrindène*,

$$C^6H^4 \langle {CO \atop CO} \rangle C = AzOH,$$

s'obtient en traitant une solution alcaline diluée de dicétohydrindène par le nitrite de sodium et l'acide sulfurique dilué. Il cristallise en paillettes hexagonales, solubles dans l'acide acétique et dans les alcalis. Il fond vers 198° en se décomposant.

Lorsqu'on traite ce dérivé isonitrosé par l'hydroxylamine, on obtient la *dioxime* correspondante,

$$C^6H^4 \langle {C = Az - OH \atop C = Az - OH} \rangle C = Az - OH$$

sous la forme de paillettes qui fondent en se décomposant vers 197°, qui sont peu solubles dans l'alcool et dans l'eau, insolubles dans l'éther et dans le benzène.

Le dicétohydrindène s'unit à l'aldéhyde benzylique à chaud pour donner naissance au *benzylidène-dicétohydrindène* :

$$C^6H^4 \langle {CO \atop CO} \rangle C = CH - C^6H^5.$$

Ce dernier cristallise dans l'alcool en aiguilles fusibles à 151°, solubles dans les dissolvants organiques, insolubles dans l'eau. Les alcalis dilués le dédoublent en aldéhyde benzylique et dicétohydrindène. La phénylhydrazine elle-même le décompose en donnant de la benzylidène-hydrazone et de la dicétohydrindène-phénylhydrazone [W. Wislicenus et A. Koetzle, *Ann. Chem.*, **252**, 75].

Le dicétohydrindène s'unit également à l'aldéhyde salicylique à 100° en donnant naissance à l'*oxy-2' benzylidène-dicétohydrindène*,

$$C^6H^4 \langle {CO \atop CO} \rangle C = CH - C^6H^4 - OH;$$

celui-ci cristallise en prismes orangés à reflets violets, fusibles avec décomposition vers 196°, solubles dans l'acide acétique; il se colore en rouge foncé au contact de l'acide sulfurique concentré et se dissout en rouge fuchsine dans les alcalis. Son *dérivé acétylé* fond à 124-125° et cristallise en aiguilles jaunes solubles dans l'alcool. L'*éther éthylique*, préparé au moyen de l'aldéhyde salicylique, se présente sous la forme d'aiguilles jaunes ou de rhomboèdres fusibles à 135°, solubles en rouge foncé dans l'acide sulfurique concentré.

L'*oxy 3'-benzylidène-dicétohydrindène* cristallise en paillettes jaunes, fusibles à 222°, solubles en jaune dans l'alcool, l'acide acétique et les alcalis; son *dérivé acétylé* est cristallisé en aiguilles jaunâtres fusibles à 140°, et l'*éther éthylique*, préparé au moyen de l'aldéhyde m-éthoxybenzoïque, en tables jaunâtres, fusibles à 131-132°, solubles dans l'alcool et l'acide sulfurique en jaune.

Le *dérivé hydroxylé* 4' fond à 239° et se présente sous la forme d'aiguilles orangées, solubles dans l'alcool; le *dérivé acétylé* fond à 162°, et le *dérivé éthoxylé* 4' à 139°.

Le *dioxy 3'.4'-benzylidène-dicétohydrindène*, préparé avec l'aldéhyde protocatéchique, cristallise en aiguilles jaunâtres solubles en jaune rougeâtre dans l'acide sulfurique concentré, en rouge-violet dans les alcalis; il fond à 257° en se décomposant et teint en rouge jaunâtre le coton mordancé à l'alumine. Son *dérivé diacétylé* cristallise en prismes jaunâtres, fusibles à 186°, solubles dans l'alcool et l'acide acétique.

Le *méthylène-dioxy 3'.4'-benzylidène-dicétohydrindène* fond à 209°; il se présente sous la forme d'aiguilles jaunes et se dissout en rouge fuchsine dans l'acide sulfurique concentré.

L'*oxy 4'-méthoxy 3'-benzylidène-dicétohydrindène*, préparé avec la vanilline, cristallise dans la pyridine en aiguilles jaunes, fusibles à 212°, solubles en rouge cerise dans l'acide sulfurique concentré et en rouge jaunâtre dans les alcalis; son *dérivé acétylé* fond à 184-185° [Kostanecki, *D. chem. G.*, **30**, 1183].

On a préparé, par le même procédé, le *furfurylidène-dicétohydrindène*,

$$C^6H^4 \begin{smallmatrix} < CO > \\ < CO > \end{smallmatrix} C = CH - C^4H^3O,$$

et le *cinnamylidène-dicétohydrindène*; le premier cristallise en aiguilles fusibles à 203°, le second en aiguilles orangées fusibles à 150-151°; tous deux se dissolvent en rouge dans l'acide sulfurique concentré [Kostanecki et Laczkowski, *D. chem. G.*, **30**, 2138].

Le *p-diméthylaminobenzylidène-dicétohydrindène*, préparé par union directe à 150° ou en solution alcoolique bouillante, se présente sous la forme de cristaux rouge cinabre à reflets bleu d'acier, solubles en brun dans l'alcool, le benzène, l'acide acétique et l'acide sulfurique concentré; il fond à 99°, et teint la laine, la soie et le coton mordancé en rouge. Ce composé est très peu basique, il forme en solution benzénique un *chlorhydrate* dissociable par l'eau.

Le *p-aminobenzylidène-dicétohydrindène* cristallise en paillettes à reflets bleus, peu solubles dans les dissolvants usuels : il fond à 247° en se décomposant et teint la soie et le coton mordancé en jaune d'or. Son *dérivé m-nitré* fond à 221°; il constitue des aiguilles jaune d'or, solubles dans l'alcool et dans l'acide acétique, qui ne possèdent plus de pouvoir tinctorial.

La condensation du dicétohydrindène avec l'aldéhyde o-aminobenzoïque s'effectue tout différemment; elle donne naissance à un dérivé de la quinoléine, la *quinolylène-phénylène-cétone*,

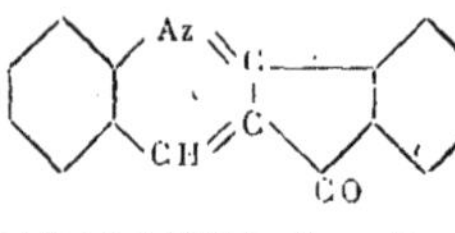

Ce composé fond à 175°,5; il se dissout dans les liquides organiques et les acides dilués, mais non dans l'eau et les alcalis; son *oxime* cristallise en aiguilles et fond à 261° en se décomposant; l'*hydrazone* et la *p-nitrophénylhydrazone* fondent respectivement à 153° et à 256° et se présentent sous la forme d'aiguilles jaunes. La distillation de cette cétone sur un mélange de poudre et d'oxyde de zinc fournit le carbure correspondant, le *quinolylène-phénylène-méthane*,

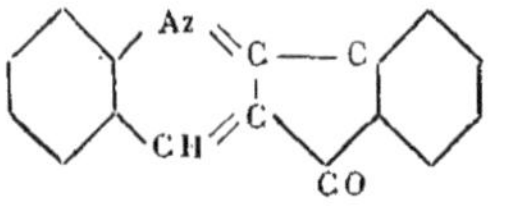

qui fond à 166-167°; ce dernier est transformé en un carbure rouge lorsqu'on le distille sur de l'oxyde de plomb [Noelting et Blum, *D. chem. G.*, **34**, 2467].

Lorsqu'on traite une solution alcaline de dicétohydrindène par le chlorure de diazobenzène, en présence d'acétate de sodium, on obtient un précipité rouge qui cristallise dans l'alcool en prismes fusibles à 190°, et qui est soluble dans les dissolvants organiques et insolubles dans l'eau. Ce composé répond à la formule

$$C^6H^4 \begin{smallmatrix} < CO > \\ < CO > \end{smallmatrix} C = Az - AzH - C^6H^5.$$

Il se dissout sans altération dans l'acide chlorhydrique bouillant et dans les alcalis. Sa solution dans l'acide sulfurique concentré est rouge et passe au bleu par addition de bichromate de potassium.

On obtient le *dérivé sodé*, $C^{15}H^9Az^2O^2Na$, sous la forme d'une poudre rougeâtre, lorsqu'on précipite par l'éther une dissolution du composé précédent dans la soude alcoolique [W. Wislicenus, *D. chem. G.*, **20**, 593; *Ann. Chem.*, **246**, 347. — W. Wislicenus et A. Koetzle, *Ann. Chem.*, **252**, 80. — W. Wislicenus et Fr. Reitzenstein, *ibid.*, **277**, 362].

DÉRIVÉS HALOGÉNÉS. — Le *dichloro* 6.6-*dicétohydrindène*,

$$C^6H^4 \begin{smallmatrix} < CO > \\ < CO > \end{smallmatrix} CCl^2,$$

s'obtient soit en oxydant l'acide dichloro 6.6-cétohydrindène-carbonique au moyen de l'anhydride chromique en solution acétique :

$$C^6H^4 \begin{smallmatrix} < CH - CO^2H > \\ < CO > \end{smallmatrix} CCl^2 + O^2$$

$$= C^6H^4 \begin{smallmatrix} < CO > \\ < CO > \end{smallmatrix} CCl^2 + CO^2 + H^2O,$$

soit en saturant modérément de chlore une solution acétique de chloro 6-cétoxy-indène :

$$C^6H^4 \begin{smallmatrix} < CO > \\ < C(OH) > \end{smallmatrix} CCl + Cl^2$$

$$= C^6H^4 \begin{smallmatrix} < CO > \\ < CO > \end{smallmatrix} CCl^2 + HCl$$

[Zincke, *D. chem. G.*, **21**, 498. — Zincke et Gerland, *ibid.*, **21**, 2390].

Le produit de la réaction est précipité par l'eau et cristallisé dans l'alcool. Il se présente sous la forme de paillettes brillantes fusibles à 124-125°, insolubles dans l'eau et dans les carbonates alcalins. La soude aqueuse le transforme en acide phtalique, et la potasse alcoolique bouillante en acide dichloracétophénone-carbonique,

$$C^6H^5 - CO - CCl^2 - CO^2H.$$

Si l'on pousse à fond la saturation du chloro 6-cétoxy-indène en solution acétique par le chlore, et si l'on abandonne ensuite la masse à elle-même pendant une journée, on obtient de l'*hexachlorodicétohydrindène*,

$$C^6H^4 \begin{matrix} \nearrow CO \searrow \\ \searrow CO \nearrow \end{matrix} CCl^2,$$

sous la forme de prismes courts fusibles à 155°, solubles dans le chloroforme, le benzène, l'alcool et l'acide acétique bouillant. La potasse alcoolique transforme ce composé en *acide hexachloracétylbenzoïque*, $C^6HCl^4-CO-CCl^2-CO^2H$ [Zincke et Günther, *Ann. Chem.*, **272**, 263].

Le *chlorobromo* 6.6-*dicétohydrindène*,

$$C^6H^4 \begin{matrix} \nearrow CO \searrow \\ \searrow CO \nearrow \end{matrix} CClBr,$$

prend naissance lorsqu'on chauffe avec de l'eau le produit d'addition résultant de l'action de l'acide chlorhydrique sur l'oxybromo-α-naphtoquinone :

$$C^{10}H^6ClBrO^4 + O = CO^2 + C^9H^4ClBrO^2 + H^2O$$

[Zincke et Gerland, *D. chem. G.*, **20**, 3227].

On peut également faire agir le brome à froid sur une solution de chloro 6-cétoxy-indène, ou inversement saturer de chlore une solution acétique de bromo 6-cétoxy-indène :

$$C^6H^4 \begin{matrix} \nearrow -CO- \searrow \\ \searrow C(OH) \nearrow \end{matrix} C\ Br + Cl^2$$

$$= HCl + C^6H^4 \begin{matrix} \nearrow CO \searrow \\ \searrow CO \nearrow \end{matrix} CBrCl + HCl.$$

Enfin, on obtient du chlorobromo 6.6-dicétohydrindène lorsqu'on oxyde l'acide chlorobromo 6-cétoxyhydrindène-carbonique par l'acide chromique en solution acétique [Roser et Haselhoff, *Ann. Chem.*, **247**, 150. — Zincke, *D. chem. G.*, **21**, 501. — Zincke et Gerland, *ibid.*, **21**, 2391].

Ce corps se présente sous la forme de paillettes brillantes fusibles à 147°, solubles dans les dissolvants organiques. La soude diluée le dédouble en chloro 6-bromométhane, acide phtalique et chloro 6-cétoxy-indène.

Dibromo 6.6-*dicétohydrindène*,

$$C^6H^4 \begin{matrix} \nearrow CO \searrow \\ \searrow CO \nearrow \end{matrix} CBr^2.$$

— Cette substance a été préparée directement par M. Wislicenus en traitant une solution acétique froide de dicétohydrindène par le double de la quantité théorique de brome [*Ann. Chem.*, **246**, 347].

On l'obtient également par l'action du brome en excès sur une solution aqueuse bouillante du chlorhydrate d'amino-α-naphtoquinone-imide [Kronfeld, *D. chem. G.*, **17**, 720], ou sur une solution acétique de bromo 6-cétoxy-indène [Roser et Haselhoff, *Ann. Chem.*, **247**, 151].

MM. Zincke et Gerland l'ont préparé également en oxydant l'acide dibromo 6.6-cétoxyhydrindène-carbonique au moyen de l'acide chromique [Zincke et Gerland, *D. chem. G.*, **20**, 3221; **21**, 2392].

Enfin, M. Schlossberg en a obtenu en dissolvant à froid la γ-bromo-α-indone dans l'acide azotique fumant ou dans l'acide sulfurique concentré [*D. chem. G.*, **33**, 2425; *Bull. Soc. Chim.*, (3), **26**, 107].

Le dibromodicétohydrindène cristallise en paillettes fusibles à 177°, solubles dans l'alcool, l'acide acétique bouillant, le chloroforme et le benzène, insolubles dans l'eau et dans les carbonates alcalins. La soude le décompose lentement à froid, rapidement à chaud, en acide phtalique, bromoforme et bromo 6-cétoxy-indène.

Di-iodo-6.6 *dicétohydrindène*,

$$C^6H^4 \begin{matrix} \nearrow CO \searrow \\ \searrow CO \nearrow \end{matrix} CI^2.$$

— Ce composé a été obtenu en même temps que d'autres produits en faisant agir l'iode à froid sur l'éther dicétohydrindène-dicarbonique; il cristallise en prismes jaunes solubles dans l'acide acétique bouillant, et fond à 199° en se décomposant; traité par les alcalis, il fournit de l'iodoforme [C. Liebermann et L. Flatow, *D. chem. G.*, **33**, 2433; *Bull. Soc. Chim.*, (3), **24**, 1008].

Diméthoxy-1.4 *dicétohydrindène*,

CO
CH³O CH²
OCH³ CO

— Ce composé prend naissance lorsqu'on saponifie par l'acide chlorhydrique ou par l'eau bouillante l'éther carbonique 6 correspondant; il cristallise en paillettes nacrées, solubles dans les liquides organiques, sauf la ligroïne, fusibles vers 113-115°. Chauffé avec un acide dilué, il se transforme en anhydro-bisdiméthoxydicétohydrindène [J. Landau, *D. chem. G.*, **31**, 2090].

Acide dicétohydrindène-carbonique. — Le *dérivé sodé de l'éther éthylique* de cet acide a été obtenu par M. Wislicenus en chauffant au bain-marie un mélange de phtalate d'éthyle (10 parties), de sodium (2 parties) et d'acétate d'éthyle :

$$C^6H^4 \begin{matrix} \nearrow CO^2C^2H^5 \\ \searrow CO^2C^2H^5 \end{matrix} + CH^2Na-CO^2C^2H^5$$

$$= C^6H^4 \begin{matrix} \nearrow CO \searrow \\ \searrow CO \nearrow \end{matrix} CNa-CO^2C^2H^5 + 2C^2H^5OH.$$

Ce sel constitue une masse cristalline jaune, soluble dans l'eau chaude; un contact prolongé avec l'acide sulfurique dilué le décompose totalement en dicétohydrindène, acide carbonique et alcool. Mais si l'on épuise par l'éther aussitôt après la sursaturation, on peut isoler l'éther correspondant [W. Wislicenus, *D. chem. G.*, **20**, 593].

Le *dérivé disodé* se prépare également en chauffant l'acide phtalylacétique avec l'alcool méthylique sodé :

$$C^6H^4 \begin{matrix} \nearrow C=CH-CO^2H \\ \searrow CO \end{matrix} \!\!>\! O \quad + 2CH^3ONa$$

$$= C^6H^4 \begin{matrix} \nearrow CO \searrow \\ \searrow CO \nearrow \end{matrix} CNa-CO^2Na + 2CH^3-OH.$$

Il se présente sous la forme d'une poudre jaune, cristalline, soluble dans l'eau, insoluble dans l'alcool, et renferme une molécule d'eau [S. Gabriel et A. Neumann, *D. chem. G.*, **26**, 953].

Si l'on traite une solution aqueuse de ce sel par l'acide acétique dilué, on obtient un *sel acide*, $C^{10}H^5O^4Na, 2H^2O$, qui cristallise en fines aiguilles jaunes, solubles dans l'eau, et qui se décompose lorsqu'on cherche à le dessécher. L'acide dicétohydrindène-carbonique n'a pu être isolé, car, si l'on traite le sel précédent par l'acide chlorhydrique dilué, le produit obtenu se décompose immédiatement en acide carbonique et dicétohydrindène.

Le *dicétohydrindène-carbonate d'éthyle*,

$$C^6H^4 \begin{matrix} \nearrow CO \searrow \\ \searrow CO \nearrow \end{matrix} CH-CO^2C^2H^5,$$

obtenu comme il a été dit plus haut, cristallise

en aiguilles jaunes, fusibles à 78°, solubles dans les dissolvants organiques et dans les alcalis, et insolubles dans l'eau. Sa solution alcoolique est colorée en rouge foncé par le chlorure ferrique. Les alcalis le dédoublent à chaud en alcool, acide carbonique et dicétohydrindène. Son *dérivé cuprique*, $Cu(C^{12}H^9O^4)^2$, cristallise dans l'alcool absolu en prismes verdâtres [W. Wislicenus, *loc. cit.*].

Le *dérivé diméthoxylé* 1.2 prend naissance dans la condensation de l'éther hémipinique avec l'acétate d'éthyle en présence de sodium; il cristallise en aiguilles jaunes qui fondent à 58° en se décomposant et sont solubles dans l'alcool, l'éther et l'acétone; sa solution alcoolique est colorée en brun-rouge par le chlorure ferrique. Le *dérivé sodé*, $C^{14}H^{13}O^6Na$, constitue une poudre cristalline jaune, soluble dans l'eau, peu soluble dans l'alcool, insoluble dans l'éther [J. Landau, *D. chem. G.*, **31**, 2090].

Acide dicétohydrindène-dicarbonique 1.6,

CO
CH-CO²H
CO²H CO

— La condensation des éthers hémimellique et acétique, en présence de sodium, donne naissance à un mélange du *dérivé sodé* (6) de l'*éther diéthylique* et du *dérivé disodé* (1.6) de l'*éther mono-éthylique* de l'acide précédent; le premier de ces composés se présente sous la forme de petits cristaux jaunes, renfermant une molécule d'eau, il devient anhydre à 125°; le second constitue une poudre jaune peu soluble. L'*éther diéthylique* correspondant cristallise en aiguilles jaune pâle renfermant une molécule d'eau; l'*éther mono-éthylique* est un liquide peu stable. Tous deux fournissent par saponification un mélange d'*acide* et d'*éther dicétohydrindène-carbonique* 1 également peu stables. La *dioxime* de l'éther cristallise en aiguilles fusibles à 186°, solubles dans l'alcool [F. Ephraïm, *D. chem. G.*, **31**, 2084].

Acide méthyl 4-méthoxy 2-dicétohydrindène-dicarbonique 1.6,

CH³ CO
CH³O
CH-CO²H
CO²H CO

— L'éther diméthylique de cet acide résulte de la condensation de l'éther tétraméthylique de l'acide cochenillique avec l'acétate de méthyle en présence de sodium; il se présente sous la forme d'une poudre rouge brique, soluble dans l'alcool, l'éther et l'acétone, et en jaune dans les alcalis; il fond vers 98-100° en se décomposant et donne une coloration rouge-brun avec le chlorure ferrique. Son *dérivé sodé* cristallise en aiguilles renfermant une molécule d'eau, solubles dans l'eau et dans l'alcool, insolubles dans l'éther; il devient anhydre à 125°. L'action prolongée de l'acide sulfurique froid transforme l'éther en *acide méthyl 4-méthoxy 2-dicétohydrindène-carbonique* 1; ce dernier cristallise en aiguilles ou en paillettes fusibles vers 160-161° (avec décomposition), solubles en jaune dans les alcalis; il s'unit vers 150° à l'aldéhyde protocatéchique en donnant naissance à une combinaison cristallisée qui se dissout en violet dans les alcalis et qui teint le coton mordancé en orange sur alumine, en brun sur fer. L'acide chlorhydrique transforme ces composés en produits plus complexes, du type de l'anhydro-bis-dicétohydrindène [J. Landau, *D. chem. G.*, **33**, 2446; *Bull. Soc. Chim.*, (3), **24**, 935].

MÉTHYL 6-DICÉTOHYDRINDÈNE,

$$C^6H^4\left\langle\begin{matrix}CO\\CO\end{matrix}\right\rangle CH-CH^3.$$

— Le *dérivé sodé* du méthyl 6-dicétohydrindène s'obtient en chauffant à 120° un mélange de phtalate d'éthyle (30 parties), de sodium (10p,5) et de propionate d'éthyle en excès :

$$C^6H^4\left\langle\begin{matrix}CO^2C^2H^5\\CO^2C^2H^5\end{matrix}\right. + CH^3-CHNa-CO^2C^2H^5 + H^2O$$

$$= C^6H^4\left\langle\begin{matrix}CO\\CO\end{matrix}\right\rangle CNa-CH^3 + CO^2 + 3C^2H^5OH.$$

Le produit brut de la réaction est lavé à l'éther, puis cristallisé dans l'alcool aqueux. Il se présente sous la forme de prismes grenats solubles dans l'eau, qu'il suffit de traiter par un acide pour obtenir le méthyldicétohydrindène.

Ce dernier cristallise dans l'alcool en aiguilles fusibles à 85°, solubles dans l'eau et dans les alcalis avec une coloration rouge. Il bout à 150° sous 18 millimètres [W. Wislicenus et A. Koetzle, *Ann. Chem.*, **252**, 80].

Le méthyldicétohydrindène s'obtient également en chauffant une solution alcoolique d'éthylidène-phtalide avec de l'alcool méthylique sodé [Nathanson, *D. chem. G.*, **26**, 2581].

La *dioxime*,

$$C^6H^4\left\langle\begin{matrix}C(AzOH)\\C(AzOH)\end{matrix}\right\rangle CH-CH^3,$$

se présente sous la forme de fines aiguilles blanches, solubles dans les alcalis avec une coloration jaune, peu solubles dans l'eau et dans le benzène. Elle fond en se décomposant vers 117°.

L'*hydrazone* cristallise en aiguilles jaunes fusibles à 164°, solubles dans l'alcool, insolubles dans l'eau. Sa solution dans l'acide sulfurique concentré est colorée en vert par le chlorure ferrique [W. Wislicenus et A. Koetzle, *Ann. Chem.*, **252**, 80].

Le *bromométhyl 6.6-dicétohydrindène*,

$$C^6H^4\left\langle\begin{matrix}CO\\CO\end{matrix}\right\rangle CBrCH^3,$$

prend naissance lorsqu'on chauffe au bain-marie une solution acétique de méthyldicétohydrindène avec un léger excès de brome. Il cristallise dans l'alcool en aiguilles blanches fusibles à 91°, solubles dans les dissolvants organiques et dans les alcalis, insolubles dans l'eau.

L'*éther méthyl 6-dicétohydrindène-carbonique*,

$$C^6H^4\left\langle\begin{matrix}CO\\CO\end{matrix}\right\rangle C(CH^3)-CO^2C^2H^5,$$

s'obtient en chauffant à 120° un mélange d'alcool, d'iodure de méthyle et du dérivé sodé de l'éther dicétohydrindène-carbonique. Il cristallise dans la ligroïne en prismes fusibles à 74°, solubles dans les dissolvants organiques et insolubles dans l'eau. La soude bouillante le décompose [W. Wislicenus, *Ann. Chem.*, **246**, 347].

DIMÉTHYL 6.6-DICÉTOHYDRINDÈNE,

$$C^6H^4\left\langle\begin{matrix}CO\\CO\end{matrix}\right\rangle C(CH^3)^2.$$

— Ce composé s'obtient en chauffant en vase clos, à 100°, un mélange d'alcool méthylique, d'iodure de méthyle et du dérivé sodé du méthyldicétohydrindène [W. Wislicenus et A. Koetzle, *loc. cit.*]. On le prépare également en traitant d'une façon analogue le dérivé disodé de l'acide dicétohydrindène-carbonique qui a été décrit plus haut [S. Gabriel et A. Neumann, *D. chem. G.*, **26**, 954].

Le diméthyldicétohydrindène cristallise dans l'alcool en aiguilles fusibles à 108°, solubles dans les dissolvants organiques et dans l'eau chaude. Il est volatil avec les vapeurs d'eau et bout sans décomposition vers 250° sous la pression normale.

La *dihydrazone* se présente sous la forme de prismes jaunâtres, insolubles dans l'eau, qui fondent à 187°. Sa solution dans l'acide sulfurique concentré est colorée en vert par le chlorure ferrique [W. Wislicenus et A. Koetzle, *loc. cit.*].

Phényl 6-dicétohydrindène (*phényl 6-indanedione 5.7*),

$$C^6H^4 \left\langle {CO \atop CO} \right\rangle CH-C^6H^5.$$

— Les dérivés du phényldicétohydrindène se préparent facilement par une transposition moléculaire des isomères correspondants du phtalide, analogue à celle qui a été signalée à propos de l'acide dicétohydrindène-carbonique.

Ainsi on obtient le *dérivé sodé* en traitant le benzylidène-phtalide (22 parties) en solution dans l'alcool méthylique (200 parties) par l'alcool méthylique sodé (3 parties de sodium) :

$$C^6H^4 \left\langle {C = CH-C^6H^5 \atop CO} \right\rangle O \quad + CH^3ONa$$

$$= C^6H^4 \left\langle {CO \atop CO} \right\rangle CNa-C^6H^5 + CH^3OH.$$

La réaction se traduit par une coloration rouge intense de la liqueur primitivement incolore ; celle-ci est ensuite évaporée et le résidu cristallisé dans l'eau et décomposé par un acide.

On l'obtient également en petite quantité lorsqu'on chauffe la benzylidène-phtalide ou l'acide désoxybenzoïne-carbonique avec de la potasse alcoolique :

$$C^6H^4 \left\langle {CO-CH^2-C^6H^5 \atop CO^2H} \right.$$

$$= C^6H^4 \left\langle {CO \atop CO} \right\rangle CH-C^6H^5 + H^2O.$$

Le phényldicétohydrindène se présente sous la forme de paillettes nacrées fusibles à 145°, solubles dans l'alcool bouillant, insolubles dans l'eau.

Il se dissout également dans l'acide sulfurique concentré avec une coloration bleue, et dans les alcalis avec une coloration rouge. Il décompose les carbonates alcalins et alcalino-terreux en formant des sels stables.

Le *dérivé sodé*, $C^{15}H^9O^2Na$, cristallise en aiguilles rouges, solubles dans l'alcool et dans l'eau, insolubles dans l'éther et dans le benzène.

Le *sel de baryum* est rouge et celui *de cuivre* est bleu ; le *sel d'argent* est blanc, insoluble dans l'eau, et se décompose à la lumière.

En réduisant le phényldicétohydrindène par l'acide iodhydrique et le phosphore rouge, on obtient une petite quantité d'acide dibenzyl-carbonique, $C^6H^5-CH^2-CH^2-C^6H^4-CO^2H$.

La *dioxime* cristallise dans l'alcool absolu en aiguilles blanches fusibles à 196°.

L'*hydrazone*,

$$C^6H^4 \left\langle {C = Az-AzH-C^6H^5 \atop CO} \right\rangle CH-C^6H^5$$

obtenue par union directe des composants, à chaud, se présente sous la forme d'aiguilles jaunes, fusibles à 174°, solubles dans l'alcool et dans l'acide acétique.

Le *phénylchloro 6.6-dicétohydrindène*,

$$C^6H^4 \left\langle {CO \atop CO} \right\rangle CCl-C^6H^5,$$

s'obtient en chauffant au bain-marie un mélange équimoléculaire de phényldicétohydrindène et de perchlorure de phosphore, et en précipitant ensuite la masse par l'eau. Il cristallise dans l'alcool absolu en aiguilles jaunes, fusibles à 116°, insolubles dans l'eau. Ni le cyanure de potassium en solution alcoolique, ni l'ammoniaque alcoolique à 220° n'attaquent ce composé.

Le *phénylbromodicétohydrindène* résulte de l'action du brome sur le phényldicétohydrindène en solution chloroformique. Il cristallise dans le benzène en aiguilles fusibles à 105°, insolubles dans les alcalis.

En traitant l'un des composés précédents (1 mol.) par l'aniline (1 mol.) à chaud, on obtient le *dérivé anilidé*

$$C^6H^4 \left\langle {CO \atop CO} \right\rangle C \left\langle {C^6H^5 \atop AzH-C^6H^5} \right.$$

sous la forme de paillettes d'un jaune d'or, qui fondent à 211° et qui sont solubles dans l'alcool et dans l'acide acétique.

Le *dinitrophényldicétohydrindène*,

$$C^{15}H^8Az^2O^6,$$

s'obtient en traitant le phényldicétohydrindène (1 partie) par l'acide azotique fumant (7p,5). Il cristallise dans l'acide acétique en paillettes jaunâtres qui fondent à 123-131°, et qui détonent à une température un peu plus élevée. La réduction et l'oxydation de ce dérivé nitré ne donnent naissance à aucun produit défini.

Le *phénylbenzoyldicétohydrindène*,

$$C^6H^4 \left\langle {CO \atop CO} \right\rangle C \left\langle {C^6H^5 \atop CO^2C^6H^5} \right.$$

s'obtient en chauffant le phényldicétohydrindène avec du chlorure de benzoyle. Il cristallise en petits prismes jaunes, fusibles à 168°, solubles dans le benzène [Braun, *D. chem. G.*, **28**, 1390].

Phénylméthyl 6.6-dicétohydrindène,

$$C^6H^4 \left\langle {CO \atop CO} \right\rangle C(CH^3)-C^6H^5.$$

— Ce composé s'obtient en chauffant le dérivé sodé du phényldicétohydrindène avec de l'alcool méthylique et de l'iodure de méthyle. Il cristallise en cubes fusibles à 155°.

Le *phényléthyl 6.6-dicétohydrindène*, préparé d'une façon analogue, se présente sous la forme de paillettes blanches solubles dans l'alcool absolu. Il fond vers 105°.

Le *phényldicétohydrindène-acétate d'éthyle*,

$$C^6H^4 \left\langle {CO \atop CO} \right\rangle C \left\langle {C^6H^5 \atop CH^2-CO^2C^2H^5} \right.$$

s'obtient par le même procédé, au moyen de l'éther chloracétique. Il est soluble dans l'alcool et fond à 104°.

En traitant de la même façon le dérivé sodé du phényldicétohydrindène par le chlorure de benzyle, on obtient le *benzylphényldicétohydrindène*

$$C^6H^4 \left\langle {CO \atop CO} \right\rangle C \left\langle {C^6H^5 \atop CH^2-C^6H^5} \right.$$

sous la forme de paillettes blanches, fusibles à 106°, solubles dans l'alcool [Braun, *loc. cit.*].

O-TOLYL 6-DICÉTOHYDRINDÈNE,

$$C^6H^4 <^{CO}_{CO}> CH - C^6H^4 - CH^3 \ (?).$$

— Ce composé a été obtenu en chauffant l'o-xylidène-phtalide avec du méthylate de sodium; il se présente sous la forme de cristaux jaunâtres fusibles à 179-180°, solubles dans l'alcool bouillant.

La *dioxime* est soluble dans l'alcool et fond à 212°; l'*hydrazone* fond à 173-174°. Le *dérivé sodé* constitue une masse rougeâtre soluble dans l'eau; traité par l'iodure de méthyle il se transforme en *tolylméthyl 6-dicétohydrindène*,

$$C^6H^4 <^{CO}_{CO}> C <^{CH^3}_{C^6H^4 - CH^3}$$

cristaux jaunes fusibles à 149°. Le *dérivé éthylé*, préparé de la même façon, cristallise en paillettes jaune d'or, fusibles à 179°, solubles dans l'alcool; le *dérivé benzylé* se présente sous la forme de cristaux jaunes, fusibles à 180°, et le *dérivé benzoylé* fond à 181°.

L'action du brome sur le tolyldicétohydrindène en solution chloroformique fournit un *dérivé bromé* en cristaux jaunes, fusibles à 171-172°, solubles dans l'alcool. Si l'on remplace le brome par un courant de chlore, on obtient un *dérivé dichloré* en cristaux blanchâtres, fusibles à 125°,5.

En faisant agir les vapeurs nitreuses sur une solution alcoolique de tolyldicétohydrindène, on transforme ce dernier en un *dérivé mononitré* qui fond à 131°. Le *dérivé dinitré* prend naissance lorsqu'on dissout une partie de tolyldicétohydrindène dans 10 parties d'acide nitrique fumant; il fond à 159-160° et se dissout facilement dans l'alcool [P. Goldberg, *D. chem. G.*, **33**, 2820; *Bull. Soc. Chim.*, (3), **26**, 210].

M-TOLYL 6-DICÉTOHYDRINDÈNE,

$$C^6H^4 <^{CO}_{CO}> CH - C^6H^4 - CH^3.$$

— Le *dérivé sodé* du m-tolyldicétohydrindène s'obtient comme le dérivé phénylique, en chauffant au réfrigérant ascendant un mélange de m-xylidène-phtalide (23 parties) avec de l'alcool méthylique sodé (renfermant 3 parties de sodium). Il cristallise dans l'eau en aiguilles rouges solubles dans la plupart des dissolvants.

Les acides décomposent ce sel en mettant en liberté le tolyldicétohydrindène sous la forme de paillettes blanches fusibles à 195°, solubles dans les dissolvants organiques et dans les alcalis avec coloration rouge, insolubles dans l'eau.

La *dioxime* cristallise en paillettes blanches fusibles avec décomposition vers 222°. Elle est soluble dans l'alcool et dans les alcalis, peu soluble dans l'eau.

La *monohydrazone*,

$$C^6H^4 \left\langle \begin{matrix} C = Az - AzH - C^6H^5 \\ \\ CO \end{matrix} \right\rangle CH - C^6H^4 - CH^3$$

se présente sous la forme d'aiguilles jaunes fusibles à 168°, solubles dans le benzène et dans le toluène. Sa solution dans l'acide sulfurique est colorée en vert sale.

Le *tolylchlorodicétohydrindène*,

$$C^6H^4 <^{CO}_{CO}> CCl - C^6H^4 - CH^3,$$

s'obtient en saturant de chlore une solution chloroformique de tolyldicétohydrindène. Il cristallise dans l'alcool en tables rhomboédriques fusibles à 93°.

Le *tolylbromo 6-dicétohydrindène*, préparé d'une façon analogue, se présente sous la forme de tables blanches solubles dans l'alcool, insolubles dans les alcalis. Il fond vers 88°.

En chauffant l'un ou l'autre de ces deux dérivés avec un excès d'aniline, on obtient le *tolylanilido-6-dicétohydrindène* sous la forme d'aiguilles jaunes fusibles à 171°, solubles dans l'alcool et insolubles dans l'eau.

L'action du chlorure de benzoyle sur le m-tolyldicétohydrindène donne naissance au *dérivé benzoylé*

$$C^6H^4 <^{CO}_{CO}> C <^{C^7H^7}_{CO - C^6H^5}$$

Celui-ci cristallise en aiguilles d'un jaune rougeâtre, qui fondent à 113° et qui sont solubles dans l'alcool et dans l'acide acétique.

Le *méthyltolyl 6.6-dicétohydrindène*,

$$C^6H^4 <^{CO}_{CO}> C(CH^3)C^6H^4 - CH^3,$$

s'obtient en chauffant le dérivé sodé du tolyldicétohydrindène avec de l'alcool méthylique et un excès d'iodure de méthyle. Il cristallise dans l'alcool en tables incolores fusibles à 97°.

L'*éthyltolyl 6.6-dicétohydrindène* est soluble dans la plupart des dissolvants organiques à l'exception de la ligroïne. Il fond à 65°.

Le *tolyldicétohydrindène-acétate d'éthyle*,

$$C^6H^4 <^{CO}_{CO}> C <^{C^6H^4 - CH^3}_{CH^2 - CO^2C^2H^5}$$

se prépare en chauffant à 100° en vase clos un mélange d'éther monochloracétique, d'alcool éthylique et du dérivé sodé du tolyldicétohydrindène. Il cristallise dans l'alcool en tables quadratiques fusibles à 118°.

En saturant de vapeurs nitreuses une solution alcoolique de tolyldicétohydrindène jusqu'à ce que celle-ci soit complètement décolorée, on obtient le *bis-tolyldicétohydrindène*

$$C^6H^4 <^{CO}_{CO}> C(C^6H^4.CH^3) - C(C^6H^4.CH^3) <^{CO}_{CO}> C^6H^4$$

sous la forme d'aiguilles blanches fusibles à 205°, solubles dans l'alcool [Braun, *D. chem. G.*, **28**, 1389].

ACÉTYL 6-DICÉTOHYDRINDÈNE,

$$C^6H^4 <^{CO}_{CO}> CH - CO - CH^3.$$

— Lorsqu'on chauffe au bain-marie un mélange équimoléculaire de phtalate d'éthyle, d'acétone et d'alcool sodé, on obtient un *dérivé disodé* qui répond sensiblement à la formule

$$C^6H^4 <^{CO - CHNa - CO - CH^3}_{CO^2Na}$$

Si l'on décompose par l'acide chlorhydrique la solution aqueuse de ce sel, on obtient l'*acétyl 6-dicétohydrindène* sous la forme de flocons brunâtres qu'on fait cristalliser dans l'alcool et qui se présentent alors en aiguilles jaunâtres fusibles à 110°, solubles dans les dissolvants organiques et dans les alcalis.

La *monohydrazone* seule a pu être obtenue en mélangeant les solutions benzéniques des deux composants. Elle fond à 185° et cristallise en aiguilles blanches très altérables. Sa solution dans l'acide sulfurique concentré est colorée en violet par le chlorure ferrique.

La condensation du phtalate d'éthyle et de l'éthylméthylcétone au moyen de l'alcool sodé paraît donner naissance au *dérivé sodé*

$$C^6H^4 <^{CO}_{CO}> CNa - CO - C^2H^5.$$

Celui-ci cristallise dans l'alcool en aiguilles

jaunes insolubles dans l'éther. Ses solutions sont neutres et donnent avec les sels de baryum, de magnésium et d'argent des précipités blancs assez stables, et avec le chlorure ferrique un précipité couleur de rouille.

Le *propionyldicétohydrindène* lui-même se présente sous la forme d'aiguilles jaunâtres, fusibles à 103°, solubles dans l'eau bouillante, l'alcool, l'éther et les alcalis. Il se sublime un peu au-dessus de son point de fusion.

Le *benzoyl 6-dicétohydrindène* se prépare par le même procédé que le dérivé acétylé précédent au moyen de l'acétophénone. Il cristallise dans l'alcool bouillant en aiguilles blanches, fusibles à 108°, solubles dans les dissolvants organiques, les alcalis et l'eau bouillante.

En chauffant ce corps avec 1 molécule d'éthylate de sodium, on le transforme en une matière cristalline jaunâtre, insoluble dans l'alcool et dans l'éther, et qui répond à la formule $C^{18}H^{9}O^{3}Na$. Cette substance, dont la constitution n'a pas été déterminée, est soluble dans l'eau. Elle ne perd pas de poids à 120°.

La *trioxime,*

$$C^6H^4 \begin{array}{c} \diagup\; C(AzOH) \;\diagdown \\ \diagdown\; C(AzOH) \;\diagup \end{array} CH-C(AzOH)-C^6H^5,$$

s'obtient en chauffant au réfrigérant ascendant le benzoyl 6-dicétohydrindène avec le double de la quantité théorique de chlorhydrate d'hydroxylamine et de soude. Elle cristallise dans l'alcool à 50 0/0 en aiguilles blanches renfermant 1 molécule d'eau, et fond à 232° en se décomposant. Elle est soluble dans les alcalis et presque insoluble dans l'eau, l'alcool et l'éther. Ses solutions donnent des précipités jaunâtres avec les chlorures de calcium, de strontium et de baryum.

La *trihydrazone* cristallise dans le benzène bouillant en paillettes fusibles à 167°, solubles dans l'éther [Ernst Schwerin, *D. chem. G.*, **27**, 104].

BROMO-α-NAPHTOQUINONE-DICÉTOHYDRINDÈNE,

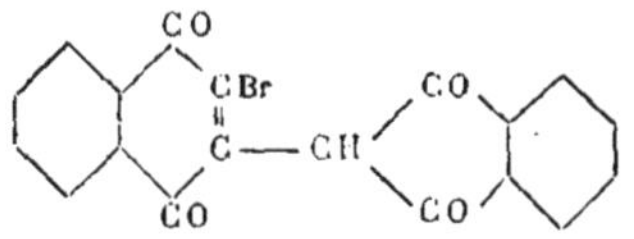

CO
CBr
‖
C — CH
CO
CO
CO

— Ce composé s'obtient en chauffant la dibromo-α-naphtoquinone avec l'éther dicétohydrindènecarbonique sodé, en présence d'alcool, à 150° en vase clos. Il cristallise en aiguilles jaunes fusibles à 278° ; la potasse alcoolique le colore en violet [Lieberman et Lanser, *D. chem. G.*, **34**, 1553].

BIS-DICÉTOHYDRINDÈNE,

$$C^6H^4 \begin{array}{c} \diagup CO \diagdown \\ \diagdown CO \diagup \end{array} CH - CH \begin{array}{c} \diagup CO \diagdown \\ \diagdown CO \diagup \end{array} C^6H^4.$$

— Ce composé s'obtient en chauffant une solution alcoolique d'éthine-diphtalide avec de l'alcool méthylique sodé,

$$\begin{array}{ccc} & C = CH - CH = C & \\ C^6H^4 \begin{array}{c}\diagup\;\diagdown \\ \diagdown\;\diagup\end{array} O & & O \begin{array}{c}\diagup\;\diagdown \\ \diagdown\;\diagup\end{array} C^6H^4 \\ CO & & CO \end{array}$$

$$= C^6H^4 \begin{array}{c} \diagup CO \diagdown \\ \diagdown CO \diagup \end{array} CH - CH \begin{array}{c} \diagup CO \diagdown \\ \diagdown CO \diagup \end{array} C^6H^4.$$

La réaction se traduit encore par une coloration violette très intense. La solution est évaporée, et le résidu est dissous dans l'eau et précipité par l'acide chlorhydrique. Le bis-dicétohydrindène cristallise dans le nitrobenzène bouillant en aiguilles violettes, solubles dans les alcalis, fusibles à 297°.

Il se forme en même temps dans cette réaction un produit insoluble dans l'eau, l'alcool, les alcalis et les acides, soluble dans le benzène bouillant, et qui cristallise en aiguilles rouges infusibles à 350° [Félix Nathanson, *D. chem. G.*, **26**, 2576].

M. Kaufmann a obtenu également du bis-dicétohydrindène en faisant agir l'eau oxygénée ou le persulfate de potassium sur une solution alcaline de dicétohydrindène [*D. chem. G.*, **30**, 382].

Le *sel dipotassique* cristallise en paillettes quadratiques, brun-rouge, hygroscopiques ; il renferme 1 molécule d'eau. Traité par l'iodure de méthyle à 100°, il se transforme en *dérivé diméthylé*

$$C^4H^4 \begin{array}{c} \diagup CO \diagdown \\ \diagdown CO \diagup \end{array} C(CH^3) - C(CH^3) \begin{array}{c} \diagup CO \diagdown \\ \diagdown CO \diagup \end{array} C^6H^4.$$

Ce dernier cristallise en tables ou en aiguilles fusibles à 203-205° ; on l'obtient également en oxydant le méthyldicétohydrindène par le persulfate de potassium ; il n'est pas déméthylé par l'acide iodhydrique.

L'oxydation du bis-dicétohydrindène au moyen de l'eau oxygénée ou du persulfate de potassium donne naissance au *dérivé dihydroxylé*

$$C^6H^4 \begin{array}{c} \diagup CO \diagdown \\ \diagdown CO \diagup \end{array} C(OH) - C(OH) \begin{array}{c} \diagup CO \diagdown \\ \diagdown CO \diagup \end{array} C^6H^4$$

qui cristallise en aiguilles jaune citron, fusibles à 168-170°, solubles dans l'acide acétique bouillant et dans le nitrobenzène, insolubles dans l'alcool. Traité par l'eau bouillante, ce composé se transforme successivement en anhydro-bis-dicétohydrindène et en acide phtalonique, tandis qu'il régénère du dicétohydrindène sous l'influence de l'acide sulfurique chaud. L'action de l'anhydride acétique donne naissance à un *anhydride*

$$C^6H^4 \begin{array}{c} \diagup CO \diagdown \\ \diagdown CO \diagup \end{array} \overset{\diagup \; O \; \diagdown}{C \longrightarrow C} \begin{array}{c} \diagup CO \diagdown \\ \diagdown CO \diagup \end{array} C^6H^4$$

qui cristallise en aiguilles orangées, insolubles dans l'ammoniaque, et qui fond à 216-218° en se décomposant.

Le chlore transforme le bis-dicétohydrindène en solution acétique en un *dérivé dichloré,* fusible à 298°, soluble dans l'acide acétique bouillant. Ce composé donne naissance au dérivé dihydroxylé sous l'influence de la potasse ; il régénère le bis-dicétohydrindène lorsqu'on le réduit par le phosphore et l'acide iodhydrique. Traité par le méthylate de sodium, il se transforme en un mélange de deux sels cristallisés en tables jaune citron et en prismes rhombiques ; la constitution de ces sels n'est pas déterminée, mais lorsqu'on les traite par l'acide chlorhydrique, on obtient un *diméthoxy-bis-dicétohydrindène* en tables rhombiques, fusibles vers 175-180°.

Le *dibromo-bis-dicétohydrindène,* préparé d'une façon analogue, cristallise en octaèdres solubles dans le nitrobenzène, peu solubles dans l'alcool et l'acide acétique ; il fond à 280° en se décomposant.

Le *dérivé monochloré*

$$C^6H^4 \begin{array}{c} \diagup CO \diagdown \\ \diagdown CO \diagup \end{array} CCl - CH \begin{array}{c} \diagup CO \diagdown \\ \diagdown CO \diagup \end{array} C^6H^4$$

a été obtenu en faisant agir à l'ébullition un mélange de perchlorure et d'oxychlorure de phosphore sur le bis-dicétohydrindène; il cristallise en fines aiguilles fusibles à 242-244°, solubles dans l'alcool amylique. Traité par l'éthylate de sodium, il se transforme en *dérivé monohydroxylé* fusible à 171°; ce dernier fournit par réduction un mélange d'isoéthine-diphtalide et d'un composé $C^{18}H^{12}O^4$, fusible à 150°. L'action du méthylate de sodium sur le dérivé chloré donne naissance au *méthoxy-bis-dicétohydrindène* qui cristallise en prismes fusibles à 230°, et qui forme un *sel de sodium*,

$$C^{19}H^{11}O^5Na + 0{,}5\,H^2O,$$

en prismes rhombiques jaunes, et un *sel d'argent* en aiguilles ou en tables orangées. Ce dernier, traité par l'iodure de méthyle, se transforme en *méthylméthoxy-bis-dicétohydrindène*

$$C^6H^4 \lt {CO \atop CO} \gt C(CH^3)-C(OCH^3) \lt {CO \atop CO} \gt C^6H^4$$

qui cristallise en tables fusibles à 214-216°, peu solubles dans l'alcool [S. Gabriel et E. Leupold, *D. chem. G.*, **31**, 459, 1272; *Bull. Soc. Chim.*, (3), **22**, 459].

Bis-phényldicétohydrindène,

$$C^6H^4 \lt {CO \atop CO} \gt C(C^6H^5) - C(C^6H^5) \lt {CO \atop CO} \gt C^6H^4.$$

— Ce composé se prépare en saturant de vapeurs nitreuses une solution alcoolique de phényldicétohydrindène. Celle-ci se décolore peu à peu et abandonne par évaporation des aiguilles blanches fusibles à 208°. La réaction est la suivante :

$$2\,C^{15}H^{10}O^2 + 2\,AzO^2H$$
$$= C^{30}H^{18}O^4 + 2\,H^2O + 2\,AzO.$$

Le même produit s'obtient en chauffant une solution alcoolique de phényldicétohydrindène avec du nitrite de sodium ou avec du nitrite d'amyle

ANHYDRO-BIS-DICÉTOHYDRINDÈNE,

$$C^6H^4 \lt {CO \atop CO} \gt C = C \lt {C^6H^4 \atop CH^2} \gt CO.$$

— Lorsqu'on chauffe le dicétohydrindène pendant longtemps à 120-125°, ou qu'on le soumet à l'action de l'eau bouillante, on le transforme en un composé cristallin jaune, insoluble dans la plupart des réactifs, à l'exception des alcalis, et répondant à la formule $C^{18}H^{10}O^3$:

$$2\,C^9H^6O^2 = H^2O + C^{18}H^{10}O^3.$$

M. Wislicenus lui a attribué la constitution ci-dessus et propose de le nommer *bindone*.

L'anhydro-bis-dicétohydrindène fond vers 208° en se décomposant. Il se dissout en violet dans l'ammoniaque. Ses sels sont doués d'une coloration intense.

Le *sel de sodium*, $C^{18}H^9O^3Na$, s'obtient en précipitant par l'alcool une dissolution de l'anhydro-bis-dicétohydrindène dans la soude concentrée. Il se présente sous la forme d'une poudre brun-rougeâtre qui est décomposée par l'acide carbonique.

Le *sel de calcium* et celui *de baryum*,

$$(C^{18}H^9O^3)^2Ba,$$

sont peu solubles dans l'eau et colorés en bleu foncé. Le *sel de cuivre* constitue un précipité noirâtre insoluble dans l'eau. Celui *de zinc* est d'un bleu violet, et celui *d'argent* est rouge foncé.

L'*oxime*, $(C^{18}H^{10}O^2)AzOH$, cristallise dans l'acide acétique en aiguilles jaunes qui se décomposent au-dessus de 210°. Elle est soluble dans l'alcool, l'éther et les alcalis, et insoluble dans l'eau. Son *dérivé acétylé* se décompose vers 180° et se présente sous la forme de paillettes jaunes.

La phénylhydrazine décompose l'anhydro-bis-dicétohydrindène en donnant naissance à un mélange de la monohydrazone et de la dihydrazone du dicétohydrindène.

L'action du brome sur le même corps fournit un *dérivé monobromé*, $C^{18}H^9BrO^3$, qui cristallise en paillettes jaunes, fusibles avec décomposition vers 196°, solubles dans l'alcool bouillant, insolubles ou peu solubles dans les autres dissolvants organiques.

Le *dérivé dibromé*, $C^{18}H^{18}Br^2O^3$, qui se forme en même temps, est insoluble dans l'alcool. Il cristallise dans l'acide acétique en paillettes jaunes et fond en se décomposant à 241-242°.

Lorsqu'on laisse en contact pendant quelques jours l'anhydro-bis-dicétohydrindène avec de l'acide sulfurique concentré, on le transforme en un nouveau composé qui possède la formule brute $C^{18}H^8O^2$, et qui ne fond pas à 310°. Ce corps est coloré en rouge; il est neutre et insoluble dans les alcalis. Il cristallise dans le benzène ou dans l'acide acétique bouillant en aiguilles rouges.

On peut l'obtenir également en saturant de gaz chlorhydrique une solution alcoolique d'anhydro-bis-dicétohydrindène, ou encore en chauffant ce dernier à 160° avec de l'anhydride acétique. Dans ce dernier cas, on obtient en outre un composé jaune qui se détruit vers 290-295° et qui se dissout en rouge dans l'acide sulfurique concentré [W. Wislicenus, *D. chem. G.* **20**, 593; **31**, 2935. — Wislicenus et Reitzenstein, *Ann. Chem.*, **277**, 372].

M. Ephraïm a repris l'étude de ces produits de condensation; il attribue au composé rouge (dianhydro-bis-dicétohydrindène de M. Wislicenus) la formule $C^{36}H^{16}O^4$. Quant au corps jaune, il se forme par simple chauffage du composé rouge avec de l'alcool, et il cristallise dans le xylène en fines aiguilles jaunes, insolubles dans la plupart des dissolvants usuels, *infusibles* à 320°. L'aniline est sans action sur ce corps; elle réagit sur le composé rouge en le transformant en un *dérivé anilidé* $C^{42}H^{21}AzO^3$, qui se présente sous la forme d'une poudre orangée insoluble dans l'alcool [*D. chem. G.*, **31**, 2084].

Anhydro-bis-diméthoxydicétohydrindène,

CO
CH²
C = C
CO
CH³O
CO
OCH³
OCH³
OCH³

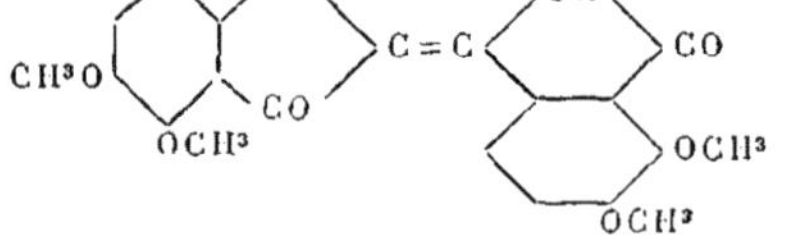

— Ce composé a été obtenu en faisant agir un acide minéral dilué sur l'éther diméthoxy-1.2-dicétohydrindène-carbonique, préparé à partir de l'éther hémipinique. Il cristallise en aiguilles jaunes, solubles dans les liquides organiques, sauf la ligroïne, insolubles dans l'eau; il fond à 205° en se décomposant et se dissout en rouge dans les alcalis, et en rouge-violet dans l'acide sulfurique concentré.

La déméthylation de ce composé par l'acide chlorhydrique à 130° fournit une matière verte, soluble en rouge dans les alcalis et dans les acides, en vert dans la pyridine. Ce composé s'obtient aussi en chauffant le dérivé sodé de l'éther diméthoxydicétohydrindène-carbonique avec de l'acide chlorhydrique fumant à 150°; M. Landau lui attribue la formule d'un *tri-dioxybenzoylène-benzène*

Le *dérivé hexabenzoylé* se présenterait sous la forme de flocons verts, solubles en rouge dans les alcalis [J. Landau, *D. chem. G.*, **31**, 2090; **33**, 2440].

Acide anhydro-bis-dicétohydrindène-carbonique-1.

— Cet acide s'obtient en faisant agir l'acide chlorhydrique sur le dérivé sodé de l'éther dicétohydrindène-dicarbonique-1.6; il se présente sous la forme de flocons vert foncé, solubles dans l'eau et dans les liquides organiques; ses sels sont violets, et il teint également la laine en violet?

Si l'on emploie l'acide sulfurique au lieu de l'acide chlorhydrique, on obtient un *acide di-anhydro-bis-dicétohydrindène-carbonique,*

$$C^{20}H^{8}O^{6},$$

sous la forme de flocons verts, solubles dans l'alcool, dans l'acide acétique et dans les alcalis en brun [F. Ephraïm, *D. chem. G.*, **31**, 2084].

Acide anhydro-bis-méthyl-4-méthoxy-2-dicétohydrindène-carbonique,

L'éther diméthylique de cet acide prend naissance dans l'action de l'acide chlorhydrique à 100° sur le sel de sodium de l'éther méthylméthoxydicétohydrindène-dicarbonique-1.6; il cristallise en paillettes jaunâtres, fusibles à 243-244°, solubles dans l'acide acétique bouillant, dans l'acide sulfurique concentré en jaune, et dans les alcalis et l'ammoniaque en violet-rouge.

L'éther monométhylique résulte de la saponification incomplète du précédent par le méthylate de potassium (1 molécule) à 100°; il cristallise en aiguilles jaunes fusibles à 222-223°, peu solubles dans l'alcool. *L'acide* lui-même fond à 294-296° en se décomposant; il se présente sous la forme d'aiguilles jaunes, solubles en violet-rouge dans les alcalis [J. Landau, *D. chem. G.*, **33**, 2446; *Bull. Soc. Chim.*, (3), **24**, 935].

TRIS-DICÉTOHYDRINDÈNE,

$$C^{6}H^{4}\begin{matrix}CO\\CO\end{matrix}C\left[CH\begin{matrix}CO\\CO\end{matrix}C^{6}H^{4}\right]^{2}.$$

— Ce composé prend naissance dans l'action de l'iode sur l'éther dicétohydrindène-dicarbonique à chaud. Il se forme en même temps un produit cristallisé en aiguilles vertes, soluble dans le chloroforme, l'alcool et le benzène, qui répond à la formule $(C^{18}H^{10}O^{3})^{n}$, et qui donne une coloration bleu-violet lorsqu'on le traite par l'éthylate de sodium.

Ce tris-dicétohydrindène cristallise en prismes quadratiques, fusibles à 266°, solubles dans le nitrobenzène, dans l'acide sulfurique concentré et dans les alcalis en jaune; il se sublime en se décomposant en acide phtalique et isoéthinediphtalide. Chauffé avec de l'anhydride acétique ou de l'anhydride benzoïque et de l'acétate de sodium fondu, il se transforme en *anhydro-tris-dicéto-hydrindène* $C^{27}H^{12}O^{5}$; ce dernier cristallise en paillettes d'or, presque insolubles dans l'eau, solubles avec une coloration orangée dans la potasse alcoolique; il ne fond pas à 320°.

La potasse bouillante réagit sur le tris-dicétohydrindène en le transformant en un sel rouge doré, de constitution différente; ce sel teint la laine en orangé.

Le *sel de baryum* correspondant est orangé et renferme 1 molécule d'eau; il devient anhydre à 125° [C. Liebermann et L. Flatow, *D. chem. G.*, **33**, 2433; *Bull. Soc. Chim.*, (3), **24**, 1008].

TRICÉTOHYDRINDÈNE,

$$C^{6}H^{4}\begin{matrix}CO\\CO\end{matrix}CO.$$

Ce composé prendrait naissance, d'après M. Kaufmann, dans l'oxydation du dicétohydrindène par l'eau oxygénée ou le persulfate de potassium en présence d'alcali. Il cristallise en paillettes brunâtres, solubles dans les acides dilués et les alcalis, et fond vers 190-206° en se décomposant [*D. chem. G.*, **30**, 382].

PRODUITS DE CONDENSATION DE L'α-HYDRINDONE.

TRUXÈNE.

Lorsqu'on chauffe l'α-hydrindone avec certains agents tels que l'acide sulfurique concentré, etc., on obtient plusieurs produits de condensation dont un certain nombre ont été déjà décrits. Il se forme en outre un carbure, le *truxène* $(C^{9}H^{6})^{n}$, dont la constitution paraissait définitivement établie grâce à sa transformation en truxone et en tribenzoylène-benzène [Kipping, *Chem. Soc.*, **65**, 269].

La quinone correspondant à ce carbure (truxone) a été obtenue par d'autres procédés, en particulier en faisant agir l'acide sulfurique sur l'un des acides truxilliques; cette synthèse avait conduit M. Liebermann à attribuer au truxène la formule plus simple $C^{18}H^{12}$, et à considérer les acides truxilliques comme des dérivés immédiats du truxène.

Toutefois, les déterminations ébullioscopiques effectuées par cet auteur concordent mieux avec la formule $C^{27}H^{18}$.

Les dernières recherches de M. Manthey sont en contradiction complète avec les formules proposées par M. Kipping, pour la truxone et le tribenzoylène-benzène; ceux-ci possèdent un poids moléculaire plus faible d'un tiers, et répondent par conséquent aux formules

$$C^{18}H^{16}O^{2} \quad \text{et} \quad C^{18}H^{12}O^{2}.$$

Le truxène reste donc actuellement le seul trimère de la série.

Bien que la constitution des acides truxilliques soit loin d'être établie complètement, elle est probablement plus simple que celle du truxène.

Néanmoins les acides truxilliques se rattachent de très près à ce dernier; aussi seront-ils décrits ici, puisqu'ils ne l'ont pas été à propos de l'acide cinnamique dont ils sont peut-être des polymères.

TRUXÈNE,

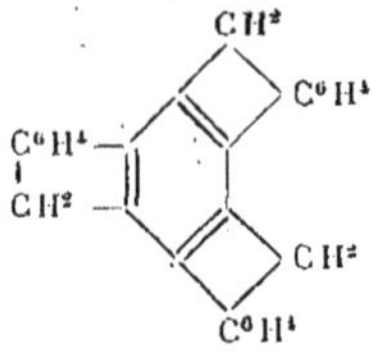

ou

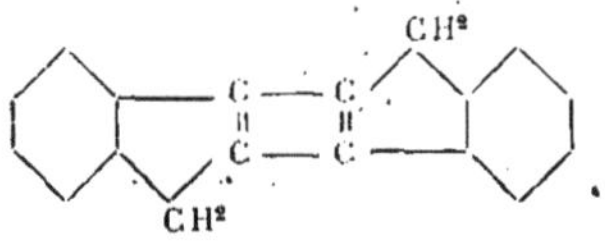

Ce carbure s'obtient, comme il a été dit, en condensant l'α-hydrindone au moyen de l'acide sulfurique concentré, de l'acide chlorhydrique à 100° sous pression, ou de l'acide iodhydrique et du phosphore rouge à 210°. On en obtient également en distillant l'α-hydrindone sur de la poudre de zinc :

$$3\,C^6H^4 < {CH^2 \atop CO} > CH^2 = 3\,H^2O + C^{27}H^{18}$$

[Kipping, *loc. cit.* — J. Haussmann, *D. chem. G.*, **22**, 2019].

Le truxène prend également naissance lorsqu'on chauffe l'acide phénylpropionique avec de l'anhydride phosphorique :

$$3\,C^6H^5\text{-}CH^2\text{-}CH^2\text{-}CO^2H = 6\,H^2O + C^{27}H^{18}$$

[Kipping, *loc. cit.*]

Enfin M. Liebermann l'a préparé en chauffant la truxone à 180°, en vase clos, avec du phosphore rouge (1 partie) et de l'acide iodhydrique d'une densité de 1,7 (6-7 parties) [C. Liebermann et O. Bergami, *D. chem. G.*, **22**, 782].

La bromotruxone, réduite dans les mêmes conditions, fournit également du truxène [W. Manthey, *D. chem. G.*, **32**, 2475].

Le truxène cristallise en aiguilles d'un jaune pâle qui fondent au-dessus de 360° et qui se subliment lentement à cette température. Il ne se dissout que dans le chloroforme, le phénol, l'aniline et le cumène, et seulement à la température d'ébullition de ces liquides, et il est insoluble à froid dans l'acide azotique concentré et dans l'acide sulfurique. Ce dernier le transforme à chaud en un *dérivé sulfoné*. L'acide azotique bouillant l'attaque en donnant naissance à un *dérivé nitré*, qui constitue une poudre jaunâtre, soluble dans l'acide acétique et dans les alcalis, insoluble dans l'eau, l'alcool, le chloroforme et le benzène. Ce dérivé nitré se décompose vers 230°.

L'oxydation du truxène au moyen de l'acide chromique en solution acétique fournit du *tribenzoylène-benzène*.

TRUXONE,

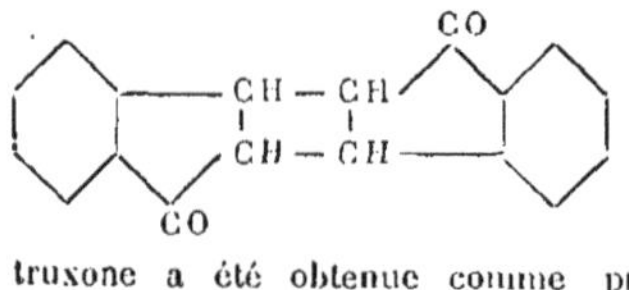

La truxone a été obtenue comme produit accessoire dans la sulfonation de l'acide α-truxillique. On la prépare en introduisant 1 partie de cet acide dans 20 parties d'acide sulfurique fumant (d = 1,94) sans refroidir; dès que la dissolution s'est effectuée, on précipite par l'eau, on lave le précipité avec de l'ammoniaque diluée et on le fait cristalliser dans de l'acide acétique bouillant ou dans du xylène.

On en obtient également (10 0/0 environ) en faisant agir l'acide sulfurique concentré froid ou l'anhydride phosphorique en présence du chloroforme sur l'acide allocinnamique. Dans les mêmes conditions, l'acide cinnamique ne donne que des traces de truxone, tandis que les acides allochlorocinnamique, allobromocinnamique et allophénylcinnamique fournissent de nouveau de la chlorotruxone, de la bromotruxone et de la phényltruxone [Liebermann, *D. chem. G.*, **31**, 2095; **34**, 3640. — Bakounine, *Gazz. chim. ital.*, **31**, 2, 73].

La truxone se présente sous la forme de paillettes jaunâtres, insolubles dans l'eau, les acides dilués et les alcalis, solubles sans altération dans l'acide azotique de densité 1,38. Elle fond à 289° et se sublime aisément.

L'acide chromique n'attaque pas la truxone. La potasse fondante la transforme partiellement en tribenzoylène-benzène et en *dihydro-diphénylène-oxyanthraquinone*, $C^{20}H^{16}O^3$, fusible à 266°.

La *chlorotruxone*, $C^{18}H^{15}ClO^2$, a été obtenue en chauffant à 80-100° l'acide α-chloroallocinnamique avec de l'acide sulfurique; elle se présente sous la forme de cristaux insolubles dans les dissolvants usuels, et fond vers 290° en se décomposant.

La *bromotruxone* a été obtenue d'une façon analogue par M. Leuckart, à partir de l'acide α-bromallocinnamique; elle cristallise en paillettes blanches infusibles à 275°. Réduite par l'acide iodhydrique et le phosphore rouge à 180°, elle ne fournit que du truxène; mais si l'on effectue la réduction au moyen du zinc et de l'acide acétique en présence d'une goutte de chlorure de platine, on obtient un mélange de truxone et de *dihydrotruxone* $C^{18}H^{18}O^2$; cette dernière régénère la truxone sous l'influence de l'acide chromique ou de l'acide azotique [W. Manthey, *D. chem. G.*, **32**, 2475; **33**, 3081].

Le *dérivé tétrachloré* correspondant,

$$C^{18}H^{12}Cl^4,$$

s'obtient en faisant agir le perchlorure de phosphore sur une solution benzénique de truxone. Il cristallise en aiguilles fusibles à 178°, solubles dans l'alcool et dans l'acide acétique.

L'aniline bouillante réagit sur la truxone en présence d'acide acétique, en donnant naissance à la *dianilide*, $C^{18}H^{12}(AzC^6H^5)^2$; celle-ci se présente sous la forme de paillettes jaunâtres qui sont presque insolubles dans les dissolvants organiques à l'exception du cumène et du xylène bouillants. Elle fond en se décomposant vers 270°.

La *phénylhydrazide*, obtenue comme le dérivé précédent, cristallise en aiguilles jaunes qui se décomposent également vers 270°.

Lorsqu'on chauffe une solution acétique de truxone avec du chlorhydrate d'hydroxylamine, on obtient l'*anhydride* de la dioxime correspondante, sous la forme d'une poudre blanche qui ne se dissout que dans les alcalis, et après une ébullition prolongée, ou dans l'acide sulfurique concentré, à 100°. Si l'on dilue cette dernière solution, l'oxime se précipite, mais elle se transforme presque immédiatement de nouveau en anhydride.

Le *dérivé acétylé* de l'oxime,

$$C^{18}H^{14}Az^2O^2(COCH^3)^2,$$

s'obtient en chauffant l'anhydride avec de l'anhydride acétique. Il cristallise en aiguilles blanches, fusibles à 261°, solubles dans l'acide acétique. La potasse bouillante le décompose en régénérant l'oxime [C. Liebermann et O. Bergami, *D. chem. G.*, **22**, 782; **23**, 320].

TRIBENZOYLÈNE-BENZÈNE,

CO
C — C
‖ ‖
C — C
CO

— Ce composé se forme dans diverses réactions, notamment dans l'oxydation du truxène. On en obtient également en chauffant la dibromindone avec l'éther malonique à 170-180°. Il cristallise en aiguilles jaunes infusibles à 360° [Th. Lanser et Wiedermann, *D. chem. G.*, **33**, 2418]. Fondu avec de la potasse, il fournit, non pas de l'acide triphényltrimésique comme l'a indiqué M. Lanser, mais un acide de formule plus simple, qui est vraisemblablement un *acide diphényltétrènedicarbonique*

$$\begin{array}{c} C^6H^5 - C = C - CO^2H \\ | \quad\quad | \\ CO^2H - C = C - C^6H^5 \end{array}$$

[Gabriel et Michael, *D. chem. G.*, **11**, 1008. — Th. Lanser, *ibid.*, **32**, 2479. — W. Manthey, *ibid.*, **33**, 3081].

ACIDES TRUXILLIQUES, $C^{18}H^{16}O^4$.

On connaît actuellement 5 acides truxilliques répondant à la formule $C^{18}H^{16}O^4$, mais dont la constitution n'est pas encore établie, à l'exception d'un seul.

Ces acides se transforment dans certaines conditions les uns dans les autres et possèdent la propriété commune de se dédoubler plus ou moins facilement en acide cinnamique. Ces deux faits ont paru suffisants à M. Liebermann pour pouvoir les considérer comme dérivant de deux types :

$$\begin{array}{c} C^6H^5 - CH - CH - CO^2H \\ | \quad\quad | \\ C^6H^5 - CH - CH - CO^2H \end{array}$$

$$\begin{array}{c} C^6H^5 - CH - CH - CO^2H \\ | \quad\quad | \\ CO^2H - CH - CH - C^6H^5 \end{array}$$

qui seraient en quelque sorte des isomères maléiques et fumariques. Si l'on applique à ces deux formules les principes d'isomérie cis-trans formulés par M. von Baeyer, on arrive au nombre de 11 isomères possibles, abstraction faite des inverses optiques et des racémiques. La découverte du cinquième acide truxillique est de date récente, et il est vraisemblable qu'elle sera suivie d'autres découvertes analogues.

Le premier acide truxillique connu a été retiré d'un alcaloïde, l'isatropylcocaïne; c'est pourquoi on lui a attribué ainsi qu'à ses isomères, pendant un certain temps, les noms d'*acides isatropiques*.

ACIDE α-TRUXILLIQUE. — L'acide α-truxillique a été obtenu en chauffant l'isatropylcocaïne avec de l'acide sulfurique ou avec de l'acide chlorhydrique dilué, au réfrigérant ascendant ou en tube scellé.

Pour le séparer de son isomère, l'acide β, qui prend naissance simultanément, mais en moindre quantité, on traite le précipité cristallin obtenu par le carbonate de baryum à l'ébullition. Le sel de l'acide α se dissout seul. On filtre, on précipite le baryum par un courant d'acide carbonique et on évapore la liqueur décantée.

L'acide α-truxillique cristallise dans l'alcool dilué en aiguilles incolores, fusibles à 274°, solubles dans l'acide acétique bouillant, peu solubles ou insolubles dans les autres dissolvants organiques. Il bout vers 300-310° en se décomposant presque quantitativement en acide cinnamique.

L'acide α-truxillique ne réduit pas le permanganate de potassium à froid. La potasse fondante le dédouble en acide benzoïque et acide acétique :

$$C^{18}H^{16}O^4 + 4KOH$$
$$= 2C^6H^5\text{-}CO^2K + 2CH^3\text{-}CO^2K.$$

D'autre part, l'acide α-truxillique paraît ne pas donner directement d'anhydride simple, ni de composé analogue à la fluorescéine. Toutes ces réactions, jointes à l'impossibilité de le transformer en acide β, dont la constitution est établie (voyez plus loin), conduisent à lui attribuer la constitution

$$\begin{array}{c} C^6H^5 - CH - CH - CO^2H \\ | \quad\quad | \\ CO^2H - CH - CH - C^6H^5 \end{array}$$

La configuration de cet acide (cis ou cis-trans) reste encore douteuse.

Le *sel de sodium*, $C^{18}H^{14}O^4Na^2, 10H^2O$, cristallise dans l'eau en prismes efflorescents qui deviennent anhydres à 150°.

Le *sel de baryum* se présente sous la forme de prismes incolores solubles dans l'eau. Il renferme 8^{mol},5 d'eau.

Le *sel de calcium*, $C^{18}H^{14}O^4Ca, H^2O$, constitue un précipité cristallin qui devient anhydre vers 200°, et qui est moins soluble à chaud qu'à froid dans l'alcool et dans l'eau.

Les *sels de cuivre* et *de plomb* sont respectivement bleu et blanc, tous deux solubles dans l'eau.

Le *sel d'argent*, $C^{18}H^{14}O^4Ag^2$, se présente sous la forme d'un précipité blanc floconneux, inaltérable à la lumière. Il est soluble dans l'ammoniaque [W.-L. Drory, *D. chem. G.*, **22**, 2256].

Le *sel acide d'argent*,

$$C^{16}H^{14} \begin{array}{l} < CO^2H \\ < CO^2Ag \end{array}$$

s'obtient en mélangeant des solutions concentrées tièdes d'azotate d'argent et d'acide α-truxillique dans l'alcool à 90 0/0. Il constitue un précipité blanc, soluble dans l'ammoniaque, insoluble dans l'alcool et dans l'eau [H. Lange, *D. chem. G.*, **27**, 1414].

Éthers. — Le *truxillate de méthyle neutre*,

$$C^{16}H^{14} \begin{array}{l} < CO^2CH^3 \\ < CO^2CH^3 \end{array}$$

cristallise en paillettes fusibles à 174°, solubles dans l'alcool. Il distille vers 330° en se décomposant en cinnamate de méthyle.

L'éther acide,

$$C^{16}H^{14} \begin{array}{l} < CO^2H \\ < CO^2Ag \end{array}$$

s'obtient en faisant réagir à froid l'iodure de méthyle sur le sel acide d'argent en présence d'éther anhydre. Il cristallise en aiguilles blanches, fusibles à 195°, solubles dans le benzène et dans les carbonates alcalins.

Le *sel d'argent*,

$$C^{16}H^{14} \begin{array}{l} < CO^2Ag \\ < CO^2CH^3 \end{array}$$

se précipite sous la forme de flocons blancs lorsqu'on ajoute de l'azotate d'argent à une solution ammoniacale de l'éther acide [Lange, *loc. cit.*].

L'*éther éthylique* cristallise en paillettes blanches, fusibles à 146°, solubles dans l'alcool. Sa chaleur de combustion à pression constante est égale à 2720^{cal},9 [Liebermann, *D. chem. G.*, **21**, 2343; **25**, 90].

L'*éther amylique*,

$$C^{16}H^{14}\begin{matrix}\diagup CO^2C^5H^{11}\\ \diagdown CO^2C^5H^{11}\end{matrix}$$

se présente sous la forme de prismes fusibles à 82°, solubles dans l'acétone et dans l'alcool.

Le *chlorure d'acide*,

$$C^{16}H^{14}\begin{matrix}\diagup COCl\\ \diagdown COCl\end{matrix}$$

s'obtient en chauffant au bain-marie un mélange d'acide α-truxillique et de pentachlorure de phosphore. Il cristallise dans le benzène en prismes renfermant 1 molécule de benzène qui s'élimine dans le vide. Il fond alors à 125°.

L'*anhydride* correspondant à l'acide α-truxillique s'obtient en chauffant ce dernier avec de l'anhydride acétique à 150°. Il est soluble dans le benzène et régénère l'acide primitif lorsqu'on le traite par un alcali.

Si l'on élève la température à 200°, ou si l'on chauffe après coup cet anhydride α avec de l'anhydride acétique, on l'isomérise, et le produit de la réaction, qui est devenu insoluble dans le benzène, fournit de l'acide γ-truxillique lorsqu'on le traite par un alcali bouillant.

L'*amide*,

$$C^{16}H^{14}\begin{matrix}\diagup COAzH^2\\ \diagdown COAzH^2\end{matrix}$$

s'obtient en saturant de gaz ammoniac une solution benzénique du chlorure. Elle cristallise en aiguilles fusibles à 265°, solubles dans l'acide chlorhydrique bouillant, peu solubles dans l'eau.

La *diphénylhydrazide*, préparée en chauffant l'acide avec un excès de phénylhydrazine, se présente sous la forme d'aiguilles blanches, fusibles à 320°, solubles dans le phénol bouillant, insolubles dans les autres dissolvants organiques et dans les carbonates alcalins [H. Lange, *D. chem. G.*, **27**, 1411. — W.-L. Urory, *ibid.*, **22**, 2256].

L'*acide pipéridotruxillique*,

$$C^{16}H^{14}\begin{matrix}\diagup CO^2H\\ \diagdown COAz^5H^{10}\end{matrix}$$

s'obtient en chauffant l'anhydride (1 partie) avec de la pipéridine (2 parties), et en précipitant par l'acide chlorhydrique le produit de la réaction. Il constitue une poudre cristalline fusible à 250°, peu soluble dans l'alcool.

L'*éther méthylique* cristallise en aiguilles solubles dans l'éther. Il fond à 150°.

La *dipipéridide*,

$$C^{16}H^{14}\begin{matrix}\diagup COAzC^5H^{10}\\ \diagdown COAzC^5H^{10}\end{matrix}$$

résulte de l'action de la pipéridine (2 mol.) sur une solution benzénique froide de chlorure de l'acide α-truxillique. C'est une poudre cristalline fusible à 259°. Elle résiste à l'action des alcalis, mais l'acide chlorhydrique la décompose vers 250° [B. Herstein, *D. chem. G.*, **22**, 2261].

Acides sulfo α-truxilliques. — La sulfonation de l'acide α-truxillique donne naissance à deux acides disulfonés isomériques, qu'on obtient en chauffant 1 partie d'acide α-truxillique avec 8-10 parties d'acide sulfurique concentré, à 80°, pendant 3 heures. On ajoute ensuite 5 parties d'eau, et l'on concentre au bain-marie.

L'*acide a-disulfotruxillique*,

$$C^{16}H^{12}(SO^3H)^2(CO^2H)^2,$$

cristallise par refroidissement, tandis que l'autre reste dans les eaux mères. Le premier cristallisé en aiguilles peu solubles dans l'eau. Il ne réduit pas le permanganate de potassium. L'acide chlorhydrique ne l'attaque pas à 160°; à 220°, il le transforme en acide *b-disulfotruxillique*.

Le *sel de baryum*,

$$C^{16}H^{12}(CO^2)^2(SO^3)^2Ba^2, 4H^2O,$$

se présente sous la forme d'une poudre blanche, cristalline, très peu soluble dans l'eau froide, encore moins soluble à chaud.

Lorsqu'on chauffe l'acide α-sulfotruxillique avec de la potasse (4-5 parties) jusqu'à fusion tranquille, on le transforme en un *acide dioxytruxillique*, $C^{16}H^{12}(OH)^2(CO^2H)^2$, qui cristallise dans l'eau en prismes incolores, fusibles à 273°, solubles dans l'alcool et dans l'éther.

Le *sel de baryum* de cet acide est soluble dans l'eau; ceux *de plomb* et *d'argent* constituent des précipités blancs, et celui *de fer* est jaune.

Si l'on pousse plus loin l'action de la potasse fondante, on obtient de l'acide p-oxybenzoïque.

L'*acide b-disulfotruxillique* est assez soluble dans l'eau. Il réduit lentement le permanganate de potassium à froid et donne directement de l'acide p-oxybenzoïque lorsqu'on le fond avec de la potasse.

Son *sel de baryum*,

$$C^{16}H^{12}(SO^3)^2(CO^2)^2Ba, 4H^2O,$$

est soluble dans l'eau à froid et à chaud [C. Liebermann et O. Bergami, *D. chem. G.*, **22**, 129, 782].

Acides nitro α-truxillique et amido α-truxillique. — La nitration de l'acide α-sulfotruxillique au moyen de l'acide azotique fumant donne également naissance à deux dérivés dinitrés isomériques. L'un d'eux se dépose immédiatement par refroidissement sous la forme d'une poudre blanche, tandis que l'autre reste dans les eaux mères, d'où on peut le précipiter par addition d'eau.

Ce dernier, l'*acide a-dinitrotruxillique*,

$$C^{16}H^{12}(AzO^2)^2(CO^2H)^2,$$

cristallise dans l'alcool en prismes fusibles à 228°, solubles dans l'éther et dans l'acide acétique, peu solubles dans le benzène. Il n'est pas attaqué par le permanganate en solution alcaline à froid. Ses sels sont difficilement cristallisables.

L'*éther éthylique*, $C^{16}H^{12}(AzO^2)^2(CO^2C^2H^5)^2$, se présente sous la forme d'aiguilles jaunes, solubles dans l'alcool. Il fond à 138°.

L'*acide b-dinitrotruxillique*,

$$C^{16}H^{12}(AzO^2)^2(CO^2H)^2,$$

fond à 290° en se décomposant. Il est peu soluble dans l'eau et dans les divers dissolvants organiques.

Son *sel de baryum*,

$$C^{16}H^{12}(AzO^2)^2(CO^2)^2Ba, H^2O,$$

cristallise en aiguilles jaunâtres, solubles dans l'eau. Il devient anhydre à 150°.

Le *sel d'argent*, $C^{16}H^{12}(AzO^2)^2(CO^2Ag)^2$, constitue un précipité blanc granuleux.

L'*acide a-diamino-α-truxillique*,

$$C^{16}H^{12}(AzH^2)^2(CO^2H)^2,$$

s'obtient en réduisant le dérivé dinitré correspondant au moyen de l'étain et de l'acide chlorhydrique. Il cristallise en paillettes nacrées, solubles dans l'acétone.

Le *chlorhydrate* se présente sous la forme d'aiguilles très solubles dans l'eau.

L'*acide b-diamino-α-truxillique* cristallise en aiguilles solubles dans l'eau.

Le *chlorhydrate* et le *sulfate* correspondants sont peu solubles et se présentent également sous la forme d'aiguilles.

Le *nitrate de l'acide b-diazo-α-truxillique* cristallise en aiguilles jaunâtres, solubles dans l'eau. Il détone faiblement par la chaleur. Sa copulation avec le sel R fournit un azoïque rouge qui ne teint pas directement le coton, mais qui teint la laine en rouge ponceau.

L'*acide b-oxy-α-truxillique*,

$$C^{16}H^{12}(OH)^2(CO^2H)^2,$$

s'obtient en chauffant une solution sulfurique de l'acide aminé avec du nitrite de sodium. Il cristallise en paillettes solubles dans les alcalis, peu solubles dans les autres dissolvants. Il ne fond pas à 360°.

Son *sel de calcium* est soluble dans l'eau et insoluble dans l'alcool.

Le *dérivé diacétylé*,

$$C^{16}H^{12}(OCOCH^3)^2(CO^2H)^2,$$

se présente sous la forme d'aiguilles fusibles à 244°, solubles dans l'acide acétique [J. Homans, R. Stelzner et A. Sukow, *D. chem. G.*, **24**, 2589].

Acide γ-truxillique,

$$\begin{array}{c} C^6H^5-CH-CH-CO^2H \\ \quad\;\; | \qquad\;\; | \\ CO^2H-CH-CH-C^6H^5 \end{array}$$

L'acide γ-truxillique résulte de l'isomérisation de l'acide α-truxillique sous l'influence de différents agents (voyez plus loin).

On prépare d'abord l'anhydride correspondant en chauffant l'acide α (3 parties) au bain-marie pendant 3 heures avec de l'anhydride acétique (10 parties) et de l'acétate de sodium (4 parties). On chauffe ensuite cet anhydride avec un alcali et on précipite par l'acide chlorhydrique.

On peut également chauffer l'acide α-truxillique avec de l'acide chlorhydrique à 200°.

L'acide γ-truxillique cristallise dans l'alcool en aiguilles fusibles à 228°. Il possède sensiblement les mêmes propriétés que l'isomère α, à l'exception de l'action de l'acide sulfurique fumant.

Lorsqu'on le traite en effet par ce dernier, on obtient non pas un dérivé disulfoné, mais un *acide distyrolène-disulfonique*, $C^{16}H^{14}(SO^3H)^2$, dont le *sel de baryum* cristallise en paillettes solubles dans l'eau.

Le γ-*truxillate neutre d'argent* constitue un précipité blanc hygroscopique.

Le *sel acide*,

$$C^{16}H^{14} \begin{cases} CO^2H \\ CO^2Ag \end{cases}$$

s'obtient en mélangeant des solutions alcooliques équimoléculaires d'acide γ-truxillique et d'azotate d'argent. Il est soluble dans l'ammoniaque et insoluble dans l'eau et dans l'alcool.

Le *sel de calcium*, $C^{16}H^{14}(CO^2)^2Ca$, $3,5H^2O$, se présente sous la forme d'une poudre cristalline lorsqu'on le précipite par l'alcool. Il cristallise dans l'eau en prismes clinorhombiques qui renferment 6^mol^,5 d'eau.

Le *sel de baryum*, $C^{16}H^{14}(CO^2)^2Ba$, $11H^2O$, devient anhydre à 190°. Il cristallise en prismes clinorhombiques efflorescents.

L'*éther diméthylique*, $C^{16}H^{14}(CO^2CH^3)^2$, se présente sous la forme d'aiguilles jaunes fusibles à 126°. Il est soluble dans l'alcool et dans l'acide acétique.

L'*éther acide* s'obtient en chauffant le sel acide d'argent avec de l'iodure de méthyle. Il cristallise en aiguilles blanches, solubles dans le benzène et dans les alcalis caustiques ou carbonatés.

Le *sel d'argent*,

$$C^{16}H^{14} \begin{cases} CO^2CH^3 \\ CO^2Ag \end{cases}$$

constitue un précipité blanc peu soluble dans l'eau, l'alcool et l'ammoniaque.

L'*éther diéthylique* cristallise en aiguilles soyeuses, fusibles à 98°. Il est peu soluble dans la ligroïne.

L'*éther acide* prend naissance en même temps que le précédent lorsqu'on sature de gaz chlorhydrique un mélange d'acide γ-truxillique et d'alcool. On le sépare au moyen du carbonate de soude dans lequel il est soluble. Il cristallise dans l'alcool en aiguilles fusibles à 171°.

Le *sel de potassium* se précipite sous la forme d'aiguilles d'une solution de l'éther dans la potasse concentrée.

Le *sel d'argent* constitue une poudre blanche.

Le *chlorure d'acide*, $C^{16}H^{14}(COCl)^2$, cristallise dans un mélange de benzène et de ligroïne en aiguilles fusibles à 140°.

L'*anhydride*, $C^{16}H^{14}(CO)^2O$, s'obtient indifféremment à partir des acides α et γ-truxilliques, par le procédé indiqué plus haut. Il se présente sous la forme d'aiguilles fusibles à 191°, solubles dans l'alcool, le benzène et le chloroforme.

La *dianilide*, $C^{16}H^{14}(COAzHC^6H^5)^2$, s'obtient en même temps que la monoanilide en chauffant l'anhydride γ-truxillique avec un excès d'aniline; elle cristallise dans l'alcool en aiguilles fusibles à 255°, insolubles dans le carbonate de sodium.

La *monoanilide* (*acide γ-truxanilique*),

$$C^{16}H^{14} \begin{cases} COAzH \,.\, C^6H^5 \\ CO^2H \end{cases}$$

se présente également sous la forme d'aiguilles fusibles à 220°, solubles dans l'alcool et dans les carbonates alcalins, insolubles dans l'acide chlorhydrique.

Le *sel de baryum* cristallise en prismes solubles dans l'eau [C. Liebermann et H. Sachse, *D. chem. G.*, **27**, 837].

La *ditoluidide*, $C^{16}H^{14}(COAzH \,.\, C^6H^4 \,.\, CH^3)^2$, obtenue comme la dianilide, cristallise en aiguilles blanches, fusibles à 289°, solubles dans l'alcool et dans l'acide acétique bouillant.

La *monotoluidide* se prépare en chauffant l'anhydride γ-truxillique (1 mol.) avec de la p-toluidine (1 mol.) à 195°. Elle se présente sous la forme d'aiguilles fusibles à 268°, solubles dans l'alcool et dans le carbonate de soude. Son *sel de baryum* est peu soluble dans l'eau froide [H. Lange, *D. chem. G.*, **27**, 1411].

La *diphénylhydrazide*,

$$C^{16}H^{14}(CO-AzH-AzH-C^6H^5)^2,$$

s'obtient en chauffant l'acide γ-truxillique avec de la phénylhydrazine en excès, au bain de sable. Elle fond à 305° et se dissout facilement dans l'acétate d'éthyle et dans le phénol, mais elle est insoluble dans les autres dissolvants organiques et dans les carbonates alcalins.

Si l'on emploie moins de phénylhydrazine et si l'on chauffe à 150° seulement, on obtient la *monophénylhydrazide*,

$$C^{16}H^{14} \begin{cases} CO-AzH-AzH-C^6H^5 \\ CO^2 \end{cases}$$

sous la forme de prismes blancs, fusibles à 249°,

solubles dans l'alcool bouillant, insolubles dans l'acide acétique et dans les alcalis.

La *dipipéridide*, $C^{16}H^{14}(CO-AzC^5H^{10})^2$, s'obtient en mélangeant des solutions benzéniques de pipéridine (2 mol.) et du chlorure de l'acide γ-truxillique (1 mol.). Elle cristallise en aiguilles soyeuses, fusibles à 248°. L'acide chlorhydrique la décompose vers 175°.

La *monopipéridide* se prépare en chauffant l'anhydride γ-truxillique avec de la pipéridine (2 mol.), et en précipitant la solution aqueuse du produit par l'acide chlorhydrique. Elle cristallise en paillettes fusibles à 261°, solubles dans les alcalis et dans l'alcool bouillant, insolubles dans les autres dissolvants organiques, ainsi que dans l'eau et dans les carbonates alcalins.

Le *sel de pipéridine*,

$$C^{16}H^{14} < \begin{matrix} CO^2H \cdot C^5H^{10}AzH \\ CO \cdot AzC^5H^{10} \end{matrix}, 3H^2O,$$

se présente sous la forme de tables fusibles à 218°, solubles dans l'eau bouillante et dans l'alcool, insolubles dans le benzène.

L'*éther méthylique*,

$$C^{16}H^{14} < \begin{matrix} CO^2CH^3 \\ COAzC^5H^{10} \end{matrix}$$

cristallise en aiguilles fusibles à 201°, solubles dans l'alcool, insolubles dans les alcalis [B. Herstein, *D. chem. G.*, **22**, 2261].

Acide dinitro γ-truxillique,

$$C^{16}H^{12}(AzO^2)^2(CO^2H)^2.$$

— Cet acide se prépare comme les dérivés de l'acide α. Il n'est pas accompagné d'un isomère. Il se présente sous la forme de prismes fusibles à 293°, solubles dans l'alcool et dans l'acide acétique, insolubles dans le benzène. Le permanganate l'attaque lentement à froid [J. Homans, R. Stelzner et A. Sukow, *D. chem. G.* **24**, 2589].

Transformation réciproque des acides α et γ-truxilliques l'un dans l'autre. — L'acide α-truxillique se transforme en acide γ lorsqu'on le chauffe, lui ou son anhydride, avec de l'acide chlorhydrique ou avec de l'anhydride acétique et de l'acétate de sodium vers 200°.

Inversement, on obtient de l'acide α-truxillique lorsqu'on chauffe l'acide γ seul pendant un certain temps à 280°, ou avec de l'acide chlorhydrique à 260°. Dans le premier cas seulement l'isomération est totale.

L'acide α prend encore naissance quand on décompose les combinaisons de son isomère avec la pipéridine au moyen de l'acide chlorhydrique à 175°. Le même phénomène se produit, au moins partiellement, dans le cas des éthers.

Les chlorures d'acides, par contre, n'ont pu être transformés l'un dans l'autre.

Cette facilité d'isomérisation démontre d'une façon évidente que les acides α et γ-truxilliques ont la même constitution,

$$\begin{matrix} C^6H^5-CH-CH-CO^2H \\ \quad\ | \qquad | \\ CO^2H-CH-CH-C^6H^5 \end{matrix}$$

Celle-ci est d'ailleurs conforme à leurs propriétés : décomposition en dérivés cinnamiques par la distillation, difficulté de former des anhydrides vrais et des imides substituées avec l'aniline, la pipéridine, etc.

Il résulte également de ce qui précède que l'acide α est plus stable que son isomère, tandis que c'est l'inverse dans le cas des anhydrides [Liebermann, *D. chem. G.*, **22**, 129, 2240. — W.-L. Drory, *ibid.*, **22**, 2256].

Acide β-truxillique,

$$\begin{matrix} C^6H^5-CH-CH-CO^2H \\ \quad\ | \qquad | \\ C^6H^5-CH-CH-CO^2H \end{matrix}$$

L'acide β-truxillique prend naissance en même temps que l'acide α dans la décomposition de l'isatropylcocaïne au moyen de l'acide chlorhydrique. On le sépare de son isomère au moyen de son sel de baryum qui est presque insoluble dans l'eau [Liebermann, *D. chem. G.*, **21**, 2343].

Il se forme également à partir de l'acide isococaïque [O. Hesse, *Ann. Chem.*, **271**, 180].

L'acide β-truxillique cristallise dans l'alcool en paillettes blanches, fusibles à 206°, solubles dans l'eau. Chauffé un peu au-dessus de son point de fusion, il se décompose sans s'isomériser en donnant du distyrolène et de l'acide cinnamique. Les acides chlorhydrique et acétique sont sans action sur lui, même à 175°.

Le permanganate de potassium n'attaque pas à froid l'acide β-truxillique. A chaud et en solution alcaline, il le dédouble en benzile, puis en acides benzoïque et carbonique. Cette dernière réaction a permis de fixer sa constitution.

La potasse fondante transforme l'acide β-truxillique en un isomère, l'acide δ-truxillique (voyez plus loin).

Le *sel de sodium*, $C^{16}H^{14}(CO^2Na)^2, 2H^2O$, cristallise en aiguilles efflorescentes, solubles dans l'alcool dilué.

Le *sel de baryum*, $C^{16}H^{14}(CO^2)^2Ba, 2H^2O$, se présente sous la forme de prismes peu solubles dans l'eau bouillante. Il devient anhydre à 200°.

Le *sel de calcium* cristallise en paillettes renfermant 3 molécules d'eau.

Le *sel de cuivre*, $C^{16}H^{14}(CO^2)^2Cu, 2H^2O$, est bleuâtre. Les *sels de mercure et d'argent*,

$$C^{16}H^{14}(CO^2)^2Ag^2,$$

constituent des précipités blancs [W.-L. Drory, *D. chem. G.*, **22**, 2256].

L'*éther diméthylique* se présente sous la forme de prismes clinorhombiques, fusibles à 76°, solubles dans l'alcool et dans l'éther. Sa chaleur de combustion à pression constante est égale à 2422^{cal},9 [C. Liebermann, *D. chem. G.*, **25**, 90].

L'*éther diéthylique* fond à 47°. Il bout vers 264–270° en se décomposant en cinnamate d'éthyle [C. Liebermann, *D. chem. G.*, **21**, 2343].

Le *chlorure d'acide*, $C^{16}H^{14}(COCl)^2$, obtenu au moyen du perchlorure de phosphore, fond à 96°. Il cristallise en prismes rhombiques solubles dans les dissolvants organiques à l'exception de la ligroïne.

L'*anhydride*, $C^{16}H^{14}(CO)^2O$, se présente également sous la forme de prismes rhombiques, fusibles à 116°, solubles dans les dissolvants organiques, insolubles dans l'eau. Il régénère l'acide primitif lorsqu'on le traite par un alcali, et se décompose vers 200° sans s'isomériser [C. Liebermann, *D. chem. G.*, **22**, 129].

En chauffant l'anhydride β-truxillique (1 partie) avec de l'aniline (2 parties) à 180°, on obtient l'*anile*,

$$C^{16}H^{14} < \begin{matrix} CO \\ CO \end{matrix} > AzC^6H^5$$

sous la forme d'aiguilles fusibles à 180°, solubles dans le benzène bouillant et dans l'alcool, insolubles dans les alcalis.

Si l'on traite une solution alcoolique froide de cet anile par la potasse alcoolique, on obtient l'*acide β-truxillanilique*,

$$C^{16}H^{14} < \begin{matrix} CO-AzH-C^6H^5 \\ CO^2H \end{matrix}$$

sous la forme de paillettes blanches, fusibles à

197°, solubles dans l'acétone, l'eau et les alcalis.

Son *sel de baryum* est également soluble dans l'eau.

La *phénylhydrazide*,

$$C^{16}H^{14} < {CO \atop CO} > Az-AzH-C^6H^5,$$

constitue l'unique produit de l'action de la phénylhydrazine sur l'anhydride β-truxillique en solution acétique. Elle cristallise en prismes fusibles à 218°, solubles dans l'acide acétique bouillant, peu solubles dans l'alcool froid [C. Liebermann et H. Sachse, *D. chem. G.*, **26**, 834].

La *dipipéridide*,

$$C^{16}H^{14} < {COAzC^5H^{10} \atop COAzC^5H^{10}}$$

s'obtient comme les isomères α et β. Elle cristallise dans l'alcool en prismes fusibles à 180°. L'acide chlorhydrique dilué la dédouble vers 120°.

L'acide pipéridotruxillique,

$$C^{16}H^{14} < {COAzC^5H^{10} \atop CO^2H}$$

se présente sous la forme d'aiguilles peu solubles dans l'alcool; il fond à 224°. Les alcalis et l'acide chlorhydrique bouillant le décomposent.

Son *sel de baryum* est soluble dans l'eau [B. Herstein, *D. chem. G.*, **22**, 2261].

L'anhydride β-truxillique réagit sur la résorcine à 240° pour donner naissance à une fluorescéine,

$$C^{16}H^{14} < {C[C^6H^3(OH)^2]^2 \atop CO} > O.$$

Cette réaction démontre que les deux carboxyles se trouvent dans le voisinage immédiat l'un de l'autre, et confirme la constitution admise ci-dessus.

Cette fluorescéine se présente sous la forme d'une poudre amorphe d'un brun rougeâtre, soluble dans l'alcool et dans les alcalis avec une fluorescence verte, insoluble dans l'eau. Elle forme une *combinaison barytique* très soluble, ce qui permet de la séparer de l'acide truxillique qui n'a pas réagi [C. Liebermann et H. Sachse, *loc. cit.*].

ACIDE β-DINITROTRUXILLIQUE,

$$C^{16}H^{14}(AzO^2)^2(CO^2H)^2.$$

— Cet acide s'obtient en chauffant l'acide β-truxillique avec de l'acide azotique fumant de densité 1,53, et en précipitant ensuite le produit par l'eau. Il cristallise dans l'alcool en aiguilles jaunes, fusibles à 216°, solubles dans l'éther, l'acide acétique et le chloroforme, peu solubles dans le benzène. Il ne réduit pas le permanganate de potassium [J. Homans, R. Stelzner, A. Sukow, *D. chem. G.*, **24**, 2589].

ACIDE δ-TRUXILLIQUE.

Cet acide s'obtient en fondant l'isomère β avec de la potasse ou en chauffant l'acide isococaïnique avec de l'acide chlorhydrique concentré.

Il cristallise dans l'eau bouillante en aiguilles fusibles à 174°, solubles dans l'alcool, peu solubles dans l'eau froide, et donne de l'acide benzoïque à la distillation sèche.

Le *sel de calcium* se présente sous la forme d'aiguilles qui ne se redissolvent plus dans l'eau après leur précipitation.

Le *sel de baryum*, $C^{16}H^{14}(CO^2)^2Ba, 4H^2O$, cristallise en prismes presque insolubles dans l'eau.

Le *sel de cuivre*, $C^{16}H^{14}(CO^2)^2Cu, 2H^2O$, et celui *d'argent*, $C^{16}H^{14}(CO^2)^2Ag^2$, sont également insolubles.

L'éther méthylique se présente sous la forme d'aiguilles fusibles à 77°, solubles dans l'alcool, le benzène et la ligroïne.

L'acide dinitro-δ-truxillique fond à 226° [C. Liebermann et W. Drory, *D. chem. G.*, **22**, 680. — O. Hesse, *Ann. Chem.*, **271**, 180]. La constitution de cet acide δ-truxillique est vraisemblablement la même que celle de l'isomère β,

$$\begin{array}{l} C^6H^5-CH-CH-CO^2H \\ \qquad\quad | \qquad | \\ C^6H^5-CH-CH-CO^2H \end{array}$$

M. Liebermann a découvert récemment un cinquième acide truxillique, mais l'étude de ce dernier n'est pas encore terminée. P. Freundler.

HYDROANTHRACÈNE-CARBONIQUES (ACIDES). — On connaît des acides hydroanthracène-carboniques correspondant aux trois hydrures $C^{14}H^{12}$, $C^{14}H^{14}$ et $C^{14}H^{16}$.

ACIDE DIHYDROANTHRACÈNE CARBONIQUE

$$C^{15}H^{12}O^2.$$

— L'acide dihydroanthracène-carbonique correspondant à l'acide anthracène-carbonique γ de Bischoff et Liebermann

$$C^6H^4 < {CH \atop CH} > C^6H^3-CO^2H$$

a été obtenu par M. Börnstein [*D. chem. G.*, **16**, 2609], en réduisant cet acide par l'amalgame de sodium.

L'acide est d'abord traité par l'alcool et l'amalgame de sodium; afin de diminuer l'alcalinité de la solution, on ajoute peu à peu de l'acide acétique. Après un certain temps, la solution devient incolore et précipite en blanc par les acides. On sépare alors le mercure, on distille la moitié du liquide et on précipite par un acide. Pour purifier le produit ainsi obtenu, on le dissout dans une lessive de soude chaude et on précipite à nouveau. On termine par des cristallisations répétées dans l'alcool.

On obtient ainsi des lamelles incolores groupées en étoiles, facilement solubles dans les solvants usuels. L'acide à l'état solide ou à l'état dissous a une légère fluorescence bleue. Il fond à 203°, et forme avec les alcalis des sels facilement solubles; les alcalino-terreux et les métaux donnent des précipités peu solubles.

MM. Graebe et Juillard ont obtenu un acide isomère du précédent, en réduisant la lactone de l'acide benzhydrol-dicarbonique

$$C^6H^4(CO^2H)-CH(OH)-C^6H^4(CO^2H)$$

par le phosphore et l'acide iodhydrique. Pour préparer cet isomère, on chauffe 4 grammes de lactone avec 1 gramme de phosphore rouge et 5 à 6 grammes d'acide iodhydrique, à 180-190° pendant 8 heures. Le produit obtenu est purifié par traitement au carbonate de soude, puis par cristallisation dans l'alcool. On obtient ainsi des prismes ou des aiguilles colorées en jaune, fondant à 209°, très solubles dans l'alcool et dans l'éther. Oxydé par le permanganate, cet acide donne l'acide anthraquinone-carbonique fondant à 188° [*Ann. Chem.*, **242**, 256].

Acide tétrahydroanthracène-carbonique. — Il se forme dans la préparation de l'acide dihydroanthracène-carbonique (point de fusion 203°), et peut en être isolé par suite de sa plus grande solubilité. Il forme des tablettes orthorhombiques brillantes et incolores, fondant à 164-165°, et ne possédant aucune fluorescence.

Acide hexahydroanthracène-carbonique. — Obtenu par M. Börnstein en réduisant l'acide anthracène carbonique par l'acide iodhydrique ($d = 1,7$) et le phosphore à 220-230°. Après 3 heures d'attaque, on obtient une masse cristalline qu'on purifie par traitement à l'alcool, à l'acide sulfureux et aux carbonates alcalins. Après plusieurs cristallisations dans l'alcool on obtient finalement un corps fondant à 232°, soluble dans les solvants usuels avec une légère fluorescence bleue [*loc. cit.*].

V. Thomas.

HYDROANTHRANOL. — Voyez Anthracène.

HYDROAROMATIQUES (CARBURES). — Le benzène se comporte presque toujours comme un corps saturé. Il peut cependant subir des réactions d'addition et M. Berthelot a montré que l'acide iodhydrique peut le transformer en hexane C^6H^{14}, carbure saturé de la série grasse. On connaît aujourd'hui les produits intermédiaires de cette hydrogénation : le *dihydrobenzène* C^6H^8, le *tétrahydrobenzène* C^6H^{10}, l'*hexahydrobenzène* C^6H^{12}. Ces trois hydrures peuvent être considérés comme les carbures fondamentaux d'où dérivent une foule de composés, qui sont devenus de plus en plus nombreux dans ces dernières années ; on les a appelés *composés hydrobenzéniques* ou *composés hydroaromatiques*.

Suivant le nombre d'atomes d'hydrogène fixés sur les carbures benzéniques on les distingue en :

Carbures hexahydroaromatiques.

Carbures tétrahydroaromatiques.

Carbures dihydroaromatiques.

Nomenclature. — Pour les représenter, on emploie la formule du benzène, dans laquelle on suppose que chaque addition de 2 atomes d'hydrogène au carbure benzénique, détermine la rupture d'une double liaison et son remplacement par une liaison simple :

Benzène : CH, HC, CH, HC, CH, CH.

Dihydrobenzène : CH², H²C, CH, HC, CH, CH.

Tétrahydrobenzène : CH², H²C, CH², HC, CH², CH.

Hexahydrobenzène : CH², H²C, CH², H²C, CH², CH².

Chaque addition de H^2 amène ainsi la même modification dans la formule ; il n'en est cependant pas entièrement de même dans la structure intime de la molécule, comme le montre la comparaison des dégagements thermiques produits dans l'hydrogénation graduelle du benzène [Guerbet, *Thèse pour l'agrégation à l'École de pharmacie de Paris*, 1899, p. 18].

Pour distinguer entre eux les divers isomères que présentent les carbures hydroaromatiques, on emploie les signes conventionnels proposés par M. von Baeyer [*Ann. Chem.*, **245**, 121] : on fait précéder ou suivre le nom du carbure de la lettre grecque Δ, accompagnée d'un ou deux exposants, indiquant les positions des doubles liaisons. Les chiffres employés sont ceux qui correspondent aux atomes de carbone où commencent les doubles liaisons.

Par exemple, les trois tétrahydrotoluènes, que prévoit la théorie, seront désignés par les symboles Δ^1, Δ^2, Δ^3.

Δ^1 : CH³, C (1), H²C (6), CH (2), H²C (5), CH² (3), CH² (4).

Δ^2 : CH³, CH, H²C, CH, H²C, CH, CH².

Δ^3 : CH³, CH, H²C, CH², H²C, CH, CH.

Les dérivés des carbures hydroaromatiques peuvent aussi présenter le genre d'isomérie particulier que M. von Baeyer a appelé *isomérie géométrique relative*, par opposition avec l'isomérie géométrique absolue des corps doués du pouvoir rotatoire ; on les désignera par les préfixes *cis* et *trans*, habituellement employés (voy. l'art. Benzène, 2° Suppl., **1**, 451).

En dehors des noms que nous avons employés jusqu'ici pour désigner les carbures hydroaromatiques et qui dérivent directement de ceux des carbures aromatiques correspondants, on emploie d'autres noms encore, qui ont été adoptés par le Congrès de Genève et qui sont analogues à ceux attribués aux composés de la série grasse. L'hexahydrobenzène se comportant dans la plupart de ses réactions comme un carbure saturé, on le désigne par le nom du carbure forménique correspondant, auquel on adjoint le préfixe *cyclo* : c'est le *cyclohexane*. D'une manière analogue, le tétrahydrobenzène s'appellera le *cyclohexène* et le dihydrobenzène deviendra le *cyclohexadiène*.

Les carbures hydroaromatiques homologues des précédents peuvent en être dérivés par le remplacement dans ceux-ci des atomes d'hydrogène par des radicaux monovalents. On les désignera par les mêmes noms, que l'on fera précéder des noms des radicaux substitués, en indiquant par des chiffres les positions respectives de ces radicaux : l'hexahydrotoluène s'appellera le *méthylcyclohexane*, le tétrahydromésitylène deviendra le *triméthyl* 1.3.5-*cyclohexane*, etc.

L'hexahydrobenzène C^6H^{12} peut encore être appelé *hexaméthylène* $(CH^2)^6$; de là une nouvelle nomenclature des carbures hydroaromatiques dans laquelle l'hexahydrotoluène deviendra le *méthylhexaméthylène*, l'hexahydromésitylène, le *triméthyl* 1.3.5-*hexaméthylène*, etc.

Enfin MM. Markownikoff et Oglobine [*Journ. de la Société physico-chimique russe*, **15**], remarquant que les pétroles ou naphtes de Bakou sont surtout formés de carbures paraffèniques et de carbures hexahydroaromatiques, ont proposé pour ces derniers le nom générique de *naphtènes*. L'hexahydrobenzène sera l'*hexanaphtène*, l'hexahydrotoluène l'*heptanaphtène*, etc.... Ces savants désignent d'une manière analogue sous le nom de composés *naphtyléniques* les dérivés du tétrahydrobenzène et sous le nom de *composés terpéniques* les dérivés du dihydrobenzène. Ceci a le grand désavantage de faire envisager les terpènes comme des carbures dihydroaromatiques, ce qui n'est pas établi.

CARBURES HEXAHYDROAROMATIQUES OU CYCLOHEXANES, C^nH^{2n}.

État naturel. — Les carbures hexahydroaromatiques forment la partie la plus importante des pétroles du Caucase où ils accompagnent leurs isomères les *paraffènes* [Beilstein et Kourbatoff, *D. chem. G.*, **13**, 1818]. Ils ont été signalés aussi dans les pétroles de Californie et du Canada [Mabery, *Am. chem. Journ.*, **19**, 796; Young, *Chem. Soc.*, **73**, 906; Fortey, *ibid.*, **73**, 932], dans ceux de Roumanie [Poni, *Chem. Central Blatt*, 1900, **2**, 452] et de Galicie [Fortey, *loc. cit.*].

FORMATION. — Ils se produisent :

1° Dans la distillation sèche de la colophane. Cette opération fournit ce qu'on appelle les *huiles de résine*, qui renferment un certain nombre de carbures hydroaromatiques [Renard, *Ann. Chim. Phys.*, (6), **1**, 228];

2° Dans la distillation sèche des corps gras sous pression [Engler et Lehmann, *D. chem. G.*, **30**, 2365]. On les a rencontrés dans les huiles lourdes de houille [*ibid.*, **30**, 2746] et aussi dans les huiles légères que l'on obtient en soumettant les premières à la décomposition pyrogénée (Engler);

3° Lorsqu'on traite les carbures aromatiques correspondants par l'acide iodhydrique fumant suivant la méthode de M. Berthelot [Wreden, *Ann. Chem.*, **163**, 336]. Cette dernière méthode a été longtemps la seule employée pour la préparation des carbures hexahydroaromatiques. Elle est cependant extrêmement pénible, parce que les carbures obtenus sont toujours souillés de carbures moins hydrogénés et surtout de leurs isomères paraffèniques, qui se produisent en grande quantité et qu'il est très difficile, sinon impossible, de séparer;

4° Certains acides hexahydroaromatiques, chauffés en tube scellé avec de l'acide iodhydrique et du phosphore, donnent les carbures hexahydroaromatiques possédant le même nombre d'atomes de carbone [Aschan. *D. chem. G.*, **24**, 2710];

$$CH^3_{(1)}-C^6H^{10}-CO^2H_{(3)} + 3H^2$$

Ac. hexahydro-m-toluique.

$$= CH^3_{(1)}-C^6H^{10}-CH^3_{(3)} + 2H^2O;$$

Hexahydro-m-xylène.

5° Ces carbures prennent enfin naissance lorsqu'on traite par l'acide sulfurique les carbures tétrahydroaromatiques correspondants [Renard, *Ann. Chim. Phys.*, (6), **1**, 228; Maquenne, *ibid.*, (6), **28**, 279; Guerbet, *ibid.*, (7), **4**, 352];

6° Les sels de chaux des acides bibasiques, distillés avec de la chaux, sont transformés en cétones hexahydroaromatiques. Celles-ci fournissent les alcools correspondants sous l'influence de l'amalgame de sodium et de l'alcool; enfin les alcools peuvent être transformés en éthers iodhydriques et ceux-ci en carbures hexahydroaromatiques par le zinc et l'acide chlorhydrique.

PRÉPARATION. — 1° On peut extraire les carbures hexahydroaromatiques des pétroles du Caucase et spécialement de ceux de la presqu'île d'Apschéron qui en sont particulièrement riches. On suit pour cela les indications données par M. Markownikoff [*Ann. Chem.*, **301**, 154]. On utilise les portions dont la densité est comprise entre 0,71 et 0,73, qui renferment, en outre des naphtènes cherchés, des carbures aromatiques, des carbures di- et tétrahydroaromatiques, des paraffènes et enfin des carbures saturés de la série grasse.

Après une première rectification au moyen d'un appareil distillatoire à colonne, qui permet leur séparation en fractions bouillant de 10 en 10°, on agite chacune des fractions successivement : avec l'acide sulfurique, avec un mélange de deux parties d'acide sulfurique et une partie d'acide nitrique fumant, enfin avec de l'acide nitrique fumant. L'acide sulfurique enlève les carbures incomplets, le mélange nitrosulfurique s'empare des carbures aromatiques; enfin l'acide azotique fumant détruit les carbures paraffèniques.

Les carbures ainsi purifiés sont lavés avec une solution étendue de soude, puis avec de l'eau. Une dernière rectification permet d'en séparer les carbures à peu près purs. Pour achever de les purifier, il faut les transformer en chlorures $C^nH^{2n-1}Cl$ en faisant réagir le chlore sur les carbures. On transforme ensuite les chlorures en iodures $C^nH^{2n-1}I$ en les chauffant à 130-140° pendant 24 heures avec six fois leur volume d'acide iodhydrique fumant; enfin on réduit les iodures avec le couple zinc-cuivre et l'acide chlorhydrique.

Cette méthode a l'inconvénient de n'être pas facilement applicable en France, où il est difficile de se rendre compte de la provenance réelle des pétroles, qui a cependant une importance capitale, à cause de la diversité de leur composition suivant les lieux d'origine. Elle a en outre l'inconvénient d'être extrêmement longue; il y a lieu de lui substituer la méthode suivante, essentiellement pratique.

2° MM. Sabatier et Senderens [*C. R.*, **132**, 210, 567, 1354] préparent avec la plus grande facilité les carbures hexahydroaromatiques en faisant passer sur du nickel, récemment réduit de son oxyde et chauffé entre 178 et 200°, un courant d'hydrogène chargé d'un carbure aromatique. Celui-ci fixe six atomes d'hydrogène et se transforme en carbure hexahydroaromatique correspondant :

$$C^6H^6 + 6H = C^6H^{12}.$$

Pour cela, le carbure à hydrogéner est placé dans un tube vertical dont la partie inférieure se continue par un tube capillaire horizontal plus ou moins étroit, qui pénètre dans le tube à nickel, parcouru par le courant d'hydrogène. En choisissant convenablement, selon la viscosité du liquide, soit la hauteur de celui-ci dans le tube vertical, soit le diamètre ou la longueur du tube capillaire, on règle aisément la rapidité d'écoulement de l'hydrocarbure, qui se vaporise dès son entrée dans le tube à métal chauffé au-dessus de son point d'ébullition. Il y a aussitôt hydrogénation et celle-ci se traduit par la diminution de vitesse de l'hydrogène qui sort de l'appareil; elle se poursuit ensuite presque sans surveillance de l'appareil et pendant très longtemps.

Le liquide condensé à la sortie dans un tube refroidi est constitué par le naphtène mélangé de très faibles proportions du carbure primitif. Pour obtenir le naphtène absolument pur, on peut soumettre le liquide recueilli à une nouvelle hydrogénation réalisée vers 180° selon un mode identique. Ou bien le carbure brut est traité à froid par de l'acide nitrique fumant ou par un mélange d'un volume d'acide nitrique avec deux volumes d'acide sulfurique : les naphtènes demeurent sensiblement inaltérés, tandis que les carbures aromatiques primitifs sont transformés en dérivés nitrés. Après agitation de quelques minutes, le naphtène surnageant est séparé, lavé à la potasse, séché sur le chlorure de calcium, puis rectifié par distillation pour enlever les dernières traces de produits nitrés dissous.

Au-dessous de 250°, l'hydrogénation a lieu sans aucune complication pour le benzène et pour tous ses dérivés méthylés : on obtient comme produit unique le cyclohexane correspondant. Mais si l'on part des dérivés substitués de la benzine à branche longue, éthyle, propyle, méthoéthyle, on observe toujours qu'à côté du produit principal, qui est le carbure cyclohexanique correspondant, il y a toujours formation d'une quantité plus ou moins importante des carbures, qui résultent de l'émiettement de la chaîne grasse. Ainsi l'éthylbenzène fournit, à côté de l'éthylcyclohexane, *une petite proportion de méthylcyclohexane* avec formation corrélative de méthane. La perturbation est un peu plus sensible quand la branche possède un chaînon secondaire.

Cette propriété du nickel, de déterminer d'une manière continue l'hydrogénation des carbures aromatiques, paraît être particulière à ce métal. Le *cobalt* pur, absolument privé de nickel, *obtenu par réduction* de l'oxyde au-dessous de 350° et refroidi dans un courant d'hydrogène, réalise pendant quelques instants, vers 150 à 180°, l'hydrogénation du benzène; mais au bout de quelques minutes, son activité a disparu et le benzène passe inaltéré, même quand on élève la température jusqu'à 300°. Le *noir de platine* récemment préparé se comporte comme le cobalt. Le *fer* réduit par l'action prolongée de l'hydrogène, vers 350 à 400°, n'exerce aucune action appréciable : il en est de même de la *mousse de platine* et du *cuivre* réduit.

Propriétés. — Les carbures hexahydroaromatiques sont des liquides incolores, mobiles, plus légers que l'eau dans laquelle ils sont insolubles, miscibles avec l'alcool absolu, solubles dans l'alcool ordinaire.

Leurs points d'ébullition sont supérieurs à ceux des carbures éthyléniques ou paraffèniques de même composition. Il en est de même de leurs densités; mais celles-ci sont toujours inférieures à celles des carbures benzéniques correspondants; la différence, qui est maxima pour le cyclohexane où elle est voisine de 0,100, est d'autant plus faible que la molécule est plus complexe, et surtout que les chaînes substituées sont plus longues.

Ils sont très stables et ne sont pas altérés à froid par l'acide sulfurique fumant, ni par le mélange des acides sulfurique et nitrique dans un contact de quelques instants. A la longue, et avec l'aide d'une agitation violente, l'acide sulfurique fumant les convertit en dérivés sulfonés des carbures aromatiques correspondants. Le mélange nitrosulfurique, agissant à 60° sur certains d'entre eux, les convertit en dérivés nitrés des carbures aromatiques correspondants. Ces deux réactions sont précieuses pour établir la constitution des naphtènes.

L'acide nitrique fumant et froid est sans action, même au bout de 6 mois, sur l'hexahydrobenzène; il n'attaque que très lentement les termes supérieurs. Il n'en est pas de même des isomères éthyléniques et paraffèniques de ces carbures, qui sont promptement attaqués par cet agent.

L'acide nitrique étendu ne les oxyde que très lentement à l'ébullition; cependant cette action est d'autant plus énergique qu'elle se produit sur un carbure plus élevé dans la série. L'acide azotique d'une densité de 1,5 les oxyde au contraire très facilement à 100°. L'hexahydrobenzène C^6H^{12} donne ainsi l'acide adipique $C^6H^{10}O^4$. Cette production est précédée de la formation de composés nitrés. Si l'on chauffe les carbures en tube scellé, à 115-125°, avec de l'acide nitrique de densité 1,03 ou 1,07, on obtient les dérivés mononitrés $C^nH^{2n-1}AzO^2$. La substitution s'effectue exclusivement sur les groupes carbonés secondaires ou tertiaires et, de préférence, sur ces derniers.

Le permanganate de potassium, en liqueur légèrement alcaline, ne réagit pas à froid sur les naphtènes; l'oxydation est très lente à chaud, mais elle est complète : il ne se produit que de l'eau et de l'acide carbonique.

Avec le chlore, ils se comportent comme les carbures saturés de la série grasse : cet élément ne fournit avec eux aucun dérivé d'addition et seulement des dérivés de substitution. La réaction est en général d'autant plus rapide que le carbure employé est moins élevé dans la série. Le premier terme, l'hexahydrobenzène, fait exception; son attaque est lente et régulière, même au soleil, alors que, dans les mêmes conditions, les termes plus élevés sont très violemment attaqués. Pour préparer les dérivés chlorés, il est avantageux d'employer le chlore humide et d'effectuer la réaction au voisinage de 25°.

Le brome et l'iode, sans action à la température ordinaire, se substituent lentement à l'hydrogène vers 100°. Cette réaction n'a pas permis jusqu'ici la préparation des dérivés bromés et iodés, que l'on obtient indirectement.

En présence du bromure d'aluminium, le brome transforme habituellement les naphtènes en dérivés bromés des carbures aromatiques correspondants [Konowaloff, *Journ. Soc. phys. chim. russe*, **19**, 157]. Cette réaction a permis d'établir la constitution de beaucoup de carbures hexahydroaromatiques. En même temps que ces dérivés bromés, il se forme toujours une matière résineuse, dont la solution alcoolique présente une belle coloration verte. Cette réaction semble être caractéristique de cette classe de carbures [Maquenne, *Ann. Chim. Phys.*, (6), **28**, 279].

Tandis que les dérivés halogénés des carbures aromatiques ne sont pas décomposables par les alcalis, ceux des carbures hexahydroaromatiques perdent facilement dans cette action de l'acide chlorhydrique, de l'acide bromhydrique ou de l'acide iodhydrique, en donnant des carbures incomplets, comme le font les dérivés halogénés de la série grasse. L'analogie avec les carbures saturés de cette série se poursuit d'ailleurs dans les propriétés chimiques de leurs dérivés nitrés, amidés, hydroxylés.

Chauffés à 200° avec du soufre, certains naphtènes donnent naissance aux carbures aromatiques correspondants [Markownikoff, *D. chem. G.*, **20**, 1850].

Isomérisation des carbures hexahydroaromatiques. — Les dérivés chlorés et iodés de ces carbures, chauffés avec l'acide iodhydrique à 250°, ou à une température supérieure, se transforment partiellement en carbures paraffèniques isomériques. C'est ainsi que l'hexaméthylène chloré ou iodé donne le méthylpentaméthylène avec un peu d'hexaméthylène [Markownikoff, *D. chem. G.*, **30**, 1214-1222].

$$\begin{array}{ccc} CH^2-CH^2-CH^2 & & CH^3-CH-CH^2\diagdown \\ | \qquad\qquad | & = & | \qquad\qquad\quad CH^2. \\ CH^2-CH^2-CH^2 & & CH^2-CH^2\diagup \end{array}$$

Le méthylhexaméthylène iodé donne de même le diméthylhexaméthylène [Zelinsky, *Journ. Soc. phys. chim. russe*, **29**, 275].

Ces transformations isomériques semblent s'effectuer moins facilement pour les termes élevés; elles expliquent pourquoi la préparation des carbures hexahydroaromatiques en hydrogénant les carbures aromatiques par l'acide iodhydrique ne donne que de mauvais résultats : il se produit toujours en même temps une grande quantité de carbures paraffèniques, dont il est difficile de les séparer.

Ces faits semblent appuyer la théorie que M. von Baeyer a donnée sur l'enchaînement des atomes de carbone, et d'après laquelle le noyau à 5 atomes de carbone serait le plus stable de tous [*D. chem. G.*, **18**, 2278; **23**, 1275].

HEXAHYDROBENZÈNE, C^6H^{12}.

HEXAMÉTHYLÈNE, NAPHTÈNE, CYCLOHEXANE.

HISTORIQUE. — Dès 1867, M. Berthelot montra que le benzène fixe progressivement de l'hydrogène sous l'action de l'acide iodhydrique et finit par se changer en hexane C^6H^{14}. Wreden [*Ann. Chem.*, **187**, 63] parvint, en 1877, à isoler des produits de la même réaction un carbure de formule C^6H^{12}, qui jouissait des propriétés des carbures saturés, et que M. von Baeyer [*ibid.*, **155**, 271] prépara plus tard en traitant le phénol $C^6H^{12}O$ par le même réactif.

Ce dernier procédé, qui donnait de meilleurs rendements que le traitement du benzène, fut essayé par Wreden, qui confirma ses recherches antérieures et celles de M. von Baeyer, et attribua au carbure C^6H^{12} le point d'ébullition 69°; mais il ne put déceler l'hexane dans les produits de la réaction. Aussi, M. Berthelot [*C. R.*, **85**, 851] reprit-il ses expériences sur la réduction du benzène, et affirma de nouveau sa transformation en hexane; il isola, en outre, un carbure de formule C^6H^{12} bouillant à 68°,5-72°.

Guidés par ces recherches, MM. Markownikoff et Spadi isolèrent des pétroles de Bakou un carbure C^6H^{12} bouillant à 69-70°, et possédant les propriétés des carbures de Wreden. Ils le prirent comme lui pour l'hexahydrobenzène.

En 1890, M. Kishner [*Journ. Soc. phys. chim. russe*, (2), **20**, 118] répéta les expériences de M. Berthelot, et isola aussi un carbure C^6H^{12} bouillant à 69-72°, de densité 0,7539. On crut dès lors entièrement établi que ce carbure était bien l'hexahydrobenzène pur.

Cependant, M. von Baeyer [*Ann. Chem.*, **278**, 88], dans ses recherches sur la constitution du benzène, remarqua des différences en comparant les propriétés du carbure de Wreden avec celles de l'hexaméthylène qu'il obtenait synthétiquement, comme nous le verrons dans la suite, et dont la constitution ne pouvait présenter aucun doute. Puis M. Kishner [*Journ. Soc. phys. chim. russe*, (2), **23**, 20; **24**, 459], confirmant ces différences, émit l'hypothèse que le carbure C^6H^{12} provenant de l'hydrogénation du benzène pouvait bien être un isomère de l'hexaméthylène, être par exemple le méthylpentaméthylène. Les expériences de M. Markownikoff [*ibid.*, (2), **26**, 379], qui transforma l'iodure de subéryle en méthylhexaméthylène en le chauffant avec l'acide iodhydrique, vinrent appuyer cette hypothèse. Ce savant et M. Konowaloff [*ibid.*, (2), **28**, 125; *D. chem. G.*, **28**, 1234] préparèrent alors synthétiquement le méthylpentaméthylène et montrèrent que ce carbure avait les mêmes propriétés physiques que le carbure C^6H^{12}, produit dans la réduction du benzène.

Enfin, M. Zelinsky [*D. chem. G.*, **28**, 1022] prépara l'hexaméthylène par la méthode de M. von Baeyer et compara les propriétés de ce carbure avec celles du méthylpentaméthylène et celles du carbure de Wreden. Il arriva aux mêmes conclusions et démontra ainsi que le carbure de Wreden était identique au méthylpentaméthylène et non à l'hexaméthylène, comme on l'avait cru jusque-là. Poussant plus loin ses recherches, il chauffa l'hexaméthylène iodé avec l'acide iodhydrique et parvint ainsi à le transformer, pour la plus grande partie, en un carbure qu'il identifia avec le méthylpentaméthylène [*D. chem. G.*, **30**, 387]. Ses recherches furent confirmées un peu plus tard par M. Markownikoff [*D. chem. G.*, **30**, 1213].

Il résulte de toutes ces expériences que, dans l'hydrogénation du benzène par l'acide iodhydrique, il se forme surtout le méthylpentaméthylène bouillant à 71-72°, de l'hexane bouillant à 71° et un peu d'hexaméthylène bouillant à 81°.

FORMATION. — 1° Comme il vient d'être dit, il se produit en petite quantité de l'hexahydrobenzène lorsqu'on chauffe en tube scellé, avec l'acide iodhydrique fumant, le benzène (Wreden) ou le phénol (Baeyer).

2° Le bibromure d'hexaméthylène, en solution dans le m-xylène, perd son brome quand on le traite par le sodium et donne l'hexahydrobenzène [Haworth et Perkin, *Chem. Soc.*, **65**, 591].

$$\begin{matrix} CH^2-CH^2-CH^2.Br \\ | \\ CH^2-CH^2-CH^2.Br \end{matrix} + 2Na = 2NaBr + \begin{matrix} CH^2-CH^2-CH^2 \\ | \qquad\qquad | \\ CH^2-CH^2-CH^2 \end{matrix}$$

Pour effectuer cette réaction, on fait une solution de 20 grammes de bromure d'hexaméthylène dans 20 grammes de m-xylène et on la verse, goutte à goutte, sur du sodium en poudre maintenu sous une couche de m-xylène [Perkin, *D. chem. G.*, **27**, 217].

3° M. von Baeyer l'a obtenu en réduisant son dérivé mono-iodé par la poudre de zinc et l'acide acétique [*Ann. Chem.*, **278**, 88], auxquels on peut substituer le zinc et l'acide chlorhydrique [Zelinski, *D. chem. G.*, **28**, 1022]. Cette synthèse de l'hexahydrobenzène en partant d'un composé de la série grasse a été réalisée en traitant d'abord par l'acide sulfurique concentré l'*éther succinylsuccinique*, qui se transforme sous l'influence de cet agent en *dicétohexaméthylène* $C^6H^8O^2$. Ce dernier composé est transformé par l'amalgame de sodium et l'eau en alcool diatomique correspondant, la *quinite* ou *dioxyhexaméthylène*

$$OH-C^6H^{10}-OH.$$

La quinite, traitée par l'acide iodhydrique, donne l'éther iodhydrique correspondant

$$OH-C^6H^{10}-I,$$

dont la réduction produit l'*oxyhexaméthylène* ou *hexahydrophénol*, $OH-C^6H^{11}$. Enfin, ce dernier composé, traité de même successivement par l'acide iodhydrique et les réducteurs, se transforme en hexaméthylène C^6H^{12} (Baeyer).

PRÉPARATION. — MM. Sabatier et Senderens [*C. R.*, **132**, 210] le préparent en faisant passer sur du nickel, récemment réduit de son oxyde par l'hydrogène et chauffé à 180°, un courant d'hydrogène saturé de vapeur de benzène. Avec une traînée de métal occupant dans le tube une longueur de 30 centimètres et une vitesse initiale de l'hydrogène d'environ 60 centimètres cubes par minute, l'hydrogénation du benzène se produit totalement conformément à l'équation :

$$C^6H^6 + 6H = C^6H^{12}.$$

On condense l'hexahydrobenzène en faisant arriver le gaz dans un tube refroidi à 0°.

La réaction, qui commence à se produire lentement dès la température de 70°, s'effectue très commodément entre 170 et 200°.

L'appareil, une fois installé, peut fonctionner presque sans surveillance pendant longtemps. Il y a lieu d'éviter absolument l'accès de l'air dans l'appareil.

La réaction est la même lorsque, dans le mélange soumis à l'influence du métal à 180-200°, il y a un excès de benzène. Dans ce cas le volume de l'hydrogène est fortement diminué par le fait de la combinaison. Le liquide condensé est alors un mélange d'hexahydrobenzène et de benzène, sans aucune trace de produits intermédiaires : le cyclohexane peut en être retiré par l'emploi du mélange d'acide nitrique et d'acide sulfurique, qui attaque seulement le benzène.

En opérant, comme il a été dit plus haut, sur de l'hydrogène saturé à froid de benzène, la réaction est complète à 200°. Mais si la température du métal surpasse 300°, on n'observe plus la formation d'hexahydrobenzène : c'est que, au-dessus de 300° et en présence du nickel, ce carbure est détruit avec dépôt de charbon et formation de gaz, surtout constitués par du méthane.

PROPRIÉTÉS. — L'hexahydrobenzène est un liquide incolore, d'odeur éthérée agréable, rappelant à la fois celles du chloroforme et de l'essence de roses. Il fond à 81° sous la pression de 755 millimètres et se congèle facilement dans la glace en cristaux mous, qui fondent à $+60°,5$. Sa densité à 0° est 0,7808 (Sabatier et Senderens).

Ce carbure n'est attaqué à froid ni par l'acide azotique fumant, ni par le mélange des acides azotique et sulfurique; à la température de 100°, l'acide azotique d'une densité de 1,5 l'oxyde, au contraire, et le transforme en acide adipique $C^6H^{10}O^4$. Le chlore se substitue graduellement à l'hydrogène de ce carbure dès la température ordinaire; le brome ne réagit sur lui que vers 100-110°, en donnant naissance à divers composés bromés. En présence du bromure d'aluminium, il se forme les dérivés bromés du méthylpentaméthylène. Chauffé avec l'acide iodhydrique fumant, en tube scellé, il n'est pas altéré; cet agent transforme au contraire ses dérivés de substitution mono-iodés ou monochlorés en méthylpentaméthylène (Markownikoff).

Dérivés chlorés.

Hexahydrobenzène monochloré, $C^6H^{11}Cl$. — On le prépare en faisant réagir le chlore sur l'hexahydrobenzène, à la température ordinaire et à la lumière diffuse [Fortey, *Chem. Soc.*, **73**, 940. — Markownikoff, *Ann. Chem.*, **302**, 9].

On peut encore l'obtenir en faisant réagir l'acide chlorhydrique fumant sur le cyclohexanol ou sur le cyclohexène.

C'est un liquide incolore, qui se conserve tel quand il est pur et sec. En présence d'une trace d'eau ou d'acide chlorhydrique, au contraire, il jaunit puis brunit bientôt. Son odeur est forte et brûlante. Il bout à 143°; sa densité à 15° est 0,978; son indice de réfraction $n_D = 1,45552$.

La potasse alcoolique le décompose assez difficilement en lui enlevant les éléments de l'acide chlorhydrique et donnant naissance au cyclohexène C^6H^{10}. Le couple zinc-cuivre ne le transforme que très difficilement en cyclohexane; il se forme surtout du cyclohexène.

En faisant réagir sur lui le zinc-méthyle, on obtient le méthylcyclohexane avec un peu de carbures incomplets. Le zinc-éthyle donne, au contraire, 30 0/0 d'éthylcyclohexane; il se forme en même temps beaucoup de cyclohexène, d'éthylène et de carbures saturés [Kursanoff, *D. chem. G.*, **32**, 2973].

Hexahydrobenzène dichloré, $C^6H^{10}Cl^2$. — Il se forme en même temps que le dérivé monochloré dans l'action du chlore sur l'hexahydrobenzène. Il bout à 193-194°; sa densité à 15° est 1,1678, son indice de réfraction $n_D = 1,48862$ (Fortey).

Hexahydrobenzène hexachloré. — *Hexachlorure de benzène*, $C^6H^6Cl^6$. — [Voy. Dict., **1**, 528; 1er Suppl., **1**, 275; 2e Suppl., **1**, 424]. — En réagissant au soleil sur le benzène monochloré, le chlore produit toute une série de composés chlorés parmi lesquels on a pu isoler l'*hexachlorure de benzène dichloré*, $C^6H^4Cl^8$, déjà décrit et les *hexachlorures de benzène monochlorés* α et β. Ceux-ci se produisent surtout en abondance lorsqu'on sature le benzène de chlore en présence d'une solution de carbonate de soude à 1 ou 2 0/0 [Matthews, *Chem. Soc.*, **61**, 104], le vase à réaction étant placé au soleil. Pour séparer les deux isomères, on distille le produit dans un courant de vapeur d'eau qui entraîne seulement le dérivé α. On purifie le produit par plusieurs cristallisations dans l'alcool en séparant chaque fois les premiers cristaux formés, qui renferment l'isomère β.

Le dérivé α fond à 146°; il est assez soluble dans l'alcool et dans la ligroïne, très soluble dans le benzène. Lorsqu'on le chauffe avec précaution, il se sublime sans s'altérer. La potasse alcoolique lui enlève les éléments de l'acide chlorhydrique en le transformant en benzène tétrachloré 1.2.3.5, $C^6H^2Cl^4$.

Traité en solution alcoolique par la poudre de zinc, il reproduit le benzène monochloré C^6H^5Cl.

Le dérivé β a déjà été décrit [Dict., **1**, 529].

On connaît enfin un *hexachlorure de benzène trichloré*, $C^6H^3Cl^9$, déjà décrit [2e Suppl., **1**, 425].

Dérivés bromés.

Hexahydrobenzène monobromé, $C^6H^{11}Br$. — On l'obtient en chauffant en tube scellé au bain-marie, pendant une heure, un mélange de cyclohexanol avec cinq fois son volume d'acide bromhydrique fumant [Baeyer, *Chem. Ann.*, **278**, 107].

On peut aussi l'obtenir en faisant réagir l'acide bromhydrique sur le tétrahydrobenzène [Fortey, *Chem. Soc.*, **73**, 946].

C'est un liquide incolore, bouillant à 165-166° sous 714 millimètres, en se décomposant très légèrement; sa densité à 15° est 1,329. L'ébullition avec la quinoléine le transforme en tétrahydrobenzène.

Hexahydrobenzène bibromé 1.2, $C^6H^{10}Br^2$. — M. von Baeyer l'a préparé en versant peu à peu dans une solution chloroformique de tétrahydrobenzène du brome, dissous lui-même dans le chloroforme, jusqu'à ce que le mélange se colore par un petit excès de brome. Il ne se dégage pas d'acide bromhydrique si l'on refroidit exactement. Par l'évaporation du chloroforme, on obtient le dérivé bromé sous la forme d'une huile assez fluide, bouillant avec légère décomposition à 215-220° sous 713 millimètres.

Chauffé avec la quinoléine ou bien avec la poudre de zinc, il régénère le tétrahydrobenzène [*Chem. Ann.* **278**, 108].

Hexahydrobenzène bibromé 1.4, $C^6H^{10}Br^2$. — *Isomère cis.* — Il se forme, en même temps que son isomère *trans*, dans l'action de l'acide bromhydrique sur la *quinite*, $OH_{(1)}-C^6H^8-OH_{(4)}$.

Cinq grammes de quinite *cis* ou *trans* sont chauffés en tube scellé, au bain-marie bouillant, pendant une heure, avec de l'acide bromhydrique fumant. On étend d'eau, on neutralise par le carbonate de soude et on épuise la solution avec de l'éther. L'isomère *cis* est liquide; on le sépare par essorage du dérivé *trans*, qui est solide.

Isomère trans. — Ce composé est purifié par cristallisation dans l'éther. Il fond à 113°. Chauffé à 190° avec la quinoléine, il donne le *dihydrobenzène* [Baeyer, *Chem. Ann.* **278**, 94].

Hexahydrobenzène tétrabromé, $C^6H^8Br^4$. — On ajoute peu à peu, en refroidissant, une solution chloroformique de brome à du dihydrobenzène dissous lui-même dans le chloroforme, jusqu'à ce que le mélange demeure coloré par le brome. On obtient, après évaporation du dissolvant, de beaux cristaux d'hexahydrobenzène tétrabromé, qu'on lave avec de l'alcool et que l'on purifie par cristallisation dans le chloroforme. Il forme de beaux cristaux octaédriques incolores, qui fondent à 184-185°.

La poudre de zinc et l'acide acétique le transforment en dihydrobenzène [Baeyer, *loc. cit.*].

Hexahydrobenzène hexabromé. — *Hexabromure de benzène*, $C^6H^6Br^6$. — Ce composé déjà décrit [Dict., **1**, 528] a été préparé par Mitscherlich par le même procédé que le dérivé chloré correspondant. Il est isomorphe avec l'hexachlorure α et fond à 122°.

MM. Orndorff et Howells [*Ann. Chem. Journ.*, **18**, 312] ont signalé un composé fondant à 253°, qui serait son isomère β; mais ils l'ont obtenu en si petite quantité, que son existence paraît bien problématique; d'autant plus que M. Mathews [*Chem. Soc.*, **73**, 243] a répété les expériences de ces savants sans pouvoir l'obtenir.

Dérivés iodés.

Hexahydrobenzène mono-iodé, $C^6H^{11}I$. — On l'obtient en chauffant en tube scellé, au bain-marie, l'hexahydrophénol avec environ cinq fois son volume d'acide iodhydrique fumant. On l'isole comme l'hexahydrobenzène bibromé 1.4 [Baeyer, *Chem. Ann.* **278**, 107].

On peut encore le préparer en chauffant à 145° en tube scellé le tétrahydrobenzène avec l'acide iodhydrique de densité 1,96 [Markownikoff, *Ann. Chem.*, **302**, 12].

C'est un liquide qui se colore rapidement en jaune à la lumière. Il bout au voisinage de 180°. Sa densité à 15° est 1,626.

Chauffé à 230° avec de l'acide iodhydrique fumant, il donne un carbure de formule $C^{12}H^{22}$ en même temps que du *méthylpentaméthylène*, $CH^3-C^5H^9$ [Zelinsky, *D. chem. G.*, **30**, 388].

Hexahydrobenzène diiodé 1.4, $C^6H^{10}I^2$. — Il se prépare comme le dérivé bromé correspondant, en substituant l'acide iodhydrique à l'acide bromhydrique.

On en connaît deux isomères : l'*isomère cis* est liquide; l'*isomère trans* est solide; cristallisé dans l'alcool, il fond à 144-145° (Baeyer).

Hexahydrobenzène chloro-iodé 1.2, $C^6H^{10}ICl$. — Le tétrahydrobenzène C^6H^{10}, traité par l'iode et le bichlorure de mercure en solution dans l'éther, donne naissance à l'hexahydrobenzène chloro-iodé, $C^6H^{10}ICl$, par suite de la fixation des éléments du chlorure d'iode ICl sur le carbure :

$$2C^6H^{10} + HgCl^2 + I^4 = 2C^6H^{10}ICl + HgI^2.$$

Le composé ainsi obtenu est un liquide incolore, d'odeur camphrée, soluble dans l'éther et dans l'alcool, de densité 1,7608 à 14°. Il est très rapidement entraîné par la vapeur d'eau en se décomposant très légèrement. Il ne peut être distillé à la pression ordinaire, mais bout à 117-118° sous 14 millimètres de pression sans subir aucune altération [Brunel, *C. R.*, **135**, 1055].

Dérivé nitré.

Hexahydrobenzène mononitré, $C^6H^{11}AzO^2$. — Ce composé, le seul dérivé nitré connu de l'hexahydrobenzène, prend naissance en petite quantité quand on chauffe vers 120° l'hexahydrobenzène avec l'acide nitrique de densité 1,075.

Le rendement est d'environ 11 0/0; la plus grande partie du carbure est transformée en *acide adipique*, $C^6H^{10}O^4$. Il est liquide, incolore, possède une odeur analogue à celle du nitrobenzène et se solidifie à — 34°. Il se décompose déjà à 100° et entre en ébullition vers 205°. Sa densité est à 0° de 1,0759 et à 15° de 1,0616. Il est assez soluble dans l'acide nitrique et donne avec l'alcoolate de soude un précipité blanc, cristallin, très soluble dans l'eau. Les agents de réduction le transforment en amine correspondante, l'*amidohexaméthylène* $C^6H^{11}-AzH^2$. Lorsque le réducteur employé est la poudre de zinc en présence d'acide acétique, ce dérivé nitré se transforme pour la plus grande partie en *cétohexaméthylène* $C^6H^{10}O$ [Markownikoff, *Ann. Chem.*, **302**, 15].

HEXAHYDROTOLUÈNE, $C^6H^{11}-CH^3$.

MÉTHYLHEXAMÉTHYLÈNE, MÉTHYLCYCLOHEXANE, HEPTANAPHTÈNE.

On rencontre l'hexahydrotoluène dans les pétroles du Caucase [Milkowski, *Journ. Soc. phys. chim. rus.*, **17**, 37] et dans les pétroles d'Amérique [Young, *Chem. Soc.*, **73**, 906].

FORMATION. — On le rencontre dans les huiles de résine [Renard, *loc. cit.*], dans les produits de l'action de l'acide iodhydrique sur le toluène [Wreden, *Ann. Chem.*, **187**, 161], sur le subérane ou cycloheptane $(CH^2)^7$ [Markownikoff, *D. chem. G.*, **30**, 1214], ou encore sur l'alcool subérylique [*Journ. Soc. phys. chim. rus.*, **25**, 551].

Il se produit encore dans la réduction, par la poudre de zinc et l'acide acétique, des iodures correspondants préparés au moyen des trois méthylcyclohexanols $CH^3-C^6H^{10}-I$ [Knœvenagel, *Ann. Chem.*, **297**, 130; Wallach, *ibid.*, 338; Zelinsky, *Journ. Soc. phys. chim. rus.*, **29**, 275]. On peut aussi l'obtenir en réduisant par le zinc et l'acide chlorhydrique l'hexahydrotoluène bromé [Zelinsky, *D. chem. G.*, **30**, 1537].

L'hexahydrobenzène monochloré, chauffé avec le zinc-méthyle, en fournit une petite quantité [Kursanoff, *ibid.*, **32**, 2973].

L'oxydation de la 1 *méthylcyclohexylhydrazine* 3 par le ferricyanure de potassium en liqueur alcaline [Kijner, *Journ. Soc. phys. chim. rus.*, **31**, 1038], la distillation de l'acide hexahydro-o-toluique avec le chlorure de zinc [Kijner, *Ann. Chem.*, **300**, 161] donnent aussi naissance à l'hexahydrotoluène.

Enfin le traitement par l'acide sulfurique du *tétrahydrotoluène* fournit une certaine quantité de ce carbure, en même temps que d'autres produits [Renard, Maquenne, *loc. cit.*].

PRÉPARATION. — On le prépare en hydrogénant le toluène par la méthode de MM. Sabatier et Senderens, déjà décrite aux généralités et à propos de l'hexahydrobenzène.

PROPRIÉTÉS. — L'hexahydrotoluène est un liquide incolore, dont l'odeur diffère peu de celle de l'hexahydrobenzène. Il bout à 100°,1 ; sa densité à 0° est de 0,7859. Le brome seul est sans action sur lui; mais en présence du bromure d'aluminium, ce métalloïde le transforme en pentabromotoluène, $CH^3-C^6Br^5$, fusible à 282°.

L'acide azotique fumant, exempt de vapeurs nitreuses, ne le dissout que par un contact prolongé.

Dérivés chlorés.

Parmi les dérivés chlorés de l'hexahydrotoluène, il en est deux dont on ne connaît pas encore la constitution; ce sont :

1° L'*hexahydrotoluène monochloré* $C^7H^{13}Cl$, que M. Spindler a obtenu en faisant réagir le chlore sur l'hexahydrotoluène [*Journ. Soc. phys. chim. rus.*, **23**, 41]. Ce composé est liquide, incolore; il bout à 158°; sa densité est à 0° de 0,9769 et à 20° de 0,9589. Chauffé avec les dissolutions alcooliques de potasse, d'azotate de plomb ou d'acétate de potassium, il perd une molécule d'acide chlorhydrique et donne un tétrahydrotoluène C^7H^{12}. Chauffé à 250°, en tube scellé pendant 24 heures, avec l'acide iodhydrique d'une densité de 1,96, il donne naissance à divers carbures parmi lesquels on a pu caractériser l'hexahydrotoluène et le diméthylpentaméthylène [Markownikoff, *D. chem. G.*, 1217].

2° *L'hexahydrotoluène monochloré*, $C^7H^{13}Cl$, que M. Maquenne a préparé sous le nom de *chlorhydrate d'heptine* en chauffant à 150° avec l'acide chlorhydrique le tétrahydrotoluène C^7H^{12} ou heptine provenant de la *perséite*. Ce composé chloré bout à 140° en se décomposant ou encore à 50-55° dans le vide [*Ann. Chim. Phys.*, (6), **19**, 23].

Hexahydrotoluène chloré 1.1,

$$CH^3_{(1)} - C^6H^{10} - Cl_{(1)}.$$

— MM. E. Markownikoff et Escherdynzeff l'ont obtenu en faisant réagir l'acide chlorhydrique sur l'alcool correspondant, préparé lui-même au moyen de l'*amidohexahydrotoluène*

$$CH^3_{(1)} - C^6H^{10} - AzH^2_{(1)},$$

dont il est parlé plus bas à propos du nitrohexahydrotoluène [*Journ. Soc. phys. chim. rus.*, **32**, 302; *Bull. Soc. Chim.*, (3), **26**, 36].

C'est un liquide incolore, bouillant à 53-55° sous 40 millimètres, ou à 148-151°, avec décomposition partielle, sous la pression normale.

Hexahydrotoluène chloré 1.3,

$$CH^3_{(1)} - C^6H^{10} - Cl_{(3)}.$$

— Il se prépare en chauffant pendant deux ou trois heures à 100° le méthylcyclohexanol 3 avec cinq fois son volume d'acide chlorhydrique concentré [Knœvenagel, *Ann. Chem.*, **297**, 153].

Il est liquide, de consistance huileuse; sa densité à 15° est de 0,9706; il bout à 56-57° sous 10 millimètres.

Hexahydrotoluène dichloré 1.3.3,

$$CH^3_{(1)} - C^6H^9 - Cl^2_{(3.3)}.$$

— On le prépare au moyen de la 1 *méthylcyclohexanone* 3, issue elle-même de la *pulégone*

$$\begin{matrix} & CH^2 - CH^2 & \\ {CH^3 \atop CH^3} > C = C\langle & & \rangle CH - CH^3 \\ & CO - CH^2 & \end{matrix}$$

Pulégone.

$$\begin{matrix} & CH^2 - CH^2 & \\ CH^2\langle & & \rangle CH\text{-}CH^3 \\ & CO - CH^2 & \end{matrix} \qquad \begin{matrix} & CH^2 - CH^2 & \\ CH^2\langle & & \rangle CH - CH^3 \\ & CCl^2 - CH^2 & \end{matrix}$$

Méthylcyclohexanone. — Hexahydrotoluène dichloré 1.3.3.

Pour cela, on fait réagir 15 grammes de perchlorure de phosphore sur 10 grammes de méthylcyclohexanone dissoute dans l'éther de pétrole, en ayant soin de refroidir exactement. On jette ensuite sur la glace pilée le produit de la réaction : l'hexahydrotoluène dichloré se sépare sous forme huileuse.

Ce composé est très instable et perd facilement une molécule d'acide chlorhydrique en donnant un *tétrahydrotoluène monochloré* [Klages, *D. chem. G.*, **32**, 2568].

Dérivés bromés, iodés, nitrés.

Hexahydrotoluène monobromé 1.3,

$$CH^3_{(1)} - C^6H^{10} - Br_{(3)}.$$

— On l'obtient au moyen du 1 *méthylcyclohexanol* 3, soit en le chauffant à 100° avec l'acide bromhydrique concentré, soit en le traitant à la température ordinaire par l'acide bromhydrique saturé à 0°; dans ce dernier cas, la transformation est totale. Au commencement de la réaction, l'alcool se dissout dans l'acide bromhydrique, puis, après quelques heures de contact, on voit le mélange se séparer en trois couches, dont l'intermédiaire diminue peu à peu. Quand elle a disparu, la réaction est terminée.

L'hexahydrotoluène monobromé est un liquide incolore, bouillant à 60° sous 11 millimètres de pression. A 20° sa densité est de 1,2595, son indice de réfraction $n_D = 1,49794$. Il est dextrogyre : $[\alpha]_D = +1°,23$.

La potasse alcoolique le transforme, à la température du bain-marie, en tétrahydrotoluène bouillant à 103°,25-103°,5 sous 752 millimètres de pression [Kondakoff et Schindelmeiser, *J. prakt. Chem.*, **61**, 477].

Hexahydrotoluène bibromé, $CH^3 - C^6H^9 - Br^2$.

— Il prend naissance lorsqu'on ajoute, en refroidissant avec soin, 1 molécule de brome dissous dans le chloroforme au méthylcyclohexène, dilué lui-même dans le même dissolvant.

C'est un liquide incolore, devenant rapidement vert-clair, puis de plus en plus foncé. Il bout à 117-118° sous 20 millimètres de pression.

Sa constitution est encore indéterminée; le carbure générateur étant le méthylcyclohexène Δ^2 ou Δ^3, les 2 atomes de brome peuvent être situés en 2.3 ou en 3.4 [Knœvenagel, *Ann. Chem.*, **297**, 159].

Hexahydrotoluène iodé 1.3,

$$CH^3_{(1)} - C^6H^{10} - I_{(3)}.$$

— M. Knœvenagel [*Ann. Chem.*, **297**, 154] l'a obtenu en chauffant à 100° en tube scellé le *méthylcyclohexanol* correspondant avec l'acide iodhydrique fumant.

C'est un liquide incolore, brunissant à la lumière. Il ne peut être distillé sans décomposition sous la pression normale, et bout à 82-83° sous 10 millimètres. Sa densité à 15° est de 1,5516.

Le même dérivé iodé a été obtenu par M. Wallach [*Ann. Chem.*, **289**, 343), en partant de la *pulégone*.

Chauffé à haute température avec l'acide iodhydrique, il donne le méthylcyclohexane et son isomère, le diméthylcyclopentane [Zelinsky, *D. chem. G.*, **30**, 1534].

Hexahydrotoluène nitré 1.1,

$$CH^3_{(1)} - C^6H^{10} - AzO^2.$$

— Ce composé s'obtient en faisant réagir l'acide azotique sur l'hexahydrotoluène.

C'est un liquide incolore, dont l'odeur rappelle celle de la térébenthine; lorsqu'on le refroidit, il se solidifie en une masse vitreuse fondant à — 17°. Il bout à 109-110° sous 40 millimètres de pression; sa densité est à 0° de 1,0367 et à 20° de 1,025.

L'acide nitreux le transforme en l'*amine* correspondante, $CH^3_{(1)} - C^6H^{10} - AzH^2_{(1)}$, liquide incolore, huileux, bouillant à 141° et se solidifiant en une masse vitreuse fusible à — 96°.

Les *sels* de cette amine sont assez solubles dans l'eau; les moins solubles sont le sulfate et l'oxalate. Le *chloroplatinate* contient 1 molécule d'eau de cristallisation et cristallise en beaux octaèdres de couleur rouge-brique. Le *chloraurate*, en aiguilles d'un jaune d'or, est beaucoup moins soluble dans l'eau que le précédent.

Fait-on réagir sur un sel de cette amine l'azotite de soude, on obtient le *méthylcyclohexanol* tertiaire correspondant, $CH^3_{(1)} - C^6H^{10} - OH_{(1)}$, en même temps que le Δ^1-*tétrahydrotoluène* C^7H^{12}.

HEXAHYDRO-O-XYLÈNE, $CH^3_{(1)}-C^6H^{10}-CH^3_{(2)}$.

1.2 DIMÉTHYLCYCLOHEXANE, DIMÉTHYLHEXAMÉTHYLÈNE 1.2.

MM. Sabatier et Senderens l'ont obtenu par leur méthode générale, en faisant passer sur du nickel chauffé un mélange d'hydrogène et de vapeur d'o-xylène.

C'est un liquide incolore, possédant une odeur un peu camphrée, bouillant à 126°. Sa densité à 0° est de 0,8008.

HEXAHYDRO-M-XYLÈNE, $CH^3_{(1)}-C^6H^{10}-CH^3_{(3)}$.

1.3 DIMÉTHYLCYCLOHEXANE, OCTONAPHTÈNE, DIMÉTHYLHEXAMÉTHYLÈNE 1.3.

Ce carbure a été rencontré dans le pétrole de Bakou [Beilstein et Kourbatoff, *D. chem. G.*, **13**, 1820] et dans les huiles de résine [Renard, *Ann. Chim. Phys.*, (6), **1**, 229].

Il prend naissance avec d'autres composés :

1° Lorsqu'on traite par l'acide iodhydrique fumant le *m-xylène* C^8H^{10} et l'*acide camphorique* $C^{10}H^{14}O^2$ [Dict., **3**, 735].

2° Lorsqu'on chauffe avec l'acide iodhydrique et le phosphore rouge l'*acide heptanaphtènecarbonique*, $CH^3-C^6H^{10}-CO^2H$, d'abord à 210°, puis à 220°, enfin à 240° [Aschan, *D. chem. G.*, **24**, 2718].

3° L'*acide camphopyrique*, $C^9H^{14}O^4$, chauffé avec le même réactif, donne aussi naissance à une certaine quantité d'hexahydro-m-xylène [Marsh et Gardner, *Chem. Soc.*, **69**, 81].

4° On l'obtient à l'état de pureté au moyen des *diméthyl* 1.3-*cyclohexanols* [Zelinsky, *D. chem. G.*, **28**, 780. — Knœvenagel, *Ann. Chem.*, **297**, 167].

PRÉPARATION. — Pour le préparer, on a recours à la méthode de MM. Sabatier et Senderens (voyez plus haut).

PROPRIÉTÉS. — L'hexahydro-m-xylène est un liquide incolore, dont l'odeur rappelle le moisi; il bout à 121°. Sa densité à 0° est de 0,7874.

Chauffé avec un mélange d'acide sulfurique et d'acide nitrique, il se transforme partiellement en *trinitro-m-xylène* fondant à 175°. Si on le chauffe à 220° avec du soufre, il perd 6 atomes d'hydrogène et donne un peu de *m-xylène*, C^8H^{10}; en le traitant pendant longtemps par un excès d'acide sulfurique fumant, on obtient un peu des dérivés sulfonés du m-xylène [Markownikoff et Spadi, *D. chem. G.*, **20**, 1850]. Le brome, en présence du bromure d'aluminium, le transforme en *tribromo-m-xylene*, fondant à 241°.

Dérivés halogénés.

Hexahydro-m-xylène chloré, $C^8H^{15}Cl$. — En faisant réagir le chlore sur l'*octonaphtène* du pétrole, M. Markownikoff [*D. chem. G.*, **30**, 1219] a obtenu ce dérivé monochloré qui bout à 173-175°. Mis à bouillir en solution benzénique avec la poudre de zinc, il donne naissance à deux octonaphtylènes isomériques, C^8H^{14}, en même temps qu'au dioctonaphtylène $C^{16}H^{30}$ [Shukowski, *Journ. Soc. phys. chim. russe*, **27**, 303].

Chauffé pendant 10 heures à 250-260° avec l'acide iodhydrique d'une densité de 1,96, il se transforme en hexahydro-m-xylène et en d'autres carbures, parmi lesquels se trouve très probablement le *méthylpentaméthylène*.

Hexahydro-m-xylène monobromé, $C^8H^{15}Br$. — On l'obtient en chauffant à 100° avec l'acide bromhydrique fumant le 1.3 *diméthylcyclohexanol* 5, issu lui-même de l'hydrogénation de l'*hexénone* ou de l'*hexanone* correspondante [Knœvenagel, *Ann. Chem.*, **297**, 162]. C'est un liquide incolore qui bout à 67-69° sous une pression de 6 millimètres; il bout à 185-190°, en se décomposant, sous la pression ordinaire. Sa densité à 15° est 1,2037.

Hexahydro-m-xylène mono-iodé, $C^8H^{15}I$. — Il se prépare comme le dérivé bromé correspondant, en substituant l'acide iodhydrique à l'acide bromhydrique.

C'est une huile d'un jaune clair, bouillant à 92-93° sous 10 millimètres de pression. Sa densité à 15° est de 1,4390.

HEXAHYDRO-P-XYLÈNE, $CH^3_{(1)}-C^6H^{10}-CH^3_{(4)}$.

1.4 DIMÉTHYLCYCLOHEXANE, DIMÉTHYLHEXAMÉTHYLÈNE 1.4.

Le carbure décrit sous ce nom [1er Suppl., 1661], et que M. Schiff a obtenu en chauffant à 160° le *camphre bromé* avec le chlorure de zinc, bout à une température beaucoup trop élevée (137°,6) pour qu'il puisse être identique à l'hexahydro-p-xylène dont le point d'ébullition est 120°. Sa densité 0,7956 est aussi beaucoup trop élevée.

FORMATION. — MM. Zelinski et Naumoff [*D. chem. G.*, **34**, 3206] l'obtiennent à l'état de pureté au moyen de la *diméthylquinite*

$$CH^3_{(1)}-C^6H^8(OH)^2-CH^3_{(4)},$$

en réduisant par l'hydrure de palladium son éther diiodhydrique. On prépare d'abord celui-ci en chauffant la diméthylquinite à 100° avec l'acide iodhydrique concentré; pour obtenir ensuite sa transformation en hexahydro-p-xylène, on se sert d'un ballon, relié à un réfrigérant à reflux, dans lequel on introduit des copeaux de zinc, du palladium et un peu d'alcool méthylique. On ajoute ensuite de l'acide chlorhydrique; puis, au moyen d'un entonnoir à robinet, on verse peu à peu l'éther diiodhydrique de la quinite; on ajoute enfin un peu d'acide chlorhydrique concentré. La réaction s'effectue rapidement; pour l'achever, on fait bouillir une demi-heure à reflux, puis l'on distille à la vapeur. Le carbure surnageant le distillat est privé des impuretés qu'il renferme par agitation avec de l'acide sulfurique concentré, puis avec une dissolution de permanganate de potasse à 1 0/0, en présence d'un peu de carbonate de sodium. Le carbure est ensuite rectifié.

PRÉPARATION. — On le prépare beaucoup plus facilement en hydrogénant le p-xylène par la méthode de MM. Sabatier et Senderens, déjà décrite aux généralités et à propos de l'hexahydrobenzène.

PROPRIÉTÉS. — C'est un liquide incolore, dont l'odeur rappelle le fenouil, qui bout à 120°, et dont la densité à 0° est de 0,7866.

Il se dissout facilement dans le mélange d'acide azotique et d'acide sulfurique légèrement chauffé.

L'acide azotique monohydraté réagit facilement sur lui et, par addition d'eau au mélange, on obtient à l'état cristallin le *trinitro-p-xylène*.

Le brome, en présence du bromure d'aluminium, le transforme en *tétrabromo-p-xylène* fondant à 252-253°.

Dérivés halogénés.

Hexahydro-p-xylène bibromé 1.4.2.5,

$$(CH^3)^2_{(1.4)}=C^6H^8=Br^2_{(2.5)}.$$

— MM. Zelinski et Naumoff (*loc. cit.*) l'obtiennent en chauffant quelque temps à 100°, en tube scellé, la *diméthylquinite* avec l'acide bromhydrique saturé à 0°.

Il se produit ainsi deux isomères stéréochimiques, dont l'un est liquide et l'autre solide. Ce dernier fond à 93-94°; ses cristaux se subliment déjà à la température ordinaire et se condensent en prismes rhombiques.

Hexahydro-p-xylène biiodé 1.4.2.5,

$$(CH^3)^2_{(1.4)} = C^6H^8 = I^2_{(2.5)}.$$

— Ce composé se forme comme le précédent, en substituant l'acide iodhydrique à l'acide bromhydrique.

C'est un liquide épais, que la réduction par le palladium hydrogéné transforme en *hexahydro-p-xylène*.

HEXAHYDROÉTHYLBENZÈNE, $C^6H^{11} - C^2H^5$.

ÉTHYLCYCLOHEXANE, ÉTHYLHEXAMÉTHYLÈNE.

Ce carbure se forme en petite quantité, en même temps qu'un certain nombre d'autres, lorsqu'on fait réagir le *zinc-éthyle* sur l'*hexahydrobenzène monochloré* [Koursanoff, *D. chem. G.*, **32**, 2973].

PRÉPARATION. — On l'obtient beaucoup plus facilement en réduisant par l'hydrogène, en présence du nickel chauffé à 180°, soit le *styrolène* $C^6H^5 - CH = CH^2$, soit le *phénylacétylène*

$$C^6H^5 - C \equiv CH$$

[Sabatier et Senderens, *Bull. Soc. Chim.*, (3), **25**, 610; *C. R.*, **135**, 88].

PROPRIÉTÉS. — L'hexahydroéthylbenzène est un liquide incolore, qui bout à 130°; sa densité à 0° est de 0,8025. Peut-être ce carbure forme-t-il la partie principale du carbure obtenu par M. Francesconi [*Gazz. chim. ital.*, **29**, (2), 249], en réduisant par l'acide iodhydrique la *santorone* $C^{6}H^{14}O$, et nommé par lui *santorène*.

HEXAHYDROMÉSITYLÈNE, $C^6H^9 \equiv (CH^3)^3_{(1.3.5)}$.

TRIMÉTHYL 1.3.5-CYCLOHEXANE, TRIMÉTHYLHEXAMÉTHYLÈNE 1.3.5.

FORMATION. — 1° L'hexahydromésitylène se forme lorsqu'on chauffe à 280° le *mésitylène* ou triméthylbenzène symétrique avec l'iodure de phosphonium [von Baeyer, *Ann. Chem.*, **155**, 273].

2° Il se produit, en même temps que le pseudocumène et un peu de mésitylène, lorsqu'on chauffe à 180° l'*acide campholique* avec l'acide iodhydrique (D = 2) [Guerbet, *Ann. Chim. Phys.*, (7), **4**, 296].

PRÉPARATION. — La meilleure manière de l'obtenir en abondance, et à l'état de pureté, consiste à hydrogéner le *mésitylène* par la méthode de MM. Sabatier et Senderens, déjà décrite [*C. R.*, **132**, 1255].

PROPRIÉTÉS. — C'est un liquide incolore, très mobile, bouillant à 137-139. Sa densité à 0° est de 0,7884.

L'acide nitrique fumant ne l'attaque pas à froid; à chaud il donne avec lui une petite quantité de *trinitromésitylène* fusible à 232°. Ce composé se forme encore lorsqu'on chauffe le carbure avec le mélange des acides sulfurique et nitrique.

Hexahydromésitylène chloré, $C^9H^{17}Cl$. — En faisant passer un courant de chlore dans l'hexahydromésitylène, additionné d'un peu d'iode et exposé au soleil, on obtient le carbure monochloré, liquide incolore lorsqu'il vient d'être préparé, mais se colorant fortement à la longue; il bout à 189-192° [Guerbet, *Ann. Chim. Phys.*, (7), **4**, 299].

HEXAHYDROPSEUDOCUMÈNE, $C^6H^9 \equiv (CH^3)^3_{(1.3.4)}$.

TRIMÉTHYL 1.3.4-CYCLOHEXANE, TRIMÉTHYLHEXAMÉTHYLÈNE 1.3.4, NONONAPHTÈNE.

On le rencontre dans le pétrole de Bakou [Markownikoff et Ogloblinc, *Journ. Soc. phys. chim. russe*, **15**, 331].

FORMATION. — Il se forme :

1° Lorsqu'on chauffe à 280° le *pseudocumène* avec l'acide iodhydrique (D = 2) et le phosphore rouge [Konowaloff, *ibid.*, **19**, 255].

2° Dans l'action du même réactif sur le *campholène* C^9H^{16}, provenant de l'acide campholique; ou encore en faisant réagir sur ce même carbure l'acide sulfurique concentré [Guerbet, *Ann. Chim. Phys.*, (7), **4**, 345, 352].

3° Le *triméthyl* 1.3.4-*cyclohexanol*, préparé en partant de l'acide *triméthylpimélique*, donne encore par réduction l'hexahydropseudocumène [Zelinsky et Reformastky, *D. chem. G.*, **29**, 214].

PRÉPARATION. — La meilleure manière de le préparer consiste à hydrogéner le *pseudocumène* par la méthode de MM. Sabatier et Senderens, déjà décrite aux généralités et à propos de l'hexahydrobenzène.

PROPRIÉTÉS. — L'hexahydropseudocumène est un liquide incolore qui bout à 143-144°. Sa densité à 0° est de 0,8052.

Chauffé à 120-130° avec l'acide azotique étendu, il donne des dérivés nitrés, qui seront décrits plus bas. Chauffé avec le mélange d'acide nitrique et d'acide sulfurique, il donne une très petite proportion de *trinitropseudocumène* fondant à 185°.

Le brome et le bromure d'aluminium le transforment presque quantitativement en *tribromopseudocumène* fondant à 233°.

Dérivés halogénés.

Hexahydropseudocumène monochloré, $C^9H^{17}Cl$. — On l'obtient en faisant passer un courant de chlore dans le nononaphtène du pétrole, porté à l'ébullition.

C'est un liquide bouillant à 182-188°.

L'acétate d'argent le convertit en un *acétate* de la formule $C^9H^{17}.C^2H^3O^2$, qui bout à 200-203°. Avec l'hydrate d'oxyde de plomb, le nononaphtène chloré donne un alcool secondaire de la formule $C^9H^{17}.OH$, qui bout à 185-195°. Dans ces deux réactions, une partie du carbure chloré perd de l'acide chlorhydrique en donnant le *tétrahydropseudocumène* [Konowaloff, *Journ. Soc. phys. chim. russe*, **16**, 296].

Hexahydropseudocumène iodé, $C^9H^{17}I$. — Il se forme en chauffant à 160° le dérivé chloré correspondant avec l'acide iodhydrique concentré. Il est liquide et bout à 108-111° sous 20 millimètres de pression. Sa densité à 0° est de 1,4228. L'oxyde d'argent le transforme en un carbure C^9H^{16} [Konowaloff, *Journ. Soc. phys. chim. russe*, **22**, 123].

Hexahydropseudocumènes nitrés,

$$(CH^3)^3 \equiv C^6H^8 - AzO^2.$$

Lorsqu'on chauffe à 120-130° 4 centimètres cubes de nononaphtène avec 20 centimètres cubes d'acide azotique (D = 1,075), il se forme un produit huileux d'où l'on peut extraire deux composés définis : un dérivé mononitré *secondaire*, un dérivé mononitré *tertiaire* du carbure générateur. Pour cela, on rectifie le produit de la réaction et l'on recueille la fraction qui passe à la distillation de 155 à 165° sous 120 millimètres de pression. On chauffe ensuite pendant plusieurs jours au bain-marie cette fraction avec une dissolution de potasse au tiers, prise en excès; puis on abandonne le mélange à lui-même pendant deux semaines. Après ce temps, le dérivé tertiaire se sépare à la surface du liquide sous forme huileuse, tandis que le dérivé secondaire reste dissous; on le précipite par un courant d'hydrogène sulfuré.

Le *dérivé secondaire* reste liquide, même à — 18°; il bout à 130°,5 sous 40 millimètres de pression, et à 224-225°, en se décomposant partiellement, sous la pression normale. Sa densité à 0° est de 0,9947. Il est soluble dans la potasse; réduit par l'étain et l'acide chlorhydrique, il donne le dérivé aminé correspondant, en même temps qu'une acétone de formule $C^9H^{16}O$.

Le *dérivé tertiaire* reste liquide à — 18°; il bout à 129° sous 40 millimètres de pression, ou à 220-226°, avec décomposition partielle, sous la pression normale. Sa densité à 0° est 0,9766. Il est insoluble dans la potasse [Konowaloff, *Journ. Soc. phys. chim. russe*, **25**, 323, 411].

Hexahydropseudocumène bromonitré,

$$Br - C^9H^{16} - AzO^2.$$

— Il se prépare en additionnant de brome une solution du dérivé nitré secondaire dans une lessive de potasse, préalablement refroidie à 0°. Ce composé est liquide; sa densité à 0° est 1,3330.

HEXAHYDROTRIMÉTHYLBENZÈNE 1.3.3,

$$(CH^3)^3_{(1.3.3)} - C^6H^9$$

TRIMÉTHYL 1.3.3-CYCLOHEXANE, TRIMÉTHYLHEXAMÉTHYLÈNE 1.3.3.

PRÉPARATION. — Ce carbure s'obtient en faisant réagir l'hydrogène naissant sur le *triméthyliodocyclohexane* correspondant. On dissout 10 grammes de ce dérivé iodé dans 100 grammes d'acide acétique cristallisable, puis on ajoute peu à peu, en refroidissant, de l'eau et de la poudre de zinc. Après 24 heures de contact à la température ordinaire, on termine la réaction en chauffant pendant quelque temps au bain-marie. La solution acétique est abandonnée, puis neutralisée par le carbonate de soude. Pour détruire la petite quantité de composés non saturés qui souillent le carbure, on l'agite fortement avec une dissolution de permanganate, ajoutée peu à peu, jusqu'à ce que ce réactif ne se décolore plus. Le carbure surnageant est alors distillé à la vapeur, le distillat est additionné de carbonate de potasse, et le carbure qui vient surnager est décanté, desséché, puis rectifié sur le sodium [Knœvenagel, *Ann. Chem.*, **297**, 202].

PROPRIÉTÉS. — Ce carbure est un liquide incolore, de densité 0,7848 à 15°. Il bout à 137-138°,5. Son indice de réfraction est $n_D = 1,4324$.

Hexahydrotriméthylcyclohexane iodé 1.3.3.5, $(CH^3)^3_{(1.3.3)} \equiv C^6H^8 - I_{(5)}$. — On l'obtient en faisant réagir l'acide iodhydrique sur le *cis-dihydro-isophorol*

```
         CH² CH(CH³)
        /          \
CH(OH) <            > CH²
        \          /
         CH² C(CH³)²
```

Pour cela, 5 grammes de ce cyclohexanol sont chauffés durant 3 heures au bain-marie, en tube scellé, avec 25 centimètres cubes d'acide iodhydrique saturé à 0°. Le produit huileux qui en résulte est additionné d'éther, puis lavé avec une solution étendue de carbonate de soude et desséché sur le sulfate de soude. On chasse ensuite l'éther et on distille le résidu dans le vide. Pour séparer l'alcool non transformé, on chauffe le produit pendant une demi-heure à 130° avec l'anhydride phosphorique, qui transforme l'alcool en carbure éthylénique correspondant, et celui-ci est facile à séparer par distillation fractionnée de l'iodure cherché [Knœvenagel, *Ann. Chem.*, **297**, 201].

Ce dérivé iodé est un liquide à peine jaune, devenant rapidement brun à la lumière. Il bout à 97-98° sous 12 millimètres de pression. Sa densité à 20° est 1,3804.

Il sert à préparer l'hexahydrotriméthylbenzène 1.3.3.

HEXAHYDRO-O-MÉTHYLÉTHYLBENZÈNE,

$$CH^3_{(1)} - C^6H^{10} - C^2H^5_{(2)}$$

1 MÉTHYL-2 ÉTHYLCYCLOHEXANE, MÉTHYLÉTHYLHEXAMÉTHYLÈNE 1.2.

FORMATION. — La *méthyltétrahydrobenzène-méthylcétone*, réduite en solution aqueuse par le sodium, donne naissance au *méthylhexaméthylène-méthylcarbinol*

```
     CH² CH-CH³
    /          \
CH² <            > CH-CH(OH)-CH³.
    \          /
     CH² CH²
```

Or, cet alcool, chauffé d'abord à 100°, pendant quelque temps, avec de l'acide iodhydrique de densité 1,96, se transforme en éther iodhydrique correspondant. Si l'on chauffe ensuite ce composé à 238-260° pendant 8 à 10 heures avec l'acide iodhydrique additionné de phosphore rouge, on obtient l'*hexahydro-o méthyléthylbenzène*.

```
     CH² CH-CH³
    /          \
CH² <            > CH-C²H⁵
    \          /
     CH² CH²
```

C'est un liquide incolore, bouillant à 153° [Kipping et Perkin, *Chem. Soc.*, **59**, 227].

Le *dérivé iodé* qui sert à le préparer est liquide et bout à 178-180° sous 110 millimètres de pression [*ibid.*, **57**, 23].

HEXAHYDRO-P-MÉTHYLÉTHYLBENZÈNE,

$$CH^3_{(1)} - C^6H^{10} - C^2H^5_{(4)}$$

1 MÉTHYL-4 ÉTHYLCYCLOHEXANE, MÉTHYLÉTHYLHEXAMÉTHYLÈNE 1.4.

MM. Sabatier et Senderens l'ont préparé en hydrogénant le carbure benzénique correspondant en se servant de leur méthode générale, décrite plus haut aux généralités et à propos de l'hexahydrobenzène.

L'hexahydro-p-méthyléthylbenzène est un liquide incolore, qui bout à 150°; sa densité à 0° est 0,8041.

HEXAHYDROPROPYLBENZÈNE, $C^6H^{11} - C^3H^7$

PROPYLCYCLOHEXANE; PROPYLHEXAMÉTHYLÈNE.

On prépare ce carbure comme le précédent, en partant du carbure benzénique correspondant (Sabatier et Senderens).

M. Koursanoff [*D. chem. G.*, **34**, 2035] l'avait obtenu auparavant, en faisant réagir l'iodure de zinc-propyle, C^3H^7ZnI, sur l'hexaméthylène chloré, $C^6H^{11}Cl$; la réaction s'accomplit à 50 ou 60° en ajoutant peu à peu le chlorure à l'iodure; on chauffe ensuite le mélange à 80° pendant quelque temps. Le produit de la réaction est alors jeté sur la glace pilée; on sépare le carbure surnageant et on le purifie, d'abord en le distillant avec la vapeur d'eau, puis en le rectifiant.

L'hexahydropropylbenzène est un liquide incolore huileux, de densité 0,8091 à 0°. Il bout à 153-154°.

HEXAHYDRO-ISOPROPYLBENZÈNE,

HEXAHYDROCUMÈNE-MÉTHOÉTHYLCYCLOHEXANE,
ISOPROPYLHEXAMÉTHYLÈNE.

$$C^6H^{11}-CH<\begin{smallmatrix}CH^3\\CH^3\end{smallmatrix}$$

On le rencontre dans les huiles de résine [Renard, *Ann. Chim. Phys.*, (6), **1**, 229].

Il bout à 147-150°; sa densité à 20° est de 0,787.

CARBURES HEXAHYDROAROMATIQUES
DE LA FORMULE $C^{10}H^{20}$.

Il a été décrit un grand nombre de carbures possédant cette composition, et présentant les propriétés des carbures hexahydroaromatiques. Tous ceux qui dérivent du *menthol* ou des *terpènes* ne seront pas étudiés ici, nous ne ferons que les mentionner avec l'indication du nom sous lesquels on les trouvera dans le Dictionnaire.

HEXAHYDRO-P-CYMÈNE. — *Hexahydrométhyl-p-isopropylbenzène, 1 méthyl-4 méthoéthylcyclohexane, menthonaphtène, p-menthane, terpane*

$$CH^3_{(1)}-C^6H^{10}-CH_{(4)}<\begin{smallmatrix}CH^3\\CH^3\end{smallmatrix}$$

Voyez MENTHANE.

HYDRURE DE TERPILÈNE, $C^{10}H^{20}$. — Le carbure décrit sous ce nom [1er Suppl., 1529] est identique au précédent.

TÉTRAHYDRURE DE TÉRÉBENTHÈNE, $C^{10}H^{20}$. — Voyez TERPÈNES.

TÉTRAHYDROFENÈNE, $C^{10}H^{20}$. — Voyez FENÈNE (tétrahydro-) [2e Suppl., **4**, 5].

HEXAHYDRO-M-DIÉTHYLBENZÈNE,

1.3 DIÉTHYLCYCLOHEXANE, $C^2H^5_{(1)}-C^6H^{10}-C^2H^5_{(3)}$.

MM. Zelinsky et Rudewitsch l'obtiennent au moyen du *diéthyl 1.3-cyclohexanol 2*,

$$C^2H^5-CH\langle\begin{smallmatrix}CH(OH)-CH^2\\CH^2-CH-C^2H^5\end{smallmatrix}\rangle CH^2$$

Cet alcool, $C^{10}H^{19}OH$, chauffé à 100° pendant quelque temps avec l'acide iodhydrique d'une densité de 1,96, se transforme en iodure $C^{10}H^{19}I$, que l'on réduit en solution alcoolique par le zinc et l'acide chlorhydrique. On purifie ensuite le carbure en l'agitant successivement avec l'acide sulfurique, avec l'acide azotique, enfin en le lavant, le séchant et le rectifiant sur le sodium [*D. chem. G.*, **38**, 1343].

C'est un liquide incolore, à odeur de pétrole, bouillant à 169-171°. Sa densité à 22° est 0,7957, son indice de réfraction est à 20° $n_D = 1,4388$.

HEXAHYDRO-M-CYMÈNE,

1 MÉTHYL-3 MÉTHOÉTHYLCYCLOHEXANE, HEXAHYDROMÉTHYL-M-ISOPROPYLBENZÈNE, M-MENTHANE,

$$CH^3_{(1)}-C^6H^{10}-CH<\begin{smallmatrix}CH^3\\CH^3\end{smallmatrix}{}_{(3)}$$

— On l'obtient en réduisant son dérivé iodé par le zinc et l'acide acétique. On mélange 5 grammes de ce dérivé avec 50 grammes d'acide acétique cristallisable, et l'on y verse peu à peu, en refroidissant, de la poudre de zinc. Après 24 heures de repos en présence d'un excès de poudre de zinc, on chauffe au bain-marie pour achever la réaction. Quand tout l'iode a été enlevé par le zinc, on essore à la trompe, on lave avec un peu d'acide acétique, on étend la liqueur avec de l'eau, on la sature par un excès de lessive de soude qui dissout l'oxyde de zinc d'abord précipité, enfin on distille à la vapeur. Le distillat, additionné de carbonate de potasse, laisse séparer le carbure que l'on décante et qu'on lave avec une dissolution de permanganate de potasse pour détruire les carbures incomplets. On décolore avec un peu de bisulfite de soude, on distille de nouveau à la vapeur et on soumet le carbure ainsi purifié à la distillation fractionnée. On recueille la fraction 167-168°.

L'hexahydro-m-cymène est un liquide incolore, très mobile, ayant l'odeur de la ligroïne. Il bout à 167-168° sous 756 millimètres. Sa densité à 11° est 0,8033, son indice de réfraction est $n_D = 1,44204$ [Knœvenagel, *Ann. Chem.*, **297**, 174].

Hexahydro-m-cymène chloré symétrique,

$$CH^3_{(1)}-C^6H^9<\begin{smallmatrix}C^3H^7_{(3)}\\Cl_{(5)}\end{smallmatrix}$$

— Il se prépare en chauffant à 100° l'alcool correspondant avec environ 5 fois son volume d'acide chlorhydrique fumant. C'est une huile incolore, bouillant à 94-96° sous 12 millimètres. A la pression normale il ne distille qu'en se décomposant. Sa densité à 14° est de 0,972 [*Ann. Chem.*, **289**, 148; **297**, 171].

Hexahydro-m-cymène bromé symétrique,

$$CH^3_{(1)}-C^6H^{10}<\begin{smallmatrix}C^3H^7_{(3)}\\Br_{(5)}\end{smallmatrix}$$

— On l'obtient comme le dérivé chloré correspondant en substituant, dans sa préparation, l'acide bromhydrique à l'acide chlorhydrique.

C'est une huile incolore, distillant avec décomposition sous la pression normale et bouillant inaltérée à 104-106° sous 12 millimètres de pression. Sa densité à 15° est 1,1992 [*ibid.*, **289**, 149; et **297**, 171].

Hexahydro-m-cymène bibromé,

$$CH^3_{(1)}-C^6H^8Br^2-C^3H^7_{(3)}.$$

— Il se prépare en ajoutant peu à peu 1 molécule de brome, dissous dans le chloroforme, à 1 molécule de *tétrahydro-m-cymène*

$$CH^3_{(1)}-C^6H^8-C^3H^7_{(3)},$$

dilué dans le même dissolvant.

Ce dérivé bromé est un liquide huileux incolore, bouillant à 153-155° sous 19 millimètres, et se décomposant lorsqu'on essaie de le distiller sous pression normale. Sa densité à 16° est 1,521.

Hexahydro-m-cymène iodé,

$$CH^3_{(1)}-C^6H^9<\begin{smallmatrix}C^3H^7_{(3)}\\I_{(5)}\end{smallmatrix}$$

— On l'obtient comme le dérivé chloré correspondant en substituant, dans sa préparation, l'acide iodhydrique à l'acide chlorhydrique.

Récemment distillé, il est incolore; mais il brunit rapidement à la lumière. Il bout à 133-134° sous 12 millimètres de pression. Sa densité à 16° est 1,4016 [*ibid.*, **297**, 171].

DÉCANAPHTÈNE-α, $C^{10}H^{20}$.

Depuis l'article publié [2e Suppl., **3**, 4], M. Subkoff [*Journ. Soc. chim. phys. russe*,

25, 383] a étudié l'action du chlore sur le décanaphtène-α retiré du pétrole de Bakou. Il a obtenu un *décanaphtène monochloré*, $C^{10}H^{19}Cl$, qui bout à 206-209°, dont la densité est à 0° de 0,9335 et à 20° de 0,9186. Chauffé à 210° avec l'acétate de soude et l'acide acétique, ce dérivé chloré perd 1 molécule d'acide chlorhydrique et donne deux *décanaphtylènes* isomériques, $C^{10}H^{18}$, en même temps que *l'acétate de décanaphtyle-α* $C^{10}H^{17}.C^2H^3O^2$, qui bout à 227-229°, et dont la densité est de 0,9269.

Dans l'action du chlore sur le décanaphtène α, il se forme, en outre du *dérivé monochloré*, un *décanaphtène bichloré* $C^{10}H^{18}Cl^2$ et un *décanaphtène trichloré* $C^{10}H^{17}Cl^3$. Le premier de ces composés bout à 160-165° sous 60 millimètres; la quinoléine le transforme à l'ébullition en un *terpène* de la formule $C^{10}H^{16}$. Le dérivé trichloré bout à 180-190° sous 60 millimètres de pression.

DÉCANAPHTÈNE-β, $C^{10}H^{20}$.

D'après M. Markowuikoff, ce carbure est très vraisemblablement identique au *diméthyl* 1.3-*éthyl* 5-*cyclohexane*

$$(CH^3)^2_{(1.3)} = C^6H^9 - C^2H^5_{(5)}$$

M. Subkoff l'a découvert dans le pétrole de Bakou [*Journ. Soc. phys. chim. russe*, 25, 383].

Pour l'isoler, on se sert de la fraction de ce pétrole qui passe à la distillation entre 155 et 170°. On l'agite à plusieurs reprises avec de l'acide sulfurique fumant, puis on la soumet à des fractionnements répétés. On obtient ainsi une fraction 168-170°, qui renferme encore 2 0/0 de pseudocumène. On l'agite alors avec un mélange d'acide azotique et d'acide sulfurique, et l'on obtient le décanaphtène-β à l'état de pureté

Il bout à 168°,5-170°; sa densité à 20° est de 0,7929.

Traité à + 8° par le brome en présence du bromure d'aluminium, il donne un produit huileux formé du mélange des deux corps $C^{10}H^{11}Br^3$, $C^{10}H^{10}Br^4$.

L'acide azotique (D = 1,41) ne réagit pas à froid sur le décanaphtène-β; à chaud cet agent le transforme en un produit huileux, qui se décompose lorsqu'on cherche à le distiller, même dans le vide, et que la réduction par l'étain et l'acide chlorhydrique change en un composé neutre bouillant à 210-225°, en même temps qu'en une amine bouillant de 204 à 220°.

L'acide sulfurique donne avec le décanaphtène-β un acide sulfoné liquide.

L'iode réagit sur le carbure à sa température d'ébullition en dégageant de l'acide iodhydrique. Si l'on ajoute du brome au produit de la réaction, il se sépare des aiguilles cristallines fusibles à 218-220° et constituées par un mélange des deux composés $C^{10}H^{11}Br^3$ et $C^{10}H^{12}Br^2$, ce dernier en très petite proportion. La première de ces combinaisons a été identifiée à celle que Jacobson [*D. chem. G.*, 7, 1434] a obtenu en partant du *diméthyléthylbenzène symétrique* [Markownikoff et Rudewitsch, *Journ. Soc. phys. chim. russe*, 30, 586].

Dérivés chlorés du décanaphtène-β. — Si l'on fait réagir le chlore humide sur le décanaphtène-β, on obtient deux dérivés monochlorés et un dérivé bichloré.

Les deux *dérivés monochlorés*, $C^{10}H^{19}Cl$, ont tous deux leur halogène relié à un carbone secondaire. L'un d'eux bout à 213-216° et a pour densité 0,9612 à 0°; l'autre bout à 216-219° et a pour densité 0,9637 à 0°.

L'auteur ne dit pas comment il a établi l'individualité de chacun de ces carbures chlorés. Chauffés à 250° avec l'acétate de soude ou avec la quinoléine bouillante, tous deux se transforment en *naphtylènes*, $C^{10}H^{18}$, qui bouillent de 167 à 171°. Ceux-ci donnent avec le brome des bromures répondant à la formule $C^{10}H^{18}Br^2$.

Le *dérivé bichloré*, $C^{10}H^{18}Cl^2$, bout à 164-167° sous 60 millimètres; sa densité à 0° est de 1,1022.

Dérivés nitrés. — Le décanaphtène-β, chauffé en tube scellé à 125° avec l'acide azotique d'une densité de 1,075, donne naissance à deux dérivés nitrés dont l'un est secondaire, l'autre tertiaire.

Le *décanaphtène-β mononitré secondaire*, $C^{10}H^{19}AzO^2$, est un liquide qui bout à 148-150° sous 40 millimètres; sa densité à 0° est de 0,9931. Réduit par l'étain et l'acide chlorhydrique, il se transforme en une *amine*, $C^{10}H^{19}AzH^2$, qui bout à 202-204°, dont la densité à 0° est 0,8683 et dont le chloroplatinate et l'oxalate sont cristallisés.

Le *décanaphtène-β mononitré tertiaire*,

$$C^{10}H^{19}AzO^2,$$

bout à 146-148° sous 40 millimètres: sa densité à 0° est 0,9979; l'*amine* correspondante,

$$C^{10}H^{19}AzH^2,$$

liquide d'odeur ammoniacale, bout à 199-201° sous 754 millimètres; sa densité à 0° est 0,8675. Son *chlorhydrate*, $C^{10}H^{19}AzH^2, HCl$, se présente en cristaux cubiques très hygroscopiques.

ENDÉCANAPHTÈNE, $C^{11}H^{22}$.

Ce carbure a été découvert dans le pétrole de Bakou, par MM. Markownikoff et Oglobine [*Ann. Chim. Phys.*, (6), 2, 457]. C'est un liquide incolore bouillant à 179-181°; de densité 0,8119 à 0° et 0,8002 à 14°.

DODÉCANAPHTÈNE, $C^{12}H^{24}$.

Se rencontre dans le pétrole de Bakou; il bout à 197°, a pour densité 0,8055 à 14° et 0,8010 à 20°.

HEXAHYDROPHÉNYLBENZÈNE.

PHÉNYLCYCLOHEXANE, $C^6H^5 \cdot C^6H^{11}$.

On l'obtient en faisant réagir sur le benzène l'hexahydrobenzène monochloré en présence du chlorure d'aluminium. Le rendement est d'autant plus élevé que la proportion de chlorure d'aluminium employé est plus faible. Ainsi, tandis que 20 grammes d'hexahydrobenzène monochloré et 40 grammes de benzène, réagissant avec 30 grammes de chlorure d'aluminium donnent un rendement de 10 0/0 seulement de la quantité théorique, les mêmes quantités des composés réagissant avec seulement 0gr,10 de chlorure d'aluminium, donnent un rendement de 68 0/0 [Koursanoff, *Journ. Soc. phys. chim. russe*, 32, 79; 33, 56, 685].

MM. Willstætter et Lessing [*D. chem. G.*, 34, 506] ont obtenu un carbure qu'ils croient identique au précédent, en faisant réagir l'acide sulfurique sur la *quinite*.

L'hexahydrophénylbenzène est un liquide incolore, bouillant à 130-132° sous 30 millimètres et à 239° sous la pression de 745 millimètres. Il fond à + 7°; sa densité à 20° est 0,9446.

Il réagit facilement avec le brome en dégageant de l'acide bromhydrique.

Les divers oxydants, permanganate alcalin, acide azotique étendu, mélange chromique, le transforment en acide benzoïque.

Acide hexahydrophénylbenzène-sulfonique. — L'acide sulfurique fumant forme avec lui l'*acide hexahydrophénylbenzène-sulfonique*, $C^6H^{11}-C^6H^4-SO^3H$.

Pour l'obtenir, on ajoute peu à peu à l'hexahydrophénylbenzène refroidi 6 à 7 fois son volume d'acide sulfurique fumant; on verse le tout dans l'eau froide, on neutralise la solution par le carbonate de baryum et l'on filtre. La solution concentrée laisse déposer par refroidissement le sel $(C^6H^{11}-C^6H^4-SO^3)^2Ba$, peu soluble dans l'eau froide, assez soluble dans l'eau chaude et plus encore dans l'alcool faible. Pour avoir l'acide libre, on transforme ce sel par double décomposition, d'abord en sel de sodium, puis en sel de plomb; enfin ce dernier est décomposé en présence de l'eau par l'hydrogène sulfuré.

L'acide hexahydrophénylbenzène-sulfonique se dépose de sa solution aqueuse en cristaux filamenteux très solubles dans l'eau, assez solubles dans le chloroforme, peu solubles à froid dans le benzène et dans la ligroïne. Il fond à 114-116° en se décomposant.

Le *sel de sodium* s'obtient en décomposant la solution du sel de baryum par le sulfate de sodium. Il est très soluble dans l'eau; sa solution, même concentrée, ne donne aucun précipité avec les sels de calcium, magnésium, zinc, sesquioxyde de fer. L'azotate d'argent y détermine la formation d'un précipité blanc amorphe et volumineux; le sulfate de cuivre en précipite l'*hexahydrophénylbenzène-sulfonate de cuivre*, cristallisé en minces lamelles bleuâtres, peu solubles dans l'eau froide.

Dérivés nitrés. — L'hexahydrophénylbenzène, traité à froid par l'acide azotique d'une densité de 1,52, se transforme en un mélange de deux *dérivés nitrés*, $C^6H^{11}-C^6H^4-AzO^2$, qui bout à 200-210° sous 26 millimètres. Le dérivé o-nitré est liquide, le dérivé p-nitré est cristallisé et fond à 57°,5-58°,5.

Ce dernier dérivé, oxydé par l'acide azotique faible, donne l'*acide p-nitrobenzoïque*; réduit par l'étain et l'acide chlorhydrique, il se transforme en l'*amine* correspondante, l'*hexahydroparaphénylaniline*, $C^6H^{11}{}_{(1)}-C^6H^4-AzH^2{}_{(4)}$, qui cristallise en lames épaisses fusibles à 54-56°.

Le *dérivé acétylé* de cette amine

$$C^6H^{11}-C^6H^4-AzH-COCH^3$$

fond à 128-129°,5.

Ses *sels* sont tous fusibles avec décomposition partielle :

Le *chlorhydrate*, cristallisé en lamelles minces, fond à 261-262°; le *sulfate*, aiguilles soyeuses, fond à 290°; le *bromhydrate* fond à 282-284°; l'*azotate* à 223-227°.

L'hexahydro-p-phénylaniline donne par diazotation le *phénol* correspondant

$$C^6H^{11}{}_{(1)}-C^6H^4-OH_{(4)},$$

l'*hexahydro-p-phénylphénol*, qui cristallise dans le benzène ou l'éther de pétrole en aiguilles fusibles à 132-133°.

Tétradécanaphtène, $C^{14}H^{28}$.

On le rencontre, comme le carbure suivant, dans le pétrole de Bakou (Markownikoff et Oglobine); il bout à 240-241°; sa densité est à 0° 0,8390 et à 17° 0,8190.

Pentadécanaphtène, $C^{15}H^{30}$.

Ce carbure bout à 246-248°, il a pour densité à 17° 0,8294.

Oxydé par la solution de permanganate de potasse à 2 0/0, il donne de l'acide oxalique, de l'acide acétique et d'autres acides volatils.

Hexahydro-o-diphénylbenzène,

1.2 diphénylcyclohexane, $C^6H^5{}_{(1)}-C^6H^{10}-C^6H^5{}_{(2)}$.

Il se forme, en même temps que l'hexahydrophénylbenzène, dans l'action du chlorure d'aluminium sur le mélange de benzène et d'hexahydrobenzène monochloré.

On l'obtient plus facilement en faisant réagir le chlorure d'aluminium sur un mélange de benzène et d'hexahydrobenzène o-dichloré

$$Cl_{(1)}-C^6H^{10}-Cl_{(2)}.$$

L'hexahydro-o-diphénylbenzène cristallise, par refroidissement de sa solution dans l'alcool bouillant, en longues lamelles minces, qui fondent à 170-171°. Il bout à 187-189° sous 753 millimètres.

CARBURES TÉTRAHYDROAROMATIQUES OU CYCLOHEXÈNES, C^nH^{2n-2}.

État naturel. — Un certain nombre de ces carbures ont été signalés par M. Renard dans les huiles de résine; tels sont : le tétrahydrotoluène, le tétrahydroxylène, un tétrahydrocumène.

Ils peuvent présenter, d'après les considérations développées plus haut, un plus grand nombre d'isomères que les carbures hexahydroaromatiques correspondants. La constitution de la plupart d'entre eux est encore inconnue, et il est probable que certains, regardés aujourd'hui comme distincts les uns des autres, seront démontrés identiques, lorsqu'ils auront été mieux étudiés.

Formation. — On les obtient par les procédés généraux suivants, analogues à ceux qui servent à préparer les carbures éthyléniques :

1° Au moyen des *cyclohexanols* auxquels on enlève les éléments de l'eau par l'anhydride phosphorique [von Baeyer, *Ann. Chem.*, **278**, 97] ou par l'*acide oxalique desséché* [Zelinsky et Tselikoff, *Bull. Soc. Chim.*, (3), **28**, 28].

$$C^6H^{11}-OH = C^6H^{10}+H^2O.$$

2° Au moyen des dérivés monohalogénés des carbures hexahydroaromatiques correspondants, qui perdent une molécule d'hydracide quand on les fait bouillir avec la potasse alcoolique, l'oxyde d'argent humide ou la quinoléine [von Baeyer, *Ann. Chem.*, **278**, 107; Markownikoff, *ibid.*, **302**, 271; Wallach, *ibid.*, **289**, 343].

Préparation. — La meilleure méthode consiste d'ordinaire à employer la quinoléine. On fait usage pour cela d'un ballon distillatoire relié à un réfrigérant de Liebig. On commence la réaction en chauffant pendant quelque temps au bain-marie le mélange de carbure halogéné et de quinoléine, puis on porte à l'ébullition. La quinoléine et le carbure halogéné bouillant à des températures de beaucoup supérieures au point d'ébullition du carbure qui résulte de leur réaction, il est facile de régler la chauffe du mélange, de telle sorte que le dernier distille à peu près seul à mesure qu'il se produit. On enlève le peu de quinoléine distillée en même temps que lui, en agitant le distillat avec de l'acide sulfurique étendu, puis avec de l'eau. On dessèche ensuite le carbure sur la potasse récemment fondue et on le rectifie.

Propriétés. — Les carbures tétrahydroaromatiques sont des liquides incolores, volatils, doués d'une odeur de térébenthine, insolubles dans l'eau, miscibles avec l'alcool absolu et avec l'éther.

Ils sont notablement plus denses que les carbures hexahydroaromatiques correspondants.

Les solutions ammoniacales de sous-chlorure de cuivre ou d'azotate d'argent, celle de bichlorure de mercure, sont sans action sur eux; ce qui permet de les distinguer facilement de leurs isomères éthyléniques ou alléniques.

Ils fixent une molécule d'hydracide ou une molécule de brome, et se transforment en carbures hexahydroaromatiques correspondants, lorsqu'on les chauffe avec l'acide iodhydrique en tube scellé :

$$C^nH^{2n-2} + H^2 = C^nH^{2n}.$$

Avec le chlorure de nitrosyle, ils donnent des nitrosochlorures cristallisés :

$$CH^3 - C^6H^9 + AzOCl = CH^3 - C^6H^9 <^{Cl}_{AzO}$$

Ils s'oxydent assez rapidement à l'air, en donnant de l'acide carbonique et des produits résineux.

L'acide azotique fumant réagit sur eux avec beaucoup de violence en les résinifiant; l'acide azotique étendu les attaque plus régulièrement, mais très profondément et l'on n'obtient ainsi, en général, que les acides carbonique, acétique, oxalique et succinique.

Les carbures tétrahydroaromatiques peuvent être mis en évidence par les deux réactions suivantes, qui paraissent caractéristiques :

1° On chauffe une goutte du carbure avec une ou deux gouttes d'acide sulfurique pur, jusqu'à ce que le mélange devienne brun; puis on ajoute quelques centimètres cubes d'alcool, qui prend une coloration vert intense, analogue à celle d'une dissolution de chlorophylle.

L'action du brome et du bromure d'aluminium, puis de l'alcool donne lieu à la même coloration [Maquenne, *Ann. Chim. Phys.*, (6), **28**, 279].

2° Si l'on dissout une goutte de carbure dans 5 centimètres cubes d'alcool et que l'on ajoute avec précaution un même volume d'acide sulfurique, il se produit une coloration jaune, qui devient plus intense encore après 12 heures de contact [Baeyer, *Ann. Chem.*, **278**, 99].

TÉTRAHYDROBENZÈNE, C^6H^{10},

CYCLOHEXÈNE, HEXANAPHTYLÈNE.

FORMATION. — Le tétrahydrobenzène se produit :

1° Lorsqu'on chauffe le cyclohexanol $C^6H^{11}-OH$ avec l'acide oxalique (Zelinsky et Tselikoff).

2° Lorsqu'on chauffe l'hexahydrobenzène monochloré ou monobromé avec la quinoléine (Baeyer).

3° Lorsqu'on fait réagir le zinc-éthyle sur l'hexahydrobenzène monochloré; il se forme en même temps de l'hexahydroéthylbenzène, de l'éthylène et des carbures saturés [Koursanoff, *D. chem. G.*, **32**, 2974].

PRÉPARATION. — La meilleure manière de le préparer consiste à faire bouillir l'hexahydrobenzène monochloré ou monobromé avec la potasse alcoolique. Il suffit pour cela de mélanger le carbure halogéné avec une solution saturée de potasse dans l'alcool : la réaction commence immédiatement et, après 3 heures d'ébullition à reflux, elle est terminée.

On distille alors tant que le distillat se trouble par l'addition d'eau, et l'on étend celui-ci d'une grande quantité d'eau qui précipite le carbure. On le sépare par décantation, on le lave à l'eau, on le dessèche, enfin on le rectifie sur le sodium.

PROPRIÉTÉS. — Le tétrahydrobenzène est un liquide incolore, très mobile; il possède une odeur assez forte rappelant un peu celle de l'ail. Il bout à 83-84°; sa densité à 0° est de 0,80893.

Conservé pendant longtemps au contact de l'air, c'est à peine s'il se résinifie. Il décolore immédiatement la solution de permanganate de potassium et fixe 1 molécule de brome.

Si l'on dissout une goutte de carbure dans 5 centimètres cubes d'alcool et que l'on additionne avec précaution le mélange d'un peu d'acide sulfurique, on observe la formation d'une coloration jaune, qui devient très intense après 24 heures de contact.

L'acide sulfurique et l'acide azotique l'attaquent violemment; si l'on fait couler lentement le carbure sur l'acide nitrique renfermé dans un tube à essai, l'oxydation se produit avec explosion et l'on observe, sur les parois du tube, l'apparition d'aiguilles cristallisées formées par le peroxyde d'azote au contact du carbure. Chauffé pendant 6 heures à 100° en tube scellé avec un excès d'acide azotique, le tétrahydrobenzène donne un peu d'*acide adipique*.

Le tétrahydrobenzène, traité avec précaution par une dissolution de permanganate de potassium, se transforme en *o-naphtène-glycol*

$$OH_{(1)} - C^6H^{10} - OH_{(2)},$$

que l'on isole facilement en séparant le bioxyde de manganèse formé, saturant la solution par l'acide carbonique, puis l'agitant à plusieurs reprises avec un mélange d'alcool et d'éther dans lequel il est très soluble. Ce composé cristallise en tables du système orthorhombique, fondant à 99°. Son éther benzoïque fond à 63° [Markownikoff, *Ann. Chem.*, **302**, 21].

Le tétrahydrobenzène, traité par l'oxyde jaune de mercure et l'iode en présence d'éther humide, donne naissance à la *mono-iodhydrine d'un o-cyclohexane-diol* $I_{(1)} - C^6H^{10} - OH_{(2)}$, isomère stéréochimique du précédent.

$$2C^6H^{10} + HgO + H^2O + 4I$$
$$= 2(I_{(1)} - C^6H^{10} - OH_{(2)}) + HgI^2.$$

Cette mono-iodhydrine se présente en cristaux incolores, volumineux, orthorhombiques, fondant à 41°,5-42°, sublimables dans le vide à la température ordinaire, se décomposant facilement sous l'influence de la chaleur.

Chauffée avec une solution d'acétate de potasse dans l'alcool à 80°, elle donne un composé que la potasse transforme en *o-cyclohexane-diol*

$$OH_{(1)} - C^6H^{10} - OH_{(2)}.$$

Ce composé cristallise en prismes clinorhombiques fondant à 104°. Il bout à 230° sous 759 millimètres; son *éther benzoïque* fond à 93°,5.

Si l'on traite la mono-iodhydrine de ce glycol en solution dans l'alcool par l'oxyde d'argent, le nitrite d'argent ou le cyanure d'argent, on obtient toujours, mais en faible proportion, le glycol correspondant; le produit principal de la réaction est l'*oxyde d'éthylène* correspondant,

```
        CH-O
       /    |
  H²C       CH
   |         |
  H²C       CH²
       \   /
        CH²
```

que l'on obtient plus facilement en agitant avec de la potasse, récemment fondue et pulvérisée, la solution éthérée de l'iodhydrine du glycol. Cet oxyde d'éthylène est un liquide incolore, de saveur et d'odeur fortes, bouillant à 232° sous 756 millimètres. Chauffé à 160° pendant 2 heures avec de l'eau, il se transforme en o-cyclohexanediol.

Lorsqu'on fait réagir l'iode et l'oxyde de mercure sur le tétrahydrobenzène dissous, non plus dans l'éther, mais dans l'alcool, le dissolvant entre en réaction et l'on obtient l'*éther éthylique de l'iodhydrine du cyclohexane-diol* :

$$2C^6H^{10} + HgO + 4I + 2C^2H^5\text{-}OH$$
$$= 2(C^2H^5O\text{-}C^6H^{10}\text{-}I) + HgI^2 + H^2O.$$

De même avec l'alcool méthylique.

Le *dérivé éthylique* est un liquide incolore, huileux, d'une densité de 1,484 à 15°, se décomposant avant de bouillir sous la pression ordinaire, bouillant à 118° sous 47 millimètres.

Le *dérivé méthylique*, liquide huileux incolore, d'odeur agréable, a pour densité 1,565 à 14°. Il bout à 114° sous 49 millimètres [Brunel, *C. R.*, **136**, 383].

Nitrosochlorure de tétrahydrobenzène,

$$C^6H^{10}\begin{matrix}\diagup Cl\\ \diagdown AzO\end{matrix}$$

— On peut faire un mélange de volumes égaux de tétrahydrobenzène, de ligroïne et d'éther éthylnitreux, que l'on refroidit dans un mélange réfrigérant; on y ajoute alors goutte à goutte de l'acide chlorhydrique à 33 0/0, et l'on voit se séparer, après quelque temps, de fines aiguilles blanches de nitrosochlorure, dont la quantité s'accroît peu à peu.

Mais on obtient un bien meilleur rendement en ajoutant peu à peu 1 volume d'acide chlorhydrique à 33 0/0, à un mélange bien refroidi de 1 volume de tétrahydrobenzène, 1 volume de ligroïne et 1 volume 1/2 de nitrite d'éthyle. On purifie le produit en le dissolvant dans le chloroforme, puis le précipitant par l'alcool méthylique et le faisant enfin cristalliser dans l'éther. Si on cherche à le faire cristalliser à chaud, il se décompose partiellement.

Ce nitrosochlorure forme de petits cristaux incolores fondant à 152-153°, très stables à la température ordinaire.

Chauffé avec l'aniline, il ne donne pas d'amidoazobenzène.

Nitrosate de tétrahydrobenzène,

$$C^6H^{10}\begin{matrix}\diagup AzO\\ \diagdown O\text{-}AzO^2\end{matrix}$$

— On l'obtient en versant goutte à goutte 1 centimètre cube d'acide azotique concentré dans un mélange refroidi et agité avec soin de 1 gramme de tétrahydrobenzène avec 1gr,50 de nitrite d'amyle et 2 grammes d'acide acétique. On ajoute ensuite de la ligroïne, puis de l'eau; il se sépare après quelques heures de repos un abondant précipité d'aiguilles cristallines, que l'on purifie en les dissolvant dans un peu de chloroforme, puis précipitant la dissolution par l'alcool méthylique.

Le nitrosate de tétrahydrobenzène fond à 150° en se décomposant. Il est très stable à la température ordinaire.

Nitrosite de tétrahydrobenzène,

$$C^6H^{10}\begin{matrix}\diagup AzO\\ \diagdown O\text{-}AzO\end{matrix}$$

— Pour l'obtenir, on fait une dissolution concentrée de 1 gramme de nitrite de sodium, à la surface de laquelle on verse un mélange de 1 gramme de tétrahydrotoluène avec 1 gramme de ligroïne; en y ajoutant alors peu à peu, en agitant et en refroidissant avec soin, 1 centimètre cube d'acide acétique cristallisable, on voit bientôt se séparer des flocons blancs de nitrosite, qui augmentent en quantité par l'addition de nouvelles quantités de nitrite de sodium et d'acide acétique, si l'on a soin de laisser reposer durant quelques jours. On le purifie comme le nitrosate.

Le nitrosite de tétrahydrobenzène est soluble dans le chloroforme et dans le benzène. Il fond à 150°; sa stabilité est beaucoup moins grande que celle du nitrosate [von Baeyer, *Ann. Chem.*, **278**, 107].

Tétrahydrobenzène chloré Δ^1 (*cyclohexène-chloré* Δ^1), C^6H^9Cl,

CCl
H^2C — CH
H^2C — CH^2
CH^2

— M. Markownikoff [*Ann. Chem.*, **302**, 11] l'a obtenu en faisant réagir le perchlorure de phosphore sur la *cyclohexanone* $C^6H^{10}O$. Tout d'abord le perchlorure se dissout sans dégagement gazeux; mais bientôt le mélange brunit tandis qu'il se dégage de l'acide chlorhydrique. Aussitôt que l'on a ajouté un petit excès de réactif, on jette le mélange sur la glace pilée. Le produit de la réaction est ensuite décanté, lavé, desséché et mis à bouillir à reflux avec de la quinoléine. Après séparation de celle-ci et dessiccation du produit, on le rectifie.

Le tétrahydrobenzène monochloré est un liquide d'odeur agréable, bouillant sans décomposition à 142-143°. Il peut fixer 1 molécule de brome en donnant le composé $C^6H^9ClBr^2$.

TÉTRAHYDROTOLUÈNES, C^7H^{12}

MÉTHYLCYCLOHEXÈNES, HEPTANAPHTYLÈNES.

La théorie fait prévoir l'existence de 4 carbures hydroaromatiques répondant à la formule C^7H^{12}, sans compter leurs isomères *cis* et *trans*. Ce sont les suivants :

Δ^1	Δ^2
CH^3 – C ; H^2C, CH ; H^2C, CH^2 ; CH^2	CH^3 – CH ; H^2C, CH ; H^2C, CH ; CH^2

Δ^3	
CH^3 – CH ; H^2C, CH^2 ; H^2C, CH ; CH	CH^2 = C ; H^2C, CH^2 ; H^2C, CH^2 ; CH^2

Le quatrième isomère est un dérivé hexahydrobenzénique, c'est le *méthylène-hexahydrobenzène*; nous le décrirons cependant à la suite des tétrahydrotoluènes parce que sa constitution n'est pas encore bien établie; il est peut-être identique à l'un des autres tétrahydrotoluènes. On ne connaît pas d'ailleurs exactement la constitution de la plupart de ceux-ci, et il est bien probable que dans la suite un certain nombre de ces carbures seront trouvés identiques les uns aux autres. Mais cette identité n'étant pas encore démontrée, nous les décrirons ici en donnant pour chacun d'eux la méthode qui a servi à le préparer.

TÉTRAHYDROTOLUÈNE (*de l'huile de résine*).

Ce carbure a été extrait, par M. Renard, de l'essence de résine [*Ann. Chim. Phys.*, (6), **1**, 231]. Il est liquide, incolore, inactif sur la lumière polarisée. Il bout à 103-105°; sa densité à 18° est 0,797.

Il est très oxydable à l'air, et donne avec l'eau un hydrate cristallisé, $C^7H^{12}.2H^2O$, analogue à la terpine. De même que ce dernier composé, cet hydrate renferme probablement 1 molécule d'eau de cristallisation, ce qui en ferait un alcool monoatomique.

Agité avec l'acide sulfurique concentré, il se transforme en *hexahydrotoluène* et *diheptines* α et β $(C^7H^{12})^2$, qui bouillent entre 230 et 235°. La diheptine α est soluble dans l'acide sulfurique et s'oxyde rapidement à l'air, ce qui la différencie de son isomère β, insoluble dans cet acide, et que l'air n'oxyde pas.

TÉTRAHYDROTOLUÈNE (*de la perséite*); HEPTINE DE LA PERSÉITE.

Ce carbure est peut-être identique au précédent. M. Maquenne [*Ann. Chim. Phys.*, (6), **19**, 184] l'a obtenu en chauffant à l'ébullition la *perséite*, ou *heptane-heptol*, avec l'acide iodhydrique bouillant à 127° :

$$HOCH^2-[CH(OH)]^5-CH^2OH + 10HI = C^6H^9-CH^3 + 7H^2O.$$

Simultanément, il se fait de l'*iodure d'heptyle* $C^7H^{15}I$.

L'heptine de la perséite bout à 104°,9-105°,4; sa densité à 0° est 0,81412.

Lorsqu'on l'agite avec un excès d'acide sulfurique concentré, et qu'on laisse la température s'élever d'elle-même jusqu'à 50°, il se dégage de l'acide sulfureux, le mélange noircit et laisse bientôt remonter à la surface une couche insoluble à peine jaunâtre, qui représente environ la moitié du carbure mis en expérience. Si l'on recommence la même réaction sur cette couche décantée, on ne voit plus se produire qu'une attaque fort légère et si, enfin, on distille, après lavage à la potasse, si l'on rectifie sur le sodium, on obtient l'*hexahydrotoluène*. Le résidu semble formé de la *diheptine* de Renard.

Nitrosochlorure de tétrahydrotoluène,

$$Cl-C^7H^{12}-AzO.$$

— Dans un vase de Bohême, maintenu par un bain d'eau à 10 ou 15°, on verse d'abord 175 grammes d'acide chlorhydrique pur, puis 50 centimètres cubes d'eau et 25 centimètres cubes de tétrahydrotoluène, récemment distillé sur le sodium. On ajoute alors, par petites portions à la fois et en agitant constamment, de l'azotite de sodium sec et pulvérisé; la couche surnageante de carbure se colore immédiatement en vert et, après quelques minutes, se transforme en une bouillie cristalline; on décante alors le liquide acide sous-jacent, on lave la masse à l'eau alcaline, puis on l'essore à la trompe. On obtient ainsi des cristaux que l'on dessèche dans le vide au-dessus de l'acide sulfurique.

Le nitrosochlorure d'heptine forme une masse cristalline d'un beau bleu clair, qui possède une forte odeur de camphre et fond, par une chauffe rapide, à 92°. A cette température, il se volatilise assez vite pour être sublimé; mais non sans décomposition partielle. Il est peu stable et impossible à conserver au delà de 24 heures. L'hydrogène naissant, dégagé par le zinc et l'acide chlorhydrique, le saponifie et régénère l'heptine initiale. Il en est de même de la potasse alcoolique.

TÉTRAHYDROTOLUÈNE Δ[1]

MÉTHYL 1-CYCLOHEXÈNE, α-HEPTANAPHTYLÈNE,

```
        CH   CH²
       //      \
CH³-C            CH²
       \       /
        CH²  CH²
```

MM. Markownikoff et Tscherdyntseff [*Journ. Soc. phys. chim. russe*, **32**, 303] l'ont obtenu en faisant réagir le nitrite de soude sur le chlorhydrate de l'*aminoheptanaphtène-tertiaire*,

```
        CH²  CH²
       /       \
CH³-C            CH²
    /  \       /
AzH²    CH²  CH²
```

Il se forme en même temps l'alcool correspondant.

C'est un liquide incolore, qui bout à 108° sous 747 millimètres.

TÉTRAHYDROTOLUÈNE Δ[2] ou Δ[3], MÉTHYLCYCLOHEXÈNE (2 ou 3), β-HEPTANAPHTYLÈNE. — Il présente l'une des constitutions ci-dessous :

```
       CH³                        CH³
        |                          |
        CH                         CH
      /    \                     /    \
H²C          CH            H²C          CH²
 |           ||     ou      |            |
H²C          CH            H²C          CH
      \    /                     \    //
       CH²                         CH
```

On connait actuellement plusieurs tétrahydrotoluènes d'origines différentes dont l'identité n'est pas absolument démontrée, et il est possible qu'ils correspondent les uns à la première, les autres à la seconde de ces constitutions.

1° En faisant réagir l'acide oxalique sec sur le *méthyl 1-cyclohexanol 2*, MM. Zelinsky et Tsélikoff [*Journ. Soc. phys. chim. russe*, **33**, 655] ont obtenu un tétrahydrotoluène qui bout à 105-106° sous 745 millimètres, dextrogyre, $[\alpha]_D = +17°,78$, et ayant une densité à 20° de 0,8019.

2° L'*hexahydrotoluène-m-bromé*, traité par la potasse alcoolique, a fourni à MM. Kondakoff et Schindelmeiser [*J. prakt. Chem.*, **61**, 477] un tétrahydrotoluène qui bout à 103°,25-103°,50 sous 752 millimètres de pression; sa densité à 20° est 0,8013. Il est dextrogyre, $[\alpha]_D = +80°,46$. L'auteur pense qu'il possède la constitution Δ[2], parce qu'il est doué du pouvoir rotatoire, le carbure Δ[3] n'ayant pas de carbone asymétrique.

Ce tétrahydrotoluène fixe le chlorure d'acétyle en présence du chlorure de zinc, pour donner une chloracétone, $C^9H^{15}ClO$, à odeur de carvone. L'anhydride acétique et l'acide acétique donnent de même des produits d'addition.

3° M. Wallach [*Ann. Chem.*, **289**, 343] a obtenu un tétrahydrotoluène en transformant le *méthyl 1-cyclohexanol 3*, issu de la pulégone, en éther iodhydrique, puis en enlevant 1 molécule d'acide iodhydrique à ce composé au moyen de la quinoléine bouillante.

Le carbure obtenu bouillait à 103-105°, sa densité à 20° était 0,806, et l'auteur pense qu'il est identique au tétrahydrotoluène de Renard.

Ce même carbure a été préparé par M. Knœvenagel [*Ann. Chem.*, **289**, 153; **297**, 158, 183] en partant du *méthyl 1-cyclohexanol 3*, provenant de l'hydrogénation de la méthyl 1-cyclohexène-one 3 de synthèse. Pour cela, il opère de deux manières différentes :

a. Il fait bouillir avec la quinoléine l'éther bromhydrique de cet alcool.

b. Il obtient un meilleur rendement en lui enlevant une molécule d'eau au moyen de l'anhydride phosphorique. Comme ce procédé a servi à l'auteur à préparer toute une série de carbures tétrahydroaromatiques, nous le décrirons en détail.

On mélange 5 grammes de méthyl 1-cyclohexénol 5 avec environ 2gr,50 d'anhydride phosphorique; la réaction s'effectue avec dégagement de chaleur et l'on obtient une masse épaisse presque solide, de couleur jaunâtre. En la chauffant un peu au-dessus de 100°, on voit l'anhydride phosphorique se liquéfier et se séparer du carbure formé, qui surnage. Ce carbure est souillé d'une petite quantité de produits de polymérisation; on le décante, on le lave avec un peu d'eau, on le dessèche sur le sulfate de soude anhydre, enfin on le distille sur du sodium.

Le tétrahydrotoluène ainsi obtenu bout à 105-106°. Sa densité à 20° est 0,8048.

4° Enfin M. Zélinsky [*D. chem. G.*, **34**, 108], en partant de la *méthyl 1-cyclohexanone 3*, est passé par hydrogénation à l'alcool correspondant, dont il a ensuite préparé les éthers bromhydrique et iodhydrique. En traitant le *méthyl 1-cyclohexanol 3* par l'anhydride phosphorique ou par l'acide oxalique, ou bien en faisant bouillir avec la potasse alcoolique ses éthers halogénés, ce savant a obtenu quatre carbures

CH^3 — CH ; H^2C, CH^2 ; H^2C, CHOH ; CH^2

CH^3 — CH ; H^2C, CH^2 ; H^2C, CHI ; CH^2

CH^3 — CH ; H^2C, CH ; H^2C, CH ; CH^2

CH^3 — CH ; H^2C, CH^2 ; H^2C, CH ; CH

dont les points d'ébullition sont très voisins, mais dont les pouvoirs rotatoires sont différents

1°	E = 105-106°	$[\alpha]_D = +17°,78$
2°	E = 105,5-106°	$[\alpha]_D = +30°,30$
3°	E = 105,5-106°,5	$[\alpha]_D = +48°,29$
4°	E = 103°	$[\alpha]_D = +81°,47$

Tétrahydrotoluène Δ^2 ou Δ^3-m-chloré

Méthyl 1-chloro 3-cyclohexène 2 ou 3, $C^7H^{11}Cl$.

La méthyl 1-cyclohexanone 3, traitée par le perchlorure de phosphore, donne un composé qui, chauffé au bain-marie, perd une molécule d'acide chlorhydrique et se transforme en tétrahydrotoluène métachloré. Ce composé est une huile bouillant sans décomposition à 76-79° sous 29 millimètres ou à 160-170°, avec décomposition partielle, sous la pression normale. Sa densité à 18° est 1,021, son indice de réfraction $n_D = 1,48891$.

Il fixe une molécule de brome en donnant un bromure, qui perd deux molécules d'acide bromhydrique lorsqu'on le fait bouillir avec la quinoléine et se transforme en toluène métachloré [Klages, *D. chem. G.*, **32**, 2568].

Méthylène-hexahydrobenzène, C^7H^{12}

$CH^2=CH$ — CH^2 CH^2 ; CH^2 ; CH^2 CH^2

Un carbure possédant peut-être cette constitution a été obtenu en petite quantité par M. Einhorn [*Ann. Chem.*, **300**, 161], en chauffant avec le *chlorure de zinc* l'éther *o*-méthylolhexahydrobenzoïque. La réaction qui lui donne naissance serait la suivante :

$$HO.CH^2-C^6H^{10}-CO^2H$$
$$= CO^2 + H^2O + C^6H^{10}=CH^2.$$

C'est un liquide incolore, très mobile et très réfringent; son odeur rappelle celle de la ligroïne; il bout à 105-115°.

Tétrahydroxylènes, C^8H^{14}

Diméthylcyclohexènes, Octonaphtylènes.

Un certain nombre de carbures tétrahydroaromatiques répondent à cette composition. Ce sont les suivants :

1° Tétrahydro-m-xylène Δ^4,

diméthyl 1.3-cyclohexène 4,

CH^3-CH — CH^2 CH-CH^3 ; CH ; CH^2 CH

On obtient ce carbure :

a. En faisant réagir l'anhydride phosphorique sur l'hexahydroxylénol 1.3.5 ou diméthyl 1.3-cyclohexanol 5. La réaction s'effectue exactement comme celle qui donne naissance au tétrahydrotoluène à partir de l'hexahydro-m-crésol, sauf qu'il est nécessaire de chauffer jusqu'à 140°.

b. Avec l'éther bromhydrique de l'alcool précédent et la quinoléine; mais ce procédé ne vaut pas le précédent [Knœvenagel, *Ann. Chem.*, **289**, 156; **297**, 166].

C'est un liquide incolore, très fluide, dont l'odeur rappelle celle du tétrahydrotoluène. Il bout à 124-125° sous 750 millimètres; sa densité à 18° est 0,8005, son indice de réfraction $n_D = 1,443$.

Comme le tétrahydrotoluène, il se résinifie très rapidement à l'air. Le mélange d'acide sulfurique et d'acide nitrique réagit sur lui si violemment à la température ordinaire, qu'il y a inflammation. Si on modère la réaction en refroidissant énergiquement, on obtient le 2.4.6 *trinitro-m-xylène* fondant à 180-181°.

Sa solution alcoolique, additionnée d'acide sulfurique, donne des colorations diverses suivant les conditions de l'expérience. Emploie-t-on un mélange de 1 volume d'acide sulfurique et 4 volumes d'alcool, le tétrahydro-m-xylène donne d'abord une coloration rouge, puis le liquide devient violet et enfin d'un bleu assez intense pour cesser d'être transparent. Emploie-t-on au contraire, un mélange de 1 volume d'acide sulfurique et 2 volumes d'alcool, l'addition du carbure fait d'abord apparaître une coloration jaune qui passe au jaune rougeâtre, puis au bleu.

2° Tétrahydro-m-xylène (de Wreden),

$$CH^3_{(1)}-C^6H^8-CH^3_{(3)}.$$

Ce carbure, le premier connu des tétrahydroxylènes, se forme lorsqu'on soumet l'anhydride oxycamphorique, $C^{10}H^{14}O^4$, à l'action de l'acide iodhydrique à 150°. L'oxycamphorate de chaux, distillé avec de la chaux, le fournit également [Wreden, *Ann. Chem.*, **163**, 336].

Il prend encore naissance lorsqu'on chauffe l'acide camphorique, $C^{10}H^{16}O^4$, avec l'acide phosphorique sirupeux [Berthelot, *Bull. Soc. Chim.*, (2), **11**, 106], avec le chlorure de zinc [Ballo, *Ann. Chem.*, **197**, 322] ou avec l'acide iodhydrique [Wreden, *ibid.*, **187**, 171].

C'est un liquide incolore, bouillant à 119°. Sa densité à 0° est de 0,814 et à 14° de 0,794.

Oxydé par le mélange chromique, il donne les acides acétique, m-toluylique, m-phtalique et téréphtalique. Le mélange des acides sulfurique et nitrique le change en *trinitro-m-xylène*.

Ce carbure existe sans doute dans le mélange de carbures, bouillant de 122° à 125°, que M. von Baeyer a obtenu en chauffant le xylène brut avec l'acide iodhydrique et le phosphore rouge [*Ibid.*, **155**, 273].

3° Tétrahydroxylène, C^8H^{14}.

Isolé par Moitessier et par Wreden dans le produit de la distillation du camphorate de cuivre; bout à 104-107°. Sa densité à 0° est 0,800 [*Ibid.*, **187**, 168].

4° Tétrahydroxylène (*des huiles de résine*), C^8H^{14}.

Bout à 129-132°; sa densité à 20° est 0,815. [Renard, *Ann. Chim. Phys.*, (6), **1**, 223]. Il absorbe l'oxygène avec énergie et ne précipite pas la solution ammoniacale de nitrate d'argent. Oxydé par l'acide nitrique d'une densité de 1,15, il donne les acides oxalique et succinique. En solution éthérée, il fixe deux atomes de brome; agité avec l'acide sulfurique concentré, il donne deux *dioctines*, $C^{16}H^{28}$, bouillant respectivement à 250-260° et à 260°, en même temps qu'un peu de xylène et d'hexahydroxylène.

Si l'on verse peu à peu dans du brome ce tétrahydroxylène, il donne un *dérivé tribromé*, $C^8H^{11}Br^3$, très peu soluble dans l'éther et fondant à 246°.

Le point d'ébullition de ce carbure étant beaucoup plus élevé que ceux des carbures tétrahydroaromatiques de formule C^8H^{14}, peut-être n'appartient-il pas à cette série.

5° Octonaphtylène-α, C^8H^{14}.

Prend naissance en même temps que son isomère β et que le *dioctonaphtylène* $(C^8H^{14})^2$, lorsqu'on fait bouillir pendant 50 heures un mélange de 70 grammes de diméthyl 1.3-cyclohexane chloré avec 80 grammes de benzène et de la poudre de zinc [Shukowski, *Journ. Soc. phys. chim. russe*, 27, 303]. Ce carbure bout à 118-119°.

Il est peut-être identique avec l'octonaphtylène obtenu par M. Jacowkine [*Ibid.*, (2), **16**, 294] en partant de l'octonaphtène, C^8H^{16}, du pétrole. Ce dernier carbure, traité par le chlore, donne un dérivé chloré, $C^8H^{15}Cl$, que l'action de l'iodure de calcium à 60° transforme en dérivé iodé, $C^8H^{15}I$; enfin ce dernier donne l'octonaphtylène, lorsqu'on fait réagir sur lui l'oxyde d'argent humide.

Cet octonaphtylène possède une odeur de térébenthine, fixe deux atomes de brome et bout à 118-121°.

6° Octonaphtylène-β, C^8H^{14}.

Obtenu comme il est dit à propos de son isomère α, bout à 122-123° (Shukowski)

7° Isooctonaphtylène, C^8H^{14}.

A été obtenu par Potochine [*Journ. Soc. phys. chim. russe*, (2), **16**, 295] en transformant par un courant de chlore l'isooctonaphtène, C^8H^{16}, en son dérivé chloré, $C^8H^{15}Cl$, qui perd de l'acide chlorhydrique quand on le soumet à la distillation. Ce carbure bout à 123-129°.

8° Enfin les laurolènes C^8H^{14} de M. Aschan [*Ann. Chem.*, **290**, 187] et de M. Noyes [*D. chem. G.*, **28**, 553], de même que l'isolaurolène, C^8H^{14}, dérivé de l'acide camphorique sont peut-être des tétrahydroxylènes. Mais ces carbures seront étudiés à leur rang alphabétique.

CARBURES TÉTRAHYDROAROMATIQUES
de formule C^9H^{18}.

Triméthyl 1.3.3-tétrahydrobenzène, *triméthyl 1.3.3-cyclohexène*, $CH^3{}_{(1)}-C^6H^7=(CH^3)^2{}_{(3.3)}$. — M. Knœvenagel l'obtient en chauffant avec de l'anhydride phosphorique le triméthyl 1.3.3-cyclohexanol, $C^9H^{20}O$. La réaction s'effectue comme celle qui donne naissance au tétrahydrotoluène, à cela près qu'il est nécessaire de chauffer pendant quelque temps le mélange à 120°.

Ce carbure est un liquide incolore, très mobile, à odeur de ligroïne, qui s'oxyde à l'air très rapidement en se résinifiant. Il bout à 139-141° sous 759 millimètres; sa densité à 23° est 0,7981; son indice de réfraction $n_D = 1,4453$. Il fixe deux atomes de brome en donnant un produit liquide. L'auteur le croit identique au *géraniolène* de Tiemann et Semmler [*Ann. Chem.*, **297**, 199].

Nononaphtylène, C^9H^{16}.

M. Konowaloff [*Journ. Soc. phys. chim. russe*, **22**, 131] a obtenu deux nononaphtylènes en partant du *nononaphtène* C^9H^{18} du pétrole de Bakou.

Le premier est résulté de l'action du nitrate d'argent sur le nononaphtène iodé $C^9H^{17}I$. Il est liquide, bout à 135-137°, a pour densité à 0° 0,8068; son odeur rappelle celle de la térébenthine. Il s'oxyde à l'air et fixe deux atomes de brome. Oxydé par le mélange chromique, il donne entre autres produits de l'acide acétique, un acide $C^7H^{12}O^4$, et peut-être de l'acide caproïque. L'acide iodhydrique le transforme à 200-250° en nononaphtène.

Le second se produit lorsqu'on fait bouillir avec la potasse alcoolique le nononaphtène chloré. Il bout à 131-133°. Le *bromure*, $C^9H^{16}Br^2$, qu'il donne par l'action du brome est beaucoup plus stable que celui fourni par le nononaphtylène bouillant à 135-137°.

Tétrahydrocumène (*de l'huile de résine*), C^9H^{16}.

M. Renard [*Ann. Chim. Phys.*, (6), **1**, 223] a retiré de l'essence de résine un carbure C^9H^{16}, que l'on classe d'ordinaire parmi les carbures tétrahydroaromatiques, bien que son point d'ébullition, 155°, soit bien élevé pour cette série.

Enfin, il convient peut-être d'y faire entrer le campholène, C^9H^{16}. Bien que l'oxydation de ce carbure conduise à l'acide β-méthyllévulique, il se comporte dans certains cas comme le ferait un *tétrahydropseudocumène*,

$$CH^3{}_{(1)}-C^6H^7=(CH^3)^2{}_{(3.4)}$$

[Guerbet, *Ann. Chim. Phys.*, (7), **4**, 289].

CARBURES TÉTRAHYDROAROMATIQUES
de formule $C^{10}H^{18}$.

Il a été décrit un grand nombre de carbures possédant cette composition et présentant les propriétés des carbures tétrahydroaromatiques. Tous ceux qui se rattachent aux *terpènes* ou au *menthol* ne seront pas étudiés ici; nous ne ferons que les mentionner avec l'indication des noms sous lesquels on les trouvera dans le Dictionnaire.

DIHYDROCAMPHÈNES. — HYDROPINÈNE. — DIHYDRURE DE TÉRÉBENTHÈNE. — Voyez TERPÈNES.

TÉTRAHYDRO-P-CYMÈNE Δ^3 ou 1 *méthyl-4 méthoéthylcyclohexène* Δ^3, *paramenthène* Δ^1. — Voyez MENTHÈNE.

TÉTRAHYDRO-P-CYMÈNE Δ^1 ou *paramenthène*, 1 *méthyl-4 méthoéthylcyclohexène* Δ^1, *carvomenthène*. — Voyez MENTHÈNE.

TÉTRAHYDRO-M-CYMÈNE Δ^4 ou Δ^5, 1 *méthyl-3 méthoéthylcyclohexène*, *métamenthène*.

$$CH^3-CH \langle \overset{CH^2\ CH^2}{} \rangle C-C^3H^7 \quad (CH^2)$$

ou

$$CH^3-CH \langle \overset{CH^2\ CH^2}{\underset{CH=CH}{}} \rangle CH-C^3H^7$$

— Ce carbure s'obtient en enlevant une molécule d'eau au *tétrahydro* 1.3.5-*carvacrol* en le chauffant à 120° avec l'anhydride phosphorique. La réaction se conduit entièrement comme celle qui donne naissance au tétrahydrotoluène.

C'est un liquide incolore, très fluide, dont l'odeur rappelle celle de la ligroïne et aussi un peu celle du benzène lorsqu'il est à l'état de concentration; étendu au contraire, il a une odeur d'orange.

Il bout à 169-170°; sa densité à 16° est 0,8197.

Il brunit à froid la solution de permanganate de potassium et fixe quatre atomes de brome en donnant un composé liquide; il se résinifie très rapidement à l'air.

Le mélange d'un volume d'acide sulfurique avec quatre volumes d'alcool est d'abord coloré en rouge vineux par l'addition de quelques gouttes de tétrahydro-m-cymène; puis la solution devient rouge-violet.

Si l'on emploie un mélange de 1 volume d'acide sulfurique pour 2 volumes d'alcool, il se forme d'abord une coloration jaune; puis la solution devient jaune-rougeâtre et enfin rouge-violet.

Nitrosochlorure de tétrahydro-m-cymène, $C^{10}H^{18}.AzO.Cl.$ — On l'obtient en très petite quantité en faisant réagir sur le carbure le nitrite d'amyle et l'acide chlorhydrique. Il fond à 150° [Knœvenagel, *Ann. Chem.*, **289**, 160; **297**, 173].

DÉCANAPHTYLÈNE, $C^{10}H^{18}$.

Ce carbure a été obtenu par M. Rudewitsch [*Journ. d. Soc. phys. chim. russe*, **30**, 586] en chauffant avec l'acétate de soude ou avec la quinoléine le β-*décanaphtène monochloré* $C^{10}H^{19}Cl$; ou encore en traitant par l'anhydride phosphorique le β *décanaphténol tertiaire*, $C^{10}H^{20}O$.

C'est un liquide incolore bouillant à 167,5-171°; sa densité à 0° est 0,8316.

Il fixe le brome et s'unit au chlorure de nitrosyle en donnant des produits huileux.

TÉTRAHYDRO-M-ISOBUTYLTOLUÈNE, $C^{11}H^{20}$,
MÉTHYL 1-ISOBUTYL 3-CYCLOHEXÈNE,

$$CH^3-C^6H^8-CH^2-CH(CH^3)^2.$$

Ce carbure avait d'abord été regardé comme possédant la formule $C^{11}H^{18}$ du dihydro-m-isobutyltoluène [Knœvenagel, *Ann. Chem.*, **289**, 163]; mais des recherches ultérieures [*Ibid.*, **297**, 175] ont montré à l'auteur qu'il possédait réellement la formule $C^{11}H^{20}$.

Il a été préparé en déshydratant par l'anhydride phosphorique le *méthylisobutylhexanol* correspondant, suivant les indications déjà données à propos du tétrahydrotoluène; mais, dans le cas actuel, pour que la réaction soit complète, il est nécessaire de chauffer jusqu'à 150°. On obtient ainsi 6gr,5 de carbure en employant 10 grammes d'alcool.

Le tétrahydro-m-isobutyltoluène est un liquide incolore très mobile, d'odeur particulière; il bout à 185°. Sa densité à 21°,5 est 0,8089; son indice de réfraction $n_D = 1,4501$.

La solution alcoolique d'acide sulfurique (1 volume SO^4H^2 pour 4 volumes d'alcool) additionnée de ce carbure, prend d'abord la couleur d'une solution étendue de permanganate de potasse, puis elle devient peu à peu d'un rouge violet clair.

Avec le mélange de 1 volume d'acide sulfurique et 2 volumes d'alcool, le carbure donne d'abord une coloration jaune, puis jaune-rougeâtre et enfin violette.

TÉTRAHYDRO-M-HEXYLTOLUÈNE, $C^{13}H^{24}$,
MÉTHYL 1-HEXYL 3-CYCLOHEXÈNE,

$$CH^3_{(1)}-C^6H^8-C^6H^{13}_{(3)}.$$

Comme le précédent, ce carbure avait d'abord été pris pour un carbure dihydroaromatique. Il se prépare comme lui en déshydratant le cyclohexanol correspondant au moyen de l'anhydride phosphorique; il est nécessaire de chauffer jusqu'à 165° pour achever la réaction. On obtient avec 10 grammes de méthyl 1-hexyl 3-cyclohexanol 5, 6gr,5 de carbure.

Celui-ci est un liquide incolore, très mobile, bouillant à 228-230° sous la pression ordinaire; sa densité à 21°,5 est 0,8216, son indice de réfraction $n_D = 1,4562$.

Le mélange d'acide sulfurique et d'acide nitrique le transforme partiellement en 2.4.6 *trinitro-m-hexyltoluène*, fondant à 131°.

CARBURES DIHYDROAROMATIQUES
OU CYCLOHEXADIÈNES, C^nH^{2n-4}

L'étude de ces carbures est encore bien incomplète et l'on n'en connaît qu'un très petit nombre. Il est probable cependant que certains *terpènes* $C^{10}H^{16}$ appartiennent à cette série. Les cas d'isomérie, prévus par la théorie, sont encore plus nombreux pour ces carbures que pour les autres carbures hydroaromatiques.

FORMATION. — De même que les carbures tétrahydroaromatiques ont pu être obtenus en enlevant une molécule d'hydracide aux dérivés halogénés des carbures hexahydroaromatiques, de même, l'enlèvement de deux molécules d'hydracide à leurs dérivés bihalogénés donne naissance aux carbures dihydroaromatiques [Baeyer, *D. chem. G.*, **25**, 1840; Markownikoff, *Ann. Chem.*, **302**, 29] :

$$C^6H^{10}Br^2 - 2HBr = C^6H^8.$$

C'est la seule méthode générale de préparation actuellement connue.

Toutefois M. Harries [*Ann. Chem.*, **328**, 88] a donné une méthode qui permet d'obtenir régulièrement un certain nombre d'entre eux, à partir des dicétones hexahydroaromatiques ou des cétones tétrahydroaromatiques.

Ces cétones sont, pour cela, transformées

d'abord en leurs oximes, puis celles-ci en amines correspondantes par hydrogénation. Il suffit ensuite de soumettre les phosphates de ces oximes à la distillation sèche, dans un courant de gaz carbonique, en s'aidant du vide, pour obtenir les carbures dihydroaromatiques correspondants. L'azote de l'amine est éliminé à l'état d'ammoniac et de pyrophosphate d'ammoniaque.

Par exemple, la *dihydrorésorcine* (I) peut être transformée par cette méthode successivement en son *oxime* (II) en 1.3 *diaminocyclohexaxe* (III), enfin en $\Delta^{1\cdot3}$ *dihydrobenzène* (IV) :

CO; H^2C, CH^2; H^2C, CO; CH^2 — I.

C=AzOH; H^2C, CH^2; H^2C, C=AzOH; CH^2 — II.

CH-AzH^2; H^2C, CH^2; H^2C, CH-AzH^2; CH^2 — III.

CH; H^2C, CH; H^2C, CH; CH — IV.

Propriétés. — Les carbures dihydroaromatiques sont des liquides incolores, insolubles dans l'eau, miscibles à l'alcool absolu et à l'éther. Ils possèdent une odeur de térébenthine. Possédant deux liaisons éthyléniques, ils fixent quatre atomes de brome.

Ils se résinifient en absorbant l'oxygène plus rapidement encore que les carbures tétrahydroaromatiques et décolorent instantanément la solution alcaline de permanganate de potasse.

Si l'on ajoute une trace de l'un de ces carbures à un mélange de parties égales d'alcool absolu et d'acide sulfurique concentré, ou bien à un mélange d'anhydride acétique et d'acide sulfurique concentré, on obtient des colorations variées et très intenses, qui permettent de les caractériser.

Oxydés par l'acide nitrique étendu, certains d'entre eux se transforment en acides aromatiques correspondants.

DIHYDROBENZÈNES, C^6H^8

Cyclohexadiènes.

On connait actuellement trois dihydrobenzènes, mais il n'est pas absolument démontré qu'ils ne soient pas identiques les uns aux autres ou qu'ils ne soient pas constitués par des mélanges d'isomères.

Le premier connu a été préparé par M. von Baeyer [*Ann. Chem.*, **278**, 94], en enlevant 2 molécules d'acide bromhydrique à l'éther bromhydrique de la quinite, $C^6H^{10}Br^2$.

Pour cela, 10 grammes de cet éther sont chauffés lentement avec 50 grammes de quinoléine jusqu'à l'ébullition de celle-ci. La réaction s'effectue au voisinage de 190° et l'on voit distiller le dihydrobenzène. Si le carbure distillé renferme encore un peu de brome, on renouvelle l'ébullition en présence de quinoléine, puis on soumet le produit à la distillation fractionnée. Pour séparer le peu de quinoléine distillée en même temps que le carbure, on agite celui-ci avec de l'acide sulfurique étendu, puis avec de l'eau ; on le dessèche et on le rectifie sur le sodium.

Le dihydrobenzène ainsi préparé bout à 84-86° sous 718 millimètres. C'est un liquide incolore, très mobile, à odeur alliacée. Il se résinifie lentement à l'air et décolore immédiatement le permanganate de potasse.

Il fixe 2 molécules d'acide bromhydrique en donnant l'hexahydrobenzène bibromé ; il se combine de même avec deux atomes de brome en donnant naissance au tétrabromure cristallisé ; l'iode se comporte de même, avec cette différence que l'iodure formé est très instable.

Le nitrite d'amyle et l'acide chlorhydrique ne donnent avec lui que des traces d'un dérivé cristallisé, la plus grande partie du carbure se résinifiant, comme il le fait d'ailleurs sous l'influence du nitrite de soude et de l'acide acétique.

L'addition au carbure d'acide sulfurique concentré détermine sa résinification immédiate avec grand dégagement de chaleur. L'acide azotique concentré l'oxyde avec une extrême violence et l'enflamme.

Si l'on ajoute de l'acide sulfurique à sa solution dans l'alcool, il se produit une belle coloration bleue. La coloration du mélange dépend des proportions d'acide sulfurique par rapport à l'alcool : si l'on dissout 1 goutte de carbure avec 5 centimètres cubes d'alcool et que l'on ajoute 5 centimètres cubes d'acide sulfurique, la solution se colore en violet-rouge intense. En la diluant de son volume d'alcool, on peut l'observer au spectroscope et l'on voit alors que toute la lumière est absorbée depuis la fin du rouge jusqu'au violet.

Suivant M. Markownikoff, le dihydrobenzène de M. von Baeyer serait un mélange d'isomères.

Ce savant [*Ibid.*, **302**, 29] ainsi que M. Fortey [*Chem. Soc.*, **73**, 944] ont préparé deux dihydrobenzènes, qui seraient différents du précédent. Ils ont fait réagir le chlore sur l'hexahydrobenzène et ont obtenu, en soumettant le produit à la distillation fractionnée, deux fractions principales (190-192°) et (196-198°), qu'ils considèrent comme des composés définis répondant tous deux à la formule $C^6H^{10}Cl^2$. Tous deux, sous l'influence de la quinoléine bouillante, perdent 2 molécules d'acide chlorhydrique en donnant des dihydrobenzènes.

La fraction 190-192° fournit ainsi un dihydrobenzène auquel M. Markownikoff attribue la formule

CH CH; CH, CH; CH^2 CH^2

ce serait le Dihydrobenzène $\Delta^{1\cdot3}$.

Il bout à 83-86° sous 767 millimètres ; sa densité à 20° est 0,853. Son *tétrabromure*, $C^6H^8Br^4$, fond à 184°. Il donne avec l'acide sulfurique et l'alcool une coloration rouge framboise.

En partant de la dihydrorésorcine, ainsi qu'il a été dit plus haut, M. Harries a obtenu un carbure qu'il considère comme du *dihydrobenzène* $\Delta^{1\cdot3}$ (II), renfermant une petite quantité de son isomère $\Delta^{1\cdot4}$ (III). On conçoit facilement en effet que le 1.3 *diaminocyclohexane* (I) puisse donner l'un et l'autre de ces deux isomères :

CH-AzH^2; H^2C, CH^2; H^2C, CH-AzH^2; CH^2 — I.

CH; H^2C, CH; H^2C, CH; CH — II.

CH; H^2C, CH^2; H^2C, CH; CH — III.

Le *dihydrobenzène* $\Delta^{1.3}$ ainsi préparé est un liquide incolore, s'épaississant à la longue, à odeur alliacée très pénétrante. Il bout à 81°,5; sa densité est $D_{4°}^{19°} = 0,8490$. Avec le mélange d'alcool et d'acide sulfurique, il donne une coloration rouge-groseille. Son *tétrabromure*, $C^6H^8Br^4$, fond à 184°. Oxydé à basse température par le permanganate de potassium, il donne les acides oxalique et succinique.

La fraction 196-198° du dichlorocyclohexane donne un dihydrobenzène qui aurait pour constitution

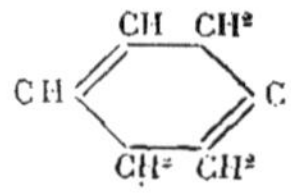

CH CH²
CH CH²
CH² CH²

ce serait le DIHYDROBENZÈNE $\Delta^{1.4}$.

Il bout à 83-86° sous 757 millimètres; sa densité à 20° est 0,8463. Son *tétrabromure* est liquide. Il donne avec l'acide sulfurique et l'alcool une coloration bleu-violet foncé.

En partant de l'oxime du *p-dicétohexaméthylène*, qu'il transforme d'abord en 1.4 *diaminocyclohexane* (I), M. Harries a obtenu un carbure qu'il considère comme le $\Delta^{1.4}$-DIHYDROBENZÈNE (II).

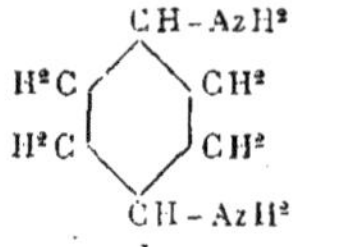

CH-AzH²
H²C CH²
H²C CH²
CH-AzH²
I.

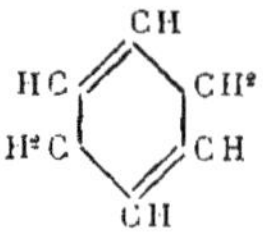

CH
HC CH²
H²C CH
CH
II.

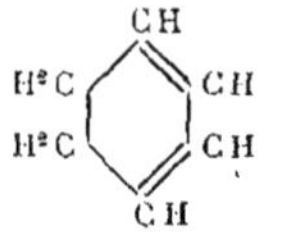

CH
H²C CH
H²C CH
CH
III.

Le $\Delta^{1.4}$-dihydrobenzène ainsi obtenu est un liquide incolore, bouillant à 81°,5, de densité $D_{4°}^{25°} = 0,8333$; son indice de réfraction est $n_D^{25°} = 1,46806$. Il donne avec le mélange d'alcool et d'acide sulfurique une coloration rouge violacée, et avec l'anhydride acétique et l'acide sulfurique une couleur rouge fuchsine. Son *tétrabromure*, $C^6H^8Br^4$, est liquide; mais comme il renferme toujours une petite quantité de son isomère $\Delta^{1.3}$, il laisse déposer à la longue une petite quantité de bromure cristallisé fondant à 184°. Oxydé par le permanganate de potassium, il donne surtout de l'acide malonique avec un peu d'acide succinique.

DIHYDROBENZÈNE $\Delta^{1.4}$ OCTOCHLORÉ C^6Cl^8 (*parabichlorure de benzène hexachloré*)

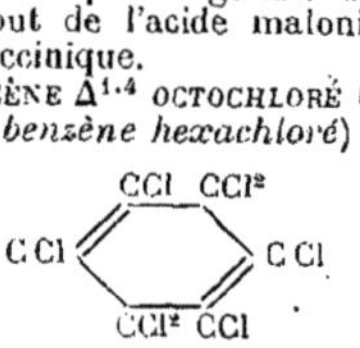

CCl CCl²
CCl CCl
CCl² CCl

— On peut l'obtenir en faisant réagir à 130-135° le perchlorure de phosphore sur le pentachlorophénol C^6Cl^5OH; mais le meilleur moyen pour le préparer consiste à chauffer avec le même réactif la *quinone tétrachlorée* ou *chloranile* $C^6Cl^4O^2$.

Dans un ballon à long col on chauffe, à 135-140°, 30 grammes de chloranile avec 52 grammes de perchlorure de phosphore. Le mélange se liquéfie peu à peu; il est homogène au bout de 15 heures; mais il faut encore chauffer pendant trois jours, pour que la réaction soit achevée. On peut se borner à chauffer pendant 24 heures si l'on a soin d'ajouter au mélange ci-dessus quelques grammes de trichlorure de phosphore. Le produit de la réaction est alors lavé à l'eau chaude, puis avec une dissolution de soude pour enlever du phosphate de pentachlorophénol, formé dans la réaction; enfin on lave à l'eau, on dessèche et on traite le produit par le benzène froid qui dissout le dihydrobenzène octochloré.

Ce composé cristallise en gros prismes incolores tricliniques, fondant à 159-160° en donnant un léger sublimé. Sa densité à 18° est 2.0618. Complètement insoluble dans l'eau, il se dissout facilement dans l'éther anhydre, le benzène, le chloroforme, le tétrachlorure de carbone, surtout à chaud. Il est peu soluble à froid dans l'alcool absolu et dans la ligroïne, assez soluble à l'ébullition.

Chauffé à 204° ou au-dessus, il se décompose en chlore et *chlorure de Julin*, C^6Cl^6.

L'étain ou le zinc et l'acide chlorhydrique sont sans action sur lui; mais l'amalgame de sodium en présence de l'eau donne, après plusieurs jours de contact, une petite quantité de chlorure de Julin C^6Cl^6.

Ce même composé résulte encore de l'action du chlore en présence du chlorure d'antimoine sur le dihydrobenzène octochloré.

Celui-ci se dissout vers 30-35° dans environ huit à dix fois son poids d'acide azotique fumant; en élevant peu à peu la température jusqu'à 50-60°, il se produit une réaction énergique avec dégagement de vapeurs rutilantes et de chlore, et l'on voit se former des paillettes jaune d'or de *chloranile*.

L'acide sulfurique fumant donne encore lieu à la formation du même composé en même temps qu'à celle de chlorure de Julin [Barral, *Bull. Soc. Chim.*, (3), **13**, 418].

DIHYDROTOLUÈNES, C^7H^{10}

MÉTHYLCYCLOHEXADIÈNES.

On obtient un dihydrotoluène en chauffant à 350° en tube scellé le toluène avec l'iodure de phosphonium [Baeyer, *Ann. Chem.*, **155**, 271].

C'est un liquide incolore, qui bout à 105-108°.

DIHYDROTOLUÈNE $\Delta^{1.3}$. — En partant de la *méthylcyclohexénone* $C^7H^{10}O$, M. Harries est arrivé à préparer un carbure de formule C^7H^{10} qu'il croit être le $\Delta^{1.3}$ dihydrotoluène. Pour cela, il a d'abord transformé cette *acétone* (I) en son *aminoxine* (II); puis celle-ci, sous l'influence de l'hydrogène naissant, lui a fourni la *diamine* correspondante (III). Enfin, en soumettant à la distillation sèche le phosphate de cette base, l'auteur a obtenu un *dihydrotoluène* auquel il attribue la formule (IV).

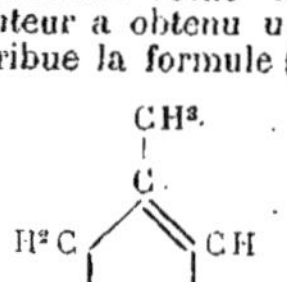

CH³
C
H²C CH
H²C CO
CH²
I

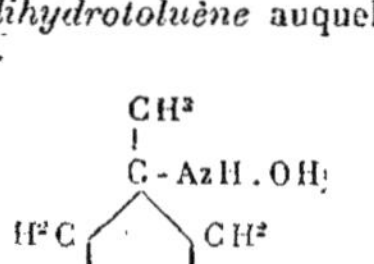

CH³
C-AzH.OH
H²C CH²
H²C C=AzOH
CH²
II

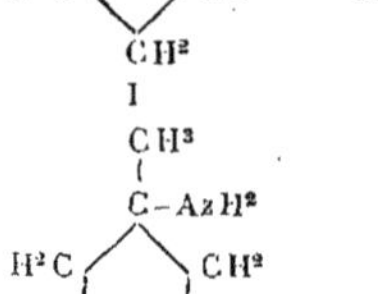

CH³
C-AzH²
H²C CH²
H²C CH-AzH²
CH²
III

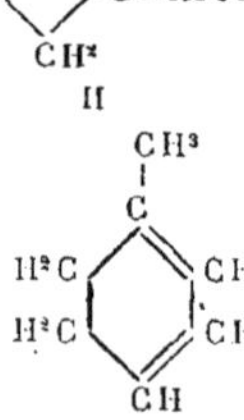

CH³
C
H²C CH
H²C CH
CH
IV

Ce carbure, oxydé par le permanganate de potasse, donne en effet exclusivement les acides *oxalique* et *succinique* [Harries, *D. chem. G.*, **34**, 300; **35**, 1166].

$\Delta^{1.3}$ *dihydro-m-chlorotoluène*, C^7H^9Cl. — Pour le préparer, on dissout 10 grammes (1 mol.) de *méthyl 1-cyclohexène 1-one* 3, $C^7H^{10}O$ (I), dans 30 grammes de chloroforme, puis on ajoute peu à peu 12 grammes de perchlorure de phosphore (un peu plus de 1 molécule). Quand la masse s'est liquéfiée, on chauffe un quart d'heure au bain-marie pour achever la réaction : la plus grande partie du chloroforme s'en va, en même temps que le composé (II), qui s'était d'abord formé, perd une molécule d'acide chlorhydrique pour donner le dihydro-m-chlorotoluène (III). Le produit de la réaction est alors versé sur la glace pilée, puis dissous dans l'éther. La solution éthérée, lavée au carbonate de soude, puis à l'eau, est desséchée et distillée; enfin le produit est rectifié dans le vide.

```
       CH³               CH³               CH³
       |                 |                 |
       C                 C                 C
H²C  /   \\ CH     H²C  /   \\ CH     H²C  /   \\ CH
H²C  \   /  CO     H²C  \   /  CCl²   H²C  \   // CCl
       CH²               CH²               CH
       I                 II                III
```

C'est un liquide très réfringent, d'odeur aromatique, qui bout à 78-80° sous 25 millimètres ou à 160-170° sous la pression ordinaire, en se décomposant partiellement.

Agité avec l'acide sulfurique à 95 0/0, il régénère immédiatement la méthylcyclohexénone.

Traité par le brome en solution dans le chloroforme, il donne un bromure instable, qui perd à chaud 2 molécules d'acide bromhydrique en donnant le *m-chlorotoluène* $CH^3_{(1)} - C^6H^4Cl_{(3)}$ [Klages et Knœvenagel, *D. chem. G.*, **27**, 3019].

DIHYDROXYLÈNES C^8H^{12}.

DIMÉTHYLCYCLOHEXADIÈNES.

Les carbures dihydro-aromatiques répondant à cette formule sont encore peu nombreux; ils correspondent soit aux trois xylènes ortho, méta, para, soit au 1.1-diméthylcyclohexène.

1.1 DIMÉTHYLCYCLOHEXADIÈNE $\Delta^{2.5}$. — La dioxime de la 1.1 *diméthyldihydrorésorcine*, réduite par le sodium et l'alcool, se transforme en 1.1 *diméthyl*-3.5 *diaminocyclohexane*

$$C^8H^{18}Az^2,$$

dont le phosphate, soumis à la distillation sèche, donne le 1.1 *diméthylcyclohexadiène* $\Delta^{1.3}$

$$CH^3 - C^6H^6 - CH^3.$$

C'est un liquide huileux incolore, bouillant à 135-137°, de densité $D_{4}^{18°} = 0{,}8421$; son indice de réfraction est $n_D^{18°} = 1{,}47691$. Il colore en rouge orangé le mélange d'alcool et d'acide sulfurique.

Traité par l'acide azotique fumant, puis par le mélange des acides azotique et sulfurique, il donnerait une petite quantité de trinitro-m-xylène par transposition moléculaire. Oxydé par le permanganate de potassium à basse température, il produit une petite quantité d'acides oxalique et succinique; l'acide diméthylmalonique, qui aurait dû prendre naissance, n'a pu être retrouvé parmi les produits d'oxydation.

DIHYDRO-O-XYLÈNE, $CH^3_{(1)} - C^6H^6 - CH^3_{(2)}$.

Ce carbure a été décrit sous le nom de CANTHARÈNE [2e Suppl., **1**, 938].

Ajoutons que, d'après M. Harries [*Ann. Chem.*, **328**, 88], le cantharène obtenu dans la distillation sèche du cantharate de calcium, serait un mélange de dihydro-o-xylène et d'o-xylène.

DIHYDRO-M-XYLÈNE $\Delta^{1.3}$, $CH^3_{(1)} - C^6H^6 - CH^3_{(3)}$.

On l'obtient en enlevant une molécule d'eau à la *méthylhepténone*

$$(CH^3)^2 = C = CH - CH^2 - CH^2 - CO - CH^3.$$

Pour cela M. Wallach [*Ann. Chem.*, **258**, 326], chauffe à 145° pendant 20 minutes un mélange de 15 grammes de chlorure de zinc fondu puis pulvérisé avec 6 centimètres cubes de méthylhepténone dérivée de l'anhydride cinéolique. Puis il décante le liquide surnageant le chlorure de zinc, le distille à la vapeur d'eau et le rectifie.

En même temps que le dihydro-m-xylène, il se forme dans cette réaction un polymère $C^{16}H^{24}$ bouillant à 280-285°.

M. Verley [*Bull. Soc. Chim.*, (3), **17**, 180] a obtenu le dihydro-m-xylène en agitant 400 grammes de méthylhepténone, provenant du citral, avec 600 grammes d'acide sulfurique à 75 0/0, pendant un quart d'heure. Le mélange s'échauffe fortement et, par refroidissement, le carbure vient surnager. On étend d'eau le mélange, on l'épuise à l'éther, on lave la solution éthérée au bicarbonate de soude et on l'évapore; enfin on rectifie le carbure, qui s'est formé dans la réaction suivante :

```
CH³ - C = CH - CH² - CH² - CO - CH³
      |
      CH³
                  CH  CH²
   =  CH³ - C <           > CH²  + H²O.
                  CH  C - CH³
```

Ce carbure est un liquide incolore bouillant à 120°; sa densité à 10° est 0,838, son indice de réfraction $n_D = 1{,}441$ à 23°.

M. Wallach l'a caractérisé comme un dihydro-m-xylène en le transformant au moyen de l'acide nitrique en *nitro-* et *dinitro-m-xylène*; le premier de ces dérivés nitrés lui a fourni l'*acétyl-m-xylidine* fondant à 128-129°, le second lui a donné l'*amidonitro-m-xylène* fondant à 123° et l'*acétylnitro-m-xylidide* fondant à 159-160°. Enfin il a pu obtenir encore le *trinitro-m-xylène* fondant à 180-181°.

M. Verley en faisant réagir sur le dihydro-m-xylène le chlorure de chromyle a obtenu un peu d'*aldéhyde m-toluique* $CH^3_{(1)} - C^6H^4 - COH_{(3)}$ en même temps qu'un dérivé chloré bouillant de 105 à 110° et répondant à la formule $C^8H^{11}Cl$.

$\Delta^{1.3}$ DIHYDRO-M-XYLÈNE CHLORÉ SYMÉTRIQUE, $CH^3_{(1)} - C^6H^5Cl - CH^3_{(3)}$. — On l'obtient en faisant réagir le perchlorure de phosphore sur la 1.3 *diméthylcyclohexène 3-one* 5 :

```
              CH³                        CH³
              |                          |
              C                          C
       H²C  /   \\ CH             H²C  /   \\ CH
CH³-HC      \   /  CO      CH³-HC      \   /  CCl²
              CH²                        CH²
```

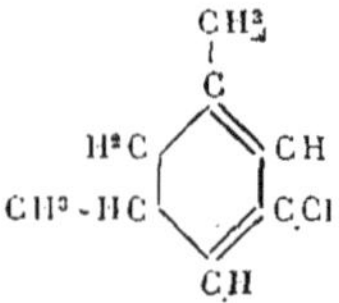

CH^3 — C — H^2C — CH — CH^3-HC — C.Cl — CH

La réaction se conduit comme celle qui donne naissance au *dihydro-m-chlorotoluène*.

C'est un liquide incolore, très réfringent, possédant une odeur aromatique agréable. Il se colore peu à peu à l'air en se résinifiant et perdant de l'acide chlorhydrique.

Il bout à 78-80° sous 15 millimètres de pression ou à 176-178° sous la pression ordinaire.

L'acide sulfurique à 95 0/0 le transforme de nouveau en *diméthylcyclohexénone*.

Mis à bouillir avec l'acide azotique à 30 0/0, il donne naissance à la *chloropicrine* $C.Cl^3.AzO^2$, au *nitro-m-xylène chloré* et à l'*acide toluylique chloré* 1.3.5.

Le mélange des acides sulfurique et nitrique le change en 5 *chloro*-2.4.6 *trinitro-m-xylène* [Klages et Knœvenagel, *D. chem. G.*, **27**, 3023].

1.3 Diméthylcyclohexadiène $\Delta^{4.6}$ (?). — Ce carbure, obtenu par la méthode de M. Harries, est un liquide incolore, bouillant à 128-130°, de densité $D^{18°}_{18°} = 0{,}8203$. Son indice de réfraction est $n^{18°}_{D} = 1{,}46360$. Il colore en jaune le mélange d'acide sulfurique et d'alcool, et en rouge celui d'anhydride acétique et d'acide sulfurique. L'acide azotique fumant le transforme en trinitro-m-xylène; toutefois, le rendement avec ce carbure est beaucoup moins bon qu'avec le dihydro-m-xylène de M. Wallach, issu de la pulégone.

Dihydro-p-xylène $\Delta^{1.4}$, $CH^3_{(1)} - C^6H^6 - CH^3_{(4)}$

diméthyl 1.4-cyclohexadiène 1.4.

Ce carbure a été préparé par M. von Baeyer [*D. chem. G.*, **25**, 2122] en faisant bouillir avec la quinoléine le *dibromhydrate* de *diméthylquinite* :

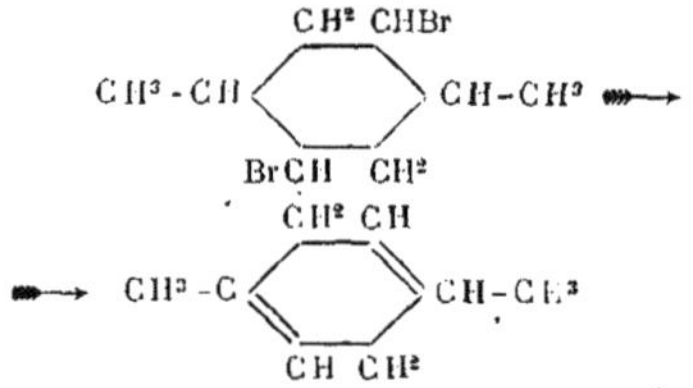

CH² CHBr — CH^3-CH — CH-CH^3 ⟶ — BrCH CH²

CH² CH — ⟶ CH^3-C — CH-CH^3 — CH CH²

Il bout à 133-134° et possède une odeur de térébenthine. Il donne avec l'acide bromhydrique un produit d'addition cristallisé.

Dihydro-m-éthyltoluène, $CH^3_{(1)} - C^6H^6 - C^2H^5_{(3)}$.

Un carbure de formule C^9H^{14} a été rencontré par MM. Weidel et Ciamician [*D. chem. G.*, **13**, 72] dans les huiles animales; ils lui attribuent la constitution d'un dihydro-m-toluène, parce qu'il donne de l'*acide isophtalique* lorsqu'on l'oxyde, soit au moyen de l'acide azotique, soit au moyen du mélange chromique. Il ne paraît pas certain que ce carbure soit un carbure dihydroaromatique.

Ce carbure est liquide et bout à 153°,5 sous 748^{mm},7.

Triméthyl 1.3.3-dihydrobenzène $\Delta^{4.6}$

$$(CH^3)^2_{(3.3)} = C^6H^5 - CH^3_{(1)}.$$

On ne connaît que son *dérivé chloré symétrique*

$$(CH^3)^2_{(3.3)} = C^6H^4 < {Cl_{(5)} \atop CH^3_{(1)}}$$

que l'on prépare en ajoutant peu à peu la quantité théorique de perchlorure de phosphore dans dans une solution chloroformique d'*isophorone* (I) au quart. Après dissolution complète du perchlorure de phosphore, on chauffe le mélange dans le vide jusqu'à 50°. Le composé dichloré (II), qui s'était d'abord formé, perd une molécule d'acide chlorhydrique lorsqu'on distille le chloroforme et l'oxychlorure de phosphore produit dans la réaction. Le résidu brunâtre et liquide est alors lavé à l'eau, desséché et fractionné dans le vide.

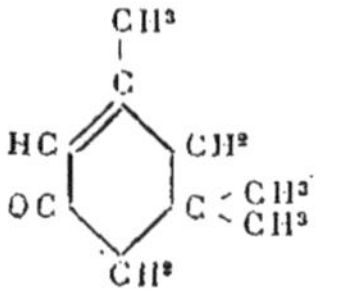

I : CH^3 — C — HC — CH^2 — OC — C<CH^3 CH^3 — CH^2

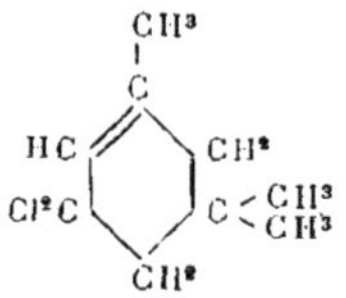

II : CH^3 — C — HC — CH^2 — Cl^2C — C<CH^3 CH^3 — CH^2

III : CH^3 — C — HC — CH^2 — ClC — C<CH^3 CH^3 — CH

Le triméthyldihydrobenzène chloré bout à 62° sous 12 millimètres; c'est un liquide incolore, devenant rapidement brun.

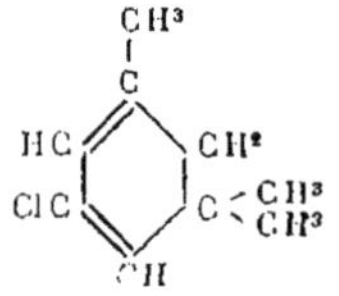

Dihydro-m-cymène $\Delta^{4.6}$, $CH^3_{(1)} - C^6H^6 - C^3H^7_{(3)}$

1 méthyl-3 méthoéthylcyclohexadiène 4.6.

Le *dérivé chloré symétrique* de ce carbure se prépare au moyen de la *méthyl* 1-*isopropyl* 3-*cyclohexénone* 5 et du perchlorure de phosphore; il se produit un chlorure de cette cétone, qui perd immédiatement de l'acide chlorhydrique en donnant le $\Delta^{4.6}$ dihydro-m-cymène chloré symétrique.

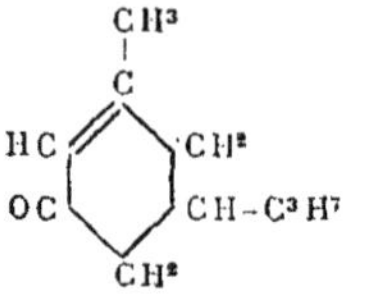

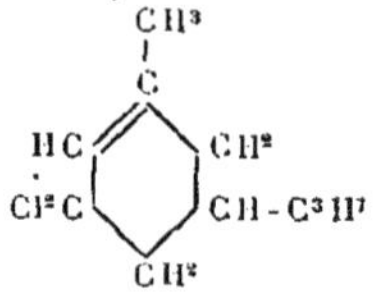

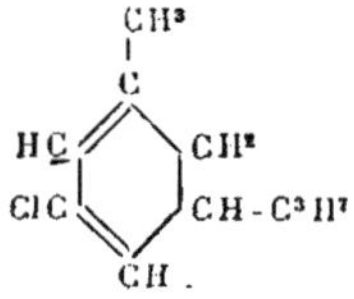

CH^3 — C — HC — CH^2 — OC — CH-C^3H^7 — CH^2

CH^3 — C — HC — CH^2 — Cl^2C — CH-C^3H^7 — CH^2

CH^3 — C — HC — CH^2 — ClC — CH-C^3H^7 — CH

La réaction se conduit comme il a été dit à propos du triméthyldihydrobenzène chloré.

Le dihydro-m-cymène chloré est une huile

incolore, très réfringente, qui bout à 106° sous 15 millimètres.

Comme son homologue, il est transformé immédiatement par l'acide sulfurique à 95 0/0 en acétone correspondante.

L'action du brome, puis de la quinoléine, permet de le transformer en *m-cymène chloré symétrique*

$$CH^3_{(1)} - C^6H^3 \begin{smallmatrix} \nearrow Cl_{(5)} \\ \searrow C^3H^7_{(3)} \end{smallmatrix}$$

L'acide nitrique donne avec lui le *trinitrochlorocymène* 2.4.6, fondant à 124-125° et possédant une forte odeur de musc [Gundlich et Knœvenagel, *D. chem. G.*, **29**, 169].

DIHYDRO-P-CYMÈNE (voyez MENTHADIÈNE).

DIHYDRO-M-ISOBUTYLTOLUÈNE $\Delta^{4\cdot 6}$,

1 MÉTHYL-3 ISOBUTYLCYCLOHEXADIÈNE 4.6.

$$CH^3_{(1)} - C^6H^6 - C^4H^9_{(3)}$$

Le *dérivé chloré symétrique* de ce carbure se prépare comme ses homologues décrits plus haut. On l'obtient en partant de la méthyl 1-isobutyl 3-cyclohexénone 5.

```
        CH³                      CH³
        |                        |
        C                        C
      //  \                    //  \
  HC         CH²          HC         CH²
   |          |            |          |
  OC         CH - C⁴H⁹   Cl²C         CH - C⁴H⁹
      \   /                    \   /
       CH²                      CH²

                  CH³
                  |
                  C
                //  \
            HC         CH²
             |          |
            ClC        CH - C⁴H⁹
                \\   /
                 CH²
```

C'est une huile très réfringente, qui régénère l'acétone initiale sous l'action de l'acide sulfurique à 95 0/0. Elle bout à 113-115° sous 15 millimètres de pression.

Le brome, puis la quinoléine la transforment en *isobutyltoluène chloré symétrique*, bouillant à 234-235°.

DIHYDRO-M-HEXYLTOLUÈNE $\Delta^{4\cdot 6}$,

1 MÉTHYL-3 HEXYLCYCLOHEXADIÈNE 4.6.

$$CH^3_{(1)} - C^6H^6 - C^6H^{13}_{(3)}$$

Le *dérivé chloré symétrique* de ce carbure se prépare d'une manière analogue aux précédents en partant de la *méthyl 1-hexyl 3-cyclohexénone* 5.

Il bout à 148-150° sous 25 millimètres. Le brome, puis la quinoléine, réagissant successivement, le transforment en *hexyltoluène chloré symétrique* bouillant à 273-275°.

M. Guerbet.

HYDROAZOXIMES. — Ces composés, que l'on trouve généralement désignés par abréviation sous le nom, prêtant à équivoque, d'*hydrazoximes* (voyez à ce sujet HYDRAZOXIMES), répondent à la formule générale

$$R - C \begin{smallmatrix} \nearrow Az - O \\ \searrow AzH \end{smallmatrix} \begin{smallmatrix} \searrow \\ \nearrow \end{smallmatrix} CH - R'$$

Préparation. — On les obtient par condensation des amidoximes, principalement de la benzénylamidoxime, avec les aldéhydes. Le premier terme de cette série a été préparé par F. Tiemann [*D. chem. G.*, **22**, 2412] en combinant l'acétaldéhyde avec la benzénylamidoxime. L'union se fait avec élimination d'eau suivant l'équation

$$C^7H^8Az^2O + C^2H^4O = C^9H^{10}Az^2O + H^2O.$$

Il suffit le plus souvent de laisser reposer quelque temps, dans un endroit chaud, une solution aqueuse renfermant des quantités équimoléculaires de l'aldéhyde et de l'amidoxime; on observe bientôt la formation d'un précipité abondant. On peut aussi, dans certains cas, chauffer légèrement le mélange des deux composés cidessus ou bien leur solution hydroalcoolique [H. Zimmer, *D. chem. G.*, **22**, 3140]. Cette condensation réussit très bien avec les aldéhydes grasses; il n'en est plus de même avec les aldéhydes aromatiques; l'aldéhyde benzoïque, par exemple, donne dans ces conditions de la dibenzénylazoxime, probablement par oxydation immédiate de l'hydroazoxime. On a cependant réussi à préparer l'hydroazoxime correspondant à l'aldéhyde salicylique.

La condensation des amidoximes avec le chlorure de diazobenzène, ou mieux avec le diazobenzène-sulfonate de sodium, donne également naissance à des hydroazoximes qui se distinguent des précédentes par la substitution d'un groupe amide à l'hydrogène aldéhydique. La réaction est, en effet, la suivante :

$$2C^6H^5 - Az = AzCl + 2C^6H^5 - C \begin{smallmatrix} \nearrow AzOH \\ \searrow AzH^2 \end{smallmatrix}$$

$$= C^{14}H^{13}OAz^3 + C^6H^5Az^2.AzHC^6H^5 + Az^2O + 2HCl.$$

Elle ne se produit pas avec les amidoximes substituées

$$C^6H^5 - C \begin{smallmatrix} \nearrow AzOH \\ \searrow AzHR \end{smallmatrix}$$

Les mêmes composés s'obtiennent aussi par l'action de l'acide nitreux sur les amidoximes [J. Stieglitz, *D. chem. G.*, **22**, 3148].

Constitution. — La constitution des hydroazoximes est facile à établir. Tandis que l'amidoxime primitive manifeste un caractère acide, le produit obtenu possède des propriétés basiques. L'élimination d'eau est donc effectuée aux dépens de l'hydrogène du groupe oximide et du groupe amide, et la condensation peut donc s'exprimer suivant le schéma

$$C^6H^5 - C \begin{smallmatrix} \nearrow AzOH \\ \searrow AzH^2 \end{smallmatrix} + O = CH - CH^3$$

$$= C^6H^5 - C \begin{smallmatrix} \nearrow Az - O \\ \searrow AzH \end{smallmatrix} \begin{smallmatrix} \searrow \\ \nearrow \end{smallmatrix} CH - CH^3 + H^2O.$$

Ce composé ne serait autre qu'un dérivé d'hydrogénation de l'azoxime correspondante

$$C^6H^5 - C \begin{smallmatrix} \nearrow Az - O \\ \searrow Az \end{smallmatrix} \begin{smallmatrix} \searrow \\ \nearrow \end{smallmatrix} C - CH^3$$

Il est en effet facile d'obtenir cette azoxime par oxydation; le passage de l'azoxime à l'hydroazoxime n'a cependant pas réussi avec l'amalgame de sodium.

Quant aux hydroazoximes amidées de M. J. Stieglitz, cet auteur leur a attribué, en raison de leurs réactions et de leurs propriétés analogues à celles des composés précédents, la formule de constitution

$$R - C \begin{smallmatrix} \nearrow Az - O \\ \searrow AzH \end{smallmatrix} \begin{smallmatrix} \searrow \\ \nearrow \end{smallmatrix} \underset{\displaystyle AzH^2}{\overset{}{C}} - R'$$

On nommera ces composés comme les AZOXIMES correspondantes (voyez AZOXIMES, 2e Suppl., **1**, 404) en remplaçant le mot azoxime par celui de hydroazoxime. Ainsi le composé

$$C^6H^5-C \lesssim {Az-O \atop AzH} > CH-CH^3$$

sera la benzénylhydroazoxime-éthylidène.

Propriétés. — Les hydroazoximes sont des corps très bien cristallisés, en général insolubles dans l'eau froide, très solubles dans l'alcool, l'éther, le benzène, le chloroforme, se dissolvant facilement dans les acides. Ils se décomposent en aldéhydes et amidoximes quand on chauffe leurs solutions dans les acides étendus ou dans la lessive de soude. Ce sont des bases faibles. Leur solution dans l'éther anhydre, traitée par un courant de gaz chlorhydrique sec, laisse déposer un chlorhydrate qui se décompose facilement en présence de l'humidité de l'air. Une solution de l'hydroazoxime dans l'acide chlorhydrique concentré et froid précipite, par le chlorure de platine pas trop étendu, un sel double très facilement décomposable par l'eau, que l'on peut faire cristalliser dans l'alcool sans altération. A la température ordinaire, la liqueur de Fehling comme le perchlorure de fer ne donnent aucune réaction. Une solution de l'hydroazoxime dans l'acide sulfurique étendu est oxydée sans difficulté par le permanganate, avec formation de l'azoxime correspondante.

Benzényle-hydroazoxime-éthylidène. — Ce composé, d'abord décrit sous le nom d'*éthylidène-benzylamidoxime*

$$C^6H^5-C \lesssim {Az-O \atop AzH} > CH-CH^3,$$

fond à 82°; il est très soluble dans l'alcool, l'éther, l'acétone, le benzène. Il donne un *chlorhydrate* et un *sel double* orangé avec le chlorure de platine.

Benzényle-hydroazoxime-propylidène, fond à 64°. Donne une *azoxime* bouillant à 230-235°.

Benzényle-hydroazoxime-isobutylidène. — Aiguilles brillantes, incolores, fondant à 96°. L'*azoxime* correspondante bout à 253-255°.

Benzényle-hydroazoxime-isoamylidène. — Fines aiguilles incolores, fusibles à 83°, très peu solubles dans la ligroïne. L'*azoxime* correspondante bout à 257°.

Benzényle-hydroazoxime-phényléthylidène. — Aiguilles fondant à 136°, oxydées par le permanganate en *azoxime* fusible à 118°.

Benzényle-hydroazoxime-salicylidène,

$$C^6H^5-C \lesssim {Az-O \atop AzH} > CH-C^6H^4OH.$$

— Belles aiguilles blanches, fusibles à 155°. Sa solution alcoolique donne avec le chlorure ferrique une belle coloration rouge-brun ou violette. L'*azoxime* correspondante [H. Zimmer, *loc. cit.*] est identique à celle qu'avait décrite antérieurement M. Spilker [*C. chem. G.*, **22**, 2780].

Benzényle-hydroazoxime-amidobenzylidène,

$$C^6H^5-C \lesssim {Az-O \atop AzH} > \underset{\displaystyle AzH^2}{\underset{|}{C}}-C^6H^5$$

— Ce composé cristallise en tables fusibles à 124-125° en se transformant en benzonitrile et benzényle-amidoxime. Peu soluble dans l'éther. Son *chlorhydrate* fond à 144-145°; le *chloroplatinate* à 125°,5, il est insoluble dans l'eau et l'alcool; le *picrate* fond à 148-149°, jaune d'or.

o-Homobenzényle-hydroazoxime-amido-o-homobenzylidène,

$$\overset{(1)}{C}H^3-C^6H^4-\overset{(2)}{C} \lesssim {Az-O \atop AzH} > \underset{\displaystyle AzH^2}{\underset{|}{\overset{(1)}{C}}}-C^6H^4-\overset{(2)}{C}H^3.$$

— Prismes blancs fusibles à 109-110°, insolubles dans les acides, les alcalis et l'eau, peu solubles dans l'éther.

m-Nitrobenzényle-hydroazoxime-amido-m-nitrobenzylidène. — Fond à 150-151°. Très peu soluble dans l'alcool, encore moins dans le benzène et le chloroforme, et pas du tout dans l'éther, l'eau, les acides et les alcalis. Fr. March.

HYDROBENZOÏNES. — HYDROBENZOÏNE [Syn. : GLYCOL STILBÉNIQUE, ALCOOL TOLUYLÉNIQUE], $C^6H^5-CHOH-CHOH-C^6H^5$ (Dict., **1**, 550; **2**, 1677; 1er Suppl., 314).

Indépendamment des modes de formation déjà signalés, l'hydrobenzoïne se forme encore dans un certain nombre d'autres réactions. Elle prend naissance sous la forme d'acétate quand on traite un mélange d'aldéhyde benzoïque et de chlorure d'acétyle par de la poudre de zinc [C. Paal, *D. chem. G.*, **16**, 636].

$$\begin{matrix} C^6H^5-CHO \\ C^6H^5-CHO \end{matrix} + \begin{matrix} C^2H^3OCl \\ C^2H^3OCl \end{matrix} + Zn$$
$$= ZnCl^2 + \begin{matrix} C^6H^5-CHOC^2H^3O \\ | \\ C^6H^5-CHOC^2H^3O \end{matrix}$$

Si l'on substitue, dans la réaction ci-dessus, le chlorure de benzoyle au chlorure d'acétyle, on obtient un mélange de benzoates d'hydrobenzoïne et d'isohydrobenzoïne [C. Paal, *D. chem. G.*, **17**, 909].

L'hydrobenzoïne se produit encore, mélangée à de l'isohydrobenzoïne, par l'électrolyse de l'aldéhyde benzylique en solution dans du sulfate de potassium à 12-15 0/0 ou bien dans une lessive alcaline [H. Kauffmann, *Z. f. Electrochem.*, **2**, 365], et par celle de l'acide phénylglycolique $C^6H^5-CHOH-COOH$; M. W. Walker [*Chem. Soc.*, **69**, 1279] n'a pu déterminer si l'hydrobenzoïne se formait directement ou bien était due à l'électrolyse de l'aldéhyde benzylique produite également dans la réaction.

Sous l'action de la lumière, l'aldéhyde benzylique en solution dans l'alcool éthylique ou dans l'alcool benzylique se transforme également en un mélange des deux hydrobenzoïnes, mais avec formation abondante de résine [G. Ciamician et Silber, *D. chem. G.*, **36**, 1575].

L'acide nitreux en excès réagit sur la diphényléthylène-diamine pour donner naissance à de l'hydrobenzoïne comme produit principal. Il y a formation intermédiaire d'isodiphénylhydroxéthylamine

$$\begin{matrix} C^6H^5-CHO \\ | \\ C^6H^5-CH-AzH^2 \end{matrix}$$

fondant à 129-130° [R. Japp et J. Moir, *Chem. Soc.*, **77**, 643].

Préparation. — L'hydrobenzoïne, se produisant également quand on traite la benzoïne par l'amalgame de sodium (E. Grimaux) ou par une solution alcoolique de potasse (Zinine), MM. Breuer et Zincke [*Ann. Chem.*, **198**, 151] la préparent en se servant de cette réaction : Dans un mélange légèrement chauffé de 10 grammes de benzoïne dans 10 à 12 fois son poids d'alcool à 50°, on introduit de l'amalgame de sodium à 4 0/0 jusqu'à ce que toute la benzoïne soit dissoute, ce qui demande quelques heures.

Pendant l'addition de l'amalgame de sodium, on neutralise de temps à autre la liqueur avec de l'acide sulfurique, en ayant soin d'éviter un excès. On évapore ensuite la majeure partie de l'alcool et on précipite la dissolution par l'eau. La presque totalité de l'hydrobenzoïne se précipite, une autre partie reste dans les eaux mères avec de l'acide benzoïque. Le produit est ensuite mis à digérer avec de l'alcool qui dissout l'hydrobenzoïne, tandis qu'il reste un produit fondant à 233° (benzoïne-pinacone). La solution alcoolique, étendue d'eau, abandonne de nouveau le produit qu'on met ensuite à cristalliser dans l'alcool étendu et bouillant. Les eaux-mères renferment un peu d'isohydrobenzoïne [voyez aussi Weise, *Ann. Chem.*, **248**, 36].

MM. Juillard et Tissot (*Arch. phys. et natur. Genève*, (3), **25**, 387] indiquent le procédé d'obtention de l'hydrobenzoïne suivant : On dissout 100 grammes d'aldéhyde benzylique dans 500 grammes d'acide acétique cristallisable et 10 grammes d'anhydride acétique, et on ajoute 100 grammes de zinc en poudre. On chauffe 1 heure et demie, on filtre et on étend de 4 à 5 fois le volume d'eau. On neutralise par le carbonate de sodium et on obtient l'hydrobenzoïne avec un rendement de 5 à 10 0/0 à l'état pur.

Propriétés. — L'hydrobenzoïne, oxydée par l'acide azotique concentré, se convertit d'abord en benzoïne, puis en benzile. Avec l'acide chromique on obtient de l'aldéhyde benzoïque [Zincke, *Ann. Chem.*, **198**, 121].

Une solution de bichromate de potassium dans l'acide acétique et une solution étendue de permanganate de potassium aciduléе avec une goutte d'acide sulfurique, agissent de même [Auwers, *D. chem. G.*, **24**, 1777]. L'acide azotique fumant, étendu de son volume d'acide acétique, transforme l'hydrobenzoïne en benzoïne.

Chauffée à 200-210° avec de l'acide sulfurique à 20 0/0, l'hydrobenzoïne se convertit en aldéhyde diphénylacétique [Weise, *Ann. Chem.*, **248**, 38].

L'acide acétique se combine à l'hydrobenzoïne à 160-170° pour fournir le diacétate, tandis que l'anhydride acétique n'agit qu'à 230-240° en fournissant le même éther, avec du stilbène et de l'aldéhyde benzoïque.

Une solution d'hydrobenzoïne dans l'acide acétique, chauffée à 100° et additionnée de brome goutte à goutte, fournit un mélange de bromure de stilbène et de benzile, d'après l'équation :

$$C^6H^5-CHOH-CHOH-C^6H^5 + 2Br^2$$
$$= C^6H^5-CO-CO-C^6H^5 + 4HBr$$

[Auwers, *loc. cit.*].

Quand on ajoute de l'acide chromique à une solution de 1 gramme d'hydrobenzoïne dans 20 à 30 centimètres cubes d'acide acétique cristallisable, chauffée au bain de sable, et qu'on étend ensuite le liquide d'eau, on obtient un précipité qu'on dissout dans l'alcool. Il se dépose d'abord un corps répondant à la formule

$$C^{28}H^{22}O^3,$$

et se présentant sous la forme de fines aiguilles ou de feuillets fondant à 154,4-155°. Il est difficilement soluble dans l'alcool froid, plus facilement dans l'alcool bouillant. Le chloroforme et le benzène le dissolvent facilement. Lorsqu'on chauffe pendant longtemps sa solution acétique avec de l'acide chromique, on obtient un corps fondant à 97-98° et cristallisant en grosses tables. Réduit au moyen du phosphore et de l'acide iodhydrique, le corps $C^{28}H^{22}O^3$ fournit du dibenzyle et un composé $C^{15}H^{13}O^2$. Ce même composé se produit aussi quand on oxyde l'anhydride de l'hydrobenzoïne au moyen de l'acide chromique, et se trouve dans les eaux-mères d'où se sont déposés les cristaux du corps $C^{28}H^{22}O^3$. Cristallisé au sein de l'alcool aqueux, ce produit constitue de larges feuillets qui fondent à 144-145°. Il est difficilement soluble dans l'eau, facilement dans le benzène, l'éther et l'alcool, moins facilement dans la ligroïne. Il fournit par oxydation avec l'acide chromique de l'acide acétique et de la benzophénone.

Dérivé sodé de l'hydrobenzoïne. — Si l'on fait agir le sodium sur une solution de 1 partie d'aldéhyde benzylique dans 5 parties d'éther, la réaction est au début accompagnée d'un dégagement de chaleur considérable, puis il se sépare une poudre qui est lavée à l'éther et séchée. Décomposée par l'eau, elle fournit de l'hydrobenzoïne et de la soude; il se forme en même temps une petite quantité d'acide benzoïque [Beckmann et Paul, *Ann. Chem.*, **266**, 25].

M. Nef [*Ann. Chem.*, **308**, 286] explique de la façon suivante la formation de ce composé. Il y a d'abord fixation du métal sur 1 molécule de benzaldéhyde :

$$2Na + O=C\genfrac{}{}{0pt}{}{\diagup H}{\diagdown C^6H^5} = \genfrac{}{}{0pt}{}{NaO \diagdown}{Na \diagup}C\genfrac{}{}{0pt}{}{\diagup H}{\diagdown C^6H^5}$$

La combinaison formée réagit sur une deuxième molécule de benzaldéhyde et donne le dérivé sodé de l'hydrobenzoïne :

$$\genfrac{}{}{0pt}{}{H \diagdown}{C^6H^5 \diagup}C\genfrac{}{}{0pt}{}{\diagup ONa}{\diagdown Na} + O=C\genfrac{}{}{0pt}{}{\diagup H}{\diagdown C^6H^5}$$

$$= \genfrac{}{}{0pt}{}{H \diagdown}{C^6H^5 \diagup}\overset{\displaystyle ONa}{\overset{|}{C}}\text{——}\overset{\displaystyle ONa}{\overset{|}{C}}\genfrac{}{}{0pt}{}{\diagup H}{\diagdown C^6H^5}$$

Anhydride de l'hydrobenzoïne, $C^{28}H^{14}O^2$ (1er Suppl., 314). — Ce composé a été obtenu d'abord par Limpricht et Schwanert [*Ann. Chem.*, **160**, 186] qui lui ont attribué la formule $C^{14}H^{12}O$. MM. Breuer et Zincke ont tenté d'établir la constitution de ce composé, et leurs recherches les ont amenés à conclure que ce corps peut posséder tantôt la formule simple

$$\begin{array}{l} C^6H^5-CH \diagdown \\ \quad\quad\;\;\, | \quad\quad\; O \\ C^6H^5-CH \diagup \end{array}$$

et tantôt la formule double

$$\begin{array}{c} C^6H^5-CH-O-CH-C^6H^5 \\ |\qquad\qquad\;\; | \\ C^6H^5-CH-O-CH-C^6H^5 \end{array}$$

La détermination du poids moléculaire, effectuée par M. Auwers [*D. chem. G.*, **24**, 1776] a fourni des résultats qui concordent avec la formule double $C^{28}H^{14}O^2$.

Préparation. — On chauffe pendant une demi-heure 10 grammes d'hydrobenzoïne avec 200 grammes d'acide sulfurique à 20 0/0. On ajoute de l'eau au liquide et on distille pour éliminer l'aldéhyde diphénylacétique. Le résidu est repris par de l'éther, la solution est desséchée sur le chlorure de calcium et évaporée. On fait ensuite cristalliser à plusieurs reprises dans l'alcool ou dans l'éther [Breuer et Zincke, Limpricht et Schwanert, *loc. cit.*].

On l'obtient encore très rapidement en mélangeant des quantités équimoléculaires d'hydrobenzoïne et d'anhydride phosphorique. On fait cristalliser le produit obtenu dans l'alcool bouillant. On obtient ainsi en anhydride 40 0/0 de l'hydrobenzoïne employée [Auwers, *D. chem. G.*, **24**, 1782].

Propriétés. — Ce composé fond à 131-132°,

est insoluble dans l'eau, facilement soluble dans le benzène, le chloroforme, l'alcool bouillant et l'acide acétique cristallisable. Chauffé à 250-270°, il se décompose en aldéhyde benzoïque et stilbène :

$$C^{28}H^{14}O^2 = 2C^7H^6O + C^{14}H^{12}.$$

L'acide iodhydrique (D = 1,7) et le phosphore le réduisent à 200°, en tubes scellés, en dibenzyle $C^{14}H^{14}$, et en une huile que le mélange chromique oxyde à l'état de benzophénone. L'acide azotique l'oxyde de la même façon que l'hydrobenzoïne. Le brome fournit un mélange de bromure de stilbène et de benzile. Chauffé avec de l'acide sulfurique à 20 0/0 à une température de 200-210°, il fournit de l'aldéhyde diphénylacétique

$$(C^6H^5)^2 - CH - CHO.$$

L'acide chlorhydrique (D = 1,19) réagit plus facilement. La décomposition a déjà lieu quand on chauffe dans un vase ouvert; mais elle s'accomplit à 160-170° en tube fermé; on obtient encore de l'aldéhyde diphénylacétique, du chlorure de stilbène α, $C^{14}H^{12}Cl^2$, et des produits secondaires résineux. Le chlorure de benzoyle agit comme le chlorure de phosphore en fournissant du chlorure de stilbène.

Monoacétate d'hydrobenzoïne. — Voyez Dict., 2, 1678.

Diacétate d'hydrobenzoïne,

$$C^6H^5 - CHO . C^2H^3O - CHO . C^2H^3O - C^6H^5$$

(Dict., *loc. cit.*). — M. Paal l'a encore obtenu en traitant un mélange d'aldéhyde benzoïque et de chlorure d'acétyle par du zinc en poudre [*D. chem. G.*, **16**, 636]. Avec le perchlorure de phosphore, il donne du chlorure de stilbène α. Soluble dans l'éther, le chloroforme, le benzène.

Dibenzoate d'hydrobenzoïne,

$$C^6H^5 - CHO . C^7H^5O - CHO . C^7H^5O - C^6H^5$$

(Dict., *loc. cit.*). — Il a été préparé par M. Paal en remplaçant dans la préparation ci-dessus le chlorure d'acétyle par le chlorure de benzoyle [*D. chem. G.*, **17**, 909].

Il a été obtenu, comme produit secondaire, dans la préparation de l'isobenzile par le chlorure de benzoyle et par l'amalgame de sodium [H. Klinger et O. Standke, *D. chem. G.*, **24**, 1264].

Carbonate d'hydrobenzoïne,

$$C^{15}H^{12}O^3 \quad \text{ou} \quad CO^3 - C^{14}H^{12}.$$

— Ce corps se produit quand on traite de l'hydrobenzoïne dissoute dans du benzène par de l'amalgame de sodium, qu'on chauffe et qu'on ajoute de l'éther chlorocarbonique. Il cristallise dans l'alcool en longues aiguilles qui fondent à 126°. Il est facilement soluble dans l'alcool et dans l'éther et est saponifié par une solution alcoolique de potasse [Wallach, *Ann. Chem.*, **226**, 81].

Dinitrate d'hydrobenzoïne. — On obtient ce composé en traitant une solution chaude de bromure de stilbène dans l'acide acétique par un excès de nitrate d'argent dissous dans le moins possible d'acide acétique à 50 0/0. On sépare le bromure d'argent et on précipite par l'eau. Il cristallise dans l'acide acétique et fond à 132°. Il se décompose très rapidement [Walther et Wetzlich, *J. prakt. Chem.*, (2), **61**, 173].

Composé $C^{30}H^{28}Az^2O^4$. — Ce composé se produit en chauffant en tube scellé un mélange de 1 molécule d'hydrobenzoïne et de 2 molécules de cyanate d'o-tolyle. On enlève le cyanate inaltéré avec du benzène et on fait cristalliser le résidu dans l'acide acétique. Aiguilles incolores fondant à 233-234°, répondant à la formule

$$\begin{array}{l} C^6H^5 - CH - O - CO - AzH - C^6H^4 - CH^3 \\ \quad\quad\; | \\ C^6H^5 - CH - O - CO - AzH - C^6H^4 - CH^3 \end{array}$$

[Auwers, *D. chem. G.*, **24**, 1779].

Diacétate de la dinitrohydrobenzoïne,

$$\begin{array}{l} CH(OC^2H^3O) - C^6H^4(AzO^2) \\ | \\ CH(OC^2H^3O) - C^6H^3(AzO^2) \end{array}$$

[Elbs et Bauer, *J. prakt. Chem.*, (2), **34**, 345]. — Ce composé se produit quand on chauffe à 160° un mélange de bromure de stilbène p-dinitré et d'une solution alcoolique d'acétate de potasse.

Petits cristaux confus qui brunissent à 210° et fondent vers 340°. Ce corps est assez soluble dans l'alcool, l'éther et l'éther acétique.

Isohydrobenzoïne, $C^{14}H^{12}(OH)^2$.

(Dict., 2, 1678; 1er Suppl., 314).

Cet isomère de l'hydrobenzoïne se forme en même temps qu'elle, quand on réduit l'aldéhyde benzoïque par l'amalgame de sodium. Sa production est surtout favorisée quand on ajoute l'amalgame à un mélange d'aldéhyde benzoïque et d'eau, chauffé dans un ballon muni d'un réfrigérant à reflux. M. Paal [*D. chem. G.*, **17**, 909], en traitant une solution de chlorure de benzoyle dans de l'aldéhyde benzoïque par du zinc en poudre, a obtenu, en même temps que du dibenzoate d'hydrobenzoïne, l'éther correspondant de l'isohydrobenzoïne.

L'isohydrobenzoïne se produit encore, mélangée à de l'hydrobenzoïne, par diazotation de l'isodiphényloxéthylamine $C^{14}H^{15}AzO$, ainsi que par celle de la diphényloxéthylamine. M. Erlenmeyer jun. [*Ann. Chem.*, **307**, 113] explique ce fait en admettant qu'il se forme passagèrement un diazoïque

$$\begin{array}{l} C^6H^5 - CHOH \\ \quad\quad | \quad \diagup Az \\ C^6H^5 - C \quad \| \\ \quad\quad\quad \diagdown Az \end{array}$$

dans lequel un carbone a perdu son asymétrie qui reparaît quand le groupement $-Az=Az$ est remplacé par $H.OH$; d'où résulte aussi bien l'isohydrobenzoïne que l'hydrobenzoïne.

Elle se forme encore à côté de l'hydrobenzoïne dans l'électrolyse de la benzaldéhyde en liqueur alcaline [Kauffmann, *Z. f. Electrochem.*, (2), 365].

Préparation. — MM. Breuer et Zincke, reprenant la réaction de Limpricht et Schwanert, conseillent d'opérer de la façon suivante : Une dissolution de bromure de stilbène dans trois fois son poids d'acide acétique cristallisable est chauffée pendant 10 à 12 heures avec un peu plus que la quantité théorique d'acétate de potasse. Après refroidissement de la masse, on sépare par filtration le bromure de potassium, le stilbène et le bromure de stilbène qui se sont déposés, et après avoir lavé le précipité avec de l'acide acétique cristallisable, on réunit les liqueurs et on les distille. Quand la majeure partie de l'acide acétique a distillé, on sature le résidu avec un alcali et on l'agite avec de l'éther qui dissout l'acétate d'isohydrobenzoïne. Celui-ci est ensuite saponifié avec de la potasse et le produit est mis à cristalliser dans l'eau [*Ann. Chem.*, **198**, 154]. Le rendement est de 32 à 33 0/0.

Propriétés (Dict., *loc. cit.*). — Les cristaux hydratés fondent à 95-96° en perdant rapidement de l'eau et devenant opaques pour fondre ensuite à 119°,5. 1 partie de ce corps se dissout dans 526 parties d'eau à 15° et dans 820 parties d'eau bouillante. Il est plus soluble dans l'alcool et dans l'acide acétique que son isomère; il se dissout également dans le chloroforme et dans l'éther (Forst et Zincke).

L'acide azotique concentré ou fumant l'oxyde en la transformant en benzoïne. Le bichromate de potassium en solution acétique et une solution étendue de permanganate de potassium fournissent de la benzaldéhyde. Avec le brome, l'isohydrobenzoïne se conduit aussi comme son isomère, en donnant du benzile et du bromure de stilbène [Auwers, *loc. cit.*].

Le cyanate d'o-tolyle agit comme avec l'hydrobenzoïne. Le produit d'addition obtenu est plus facilement soluble dans l'acide acétique et fond à 163° (Auwers).

L'isohydrobenzoïne se comporte vis-à-vis de l'acide sulfurique étendu et bouillant comme l'hydrobenzoïne; il est à remarquer cependant qu'elle fournit plus d'anhydride et moins d'aldéhyde diphénylacétique. Chauffée avec de l'anhydride benzoïque, elle se transforme en monobenzoate et dibenzoate d'isohydrobenzoïne et en dibenzoate d'hydrobenzoïne. Une partie de l'isohydrobenzoïne peut donc être transformée en son isomère.

Anhydride de l'isohydrobenzoïne, $C^{28}H^{24}O^{2}$. — Cristaux monocliniques ressemblant à ceux du gypse. Cet anhydride est plus soluble dans l'alcool que son isomère. Il se comporte vis-à-vis de l'acide chlorhydrique, du chlorure de benzoyle, du phosphore et de l'acide iodhydrique, de l'acide chromique, comme l'anhydride de l'hydrobenzoïne. Il ne se combine pas avec l'anhydride acétique à 160-170°, guère avec l'acide acétique à 250°; l'acide benzoïque et son anhydride réagissent, par contre, sur lui comme sur son isomère.

Monoacétate. Diacétate d'isohydrobenzoïne (voyez Dict., **2**, 1678).

Dibenzoate d'isohydrobenzoïne (Dict., *loc. cit.*). — M. Paal l'a aussi obtenu comme produit secondaire de la préparation du benzoate d'hydrobenzoïne [*D. chem. G.*, **17**, 909].

Carbonate d'isohydrobenzoïne,

$$\begin{matrix} C^6H^5-CHO \\ C^6H^5-CHO \end{matrix}\Big> CO$$

[Wallach, *J. prakt. Chem.*, (2), **26**, 262; *Ann. Chem.*, **226**, 77]. — Ce composé a été obtenu en traitant un mélange d'aldéhyde benzoïque et d'éther chlorocarbonique par de l'amalgame de sodium. Il est à remarquer que, dans cette réaction, il ne se forme point de carbonate d'hydrobenzoïne. M. Wallach traduit cette réaction de la façon suivante :

$$1)\quad 2C^6H^5-CHO + Na^2 = \begin{matrix} C^6H^5-CHONa \\ | \\ C^6H^5-CHONa \end{matrix}$$

Isohydrobenzoïne sodée.

$$2)\quad \begin{matrix} C^6H^5-CHONa \\ | \\ C^6H^5-CHONa \end{matrix} + 2ClCOOC^2H^5 = 2NaCl + \begin{matrix} C^6H^5-CHO-COOC^2H^5 \\ | \\ C^6H^5-CHO-COOC^2H^5 \end{matrix}$$

Éther carbonique double.

$$3)\quad \begin{matrix} C^6H^5-CHOCOOC^2H^5 \\ | \\ C^6H^5-CHOCOOC^2H^5 \end{matrix} = CO\Big<\begin{matrix} OC^2H^5 \\ OC^2H^5 \end{matrix} + \begin{matrix} C^6H^5-CHO \\ | \\ C^6H^5-CHO \end{matrix}\Big> CO$$

Carbonate d'isohydrobenzoïne.

Ce carbonate se produit encore quand on traite l'isohydrobenzoïne dissoute dans l'éther par l'amalgame de sodium, puis par l'éther chlorocarbonique.

Le carbonate d'isohydrobenzoïne cristallise dans l'alcool en feuilles monocliniques qui fondent à 110°. Il est insoluble dans l'eau, l'alcool froid, l'éther, le sulfure de carbone, facilement soluble dans l'alcool et l'éther bouillants et dans le benzène froid. Chauffé pendant longtemps à l'ébullition avec l'eau, il se dissout par suite d'une saponification. Chauffé avec l'anhydride acétique, il ne change pas. Le perchlorure de phosphore le transforme en α-chlorure de stilbène fondant à 180-185°. La potasse alcoolique le dédouble en acide carbonique et isohydrobenzoïne.

Isohydrobenzoïne isomère, $C^{14}H^{14}O^{2}$. — Ce composé se dépose sous la forme d'une masse cristalline blanche sur l'amalgame de sodium, quand on fait agir ce dernier sur une solution d'isohydrobenzoïne dans l'éther [Wallach, *Ann. Chem.*, **226**, 80]. Il cristallise dans l'alcool en gros prismes transparents qui fondent à 145° mais qui, après plusieurs cristallisations dans ce même dissolvant, fondent à 124-125°. Cet isomère de l'isohydrobenzoïne se comporte vis-à-vis de l'anhydride acétique et de l'anhydride benzoïque comme l'isohydrobenzoïne elle-même. Chauffé pendant longtemps avec de l'eau, il régénère facilement celle-ci sous la forme d'aiguilles ayant les propriétés de la substance employée primitivement.

Constitution de l'hydrobenzoïne et de l'isohydrobenzoïne. — Nous avons vu (1er Suppl., 314) que MM. Breuer et Zincke [*loc. cit.*] admettaient que les deux hydrobenzoïnes présentaient une isomérie physique, et devaient posséder la même formule

$$\begin{matrix} C^6H^5-CHOH \\ | \\ C^6H^5-CHOH \end{matrix}$$

L'étude des différentes réactions fournies par ces composés a conduit M. Willgerodt [*J. prakt. Chem.*, **41**, 297] d'une part, et M. von Baeyer [*Ann. Chem.*, **258**, 185] d'autre part, à considérer l'isohydrobenzoïne comme présentant la forme I

$$\begin{matrix} & OH & & OH & \\ & | & & | & \\ C^6H^5- & C & - & C & -C^6H^5 \\ & | & & | & \\ & H & & H & \end{matrix} \qquad (I)$$

tandis qu'ils attribuent à l'hydrobenzoïne la formule II

$$\begin{matrix} & OH & & H & \\ & | & & | & \\ C^6H^5- & C & - & C & -C^6H^5 \\ & | & & | & \\ & H & & OH & \end{matrix} \qquad (II)$$

Mais depuis, M. Erlenmeyer jun. [*D. chem. G.*, **30**, 1531] a réussi à dédoubler l'isohydrobenzoïne en deux modifications actives par cristallisation dans l'éther. Celle-ci fournit des cristaux droits et gauches, d'un centimètre de longueur, qu'un simple triage permet de séparer, et pour lesquels $[\alpha]_D = 7°,18$.

L'isohydrobenzoïne se présenterait donc comme appartenant au type de l'acide tartrique racémique, tandis que l'hydrobenzoïne correspondrait à l'acide tartrique inactif non dédoublable et posséderait par conséquent la formule I, primitivement attribuée à son isomère.

III. — Autres dérivés.

Di-p-oxyhydrobenzoïne,

$$\underset{(1)}{OH} - \underset{(4)}{C^6H^4} - CHOH - CHOH - \underset{(4)}{C^6H^4} - \underset{(1)}{OH}$$

[Herzfeld, *D. chem. G.*, **10**, 1268]. — Ce composé prend naissance quand on réduit, au moyen de l'amalgame de sodium, une solution de 1 partie d'aldéhyde p-oxybenzoïque dans plus de 10 parties d'eau. Il est nécessaire d'employer plus que cette quantité d'eau pour éviter la formation de di-p-oxyisohydrobenzoïne. Le sel de sodium qui se forme est ensuite décomposé par l'acide chlorhydrique, et le précipité est soumis à la cristallisation :

$$2C^6H^4 \left\langle {CHO \atop OH} \right. + Na^2$$
$$= NaO - C^6H^4 - CHOH - CHOH - C^6H^4 - ONa.$$

Cristaux fondant à 222°. Ce corps est facilement soluble dans l'eau bouillante, difficilement dans l'alcool, le chloroforme, le benzène; il est insoluble dans l'éther.

Di-p-oxyisohydrobenzoïne,

$$\underset{(4)}{OH} - \underset{(1)}{C^6H^4} - CHOH - CHOH - \underset{(1)}{C^6H^4} - \underset{(4)}{OH}$$

[Herzfeld, *loc. cit.*]. — Ce corps, que M. Herzfeld a considéré comme de l'alcool p-oxybenzylique, se produit quand on ajoute de l'amalgame de sodium à un mélange de 1 partie d'aldéhyde p-oxybenzoïque et de 10 parties d'eau; on termine la préparation comme ci-dessus. M. Tiemann [*D. chem. G.*, **19**, 356] a obtenu le diacétate en faisant bouillir une solution d'aldéhyde p-oxybenzoïque acétylée

$$C^6H^4 \left\langle {CHO_{(1)} \atop OC^2H^3O_{(4)}} \right.$$

dans l'acide acétique cristallisable avec de la poussière de zinc. Ce corps, saponifié, lui a fourni la di-p-oxyisohydrobenzoïne.

Celle-ci constitue des cristaux fondant à 197°,5, solubles dans l'eau, l'alcool, l'éther, difficilement solubles dans le chloroforme et dans le benzène. Les solutions donnent avec le perchlorure de fer une coloration fugace. L'acide sulfurique le colore en brun.

Di-p-oxyisohydrobenzoïne diacétylée,

$$\underset{(4)}{C^2H^3O^2} - \underset{(1)}{C^6H^4} - CHOH - CHOH - \underset{(1)}{C^6H^4} - \underset{(4)}{O^2C^2H^3}$$

[Tiemann, *loc. cit.*]. — La préparation de ce composé a été donnée plus haut. Il cristallise au sein de l'alcool étendu en fines aiguilles fondant à 192°. Peu soluble dans l'eau, il l'est facilement dans l'alcool, l'éther, le chloroforme et le benzène. Il est insoluble dans la ligroïne et dans les lessives de potasse. On ne peut le distiller. La potasse alcoolique le saponifie à chaud. L'acide sulfurique concentré le colore en rouge brun.

L'*hydranisoïne* et l'*isohydranisoïne* peuvent être considérées comme les dérivés diméthylés des oxyhydrobenzoïne et oxyisohydrobenzoïne (Dict., **2**, 56; 1er Suppl., 171).

Di-o-oxyhydrobenzoïne,

$$OH - C^6H^4 - CHOH - CHOH - C^6H^4 - OH.$$

— Ce corps n'existe pas à l'état libre. Son anhydride a été obtenu par F. Tiemann [*D. chem. G.*, **19**, 358], en réduisant l'aldéhyde salicylique au moyen de l'acide acétique et de la poudre de zinc. Fines aiguilles fondant à 82° et distillant à 215-220° sous 30 à 40 millimètres. Ce composé est très soluble dans l'alcool, l'éther, le chloroforme, le benzène et la ligroïne. Il est peu soluble dans l'eau et insoluble dans les alcalis. L'acide sulfurique le colore en rouge.

Cet anhydride résulte de l'élimination de 2 molécules d'eau dans 1 molécule de di-o-oxyhydrobenzoïne, et Tiemann lui attribue l'une ou l'autre des deux formules suivantes :

$$OH - C^6H^4 - CHOH - CHOH - C^6H^4 - OH$$

$$= 2H^2O + C^6H^4 \left\langle \begin{matrix} CH - CH \\ | \quad\quad | \\ O \quad\quad O \end{matrix} \right\rangle C^6H^4$$

ou

$$\begin{matrix} & O & \\ C^6H^4 - CH - & & CH - C^6H^4. \\ & O & \end{matrix}$$

Hexaméthoxyhydrobenzoïne. — En réduisant la triméthylgallamide,

$$(CH^3O)^3 - C^6H^2 - COAzH^2,$$

au moyen de l'amalgame de sodium en solution alcoolique, maintenue toujours acide, M. Marx [*Ann. Chem.*, **263**, 249] a obtenu, à côté de l'hexaméthoxybenzile, un corps qu'il considère comme l'hexaméthoxybenzoïne

$$\begin{matrix} (CH^3O)^3 - C^6H^2 - CHOH \\ | \\ (CH^3O)^3 - C^6H^2 - CHOH \end{matrix}$$

Il se présente en aiguilles incolores fondant à 217°, insolubles dans l'eau et les alcalis. Il réduit la liqueur de Fehling. Avec l'acide sulfurique concentré il donne une coloration bleu-indigo foncée qui disparaît au bout de quelques heures.

m-Dichlorohydrobenzoïne. — Ce composé, répondant à l'une des formules $C^{14}H^{12}Cl^2O^2$ ou $C^6H^4Cl - CHOH - CHOH - C^6H^4Cl$, s'obtient en réduisant par l'amalgame de sodium le m-dichlorobenzile [Klimont, *Dissert.*]. Il cristallise dans l'alcool étendu en longues aiguilles fondant à 154-155°. Il est soluble dans l'alcool et dans l'éther.

p-Dichlorobenzoïne. — Ce composé s'obtient par réduction, à l'aide du zinc et de l'acide chlorhydrique, de l'aldéhyde benzoïque p-chlorée en solution éthéro-alcoolique. Il fond à 151° et donne par oxydation au moyen de l'acide nitrique dilué le p-dichlorobenzile, tandis que le permanganate de potassium le transforme en acide p-chlorobenzoïque et p-chlorobenzaldéhyde [P.-J. Montagne, *Rec. des Pays-Bas*, **21**, 6].

Acide p-hydrobenzoïne-dicarbonique,

$$\underset{(1)}{CO^2H} - \underset{(4)}{C^6H^4} - CHOH - CHOH - \underset{(4)}{C^6H^4} - \underset{(1)}{CO^2H}.$$

— Cet acide prend naissance quand on réduit le sel de soude de l'acide p-benzoïne-dicarbonique par l'amalgame de sodium [Oppenheimer, *D. chem. G.*, **19**, 1817] :

$$CO^2H - C^6H^4 - CHOH - CO - C^6H^4 - CO^2H + H^2$$
$$= CO^2H - C^6H^4 - CHOH - CHOH - C^6H^4 - CO^2H.$$

Cet acide est assez soluble dans l'eau. Il ne fond, ni se sublime. Réduit à 130-140° au moyen du phosphore rouge et de l'acide iodhydrique, il fournit du dibenzyle et de l'acide carbonique. Il ne se combine pas avec la phénylhydrazine.

A. Haller et F. March.

HYDROBENZOÏQUES (ACIDES). — En 1861, Kolbe [*Ann. Chem.*, **118**, 122] observa-

que l'amalgame de sodium, réagissant en liqueur acide ou alcaline sur l'acide benzoïque, fixe sur lui de l'hydrogène. Plus tard [*Ann. Chem.*, **132**, 75], Hermann parvint à isoler parmi les produits de cette réaction, effectuée en liqueur acide, des composés répondant aux formules $C^7H^{10}O^2$ et $C^7H^8O^2$, qui sont respectivement les *acides tétrahydrobenzoïque* et *dihydrobenzoïque*.

Mais les acides ainsi obtenus n'étaient pas purs, et leur étude approfondie date des travaux de M. Aschan [*Ann. Chem.*, **271**, 234] qui, poussant à son dernier terme l'hydrogénation de l'acide benzoïque, obtint l'*acide hexahydrobenzoïque*.

Ce dernier composé n'offre pas d'isomère; au contraire, les acides tétrahydrobenzoïque et dihydrobenzoïque, possédant une ou deux liaisons éthyléniques, peuvent présenter de nombreux cas d'isomérie suivant la position des doubles liaisons par rapport au carboxyle. On distinguera ces divers isomères par la lettre Δ suivie d'un ou de deux exposants indiquant les positions des doubles liaisons par rapport au carboxyle, qui occupe conventionnellement la position 1 :

$$CH^2 \begin{matrix} \diagup CH^2-CH^2 \diagdown \\ \diagdown CH^2-CH^2 \diagup \end{matrix} CH-CO^2H$$

Acide hexahydrobenzoïque.

$$CH^2 \begin{matrix} \diagup CH^2-CH \geqslant \\ \diagdown CH^2-CH^2 \diagup \end{matrix} C-CO^2H$$

Acide Δ^1-tétrahydrobenzoïque.

$$CH^2 \begin{matrix} \diagup CH-CH \geqslant \\ \diagdown CH^2-CH^2 \diagup \end{matrix} C-CO^2H$$

Acide $\Delta^{1\cdot 3}$-dihydrobenzoïque.

ACIDE HEXAHYDROBENZOÏQUE, $C^7H^{12}O^2$.

Cet acide a été obtenu pour la première fois par M. Aschan [*D. chem. G.*, **24**, 1865], en réduisant avec précaution par l'amalgame de sodium l'acide hexahydrobenzoïque monobromé, qui résulte de la fixation de l'acide bromhydrique sur l'acide Δ^2-tétrahydrobenzoïque [*Ann. Chem.*, **271**, 260].

Le même savant l'obtint encore en chauffant à 200° l'acide Δ^2-tétrahydrobenzoïque avec 10 fois son poids d'acide iodhydrique bouillant à 128° [*Ann. Chem.*, **271**, 261].

On peut encore l'obtenir en chauffant pendant 8 heures, à 190-200°, 1 gramme d'acide α-oxyhexahydrobenzoïque, $OH-C^6H^{10}-CO^2H$, avec 1 gramme de phosphore rouge et 5 grammes d'acide iodhydrique d'une densité de 1,7 [Buchner, *D. chem. G.*, **27**, 1230]. Comme le nitrile de ce dernier acide se forme dans l'action de l'acide cyanhydrique sur le cétohexaméthylène synthétique C^6H^{10}, cette série de réactions constitue une synthèse totale de l'acide hexahydrobenzoïque.

L'acide benzoïque [Markownikoff, *D. chem. G.*, **25**, 3357], l'acide diméthylaminobenzoïque [Einhorn et Meyenberg, *D. chem. G.*, **27**, 2829], l'éther éthylsalicylique [Einhorn et Lumsden *Ann. Chem.*, **186**, 2564], fournissent aussi l'acide hexahydrobenzoïque quand on les réduit par le sodium et l'alcool amylique.

Enfin, MM. Haworth et Perkin [*Chem. Soc.*, **65**, 103] l'ont obtenu en distillant l'acide hexaméthylène-dicarbonique 1.1

$$C^6H^{10} \begin{matrix} \diagup CO^2H_{(1)} \\ \diagdown CO^2H_{(1)} \end{matrix}$$

qui perd facilement 1 molécule d'anhydride carbonique comme le fait l'acide malonique.

PRÉPARATION. — On prépare ordinairement l'acide hexahydrobenzoïque par la méthode de Markownikoff [*loc. cit.*] : On dissout 20 grammes d'acide benzoïque dans 500 grammes d'alcool amylique, puis on ajoute 50 grammes de sodium et l'on fait bouillir à reflux jusqu'à dissolution complète du métal. Le mélange refroidi est repris par l'eau, et l'alcool amylique qui vient surnager est lavé à plusieurs reprises. On obtient ainsi une solution alcaline que l'on sature partiellement par l'acide sulfurique, puis complètement par l'acide carbonique. Les acides dihydrobenzoïque et tétrahydrobenzoïque que la liqueur renferme sont alors détruits en ajoutant un excès de permanganate de potassium. On précipite ensuite par l'acide sulfurique l'acide hexahydrobenzoïque, qui se trouve mélangé d'un peu d'acide benzoïque inaltéré. On l'en sépare en entraînant par un courant de vapeur d'eau : l'acide hexahydrobenzoïque passe le premier.

On peut encore le préparer en partant du cyclohexane monochloré, que l'on transforme en acide hexahydrobenzoïque par la méthode de Grignard [*Ann. Chim. Phys.*, (7), **24**, 454].

PROPRIÉTÉS. — L'acide hexahydrobenzoïque cristallise à la longue en petits feuillets fusibles à 30-31°. Il bout à 232-233°; la vapeur d'eau l'entraîne à la distillation beaucoup plus facilement que l'acide benzoïque. Insoluble dans l'eau, il se dissout dans l'alcool et dans l'éther.

Sa solution dans le carbonate de sodium ne décolore pas le permanganate de potassium.

SELS. — Les sels de l'acide hexahydrobenzoïque en dissolution dans l'eau se dissocient facilement, de telle sorte que leurs solutions aqueuses deviennent rapidement alcalines lorsqu'on les évapore.

Le *sel de calcium*, $(C^6H^{11}-CO^2)^2Ca$, cristallise en longs prismes, peu solubles dans l'eau, avec 4 molécules d'eau suivant Aschan, 4,5 molécules suivant Einhorn et Meyenberg, 5 molécules suivant Markownikoff et Bucheret.

Le *sel de baryum*,

$$(C^6H^{11}-CO^2)^2Ba + 2,5H^2O,$$

forme de petites aiguilles peu solubles dans l'eau.

Le *sel de zinc*, $(C^6H^{11}-CO^2)^2Zn$, est beaucoup plus soluble à froid qu'à chaud.

Le *sel d'argent*, $C^6H^{11}-CO^2Ag$, cristallise dans l'eau bouillante en petites houppes blanches qui fondent, puis brunissent lorsqu'on les chauffe.

ÉTHERS. — Les éthers de l'acide hexahydrobenzoïque s'obtiennent sans difficulté, en faisant réagir l'acide chlorhydrique gazeux ou l'acide sulfurique sur ses solutions dans les alcools correspondants.

L'*éther méthylique*, $C^6H^{11}-CO^2-CH^3$, bout à 179-180°; il a pour densité $D_0^{0°} = 1,0138$ et

$$D_{20°}^{20°} = 0,9946.$$

L'*éther éthylique*, $C^6H^{11}-CO^2-C^2H^5$, est un liquide huileux, incolore, dont l'odeur très forte rappelle celle des éthers d'acides gras. Il bout à 194-195° ; sa densité est à 4° de 0,9723 et à 20° de 0,9597. Cet éther, réduit par le sodium et l'alcool absolu, se transforme pour la plus grande partie en alcool hexahydrobenzylique

$$C^6H^{11}-CH^2-OH$$

[Bouveault et Blanc, *C. R.*, **137**, 61].

L'*éther menthylique*, $C^6H^{11}-CO^2-C^{10}H^{19}$, est un liquide incolore de densité 0,8032 à 20°, de pouvoir rotatoire $[\alpha]_D = -59°$ [H. Rupe, *Ann. Chem.*, **327**, 157].

Le *chlorure de l'acide hexahydrobenzoïque*, $C^6H^{11}-COCl$, s'obtient de la manière habituelle, au moyen de perchlorure de phosphore. C'est un liquide à odeur piquante rappelant beaucoup celle du chlorure de benzoyle. Il bout à 179° [Meyer et Scharwin, *D. chem. G.*, **30**, 1942]. Il réagit sur le zinc-éthyle en donnant l'hexahydropropiophénone, $C^6H^{11}-CO-C^2H^5$ [Scharwin, *D. chem. G.*, **30**, 2862] et sur le benzène, en présence du chlorure d'aluminium, en produisant l'hexahydrobenzophénone, $C^6H^{11}-CO-C^6H^5$ [Meyer et Scharwin, *loc. cit.*].

L'*amide hexahydrobenzoïque*,

$$C^6H^{11}-CO-AzH^2,$$

cristallise dans l'eau en gros prismes aplatis d'aspect gras, fusibles à 184°. Assez soluble dans l'eau chaude, elle est très soluble dans l'alcool et dans l'éther.

L'*anilide hexahydrobenzoïque*,

$$C^6H^{11}-CO-AzH^2C^6H^5$$

prend naissance par suite de la transposition moléculaire que subit, sous l'action de l'eau, le chlorure résultant de l'action du perchlorure de phosphore sur l'oxime de la β-hexahydrobenzophénone, $C^6H^{11}-C(AzOH)-C^6H^5$. Elle cristallise dans l'alcool en aiguilles fusibles à 130-131°.

ACIDES HEXAHYDROBENZOÏQUES MONOBROMÉS,

$$C^6H^{10}Br-CO^2H.$$

— On connaît les deux dérivés α et β monobromés de l'acide hexahydrobenzoïque, préparés tous deux par M. Aschan.

L'*acide hexahydrobenzoïque monobromé* α s'obtient en chauffant pendant 5 heures, à 125°, 1 molécule de brome avec 1 molécule du chlorure de l'acide hexahydrobenzoïque brut, tel qu'il résulte de l'action directe du perchlorure de phosphore sur l'acide correspondant. Le produit de la réaction est ensuite versé dans l'eau glacée qui décompose l'oxychlorure de phosphore sans réagir sur le chlorure d'acide bromé. Celui-ci est alors dissous dans l'éther; la solution est desséchée sur le chlorure de calcium, l'éther est distillé. Enfin, on transforme le chlorure d'acide en acide hexahydrobenzoïque bromé, en le chauffant au bain-marie pendant 2 heures avec 10 fois son poids d'acide formique de densité 1,2 [Aschan, *Ann. Chem.*, **271**, 265]. On le purifie par cristallisation dans l'acide formique (D = 1,2).

Il forme des feuillets argentés ou des prismes aplatis à odeur d'iodoforme, fusibles à 63°. Il est peu stable et l'eau bouillante lui enlève de l'acide bromhydrique. Bien que cet acide bromé soit un composé saturé, sa solution dans le carbonate de sodium décolore immédiatement le permanganate de potassium. Traité par la potasse alcoolique, il perd 1 molécule d'acide bromhydrique et donne l'acide Δ^1-tétrahydrobenzoïque, $C^6H^9-CO^2H$.

L'*acide hexahydrobenzoïque monobromé* β s'obtient en chauffant durant 5 à 6 heures, à 100°, 5 grammes d'acide Δ^1-tétrahydrobenzoïque avec 30 centimètres cubes d'acide acétique saturé d'acide bromhydrique. On sature ensuite presque entièrement par le carbonate de sodium le mélange d'acides et l'on essore sur le biscuit de porcelaine le précipité d'acide bromé que l'on purifie par cristallisation dans l'acide formique [Aschan, *Ann. Chem.*, **271**, 275].

L'acide hexahydrobenzoïque monobromé β forme des prismes aplatis à éclat vitreux, fusibles à 108-109°. Il est presque insoluble à froid dans l'acide formique, assez soluble à chaud. Comme son isomère α, il est dédoublé à chaud par la solution de carbonate de sodium en acide bromhydrique et acide Δ^1-tétrahydrobenzoïque; comme lui, sa solution dans le carbonate de sodium décolore instantanément le permanganate de potassium.

ACIDES HEXAHYDROBENZOÏQUES BIBROMÉS,

$$C^6H^9Br^2-CO^2H.$$

— Deux de ces acides bromés sont connus : le premier résulte de la fixation du brome sur l'acide Δ^1-tétrahydrobenzoïque; le second se forme dans les mêmes conditions avec l'acide Δ^2-tétrahydrobenzoïque.

L'*acide hexahydrobenzoïque bibromé* αβ s'obtient en fixant d'abord 1 molécule de brome sur le chlorure de l'acide Δ^1-tétrahydrobenzoïque, puis transformant le chlorure d'acide bromé en acide correspondant par la méthode décrite plus haut à propos de l'acide hexahydrobenzoïque monobromé α [Aschan, *Ann. Chem.*, **271**, 277]. On le purifie en le dissolvant à chaud dans un peu d'acide acétique, que l'on additionne ensuite d'un excès d'eau.

Il se dépose en cristaux prismatiques incolores, fusibles à 142°, susceptibles d'être sublimés si l'on opère avec précaution.

Si on le dissout à froid dans le carbonate de sodium, il n'est pas décomposé, et la solution obtenue ne décolore pas le permanganate de potassium. Traité, au contraire, par une solution bouillante de carbonate de sodium renfermant une demi-molécule de ce sel par molécule d'acide, il perd tout son brome et se transforme en acide dioxyhexahydrobenzoïque, $C^6H^9(OH)^2-CO^2H$.

L'*acide hexahydrobenzoïque bibromé* βγ, ou bibromure de l'acide Δ^2-tétrahydrobenzoïque, s'obtient en ajoutant goutte à goutte du brome, dissous dans 5 fois son volume de chloroforme, à une solution chloroformique d'acide Δ^2-tétrahydrobenzoïque au dixième, maintenue froide par un mélange de glace et de sel. On arrête l'affusion du brome dès que le mélange se colore légèrement. Par évaporation, on obtient à l'état cristallin le dérivé bromé que l'on purifie par cristallisation dans le benzène additionné de ligroïne.

Il se présente en gros prismes fusibles à 166°, très solubles dans le chloroforme et dans l'alcool *absolu*. La solution froide de carbonate de sodium le dissout sans le décomposer; mais si l'on chauffe cette dissolution, on le transforme en une lactone bromée de formule $C^7H^9BrO^2$.

La potasse alcoolique enlève tout son brome à l'acide hexahydrobenzoïque bibromé βγ en le transformant en *acide γ-éthoxy-Δ^1-tétrahydrobenzoïque*, $C^2H^5O-C^6H^8-CO^2H$ [Aschan, *Ann. Chem.*, **271**, 246].

ACIDE HEXAHYDROBENZOÏQUE TÉTRABROMÉ ou *tétrabromure de l'acide $\Delta^{1.3}$-dihydrobenzoïque*,

$$CHBr \begin{smallmatrix} \diagup CHBr-CHBr \diagdown \\ \diagdown CH^2 \text{——} CH^2 \diagup \end{smallmatrix} CBr-CO^2H.$$

— Ce composé se prépare en chauffant à 100° en tube scellé, pendant 10 heures, 10 grammes d'acide $\Delta^{1.3}$-dihydrobenzoïque avec 16 grammes de brome dissous dans l'acide acétique. On précipite par l'eau le produit de la réaction et l'on ajoute un peu de chloroforme à l'huile qui se sépare, ce qui en détermine la cristallisation. Le produit est purifié en le faisant cristalliser dans le benzène.

Il se présente en cristaux cubiques fusibles à 183°. Sa dissolution dans le carbonate de sodium ne décolore pas immédiatement le permanganate de potassium.

ACIDE HEXAHYDROBENZOÏQUE HEXACHLORÉ,

$$C^6H^5Cl^6-CO^2H.$$

— Cet acide prend naissance dans l'action, à la

température ordinaire, de l'acide azotique fumant sur l'amide correspondante [Mathews, *Chem. Soc.*, **77**, 1276],

$$C^6H^5Cl^6-CO-AzH^2 + AzO^3H$$
$$= C^6H^5Cl^6-CO^2H + Az^2O + H^2O.$$

On le purifie en le faisant cristalliser dans le benzène. L'eau bouillante le transforme en tétrachlorure de benzène chloré :

$$C^6H^5Cl^6-CO^2H = C^6H^5Cl^5 + HCl + CO^2.$$

Son *amide*, $C^6H^5Cl^6-CO-AzH^2$, se prépare en chauffant à 170-180° le nitrile correspondant avec de l'acide sulfurique concentré.

Cristallisé dans l'acide acétique étendu, il forme des cristaux prismatiques fusibles à 187-188°, insolubles dans l'eau froide, peu solubles dans l'eau chaude. La potasse alcoolique le transforme à l'ébullition en un mélange de divers acides trichlorobenzoïques

$$C^6H^2Cl^3-CO^2H.$$

Son *nitrile*, $C^6H^5Cl^6-CAz$, prend naissance dans l'action directe du chlore, en présence de l'eau et à la lumière directe du soleil, sur le nitrile benzoïque. Il cristallise dans l'acide acétique en cristaux incolores fusibles à 157°.

Sous l'influence de la chaleur, il se dédouble en acide chlorhydrique et en benzonitriles trichlorés, $C^6H^2Cl^3-CAz$. La potasse alcoolique lui enlève de même 3 molécules d'acide chlorhydrique, et les benzonitriles trichlorés produits d'abord se transforment en un mélange d'acides trichlorobenzoïques, $C^6H^2Cl^3-CO^2H$. L'ébullition avec la quinoléine produit à peu près exclusivement le nitrile 2.3'.5 trichlorobenzoïque [*Chem. Soc.*, **79**, 43].

ACIDE O-AMINOHEXAHYDROBENZOÏQUE, *acide hexahydroanthranilique*, $AzH^2_{(1)}-C^6H^{10}-CO^2H_{(2)}$. — On l'obtient en saponifiant son éther éthylique dont il est parlé plus bas. Il suffit pour cela de le chauffer au bain-marie pendant 12 heures avec 10 fois son poids d'eau, dans un ballon muni d'un réfrigérant ascendant. La solution aqueuse est ensuite évaporée, et l'on fait cristalliser l'acide hexahydroanthranilique dans l'alcool étendu.

Il forme de belles aiguilles incolores, fusibles à 274° en se décomposant, presque insolubles dans l'alcool absolu et dans l'éther. Sa solution aqueuse est amère; elle est neutre au tournesol : aussi les auteurs le regardent-ils comme une bétaïne.

Tandis que l'on ne peut obtenir le sel de baryum, le sel de cuivre se précipite lorsqu'on additionne de sulfate de cuivre la dissolution de son sel d'ammonium. Ce sel de cuivre est soluble dans l'ammoniaque, d'où il cristallise par évaporation en croûtes cristallines bleu foncé de formule $Cu(C^7H^{12}AzO^2)^2 + 2H^2O$.

Son *chlorhydrate*, $C^7H^{13}AzO^2.HCl$, forme des aiguilles incolores fusibles à 203-204°.

L'acide azoteux transforme l'acide hexahydroanthranilique en acide hexahydrosalicylique.

L'acide hexahydroanthranilique en solution dans l'alcool, et traité à l'ébullition par le 4 chloro-1.3 dinitrobenzène et le carbonate de potassium, donne naissance à l'*acide o-p-dinitrophényl-o-aminohexahydrobenzoïque*,

$$(AzO^2)^2_{(1.3)}C^6H^3-AzH_{(4)}-C^6H^{10}-CO^2H,$$

que l'on peut faire cristalliser dans l'alcool additionné d'un peu d'acide acétique. Il fond à 241° [Einhorn et Bull, *Ann. Chem.*, **295**, 204].

L'acide hexahydroanthranilique dissous dans la soude et additionné d'éther formique chloré se transforme en *acide n-carboxéthylhexahydroanthranique*,

$$CO^2H-C^6H^{10}-AzH-CO^2-C^2H^5,$$

qui cristallise dans l'éther acétique en aiguilles fusibles à 158°,5 [Bull et Gernsheim, *Ann. Chem.*, **295**, 201].

Éther éthyl-o-aminohexahydrobenzoïque, $AzH^2_{(1)}-C^6H^{10}-CO^2C^2H^5_{(2)}$. — MM. Einhorn et Meyenberg [*D. chem. G.*, **27**, 2466] l'ont obtenu en fixant 6 atomes d'hydrogène sur l'acide anthranilique, puis transformant en éther éthylique l'acide hexahydroanthranilique produit. On dissout pour cela 10 grammes d'acide anthranilique dans 400 centimètres cubes d'alcool amylique; on porte à l'ébullition et l'on ajoute peu à peu, dans l'espace de 3 heures, 32 grammes de sodium. Quand le mélange, d'abord trouble, est redevenu tout à fait limpide, on l'agite avec de l'eau qui s'empare des sels de sodium, de l'acide hexahydroanthranilique et des acides hexahydrobenzoïque et pimélique formés en même temps que lui. On sépare l'alcool amylique et l'on évapore au bain-marie la solution aqueuse pour éliminer complètement cet alcool. On acidule ensuite par l'acide chlorhydrique qui précipite les acides pimélique et hexahydrobenzoïque; on les enlève par agitation avec de l'éther. La solution chlorhydrique renferme tout l'acide hexahydroanthranilique, mélangé d'une petite quantité d'acide valérianique provenant de l'oxydation de l'alcool amylique; on l'évapore à siccité, on reprend le produit par l'alcool absolu et, dans la solution alcoolique, on fait passer un courant d'acide chlorhydrique gazeux qui transforme l'acide hexahydroanthranilique en chlorhydrate de son éther éthylique. L'alcool est ensuite séparé par distillation, et l'on obtient, sous forme de sirop brunâtre, le chlorhydrate de l'éther éthylhexahydroanthranilique. Celui-ci est dissous dans l'eau et la solution est épuisée par l'éther, qui enlève l'éther valérianique; enfin, on rend la solution fortement alcaline, en ayant soin de refroidir énergiquement avec de la glace, et on la sature de carbonate de potassium qui précipite l'éther éthylhexahydroanthranilique sous la forme d'une huile jaunâtre que l'on rectifie dans le vide.

Cet éther éthylique est un liquide incolore, d'odeur fortement basique, fumant au contact du gaz chlorhydrique. Il bout à 148-150° sous 30 millimètres; il est très soluble dans l'eau, l'alcool et l'éther.

Il est peu stable et se transforme peu à peu en acide correspondant quand on l'abandonne à l'air; si on cherche à le distiller sous la pression ordinaire, il se dédouble partiellement en ammoniac et éther éthyltétrahydrobenzoïque. Les acides minéraux étendus, ou simplement l'eau bouillante, le saponifient.

Son *chlorhydrate*, $C^9H^{17}AzO^2.HCl$, cristallise dans l'acétone additionnée d'un peu d'alcool en petites aiguilles incolores, fusibles à 156°, très solubles dans l'eau et dans l'alcool, peu solubles au contraire dans l'acétone et dans l'éther. Il forme avec le chlorure de platine le *sel double* $(C^9H^{17}AzO^2.HCl)^2PtCl^4$, cristallisé en petites écailles orangées, insolubles dans l'alcool, peu solubles à froid dans l'eau, plus solubles à chaud, explosant quand on les chauffe à 219-220° [Einhorn et Bull, *Ann. Chem.*, **295**, 204].

L'éther éthylhexahydroanthranilique se combine au 4 chloro-1.3 dinitrobenzène comme le fait l'acide correspondant, en donnant l'*éther éthyl-o-p-dinitrophénylhexahydroanthranilique*,

$$(AzO^2)^2=C^6H^3-AzH-C^6H^{10}-CO^2-C^2H^5,$$

qui cristallise en aiguilles jaunes fusibles à 136-137° [Einhorn et Bull, *Ann. Chem.*, **295**, 205].

L'éther éthylhexahydroanthranilique se combine à l'éther formique chloré comme le fait l'acide correspondant, en donnant l'éther éthylique de *l'acide n-carboxéthylhexahydroanthranilique*,

$$C^2H^5 - CO^2 - C^6H^{10} - AzH - CO^2 - C^2H^5$$

[Bull et Gernsheim, *Ann. Chem.*, **295**, 201]. Ce composé cristallise en aiguilles fusibles à 59-60°.

L'éther éthylhexahydroanthranilique, chauffé à 100°, pendant 10 heures, avec le sulfure de carbone et l'alcool, donne l'éther éthylique de *l'acide thiocarbonyl-bis-hexahydroanthranilique* $C^S(AzH - C^6H^{10} - CO^2 - C^2H^5)^2$, qui cristallise dans l'alcool en aiguilles fusibles à 133° [Einhorn et Bull, *loc. cit.*].

De même, l'éther éthylhexahydroanthranilique et le phénylsénevol réagissent en présence de l'acétone en donnant la combinaison

$$C^6H^5 - AzH - CS - AzH - C^6H^{10} - CO^2 - C^2H^5,$$

aiguilles microscopiques fusibles à 162-163°.

De même encore, l'éther éthylhexahydroanthranilique, traité par le chlorure de l'acide benzène-sulfonique et la soude, donne le composé

$$C^6H^5 - SO^2 - AzH - C^6H^{10} - CO^2 - C^2H^5,$$

que l'on obtient, par cristallisation dans un mélange d'alcool et de ligroïne, en prismes fusibles à 93°, très solubles dans le benzène, l'alcool, l'éther acétique.

Amide o-aminohexahydrobenzoïque,

$$AzH^2 - C^6H^{10} - CO - AzH^2.$$

— On l'obtient en chauffant pendant 8 heures à 145°, 10 grammes de l'éther éthylique correspondant avec 20 grammes d'une solution saturée à 0° de gaz ammoniac dans l'alcool méthylique [Einhorn et Bull, *Ann. Chem.*, **295**, 207].

Elle cristallise dans l'alcool en petites aiguilles fusibles à 193°,5, très solubles dans l'eau, insolubles dans l'éther acétique, l'éther sulfurique et le benzène.

Son *bromhydrate*, $C^7H^{14}Az^2O.HBr$, cristallisé dans l'alcool, forme des aiguilles prismatiques incolores fusibles, à 257-259°; son *chloroplatinate*, $(C^{17}H^{14}Az^2O.HCl)^2PtCl^4$, forme des écailles orangées.

Traité par le brome et la soude, il donne naissance à une combinaison possédant la formule $C^7H^{12}AzO$, à laquelle les auteurs attribuent la constitution :

$$C^6H^{10} \begin{matrix} \diagup AzH \diagdown \\ \diagdown C(AzH) \diagup \end{matrix} CO$$

[Einhorn et Bull, *loc. cit.*]. Cette combinaison cristallise dans l'eau ou dans l'éther acétique en aiguilles ou en paillettes fusibles à 231-232°, solubles dans l'eau, l'alcool, le chloroforme, insolubles dans le benzène et dans l'éther. Chauffée avec les acides, elle se dédouble en anhydride carbonique et *hexahydro-o-phénylène-diamine*. Avec l'acide nitreux, elle donne un *dérivé nitrosé* $C^7H^{11} - Az^2O(AzO)$, qui explose à 65°. Traitée par le chlorure de benzoyle et la pyridine, elle donne un *dérivé benzoylé* possédant la formule $C^7H^{11}Az^2O(CO - C^6H^5)$, qui cristallise dans un mélange d'acétone et de ligroïne en aiguilles incolores, fusibles à 187°.

Acide p-aminohexahydrobenzoïque,

$$AzH^2_{(4)} - C^6H^{10} - CO^2H_{(1)}.$$

— MM. Einhorn et Meyenberg [*D. chem. G.*, **27**, 2833] l'obtiennent par le procédé qui leur a fourni l'isomère ortho, en partant de l'acide p-aminobenzoïque : ils emploient pour cela 25 grammes de ce dernier acide, 1250 grammes d'alcool amylique et 58 grammes de sodium.

L'acide o-aminohexahydrobenzoïque cristallise dans l'alcool en feuillets incolores, fusibles à 303-304°, très solubles dans l'eau, à peine solubles dans l'alcool, l'éther, la ligroïne.

Comme son isomère ortho, il est neutre au tournesol; sa solution ammoniacale, additionnée d'azotate d'argent ou de sulfate de cuivre, donne les sels correspondants de l'acide p-aminohexahydrobenzoïque à l'état de précipités amorphes.

Le *bromhydrate* de l'éther éthyl-p-aminohexahydrobenzoïque, cristallisé dans un mélange d'alcool et d'éther acétique, se présente en paillettes incolores fusibles à 152-155°.

Acide p-diméthylaminohexahydrobenzoïque

$$(CH^3)^2Az_{(4)} - C^6H^{10} - CO^2H_{(1)} + 2,5H^2O.$$

— Il se prépare comme le précédent [Einhorn et Meyenberg, *D. chem. G.*, **27**, 2829], en partant de 25 grammes d'acide diméthylaminobenzoïque, 1600 grammes d'alcool amylique et 145 grammes de sodium. On l'obtient cristallisé en feuillets incolores en versant du chloroforme dans sa solution alcoolique chaude.

Il fond à 99-100°; puis, si l'on continue à chauffer, il se solidifie à 130° pour fondre de nouveau à 218-220°.

Très soluble dans l'eau et dans l'alcool, il est insoluble dans le chloroforme, l'acétone, la ligroïne. Il donne, avec le chlorure de platine, le *sel double* $(C^9H^{17}AzO^2.HCl)^2PtCl^4$, cristallisé en tablettes orthorhombiques orangées, fusibles à 232°.

ACIDES TÉTRAHYDROBENZOÏQUES.

Parmi les trois isomères de position que fait prévoir la théorie, on ne connaît actuellement que les acides tétrahydrobenzoïques Δ^1 et Δ^2.

Acide tétrahydrobenzoïque Δ^1 (*acide cyclohexène 1-carboxylique*), $C^6H^9 - CO^2H$.

$$CH^2 \begin{matrix} \diagup CH^2 - CH \geqslant \\ \diagdown CH^2 - CH^2 \diagup \end{matrix} C - CO^2H.$$

— On peut obtenir cet acide :

1° En enlevant les éléments de l'acide bromhydrique à l'acide hexahydrobenzoïque α-bromé $C^7H^{11}BrO^2$. Il suffit pour cela de laisser en contact, pendant 3 jours, à la température ordinaire, 1 molécule d'acide bromé brut avec 2 molécules 1/4 de potasse dissoute dans l'alcool absolu. On chauffe ensuite quelques heures au bain-marie, on sépare par filtration le bromure de potassium formé et l'on concentre la solution, que l'on acidule ensuite par l'acide sulfurique. Enfin, on entraîne l'acide par un courant de vapeur d'eau, on le rassemble avec de l'éther et l'on évapore le dissolvant : l'acide Δ^1-tétrahydrobenzoïque cristallise [Aschan, *Ann. Chem.*, **271**, 267].

2° En saponifiant son éther éthylique, qui résulte de la décomposition pyrogénée de l'acide hexahydroanthranilique [Einhorn et Meyenberg, *D. chem. G.*, **27**, 2471],

$$AzH^2 - C^6H^{10} - CO^2C^2H^5$$
$$= C^6H^9 - CO^2C^2H^5 + AzH^3.$$

On le prépare en isomérisant l'acide Δ^2 par la méthode de Baeyer [*Ann. Chem.*, **245**, 133]. Pour cela, on ajoute 20 grammes d'acide Δ^2-tétrahydrobenzoïque à une solution de 30 grammes de potasse caustique dans 90 grammes d'eau, et l'on porte à l'ébullition pendant une demi-heure.

On étend d'eau, on acidule par l'acide sulfurique. on sépare l'acide précipité et on le purifie par distillation fractionnée. Les vases de verre étant fortement attaqués par la solution alcaline, il y a lieu d'opérer dans un vase métallique [Aschan, *Ann. Chem.*, **271**, 269].

L'acide Δ^1-tétrahydrobenzoïque se présente en cristaux indistincts, peu solubles dans l'eau, fusibles à 29°. Il bout à 240-243°. Sa densité à 20° est 1,1080.

Son *sel de calcium*, $(C^7H^9O^2)^2Ca + H^2O$, forme des prismes aplatis. Il est moins soluble dans l'eau que son isomère Δ^2. Son *sel d'argent* se dépose de ses solutions dans l'eau chaude en cristaux prismatiques.

Son *éther méthylique*, $C^6H^9-CO^2CH^3$, est un liquide incolore bouillant à 193°,5-194°,5, de densité 1,056 à 4° et 1,0436 à 20°. Son *éther éthylique*, $C^6H^9-CO^2C^2H^5$, bout à 190° [Einhorn et Meyenberg, *loc. cit.*]. Son *éther menthylique*, $C^6H^9-CO^2C^{10}H^{17}$, est un liquide incolore, de densité 0,807 à 20°, de pouvoir rotatoire

$$[\alpha]_D = -74°,64$$

[Rupe, *Ann. Chem.*, **327**, 157].

Son *amide*, $C^6H^9-CO-AzH^2$, cristallise dans l'alcool étendu en prismes fusibles à 127-128°.

ACIDE Δ^2-TÉTRAHYDROBENZOÏQUE (*acide cyclohexène 2-carboxylique*),

$$CH^2 \lt \begin{matrix} CH^2-CH^2 \\ CH=CH \end{matrix} \gt CH-CO^2H.$$

— Ce composé, décrit d'abord par Hermann [*Ann. Chem.*, **132**, 75] sous le nom d'acide *benzoléinique*, se prépare en réduisant au bain-marie par l'amalgame de sodium une solution aussi concentrée que possible d'acide benzoïque dans le carbonate de sodium. On a soin de saturer constamment par l'acide carbonique la soude qui prend naissance. En même temps que l'acide tétrahydrobenzoïque, il se forme encore de l'aldéhyde et de l'alcool benzyliques faciles à éliminer, puisqu'ils sont insolubles dans les alcalis, et de l'acide hexahydrobenzoïque. Pour séparer ce dernier acide, en même temps que l'acide benzoïque échappé à la réaction, on transforme l'acide Δ^2-tétrahydrobenzoïque en un dérivé d'addition bibromé que l'on purifie par cristallisation, puis on élimine ensuite le brome de ce composé au moyen de l'amalgame de sodium [*D. chem. G.*, **24**, 1864; *Ann. Chem.*, **271**, 234].

L'acide Δ^2-tétrahydrobenzoïque prend naissance quand on distille sous la pression ordinaire l'éther éthylhexahydroanthranilique, qui perd ainsi 1 molécule de gaz ammoniac :

$$AzH^2-C^6H^{10}-CO^2H = AzH^3 + C^6H^9-CO^2H.$$

L'acide Δ^2-tétrahydrobenzoïque est un liquide incolore, à odeur repoussante de valériane. Distillé dans un courant d'anhydride carbonique, il bout à 234-235° en perdant une très petite quantité d'un corps neutre, qui est vraisemblablement la lactone de l'acide γ-hydroxyhexahydrobenzoïque.

Il est peu soluble dans l'eau (1gr,34 dans 100 centimètres cubes à 20°). Il s'oxyde rapidement à l'air en donnant de l'acide benzoïque; les alcalis le transforment à l'ébullition en son isomère l'acide Δ^1-tétrahydrobenzoïque [Braaren et Buchner, *D. chem. G.*, **33**, 2455].

Il fixe directement 2 atomes de brome pour donner l'acide hexahydrobenzoïque bibromé βγ, décrit plus haut.

Son *amide*, $C^6H^9-CO-AzH^2$, cristallise en paillettes nacrées fusibles à 144°, plus solubles dans l'eau et dans l'éther que l'amide Δ^1.

Les *éthers méthylique*, $C^6H^9-CO^2CH^3$, et *éthylique*, $C^6H^9-CO^2C^2H^5$, sont liquides; ils bouillent, le premier à 188°, le second à 159-160° [Braaren et Buchner, *loc. cit.*]. Chauffe-t-on à 110-120°, pendant 16 à 24 heures, un mélange équimoléculaire de l'éther éthylique et d'éther diazoacétique, il se forme l'éther diéthylique de l'*acide* 1.2 *norcaranedicarbonique*,

$$C^7H^{10}(CO^2-C^2H^5)^2.$$

L'*éther menthylique* de l'acide Δ^2-tétrahydrobenzoïque $C^6H^9-CO^2-C^{10}H^{19}$ est un liquide incolore de densité 0,8072 à 20°; son pouvoir rotatoire est $[\alpha]_D = -59°,44$ [H. Rupe, *Ann. Chem.*, **327**, 157-200].

ACIDES DIHYDROBENZOÏQUES $C^6H^7-CO^2H$.

On connaît actuellement deux acides dihydrobenzoïques qui sont vraisemblablement des isomères stéréochimiques, et dont les doubles liaisons sont probablement en 1.3 par rapport au carboxyle.

L'un d'eux a déjà été décrit (2e Suppl., **1**, 585).

L'autre se produit quand on fait réagir à la température ordinaire la potasse alcoolique sur l'acide βγ-hexahydrobenzoïque.

Il est assez soluble dans l'eau et se dépose de ses solutions aqueuses concentrées en gros prismes fusibles à 73° [Aschan, *D. chem. G.*, **24**, 2623].

Son *amide*, $C^6H^7-CO-AzH^2$, se produit lorsqu'on réduit 25 grammes de benzamide dissous dans un litre d'alcool à 25 0/0 par 500 grammes d'amalgame de sodium à 2,5 0/0 [Hutchinson, *D. chem. G.*, **24**, 177]. Elle cristallise dans l'eau en paillettes argentées fusibles à 152-153°.

Marcel Guerbet.

HYDROCALCITE (Min.) (Kossmann). — Carbonate de calcium hydraté, $CO^3Ca, 2H^2O$. Aiguilles très fines, fortement réfringentes, de Wolmsdorf, près Glatz (Silésie).

HYDROCARBOSTYRYLE. — Voyez QUINOLÉINE.

HYDROCASTORITE (Min.). — Fines aiguilles, probablement rhombiques, provenant de l'altération de la pétalite. Composition

$$CaO \cdot 3Al^2O^3 \cdot 13SiO^2, 11H^2O.$$

HYDROCELLULOSE [HYDRACELLULOSE, HYDRATES DE CELLULOSE]. — Depuis la publication du premier Supplément du Dictionnaire, nos connaissances se sont considérablement accrues sur la chimie de la cellulose et de ses dérivés. D'autre part, les applications industrielles de la cellulose deviennent chaque jour plus nombreuses.

Dans cet article nous nous proposons d'exposer, dans ses lignes principales, l'histoire du *groupe de la cellulose* et des industries auxquelles elle a donné naissance.

La cellulose est la substance chimique qui constitue la paroi des cellules végétales. Cette simple définition fait prévoir l'existence de nombreuses variétés de cellulose, et en effet ce terme de cellulose doit être considéré comme indiquant tout un groupe chimique.

Les composés de ce groupe présentent quelques caractères distinctifs importants :

Ce sont des substances incolores, insolubles dans tous les dissolvants simples et qui résistent généralement, quoique d'une façon variable, à l'oxydation et à l'hydrolyse. Elles ne renferment pas d'azote et correspondent à la formule des hydrates de carbone $C^n(H^2O)^m$. Elles se comportent comme des composés saturés.

Classification. — Le duvet de coton est constitué par de la cellulose dans un grand état de pureté. Le plus souvent cependant, dans les plantes, la cellulose ne se trouve pas à l'état libre, mais en combinaisons avec différents composés ou groupes de composés susceptibles d'entrer très facilement en réactions. Ces *celluloses composées* peuvent être par suite classées d'une façon assez simple, suivant les trois grands types de différenciation de la paroi cellulaire depuis longtemps reconnus par les physiologistes : à savoir la *lignification*, la *subérisation* et la *conversion en mucilage*. Toutes les celluloses composées peuvent donc se répartir en :

Lignocelluloses;
Pectocelluloses et *mucocelluloses*;
Adipocelluloses et *cutocelluloses*.

Cette classification, indiquée par MM. Cross et Bevan dans leur remarquable ouvrage sur la cellulose (*La Cellulose*, Biblioth. de la Rev. des mat. col., 1900) que nous ne pourrons que résumer ici, est du reste analogue dans ses grandes lignes à celle proposée par Fremy [*C. R.*, **83**, 1136; *Ann. Agron.*, **9**, 529].

Les *lignocelluloses* constituent les parois des cellules et des fibres lignifiées (bois par exemple, dont le constituant non cellulosique est constitué par des groupes cétohexènes).

Les *pectocelluloses* et les *mucocelluloses* comprennent un grand nombre de composés provenant de tissus végétaux, et dont les constituants non cellulosiques sont des composés facilement convertibles par des traitements hydrolytiques en dérivés solubles à poids moléculaire inférieur et appartenant à la série des composés pectiques et des hexoses.

Les *adipocelluloses* et les *cutocelluloses* représentent la substance des tissus cuticulaires et subérisés dans lesquels la cellulose est associée à des corps gras et cireux de poids moléculaires élevés.

De la formation de la cellulose dans le règne végétal. — Quoique sur ce sujet on ne soit encore réduit qu'à des hypothèses, il semble bien démontré cependant que la cellulose prend naissance par condensation de carbohydrates à poids moléculaire peu élevés.

M. Durin a montré qu'un composé possédant toutes les propriétés des hydrates de cellulose résulte d'un changement « spontané » qui s'opère dans le jus de betterave [*C. R.*, **82**, 1078; **83**, 128]. On obtient, par suite de ce changement, une substance blanche insoluble qui se sépare en flocons ou en grumeaux. L'addition d'alcool à la solution filtrée fournit un précipité gélatineux ressemblant également aux hydrates de cellulose. Ces résultats sont indépendants des fermentations appelées visqueuses ou muqueuses. Le procédé par lequel la cellulose est produite présente tous les caractères essentiels d'un procédé de fermentation, car en ensemençant avec ces flocons une solution de sucre de canne pur ou de mélasse de betterave, la formation de cellulose a lieu aux dépens du sucre. Le ferment qui provoque la transformation du sucre de canne en cellulose est un ferment non organisé ressemblant à la diastase.

M. Brown a pu mettre en évidence la formation de cellulose au moyen d'un ferment acétique [*Chem. Soc.*, **49**, 432]. La plante du vinaigre prend une forme membraneuse qui, vue au microscope, diffère très nettement de la forme zooglœa du *Bacterium aceti*. Elle est, de fait, composée de bâtonnets de bactéries d'une longueur de 2 μ contenus dans une enveloppe membraneuse ayant les propriétés et la composition de la cellulose. Des cultures pures de cet organisme dans des solutions de lévulose, mannose, dextrose, reproduisent une colonie semblable composée de bactéries enveloppées dans un milieu collecteur de cellulose. A cause de cette propriété, le ferment a reçu le nom de *Bacterium xylinum*.

Ces quelques faits d'expérience permettent de comprendre la formation de la cellulose dans la plante. S'il est vrai, comme l'a démontré Sachs, que l'amidon est le *premier terme visible* de l'assimilation, il n'est pas douteux cependant qu'entre l'amidon et les substances inorganiques qui déterminent la formation du premier produit d'assimilation, il y ait toute une série de substances de la classe des sucres, et que c'est avec ces dernières que les chloroplastes élaborent leur amidon dans les conditions normales. La cellulose prendrait alors naissance par un procédé analogue à ceux décrits précédemment, par suite d'une fermentation spéciale des matières sucrées formées au début.

Les celluloses ainsi formées se trouvent du reste dans un état d'hydratation extrême, présentant aux différents réactifs une résistance beaucoup moindre que la cellulose qui forme le poil séminal du cotonnier. La résistance à l'hydrolyse, entre autres, n'augmente que lentement au fur et à mesure que la déshydratation de la cellulose se produit. Ces différents états de condensation de la cellulose méritent du reste d'attirer l'attention, car ils expliquent les résultats obtenus lorsqu'on extrait la cellulose d'une même plante abandonnée à l'air pendant un temps variable, la plante fraîchement coupée fournissant des chiffres de cellulose toujours inférieurs à ceux de la plante bien desséchée.

MM. Cross et Bevan, en déshydratant, par immersion dans l'alcool, des plantes à fourrage fraîchement coupées, ont pu mettre en évidence l'importance du phénomène. Les chiffres suivants, très typiques, se rapportent à l'avoine :

	Cellulose extraite 0/0.		
	Directement.	Après déshydratation alcoolique.	Différence.
	—	—	—
Feuilles ..	28,2	35,4	7,2
Tiges	29,5	34,5	5,0

La déshydratation des celluloses très hydratées se produit dans la plante elle-même. Pendant la maturation, en effet, les tissus végétaux perdent de l'eau, si bien que, pendant leur croissance, la cellulose des plantes se convertit progressivement en formes de plus en plus résistantes.

CELLULOSE DU COTON.

Cette cellulose représente un type bien défini, l'un des mieux connus. Le coton renferme environ 91 0/0 de cellulose; le reste est constitué par des matières grasses ou cireuses, des restes de protoplasma, de la substance cuticulaire, des cendres et surtout de l'eau d'hydratation qui est éliminée par dessiccation à 100° (voyez Dict., 2e Suppl., **1**, article BLANCHIMENT, 756).

Pour préparer de la cellulose pure à partir du coton, on soumet ce dernier à un traitement à la soude (1 à 2 0/0) à l'ébullition. La matière grasse est dissoute. Après lavage, on détruit la coloration de la fibre par un traitement au chlore gazeux ou à l'eau de brome, à température ordinaire. On dissout enfin les produits ainsi formés aux dépens des constituants non cellulosiques par traitement avec une solution alcaline bouillante de sulfite, de carbonate ou d'hydrate de sodium.

La cellulose ainsi obtenue renferme toujours une petite quantité de cendres, 0,1 à 0,4 0/0, dont la moitié environ est constituée par de la silice. On ne peut arriver à obtenir une cellulose absolument pure. La forme la plus pure que l'on connaisse est le *papier à filtre dit sans cendres*. Il laisse à la combustion de 0,03 à 0,05 0/0 de cendres qui résistent à tous les traitements.

Si l'on fait abstraction des cendres, la cellulose pure du coton renferme $C = 44,2$, $H = 6,3$, $O = 49,5$, et correspond à la formule $[C^6H^{10}O^5]^n$.

Propriétés hygroscopiques. — Tous les tissus végétaux séchés à l'air retiennent une certaine quantité d'eau qui se dégage à 100°: abandonnés à température ordinaire, les tissus reprennent à l'air l'eau que la dessiccation leur avait fait perdre.

La proportion moyenne de l'eau hygrométrique est de 6 à 12 0/0 suivant les différentes celluloses. Suivant les conditions atmosphériques, elle peut varier, pour la même cellulose, de 1 à 2 0/0 en plus ou en moins de la moyenne.

Il y a-t-il formation d'un hydrate défini et dissociable, ou le phénomène est-il simplement d'ordre physique? Aucune donnée ne permet d'être affirmatif. Toutefois il est bien démontré que cette propriété d'attirer l'humidité atmosphérique appartient à la cellulose elle-même et est en relation avec sa constitution chimique : toutes les formes de cellulose présentent la même propriété; mais si l'on vient à introduire dans les molécules différents groupements, le pouvoir hygrométrique est en général modifié. Il en est toujours ainsi lorsque, par exemple, on éthérifie les groupes (OH) de la molécule. En nitrant la cellulose, et comparant les différents éthers au point de vue de leur hygroscopicité, M. C. Beadle a trouvé les résultats suivants :

Degré de nitration (hexanitrate = 100).	Eau hygrométrique.
75	1,84
47	3,44
35	5,54

La fixation de l'eau sur la cellulose se fait avec dégagement de chaleur [Beadle et Dahl, *Chem. News*, **73**, 180].

La fixation de l'eau sur la cellulose modifie notablement ses propriétés physiques. Ces modifications ont au point de vue industriel une importance considérable et nécessitent, pour un travail régulier des fibres, un ensemble de conditions que l'expérience seule a pu fixer à la suite de nombreuses observations.

Solvants de la cellulose. — Les solvants de la cellulose sont peu nombreux. Ce sont :

1° Le chlorure de zinc en solution aqueuse ou chlorhydrique;

2° L'oxyde cuivrique en solution ammoniacale;

3° L'oxyde cuivreux en solution ammoniacale.

Ces différents réactifs paraissent réagir sur la cellulose d'une façon hydrolytique. Leur première action est d'hydrater la cellulose avec formation d'hydrates gélatineux, à poids moléculaires plus simples et susceptibles par suite d'entrer en dissolution.

Solutions dans le chlorure de zinc aqueux. — D'après MM. Cross et Bevan, la dissolution s'effectue à chaud (60-100°) de la façon suivante : 4 à 5 parties de chlorure de zinc sont dissoutes dans 6 à 10 parties d'eau; dans la dissolution on introduit 1 partie de cellulose (coton) que l'on remue pour la mouiller uniformément. On laisse alors digérer à une douce chaleur. Quand la cellulose est gélatinisée, on complète la dissolution en chauffant au bain-marie; on agite de temps à autre et on renouvelle l'eau qui s'évapore.

On obtient ainsi un sirop homogène qui est précipité par l'eau et par l'alcool. Le précipité obtenu représente un hydrate de cellulose renfermant de l'oxyde de zinc. Avec l'alcool, le précipité obtenu renferme moins d'eau, mais beaucoup plus d'oxyde de zinc que le précipité obtenu par la précipitation par l'eau. Le rapport existant du reste entre la cellulose et l'oxyde de zinc est variable. Le précipité alcoolique retient de 18 à 25 0/0 d'oxyde. Cette variation considérable est vraisemblablement en rapport avec le degré plus ou moins grand de désagrégation de la cellulose existant dans la solution.

Ces solutions de chlorure de zinc sont utilisées industriellement pour la préparation des fils de lampe à incandescence, et pour la fabrication de la fibre vulcanisée.

Pour préparer les fils de lampe à incandescence, on fait couler la solution visqueuse de cellulose par un orifice étroit dans une solution alcoolique. Il se précipite un hydrate de cellulose renfermant une quantité variable d'oxyde de zinc, qui possède une tenacité suffisante pour pouvoir être manipulé. On lave le fil à l'acide chlorhydrique, puis à l'eau. On le carbonise ensuite. Le filament de charbon ainsi obtenu est très irrégulier. On le transforme en un fil uniforme en y faisant passer un courant électrique au sein d'une atmosphère d'hydrocarbures. Dans les parties les plus étroites, le fil, de plus grande résistance, s'échauffe davantage; par suite de cette élévation de température, le dépôt de charbon provenant de la décomposition des hydrocarbures s'y fait aussi plus abondamment que dans les parties du fil possédant une plus grande section.

La fabrication de la fibre vulcanisée, entreprise tout d'abord en Amérique, se fait par un procédé très peu connu. Le procédé employé en Allemagne, qui fournit un produit de moindre qualité, consisterait, d'après les indications du brevet (n° 318178), à traiter 1 partie de papier par 4 parties de chlorure de zinc à 65-70° B. Les feuilles, qui se transforment à la surface en une masse gélatineuse, seraient ensuite soudées ensemble, puis après purification et séchage seraient soumises à un traitement à l'acide nitrique. Ce traitement, qui convertit la cellulose en nitrate, aurait pour but de rendre la masse imperméable.

Solutions dans le chlorure de zinc chlorhydrique. — Pour effectuer la dissolution de la cellulose, on emploie une liqueur renfermant 1 partie de chlorure de zinc dans 2 parties d'acide chlorhydrique aqueux. La dissolution s'effectue à froid.

Pendant la dissolution, la cellulose subit une hydratation notable. La solution obtenue a elle-même subi une hydrolyse lente qui est mise en évidence par la formation de produits aldéhydiques[1]; c'est ainsi que les solutions fraîchement préparées ne donnent pas de coloration avec la résorcine, tandis qu'après quelque temps il se produit, avec le phénol, une coloration rouge.

Solutions dans l'oxyde de cuivre ammoniacal. — Les solutions d'oxyde de cuivre ammoniacal constituent le premier solvant connu de la cellulose. C'est le réactif de Schweitzer (voyez Dict., **1**, 779).

Les solutions doivent contenir :

Ammoniaque exprimée en AzH^3	10 à 15	0/0
Cuivre exprimé en CuO.......	2 à 2,5	0/0

1. Il faut du reste distinguer nettement l'*hydratation* et l'*hydrolyse* de la cellulose. La molécule de cellulose semble posséder une capacité infinie de se combiner à l'eau sans que *sa constitution fondamentale soit altérée* : dans ce cas nous dirons que la cellulose peut exister dans un très grand nombre d'états d'hydratation. Par contre, nous entendrons par hydrolyse, une hydratation de la cellulose avec modification profonde de la molécule ne permettant plus de repasser de l'hydrate à la forme condensée.

Les meilleurs procédés de préparation consistent à dissoudre l'hydrate d'oxyde de cuivre dans l'ammoniaque. Les liqueurs obtenues par double décomposition entre un sel de cuivre et un excès d'ammoniaque fournissent de moins bons résultats, comme l'a signalé M. Baubigny [*C. R.*, **104**, 1616].

Les deux méthodes les plus employées sont les suivantes :

1° A une dissolution de sel cuivrique on ajoute du chlorhydrate d'ammoniaque, puis un excès de soude caustique. Le précipité, bien lavé et essoré, est alors dissous dans de l'ammoniaque (D = 0,92);

2° De minces feuilles de cuivre sont chiffonnées, puis placées dans un cylindre en verre. On les recouvre d'ammoniaque concentrée et l'on fait passer dans la liqueur un courant d'air, de façon qu'en 1 heure il en passe environ 40 fois son volume. Après 6 heures environ, la solution peut être utilisée.

On peut remplacer le courant d'air par un courant d'oxygène; dans ce cas la dissolution est beaucoup plus rapide.

MM. Hime et Noad, dans un brevet anglais (n° 7716,89), ont montré que l'oxydation du cuivre en liqueur ammoniacale était beaucoup plus facile en présence d'un métal électro-négatif. Ils ont pu, par suite, obtenir rapidement des solutions d'oxyde de cuivre en électrolysant une solution ammoniacale avec une électrode de cuivre comme pôle négatif, l'électrode positive étant constituée par un autre métal.

Le réactif de Schweitzer dissout lentement à froid la cellulose. D'après M. Erdmann [*J. prakt. Chem.*, **76**, 385], les liqueurs obtenues ne représenteraient pas des solutions au sens strict du mot, la cellulose étant plutôt gélatinisée et diffuse dans le liquide sous la forme d'hydrate. Cependant, se basant sur les phénomènes osmotiques, M. Cramer a pu démontrer que cette déduction n'était pas fondée, et que la cellulose était bien réellement dissoute dans la solution.

Avec le coton, la dissolution résulte de l'hydratation de la cellulose sans hydrolyse accessoire. Toutefois, cette dissolution est accompagnée d'un changement dans la molécule de cellulose. M. Prud'homme a montré, en effet, que, par un contact prolongé avec la solution, la cellulose semble fournir des produits d'oxydation (oxycellulose) [*J. Soc. Dyers. a. Colourists*, 148, 1891]. L'ammoniaque elle-même s'oxyde lentement en donnant naissance à de petites quantités de nitrite.

M. Gilson prétend avoir obtenu, par l'évaporation de ces solutions cuproammoniques, de la cellulose cristallisée [*Chem. Central Blatt*, (2), 1893, 530], mélangée avec de l'oxyde de cuivre. Par traitement à l'acide chlorhydrique, la cellulose resterait sous forme de cristaux.

Les solutions cuproammoniques de cellulose sont douées du pouvoir rotatoire. M. Levallois a trouvé qu'une solution renfermant 1 0/0 de cellulose de coton présentait une déviation de — 20°. La déviation cependant n'est pas constante, et varie avec la concentration et les proportions réciproques d'oxyde de cuivre et de cellulose en solution.

La solubilité de la cellulose a été l'objet d'importantes applications. Nous ne dirons ici qu'un mot sur la préparation des tissus de Willesden, renvoyant à la partie industrielle pour la préparation de la soie artificielle.

Tissus de Willesden. — Les tissus de Willesden, ainsi appelés du lieu de leur fabrication (Angleterre), sont des tissus imperméables obtenus en passant des tissus textiles végétaux dans une solution cuproammonique. La surface de l'étoffe se recouvre d'une pellicule gélatinisée qui retient de l'oxyde de cuivre hydraté sous une forme telle que, par dessiccation, elle prend une couleur verte brillante. Ce traitement rend les fibres compactes et le tissu devient plus résistant à l'eau. La présence d'oxyde de cuivre préserve en outre le tissu contre l'attaque des insectes, du mildew, etc....

Solutions dans l'oxyde cuivreux ammoniacal. — D'après M. Rosenfeld, on peut dissoudre rapidement la cellulose dans une solution concentrée de chlorure cuivreux ammoniacal [*D. chem. G.*, **12**, 954].

ACTION DES ALCALIS SUR LA CELLULOSE.

Lorsqu'on plonge du coton blanchi (cellulose pure) dans une dissolution renfermant de la soude, et d'une façon générale des alcalis en très faible quantité, il y a absorption de l'alcali par la fibre. A 4°, par exemple, après une immersion de 5 minutes dans une solution de soude, M. Mills a pu observer une augmentation de poids de 0gr,0202. L'absorption est du reste accompagnée d'un phénomène thermique. Pour 100 grammes de coton, M. Vignon a pu observer les dégagements de chaleur suivants :

KOH..................	2cal,27
NaOH..................	2cal,20

Les mêmes expériences faites sur le même coton brut ont fourni des nombres notablement inférieurs.

KOH..................	1cal,30
NaOH..................	1cal,05

D'une façon générale, on peut dire que la résistance de la cellulose aux alcalis est remarquable. Pour attaquer la cellulose, il faut employer des solutions très concentrées. Les solutions étendues ne l'attaquent que sous pression.

Les solutions renfermant de 1 à 2 0/0 de soude (Na^2O) sont sans action sensible à 100°. D'après M. Tauss, la quantité de produits solubles résultant de l'attaque de la cellulose est donnée par le tableau suivant :

		Produits solubles 0/0.		
	NaO^2	1 atm.	5 atm.	10 atm.
Solution renfermant	3 0/0	12,1	15,4	20,3
—	8 0/0	22,0	58,0	59,0

[*J. Soc. Chem. Ind.*, **913**, 1889; **883**, 1890] (Comparer, Dict., **1**, 779).

Les solutions d'ammoniaque aqueuses et concentrées réagissent à peine sur la cellulose, même à température élevée. Vers 200° il y aurait, d'après M. Vignon, combinaison et fixation d'un groupe AzH^2 dont l'existence est mise en évidence par l'attraction qu'exerce la cellulose ainsi transformée sur les matières colorantes.

L'action de la soude ou de la potasse concentrée et froide sur la cellulose est remarquable. Quoique cette réaction ait été signalée depuis longtemps par Persoz, puis par Mercer, ce n'est que dans ces dernières années que son étude a été reprise avec soin. Elle est entrée aujourd'hui dans la pratique industrielle et constitue le *mercerisage* (voyez plus loin).

Pour observer le mercerisage du coton, il faut opérer à froid avec des solutions de soude caustique renfermant plus de 10 0/0 de Na^2O. Au contact d'une telle solution, la fibre de coton qui se présente, comme on sait, sous la forme d'un ruban aplati avec un large canal central, se transforme presque instantanément en un cylindre épaissi avec un canal central plus ou moins atténué. En même temps elle subit une contraction considérable.

Ces propriétés nouvelles de la fibre sont le résultat d'une réaction définie entre la cellulose et l'hydrate alcalin. Il y a en même temps hydratation de la cellulose et combinaison avec l'alcali. Le rapport qui existe entre la cellulose et la soude correspond à la formule

$$C^{12}H^{20}O^{10} . 2NaOH.$$

Ce composé est désigné sous le nom d'*alcali-cellulose*.

Par lavage à l'alcool, l'alcali-cellulose cède à ce véhicule 1 molécule d'alcali et il y a formation d'un nouveau composé, $C^{12}H^{20}O^{10} . NaOH$. Par lavage à l'eau toute la soude est éliminée, et la cellulose reparaît sous une forme modifiée : c'est un hydrate $C^{12}H^{20}O^{10} . H^2O$.

Cette cellulose sodique, comme du reste la cellulose hydratée qu'on en peut dériver par traitement à l'eau, possède des propriétés différentes de la cellulose primitive. Elle représente vraisemblablement une forme moins condensée, et sa solubilité dans les divers solvants de la cellulose (oxyde de cuivre ammoniacal, chlorure de zinc) se trouve considérablement augmentée. De plus, la cellulose sodique a acquis la propriété de se dissoudre dans le sulfure de carbone (Cross et Bevan). La dissolution dans le sulfure de carbone est connue sous le nom de *viscose*.

La dissolution se fait aisément en opérant de la façon suivante : on traite le coton blanchi par un excès de solution de soude caustique à 15 0/0; après un contact de quelque temps, on laisse la cellulose s'égoutter sur un filtre perforé. On la presse ensuite jusqu'à ce qu'elle retienne environ 3 fois son poids de solution sodique. On l'abandonne à elle-même pendant 2 ou 3 jours dans un flacon bouché; on ajoute ensuite du sulfure de carbone, à raison de 40 parties de sulfure pour 100 de cellulose employée. On agite vigoureusement pendant 1 ou 2 minutes, puis on laisse au repos 2 ou 3 heures. La masse formée est alors recouverte d'eau en quantité calculée pour avoir une solution de concentration déterminée. On obtient ainsi un liquide homogène, plus ou moins visqueux suivant sa concentration.

En représentant par X O Na l'alcali-cellulose, la réaction, d'après MM. Cross et Bevan, est la suivante :

$$X . ONa + CS^2 = CS\begin{smallmatrix}\diagup SNa\\ \diagdown OX\end{smallmatrix}$$

La solution est toujours colorée en jaune, par suite de la formation de produits secondaires (trithiocarbonate).

La solution de thiocarbonate de cellulose précipite par addition d'alcool ou d'une solution saturée de chlorure de sodium pur. Le précipité est constitué par une masse floconneuse d'un blanc verdâtre qui, redissoute dans l'eau, donne une solution incolore ou très légèrement jaunâtre. Les solutions de sels de métaux lourds précipitent dans cette solution les xanthates correspondants. L'iode agit d'après l'équation :

$$2CS\begin{smallmatrix}\diagup OX\\ \diagdown SNa\end{smallmatrix} + I^2 = 2NaI + CS\begin{smallmatrix}\diagup OX\\ \diagdown S\end{smallmatrix}\!\!-\!\!-\!\!\begin{smallmatrix}OX \diagdown\\ S \diagup\end{smallmatrix}CS.$$

Le composé obtenu ou dioxythiocarbonate de cellulose se précipite sous une forme floconneuse; il se redissout dans les solutions alcalines, en présence d'agents réducteurs, pour régénérer le composé primitif.

Les solutions de thiocarbonate de cellulose possèdent, en outre, la propriété de se coaguler soit spontanément, après un temps suffisant, soit sous l'influence de la chaleur.

$$CS\begin{smallmatrix}\diagup OX\\ \diagdown S.Na\end{smallmatrix} + H^2O \longrightarrow X.OH + NaOH + CS^2.$$

La prise en masse sous l'influence du temps ne se produit que lentement; sous l'influence de la chaleur, vers 70-80°, la solution s'épaissit; vers 80-90°, elle se coagule. Si l'on vient à dessécher la solution à cette température, après l'avoir disposée en couche peu épaisse, on obtient des pellicules minces adhérant avec une grande ténacité aux surfaces sur lesquelles on les sèche, mais qu'on peut cependant en détacher par l'action de l'eau qui en sépare les produits secondaires de la réaction. Il reste une feuille homogène, transparente et incolore, très souple, qui durcit quelque peu en séchant, tout en conservant une grande élasticité.

La cellulose régénérée de ses solutions sulfocarboniques par l'un quelconque des procédés indiqués correspond, après dessiccation à 100°, à la formule d'un hydrate $(C^6H^{10}O^5)^4 . H^2O$.

Pour 100 de cellulose dissoute, on devrait par suite pouvoir régénérer 102,7 0/0 de cellulose hydratée. L'expérience fournit des chiffres un peu plus faibles, 101,1 0/0, ce qui tend à indiquer que pendant les différentes opérations, une petite quantité de cellulose a été hydrolysée.

Les propriétés de cette cellulose régénérée sont semblables à celles de la cellulose primitive, toutefois elle a une tendance plus accentuée à entrer en réaction. Tandis que l'eau hygroscopique de la cellulose du coton varie de 6 à 6,5 0/0 dans les conditions ordinaires, la cellulose régénérée en absorbe de 9 à 10,5 0/0. Cette dernière possède aussi une plus grande affinité pour les matières colorantes. Laissée au contact d'une solution normale d'hydrate de soude, elle en absorbe de 4,5 à 5,5 0/0 de son poids (comparer ci-dessus).

APPLICATION DE LA VISCOSE; VISCOÏD. — La viscose est utilisée pour de nombreux usages :

1° *Collage de la pâte à papier.* — Elle est surtout employée pour les gros papiers et les papiers d'emballages. Le plus souvent on l'ajoute à la pâte dans les piles, et l'on précipite la viscose autour des fibres par addition d'un sel métallique, en général de sulfate de zinc;

2° *Apprêt des papiers.* — Le principe consiste à déposer sur les papiers une couche de viscose qu'on décompose à chaud; la cellulose régénérée adhère fortement, et l'on obtient des papiers unis dont l'aspect et les propriétés sont remarquables, car ils résistent à l'eau bouillante et peuvent se teindre comme les étoffes.

Comme les solutions de viscose sont toujours plus ou moins colorées, les apprêts à la viscose ne peuvent être utilisés que pour papiers de couleur;

3° *Couchage et gaufrage des tissus.* — Comme les papiers, les tissus peuvent recevoir une couche de viscose. La pellicule déposée est très flexible et aussi élastique que l'étoffe. On peut donc sur cette pellicule obtenir facilement des dessins par gaufrage ou estampage. En donnant aux tissus le grain du chagrin ou du maroquin, on peut fabriquer des imitations de cuirs qui servent à la reliure;

4° *Apprêts des tissus.* — C'est une application importante de la viscose, et de grand intérêt pour les tissus légers de lin et de coton. On imprègne les tissus de viscose mélangée de kaolin. Celui-ci reste emprisonné par la cellulose régénérée. On a ainsi un apprêt permanent qu'on peut laver impunément, blanchir et même savonner au bouillon, sans altérer en rien l'aspect du tissu;

5° *Impression des tissus.* — On dépose par place de la viscose; on obtient ainsi des effets de blanc sur blanc ou sur couleur. Les effets de blanc et de double teinte s'obtiennent en ajoutant une certaine quantité de kaolin à la viscose.

La cellulose qu'on peut régénérer de la viscose, désignée sous le nom de *viscoïd*, trouve son emploi dans la confection d'un grand nombre d'articles.

Pellicules de viscoïd. — Pour les obtenir on verse la viscose sur des plaques de verre ou de fer qu'on sèche à une douce chaleur, puis à 80-90°. On détache les pellicules, on lave à l'eau chaude, et on blanchit au chlorure de chaux si c'est nécessaire.

Objets divers. — En laissant la viscose se coaguler en grande masse, on obtient des blocs de viscoïd d'une grande dureté, mais très facile à travailler. Les masses offrent le plus souvent une coloration noirâtre et l'apparence de la corne. Mélangée avec différents oxydes (oxyde de zinc, oxyde de fer, etc.) ou avec du charbon elle fournit des corps solides résistants servant à la confection d'une foule d'objets, manches d'outils, de parapluies, d'appareils de chirurgie, appareils d'installation électrique, boutons, etc.

En mélange avec de la poussière de bois ou de bouchon, la viscose fournit des solides plus légers que l'eau.

Destruction de la molécule de la cellulose par les alcalis (voyez Dict., **1**, 780). — La cellulose chauffée avec 2 ou 3 fois son poids de soude ou de potasse à 200-300° est complètement dissoute; *il se forme principalement* de l'hydrogène, de l'acide acétique (20 à 30 0/0) et de l'acide oxalique (30-50 0/0).

Action des acides sur la cellulose.

Suivant les conditions expérimentales et la concentration des acides, l'action de ces derniers sur la cellulose peut donner lieu à quatre réactions d'ordre différent, à savoir :

1° Absorption pure et simple des acides par la fibre;

2° Hydratation de la cellulose;

3° Formation d'éthers de la cellulose;

4° Destruction de la molécule de la cellulose.

Nous passerons rapidement en revue ces différents modes d'action.

Absorption des acides par la cellulose. — Les acides dilués sont absorbés à la façon des alcalis dilués par la fibre de coton blanchi. Toutefois l'absorption est ici beaucoup plus faible qu'avec les alcalis. Le phénomène de l'absorption est accompagné d'un dégagement de chaleur. Voici les résultats observés, rapportés à 100 grammes de coton.

Absorption à 4° après 5 minutes d'immersion, pour 100 de coton blanchi, d'après Mills :

SO^4H^2	0,495
HCl	0,733

Le phénomène thermique qui accompagne l'absorption est faible pour le coton blanchi :

SO^4H^2	$0^{cal},58$
HCl	$0^{cal},65$

Pour le coton brut, Vignon a trouvé respectivement $0^{cal},60$ et $0^{cal},65$.

Hydratation de la cellulose par les acides. — L'action des acides *non oxydants* sur la cellulose transforme celle-ci en un hydrate de la formule ($C^{12}H^{20}O^{10}-H^2O$), qui a déjà été décrit sous le nom d'hydrocellulose (voyez Dict., 2° Suppl., **1**, Blanchiment, 757]. Ce composé, pour lequel M. Witz avait proposé le nom d'hydracellulose, forme toujours le produit d'attaque de la cellulose par l'acide chlorhydrique. La réaction qui donne naissance à cette hydrocellulose n'est pas simple. Pendant l'attaque de la cellulose, une partie se transforme en produits solubles, si bien que le rendement en hydrocellulose ne correspond guère qu'à 70 à 75 0/0 du poids de la cellulose traitée. Il est par suite vraisemblable que cette hydratation apparente n'est qu'un phénomène secondaire qui accompagne la dislocation de la molécule, dislocation causée vraisemblablement par l'action déshydratante initiale de l'acide chlorhydrique.

Il est alors facile, en admettant cette hypothèse, de comprendre l'action différente qu'exercent sur la cellulose les divers acides de concentration variable. Le produit brut obtenu correspond toujours à la formule brute $C^{12}H^{20}O^{10}.H^2O$; mais ses propriétés sont différentes, suivant son mode d'obtention.

On a pu ainsi mettre en évidence l'existence de deux produits à caractéristiques physiques essentiellement différentes, l'un identique à l'hydrocellulose d'Aimé Girard; l'autre que nous désignerons, avec MM. Cross et Bevan, sous le nom d'amyloïde.

Ces deux composés se distinguent de la cellulose par la présence dans leur molécule du groupe carbonyle CO facile à mettre en évidence par l'action de la phénylhydrazine et d'une façon générale par leur aptitude plus grande à entrer en réaction.

Hydrocellulose. — Elle se produit non seulement par l'action de l'acide chlorhydrique, mais aussi par l'action de l'acide sulfurique étendu sur la cellulose. L'acide à 3 0/0 de SO^4H^2 effectue cette transformation à 60°. Avec l'acide à 45° B. (D = 1.455 environ), l'attaque se fait à froid.

Ce qui caractérise cet hydrate, c'est sa friabilité extrêmement grande, qui se retrouve du reste dans tous ces dérivés.

L'acide acétique cristallisable en présence de chlore donne de l'hydrocellulose [Brev. franc. 304723, 21 janvier 1901; voyez aussi Léo Vignon, *Bull. Soc. Chim.*, (3), **19**, 810]. L'action de l'eau oxygénée est susceptible aussi de déterminer l'hydratation de la cellulose [voyez entre autres Bumcke et Wolfenstein, *D. chem. G.*, **32**, 2493].

Amyloïde. — Cette modification de cellulose hydratée se forme par l'action des acides concentrés sur la cellulose. C'est l'hydrate qu'on obtient par exemple en traitant du papier non collé par l'acide sulfurique de densité comprise entre 1,5 et 1,6 à froid. En ne prolongeant que très peu l'immersion et portant le papier dans l'eau, il se précipite de l'hydrate de cellulose gélatineux. Cette variété de cellulose hydratée donne une feuille transparente et résistante, beaucoup moins absorbante que l'original : c'est le *papier parchemin* (Guignet).

L'acide nitrique de densité 1,4 produit des résultats analogues; après traitement à l'acide et lavage soigné, on obtient une feuille dont la résistance à la tension est environ 10 fois supérieure à la résistance du papier avant traitement. Le phénomène est accompagné d'une contraction d'environ 1/10 dans chaque sens [*Chem. Soc.* **47**, 183].

L'acide phosphorique et le chlorure de zinc en solutions concentrées conduisent à des résultats analogues.

Pour le mercerisage du coton au moyen de l'acide nitrique, voyez Knecht, *J. Soc. Dyers a. Colourists*, 68, 1904.

L'amyloïde s'oxyde facilement lorsqu'on le

traite par les solutions alcalines d'oxyde de cuivre. Comme l'amidon, il se colore en bleu par l'iode. L'action combinée de l'iode et de l'acide sulfurique s'emploie du reste fréquemment pour identifier la cellulose.

Pour la préparation d'une hydrocellulose sulfurée, voyez *Chemiker Zeitung*, 1207, 1902.

Éthers de la cellulose. — On a étudié surtout les nitrates de cellulose, les sulfates, les acétates et les benzoates.

Nitrates de cellulose. — [Dict., **1**, 779; 1er Suppl., 437; 2e Suppl., **3**, article Explosifs, 723].

Ils se forment lorsqu'on traite la cellulose par l'acide azotique concentré.

Le mélange sulfo-nitrique donne le produit le plus nitré qui correspond, d'après M. Vieille, à une cellulose nitrée de formule $C^{24}H^{29}(AzO^2)^{11}O^{20}$, tandis que, d'après M. Eder, ce produit contiendrait une quantité un peu plus grande d'azote, soit environ $C^{24}H^{28}(AzO^2)^{12}O^{20}$.

Les nitrates supérieurs sont utilisés pour la préparation des explosifs, les nitrates inférieurs pour la préparation du collodion, du celluloïd, etc.

La décomposition explosive des nitrates de cellulose a été étudiée à l'article Explosifs.

Des décompositions beaucoup moins violentes ont été observées, en se plaçant dans des conditions spéciales, par un grand nombre de chimistes, entre autres Maurey, Béchamp, Kuhlmann, Pelouze, De Luca [*C. R.*, **28**, 343; **37**, 134; **42**, 676; **50**, 363; **59**, 487], Divers [*Chem. Soc.*, (2), **1**, 91]. Toutefois les produits de décomposition sont fort complexes. A côté de composés de faible poids moléculaire, tels que les acides carbonique, formique, oxalique, saccharique, acides oxynitrés, on y rencontre des substances gommeuses acides appartenant peut-être à la série pectique (Dict., **1**, 779).

Plus récemment, M. Will [*D. chem. G.*, **24**, 400] en traitant une solution éthérée de nitrate de cellulose contenant 11,2 0/0 d'azote par une solution de soude à 10 0/0, a obtenu, en proportion relativement élevée, de l'acide hydroxypyruvique.

D'après M. Léo Vignon, les nitrocelluloses doivent être considérées comme des nitrooxycelluloses [*Bull. Soc. Chim.*, (3), **27**, 509; **25**, 131].

Les nitrocelluloses se dissolvent dans la fenone [Tardy, *Bull. Soc. Chim.*, (3), **27**, 603] et dans la solution de chloral [R. Mauch, *Arch. Pharm.*, **240**, 166].

Nitrohydrocellulose. — Voyez article Explosifs et aussi Bumcke et Wolfenstein [*D. chem. G.*, **32**, 2493].

Applications. — Le celluloïd dont la fabrication a été décrite précédemment [Dict., 2e Suppl., **2**, 1028] présente deux graves inconvénients, sa grande inflammabilité et sa facile déformation sous l'action de la chaleur. De nombreux essais tentés pour parer à ces défauts ont abouti à la préparation industrielle d'un produit nouveau désigné sous le nom de *pégamoïd*.

Ce produit, comme le celluloïd, est à base de cellulose nitrée, de camphre et d'alcool, mais ses propriétés sont modifiées par incorporation au mélange d'huile soluble dans l'alcool dont l'effet a pour but d'augmenter l'imperméabilité du produit, de lui donner de la souplesse, et de faire disparaître son inflammabilité.

Le coton, nitré au degré voulu, est lavé, essoré et séché dans des séchoirs spéciaux. Il est ensuite dissous en certaines proportions dans de l'alcool camphré additionné d'huile. Le mélange après malaxage doit former une pâte gélatineuse incolore, susceptible alors d'être mélangée dans des broyeurs avec n'importe quelle couleur, du blanc au noir, y compris les coloris les plus fins; ou encore avec des poudres métalliques colorées.

La pâte est alors prête pour l'induction des tissus. Ceux-ci sont teints au préalable à la couleur voulue, de façon à obtenir un aspect meilleur, mais l'induction peut se faire directement sur écru.

Cette induction se fait à l'aide de machines à rouleaux entraînant la pièce de tissu. La pâte est distribuée à l'aide d'un couteau, en quantité voulue pour la surface à couvrir. Le tissu est ensuite entraîné sur des tables ou caissons à doubles parois, recevant de la vapeur à 4 kilogr. La dessiccation se fait rapidement. Suivant les tissus et l'usage auxquels ils sont destinés, on donne un nombre de couches variables.

Les tissus après séchage passent ensuite à la calandre et immédiatement après aux machines à grainer.

Les tissus pégamoïdés ont aujourd'hui acquis une certaine importance pour la confection des simili-cuirs. On les emploie pour l'ameublement, pour les garnitures de voiture, pour la maroquinerie, pour la fabrication des objets de fantaisie (ceintures entre autres), pour la fabrication des chaussures, etc.

Les tissus pégamoïdés peuvent être lavés sans altération, même avec des désinfectants tels que sublimé, chlore, etc.; ils ne subissent pas de déformation résultant d'une forte chaleur ou d'un grand froid.

Sulfates de cellulose. — Les sulfates de cellulose ont été étudiés par MM. König et Schubert [*Mon. f. Chem.*, **6**, 708; **7**, 455] et plus récemment par M. Stern [Thèse pour le doctorat Londres, 1894].

La cellulose de coton se dissout rapidement dans l'acide sulfurique concentré et l'on peut considérer le produit formé au début comme correspondant à un éther sulfurique, $C^6H^8O^3(SO^4H)^2$, qu'on peut facilement isoler sous forme de sel de baryum, $C^6H^8O^3(SO^4)^2Ba$, en précipitant la solution sulfurique par le carbonate de baryte. Le rendement est faible, 48 0/0 du rendement théorique. Le sel de baryte est soluble dans l'eau et cette solution, sans action sur la liqueur de Fehling, possède un pouvoir rotatoire variable suivant la température à laquelle s'est faite la dissolution de la cellulose.

Soumis à l'hydrolyse, l'éther sulfurique se transforme d'abord en éther monosulfurique, $C^6H^9O^4(SO^4H)$, sans action sur la liqueur de Fehling.

En poussant plus loin l'hydrolyse, on observe une désagrégation successive de la molécule de la cellulose. Il se forme du sucre (dextrose) et des produits acides contenant beaucoup moins d'acide sulfurique que les précédents.

Les sels de baryum correspondants à ces produits renferment du reste beaucoup plus de baryum qu'il n'est nécessaire pour saturer le groupe SO^4H, ce qui semblerait indiquer que, dans ces réactions de dédoublement de la molécule, un groupe OH acquiert des fonctions acides.

Il faut noter aussi que, dans ce dédoublement ou cette décomposition de la molécule de la cellulose, il ne se forme pas de groupes aldéhydiques ou cétoniques.

Acétates de celluloses. — On peut obtenir des acétates de cellulose par les procédés généraux de préparation des éthers acétiques.

1° *Action de l'anhydride acétique sur la cellulose.* — Il se forme un triacétate (en admettant une formule en C^6 pour la cellulose). (Voyez Dict., **1**, 779).

2° *Action de l'anhydride acétique sur la cellulose en présence de chlorure de zinc.* —

M. Franchimont paraît avoir obtenu ainsi un triacétate (voyez 1er Suppl., 487). Toutefois, l'acétylation peut être poussée plus loin. On peut obtenir des dérivés tétra- et même pentacétylés, mais il est très probable que pendant l'acétylation la molécule de la cellulose est altérée soit par hydrolyse, soit par formation de nouveaux groupes OH. Ce qui est certain, c'est que pendant l'acétylation prennent naissance des groupes CO, car les dérivés acétylés supérieurs réduisent la liqueur de Fehling [voyez Jamet, *C. R.*, **120**, 194; Léo Vignon et Gerin, *Bull: Soc. Chim.*, (3), **25**, 140];

3° *Action de l'anhydride acétique sur la cellulose en présence d'iode.* — En présence d'iode, la cellulose se dissout bien dans l'anhydride acétique vers 120-130°. La réaction a l'air d'être ici tout à fait régulière : 100 parties de cellulose fournissent de 174 à 177 parties de dérivé acétylé, ce qui correspondrait à la formation d'un triacétate; toutefois le produit obtenu n'est pas toujours identique et représente souvent un mélange dont une partie, soluble dans l'acétone, donne à la saponification des nombres élevés en acide acétique, et dont l'autre, insoluble, fournit des chiffres d'acétyle beaucoup plus faibles, semblant correspondre approximativement à la formule d'un dérivé diacétylé.

Pour avoir des résultats nets dans l'éthérification de la cellulose par l'anhydride acétique, il faut s'adresser à la cellulose régénérée des solutions de thiocarbonate. Cette cellulose se dissout graduellement dans l'anhydride acétique à 110-120°, en donnant une solution extrêmement visqueuse. On obtient ainsi un *dérivé tétracétylé* $[C^6H^6O(OC^2H^3O)^4]^n$, $D = 1,210$. Ce tétracétate est soluble dans l'acétone, l'alcool méthylique, l'acide acétique cristallisable, le nitrobenzène, l'acide azotique concentré. Il paraît appelé à d'intéressantes applications, par suite de sa transparence en couches minces, de sa résistance aux températures élevées, de son pouvoir isolant pour le courant électrique qui est supérieur à celui du caoutchouc. En couches très minces, il présente des phénomènes d'irisation qui rappellent l'irichromatine.

Voyez entre autres : Brev. français 280.848 (2 décembre 1898), 280.248 (17 janvier 1899), 304.723 (21 janvier 1901), 317.007, 317.008 (22 avril 1902), 316.500 (24 mars 1902). Voyez aussi Weber [*J. Soc. Dyers a. Colourists*, **124**, 1899].

L'action de l'anhydride acétique en présence d'acide sulfurique concentré conduit à des dérivés acétylés; en même temps la molécule complexe se résout, par hydrolyse, en composés plus simples [Skraup, *D. chem. G.*, **32**, 4213].

Hydrocellulose acétylée (?). — On l'obtient en mélangeant 100 parties d'hydrocellulose, obtenue par l'action de l'acide chlorhydrique et du chlorate de potasse sur la cellulose, avec 350 parties de chlorure d'acétyle. La réaction dégage de la chaleur; lorsqu'elle est calmée, on ajoute de petites quantités d'acide sulfurique concentré. En chauffant à 60-70°, toute la masse devient soluble dans l'alcool. On précipite par l'eau, on comprime et on lave à plusieurs reprises. On purifie par dissolution dans 10 parties d'alcool bouillant puis filtration. Par évaporation il reste une pellicule insoluble dans l'eau (Brev. fr. 308.506, 3 juin 1901, et 309.759, 8 juillet 1901).

Ce composé représente-t-il un dérivé de l'hydrocellulose ou seulement de la cellulose? Le point est encore douteux (Comparer, Brev. fr. 301.749, 11 octobre 1900).

Benzoates de cellulose. — Les benzoates de cellulose se forment lorsqu'on traite les alcalicelluloses par le chlorure de benzoyle à froid, en présence d'alcali.

On obtient facilement le *dibenzoate*

$$C^6H^8O^3(C^7H^5O^2)^2$$

en dissolvant les hydrates de cellulose précipités des liqueurs cuproammoniques dans les solutions alcalines et traitant par le chlorure de benzoyle. On obtient des précipités floconneux que l'on peut purifier par dissolution dans l'acide acétique cristallisable. La liqueur une fois filtrée est précipitée par l'eau.

Traité par l'anhydride acétique, il fournit un éther mixte de formule

$$C^6H^6O(C^7H^5O)^2(C^2H^3O^2)^3.$$

Ces éthers de cellulose fondent à température élevée, en donnant un liquide clair qui se solidifie par refroidissement en une masse résineuse transparente. Par frottement, ils se chargent facilement d'électricité.

DESTRUCTION DE LA MOLÉCULE DE LA CELLULOSE PAR LES ACIDES. — 1° *Destruction par hydrolyse.* — L'acide sulfurique détruit la molécule de la cellulose et la transforme en dextrose. Cette destruction hydrolytique de la molécule de cellulose, signalée depuis longtemps, peut s'effectuer facilement de la façon suivante :

On dissout à froid 50 grammes de cellulose dans un acide sulfurique concentré présentant la composition

$$250\,gr.\ SO^4H^2 + 84\,gr.\ H^2O;$$

après dissolution on dilue la liqueur, de façon à ce qu'elle renferme environ 2 0/0 d'acide sulfurique. On porte ensuite à l'ébullition, que l'on maintient un certain temps. On peut alors isoler le dextrose par les méthodes ordinaires [Flechsig, *Zeit. physiol. Chem.*, **7**, 523].

2° *Destruction par oxydation.* — Les acides oxydants transforment la cellulose en oxycellulose. Avec l'acide nitrique, par exemple, d'une densité de 1,1 à 1,3, l'attaque se produit vers 80-100°. La cellulose se transforme successivement en hydrocellulose, puis en oxycellulose (voyez 2e Suppl., **1**, BLANCHIMENT, 758).

Ainsi produite, l'oxycellulose (*oxycellulose* β) est une matière blanche et floconneuse qui correspond à la formule $C^{18}H^{26}O^{16}$. Le rendement ne dépasse guère 30 0/0 du poids de cellulose employée, une grande partie de celle-ci étant transformée en acides carbonique et oxalique. Suivant MM. Faber et Tollens [*D. chem. G.*, **32**, 2595], il se forme aussi, pendant l'oxydation, de l'acide tartrique et un acide dicarboxylique en C^5.

Cette oxycellulose représente un produit d'oxydation et de condensation de la cellulose; dissoute dans le mélange sulfonitrique, elle se transforme en dérivés nitrés de formule

$$C^{18}H^{23}O^{3}(AzO^{3})^{3}.$$

L'oxycellulose se dissout aussi dans les liqueurs alcalines diluées : les solutions se colorent à chaud en jaune intense. Ce fait différencie nettement le produit de l'oxycellulose de Witz.

ACTION DES OXYDANTS SUR LA CELLULOSE.

Le terme d'oxycellulose ne s'applique pas à un seul et même produit. On doit le considérer comme s'appliquant à toute une série de produits obtenus par l'action des oxydants sur la cellulose. Un certain nombre de ces produits ont été étudiés avec soin.

Oxycellulose de Witz. — Elle a été décrite dans le 2e Suppl., art. BLANCHIMENT. Elle résulte de l'action des hypochlorites sur la cellulose. En solution diluée (inférieure à 1 0/0) les hypochlorites n'exercent qu'une faible action sur la cellulose à température ordinaire. Mais lorsqu'on dépasse une certaine concentration, et surtout par l'action combinée de l'hypochlorite et de l'acide carbonique de l'air, la transformation en oxycellulose s'opère. L'oxycellulose ainsi obtenue a une composition voisine de la cellulose elle-même; sa teneur en oxygène est cependant un peu plus élevée. Elle s'en distingue par la présence dans sa molécule de groupes CO, faciles à mettre en évidence, par sa facilité beaucoup plus grande de s'oxyder à l'air, et par la plus grande réactibilité de ses groupes OH. C'est ainsi, par exemple, qu'elle fournit directement des dérivés acétylés par ébullition avec l'anhydride acétique.

Cette variété d'oxycellulose est, en général, désignée sous le nom d'*oxycellulose γ*. Voyez à ce sujet les travaux de M. Léo Vignon [*Bull. Soc. Chim.*, (3), **10**, 857; **19**, 790; **21**, 600].

Oxycellulose provenant de l'oxydation par l'acide chromique. — Cette oxycellulose est analogue à celle de Witz; toutefois lorsqu'on la traite par l'acide chlorhydrique à l'ébullition, elle fournit des quantités de furfurol beaucoup plus considérables. Le rendement en furfurol varie du reste proportionnellement au degré d'oxydation de la cellulose initiale [*D. chem. G.*, **26**, 2520].

M. Knecht a observé un cas assez curieux de formation d'oxycellulose. En chauffant dans une solution à 3 0/0 de peroxyde d'hydrogène, additionnée de soude ou d'ammoniaque, du coton mordancé en oxyde de chrome, on observe la formation de chromate alcalin en même temps que la cellulose passe à l'état d'oxycellulose. Si l'on opère avec du coton non mordancé, l'attaque ne se produit pas [*Rev. génér. Mat. colorantes*, **1**, 46, 1897].

Oxycellulose provenant de l'action des permanganates. — L'action du permanganate de potasse sur la cellulose permet, d'une façon constante, d'obtenir des rendements élevés en oxycellulose. L'oxydation peut avoir lieu en milieu acide, neutre ou alcalin : les meilleurs résultats s'obtiennent en milieu alcalin.

Pour 35 grammes de coton, par exemple, on emploie 5 grammes de permanganate et 25 centimètres cubes de soude caustique à 10° Tw. La liqueur, après dilution à 500 centimètres cubes, est chauffé jusqu'à décoloration.

Le résidu, après lavage à l'eau, est épuisé avec une solution de soude à 35-40° Tw, et le liquide jaune obtenu acidifié par l'acide chlorhydrique. L'oxycellulose se précipite sous la forme d'un précipité blanc, insoluble dans les liqueurs alcalines diluées.

L'oxycellulose ainsi obtenue est dans un état de pureté plus grand que les produits obtenus par les méthodes précédentes. Les produits bruts d'oxydation non traités par la soude constituent un mélange assez complexe de corps appartenant à une même série. M. Allan, en effet, en épuisant méthodiquement par la soude le produit brut d'oxydation, a obtenu des liqueurs d'où l'acide chlorhydrique précipitait de l'oxycellulose ayant une affinité considérable pour les matières colorantes, le bleu de méthylène par exemple. Par contre, le résidu possède une affinité de plus en plus faible au fur et à mesure qu'augmente le nombre des traitements alcalins [*J. Soc. Dyers a. Colourists.*, janvier 1898; *Rev. génér. Mat. colorantes*, **2**, 71, 1898].

Comme mode de formation de l'oxycellulose, mentionnons encore l'action sur le coton d'une solution à 15 0/0 de peroxyde d'hydrogène [Prud'homme, *J. Soc. Dyers a. Colourists*, **154**, 1892].

Les travaux de M. Allan paraissent, du reste, confirmés par les travaux plus récents de M. Nastoukoff. Ce savant, en traitant les oxycelluloses par de la soude alcoolique à 5 0/0, a observé la formation d'une poudre blanche ne possédant plus de propriétés réductrices et incapable de fournir une hydrazone.

L'auteur est conduit, par suite, à admettre que les oxycelluloses sont constituées par un mélange ou une combinaison de deux composés différents, dont l'un, non réducteur, possède la propriété de s'unir aux colorants basiques et aux oxydes métalliques. Suivant ce chimiste, la transformation de la cellulose en oxycellulose ne repose pas sur un phénomène d'hydrolyse. De ses recherches relatives au poids moléculaire de la cellulose, il conclut également que la molécule de cellulose est plus petite que celle de l'amidon, et correspond à $40\,C^6H^{10}O^5$ [*D. chem. G.*, **33**, 2237].

Voyez aussi les nouveaux travaux du même auteur [*D. chem. G.*, **34**, 719, 3789; *Journ. phys. chim. russe*, **33**, 676].

D'après M. Leo Vignon, qui a repris récemment l'étude de l'oxycellulose préparée par l'action de l'acide chlorhydrique et du chlorate de potasse sur la cellulose, cette oxycellulose a une composition fixe et définie. Elle correspond à la formule $C^{24}H^{40}O^{21}$, soit $3\,C^6H^{10}O^5 + C^{10}H^{10}O^6$. Par réduction au moyen du chlorure ferreux, les nitrocelluloses fournissent toutes de l'oxycellulose [*Bull. Soc. Chim.*, (3), **25**, 133; **27**, 25; **29**, 500]. Si on emploie du sulfure d'ammonium, la réduction peut aller plus loin et donner soit de l'hydrocellulose, soit de la cellulose.

Action du benzène sur la cellulose. — M. Nastoukoff, en ajoutant à une solution de cellulose dans l'acide sulfurique une petite quantité de benzène, a obtenu une substance fortement colorée, insoluble dans les dissolvants, mais qui par nitration est solubilisée. L'étude de ces produits montre que l'on a affaire à des dérivés sulfonitrés d'une tétraphénylcellulose, pour laquelle on pourrait admettre la formule (voyez plus loin, CONSTITUTION DE LA CELLULOSE).

```
 /      C⁶H⁵   C⁶H⁵   C⁶H⁵   C⁶H⁵     O    \ n
|        |      |      |      |      /  \    |
|  =C — C ——— C ——— C ——— C ——— C ———      |
|   |     \   /          \   /        |      |
 \  H       O              O          H     /
```

Les groupes phénylés sont reliés directement aux atomes de carbone, car, par distillation sèche, la tétraphénylcellulose donne du toluène et de l'acide benzoïque [*Zeit. Farben. u. Textil-Chem.*, 633, 1902].

Décomposition des celluloses sous l'influence des ferments. — La décomposition sous l'influence des ferments paraît être le procédé le plus général de destruction des tissus cellulosiques dans la nature.

Les tissus cellulosiques servent le plus souvent de réserves de substances nutritives ou constituent des sortes de récipients dans lesquels les substances nutritives sont emmagasinées. Pour que ces réserves, par exemple, puissent être utilisées, il faut au préalable que la paroi cellulosique qui les entoure soit détruite. Or cette résorption du tissu cellulosique, qui a été étudiée avec soin sur les semences de quelques graminées, résulte de l'attaque de la cellulose par un ferment spécial, une enzyme qui n'existe pas dans la graine au repos, mais se forme pendant la germination [Brown et Morris, *Chem. Soc.*, **57**, 458, 1896].

Les tissus cellulosiques « morts » subissent également une désagrégation microbienne. La réaction est du reste complexe. La cellulose se résout, par une décomposition extrême, en acide carbonique et méthane :

$$C^6H^{10}O^5 + H^2O = 3CO^2 + 3CH^4,$$

en même temps qu'il tend à se former une condensation des noyaux carbonés, avec élimination d'eau.

Enfin dans les procédés de nutrition animale, il paraît certain que la solubilité de la cellulose est due aussi à l'influence de ferments. M. Horace Brown a montré, entre autres, que l'attaque de la cellulose dans l'appareil digestif des herbivores se faisait grâce à la présence d'une enzyme secrétée par les plantes elles-mêmes et susceptible de devenir active dans certaines conditions favorables.

M. Omélianski paraît du reste avoir réussi à faire fermenter la cellulose pure. Cette fermentation cellulosique est caractérisée par la formation d'acides gras représentant 70 0/0 du poids de la cellulose initiale, tandis qu'il se dégage 30 0/0 environ du produit initial sous forme de gaz. Les gaz consistent en hydrogène et acide carbonique, les acides gras en acides acétique et butyrique normal. La fermentation forménique semble due à un bacille spécial, différent de celui étudié par M. Omélianski [*C. R.*, **125**, 970, 1131].

Constitution de la cellulose.

Les seules données qu'on possède à ce sujet sont bien vagues ; mais cependant, en se basant sur les propriétés générales de la cellulose que nous avons indiquées précédemment, on peut dès maintenant tirer quelques conclusions importantes.

La désagrégation de la molécule par l'acide sulfurique, qui conduit très normalement aux dextroses, permet de considérer la cellulose comme un agrégat anhydre des groupes cétoniques ou aldosiques $C^6H^{12}O^6$.

La cellulose ne renferme pas de groupe carbonyle ; toutefois, comme ceux-ci se forment très facilement sous les influences les plus diverses, il est vraisemblable qu'ils existent dans la molécule, soit en combinaison sous forme d'acétols, soit sous une forme dihydroxylée

$$CO \longrightarrow C<^{OH}_{OH}$$

La décomposition totale fournissant de l'hydrogène, les acides carbonique et oxalique et de grandes quantités d'acide acétique, il semble que le groupement $CO-CH^3$ soit un élément important de la constitution des unités cellulosiques.

L'existence de groupes facilement transformables en groupes cétoniques paraît encore plus certaine depuis les travaux de M. Fenton et de M. Kostling. Ces savants ont montré en effet que toutes les formes de cellulose donnaient par traitement à l'acide bromhydrique du bromométhylfurfural, et se comportaient ainsi à la façon du lévulose [*Proc. Chem. Soc.*, **3**, 1901].

Du reste, les produits d'oxydation de la cellulose ne sont pas formés par des composés en C^6. Les oxycelluloses, traitées par la chaux, fournissent les acides dioxybutyrique et isosaccharinique (Faber et Tollens), ce qui tend encore à confirmer l'hypothèse précédente.

L'existence d'un tétracétate de cellulose montre que, des cinq atomes d'oxygène, quatre au moins y existent sous forme de groupes OH. On a obtenu, il est vrai, un dérivé acétylé plus élevé, mais il paraît certain que celui-ci résulte d'une hydrolyse de la cellulose. Si l'on joint à ces propriétés générales la grande résistance du noyau, on est porté à attribuer à la cellulose une formule cyclique pouvant former un agrégat du type :

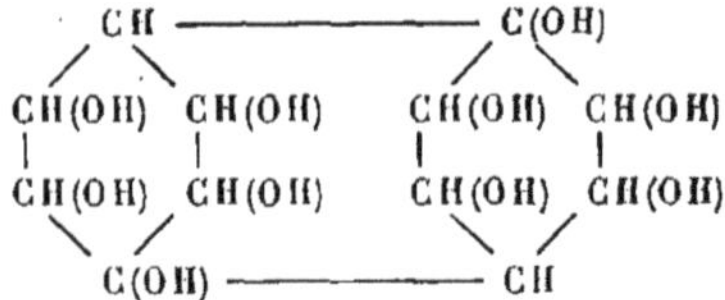

ce qui permettrait d'expliquer, entre autres, facilement la transformation en dérivés du furfurol et en dérivés cétoniques

$$CH^2 < CH(OH)^4 > CO$$

[Cross et Bevan, *J. Chem. Soc.*, 366, 1901. — Voyez Leo Vignon, *Bull. Soc. Chim.*, (3), **21**, 597].

CELLULOSES DIVERSES.

Nous avons dit précédemment que le plus souvent la cellulose ne se trouvait pas dans la plante à l'état pur, mais en mélange ou en combinaison avec diverses substances appartenant à des groupes différents. Nous avons vu aussi que ces celluloses complexes pouvaient être réparties en lignocelluloses, en pecto- et mucocelluloses et enfin en adipo- et cutocelluloses. Avant d'aborder l'étude de ces classes diverses de composés, nous indiquerons rapidement les propriétés des celluloses simples qu'on en peut isoler par des procédés appropriés.

Toutes ces celluloses simples peuvent se répartir de la façon suivante :

1° *Celluloses offrant les caractères généraux de la cellulose de coton*, et en particulier une grande résistance à l'hydrolyse et à l'oxydation. Ces celluloses ne possèdent pas de groupe carbonyle, se dissolvent sans noircissement dans l'acide sulfurique et peuvent se nitrer sans oxydation appréciable. Les celluloses les plus importantes offrant ces différentes propriétés sont celles qu'on peut isoler du lin, du chanvre, de la ramie, etc.

Par hydrolyse, ces celluloses fournissent du dextrose.

2° *Celluloses offrant les caractères généraux des oxycelluloses décrites précédemment*, et qui par suite sont surtout caractérisées par une teneur en oxygène plus élevée et la présence dans leur molécule de groupes CO facilement réactibles. Très fréquemment aussi ces celluloses renferment des groupes méthoxyle OCH^3.

Un point tout à fait intéressant de l'histoire de ces celluloses est la propriété qu'elles possèdent de donner des quantités notables de furfurol par l'action d'un mélange d'acides sulfurique et chlorhydrique. Le rendement en furfurol est du reste fonction de l'état d'oxydation de la cellulose ; le chiffre de furfurol, déterminé toujours dans les mêmes conditions, peut, pour ainsi dire, servir à mesurer la quantité d'oxygène existant dans la molécule en plus de la formule $C^6H^{10}O^5$. On obtient les meilleurs rendements en traitant la cellulose par de l'acide sulfurique d'une densité de 1,55 saturé de gaz chlorhydrique. La cellulose se dissout ; en diluant la liqueur avec de l'acide chlorhydrique ($D = 1,06$) et chauffant, le furfurol distille.

Les celluloses de ce type sont bien plus répandues que celle du coton. Elles semblent constituer la masse principale des tissus fondamentaux des plantes à fleurs. Les mieux étudiées sont celles des bois et des tissus ligneux en général, et celles des pailles de céréales (alfa, sparte, etc.) :

	Celluloses des bois et des ligneux en général.	Celluloses des céréales (isolées par traitement alcalin).	
		Avoine.	Sparte.
C.....	42,8 à 43,8	42,4	41,78
H.....	5,6 à 5,9	5,8	5,42
Chiffre de furfurol	2,6 0/0	12,5	12,2

Par suite de l'existence des groupes réactibles CO, ces celluloses réagissent avec les sels de phénylhydrazine et recolorent la fuchsine décolorée par l'acide sulfureux. De plus les celluloses des céréales possèdent la propriété de donner une coloration rouge caractéristique avec les sels d'aniline à l'ébullition.

Toutes ces celluloses s'oxydent facilement à l'air, en se décolorant. Par un traitement hydrolytique, le chiffre de furfurol augmente. Après un contact prolongé avec les agents réducteurs (hydrosulfite), le rendement en furfurol diminue. Pour l'alfa, par exemple, le chiffre de furfurol s'abaisse de 12,6 à 8-9 0/0. En dissolvant ces celluloses dans la soude et le sulfure de carbone, on les réduit partiellement. Le produit qu'on peut régénérer de ces solutions ne fournit plus que 2 0/0 de furfurol et se rapproche beaucoup de la cellulose de coton.

Traitées par l'acide sulfurique, elles se dissolvent en donnant une liqueur colorée en noir. Par hydrolyse, elles fournissent du dextrose et quelquefois du mannose, mais ces carbohydrates ne se forment qu'en très petites quantités.

3° *Celluloses peu résistantes à l'hydrolyse.* Ces celluloses sont très peu connues et sont souvent désignées sous le nom de pseudo- ou d'hémicelluloses. Les substances de cette catégorie ressemblent beaucoup en apparence aux vraies celluloses, mais s'en différencient immédiatement par suite de la facilité avec laquelle elles sont transformées en carbohydrates simples par l'action hydrolysante d'enzymes, d'acides ou d'alcalis dilués.

Parmi les pseudocelluloses, on peut citer les parois des cellules de différentes graines, lupin, pois, soja, etc.

Par hydrolyse, on obtient, suivant les cas, du dextrose, du mannose, du galactose et aussi deux pentoses, le xylose et l'arabinose.

Enfin nous devons mentionner ici les recherches récentes sur les celluloses des champignons. Il semble que plusieurs de ces celluloses renferment de l'azote et, d'après M. Fischer, l'étude de ces composés azotés est d'un intérêt considérable : ils représenteraient en effet les termes de passage entre les carbohydrates et les protéides [Gibson, *Bull. Soc. Chim.*, (3), **11**, 1109. — Hoppe Seyler, *D. chem. G.*, **27**, 3329. — Winterstein, *D. chem. G.*, **27**, 3113. — Fischer, *D. chem. G.*, **19**, 1920].

CELLULOSES COMPOSÉES.

LIGNOCELLULOSES.

Une des lignocelluloses les mieux connues est celle qui constitue la fibre de jute. C'est celle que nous prendrons comme type.

Cette lignocellulose se différencie d'une façon très nette, par sa composition centésimale, des celluloses étudiées précédemment. La teneur en carbone est beaucoup plus élevée : C = 46-47, H = 6,1-5,8, O = 47,9-47,2.

Traitée par le chlore ou le brome, la fibre est transformée en dérivé de substitution halogéné. Par l'action de l'acide chlorhydrique, elle fournit du furfurol.

La fibre brute, d'après les analyses précédentes, peut être représentée par la formule empirique $C^{12}H^{18}O^{9}$.

Propriétés de la lignocellulose du jute. — Les propriétés de la lignocellulose rappellent, d'une façon générale, celles de la cellulose du coton. Nous les passerons rapidement en revue.

L'humidité varie, suivant les conditions atmosphériques, de 9 à 12 0/0. Dans une atmosphère saturée à température ordinaire, l'humidité est de 23 0/0.

La fibre est dissoute, comme le coton, par le chlorure de zinc en solution aqueuse ou chlorhydrique et par les solutions de cuproammonium. Avec le chlorure de zinc chlorhydrique, la lignocellulose s'hydrolyse lentement en solution. D'une solution fraîchement préparée, par exemple, on peut reprécipiter 78,4 0/0 de la cellulose dissoute; après 16 heures, on n'en peut plus précipiter que 29,4 0/0.

Les alcalis en solution normale sont absorbés par la fibre, mais en quantité plus grande que par le coton. A l'ébullition, la fibre est dissoute en partie par une solution de soude à 1 0/0, mais elle n'éprouve aucun changement dans sa composition, et la partie dissoute possède les propriétés essentielles de la fibre originale. A une température beaucoup plus élevée (150-180°), la fibre est attaquée et le résidu consiste en *cellulose* (oxycellulose).

Si l'on fait usage de solutions concentrées et froides, le jute se mercerise à la façon du coton, en subissant un rétrécissement de 15 à 20 0/0, et le phénomène est dû vraisemblablement à un changement dans l'état d'hydratation de la lignocellulose. Cette alcali-lignocellulose, traitée par le sulfure de carbone, n'est que partiellement dissoute. La partie non dissoute donne la réaction de la fibre primitive. La partie soluble, précipitable par l'acide chlorhydrique, ne donne qu'une légère réaction avec le chlore; la partie soluble dans l'acide chlorhydrique donne les réactions du furfurol. Pour fixer les idées, voici, dans une expérience de MM. Cross et Bevan, le rapport existant entre ces différentes parties :

Fibre non dissoute...............	42,7
Partie soluble précipitable par HCl	43,3
— non précipitable —	14,0

A température élevée (120°), la lignocellulose est complètement détruite. Les produits principaux consistent en acide oxalique et acide acétique, 53,3 et 37,0 0/0 du poids de la lignocellulose [*J. Soc. Chem. Ind.*, **11**, 966].

L'absorption des acides par la lignocellulose est plus accentuée qu'avec le coton (pour l'acide chlorhydrique normal, 0,85 à 1,1 0/0 suivant le volume de solution employé).

L'acide sulfurique (5 à 7 0/0), vers 60-80°, dissout la lignocellulose d'une façon partielle en laissant un résidu ayant les mêmes propriétés que la fibre primitive. La partie soluble régénérée donne une masse amorphe brune et gommeuse ayant la même composition élémentaire que la lignocellulose employée. En prolongeant longtemps la digestion vers 90°, la fibre devient cassante tout en conservant les réactions générales décrites précédemment. Si l'on opère vers 150-160° avec de l'acide sulfurique à 1 0/0, la molécule de lignocellulose est fortement attaquée : la solution renferme toutes les substances susceptibles de fournir du furfurol, tandis que la partie insoluble réagit encore avec le chlore.

Ethers de la lignocellulose. — Les nitrates de lignocellulose se forment par l'action du mélange sulfonitrique sur la fibre de jute. Celle-ci se colore immédiatement en rouge foncé. Après quelques instants on observe un dégagement gazeux. Si, à ce moment, on retire la fibre et qu'on la lave, on obtient un produit d'un jaune doré. La fibre, après séchage, est quelque peu affaiblie et plus dure au toucher que la fibre non nitrée. Ces éthers nitrés sont explosifs et prennent feu vers 160-170°; ils sont solubles dans l'acide acétique et dans l'acétone, et sont gélatinisés par la nitrobenzine et l'acide acétique. Le rendement en nitrate est de 145 0/0 du poids de la lignocellulose et la teneur du produit en azote de 12 0/0 environ [Cross et Bevan; Mühlhauser, *Dingl. Journ.*, **238**, 88].

L'anhydride acétique réagit directement sur la fibre, à la température de l'ébullition, mais le produit obtenu ne présente pas les réactions des éthers acétiques [*D. chem. G.*, **27**, 286].

Par contre l'action du chlorure de benzoyle en présence d'hydrate alcalin conduit à un *dérivé benzoylé* de formule $C^{19}H^{22}O^{10}$, ce qui correspondrait pour 1 molécule de lignocellulose $C^{12}H^{18}O^{9}$ à la formation d'un dérivé monobenzoylé.

Quant aux oxydants, ils réagissent sur la lignocellulose d'une façon bien obscure encore. Il y a transformation en oxycellulose dans un grand nombre de cas.

Le mélange chromique brûle tout le carbone en donnant de l'acide carbonique mélangé d'une petite quantité d'oxyde de carbone. Avec l'acide nitrique, la réaction est très complexe et donne naissance à des produits azotés très instables. Avec les hypobromites, en poussant l'oxydation assez loin, on obtient du bromoforme et du tétrabromure de carbone [Collie, *Chem. Soc.*, **75**, 262].

Réactions des lignocelluloses. — Les réactions suivantes permettent, dans un grand nombre de cas, de déterminer qualitativement et d'identifier les lignocelluloses.

Sels d'aniline en solution aqueuse. — Colorent la fibre en jaune d'or foncé.

Couleurs dérivées de la houille. — Les lignocelluloses absorbent la plupart des matières colorantes artificielles, se différenciant ainsi de la cellulose de coton, en se comportant à la façon des fibres animales.

Phloroglucine en solution chlorhydrique. — Donne la coloration fuchsine qui caractérise les pentaglucoses.

Iode (dans l'iodure de potassium). — Coloration brun foncé.

Chlore. — Se combine à la fibre. Par traitement ultérieur au sulfite de soude, il se développe une coloration rouge fuchsine.

Chlorure ferrique. — Coloration vert foncé due à des traces de tannin.

Ferricyanure ferrique (obtenue par mélange de chlorure ferrique et de ferricyanure de potassium en proportions équivalentes). — Coloration bleu de Prusse.

Préparation de la cellulose à partir de la lignocellulose. — Dans la lignocellulose, la cellulose est en combinaison ou en mélange avec une matière à laquelle on a donné le nom de *lignone*. C'est cette lignone qui réagit avec le chlore et avec le brome pour fournir des dérivés halogénés, dérivés qui sont solubles dans les solutions alcalines et même dans l'eau. La méthode qui permet de séparer la cellulose de la lignocellulose est, par suite, assez simple. Nous décrirons le procédé avec quelque détail, car il est employé pour *doser la cellulose*.

On fait bouillir pendant 30 minutes environ 5 grammes de fibre, pesée après dessiccation à 100°, avec une solution étendue d'hydrate de soude à 1 0/0, qu'on maintient toujours à la même concentration; on lave ensuite la fibre, puis on l'effiloche. On la place dans un verre où l'on fait passer un courant de chlore. La fibre vire au brun, puis au jaune doré. On abandonne durant 30 à 60 minutes dans l'atmosphère de chlore; puis la fibre est lavée deux fois à l'eau pour enlever l'acide chlorhydrique. On la place alors dans une solution à 2 0/0 de sulfite de soude. La solution est portée à l'ébullition puis additionnée d'environ 0,2 de soude caustique. Après un bouillon de 5 minutes, on jette sur un filtre de toile et on lave à l'eau chaude.

La cellulose ainsi obtenue n'est pas tout à fait pure. Pour l'avoir dans un état de pureté plus grand, on la blanchit par immersion dans une solution d'hypochlorite (0,1 0/0 NaOCl), on la traite ensuite avec une solution étendue de permanganate (0,1 0/0), on termine par lavage à l'eau chargée d'acide sulfureux, puis à l'eau pure. Rendement 75 à 80 0/0.

La cellulose ainsi séparée ne représente pas un composé homogène, mais un mélange de deux celluloses qui se distinguent par leur résistance aux actions hydrolysantes.

La plus résistante, la cellulose α, est une oxycellulose; la moins résistante, β, est caractérisée par la présence dans sa molécule de groupes méthoxyle. C'est elle surtout qui fournit du furfurol par l'action de l'acide chlorhydrique.

La cellulose complexe obtenue par la méthode de chloruration donne les chiffres suivants à l'analyse : $C = 43{,}0$, $H = 6{,}1$, $OCH^3 = 1{,}2$, et correspond à peu près à la formule $C^{18}H^{32}O^{16}$ [*Chem. Soc.*, **41**, 105].

C'est la présence dans la molécule de la lignocellulose de deux celluloses à propriétés différentes qui explique les rendements si différents obtenus dans les dosages de cellulose lorsqu'on emploie, au lieu de chlore, d'autres agents attaquant le groupe lignone.

Avec le brome, on obtient de 2 à 5 0/0 en moins. L'acide nitrique étendu, vers 50-80°, attaque la lignone, et laisse environ 63 à 65 0/0 du poids de la fibre insoluble. En présence de chlorate de potasse, le rendement est encore plus faible. On obtient des résultats analogues en traitant la lignocellulose par les sulfites alcalins ou les bisulfites alcalino-terreux à haute température. Dans tous ces traitements, la lignone n'est pas seule attaquée, mais la β-cellulose est, elle aussi, hydrolysée et par suite passe en solution [*Chem. Soc.*, **41**, 105].

Chlorure de lignone. — Pendant la chloruration ou la bromuration de la lignocellulose, il ne se produit qu'une oxydation extrêmement faible, et la quantité d'acide chlorhydrique formée correspond sensiblement à la quantité de chlore fixée sur la fibre. En d'autres termes, on obtient un dérivé halogéné de substitution.

Le chlorure de lignone, séché à 100°, contient environ 27 0/0 de chlore et correspond à la formule $C^{19}H^{18}Cl^{4}O^{9}$. On l'obtient en traitant la fibre chlorurée par l'alcool, après lavage et essorage du résidu. La solution alcoolique, concentrée par évaporation et versée dans l'eau, fournit des flocons jaunes de chlorure.

Par suite il est vraisemblable que, pendant la chloruration, il y a rupture de la molécule de lignocellulose avec séparation de chlorure de lignone. Cette séparation apparait du reste comme un phénomène secondaire, conséquence d'une hydratation de la molécule, car la chloruration de la fibre ne s'observe qu'en présence d'eau.

En comparant à la quantité de chlore fixée par la fibre de jute la teneur en pour 100 de chlorure de lignone, on arrive à cette conclusion que la lignocellulose comprend environ 30 0/0 de son poids de lignone.

La lignone correspondrait donc à la formule

$C^{19}H^{22}O^{9}$. Il semble que le composé chloruré brut obtenu dans certaines conditions soit, lui aussi, susceptible de fournir une petite quantité de cellulose. En effet, dans le procédé de dosage de la cellulose par le chlore, les rendements ne dépendent pas seulement des conditions du chlorage, mais aussi de la façon dont on termine l'opération. Si l'on vient, par exemple, à traiter la fibre chlorée par le sulfite de sodium, une partie du chlorure de lignone est transformée en cellulose libre. Donc, si après la chloruration on a environ 70 0/0 de cellulose, le rendement peut devenir plus grand par traitement ultérieur au sulfite et atteindre 82 0/0. Cette forme de cellulose (β-cellulose), beaucoup plus facilement oxydable et hydrolysable que la cellulose ordinaire, serait par suite, dans la majeure partie des cas, dissoute en quantité plus ou moins grande et se retrouverait avec le chlorure de lignone proprement dit (voyez ci-dessus).

Avec le brome, on a obtenu de même, en opérant sur de l'alfa, les composés $C^{17}H^{14}Br^{4}O^{6}$; $C^{15}H^{13}Br^{4}O^{5}$ et $C^{27}H^{28}Br^{4}O^{10}$.

Constitution de la lignone. — La lignone $C^{19}H^{22}O^{9}$, ou plus exactement son chlorure, donne par traitement à l'acide chlorhydrique des quantités notables de furfurol. On peut le considérer comme un complexe contenant un groupe fournissant du furfurol uni à un chlorure quinonique. L'existence de ce dernier paraît hors de doute [Caziwitz, *Ann. Chem.*, **143**, 290]. Chauffée en effet avec précaution, la lignone donne un léger sublimé de chloroquinone présentant la réaction bleue caractéristique avec la diméthylaniline. Par réduction, elle fournit du trichloropyrogallol. La réaction avec le sulfite de soude est identique à celle observée avec les dérivés chlorés du pyrogallol, le mairogallol et le leucogallol. De plus, après traitement au sulfite de sodium, le chlorure ferrique donne une coloration qui est également caractéristique de ces composés. Il paraît donc que la lignone doive contenir certains groupes de la configuration de ces chlorures quinoniques dérivés du pyrogallol, chlorures dont les molécules appartiennent au type général

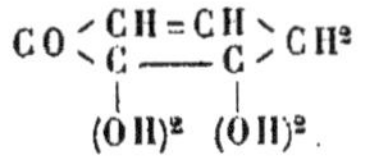

$$CO \begin{matrix} \swarrow CH = CH \searrow \\ \nwarrow \underset{|}{C} —— \underset{|}{C} \nearrow \end{matrix} CH^{2}$$
$$(OH)^{2} \quad (OH)^{2}$$

ces groupements en C^{6} étant susceptibles de fournir des complexes en C^{18}, par suite de déshydratation, au moyen des atomes d'oxygène [Hantzsch et Schniter, *D. chem. G.*, **20**, 2033].

Le tableau suivant complétera l'histoire de la lignocellulose du jute :

Ligno-cellulose de jute donne pour 100 de fibre.
$C^{12}C^{18}O^{9}$.

- Partie cellulosique, 70 0/0, $C^{18}H^{32}O^{12}$. Insoluble (après chloruration).
  - Cellulose α.
  - Cellulose β.
    - O . CH^{3}, 0,8
    - Furfurol, 4,5 0/0
- Lignone, $C^{19}H^{22}O^{9}$, 30 0/0. Soluble (après chloruration).
  - Groupe donnant le furfurol.
    - O . CH^{3}, 3,8
    - Furfurol, 4,5
    - CH^{3} . $CO^{2}H$, 3 à 5 (formé par hydrolyse simple).
  - Groupement cétohexène.

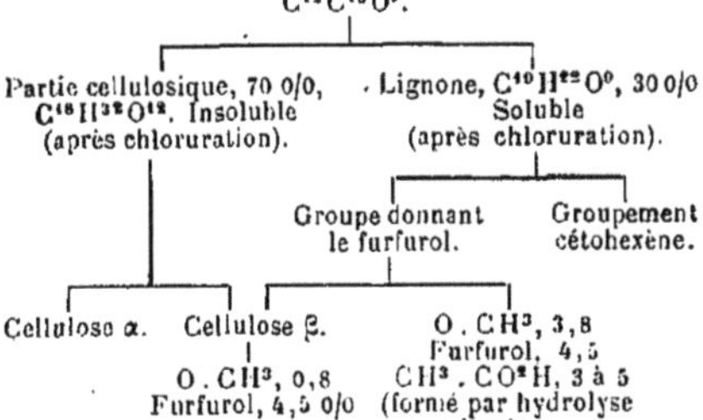

Rappelons aussi que la présence du groupe méthoxyle est un trait caractéristique de la lignification, comme l'est du reste celle du groupe ($CO — CH^{3}$). Il est remarquable de constater la très grande teneur en alcool méthylique des produits condensables que fournit la distillation. Les chiffres suivants permettront de fixer les idées à ce sujet :

Partie condensable environ 43 0/0 du poids du jute.

Goudron	6,85
Acide acétique	1,40
Alcool méthylique	10,08

LIGNOCELLULOSE DES CÉRÉALES.

Les pailles se différencient généralement de la lignocellulose-type : 1° par leur structure complexe; 2° par leur teneur en oxygène plus élevée, leur teneur en carbone plus faible; 3° par la facilité avec laquelle les constituants non cellulosiques de la fibre sont hydrolysés; 4° par leur rendement beaucoup plus faible en cellulose et la composition de cette cellulose.

Ces lignocelluloses comprennent comme constituants, à côté de groupements quinoniques comme dans le jute, des groupements dérivés de pentosanes. Ceux-ci sont en proportions considérables et fournissent par suite de grandes quantités de furfurol.

LIGNOCELLULOSES DU BOIS ET DES TISSUS LIGNEUX.

Les lignocelluloses des plantes vivaces, des bois en particulier, sont tout à fait analogues à la lignocellulose du jute. Les celluloses qu'on en peut isoler par les diverses méthodes sont des oxycelluloses, c'est-à-dire contiennent des groupes fournissant du furfurol, et souvent aussi des groupes méthoxyle. La partie non cellulosique de la molécule renferme des noyaux hexéniques et des groupes méthoxyle, en même temps qu'un dérivé intermédiaire de la cellulose fortement condensé que l'on peut transformer dans des conditions expérimentales déterminées : *a*) en dérivés cellulosiques; *b*) en produits acides à poids moléculaire faible, principalement en acide acétique; *c*) en composés à chaînes fermées dont le furfurol est le plus important.

Ce constituant intermédiaire reste dans quelques réactions, chloruration par exemple, uni aux groupes cétohexènes; dans d'autres, il se change en cellulose et se trouve ainsi isolé (oxydation ménagée par l'acide chromique); dans d'autres enfin il est détruit, et la décomposition a lieu aux dépens de la cellulose [*D. chem. G.*, **26**, 2520].

On peut du reste considérer la lignification comme un procédé de modification continue de la cellulose, dont les bois représenteraient le terme ultime. En effet il est bien certain que les lignocelluloses contiennent de moins en moins de cellulose, au fur et à mesure des années de croissance. D'une façon générale, après une année de croissance, les lignocelluloses contiennent 80 0/0 de cellulose, tandis que les bois n'en renferment que 50-60 0/0. La lignone paraît par suite se former aux dépens de la cellulose. En outre, les lignocelluloses se relient certainement aux dérivés du benzène par une série de produits intermédiaires.

Une des propriétés générales des bois et des lignocelluloses est celle découverte par M. Wurster. Les lignocelluloses possèdent la propriété de fixer l'oxygène atmosphérique sous la forme d'un peroxyde donnant les réactions de l'eau oxygénée. C'est ainsi que le produit formé transforme les dérivés méthylés de la p-phénylène-diamine en matière colorante rouge, et cette réaction est aussi, généralement, caractéristique des bois [*D. chem. G.*, **20**, 256, 263, 808, 1030, 2031, 2934].

La composition brute des bois est sensiblement constante [Chevaudier, *Ann. Chim. Phys.*, (3), **10**, 129. — Gottlieb, *J. prakt. Chem.*, (2), **28**, 385. — Hawes, *Am. chem. Soc.*, (3), **7**, 585].

Voici, d'après Gottlieb, la composition de quelques bois courants :

Bois.	Cendres.	Carbone.	Hydrogène.	Azote.
Chêne	0,37	50,16	6,03	»
Frêne	0,57	49,18	6,27	»
Charme	0,50	48,99	6,20	»
Hêtre	0,57	49,06	6,11	0,09
Bouleau	0,29	48,88	6,06	0,10
Sapin	0,28	50,36	5,92	0,05
Pin	0,37	50,31	6,20	0,04

Par contre, le rapport existant entre la partie cellulosique et la partie non cellulosique est fort variable suivant les espèces. M. Hugo Müller a donné les chiffres suivants, la cellulose étant dosée par la méthode de bromuration.

Bois.	Eau.	Cellulose.	Extrait aqueux.	Résine.	Non-cellulose.
Bouleau	12,48	55,52	2,65	1,14	28,21
Hêtre	12,57	45,47	2,41	0,41	39,14
Buis	12,90	48,14	2,63	0,63	35,70
Ebène	9,40	29,99	9,99	2,54	48,08
Chêne	13,12	39,47	12,20	0,91	34,30
Aune	10,70	54,62	2,48	0,87	31,33
Lignum Vitæ	10,88	32,22	6,06	15,63	35,21
Tilleul	10,10	53,09	3,56	3,93	29,33
Châtaignier	12,03	52,64	5,41	1,10	28,82
Sapin	12,87	53,27	4,05	1,63	28,18
Acajou	12,39	49,07	9,91	1,02	27,61
Peuplier	12,10	62,77	2,88	1,37	20,88
Pin	13,87	56,99	1,26	0,97	26,91
Teck	11,05	43,12	3,93	3,74	38,16
Saule	11,66	55,72	2,65	1,23	28,74

[*Pflanzenfaser*, 150].

Pour l'analyse immédiate des bois, voyez les applications de la méthode signalée par Frémy [*Ann. Agron.*, **9**, 529; *Chem. Soc.*, **46**, 860].

La lignone complexe est tout à fait comparable à la lignone extraite de la fibre de jute. M. Schultze a proposé pour celle-ci la formule $C^{19}H^{24}O^{10}$, M. Schuppe la formule $C^{19}H^{18}O^{8}$.

La quantité de furfurol que l'on peut obtenir avec les bois est à peu près constante avec leur âge, quoiqu'il semble démontré qu'elle diminue très légèrement lorsque l'arbre vieillit. Avec les bois durs, la teneur est comprise entre 9 et 12 0/0 environ. Les bois tendres (conifères) fournissent, par contre, un chiffre beaucoup plus faible, 3 à 4,5 0/0 en moyenne [Tollens, *Zeit. Ver. f. d. Rubenzucker Ind.*, **44**, n° 460. — De Chalmot, *Am. chem. Journ.*, **16**, 224].

Les recherches de MM. Benedikt et Bamberger, qui tendent à faire considérer le groupe méthoxyle comme une constante chimique de la lignification [*Mon. f. Chem.*, **2**, 260], ont montré que dans les bois la teneur en méthoxyle croît légèrement avec l'âge. La proportion en est du reste plus élevée dans les branches que dans la tige principale. La teneur exprimée en méthyle (CH^3) varie de 3,2 à 2 environ avec les différents bois.

L'acide acétique se produit par hydrolyse des lignocelluloses, soit en milieu alcalin, soit en milieu acide. L'oxydation en milieu acide ou alcalin en produit des quantités plus notables. A 200-300°, les alcalis en fournissent jusqu'à 30-40 0/0 du poids du bois. La distillation destructive des bois en donne des quantités assez variables. Voici des chiffres se rapportant à une distillation faite dans des vases de verre entre 180 et 300° :

Tilleul	10,24
Bouleau	9,5
Tremble	8,06
Chêne	7,9
Pin	5,6
Sapin	5,2

L'acide acétique comme le méthoxyle, comme le furfurol, doit, lui aussi, être considéré comme une constante de lignification.

Parmi les bois, les conifères sont les mieux étudiés, leur importance industrielle étant du reste considérable (voyez plus loin).

Désagrégation des bois (extraction de la cellulose du ligneux). — L'extraction de la cellulose peut se faire par une des méthodes déjà indiquées pour le traitement de la lignocellulose du jute, mais, au point de vue industriel, beaucoup d'autres procédés ont été proposés. Ceux-ci peuvent se répartir en plusieurs groupes.

A. *Procédés au sulfite.* — Dans ces procédés, la séparation en cellulose et lignone est un phénomène simple, la lignone étant transformée par hydrolyse en dérivé soluble, dont les caractères chimiques essentiels diffèrent peu de ceux du constituant tel qu'il existe dans le bois.

Du reste la séparation en lignone et cellulose est un phénomène limité : les produits formés (renfermant des groupes facilement réactibles, groupes acides et aldéhydes surtout) étant susceptibles à leur tour de donner des produits de condensation insolubles. Dans tout traitement rationnel, on doit donc tendre à reculer autant que possible la limite de décomposition. On y arrive alors en augmentant l'action hydrolysante; soit par concentration du réactif, soit par élévation suffisante de température, et aussi en soustrayant les produits de décomposition à une condensation nouvelle en les engageant dans certaines combinaisons, formes sous lesquelles elles ne sont plus réactibles.

B. *Procédés aux alcalis.* — Les alcalis déterminent une décomposition très compliquée de la lignocellulose (voyez à ce sujet, *Papier Zeit.*, 226, 242, 1878). Le caractère essentiel de cette décomposition est la formation de groupes acides et par suite la saturation de l'alcali. Cette saturation exige l'emploi d'un grand excès d'alcali.

C. *Procédés aux acides non oxydants.* — Le procédé consiste en une simple hydrolyse du produit. Malheureusement la réaction inverse n'est pas empêchée, si bien que la limite est vite atteinte.

D. *Procédés par oxydation.* — Le type de ces procédés est le procédé à l'acide nitrique. La lignocellulose est hydrolysée, puis la partie non cellulosique est transformée par oxydation en produits solubles simples (acides oxalique, acétique, carbonique).

Voici du reste, d'après MM. Cross et Bevan, un tableau indiquant schématiquement les divers procédés préconisés et les noms des inventeurs plus particulièrement associés à l'origine de ces méthodes.

Alcalis aqueux.

Hydrolyse facilitée directement par l'alcali, et aussi indirectement par combinaison de l'alcali avec les produits....	Watt et Burgess, 1853.

Inverse de l'hydrolyse aidée par la température, l'oxydation et la neutralisation graduelle de l'alcali	Houghton, 1857.

Solutions de sulfures alcalins.

Hydrolyse facilitée directement par les bases et indirectement par combinaison de l'alcali avec les produits..........	Jullion, 1855. Blitz, 1883. Dahl, 1884.
Inverse de l'hydrolyse diminuée par la présence d'agents réducteurs..................	

Eau.

Hydrolyse facilitée par les acides formés aux dépens du bois....................	Fry, 1867.
Limite déterminée par l'inverse de l'hydrolyse, c'est-à-dire la déshydratation aidée par l'oxydation...............	

Eau et sulfites neutres.

Hydrolyse simple exigeant par conséquent une température élevée (160-180°)..........	Cross, 1880.
Produits soustraits à la sphère d'action par combinaison avec la base et le résidu de sulfite	
Oxydation empêchée par la présence d'acide sulfureux	

Acide sulfureux.

Hydrolyse facilitée par la présence de l'acide............ Inverse de l'hydrolyse empêchée par la présence de gaz sulfureux (combinaison avec aldéhyde)...................	Tilghmann, 1866. Pictet, 1882.

Bisulfites.

Hydrolyse facilitée à l'origine par l'acide sulfureux et d'une façon secondaire par combinaison des produits avec les bisulfites, aussi par oxydation impossible...............	Tilghmann, 1866. Mitscherlich, 1874. Ekmann, 1881. Francke, 1881. Graham, 1882.

Acides aqueux.

HCl. — Hydrolyse facilitée par la présence de l'acide..... Inverse de l'hydrolyse aidée par la condensation de produits formés..............	Bachet et Balard, 1864.
HCl + AzO^3H ou AzO^3H. — Hydrolyse aidée par la présence d'acide............ Inverse de l'hydrolyse retardée par l'oxydation des produits formés............	Couper et Milher, 1852. Barré et Blondel, 1861. Orioli, 1865.

Partie non cellulosique. — La partie non cellulosique, c'est-à dire la lignone des lignocelluloses des bois, est beaucoup moins connue que celle du jute. Le procédé qui la fournit dans l'état d'altération minimum est le procédé de désagrégation des bois au bisulfite.

Les recherches à ce sujet sont dues principalement à Lindsey et Tollens [*Ann. Chem.*, **267**, 341]. La séparation de la portion non cellulosique a été faite en chauffant un mélange de 5,7 parties de bisulfite de chaux pour 1 partie de bois. La solution de bisulfite contenait CaO 1,35 0/0, SO^2 4,4 0/0. Pendant la digestion, on élevait graduellement la température jusque vers 160°. Des essais effectués sur les solutions bisulfitiques ainsi obtenues ont montré l'absence générale d'hydrate de carbone en quantité notable. On a pu seulement y mettre en évidence la présence de galactose, de mannose, de xylose. La majeure partie des substances organiques dissoutes est formée par un corps gommeux qui paraît homogène et fournit un certain nombre de dérivés.

Précipité par addition d'acide chlorhydrique à la liqueur bisulfitique, il correspond à la formule $C^{24}H^{24}(CH^3)^2SO^{12}$. Si on précipite les lessives d'extraction de la cellulose par l'acétate de plomb, on obtient toujours un composé correspondant à la formule précédente. Le brome réagit sur la liqueur bisulfitique en donnant un dérivé bromé du même type $C^{24}H^{22}(CH^3)^2Br^4SO^{11}$.

Le soufre existe dans la molécule à l'état de groupe sulfoné SO^3H, si bien que la lignone complète du bois de sapin peut être considérée comme ayant la formule $C^{24}H^{24}(CH^3)^2.O^{10}$ [*Ann. Chem.*, Supp., **5**, 223; *ibid.*, **243**, 333; *D. chem. G.*, **22**, 370; *Ann. Chem.*, **249**, 222; **232**.

Décompositions totales des lignocelluloses. — Les décompositions les plus intéressantes, surtout au point de vue industriel, sont la décomposition par les hydrates alcalins vers 200-300° et la décomposition pyrogénée.

L'action des alcalis constitue un mode industriel de préparation de l'acide oxalique (utilisation des déchets de bois). La température optima de décomposition est de 240°; mais la quantité d'alcali nécessaire pour la décomposition complète est relativement élevée, 4 parties d'hydrate pour 1 partie de bois. Le meilleur rendement s'obtient avec un mélange de 52 parties de soude et 66 parties de potasse. Le rendement s'élève à 80 0/0 [W. Thorn, *Dingl. Journ.*, **210**, 24].

Les rendements maxima observés pour les différents bois, calculés sur les bois secs, sont :

Pin..........................	94,7
Peuplier..........................	93,14
Chêne..........................	83,4
Buis..........................	86,4

(Pour la décomposition par les alcalis, voyez aussi *Zeit. physiol. Chem.*, **14**, 15, 217.

Quant à la destruction pyrogénée des lignocellulose, elle constitue le principe de l'industrie de l'acide pyroligneux. Nous devons nous borner à mentionner ici les composés qui ont été signalés dans les produits de distillation :

Acides et alcools.	Aldéhydes, cétones, etc.	Goudrons.
—	—	—
Acide *acétique.*	Ald. acétique.	Paraffines.
Alc. *méthylique.*	*Furfurol.*	Toluène.
Ac. formique,	Acétone.	Xylène.
» propionique,	Méthylpropylcétone.	Créosol.
» butyrique,	Méthyléthylcétone.	Gaïacol.
» valérianique, etc.	Formiate de méthyle.	Dérivés méthoxylés du pyrogallol :
» crotonique.	Acétate de méthyle.	méthylpyrogallol,
		propylpyrogallol.

De tous ces produits, les plus importants en quantité sont l'alcool méthylique, l'acide acétique, le furfurol et les dérivés du pyrogallol.

PECTOCELLULOSES ET MUCOCELLULOSES ADIPOCELLULOSES ET CUTOCELLULOSES

Nous nous sommes étendus à dessein sur le groupe des lignocelluloses, dont l'histoire chimique commence à avoir ses grandes lignes définies. Pour les groupes qui nous restent à voir maintenant, les recherches sont tout à fait incomplètes et on ne peut se faire encore une idée d'ensemble. Les quelques travaux que nous possédons à ce sujet se bornent à l'étude particulière de quelques produits bien déterminés qui ne sauraient trouver place dans cet article. Nous nous bornerons à signaler les mémoires les plus importants.

Pectocelluloses et mucocelluloses. — [Fremy, *Ann. Chim. Phys.*, (3), **24**, 5; Chodney, *Ann. Chem.*, **51**, 355; Reichardt, *Arch. Pharm.*, (3), **10**, 116; Kolb, *Bull. Soc. Ind. Mulhouse*, juin 1868; Godefroy, *J. Soc. Chem. Ind.*, 575, 1889; Tollens, *Ann. Chem.*, **175**, 205; **249**, 245; Pringsheim, *Jahr. Wiss. Bot.*, **5**, 15; Knop et Schnedermann, *Ann. Chem.*, **55**, 164; Schmidt, *Ann. Chem.*, **51**, 56].

Ces différents mémoires sont relatifs aux celluloses du lin, du chanvre, des espèces Böhmeria..., Phormium; au mucilage du coing, au mucilage de salep, à l'amyloïde (produit mucilagineux retiré de certaines légumineuses), à la lichénine, au mucilage carragheen, etc.

Adipocelluloses et cutocelluloses. — L'adipocellulose la plus connue est la cellulose du liège; quelques tissus cuticulaires ont été aussi étudiés (pomme de terre et lin entre autres).

[Döpping, *Ann. Chem.*, **45**, 286; Mitscherlich, *Ann. Chem.*, **75**, 305; Kugler, *Dissert. on Suberine*, Halle, 1884; Fluckiger, *Arch. Pharm.*, **228**, 690; Wissenburg, *Chem. Centr. Bl.*, (2), 516, 1892; Frémy, *C. R.*, **48**, 667; Hodges, *R. Irish Acad. Proc.*, **3**, 460; Cross et Bevan, *J. Chem. Soc.*, **57**, 196].

La cellulose de la levure a été étudiée par M. Salkowsky [*D. chem. G.*, **27**, 3325].

MERCERISAGE DU COTON

C'est Mercer, qui le premier remarqua l'action de la soude sur le coton en 1844.

Quoique des échantillons de coton préparés d'après la méthode de Mercer figurassent déjà à l'Exposition internationale de Londres en 1851, l'industrie du coton mercerisé est de date toute récente.

Löwe, dans un brevet anglais en date du 17 décembre 1889, signale les propriétés nouvelles du coton qui a subi un traitement à la soude caustique, à savoir :

1° Une ténacité plus grande et une transparence plus grande;

2° Un recroquevillement considérable;

3° Une affinité plus grande pour les matières colorantes.

Il montre qu'en outre le coton acquiert une apparence brillante, surtout lorsqu'on effectue la mercerisation à l'état tendu, afin d'éviter la contraction de la fibre (Brevet anglais, 21 mars 1890). Les chiffres suivants donnent une idée de la variation de propriétés :

1° Une tresse de coton ordinaire ayant cédé sous un poids d'environ 390 grammes, ne cède plus, après mercerisage, qu'à une tension de 570 grammes (Mercer);

2° *Recroquevillement des filés* de coton après mercerisage dans la soude à 30° B. d'après Buntrock [*Rev. Mat. col.*, 298, 1897]. Longueur primitive $0^m,655$.

Après 1 minute	0,500
— 2 minutes	0,485
— 3 —	0,480
— 8 —	0,475
— 18 —	0,470
— 33 —	0,465
— 11 heures	0,465

La réaction est donc très rapide.

MM. Thomas et Prévost, teinturiers de Crefeld, en Angleterre, ayant à teindre un tissu mi-soie (soie et coton) et voulant avoir sur coton une teinte plus foncée que sur soie, songèrent à merceriser le coton, mais afin d'éviter tout rétrécissement de la fibre, ils opérèrent en soumettant le tissu à une forte tension : ils obtinrent industriellement une simili-soie. Ils prirent une série de brevets, le premier *allemand*, en 1895 (n° 85564).

Il est évident qu'au point de vue de la priorité, ces brevets sont discutables. Certains pays ont même, comme l'Angleterre, rejeté la demande de brevet, car le fait nouveau a été indiqué par Löwe, mais au point de vue pratique, on peut dire que les faits signalés à nouveau par Thomas et Prévost, furent le point de départ de l'industrie nouvelle. Tous les procédés actuellement employés et donnant de bons résultats sont tous plus ou moins dérivés du brevet allemand.

Les propriétés du coton mercerisé sous tension (à l'exception du brillant) sont intermédiaires entre celles du coton ordinaire et du coton mercerisé sans tension.

On a, d'après Buntrock :

Résistance à la rupture : L'échantillon examiné se rompait sous :

Coton ordinaire	$1^{kgr},440$
Mercerisé sans tension	$2^{kgr},420$
Mercerisé avec tension	$1^{kgr},950$

L'affinité pour les matières colorantes est aussi intermédiaire.

L'élasticité du coton mercerisé sans tension est aussi plus grande que celle du coton mercerisé avec tension. L'échantillon examiné, d'une longueur de $0^m,50$, a au moment de la rupture :

Coton ordinaire	$0^m,555$
Mercerisé sans tension	$0^m,5825$
Mercerisé avec tension	$0^m,555$

Au microscope on voit que le coton mercerisé avec tension est plus transparent, a une forme plus ronde, un diamètre plus petit que le coton mercerisé sans tension.

Dans tout mercerisage, il faut opérer à basse température. Avec une solution caustique marquant 10-12° B. et à 0°, on obtient les mêmes effets qu'avec une solution à 15° B. à 16°. On peut indifféremment merceriser sous tension, ou ramener le coton imprégné de soude à sa longueur primitive. Le coton qui fournit les meilleurs résultats est le coton retors à longues fibres.

Effets de crépon par mercerisage. — Ces effets de crêpon résultent de l'impression de la soude caustique épaissie sur des tissus de coton à des places déterminées. Dans toutes les parties du tissu qui viennent en contact avec la soude caustique, il se produit un rétrécissement du coton, qui provoque par les saillies rondes qui en résultent sur le tissu uni, l'aspect voulu des articles crêpon. Le procédé a été trouvé par M. Depoully et exploité techniquement par MM. Garnier et Voland, de Lyon, pour être présenté à l'Exposition de 1889.

Plus la soude caustique imprimée est concentrée, plus la contraction est forte et plus le crêpage est prononcé dans les parties non touchées.

Au lieu d'imprimer de la soude, on peut procéder d'une façon inverse : imprimer des substances comme de la gomme, de la gélatine, qui préservent ultérieurement le tissu lorsqu'on le plonge dans la soude caustique.

Les effets de crêpon les plus simples s'obtiennent en plongeant dans un bain froid de soude caustique plus ou moins concentrée, des tissus mélangés, dont la chaîne se compose alternativement de coton et de laine et dont la trame ne renferme que de la laine. On peut aussi au lieu d'articles mi-laine, prendre des articles mi-soie (soie et coton).

Bibliographie. — Celle-ci se compose presque

exclusivement de brevets qu'il nous est impossible, vu leur nombre, de citer ici. On en trouvera des comptes rendus dans les Revues techniques, entre autres dans la *Revue générale des matières colorantes.*

SOIES ARTIFICIELLES.

L'idée première de fabriquer des fils brillants artificiels imitant la soie est très ancienne. Réaumur l'avait déjà émise en 1734, dans son *Mémoire pour servir à l'histoire des insectes.*

Le premier brevet sur cette question est de 1855. Audemars, à Lausanne, tenta dès cette époque de transformer la nitrocellulose dissoute en fils fins, que déjà il baptisa du nom de *soie artificielle.*

L'idée néanmoins ne prit une forme pratique que lorsqu'on commença à transformer diverses solutions de cellulose en filaments artificiels devant servir pour les lampes à incandescence. Ce sont les recherches sur ce sujet particulier qui ont préparé le chemin suivi, depuis 1888, par le comte de Chardonnet avec un succès toujours grandissant.

Dès le début, on a commencé par faire sortir du collodion (dissolution de nitrocellulose dans l'éther et l'alcool) sous pression par des tubes capillaires en verre de 1 à 2 dixièmes de millimètre, dans de l'eau qui, en enlevant au jet liquide la majeure partie de l'alcool et de l'éther, précipitait la nitrocellulose dissoute sous forme de brins. Ceux-ci, réunis à plusieurs et enroulés sur une bobine, prenaient, en séchant, un certain brillant, de la solidité et de l'élasticité. Ces fils malheureusement étaient naturellement très inflammables; ils se décomposaient lentement comme le coton poudre, en dégageant de l'acide nitreux : ce fait a été pendant longtemps un obstacle sérieux à leur emploi comme textile.

C'est après quelques années seulement qu'on eut l'idée de soumettre les fils à la dénitration : de ce jour date une évolution nouvelle dans la fabrication de la soie artificielle. Après la dénitration en effet, on a affaire à un produit tout autre. Le fil de nitrocellulose était assez raide, imperméable à l'eau, ayant l'aspect d'un vernis desséché, parfaitement transparent, vitreux. Le fil dénitré, au contraire, avait des analogies avec le coton au point de vue de la composition, et avec la soie au point de vue de son affinité pour les couleurs basiques : il était souple, hyalin, d'un brillant superbe.

Quoique la dénitration enlève au fil une partie de sa solidité et de son élasticité, et quoique ce fil perde au traitement les 2/3 environ de sa solidité à l'état mouillé, le nouveau produit fut vite apprécié, à cause de son éclat très vif, surpassant de beaucoup celui de la soie naturelle.

Fabrication. — La matière première est le coton cardé (*ouate*) qui est à peu près de la cellulose pure. On peut aussi utiliser le *bois*, mais le produit est plus tendre, moins blanc et se casse plus facilement.

La transformation en collodion se fait dans une grande salle, appelée *salle de nitration*; on emploie à peu près 15 parties en poids d'acide nitrique d'une densité de 1,52, avec 85 parties d'acide sulfurique ordinaire. L'opération se fait dans de grands pots de grès cylindriques. On y fait couler, sur 4^{kgr} d'*ouate sèche*, 35 litres du mélange nitrant et on brasse durant quelque temps devant un fort appel d'air pour éviter le dégagement de vapeurs acides dans le local. Les vases sont, de plus, fermés par des plaques de verre pour empêcher les vapeurs et l'affaiblissement du mélange par l'humidité de l'air. *On laisse macérer pendant 4 à 6 heures*, suivant la température et l'état hygrométrique; il ne doit pas se produire de vapeurs rutilantes, dégagement qui est toujours suivi d'une décomposition rapide. On prélève des prises d'essai de temps à autre pour déterminer le degré de modification de la fibre. L'examen repose sur les observations suivantes :

1° Jusqu'à 110^{cc} de bioxyde d'azote par gramme (cellulose tétranitrique) la fibre *vue en lumière polarisée* paraît grise et ratatinée par places;

2° De 110 à 145^{cc} (cellulose hexanitrique), les fibres grisâtres sont en majorité mélangées à des fibres irisées;

3° De 145 à 160^{cc}, les fibres deviennent unies, d'un gris plus ou moins clair;

4° De 160 à 180^{cc}, les fibres passent du jaune pâle au jaune orangé (cellulose heptanitrique);

5° Après 180^{cc}, les fibres paraissent incolores, puis violettes, bleu foncé et bleu clair, lesquelles finissent, à mesure que la quantité d'acide nitrique augmente, par occuper tout le champ du microscope.

On travaille « *dans le blanc* » ou « *dans le bleu* ».

Le coton est ensuite essoré par des presses hydrauliques, sur des planchers mobiles recouverts de plomb et dont le fond est percé de trous pour le passage des acides.

Le coton nitrique ainsi obtenu est sous forme de galettes serrées. Celles-ci sont lavées dans de grands bacs parallélipipédiques d'un mètre cube environ de capacité, pleins d'eau, au milieu desquels tourne un agitateur mécanique qui dissocie les galettes en flocons blancs multiples. Le lavage doit être fait très soigneusement pendant 10-12 heures pour enlever toute trace d'acide. On renouvelle 16 fois l'eau. Après lavage, le coton est essoré sous une pression de 300 atmosphères. Ce coton nitré ainsi obtenu, par *suite de l'humidité qu'il contient, a perdu son inflammabilité* et se dissout au moins aussi bien que la *nitrocellulose séchée* dans l'éther-alcool, en donnant des solutions de bonne filabilité. Cette nitrocellulose représente du reste un *hydrate particulier* et non un mélange de nitrocellulose et d'eau.

La cellulose nitrique est ensuite placée dans des autoclaves cylindriques qui tournent autour de leur axe horizontal. 22 kilogrammes de matière, supposée à l'état sec, sont mis en digestion avec 100 litres d'un mélange à parties égales d'alcool à 95° et d'éther ordinaire. Le malaxage dure de 15 à 20 heures jusqu'à ce qu'on ait obtenu une homogénéité parfaite. On s'en rend compte en faisant couler, par un robinet, un mince filet de cette substance, qui est le *collodion.*

Malgré tous les soins apportés aux diverses manipulations, il se trouve toujours, dans la masse gélatiniforme ainsi obtenue, des particules étrangères qui seraient gênantes pour la filature. On est donc forcé de filtrer sous forte pression à travers un tissu de coton.

Les réactions chimiques ne sont pas encore achevées. Les divers filtrats sont réunis dans des bacs de dépôt à régime constant, contenant 5 mètres cubes chacun, et on laisse vieillir. L'action chimique se complète alors d'une façon difficile à préciser.

C'est ce collodion vieilli qui est, après un temps convenable, envoyé dans les métiers à filer par l'intermédiaire de gros cylindres en acier résistant à 100 atmosphères. Il en part des tubes sur lesquels on a branché, au moyen d'une garniture métallique, des filières en verre de 0^{mm},08 de diamètre. Chacune de ces filières est munie d'un robinet. En exerçant à l'intérieur du cylindre une pression de 40 à 50 atmosphères, le collodion, après avoir passé à travers une toile fine, sort lentement par la filière sous la forme d'un fil cylindrique blanc et presque imperceptible. Dès le début, on coagulait le fil à sa sortie en le recevant dans de l'eau nitrique, mais à présent, à Besançon, le filage peut se faire à sec par suite de l'emploi de solutions de collodion très concentrées. Dans ce cas, on évacue les vapeurs d'éther par de forts ventilateurs placés sous les machines à filer.

Le fil est ensuite enroulé sur des bobines, animées d'une vitesse calculée d'après la vitesse de sortie des fils. On réunit de 10 à 36 brins, suivant la grosseur du fil qu'on veut faire.

Le séchage du fil en écheveau (élimination de l'alcool-éther qu'il retient encore) se fait dans un local fermé maintenu à 45° et où l'air est constamment brassé et renouvelé; les écheveaux étant supportés sur des sortes de dévidoirs animés d'un mouvement rotatoire.

Enfin le fil passe à la dénitration, opération assez désagréable et toujours délicate. Aucun des dénitrateurs recommandés (chlorure de fer et alcool, aldéhyde formique, sulfocarbonates, etc.) n'ont pu faire abandonner les *sulfhydrates* qui sont restés les dénitrateurs par excellence pour la soie artificielle. *Quel est le sulfhydrate employé?* C'est un *secret d'usine*. Le toucher et l'éclat du produit dénitré varie sensiblement suivant la nature du sulfhydrate employé et les conditions de la dénitration.

Comme les différentes usines ne se sont pas toujours servi du même sulfhydrate ou pratiquaient différemment la dénitration, les soies artificielles ont souvent varié dans leurs propriétés.

Le sulfhydrate de chaux rend la fibre facilement dure et affaiblit un peu le fil. Celui d'ammoniaque chaud dénitre bien, mais demande beaucoup de soins et revient assez cher; son odeur est un autre désavantage. Le sel de magnésie est avantageux par son bas prix et l'insolubilité de sa base. En effet il dénitre rapidement et fournit le fil le plus fort. Le sulfhydrate de soude peut, lui aussi, suffire à la dénitration, si l'on observe certaines précautions.

En général, il convient de dénitrer à une température aussi basse que possible, autant pour empêcher le fil de se rétrécir que pour éviter la précipitation sur la fibre du soufre formé dans la réaction. La température maxima à observer, nécessaire pour une dénitration rapide et complète, varie suivant le sulfhydrate employé. En pratique, il est inutile de combiner la saponification de l'éther nitrique de la cellulose avec la réduction complète de l'acide nitrique séparé. *4 molécules d'hydrogène sulfuré suffisent pour réduire 4 molécules de tétranitrocellulose.* Dans ces conditions la majeure partie de l'acide nitrique passe à l'état d'acide azoteux, une petite partie à l'état d'ammoniaque. Le sulfhydrate d'ammoniaque et les oxysulfures, sulfites et hyposulfites formés suffisent pour maintenir le soufre en solution. Pratiquement il ne reste plus que des traces de nitrocellulose non réduite dans les fils : ces traces, toutefois, sont facilement décelées par la diphénylamine (coloration bleue) et permettent de caractériser avec certitude les soies artificielles dérivant de la nitrocellulose.

La soie dénitrée possède une teinte jaune qu'on lui enlève par le *blanchiment au chlorure de chaux*. On emploie $0^{kg},400$ de chlorure avec $0^{kg},8$ d'acide chlorhydrique pour 700 litres d'eau et 16 kilogrammes de soie sèche. Après immersion dans le bain, on lave sur cylindre de faïence, et dans une essoreuse centrifuge on opère le dernier séchage.

Tandis que M. de Chardonnet opère avec des solutions renfermant plus de 20 0/0 de nitrocellulose supposée sèche, *M. Lehner opère avec des solutions diluées.* On laisse alors dans ce cas le collodion s'écouler simplement dans l'eau à travers des orifices capillaires.

La présence de certains produits, l'acide sulfurique et l'acide chlorhydrique, par exemple, exerce une action fluidifiante sur le collodion. Il en est de même de l'aldéhyde, de l'acide sulfurinique et du chlorure d'aluminium, mais on n'en a pas tiré d'application pratique.

L'alcool en présence de certains sels, de chlorure de calcium par exemple, dissout facilement la tétranitrocellulose, tandis que l'alcool seul ne le fait pas. Les solutions d'alcool et d'acétate d'ammoniaque, d'alcool et de sulfocyanure d'ammonium, etc., donnent le même résultat. Seule la solution d'alcool et de chlorure de calcium a été employée industriellement pendant deux ans, à Mulhouse, pour la production de soie artificielle. Le procédé a été abandonné pour la méthode au chlorure de zinc ou à l'oxyde de cuivre ammoniacal.

Chose tout à fait remarquable, la soie de Chardonnet fixe les matières colorantes basiques sans l'intervention des mordants. Elle se comporte donc à la façon de la cellulose oxydée et se différencie nettement du coton ordinaire.

La densité de la soie de Chardonnet est de 1,5 à 1,55 (pour la soie naturelle, D = 1,40 à 1,45).

La soie artificielle de 100 deniers se rompt sous une charge de 120 grammes et doit avoir une élasticité moyenne de 8 à 12 0/0. Pour le fil mouillé, c'est-à-dire hydraté, la charge de rupture est d'environ 2/3 plus petite.

La préparation industrielle de fils brillants imitant la soie, qui de nos jours a pris une très grande extension, ne se fait plus aujourd'hui exclusivement par le procédé de Chardonnet (ou des procédés tout à fait similaires). Sous le nom de « Glanzstoff » ou « fil brillant », on trouve sur le marché des simili-soies fabriquées par filage de solutions de cellulose dans l'oxyde de cuivre ammoniacal et dans le chlorure de zinc concentré.

L'idée de filer des solutions dans l'oxyde de cuivre ammoniacal est due à Depeissis, et remonte à 1890; mais le succès pratique de cette idée date de quelques années seulement. En effet, quoique la liqueur de Schweizer dissolve la cellulose facilement, il est difficile d'obtenir des solutions suffisamment concentrées et avantageuses pour la filature, c'est-à-dire contenant la cellulose sous une forme si peu altérée, que le filament résultant de la précipitation soit encore de quelque valeur comme fibre textile.

Le coton ordinaire, mis au contact de la liqueur de Schweizer, ne fait que se gonfler : il ne se dissout qu'au fur et à mesure que le réactif réagit chimiquement sur lui (Voir plus haut, *Solvants de la cellulose*). Si cette réaction se fait à température ordinaire, l'oxydation du coton va trop loin et la solution devient impropre à la fabrication de bons fils. C'est seulement en opérant à basse température, et en réglant convenablement la proportion entre le cuivre et la cellulose, qu'il a été possible de produire des solutions filables en donnant de bons fils.

La réaction nécessitant toutefois un certain temps pour s'accomplir, on a reconnu avantageux de procéder à une oxydation modérée de la cellulose avant de la mettre en contact avec le cuivre ammoniacal. Une cellulose ainsi oxydée se dissout assez rapidement, et il est facile de préparer des solutions contenant jusqu'à 8 0/0 de cellulose. Le fil qui en résulte a forcément le caractère d'une oxycellulose et en a toutes les réactions en teinture.

Il en est autrement quand, au lieu d'oxyder la

cellulose, ou l'hydrate fortement avant de la dissoudre.

Dans ce cas la dissolution est presque instantanée, et le fil qu'on peut faire à l'aide de ces solutions est de la cellulose presque pure. En teinture, il a besoin d'être mordancé, par exemple au tannin et à l'émétique, comme le coton, pour pouvoir fixer solidement les couleurs basiques. L'éclat de la fibre ne souffre nullement de ce mordançage; au contraire, il s'en trouve augmenté.

On peut encore simplifier la préparation des solutions de cellulose en combinant d'abord celle-ci à la soude caustique qui, on le sait, a en même temps une action hydratante. On met ensuite cette cellulose sodique en réaction avec le cuivre et l'ammoniaque, en employant toujours les proportions moléculaires.

Les solutions obtenues sont précipitées au moyen d'un acide, sous forme de filament n'ayant plus à subir aucun traitement chimique.

Les solutions de cellulose dans le chlorure de zinc, obtenues comme nous l'avons indiqué précédemment, ne peuvent être utilisées pour la filature, car cette cellulose fortement dépolymérisée ne fournit que des filaments sans valeur. On arrive, ici encore, à de bons résultats en hydratant au préalable la cellulose, de façon à lui permettre de se dissoudre rapidement à froid dans le chlorure de zinc. L'hydratation se fait le mieux en décomposant à l'eau la cellulose sodique telle qu'on l'obtient quand on plonge la cellulose dans une solution concentrée et froide de soude caustique, et qu'on essore ensuite pour enlever l'excédent du liquide

Le « glanzstoff » fabriqué par ces deux derniers procédés fera certainement une concurrence sérieuse aux soies de nitrocelluloses. Les deux usines d'Oberbruch, près d'Aix-la-Chapelle, et de Niedermorschwiller, près de Mulhouse, fabriquent à elles seules une moyenne de 1500 kilogrammes par jour de fils brillants.

La soie artificielle et le glanzstoff sont employés surtout en mélange et pour la préparation des articles de passementerie.

Soie de gélatine. — La liste des brevets relatifs à la fabrication de la soie artificielle est extrêmement longue. Nous n'en pouvons indiquer ici la bibliographie, qu'on trouvera du reste, dans la *Revue générale des Matières colorantes*.

Tous ces brevets sont basés sur les mêmes principes que ceux servant à la préparation de la soie de Chardonnet ou du « glanzstoff ». Nous devons cependant faire exception pour l'un d'eux, qui est susceptible d'application industrielle.

D'après M. Adam Millar, on peut obtenir des filaments soyeux en filant des solutions de gélatine.

Pour les obtenir, on prépare une solution épaisse de gélatine : on fait digérer, par exemple, pendant 1 heure, à froid, 2 kilogrammes de gélatine de bonne qualité, cassée en morceaux très petits et tamisés, avec 1 litre d'eau, puis on chauffe pendant 1 heure au bain-marie à 50°. Pour le filage, on place la solution ainsi obtenue dans un cylindre en cuivre à double enveloppe chauffé à la vapeur. La gélatine s'écoule en filaments par de petits orifices situés à la partie inférieure du cylindre; ces filaments sont reçus sur une bande sans fin, sur laquelle ils sèchent en moins d'une minute, et peuvent être enroulés sur une bobine.

Les filaments sont ensuite tordus ensemble, puis insolubilisés par traitement à l'aldéhyde formique. Si l'on veut obtenir de la soie de couleur, il suffit d'ajouter la matière colorante (0,8 à 0,15 0/0) à la gélatine [*J. of the Soc. of the Chem. Ind.*, 16, 1889].

PRÉPARATION INDUSTRIELLE DE LA PATE DE BOIS.

La pâte de bois est utilisée pour la fabrication du papier (voyez PAPIER). On distingue les pâtes mécaniques et les pâtes chimiques.

La préparation de la pâte de bois mécanique, déjà décrite, consiste à réduire le bois en farine plus ou moins grossière. Le bois, découpé en bûche, de longueurs convenables (50 centimètres en moyenne), est pressé au moyen d'une presse hydraulique (2 à 6 atmosphères) contre une meule de grès (raffineuse) horizontale animée d'une très grande vitesse de rotation, et arrosée sur sa circonférence par plusieurs jets d'eau. Les fibres entraînées par les jets d'eau donnent un liquide laiteux, qui se rend dans un cylindre à paroi perforée (classeur), la partie fine passe à travers les parois et se rend dans une cuve où elle est épaissie par filtration. La partie grossière (bûcheteuse) évacuée du classeur est alors ramenée entre deux meules, dont la supérieure seule est mobile. Après quoi elle retourne au classeur.

La pâte mécanique constitue une sorte de farine composée de fibres, auxquelles adhèrent encore beaucoup de matières gommeuses, résineuses, pectiques, etc.... Ces fibres, toujours très courtes, ne peuvent pas donner de papier bien résistant, mais peuvent faire un bon remplissage.

La *pâte de bois chimique* est de la cellulose dans un grand état de pureté. Les fibres sont longues, se feutrent bien, et par suite conviennent pour la préparation des papiers solides.

Les deux procédés de désagrégation les plus employés aujourd'hui, sont ceux à la soude caustique et au bisulfite.

DÉSAGRÉGATION PAR LA SOUDE CAUSTIQUE. — Les bois en morceaux suffisamments petits sont traités par la soude (D = 1,085 environ) dans des chaudières en fer. La cuisson se fait sous une pression variable, suivant les bois, de 6 à 10 atmosphères. Le temps de chauffe est de 2 à 6 heures. Après la désagrégation, on vide les chaudières, la pâte reste sous forme d'un résidu noirâtre qu'on doit laver, puis blanchir.

Les lessives obtenues sont évaporées pour la récupération de l'alcali. On transforme en carbonate; après calcination le résidu est dissous dans l'eau et la solution caustifiée par un lait de chaux.

La composition des lessives alcalines est assez variable. Après calcination, elles laissent un mélange complexe renfermant :

	I	II
CO^3Na^2	76,70	55,40
$NaOH$	1,40	»
Na^2S	3,52	28,38
SO^4Na^2	1,95	8,12
$NaCl$	2,30	2,75
Impuretés	14,13	5,35

Pendant l'opération, une partie de la cellulose est attaquée et passe en solution. Les bois qui fournissent de 50 à 55 0/0 de cellulose sèche (calculée sur la substance sèche) par les procédés de laboratoire (méthode de chloruration), donnent industriellement des rendements variant de 35 à 43 0/0.

DÉSAGRÉGATION PAR LES BISULFITES. — On emploie le plus souvent le bisulfite de chaux. La préparation de ce bisulfite est du reste la partie la plus délicate de l'opération.

Préparation des lessives bisulfitiques. — Ces lessives sont obtenues industriellement par l'action du gaz sulfureux sur la chaux ou le carbonate de chaux en présence de l'eau.

Le procédé le plus employé en France consiste à faire réagir du gaz sulfureux sur du carbonate de chaux humide :

$$2 SO^3H^2 + CO^3Ca = (SO^3)^2CaH^2 + CO^2 + H^2O.$$

Si le sulfite de chaux était soluble, on pourrait, en opérant en présence d'un excès de chaux (ou de carbonate de calcium), obtenir des solutions concentrées à teneur très élevée en acide sulfureux total. Malheureusement il n'en est pas ainsi : le sulfite de chaux est insoluble ou très peu soluble, et ne passe en solution qu'en se transformant en bisulfite qui tend sans cesse à perdre du gaz sulfureux. Pour arrêter la décomposition, il faut opérer sous une certaine pression de gaz sulfureux, pression qui croît rapidement avec la température. Il en résulte que la concentration en bisulfite sera d'autant plus grande que le gaz employé sera plus riche en acide sulfureux et que la température sera plus basse. A une même température, la concentration en bisulfite ne dépend donc que de la composition du gaz sulfureux employé.

Le gaz sulfureux est produit dans des fours à soufre ordinaire. Ceux-ci doivent être réglés avec beaucoup de soin, de façon à éviter dans les gaz la présence d'un excès d'oxygène ; ce à quoi on arrive en général en réglant l'accès de l'air de façon que le soufre ne brûle pas au fond du four. Une fois en marche, les fours sont chargés toutes les heures avec environ 30 kilogrammes de soufre. Le gaz, au sortir des fours, est alors refroidi dans de longs tuyaux, le plus souvent disposés en forme d'U renversés, dont la hauteur atteint de 15 à 20 mètres.

La réfrigération se fait simplement par conductibilité au contact de l'air ambiant. A sa sortie du réfrigérant, le gaz doit avoir une température supérieure seulement de quelques degrés à celle du milieu extérieur.

Le calcaire est disposé dans une tour élevée de 30 mètres environ. Cette tour en bois, doublé intérieurement de plomb, est alimentée d'eau par un réservoir placé à sa partie supérieure. Le chargement se fait aussi par le haut au fur et à mesure que la dissolution du carbonate se produit. Le gaz sulfureux entre dans la tour à la partie inférieure pour gagner la sortie de l'appareil et la cheminée. On règle l'addition d'eau, de façon que la lessive recueillie au bas de la tour marque environ 5° B.

Chaque four a en général sa colonne, et toutes ces colonnes sont réunies dans un bâtiment en bois muni d'un treuil permettant de monter le calcaire.

Les colonnes déversent les lessives dans un petit bassin ouvert d'environ 1 mètre cube de capacité, d'où elles sont immédiatement puisées et envoyées dans de grands réservoirs de 100 mètres cubes environ, complètement clos au moyen d'un joint hydraulique, de façon à éviter la perte de gaz sulfureux à l'air.

Un four en bonne marche brûle en moyenne 22 kilogrammes de soufre par mètre cube de lessive à 5-6° B.

L'inconvénient de ce procédé de fabrication est le prix de revient relativement élevé de la matière première. En employant avec le dispositif précédent le gaz sulfureux provenant du grillage des pyrites, on obtient de mauvais résultats. Les gaz de la combustion, en effet, sont riches en oxygène, et le mélange $O + SO^2$ a l'inconvénient de donner dans la tour à calcaire du sulfate de chaux qui recouvre le carbonate, et en rend ultérieurement impossible l'attaque par le gaz sulfureux. Suivant le terme technique, on dit que la pierre se *gypse*.

Toutefois, surtout en Amérique et en Norwège, on est arrivé à pouvoir utiliser directement le gaz des pyrites, à la condition d'employer, non plus du calcaire, mais de la chaux (lait de chaux).

Il est toutefois nécessaire d'effectuer le grillage de la pyrite dans des fours appropriés. Les gaz doivent titrer au moins 9 à 10 0/0 d'acide sulfureux. Un des fours les plus répandus en Amérique est le four Herreschoff. Il se compose essentiellement d'une série de soles circulaires superposées. L'axe du four est animé d'un mouvement de rotation et porte des palettes munies de dents, disposées de telle façon que la pyrite est amenée à tomber successivement de la sole supérieure sur la sole la plus basse. Un four en bonne marche grille de 2300 à 2400 kilogrammes de pyrite en 24 heures. Le gaz refroidi se rend alors dans une série de cuviers contenant un lait de chaux où se fait la saturation. Pour avoir de bons rendements, par suite de la chaleur provoquée par la réaction elle-même, il est nécessaire d'avoir à l'intérieur des cuviers une circulation d'eau froide. Comme au début de la réaction il se forme du sulfite neutre insoluble, il faut que ces appareils soient munis d'agitateurs, afin de faciliter la transformation du sel neutre en bisulfite.

Cuisson des bois. — La cuisson des bois exige des lessives de bisulfite titrant environ 3 0/0 en acide sulfureux total, dont un peu plus de la moitié doit se trouver à l'état libre. Le bois, après avoir été découpé mécaniquement en petits morceaux (par exemple, 10 cm. × 5 cm. × 1 cm.,) est alors entassé dans d'immenses cylindres en fer, le plus souvent verticaux, et dont l'intérieur est protégé contre l'attaque du gaz sulfureux par des lames de plomb. La cuisson dure de 20 à 36 heures, et se fait sous une pression variant de 3 à 5 atmosphères.

La dimension des cylindres est telle, qu'ils peuvent recevoir facilement jusqu'à 100 mètres cubes de bois et 125 mètres cubes de lessive.

Après la cuisson, on obtient la cellulose sous la forme d'une masse légèrement brunâtre, qu'on lave aux piles défileuses, puis qu'on peut blanchir soit par le chlorure de chaux, soit par le procédé Hermitte. Celui-ci, quoique délicat, fournit en des mains expérimentées d'excellents résultats, tout en permettant une économie notable (voyez PAPIER).

Quant aux lessives *bisulfitiques provenant du* traitement, elles sont fortement colorées en noir. On a préconisé pour elles de multiples emplois, mais aucun d'eux ne paraît réalisé industriellement : elles constituent des résidus encombrants et sont, lorsque c'est possible, déversées à la rivière.

Dans ces dernières années, cependant, on a lancé dans le commerce, sous le nom de *lignorosine*, un produit destiné au mordançage de la laine au chrome. Ce produit, livré sous la forme d'un sirop épais, est constitué en grande partie par du sulfolignate de chaux (sel de chaux du dérivé sulfitique de la lignone) [Seidel, *Rev. gén. mat. col.*, 1898, 367]. V. Thomas.

HYDROCÉRUSITE (Min.) (Nordenskiöld). — Carbonate basique de plomb hydraté,

$$2 CO^3Pb, Pb(OH)^2,$$

en petites lamelles hexagonales micacées, à Långban (Suède) et à Wanlockhead (Écosse).

Caractères analogues à ceux de la cérusite, mais donne de l'eau dans le tube. Densité = 6,14 pour les cristaux artificiels. Voyez PLOMB, 2e Suppl.

HYDROCINNAMÉNYLACRYLIQUE (ACIDE). — Voyez CINNAMÉNYLPROPIONIQUE (ACIDE), 2e Suppl., 1174.

HYDROFRANKLINITE (Min.) (Rœpper). — Voyez Chalcophanite, 2e Suppl., **1**, 1055.

HYDROGALLÉIQUE (ACIDE). — On ne connaît que son anhydride, l'hydrogalléine, déjà étudié (1er Suppl., 1266). Buckha l'a obtenu comme premier terme de réduction de la galléine. Suivant les conditions de l'expérience il se formerait, en effet, de l'hydrogalléine, de la galline (2e Suppl., **3**, 452) ou du gallol (2e Suppl., **3**, 459), ces corps possédant respectivement les formules :

$$CO \genfrac{}{}{0pt}{}{\diagup C^6H^4 \diagdown}{\diagdown\ O\ \diagup} C \genfrac{}{}{0pt}{}{\diagup C^6H^2 \genfrac{}{}{0pt}{}{\diagup OH}{\diagdown O}}{\diagdown C^6H^2 \genfrac{}{}{0pt}{}{\diagup O}{\diagdown OH}} \quad (O \text{ pontant les deux } C^6H^2)$$

Galléine.

$$CO \genfrac{}{}{0pt}{}{\diagup C^6H^4 \diagdown}{\diagdown\ O\ \diagup} C \genfrac{}{}{0pt}{}{\diagup C^6H^2(OH)^2}{\diagdown C^6H^2(OH)^2} \diagdown O$$

Hydrogalléine.

$$CO^2H \,.\, C^6H^4 - CH \genfrac{}{}{0pt}{}{\diagup C^6H^2(OH)^2}{\diagdown C^6H^2(OH)^2} \diagdown O$$

Galline.

$$CH^2(OH) - C^6H^4 - CH \genfrac{}{}{0pt}{}{\diagup C^6H^2 = (OH)^2}{\diagdown C^6H^2 = (OH)^2} \diagdown O$$

Gallol.

Or, d'après un travail récent de MM. Orndorff et Brewer [*Am. chem. Journ.*, **23**, 425], l'hydrogalléine, ainsi que son dérivé tétracétylé, n'existeraient pas. De plus, le gallol serait identique à la galline. C'est ainsi que les dérivés acétylés de ces corps, décrits comme fondant respectivement à 247-248°, 220 et 230°, ne représenteraient qu'une seule et même substance dérivée d'un composé pour lequel les auteurs conservent le nom de galline.

D'après MM. Orndorff et Brewer, la galléine serait, par suite, comme l'a indiqué M. von Baeyer, la phtaléine du pyrogallol :

(formule développée : deux noyaux benzéniques portant OH, OH et OH, =O, reliés par O et par C, celui-ci lié à un noyau benzénique portant CO.OH)

(pouvant réagir sous la forme lactonique)

et la galline, la phtaline correspondante :

(formule développée : deux noyaux benzéniques portant OH, OH et OH, OH, reliés par O et par CH, celui-ci lié à un noyau benzénique portant -CO.OH)

V. Thomas.

HYDROGÈNE. — État naturel. — Les récentes et minutieuses expériences de M. A. Gautier (1898-1900) [*C. R.*, **127**, 693 ; **130**, 1677] ont montré que l'hydrogène existe à l'état libre dans l'atmosphère, non plus accidentellement comme cela avait été admis avant lui, mais d'une façon normale, à raison de 2/10 000 en volume. Les expériences de Bunsen sur la composition des gaz des fumerolles d'Islande ont montré que ces gaz contiennent jusqu'à 25 0/0 d'hydrogène libre [*Ann. Chim. Phys.*, (3), **38**, 264] ; celles de Ch. Deville et Le Blanc avaient également démontré la présence de ce gaz dans les fumerolles de Toscane, tandis que Fouqué l'avait trouvé également dans les gaz émis par le volcan de Santorin (*Santorin et ses éruptions*, Fouqué, Paris, 1879, 226).

Les diverses tentatives faites avant M. A. Gautier pour déceler la présence de l'hydrogène libre ou pour doser la quantité de cet élément contenu sous forme d'hydrocarbures dans l'atmosphère, n'avaient conduit qu'à des résultats incertains. Gay-Lussac, en 1804 [*Journ. Phys.*, **9**, 454 ; *Ann. Chim. Phys.*, **52**, 75], ne parvint pas à trouver d'hydrogène dans de l'air atmosphérique prélevé à une altitude de 6636 mètres, et constata que cet air est identique à celui de Paris. En 1833, Boussingault [*Ann. Chim. Phys.*, (2), **57**, 171] constata que l'air des villes et des endroits marécageux contient toujours une substance hydrogénée qu'il considéra comme étant du méthane, notion qui fut généralement admise ; la quantité d'acide carbonique ne put être mesurée, mais la quantité d'eau recueillie correspondait à 0gr,000676 ou à 7cc,6 d'hydrogène pour 100 litres d'air. Ces résultats, ainsi que ceux obtenus plus tard par MM. Müntz et Aubin (1884) [*C. R.*, **90**, 871] qui, contrairement à Boussingault, absorbaient et mesuraient l'acide carbonique exclusivement, étaient incomplets, sujets à critique, d'après M. A. Gautier, et laissaient place à des recherches plus précises. Quoique les expériences de F.-C. Phillips [*Am. chem. Journ.*, **17**, 801 ; *Bull. Soc. Chim.*, (3), **16**, 645] fissent entrevoir la possibilité de l'existence de l'hydrogène libre et du méthane dans l'atmosphère, la présence de l'hydrogène n'a été mise hors de doute, et sa teneur évaluée exactement, que tout récemment par M. A. Gautier.

Le principe de ces expériences très délicates consiste à brûler l'hydrogène et les hydrocarbures par de l'oxyde de cuivre chauffé à 600 ou 700°, absolument comme on fait pour les analyses organiques. Il va sans dire que l'air expérimenté est, avant son admission dans le tube à combustion, rigoureusement purifié et débarrassé surtout de son eau et de son acide carbonique, que les précautions les plus minutieuses ont été prises : 1° pour réaliser la combustion totale de l'hydrogène et des hydrocarbures, même lorsqu'ils existent dans l'air à un degré de dilution extrême [voyez à ce sujet A. Gautier, *C. R.*, **130**, 1353], et 2° pour absorber les produits de la combustion qui, eux aussi, sont extrêmement dilués. L'air aspiré est filtré sur de la laine de verre ; il passe dans un barboteur spécial imaginé par M. Gautier et décrit par lui [*Bull. Soc. Chim.*, (3), **23**, 141], où, finement divisé, il se débarrasse presque totalement de son acide carbonique ; le reste est absorbé par de l'hydrate de baryte humide qui l'arrête entièrement [*C. R.*, **126**, 1388] ; desséché par de la chaux sodée et de l'anhydride phosphorique, cet air pénètre dans un tube en porcelaine vernissée contenant de l'oxyde de cuivre, chauffé dans un four à température constante [*C. R.*, **130**, 628], à raison de 2 litres à 3lit,5 par heure. L'eau formée pendant cette combustion est absorbée par de l'acide phosphorique ; l'anhydride carbonique par des tubes à potasse et à baryte, et l'air est ensuite rendu à l'atmosphère après passage au travers d'un compteur-enregistreur de volume.

Les diverses portions de l'appareil sont reliées entre elles par des tubes de caoutchouc étanche à l'acide carbonique, à l'eau et aux gaz, même sous la pression de quelques centimètres de mercure, et en outre inattaquable par l'oxygène de l'air [*C. R.*, **126**, 1390. Note]; aucune expérience n'est commencée avant qu'une expérience-témoin dans laquelle on fait circuler pendant 24 heures un courant d'oxygène sec et pur d'un bout à l'autre, le tube à combustion étant chauffé, n'ait démontré la parfaite invariabilité du poids des appareils destinés à absorber l'acide carbonique et la vapeur d'eau; cette précaution prise, on fait circuler un volume d'air variant de 4000 à 15 000 litres pris, à différents endroits.

1° Air de Paris aux abords de la Faculté de médecine, par toutes sortes de temps, de juillet 1898 à février 1899 (3^m,50 au-dessus de la chaussée).

La quantité d'eau recueillie quand on emploie un seul tube à combustion plein d'oxyde de cuivre, sur une longueur de 30 centimètres, varie entre 10 milligrammes et 28 milligrammes; celle d'anhydride carbonique entre 12 et 48 milligrammes. La moyenne pour 100 litres d'air sec à 0° et à 760 millimètres est :

Hydrogène : 1^{mgr},96 Carbone : 5^{mgr},80

$$\text{Rapport } \frac{C}{H} = 3{,}49.$$

Mais l'appareil décrit, déjà fort compliqué, a besoin, pour être complet, d'un perfectionnement important; si, en effet, on fait passer les gaz résultant de la combustion et débarrassés entièrement d'acide carbonique et de vapeur d'eau dans un second tube à combustion identique au premier, de 0^m,40 de long, ces gaz se chargent à nouveau d'acide carbonique et d'eau; débarrassés une fois encore des produits de la combustion, ils sont dirigés à nouveau dans un troisième tube à combustion à oxyde de cuivre de 0^m,80 de long, et soumis à une nouvelle absorption qui atteste une troisième combustion résiduelle, comme le montrent les chiffres suivants :

Tube à combustion.	Hydrogène calculé d'après l'eau recueillie. milligr.	Carbone calculé d'après CO^2 recueilli. milligr.
1er (0^m,30)	3,1	11,8
2e (0^m,40)	1,6	4,1
3e (0^m,80)	0,1	0,2
Totaux........	4,8	16,1

La moyenne de 6 expériences montre que le 1er tube ayant donné 1^{mgr},9 d'hydrogène et 7^{mgr},4 de carbone, l'ensemble a donné :

4,2 soit $1{,}9 \times 2{,}2$ d'hydrogène,
13,2 soit $7{,}4 \times 1{,}8$ de carbone.

Si donc, pour éviter un encombrement par trop considérable, on veut limiter l'appareil à la description donnée plus haut avec un seul tube à combustion de 0^m,30 de long, il convient de corriger les résultats en multipliant par 2,2 le poids d'eau mesurée effectivement, et par 1,8 le poids d'acide carbonique [*C. R.*, **130**, 1353]. Ainsi interprété, l'ensemble des résultats relatifs à l'air de Paris donne pour la valeur du rapport $\frac{C}{H}$ déterminée par des expériences avec un seul tube de combustion, et par les corrections qui sont relatives à ce genre de déterminations, le nombre 2,94 qui coïncide presque exactement avec le nombre 3,1 $\left(\frac{C}{H} = \frac{13{,}2}{4{,}2}\right)$ donné par la moyenne de 6 expériences à combustion totale (1^m,50 d'oxyde de cuivre, au rouge) et avec le nombre théorique $\frac{12}{4} = 3$ correspondant au méthane.

Cette dernière coïncidence semblerait indiquer que le carbone et l'hydrogène atmosphériques sont à l'état de méthane, conformément à l'opinion courante. Mais M. A. Gautier estime que la coïncidence est fortuite et que ses expériences doivent être interprétées tout autrement. Ayant montré [*C. R.*, **13**, 1357] que lorsqu'on brûle directement sur de l'oxyde de cuivre de l'air soigneusement décarburé, auquel on a ajouté volontairement du méthane pur dans la proportion où ce gaz semble exister dans l'atmosphère, le rapport $\frac{C}{H}$, déterminé expérimentalement, n'a pas sa valeur théorique 3, mais une valeur sensiblement moindre 2,4, M. A. Gautier pense que l'on peut expliquer les résultats observés en admettant que l'atmosphère contient, outre de l'hydrogène libre, à côté du méthane, d'autres hydrocarbures plus riches en carbone que le méthane, qui tendent à rétablir au voisinage de 3 la valeur du rapport $\frac{C}{H}$, et, pour vérifier cette hypothèse, il a entrepris de nouvelles déterminations sur de l'air atmosphérique exempt de causes de souillure.

2° *Air des bois.* — Expériences faites à Lainville (Seine-et-Oise), à 70 kilomètres de Paris, altitude 187 mètres, loin de toute habitation et de toutes fumées, pendant le mois de juillet 1898 [*C. R.*, **131**, 13].

Elles ont montré, à l'aide d'un tube à combustion de 0^m,30 de longueur, que 100 litres d'air sec à 0° et 760 millimètres donnent dans cette combustion :

Hydrogène : 1^{mgr},54 CO^2 : 3^{mgr},4

$$\frac{C}{H} = 2{,}2.$$

$\left(\frac{C}{H} = 1{,}8\right.$ après correction relative à la combustion intégrale).

Dans une expérience du même genre, ce rapport atteint, pour l'air de Paris, la valeur 3,5.

Loin d'augmenter et de se rapprocher du nombre théorique correspondant au méthane, le rapport $\frac{C}{H}$ diminue, et ceci correspond à une augmentation relative du taux de l'hydrogène, comme le montre la discussion des chiffres relatifs aux quantités d'acide carbonique et d'eau recueillies.

3° *Air des montagnes.* — Expériences faites sur le Canigou, altitude 2785 mètres, dans une région battue des vents et où la végétation est presque nulle. Du 6 au 9 août 1898. Tube à combustion de 0^m,30 [*C. R.*, **131**, 16].

On a trouvé que 100 litres d'air sec, ramenés à 0° et à 760 millimètres contenaient :

Hydrogène : 1^{mgr},97 Carbone : 0^{mgr},66

$$\frac{C}{H} = 0{,}33.$$

Le rapport $\frac{C}{H}$ tombe ici à 0,33, et à 0,27 après correction; les hydrocarbures tendent à disparaître. En admettant que le carbone soit dû uniquement à du méthane, et en tenant compte de l'hydrogène apporté par ce carbure, l'air étudié contiendrait 17^{cc},3 d'hydrogène pour 100 litres, et, en tenant compte de la correction due à l'insuffisance de la combustion, 24^{cc},6, qui correspond à la limite minimum, étant donné que le méthane est le carbure le plus riche en hydrogène. Quant au méthane (ou aux hydrocarbures dont la proportion est d'ailleurs très faible), M. A. Gautier attribue sa présence aux traces de végétation et aux émanations telluriques; les expériences suivantes le démontrent.

4° *Air de la mer.* — Expériences faites à l'équinoxe d'automne par vents de N. et N.-O. au phare des Roches-Douvres, 56 mètres de hauteur, 40 kilomètres des côtes, octobre 1898, après quelques jours de vent violent venant du large, direction qu'il a conservée pendant les quatre jours d'expériences [*C. R.*, **131**, 86].

Voici les résultats obtenus (tube à combustion de $0^{m},30$) :

	Hydrogène. gr.	Carbone. gr.
1re expérience ($103^{lit},48$).	0,0110	0,0001
2e — ($123^{lit},54$).	0,0086	0,0000
3e — ($113^{lit},9$)..	0,0131	0,0001

Ces chiffres correspondent aux moyennes suivantes pour 100 litres d'air ramené à 0° et à 760 millimètres :

Hydrogène : $1^{mgr},21$ Carbone : $0^{mgr},0$

soit $13^{cc},6$. Après correction relative à l'insuffisance de longueur de la colonne comburante, qui ne brûle que les 7/10 de l'hydrogène contenu dans un mélange d'air décarburé et additionné d'hydrogène pur fortement dilué [*C. R.*, **130**, 1357],

Hydrogène : $1^{mgr},72$, soit $19^{cc},45$.

Cette fois, le carbone a entièrement disparu, et ceci montre qu'à mesure qu'on s'éloigne de toute émanation tellurique, végétale ou urbaine, les hydrocarbures disparaissent tandis que l'hydrogène libre persiste; la quantité de carbone trouvée dans l'air de diverses provenances et considérée comme attribuable uniquement à du méthane que l'atmosphère est supposé contenir, conduit à admettre, pour 100 litres d'air :

	Méthane. cc.
Air de Paris................	22,6
— des bois................	11,3
— des montagnes..........	2,19
— de la mer..............	0,0

Quant à la proportion d'hydrogène libre dans l'air non souillé, elle s'élève en moyenne à 2 volumes pour 10 000 volumes d'air, c'est-à-dire à peu près aux deux tiers du volume de l'anhydride carbonique aérien correspondant. Il convient, en outre, d'ajouter à ces deux impuretés de l'atmosphère des hydrocarbures en proportions très variables [*Bull. Soc. Chim.*, (3), **23**, 890].

La présence de l'hydrogène libre dans l'air a été démontrée directement par MM. Dewar et Liveing. Ils recueillent à —210° les portions les plus volatiles de l'air liquide, puis, analysant les gaz ainsi obtenus, ils y trouvent de l'hydrogène, de l'oxygène, de l'azote accompagnés de néon, d'argon et d'hélium [*Proceed. Chem. Soc.*, **67**, 468; *Bull. Soc. Chim.*, (3), **29**, 114].

M. A. Gautier ayant démontré la présence de l'hydrogène libre dans l'air atmosphérique, cherche quelles peuvent en être les origines [*C. R.*, **131**, 647]; outre les causes signalées par Fouqué [*loc. cit.*], et par M. Tilden [*Proc. of the Royal Society of London*, **60**, 453; *Bull. Soc. Chim.*, (3), **20**, 66], à savoir l'occlusion, dans les cavités rocheuses, de composés gazeux où la proportion d'hydrogène atteint parfois 80 0/0, et la mise en liberté, par les causes de désagrégation de ces roches, de ces gaz primitivement emprisonnés, M. A. Gautier en a découvert une autre fort importante, l'attaque par l'eau pure à 280° ou par l'eau acidulée à 100° des roches granitiques ignées finement pulvérisées et purgées, par le vide d'une trompe à mercure, de leurs gaz occlus. Cette réaction provoque un dégagement notable, atteignant parfois jusqu'à 3,5 fois le volume de la roche, de composés gazeux dont l'hydrogène forme la majeure partie, comme le montrent les chiffres suivants :

1° 376 centimètres cubes de granit de Vire, en deux échantillons prélevés à 8 mètres d'intervalle, ont donné, sous l'action de l'eau, 3162 centimètres cubes de gaz secs à 0° et 760 millimètres, contenant 2507 centimètres cubes d'hydrogène, soit, pour 1 volume de granit, $8^{vol},4$ de gaz contenant 79,2 0/0 d'hydrogène.

2° Porphyre de l'Estérel : 1 centimètre cube dégage $7^{cc},6$ de gaz dont $2^{cc},4$ d'hydrogène, soit 31,6 0/0 d'hydrogène.

3° Ophite de Villefranque (près Bayonne) : 1 volume dégage $7^{cc},6$ de gaz dont $4^{cc},6$ d'hydrogène, soit 60,5 0/0, alors que les gaz occlus extraits par le vide ne s'élevaient qu'à :

Granit....	670^{cc}	pour 100^{cc} de roche.
Porphyre.	740^{cc}	
Ophite....	760^{cc}	

M. A. Gautier explique cette production de l'hydrogène non préexistant aux dépens de l'eau par la présence d'azotures, particulièrement d'azotures de fer

Az^2Fe^6; Az^2Fe^4 et Az^2Fe^5

[Silvestri, *Pogg. Ann.*, **157**, 165] et par la réaction suivante :

$$Az^2Fe^6 + 6H^2O = 2AzH^3 + 6FeO + 3H^2,$$

Il base son opinion sur la comparaison entre les quantités d'ammoniaque et d'hydrogène obtenues dans cette action. Mais le dégagement gazeux ayant lieu même quand on a enlevé ces azotures par un aimant, M. A. Gautier invoque comme autre cause productrice d'hydrogène la décomposition de l'eau par les sels ferreux : chlorure, sulfure, carbonate ou silicate, ce qui donne de l'hydrogène presque pur : 98,94 0/0 (contenant 1,06 0/0 d'hydrogène sulfuré et des traces d'acide carbonique), d'après la réaction

$$3FeS + 4H^2O = Fe^3O^4 + 3H^2S + H^2,$$

suivie de dissociation de l'hydrogène sulfuré. Avec le carbonate ou le silicate, la teneur en hydrogène atteint seulement 67 0/0 du mélange gazeux.

La lente désagrégation des roches, qui permet le départ de l'hydrogène occlus, ainsi que la formation continuelle d'hydrogène nouveau devraient augmenter la proportion de ce gaz dans l'atmosphère, à moins qu'il n'existe une réaction inverse compensatrice qui assure l'équilibre, comme cela a lieu pour l'oxygène, l'azote, l'anhydride carbonique, ou à moins encore, comme le fait remarquer M. A. Gautier, que l'hydrogène s'élevant vers les régions supérieures ne s'échappe dans l'espace.

Modes d'obtention. — On a signalé quelques nouveaux modes d'obtention de l'hydrogène, les uns chimiques et un autre d'ordre biologique.

1° C'est ainsi, entre autres, que MM. A. Michaelis et Pitzch [*Ann. Chem.*, **310**, 45], étudiant les sous-oxydes du phosphore, au sujet desquels on n'avait que des renseignements contradictoires, montrent qu'il n'y a qu'un corps de cette nature, P^4O, découvert et étudié par Le Verrier. Ce corps prend naissance par action sur la potasse aquo-alcoolique du phosphore granulé, lavé à l'alcool; il se dégage simultanément de l'hydrogène et un peu de phosphure PH^3; voici la réaction génératrice :

$$P^4 + H^2O = P^4O + H^2.$$

2° D'autre part, MM. W. Manchot et Herzog démontrent [*D. chem. G.*, **33**, 1742; *Bull. Soc. Chim.*, (3), **24**, 863] que, en l'absence d'air, les solutions de cobaltocyanures, $CoCy^6K^4$, concentrées ou chaudes dégagent de l'hydrogène libre; en présence d'air, il ne se dégage plus d'hydrogène, mais il se produit de l'eau oxygénée provenant de l'oxydation de l'hydrogène. Les auteurs font remarquer le parallélisme de ces réactions avec celle des composés chromeux, qui est beaucoup plus rapide et dans laquelle l'absorption d'oxygène se fait également avec dégagement d'hydrogène, mais sans formation d'eau oxygénée; de même avec l'hydrate ferreux. Le dégagement d'hydrogène est mis en évidence par l'expérience de cours suivante : Du chrome métallique est mis en présence d'eau que l'on fait bouillir pour chasser tout l'air, puis on fait arriver de l'acide chlorhydrique qui dissout le métal en dégageant naturellement de l'hydrogène et en donnant une solution bleue; tout le chrome étant dissous, si on continue à chauffer à l'ébullition, on voit se dégager de très fines bulles d'hydrogène et la solution verdit.

3° Dans la préparation du cuivre divisé par l'action du zinc sur le sulfate de cuivre dissous, il se produit un dégagement continu d'hydrogène; ce phénomène a été observé en 1840 par Leykauf, qui le considérait comme résultant de la production d'oxydule de cuivre. M. Lothar Meyer [*D. chem. G.*, **9**, 512; *Bull. Soc. Chim.*, (2), **26**, 1876] a reconnu qu'il ne se forme pas d'oxydule, mais du sulfate basique de zinc, par l'action du zinc sur le sulfate de zinc, et la présence du cuivre paraît accélérer cette réaction; la formation de ce sel basique explique la production d'hydrogène.

4° M. E. Baud [*C. R.*, **130**, 1319] a montré que l'acétylène peut être absorbé complètement par le chlorure d'aluminium, même à froid en vase clos et que cette absorption est rapide et totale à 70°. Le chlorure d'aluminium à 70°, puis à 130-135°, absorbe environ 4 parties en poids d'acétylène, et les gaz qui s'échappent de l'appareil à absorption sont formés outre d'acétylène non absorbé, de carbures éthyléniques et forméniques ainsi que d'hydrogène à raison de 7 0/0 environ.

5° M. Ehrenfeld a montré [*J. prakt. Chem.*, (2), **30**, 49; *Bull. Soc. Chim.*, (3), **30**, 170] que la décomposition des vapeurs d'alcool passant sur du charbon au rouge sombre donne un mélange de méthane, d'oxyde de carbone et d'hydrogène, tandis qu'à température moins élevée, ou bien en présence d'aluminium, il se forme toujours de l'éthylène.

6° Enfin, M. V. Omoliansky [*Bull. Soc. Chim.* (3), **23**, 717; *Arch. Biol.*, **7**, 411] a isolé et décrit un microorganisme (*Bacillus fermentationis cellulosæ*) anaérobie du groupe des ferments butyriques qui transforme la cellulose par fermentation : 70 0/0 donnent les acides acétique et butyrique, tandis que le reste est transformé en hydrogène et anhydride carbonique. On sait que la fermentation forménique de la cellulose donne uniquement du méthane et de l'acide carbonique.

PRÉPARATION INDUSTRIELLE DE L'HYDROGÈNE. — La préparation de l'hydrogène destiné au chauffage et à l'éclairage, ou encore au gonflement des ballons, continue à être l'objet d'un grand nombre de recherches qu'on peut classer en 3 catégories :

Procédés chimiques à température ordinaire; procédés chimiques à hautes températures; procédés électrolytiques.

Dans la première catégorie, qui comprend les procédés classiques d'attaque des métaux par les acides dilués, il n'y a guère à signaler que l'appareil continu imaginé par M. Gaston Tissandier, aussi bien pour les laboratoires que pour l'industrie. Dans les appareils usuels, la solution acide s'appauvrit progressivement en acide, et quand la réaction se ralentit on l'accélère en ajoutant de l'acide concentré; mais celui-ci est introduit dans une solution saline concentrée et agit de moins en moins bien, ce qui exige de fréquentes vidanges pour nettoyage; elles sont évitées dans l'appareil suivant : Une éprouvette de 60 centimètres de haut fermée à sa partie supérieure porte 3 tubulures, une inférieure, une supérieure et une médiane : la première amène la liqueur acide contenue dans un réservoir d'alimentation, et la deuxième sert au dégagement du gaz qui est produit par l'attaque du zinc dont l'éprouvette est remplie. Quand le liquide atteint le niveau de la tubulure médiane il s'échappe, et il suffit de régler la vitesse d'alimentation de manière que la solution évacuée soit épuisée; le résidu de l'opération est donc constamment éliminé; un appareil continu de ce genre fournit environ 40 litres en 20 minutes (on peut aisément l'adapter à la production continue d'hydrogène sulfuré ou d'acide carbonique) [*Bull. Soc. Chim.*, (2), **43**, 233].

Dans la deuxième catégorie il faut ranger le procédé de MM. Majert et G. Richter [*Dingl. Journ.*, **26**, 559; *Bull. Soc. Chim.*, (2), **50**, 717] qui consiste à chauffer de la poudre de zinc avec de la chaux hydratée; à température élevée, le zinc agit sur l'eau en donnant :

$$Ca(OH)^2 + Zn = ZnO + CaO + H^2,$$

la chaux peut être remplacée par du ciment, de l'alumine ou toute autre substance contenant de l'eau, et l'appareil peut être disposé pour une marche continue. Dans le cas de l'application au gonflement des ballons, ce procédé peut présenter certains avantages si l'on remarque que le mélange $CaO^2H^2 + Zn$ pèse 139, tandis que le mélange $SO^4H^2 + Zn$ qui donne la même quantité de gaz pèse 156, et que ce procédé dispense d'avoir à transporter des acides; mais le prix de revient de l'hydrogène est double.

Cette seconde catégorie comprend également les nombreux procédés basés sur la décomposition de l'eau avec des variantes, dont voici les plus importantes :

1° Procédé Félix Heimbert et Henry [*C. R.*, **101**, 797], qui consiste à projeter de la vapeur d'eau surchauffée et divisée en jets très déliés sur du coke incandescent placé dans une cornue chauffée au rouge; l'eau est décomposée en donnant le mélange gazeux $CO + H^2$. Ces gaz passent dans une deuxième cornue, également chauffée au rouge, contenant des substances réfractaires disposées de manière à leur faire parcourir un long trajet; des jets de vapeur d'eau surchauffée au voisinage de la dissociation arrivent dans cette cornue, en même temps que ces gaz; en raison de cette dissociation, l'eau brûle l'oxyde de carbone en donnant de l'acide carbonique et de l'hydrogène qui, mis en liberté, s'ajoute à celui qui préexistait.

L'auteur affirme que l'on peut ainsi produire 3200 mètres cubes de gaz hydrogène par tonne de coke, et que le gaz ainsi produit revient à 0f,015 le mètre cube.

2° Procédé C.-F. Claus, de Londres (Brevet anglais n° 3401, de l'année 1890), qui consiste à obtenir de l'hydrogène en employant le gaz à l'eau comme réducteur et comme source de chaleur. Des cornues reliées entre elles, chargées d'oxyde de fer poreux concassé en fragments de la grosseur d'une noix, et sont chauffées au rouge; on y lance un courant de gaz à l'eau qui réduit l'oxyde, puis on y envoie de la vapeur d'eau surchauffée vers 800 à 1000°, qui est décomposée par le fer ainsi obtenu, lequel passe à l'état d'oxyde Fe^3O^4 susceptible de régénération, et ainsi de suite. Quant à l'hydrogène produit pendant cette phase de l'opération, il est recueilli et la vapeur d'eau excédente condensée. Comme le gaz à l'eau qui a servi à la réduction de l'oxyde n'est pas épuisé, puisqu'il contient encore de l'oxyde de carbone et de l'hydrogène, il est employé à chauffer les cornues.

3° Procédé Lewes (Brevet anglais 214782, du 10 juillet 1891), qui présente, au moins dans son principe, beaucoup d'analogies avec le précédent. Il consiste en effet à fabriquer l'hydrogène par décomposition de la vapeur d'eau au moyen du fer chauffé et à réduire l'oxyde de fer Fe^3O^4 formé de manière à récupérer du fer métallique et à l'utiliser à nouveau. La partie active de l'appareil est une cornue chargée de fragments de fer puis d'un mélange de fer extrêmement divisé et de charbon, puis de coke. On y envoie d'abord un courant d'air pour élever suffisamment la température, et ensuite un courant d'air et de vapeur d'eau qui engendre un mélange d'azote, d'hydrogène et d'oxyde de carbone. L'appareil est construit de manière à maintenir le fer à une température où il décompose l'eau et à maintenir en outre l'oxyde de fer résultant de cette opération à une température où il est réduit par le ou les gaz réducteurs avec lesquels il est en contact.

4° Procédé B.-T.-L. Thomson (Brevet anglais 17778, du 11 août 1896), qui a pour objet la préparation de l'hydrogène et de l'acide carbonique. Dans un premier procédé, le gaz à l'eau obtenu par la décomposition de la vapeur d'eau par du charbon chauffé à l'incandescence est formé d'un mélange d'hydrogène, d'oxygène et d'oxyde de carbone; on transforme ce dernier en acide carbonique en grande majorité en le faisant passer sur une colonne d'oxyde métallique chauffé; mais l'acide carbonique produit est perdu. Dans le procédé actuel, cet inconvénient est évité, car on fait passer le mélange gazeux comprimé dans de l'eau ou dans une lessive d'alcali carbonaté qui retient l'acide carbonique, et pourra l'abandonner ultérieurement à l'état pur sous l'action de la chaleur. On sépare l'oxyde de carbone d'avec l'acide carbonique en envoyant les gaz dans un laveur à chlorure cuivreux. L'hydrogène qui se dégage est assez pur pour toutes ses applications industrielles.

5° Procédé Schimming, de Charlottenbourg (Brevet allemand D.R.P. 11643, du 3 juin 1896), qui est un perfectionnement au procédé de préparation par oxydation et réduction successive du fer, et qui consiste à entretenir dans les appareils une température à peu près égale favorable aux deux réactions. On ajoute pour cela, aux gaz destinés à brûler, une certaine quantité d'air à l'entrée des cornues contenant l'oxyde de fer, de manière que la réduction ne dégage pas assez de chaleur pour fondre le métal, qu'on protège en outre contre cet accident en lui incorporant au début une substance réfractaire indifférente.

Les procédés de la troisième catégorie — procédés électrolytiques — ont été inaugurés par le commandant Renard, qui a préconisé l'emploi de solutions alcalines comme électrolytes, et qui a combiné un appareil à la fois très pratique et très simple permettant de préparer électrolytiquement l'hydrogène et l'oxygène purs séparément (voyez 2e Suppl., 2, 416). Sans rien changer au principe de la réaction, on a modifié le procédé Renard en vue d'arriver à une solution plus économique ou mieux adaptée aux circonstances; dans ce procédé le prix de revient des gaz tout compris ne dépasse pas 60 centimes le mètre cube, et ne dépasserait pas 10 centimes avec l'utilisation d'une source naturelle d'énergie.

Dans le procédé du professeur Latchinoff, de Saint-Pétersbourg, où on se propose de produire sur place de l'hydrogène comprimé qui doit être transporté plus ou moins loin suivant les besoins, comme l'ont fait les Anglais dans l'expédition d'Egypte pour le gonflement de leurs ballons militaires, les appareils producteurs sont installés à poste fixe; au nombre de 132, ils reçoivent une énergie électrique de 600 ampères sous 200 volts, ce qui donne 8 mètres cubes d'hydrogène et 4 mètres cubes d'oxygène par heure; le prix de revient est de 1 fr. 25 le mètre cube d'hydrogène, si on tient pour nulle la valeur de l'oxygène; mais s'abaisse considérablement et tombe à zéro si on attribue à cet oxygène sa valeur habituelle. L'utilisation d'une source d'énergie naturelle ferait ici ressortir le prix du mètre cube d'hydrogène à 17 centimes, oxygène perdu, et le prix du mètre cube d'oxygène à 34 centimes, l'hydrogène étant abandonné.

Dans le procédé Garuti, on s'attache à obtenir séparément l'hydrogène et l'oxygène purs sans créer dans les diaphragmes une trop grande résistance, et sans empêcher la libre circulation de l'électrolyte. Ces conditions se trouvent réunies par l'emploi d'un appareil spécial.

L'électrolyseur se compose d'une série de cellules très étroites en tôle d'acier dont les parois servent de diaphragmes; à l'intérieur de chaque cellule se trouve une électrode en acier; l'électrolyte est une solution de potasse dont la préparation exige une première mise de fonds supérieure à celle qu'exigerait une lessive correspondante de soude, mais dont l'emploi amène une économie constante d'énergie électrique, la résistance des solutions de potasse étant inférieure à celle des solutions de soude. L'appareil produit à l'heure 140 litres d'hydrogène et 70 litres d'oxygène remarquablement purs : l'oxygène à 97 0/0, l'hydrogène à 99 0/0; comme d'ailleurs l'impureté de chacun des gaz est constituée par des traces de l'autre, on réalise une purification absolue en les faisant passer respectivement dans des tubes chauffés au rouge, puis dans des appareils desséchants.

Le nombre des installations de ce genre s'accroît sans cesse et on arrive à produire actuellement soit l'hydrogène et l'oxygène séparément dans les conditions de prix indiquées plus haut, soit le mélange tonnant de ces gaz à un prix voisin de 0fr,55 le mètre cube, ce qui rend ce mélange applicable en industrie. (Voy. Minet, *Traité d'Électrochimie*, p. 338 et suiv.).

Purification de l'hydrogène. — La purification de l'hydrogène est une opération assez difficile et cependant indispensable, particulièrement en vue de la préparation des tubes destinés aux expériences spectroscopiques; l'une des plus grandes difficultés est d'avoir un gaz exempt de carbures et qui ne soit pas susceptible d'en engendrer aux dépens des traces de poussières du tube dans lequel on l'enfermera pour le rendre lumineux. M. Berthelot a montré [*Bull. Soc. Chim.*, (3), **5**, 576], que l'hydrogène obtenu à l'aide de l'eau et des métaux alcalins soigneusement débarrassés de la couche d'huile qui les recouvre habituellement n'est jamais pur et qu'il contient toujours de l'acétylène et ses hydrures provenant des acétylures que contient le métal employé; avec le potassium, ces impuretés atteignent plusieurs centièmes; avec le sodium, elles sont beaucoup moins abondantes mais encore très sensibles. En conséquence, M. Berthelot recommande de n'employer que de l'hydrogène obtenu par voie électrolytique et purifié par barbotage dans une solution de permanganate de potassium et passage sur de la potasse fondue qui le dessèche.

C'est à une conclusion identique qu'arrive M. Senderens [*Bull. Soc. Chim.*, (3), **15**, 996]. Il montre que le procédé de purification de MM. Pellet et Houzeau, lavage de l'hydrogène par une solution de nitrate d'argent, est absolument illusoire. Par suite de la trop courte durée de l'expérience [Houzeau, *Ann. Chim. Phys.*, (5), **1**, 374] ou de la présence d'acide nitrique en trop grande abondance dans la solution de nitrate d'argent [Pellet, *C. R.*, **78**, 1132], on a pu croire à une purification suffisante, mais il n'en est rien. Le passage sur une colonne de ponce imbibée de nitrate d'argent (procédé Beketoff) est également insuffisant, quoique la purification soit plus avancée que par le procédé précédent; le procédé de Schöbig, qui emploie deux flacons laveurs consécutifs contenant tous deux une solution concentrée de permanganate de potassium, l'un avec l'acide sulfurique, l'autre avec la potasse, est encore insuffisant. Pour le démontrer, M. Senderens ajoute à cette série de flacons laveurs un flacon à nitrate d'argent dissous dans l'eau, séparé des précédents par un tampon de coton destiné à arrêter les particules liquides qui pourraient être entraînées mécaniquement; cette dernière solution de nitrate d'argent noircit, mais cela ne purifie pas encore l'hydrogène, car celui-ci, traversant six flacons placés à la suite et contenant tous du nitrate d'argent dissous dans l'eau, donne partout non seulement un dépôt d'argent de couleur gris mat qui apparaît de suite, mais aussi, au bout d'une heure environ, de très nombreuses taches noires. M. Senderens en utilisant le mode de purification de Lionel, qui consiste à faire passer le gaz dans un tube de verre contenant du cuivre chauffé au rouge avant son admission dans les solutions de nitrate d'argent, a constaté que ces taches noires ne se produisent pas. Le précipité formé a toujours été blanc grisâtre. M. Senderens a observé en outre que l'hydrogène produit électrolytiquement présentait de suite le même degré de pureté, car il ne donnait avec le nitrate d'argent qu'un dépôt blanc grisâtre.

D'autre part l'emploi de matériaux réputés purs pour obtenir de l'hydrogène pur est souvent illusoire et MM. Schlagdenhauffen et Pagel ont montré [*C. R.*, **128**, 1170] que l'hydrogène obtenu par l'action du zinc et de l'acide sulfurique réputés purs, enflammé à l'extrémité d'un ajutage en platine, donne une flamme présentant au centre un filet verdâtre ou légèrement bleuté. Si on purifie ce gaz par la potasse, l'acétate de plomb, le sublimé et l'azotate d'argent, la flamme prend son apparence ordinaire, pâle sans coloration; mais la coloration réapparaît quand on fait la combustion dans un tube de verre de manière à faire chanter la flamme, ou quand on écrase celle-ci au moyen d'un entonnoir ou d'une capsule en porcelaine. Dans ces conditions apparaît une belle coloration bleue accompagnée d'une auréole jaune pâle; cette coloration bleu violacé, d'un éclat très brillant, et non bleu pâle ou cendré, avait déjà été observée par Salet, qui avait attribué ce phénomène à la présence du soufre [Dict., **2**, 1625], mais cette opinion n'est pas justifiée dans le cas actuel; les auteurs attribuent à l'hydrogène sélénié les apparences observées; car ils ont pu mettre en évidence la présence de ce corps; l'hydrogène qui se dégage traverse la série des flacons laveurs indiquée plus haut, terminée par un dernier flacon à acide nitrique; l'expérience, qui consiste à attaquer 2 kilos de métal, dure environ 15 jours; la liqueur du dernier flacon, évaporée à siccité et additionnée d'acide sulfureux, a fourni une coloration rouge, puis un précipité de même couleur, réaction du sélénium. Donc, malgré les précautions prises pour le purifier, l'hydrogène qui arrive au dernier flacon est impur et contient de l'hydrogène sélénié. Du reste, le résidu extrait de l'appareil producteur, convenablement traité, donne du sélénium en quantité considérable, ce qui montre que ce corps n'est pas en totalité transformé en hydrogène sélénié, mais reste sans doute sous forme de séléniure de plomb. Dans le cas où l'on remplace le zinc par le fer et où l'on ajoute du sulfure de fer, presque tout le sélénium se dépose dans les flacons laveurs sous forme d'enduit rouge; mais le gaz obtenu brûle avec la flamme bleu violacé signalée plus haut, et la flamme présente tous les mêmes caractères attribuables par conséquent à la présence du sélénium.

L'hydrogène accompagne souvent l'oxygène industriel et peut ainsi, particulièrement dans les expériences calorimétriques (bombe de M. Berthelot), occasionner des erreurs importantes [Berthelot, *C. R.*, **135**, 821]. MM. Vèzes et Labatut ont imaginé un appareil pour la préparation de l'hydrogène pur [*Zeits. anorg. Chem.*, **32**, 464].

Liquéfaction de l'hydrogène. — *La liquéfaction de l'hydrogène a été dans ces dernières années l'objet d'un grand nombre d'expériences de la part de M. Dewar [*Ann. Chim. Phys.*, (7), **14**, 145]. Elles ont conduit à des résultats extrêmement importants puisqu'elles ont permis de réaliser la liquéfaction de l'hydrogène en grande quantité (annoncée par M. Moissan à la Société chimique de Paris, le 13 mai 1898), la liquéfaction de l'hélium et enfin la solidification de l'hydrogène. Après les découvertes de M. Cailletet et de M. Pictet, il ne restait aucun doute sur la possibilité de liquéfier l'hydrogène, mais il fallait l'obtenir à l'état liquide stable et, si possible, solidifié. La question fut étudiée séparément par MM. Wroblewski et Olszewski.

M. Wroblewski fit le premier une expérience nette sur la liquéfaction permanente de l'hydrogène (1er janv. 1884); le gaz comprimé, refroidi dans un tube capillaire plongé dans l'oxygène liquide bouillant, est rapidement détendu de 100 atmosphères à 1 atmosphère; le contenu du tube présente alors toutes les apparences d'un liquide en ébullition.

Olszewki confirma de suite ce résultat en détendant de l'hydrogène comprimé à 190 atmosphères après l'avoir refroidi au moyen d'oxygène et d'azote liquides bouillant sous pression réduite. Il se fait d'abord quelques gouttelettes incolores, puis ensuite un liquide qui coule dans le tube à expérience.

Opérant dans des conditions presque identiques, M. Wroblewski [*C. R.*, **100**, 981] n'obtint qu'une mousse contenant des gouttelettes incolores et dont la température, déterminée par une pince thermoélectrique, était d'environ — 208° à — 211°. M. Dewar fait remarquer que la température — 211° mesurée par M. Wroblewski correspond en réalité à — 230° du thermomètre à hydrogène; que, par suite, l'azote liquide peut donner, sous pression réduite, une température de — 220° environ et que le point critique de l'hydrogène, étant au-dessous de cette limite, doit être au-dessous de 50° absolus.

Quoique l'hydrogène n'ait pas été obtenu sous forme de liquide statique, M. Wroblewski, dans l'impossibilité de faire des mesures directes, avait pu néanmoins, par application de la formule de Van der Waals, donner la valeur des constantes critiques, du point d'ébullition et de la densité de l'*hydrogène*. M. Olszewski, en 1891, reprit ses expériences sur de grandes quantités de gaz; il constata à nouveau l'ébullition de l'hydrogène liquide pendant un temps assez long; mais le liquide ne présentait pas de ménisque net et l'observateur ne put pas faire de mesures directes; néanmoins, il déduisit de ses expériences les constantes critiques :

	T_c	P_c	Ebullition.
Wroblewski (1888).	— 240°	13 atm.	— 250°
Olszewski (1891) ...	— 234°	20 —	— 243°

M. Dewar, reprenant la question à la suite de la découverte du procédé de préparation d'air liquide en abondance, fait remarquer que l'hydrogène refroidi par de l'air liquide en ébullition, c'est-à-dire à — 194°, se trouve encore à plus de de 40° au-dessus de sa température critique; qu'il est encore à une température dont la valeur numérique est deux fois et demie celle de sa température critique et que, même pris à cet état, sa liquéfaction présente les mêmes difficultés que celle de l'air pris à la température de 60°. Toutefois il montre que l'hydrogène, refroidi par de l'air liquide bouillant et détendu de 200 atmosphères dans un serpentin refroidi également par l'air liquide, se transforme en un jet liquide qui se réunit sous forme stable dans une ampoule constituée par deux enveloppes de verre entre lesquelles on a fait le vide de Crookes. Il n'est donc plus douteux que le liquide puisse être recueilli. Quant au jet liquide, il solidifie très rapidement l'air et l'oxygène liquides : 50 centimètres cubes d'air ou d'oxygène liquides furent ainsi transformés en solides durs, blancs semblables à la neige. Le brouillard d'hydrogène ainsi obtenu permet de réaliser des températures voisines de 20° à 30° absolus.

La liquéfaction en grand de l'air atmosphérique et la manipulation du liquide obtenu permirent à M. Dewar d'avoir de l'hydrogène liquide en grande quantité. Son appareil se compose essentiellement d'un ballon contenant le gaz hydrogène, communiquant avec un premier serpentin plongé dans l'anhydride carbonique, puis avec un second serpentin entouré d'air liquide, puis avec un troisième serpentin placé dans une ampoule à parois creuses et vides d'air (flacons Dewar) plongée elle-même dans de l'air liquide, c'est-à-dire à environ — 200°; ce dernier serpentin se termine par un tube capillaire commandé par une valve pour la détente.

10 mai 1898. L'hydrogène étant refroidi à — 205° sous la pression de 100 atmosphères, circulant à la vitesse de 300 à 400 litres par minute, il se produit, au moment de la détente, de l'hydrogène liquide, environ 20 centimètres cubes en cinq minutes; au bout de ce temps le jet se solidifie par suite de la présence d'air dans l'hydrogène. Le rendement en gaz liquéfié est d'environ 1 0/0.

Le liquide obtenu est clair, incolore, ne produit pas d'absorption de la lumière et possède un ménisque parfait; mais l'observateur ne peut mesurer ni son indice ni sa densité; ce liquide solidifie notamment l'air gazeux et l'oxygène liquide qui se transforme en un solide bleu.

12 mai 1898. Mêmes conditions : 50 centimètres cubes d'hydrogène liquide; du coton imbibé de ce liquide et porté à l'air donne une neige d'air atmosphérique qui, après disparition de l'hydrogène, se liquéfie, puis disparaît à son tour. Liquide absolument incolore, mesure de densité impossible. L'hydrogène était donc obtenu en abondance sous forme d'un liquide stable.

M. Dewar entreprit la détermination de la température d'ébullition de l'hydrogène liquide, qu'il pouvait se procurer à raison de 250 centimètres cubes environ. Avec un thermomètre à résistance électrique fait avec un fil de platine fin, la température d'ébullition la plus basse fut — 239°,1 (+ 33°,9 absolus) sous 25 millimètres de pression; or, sous la pression de 1 atmosphère cette température avait été de — 238°,4 (+ 34°,6 absolus), il n'y avait donc qu'un écart de 1° entre ces deux nombres, au lieu d'un écart normal prévu de 10° environ. Un autre thermomètre à fil de platine ayant confirmé cette anomalie, la détermination fut reprise avec un thermomètre analogue à fil de platine-rhodium (10 0/0) : on trouva cette fois — 246° (+ 27° absolus) qui semble plus probable que le chiffre précédent et s'accorde mieux avec les déterminations de MM. Wroblewski et Olszewski. Pour faire disparaître toute incertitude relative à l'instrument employé, M. Dewar se servit d'un thermomètre à hydrogène à volume constant et à faible pression, qui marquait — 182°,5 (+ 90°,5 absolus) dans l'oxygène bouillant; la température cherchée déterminée par cet appareil fut — 250° (+ 23° absolus) [*Ann. Chim. Phys.*, (7), **17**, 1].

Cette détermination fut reprise en éliminant les thermomètres à résistance électrique devenus sujets à caution, et en se servant de thermomètres à gaz (soit l'hydrogène de même provenance que celui qu'on liquéfie, soit d'hélium) dont la formule est connue :

$$T = T_1 \cdot \frac{273 + t + 273 \,.\, x}{273 + t - x T_1}$$

ou

$$T = T_1 0 \quad \text{dans laquelle} \quad T_1 = \frac{P - P_o}{\alpha P_o - \delta P_o}$$

avec

$$P_o = H_o \qquad P = H_o + \alpha \qquad x = \frac{v}{V_o}.$$

V_o volume du réservoir à zéro ; T température du réservoir à partir de zéro.

v volume de l'espace extérieur à température ambiante t.

α coefficient de dilatation du gaz du thermomètre : 0,00366254,

sauf pour CO^2 où $\alpha = 0,00371636$.

δ coefficient de dilatation de la matière du réservoir.

H_o pression initiale à zéro; $H_o + h$ pression à température T après corrections.

	Thermomètre à hydrogène.			Thermomètre à hélium.	
	1° Electrolyt.	2° Occlus dans Pd et régénéré.			
Température d'ébullition de l'oxygène..	— 182°,2	— 182°,67	— 181°,52	»	»
Température d'ébullition de l'hydrogène.	— 253°,03	— 253°,37	— 251°,4	— 252°,68	— 252°,64

M. Dewar discute les causes d'erreur de ses expériences et en conclut finalement que, si le point d'ébullition de l'oxygène est à — 182°, ce qui est la plus haute valeur possible, celui de l'hydrogène est à — 252°, ou 21° absolus [*Ann. Chim. Phys.*, (7), **23**, 417].

Solidification de l'hydrogène [*C. R.*, **129**, 451]. — Réalisée par M. Dewar, elle fut annoncée à l'Académie des sciences le 28 août 1899. Les premières expériences où ce savant avait observé la *formation d'un corps* solide écumeux produit par l'évaporation de l'hydrogène liquide sous pression réduite n'étaient pas suffisamment concluantes, car la présence de l'air est très difficile à éviter et pouvait expliquer les apparences observées. Voici une expérience qui ne laisse aucun doute. Un ballon de 1 litre environ est rempli d'hydrogène pur et sec avec les précautions habituelles, puis fermé à la lampe; il porte latéralement un manomètre et un long tube recourbé vers le bas et fermé à son extrémité inférieure; ce tube est plongé dans une ampoule à double enveloppe vide, contenant de l'hydrogène liquide au-dessus duquel on peut faire le vide. L'hydrogène du ballon se transforme facilement en un liquide clair qui se rassemble dans le tube refroidi, puis, quand la pression dans l'ampoule atteint 30 à 40 millimètres, l'hydrogène employé comme réfrigérant se solidifie tout d'un coup en une écume blanche, qui empêche l'observation directe de ce qui se passe dans le tube emprisonné dans cette masse. L'appareil entier étant renversé, aucun liquide ne circule dans le tube latéral refroidi, ni ne s'écoule vers le ballon; l'hydrogène pur et sec a donc été solidifié. D'ailleurs le vide étant maintenu à 25 millimètres sur l'hydrogène réfrigérant, celui-ci devient au bout de quelque temps moins opaque et permet de distinguer le contenu du tube central; c'est une glace transparente surmontée d'une couche mousseuse solide; ces apparences de l'hydrogène solide détruisent à tout jamais l'hypothèse de l'hydrogène métallique tel qu'avait cru l'observer Cailletet; la formation de la mousse supérieure doit sans doute être attribuée à la faible densité du liquide. M. Dewar ne réussit pas à mesurer la densité à l'état solide, mais la densité fluide maximum est 0,086, alors que le liquide à son point d'ébullition a pour densité 0,07. L'hydrogène solide fond quand la tension de la vapeur saturée atteint environ 55 millimètres, et la température de fusion fut déterminée par deux thermomètres à hydrogène à pression initiale réduite différente (269^{mm},8 et 127 millimètres); on trouva sous la pression de 35 millimètres — 257°, soit + 16° absolus. Ce chiffre de 15 à 16° absolus est actuellement la limite des plus basses températures que l'on ait pu réaliser.

Il est assez curieux de remarquer que la température critique de l'hydrogène se trouvant au voisinage de + 30° à + 32° absolus est exprimée par un nombre qui est le double de celui qui indique la température de fusion de ce même corps; on sait que cette coïncidence se produit aussi pour l'azote.

Ajoutons que l'hélium pur, refroidi au moyen d'hydrogène solide sous la pression de 8 millimètres, change d'état [*C. R.*, **129**, 434. — Voir à ce sujet : Mlle A.-M. Clercke. *Recherches sur les basses températures. Revue générale des sciences pures et appliquées*, année 1902, p. 130].

Les belles expériences de M. Dewar, outre les résultats nouveaux qu'elles ont fait connaître relativement à l'hydrogène, ont permis de reculer très loin la limite des basses températures; elles viennent, en outre, lever de la façon la plus formelle les doutes qu'un savant, tel que James Clerk Maxwell avait cru pouvoir émettre sur la possibilité de la liquéfaction de l'hydrogène [*Scientific Papers*, **2**, 412].

Ces températures extrêmement basses ont été utilisées en vue de quelques expériences d'un grand intérêt, particulièrement au point de vue de la conservation des facultés germinatives des graines. Faites par Sir William Thiselton-Dyer sur : *Branica alba, Pisum sativum, Cucurbita pepo, Minulus moschatus, Triticum sativum, Herdeum vulgare*, elles ont montré que les propriétés germinatives ne sont nullement atteintes par un séjour même prolongé à ces températures [*Proc. Chem. Soc.*, **65**, 361]. Les bactéries qui résistent à — 190° ne sont nullement atteintes par un séjour prolongé dans l'hydrogène liquide; quant aux organismes phosphorescents, ils donnent un exemple curieux de suspension et de reprise de leur activité photogénique par congélation et dégel successifs.

M. Dewar a en outre utilisé ces basses températures à l'obtention des hauts vides par simple refroidissement [*Ann. Chim. Phys.*, (7), **17**, 12]; l'hydrogène bouillant à 35° absolus, sous la pression ordinaire, alors que l'oxygène bout à 90° absolus et le chlore à 240°, le premier de ces corps peut être considéré, au point de vue réfrigérant, comme aussi actif vis-à-vis de l'oxygène que ce dernier vis-à-vis du chlore. Or, le chlore dans l'oxygène liquide est un solide dur à 80° de son point de fusion, et par suite à très faible tension de vapeur; donc quand l'hydrogène solidifie autour de lui l'air contenu dans un tube fermé, il est probable que la tension de l'air ne doit plus guère y être appréciable; elle est la somme des tensions dues à l'azote et à l'oxygène qui, calculées par extrapolation, sont au maximum : 0^{mm},0015 pour l'azote, 0^{mm},00076 pour l'oxygène, à la température d'ébullition de l'hydrogène. Donc, le vide laissé par l'air pur après liquéfaction ne doit pas dépasser 1/1 000 000 d'atmosphère; or, ce chiffre mesure la tension de vapeur du mercure dans le vide de Torricelli; quant à la pression de l'hydrogène à son point d'ébullition (35° absolus), on calcule qu'elle est égale à 7/852 000 de celle de l'oxygène, soit 1/8 000 000 d'atmosphère. Aucune méthode ne permettant de pousser la limite du vide au delà de la tension de vapeur du mercure, il était intéressant de vérifier expérimentalement les considérations précédentes. Des tubes à décharges analogues à ceux qu'on emploie pour l'étude spectroscopique des gaz sont soudés à un réservoir avec lequel ils communiquent par un tube étranglé; ils sont remplis d'air, d'oxygène ou d'azote. On immerge le réservoir dans l'hydrogène liquide protégé du réchauffement par de l'air liquide, et on les ferme après quelques minutes d'immersion. Quand on essaie d'y faire passer l'étincelle, on constate une grande résistance et une phosphorescence extrêmement intense du verre.

Deux tubes préparés par Sir William Crookes, munis d'électrodes en platine, et qui avaient, dans des expériences préalables destinées à éliminer toutes les impuretés superficielles du verre, donné passage à l'électricité furent remplis d'air sec et pur; celui-ci ayant été raréfié par immersion du tube dans l'hydrogène liquide, les tubes furent fermés; le vide y était à tel point parfait qu'il fallut les chauffer pour déterminer le passage de l'étincelle. Donc la somme des tensions de l'azote et de l'oxygène, après immersion dans l'hydrogène liquide, est inférieure à 1/1 000 000 d'atmosphère, ces tubes étant plus résistants que les plus parfaits obtenus avant eux en employant comme agent de vide les trompes à mercure.

PROPRIÉTÉS PHYSIQUES.

DENSITÉ. — Cette donnée expérimentale très importante, ainsi que l'évaluation du rapport entre le poids atomique de l'oxygène et celui de l'hydrogène, ont fait dans ces dernières années l'objet d'un grand nombre de recherches très précises, de la part de MM. E.-H. Keiser [*Am. chem. Journ.*, **10**, 260], P. Cooke et T.-W. Richards [*Proc. Am. Acad.*, **23**, 1888], P. Cooke et T.-W. Richards [*Am. Journ.*, (2), **81**; **191**, 1888], Lord Rayleigh [*Roy. Soc. Proc.*, **43**, 356, 1888], Dittmar et Handerson [*Proc. Philosoph. Soc.* (Glasgow), **22**, 33, 1890], E.-H. Keiser [*Am. Journ.*, **115**, 43, 1891], Leduc [*C. R.*, **113**, 1158, 1891; *Ann. Chim. Phys.*, (7), **15**, 28; *C. R.*, **128**, 1158, 1898], Noyes [*Am. chem. Journ.*, **12**, 441], E.-W. Morley [*Zeit. physiol. Chem.*, **20**, 242; **20**, 417, 1896], J. Thomsen [1896], Lord Rayleigh [*Proc. Roy. Soc.*, **45**, 425, 1892], Scott [*Phil. Transac. Roy. Soc.*, **184**, 543, 1893].

1° M. Leduc, dans une série d'expériences, basées sur des perfectionnements importants de la méthode de Regnault pour la détermination des densités des gaz et du poids du litre d'air, a repris la mesure de la densité de l'hydrogène avec une approximation du 1/10 000.

a. L'hydrogène est préparé par électrolyse d'une solution alcaline et purifié par passage sur de la potasse fondue, puis sur de la mousse de platine au rouge, puis sur un deuxième échantillon de potasse, puis enfin sur de l'anhydride phosphorique préalablement traité à chaud par un courant d'oxygène, pour peroxyder les oxydes inférieurs du phosphore.

La densité de cet hydrogène s'élève à :

$$0,06947 \quad \text{et} \quad 0,06949.$$

b. L'hydrogène est préparé par le zinc et l'acide sulfurique, puis purifié par une solution fortement alcaline de permanganate de potassium, potasse fondue et cuivre incandescent, et enfin séché comme ci-dessus. Sa densité est : 0,06947.

On peut donc admettre le chiffre 0,06948 et pour poids de l'hydrogène normal (1 litre) : 0gr,08985, à moins de 1/20 de milligramme près. C'est le nombre de Regnault, mais ceci résulte d'une coïncidence fortuite, due à ce fait que le poids du litre d'air, déterminé par M. Leduc, est 1gr,29316 au lieu de 1,293187, nombre de Regnault.

La densité de l'oxygène déterminée par M. Leduc, à l'aide de la même méthode, sur un gaz obtenu par électrolyse d'une solution sulfurique a donné le nombre 1,10523 (par rapport à l'air moyen de Paris), avec une approximation de 1/20 000. Si donc on admet que le rapport des poids atomiques est égal au rapport des densités gazeuses, le poids atomique de l'oxygène, en supposant $H = 1$ est égal à $\frac{1,10523}{0,06948} = 15,607$. Ce chiffre s'écarte notablement de celui de Dumas (16) et de celui de Stas (15,96). L'écart est même beaucoup trop considérable pour qu'il n'y ait pas lieu de mettre en doute le principe de la méthode de Dumas, et en particulier de soumettre à de nouvelles expériences la question de la composition de l'eau. M. Leduc l'a reprise par deux méthodes différentes : 1re méthode, qui est celle de Dumas modifiée. On introduit dans un tube de verre de 4 millimètres de diamètre, muni à l'une de ses extrémités d'un petit tube à robinet et qu'on termine à l'autre extrémité par un tube effilé, du cuivre électrolytique laminé, coupé en lames puis oxydé grossièrement. On l'entoure d'une feuille de platine, et l'on chauffe au minimum, de manière toutefois à oxyder le cuivre, dans l'oxygène pur et sec; on ferme la pointe effilée, on fait le vide dans le tube à la pression de 0mm,1 environ, on le porte sur la balance et on pèse. On réduit ensuite l'oxyde à la température la plus basse possible, dans un courant d'hydrogène pur, en recueillant l'eau formée; on laisse refroidir sur de l'hydrogène, on ferme à nouveau, on fait le vide et on pèse une deuxième fois; comme le cuivre a fixé un peu d'hydrogène à l'état d'hydrure de cuivre, on réoxyde en recueillant l'eau au moyen d'acide phosphorique. L'eau formée par ces oxydations est absorbée et pesée. On trouve les résultats suivants :

22gr,1632 d'eau sont formés de 19gr,6854 d'oxygène, ce qui donne $O = 15,882$; 19gr,4703 d'eau sont formés de 17gr,5323 d'oxygène, donc $O = 15,880$ (en attribuant à l'eau la formule H^2O et admettant $H = 1$).

2e méthode, détermination de la densité D du mélange gazeux obtenu par électrolyse de l'eau alcalinisée par de la potasse : si x est la proportion centésimale d'hydrogène, et si les deux gaz se mélangent sans variation de volume, on doit avoir :

$$x.\ 0,06948 + (100 - x)\ 1,10523 = 100.\ D.$$

la composition de l'eau serait alors

$$\frac{100 - x}{x} \text{ en volume, } \quad \frac{(100 - x)\ 1,10523}{x\ .\ 0,06948} \text{ en poids.}$$

Or, on a trouvé $D = 0,41423$ à 0,0001 près; donc

$$x = 66,715 \qquad \frac{x}{100 - x} = 2,043$$

et par suite

$$O = 15,868 \text{ si } H = 1.$$

Ce nombre s'écarte encore plus de 16 que celui qu'on a trouvé précédemment et fait prévoir que la loi du mélange des gaz, admise pour établir l'équation fondamentale, n'est pas exacte. On peut même, à l'aide de ces nombres, se faire une idée de son degré d'inexactitude; pour faire coïncider le poids atomique déterminé à l'aide de cette équation, à savoir 15,868, avec sa valeur probable 15,88, déduite de la comparaison des densités de l'hydrogène et de l'oxygène, il faudrait supposer que le mélange des deux gaz s'accompagne d'une augmentation de volume de 1/4000; alors on aurait $D = 0,41434$; poids atomique : $O = 15,88$ (en supposant, bien entendu, $H = 1$; si, au contraire, on suppose $O = 16$, on aurait $H = 1,0076$).

Cette hypothèse de l'augmentation de volume des gaz par leur mélange entraîne comme conséquence, si on opère à volume constant, une augmentation correspondante de pression qui s'élève à 0mm,19 de mercure, c'est-à-dire à une quantité mesurable. Cette conséquence a été vérifiée expérimentalement par MM. Daniel Berthelot et Sacerdote; en particulier, en mélangeant de l'oxygène et de l'hydrogène et en abandonnant ce mélange pendant six jours en favorisant la diffusion, ils ont trouvé une augmentation de pression de 0mm,2 de mercure, le récipient étant rempli d'un mélange homogène [*C. R.*, **128**, 820]. Ce même fait a été vérifié pour d'autres mélanges gazeux, par exemple $SO^2 + CO^2$; air atmosphérique, et on peut conclure que la loi ordinaire du mélange des gaz n'est pas rigoureusement exacte; ceci explique les écarts observés entre les deux déterminations différentes du poids atomique de l'oxygène 15,881 et 15,868, et donne au nombre déterminé par la méthode des densités, 15,88, de grandes chances d'exactitude.

2° M. E. W. Morley [*Zeits. physik. Chem.*, **20**, 242] détermine la densité de l'hydrogène produit par électrolyse d'une solution diluée d'acide sulfurique et purifié; il donne les moyennes de deux séries différentes et les représente par les nombres

0,089938 0,089970.

Dans trois autres séries d'expériences, l'hydrogène n'est pas pesé directement : on l'absorbe par du palladium qui le retient et qu'on pèse, puis on le dégage dans un flacon jaugé, maintenu à zéro, où on mesure son volume, tandis que la perte de poids du palladium donne le poids du gaz.

Résultats :

0,089886 ± 0,0000049
0,089880 ± 0,0000088
0,089886 ± 0,0000034
Moyenne : 0,089873 ± 0,0000027

les résultats de deux premières séries étant éliminés de cette moyenne.

La densité de l'oxygène a été déterminée par le même auteur; le gaz était produit soit par décomposition du chlorate de potasse et, dans ce cas, purifié par passage sur de l'argent et dans des tubes contenant potasse, acide sulfurique et acide phosphorique, soit par électrolyse d'une solution sulfurique; la moyenne des déterminations est 1gr,42900 ± 0,000034.

Le même auteur détermine la valeur du rapport $\frac{O}{H}$ par la mesure de la densité du mélange tonnant obtenu par électrolyse d'une solution alcaline et trouve pour cette densité :

0,535510 ± 0,000030,

mais il constate que ce mélange contient un excès d'hydrogène (0,000293 en moyenne) dû sans doute à une absorption partielle de l'oxygène; en tenant compte de ce fait, l'auteur trouve, pour la valeur $\frac{O}{H}$, le nombre 2,00269, ce qui fixe le poids atomique de l'oxygène à 15,8792. Par synthèse de l'eau et analyse eudiométrique des gaz non combinés, il trouve 15,8785; la moyenne des deux séries est 15,879, qui coïncide avec la moyenne des déterminations précédemment citées.

3° M. J. Thomsen [*Zeits. anorg. Chem.*, **11**, 14] emploie une méthode originale consistant à dégager de l'hydrogène pur et sec obtenu par la réaction de 1 gramme d'aluminium sur une lessive alcaline concentrée; la perte de poids donne le poids d'hydrogène; ce gaz passe dans un tube à combustion, où il est brûlé par un courant d'oxygène; l'eau produite est retenue par un dispositif convenable dont l'accroissement de poids donne celui de l'eau formée, et par suite celui d'oxygène fixé.

Poids d'hydrogène rapporté à 1 gramme d'aluminium : 0,11190 ± 0,000015 (21 expériences).

Poids d'oxygène rapporté à 1 gramme d'aluminium : 0,88787 ± 0,000018 (11 expériences).

Le rapport donne la composition de l'eau :

$$\frac{O}{H^2} = 7{,}9345 \pm 0{,}0011,$$

d'où on déduit :

Poids atomique de l'oxygène : 15,8690 ± 0,0022, en admettant H = 1, ce qui cadre très bien avec es déterminations les plus récentes : Cooke et Richards, 15,869; Morley, 15,879; Noyes, 15,886; Dittmar, Henderson, 15,867; Rayleigh-Scott, 15,862; Leduc, 15,881.

Le même auteur [*Zeits. anorg. Chem.*, **12**, 1] utilise ces expériences pour la détermination de la densité de l'hydrogène; il suffit, pour obtenir ce résultat, de connaître le volume d'hydrogène dégagé par 1 gramme d'aluminium; ce volume est évalué par la perte de poids qu'éprouve un flacon préalablement plein d'eau et qui reçoit le gaz chassant du liquide devant lui.

1 gramme d'aluminium dégage

1lit,24289 ± 0,0004

à 0°, 760 millimètres et 10m,6 d'altitude (Copenhague) (moyenne de 8 expériences), d'où poids du litre d'hydrogène : 0,090032 ± 0,000012, qui devient 0,089947 ± 0,000012 une fois ramené à la latitude de 45° au niveau de la mer; ce nombre coïncide alors presque identiquement avec ceux de Cooke et Richards, Rayleigh, Morley, mais se trouve un peu supérieur à ceux de Regnault (0,089864) et de Leduc (0,089850).

Des expériences analogues ont donné pour poids du litre d'oxygène : 1,42906 ± 0,0002, d'où, pour le rapport des poids spécifiques, 15,8878, nombre supérieur au rapport des poids atomiques, 15,8690 déterminé plus haut.

Le volume d'hydrogène qui s'unit à l'oxygène pour engendrer l'eau est donc supérieur à sa valeur théorique, 2 pour 1, et égal à 2,00237, nombre qui concorde avec ceux de Scott (2,00247) et Morley (2,00268), et qui démontre que la loi de Gay-Lussac n'est qu'une loi approchée, résultat qui, on l'a vu plus haut, a été vérifié expérimentalement.

4° Lord Rayleigh, dans un premier mémoire [*Proc. Roy. Soc.*, **43**, 356, fév. 1888], donna [*Bull. Soc. Chim*, (3), **16**, 1604, 1505] pour valeur du rapport des poids atomiques de l'oxygène et de l'hydrogène, le nombre 15,884; l'hydrogène était obtenu par le zinc et l'acide sulfurique ou par le zinc et l'acide chlorhydrique, puis purifié par le chlorure mercurique, la potasse et l'anhydride phosphorique, tandis que l'oxygène était obtenu par le chlorate de potassium ou un mélange de chlorate de sodium et de chlorate de potassium; les densités de ces deux gaz, mesurées séparément, fournissaient le quotient cherché.

Il étudia ensuite la même question en réalisant la synthèse de l'eau au moyen de poids connus des deux composants, et il obtint le nombre 15,89; des expériences antérieures, datant de 1845, lui avaient donné 15,96.

En 1887, de nouveaux expérimentateurs, MM. J. P. Cooke et T. W. Richards [*Proc. Am. Acad.*, **23**, 1887], ayant abordé la question, ont trouvé, pour le rapport des poids atomiques, le nombre 15,869; le désaccord entre ce résultat et celui de lord Rayleigh engagea ce dernier à refaire de nouvelles expériences [*Proc. Roy. Soc.*, **50**, 448], d'autant plus que le résultat qu'il avait trouvé coïncidait presque avec celui de Keyser, 15,949, et différait assez sensiblement de ceux qu'avaient observés Noyes, 15,896, d'une part, et Dittmar et Henderson, 15,866, d'autre part. Ces différences restaient inexpliquées. Le générateur d'hydrogène employé par lord Rayleigh était un tube en U à longues branches contenant de l'eau, mis en communication avec une pile de Grove de 3 ampères. L'hydrogène, purifié par passage dans un tube de cuivre exempt de sulfure, chauffé au rouge, puis par passage sur de la potasse, était recueilli dans un appareil régulateur de pression, d'où il se rendait dans les appareils de mesure par l'intermédiaire d'un système desséchant, potasse solide et acide phosphorique. Toutes corrections faites, l'auteur donne, avec une approximation qu'il évalue au 1/3000e, les résultats suivants pour la composition de l'eau :

Hydrogène : 0,158531 Oxygène : 2,51777

$$\text{Rapport } \frac{O}{H} = 15,882.$$

à la température ordinaire et à la pression moyenne de 760 millimètres.

En faisant intervenir les valeurs qu'il avait déterminées pour la densité de l'hydrogène et de l'oxygène, à savoir respectivement 0,06960 et 1,10535 [*Chem. News*, **76**, 315], lord Rayleigh déduit de ses expériences le rapport entre le nombre d'atomes d'hydrogène et le nombre d'atomes d'oxygène qui concourent à la formation de l'eau; le résultat trouvé coïncide rigoureusement avec le chiffre déterminé auparavant par M. Morley, à savoir 2,0002.

Sans vouloir entrer dans le détail et la critique de toutes les expériences faites à ce sujet, voici, pour résumer, le tableau des principaux résultats obtenus :

Auteurs.	Valeur du rapport $\frac{O}{H}$	
	Poids atomique.	Densités.
Dumas (1842)	15,96	»
Regnault (1845)	»	15,96
Lord Rayleigh (1888)	»	15,884
Cooke et Richards (1888)	15,869	»
H. Keiser (1888)	15,949	»
Lord Rayleigh (1889)	15,89	»
Noyes (1890)	15,896	»
Dittmar-Henderson (1898)	15,869	»
Morley (1891)	15,979	»
Leduc (1891)	»	15,881
Lord Rayleigh (1892)	»	15,882

Dernièrement, lord Rayleigh (*Proc. Roy. Soc.*, **66**, 334] s'est proposé de voir si l'hydrogène desséché par l'anhydride phosphorique, comme on le fait habituellement, est entièrement débarrassé d'eau et si une erreur systématique ne viendrait pas de l'emploi d'un gaz impur; il a utilisé de l'hydrogène desséché par de l'air liquide (6 litres de ce dernier liquide se sont maintenus pendant trois jours et lui ont permis de faire deux expériences). Il trouva que le poids de l'hydrogène ainsi obtenu est de 1/10 à 2/10 de milligramme plus élevé que le poids du gaz habituel desséché par l'acide phosphorique. Lord Rayleigh ne tire pas de ces constatations des conclusions formelles et admet qu'elles pourraient être dues à des erreurs d'expériences, l'appareil n'étant pas établi dans les meilleures conditions.

5° La critique des divers résultats et des diverses méthodes a été faite par Gustav Hinrichs [*C. R.*, **116**, 753; **117**, 663].

Il arrive, en examinant les expériences de Dumas, à cette conclusion que la valeur absolue du rapport entre le nombre 16 et le poids atomique de l'oxygène est 1; les déterminations plus récentes ayant donné, pour ce rapport, des valeurs différentes; à savoir :

E. H. Keiser (1888)	1,0032
Cooke et Richards (1888)	1,0025
— (1888)	1,0085
Dittmar-Henderson (1890)	1,0085
E. H. Keiser (1891)	1,000
E. W. Morley (1891-1893)	1,0075

il en conteste la valeur absolue et attribue les écarts aux erreurs systématiques que comportent les méthodes employées; en particulier, il reproche à ces méthodes d'avoir toujours porté, dans une même série, sur des quantités de substances à peu près invariables, alors que les expériences de Dumas portaient sur des quantités extrêmement variables dans une même série, d'une expérience à l'autre. C'est ainsi que E. W. Morley a utilisé dans 2 expériences : 3^{gr},28 d'hydrogène environ; dans 10 autres expériences : 3^{gr},83 d'hydrogène environ (G).

Dittmar-Henderson ont produit dans 3 expériences : 19^{gr},4 d'eau environ; dans 10 autres expériences : 24 grammes d'eau environ (E).

Keiser obtenait de même toujours environ 0^{gr},6 d'eau (10 expériences) (C).

Représentant toutes ces expériences par des points d'un plan dont l'abscisse x est le poids d'hydrogène employé et l'ordonnée y, le poids atomique de l'hydrogène trouvé diminué de 1 unité (en supposant O = 16), et admettant que les trois moyennes C, E, G sont d'une égale précision, puisqu'elles résultent toutes d'une dizaine d'expériences supposées d'égale valeur, où les poids d'hydrogène étaient respectivement constants, à savoir :

pour C : 0^{gr},66 pour G : 2^{gr},66
pour E : 3^{gr},80

il trouve que les trois points sont sur une trajectoire parabolique $y = \frac{x}{5000}(5^2 - x^2)$, ce qui revient à dire que les erreurs résiduelles sont fonction de x; à la limite, pour $x = 0$, on aurait $y = 0$, c'est-à-dire que le poids atomique de l'hydrogène est H = 1, en supposant O = 16.

Les diverses déterminations signalées plus haut ne seraient donc pas contradictoires; loin de là, elles comporteraient seulement des erreurs systématiques variables de l'une à l'autre et dont l'élimination conduit à une identité absolue de résultats.

Dans une détermination récente (1893), M. Keiser, combinant de l'oxygène (1^{gr},4874) et de l'hydrogène (0,1797) dégagé de sa combinaison avec le palladium, a trouvé 1^{gr},6169 d'eau, d'où on déduit H = 1,00025, ce qui semble confirmer les vues de M. Hinrichs.

Conductibilité calorifique. — M. Ch. de Than conseille, pour mettre en évidence par une expérience de cours la conductibilité calorifique de l'hydrogène supérieure à celle de l'air et des autres gaz, le dispositif suivant : deux fils de cuivre de 10 centimètres environ de long sont fixés séparément sur une baguette de plâtre et réunis à l'une de leurs extrémités par un fil de platine fin; les deux autres extrémités sont respectivement réunies aux deux pôles d'une pile formée de 3 éléments Bunsen; lorsque le courant passe, l'appareil étant dans l'air, le fil de platine devient incandescent; si on l'introduit dans une éprouvette d'hydrogène, l'incandescence cesse de suite. [*Bull. Soc. Chim.*, (2), **33**, 47; *D. chem. G.*, **12**, 1411].

Chaleur spécifique. — Dans ses expériences sur la détermination de la chaleur spécifique à volume constant de l'air, de l'anhydride carbonique et de l'hydrogène sous des pressions variant de 7 à 25 atmosphères, M. J. Joly [*Proc. Chem. Soc.*, **48**, 440] a constaté que la chaleur spécifique diminue quand la densité augmente; l'auteur avait surtout en vue d'élucider ce point particulier, car, en raison de la difficulté de préparer de l'hydrogène pur, les résultats obtenus séparément sur divers échantillons de gaz sont discordants; il a donc comparé les chaleurs spécifiques d'un même échantillon dans diverses conditions. La variation avec la densité est faible, mais en tous cas, sauf une seule exception, les déterminations ont été conformes au résultat énoncé ci-dessus, qui est d'accord avec la loi de Mariotte. L'auteur s'est servi d'une méthode différentielle dans laquelle un récipient plein ou vide est thermométriquement comparé à celui qui contient le gaz à haute pression, de manière que tout se passe comme si le gaz était isolé de son enveloppe, circonstance qui permet à l'auteur d'affirmer que la plupart des causes d'erreur sont éliminées.

MM. Mallard et Le Chatelier ont étudié la loi de variation avec *la température de la chaleur spécifique* de l'hydrogène par une méthode qui consiste à déterminer la pression et la température que produit la combustion de ce gaz mélangé avec une proportion variable d'oxygène; l'appareil très simple qu'ils emploient se compose essentiellement d'un réservoir placé dans une enceinte qui peut être portée successivement à des températures croissantes; ce réservoir, mis en communication d'une part avec une pompe à vide et d'autre part avec le gazomètre qui contient le mélange étudié, peut à volonté être vidé ou rempli; il sert à la fois de bombe dans laquelle se fait la combustion et de thermomètre; le mélange tonnant y est introduit, et lorsque la température est suffisante, l'explosion ayant eu lieu (ce que l'on constate par le bruit produit ou par le changement de volume), on vide l'appareil et on y introduit de l'air qui, à l'aide d'une mesure de volume, permet d'utiliser l'appareil comme thermomètre à gaz; une seconde introduction de mélange tonnant, qui doit être suivie d'une seconde explosion, permet de s'assurer que la mesure de la température a pu être effectuée sans que la température de l'enceinte ait eu le temps de tomber au-dessous de la température d'inflammation [*Bull. Soc. Chim.*, (2), **39**, 2, 98, 270]. Voici quelques-uns des résultats obtenus relativement au mélange d'hydrogène et d'oxygène (1er mémoire, p. 4) :

1° Températures d'inflammation :

	Oxygène.	Hydrogène.	Température d'inflammation.
1re série	0,15	0,85	560-570°
	0,30	0,70	552-579°
	0,66	0,33	530-532°
2e série	0,30	0,70	530-570°
	0,70	0,30	552-553°

2° Températures et pressions produites par l'explosion : P indique la pression absolue après déflagration, p la pression initiale du mélange (3e Mémoire, 270).

Proportion de mélange tonnant associé à l'hydrogène.	$\frac{P}{p}$	Erreur poss.	Températures.	Erreur.
0,67.........	8,3	± 0,55	2740°	± 200°
0,492	7,2	± 0,4	2190°	± 100°
0,325.........	6,4	± 0,3	1770°	± 100°
0,173.........	5	»	1140°	»
0,955.......	9,2	± 0,2	3200°	± 100°

La connaissance des températures de combustion permet de calculer les chaleurs spécifiques moyennes à volume constant au moyen de la formule connue

$$Q = (mc + m'c' + \ldots) (\Theta - \Theta_0),$$

à condition qu'il n'y ait pas dissociation.

De la comparaison des résultats soit avec l'hydrogène, soit avec les autres gaz, les auteurs tirent cette conclusion que « les chaleurs spécifiques des gaz permanents tels que l'hydrogène (oxygène, azote et oxyde de carbone), qui sont égales à la température ordinaire, restent égales entre elles jusqu'à 2000° ». Toutefois la chaleur spécifique des gaz permanents varie très notablement avec la température et augmente quand celle-ci s'élève. Vers 2000°, cette chaleur spécifique dans le cas de l'hydrogène atteint 7,5, tandis qu'elle n'est que de 5 à la température de 0°, soit une augmentation de 50 0/0 environ. Quant à la loi de *variation de la chaleur spécifique*, elle peut être déterminée par la connaissance de cette quantité à trois températures différentes, 100°, 200° et 2000°; elle est de la forme $C_t = a + bt + ct^2$. On a ainsi trouvé $C_t = 5 + 0,00062\,t^2$.

Diamagnétisme. — Le palladium étant faiblement magnétique et l'hydrogène étant classé parmi les substances diamagnétiques (Ed. Becquerel et Faraday), on devait s'attendre à trouver le palladium chargé d'hydrogène moins magnétique que le palladium pur. Cette conclusion fut mise en doute par les expériences de Graham, qui constata que le palladium hydrogéné est plus fortement attiré par l'aimant que le même métal pur [*Bull. Soc. Chim.*, (2), **11**, 409]. Mais M. G. Wiedemann se refuse à admettre la conclusion de Graham et attribue les résultats observés à la présence d'une impureté du métal, par exemple de l'oxyde de fer que l'hydrogène aurait réduit et qui, apportant des traces de fer, aurait exagéré les propriétés magnétiques.

M. R. Blondlot [*C. R.*, **85**, 68] a résolu la question et a démontré que le palladium hydrogéné est moins magnétique que le palladium pur; il attribue les résultats inverses observés avant lui à des impuretés de l'hydrogène employé. Les conclusions de l'auteur sont basées sur les deux expériences suivantes :

1° Deux lames identiques de palladium tirées du même échantillon, l'une vierge, l'autre chargée d'hydrogène pur, sont réunies en forme de croix et suspendues entre les pôles d'un électro-aimant; le système prend une position d'équilibre dans laquelle la lame non chargée se met dans la direction de la ligne des pôles;

2° Une même lame de palladium est chargée d'hydrogène sur la moitié de sa longueur et suspendue horizontalement devant un pôle d'aimant; c'est la partie non chargée qui va vers l'aimant. Le palladium n'a donc pas acquis de propriétés magnétiques par charge d'hydrogène : ce gaz est bien diamagnétique.

Élasticité. — M. H. Amagat [*Ann. Chim. Phys.*, (7), **29**, 98] a repris l'étude de l'élasticité des gaz et en particulier de l'hydrogène pour des pressions variant entre 1 atmosphère et 3000 atmosphères, à diverses températures; on trouvera dans son mémoire le détail des deux méthodes employées : au-dessous de 500 atmosphères, méthode des contacts électriques; au-dessus de 500 atmosphères, méthode des regards; ainsi que des dispositifs extrêmement ingénieux qui lui ont permis de réaliser ces pressions, de les maintenir sans danger et de les mesurer. Voici un extrait des principaux résultats obtenus par lui, ce tableau (voyez p. 520) étant nécessairement incomplet puisque ses déterminations sont relatives à des pressions régulièrement échelonnées de 100 en 100 atmosphères.

Dans une autre série, la température se trouve portée jusqu'à 200°, mais la pression ne dépasse pas 1000 atmosphères.

Ces expériences montrent que le coefficient de dilatation à pression constante : $\frac{1}{v} \cdot \frac{dv}{dt}$ diminue régulièrement quand la pression augmente, tan-

Pressions.	A zéro		V à 15°,4.	V à 47°,3.
	PV.	V.		
1 atm.	1,0000	1,0000	»	»
200	1,1380	0,005690	»	»
400	1,2830	0,003207	»	»
600	1,4322	0,002387	»	»
800	1,5760	0,001970	0,0020460	»
1000	1,7250	0,001725	0,001778	0,001893
1500	2,0700	0,001380	0,001418	0,001493
2000	2,3890	0,0011945	0,0012225	0,0012805
2500	2,6950	0,001078	0,0011010	0,001148
2800	2,8686	0,0010245	0,001045	0,001071
3000	»	»	0,0010125	»

dis que pour l'azote et l'oxygène, il passe d'abord par un maximum et décroît ensuite. Voici quelques nombres à ce sujet :

Pressions :		200	400	600	800	1000
De 0 à 100°	$\frac{1}{v} \cdot \frac{dv}{dt}$	332	295	261	241	218
	$\frac{dv}{dt}$	1890	946	623	475	376

Voici, d'autre part, quelques résultats relatifs à la dilatation sous volume constant, c'est-à-dire à l'augmentation de pression à températures variables et à volume constant.

Pressions :	100	200	400	500	600
$\frac{dp}{dt}$ entre 0 et 100°....	373	766	1522	»	2258
$\frac{dp}{dt}$ entre 100 et 200°...	365	741	1477	1838	»

La comparaison des chiffres placés dans une même colonne verticale montre que, pour l'hydrogène, les $\frac{dp}{dt}$ sont, pour une même pression, sensiblement indépendants des températures, et ce gaz paraît atteindre assez rapidement un état limite vers lequel tendent tous les autres quand la température s'élève.

Quant aux courbes représentatives obtenues en portant en abcisses P et en ordonnées P. V., qui, après avoir passé par l'ordonnée minimum, paraissaient devoir être des lignes droites, elles affectent, au contraire, la forme nettement curviligne avec une légère concavité tournée vers l'axe des abcisses comme le montre le tableau de quelques valeurs du quotient $\frac{P'V' - PV}{P' - V}$ entre les limites de pression indiquées.

Limites des pressions.		$\frac{P'V' - PV}{P' - P}$
600-1000	atmosphères	0,000732
1000-1500	—	0,000690
1500-2000	—	0,000638
2000-2500	—	0,000612
2500-3000	—	0,000577

Il en résulte que la notion du « volume limite sous une pression infinie », le « covolume », reste une fiction; cette quantité dont la mesure directe apporterait à l'étude des fluides un élément très important, échappe aux mesures, car on ne saurait dire, étant donnée l'allure générale des courbes, si la courbure des lignes isothermes, converge ou non vers une direction asymptotique unique déterminable [*C. R.*, **111**, 871].

Lord Rayleigh a montré que la loi de Mariotte s'applique rigoureusement à l'hydrogène — et à quelques autres gaz — pour des pressions de l'ordre de 1 millimètre de mercure à la température ordinaire; mais que déjà aux pressions comprises entre 75 et 175 millimètres de mercure elle cesse d'être exacte [*Zeits. physik. Chem.*, **41**, 71; *Bull. Soc. Chim.*, (3), **28**, 11; **30**, 300].

Pouvoir réfringent et réfraction atomique. — MM. W. Ramsay et W. Travers [*Chem. News*, **77**, 1; *Zeits. physik. Chem.*, **25**, 100], employant la méthode interférentielle et l'appareil de lord Rayleigh [*Proc. Roy. Soc.*, **59**, 203; *Zeits. physik., Chem.*, **19**, 366], ont déterminé les indices de réfraction relatifs de divers gaz entre eux, en particulier l'hydrogène, l'oxygène, l'azote et l'air atmosphérique.

Voici quelques-uns des résultats obtenus :

Hydrogène-air........	0,4733
— oxygène............	0,5125
— azote..............	0,4654
Oxygène-air..................	0,9243
— azote................	0,9105

Ces nombres, joints aux valeurs des densités, permettent de calculer le pouvoir réfringent défini par $(n-1)D$; les auteurs ont trouvé par l'étude des gaz composés que la loi d'additivité généralement admise n'est pas tout à fait exacte et que les écarts entre les nombres calculés d'après cette loi et les nombres mesurés expérimentalement varient de 0,23 à 3 0/0.

Spectre. — 1° M. H. Lagarde, se proposant d'étudier le spectre de l'hydrogène au point de vue photométrique, a été amené à observer les conditions dans lesquelles on peut avoir un spectre pur, débarrassé des raies dues aux impuretés qui accompagnent généralement le gaz ou qui se trouvent dans le tube.

Quand on observe le spectre obtenu avec un tube rempli d'hydrogène pur et sec, mais dans lequel il reste encore des traces d'air et où la pression n'est pas très basse, on voit le spectre des bandes de l'azote (Plücker, Hittorf) auquel s'ajoute fréquemment celui de l'acétylène (Berthelot), provenant des carbures employés aux divers graissages. On voit très bien les raies de l'hydrogène H_α, H_β : quant à H_γ elle disparaît dans la bande correspondante de l'azote; mais si on améliore le vide, le spectre de l'azote s'affaiblit peu à peu, H_γ devient visible, ainsi que quelques raies du spectre de l'azote qui apparaissent sur un fond légèrement coloré. Si on pousse le vide plus loin, l'intensité des raies de l'azote s'affaiblit progressivement, tandis que l'éclat de celles de l'hydrogène augmente : on cesse alors de faire le vide; le tube donne très nettement

H_α : 650 (rouge) H_β : 486 (bleu) H_γ : 434 (violet)

Le tube est séparé de la trompe et maintenu en relation permanente avec une jauge qui donne la pression et permet de s'assurer de sa fixité pendant une série d'expériences.

Le spectre est étudié au point de vue photométrique par comparaison avec la lumière d'une lampe-étalon examinée au travers d'un spectrophotomètre; les variations de l'intensité des diverses raies sont étudiées en fonction de la différence de potentiel entre les électrodes (mesurée par la distance explosive dans l'air) et de la pression dans le tube.

On constate d'abord pour un tube déterminé, la pression restant constante, que la différence de potentiel aux électrodes reste constante quelle que soit l'intensité de la décharge, résultat qui a été vérifié pour des intensités variant de 1 à 150, et qui montre par suite que la décharge à travers un tube à gaz raréfié, ne suit nullement la loi de Ohm.

Les effets variés observés par l'auteur sous

des pressions diverses, et en raison des impuretés extrêmement difficiles à éviter, l'ont convaincu qu'un spectre n'est pas uniquement et suffisamment défini par la longueur d'onde de ses raies, mais qu'il faut en outre y adjoindre les intensités relatives des raies qui apportent dans la définition un élément quantitatif, au lieu des seuls éléments qualitatifs constitués par la position de ces raies. Dans ces expériences sur la photométrie des raies, les résultats obtenus sont représentés par des courbes construites en portant en abcisses l'intensité du courant mesurée en ampères et en ordonnées l'intensité lumineuse relative, à raison d'une courbe pour chaque raie, un groupe de courbes se rapportant à un même tube à même pression permanente.

L'intensité lumineuse est fonction de l'intensité de la décharge seulement, lorsque le potentiel reste constant pour une pression déterminée; par exemple, voici pour un tube chargé à la pression de $0^{mm},275$ les nombres indiquant les intensités relatives des 3 raies :

$H_\alpha : 1,0180 \quad H_\beta : 1,0113 \quad H_\gamma : 1,0114$

Les courbes représentatives ont une forme caractéristique : asymptotes à l'axe des abcisses, puisque pour une valeur assez faible et finie de l'intensité du courant l'intensité lumineuse devient assez faible pour ne plus impressionner l'œil, ces courbes se relèvent plus ou moins rapidement, mais sans devenir asymptotiques à une droite : l'auteur a donc essayé de les représenter par une formule mathématique de la forme :

$$y = Ka^{(x-p)};$$

il arrive en effet à déterminer les coefficients numériques de manière que les valeurs théoriques ainsi obtenues coïncident avec les valeurs expérimentales correspondantes. On peut donc dire que : pour une pression déterminée et pour une même raie de l'hydrogène, l'intensité du courant variant en progression arithmétique, l'intensité lumineuse relative varie en progression géométrique.

Si maintenant on observe une même raie sous diverses pressions, on constate un résultat assez surprenant, à savoir que l'intensité de la raie bleue H_β ne varie pas, tandis que l'intensité des autres raies H_α et H_γ varie fortement et augmente quand la pression diminue.

L'auteur groupe les résultats de son étude dans les conclusions suivantes :

a. L'aspect du spectre de l'hydrogène peut et doit être défini à la fois par les longueurs d'onde de ses raies, et par leurs intensités comparées à celles des régions de même réfrangibilité de la lumière d'une source étalon. Suivant la pression de l'hydrogène dans le tube et l'intensité de la décharge, l'aspect du spectre subit des modifications qu'on peut évaluer photométriquement.

b. Quand la pression intérieure du tube diminue, la différence de potentiel aux électrodes pendant la décharge décroît d'abord, puis atteint un minimum et augmente rapidement. Pour une pression déterminée, la différence de potentiel reste constante quelle que soit l'intensité.

c. Quand on fait varier d'une manière continue l'énergie de la décharge et la pression du gaz, l'intensité lumineuse des diverses raies varie d'une façon continue, suivant la loi :

$$L = Ka^{I-p}.$$

I intensité de la décharge; L intensité lumineuse [H. Lagarde, *Ann. Chim. Phys.*, (6), **4**, 248, 256, 312].

2° L'étude du spectre de l'hydrogène a permis à M. V. Schumann, de découvrir et d'étudier dans ces dernières années toute une partie nouvelle de l'ultra-violet et de reculer ainsi les limites de l'étendue des radiations connues [voyez Schumann, *Drude's Ann. der Physik*, **309**, 642; **310**, 349; *Acad. des Sciences de Vienne*, **102**, 625].

La limite des radiations de courte longueur d'onde connues était jusqu'à ces dernières années celle dont la longueur d'onde est 185,2 $\mu\mu$; c'est la limite du spectre de l'aluminium, observée en 1862 par Stokes; au delà de cette limite, les radiations n'étant plus suffisamment fluorescentes pour être perceptibles directement à l'œil, il faut avoir recours à l'enregistrement photographique qui a d'ailleurs été utilisé dès 1879, par M. Cornu, pour l'étude des radiations les plus réfrangibles du magnésium, du cadmium, du zinc et de l'aluminium.

En 1890, M. V. Schumann réussit à éloigner cette limite en employant des papiers sensibilisés au gélatino-bromure d'argent, et atteignit ainsi la radiation $\lambda = 182\ \mu\mu$; au delà toutes les tentatives avaient échoué, en raison de l'absorption produite par la couche d'air qui se trouve interposée entre la source et la plaque sensible. En 1893, ce même observateur réduisit considérablement l'influence des causes perturbatrices, et il parvint à enregistrer des radiations correspondant à $\lambda = 170\ \mu\mu$; enfin, en se servant d'hydrogène, il photographia la région ultra-violette jusqu'à la limite actuelle $\lambda = 100\ \mu\mu$, qui sera sans doute encore dépassée en raison des perfectionnements que comporte encore la méthode imaginée par M. V. Schumann. Il remarqua d'abord qu'une couche d'air de 17 mètres absorbe tous les rayons les plus réfrangibles émis par l'aluminium, et qu'il ne faut absolument pas employer plus de 2 mètres d'air quand on veut étudier le spectre de ce corps; il constata également qu'il suffit d'une couche d'air de 1 millimètre à la pression de 760 millimètres pour arrêter toutes les radiations ultra-violettes dont la longueur d'onde est inférieure à 170 $\mu\mu$.

Cette puissance d'absorption des gaz à l'égard des radiations à courte longueur d'onde étant constatée, il supprima toute absorption par les milieux optiques en employant un prisme en spath-fluor et en produisant le spectre au moyen d'un réseau de Rowland.

D'autre part, la couche de gélatine possède également une grande puissance d'absorption; il suffit d'une couche de gélatine sèche de $0^{mm},00004$ pour absorber toutes les radiations correspondant à $\lambda < 184,2\ \mu\mu$; or, celle des plaques ordinaires est au moins 500 fois plus grande et absorbe complètement dès son entrée l'énergie photochimique de ces radiations; il faut donc la supprimer. L'auteur y parvient en employant uniquement une couche de bromure d'argent, supportée directement par une plaque de verre et obtenue par simple précipitation d'un sel d'argent; ces couches sont particulièrement sensibles aux radiations de la région invisible de l'extrême ultra-violet à partir de $\lambda = 185,1\ \mu\mu$, et sont en outre à peu près insensibles aux radiations de grande longueur d'onde correspondant à $\lambda > 220\ \mu\mu$; ces circonstances particulièrement heureuses permettent d'autant mieux l'utilisation de leur extrême sensibilité, que l'on peut prolonger le temps de pose sans craindre que le cliché soit voilé.

M. V. Schumann emploie un spectroscope absolument vide d'air dont toutes les parties sont agencées avec une ingéniosité extrême qui permet de faire tous les réglages : mise au point des lentilles et de la plaque sensible, réglage de la fente et du prisme à la position du minimum.

L'hydrogène, n'attaquant ni le spectroscope ni la plaque, et n'absorbant que faiblement les radiations de courte longueur d'onde fournit, en outre, un spectre extraordinairement riche en raies très réfrangibles; c'est donc lui qui est employé comme source lumineuse après avoir été porté à l'illumination, dans un tube à vide, traversé par la décharge d'une bobine de Ruhmkorff; ce tube porte un étranglement qui est placé devant la fente et qui est la source des radiations étudiées.

Cette disposition, qui réalise des progrès considérables, a permis à M. V. Schumann d'observer les radiations émises par l'hydrogène jusqu'à $\lambda = 100\ \mu\mu$ environ, avec possibilité d'aller au delà et l'a conduit à observer un nombre considérable, environ 600, de nouvelles raies de l'hydrogène réparties en 15 groupes distincts.

3° L'application de la méthode de Dewar pour la production des hauts vides a permis de déceler dans l'atmosphère l'existence du néon, de l'hélium et de l'hydrogène libres. Des tubes munis de deux électrodes de platine sont vidés, puis on y fait passer des étincelles jusqu'à disparition totale de l'hydrogène; on les remplit alors d'air sec qu'on ne traite ni par l'oxyde de cuivre au rouge, ni par aucune substance destinée à absorber l'acide carbonique ou à détruire les matières organiques. Après refroidissement dans l'hydrogène liquide, Sir William Crookes trouva pour l'un de ces tubes deux lignes faibles $\lambda = 5852$ et $\lambda = 5676$ et pas trace d'hydrogène; pour l'autre, la même ligne jaune $\lambda = 5852$ de l'hélium accompagnée de 5939 et de 6145 ainsi que des lignes C et F de l'hydrogène; ce qui confirme la présence du néon, de l'hélium et de l'hydrogène dans l'air atmosphérique; nous avons vu d'ailleurs, en ce qui concerne ce dernier, les preuves directes données par M. A. Gautier et MM. Dewar-Liveing.

SOLUBILITÉ DANS L'EAU. — M. L. W. Winkler [*D. chem. G.*, **24**, 89] a étudié la solubilité de l'hydrogène dans l'eau à diverses températures à l'aide d'un appareil qui est un perfectionnement de celui de Bunsen; on met en contact avec un poids déterminé d'eau contenu dans un ballon jaugé dont on connaît la loi de dilatation, une quantité déterminée de gaz; le ballon est mis en relation avec un manomètre et le tout est porté à des températures constantes pendant la durée d'une expérience, mais échelonnées entre 0° et 100°. On agite pour assurer le contact du liquide et du gaz, puis la mesure de la pression finale permet de déterminer la quantité de gaz dissous.

L'auteur donne pour les coefficients d'absorption β une série de formules empiriques valables de 20 en 20°, chacune d'elles empiétant sur la voisine de 10°, de la forme suivante :

$$\beta = a + bt + ct^2$$

telles par exemple que :

de 0 à 20°

$$\beta_1 = 0{,}02148 - 0{,}0002215\,t + 0{,}00000285\,t^2.$$

de 10 à 30°

$$\beta_2 = 0{,}01955 - 0{,}000144\,(t - 10) + 0{,}0000008\,(t - 10)^2.$$

Au-dessus de 50° les observations deviennent assez difficiles; mais entre 60° et 100° on trouve que β est sensiblement constant et égal à 0,016.

De la connaissance de β, on déduit celle du coefficient de solubilité β' par la formule :

$$\beta' = \beta \cdot \frac{760 - f}{760}.$$

Voici les résultats obtenus :

Températures.	β	β'
0°	0,02148	0,02135
10°	0,01915	0,01932
20°	0,01699	0,01777
30°	0,01644	0,01630
40°	0,01608	0,01525
50°	0,01600	0,01413
60°	constant et égal à 0,01600	0,01287
70°		0,01109
80°		0,00853
90°		0,00494
100°		»

M. Winckler a déterminé d'autre part la solubilité de l'hydrogène (et de l'azote) à diverses températures dans des solutions diversement concentrées d'urée, d'acide propionique, de chlorure de sodium, de chlorure de baryum, il vérifie les lois de Jahn déjà confirmées antérieurement par Roth en 1897 [*Zeits. physik. Chem.*, **33**, 721].

SOLUBILITÉ DANS LES MÉTAUX. — On sait [*C. R.*, **78**, 686, 807] qu'à côté de certains métaux comme le potassium, le sodium ou le palladium qui se combinent à l'hydrogène, il existe d'autres métaux qui dissolvent ce gaz, et parmi ceux-ci, en nombre considérable, le fer, le nickel, le cobalt, le manganèse présentent à ce sujet de grandes analogies; la quantité de gaz dissous dépend naturellement de l'état physique du métal dissolvant qu'on utilise généralement soit en lingot, soit en plaque, soit à l'état pulvérulent. C'est ainsi par exemple que le nickel en lingot absorbe 1/5 de son volume; le nickel en plaque absorbe 16 fois son volume, le nickel pulvérulent absorbe 100 fois son volume, en moyenne.

Les conditions de l'absorption ont aussi une grande importance, c'est ainsi, par exemple, qu'en employant le nickel comme électrode, le volume d'hydrogène obtenu par électrolyse et absorbé par le métal occupe de 10 à 40 fois le volume du métal.

Pour le cobalt, on trouve : lingot absorbe 1/10 de son volume; plaque, 24 fois son volume (par électrolyse de 7 à 35 volumes); pulvérulent, 100 fois son volume.

Pour le fer, on trouve : lingot absorbe 1/6 de son volume; fer obtenu électrolytiquement (par décomposition du chlorure ferreux en présence de chlorure d'ammonium), 260 volumes [Cailletet, *C. R.*, **80**, 319]; fer pulvérulent, mesures difficiles, car le métal à cet état attaque l'eau froide [Troost et Hautefeuille, *C. R.*, **80**, 788].

L'étude de la quantité d'hydrogène contenu dans les métaux industriels tels que le fer et l'acier a été faite par M. Fr. C. G. Muller [*D. chem. G.*, **14**, 6, 941] par une méthode originale qui consiste à forer dans le lingot soumis à l'étude et placé sous l'eau, une cavité plus ou moins profonde; le foret dont la pointe est tournée vers le haut est fixe tandis que le lingot tourne; les gaz s'accumulent dans la cavité d'où on peut facilement les extraire, les mesurer et les analyser; ils sont surtout formés par de l'hydrogène qu'accompagnent de l'azote et un peu d'oxyde de carbone; la comparaison du volume gazeux obtenu avec celui de la cavité formée permet de déduire sous quelle pression moyenne ces gaz étaient retenus par le métal, les expériences de l'auteur assignent à cette pression une valeur de 8 atmosphères environ. Voici quelques exemples des résultats obtenus, relativement à la composition centésimale des gaz dégagés.

	Bessemer avant Spiegel	Même Bessemer après	Acier Martin	Fonte du four à réverbère
Hydrogène.	88,8	77,0	67,8	83,3
Azote......	10,5	22,9	30,8	14,2
CO........	0,7	0,0	2,2	2,5

Quant à la quantité de gaz 0/0 par rapport au volume du métal, il s'élève respectivement pour les échantillons ci-dessus à

60 0/0 45 0/0 25 0/0 35 0/0

Ces résultats ont été confirmés par des expériences du même auteur, faites en immergeant le métal et le foret dans l'huile, au lieu de l'eau.

Néanmoins, ils ont été en partie infirmés par les expériences de M. V. Deshayes [*Bull. Soc. Chim.*, (2), **36**, 534] faites après d'autres expériences de MM. Richards et Stead qui démontraient qu'une partie de l'hydrogène obtenu peut provenir du liquide dans lequel se fait la prise d'essai par forage du bloc d'acier; c'est ainsi qu'un même échantillon, foré sous l'eau ou sous le mercure, donne des quantités de gaz différentes et égales respectivement à 17cc,32 et 8cc,6. En outre, la composition centésimale de ces gaz varie d'une prise à l'autre puisque la première donne un gaz contenant :

Hydrogène 0/0	Azote 0/0	CO 0/0
88,7	10,3	0,0

tandis que la seconde donne le mélange :

67,1	30,3	1,6

Néanmoins des échantillons forés sous le mercure donnent encore, comme on le voit, des gaz en assez grande abondance, formés surtout d'hydrogène et d'azote avec des traces d'oxyde de carbone, mais en proportions très variable puisque, pour les aciers,

Hydrogène	varie de	86,62 à 67,10 0/0
Azote	—	14,15 à 30,30
CO	—	1,60 à 0,32

Il semble en outre difficile de faire la part qui revient, dans les gaz obtenus, aux portions que le métal retenait mécaniquement sous forme de bulles emprisonnées par le solide et de celles qu'il contenait à l'état dissous.

Occlusion de l'hydrogène par les métaux. — On connaît la remarquable propriété que possède l'hydrogène d'être absorbé par certains métaux et particulièrement par le palladium et le platine; l'étude de ces absorptions a été reprise par un certain nombre de savants. M. Berthelot [*Bull. Soc. Chim.*, (2), **39**, 109], en 1883, donne à ce sujet les résultats suivants :

1° Mousse de platine. Cette substance absorbe à plusieurs reprises son volume d'hydrogène à 100°; puis, portée dans le vide à la température de 200°, elle restitue 1 volume d'hydrogène; donc il y a formation d'un hydrure qui résiste à la température de 100°. L'hydrogène fixé peut être oxydé à froid par l'oxygène libre et dégage alors + 9cal,5 par gramme d'hydrogène;

2° Le platine réduit par de l'acide formique, puis chauffé à 560-600° dans le vide jusqu'à ce qu'il ne dégage plus de gaz, donne une absorption d'hydrogène correspondant à deux degrés différents. 1/3 de l'hydrogène absorbé est détruit à froid et rapidement par l'oxygène, les 2/3 restants sont détruits seulement avec une grande lenteur à froid, mais disparaissent rapidement dans le vide à la température de ramollissement du verre en donnant de la mousse de platine. L'hydrure correspondant à l'occlusion totale comprend 120 volumes de gaz par volume de métal, tandis que l'hydrure plus stable n'en comprend que 80;

3° Pour le noir de platine obtenu par réduction du platine en milieu alcalin et qui est réputé comme absorbant beaucoup plus d'hydrogène que les précédents, M. Berthelot constate que tous les échantillons étudiés par lui contiennent de fortes doses d'oxygène, ce sont des sous-oxydes de platine qui dégagent de l'oxygène libre, la moitié avant 150° et le reste vers 600°. La grande quantité d'hydrogène absorbée est donc employée à deux usages : la réduction préliminaire des oxydes et la formation des hydrures au nombre de deux, représentés par les deux formules :

$$Pt^{30}H^2 \qquad Pt^{30}H^3.$$

Quant à la chaleur d'occlusion de l'hydrogène par le noir de platine, elle a été mesurée par MM. Mond, Ramsay et Shields, et trouvée égale à 6cal,88 par gramme d'hydrogène [*Proc. Roy. Soc.*, **62**, 50].

La formation des hydrures de platine [Berthelot, *Ann. Chim. Phys.*, (5), **30**, 526] joue un rôle important dans la polarisation des piles par l'influence qu'elle exerce sur leur force électromotrice [Berthelot, *C. R.*, **134**, 865]. C'est ainsi par exemple qu'en employant une pile constituée par deux solutions aqueuses de chlorure de sodium à concentrations différentes avec des électrodes en platine, M. Berthelot a observé que la force électromotrice dans l'air, égale à 0volt,12, conserve cette valeur, du moins au début, dans une atmosphère d'oxygène; mais dans une atmosphère d'hydrogène, il y a inversion des pôles et le voltage tombe à 0volt,026, soit une variation totale de 0volt,146 de la force électromotrice. Ce même élément placé dans une atmosphère d'azote ne se modifie pas, du moins immédiatement, tandis qu'en remplaçant l'azote par de l'air, les pôles s'inversent de nouveau, c'est-à-dire reprennent leur signe initial tandis que la force électromotrice remonte à 0volt,08, soit une variation inverse de la première égale à 0volt,106 au total.

De même le voltage d'un élément à acide lactique et bicarbonate de sodium, étant 0volt,20 dans l'air, conserve la même valeur dans l'oxygène, mais tombe à 0volt,08 dans l'hydrogène.

Cette formation de l'hydrure de platine et sa dissociation expliquent que la force électromotrice d'une pile à gaz oxygène et hydrogène soit inférieure à celle qui semblerait résulter de la combinaison de ces gaz, les écarts pouvant atteindre au maximum 0volt,6, qui est la valeur correspondant à l'énergie calorifique, 14 calories, développée dans la formation de l'hydrure de platine, et variant eux-mêmes avec l'état physique du platine.

Les résultats de M. Berthelot ont été en partie retrouvés par MM. Mond, Ramsay et Shields [*Trans. Roy. Soc.* **186**, 657; *Zeits. physik. Chem.*, **19**, 25] en étudiant le noir de platine obtenu par le carbonate de sodium, lavant et séchant à 100°; le produit ainsi préparé a une densité de 19,4 et contient encore 0,552 0/0 d'impuretés impossibles à éliminer. Il absorbe l'oxygène et l'hydrogène; dans ce dernier cas, il absorbe à 20°, 310 volumes de gaz dont 110 volumes libres et 200 combinés à l'oxygène. Si la température s'élève, la quantité occluse diminue et à 300° elle a entièrement disparu. A température ordinaire, dans le vide, il reste 35 volumes de gaz occlus. En outre, une certaine quantité d'hydrogène est toujours détruite par combustion avec l'oxygène que contient le noir de platine.

M. Aug. Mior [*Nuov. Cim.*, (4), **9**, 67], a étudié l'absorption de l'hydrogène par le platine dans un appareil analogue au thermomètre à air et a montré que dès la température ordinaire il peut absorber, mais seulement avec lenteur, une grande quantité de gaz : ainsi après 32 jours, à 20-26°, une certaine quantité de platine a absorbé un volume de 170 centimètres cubes, tandis qu'à 100°

elle absorbe en 7 heures environ 800 centimètres cubes, soit environ cinq fois plus de gaz.

L'absorption de l'hydrogène par le palladium aux températures élevées et sous pression a été étudiée par M. Dewar [*Chem. News*, **76**]. Ce savant a trouvé que le métal compact absorbe environ 300 fois son volume de gaz à 360° sous 60 atmosphères, et la même quantité à 500°, mais sous 120 atmosphères.

MM. Mond, Ramsay et Shields ont également étudié l'absorption par le noir de palladium; [*Chem. News*, **76**, 317]. Cette substance contient environ 1,65 0/0 d'oxygène, soit 138 volumes qui ne peuvent être extraits au rouge sombre dans le vide. Il faut chauffer dans un courant d'hydrogène, recueillir et peser l'eau formée. Chauffée à 100° elle renferme en outre 0,72 0/0 d'eau, ce qui lui donne la composition centésimale :

$$Pd = 86,59 \quad PdO = 12,69 \quad H^2O = 0,72$$

Le noir de palladium, débarrassé de son oxygène par un premier chauffage avec de l'hydrogène, absorbe à température ordinaire 850 fois son volume de gaz et en dégage à cette même température les 98 centièmes, le reste à une température légèrement supérieure. La quantité d'hydrogène absorbé n'augmente pas si la pression s'élève jusqu'à $4^{atm},6$ et elle correspond alors à 1,4 atome d'hydrogène pour 1 atome de palladium, soit environ la formule Pd^3H^2 déjà indiquée antérieurement par le même auteur. La chaleur dégagée atteint 4640 calories par gramme d'hydrogène.

Le palladium en feuilles n'absorbe pas directement l'hydrogène, ni à froid ni à chaud, quand il est placé dans un courant de ce gaz; mais il acquiert cette propriété quand il a été fortement chauffé dans la flamme d'un chalumeau à gaz; il se comporte alors, à la vitesse près, comme du noir de palladium.

Quant à la mousse de palladium, elle absorbe très facilement l'hydrogène, et M. Th. Willm conseille, pour mettre cette absorption en évidence par une expérience de cours, le dispositif suivant : On fait une ampoule à la partie inférieure de la courbure d'un tube en U et on y dépose quelques grammes de mousse de palladium; on met en relation, d'une part avec un appareil producteur d'hydrogène sec et pur (la communication pouvant être interrompue par un robinet), d'autre part avec un tube à dégagement muni d'un robinet. On chauffe fortement la mousse de palladium dans le courant d'hydrogène et, sans interrompre la communication avec l'appareil producteur, on ferme le tube de sortie et on laisse refroidir le métal; le fonctionnement des flacons laveurs et desséchants montre que l'hydrogène est absorbé en abondance; quand l'absorption est terminée, on interrompt la communication avec l'appareil producteur, on ouvre le robinet de sortie et on chauffe le palladium; il se dégage de l'hydrogène qu'on peut enflammer et l'expérience peut être faite plusieurs fois successivement.

La présence des gaz dans les métaux, et particulièrement de l'hydrogène, qu'il y soit retenu mécaniquement, ou dissous ou occlus, exerce une influence importante sur leurs propriétés, particulièrement dans le cas du fer. M. W. Johnson [*Bull. Soc. Chim.*, (2), **23**, 337; **24**, 238] a reconnu, comme l'avait fait avant lui M. Cailletet, que la présence de l'hydrogène abaisse le coefficient de rupture, qui reprend sa valeur initiale quand l'hydrogène disparaît; pour la fonte, l'abaissement peut atteindre jusqu'à 6 0/0. Dans un travail plus développé, M. W. Johnson explique comment il réalise l'occlusion de l'hydrogène par le fer, soit en plongeant le métal dans un acide susceptible de dégager de l'hydrogène, soit en le mettant au pôle négatif d'une cuve à électrolyse. L'allongement final avant rupture, accru par l'occlusion, diminue quand on élimine l'hydrogène momentanément fixé, mais tout en restant supérieur à sa valeur initiale. Ces résultats confirment en partie ceux que M. Berthelot a mentionnés [*C. R.*, **78**, 465] sur l'influence de l'hydrogène sur la diversité des propriétés des fers, fontes et aciers.

Quoique l'occlusion de l'hydrogène par le plomb n'ait pas été démontrée directement, MM. G. Neumann et F. Streintz avaient admis l'existence d'une telle occlusion pour expliquer les phénomènes qui se produisent dans les plaques négatives des accumulateurs [Wiedeman, *Ann. Chem.*, **41**, 406]; mais MM. Cantor et H. Stracter ayant cru démontrer que cette occlusion n'existe pas, les premiers auteurs ont fait de nouvelles expériences [*Mon. f. Chem.*, **12**, 642]. Ils électrolysent une solution sulfurique à 2 0/0 au moyen d'une lame de plomb négative; après un lavage soigné à l'eau distillée et bouillie récemment, on sèche dans un courant d'acide carbonique, puis le plomb est calciné dans un tube à combustion disposé de façon à permettre la mesure de l'hydrogène. La dose en est extrêmement faible, mais sans doute par suite d'une oxydation pendant le lavage, car l'expérience suivante confirme l'occlusion de l'hydrogène par le plomb : 200 grammes de ce métal sont chauffés dans un tube horizontal ou dans un tube en U, dans un courant d'hydrogène pur et sec; on déplace l'hydrogène par l'azote, puis on chauffe en faisant passer un courant d'oxygène et en recueillant l'eau formée : on trouve que le plomb absorbe 11 0/0 de son volume.

MM. Neumann et Streintz ont utilisé ce même dispositif pour étudier au même point de vue d'autres métaux; quand il y a occlusion, on en est averti, avant même de peser l'eau formée, au grand dégagement de chaleur qui accompagne toujours l'arrivée de l'oxygène. Pour l'argent, il n'y a pas trace d'occlusion; pour un grand nombre d'autres échantillons métalliques, il y a occlusion, mais en quantités variables suivant les échantillons, et, en tous cas, en quantités qui diminuent quand on répète plusieurs fois la même opération avec un même échantillon. Voici quelques-uns des résultats obtenus, évalués d'après le nombre de volumes de gaz absorbés par un volume de métal :

Noir de palladium	502,35
Éponge de palladium	29,98
Éponge de platine	6,48
Mousse de platine	49,30
Or précipité	46,3 à 37,3
Plomb	0,11 à 0,15
Cuivre réduit par hydrogène	4,8
Aluminium (feuilles)	2,72
Fer (réduit)	19,1 à 9,38
Nickel (réduit)	16,8 à 17,5
Cobalt (réduit)	153 à 59

M. G.-P. Baxter a étudié l'occlusion de l'hydrogène par le cobalt et quelques autres métaux [*Am. chem. Journ.*, **22**, 351]. Le cobalt préparé par réduction de son oxyde, à la température de 500°, au moyen d'un courant d'hydrogène retient 19 à 20 fois son volume de ce gaz, tandis que le même métal, provenant de la réduction du bromure, ne retient que 1 à 2 volumes d'hydrogène; mais la quantité de gaz occlus augmente quand on fait passer à froid un courant de gaz sur le métal. Les lingots retiennent très peu d'hydrogène, les feuilles de métal de provenance électrolytique sont intermédiaires entre les lingots et le métal réduit.

Le nickel, le cuivre et l'argent se comportent sensiblement de la même façon.

Le cuivre ayant la propriété de retenir par occlusion une certaine quantité d'hydrogène, il en peut résulter une cause d'erreur dans les analyses de substances organiques azotées où l'on emploie dans le tube à combustion une colonne de cuivre. MM. Thudichum et Hake ont annoncé [*Jahresb. f. Chem.*, **29**, 966] que si on fait passer un courant d'acide carbonique sur du cuivre chauffé au rouge, l'occlusion cesse entièrement. M. G. Neumann démontre qu'il n'en est rien [*Mon. f. Chem.*, **13**, 40], et qu'au contraire le cuivre retient du carbone; on calcine une spirale de cuivre pur dans l'hydrogène, puis dans l'anhydride carbonique, et on y fait ensuite un dosage de carbone et d'hydrogène comme pour une substance organique. L'auteur trouve que 29 grammes de cuivre ont retenu, suivant la durée des calcinations préliminaires, de $0^{gr},00088$ à 0,00127 d'hydrogène et de $0^{gr},00243$ à 0,00535 de carbone. Il en est de même quand la spirale de cuivre a été chauffée dans un courant de gaz d'éclairage ou dans des vapeurs d'alcool éthylique ou méthylique. Toujours elle retient du carbone et de l'hydrogène.

PROPRIÉTÉS CHIMIQUES.

COMBINAISONS AVEC LES MÉTALLOÏDES.

1re FAMILLE.

FLUOR. — En 1886, M. Moissan remarqua que les gaz produits par l'électrolyse du fluorhydrate de fluorure de potassium, hydrogène et gaz actif qu'il cherchait à isoler, se recombinent dès qu'on les met en présence, en produisant une violente détonation. L'expérience peut être reproduite à volonté et très facilement en renversant le sens du courant après avoir mis l'appareil en marche; mais on peut la produire plus régulièrement et sans danger pour l'appareil, en faisant dégager par un tube à entonnoir un courant continu d'hydrogène; on approche l'orifice de ce tube de l'orifice de l'appareil à électrolyse par lequel se dégage le fluor; il se produit une légère détonation et l'hydrogène s'enflamme. On peut également faire arriver dans une capsule en platine contenant du fluorhydrate maintenu liquide, un courant de 10 éléments Bunsen, amené par deux électrodes en platine; il se dégage en abondance des gaz qui se recombinent, même à l'obscurité, avec une petite détonation. Donc l'hydrogène et le fluor réagissent l'un sur l'autre avec une énergie beaucoup plus grande encore que l'hydrogène et le chlore, et c'est le premier exemple connu de deux corps simples gazeux s'unissant violemment sans exiger l'intervention d'aucune énergie étrangère. Le résultat de la combinaison est de l'acide fluorhydrique, et cette combustion se manifeste, quand l'hydrogène est en excès, par une flamme bleue bordée de rouge [Moissan, *Ann. Chim. Phys.*, (6), **12**, 523; **24**, 237, 558; *C. R.*, **102**, 1543; **103**, 202, 256]. Dans ces mêmes mémoires [*Ann. Chim. Phys*, (6), **24**, 558], M. Moissan signale, en outre, la réaction de l'hydrogène sur un composé fluochloré, le pentafluochlorure de phosphore, PF^3Cl^2, qui, chauffé à 250° en présence d'hydrogène, donne du fluorure de phosphore PF^3 et 2 molécules d'acide chlorhydrique.

MM. Berthelot et Moissan ont déterminé la chaleur de combinaison du fluor et de l'hydrogène; ils ont trouvé

$$H + F_{gaz} = HF_{gaz} + 38^{Cal},6,$$
$$H + F + Eau = HF_{dissous} + 50^{Cal},4.$$

La détermination a été assez délicate [*Ann. Chim. Phys.*, (6), **23**, 570]. L'action du fluor gazeux sur l'iodure de potassium dissous, qui aurait dû donner $KF + I$ (la quantité de ce dernier corps permettant de doser la quantité de fluor employée), est très irrégulière; mais on constata que la liqueur ne contient pas tout l'iode à l'état libre, une partie étant passée à l'état de combinaison mal connue; au lieu de dégager $+ 10^{Cal},1$, nombre que des expériences ultérieures ont permis de calculer, l'expérience dégageait de $22^{Cal},3$ à $24^{Cal},1$ et ne conduisait pas au but qu'on se proposait d'atteindre. L'action du fluor sur l'eau ne convient pas mieux, car il se forme de l'ozone qui se dégage. Au contraire, l'absorption du fluor par une solution alcaline de sulfite de potassium, $SO^3K^2 + 2KOH$, qui donne du sulfate et du fluorure de potassium, est tout à fait régulière; la perte de titre en anhydride sulfureux donne la quantité de fluor qui a réagi; pour 19 grammes de fluor, on a trouvé un dégagement de $+ 62^{Cal},4$ et un autre de 64 Calories; la moyenne permet de calculer la réaction suivante :

$$H + F + Eau = HF_{dissous} + 50^{Cal},4.$$
$$\text{Etat gazeux} + 38^{Cal},6.$$

On sait que les dégagements de chaleur correspondants pour le chlore et l'hydrogène sont respectivement $+ 39^{Cal},3$ et $+ 22^{Cal}$, tandis qu'ils sont, pour l'oxygène et l'hydrogène, $34^{Cal},5$ et $+ 29^{Cal},5$ (pour 1 demi-molécule d'eau), ce qui donne l'explication de l'affinité de l'hydrogène pour le fluor et classe cet élément en tête de la première famille.

La combinaison du fluor et de l'hydrogène, qui a lieu spontanément à la température ordinaire dans l'obscurité, se produit encore, même à — 210°, comme l'ont montré MM. Moissan et Dewar [*Bull. Soc. Chim.*, (3), **17**, 932]. Du fluor liquide, maintenu dans une ampoule en verre refroidie par de l'air liquide bouillant, reçoit à sa surface un courant d'hydrogène; il se produit de suite une combinaison avec flamme. Si le tube de platine qui amène l'hydrogène plonge dans le fluor liquide, la combinaison a lieu également avec un grand dégagement de chaleur et de lumière, quoique la température soit de — 210°.

MM. Moissan et Dewar ayant obtenu le fluor solide, sous la forme de cristaux incolores fusibles à — 223°, le mirent en équilibre de température, puis en contact avec de l'hydrogène liquide. A ce moment la combinaison se produisit avec une violente explosion et inflammation de l'hydrogène gazéifié [*Bull. Soc. Chim.*, (3), **29**, 434].

CHLORE. — On sait qu'il en va tout autrement pour le chlore et l'hydrogène, puisque M. D. Amato a montré qu'on peut impunément exposer à la lumière solaire un mélange équimoléculaire de ces deux gaz, à condition de les refroidir à — 120°; il n'y a pas, dans ces conditions, trace de combinaison; la lumière solaire est impuissante à la réaliser sans le concours de la chaleur qui l'accompagne naturellement [*Gazz. chim. ital.*, **14**, 57]. Voir à ce sujet les expériences de MM. J. W. Mellor et E. J. Russell [*Chem. Soc.*, **81**, 1272; *Bull. Soc. Chim.*, (3), **30**, 193].

Quand on veut mettre en évidence l'action de la lumière sur le mélange de chlore et d'hydrogène en l'absence de soleil, on peut, dans une expérience de cours, employer le dispositif suivant imaginé par V. Meyer [*Bull. Soc. Chim.*, (2), **42**, 9]. On dispose 4 éprouvettes à pied de 4 centimètres de diamètre et de 25 centimètres de haut, dont 2 en verre incolore, la 3e en verre violet, la 4e en verre jaune; on les remplit à moitié de chlore sur de l'eau salée, puis on remplit d'hydrogène, on les remet sur pied en les recouvrant d'un carton et on les dispose autour d'un bec Bunsen, dans la flamme duquel on laisse tomber une pincée de magnesium; la 1re éprouvette blanche et la violette projettent violemment leur couvercle, tandis que le contenu de la jaune reste inaltéré et ne déflagre qu'au contact d'une flamme. Quant à la 2e éprouvette blanche, elle sert à montrer que l'illumination par un ruban de magnésium ne provoque la combinaison qu'au bout de quelques instants. Pour remplir les éprouvettes, on peut utiliser le procédé de M. Rosenfeld, qui donne un mélange à volumes égaux des deux gaz [*D. chem. G.*, **20**, 1154]; il consiste à employer un voltamètre formé d'un tube en verre d'environ 17 centimètres de haut sur 18 millimètres de diamètre, muni de deux électrodes de charbon de cornue; on le remplit d'une solution saturée de chlorure de sodium dans un mélange à volumes égaux d'eau et d'acide chlorhydrique que l'on chauffe par un courant de vapeur d'eau; le liquide doit toujours être acide.

On sait que le chlore peut être absorbé par le charbon; or, M. Melsens ayant constaté qu'en faisant agir l'hydrogène sur du charbon saturé de chlore gazeux à froid, il se produit de l'acide chlorhydrique avec absorption de chaleur, MM. Berthelot et Güntz reprirent cette expérience dans le calorimètre et constatèrent qu'elle est en effet accompagnée d'un refroidissement très sensible, résultat en apparence paradoxal, mais qui s'explique par l'examen de toutes les circonstances qui accompagnent cette expérience : 1° de la braise de boulanger lavée à l'acide chlorhydrique, puis à l'eau, est traitée par du chlore à chaud, puis refroidie dans ce gaz et soumise à un courant d'azote qui chasse tout le chlore. Placé dans un calorimètre en présence de chlore, ce charbon absorbe le gaz en dégageant de la chaleur; 20 à 25 grammes de charbon absorbent $2^{gr},397$ de chlore qui est formé de chlore libre, remplissant les espaces vides de charbon et de chlore condensé; on fait la séparation de ces deux quantités en retranchant du volume total celui qu'occupe le charbon, ce qui donne $0^{gr},517$ de chlore non condensé, et par suite $1^{gr},880$ de gaz condensé.

On trouve que $35^{gr},5$ de chlore se condensent sur le charbon en dégageant $+ 6^{Cal},32$ et $+ 6^{Cal},74$ soit pour Cl^2 $+ 13^{Cal},57$; mais ce fait n'explique pas encore l'absorption de chaleur produite par l'hydrogène, car la formation d'acide chlorhydrique dégageant + 22 Calories, il resterait de la chaleur disponible. Mais si on répète l'expérience de Melsens dans le calorimètre, où elle produit un abaissement de température, on constate qu'il se dégage non seulement de l'acide chlorhydrique plus ou moins mêlé d'hydrogène, mais simultanément du chlore libre dont le dégagement, analogue à la vaporisation, produit une absorption de chaleur supérieure au dégagement de chaleur dû à la formation d'acide chlorhydrique. Pour 1 volume de chlore combiné à l'hydrogène, il y a 7 volumes de chlore total vaporisé, ce qui donne finalement $22 - 6,8 = 15^{Cal},2$, puis vaporisation supplémentaire de 6 volumes de chlore (soit $- 32,4$) ce qui donne un résultat négatif conforme au résultat expérimental. Le paradoxe de M. Melsens s'explique donc par l'intervention d'énergies étrangères à celles que met en jeu la réaction $H + Cl = HCl$ gaz.

On ne connaît à l'état libre qu'une seule combinaison d'hydrogène et de chlore; les expériences de M. J.-W. Mellar semblent indiquer l'existence, au moins en solution, d'une combinaison HCl^3 [*Chem. Soc.*, **79**, 216]. De l'observation de la courbe de solubilité du chlore dans des solutions aqueuses d'acide chlorhydrique à concentrations diverses, l'auteur conclut en effet à l'existence d'une combinaison $HCl + Cl^2$ ou HCl^3 en solution aqueuse et en solution gazeuse.

Iode. — M. Lemoine [*C. R.*, **80**, 792] a étudié la combinaison de l'hydrogène et de l'iode; on sait que la chaleur favorise la combinaison de ces deux éléments et peut inversement provoquer la décomposition de l'acide iodhydrique qui résulte de cette combinaison; il a démontré que ces deux réactions tendent vers une même limite et que la valeur de cette limite varie avec la température et la pression initiale. La vitesse de la réaction varie surtout avec la température, puisqu'elle s'évalue en heures à 440°, en jours à 350° et en mois à 265°; à cette dernière température, par exemple, après un mois de chauffe nuit et jour, on a bien décomposé de l'acide iodhydrique, mais seulement 2 0/0, et la limite n'est pas encore atteinte. Cette vitesse varie avec la pression propre au mélange des deux gaz et augmente quand les gaz sont très condensés. La valeur de la limite varie avec la température et la pression, mais dans des limites très restreintes, c'est ainsi, par exemple, que

0,19 de l'acide sont dissociés à...... 350°
0,21.................................. 440°

Quant à l'influence de la pression, elle a été étudiée seulement à 440°, et lorsqu'elle varie dans le rapport de 1 à 10 (de $0^{atm},5$ à $5^{atm},1$) la limite de décomposition va de 0,23 à 0,20.

MM. Bodenstein a étudié les conditions de réaction de l'hydrogène sur l'iode pour former l'acide iodhydrique, et la décomposition inverse de ce corps à des températures variant entre 283 et 508° [*Zeits. physik. Chem.*, **29**, 296]. D'après Van 't Hoff [*Études de dynamique chimique*, 126], la relation d'équilibre doit être :

$$\frac{d \log K}{dT} = \frac{q}{RT^2},$$

formule dans laquelle K est la constante d'équilibre, c'est-à-dire le rapport des deux vitesses k de décomposition de l'acide iodhydrique et k_1 de formation de ce corps : $K = \frac{k}{k_1}$, que l'on peut écrire d'après les résultats expérimentaux :

$$K = \frac{m^2}{4(1-m)^2}$$

m représentant au moment de l'équilibre le degré de décomposition, c'est-à-dire $m = \frac{1}{1/2\,HI + 1}$; en outre, q représente la chaleur de formation $(H^2 + I^2 = 2HI + q)$, R la constante des gaz et T la température. Si on représente q par la formule

$$q = A + BT + CT^2.$$

les deux vitesses de décomposition et de formation peuvent s'écrire :

$$\log k = -\frac{a}{T} + b \log T + cT + \text{const.} \quad \text{(déc.)}$$

$$\log k_1 = -\frac{a_1}{T} + b_1 \log T + c_1 T + \text{const.} \quad \text{(form.)}$$

avec les conditions

$$K = \frac{k}{k_1};$$

$$a - a_1 = \frac{A}{R}, \quad b - b_1 = \frac{B}{R}, \quad c - c_1 = \frac{B}{C}.$$

Voici quelques-uns des résultats expérimentaux :

T	*t* varie entre	*m* invariable
508° (vap. PS^5)	5 et 20 minutes	0,2408
487°,2 (bain métall.)	2 heures	0,2340
427° (soufre)	5 et 6 heures	0,2157
374° (soufre)	19 et 69 heures	0,2010
283° (bain métall.)	163 jours	0,1727

d'où il résulte qu'à chaque température correspond un état d'équilibre final caractérisé par la valeur de *m*.

Ces diverses valeurs de *m* peuvent d'ailleurs être représentées en fonction de la température par une formule à 3 termes :

$$m = a' + b'T + c'T^2$$

tandis que les valeurs de *q* se laissent représenter en fonction de T par une relation analogue

$$q = a'' + b''T + c''T^2.$$

M. Bodenstein a mesuré la vitesse de décomposition de l'acide iodhydrique à diverses températures et a pu la représenter par la formule

$$\log k = -\frac{21\,922{,}5}{T} - 14{,}468 \log T + 0{,}023\,055\,T + 104{,}185$$

tandis que la vitesse de formation de ce composé également obtenue par des mesures directes est représentée par

$$\log k_1 = -\frac{21\,832}{T} - 12{,}872 \log T + 0{,}01751\,T + 101{,}487$$

Ces deux relations comparées à la relation

$$\log K = -\frac{90{,}48}{T} - 1{,}5959 \log T + 0{,}0055454\,T + 2{,}698$$

déduite des valeurs de *m* en fonction de T justifient les déductions théoriques citées plus haut en partant de $\log K = \log k - \log k_1$, c'est-à-dire que les relations prévues par la théorie entre T et les constantes d'équilibre des deux réactions inverses sont, pour l'acide iodhydrique, vérifiées aussi exactement que le permettent les difficultés d'expériences.

En ce qui concerne la chaleur de formation *q*, l'auteur, se basant sur la valeur 4444^{Cal} à 510° et sur la valeur $+1886^{Cal}$ à 290°, estime par extrapolation que la valeur de cette quantité à 20° conduit au nombre 96^{Cal}

$$(H + I)_{20°} = HI + 96^{Cal},$$

alors que Thomson a déterminé

$$H + I_{sol} = HI - 6100^{Cal};$$

la chaleur de fusion de l'iode étant $+1500^{Cal}$ et sa chaleur de vaporisation 3040^{Cal}, on en déduit $H^2 + I_{gaz} = HI - 1560^{Cal}$; l'auteur pense qu'il ne faut point attacher à la différence des deux nombres $+96$ et -1560 une trop grande importance, en raison de l'extrapolation très étendue sur laquelle est basée son calcul et de l'indécision qui existe sur le nombre -1560 en raison des multiples causes d'erreur qui l'entachent.

2e Famille.

Oxygène. — MM. Berthelot et Matignon, étudiant la détermination à l'aide de la bombe calorimétrique de la chaleur de combustion des principaux gaz combustibles, ont repris la détermination de la chaleur de formation de l'eau à partir de ses constituants gazeux.

En opérant sur :

$0^{gr},02558$	on trouve	$68^{Cal},9$
0 ,02591	—	66 ,9
0 ,02549	—	67 ,9
0 ,02555	—	68 ,2
Moyenne......		$67^{Cal},95$

pour la chaleur de combustion à volume constant de H^2.

Les auteurs adoptent la moyenne des deux dernières expériences, soit $68^{Cal},15$ à volume constant, d'où il résulte à pression constante le nombre $68^{Cal},95$ qui coïncide avec le nombre 69^{Cal} adopté jusqu'alors [*Ann. Chim. Phys.*, (6), **30**, 250].

MM. A. Gautier et Hélier, au cours de recherches sur les conditions qui règlent et limitent les combinaisons des corps, et des gaz en particulier, ont montré, en faisant passer du gaz tonnant (obtenu en mélangeant dans un gazomètre les deux gaz préparés séparément) bien sec, dans un tube de porcelaine rempli de baguettes de porcelaine vernissée, maintenu à température constante et mis en relation avec des tubes absorbants à chlorure de calcium ou à soude caustique, que la combinaison des deux gaz ne commence qu'à 180°, que la quantité d'eau formée ne devient mesurable qu'à 200°, et que la combustion explosive ne se fait bien qu'au delà, à température très élevée, au-dessus du rouge, à 840°. Le temps de chauffe a aussi une importance relativement à la quantité d'eau formée : à la température constante de 300°, dans les 13 premières secondes, cette quantité est proportionnelle au temps; de 13 à 16 secondes, elle augmente rapidement et au delà de cette période transitoire le maximum est atteint, à savoir 38 parties d'eau formée sur 1000 parties du mélange, quel que soit le temps.

L'allure du phénomène est la même aux autres températures, ce qui permet de dire que, même en l'absence de toute dissociation, la quantité d'eau formée limite la combinaison et la maintient par un phénomène de « faux équilibre » à un taux très faible, 3,8 0/0 de celui qu'elle pourrait atteindre [*Bull. Soc. Chim.*, (3), **15**, 468; *Ann. Chim. Phys.*, (7), **10**, 521; **11**, 78].

M. Riban avait déjà fait remarquer que dès 170° l'hydrogène et l'oxygène peuvent déjà se combiner, mais il empruntait l'oxygène soit à l'oxydule de cuivre, Cu^2O, soit à l'oxyde CuO qu'il enfermait avec de l'hydrogène en vase clos et qui étaient ramenés soit à l'état métallique, soit à l'état d'oxyde jaune de mercure dont la réduction commence à 150° [*C. R.*, **93**, 1084].

Les expériences de MM. V. Meyer et W. Raum conduisent à des résultats différents de ceux de M. Hélier. Se proposant de déterminer une température à laquelle la réaction de l'hydrogène et de l'oxygène ne se fasse sentir qu'au bout d'un temps très long, ces observateurs avaient enfermé dans des matras scellés du mélange tonnant rigoureusement pur et les chauffaient nuit et jour à 300° environ, à ±50° près.

Au bout de 10 jours et 10 nuits, il n'existait pas trace d'eau.

Au bout de 65 jours et 65 nuits il s'était formé une quantité appréciable d'eau, mais très variable d'une expérience à l'autre, puisqu'elle atteignait dans un cas 0,4 0/0, dans un autre 1,3 0/0, dans un troisième 9,5 0/0 du poids des gaz mis en réaction.

Il semblerait donc que la température de 300° soit incapable de provoquer la combustion du mélange tonnant, contrairement à ce qui se passe à 200°, par exemple, dans les expériences citées plus haut.

En outre, MM. V. Meyer et Raum ont maintenu à 100°, pendant 218 jours et 218 nuits consécutifs des matras remplis comme les précédents, et n'ont jamais observé la moindre trace d'eau, ce qui semble contraire à l'opinion émise que, à la température ordinaire, l'hydrogène et l'oxygène réagissent l'un sur l'autre — avec une extrême lenteur — pour donner de l'eau [*D. chem. G.*, **28**, 2804; *Ann. Chem.*, **264**, 85; **269**, 85].

M. Berthelot, remarquant les différences très sensibles observées par divers expérimentateurs dans des expériences en apparence semblables et également concluantes, attribue ces divergences à l'influence des causes perturbatrices et cherche à les éliminer dans son étude sur « les débuts de la combinaison entre l'hydrogène et l'oxygène. » [*C. R.*, **125**, 271].

L'influence perturbatrice la plus importante est celle des parois, qui peut être une action purement physique ou une action chimique, en raison de l'influence que peut avoir la substance des parois pour aider ou retarder la formation d'eau. Rappelant les expériences antérieures de Dulong et Thénard [*Ann. Chim. Phys.*, (2), **24**, 381], qui ont maintenu à la température ordinaire un mélange tonnant sec préparé par électrolyse, sans que, même au bout de 10 années, il se soit formé trace d'eau liquide ou vaporisée, et qui ont étudié l'influence d'un grand nombre de substances capables d'abaisser la température de combinaison du mélange H^2+O, M. Berthelot rend compte de ses propres expériences. Du 11 juin 1897 au 16 juillet 1897, 100 volumes de gaz tonnant ont été abandonnés à température ordinaire, sans qu'au bout de ce temps on ait pu constater la moindre variation du volume gazeux ou de la composition du mélange. A température ordinaire, même en présence de baryte, de potasse, d'anhydride phosphorique, d'acide sulfurique, de chlorure de zinc, le mélange tonnant ne change ni de volume ni de composition. A 100°, ce même mélange maintenu sur le mercure ne donne absolument aucun changement, pas plus qu'en présence de baryte ou d'anhydride phosphorique; pas plus d'ailleurs qu'à 182° (aniline). Ni à 200, ni à 250°, le mélange tonnant chauffé pendant 2 heures dans une cloche courbe ne donne trace de combinaison; c'est seulement après chauffage de 2 heures à 280° que l'on constate une combinaison qui se traduit par une diminution de volume de 1,5 0/0.

Abandonnant les dispositifs précédents, M. Berthelot emploie des récipients formés de 2 tubes de verre scellés séparément à la lampe, et dont l'un contient l'autre; le tube intérieur renferme 1 volume d'oxygène, le tube extérieur 2 volumes d'hydrogène exactement mesurés; on brise le vase intérieur par une série de chocs et on porte au bain d'huile, maintenu à la température choisie pour l'expérience. L'un des tubes contient la substance déshydratante dont on étudie l'influence sur la formation de l'eau, baryte, potasse, etc.., acide chlorhydrique, acide sulfurique, etc....

Du mélange tonnant pris à la pression normale, et chauffé sans déshydratant à 280° donne :

Temps.	Diminution de volume 0/0.
5 heures	7,1
26 —	11,9
116 —	13,6

avec une disparition d'oxygène un peu supérieure à celle que l'on devrait obtenir, ce qui indique l'existence d'une réaction secondaire.

Comme dans les expériences de V. Meyer et Freyer, les résultats sont loin d'être réguliers et la réaction est assez capricieuse. C'est ainsi, par exemple, que deux tubes préparés simultanément et chauffés ensemble donnent, l'un au bout de 5 heures une diminution de volume de 4 0/0 avec excès d'oxygène disparu; l'autre au bout de 10 heures une diminution de 52 0/0 tout à fait anormale, due sans doute à une cause accidentelle comme, par exemple, une combinaison explosive sous l'influence d'un choc au moment de l'ouverture du tube.

Cependant on a parfois des essais réguliers : c'est ainsi, par exemple, que deux tubes chauffés à 315° pendant 5 heures donnent une diminution de 5 0/0 en moyenne, l'un ayant donné 4,6 0/0 et l'autre 5,4 0/0.

Avec des gaz sous pression réduite, il ne s'est rien produit jusqu'à 100° ni jusqu'à 180°.

Expériences avec déshydratants. — En présence de baryte, l'action est nulle à la température ordinaire, même après 36 jours de contact; à 100° pendant 7 heures, aucune action; à 182° pendant 2 heures 1/2, action sensiblement nulle; à 250°, au bout de 5 heures, 77 0/0 du mélange ont disparu; à 280°, au bout de 5 heures, 89,2 0/0 du mélange ont disparu; à 280°, au bout de 26 heures, le mélange gazeux a entièrement disparu. L'analyse des gaz prélevés sur des tubes en cours d'expérience montre que l'oxygène disparaît plus vite que l'hydrogène, ce qui s'explique par la formation intermédiaire de bioxyde de baryum suivie de destruction et formation d'eau.

Avec la chaux, même phénomène, mais action déshydratante beaucoup plus lente.

En présence de potasse, phénomènes analogues; l'oxygène disparaît plus vite que l'hydrogène par suite de la formation transitoire de peroxydes.

On constate les mêmes effets au contact de verre pulvérulent, agissant par ses alcalis en présence de très peu d'eau; s'il y a trop d'eau, on n'observe plus rien. Enfin l'action des sels de manganèse du verre est à signaler, puisque, dans le cas de la potasse, il s'est fait un manganate.

M. Berthelot a opéré également en présence de déshydratants acides.

Acide chlorhydrique : à 100° pendant 24 heures, pas de variation, malgré la tendance à la formation d'hydrate qui aurait pu aider la réaction; à 280° pendant 3 heures 1/2, diminution de 60 0/0 avec un léger excès d'oxygène disparu, c'est-à-dire même résultat qu'en l'absence d'acide chlorhydrique; à 280° pendant 24 heures, diminution plus sensible, mais le verre fortement attaqué avait absorbé 13 centimètres cubes d'acide chlorhydrique.

Fluorure de bore, BF^3 : à 280° pendant 3 heures 1/2, diminution de 3 0/0; le déshydratant est absorbé par le verre; à 280° pendant 24 heures, diminution de 4 0/0, verre fortement attaqué par le fluorure dont le cinquième environ a disparu. Ce corps semble plutôt retarder la combinaison.

Anhydride sulfureux : à 100° pendant 24 heures, aucune action, l'oxygène n'agit pas, même en présence d'hydrogène, tandis qu'en présence d'eau, il se fait de l'acide sulfurique; à 280° pendant 24 heures, l'hydrogène n'a pas varié, mais l'oxygène a disparu et il s'est formé des sulfates aux dépens du verre.

Anhydride phosphorique : à froid pendant 36 jours, aucune action; à 100° pendant 5 h. 1/2, aucune action; à 280°, disparition de l'oxygène beaucoup plus rapide que celle de l'hydrogène; à 280° pendant 6 heures, tout l'oxygène disparu, tout l'hydrogène intact.

Dans deux cas, le tube une fois refroidi ayant été choqué au moment de sa rupture, le mélange s'est enflammé, mais cela ne s'est produit qu'en présence de l'anhydride.

Anhydride sublimé : à 280° pendant 45 heures, diminution de 8 0/0 ; résultat du même ordre de grandeur qu'en l'absence de déshydratant.

En présence d'acide sulfurique [*Ann. Chim. Phys.*, (7), **13**, 64] les résultats sont plus complexes, car l'acide est réduit par l'hydrogène même à froid (voyez plus loin). Il disparaît bien à la fois de l'hydrogène et de l'oxygène, mais sans formation d'eau ; l'hydrogène donne de l'acide sulfureux que l'oxygène oxyde, mais la réduction est beaucoup plus rapide que l'oxydation, puisque à température ordinaire, au bout de deux mois, il manque 73 0/0 d'hydrogène et seulement 3 0/0 d'oxygène, et qu'à 250° après 5 heures l'hydrogène a entièrement disparu tandis qu'il ne manque que 5 0/0 de l'oxygène.

M. Bodenstein a repris l'étude de cette question [*Zeits. physik. Chem.*, **29**, 665] en employant le mélange tonnant obtenu par électrolyse d'eau alcaline et desséché par le chlorure de calcium ; ce mélange arrive par l'intermédiaire d'un long tube refroidi (pour éviter la propagation de l'explosion) dans les récipients de réaction auxquels l'auteur donne à dessein des formes très diverses. Ce sont : 1° une boule de 5 centimètres de diamètre avec deux tubes très étroits pour l'entrée et la sortie ; 2° un tube en U de $1^{cm},5$ de diamètre et de 20 centimètres de hauteur ; 3° deux serpentins de 2 millimètres de diamètre et ayant $1^{m},5$ de longueur, répartie sur 11,5 spires et enfin 4° un tube en U entièrement formé d'un tube de 2 millimètres d'ouverture, tous en porcelaine et destinés à étudier l'influence des parois. Ces récipients étaient soigneusement lavés à l'acide nitrique, sauf l'un d'entre eux qui, simplement lavé à l'eau, se montra deux fois plus énergique que le tube analogue lavé avec l'acide nitrique ; ils étaient chauffés au bain de plomb.

L'auteur se propose de déterminer l'équation de la réaction aux températures où a lieu la combinaison non explosive du gaz tonnant ; le cas le plus général, celui d'une réaction où se trouvent en présence trois sortes de molécules différentes, conduit pour la vitesse de réaction à la formule :

$$\frac{dx}{dt} = k(a-x)(b-x)(c-x)$$

(dans laquelle a, b, c sont les trois concentrations initiales et x la quantité disparue de chacune des molécules) ; ici elle se réduit à la suivante :

$$\frac{dx}{dt} = k(a-x)(b-y)^2,$$

puisqu'il n'y a que deux substances différentes $2H^2$ et O^2. Si on emploie le mélange tonnant normal $2H^2 + O^2$, on a en outre $a = b = c$ et la formule devient :

$$\frac{dx}{dt} = k(a-x)^3$$

ou en intégrant et posant $x = a.z$

$$k = \frac{z(2-z)}{2a^2t(1-z)^2}.$$

Dans le cas où la composition du mélange varie, la constante k est donnée par une autre formule, en particulier

$$k = \frac{1}{a^2t}\left[\log\frac{2-x}{2(1-x)} - \frac{x}{2(2-x)}\right]$$

si on utilise le mélange $4H^2 + O^2$, et

$$k = \frac{1}{b^2t}\left[\frac{x}{1-x} + \log\frac{2(1-x)}{2-x}\right]$$

si on utilise le mélange $2H^2 + 2O^2$.

A une même température, pour une même concentration initiale, la valeur de k est constante pour un même appareil, mais très variable de l'un à l'autre, par exemple 0,0624 et 0,276 ; cette valeur de k s'élève pour chaque appareil avec la température de réaction, par exemple 0,0624 à 482°, 0,266 à 509° et 1,75 à 560° environ ; donc l'union du gaz tonnant se fait suivant une réaction trimoléculaire (équation du 3e ordre).

Avec les trois mélanges gazeux mentionnés plus haut, la constante k conserve sensiblement la même valeur 2,36, 2,57 et 2,25 (à 572°) pour un appareil formé d'un tube en U de $0^m,22$, tandis qu'elle passe presque du simple au double 14,5, 14,2 et 26,3 avec un serpentin pour $(4H^2 + O^2)$, sans que l'auteur trouve d'explication à cette anomalie.

Il croit « pouvoir dire que, en mettant de côté quelques résultats irréguliers de nature secondaire, la combinaison des gaz du mélange tonnant par circulation dans un tube de porcelaine chauffé a lieu régulièrement d'après l'équation valable pour les réactions trimoléculaires, comme on pouvait le prévoir d'après la réaction chimique :

$$2H^2 + O^2 = 2H^2O.$$

L'auteur démontre en outre que « la réaction a lieu exclusivement sur les parois du vase et qu'elle ne se fait pas, ou extrêmement peu dans la masse du mélange tonnant, elle est exclusivement catalytique ». Ceci explique les résultats capricieux qui ont été obtenus par divers expérimentateurs, comme l'avaient déjà fait les expériences de *Berthelot, réalisées en présence de* baryte, de potasse ou de corps analogues ; en particulier, on peut admettre que l'hydrogène agit comme réducteur sur le plomb que contient le verre, comme l'a signalé M. Hélier [*Ann. Chim. Phys.*, (7), **10**, 550] et que la réaction est sans doute liée à cette réduction.

La régularité des résultats obtenus par M. Bodenstein est en contradiction absolue avec les résultats trouvés par M. Hélier relativement aux *faux équilibres* ; sans pouvoir indiquer la cause de ce désaccord, M. Bodenstein signale dans les expériences de M. Hélier un certain nombre de causes d'erreurs dont quelques-unes paraissent très sérieuses.

M. Bodenstein étudie les conditions dans lesquelles la combinaison tranquille des deux éléments devient explosive et montre que la forme du récipient à réaction a ici une grande importance. Par exemple, dans un tube en U la constante k prend à 638° une valeur fixe, 39 environ, alors que dans un serpentin elle a une valeur presque double, environ 63,5 ; tandis qu'à 652° cette constante prend une valeur considérable (de 1128 à 1282) pour le premier tube, en conservant à peu près la même valeur (79,4) pour le deuxième tube. L'auteur donne une bonne explication de cette anomalie apparente. Il termine son travail très important en donnant la relation entre la température T et la constante k pour les deux tubes en question

$$\log k = \frac{a_1}{T} + b_1 \log T + C_1$$

avec

$$a_1 = -16\,298 \qquad b_1 = 48,455$$

pour les deux tubes,

$$c_1 = +162,561$$

pour le tube en U,

$$c_2 = +163,261$$

pour le tube en serpentin.

La température d'inflammation du gaz tonnant, qui avait fait l'objet d'études de MM. Mallard et Le Chatelier, n'est pas une constante absolue du mélange gazeux et varie avec les circonstances. Ces observateurs ayant constaté que le mélange tonnant fait explosion entre 500° et 600° [*Ann. des Mines*, **4**, 274], MM. V. Meyer et F. Freyer montrent que cela n'a lieu que si le mélange se trouve déjà placé dans le vase que l'on chauffe; si, au contraire, il traverse lentement un vase en verre vert maintenu dans un bain de chlorure stanneux bouillant, c'est-à-dire à 606°, il n'y a pas explosion et il ne se produit que des quantités insignifiantes d'eau, tandis qu'une ampoule pleine du mélange tonnant détone immédiatement quand on la plonge dans cette enceinte. Le mélange tonnant ne donne rien en tube scellé dans la vapeur de diphénylamine (310°), mais il commence à donner un peu d'eau dans la vapeur de soufre (448°) et réagit plus rapidement encore dans le sulfure de phosphore (518°). Quant à l'eau formée, sa quantité ne dépend pas uniquement de la température; toutes choses aussi égales que possible, avec des ampoules identiques, on constate des différences énormes; dans l'une il s'est formé de 10 à 20 0/0 d'eau, dans l'autre de 90 à 100 0/0; il en est de même si on se sert toujours d'une même ampoule soigneusement lavée entre chaque expérience.

En employant une ampoule à parois argentées, la réaction est singulièrement facilitée; elle commence à la température de la vapeur d'aniline (182°), mais avec des vitesses très variables et capricieuses; dans le même laps de temps la quantité d'eau varie de 10 0/0 à 90 0/0. Ces mêmes auteurs ont cherché à établir si le mélange tonnant ferait explosion dans un tube de verre à la température du chlorure de zinc bouillant ou bien s'il brûlerait tranquillement. Le tube étant dans le chlorure bouillant, si on y envoie brusquement du mélange tonnant, celui-ci détone avec une flamme pâle qui, lorsqu'on emploie un tube formé d'ampoules réunies par des étranglements capillaires se propage lentement d'une ampoule à l'autre. Si, au contraire, le mélange explosif a continuellement circulé dans le tube, il n'y a pas d'explosion au moment où le chlorure de zinc entre en ébullition, mais seulement une combustion tranquille. Il faut donc que le mélange soit brusquement chauffé, et ceci donne l'explication des divergences entre les résultats observés d'une part par MM. Mallard et Le Chatelier, d'autre part, par MM. Meyer et Freyer.

La température d'ébullition du chlorure de zinc est 730°; celle du bromure 650°, et c'est entre les limites 606° et 730° que le mélange tonnant circulant lentement peut exploser; ces deux températures, 730° et 650°, forment avec 606° (chlorure stanneux), avec 518° (sulfure de phosphore), avec 448° (soufre) et avec 373° (anthraquinone), une échelle de températures élevées qu'il est bon de signaler [*D. chem. G.*, **25**, 622; *Bull. Soc. Chim.*, (3), **8**, 673].

Soufre et Sélénium. — Les conditions de la combinaison directe du soufre et de l'hydrogène ont été étudiées par M. Pélabon [*C. R.*, **124**, 686]. A 440°, l'hydrogène chauffé en vase ouvert avec du soufre fournit de l'hydrogène sulfuré; mais la combinaison est incomplète, ce qui s'explique par la dissociation à la même température du composé formé : c'est un cas d'équilibre régulier. D'autre part, l'hydrogène commence à s'unir au soufre dès que la température n'est plus inférieure à 215° environ ; entre 215° et 310°, la combinaison est encore limitée, mais non par la réaction inverse, puisque l'hydrogène sulfuré n'est pas encore dissocié ; cette limitation anormale appartient à la catégorie dite des « faux équilibres » que MM. A. Gautier et Hélier ont, comme on vient de le voir, cru trouver également pour l'hydrogène et l'oxygène à la température de 300° environ.

Quand on fait varier la température de réaction, la quantité d'hydrogène sulfuré produit provient de deux sources : 1° l'hydrogène sulfuré gazeux que le tube contient au moment où on arrête le chauffage; 2° l'hydrogène sulfuré que le soufre laisse dégager quand il se solidifie par suite du refroidissement. La composition finale du mélange qui remplit le tube dépend donc de la quantité de soufre que contient celui-ci, et la quantité d'hydrogène sulfuré doit augmenter quand le poids de soufre croît; c'est ce que l'expérience vérifie.

Si, pour éliminer l'influence du dissolvant, on emploie de faibles quantités de soufre, on trouve : 1° que la combinaison s'effectue d'autant plus vite que la température est plus élevée; 2° que la quantité maximum d'hydrogène sulfuré possible à une température déterminée croît régulièrement avec cette température et 3° qu'enfin dès qu'on atteint la température de 440° l'état limite est le même quand on part de deux états initiaux différents : ($H^2 + S$) ou combinaison H^2S.

La réaction de l'hydrogène et du sélénium a été étudiée d'abord par M. P. Hautefeuille, qui a démontré la combinaison directe de ces éléments quand on les chauffe en tube scellé à 400° [*C. R.*, **49**, 610]; elle commence d'ailleurs déjà à 250°. M. Ditte, reprenant cette étude pour les températures variant entre 200° et 700°, a montré : 1° que la limite de la réaction n'est atteinte qu'au bout d'un temps d'autant plus long que la température est moins élevée; 2° que cette limite, correspondant au maximum d'hydrogène sélénié qui peut se former à une température déterminée, varie avec la température et présente un maximum pour la température de 520°; 3° que la limite qui s'établit dans une expérience donnée est celle qui correspond à la température de la portion la plus chaude de l'appareil. Il découvre en outre le phénomène de la « volatilisation apparente » du sélénium et en donne l'explication. Enfin, par quelques expériences faites à 350° et à 440° en présence d'hydrogène introduit sous pressions différentes, 520 millimètres et 940 millimètres de mercure, il montre que la limite est à peu près indépendante de la pression et ne s'élève que très légèrement avec elle.

M. Pélabon, reprenant ensuite cette étude (Thèse Faculté des Sciences de Bordeaux, 1897; *C. R.*, **124**, 686), montre qu'un phénomène déjà signalé par M. Ditte introduit dans les mesures de ce dernier une cause d'erreur : ce phénomène est la propriété que possède le sélénium fondu dans un mélange d'hydrogène et d'hydrogène sélénié d'absorber des gaz et de les laisser dégager par refroidissement en « rochant », comme le fait l'argent chauffé dans l'oxygène et refroidi ensuite.

Le gaz qui se dégage au moment où on refroidit le sélénium étant plus riche en hydrogène sélénié que l'atmosphère ambiante, il en résulte que, quand on refroidit brusquement un tube chauffé pendant quelque temps et qu'on analyse les gaz qu'il contient, l'analyse ne correspond pas à l'état du tube au moment où on a cessé de chauffer mais à un gaz sensiblement plus riche en hydrogène sélénié. M. Pélabon pense avoir démontré que les résultats obtenus relativement à l'état final — en éliminant cette cause d'erreur par un artifice très simple qui consiste à n'employer qu'un très léger excès de sélénium dissolvant — sont très différents suivant que la température est supérieure à 320° ou inférieure à cette valeur. Au-dessus de 320° pour une même température, on arrive à une même composition limite, soit que l'on parte d'hydrogène et de sélénium, soit que l'on parte d'un mélange gazeux riche en hydrogène selénié préalablement formé; à chacune de ces températures correspond un équilibre chimique parfaitement déterminé, un « véritable équilibre ». Aux températures inférieures à 320°, la combinaison directe des éléments ou bien la décomposition du produit de cette combinaison conduisent, pour une même valeur de la température, à des compositions limites différentes correspondant aux « faux équilibres ».

Si on représente l'état du tube par une courbe obtenue en portant en abscisses les températures, et en ordonnées le rapport entre la pression d'hydrogène sélénié existant après la chauffe et la pression totale du mélange gazeux, on obtient au delà de 320° une seule courbe qui s'éloigne de l'axe des températures quand la température augmente, passe par un *point culminant* dont l'abscisse est comprise entre 500° et 560°, puis se rapproche ensuite de l'axe des températures; en deçà de 320°, la courbe se dédouble : une première portion, relative aux états limites obtenus en partant des éléments H^2 et Se, a une direction générale qui continue la courbe principale et se rapproche de l'axe des températures quand la température diminue; une deuxième portion, correspondant à l'état limite au bout de temps de chauffe considérables des tubes contenant au début de l'hydrogène et de l'hydrogène sélénié en excès, se raccorde à la courbe principale mais présente de suite une ordonnée minimum et remonte ensuite en s'écartant rapidement de l'axe des températures quand la température diminue. Ces deux courbes comprennent entre elles la région dite des « faux équilibres ».

Les résultats obtenus par M. Pélabon pour $t > 320°$, ont la même allure générale que ceux qu'avait fait connaître M. Ditte. L'état limite atteint par le contenu du tube, et défini par la valeur r du rapport entre la pression de l'hydrogène sélénié et celle de l'hydrogène (en présence d'un très faible excès de sélénium), est atteint d'autant plus rapidement que la température de chauffe est plus élevée.

t.	Valeur de r. Système initial H^2 + Se.	Temps nécessaire.	Valeur de r. Système initial H^2 + H^2Se.
350°	23,4	250 heures	22,50
380°	28,3	»	»
440°	35,16	»	34,69-35,18
500°	39,2	1/4 d'heure	»
600°	41,1	qq. minutes	40,73
660°	38,5-39,5	id.	39,60
700-710° ..	38	id.	»

On voit, en outre, qu'il y a une valeur maximum de r entre 500 et 600°.

M. Pélabon montre que les divers équilibres s'établissent conformément à la « loi du déplacement de l'équilibre par les variations de température » [Van 't Hoff, *Études de dynamique chimique*, 16, Amsterdam, 1884; P. Duhem, *Traité élémentaire de mécanique chimique*, 1] et conformément aussi à la « loi du déplacement de l'équilibre par les variations de pression »; il montre, en outre, théoriquement, l'existence du *minimum de dissociation pour une température* de 575°, et donne la valeur théorique de la chaleur de combinaison de l'hydrogène gazeux et du sélénium, 17 300 calories pour H^2Se, alors que Fabre [*Ann. Chim. Phys.*, (6), **10**, 482] a trouvé expérimentalement 18 000 calories. Il montre également que, conformément aux expériences de M. Ditte, l'augmentation de pression *accroît* très légèrement la quantité d'hydrogène sélénié produit *à une certaine température*, et que c'est à la température la moins élevée que cette influence, favorable à la formation de ce corps, est le plus sensible.

Quant aux faux équilibres, que M. Duhem [*Traité élémentaire de mécanique chimique*, **4**, 203] considère comme analogues aux cas d'équilibres purement mécaniques qui dépendent de frottement, leur existence serait démontrée, dans le cas actuel, par les expériences suivantes :

A 150° : Le système initial H^2 + Se n'a encore subi aucune modification au bout de 264 heures; $r_1 = 0$; le système initial H^2 + H^2Se (41 0/0) a perdu une partie de son hydrogène sélénié et donne $r = 38,23$ après 117 heures, puis $r = 38,25$ après 264 heures.

A 200° : Pas trace de formation d'hydrogène sélénié quand on part de H^2 + Se; $r_1 = 0$; décomposition de ce corps quand on part du système H^2 + H^2Se; $r = 28,48$ après 175 heures, résultats sensiblement identiques au bout de 8 jours.

A 270° : Le système initial H^2 + Se donne

$$r_1 = 4,91 \; (490^h); \qquad r_1 = 4,78 \; (1 \text{ mois});$$

le système initial H^2 + H^2Se donne

$$r = 17,1 \; (192^h); \; r = 16,5 \; (288^h); \; r = 16,3 \; (480^h).$$

A 300° : Après 322 heures, on a $r_1 = 12,7$ pour le premier système et $r = 17$ pour le deuxième.

A partir de 325°, les deux systèmes comportent le même état limite.

Les expériences de M. Bodenstein [*Zeits. physik. Chem.*, **29**, 315] conduisent à des résultats tout à fait différents, aussi bien dans le cas du soufre que dans le cas du sélénium : l'auteur démontre dans ces deux cas la non-existence de faux équilibres signalés par M. Pélabon.

M. Bodenstein montre d'abord que l'hydrogène sulfuré pur, enfermé dans des ampoules et chauffé de 8 à 12 heures dans la vapeur de mercure, de soufre ou de sulfure de phosphore, ne manifeste que des traces de décomposition, 0,3 0/0 dans le premier cas (même après un mois), 0,5 à 0,8 0/0 dans les autres cas; il cherche si les parois du tube ne sont pas capables d'absorber le gaz, et constate que cette cause d'erreur n'existe pas. Il résulte de ses expériences, comme d'ailleurs d'un court travail de M. D. Konowaloff [*Centralbl. f. Physiol.*, **2**, 657 ; *Journ. Soc. phys. chim. russe*, **30**, 371] interrompu depuis, que la formation d'hydrogène sulfuré, à partir des éléments, a lieu à toutes températures, complètement, jusqu'à disparition des éléments réagissants.

Pour étudier la vitesse de la réaction, M. Bodenstein emploie de petites ampoules en verre résistant munies d'un tube capillaire et d'un tube étroit pour le remplissage; l'hydrogène obtenu par la réaction de l'amalgame d'aluminium sur l'eau et purifié avec soin et mis en réaction avec du soufre pur. Une première série d'expériences est relative au cas où il y a un très léger excès de soufre de sorte que la vapeur de ce corps soit toujours saturante; la vitesse de la réaction est représentée par une formule

$$\frac{dx}{dt} = \mathrm{K}\,\mathrm{C}^m_{\mathrm{H}_2}.\mathrm{C}^n_{\mathrm{S}},$$

(C représentant les concentrations et t le temps), qui, dans le cas actuel se simplifie et se réduit à

$$\frac{dx}{dt} = k_1 \mathrm{C}^m_{\mathrm{H}_2} = k_1 (a - x),$$

a étant la concentration initiale de l'hydrogène ; d'où

$$k_1 = \frac{1}{t} \log \frac{a}{a-x}$$

k_1 doit être indépendant du temps à une température déterminée, mais varie avec elle ; en effet on trouve :

T = 356°	k_1 = 0,00280	t = de 1 h. à 7 h.
310°	0,000118	de 12 h. à 168 h.
234°	0,0000018	de 24 h. à 44 h.

En outre la valeur de k_1 à la température de 310° reste la même quand a passe de la valeur 0,9557 à 0,1820 :

$$k_1 = 0{,}000118 \text{ dans le 1}^{\text{er}} \text{ cas,}$$
$$k_1 = 0{,}000128 \text{ dans le 2}^{\text{e}} \text{ cas.}$$

M. Bodenstein attribue la régularité de ses résultats et leur contradiction avec les résultats antérieurs à la grande surface sur laquelle se répartit le soufre et à sa prompte vaporisation. La réaction va presque jusqu'à la disparition totale de l'hydrogène puisque, par exemple, à 356° après 7 heures de chauffe, la concentration de l'hydrogène sulfuré atteint 0,9085, alors que la concentration initiale de l'hydrogène était 0,9557. Il conclut que cette réaction se produit avec une régularité que l'on a rarement l'occasion de rencontrer dans les réactions en systèmes hétérogènes et que « les nombres publiés par M. Pélabon comme limites de la formation d'hydrogène sulfuré ne sont pas autre chose que des points arbitrairement choisis d'une réaction en marche, et que les conséquences qui en résultent relativement à la théorie des faux équilibres de M. Duhem perdent, de ce fait, toute base expérimentale » [*loc. cit.*, 321].

D'une autre série d'expériences faites en maintenant constante la concentration de l'hydrogène et en faisant varier celle du soufre, M. Bodenstein montre que la vitesse de réaction n'est représentable ni par

$$\frac{dx}{dt} = k_2 (a-x)(b-x)^{1/2}$$

ni par

$$\frac{dx}{dt} = K_3 (a-x)(b-x)$$

dans laquelle a représente la concentration initiale de l'hydrogène et $b = 8B$, B étant celle du soufre calculée en prenant pour la molécule solide S^8, et il en tire des conclusions intéressantes relativement à la polymérisation du soufre.

Dans le cas de l'hydrogène et du sélénium, les expériences de M. Bodenstein qui contredisent de nouveau les conclusions de M. Pélabon, furent conduites de la même façon : 1° le sélénium pur, introduit dans les ampoules décrites plus haut, à raison de 0,1 à 0,2 gramme pour 20 centimètres cubes d'hydrogène (c'est-à-dire en quantité suffisante pour que le récipient soit toujours plein de vapeur saturée et insuffisante pour qu'il puisse dissoudre de l'hydrogène sélénié en quantité appréciable), est fondu après que l'on a fait le vide et se répartit sur les parois du récipient en un sublimat très divisé qui joue un rôle capital ; 2° l'hydrogène sélénié nécessaire aux expériences par décomposition est préparé par l'union directe de l'hydrogène et du sélénium porté à l'ébullition, purifié avec le plus grand soin et enfermé dans des tubes.

Dans ces expériences, la formation de l'hydrogène sélénié est beaucoup plus rapide que dans les expériences de M Pélabon : par exemple, à 444°, la quantité 0/0 d'hydrogène combiné est, au bout de

1 heure	0,3303
1 —	0,3304
3 —	0,3408
3 —	0,3358

et à 324°

24 heures	0,054
48 —	0,173
48 —	0,158

alors que M. Pélabon donne comme limites 0,352 à 440° et 0,192 à 325°, mais ces limites n'étant atteintes qu'en 50 heures et en 200 heures respectivement.

L'auteur explique ces différences par la sublimation du sélénium en excès qui favorise l'union des éléments, et démontre nettement par une série d'expériences l'influence de cette cause favorable à la réaction.

Aux températures supérieures à 320°, la vitesse de la réaction $\frac{dx}{dt}$ dépend de l'excès de la concentration initiale a de l'hydrogène sur la concentration actuelle en hydrogène sélénié (formation de l'hydrogène sélénié) et de la quantité d'hydrogène sélénié formé qui intervient par suite de la tendance à la décomposition ; on doit avoir :

$$\frac{dx}{dt} = k(a-x) - k_1 x$$

d'où on déduit

$$k = \frac{1}{t} \cdot \frac{m}{a} \cdot \log \frac{m}{m-x}$$

m représente le maximum de x. Dans le cas de la décomposition de l'hydrogène sélénié la réaction doit être représentée par

$$k_1 = \frac{1}{t} \cdot \frac{m_1}{a_1} \cdot \log \frac{m_1}{m_1 - x_1}$$

avec des notations correspondantes relatives à la décomposition. En faisant a et a_1 égaux à l'unité, ce qui revient à exprimer x et m, ainsi que x_1 et m_1 en fractions de a et de a_1, on a, en outre, $m + m_1 = 1$, d'où résultent les formules simplifiées :

$$k = \frac{m}{t} \log \frac{m}{m-x} \qquad k_1 = \frac{m_1}{t} \log \frac{m_1}{m_1 - x}$$

qui montrent : 1° que dans une même série, k et k_1 doivent être constants ; 2° que la concentration initiale ne doit avoir aucune influence sur la valeur de ces quantités, et 3° qu'on doit avoir :

$$\frac{k}{k_1} = \frac{m}{m_1}$$

La vérification de l'une de ces conséquences entraîne l'exactitude de la loi indiquée plus haut. En voici quelques exemples :

Température constante de 324°.

1° Système initial : $H^2 + Se$ (formation d'hydrogène sélénié) avec excès de sélénium.

Temps.	Variation.	
120-1440^{min}	x_1 0,039-0,181	k = 0,000119 (5 expér.)
—	x 0,044-0,184	a = 0,890
240-960^{min}	x_1 0,080-0,205	k = 0,000251 (4 expér.)
—	x 0,091-0,208	a = 0,931
248-960^{min}	x_1 0,075-0,180	k = 0,000220 (4 expér.)
—	x 0,075-0,180	a = 0,364
60-300^{min}	x_1 0,066-0,160	k = 0,000527
—	x 0,068-0,169	a = 0,912

ces diverses valeurs de k sont relatives aux conditions de l'expérience, particulièrement au rapport entre la surface du sélénium et le volume du gaz.

2° Système initial : H^2Se (décomposition d'hydrogène sélénié) sans excès de sélénium.

Temps variable de 30 à 390 min. $a_1 = 0,850$
x_1 varie de 0,054 à 0,495 très régulièrement,
k_1 a pour valeur moyenne 0,000644

Quant aux maxima leur valeur est

$m = 0,266$ dans le cas de la formation.
$m_1 = 0,774$ pour la décomposition.

Ces résultats sont donc conformes aux prévisions attendues : k et k_1 respectivement constants, k indépendant de la concentration initiale (voyez les cas $a = 0,931$ et $a = 0,364$).

En ce qui concerne les expériences aux températures inférieures à 320°, l'auteur *fait remarquer* que M. Pélabon, ayant sans doute employé le sélénium sous forme de gouttelettes placées à l'extrémité des tubes à expérience, a, par cela même, *extraordinairement retardé la réaction* aux températures basses et n'a pu atteindre ainsi l'état « d'équilibre vrai » ; en effet, en employant la précaution décrite plus haut (sélénium sublimé), *M. Bodenstein a montré qu'en chauffant* à 254° pendant 12 jours, la quantité d'hydrogène combiné était 0,0821 et 0,1038, alors que M. Pélabon, chauffant à la même température, donne, pour des temps de chauffe de 1 mois, 1 mois et demi, 2 mois, les nombres 0,025, 0,023 et 0,025, dont la constance serait de nature à faire croire à un état final bien établi, mais qui en réalité se rapportent à des réactions arbitrairement interrompues. Voici d'autres résultats trouvés par M. Bodenstein, soit par formation de l'hydrogène sélénié, soit par décomposition de ce gaz :

	Formation.		Décomposition.	
254°	49 j. 1/4	$m = 0,1396$	45 jours	$m_1 = 0,1415$
	50 j.	0,1447	60 j. 1/2	0,1367
	62 j.	0,1382		
	Moyenne générale : 0,1388 (6 expériences).		Moyenne ; 0,1391 (4 expér.).	
274°	34 jours	$m = 0,1712$	28 jours	$m_1 = 0,1608$
	Moyenne : 0,1692 (7 expér.).		Moyenne : 0,1701 (8 expér.).	
301°	17 jours	$m = 0,2025$	12 j. 3/4	$m_1 = 0,2046$
	Moyenne : 0,2052 (5 expér.).		Moyenne : 0,2046 (6 expér.).	

D'où il résulte que, même aux températures inférieures à 320°, l'état d'équilibre est atteint au bout d'un temps relativement court, soit par *combinaison* des éléments $H^2 + Se$, soit par décomposition de l'hydrogène sélénié, et que cet état d'équilibre est le même pour une même température, quel que soit l'état initial ($H^2 + Se$ ou bien H^2Se) ; ces expériences ne laissent rien subsister de l'existence des faux équilibres dans le cas de l'hydrogène et du sélénium.

Si on veut *représenter graphiquement* les expériences de M. Bodenstein, la quantité maximum d'hydrogène sélénié qui peut exister aux températures comprises entre 254 et 493° est représentée par une *courbe* (m, t) à très grand rayon de courbure, tournant sa convexité du côté de l'axe des ordonnées positives et ne présentant aucune singularité au voisinage de 230° ; *voici les données qui permettent* de la construire et de la comparer avec la courbe donnée antérieurement par M. Pélabon.

Températures.	Maximum d'H^2Se possible. Observé par M. Bodenstein. Formation.	Observé par M. Bodenstein. Décomposition.	Observé par M. Pélabon. Formation.	Observé par M. Pélabon. Décomposition.	Moyenne Bodenstein.	Calculé d'après Bodenstein.
254°	0,1388	0,1391	0,027	«	0,1390	0,1456
274°	0,1692	0,1701	0,041	»	0,1697	0,1697
301°	0,2052	0,2046	0,129	0,170	0,2049	0,2007
324°	0,2267	0,2250	0,188	0,192	0,2259	0,2263
356°	0,2595	0,2591	0,241	»	0,2593	0,2596
405°	0,3054	»	»	»	0,3054	0,3063
493°	0,3772	»	0,388	0,390	0,3772	0,3772

les chiffres de la dernière colonne ayant été calculés d'après la formule :

$$m = -0,2358 + 0,001776\,T - 0,0000010804\,T^2.$$

Le phénomène se représente donc uniquement par une seule courbe, celle des « vrais équilibres ».

M. Bodenstein, à la suite de ses expériences, discute les diverses conclusions que M. Pélabon avait tirées des siennes (température du minimum de dissociation et chaleur de formation de H^2Se). Sans mettre en doute la possibilité, ni même la vraisemblance du minimum de dissociation, M. Bodenstein pense qu'il est impossible, en employant la méthode du *refroidissement brusque*, de déterminer la température à laquelle ce phénomène a lieu et considère la méthode comme n'offrant pas de sécurité. De même il *critique les considérations qui permettent* de calculer la chaleur de formation de l'hydrogène sélénié ; la valeur calculée représente théoriquement le phénomène thermique qui accompagne l'union de l'hydrogène et de la vapeur de sélénium, tandis que le nombre trouvé par Fabre, que M. Pélabon lui compare, est relatif à l'hydrogène et au sélénium vitreux ; la différence entre les deux chiffres est la chaleur de sublimation de 1 molécule de sélénium vitreux ; d'autre part les nombres déterminés par Fabre varient de 19 000 calories à 31 000 calories.

Voyez à ce sujet les observations de M. Duhem, sur la question des faux équilibres [*loc. cit.*, **29**, 711], et la réponse de M. Bodenstein [*loc. cit.*, **30**, 567].

3e Famille.

Phosphore. — Contrairement aux expériences de Rœtgers [*Zeits. physik. Chem.*, **27**, 265], qui avait cru démontrer que l'attaque du phosphore par l'hydrogène donne du phosphure d'hydrogène spontanément inflammable, MM. Tichtchenkt et Zavoïko montrent qu'il n'y a pas de combinaison directe entre le phosphore pur et l'hydrogène sec [*Journ.*

Soc. phys. chim. russe, **27**, 185]. Il n'y a inflammation que quand le phosphore ayant été chauffé à 340° au moins, les gaz qui s'échappent de l'appareil entraînent des vapeurs de phosphore qui s'enflamment à l'air; si on fait passer ce mélange dans un ballon refroidi, le gaz perd son inflammabilité et dépose du phosphore blanc. Les mêmes effets se produisent quand on chauffe aux mêmes températures du phosphore dans un courant d'oxyde de carbone ou d'acide carbonique.

Ces résultats se trouvent confirmés par les expériences simultanées et indépendantes de M. Vandevelde [*Bull. Acad. des sciences de Belgique*, **29**, 1895].

4e FAMILLE.

CARBONE. — MM. W.-A. Bone et D.-S. Jerdan ont répété l'expérience classique de M. Berthelot sur l'union directe du carbone et de l'hydrogène sous l'influence de l'arc électrique, afin de préciser les conditions de cette réaction. L'acétylène est toujours accompagné de méthane. L'hydrogène passant sur du carbone parfaitement pur chauffé à 1200° ne donne pas trace d'acétylène, mais des traces de méthane. L'arc électrique dans une atmosphère d'hydrogène donne un mélange formé de :

C^2H^2 8 0/0 CH^4 3 0/0 Hydrogène 89 0/0.

dont la composition reste invariable, même quand l'expérience dure environ 2 heures. Comme, d'autre part, la décomposition de l'acétylène ou du méthane conduit à un mélange de même composition :

C^2H^2 10 0/0 CH^4 3 0/0 Hydrogène 87 0/0.

on se trouve bien en présence d'un phénomène d'équilibre stable [*Chem. Soc.*, **71**, 41].

SILICIUM. — MM. H. Moissan et S. Smiles ont découvert récemment [*C. R.*, **134**, 569] un nouvel hydrure de silicium auquel correspond la formule Si^2H^6 (siliciéthane), corps liquide bouillant à 52° et fondant à —132°, très différent par conséquent des corps SiH^4 de Wöhler et $(Si^2H^3)^n$ découvert par M. Ogier [*Ann. Chim. Phys.*, (5), **20**, 5]. On prépare ce corps en décomposant lentement par l'eau du siliciure de magnésium, obtenu en chauffant au rouge du silicium et du magnésium en poudre dans les proportions correspondant à $SiMg^2$; les gaz résultant de cette action sont lavés à l'eau puis desséchés par l'acide phosphorique; ils arrivent ensuite dans un tube en U refroidi; à —80°, ce tube ne condense que quelques gouttes de liquide et le gaz dégagé s'enflamme spontanément à l'air, propriété qui, d'après Friedel et Ladenburg, n'appartient pas au corps SiH^4; à —180° ou —200°, le tube en U condense un corps solide blanc et le gaz qui se dégage n'est plus spontanément inflammable à l'air, quoiqu'il renferme encore SiH^4 (environ 2 0/0), le reste étant de l'hydrogène. En laissant fondre le corps solide ainsi obtenu, il bout en dégageant SiH^4, et il laisse comme résidu un liquide plus lourd que l'eau, lequel brûle en donnant un dépôt de silicium amorphe et de silice, qui est violemment décomposé par le chlore ou par la chaleur à 250°; il réduit les solutions de chlorure mercurique, de chlorure d'or et d'azotate d'argent, et se trouve décomposé en silicate et hydrogène par les alcalis. Mélangé à l'hydrogène, il lui communique la propriété d'être spontanément inflammable à l'air et agit par suite comme l'hydrogène phosphoré liquide à l'égard du composé gazeux PH^3. L'analyse lui donne pour formule $(Si^2H^6)^n$, n étant encore indéterminé.

5e FAMILLE.

BORE. — M. B. Reitnitzer a signalé des combinaisons solides de bore et d'hydrogène, mais mal définies [*Mon. f. Chem.*, **1**, 792]. En fondant de l'acide borique avec du potassium sous une couche de chlorure de sodium, on obtient une masse que l'on concasse et qu'on traite par l'acide chlorhydrique; il se dégage beaucoup d'hydrogène et il se dépose une poudre verte qui, lavée à l'eau, finit par s'y dissoudre; les eaux de lavage, divisées en 3 portions, sont précipitées par le chlorure de calcium, qui donne pour la 1re portion un produit gélatineux qu'on sépare, lave à l'alcool et sèche complètement à 110°; la 2e portion, qui donne d'elle-même un léger dépôt au bout de 24 heures, est traitée de la même façon; la 3e portion dépose spontanément du bore et une poudre qu'on recueille. Les trois produits ainsi obtenus, qui tous trois brûlent avec une flamme verte, contiennent de l'oxygène qu'on dose en les traitant dans un tube à combustion comme des substances organiques; l'arrivée de l'oxygène dans le tube provoque l'incandescence de la matière analysée qui brûle en donnant de l'acide borique. La teneur en hydrogène s'élève à

2,67 0/0 2,35 0/0 1,65 0/0,

et il paraît imposible d'établir une formule de ces composés, en raison de l'excès de bore qu'ils contiennent.

COMBINAISONS AVEC LES MÉTAUX.

A côté des métaux dont il a été question plus haut et qui retiennent l'hydrogène par occlusion, on connaît d'autres métaux qui se combinent avec l'hydrogène en donnant de véritables composés définis, souvent cristallisés, et constituant la classe des hydrures; parmi ces métaux citons le potassium, le sodium, le lithium; les métaux alcalino-terreux; le cuivre; quelques métaux du groupe des terres rares.

HYDRURE DE POTASSIUM. — L'hydrure de potassium cristallisé a été obtenu par M. H. Moissan [*C. R.*, **134**, 18]. Du potassium, chauffé dans un courant d'hydrogène à 350°, se recouvre d'une couche transparente et cristalline, sous laquelle on distingue le métal non attaqué; on le sépare à l'aide d'ammoniac liquéfié, qui forme un amidure et qui laisse intacte la combinaison du potassium et de l'hydrogène. A cette température la formation est lente, mais elle donne la combinaison cherchée sous la forme de cristaux blancs enchevêtrés ressemblant à des filaments de coton. A 440°, l'attaque n'est pas non plus complète, car le métal qui est volatilisé se rassemble dans les parties froides du tube et échappe partiellement à la combinaison avec l'hydrogène, de plus il y a attaque des parois du tube dans lequel on fait la réaction. On s'en tient donc au voisinage de 350° et on chauffe seulement la partie inférieure du tube qui contient le métal; l'hydrure se rassemble sous forme cristalline à la partie supérieure du tube et il est exempt de métal libre.

Ces aiguilles blanches fixent l'humidité atmosphérique avec une extrême rapidité; elles décomposent l'eau à froid en donnant de l'hydrogène et de la potasse sans produire d'incandescence, mais en produisant un bruit analogue à celui que donnerait un fer rouge. Ces aiguilles, solubles dans le potassium, de densité 0,80, se dédoublent très facilement dans le vide et s'enflamment dans le fluor en donnant une réaction extrêmement violente; dans le chlore gazeux elles donnent du chlorure de potassium et de l'acide chlorhydrique avec incandescence; elles s'enflamment dans l'oxygène et dans la vapeur de soufre, brûlent avec incandescence dans l'acide carbonique, dans l'hydrogène sulfuré, et réduisent les oxydes de plomb et de cuivre non pas à froid, mais à une douce chaleur. Elles sont également décomposées par l'ammoniac, mais à température élevée, vers 400° seulement, en donnant l'amidure de potassium.

L'analyse de cette combinaison a été faite en la décomposant dans le vide, et en mesurant la quantité d'hydrogène et de potassium résultant de cette décomposition; voici les résultats obtenus :

K	97,6	97,6	97,49	97,5
H	2,3	2,4	2,5	2,5
	Trouvé.	Trouvé.	Trouvé.	Calculé pour KH.

Cet hydrure correspond donc à la formule KH.

Hydrure de sodium. — L'hydrure de sodium cristallisé, obtenu également par M. H. Moissan en 1902 [*C. R.*, **134**, 71], appartient à la même catégorie. Le sodium, comme le potassium, chauffé en présence de l'hydrogène vers 360°, se combine avec lui, et on peut faire l'expérience en plaçant du sodium dans une cloche courbe pleine d'hydrogène et en le chauffant ; on voit se former et se déposer des cristaux très légers formés de fines aiguilles blanches; l'expérience est assez délicate, car la formation et la décomposition de ces combinaisons se limitent mutuellement.

On réalise la préparation en plaçant des fils de sodium dans une nacelle qu'on dépose dans un tube traversé par un courant d'hydrogène, et on chauffe vers 370°, en ayant le soin de maintenir à une température légèrement inférieure la partie supérieure du tube; l'hydrure formé se rassemble en cristaux très légers au-dessus du sodium.

Ces cristaux, blancs, transparents, sont extrêmement altérables par l'eau, qui les décompose avec inflammation de l'hydrogène produit; ils sont décomposés en leurs éléments dans le vide. Insolubles comme les cristaux d'hydrure de potassium dans l'essence de térébenthine, le tétrachlorure de carbone, le sulfure de carbone, le benzène, ce qui a permis de déterminer leur densité, 0,92, ils sont au contraire solubles dans le sodium et dans l'amalgame de sodium.

Le fluor les décompose avec incandescence, en donnant du fluorure de potassium et de l'acide fluorhydrique.

Le chlore les attaque avec une égale violence, et la température est suffisante pour volatiliser le chlorure de sodium formé.

Le chlore liquide à — 35° est sans action; de même le brome liquide à froid ou à la température d'ébullition; mais la vapeur de brome les détruit avec incandescence; l'iode réagit violemment à 100°. Ils brûlent dans l'oxygène sec à 230°, mais sont stables dans l'oxygène liquide; ils s'enflamment dans l'air sec quand on les chauffe légèrement; ils donnent avec le soufre une violente réaction. Broyés avec du fluorure de plomb et légèrement chauffés, ils produisent une vive incandescence; de même ils donnent une violente réaction avec les corps oxydants, tels que le chlorate de potasse, le bioxyde de sodium, etc....

Ils s'enflamment en présence d'eau de chlore ou d'eau de brome et donnent à + 15°, avec l'hypoazotide, une vive réaction accompagnée de lumière et de dégagement de chaleur. La combinaison de sodium et d'hydrogène est décomposée par l'acide sulfurique, qui donne du soufre et de l'hydrogène sulfuré; oxydée avec incandescence par l'acide azotique monohydraté, elle brûle dans l'acide chlorhydrique en solution; elle brûle avec l'acide carbonique en donnant un dépôt de charbon; elle est attaquée par l'acide chlorhydrique gazeux vers 200-250° en donnant du chlorure de sodium et de l'hydrogène.

L'analyse, faite par décomposition dans le vide, a donné :

Na	95,7	95,7	95,83
Hydr.	4,2	4,2	4,16
	Trouvé.	Trouvé.	Théorie pour NaH.

Les hydrures alcalins ont donc pour formule KH et NaH. Il convient de rapprocher de ces deux résultats ceux qui ont été obtenus par MM. Troost et Hautefeuille (1er Suppl., 931); ces savants ont observé la formation des corps K^2H et Na^2H, dont ils ont étudié quelques propriétés, et en particulier la dissociation; la différence des formules paraît assez difficile à expliquer par l'hypothèse de deux stades dans la combinaison des métaux alcalins avec l'hydrogène, d'autant plus que les composés étudiés par MM. Troost et Hautefeuille ont été obtenus vers 350°, comme ceux qu'a découverts M. Moissan, et elle s'explique sans doute par la présence d'un excès de métal que les hydrures KH et NaH retiennent en effet avec la plus grande facilité par un phénomène de dissolution.

Parmi les réactions signalées plus haut, quelques-unes présentent un intérêt tout particulier, car elles constituent des synthèses minérales ou organiques importantes.

M. Moissan [*C. R.*, **135**, 647], faisant réagir de l'anhydride sulfureux sur les hydrures, a constaté le dégagement d'hydrogène et la formation d'hydrosulfites alcalins dont la formule se trouve dès lors fixée : $S^2O^4Na^2$, $S^2O^4K^2$, etc., contrairement aux idées de M. Schützenberger et conformément à l'opinion émise par M. Bernthsen [*D. chem. G.*, **13**, 2277].

M. H. Moissan, étudiant l'action de l'anhydride carbonique sec et pur sur l'hydrure de potassium cristallisé, constata que la température s'élève spontanément et que le gaz est fortement absorbé; en modérant d'abord la réaction, puis en la terminant ensuite en chauffant légèrement, on observe la formation de formiate de potassium. Cette réaction, qui n'a pas lieu à — 80°, commence à + 15° et se complique quand on opère à 450°, par suite de polymérisations; à 225°, en tubes scellés, le gaz est absorbé totalement au bout de 5 heures. Quant au formiate formé, on le reconnaît à sa propriété de réduire la solution de bichlorure de mercure avec formation de calomel; par la précipitation d'une solution d'acétate de plomb, par obtention sous forme cristalline et analyse du sel de plomb correspondant.

La réaction qui conduit à la production de formiate est donc la suivante :

$$KH + CO^2 = H + CO^2K.$$

L'oxyde de carbone agit d'une manière analogue, quoique plus difficilement; à 150°, l'hydrure de potassium absorbe lentement l'oxyde de carbone et le maximum de vitesse de la réaction est vers 350°, c'est-à-dire à la température de formation même de l'hydrure; on donne alors à l'expérience la forme suivante.

Dans une cloche courbe, on introduit du potassium puis un mélange de 1 volume d'hydrogène pour 2 volumes d'oxyde de carbone, et on chauffe avec précaution; l'absorption des gaz est complète en 40 minutes; on introduit une nouvelle quantité de mélange gazeux et on continue à chauffer; on peut ainsi en 2 heures faire absorber de 200 à 250 centimètres cubes de gaz au métal employé. On constate qu'il reste dans la cloche, outre du métal inattaqué, du charbon, des aiguilles d'hydrure de potassium, et surtout du formiate de potassium; la formule suivante représente la réaction :

$$K + H + 2CO = H - CO^2K + C.$$

Ces deux synthèses nouvelles de l'acide formique sont à rapprocher de celle qu'a donnée M. Berthelot (fixation d'oxyde de carbone par la potasse) [*Ann. Chim. Phys.*, (3), **46**, 477].

D'autres synthèses organiques ont été également réalisées par M. H. Moissan, à l'aide de l'hydrure de potassium [*C. R.*, **134**, 389], entre autres celles de l'éthane et du méthane, qu'il obtient par l'action des dérivés halogénés correspondants :

$$C^nH^{2n+1}X + KH = KX + C^nH^{2n+2}$$
$$(X = Cl, Br, I).$$

Dans un tube contenant l'hydrure cristallisé, on introduit une ampoule d'iodure d'éthyle et on scelle le tube à l'une de ses extrémités; on le ferme complètement après y avoir fait le vide. Si on met l'iodure en liberté, il vient imbiber l'hydrure sans réagir à froid; on chauffe pendant 2 heures au bain d'huile à 180-200°, puis, refroidissant le tube dans l'air liquide, on voit se condenser le contenu sous forme solide, sauf quelques centimètres cubes de gaz hydrogène (provenant de la dissociation de l'hydrure) qu'on recueille; en ramenant le tube vers — 80°, la portion solide se résout à l'état gazeux, et on recueille à la trompe le gaz ainsi mis en liberté; débarrassé de l'iodure d'éthyle en excès, le gaz est desséché, a pour densité 1,041 et son analyse eudiométrique montre que c'est de l'éthane très pur; il n'y a pas eu mise en liberté d'iode, ni dépôt de charbon, ni polymérisation.

En opérant de même avec l'iodure de méthyle, on a une réaction identique; on enlève successivement l'hydrogène (tube dans l'air liquide) puis les autres gaz ou vapeurs, et après lavage on fait l'analyse eudiométrique du gaz; c'est du méthane pur, et la réaction s'est passée très régulièrement comme l'indique l'équation générale ci-dessus.

Hydrure de lithium. — Ce corps, qui se rattache à cette même catégorie, a été découvert et étudié par M. Güntz [*C. R.*, **122**, 244]. En chauffant dans un courant d'hydrogène au rouge sombre du lithium placé dans une nacelle en fer, le gaz est absorbé; le métal dissout environ 17 fois son volume d'hydrogène sans changer d'apparence [Troost et Hautefeuille, *C. R.*, **78**, 807]; mais, à une température supérieure, il y a une nouvelle absorption qui reste peu abondante et à la suite de laquelle le métal se recouvre d'une couche solide dont l'apparence rappelle la lithine, mais qui fait effervescence avec l'eau et constitue l'hydrure de lithium. On l'obtient facilement en chauffant au rouge vif du lithium dans un courant d'hydrogène; il y a incandescence et il se forme un produit blanc fondu, très dur, ne contenant plus trace de lithium métallique, non déliquescent, difficilement altérable à l'air humide, mais décomposé par l'eau en donnant de la lithine et de l'hydrogène dont le dosage constitue l'analyse du produit obtenu et conduit aux résultats suivants :

Li	86,72	H	11,94
Théorie pour LiH	87,50		11,50

Cet hydrure brûle à l'air en donnant de la lithine et est décomposé par l'azote en donnant un azoture. A l'époque où M. Güntz étudia ce corps, on ne connaissait pas encore les composés KH, NaH, de M. Moissan, et l'auteur fit remarquer la différence qui existe au point de vue de la composition entre ce nouvel hydrure et les composés K^2H, Na^2H de MM. Troost et Hautefeuille; actuellement, les corps KH, NaH, LiH forment une série très régulière.

M. Güntz a déterminé la chaleur de formation de l'hydrure de lithium en le décomposant par l'eau [*C. R.*, **123**, 694]; il a trouvé :

$$LiH_{sol.} + H^2O_{liq.}$$
$$= LiOH_{diss.\ étendue} + H^2 + 31^{Cal},55.$$

D'autre part, M. Güntz établit la réaction :

$$Li_{sol.} + H^2O_{liq.} = Li(OH)_{diss.} + H^2 + 53^{Cal},20,$$

d'où résulte l'équation de formation à partir des éléments :

$$Li_{sol.} + H_{gaz.} = LiH_{sol.} + 21^{Cal},6.$$

ce qui est d'accord avec la grande stabilité de ce composé, qui fond à 680° et qui, à cette température, a une tension de dissociation de 27 millimètres; cet hydrure n'est pas attaqué à froid par le chlore, ni par l'acide chlorhydrique, ni par l'oxygène; mais il est attaqué au rouge par le chlore, avec formation de chlorure de lithium et d'acide chlorhydrique, ou par l'acide chlorhydrique, mais incomplètement, ou par l'oxygène à chaud, dans lequel il brûle. Il est attaqué également par l'alcool absolu, qui donne de l'alcoolate de lithium.

Il est à remarquer qu'en raison de sa stabilité et de son inaltérabilité à l'air, ce corps peut être considéré comme une source d'hydrogène facilement transportable et assez abondante, puisque 1 kilogramme d'hydrure donne 250 grammes, soit 2780 litres d'hydrogène.

Argent. — M. Berthelot a constaté que l'argent, chauffé en présence d'hydrogène vers 500-550°, présente des indices de désagrégation et des traces de poussières lanugineuses, mais bien plus faibles qu'avec l'oxygène ou l'acide carbonique. Peut-être y a-t-il là l'indice de la formation d'un hydrure d'argent [*C. R.*, **131**, 1169; *Bull. Soc. Chim.*, (3), **25**, 267].

On connaît actuellement les hydrures des trois métaux alcalino-terreux, calcium, baryum, strontium, étudiés respectivement par M. H. Moissan [*Ann. Chim. Phys.*, (7), **18**, 289], M. Güntz [*C. R.*, **132**, 963; **133**, 1209] et M. H. Gautier [*C. R.*, **132**, 1005].

Hydrure de calcium. — Découvert par M. H. Moissan et obtenu par l'action de l'hydrogène sec et pur (passage sur cuivre et bore au rouge, sur la potasse fondue et l'acide phosphorique calciné dans l'oxygène) sur le calcium cristallisé; à température ordinaire, il ne se produit rien, mais quand on chauffe au rouge sombre en maintenant l'hydrogène sous un léger excès de pression de 4 à 5 centimètres de mercure, le métal s'enflamme, le gaz disparaît rapidement et il se fait une substance blanche qui est l'hydrure de calcium, présentant une cassure cristalline et qui, au microscope, se montre comme formée de lamelles minces et transparentes. Insoluble dans l'essence de térébenthine, dans les chlorures de carbone et le sulfure de carbone, dans les carbures d'hydrogène, dans les alcools et les éthers, il a pour densité 1,7 et présente une grande stabilité, puisqu'il ne se dissocie pas à 600° dans le vide, contrairement à ce qui arrive pour les hydrures alcalins. Inattaqué par le chlore à température ordinaire, il est, au contraire, facilement attaqué dès qu'on chauffe, soit par le chlore, soit par le brome, soit par l'iode, qui produisent une vive incandescence et donnent du chlorure, du bromure, de l'iodure de calcium et l'hydracide correspondant.

L'hydrure de calcium, chauffé au rouge vif à l'air libre, ne s'altère pas et ne brûle que dans la flamme du chalumeau en donnant la flamme de l'hydrogène et de la chaux; projeté dans la flamme d'un bec Bunsen, il donne de brillantes étincelles; il brûle dans un courant d'oxygène pur lorsqu'on le chauffe au rouge; de même dans la vapeur de soufre, mais dans ce dernier cas la combustion est incomplète. L'azote est sans action, même à chaud, sur l'hydrure de calcium; mais la vapeur de phosphore le décompose à 500° en dégageant de l'hydrogène. A 700°, le bore n'attaque pas cet hydrure, mais le charbon donne, à 700-800°, du carbure de calcium. Les fluorures de potassium, de sodium, d'argent, de plomb et de zinc sont réduits par l'hydrure de calcium avec mise en liberté du métal; de même le chlorure et l'iodure d'argent, tandis que l'iodure de sodium, même à la température de fusion, n'est pas attaqué.

Les oxydants, comme le chlorate et le perchlorate de potassium, sont réduits à haute température avec incandescence, et la réaction est explosive; avec le perchlorate de potassium même, l'explosion se produit par simple broyage.

L'hydrogène sulfuré n'attaque l'hydrure qu'au-dessus du rouge en donnant de l'hydrogène et du sulfure de calcium; le bioxyde d'azote donne, au rouge sombre, une vive incandescence accompagnée de la formation d'ammoniac; l'acide carbonique est réduit en donnant du charbon et du carbure de calcium; de même l'acide sulfurique est réduit; les acides dilués donnent le sel de calcium correspondant avec dégagement d'hydrogène.

L'hydrure de calcium est extrêmement sensible à l'action de l'eau, qui le décompose avec violence en donnant de la chaux et de l'hydrogène; cette réaction permet de faire l'analyse du composé et de contrôler la formule de ce corps déterminé par synthèse. Un poids déterminé de calcium pur et cristallisé absorbant un poids déterminé d'hydrogène, la composition du corps obtenu correspond aux chiffres suivants :

Trouvé :	Ca	95,61	H. 4,39
Théorie pour CaH^2		95,23	4,76

Ce même échantillon, détruit par l'eau, a donné dans deux expériences différentes :

Ca	95,80	95,38
H	4,32	4,60

résultats qui confirment la formule précédente, CaH^2, de cet hydrure de calcium [*Ann. Chim. Phys.*, (7), **18**, 311].

Hydrure de baryum. — Il a été obtenu pour la première fois à l'état cristallisé par M. Güntz [*C. R.*, **132**, 963], quoique l'existence des hydrures de baryum et de calcium ait été signalée par M. Winkler, qui avait attribué à l'hydrure de baryum la formule BaH [*D. chem. G.*, **24**, 1977]; en chauffant à 1200°, dans un courant d'hydrogène, de l'amalgame de baryum (de provenance électrolytique), il se forme deux couches, l'une supérieure, blanche, cristalline, qui est l'hydrure, l'autre inférieure, qui est l'amalgame restant. Il est nécessaire de chauffer à cette température, car à 1000°, par exemple, il ne se produit rien que la distillation du mercure et la mise en liberté de baryum pur. Pour obtenir l'hydrure de baryum, il est même nécessaire de chauffer jusqu'à 1400°; on a alors un produit fondu, grisâtre, à cassure cristalline, dont l'analyse a été faite par décomposition en présence de l'eau; ce produit contient :

Ba	96,32	H	1,30	Résidu insoluble	1,20
	98,56		1,44	Théorie pour BaH^2.	

Ce résidu insoluble est sans doute une impureté accidentelle due aux matériaux employés (mercure et nacelle de fer) et n'empêche point de conclure relativement à la formule du corps, puisque le rapport du nombre d'atomes de baryum à celui d'hydrogène trouvé expérimentalement est 2,16 au lieu de 2.

Ce composé ressemble aux hydrures de calcium (M. Moissan) et de lithium (Güntz) par sa stabilité remarquable, même à 1400°, température qui n'a d'autre effet que de produire une lente volatilisation. Sa densité est 4,21 à 0°; il fond à 1200° et se décompose par l'eau avec la plus grande facilité :

$$BaH^2 + H^2O = Ba(OH)^2 + H^2O.$$

Il est, en outre, décomposé par l'azote, qui le transforme en azoture Ba^3Az^2 et hydrogène.

Hydrure de strontium. — Ce corps, également découvert par M. Güntz en 1901 [*C. R.*, **133**, 1209], s'obtient en chauffant de l'amalgame de strontium (obtenu par électrolyse du chlorure de strontium avec une cathode de mercure) dans un courant d'hydrogène; le gaz est absorbé avec formation d'un hydrure blanc, fusible au rouge, ayant pour formule SrH^2; mais la réaction s'arrête par suite de la fusion de cet hydrure qui vient protéger l'amalgame. Pour avoir l'hydrure pur, il faut d'abord préparer du strontium par distillation du mercure de l'amalgame, et faire arriver l'hydrogène quand tout le mercure a disparu.

M. H. Gautier [*C. R.*, **134**, 100] a obtenu ce même hydrure en traitant par l'hydrogène l'alliage strontium-cadmium à 45 0/0 de cadmium dont il a indiqué la préparation [*C. R.*, **133**, 1005]; cet alliage, placé dans des nacelles en nickel ou, de préférence, en magnésie, est chauffé dans un courant d'hydrogène purifié (cuivre et bore au rouge, ponce sulfurique, tournure de sodium); dès le rouge naissant, l'absorption commence et on fait réagir l'hydrogène jusqu'à refus. Quand le cadmium est volatilisé, on chauffe pour fondre l'hydrure et on laisse refroidir. L'analyse (décomposition par l'eau) a donné :

Sr	97,05	96,97	97,76
H	2,11	2,14	2,33
			Théorie pour SrH^2.

L'hydrure de strontium n'est pas attaqué à froid par le chlore, ni par le brome liquide à froid ou à la température d'ébullition; mais il est décomposé, avec incandescence, dès qu'on le chauffe légèrement en présence du chlore, ou quand on le met dans de la vapeur de brome. De même l'iode l'attaque en donnant de l'iodure de strontium et de l'acide iodhydrique. Le soufre, au rouge sombre, donne du sulfure de strontium.

Dans l'oxygène, cet hydrure brûle difficilement en donnant de la strontiane, et, quand on le projette dans la flamme d'un bec Bunsen, il donne de belles étincelles rouges.

Les composés oxygénés des halogènes réagissent violemment avec l'hydrure et forment, ainsi que le bichromate de potasse, de véritables poudres qu'il suffit d'enflammer avec une allumette; dans ce dernier cas, il se fait de la strontiane et du sesquioxyde de chrome. Les oxydes de plomb et de cuivre sont réduits à l'état métallique.

L'hydrure de strontium est donc, comme les hydrures de calcium et de baryum, un composé doué de propriétés réductrices très énergiques et très sensible à l'action de l'eau.

La dissociation de l'hydrure de strontium et sa chaleur de formation ont été étudiées par M. Güntz.

Quand on laisse une quantité limitée d'hydrogène en présence d'amalgame de strontium, le vide complet se fait dans l'appareil par suite de la formation de l'hydrure, tant que la température est inférieure à 900°; mais au delà le vide ne se fait plus, et cette circonstance est due à la dissociation de l'hydrure de strontium, analogue à celle des hydrures de potassium et de sodium étudiée par MM. Troost et Hautefeuille; la tension de dissociation à une température déterminée peut être mesurée soit en mettant de l'amalgame en présence d'un volume limité d'hydrogène, soit en employant l'hydrure. M. Güntz a trouvé ainsi à 1000° une tension de 100 millimètres, et à 1100° une tension de 300 millimètres, ce qui, à l'aide de la formule de Clapeyron, donne la chaleur de formation théorique

$$Sr_{sol.} + H^2_{gaz.} = Sr\,H^2_{gaz.} + 38^{Cal},4.$$

valeur que l'expérience confirme; en décomposant l'hydrure par l'eau, on trouve

$$Sr\,H^2_{sol.} + H^2O_{liq.}$$
$$= Sr(OH)^2_{diss.} + H^2 + 54^{Cal},75$$

et comme

$$Sr + O + Aq = Sr(OH)^2_{diss.} + 158^{Cal},7,$$

la valeur expérimentale cherchée est $+ 34^{Cal},7$ [Güntz, *C. R.*, **134**, 838].

Hydrure de cuivre [Leduc, *C. R.*, **113**, 71]. — Würtz a signalé l'existence d'un hydrure de cuivre peu stable, entièrement décomposé à 60°.

M. Leduc en a trouvé un autre beaucoup plus stable, qui se forme au rouge sombre et qui ne présente des traces de dissociation qu'au rouge cerise; il se produit par union directe des éléments, et est analogue aux hydrures alcalins de MM. Troost et Hautefeuille. Pour l'obtenir, on chauffe un tube de verre rempli de tournure de cuivre pur, de manière que la région médiane soit portée au rouge cerise, tandis que les extrémités restent à 300°, et on y fait circuler un courant d'hydrogène. Dans les portions chauffées au rouge sombre, le métal et les parois du tube se recouvrent d'un enduit rouge hyacinthe qui est constitué par l'hydrure de cuivre; si en effet, après refroidissement, on fait passer de l'acide carbonique dans le tube, il ne sort de l'appareil, à froid, qu'un gaz entièrement absorbable par les alcalis, mais auquel se mélange, dès qu'on chauffe et qu'on atteint la température du rouge, un gaz non absorbable qui est de l'hydrogène contenant une petite quantité d'oxyde de carbone (provenant de la réduction de l'acide carbonique).

La présence de l'hydrogène est due à une combinaison et non à une dissolution par le métal, et M. Leduc fait remarquer que la tension de dissociation de cette combinaison a atteint les valeurs $0^{mm},8$ et $0^{mm},5$ dans les expériences de Regnault sur la densité de l'azote, expériences qui ont d'ailleurs conduit, par suite de la présence d'hydrogène dans l'azote, à une densité trop faible.

Métaux du groupe des terres rares. — M. Winkler a montré que quelques métaux de ce groupe, comme le thorium, le cérium et le lanthane, absorbent facilement l'hydrogène [*D. chem. G.*, **24**, 1966].

M. Matignon, adoptant un dispositif expérimental dû à M. Maquenne, met en évidence l'absorption de l'hydrogène par ces métaux et montre qu'il en est de même pour le néodyme, le praséodyme et le samarium. Un tube à réaction contenant des substances capables d'engendrer l'un des métaux en question (en général leur oxyde et du magnésium en poudre), se termine par un tube manométrique vertical; on remplit l'appareil d'hydrogène pur et sec, puis, après l'avoir scellé à la lampe, on chauffe le mélange d'oxyde et de magnésium; au moment où le métal prend naissance, on voit le mercure s'élever rapidement dans le tube manométrique et s'arrêter quand sa hauteur atteint les 9/10 de celle qui correspond à la pression atmosphérique actuelle; pendant le refroidissement, l'ascension du mercure se complète et, finalement, le niveau dans le manomètre coïncide avec le niveau d'un tube barométrique voisin.

Les hydrures formés sont donc dissociés à la température de leur formation; avec le praséodyme, entre autres, dont l'hydrure est le plus facilement dissociable, le mercure se fixe d'abord à une hauteur de 675 millimètres, puis, après refroidissement, à 760 millimètres; en évaluant à environ 1000° la température du tube à réaction, la dénivellation finale aurait dû, après refroidissement, atteindre 2 millimètres si, au cours de l'expérience, elle avait été attribuable à un excès d'hydrogène non combiné au métal.

Cette disposition montre donc le phénomène d'absorption et pourrait, en outre, se prêter à des mesures de tension de dissociation [*C. R.*, **131**, 891].

Action de l'hydrogène sur les composés métalloïdiques.

M. F. C. Phillips a montré que l'hydrogène est sans action sur une solution aqueuse d'acide iodique [*Am. chem. Journ.*, **16**, 255; *Bull. Soc. Chim.*, (3), **23**, 843].

M. Berthelot [*C. R.*, **130**, 1662; *Ann. Chim. Phys.*, (7), **21**, 167] a étudié la formation d'acide nitrique dans la combustion de l'hydrogène en présence d'oxygène mélangé d'une certaine quantité d'azote, en employant pour cela deux méthodes différentes; soit la combustion progressive à pression constante d'un jet d'hydrogène lancé dans l'atmosphère d'oxygène et d'azote; soit la combustion instantanée d'un mélange fait préalablement et enfermé dans un vase clos (bombe calorimétrique)

Dans le premier cas, la combustion à volume constant de 2 volumes d'hydrogène et de 1 volume d'oxygène à la pression atmosphérique donne de l'eau qui n'est ni alcaline ni acide; il ne s'est formé ni acide nitrique, ni ammoniaque. Dans le cas où on opère à une pression différente et avec un excès d'hydrogène, ce gaz étant comprimé à $6^{atm},8$ alors que l'oxygène est à $3^{atm},2$, l'eau obtenue n'est encore ni alcaline, ni acide. Si au contraire l'oxygène est en excès, comme cela a lieu par exemple quand on emploie des volumes égaux des deux gaz, il se forme de l'acide nitrique dont le poids atteint 25 0/0 environ de celui de l'hydrogène disparu; à la pression atmosphérique, la quantité d'oxygène consommée par l'hydrogène est 66 fois plus considérable que celle qui a été consommée par l'azote. En employant encore les deux gaz à volumes égaux sous une pression égale et double de la pression atmosphérique, le poids d'acide formé augmente et atteint 66 0/0 du poids d'hydrogène disparu. A la pression de 5 atmosphères, la quantité d'acide augmente encore, et à la pression de 10 atmosphères la quantité d'acide nitrique formé atteint 45 0/0 du poids de l'hydrogène brûlé; donc quand on utilise des volumes égaux des deux gaz, la formation d'acide nitrique est favorisée par la condensation du système initial.

Dans le deuxième cas, c'est-à-dire quand on utilise des mélanges gazeux préparés préalablement, on obtient des quantités d'acide nitrique beaucoup plus faibles que dans le premier cas. En outre, quand on opère en présence d'un excès d'oxygène, la dose d'acide nitrique s'accroît lentement mais progressivement; le rapport entre l'azote initial et l'azote oxydé va en croissant, mais la formation d'acide nitrique passe par un maximum, puis décroît rapidement; s'il y a par exemple 5 atomes d'oxygène pour 1 d'hydrogène, il ne se fait presque pas d'acide; si la proportion d'oxygène augmente encore, il n'y a plus du tout d'acide, quoique cependant la combinaison explosive ait lieu encore. Quand on fait varier le rapport $\frac{O}{H}$, ainsi que la pression de l'hydrogène, la dose d'acide nitrique augmente avec la pression et semble croître avec l'excès d'oxygène. D'autre part, si on fait varier la quantité d'azote contenue dans le mélange (O + Az) de 7 0/0 à 43 0/0, la dose d'acide augmente également; avec l'air par exemple, la formation d'acide nitrique, qui se produit quand il y a beaucoup d'hydrogène, cesse d'avoir lieu quand il y a 5 volumes d'air pour 1 volume d'hydrogène. Quand de l'hydrogène brûle dans l'air, les quantités d'acide obtenues sont *toujours* beaucoup plus faibles que si la combustion avait eu lieu dans de l'oxygène pauvre en azote.

En somme, la corrélation entre la dose d'acide nitrique et l'accroissement de l'un ou de l'autre des composants azote et oxygène, quand on opère à volume constant, est conforme aux lois générales des équilibres chimiques : la quantité d'une combinaison formée dans ces conditions d'équilibre est accrue par la présence d'un excès de l'un ou de l'autre des composants. Mais ici l'équilibre n'est pas réglé par le partage de l'oxygène entre les éléments combustibles azote et hydrogène, puisqu'il suffit d'un très léger excès d'hydrogène pour qu'il s'empare de tout l'oxygène qui lui correspond, au détriment de l'azote; quand aux équilibres qui règlent la formation d'acide azotique quand la quantité d'hydrogène le permet, ils dépendent des quantités d'azote et d'oxygène résiduel.

Anhydride sulfureux et acide sulfurique. — M. Ditte, étudiant la réaction de l'hydrogène sur l'anhydride sulfureux, fait remarquer que la réduction de ce composé peut donner soit du soufre, soit de l'hydrogène sulfuré, celui-ci de préférence puisque :

$$SO^2 + 2H^2 = S + 2H^2O \quad \left\{ \begin{array}{l} + 47^{Cal},3 \text{ gaz.} \\ + 60^{Cal},4 \text{ diss.} \end{array} \right.$$

$$SO^2 + 3H^2 = H^2S + 2H^2O \quad \left\{ \begin{array}{l} 52^{Cal},1 \text{ gaz.} \\ 69^{Cal},0 \text{ diss.} \end{array} \right.$$

[*Ann. Chim. Phys.*, (6), **19**, 72]. On sait en effet que si on met de l'acide sulfureux dans un flacon producteur d'hydrogène par le zinc et de l'acide sulfurique, il se fait de suite beaucoup d'hydrogène sulfuré.

Il peut dès lors paraître singulier que l'anhydride sulfureux introduit dans un flacon producteur d'hydrogène par action d'acide sulfurique sur le magnésium, ne produise même pas traces d'hydrogène sulfuré; si l'explication donnée plus haut est exacte, elle doit encore s'appliquer ici, puisque les deux réactions précédentes n'ont pas cessé d'être possibles; cette explication est donc insuffisante. M. Ditte trouve l'explication de cette anomalie dans l'action du métal employé à produire l'hydrogène sur l'acide sulfureux; par exemple si q_1 et q_2 sont les chaleurs de formation des sulfites de zinc et de magnésium à partir des acides dissous et des bases, on a :

$$SO^2_{diss.} + H^2O_{liq.} + Zn = SO^3Zn + H^2 + a + q_1$$
$$SO^2_{diss.} + H^2O + Mg = SO^3Mg + H^2 + b + q_2.$$

Or q_1 et q_2 sont très voisins l'un de l'autre, et comme $a > b$, la réaction doit être incomparablement plus facile avec le zinc qu'avec le magnésium.

L'explication de ces contradictions apparentes se trouve dans la formation des sulfures qui, en présence d'acide sulfurique, se décomposent en donnant de l'hydrogène sulfuré. L'expérience montre en effet que l'action de l'hydrogène sur l'acide sulfureux et l'action du métal sur ce corps ont lieu simultanément et que la formation d'hydrogène sulfuré est due moins à la réduction de l'acide sulfureux qu'à l'attaque du sulfure; l'apparition d'hydrogène sulfuré après addition d'acide sulfureux devra donc être d'autant plus facile que l'on emploiera pour produire l'hydrogène un métal plus susceptible d'agir sur l'acide sulfureux en donnant un sulfure : c'est le cas du zinc, du fer, du cadmium; et d'autant plus difficile que l'on emploiera des métaux qui, comme le magnésium, ne donnent pas de sulfure avec l'acide sulfureux ou qui, comme l'aluminium, n'attaquent pas ce gaz. Dans tous les cas, l'hydrogène sulfuré n'apparaît que quand on ajoute l'acide sulfureux dans un appareil en activité, ce qui justifie l'explication que la production d'hydrogène sulfuré est due plus aux générateurs d'hydrogène qu'à ce corps lui-même.

M. Ditte [*loc. cit.*] explique de la même manière l'action de l'hydrogène sur l'acide sulfurique. On sait qu'en présence d'un corps poreux, l'acide sulfurique est réduit par l'hydrogène vers 40°, mais quand on fait passer de l'hydrogène dans de l'acide plus ou moins chauffé, même à 200°, on n'a que des traces d'acide sulfureux. Avec de l'acide étendu, on peut avoir de l'hydrogène sulfuré; mais, quoique la réaction soit exothermique, elle ne se produit pas d'elle-même et n'a lieu nettement que quand on attaque l'acide sulfurique par certains métaux, comme le fer et le thallium. L'expérience faite avec des métaux qui, comme le sodium ou le magnésium, ne donnent pas d'acide sulfureux ou même qui le détruisent (en dégageant de l'hydrogène) ne produit jamais d'hydrogène sulfuré. Faite avec des métaux qui, comme le fer, réduisent l'acide sulfurique en donnant de l'acide sulfureux, elle engendre de l'hydrogène sulfuré par le mécanisme indiqué ci-dessus : formation d'un sulfure (par action du métal sur l'acide sulfureux) et destruction de ce sulfure (par l'acide sulfurique).

M. Berthelot [*Ann. Chim. Phys.*, (7), **14**, 167] a étudié l'action de l'hydrogène sur l'acide sulfureux gazeux; la réaction entre ces deux corps n'a lieu ni à froid, ni à 280° avec les gaz secs ou humides, ni la lumière diffuse ni à la lumière solaire, tandis qu'elle a lieu à la température du rouge.

On sait que si on mélange de l'hydrogène avec de l'acide sulfureux ou bien de l'acide carbonique en ajoutant d'avance un volume d'oxygène capable de brûler tout l'hydrogène, l'inflammation donne une combustion explosive dans laquelle l'hydrogène brûle complètement sans exercer de réaction.

Si, au contraire, on enflamme le mélange hydrogéné au contact de l'air, sans y ajouter d'avance un excès d'oxygène, la combustion est progressive et il se fait du soufre et même de l'hydrogène sulfuré; par exemple, en mettant 6 vol. H^2 + 1 vol. SO^2 dans une éprouvette renversée et en allumant le mélange, la combustion est très facile et on constate aisément le dépôt de soufre et la formation d'hydrogène sulfuré. Dans les mêmes conditions, la combustion d'hydrogène mêlé d'acide carbonique (2 vol. H^2 + 1 vol. CO^2) engendre de l'oxyde de carbone dont la proportion peut atteindre de 2,4 à 4,2 0/0.

Il semble que dans ces expériences on puisse expliquer ce qui se passe de la façon suivante : l'hydrogène par sa combustion élève la température de la tranche gazeuse voisine jusqu'à 2000°, par exemple, ce qui provoque la dissociation du gaz oxygéné qu'on a ajouté; ainsi l'acide carbonique, est dissocié en oxygène qui participe à la combustion de l'hydrogène et en oxyde de carbone qui reste partiellement libre, une portion ayant dû fatalement brûler à l'air. De même l'acide sulfureux est dissocié en oxygène qui brûle de l'hydrogène et en soufre qui partiellement se dépose et partiellement se combine à l'hydrogène en donnant de l'hydrogène sulfuré. Naturellement, pour constater la présence de l'oxyde de carbone ou de l'hydrogène sulfuré, il faut arrêter la combustion avant qu'elle ne soit complète en plongeant l'ouverture de l'éprouvette dans une cuve à eau.

M. Berthelot, cherchant à étudier l'influence de l'acide sulfurique considéré comme déshydratant sur les débuts de la combinaison entre l'oxygène et l'hydrogène, a été amené à étudier l'action de l'hydrogène sur l'acide sulfurique [*C. R.*, **125**, 743; *Ann. Chim. Phys.*, (7), **13**, 64]. Il emploie un acide contenant 1,5 0/0 d'eau en plus de ce qu'indique la formule SO^4H^2; il l'enferme, après l'avoir fait bouillir dans des tubes scellés contenant de l'hydrogène et il le chauffe à des températures différentes pendant un temps plus ou moins long. Par exemple, $0^{gr},50$ de cet acide bouilli, chauffé avec 11 centimètres cubes d'hydrogène pendant 6 heures à 250°, absorbe entièrement ce gaz. A température ordinaire, on sait que de l'hydrogène traversant une couche d'acide ne donne pas sensiblement d'acide sulfureux au bout de 1 heure; mais néanmoins au bout de 2 mois l'attaque de l'acide par l'hydrogène à température ordinaire (entre 19° et 20°) est sensible, car en enfermant $3^{gr},7$ d'acide bouilli avec 16 centimètres cubes de gaz à l'obscurité (pendant les mois de juin et juillet), on constate la disparition de 75 0/0 de l'hydrogène : la lumière n'a pas d'influence puisqu'on constate qu'en son absence il a disparu 70 0/0 de l'hydrogène, au lieu de 75 0/0.

Avec l'acide étendu, il n'y a pas de réduction. Les données thermochimiques indiquent que :

$$SO^4H^2_{liq.} + H^2_{gaz.} = SO^2_{gaz.} + 2H^2O_{liq.} + 15^{Cal},1,$$

mais l'acide en excès réagit sur l'eau en dégageant de la chaleur puisque $H^2O + 20SO^4H^2$ donne $+ 7^{Cal},5$ et l'excès de chaleur développée par la réaction de l'hydrogène sur l'acide en excès serait $+ 30^{Cal},1$. Toutefois, ni à température ordinaire, ni à 100°, on ne peut décomposer entièrement l'acide sulfurique par l'hydrogène, puisque la décomposition de l'acide :

$$SO^4H^2_{liq.} + H^2_{gaz.} \quad \text{exige au moins } 192^{Cal},2.$$

tandis que la réaction

$$SO^2_{gaz.} + 2H^2O_{liq.} \quad \text{exige au moins } 207^{Cal},3$$

En fait la réaction est toujours limitée.

Composés oxygénés de l'azote. — M. Winkler avait remarqué que l'hydrogène agissant sur l'oxyde azotique AzO (bioxyde d'azote) engendre un mélange en proportions variables d'azote, d'ammoniaque et de vapeur d'eau. MM. G. von Knorre et K. Arndt [*D. chem. G.*, **32**, 2136; *Bull. Soc. Chim.*, (3), **24**, 396] ont montré qu'en opérant à la température du rouge vif, le mélange d'hydrogène et d'oxyde azotique passant sur de l'amiante platinée ne donne pas d'ammoniac, mais seulement de l'azote et de l'eau, à condition que le courant soit suffisamment lent :

$$AzO + 2H = Az + H^2O.$$

De même l'oxyde azoteux donne de l'azote et de l'eau :

$$Az^2O + 2H = Az^2 + 2H^2O,$$

ce qui permet de faire l'analyse des mélanges gazeux suivants : protoxyde et bioxyde d'azote; protoxyde ou bioxyde d'azote accompagnés d'air ou d'oxygène.

M. F. C. Phillips a montré [*Am. chem. Journ.*, **16**, 255] que l'hydrogène passant dans de l'acide nitrique fumant ne produit pas de réduction.

M. Berthelot a montré que l'acide nitrique et l'hydrogène, contrairement à ce qui se passe pour l'acide sulfurique et l'hydrogène (voir plus haut) n'exercent aucune action réciproque ni à froid, ni à 100°, même dans les conditions où l'acide nitrique se décompose pour son propre compte avec production d'oxygène [*Ann. Chim. Phys.*, (7), **15**, 324].

Deux tubes contenant l'un de l'acide nitrique pur, l'autre ce même acide en présence d'hydrogène, sont placés au voisinage l'un de l'autre et abandonnés à la lumière solaire pendant 13 jours; on trouve dans le premier une certaine quantité d'oxygène libre; dans le deuxième la totalité de l'hydrogène qu'on y avait mis et à côté de lui la même quantité d'oxygène libre que dans le premier.

Les mêmes faits se reproduisent à l'obscurité, soit à température ordinaire, soit à 100° après 1 heure de chauffe, soit à 100° après 22 heures; l'acide nitrique subit une décomposition spontanée qui engendre de l'oxygène; qu'il y ait ou non de l'hydrogène en présence, on le retrouve intégralement en contact avec l'oxygène, sans qu'il ait réagi sur lui.

L'acide nitrique étendu n'est pas non plus attaqué.

M. G.-O. Higley [*Am. chem. Journ.*, **21**, 577; *Bull. Soc. Chim.*, (3), **22**, 804] a montré que l'hydrogène naissant (comme l'argent, le cuivre et le fer) agissant sur l'acide nitrique concentré ($d = 1,40$) donne du peroxyde d'azote à peu près pur. Si la dilution de l'acide varie depuis $d = 1,4$ jusque $d = 1,05$, il se produit des composés azotés de plus en plus réduits.

Anhydride carbonique et sulfure de carbone. — A côté de l'action signalée plus haut de l'hydrogène sur l'anhydride carbonique en présence d'oxygène atmosphérique, il convient de signaler les expériences directes de MM. A. Naumann et C. Pistor [*D. chem. G.*, **13**, 2724; *Bull. Soc. Chim.*, (2), **36**, 417], relatives à l'action de l'hydrogène pur sur l'acide carbonique; ces auteurs ont montré que jusqu'à 900° ce dernier gaz n'éprouve aucune réduction; ceci est conforme aux prévisions théoriques, puisque :

$$CO^2 + H^2 = CO + H^2O \qquad -10^{Cal},72$$

et que la température est insuffisante pour dissocier l'acide carbonique. D'ailleurs on sait que ce corps a une stabilité considérable, puisqu'à 1700° sa densité est encore normale et qu'il n'éprouve de dissociation appréciable qu'à 1300° dans un tube de porcelaine rempli de fragments de cette substance; l'eau, au contraire, se dissocie beaucoup plus facilement, d'où il résulte que, même si la réduction par l'hydrogène était possible, l'eau formée fournirait par sa tendance à la dissociation, l'oxygène nécessaire à la réoxydation de l'oxyde de carbone.

M. Berthelot a étudié la combinaison de l'hydrogène et du sulfure de carbone sous l'influence de l'énergie électrique [*C. R.*, **129**, 133; *Bull. Soc. Chim.*, (3), **21**, 988]. Un mélange de 100 volumes d'hydrogène et de 78 volumes de sulfure gazeux est soumis à l'étincelle électrique d'induction produite par un courant primaire de $12^{volts},6$ pendant 5 heures; au bout de ce temps, le sulfure a disparu et en outre 36 volumes d'hydrogène ont également disparu; le rapport des volumes combinés est donc $\frac{2}{1,03}$ ce qui correspond à $2CS^2$ gaz. $+ H^2$.

Si on abaisse la tension du courant primaire jusqu'au minimum compatible avec la marche de la bobine, l'hydrogène est encore absorbé et il se forme un produit résineux jaune à odeur de mercaptan, insoluble dans l'éther, soluble dans le sulfure de carbone, faiblement attaqué par la potasse froide et dégageant de l'hydrogène sulfuré quand on le traite par un acide. Il correspond à la formule $C^2S^4H^2$ et peut être envisagé comme étant soit de l'acide oxalique persulfuré, soit comme un persulfure dérivé du glyoxal sulfuré $(C^2S^2H^2 + S^2)$.

Action de l'hydrogène sur les oxydes métalliques.

1° *Oxyde de sodium* Na^2O. — M. Beketoff [*Bull. Soc. Chim.*, (2), **33**, 162], ayant remarqué que la formation de l'oxyde de sodium Na^2O, d'après la réaction :

$$NaOH + Na = Na^2O + H$$

n'a pas lieu à la température du rouge, et que le sodium destiné à remplacer l'hydrogène reste absolument inaltéré, chercha l'explication de ce fait, en particulier par l'étude thermique de cette réaction : les données manquant pour le calcul, il les détermina tout d'abord; pour cela il mesura

$$Na^2O + H^2O + aq = 2NaOH_{\text{diss. étendue}} \ldots + 55^{Cal},$$

or, on sait que

$$Na + H^2O + aq = NaOH_{\text{étendue}} + H \ldots\ldots + 43^{Cal},45$$

[Berthelot, *Thermochimie*, données numériques, 199], il en déduit que :

$$Na^2_{\text{sol.}} + O_{\text{gaz.}} = Na^2O_{\text{sol.}} + 100^{Cal},9.$$

c'est la chaleur d'oxydation du sodium, soit $50^{Cal},45$ par atome (Na = 23).

Il en résulte que la chaleur de première hydratation de l'oxyde Na^2O (fixation de 1 molécule d'eau solide), pour donner $2(NaOH_{\text{sol.}})$, est de 34^{Cal}, et que par suite la chaleur de formation, à partir des éléments, de 1 molécule de soude solide $(NaOH_{\text{sol.}})$ s'élève à

$$Na + O + H = Na_{\text{sol.}} + 102^{Cal},7,$$

la réaction tentée par M. Beketoff, déplacement de l'hydrogène par le sodium dans l'hydrate de sodium solide, est donc une réaction endothermique.

$$NaOH_{\text{sol.}} + Na_{\text{sol.}} = Na^2O_{\text{sol.}} + H_{\text{gaz.}} - 1^{Cal},8.$$

Comme conséquence, c'est l'hydrogène qui doit déplacer le sodium dans l'oxyde, et par suite réduire cette combinaison; cette conséquence a été vérifiée expérimentalement.

Un tube de verre est placé horizontalement sur une grille à combustion, il se prolonge par un tube manométrique qui plonge dans le mercure; ayant placé de l'oxyde de sodium Na^2O dans la partie horizontale, on remplit le tube d'hydrogène sec et pur, puis on ferme à la lampe le tube d'arrivée du gaz; on chauffe l'oxyde; avant qu'on atteigne le rouge sombre, on voit se former des gouttelettes de sodium métallique tandis que le mercure s'élève dans le tube manométrique. Il y a donc absorption de l'hydrogène, déplacement du sodium, et l'expérience peut être facilement complétée par l'introduction dans l'eau des substances que contient le tube; il y a dégagement d'hydrogène et inflammation de ce gaz, ainsi que d'une partie du sodium.

M. Beketoff [*Journ. Soc. phys. chim. russe*, 1893, n° 7], ayant constaté expérimentalement que la chaleur d'oxydation des métaux alcalins diminue avec l'augmentation du poids atomique, tandis que la chaleur de formation de l'hydrate correspondant augmente dans les mêmes conditions, pensa que l'action réductrice de l'hydrogène sur les oxydes s'accompagnant toujours d'hydratation, elle doit être d'autant plus facile que le poids atomique est plus élevé; le césium doit se prêter facilement à la vérification de cette conclusion. En effet, de l'oxyde de césium placé dans de l'hydrogène pur change d'aspect dès qu'on chauffe, brunit et absorbe le gaz, ce qui permet de suivre les progrès de la réduction. Si, après absorption de l'hydrogène, on introduit un peu d'eau, celle-ci est décomposée par le métal formé par réduction et le volume gazeux reprend sa valeur primitive. Cette expérience peut même être utilisée pour contrôler la pureté de l'oxyde employé; la réaction est la suivante :

$$Cs^2O + H = Cs + CsOH.$$

2° *Alumine, glucine, oxydes de chrome et de tungstène et zircone.* — M. Warren [*Chem. News*, n° 1814, 102, 1895] est parvenu à réduire ces oxydes sous l'influence combinée de la chaleur et de l'hydrogène, et à obtenir des fragments des métaux correspondants.

La réaction se fait dans un tube mince en chaux comprimée que l'on chauffe à une température très élevée dans la flamme d'un chalumeau oxhydrique; dans ce tube circule un courant d'hydrogène sec et pur; le mélange d'alumine et d'oxyde de cuivre est facilement transformé en bronze d'aluminium; les oxydes cités plus haut et ceux de tungstène et de molybdène sont réduits et les métaux résultants fondus. Quoique la zircone donne de moins bons résultats, la réduction ne fait aucun doute. Seules, la silice et la magnésie résistent à la réduction dans ces conditions [*Bull. Soc. Chim.*, (3), **14**, 95].

La réduction des oxydes du tungstène ne nécessite pas l'emploi de moyens aussi puissants. M. Delépine, ayant mesuré la chaleur d'oxydation du métal correspondant à ses deux degrés d'oxydation, à savoir :

$$Tu + O^3 = TuO^3 + 197^{Cal},3$$
$$Tu + O^2 = TuO^2 + 2 \times 66^{Cal},2.$$

et ayant remarqué que ces chiffres sont très voisins des chiffres correspondants pour le fer (Fe^2O^3 : $195^{cal},7$ et FeO : $65^{cal},7$), pensa que les précautions prises jusque-là pour réduire l'anhydride tungstique, par exemple, étaient en partie superflues; il constata en effet que cet anhydride chauffé dans une nacelle de porcelaine placée dans un tube de verre sur une grille à analyse, perd entièrement son oxygène dans l'espace d'une heure ou deux sous l'action d'un courant d'hydrogène et à la température du rouge, bien inférieure à la température de ramollissement du verre [*Bull. Soc. Chim.*, (3), **23**, 677].

3° *Oxydes de vanadium.* — M. Ditte [*Recherches sur le vanadium, Ann. Chim. Phys.*, (6), **13**, 197], faisant agir de l'hydrogène sur de l'oxyde jaune verdâtre de vanadium, obtenu par calcination ménagée d'un hydrate d'acide vanadique, a constaté qu'il n'y a pas réduction à 100°, mais qu'à 440° il y a une réaction lente; l'acide bleuit d'abord en perdant son oxygène et se transforme en acide hypovanadique qui est réduit à son tour; finalement on obtient une poudre vert foncé dont le poids atteint une valeur constante et dont la composition correspond à la formule $V.O^3$.

On obtient le même résultat, mais plus rapidement, au rouge sombre.

Ce procédé est celui qui donne les meilleurs résultats pour la préparation de l'oxyde $V.O^3$, car si on utilise la calcination du vanadate d'ammoniaque, il y a décomposition en acide vanadique et ammoniaque qui, dissociée à la température de la réaction, donne de l'azote qui reste sans action et de l'hydrogène qui, réduisant l'acide vanadique, donne encore l'oxyde $V.O^3$ surtout, mais accompagné d'un peu d'oxyde $V.O^4$.

Quant à l'action de l'hydrogène sur l'acide vanadique fondu et pulvérisé maintenu à 440°, elle est très lente, reste presque toujours incomplète et ne donne pas l'oxyde $V.O^3$ pur.

M. J. Aloy [*Bull. Soc. Chim.*, (3), **23**, 368] emploie une méthode analogue pour la réduction partielle de l'hydrate uranique et obtention d'oxyde uraneux cristallisé $U.O^2$. L'hydrate uranique cristallisé, chauffé dans un courant d'hydrogène, se transforme peu à peu en une poudre noire brillante, formée de cristaux microscopiques d'oxyde uraneux; ce corps n'est pas pyrophorique, il ne s'oxyde au rouge qu'assez lentement en se transformant en oxyde vert.

Action de l'hydrogène sur les sels métalliques.

Chlorures. — M. Jouniaux [*C. R.*, **129**, 883] a étudié les réactions inverses que présentent les systèmes $H + AgCl$ et $Ag + HCl$ à la température de 500-550°. Il montre que : 1° En partant du système $AgCl + H$, la quantité d'acide chlorhydrique formé croît avec le temps et tend vers une limite fonction de la température seulement; le temps nécessaire pour atteindre cette limite varie considérablement avec cette température, et augmente au fur et à mesure que celle-ci s'abaisse; 1 heure à 600° et 1 mois à 250°. Le rapport $r = \frac{(V - v)\,100}{V}$ qui donne la teneur pour 100 de l'acide chlorhydrique formé par rapport au volume V d'hydrogène initial a pour valeur :

Températures.	Valeurs de r.
350°	75,88
440°	88,88
490°	90,80
530°	92,15
600°	92,8

2° En prenant le système initial inverse : argent et acide chlorhydrique, l'attaque commence vers 400°, et une fois l'équilibre atteint pour une température déterminée on mesure la valeur de r, c'est ainsi qu'on a :

490°	94,1
530°	92,95
600°	92,8

en deçà de 600°, les limites seraient différentes des précédentes, c'est-à-dire qu'elles dépendraient du système initial; au delà, ces limites sont au contraire identiques, ce qui permettrait, en construisant des courbes (t et r) dans chaque cas, de définir dans le plan la région dite des faux équilibres. M. Jouniaux a étudié en outre l'influence de la pression sur la réduction par l'hydrogène du chlorure, du bromure et de l'iodure d'argent et a constaté que pour les deux premiers les résultats expérimentaux concordent avec ceux que la thermodynamique fait prévoir [*C. R.*, **136**, 10003].

Sulfures et séléniures. — M. Fonzes-Diacon [*Bull. Soc. Chim.*, (3), **23**, 812] a obtenu à l'état pur le séléniure de fer FeSe. Quand on fait agir, comme l'a fait M. Margottet, des vapeurs de sélénium très diluées par de l'azote, sur du fer chauffé au rouge sombre, on obtient une combinaison qui n'est pas nettement cristallisée et qui contient un peu plus de sélénium que n'exigerait la formule FeSe; il suffit, d'après M. Fonzes-Diacon, de chauffer ce produit brut dans un courant d'hydrogène à la température du rouge, pour enlever l'excès de sélénium et avoir le sulfure FeSe pur.

M. Pélabon a étudié quelques cas de réactions limitées par des réactions inverses que l'on observe quand on met en présence de l'hydrogène d'une part, et d'autre part un sulfure, comme, par exemple, sulfure d'argent Ag^2S, sulfure d'arsenic AsS^3, sulfure d'antimoine, ou un séléniure comme le séléniure de mercure HgSe.

M. Margottet avait remarqué que l'hydrogène réduit le sulfure d'argent; quand on chauffe en tube scellé ces deux corps pendant quelques heures à 500°, l'argent est mis en liberté sous forme de fils fins analogues à l'argent filiforme naturel. D'autre part, M. Berthelot ayant montré [*Ann. Chim. Phys.*, (3), **16**, 440] que l'hydrogène sulfuré est décomposé par l'argent à 550°, il y avait lieu d'étudier au point de vue de leur limite ces deux réactions inverses. Dans ce but, M. Pélabon prépare des tubes scellés contenant soit du sulfure d'argent et de l'hydrogène, soit de l'hydrogène sulfuré et de l'argent; il les chauffe pendant un temps plus ou moins long, les refroidit brusquement et analyse leur contenu. Dans le 1er cas (Ag^2S + hydrogène), il se fait, dès qu'on chauffe à 250°, une quantité croissante d'hydrogène sulfuré, qui atteint au bout d'un temps suffisant une valeur limite invariable; dans le 2e cas (H^2S + argent) la quantité d'hydrogène sulfuré diminue jusqu'à une certaine valeur limite. A partir de 280° et au delà, les deux limites sont confondues et on a un état final unique caractérisé par la présence d'argent, de sulfure d'argent, d'hydrogène sulfuré et d'hydrogène, et dont on peut définir l'état par la valeur du rapport r entre la pression due à l'hydrogène sulfuré et la pression totale; on constate que r diminue lentement quand la température s'élève. La courbe représentative (t en abscisses, r en ordonnées) est une ligne droite si t est compris entre 360° et 700°; entre 360 et 280° les points obtenus sont un peu au-dessous de cette droite prolongée.

Par exemple :

Températures.	360°	700°	280°
r	0,21	0,16	0,25

(calculé d'après l'inclinaison de la droite 360-700° 0,226.)

Ces résultats sont d'accord avec la loi dite du « déplacement de l'équilibre par les variations de température », si on admet que la réaction :

$$Ag\,S^2_{sol.} + H^2_{gaz.} = H^2S_{gaz.} + Ag^2_{sol.} + 1^{Cal},6.$$

qui est exothermique à 150° l'est encore aux températures étudiées.

Quant au temps nécessaire pour atteindre l'équilibre, il augmente quand la température décroît : quelques minutes à 580°, 40 heures à 440°, 160 heures à 360°; en deçà, la réaction ne se poursuit qu'avec une extrême lenteur.

La valeur de r ne dépend pas de la nature physique du sulfure d'argent (cristallisé, précipité et séché, ou précipité et fondu), ni de celle de l'argent (lame, limaille, poudre).

Comme conséquence de ces expériences, il faut citer le moyen pour obtenir de très beaux échantillons d'argent filiforme, consistant à chauffer vers 400° du sulfure d'argent cristallisé en présence d'hydrogène et de plomb qui détruit l'hydrogène sulfuré au fur et à mesure de sa formation, et cette particularité que, au dessous de 180°, l'argent n'est pas attaqué par l'hydrogène sulfuré, tandis qu'il l'est rapidement au-dessus de 280°, toutefois avec cette restriction que la réaction inverse limite cette attaque [*C. R.*, **126**, 1864; *Bull. Soc. Chim.*, (3), **21**, 402].

Les sulfures d'arsenic présentent, vis-à-vis de l'hydrogène, les mêmes caractères que le sulfure d'argent; à 300° et au delà, l'hydrogène attaque ces sulfures pour les réduire en donnant de l'hydrogène sulfuré et inversement.

1° *Hydrogène et réalgar.* — A 610° la réaction est caractérisée par une limite que l'on définit par la valeur r du rapport entre la pression due à l'hydrogène sulfuré et la pression totale; la valeur de r est 93,05, que la durée de chauffe soit de 5 minutes ou de 120 minutes; en outre, la valeur de r augmente avec la quantité de sulfure mis en œuvre tant que celle-ci n'a pas atteint une certaine valeur : au delà, la valeur de r reste fixe; c'est ainsi que toutes choses restant égales, la valeur de r passe de 64,69 à 93 lorsque la quantité de réalgar passe de 0gr,025 à 1gr,5; et l'état d'équilibre définitif caractérisé par $r = 93$ exige une quantité de sulfure d'arsenic environ 10 fois plus forte que celle qui serait nécessaire, eu égard à la quantité d'hydrogène sulfuré mise en réaction.

2° *Hydrogène et réalgar en présence d'arsenic.* — A une même masse de sulfure (0gr,3) on ajoute des masses croissantes d'arsenic : on constate que r diminue tant qu'on n'ajoute qu'une faible quantité d'arsenic, puis devient constant au delà d'une certaine quantité de ce réactif; mais l'examen des tubes révèle entre eux de profondes différences; quand on a ajouté peu d'arsenic, on trouve dans ces tubes des masses rouge brique dont la nuance vire au marron d'autant plus accentué que la quantité d'arsenic croît; dans les autres on voit, outre cette masse marron, de l'arsenic excédent cristallisé. Ces apparences peuvent s'expliquer en admettant l'existence d'un sous-sulfure As^3S; ce corps a d'ailleurs été trouvé effectivement par M. Scott [*Chem. News*, **77**, 651], et il peut en outre dissoudre de l'arsenic.

3° *Hydrogène sulfuré et arsenic.* — Les essais faits avec ce système de réactifs confirment les précédents.

4° *Hydrogène et orpiment.* — Dès la température de 610°, presque tout l'hydrogène est transformé en hydrogène sulfuré, et tout se passe comme si, au lieu d'orpiment, on avait mis du soufre.

L'auteur établit tous ces résultats à l'aide de considérations théoriques, partant de la réaction :

$$As^2S^2 (2\,\text{vol.}) + 2\,H^2 (4\,\text{vol.}) = 2\,H^2S (4\,\text{vol.}) + As^2 (1\,\text{vol.}).$$

et désignant par

$$P_1 \qquad P_2 \qquad P_3 \qquad P_4$$

les pressions dues à chacun des corps envisagés, et de la relation

$$\frac{P_1^{2v} \cdot P_2^{4v}}{P_3^{4v} \cdot P_4^{v}} = F(T).$$

(V = l'unité de volume en chimie, 11lit,16), on peut remarquer que P_4 est uniquement fonction de la température quand la réaction a lieu en présence d'un excès d'arsenic (c'est la tension de vapeur de l'arsenic); d'autre part, P_1 est également fonction de la température seulement; donc le rapport $\frac{P_2}{P_3}$ est une fonction de T seulement; mais alors $r = \frac{P_3}{P_2 + P_3}$ ne doit dépendre uniquement que de T. En effet, on a vu que quelles que soient les masses d'arsenic et de soufre, la valeur de r à 610° est invariable et égale à 78,70.

Si on admet la formation d'un sous-sulfure As^nS^m, on voit facilement encore que r ne dépend que de la température.

Si les tubes renferment au début uniquement de l'hydrogène et beaucoup de réalgar, l'état d'équilibre correspond à une certaine valeur r' fixe pour chaque température; on voit facilement qu'à une même température, on doit avoir $r' > r$ et l'expérience montre en effet qu'à 610°

$$r' = 93{,}07 \quad \text{et} \quad r = 78{,}70.$$

Enfin, si on fait réagir l'hydrogène sulfuré sur de l'arsenic, la limite r'' ne dépend encore que de T, et elle doit être inférieure à r'; résultat que l'expérience confirme puisque $r'' = 64{,}90$ [*Bull. Soc. Chim.*, (3), **23**, 101].

Le sulfure d'antimoine se prête à des expériences de même nature, puisque vers 360° l'hydrogène agit sur la stibine en donnant de l'hydrogène sulfuré et de l'antimoine, tandis qu'à la même température l'hydrogène sulfuré attaque l'antimoine en donnant du sulfure.

a. A température inférieure au point de fusion du sulfure, on a en présence deux gaz, hydrogène et hydrogène sulfuré, et deux corps solides, antimoine et sulfure d'antimoine; on sait que dans ces conditions la limite de réaction a une valeur indépendante des masses; en outre le volume d'une certaine quantité d'hydrogène sulfuré étant le même que celui de l'hydrogène qu'elle contient, la composition limite du mélange doit être indépendante de la pression totale. En effet, à 440° on trouve que r varie de 43,6 à 42,98, c'est-à-dire extrêmement peu quand le poids de sulfure d'antimoine varie de 0gr,1 à 0gr,5 et quand la pression initiale d'hydrogène varie de 759 millimètres à 198 millimètres.

Ce rapport r conserve la même valeur quand, en outre du sulfure, on met dans le tube de l'antimoine en quantité variable; à 440° l'équilibre n'est atteint qu'après 25 heures et à 360° la réaction est d'une extrême lenteur.

b. Si la température surpasse le point de fusion du sulfure Sb^2S^3, les tubes à expériences contiennent deux systèmes différents, séparément homogènes : H^2S et S^2 tous deux gazeux; Sb^2S^3 et Sb liquides. On sait que, dans ce cas, la composition limite doit dépendre de la teneur en antimoine de la solution ou, si on veut, de la teneur en sulfure Sb^2S^3; l'expérience confirme cette manière de voir.

A 610° on trouve en effet :

Poids de Sb^2S^3	1	0gr,5	0gr,2	0gr,1
Valeur de r...	72,56	66,43	58,91	56,31

Si, comme cas particulier, le système renferme un excès d'antimoine et du sulfure, on a une solution saturée d'antimoine dans le sulfure et dans ce cas, r ne doit dépendre que de la température; on a en effet trouvé :

A 625°

Poids de Sb.	Poids de Sb^2S^3	Valeur de r.
0,1	0,1	57,02
0,1	0,5	56,91
0,5	0,1	56,92
0,5	0,5	56,85

Pour d'autres températures, l'expérience montre que, r étant invariable pour chacune d'elles, ses valeurs respectives sont :

T :	510°	555°	610°
r :	48,6	51,8	56,01

Dans le cas où le système initial est formé d'hydrogène sulfuré et d'antimoine, on constate que la quantité d'hydrogène sulfuré diminue, puis reste fixe au bout de quelque temps de chauffe et aussi longtemps qu'on la prolonge. Si l'antimoine ne fond pas, les valeurs de r sont les mêmes que si on avait pris comme système initial ($H^2 + Sb^2S^3$) aux mêmes températures; si l'antimoine peut fondre, r est un peu inférieur à ce qu'il serait en partant de H^2 et Sb^2S^3, c'est ainsi par exemple qu'à 625° : $r = 52,8$ si le système initial est (H^2S + antimoine); 56,92 si le système initial est (hydrogène + Sb^2S^3) [*Bull. Soc. Chim.*, (3), **23**, 362].

Les actions réciproques de l'hydrogène sur le séléniure de mercure ou du mercure sur l'hydrogène sélénié ont été étudiées au même point de vue de leur limite et des causes qui peuvent la faire varier; on sait en effet que le séléniure de mercure est attaqué par l'hydrogène au delà de 400° et inversement.

A 440° l'attaque du séléniure par l'hydrogène se manifeste par une odeur très sensible d'hydrogène sélénié; toutefois la valeur de r reste inférieure à 0,6 0/0, quelle que soit la durée de chauffe; la valeur de r augmente avec la température, puisque au bout de 2 jours $r = 15$ si $T = 540°$; $r = 0,52$ si $T = 440°$,

D'autre part, la valeur de r augmente, à température constante, avec la quantité d'hydrogène, par exemple à 540° on a :

Pression d'hydr....	758^{mm}	755^{mm}	761^{mm}	757^{mm}
r..............	15,02	14,91	14,85	15,23

la limite est atteinte à cette température en 10 minutes environ; elle ne varie pas pour un temps de chauffe plus long (elle aurait une légère tendance à diminuer quand le temps augmente, en raison d'une cause accidentelle, l'attaque du verre par l'hydrogène sélénié). Les résultats relatifs aux températures de 440° et 540° sont conformes à la loi du déplacement de l'équilibre avec les variations de température, si on admet que la réaction :

$$HgSe_{sol.} + H^2_{gaz.} = Hg_{vap.} + H^2Se_{gaz.}$$

exothermique à 150°, l'est encore aux températures d'expériences.

Pour une même valeur de T, la proportion limite de l'hydrogène sélénié formé, ou r, croît quand la pression initiale de l'hydrogène diminue, ainsi par exemple :

Pression initiale H^2.	r	Pression initiale H^2.	r
390	19,63	195	27
387	19,75	197	27,23
383	19,21	189	27,85
382	19,61	200	27,11

Ces expériences constituent une vérification de la loi thermodynamique énoncée et utilisée plus haut, car on voit que si p_1 et p_1' sont les pressions partielles des corps gazeux, hydrogène et hydrogène sélénié dans le mélange quand il y a excès de séléniure, $\frac{p_1}{p_1'^2}$ est une fonction de T seulement.

Si P est la pression initiale de l'hydrogène mis dans le tube à 0° et p la pression partielle de l'hydrogène sélénié à 0°, on a :

$$p_1 = (P - p)(1 + \alpha T) \quad p_1' = p(1 + \alpha T)$$

d'où

$$\frac{P - p}{p^2} = f(T)$$

et pour une autre pression initiale P', on a de même $\frac{P' - p'}{p'^2} = f(T)$. Donc à une même température :

$$\frac{P - p}{p^2} = \frac{P' - p'}{p'^2} = \ldots\ldots\ldots = K.$$

Or, on connaît pour une même température les valeurs de $r = \frac{p}{P - p}$ correspondant aux diverses valeurs de P, on peut donc calculer les diverses valeurs de K et les comparer entre elles; on trouve ainsi pour :

P	760	380	190
K	0,0182	0,0179	

c'est-à-dire valeur constante.

Si maintenant, on s'arrange de manière qu'il y ait du mercure en excès, on doit avoir : p'_2 étant la pression due à l'hydrogène sélénié, $\frac{p_1}{p_2} = \varphi(T)$; dans ce cas, la pression limite est fonction de T uniquement et non pas de la pression initiale de l'hydrogène. En effet, à 540° sous les pressions initiales de

760^{mm}, 380^{mm}, 190^{mm},

la quantité d'hydrogène sélénié absolument invariable est égale à 0,5 0/0 de la masse totale gazeuse.

On peut en outre, connaissant la valeur de r pour une pression initiale d'hydrogène donnée, calculer la valeur correspondante r' de ce rapport à la même température, mais dans le cas où il y aurait un excès de mercure; le calcul ayant donné par exemple pour r' la valeur 0,52, l'expérience a donné un nombre légèrement inférieur à 0,50 [*Bull. Soc. Chim.*, (3), **23**, 211].

L'étude des réactions qui se produisent dans les systèmes (HgS + hydrogène) ou (H^2S + mercure) présente plusieurs cas; si le sulfure de mercure est accompagné de mercure, la quantité d'hydrogène sulfuré formé aux dépens de l'hydrogène augmente pour une même température (360°) avec le temps de chauffe et r atteint une valeur limite voisine de 78,67 au bout de 90 heures environ; si on emploie H^2S + HgS + mercure, la limite atteinte au bout de 15 heures est sensiblement la même, $r = 79,9$, indépendante de la masse du sulfure, de celle du mercure, pourvu que ces corps soient entièrement vaporisés, aussi bien que de la pression de l'hydrogène. Quand la température s'élève, r croît et atteint au bout de 14 heures à 440° la valeur 85,26; à 540° elle est de 92,10; mais au delà, elle ne dépasse guère cette valeur et se fixe à 92,8 au maximum à 610°.

Quand il n'y a pas de mercure excédent, si le mercure libéré pendant la réaction est suffisant pour que sa vapeur soit saturante, on se retrouve dans le cas précédent; si au contraire, la vapeur de mercure ne sature pas l'espace, la valeur limite r est toujours supérieure à la valeur r correspondante dans le cas précédent.

Ces résultats sont d'accord avec ceux qu'on peut prévoir à l'aide de considérations thermodynamiques analogues à celles qui ont été développées à propos du séléniure du mercure traité par l'hydrogène [*Bull. Soc. Chim.*, (3); **25**, 777].

L'action de l'hydrogène sur le sulfure de bismuth et l'action inverse ont été l'objet de recherches de même nature.

Si la température est supérieure au point de fusion du sulfure de bismuth, par exemple à 610°, le rapport r entre la masse d'hydrogène sulfuré et la masse totale des gaz reste sensiblement constant et égal à 0,893 lorsqu'on fait varier le rapport R du poids du sulfure non décomposé au poids total du mélange formé par ce corps et lorsque la quantité de bismuth mis en liberté varie depuis 0,89 jusqu'à 1, le système initial étant BiS et hydrogène. A la même température en prenant H^2S + bismuth, le rapport r tend vers zéro quand on fait tendre R lui-même vers zéro; si le poids de bismuth est supérieur à 1 gramme pour des tubes de 6 centimètres cubes de capacité, r est sensiblement proportionnel à R. Si enfin on fait agir l'hydrogène sur un mélange de sulfure et de bismuth, r croît régulièrement quand R croît. A la température de 610°, l'équilibre est établi en moins de 20 minutes.

Si la température est comprise entre les points de fusion du bismuth et de son sulfure, ces deux corps restent séparés et la valeur de r pour une même valeur de R varie suivant l'état initial; mais il faut remarquer que dans le cas où on emploie H^2S + bismuth, la décomposition du gaz est arrêtée par la production à la surface du bismuth d'une couche protectrice de sulfure; l'équilibre dépend alors de la forme de cette surface beaucoup plus que de la quantité globale de bismuth, et peut constituer des états de « faux équilibres apparents » [*Bull. Soc. Chim.*, (3), **25**, 149].

3° *Sulfates alcalins.* — On sait que l'hydrogène réduit au rouge les sulfates alcalins avec formation de sulfure alcalin et d'eau

$$SO^4K^2 + 4H^2 = K^2S + 4H^2O.$$

M. Berthelot montre [*Ann. Chim. Phys.*, (6), **21**, 397] que la décomposition n'a pas lieu suivant cette formule, car il se dégage de l'hydrogène sulfuré en même temps que de l'eau, et le produit final contient un alcali caustique. L'expérience se fait simplement dans un tube à essai en verre dur, au fond duquel on place quelques grammes de sulfate de potassium pur et sec; ce tube est fermé par un bouchon muni de 2 tubes, l'un qui plonge au fond amène le courant d'hydrogène, l'autre qui débouche au haut du tube entraîne les produits formés. On chauffe vers 500°, on voit nettement se former de l'eau ainsi que de l'hydrogène sulfuré et un peu de soufre qui se rassemble au haut du tube; quand il ne se dégage plus d'hydrogène sulfuré, on laisse refroidir et on examine le contenu du tube; c'est un mélange de potasse, de sulfure de potassium, d'un peu de polysulfure et de sulfate échappé; on dose ces divers constituants en mettant le mélange dans une solution titrée d'acide sulfurique bouillante, en recueillant l'hydrogène sulfuré qui se dégage dans une solution d'iode pour le doser et en déduisant l'alcali libre de la perte de titre de la solution sulfurique après avoir tenu compte du potassium provenant du sulfure. La véritable réaction est la suivante :

$$SO^4K^2 + 4H^2 = KOH + KSH + 3H^2O;$$

qui est exothermique. En outre, à 500° sous l'influence d'énergies extérieures à ce système, le corps KSH se dissocie en K^2S et H^2S, ce qui donne un dégagement d'hydrogène sulfuré qui se trouve activé par le courant d'hydrogène favorisant la dissociation; le sulfure de potassium peut aussi être décomposé par l'eau suivant l'équation :

$$K^2S + H^2O = KOH + KSH;$$

ce dernier est dissocié à nouveau, ces réactions se continuant jusqu'à une certaine limite.

Les mêmes réactions se produisent avec le sulfate de sodium, qui ne diffère du précédent que par une plus grande difficulté à donner des polysulfures et qui finalement donne un mélange de soude et de sulfure en proportions variables suivant les conditions de l'expérience.

4° *Séléniates.* — M. Fonzes-Diacon [*Bull. Soc. Chim.*, (3), **23**, 721] a obtenu le séléniure de plomb cristallisé en réduisant par l'hydrogène du séléniate de plomb précipité chauffé dans un tube de porcelaine au rouge blanc. M. Margottet avait obtenu ce même corps sous forme de cubes ou de longs prismes rectangulaires en sublimant dans un courant d'hydrogène le séléniate fondu

5° *Arséniates.* — M. C. Lefèvre a étudié la réaction générale de l'hydrogène sur les arséniates [*Ann. Chim. Phys.*, (6), **27**, 57] placés dans des nacelles de porcelaine disposées à l'intérieur d'un tube de porcelaine chauffé à des températures variant du rouge sombre au rouge vif et dans lequel circule un courant d'hydrogène débarrassé de toute trace d'arsenic par passage dans une solution acide et dans une solution alcaline de permanganate de potassium; les produits de réaction étaient refroidis dans l'hydrogène. Les arséniates sont divisés en 3 catégories :

a. Arséniates dont l'oxyde est irréductible par l'hydrogène, comme arséniates de sodium, calcium, manganèse. L'arséniate de sodium, AsO^4Na^3, dès qu'il est fondu, est décomposé par l'hydrogène au rouge sombre; il se dégage de l'arsenic et de l'eau; au rouge vif, la décomposition est complète en quelques heures; il ne reste que de la soude exempte d'arsenic, celui-ci est déposé sur les parois du tube.

L'arséniate de calcium se décompose lentement au rouge sombre en donnant de la chaux, de l'arsenic et de l'eau.

L'arséniate de manganèse se décompose lentement au rouge naissant avec volatilisation d'arsenic; vers 1000° la décomposition est totale et il ne reste que du protoxyde vert de manganèse.

b. Arséniates à oxydes réductibles par l'hydrogène, comme ceux de plomb et de cobalt.

L'arséniate de plomb, réduit au-dessous du rouge, vers 500°, donne de l'acide arsénieux, de l'arsenic et du plomb.

L'arséniate de cobalt, réduit facilement au rouge sombre donne également de l'acide arsénieux qui n'est pas réduit à la température de l'expérience; de plus, la décomposition est incomplète et il se fait un peu d'arséniure de cobalt, As^2Co^3.

c. Arséniates mixtes à base d'alcali et d'oxyde métallique.

Ils sont toujours plus difficiles à réduire que les arséniates simples correspondants. Par exemple, l'arséniate de potassium et de nickel se décompose au rouge en perdant de l'arsenic, et le résidu, très alcalin, repris par l'eau donne une solution formée de potasse et d'arsénite de potassium et une poudre noire insoluble qui est de l'arséniure de nickel.

L'arséniate de potassium et de cuivre est réduit vers 550° en donnant de l'acide arsénieux, de la potasse et du cuivre métallique contenant toujours un peu d'arsenic.

L'arséniate de potassium et de fer est réduit au

rouge sombre, vers 600°, et donne de l'acide arsénieux mêlé d'arsenic, du fer et de la potasse.

6° *Permanganate de potassium.* — MM. V. Meyer et von Recklingshausen [*D. chem. G.*, **29**, 2549; *Bull. Soc. Chim.*, (3), **18**, 316] ont étudié la réaction de l'hydrogène sur une solution aqueuse à 5 0/0 de permanganate de potassium; on sait qu'il se forme des flocons brunâtres d'hydrate manganique. Quand on opère au repos en mettant en contact dans des tubes à essais la solution saline et quelques centimètres cubes d'hydrogène, celui-ci est absorbé totalement au bout de 3 jours; en rechargeant le tube, on constate que la solution absorbe en 15 jours de $1^{lit},5$ à 2 litres de gaz. Quand on agite les substances réagissantes, l'absorption est beaucoup plus rapide, environ 60 centimètres cubes par jour; si la solution est alcaline ou neutre, elle ne contient aucun résidu précipité; elle en contient au contraire si la solution est acide et en outre, si l'acide est l'acide sulfurique, il se dégage de l'oxygène; c'est ainsi par exemple, qu'après 15 heures d'agitation, 20 centimètres cubes de solution de permanganate à 5 0/0, additionnés de 2,5 0/0 de leur volume d'acide sulfurique concentré, donnent avec 40 centimètres cubes d'hydrogène, 20 centimètres cubes d'oxygène avec un résidu de 3 centimètres cubes d'hydrogène.

Ce dégagement d'oxygène ne doit pas être confondu avec le dégagement spontané qui se produit en présence d'air par exemple, car il est environ 6 fois plus abondant et il faut considérer l'hydrogène comme activant la production d'oxygène; ces deux dégagements d'ailleurs sont limités, aussi bien en présence d'air que d'hydrogène; cependant en tube scellé cette limite ne paraît pas exister, car il y a dégagement d'oxygène jusqu'à éclatement du tube.

L'élévation de température favorise cette production d'oxygène, et à 50° elle est environ 6 à 8 fois plus importante qu'à 25°; cette réaction, qui paraît assez capricieuse, a lieu aussi en présence d'oxyde de carbone. MM. H. Hirtz et V. Meyer [*D. chem. G.*, **29**, 2828; *Bull. Soc. Chim.*, (3), **2**, 390] démontrent que l'oxygène obtenu ne contient pas d'ozone et que l'explication donnée par MM. Morse, Hapkins et Walker [*Am. chem. Journ.*, **18**, 401] n'est pas suffisante : ces auteurs admettaient que la solution de permanganate était décomposée par l'oxyde brun de manganèse, ce qui expliquait le dégagement d'oxygène, mais MM. Hirtz et Meyer montrent que l'addition d'hydrate manganeux à la solution de permanganate ne produit absolument rien. On avait de même émis l'hypothèse que la cause qui limite le dégagement d'oxygène serait la formation d'un produit gazeux ou volatil réducteur; mais il n'en est rien; en effet, ayant mis en réaction pendant 24 heures en tubes scellés de l'hydrogène avec la moitié de son volume d'une solution acidulée de permanganate, puis ayant chassé les produits gazeux formés, on referme le tube ainsi chargé d'oxygène et on agite de nouveau pendant 24 heures; il ne se produit aucun changement.

MM. H.-N. Morse et G. Byers [*Am. chem. Journ.*, **23**, 313; *Bull. Soc. Chim.*, (3), **24**, 862] ont donné l'explication de ces phénomènes; quand un gaz réducteur comme l'hydrogène ou l'oxyde de carbone se dissout dans une solution neutre de permanganate, il forme, sans dégagement appréciable d'oxygène, un peroxyde qui n'agit pas sur le permanganate en excès parce qu'il est saturé par l'alcali que renferme la solution. Mais si on acidule ultérieurement la solution, il y a dégagement d'oxygène et en quantité égale à celle que l'on obtiendrait par action de l'hydrogène sur une solution préalablement acidulée. Le dégagement augmente avec la concentration de l'acide et avec celle de la solution et s'affaiblit avec le temps, phénomènes qui peuvent s'expliquer par une polymérisation du peroxyde supposé.

7° *Déplacement des métaux par l'hydrogène.* — M. Colson a montré que l'hydrogène, considéré comme métal volatil, déplace l'argent et le cuivre de leurs combinaisons salines [*C. R.*, **127**, 961; *Bull. Soc. Chim.*, (3), **21**, 109].

a. Argent. — Du phosphate d'argent sec, PO^4Ag^3, est enfermé avec de l'hydrogène dans un ballon scellé, et abandonné à l'obscurité, à la température de 12°, pendant une semaine; il prend une teinte foncée, puis une teinte brune après 3 semaines et on constate à l'ouverture un vide partiel; on remplit à nouveau d'hydrogène et on continue l'expérience pendant 2 mois; il y a une nouvelle absorption de gaz et formation d'un sel acide; le contenu du ballon repris par de l'acide nitrique étendu laisse un résidu d'argent noir dont le poids correspond à la quantité d'hydrogène absorbé :

$$PO^4Ag^3 + H = PO^4Ag^2H + Ag.$$

L'élévation de température et de pression de l'hydrogène accélère la réaction.

Le pyrophosphate d'argent n'est pas attaqué à température ordinaire, mais l'est fortement à 100°; il en est de même pour le sulfate d'argent, tandis que l'oxyde d'argent est réduit à la température de 15° à 20°. L'influence de la lumière est assez peu sensible.

b. Cuivre. — Le sulfate de cuivre et l'hydrogène ne donnent aucune réaction à température ordinaire; mais à 250° il y a absorption de gaz et déplacement du métal.

A propos de l'action de l'hydrogène sur l'oxyde d'argent, M. A. Colson [*C. R.*, **130**, 330] a remarqué que vers 0° l'absorption de l'hydrogène dans un espace donné n'est pas en rapport avec la masse d'oxyde, puisqu'elle est sensiblement constante quand le poids d'oxyde varie de 2 grammes à $0^{gr},75$ par suite de la réduction. Il explique ce fait en admettant une tension de Ag(OH) ou des ions OH provoquée par l'affinité de l'hydrogène qui agit sur les particules en tension et non sur les particules solides. Cette tension apparaît encore à ce caractère que l'argent provenant de la réduction ne reste pas là où il a été produit, mais qu'il est partiellement transporté sur le verre auquel il adhère en le colorant. Il admet dès lors qu'il y a diffusion des solides dans les gaz et que l'oxyde d'argent se comporte comme s'il émettait des vapeurs et comme si l'hydrogène attaquait de préférence ces vapeurs.

8° *Tungstates acides de sodium, de potassium et de lithium.* — M. L.-A. Hallopeau [*C. R.*, **127**, 57; *Bull. Soc. Chim.*, **19**, 747, 1029] a repris l'étude de l'action de l'hydrogène sur le tungstate acide de potassium; cette réaction, déjà étudiée avec le sel de sodium, par Wöhler et Malagutti, donne des cristaux ayant la couleur et l'éclat de l'or métallique, que Wöhler considérait comme étant

$$Na^2O, 2TuO^2$$

et que Malagutti montra être

$$Na^2O, TuO^3 + TuO^2, TuO^3$$

(tungstate tungsto-sodique); en outre, cette réaction avait donné à Laurent des cristaux d'un rouge violacé, d'apparence analogue à l'indigotine sublimée, mais qui n'avaient pas été étudiés. M. Hallopeau place le paratungstate de potassium dans des nacelles de porcelaine chauffées au rouge aussi élevé que possible dans un tube en verre où circule lentement de l'hydrogène; au bout de 3/4 d'heure, on trouve dans la nacelle des cristaux violets à reflets rouges qu'on traite par de l'eau bouillante, de l'acide chlorhydrique, puis une solution de carbonate de sodium à 50 0/0; l'analyse du produit ainsi lavé correspond à la formule

$$K^2O, TuO^3 + TuO^2, TuO^3$$

(bronze de tungstène), qui ressemble au corps découvert par Laurent.

A température plus basse (rouge naissant), on a un mélange de ce corps avec beaucoup de bioxyde de tungstène et d'oxyde bleu, et la purification du produit est très difficile. En chauffant au rouge vif, il ne reste que du tungstène métallique (voyez plus haut).

Avec le paratungstate de lithium, les résultats sont différents : à la température la plus élevée que supporte un tube de verre, il se forme une poudre brune à reflets cuivrés, cristalline et qui est le bioxyde de tungstène, TuO^2. Cette réaction constitue un très bon procédé pour obtenir facilement et rapidement ce composé, puisque la matière première contient 94,89 0/0 d'acide tungstique et qu'elle se prête bien mieux que ce corps à la réduction.

9° *Combinaisons diverses.* — M. F.-C. Phillips [*Am. chem. Journ.*, **16**, 255] étudie l'action de l'hydrogène soit par voie humide, soit par voie sèche, sur certaines combinaisons métalliques :

a. *Voie humide.* — Les chlorures de platine, de palladium, l'azotate d'argent ammoniacal, le ruthéniate de potassium *sont réduits lentement à l'état métallique*; le permanganate de potassium vire au brun (voyez plus haut); le chlorure ferrique est *ramené, à 100°, à l'état de chlorure ferreux.*

Le chlorure d'or, l'azotate d'argent acide ou *neutre, les chlorures d'iridium, de ruthénium,* l'oxyde de cérium, le bichromate de potassium en solution sulfurique, les chlorures de mercure *et de ruthénium,* l'acide *osmique*, le *ferricyanure* de potassium ne sont pas réduits par l'hydrogène traversant leur solution aqueuse.

b. *Voie sèche.* — Sont réduits par l'hydrogène :

Chlorure de ruthénium	190
— d'or	150°
— de rhodium	200°
— de platine humide	80°
— de palladium	froid.
— d'argent	270°
Bromure et iodure d'argent	350°

l'iodure mercurique se volatilise dans l'hydrogène sans altération.

Le chlorure de palladium est, de tous, le réactif le plus sensible; on l'obtient en dissolvant du palladium dans l'eau régale, évaporant l'acide et chauffant le résidu dans un courant de gaz chlorhydrique et d'acide carbonique; avec ce réactif, on peut reconnaître 1/20 d'hydrogène dilué dans un courant d'air ou d'azote sec, les autres gaz courants, tels que l'éthylène, etc., ne provoquant la réduction qu'à chaud; le chlorure de ruthénium est assez sensible, mais en l'absence d'oxygène. Les oxydes de palladium, d'argent et d'iridium sont réduits facilement, ce dernier seul à froid.

M. Guichard [*Bull. Soc. Chim.*, (3), **23**, 150], reprenant l'étude de l'action de l'hydrogène sur le bisulfure de molybdène MoS^2, déjà entreprise par von den Pfordten [*D. chem. G.*, **17**, 731], qui avait observé à température élevée une réduction totale, a essayé d'obtenir, par une réaction ménagée à température aussi basse que possible, un sous-sulfure de molybdène. L'hydrogène commence à agir sur le sulfure un peu avant le rouge, mais la réaction est très lente, puisque, au bout de 30 heures, le bisulfure n'a perdu que 25,20 0/0 de son poids; néanmoins, cette perte de poids est déjà trop considérable, car on a dépassé les deux termes possibles de la réaction, sesquisulfure et protosulfure, puisque la perte de poids aurait dû être 10 0/0 dans le premier cas, et 20 0/0 dans le second. Il semble donc que la réduction se fasse sans étape intermédiaire et donne de suite le métal.

Hoppe-Seyler, ayant remarqué le rôle d'excitant joué par un corps oxydable dans les phénomènes d'oxydation, établit ce fait par quelques expériences démonstratives et en donne une explication [*D. chem. G.*, **12**, 1551; 1er Suppl., 932] :

1° Par exemple, quand on agite à l'air du benzène, de l'eau et des lames de palladium chargées d'hydrogène (gaz oxydable), l'oxydation du benzène a lieu en donnant un peu de phénol; de même le toluène donne de l'acide benzoïque et un corps phénolique.

2° Des lames de palladium chargées d'hydrogène, laissées en contact pendant un ou deux jours avec un mélange d'azote et d'oxygène en excès, semblent, d'après l'auteur, qui n'est pas très affirmatif malgré plusieurs expériences positives, engendrer de l'azotite d'ammonium.

3° Oxydation d'ammoniaque et transformation en nitrite par un mélange d'acide pyrogallique et de potasse, en présence d'oxygène (expérience de Baumann).

4° Des tranches minces de sodium sont recouvertes de pétrole rectifié, bouillant à 275°, qu'on laisse évaporer lentement et qu'on renouvelle jusqu'à oxydation complète du sodium; il se fait des produits volatils oxygénés (alcools ou aldéhydes) que le mélange chromique transforme en acides gras, parmi lesquels les acides butyrique et caproïque.

Hoppe-Seyler explique ces faits par l'excès d'énergie calorifique des réactions, par la production *d'ozone et aussi, ce qui paraît* assez difficile à contrôler, par l'existence d'oxygène atomique (oxygène naissant) provenant de la scission de la molécule O^2.

M. Traube [*D. chem. G.*, **16**, 123] répète et confirme une expérience de Baumann sur la transformation de l'oxyde de carbone en acide carbonique par l'oxygène à froid en présence d'eau et de palladium hydrogéné, mais il rejette l'explication proposée, en se basant sur ce fait que l'ozone n'oxyde pas l'oxyde de carbone à la température ordinaire, ni même à 300°, température à laquelle il se dédouble cependant et devrait donner le prétendu oxygène atomique. Il pense qu'il faut attribuer les phénomènes observés à l'eau oxygénée dont il a constaté la présence [*D. chem. G.*, **16**, 123; *Bull. Soc. Chim.*, (2), **37**, 496].

Hoppe-Seyler [*D. chem. G.*, **16**, 117] montre que cette explication ne peut suffire, car l'eau oxygénée n'offre aucune des réactions oxydantes de la lame de palladium hydrogénée en présence d'oxygène; elle ne les produit pas non plus en présence de palladium préalablement chauffé au rouge; il maintient donc son explication; il ajoute, en outre, que le noir de rhodium de Deville et Debray donne des réactions analogues, puisqu'il permet la transformation de l'acide formique en acide carbonique et hydrogène et, qu'en présence d'oxygène, ce mélange oxyde l'iodure de potassium et l'indigo; or, ce noir de rhodium contient de l'hydrogène occlus.

M. Traube [*D. chem. G.*, **16**, 1201; *Bull. Soc. Chim.*, (2), **40**, 439] persiste, malgré les objections précédentes, à considérer l'eau oxygénée comme déterminant les oxydations. Pour lui, le palladium hydrogéné n'émet pas d'hydrogène naissant; l'hydrogène naissant n'active pas l'oxydation; l'action oxydante du palladium hydrogéné est due à l'eau oxygénée qui accomplit les oxydations, en partie directement, en partie avec le concours du métal. D'ailleurs, il n'envisage pas l'eau oxygénée comme un produit d'oxydation de l'eau, mais comme une combinaison de l'oxygène avec 2 atomes d'hydrogène ($H^2 + O^2$), manière de voir qui n'est pas admise et qui a été combattue par les expériences de M. Dixon [*Chem. Soc.*, **40**, 94].

M. Traube [*D. chem. G.*, **14**, 2854; *Bull. Soc. Chim.*, (2), **39**, 447] montre que dans l'action de l'oxyde carbonique ou de l'hydrogène en présence d'air et d'eau, il n'y a pas que le palladium hydrogéné qui transforme l'oxyde carbonique en acide carbonique, mais bien aussi le palladium lui-même et le platine; il montre, en outre, qu'il se forme de l'eau oxygénée. En particulier, quand on agite du platine en lames ou en fils avec de l'eau et une atmosphère d'air et d'hydrogène, on observe immédiatement la formation d'eau oxygénée.

M. D. Tommasi s'est occupé de savoir si les propriétés réductrices de l'hydrogène, lorsqu'il sort d'une combinaison, sont dues à un état allotropique, comme l'état naissant, ou à l'hydrogène ordinaire se trouvant dans de nouvelles conditions thermiques; il est arrivé à cette dernière conclusion.

Les chlorure, bromure et iodure d'argent, par exemple, mis en suspension dans l'eau acidulée par l'acide sulfurique, sont traités par de l'amalgame de sodium; il n'y a aucune attaque et l'eau ne contient pas trace de sel haloïde de sodium, et cependant le chlorure d'argent, par exemple, placé dans les mêmes conditions, est réduit quand on électrolyse l'eau.

Le chlorate de potassium, en solution saturée acidulée par l'acide sulfurique, est traité soit par du zinc, soit par l'amalgame de sodium : dans le premier cas, l'eau s'était chargée de chlorure de potassium et n'en contenait pas dans le second; il en est de même pour les chlorates de sodium, de baryum, de cuivre, de plomb, de mercure et pour l'acide lui-même, quel que soit l'état de la solution (acide, neutre ou alcaline). L'hydrogène d'électrolyse est également sans action.

Le perchlorate de potassium n'est réduit ni à chaud, ni à froid par le zinc et l'acide sulfurique, pas plus que par le magnésium et l'acide sulfurique, pas plus que par l'hydrogène produit en mélangeant à la liqueur du sulfate de cuivre dissous et en y plongeant un morceau de zinc, pas plus encore que par l'amalgame de sodium ou par le zinc et la potasse à chaud. Et cependant ce perchlorate, insensible à l'hydrogène naissant, est ramené à l'état de chlorure par l'hydrosulfite de sodium :

$$3\,ClO^4K + 8\,SO^2Na + 4\,H^2O$$
$$= 3\,KCl + 8\,SO^3HNa.$$

D'ailleurs l'« hydrogène naissant » produit par l'action du zinc en poudre sur l'eau à température ordinaire qui ne réduit pas le perchlorate, réduit au contraire l'azotate en azotite, le cyanure rouge en cyanure jaune ainsi que l'indigotine et les iodates [C. Stahlschmidt, *Poggendorf's Annalen*, **128**, 416].

Ces contradictions s'expliquent parfaitement en faisant intervenir les considérations thermiques et en tenant compte de la réserve d'énergie produite par chacune des réactions qui engendrent l'hydrogène. L'expression « hydrogène naissant » doit être remplacée par « hydrogène + une réserve de calories variable, d'ailleurs, suivant les cas; en appelant α cette réserve, on trouve, pour les diverses réactions :

$SO^4H^2 + Zn + Aq$	$\alpha =$	38Cal
...... $+ Cd + Aq$		23Cal,8
...... $+ Mg + Aq$		112Cal
$2\,HCl + Zn + Aq$		34Cal,2
$2\,HBr + Zn + Aq$		34Cal,2
Amalgame de Na....		112Cal

L'expérience suivante justifie cette manière de voir; le soufre ne se combine pas à l'hydrogène à la température ordinaire, mais la réaction a lieu quand on chauffe le soufre jusqu'à fusion (apport d'énergie calorifique), ou bien quand on produit, en présence de soufre, de l'hydrogène par l'une des réactions précédentes (apport d'énergie chimique) [*C. R.*, (2), **10**, 1877; *Bull. Soc. Chim.*, (2), **2**, 148].

Hydrogène et composés organiques.

Il existe un nombre considérable de recherches relatives à l'action de l'hydrogène sur les composés organiques, qui seront exposées à propos de chacun de ces composés; nous avons résumé ici ce qui a rapport à deux procédés d'hydrogénation qui paraissent absolument généraux, à savoir les expériences de MM. Sabatier et Senderens d'une part, celles de M. Bamberger et de ses collaborateurs d'autre part.

MM. P. Sabatier et J.-B. Senderens ont découvert un nouveau procédé d'hydrogénation des carbures gras ou aromatiques et de leurs dérivés beaucoup plus facile à mettre en œuvre, moins laborieux et différant dans ses résultats de ceux que l'on connaissait auparavant (tels que l'action de l'acide iodhydrique en tubes scellés, de l'amalgame de sodium ou d'aluminium, ou du fer, zinc, étain, etc... en présence des acides). Il consiste à faire réagir sur les composés organiques l'hydrogène gazeux libre, en présence de certains métaux divisés qui réalisent la fixation de cet élément. Le nickel récemment obtenu par réduction de son oxyde se montre comme étant de beaucoup le plus actif, et comme conservant le plus longtemps son action de présence; mais le cobalt et le fer réduits, le cuivre et le platine divisés possèdent une aptitude analogue.

Les premières expériences de ces auteurs sont relatives à l'action de l'hydrogène sur l'éthylène [*C. R.*, **124**, 616; **124**, 1358]. Quand on fait arriver de l'éthylène dans un tube contenant du nickel, obtenu par réduction de son oxyde et refroidissement ultérieur dans l'hydrogène, il ne se produit aucune réaction tant que la température est inférieure à 300°; mais au delà, le gaz peut être entièrement décomposé d'autant plus facilement que le nickel a été réduit à plus basse température; il se forme un dépôt de charbon très volumineux, et un mélange d'hydrogène et de carbures forméniques en proportions variables, où l'hydrogène varie de 10 à 50 0/0 quand la température de réaction passe de 400° au rouge sombre :

$$n\,(C^2H^4) = C^x + C^mH^{2m+2} + H^{2p}$$

avec $x + m = m + p + 1 = 2n.$

La limaille de nickel donne, quoique plus difficilement, les mêmes résultats; mais ni le fer, ni le cuivre, ni le cobalt réduits par l'hydrogène ne donnent un semblable phénomène, pas plus que la mousse de platine ou de palladium, contrairement à ce qui se passe avec l'acétylène [H. Moissan et Moureu, *C. R.*, **122**, 1241]. En présence d'hydrogène, l'action est entièrement différente; un mélange à volumes égaux d'éthylène et d'hydrogène dirigé sur du nickel récemment réduit et très légèrement chauffé (30 à 45°), provoque une notable élévation de température et la formation d'éthane. Si on fait arriver sur une colonne de nickel réduit, maintenu au-dessous de 150°, de l'hydrogène mêlé d'un excès d'éthylène, on recueille un gaz qui, après avoir traversé un flacon à brome et un laveur à potasse est de « l'éthane sensiblement pur ». Avec quelques grammes de nickel, la réaction se poursuit pendant plusieurs heures régulièrement et on retrouve le métal inaltéré, mais légèrement carburé.

Une réaction analogue a été signalée par M. Wilde, en présence de noir de platine; mais ce corps ne tarde pas à perdre son activité; il en est de même pour la mousse de platine. Quant au fer, au cobalt et au cuivre réduits, ils ne provoquent nullement la fixation de l'hydrogène sur l'éthylène.

Le nickel réalise d'une façon tout à fait analogue la fixation de l'hydrogène sur l'acétylène; on fait arriver sur du nickel produit par réduction au-dessous de 300°, puis refroidi dans l'hydrogène, des mélanges en proportions variables d'hydrogène et d'acétylène privé d'air [voyez à ce sujet, Sabatier et Senderens, *Ann. Chim. Phys.*, (7), 7, 351]; à froid la réaction se déclare de suite, le métal s'échauffe et les gaz recueillis à la sortie ne contiennent plus d'acétylène, mais possèdent l'odeur des essences de pétrole; quand le mélange est fait à égales proportions, la réaction très vive peut porter le métal à 100-150°, et il se dégage extrêmement peu de gaz, tandis qu'il se fait en proportion sensible un liquide incolore, qui distille presque entièrement au dessous de 140°, et dont l'odeur rappelle celle du pétrole. Mais si le métal n'atteint pas cette température, la réaction dominante est celle qui conduit à la formation d'éthane :

$$C^2H^2 + H^4 = C^2H^6;$$

ou bien, quand on modère la réaction en ralentissant la vitesse des gaz réagissants, on obtient de l'éthylène, en même temps qu'un peu d'acétylène échappé. De telle sorte qu'on recueille en général des gaz forméniques, accompagnés de gaz éthyléniques en faible quantité, des liquides analogues au pétrole contenant un peu de benzène; ce mélange complexe rappelle par sa composition les pétroles naturels, et « cette analogie permet de penser que la formation de ces corps a pu, dans une certaine mesure, résulter de réactions analogues aux précédentes ».

Des réactions semblables se produisent d'ailleurs avec le fer, le nickel, le cobalt, le cuivre réduits, à condition toutefois d'opérer à température élevée [*C. R.*, **128**, 1173]. C'est ainsi, par exemple, qu'en opérant en présence de cuivre réduit, quelles que soient la lenteur du courant gazeux et la longueur de la colonne métallique, beaucoup d'hydrogène reste inutilisé, même en présence d'un excès d'acétylène (dans ce dernier cas, il se produit un carbure nouveau, le *cuprène*) [*C. R.*, **130**, 250], et, en présence d'un excès de carbures éthyléniques produits par une première hydrogénation, de l'acétylène. La quantité d'éthane, faible à 150°, devient plus importante à 200°, ce qui est conforme à la propriété que possède le cuivre, à ces températures, de fixer l'hydrogène sur les carbures éthyléniques [*C. R.*, **130**, 1559]. Contrairement au nickel, le cobalt ne provoque pas à froid la réaction de l'hydrogène sur l'acétylène; mais seulement quand on chauffe à 180°; tout l'acétylène disparaît, mais il est transformé presque entièrement en éthane sans proportion appréciable de carbures éthyléniques.

Le fer réduit est le moins actif des métaux essayés et ne donne que de petites quantités d'éthane; il donne des quantités appréciables de carbures éthyléniques en présence d'un grand excès d'hydrogène [*C. R.*, **139**, 1628].

Les réactions de MM. Sabatier et Senderens présentent un grand caractère de généralité. Ainsi, le benzène et l'hydrogène réagissent l'un sur l'autre à température peu élevée en présence de nickel réduit, avec formation exclusive d'hexahydrobenzène C^6H^{12} (cyclohexane); l'activité du métal, sensible déjà à 70°, est surtout remarquable entre 170 et 200° et elle se maintient sans faiblir pendant près de 12 heures; le métal reste inattaqué [voyez HYDROAROMATIQUES (CARBURES)]. Le cobalt, actif à peu près aux mêmes températures, perd son activité au bout de quelques instants et ne la récupère pas, même si on le chauffe à 300°; il en est de même pour le noir de platine. Quant au fer, au cuivre réduit, à la mousse de platine, ils restent sans action, même à 350-400°, sur le mélange de benzène et d'hydrogène.

Tous les hydrocarbures homologues du benzène se comportent de même vis-à-vis de l'hydrogène, en présence du nickel, aux températures comprises entre 170 et 200°; ils donnent des naphtènes ou cyclohexanes substitués, et on a là une méthode générale et simple pour effectuer leur synthèse. C'est ainsi qu'à partir du :

	On obtient :	Point d'ébull.
Toluène.......	méthylcyclohexane $C^6H^{11}CH^3$ (heptanaphtène)	100-101°
o-Xylène......	o-diméthylcyclohexane......	125°
m-Xylène.....	m-diméthylcyclohexane.....	121-123°
Ethylbenzène..	éthylcyclohexane...........	128-129°
Mésitylène....	triméthylcyclohexane 1.3.5..	140-142°
Pseudo-cumène	— 1.3.4..	145-146°
Propylbenzène.	propylcyclohexane..........	153-154°
p-Cymène.....	décanaphtène............... $C^6H^{10}(CH^3)_1(C^3H^7)_4$	166-168°

Ces carbures, qui possèdent une odeur agréable, existent dans les pétroles du Caucase. Quelques-uns avaient été obtenus auparavant par l'action hydrogénante de l'acide iodhydrique ou de l'iodure de phosphonium à 280° en tubes scellés. Au-dessus de 300°, le nickel exerce sur ces carbures une action décomposante avec formation de carbures aromatiques et de méthane mêlé d'un peu d'hydrogène [*C. R.*, **132**, 566].

Quand on emploie pour faire cette réaction « des carbures aromatiques à chaîne latérale longue comme C^2H^5, C^3H^5, etc... on observe toujours qu'à côté du produit principal, qui est le carbure cyclohexanique correspondant, il se forme en quantités plus ou moins importantes des carbures résultant de l'émiettement de la chaîne »; c'est ainsi, par exemple, qu'on obtient en partie du méthylcyclohexane et du méthane avec l'éthylbenzène; de même le propylbenzène donne un mélange de méthyl- et d'éthylcyclohexane. Si le chaînon est secondaire, la perturbation est plus importante, car le rendement en produit principal est sensiblement diminué; ainsi le p-méthylisopropylbenzène (p-cymène) donne seulement 75 0/0 du cyclohexane correspondant à côté de p-diméthyl- et de p-méthyléthylcyclohexanes : MM. Sabatier et Senderens ont donné, à la suite de ce travail, les principales constantes physiques des carbures homologues du cyclohexane déterminées sur des échantillons purs, qu'il était à peu près impossible de se procurer auparavant.

Le styrolène ou cinnamène, que l'on considère, depuis les travaux de M. Berthelot, comme le phényléthylène $C^6H^5 - CH = CH^2$, donne, en présence du nickel réduit et de l'hydrogène, les produits que l'on est en droit d'attendre d'après cette constitution, à savoir l'éthylcyclohexane et ses produits d'hydrogénation, méthylcyclohexane et méthane. Le cuivre, qui fixe l'hydrogène sur les carbures éthyléniques, mais qui est sans action sur les carbures aromatiques au-dessus de 180° [*C. R.*, **130**, 1761], doit donner de l'éthylbenzène; c'est ce qui a lieu. Avec le cobalt on a la superposition de ces deux réactions.

Les terpènes se comportent absolument comme on doit s'y attendre, conformément à la classification que M. Berthelot a faite de ces corps (1869). Les terpènes quadrivalents, limonène, sylvestrène, terpinène..., fixent 4 atomes d'hydrogène et donnent de l'hydrocymène (p-méthylméthoéthylcyclohexane) accompagné des produits d'altération de la chaîne longue. Le menthène, $C^{10}H^{18}$, fixe seulement 2 atomes d'hydrogène, mais donne les mêmes produits.

Les terpènes divalents, pinène et camphène, en présence du nickel et d'hydrogène à 180°, fixent l'hydrogène et donnent des carbures isomériques $C^{10}H^{18}$ doués d'une odeur agréable, bouillant, le premier à 166° ($D_{4°} = 0{,}862$), et le second à 164-165° ($D_{40} = 0{,}849$).

Quant au naphtalène il est réduit directement à 200° en donnant un tétrahydrure $C^{10}H^{12}$, liquide bouillant à 162°, identique à un des hydrures découverts par M. Berthelot (par l'action de l'acide iodhydrique).

L'acénaphtène, entraîné par l'hydrogène sur du nickel réduit, s'y transforme en tétrahydrure bouillant à 254°, de formule $C^{12}H^{14}$ [*C. R.*, **132**, 1254].

La même réaction s'applique aux carbures aromatiques nitrés, tels que le nitrobenzène; le cuivre convient très bien ici pour la réduction; il suffit de le chauffer entre 300 et 400° et de faire passer sur lui des vapeurs de nitrobenzène entraînées par un courant d'hydrogène :

$$C^6H^5\text{-}AzO^2 + H^n = C^6H^5\text{-}AzH^2 + 2H^2O + H^{n-6}.$$

Le cuivre très divisé suffit et peut retrouver son activité lorsqu'on fait passer sur lui de l'hydrogène pur, ce qui le rend apte à une production continue d'aniline; l'ortho- et le m-nitrotoluène donnent les amines correspondantes.

Le nickel convient moins bien que le cuivre pour ces opérations, car il dépasse le but et donne, outre l'aniline, du cyclohexane, du benzène, de l'ammoniaque et même, à 300° en présence d'un peu d'hydrogène, de la diphénylamine, résultant de l'action du nickel sur la vapeur d'aniline. Le cobalt et le fer se comportent à peu près comme le nickel, mais l'emploi de ces métaux est peu avantageux. Le platine divisé, chauffé vers 230-310°, donne également l'aniline sans formation d'ammoniaque, comme le cuivre; mais il se forme un peu d'hydrazobenzène.

L'hydrogène pur peut être avantageusement remplacé, soit par le gaz à l'eau, et dans ce cas la réaction est facilitée par la présence d'oxyde de carbone réducteur (il se fait de l'acide carbonique), soit par le gaz d'éclairage purifié par passage sur une colonne de tournure de cuivre chauffée au rouge.

Les composés oxygénés du carbone sont également réduits par l'hydrogène en présence des métaux obtenus par réduction de leurs oxydes. Le nickel, par exemple (obtenu à 300°), refroidi, est sans action à froid sur un mélange d'oxyde de carbone et d'hydrogène, mais l'hydrogénation commence à se produire vers 190-200° et a lieu facilement à 250°; il se forme exclusivement de l'eau et du méthane d'après la réaction :

$$CO + H^6 = CH^4 + H^2O_{gaz}$$

fortement exothermique : $+ 51^{Cal},1$; mais il convient de ne pas employer l'oxyde de carbone en excès. Le nickel, comme dans les cas précédents, reste inaltéré, sauf une légère carburation.

Avec l'acide carbonique, la réaction :

$$CO^2 + H^8 = CH^4 + 2H^2O_{gaz}$$

est encore fortement exothermique : $41^{Cal},2$, et elle a lieu exactement de la même manière; toutefois il faut, pour que les gaz sortant de l'appareil soient exempts d'acide carbonique, employer un mélange initial riche en hydrogène (la quantité de ce dernier doit être quadruple de celle du premier); il faut, en outre, chauffer le métal à 230° au minimum, et la réaction marche mieux encore à 300° [*C. R.*, **134**, 514].

Le cobalt se comporte vis-à-vis des mêmes mélanges, comme le nickel; l'oxyde de carbone et l'acide carbonique sont transformés en méthane et eau; mais la réaction exige des températures plus élevées, entre 270 et 300° pour le premier; entre 300 et 400° pour le second.

Le platine divisé (mousse ou noir de platine) chauffé jusque 420°, la mousse de palladium et le fer réduit de son oxyde chauffés à 500°, ne produisent pas l'hydrogénation; il n'y a pas trace de méthane. Le cuivre ne donne pas non plus de méthane, mais il produit une réaction spéciale vers 430°; il transforme partiellement (1/3 environ) l'acide carbonique en oxyde de carbone avec formation d'eau :

$$CO^2 + H^2 = H^2O + CO$$

[*C. R.*, **134**, 689].

M. Bamberger et ses collaborateurs ont étudié l'hydrogénation des carbures aromatiques et de leurs dérivés à l'aide de la méthode de Wischnegradski et Ladenburg, consistant à mettre le composé à réduire en solution dans l'alcool amylique et à faire arriver cette solution, en un courant continu, sur la quantité totale de sodium nécessaire pour la réaction.

Appliquée par MM. E. Bamberger et W. Lodter [*D. chem. G.*, **20**, 3073; *Bull. Soc. Chim.*, (2), **49**, 851] à différents hydrocarbures comme le diphényle, le naphtalène, l'anthracène, le phénanthrène, l'acénaphtène et le rétène, elle leur a paru généralement moins laborieuse que la méthode de réduction en tubes scellés avec l'acide iodhydrique et le phosphore. Ils ont reproduit ainsi les dihydronaphtalène, dihydroanthracène et tétrahydrophénanthrène déjà connus, et obtenu le tétrahydrorétène $C^{18}H^{22}$, huile bouillant à 280° sous 50 millimètres; le tétrahydroacénaphtène $C^{12}H^{14}$, qui bout à 219°,5 sous 719 millimètres, et le tétrahydrodiphényle, huile à odeur de diphényle bouillant à 244°,8 sous 716 millimètres.

Outre le dihydronaphtalène, MM. E. Bamberger et M. Kitschelt [*D. chem. G.*, **23**, 1561; *Bull. Soc. Chim.*, (3), **4**, 754] ont obtenu un tétrahydronaphtalène déjà connu, identique à celui que l'on dérive (Bamberger et Bordt) de la tétrahydro-α-naphtylamine par diazotation et remplacement d'AzH^2 par H; ce corps donne, par oxydation, l'acide o-hydrocinnamocarbonique et doit posséder la formule **III** (il n'est pas identique au dérivé obtenu par M. Graebe, dont l'oxydation donne l'acide phtalique). On sait que l'anthracène, soumis à la même réaction (sodium et alcool amylique), ne fixe que 2 atomes d'hydrogène qui se placent dans le noyau médian; les auteurs, en raison de cette différence, donnent aux deux corps envisagés les formules

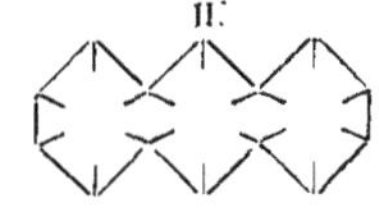

et à leurs produits d'hydrogénation ultime par cette méthode :

III. IV.

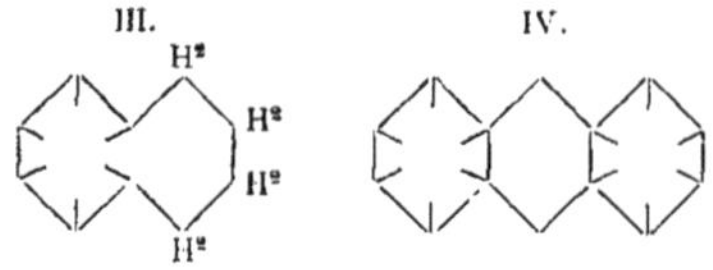

Quant au dihydrure de naphtalène, MM. Bamberger et W. Lodter [*D. chem. G.*, **24**, 1887; *Bull. Soc. Chim.*, (3), **8**, 355] le considèrent comme un analogue de l'éthylène à chaîne fermée, ayant pour formule

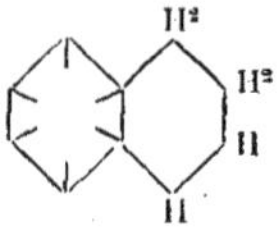

parce qu'il s'unit facilement aux éléments de l'acide hypochloreux en fournissant une chlorhydrine dont ils ont préparé un ammonium parfaitement cristallisé,

$$Az \equiv \begin{cases} Cl \\ (CH^3)^3 \\ C^{10}H^{10}(OH) \end{cases}$$

Les deux naphtylamines α et β, traitées de la même façon (alcool amylique et sodium), fixent toutes deux 4 atomes d'hydrogène; mais, tandis que la variété α conserve les caractères d'une base faible et aromatique (transformation en dérivé azoïque), la variété β se transforme, en modifiant profondément ses caractères chimiques, en une base très énergique, liquide, bouillant à 162° sous 30 millimètres ou à 219°,5 sous 710 millimètres, qui déplace l'ammoniaque et se combine à l'acide carbonique en donnant, avec lui, des sels stables et cristallisables; elle se combine aussi au sulfure de carbone.

MM. Bamberger et R. Muller démontrent que cette base β appartient à la série grasse; elle se comporte, en effet, vis-à-vis du chlorure de diazobenzène, comme la méthyl- ou l'éthylamine; elle est décomposée par l'acide bromhydrique en hydrogène, ammoniaque et naphtalène :

$$C^{10}H^{11}AzH^2 = C^{10}H^8 + AzH^3 + H^2;$$

elle n'est pas attaquée par l'acide azoteux et donne seulement, avec lui, un sel stable; elle donne, par oxydation, l'acide o-hydrocinnamocarbonique

$$C^6H^4 \begin{cases} CO^2H \\ CH^2-CH^2-CO^2H \end{cases}$$

de sorte que les réactions successives s'expriment par :

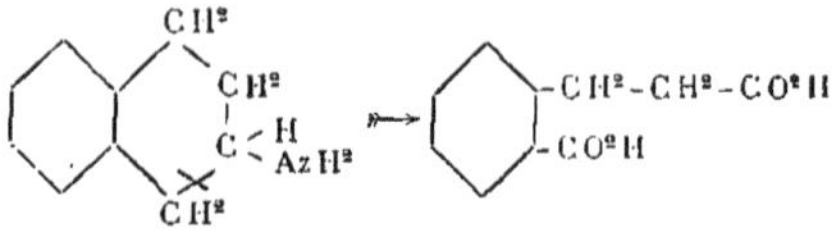

$$C^6H^4 \begin{cases} CH^2-CH^2-C\begin{cases}H \\ AzH^2\end{cases}-CH^2 \end{cases} \longrightarrow C^6H^4\begin{cases} CH^2-CH^2-CO^2H \\ CO^2H \end{cases}$$

Cette base est douée de propriétés mydriatiques [*D. chem. G.*, **20**, 2915; **21**, 847; **21**, 1112; *Bull. Soc. Chim.*, (2), **49**, 551; **50**, 318, 321].

La *tétrahydro-α-naphtylamine* reste une base aromatique qui se combine aux diazoïques en donnant des matières colorantes, et qui peut elle-même être diazotée, puis copulée avec un phénol, un naphtol ou une amine. MM. Bamberger et F. Bordt ont, en outre, obtenu son nitrile

$$C^{10}H^{11}CAz\,(\alpha)$$

(*point d'ébullition* : 277-279°), l'amide de l'acide correspondant, cet acide et quelques-uns de ses sels, et enfin son hydrazine [*D. chem. G.*, **22**, 625; *Bull. Soc. Chim.*, (3), **2**, 429]. Cette tétrahydro-α-naphtylamine est différente de celle qui a été décrite par M. von Baeyer [*Ann. Chem.*, **155**, 276] ou par M. Græbe [*D. chem. G.*, **5**, 678; **16**, 3028]. Pour distinguer les divers dérivés obtenus par hydrogénation, M. Bamberger [*D. chem. G.*, **22**, 767; *Bull. Soc. Chim.*, (3), **2**, 430] propose de désigner par *ar* et d'appeler aromatiques ceux dont les hydrogènes d'addition ne sont pas sur le même noyau que le groupe AzH^2, et de désigner les autres par *ac* en les appelant alicycliques; les premiers rappellent les composés cycliques, les seconds les composés acycliques. Par exemple :

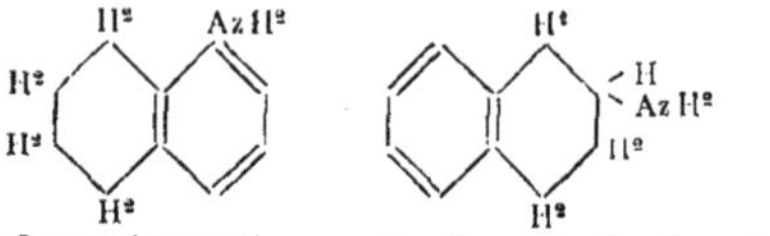

Ar : Composé aromatique α (la variété β existe également).

Ac : Composé alicyclique β (la variété α existe également).

Les bases du premier type donnent toutes, par oxydation, de l'acide adipique, celles du second donnant toujours de l'acide phtalique

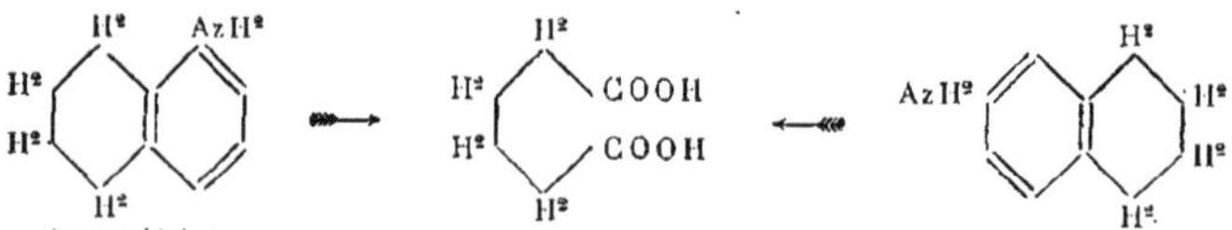

Ar. variété α. → $(CH^2)^4(COOH)^2$ ← Ar. variété β.

Ainsi, en traitant 15 grammes de β-naphtylamine par 20 grammes de sodium, MM. Bamberger et Kitschelt [*D. chem. G.* **23**, 876; *Bull. Soc. Chim.*, (3), **4**, 431] ont obtenu les deux tétrahydro-β-naphtylamines, variété *ar* et variété *ac*, la première se formant au préjudice du second quand on augmente la quantité de sodium; la séparation se fait en dissolvant l'ensemble dans la ligroïne et en faisant passer un courant d'acide carbonique qui se combine au dérivé *ac*. Cette tétrahydro-β-naphtylamine *ac*

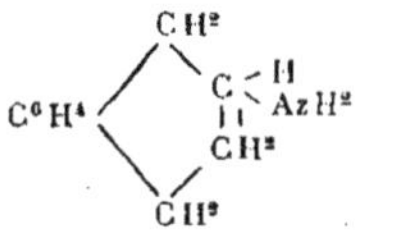

$$C^6H^4 \begin{cases} CH^2-C\begin{cases}H \\ AzH^2\end{cases} \\ CH^2-CH^2 \end{cases}$$

donne un acétate fondant à 156°, un nitrate fondant à 211°, une combinaison benzylidénique avec l'aldéhyde benzoïque, fondant à 52°. Parmi les produits d'oxydation se trouve l'acide phtalique.

La tétrahydro-β-naphtylamine *ar*

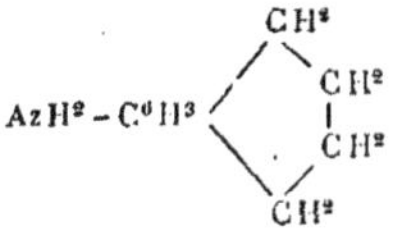

$AzH^2-C^6H^3$ (CH^2–CH^2–CH^2–CH^2)

est un liquide à faible odeur d'aniline, bouillant à 276° sous 713 millimètres; elle donne, avec l'acide nitreux, d'abord un diazoïque, puis un naphtol (tétrahydro-β-naphtol), point de fusion : 58°; et avec les oxydants, de l'acide adipique.

L'hydrogénation des dérivés alcoylés de la β-naphtylamine [Bamberger et R. Müller, *D. chem. G.*, **22**, 1295; *Bull. Soc. Chim.*, (3), **2**, 542] conduit aussi à la fixation de 4 atomes d'hydrogène et donne naissance à un mélange des bases hydrogénées *ar* et *ac*, faciles à séparer à cause de leur différence de basicité; le produit de la réaction, mis en solution dans la ligroïne, est traité par un courant d'acide carbonique.

Parmi ces divers corps, les auteurs ont étudié :

Tétrahydromonoéthyl-β-naphtylamine *ac*

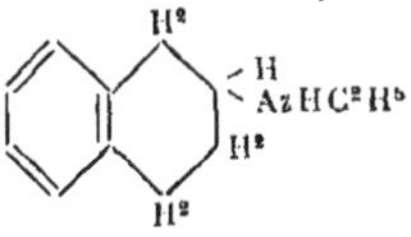

Bout à 267° sous 724 millimètres.

Tétrahydromonoéthyl-β-naphtylamine *ar*,

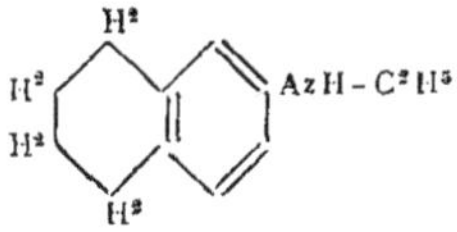

Donne un chlorhydrate fusible à 173°,5.

Tétrahydrodiéthyl-β-naphtylamine *ar*,

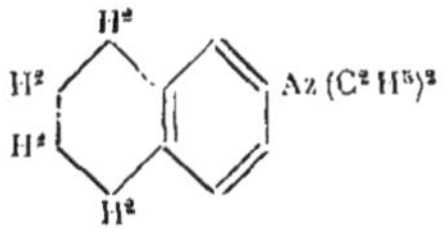

Se forme de préférence. Bout à 287° sous 718 millimètres; à 168° sous 695 millimètres.

Le dérivé *ac* bout à 166°,5 sous 22 millimètres et ressemble à la tétrahydro-β-naphtylamine *ac*.

Les dérivés alcoylés de l'α-naphtylamine soumis à l'hydrogénation ne donnent, au contraire, que la base *ar* qui, par oxydation, donne l'acide adipique.

Tétrahydroéthyl-α-naphtylamine *ar*,

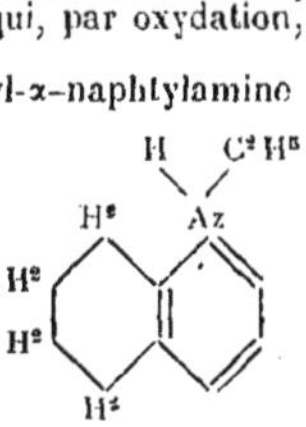

Bout à 286° sous 717 millimètres. Son chlorhydrate fond à 118°.

Tétrahydrodiméthyl-α-naphtylamine *ar*. Bout à 261° sous 721 millimètres.

Les naphtylène-diamines, soumises à l'action du sodium après dissolution dans l'alcool amylique, donnent des composés du même genre. C'est ainsi, par exemple, que la naphtylène-diamine 1.5 donne la tétrahydronaphtylène-diamine *ac*. 1.5,

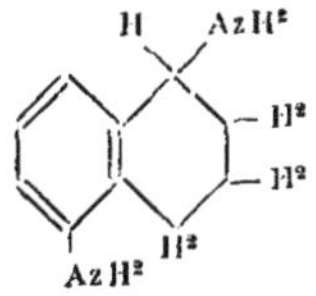

Cristaux blancs. Point de fusion : 77°. Bout à 264, sous 60 millimètres. Donne des sels avec les acides carbonique, sulfurique, chlorhydrique, etc. Ce corps est à la fois une combinaison aromatique et un composé alicyclique susceptible de donner un dérivé diacétylé fondant à 262°, un dérivé monodiazoïque que l'ébullition avec l'eau transforme en dérivé phénolique fondant à 220°; de se combiner aux diazoïques en donnant des colorants azoïques; de former une hydrazine aromatique qui, oxydée par les sels de cuivre, donne la tétrahydro-α-naphtylamine *ac* dont la constitution est démontrée par ses produits d'oxydation, acide hydrocinnamique et acide phtalique,

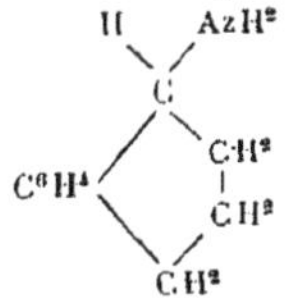

$$\longrightarrow C^6H^4\begin{cases}CO^2H_{(1)}\\CH^2-CH^2-CO^2H_{(2)}\end{cases}\longrightarrow C^6H^4\begin{cases}CO^2H_{(1)}\\CO^2H_{(2)}\end{cases}$$

Point de fusion : 165° [Bamberger et Bamman, *D. chem. G.*, **22**, 943, 951; *Bull. Soc. Chim.*, (3), **2**, 537].

La formule écrite plus haut comportant un atome de carbone asymétrique, M. E. Bamberger a essayé de dédoubler en deux combinaisons actives sur la lumière polarisée le produit inactif, et il y est parvenu en le combinant à l'acide tartrique droit; il a obtenu deux variétés, une droite $[\alpha]_D = 8°8'49''$ et une gauche $[\alpha]_D = 7°29'50''$, conformément aux prévisions théoriques [*D. chem. G.*, **23**, 291; *Bull. Soc. Chim.*, (3), **4**, 135].

Conformément aux résultats précédemment obtenus, l'hydrogénation par le sodium et l'alcool amylique de l'α-naphtol donne un tétrahydro-α-naphtol possédant tous les caractères d'un phénol substitué

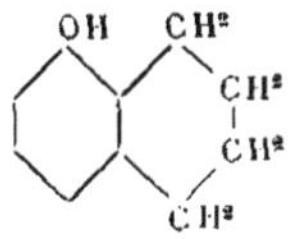

tandis que le β-naphtol fournit les deux modifications *ar* et *ac* :

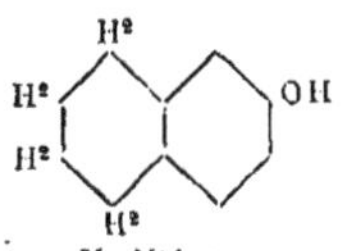

Variété *ar*. 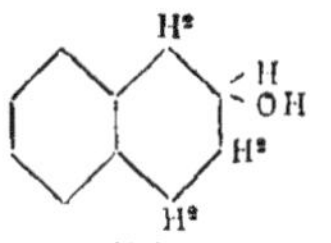 Variété *ac*.

Le tétrahydro-α-naphtol *ar*, seul connu, est

identique au produit obtenu par MM. Bamberger et Althausse [*Bull. Soc. Chim.*, (2), **50**, 578] par la décomposition du dérivé diazoïque de la naphtylamine correspondante; son éther éthylique bout à 259° sous 705 millimètres; il se fait soit par éthérification directe, soit par réduction de l'éther [Bamberger et Bordt, *D. chem. G.*, **28**, 215; *Bull. Soc. Chim.*, (3), **3**, 831].

Le tétrahydro-β-naphtol *ac* est une huile incolore, distillant à 264° sous 716 millimètres, dont l'éther acétique, à odeur de fruits, bout à 139° sous 34 millimètres et l'éther benzoïque à 254° sous 40 millimètres; ce dernier, solide, fond à 62°. Le chlorure correspondant n'a pu être obtenu pur en raison de sa facile décomposition en acide chlorhydrique et dihydrure de naphtalène. Ce corps ni son éther ne fixent de brome, conformément à la formule donnée plus haut [Bamberger et Lodter, *D. chem. G.*, **23**, 197; *Bull. Soc. Chim.*, (3), **3**, 829].

Le tétrahydro-β-naphtol *ar*, qui se forme seulement en faible quantité en même temps que le précédent, et qu'on sépare de son isomère en utilisant leur solubilité différente dans la soude et leur volatilité différente avec la vapeur d'eau, est un corps solide formant des aiguilles argentées fondant à 58°, bouillant à 275° et ayant l'odeur de créosote; il est identique au produit obtenu à partir de la tétrahydro-β-naphtylamine *ar* et constitue un corps analogue au phénol, ressemblant beaucoup au dérivé tétrahydrogéné α [Bamberger et Kitschelt, *D. chem. G.*, **23**, 885; *Bull. Soc. Chim.*, (3), **4**, 433].

L'o-naphtylène-diamine fixe 4 atomes d'hydrogène et donne les deux dérivés *ar* et *ac*, que l'on sépare par la formation des carbonates, tandis que la p-naphtylène-diamine ne peut donner que le dérivé *ar*.

Tétrahydro-o-naphtylène-diamine *ar*,

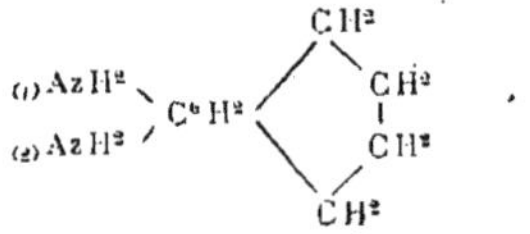

(1) AzH^2, (2) AzH^2 > C^6H^2 < CH^2 – CH^2 – CH^2 – CH^2

Fond à 84°. Bout à 220° sous 81 millimètres; chlorhydrate fusible à 200°. A les propriétés d'une diamine aromatique et donne, par oxydation, de l'acide adipique et de l'acide oxalique.

Tétrahydro-o-naphtylène-diamine *ac*,

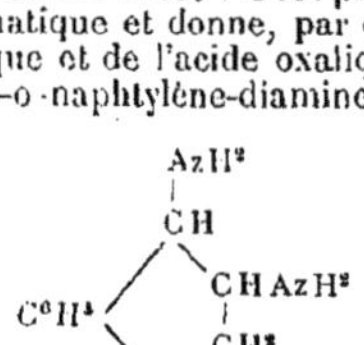

C^6H^4 < $CH(AzH^2)$ – $CHAzH^2$ – CH^2 – CH^2

Se fait en très faible quantité.

Tétrahydro-p-naphtylène-diamine *ar*,

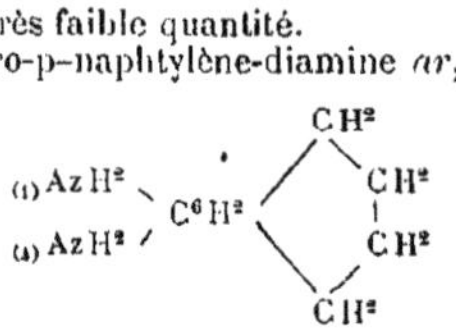

(1) AzH^2, (4) AzH^2 > C^6H^2 < CH^2 – CH^2 – CH^2 – CH^2

Base aromatique que les oxydants décomposent en donnant l'odeur d'α-naphtoquinone.

Dérivé diacétylé fondant à 285°. L'oxydation donne l'acide adipique.

L'hydrogénation de la quinoléine par l'étain et l'acide chlorhydrique ne donne qu'un dérivé tétrahydrogéné, et la réduction par le sodium et l'alcool amylique ne permet pas de dépasser ce terme. Toutefois, MM. Bamberger et F. Lengfeld [*D. chem. G.*, **23**, 1138; *Bull. Soc. Chim.*, (3), **4**, 438], revenant à la méthode de M. Berthelot et employant l'acide iodhydrique de densité 1,9 et le phosphore rouge réagissant à 260°, ont obtenu, non pas un octohydrure, mais un mélange d'hexahydrure et de décahydrure, ce dernier se formant à raison de 55 0/0, et le premier de 8 0/0.

La décahydroquinoléine, que les auteurs considèrent comme la pipéridine de la quinoléine,

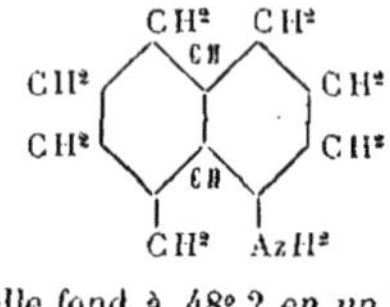

CH^2 CH^2 / CH^2 CH CH^2 / CH^2 CH CH^2 / CH^2 AzH^2

est solide; elle fond à 48°,2 en un liquide bouillant à 204° sous 744 millimètres; c'est une base énergique très volatile. Son dérivé acétylé est un liquide huileux, son dérivé benzoylé un solide fondant à 44°.

L'hexahydrure est un liquide visqueux bouillant sans décomposition à 226° sous 720 millimètres, dont le chlorhydrate fond à 170°, et dont les propriétés le rapprochent du tétrahydrure.

Dans ces réactions il se fait, en outre, une petite quantité d'un carbure bouillant à 146-148° sous 720 millimètres, et que les auteurs considèrent ou comme le nonane normal, ou comme le propylhexaméthylène.

Les naphtoquinoléines donnent des composés de réduction analogues aux précédents.

La variété α fixe sous l'influence du sodium et de l'acide chlorhydrique 4 atomes d'hydrogène, et engendre un dérivé tétrahydrogéné qui jouit des propriétés de la méthyl-α-naphtylamine, en ce sens que, traitée par un diazoïque, elle donne un dérivé azoïque en para de l'azote; ce dérivé réduit se comporte comme une p-diamine monoéthylée. La tétrahydro-α-naphtoquinoléine est un corps blanc fondant à 46°,5, donnant un chlorhydrate fondant à 260° et un dérivé acétylé. Elle correspond à la formule suivante:

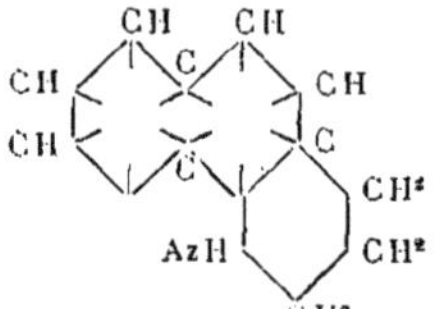

CH CH / CH C CH / CH C C / C CH^2 / AzH CH^2 / CH^2

analogue à

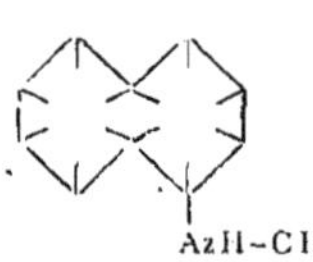

AzH–CH^3

Monoéthyl-α-naphtylamine.

Le composé p-amidé résultant de la réduction de l'un des azoïques correspondant à cette substance (*p-amidotétrahydro-α-naphtoquinoléine*), fond à 300° (aiguilles blanches).

La réduction de cette même naphtoquinoléine-α par le sodium et l'alcool amylique fixe sur une molécule 8 atomes d'hydrogène: les deux noyaux extrêmes sont hydrogénés et le noyau médian reste intact; l'octohydro-α-naphtoquinoléine ainsi obtenue est un corps solide fondant à 47-48°, bouillant à 216° sous 37 millimètres, donnant facilement des sels, un dérivé acétylé (point de fusion 77°,5), et possédant toutes les réactions d'une méthylaniline substituée, en particulier la propriété de se copuler avec le diazoïque de l'acide p-sulfanilique, ou de donner des colorations avec les oxydants (rouge carmin avec bichromate de potassium ou chlorure ferrique; rouge foncé avec acide chromique).

Les schémas suivants rendent compte de ces faits.

Az → H^2 H H^2 H H^2 H^2 HAz H^2 H^2

analogue à

CH CH^3 C CH CH^3 C C C CH^3 Az CH^3

[voyez Bamberger et L. Stettenheimer, *D. chem. G.*, **24**, 2472, 2481; *Bull. Soc. Chim.*, (3), **6**, 978, 980].

La variété β-naphtoquinoléine, traitée par l'étain et l'acide chlorhydrique, fixe comme la variété α 4 atomes d'hydrogène, mais elle engendre un produit tout différent appartenant au type β-naphtylamine substituée en α (tandis que la variété α donne un produit du type α-naphtylamine substituée en β). En effet, la tétrahydro-β-naphtoquinoléine ne donne pas avec les azoïques de colorant azoïque, mais seulement un diazoaminé (position para de l'azote non libre); c'est une base qui cristallise en aiguilles soyeuses fondant à 93°,5, dont le chlorhydrate fond à 231°, le dérivé acétylé à 77° et le dérivé diazoamidé (avec l'aniline) à 97°; on la représente par la formule

Naphtalène. AzH CH^2 CH^2 CH^2 analogue à Naphtalène. AzH CH^3

β-naphtylamine α-substituée.

Cette même β-naphtoquinoléine, traitée par le sodium et l'alcool amylique, fixe 8 atomes d'hydrogène et engendre deux octohydrures, absolument comme la β-naphtylamine traitée de même engendrait deux tétrahydrures appartenant aux séries *ar* et *ac*; les deux noyaux extrêmes seuls sont attaqués, le noyau médian reste intact. La séparation des deux corps de basicité différente se fait au moyen de l'acide carbonique traversant leur solution dans la ligroïne, la variété *ac* se combinant seule à cet acide.

L'octohydro-β-naphtoquinoléine *ar*

H AzH H^2 H^2 H^2 H^2 H^2 H H^2

analogue au composé aromatique

CH^3 AzH-CH^3 CH^3 CH^3

est un corps solide fondant à 60°,5 et bouillant à 325° sous 727 millimètres, dont le chlorhydrate fond à 219° et le dérivé acétylé à 69°; elle se comporte comme une méthylaniline substituée dans le noyau.

L'octohydro-β-naphtoquinoléine *ac*

CH^2 C^6H^4 CH^2 CH CH AzH CH^2 CH^2 CH^2 analogue à C^6H^4 CH^3 CH^2 CH^2 AzH CH^3

est un corps solide formé d'aiguilles soyeuses fondant à 91° et bouillant à 321° sous 727 millimètres, dont le chlorhydrate fond à 252° et le dérivé acétylé à 110°,5; il donne avec les diazoïques des diazoamidés [Bamberger et R. Müller, *D. chem. G.*, **24**, 2641, 2648; *Bull. Soc. Chim.*, (3), **6**, 984].

La β-naphtoquinaldine se comporte exactement comme la quinoléine correspondante. Avec l'étain et l'acide chlorhydrique, elle fixe 4 atomes d'hydrogène et donne la tétrahydro-β-quinaldine fondant à 52°, douée d'une belle fluorescence bleue, dont le chlorhydrate fond à 240° et le dérivé acétylé à 69°, et qui avec le chlorure de diazobenzène donne un diazoaminé [Bamberger et Müller, *D. chem. G.*, **24**, 2641; *Bull. Soc. Chim.*, (3), **6**, 983]. Mais en présence de sodium et d'alcool amylique, il y a fixation de 8 atomes d'hydrogène et formation de deux octohydrures correspondant aux variétés *ar* et *ac*. Le premier cristallise en prismes fondant à 75°, et donne avec le chlorure de diazobenzène un diazoaminé fondant à 98°, en même temps qu'un dérivé o-azoïque. L'octohydrure *ac*, séparé de son carbonate, cristallise en aiguilles soyeuses, assez solubles dans l'eau, formant un chlorhydrate et un chloroplatinate [Bamberger et L. Strasser, *D. chem. G.*, **24**, 2662; *Bull. Soc. Chim.*, (3), **6**, 989].

En appliquant ces mêmes notions générales, la fixation de 4 atomes d'hydrogène sur la naphtaline ou sur la quinoléine engendrant des corps à un noyau aromatique muni d'une chaîne alicyclique rappelant les chaînes grasses, l'hydrogénation de l'o-amidoquinaldine doit donner une base tétrahydrogénée

CH^2 CH^2 CH^2 AzH AzH^2 analogue à CH^3 AzH(CH^3) AzH^2

Méthyl-o crésylène-diamine.

c'est en effet ce qui arrive, et la base obtenue par réduction (sodium et acide chlorhydrique) se colore en rouge par le bichromate de potassium, et donne un dérivé acétylé qui se transforme en un imidazol fondant à 110°, insensible à l'action des oxydants [Bamberger et P. Wulz, *D. chem. G.*, **24**, 2049; *Bull. Soc. Chim.*, (3), **6**, 972].

L'hydrogénation des deux naphtonitriles par le sodium et l'alcool, ayant donné à M. Bamberger le dihydronaphtalène et les tétrahydronaphtobenzylamines [*Bull. Soc. Chim.*, (2), **48**, 544], l'auteur, en collaboration avec M. Helwig [*D. chem. G.*, **22**, 1912; *Bull. Soc. Chim.*, (3), **3**, 637] s'est proposé de comparer les résultats obtenus avec les variétés α et β de ces nitriles aux résultats obtenus dans les autres séries. Contrairement aux réactions habituelles qui fixent de l'hydrogène indistinctement sur le noyau substitué et sur le noyau non substitué en donnant deux composés isomères α ou β (voyez pour α ou β-naphtylamine), l'hydrogénation se porte ici exclusivement sur le noyau substitué et ne donne qu'un seul composé α et un seul composé β,

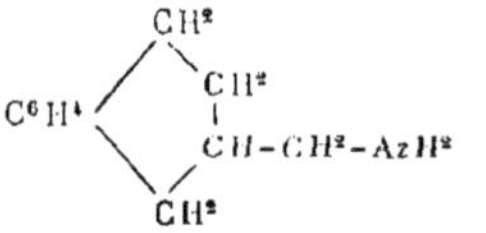

$$C^6H^4 \langle CH^2 - CH^2 - CH - CH^2 - AzH^2 ; CH^2 \rangle$$

la β-tétrahydronaphtobenzylamine, obtenue à partir de $C^{10}H^7 - CAz(\beta)$, donne un dérivé acétylé fondant à 64-65° et des produits d'oxydation par le permanganate de potassium formés d'acide phtalique et d'acide hydrocinnamique o-carboxylé

$$C^6H^4 \langle {}_{(2)}CH^2 - CH^2 - CO^2H ; CO^2H_{(1)}$$

La base α

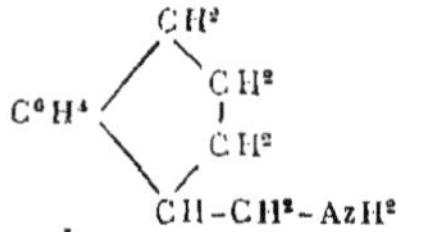

$$C^6H^4 \langle CH^2 - CH^2 - CH^2 - CH - CH^2 - AzH^2$$

donne un dérivé acétylé fondant à 88°,5 et fournit par oxydation de l'acide oxalique et de l'acide phtalique seulement, d'où les auteurs concluent que les atomes d'hydrogène ajoutés sont fixés dans le noyau substitué, aussi bien pour la variété α que pour la variété β.

Comme conséquence de ses expériences sur la fixation de l'hydrogène dans le système trinucléaire que forment les naphtoquinoléines (l'anthracène qui ne fixe que 2 atomes d'hydrogène et le phénanthrène qui peut en fixer 4, mais en des positions inconnues ne se prêtant pas bien aux recherches de ce genre), M. Bamberger [*D. chem. G.*, **24**, 2463; *Bull. Soc. Chim.*, (3), **8**, 357] montre que l'addition d'hydrogène se fait en deux phases : la première, réalisée par l'étain et l'acide chlorhydrique correspond à la fixation de 4 atomes d'hydrogène ; la seconde réalisée par le sodium et l'alcool amylique correspond à une nouvelle fixation de 4 atomes d'hydrogène.

Les 4 premiers atomes d'hydrogène entrent dans le noyau azoté (n° 3) et la molécule ainsi obtenue (tétrahydrure), se comporte comme un naphtalène formée par l'ensemble des noyaux 1 et 2 muni d'une chaîne alicyclique, équivalente dans son ensemble à deux chaînes acycliques fixées en ortho :

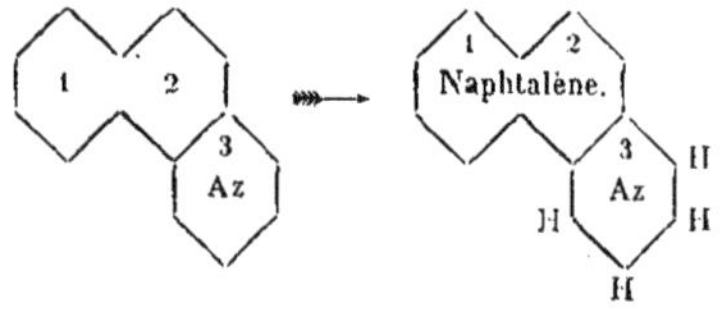

1 2 3 Az → 1 2 Naphtalène. 3 Az H H H H H

analogues aux naphtylamines α ou β alcoylées.

Dans la deuxième phase, l'un des noyaux qui participait à la portion aromatique de la molécule devient à son tour alicylique, et la nouvelle molécule formée acquiert les propriétés d'un benzène muni de 2 chaînes alicycliques, dont l'ensemble équivaut à 4 chaînes acycliques, conformément aux schémas suivants :

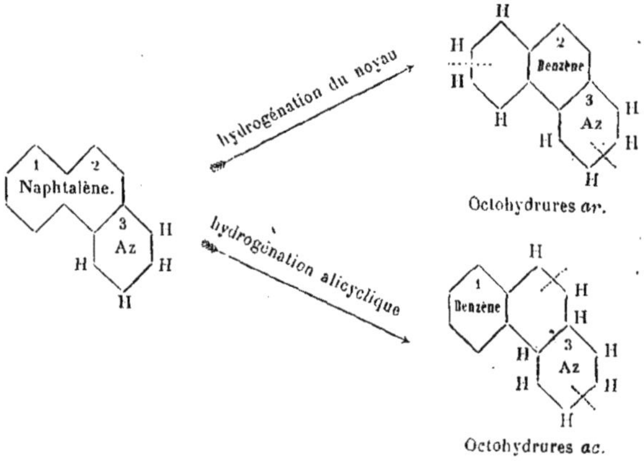

1 2 Naphtalène. 3 Az H H H H H

hydrogénation du noyau → H H H 2 Benzène 3 Az H H H H H H — Octohydrures *ar.*

analogues aux anilines trisubstituées

$$C^6H^2 \begin{cases} CH^3{}_{(1)} \\ CH^3{}_{(2)} \\ C^2H^5{}_{(4)} \\ {}_{(3)}AzH - CH^3 \end{cases}$$

hydrogénation alicyclique → H 1 Benzène H H 3 Az H H H H H — Octohydrures *ac.*

analogues aux benzylamines alcoylées

$$C^6H^4 \langle CH^3{}_{(1)} ; CH(C^2H^5) - AzH - CH^3$$

Les traits pointillés indiquant comment il faut supposer coupées les chaînes alicycliques, pour faire correspondre chacune d'elles à 2 chaînes grasses indépendantes.

Dosage de l'hydrogène.

On sait que M. Hempell a proposé un procédé de dosage basé sur l'absorption de l'hydrogène par le palladium (1er Suppl., 931). M. Tschirikoff [*Bull. Soc. Chim.*, (2), **38**, 171] propose après lui, en 1882, l'emploi du même métal pour doser l'hydrogène quand il se dégage en vase clos ; il fait en outre remarquer qu'en chauffant le palladium hydrogéné Pd^2H, on obtient un dégagement gazeux tellement régulier que cette source de gaz pourrait être utilisée dans l'analyse des gaz.

M. F. C. Phillips a proposé d'employer pour doser l'hydrogène par absorption le chlorure palladeux. MM. E. D. Campbell et E. B. Hart [*Am. chem. Journ.*, **18**, 294] perfectionnent cette méthode et la rendent apte au dosage de l'hydrogène dans des mélanges où il se trouve avec des carbures et de l'azote, en introduisant 100 centimètres cubes du mélange dans une pipette à absorption dont la partie inférieure plonge dans une solution de chlorure palladeux à 1 0/0; l'absorption est complète au bout de 2 heures au bain-marie et la diminution de volume donne la quantité d'hydrogène.

M. K. Charithkoff [*Journ. Soc. phys. chim, russe*, **34**, 393, 431; *Bull. Soc. Chim.*, (3), **30**, 477, 629] signale un cas où la méthode de Winkler pour le dosage de l'hydrogène accompagné de méthane (combustion fractionnée en présence d'air et d'amiante palladiée chauffée) ne s'applique plus. C'est quand il y a dans le mélange des carbures réduits en vapeurs (à partir de C^4H^{10}); ces corps participent à la combustion, et comme ils se trouvent toujours dans les gaz des puits de pétrole, une méthode d'analyse rapide de ces gaz est encore à trouver.

MM. W. A. Noyes et J. W. Sheperd [*Am. chem. Journ.*, **20**, 343] modifient l'appareil d'Orsat pour l'analyse industrielle des gaz combustibles par la méthode eudiométrique, de manière à permettre l'introduction de nouvelles quantités d'oxygène après la première explosion pour faire ensuite de nouvelles explosions; on arrive ainsi à des résultats exacts à 0,5 0/0 près.

On a fait connaître quelques procédés nouveaux pour le dosage simultané du carbone, de l'hydrogène et de l'azote dans les substances organiques. Ainsi W. Hempel [*Zeit. analyt. Chem.*, **17**, 409], propose d'introduire dans le vide barométrique la substance étudiée et de l'oxyde de cuivre, puis de faire la combustion, d'absorber l'eau par le chlorure de calcium et l'acide sulfurique, l'anhydride carbonique par la chaux sodée, enfin de mesurer l'azote. Cette méthode paraît s'appliquer surtout à l'analyse de corps explosifs comme la nitro-glycérine; sous pression réduite la combustion est très régulière. La méthode est rendue applicable aux liquides volatils en les enfermant dans une ampoule en verre à double pointe dont l'une est scellée et dont l'autre est fermée par un produit minéral facilement fusible, comme par exemple l'amalgame obtenu avec 2 à 3 parties de mercure et 10 parties d'alliage de Wood (Cd, 2 parties; Pb, 1 partie; Sn, 4 parties) qui fond à 50-60°, ne brise pas le verre et y adhère fortement.

De même, M. Cl. Gehrenbeck [*D. chem. G.*, **22**, 1694; *Bull. Soc. Chim.*, (2), **32**, 608; (3), **3**, 466] arrive au même résultat en utilisant la méthode imaginée par M. J. Messinger [*D. chem. G.*, **21**, 2910; *Bull. Soc. Chim.*, (3), **1**, 153] pour doser par voie humide le carbone dans les composés organiques. Il fait l'analyse complète en deux opérations; le carbone est obtenu par le procédé Messinger; l'hydrogène et l'azote sont dosés en une seule opération en modifiant très peu la méthode de Dumas, c'est-à-dire en ajoutant au sortir des tubes à combustion des tubes absorbants à chlorure de calcium pour l'eau, et en balayant le tube avec de l'acide carbonique pur et sec exempt d'air (obtenu par calcination du bicarbonate de sodium).

M. O. F. Tower [*Am. chem. Journ.*, **21**, 596; *Bull. Soc. Chim.*, (3), **22**, 964], ayant remarqué que dans la combustion des composés azotés l'azote est le plus souvent transformé en oxydes non absorbables par l'acide sulfurique ou par les alcalis, conseille — bien imprudemment — de supprimer la spirale de cuivre que l'on emploie d'ordinaire dans ces dosages.

M. Held [*Ann. Chim. Phys.* (6), **18**, 526], en essayant d'analyser certains dérivés organiques (éthers acétylcyanacétiques) par la méthode ordinaire, ayant constaté que la combustion en présence d'oxyde de cuivre est parfois incomplète qu'un courant d'air ou d'oxygène dirigé dans le tube à combustion n'arrive pas ou que très difficilement à brûler tout le carbone, est amené à employer dès le début un courant d'oxygène; dans ces conditions, la spirale de cuivre chargée d'arrêter les vapeurs nitreuses est rapidement oxydée et perd son efficacité. Il la remplace donc par de l'argent; mais de la tournure d'argent, même sur une longueur de 25 centimètres, n'arrête pas toujours les vapeurs nitreuses; il en est de même d'une toile d'argent roulée en spirale; il emploie alors de l'argent extrêmement divisé obtenu en imbibant de la pierre ponce par une solution concentrée de nitrate d'argent, en desséchant à l'étuve et en calcinant dans un courant d'air de manière à chasser toutes les vapeurs nitreuses, mais en ayant soin de ne pas fondre l'argent ainsi déposé. Même avec cette précaution, il arrive encore, pour les corps renfermant de 18 à 25 0/0 d'azote, qu'il passe des vapeurs nitreuses et que celles-ci se fixant sur la potasse donnent de 0,2 à 0,3 0/0 de carbone en trop.

MM. Berthelot et André [*Ann. Chim. Phys.*, (6), **25**, 300] ont fait connaître un moyen pour doser l'« hydrogène organique » dans la terre; l'hydrogène total se dose facilement en brûlant la terre dans un courant d'oxygène ou en présence de chromate de plomb et en recueillant l'eau formée; mais cette eau provient de deux origines distinctes : eau préexistante et combustion de l'hydrogène organique; on ne peut évaluer séparément ces deux quantités que par une méthode indirecte. On détermine le poids des principes protéiques d'après celui de l'azote qui y est contenu dans la proportion moyenne de 16,3 0/0, puis on admet que 100 de ces substances contiennent 7,2 d'hydrogène. Le poids d'hydrogène correspondant aux substances protéiques se déduira donc de celui de l'azote qu'on multipliera par $\frac{16,3}{7,2}$ ou $\frac{1}{2}\left(1-\frac{1}{9}\right)$.

D'autre part, le poids de carbone des principes ligneux étant multiplié par 5/36 fournit le poids de l'hydrogène correspondant; on appelle « hydrogène organique » la somme des poids d'hydrogène ainsi obtenus; l'expérience montre qu'elle est en général un peu supérieure au poids qui serait nécessaire pour former de l'eau avec l'oxygène contenu en totalité dans les composés organiques de la terre. P. Lemoult.

HYDROGIOBERTITE (Min.) (Scacchi). — Carbonate basique de magnésium hydraté,

$$2MgO, CO^2, 3H^2O,$$

en rognons gris compacts pénétrés de magnétite, dans des roches augitiques des environs de Pollena (Italie). D = 2,16.

HYDROGŒTHITE (Min.) (Semiatchewsky). — Hydrate ferrique, $3Fe^2O^3 . 4H^2O$, petites aiguilles ou lamelles dans des argiles et minerais de fer terreux, à Dankow, près Lipetsk, dans le bassin houiller et ferrifère de Moscou. D = 3,556.

HYDROLYSE. — Les électrolytes (acides, bases, sels) sont caractérisés par ce fait que, dissous dans un solvant quelconque doué d'une résistance électrique extrêmement considérable, ils diminuent cette résistance d'une quantité plus ou moins grande, variable pour un même solvant avec le corps dissous et pour un même corps avec le solvant employé. Cette augmentation de conductibilité correspond à une dissociation du corps dissous en ions [voyez Dissociation électrolytique, 2e Suppl., 3, 286]. Dans le cas actuel nous ne considérerons qu'un solvant, l'eau; c'est d'ailleurs le solvant le plus usuel et le plus étudié, du moins jusqu'à présent.

La dissociation en ions du corps dissous n'est pas illimitée, elle dépend de différents facteurs parmi lesquels le plus important est la concentration. Entre les concentrations des ions nés de la dissociation électrolytique et celle des molécules non dissociées existe, en effet, une relation de même nature que celle qui régit, par exemple, la dissociation à l'état gazeux du pentachlorure de phosphore ou du chlorhydrate d'ammoniaque. Pour ce dernier corps, la décomposition est représentée par la formule d'équilibre

$$AzH^4Cl \rightleftarrows AzH^3 + HCl$$

Si nous appelons

$$C_{AzH^4Cl} \qquad C_{AzH^3} \qquad C_{HCl}$$

les concentrations des différentes parties, nous aurons la relation

$$\frac{C_{AzH^3} \times C_{HCl}}{C_{AzH^4Cl}} = K \text{ une constante.}$$

Nous aurons de même pour un électrolyte, l'acide acétique par exemple, dissous dans l'eau, l'équation d'équilibre suivante :

$$CH^3COOH \rightleftarrows (H)^+ + (CH^3COO)^-$$

et si nous appelons

$$C_{CH^3COOH} \qquad C_H \qquad C_{CH^3COO}$$

les concentrations, nous aurons la relation :

$$\frac{C_H \times C_{CH^3COO}}{C_{CH^3COOH}} = K' \text{ une constante.}$$

Comme $C_H = C_{CH^3COO}$ la relation devient, en appelant C_i la concentration commune des ions et C_a celle de l'acide non dissocié

$$\frac{C_i^2}{C_a} = K'. \qquad (1)$$

Supposons qu'une molécule-gramme d'acide soit contenu dans V litres, la fraction dissociée de cette molécule-gramme nous est donnée par le rapport $\frac{\mu_v}{\mu_\infty}$ des conductibilités (*loc. cit.*, 288); la concentration C_i sera donc

$$C_i = \frac{\mu_v}{\mu_\infty V},$$

celle de l'acide

$$C_a = \frac{1}{V}\left(1 - \frac{\mu_v}{\mu_\infty}\right),$$

et l'équation (1) devient

$$\frac{\mu_v^2}{\mu_\infty(\mu_\infty - \mu_v) V} = K'$$

c'est l'expression de la loi de Ostwald [*Zeits. physik. Chem.*, **2**, 270].

Cette relation permet inversement, connaissant K, de calculer les valeurs du rapport $\frac{\mu_v}{\mu_\infty}$ pour une dilution quelconque. Parmi les nombreux cas étudiés, prenons par exemple celui de l'acide benzoïque [T.-H. Van 't Hoff et L.-Th. Reicher, *Zeits. physik. Chem.*, **2**, 780], nous avons :

$$t = 19°,1 \qquad \mu_\infty = 307 \qquad \log K = 5,921 - 10$$

V en litres	μ	$\frac{\mu_v}{\mu_\infty \times 100}$ (observé)	$\frac{\mu_v}{\mu_\infty \times 100}$ (calculé)
—	—		
43,89	18	5,85	5,87
43,85 × 2	25,1	8,19	8,20
43,89 × 2^2	35,0	11,4	11,40
43,89 × 2^3	48,4	15,7	15,7
43,89 × 2^4	65,9	21,5	21,4
43,89 × 2^5	88,6	28,9	29,0
43,89 × 2^6	117,0	38,1	38,1
43,89 × 2^7	150,0	48,8	49,0

Les valeurs contenues dans la troisième et la quatrième colonne donnent les quantités dissociées en 0/0. On voit que l'accord entre les résultats calculés et observés est aussi parfait que possible. Aucun phénomène de dissociation non électrolytique ne donne un accord aussi remarquable entre le calcul et l'expérience [Van 't Hoff, *Dynamique chimique*, 113].

La même équation d'équilibre s'applique aux solutions aqueuses des bases; pour l'ammoniaque, nous aurons l'équation symbolique :

$$AzH^4OH \rightleftarrows (\overset{+}{Az}H^4) + (\overset{-}{O}H).$$

Pour cette dernière base, M. G. Bredig [*Zeits. physik. Chem.*, **13**, 294] a obtenu les résultats suivants qui font ressortir la constance remarquable des valeurs de K.

$$\mu_\infty = 237$$

V en litres	μ_v	$100 \times \frac{\mu_v}{\mu_\infty}$	K
—	—	—	—
8	3,20	1,35	23×10^{-6}
16	4,45	1,88	23×10^{-6}
32	6,28	2,65	23×10^{-6}
64	8,90	3,76	23×10^{-6}
128	12,63	5,33	23×10^{-6}
256	17,88	7,54	24×10^{-6}

Il convient de remarquer que la formule de dissociation $\frac{C_i^2}{C_a} = K$ ne s'applique pas aux électrolytes fortement dissociés comme les acides forts, les bases fortes et les sels. Pour ceux-ci, Van 't Hoff [*Zeits. physik. Chem.*, **18**, 300], modifiant une expression proposée par Rudolphi [*Zeits. physik. Chem.*, **17**, 385], donne la formule suivante pour l'équilibre entre les ions et la partie non dissociée :

$$\frac{C_i^3}{C_a^2} = C^{te}.$$

Nous ne faisons d'ailleurs que citer cette formule, les corps auxquels elle s'applique devant à leur caractère d'électrolytes fortement dissociés, d'échapper au phénomène que nous étudions, l'hydrolyse.

Dissociation de l'eau.

Dans l'équation d'équilibre donnée plus haut pour l'acide acétique ou l'ammoniaque, nous n'avons tenu compte que des ions provenant du corps dissocié; nous supposions ainsi implicitement que l'eau n'intervenait pas. En réalité, l'eau, aussi pure que possible, est un électrolyte faible. Sa conductibilité, mesurée par MM. Kohlrausch et Heydweiller [*Wied. Ann.*, **53**, 209], est la suivante :

		Quantités correspondantes d'ions H et OH en mol.-gr. par 10^6 litres
0°	$x = 0{,}01 \times 10^{-6} \dfrac{1}{\text{ohm cm}}$	0,034
18°	$x = 0{,}04 \times 10^{-6}$ »	0,078
50°	$x = 0{,}17 \times 10^{-6}$ »	0,242

La dissociation de l'eau a été en outre l'objet d'un grand nombre de déterminations dont les plus importantes sont réunies dans le tableau suivant [Nernst, *Theoretische Chemie*, 475].

Température	Concentration des ions H et OH en molecule par litre	Degré de dissociation en fraction de mol. d'eau dissociée $\dfrac{C_H}{55{,}5}$	
25°	$C_H = 1{,}120 \times 10^{-7}$	$2{,}02 \times 10^{-9}$	(1)
25°	$C_H = 1{,}200 \times 10^{-7}$	$2{,}16 \times 10^{-9}$	(2)
25°	$C_H = 1{,}050 \times 10^{-7}$	$1{,}90 \times 10^{-9}$	(3)
25-26°	$C_H = 1{,}187 \times 10^{-7}$	$2{,}13 \times 10^{-9}$	(4)

(1) Arrhenius-Shields, *Zeits. physik. Chem.*, **11**, 805. — (2) Wijs, *ibid.*, **11**, 492. — (3) Kohlrausch et Heydweiller, *ibid.*, **14**, 330. — (4) Lövenherz, *ibid.*, **20**, 284.

Étant donné que ces résultats ont été obtenus par des méthodes extrêmement différentes (hydrolyse, saponification de l'acétate de méthyle, conductibilité, force électromotrice de la pile à hydrogène et oxygène) et vu la difficulté de ces sortes de mesures, l'accord entre ces résultats est très satisfaisant et constitue l'une des bases les plus solides de la théorie de la dissociation électrolytique.

A l'équilibre

$$H^2O \rightleftarrows (\overset{+}{H}) + (\overset{-}{OH})$$

correspond une constante donnée par l'équation

$$K \,.\, C_{H^2O} = C_H \times C_{OH}.$$

Or,

$$C_H = C_{OH} = 1{,}14 \times 10^{-7}$$

si nous prenons la moyenne des résultats donnés plus haut :

$$C_{H^2O} = \frac{1000}{18} = 55{,}50,$$

d'où

$$K = \frac{(1{,}14 \times 10^{-7})^2}{55{,}5} = 2{,}34 \times 10^{-16}.$$

Comme la concentration de l'eau est constante, on a pour la constante une autre valeur qui contient alors le facteur 55,5

$$K = (1{,}14 \times 10^{-7})^2 = 1{,}3 \times 10^{-14}$$

c'est cette valeur qui intervient dans les calculs qui suivent.

Théorie générale de l'hydrolyse [Nernst, *Zeits. physik. Chem.*, **11**, 345; *Theoretische Chemie*, 486]. — Considérons une solution aqueuse d'un sel A.B; l'eau, se conduisant comme un acide faible, décomposera une partie de ce sel suivant l'équation

$$A.B + H^2O \rightleftarrows AH + BOH.$$

Nous aurons donc en solution trois corps : A.B, AH, BOH, qui seront plus ou moins dissociés suivant les équations :

$$\text{(I)} \qquad AB \rightleftarrows \bar{A} + \overset{+}{B}$$

$$\text{(II)} \qquad AH \rightleftarrows \bar{A} + \overset{+}{H}$$

$$\text{(III)} \qquad BOH \rightleftarrows \overset{+}{B} + \overset{-}{OH}$$

et nous devrons y ajouter l'équation de dissociation de l'eau et la réaction primordiale

$$\text{(IV)} \qquad H^2O \rightleftarrows \overset{+}{H} + \overset{-}{OH}$$

$$\text{(V)} \qquad AB + H^2O \rightleftarrows AH + BOH.$$

Si nous appelons K_1, K_2, K_3, K_4, K les constantes de ces cinq équations et

$$C_1, \quad C_2, \quad C_3, \quad C_4, \quad c_1, \quad c_2, \quad c'_1, \quad c'_2,$$

les concentrations de

$$AB \quad AH \quad BOH \quad H^2O \quad \overset{+}{B} \quad \overset{+}{H} \quad \bar{A} \quad \overset{-}{OH}$$

nous aurons

$$\text{(I } bis\text{)} \qquad K_1 C_1 = c_1 c'_1$$

$$\text{(II } bis\text{)} \qquad K_2 C_2 = c_1 c_2$$

$$\text{(III } bis\text{)} \qquad K_3 C_3 = c_1 c'_2$$

$$\text{(IV } bis\text{)} \qquad K_4 C_4 = c_2 c'_2$$

$$\text{(V } bis\text{)} \qquad K C_1 C_4 = C_2 C_3$$

D'où

$$\frac{\text{(II } bis\text{) (III } bis\text{)}}{\text{(I } bis\text{)}}$$

donne

$$\frac{K_2 C_2 K_3 C_3}{K_1 C_1} = \frac{c'_1 c_2 c_1 c'_2}{c_1 c'_1}$$

ou

$$C_2 C_3 = C_1 \frac{K_1}{K_2 K_3} c_2 c'_2$$

et d'après (IV *bis*)

$$C_2 C_3 = C_1 C_4 \frac{K_1 K_4}{K_2 K_3}$$

et d'après (V)

$$C_2 C_3 = K C_1 C_4$$

d'où

$$K = \frac{K_1 K_4}{K_2 K_3}. \qquad \text{(VI)}$$

Nous allons maintenant étudier la forme que prend cette relation simple pour les applications expérimentales destinées à mesurer le degré de l'hydrolyse [H. Ley, *Zeits. physik. Chem.*, **30**, 193-257].

Soit x la fraction de sel hydrolysé et V le volume de la solution; les différentes concentrations des corps

$$AB \qquad H^2O \qquad BOH \qquad AH$$

sont

$$\frac{1-x}{V} \qquad 55{,}5 \qquad \frac{x}{V} \qquad \frac{x}{V}$$

les signes de dissociation correspondants étant

$$d_1 \qquad d_4 \qquad d_3 \qquad d_2$$

les concentrations des molécules non dissociées sont

$$\left(\frac{1-x}{V}\right)(1-d_1), \quad 55{,}5(1-d_4), \quad \frac{x}{V}(1-d_3), \quad \frac{x}{V}(1-d_2).$$

et on doit avoir d'après (V *bis*)

$$K C_{AB} \times C_{H^2O} = C_{AH} \times C_{BOH}$$

ou

$$K_5 \left(\frac{1-x}{V}\right)(1-d_1) \times (1-d_4)\, 55{,}5 = \frac{x^2}{V^2}(1-d_3)(1-d_2)$$

d'où

$$\frac{x^2}{V(1-x)} = K\frac{(1-d_1)(1-d_4)}{(1-d_3)(1-d_2)} \quad (VII)$$

Les deux équations VI et VII, séduisantes par leur simplicité et leur généralité, ne sont malheureusement pas telles quelles applicables, à cause du manque de données certaines sur quelques-uns des termes qui les composent, constantes ou degrés de dissociation. Aussi, en pratique, n'a-t-on traité que des cas particuliers à l'examen desquels nous allons procéder maintenant.

Au point de vue de l'hydrolyse nous diviserons les corps en deux groupes :

I. — Ceux dont l'un des constituants est un électrolyte faible, l'autre étant fortement dissocié;

II. — Ceux dont les deux constituants sont des électrolytes faibles.

1er Groupe. — Comme types nous prendrons le cyanure de potassium ou le chlorhydrate d'aniline. L'acide CyH est en effet un acide faible pour lequel $K = 31 \times 10^{-8}$, et l'aniline une base faible pour laquelle $K = 1,1 \times 10^{-8}$.

Prenons comme exemple un sel comme le chlorhydrate d'aniline. Nous avons en solution, comme nous l'avons vu plus haut, le sel, l'acide, la base et les ions provenant de leur dissociation. Soit x la fraction de sel hydrolysée, V le volume, et d les degrés de dissociation des différents corps en présence. Soit A le radical de l'acide; B, celui de la base.

Nous avons pour

AH	$\bar{A}$	$\overset{+}{H}$

les concentrations

$\frac{x}{V}(1-d_2)$	$\frac{x d_2}{V}$	$\frac{x d_2}{V}$

pour

BOH	$\overset{+}{B}$	$\overline{OH}$

les concentrations

$\frac{x}{V}(1-d_3)$	$\frac{x}{V}d_3$	$\frac{x}{V}d_3$

pour

AB	$\bar{A}$	$\overset{+}{B}$

les concentrations

$\frac{1-x}{V}(1-d_1)$	$\left(\frac{1-x}{V}\right)d_1$	$\left(\frac{1-x}{V}\right)d_1$

pour

H^2O	$\overset{+}{H}$	$\overline{OH}$
$55,5(1-d_4)$	$55,5\,d_4$	$55,5\,d_4$

L'équation de dissociation de la base est

$$C_{BOH} \times K_3 = C_{(\overset{+}{B})} \times C_{(\overline{OH})}$$

ou

$$K_3(1-d_3)\frac{x}{V}$$
$$= \left(\frac{d_3 x}{V} + \frac{(1-x)d_1}{V}\right)\left(\frac{x}{V}d_3 + 55,5\,d_4\right).$$

La fraction de sel hydrolysée étant faible, $\frac{d_3 x}{V}$ disparaît devant $\frac{(1-x)d_1}{V}$; de même l'eau étant, nous l'avons vu, très peu dissociée, le terme $55,5\,d_4$ disparaît devant $\frac{x d_3}{V}$, et il reste

$$1 - d_3 = \frac{(1-x)\,d_1\,d_3}{K_3 V} \quad (\alpha)$$

L'équation de dissociation de l'eau

$$C_{H^2O} \times K_4 = C_{(\overline{H})} \times C_{(\overset{+}{OH})}$$

nous donne

$$K_4(1-d_4)\,55,5$$
$$= \left(55,5\,d_4 + \frac{x}{V}d_2\right)\left(55,5\,d_4 + \frac{x}{V}d_3\right)$$

les termes — $55,5\,d_4$ disparaissant comme négligeables, il reste

$$1 - d_4 = \frac{x^2 d_2 d_3}{55,5\,V^2 K_4} \quad (\beta)$$

et en remplaçant dans (VII) les termes $(1-d_3)$ et $(1-d_4)$ par leurs valeurs, il vient

$$55,5\,K = \left(\frac{1-d_2}{1-d_1}\right)\frac{d_1}{d_2} \times \frac{K_4}{K_3}.$$

Remarque. — Pour les sels binaires, les valeurs de d_1 et d_2 sont très voisines, le terme $\left(\frac{1-d_2}{1-d_1}\right)\frac{d_2}{d_1}$ disparaît et il reste

$$55,5\,K = \frac{K_4}{K_3},$$

c'est le cas, par exemple, de l'acétate de soude ou du chlorhydrate d'aniline.

Les équations (α) et (β) nous donnent la relation suivante

$$\frac{K_4}{K_3} = \frac{1-d_3}{1-d_4} \times \frac{1}{55,5} \times \frac{d_2}{d_1} \times \frac{x^2}{V(1-x)},$$

d_1 et d_2 peuvent être considérés comme égaux, d_4 est très petit, d_3 également, à cause de la présence du sel neutre, aussi on peut écrire

$$\frac{K_4}{K_3} = \frac{x^2}{(1-x)V}\frac{1}{55,5}. \quad (\gamma)$$

De cette relation, il résulte immédiatement que la proportion du corps hydrolysé est fonction de la concentration, c'est en effet ce qui ressort clairement des résultats expérimentaux que l'on trouvera à la fin de cet article. En outre, connaissant les constantes de dissociation de l'eau et de l'électrolyte faible considéré, cette relation permet de calculer pour une dilution déterminée, la valeur de x correspondante. On a ainsi obtenu, pour des solutions décinormales (Walker, *Zeits. physik. Chem.*, **32**, 136).

	Calculé	Observé
Acétate de soude	0,008	0,008
Borax	0,3	0,5
Cyanure de potassium	0,96	1,1
Phénate de potassium	3,0	3,0

L'accord est satisfaisant entre les deux séries; pour le borax l'écart plus considérable entre le résultat du calcul et celui de l'expérience, provient de la difficulté des titrages acidimétriques qui servent de base à cette détermination.

2e Groupe. — Les deux constituants sont faiblement dissociés. C'est le cas, par exemple, d'un sel comme l'acétate d'aniline.

En conservant les mêmes notations que précédemment, nous avons les relations suivantes :

Pour la base

$$1 - d_3 = \frac{(1-x)\,d_1\,d_3}{K_3 V},$$

pour l'eau

$$1 - d_4 = \frac{x^2 d_2 d_3}{K_4 V^2 55,5},$$

pour l'acide

$$1 - d_2 = \frac{(1-x)\, d_1 d_2}{K_2 V},$$

et, en combinant avec l'équation (VII), on en déduit

$$K = \frac{K_4}{K_2 K_3} \times \frac{(1-x)\, d_1^2}{(1-d_1)\, V}$$

$$= \frac{x^2}{V(1-x)} \times \frac{(1-d_3)(1-d_2)}{(1-d_1)(1-d_4)},$$

d'où

$$\frac{K_4}{K_2 K_3} = \frac{x^2}{(1-x)^2 d_1^2} \times \frac{1}{55,5} \times \frac{(1-d_3)(1-d_2)}{(1-d_4)},$$

et enfin d_3, d_2 et d_4 étant très petits

$$\frac{K_4}{K_2 K_3} = \frac{x^2}{(1-x)^2 d_1^2} \times \frac{1}{55,5}.$$

Cette équation, d'après M. Arrhénius [*Zeits. physik. Chem.*, **5**, 1-22], caractérise les corps de ce groupe; l'hydrolyse n'est plus fonction du volume; l'acétate d'aniline, par exemple, est décomposé pour 55 0/0, la concentration pouvant varier entre 12,5 et 800 litres pour un équivalent-gramme de sel.

Méthodes de mesure. — Qualitativement, l'action décomposante de l'eau se manifeste par la réaction que donne la solution obtenue avec les indicateurs colorés. Le tournesol est à ce point de vue le plus sensible de tous, il rougit nettement encore dans une solution de $HgCl^2 \frac{N}{128}$, qui n'étant hydrolysée que pour 1 0/0, contient l'ion H à la concentration $\frac{1}{12\,800}$.

Cette réaction acide d'un sel d'acide fort et base faible provient de ce fait que si l'hydrolyse fournit des quantités équivalentes d'acide et de base libres, comme celle-ci est faiblement dissociée, l'acide l'étant au contraire fortement, il y a excès d'ions H dans la solution, excès qui donne la réaction acide caractéristique avec les indicateurs.

Inversement, un sel d'acide faible et base forte (acétate de soude) donnera une solution contenant un excès d'ions OH et par suite une réaction alcaline.

L'hydrolyse peut se manifester en outre, par toutes les propriétés du corps, acide ou base, non dissocié qu'elle contient à l'état libre; c'est ainsi qu'une solution de cyanure de potassium aura l'odeur de l'acide cyanhydrique, une solution de phénate de soude celle du phénol, une solution de valérianate celle de l'acide; une solution de chlorhydrate d'aniline perdra de l'aniline par l'évaporation.

Pour les corps possédant en solution un spectre d'absorption caractéristique, l'hydrolyse se manifeste par la disparition plus ou moins complète d'une ou plusieurs bandes; c'est ainsi, par exemple, que le sel d'hydrazine de la dinitrofluorescéine est suffisamment hydrolysé pour que, vu la faible dissociation de l'acide mis en liberté, la bande d'absorption caractéristique de l'ion acide disparaisse complètement [W. Ostwald, *Zeits. physik. Chem.*, **9**, 592].

Quantitativement, la détermination de l'hydrolyse est basée sur le principe suivant : on détermine la concentration des ions H et OH en excès dans la solution en comparant les propriétés de celle-ci (inversion du sucre, saponification de l'acétate de méthyle, conductibilité, etc.), à celles d'une solution contenant l'ion considéré à une concentration connue.

Méthode basée sur l'inversion du sucre. — *Principe.* La réaction étant très lente à froid pour les faibles concentrations, on opère vers 100°. L'acide étant un acide fort est totalement dissocié aux dilutions employées; si on appelle K la constante d'inversion

$$K = \frac{1}{t} \log \frac{a}{a-x} = \frac{1}{t} \log \frac{\alpha_0 + \alpha'_0}{\alpha + \alpha_0},$$

a, concentration initiale du sucre donnant une rotation α_0 à droite;

x, concentration au temps t donnant une rotation α;

α'_0, rotation à gauche correspondant à la rotation initiale α_0.

Le produit de cette constante par le volume V,

$$KV = C \text{ une constante.}$$

Cette constante, pour des solutions d'acide chlorhydrique $\frac{N}{1000}$ et $\frac{N}{500}$, a une valeur de 16,8.

Étant donnée cette valeur, on détermine la constante k d'inversion dans la solution étudiée; celle-ci est une fraction de la constante K correspondant à une solution d'acide pur dans le même volume

$$k = \frac{1}{n} K = \frac{1}{n} \frac{C}{V},$$

$\frac{1}{n}$ représente, par suite, la fraction de molécule hydrolysée et l'hydrolyse 0/0 sera donnée par

$$p = \frac{100\, V k}{C}.$$

M. R. W. Wood [*Am. Chem. Journ.*, **16**, 313 (1894)] a employé une méthode inverse basée sur le retard que de petites quantités d'acide ou de base libre amènent dans l'action de la diastase sur l'amidon. Ses résultats sont, pour les sels étudiés, d'accord avec ceux de Shields.

Méthode basée sur la saponification de l'acétate de méthyle. — A la solution du sel étudié, on ajoute une certaine quantité d'éther et on détermine acidimétriquement au bout d'un certain temps la quantité d'acide acétique formé.

La formule de la réaction est la même que pour l'inversion :

$$k = \frac{1}{t} \log \frac{A - A_0}{A - A_t},$$

A, titre acide total;
A_0, — initial;
A_t, — au temps t.

La quantité hydrolysée 0/0 est comme précédemment

$$p = \frac{100\, k V}{C},$$

formule dans laquelle C est une constante déterminée expérimentalement en étudiant la saponification de l'éther par des solutions connues d'acide chlorhydrique.

A 99°,7 et pour des solutions $\frac{N}{250}$ et $\frac{N}{500}$, C a pour valeur moyenne 0,782.

Cette méthode est moins générale que la précédente à cause de la difficulté des titrages acidimétriques en présence de certains sels.

Méthode fondée sur la conductibilité électrique. — *Principe.* Pous les sels d'acides forts et bases faibles, on a pour la conductibilité

$$L = (1-x)\, \mu_1 + x \mu_2.$$

Corps étudiés.	Températures.	Concentrations en molécules-grammes par litre.	o/o hydrolysé.	Méthode employée.	Observateurs.
KCAz	24°,2	0,9474	0,31	Saponification de l'acétate de méthyle.	Shields, *Zeits. physik. Chem.*, **12**, 167.
	»	0,2348	0,72		
	»	0,0952	1,12		
	»	0,0238	2,34		
	»	0,0237	2,35		
CO^3Na^2	24°,2	0,190	2,12	—	—
	»	0,094	3,17		
	»	0,0477	4,87		
	»	0,0238	7,10		
C^6H^5OK	24°,1	0,0962	3,05	—	—
	»	0,0195	6,69		
$B^4O^7Na^2$	24°,2	0,0293	0,92	—	—
	»	0,100	0,50		
PO^4Na^2H	24°,2	0,05	0,07	—	—
CH^3COONa	24°,2	0,0952	0,008	—	—
(¹) $FeCl^3$	25°	0,15	2	Conductibilité.	Goodwin, *Zeits. physik. Chem.*, **21**, 1.
	»	0,075	11		
	»	0,030	37		
	»	0,015	53		
	»	0,0075	67		
	»	0,0030	84		
	»	0,0015	92		
$GlCl^2$	99°,7	0,0156	5,18	Inversion du sucre.	H. Ley, *Zeits. physik. Chem.*, **30**, 193.
	»	0,0078	6,30		
	»	0,0039	7,90		
	»	0,00195	11,12		
$AlCl^3$	99°,7	0,0312	8,04	—	—
	»	0,0156	13,2		
	»	0,0078	19,7		
	»	0,0039	28,2		
	»	0,00195	41,4		
$AlCl^3$	76°,8	0,0312	4,72	—	—
	»	0,0156	6,09		
	»	0,0078	8,49		
	»	0,0039	14,40		
$AlCl^3$	25°	0,00097	4,40	Saponification de l'acétate de méthyle.	—
$ZnCl^2$	99°,7	0,0595	0,09 ?	Inversion du sucre.	—
	»	0,0297	0,12 ?		
$PbCl^2$	99°,7	0,01	0,6	—	—
$PbCl^2$	25°	0,00097	4,4	Saponification de l'acétate de méthyle.	—
SO^4Gl	25°	0,00097	5,0	—	—
$UrO^2(AzO^3)^2$	25°	0,00097	5,9	—	—
$Hg(ClO^4)^2$	25°	0,00195	37,0	—	—
$HgCl^2$	25°	0,0625	0,29	Conductibilité.	H. Ley, *D. chem. G.*, **30**, 2102.
	»	0,0312	0,43		
	»	0,0156	0,66		
	»	0,0078	1,04		
	»	0,0039	1,64		
$FeCl^3$	40°	0,125	7,9	Inversion du sucre.	L. Brunner, *Zeits. physik. Chem.*, **32**, 133.
	»	0,0833	11,2		
	»	0,0625	12,8		
	»	0,05	14,7		
$AlCl^3$	40°	0,25	3,3	—	—
	»	0,125	2,9		
	»	0,031	2,9		

1. L'étude des solutions de chlorure ferrique a été également l'objet de recherches dues à M. Foussereau [*Ann. Chim. Phys.*, (6), **11**; **12**] et poursuivies au moyen de la conductibilité.

Corps étudiés.	Températures.	Concentrations en molécules-grammes par litre.	0/0 hydrolysé.	Méthode employée.	Observateurs.
$Al(AzO^3)^3$	40°	0,125	2,4	Inversion du sucre.	L. Brunner, *Zeits. physik. Chem.*, **32**, 133.
	»	0,0625	2,4		
	»	0,0312	2,4		
$Al^2(SO^4)^3$	40°	0,0833	1,3	—	—
	»	0,05	1,4		
	»	0,025	1,7		
UO^2Cl^2	40°	0,05	5,0	—	—
	»	0,025	6,4		
	»	0,0165	8,0		
$UO^2(AzO^3)^2$	40°	0,0833	3,3	—	—
	»	0,05	4,5		
	»	0,025	6,0		
UO^2SO^4	40°	0,05	2,9	—	—
	»	0,025	3,3		
	»	0,0165	4,2		
$GlCl^2$	40°	0,0833	2,1	—	—
	»	0,05	2,2		
	»	0,025	2,2		
$Gl(AzO^3)^2$	40°	0,10	1,8	—	—
	»	0,05	1,9		
	»	0,025	1,9		
$Gl(SO^4)$	40°	0,25	0,52	—	—
	»	0,0833	0,58		
	»	0,05	0,68		
$(AzO^3)^3Fe$	(?)	0,5	7	(1) Méthode colorimétrique.	V. Antony et G. Gigli, *Gazz. chim. ital.*, **26**, 1 (1896).
	»	0,20	7		
	»	0,04	13		
	»	0,02	16		
	»	0,01	19		
	»	0,002	30		
	»	0,001	32		
	»	0,0005	44		
	»	0,0002	55		
	»	0,0001	60		
	»	0,00004	70		
$Fe^2(SO^4)^3$	(?)	0,10	7 ?	—	—
	»	0,05	6		
	»	0,02	11		
	»	0,01	23		
	»	0,005	33		
	»	0,002	48		
	»	0,001	57		
	»	0,0005	66		
	»	0,00025	82		
	»	0,00012	91		
C^6H^5ONa	25°	0,0312	8,8	Saponification de l'acétate de méthyle.	Hantzsch, *D. chem. G.*, **32**, 3066.
	»	0,01	6,0		
p-ClC^6H^4ONa	25°	0,0312	2,88	—	—
o-ClC^6H^4ONa	25°	0,0312	2,13	—	—
2.4$Cl^2C^6H^3ONa$	25°	0,0312	0,52	—	—
2.4.6$Cl^3C^6H^2ONa$	25°	0,0312	0,37	—	—
p-$AzO^2C^6H^4ONa$	25°	0,0312	0,28	—	—
p-$(CAz)C^6H^4ONa$	25°	0,0312	0,52	—	—
AzC^6H^5 ‖ AzC^6H^4ONa	25°	0,0312	0,33	—	—
Sel de Na de l'isonitrosoacétone	25°	0,0625	0,84	—	—
	»	0,0312	1,19		
	»	0,0156	1,79		

1. Méthode fondée sur la coloration que prend la solution quand on l'additionne de ferrocyanure.

μ_1, conductibilité du sel non décomposé;
μ_2, — de l'acide libéré;
x, fraction du sel hydrolysée.
D'où

$$x = \frac{L - \mu_1}{\mu_2 - \mu_1}.$$

Pour un chlorhydrate ou un chlorure, on prendra pour μ_2 le chiffre 395, valeur de μ_∞ pour HCl; quant à μ_1, on en obtient une valeur approchée en ajoutant à la conductibilité μ_{32} correspondant à une *molécule-gramme dans* 32 *litres*, la constante 19 pour un sel du type MCl^2 comme $PbCl^2$ ou la constante 26 pour un sel du type MCl^3 comme $AlCl^3$. Les constantes 19 et 26 représentent les différences entre les conductibilités μ_{1024} et μ_{32} pour les sels des types précédents; ces différences étant très sensiblement constantes, ainsi que l'ont montré les mesures effectuées sur un très grand nombre de sels.

Exemple de calcul. Pour $PbCl^2$, on a [Fernau, *Zeits. anorg. Chem.*, **17**, 336],

$$\mu_{32} = 89{,}6$$
$$\mu_{1024} = 120{,}9$$

d'où

$$x = \frac{120{,}9 - (89{,}6 + 19)}{395 - (89{,}6 + 19)} = 4{,}3 \text{ 0/0}.$$

Nous allons voir maintenant les résultats numériques des déterminations expérimentales.

Les constantes de dissociation étant, nous l'avons vu précédemment, en relation étroite avec la valeur de l'hydrolyse, nous avons joint à ces données numériques un tableau des valeurs de ces constantes pour un grand nombre de corps.

Ces constantes ont été déterminées, en général, à 25°, elles varient d'ailleurs avec la température, ainsi que le montrent les résultats suivants obtenus par R. Schaller [*Zeits. physik. Chem.*, **25**, 497].

Températures	Concentration 1 molécule-gramme par 1024 litres: Acide cinnamique $k \times 10^6$	Acide benzoïque $k \times 10^6$	Ac. o-nitro-benzoïque $k \times 10^6$	Ac. salicylique $k \times 10^6$
25°	38,2	65,7	6400	981
40°	40,1	65,4	4810	1020
50°	39,2	59,3	3870	993
60°	38,7	62,2	3230	983
70°	37,8	55,8	2720	950
80°	36,2	52,8	2300	903
90°	34,2	48,6	1880	850
99°	32,1	44,1	1560	772

Cette influence de la température sur les constantes de dissociation[1] rend plus nets certains

1. Cette influence se fait également sentir sur la dissociation de l'eau, ainsi que le montrent les déterminations de M. R. Schaller [*Zeits. physik. Chem.*, **25**, 506], effectuées à diverses températures :

Températures	Conductibilité spécifique de l'eau.	
25°	1,02	(ces chiffres doivent être multipliés par 10^{-8}).
40	1,36	
50	1,54	
60	1,79	
70	2,08	
80	2,30	
90	2,59	
99	2,89	

Observateurs.	Noms des corps.	$K \times 10^6$
	Acides minéraux.	
Wk	Cyanhydrique	0,0013
Sch	Azoteux	45 000
Wk	Carbonique, $CHCO^3$-H	0,304
Wk	Sulfhydrique, HS-H	0,0570
Wk	Borique, H^2BO^3-H	0,0017
We	Azothydrique	18
	Acides monobasiques.	
F	Formique	210
F	Acétique	18
F	Chloracétique	1 550
F	Bromacétique	1 380
F	Cyanacétique	3 700
F	Dichloracétique	51 000
F	Propionique	13
O	β-Iodopropionique	90
F	Butyrique	15
F	Isobutyrique	14
F	Valérianique	16
F	Isovalérianique	17
F	Caproïque	14
F	Heptylique	13
F	Caprylique	14
O	Acrylique	56
O	Crotonique	20
O	α-Chlorocrotonique	720
O	β- —	144
O	Isocrotonique	36
O	α-Chloro-isocrotonique	1 580
O	β- — —	95
O	Glycolique	145
O	Lactique	138
O	Trichlorolactique	4 600
O	Oxyisobutyrique	106
O	β-Oxypropionique	31
	Acides bibasiques.	
W	Malonique	1 630
W	Méthylmalonique	860
W	Éthylmalonique	1 270
W	Benzylmalonique	1 510
W	Diméthylmalonique	760
W	Diéthylmalonique	7 400
W	Dibenzylmalonique	40 000
W	Chloromalonique	40 000
W	Ethylméthylmalonique	1 610
W	Ethylbenzylmalonique	14 600
O	Succinique	66
W	Bromosuccinique	2 800
W	Ethylsuccinique	85
W	Benzylsuccinique	91
W	Diéthylsuccinique	386
W	Ethylméthylsuccinique	201
W	Triméthylsuccinique	307
W	Tartrique (*p*)	970
W	— (*d*)	970
W	— (*g*)	970
O	Glutarique	47
W	α-Méthylglutarique	52
W	β- —	59
W	Diméthylglutarique (Sym.)	55
Be	Triméthylglutarique	35
O	Sébacique	23
O	Pimélique	36
B	Subérique	31
Be	Azélaïque	30
W	Mésaconique	790
W	Méthylmésaconique	940
O	Itaconique	120
W	Méthylitaconique	95
O	Adipique	37

Observateurs.	Noms des corps.	$K \times 10^6$
	Thioacides gras.	
L	Thiodiglycolique	490
L	Sulfodiacétique	13 000
L	α-Sulfodipropionique	10 300
L	β- — —	240
L	α-Sulfopropionacétique	12 400
L	β- — —	500
	Acides divers.	
W	Tricarballylique	220
W	Méthyltricarballylique	320
W	Citrique	820
W	Aconitique	1 360
W	Ethényltricarbonique	3 200
W	Triméthylène-tricarbonique	9 100
W	n-Tétracarbonique	400
O	Fumarique	900
O	Maléique	12 000
H	Méthylnitramine	720
	Cyanamides.	
Ba	Acétylcyanamide	150
Ba	Butyrylcyanamide	110
Ba	Ether cyanamidocarbonique	470
Ba	Succinylcyanamide	60
Ba	Ethylsulfocyanamide	7
Ba	Benzolsulfocyanamide	13
Ba	α-Naphtalène-sulfocyanamide	3
Ba	β- — —	69
Ba	Acide cyanurique	0,4
	Acides cycliques.	
O	Benzoïque	60
O	m-Acétamidobenzoïque	85
O	o- — —	236
O	p- — —	52
O	m-Bromobenzoïque	137
O	o- — —	1 450
O	m-Cyanbenzoïque	199
Be	m-Iodobenzoïque	160
Be	m-Fluorobenzoïque	140
O	m-Nitrobenzoïque	345
O	o- — —	6 200
O	p- — —	400
Be	m-m-Dinitrobenzoïque	1 600
Be	m-Amido-m-nitrobenzoïque	210
Be	m-m-Diamidobenzoïque	5
Be	p-Chloro-m-nitrobenzoïque	460
Be	o- — -m- —	6 000
Be	o- — -p- —	10 300
Be	p- — -o- —	10 000
O	m-Oxybenzoïque	87
O	p- —	29
O	Dioxybenzoïque (1.3.5)	91
O	Anisique	32
O	Salicylique	1 020
O	o-Nitrosalicylique	15 700
O	p- —	8 900
O	Cinnamique	35
O	α-Bromocinnamique	14 400
O	β- —	930
O	m-Phtalique	190
O	o- —	1 210
O	Phénylpropiolique	5 900
O	o-Nitrophénylpropiolique	10 600
O	m-Amidobenzène-sulfonique	185
O	o- — —	3 300
O	p- — —	581
O	Toluidine-sulfonique (1.3.4)	236
O	m- — —	357
O	o- — —	750
O	p- — —	780
O	Xylidine-sulfonique (1.4.2.5)	440
O	Toluique	56
O	m- —	51
O	o- —	120
O	p- —	51
O	ββ'-Pyridine-dicarbonique	1 500
S	αα-Triméthylène-dicarbonique	21 000
S	αα-Tétraméthylène-tricarbonique	800
S	Trans-αβ-pentaméthylène-dicarbonique	113
E	o-Amidophénolsulfonique	94
E	p- — —	8
E	Bromo-p-toluidine-sulfonique 1.3.6	4 500
E	Bromo-o-toluidine-sulfonique 1.3.4	1 400
E	α-Naphtylamine-sulfonique 1.2	22 000
E	α-Naphtylamine-sulfonique 1.4	2 000
E	β-Naphtylamine-sulfonique 2.5	94
E	β-Naphtylamine-sulfonique 2.6	0,166
	Phénols.	
Ba	Phénol	0,0042
Ba	o-Crésol	0,042
Ba	m- —	0,017
Ba	p- —	0,011
Ba	Isobutylphénol	0,27
Ba	o-Chlorophénol	0,004
Ba	p- —	0,002
Ba	o-Nitrophénol	0,43
Ba	m- —	0,09
Ba	p- —	0,12
Ba	α Dinitrophénol 1.2.4	80
Ba	β — 1.2.6	174
Ba	γ — 1.3.6	7
Ba	δ — 1.3.4	4
Ba	ε — 1.2.3	12
Ba	o-Amido-p-nitrophénol	0,26
Ba	o-Chloro-p-nitrophénol	180
Ba	Dichloroparanitrophénol	210
Ba	Dinitrohydroquinone	71
	Bases organiques.	
Br	Ammoniaque	23
Br	Méthylamine	500
Br	Ethylamine	560
Br	Propylamine normale	470
Br	Isopropylamine	530
Br	Isobutylamine	310
Br	Diméthylamine	740
Br	Diéthylamine	1 260
Br	Dipropylamine	1 020
Br	Triméthylamine	74
Br	Triéthylamine	640
Br	Méthyldiéthylamine	270
Br	Allylamine	57
Br	Benzylamine	24
Br	Pipéridine	1 580
Br	Coniine	1 320
Br	Hydrazine	3
Br	Ethylène-diamine	85
Br	Triméthylène-diamine	350
Br	Tétraméthylène-diamine	510
Br	Pentaméthylène-diamine	730

Renvois bibliographiques. — (Ba) Bader, *Zeits. physik. Chem.*, 6, 289 (1890). — (Be) Bethmann, *id.*, 5, 385 (1890). — (Br) Bredig, *id.*, 13, 289 (1894). — (Eb) Ebersbach, *id.*, 11, 608 (1893). — (F) Franke, *id.*, 16, 463 (1895). — (O) W. Ostwald, *id.*, 3, 174, 241 et 369. — (S) Smith, *id.*, 25, 198 (1898). — (Wk) Walker, *id.*, 32, 137 (1900). — (Wa) Walden, 8, 433, (1891); 10, 563 et 638. — (H) A. Hantzsch, *D. chem. G.*, 32, 3066. — (Sch) Schumann, *id.*, 33, 527 (1900).

phénomènes d'hydrolyse; des sels ammoniacaux qui, par exemple, à la température ordinaire sont fort peu décomposés, le sont beaucoup plus à 100° [M. Berthelot, *Mécanique chimique*, **2**, 219] et à cette température une solution étendue d'azotate d'ammoniaque devient acide par la distillation, l'ammoniaque passant de préférence à l'acide azotique. L'examen des résultats obtenus par la mesure de l'hydrolyse à différentes températures (voir les chiffres cités précédemment pour $AlCl^3$, par exemple) montre nettement que celle-ci croît rapidement quand la température s'élève.

BIBLIOGRAPHIE.

GÉNÉRALITÉS. — Arrhenius, *Lehrbuch der Elektrochemie*, 184. — Berthelot, *Mécanique chimique*, 2. — Nernst, *Theoretische Chemie*, 486. — W. Ostwald, *Grundriss der allgemeinen Chemie*, 423; *Grundlinien der anorganische Chemie*, 254; *Analytische Chemie*, 63. — Ponsot, *Actualités chimiques*, 40 (1896). — Reychler, *Théories physico-chimiques*, (2), 148. — Van 't Hoff, *Leçons de Chimie physique*, 1re partie, Dynamique chimique, 122.

MÉMOIRES. — S. Arrhenius, Sur les équilibres entre électrolytes, *Zeits. physik. Chem.*, **5**, 1; Hydrolyse des sels d'acides faibles et bases fortes, *id.*, **13**, 407. — G. Bredig, Dissociation de l'eau, *id.*, **11**, 829; Vitesse des ions, *id.*, **13**, 191. — L. Brunner, Hydrolyse des solutions salines, *id.*, **32**, 133. — Goodwin, Hydrolyse du chlorure ferrique, *id.*, **21**, 1. — Kohlrausch et Heydweiller, Sur l'eau pure, *id.*, **14**, 317. — H. Ley, Dissociation hydrolytique des solutions salines, *id.*, **30**, 193. — W. Nernst, Part prise par le dissolvant dans les réactions chimiques, *id.*, **11**, 345. — W. Ostwald, Sur la couleur des ions, *id.*, **9**, 579. — Shields, Sur l'hydrolyse dans les solutions aqueuses, *id.*, **12**, 167. — Walker, Relation entre les constantes de dissociation des acides faibles et l'hydrolyse de leurs sels alcalins, *id.*, **32**, 136. — H. Goldschmidt et Lazare Oslan, Sur l'éther acétylacétique, *D. chem. G.*, **32**, 3390 (1899). — Hantzsch, Caractérisation d'acides faibles et de pseudo-acides, *id.*, **32**, 3066 (1899). — H. Ley, Dissociation électrolytique, *id.*, **30**, 2192 (1897). — V. Antony et G. Gigli, Décomposition hydrolytique du sulfate et du nitrate ferrique, *Gazz. chim. ital.*, **26**, 1. — R. W. Wood, Constante d'affinité d'acides faibles et hydrolyse de leurs sels, *Am. chem. Journ.*, **16**, 313.

C. Marie.

HYDROPHTALIQUES (ACIDES). — Voyez PHTALIQUES (ACIDES).

HYDROPLOMBITE (Min.) (Heddle). — Oxyde de plomb hydraté, $3PbO.H^2O$, en petites lamelles blanches nacrées, sans doute hexagonales, de Leadhills, Écosse.

HYDROQUINONE [syn. : *p-dioxybenzène*], $C^6H^6O^2$. — Voyez article QUINONES (Dict. **2**, 1302; 1er Suppl., 1367).

Nous diviserons l'étude de l'hydroquinone et de ses dérivées en deux parties :

La première partie comprendra l'hydroquinone elle-même, sa préparation, ses propriétés, ses éthers, ses dérivés halogénés, nitrés et aminés, azoïques, sulfoniques et sulfiniques, phtaliques ainsi que ses produits de condensation.

La deuxième partie aura trait aux dérivés de l'hydroquinone qui résultent de la substitution de radicaux hydroxylés ou carbonés dans le noyau : oxyhydroquinones, acidylhydroquinones, homologues supérieurs, acides hydroquinone-carboniques et dicyanhydroquinone. Beaucoup de ces composés se trouvent décrits au cours de cet ouvrage, dans des articles spéciaux, ou bien au sujet d'autres substances. Nous nous contenterons de les citer en indiquant la place où ils se trouvent.

I. — HYDROQUINONE.

Préparation. — 1° Le procédé de préparation de l'hydroquinone, dû à M. R. Nietzki et précédemment décrit, a été depuis modifié par ce savant de la façon suivante :

On mélange 1 partie d'aniline avec 25 parties d'eau et 8 parties d'acide sulfurique. On ajoute peu à peu, en refroidissant fortement, une dissolution concentrée de bichromate de sodium. La coloration verte qui se produit d'abord vire ensuite au bleu foncé puis au brun et il se forme des cristaux de quinone et de quinhydrone. On réduit le tout par un courant d'acide sulfureux, on filtre, on épuise par l'éther. Par évaporation du dissolvant, on obtient en hydroquinone environ 85 0/0 du poids de l'aniline employée, surtout lorsqu'on opère à basse température, entre 5° et 10° [R. Nietzki, *D. chem. G.*, **19**, 1467].

2° Un autre procédé, breveté par la Chem. Fabrik Schering [*D. chem. G.*, **28**, *Ref.*, 666], consiste à traiter le phénol en solution alcaline par le persulfate de potassium.

On traite, par exemple, 1kg,200 de phénol par 2kg,500 de soude caustique et 7kg,5 d'eau. On ajoute peu à peu 3 kilogrammes de persulfate de potassium et on laisse reposer durant 1 à 2 jours à la température ordinaire. On neutralise alors par un courant d'acide carbonique, on élimine le phénol non transformé par entraînement à la vapeur d'eau, on fait bouillir le résidu avec un acide étendu et on extrait l'hydroquinone avec de l'éther.

Formation. — Indépendamment de la réduction proprement dite de la quinone, l'hydroquinone prend encore naissance aux dépens de ce composé, dans un grand nombre de réactions :

1° Une solution de quinone dans l'alcool éthylique, exposée à la lumière solaire, se décompose avec formation d'aldéhyde et d'hydroquinone. La réaction a lieu exclusivement suivant l'équation :

$$C^6H^4O^2 + C^2H^6O = C^6H^6O^2 + C^2H^4O.$$

Il en est de même avec l'alcool isopropylique. Avec l'acide formique, on obtient de l'acide carbonique et de l'hydroquinone. La lumière rouge agit très peu; au contraire la lumière bleue produit rapidement la transformation ci-dessus [G. Ciamician et P. Silber, *D. chem. G.*, **33**, 2911; **34**, 1530; **35**, 3593].

2° Dans l'action de l'acide cyanhydrique naissant sur la quinone, on obtient de l'hydroquinone en même temps que la dicyanohydroquinone [J. Thiele et J. Meisenheimer, *D. chem. G.*, **33**, 675].

3° On observe la production d'hydroquinone en même temps que celle d'une tétrazone, quand on fait agir la phénylhydrazine sur la quinone. La quinone est réduite et l'hydrazine oxydée [H.-C. Farmer et A. Hantzsch, *D. chem. G.*, **32**, 3089]. Il en est de même avec les dérivés alcoylés de la phénylhydrazine, mais non avec les acidylphénylhydrazines qui donnent les hydrazones cherchées [W. Mac Pherson, *Am. chem. Journ.*, **22**, 364].

4° Par l'action de l'aniline sur la quinone, il se forme à la fois de l'hydroquinone et un produit d'addition de l'hydroquinone avec l'aniline étudié plus loin.

5° Le mercaptan éthylique transforme la benzoquinone, suivant les conditions de l'opération, en des proportions variables de quinhydrone et d'hydroquinone, et parfois entièrement en ce dernier composé, suivant l'équation :

$$C^6H^4O^2 + C^2H^6S = C^6H^4(OH)^2 + C^2H^4S,$$

réaction comparable à celle que fournit l'alcool éthylique. Cependant, en opérant dans des conditions tout à fait particulières, on peut obtenir un produit sulfuré quinonique [Tarbouriech, *Bull. Soc. Chim.*, (3), **25**, 314].

L'hydroquinone prend encore naissance dans les réactions suivantes :

6° Par l'action du chlorhydrate d'hydroxylamine sur le nitrosophénol dissous dans de la lessive de soude. On n'observe aucune réaction à froid, mais une douce chaleur suffit pour la provoquer avec abondant dégagement d'azote. Il paraît se former d'abord du diazophénol, qui se dédouble ensuite en hydroquinone et azote :

$$C^6H^4 \Big\langle \begin{array}{l} OH \\ AzO \end{array} + AzH^2OH$$

$$= C^6H^4 \Big\langle \begin{array}{l} OH \\ Az{=}AzOH \end{array} + H^2O$$

$$C^6H^4 \Big\langle \begin{array}{l} OH \\ Az{=}AzOH \end{array} = C^6H^4 \Big\langle \begin{array}{l} OH \\ OH \end{array} + Az^2$$

[E. Hepp, *D. chem. G.*, **10**, 1654].

7° Dans l'oxydation du phénol par l'eau oxygénée, en plus ou moins grande quantité suivant les conditions de l'expérience, en même temps que de la quinone et de l'acide pyrocatéchique. [Martinon, *Bull. Soc. Chim.*, (2), **43**, 157].

8° Dans l'action de l'eau oxygénée sur le benzène en présence de sulfate ferreux à 45°. L'hydroquinone est accompagnée de phénol, de pyrocatéchine et d'un autre composé amorphe. [C.-F. Cross, E.-J. Bevan et Th. Heiberg, *D. chem. G.*, **33**, 2015].

9° Par la distillation sèche de l'acide hydroquinone-carbonique.

10° Par la décomposition pyrogénée des succinates de potassium, de sodium, de magnésium, de calcium et de plomb [von Richter, *J. prakt. Chem.*, (2), **20**, 205].

11° Par l'électrolyse d'une solution alcoolique de benzène additionnée d'acide sulfurique étendu [L. Gattermann et F. Friedrichs, *D. chem. G.*, **27**, 1942].

12° En chauffant la p-phénylène-diamine à 180° avec de l'acide chlorhydrique à 10 0/0. On obtient 20 0/0 d'hydroquinone avec des traces de phénol, de l'aniline, du p-aminophénol [J. Meyer, *D. chem. G.*, **30**, 2569].

13° La décomposition du nitrobenzène en solution benzénique et à la lumière donne des traces d'hydroquinone [E. Bamberger, *D. chem. G.*, **35**, 1606].

14° Enfin l'on a observé la présence de l'hydroquinone, à côté de pyrocatéchine, dans l'urine de chiens auxquels on a fait absorber du benzène [Baumann, *Zeits. physiol. Chem.*, **6**, 190], tandis qu'elle se présente sous la forme d'éther sulfurique

$$OH.C^6H^4OSO^2.OH$$

quand on leur a badigeonné la peau de phénol [Baumann et Preusse, *loc. cit.*, **3**, 156].

Propriétés. — Les recherches de M. Lehmann ont montré que l'hydroquinone est dimorphe. On obtient la forme stable, en longs prismes hexagonaux, par cristallisation d'une solution aqueuse, tandis que la forme instable, produite par sublimation, est en lamelles monocliniques [*Jahresb.*, **1877**, 566].

L'hydroquinone fond à 169° [Hlasiwetz et Habermann, *Ann. Chem.*, **175**, 68; **177**, 336]. Elle a pour densité 1,326 [Schröder, *D. chem. G.*, **12**, 563].

MM. Berthelot et Louguinine [*Ann. Chim. Phys.*, (6), **13**, 337] ont déterminé la chaleur de combustion moléculaire : 685^{cal},2. Ce nombre a été confirmé par M. A. Valeur [*C. R.*, **125**, 872] qui a trouvé 685^{cal},4, tandis que MM. Stohmann et Langbein [*J. prakt. Chem.*, (2), **45**, 305] donnent 683 calories. Les chaleurs de neutralisation et de dissolution ont été déterminées par M. Werner [*J. Soc. phys. chim. russe*, **18**, 28] et par M. R. de Forcrand [*Ann. Chim. Phys.*, (6), **30**, 69].

Solubilité : 100 parties d'eau dissolvent à 15° 5^{p},85 et à 28°,5, 9^{p},45 d'hydroquinone.

L'hydroquinone d'après M. L.-A. Tschugaeff [*J. Soc. phys. chim. russe*, **32**, 837] est un corps « triboluminescent » : il dégage de la lumière sous l'influence d'actions mécaniques, pression, frottement, etc. Les vapeurs d'hydroquinone possèdent la propriété de transformer les courants de Tesla en ondes lumineuses rouges [H. Kauffmann, *D. chem. G.*, **33**, 1725].

Dérivés métalliques. — L'*hydroquinone monopotassique* prend naissance quand on chauffe au réfrigérant à reflux une solution éthérée d'hydroquinone avec du potassium. Le métal se recouvre d'un corps blanc cristallin, très altérable, qui bleuit, puis devient gris à l'air sec. Dans l'air humide, il se colore en bleu et se transforme finalement en un produit noir, soluble dans l'eau. Ce dérivé correspond à la formule

$$C^6H^4 \Big\langle \begin{array}{l} OK \\ OH \end{array} . C^6H^6O^2$$

[Ch. Astre, *C. R.*, **121**, 326].

Les *dérivés monosodé* et *disodé* ont été obtenus en dissolvant le métal dans une solution alcoolique d'hydroquinone et chassant ensuite l'alcool par distillation ; il est nécessaire d'opérer dans une atmosphère d'hydrogène. L'hydroquinone monosodée retient de l'alcool (6 à 7 0/0) qu'on ne peut lui enlever qu'à 120-125°, température qu'il n'est pas prudent de dépasser. Elle se colore rapidement en vert foncé, puis en bleu. L'hydroquinone disodée est un corps pulvérulent, incolore dans l'hydrogène, devenant noir à l'air en se liquéfiant. Leurs chaleurs de dissolution et de neutralisation ont été déterminées par M. R. de Forcrand [*C. R.*, **114**, 1370 ; *Ann. Chim. Phys.*, (6), **30**, 68].

Le *sel de plomb* a été précédemment étudié (voyez Dict., 2, 1304).

Oxydation. — Une solution d'hydroquinone peut être agitée plusieurs jours à l'air sans absorber de l'oxygène, ni subir d'altération. L'oxydation se produit au contraire rapidement en présence de certains composés.

Si l'on fait, par exemple, barboter de l'air dans une solution aqueuse à 1 0/0 d'hydroquinone en présence de laccase, il se forme de la quinone qui, se combinant à l'excès d'hydroquinone, se transforme avec de bons rendements en quinhydrone. L'oxydation n'a pas lieu en présence de laccase maintenue pendant 5 minutes à 100° [G. Bertrand, *Bull. Soc. Chim.*, (3), **13**, 362].

L'acétate de cérium provoque également cette oxydation ; il est plus actif que l'acétate de manganèse. Celui de lanthane agit de même [A. Job, *C. R.*, **136**, 45].

L'acétate de mercure transforme immédiatement l'hydroquinone en quinhydrone [O. Dimroth, *D. chem. G.*, **35**, 2853].

L'hydroquinone est également transformée en quinone par l'eau de brome [R. Benedikt, *Mon. f. Chem.*, **1**, 349] ; par le brome naissant [W. Vaubel, *J. prakt. Chem.*, (2), **48**, 75] ; par l'électrolyse d'une solution aqueuse, faiblement acidulée par l'acide sulfurique [L. Liebmann, *D. chem. G.*, **29**, *Ref.*, 1122] ou additionnée d'un sel de manganèse en présence d'un acide oxygéné [C. F. Bœhringer et fils, *Centr. Blatt.*, **1901**, (1), 286].

On a vu précédemment que l'acide chromique et le perchlorure de fer transforment l'hydroquinone en quinone. En dissolvant 1 molécule d'hydroquinone et 2 molécules d'acide benzène-sulfinique dans l'eau, puis en ajoutant à cette dissolution une solution de bichromate de potassium, on obtient la *p-dioxydiphénylsulfone*, identique à celle qui se forme par l'action de l'acide benzène-sulfinique sur la quinone [O. Hinsberg et A. Himmelschein, *D. chem. G.*, **29**, 2025].

Lorsqu'on fait agir le chlorure de butyle tertiaire sur l'hydroquinone, en présence de chlorure ferrique, il y a oxydation en même temps que condensation, ce qui fournit la *dibutylquinone*

$$C^6H^2(C^4H^9)^2O^2$$

en cristaux jaunes fusibles à 150-151° [A. Gurewitsch, *D. chem. G.*, **32**, 2424].

En liqueur alcaline, l'iode oxyde l'hydroquinone : on la dissout à froid dans une solution aqueuse de bicarbonate de potassium et on ajoute une solution d'iode dans de l'iodure de potassium. La réaction se passe suivant l'équation :

$$C^6H^6O^2 + I^2 = C^6H^4O^2 + 2HI.$$

[A. Valeur, *Bull. Soc. Chim.*, (3), **23**, 60].

Le chlorhydrate d'hydroxylamine, en présence d'un excès d'acide chlorhydrique concentré, par suite sans doute d'une action oxydante de l'hydroxylamine, transforme l'hydroquinone en *dioxime de la quinone*, aiguilles incolores se décomposant vers 240° [R. Nietzki et F. Kehrmann, *D. chem. G.*, **20**, 613].

Enfin l'hydroquinone en solution dans l'alcool absolu, mélangée à une solution alcoolique de potasse et traitée à 75° par un courant d'oxygène pur et sec jusqu'à refus, donne le composé $C^6K^2O^6$, précipité noir cristallin qui n'est autre que le dérivé dipotassique peroxydé de la benzoquinone [Ch. Astre, *C. R.*, **121**, 559].

Réactions colorées. — I. M. Denigès a signalé les réactions caractéristiques suivantes de l'hydroquinone :

1° $0^{gr},05$ d'hydroquinone dans 2 centimètres cubes d'eau additionnés de 4 centimètres cubes d'acide sulfurique ne donne pas de coloration à froid, ou bien une teinte faiblement verdâtre ; à chaud on obtient une coloration rouge ;

2° $0^{gr},15$-$0^{gr},2$ d'hydroquinone dans 3 à 4 centimètres cubes d'alcool donnent avec une solution de soude un anneau vert et une coloration verdâtre après agitation ;

3° 5 à 10 centimètres cubes de solution d'hydroquinone additionnés d'un mélange de 50 centimètres cubes d'acide sulfurique et de 1 centimètre cube de formaldéhyde donnent une coloration brun clair [Denigès, *Rep. de Pharm.*, **1898**, 454].

II. Une solution sulfurique d'acide tungstique donne avec l'hydroquinone une coloration violet améthyste, excessivement intense, caractéristique [E. Defacqz, *C. R.*, **123**, 309].

III. Ajoutons enfin que si l'on introduit dans un tube à essai quelques centigrammes d'hydroquinone, puis 1 à 2 centimètres cubes de liquide renfermant de l'oxycellulose et 1 gramme d'acide sulfurique, il se forme une coloration jaune-brun [E. Jandrier, *C. R.*, **128**, 1407].

Ethers-oxydes.

Voyez art. Quinone (1er Suppl., 1367).

Ether monométhylique. — On l'obtient en chauffant de l'hydroquinone avec la moitié de son poids de potasse, de l'iodure de méthyle et un peu d'alcool méthylique, pendant une heure à 110-115° en tubes scellés. Il est accompagné d'éther diméthylique que l'on sépare facilement par distillation [O. Hesse, *Ann. Chem.*, **200**, 254].

On l'obtient encore en faisant agir l'oxygène sur le dérivé organomagnésien du p-bromoanisol, suivant l'équation :

$$\frac{R}{Br}\!>\!Mg + O = \frac{R-O}{Br}\!>\!Mg$$

Ce composé intermédiaire est détruit par l'eau avec formation de l'éther cherché [F. Bodroux, *C. R.*, **136**, 158].

Chauffé avec de la soude et du chloroforme, il donne de l'*aldéhyde m-méthoxysalicylique*,

$$C^6H^3(CHO)_{(1)}(OH)_{(2)}(OCH^3)_{(3)}$$

huile entraînable à la vapeur d'eau, distillant à 247-248° sans altération dans un courant d'acide carbonique. Elle se concrète par le froid en une masse cristalline fusible à + 4° et possède les caractères généraux de l'aldéhyde oxysalicylique. Son *anilide* est en aiguilles rouges et fond à 59° [F. Tiemann et H. W. Müller, *D. chem. G.*, **14**, 1986].

Traité par le chlorure d'éthylsulfate, il se transforme en éther éthylsulfurique correspondant

$$CH^3OC^6H^4O.SO^2OC^2H^5$$

fusible à 36° [F. Bayer, *D. chem. G.*, **27**, *Ref.*, 814].

Avec une solution de quinone dans l'éther de pétrole bouillant, il donne la méthylquinhydrone,

$$C^6H^4O^2.2C^6H^4\!<\!\begin{matrix}OH\\OCH^3\end{matrix}$$

[O. Hesse, *loc. cit.*].

Si l'on fait passer de l'acide carbonique sec sur l'éther méthylique de l'hydroquinone sodée, à 220-225°, on transforme celui-ci en éther oxyméthylique de l'*acide hydroquinone-formique*,

$$C^6H^3\!\begin{cases}OCH^3_{(1)}\\CO^2H_{(3)}\\OH_{(4)}\end{cases}$$

en aiguilles fusibles à 141°, se solidifiant à 129° et se décomposant facilement. Son sel de baryum cristallise avec 6 molécules d'eau [G. Körner et G. Bertoni, *Ann. Chim. med.*, **1881**, 65].

Ether diméthylique. — Cet éther se forme encore quand on traite 1 molécule de p-dibromobenzène par 2 molécules de méthylate de sodium à 150°. Il est mélangé de monobromanisol, de p-bromophénol, et accompagné de composés liquides, bruns et épais [F. Blau, *Mon. f. Chem.*, **7**, 621].

Il fond à 55-56° et bout à 204-206° [J. Habermann, *loc. cit.*].

En solution sulfocarbonique, chauffé avec de l'anhydride phtalique et du chlorure d'aluminium pendant 3 ou 4 heures, il fournit l'*acide 2.5-diméthoxy-o-benzoylbenzoïque*, en aiguilles blanches fondant à 162°, que l'acide sulfurique concentré, puis la glace transforment en *diméthylquinizarine* fusible à 143° [K. Lagodzinski, *D. chem. G.*, **28**, 117].

Il réagit avec le chlorure d'éthyloxalyle, en présence de chlorure d'aluminium, en donnant l'*éther glyoxylique*,

$$C^6H^3(OCH^3)_2(CO\text{-}CO^2H)$$

(noyau benzénique portant OCH³, CO-CO²H et OCH³)

que l'on n'a pas isolé mais que l'on a pu transformer en aldéhyde p-diméthoxybenzylique fusible à 51° déjà obtenue par Tiemann et Parrhisius [L. Bouveault, *Bull. Soc. Chim.*, (3), **17**, 947].

Il se dissout à la température ordinaire dans l'acide sulfurique et en est précipité par l'eau inaltéré. Si l'on chauffe à 120-125° au bain d'huile, il est, par contre, transformé en *dérivé disulfonique* qui sera étudié plus loin, ainsi que ses dérivés halogénés et nitrés.

Ether monoéthylique. — On l'obtient comme l'éther monométhylique par l'action de l'oxygène sur le dérivé organomagnésien du p-bromophénétol [F. Bodroux, *loc. cit.*].

On a rencontré quelques paillettes de cet éther, fondant à 64°, dans l'essence de badiane de Chine [Tardy, *Bull. Soc. Chim.*, (3), **27**, 562].

Ether diéthylique. — L'hydroquinone, chauffée avec un excès de potasse et d'iodure d'éthyle en solution alcoolique, donne de petites lamelles fusibles à 70-72°, qui constituent son éther diéthylique $C^6H^4(OC^2H^5)^2$. M. R. Nietzki avait précédemment indiqué à tort comme point de fusion 124°; le produit obtenu par sa méthode fond aussi à 70-72° [J. Herzig et S. Zeisel, *Mon. f. Chem.*, **10**, 153].

Ether méthyléthylique, $C^6H^4(OCH^3)(OC^2H^5)$. — On l'obtient en chauffant un mélange en proportions équimoléculaires d'éther monométhylique de l'hydroquinone, d'éthylsulfate de potassium et de potasse caustique pendant 5 à 6 heures à 160-170° en tubes scellés. C'est une masse cristalline fusible à 39°, très soluble dans le benzène, l'éther et le chloroforme [F. Fiala, *Mon. f. Chem.*, **5**, 232].

Ether méthylpropylique,

$$C^6H^4(OCH^3)(OC^3H^7).$$

— Grandes lamelles fusibles à 26°, très solubles dans les solvants habituels, d'odeur agréable.

Ether éthylpropylique,

$$C^6H^4(OC^2H^5)(OC^3H^7).$$

— Lamelles incolores et nacrées fusibles à 36° [F. Fiala, *Mon. f. Chem.*, **6**, 909].

Ether méthylisobutylique. — Liquide incolore, plus dense que l'eau, bouillant à 227-230°, d'odeur aromatique et de saveur brûlante.

Ether éthylisobutylique. — Lamelles incolores fusibles à 39°.

Ether propylisobutylique. — Liquide incolore, huileux, bouillant à 244-245°.

Ether diisobutylique. — Lamelles incolores, insolubles dans l'eau, assez solubles dans le benzène et dans l'éther de pétrole, très solubles dans l'alcool. Fond facilement et bout à 262° [S. Schubert, *Mon. f. Chem.*, **3**, 680].

Ether diisoamylique, $C^6H^4(OC^5H^{11})^2$. — Aiguilles soyeuses fusibles à 65°, entraînables à la vapeur d'eau, facilement solubles dans tous les dissolvants [W. Kœnigs et C. Mai, *D. chem. G.*, **25**, 2649].

Ether éthylisoamylique. — Liquide oléagineux, incolore, bouillant avec décomposition partielle à 251-252° (F. Fiala).

Ether monobenzylique. — On l'obtient par dédoublement de la benzylarbutine

$$C^6H^4 \begin{cases} OC^6H^{11}O^5 \\ OCH^2-C^6H^5 \end{cases} + H^2O,$$

sous l'influence des acides, avec formation de glucose. Il fond à 122-122°,5 et se présente en grosses houppes brillantes [H. Schiff et G. Pellizzari, *Ann. Chem.*, **221**, 365; *Gaz. chim. ital.*, **13**, 508].

On l'obtient encore par l'action du chlorure de benzyle sur une solution alcoolique d'hydroquinone, en présence de potasse [G. Pellizzari, *loc. cit.*]. Il est alors accompagné du dérivé dibenzylique que l'on sépare grâce à sa moindre solubilité dans l'alcool.

Ether dibenzylique. — Cet éther, $C^6H^4(OC^7H^7)^2$, obtenu avec un rendement théorique par l'action de 2 molécules de chlorure de benzyle sur 1 molécule d'hydroquinone, se présente en lamelles fusibles à 130°, insolubles dans la potasse (G. Pellizzari).

D'après M. A. Colson [*Bull. Soc. Chim.*, (3), **1**, 347], il fond à 128° et exige environ 40 fois son poids d'alcool bouillant pour se dissoudre; il est plus soluble dans l'acide acétique bouillant, mais à peine soluble dans ces liquides froids, encore moins dans l'éther.

Ether monophénylique.

$$C^6H^4 \begin{cases} OC^6H^5 \\ OH \end{cases}$$

— Cet éther s'obtient en traitant par le nitrite de soude et un excès d'acide chlorhydrique concentré l'éther p-aminophénylique de l'acide p-oxybenzoïque. Il cristallise en petites aiguilles dans l'eau bouillante et fond à 84-85° [C. Häussermann et E. Bauer, *D. chem. G.*, **29**, 2085].

L'éther bromophénylique, $OH.C^6H^4OC^6H^4Br$, s'obtient par l'action de l'acide bromhydrique sur le sulfate de p-diazophénol. Liquide bouillant à 182-186° [Böhmer, *J. prakt. Chem.*, (2), **24**, 473].

Ether p-nitrodiphénylique,

$$C^6H^4 \begin{cases} OC^6H^4AzO^2 \\ OC^6H^5 \end{cases}$$

— On l'obtient en introduisant peu à peu 3 parties de potassium dans 60 parties d'éther p-oxyphénylique. On chauffe à 140°, puis on ajoute à cette solution, en présence d'un excès de l'éther ci-dessus, 18 grammes de p-chlorodinitrobenzène et on maintient la température à 155-165° pendant quelques heures. Il cristallise en feuillets brillants, fusibles à 91-92°,5, très solubles dans le benzène et dans l'acétone.

Par réduction, il donne le *dérivé aminé* fondant à 83-84°,5, dont le *chlorhydrate* cristallise en aiguilles argentées fusibles à 210°, et dont le *sulfate* est complètement insoluble dans l'eau bouillante [C. Häussermann et A. Müller, *D. chem. G.*, **34**, 1069].

En réduisant électrolytiquement une solution d'éther hydroquinone-p-nitrodiphénylique dans l'alcool chaud, en présence d'acétate de soude en solution aqueuse concentrée, on obtient l'*éther hydroquinone-p-azoxydiphénylique*, en feuillets jaune pâle, fusibles à 183°.

En chauffant sa solution alcoolique avec de la potasse et de la poudre de zinc, l'éther p-nitrodiphénylique se transforme en *éther p-azodiphénylique*, lamelles brillantes, orangées, fusibles vers 210° [C. Häussermann et O. Schmidt, *D. chem. G.*, **34**, 3769].

Ether diphénylique. — Le chlorhydrate du dérivé aminé décrit ci-dessus, fusible à 210°, fournit, quand on le traite par l'alcool et le nitrite de soude, l'éther diphénylique de l'hydroquinone. Il fond à 74-75° et se présente en aiguilles blanches facilement solubles dans le benzène et dans l'acétone.

L'éther 2-4-tétranitrodiphénylique,

$$C^6H^4[OC^6H^3(AzO^2)^2]^2,$$

s'obtient en traitant l'hydroquinone par l'éthylate de sodium et le dinitrochlorobenzène asymétrique. Il cristallise dans l'acide acétique en lamelles brillantes, fusibles à 240°. Par l'action de l'acide nitrique fumant, il donne, suivant les conditions, de l'*éther hexanitré* fusible à 190° ou de l'*éther heptanitré* fusible à 220° [R. Nietzki et B. Schündelen, *D. chem. G.*, **24**, 3587].

Éther hydroquinone-oxyacétique ou *acide p-oxyphénoxyacétique*,

$$OH-C^6H^4-O.CH^2CO^2H.$$

— Cet éther est le produit de l'action de l'hydroquinone sodée sur l'éther monochloracétique. Il cristallise dans l'eau avec 1/3 de molécule d'eau et fond à 152°. Avec l'aniline, il donne un sel fondant à 119°. L'*anilide* est en prismes fusibles à 101° [W. Carter et W.-T. Lawrence, *Chem. Soc.*, **77**, 1226].

Éther hydroquinone-bis-oxyacétate d'éthyle ou *éther hydroquinone-diglycolique*,

$$C^6H^4(OCH^2CO^2C^2H^5)^2.$$

— Il s'obtient par la réaction ci-dessus et fond à 72°. L'*acide* correspondant fond à 251° et donne un sel ammoniacal en aiguilles et un sel de baryum cristallisé avec 1/3 de molécule d'eau.

La *dianilide* fond à 210° [Carter et Lawrence, *loc. cit.*].

Hydroquinone bi-α-oxypropionate d'éthyle. — Cet éther, dont la formule est

$$C^6H^4[OCH(CH^3)-COOC^2H^5]^2,$$

s'obtient par condensation du dérivé sodé de l'hydroquinone avec l'α-bromopropionate d'éthyle. Il se présente sous deux formes isomériques : l'une est en grands cristaux incolores, fusibles à 91°; l'autre est une huile bouillant à 187-190° sous 6 millimètres. Les *acides* correspondants fondent respectivement à 235° et à 220-224° [C.-A. Bischoff, *D. chem. G.*, **33**, 1668].

Hydroquinone-bi-α-oxybutyrate d'éthyle. — Cet éther,

$$C^6H^4[OCH(C^2H^5)COOC^2H^5]^2,$$

s'obtient de même à l'état d'huile que l'on peut fractionner en deux portions correspondant aux deux isomères : l'une bouillant à 210-212° sous 10 millimètres, donnant par saponification un *acide* en prismes fusibles à 198-199°; l'autre bouillant à 212-217° sous 10 millimètres, fournissant par saponification une substance huileuse.

Hydroquinone-bi-oxyisobutyrate d'éthyle. — Il a pour formule

$$C^6H^4[O-C(CH^3)^2-COOC^2H^5]^2$$

et se présente en longues aiguilles fondant à 81°. L'*acide* correspondant est en tables incolores fusibles à 189°. On n'a pas obtenu l'autre isomère.

Hydroquinone-bi-α-oxyvalérianate d'éthyle,

$$C^6H^4[OCH(i-C^3H^7)COOC^2H^5]^2.$$

— Huile bouillant à 210-215° sous 20 millimètres, et donnant un acide fusible à 209°, accompagné d'une huile [C.-A. Bischoff, *loc. cit.*].

Éthers-sels.

Carbonate d'hydroquinone. — En faisant agir le phosgène sur de l'hydroquinone dissoute dans de la pyridine à 0°, M. A. Einhorn [*Ann. Chem.*, **300**, 135] a obtenu une poudre amorphe ne fondant pas à 280°, qu'il a formulée

$$\left(C^6H^4 \begin{matrix} \diagup O-CO \\ \diagdown O- \end{matrix}\right)^x$$

Elle donne deux *pipéridides*, l'une insoluble dans la soude et fusible à 235° (dipipéridide sans doute), l'autre soluble et fusible à 270°, de constitution

$$C^6H^4(OH)_{(4)}(OCOAzC^5H^{10})_{(1)}.$$

Avec une solution alcoolique d'hydrazine, ce carbonate donne l'*hydrazide*

$$C^6H^4(OH)_{(1)}(OCOAz^2H^3)_{(4)},$$

poudre cristalline blanche, fusible à 168°. Agité en solution alcoolique avec de l'aldéhyde benzylique, il donne un produit de condensation.

Si l'on fait réagir le carbonate de phényle,

$$C^6H^5OCOOC^6H^5,$$

obtenu par l'action du phosgène sur le phénate de soude, sur l'hydroquinone, celle-ci se substitue au phénol en donnant également le carbonate fusible au-dessus de 320° et insoluble dans les solvants ordinaires, que MM. C.-A. Bischoff et A. von Hedenstrœm [*D. chem. G.*, **35**, 3431] formulent :

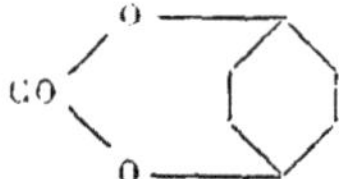

Sulfate. — L'hydroquinone traitée par une solution aqueuse de potasse, puis additionnée de pyrosulfate de potassium pulvérisé, se transforme en éther sulfurique,

$$C^6H^4 \begin{matrix} \diagup OH \\ \diagdown OSO^3H \end{matrix}$$

dont le sel de potassium cristallise en tables rhombiques [E. Baumann, *D. chem. G.*, **11**, 1913]. On n'a pas pu obtenir de diéther.

On obtient encore son sel de potassium par oxydation du phénol par le persulfate de potassium en solution alcaline [Chem. Fabrik Schering, Brevet allemand 81068].

Éthers phosphoriques. — Le perchlorure de phosphore agit sur l'hydroquinone à froid déjà. Quand on chauffe celle-ci avec un excès de pentachlorure de phosphore jusqu'à ce que la masse devienne uniformément visqueuse, on obtient, après avoir traité par l'eau, une matière solide, brunâtre. Elle cristallise dans l'eau bouillante en aiguilles blanches, prismatiques, fusibles à 149°, se volatilise à une température plus élevée et correspond à l'éther $PO^4(C^6H^4OH)^3$, formé d'après l'équation :

$$3C^6H^4 \begin{matrix} \diagup OH \\ \diagdown OH \end{matrix} + PCl^5 + H^2O$$
$$= PO^4(C^6H^4OH)^3 + 5HCl.$$

Cet éther est peu soluble dans l'eau froide, très soluble dans l'alcool et dans l'éther, insoluble dans l'éther de pétrole [M. Secretant, *Bull. Soc. Chim.*, (3), **15**, 361].

Un autre éther phosphorique, de formule

$$C^6H^4 \begin{matrix} \diagup PO^4H^2_{(1)} \\ \diagdown PO^4H^2_{(4)} \end{matrix}$$

a été obtenu en chauffant à 180° un mélange en quantités équimoléculaires d'anhydride phosphorique et d'hydroquinone. Ce composé fond à 168-169°, est très soluble dans l'eau, l'alcool et l'éther, n'est pas réducteur et donne avec l'acétate de cuivre un précipité verdâtre [P. Genvresse, *C. R.*, **127**, 522].

Avec l'acide phosphorique, on obtient au contraire un produit d'addition

$$C^6H^4(OH^2) + PO^4H^3,$$

en tables onctueuses fusibles à 145-153° [S. Hoogewerf et W.-A. van Dorp, *Rec. des Pays-Bas*, **1902**, 349].

Le trichlorure de phosphore ne réagit qu'à la

température d'ébullition, avec dégagement d'acide chlorhydrique. On distille ensuite dans le vide et l'on obtient un liquide qui se solidifie par refroidissement en une masse cristalline incolore, fusible à 65° et bouillant à 200° sous 25 millimètres. Il constitue l'*hydroquinone-di-o-chlorophosphine*

$$C^6H^4(OPCl^2)^2.$$

Il se dissout avec échauffement dans l'eau en donnant de l'hydroquinone, de l'acide phosphoreux et de l'acide chlorhydrique [V. Knauer, *D. chem. G.*, **27**, 2568].

Dans la même réaction, M. B. Scheid [*Ann. Chem.*, **218**, 195] pense avoir obtenu le composé

$$C^6H^4<^{OPCl^2}_{OH}$$

mélangé au produit $C^6H^4(OPCl^2)^2$. L'action de l'éthylate de sodium sur ce liquide a fourni un liquide non chloré, mais phosphoré, distillant entre 200° et 215° en se décomposant, formant sans doute l'éther $C^6H^4(OH)OP(OC^2H^5)^2$ ou l'éther $C^6H^4[OP(OC^2H^5)^2]^2$.

L'oxychlorure de phosphore fournit dans les mêmes conditions une masse cristalline blanche fusible à 123°, bouillant à 270° sous 70 millimètres, correspondant à l'*hydroquinone-di-o-oxychlorophosphine*,

$$C^6H^4(OPOCl^2)^2_{(1.4)}.$$

Ce composé s'altère lentement à l'air et se dissout dans l'eau en se décomposant en acide chlorhydrique, hydroquinone et acide phosphorique. Sa solution dans l'alcool absolu donne, par évaporation, l'*éther hydroquinone-o-phosphinique*, liquide épais qui se décompose à la distillation sous pression réduite, suivant l'équation :

$$C^6H^4[OPO(OC^2H^5)^2]^2$$
$$= C^6H^4(OC^2H^5)^2 + 2PO^2.OC^2H^5$$

[V. Knauer, *loc. cit.*].

Diacétate, $C^6H^4(OC^2H^3O)^2$. — Cet éther a été obtenu en chauffant, au bain-marie pendant une heure, la quinone avec un excès d'anhydride acétique en présence d'acétate de sodium fondu, ou bien en chauffant la quinone seule avec de l'anhydride acétique pendant plusieurs heures, à 260°, en tubes scellés. D'après M. K. Buschka [*D. chem. G.*, **19**, 1327], la présence de l'acétate de sodium est nécessaire, et l'action directe de l'anhydride acétique ne donne pas de dérivé diacétylé. D'après M. O. Hesse [*Ann. Chem.*, **220**, 365], dans cette réaction une partie de la quinone est décomposée avec formation d'un corps amorphe, brun, qui accompagne le dérivé diacétylé. Il fond à 121°, est très soluble dans l'éther et dans le chloroforme, moins soluble dans l'alcool et dans l'eau bouillante [E. Sarauw, *Ann. Chem.*, **209**, 129. — O. Hesse, *Ann. Chem.*, **200**, 680].

Un mélange de 1 partie de dérivé diacétylé de l'hydroquinone avec 6 parties d'acide nitrique fumant (D = 1,48-1,5), refroidi à — 8° environ, et additionné peu à peu de 6 parties d'acide sulfurique, préalablement refroidi aussi à — 8°, donne, après traitement par la glace, de l'acide nitranilique [R. Nietzki et Th. Benckiser, *D. chem. G.*, **18**, 499].

Chloracétate. — On obtient cet éther,

$$C^6H^4(OCOCH^2Cl)^2,$$

par l'action de l'acide chloracétique sur l'hydroquinone en présence d'oxychlorure de phosphore. Il cristallise en lamelles incolores fusibles à 123°, distillant au-dessus de 200°, avec décomposition partielle et formation d'acide chlorhydrique. Il est insoluble dans l'eau et dans les alcalis, est irritant pour la peau et les muqueuses. On n'a pu obtenir l'éther monochloracétique

$$C^6H^4(OH)(OCOCH^2Cl).$$

Avec l'aniline, il donne la *phénylglycocolle-anilide* $C^{14}H^{14}Az^2O$, fusible à 111°, que l'on obtient également par l'action de l'aniline sur l'éther chloracétique du phénol [S. Dzierzgowski, *J. Soc. phys. chim. russe*, **1893**, 154; *D. chem. G.*, **27**, 1988].

Dipropionate. — L'hydroquinone, chauffée à 150° avec de l'anhydride propionique, donne ce composé, $C^6H^4(OC^3H^5O)^2$, en lamelles fusibles à 113°, incolores et peu solubles dans l'eau bouillante.

Oxalates. — L'*oxalate mixte d'éthyle et d'hydroquinone*,

$$OH-C^6H^4O-CO-CO.OC^2H^5,$$

s'obtient par l'action du chlorure d'éthyloxalyle sur le sel monosodique de l'hydroquinone, en solution benzénique. Il fond à 110-111°, est soluble dans l'éther, l'acétone, l'alcool. L'eau le dissout à chaud en le saponifiant.

L'*oxalate neutre d'hydroquinone*, obtenu par l'action sur l'hydroquinone de l'oxalate de phényle, $C^6H^5OCO-COOC^6H^5$, fond au-dessus de 280° et a probablement pour constitution

$$\begin{array}{c} CO-O-C^6H^4-O-CO \\ | \qquad\qquad\qquad | \\ CO-O-C^6H^4-O-CO \end{array}$$

[C.-A. Bischoff et A. von Hedenstrœm, *D. chem. G.*, **35**, 3452].

Succinate. — Le succinate neutre de phényle fournit avec l'hydroquinone un produit fondant à 267-269°, qui semble être un polymère du succinate d'hydroquinone, $C^6H^4(CO^2CH)^2$. On l'obtient également en chauffant à 110° de l'hydroquinone avec du chlorure de succinyle [*loc. cit.*, 4076].

Monobenzoate. — On l'obtient facilement en dissolvant 1 partie d'hydroquinone dans 30 parties d'eau, ajoutant 20 parties de carbonate de sodium, puis la quantité calculée de chlorure de benzoyle. Il fond à 162-163° [O.-N. Witt et Ed. Johnson, *D. chem. G.*, **26**, 1908].

Dibenzoate. — Traitée par 1 partie de chlorure de benzoyle et 10 parties de lessive de soude à 10 0/0, l'hydroquinone se transforme en *dibenzoate*, lamelles fondant à 199-200° [O. Hinsberg et L. von Udranszky, *Ann. Chem.*, **254**, 252].

Disalicylate. — Cet éther, de formule

$$C^6H^4[OCOC^6H^4(OH)]^2,$$

s'obtient en chauffant à 120°, en présence d'oxychlorure de phosphore, 1 molécule d'hydroquinone avec 2 molécules d'acide salicylique. Il cristallise dans l'acide acétique en aiguilles blanches fusibles à 148°, et donne à la distillation de la 2-*oxyxanthone* et de la xanthone, qui se forment d'ailleurs en même quantité quand on distille l'acide salicylique et l'hydroquinone en présence d'acide acétique [W. Baumeister, *D. chem. G.*, **26**, 79].

DÉRIVÉS HALOGÉNÉS.

Voyez article QUINONES (Dict., **2**, 1304; 1er Suppl., 1368).

1° *Dérivés monohalogénés.*

Monochlorhydroquinone. — La monochlorhydroquinone, $C^6H^3Cl(OH)^2$, s'obtient encore en traitant la quinone en solution chloroformique à

5 0/0 par l'acide chlorhydrique sec. Il se forme sans doute de l'hydroquinone et du chlore suivant l'équation :

$$C^6H^4O^2 + 2\,HCl = C^6H^4(OH)^2 + Cl^2$$

et ce dernier réagit immédiatement sur l'hydroquinone [T.-H. Clark, *Am. chem. Journ.*, **14**, 533]. On l'a encore signalée dans les produits de décomposition par l'eau du dérivé résultant de l'action de l'oxychlorure de phosphore sur la quinone à 80° [B. Scheid, *Ann. Chem.*, **218**, 195].

Sa chaleur de combustion est de 647^{cal},6 [A. Valeur, *Ann. Chim. Phys.*, (7), **21**, 488].

Le *dérivé monoacétylé*, obtenu par l'action du chlorure d'acétyle sur la quinone, fond à 62° [Ph. de Clermont et P. Chautard, *C. R.*, **102**, 1072].

Le *dérivé diacétylé* fond, d'après M. Scheid, à 99°; à 72°, d'après M. H. Schultz [*D. chem. G.*, **15**, 652]; à 71-72°, d'après MM. J. Thiele et E. Winter [*Ann. Chem.*, **311**, 341]. On l'obtient soit par l'action du chlorure d'acétyle ou de l'anhydride acétique en présence de chlorure de zinc sur la quinone, soit par l'action du chlorure d'acétyle sur la monochlorhydroquinone. Soumis à l'action des acétates d'argent, de plomb ou de sodium, il ne donne pas de dérivé triacétylé.

La monochlorhydroquinone se combine à la chloroquinone pour donner la *dichloroquinhydrone*, $C^6H^3ClO^2 . C^6H^3Cl(OH)^2$, fusible à 93-94°, cristallisant dans l'eau avec 1 molécule d'eau et fondant alors à 70-72° [A. Ling et J. Baker, *Chem. Soc.*, **1893**, (1), 1314].

Elle s'unit aussi avec l'aniline en donnant la *monochlorhydroquinone-dianiline*,

$$C^6H^3Cl(OH)^2(AzH^2C^6H^5)^2$$

en lamelles brillantes, fusibles à 92°. Avec la *p-toluidine*, on obtient une combinaison analogue en feuillets blancs, brillants, fusibles à 90° [M. Niemeyer, *Ann. Chem.*, **228**, 322].

Monobromhydroquinone. — Ce composé s'obtient également par l'action de l'acide bromhydrique sur la quinone et fond à 110-112° [H. Wichelhaus, *D. chem. G.*, **12**, 1504]. Il s'unit avec la bromoquinone pour donner la *dibromoquinhydrone*, fusible à 98° (H. Ling et J. Baker).

Par l'action du brome sur une solution de diméthylhydroquinone dans l'acide acétique, à froid, on obtient l'*éther diméthylique* de la monobromohydroquinone, bouillant à 262-263°. Liquide incolore de densité 1,1445 à 15°, insoluble dans l'eau. Traité par l'acide nitrique (D = 1,4) en solution acétique, il donne un *dérivé bromomononitré*,

$$C^6H^2Br(AzO^2)(OCH^3)^2,$$

en aiguilles jaune orangé, fusibles à 152-153° [E. Nœlting et P. Werner, *D. chem. G.*, **23**, 3249].

2° *Dérivés dihalogénés.*

2.3-*Dichlorhydroquinone*, $C^6H^2Cl^2(OH)^2$. — Lorsqu'on fait agir le chlorure de sulfuryle (2 molécules) sur 1 molécule d'hydroquinone, on ne constate aucune réaction, mais si l'on opère en présence d'un solvant, de l'éther par exemple, l'action est vive et fournit la 2.3-dichlorhydroquinone, cristallisant dans l'eau avec 2 molécules d'eau, en aiguilles qui fondent, anhydres, à 144-145°. Son *dérivé benzoylé* fond à 173-174°. Elle donne par oxydation une *dichloroquinone* en lamelles jaunes fusibles à 96°. Elle est insoluble dans la ligroïne, très soluble dans les autres solvants [A. Peratoner et A. Genco, *Gazz. chim. ital.*, **24**, (2), 375].

2.5-*Dichlorhydroquinone* ou *α-dichlorohydroquinone*. — Indépendamment des réactions déjà décrites (Dict., **2**, 1305; 1er Suppl., 1368), ce composé se combine avec l'aniline pour donner l'*α-dichlorohydroquinone-dianiline*, en longues aiguilles brillantes fusibles à 112-113°. La combinaison analogue avec la *p-toluidine* fond à 114-115° [M. Niemeyer, *Ann. Chem.*, **228**, 322].

Avec la 2.5-dichloroquinone, elle donne une *quinhydrone* cristallisée avec 2 molécules d'eau, fusible à 140-145° [A. Ling et J. Baker, *Chem. Soc.*, **1893**, (1), 1314].

2.6- (ou β)-*Dichlorhydroquinone*. — Ce composé a été obtenu par Faust [*Ann. Chem.*, **149**, 155] par réduction de la quinone chlorée correspondante. Il fond à 157-158°, à 164° d'après Kehrmann et Tiesler [*J. prakt. Chem.*, (2), **40**, 481].

Son *dérivé dibenzoylé* fond à 105°. Le *dérivé diacétylé* est en aiguilles brillantes, fusibles à 66°,5 [S. Lévy, *D. chem. G.*, **16**, 1445]; à 85-86° quand on le chauffe rapidement, d'après A. Ling, [*Chem. Soc.*, **61**, 560]; à 90°, d'après Kehrmann et Tiesler.

Son *éther diméthylique*, obtenu par l'action du chlore sur l'éther diméthylique de l'hydroquinone, fond à 131° [G. Ciamician et P. Silber, *Gazz. chim. ital.*, **22**, (2), 56].

Son *éther diisobutylique*, obtenu de même, est en lamelles brillantes, insolubles dans l'eau [S. Schubert, *Mon. f. Chem.*, **3**, 680].

Elle donne avec la p-toluidine une combinaison fusible à 72-73° (V. Niemeyer) et avec la dichloroquinone correspondante une *tétrachloroquinhydrone* fusible à 135° (A. Ling et J. Baker).

2.5 (?)-*Dibromohydroquinone*. — Son *éther méthyléthylique* cristallise dans l'alcool à 50 0/0 en houppes incolores, fondant à 88°, très solubles dans l'éther et dans la ligroïne, peu solubles dans l'alcool. On l'obtient par l'action du brome sur l'éther correspondant de l'hydroquinone [F. Fiala, *Mon. f. Chem.*, **6**, 909].

L'*éther diméthylique* n'est attaqué qu'à chaud par l'acide nitrique en donnant un *dérivé nitré* en prismes rouges, fusibles à 188° (E. Nœlting et P. Werner).

L'*éther diisobutylique* est soluble dans l'éther de pétrole et cristallise en lamelles incolores, quadratiques, insolubles dans l'eau (S. Schubert).

Il donne avec la dibromoquinone correspondante une quinhydrone avec 2 molécules d'eau de cristallisation, fusible à 150° (A. Ling et J. Baker).

2.6-*Dibromohydroquinone*. — On l'obtient par réduction de la 2.6-dibromoquinone, fusible à 131°. Elle fond à 163-164° [A. Ling, *Chem. Soc.*, **61**, 562].

Chlorobromohydroquinone. — Voyez 1er Suppl., 1368.

Diiodohydroquinone. — On l'obtient par réduction de la diiodoquinone, $C^6H^2I^2O^2$, fusible à 177-179°. Elle se présente en longues aiguilles blanches fondant à 144-145° [R. Seifert, *J. prakt. Chem.*, (2), **28**, 437].

La diiodoquinone fondant à 157-159° donne, par réduction avec l'acide sulfureux, de fines aiguilles blanches, brillantes, fusibles à 142°,5, de diiodohydroquinone facilement solubles dans l'eau chaude, l'alcool et l'éther. Son *dérivé diacétylé* fond à 147°, est insoluble dans l'eau, facilement soluble dans l'alcool et dans l'éther [K. Metzeler, *D. chem. G.*, **21**, 2555].

3° *Dérivés trihalogénés.*

Trichlorhydroquinone. — Elle prend naissance par réduction avec l'acide sulfureux de la tétrachloroquinone, et fond à 130-132° (A. Peratoner et A. Geuco). Son *éther diéthylique* fond à 68°,5 [Graebe, *Ann. Chem.*, **146**, 25]. Le *diacétate* fond à 153°.

Elle donne avec la trichloroquinone une *hexachloroquinhydrone*, fusible à 103° (A. Ling et J. Baker), et avec l'aniline une *trichlorohydroquinone-monoaniline*, $C^6HCl^3(OH)^2 . AzH^2C^6H^5$, fondant à 60° et une *dianiline* en tables rhombiques fusibles à 67° (Niemeyer).

Sa chaleur de combustion est de 594^{cal},5 [A. Valeur, *Ann. Chim. Phys.*, (7), **21**, 496].

Par l'action du chlore sur la diméthylhydroquinone, on obtient en petite quantité *l'éther méthylique* d'une trichlorhydroquinone, fusible à 91°, qui diffère du composé analogue décrit par J. Habermann (O. Ciamician et P. Silber).

Tribromhydroquinone. — Précédemment décrite (voyez 1er Suppl., 1368).

2.5-*Dichlorobromohydroquinone*. — Elle cristallise avec 1 molécule d'eau en longues aiguilles fusibles à 124-126°. Anhydre, elle fond à 135°,5. Son *dérivé diacétylé* est en aiguilles brillantes, fusibles à 158-159°.

2.6-*Dichlorobromhydroquinone*. — Ce composé fond à 135° et donne un dérivé diacétylé fusible à 173-174° [A. Ling, *Chem. Soc.*, **61**, 567].

4° *Dérivés tétrahalogénés.*

Tétrachlorohydroquinone. — La tétrachlorohydroquinone, $C^6Cl^4(OH)^2$, est un réactif avantageux pour caractériser les acides gras. Pour la préparer, on emploie le chloranile commercial, mélange de sels et de diverses quinones chlorées. On les purifie par dissolution dans l'acide nitrique fumant et courte distillation dans la vapeur d'eau. Les cristaux jaunes qui restent, mélange de trichloroquinone et de chloranile, sont dissous dans l'acide acétique et saturés d'acide chlorhydrique pour transformer la quinone trichlorée en tétrachlorhydroquinone. Le produit obtenu, oxydé par l'acide nitrique fumant, fournit du chloranile pur que, par réduction à l'aide du chlorure stanneux et de l'acide chlorhydrique, on transforme en tétrachlorohydroquinone pure [L. Bouveault, *Bull. Soc. Chim.*, (3), **27**, 354].

Elle réagit avec le chlorure de l'acide α-diméthylisocrotonique en donnant un mélange de *monoéther*, fondant à 132°,

$$C^6Cl^4 \begin{cases} OH \\ OCOC^5H^9 \end{cases}$$

et de *diéther*, fondant à 133-134°,

$$C^6Cl^4 \begin{cases} OCOC^5H^9 \\ OCOC^5H^9 \end{cases}$$

qu'on sépare aisément, grâce à la solubilité du premier dans les alcalis [L. Bouveault, *Bull. Soc. Chim.*, (3), **21**, 1065].

Le chlorure de valéryle normal donne de même la *divaléryl-tétrachlorohydroquinone* en aiguilles blanches, fusibles à 97°, solubles dans l'éther [R. Locquin, *Bull. Soc. Chim.*, (3), **27**, 782].

Avec le chlorure de capryle, on obtient l'*éther dioctylique*, $C^6Cl^4(OCOC^{11}H^{23})^2$, fondant à 74°; avec le chlorure de lauryle, l'*éther dilaurique* en beaux cristaux fusibles à 83-84° [G. Guérin, *Bull. Soc. Chim.*, (3), **29**, 1120].

Avec l'aniline, on obtient la *tétrachlorohydroquinone-monoaniline*, en lamelles ou tables brillantes, fusibles à 115° en se décomposant. Ce composé se dissocie par dissolution dans le benzène (M. Niemeyer).

Avec la trichloroquinone, il donne du chloranile [Graebe, *Ann. Chem.*, **236**, 22].

L'éther diméthylique, obtenu par l'action du chlore à chaud sur l'éther diméthylique de l'hydroquinone, fond à 164° (G. Ciamician et P. Silber).

L'éther méthyléthylique, $C^6Cl^4(OCH^3)(OC^2H^5)$, est en aiguilles soyeuses, incolores, fusibles à 101°, s'électrisant par le frottement et très solubles dans le benzène, l'éther et l'éther de pétrole [F. Fiala, *Mon. f. Chem.*, **6**, 912].

L'éther diisobutylique, $C^6Cl^4(OC^4H^9)^2$, se présente en une masse de cristaux incolores, à éclat soyeux, par l'action prolongée du chlore sur l'éther correspondant de l'hydroquinone (S. Schubert).

Tétrabromohydroquinone. — On l'obtient encore par l'action du brome avec 1 0/0 d'aluminium sur l'hydroquinone [Bodroux, *C. R.*, **126**, 1285].

Elle réagit sur la tétrabromo-o-quinone en donnant du bromanile et de la tétrabromopyrocatéchine [C.-L. Jackson et W. Koch, *Am. chem. Journ.*, **26**, 10].

2.5-*dichloro*-3.6-*dibromhydroquinone*,

$$C^6Cl^2Br^2(OH)^2.$$

— Elle se produit par l'action du brome sur la 2.5-dichlorobromoquinone en solution dans le tétrachlorure de carbone (A. Ling), ou bien par réduction de la quinone correspondante à l'aide du chlorure stanneux avec addition de quelques gouttes d'alcool. Elle se présente en prismes fusibles à 230° [S. Lévy, *D. chem. G.*, **18**, 2366], 234° [A. Hantzsch et K. Schniter, *D. chem. G.*, **20**, 2280].

M. S. Lévy avait également décrit une 2.6-dichloro-3.5-dibromhydroquinone, fusible à 233°; mais MM. A. Hantzsch et K. Schniter [*loc. cit.*], ont démontré que cette hydroquinone était identique à la précédente.

Le *dérivé diacétylé* fond à 269-270°.

Dérivés nitrés et aminés.

Mononitrohydroquinone. — La mononitrohydroquinone s'obtient par oxydation de l'o-nitrophénol par le persulfate d'ammonium, suivant l'équation :

$$C^6H^4(OH)(AzO^2) + O = C^6H^3(OH)^2(AzO^2)$$

On laisse digérer pendant 2 jours, en agitant fréquemment, une solution de 35 grammes d'o-nitrophénol, 50 grammes de soude caustique et 50 grammes de persulfate d'ammonium dans 1500 centimètres cubes d'eau. Après avoir acidulé, on entraîne à la vapeur l'excès de phénol.

Le produit se présente en petits rhomboèdres rouge-grenat, fondant sans décomposition à 133-135°, un peu volatils à partir de 100°, sans être entraînables à la vapeur d'eau. Facilement solubles dans l'éther et dans l'alcool, peu dans l'eau froide, le benzène et l'éther de pétrole.

Elle forme deux séries de sels facilement solubles, sauf ceux de plomb, de cuivre et d'argent; les solutions des sels acides sont brunes, celles des sels neutres bleu-violet. Ils cristallisent mal et sont peu stables en solution; les sels neutres deviennent bruns au bout de quelques jours.

Le *dérivé diacétylé* fond à 86°; il se dissout à 0° dans l'acide azotique (D = 1,5) sans qu'il se produise de réaction; mais à 15-20°, il se décompose complètement avec production d'acide oxalique [K. Elbs, *J. prakt. Chem.*, (2), **48**, 179].

Le *dipropionate* fond à 86°; il est en lamelles jaune pâle, solubles dans l'eau bouillante, le chloroforme, etc. L'acide nitrique concentré le transforme rapidement à chaud en quinone [O. Hesse, *Ann. Chem.*, **200**, 246].

Le *dibenzoate*, $C^6H^3(AzO^2)(OCOC^6H^5)^2$, se présente en aiguilles incolores, fusibles à 140-142°, insolubles dans l'eau, très solubles dans le benzène et dans l'alcool bouillants. Avec l'acide nitrique, à 26°, il donne la *m-nitrobenzoylnitrohydroquinone*, poudre cristalline incolore, fusible à 218-220° en se décomposant.

L'*éther méthylique acide* a été également obtenu par l'action de l'acide nitreux sur l'éther méthylique de l'hydroquinone. Il fond à 63°. Aiguilles orangées [P. Weselsky et R. Benedikt, *Mon. f. Chem.*, **2**, 369].

L'*éther diméthylique*, réduit par l'amalgame de sodium en solution alcoolique maintenue acide, fournit, avec de meilleurs rendements que par l'étain et l'acide chlorhydrique, l'*aminohydroquinone diméthylique*, $C^6H^3(OCH^3)^2AzH^2$. Ce composé, en flocons nacrés très altérables et se colorant en brun à l'air, fond à 81-82°. Il est peu soluble dans l'eau froide, plus à chaud, assez dans l'alcool, le benzène et le sulfure de carbone. Le *chlorhydrate* est en aiguilles blanches efflorescentes; le *chloroplatinate* est un précipité brun. Le *dérivé acétylé* fond à 91°; il se dissout dans l'acide nitrique fumant pour donner le *dérivé nitré*, fusible à 164°,

$$C^6H^2(AzO^2)(OCH^3)^2AzHC^2H^3O.$$

Le dérivé aminé, chauffé avec de l'iodure de méthyle et un peu d'alcool méthylique, se transforme en *iodure de diméthylhydroquinone-triméthylammonium*,

$$C^6H^3(OCH^3)^2Az(CH^3)^3I,$$

fusible à 202°. L'*hydrate* correspondant est en aiguilles extrêmement solubles. Le *chlorure* fond à 172°.

Avec le phénylsénévol, le dérivé aminé donne l'*urée mixte*

$$CS\begin{matrix}\diagup AzHC^6H^3(OCH^3)^2\\ \diagdown AzHC^6H^5\end{matrix}$$

fondant à 137°. La *sulfo-urée* fond à 109°.

Lorsque la réduction de la mononitrohydroquinone diméthylique par l'amalgame de sodium est faite en solution alcoolique légèrement ammoniacale, on obtient de belles aiguilles rouges fondant à 140°, constituant l'*azohydroquinone diméthylique* :

$$\begin{matrix}C^6H^3(OCH^3)^2-Az\\ \|\\ C^6H^3(OCH^3)^2-Az\end{matrix}$$

On peut aussi l'obtenir par réduction du dérivé nitré par la poudre de zinc et la potasse alcoolique. Avec le brome, il donne la *dibromazohydroquinone diméthylique*, $C^{16}H^{16}Br^2Az^2O^4$, fondant à 220°. En même temps que le dérivé azoïque, se produit un composé incolore, fondant à 210°, constituant l'*hydrazohydroquinone diméthylique* :

$$\begin{matrix}C^6H^3(OCH^3)^2-AzH\\ |\\ C^6H^3(OCH^3)^2-AzH\end{matrix}$$

On l'obtient encore en traitant par l'hydrogène sulfuré le composé azoïque dissous dans l'alcool ammoniacal, ou bien par le chlorure stanneux en solution alcoolique très acide. Le *chlorhydrate* est en petites aiguilles étoilées; le *chloroplatinate* est un précipité jaune. La *sulfo-urée* fond à 184°. Le *dérivé diacétylé* fond à 251° [A. Baessler, *D. chem. G.*, **17**, 2118].

L'*éther mononitrohydroquinone-monoéthylique* est en aiguilles jaunes fusibles à 83°. Par réduction, il donne le *chlorhydrate de la monoaminohydroquinone monoéthylique* (P. Weselsky et R. Benedikt).

L'*éther diéthylique* a été précédemment décrit.

L'*éther monobenzylique* s'obtient par dédoublement de la benzylnitroarbutine sous l'action des acides. Il a pour formule

$$C^6H^3(AzO^2)(OH)(OC^7H^7)$$

et forme des aiguilles jaunes, brillantes, fusibles à 156-158° en se décomposant. Le sel potassique cristallise en aiguilles rouges [H. Schiff et G. Pellizzari, *Ann. Chem.*, **221**, 365].

L'*éther dibenzylique* a été préparé soit en ajoutant de l'éther dibenzylique de l'hydroquinone, finement pulvérisé, à de l'acide nitrique concentré, soit en opérant en solution acétique. Il fond à 83° d'après M. G. Pellizzari [*Gazz. chim. ital.*, **13**, 501], à 78° d'après M. A. Colson [*Bull. Soc. Chim.*, (3), **1**, 347]. Soluble dans 12 fois son poids d'éther sec et moins de 8 fois son poids d'alcool à 95° bouillant. Réduit par le zinc en solution alcaline, il donne un corps jaune fondant vers 140° et une petite quantité d'une base.

L'*acétaminohydroquinone*,

$$C^6H^4(OH)^2AzH.CO\underset{O}{C}H^3,$$

obtenue par réduction de l'acétaminoquinone, fond à 100° [F. Kehrmann et G. Bahatrian, *D. chem. G.*, **31**, 2999].

Dinitrohydroquinones.

2.3-*Dinitrohydroquinone.* — La réduction à l'aide du chlorure stanneux et de l'acide chlorhydrique de la 2.3-dinitrohydroquinone fournit la 2.3-*diaminohydroquinone*, à l'état de *chlorhydrate*. Celui-ci cristallise en aiguilles incolores, extrêmement solubles dans l'eau, peu dans l'acide chlorhydrique concentré. La base libre se colore rapidement à l'air, par oxydation, en brun foncé. Le chlorhydrate donne un *dérivé tétracétylé*,

$$C^6H^2(OC^2H^3O)^2(AzHC^2H^3O)^2,$$

de la diaminohydroquinone. Les alcalis le saponifient en le transformant en *diacétyldiaminohydroquinone*, aiguilles incolores fusibles à 240°, qui est oxydée à l'état de quinone correspondante par le perchlorure de fer [R. Nietzki et J. Preusser, *D. chem. G.*, **19**, 2247].

L'*éther monométhylique* de la 2.3 (?)-dinitrohydroquinone existe comme produit secondaire de l'action du nitrite d'éthyle sur la binitranisidine, $C^6H^4(AzO^2)^2.OCH^3.AzH^2$, ou de la diazotation de cette substance et décomposition du diazoïque par l'acide sulfurique. Il cristallise dans l'alcool en aiguilles jaune clair fondant à 110° [V. Wender, *Gazz. chim. ital.*, **19**, 218].

L'*éther diméthylique* de la 2.3-dinitrohydroquinone donne par réduction le chlorhydrate de la *diaminohydroquinone diméthylique* en aiguilles brillantes qui fondent à 169° en se sublimant. Quand on le chauffe à 100°, le résidu ne renferme qu'une seule molécule d'acide chlorhydrique, de sorte que sa formule semble être, d'après M. K. Kariof [*D. chem. G.*, **13**, 1673],

$$C^6H^2\begin{matrix}\diagup (OH)^2\\ - AzH^3Cl\\ \diagdown AzH^2\end{matrix}$$

La nitration de l'éther méthylique de l'hydroquinone n'avait fourni à Habermann qu'un seul dérivé dinitré. D'après MM. R. Nietzki et F. Rechberg [*D. chem. G.*, **23**, 1211], on en obtient en réalité deux, une ortho et une p-dinitrohydroquinone. Le dérivé ortho fond à 177° et est plus soluble dans l'acide acétique que son isomère.

L'éther diéthylique de la 2.3-dinitrohydroquinone donne également par réduction la *diaminohydroquinone diéthylique* correspondante, s'oxydant facilement à l'air et se transformant par le nitrite de sodium en une *azimide*,

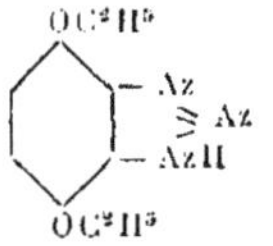

OC^2H^5 — Az ≷ Az — AzH — OC^2H^5

Le biacétyle la transforme en *diméthylquinoxaline* fondant à 127°,

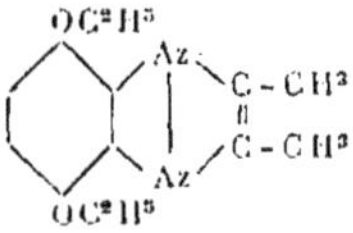

OC^2H^5 — Az — C - CH^3 ‖ C - CH^3 — Az — OC^2H^5

[R. Nietzki et F. Rechberg, *D. chem. G.*, **23**, 1211].

2.5-*Dinitrohydroquinone*. — La 2.5-dinitrohydroquinone cristallise avec $1^{mol},5$ d'eau. Son *sel de baryum* forme des aiguilles noires presque insolubles dans l'eau [K. Elbs, *J. prakt. Chem.*, (2), **48**, 179].

L'éther diacétique cristallise dans l'alcool bouillant en feuillets jaunes fusibles à 94° (M. Nietzki indique 96°). Il fournit par réduction une base aminée, très altérable, dont la solution alcoolique est colorée en rouge cerise par le perchlorure de fer [O. Hesse, *Ann. Chem.*, **200**, 680].

L'éther monométhylique,

$$C^6H^2(AzO^2)^2(OCH^3)(OH),$$

s'obtient par l'action de l'acide nitreux sur l'éther correspondant de l'hydroquinone. Il est en aiguilles verdâtres, fusibles à 102°.

L'éther monoéthylique fond à 71°, aiguilles jaunâtres.

L'éther méthyléthylique est en aiguilles jaunes, qui se ramollissent à 135° et fondent à 144°, sublimables sans altération et très solubles dans l'eau bouillante et dans l'alcool, peu dans l'éther, le benzène et l'éther de pétrole [F. Fiala, *Mon. f. Chem.*, **6**, 909].

L'éther diméthylique fond à 202°, et donne par réduction une 2.5-*diaminohydroquinone diméthylique*, dont le *sulfate* est en aiguilles incolores. Par oxydation à l'aide du chlorure ferrique, on obtient la *diéthyldioxyquinone*, jaune soufre, fusible à 183°,

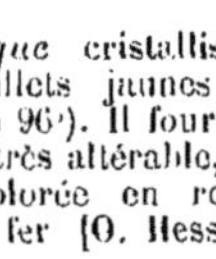

OC^2H^5 — O — O — OC^2H^5

L'éther monobenzylique est en lamelles jaune d'or, solubles dans l'éther, le benzène, l'eau bouillante, et fusibles à 137°. Il peut donner de véritables sels métalliques stables, qui détonent violemment quand on les chauffe. Il fournit, avec l'ammoniaque, deux sels qui renferment 1 molécule de dérivé nitré pour 1 ou 2 molécules d'ammoniaque. Ce dernier, toutefois, n'est stable que dans une atmosphère d'ammoniaque [G. Pellizzari, *Gazz. chim. ital.*, **13**, 501]. Par réduction, on obtient la diaminohydroquinone correspondante.

2.5-*Diaminohydroquinone*. — Ce composé,

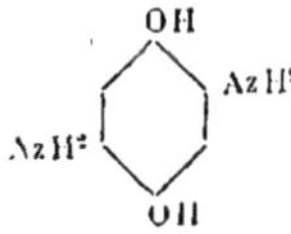

OH — AzH^2 — AzH^2 — OH

prend naissance par réduction, à l'aide du chlorure stanneux et de l'acide chlorhydrique, de la 2.5-dioxyquinone-dioxime. Son *sulfate* est en aiguilles difficilement solubles. Le *tétracétate*,

$$(C^2H^3O^2)^2 . C^6H^2(AzHC^2H^3O)^2,$$

fond à 225°, et donne par oxydation l'acétaminooxyquinone, $C^8H^7AzO^4$.

L'acide nitrique la transforme en *dinitrodiiminohydroquinone*. Oxydée par le chlorure ferrique ou par l'air en présence d'ammoniaque, elle donne le composé $C^6H^6Az^2O^4$ [R. Nietzki et Schmidt, *D. chem. G.*, **22**, 1656].

Le *dérivé dichloré*, $(OH)^2C^6Cl^2(AzH^2)^2$, s'obtient par ébullition de la chloranilanilide

$$C^6Cl^2(AzHC^6H^5)^2O^2,$$

avec une solution de chlorure stanneux très concentrée. Il se présente en fines aiguilles, très solubles dans l'eau, s'oxydant rapidement en solution aqueuse. Avec l'anhydride acétique, il donne un dérivé

$$C^{18}H^{20}Az^2O^6,$$

fusible à 225°. Par ébullition de la chloranilanilide avec le chlorure stanneux et l'alcool, on obtient la *dichlorodianilinohydroquinone*,

$$(OH)^2 . C^6Cl^2(AzH . C^6H^5)^2;$$

en aiguilles brillantes, s'oxydant rapidement.

La chlorodianilinoquinone,

$$C^6HCl(AzHC^6H^5)^2O^2;$$

fournit dans les mêmes conditions la *chlorodianilinohydroquinone*,

$$(OH)^2C^6HCl(AzHC^6H^5)^2,$$

fines aiguilles se décomposant entre 220 et 225°, très instables [Knapp et Schultz, *Ann. Chem.*, **210**, 181].

2.6-*Dinitrohydroquinone*. — On l'obtient par nitration de la diacétylhydroquinone.

Cette dinitrohydroquinone, traitée par l'acide azotique, se transforme aisément en acide nitranilique, $C^6(AzO^2)^2O^2(OH)^2$.

Par oxydation en liqueur alcaline, la *tétracétyldiaminohydroquinone* se transforme en diacétyldiaminoquinone,

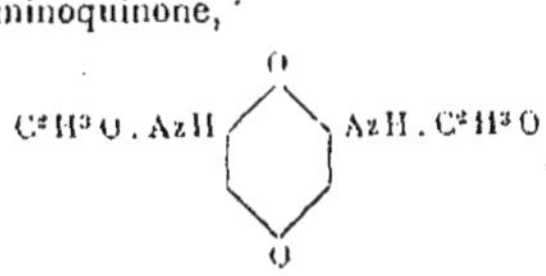

O — $C^2H^3O . AzH$ — $AzH . C^2H^3O$ — O

laquelle, par l'action du chlorure stanneux en solution chlorhydrique, fournit du *chlorhydrate de diaminohydroquinone*, que l'on obtient encore dans les produits de réduction de l'acide picrique [R. Nietzki et J. Preusser, *D. chem. G.*, **20**, 797].

3.6-*Diaminohydroquinone*. — On obtient son chlorhydrate en chauffant la quinone correspondante avec une solution chlorhydrique de chlorure stanneux. Sa solution aqueuse à froid est incolore, mais elle devient rapidement violette à l'air. La base libre

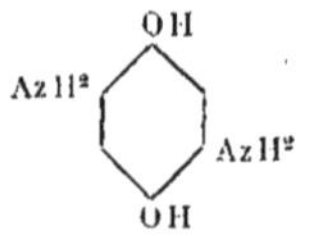

OH
AzH^2 AzH^2
OH

est un précipité incolore d'abord, mais s'oxydant rapidement à l'air.

Le *dérivé diacétylé*, obtenu par réduction de la diacétaminoquinone, est une poudre facilement soluble dans les lessives alcalines étendues. Il commence à se sublimer à 285-290°, et se carbonise à 310°. Le *dérivé tétracétylé* est en aiguilles blanches fusibles à 190° [Kehrmann et Tiesler, *D. chem. G.*, **30**, 2101].

La 2-*monochloro*-3.6-*diaminohydroquinone*, résultant de la réduction de la chlorodioxyquinone-diimide, n'existe pas à l'état libre. Son *chlorhydrate* est extrêmement soluble dans l'eau. Le *dérivé diacétylé* fond à 255° et est très peu soluble dans l'eau [Kehrmann et Tiesler, *J. prakt. Chem.*, (2), **40**, 489].

Trinitrohydroquinone. — L'*éther diéthylique* de la trinitrohydroquinone réagit avec les amines; l'un des groupes nitrés est remplacé par le résidu de l'amine. Ainsi, avec l'aniline il fournit une *dioxéthyldinitrodiphénylamine*, qui se transforme par ébullition avec les alcalis en *éthyldioxydinitrodiphénylamine*, aiguilles jaunes fusibles à 152°,

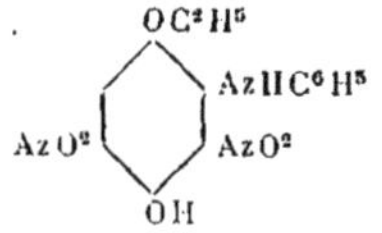

OC^2H^5
$AzHC^6H^5$
AzO^2 AzO^2
OH

Avec la diméthyl-p-phénylène-diamine, en présence d'acétate de soude et en solution alcoolique, on obtient le composé

$$(AzO^2)^2 - C^6H(OC^2H^5)^2$$
$$|$$
$$AzH . C^6H^4 . Az(CH^3)^2$$

en aiguilles rouges, fusibles à 148°.

Le produit obtenu avec la monoacétyl-p-phénylène-diamine fond à 199°; avec la diméthyl-m-phénylène-diamine, à 106°; avec l'α-naphtylamine, à 128°.

Le produit de condensation obtenu avec l'aniline a été réduit et a fourni une nouvelle *base*, en aiguilles fusibles à 77°,

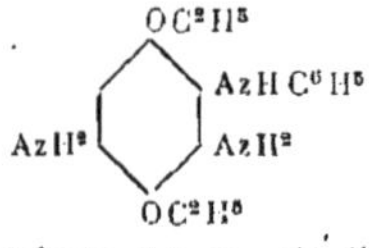

OC^2H^5
$AzHC^6H^5$
AzH^2 AzH^2
OC^2H^5

Son *chlorhydrate* est en aiguilles incolores, devenant bleues en séchant. Avec l'anhydride acétique, elle donne un produit acétylé :

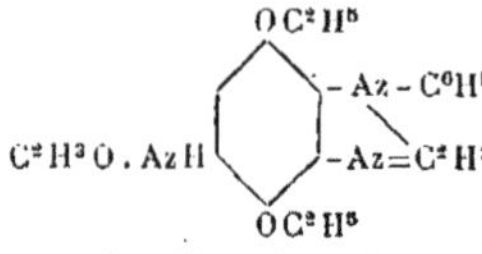

OC^2H^5
$-Az-C^6H^5$
$C^2H^3O . AzH$ $-Az=C^2H^3$
OC^2H^5

fusible à 162° [R. Nietzki et H. Kauffmann, *D. chem. G.*, **24**, 3824].

L'*éther diisobutylique* de la trinitrohydroquinone se produit à côté du dérivé dinitré quand on traite l'éther correspondant de l'hydroquinone par l'acide nitrique ordinaire en solution acétique (S. Schubert).

Triaminohydroquinone. — On la prépare par réduction de la nitrodiiminohydroquinone. Elle a pour formule $(OH)^2C^6H(AzH^2)^3$; son *sulfate* est en aiguilles (R. Nietzki et Schmidt).

Tétranitrohydroquinone. — Les flocons jaunes obtenus dans la préparation de l'éther diisobutylique de la trinitrohydroquinone, constitués par un mélange de dérivés di- et trinitré, traités par un mélange d'acides nitrique et sulfurique concentrés, se transforment en *tétranitrohydroquinone-diisobutylique*

$$C^6(AzO^2)^4(OC^4H^9)^2,$$

flocons jaunes, peu solubles dans l'eau, se colorant lentement à l'air en rouge, très solubles dans l'alcool (S. Schubert).

Tétraminohydroquinone. — On prépare le *chlorhydrate* de cette base en chauffant la dinitrodiaminoquinone avec le chlorure stanneux et l'acide chlorhydrique. Il se présente en lamelles. La base libre se colore rapidement en violet. Le *sulfate* est insoluble. Oxydée par le bioxyde de manganèse, elle se transforme en acide croconique [R. Nietzki, *D. chem. G.*, **20**, 2117].

DÉRIVÉS AZOÏQUES.

Afin d'éviter l'action réductrice de l'hydroquinone dans sa combinaison avec les composés diazoïques, on opère avec le monobenzoate d'hydroquinone, et on saponifie ensuite la matière colorante azoïque obtenue. Cette copulation se fait en solution alcoolique concentrée, en présence de carbonate de soude; pour la saponification, on dissout la matière colorante dans un mélange à parties égales d'eau et d'alcool, puis on y ajoute de la potasse caustique.

Le *benzoate d'aniline-azohydroquinone* cristallise dans l'alcool méthylique ou dans l'acétone en aiguilles orangées ou en lamelles fusibles à 110-112°. L'*aniline-azohydroquinone*, en aiguilles grenat, fond à 145-148°, est soluble dans les solvants organiques, peu dans l'eau et la ligroïne.

Le *benzoate de p-toluidine-azohydroquinone*, en aiguilles jaune orangé, fond à 113-115°,5. La matière colorante libre, en aiguilles noir verdâtre, fond à 168-170°,5.

Le *benzoate de p-nitraniline-azohydroquinone* est en aiguilles rouge-brun, fusibles à 195-197°. La matière colorante libre, en lamelles noires, fond à 185-190° en se décomposant. Peu soluble dans la plupart des solvants, soluble dans les alcalis avec coloration verte.

La *toluidine-azohydroquinone*, dont le benzoate est difficilement soluble, est un précipité noir brun, soluble dans l'acide sulfurique concentré, ainsi que son benzoate, en violet passant au bleu par dilution.

Le *benzoate de sulfanile-azohydroquinone* fournit des sels de sodium et de baryum en cristaux jaune d'or, et la matière colorante libre un sel de sodium rouge-brun, assez soluble dans l'eau [O.-N. Witt et Ed.-S. Johnson, *D. chem. G.*, **26**, 1908].

DÉRIVÉS SULFONIQUES ET SULFINIQUES.

(Voyez Dict., 2, 1309).

Acide hydroquinone-monosulfonique. — Cet acide, de formule

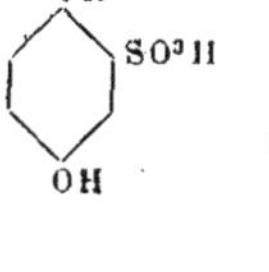

OH
SO^3H
OH

s'obtient en chauffant pendant 3 heures, à 50°, 1 partie d'hydroquinone avec 8 parties d'acide sulfurique. On isole l'acide en passant par les sels de baryum ou de plomb. Il forme une masse cristalline, déliquescente, colorée en bleu fugace par le chlorure ferrique.

Le *sel de baryum* est une poudre amorphe, anhydre, soluble dans l'eau chaude et dans l'alcool étendu.

Le *sel de zinc* cristallise en aiguilles concentriques avec 4 molécules d'eau; le *sel de potassium* est anhydre; le *sel de sodium* est en octaèdres microscopiques [A. Seyda, *D. chem. G.*, **16**, 687].

J. Stebbins [*Am. chem. Journ.*, **13**, 155] a obtenu un *sel de baryum* cristallisé,

$$[C^6H^3(OH)^2(SO^3)]^2Ba + H^2O.$$

L'acide libre, $C^6H^3(OH)^2(SO^3H) + C^2H^6O$, fond à 98-104° et se dissout facilement dans l'eau et dans l'alcool.

Le sel de potassium, chauffé à 180° avec de l'ammoniaque aqueuse ou alcoolique, régénère l'hydroquinone avec formation de sulfate. Ce même sel, chauffé à 160° avec une dissolution alcoolique de cyanure de potassium, donne une petite quantité d'un acide cristallin, se dissolvant en bleu foncé dans les alcalis.

Le produit obtenu par M. O. Hesse, dans l'action de l'anhydride sulfurique sur l'hydroquinone, et décrit comme sel de potassium de l'acide bisulfodihydroquinonique, $C^{12}H^{14}S^2O^{11}$, n'est autre que le sel de potassium ci-dessus,

$$C^6H^3(OH)^2 . SO^3K$$

(A. Seyda).

L'acide hydroquinone-monosulfonique se combine molécule à molécule avec la formopyrine ou diantipyrine-méthane, à 100° en présence d'acide sulfurique. Cette combinaison est en aiguilles incolores, fusibles à 218-220°, insolubles dans l'eau, assez solubles dans l'alcool à 60° bouillant [G. Patein, *Bull. Soc. Chim.*, (3), **23**, 604].

Acide trichlorhydroquinone-sulfonique. — Voyez Dict., **2**, 1309.

Acide pyridyl-chlorhydroquinone-sulfonique. — On obtient cet acide,

$$C^5H^4Az - C^6Cl(SO^3H)(OH)^2(OH),$$

par réduction, au moyen de l'acide sulfureux du produit de l'action de la pyridine sur le chloranile, dont la formule est

$$C^5H^4Az - C^6Cl^2O^2(OH)$$

[H. Imbert, *C. R.*, **133**, 633].

Acides hydroquinone-disulfoniques. — On connaît trois acides hydroquinone-disulfoniques, que l'on distingue par les lettres α, β, γ.

1° *Acide α-disulfoné.* — Ce dérivé disulfoné, obtenu par M. Graebe dans l'action de l'acide sulfurique fumant sur l'acide quinique, a été décrit dans le Dictionnaire (**2**, 1309) comme dérivé β.

2° *Acide β-disulfoné.* — Cet acide prend naissance quand on chauffe pendant une heure à 100-110° 1 partie d'hydroquinone avec 5 parties d'acide sulfurique fumant. Il cristallise en longues aiguilles, déliquescentes, de saveur astringente.

Le *sel de baryum* cristallise avec 3^mol^,5 d'eau; il est peu soluble dans l'eau froide, insoluble dans l'alcool. Le *sel de zinc* est en aiguilles avec 6 molécules d'eau; la lumière solaire le colore en rose. Le *sel de potassium* renferme 4 molécules d'eau, celui *de sodium* est une poudre amorphe, le *sel de plomb* est très peu soluble dans l'eau [A. Seyda, *loc. cit.*].

L'éther diméthylique, $C^6H^2(OCH^3)^2(SO^3H)^2$, se produit en chauffant à 120-125° l'éther diméthylique de l'hydroquinone avec l'acide sulfurique concentré. Il cristallise en aiguilles incolores, très solubles dans l'eau et dans l'alcool, insolubles dans l'éther, et se liquéfiant à l'air. Le *sel de baryum* est un corps blanc, amorphe; le *sel de potassium* est en tables incolores, le chlorure ferrique colore sa solution aqueuse en bleu-violet. Le *sel d'ammonium* se présente en gros prismes incolores, celui *de zinc* en fines aiguilles brillantes; ceux *d'argent* et *de plomb* ne cristallisent pas [K. Kariof, *D. chem. G.*, **13**, 1673].

3° *Acide γ-sulfoné.* — Le p-diazophénoldisulfonate de potassium, $C^6H^2(SO^3K)^2Az^2O$, se décompose sous l'action de l'eau en donnant un hydroquinone-disulfonate de potassium

$$C^6H^2(OH)^2(SO^3K)^2 + H^2O.$$

en croûtes brillantes orangées, très solubles dans l'eau.

L'acide hydroquinone-disulfonique correspondant ne cristallise pas; il se colore en violet par le chlorure ferrique. Il réduit la solution d'argent. Le chlorure de baryum et l'acétate basique de plomb donnent des précipités peu solubles dans l'eau, assez solubles dans l'acide acétique étendu.

Cet acide se distingue de l'acide α par la solubilité du sel de plomb dans l'acide acétique, de l'acide β par le précipité fourni par le chlorure de baryum dans une solution du sel de potassium, par la quantité d'eau de cristallisation et par la coloration violette du perchlorure de fer : les deux premiers donnent une coloration bleue [H. Wilsing, *Ann. Chem.*, **215**, 239. — H. Limpricht, *D. chem. G.*, **15**, 1297].

On a signalé encore la formation d'un acide hydroquinone-disulfonique quand on expose à l'air le révélateur à l'hydroquinone formé de 5 grammes d'hydroquinone et 25 grammes de sulfite de soude dans 300 centimètres cubes d'eau. La réaction est la suivante :

$$C^6H^4(OH)^2 + 2SO^3Na^2 + O^2$$
$$= C^6H^2(OH)^2(SO^3H)^2 + 2NaOH$$

[L. Storch, *D. chem. G.*, **27**, *Ref*, 77). La constitution de cet acide n'est pas établie.

Acide dichlorhydroquinone-disulfonique. — Voyez Dict., **2**, 1309.

Acide dibromhydroquinone-disulfonique. — Le bromanile, traité par une solution étendue de bisulfite de potassium, fournit le *sel de potassium* de l'acide dibromhydroquinone-disulfonique

$$C^6Br^2(OH)^2(SO^3K)^2 + 2H^2O,$$

en aiguilles très solubles dans l'eau bouillante, peu solubles dans l'eau froide et dans l'alcool. Le *sel de baryum* cristallise avec 1 molécule d'eau, en aiguilles incolores [C. Graebe et L. Weltner, *Ann. Chem.*, **263**, 31].

Dérivé sulfinique. — Quand on chauffe l'hydroquinone au bain-marie avec de l'acide benzène-sulfinique, $C^6H^5 . SO^2H$, on obtient la *sulfone du phényle-p-dioxyphényle*

$$C^6H^5SO^2 . C^6H^3(OH)^2,$$

fusible à 195°, identique au composé obtenu en faisant réagir le même acide sur la quinone. On retrouve en outre, dans le produit de la réaction, du disulfoxyde de phényle fusible à 45° [O. Hinsberg, *D. chem. G.*, **36**, 107].

DÉRIVÉS PHTALIQUES.

Phtaléine. — La préparation de la phtaléine de l'hydroquinone avec l'aide de l'acide sulfurique ne fournit qu'un faible rendement (20 à 25 0/0). Il s'élève au contraire à 70 0/0 par le procédé suivant :

On chauffe à 120-130° 2 molécules d'hydroquinone avec 1 molécule d'anhydride phtalique et 2 à 3 fois le poids du mélange de tétrachlorure d'étain. On traite par l'eau bouillante pour éliminer les produits non transformés, et on purifie la phtaléine par cristallisation dans l'alcool faible bouillant. Elle forme des aiguilles feutrées, incolores, fusibles à 226-227° (Grimm indique 231-234°), presque insolubles dans l'eau bouillante ; très peu solubles dans le benzène ; l'acétone, l'éther, l'acide acétique la dissolvent assez bien, surtout à l'ébullition. Les acides chlorhydrique et sulfurique la dissolvent avec coloration rouge ; le premier de ces acides paraît fournir une combinaison cristallisée [A.-G. Ekstrand, *D. chem. G.*, **11**, 713].

La constitution de la phtaléine de l'hydroquinone a été établie par les recherches de R. et H. Meyer [*D. chem. G.*, **28**, 2961 ; **31**, 1739], de Meyer et O. Spengler [*D. chem. G.*, **36**, 2949]. Elle se trouve, en effet, absolument identique au 2.7-*dioxyfluorane*, fusible à 225-227°, que l'on obtient en partant du dinitro-2.7-fluorane, par réduction, puis diazotation et ébullition en solution acidulée, suivant le schéma :

$C^6H^4—CO$; C — O ; AzO^2, AzO^2 ; O

dinitro 2.7-fluorane.

→

$C^6H^4—CO$; C — O ; OH, OH ; O

dioxy-2.7-fluorane.

Pour la constitution des sels colorés de l'hydroquinone-phtaléine, voir : G. Green et A. Perkin [*Chem. Soc.*, **85**, 398, 1904], R. Mayer et O. Spengler [*D. chem. G.*, **38**, 1318, 1905], A. Baeyer [*D. chem. G.*, **38**, 573, 1905].

Le *dérivé diacétylé* de la phtaléine,

$$C^{20}H^{10}O^5(C^2H^3O)^2,$$

incolore, fond à 210°. La soude bouillante ne l'altère pas.

Le *dérivé dibenzoylé*, obtenu en dissolvant la phtaléine dans de la lessive de soude à 10 0/0, et ajoutant du chlorure de benzoyle, est en aiguilles incolores fusibles à 252-253°, assez solubles dans le benzène, insolubles dans les alcalis. Il est saponifié par les alcalis en solution alcoolique et l'acide sulfurique concentré.

Lorsqu'on ajoute un excès de brome à une solution acétique de la phtaléine et qu'on fait bouillir, on obtient un précipité jaune, soluble dans le nitrobenzène qui l'abandonne en petites tables fondant au-dessus de 300°, et constituant la *pentabromophtaléine* de l'hydroquinone,

$$C^{20}H^7Br^5O^5.$$

Les eaux-mères acétiques paraissent renfermer des dérivés bromés inférieurs (A. Ekstrand).

L'*éther monométhylique* de l'hydroquinone-phtaléine fond à 134-135° [R. Meyer et O. Spengler, *D. chem. G.*, **38**, 1318, 1905].

La phtaléine, traitée par l'éthylate de sodium et l'iodure de méthyle, donne l'*éther diméthylique* correspondant, en cristaux incolores fusibles à 200°, possédant la formule

$$\begin{array}{l} C^6H^4-C \diagup C^6H^3 \diagup OCH^3 \\ \;|\qquad\quad |\quad\; \diagdown O \diagup \\ \;|\qquad\quad |\; \diagdown C^6H^3 \diagdown OCH^3 \\ CO — O \end{array}$$

L'*éther diéthylique* fond à 164°.

Traitée par l'aniline et le chlorhydrate d'aniline, la phtaléine donne l'*hydroquinone-phtaléine-anilide*, fondant à 305°, insoluble dans les alcalis. Celle-ci, chauffée avec l'iodure de méthyle et l'éthylate de sodium se transforme en *éther diméthylique*

$$\begin{array}{l} C^6H^4-C \diagup C^6H^3 \diagup OCH^3 \\ \;|\qquad\quad |\quad\; \diagdown O \diagup \\ \;|\qquad\quad |\; \diagdown C^6H^3 \diagdown OCH^3 \\ CO — Az - C^6H^5 \end{array}$$

en lamelles incolores fondant à 183°.

Lorsqu'on fait bouillir une solution ammoniacale de la phtaléine, il se forme un précipité rouge clair qui cristallise en feuillets incolores hexagonaux, $C^{20}H^{13}AzO^4$, constituant sans doute l'*imidohydroquinone-phtaléine*

$$\begin{array}{l} C^6H^4-C \diagup C^6H^3 \diagup OH \\ \;|\qquad\quad |\quad\; \diagdown O \diagup \\ \;|\qquad\quad |\; \diagdown C^6H^3 \diagdown OH \\ CO — AzH \end{array}$$

Ce corps n'est pas fondu à 310° ; il se décompose au-dessus de cette température en se carbonisant et en dégageant de l'ammoniac. Il est facilement soluble dans l'alcool, l'acétone, etc.

En solution alcaline la phtaléine, traitée par le chlorhydrate d'hydroxylamine, donne naissance à trois oximes, que l'on sépare en épuisant le produit brut de la réaction par l'alcool méthylique bouillant. Celui-ci dissout les oximes α et β et laisse l'oxime γ. On sépare les deux premières par l'acétone qui dissout l'α-oxime.

L'*α-oxime*, la plus abondante, est en lamelles incolores fusibles à 268-269°. Son *éther triéthylique* fond à 158-159°.

La *β-oxime*, qui ne fond pas sans décomposition, est extraordinairement soluble dans l'alcool méthylique avec coloration jaune et fluorescence vert bleuâtre intense. Son *sel de baryum* est jaune. Par ébullition avec de l'acide sulfurique étendu, en solution alcoolique, elle se transforme en γ-oxime.

La *γ-oxime*, non fluorescente, se décompose aussi et ne se dissout pas facilement dans les solvants ordinaires. Elle est soluble dans les alcalis avec coloration jaune brun. Son *sel de baryum* est en aiguilles jaunes. Ces trois oximes, chauffées avec de l'acide sulfurique étendu, régénèrent l'hydroquinone-phtaléine (E. Meyer et O. Spengler).

Phtaline $C^{20}H^{14}O^5$. — La phtaline de l'hydroquinone s'obtient quand on chauffe la phtaléine avec de la poudre de zinc pendant 4 heures, puis qu'on additionne d'acide sulfurique étendu. On obtient, en solution benzénique, de grandes tables incolores paraissant renfermer 1 molécule de benzène.

Elle est soluble dans les alcalis ; la solution

incolore devient peu à peu violette par suite de la régénération de la phtaléine. L'acide sulfurique la dissout avec coloration rouge. Étendue d'eau, cette dissolution donne un précipité floconneux, vert-olive, de *phtalidine*, soluble dans l'éther avec fluorescence verte, mais ce composé s'altère rapidement.

La *diacétylphtaline*, $C^{20}H^{12}O^5(C^2H^3O)^2$, est en prismes incolores fusibles à 190-191° (A. Ekstrand).

Par éthérification avec l'alcool absolu et l'acide chlorhydrique, la phtaline donne *l'éther éthylique*

$$\begin{array}{l} C^6H^4-CH \begin{cases} C^6H^3 \begin{cases} OH \\ \end{cases} \\ \quad\quad\quad\quad O \\ C^6H^3 \begin{cases} \\ OH \end{cases} \end{cases} \\ | \\ COOC^2H^5 \end{array}$$

en cristaux incolores, fusibles à 188-189°. Par oxydation avec le ferricyanure de potassium elle redonne la phtaléine (Meyer et O. Spengler).

Produits de condensation.

1° *Dérivés d'addition.*

L'hydroquinone jouit d'une propriété particulière qui la distingue de beaucoup d'autres corps : celle de former très facilement avec des composés gazeux ou facilement gazéifiables de véritables combinaisons moléculaires, dont la constitution n'est pas encore établie. Ces produits d'addition peuvent se diviser en deux catégories : La première comprend les combinaisons de l'hydroquinone avec les acides sulfhydrique, cyanhydrique et sulfureux, combinaisons qui ont respectivement pour formules

$$(C^6H^6O^2)^3 . H^2S$$
$$(C^6H^6O^2)^3 . SO^2$$
$$(C^6H^6O^2)^3 . HCAz$$

La deuxième comprend les combinaisons avec les acides sulfhydrique et formique, de formules

$$(C^6H^6O^2)^4 . H^2S$$
$$(C^6H^6O^2)^4 . H^2CO^2$$

Les produits d'addition avec l'hydrogène sulfuré ont été précédemment décrits (voyez Dict., **2**, 1304).

La combinaison avec l'acide sulfureux s'obtient en saturant de cet acide une solution froide d'hydroquinone. Elle forme des cristaux jaunes, facilement décomposables [A. Clemm, *Ann. Chem.*, **110**, 357 ; O. Hesse, *Ann. Chem.*, **114**, 300].

Acide hydroquinone-formique. — Si l'on dissout à chaud l'hydroquinone dans de l'acide formique cristallisable, on obtient par refroidissement de beaux cristaux incolores, de formule

$$4C^6H^6O^2 + CH^2O^2.$$

Ce composé fond vers 60° en perdant son acide formique. L'eau et les alcalis lui font subir la même décomposition. F. Mylius [*D. chem. G.*, **19**, 999] lui a donné le nom d'acide hydroquinone-formique.

Tout autre est le produit de la réaction de l'acide formique sur l'hydroquinone, quand l'on chauffe leur mélange à 250° en tubes scellés pendant 3 à 4 heures. On observe à l'ouverture des tubes un fort dégagement d'oxyde de carbone, et l'on obtient des aiguilles incolores et brillantes qui se décomposent en hydroquinone et oxyde de carbone sous l'action de l'eau froide, de l'alcool, de l'éther, de l'ammoniaque, de la soude, de l'acide sulfurique et même de l'acide formique. Ce composé fond à 170° en se décomposant de même. L'auteur suppose que c'est un *anhydride* de l'acide hydroquinone-formique

$$2(4C^6H^6O^2 + CH^2O) - H^2O.$$

Il se forme également dans cette réaction de l'hydroquinone et de l'acide hydroquinone-formique.

Acide hydroquinone-cyanhydrique. — Cet acide, de formule

$$3C^6H^6O^2 . HCAz$$

a été préparé en chauffant à 100° en tubes scellés un mélange d'hydroquinone et d'acide cyanhydrique anhydre. Il est en aiguilles incolores, se dédoublant en acide cyanhydrique et hydroquinone par l'eau froide et par la chaleur.

Combinaisons diverses. — Les amines donnent avec l'hydroquinone des produits d'addition, soit par fusion des deux composés, soit en présence d'un solvant approprié.

L'*hydroquinone-diméthylamine* est en prismes fusibles à 132°. Le dérivé correspondant à la *méthylamine* fond à 110° [F. Baeyer et Cie, *Central Blatt*, **1903**, (1), 1058].

L'hexaméthylène-amine donne le composé

$$C^6H^6O^2 . C^6H^{12}Az^4$$

[H. Moschatos et B. Tollens, *Ann. Chem.*, **272**, 271].

La p-phénylène-diamine fournit une combinaison $C^6H^6O^2 . C^6H^8Az^2$, en lamelles blanches fondant à 194-195°, solubles dans 500 parties d'eau froide et 20 parties d'eau bouillante, solubles dans l'acétone, les alcalis, les acides. Les alcalis et les acides la décomposent à l'ébullition. Elle est employée en photographie sous le nom d' « hydramine » [Lumière frères et A. Seyewetz, *Monit. scient.*, (4), **13**, 168].

Le produit d'addition correspondant à l'aniline, de formule $C^6H^6O^2 . (C^6H^5AzH^2)^2$, s'obtient par l'action de l'aniline sur la quinone. Il fond à 89-90°, est soluble dans l'eau bouillante et l'alcool. L'ébullition de la solution benzénique le décompose en donnant de l'hydroquinone.

La combinaison analogue, avec la p-toluidine, fond à 95-98° [A. Hebebrand, *D. chem. G.*, **15**, 1973].

La pyridine fournit un composé

$$C^6H^6O^2 . C^5H^5Az$$

en longs feuillets fusibles à 81-83°, très solubles dans l'eau bouillante, l'alcool, l'éther.

La quinoléine donne la combinaison

$$C^6H^6O^2 . 2C^9H^7Az.$$

Cette combinaison est peu stable, se décompose par ébullition avec l'eau [*D. chem. G.*, **16**, 885] et se présente en prismes fusibles à 98-99°, que le chloroforme et le benzène décomposent en leurs constituants [A. Baeyer et V. Villiger, *D. chem. G.*, **35**, 1208].

La pipéridine donne aussi une combinaison cristallisée $C^6H^6O^2 . C^5H^{11}Az$.

La pipérazine-hydroquinone, obtenue de même, fond à 195° en se décomposant, et a pour composition $C^6H^6O^2 . C^4H^{10}Az^2$ [A. Schmidt et G. Wichmann, *D. chem. G.*, **24**, 3237].

La phénylhydrazine donne un composé hydrazinique en petites plaques nacrées, blanches,

$$C^6H^6O^2(C^6H^5AzH . AzH^2)^2,$$

fusibles à 70-71°, s'altérant à l'air en jaunissant,

peu solubles dans l'eau froide, assez à chaud et dans l'alcool. Les alcalis en séparent à froid la phénylhydrazine [A. Seyewetz, *C. R.*, **113**, 265].

L'hydroquinone en solution dans l'éther, traitée par l'hydrate d'hydrazine, se transforme en *hydroquinone-diammonium*

$$C^6H^6O^2 . Az^2H^4$$

fusible à 154°, instable, réduisant à froid la liqueur de Fehling (Th. Curtius et K. Thun, *J. prakt. Chem.*, **44**, 187].

Avec l'éther oxalique on obtient un composé

$$C^6H^6O^2 . C^6H^{10}O^4$$

en gros feuillets, sans point de fusion fixe.

L'aldéhyde cinnamique donne des cristaux jaunes $C^6H^6O^2 . 2C^9H^8O$, fondant à 53-55°.

La diméthylpyrone dissoute avec l'hydroquinone dans de l'eau bouillante, laisse déposer par refroidissement le composé $C^{13}H^{14}O^4$, fusible à 107-109°, très soluble dans l'eau, l'alcool, peu soluble dans l'éther, le benzène.

Avec l'hydrate d'amylène, on obtient des aiguilles très instables $C^{11}H^{18}O^3$, perdant une partie de l'hydrate d'amylène et se ramollissant entre 90 et 100°.

Le triméthylcarbinol se comporte de même et le composé obtenu répond à la formule $C^{10}H^{16}O^3$ (A. Baeyer et V. Villiger).

L'hydroquinone se dissout à chaud dans l'acétone; par refroidissement, la solution laisse déposer des cristaux incolores et brillants du composé $C^3H^6O . C^6H^6O^2$, facilement dédoublable en ses composants [J. Habermann, *Mon. f. chem.*, **5**, 329].

On a vu (Dict., **2**, 1369; 1er Suppl., **2**, 1369) le produit d'addition de l'hydroquinone avec la quinone, que l'on désigne sous le nom de QUINHYDRONE. Avec la thymoquinone, on obtient une combinaison analogue $C^{10}H^{12}O^2 . C^6H^6O^2$, cristallisée en prismes rectangulaires brun foncé, fondant à 136-137°. Ils se dissocient quand on les dissout dans le benzène, le chloroforme ou la ligroïne [G.-L. Jackson et G. Œnslager, *Amer. Journ.*, **18**, 1].

L'*hydroquinone-diantipyrine* forme des aiguilles incolores fusibles à 127-128°, solubles dans 50 parties d'eau froide, très solubles dans l'eau bouillante, l'alcool, très peu dans l'éther, décomposées par le chloroforme. D'après MM. G. Patein et E. Dufau [*C. R.*, **121**, 532], la fixation se fait sur l'un des atomes d'azote qui devient pentavalent par l'intermédiaire de l'oxhydryle phénolique, vraisemblablement sur celui qui est lié au méthyle.

L'hydroquinone fournit encore des produits d'addition avec la phénylcoumaline et la diméthylphénylcoumaline. Le premier ne peut exister qu'à l'état solide, mais non en solution; prismes fusibles à 108°. L'éther même le décompose [G. Ciamician et P. Silber, *D. chem. G.*, **28**, 1549; *Gazz. chim. ital.*, **25**, (2), 330]. Le second de ces composés fond à 113° et se présente en petites aiguilles blanches [J.-A. Leben, *D. chem. G.*, **29**, 1676; F. Severini, *Gazz. chim. ital.*, **26**, (2), 326].

2° *Dérivés de substitution.*

ACTION DES AMINES. — Si l'on chauffe le mélange de l'hydroquinone et d'une amine à une température élevée (240-300°), et surtout en présence de chlorure de calcium ou de chlorure de zinc, on peut remplacer un seul ou deux groupes hydroxyles par le reste de l'amine.

C'est ainsi que l'aniline fournit avec l'hydroquinone la *p-oxydiphénylamine*,

$$C^6H^4 \begin{cases} OH \\ AzHC^6H^5 \end{cases}$$

et la *diphényl-p-phénylène-diamine*,

$$C^6H^4 \begin{cases} AzH . C^6H^5 \\ AzH . C^6H^5 \end{cases}$$

Le premier de ces composés est en lamelles fusibles à 70°. Le second est en lamelles blanches, fondant à 152° et distille sans décomposition [A. Calm, *D. chem. G.*, **16**, 2786].

Avec la p-toluidine on obtient la *p-oxyphényl-p-crésylamine*, $C^6H^4(OH)(AzHC^7H^7)$, en lamelles fusibles à 122° et bouillant à 350-360° (le dérivé diacétylé fond à 101°; le dibenzoylé à 169°), et la *di-p-crésyl-p-phénylène-diamine*,

$$C^6H^4(AzHC^7H^7)^2,$$

fondant à 182° [A. Hatschek et A. Zega, *J. prakt. Chem.*, (2), **33**, 209].

L'o-toluidine fournit de même la *p-oxyphényl-o-crésylamine*, fusible à 90° et bouillant à 366-368°, et la *di-o-crésyl-p-phénylène-diamine* fusible à 105° et bouillant vers 420° [M. Philip, *J. prakt. Chem.*, (2), **34**, 57]. L'hydroquinone se condense avec la p-phénylène-diamine à 180° en présence de zinc pour fournir presque exclusivement la *p-amino-oxydiphénylamine* [R. Vidal, *Centr. Blatt.*, (2), 1397, 1905]; avec la diméthyl-p-phénylène-diamine pour donner la *diméthyl-p-amido-p-oxydiphénylamine* fusible à 161° [R. Gnehm, *D. chem. G.*, **35**, 3085].

ACTION DES DÉRIVÉS HALOGÉNÉS. — Si l'on chauffe l'hydroquinone en présence d'éthylate de sodium avec du bromure d'éthylène en tubes scellés à 95-100°, pendant 5 heures, elle se transforme en *éthylène-bis-hydroquinone*.

$$OH . C^6H^4 . O . CH^2-CH^2 . O . C^6H^4OH$$

lamelles brillantes, fusibles à 219-220° avec décomposition partielle, solubles dans l'alcool et dans l'acide acétique bouillant. Le *dérivé diacétylé* fond à 137-138°; il est insoluble dans les alcalis, soluble dans le chloroforme. Le *dérivé dibromo-acétylé*, $C^{18}H^{16}O^6Br^2$, obtenu par l'action du bromure de bromacétyle, fond à 156°. L'*éther diéthylique*, $C^{18}H^{22}O^4$, fond à 149°; il est insoluble dans les alcalis, dans l'éther, soluble dans le chloroforme.

On obtient également dans cette réaction un autre produit, insoluble dans les alcalis, fondant à 238°, dont on n'a pu déterminer la nature [D. Vorlaender, *Ann. Chem.*, **280**, 201].

Le chlorocarbonate d'éthyle réagit avec l'hydroquinone sodée suivant l'équation :

$$C^6H^4(OK)^2 + 2ClCOOC^2H^5 = 2KCl + C^6H^4(OCO^2C^2H^5)^2.$$

On fait tomber l'éther sur l'hydroquinone en présence de potasse pulvérisée. Le *diéthylcarbonate d'hydroquinone* est en longues aiguilles fusibles à 100° [O. Wallach, *Ann. Chem.*, **226**, 77], à 101° [G. Bender, *D. chem. G.*, **13**, 696]. Il distille à 310°; une ébullition prolongée le décompose et paraît produire l'éther monoéthylique de l'hydroquinone, bouillant à 240-245°.

Avec le chlorocarbonate de méthyle en présence de CO^3Na^2 sec on obtient l'*hydroquinone-dicarbonate de méthyle* fondant à 115° [V. Syniewski, *D. chem. G.*, **28**, 1874].

Les produits de condensation avec les éthers monohalogénés des acides gras sont décrits au chapitre des *Éthers-oxydes*.

Si l'on fait réagir l'éther bichloré

$$C^2H^3Cl^2.OC^2H^5$$

sur l'hydroquinone en solution dans l'éther acétique, on obtient un corps amorphe très peu soluble dans l'eau, insoluble dans l'éther, le chloroforme, le sulfure de carbone, un peu soluble dans l'alcool, l'acétone, quand il est fraîchement préparé. C'est l'*éthényltrihydroquinone*

$$\begin{array}{l} CH^2-C^6H^3(OH)^2 \\ | \\ CH \begin{cases} C^6H^3(OH)^2 \\ C^6H^3(OH)^2 \end{cases} \end{array}$$

L'anhydride acétique le transforme en dérivé hexacétylé en flocons blancs; le perchlorure de fer l'oxyde; le brome, en solution acétique, donne un dérivé neuf fois bromé.

Quand on fait réagir l'hydroquinone sur un excès d'éther bichloré, la réaction est différente. Il se produit une masse poisseuse, noire, d'où l'alcool bouillant retire un composé $C^{16}H^{13}ClO^4$ formé d'après l'équation :

$$2(C^2H^3Cl^2.OC^2H^5)+2C^6H^4(OH)^2$$
$$=3HCl+2C^2H^5OH+C^{16}H^{13}ClO^4$$

[J. Wislicenus et M. Siegfried, *Ann. Chem.*, **423**, 171].

En chauffant 2 molécules d'éther chloracétylacétique avec 1 molécule d'hydroquinone disodique, on obtient le *p-benzodiméthyldifurfurane-dicarbonate diéthylique*, sous forme d'huile finissant par donner des cristaux fusibles à 150°. Sa constitution n'a pu être établie. L'*acide* correspondant est une masse amorphe, verte [G. Nuth, *D. chem. G.*, **20**, 1332].

Avec le chlorure d'hippuryle on obtient l'*hippuryle-hydroquinone* $C^{15}H^{13}O^4Az$, fusible à 155-157°, et la *dihippuryle-hydroquinone* $C^{24}H^{20}O^6Az^2$, fusible à 220-222° [E. Fischer, *D. chem. G.*, **38**, 2924, 1905].

Le chlorure de phtalyle fournit une combinaison amorphe ne fondant pas, même à une température élevée, correspondant à la formule

$$C^6H^4 \begin{cases} CO \\ \quad > O \\ COOC^6H^4 \end{cases}$$

[B. Pawlewsky, *D. chem. G.*, **28**, 108].

Le chlorure symétrique de l'acide p-nitro-o-sulfobenzoïque

$$AzO^2C^6H^3 \begin{cases} COCl \\ SO^2Cl \end{cases}$$

conduit à une phtaléine, soluble en rouge foncé dans les alcalis, et en jaune orangé dans les acides. Elle possède vraisemblablement la formule :

$$AzO^2C^6H^3 \begin{cases} C[C^6H^3(OH)^2]^2 \\ \quad > O \\ SO[C^6H^3(OH)^2]^2 \end{cases}$$

[W.-E. Henderson, *Amer. Journ.*, **25**, 1].

Action des isocyanates. — L'hydroquinone chauffée à 100° en tubes scellés, pendant 10-16 heures, avec de l'isocyanate de phényle se transforme en *phénylcarbamate* d'hydroquinone, prismes qui jaunissent à 200° et fondent à 205-207°, insolubles dans l'eau, le benzène, de formule $C^6H^4(OCOAzHC^6H^5)^2$ [H. Lloyd Snape, *D. chem. G.*, **18**, 2428].

Avec l'isocyanate d'o-tolyle, on obtient l'éther β-*phényléniq ue* $(CH^3-C^6H^4AzH.COO)^2C^6H^4$, fusible à 206°,5 [L. Gattermann et A. Cantzler, *D. chem. G.*, **25**, 1086].

Réactions diverses. — *Salol.* — L'hydroquinone déplace le phénol dans le salol quand on chauffe le mélange à 210-215° :

$$C^6H^4 \begin{cases} OH \\ CO^2C^6H^5 \end{cases} + C^6H^4 \begin{cases} OH \\ OH \end{cases}$$
$$= C^6H^5OH + C^6H^4 \begin{cases} OH \\ CO^2C^6H^4OH \end{cases}$$

La *monosalicylhydroquinone* est en feuillets fusibles à 96-98°. On obtient également la *disalicylhydroquinone*,

$$\begin{array}{l} C^6H^4 \begin{cases} OH \\ CO^2 \end{cases} \\ \qquad\qquad > C^6H^4 \\ C^6H^4 \begin{cases} CO^2 \\ OH \end{cases} \end{array}$$

en fers de lance caractéristiques, fusibles à 150-151° [G. Cohn, *J. prakt. Chem.*, (2), **61**, 544].

Éther oxalacétique. — Tandis que l'éther acétylacétique réagit difficilement sur l'hydroquinone, l'éther oxalacétique donne facilement, en présence d'acide sulfurique concentré, l'*éther 5-oxycoumarine-β-carbonate d'éthyle* sous forme de deux isomères fondant à 177-178° et à 180-182° [P. Biginelli, *Gazz. chim. ital.*, **24**, (2), 491; H. von Pechmann et E. Graeger, *D. chem. G.*, **34**, 378].

Acide malique. — On fond ensemble l'acide malique et l'hydroquinone, puis on les chauffe avec de l'acide sulfurique concentré à 150-160°; on obtient ainsi la *méloxycoumarine* $C^9H^6O^3$, fusible à 248-250°, dont le dérivé diacétylé fond à 147° [H. v. Pechmann et W. Welsh, *D. chem. G.*, **17**, 1646].

Acide cinnamique. — Cette condensation opérée de même donne une *oxyphénylhydrocoumarine* fusible à 133° [C. Liebermann et A. Hartmann, *D. chem. G.*, **25**, 958].

Anhydride α-méthyl-o-phtalique. — En condensant cet anhydride avec l'hydroquinone dans les mêmes conditions, on obtient la 2-méthylquinizarine-5-8, $C^{15}H^{10}O^4$, fusible à 178°, dont le dérivé diacétylé fond à 204° [St. von Niementowski, *D. chem. G.*, **33**, 1634].

Chloroforme et soude. — Quand on chauffe l'hydroquinone avec un grand excès de chloroforme et de la lessive de soude à 18 0/0, pendant 6 à 8 heures, au bain-marie, il se produit de l'*aldéhyde gentisique*, ou *oxysalicylique*, $C^6H^3(COH)_1(OH)^2_{2-5}$, qu'on purifie par le bisulfite de soude. Elle cristallise en aiguilles aplaties, jaunes, fusibles à 99°, solubles dans l'eau et les solvants habituels. Elle donne une combinaison anilidée, $C^6H^3(CHAzC^6H^5)(OH)^2$, en aiguilles rouges [F. Tiemann et H.-M. Müller, *D. chem. G.*, **14**, 1986].

Fusion avec la soude. — Fondue avec de la soude caustique en excès, l'hydroquinone fournit un mélange d'*oxyhydroquinone* (voyez ce mot), de *dihydroquinone* (voyez 2e Suppl., **1**, 694) et enfin d'un nouvel *hexaoxydiphényle* $C^{12}H^{10}O^6$, en lamelles incolores, se décomposant en charbonnant vers 290°, s'altérant rapidement à la lumière. Son *dérivé acétylé* fond à 172° [L. Barth et J. Schreder, *Mon. f. Chem.*, **5**, 589].

Action du chlorure d'ammonium et de la soude. — Chauffée, en tubes scellés, à 160-180°, pendant 7 heures, avec du chlorure d'ammonium et de la lessive de soude, l'hydroquinone se transforme en p-dioxydiphénylamine

$$AzH \begin{cases} C^6H^4-OH \\ C^6H^4-OH \end{cases}$$

fusible à 174°,5. On obtient le même composé en chauffant en tubes scellés, à 160-180°, un mélange de p-amidophénol, d'hydroquinone et de chlorure de calcium fondu [F. Schneider, *D. chem. G.*, **32**, 689].

Action du bicarbonate de potassium. — Le bicarbonate de potassium (4 parties), chauffé avec de l'hydroquinone (1 partie) et de l'eau, en vase clos, transforme l'hydroquinone en *acide oxysalicylique* (voyez ce mot) [C. Senhofer et F. Sarlay, *Mon. f. Chem.*, **2**, 448].

Benzoïne. — La benzoïne se condense avec l'hydroquinone en présence d'acide sulfurique à 78 0/0, correspondant à $SO^4H^2, 2H^2O$, et donne le *p-oxybenzodiphénylfurfurane*, fusible à 158-160°, et le *p-oxybenzotétraphényldifurfurane*

$$C^6H^2\left[\begin{matrix}C(C^6H^5)=C.C^6H^5\\ O\text{———}\end{matrix}\right]^2$$

fondant à 278° [F.-R. Japp et A.-N. Meldrum, *Chem. Soc.*, **75**, 1038].

L'hydroquinone donne avec la phénylhydrazine une combinaison cristallisée en aiguilles, et avec la quinone solide elle se colore en bleu lilas [H. von Liebig, *Journ. f. prakt. Chem.*, **72**, 105, 1905].

L'hydroquinone se combine encore avec l'aldéhyde o-nitrobenzoïque [G. Siboni, *Gazz. chim. ital.*, **21**, 340]. Elle réagit lentement avec le peroxyde de benzoyle-acétyle [P.-C. Freer et F.-G. Novy, *Amer. Journ.*, **27**, 161].

II — DÉRIVÉS.

1° Oxyhydroquinones.

Parmi les dérivés de l'hydroquinone résultant de la substitution d'un ou de plusieurs hydroxyles à autant d'atomes d'hydrogène dans le noyau, le plus important est le dérivé monohydroxylé, connu sous le nom d'*oxyhydroquinone*. Ce composé sera décrit dans un article spécial (voyez Oxyhydroquinone).

Quant aux dérivés dihydroxylés, ou *tétroxybenzènes*, ils peuvent être considérés aussi bien comme des dérivés de la pyrocatéchine ou de la résorcine. L'un d'eux, le 1.2.3.4-phène-tétrol, est connu sous le nom d'*apionol* et a été déjà décrit (voyez 2° Suppl., **1**, 351). Quant au 1.2.4.5-phène-tétrol, il fera l'objet d'une étude particulière (Voir Tétraoxybenzènes).

2° Hydroquinones a fonction quinone.

Ces composés peuvent être également considérés comme des di-Oxyquinones et seront décrits à ce mot.

3° Acidylhydroquinones.

Acétylhydroquinone. — Ce composé prend naissance quand on chauffe à 140-145° 1 partie d'hydroquinone avec 1 partie et demie d'acide acétique cristallisable et du chlorure de zinc. Il a pour formule $CH^3-CO-C^6H^3(OH)^2$. Il se produit encore quand on soumet pendant longtemps à l'action directe des rayons solaires un mélange de quinone et d'acétaldéhyde fraîchement distillée, contenu dans un tube scellé.

Il se sublime en longues aiguilles jaune verdâtre fondant à 202°, solubles dans la soude, l'ammoniaque, le carbonate de soude en jaune intense. Sa solution aqueuse est colorée par le chlorure ferrique en bleu indigo.

Le *dibenzoate*, $CH^3CO.C^6H^3(OCOC^6H^5)^2$, cristallise en prismes fusibles à 113°; la phénylhydrazone correspondante fond à 148°, elle forme des aiguilles jaunes.

Le *monoacétate*, en aiguilles jaunes, fond à 91° et donne une phénylhydrazone incolore, fusible à 147°. Le *diacétate* fond à 68° [Nencki et Schmid, *J. prakt. Chem.*, (2), **23**, 547; H. Klinger et W. Kolvenbach, *D. chem. G.*, **31**, 1214].

Propionylhydroquinone. — Ce dérivé, de formule

$$C^2H^5CO.C^6H^3(OH)^2,$$

s'obtient par l'action de l'acide propionique sur l'hydroquinone à 190°. Il est constitué par de fines aiguilles brillantes, fusibles à 92°, très solubles dans l'alcool, l'éther, peu solubles dans l'eau froide. Il réduit les solutions de cuivre et d'argent. La *phénylhydrazone* fond à 100° [A. Goldzweig et A. Kaiser, *J. prakt. Chem.*, (2), **43**, 86].

Isovalérylhydroquinone, $C^4H^9CO.C^6H^3(OH)^2$. — On l'obtient par réduction de l'isovalérylquinhydrone, $C^6H^4O^2 + C^4H^9CO.C^6H^3(OH)^2$, résultant de l'action de la lumière solaire sur un mélange de quinone et d'aldéhyde isovalérique. Aiguilles jaunes fusibles à 115°. Le *dibenzoate*, en aiguilles blanches, fond à 105° [H. Klinger et O. Standke, *D. chem. G.*, **24**, 1340].

Benzoylhydroquinones. — La *monobenzoylhydroquinone*,

$$C^6H^5CO.C^6H^3(OH)^2$$

se forme aussi suivant la réaction :

$$C^6H^4O^2 + C^6H^5CHO = C^6H^5CO-C^6H^3(OH)^2.$$

Elle fond à 125°, aiguilles jaunes, très solubles dans les solvants ordinaires.

Le *dibenzoate* fond à 118° (H. Klinger et O. Standke).

La *dibenzoylhydroquinone*,

$$\begin{matrix}C^6H^5.CO\\C^6H^5.CO\end{matrix}\!>C^6H^2<\!\begin{matrix}OH\\OH\end{matrix}$$

prend naissance par saponification du produit de la réaction du chlorure de benzoyle sur le dibenzoate d'hydroquinone en présence de chlorure de zinc ou de chlorure d'aluminium. Elle constitue des aiguilles jaunes, brillantes, fusibles à 207°, insolubles dans l'eau, très peu solubles dans l'alcool à froid, solubles dans les alcalis avec coloration rouge. Le perchlorure de fer et l'azotate d'argent l'oxydent rapidement. Le *dibenzoate*, $C^6H^5.CO^2.C^6H^2(OCOC^6H^5)^2$, fond à 146° [O. Dœbner et W. Wolff, *D. chem. G.*, **12**, 661].

4° Homologues supérieurs.

Méthylhydroquinone. — Ce composé, $C^7H^8O^2$, est connu sous le nom de *toluhydroquinone* (Dict., **3**, 501; 1er Suppl., **2**, 1584; et 2e Suppl.).

Diméthylhydroquinones, $C^6H^2(OH)^2(CH^3)^2$. — On connaît trois diméthyldioxybenzènes ou *xylohydroquinones*, ou encore *hydroxyloquinones*, suivant que les deux radicaux méthyle se trouvent en position 2.3, 2.5, 2.6, par rapport aux hydroxyles en position 1.4. (Voyez Xyloquinone, Dict., **3**, 746; 1er Suppl., **2**, 1675; et 2e Suppl.)

Éthylhydroquinone. — Ce composé, isomère des précédents, de formule $C^6H^3(OH)^2(C^2H^5)$, s'obtient par réduction, à l'aide de l'acide sulfureux ou du bisulfite de soude, de l'éthylbenzoquinone fusible à 38°,2. Il se présente, suivant le dissolvant employé, en aiguilles prismatiques ou en lamelles brillantes, blanches, et fond à 112-113°. Il est soluble dans l'eau, l'alcool, l'éther et se sublime légèrement. Les solutions aqueuses, traitées par les alcalis deviennent rapidement brun-rouge. Il s'oxyde très facilement en quinone primitive [H. P. Bayrac, *Bull. Soc. Chim.*, (3), **11**, 1130].

TRIMÉTHYLHYDROQUINONE. — Ce composé, désigné sous le nom de *cumohydroquinone* ou encore pseudocumohydroquinone, répond à la formule d'un 1.4-dioxy-3.5.6-triméthylbenzène.

On l'obtient par réduction de la quinone correspondante, ou bien encore par l'action d'une lessive de soude sur le mésitylquinol

dans une atmosphère d'hydrogène, par suite d'une transposition. L'acide sulfurique dilué agit de même [E. Bamberger, et A. Rising, *D. chem. G.*, **33**, 3626].

Il fond à 169° [E. Nœlting et T. Baumann, *D. chem. G.*, **18**, 1152], à 170° d'après R. Nietzki et J. Schneider [*D. chem. G.*, **27**, 1430]. Facilement soluble dans l'alcool, l'éther, le benzène.

La *chloropseudocumohydroquinone* fond à 202°, et donne une *quinhydrone* fusible à 154° et un *dérivé diacétylé* fusible à 172°.

La *nitropseudocumohydroquinone* se présente en longues aiguilles jaune d'or, fusibles à 106°, peu solubles dans l'eau.

L'acide *pseudocumohydroquinone-carbonique* ou *dioxydurylique* fond sans décomposition vers 210°. Son *éther éthylique* fond à 109°.

Ces différents produits s'obtiennent par réduction du composé quinonique correspondant [J. U. Nef, *Ann. Chem.*, **237**, 18].

MÉTHYL-ÉTHYLHYDROQUINONE. — Cette hydroquinone ou 1.4-*dioxy*-2-*éthyl*-5-*méthylbenzène* a pour formule

On peut la désigner aussi sous le nom de *p-éthyltoluhydroquinone*. Elle fond à 165° et se présente en petites tables brillantes [H. P. Bayrac, *Bull. Soc. Chim.*, (3), **13**, 898].

ISOPROPYLHYDROQUINONE, ou 1.4-*dioxy*-2-*isopropyl-benzène*. — Longues aiguilles transparentes très dures, fondant à 130-131° [H. P. Bayrac, *Bull. Soc. Chim.*, (3), **13**, 984].

TÉTRAMÉTHYLHYDROQUINONE. — La tétraméthylhydroquinone (1.4-*dioxy*-2.3.5.6-*tétraméthylbenzène*), $C^6(OH)^2(CH^3)^4$, désignée encore sous le nom de *durène-hydroquinone*, a été partiellement décrite déjà (voyez DURÈNE, 2e Suppl., **3**, 321]. D'après M. J. U. Nef [*Ann. Chem.*, **237**, 6], elle fond à 210°. MM. L. Rügheimer et M. Hankel [*D. chem. G.*, **29**, 2174] l'ont obtenue en chauffant la durène-quinone avec de l'aniline à 220° pendant 6 heures.

Ces auteurs donnent comme point de fusion 224°. Le *diacétate* est en fines aiguilles incolores fusibles à 202-203°. Le *dipropionate* fond à 138°,5-139°,5.

MÉTHYL-PROPYL-HYDROQUINONE, ou 1.4-*dioxy*-5-*méthyl*-2-*propylbenzène* ou *paracymohydroquinone*. Elle répond à la formule.

et cristallise en plaques très brillantes fusibles à 138° [H. P. Bayrac, *Bull. Soc. Chim.*, **13**, 980].

MÉTHYL-ISOPROPYLHYDROQUINONE ou 1.4-*dioxy*-3-*isopropyl*-6-*méthylbenzène*. — Elle est connue sous le nom de *thymohydroquinone* ou *hydrothymoquinone* (voyez art. THYMOQUINONE, Dict., **3**, 414; 1er Suppl., **2**, 1562; et 2e Suppl.).

DIISOAMYLHYDROQUINONE. — Quand on traite l'hydroquinone en solution dans l'acide acétique par de l'acide sulfurique, puis de l'isoamylène, il se produit une masse cristalline incolore fondant à 185° et constituant une diisoamylhydroquinone de formule.

$$C^6H^2(OH)^2(C^5H^{11})^2$$

Elle est très soluble dans l'alcool, l'éther, le chloroforme, moins dans le benzène, à peine dans l'eau. Les agents oxydants la transforment facilement en quinone correspondante, qui fond à 140°. Elle est très stable à l'air et à la lumière. Les recherches effectuées pour déterminer la position des deux groupes amyliques n'ont pas donné de résultats.

Le *dérivé diacétylé* fond à 116°. Avec l'isocyanate de phényle, on obtient le *phénylcarbamate*, poudre cristalline fusible à 248° [W. Kœnigs et C. Mai, *D. chem. G.*, **25**, 2649].

DIPHÉNYL-2.6-HYDROQUINONE. — On l'obtient par réduction de la quinone correspondante. Elle a pour formule

$$(C^6H^5)^2_{(2.6)}C^6H^2(OH)^2_{(1.4)}$$

et se présente en prismes fusibles à 179-180° [H. B. Hill, *D. chem. G.*, **33**, 1241; — H. B. Hill, C. A. Soch et G. Oenslager, *Am. chem. Journ.*, **24**, 1].

5° ACIDES HYDROQUINONE-CARBONIQUES.

L'acide hydroquinone-monocarbonique,

$$C^6H^3(OH)^2CO^2H,$$

est plus connu sous le nom d'*acide oxysalicylique* (voyez ce mot). Des acides hydroquinone-dicarboniques, on ne connaît que l'acide benzène-1.4-dioxy-3.6-dicarbonique ou *acide dioxytéréphtalique* (voyez ce mot 2e Suppl., **3**, 242).

Quant à l'acide hydroquinone-tétracarbonique ou dioxypyromellique, il sera décrit au sujet de l'ACIDE PYROMELLIQUE (voyez ce mot).

6° DICYANHYDROQUINONE.

L'acide cyanhydrique, à l'état naissant, réagit nettement sur la quinone pour fournir de la dicyanhydroquinone et de l'hydroquinone. On n'a pas pu constater la formation d'une monocyanhydroquinone.

L'α-dicyanhydroquinone a pour constitution :

Elle cristallise dans l'eau avec 2 molécules d'eau, en feuillets colorés en jaune devenant blancs en perdant leur eau de cristallisation dans le vide. La solution aqueuse est douée d'une faible fluorescence bleue. Très soluble dans l'alcool et très stable vis-à-vis des alcalis et des acides.

Traitée par l'acide sulfurique concentré, elle donne la p-dioxyphtalimide

$$(OH)^2C^6H^2 \lt \begin{matrix} CO \\ CO \end{matrix} \gt AzH + 3H^2O$$

en aiguilles jaunes, qui peut être facilement transformée en acide p-dioxybenzoïque [J. Thiele et J. Meisenheimer, *D. chem. G.*, **33**, 675].

Notons enfin que la *dihydroquinone* se trouve à l'article BIHYDROQUINONE (2ᵉ Suppl.) et que les THIOHYDROQUINONES feront l'objet d'une étude spéciale (voyez ce mot). Fr. March.

HYDRORÉSORCINE (DI-). — La dihydrorésorcine ou simplement hydrorésorcine, $C^6H^8O^2$, a été découverte par M. Merling en 1894. La façon dont elle se comporte dans ses réactions montre qu'elle possède, à la fois, la formule dicétonique

$$CH^2 \lt \begin{matrix} CH^2-CO \\ CH^2-CO \end{matrix} \gt CH^2$$

(m-dicétohexaméthylène), et la formule énolique

$$CH^2 \lt \begin{matrix} CH^2-CO \\ CH^2 — C-OH \end{matrix} \gt CH$$

(m-oxycétotétrahydrobenzène).

Elle décompose en effet les carbonates et donne des sels cristallisables. Sa solution alcaline réduit instantanément le permanganate avec formation d'acide glutarique et d'anhydride carbonique. La dihydrorésorcine argentique donne avec les iodures alcooliques et les chlorures d'acides les éthers correspondants, mais, en raison de leur grande instabilité à l'égard de l'eau, on ne peut admettre que ces dérivés, comme les sels, répondent à la formule générale

$$CH^2 \lt \begin{matrix} CH^2-CO \\ CH^2-CO \end{matrix} \gt CHX.$$

La formule énolique, au contraire, rend compte de leurs réactions; la dihydrorésorcine fixe 2 atomes de brome ou 1 molécule d'acide chlorhydrique, ce qui montre l'existence d'une double liaison. D'autre part, elle fonctionne à l'égard de l'hydroxylamine, de la phénylhydrazine et de l'acide cyanhydrique comme une dicétone [Merling, *Ann. Chem.*, **278**, 20].

PRÉPARATION. — On l'obtient en réduisant la résorcine en solution aqueuse (100 grammes pour 1 litre d'eau) à l'ébullition, par l'amalgame de sodium (5 kilogrammes à 2 0/0 de Na) ajouté peu à peu, en ayant soin de faire passer dans la solution un rapide courant d'acide carbonique pour empêcher la présence de soude caustique. On enlève l'excès de résorcine par l'éther, on acidule et on extrait la dihydrorésorcine au moyen du même solvant (Merling).

Elle se produit encore quand on traite l'éther éthylique de l'acide γ-acétylbutyrique par l'éthylate de sodium, suivant l'équation :

$$CH^2 \lt \begin{matrix} CH^2-COOC^2H^5 \\ CH^2-CO-CH^3 \end{matrix}$$

$$= CH^2 \lt \begin{matrix} CH^2-CO \\ CH^2-CO \end{matrix} \gt CH^2 + C^2H^5OH$$

[Vorlaender, *D. chem. G.*, **28**, 2348, 1895], ou quand on réduit l'oxyhydroquinone par l'amalgame de sodium [J. Thiele et K. Jaeger, *D. chem. G.*, **34**, 2837, 1901].

PROPRIÉTÉS PHYSIQUES. — La dihydrorésorcine cristallise dans le benzène ou le toluène en prismes incolores fusibles à 104-106°, mais non sans décomposition. Elle est soluble dans l'eau, l'alcool, l'acétone, très peu soluble dans l'éther absolu, le sulfure de carbone, la ligroïne (Merling). Sa conductibilité électrique à 25° est K = 0,00055 [V. Schilling et Vorlaender, *Ann. Chem.*, **308**, 184].

PROPRIÉTÉS CHIMIQUES. — Les sels solubles la précipitent de sa solution aqueuse. Celle-ci est acide, se colore en violet par le chlorure ferrique, réduit le nitrate d'argent ammoniacal, mais non la liqueur de Fehling. Maintenue en fusion, la dihydrorésorcine se convertit en un produit de condensation, $C^{12}H^{14}O^3$, d'aspect vitreux, insoluble dans les carbonates alcalins (Merling). Chauffée pendant plusieurs heures à 150-160° avec une solution concentrée de baryte, elle se décompose en donnant de l'acide γ-acétylbutyrique (Vorlaender).

La *dihydrorésorcine sodique*, $C^6H^7O^2Na$, est soluble dans l'alcool et s'obtient par évaporation sous la forme d'une masse radiée, très déliquescente. Elle se combine avec la 2.3-dichloro-α-naphtoquinone pour donner la chloro-α-naphtoquinone-dihydrorésorcine,

$$C^{10}H^4O^2Cl-CH \lt \begin{matrix} CO-CH^2 \\ CO-CH^2 \end{matrix} \gt CH^2,$$

en paillettes jaunes fusibles à 258° [Michel, *D. chem. G.*, **33**, 2409; 1900].

Le *sel de baryum*, $(C^6H^7O^2)^2Ba$, et le *sel de calcium* sont des masses radiées, insolubles dans l'alcool.

Le *sel d'argent* cristallise par refroidissement en aiguilles brillantes. Traité par les iodures alcooliques et les chlorures d'acides, il fournit les éthers correspondants. Les *éthers méthylique*, *éthylique* et *allylique* sont très instables. Les *dérivés acétylé* et *benzoylé* sont des huiles incristallisables.

L'oxydation par le permanganate fournit de l'acide carbonique, de l'acide glutarique et un peu d'acide succinique (Merling). L'oxydation par l'hypobromite de potassium ne fournit que le dérivé glutarique [Vorlaender et Kolmann, *D. chem. G.*, **32**, 1878, 1899].

La *dioxime* de la dihydrorésorcine cristallise avec 2 molécules d'eau d'une solution aqueuse étendue, en prismes ou en aiguilles. Les cristaux obtenus d'une solution concentrée renferment 1 molécule d'eau. Déshydratée, elle fond à 154-157° et se décompose à 200°. Réduite par le sodium, elle fournit le *m-diamidohexaméthylène*, distillable avec la vapeur d'eau, huile épaisse bouillant à 193° et fournissant des sels.

La *monophénylhydrazone*,

$$CH^2 \lt \begin{matrix} CH^2-C=Az^2HC^6H^5 \\ CH^2-C-OH \end{matrix} \gt CH$$

est un précipité cristallin, insoluble dans l'eau, soluble dans l'alcool, fondant à 176-177°.

La *diphénylhydrazone* est très altérable et n'a pu être isolée, mais on a obtenu son produit d'oxydation,

$$C^6H^7 \lt \begin{matrix} Az-AzHC^6H^5 \\ Az=AzC^6H^5 \end{matrix}$$

en chauffant doucement la dihydrorésorcine en solution acétique avec un excès de phénylhydrazine, et traitant ensuite par l'eau glacée. Il se présente en prismes grenat par cristallisation dans l'alcool bouillant.

Une solution de dihydrorésorcine dans le chloroforme absorbe le gaz chlorhydrique en s'échauffant; on observe bientôt la précipitation d'une poudre cristalline, insoluble dans les solvants organiques et décomposable par l'eau, correspondant à la *chlorotétrahydrorésorcine*,

$$CH^2 \begin{matrix} \diagup CH^2-CO \diagdown \\ \diagdown CH^2-CHOH \diagup \end{matrix} CHCl.$$

La fixation de deux atomes de brome conduit de même à la *dibromotétrahydrorésorcine*,

$$CH^2 \begin{matrix} \diagup CH^2-CO \diagdown \\ \diagdown CH^2-CBrOH \diagup \end{matrix} CHBr,$$

que l'eau bouillante dédouble en acide bromhydrique et *bromo-dihydrorésorcine*, C^6H^7BrO. Le sel de sodium de ce dernier composé, C^6H^6BrONa, est cristallin et n'est pas décomposé par l'acide acétique. La réduction ramène à la dihydrorésorcine, de sorte que sa formule n'est autre que

$$CH^2 \begin{matrix} \diagup CH^2-CO \diagdown \\ \diagdown CH^2 — C-OH \diagup\!\!\diagup \end{matrix} CBr.$$

Il ne fixe pas le brome, mais celui-ci lui enlève 2 atomes d'hydrogène et fournit la monobromorésorcine.

Traitée par PCl^3 la dihydrorésorcine fournit le 5-*chloro-3-céto-Δ^4-tétrahydrobenzène*,

$$CH^2 < \begin{matrix} CH^2-CO \\ CH^2-CCl \end{matrix} \geqslant CH$$

liquide bouillant à 104° sous 24 millimètres, (*semicarbazone* fusible à 190°). Le *dérivé bromé* correspondant bout à 132,5-133° sous 52 millimètres. Le PCl^5 donne naissance au 3.5-*dichloro-$\Delta^{2.4}$-dihydrobenzène*,

$$CH^2 < \begin{matrix} CH=CCl \\ CH^2-CCl \end{matrix} \geqslant CH,$$

liquide bouillant à 88-90° sous 29 millimètres [A. W. Clossley et P. Haas, *Chem. Soc.*, **83**, 494, 1903].

L'acide cyanhydrique fournit comme produit d'addition la *dicyanhydrine*,

$$CH^2 < \begin{matrix} CH^2-C(OH)(CAz) \\ CH^2-C(OH)(CAz) \end{matrix} > CH^2,$$

même en présence d'un grand excès de dihydrorésorcine. C'est un sirop incristallisable, dissocié en partie par l'eau et fournissant, en solution chlorhydrique concentrée portée à l'ébullition, l'*acide dioxyhexahydro-isophtalique*,

$$CH^2 < \begin{matrix} CH^2-C(OH)(CO^2H) \\ CH^2-C(OH)(CO^2H) \end{matrix} > CH^2$$

fusible à 217-218°. Si la température ne dépasse pas 45°, on observe la formation de *dioxyhexahydroisophtalimide*

$$CH^2 \begin{matrix} \diagup CH^2-COH-CO \diagdown \\ \diagdown CH^2-COH-CO \diagup \end{matrix} \quad \begin{matrix} \diagdown CH^2 \\ \diagup \end{matrix} \quad AzH$$

fusible à 272-273°.

Les aldéhydes se condensent également avec la dihydrorésorcine. L'aldéhyde formique fournit ainsi la *méthylène-bis-hydrorésorcine* avec élimination d'une molécule d'eau. Ce composé répond à la formule :

$$\begin{array}{ccccc} & CO & & CO & \\ CH^2 & & C-CH^2-HC & & CH^2 \\ | & & \| \quad\quad\quad | & & | \\ CH^2 & & COH \quad\quad CO & & CH^2 \\ & CH^2 & & CH^2 & \end{array}$$

On l'obtient en tables ou en prismes fusibles à 132°, peu solubles dans l'eau et dans l'éther de pétrole. Il donne un *sel de sodium*,

$$C^{13}H^{15}O^4Na + 2H^2O,$$

et colore le chlorure ferrique. Sous l'action de l'anhydride acétique, de l'acide sulfurique ou de la fusion, il se transforme en *anhydride octohydroxanthène-dione*, $C^{13}H^{14}O^3$, fusible à 163°. L'ammoniaque alcoolique fournit la *décahydracridine-dione*,

$$C^6H^6O < \begin{matrix} CH^2 \\ AzH \end{matrix} > C^6H^6O,$$

composé faiblement basique, jaune, difficilement fusible. La baryte bouillante donne avec la méthylène-bis-hydrorésorcine un acide monocétonique bibasique, $C^{13}H^{18}O^5$, fusible à 77°; la potasse à froid, un acide bibasique de même composition, mais colorant le chlorure ferrique, ce que ne fait pas le premier, et fondant vers 67° [Vorlaender et Kalkoff, *Ann. Chem.*, **309**, 356].

L'aldéhyde benzoïque fournit la *benzylidène-bis-hydrorésorcine*, fusible à 208° en se décomposant; sa solution dans l'alcool aqueux est acide et se colore en brun avec le chlorure ferrique. Son anhydride, la *phényloctohydroxanthène-dione*, fond à 255°.

Avec l'aldéhyde p-nitrobenzoïque, on obtient, en présence d'anhydride acétique, la p-nitrophényloctohydroxanthène-dione fondant à 246° (Vorlaender et Strauss).

L'acétone réagit comme les aldéhydes, mais plus difficilement.

ALCOYLDIHYDRORÉSORCINES.

MÉTHYLDIHYDRORÉSORCINE. — La méthyldihydrorésorcine ou *méthylhydrorésorcine*, ou *hydroorcine*, a pour formule

$$CH^3-CH < \begin{matrix} CH^2-CO \\ CH^2-CO \end{matrix} > CH^2.$$

On l'obtient par saponification, avec départ de 2 molécules d'acide carbonique, du 5-méthyl-4.6-dicarboxéthyl-1.3-dicétocyclohexane, produit lui-même dans la condensation du malonate d'éthyle avec l'éther éthylidène-acétylacétique à l'aide de l'éthylate de sodium. Elle fond à 125-126°. Sa solution aqueuse est acide et décompose les carbonates; elle réduit le permanganate et se colore en rouge vineux avec le chlorure ferrique [Knœvenagel, *Ann. Chem.*, **289**, 131].

MM. Vorlaender et Kalkoff [*D. chem. G.*, **30**, 1801; 1897] l'ont obtenue par hydrogénation de l'orcine. Cette dernière est chauffée à l'ébullition avec une solution aqueuse de bicarbonate de soude en présence d'amalgame de sodium et d'un courant d'acide carbonique. Le produit obtenu fond à 122°. L'ébullition avec les alcalis rompt l'anneau hydroorcinique. Elle fournit une dioxime, $C^{17}H^{12}O^2Az^2$, fusible à 155-157°, et est très soluble dans l'eau, l'alcool, le chloroforme.

Sa conductibilité électrique est $K = 0,00057$. Elle se combine avec la formaldéhyde pour donner la *méthylène-bis-méthyldihydrorésor-*

cine, $C^{15}H^{20}O^4$, fusible à 152-153°, à peu près insoluble dans l'eau, soluble dans les carbonates alcalins, très soluble dans l'alcool, le benzène, le chloroforme. Ce composé est converti par les déshydratants en anhydride neutre, $C^{13}H^{14}O^3$; traité par l'ammoniaque alcoolique, il donne un dérivé de l'acridine, $C^{13}H^{15}AzO^2$, fusible à 300° avec décomposition. La potasse caustique conduit à un acide monocétonique, $C^{13}H^{18}O^5$, fusible à 76°.

Diméthyldihydrorésorcine. — La diméthyldihydrorésorcine a été préparée par M. Crossley [*Chem., Soc.*, **75**, 771] par hydrolyse du diméthyldihydrorésorcylate d'éthyle de Vorlaender. Elle possède la formule

$$(CH^3)^2=C \begin{matrix} \diagup CH^2-CO \diagdown \\ \diagdown CH^2-CO \diagup \end{matrix} CH^2$$

(1.3-dicéto-5.5-diméthylhexaméthylène). Elle fond à 148°,5 d'après M. Crossley, vers 150° d'après MM. Vorlaender et Erig, à 144-145° d'après M. Komppa. Sa conductibilité électrique est K = 0,00071 (V. Schilling et Vorlaender).

Sa solution ammoniacale précipite par l'azotate d'argent en donnant un sel $C^8H^{11}O^2Ag$, blanc, qui, chauffé avec l'iodure d'éthyle, fournit l'*éther éthylique* correspondant à la formule énolique

$$(CH^3)^2-C \begin{matrix} \diagup CH^2-CO \diagdown \\ \diagdown CH^2 — C-OC^2H^5 \diagup\!\!\!\diagup \end{matrix} CH$$

Ce composé fond à 59,5-60° et distille sans décomposition à 252°. La potasse alcoolique le saponifie en régénérant le produit primitif. *L'éther méthylique* a été obtenu par éthérification directe au moyen de l'acide sulfurique concentré. C'est une huile incolore, bouillant à 132-134° sous 17 millimètres [D. Vorlaender et M. Kohlmann, *Ann. Chem.*, **322**, 253].

L'oxydation par le permanganate à 40-50° donne de l'acide diméthylsuccinique asymétrique [Vorlaender et Gärtner, *Ann. Chem.*, **304**, 15]. L'oxydation par l'acide nitrique de densité 1,15 ou par le mélange chromique donne avec un bon rendement de l'acide β-β-diméthylglutarique [Crossley, *Chem. Soc.*, **75**, 771]. Il en est de même avec l'hypobromite de sodium [Komppa, *D. chem. G.*, **28**, 1421, 1895] et avec le chlorure de chaux (D. Vorlaender et M. Kohlmann). Si l'action des hypobromites ou hypochlorites n'est pas prolongée trop longtemps, elle donne d'abord naissance à des dérivés monohalogénés de la diméthyldihydrorésorcine.

Dérivés halogénés. — L'étude de ces composés, commencée par M. Komppa et par M. Crossley a été reprise en dernier lieu par MM. Vorlaender et M. Kohlmann [*loc. cit.*]. On les obtient soit par l'action de l'hypochlorite ou de l'hypobromite de soude à la température ordinaire, soit par l'action du brome sur la diméthylhydrorésorcine. Dans ce dernier cas, il se forme vraisemblablement d'abord un composé très soluble dans le chloroforme :

$$(CH^3)^2=C \begin{matrix} \diagup CH^2-CO \diagdown \\ \diagdown CH^2 — C \begin{matrix}-Br \\ OH\end{matrix} \diagup \end{matrix} CHBr$$

ensuite, par départ d'acide bromhydrique, le dérivé monobromé peu soluble,

$$(CH^3)^2=C \begin{matrix} \diagup CH^2-CO \diagdown \\ \diagdown CH^2 — COH \diagup\!\!\!\diagup \end{matrix} CBr$$

L'iode ne s'unit pas facilement à la diméthyldihydrorésorcine libre, mais on peut obtenir le dérivé monoiodé en employant le sel de soude.

Ces dérivés monohalogénés sont des acides monobasiques, donnant avec les alcalis des sels neutres. Ils sont éthérifiés par l'alcool en présence de l'acide sulfurique concentré, plus difficilement cependant que la diméthyldihydrorésorcine. Leur solution alcoolique traitée par le chlorure ferrique prend une coloration violette ou brune. Chauffés avec de l'aniline, ils donnent une *anilide* par départ d'eau :

$$(CH^3)^2=C \begin{matrix} \diagup CH^2-CO \diagdown \\ \diagdown CH^2 — C-AzHC^6H^5 \diagup\!\!\!\diagup \end{matrix} CBr$$

Le *dérivé monochloré*, sans eau de cristallisation, fond à 161°; il est très soluble dans l'alcool et dans l'éther. Le *dérivé monobromé* fond, anhydre, à 175° avec décomposition; à 143-144° quand il renferme 1 molécule d'eau (M. Crossley avait indiqué l'inverse). *L'anilide* fond à 159-160°, *l'éther méthylique* à 104°. Le *dérivé monoiodé* fond à 160-162° avec décomposition ; il est soluble dans beaucoup d'eau, dans l'alcool absolu, moins dans l'éther.

Ajoutons qu'une solution de diméthyldihydrorésorcine dans l'acide acétique cristallisable saturé d'acide bromhydrique fournit la *bromodiméthyltétrahydrorésorcine*,

$$(CH^3)^2=C \begin{matrix} \diagup CH^2-CO \diagdown \\ \diagdown CH^2-CHOH \diagup \end{matrix} CHBr$$

fusible à 168-169° avec décomposition, déliquescente à l'air.

Les *dérivés dihalogénés* s'obtiennent par l'action d'un excès de chlore ou de brome sur la diméthyldihydrorésorcine en solution chloroformique. Contrairement aux dérivés monohalogénés, ils sont insolubles dans les alcalis à froid, dans le carbonate de soude, entraînables à la vapeur d'eau, décomposés par une solution chaude de carbonate de soude ou les lessives alcalines. Avec ces dernières ils donnent de l'hypobromite ou de l'hypochlorite et déplacent l'iode de l'iodure de potassium. Aussi doivent-ils être considérés comme des éthers des acides hypobromeux ou hypochloreux :

$$(CH^3)^2=C \begin{matrix} \diagup CH^2-CO \diagdown \\ \diagdown CH^2 — C-OCl \diagup\!\!\!\diagup \end{matrix} CCl$$

Quand on les chauffe avec une solution chlorhydrique de chlorure de zinc, ils se transforment en dérivés monohalogénés, stables dans ces conditions.

Le *dérivé dichloré* fond à 112°; il est très soluble dans l'alcool et dans l'éther, soluble dans le benzène et le chloroforme. Le *dérivé dibromé* fond à 144° et ne donne aucune coloration avec le chlorure ferrique en solution alcoolique.

L'action des dérivés halogénés du phosphore vient d'être récemment étudiée par MM. A. W. Crossley et H. R. Le Sueur [*Chem. Soc.*, **81**, 821, 1533; **83**, 110]. Avec le pentachlorure on obtient à la fois du 3.5-dichloro-1.1-diméthyl-$\Delta^{2\cdot4}$-dihydrobenzène

$$(CH^3)^2=C \begin{matrix} \diagup CH=CCl \diagdown \\ \diagdown CH^2-CCl \diagup\!\!\!\diagup \end{matrix} CH$$

bouillant à 92° sous 23 millimètres, et du 3.5-dichloro-o-xylène.

Le trichlorure fournit le 5-chloro-3-céto-1.1-diméthyl-Δ^4 tétrahydrobenzène,

$$(CH^3)^2{=}C\left\langle\begin{array}{l}CH^2-CO\\CH^2-CCl\end{array}\right\rangle CH,$$

bouillant à 109-109°,5 sous 14 millimètres, et l'*anhydride de la diméthyldihydrorésorcine*

$$CH^2\left\langle\begin{array}{l}C(CH^3)^2-CH^2\\CO\text{———}CH\end{array}\right\rangle C-O-C\left\langle\begin{array}{l}CH^2-C(CH^3)^2\\CH\text{———}CO\end{array}\right\rangle CH^2$$

en aiguilles fusibles à 99°,5. L'oxychlorure donne la même chlorocétone que le trichlorure.

Le tribromure de phosphore fournit la bromocétone correspondante, bouillant à 129° sous 25 millimètres. Il agit également sur la bromodiméthyldihydrorésorcine

$$(CH^3)^2{=}C\left\langle\begin{array}{l}CH^2-CO\\CH^2-C-OH\end{array}\right\rangle CBr,\ H^2O$$

en la transformant en dérivé dibromé

$$CH^3=C\left\langle\begin{array}{l}CH^2-CO\\CH^2-CBr\end{array}\right\rangle CBr$$

qui fond à 95,5-96°, tandis que le perbromure de phosphore fournit un mélange du dérivé tribromé,

$$(CH^3)^2=C\left\langle\begin{array}{l}CHBr-CO\\CH^2-CBr\end{array}\right\rangle CBr,$$

fondant à 105-106°, et du dérivé tétrabromé,

$$(CH^3)^2=C\left\langle\begin{array}{l}CBr^2-CO\\CH^2-CBr\end{array}\right\rangle CBr,$$

fusible à 117,5-118°.

Le perbromure de phosphore agit de différentes façons sur la diméthyldihydrorésorcine, suivant les conditions du traitement : on a pu isoler ainsi de la bromodiméthyldihydrorésorcine, le dérivé tribromé ci-dessus fondant à 105-106° et des xylénols mono-, di- et tribromés.

Autres réactions. — La diméthylhydrorésorcine fournit une *p toluide* en petites tables fusibles à 200°, et une *dioxime* $C^8H^{14}Az^2O^2 + 2H^2O$ fusibles à 176° [Vorlaender et Erig, *Ann. Chem.*, **294**, 316]. Elle se combine également à l'aldéhyde formique en donnant la *méthylène-bis-diméthyldihydrorésorcine* fusible à 187-188°, dont l'anhydride *tétraméthyloctohydroxanthène-dione*, obtenu par dissolution dans l'acide sulfurique concentré et précipitation par la glace, fond à 171°. Avec l'acétaldéhyde, en solution acétique, on obtient la pentaméthyloctohydroxanthène-dione fusible à 174°. Le produit analogue fourni par l'aldéhyde propionique fond à 139° [Vorlaender et Kalkoff, *Ann. Chem.*, **309**, 356] La *benzylidène-bis-diméthylhydrorésorcine* fond à 193° et colore en violet le chlorure ferrique. Son anhydride fond à 200°. Le composé correspondant à l'aldéhyde cuminique $C^{26}H^{32}O^3$ fond à 173° (Vorlaender et Strauss). Avec l'anhydride acétique elle donne un *dérivé o-acétylé* fusible à 144° et un *dérivé c-acétylé* fusible à 36° et bouillant à 127-128° sous 14 millimètres (sel de cuivre fusible à 260° environ, *monoanilide* fusible à 129-130° [W. Dieckmann et R. Stein, *D. chem. G.*, **37**, 3379; 1904].

L'acide glyoxylique s'unit à la diméthyldihydrorésorcine pour donner la combinaison

$$(C^8H^{11}O^2)^2CH.CO^2H$$

qui cristallise dans l'eau et dans l'alcool, fond à 210-212° en se déshydratant et se solidifie ensuite pour fondre de nouveau à 230°. Sa solution alcoolique est colorée en brun par le chlorure ferrique [Vorlaender et von Schilling, *D. chem. G.*, **34**, 1639, 1901].

Triméthyldihydrorésorcine ou 2.6-*dicéto-3.4.4-triméthylhexaméthylène*. — Ce composé, de formule

$$(CH^3)^2=C\left\langle\begin{array}{l}CH(CH^3)-CO\\CH^2\text{———}CO\end{array}\right\rangle CH^2$$

s'obtient par l'action de la potasse alcoolique sur le 2.6-dicéto-3.4.4-triméthylhexaméthylène-3-carboxylate d'éthyle résultant de la condensation de l'oxyde de mésityle avec le sodométhylmalonate d'éthyle.

Il est peu soluble dans l'eau et dans la ligroïne, mais se dissout facilement dans les solvants organiques ordinaires. Il fond à 99°,5-100°. Sa solution aqueuse décompose les carbonates et est colorée en rouge-violet par le chlorure ferrique. Il fournit une dioxime, $C^9H^{16}Az^2O^2$, fusible à 167°, insoluble dans le benzène et dans le chloroforme.

Son sel d'argent donne, avec l'iodure d'éthyle, l'éther correspondant

$$(CH^3)^2\left\langle\begin{array}{l}CH(CH^3)-CO\\CH^2\text{———}COC^2H^5\end{array}\right\rangle CH$$

bouillant à 265° sous 750 millimètres, liquide jaunâtre, insoluble dans le carbonate de soude et régénérant la résorcine primitive sous l'action de la potasse alcoolique.

La triméthyldihydrorésorcine, soumise à l'action du brome en solution chloroformique, fournit un *dérivé monobromé* fondant à 151°,5,

$$(CH^3)^2=C\left\langle\begin{array}{l}CH(CH^3).CO\\CH^2\text{———}CO\end{array}\right\rangle CHBr$$

qui se transforme par oxydation à l'aide de l'hypobromite de soude en acide α-β-β-triméthylglutarique, à côté du 1.6-dibromo-6 oxy-2-céto-3.4.4-triméthylhexaméthylène fusible à 87-88°, qui résulte également de l'action de l'acide bromhydrique sur le dérivé monobromé précédent.

Le pentachlorure de phosphore conduit à la 2.6-dichloro-3.4.4-triméthyldihydrorésorcine

$$(CH^3)^2C\left\langle\begin{array}{l}C(CH^3)=CCl\\CH^2\text{———}CCl\end{array}\right\rangle CH.$$

L'oxydation par l'hypobromite de soude fournit le 1.1-dibromo-2.6-dicéto-3.4.4-triméthylhexaméthylène en aiguilles fusibles à 112°,5 se décomposant par l'action de la potasse bouillante en bromoforme et acide α-β-β-triméthylglutarique [A.-W. Crossley, *Chem. Soc.*, **79**, 138].

4-Isopropyldihydrorésorcine. — Ce composé de formule

$$(CH^3)^2=CH-CH\left\langle\begin{array}{l}CH^2-CO\\CH^2-COH\end{array}\right\rangle CH$$

s'obtient par hydrolyse, au moyen de la potasse alcoolique, de l'éther résorcylique correspondant. Il cristallise dans l'alcool méthylique étendu avec 1 molécule d'eau et fond alors à 67°,5. Séché dans le vide, il fond à 82°.

Son *sel d'argent*, $C^9H^{13}O^2Ag$, est un précipité blanc, insoluble. La *dioxime* est insoluble dans le benzène et le chloroforme et cristallise dans l'alcool méthylique dilué en aiguilles fondant à 145° et se décomposant à 165°.

L'éther éthylique

$$C^3H^7.CH\left\langle\begin{array}{l}CH^2-CO\\CH^2-C\ OC^2H^5\end{array}\right\rangle CH$$

est un liquide bouillant à 284° sous 762 millimètres. Par hydrolyse avec la potasse alcoolique, il fournit l'isopropylhydrorésorcine primitive.

Si on traite l'isopropyldihydrorésorcine par le brome en solution chloroformique, on la transforme en dérivé monobromé

$$(CH^3)^2CH-CH \left< {CH^2-CO \atop CH^2-C(OH)} \right> CBr$$

insoluble dans l'eau, soluble dans l'alcool, l'acétone, fusible en se décomposant à 169°, 166°, 162°, 152° suivant la façon dont on le chauffe.

L'oxydation de l'isopropyldihydrorésorcine par l'hypobromite de potassium ou par l'acide nitrique fournit de l'acide β-isopropylglutarique. Traitée par l'eau de baryte à chaud, elle est hydrolysée en acide β-isopropyl-δ-cétohexoïque

$$CH^3-CO-CH^2-CH(C^3H^7)-CH^2-CO^2H$$

bouillant à 187° sous 15 millimètres [A. W. Crossley, *Chem. Soc.*, **81**, 675].

1-MÉTHYL-4-PROPÉNYL-DIHYDRORÉSORCINE. — Ce composé

$$CH^3-CH \left< {CO-CH^2 \atop CO-CH^2} \right> CH-C {\lesssim} {CH^3 \atop CH^2}$$

a été obtenu par M. Harries [*D. chem. G.*, **31**, 1811; 1898] en traitant par l'acide sulfurique étendu la dioxime $C^{10}H^{16}Az^2O^2$ produite par oxydation de par l'oxamino-carvoxime. Cette dicétone se produit également [Harries, *D. chem. G.*, **34**, 2105; 1901] par oxydation de la carvone quand on agite cette dernière longtemps avec de la baryte, en présence d'un peu d'alcool méthylique et d'oxygène ou d'air, suivant l'équation :

$$C^{10}H^{14}O + H^2O + O^2 = H^2O^2 + C^{10}H^{14}O^2.$$

Le produit obtenu avec l'oxaminocarvoxime fond à 194°, celui que fournit la carvone à 185-187° après cristallisation dans l'alcool, mais ils sont identiques. La dioxime fond à 153-155°.

PHÉNYLDIHYDRORÉSORCINE. — La phényldihydrorésorcine, ou 5-phényl-1.3-cyclohexane-dione,

$$C^6H^5-CH \left< {CH^2-CO \atop CH^2-CO} \right> CH^2$$

s'obtient par saponification, à l'aide d'une solution alcaline bouillante, de l'éther phényldihydrorésorcylique [Vorlaender, *D. chem. G.*, **27**, 2053; 1894] ou bien du 5-phényl-4.6-carboxéthyl-1.3-cyclohexane résultant de la condensation de l'éther malonique avec l'éther benzylidène-acétylacétique [Knœvenagel, *D. chem. G.*, **27**, 2337; 1894]. Elle cristallise en beaux feuillets se colorant en rouge à 150°, fondant à 184° en se décomposant, d'après M. Vorlaender, à 188° d'après M. Knœvenagel. Peu soluble dans l'eau, la ligroïne et le benzène, un peu soluble dans le chloroforme et le sulfure de carbone, soluble dans l'éther et surtout dans l'alcool, l'acide acétique et les alcalis. Sa conductibilité électrique est $K = 0,0012$. Elle manifeste des propriétés acides et fournit un *sel de sodium* par évaporation de sa solution dans le carbonate de soude et cristallisation dans l'alcool. Les *sels de plomb* et *d'argent* sont des précipités incolores, les sels alcalino-terreux sont solubles. Elle donne *dérivé o-acétylé*, huile épaisse bouillant avec décomposition à 200° sous 14 millimètres et un *dérivé c-acétylé* fusible à 104° (*sel de cuivre*, poudre gris bleu, *monoanilide* fusible à 124-125° (W. Dieckmann et R. Stein).

Par réduction au moyen du sodium et de l'alcool, elle fournit le 5 phényl-1.3 cyclohexanediol, fusible à 157°, soluble dans l'alcool et dans l'eau chaude, peu soluble dans l'éther et insoluble dans le benzène [Knœvenagel, *Ann. Chem.*, **289**, 131]. Avec la poudre de zinc, elle se transforme en diphényle (Vorlaender). Elle est décomposée par les acides chlorhydrique et sulfurique en acide

$$C^6H^5-CH \left< {CH^2-COOH \atop CH^2-CO-CH^3} \right.$$

et produits résineux.

Le perchlorure de phosphore en solution chloroformique la transforme en une huile très réfringente bouillant à 178-179° sous 22 millimètres, qui possède vraisemblablement la constitution d'un dichlorodihydrobiphényle,

$$C^6H^5-CH \left< {CH=CCl \atop CH=CCl} \right> CH^2$$

(Knœvenagel).

Les dérivés alcoylés s'obtiennent à l'aide du sel d'argent (Stollé). Le *dérivé éthylé* se produit aussi par éthérification à l'aide de l'acide sulfurique; il fond à 43° et distille à 214° sous 15 millimètres. *L'éther benzylique*, obtenu par l'action du chlorure de benzyle sur le sel de sodium, cristallisé en lamelles, fond à 129-132°.

L'aniline se combine avec la phényldihydrorésorcine et donne naissance à l'*anilide*,

$$C^6H^5-CH \left< {CH^2-CO \atop CH^2-C-AzHC^6H^5} \right> CH$$

en cristaux incolores fusibles à 240°, insoluble dans les acides et dans les alcalis. *L'éthylanilide* fond à 135°; la *p-toluide* à 215°; la *p-phénétide* à 207°.

Avec l'hydroxylamine on obtient deux oximes : la *monoxime*, peu soluble dans l'eau, soluble dans l'alcool, fond à 79-82°; la *dioxime* fond à 177°. Le diazobenzène fournit un précipité cristallin jaune

$$C^6H^5CH \left< {CH^2-CO \atop CH^2-CO} \right> C=Az^2HC^6H^5$$

qui fond à 172° et donne une dioxime fusible à 228° [Vorlaender et Erig, *Ann. Chem.*, **294**, 309].

L'aldéhyde formique conduit à la méthylène-bis-phényldihydrorésorcine, fusible à 212°, cristallisée en aiguilles. Le dérivé correspondant obtenu avec l'aldéhyde benzoïque fond à 125°. Ces deux composés 1.3-dicétoniques colorent en brun le chlorure ferrique et donnent des anhydrides quand on les chauffe avec l'anhydride acétique [Vorlaender, *Ann. Chem.*, **309**, 356].

L'aldéhyde benzoïque fournit en tubes scellés à 150° le composé :

$$C^6H^5-CH \left< {CH^2-CO \atop CH^2-CO} \right> C=CHC^6H^5$$

fusible à 232°, très peu soluble dans l'alcool [Vorlaender, *Ann. Chem.*, **294**, 310].

PHÉNYLDIMÉTHYLHYDRORÉSORCINE. — La phényldiméthylhydrorésorcine

$$C^6H^5-CH \left< {CH^2 \text{———} CO \atop CH(CH^3)-CO} \right> CH-CH^3$$

résulte de la saponification de l'éther résorcylique correspondant avec perte d'acide carbonique. Elle cristallise dans l'alcool et fond à 175° [Vorlaender et Erig, *Ann. Chem.*, **294**, 311].

ANISYLHYDRORÉSORCINE. — L'anisylhydrorésorcine,

$$CH^3OC^6H^4-CH \left< {CH^2-CO \atop CH^2-CO} \right> CH^2$$

s'obtient de même; elle fond à 185°. Elle fournit une *p-phénétide* en lamelles fusibles à 226° et une *dioxime* fondant à 182-184° (Vorlaender et Erig).

Cinnaménylhydrorésorcine. — Elle fond à 188° en se décomposant [*ibid.* Voir aussi D. Vorlaender, [*D. chem. G.*, **36**, 2339; 1903].

Furylhydrorésorcine. — La furylhydrorésorcine,

$$C^4H^3O-CH\begin{matrix}\diagup CH^2-CO\diagdown \\ \diagdown CH^2-CO\diagup\end{matrix}CH^2$$

fond vers 150° et est peu soluble dans l'eau. Son *anilide* fond à 214°, sa dioxime à 180° et sa combinaison avec le diazobenzène à 152° (*ibid.*). Conductibilité électrique K = 0,0015.

Éthers et acides alcoylhydrorésorcyliques.

Ces éthers dicétoniques, ainsi que les acides correspondants sont exprimés par l'une des deux formules :

$$R-CH\begin{matrix}\diagup CH(COOR')-CO\diagdown \\ \diagdown CH^2\text{———————}CO\diagup\end{matrix}CH^2$$

ou

$$R-CH\begin{matrix}\diagup CH(COOR')-CO \diagdown \\ \diagdown CH^2\text{————}C-OH \,\diagup\!\!\diagup\end{matrix}CH$$

La seconde formule paraît le mieux rendre compte des propriétés de ces composés. On les obtient soit par l'union des éthers maloniques avec les cétones non saturées, soit par l'action des éthers acétylacétiques sur des éthers d'acides non saturés en présence d'éthylate de sodium [Vorlaender, *Ann. Chem.*, **294**, 253. — Michael, *D. chem. G.*, **27**, 2127; 1894].

Ces éthers monobasiques peuvent être facilement éthérifiés par l'alcool et l'acide sulfurique concentré, et réagissent avec l'aniline, la toluidine, etc., en donnant des anilides.

Les acides hydrorésorcyliques bibasiques sont des composés très instables qui, dans la plupart des cas, n'ont pu être isolés par suite de la facilité avec laquelle ils perdent de l'acide carbonique et se transforment en hydrorésorcines.

Éther méthylhydrorésorcylique. — L'éther éthylique s'obtient facilement par la condensation au moyen d'éthylate de sodium de l'acétylacétate d'éthyle avec l'éther crotonique. Il cristallise dans l'eau et fond à 89-90°. Conductibilité électrique K = 0,0037.

Éthers diméthylhydrorésorcyliques. — *L'éther méthylique* fond à 102°, est cristallisé en aiguilles et soluble dans l'eau, l'alcool et l'éther. Sa *p-toluide* fond à 147°. K = 0,0048.

L'éther éthylique fond à 75° et est moins soluble dans l'eau. Sa *semicarbazone* fond à 212°.

Éther 4-isopropyldihydrorésorcylique-3. — Cet éther,

$$(CH^3)^2=CH-CH\begin{matrix}\diagup CH(CO^2C^2H^5)-CO\diagdown \\ \diagdown CH^2\text{——————}CO\diagup\end{matrix}CH^2,$$

s'obtient par condensation du malonate d'éthyle sodé avec l'isobutylidène-acétone. Il cristallise dans un mélange de benzène et d'éther de pétrole et fond à 100,5-101°. Sa solution aqueuse donne une coloration violette avec le chlorure ferrique. Par hydrolyse avec la potasse alcoolique, il perd de l'acide carbonique en donnant la 4-isopropyldihydrorésorcine [A. W. Crossley, *Chem. Soc.*, **81**, 676].

Éthers et acide phénylhydrorésorcyliques. — *L'éther méthylique* cristallise dans l'eau bouillante ou dans l'alcool méthylique étendu en aiguilles fondant à 162°. Il est soluble dans le chloroforme, l'acide acétique, l'alcool et l'éther. Son dérivé o-méthylé fond à 110-111°.

L'éther éthylique cristallise en petites aiguilles fusibles à 143°. K = 0,0061. Son dérivé o-éthylé bout à 250-260° sous 30 millimètres en se décomposant. Chauffé avec une solution de baryte, l'éther éthylique fournit l'acide acétonylbenzylmalonique

$$\begin{matrix}C^6H^5-CH-CH=(CO^2H)^2 \\ | \\ CH^2-CO-CH^3\end{matrix}$$

fusible à 115°.

Ces éthers se combinent avec les amines et fournissent des alcoylamides. *L'anilide* de l'éther éthylique fond à 144-145° et est soluble dans l'alcool et l'acide acétique. La *p-toluide* fond à 214°, l'*éthyltoluide* vers 70°, la *p-phénétide* à 168°. Par saponification de ces composés on obtient les acides correspondants qui perdent de l'acide carbonique sous l'action de la chaleur pour donner l'anilide et la toluide de la phénylhydrorésorcine.

La *semicarbazone* fond à 208° en se décomposant; elle est peu soluble dans les solvants habituels. On ne peut obtenir de di-semicarbazone, même avec un excès de réactif.

La *phénylhydrazone* fond à 130°.

En présence d'anhydride acétique l'aldéhyde benzylique se combine à l'éther éthylique pour donner le composé

$$C^6H^5CH\begin{matrix}\diagup CH(COOC^2H^5)-CO\diagdown \\ \diagdown CH^2\text{——————}CO\diagup\end{matrix}C=CHC^6H^5$$

fondant à 98°, soluble dans l'alcool et dans l'acide acétique.

Le diazobenzène fournit un corps jaune

$$\begin{matrix}-CO\diagdown \\ -CO\diagup\end{matrix}C=Az^2HC^6H^5$$

fondant vers 163° avec décomposition.

Acide phénylhydrorésorcylique. — Cet acide s'obtient par saponification des éthers précédents avec la potasse alcoolique à froid ou une solution de carbonate de sodium à l'ébullition. On n'a pu l'obtenir complètement pur, il fond vers 100° en perdant de l'acide carbonique. Le titrage acidimétrique montre qu'il est bibasique et doit posséder la formule

$$C^6H^5-CH\begin{matrix}\diagup CH(COOH)-CO \diagdown \\ \diagdown CH^2\text{————}C-OH \,\diagup\!\!\diagup\end{matrix}CH$$

Nitrile. — Le nitrile de l'acide phénylhydrorésorcylique s'obtient à l'état de sel de sodium par condensation de l'éther cyanacétique sodé avec la benzalacétone. Il cristallise dans l'alcool méthylique étendu et fond à 180° environ en se décomposant. K = 0,019. Sa solution alcoolique se colore en brun avec le chlorure ferrique; il est soluble dans l'alcool, l'acétone, l'éther acétique, à peine dans l'éther, le benzène, etc. Il est décomposé par l'acide sulfurique étendu de son volume d'eau avec formation de phénylhydrorésorcine. Chauffé avec de l'alcool méthylique saturé d'acide chlorhydrique, il fournit le dérivé O-méthylé du phénylhydrorésorcylate de méthyle.

Le *nitrile O-méthylé* obtenu par éthérification au moyen de l'acide sulfurique et de l'alcool méthylique fond à 173°, ne colore pas le chlorure ferrique et est insoluble dans l'ammoniaque et le carbonate de soude. Il est peu soluble dans l'eau, soluble dans l'acétone et dans l'acide acétique.

Le *diméthylnitrile*

$$C^6H^5-CH\begin{matrix} \nearrow C(CAz)(CH^3)-CO \searrow \\ \searrow CH^2 —— C-OCH^3 \nearrow \end{matrix} CH$$

s'obtient par l'action de l'iodure de méthyle sur le composé précédent en présence de méthylate de sodium. Il fond à 136°, est soluble dans l'éther et l'acide acétiques, peu soluble dans l'éther, insoluble dans l'eau froide. Chauffé avec une solution de carbonate de soude jusqu'à dissolution, il fournit le C-méthylnitrile

$$C^6H^5-CH\begin{matrix} \nearrow C(CH^3)(CAz)-CO \searrow \\ \searrow CH^2-C-OH \nearrow \end{matrix} CH$$

fondant à 174°, colorant en brun le chlorure ferrique, soluble dans le carbonate de soude, ce qui le distingue du composé O-méthylé. Il donne, avec l'hydroxylamine, un composé $C^{14}H^{17}O^3Az^3$ fusible vers 155°. K=0,020.

Le *nitrile* phénylhydrorésorcylique fournit encore une *anilide* fondant à 230°, une *dioxime* fondant à 182°, une *combinaison avec le diazobenzène* fondant à 110° et soluble dans le benzène, l'alcool.

Éther phénylhydrorésorcyloxalique. — Par condensation de la benzalacétone avec l'éther oxalacétique, on obtient le composé

$$C^6H^5-CH\begin{matrix} \nearrow CH(CO-COOC^2H^5)-CO \searrow \\ \searrow CH^2-CO \nearrow \end{matrix} CH^2$$

qui cristallise en feuillets dans l'alcool et fond à 131°. Sa solution alcoolique, à réaction acide, colore le chlorure ferrique en rouge brun.

o-Chlorophénylhydrorésorcylate d'éthyle. — L'o-chlorobenzalacétone réagit avec l'éther malonique sodé et donne naissance au composé

$$(o)C^6H^4Cl-CH\begin{matrix} \nearrow CH(COOC^2H^5)-CO \searrow \\ \searrow CH —————— CO \nearrow \end{matrix} CH^2$$

qui fond à 142° et colore en brun le chlorure ferrique.

Nitrophénylhydrorésorcylates d'éthyle. — L'éther *para*, obtenu avec la p-nitrobenzalacétone, fond à 110° dans l'alcool de cristallisation, à 140° quand il est chauffé lentement. Il est soluble dans le carbonate de soude et colore le chlorure ferrique en rouge brun. L'éther *méta* cristallise dans l'alcool par addition d'eau et fond à 163°.

Ether phényldiméthylhydrorésorcylique. — *L'éther méthylique*, obtenu par condensation du malonate de méthyle avec la benzylidène-diéthylcétone, a pour formule

$$C^6H^5-CH\begin{matrix} \nearrow CO(COOCH^3)-CO \searrow \\ \searrow CH(CH^3) —— CO \nearrow \end{matrix} CH-CH^3.$$

Il cristallise dans l'alcool méthylique en prismes fondant à 185°. L'*acide* correspondant fond vers 100° avec perte de l'acide carbonique et donne la phényldiméthylhydrorésorcine. Il est coloré en violet par le chlorure ferrique.

Ether anisylhydrorésorcylique. — *L'éther éthylique*, obtenu soit par l'action de l'anisalacétone sur le malonate d'éthyle sodé, soit par condensation de l'éther p-méthoxycinnamique avec l'éther acétylacétique, cristallise dans l'acide acétique et fond à 160°. La p-phénétide fond à 217°. Son sel de sodium, chauffé avec une solution de baryte, se décompose en donnant naissance à l'acide β-anisyl-γ-acétobutyrique

$$(p)CH^3OC^6H^4-CH\begin{matrix} \nearrow CH^2-COOH \\ \searrow CH^2-CO-CH^3 \end{matrix}$$

Ethers cinnaményl- et furyl- hydrorésorcyliques. — Le premier de ces éthers,

$$C^6H^5-CH=CH-CH\begin{matrix} \nearrow CH(COOC^2H^5)-CO \searrow \\ \searrow CH^2 —————— CO \nearrow \end{matrix} CH^2$$

s'obtient à l'aide de la cétone

$$C^6H^5-CH=CH-CH=CH-CO-CH^3.$$

Il cristallise dans l'alcool étendu et fond à 138°; il est soluble dans l'éther, peu soluble dans l'eau, l'éther de pétrole, le sulfure de carbone.

Le second,

$$C^4H^3O-CH\begin{matrix} \nearrow CH(COOC^2H^5)-CO \searrow \\ \searrow CH^2 —————— CO \nearrow \end{matrix} CH^2$$

est préparé avec la furfuralacétone, cristallise dans l'acide acétique et fond à 102°.

Mars 1906. Fr. March.

HYDRORHODONITE (Min.) (Engström). — Bisilicate manganeux hydraté lithinifère,

$$SiO^3Mn + H^2O,$$

cristallin, clivable dans une direction, éclat vitreux, couleur brun-rouge, trouvé à Långbanshytta (Suède). Dureté = 5 à 6. Densité = 2,7.

L. Bourgeois.

HYDROTÉTRAZONES. — Voy. Osazones.

HYDROTHYMOQUINONE. — Voy. Thymohydroquinone.

HYDROTIMÉTRIE. (Voy. Dict., 2, 78). — Cette méthode d'appréciation rapide de la valeur d'une eau a subi quelques modifications, assez peu importantes du reste, destinées surtout à rendre plus comparables entre eux les résultats qu'elle fournit et à éviter les corrections dues aux volumes différents des liquides employés.

Pour éliminer les erreurs dues à l'impureté du savon servant à préparer la liqueur hydrotimétrique, on peut utiliser le liquide de Courtonne, qu'on obtient en faisant bouillir 30 centimètres cubes d'huile d'amandes douces avec 30 centimètres cubes de lessive de soude à 36° et 10 centimètres cubes d'alcool à 95°; après ébullition on ajoute 800 centimètres cubes d'alcool à 60°, on filtre et l'on complète à un litre avec de l'alcool à 60°.

Albert Lévy utilise, à l'observatoire de Montsouris, une liqueur peu différente de celle de Boutron et Boudet : on fait bouillir, pendant 2 heures, 120 grammes de savon amygdalin rapé avec 1900 centimètres cubes d'alcool pur à 96°; après refroidissement on ajoute 1000 centimètres cubes d'eau et l'on fait de nouveau bouillir 1 heure; on laisse refroidir et on filtre.

Au lieu de la burette à Gay-Lussac portant la division de Boutron et Boudet, le même savant utilise une burette ordinaire à robinet, divisée en dixièmes de centimètre cube et d'un très faible diamètre, rendant plus exacte la lecture des fractions de division. L'essai s'exécute dans un flacon cylindrique de 3 à 4 centimètres de diamètre, bouché à l'émeri, et portant un trait de jauge correspondant à 40 centimètres cubes.

Pour opérer on doit verser la liqueur de savon par 10 gouttes seulement et agiter chaque fois le flacon contenant l'essai; vers la fin, lorsque la mousse se forme et tend à persister, on diminuera le nombre des gouttes jusqu'à n'en plus laisser tomber qu'une seule à la fois. Il arrive, surtout avec les eaux magnésiennes des calcaires dolomitiques, ou très chargées de matières organiques, que la mousse qui se forme, quoique persistant assez longtemps, disparaisse tout à coup soit par le mouvement rapide de rotation imprimé au flacon, soit par l'addition d'une goutte de liqueur de savon; c'est le phénomène de la fausse mousse. La fin de la réaction n'est réellement obtenue que lorsque la mousse, après le mouvement de rotation ci-dessus indiqué, ne laisse crever aucune bulle, même très petite, à sa surface et qu'elle ne subit aucun affaissement après 15 minutes de repos.

Cette vraie mousse est fine, perlée, et possède dans le flacon une épaisseur de 1 centimètre cube à $1^{cc},5$.

On emploie pour ajuster la liqueur hydrotimétrique une solution contenant exactement $0^{gr},250$ $CaCl^2$ par litre, titrée elle-même par pesée après précipitation par l'oxalate d'ammoniaque. Par définition, 40 centimètres cubes de cette solution, contenant $0^{gr},01$ $CaCl^2$, représentent 22° hydrotimétriques et l'on s'arrange pour que la quantité de liqueur de savon correspondant à ces 40 centimètres cubes soit égale à 2^{cc}, 35, soit 23,5 divisions de la burette.

Or l'expérience démontrant que les poids de savon précipités par le chlorure de calcium ne sont pas proportionnels à la quantité réelle de ce sel mais varient assez irrégulièrement avec la concentration, il est tout à fait indispensable d'étalonner la liqueur hydrotimétrique. Pour cela on effectue 9 essais successifs avec la liqueur en question et chaque fois 40 centimètres cubes d'une solution de $CaCl^2$ dont le titre va décroissant. On obtient ainsi, pour la liqueur ci dessus préparée, le tableau suivant :

40 cm^3 solution $CaCl^2$ à		Degré hydrotimétrique correspondant	Volume de solution de savon employée
$0^{gr},2500$	par litre	22°	$23^{div},5$
0 , 2180	—	19°,25	20 , 9
0 , 1875	—	16°,50	18 , 4
0 ; 1562	—	13°,75	15 . 9
0 , 1250	—	11°,00	13 , 4
0 , 0937	—	8°,25	11 , 0
0 , 0625	—	5,50	8 , 6
0 , 0312	—	2°,75	5 , 2
0 , 0125	—	1°,10	3 , 2

Avec ce tableau il est aisé de construire une courbe donnant pour chaque lecture de la burette le degré hydrotimétrique réel correspondant.

Avec cet artifice, il n'est pas absolument nécessaire de se donner la peine d'ajuster très exactement la liqueur de savon; il suffit de la diluer assez pour que 40 centimètres cubes de la solution calcique correspondent à 23 ou 24 divisions de cette liqueur de savon. Supposons $23^{div},4$; nous dirons que ces $23^{div},4$ équivalent par définition à 22° hydrotimétriques et nous construirons une courbe tout à fait analogue à la précédente. En pratique, on construira à l'avance une dizaine de courbes, pour tous les chiffres compris entre 23 et 24, et l'une d'entre elles s'appliquera à la liqueur de savon considérée.

L'essai hydrotimétrique d'une eau quelconque s'effectue exactement comme le titrage de la liqueur; on opère en général sur 40 centimètres cubes d'eau, mesurés à la pipette. Si toutefois la dureté de l'eau était très grande, on aurait avantage, pour éviter la formation de grumeaux, à ne mesurer à la pipette que 20, 10 ou même 5 centimètres cubes d'eau seulement, et l'on compléterait le volume de 40 centimètres cubes, jusqu'au trait gravé sur le flacon, avec de l'eau distillée exempte d'acide carbonique. Bien entendu le résultat devrait être multiplié par le facteur correspondant à la dilution, 2, 4, 8.

On ne donne pas partout la même valeur au degré hydrotimétrique :. un degré équivaut à $5^{mmg},733$ CaO en France, à $8^{mmg},2$ CaO en Angleterre, à 10 miligrammes CaO en Allemagne, à $0^{mmg},56$ CaO ou 1 miligramme CO^3Ca en Amérique. Il serait à souhaiter qu'une convention internationale fixât définitivement cette valeur du degré hydrotimétrique, qui indique *à peu près* la quantité de sels alcalinoterreux contenus en dissolution dans l'eau considérée.

Il est clair que l'analyse chimique complète d'une eau sera toujours de beaucoup préférable au simple essai hydrotimétrique.

Toutefois ce dernier, malgré ses imperfections, est rapide, facile et ne nécessite qu'un matériel peu compliqué, et à ce titre il mérite d'être conservé pour certains buts spéciaux, épuration des eaux de chaudières, industrie du blanchiment, étude hydrologique des nappes souterraines, etc... R. Cambier.

HYDROTOLUÈNE. — Voyez HYDROAROMATIQUES, 2e Suppl., **5**.

HYDROTOLUQUINONE. —Voy. TOLUHYDROQUINONE.

HYDROXAMIQUES et **HYDROXIMIQUES (ACIDES).** — Voy. l'article HYDROXYLAMINE, 2e Suppl., **5**.

HYDROXANTHOCHÉLIDONIQUE. — Voy. CHÉLIDONIQUE, 2e Suppl. **2**, 1060.

HYDROXIMIDOSULFONIQUE (ACIDE). — Voy. HYDROXYLAMINE-DISULFONIQUE, 2e Suppl., **5**.

HYDROXY. — Pour les mots qui ne se trouvent pas ici à leur place alphabétique, voyez le mot qui suit ce préfixe.

HYDROXYCAMPHOCARBONIQUE (ACIDE) (*acide homocamphorique*) — (Voyez 2e Suppl., **1**, 872, article CAMPHOLIQUE-CARBONIQUE et 2e Suppl., **2**, 138, article HOMOCAMPHORIQUE (ACIDE).

HYDROXYCAMPHORIQUES (ACIDES) (*acides oxycamphoriques*). — Ces acides ne sont pas connus à l'état libre, mais on connaît les acides lactoniques correspondants qui constituent les acides camphaniques.

1° ACIDE CAMPHANIQUE ORDINAIRE, $C^{10}H^{14}O^4$ (*Acide l-camphanique*). — (Voyez 1er Suppl., **1**, 395, et 2e Suppl., **2**, 849).

```
                 ⟋ CO²H
   CH² ——— C ———— O
   |       |        |
   |   CH³ - C - CH³ |
   |       |        |
   CH² ——— C ———— CO
           |
          CH³
```

L'acide camphanique se prépare facilement en traitant l'anhydride bromocamphorique par la soude. Quant à l'anhydride bromocamphorique lui-même, il s'obtient aisément en bromant l'acide camphorique par la méthode Hell-Volhardt-Zélinsky [Kipping, *Chem. Soc.*, **69**, 61, 1896; — Aschan, *D. chem. G.*, **27**, 2116 et 3305, 1894; Reyher, *Inaug. Diss.* Leipzig, 1891; — Rupe et Maull, *D. chem. G.*, **26**, 1201, 1893; — Auwers et Schnell, *ibid.*, **26**, 1526, 1893].

La solution sodique de l'anhydride bromocamphorique est ensuite *exactement* neutralisée par l'acide sulfurique; on met en liberté de cette façon un mélange d'acide lauronolique (Voyez ce mot) et d'acide camphanique, qu'on sépare en entraînant le premier par la vapeur d'eau. L'acide *camphanique* s'obtient encore en traitant l'anhydride bromocamphorique par une solution acétique d'acétate de potassium : on chauffe jusqu'à ce qu'une prise d'essai, après évaporation de l'acide acétique, se dissolve complètement dans l'eau; on filtre le bromure de potassium, on évapore l'acide acétique, et on acidule. *On obtient ainsi* l'acide camphanique pur [Aschan, *Acta Soc. Scient. Fenn.*, **21**, (5), 221, 1895].

L'acide camphanique cristallisé dans l'éther anhydre fond à 201° [Aschan, *Ann. Lieb. Chem.*, **290**, 187, 1896]. Il est lévogyre : $[\alpha]_D = -7°,15$ en solution alcoolique. Son éther éthylique fond à 62° [Auwers et Schnell, *D. chem. G.*, **26**, 1526, 1893].

Distillé, l'acide camphanique se scinde en acide carbonique, acide lauronolique et laurolène (Voyez ces mots).

$$C^{10}H^{14}O^4 = CO^2 + C^8H^{13}CO^2H$$
$$C^8H^{13}CO^2H = CO^2 + C^8H^{14}$$

L'oxydation chromique le convertit en acide camphoronique.

L'*amide camphanique*, $C^{10}H^{13}O^4AzH^2$, s'obtient en traitant l'anhydride bromocamphorique par l'ammoniaque. Elle fond à 208°.

Les alcalis la convertissent en un acide oxyamidé fusible à 155-156°.

La *méthylamide* $C^9H^{12}O^2.CO.AzH.CH^3$, l'*anilide* $C^9H^{13}O^2.CO.AzH.C^6H^5$, la *phénylhydrazide*

$$C^9H^{13}O^2.COAzH.AzH.C^6H^5$$

fondent respectivement à 133°, 126° et 193° [Auwers et Schnell, *D. chem. G.*, **26**, 1526, 1893].

2° Acide d-camphanique. — Il s'obtient à partir de l'anhydride camphorique gauche. Son pouvoir rotatoire est de + 17° (solution alcoolique). Il fond à 200° (Aschan).

3° Acide i-camphanique. — Il s'obtient à partir de l'anhydride racémocamphorique; il fond à 201-202° (Aschan).

4° Acides π-camphaniques. — [Kipping et Lapworth, *Journ. Chem. Soc.*, **71**, 15, 1896; — Kipping, *ibid.*, **69**, 924, 1896; — Armstrong et Lowry, *ibid.*, **81**, 1441, 1462, 1902; — Aschan; *Lieb. Ann. Chem.*, **316**, 222, 1901].

Ces acides (cis et trans) dérivent de l'acide π-bromocamphorique de la même façon que l'acide camphanique dérive de l'acide α-bromocamphorique.

Lorsqu'on chauffe à l'ébullition une solution de π-bromocamphorate de soude, on obtient le sel de soude de l'acide *trans-π-camphanique* $C^{10}H^{14}O^4$.

```
CH² ——— CH ——— CO²Na
|        |
|  CH³ - C - CH² - Br
|        |
CH² ——— C ——— CO²Na
         |
         CH³

          CH² ——— CH - CO²Na
          |        |
= NaBr +  |  CH³ - C - CH² ↘
          |        |          O
          CH² ——— C — CO ↗
                   |
                   CH³
```

Cet acide fond à 164-165° et l'oxyacide correspondant existe à l'état libre. On l'obtient en neutralisant avec précaution la solution obtenue en chauffant l'acide trans-π-camphanique avec un alcali étendu.

Il fond à 130-131°. La distillation à la pression ordinaire le convertit en acide *cis-π-camphanique*.

Cet acide cis-π-camphanique s'obtient aussi par simple distillation de l'acide *trans* ou bien encore en chauffant l'acide π-bromocamphorique avec de la quinoléine. Il fond à 226° en se sublimant déjà bien avant cette température.

L'oxyacide correspondant est inconnu. L'oxydation manganique le convertit en un oxyacide

```
         ↗ OH
C⁸H¹² - CO²H
|        ↘ CO
|
O ————————┘
```

qui cristallise avec une molécule d'eau et fond à 264-265°.

L'acide trans donne, comme il a été dit, un oxyacide stable; celui-ci, traité par le chlorure d'acétyle, donne le dérivé acétylé de l'anhydride correspondant :

$$CH^3-CO-OC^8H^{13}\begin{matrix}\nearrow CO \searrow \\ \searrow CO \nearrow\end{matrix}O$$

fusible à 85° (Kipping).

L'oxydation nitrique convertit l'acide trans-π-camphanique en un acide tribasique, l'acide *trans-camphotricarbonique*

$$C^7H^{11}\begin{matrix}\nearrow CO^2H \\ - CO^2H \\ \searrow CO^2H\end{matrix}$$

dont l'anhydride fond à 253-254°. La fusion avec les alcalis, ou l'action de l'acide sulfurique concentré le convertit en son isomère *cis* qui fond à 167° et dont l'anhydride fond à 220-221°.

La constitution de cet acide est très probablement représentée par le schéma :

```
          CH³   CO²H
            ↘  ↗
             C
           ╱   ╲
CO²H.CH ╱       ╲ C < CH³
                      CO²H
      CH² ————— CH²
```

qui rend compte de l'isomérie cis et trans constatée. Mars 1906. G. Blanc.

HYDROXYCAMPHORONIQUES (ACIDES) $C^9H^{14}O^7 = C^9H^{12}O^6 + H^2O$. — (Voy. Suppl., **1**, 396 et 2° Suppl., 892).

```
      CH³   CH³
        ↘  ↗
         C
       ╱   ╲
CO ╱       ╲ C < CH³            + H²O
                  CO²H
O ————————— CH - CO²H
```

[Bredt, *Lieb. Ann. Chem.*, **299**, 138, 1897].

L'acide *α-hydroxycamphoronique* déjà décrit est en réalité l'acide lactonique cristallisé avec une molécule d'eau (*acide camphoranique*) comme le montre la détermination de l'acidité [Smith, *Journ. für Phys. Chem.*, **25**, 1897, 193; — Baeyer et Villiger, *D. chem. G.*, **30**, 1958, 1897]. Sa préparation a été modifiée et perfectionnée par Bredt [*loc. cit.*]. Il perd son eau de cristallisation à 100°; si on le distille dans le vide, il perd encore une molécule d'eau en se transformant en *anhydride camphoranique* $C^9H^{10}O^5$, bouillant à 175° (H = 10 millimètres). Il est très stable vis-à-vis de l'acide nitrique.

Fondu avec de la potasse il donne les acides oxalique et triméthylsuccinique, ce qui établit sa constitution.

Son *éther méthylique acide*

$$C^7H^{10}O^2CO^2H . CO^2CH^3 + H^2O$$

cristallise avec une molécule d'eau et fond à 81-83°; anhydre il fond à 157°. Il est peu soluble dans l'eau.

L'*éther diméthylique* $C^9H^{10}O^6(CH^3)^2$ fond à 111°.

L'*acide β-hydroxycamphoronique* qu'on obtient en même temps que l'acide α est l'acide oxy libre comme le démontre la détermination de l'acidité [Smith, *loc. cit.*], forme stéréoisomère selon toute vraisemblance de la forme oxy inconnue correspondant à l'acide camphoranique.

La distillation dans le vide en effet le convertit en anhydride camphoranique, et la fusion alcaline en acides oxalique et triméthylsuccinique.

Mars 1906. G. Blanc.

HYDROXYISOCAMPHORANIQUE (ACIDE). — (Voyez ISOCAMPHORANIQUE).

HYDROXYCINNAMIQUE (ACIDE). — Voy. MÉLILOTIQUE et PHÉNYLPROPIONIQUE (OXY).

HYDROXYLAMINE. — L'hydroxylamine a déjà été étudiée sommairement dans le Dictionnaire; une première fois à l'article AMMONIAQUE (Dict., 1, 229), une deuxième fois à l'article HYDROXYLAMINE (Dict., 2, 80); enfin, le premier Supplément contient une étude beaucoup plus complète, non seulement sur l'hydroxylamine et ses sels, mais également sur ses dérivés organiques : hydroxylamines substituées et acides hydroxamiques. Nous avons suivi, pour l'étude de l'hydroxylamine et de ses dérivés, un plan analogue à celui des articles précédents.

Les diverses matières sont étudiées dans l'ordre suivant :

Hydroxylamine. — I. Modes de formation.
II. Préparation de l'hydroxylamine à l'état de sel : Procédés et brevets.
III. Préparation de l'hydroxylamine libre et des solutions d'hydroxylamine.
IV. Propriétés physiques.
V. Réactions avec les composés minéraux.
VI. Réactions avec les composés organiques.
VII. Analyse qualitative et dosage.
VIII. Sels simples et doubles à acides minéraux et organiques.
IX. Constitution de l'hydroxylamine.
X. Action physiologique et toxicité.

Dérivés minéraux de l'hydroxylamine. —
I. Nitrosohydroxylamine.
II. Nitrohydroxylamine.
III. Acides hydroxylamine-sulfoniques.

Dérivés organiques de l'hydroxylamine. —
I. Alcoylhydroxylamines à fonction simple et à fonctions complexes.
II. Arylhydroxylamines.
III. Acides hydroxamiques.

HYDROXYLAMINE

I. MODES DE FORMATION.

L'hydroxylamine se produit dans la réduction ou l'hydrolyse de nombreux composés oxygénés de l'azote ou de leurs dérivés :

1° Par réduction du bioxyde d'azote au moyen du gaz hydrogène et de la ponce platinée à 110-120° [Jouve, *C. R.*, **128**, 435].

2° Par réduction du bioxyde d'azote par le chlorure chromeux neutre [Chesneau, *C. R.*, **129**, 100].

3° Par réduction de l'azotite de sodium, en additionnant celui-ci de bisulfite de sodium, puis hydrolysant le composé intermédiaire ainsi formé [Raschig, *Ann. Chem.*, **241**, 161; *Bull. Soc. Chim.*, (2), **48**, 645], ou en modifiant la réaction et faisant passer un courant d'acide sulfureux sur une solution de carbonate de sodium et d'azotite de sodium (Raschig), et en opérant au-dessous de 0° [Divers et Haga, *Chem. Soc.*, **69**, 1665; *Bull. Soc. Chim.*, (3), **18**, 530]. Ces deux procédés sont décrits plus loin comme modes de préparation.

4° Par réduction des azotites d'argent et de mercure en suspension dans l'eau, au moyen de l'hydrogène sulfuré [Divers et Haga, *Chem. Soc.*, **51**, 48; *Bull. Soc. Chim.*, (2), **49**, 624].

5° Par réduction de l'azotite de potassium par l'acide hydrosulfureux [A. Lidoff, *Jour. Soc. phys. chim. russe*, 1884, **1**, 751; *Bull. Soc. Chim.*, (2), **43**, 382] ainsi que des azotites alcalins en solution froide par l'amalgame de sodium [Divers et Haga, *Chem. Soc.*, **69**, 1610; **75**, 87; *Bull. Soc. Chim.*, (3), **18**, 620 **22**, 805].

6° Par réduction de certains dérivés de l'acide azoteux, véritables composés nitrosés minéraux; c'est ainsi que l'hydrogénation à froid du nitrosylsulfite de potassium de Pelouze (voyez NITROSOHYDROXYLAMINE-SULFONIQUE) a fourni à M. Duden, en même temps que de l'hydrazine et de l'acide hypoazoteux, de l'hydroxylamine [*D. chem. G.*, **27**, 34, 98; 2e Suppl., **2**, 5, 246].

7° Par réduction de l'acide azotique, soit par électrolyse en présence de divers acides, sulfurique, chlorhydrique, acétique, et en employant des cathodes judicieusement choisies [Tafel, *Zeits. anal. Chem.*, **31**, 289 et brevets Boehringer et Söhne, voyez plus loin], soit par le chlorure stanneux en présence d'acide chlorhydrique [Divers et Haga, *Chem. Soc.*, **47**, 597; *Bull. Soc. Chim.*, (2), **46**, 322]. Cette dernière réaction est intégrale et permet d'effectuer le dosage de l'azote nitrique [Henriet, *C. R.*, **132**, 966].

8° Par hydrolyse, à l'aide des acides dilués, de l'acide iminodihydroxamique obtenu lui-même par action du peroxyde d'azote sur le mercureméthyle [E. Bamberger et J. Muller, *D. chem. G.*, **32**, 3546; *Bull. Soc. Chim.*, (3), **24**, 665].

Les divers produits de sulfonation de l'hydroxylamine, $AzHOH(SO^3H)$, $AzOH(SO^3H)^2$ [Divers et Haga, *loc. cit.*], $AzO(SO^3H)^3$ [Haga, *Chem. Soc.*, **85**, 78], sont tous finalement hydrolysés en acide sulfurique et hydroxylamine.

9° Comme il a déjà été indiqué (Dict., **1**, Suppl., 933 et 1082), l'action des acides en général et de l'acide chlorhydrique en particulier, en vase clos, à 140°, sur les carbures nitrés primaires (réaction de Meyer), fournit du chlorhydrate d'hydroxylamine et l'acide gras correspondant.

De même le dédoublement du nitrométhane par l'acide sulfurique fumant ou par l'anhydride sulfurique fournit de l'oxyde de carbone et du sulfate d'hydroxylamine [Preibisch, *J. prakt. Chem.*, (2), **7**, 480; **8**, 309; 1er Suppl., 1085]. C'est également au dédoublement du nitrométhane qui prend naissance transitoirement, qu'est due la formation d'hydroxylamine dans l'action de l'acide chlorhydrique concentré sur le dinitrocinnamate d'éthyle [Friedlander et Mahly, *Ann. Chem.*, **229**, 203; *Bull. Soc. Chim.*, (2), **46**, 387].

Si l'on emploie l'acide chlorhydrique en solution alcoolique, la transformation des carbures nitrés primaires s'effectue déjà dès 120° [Tscherniack, *D. chem. G.*, **8**, 608; *Bull. Soc. Chim.*, (2), **24**, 176, 378].

Les acides faibles peuvent également réaliser un tel dédoublement; c'est ainsi que le nitroéthane fournit de l'hydroxylamine par l'action de l'acide sulfureux [H. Werner, *Jahresb.*, 1876, 334].

MM. Bamberger et Rüst, [*D. chem. G.*, **35**, 45] sont parvenus à interpréter cette réaction jusqu'ici inexpliquée; ils ont tout d'abord observé qu'en traitant successivement par la soude, puis par un acide, les carbures aliphatiques nitrés, il se formait par transposition moléculaire plusieurs isomères, parmi lesquels les acides hydroxamiques correspondants

$$R-CH^2-AzO^2 = R-C{\lesssim}{}^{OH}_{AzOH}.$$

M. Nef avait déjà signalé d'autre part, qu'en acidulant le nitroéthane sodé il se fait de l'hydroxylamine [*Ann. Chem.*, **280**, 269].

Ils ont été ainsi amenés à admettre que, dans la réaction de V. Meyer, — action de l'acide chlorhydrique concentré en tube scellé à 100-150°, — il se fait transitoirement l'acide hydroxamique correspondant qui se dédouble ensuite en hydroxylamine et acide, suivant l'équation

$$R-CH^2-AzO^2 \longrightarrow RC{\lesssim}{}^{AzOH}_{OH} + H^2O$$
$$\longrightarrow AzH^2OH + R-COOH.$$

La présence de l'acide hydroxamique a pu être mise en évidence en effectuant la réaction de Meyer avec le phénylnitrométhane; en opérant avec le p-nitrophénylnitrométhane on est même parvenu à isoler l'acide hydroxamique.

Il y a lieu de signaler, que dans l'action de l'acide chlorhydrique à 200-300° en vase clos, sur les carbures benzéniques nitrés, il y a élimination d'anhydride azoteux, mais pas de formation d'hydroxylamine [Lobry de Bruyn et van Leent, *Rec. des Pays-Bas*, **15**, 84], ce qui ne fait que confirmer le mécanisme indiqué par M. Bamberger. Par contre, tous les dérivés nitrés des chaînes latérales des carbures benzéniques donnent, comme les carbures acycliques nitrés, de l'hydroxylamine par chauffage avec les acides. Signalons que M. Konovaloff a montré que ces carbures benzéniques nitrés dans les chaînes latérales conduisent par réduction aux oximes correspondantes[1], dont l'hydrolyse engendre l'hydroxylamine [*Soc. phys. chim. russe*, **30**, 190, 716, 960; **31**, 54].

Le nitrostyrol, $C^6H^5-CH=CH-AzO^2$ est également transformé soit par l'acide chlorhydrique concentré à 100°, soit par l'acide sulfurique au tiers vers 90°, en hydroxylamine et divers dérivés [Bernhard Priebs, *Ann. Chem.*, **225**, 319].

On notera, en passant, que l'action des alcalis en tube scellé sur le nitropropane secondaire, donne de l'hydroxylamine en même temps que de l'acétone [Dunstan et Goulding, *Chem. Soc.*, **77**, 1262].

10° L'hydrolyse par les acides dilués à chaud des nombreux dérivés de la formule

$$RR' = C = AzOH,$$

tels que les aldoximes, les cétoximes, les glyoximes, les isonitrosocétones, les amidoximes, etc., dédouble ces composés en aldéhydes, cétones, dicétones, etc., d'une part, et hydroxylamine d'autre part.

1. La réduction du nitro éthane avait déjà fourni à Dunstan et Dymond, à côté de l'éthylhydroxylamine, de petites quantités de l'oxime correspondante [*Chem. Zeit.*, (1894), **18**, 979].

M. Grimaldi [*Centralblatt* (1903), **1**, 96] a constaté que cette hydrolyse est complète et que l'hydroxylamine mise en liberté neutralise une partie de l'acide, ce qui permet le titrage des oximes. On trouve également de l'hydroxylamine dans les produits de l'hydrolyse de l'acide nitrohydroxylamique $Az^2O^3H^2$ [A. Angeli et F. Angelico, *Gazz. chim. ital.*, **33**, 245].

L'action de l'acide chlorhydrique sur les fulminates de mercure[1] ou d'argent dédouble l'acide fulminique, qu'on peut envisager comme l'oxime de l'oxyde de carbone, en hydroxylamine et divers autres produits [Carstanjen et Ehrenberg, *J. prakt. Chem.*, (2), **25**, 232. — Ehrenberg, *J. prakt. Chem.*, (2), **30**, 38; Dict., 2° Suppl., **4**, 344. — Divers et Kawakita, *Chem. Soc.*, **47**, 69].

Toutefois, les quinonoximes (nitrosophénols), les quinones-dioximes et les oximes des cétones cycliques ou hydrocycliques possédant leur carboxyle dans le noyau ne semblent pas régénérer, par ébullition avec les acides étendus, l'hydroxylamine et la cétone génératrice. C'est ainsi que la camphoroxime, la fenonoxime, la carvoxime, etc., ne sont pas transformées en hydroxylamine et cétone par l'hydrolyse au moyen de l'acide sulfurique étendu, alors qu'au contraire, dans les mêmes conditions, l'oxime de l'ionone (dans l'ionone le carboxyle est en dehors du noyau) est dédoublée en ionone et hydroxylamine. Néanmoins, il y a lieu de signaler le cas de l'α-nitroso-β-naphtoquinone qui se dédouble par les acides en donnant de l'hydroxylamine, et le cas de l'isocarvoxime qui se dédouble par l'action de l'acide sulfurique étendu à l'ébullition en sulfate d'hydroxylamine et carvacrol [H. Goldschmidt et E. Kisser, *D. chem. G.*, **20**, 2071; 2° Suppl., **2**, 1022].

11° La réduction des dérivés dinitrés primaires et secondaires en hydroxylamine par l'étain ou le zinc et l'acide chlorhydrique a déjà été signalée [J. Kachler, V. Meyer et Locher, 1er Suppl., 933]. Aux exemples cités, il faut ajouter la formation d'hydroxylamine par réduction du dinitroéthane [Ter Meer, *D. chem. G.*, **8**, 832, 1078; 1er Suppl., 1033]; voyez également Roland Scholl, *D. chem. G.*, **23**, 3494]. De même, la réduction du nitroforme, des acides nitroliques $R-CH(AzO^2)(AzO)$, par le zinc et l'acide chlorhydrique fournit de l'hydroxylamine et l'acide gras correspondant [V. Meyer et J. Locher, *Ann. Chem.*, **180**, 170].

12° Le méthazonate d'ammoniaque, obtenu par l'action de l'ammoniaque concentrée sur le nitrométhane, est décomposé, par chauffage avec les acides ou les alcalis, en acide carbonique, acide cyanhydrique et hydroxylamine [W.-R. Dunstan et F. Goulding, *Chem. Soc.*, **77**, 1262; *Bull. Soc. Chim.*, (3), **26**, 151]. Ces auteurs n'ont pu réussir à obtenir l'hydroxylamine par oxydation de l'ammoniaque par l'eau oxygénée, alors que le même réactif transforme les amines en alcoylhydroxylamines [*Chem. Soc.*, **75**, 1004].

Maumené [*Bull. Soc. Chim.*, (2), **48**, 610] a cependant obtenu de l'hydroxylamine à l'état de chlorhydrate en mélangeant rapidement deux solutions aqueuses de chlore et d'ammoniaque.

II. *Préparation de l'hydroxylamine à l'état de sel.* — 1° *Procédé Lossen.* — Dans ce procédé qui a été déjà décrit (Dict., **1**, 229-230) il

1. Il y a lieu de rapprocher de ce fait la formation d'oximes par action du fulminate de mercure sur les carbures aromatiques en présence du chlorure d'aluminium; c'est ainsi qu'avec le benzène on obtient la benzaldoxime [Brevet allemand 114 195 du 26 juillet 1899]. Toutefois d'après R. School [*D. chem. G.*, **36**, 13] il y aurait dans cette dernière réaction, formation du produit de déshydratation, le benzonitrile.

se forme, à côté de l'hydroxylamine, le composé $C^4H^{11}AzO$, dont la constitution est très vraisemblablement $AzH(C^{12}H^5)OC^2H^5$), et dont la formation s'expliquerait par les équations suivantes :

$$AzO^2OC^2H^5 + 3H^2 = AzH^2(OC^2H^5) + 2H^2O$$
$$2AzH^2(OC^2H^5) = AzH^2OH + AzH(C^2H^5)(OC^2H^5)$$

Dans la réaction principale qui donne naissance à l'hydroxylamine et qu'on formule généralement

$$AzO^2OC^2H^5 + 3H^2 = AzH^2OH + C^2H^5OH + H^2O$$

on suppose, sans preuve décisive, que la réduction de l'éther nitrique est précédée d'un dédoublement en acide azotique et alcool; néanmoins il y a des différences tranchées entre la réduction de l'azotate d'éthyle et celle de l'acide azotique [Lossen, *Bull. Soc. Chim.*, (2), **10**, 406].

Dans cette dernière, quelle que soit la concentration de l'acide, pourvu qu'il y ait un excès d'étain il se forme toujours du chlorure stanneux; dans la réduction du nitrate d'éthyle, au contraire, quel que soit l'excès d'étain il se produit du chlorure stannique. Il ne se forme du chlorure stanneux que si l'acide chlorhydrique est très concentré, et il est à remarquer que c'est précisément dans ce cas, alors que l'élévation de la température est la plus considérable, que l'éther azotique se dédouble le plus facilement.

Dans le procédé Lossen, on peut avantageusement remplacer l'étain par le zinc en grenaille; on emploie alors les proportions suivantes : 120 grammes de nitrate d'éthyle, 400 grammes de zinc et 800 à 1000 centimètres cubes d'acide chlorhydrique de densité 1,19 additionné de trois fois son volume d'eau; on isole l'hydroxylamine par la méthode indiquée par Lossen.

On peut également remplacer l'étain et l'acide chlorhydrique par le chlorure stanneux [von Dumreicher, *Bull. Soc. Chim.*, (2), **36**, 28].

Pour isoler le chlorhydrate d'hydroxylamine de la liqueur acide fournie par la méthode de von Dumreicher, liqueur qui contient, en outre de l'acide chlorhydrique, du chlorhydrate d'ammoniaque et un peu de divers chlorures de fer, de calcium, d'étain, etc., V. Meyer [*D. chem. G.*, **15**, 2790; *Bull. Soc. Chim.*, (2), **39**, 322] propose de concentrer cette liqueur et de la saturer par de la soude en refroidissant énergiquement; on précipite ainsi les métaux et on les sépare par filtration; la liqueur filtrée est saturée par l'acide chlorhydrique puis évaporée à siccité; le résidu, qui contient le chlorhydrate d'hydroxylamine mélangé de chlorure de sodium et d'ammonium, est épuisé par l'alcool absolu.

Procédé au fulminate de mercure. — Les observations fournies par M. Ernst Beckmann [*D. chem. G.*, **19**, 993], par Lobry de Bruyn [*D. chem. G.*, **19**, 1370; *Bull. Soc. Chim.*, (2), **46**, 216] et par M. Angelico [*Atti dei Lincei*, **10**, 476] permettent d'envisager la possibilité de préparer à bon compte d'assez importantes quantités de fulminate de mercure (2e Suppl., **4**, 348).

Aussi, M. Beckmann [*loc. cit.*] a-t-il proposé de préparer le chlorhydrate d'hydroxylamine par l'action de l'acide chlorhydrique dilué sur le fulminate de mercure, d'après les données de M. Carstanjen et Ehrenberg [*loc. cit.*]; le produit obtenu dans ces conditions est entièrement soluble dans l'alcool absolu, et ne contient que des quantités à peine appréciables de chlorure d'ammonium; 250 grammes de fulminate de mercure fournissent en moyenne 100 grammes de chlorhydrate d'hydroxylamine.

2° *Procédé Raschig.* — L'azotite de potassium, additionné de 2 molécules de bisulfite de potassium, fournit le sel potassique de l'acide hydroxylamine-disulfonique à l'état cristallin :

$$AzOOK + 2SO^3KH = Az(OH)(SO^3K)^2 + KOH.$$

L'hydrolyse, provoquée par chauffage prolongé vers 100°, dédouble ce sel en sulfate acide de potassium et sulfate d'hydroxylamine.

En pratique, on prépare d'abord le sel disodique; à cet effet, on transforme 286 grammes de carbonate de soude cristallisé en une solution concentrée de bisulfite qu'on refroidit un peu au-dessous de 0°, et qu'on verse peu à peu dans une solution de 69 grammes d'azotite de sodium; on laisse en contact pendant une ou deux journées, et on ajoute alors une solution concentrée froide de chlorure de potassium; l'hydroxylamine-disulfonate de potassium se dépose; on l'essore, on le dissout dans l'eau, on acidifie légèrement la liqueur et on maintient pendant une journée ou deux à 100°. Par refroidissement le bisulfate de potassium commence à cristalliser. Par cristallisation fractionnée on sépare le sulfate d'hydroxylamine du sulfate acide de potassium [*Ann. Chem.*, **241**, 187 et Brevets Raschig, voyez plus loin].

Procédé Divers et Haga. — Dans le certificat du 10 juin 1887, en addition à son brevet français 181167, M. Raschig indique de préparer directement le bisulfite alcalin au moment de son action sur l'azotite. Divers et Haga ont donc simplement précisé certaines conditions importantes.

Dans une solution concentrée de 2 molécules d'azotite de sodium et d'une molécule de carbonate de sodium maintenue à une température inférieure à 0°, on fait passer un courant de gaz sulfureux jusqu'à réaction juste acide; la transformation du nitrite de sodium en hydroxylamine-disulfonate de sodium s'effectue d'après l'équation :

$$2AzO^2Na + CO^3Na^2 + 4SO^2 + H^2O$$
$$= CO^2 + 2AzOH(SO^3Na)^2.$$

Après avoir acidulé légèrement par l'acide sulfurique, on chauffe au bain-marie; l'hydroxylamine-disulfonate s'hydrolyse partiellement avec élévation notable de la température en hydroxylamine-monosulfonate de sodium $AzHOH(SO^3Na)$; il suffit alors de maintenir la solution à 90-95°, pendant deux jours, pour transformer tout le sel en sulfate d'hydroxylamine.

Pour s'assurer que l'hydrolyse est complète, on prélève une partie de la liqueur, on l'additionne d'une solution de chlorure de baryum et on filtre, puis on fait bouillir le liquide filtré avec un peu de chlorate de potassium de façon à transformer le sulfonate en sulfate.

La formation d'un précipité de sulfate de baryum démontre la présence du sulfonate.

La réaction totale peut être exprimée par la formule suivante :

$$2Az(OH)(SO^3Na)^2 + 4H^2O$$

Hydroxylamine-disulfonate de sodium.

$$= SO^4H^2, 2AzH^2OH + SO^4Na^2 + SO^4H^2.$$

Sulfate d'hydroxylamine.

Après complète hydrolyse, la liqueur froide est additionnée de carbonate de sodium jusqu'à neutralité au méthylorange; la liqueur contient alors un mélange d'une molécule environ de sulfate d'hydroxylamine et de 2 molécules de sulfate de sodium. On concentre par évaporation dans le vide jusqu'à ce que la liqueur pèse environ 11 fois autant que l'azotite d'où on est parti.

Par la cristallisation fractionnée on sépare ces deux sels. Les rendements sont d'environ 90 0/0 de l'azotite de sodium employé.

Dans cette préparation on ne peut se servir de l'azotite de potassium à cause de la difficulté de séparer le sulfate d'hydroxylamine et le sulfate de potassium; d'autre part, la séparation de ce dernier au moyen du sulfate d'alumine ne peut être envisagée, l'hydroxylamine formant elle-même des aluns [*Chem. Soc.*, **69**, 1665; *Bull. Soc. Chim.*, (3), **18**, 530].

Maxwell Adams a apporté à ce procédé quelques petites modifications de détail [*Am. Jour.*, **28**, 198].

Brevets concernant la préparation de l'hydroxylamine ou de ses sels.

1° *Brevets Raschig.* — Brevet allemand 41987 du 22 janvier 1887.

Brevet français 181167 du 27 janvier 1887, et son certificat d'addition du 10 juin 1887. Le procédé des brevets Raschig est exactement celui décrit plus haut; toutefois, dans le certificat d'addition français, Raschig annonce qu'on peut effectuer en une seule opération la préparation du bisulfite et l'action de celui-ci sur l'azotate alcalin.

Le « sel réducteur » de la Badische Anilin-und Sodafabrik, ne serait autre que l'hydroxylamine-monosulfonate de potassium ou de sodium.

2° *Brevet Wohl.* — Brevet français 239173 du 9 juin 1894.

Ce brevet consiste à réduire en solution aqueuse les azotates métalliques tels que l'azotate de plomb, ou encore les azotates organiques tels que l'azotate d'éthyle, au moyen de certains métaux réducteurs employés en poudre ou à l'état spongieux.

Une solution aqueuse d'azotate de plomb, par exemple, est maintenue à la température de 60 à 80° en présence de poudre de zinc ou de plomb, ou bien on agite à une température modérée un mélange d'azotate d'éthyle, d'eau et de poudre de zinc.

Ce procédé ne semble pas être susceptible d'application industrielle; en effet, les rendements en hydroxylamine seraient très faibles; tout l'intérêt de la méthode brevetée par Wohl résiderait dans l'application de ce moyen de réduction aux dérivés nitrés aromatiques, en vue de l'obtention des arylhydroxylamines; d'ailleurs, le brevet allemand Wohl 84138 vise uniquement la préparation des aylhydroxylamines et non celle de l'hydroxylamine.

3° *Brevets Bœhringer et Söhne.* — Brevet allemand 133457 du 26 juillet 1901, et brevet additionnel 137697 du 24 février 1902. Brevet français 318978 du 22 février 1902.

Ces brevets ont trait à la préparation de l'hydroxylamine par réduction électrolytique de l'acide azotique mélangé d'acide sulfurique.

Comme en présence d'un excès d'acide sulfurique, l'hydroxylamine n'est stable vis-à-vis de l'acide azotique qu'à des températures très basses, il est nécessaire d'effectuer la réduction sous une réfrigération énergique; comme d'autre part, la teneur du mélange est constamment modifiée par la transformation continue de l'acide azotique en hydroxylamine, il faut introduire ce dernier acide d'une façon continue et agiter la masse liquide, de façon à obtenir continuellement un mélange homogène dans lequel l'acide azotique ne se trouve jamais en trop grand excès, mais à une concentration juste suffisante pour l'utilisation complète du courant. On opère de la façon suivante :

Le compartiment négatif est chargé avec 6 kilogrammes d'acide sulfurique à 50 0/0; le compartiment positif, qui en est séparé par un diaphragme, contient également de l'acide sulfurique à 50 0/0; ces deux compartiments sont l'un et l'autre refroidis énergiquement par un appareil frigorifique assez puissant; l'anode est constituée par du plomb pur et la cathode par du mercure, ou mieux par du plomb amalgamé; quand les liquides sont suffisamment refroidis on fait passer un courant d'environ 60 à 120 ampères et de 1 volt, puis on laisse tomber lentement, et goutte à goutte, dans le compartiment négatif, 2 kilogrammes d'acide azotique à 50 0/0 et en ayant soin de réaliser l'homogénéité du mélange par une agitation continue; l'addition d'acide azotique est maintenue aussi longtemps qu'un dégagement perceptible de gaz hydrogène s'effectue à la cathode. La température ne doit, en aucun cas, s'élever au-dessus de 20°. Finalement, on isole l'hydroxylamine par cristallisation à l'état de sulfate.

Ce procédé fournirait l'hydroxylamine dans des conditions de bon marché qui permettraient son emploi pour l'obtention de la phtalylhydroxylamine, en vue de la préparation de l'acide anthranilique destiné à la fabrication de l'indigo.

D'après le brevet additionnel D.R.P. 137697, la réduction électrolytique de l'acide azotique s'effectue également dans de bonnes conditions, en employant d'autres électrolytes acides que l'acide sulfurique, par exemple l'acide chlorhydrique ou l'acide acétique, en utilisant une cathode d'étain. Tous ces brevets reposent sur le travail de Tafel [*Zeit. Anal. Chem.*, **31**, 289].

Brevet de la Compagnie parisienne de couleurs d'aniline. — Brevet français 322943 du 12 juin 1902, sur la fabrication de l'hydroxylamine par voie électrolytique, avec production simultanée de chlore.

Le procédé décrit dans ce brevet consiste dans la réduction de l'acide nitrique en présence d'acide chlorhydrique, en employant une cathode d'étain. Le même procédé a été breveté quelque temps auparavant par MM. Bœhringer et Söhne, en France, le 22 février 1902 (Brevet 318978, Exemple II), et en Allemagne le 24 février 1902, D.R.P. 137697 (voyez ci-dessus).

III. Préparation de l'hydroxylamine libre.

1° M. Lossen avait essayé, sans succès, de mettre en liberté l'hydroxylamine en décomposant son chlorhydrate par la magnésie.

Lobry de Bruyn [*Rec. des Pays-Bas*, **10**, 100; *Bull. Soc. Chim.*, (3), **6**, 100] y est parvenu par l'emploi du méthylate de sodium. La solution de chlorhydrate d'hydroxylamine dans l'alcool méthylique est additionnée d'une quantité de méthylate de sodium presque suffisante pour décomposer le sel d'hydroxylamine; il se dépose du chlorure de sodium qu'on sépare par filtration, puis on distille la solution alcoolique sous pression réduite (150 à 200 millimètres) pour éliminer l'alcool; le résidu est traité par l'éther sec, il se forme deux couches : l'inférieure, non éthérée, contient la plus grande partie de l'hydroxylamine (70 0/0); on la distille dans le vide (60 millimètres) et on recueille l'hydroxylamine par fractionnement. Cette base cristallise en longues aiguilles qui, essorées dans du papier à filtrer, forment une masse dure contenant 99,4 0/0 d'hydroxylamine.

M. Brühl [*D. chem. G.*, **26**, 2508; *Bull. Soc. Chim.*, (3), **12**, 215] supprime le traitement à l'éther et distille directement la solution concentrée sous un bon vide; par fractionnement, il obtient directement l'hydroxylamine avec d'excellents rendements, à condition d'opérer rapidement et d'une façon ininterrompue. M. Brühl conseille, en outre, de refroidir le réfrigérant avec de l'eau glacée; mais Lobry de Bruyn estime cette recommandation inutile. MM. Wolffenstein et Groll [*D. chem. G.*, **24**, 17] conseillent diverses précautions dans la distillation de l'hydroxylamine; ils recommandent particulièrement d'interrompre la distillation quelque temps avant la fin, car ils ont observé qu'au moment où presque tout le produit est distillé après avoir éloigné l'appareil de chauffage, tout en maintenant le vide, les gouttelettes résiduelles ont provoqué une explosion formidable.

M. Redner a perfectionné le procédé Lobry de Bruyn en opérant avec des produits excessivement purs, en employant de l'alcool méthylique absolu, et en effectuant la distillation avec un appareil et un réfrigérant en argent [*Chem. Zeitung*, 1900, (1), **24**, 396].

2° M. Crismer [*Bull. Soc. Chim.*, (3), **6**, 798] a également réalisé la préparation de l'hydroxylamine libre en provoquant par l'action de l'aniline le déplacement de l'hydroxylamine de sa combinaison avec le chlorure de zinc et distillant dans le vide. Le chlorure de zinc-hydroxylamine en solution éthérée fournit également de l'hydroxylamine par action du gaz ammoniac sec, mais ce procédé exige de grandes quantités d'éther, à cause de la faible solubilité de l'hydroxylamine dans le solvant (4 à 5 0/0).

3° M. Rod. Uhlenbuth [*Ann. Chem.*, **311**, 117; *Bull. Soc. Chim.*, (3), **24**, 625] obtient l'hydroxylamine libre pure, et exempte d'ammoniac, par distillation à feu nu et dans le vide (13 millimètres) du phosphate d'hydroxylamine. La distillation de 20 grammes de ce sel dure près d'une demi-heure et donne environ 5gr,7 de produit renfermant 76,65 0/0 d'hydroxylamine. V. Kohlschutter et K.-A. Hoffmann [*Ann. Chem.*, **307**, 314; *Bull. Soc. Chim.*, (3), **24**, 165] ont montré que le gaz ammoniac sec réagit sur le phosphate tertiaire d'hydroxylamine en mettant en liberté l'hydroxylamine qu'on peut condenser dans un tube en U refroidi à 0°.

Maxwell Adams prépare l'hydroxylamine libre par le procédé de Uhlenbuth, mais se basant sur la faible solubilité du phosphate d'hydroxylamine, il obtient ce sel en ajoutant du phosphate de soude à une solution concentrée de sulfate d'hydroxylamine [*Am. Journ.*, **28**, 198].

Préparation des solutions d'hydroxylamine. — Les solutions aqueuses s'obtiennent aisément par addition d'eau de baryte à une solution de sulfate ou de phosphate d'hydroxylamine.

Pour préparer les solutions alcooliques [Volhard, *Ann. Chem.*, **253**, 206] on dissout le chlorhydrate d'hydroxylamine dans la plus petite quantité d'eau, et on ajoute cette solution à la quantité calculée de potasse en solution dans l'alcool. On filtre ensuite pour séparer le chlorure de potassium.

Tiemann fait remarquer [*D. chem. G.*, **24**, 994] que les solutions alcooliques ainsi préparées se colorent en jaune, et qu'on évite cet inconvénient en employant la soude au lieu de la potasse.

IV. Propriétés physiques.

L'hydroxylamine cristallise en lamelles ou en aiguilles dures, incolores et inodores, fondant à 33°,5 (Lobry de Bruyn). Brühl indique 32-33° en prenant le point de fusion sur le mercure et 33-34° dans un tube capillaire.

L'hydroxylamine se volatilise rapidement à l'air. Son point d'ébullition sous 22 millimètres est de 58° (L. de B.), 56-57° (B.).

Solubilité. — L'hydroxylamine est excessivement hygroscopique et infiniment soluble dans l'eau à laquelle les solvants, comme l'éther, ne l'enlèvent qu'en quantité minime.

La solution aqueuse d'hydroxylamine à 60 0/0 est très stable et se conserve très bien; sa densité est de 1,50 à 20°.

L'hydroxylamine est très peu soluble dans les solvants organiques, l'éther (5 0/0 environ), le chloroforme, le benzène, l'éther acétique, etc.

La solution d'hydroxylamine dans le sulfure de carbone se colore en jaune et dépose, après quelques jours un précipité blanc, puis après une dizaine de jours des cristaux de soufre.

Propriétés dissolvantes. — L'hydroxylamine se comporte comme l'eau vis-à-vis des corps solubles; elle dissout le gaz ammoniac ainsi que différents sels tels que le nitrate, l'iodure de potassium, le chlorure de sodium, etc.; elle dissout également la soude caustique, il faut dans ce cas refroidir la solution si l'on veut éviter l'inflammation.

Quand on dissout dans l'hydroxylamine des sels tels que les chlorures de baryum, de zinc, de cadmium, il ne tarde pas à se déposer des cristaux de la forme $ZnCl^2, 2AzH^2OH$. Il est curieux de remarquer qu'on peut mélanger deux solutions de sulfate de potassium et de chlorure de baryum dans l'hydroxylamine, sans qu'il y ait double réaction entre ces deux sels [Szarvazy, *Chem. Zeitung*, 1900, **24**, 396].

Tandis que l'hydroxylamine libre ne conduit pas le courant électrique, elle devient conductrice quand elle a dissous certains sels (Szarvazy).

Densité. — Les aiguilles d'hydroxylamine ont pour densité 1,35 (L. de B.). Jusqu'à la température de 0° l'hydroxylamine manifeste le phénomène de la surfusion; ce n'est que par une agitation énergique qu'on détermine la cristallisation; quand l'hydroxylamine est altérée, la congélation devient plus difficile; la densité de l'hydroxylamine liquide à 0° est de 1,2255 (Brühl); la détermination de cette densité à des températures supérieures manque de précision à cause de la décomposition partielle de l'hydroxylamine qui commence déjà vers 10°; Lobry de Bruyn indique 1,23 à 15° et Eykman 1,227 à 14°, c'est-à-dire des chiffres plus élevés que ceux trouvés par Brühl à 0°.

A la température de 23°,5 Brühl observe la densité 1,2044, alors que, par interpolation des densités déterminées par lui, à 0° et à 10°, il trouve 1,2021.

Poids moléculaire. — Le poids moléculaire a été déterminé par la méthode de Raoult, et les chiffres trouvés varient entre 33 et 36,1 (calculé 32,97) [L. de B. *Rec. des Pays-Bas*, **11**, 18].

Réfraction. — Eykmann a déterminé l'indice de réfraction, et trouvé pour la réfraction moléculaire d'après la formule $\frac{n^2-1}{n^2+2} \cdot \frac{P}{d}$ la valeur de 6,98 [Lobry de Bruyn, *Rec. des Pays-Bas*, **11**, 18].

Les chiffres trouvés par Brühl sont notablement différents [*D. chem. G.*, **26**, 2513].

Données thermochimiques. — *Chaleur de formation.* — Elle a été déterminée soit par décomposition de l'hydroxylamine par la potasse en azote et ammoniac [Berthelot, *C. R.*, **83**, 473], soit par décomposition de l'azotate d'hydroxylamine par l'azotate d'argent en présence d'un excès d'ammoniaque [Thomsen, *Therm. Untersuch.*, **2**, 83]. Ces deux méthodes sont peu rigoureuses, la première parce que la réaction est incomplète, et la seconde parce que le résultat est subordonné à l'exactitude de données multiples, et qu'il faut tenir compte de la solubilité des gaz, surtout de Az^2O. Aussi, MM. Berthelot et André ont-ils fait des déterminations très exactes par la décomposition de l'azotate d'hydroxylamine par la chaleur [*C. R.*, **110**, 830 et *Bull. Soc. Chim.*, (3), **4**, 238].

Pour l'hydroxylamine solide, la chaleur de formation est

$$Az + H^3 + O = AzH^3O \text{ sol.} + 27^{cal},6.$$

Les valeurs trouvées pour la formation de l'hydroxylamine dissoute sont $+23^{cal},7$, $+23^{cal},4$ [Berthelot, *loc. cit.*; voyez également Bach, *Zeit. physiol. Chem.*, 1892, **9**, 683] $+24^{cal},288$ (Thomson), $+23^{cal},8$ (Berthelot et André).

Les réactions mesurées sont les suivantes :

I. $AzO^3H \cdot AzH^2OH_{\text{crist.}}$
$= Az^2 + 2H^2O_{\text{liq.}} + O^2 \text{ (explos.)} + 50^{cal},3.$

II. $AzO^3H_{\text{étendu}} + AzH^2OH_{\text{ét.}}$
$=$ Azotate d'hydroxyl. $_{\text{dissous}} + 9^{cal},2.$

III. $AzO^3H \cdot AzH^2OH_{\text{crist.}}$ + eau
$=$ Azotate d'hydroxyl. $_{\text{dissous}} - 5^{cal},9$
(Berthelot et André).

IV. Dissolution de AzH^2OH solide à 12°
$=$ Azotate d'hydroxyl. $_{\text{dissous}} - 3^{cal},8$

[Berthelot et Matignon, *Bull. Soc. chim.*, (3), **7**, 430].

Toutes ces données permettent de conclure que la transformation de l'hydroxylamine en ammoniaque est fortement exothermique ($80^{cal},4$), tandis que l'oxydation de l'hydroxylamine par l'oxygène est nettement endothermique. Il y a lieu de signaler que, dans la réaction de l'eau oxygénée sur l'ammoniaque, la formation d'hydroxylamine serait exothermique (Berthelot), et que cependant cette formation n'a pas été observée [Dunstan et Goulding, *Chem. Soc.*, **75**, 1004].

V. — Propriétés chimiques. — Réactions avec les composés minéraux.

Action de la chaleur. — A basse température l'hydroxylamine est assez stable; néanmoins certaines de ses propriétés, telles que l'aptitude à la congélation, l'explosivité, s'atténuent à la longue, même quand on la conserve à 0°. D'après Szarvasy [*loc. cit.*] la conservation de l'hydroxylamine est possible dans le mélange réfrigérant de Dewar (air liquide).

La décomposition de l'hydroxylamine commence à 10° par un dégagement presque imperceptible de petites bulles fines; à 20° l'effervescence devient notable et s'accentue alors si on augmente la température. Vers 90° la décomposition est complète. Si on chauffe à feu nu seulement une goutte d'hydroxylamine fraîchement préparée, celle-ci se décompose en produisant une violente détonation.

Le gaz dégagé dans ces décompositions de l'hydroxylamine est surtout de l'azote (Brühl). D'après Lobry de Bruyn [*D. chem. G.*, **27**, 967] les gaz dégagés dans la décomposition par la chaleur de l'hydroxylamine liquide ou solide, sont constitués par de l'azote et de l'oxyde azoteux; il s'engendre en même temps de l'ammoniaque ainsi que les acides azoteux et hypoazoteux. Cette décomposition de l'hydroxylamine s'effectue même dans l'obscurité; elle est en outre favorisée par l'alcalinité du verre dans lequel elle est contenue.

M. E.-C. Szarvasy, qui a étudié l'action de l'électrolyse sur les composés hydrogénés de l'azote, n'a pas pu déterminer avec précision les produits de l'électrolyse de l'hydroxylamine rendue conductrice par certains sels, par suite de la difficulté qu'on éprouve pour éviter la transformation spontanée de ce corps en ammoniaque; avec le sulfate d'hydroxylamine il se produit des réactions secondaires, la base est réduite en ammoniaque à la cathode et oxydée à l'anode en dérivés oxygénés de l'azote [*Chem. Soc.*, **77**, 603; *Bull. Soc. Chim.*, **24**, 696].

Action de l'hydrogène (voyez Dict., 1er Suppl., **2**, 933). — L'hydrogène naissant produit par le zinc et l'acide sulfurique n'exerce aucune action; mais dans le cas où le zinc agit sur un mélange d'acides azotique et sulfurique, l'hydroxylamine qui se forme dans la réaction est elle-même finalement réduite [Divers et T. Shimidzu, *Chem. Soc.*, **47**, 597; *Bull. Soc. Chim.*, (2), **50**, 266].

Action des halogènes et des porteurs d'halogènes. — Les halogènes attaquent fortement l'hydroxylamine; celle-ci s'enflamme dans un courant de chlore; avec le brome et l'iode l'action a lieu sans flamme avec élimination d'acides bromhydrique et iodhydrique [L. de B., *loc. cit.*]. Le pentachlorure de phosphore réagit lentement à froid, rapidement à chaud sur le chlorhydrate d'hydroxylamine en donnant du chlorhydrate d'ammoniaque, de l'azote et de l'oxychlorure de phosphore [Tanatar, *D. chem. G.*, **32**, 241; *Bull. Soc. Chim.*, **22**, 402].

Action de l'oxygène. — Quand l'hydroxylamine se trouve dans un état de division extrême elle est directement transformée par l'oxygène en acide azoteux.

Action des oxydants. — Presque tous les oxydants sont réduits par l'hydroxylamine qui se transforme, en général, d'une part en acides azotique ou azoteux qui restent dans la liqueur, et d'autre part en composés oxygénés de l'azote gazeux constitués principalement par du protoxyde d'azote accompagné d'un peu de bioxyde [von Knorre et K. Arndt, *D. chem. G.*, **33**, 41].

C'est de cette façon générale qu'agissent les divers oxydants étudiés par Knorre et Arndt, le bichlorure de mercure, le persulfate de potasse, le sulfate de cuivre, le nitrate de potasse, l'hydrate manganique, le permanganate de potasse, le bichromate de potasse, etc.; il est évident qu'un excès de certains des oxydants peut transformer le bioxyde d'azote en acide azotique, de sorte que les proportions relatives des divers produits de ces oxydations varient suivant la nature de l'agent oxydant et la concentration des liqueurs employées. C'est ainsi qu'avec un excès de liqueur de Fehling l'oxydation fournit du protoxyde d'azote pur [Donath et Meyeringh, *D. chem. G.*, **10**, 766 et **10**, 1940; von Knorre et Arndt, *loc. cit.*, 40].

L'acide vanadique ne rentre pas dans le cas général, car il oxyde l'hydroxylamine en donnant exclusivement de l'azote [K. Hofmann et F. Küspert, *D. chem. G.*, **31**, 64. — Von Knorre et Arndt, *loc. cit.*].

D'après Möhlau et Hoffmann [*D. chem. G.*, **20**, 1504] l'acide hypochloreux oxyde également l'hydroxylamine en dégageant de l'azote; aussi, les deux réactions précédentes ont-elles été employées par leurs auteurs pour le dosage de l'hydroxylamine.

L'action de l'hypobromite de soude étudiée par Kolotoff [*J. Phys. Chim. russe*, **23**, 3 (1891), et *J. Phys. chim. Pétersbourg*, **1**, 295 (1893)] n'est pas parallèle; il se fait du protoxyde d'azote alors que la liqueur contient en très petites quantités un acide que Kolotoff caractérise par son précipité argentique, et auquel il attribue la formule AzOH. Avec le bromate de soude, le sulfate d'hydroxylamine fournit un dégagement d'azote et d'oxygène d'après l'équation

$$2BrO^3Na + 6AzH^2OH = 2NaBr + 9H^2O + 6Az + 3O$$

[M. Schlötter, *Zeit. anal. Chem.*, **37**, 164].

L'oxydation de l'hydroxylamine par l'eau oxygénée ne fournit au contraire aucun composé oxygéné de l'azote gazeux, mais uniquement de l'acide azotique; le gaz qui se dégage est de l'oxygène absolument pur [von Knorre et Arndt (1900), *loc. cit.*]; cependant Tanatar aurait obtenu dans cette oxydation un oxygène mélangé d'azote [*D. chem. G.*, **32**, 248].

Oxydation par le permanganate de potasse. — Raschig, en 1887, dit que la décomposition de l'hydroxylamine par le permanganate de potasse n'a pas lieu suivant l'équation

$$2AzH^2OH + O^2 = Az^2O + 3H^2O.$$

A froid il paraît se faire une certaine quantité d'acide azoteux, mais à chaud la réaction est

$$2AzH^2OH + 3O = 2AzO + 3H^2O.$$

Aussi en conclut-il que le dosage de l'hydroxylamine par le permanganate de potasse est possible, à condition d'être effectué à l'ébullition [*Ann. Chem.*, **241**, 161; *Bull. Soc. Chim.*, (2), **49**, 928]. Toutefois, Raschig n'a nullement établi que le gaz dégagé fût réellement et exclusivement du bioxyde d'azote.

Bertoni [*Gazz. chim. ital.*, **9**, 571] a observé dans cette réaction un dégagement d'azote et de protoxyde d'azote, alors que dans la liqueur il se forme du nitrite et du nitrate de potassium. Kolotoff [*J. Phys. chim. Pétersb.*, 1, 295] a cherché dans les produits non gazeux de l'oxydation de l'hydroxylamine par le permanganate de potasse, à mettre en évidence la présence d'acide hypoazoteux; mais il n'a obtenu que des quantités insignifiantes de précipité argentique. R. Thum [*Mon. f. Chem.*, **14**, 294] n'obtient ni acide azoteux, ni acide hypoazoteux, mais un composé nouveau $Az^2O^3H^2$, intermédiaire entre ces deux acides, qu'il nomme azoxyhydroxyle, et auquel il attribue la constitution suivante

$$O \begin{cases} Az-OH \\ \;| \\ Az-OH \end{cases}$$

[*Bull. Soc. Chim.* (3), **12**, 3].

A froid et en solution acidulée, von Knorre et Arndt [*loc. cit.*] ont obtenu un dégagement de protoxyde d'azote mélangé d'oxygène et représentant la moitié de l'hydroxylamine, mais ils n'ont pas examiné la liqueur.

Oxydation par les oxydes métalliques. — Si certains oxydes métalliques peuvent, comme il sera dit plus loin, jouer le rôle de réducteurs vis-à-vis de l'hydroxylamine, il en est d'autres tels que les oxydes mercurique[1], cuivrique, argentique, etc., qui oxydent l'hydroxylamine en la transformant en acide hypoazoteux [R. Thum, *Mon. f. Chem.*, **14**, 294], mais tandis que Thum considère les rendements comme insignifiants, Hantzsch et Kaufmann [*Ann. Chem.*, **292**, 317; *Bull. Soc. Chim.*, (3), **18**, 428] en traitant par un excès d'oxyde mercurique une solution aqueuse de sulfate d'hydroxylamine additionnée d'un excès de potasse, ont obtenu environ 5 0/0 du rendement théorique en hypoazotite d'argent.

Pour l'oxydation par l'acide chromique voyez Bertoni [*loc. cit.*], Meyeringh [*loc. cit.*], von Knorre et Arndt [*loc. cit.*] et Œchsner de Koninck [*Bull. Soc. Chim.*, (3), **21**, 345].

L'action oxydante de l'HYDRATE FERRIQUE ne s'effectue sur l'hydroxylamine qu'en liqueur acide; quand la liqueur est alcaline, l'hydroxylamine jouit à son tour de propriétés oxydantes, ce qui est le contraire du cas général, les propriétés de l'hydroxylamine libre étant le plus souvent réductrices; c'est ainsi qu'une solution de SEL FERREUX additionnée d'une solution d'hydroxylamine alcalinisée par la potasse fournit un précipité d'hydrate ferrique; mais si on acidule la liqueur (Meyeringh) l'hydroxylamine devient réductrice, et la liqueur prend la teinte verte des sels ferreux, en même temps qu'il se fait un dégagement de protoxyde d'azote [Haber, *D. chem. G.*, **29**, 2444; *Bull. Soc. Chim.*, (3), **18**, 9].

$$2Fe^2Cl^6 + 2AzH^2OH = Az^2O + H^2O + 4HCl + 4FeCl^2.$$

C'est pour cette raison que les méthodes de dosage de l'acide azotique par le chlorure ferreux ne peuvent être employées en présence d'hydroxylamine, ce qui est le cas pour les mordants au chlorure d'étain; on peut alors, dans de tels mélanges, provoquer la destruction totale de l'hydroxylamine par le chlorure ferrique, car cette destruction s'effectue sans donner naissance à des composés oxygénés de l'azote.

Action des réducteurs. — Comme on vient de le voir l'hydrate ferreux réduit l'hydroxylamine en ammoniaque et passe lui-même à l'état d'hydrate ferrique; l'hydrate manganeux et les sesquioxydes de molybdène et de titane sont également oxydés par l'hydroxylamine libre (voyez plus loin *Action des oxydes*).

Action du sodium. — Le sodium finement divisé réagit sur l'hydroxylamine en solution éthérée avec élimination d'hydrogène, exactement comme cela se passe avec les amides. Mais 1 molécule du dérivé sodé peut s'unir à 1 molécule d'hydroxylamine pour fournir le composé AzH^2ONa, AzH^2OH, qui fixe lui-même un nouvel atome de sodium pour donner AzH^2ONa (Lobry de Bruyn).

L'hydroxylamine sodée réagit sur le carbonate de diéthyle pour donner l'oxyméthane ou éther éthylique de l'acide carbohydroxamique [Hantzsch, *D. chem. G.*, **27**, 1255].

Action du gaz sulfureux. — Raschig, en 1887 [*Ann. Chem.*, **241**, 178 et 209; *Bull. Soc. Chim.*, (2), **49**, 928], a observé, par action du gaz sulfureux sur le chlorhydrate d'hydroxylamine, la formation de l'acide amido-sulfonique découvert par Berglund en 1876.

$$AzH^2OH + SO^2 = AzH^2SO^2OH.$$

Fock [*Ann. Chem.*, **241**, 178) indique les conditions : saturation de la solution aqueuse de chlorhydrate d'hydroxylamine par le gaz sulfureux et Münzig [*Zeit. f. Kryst.*, **14**, 62 et 531] décrit les propriétés cristallographiques de l'acide amido-sulfonique qui cristallise par refroidissement dans la solution évaporée. Krafft et Bourgeois [*D. chem. G.*, **25**, 473; *Bull. Soc. Chim.*, (3), **8**, 750] opèrent de la même façon, et font cristalliser l'acide amido-sulfonique par addition d'alcool à la solution légèrement chaude.

Divers et Haga [*Chem. Soc.* (1896), **69**, 1634; *Bull. Soc. Chim.*, (3), **18**, 667] saturent de gaz sulfureux une solution aqueuse refroidie à 0° de sulfate d'hydroxylamine. Malgré tous ces résultats identiques, Tanatar [*D. chem. G.*, **32**, 245; *Bull. Soc. Chim.*, (3), **22**, 402] prétend que la saturation d'une solution aqueuse de chlorhydrate

1. Bresler et Stein [*Ann. Chem.*, **150**, 242] avaient déjà montré que l'hydroxylamine agit sur l'oxyde mercurique en le réduisant en mercure métallique.

d'hydroxylamine par le gaz sulfureux fournit du sulfate d'ammoniaque.

Raschig [*D. chem. G.*, **32**, 394; *Bull. Soc. Chim.*, **22**, 339] observe que s'il y a formation de sulfate d'ammoniaque, c'est que ce composé prend naissance dans l'action de la vapeur d'eau sur l'acide aminosulfonique,

$$AzH^2SO^3H + H^2O = SO^4HAzH^4.$$

Ce fait a été ultérieurement reconnu par Tanatar [*D. chem. G.*, **32**, 1016; *Bull. Soc. Chim.*, (3), **22**, 619].

Action de l'acide azoteux. — En choisissant convenablement les conditions, l'acide azoteux réagit sur l'hydroxylamine en donnant naissance à l'acide hypoazoteux d'après l'équation :

$$AzH^2OH + AzOOH = OH - Az = Az - OH + H^2O,$$

de sorte que l'acide hypoazoteux ainsi obtenu peut être envisagé, soit comme un acide nitroso-hydroxamique, soit comme un diazoïque de l'hydroxylamine.

Mais cet acide hypoazoteux perd aisément les éléments de l'eau en donnant du protoxyde d'azote; c'est ce qui explique pourquoi V. Meyer [*Ann. Chem.* (1874), **175**, 141] n'a obtenu en mélangeant des solutions d'azotite de sodium et de chlorhydrate d'hydroxylamine que du protoxyde d'azote.

$$AzH^2OH + AzOOH = 2H^2O + Az^2O.$$

C'est Wislicenus qui, le premier, en 1893 [*D. chem. G.*, **26**, 771; *Bull. Soc. Chim.*, (3), **10**, 666], démontre dans le produit de la réaction de l'azotite de sodium sur le sulfate d'hydroxylamine la présence d'acide hypoazoteux qu'il caractérise par son sel d'argent; le rendement en hypoazotite d'argent atteint 10 0/0 du sulfate d'hydroxylamine employé. Voyez également Cl. Montemartini [*Gazz. chim. ital.*, (2), **22**, 304-325].

Paal [*D. chem. G.*, **26**, 1027; *Bull. Soc. Chim.*, (3), **10**, 769] et son collaborateur F. Kretschmer [*Thèse*, 1895, 9] ont effectué la même réaction en faisant agir de l'azotite d'argent sur une solution de chlorhydrate d'hydroxylamine. Il se forme peu à peu un précipité de chlorure d'argent, et la liqueur contiendrait transitoirement de l'azotite d'hydroxylamine, fait nié par V. Meyer [*loc. cit.*] et Wislicenus [*loc. cit.*].

Mais dans toutes ces méthodes, le rendement en acide hypoazoteux est très faible. Thum, qui a étudié avec soin les produits de cette réaction [*Mon. f. Chem.*, **14**, 294; *Bull. Soc. Chim.*, (3), **12**, 2] n'obtient que 2 0/0 du rendement théorique, la majeure partie du produit passant à l'état de protoxyde d'azote.

D'après Hantzsch et Kaufmann [*Ann. Chem.*, **292**, 317; *Bull. Soc. Chim.*, (3), **18**, 428; in extenso dans *Mon. Scient.*, *Quesneville*, 1897, 336] les meilleurs rendements en acide hypoazoteux seraient obtenus en effectuant la réaction en présence de certaines bases, comme l'a indiqué Tanatar [*J. Phys. Chim. Pétersb.*, (I), fasc. 6, 342-345, 1893; *Bull. Soc. Chim.*, (3), **12**, 863]. On additionne la solution d'azotite de potassium avec de la chaux éteinte, puis on ajoute le chlorhydrate d'hydroxylamine (2 molécules de chaque réactif). On chauffe vers 50°, on maintient en contact pendant un ou deux jours et on filtre pour séparer la chaux. L'hypoazotite de calcium reste en solution.

Action des acides. — Les acides minéraux neutralisent l'hydroxylamine comme l'ammoniaque par simple addition (les sels ainsi obtenus seront étudiés plus loin); mais tandis que l'ammoniaque rougit la phtaléine, l'hydroxylamine est sans action sur ce réactif, de telle sorte que les sels neutres d'hydroxylamine sont acides vis-à-vis de la phtaléine, et neutres vis-à-vis du méthylorange. Cette propriété est mise à profit pour le dosage de l'hydroxylamine [J.-A. Muller, *Bull. Soc. Chim.*, (3), **3**, 605. — Cambier et Brochet, *Bull. Soc. Chim.*, (3), **13**, 401. — Astruc, *C. R.*, **129**, 1021].

Action des alcalis. — Lossen, en 1869 [*Ann. Chem.*, Suppl., **6**, 220], indique que sous l'action des alcalis l'hydroxylamine est transformée en ammoniac, azote et protoxyde d'azote. Berthelot utilise la décomposition de l'hydroxylamine par les alcalis concentrés pour mesurer la chaleur de formation de l'hydroxylamine [*Bull. Soc. Chim.*, (2), **28**, 438; *C. R.*, **83**, 473]; l'équation de décomposition est la suivante :

$$3AzH^3O = AzH^3 + 2Az + 3H^2O.$$

Cependant cette réaction n'est pas complète, et Victor Meyer [*Ann. Chem.*, **264**, 126; *Bull. Soc. Chim.*, (3), **8**, 419] a fait observer que dans la décomposition de l'hydroxylamine par la potasse, le liquide distillé offre encore les propriétés réductrices caractéristiques de cette base. De même, après avoir chauffé pendant 6 minutes du chlorhydrate d'hydroxylamine avec de la potasse concentrée, la liqueur exerçait encore un fort pouvoir réducteur sur la liqueur de Fehling.

Kolotoff [1893, *J. Phys. Chim. Pétersb.*, **1**, 295-296; *Bull. Soc. Chim.*, (3), **12**, 871], en traitant pendant plusieurs jours à la température ordinaire une solution de sulfate d'hydroxylamine par la soude caustique, a observé la formation d'acide azoteux, de protoxyde d'azote, d'azote et d'ammoniaque; les quantités d'azote correspondant à ces divers composés étaient : 7,12 0/0 d'azote à l'état d'ammoniaque, 0,39 à l'état d'acide azoteux, 2,22 à l'état de protoxyde d'azote et 6,68 d'azote gazeux. La petite perte d'azote (16,41 au lieu de 17,0 que contient le sulfate d'hydroxylamine) provient du protoxyde d'azote dissous par l'eau.

D'après von Knorre [*Chem. Ind.*, 1899, 254], par évaporation prolongée des sels d'hydroxylamine en présence d'alcalis en excès, la totalité de l'hydroxylamine se trouve détruite sans qu'il y ait formation d'acide azoteux ou azotique.

Action de l'ammoniaque. — Même en solution saturée l'ammoniaque ne détruit pas l'hydroxylamine; il n'en est pas de même du gaz ammoniac qui réagit sur l'hydroxylamine ou sur ses sels, en donnant surtout naissance à du protoxyde d'azote et à de l'ammoniaque.

$$4AzH^3O = Az^2O + 2AzH^3 + 3H^2O.$$

Au bout de 48 heures, près des deux tiers de l'hydroxylamine ont subi cette transformation, environ un septième seulement se trouvant changé en azote et ammoniaque [Berthelot, *C. R.*, **83**, 473].

Action des oxydes. — Nous avons déjà signalé l'action des oxydes qui jouissent vis-à-vis de l'hydroxylamine de propriétés oxydantes (voyez p. 598). Pour certains autres oxydes l'hydroxylamine est un oxydant énergique. C'est ainsi que les sesquioxydes de molybdène, de titane, de vanadium se sont transformés en tétroxydes par l'action de l'hydroxylamine en liqueur acide [A. Piccini, *Gazz. chim. ital.*, (2), **25**, 451-460]. Nous avons signalé la curieuse oxydation de l'hydrate ferreux par l'hydroxylamine en liqueur neutre ou alcaline [Haber, *D. chem. G.*, **29**, 2444].

L'hydrate manganeux réduit également l'hydroxylamine en ammoniaque, mais d'une façon moins complète [von Knorre, *loc. cit.*].

Action sur les sels minéraux[1]. — L'hydroxylamine comme l'ammoniaque joue vis-à-vis des sels minéraux, le rôle d'une base forte; c'est ainsi qu'elle précipite les sels de zinc, d'alumine, de fer, de nickel, de chrome et de cobalt à l'état d'hydrate comme le fait l'ammoniaque; mais tandis que l'hydrate de cobalt se redissout partiellement dans un excès de solution d'hydroxylamine, les hydrates des autres métaux ne se redissolvent pas [Lossen, *Ann. Chem.*, Suppl., **6**, 235; *D. chem. G.*, **8**, 357; *Zeit. f. Chem.*, (2), **7**, 326].

Dans les mêmes conditions les sels de baryum, de strontium, de calcium et de magnésium ne sont pas précipités par l'hydroxylamine (Lossen). Pour les métaux supérieurs l'action basique est souvent accompagnée, ou quelquefois même précédée de l'action réductrice. C'est ainsi que les sels de cuivre précipitent d'abord en un hydrate vert se dissolvant en bleu dans la liqueur, puis il se sépare bientôt un précipité d'oxyde cuivreux (Lossen). Pour que les sels de cuivre soient entièrement réduits par l'hydroxylamine il faut que la liqueur soit alcalinisée par la soude, et le cuivre est alors précipité à froid à l'état d'hydroxyde jaune, à chaud à l'état d'oxydule rouge; si au contraire la liqueur est acidulée soit par un acide minéral, soit même par l'acide acétique, le cuivre n'est nullement précipité par l'hydroxylamine [Knœvenagel et Ebler, *D. chem. G.*, **35**, 3055].

Le chlorhydrate d'hydroxylamine a été indiqué par Springer pour la caractérisation des traces de cuivre dans les eaux [*Chem. Zeit.*, 1898, 299].

Les sels argentiques et mercuriques se conduisent d'une façon identique (K. et E.), d'ailleurs Lossen avait déjà montré que le sublimé est réduit d'abord en calomel, puis en mercure métallique [*Ann. Chem.*, Suppl., **6**, 220].

A. Lainer [*Mon. f. Chem.*, **9**, 353; *Bull. Soc. Chim.*, (2), **2**, 189 et *Mon. f. Chem.*, **12**, 639; *Bull. Soc. Chim.*, (3), **8**, 667] ainsi que Knœvenagel et Ebler [*loc. cit.*] ont montré que le chlorhydrate d'hydroxylamine au contact d'un alcali possède la propriété de réduire complètement à l'état métallique tous les sels d'argent solubles ou insolubles (azotate, chlorure, bromure, iodure, cyanure double potassique, hyposulfite double sodique); la présence d'acides organiques ne trouble nullement la réaction. Cette propriété peut être mise à profit en analyse qualitative ou quantitative pour séparer l'argent, ou encore en photographie pour récupérer l'argent (A. Lainer).

L'or est complètement précipité de ses sels dans les liqueurs sodiques ou ammoniacales, mais ils ne l'est que plus ou moins complètement dans les liqueurs acides et chaudes; de sorte que le procédé de séparation de l'argent et de l'or, institué par Lainer, est imparfait; les sels doubles ne sont réduits qu'en liqueur alcaline, à l'exception du cyanaurate de potassium (Lainer).

Les sels de platine ne fournissent, dans tous les cas, que des précipitations incomplètes ou nulles (K. et E.); toutefois, Torugi a observé que les solutions ammoniacales chaudes de sels de platine donnent, avec l'hydroxylamine, des prépités complexes, dont la nature varie avec la concentration des liqueurs et les proportions des corps dissous [*Gazz. chim. ital.*, **33**, (2), 449].

D'ailleurs, quand les liqueurs sont suffisamment diluées, il se produit avec la plupart des sels métalliques : Au, Ag, Pt, Hg, surtout en présence d'acide hypophosphoreux, une réduction à la suite de laquelle le composé réduit reste suspendu à l'état colloïdal, et se dépose seulement lorsque la solution est portée à l'ébullition [Gutbier, *Zeit. Anal. Chem.*, **32**, 347].

Emploi de l'hydroxylamine en analyse qualitative. — Déjà indiqué depuis 1893 par Jannasch et Mai pour l'analyse quantitative (voir ci-dessous) l'emploi de l'hydroxylamine en analyse qualitative est basé sur ce que, en liqueur ammoniacale, certains métaux sont complètement précipités (Hg), alors que d'autres restent en solution (Cu, Cd) [Knœvenagel et Ebler, *loc. cit.*].

Toutefois, les meilleurs résultats sont obtenus en employant cette méthode concurremment à celle de l'eau oxygénée et l'ammoniaque, des mêmes auteurs [*D. chem. G.*, **35**, 3059]; voir également séparation du fer d'avec le manganèse et le magnésium et de l'aluminium et du chrome d'avec Mn, Zn, Ni, et Mg [Jannasch et Rühl, *J. f. pr. Chem.* (2), **72**, 1].

Emploi de l'hydroxylamine en analyse quantitative. — Dès 1893, MM. P. Jannasch et J. Mai ont étudié l'influence exercée par l'hydroxylamine sur la précipitation des hydrates métalliques effectuées au moyen de l'ammoniaque; ils ont observé que cette précipitation se trouve souvent favorisée au point de permettre un dosage rigoureux du métal; c'est ainsi qu'en présence de chlorhydrate d'hydroxylamine, une solution de chlorure chromique traitée à chaud par un léger excès d'ammoniaque, fournit un précipité violet facilement isolable, alors que la liqueur filtrée est complètement exempte de chrome, ce qui n'aurait pas eu lieu si l'on n'avait pas employé l'hydroxylamine [*D. chem. G.*, **26**, 1786; *Bull. Soc. Chim.*, (3), **10**. 1100].

Plus tard, en 1898, Jannasch montre qu'on peut séparer l'acide sélénique de l'acide tellurique par précipitation du premier de ces acides par l'hydroxylamine [Procès-verbaux de la Soc. Chim. d'Heidelberg, *Chem. Zeit.*, 1898, 105; puis plus tard Jannasch et Müller, *D. chem. G.*, **31**, 2377; *Bull. Soc. Chim.*, (3), **22**, 134].

La même année, V. Lenher met à profit la même propriété pour déterminer le poids atomique du sélénium par réduction, au moyen de l'hydroxylamine, du bromure double d'ammonium et de sélénium $(AzH^4)^2SeBr^6$, et par pesée du sélénium précipité [*Ann. Chem. Soc.*, **20**, 255; *Bull. Soc. Chim.*, (3), **22**, 6].

D'ailleurs, ce n'est que dans certaines conditions précisées par Jannasch et Müller que l'acide sélénique est précipité sans entraîner l'acide tellurique; dans la plupart des cas, au contraire, ces deux acides sont précipités par l'action de l'hydroxylamine, c'est ce qui a permis à Jannasch et Heimann de séparer en liqueur acide les acides sélénique et tellurique des acides sulfurique et phosphorique [*D. chem. G.*, **31**, 2386]; tandis qu'en liqueur ammoniacale l'acide tellurique seul est précipité. Jannasch réalise de même la séparation du sélénium d'une part, et du tellure et du baryum d'autre part, au moyen du chlorhydrate d'hydroxylamine en solution acide [*loc. cit.*].

A. Gutbier et F. Resenscheck indiquent qu'on peut également, au moyen du chlorhydrate d'hydroxylamine, séparer quantitativement l'antimoine du tellure, toutefois ils reconnaissent que cette séparation exige moins de perte de temps en employant l'hydrazine [*Zeit. anorg. Chem.*, **32**, 260].

Dans le travail déjà cité, et publié en collaboration avec ses nombreux élèves, P. Jannasch montre que par action à chaud du chlorhydrate d'hydroxylamine et d'un excès d'ammoniaque sur les solutions métalliques additionnées d'acide tartrique, ou parfois d'acide oxalique, outre le

1. L'action de l'hydroxylamine sur l'acide cyanhydrique et les cyanures sera examinée plus loin en même temps que l'action de ce réactif sur les nitriles.

sélénium et le tellure, le mercure est également précipité; d'où une méthode de séparation quantitative du mercure d'avec les métaux suivants : cuivre, bismuth, plomb, cadmium, arsenic, antimoine, étain (Jannasch et Devin), aluminium, chrome, manganèse, cobalt, nickel, urane, wolfram, molybdène (Jannasch et Alffers). [Consultez encore SÉPARATIONS QUANTITATIVES PAR LE CHLORHYDRATE D'HYDROXYLAMINE, Thèses de F. Rühl (1901) et de W. Kohen (1902), sous la direction du professeur Jannasch, Heidelberg, et surtout *Prakt. Leitfaden der Gewicht's Analyse*, du professeur Jannasch].

Plus récemment encore, séparation du cuivre d'avec Al, Cr, Fe, et du fer d'avec Zn [Jannach et Cohen) séparation du fer et du thorium d'avec l'urane [Jannasch et Schilling, *J. f. pr. Chem.*, (2), **72**, 14, 26].

L'hydroxylamine a également permis à MM. Jannasch et Winckler d'effectuer la précipitation et la séparation complète du cuivre en liqueur alcaline sodique; aussi, après avoir tourné quelques difficultés techniques concernant la filtration du précipité et la manière d'éviter les réoxydations partielles, sont-ils parvenus à obtenir de bons résultats, soit pour le dosage du cuivre seul, soit pour la séparation de ce métal associé au zinc ou à l'arsenic [*D. chem. G.*, **33**, 631]. Pour la séparation de l'or d'avec les autres métaux, voyez Jannasch et von Mayer [*D. chem. G.*, **38**, 2129-2130].

Il est vrai que par la suite, MM. Jannasch et Biedermann ont trouvé plus avantageux de remplacer dans ce cas l'hydroxylamine par l'hydrazine [*D. chem. G.*, **33**, 632; *Bull. Soc. Chim.*, (3), **24**, 451]. Voy. également Jannasch [*J. f. pr. Chem.*, (2), **72**, 35]. D'autre part Frielheim et Hasenclever [*J. f. Ann. Chem.*, **44**, 593] ne sont pas favorables à cette méthode de séparation quantitative.

VI. — RÉACTIONS AVEC LES COMPOSÉS ORGANIQUES.

Grâce à ses deux hydrogènes libres, l'hydroxylamine jouit de la propriété de donner avec la plupart des corps organiques des combinaisons typiques; toutefois, par sa tendance à passer soit à l'état d'ammoniaque, soit à l'état de composés oxygénés de l'azote, l'hydroxylamine peut tantôt jouer un rôle oxydant, tantôt agir comme réducteur. Généralement c'est en solution acide que l'hydroxylamine jouit des propriétés oxydantes; c'est ainsi que le chlorhydrate d'hydroxylamine en solution alcoolique oxyde l'alcool triphénylvinylique $(C^6H^5)^2C = C(OH) - C^6H^5$ en éthoxydiphénylacétophénone

$$C^6H^5 - CO - C(OC^2H^5)(C^6H^5)^2$$

[Bietz, *D. chem. G.*, **29**, 2080; *Bull. Soc. Chim.*, (3), **8**, 128]. Or, ces oxydations ne s'effectuent point par l'action de l'hydroxylamine libre. Cette dernière semble, à l'état de liberté, agir en général comme réducteur, ou pour s'exprimer autrement, offrir une résistance moindre aux oxydants organiques énergiques.

C'est ainsi que l'hydroxylamine libre transforme la quinone en hydroquinone [Alois Janny (1882), *D. chem. G.*, **15**, 2783] en même temps qu'elle se détruit elle-même en azote et protoxyde d'azote [Valeur, *Ann. Phys. Chim.*, (7), **21**, 32]; de même l'hydroxylamine libre transforme le chloranile en tétrachlorohydroquinone [Valeur, *loc. cit.*, 502]. M. A. Janny a proposé cette réaction comme caractéristique pour la différenciation des quinones vraies et des autres quinones.

Par contre, si l'hydroxylamine se trouve à l'état de sel, chlorhydrate par exemple, la réaction avec les quinones comme avec les quinones monoximes s'effectue par condensation avec formation de quinones monoximes et de quinones dioximes. Quelquefois, cependant, dans le cas des quinones monoximes (nitrosophénols), comme on le verra plus loin (voyez *action sur dérivés nitrosés*), l'hydroxylamine libre se condense avec le groupe nitroso pour donner le p-diazophénol, mais celui-ci est réduit au moment même de sa formation en hydrodiazophénol [Kehrmann et Messinger, *D. chem. G.*, **23**, 2815; *Bull. Soc. Chim.*, (3), **6**, 55].

L'hydroxylamine libre joue également le rôle de réducteur vis-à-vis des pseudonitrols qu'elle transforme en cétoximes; c'est ainsi que le propylpseudonitrol est réduit en acétoxime [Scholl, Landsteiner, *D. chem. G.*, **28**, 1367 (en note); **29**, 88; *Bull. Soc. Chim.*, **16**, 934]. De même dans l'action de l'hydroxylamine libre sur l'acide cinnamique, l'acide hydroxylamine phénylpropionique formé est réduit partiellement en phénylalanine (voyez *Action sur les acides non saturés*).

Quelquefois l'acide chlorhydrique formé dans la réaction donne du chlorhydrate d'hydroxylamine qui est susceptible de jouer un rôle oxydant, bien qu'initialement l'hydroxylamine se trouvât dans la liqueur à l'état de base libre. C'est ainsi que l'action sur les acétones halogénées qui donne naissance à des glyoximes, peut s'exprimer comme suit :

$$R-COCH^2Cl + 3AzH^2OH$$
$$= R-C(=AzOH)-CH^2AzHOH + AzH^2OHHCl,$$

$$R-C(=AzOH)-CH^2AzHOH + O$$
$$= R-C(=AzOH)-CH(=AzOH) + H^2O.$$

Action sur les carbures. — L'hydroxylamine semble sans action aucune sur les carbures gras, aromatiques et hydroaromatiques. Graebe a toutefois pu réaliser, au moyen du chlorure d'aluminium, l'élimination d'eau entre les carbures aromatiques et l'hydroxylamine, avec fixation du groupe AzH^2, de manière à donner naissance à des amines [Graebe, *Soc. Genev.*, 14 mars 1901; *Chem. Zeit.*, 1901; G.-F. Jaubert, *C. R.*, **132**, 841].

Avec le benzène on obtient l'aniline, avec le toluène la p-toluidine; en aucun cas les rendements ne sont excellents; c'est ainsi qu'en chauffant pendant 5 à 6 heures 50 grammes de carbure, 10 grammes de chlorhydrate d'hydroxylamine et 12 grammes de chlorure d'aluminium, les quantités d'amines obtenues par Graebe n'ont pas dépassé 3gr,50.

Avec le naphtalène il se fait de la naphtylamine en très petite quantité [Graebe, *D. chem. G.*, **34**, 1778].

La fixation de AzH^2 sur le noyau benzénique au moyen de l'hydroxylamine, est quelquefois facilitée par la présence de certains substituants (voyez *Action sur l'oxythymoquinone*, p. 610).

L'hydroxylamine n'a aucune action réductrice ou additive sur les carbures non saturés éthyléniques ou acétyléniques; néanmoins, quand la liaison éthylénique se trouve située au voisinage d'un carboxyle acide ou d'un carbonyle cétonique l'hydroxylamine a des tendances à s'additionner à la liaison éthylénique (voyez *Action sur les cétones et acides non saturés*).

Action sur les carbures monohalogénés (iodures alcooliques). — Tandis que l'hydroxylamine est sans action sur les alcools, elle peut réagir avec les dérivés halogénés, du moins avec les dérivés iodés.

D'après Lobry de Bruyn [*Rec. des Pays-Bas*, **13**, 48], ainsi que d'après Hantzsch et Hilland

[*D. chem. G.*, **31**, 2065] la réaction des iodures alcooliques s'effectuerait d'après l'équation suivante :

$$C^2H^5I + AzH^2OH = HI . AzHOHC^2H^5.$$

Les recherches de Dunstan et Goulding ont montré qu'il n'en est nullement ainsi. A l'exception de l'iodure de méthyle qui réagit de façon spéciale, l'action des iodures alcooliques (éthyle, propyle, isopropyle) s'effectue d'après la formule suivante :

$$2C^2H^5I + AzH^2OH = (C^2H^5)^2AzOH + 2HI,$$

en donnant les ββ-dialkylhydroxylamines à l'état d'iodhydrate, en même temps que l'excès d'acide iodhydrique formé fixe 3 molécules d'hydroxylamine pour donner l'iodhydrate de trihydroxylamine $(AzH^2OH)^3HI$. Avec l'iodure de méthyle la réaction est encore plus complète, et les trois H de l'hydroxylamine sont éliminés à l'état d'acide iodhydrique, qui se fixe également sur l'hydroxylamine en excès pour former des iodhydrates de di et de trihydroxylamine.

La réaction est la suivante :

$$3CH^3I + AzH^2OH = \underset{\displaystyle I}{Az}\begin{cases} CH^3 \\ CH^3 \\ CH^3 \\ OH \end{cases} + 2HI.$$

On obtient ainsi l'iodhydrate de triméthyloxamine dont la base triméthyloxamine peut être mise en liberté par l'oxyde d'argent [Dunstan et Goulding, *Chem. Soc.*, **69**, 839, **75**, 807; *Bull. Soc. Chim.*, (3), **16**, 1606; **22**, 925. — Hantzsch et Hilland, *D. chem. G.*, **31**, 2058].

Dans les mêmes conditions, les chlorures et bromures d'alkyles ne semblent pas avoir d'action sur l'hydroxylamine.

Toutefois, au voisinage de certaines fonctions, l'élément halogène acquiert une plus grande aptitude à réagir avec l'hydroxylamine; c'est ainsi qu'un excès d'hydroxylamine mis en présence de chloracétone, non seulement donne la chloracétoxime, mais encore réagit sur l'atome de chlore pour donner transitoirement une hydroxylamine-oxime

$$CH^3 - C = (AzOH) - CH^2 - AzHOH,$$

puis, par une oxydation ultérieure, la méthylglyoxime $CH^3 - C = (AzOH) - C = AzOH$ [Hantzsch Wild, *Ann. Chem.*, **289**, 285. — Scholl, Matthaiopoulos, *D. chem. G.*, **29**, 1553]. La même réaction s'effectue avec la bromacétophénone $C^6H^5 - CO - CH^2Br$ [Strasmann, *D. chem. G.*, **22**, 419; Korten et Scholl, *D. chem. G.*, **34**, 1902].

Action sur les dérivés polyhalogénés. — Il est probable que l'hydroxylamine réagit sur les dihalogénés primaires ou secondaires, de la même façon que sur les aldéhydes ou cétones correspondantes; B. Westenberger a en effet obtenu l'acétaldoxime par l'action de l'hydroxylamine sur le chlorure d'éthylidène [*D. chem. G.*, **16**, 2994]. L'hydroxylamine réagit de même sur les carbures nitrés αα-dibromés de la série grasse, avec formation d'acides nitroliques d'après l'équation

$$CH^3 - CBr^2 - AzO^2 + AzH^2OH = CH^3 - C \begin{cases} AzO^2 \\ AzOH \end{cases} + 2HBr$$

ce qui, au surplus, montre que les acides nitroliques existent bien sous la forme nitroaldoximes.

Avec l'acétophénone dibromée

$$C^6H^5 - CO - CHBr^2,$$

on obtient également une glyoxime

$$C^6H^5 - C = (AzOH) - CH = (AzOH)$$

[Strasmann, *D. chem. G.*, **22**, 419; Dict., Suppl., (2), **1**, 168].

Les cétones dichlorées telles que la 33-dichlorobutanone; la 33-dichloropentanone 2, la 33-dichlorohexanone 2 et la 44.dichloro 3 heptanone, fonctionnent de la même façon [Faworsky, *J. prakt. Chem.*, (2), **51**, 346-560].

Il en est de même également avec la diméthyl-3.3 dibromo-1.1 butanone-2 [Vittorf, *J. Soc. russe*, **32**, 88; *Bull. Soc. Chim.*, **24**, 870].

Il semble, d'ailleurs, que cette propriété ne s'applique qu'aux dichlorés en α par rapport au carbonyle.

Il y a lieu de signaler que la dioxime obtenue par Locquin [*Bull. Soc. Chim.* (3), **31**, 1175] et de constitution bien certaine n'est pas identique à la dioxime obtenue par Faworsky à partir de la 44.dichloro 3 heptanone.

Le chloral peut aussi éliminer deux de ses atomes de chlore avec 2 atomes d'hydrogène de l'hydroxylamine, de sorte qu'on obtient finalement une dioxime chlorée, la chloroglyoxime

$$CCl(=AzOH) - CH(=AzOH)$$

[V. Meyer, Janny et Naegeli, Dict., Suppl., (2), **2**, 1077].

Toutefois, c'est tout d'abord l'oximation de la fonction aldéhydique qui se produit; si même on effectue la réaction en présence d'aniline, les atomes de chlore éliminent HCl non plus avec l'hydroxylamine, mais avec 2 molécules d'aniline, et on obtient l'isonitrosoéthényldiphénylamidine

$$C^6H^5 - AzH - C \begin{cases} CH = AzOH \\ Az - C^6H^5 \end{cases}$$

qui se condense sous l'influence de l'acide sulfurique concentré pour donner de l'isatinanilide qui conduit à la synthèse de l'indigo.

Action de l'hydroxylamine sur les aldéhydes et sur les cétones. Aldéhydes et cétones à fonction simple. — L'action de l'hydroxylamine sur les aldéhydes et les cétones a été déjà étudiée à l'article Aldoximes et Acétoximes [Dict., Suppl., (2), **1**, 167].

Pour effectuer cette action il est quelquefois nécessaire de se placer dans des conditions spéciales : emploi de l'hydroxylamine libre[1] en présence ou non d'alcali, ou emploi de son chlorhydrate ou des autres sels[2]; emploi d'une com-

1. Le plus souvent on emploie le chlorhydrate et l'on met en liberté l'hydroxylamine soit préalablement, soit directement au moyen de divers agents alcalins tels que carbonates, bicarbonates, acétates alcalins; on peut même simplement faire réagir molécule à molécule le chlorhydrate sur la combinaison bisulfitique de l'aldéhyde ou de la cétone considérée. Pour préparer l'oxime de l'éther acétylacétique, Schiff [*D. chem. G.*, **28**, 2731] neutralise le chlorhydrate par l'aniline. Dans certains cas on ne peut obtenir une oxime qu'en présence d'un excès d'alcali ainsi que Auwers l'a signalé pour la camphoroxime. Il faut alors tenir compte comme cela se passe pour l'oxime de la phénylacétone [Kolb, *Ann. Chem.*, **291**, 285] de ce que certaines oximes donnent des sels alcalins bien cristallisés qu'il faut décomposer par un acide pour mettre l'oxime en liberté.

2. L'oxime de la naphtazarine n'a pu être obtenue par Shunck et Marchlewski qu'en employant le chlorhydrate d'hydroxylamine en liqueur alcoolique avec une goutte d'acide chlorhydrique et opérant en tube scellé à 170° [*D. chem. G.*, **27**, 3464].

binaison double telle que le chlorure de zinc bihydroxylamine (voyez plus loin SELS DOUBLES D'HYDROXYLAMINE); emploi d'un solvant approprié à la nature des substances réagissantes : alcool[1], eau, etc.; dans le cas où la solution d'hydroxylamine est nécessairement aqueuse, comme lorsqu'on emploie le sulfate, on peut encore effectuer la réaction avec les aldéhydes ou cétones insolubles, à condition de multiplier les surfaces de contact par une agitation prolongée. Au lieu d'une solution aqueuse alcaline de sulfate d'hydroxylamine, on peut employer son générateur l'hydroxylamine-monosulfonate de potassium ou de sodium de Raschig, en présence d'un excès d'alcali.

C'est ce procédé que Kostanecki [*D. chem. G.*, **22**, 1344] indique pour préparer économiquement l'oxynaphtoquinonoxime. D'ailleurs, l'emploi de l'hydroxylamine-monosulfonate, ou encore disulfonate a été également recommandé et même préféré [H. Rupe et K. von Majewski, *D. chem. G.*, **33**, 3408] pour la préparation des diazoimides à partir des diazoamines (voyez plus loin *Action de l'hydroxylamine sur les diazoamines*).

Quand l'aldéhyde est facilement oxydable on peut effectuer l'action de l'hydroxylamine dans un flacon rempli de gaz carbonique [Petraczek, *D. chem. G.*, **15**, 2783].

Certaines aldéhydes ou cétones peuvent provoquer le déplacement de l'hydroxylamine de son chlorhydrate, et déterminer ainsi la mise en liberté d'une quantité correspondante d'acide chlorhydrique; cette réaction, qui est quantitative pour quelques aldéhydes comme le méthanal, ramène le dosage de ces aldéhydes à un simple titrage acidimétrique (Brochet et Cambier).

Le chlorhydrate d'hydroxylamine dépolymérise le trioxyméthylène pour donner la formoxime à l'état de chlorhydrate.

Le même sel d'hydroxylamine peut déplacer l'ammoniaque des aldéhydates d'ammoniaque

$$R-CH\begin{matrix}< AzH^2 \\ < OH\end{matrix}$$

pour donner l'oxime correspondante

$$R-CH=AzOH$$

[Dunstan Dymond, *Chem. Soc.*, **61**, 473; **65**, 209]; inversement, on sait que la phénylhydrazine déplace l'hydroxylamine de certaines oximes pour donner des phénylhydrazones. [Just, *D. chem. G.*, **20**, 1205].

L'hydroxylamine ou son chlorhydrate réagit sur les hydrates d'aldéhydes (hydrate de chloral) en donnant les mêmes oximes qu'avec les aldéhydes elles-mêmes.

L'action de l'hydroxylamine sur le chloral[2] anhydre étudiée par Hantzsch [*D. chem. G.*, **25**, 701; Dict., Suppl., (2), **2**, 1077] permet de prévoir, dans la formation des oximes, l'existence d'une phase intermédiaire donnant naissance au composé instable R-CHOH-AzHOH qui, après élimination d'eau, passe à l'état d'oxime; pour le chloral cette forme intermédiaire est stable : $CCl^3-CHOH-AzHOH$ (trichlorohydroxylaminoéthanol) fondant à 98°.

Les produits de l'action de l'hydroxylamine sur les aldéhydes et les cétones existent généralement sous une seule forme; il en est ainsi avec toutes les aldéhydes et les cétones grasses, et aussi avec quelques aldéhydes et acétones aromatiques telles que les aldéhydes salicylique, para et *m*-oxybenzoïque, l'acétophénone et ses homologues, etc. Avec la plupart des aldéhydes aromatiques telles que les aldéhydes benzoïque, cinnamique, anisique, pipéronylique, etc., l'hydroxylamine fournit une oxime de formule

$$R-CH=AzOH,$$

appelée α-oxime ou anti-aldoxime, et susceptible de se transformer en synaldoxime ou oxime β

$$R-CH=Az\begin{matrix}\leqslant O \\ < H\end{matrix}$$

dont la forme tautomère serait

$$R-CH=AzH.\quad \diagdown O \diagup$$

Jamais l'oxime β ne se forme par action directe de l'hydroxylamine sur ces aldéhydes.

Il n'a été fourni jusqu'ici aucun argument pour expliquer que certaines aldéhydes ou cétones ne fournissent qu'une seule oxime, alors que les autres possèdent deux oximes isomériques (voyez article OXIMES). Par contre, la propriété de la benzophénone de ne fournir avec l'hydroxylamine qu'une seule oxime s'explique par la symétrie de la molécule; et cette interprétation offre quelque vraisemblance, puisque les benzophénones dissymétriques telles que la bromobenzophénone, la phényltolylcétone fournissent deux oximes [Hantzsch, *D. chem. G.*, **23**, 2776].

Vitesse réactionnelle [Landrieu, *C. R.*, **140**, 1392].

ALDÉHYDES ET CÉTONES A FONCTIONS COMPLEXES.

Action de l'hydroxylamine sur les aldéhydes non saturées.

Les oximes des termes inférieurs de la série des aldéhydes non saturées ne semblent pas avoir été décrites; mais les oximes des termes élevés ainsi que celles des aldéhydes non saturées de la série cyclique s'obtiennent par les méthodes ordinaires.

C'est ainsi que dans ce dernier groupe l'aldéhyde cinnamique fournit directement deux oximes (syn et anti) bien étudiées. Parmi les aldéhydes non saturées aliphatiques, celles qui fournissent de même des oximes avec l'hydroxylamine sont le citral *a*, le citral *b* [Suppl., **4**, 681], le citronellal (Semmler), le 2.6-diméthyl-3-méthylalheptène (3) (Leser), etc.

Presque toutes ces aldéhydes possèdent leur liaison éthylénique en α β et elles correspondent à des types assez différents

$$R-CH=CH-CHO,\qquad \begin{matrix}R \\ R'\end{matrix}\!>C=CH-CHO,$$
$$R-CH=CR'-CHO,$$

Or, tandis que chez les cétones non saturées la position de la liaison éthylénique ainsi que la nature et le nombre des substitutions influent

1. Les oximes des sucres étant très solubles dans l'eau il est impossible de les séparer du chlorure de sodium produit par le chlorhydrate d'hydroxylamine et la soude; aussi prend-on une solution alcoolique d'hydroxylamine libre à laquelle on ajoute la quantité théorique de substance; l'oxime ne tarde pas à cristalliser au bout de quelques jours [Wohl, *D. chem. G.*, **24**, 994; Seelig, *id.*, **24**, 367].

2. Une combinaison de chloral et d'hydroxylamine a été préconisée comme hypnotique sous le nom de chloroşonine [*Chem. Zeit.*, 1901, **2**, 1047] (Voir plus haut p. 602 l'action du chloral sur l'hydroxylamine en présence ou non d'aniline).

sur le mode d'action de l'hydroxylamine, il n'en est rien avec les aldéhydes éthyléniques qui donnent seulement des oximes et jamais de produits d'addition de l'hydroxylamine.

De même avec les aldéhydes acétyléniques, l'hydroxylamine ne fournit pas de produit d'addition, mais réagit simplement sur la fonction aldéhydique pour donner des oximes qui ne sont stables qu'en série aromatique, oxime phénylpropargylique [Claisen, *D. chem. G.*, **36**, 3664]. En série grasse au contraire, l'instabilité des oximes ainsi formées est telle que le produit de la réaction est constitué par des isoxazols [Claisen, *loc. cit.*, Moureu et Delange, *C. R.*, **138**, 1339]; d'ailleurs des influences très faibles (une goutte d'alcali) suffisent pour transformer l'oxime phénylpropargylique en phénylisoxazol

$$C^6H^5-HC\equiv C-CHO + AzH^2OH$$
$$= C^6H^5-C\equiv C-CH=AzOH,$$

$$C^6H^5-C\equiv C-CH=AzOH = C^6H^5-\underset{\searrow O \swarrow}{C}\overset{CH — CH}{\quad\| \qquad \|}Az$$

Action de l'hydroxylamine sur les cétones non saturées.

I. *Cétones éthyléniques autres qu'en* α β. — Toutes les cétones éthyléniques dont la double liaison est située autrement qu'en α β réagissent normalement avec l'hydroxylamine en donnant comme les cétones saturées des oximes vraies.

Telles sont parmi les cétones éthyléniques acycliques l'allylacétone [Braune et Stechele, *D. chem. G.*, **33**, 1472], la méthyl-2-heptène-2-one-6 (Tiemann et Krüger), la méthyl-2-heptène-3-one-6 (T. et K.), etc., et parmi les cétones hydrocycliques, la dihydrocarvone, les deux isopulégones (Harries), la méthylcyclohexénone, la diméthylcyclohexénone (Béhal), etc., etc.

Blaise a observé que les allylacétones

$$CH^2=CH-CH^2-CO-R$$

donnent quelquefois des oxamino-oximes, mais cette formation a lieu à la suite d'une migration de la liaison éthylénique, de sorte que les oxamino-oximes obtenues correspondent aux propénylcétones isomères $CH^3-CH=CH-CO-R$ [*C. R.*, **138**, 1106].

II. *Cétones éthyléniques* α β. — L'action de l'hydroxylamine n'est pas la même chez toutes les cétones éthyléniques α β. Tantôt l'hydroxylamine élimine avec l'oxygène cétonique une molécule d'eau comme dans le cas général des cétones et il y a formation d'oximes éthyléniques[1], tantôt l'hydroxylamine additionne la fonction éthylénique en fixant AzHOH sur l'un des carbones et H sur l'autre de sorte qu'il se forme de véritables dérivés de substitution de l'hydroxylamine à fonction cétonique appelés cétones hydroxylamines ou oxaminocétones; tantôt enfin les deux réactions de condensation et d'addition se passent simultanément : 2 molécules d'hydroxylamine entrent en jeu et on obtient des composés à la fois oximes et substitués de l'hydroxylamine : ils ont reçu le nom d'oximes-hydroxylamines ou oxamino-oximes. Dans la plupart des cas, les cétones non saturées qui donnent avec l'hydroxylamine les produits d'addition que nous venons de signaler, peuvent également donner une oxime simple.

1. Dans certains cas, qui seront étudiés un peu plus loin, on obtient au lieu des oximes leurs produits de condensation, les isoxazols.

Les oxamino-oximes diffèrent des oxaminocétones en ce que les premières soumises à chaud à l'action de l'acide sulfurique dilué mettent en liberté une molécule d'hydroxylamine en même temps qu'elles se transforment en cétones éthyléniques, tandis que sous les mêmes conditions les oxaminocétones ne sont pas modifiées [Harries, *D. chem. G.*, **32**, 1318].

M. Harries a pensé que ces variations dans le mode d'action de l'hydroxylamine pouvaient être attribuées aux différences de structure que présentent les diverses cétones éthyléniques; les résultats des recherches entreprises par lui, tant sur les cétones acycliques que sur les cétones hydrocycliques ont en partie justifié ces prévisions.

Les remarquables conclusions que tire M. Harries, et celles qu'un examen approfondi de tous les travaux publiés sur ces réactions nous a permis de déduire, peuvent être formulées de la façon suivante :

a. Cétones α β*-éthyléniques donnant des oxamino-oximes.* — Les cétones α β-éthyléniques qui possèdent la formule générale

$$R-CH=CH-CO-R'$$

donnent le plus souvent des oxamino-oximes dans lesquelles le groupe AzHOH se fixe toujours en β. Le premier exemple de cette fixation spéciale a été donné par Tiemann avec l'isophorone du camphre [*D. chem. G.*, **30**, 251].

Pour préparer les oxamino-oximes, Harries [*Ann. Chim.*, **330**, 203] recommande d'employer la solution alcoolique d'hydroxylamine obtenue d'après les indications de Lobry de Bruyn [*D. chem. G.*, **30**, 2731]; on en prend 2 molécules pour une de cétone et on laisse en contact pendant des temps très variables; c'est ainsi que pour obtenir les meilleurs rendements avec la diméthylcyclohexénone il faut un contact de 24 heures, tandis qu'avec la carvone on doit attendre 8 jours. Les rendements atteignent ordinairement 60 0/0; ils sont à peu près quantitatifs pour la méthylcyclohexénone et la carvone.

Les oxamino-oximes jusqu'ici connues sont peu nombreuses surtout en série aliphatique et en série cyclique, et il est difficile de préciser, d'une façon générale, la nature des substituants capables de faire disparaître les propriétés additives des cétones génératrices.

Chez les *cétones aliphatiques* il ne semble pas que les deux radicaux R et R' puissent être quelconques. Blaise a montré que les propénylcétones $CH^3-CH=CH-CO-R'$ donnent des oxamino-oximes [*C. R.*, **138**, 1106]; mais si dans ce cas R' peut être quelconque, il n'est pas démontré que les propriétés additives ne puissent disparaître lorsque R est un radical aliphatique différent de CH^3; en effet Barbier et Bouveault [*C. R.*, **120**, 1270] puis Franke et Kohn [*Monatsh.* **19**, 371] ont décrit pour les méthylhexénone et méthylhepténone synthétiques des simples oximes. De sorte qu'il faut conclure que parmi les cétones aliphatiques α β non saturées, seules celles de formule $CH^3-CH=CH-CO-R'$ donnent des oxamino-oximes.

Les *cétones aromatiques* αβ *non saturées*

$$R-CH=CH-CO-R'$$

ne donnent d'oxamino-oximes que lorsque R étant un radical aromatique Ar (phényl ou naphtyl), R' est un radical à carbone tertiaire tel que

$$-C\begin{matrix}\nearrow R'' \\ - R'' \\ \searrow R''\end{matrix}$$

ou C^6H^5 ou à carbone difficilement substituable tel que - $CH=CH-R$. C'est ainsi que la benzylidène-pinacoline [Vörlander et Kalkow, *D. chem. G.*, **30**, 2268], le benzoyléthénylnaphtène carbonique $CO^2H-C^{10}H^6-CH=CH-CO-C^6H^5$ [Zink, *Mon. f. Chem.*, **22**, 813], et la dibenzylidène acétone [Minunni *Gaz. chim. ital.*, **27**, (2) 263] donnent des oxamino-oximes.

On ne connaît pas encore d'exemple de propénylcétones où R' soit un radical aromatique.

Dans les deux groupes précédents de cétones $\alpha\beta$ non saturées, on ne peut dans la formule générale $R-CH=CH-CO-R'$ remplacer l'un ou l'autre des hydrogènes de la fonction éthylénique sans changer comme on le verra plus loin la nature des produits fournis par l'action de l'hydroxylamine.

Il n'en est pas de même avec les *cétones hydrocycliques* répondant au même type

$$\underset{\beta}{R-CH}=\underset{\alpha}{CH}-CO-R';$$

elles peuvent être substituées soit en α (carvone, eucarvone), soit en β (3-alkylcyclohexénones, carvénone, isophorone du camphre, etc.); mais pour que ces cétones hydrocycliques donnent des oxamino-oximes il est nécessaire que le carbonyle et la liaison éthylénique soient dans le noyau. L'on verra plus loin en effet, que si la liaison éthylénique [pulégone] ou le carbonyle [oxyde de désoxymenthyle (Harries et Hübner), triméthyléthanoylcyclopentène (Blanc)] sont en dehors du noyau cyclique on n'obtient plus des oxamino-oximes mais des hydroxylaminocétones dans le premier cas et de simples oximes dans l'autre.

La propriété de donner des oxamino-oximes appartient aussi bien aux cétones pentaméthyléniques[1] telles que la laurénone [Tiemann Tigges, *D. chem. G.*, **33**, 2950] qu'aux cétones hexaméthyléniques. C'est dans ces dernières que se rangent les principaux exemples connus : l'isophorone du camphre [Tiemann, *loc. cit.*], la 3-méthylcyclohexène-2-one-1 [Harries et Lehmann, *D. chem. G.*, **30**, 2730; Harries et Jablonski, *ibid.*, **31**, 1375, 1383, **34**, 300; Harries et Atkinson, *ibid.*, **35**, 1179]; les 3.5-méthylalkyl-Δ-2-cyclohexénone et la 3.5.méthylphényl-Δ.2-cyclohexénone [Knœvenagel, *Ann. Chem.*, **281**, 25; Harries et Mathis, *D. chem. G.*, **32**, 1340]; la carvénone [Tiemann et Semmler, *D. chem. G.*, **31**, 2896]; la carvone [Schrader, *Ann. Chem.*, **279**, 366; Harries, *D. chem. G.*, **32**, 1345]; l'eucarvone [Harries et Stähler, *Lieb. Ann.*, **330**, 270], etc.

L'umbellulone fournit également une oxamino-oxime [Power et Lees, *Ch. Centr.*, 1104 (I), 1607], sa constitution n'est pas encore établie.

b. Cétones $\alpha\beta$ éthyléniques donnant des oxaminocétones. — Les cétones $\alpha\beta$ répondant à la formule

$$\begin{array}{l}R-C=CH-CO-R',\\ \quad\,|\\ \quad R''\end{array}$$

donnent des β-oxaminocétones par addition directe de l'hydroxylamine, H se fixant en α et AzHOH en β.

La pulégone-hydroxylamine [Beckmann et Pleissner, *Ann. Chem.* **262**, 1] est le premier exemple de cette fixation de AzH^2OH sur une double liaison, mais elle fut tout d'abord considérée comme un hydrate d'oxime (oxime anormale).

Il ne semble pas que dans la formule générale

$$\begin{array}{l}R-C=CH-CO-R'\\ \quad\,|\\ \quad R''\end{array}$$

les divers radicaux R, R', R'' puissent être quelconques. C'est ainsi que si R et R'' sont tous deux des radicaux aromatiques, les propriétés additives de la cétone disparaissent; c'est le cas de la diphényl-1.1-butène-1-one-3 [Klages et Fanto, *D. chem. G.*, **32**, 1436] qui donne une simple oxime. Les principaux exemples de cétones aliphatiques ou aromatiques donnant des oxaminocétones sont l'oxyde de mésityle [Harries et Jablonski, *D. chem. G.*, **31**, 549, 1376]; la phorone de l'acétone [Harries et Lehmann, *D. chem. G.*, **30**, 2727] et la dypnone [Konovaloff et Finogejeff, *J. Soc. Rus.*, **34**, 944; Harries et Gollnitz, *Ann. Chem.*, **330**, 229].

Les cétones hydrocycliques $\alpha\beta$-éthyléniques du type

$$\begin{array}{l}R-C=CH-CO-R'\\ \quad\,|\\ \quad R''\end{array}$$

donnent des oxaminocétones à condition que la liaison éthylénique soit extérieure au noyau, le CO se trouvant dans la chaîne cyclique; les exemples de ces cétones cycliques sont peu nombreux : la pulégone (*loc. cit.*), la désoxyphorone [Harries et Hübner, *Ann. Chem.*, **296**, 322] pour la série hexaméthylénique et la phorone du camphre [Harries et Mathis, *D. chem. G.*, **32**, 1343] dans la série pentaméthylénique.

La benzylidène-tanacétone et la benzylidène-menthone [Semmler, *D. chem. G.*, **37**, 234] donnent également une hydroxylaminocétone; elles appartiennent à un type un peu différent

$$R-CH=C-CO$$

l'hydrogène de la liaison éthylénique est alors substitué en α; mais alors la nature cyclique de la substitution joue un rôle important puisque les benzylidèneacétones

$$\begin{array}{l}C^6H^5-CH=C-CO-R'\\ \qquad\qquad\quad|\\ \qquad\qquad\quad R''\end{array}$$

étudiées par Harries et ses élèves ne donnent qu'une oxime vraie [Harries et Müller, *D. chem. G.*, **35**, 966; Harries et Bromberger, *ibid.*, **35**, 3088; Harries et Warunis, *Ann. Chem.*, **330**, 257].

c. Cétones $\alpha\beta$-éthyléniques donnant seulement[1] des oximes vraies. — Certaines cétones $\alpha\beta$-éthyléniques ne donnent avec l'hydroxylamine que de simples oximes, et aucun produit d'addition; si on excepte celles sur lesquelles l'action de l'hydroxylamine n'a pas été étudiée avec soin, et surtout celles dont la constitution n'est pas nettement établie; on peut conclure que les cétones qui font ainsi exception sont surtout des cétones aromatiques se rattachant à trois types principaux :

$$\begin{array}{l}Ar\\Ar\end{array}\!\!>C=CH-CO-R'$$

[Klages et Fanto, *loc. cit.*],

1. La méthylcyclopenténone ne donnerait cependant qu'une simple oxime vraie (Looft, Bouveault); de même la camphénone [Harries et Mathis, *D. chem. G.*, **32**, 1342].

1. Il convient de rappeler que la plupart des cétones donnant des oxamino-oximes et des oxamino-cétones, sont susceptibles de donner également des simples oximes.

$$Ar-CH=\underset{\underset{R''}{|}}{C}-CO-R'$$

[Harries et ses élèves, *loc. cit.*],

$$Ar-CH=CH-CO-CH^2-R$$

[Harries et Gollnitz, *Ann. Chem.*, **330**, 234].

d. *Cétones αβ-éthyléniques donnant des isoxazols.* — Quand les oximes fournies par les cétones αβ non saturées sont instables, elles se transforment sous des influences diverses en dihydro-isoxazols

$$R-CH=CH-\underset{\underset{OHAz}{\|}}{C}-R' \longrightarrow R-CH-CH^2-C-R' \quad (O\text{——}Az)$$

Dans la plupart des cas ces isoxazols sont obtenus directement, et l'on n'observe pas la formation d'oximes.

Cette formation directe d'isoxazols a été signalée par Stockhausen et Gattermann [*D. chem. G.*, **25**, 3536; *Bull. Soc. Chim.*, (3), **10**, 730] pour le cinnamylanisol et le cinnamylphénétol, par Knœvenagel et ses élèves Weissberger, Renner [*D. chem. G.*, **26**, 443; **28**, 2994], pour la benzylidène-désoxybenzoïne, par Garelli [*Gazz. chim. ital.*, **23**, (1), 569] pour la benzylidène-diméthyl 1.3-cyclohexénone.

L'oxyde de mésityle, dont les oximes stéréo-isomériques sont connues, donne dans certaines conditions le triméthyldihydro-isoxazol [Harries, *D. chem. G.*, **31**, 1380].

Action de l'hydroxylamine sur les aldéhydes alcools ou les acétones alcools.

L'hydroxylamine fournit avec les aldéhydes et acétones alcools de simples monoximes, en laissant intacte la fonction alcool. C'est ainsi que fournissent des monoximes : *a*) les *aldéhydes ou cétones alcools α*, telles que l'aldéhyde glycolique (Fenton, 2e Suppl., **1**, 493); l'acétylcarbinol [Pilot et Ruff, *D. chem. G.*, **30**, 2059]; le benzoylcarbinol (2e Suppl., **1**, 600); le diméthyl 2.7-octanol 4-one-5 [Basse et Klinger, *D.chem. G.*, **31**, 1223], etc. *b*) les *aldéhydes ou cétones*[1] *alcools β*, telles que le 2.2-diméthylbutanol-3 al-1.

$$CH^3-CHOH-C(CH^3)(CH^3)-CHO$$

[Lilienfeld, Tauss, *Mon. f. Chem.*, **19**, 78]; l'isobutylaldol

$$\begin{matrix}CH^3\\CH^3\end{matrix}\!>CH-CHOH-C(CH^3)(CH^3)-CHO$$

[Branchbar, Francke, *Mon. f. Chem.*, **17**, 637, 672]; le valéraldol

$$\begin{matrix}CH^3\\CH^3\end{matrix}\!>CH-CH^2-COOH-CH-CHO \quad (CH(CH^3)(CH^3))$$

[Kohn, *Mon. f. Chem.*, **18**, 199], etc.

1. Le méthyl 2-hexanol 3-one 5

$$(CH^3)^2=CH-CHOH-CH^2-CO-CH^3$$

provenant de la condensation en présence de soude diluée de l'acétone et de l'aldéhyde isobutylique perd H^2O dans l'action de l'hydroxylamine et donne alors l'oxime de l'isobutylidène-acétone [Franke et Kohn, *Mon. f. Chem.*, **20**, 876].

c) *les aldéhydes et cétones en γ, δ*, etc., telles que l'hexanol-1 one-5 [Lipp, *Ann. Chem.*, **289**, 191]; la méthyl-2 heptanol-2 one-6, la méthyl-2 heptanol-3 one-6 [Verley, *Bull. Soc. Chim.*, (3), **17**, 186, 189], etc.

Toutefois, dans certains cas, il a été observé une élimination d'eau entre l'oxhydrile du groupement fonctionnel oxime et l'oxhydrile alcoolique pour donner naissance à des dérivés isoxazoliques, mais ceci ne semble se produire qu'avec des corps dont nous étudierons plus loin la genèse, et qui ne se forment que transitoirement dans une phase préalable. C'est ainsi que dans le composé

$$CHO_{(1)}-CO_{(2)}-CHOH_{(3)}-CHO_{(4)}$$

qui se produit dans l'action de l'hydroxylamine sur le glyoxal (voyez plus loin), les carbones 2 et 4 donnent des oximes simples, tandis que le carbone 1 fournit une oxime dont l'oxhydrile élimine de l'eau avec l'oxhydrile du carbone 3, de sorte qu'on a finalement le composé

$$\begin{matrix} & AzOH & & AzOH\\ & \| & & \|\\ CH_{(1)}— & C_{(2)}— & CH_{(3)}— & CH\\ \| & & |\\ Az & —— & O \end{matrix}$$

qui n'est autre que l'oxime de l'oximinométhyl 3-isoxazolone-2 [Miolati, *Gazz. chim. ital.*, **25**, (2), 214]; il en est de même avec le composé transitoire que forme l'aldéhyde acétylacétique : l'octane-ol 4-trione 2.5.7 (voyez plus loin *Action de l'hydroxylamine sur les aldéhydes cétones* 3).

Enfin, il faut signaler qu'avec l'acétylacétone (voyez également plus loin), un des carbonyles fonctionnant quelquefois sous la forme énolique $CH^3-CO-CH=COH-CH^3$, l'hydroxylamine fournit dans certaines conditions une monoxime qui perd de l'eau en donnant un diméthyl 1.3-isoxazol

$$\begin{matrix}CH^3-C-CH=C-CH^3\\ \|\qquad\quad |\\ Az——O\end{matrix}$$

Une élimination d'eau analogue se produit dans l'action de l'hydroxylamine sur le méthyl 2-octène 2-one 6-al-8 (dont la forme tautomère est le méthyl-2 octadiène 2.6-ol 6-al-8) avec production d'isohexényl 3-isoxazol [Léser, *C. R.*, **128**, 371].

Action de l'hydroxylamine sur les dialdéhydes, les dicétones et les aldéhydes acétones.

Dérivés α. Cas général. — D'une façon générale, et dans les conditions ordinaires, les dialdéhydes α, les dicétones α ainsi que les aldéhydes acétones α, donnent des dioximes.

C'est ainsi que le glyoxal (2e Suppl., **1**, 902), l'isobutyrylformaldéhyde

$$\begin{matrix}CH^3\\CH^3\end{matrix}\!>CH-CO-CHO$$

[Conrad Ruppert, *D. chem G.*, **30**, 862], le biacétyle $CH^3-CO-CO-CH^3$ [von Pechmann, 2e Suppl., **1**, 680] etc. fournissent des dioximes; toutefois, le dibutyryle $C^3H^7-CO-CO-C^3H^7$, n'a fourni à Munchmeyer, aussi bien avec l'hydroxylamine libre qu'avec son chlorhydrate, qu'une simple monoxime; cet auteur n'a pas essayé l'oximation en liqueur fortement alcaline [*D. chem. G.*, **19**, 1845; *Bull. Soc. Chim.*, (2), **46**, 722].

Dans quelques cas, comme par exemple avec le benzile $C^6H^5-CO-CO-C^6H^5$, l'action de l'hydroxylamine libre, à la température ordinaire, donne une simple monoxime[1] [Wittenberg Meyer, 2ᵉ Suppl., **1**, 504], mais en faisant agir un excès de réactif à chaud et en liqueur acide on prépare la dioxime [Goldschmidt et V. Meyer, 2ᵉ Suppl., **1**, 508]; *il faut noter que dans ce cas* l'on obtient à la fois deux des trois dioximes prévues par Hantszch et Werner (2ᵉ Suppl., **1**, 508) : la dioxime α ou syn

```
C⁶H⁵ - C ———————— C - C⁶H⁵
       ‖           ‖
    Az - OH     OH - Az
```

et la dioxime β ou anti

```
C⁶H⁵ - C ——— C - C⁶H⁵
       ‖      ‖
   OH  Az     Az - OH
```

Les dioximes fournies par l'action de l'hydroxylamine sur les dicétones α aliphatiques n'existent que sous une seule forme[2].

Cas particulier. — Chez quelques dialdéhydes α ou acétones-aldéhydes β, l'action de l'hydroxylamine est précédée d'une sorte d'aldolisation de la fonction aldéhydique s'effectuant de la façon suivante :

$$R-CHO+R-CHO=R-CHOH-CO-R.$$

On conçoit qu'une telle réaction ne puisse pas se produire avec les dicétones α, puisque chez celles-ci il n'y a pas d'H libre permettant cette aldolisation.

C'est ainsi que l'action de l'hydroxylamine en liqueur acide sur le glyoxal, détermine tout d'abord cette sorte d'aldolisation que nous venons de signaler, en donnant naissance au butanol 2-one 3-dial

$$2CHO-CHO=CHO-CHOH-CO-CHO.$$

Celui-ci fixe alors 3 molécules d'hydroxylamine pour former la trioxime correspondante

```
 1     2     3    4
CH - CHOH - C - CH = AzOH
‖           ‖
AzOH        AzOH
```

Puis l'oxhydrile du carbone 4 élimine 1 molécule d'eau avec la fonction alcool du carbone 2, et on obtient finalement l'oxime de l'oximinométhyl-3 isoxazolone-2 déjà signalée plus haut

```
     O ——— Az
     |      ‖
CH - CH - C - CH
‖         ‖
AzOH      AzOH
```

La benzoylformaldéhyde semble réagir de même; en effet, Müller et de Pechmann [*D. chem. G.*, **22**, 2556] disent avoir obtenu par action de l'hydroxylamine sur ce composé un corps fondant à 219° et répondant à la formule brute $C^{16}H^{12}O^{3}$; il est donc extrêmement probable qu'un tel corps se soit formé d'après le même processus que celui dérivé du glyoxal, et qu'il réponde à la formule

```
            AzOH  C⁶H⁵
            ‖     |
C⁶H⁵ - C - C - CH - C = AzOH
       ‖   |
       Az — O
```

Ce corps serait ainsi l'oxime de l'oximinobenzyl-3 phényl 1-isoxazolone 2.

Dérivés β. — Les dialdéhydes β sont pour ainsi dire inconnues; la malonaldéhyde est connue seulement sous forme de dérivé nitré

$$CHO-CH(AzO^2)-CHO;$$

cette nitromalonaldéhyde fournit une dioxime qui n'est stable qu'à l'état de sel de sodium, mais qui passe sous l'action des acides à l'état de 2 nitro isoxazol

```
AzO² - C ——— CH
       ‖      ‖
       C      Az
        \    /
          O
```

Quant aux dicétones β et aux acétones aldéhydes β qui sont représentées par deux types fondamentaux, l'aldéhyde acétylacétique

$$CH^3-CO-CH^2-CHO$$

et l'acétylacétone

$$CH^3-CO-CH^2-CO-CH^3,$$

elles fonctionnent d'une *façon toute spéciale.*

L'aldéhyde acétylacétique subit sous l'action de l'hydroxylamine une aldolisation absolument analogue à celle des dialdéhydes et aldéhydes acétones α; le produit de condensation

$$CH^3-CO-CH^2-CO-CHOH-CH^2-CO-CH^3,$$

fournit une trioxime, et le groupement oxime situé en β par rapport à la fonction alcool, élimine avec celle-ci H^2O pour fournir un dérivé isoxazolique,

```
 δ     γ     β     α
CH³ — C - CH² - C ——— CH(3) — CH²(2)
      ‖         ‖      |       |
    AzOH      AzOH     O      C(1) - CH³
                        \     //
                          Az
```

c'est la méthyl 1-dioximinobutyl 3.α-γ-isoxazoline. Quant à l'acétylacétone chez laquelle une pareille aldolisation est impossible, elle se conduit normalement avec l'hydroxylamine et fournit, suivant les conditions, soit une dioxime

```
CH³ - C - CH² - C - CH³
      ‖         ‖
    AzOH      AzOH
```

[Harries et Haga, *D. chem. G.*, **31**, 550; **22**, 1192], soit comme nous l'avons signalé plus haut un dérivé isoxazolique, le diméthyl 1.3-isoxazol (Combes, 2ᵉ Suppl., **1**, 65).

```
CH³ - C - CH = C - CH³
      ‖        |
      Az ——— O
```

Il en est de même de l'acétylméthylhepténone qui donne, en même temps qu'une dioxime fondant à 109-110°, le méthyl 3-isohexényl-isoxazol

1. La monoxime ainsi obtenue existe sous deux formes isomériques syn- et anti- absolument comme les autres oximes aromatiques.

2. On admet que c'est la forme syn parce que ces oximes donnent naissance par perte d'eau à des dérivés du furazane; ainsi le diacétyle passe à l'état de diméthylfurazane

```
CH³ - C ——— C - CH³
      ‖     ‖
      Az    Az
        \  /
         O
```

mais cette preuve est insuffisante car les agents déshydratants peuvent provoquer préalablement une isomérisation.

fondant à 118-119° [Barbier et Leser, *Bull. Soc. Chim.*, (3), **17**, 749].

$$\begin{matrix}CH^3\\CH^3\end{matrix}\!\!>C=CH-CH^2-CH^2-\underset{\underset{Az\text{——}O}{\|\quad\;|}}{C-CH=C}-CH^3$$

Dérivés γ. — L'hydroxylamine fournit encore des dioximes, soit avec les dialdéhydes ou les dicétones γ, soit avec les aldéhydes cétones γ; ces dioximes s'obtiennent, il est vrai, beaucoup plus aisément par l'action de l'hydroxylamine sur le pyrrol ou ses homologues (voyez plus loin), car c'est à partir des dioximes obtenues par cette méthode qu'on en prépare les dialdéhydes correspondantes.

L'aldéhyde succinique [Harries, *D. chem. G.*, **34**, 1488], l'aldéhyde lévulique [Harries, *D. chem. G.*, **34**, 45], l'acétonylacétone [Paal, *D. chem. G.*, **18**, 59], la méthyl 2-heptadione-3.6 [Tiemann et Semmler, *D. chem. G.*, **30**, 434], etc., donnent toutes des dioximes.

Dérivés δ. — Les dialdéhydes δ et les aldéhydes cétones δ sont peu connues. Quant aux dicétones δ, celles qui sont connues possèdent de nombreux groupements C^6H^5 qui influent très probablement d'une façon spéciale, pour provoquer la fermeture de la chaîne carbonée aliphatique sous l'influence de l'hydroxylamine en donnant naissance à des dérivés pyridiques d'après la réaction schématique suivante :

$$CH^2\begin{cases}CH^2-CO-CH^3\\CH^2-CO-CH^3\end{cases}+AzH^2OH$$

$$=CH\begin{cases}CH=C\begin{matrix}CH^3\\ \end{matrix}\\ \qquad\qquad Az\\CH=C\begin{matrix}\\CH^3\end{matrix}\end{cases}$$

C'est ainsi que la benzamarone, qu'on obtient par condensation de la benzylidène-désoxybenzoïne avec la désoxybenzoïne, réagit sur l'hydroxylamine avec élimination de 3 molécules d'eau en donnant naissance à la pentaphénylpyridine [Knœvenagel, *Ann. Chem.*, **303**, 223; *Bull. Soc. Chim.*, **22**, 272].

$$C^6H^5-CH\begin{cases}CH(C^6H^5)-CO-C^6H^5\\CH(C^6H^5)-CO-C^6H^5\end{cases}+AzH^2OH$$

$$=C^6H^5-C\begin{cases}C(C^6H^5)=C(C^6H^5)\\ \qquad\qquad\qquad Az\\C(C^6H^5)=C(C^6H^5)\end{cases}+3H^2O$$

De là même façon le chlorhydrate d'hydroxylamine convertit la désoxybenzoïne-benzylidène-acétophénone à 150° en tétraphénylpyridine; mais dans ce cas il y a préalablement (vers 100°) formation d'une monoxime fondant à 212° [Knœvenagel, *Ann. Chem.*, **281**, 25; *Bull. Soc. Chim.*, **14**, 168].

Autres dialdéhydes ou dicétones. — Les autres dialdéhydes ou dicétones fournissent des dioximes; l'octane-dioxime

$$CH(AzOH)-(CH^2)^6-CH=AzOH$$

a été obtenue par Baeyer dans l'action de l'hydroxylamine sur la dialdéhyde subérique [*D. chem. G.*, **30**, 1964].

La benzoylbenzophénone

$$C^6H^5-CO-C^6H^4-CO-C^6H^5,$$

fournit également une dioxime [Münchmeyer, *D. chem. G.*, **19**, 1845; *Bull. Soc. Chim.*, (2), **46**, 722].

Il en est de même des dialdéhydes phtaliques et de leurs homologues que l'hydroxylamine transforme en dioximes [B. Westenberger, *D. chem. G.*, **16**, 2995. — F. Munchmeyer, *D. chem. G.*, **20**, 509. — Victor Meyer, *D. chem. G.*, **20**, 2005].

Action de l'hydroxylamine sur les polyaldéhydes ou les polycétones.

Il devient impossible de fixer ici des lois générales. Tandis que le propanone-dial fournit la propane-trioxime [Beilstein, I, 1029] la diacétylacétone

$$CH^3-CO-CH^2-CO-CH^2-CO-CH^3$$

maintenue pendant plusieurs jours avec une solution alcoolique de chlorhydrate d'hydroxylamine fournit un diisoxazol [Feist et Belart, *D. chem. G.*, **28**, 1820]. Il y a probablement formation intermédiaire de l'acétal

$$\begin{matrix}CH^3-C & — & CH^2 & — & C & — & CH^2 & — & C-CH^3\\ \| & & & / & & \backslash & & & \|\\ AzOH & & O & & & & O & & OHAz\\ & & C^2H^5 & & & & C^2H^5 & & \end{matrix}$$

qui élimine ensuite $2C^2H^5OH$ avec les oxhydriles des fonctions oximes.

$$\begin{matrix}CH^3-C & - & CH^2 & - & C & - & CH^2 & - & C-CH^3\\ \| & & & / & & \backslash & & & \|\\ Az & — & O & & & & O & — & Az\end{matrix}$$

La dioxime 2.6 correspondante est connue; elle a été obtenue par Feist et Belart en traitant le diacétylacétonate de baryum par l'hydroxylamine; mais on n'a pu en aucune façon obtenir la trioxime.

Action sur les aldéhydes ou les cétones à fonction acide.

Avec les acides α-aldéhydiques ou α-cétoniques, l'hydroxylamine donne des acides oximes α appelés encore acides isonitrosés

$$R-C(AzOH)-CO^2H;$$

les mêmes dérivés se forment d'ailleurs le plus souvent sous l'action de l'acide azoteux sur les alkylacétylacétates par élimination du CH^3-CO à l'état de CH^3-COOH

$$CH^3-CO-\underset{H}{\overset{CH^3}{C}}-CO^2-C^2H^5+\underset{O}{\overset{Az-OH}{\|}}$$

$$=CH^3-C(AzOH)-CO^2H+CH^3CO^2C^2H^5$$

ou encore par action de l'hydroxylamine sur les acides dibromés ou dichlorés correspondants.

L'acide oximidoacétique $CH(=AzOH)-CO^2H$ s'obtient ainsi par action de l'hydroxylamine soit sur l'acide glyoxylique, soit sur l'acide dibromoacétique.

L'acide pyruvique et ses homologues fournissent avec l'hydroxylamine les acides oximes $R-C(=AzOH)-CO^2H$. Avec tous les éthers β-cétoniques l'hydroxylamine donne naissance aux acides gras β-isonitrosés correspondants qui sont connus seulement à l'état de sels; quand on cherche à les isoler, ils perdent de l'eau et donnent des isoxazolones.

C'est ainsi que l'éther acétylacétique conduit à la méthylisoxazolone ou anhydro-β oximidobutyrique

$$\begin{array}{l} CH^3-C-CH^2-CO \\ \quad\;\; \| \qquad\quad\;\; | \\ \quad Az \text{———} O \end{array}$$

[Hantzsch, *D. chem. G.*, **24**, 495; **28**, 273]; il en est de même avec l'éther benzoylacétique, qui, par chauffage avec l'acétate acide d'hydroxylamine, fournit d'emblée la phénylisoxazolone [Claisen et Zedel, *D. chem. G.*, **24**, 140; *Bull. Soc. Chim.*, **8**, 246].

L'éther benzylidène acétylacétique donne de même la benzylidène-isoxazolone [Knœvenagel et Renner, *D. chem. G.*, **28**, 2994]. Toutefois lorsque l'éther acétylacétique est en solution ammoniacale, la fonction cétonique est protégée et l'hydroxylamine réagit exclusivement sur la fonction éther-sel en donnant, comme nous le verrons plus loin, l'acide hydroxamique correspondant

$$CH^3-CO-CH^2-C{\lesssim}^{OH}_{AzOH}$$

[Hantzsch, *loc. cit.*].

L'acide benzoylpropionique (acide γ cétonique) donne un acide oxime connu sous deux formes isomériques [Dollfus, *D. chem. G.*, **25**, 1430].

L'acide lévulique fournit un acide oxime fondant à 95° [Muller, *D. chem.*, *G.*, **16**, 1617; Dollfus, *loc. cit.*].

Il y a lieu de remarquer que lorsque les fonctions acide et cétone sont au voisinage d'une liaison éthylénique, il y a tendance à éliminer de l'eau; c'est ainsi que l'acide trichloro-acétylacrylique $CCl^3-CO-CH{=}CH-CO^2H$ fournit avec l'hydroxylamine l'anhydride

$$\begin{array}{l} CCl^3-C-CH{=}CH-CO \\ \qquad\;\; \| \qquad\qquad\qquad\;\; | \\ \qquad Az \text{—————} O \end{array}$$

[Dollfus, *loc. cit.*]; de même l'acide dibromo-2.3-butène-2-al-oïque donne avec l'hydroxylamine l'anhydride fondant à 125°

$$\begin{array}{l} CH-CBr{=}CBr-CO \\ \| \qquad\qquad\qquad\;\; | \\ Az \text{—————} O \end{array}$$

[A. Bistrzyski et H. Simonis, *D. chem. G.*, **32**, 536].

L'acide oxalacétique $CO^2H-CO-CO^2H$ soumis à l'action de l'hydroxylamine donne deux oximes acides isomériques; elles comptent parmi les rares exemples d'oximes isomériques en série grasse [Hantzch, *D. chem. G.*, **24**, 1192; Cramer, **24**, 1198].

Chez les autres acides cétoniques (cétostéarique, cétooxystéarique dérivant des acides oléique et ricinoléique par hydratation des acides acétyléniques correspondants : stéarolique et ricinostéarolique), la fonction acide n'intervient en aucune façon et on obtient par l'action de l'hydroxylamine des acides oximes dont les produits de dédoublement par la réaction de Beekmann ont permis de déterminer la constitution des acides initiaux : oléique et ricinoléique [Baruch, *D. chem. G.*, **27**, 172; Goldsobel, *ibid.*, **27**, 2121].

Avec les acides α β dicétoniques il se forme une seule dioxime [Bouveault et Wahl, *C. R.* **140**, 438] et non les dioximes prévues par la théorie de Hantzsch et Werner et soi-disant isolées par M. Nussberger [*D. chem. G.*, **25**, 2152].

D'une façon générale, Bamberger [*D. chem. G.*, **19**, 1430] recommande pour la préparation des acides cétoximes d'ajouter du chlorhydrate d'hydroxylamine à la solution du sel alcalin neutre de l'acide cétonique; l'acide oxime se sépare presque aussitôt. Cependant pour l'acide déhydrocholique, Mylius [*D. chem. G.*, **19**, 2007], prescrit de n'ajouter le sel alcalin qu'après avoir préalablement mis l'hydroxylamine en liberté.

Action de l'hydroxylamine sur les quinones et sur les quinones monoximes (nitrosophénols).

Les propriétés oxydantes des quinones sont si énergiques que chaque fois que ces composés se trouvent en présence d'hydroxylamine libre, cette dernière jouit des propriétés réductrices spéciales que nous avons déjà signalées (page 601). Mais si dans son action sur les quinones l'hydroxylamine se trouve à l'état de sel, par exemple sous forme de chlorhydrate en liqueur aqueuse ou alcoolique, il y a formation de monoximes et de dioximes, comme cela se passe avec les dicétones.

Les quinones monoximes, qui sont identiques aux nitrosophénols [Bridge, *Ann. Chem.*, **277**, 79], et qu'on obtient plus simplement par action de l'acide azoteux sur les phénols, réagissent également avec le chlorhydrate d'hydroxylamine pour donner les quinones dioximes correspondantes, de la même façon que les isonitroacétones conduisent aux glyoximes; l'action de l'hydroxylamine libre fournirait non plus des dioximes, mais des isodiazophénols qui se réduisent dès leur formation en hydrodiazophénols (voyez page 601).

Quand les dioximes obtenues ainsi par l'action des sels d'hydroxylamine sont en position ortho, ce qui est le cas de la naphtoquinone-dioxime, il y a formation, comme avec les glyoximes, de dérivés furazaniques, tels que la naphtofurazine.

Les quinones benzéniques[1] non substituées ou substituées symétriquement ne fournissent qu'une seule sorte de quinones monoximes.

Les quinones benzéniques substituées dissymétriquement fournissent deux quinones monoximes isomères : syn et anti; c'est ainsi qu'il existe deux séries d'éthers-sels de la chloroquinone monoxime [Kehrmann, *Ann. Chem.*, **279**, 27 et **303**, 1; Bridge, *Ann. Chem.*, **277**, 79]; de la 4-chlorotoluquinone monoxime [Kehrmann et Tichvinsky, *Ann. Chem.*, **303**, 14] et de la 4-bromo-toluquinone monoxime [Kehrmann et Rust, *Ann. Chem.*, **303**, 24].

Les quinones dioximes non substituées ou substituées symétriquement peuvent, comme les dioximes aliphatiques, exister sous les deux formes syn et anti; ce serait en effet le cas de la quinone dioxime qui a fourni à Kehrmann deux dérivés acétylés [*D. chem. G*, **28**, 340].

Les quinones dioximes provenant des quinones substituées dissymétriquement devraient exister sous 4 formes isomériques [Kehrmann, *Ann. Chem.*, **279**, 27].

Le p-nitrosophénol est identique à la quinone monoxime [Bridge, *Ann. Chem.*, **277**, 79].

Les dérivés nitrosés des polyphénols donnent avec le chlorhydrate d'hydroxylamine des polyoximes; la dinitrosorésorcine fournit en effet une trioxime et une tétroxime. Enfin, les polyquinones peuvent former aussi des polyoximes; c'est

1. Chez les naphtoquinones, une seule quinone monoxime correspond à l'α naphtoquinone, tandis que pour la β naphtoquinone, il existe deux quinones monoximes, isomères de position, la β naphtoquinone-α oxime et la β naphtoquinone-β oxime; ces deux dernières conduisent à la même dioxime.

ainsi que l'acide leuconique (cyclopentapentone) fournit une pentoxime [Nietzki et Benckiser, *D. chem. G.*, **19**, 293].

Les oxyquinones conduisent à des oxyquinones monoximes et dioximes qui doivent exister sous plusieurs formes isomériques. L'oxynaphtoquinonoxime qui s'obtient par action de l'hydroxylamine, soit sur l'oxynaphtoquinone, soit sur le diimido naphtol, existe sous deux modifications jaune et rouge transformables l'une dans l'autre.

Avec l'oxythymoquinone, l'action de l'hydroxylamine est toute spéciale, car il y a fixation de AzH^2; peut-être y a-t-il tout d'abord, comme cela a déjà été observé pour les cétones non saturées, fixation de AzHOH d'une part et d'un H d'autre part, sur une liaison éthylénique, puis élimination de H^2O [M. Kowalski, *D. chem. G.*, **25**, 1658; *Bull. Soc. Chim.*, (3), **8**, 1136].

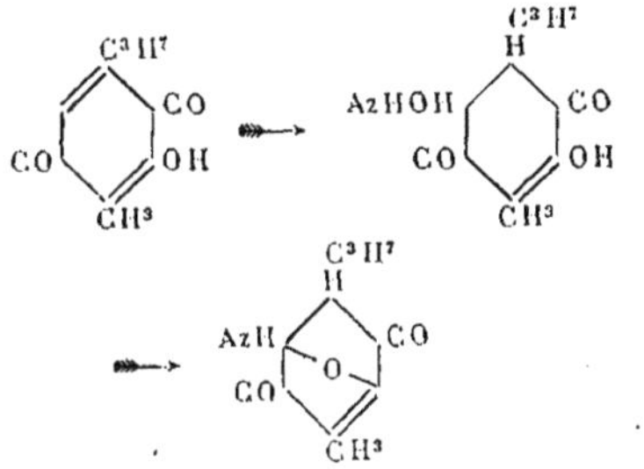

C^3H^7 ; CO ; CO ; OH ; CH^3 ⟶ C^3H^7 ; H ; AzHOH ; CO ; CO ; OH ; CH^3

⟶ C^3H^7 ; H ; AzH ; CO ; O ; CO ; CH^3

D'après Kowalski il en serait de même avec l'acide pipitzauhique, composé très voisin de l'oxythymoquinone.

Action de l'hydroxylamine sur les acides organiques.

L'hydroxylamine s'additionne molécule à molécule aux acides organiques pour former des sels neutres (voir plus loin); ces sels peuvent d'ailleurs s'obtenir également par double réaction entre les sels de baryum de ces acides et le sulfate ou phosphate d'hydroxylamine. Mais en aucun cas l'action de l'hydroxylamine ne porte sur l'oxygène doublement lié du carboxyle ; de même, il ne se produit aucune réaction entre l'hydroxylamine et ce même oxygène dans les sels minéraux des acides organiques comme l'acétate de cuivre, le formiate de sodium, etc.

Il n'en est plus ainsi lorsque l'oxhydrile du carboxyle

$$C \lesssim {}^{O}_{OH}$$

est éthérifié ou remplacé par un groupement quelconque tel que Cl, R-CO-O, AzH^2. En effet, l'hydroxylamine entre dans ce cas en réaction d'après un mécanisme qui est identique pour tous les dérivés de forme

$$R-C \lesssim {}^{M''}_{M'}$$

dans lesquels M″ peut être O, S, AzH etc., et où M′ peut représenter OCH^3, OC^2H^5, Cl, AzH^2, etc.

Action de l'hydroxylamine sur les dérivés de forme :

$$R-C \lesssim {}^{M''}_{M'}$$

Éthers-sels, chlorures d'acides, amides, thioamides, amidines, imido-éthers, pyrrols, etc.

Dans l'action de l'hydroxylamine sur les composés de forme

$$R-C \lesssim {}^{M''}_{M'}$$

l'un des hydrogènes de AzH^2OH se porte sur le groupe M″ doublement lié, tandis que l'autre hydrogène se porte sur le groupe M′ qui s'élimine à l'état de M′H en même temps que le reste bivalent Az-OH se fixe sur le carbone

$$R-C \lesssim {}^{M''}_{M'} + AzH^2OH = R-C \lesssim {}^{M''H}_{Az-OH} + M'H$$

a. Tous les composés chez lesquels M″ est un oxygène O donnent naissance aux dérivés

$$R-C \lesssim {}^{OH}_{AzOH},$$

que l'on désigne sous le nom d'acides hydroxamiques.

C'est ainsi que les éthers-sels[1]

$$R-C \lesssim {}^{O}_{OR},$$

les anhydrides d'acides

$$R-\overset{O}{\overset{\|}{C}}-O-\overset{O}{\overset{\|}{C}}-R,$$

les chlorures d'acides([2])

$$R-C \lesssim {}^{O}_{Cl},$$

1. Avec le nitrate d'éthyle en présence d'éthylate de sodium, il se forme un dérivé répondant à la formule $Az^2O^3H^2$ qu'on pourrait envisager comme un acide hydroxamique mais que l'auteur considère comme la nitrohydroxylamine $AzHOH(AzO^2)$ [Angeli Angelo, *Rend. dei Lincei*, 1896, **5**, 120; *Bull. Soc. chim.*, (3), **16**, 856]. Avec certains éthers minéraux la réaction se passe comme avec les éthers d'acides organiques ; le phosphate d'éthyle traité par l'hydroxylamine réagit en effet de la façon suivante :

$$P \begin{cases} = O \\ -OC^2H^5 \\ -OC^2H^5 \\ -OC^2H^5 \end{cases} + AzH^2OH = P \begin{cases} -OH \\ = AzOH \\ -OC^2H^5 \\ -OC^2H^5 \end{cases} + C^2H^5OH.$$

Puis, comme l'hydroxyle formé jouit de propriétés acides, le corps ainsi obtenu s'unit à l'hydroxylamine en excès pour former le sel correspondant :

$$P \begin{cases} (OC^2H^5)^2 \\ OH-AzH^2OH \\ AzOH \end{cases}$$

[A. Sabanéeff, *Journ. Soc. Phys. Chim. russe*, **33**, 55].

2. Les chlorures d'acides sulfoniques s'unissent également à l'hydroxylamine en donnant un acide oxamique

$$SO^2-AzHOH \quad \text{ou} \quad R-S \begin{cases} = O \\ = OH \\ AzOH. \end{cases}$$

L'acide oxamique $C^6H^5-SO^2AzHOH$ que fournit le chlorure de benzène sulfonique possède la propriété curieuse de se dédoubler par l'action de la potasse en acide hypoazoteux et en phénylsulfinate de potassium

$$2C^6H^5-S \begin{cases} = O \\ = OH \\ AzOH \end{cases} = 2C^6H^5-SO^2K + AzOH-AzOH$$

[O. Piloty, *D. chem. G.*, **29**, 1559; *Bull. Soc. Chim.*, (3), **16**, 1664].

les amides[1]

$$R-C \lesssim^{O}_{AzH^2}$$

[Hoffman, *D. chem. G.*, **22**, 2854; *Bull. Soc. Chim.*, (3), **4**, 35; Francesconi et Bastianini, *Gazz. chim. ital.*, **34**, I, 428] fournissent par action de l'hydroxylamine les acides hydroxamiques correspondants.

b. Avec les thioamides dans lesquels M″ égale S l'hydroxylamine semble fournir de la même façon dans une première phase les acides thiohydroxamiques; mais ces acides sont instables, et, en présence de l'ammoniaque formée dans la réaction, ils éliminent de l'hydrogène sulfuré et fixent AzH^2, engendrant ainsi les dérivés de la forme

$$R-C \lesssim^{AzH^2}_{AzOH}$$

qui ont reçu le nom d'amidoximes[2] :

$$R-C \lesssim^{S}_{AzH^2} + AzH^2OH = R-C \lesssim^{SH}_{AzOH} + AzH^3$$

$$R-C \lesssim^{SH}_{AzOH} + AzH^3 = H^2S + R-C \lesssim^{AzH^2}_{AzOH}$$

[voyez ce nom, 2ᵉ Suppl., **1**, 227].

Il est vrai qu'ici la réaction pourrait encore s'écrire plus simplement

$$R-C \lesssim^{S}_{AzH^2} + AzH^2OH = R-C \lesssim^{AzOH}_{AzH^2} + H^2S.$$

c. Avec tous les composés dont le groupe M″ est (=Az H) l'hydroxylamine donne naissance aux amidoximes d'après la réaction

$$R-C \lesssim^{AzH}_{M'} + AzH^2OH = R-C \lesssim^{AzOH}_{AzH^2} + M'H.$$

C'est ainsi que les amidines

$$R-C \lesssim^{AzH}_{AzH^2}$$

[Pinner, *D. chem. G.*, **17**, 185], les imidoéthers

$$R-C \lesssim^{AzH}_{OC^2H^5}$$

(Lossen, Rinner) fournissent les amidoximes correspondantes.

d) Action de l'hydroxylamine sur les pyrrols. — Avec les pyrrols la réaction est entièrement analogue, à cela près qu'elle exige 2 molécules d'hydroxylamine, puisque le groupe AzH à éliminer est deux fois lié à la molécule.

$$\begin{array}{l} \quad\ \ R \\ \quad\ \ | \\ CH=C \diagdown \\ \ | \qquad\quad AzH \\ CH=C \diagup \\ \quad\ \ | \\ \quad\ \ R \end{array} + \begin{array}{l} AzH^2OH \\ \\ AzH^2OH \end{array} = \begin{array}{l} \qquad\ R \\ \qquad\ | \\ CH^2-C=AzOH \\ \ | \\ CH^2-C=AzOH \\ \qquad\ | \\ \qquad\ R \end{array} + AzH^3.$$

Ici, comme dans les exemples ci-dessus, c'est le radical (CH =) doublement lié au carbone considéré qui s'hydrogène, tandis que le radical (AzH), uni par une simple liaison à ce même carbone, se détache en fixant de l'hydrogène et que le reste (=AzOH) vient se souder à sa place. On pourrait écrire d'ailleurs la réaction en deux phases :

$$AzH^2OH + \begin{array}{l} R-C=CH \\ \quad\ \ | \\ \quad AzH \\ \quad\ \ | \\ R-C=CH \end{array} = \begin{array}{l} R-C-CH^2 \\ \quad\ \ \| \\ \quad AzOH \\ \\ R-C=CH \\ \quad\ \ | \\ \quad AzH^2 \end{array}$$

$$AzH^2OH + \begin{array}{l} R-C(=AzOH)-CH^2 \\ \qquad\qquad\qquad\quad | \\ R-C=\!=\!=\!=\!=CH \\ \quad\ \ | \\ \quad AzH^2 \end{array} = \begin{array}{l} R-C(=AzOH)-CH^2 \\ \qquad\qquad\qquad\quad | \\ R-C(=AzOH)-CH^2. \end{array}$$

On voit que les corps ainsi obtenus ne sont autres que les dioximes des dialdéhydes γ, aldéhydes-cétones γ et dicétones γ; c'est ainsi, en effet, que le pyrrol conduit à la succinaldioxime [Ciamician et Zanetti, *D. chem. G.*, **22**, 1968; *Bull. Soc. Chim.*, (3), **3**, 844] dont M. Harries a pu isoler l'aldéhyde succinique par l'action de l'acide azoteux.

De même le diméthylpyrrol symétrique fournit la dioxime de l'acétonylacétone [C. et Z., *D. chem. G.*, **22**, 3176; *Bull. Soc. Chim.*, (3), **4**, 201]. MM. Ciamician et Zanetti sont parvenus à généraliser cette curieuse réaction, et il résulte de leurs recherches que les substitutions dans l'AzH diminuent le rendement en dioxime, et que la présence des groupes phényle ou carboxéthyle est un obstacle à la réaction [*D. chem. G.*, **23**, 1787; *Bull. Soc. Chim.*, (3), **6**, 108].

Action sur les acides non saturés.

Les acides β-éthyléniques possèdent comme les cétones αβ éthyléniques des propriétés additives vis-à-vis de l'hydroxylamine ; mais tandis que chez les cétones éthyléniques le groupe AzHOH se fixe toujours en β, avec les acides éthyléniques c'est généralement en α que vient se placer ce radical

$$\begin{array}{l} R-CH=CH-CO^2H + AzH^2OH \\ = R-CH^2-CH-CO^2H \\ \qquad\qquad\qquad\ \ | \\ \qquad\qquad\quad AzHOH \end{array}$$

[Th. Posner, *D. chem. G.*, **36**, 4305].

1. Avec certaines amides complexes, comme par exemple l'acétylanthranile

$$C^6H^4 \begin{array}{l} \diagup CO \\ \quad\ \ | \\ \diagdown Az-CO-CH^3, \end{array}$$

l'hydroxylamine joue également ce rôle consistant à détacher le groupement amidé, et en effet dans le produit final

$$C^6H^5 \begin{array}{l} \diagup CO-Az-OH \\ \qquad\qquad\ \ | \\ \diagdown Az=C-CH^3 \end{array}$$

le carbonyle de l'anthranile a été séparé de l'atome d'azote auquel il était relié [Anschütz, *D. chem. G.*, **35**, 3483].

2. Dans l'action de l'hydroxylamine sur les thioamides à fonction acide, telles que $CSAzH^2-COC^2H^5$, c'est seulement la fonction thioamide qui réagit, alors que la fonction éther reste inattaquée; on obtient dans ce cas une amidoxime-carbonate d'éthyle

$$C \lesssim^{AzOH}_{AzH^2} -CO^2-C^2H^5.$$

Pour effectuer la réaction, on emploie de préférence l'hydroxylamine libre obtenue, d'après le procédé Uhlenhuth, par distillation dans le vide de son phosphate tertiaire; on dissout l'hydroxylamine (2 molécules) dans l'alcool, on ajoute 1 molécule de l'acide et on porte à l'ébullition pendant une heure environ; il se sépare par refroidissement l'acide oxaminé

$$R-CH^2-CH(AzHOH)CO^2H$$

La liqueur mère contient en outre une petite quantité de l'acide aminé

$$R-CH^2-CH(AzH^2)CO^2H$$

provenant de la réduction de l'acide oxaminé par l'excès d'hydroxylamine libre. C'est ainsi que réagissent les acides αβ-éthyléniques suivants : cinnamique. α-méthylcinnamique, atropique, crotonique (Posner); l'acide phénylisocrotonique

$$C^6H^5-CH=CH-CH^2-CO^2H,$$

qui est un acide βγ-éthylénique, donne également un acide oxaminé par addition de AzH^2OH; toutefois, la constitution de ce dernier acide n'est nullement démontrée, et il est possible que sous l'action de l'hydroxylamine l'acide phénylisocrotonique soit transformé tout d'abord en phénylcrotonique; on sait, en effet, que sous de faibles influences l'acide vinylacétique se transforme en acide crotonique.

Avec l'acide sorbique, acide diéthylénique, l'addition de AzH^2OH se produit sur chacune des liaisons éthyléniques; toutefois, dans cette réaction, qu'on effectue en solution alcoolique par chauffage à 100° en tube scellé pendant 5 heures, il y a oxydation des groupes oxaminés et départ du carboxyle, de sorte qu'au lieu du composé dioxaminé attendu

$$\begin{array}{l} CH^3-CH-CH^2-CH-CH^2-CO^2H \\ \quad\quad\ \ | \quad\quad\quad\quad | \\ \quad\ AzHOH \quad AzHOH, \end{array}$$

on obtient une dioxime

$$\begin{array}{l} CH^3-C-CH^2-C-CH^3 \\ \quad\quad\ \| \quad\quad\quad \| \\ \quad\ AzOH \quad AzOH \end{array}$$

qui n'est autre que la dioxime de l'acétylacétone [Fr. Feist, *D. chem. G.*, **37**, (1904), 3316]. On voit que, dans ce cas, c'est en β qu'a dû se fixer l'un des groupes oxaminés.

Avec les éthers des acides non saturés, la réaction d'addition de AzH^2OH est accompagnée d'une transformation du groupe carboxéthyle en groupe hydroxamique

$$C\lessgtr^{AzOH}_{OH};$$

en outre, il semble qu'une seule molécule d'hydroxylamine s'additionne à 2 molécules d'éther pour donner un acide oximinodihydroxamique

$$2R-CH=CH-CO^2C^2H^5+2AzH^2OH$$

$$= \begin{array}{l} R-CH^2-CH-CO^2C^2H^5 \\ \quad\quad\quad\quad | \\ \quad\quad\quad AzOH \\ \quad\quad\quad\quad | \\ R-CH^2-CH-C(OH)AzOH \end{array} + C^2H^5OH$$

[Harries et W. Haarmann, *D. chem. G.*, **37**, 252. — Posner, *loc. cit.*, 4310].

Avec les acides bibasiques αβ-éthyléniques tels que l'acide fumarique, l'hydroxylamine ne se fixe pas sur la liaison éthylénique, mais donne un simple sel; de sorte que la présence d'un second carboxyle sur la liaison éthylénique semble faire disparaître les propriétés additives (Posner).

Action sur les acides aldéhydiques et sur les acides cétoniques. — (Voyez plus haut).

Action sur les acides bibasiques. — Avec les éthers des acides bibasiques, l'hydroxylamine fournit suivant les conditions soit un acide dihydroxamique, soit un éther monohydroxamique (voyez *Acides hydroxamiques*).

Action de l'hydroxylamine sur les nitriles.

L'hydroxylamine réagit sur tous les composés à fonction nitrile en portant deux hydrogènes sur l'azote, puis fixant le résidu (=AzOH) au carbone [Lossen et Schifferdecker, *Ann. Chem.*, **166**, 295. — Tiemann, *D. chem. G.*, **17**, 2746]; les corps ainsi formés sont appelés amidoximes

$$R-CAz + AzH^2OH = R-C\lessgtr^{AzH^2}_{AzOH}.$$

C'est ainsi que, par évaporation d'une solution alcoolique d'acide cyanhydrique et d'hydroxylamine, Lossen et Schifferdecker [*loc. cit.*] ont obtenu la méthénylamidoxime

$$AzH^2-CH=AzOH$$

ou isurétine [*Ann. Chem.*, **166**, 295]; la même réaction a été réalisée par Nef en mélangeant des solutions aqueuses froides de cyanure de potassium et de chlorhydrate d'hydroxylamine, et maintenant 48 heures en contact à la température de 5°, puis évaporant dans le vide [*Ann. Chem.*, **280**, 320].

La formation d'amidoxime par addition de l'hydroxylamine aux nitriles a été décrite à l'article Amidoximes (2e Suppl., **1**, 227).

L'action de l'hydroxylamine sur les divers nitriles et sur les polynitriles a été entreprise pa Tiemann et ses élèves [*D. chem. G.*, **22**, 2942 *Bull. Soc. Chim.*, (3), **4**, 205; *D. chem. G.*, **24** 3420, 3648]. Ils ont observé que l'hydroxylamin se fixe plus facilement sur les nitriles gras que su les nitriles aromatiq s [Tiemann et Rosenthal, *D. chem. G.*, **22**, 297 , *Bull. Soc. Chim.*, (3), **4**, 209].

Avec le bromure de cyanogène, H. Wieland obtient divers produits, parmi lesquels il a isolé un composé $CAz^3O^2H^4$, qui est probablement une amidoxime-hydroxylamine

$$AzHOH-C\lessgtr^{AzH^2}_{AzOH}$$

[*D. chem. G.*, **37**, 1536].

Les dinitriles donnent des diamidoximes, à condition d'opérer à froid; c'est ainsi qu'ont été obtenues les diamidoximes oxalique, succinique et glutarique [Tiemann, Zinkeisen, Sembritzki, Biedermann, *D. chem. G.*, **22**, 2942. — Garny, *D. chem. G.*, **24**, 3426]. Pour réaliser la combinaison du cyanogène et de l'hydroxylamine, on fait absorber le cyanogène dans l'aniline dans laquelle il se dissout en formant un corps solide, la cyananiline, qu'on traite à la façon ordinaire par le chlorhydrate d'hydroxylamine et le carbonate de sodium.

Les nitriles à fonctions complexes fournissent également des amidoximes. Les cyanhydrines, qui sont des nitriles alcools α, donnent des amidoximes alcools

$$C^6H^5-CHOH-CAz + AzH^2OH$$
$$= C^6H^5-CHOH-C\lessgtr^{AzH^2}_{AzOH}.$$

Le nitrile α-lactique donne de même l'α-oxypropénylamidoxime [Hj. Modeen, *Chem. Zeit.* **26**, (1902), 844].

Les éthers des nitriles acides donnent des amidoximes dont la fonction éther n'est pas attaquée; cependant le cyanacétate d'éthyle fait exception; traité par l'hydroxylamine, il fournit l'acide méthénylamidoxime acéthydroxamique

$$CAz-CH^2-CO^2-C^2H^5 + 2AzH^2OH$$

$$= \underset{\underset{AzOH}{\|}}{C}(AzH^2)-CH^2-C\lesssim^{OH}_{AzOH} + C^2H^5OH$$

[H. Modeen, *D. chem. G.*, **24**, 3437; *Bull. Soc. Chim.*, **8**, 985; *D. chem. G.*, **27**, *Referate*, 260, et aussi Thèse de doctorat, *Helsingfors*, (1894).

Pour tous les autres éthers des nitriles acides, même en présence d'un excès d'hydroxylamine, la règle est générale, aussi bien pour les dérivés aromatiques tels que les ortho, méta- et p-cyanobenzoate d'éthyle [G. Muller, *D. chem. G.*, **18**, 2486 et **19**, 1495; *Bull. Soc. Chim.*, (2), **46**, 599, 716] que pour les composés aliphatiques [H. Modeen, *Chem. Zeit.*, **26**, (1902), 844].

ACTION SUR LES CYANATES, SULFOCYANATES, ISOCYANATES ET ISOSULFOCYANATES.

L'hydroxylamine s'unit à ces composés de la même façon que l'ammoniaque, en donnant non plus des urées ou thio-urées, mais des oxyurées

$$CO\begin{matrix}\nearrow AzHOH\\ \searrow AzH^2\end{matrix}$$

et des oxythio-urées

$$CS\begin{matrix}\nearrow AzOH\\ \searrow AzH^2\end{matrix}$$

Toutefois, les oxythio-urées ne sont pas d'une stabilité très grande, c'est ainsi que Voltmer [*D. chem. G.*, **24**, 378; *Bull. Soc. Chim.*, (3), **6**, 465] a montré la transformation des phényloxythio-urées en cyanamides, et d'autre part von der Kall [*Ann. Chem.*, **263**, 260] n'a pu réaliser la formation des oxythio-urées de la série grasse.

MM. Kjellin et Kuylenstjerna [*Ann. Chem.*, **298**, 117; *Bull. Soc. Chim.*, (3), **20**, 14] sont cependant parvenus, en opérant dans l'éther absolu, à obtenir les alcoyloxythio-urées.

Par double réaction entre le cyanate de potassium et le chlorhydrate ou le sulfate d'hydroxylamine, Hantzsch a obtenu l'oxyurée

$$CO\begin{matrix}\nearrow AzHOH\\ \searrow AzH^2\end{matrix}$$

[*Ann. Chem.*, **299**, 99]; le mécanisme de cette réaction est exactement le même qu'entre le cyanate de potassium et le sulfate d'ammonium pour la formation de l'urée.

ACTION SUR LES COMPOSÉS NITROSÉS ET LEURS DÉRIVÉS.

L'hydroxylamine réagit sur le nitrosobenzène en donnant de l'isodiazobenzène d'après l'équation

$$C^6H^5-AzO + AzH^2OH = C^6H^5Az=AzOH + H^2O$$

[Bamberger, *D. chem. G.*, **29**, 102].

On voit que, dans cette réaction curieuse, le groupement AzO réagit comme le groupement aldéhydique CHO, ce qui permet d'envisager les dérivés nitrosés comme les aldéhydes de l'azote R - Az = O.

De même que les composés dibromés éthylidéniques R - CHBr² correspondant aux aldéhydes R - CHO donnent par action de l'hydroxylamine, les mêmes oximes R - CH = AzOH que ces aldéhydes, de même les dérivés dibromés R - AzBr², correspondant aux composés nitrosés R - AzO, donnent avec AzH²OH des produits identiques R - Az = AzOH à ceux obtenus avec les composés nitrosés; c'est ainsi que réagit la dibromobenzylamine [N. Kijner, *Journ. Soc. Phys. Chim russe*, **31**, 500; *Bull. Soc. Chim.*, (3), **22**, 1084].

Une réaction analogue se produit entre l'hydroxylamine et la dichlorométhylamine avec formation de diazométhane [Bamberger et Renault, *D. chem. G.*, **28**, 1682; *Bull. Soc. Chim.*, (3), **16**, 351]

$$CH^3-AzCl^2 + AzH^2OH$$

$$= \begin{matrix}Az\searrow\\ \|\\ Az\nearrow\end{matrix}CH^2 + H^2O + 2HCl.$$

ACTION SUR LES COMPOSÉS NITRÉS.

L'hydroxylamine se condense avec les dérivés nitrés aromatiques en présence d'éthylate de sodium; il y a élimination d'eau et formation de nitrosoarylhydroxylamine

$$C^6H^5-AzO^2 + AzH^2OH = C^6H^5-Az(OH)-AzO$$

[Angelo Angeli, *D. chem. G.*, **29**, 1884; *Bull. Soc. Chim.*, (3), **16**, 1662].

M. Angeli avait déjà montré auparavant (voyez p. 624), que dans les mêmes conditions le nitrate d'éthyle se condense avec AzH²OH, en donnant le sel disodique de la nitrohydroxylamine

$$AzHOH(AzO^2).$$

ACTION SUR LES HYDROXYLAMINES SUBSTITUÉES.

En présence de l'oxygène, les hydroxylamines sont transformées par AzH²OH en dérivés diazo-imidés [Bamberger, *D. chem. G.*, **35**, 3893],

$$C^6H^5AzHOH + 2AzH^2OH + O$$
$$= 4H^2O + C^6H^5-Az^3.$$

L'hydroxylaminobenzaldéhyde

$$CHO-C^6H^4-AzHOH,$$

ou encore l'hydroxylaminobenzaldoxime

$$AzOH=CH-C^6H^4-AzHOH,$$

conduit également au diazo-imidobenzaldoxime

$$AzOH=CH-C^6H^4-Az^3.$$

L'anthranile réagit de même en donnant le diazo-imidobenzaldoxime, ce qui permit à Bamberger de considérer l'anthranile comme l'anhydrohydroxylaminobenzaldoxime

$$C^6H^4\begin{matrix}\nearrow Az\searrow\\ |\\ \searrow Az\nearrow\end{matrix}O.$$

Dans tous ces cas, il y a probablement formation intermédiaire de diazoïques qui donnent, comme il est indiqué ci-dessous avec l'hydroxylamine, des dérivés diazo-imidés.

ACTION SUR LES DIAZOÏQUES.

Les sels de diazoïques réagissent avec l'hydroxylamine pour donner des diazo-imides :

$$C^6H^5-Az=Az-SO^4H + AzH^2OH$$

$$= C^6H^5-Az\begin{matrix}\nearrow Az\\ \|\\ \searrow Az\end{matrix} + SO^4H^2 + H^2O.$$

Cette réaction a été étudiée également par J. Mai [*D. chem. G.*, **24**, 372; *Bull. Soc. Chim.*, (3), **8**, 758], qui l'a appliquée au diazobenzène et au p-diazotoluène. A côté des diazo-imides (diazobenzène-imide et diazotoluène-imide), il se forme environ 60 0/0 de l'amine phénolique correspondante (aniline, p-toluidine), en même temps qu'il y a dégagement de protoxyde d'azote; le produit intermédiaire formé peut donc se transformer de deux façons : soit en éliminant H^2O, soit en éliminant Az^2O

$$C^6H^5 - Az = Az - \boxed{O} - Az \boxed{H^2} \longrightarrow C^6H^5 - Az^3 + H^2O$$

$$C^6H^5 - Az = \boxed{Az - O - Az} H^2 \longrightarrow C^6H^5AzH^2 + Az^2O.$$

H. Rupe et K. von Majewski [*D. chem. G.*, **33**, 3408] préfèrent substituer à l'hydroxylamine un de ses dérivés sulfonés, par exemple l'hydroxylamine-disulfonate de Raschig [*Ann. Chem.*, **241**, 183]; la réaction marche plus vite qu'avec AzH^2OH, mais elle ne se produit pas avec l'aniline, et d'une façon générale avec toutes les amines n'ayant pas dans le noyau l'un des substituants électro-négatifs AzO^2, CAz, SO^3H, etc. [*Bull. Soc. Chim.*, (3), **26**, 772].

VII. — ANALYSE QUALITATIVE ET QUANTITATIVE.

Analyse qualitative.

L'hydroxylamine réduit les solutions alcalines de cuivre déjà à froid en donnant un précipité jaune, très rapidement à chaud en fournissant un précipité d'oxyde cuivreux rouge. Cette réaction permet de caractériser 1 partie d'hydroxylamine dans 100 000 parties d'eau [Dict., **2**, 80].

Le cyanure de nickel ainsi que le cyanure de manganèse sont colorés en rouge par l'action de l'hydroxylamine; mais tandis que l'addition d'un excès de cyanure de potassium fait disparaître cette teinte pour le sel de nickel, elle est sans action sur la coloration fournie par le cyanure de manganèse [Fritz Reizenstein, *Ann. Chem.*, **282**, 268]. La réaction caractéristique suivante indiquée par Tschugajeff peut être rapprochée de la précédente : à une solution alcaline de cyanure de potassium additionnée d'un excès d'hydroxylamine, on ajoute une goutte de solution de perchlorure de fer et l'on chauffe doucement; il y a bientôt un dégagement de chaleur assez considérable et apparition d'une couleur carmin intense; cette réaction colorée ne se produit avec succès que pour des proportions déterminées de réactifs. Tschugajeff n'a pu réussir à isoler le produit coloré, mais il semble fort probable que cette coloration carmin foncé soit due à la réaction du persel de fer sur le cyanate formé dans l'oxydation du cyanure par l'hydroxylamine.

Dans l'action des sels d'hydroxylamine sur le sulfure de nickel, Ball [*Proceedings Chem. Soc.*, **18**, 9] a observé une coloration pourpre intense qui ne dépend pas de la nature du métal, mais qui semble plutôt due à la formation d'un composé sulfuré complexe. Ball a été ainsi conduit à la méthode suivante pour la caractérisation de l'hydroxylamine. Dans une solution d'hydroxylamine portée à l'ébullition, on fait tomber 1 à 2 gouttes de sulfure d'ammonium jaune et on chauffe jusqu'à obtention d'un précipité de soufre; on ajoute alors 2 à 3 centimètres cubes de solution ammoniacale de densité 0,880 puis, aussitôt un volume égal d'alcool fort; il se développe immédiatement une belle coloration pourpre.

La solution pourpre ainsi obtenue présente un spectre d'absorption caractéristique consistant en une large bande occupant le jaune, l'orangé et une partie du vert. En solution concentrée, le violet et le bleu sont absorbés; dans les solutions très concentrées le vert l'est également, de sorte que la lumière qui la traverse est rouge.

Avec une solution d'hydroxylamine à 1 pour 300 000 on obtient encore une coloration très nette et une bande d'absorption très appréciable sous une épaisseur de liquide de 3 centimètres.

Ball n'a pas encore pu isoler à l'état de pureté le produit de cette réaction; mais il a observé que son spectre d'absorption paraît identique à celui du sulfammonium obtenu par Moissan dans l'action du soufre sur l'ammoniac liquide.

Les nitroprussiates alcalins donnent à chaud avec l'hydroxylamine des colorations caractéristiques.

A une solution diluée d'un sel d'hydroxylamine on ajoute quelques gouttes d'une solution très étendue de nitroprussiate de sodium et un léger excès d'alcali — soude ou potasse; puis, on porte peu à peu à l'ébullition; la liqueur d'abord jaune devient foncée, passe au rouge orangé et se fixe finalement à une très belle teinte rouge-cerise que la dilution amène au rose franc. Cette réaction est encore sensible avec une solution au 1/2000e de chlorhydrate d'hydroxylamine [Simon, *C. R.*, **137**, 987].

D'après Bamberger, on peut caractériser très nettement l'hydroxylamine en la transformant en acide benzylhydroxamique facilement décelable par le chlorure ferrique. La solution à essayer est additionnée d'acétate de soude en excès et d'une goutte de chlorure de benzoyle; on ajoute un peu d'acide chlorhydrique dilué, puis du perchlorure de fer; on obtient une coloration rouge-violet.

Analyse quantitative.

[Suppl., **1**, 933. Procédés de dosages.]

1° *Procédé à l'iode.* — Ce procédé est basé sur la réaction suivante :

$$2AzH^2OH + 2I^2 = Az^2O + H^2O + 4HI.$$

On opère de préférence en présence d'un excès de bicarbonate de magnésie ou de sodium, qui offre à la fois l'avantage d'amener l'hydroxylamine à l'état libre, et de saturer l'acide iodhydrique au fur et à mesure de sa formation [Meyeringh, *D. chem. G.*, **10**, 1940; Suppl., **1**, 933]. T. Haga a montré qu'il y a dans cette réaction diverses causes d'erreur [*Chem. Soc.*, **51**, 794; *Bull. Soc. Chim.*, (2), **50**, 591]. G. von Knorre a précisé ces divers points; en particulier la dilution ou la concentration ont des influences perturbatrices en sens inverse; de même la présence de chlorure de sodium et surtout de gaz carbonique agit dans le même sens que la dilution. Il faut que la concentration de la solution d'hydroxylamine soit aussi voisine que possible de 1 pour 300; il faut en outre éviter d'ajouter un excès de bicarbonate [G. von Knorre, *Chem. Ind.*, 1899, 254; *Monit Scientif. Quesneville*, 1900, 29]. Maxwell Adams effectue le titrage avec une solution normale d'iode en présence de phosphate de soude [*Am. chem. J.*, **23**, 198]. Cet auteur discute les autres procédés de dosage; voyez également Leuba [*Ann. Ch. Anal. appl.* **9**, 246].

2° *Procédé au sulfate ferrique.* — Ce procédé consiste à chauffer vers 80-90° la solution d'hydroxylamine avec du sulfate ferrique en liqueur sulfurique; il est extrêmement important d'opérer en milieu nettement acide; on obtient dans ces conditions du sulfate ferreux qu'on titre par le permanganate de potasse, et il se dégage du protoxyde d'azote qu'on peut mesurer volumétriquement [Raschig, *D. chem. G.*, **20**, 586; *Ann. Chem.*, **241**, 187; Suppl. **1**, 933]. D'après von Knorre (*loc. cit.*), ce procédé donne de bons résultats, pourvu qu'on prenne soin d'employer un excès considérable de sulfate ferrique ou d'alun ferrique en solution pas trop étendue [voyez également von Knorre et Arndt, *D. chem. G.*, **33**, 30; *Bull. Soc. Chim.*, (3), **24**, 696]. Cette méthode au sulfate ferrique aurait l'avantage [von Knorre, *loc. cit.*] de pouvoir être appliquée à un mélange d'azotates, de sels d'hydroxylamine et de sels ammoniacaux. On élimine tout d'abord l'hydroxylamine à l'état de protoxyde d'azote qu'on mesure; dans la liqueur restante on titre sur une petite partie le sel ferreux pour contrôler le dosage volumétrique, et, sur le reste du liquide, on détermine l'ammoniaque par distillation avec une lessive alcaline (il faut évidemment avoir soin dans ce dernier cas de réoxyder préalablement le sel ferreux par le bichromate en excès, de façon à éviter la réduction des azotates par l'hydrate ferreux). Finalement, dans le résidu on dose l'acide azotique par la méthode de Ulsch ou par toute autre méthode appropriée. Leuba [*loc. cit.*] a étudié le titrage de l'hydroxylamine par l'alun de fer en solution sulfurique et conseille de rejeter cette méthode.

Procédé au sulfate vanadique. — Le procédé au sulfate vanadique signalé par Hoffman et Küspert peut être rapproché de celui au sulfate ferrique et classé dans le même chapitre. Il consiste essentiellement dans l'oxydation des sels d'hydroxylamine à 60° par le métavanadate d'ammoniaque en solution sulfurique, suivie du titrage du sulfate de vanadyle par le permanganate de potassium

$$2AzH^2OH + O = Az^2 + 3H^2O.$$

Il faut avoir soin d'être toujours en présence d'un excès d'acide vanadique, ce qu'on reconnait à la teinte verdâtre du mélange; Piccini [*Gazz. Chim. ital.*, (2), **25**, 451] a en effet montré que l'hydroxylamine transforme la solution sulfurique de sesquioxyde de vanadium en bioxyde. La méthode de Stähler au trichlorure ou au trisulfate de titane est analogue [*D. chem. G.*, **37**, 4732].

3° *Procédé par réduction des solutions cupriques alcalines.* — L'emploi de la liqueur de Fehling pour le dosage de l'hydroxylamine a déjà été décrit (1er Suppl., 933). H.-O. Jones et F.-W. Carpenter ont proposé un procédé consistant à titrer l'oxydule de cuivre au moyen du sulfate ferrique qui est transformé en sulfate ferreux qu'on titre à son tour par le permanganate de potasse.

A une solution chaude de tartrate double ou de carbonate double de cuivre et de potassium, on ajoute en agitant vivement 10 à 20 centimètres cubes d'une solution d'hydroxylamine ne contenant pas plus de 0,5 0/0 de AzH^2OH; on porte à l'ébullition, on rassemble l'oxydule, on le lave à l'abri de l'air avec de l'eau bouillie chaude et on le dissout dans une solution de sulfate ferrique traversée par un courant de CO^2; le sulfate ferreux formé est titré au permanganate.

Cette réaction est applicable en présence de tous les réducteurs, à l'exception de ceux qui réduisent les solutions cupriques alcalines; elle l'est également en présence des sels neutres, tels que les sels de sodium, de potassium, d'ammonium, de nickel, de cobalt et de zinc; de même l'alcool, l'acétoxime, l'acide acétique ne modifient pas la réaction [Jones et Carpenter, *Chem. Soc.*, **83**, 1394].

4° *Procédé au permanganate de potasse.* — Raschig a montré (voir plus haut p. 598) qu'il est possible d'effectuer le dosage de l'hydroxylamine par le permanganate de potassium, à condition d'opérer en solution sulfurique et à l'ébullition. La réaction est

$$2AzH^2OH + 3O = 2AzO + 3H^2O.$$

La méthode proposée par Thum [*Mon. f. Chem.*, **17**, 294] consiste à employer le permanganate de potasse à froid mais en liqueur alcaline. On emploie un excès de permanganate que l'on titre au moyen d'une solution d'arsénite de soude. Toutefois la teinte verte, terme final de la réaction, est assez difficile à reconnaître à cause de la couleur de l'oxyde manganique précipité.

Simon opère en milieu neutre en ajoutant un excès d'oxalate disodique, ce qui ramène le dosage de l'hydroxylamine au cas simple de l'oxalate étudié par l'auteur :

$$2MnO^4K + 4[C^2O^4H^2 2AzH^2OH]$$
$$= 2C^2O^4Mn + 2C^2O^4KH + Az^2O + 6Az + 15H^2O.$$

On arrête l'affusion de permanganate dès l'apparition de la couleur rose persistante [*C. R.*, **135**, 1339]. Toutefois l'auteur a reconnu qu'un excès d'oxalate peut fausser les résultats, et il conseille d'effectuer un second dosage avec la quantité calculée d'oxalate disodique puis de prendre la moyenne [Simon, *C. R.* **140**, 724].

5° *Procédé à l'hydrate ferreux.* — La plupart des procédés ci-dessus décrits ne peuvent être appliqués à un mélange contenant un sel réducteur comme le chlorure stanneux ou le chlorure ferreux, ce qui est le cas pour certains mordants employés en teinture. G. von Knorre (*loc. cit.*) a su mettre à profit dans ce cas les propriétés réductrices de l'hydrate ferreux signalées par Haber (voyez p. 598) car, il a observé que si on traite une solution d'un sel d'hydroxylamine par du sulfate ferreux, puis par de la potasse caustique jusqu'à réaction fortement alcaline, la liqueur filtrée est exempte d'hydroxylamine aussi bien que de composés oxygénés de l'azote. De plus, l'action du sulfate ferreux et de la potasse caustique sur un azotate ne fournit qu'une trace d'ammoniaque accusée par le réactif de Nessler, mais non susceptible d'une détermination quantitative.

Dans ces conditions il est possible de doser l'hydroxylamine à froid en présence des azotates et des sels réducteurs ferreux ou stanneux, par simple détermination de l'ammoniaque formée par réduction de l'hydroxylamine. On ajoute à la liqueur un excès de sulfate ferreux, on précipite à froid par une solution de potasse caustique, puis après une demi-minute on oxyde les hydrates ferreux ou autres. Cette oxydation est nécessaire pour éviter dans le chauffage ultérieur la réduction des azotates en ammoniaque. La liqueur étant nettement alcaline, on porte à l'ébullition et on recueille l'ammoniaque dégagée dans un acide titré dont on détermine l'excès; néanmoins les chiffres obtenus par G. von Knorre ont été dans la plupart des cas trop faibles.

6° *Titrage acidimétrique à la phtaléine.* — Les sels neutres d'hydroxylamine sont acides à la phtaléine et neutres au méthylorange. On peut donc titrer une solution acide d'hydroxylamine en l'additionnant de soude jusqu'à neutralité exacte au méthylorange, puis en faisant tomber goutte à goutte une solution décinormale de soude ou de potasse jusqu'à alcalinité à la phtaléine [Cambier et Brochet, *Bull. Soc. Chim.*, (3), **13**, 401 (en note); Astruc, *ibid.*, (3), **23**, 117].

7° *Titrage volumétrique à l'état d'azote.* — La méthode de Möhlau et Hoffman [*D. chem.*

G., **20**, 1504] consiste à faire réagir l'hypochlorite de soude sur l'hydroxylamine en liqueur alcaline et à mesurer exactement le volume de l'azote dégagé d'après la réaction

$$2ClOH + 2AzH^2OH = Az^2 + Cl^2 + 4H^2O.$$

8° *Méthode à l'acétamidate de mercure.* — D'après M. O. Forster, l'action de l'acétamidate de mercure sur une solution d'hydroxylamine a lieu d'après l'équation suivante :

$$6AzH^2OHHCl + 9Hg(AzH-CO-CH^3)^2$$
$$= 18CH^3-CO-AzH^2 + 3Hg^2Cl^2 + 3Hg + 2Az^2$$
$$+ 2AzO^2H + 2H^2O.$$

On neutralise la solution saline d'hydroxylamine par un carbonate alcalin et on laisse tomber la solution d'acétamidate mercurique goutte à goutte jusqu'à ce qu'il n'y ait plus de dégagement de bulles gazeuses; le terme de la réaction semble bien difficile à percevoir et cette méthode ne paraît pas très recommandable.

Pour la critique des diverses méthodes de dosage de l'hydroxylamine, voyez Maxwell Adams [*Amer. Ch. J.*, **28**, 198]; Leuba, [*Ann. Ch. Anal. appl.*, **9**, 246].

VIII. — SELS D'HYDROXYLAMINE

SELS SIMPLES ET DOUBLES A ACIDES MINÉRAUX ET ORGANIQUES.

(Voyez Dict., **1**, 230; **2**, 81; 1er Supp., p. 933.)

La plupart des sels d'hydroxylamine sont solubles dans l'eau, et insolubles dans l'alcool. Ils cristallisent anhydres et se décomposent par action de la chaleur avec dégagement gazeux.

L'hydroxylamine est déplacée, à froid, de ses sels par les alcalis et les hydrates alcalino-terreux. Les carbonates et les bicarbonates alcalins, les carbonates alcalino-terreux effectuent le même déplacement, et, dans ces derniers cas, la quantité d'acide carbonique dégagé permet de doser l'hydroxylamine. La magnésie agit seulement à chaud.

Les sels d'hydroxylamine sont réducteurs; ils réduisent le permanganate, l'acide iodique (Frémy), les persels de fer (Haber), même en solution acide; quand ils sont neutres ils donnent lieu aux mêmes réactions que l'hydroxylamine libre. L'action du permanganate de potasse sur les nitrates, arséniates, phosphates et sur les sels halogénés a été étudiée par Simon [*C. R.* **135**, 1339; **140**, 659].

Tandis que l'hydroxylamine n'a d'action ni sur la phtaléine, ni sur le méthylorange, ses sels neutres sont acides vis-à-vis de la phtaléine et neutres en présence du méthylorange; donc, grâce à cette propriété, on peut doser, dans les sels d'hydroxylamine, l'acide et la base par simple titrage acidimétrique.

C'est ainsi qu'en faisant tomber une liqueur alcaline dans une solution d'un sel d'hydroxylamine acide, et que le méthylorange colore, par conséquent, en rouge, l'apparition de la teinte jaune indiquera le passage au sel neutre, et on pourra déterminer ainsi la quantité d'acide en excédent sur le sel neutre; si à cette solution de sel neutre (au méthylorange) on ajoute de la phtaléine, la solution reste incolore, puis l'addition de soude fait virer au rouge dès que toute l'hydroxylamine est déplacée, ce qui permet une détermination suffisante de l'acide et de la base [Cambier et Brochet, *Bull. Soc. Chim.*, (3), **13**, 401].

Un titrage direct à la phtaléine donnerait l'acide total [J.-A. Muller, *Bull. Soc. Chim.*, (3), **3**, 605].

Les sels d'hydroxylamine offrent de nombreuses analogies avec les sels ammoniacaux, en ce qui concerne la quantité de chaleur dégagée dans leur formation.

Après ces quelques généralités qui complètent celles que nous avons déjà indiquées sur les principaux sels à l'article HYDROXYLAMINE (Voyez p. 597), nous étudierons chacun d'eux en particulier.

SELS A ACIDES HALOGÉNÉS.

Leur pouvoir réducteur va en croissant du chlorhydrate à l'iodhydrate.

Ils sont tous solubles dans l'eau et insolubles dans l'alcool, sauf le chlorhydrate neutre.

Les sels halogénés donnent des composés doubles métalliques avec le cadmium, le zinc, le mercure, etc.

Chlorhydrates d'hydroxylamine. — On connaît trois chlorhydrates d'hydroxylamine :

Le chlorhydrate neutre, $AzH^2OH . HCl$.

L'hémichlorhydrate, $(AzH^2OH)^2 . HCl$.

Le sesquichlorhydrate, $(AzH^2OH)^3 . 2HCl$.

Chlorhydrate neutre, $AzH^2OH . HCl$ [W. Lossen, *Ann. Chem.*, **160**, 242].

L'hydroxylamine s'unit directement à l'acide chlorhydrique pour donner le chlorhydrate neutre.

C'est ce sel que l'on obtient dans la préparation de l'hydroxylamine par réduction du nitrate d'éthyle, au moyen de l'étain et de l'acide chlorhydrique (voyez plus haut, p. 594).

On le prépare encore en ajoutant du chlorure de baryum en léger excès à une solution de sulfate d'hydroxylamine, on filtre, on évapore à sec et on épuise le résidu à l'alcool, qui dissout seulement le chlorhydrate [Maxwell Adams, *Am. Chem. J.*, **28**, 198-219].

Il cristallise dans l'alcool en longs prismes, dans l'eau en tables hexagonales monocliniques. Il absorbe en se dissolvant dans l'eau 3cal,3.

Les solutions de concentration supérieure à 28 0/0 ont lieu avec dilatation, celles de concentration inférieure à 20 0/0 se font avec contraction [Schiff et Monsacchi, *Zeit. physiol. Chem.*, **21**, 277].

Le sel sec fournit par trituration une poudre d'aspect humide [H. Schröder, *D. chem. G.*, **8**, 199].

Le chlorhydrate neutre fond à 150-151°, mais à partir de 110° il commence à se décomposer avec dégagement d'azote et formation d'acide chlorhydrique, d'eau et de sel ammoniac.

Broyé avec de l'oxyde de cuivre, le chlorhydrate d'hydroxylamine donne lieu à un dégagement de gaz parmi lesquels on décèle le bioxyde d'azote.

Il donne, avec le sulfate de cuivre en solution, un précipité vert qui se redissout par agitation, puis la liqueur dépose du chlorure cuivreux. Avec le chlorure de platine on n'obtient pas de combinaison ayant une composition constante [W. Lossen, *Ann. Chem.*, Suppl., **6**, 220]; toutefois, d'après Meyeringh [*D. chem. G.*, **10**, 1947], il se formerait un sel double

$$(AzH^2OHHCl)^2PtCl^4.$$

Le chlorhydrate d'hydroxylamine sec absorbe le gaz ammoniac sans destruction immédiate, l'hydroxylamine semblant être mise d'abord en liberté à l'état liquide pour se dédoubler bientôt en oxyde azoteux et ammoniaque [Berthelot, *C. R.*, **83**, 473].

Le chlorhydrate d'hydroxylamine permet de préparer les oximes aussi facilement que la base libre. Il réagit même, par exemple, sur la tétraméthyldiamidobenzophénone, dérivé cétonique sur lequel l'hydroxylamine est sans action. D'ailleurs, la solubilité du chlorhydrate dans l'alcool favorise son emploi à l'exclusion des autres sels.

Ce sel se décompose au sein de ses solutions bouillantes. Les impuretés qu'il renferme (perchlorure de fer) nuisent à sa bonne conservation. Il reste, toutefois, inaltéré dans une atmosphère sèche en présence de chaux vive [Beckmann, *D. chem. G.*, **19**, 995].

Chaleur de formation :

$$Az + H^4 + O + Cl = AzH^2OH . HCl \text{ crist.} + 75^{cal}.$$
$$Az + H^4 + O + Cl = AzH^2OH . HCl \text{ diss.} + 72^{cal}.$$

Le chlorhydrate d'hydroxylamine ne présente pas d'absorption sélective des rayons lumineux, à peine retient-il quelques lignes à l'extrémité du violet [W.-N. Hartley et Dobbie, *Chem. Soc.*, **77**, 318].

Hémichlorhydrate, $(AzH^2OH)^2 . HCl$.

Préparation et propriétés. (voyez 1er Suppl., p. 933). — Comme le chlorhydrate neutre, l'hémichlorhydrate donne un précipité dans une solution de sulfate de cuivre, ce précipité se redissout par agitation, mais plus difficilement que celui produit par le chlorhydrate neutre.

Sesquichlorhydrate $(AzH^2OH)^2 2HCl$.

Préparation et propriétés. (voyez 1er Suppl., p. 933). — S'obtient encore quand on ajoute de l'alcool aux eaux-mères de la préparation de l'hémichlorhydrate qui contiennent un mélange des deux composés

$$(AzH^2OH)HCl \text{ et } (AzH^2OH)^2HCl.$$

La solution aqueuse de ce sel, additionnée d'alcool, précipite de l'hémichlorhydrate [Lossen, *Ann. Chem.*, **160**, p. 242].

Enfin, ces deux derniers sels ont des propriétés communes; leurs solutions, chauffées avec du chlorure platinique, le décolorent en dégageant des gaz, et par concentration on obtient des aiguilles incolores, solubles dans l'eau, insolubles dans l'alcool et de composition

$$(AzH^2OH)^4 . PtCl^2.$$

Ces aiguilles chauffées se décomposent brusquement.

L'azotate d'argent ne précipite qu'une partie de leur chlore.

De plus, ces deux sels comme le chlorhydrate neutre peuvent remplacer l'hydroxylamine libre dans la réaction.

Bromhydrates d'hydroxylamine. — On en connait deux : l'un normal $(AzH^2OH)HBr$, et l'autre basique $(AzH^2OH)^2HBr$.

Le bromhydrate normal $AzH^2OH . HBr$, s'obtient par double décomposition entre le sulfate d'hydroxylamine et le bromure de baryum; on a soin d'ajouter un excès de sulfate d'hydroxylamine pour qu'il ne reste pas de bromure de baryum en excès.

Après cristallisation dans l'alcool absolu on obtient des cristaux allongés solubles dans l'eau, insolubles dans l'éther.

Ce sel est inaltérable à l'air s'il est pur, mais il jaunit facilement dans le cas contraire; il est plus réducteur que le chlorhydrate [Maxwell Adams, *Am. Chem. J.*, **28**, 198-219].

Le sel basique $(AzH^2OH)^2HBr$ se forme, d'après le même auteur, en ajoutant de l'hydroxylamine libre à une solution concentrée alcoolique de bromhydrate normal.

On peut encore faire réagir l'oxyde de mercure sur le bromhydrate $AzH^2OH . HBr$.

$$4AzH^2OH . HBr + HgO$$
$$= HgBr^2 + H^2O + 2(AzH^2OH)^2HBr.$$

Ce sel se présente en lamelles blanches solubles dans l'eau, insolubles dans l'éther et les dissolvants organiques.

Iodhydrates d'hydroxylamine. — Il existe trois iodhydrates d'hydroxylamine qui ont pour formules respectives :

$$(AzH^2OH)HI; \ (AzH^2OH)^2HI \text{ et } (AzH^2OH)^3HI.$$

Iodhydrate normal, $AzH^2OH . HI$. — On le prépare en mélangeant une solution de 2gr,8 d'hydroxylamine fraîchement préparée dans 100 centimètres cubes d'eau distillée, à une solution contenant 12gr,7 0/0 d'acide iodhydrique, et dont on prend la quantité moléculaire correspondante à l'hydroxylamine employée. On évapore dans le vide à une température inférieure à 26°, il n'y a ainsi perte ni d'hydroxylamine ni d'acide iodhydrique. On achève la dessiccation sous une cloche en présence d'anhydride phosphorique; le résidu se prend en masse cristalline incolore [Wolffenstein et Groll, *D. chem G.*, **34**, 2417].

D'après Maxwell Adams [*Am. chem J.*, **28**, 198], on obtient le même composé en saturant d'hydroxylamine pure de l'acide iodhydrique en solution dans un dissolvant sec.

L'iodhydrate d'hydroxylamine cristallise en aiguilles aplaties, très hygroscopiques, qui se colorent par élévation de la température par suite de perte d'iode.

On peut purifier ces cristaux par dissolution dans l'alcool méthylique, où ils cristallisent de nouveau par refroidissement.

Ce corps se décompose brusquement vers 83°-84°.

En solution éthérée, ce sel se transforme en iodhydrate à 2 molécules de base $(AzH^2OH)^2 . HI$.

Iodhydrate à 2 molécules d'hydroxylamine, $(AzH^2OH)^2HI$. — Il a été obtenu par Dunstan et Goulding [*Chem. Soc.*, **69**, 839], en même temps que l'iodhydrate tribasique, par mélange de la quantité calculée d'acide iodhydrique en solution aqueuse à un très faible excès d'hydroxylamine en solution dans l'alcool méthylique.

Par cristallisation dans l'eau, il perd de l'iode. Ce sel est acide au tournesol et réducteur; il est soluble dans l'eau, l'alcool méthylique et l'alcool ordinaire, mais insoluble dans l'éther.

Iodhydrate à 3 molécules d'hydroxylamine, $(AzH^2OH)^3 . HI$. — Dunstan et Goulding [*loc. cit.*] l'ont obtenu par union de l'hydroxylamine en solution dans l'alcool méthylique, à l'acide iodhydrique.

L'iodure de méthyle réagit de même à la température ordinaire sur l'hydroxylamine en solution dans l'alcool méthylique, pour donner un mélange d'iodométhylate de diméthylhydroxylamine et d'iodhydrate d'hydroxylamine, séparables par précipitation fractionnée de leur solution alcoolique, au moyen de l'éther; à côté du composé $(AzH^2OH)^3HI$, les auteurs ont isolé, comme nous l'avons signalé, le sel précédent

$$(AzH^2OH)^2HI.$$

Piloty et Ruft [*D. chem. G.*, **30**, 1656] isolèrent le sel basique d'hydroxylamine

$$(AzH^2OH)^3HI,$$

dans l'action de l'hydroxylamine libre sur dérivés halogénés tertiaires

Ce sel cristallise en paillettes blanches brillantes, inaltérables à l'air sec, mais déliquescentes à l'air humide en perdant de l'hydroxylamine.

Il est soluble dans l'eau, l'alcool méthylique et l'alcool ordinaire; insoluble dans l'éther.

Il est acide au tournesol et réducteur.

Chauffé vers 100°, il se décompose suivant l'équation :

$$(AzH^2OH)^3HI = AzH^4I + Az^2 + 3H^2O.$$

SELS A ACIDES OXYGÉNÉS.

Perchlorate d'hydroxylamine,

$$AzH^2OH . ClO^4H.$$

Ce sel s'obtient par action d'acide perchlorique étendu sur un sel acide d'hydroxylamine; il forme des cristaux très hygroscopiques [Häussermann, *Jahresb. R. Meyer*, 303, (1897)].

Sulfates d'hydroxylamine. — Deux sulfates d'hydroxylamine ont été décrits : un sulfate neutre et un sulfate acide.

Sulfate neutre d'hydroxylamine,

$$(AzH^2OH)^2 . SO^4H^2.$$

— Ce sel s'obtient par évaporation du chlorhydrate d'hydroxylamine avec la quantité calculée d'acide sulfurique (Preibisch, Graham Otto).

Il se forme par hydrolyse plus ou moins prolongée, à la température du bain-marie, des solutions des sels alcalins des dérivés sulfoniques de l'hydroxylamine : monosulfonique $AzH(OH)SO^3H$, disulfonique $Az(OH)(SO^3H)^2$, et trisulfonique $(SO^3H)^2Az(OSO^3H)$ (voyez un peu plus loin ces dérivés sulfoniques, page 626).

On prépare économiquement le sulfate d'hydroxylamine par réduction électrolytique de l'acide azotique en présence d'acide sulfurique (voyez page 595).

On obtient encore très avantageusement le sulfate d'hydroxylamine par la méthode de Divers et Haga, qui consiste dans la préparation de l'hydroxylamine-disulfonate de sodium, suivie de l'hydrolyse de ce sel (voyez page 594).

Comme le chlorhydrate, le sulfate pulvérisé a un aspect humide. Ce sel cristallise dans le système clinorhombique (2e Suppl.,). On l'a décrit également en cristaux monocliniques (von Lang) ou tricliniques (Dothe), ou encore en trémies et en aiguilles.

Il fond à 170° (Lossen) ou à 140° avec décomposition (Preibisch); il est très soluble dans l'eau, insoluble dans l'alcool absolu, très peu soluble dans l'alcool à 95°.

D'après Maxwell Adams [*Am. Chem.*, **28**, 198], ses solubilités dans 1 centimètre cube d'eau sont les suivantes :

—8°	0°	10°	20°	30°	40°	50°	60°	90°
0,307	0,329	0,366	0,413	0,441	0,482	0,522	0,560	0,685

Il se décompose lentement par ébullition prolongée de sa solution aqueuse [Divers et Haga, *loc. cit.*; G. von Knorre et K. Arndt *D. chem. G.*, **33**, 30].

Le sulfate d'hydroxylamine forme, avec divers sulfates métalliques, des sels doubles bien définis; avec le sulfate de magnésie le composé

$$(MgSO^4 . (AzH^2OH)^2 . SO^4H^2 + 6H^2O,$$

qui fond à 48°.

Meyeringh [*D. chem. G.*, **10**, 1940] a montré qu'il formait des aluns avec les sulfates de la série du fer (voyez 1er Suppl., p. 934).

Par électrolyse du sulfate, la base est réduite en ammoniaque à la cathode et en dérivés oxygénés de l'azote à l'anode [E.-C. Szarvasy, *Chem. Soc.*, **77**, 607].

Si l'on oxyde le sulfate d'hydroxylamine par le réactif de Caro, presque neutre, jusqu'à ce que la liqueur de Fehling ne soit plus réduite, il se forme le composé

$$Az \lessgtr {O \atop H}$$

ou son hydrate

$$NH \lessgtr {OH \atop OH}$$

qui fournit avec les aldéhydes, d'une façon intense, la réaction des acides hydroxamiques [Angeli et Angelico, *Atti Ac. Lincei*, (5), **10**, I-104, II-303].

$$R-C \lessgtr {H \atop O} + AzH \lessgtr {OH \atop OH} = R-CO-AzHOH + H^2O$$

ou

$$R\ C \lessgtr {H \atop O} + AzOH = R-CO-AzHOH.$$

Sulfate acide d'hydroxylamine,

$$(AzH^2OH) . SO^4H^2.$$

— Divers [*Chem. Soc.*, **67**, 226] prépare ce sel en traitant 1 molécule de chlorhydrate d'hydroxylamine par 1 molécule d'acide sulfurique; on chauffe au bain-marie pour chasser l'acide chlorhydrique. Après refroidissement on a une liqueur visqueuse qui cristallise par refroidissement dans une atmosphère sèche, en longs prismes. Ce sel est très déliquescent.

Hyposulfite d'hydroxylamine,

$$(AzH^2OH)^2S^2O^3H^2.$$

— N'est stable qu'en solution. On l'obtient en faisant réagir le sulfate d'hydroxylamine sur l'hyposulfite de baryum. La liqueur filtrée possède toutes les réactions des hyposulfites et de l'hydroxylamine. Mais lorsqu'on cherche à la concentrer par évaporation, elle se décompose en laissant déposer du soufre [A. Sabanéeff, *D. chem. G.*, **30**, 285].

Dithionate d'hydroxylamine,

$$(AzH^2OH)^2S^2O^6H^2.$$

— On l'obtient au moyen du sel de baryum et du sulfate d'hydroxylamine. Gros cristaux qui se décomposent à 120° en anhydride sulfureux et sulfate d'hydroxylamine [Sabanéeff, *J. Soc. phys. chim. russe*, **31**, 375].

Amidosulfonate d'hydroxylamine,

$$(AzH^2OH)SO^3H . AzH^2.$$

— Ce sel se forme par double décomposition entre le sulfate d'hydroxylamine est le sel de baryum de l'acide amidosulfonique [Raschig, *Ann. Chem.*, **241**, 166]. Ce sel est isomère avec l'hydroxylaminesulfonate d'ammonium et avec le sulfate d'hydrazine [Sabanéeff, *Z. anorg. Chem.*, **17**, 480].

Azotate d'hydroxylamine, $AzH^2OH . AzO^3H$. — On l'obtient par double décomposition entre le sulfate d'hydroxylamine et l'azotate de baryum.

C'est un corps bien cristallisé fondant à 48° et susceptible de surfusion.

Il est très soluble dans l'eau et très hygroscopique, il se dissout aussi dans l'alcool absolu.

La chaleur le décompose en eau et bioxyde d'azote

$$AzO^3H, AzH^2OH = 2AzO + 2H^2O.$$

Sa chaleur de formation est la suivante :

$$Az^2 + H^4 + O^4 = AzH^2OH.AzO^3H \text{ crist.} + 87^{cal},7.$$
$$Az^2 + H^4 + O^4 = AzH^2OH + AzO^3H \text{ diss.} + 81^{cal},8.$$

La décomposition explosive du sel s'effectue à 100° et dégage $+ 50^{cal},3$.

Sa chaleur de neutralisation est $+ 9^{cal},2$.

Sa chaleur de dissolution est $+ 5^{cal},9$.

Phosphate d'hydroxylamine,

$$(AzH^2OH)^3 . PO^4H^3$$

[voyez 2e Suppl., 81].

Le phosphate tertiaire d'hydroxylamine s'obtient par double décomposition, soit entre le phosphate de soude et un sel d'hydroxylamine, soit entre le phosphate dibarytique et le sulfate d'hydroxylamine.

Il se produit aussi exclusivement par l'action du chlorhydrate normal d'hydroxylamine sur l'acide métaphosphorique neutralisé par l'ammoniaque [V. Kohlschutter et K. A. Hofmann, *Ann. Chem.*, **307**, 314].

Le phosphate d'hydroxylamine est soluble dans l'eau; l'alcool le précipite de sa solution aqueuse en fines aiguilles.

L'eau froide dissout si peu de phosphate d'hydroxylamine que ce sel se précipite lorsqu'on ajoute du phosphate de soude à une solution aqueuse d'un sel d'hydroxylamine, ce qui permet d'isoler l'hydroxylamine des eaux-mères du sulfate.

D'après Maxwell Adams [*Am. Chem. J.*, **28**, 198] les solubilités du phosphate d'hydroxylamine dans 1 gramme d'eau sont les suivantes :

0°	10°	20°	30°	40°
0,012	0,015	0,019	0,027	0,040
50°	60°	70°	80°	90°
0,055	0,077	0,102	0,133	0,168

L'instabilité de ce sel est très grande, sa solution aqueuse perd de l'hydroxylamine par évaporation [Lossen, *Ann. Chem.*, Suppl., **6**, 220].

En distillant à feu nu dans le vide (13 millimètres) du phosphate d'hydroxylamine, on obtient de l'hydroxylamine pure exempte d'ammoniaque [Rod. Uhlenbuth, *Ann. Chem.*, **311**, 117].

Le gaz ammoniac sec déplace l'hydroxylamine du phosphate, la base se condense facilement dans un tube en U refroidi à 0° [V. Kohlschutter et K.-A. Hofmann, *loc. cit.*].

Hypophosphite d'hydroxylamine,

$$AzH^2OH . PO^2H^3.$$

— Cet hypophosphite a été obtenu par A. Sabanéeff [*D. chem. G.*, **30**, 285] en mélangeant des solutions de phosphite dibarytique PO^2BaH et de sulfate d'hydroxylamine; l'opération doit se faire dans une atmosphère d'acide carbonique; la concentration de la solution s'opère dans le vide en présence d'acide sulfurique, car si l'on chauffe au bain-marie, le sel se décompose vers 60° avec mise en liberté d'hydroxylamine.

L'hypophosphite d'hydroxylamine se présente sous forme d'aiguilles cristallines très hygroscopiques, et fondant à 92°.

Ce sel se transforme rapidement en phosphite au contact de l'air.

Dans une atmosphère bien sèche le sel pur ne s'altère pas.

Amidophosphate d'hydroxylamine. — On prépare ce sel en traitant le chlorhydrate d'hydroxylamine par l'amidophosphate de potassium; il se forme ainsi un précipité cristallin, peu soluble dans l'eau. Ce sel se décompose à 95° [Stokes, *Am. Chem. J.*, **15**, 205].

Arséniate d'hydroxylamine,

$$(AzH^2OH)^3AsO^4H^3.$$

— On le prépare au moyen de l'arséniate trisodique et du chlorhydrate d'hydroxylamine; il est peu soluble dans l'eau froide et cristallise par refroidissement en cristaux plumeux [V. Kohlschutter et K. A. Hofmann, *Ann. Chem.*, **307**, 314].

Carbonate d'hydroxylamine. — On l'obtient par saturation de l'hydroxylamine libre par le gaz carbonique. Ce sel est employé dans le brevet allemand 135836, pour la préparation de l'acide phtalylhydroxamique

$$C^6H^4(CO^2H)CO-AzHOH$$

par action de l'anhydride phtalique.

Sulfocyanate d'hydroxylamine. — On le prépare par double décomposition entre le sulfate d'hydroxylamine et le sulfocyanate de baryum; la liqueur filtrée constitue une solution de sulfocyanate d'hydroxylamine.

Le sel se décompose par évaporation même dans le vide en déposant du soufre, il se dégage de l'anhydride sulfureux et on trouve finalement un mélange de sulfocyanate, sulfate, et amidosulfate d'ammonium [Von der Kall, *Ann. Chem.*, **263**, 260].

Tungstate d'hydroxylamine. — Ce sel a été obtenu par E.-C. Allen et V.-H. Gottschalk [*Am. Chem. J.*, **27**, 328], en traitant une solution de tungstate de sodium par du chlorhydrate d'hydroxylamine; on obtient un précipité blanc amorphe, assez soluble dans l'eau froide et qui se décompose assez violemment à chaud.

C'est un tungstate d'hydroxylamine qui a pour formule $4(AzH^2OH), 3TuO^3, 3H^2O$.

Uranate d'hydroxylamine. — L'hydroxylamine peut donner des dérivés, tels que AzH^2ONa (Lobry de Bruyn) et $AzH^2-O-Ca-OH$, par suite, des sels de la forme

$$UO^4H^2(AzH^2OH)(AzH^2OK) + H^2O$$

et

$$UO^4H^2(AzH^2ONa)^2 + 6H^2O.$$

Dans ces derniers sels on peut éliminer le métal et obtenir l'uranate d'hydroxylamine, ce qui prouve que le métal n'est pas uni à l'acide uranique mais au reste AzH^2O. Kohlschütter et Vogdt étudient un uranate $UO^4H^2(AzH^2OH)^2 + H^2O$ [*D. Chem. G.*, **38**, 1419, 2992].

Les acides molybdique, tungstique, vanadique, hypophosphoreux, se comportent comme UO^4H^2 et donnent avec l'hydroxylamine des acides dans lesquels un métal ou l'ammoniaque peuvent remplacer l'hydrogène hydroxylique de AzH^2OH.

Ce caractère acide rend compte de l'existence de sels contenant un excès d'hydroxylamine par rapport au sel normal; l'hydroxylamine pouvant fixer sur elle-même une autre molécule d'hydroxylamine.

Sels alcalins de l'uranate d'hydroxylamine. — Le sel d'ammonium a été obtenu par K.-A. Hofmann [*Zeit. anorg. Ch.*, **15**, 75] en faisant réagir des proportions convenables de nitrates d'uranium, de chlorhydrate d'hydroxylamine et d'ammoniaque. Il se forme une combinaison cristalline jaune de composition

$$UO^4(AzH^2OH)^2 + 2AzH^3$$

et que l'auteur considère, d'après son étude détaillée, comme le dérivé ammoniacal de l'uranate d'hydroxylamine.

Pour obtenir le sel de potassium,

$$UO^4(AzH^4O)(AzH^3OK) + H^2O,$$

on dissout 10 grammes de nitrate d'uranyle et 15 grammes de chlorhydrate d'hydroxylamine dans 100 centimètres cubes d'eau et on y ajoute une solution de potasse normale jusqu'à redissolution du précipité; il se dépose de petits cubes du sel. L'addition d'alcool dans la solution provoque le dépôt d'un précipité cristallisé en petites tables hexagonales de couleur orangée.

La chaleur réduit ce composé en poussière probablement avec formation du corps $U^2O^7K^2$.

L'eau chargée d'acide carbonique sépare le potassium et donne l'uranate jaune d'hydroxylamine.

L'uranate d'hydroxylamine perd de l'eau vers 120°, puis, si l'on continue de chauffer, il déflagre vivement avec une flamme rouge. Maintenu vers 125°, le sel se transforme en une masse brun-noir qui a pour composition sensiblement UO^5Az et que les acides décomposent à froid en dégageant deux volumes d'azote pour un volume de protoxyde d'azote (Az^2O).

Combinaisons molybdiques de l'hydroxylamine. — Le molybdate mixte d'hydroxylamine et d'ammoniaque prend naissance en faisant agir à 8° une solution d'ammoniaque à 7 0/0 sur un mélange de molybdate d'ammoniaque et de chlorhydrate d'hydroxylamine, on obtient le composé $MoO^3(AzH^3OH)^2AzH^3$ en croûtes d'un jaune clair qui ne dégage pas de gaz par l'action des acides étendus.

Le sel de potassium $MoO^4H^2(AzHO)^3AzH^2OK$ s'obtient en ajoutant une solution concentrée de chlorhydrate d'hydroxylamine additionnée d'un excès de carbonate de potassium, à une solution concentrée contenant 5 grammes de molybdate d'ammoniaque ordinaire $Mo^7O^{24}(AzH^4)^6 + 4H^2O$. L'addition d'alcool à la liqueur donne un précipité du sel qui cristallise en aiguilles concentriques, jaunissant à l'air humide.

La solution de ce sel donne par action de l'acide carbonique un précipité de molybdate d'hydroxylamine.

L'hydroxylamine n'est pas déplacée du molybdate par l'ammoniaque, comme cela a lieu dans le cas du phosphate. Le perchlorure de fer, l'iode et l'acide sulfurique décomposent le molybdate avec dégagement de gaz.

SELS DOUBLES DE MÉTAUX ET D'HYDROXYLAMINE

SELS HALOGÉNÉS.

Chlorure de zinc bihydroxylamine,

$$ZnCl^2, 2AzH^2OH.$$

— Ce composé a été obtenu par Crismer [*Bull. Soc. Chim.*, 3e sér., 3, 114] en traitant 20 grammes de chlorhydrate d'hydroxylamine dissous dans 200 centimètres cubes d'eau par 40gr,5 de zinc; après quelque temps de contact au bain-marie, le zinc a perdu 4gr,93, on filtre la liqueur, on la concentre et le sel cristallise.

On peut encore traiter une solution de chlorhydrate d'hydroxylamine par du sulfate de zinc en présence de carbonate de baryum ou encore par de l'oxyde de zinc ou du carbonate de zinc.

Le même composé se forme quand on ajoute du chlorure de zinc à une solution alcoolique d'hydroxylamine.

Le meilleur procédé consiste à dissoudre le chlorhydrate d'hydroxylamine dans l'alcool à 95°, on fait bouillir et on ajoute de l'oxyde de zinc, on décante, on filtre et le chlorure de zinc bihydroxylamine se dépose par refroidissement. 25 grammes d'oxyde de zinc donnent 61 grammes de sel double.

Le composé $ZnCl^2.2AzH^2OH$ est soluble dans les solutions de chlorhydrate d'hydroxylamine, très peu soluble dans l'eau froide, un peu plus soluble dans l'eau chaude, peu soluble dans l'alcool et les dissolvants organiques; il bleuit le tournesol. Ses solutions aqueuses évaporées perdent de l'hydroxylamine. Vers 120° le sel donne lieu à un dégagement de gaz et d'hydroxylamine, le résidu est constitué par du chlorure de zinc.

Chlorure de cadmium bihydroxylamine,

$$CdCl^2.2AzH^2OH.$$

— Ce sel s'obtient facilement par les méthodes indiquées précédemment [Cresmer, *loc. cit.*] en remplaçant les sels de zinc employés par les composés correspondants de cadmium.

Le chlorure double de cadmium et d'hydroxylamine est constitué par des cristaux brillants qui se forment immédiatement dans les liqueurs filtrées chaudes.

Le meilleur procédé de préparation est toutefois comme dans le cas du zinc, celui qui consiste à ajouter de l'oxyde de cadmium à une solution bouillante de chlorhydrate d'hydroxylamine dans l'alcool.

Le sel obtenu est peu soluble dans les différents dissolvants. Il résiste mieux à l'action de la chaleur que le sel de zinc; il perd des gaz et de l'hydroxylamine seulement vers 190°.

Chlorures doubles de mercure et d'hydroxylamine. — Maxwell Adams a préparé plusieurs de ces sels doubles [*Am. Chem. J.*, **28**, 198].

Chlorures doubles de Mg, de Ca, de Sr et d'hydroxylamine [G. Antonow, *J. russ. phys. ch.*, **37**, 476].

Chlorure double de baryum et d'hydroxylamine $BaCl^2.2AzH^2OH$. — D'après Antonow [*loc. cit.*] sa formule est $BaCl^2.AzH^2OH.2H^2O$. Ce sel se forme comme les composés correspondants de zinc ou de cadmium.

On ajoute du carbonate de baryum à une solution de chlorhydrate d'hydroxylamine en employant très peu d'eau, car le sel est très soluble. On achève la réaction en chauffant au bain-marie, puis on filtre et on abandonne à la cristallisation, il se forme de gros prismes tabulaires; l'addition d'alcool à la liqueur provoque la précipitation du sel, sous forme de poudre cristalline.

Ce sel se dissocie lentement à la température et à la pression ordinaires; si on le chauffe vers 110°, il perd son hydroxylamine [Crismer, *loc. cit.*].

Les chlorures doubles d'hydroxylamine et de calcium, magnésium, fer, cobalt, n'ont pas donné de résultats intéressants. Les liqueurs provenant des réactions ne cristallisent pas et se décomposent quand on évapore.

L'intérêt des sels doubles stables, tels que celui de zinc, réside en leur propriété de se comporter dans les réactions comme l'hydroxylamine anhydre. Le composé $ZnCl^2.2AzH^2OH$ formé, en effet, d'un déshydratant, $ZnCl^2$, et d'hydroxylamine anhydre paraît particulièrement indiqué pour la préparation des aldoximes et des acides hydroxamiques, corps qui se forment avec élimination d'eau [Crismer, *loc. cit.*].

Chlorures doubles de platine et d'hydroxylamine. — Lorsqu'on ajoute une solution d'hydroxylamine pure à une liqueur aqueuse, contenant 1,5 0/0 de chlorure platinique, on obtient de l'hydrate de platosodihydroxylammonium, qui se dépose après ébullition en cristaux déliés blancs, insolubles dans l'eau, l'alcool et l'éther, solubles dans les acides minéraux et l'acide acétique. Cette base détone à 173°.

Son chlorure $Pt(AzH^2OH)^4Cl^2$ cristallise en aiguilles aplaties solubles dans l'eau. On retire des eaux-mères de ce chlorure un sel jaune qui répond à la composition $Pt(AzH^2OH)^2Cl^2$.

Un composé de même formule, mais qui cristallise en aiguilles bleues, s'obtient par addition de chlorure platinique au chlorure

$$Pt(AzH^2OH)^4Cl^2$$

[Rod. Uhlenbuth, *Ann. Chem.*, **311**, 124].

Bromure double de cadmium et d'hydroxylamine, $CdBr^2(AzH^2OH)^2$. — Ce bromure se forme en mélangeant des solutions alcooliques de bromure de cadmium et d'hydroxylamine; le sel double se précipite sous forme de cristaux solubles dans l'eau et les acides, insolubles dans l'alcool et l'éther.

Bromure double de mercure et d'hydroxylamine, $HgBr^2(AzH^2OH)^2(AzH^2OH.HBr)^2$. — Voy. M. Adams [*loc. cit.*].

Iodure double de cadmium et d'hydroxylamine, $CdI^2, (AzH^2OH)^3$. — Ce sel se forme en mélangeant des solutions alcooliques d'iodure de cadmium et d'hydroxylamine; il est constitué par des prismes aciculaires solubles dans l'alcool et dans l'eau, insolubles dans l'éther.

L'*iodure double de mercure et d'hydroxylamine* n'a pu être obtenu à cause de la facilité avec laquelle se réduit l'iodure mercurique [M. Adams, *Am. chem. J.*, **28**, 198].

Sels hydroxylaminocobaltiques, voyez Werner et Berl [*D. chem. G.*, **38**, 893].

Sels a acides oxygénés.

Combinaison du sulfate de nickel avec l'hydroxylamine — [R. Uhlenbuth, *Ann. Chem.*, **307**, 832]. Lorsqu'on ajoute de l'hydroxylamine anhydre à une solution saturée et froide de sulfate de nickel, la couleur verte de ce sel devient bleu azur, et finalement rouge foncé.

La solution abandonne lentement des cristaux rouges anorthiques de sel, $SO^4Ni, 6AzH^2OH$ (au lieu de $SO^4Ni + 6H^2O$). Ces cristaux sont décomposés par l'eau et par l'alcool.

Si on chauffe ce sel rouge il change de couleur.

Sulfate de platine et d'hydroxylamine,

$$Pt(AzH^2OH)^4SO^4 + H^2O.$$

— Ce sel prend naissance quand on dissout dans l'acide sulfurique l'hydrate de platosodihydroxylammonium, qui nous a permis de préparer les chlorures doubles de platine et d'hydroxylamine.

Le sulfate forme de gros cristaux tricliniques peu solubles dans l'eau [Uhlenbuth, *loc. cit.*].

Sulfate de mercure et d'hydroxylamine, $HgSO^4(AzH^2OH)^2.H^2O$. — Ce sel constitue des cristaux décomposables par l'eau, et obtenus en traitant le sulfate d'hydroxylamine par l'oxyde jaune de mercure ou par le sulfate de mercure sec.

Aluns d'hydroxylamine — Meyeringh [*D. chem. G.*, **10**, 1940] a obtenu des sels doubles d'hydroxylamine avec les sulfates de fer, de zinc, les chlorures de magnésium et de manganèse, au moyen de solutions telles que la composition du sel qu'on doit obtenir soit égale à celle du sel double d'ammonium correspondant.

Sulfate double d'hydroxylamine et d'alumine, $Al^2(SO^4)^3, (AzH^2OH)^2SO^4H^2 + 24H^2O$. — Le mélange des solutions des deux sulfates fournit une combinaison qui cristallise en octaèdres.

Le dosage de l'hydroxylamine dans ce composé, s'effectue au moyen de la liqueur de Fehling.

Sulfate double de chrome et d'hydroxylamine, $Cr^2(SO^4)^3, (AzH^2OH)^2SO^4H^2 + 24H^2O$. — Ce sel se forme dans des conditions identiques à celles du précédent, et cristallise aussi en octaèdres.

Sulfate de fer et d'hydroxylamine,

$$Fe^2(SO^4)^3(AzH^2OH)^2SO^4H^2 + 24H^2O.$$

— Cet alun se précipite en octaèdres du sein de la liqueur formée par le mélange des deux sulfates.

Sulfate double de magnésie et d'hydroxylamine, $MgSO^4, (AzH^2OH)^2SO^4H^2 + 6H^2O$. — Ce sulfate de la série magnésienne se précipite en longues aiguilles quand on mélange les deux sulfates de magnésie et d'hydroxylamine.

Sels a acides organiques.

Formiate d'hydroxylamine,

$$AzH^2OH.H-CO^2H.$$

— Ce sel se présente en aiguilles solubles dans l'eau, et dont la solution aqueuse se décompose à l'ébullition.

Le formiate d'hydroxylamine est isomère avec le bicarbonate d'ammoniaque [Sabanéeff, *Journ. Soc. phys. chim. russe*, **31**, 375].

Acétate, $(AzH^2OH), CH^3-CO^2H)$ (voyez 2e Suppl.), cristaux isomères avec le glycolate d'ammonium [Sabanéeff, *loc. cit.*].

Oxamate, $(AzH^2OH)AzH^2-CO-CO^2H$. — Cristaux solubles dans l'eau et isomères de l'oxalate acide d'hydrazine [Sabanéeff, *loc. cit.*].

Succinate d'hydroxylamine. — Le succinate se produit par action des quantités calculées de succinate de baryum et de sulfate d'hydroxylamine. Ce sel cristallise dans le système rhombique; il est soluble dans l'eau chaude, très peu soluble dans l'alcool, l'éther et le benzène.

Par action de la chaleur, il se décompose en perdant de l'azote et laissant un liquide incolore, épais, qui se dissout dans l'alcool méthylique et s'en sépare sous forme cristalline; l'analyse lui assigne la formule :

$$CO^2AzH^4CH^2-CH^2-CO-Az=Az-CO-CH^2-CH^2-CO^2H$$

L'acide chlorhydrique met en liberté l'acide libre

$$COOH-CH^2-CH^2-CO-Az=Az-CO-CH^2-CH^2-COOH,$$

qui est constitué par de fines aiguilles qui fondent à 82°-83°. Il régénère, lorsqu'on le chauffe avec des acides ou des alcalis, de l'acide succinique et de l'hydroxylamine. Il réduit l'azotate d'argent ammoniacal et la liqueur de Fehling [S. Tanatar, *Journ. phys. chim. russe*, **29**, 318].

Succinamate,

$$(AzH^2OH)AzH^2-CO-C^2H^4-CO^2H.$$

— Ce sel, isomère avec le succinate acide d'hydrazine, se transforme spontanément en acide hydroxamique [Sabanéeff, *loc. cit.*].

Fumarate, $2(AzH^2OH).C^4H^4O^4$. — Posner [*D. chem. G.*, **36**, 4317] obtient ce sel en mélangeant une solution alcoolique d'acide fumarique à une solution alcoolique d'hydroxylamine libre; il se produit un précipité blanc épais qu'on fait cristalliser dans l'eau, et qui fond à 138-139°.

Le sel contient 2 molécules de base pour une d'acide; il est insoluble dans l'alcool et le chloroforme. Tanatar [*Journ. phys. chim. russe*, **28**, 509] prépare une solution aqueuse de ce sel par action réciproque du fumarate d'argent et du chlorhydrate d'hydroxylamine, mais il a trouvé que le sel se détruisait pendant l'évaporation de sa solution. La concentration dans le vide de la liqueur en présence d'acide sulfurique a fourni le fumarate d'hydroxylamine, toutefois encore avec un peu de décomposition, car on peut caractériser l'acide aspartique, un sel d'ammoniaque et d'autres produits.

Isopyromucate d'hydroxylamine. — Les acides isopyromucique et bromo-isopyromucique mis en présence d'hydroxylamine fonctionnent comme des composés œnoliques $-(OH)=CH$ [G. Chavanne, *Bull. Soc. Chim.*, (3), **29**, 403].

L'isopyromucate d'hydroxylamine obtenu au moyen de la solution d'hydroxylamine libre, forme des cristaux très solubles dans l'eau.

Le bromo-isopyromucate s'obtient par dissolution du dérivé bromé finement pulvérisé dans une solution d'hydroxylamine libre. On concentre dans le vide et on obtient des cristaux qui se décomposent sans fondre à 107-108°, et qui possèdent la composition et les propriétés d'un sel d'hydroxylamine assez soluble dans l'eau.

Méconate d'hydroxylamine. — Ce sel a été décrit par Meyer, puis par Odernheimer [*D. chem. G.*, **17**, 1061, 2081] comme un isonitrosodérivé de l'acide méconique

$$C^4HO(C=AzOH)(OH)(COOH)^2 + H^2O.$$

En réalité, c'est un sel d'hydroxylamine de l'acide méconique $C^7H^4O^7(AzH^2OH)+H^2O$, qui réagit comme les autres sels de cette base, donne des oximes avec les aldéhydes, réduit la liqueur de Fehling et l'azotate d'argent ammoniacal. [Peratoner et Tamburello, *Gazz. chim. ital.*, **33**, 233].

Benzoate, $(AzH^2OH)C^6H^5CO^2H$. — Ce sel est très peu soluble dans l'eau [Sabanéeff, *loc. cit.*].

Méta-amidobenzoate, [Sabanéeff, *loc. cit.*].

IX. — CONSTITUTION DE L'HYDROXYLAMINE

La formule qu'il convient d'adopter pour l'hydroxylamine en est AzH^2OH ou

$$\begin{matrix}H\\H\end{matrix}\!>Az-OH$$

dans laquelle les deux hydrogènes directement fixés à l'azote possèdent une valeur de substitution identique[1]. On admet aussi que, dans certains cas que nous examinerons plus loin, l'hydroxylamine peut posséder la formule tautomère simple

$$O=Az\begin{matrix}\diagup H\\-H\\\diagdown H\end{matrix}$$

On a également proposé une formule tautomère double

$$H^3Az\begin{matrix}<O>\\<O>\end{matrix}AzH^3$$

[Donath, *D. chem. G.*, **10**, 706; *Bull. Soc. Chim.*, (2), **29**, 117]; celle-ci doit être écartée puisque la détermination du poids moléculaire, effectuée par Lobry de Bruyn, correspond à une molécule simple AzH^3O.

C'est à la formule AzH^2OH que correspondent la plupart des propriétés qui ont été décrites dans les pages précédentes, et c'est parce qu'elle répond le mieux aux faits connus que l'usage a consacré le mot hydroxylamine AzH^2OH, par opposition au nom d'oxyammoniaque AzH^3O initialement donné par Lossen. Cette formule permet également d'envisager l'hydroxylamine comme l'amide de l'eau oxygénée [Wagner, *Journ. Soc. chim. russe*, **30**, 330. — S. Kolotoff, *ibid.*, **30**, 331] et, en effet, le composé AzH^2Cl est décomposé par l'eau, non pas en AzH^2OH et HCl, mais en AzH^3 et $ClOH$, ce qui montre que l'oxhydrile de l'hydroxylamine possède un caractère spécial; on a été jusqu'à rapprocher ce fait, que le molybdate d'ammoniaque donne avec AzH^2OH une coloration analogue à celle produite par l'eau oxygénée [Crismer, *Bull. Soc. Chim.*, (3), **3**, 114]. La nature particulière de l'oxhydrile dans l'hydroxylamine a été également signalée par Berthelot et André, qui font remarquer que sa formation ne répond nullement à une oxydation de l'ammoniaque [*Bull. Soc. Chim.* (3), **4**, 240].

En faveur de la formule AzH^2OH on invoque généralement :

1° Les propriétés acides de l'hydroxylamine vis-à-vis des métaux alcalins; c'est ainsi qu'on connaît les dérivés

$$AzH^2ONa,\ AzH^2OCaOH;$$

2° L'action de l'anhydride sulfureux

$$SO^2 + AzH^2OH = AzH^2-SO^2-OH$$

est tout à fait analogue à l'action de SO^2 sur l'eau oxygénée

$$HO-OH + SO^2 = HO-SO^2-OH;$$

3° La formation d'acide hypoazoteux par action de l'acide azoteux sur l'hydroxylamine

$$AzOOH + AzH^2OH = Az(OH) = Az(OH);$$

4° La présence du protoxyde d'azote

$$\begin{matrix}Az\diagdown\\ \| \quad O\\ Az\diagup\end{matrix}$$

parmi les produits d'oxydation de l'hydroxylamine, milite surtout en faveur de l'existence d'un oxhydrile dans cette dernière;

5° La formation de l'hydroxylamine par hydrolyse des oximes ou des acides hydroxamiques, dont la constitution est indiscutablement démontrée par leurs modes de formation autres qu'à partir de l'hydroxylamine, et aussi par leurs isoméries.

En effet, des oximes ont pu être obtenues par action de l'acide azoteux de la façon suivante :

$$AzOOH + R-CO-CH^3 = R-CO-CH=AzOH,$$

et, de même, certains acides hydroxamiques ont été préparés par oxydation des oximes correspondantes [*D. chem. G.*, **33**, 1781].

$$R-CH=AzOH + O = R-C\begin{matrix}\diagup OH\\ \diagdown Az.OH\end{matrix}$$

En faveur de la formule tautomère $O=AzH^3$ on cite :

1° Les propriétés oxydantes de l'hydroxylamine en liqueur alcaline

$$H^3Az\begin{matrix}<OK\\<OK\end{matrix}$$

(hydrate ferreux en hydrate ferrique) [Haber,

1. On a longtemps cru à la suite des travaux de Lossen [voyez 1er Suppl., 934, Constitution et dérivés de l'hydroxylamine], que les deux atomes d'hydrogène directement unis à l'azote ont au contraire une valeur de substitution différente; nous verrons plus loin qu'il n'en est rien.

loc. cit.], alors qu'en liqueur acide elle est généralement réductrice $H^2Az(OH)HCl$. Il semble bien que de telles considérations soient mal fondées, car nous avons vu que les propriétés oxydantes ou réductrices de l'hydroxylamine ne semblent pas dépendre de l'acidité ou de l'alcalinité du milieu, mais seulement de la nature des substances réagissantes. Rappelons, par exemple, que l'hydroxylamine libre réduit l'acide oxaminohydrocinnamique en phénylalanine [Posner, *loc. cit.*]

$$\begin{array}{c} C^6H^5-CH^2-\underset{\substack{|\\ AzHOH}}{CH}-CO^2H \\ \longrightarrow\ C^6H^5-CH^2-\underset{\substack{|\\ AzH^2}}{CH}-CO^2H. \end{array}$$

2° L'action de l'iodure de méthyle fournit directement l'oxyde de triméthylamine

$$O=Az-(CH^3)^3.$$

Il faut remarquer tout d'abord que cette réaction est particulière à l'iodure de méthyle, et qu'au surplus le corps formé en réalité dans cette réaction est

$$\begin{array}{ccc} CH^3 \searrow & & \nearrow OH \\ & Az-I & \\ CH^3 \nearrow & & \searrow CH^3 \end{array}$$

or, cette formation n'est nullement incompatible avec la formule AzH^2OH.

Il est fort probable que dans une première phase comme avec les autres iodures alcooliques il se forme une diméthylhydroxylamine

$$\begin{array}{c} CH^3 \\ CH^3 \end{array} > Az-OH$$

qui, grâce à l'affinité énergique de l'iodure de méthyle donne l'iodométhylate

$$\begin{array}{ccc} CH^3 \searrow & & \nearrow OH \\ & Az-I & \\ CH^3 \nearrow & & \searrow CH^3 \end{array}$$

C'est seulement par traitement de ce composé par l'oxyde d'argent qu'on obtient l'oxyde de triméthylamine

$$\begin{array}{l} CH^3 \searrow \\ CH^3-Az=O \\ CH^3 \nearrow \end{array}$$

qui correspondrait à la formule AzH^3O pour l'hydroxylamine; il s'ensuit que cette preuve est tout à fait insuffisante.

3° La décomposition de l'hydroxylamine par l'hypobromite de soude dans l'azotomètre ne fournit que la moitié de son azote [Kolotoff, *loc. cit.*]. On ne voit pas en quoi ce fait pourrait militer plutôt pour $O=AzH^3$ que pour AzH^2OH. C'est une transformation absolument normale dans la série de l'azote, du phosphore, etc.

On sait, en effet, que l'acide hypophosphoreux par réduction et oxydation simultanées se transforme en phosphure d'hydrogène et acide phosphorique

$$4PO\begin{array}{l}\nearrow OH\\ -OH\\ \searrow H\end{array} = PH^3 + 3PO^4H^3.$$

D'ailleurs, la simple décomposition de l'hydroxylamine par la chaleur (Lobry de Bruyn) fournit de l'ammoniaque, et des acides ou anhydrides azoteux et hypoazoteux :

$$4AzH^2OH = 2AzH^3 + Az(OH)=Az(OH) + 2H^2O$$
$$4AzH^2OH = 2AzH^3 + Az^2O + 3H^2O$$
$$3AzH^2OH = 2AzH^3 + AzOOH + H^2O$$
$$6AzH^2OH = 4AzH^3 + Az^2O^3 + 3H^2O.$$

Toutes ces décompositions sont absolument normales, et ne contredisent en aucune façon la formule AzH^2OH.

4° Kolotoff soutient que si l'hydroxylamine avait la formule AzH^2OH, l'action de la chaleur sur $AzH^3 + AzH^2OH$ ou sur leurs sulfates devraient donner naissance à l'hydrazine; or, il n'a pu vérifier le fait [*Journ. Soc. chim. russe*, **23**, 3]. Il est évident qu'une pareille hypothèse ne saurait constituer un argument sérieux. Au surplus, il a été nettement établi que l'oxhydrile de AzH^2OH possède un caractère tout spécial, et qu'il est doué d'une stabilité remarquable; les essais de Lobry de Bruyn sur l'action de la chaleur confirment cette manière de voir.

Identité des hydrogènes liés directement à l'azote. — Lossen a publié toute une série de remarquables travaux sur les dérivés de substitution de l'hydroxylamine; il s'est occupé plus spécialement de la substitution des radicaux d'acides aromatiques et en particulier de l'acide benzoïque [*Ann. Chem.*, **175**, 271; **186**, 1; **252**, 170; voyez 1er Suppl., 937].

C'est ainsi qu'en faisant agir les chlorures d'acides aromatiques sur l'hydroxylamine, il a préparé 25 dérivés dont 3 existent sous trois formes isomériques α, β, γ, et dont les autres existent sous deux formes isomériques α et β.

En particulier, l'action du chlorure de benzoyle sur l'hydroxylamine lui a fourni 3 dérivés isomères α, β, γ qu'il nomme improprement tribenzylhydroxylamines. La première formule qui se proposait à l'esprit pour expliquer cette réaction, était évidemment :

$$\text{(A)}\qquad Az\begin{array}{l}\nearrow H\\ -OH\\ \searrow H\end{array} + 3C^6H^5-CO-Cl$$
$$= 3HCl + Az\begin{array}{l}\nearrow CO-C^6H^5\\ -O-CO-C^6H^5\\ \searrow CO-C^6H^5\end{array}$$

De sorte que Lossen se trouvait naturellement conduit à admettre que les trois formes isomériques de cette tribenzylhydroxylamine étaient dues à l'inégale valeur de substitution des deux atomes d'hydrogène directement liés à l'azote.

L'étude des acides hydroxamiques a montré qu'il n'en est rien.

La première phase de l'action du chlorure de benzoyle sur l'hydroxylamine fournit un acide hydroxamique

$$C^6H^5-C\begin{array}{l}\leqslant OH\\ \leqslant AzOH\end{array}$$

Or, on sait que les dérivés de cette structure peuvent exister sous deux formes isomériques

$$\begin{array}{c} C^6H^5-C-OH \\ \| \\ Az-OH \end{array} \quad \text{et} \quad \begin{array}{c} C^6H^5-C-OH \\ \| \\ OH-Az \end{array}$$

Ces isomères sont difficilement séparables à l'état d'acide hydroxamique, mais leurs dérivés acidylés, tels que le dibenzoylé, fournissent des formes cristallisées facilement séparables

$$\begin{array}{c} C^6H^5-C-O-CO-C^6H^5 \\ \| \\ AzO-CO-C^6H^5 \end{array}$$

et

$$\begin{array}{c} C^6H^5-C-O-CO-C^6H^5 \\ \| \\ C^6H^5-CO-OAz \end{array}$$

Enfin, une troisième forme correspond au produit

$$\begin{array}{c} C^6H^5-CO-Az-O-CO-C^6H^5 \\ | \\ CO \\ | \\ C^6H^5 \end{array}$$

obtenu soit normalement comme dans la réaction (A) ci-dessus, soit par action du chlorure de benzoyle sur l'acide dibenzoylhydroxamique. Jones a en effet montré que le chlorure de benzoyle donne avec le sel de sodium de l'acide benzoylacétylhydroxamique

$$\begin{array}{l} C^6H^5-C-ONa \\ \quad\ \ \| \\ \quad\ Az-OCOC^6H^5 \end{array}$$

un acide dibenzoylacétylhydroxamique de formule

$$\begin{array}{c} C^6H^5-CO-Az-O-CO-CH^3 \\ | \\ CO \\ | \\ C^6H^5 \end{array}$$

[*Am. Journ.*, **20**, 8].

Il résulte de ces faits que les acides diacidylhydroxamiques existent sous deux formes tautomères stables

$$\begin{array}{l} R-CO-AzH \\ \quad\ | \\ \quad OCO-C^6H^5 \end{array} \quad \text{et} \quad \begin{array}{l} R-C-OH \\ \quad\ \| \\ \quad\ Az \\ \quad OCOC^6H^5 \end{array}$$

cette dernière pouvant elle-même exister sous deux formes stéréoisomériques

$$\begin{array}{l} R-C-OH \\ \quad\ | \\ Az-OCOC^6H^5 \end{array} \quad \text{et} \quad \begin{array}{r} R-COH \\ \| \\ C^6H^5COOAz \end{array}$$

[consultez Jones, *Am. Journ.*, **20**, 1-50; — Nef, *D. chem. G.*, **29**, 1219; — Kinel, *Journ. Soc. chim. russe*, **14**, 41; — Thiele et Pickord, *Ann. Chem.*, **309**, 192; — Werner Subak, *D. chem. G.*, **29**, 1158].

Comme d'autre part les seuls cas d'isomérie observés dans les produits de substitution alkylés de l'hydroxylamine ne sont que des isoméries de position, il faut conclure que dans l'hydroxylamine les atomes d'hydrogène directement liés à l'azote possèdent une valeur de substitution identique.

X. — PROPRIÉTÉS PHYSIOLOGIQUES.

Physiologie animale.

[Bertoni, *Gazz. Chim. ital.*, **9**, 571; — Raimondi et Bertoni, *Gazz. Chim. ital.*, **12** (1882), 199; — C. Binz, *Arch. f. path. Anat.*, **113**, 1; — L. Lewin, *Arch. f. exp. Path. u. Pharm.*, **25**, (1889); — Bertoni, *Schweiz. Wochenschrift f. Pharm.*, **28**, 28; — Löw, *Arch. f. G. Phys.*, **35**, 516; — Eichoff, *Mon. Dermat.*, **8**, 12; — Brunton et Bokenham, *Proc. Roy. Soc.*, **45**, 352].

Physiologie végétale.

[Löw, *loc. cit.*; — G. Marpmann, Meyer et Schülze, *D. chem. G.*, **17**, 1554; — G. Ampola et C. Ulpiani, *Gazz. Chim. ital.*, (1), **29**, 49; *Bull. Soc. Chim.*, (3), **24**, 864; — Wrobleski *J. prakt. Chem.*, (2), **64**, 1].

PRODUITS DE SUBSTITUTION DE L'HYDROXYLAMINE

DÉRIVÉS MINÉRAUX : NITROSÉS, NITRÉS, SULFONÉS.

I. Nitrosohydroxylamine.

Bien que le reste aminé caractéristique AzH^2 de l'hydroxylamine permette d'envisager l'existence d'une nitrosohydroxylamine $AzO-AzH-OH$, un tel corps n'a pas encore été isolé. On connaît cependant de nombreux dérivés minéraux ou organiques de la nitrosohydroxylamine.

Le nitrososulfate de potassium de Pelouze peut être considéré comme dérivant de l'acide nitrosohydroxylamine-sulfonique

$$AzO-Az(OH)SO^3H,$$

(voyez l'étude et la constitution de cet acide, p. 626).

La nitroso-β-éthylhydroxylamine,

$$C^2H^5-Az(OH)-AzO$$

[*D. chem. G.*, **33**, 1024], et surtout les nitroso β-arylhydroxylamines dont le principal représentant est la β-phénylnitrosohydroxylamine

$$C^6H^5Az(OH)AzO$$

[*D. chem. G.*, **27**, 1548; **29**, 1884] dérivent toutes de la nitrosohydroxylamine inconnue

$$AzH(OH)AzO.$$

II. Nitrohydroxylamine.

Syn. Acide nitrohydroxamique ou nitrylhydroxamique, oxynitramide.

Cet acide est connu seulement à l'état de sels: l'étude en a été faite surtout par Angeli [*Chem. Zeit.* (1896), **20**, 176; *Atti Acad. Lincei*, (5), **5**, 120; *D. chem. G.*, **29**, 1884].

Préparation. — A une solution concentrée de 3 atomes de sodium dans l'alcool absolu, on ajoute une solution alcoolique saturée à chaud de 1 molécule de chlorhydrate d'hydroxylamine. On sépare par filtration le chlorure de sodium formé et on ajoute au liquide limpide 1 molécule de nitrate d'éthyle. Au bout de quelque temps il se sépare une poudre blanche qu'on filtre; après lavages à l'alcool et à l'éther on sèche sur le vide sulfurique. On obtient ainsi le sel disodique de la nitrohydroxylamine formé d'après l'équation :

$$\begin{aligned} HClAzH^2OH + AzO^2OC^2H^5 + 3NaOC^2H^5 \\ = NaCl + 3C^2H^5OH + Az^2O^3Na^2 \end{aligned}$$

[Angeli, *Gazz. Chim. ital.*, **26**, II, 17].

Cette réaction n'est pas quantitative; les meilleurs rendements en acide nitrohydroxamique ne dépassent pas 50 0/0.

Les produits secondaires de la réaction sont du nitrate de sodium en petite quantité, du nitrite de sodium et l'oxime de l'aldéhyde correspondante à l'alcool de l'éther nitrique employé; avec le nitrate d'éthyle on trouve de l'acétaldoxime, avec le nitrate d'amyle de l'isovaléraldoxime [Angeli, *Gazz. Chim. ital.*, **34**, I, 50].

Sels de l'acide nitrohydroxamique [Angelico et Fanara, *Gazz. Chim. ital.*, **31**, II, 15].

Sel de sodium $Az^2O^3Na^2$. — Ce sel est très soluble dans l'eau, aussi est-il difficile de le purifier. On l'obtient à l'état pur, mais avec de mauvais rendements, en employant le nitrate de méthyle au lieu de l'éther éthylique et en opérant dans l'alcool méthylique.

Sel de potassium, $Az^2O^3K^2$. — Il constitue une poudre blanche cristalline, soluble dans l'eau.

Sel de calcium, $Az^2O^3Ca + 3{,}5H^2O$. — Ce sel a été obtenu en ajoutant à une solution de 2 grammes du sel disodique $4^{gr},5$ d'une solution de chlorure de calcium à 25 0/0; il forme des cristaux réfringents. A 125° il contient encore $0{,}5\,H^2O$.

Sel de strontium, $Az^2O^3Sr + 1{,}5\,H^2O$. — Il conserve encore 1 molécule d'eau de cristallisation à 100-120°.

Sel de baryum, $Az^2O^3Ba + H^2O$. — Ce sel est peu soluble; il ne perd son eau de cristallisation que vers 110-120°.

Sel de cadmium, $Az^2O^3Cd + H^2O$. — Vers 110° il perd H^2O avec légère décomposition qui devient active à 180° et totale à 200°.

Sel de plomb, Az^2O^3Pb. — Ce sel est obtenu en précipitant le sel disodique par l'acétate de plomb.

Sel d'argent, $Az^2O^3Ag^2$. — On le prépare par action de l'azotate d'argent sur le nitrohydroxamate disodique. Ce sel est insoluble dans l'eau et se précipite; il présente une instabilité remarquable. Aussi Angelico et Fanara ne sont-ils pas parvenus à l'isoler à l'état de pureté.

Il en est de même des sels d'ammonium, d'hydrazine et de mercure qui n'ont pas pu être isolés.

Propriétés. Décomposition de l'acide libre. — Quand on essaye de le déplacer de ses sels même par des acides faibles comme l'acide acétique, l'acide nitrohydroxamique se décompose immédiatement avec production de vapeurs rutilantes. Il se forme exclusivement du bioxyde d'azote d'après l'équation

$$Az^2O^3H^2 = 2\,AzO + H^2O.$$

Toutefois G. Siringo [*Gazz. Chim. ital.* **29**, (I), 476] a constaté qu'en solution diluée les acides organiques faibles, acétique, lactique, etc., ainsi que les phosphates acides sont sans action sur la décomposition du sel sodique; il en a tiré une méthode pour le dosage de l'acide chlorhydrique libre dans le suc gastrique par mesure du bioxyde d'azote dégagé.

Décomposition des sels. — Les sels non dissous de l'acide nitrohydroxamique sont assez instables; le sel d'argent se décompose spontanément en se transformant en azotite d'argent et dégageant du protoxyde d'azote; en même temps, il y a formation d'argent métallique dans la proportion d'un atome Ag pour 1 molécule de bioxyde d'azote.

D'après Angeli et Angelico, la réaction doit être formulée :

$$2\,Az^2O^3Ag^2 = 2\,AzO^2Ag + Az^2O^2Ag^2$$
$$Az^2O^2Ag^2 = 2\,Ag + 2\,AzO$$

[*Gazz. Chim. ital.*, **33**, II, 245 ; **34**, I, 50].

Les autres sels sont stables à froid mais sont décomposés par la chaleur en laissant un résidu d'oxyde métallique Na^2O, K^2O, BaO, etc.

Les mélanges contenant des sels de l'acide nitrohydroxamique possèdent des propriétés explosives très marquées, particulièrement le sel disodique.

Les dissolutions des sels solubles sont également instables surtout à l'ébullition; le sel de baryum est plus stable que le sel sodique.

Les réactions de décomposition de ces sels sont d'après Angeli et Angelico (*loc. cit.*) :

$$2\,Az^2O^3H^2 = 2\,AzO^2H + AzOH\text{-}AzOH$$
$$2\,Az^2O^3H^2 = 2\,AzO^2H + Az^2O + H^2O.$$

Au bain-marie et en solution diluée la réaction s'effectue d'elle-même, surtout avec les sels solubles, tels que les sels de sodium ou de potassium.

Propriétés oxydantes. — Angeli et Angelico [*Gazz. Chim. ital.*, **33**, II, 245], admettent que les sels de nitrohydroxylamine peuvent jouer un rôle oxydant d'après la formule

$$Az^2O^3H^2 + H^2O = AzH^2OH + AzO^2H + O.$$

Cette équation expliquerait la présence d'oximes dans les produits secondaires de la réaction génératrice. En effet, l'alcool saponifié de son éther nitrique serait oxydé en aldéhyde qui donnerait avec l'hydroxylamine formée une aldoxime. Elle permet d'interpréter également l'action sur les aldéhydes (voyez plus loin).

Propriétés réductrices. — L'oxydation du sel sodique par le permanganate de potasse dilué a fourni à Angeli et Angelico [*Gazz. Chim. ital.*, **34**, I, 55] de l'azotate de sodium

$$Az^2O^3Na^2 + 3\,O = 2\,AzO^3Na.$$

La liqueur de Fehling est réduite par la solution du sel sodique.

Action sur les aldéhydes. — Les sels de l'acide nitrohydroxamique transforment les aldéhydes en acides hydroxamiques

$$R\text{-}CHO + Az^2O^3H^2 = AzO^2H + RC\genfrac{}{}{0pt}{}{\lt OH}{\leqslant AzOH}$$

[Angeli et Angelico, *Gazz. Chim. ital.*, **33**, II, 239]. Étant donné la facile dissociation de $Az^2O^3H^2$ en AzO^2H et $AzOH$, on peut interpréter cette formation par une simple fixation du radical $AzOH$

$$R\text{-}CHO + AzOH = R\text{-}C\genfrac{}{}{0pt}{}{\lt OH}{\leqslant AzOH}$$

On peut également admettre qu'il y a eu décomposition d'après la réaction déjà signalée

$$Az^2O^3H^2 + H^2O = AzH^2OH + AzO^2H + O.$$

puis oxydation de l'aldéhyde en acide et action sur celui-ci de l'hydroxylamine formée.

Il semble bien cependant que la première hypothèse soit la plus vraisemblable; elle est d'ailleurs confirmée par l'action sur les dérivés nitrosés et sur les amines secondaires.

Action sur les dérivés nitrosés. — Les dérivés nitrosés aromatiques sont transformés par les sels nitrohydroxamiques en sel des nitroso-β-arylhydroxylamines par simple addition du reste $AzOH$:

$$C^6H^5AzO + AzOH = C^6H^5Az(OH)AzO$$

[Angeli et Angelico, *loc. cit.*].

Action sur les amines secondaires. — Les sels nitrohydroxamiques agissent également sur les amines secondaires cycliques en fixant le radical $AzOH$

⬡ AzH + AzOH = ⬡ AzH = AzOH

Ce produit d'addition perd spontanément H^2O en se doublant de façon à former le composé

⬡ Az – Az = Az - Az ⬡

[Angeli et Angelico, *Gazz. Chim. ital.*, **33**, II 243].

Constitution de l'acide nitrohydroxamique. — Rien dans le mode de préparation, ni dans les réactions de ce composé ne justifie la formule

$AzH(OH)-AzO^2$ et le nom de nitrohydroxylamine donnés initialement par Angeli.

On peut au contraire l'envisager comme l'acidé hydroxamique dérivé de l'éther nitrique, comme l'acide acéthydroxamique dérive de l'acide acétique

$$CH^3-COOC^2H^5 + AzH^2OH$$
$$= CH^3-C\genfrac{}{}{0pt}{}{\lesssim OH}{\leqslant AzOH} + C^2H^5OH$$
$$O-AzO-OC^2H^5 + AzH^2OH$$
$$OAz\genfrac{}{}{0pt}{}{\lesssim OH}{\leqslant AzOH} + C^2H^5OH$$

La formule $AzO(OH)=AzOH$ qui fait de ce corps un acide nitrohydroxamique ou mieux nitrylhydroxamique est celle adoptée tout récemment encore par Angeli et Angelico.

Les formules suivantes ont également été proposées :

$$O\genfrac{}{}{0pt}{}{\diagup Az-OH}{\diagdown Az-OH}\ (\text{avec } \|) \quad \text{et} \quad O=Az\equiv Az\genfrac{}{}{0pt}{}{\diagup OH}{\diagdown OH}$$

La première est presque identique à la formule hydroxamique que nous avons adoptée $AzO(OH)=AzOH$; la seconde en est au contraire bien différente; elle ne répond à aucun fait saillant et n'offre aucun avantage sur la formule hydroxamique.

III. — ACIDES HYDROXYLAMINE-SULFONIQUES

Ces acides sulfoniques proviennent du remplacement de chacun des hydrogènes de l'hydroxylamine par des restes sulfoniques,

$$AzH(OH)SO^3H,\ Az(OH)(SO^3H)^2,$$
$$Az(OSO^3H)(SO^3H)^2.$$

Ces acides sont connus le plus souvent à l'état de sels; mais leur constitution longtemps discutée est actuellement bien établie [Berglund, *D. chem. G.*, **9**, 252, 1896; — Raschig, *D. chem. G.*, **20**, 584, 1158; *Ann. Chem.*, **241**, 161; — Divers et Haga, *D. chem. G.*, **20**, 1992; — Haga, *Chem. Soc.*, **85**, 78].

Tous les sels de ces acides se rattachent à la série des sels sulfazotés découverts par Frémy et étudiés depuis par Claus, Berglund, Raschig, Divers et Haga, etc.

Quelques-uns de ces sels ont déjà été décrits sommairement dans le Dictionnaire [voyez Dict., **3**, 77-78], sous la désignation de composés sulfazotés. Maintenant que leur constitution est bien déterminée il n'y a plus lieu de maintenir indistinctement tous ces acides dans un même groupe de dérivés sulfazotés; c'est pourquoi ils ont été placés ici à leur ordre logique à côté de l'hydroxylamine.

Les acides hydroxylamine-sulfoniques et leurs dérivés seront étudiés dans l'ordre suivant :

1° *L'acide hydroxylamine-monosulfonique*, $AzH(OH)SO^3H$ (sulfazidique de Frémy) et son dérivé l'acide nitrosohydroxylamine-sulfonique;

2° *L'acide hydroxylamine-disulfonique*,

$$Az(OH)(SO^3H)^2$$

(sulfazotique de Frémy) et son peroxyde : l'acide peroxylamine-disulfonique (nitrosodisulfonique), $(SO^3H)^2-Az-O-O-Az-(SO^3H)^2$ (sulfazilique de Frémy);

3° *L'acide hydroxylamine-trisulfonique*,

$$Az(OSO^3H)(SO^3H)^2$$

(métasulfazilique de Frémy).

Pour la vitesse de décomposition des acides hydroxylamine-sulfoniques, voyez Wagner [*Zeit. phys. Ch.*, **19**, 668].

1° ACIDE HYDROXYLAMINE-MONOSULFONIQUE,

$$AzH(OH)SO^3H.$$

— Syn. acide sulfazidique (Frémy); acide sulfhydroxylamique (Claus); acide oxyamidosulfurique (Divers et Haga).

Cet acide et son sel de potassium ont été déjà décrits sommairement d'après les travaux de Frémy [voyez Dict. **3**, 78].

Les sels de potassium et de sodium s'obtiennent par ébullition modérée des hydroxylamine-disulfonates correspondants soit en liqueur légèrement acide, soit de préférence simplement avec de l'eau,

$$Az(OH)(SO^3K)^2 + H^2O = AzHOH.SO^3K$$
$$+ SO^3KH.$$

Divers et Haga ont montré que dans l'action du sulfite et de l'azotite de sodium en solution exactement neutre il se forme une certaine quantité d'hydroxylamine monosulfonate accompagné d'amidosulfonate, mais bientôt la liqueur s'échauffe peu à peu, la réaction devient fortement alcaline et alors c'est surtout l'hydroxylamine-disulfonate qui se forme (voyez plus loin).

Les sels de l'acide hydroxylamine-sulfonique sont assez stables même à l'ébullition; mais la présence d'alcalis facilite leur décomposition; par ébullition avec la potasse, il se forme du sulfate d'hydroxylamine et les produits de décomposition de cette base : azote, oxyde azoteux, ammoniaque :

$$3AzH(OH)SO^3K + 3KOH$$
$$= Az^2 + AzH^3 + 3SO^4K^2 + 3H^2O$$
$$4AzH(OH)SO^3K + 4KOH$$
$$= Az^2O + 2AzH^3 + 4SO^4K^2 + 3H^2O.$$

Conformément aux prévisions de Claus, Raschig a montré que l'hydroxylaminosulfate de potassium se dédouble par l'eau sous une ébullition prolongée en sulfate d'hydroxylamine et bisulfate de potassium; c'est pourquoi dans la préparation du sel monosulfonique on doit éviter de maintenir l'action hydrolysante de l'eau à la température de l'ébullition.

On peut mettre en liberté l'acide hydroxylamine-sulfonique; il est en effet beaucoup plus stable que les autres acides sulfoniques; évaporé de ses solutions dans le vide, il constitue un liquide sirupeux qui refuse de cristalliser.

Ses solutions aqueuses se conservent bien et peuvent même être portées à l'ébullition sans se détruire; mais si celle-ci est prolongée surtout en présence d'acides, l'hydratation a lieu et il se forme du sulfate acide d'hydroxylamine

$$AzH(OH)SO^3H + H^2O = AzH^2(OH)SO^4H^2.$$

Dérivé nitrosé : acide nitrosohydroxylamine-sulfonique. — Syn. acide nitrososulfurique (Pelouze).

Cet acide a été préparé par Davy [*Elemente*, **1**, 249] à l'état de sel de sodium par action du bioxyde d'azote sur une solution alcaline de sulfite de sodium [voyez aussi Divers et Haga, *Chem. Soc.*, **67**, 1095]

$$SO^3Na^2 + 2AzO = SAz^2O^5Na^2.$$

De même en dirigeant un courant de gaz AzO dans une solution alcalinisée de sulfite neutre de potassium, Pelouze [*Ann. Chim. Phys.*, (2), **60**, 151] obtint un sel bien cristallisé assez instable qu'il désigna sous le nom de nitrososulfate et qui est le sel de potassium de l'acide nitroso-hydroxylamine-sulfonique.

Les sels de potassium et de sodium sont tous deux blancs et cristallins.

La composition de ces sels et la réaction synthétique qui les fournit semblent correspondre à un produit d'addition de 2 molécules de bioxyde d'azote à 1 molécule de sulfite neutre

$$2 AzO, SO^3K^2$$

et la formule de Michaelis

$$\begin{matrix} Az-O \searrow \\ \| \qquad SO^3K^2 \\ Az-O \nearrow \end{matrix}$$

fut inspirée par cette considération.

Raschig au contraire regarda ce corps comme le sel dipotassique du dérivé nitrosé de l'acide hydroxylamine-sulfonique $(AzO)-Az(OK)SO^3K$ [*Ann. Chem.*, **241**, 230]. Toutefois il admettait que la préparation fournissait 2 isomères bien distincts et que le sel décrit par Pelouze différait de celui qu'il avait préparé lui-même. Hantzsch [*D. chem. G.*, **27**. 3264] a obtenu un sel identique à celui de Raschig et il lui assigne la formule

$$O \begin{matrix} \nearrow Az-OH \\ \quad | \\ \searrow Az-SO^3H \end{matrix}$$

qui en fait un dérivé oxyhydrazoïque.

Enfin Divers et Haga [*D. chem. G.*, **28**, 996], considèrent le sel de Raschig, Hantzsch, comme identique à celui décrit par Pelouze, et ils sont conduits à le regarder comme le sel d'un anhydride mixte d'acide hypoazoteux et d'acide sulfurique

$$OH-Az=Az-O-SO^3H.$$

Les propriétés des sels concordent bien avec cette opinion. Les acides, même l'acide carbonique les décomposent en protoxyde d'azote et sulfate.

Leurs solutions aqueuses, surtout en présence des acides, régénèrent du sulfate et de l'acide hypoazoteux, ou plutôt son anhydride, le protoxyde d'azote. La chaleur seule provoque ce même dédoublement en sulfate et protoxyde d'azote.

En présence des alcalis la stabilité est un peu plus grande et la destruction se produit alors, inverse de la réaction de formation, en régénérant le sulfite et le bioxyde d'azote. En solution acidulée par l'acide chlorhydrique, le chlorure de baryum précipite tout le soufre à l'état de sulfate.

Dans la réduction de ces sels par l'amalgame de sodium, il se forme une certaine proportion d'hydrazine AzH^2-AzH^2 en même temps que de l'hypoazotite, de l'amidosulfonate, du sulfate, du sulfite, de l'hydroxylamine, de l'anhydride azoteux gazeux, et même de l'azote [Duden, *D. chem. G.*, **27**, 3498].

L'action de l'alcool sur le sel de potassium fournit de l'éthylsulfate de potassium, de la potasse et du protoxyde d'azote (Divers et Haga)

$$\begin{aligned} CKAz=AzOSO^3K + C^2H^5OH \\ = C^2H^5O-SO^3K + Az^2O + KOH. \end{aligned}$$

Cette réaction vérifie la formule d'anhydride mixte.

2° Acide hydroxylamine-disulfonique,

$$Az(OH)(SO^3H)^2.$$

— Syn. Acide sulfazotique (Frémy); acide disulfhydroxyazotique (Clauss); acide oximidosulfonique ou hydroximidosulfurique (Divers et Haga); acide oximidodisulfonique (Sabatier).

Cet acide n'est pas connu à l'état libre. Son sel dipotassique a déjà été décrit dans le Dictionnaire aux composés sulfazotés, sous le nom de disulfhydroxyazotate (voyez Dict., **2**, 78].

Préparation des sels alcalins. — [Divers et Haga, *Chem. Soc.*, **65**, 523].

1° On prépare aisément le sel de potassium en mélangeant à 0° les dissolutions de 1 molécule d'azotite de potassium ou de sodium et 2 molécules de bisulfite de potassium; après quelques jours de contact il se dépose des cristaux du sel potassique; on les essore, on les lave pour les débarrasser d'un peu de nitrilosulfonate $Az(SO^3K)^3$, et on obtient des cristaux peu solubles à réaction légèrement acide

$$Az(OH)(SO^3K)^2 + 2H^2O,$$

avec un rendement d'environ 63 0/0 [Raschig, *Ann. Chem.* **241**, 183].

Si on emploie du bisulfite de sodium on obtient un oximidodisulfonate de soude, trop soluble pour pouvoir être isolé sans perte; mais additionné à 0° d'une solution concentrée de chlorure de potassium, il y a cristallisation du sel dipotassique.

Claus, Berglund, Raschig, Sabatier écrivent la réaction

$$AzO^2K + 2SO^3KH = Az(OH)(SO^3K)^2$$

Divers et Haga [*Chem. Soc.*, **77**, 673] combattent cette interprétation; pour eux, la sulfonation d'un nitrite ne s'effectue pas en liqueur alcaline; la sulfonation d'un nitrite exige toujours que la liqueur soit acide; la première phase de la réaction consiste dans la mise en liberté d'acide azoteux, qui réagit ensuite sur le pyrosulfite formé (voyez plus loin, *Théorie de la réaction*). La réaction globale doit alors s'écrire

$$\begin{aligned} AzO^2K + 3SO^3KH \\ = Az(OH)(SO^3K)^2 + H^2O + SO^3K^2. \end{aligned}$$

2° On dirige un courant d'anhydride sulfureux dans une dissolution maintenue à 0°, ou mieux à —4° ou —5° qui contient molécules égales de nitrite de potassium et de potasse (ou de bicarbonate, ou encore une demi-molécule de carbonate neutre)

$$AzO^2K + KOH + 2SO^2 = Az(OH)(SO^3K)^2.$$

L'oximidosulfonate se précipite en poudre cristalline qu'on purifie en la dissolvant dans l'eau chaude, additionnée d'un peu d'ammoniaque, et laissant cristalliser par refroidissement; le rendement peut atteindre 97 0/0 de la théorie.

Théorie de la réaction; autres modes de formation [Divers et Haga, *Chem. Soc.*, **77**, 673]. — Une solution de pyrosulfite alcalin fixe complètement l'acide azoteux sous forme de vapeurs nitreuses, en donnant directement le sel dipotassique

$$AzO.OH + SO^2K.SO^3K = Az(OH)(SO^3K)^2.$$

Si l'on fait agir de même l'acide azoteux sur du sulfite neutre normal, la réaction est

$$\begin{aligned} 3AzO.OH + 2SO^3K^2 \\ = 2AzO^2K + H^2O + Az(OH)(SO^3K)^2. \end{aligned}$$

Dans la réaction entre un azotite et un bisulfite alcalin, c'est à l'action de l'acide azoteux mis en liberté qu'est due la formation de l'hydroxylaminodisulfonate; il en résulte que la base du nitrite ne joue aucun rôle dans la transformation; et, en effet, Divers et Haga ont pu obtenir les mêmes résultats en partant de nitrites différents.

D'après les mêmes auteurs, quand on fait passer un courant de gaz sulfureux à travers une solution de nitrite et d'hydrate alcalin, ce dernier est d'abord converti en sulfite avant que commence la sulfonation de l'acide azoteux; il se forme ensuite du pyrosulfite; la production de ce pyrosulfite est plus rapide que sa disparition par sulfonation de l'acide nitreux à cause de l'influence retardatrice du sulfite normal encore présent; quand ce dernier n'est plus qu'en faible quantité, le pyrosulfite disparaît alors plus rapidement qu'il n'est formé, et il reste le sel dipotassique $Az(OH)(SO^3K)^2$ comme seul produit final.

Si au lieu de l'hydrate on emploie un carbonate alcalin, la sulfonation s'effectue avec formation connexe de sulfite et de bicarbonate, et il se forme de l'hydroxylaminodisulfonate aussi longtemps qu'il se trouve du carbonate neutre. Finalement, il n'est plus besoin de gaz sulfureux et les sulfites et bicarbonates alcalins suffisent pour la sulfonation des dernières quantités d'acide azoteux.

Propriétés générales des hydroximidosulfonates. — Les sels di-alcalins (2/3 n. hydroximidosulfonates, c'est-à-dire dont les 2/3 des oxhydriles acides sont neutralisés) mis au contact des lessives alcalines se transforment en sels cristallisables *tri-alcalins* (n. hydroximidosulfonates ou sels neutres)

$$Az(OM)(SO^3M)^2 + Aq$$

ou *intermédiaires*

$$Az(OM)(SO^3M)^2 + Az(OH)(SO^3M)^2 + Aq$$

(5/6 n. hydroximidosulfonates, c'est-à-dire sels dont les 5/6 des oxhydriles sont neutralisés).

Claus et Raschig avaient considéré le sel intermédiaire ou trialcalin potassique comme identique au sulfazotate basique de potassium de Frémy (sulfazotinate de Claus); mais ils admettaient que l'acide dont dérive ce sel est distinct de l'acide du sel dipotassique, obtenu par action du gaz sulfureux sur une solution faiblement alcaline ou par mélange de solutions d'azotite et de bisulfite, et qui avait reçu le nom de sulfazotate neutre (Frémy), ou disulfhydroxyazotate (Claus), ou encore d'hydroxylamine sulfonique (Raschig).

Tous ces sels dérivent du même acide, et leur obtention dans l'action du gaz sulfureux sur les azotites alcalins dépend de l'alcalinité de la liqueur.

Par l'action modérée des acides à froid, on peut revenir des sels trialcalins ou intermédiaires aux sels dipotassiques [Divers et Haga, *Chem. Soc.*, **65**, 523].

Au contact des lessives alcalines très concentrées, en quelques heures à froid et rapidement à chaud, les hydroximidosulfonates repassent à l'état d'azotites et de sulfites par une réaction inverse de celle qui leur a donné naissance :

$$Az(OK)(SO^3K)^2 + 2KOH$$
$$= AzO^2K + 2SO^3K^2 + H^2O.$$

La même réaction peut également se produire par l'action de l'eau seule, mais dans ce cas la liqueur devient suffisamment acide pour provoquer l'hydrolyse du sel; c'est pourquoi la plupart des hydroximidosulfonates qui renferment de l'eau de cristallisation s'altèrent assez rapidement à l'état solide, même à froid; le sel disodique qui est anhydre se conserve, au contraire, indéfiniment à l'abri de l'humidité.

Sous l'influence des acides étendus à chaud, ces sels s'hydrolysent soit partiellement en hydroxylamine-monosulfonates et bisulfate de potassium si l'action de la chaleur est modérée,

$$AzOH(SO^3K)^2 + H^2O$$
$$= HAz(OH)SO^3K + SO^4KH,$$

soit complètement en sulfate d'hydroxylamine et bisulfate de potassium si l'action de la chaleur est prolongée,

$$2Az(OH)(SO^3K)^2 + 4H^2O$$
$$= SO^4H^2 2AzH^2OH + SO^4K^2 + SO^4H^2.$$

On a vu que, par suite d'action secondaire, l'eau seule pouvait effectuer cette hydrolyse.

Quand les acides sont concentrés, il y a destruction du sel et formation de bioxyde d'azote et d'azote.

L'*action de la chaleur* sur les sels hydratés est dédoublante, comme il vient d'être dit; mais avec les sels anhydres ou avec certains sels alcalins on peut obtenir une véritable décomposition pyrogénée, à laquelle se prêtent particulièrement bien les sels de sodium (Claus, Raschig, Divers et Haga).

Le sel trisodique desséché peut être chauffé sans altération jusqu'à 182°, et le sel disodique ne s'altère que peu jusqu'à 170°; à ces températures il y a décomposition brusque qu'on peut représenter par les équations principales suivantes :

$$2AzS^2O^7Na^3 = 3SO^4Na^2 + SO^2 + Az^2$$
$$2AzS^2O^7Na^2H = 2SO^4NaH + SO^4Na^2 + SO^2 + Az^2$$
$$8AzS^2O^7Na^2H = 3SO^4Na^2 + 5S^2O^7Na^2 + S^2O^7(AzH^4)^2 + 3Az^2 + SO^2.$$

Oxydation. — L'oxydation ménagée des hydroximidosulfonates, par exemple, par l'oxyde d'argent à froid ou par le bioxyde de plomb au-dessous de 40°, fournit des nitrosodisulfonates (peroxylaminosulfonates de Haga), dont la dissolution est bleu pourpre intense

$$2Az(OH)(SO^3K)^2 + O$$
$$= (SO^3K)^2AzO - AzO(SO^3K^2) + H^2O,$$

les mêmes oxydants employés sans précautions fournissent directement l'hydroxylaminotrisulfonate correspondant

$$3Az(OH)SO^3K^2 + 3O$$
$$= 2AzO(SO^3K)^3 + AzO^3H + H^2O.$$

Action des sels. — Il y a tendance à formation de sels doubles, et nous verrons un peu plus loin que de nombreux sels décrits par Frémy, Claus, Raschig, ne sont que des sels doubles de composition variable.

Les sels métalliques ne font pas toujours la double décomposition; l'acétate neutre de plomb ne précipite pas, mais seulement l'acétate basique; les sels trialcalins agissent souvent comme un mélange de sel dialcalin et d'alcali caustique.

Non-toxicité. — D'après Suzuki [*Chem. Centralblatt.*, (1903), **2**, 585], le sel disodique n'est pas toxique pour les végétaux, mais il ne lui semble pas que ce composé puisse être considéré comme une source d'azote chez les plantes.

Sels de sodium. Sel trisodique,

$$AzONa(SO^3Na)^2 + 3H^2O$$

en prismes rhombiques, solubles dans 1,3 partie d'eau à 20°, réaction fortement alcaline.

Sel disodique $AzOH(SO^3Na)^2$, en petits prismes durs anhydres; solubles dans un peu plus de leur poids d'eau à 14°, et très légèrement acides.

Sel intermédiaire

$$AzOH(SO^3Na)^2AzONa(SO^3Na)^2 + 3H^2O.$$

Sels de potassium. Sel tripotassique

$$Az(OK)(SO^3K)^2 + H^2O \text{ (parfois } 2H^2O).$$

— Décrit par Raschig avec $1H^2O$; Divers et Haga l'ont obtenu une seule fois avec $2H^2O$ en précipitant par l'alcool une solution aqueuse [*Chem. Soc.*, **65**, 523].

Sel dipotassique $Az(OH)(SO^3K)^2 + 2H^2O$ — Octaèdres durs très aigus, du système clinorhombique, solubilité 1 pour 30.

Sel intermédiaire

$$AzOH(SO^3K)^2AzOK(SO^3K)^2 + H^2O.$$

— Ce sel se prépare bien en dissolvant à chaud le sel dipotassique avec la quantité calculée de potasse, et remuant constamment.

Sels doubles alcalins divers [Divers et Haga, *Chem. Soc.*, **65**, 523; **77**, 432, 440]. — Sabatier, (*Bull. Soc. Chim.*, 230].

$Az(OH)(SO^3K)^2 + AzOK$. — Ce sel n'est autre que le sulfazate de Frémy ou dihydroxylamine-sulfonate acide de Raschig. Traité par un alcali, il est partiellement transformé en sel simple tripotassique $Az(OK)(SO^3K)^2$.

$Az(OH)(SO^3K)^2Az(OK)(SO^3K)^2 + 3AzO^2K + H^2O$. — Ce sel est identique au sulfazite de Frémy et au dihydroxylamine-sulfonate neutre de Raschig.

$2Az(OK)(SO^3K)^2 + AzO^2K + 4H^2O$. — C'est le métasulfazate de Frémy.

D'autres sels doubles complexes avec azotite de potassium sont décrits par Divers et Haga; mais aucun d'eux ne concorde avec les autres sels doubles décrits par Raschig; d'après ces auteurs, les autres sels de Raschig ne sont que des sels doubles impurs.

Avec le chlorure de sodium, un sel double bien cristallisé a été décrit en petits cristaux orthorhombiques striés

$$5Az(OH)(SO^3K)^2 . 8NaCl + 3H^2O.$$

Sel ammoniacal $Az(OH)(SO^3AzH^4)^2$. — Obtenu par action du carbonate d'ammonium sur le sel basique de plomb ou sur le sel de baryum.

Sels de baryum. Sel neutre

$$(AzS^2O^7)^3Ba^3 + 4 \text{ ou } 8H^2O.$$

— Obtenu par précipitation d'un sel trialcalin par un excès de baryte ou de chlorure de baryum.

Sel acide $Az(OH)(SO^3)^2Ba$. — N'existe qu'en solution, du reste très instable.

Sels de plomb $AzS^2O^7(PbOH)^3 + 3H^2O$. — Ce sel est obtenu par précipitation d'un sel trialcalin par de l'acétate de plomb fortement basique.

$AzS^2O^7(PbOH)^2H + H^2O$. — S'obtient dans les mêmes conditions que le précédent, mais en présence d'un excès de sel alcalin.

AzS^2O^7PbH. — Ce sel s'obtient par l'action ménagée de l'acide sulfurique étendu sur le sel basique $AzS^2O^7(PbOH)^3 + 3H^2O$.

Acide nitrosodisulfonique (Sabatier), ou Peroxylamine-sulfonique (Haga),

$$(SO^3K)^2AzO - AzO(SO^3K)^2.$$

— Syn. Acide sulfazylique (Frémy); oxysulfazotique (Claus); nitroxyldisulfonique (Hantzsch et Semple).

Le sel de potassium a déjà été décrit (voyez Dict., 2, 78).

1° Cet acide a été obtenu à l'état de sel par oxydation ménagée des hydroxylamine-disulfonates trialcalins (sulfazotate basique de Frémy) ou dialcalins (sulfazotate neutre de Frémy). Cette oxydation peut être effectuée soit par l'oxyde d'argent à froid; soit par le bioxyde de plomb en ne dépassant pas 40° (Frémy, Haga, Sabatier), soit encore, et spécialement, par l'ozone à froid [Haga, *Chem. Soc.*, **85**, 78]. Dans tous les cas, *on obtient une solution d'une coloration bleu intense*; si on la filtre encore tiède et qu'on la refroidisse pendant 1 heure ou 2 dans la glace, elle devient à peu près incolore, tandis qu'elle a déposé de belles aiguilles jaunes très instables, et qu'il faut essorer et sécher le plus promptement possible. C'est le nitrosodisulfonate anhydre. Redissous dans l'eau tiède, ce sel jaune donne à nouveau une solution bleu violacé.

2° L'acide nitrosodisulfonique a été obtenu à l'état libre, et dissous dans l'acide sulfurique par M. Sabatier [*Bull. Soc. Chim.*, (3), **17**, 784].

Dans de l'acide sulfurique pur du commerce, additionné de 1/4 à 1/5 de son volume d'eau et maintenu à zéro, on dirige un courant prolongé de gaz sulfureux, puis un mélange d'air et de bioxyde d'azote réglé à volumes égaux; au bout d'un certain temps plus ou moins long il se produit tout à coup un vif bouillonnement de bioxyde d'azote, et le liquide d'abord absolument incolore prend une teinte bleu violacé tellement intense qu'il est à peu près opaque, même en couche peu épaisse; c'est une solution sulfurique d'acide nitrosodisulfonique.

Il semble se produire deux phases successives. D'abord :

$$2AzO + O + 2SO^2 + H^2O$$
$$= (SO^3H)AzO - AzO(SO^3H)$$

avec formation d'un dérivé incolore qui n'a pas été isolé, puis au bout de quelque temps et spontanément, celui-ci se dédouble avec dégagement de bioxyde d'azote et formation de l'acide coloré

$$(SO^3H)AzO - AzO(SO^3H)$$
$$= AzO + AzO(SO^3H)^2.$$

Sabatier [*loc. cit.*] admet que l'acide ainsi obtenu est identique à l'acide des solutions salines violettes de Frémy; il a en effet, comparé au spectrophotomètre la dissolution du sel de Frémy avec celle de l'acide ci-dessus, et il a constaté que les spectres d'absorption sont non pas tout à fait identiques, mais très analogues. On ne saurait d'autre part attribuer la couleur bleue à l'anhydride azoteux, car cette idée ne résiste pas un instant à la comparaison du spectre d'absorption de l'acide azoteux bleu pur, avec celui bleu lilas de l'acide nitrosodisulfonique, non plus qu'à l'étude comparative des deux substances.

Quoi qu'il en soit, Haga [*Chem. Soc.*, **85**, 78] estime que les différences entre le sel de *Frémy* et la substance violette de *Sabatier* sont telles, qu'on ne peut songer à identifier l'acide nitrosodisulfonique de *Sabatier* à l'acide du sulfazotate de *Frémy*. *Divers* objecte cependant que ces différences ne sont pas plus grandes que celles qui existent entre l'acide azoteux en solution sulfurique et l'azotite de potassium [*Chem. Soc.*, **85**, 108].

3° L'acide nitrosodisulfonique se forme également libre par le passage de gaz sulfureux dans une solution de nitrite de sodium dans l'acide sulfurique; on l'obtient sous forme de sel cuivrique dissous dans l'acide sulfurique, en traitant la liqueur nitrososulfurique par le cuivre métallique ou par les composés cuivreux : oxyde, chlorure, iodure, etc.; les dérivés cuivriques sont au contraire sans action.

$$2AzO^2SO^3H + 2Cu^2O + 3SO^4H^2 = AzO(SO^3)^2Cu + AzO + 3SO^4Cu + 4H^2O$$

$$2AzO^2SO^3H + 2Cu + SO^4H^2 = AzO(SO^3)^2Cu + AzO + SO^4Cu + 2H^2O.$$

De même on arrive au nitrosodisulfonate ferrique rose violacé, en réduisant par le fer ou par un sel ferreux quelconque les solutions nitrosulfuriques.

Propriétés. Acide libre. — L'acide nitrosodisulfurique de Sabatier présente une stabilité assez faible, néanmoins il a fallu plusieurs mois pour décomposer certains échantillons d'acide nitrosodisulfonique libre, et il se maintient fort bien en présence d'un excès de gaz sulfureux.

La solution sulfurique de cet acide se décompose successivement en acide sulfurique, acide sulfureux et bioxyde d'azote; agitée à l'air, elle se décompose promptement par oxydation en dégageant des vapeurs nitreuses et formant de l'acide nitrosulfurique.

Une oxydation analogue est produite par l'eau oxygénée, le chlorate de potassium, le chlore, le brome. L'iode, l'acide sulfureux sont sans action.

Propriétés des sels. — Le nitrosodisulfonate de potassium anhydre (sulfazilate) est très instable; même conservé dans un espace sec, à l'abri de la lumière, il se détruit spontanément plus ou moins vite à la température ordinaire avec une sorte de déflagration qui dégage du protoxyde d'azote. Vers 120° cette déflagration est immédiate.

Les dissolutions bleues de ce sel ne sont guère plus stables; elles se détruisent lentement à froid, très vite à chaud, en donnant du nitrososulfonate (métasulfazilate), de l'hydroxylaminedisulfonate et de l'acide azoteux

$$2(SO^3K)^2AzO - AzO(SO^3K)^2 + H^2O = 2(SO^3KAzO)(SO^3K)^2 + AzOH(SO^3K)^2 + AzO^2H.$$

La stabilité est un peu plus grande, si les liqueurs sont alcalines : au contraire, les acides amènent une décomposition très rapide, l'acide libre étant fort instable dans ses dissolutions, ainsi que l'a montré Sabatier.

Les nitrosodisulfonates alcalins se conduisent comme des agents oxydants et se laissent réduire, par exemple, par les sulfites alcalins en hydroxylamine-disulfonates et trisulfonates :

$$(SO^3K)^2AzO - AzO(SO^3K)^2 + SO^3K^2 = Az(OK)(SO^3K)^2 + Az(OSO^3K)(SO^3K)^2.$$

Constitution de l'acide nitrosodisulfonique (peroxylamine-disulfonique). — Raschig, pour expliquer la coloration, double la molécule du nitrosodisulfonate et lui assigne la formule de constitution :

$$(SO^3K)^2{=}Az\begin{smallmatrix}O\\ \diagup\ \diagdown\\ \diagdown\ \diagup\\ O\end{smallmatrix}Az{=}(SO^3K)^2$$

La couleur serait due au groupement tétravalent

$$Az\begin{smallmatrix}O\\ \diagup\ \diagdown\\ \diagdown\ \diagup\\ O\end{smallmatrix}Az$$

Ainsi que Hantzsch l'a fait observer, rien n'établit qu'un tel groupement soit chromogène et, d'ailleurs, cela ne montre en aucune façon pourquoi le sel, jaune d'or à l'état solide, est bleu-pourpre très foncé dans ses dissolutions.

On ne peut attribuer la couleur bleue à un simple phénomène d'hydratation; car, en dissolvant ensemble dans l'eau vers 40°, le sel jaune, avec un excès d'hydroxylamine-disulfonate de potassium, il se dépose des cristaux bleus qui sont une véritable dissolution du sel jaune (1 à 4 0/0) dans l'hydroxylamine-disulfonate incolore solide [Hantzsch et Semple, *D. chem. G.*, **28**, 2744]. La couleur bleue apparaît donc comme la conséquence de la dissémination de la molécule du sel solide jaune, et l'on ne peut s'empêcher de songer avec Hantzsch, à la molécule de peroxyde d'azote Az^2O^4 qui, incolore à très basse température, se dissocie par réchauffement en 2 molécules AzO^2, puissamment teintées en rouge orangé.

Ses solutions contiendraient donc un sel simple $AzO(SO^3K)^2$, et non un sel diazoté; on trouve en effet que, par réductions, elles ne forment ni hydrazine, ni aucun dérivé hydrazinique, mais seulement des hydroxylamine-di- et trisulfonates [voyez également Haga, *Chem. Soc.*, **85**, p. 78].

3° Acide hydroxylamine-trisulfonique.

$$Az(OSO^3H)(SO^3H)^2.$$

— Syn. Acide métasulfazilique (Frémy); trioxyazotique (Claus); nitrosotrisulfonique (Hantzsch).

Cet acide n'a pu être isolé. Son sel de potassium s'obtient facilement quand on oxyde en solution chaude un peu alcaline, à l'aide d'oxyde d'argent ou de bioxyde de plomb, l'hydroxylamine-disulfonate dipotassique

$$3Az(OH)(SO^3K)^2 + 3O = 2AzO(SO^3K)^3 + AzO^3H + H^2O.$$

Il s'en forme, comme on l'a vu plus haut, par réduction des nitrosodisulfonates alcalins, par exemple par les sulfites; probablement même la réaction précédente donne naissance à du nitrosodisulfonate qui s'oxyde immédiatement en hydroxylamine-trisulfonate.

Les sels alcalins sont stables et bien cristallisés; leurs solutions peuvent bouillir assez longtemps sans se détruire. La destruction est facilitée par la présence des alcalis qui produisent du sulfate en dégageant de l'ammoniaque et de l'azote

$$3AzO(SO^3K)^3 + 9KOH = 9SO^4K^2 + AzH^3 + Az^2 + 3H^2O.$$

Les acides dilués hydrolysent complètement ces sels en sulfate d'hydroxylamine et bisulfates alcalins.

La réduction des hydroxylamine-trisulfonates alcalins par l'amalgame de sodium ou par le couple zinc-cuivre fournit du sulfate alcalin et de l'aminodisulfonate (iminosulfate)

$$2Az(OSO^3K)(SO^3K)^2 + 4Na = SO^4K^2 + SO^4Na^2 + 2AzNa(SO^3K)^2$$

[Haga, *Chem. Soc.*, **85**, 78].

Cette réaction a permis à Haga de considérer le troisième groupement sulfonique comme lié à l'azote, non pas directement

$$O{=}Az\begin{cases}SO^3K\\ SO^3K\\ SO^3K\end{cases}$$

mais par l'intermédiaire de l'oxygène

$$Az(OSO^3K)(SO^3K)^2.$$

En effet, on sait que la réduction des dérivés trialkylés de l'hydroxylamine $O = Az(Alk)^3$ a fourni à Dunstan et Goulding des tri-alkamines

$$Az(Alk)^3;$$

si le sel considéré était également un dérivé oxytrisubstitué $OAz(SO^3K)^3$, sa réduction devrait donner parallèlement de l'amine trisulfonate (nitrilo-trisulfonate) $Az(SO^3K)^3$; nous avons vu qu'il n'en est rien, puisque le produit obtenu par Haga est l'aminodisulfonate.

La constitution des hydroxylaminotrisulfonates est donc bien :

$$Az(OSO^3M)(SO^3M)^2.$$

Hydroxylaminotrisulfonates [Haga, *loc. cit.*].

Sel potassique $Az(OSO^3K)(SO^3K)^2 + 3/2H^2O$. — Ce sel contient 3 molécules d'eau de cristallisation; Claus qui n'en a trouvé qu'une n'a peut-être pas observé que par dessiccation une partie de l'eau de cristallisation (1/3) est liée par hydrolyse.

D'après Haga, l'hyponitrososulfate de potassium est très voisin de ce sel.

Sel sodique $Az(OSO^3Na)(SO^3Na)^2 + H^2O$. — Ce sel a été obtenu par ébullition d'une solution contenant 1 molécule d'hydroxylamine-disulfonate de sodium, 1 demi-molécule de soude et 1 molécule de bioxyde de plomb.

Sel plombique $AzO(SO^3PbOPbOH)^3 + 3H^2O$. — On l'obtient en versant une solution chaude du sel de potassium dans une solution d'un excès d'acétate basique de plomb.

Sel ammoniacal $AzO(SO^3AzH^4)^3 + 1 1/2H^2O$. — Ce sel se prépare par digestion du sel plombique avec du carbonate d'ammoniaque.

HYDROXYLAMINES SUBSTITUÉES

Dérivés organiques de l'hydroxylamine.

I. *Alkylhydroxylamines à fonction simple et à fonctions complexes.*

a) Monoalkylhydroxylamines α; monoalkylhydroxylamines β.
b) Dialkylhydroxylamines αβ; dialkylhydroxylamines ββ.
c) Trialkylhydroxylamines.
d) Hydroxylamino-alcools; -cétones; -acides.

II. *Benzylhydroxylamines* :

a) Monobenzylhydroxylamines α et β.
b) Dibenzyl et alkylbenzylhydroxylamines αβ et ββ.
c) Tribenzylhydroxylamine.

III. *Arylhydroxylamines* :

a) A fonction simple : β-monoarylhydroxylamines.
b) A fonction simple : diarylhydroxylamine.
c) A fonction complexe : hydroxylaminophénols, alcools, aldéhydes, etc.

I. — ALKYLHYDROXYLAMINES

a) MONOALKYLHYDROXYLAMINES.

α-Monoalkylhydroxylamines. — Ces dérivés prennent naissance dans les réactions suivantes :

1° En maintenant pendant quelques jours, avec de l'acide chlorhydrique concentré, les éthers oxydes des antibenzaldoximes $C^6H^5 - CH = AzOR$ [Pétraczek, *D. chem. G.*, **16**, 827];

2° Par hydrolyse des éthers alkylbenzhydroxamiques;

3° En faisant réagir l'acide chlorhydrique sur un éther carbéthoxyhydroxamique [Jones, *Am Chem. J.*, **20**, 1 à 51].

Propriétés. — Les propriétés de l'α éthylhydroxylamine ont été déjà décrites (Dict., 1er Suppl., 934).

Ces hydroxylamines ne réduisent pas la liqueur de Fehling, tandis que l'hydroxylamine et les β-alkylhydroxylamines effectuent cette réduction.

L'acide chlorhydrique forme avec ces bases des chlorhydrates bien cristallisés généralement solubles dans l'alcool, et de la forme $AzH^2OR.HCl$.

Par oxydation au moyen du bichromate de potassium et de l'acide acétique, l'α-benzylhydroxylamine fournit de l'alcool benzylique, du bioxyde d'azote et de l'eau [R. Kothe, *Ann. Chem.*, **266**, 310].

Par action sur la naphtoquinone, les alkylhydroxylamines fournissent des éthers des nitrosonaphtols qui sont eux-mêmes réduits en amidonaphtols, ce qui prouve la formule oximique des nitrosonaphtols.

L'α-méthylhydroxylamine donne avec la benzoquinone la méthylquinonoxime; dans les mêmes conditions l'α-benzylhydroxylamine donne la benzylquinonoxime [H. Goldschmidt et Hans Schmidt, *D. chem. G.*, **18**, 2224].

α-Méthylhydroxylamine, AzH^2OCH^3 — (Voyez Dict., 1er Suppl., 934]. Son chlorhydrate fond à 149°.

α-Ethylhydroxylamine, $AzH^2OC^2H^5$. — (Voyez Dict., 1er Suppl., 934); son chlorhydrate fond à 127-128°; chauffé à 150° avec de l'acide chlorhydrique, il fournit du chlorure d'éthyle et de l'hydroxylamine, ce qui montre la liaison sur l'oxhydrile.

β-Mono-alkylhydroxylamines. — Modes de formation : 1° dans l'hydrolyse par l'acide chlorhydrique des éthers alkylés à l'azote des anti benzaldoximes (Luxmoore). Dunstan et Goulding en ont également obtenu par hydrolyse d'un éther alkylé de l'isoacétophénonoxime [*Chem. Soc.*, **79**, 628; *Bull. Soc. Chim.*, (3), **26**, 747];

2° Par hydrolyse chlorhydrique des éthers alkylés à l'azote des synbenzaldoximes; on peut partir par exemple de la syn-m-nitrobenzaldoxime, l'alkyler par l'alcoolate de sodium et un iodure alcoolique et, enfin, hydrolyser [Dittrich, *D. chem. G.*, **23**, 599; Kjellin, *D. chem. G.*, **26**, 2378, 2382, 2514].

3° Comme produit intermédiaire dans la réduction des dérivés nitrés des carbures saturés par le chlorure d'étain [Hoffmann et V. Meyer, *D. chem. G.*, **24**, 3531], ou mieux encore par le zinc et l'eau [*D. chem. G.*, **27**, 1350]; le mode de formation intermédiaire a été également signalé par Wyndham, Dunstan et Dymond [*Chem. Zeit.*, 1894, **1**, 970];

4° Par réduction électrolytique des dérivés nitrés des carbures saturés [Pierron, *Bull. Soc. Chim.*, (3), **21**, 783]; ce procédé constitue un bon mode de préparation.

5° L'alkylation directe de l'hydroxylamine par les iodures alcooliques ne fournit pas de monoalkylhydroxylamines, comme l'ont publié Lobry de Bruyn [*Rec. P.-B.*, **13**, **48**] et Hantsch Hilland [*D. chem. G.*, **31**, 2065]; il se forme en effet, en règle générale, des dialkylhydroxylamines (Dunstan et Goulding, voyez plus loin), et dans le cas de l'iodure de méthyle la trialkylhydroxylamine (voyez plus loin);

6° Par hydrolyse chlorhydrique de certaines hydroxylamines ββ-disubstituées telles que les ββ-benzylalkylhydroxylamines [Behrend et Leuchs, *Ann. Chem.*, **257**, 239].

Propriétés physiques. — Les β-alkylhydroxylamines sont le plus souvent cristallisées, assez facilement solubles dans l'eau et l'alcool, difficilement solubles dans l'éther, le benzène, etc.

Pour les indices de réfraction et dispersion moléculaire, voyez Brühl [*Zeit. physiol. Chem.*, **16**, 214].

Propriétés chimiques. — Les β-alkylhydroxylamines réduisent la liqueur de Fehling. Elles sont réduites par l'acide iodhydrique en amines correspondantes. Chauffées en présence d'acide chlorhydrique elles se décomposent en aldéhydes ou cétones et chlorhydrate d'ammoniaque [Kjellin, *D. chem. G.*, **30**, 1894].

$$R-CH^2-AzHOH\ HCl = R-CHO + AzH^3HCl$$
$$RR'-CH-AzHOH\ HCl = R-CO-R' + AzH^4Cl$$

Comme on le verra plus loin, les β-hydroxylamines à fonction complexe, telles que les hydroxylamino-alcools et les hydroxylamino-cétones, se laissent oxyder en se transformant en oximes (Piloty et Ruff, Harries et Jablonsky),

$$R-CH^2AzHOH \rightleftarrows R-CH=AzOH$$

il en est probablement de même des β-alkylhydroxylamines simples, d'autant que la β-benzylhydroxylamine, que l'on peut considérer comme une β-alkylhydroxylamine, fournit entre autres produits de la benzaldoxime [Bamberger, *D. chem. G.*, **33**, 3193; Behrend et Kœnig, *Ann. Chem.*, **263**, 339].

Les hydroxylamines β-substituées se combinent à l'isocyanate de phényle en donnant des oxyurées.

β-*Méthylhydroxylamine*, CH^3AzHOH. — Elle fond à 41-42°, bout à 62°,5 sous 15 millimètres (Kjellin), et sa densité à 20°/4 est 1,0003 [Brühl, *D. chem. G.*, **26**, 2515]; l'indice de réfraction pour la raie D est 1,41638. Son chlorhydrate fond à 88-90°, son picrate à 128-130° (Kjellin). *Nitrosométhylhydroxylamine* $CH^3Az(AzO)OH$ [Saud et Singer, *D. chem. G.*, **35**, 3186; Saud et Gessler, *D. chem. G.*, **36**, 2088]. Sel de cuivre + 1/2 H^2O [Saud et Singer, *Lieb. Ann.*, **329**, 190].

β-*Ethylhydroxylamine*, C^2H^5AzHOH. — Cette base fond à 59-60°; sa densité à 63°,9 est 0,9079, son indice de réfraction raie D = 1,41519 (Brühl). L'acide dinitroéthylique obtenu par Frankland, par action du bioxyde d'azote sur le zinc éthyle, puis décomposition par l'eau, doit être considéré comme son dérivé nitrosé : la *nitroso-β-éthylhydroxylamine* [*D. chem. G.*, **23**, 1024].

β-*Propylhydroxylamine*, $CH^3-CH^2-CH^2-AzHOH$. — Cette base fond vers 46°, et son oxalate fond à 95°.

β-*Isopropylhydroxylamine*, $(CH^3)^2CH-AzHOH$. — Elle fond à 87°; elle n'est pas distillable dans le vide; dès 40° sous 25 millimètres elle se sublime; son chlorhydrate fond à 55° (Kjellin).

b) DIALKYLHYDROXYLAMINES.

αβ-*Dialkylhydroxylamines*. — On les obtient : 1° par alkylation des α-alkylhydroxylamines au moyen des iodures ou des bromures alcooliques [Lossen, *Ann. Chem.*, **252**, 230];

2° Dans l'hydrolyse par HCl des αβ-dialkylcarbhydroxamates d'éthyle [Jones, *Am. Journ.*, **20**, 43];

3° Il se formerait de l'αβ-diéthylhydroxylamine dans la préparation de l'hydroxylamine par réduction du nitrate d'éthyle.

Propriétés. — Les αβ-dialkylhydroxylamines sont généralement liquides; leurs chlorhydrates ne sont pas hygroscopiques. Elles ne réduisent ni la liqueur de Fehling, ni l'azotate d'argent (Jones). Chauffées avec HCl à 220° elles se dédoublent en chlorures alcooliques et en alkylamines. Traitées par les iodures ou bromures alcooliques elles donnent des trialkylhydroxylamines.

αβ-*Diméthylhydroxylamine*, $CH^3AzHOCH^3$. — C'est un liquide d'odeur douce non ammoniacale, bouillant à 42-42°,5; son chlorhydrate fond à 116° et son chloroplatinate à 180°.

αβ-*Diéthylhydroxylamine*, $C^2H^5-AzH(OC^2H^5)$. — (Voyez Dict., **2**, 81. *Description de la base et de ses sels*). Bout à 83°, densité à 0° = 0,829, le chloroplatinate fond à 158°, l'oxalate à 112°; elle donne un dérivé benzoylé à l'azote bouillant vers 235° avec décomposition, et de densité 1,054 à 0° [Lossen, *Ann. Chem.*, **252**, 170, 240].

ββ-*Dialkylhydroxylamines grasses*. — Modes de formation et d'obtention : 1° par oxydation des dialkylamines par l'eau oxygénée [Mamlock et Wolfenstein, *D. chem. G.*, **34**, 2499; Dunstan et Goulding, *Chem. Soc.*, **75**, 1009];

2° Par alkylation directe de l'hydroxylamine par les iodures alcooliques autres que l'iodure de méthyle, qui donne d'emblée l'iodure de triméthylhydroxylamine [Dunstan et Goulding, *Chem. Soc.*, **75**, 800, 1004];

3° Par distillation des trialkylhydroxylamines (trialkyloxamines) [Mamlock et Wolfenstein, *loc. cit.*].

$$(CH^3-CH^2-CH^2)^3AzO$$
$$= (CH^3-CH^2-CH^2)^2AzOH + CH^3-CH=CH^2$$

4° Au moyen des dérivés organo-métalliques :

Dérivés organo-magnésiens. — *a*) Par action sur les éthers nitreux ou sur les nitroparaffines telles que nitroéthane; mais, tandis qu'avec les éthers nitreux on n'obtient que des dialkylhydroxylamines symétriques, on peut avec les carbures nitrés obtenir des dérivés dissymétriques [Moureu, *C. R.*, **132**, 837].

$$AzOOC^5H^{11} + 2C^2H^5MgBr$$
$$= Az\begin{cases}OMgBr\\C^2H^5\\C^2H^5\end{cases} + C^5H^{11}MgBr$$

$$C^2H^5AzO^2 + 2C^3H^7MgBr$$
$$= C^2H^5-Az\begin{cases}OMgBr\\C^3H^7\end{cases} + C^3H^7OMgBr$$

b) Au lieu des éthers nitreux on fait réagir directement l'acide azoteux [Wœland, *D. chem. G.*, **36**, 2315], mais dans aucun cas on ne peut obtenir de réaction analogue avec le bromure de phénylmagnésium (voyez *Diarylhydroxylamines*).

Dérivés organozinciques. — *a*) Action sur les éthers nitreux; ici, encore, c'est seulement la nature du dérivé zincique qui intervient et non pas celle de l'éther nitreux, de sorte qu'on obtient toujours des ββ-dialkylhydroxylamines symétriques [Bewad, *Journ. phys. chim. russe*, **32**, 420].

b) Action sur les nitroparaffines; dans ce cas le dérivé organozincique réagit non seulement sur les oxygènes du groupe nitré à la façon ordinaire, mais encore sur l'hydrogène acide des nitroparaffines en y fixant un radical alcoolique [Bewad, *ibid.*, **32**, 455].

$$CH^3-CH^2-AzO^2 = \begin{matrix}CH^3-CH-Az-R\\ \quad\ \ |\qquad\ |\\ \quad\ \ R\quad\ OZnR\end{matrix}$$

on obtient ainsi avec le zinc-éthyle une dialkylhydroxylamine

$$\begin{matrix}CH^3-CH-Az(OH)C^2H^5\\ |\\ C^2H^5\end{matrix}$$

répondant à la composition d'une triéthylhydroxylamine, si bien que Bewad l'avait considérée tout d'abord [*J. Ph. Ch. russe*, **21**, 44] comme une triéthylhydroxylamine isomère; le véritable mécanisme de cette réaction ne fut indiqué par Bewad que dix ans après. On obtient, comme on le voit dans ce cas des *dialkylhydroxylamines* dissymétriques.

(*c*) Action sur la nitrosodiphénylamine ou diphénylnitrosamine.

La réaction se passe exactement comme pour l'acide nitreux avec formation de ββ-dialkylamine symétrique [Lachmann, *Am. Chem. Journ.*, **21**, 433; **23**, 897; *D. chem. G.*, **33**, 1022].

Propriétés. — Les ββ-dialkylhydroxylamines sont la plupart liquides et solubles dans l'eau.

Elles réduisent l'azotate d'argent, le chlorure mercurique, la liqueur de Fehling; les dialkylhydroxylamines sont oxydées de même par le sulfate de cuivre, les oxydes de mercure, d'argent en donnant des aldéhydes.

Les agents réducteurs, acide iodhydrique, zinc et acide chlorhydrique ou sulfurique, étain et acide chlorhydrique, les transforment en dialkylamines.

Elles sont hydrolysées par chauffage en solution aqueuse légèrement acétique en donnant une amine monosubstituée tandis que l'oxygène se fixe sur le second radical alcoolique en donnant une aldéhyde ou une cétone suivant que ce radical est primaire, ou secondaire (tertiaire également).

$$CH^3CH^2Az(OH)CH^2-CH^3$$
$$= CH^3-CH^2-AzH^2 + CHO-CH^3$$

$$\begin{array}{ccccc} CH^3-CH & -Az(OH)- & CH-CH^3 \\ | & & | \\ CH^3 & & CH^3 \end{array}$$

$$= \begin{array}{c} CH^3-CH-AzH^2 \\ | \\ CH^3 \end{array} + \begin{array}{c} CO-CH^3 \\ | \\ CH^3 \end{array}$$

Dans ces deux exemples les hydroxylamines envisagées sont symétriques; quand elles sont dissymétriques, la décomposition s'effectue dans les deux sens; c'est ainsi que la ββ-éthylpropylhydroxylamine fournit à la fois les aldéhydes acétique et propionique; de même la ββ-éthylamyl-(tert.)-hydroxylamine

$$CH^3-CH^2-Az(OH)-C(CH^3)^2-CH^2-CH^3$$

donne de l'aldéhyde acétique, de l'acétone et de l'éthylméthylcétone [Bewad, *loc. cit.*].

Le sodium réagit sur les dialkylhydroxylamines en se substituant à l'hydrogène de l'oxhydrile. L'anhydride acétique fournit avec les mêmes hydroxylamines un dérivé acétylé dont l'acétyle est peut-être fixé directement à l'azote; par action de l'isocyanate de phényle, il semble qu'on ait obtenu de véritables phényluréthanes avec l'oxyde de pipéridine.

$$CH^2 \begin{array}{l} \diagup CH^2-CH^2 \diagdown \\ \diagdown CH^2-CH^2 \diagup \end{array} AzOH$$

et avec la ββ-dibenzylhydroxylamine.

Dans l'alkylation par les iodures alcooliques on obtient un iodoalkylate

$$\begin{array}{l} R \diagdown \\ R' \diagup \end{array} Az \begin{array}{l} \diagup OH \\ - R'' \\ \diagdown I \end{array}$$

dont on peut envisager l'iodhydrate

$$\begin{array}{l} R \diagdown \\ R' - \\ R'' \diagup \end{array} Az \begin{array}{l} = O \\ \quad HI \end{array}$$

comme une forme tautomère; l'action de l'oxyde d'argent donne en effet une nouvelle base qui n'est autre que l'oxyde de trialkylamine

$$(RR'R'')Az=O$$

(Dunstan et Goulding).

L'acide sulfureux réagit comme sur les monoalkylhydroxylamines en donnant des acides dialkylaminosulfoniques

$$\begin{array}{l} R \diagdown \\ R' \diagup \end{array} AzSO^2OH$$

[Mamlock, Wolffenstein, *D. chem. G.*, **33**, 159].

Le sulfure de carbone élimine l'oxygène des hydroxylamines disubstituées et l'on obtient les mêmes produits qu'avec les dialkylamines [Haase, Wolffenstein, *D. chem. G.*, **37**, 3234].

$$2(C^2H^5)^2AzOH + CS^2$$
$$= (C^2H^5)^2AzCSSH, AzH(C^2H^5)^2 + 2O$$

ββ-dialkylhydroxylamines symétriques.

ββ-diéthylhydroxylamine $(C^2H^5)^2AzOH$. — Elle bout à la pression ordinaire vers 132° (Bewad); 130-134° avec décomposition (Dunstan, Goulding); dans le vide à 76° sous 86 millimètres (Wieland); 47-49° sous 15 millimètres (Lachmann); 40-41° sous 10 millimètres (Bewad); ses densités sont à 0° 0,8853, à 15° 0,878, à 20° 0,867.

Son chlorhydrate fond à 63° (Wieland), 72° (Bewad), son oxalate à 138°, son bromhydrate à 55-56°,5 et son iodhydrate à 165-167°.

ββ-dipropylhydroxylamine

$$(CH^3-CH^2-CH^2)^2AzOH.$$

— Cette base fond vers 28°,5-29°,5 (Bewad). Elle bout à 153-156° (Mamlock et Wolffenstein), 157-159° (Bewad) à la pression ordinaire; et vers 69-70° sous 17-20 millimètres ou 72-74° sous 30 millimètres. Le chlorhydrate fond à 87-88°, le bromhydrate à 74-75°, l'oxalate acide à 139°.

ββ-diisopropylhydroxylamine

$$[(CH^3)^2CH]^2AzOH.$$

— Cette base bout à 137-142° à la pression ordinaire.

Série pipéridique. — Dans la série de la pipéridine, un certain nombre d'oxypipéridines ont été préparées; elles ne sont autres que des hydroxylamines disubstituées symétriques [*D. chem. G.*, **28**, 1459, 2273] et devraient être étudiées ici; nous ne citerons cependant que la première base de cette série l'*oxyde de pipéridine*

$$CH^2 \begin{array}{l} \diagup CH^2-CH^2 \diagdown \\ \diagdown CH^2-CH^2 \diagup \end{array} AzOH$$

décrite par Wolffenstein [*D. chem. G.*, **25**, 2777] et par Haase et Wolffenstein [*D. chem. G.*, **37**, 3236]. Sa phényluréthane fond à 105-106°.

ββ-dialkylhydroxylamines dissymétriques.

ββ-éthyl-n-propylhydroxylamine

$$CH^3-CH^2-Az(OH)CH^2-CH^2-CH^3.$$

— Obtenue par action du zinc-éthyle sur le nitro-méthane; liquide incolore bouillant vers 143-147° et à 57-58° sous 10-11 millimètres; $D_0^0 = 0.8788$. Son chlorhydrate fond à 55-58°.

ββ-éthyl-butyl (second.)-hydroxylamine

$$CH^3-CH^2-Az(OH)-CH(CH^3)-CH^2-CH^3.$$

— A été considérée longtemps comme une triéthyloxamine isomère de la méthyloxamine de Dunstan et Goulding. Bewad a montré sa constitution [*Journ. phys. chim. russe*, **32**, 455]. Elle s'obtient par action du zinc-éthyle sur le nitroéthane. C'est un liquide incolore bouillant à 155-158°, et à 57-58° sous 8 millimètres $D_0^0 = 0{,}892$, $D_0^{20} = 0{,}8757$. Son chlorhydrate fond à 56-57°; l'oxalate neutre à 114-114°,5; l'oxalate acide à 93-95°.

ββ-éthyl-amyl (second.)-hydroxylamine

$$CH^3-CH^2-Az(OH)-CH(CH^2CH^3)-CH^2-CH^3.$$

— C'est un liquide incolore qui cristallise à 8°, il bout à 167-170°, et à 65-67° sous 8 millimètres; $D_0^0 = 0{,}890$, $D_0^{20} = 0{,}8744$. Son oxalate neutre fond à 118-119°.

ββ-éthyl-amyl (tert.)-hydroxylamine

$$CH^3-CH^2-Az(OH)-C(CH^3)^2-CH^2-CH^3.$$

— Elle bout à 156-160°, et à 58,5-60°,5 sous 12 millimètres. Son chlorhydrate fond à 83°.

ββ-propyl-amyl (second.)-hydroxylamine

$$CH^3-CH^2-CH^2-Az(OH)-CH(CH^3)-CH^2-CH^2-CH^3.$$

— Cette base bout à 183°, et à 90,5-92° sous 11 millimètres; $D_0^0 = 0{,}8807$, $D_0^{20} = 0{,}8654$.
Son chlorhydrate fond à 63-65°.

ββ-propyl-hexyl (second.)-hydroxylamine

$$CH^3-CH^2-CH^2-Az-(OH)CH(CH^2-CH^3)-CH^2-CH^2-CH^3$$

— Elle bout à 185°, et à 95-97° sous 14 millimètres; $D_0^0 = 0{,}8815$, $D_0^{20} = 0{,}8637$. Son chlorhydrate fond à 52-54°; son bromhydrate à 44-45°.

ββ-propyl-hexyl (tert.)-hydroxylamine

$$CH^3-CH^2-CH^2Az(OH)C(CH^3)^2-CH^2-CH^2-CH^3.$$

— Cette base bout à 74-77° sous 7-8 millimètres.
Son chlorhydrate fond à 77-81°.

ββ-éthyl-heptyl (second.)-hydroxylamine

$$CH^3-CH^2-Az(OH)CH(CH^2-CH^3)-CH^2-CH\begin{matrix}\diagup CH^3\\ \diagdown CH^3\end{matrix}$$

— On l'obtient par action du zinc-éthyle sur le nitropentane; $D_0^0 = 0{,}8797$, $D_0^{20} = 0{,}8641$. Son chlorhydrate fond vers 66-74°.

c) TRIALKYLHYDROXYLAMINES (*Trialkyloxamines*). — *Modes de formation.* — 1° Par oxydation des amines tertiaires par l'eau oxygénée [Dunstan et Goulding, *Chem. Soc.*, **69**, 839; **75**, 792; — Mamlock et Wollfenstein, **33**, 159; **34**, 2499];

2° Par alkylation des ββ-dialkylhydroxylamines au moyen des iodures alcooliques. On obtient les trialkyloxamines à l'état d'iodhydrates; l'action de l'oxyde d'argent ou des alcalis sur ces sels, fournit la base à l'état de pureté [Lachmann, *D. chem. G.*, **33**, 1029; — Dunstan, Goulding, *Chem. Soc.*, **75**, 802; **79**, 641]. Dans le cas de l'iodure de méthyle, l'alkylation directe de l'hydroxylamine fournit à l'état d'iodure la triméthyloxamine; avec les autres iodures alcooliques, l'hydroxylamine ne fournit que les sels des ββ-dialkylhydroxylamines et ce n'est que lorsque la base dialkylée elle-même a été mise en liberté qu'une nouvelle molécule d'iodure alcoolique peut réagir pour donner le sel du dérivé trisubstitué. Il semble qu'on peut alkyler de même les αβ-alkylhydroxylamines [Lossen, *Ann. Chem.*, **252**, 230];

3° Les trialkylhydroxylamines ne se forment pas comme l'avait cru Bewad [*Journ. phys. chim. russe*, **21**, 44], par action des dérivés organozinciques sur les carbures aliphatiques nitrés : nitro-éthane, nitro-propane, etc. Cet auteur a en effet montré qu'il se forme dans ce cas des ββ-dialkylhydroxylamines dissymétriques (voyez p. 633).

Propriétés. — Les trialkylhydroxylamines sont particulièrement connues à l'état de trialkyloxamines $(Alk)^3Az=O$ dont on n'a décrit surtout que les hydrates

$$(Alk)^3Az\begin{matrix}\diagup OH\\ \diagdown OH\end{matrix}$$

analogues aux hydrates de trialkylarsines. Quant aux composés $(R'R'')AzOR$ il ne semble pas que leur existence ait été signalée, bien que, pour la méthylhydroxylamine (voyez plus bas), deux composés aient été décrits.

Les hydrates de trialkylhydroxylamines se présentent en masses cristallines assez déliquescentes; très solubles dans l'eau, l'alcool; presque insolubles dans l'éther.

Propriétés chimiques. — Elles ne réduisent qu'à chaud la liqueur de Fehling. Réduites par le zinc ou l'étain et un acide minéral, elles fournissent les amines tertiaires correspondantes.

Par l'action de la chaleur surtout sur leurs chlorhydrates, elles éliminent leur oxygène avec un des groupes alkyles, en donnant une aldéhyde $RCHO$ [Dunstan et Goulding, *loc. cit.*].

$$(RCH^2)^3AzO = (RCH^2)^2AzH + R-CHO.$$

D'après la décomposition de la méthyl-éthylbutyl (second.)-hydroxylamine qui fournit de la formaldéhyde, il semble que dans les trialkyloxamines dissymétriques l'élimination de l'oxygène ait surtout lieu avec le radical possédant le plus petit nombre d'atomes de carbone [Lachmann, *D. chem. G.*, **33**, 1033].

La tripropylhydroxylamine se décompose déjà dans le vide en propylène et dipropylhydroxylamine; par distillation à la pression ordinaire, il y a décomposition en tripropylamine et oxygène [Mamlock, Wollfenstein, *loc. cit.*].

L'oxyde de pipéridine méthylée à l'azote donne également par l'action de la chaleur de l'oxygène et de la méthylpipéridine [Wernick et Wolffenstein, *D. chem. G.*, **31**, 1553].

Le gaz sulfureux réagit à chaux sur la tripropylhydroxylamine qu'il réduit en tripropylamine; à froid il y a fixation de SO^2 et formation du produit d'addition

$$(C^3H^7)^3Az\begin{matrix}\diagup SO^2\\ |\\ \diagdown O\end{matrix}$$

fusible à 159°.

Triméthylhydroxylamine. — L'hydrate

$$(CH^3)^3Az\begin{matrix}\diagup OH\\ \diagdown OH\end{matrix} + H^2O$$

fond à 96°; le chlorhydrate fond à 218° (Hantzsch, Hilland), 205-210° (Dunstan, Goulding); le chloroplatinate $(C^3H^{10}OAzCl)^2PtCl^4 + 2H^2O$ fusible à 215-216° (H. et H.), anhydre et fusible à 228-220° (D. et G); le chloroaurate fond à 200°, l'iodhydrate à 127-130°, le sulfate à 155-156°, le picrate à 197-198°.

Triéthylhydroxylamine[1]. — Elle se présente en masses cristallines incolores. Il semble que c'est bien son bromhydrate qui a été obtenu par Lossen (*loc. cit.*), dans l'action du bromure d'éthyle sur l'αβ-diéthylhydroxylamine; le chloroplatinate cristallise avec $2H^2O$; le picrate fond à 164°.

Tripropylhydroxylamine. — Aiguilles très

1. D'après les recherches publiées par Lossen [*Ann. Chem.*, **252**, 230] et effectuées par MM. Hamilton, Günther et Holzheimer [*Th. de Kœnigsberg*, 1888], il existerait une diéthyloxéthylamine $(C^2H^5)^2Az(OC^2H^5)$ bouillant vers 98°-100° et différente de la triéthyloxamine $(C^2H^5)^3AzO$; on ne peut rien conclure des données de ces auteurs, car les trialkylhydroxylamines ne sont pas distillables sans décomposition.

déliquescentes; chlorhydrate fond vers 90°; chloroplatinate anhydre fusible à 174-175° et picrate à 129-130°.

Méthyl-éthyl-butyl (second.)-hydroxylamine. — Son iodhydrate a été obtenu par Lachmann, par action de l'iodure de méthyle sur la prétendue triéthyloxamine de Bewad, c'est-à-dire en définitive sur l'éthyl-butyl (second.)-hydroxylamine; ce sel se décompose facilement en formaldéhyde et iodhydrate d'éthyl-butyl (second.)-amine.

d) ALKYLHYDROXYLAMINES A FONCTIONS COMPLEXES.

Alkylène-dihydroxylamines. — On ne connaît dans cette série que l'éthylène-dihydroxylamine $AzHOH-CH^2-CH^2-AzHOH$ qui s'obtient par action du bromure d'éthylène sur l'hydroxylamine libre [Luxmoore, *Chem. Soc.*, **67**, 1018]. Son chlorhydrate se forme dans l'hydrolyse chlorhydrique de l'éther benzhydroximique du glycol [Werner, Gemesens, *D. chem. G.*, **29**, 1164].

Hydroxylamino-alcools. — On ne connaît que deux représentants de cette classe de corps et ils sont tous deux polyalcools :

Méthyl 2-hydroxylamino 2-propane-diol 1.3 $CH^2OH-(CH^3)-C(AzHOH)-CH^2OH$. — Il s'obtient dans la réduction par l'amalgame de sodium en présence de sulfate d'aluminium du méthyl 2-nitro 2-propane-diol 1.3 fourni par l'action de la formaldéhyde sur le nitro-éthane [Piloty, Ruff, *D. chem. G.*, **30**, 2058]. Prismes fusibles à 122-123°; oxalate neutre fusible à 95-96°; picrate à 134°. Par oxydation par HgO, cette base fournit l'oxime de l'acétylcarbinol

$$CH^3-C(=AzOH)-CH^2OH.$$

Méthylol 2-hydroxylamino 2-propane-diol 1.3, $(CH^2OH)^3-CAzHOH$. — Cette base est fournie dans les mêmes conditions que ci-dessus par réduction du méthylol 2-nitro 2-propane-diol 1.3 obtenu lui-même par condensation de $HCHO$ sur le nitro-méthane. Prismes aigus fusibles à 140°; oxalate neutre fusible à 141°; picrate fusible à 113-114°; oxydée par HgO cette base fournit l'oxime de la dioxyacétone [Piloty et Ruff, *loc. cit.*]. Son *triacétate* dont l'oxalate est fusible à 95° s'obtient en réduisant le triacétate du dérivé nitré ci-dessus. L'acide azoteux fournit un dérivé nitrosé $(CH^2OH)^2-Az(AzO)OH$ fusible à 147°.

Hydroxylamino-cétones. — On ne connaît pas d'hydroxylamino-aldéhydes ; mais les hydroxylamino-cétones sont bien connues surtout depuis les travaux d'Harries; elles s'obtiennent par action de l'hydroxylamine sur certaines cétones non saturées (voyez p. 605), telles que oxyde de mésityle, phorone de l'acétone, phorone du camphre (camphorone), pulégone, dypnone, etc. Chacun de ces dérivés sera décrit avec l'acétone correspondante.

Les hydroxylamino-cétones se distinguent des oximes en ce qu'elles réduisent la liqueur de Fehling; elles forment des oxalates difficilement solubles et le plus souvent très caractéristiques; par ébullition avec les acides elles ne sont pas transformées et conservent les réactions des cétones; elles ne se combinent plus à l'hydroxylamine mais peuvent donner des phénylhydrazones [Harries, *D. chem. G.*, **36**, 656] et des semicarbazones [Ugo Ferrari, *Inaug. Diss.*, Berlin, 1903]. L'oxyde de mercure les transforme par oxydation en nitrosocétones.

Hydroxylamino-oximes. — Certaines cétones non saturées ne donnent avec l'hydroxylamine que des hydroxylamino-oximes; la plupart de ces composés ont été déjà énumérés (voyez p. 604); ils réduisent fortement la liqueur de Fehling, les secondaires déjà à froid, les tertiaires seulement à chaud. Le groupe hydroxylamine est faiblement lié car par chauffage avec les acides dilués on régénère les oximes des cétones *non saturées*.

Hydroxylamino-nitriles $R-CH(AzHOH)CAz$. — Ces composés s'obtiennent par action de $CAzH$ très concentré sur les aldoximes [Miller et Plöchl, *D. chem. G.*, **25**, 2070; **26**, 1548]; oxydés par le chlore ils donnent des nitriles de nitroso-acides [Piloty et Schwerin, *ibid.*, **34**, 1863].

A ces hydroxylamino-nitriles correspondent des dérivés amidés, tels que l'hydroxylamino-isobutyramide [Miller et Plöch, *D. chem. G.*, **26**, 1552; Münch, *ibid.*, **29**, 63]; des imido-éthers

$$AzH^2OH-CH^2-C(OC^2H^5)=AzH$$

et des amidines $AzH^2OH-C(AzH^2)=AzH$.

Hydroxylamino-acides : dérivés β

$$R-CH(AzHOH)-CO^2H.$$

— Ces β-hydroxylamino-acides s'obtiennent :

1° Par saponification directe des nitriles ci-dessus par HCl froid [Miller et Plöchl, *D. chem. G.*, **26**, 1548]; ou encore par l'acide sulfurique à 50 0/0 [Münch, *ibid.*, **29**, 64]; on peut hydrolyser également les imido-éthers [Piloty et Schwerin, *D. chem. G.*, **34**, 1863];

2° Par hydrolyse des acides nitroso-hydroxylamiques [Traube, *D. chem. G.*, **28**, 2300; Gomberg, *Ann. Chem.*, **300**, 75].

Pour les dérivés de l'acide isobutyrique, il n'y a pas identité entre ceux faits par cette méthode et ceux obtenus par la méthode (1°);

3° Par hydrolyse par HCl des dérivés isobenzaldoximes acétiques [Hantzsch et Wild, *Ann Chem.*, **289**, 309];

4° Par addition directe de l'hydroxylamine sur les acides non saturés [Posner, *D. chem. G.*, **36**, 4305; Harries, Haarmann, *ibid.*, **37**, 252];

5° Par réduction des acides nitrés ou de leurs éthers [Bouveault et Wahl, *Bull. Soc. Chim.*, (3), **25**, 910; Wahl, *ibid.*, (3), **25**, 924; Schryver, *Chem. Soc.*, **73**, 563].

Propriétés. — Ces dérivés sont tous cristallisés; ils s'oxydent facilement à l'air en nitroso-acides; ils réduisent la liqueur de Fehling; l'acide azoteux les transforme en dérivés nitrosés $R(CO^2H)-CH-Az(AzO)OH$ ou acides isonitraminacétiques facilement réductibles en hydrazino-acides, puis en hydrazine.

Acide β-hydroxylamino-acétique. — Fond à 132-135°; la phényluréthane de son éther éthylique fond à 85° (Wahl); le sel ammoniacal de son dérivé nitrosé fond à 166-168° en se décomposant.

Acide β-hydroxylamino-butyrique. — L'acide obtenu par Posner, par AzH^2OH sur l'acide crotonique fond à 144°.

Acide β-hydroxylamino-isobutyrique. — Fond à 168° (Münch). D'après Gomberg (*loc. cit.*), 2 modifications : α fusible à 195-196°, β ne fond pas même à 260°.

Acide β-hydroxylamino-valérique. — Fond à 156°.

Acide β-hydroxylamino 2-méthyl 3-butène 3-oïque. — La phényluréthane de son éther éthylique fond à 128° (Bouveault et Wahl).

Acide β-hydroxylamino-isobutyl-acétique. — Fond à 151°.

α-Hydroxylamino-acides $RCH(OAzH^2)-CO^2H$. — Ces dérivés s'obtiennent dans l'hydrolyse par HCl des éthers éthyliques des acides benzhydroximacétiques et homologues [Werner, *D. chem. G.*, **26**, 1569; **27**, 3354; **28**, 1378; **29**, 2658].

Acide α-hydroxylamino-acétique. — Liquide dont le chlorhydrate fond à 156°.

Acide α-hydroxylamino-propionique. — Chlorhydrate fusible à 168°.

Acide hydroxylamino-butyrique. — Chlorhydrate fusible à 165°,5.

Acide hydroxylamino-isobutyrique. — Chlorhydrate fusible à 137°.

II. — BENZYLHYDROXYLAMINES

A. MONOBENZYLHYDROXYLAMINES α et β. — *α-Benzylhydroxylamine*, $AzH^2O-CH^2-C^6H^5$. — On l'obtient de préférence en hydrolysant au moyen d'acide chlorhydrique concentré la benzylacétoxime [Janny, *D. chem. G.*, **16**, 175; Behrend et Leuchs, *Ann. Chem.*, **257**, 207]. Comme toutes les α-alkylhydroxylamines il s'en forme par hydrolyse chlorhydrique de l'éther o-benzylique de l'α-benzaldoxime. Elle bout à 118-119° sous 30 millimètres (B. et L.), 123° sous 50 millimètres [Michaelis, *D. chem. G.*, **26**, 2155]. Son chlorhydrate se sublime vers 200-250°, sans fondre. Chauffée en tube scellé, l'α-benzylhydroxylamine se décompose en ammoniaque, eau et éther o-benzylique de la benzaldoxime. L'acide chlorhydrique l'hydrolyse en chlorure de benzyle, ammoniaque et hydroxylamine. Avec le chlorure de thionyle elle fournit une thionylbenzylhydroxylamine bouillant à 154° sous 50 millimètres; avec l'oxychlorure de carbone elle forme la dibenzoyloxyurée $CO(AzHO-CH^2-C^6H^5)^2$, fusible à 88°.

Chauffée avec l'éther formique, elle donne l'éther o-benzylique de la benzaldoxime [Schröter, *D. chem. G.*, **31**, 2192; **33**, 1977].

Chauffée à 150° avec l'éther formique, ou encore sous l'action du chlorhydrate de l'éther imidoformique, elle conduit à l'oxime dibenzylformhydroxamique

$$C^6H^5-CH^2OAzHCH-AzO-CH^2-C^6H^5$$

[Schröter, *D. chem. G.*, **31**, 2192; Schröter et Peschker, *ibid.*, **33**, 1977]. Si on traite l'α-benzylhydroxylamine par le chlorure de benzyle on obtient une αβ-dibenzylhydroxylamine et une tribenzylhydroxylamine; avec les dérivés alkylhalogénés on obtient des hydroxylamines αβ-substituées mixtes. Elle réagit sur les combinaisons du diazonium avec formation de la diazoïmide correspondante et d'alcool benzylique.

L'isocyanate de phényle fournit une benzyloxyurée fusible à 107°

$$C^6H^5-CH^2-OAzH-CO-AzH-C^6H^5$$

[Beckmann, Schönermerk, *J. prakt. Chem.*, (2), **56**, 77].

α-p-Chlorobenzylhydroxylamine, fondant à 38°, ébullition à 127-128° sous 17 millimètres.

α-p-Bromobenzylhydroxylamine, fondant à 36-37°, ébullition à 133°,5 sous 10 millimètres.

β-Benzylhydroxylamine, $C^6H^5-CH^2-AzHOH$. — D'après Neubauer [*Ann. Chem.*, **298**, 200] on l'obtient avec de bons rendements en traitant l'acétoxime en solution acétique par le chlorure de benzyle, on évapore à sec, et il se forme alors des cristaux de chlorhydrate de β-benzyl-hydroxylamine.

On obtient encore le sel par hydrolyse chlorhydrique de l'αβ-dibenzylhydroxylamine ou de l'Az-benzyl-syn-benzaldoxime [Behrend, Leuchs, *loc. cit.*; Beckmann, *D. chem. G.*, **22**, 438].

La β-benzylhydroxylamine fond à 57°; elle est assez soluble dans l'eau. L'air humide l'oxyde en benzaldoxime, en Az-benzylbenzaldoxime, benzaldéhyde, acide benzoïque, etc. [Bamberger et Szolayski, *D. chem. G.*, **33**, 3193].

Son oxydation par l'acide chromique, par l'eau de brome, fournit le bis-nitrosylbenzyle

$$(C^6H^5CH^2AzO)^2$$

[Kjellin, Kuylensjerna, *D. chem. G.*, **30**, 1896, 1969].

L'isocyanate de phényle ne réagit pas sur l'oxhydrile, mais s'additionne en donnant une oxyurée fusible à 163°, dont les dérivés méthylés et éthylés sur l'oxhydrile fondent l'un à 80°, l'autre à 74° [Kjellin, *D. chem. G.*, **26**, 2381]; avec l'isocyanate de tolyle l'oxyurée obtenue fond à 160° (Wortmann).

Dans l'action du chlorure de benzoyle en solution éthérée on obtient un dérivé α-benzoylé [Beckmann, *D. chem. G.*, **26**, 2282]; mais en liqueur alcaline il se fait un dérivé αβ-dibenzoylé; l'un des radicaux benzoylés se fixant directement sur l'azote.

La β-benzylhydroxylamine se combine aux aldéhydes avec formation d'Az-benzylaldoximes : aldéhydes formique, propionique [Beckmann et Götze, *J. prakt. Chem.*, (2), **56**, 74], œnanthique [B. et G., *loc. cit.*; Neubaner, *Ann. Chem.*, **298**, 191; Wegener, *Ann. Chem.*, **314**, 235, en note], benzoïque [Beilstein, *Handbuch der Org. Chem.*, II, 533]; voyez également Behrend et König [*D. chem. G.*, **23**, 2751; *Ann. Chem.*, **263**, 199] pour une condensation analogue de la β-p-nitrobenzylhydroxylamine avec l'aldéhyde benzoïque. Avec le chlorure de benzyle on obtient la ββ-dibenzylhydroxylamine.

Sels de β-benzylhydroxylamine. — Tartrate fond à 125-130°.

Bitartrate fond à 117°; phénylglycolate (mandélate) fond à 115-118°.

Phénylsulfonate $C^6H^5-CH^2-Az(OH)SO^2-C^6H^5$, fond à 92-93°.

Toluène-sulfinate, fond à 176°.

Le dérivé Az-benzoylé, fond à 106° [Beckmann, *J. prakt. Chem.*, **56**, 87].

β-Benzylhydroxylamines substituées :

Dérivés halogénés : o-chloré fond à 72-74°,5, p-chloré fond à 87-88°, p-bromé fond à 85°.

Dérivés nitrés : o-nitré fond à 70°, m-nitré fond à 80°, p-nitré fond à 120-125°.

Dérivés méthoxylés : p-méthoxylé (β-anisylhydroxylamine) fond à 76°, chlorhydrate fond à 167°, oxyurée fond à 161°.

B. BENZYLALKYL- ET DIBENZYLHYDROXYLAMINES. — 1° *α-Benzyl-β-alkylhydroxylamine.* — Une seule est connue, l'*α-benzyl-β-éthylhydroxylamine* bouillant à 135° sous 70 millimètres; on l'obtient à côté de la ββ-diéthyl par chauffage de l'α-benzylhydroxylamine; hydrolysée par l'acide chlorhydrique, elle se dédouble en chlorure de benzoyle et β-éthylhydroxylamine [Behrend et Leuchs, *Ann. Chem.*, **257**, 207]. Oxalate anhydre, fond à 92-94°; oxalate hydraté, fond à 68-71°;

2° *β-Benzyl-α-alkylhydroxylamine.* — On ne connaît que l'α-méthyl-β-p-nitrobenzylhydroxylamine obtenue par Hantzsch [*D. chem. G.*, **31**, 183], par action de l'iodure de p-nitrobenzyle sur l'α-méthylhydroxylamine; l'acide azoteux donne un nitrosé fusible à 26°.

1° *Dibenzylhydroxylamines.*

1° *αβ-Dibenzyl- hydroxylamine*,

$$C^6H^5-CH^2AzOH-CH^2-C^6H^5.$$

— Elle se forme en même temps que la tribenzylhydroxylamine par action du chlorure de benzyle sur l'α-benzylhydroxylamine [Behrend et Leuchs, *Ann. Chem.*, **257**, 228]. Chauffée avec de l'acide chlorhydrique, elle se dédouble en chlorure de benzyle et β-benzylhydroxylamine. Son dérivé benzoylé fond à 66°.

L'oxyurée correspondante

$$C^6H^5-AzH-CO-Az(CH^2-C^6H^5)OCH^2C^6H^5,$$

fond à 107° [Beckmann, Schönermark, *J. prakt. Chem.*, (2), **56**, 77].

2° ββ-*Dibenzylhydroxylamines symétriques.*

ββ-*Dibenzylhydroxylamine*$(C^6H^5CH^2)^2AzOH$. — Obtenue par benzylation de l'hydroxylamine [Schramm, *D. chem. G.*, **16**, 2184; Walder, *ibid.*, **19**, 3293; Behrend, Leuchs, *Ann. Chem.*, **257**, 126]. Elle fond à 124°. Son chlorhydrate fond à 186-194°; son p-toluène-sulfinate fond à 150° (Hälssig); l'oxyurée correspondante fond à 117°; dérivé acétylé, fond à 173°.

Dérivés chlorés : ββ-di-o-chlorobenzylhydroxylamine, fond à 116-117°.

ββ-di-p-chlorobenzylhydroxylamine, fond à 121-122°.

ββ-di-o-nitrobenzylhydroxylamine, fond à 124°; son dérivé acétylé fond à 134°.

ββ-di-p-nitrobenzylhydroxylamine, fond à 157-158°.

3° ββ-*Dibenzylhydroxylamines dissymétriques.* — α-Benzyl-β-p-nitrobenzylhydroxylamine, fond à 49°.

β-Benzyl-α-p-nitrobenzylhydroxylamine, fond à 125-126°.

C. Tribenzylhydroxylamine et dialkylbenzylhydroxylamine.

ββ-*Diéthyl-α-benzylhydroxylamine*,

$$(C^2H^5)^2AzOCH^2-C^6H^5.$$

— Obtenue dans l'éthylation de l'α-benzylhydroxylamine. Son chloroplatinate fond à 160-170° [Behrend, Leuchs, *loc. cit.*].

Tribenzylhydroxylamine, $(C^6H^5CH^2)^3Az=O$. — Elle se forme dans la benzylation de l'αβ ou la ββ-dibenzylhydroxylamine [Behrend, Leuchs, *loc. cit.*]. C'est un liquide formant un chlorhydrate fusible à 910°, un chloroplatinate fusible à 155-157°, un picrate à 131-132°.

III. — ARYLHYDROXYLAMINES

Les triarylhydroxylamines n'ont pas encore été obtenues, mais on connaît les diaryl- et les monoarylhydroxylamines; parmi ces dernières, seules les β-arylhydroxylamines ont été décrites; aussi cette étude comporte-t-elle seulement :

A. Monoarylhydroxylamines : β-arylhydroxylamines.

B. Diarylhydroxylamines vraies et mixtes.

C. Arylhydroxylamines à fonction complexe : alcool, aldéhyde, acide, etc.

A. β-Arylhydroxylamines. — *Modes de formation.* — 1° *Par réduction des dérivés mononitrés*, *a*) par la poudre de zinc en présence d'eau ou d'alcool dilué, additionnés ou non de sels neutres, tels que : chlorure de calcium (Wohl); chlorure d'ammonium (Kalle et Cie); chlorure de zinc, de magnésium, etc. [Bamberger, *D. chem. G.*, **27**, 1348, 1548; Wohl, *ibid.*, **27**, 1432. Brevet français 239173; Goldschmidt, *D. chem. G.*, **29**, 2307].

b) Par l'amalgame d'aluminium [Wislicenus et Kaufmann, *D. chem. G.*, **28**, 1326, **29**, 494], par l'amalgame de zinc en présence du sulfate d'alumine [Bamberger, Knecht, *ibid.*, **29**, 864].

c) Par le zinc-éthyle (Lachmann) qui joue ici le rôle d'agent réducteur; Bewad observe en effet la formation d'aniline, probablement par suite d'une réduction plus avancée [*Journ. phys. chim. russe*, **32**, 540].

d) Par réduction au moyen du sodium sur la solution éthérée du dérivé nitré [Löb, *D. chem. G.*, **30**, 1572; Schmidt, *D. chem. G.*, **32**, 2911].

e) Par réduction électrolytique soit en solution acétique [Haber, *Zeit. f. Electroth.*, **5**, 77], soit dans une solution alcoolo-ammoniacale de chlorure d'ammonium [Haber et Schmidt., *Zeit. physiol. Chem.*, **32**, 271], ou encore en solution sulfurique, mais en ayant soin de bien régler surtout les conditions de concentration, de façon à éviter la transposition des arylhydroxylamines en p-aminophénols [Gattermann, Koppert, *Chem. Zeit.*, **1893**, 210; Darmstädter, D.R.P. 154086].

2° *Par réduction des dérivés nitrosés* : soit par le diazométhane [von Pechmann, *D. chem. G.*, **28**, 860, **30**, 2461], soit par l'acide p-toluène-sulfonique [Bamberger, Büsdorf, Szolayski, *D. chem. G.*, **32**, 211], avec formation dans ce dernier cas de p-tolylsulfonylarylhydroxylamine;

3° *Par oxydation des arylamines, aniline et autres.* — Cette oxydation est réalisée au moyen de l'acide monopersulfurique (acide sulfurique et persulfate) qu'on fait réagir sur la solution éthérée de l'amine [Bamberger et Tschirner, *D. chem. G.*, **32**, 1675].

Les alkylarylamines telles que la méthylaniline sont également oxydées en fournissant des arylhydroxylamines; mais on obtient également $C^6H^5-AzH(OH)CHO$, et peut-être aussi

$$C^6H^5Az(OH)CO^2H,$$

dont la formation expliquerait l'obtention de $C^6H^5-AzHOH$ par perte de CO^2.

L'éthylaniline fournit ainsi la phénylhydroxylamine en même temps que le composé

$$C^6H^5-Az(OH)CO-CH^3$$

[Bamberger et M. Wuk, *D. chem. G.*, **35**, 703].

5° Certaines arylhydroxylamines, telles que la picrylhydroxylamine se forment par action du chlorure ou de l'éther (picrate d'éthyle) correspondants sur l'hydroxylamine.

Propriétés physiques. — Les arylhydroxylamines sont le plus souvent cristallisées, très solubles dans l'eau, assez solubles dans la plupart des solvants organiques, peu solubles dans l'éther de pétrole.

Réfraction et dispersion en solution [voyez Brühl, *Phys. Chem.*, **22**, 373].

Propriétés chimiques. — Les arylhydroxylamines possèdent des propriétés réductrices très marquées; elles réduisent à froid le perchlorure de fer en solution aqueuse diluée, la liqueur de Fehling, l'azotate d'argent ammoniacal. Dans toutes ces réductions il y a formation de nitrobenzène ou homologue.

La préparation de ces composés consiste précisément à oxyder régulièrement les arylhydroxylamines au moyen du mélange chromique [Bamberger, *D. chem. G.*, **33**, 113].

Dans les oxydations de la phénylhydroxylamine par l'air humide, il y a formation d'azoxybenzène si la liqueur est neutre; en solution alcaline il y a formation de nitrobenzène et d'azoxybenzène [Bamberger, *D. chem. G.*, **33**, 118. — B. et Brady, *ibid.*, **33**, 273].

Dans ces réactions la formation d'azoxybenzène est probablement précédée de la formation de nitrobenzène, et la réaction peut s'écrire en deux phases :

$$Ar.AzHOH + H^2O + H^2 = Ar.AzO + H^2O^2 + H^2O$$
$$ArAzO + ArAzHOH = ArAz^2OAr + H^2O$$

Le nitrobenzène s'unit en effet à la phénylhydroxylamine pour donner l'azoxybenzène [Bamb. et Renauld, *D. chem. G.*, **30**, 2278].

Les arylhydroxylamines peuvent également jouer le rôle d'oxydants en se transformant en amines aromatiques; ces propriétés oxydantes sont mises à profit industriellement pour l'oxydation de divers composés propénylique : anéthol, isoeugénol, isosafrol, en vue de la préparation des aldéhydes anisique, vanillique et pipéronylique (Brevet français, Zühl et Walter, n° 304481); dans les brevets français Geigy 280514 et 283920, les arylhydroxylamines, ou mieux leurs dérivés sulfonés, oxydent au moment de leur formation les alcools-phénols ou alcools aminés en les transformant en aldéhydes correspondantes.

On peut réaliser plus simplement l'hydrogénation des arylhydroxylamines en arylamines soit par le courant électrique, soit par les agents chimiques ordinaires.

L'acide sulfureux se fixe sur les arylhydroxylamines en donnant des acides arylaminosulfoniques [Bretschneider, *J. prakt. Chem.*, (2), **55**, 295],

$$C^6H^5AzHOH + SO^2 = C^6H^5-AzH-SO^2OH$$

L'acide sulfurique concentré provoque chez les arylhydroxylamines dont la position para est libre, une transposition moléculaire qui transforme ces composés en p-aminophénols

$$C^6H^5AzHOH = OH-C^6H^4-AzH^2$$

Si la position para est occupée on obtient des o-aminophénols. Parfois il se forme également des acides amino-phénylsulfoniques, des hydroquinones correspondantes aux p-aminophénols, des composés analogues aux p-amino- ou p-oxydiphénylamines, ou encore aux bases benzidiniques. La présence de deux substitutions sur les deux carbones voisins ne constitue pas un empêchement stérique à cette transposition; c'est ainsi que la 2.6-diméthylphénylhydroxylamine ne subit pas cette transposition [Bamberger, *D. chem. G.*, **33**, 3600. — Bamb. et Rising, *Ann. Chem.*, **316**, 292].

La potasse alcoolique joue le rôle de déshydratant et donne des dérivés azobenzéniques [Bamberger et Brady, *D. chem. G.*, **33**, 271].

$$2C^6H^5AzHOH = C^6H^5Az=Az-C^6H^5$$

avec le nitrobenzène cette condensation donne de l'azoxybenzène (voyez plus haut).

L'aldéhyde formique en liqueur acide se combine aux arylhydroxylamines en donnant les anhydrides des alcools hydroxylaminobenzyliques, alors qu'en liqueur neutre il se forme des méthylène-bis-arylhydroxylamines qui se forment également par action du diazométhane sur les arylhydroxylamines.

Avec la benzaldéhyde, la phénylhydroxylamine fonctionne comme les alkylhydroxylamines et donne la phénoxybenzaldoxime

$$\begin{array}{c} C^6H^5-CH-Az-C^6H^5 \\ \diagdown\ \diagup \\ O \end{array}$$

la réaction est identique avec le furfurol.

Le sodium réagit sur les arylhydroxylamines en solution éthérée en éliminant H et fournissant un dérivé sodé.

Phénylhydroxylamine $C^6H^5-AzHOH$. — Tous les modes de formation généraux indiqués ci-dessus s'appliquent à la phénylhydroxylamine.

On la prépare généralement par réduction du nitrobenzène; on peut effectuer la réduction par action de la poudre de zinc sur une solution alcoolique faible de nitrobenzène contenant du chlorure de calcium [Wohl, brevet allemand 84138]; on peut employer aussi le couple zinc-cuivre [Wohl, brevet allemand 84891]. Kalle et Cie effectuent la réduction zincique en solution aqueuse contenant du chlorure d'ammonium, par agitation énergique et sans dépasser la température de 15° [Brevet allemand 89978].

La réduction par l'amalgame de zinc a également donné à Bamberger et Knecht de bons rendements [*D. chem. G.*, **29**, 864].

La réduction électrolytique du nitrobenzène dans les conditions générales indiquées plus haut fournit la phénylhydroxylamine avec de bons rendements (Haber).

La phénylhydroxylamine se présente en aiguilles brillantes fusibles à 81-82°; elle est soluble dans 50 parties d'eau froide, dans 10 parties d'eau chaude; elle est facilement soluble dans l'alcool, l'éther, le chloroforme, etc., mais très peu dans la ligroïne.

L'oxyurée fournie par l'action de l'isocyanate de phényle fond à 125° (Beckmann Schönermarck), celle formée avec l'isocyanate de tolyle fond à 142° (W. Wortmann), la thio-urée que donne le sulfocyanate de phényle fond à 111°.

Le benzène-sulfonate fond à 121° et le paratoluène-sulfonate vers 143°.

Dérivés halogénés et nitrés. — Parachlorophénylhydroxylamine fond à 87°,5; métabromophénylhydroxylamine fond à 66°; parabromophénylhydroxylamine fond à 89-92; paraiodophénylhydroxylamine fond à 104-105°; 2.4.6-tribromophénylhydroxylamine fond à 132°; métanitrophénylhydroxylamine fond à 178°; 3.5-dinitrométhylhydroxylamine fond à 184-185°; trinitrophénylhydroxylamine (picrylhydroxylamine) fond à 99-100°.

Phénylhydroxylamines homologues.

Tolylhydroxylamines : ortho fond à 44°; méta fond à 68°,5; para fond à 93-94°.

Xylylhydroxylamines (diméthylphénylhydroxylamines); 2.3-diméthylphénylhydroxylamine fond à 74°; 2.4-diméthyl fond à 66°; 2.5-diméthyl fond à 91°,5; 2.6-diméthyl fond à 98,5; 3.4-diméthyl fond à 101°; paraxylylhydroxylamine fusible à 88-89° [Lumière, Seyewetz, *Bull. Soc. Chim.*, (3), **11**, 1043]; mésitylhydroxylamine fond à 116°.

Naphtylhydroxylamines. — Une seule est connue l'α-naphtyl-β-hydroxylamine.

α-naphtyl-β-hydroxylamine $C^{10}H^7AzHOH$. — Elle a été signalée par Wohl dans le brevet allemand 84138 et par Bretschneider [*J. prakt. Chem.*, (2), **55**, 299] qui l'obtiennent tous deux par réduction de l'α-nitronaphtaline par la poudre de zinc en présence de sels tels que AzH^4Cl, $CuCl^2$, etc.

Wacher [*Ann. Chem.*, **317**, 379], J. Scheiber, *D. chem. G.*, **37**, 3055] l'ont isolée à l'état de pureté fondant d'après le premier à 72°, et d'après l'autre à 78-79°. Elle répond à la formule

$$C^{10}H^{17}AzHOH, H^2O$$

(Scheiber).

Elle possède toutes les propriétés des arylhydroxylamines parmi lesquelles spécialement : réduction de la liqueur de Fehling, transformation par oxydation à l'air en composés azoxiques, transposition en amino-naphtol par action des acides minéraux; elle s'unit aux aldéhydes et réagit avec l'isocyanate de phényle, l'anhydride benzoïque, etc. (Scheiber).

L'isocyanate de tolyle fournit une oxyurée fusible à 147° (W. Wortmann).

Dérivés nitrosés des mono-arylhydroxyla-

-mines. — *Nitroso-arylhydroxylamines.* — La nitrosophénylhydroxylamine a seule été bien étudiée; c'est elle qui sera spécialement examinée; on a également décrit la nitrosotolylhydroxylamine fusible à 133° [voyez Angeli et Angelico, *Gazz. ital.*, **33**, **II**, 239] et la nitrosonaphtylhydroxylamine fusible à 192° [voyez *ibid.*, *Atti Ac. Lincei* (5), **8**, **II**, 28].

Nitrosophénylhydroxylamine,

$$C^6H^5Az(AzO)OH.$$

— Ce composé s'obtient par action d'une solution de nitrite de sodium sur une solution bien refroidie de chlorhydrate de phénylhydroxylamine [Bamberger, *D. chem. G.*, **27**, 1548]; on l'obtient également par l'action de l'hydroxylamine sur le nitrobenzène en présence d'éthylate de sodium [Angeli, Angelico, *D. chem. G.*, **29**, 1884; *Atti Ac. Lincei* (5), **8**, **II**, 28].

Il s'en forme aussi dans l'action d'une solution aqueuse du sel sodique de l'acide nitrohydroxylamique sur le nitrobenzène [Angeli, Angelico, Scuti, *Atti Ac. Lincei* (5), **9**, II, 44; **10**, I, 164; **11**, I, 535].

L'action d'un courant de bioxyde d'azote sur une solution éthérée de bromure de phénylmagnésium a fourni à Sand et Singer [*Ann. Chem.*, **329**, 190] un complexe magnésien que l'eau décompose en donnant de la nitrosophénylhydroxylamine

$$AzO-AzO + C^6H^5MgBr = AzOAz(OMgBr)-C^6H^5$$

La nitrosophénylhydroxylamine est soluble dans la plupart des solvants organiques et cristallise dans la ligroïne en longues aiguilles fusibles à 59°; c'est un isomère de l'acide diazobenzénique; son instabilité est très grande; par décomposition spontanée, il y a formation de nitrosobenzène, de nitrate de diazobenzène et parmi d'autres substances la p-dinitrodiphénylamine. Constantes d'affinités : [Hantzsch, *D. chem. G.*, **35**, 265].

Par méthylation de la base libre ou de ses sels au moyen du diazométhane, on obtient un éther méthylique fusible à 38° $C^6H^5-Az(AzO)OCH^3$ [*D. chem. G.*, **31**, 574]. L'acétamidate mercurique réagit à froid en donnant un composé insoluble dans l'eau; par ébullition avec HCl il se forme du nitrosobenzène [Forster, *Chem. Soc.*, **73**, 783]. Elle fournit la réaction de Liebermann.

B. Diarylhydroxylamines. — Il n'existe qu'une seule diarylhydroxylamine vraie décrite dans la littérature, la dipicrylhydroxylamine; les hydroxylamines disubstituées mixtes arylées et alkylées sont également peu nombreuses; l'oxydation des alkylanilines ne fournit en effet pas d'alkylarylhydroxylamines [Hantzsch, *D. chem. G.*, **31**, 179]; le seul exemple d'arylhydroxylamines mixtes est fourni par les méthylène-diarylhydroxylamines.

Dipicrylhydroxylamine $[(AzO^2)^3C^6H^2]^2AzOH$. — Cristaux jaunes fusibles à 169°,5 obtenus par action du chlorure de picryle en solution alcoolique sur une solution aqueuse de chlorhydrate d'hydroxylamine.

*Méthylène-*Az Az-*bisphénylhydroxylamine*

$$CH^2\begin{matrix}\nearrow Az(OH)C^6H^5\\ \searrow Az(OH)C^6H^5\end{matrix}$$

— Elle se prépare par action d'une solution aqueuse de formaldéhyde sur une solution alcoolique froide de phénylhydroxylamine [Bamberger, *D. chem. G.*, **33**, 947]; on sait qu'en liqueur acide les produits sont différents. On l'obtient encore en faisant réagir le diazométhane sur la phénylhydroxylamine [Bamberger, Tschirner, *D. chem. G.*, **33**, 956]. Le perchlorure de fer, le nitrite de sodium, la liqueur de Fehling l'oxydent en nitrosobenzène. Par ébullition avec l'eau il y a décomposition en azobenzène, nitrosobenzène et en éther phénylique de la glyoxime.

$$\begin{matrix}C^6H^5-Az\searrow & & \swarrow Az-C^6H^5\\ | & CH-CH & |\\ O\swarrow & & \searrow O\end{matrix}$$

Homologues. — Méthylène-bis-m-tolylhydroxylamine fond à 118°; méthylène-bis-p-tolylhydroxylamine fond à 103°.

Triarylhydroxylamines. — On ne connaît aucun représentant de ce groupe.

C. Arylhydroxylamines à fonction complexe. — Hydroxylaminophénols. — La réduction des nitrophénols conduit directement aux aminophénols [Bamberger, *D. chem. G.*, **28**, 251], mais quand les nitrophénols sont à l'état d'éthers benzoïques la formation de dérivés hydroxylaminés a lieu [A. Wohl, *D. chem. G.*, **36**, 4143]. C'est ainsi qu'a été obtenu le benzoate de parahydroxylaminophénol $C^6H^5-CO-O-C^6H^4-AzHOH$ caractérisé par son dérivé benzylidénique

$$\begin{matrix}C^6H^5-COO-C^6H^4-Az—CH-C^6H^5\\ \searrow\swarrow\\ O\end{matrix}$$

fusible à 205°.

Hydroxylamino-alcools. — *Alcool o-hydroxylaminobenzylique*, CH^2OH, C^6H^4AzHOH. — Cet alcool se forme par réduction de l'alcool o-nitrobenzylique en solution alcoolique diluée par l'action de la poudre de zinc en présence de chlorhydrate d'ammoniaque. Il fond vers 104°,5; oxydé par le mélange chromique il fournit l'alcool azoxybenzylique fusible à 123°; par l'acide monopersulfurique on obtient l'alcool o-nitrosobenzylique fusible à 101°.

Alcool p-hydroxylaminobenzylique. — Ce composé n'existe qu'à l'état de polymère

$$(CH^2OH-C^6H^4AzHOH-H^2O)^x,$$

on l'obtient par réduction de l'alcool paranitrobenzylique par la poudre de zinc [Kalle et Cie, Brevet allemand 87972] ou encore par action en liqueur chlorhydrique de l'aldéhyde formique sur la phénylhydroxylamine soit à l'état libre, soit à l'état naissant [Löb, *Chem. Centralbl.*, **1898**, **I**, 987; *D. chem. G.*, **31**, 2083; Brevets allemands 99312, 100610; *Chem. Centralbl.*, **1899**, I, 159, 765].

Presque tous ces procédés donnent ce polymère à l'état de chlorhydrate sous forme de poudre rougeâtre; la base polymère libre est une masse amorphe de couleur jaune [Bamberger, *D. chem. G.*, **33**, 94].

Hydroxylaminoaldéhydes. — 1° Az-*méthylalphénylhydroxylamine* $C^6H^5-Az(OH)-CHO$. Syn. formylphénylhydroxylamine. — Ce composé se forme soit par action de la formaldéhyde sur le nitrosobenzène, soit par action de l'acide formique absolu sur la phénylhydroxylamine [Bamberger, *D. chem. G.*, **35**, 732]. Il semble que l'oxydation de la méthylaniline fournit également ce composé en petite quantité [Bamberger et Vuk; Bamberger et Tschirner, *loc. cit.*]; fond à 70-71°.

2° *O-hydroxylaminobenzaldéhyde.* Se produit par réduction de l'o-nitrobenzaldéhyde [Bamberger et Elger, *D. chem. G.*, **36**, 3653]. On obtient de même les acétals diméthylique et diéthylique de l'hydroxylaminobenzaldoxime (B. et E.).

Hydroxylaminoacétones. — *L'o-hydroxylaminoacétophénone* a été préparée également par Bamberger et Elger (*loc. cit.*), par réduction de l'o-nitroacétophénone.

Mono- et di-hydroxylamino-anthraquinone [Schmidt et Gattermann, *D. chem. G.*, **29**, 2934].

Hydroxylamino-acides. — *Acides hydroxyla-*

minobenzoïques. — Les éthers de l'acide o-hydroxylaminobenzoïque ont été obtenus par Bamberger et Pyman par réduction des éthers o-nitrobenzoïques [*D. chem. G.*, **36**, 2700].

Acides hydroxylamino-phénylacétiques et homologues :

Acide hydroxylamino 2-phényl 3-propionique, $C^6H^5-CH^2-CH(AzHOH)CO^2H$ fond à 165°.

Acide hydroxylamino-2-méthyl-2-phényl-3-propionique, $C^6H^5-CH^2-C(CH^3)(AzHOH)-CO^2H$.

Acide hydroxylamino 2-phényl 3-butyrique. $C^6H^5-CH(CH^3)-CH(AzHOH)CO^2H$.

Acide hydroxylamino 3-phényl 4-butyrique $C^6H^5CH^2-CH-(AzHOH)-CH^2-CO^2H$ [Posner, *D. chem. G.*, **36**, 4305].

Acide hydroxylamino-nitrophénylglutarique (Schrœter et Meerwin).

ACIDES HYDROXAMIQUES

Généralités. — Ces acides résultent de l'action de l'hydroxylamine sur les éthers sels, les amides, les chlorures d'acide, etc. (voyez p. 610) et présentent à la place de l'oxygène du groupe carboxylé le reste oximidé ou isonitrosé [Constitution : Vorländer, *D. chem. G.*, **34**, 1632]. On obtient encore ces acides par l'action de l'acide nitrohydroxamique sur les aldéhydes [Angelico et Fanara, *Gazz. chim. ital.*, **31**, II, 15].

$$O=Az(OH)=Az(OH)+CH^3-CHO$$
$$=CH^3C(AzOH)-OH+AzO^2H.$$

L'acide benzène-sulfohydroxamique réagit de la même façon et donne avec les aldéhydes des acides acylhydroxamiques et de l'acide benzènesulfinique $C^6H^5SO^2$ [Rimini, *Atti Ac. Lincei* (5), **10**, I, 355; Velardi, *Gazz. chim. ital.*, **34**, II], 66].

Ils se forment aussi transitoirement dans l'action de l'acide chlorhydrique sur les dérivés nitrés gras. Le produit final de la réaction est constitué par de l'hydroxylamine et des acides [Bamberger et Rüst, *D. chem. G.*, **35**, 45]. On obtient aussi des acides hydroxamiques acidylés par l'action des chlorures d'acides sur les nitrométhane et nitroéthane sodés [Nef, Jones, *loc. cit.*].

L'oxydation des amines (méthylamine, éthylamine, benzylamine) par l'acide monopersulfurique fournit également des acides hydroxamiques [Bamberger, Scheutz, *D. chem. G.*, **34**, 2262; **35**, 4293; B. et Seligmann, *ibid.*, **35**, 4299].

Ce sont des combinaisons cristallisées qui se comportent comme des acides et qui d'une solution de cuivre ammoniacal précipitent des sels de cuivre. Le chlorure ferrique en solution acide ou neutre les colore en rouge cerise; l'acide azoteux les décompose en donnant d'une part, l'acide correspondant, et d'autre part de l'hydroxylamine ou ses produits de décomposition [Hantzsch, Sauer, *Ann. Chem.*, **299**, 83]; les sels secs soumis à l'action de la chaleur sont doués de propriétés explosives. Les solutions salines réduisent la liqueur de Fehling; le permanganate de potasse les oxyde en donnant des azotates alcalins.

ACIDES HYDROXAMIQUES GRAS [1]

DÉRIVÉS DES ACIDES MONOBASIQUES.

ACIDE FORMHYDROXAMIQUE,

$$H.COAzH(OH) \quad \text{ou} \quad H-C\begin{matrix}\lessgtr Az(OH)\\ \lessgtr OH\end{matrix}$$

— Jones [*Am. Chem. Journ.*, **20**, 27] et Schröter [*D. chem. G.*, **31**, 2191] l'obtiennent en faisant réagir l'éther formique et l'hydroxylamine en solution dans l'alcool méthylique. Nef, Biddle [*D. chem. G.*, **31**, 274] obtiennent ses éthers en chauffant l'acide formique avec les hydroxylamines α-alcoylées. Il cristallise en paillettes savonneuses au toucher fondant à 81-82°, et se décomposant brusquement en AzH^2OH et CO quand on le chauffe au-dessus de cette température (Jones). A froid, et en solution dans l'acétone, par exemple, il se décompose lentement en donnant principalement de l'hydroxylamine, de l'acide cyanique, de l'eau, de l'ammoniaque, de l'oxyde de carbone et du gaz carbonique. Très soluble dans l'eau et l'alcool, insoluble dans l'éther, le chloroforme, la ligroïne et le benzène, il est coloré en rouge par $FeCl^3$.

Sel de sodium $2(NaCH^2O^2Az)CH^3O^2Az$; n'est pas hygroscopique, et se décompose à la longue en donnant AzH^3 et CO^3Na^2.

Sel de cuivre

$$HC\begin{matrix}\lessgtr AzO\\ \lessgtr O\end{matrix}\!\!>Cu$$

Dérivés benzoylés. — Dérivé Az-benzoylé fondant à 76°,5-77°,5; son chlorure

$$CH\begin{matrix}\lessgtr Cl\\ \lessgtr AzO-CO-C^6H^5\end{matrix}$$

fond à 54°.

Dérivé dibenzoylé fondant à 109-111°.

L'éther méthylique $CH(=AzOCH^3)OH$ est obtenu par action de l'acide fulminique sur l'α-méthylhydroxylamine [Baddle, *Am. Journ.*, **33**, 60].

ACIDE ACÉTHYDROXAMIQUE,

$$CH^3-C\begin{matrix}\lessgtr OH\\ \lessgtr AzOH\end{matrix} + \tfrac{1}{2}H^2O$$

— Hoffmann [*D. chem. G.*, **22**, 2854] l'obtient par l'action du chlorhydrate d'hydroxylamine sur l'acétamide en solution aqueuse. Miolati [*D. chem. G.*, **25**, 700] le prépare en chauffant une heure 2 molécules d'anhydride acétique avec une molécule de chlorhydrate d'hydroxylamine sec.

Il fond à 58-59°. Sur le vide sulfurique il devient anhydre et fond alors à 87-88°, c'est un corps neutre facilement soluble dans l'eau, l'alcool, insoluble dans l'éther; il réduit AzO^3Ag ammoniacal et est coloré par $FeCl^3$ en rouge.

Sel de cuivre

$$\begin{matrix}CH^3-C=AzOCuOH\\ |\;>O\\ CH^3-C=AzOCuOH\end{matrix}$$

[Crismer, *Bull. Soc. Chim.*, (3), **3**, 121].

Dérivé acétylé,

$$CH^3C\begin{matrix}\lessgtr OH\\ \lessgtr AzO-COCH^3\end{matrix}$$

— Obtenu par l'action de l'anhydride acétique sur le chlorhydrate d'hydroxylamine [Hantsch, *D. chem. G.*, **25**, 703] fond à 89°.

Le dérivé Az-benzoylé fond à 69-70°; le dérivé dibenzoylé est liquide.

Acide chloracéthydroxamique,

$$CH^2Cl-C(OH)-AzOH.$$

— Fond à 108° [Francesconi Bastranini, *Gazz. chim. ital.*, (1), **34**, 428].

1. L'étude individuelle de chacun de ces acides devrait plutôt être faite à propos de l'acide correspondant; seul l'acide oxalhydroxamique a été étudié à côté de l'acide oxalique [Voyez Dict., (2), 2e partie, 669], mais ni l'acide formhydroxamique, ni l'acide acéthydroxamique n'ont été étudiés jusqu'ici, aussi les rangeons-nous à cette place de même que les acides hydroxamiques aromatiques déjà étudiés (Voyez Dict., 1er Suppl., 934).

Acide propionhydroxamique. — Fond à 85° [Miolati, *D. chem. G.*, **25**, 700].

Acides hydroxamiques homologues.

Acide butyrylhydroxamique. — Fond à 127° (Francesconi, Bastranini).
Acide isovalérylhydroxamique (Rimini).
Acide capronylhydroxamique (Francesconi Bastianini).
Acide œnanthydroxamique. — Fusible à 75-76° (Angelico Fanara).
Acide géranylhydroxamique liquide.
Acide citronellylhydroxamique. — Fusible à 72-74° (Velardi).

Dérivés hydroxamiques des acides bibasiques.

On connaît deux séries de ces dérivés, les mono et dihydroxamiques.
A l'acide carbonique correspondrait l'*acide carbhydroxamique*.

$$OH - C \lessgtr {AzOH \atop OH}$$

On n'en connaît que des éthers, les oxyuréthanes telles que

$$OH - C \lessgtr {AzOH \atop OC^2H^5}$$

[Hantzsch, *D. chem. G.*, **27**, 1255. — Jones *Am. Chem. Journ.*, **20**, 37].
Acide oxalmonohydroxamique,

$$CO^2H \,.\, C \lessgtr {AzOH \atop OH} \quad (?)$$

— On le prépare en ajoutant à une solution de 2 molécules de chlorhydrate d'hydroxylamine, 2 molécules de potasse alcoolique. On filtre le KCl formé et ajoute 1 molécule d'éther oxalique [Lossen, *D. chem. G.*, **27**, 1108].
Les sels sont peu stables, le sel de sodium explose quand on le chauffe.
Les éthers méthylique et éthylique s'obtiennent en faisant tomber goutte à goutte une solution à 13 0/0 d'hydroxylamine dans les alcools correspondants, dans une solution de 1 molécule d'oxalate de méthyle ou d'éthyle dissous dans le même alcool; ces éthers donnent des sels instables, l'éther méthylique fond à 120° (Lossen).
Amide, $AzH^2 - CO - C(OH) = AzOH$. — Fond à 159°, s'obtient à partir de l'oxyuréthane et AzH^2OH; son dérivé acétylé fond à 173°; chauffé à 110° avec de l'anhydride acétique, donne l'acide cyanurique et acide acétique [Schiff et Montacchi, *Ann. Chem.*, **288**, 314].
Sur la constitution, voyez Hollemann, *Rec. des Pays-Bas*, (2), **15**, 148. — Pickard et Cartes, *Proceed. Chem. Soc.*, **17**, 123; *Chem. Soc.*, **79**, 918.
Acide oxaldihydroxamique. — Déjà décrit ainsi que de nombreux sels (Dict., **2**, 2° part., 669).

$$\begin{matrix} C \lessgtr {AzOH \atop OH} \\ | \\ C \lessgtr {AzOH \atop OH} \end{matrix} \quad \text{ou} \quad \begin{matrix} CO - AzHOH \\ | \\ CO - AzHOH \end{matrix}$$

Il s'obtient également par l'action de l'éther oxalique sur une solution de chlorhydrate d'hydroxylamine neutralisée par l'ammoniaque [Hantsch, Urbahn, *D. chem. G.*, **27**, 801].
On dirige un courant de gaz ammoniac dans la solution, puis on chauffe avec de l'acide acétique le sel précipité.
Lossen a indiqué un procédé de préparation [*D. chem. G.*, **27**, 1108] consistant à ajouter peu à peu à 1 molécule d'éther oxalique 3 molécules d'hydroxylamine en solution à 4 0/0 dans l'alcool méthylique; il cristallise dans l'eau en prismes microscopiques, et explose vers 165°. Sels d'AzH^4, de sodium, potassium, calcium, baryum, zinc, argent (Lossen) [voyez Dict., *loc. cit.*].
Le sel d'argent donne dans l'éther, avec 4 molécules de ICH^3 ou IC^2H^5 les composés incristallisables $C^2O^4Az^2(CH^3)^4$ et $C^2O^4Az^2(C^2H^5)^4$.
Par ébullition avec l'anhydride acétique il donne un dérivé tétracétylé [Hantsch Urbahn, *D. chem. G.*, **628**, 755] qui cristallise de l'acide acétique en cubes brillants fusibles à 141°.
Son éther diéthylique s'obtient, en laissant pendant 6 heures l'éther oxalique en présence d'éthylhydroxylamine [Lossen, *D. chem. G.*, **27**, 111]. Il cristallise dans le chloroforme et fond à 153°. Il donne des sels de sodium, zinc, cuivre, argent; le sel d'argent avec l'iodure de méthyle fournit le composé

$$C^2O^2\left(Az \lessgtr {CH^3 \atop OC^2H^5}\right)^2$$

Acide isooxaldihydroxamique. — D'après Lossen [*D. chem. G.*, **27**, 1107], on obtient le sel de baryum d'un acide isomère de l'acide oxaldihydroxamique, en ajoutant une solution de 2 molécules de chlorhydrate d'hydroxylamine avec 1 molécule d'eau de baryte saturée. Quand on veut mettre l'acide en liberté par un acide minéral il se décompose, et l'on obtient de l'acide oxalique.
Les sels de calcium, baryum, cuivre et argent explosent vers 50°.
Acide malonmonohydroxamique,

$$CO^2H - CH^2 - C \lessgtr {OH \atop AzOH}$$

fond à 181°; son sel ammoniacal s'obtient par ébullition prolongée d'une solution aqueuse de malondihydroxamate ammoniacal [Hantzsch, Schatzmann, Urbahn, *D. chem. G.*, **27**, 804].
Acide malondihydroxamique,

$$CH^2 \begin{matrix} \nearrow C \lessgtr {OH \atop AzOH} \\ \searrow C \lessgtr {AzOH \atop OH} \end{matrix}$$

— Le sel ammoniacal s'obtient en dirigeant un courant de gaz ammoniac dans un mélange bien refroidi de 1 molécule de malonate diéthylique, et d'une solution aqueuse saturée de 2 molécules de chlorhydrate d'hydroxylamine [*D. chem. G.*, **27**, 803]. On décompose le sel ammoniacal par l'acide acétique.
L'acide cristallise dans l'eau et fond vers 154-155° avec violente décomposition. Il est à peine soluble dans l'alcool et insoluble dans l'éther.
Sel d'AzH^4, $AzH^4 . C^3H^5O^4Az^2$, poudre cristalline fusible à 141° avec décomposition, peu soluble dans l'eau froide.
Acide succinylhydroxamique,

$$CO^2H - CH^2 - CH^2C \lessgtr {OH \atop AzOH}$$

— Cet acide s'obtient en ajoutant 1 molécule d'anhydride succinique à un mélange d'un peu plus d'une molécule d'hydroxylamine dissoute dans l'alcool, et 1 molécule d'éthylate de sodium [Errera, *Gazz. chim. ital.*, (2), **25**, 26]. On distille pour chasser l'alcool, on dissout le résidu dans l'eau saturée par l'ammoniaque, et précipite par une demi-molécule de $BaCl^2$ à l'état de sel de baryum $(C^4H^6O^4Az^2)^2Ba$.
Ce sel est décomposé par la quantité théorique

d'acide sulfurique; l'acide est sirupeux, instable, très soluble dans l'alcool et l'eau.

Par ébullition de une demi-heure avec du chlorure d'acétyle en excès, on obtient un dérivé acétylé $C^4H^4O^2=NOC^2H^3O$, qui cristallise dans le benzène en gros prismes fusibles à 129-130° [La Valle, *Gazz. chim. ital.*, (2), **25**, 30].

Acide subérylhydroxamique. — Cet acide fond à 235° avec décomposition (Angelico Fanara).

ACIDES BENZHYDROXAMIQUES ET DÉRIVÉS

Ces acides peuvent être groupés comme suit :

I. *Acide benzhydroxamique.*

$$C^6H^5-C(OH)=AzOH.$$

1° Acide, préparation, propriétés, chlorure d'acide, dérivés chlorés et nitrés;
2° Benzhydroxamates de méthyle, d'éthyle, de benzyle, etc.;
3° Acides alkylbenzhydroxamiques et leurs éthers;
4° Dérivés acylés de l'acide benzhydroxamique.
  a) Acylés à l'oxygène fixé au carbone (O-acylés).
  b) Acylés à l'oxygène fixé à l'azote (Az-acylés).
  c) Diacylés.

II. *Acides oxybenzhydroxamiques.*

1° Acide salicylhydroxamique et o-éthoxybenzhydroxamique;
2° Acide anishydroxamique;
3° Acide pipéronhydroxamique et ses dérivés.

III. *Acides divers* : cinnamylhydroxamique, phtalylhydroxamique, furfurylhydroxamique, pyromucylhydroxamique, etc.

I. — ACIDE BENZHYDROXAMIQUE

L'étude de cet acide et de ses dérivés a déjà été faite dans ce dictionnaire (1er Suppl., 934). Sa préparation par l'action du chlorure de benzoyle sur l'hydroxylamine (procédé Lossen) s'y trouve décrit. Les modes généraux de formation qui ont été indiqués quelques pages plus haut pour les acides hydroxamiques aliphatiques s'appliquent aux acides benzhydroxamiques à savoir : action de l'hydroxylamine sur de nombreux dérivés des acides éthers-sels [Jeanrenaud, *D. chem. G.*, **22**, 1272], amides, imides, etc. (voyez pages 610, 640); action du nitrohydroxamate de sodium sur la benzaldéhyde (voyez page 640), etc., etc.]

L'acide benzhydroxamique s'obtient encore par oxydation de la benzaldoxime par l'acide monopersulfurique [Bamberger, *D. chem. G.*, **33**, 1781].

Cet acide fond à 129-131° (Angelico Fanara), à 131-132° (Rimini). Propriétés physiques et chimiques, sels (voyez 1er Supplément).

Chlorure de l'acide benzhydroxamique,

$$C^6H^5-C(=AzOH)Cl.$$

— Il s'obtient en faisant réagir PCl^5 sur le benzhydroxamate d'éthyle [Lossen, *Ann. Chem.*, **252**, 217], ou encore en traitant par HCl et AzO^2, le dérivé éthylé de l'amide benzhydroxamique (éthylbenzénylamidoxime) [Tiemann, Krüger, *D. chem. G.*, **18**, 732]. Ce chlorure fond à 48°; avec l'ammoniaque il régénère l'éthylbenzénylamidoxime, tandis qu'avec l'hydroxylamine on obtient le composé $C^6H^5-C(AzHOH)=AzOH$, fusible à 115°.

Dérivés chlorés et nitrés de l'acide benzhydroxamique. — Acide p-chlorobenzhydroxamique (von Haalte), fusible à 168°; son dérivé benzoylé fond à 158°.

Acide m-nitrobenzhydroxamique, fusible à 151° (Werner, Skiba), à 153° (Angelico, Fanara).

Acide p-nitrobenzhydroxamique, fusible à 177° (W. et S.), à 171° (Rollemann).

2° ETHERS BENZHYDROXAMIQUES. — *Benzhydroxamate de méthyle,* $C^6H^5C(OH)=AzOCH^3$. — Il s'obtient en traitant par l'iodure de méthyle le benzhydroxamate de potassium dans CH^3OH [Lossen, *Ann. Chem.*, **281**, 187]; l'hydrolyse des α et β-éthylbenzhydroxamate de méthyle en fournit également. Fusible à 62°; le chlorure correspondant $C^6H^5C(=AzOCH^3)Cl$ bout vers 250°.

Benzhydroxamate d'éthyle,

$$C^6H^5C(OH)=AzOC^2H^5.$$

— (Voyez 1er Suppl., 935). Le chlorure correspondant bout à 125° sous 45 millimètres; sous la pression ordinaire il bout à 230° (Tiemann, Krüger), 239° (Lossen); le bromure bout à 150° sous 45 millimètres. L'un et l'autre conduisent par l'action des acétates et benzoates d'argent aux dérivés acétylé fusible à 38-39°, et benzoylé fusible à 48-49°.

Benzhydroxamate de benzyle,

$$C^6H^5-C(OH)=AzOCH^2-C^6H^5.$$

— Ce composé fusible à 103-104° s'obtient par agitation d'une solution d'acide benzylformhydroxamique avec la quantité calculée de lessive de soude et de chlorure de benzoyle [Biddle, *Ann. Chem.*, **310**, 24].

Benzhydroxamate de p-nitrobenzyle,

$$C^6H^5-C(OH)=AzOCH^2-C^6H^4Cl.$$

— Fond à 161° (Werner).

3° ACIDES ALKYLBENZHYDROXAMIQUES. — Chacun de ces acides est connu sous deux formes α et β.

Acide méthylantibenzhydroximique. (syn. : *Acide méthylbenzhydroxamique* α

$$\begin{array}{c} C^6H^5-C-OCH^3 \\ \| \\ Az-OH \end{array}$$

— Cet acide fondant à 64-65° a déjà été décrit (voyez 1er Suppl., 935); il se présente également sous forme de tables régulières fusibles à 101°; on suppose que ces deux formes sont dues à une polymérisation existant seulement à l'état solide [Werner, Subac, *D. chem. G.*, **29**, 1155. — Hecht, *Ann. Chem.*, **281**, 201]. Cet acide se produit par addition de $C^6H^5C(OCH^3)=AzH$ à une solution diluée de chlorhydrate d'hydroxylamine [W., S., *loc. cit.*].

La saponification du dibenzhydroxamate de méthyle en fournit également [W., S., *loc. cit.* — Eiseler, *Ann. Chem.*, **175**, 342. — Lossen, Zanni, *Ann. Chem.*, **182**, 226. — Lossen, *Ann. Chem.*, **281**, 199].

Dérivés. — Oxyphénylurée, fond à 115°; benzoylé α fond à 53-54°, β fond à 55°,3; éther méthylique fond à 216-217°; éther éthylique déjà signalé (1er Suppl., 935) liquide [Waldstein, *Ann. Chem.*, **181**, 393].

Acide méthyl-syn-benzhydroximique (syn. : *Acide méthylbenzhydroxamique*-β),

$$\begin{array}{c} C^6H^5\cdot COCH^3 \\ \| \\ OH-Az \end{array}$$

— Cet acide fusible à 44° se forme à côté de son isomère anti dans les préparations indiquées ci-dessus; son oxyphénylurée fond à 117°.

Acide éthyl-synbenzhydroximique (syn. *Acide éthylbenzhydroxamique*-α déjà décrit 1er Suppl.,

$$C^6H^5-COC^2H^5 \atop {\| \atop OHAz}$$

935). — Les isomères syn et anti se forment tous deux par action du chlorhydrate d'hydroxylamine sur l'éther éthylique de l'imine benzhydroxamique $C^6H^5C(OC^2H^5)=AzH$ [Lossen, *D. chem. G.*, 17, 1587. — Tiemann, Krüger, *D. chem. G.*, **18**, 742].

Dérivés. — Acétylé fond à 57°; succinate fond à 60°; benzoylé α fond à 58°; benzoylé β fond à 63°. L'éther éthylique bout à 128° sous 40 millimètres.

Acide propylbenzhydroxamique,

$$C^6H^5-C(OCH^2-CH^2-CH^3)=AzOH.$$

— Cet acide existe sous deux formes : α fusible à 33°,5 et β fusible à 48°. On les obtient l'une et l'autre par action de AzH^2OHHCl sur l'éther benziminopropylique [Lossen, *Ann. Chem.*, **281**, 203. — Hecht, *ibid.*, **281**, 205].

On a décrit 3 dérivés benzoylés, mais on ne sait à quelle forme α ou β ils se rattachent : α fond à 32°, β fond à 50°, γ fond à 20-24° [Hecht, *loc. cit.*, 239].

4° Dérivés acylés des acides benhydroxamiques.

Monoacylés. — (*a*) O-acylbenzhydroxamiques

$$C^6H^5-C(=AzOH)OCO-R.$$

(*b*) Az-acylbenzhydroxamiques,

$$C^6H^5-C(=AzOCOR)OH.$$

Diacylés. — (*c*) Diacylbenzhydroxamiques,

$$C^6H^5-C(=AzOCO.R)O.COR.$$

A. *Acides O-acylbenzhydroxamiques.*

Acide O-acétylbenzhydroxamique,

$$C^6H^5-C(=AzOH)-O-CO-CH^3.$$

— Cet acide est inconnu, mais on a décrit son éther éthylique fusible à 38-39° [Tiemann, *D. chem. G.*, **24**, 3456. — Werner, *ibid.*, **25**, 41]. Son dérivé Az-benzoylé fond à 84-85°.

Acide o-benzoylbenzhydroxamique,

$$C^6H^5-C(=AzOH)O-CO-C^6H^5.$$

— Il est obtenu par action du benzoate d'argent sur le chlorure $C^6H^5-C(=AzOH)Cl$ [Werner, Buss, *D. chem. G.*, **27**, 2198], il est fusible à 95° et se transforme spontanément en quelques jours en acide dibenzhydroxamique (Az-benzoylbenzhydroxamique) en même temps qu'il se forme du peroxyde de benzyldioxime et de l'acide benzoïque [Werner et Skiba, *D. chem. G.*, **32**, 1654]. Son dérivé acétylé fond à 68-69°; dérivé benzoylé (voyez plus loin *Acides O-Az-dibenzoylbenzhydroxamiques*).

L'éther éthylique $C^6H^5-C(AzOC^2H^5)OCO-C^6H^5$ fond à 48-49°.

L'éther glycolique

$$[C^6H^5-C(OCOC^6H^5-AzO]^2C^2H^4$$

fond à 148° (Eiseler).

B. *Acides Az-acylbenzhydroxamiques.*

Acide Az-acétylbenzhydroxamique

$$C^6H^5-C(=AzO-COCH^3)OH.$$

— On l'obtient par action du chlorure d'acétyle sur le benzhydroxamate de baryum [Werner, *D. chem. G.*, **25**, 43. — Hantzsch, *ibid.*, **27**, 1256].

Il se forme également par action du chlorure d'acétyle sur le phénylnitrométhane sodé [Van Raalte, *Rec. des Pays-Bas*, **18**, 378]. Il fond à 125-126°.

Acide Az-benzoylbenzhydroxamique (syn. *Acide dibenzhydroxamique*)

$$C^6H^5C(=Az-OCO-C^6H^5)OH$$
$$\text{ou}\quad C^6H^5-CO-AzHOCOC^6H^5.$$

— La préparation, les propriétés de cet acide ainsi que ses divers sels et éthers ont été déjà décrits (Dict., 1er Suppl., 936).

L'éther méthylique α fond à 55° et le β à 55°,5 (Werner, Subac). Les éthers éthyliques α et β fondent à 58° et 63°; l'éther γ est liquide. On a décrit 3 éthers propyliques, α fusible à 32°, β fusible à 50°,3 et γ fusible (?) à 20°,5-24° [Lossen, Hecht, *loc. cit.*]. Son dérivé O-acétylé déjà décrit plus haut fond à 84-85°; son dérivé benzoylé sera étudié plus loin.

Acide Az-p-chlorobenzoylbenzhydroxamique fond à 137°.

Acide Az-anisylbenzhydroxamique

$$C^6H^5C(=AzO-CO-C^6H^4OCH^3)-OR.$$

— Cet acide fusible à 132° et son éther éthylique fusible à 690° ont été déjà décrits (voy. *Acide benzanishydroxamique*, Dict., 1er Suppl., 936-937).

C. *Acides diacylbenzhydroxamiques.*

Acide diacétylbenzhydroxamique

$$C^6H^5-C(=AzO-COCH^3)OCO-CH^3.$$

— C'est le dérivé acétylé correspondant aux acides O-acétyl- et Az-acétylbenzhydroxamiques ci-dessus décrit, il ne semble pas avoir été décrit, on ne connaît que les dérivés benzoylés ci-après :

Acide O-acétyl-Az-benzoylbenzhydroxamique fond à 84°-85.

Acide Az-acétyl O-benzoylbenzhydroxamique fond à 68-69° (voy. plus haut).

Acide dibenzoylbenzhydroxamique (syn. *Tribenzhydroxylamine, acide benzhydroxamique dibenzoylé.* — Ce composé a été déjà décrit (Dict., 1er Suppl., 937, voy. *Tribenzhydroxylamine*); il est connu sous 3 modifications dont on a essayé d'expliquer l'isomérie (voyez plus haut p. 622, constitution de l'hydroxylamine).

Acide O-benzoyl-Az-anisylbenzhydroxamique

$$C^6H^5-C(=AzOCO-C^6H^4-OCH^3)OCO-C^6H^5.$$

— Il existe également sous 3 modifications (Dict., 1er Suppl., 937, *Benzanisobenzhydroxylamine*).

Acide Az-anisyl-O-benzoybenzhydroxamique

$$C^6H^5-C(=AzO-CO-C^6H^5)OCO-C^6H^4OCH^3.$$

— (Dict., 1er Suppl., 938, *Dibenzanishydroxylamine*).

Acide dianisylbenzhydroxamique,

$$C^6H^5-C(=AzOCO-C^6H^4OCH^3)OCO-C^6H^4OCH^3.$$

— (Dict., 1er Suppl., 938, *Benzodianishydroxylamine*).

II. — ACIDES OXYBENZHYDROXAMIQUES

Acide salicylhydroxamique. — Fond à 171° (Tingle); son éther phénolique, l'acide o-éthoxybenzhydroxamique, fond à 139° (Angelico, Fanara).

Acide p-oxybenzhydroxamique. — L'acide p-oxybenzoïque ne semble pas donner d'acide hydroxamique (différence avec acide salicylique); ses éthers phénoliques (anishydroxamiques) sont bien connus depuis les travaux de Lossen.

Acide anishydroxamique

$$OCHOCH^3-C^6H^4-C(AzOH)OH.$$

— Cet acide fusible à 166° (Rimini) a été déjà étudié (Dict., 1er Suppl., 935) ainsi que ses sels et éthers (p. 936).

Dérivés acylés : *Monoacylés*,

Acide Az-benzoylanishydroxamique fond à 148° [anisobenzhydroxamique, *loc. cit.*, 937].

Acide Az-anisylanishydroxamique fond à 143° [dianishydroxamique, *loc. cit.*, 937].

Diacylés,

Acide dibenzoylanishydroxamique (anisodibenzhydroxylamine, 938).

Acide Az-benzoyl-O-anisylhydroxamique (anisobensanishydroxylamine, 938).

Acide O-benzoyl-Az-anisylhydroxamique (dianisobenzhydroxylamine, 938).

Acide pipéronylhydroxamique

$$CH^2O^2-C^6H^3-C(AzOH)OH.$$

— Cet acide fond à 172-173° (Rimini); son dérivé bromé fond à 202° (Angelico, Fanara).

III. — ACIDES DIVERS

Acide cinnamylhydroxamique (Voy. Dict., 1er Suppl., 936-937). — Il fond à 111°,5 [Thiele, Pickard, *Ann. Chem.*, **309**, 194].

Dérivés. — Az-acétylé fond à 112°; Az-benzoylé fond à 144°; Az-cinnmaylé fond à 152° (1er Suppl., 937).

Acide phtalylhydroxamique

$$C^6H^4\begin{cases} C(OH)=Az \\ \quad | \\ CO-O \end{cases} \quad \text{ou} \quad C^6H^4\begin{cases} C(=AzOH) \\ \quad\quad O \\ CO \end{cases}$$

— Cet acide a été étudié (Dict., 1er Suppl., 937), on peut l'obtenir directement en maintenant pendant quelques jours à la température ordinaire une solution d'hydroxylamine ou de carbonate d'hydroxylamine sur l'anhydride phtalique [Brevet allemand, 135 836; Farbwerke, O. Meister, Lucius et Brüning]; on le prépare également par action du chlorhydrate d'hydroxylamine sur la phtalimide [Bretschneider, *J. prakt. Chem.*, (2), **55**, 298].

Dérivé acétylé fond à 181° [Errera, *Gazz. chim. ital.*, **25**, II, 23. — La Valle, *loc. cit.*];

Dérivé benzoylé en petites tables monocliniques [Sommerfeldt, *Chem. Centralbl.*, 1890, **II**, 245].

[Sur la transformation de l'acide phtalylhydroxamique en acide anthranilique voyez Dict., 1er Suppl., 237. — Brevets allemands, 130 301 et 130 302 Basler, Ch. Fabrik in Basel; 130 680, 130 681 et 135 836 Farbw. vorm. Meister, Lucius et Brüning].

Acide furfurylhydroxamique fond à 128°.

Acide pyromucylhydroxamique (Pickard et Néville).

Acides sulfhydroxamiques.

Acide benzène-sulfhydroxamique

$$C^6H^5-SO^2AzHOH.$$

— Ce composé se forme par action du chlorure $C^6H^5SO^2Cl$ sur une solution alcoolique d'hydroxylamine libre [Piloty, *D. chem. G.*, **29**, 1560]. Il cristallise dans l'eau en tables rhombiques [Täuber, *Zeits. f. Krist.*, **33**, 85] et fond à 126°. Les alcalis le transforment en acide sulfinique et en acide hypoazoteux [Piloty, *loc. cit.*, 1559 et 2324]. Il fournit un dérivé diacétylé fusible à 85°.

Acide naphtalène-sulfhydroxamique fond à 154° [Angeli, Angelico, Scurti, *Gazz. chim. ital.*].

La *dibenzène-sulfhydroxylamine* fusible à 110°, s'obtient par oxydation de l'acide benzène-sulfhydroxamique par le chlorure ferrique [Piloty, *loc. cit.*], ou par l'hypochlorite de chaux; l'oxydation de ce même acide par l'acide azoteux le fournit également [Hinsberg, *D. chem. G.*, **27**, 598].

Ac. ditoluène-sulfhydroxamique fond à 148°.

Tribenzène-sulfohydroxylamine, se forme dans l'oxydation de l'acide benzsulfhydroxamique par l'acide azotique.

1er Janvier 1906. M. Tiffeneau.

HYDROXYLÈNE. — Voy. HYDROAROMATIQUES, 2e Suppl., 5.

HYDROXYLOQUINONE. — Voy. XYLOHYDROQUINONE.

HYDROZINCITE (Min.). — Voyez ZINCONISE, Dict., **3**, 786.

HYDURINEPHOSPHORIQUE (ACIDE). — Voy. l'article PURINE.

HYGRINE $C^8H^{15}AzO$. — Retirée des alcaloïdes qui accompagnent la cocaïne dans le coca. Hesse [*Pharm. Zeit.*, 1887, 407 et 609] l'avait isolée mais lui avait attribué la formule $C^{12}H^{13}Az$. Liebermann, soit seul, soit avec Kühling ou Cybalski, l'a isolée à l'état de pureté et décrite [*D. chem. G.*, **22**, 675, 1889; **24**, 407, 1891; **26**, 851, 1893; **28**, 578, 1895; **29**, 2050, 1896].

Le mélange de bases liquides (hygrine brute) est dissous dans l'éther, desséché sur des fragments de potasse et distillé dans le vide. Les fractions inférieures contiennent l'hygrine qui bout alors à 128-131° (50 millimètres), tandis qu'une autre fraction bout sous la même pression à 215° (cusco-hygrine).

L'hygrine est un liquide incolore soluble dans l'eau; à l'air elle absorbe l'anhydride carbonique et se colore. Ebullition 92-94° (20 millimètres), 111-113° (50 millimètres). Densité à 17° 0,935, pouvoir rotatoire spécifique $[\alpha]_D = -1°,3$.

Sa constitution est basée sur la formation de l'oxime, et son oxydation en acide hygrinique.

```
CH² —— CH —— CH²        CH² —— CH —— CH²
|       |     |          |      |      |
|     Az.CH³  CO         |    Az.CH³   CO
|       |     |          |      |      |
CH² —— CH²    CH³       CH² —— CH —— CH²
     Hygrine.                Tropinone.
```

Oxime de l'hygrine $C^8H^{15}Az.AzOH$, fusible à 116-120°; distille sans décomposition; elle a une réaction alcaline; très soluble dans l'alcool, assez dans l'eau et dans l'éther, difficilement dans la ligroïne.

Picrate de cette oxime

$$C^8H^{16}Az^2O,C^6H^2(AzO^2)^3OH,$$

cristallise dans l'alcool, fusible à 160°.

Picrate de l'hygrine, fusible à 148°.

Chlorhydrate $C^8H^{15}AzO.HCl$, aiguilles.

Iodhydrate $C^8H^{15}AzO.HI$, aiguilles.

1er janvier 1906. M. Delacre.

HYGRINIQUE (ACIDE) $C^6H^{11}AzO^2$. — Liebermann (voyez bibliogr., *Hygrine*).

On oxyde 40 grammes d'hygrine par 100 grammes CrO^3 et 150 grammes H^2SO^4 concentré dans 600 grammes d'eau; on décompose par SO^2 l'excès d'oxydant, et on élimine par la baryte en même temps l'acide sulfurique et l'oxyde de chrome. La solution bouillie avec de l'oxyde de cuivre et filtrée est évaporée à siccité; on extrait le résidu par le chloroforme, on distille celui ci dans l'eau qu'on évapore à cristallisation. Le sel de cuivre $(C^6H^{10}AzO^2)^2Cu$ est cristallisé dans l'alcool absolu, et on précipite la solution mère par l'éther. Le sel de cuivre est décomposé par l'hydrogène sulfuré à l'abri de l'air. On évapore à siccité.

L'acide hygrinique est cristallisé dans le chloroforme, ou mieux dans un mélange d'alcool et d'éther. Lorsqu'il n'est pas tout à fait pur il est hygroscopique. Il donne un hydrate à une molécule d'eau. Il fond à 164° (Liebermann), 169-170° [Willstaeter, *Ann. Chem.*, 326, 1903], est soluble dans l'eau et l'alcool, insoluble dans l'éther et le benzène, soluble dans le chloroforme bouillant.

Chauffé en présence d'un excès de chlorure d'or, l'acide hygrinique donne lieu à un abondant dégagement de CO^2, et tandis qu'il se dépose de l'or réduit, il se forme un mélange de chloraurates de pyridine et de pipéridine.

$$C^6H^{11}AzO^2 . HCl + 3AuCl^3$$
$$= C^5H^5Az . HCl . AuCl^3 + CO^2 + Au^2 + 6HCl;$$

l'acide hygrinique était donc pour Liebermann un acide pipéridinecarbonique [*D. chem. G.*, **24**, 407, 1891].

Synthèse de l'acide hygrinique. — La cheville ouvrière est le propylmalonate d'éthyle bibromé

$$CH^2Br . CH^2 . CH^2 . CBr \begin{matrix} \diagup COOC^2H^5 \\ \diagdown COOC^2H^5 \end{matrix}$$

(ébullition 177° sous 11 millimètres), auquel on arrive en faisant agir le bromure de triméthylène sur l'éther malonique sodé : il se forme $CH^2Br . CH^2 . CH^2 . CH(CO^2Et)^2$, que l'on brome ensuite [Willstaetter, *D. chem. G.*, **33**, 1160, 1900]. L'auteur a étudié parallèlement l'action, sur l'éther bibromé, de l'ammoniaque et de la méthylamine.

I. Par l'ammoniaque, on obtient :

1° Des dérivés de

$$AzH^2CH^2 . CH^2 . CH^2 . C(AzH^2)(CO^2C^2H^5)^2;$$

2° Principalement en solution méthylique à 140° (rendements 60 0/0), le composé $C^6H^{11}O^2Az^3$:

```
CH² — CH²
|       |
CH²    C(COAzH²)₂
  \   /
   AzH
```

Fusible à 163°.

L'acide que cette amide fournit par l'acide chlorhydrique ou la baryte fond à 198°, son éther éthylique bout à 75-76° (11 millimètres).

II. Par la méthylamine on retire : 1° 75 0/0 de $C^6H^8O^2(Az . CH^3)^3$, fusible à 124°.

```
         CH²
       /     \
   CH²         C < CO . AzH . CH³
   |           |   AzH . CH³
   CH²         CO
       \     /
       Az . CH³
```

2° Le composé

```
         CH²
       /     \
   CH²         CH . AzH . CH³
   |           |
   CH²         CO
       \     /
       Az . CH³
```

3° Enfin l'acide dicarbonique *a'a'* de l'Az-méthylpyrrolidine.

```
        CH³
        AzH²
CH²Br   BrC(CO²C²H⁵)²
|        |
CH² ——— CH²
```

bouillant à 133-135° (sous 16 millimètres).

Par la saponification avec l'eau de baryte ce corps donne l'acide hygrinique qui est par conséquent l'acide Az-méthylpyrroline-α-carbonique :

```
      CH³
      Az
    /    \
 CH²      CH . CO²H
 |        |
 CH² — CH²
```

[*Ann. Chem.*, **326**, 91, 1903].

Hygrinate de cuivre $(C^6H^{10}AzO^2)^2Cu$. — Aiguilles bleu clair, fusibles à 209-210°.

Chlorhydrate $C^6H^{11}O^2Az . HCl$, fusible à 187-188°.

Chloraurate $C^6H^{11}O^2Az . HCl . AuCl^3$, fusible à 190-195°.

Ether éthylique $C^5H^{10}Az . CO^2C^2H^5$. — On chauffe avec l'acide chlorhydrique, en tubes scellés, les produits accessoires non cristallisés de la diméthylamide, puis on éthérifie par l'acide chlorhydrique alcoolique. On fractionne l'éther dans le vide (ébullition 75-76°, 12 millimètres). Il est soluble dans l'eau froide, puis dans l'eau chaude; ne précipite pas le chlorure de platine; le chloraurate fond à 110°,5.

Méthylamide $C^5H^{10}Az . COAzCH^3H$. — On l'obtient par l'action de la chaleur sur la monométhylamide de l'acide méthylpyrrolidine-dicarbonique. Il fond à 44-46°. Son picrate fond à 214-216°, son chloraurate à 149-150°, son chloroplatinate à 197-198°. 1er janvier 1906. M. Delacre.

HYGROL. — Nom donné au mercure colloïdal (Voyez Mercure).

HYOSCINE (voy. Scopolamine).

HYOSCYAMINE $C^{17}H^{23}AzO^3$ (voy. *Dict.*, **2**; 84 et 1er suppl., **2**, 939.)

L'hyoscyamine se rencontre chez un certain nombre de solanées : l'*Atropa belladona*, le *Datura stramonium* [E. Schmidt, *Ann. Chem.*, **208**, 219, 1881], les *Scopolia* : *Hardnackiana* [E. Schmidt, *Arch. Pharm.*, (3), **26**, 214], *Carniola* [Dunstan et Chaston, *D. chem. G.*, **23**, 208, 1890], *Lurida* (*Anisodus luridus*) [Schmidt, *Arch. Pharm.*, **229**, 529]. O. Hesse [*Ann. Chem.*, **303**, 149, 1898] a trouvé l'hyoscyamine, à côté de l'atropine et de l'hyoscine, dans les fleurs du *Datura alba*. Voyez aussi [Schmidt, *Arch. Pharm.*, **243**, 303; et *Chem. Centr.*, **2**, 969, 1905].

D'après Gadamer [*Arch. Pharm.*, **236**, 704] l'*Hyoscyamus muticus* de l'Egypte est particulièrement riche en hyoscyamine; les différentes parties de la plante en renfermeraient les quantités suivantes rapportées à 100 grammes de matière sèche.

Capsules et semences	1gr,34
Feuilles	1gr,393
Tiges	0gr,569
Racines	0gr,770

Au contraire l'*Hyoscyamus muticus* de l'Inde contient une proportion bien moindre d'alcaloïde [W. R. Dunstan et H. Brown, *Chem. Soc.*, **75**, 72 et **79**, 71, 1901; Comp. Ranson et Henderson, *Pharm. Journ.*, (4), **17**, 159].

L'hyoscyamine existe également dans la racine de mandragore, *Mandragora officinarum*. H. Thoms et M. Wentzel [*D. chem. G.*, **31**, 2037 et **34**, 1025, 1901] ont, en effet, montré que la mandragorine extraite par Ahrens de cette plante et de diverses solanées est un mélange de plusieurs alcaloïdes, dont l'hyoscyamine et la scopolamine.

La duboisine extraite par Gerrard [*Jahresber*, *Chem.*, 1878, 894] du *Duboisia myoporoïdes* a été identifiée avec l'hyoscyamine par Ladenburg

[*Ann. Chem.*, **206**, 282 et *D. chem. G.*, **13**, 257, 1880].

Enfin Dymond [*Chem. Soc.*, **61**, 90, 1892] ayant observé les effets mydriatiques de certains extraits de laitue a recherché les alcaloïdes dans ces plantes de la famille des composées. Il a caractérisé l'hyoscyamine dans *Lactuca virosa* et *Lactuca sativa*. Cet alcaloïde s'y rencontrerait pendant la floraison et s'y trouverait à la dose de $0^{gr},001$ 0/0. Cependant Braitwaite et Stevenson [*Pharm. Journ.*, (4), **17**, 148] n'ont pas trouvé trace d'alcaloïdes dans la *lactuca virosa* sauvage.

Constitution et synthèse. — Ladenburg a établi que l'hyoscyamine est isomérique avec l'atropine et qu'elle fournit, par l'action de l'eau de baryte à 60°, les mêmes produits de dédoublements, à savoir : la tropine et l'acide tropique.

$$\underset{\text{Hyoscyamine.}}{C^{17}H^{23}AzO^{3}} + H^{2}O = \underset{\text{Acide tropique.}}{C^{9}H^{10}O^{3}} + \underset{\text{Tropine.}}{C^{8}H^{15}AzO}$$

D'autre part, en chauffant l'acide tropique avec la tropine, en présence d'acide chlorhydrique, le même auteur a pu les recombiner, en régénérant, non l'hyoscyamine, mais son isomère l'atropine.

Enfin, l'hyoscyamine se transforme très aisément et à la température ordinaire en atropine. Ces deux bases sont donc liées par des relations très étroites et doivent être considérées comme des isomères optiques.

L'hyoscyamine est donc, comme l'atropine, l'éther tropique de la tropine; or, la synthèse de l'acide tropique a été réalisée (voyez Acide tropique); sa constitution est, par suite, bien établie et doit être représentée de la manière suivante :

$$C^{6}H^{5}-CH\begin{cases}CH^{2}OH\\CO^{2}H\end{cases}$$

Willstätter ayant réalisé récemment la synthèse de la tropine, la constitution de cette base (voy. Tropine) est actuellement connue avec certitude; c'est un composé bicyclique de formule :

```
CH² — CH ——— CH²
|      |       |
|    Az-CH³   CHOH
|      |       |
CH² — CH ——— CH²
```

Il en résulte pour l'atropine et l'hyoscyamine la formule de constitution :

```
CH² — CH ——— CH²
|      |       |
|    AzCH³    CH-O-CO-CH< CH²OH
|      |       |            CO²H
CH² — CH ——— CH²
```

Quelle est maintenant la nature de l'isomérie de ces bases?

L'hyoscyamine étant lévogyre et l'atropine inactive, Ladenburg admit d'abord que la seconde est la forme racémique de la première. Dans cette hypothèse, la combinaison des acides tropiques droit et gauche avec la tropine doit fournir respectivement les hyoscyamines droite et gauche, de la même manière que l'union de l'acide tropique racémique avec la tropine donne naissance à l'atropine. Ladenburg et Hundt [*D. chem. G.*, **12**, 941 et **13**, 104, 1880] ont tenté de réaliser ces synthèses, mais n'ont pas atteint le résultat cherché. En combinant les acides *d* et *l*-tropiques avec la tropine, ils ont obtenu deux bases actives qui, par leurs propriétés, en particulier le pouvoir rotatoire, se sont montrées très différentes de l'hyoscyamine. Ils ont considéré ces substances comme représentant les formes *d* et *l* de l'atropine.

En présence de ces résultats, Ladenburg et Hundt [*D. chem. G.*, **22**, 2590, 1889] émirent l'hypothèse que l'hyoscyamine résulterait de la combinaison de l'acide *l*-tropique avec la *l*-tropine, tandis que, dans la *l*-atropine, il y aurait combinaison d'une tropine inactive avec un acide tropique actif. La tropine n'a pas été séparée jusqu'ici en *d* et *l*-tropine; il est donc impossible de vérifier l'hypothèse de Ladenburg et Hundt. Elle est d'ailleurs inexacte : Gadamer [*Arch. Pharm.*, **239**, 294] a établi récemment que, dans la molécule d'hyoscyamine, aussi bien que dans l'atropine, le résidu tropine est inactif. En effet, par action de l'eau, à la température ordinaire, l'hyoscyamine est hydrolysée en tropine inactive et acide *l*-tropique; au contraire, en présence des alcalis, à froid elle est isomérisée en atropine. Il faut en conclure que l'isomérie de ces bases tient uniquement au résidu acide tropique et que l'on doit revenir à la première hypothèse de Ladenburg. Par suite, l'atropine serait le *r-tropate de i-tropine* et l'hyoscyamine le *l-tropate de i-tropine*. Et, d'après Gadamer, les composés décrits par Ladenburg et Hundt comme *d*- et *l*-atropine, ne seraient que des mélanges d'atropine avec les formes droite et gauche de l'hyoscyamine.

En se basant sur ces vues de Gadamer, Aménomiya [*Arch. Pharm.*, **240**, 501] a pu réaliser en 1902, la synthèse de l'hyoscyamine naturelle et de son isomère optique dextrogyre inconnu jusque-là. Ce savant a répété les expériences de Ladenburg et Hundt : l'atropine a été hydrolysée par l'ébullition prolongée de sa solution aqueuse renfermant une petite quantité d'alcool. L'acide *r*-tropique, résultant de cette opération, a été dédoublé, en passant par le sel de quinine, en acide *d* et *l*-tropiques, ayant respectivement comme pouvoir rotatoire $[\alpha]_D = +71°,3$ et $[\alpha]_D = -72°,75$. Chacun de ces acides a été chauffé avec la tropine en présence d'une solution alcoolique d'acide chlorhydrique à 5 0/0. Le produit de la réaction a été purifié par transformation en chloraurate d'où, par action successive de l'hydrogène sulfuré puis de l'ammoniaque, les bases libres ont pu être isolées.

Le tableau suivant montre la concordance des propriétés des produits synthétiques et du produit naturel.

	Points de fusion.	$[\alpha]_D$ —	Points de fusion des chloraurates
l-Hyoscyamine naturelle...	108°	— 25°,07	158-159°
l-Hyoscyamine synthétique.	103°	— 23°,15	158-159°
d-Hyoscyamine synthétique	106°	+ 24°,12	158-159°

Préparation. — Les semences de jusquiame finement broyées sont épuisées par lixiation au moyen de l'alcool à 90° acidulé par l'acide tartrique. Le liquide ainsi obtenu fournit par distillation un extrait qui se sépare en deux couches : l'une inférieure aqueuse, l'autre plus légère formée d'une huile verte. Cette dernière, séparée par décantation, est agitée à plusieurs reprises avec de l'acide sulfurique dilué qui lui enlève l'alcaloïde. Les liqueurs acides réunies sont additionnées de bicarbonate de potassium, jusqu'à neutralisation presque complète, filtrées, puis évaporées au bain-marie jusqu'à consistance sirupeuse. Ce résidu est alors repris par l'alcool fort qui laisse insoluble le sulfate de potassium, que l'on sépare. La liqueur alcoolique est distillée et l'on enlève les dernières traces d'alcool par évaporation au bain-marie. L'extrait provenant de ce traitement est délayé dans une petite quantité d'eau, de manière à former un sirop clair que l'on additionne d'un léger excès de bicarbonate de potassium, et que l'on agite à plusieurs reprises avec du chloroforme qui dissout l'alcaloïde mis en liberté.

La solution chloroformique est décantée, filtrée et ensuite traitée par un léger excès d'acide sulfurique étendu; on sépare la liqueur acide, on la décolore au noir animal et on l'évapore à consistance sirupeuse. Cette solution concentrée de sulfate d'hyoscyamine est additionnée d'un excès de carbonate de chaux sec et de sable fin; ce mélange, après avoir été séché dans le vide sulfurique ou à une douce chaleur, est épuisé par le chloroforme sec. Enfin la solution chloroformique, concentrée par distillation, puis additionnée d'une petite quantité de toluène, est abandonnée à l'évaporation spontanée; elle laisse déposer l'hyoscyamine cristallisée sous forme de longues aiguilles prismatiques incolores se groupant en étoiles autour d'un point central. [Duquesnel, *J. Pharm. Chim.*, (5), **5**, 131, 1882].

Propriétés. — L'hyoscyamine cristallise dans l'alcool aqueux en fines aiguilles blanches ou en tables fusibles à 108°,5 [Fock, *D. chem. G.*, **21**, 1720, 1888]. Elle est lévogyre et possède à 20°, solution dans l'alcool absolu, un pouvoir rotatoire $[\alpha]_D = -21°,106 - 0,0154\ c$ [Hammerschmidt, *D. chem. G.*, **21**, 2784, 1888]; d'après Gadamer [*Arch. Pharm.*, **239**, 307] on aurait en solution dans l'alcool absolu $[\alpha]_D = -20°,89$ et dans l'alcool à 20 0/0 $[\alpha]_D = -23°,0$.

L'hyoscyamine est plus soluble dans l'eau et dans l'alcool étendu que l'atropine. Comme celle-ci, elle perd aisément une molécule d'eau quand on la chauffe à 65° avec les anhydrides phosphorique, acétique ou benzoïque, en donnant le même produit que fournit l'atropine : l'*apoatropine* $C^{17}H^{21}AzO^2$. Cette déshydratation peut être également réalisée, en dissolvant l'hyoscyamine dans l'acide sulfurique concentré et versant aussitôt cette solution dans l'eau froide.

Le chlorure d'acétyle ne donne pas de dérivé acétylé avec l'hyoscyamine, mais réalise la transformation partielle de cette base en atropine. Au contraire, avec le chlorure de benzoyle, on obtient un dérivé benzoylé de l'hyoscyamine à côté de benzoylatropine [Schmidt, *Arch. Pharm.*, **232**, 409].

L'hyoscyamine se transforme avec la plus grande facilité en atropine. Il suffit d'après Schmidt [*D. chem. G.*, **21**, 1829] de maintenir l'hyoscyamine pendant quelques heures à sa température de fusion. On peut également laisser en contact, à la température ordinaire, pendant deux heures, une solution alcoolique d'hyoscyamine au dixième, additionnée d'une goutte de lessive de soude [Will., *D. chem. G.*, **21**, 2717].

D'après Gadamer l'hyoscyamine, en solution aqueuse, s'hydrolyserait déjà dès la température ordinaire en tropine et acide tropique, tandis qu'en solution alcoolique, même en l'absence d'alcali, elle se convertirait en atropine. Les conditions les plus favorables à cette transformation sont les suivantes : une solution de 1 gramme d'hyoscyamine dans 15 grammes d'alcool absolu est additionnée de 0gr,05 de soude et abandonnée à la température de 15° jusqu'à ce qu'elle devienne inactive. On fait alors passer un courant d'anhydride carbonique et l'on évapore sous pression réduite la liqueur filtrée; par addition d'eau au résidu, l'atropine est précipitée.

A. Mazzucchelli [*Gazz. chim. ital.*, **30**, (2), 476] a étudié la vitesse de conversion de l'hyoscyamine en atropine, sous l'influence de la soude, dans les alcools méthylique, éthylique et propylique, dans lesquels la dissociation de la soude va en décroissant. La transformation est d'autant plus rapide que la soude est moins dissociée.

D'après W. Will et G. Bredig [*D. chem. G.*, **21**, 2777], la potasse, l'ammoniaque, la diméthylamine, l'hydrate de tétraméthylammonium, ainsi que les sels à réaction alcaline, comme le carbonate de sodium, agissent en milieu alcoolique, dans le même sens que la soude. La potasse est un peu moins active que la soude et l'hydrate de tétraméthylammonium; d'autre part, les alcalis volatils sont incomparablement moins actifs que les bases fixes. L'atropine étant inactive et l'hyoscyamine lévogyre, on peut suivre aisément la conversion au polarimètre. W. Will et G. Bredig ont étudié les lois du phénomène et ont reconnu que :

1° A poids de soude constant, la vitesse de transformation est indépendante de la quantité d'hyoscyamine.

2° Toutes choses égales d'ailleurs, la vitesse de transformation est en raison inverse de la quantité de soude.

L'extrême facilité avec laquelle l'hyoscyamine se convertit en atropine explique ce fait que, dans les racines jeunes de belladone, il y a seulement de l'hyoscyamine, tandis qu'on rencontre de l'atropine dans les racines vieilles.

Sels d'hyoscyamine. — Les sels simples cristallisent, en général, difficilement.

Le *chloraurate* $C^{17}H^{23}O^3 . HCl . AuCl^3$ est le sel caractéristique d'hyoscyamine. Il forme des paillettes d'un jaune d'or inaltérables à l'air, fusibles à 162° [Will, *D. chem. G.*, **21**, 1720, 1888]. Il ne fond pas dans l'eau bouillante comme le sel correspondant de l'atropine.

Carl Renz [*D. chem. G.*, **35**, 1114, 1902] en ajoutant une solution chlorhydrique de chlorure thallique à une solution d'hyoscyamine dans l'acide chlorhydrique étendu, a obtenu un *chlorothallate d'hyoscyamine* $C^{17}H^{23}AzO^3 . HCl . TlCl^3$ sous forme d'une poudre cristalline blanche.

Le *chloroplatinate* $(C^{17}H^{23}AzO^3 . HCl)^2PtCl^4$ cristallise en prismes orangés fusibles à 206°.

Le *bromhydrate d'hyoscyamine*

$$C^{17}H^{23}O^3Az . HBr$$

fond à 149-150°; il est soluble dans 0p,34 d'eau à 15° et dans 2p,2 d'alcool de densité 0,820 [Merck, *Arch. Pharm.*, **231**, 115]. Il se combine au chlorure d'or, en donnant le *sel double* $C^{17}H^{23}O^3AzHBr.AuCl^3$ cristallisé en écailles d'un jaune rougeâtre fusibles à 164°, et avec le bromure d'or en formant le *bromaurate* $C^{17}H^{23}O^3Az . HBr, AuBr^3$ en prismes bruns fusibles à 115-120° peu solubles dans l'eau froide, solubles, dans l'eau chaude [Jowett, *Chem. Soc.*, **71**, 681, 1897].

Carl Renz [*D. chem. G.*, **35**, 2770] a décrit une *combinaison d'iodhydrate d'hyoscyamine et d'iodure thallique* $TlI^3, C^{17}H^{23}AzO^3, HI$ obtenue de la manière suivante : on ajoute le chlorothallate d'hyoscyamine finement pulvérisé à une solution assez concentrée et chaude d'iodure de potassium; il se dépose une poudre cristalline rouge qui, après lavage à l'eau et recristallisation dans l'alcool, forme de beaux cristaux rouges fusibles à 200°.

Le *sulfate neutre d'hyoscyamine*

$$(C^{17}H^{23}AzO^3)^2 SO^4H^2 + 2H^2O$$

cristallise en aiguilles blanches qui perdent à 100° leur eau de cristallisation et fondent à 206°; son pouvoir rotatoire est de $\alpha_D = -20°,3$ [Hesse, *Ann. Chem.*, **271**, 100, 1892].

L'*oxalate neutre* $(C^{17}H^{23}AzO^3)^2 C^2O^4H^2$ forme des prismes fusibles à 176°.

Le *picrate* cristallise en aiguilles ou tables quadratiques fusibles de 161° à 163°.

DÉRIVÉS DE L'HYOSCYAMINE. — On ne connaît que le dérivé benzoylé.

La *benzoylhyoscyamine* $C^{17}H^{22}AzO^3$-CO-C^6H^5 se forme à côté de la benzoylatropine, quand on chauffe l'hyoscyamine avec le chlorure de benzoyle (Schmidt).

Son *chloraurate* $C^{24}H^{27}AzO^4.HCl.AuCl^3$ est une poudre amorphe jaune fusible à 70°; son *chloroplatinate*

$$(C^{24}H^{27}AzO^4.HCl)^2PtCl^4$$

est une poudre amorphe fondant de 164° à 170°.

IDENTIFICATION DE L'HYOSCYAMINE. — L'hyoscyamine fournit un periodure qui cristallise facilement par évaporation de sa solution alcoolique. Au contraire, la plupart des alcaloïdes, en particulier ceux des solanées : atropine, tropine, scopolamine (hyoscine), belladonine, nicotine, dans les mêmes conditions, ne donnent qu'un résidu amorphe. S. Vreven [*Bull. Ac. roy. de Belgique*, déc. 1899] a fondé sur cette propriété une méthode pour l'identification de l'hyoscyamine.

On dissout une trace d'hyoscyamine pure dans environ un centimètre cube d'alcool, on y ajoute quelques gouttes de teinture d'iode et on laisse en contact pendant quelques heures pour que la réaction puisse s'effectuer. On prélève ensuite une goutte de liquide que l'on place sur une lame de verre et que l'on abandonne à l'évaporation spontanée; on obtient un résidu qui, examiné au microscope, se montre formé d'un grand nombre de cristaux bruns aux formes très nettes mais quelque peu variables.

La solution éthérée d'hyoscyamine, additionnée d'iode, laisse précipiter un periodure cristallisé. La nicotine se comporte de même, mais les cristaux de periodure d'hyoscyamine examinés au microscope sont de couleur brune beaucoup plus foncée que ceux de periodure de nicotine. D'ailleurs ces deux sels se différencient suffisamment par leur couleur, sans qu'il soit besoin de recourir au microscope; le sel de nicotine est d'un brun clair, celui d'hyoscyamine a la couleur et les reflets de l'iode métalloïdique (Voyez aussi Kley, *Trav. chim. P. B*, **22**, 367; Thoms, *Chem. Centr.*, **1**, 1341, 1905).

L'action physiologique de l'atropine ou *r*-hyoscyamine est la somme des actions de ses deux composants optiques [Cushy, *Chem. Centr.*, **2**, 1458, 1903; Schlotterbeck, *Ibid.*, **2**, 1137, 1903].

HYOSCYAMINE AMORPHE. — On a donné longtemps le nom d'hyoscyamine amorphe à un alcaloïde extrait de la jusquiame. A. Ladenburg [*D. chem. G.*, **13**, 1549] a établi que ce produit ne constitue pas une variété physique de l'hyoscyamine, mais doit être considéré comme un isomère de cette base. Cet alcaloïde est l'hyoscine ou scopolamine.

PSEUDOHYOSCYAMINE $C^{17}H^{23}AzO^3$. — E. Merck [*Arch. Pharm.*, **231**, 117] a extrait cette base du *Duboisia myoporoïdes* où elle existe à côté de l'hyoscyamine et de la scopolamine (hyoscine). Elle cristallise dans un mélange de chloroforme et d'éther en aiguilles jaunes fusibles à 133°-134° en se décomposant.

Peu soluble dans l'eau et dans l'éther, cet alcaloïde se dissout facilement dans l'alcool et le chloroforme. Son pouvoir rotatoire est de $[\alpha]_D = -21°,15$ en solution dans l'alcool absolu.

Par l'action de l'eau de baryte, la pseudohyoscyamine se dédouble en acide tropique et en une base de formule $C^8H^{15}AzO$ qui diffère à la fois de la tropine et de la pseudotropine.

Le *chloraurate de pseudohyoscyamine*, $C^{17}H^{23}AzO^3.HCl.AuCl^3$, cristallise en paillettes jaunes fusibles à 176°. Le *chloroplatinate* $(C^{17}H^{23}AzO^3.HCl)^2PtCl^4 + 2H^2O$ forme des aiguilles peu solubles dans l'eau se ramollissant à 116° et se décomposant à 150°. Le *picrate* cristallise en longues aiguilles jaunes fusibles à 220°.

AMAND VALEUR.

HYPERSTHÈNE (Min.). — Décrit à l'article PYROXÈNE, Dict., **2**, 1269.

HYPNAL. — Voyez 2e Suppl., 1078.

J. Bougault [*J. Pharm. Chim.*, (6), **11**, 97-100, et (6), **7**, 161-163] dose l'hypnal volumétriquement par son action sur l'iode : 1 gramme d'hypnal répond à une absorption de 0,7185 d'iode; examen des cristaux de l'hypnal [*Chem. Centr.*, **2**, 19, 1903] (Billows).

Butyl-hypnal. — Combinaison de l'hydrate de butylchloral avec l'antipyrine, aiguilles fusibles à 70°, solubles dans 30 parties d'eau.

M. DELACRE.

HYPNOACÉTINE

$$C^6H^4 \begin{matrix} \diagup AzH.C^2H^3O \\ \diagdown OCH^2-CO-C^6H^5 \end{matrix}$$

— Par l'action de l'acétophénone bromée sur le sel potassique du p-amidophénol acétylé, fusible à 160° [Vignolo, *Chem. Centr.*, **1**, 410 et 595, 1897].

HYPNONE. — Voy. ACÉTYLBENZINE, 2e Supp., **1**, 71.

HYPOGÉIQUE (ACIDE) (voir Dict. II, 85, et 1er Suppl., 939). — Marasse a publié autrefois qu'en faisant agir la potasse en fusion sur l'acide stéaroléique, on obtient d'abord de l'acide hypogéique $C^{16}H^{30}O^2$ et de l'acide acétique; en continuant la réaction, il se fait une seconde molécule d'acide acétique et il reste de l'acide myristique. Il est d'ailleurs difficile d'arrêter l'opération à la première phase. [*D. chem. G.*, **27**, 3397, 1894].

L'acide hypogéique peut former un *dibromure* qui, saponifié par la potasse alcoolique sous pression, donne de l'acide *palmitoléique* $C^{16}H^{28}O^2$.

D'après Marasse, la constitution de l'acide hypogéique serait représentée par les formules :

$$CH^3.(CH^2)^6.CH=CH.(CH^2)^6.CO^2H$$

ou

$$CH^3.(CH^2)^7.CH=CH.(CH^2)^5.CO^2H$$

la seconde étant la plus probable.

Schœn a constaté [*D. chem. G.*, **21**, 878; 1888; *Lieb., Ann.*, **244**, 253] que l'huile d'arachides ne renferme pas d'acide hypogéique, mais uniquement, comme acide de la série oléique, l'acide oléique. H. Vulté et Gibson ont constaté la présence de l'acide hypogéique dans l'huile de blé [*Am. Chem. Soc.*; janv. 1901]. A. HÉBERT.

HYPOTYPHITE (Min.). — Voy. ARSÉNOLAMPRITE, 2e Suppl., **1**, 372.

HYPOQUÉBRACHINE. — Voy. l'art. ASPIDOSPERMINE, 2e Suppl., **1**, 383.

HYPOXANTHINE. — Voy. l'art. PURINE.

HYSTAZARINE. — Voy. l'art. ANTHRAQUINONE, 2e Suppl., **1**, 329.

HYSTIDINE. — Voy. HEXONIQUES (BASES), 2e Suppl., 5.

www.ingramcontent.com/pod-product-compliance
Ingram Content Group UK Ltd.
Pitfield, Milton Keynes, MK11 3LW, UK
UKHW012000240726
13965UKWH00001B/52